NR. 5
REFERAT 0001—2868
SEITE 1—296

1964
5. FEBRUAR

CHEMISCHES ZENTRALBLATT

1830 gegründet
1897—1945 von der Deutschen Chemischen Gesellschaft fortgeführt

Herausgegeben im Auftrage
der Deutschen Akademie der Wissenschaften zu Berlin,
der Chemischen Gesellschaft in der DDR,
der Akademie der Wissenschaften zu Göttingen
und der Gesellschaft Deutscher Chemiker
von Prof. Dr. HEINRICH BERTSCH und Prof. Dr. Dr. h. c. WILHELM KLEMM

Chefredakteure
Dr. EUGEN KLEVER und Prof. Dr.-Ing. EBERHARD LEIBNITZ

135. JAHRGANG
1964

Chem. Zbl. 135. Jg. Nr. 5 Ref. 0001—2868 S. 1—296 Berlin, 5. Februar 1964

AKADEMIE-VERLAG GMBH · BERLIN · VERLAG CHEMIE GMBH · WEINHEIM · BERGSTRASSE

Inhalt

Namenregister

Patentregister

Nr.	Ref.-Nr.
Norwegische Patente (Norw.P.)	
95656	2213
95742	2214
96569	1982
Österreichische Patente (Oe.P.)	
202784	2202
205829	2212
213859	2072
218031	2081
222352	2392
222356	2382
222888	2393
224243	2344
224813	1620
Portugiesische Patente (Port.P.)	
38024	1555
Schweizer Patente (Schwz.P.)	
345395	1884
351311	1892
360987	1617
360989	1618
361285	1626
361286	1627
361288	1628
361575	1629
361576	1629
361577	1623
363151	2412
364115	2443
364449	1988
364687	2719
367812	1621
367936	1645
368113	1636
Sowjetische Patente (UdSSR.P.)	
124993	2215
124994	2216
124995	1991
130681	1975
130904	2364
Tschechoslowakische Patente (Tschech.P.)	
97599	2766
98164	2828
98192	2830
98199	1977
98200	2771
98358	2474
98359	2464
98363	2435
98492	1612
98628	2294
98630	2782
99188	2456
99189	2457
99190	2275
99229	2508
99309	2276
99318	2509
99438	2277
99916	2260
Ungarische Patente (Ung.P.)	
145340	2198
150365	2386
150417	2408
150534	1553
150581	2442
150600	1545
150631	1544

CHEMISCHES ZENTRALBLATT

Nr. 5 · 5. Februar 1964
Referat 0001—2868
Seite 1—296

Geschichte, Unterricht

0001 **Nikolai Iwanowitsch Kobosew.** Anonym. (J. physik. Chem. [UdSSR] **37,** 1654—56, 1963; russ.) — Glückwunschadresse zum 60. Geburtstag von Prof. Kobosew (12/5. 1963). Kurze Würdigung der Arbeiten auf dem Gebiete der Kinetik u. Katalyse. — Bild. Ch. Weiske. 1◇

0002 **William John McCaughey.** Duncan McConnell. (Bull. geol. Soc. America **73,** P 91—P 94, 1962; Columbus, Ohio, Ohio State Univ.; engl.) — Nachruf auf den emeritierten Professor für Mineralogie an der Ohio State University (geb. 21/6. 1882 in Philadelphia; gest. 8/4. 1962). — Bild; Verzeichnis seiner 31 Veröffentlichungen u. Patente. A. Blaschette. 1◇

0003 **Kurt Wohl.** W. Jost. (Ber. Bunsenges. physik. Chem. **67,** 347—48, 1963; dt.) — Nachruf auf den Physikochemiker Prof. Dr. K. Wohl (geb. 31/12. 1896 in Berlin, gest. 3/9. 1962 in Newark, Del.). Wohl ist bekannt durch seine Arbeiten auf dem Gebiete der Thermodynamik. Ch. Weiske. 1◇

0004 **Beitrag von Thomas A. Edison zur Untersuchung der Thermionenemission.** J. B. Johnson. (Amer. J. Physics **28,** 763—73, 1960; West Orange, N. J., McGraw-Edison Co., Thomas A. Edison Res. Labor.; engl.) A. Blaschette. 1◇

0005 **Das Leben und das Werk von Paul Héroult.** Paris und Maurice Victor. (Rev. de l'Aluminium **1963,** Nr. 309, 7—30; franz.) — Würdigung der Arbeiten Paul Héroults (geb. am 10. April 1863 in St. Bénin) bei der Entw. der industriellen Al-Elektrolyse anläßlich der 100jährigen Wiederkehr seines Geburtstages. Bild u. Patentverzeichnis. M. Gehlen-Keller. 1◇

0006 **Forscher auf dem Gebiet der chemischen Kinetik in den letzten fünfzig Jahren.** Hugh Taylor. (Annu. Rev. physic. Chem. **13,** 1—18, 1962; Princeton, N. J., Woodrow Wilson Nat. Fellowship Found.; engl.) P. Golinske. 2◇

0007 **Drei Chemiker in der Geschichte der Metalle.** M. Schofield. (Metallurgia [Manchester] **68,** 31—32, 1963; engl.) — Die Beiträge von Vauquelin, Hjelm u. Ekeberg zur Entw. der Chemie von *Cr, Be, Mn, Ta* u. *Mo* werden behandelt. M. Gehlen-Keller. 2◇

0008 **Die zweitälteste Wiener Arzneitaxe in einer Basler Handschrift von 1452.** Alfons Lutz. (Österr. Apotheker-Ztg. **17,** 333—37, 1963; Basel; dt.) — Wiedergabe der Preisliste u. Vgl. mit dem Verzeichnis Goczkirchners von 1443 in dem ausführlichen Wiener Tarif von 1457. Ch. Weiske. 2◇

0009 **Gummimodell für Demonstrationen und Laboratoriumsversuche.** C. Burleigh Cooper. (Amer. J. Physics **28,** 644—45, 1960; Newark, Del., Univ. of Delaware; engl.) — Die Verw. eines Gummimembran-Modells als Hilfsmittel zur Demonstration der Bahn von Partikeln durch zweidimensionale Potentialfelder wird beschrieben. W. Betcke. 6◇

0010 **Atomstrahlapparat zur Bestimmung der mittleren freien Weglänge von Kaliumatomen in Argon.** Robert G. Marcley. (Amer. J. Physics **31,** 116—31, 1963; New York, N. Y., Amer. Inst. of Phys.; engl.) — Es wird ein für Unterrichtslaboratorien geeigneter einfach u. ohne großen Kostenaufwand herstellbarer Atomstrahl-App. beschrieben. Die Hauptbestandteile sind ein elektr. geheizter Ofen zur Verdampfung von metall. K, ein Detektor-Syst. zur Best. der Anzahl der Ar von vermindertem Druck in einer bestimmten Bahn passierenden Atome u. ein Schlitzkollimator-Syst. zur Erzeugung eines neutralen Atomstrahls. Der Druck läßt sich zwischen $5 \cdot 10^{-4}$ u. $5 \cdot 10^{-6}$ Torr variieren. W. Betcke. 6◇

0011 **Ein einfaches und billiges Spektroskop für Studenten.** R. K. Edwards, W. W. Brandt und Audrey L. Companion. (J. chem. Educat. **39,** 147—48, 1962; Chicago, Ill., Illinois Inst. of Technol.; engl.) A. Blaschette. 6◇

A. Allgemeine, physikalische und anorganische Chemie

0012 **Quantisierung des elektromagnetischen Feldes.** Tai Tsun Wu. (Physic. Rev. [2] **129,** 1420—23, 1963; Upton, N. Y., Brookhaven Nat. Labor.; engl.) — Vorschlag einer Quantisierungs-Meth., bei der der Hilbert-Raum eine bestimmte Metrik hat. Herbert Weber. 10◇

0013 **Partikuläre Lösung der Einsteinschen Feldgleichungen.** K. Chandra Shekhar. (Nuovo Cimento [10] **28,** 902—07, 1963; Addis Abeba, Asfa Wosson School, Dep. of Math.; engl.) Gerhard Schmidt. 10◇

0014 **Über die Ableitung der asymptotischen Expansionen der Exponential-Integrale mit Anwendungen auf die Coulomb-Anregungsfunktionen.** P. J. Brussaard, T. A. Griffy und L. C. Biedenharn. (Ann. Physik [7] **10,** 47—59, 1962; Durham, N. C., Duke Univ.; engl.) — Es wird gezeigt, daß sich die asymptot. Entw. der Coulombschen Integrale mit Hilfe von vier direkt von dem Airy-Integral abgeleiteten bzw. als dessen Verallgemeinerungen zu betrachtenden Funktionen ausdrücken lassen. Aus diesen lassen sich dann die asymptot. Entw. der Coulomb-Anregungsfunktionen finden. W. Betcke. 10◇

0015 **Verfahren zur Eliminierung von Interferenzeffekten und Fehlern aus überlappenden Resonanzen.** Philippe Eberhard und Morris Pripstein. (Physic. Rev. Letters **10,** 351—53, 1963; Paris, Coll. de France, Labor. de Phys. Atom. et Mol.; engl.) — Es wird eine Rk. mit 3 Teilchen im Endzustand behandelt, wobei in den Syst. der Teilchen 1 u. 2 sowie 2 u. 3 eine Resonanz auftritt. Die Vermeidung von Interferenzeffekten infolge der Überlappung bei der Analyse wird erörtert. M. Wiedemann. 10◇

0016 **Durchdringung und Diffusion eines Strahlenbündels.** William R. Faust und Arlo D. Anderson. (Nuclear Sci. Engng. **14,** 17—21, 1962; Washington, D. C., U. S. Nav. Res. Labor.; engl.) — Eine Näherungslsg. der dreidimensionalen Transportgleichung mit punktförmiger, in z-Richtung strahlender Quelle wird berechnet. Die Intensität der gestreuten Strahlung wird nach Kugelfunktionen entwickelt. Für die Entwicklungskoeff. ergeben sich inhomogene partielle Differentialgleichungen vom ellipt. Typ. Mit der Randbedingung des speziellen Problems werden die Amplituden der Kugelfunktionen nullten und ersten Grades bestimmt. Numer. Werte für die gestreute Intensität werden angegeben. F. Kitzka. 10◇

A_1. Kernphysik und Kernchemie

0017 **Geomagnetisch eingefangene Protonen mit Energien über 350 MeV.** Gordon Garmire. (J. geophys. Res. **68,** 2627—38, 1963; Cambridge, Mass., MIT, Labor. for Nucl. Sci.; engl.) — Mittels eines Čerenkov-Zählers an Bord eines Satelliten wurde die Intensitätsverteilung der geomagnet. eingefangenen Protonen mit >350 MeV bestimmt. M. Wiedemann. 85◇

0018 **Mittlere freie Weglänge der Kernwechselwirkung von sekundären Teilchen der Höhenstrahlschauer in Pb**

und Al. Yü Min. (Sci. Rec. [Peking] [N. S.] **3**, Nr. 2, 71—78, 1959; Academia Sinica, Inst. of Atom. Energy; engl.) — Mittels einer Nebelkammer mit Pb- u. Al-Platten wurde auf 3185 m die mittlere freie Weglänge der Sekundärteilchen der Höhenstrahlschauer in Pb zu 177 ± 16 u. in Al zu 100 ± 14 g/cm² bestimmt. M. Wiedemann. 85◇

0019 **Kernwechselwirkungen von energiereichen Höhenstrahlteilchen mit Flüssigkeits-Scintillatoren.** Shih-Wei Wang, Hao-Hwai Kuang und Yü-Kuei Yuan. (Acta physica sinica **19**, 205—14, 1963; chin., Auszug: engl.) — Auf 3185 m wurden die Kernwechselwrkg. von Höhenstrahlteilchen mittels einer Vielplatten-Nebelkammer u. einem fl. Scintillator als Target untersucht. Aus 18 Wechselwrkg. durch geladene Primärteilchen wurden folgende Mittelwerte erhalten: Primärenergie 41 ± 8 GeV u. Multiplizität der geladenen Sekundärteilchen 4,9 ± 0,3. Die Winkelverteilung gibt Hinweise auf ein Zweizentrenmodell. M. Wiedemann. 85◇

0020 **Über einige Charakteristika der ausgedehnten atmosphärischen Schauer.** A. A. Pomanski. (J. exp. theoret. Physik [UdSSR] **41**, 1556—61, 1961; Physik. Lebedew-Inst. der Akad. der Wiss. der UdSSR; russ., Auszug: engl.) — Die Zahl der kernakt. Teilchen in den Luftschauern hängt stark von dem Anteil der Baryonen unter den Sekundärteilchen bei einer elementaren Kernwechselwrkg. ab. M. Wiedemann. 85□

0021 **Untersuchung des Energiespektrums von μ-Mesonen hoher Energie in einer Tiefe von 40 m Wasseräquivalent unter der Erde.** W. A. Dmitrijew und G. B. Chrisstianssen. (J. exp. theoret. Physik [UdSSR] **44**, 405—12, 1963; Moskau, Univ., Inst. für Kernphys.; russ., Auszug: engl.) — Das Energiespektrum von μ-Mesonen im Intervall $10^{11}—3 \cdot 10^{12}$ eV wurde aus dem Spektrum starker Schauer abgeleitet, die unter einem Pb-Filter durch hochenerget. μ-Mesonen in einer Tiefe von 40 m Wasseräquivalent erzeugt wurden. Die Ergebnisse für Energien $E \geq 10^{12}$ eV lassen sich schwerlich mit der gewöhnlichen μ-Mesonen-Bldg. durch $\pi^{\pm}$-Zerfall oder K-Zerfall in Übereinstimmung bringen. G. Ewald. 85◇

0022 **Direkte Paarerzeugung durch Höhenstrahlmyonen.** P. H. Stoker, C. H. Bornman und J. P. van der Mewe. (Nuclear Physics [Amsterdam] **45**, 505—12, 1963; Potchefstroom, Potchefstroom Univ. for C. H. E., Cosmic Ray Res. Unit; engl.) — Unters. der direkten Elektronenpaarerzeugung in Pb-Platten innerhalb einer Wilson-Kammer für über 12000 Durchgänge von Höhenstrahlmyonen mit Energien > 1700 MeV. Gerhard Schmidt. 85◇

0023 **Über die Kopplungskonstanten beim μ-Einfang.** L. D. Blochinzew und E. I. Dolinski. (J. exp. theoret. Physik [UdSSR] **41**, 1986—95, 1961; Moskau, Univ., Inst. für Kernphys.; russ., Auszug: engl.) — Im Rahmen der universellen Fermi-Wechselwrkg. kann Übereinstimmung mit den Experimenten über Myon-Nucleon-Wechselwrkg. erhalten werden, wenn der Vektorstrom erhalten bleibt u. die pseudoskalare Kopplungs-Konst. $g_P^{(\mu)}$ groß ist. M. Wiedemann. 90□

0024 **Depolarisation von μ^--Mesonen bei der Bildung von μ-Mesoatomen an Kernen mit dem Spin 1/2.** A. P. Buchwosstow und I. M. Schmuschkewitsch. (J. exp. theoret. Physik [UdSSR] **41**, 1895—1906, 1961; Leningrad, Physik.-techn. Inst. der Akad. der Wiss. der UdSSR; russ., Auszug: engl.) — Vgl. C. **1961**, 6026. — Für einen Kernspin 1/2 wird die Hyperfeinaufspaltung der schwach angeregten Niveaus von μ-Mesoatomen abgeschätzt. Je nachdem, ob diese für die unteren Niveaus größer oder kleiner als ihre Breite ist, ist die Polarisation der Myonen in der K-Schale kleiner oder größer als im Falle des Kerns mit dem Spin Null. M. Wiedemann. 90□

0025 **Theoretische Werte für magnetische Momente von μ-mesonischen Atomen.** Kenneth W. Ford, Vernon W. Hughes und John G. Wills. (Physic. Rev. Letters **7**, 134—35, 1961; Waltham, Mass., Brandeis Univ.; New Haven, Conn., Yale Univ.; Los Alamos, N. Mex., Los Alamos Sci. Labor.; engl.) — Ausführliche Darst. vgl. C. **1963**, 21797. Herbert Weber. 90◇

0026 **Elastische π^--p-Streuung bei 310 MeV: Differentieller Querschnitt und Polarisation des Rückstoßprotons.** Hugo R. Rugge und Olav T. Vik. (Physic. Rev. [2] **129**, 2300—10, 1963; Berkeley, Calif., Univ. of California, Lawrence Radiat. Labor.; engl.) — Messung mit einem Target aus fl. H_2. Die Links-Rechts-Asymmetrie bei der Streuung des Rückstoßprotons an *C* wurde gemessen. Herbert Weber. 90◇

0027 **Elastische Pion-Nucleon-Streuung bei 310 MeV: Phasenverschiebungsanalyse.** Olav T. Vik und Hugo R. Rugge. (Physic. Rev. [2] **129**, 2311—22, 1963; engl.) — Vgl. vorst. Referat. — Phasenverschiebungsanalyse der elast. π^+-p- u. π^--p-Streuung bei 310 MeV. Herbert Weber. 90◇

0028 **π-π-Resonanzen in π^--p-Wechselwirkungen bei 1,25 GeV.** E. Pickup, D. K. Robinson und E. O. Salant. (Physic. Rev. Letters **7**, 192—95, 1961; Upton, N. Y., Brookhaven Nat. Labor.; engl.) — Unters. der Rkk. $\pi^- + p \rightarrow \pi^- + \pi^+ + n$ u. $\rightarrow \pi^- + \pi^0 + p$ in der Blasenkammer. Herbert Weber. 90◇

0029 **Pion-Pion-Wechselwirkungen in den Zuständen T = 0 und T = 1.** T. D. Spearman. (Physic. Rev. [2] **129**, 1847—57, 1963; London, England, Univ. Coll., Dep. of Phys.; engl.) — Ableitung neuer Dispersionsbeziehungen für die S-Wellen-πN-Streuamplituden. Herbert Weber. 90◇

0030 **Pion-Pion-Amplituden aus dem Grenzbedingungsmodell.** W. W. S. Au und E. L. Lomon. (Physics Letters [Amsterdam] **41**, 327—30, 1963; Cambridge, Mass., MIT, Dep. of Phys. and Labor. for Nucl. Sci.; engl.) — Die Grenzbedingungsmodelle für die Kanäle L = 0 (T = 0, 2) u. L = 2 (T = 1) werden dargelegt. Parameter u. Amplituden des Pion-Pion-S-Zustands werden ermittelt. Die relativen Wirkungsquerschnitte sind berechnet. M. Wiedemann. 90◇

0031 **Gekoppelte S- und P-Wellen-Lösungen für Pion-Pion-Streuung.** B. H. Bransden und J. W. Moffat. (Physic. Rev. Letters **6**, 708—10, 1961; Geneva, CERN; engl.) — Vgl. C. **1963**, 20660. — Numer. Iteration der Gleichungen von Moffat (vgl. C. **1961**, 11596). Herbert Weber. 90◇

0032 **Pion-Pion-Streuung niedriger Energie.** 2. Mitt. Louis A. P. Balázs. (Physic. Rev. [2] **129**, 872—76, 1963; Berkeley, Calif., Univ. of California, Lawrence Radiat. Labor.; engl.) — 1. vgl. C. **1963**, 21798. — Aus einer Selbstkonsistenz-Berechnung resultieren Resonanzen mit Massen von 685 u. 892 MeV. Herbert Weber. 90◇

0033 **Eigenschaften und Einflüsse von η-Zerfällen.** Riazuddin und Fayyazuddin. (Physic. Rev. [2] **129**, 2337—40, 1963; Lahore, Pakistan, Panjab Univ., Phys. Dep.; London, England, Imp. Coll., Phys. Dep.; engl.) — Berechnung der partiellen Breiten für die Zerfallsarten $\pi^+\pi^-\pi^0$ u. $3\pi^0$ des η-Mesons. Der Einfluß von η auf die Verletzung der $\Delta T = 1/2$-Regel für die nichtlepton. Zerfälle von K-Mesonen wird ebenfalls behandelt. Die Kopplungskonstante $g^2_{\Sigma NK}$ wird abgeschätzt. Herbert Weber. 90◇

0034 **Beweis für eine Dreipionenresonanz mit T = 0.** B. C. Maglić, L. W. Alvarez, A. H. Rosenfeld und M. L. Stevenson. (Physic. Rev. Letters **7**, 178—82, 1961; Berkeley, Calif., Univ. of California, Lawrence Radiat. Labor. and Dep. of Phys.; engl.) — Unters. über $\omega \rightarrow \pi^+ + \pi^- + \pi^0$ in der Rk. $\bar{p} + p \rightarrow \pi^+ + \pi^+ + \pi^- + \pi^- + \pi^0$ durch 1,61-GeV/c-Antiprotonen in der H_2-Blasenkammer. Herbert Weber. 90◇

0035 **Dreipion-Wellenfunktionen. Methode des „effektiven Drehimpulses".** Ziro Koba. (Acta physica polon. **22**, 103—25, 1962; Warsaw, Inst. for Nucl. Res.; engl.) — Es wird ein vollständiger orthogonaler Satz von Wellenfunktionen für 3 freie Pionen mit bestimmten Werten für den gesamten Drehimpuls, den Isospin u. die Parität aufgestellt. M. Wiedemann. 90◇

0036 **Vierpionen-Wellenfunktionen.** M. Grynberg und Z. Koba. (Acta physica polon. **23**, 501—26, 1963; engl.) — Vgl. vorst. Referat. — Nach dem gleichen Verf. wie im Falle von drei Pionen entwickeln Vff. eine vollständige Reihe orthonormaler Wellenfunktionen für 4 freie Pionen. Gerhard Schmidt. 90◇

0037 **Das Viel-π-Mesonen-Problem.** 2. Mitt. A. Pais. (Ann. Physics **22,** 274—98, 1963; Princeton, N. J., Inst. for Advanc. Stud.; engl.) — 1. vgl. C. **1961,** 8539. — Die Diskussion (l. c.) der Symmetrie-Eigg. der $N\pi$-Zustände mit $I \leq 1$ wird auf allg. Werte des Isotopenspins I ausgedehnt. Falls der maximal erlaubte Isotopenspin $I > 1$ ist, entstehen 2 neue Eigg., die keinen Gegenpart für $I \leq 1$ haben. Gerhard Schmidt. 90◇

0038 **Eine Bemerkung über die Endzustandswechselwirkung beim $K^{+}_{2\pi}$-Zerfall.** K. Kawarabayashi. (Nuovo Cimento [10] **20,** 1030—34, 1961; Tokyo, Univ. of Tokyo, Dep. of Phys.; engl.) — Feldtheoret. Unters. mit Dispersionsbeziehungen. Herbert Weber. 90◇

0039 **Einfluß der Massendifferenz der π-Mesonen auf das Verhältnis zwischen den Wahrscheinlichkeiten der $K_{\pi 3}$-Zerfälle.** W. B. Mandelzweig und W. W. Ssolowjew. (J. exp. theoret. Physik [UdSSR] **41,** 1606—08, 1961; russ., Auszug: engl.) M. Wiedemann. 90□

0040 **Totale K^+-p- und K^--p-Querschnitte im Impulsbereich 3—19 GeV/c.** W. F. Baker, R. L. Cool, E. W. Jenkins, T. F. Kycia, R. H. Phillips und A. L. Read. (Physic. Rev. [2] **129,** 2285—91, 1963; Upton, N. Y., Brookhaven Nat. Labor.; engl.) — Messung der Schwächung von K-Mesonen in einem Target aus fl. H_2. $\sigma_t \cdot (K^+p)$ ist innerhalb der Fehlergrenzen über den ganzen Impulsbereich konstant mit einem Wert von 18,4 mb. $\sigma_t(K^-p)$ nimmt graduell von einem Wert von 28 mb bei 4 GeV/c auf 21,6 mb bei 19 GeV/c ab. Herbert Weber. 90◇

0041 **Untersuchung von Resonanzen des Σ-π-Systems.** Margaret H. Alston, Luis W. Alvarez, Philippe Eberhard, Myron L. Good, William Graziano, Harold K. Ticho und Stanley G. Wojcicki. (Physic. Rev. Letters **6,** 698—702, 1961; Berkeley, Calif., Univ. of California, Lawrence Radiat. Labor. and Dep. of Phys.; engl.) — Vgl. C. **1963,** 8402. — Fortsetzung von Unterss. über K^--p-Wechselwrkg. bei 1,15 GeV/c in der H_2-Blasenkammer durch Unters. von Ereignissen des Typs $\rightarrow \Sigma + x\pi$. Herbert Weber. 90◇

0042 **Sigmazerfallsarten von Pion-Hyperon-Resonanzen.** Pierre Bastien, Massimiliano Ferro-Luzzi und Arthur H. Rosenfeld. (Physic. Rev. Letters **6,** 702 bis 705, 1961; Berkeley, Calif., Univ. of California, Lawrence Radiat. Labor. and Dep. of Phys.; engl.) — Während der Unters. von K^--p-Wechselwrkg. in der H_2-Blasenkammer wurden 249 Dreikörper-Rkk. des Typs $K^- + p \rightarrow \Sigma^+ + \pi^- + \pi^0$ u. $K^- + p \rightarrow \Sigma^- + \pi^+ + \pi^0$ bei K^--Impulsen von 760 u. 850 MeV/c analysiert. Diese Rkk. sind von Interesse im Hinblick auf die Existenz des Pion–Hyperon-Resonanzzustands Y_1^*. Herbert Weber. 90◇

0043 **Über die Emission von schnellen Σ-Hyperonen aus Zertrümmerungen infolge des Einfangs von K^--Mesonen durch leichte Kerne.** D. Evans, B. D. Jones, B. Snajeevaiah, J. Zakrzewski, M. J. Beniston, V. A. Bull und D. H. Davis. (Proc. Roy. Soc. [London], Ser. A **262,** 73—79, 1961; Bristol, Univ., H. H. Wills Phys. Labor; London, Univ. Coll., Phys. Dep.; engl.) — Unters. von geladenen Σ-Hyperonen aus dem K^--Einfang in Ruhe in photograph. Emulsionen. Herbert Weber. 90◇

0044 **Messung der Zerfallsparameter des Λ^0-Teilchens.** James W. Cronin und Oliver E. Overseth. (Physic. Rev. [2] **129,** 1795—1807, 1963; Princeton, N. J., Princeton Univ., Palmer Phys. Labor.; engl.) — Die Zerfallsparameter von $\Lambda^0 \rightarrow \pi^- + p$ wurden durch Beobachtung der Polarisation des Zerfallsprotons durch Streuung in einer Kohlenstoffplatten-Funkenkammer gemessen. Herbert Weber. 90◇

0045 **Beispiel des Zerfalls $\Lambda^0 \rightarrow p + \mu^- + \bar{\nu}$.** F. Eisler, J. M. Gaillard, J. Keren, M. Schwartz und S. Wolf. (Physic. Rev. Letters **7,** 136—37, 1961; New York, N. Y., Columbia Univ.; Upton, N. Y., Brookhaven Nat. Labor.; engl.) — Der Zerfall wurde in einer H_2-Blasenkammer bei Beschuß mit π^- von 900 MeV beobachtet. Herbert Weber. 90◇

0046 **Einige Betrachtungen über „elementare“ Teilchen und gebundene Zustände bei starken Wechselwirkungen.** R. Acharya. (Nuovo Cimento [10] **24,** 870—75, 1962; Rochester, N. Y., Univ., Phys. Dep.; engl.) — Die Vermutung, daß die O = Z-Grenze einer „Elementarteilchen“-Theorie zu einer Theorie führt, bei der das Teilchen als „zusammengesetzt“ angesehen werden kann, wurde mit feldtheoret. Betrachtungen untersucht. H. Schroeder. 90□

0047 **Über die symplektische Symmetrie.** A. Salam und J. C. Ward. (Nuovo Cimento [10] **20,** 1228—30, 1961; London, Imp. Coll.; Princeton, N. J., Inst. for Advanced Study; engl.) — Vff. weisen darauf hin, daß die Salam-Polkinghorne-Theorie (C. **1956,** 12167) der Elementarteilchen die (unitäre) symplekt. Gruppe in 4 Dimensionen zuläßt. Herbert Weber. 90◇

0048 **Regge-Trajektorie in der Feldtheorie.** Lu Sun Liu und K. Tanaka. (Physic. Rev. [2] **129,** 1876—79, 1963; Argonne, Ill., Argonne Nat. Labor.; engl.) — Die Form der Regge-Trajektorie, der Darst. („graph“) des komplexen Drehimpulses $\alpha(t)$ als Funktion des Quadrats der Impulsübertragung t, wird in der Feldtheorie im Rahmen der Leiterapproximation im gekreuzten Kanal untersucht. Herbert Weber. 90◇

0049 **Regge-Pole und Störungstheorie.** B. A. Arbuzov, B. M. Barbashov, A. A. Logunov, Nguyen van Hieu, A. N. Tavkhelidze, R. N. Faustov und A. T. Filipov. (Physics Letters [Amsterdam] **4,** 272—73, 1963; Dubna, Joint Inst. for Nucl. Res., Labor. of Theoret. Phys.; engl.) — 1. vgl. Physics Letters [Amsterdam] **2,** [1962], 150. Die Struktur der Störterme bei Anwesenheit von Verzweigungsschnitten in der l-Ebene wird für das Beispiel der Elektronenstreuung im Coulomb-Feld untersucht. Die Reihenentw. der Regge-Trajektorien hinsichtlich der Ladung werden berechnet. F. Kitzka. 90◇

0050 **Konvergenz von Born-Reihen und die Existenz gebundener Zustände.** R. Huby. (Nuclear Physics [Amsterdam] **45,** 473—80, 1963; Liverpool, Univ., Dep. of Theor. Phys.; engl.) — Übersicht über die verschiedenen Born-Reihen, die mit der Streuung eines Teilchens durch ein zentrales Potential assoziiert sind. Gerhard Schmidt. 90◇

0051 **Durchschnittswerte höherer Ordnung der Verteilungen bei primärem Rückstoß.** G. Leibfried. (Z. Physik **171,** 1—18, 1963; Oak Ridge, Tenn., Oak Ridge Nat. Labor., Solid State Div.; engl.) — Die Abbremsung eines energiereichen Teilchens durch Stöße mit den Atomen eines Kristalls wird unter der vereinfachenden Annahme behandelt, daß die period. Anordnung des Kristalls durch eine statist. unabhängige Anordnung gleicher Dichte ersetzt werden kann. Als Beispiel wird die „Harte-Kugel-Näherung“ der klass. Stoßtheorie für abstoßende Potentiale behandelt. H. Schroeder. 90◇

0052 **Über die Streuung von γ-Quanten durch Nucleonen.** L. I. Lapiduss und Guan-tschshao Tschshou. (J. exp. theoret. Physik [UdSSR] **41,** 1546—65, 1961; Vereinigtes Inst. für Kernforsch.; russ., Auszug: engl.) — Vgl. C. **1962,** 727. — Mittels der Dispersionsbeziehungen wird die elast. Streuung von γ-Quanten mit Energien bis zu 300 MeV an Protonen analysiert u. dabei die Photoerzeugung von Pionen berücksichtigt. Die Wirkungsquerschnitte u. die Polarisation der Rückstoßnucleonen werden abgeschätzt. M. Wiedemann. 90□

0053 **Röntgenschwächungskoeffizienten von 13—80 MeV für Wasserstoff, Kohlenstoff, Wasser und Aluminium.** J. M. Wyckoff und H. W. Koch. (Physic. Rev. [2] **117,** 1261—74, 1960; Washington, D. C., Nat. Bur. of Stand.; engl.) — Mit 90-MeV-Bremsstrahlung wurden die Röntgenschwächungs-Koeff. im Energiebereich 13—80 MeV für H_2, C, H_2O u. Al gemessen. Abweichungen von den theoret. berechneten Werten im 60-MeV-Bereich um ca. 2,25% für C, H_2O u. Al werden auf Riesenresonanz-Kernabsorption zurückgeführt. K. Jaeger. 90◇

0054 **Messung der Zirkularpolarisation kollimierter γ-Strahlenbündel hoher Energie.** E. Lerner, G. Moscati, E. Silva und J. Goldemberg. (An. Acad. brasil. Ci. **33,** 281—88, 1961; São Paulo, Univ., Fac. de Fílos., Ci. e Letras, Dep. de Fís.; engl.) — Die Messung der Zirkularpolarisation bei Energien über 5 MeV durch Vorwärts-Compton-Streuung wird diskutiert. H. Laue. 90□

0055 **Untersuchung der Winkelkorrelation von durch Positron–Elektron-Vernichtung in Zink angeregten γ-Quanten.** I. Ja. Dechtjar und W. Ss. Michalenkow. (Ber. Akad. Wiss. UdSSR **140,** 1293–96, 1961; russ.) — Die Anisotropie der Elektronenimpulse in Zn-Einkristallen wurde aus der Winkelverteilung der Vernichtungs-γ-Quanten parallel u. senkrecht zur Hauptachse des Zn bei 90 u. 300° K bestimmt. Als Positronenquelle für die Vernichtung diente ^{22}Na. Die Anisotropie des maximalen Elektronenimpulses ergab sich für beide Richtungen u. unabhängig von der Temp. zu 13%. M. Wiedemann. 90□

0056 **Einfluß der Polarisation des Mediums auf die Entwicklung der Elektron–Photon-Schauer.** G. A. Timofejew. (J. exp. theoret. Physik [UdSSR] **41,** 1487–92, 1961; Moskau, Univ., Inst. für Kernphys.; russ., Auszug: engl.) — Es wird eine eindimensionale Kaskadentheorie der Elektron–Photon-Schauer für ein dichtes Medium unter Berücksichtigung seiner Polarisation entwickelt. Für Tiefen t = 1 u. t = 2 werden die integralen Energiespektren der Schauerteilchen in *Pb* u. Luft berechnet. M. Wiedemann. 90□

0057 **Abschätzung der Depolarisation transversal polarisierter Elektronen, welche von dünnen Quellen emittiert werden.** Bernard Blake und Bernhard Mühlschlegel. (Z. Physik **167,** 584–87, 1962; Urbana, Ill., Univ. of Illinois, Dep. of Phys.; engl.) — Theoret. Unters. im Hinblick auf die Polarisation von Konversionselektronen, die dem β-Zerfall folgen. Es wird gezeigt, daß der Beitrag der Vielfachstreuung vernachlässigt werden kann, während die Einzelstreuung zu einer relativen Depolarisation führt, die bei bestimmter Zus. u. Dimension der Quelle die Größenordnung von 10% haben kann. O. Jansen. 90◇

0058 **Brueckners Ladungsdichte und Querschnitte für Elektronenstreuung.** R. J. Kulkarni und N. V. V. J. Swamy. (Nuclear Physics [Amsterdam] **45,** 513–16, 1963; Dharwar, Karnatak Univ., Dep. of Phys.; engl.) — In der ersten Born-Approximation werden die Querschnitte für Elektronenstreuung unter Verw. der Brucknerschen Ladungsdichte in ^{40}*Ca* geschätzt. Zum Vgl. werden verschiedene Modelle (Fermi, harmon. Oscillator) herangezogen. Gerhard Schmidt. 90◇

0059 **Elastische Streuung von 1-MeV-Neutronen.** W. B. Gilboy und J. H. Towle. (Nuclear Physics [Amsterdam] **42,** 86–94, 1963; Aldermaston, Berks., A.W.R.E.; engl.) — Mit der Flugzeit-Meth. wurden die differentiellen Wrkg.-Querschnitte für die elast. Streuung von 1-MeV-Neutronen an 20 Elementen (*Na, Al, Cr, Fe, Zr, Cd, Sn, La, Ce, Pr, Nd, Sm, Gd, Dy, Ho, Er, Yb, Ta, Pb, U*) gemessen. Diese Werte stimmen überein mit Werten, die sich aus Berechnungen mittels des opt. Bjorklund-Fernbach-Modells ergeben. H. Schroeder. 90◇

0060 **Neutronenpolarisation im 1-MeV-Bereich bei der elastischen Streuung an C, O und D.** Leon E. Beghian, Kenzo Sugimoto, Manfred H. Wächter und Jacques Weber. (Nuclear Physics [Amsterdam] **42,** 1–20, 1963; Cambridge, Mass., MIT, Labor. for Nucl. Sci.; engl.) — Das Polarisations-Prod. P_1P_2 für die elast. Streuung niederenerget. Neutronen wurde mit der Flugzeit-Meth. gemessen. Als Neutronenquelle diente ^{7}Li · (p, n). Experimentelle Anordnung u. Blockschema sind im Diagramm dargestellt. Die Verarbeitung der von einem 256-Kanal-Impuls-Höhenanalysator automat. auf IBM-Karten übertragenen anfallenden Daten erfolgte mit den MIT-709 u. -7090-Rechenmaschinen. Das verwendete Rechen-Verf. ist beschrieben. Die für Vielfach-Streuung benötigten Korrekturen wurden mit Monte-Carlo-Berechnungen erhalten. Ergebnisse [Element, Neutronenenergie in MeV, $P_1(30°_L) \cdot P_2(60°_L)$]: *C*, 0,830 ± 0,075, −0,0026 ± 0,0041; 1,15 ± 0,05, +0,019 ± 0,015; *O*, 0,830 ± 0,075, −0,181 ± 0,012; *D*, 1,15 ± 0,05, +0,015 ± 0,012. In einem Anhang wird eine Meth. zur Best. der Dicke von Li-Targets aus den Flugzeitprofilen beschrieben. H. Schroeder. 90◇

0061 **Neutronenpolarisation durch Coulomb-Streuung.** B. Margolis. (Nuclear Physics [Amsterdam] **22,** 498 bis 499, 1961; Columbus, Ohio, State Univ., Dep. of Phys.; engl.) — Die Polarisation wurde im Bereich niedriger Energie ($k \cdot R \ll 1$) bei Energien, die einer Breit-Wigners-Wellenresonanz entsprechen, untersucht. 100%ig. Polarisation tritt bei kleinen Winkeln ein. H. Schroeder. 90□

0062 **Die Streuung hochenergetischer Neutronen an ^{6}Li.** Daphne F. Jackson. (Nuclear Physics [Amsterdam] **35,** 194–208, 1962; London, Battersea Coll. of Technol., Dep. of Phys.; engl.) — Vgl. C. **1963,** 17944. — Die unelast. Streuung von Neutronen, die das 2,18-MeV-Niveau von ^{6}Li anregen, wurde mit der Impulsnäherung untersucht, der differentielle Wrkg.-Querschnitt u. die Polarisation für E_n = 40, 90 u. 156 MeV wurden berechnet. Die Störung der Wellenfunktionen für das gestreute Nucleon wurde durch Verw. einer W. K. B.-Näherung mit einem spinabhängigen opt. Modellpotential berücksichtigt. Mit der Bornschen Näherung wurden der differentielle Wrkg.-Querschnitt u. die Polarisation für die elast. Streuung von Neutronen mit E_n = 156 MeV berechnet. H. Schroeder. 90□

0063 **Kernniveau-Dichten und Reaktionsmechanismen aus unelastischer Neutronenstreuung.** David B. Thomson. (Physic. Rev. [2] **129,** 1649–67, 1963; Los Alamos, N. Mex., Univ. of California, Los Alamos Scient. Labor.; engl.) — Das kontinuierliche Spektrum schneller Neutronen, die unelast. an 20 Elementen (Al, V, Mn, Fe, Cu, As, Se, Sr, Nb, In, Sb, J, La, Ce, Ta, W, Au, Tl, Pb u. Bi) gestreut worden waren, wurde bei einer Beschußenergie von 7,0 MeV sowie z. T. bei niedrigeren Beschußenergien (4,0 bis 6,0 MeV) gemessen. Compoundkern-Bldg. ist der vorherrschende Rk.-Mechanismus; direkte Wechselwrkg. spielt jedoch eine bedeutende Rolle. Variationen der Kernniveau-Dichte werden behandelt. Herbert Weber. 90◇

0064 **Nichtelastische Wirkungsquerschnitte für Neutronen an Uran bei 13–19 MeV und an Beryllium bei 14 MeV.** A. V. Cohen. (Reactor Sci. Technol. **14,** 180–85, 1961; Aldermaston, Berks., A.W.R.E.; engl.) — Mit Hilfe der Kugeltransmissions-Meth. wurden die nichtelastischen Querschnitte von Neutronen der Energie 14,08 MeV an U u. Be zu 2,89 ± 0,05 barn bzw. 0,50 ± 0,035 barn bestimmt. Für U wurde außerdem die Energieabhängigkeit des Querschnitts zwischen 13,35 u. 18,54 MeV ermittelt. Der Wrkg.-Querschnitt für die unelast. Streuung zum 2,43-MeV-Niveau des Be ergab sich zu 0,20 ± 0,045 barn. T. Tamberg. 90◇

0065 **Anwendung der klassischen Selbstkorrelationsfunktion zur Bestimmung des Streuquerschnittes freier Moleküle für langsame Neutronen.** Krzysztof Parlinski. (Acta physica polon. **22,** 179–84, 1962; Cracow, Jagellonian Univ., Inst. of Phys.; engl.) — Unter Einbeziehung der Translation, Rotation u. Oscillation eines freien Mol. wurden die klass. Selbstkorrelationsfunktion $G_{s0}^{(\nu)}(\vec{r}t)$ für ein Atom in dem Mol. erhalten u. die Krieger-Nelkin-Formel für den differentiellen Wrkg.-Querschnitt für inkohärente Neutronenstreuung durch ein Mol. abgeleitet. H. Schroeder. 90◇

0066 **Energieabhängige Neutronentransporttheorie.** 1. Mitt. **Konstante Wirkungsquerschnitte.** Joel H. Ferziger und A. Leonard. (Ann. Physics **22,** 192–209, 1963; Stanford, Calif., Stanford Univ., Nucl. Engng. Labor.; engl.) — Wiedergabe einer vollständigen Lösungsreihe zur Boltzmann-Gleichung mit Energieübertragung bei konst. Querschnitten (in Raum u. Zeit) für den Fall ebener Symmetrie. Zur Berechnung wird die Eigenfunktionsexpansion des Neutronenflusses angewandt. Gerhard Schmidt. 90◇

0067 **Diffusion langsamer Neutronen durch flüssigen Sauerstoff.** Ss. W. Starodubzew und B. I. Chruschtschew. (Nachr. Akad. Wiss. UsbekSSR, Ser. physik.-math. Wiss. **7,** Nr. 1, 51–55, 1963; Inst. für Kernphysik der Akad. der Wiss. der UsbekSSR; russ.) — Die Diffusion von Neutronen mit einer Primärenergie von 0,0508 eV durch fl. O_2 u. fl. N_2 wurde untersucht. Zum Nachw. der Neutronen diente ein BF_3-Zähler, zur Best. ihrer Energie Bor-Filter. Ein Vgl. mit theoret. Berechnungen zeigt, daß fl. O_2 durch das Modell des einatomaren schweren Gases beschrieben werden kann. M. Wiedemann. 90◇

0068 **Schwächungsfunktionen in Wasser für Neutronen aus isotropen und gerichteten Spaltquellen.** V. A. Dulin, Yu. A. Kazanskii, V. P. Mashkovich, E. A. Panov und S. G. Tsypin. (Reactor Sci. Technol. **16,** 321–24, 1962; engl.) — Vgl. C. **1963,** 21041. — Die räumliche Verteilung der Spaltneutronen wurde in W. mit einem Reaktor als Neutronenquelle untersucht. Die Schwächungsfunktion für eine ebene Quelle mit einer Richtung entspricht bei Schutzdicken über 40 cm Zement der einer isotropen Punktquelle. M. Wiedemann. 90◇

0069 **Über die Neutronendiffusion in einem bewegten Medium.** A. A. Kosstritza. (Atomenergie [UdSSR] **14,** Nr. 2, 218, 1963; russ.) — Die Diffusionslänge ist in einem Strom mit einer bestimmten Geschw. größer als im ruhenden Medium. Ein meßbarer Unterschied (ca. 10%) dürfte in D_2O mit 3–5 m/s oder in H_2O bei 20–25 m/s auftreten. M. Wiedemann. 90◇

0070 **Verwendung der Korrelationsfunktionen bei der Untersuchung des Neutroneneinfangs in Kristallen.** C. Le Pipec und J. Lafoucrière. (J. Physique **24,** 176–78, 1963; Lyon, Inst. de Phys. Nucl.; franz.) — Der Einfluß der Gitterbindung auf die Absorptionslinie wurde untersucht. Es wurde eine Formel entwickelt, welche die Verbreiterung u. Verzerrung der Resonanz wiedergibt. M. Wiedemann. 90◇

0071 **Bestimmung des Build-up-Faktors für Schwellengeometrie.** L. R. Kimel. (Atomenergie [UdSSR] **14,** Nr. 3, 315–16, 1963; russ.) — Für einen Schwellenschutz endlicher Dicke wird der Build-up-Faktor berechnet. Für Energien von 0,66 bis 4,0 MeV sind die Energiefaktoren des Build-up für W. u. eine ebene Quelle mit einer Richtung ermittelt. M. Wiedemann. 90◇

0072 **Kritische und subkritische Experimente mit einer Zweigruppen-Korrelation der Ergebnisse.** C. G. Campbell und I. S. Grant. (Progr. nuclear Energy, Ser. II **2,** 64–101, 1961; Harwell, A.E.R.E., U.K. Atom. Energy; engl.) — Übersicht über Exponentialmessungen der Flußwölbungen (bucklings) von Natururan- u. Nahezu-Natururan-Gittern bei Moderatoren aus Graphit u. leichtem Wasser. Die Ergebnisse werden unter Verw. der Zweigruppen-Diffusionstheorie analysiert. Gerhard Schmidt. 90◇

0073 **Resonanzabschirmung in Thorium–Graphit-Gemischen.** L. I. Tirén und J. M. Jenkins. (Nukleonik [Berlin] **5,** 93–104, 1963; engl.) — Mittels einer Aktivierungstechnik wird die Resonanzabsorption durch Th über einen Bereich von C:Th-Atomverhältnissen von 10 bis 2000 untersucht. Durch Normalisierung auf einen theoret. Wert des Resonanzintegrals für unendliche Verdünnung wird eine Reihe von Resonanzintegralwerten erhalten, die mit anderen Daten über die Th-Resonanzabsorption verglichen werden. Gerhard Schmidt. 90◇

0074 **Zur Dynamik eines sphärisch symmetrischen schnellen Impulsreaktors.** W. F. Kolessow. (Atomenergie [UdSSR] **14,** Nr. 3, 273–80, 1963; russ.) — Auf der Grundlage der linearen Theorie der Elastizität u. der Störungstheorie werden die dynam. Gleichungen abgeleitet. M. Wiedemann. 90◇

0075 **Proton-Proton-Streuung bei mittleren Energien.** Anwar Hossain. (Pakistan J. sci. ind. Res. **1,** 40–44, 1958; Dacca, East Pakistan, Univ., Phys. Dep.; engl.) — Vf. bestimmt aus allen vorliegenden Meßwerten der p-p-Streuung bis zu Energien von 40 MeV den Wert K aus der Landau-Smorodinsky-Schwinger-Näherung u. findet einen nahezu linearen Zusammenhang zwischen K u. der Energie. H. Schirrwitz. 90◇

0076 **Messung der Polarisation in der Proton-Proton-Streuung bei 30 und 50 MeV.** C. J. Batty, R. S. Gilmore und G. H. Stafford. (Nuclear Physics [Amsterdam] **45,** 481–91, 1963; Chilton, Berks., Nat. Inst. for Res. in Nucl. Sci., Rutherford High Energy Labor.; Belfast, Queen's Univ.; engl.) — Die bei der p-p-Streuung unter einem Winkel von 45° (Schwerpunkts-Syst.) erzeugte Polarisation wird bei 2 verschiedenen Protonenenergien gemessen. Bei 49,9 MeV ist $P = 0{,}0316 \pm 0{,}0017$ u. bei 30,0 MeV ist $P = -0{,}0004 \pm 0{,}0033$. Unter Verw. dieser Ergebnisse u. entsprechender Messungen des differentiellen Querschnitts wird eine Phasenverschiebungsanalyse durchgeführt. Gerhard Schmidt. 90◇

0077 **Messung der Spinkorrelation bei Proton-Proton-Streuung bei 400 und 450 MeV.** E. Engels jun., T. Bowen, J. W. Cronin, R. L. McIlwain und Lee G. Pondrom. (Physic. Rev. [2] **129,** 1858–64, 1963; Princeton, N. J., Princeton Univ.; New York, N. Y., Columbia Univ.; engl.) — Die Spinkorrelations-Koeff. C_{nn} u. C_{KP} für p–p-Streuung wurden bei 400 MeV (60° u. 90° im Schwerpunkts-Syst.) u. bei 450 MeV (90°) unter Benutzung von Funkenkammern mit *C*-Platten als Polarisationsanalysatoren gemessen. Herbert Weber. 90◇

0078 **Die Proton–Proton-Spin-Bahn-Wechselwirkung und das abstoßende Core.** D. W. L. Sprung. (Proc. Roy. Soc. [London], Ser. A **267,** 244–55. 1962; Birmingham, Univ., Math. Phys. Dep.; engl.) — Vf. formuliert die phänomenolog. Proton–Proton-Spin-Bahn-Kraft als Streuung zweier Dirac-Teilchen, die über ein Rumpfpotential, das nur positive Energiezustände koppelt, in Wechselwrkg. stehen. H. Schroeder. 90□

0079 **Leicht unelastische Proton–Deuteron-Streuung.** D. G. Stairs, Richard Wilson und P. F. Cooper jun. (Physic. Rev. [2] **129,** 1672–79, 1963; Cambridge, Mass., Harvard Univ., Cyclotron Labor.; engl.) — Mit einem Magnetspektrometer hoher Auflösung wurden die unelast. u. elast. p–d-Querschnitte für eine Beschußenergie von 158 MeV (im Bereich sehr kleiner Impulsübertragungen) bei Labor.-Streuwinkeln von 5, 10, 15 u. 20° gemessen. Als leicht unelast. Prozesse werden solche bezeichnet, bei denen das einfallende Proton gerade so viel Impuls überträgt, daß das Deuteron zerfällt. Die p–d-Querschnitte wurden auf p–p-Spektren bezogen, die durch Füllung des gleichen Targets mit fl. H_2 erhalten wurden. Vgl. mit Impulsapproximationsberechnungen. Herbert Weber. 90◇

0080 **Theorie der unelastischen Proton–Deuteron-Streuung.** Alan H. Cromer. (Physic. Rev. [2] **129,** 1680–88, 1963; Boston, Mass., Northeastern Univ.; engl.) — Berechnungen zur unelast. p–d-Kleinwinkelstreuung (Querschnitt) nahe der Schwelle. Diskutiert werden die leicht unelast. Prozesse. Herbert Weber. 90◇

0081 **Über das effektive p–^{4}He-Potential und die Kernkräfte.** Hiroyuki Kaneda, Sinobu Nagata, Shoichiro Otsuki und Yoshio Sumi. (Progr. theoret. Physics [Kyoto] **29,** 610–12, 1963; Nagoya, Nagoya Univ., Dep. of Phys.; engl.) — Theoret. Diskussion der Ergebnisse der Unters. über elast. p–^{4}He-Streuung um 40 MeV, wobei *d*- u. *f*-Welleneffekte nicht vernachlässigbar sind. Gerhard Schmidt. 90◇

0082 **Elastische Streuung von 24,85-MeV-Deuteronen an ^{4}He.** W. T. H. van Oers und K. W. Brockman jun. (Nuclear Physics [Amsterdam] **44,** 546–52, 1963; Amsterdam, Inst. voor Kernphys. Onderz.; engl.) — Der differentielle Querschnitt für elast. Streuung wird durch Beobachtung elast. gestreuter Deuteronen u. der Rückstoß-α-Teilchen gemessen. Die Winkelverteilung zeigt ein ähnliches Verh. wie die Verteilungen bei niedrigeren Energien mit Ausnahme im Gebiet um 60°, wo ein neues relatives Maximum im Querschnitt auftritt. Gerhard Schmidt. 90◇

0083 **Elastische Streuung von Alphateilchen an Helium.** T. A. Tombrello und L. S. Senhouse. (Physic. Rev. [2] **129,** 2252–58, 1963, Pasadena, Calif., California Inst. of Technol.; engl.) — Die Streuung wurde für Labor.-Energien zwischen 3,8 u. 12 MeV untersucht. Zehn Winkelverteilungen wurden in diesem Energiebereich gemessen, ferner Anregungskurven bei den Schwerpunktswinkeln 30,6; 40; 54,8; 70,2 u. 90° (Phasenverschiebungsanalyse). Herbert Weber. 90◇

0084 **Berechnung der Bindungsenergie der Kernmaterie nach der Methode des Bezugsspektrums.** M. Razavy. (Physic. Rev. [2] **130,** 1091–99, 1963; Ithaca, N. Y., Cornell Univ., Labor. of Nucl. Stud.; engl.) — Die Meth. des Bezugsspektrums wird zur Berechnung der Bindungsenergie von Kernmaterie unter Verw. des Hamada-Johnson-Potentials für die Nucleon–Nucleon-Wechselwrkg. angewandt. Die Bindungsenergie ist nur

— 7,8 MeV/Teilchen bei einer Dichte, die dem Fermi-Impuls $k_F = 1{,}12$ fermi^{-1} entspricht.
Gerhard Schmidt. 95◇

0085 **Über die effektive Wechselwirkung in endlichen Kernen.** B. Bremond. (Nuclear Physics [Amsterdam] **22,** 434—38, 1961; Orsay, S.-et-O., Labor. de Phys. Theor. et Hautes Energies des Sci.; engl.) — Die Erwartungswerte für die Zweinucleonen-Wechselwrkg. wurden mit der Brueckner-Matrix u. Schalenmodell-Wellenfunktionen berechnet u. mit den auf Grund phänomenolog. Berechnungen erhaltenen Werten verglichen. H. Schroeder. 95□

0086 **Neue Methoden bei Kernstrukturberechnungen.** M. K. Banerjee und C. A. Levinson. (Physic. Rev. [2] **130,** 1036—63, 1963; Princeton, N. J., Princeton Univ., Palmer Phys. Labor.; engl.) — Meth. zur Best. der Schalenmodell-Matrixelemente im SU 3-Klassifizierungsschema (Elliot). Gerhard Schmidt. 95◇

0087 **Berechnungen der Energiespektren von Kernen in der 2s, 1d-Schale.** M. K. Banerjee, C. A. Levinson und S. Meshkov. (Physic. Rev. [2] **130,** 1064—68, 1963; engl.) — Vgl. vorst. Referat. — Unter Verw. des l. c. entwickelten Schemas wird das Energiespektrum von ^{24}Mg im einzelnen untersucht.
Gerhard Schmidt. 95◇

0088 **Die Stärkefunktion des Neutrons und das Schalenmodell.** Barry Block und H. Feshbach. (Ann. Physics **23,** 47—70, 1963; Cambridge, Mass., MIT, Dep. of Phys. and Labor. for Nucl. Sci.; Geneva, CERN; engl.) — Theoret. Entw. der Darst. der Neutron-Kern-Wechselwirkung. Es zeigt sich, daß die Stärkefunktion vom Mittelwert der Übergangswahrscheinlichkeiten zu den Zweiteilchen-Einloch-Zuständen, der Anzahl dieser Zustände u. von der Halbbreite Δ abhängt.
Gerhard Schmidt. 95◇

0089 **Beziehungen zwischen Zuständen von Kernen mit konstantem Neutronenüberschuß.** F. Everling. (Nuclear Physics [Amsterdam] **40,** 670—89, 1963; Ames, Iowa, Iowa State Univ., Inst. for Atom. Res., Dep. of Phys.; engl.) — Vgl. C. **1959,** 8446. — Die l. c. behandelten Relationen zeigen, daß die $1d_{5/2}$-Unterschale durch einen nahezu linearen Trend in dem Massenüberschuß oder in der totalen Kernbindungsenergie von angeregten u. Grundzuständen als eine Funktion der Massenzahl dargestellt werden kann. Die Systematik läßt bei ^{20}Ne ein 0,65-MeV-Niveau (0^+) vermuten. Dieser Zustand würde eine lineare Relation mit den Grundzuständen von ^{24}Mg u. ^{28}Si bilden, analog den linearen Trends für die ersten 2^+- u. 4^+-Zustände dieser drei Kerne. Der 6,052-MeV-Zustand (0^+) in ^{16}O erscheint am Anfang dieses Trends mit einer leeren $1d_{5/2}$-Unterschale. Strikte Gültigkeit dieser Systematik würde in ^{32}S ein 0,41-MeV-Niveau (0^+) als zusätzliche Ausnahme der empir. Regel einer Energielücke in geraden Kernen erfordern.
Gerhard Schmidt. 95◇

0090 **Die Coulomb-Energien der tiefer angeregten Niveaus in den leichten Spiegelkernen.** W. M. Fairbairn. (Nuclear Physics [Amsterdam] **45,** 437—42, 1963; Manchester, Manchester Coll. of Sci. and Technol., Math. Dep.; engl.) — Die Coulomb-Energiedifferenzen der tiefer angeregten Niveaus in Spiegelkernen mit $5 \leq A \leq 17$ werden unter Verw. der Störungstheorie erster Ordnung u. der Schalenmodell-Darst. für die Kernzustände berechnet. Übereinstimmung mit den experimentellen Werten wird erzielt, wenn weitere Effekte, wie z. B. die Thomas-Ehrman-Verschiebung, berücksichtigt werden
Gerhard Schmidt. 95◇

0091 **Über eine Methode zur Berechnung von nicht-axialen Rotationswellenfunktionen und Energieniveaus von Ungerade-A-Kernen.** Wen-Shu Han, You-Liang Sou und Ing-Chou Yan. (Acta physica sinica **19,** 99—102, 1963; chin., Auszug: engl.)
H. Liepack. 95◇

0092 **Anregung der kollektiven Bewegung der photonuclearen Riesenresonanz durch Protonen.** Michel Fabre de la Ripelle. (Progr. theoret. Physics [Kyoto] **28,** 151—62, 1962; Orsay, Labor. de Phys. Nucl.; franz.) — Im Rahmen eines kollektiven Modells (Fermi-Verteilung) wird die Anregung der Resonanz in der Bornschen Näherung berechnet. M. Wiedemann. 95◇

0093 **Statistische Mittelwertsbildung von (p,p'γ)-Winkelverteilungen, um E2/M1-Mischungsverhältnisse für $2^{+\prime}$ (M1, E2)2^+-γ-Übergänge in geraden Kernen zu erhalten.** A. K. Sen Gupta und D. M. van Patter. (Physics Letters [Amsterdam] **3,** 355—57, 1963; Swarthmore, Pa., Bartol Res. Found.; engl.) — Unters. von E2/M1-Mischungsverhältnissen durch Messung der (p, pγ-)-Winkelverteilung mit γ-Strahlen der $2^{+\prime} \to 2^+$-Übergänge in ^{60}Ni ^{64}Zn u. ^{66}Zn. H. Schroeder. 95◇

0094 **Der Durchdringungseffekt bei der inneren elektrischen Dipolkonversion.** Gustav Kramer und Sven Gösta Nilsson. (Nuclear Physics [Amsterdam] **35,** 273—94, 1962; Berkeley, Calif., Univ. of California, Lawrence Radiat. Labor.; engl.) — Vff. untersuchten die kernstrukturabhängigen Beiträge zum inneren Konversionsprozeß im Zusammenhang mit stark verzögerten elektr. Dipolübergängen. Die anomalen Kernmatrixelemente wurden für das Einzelteilchenmodell ausgearbeitet u. die Einfl. von Paarkorrelationen diskutiert. Es besteht Übereinstimmung mit den experimentellen Werten. H. Schroeder. 95□

0095 **Über die direkte Neutronenaustauschwechselwirkung komplexer Kerne, die eine mögliche große Änderung der Kernspins einschließt.** V. I. Goldansky. (Nuclear Physics [Amsterdam] **9,** 551—57, 1959; Moscow, USSR Acad. of Sci., P. N. Lebedev Phys. Inst.; engl.) — Vgl. C. **1960,** 4089. — Es wird gezeigt, daß es möglich sein kann, einen Prozeß der direkten Wechselwrkg. von komplexen Kernen (z. B. von der Form $^{16}O + {}^{20}Ne \to {}^{16}O^* + {}^{20}Ne^*$) zu beobachten, bei welchem diese Kerne, wenn sie sich an der äußeren Grenze des Coulomb-Potentialwalls befinden, Neutronen austauschen. Wenn die Neutronen der äußeren Schalen große Impulse haben, kann ihr Austausch zu einer großen Änderung der Spins der in Wechselwrkg. tretenden Kerne u. zur Anregung sonst unzugänglicher Niveaus führen, welche allen möglichen Werten des Kernspins u. deren Projektion für verschiedene Anordnungen der gegebenen Neutronenzahl in der äußeren Schale entsprechen. O. Jansen. 95◇

0096 **Eine Präzisionsbestimmung der Massendifferenz von ^{27}Al und ^{24}Mg aus den Reaktionen ^{24}Mg (α, γ) ^{28}Si und ^{27}Al (p, γ) ^{28}Si.** A. Rytz, H. H. Staub, H. Winkler und F. Zamboni. (Nuclear Physics [Amsterdam] **43,** 229—35; 1963; Zürich, Univ.; engl.) — Auf Grund von Messungen der beiden Resonanzenergien des prim. Protons bzw. α-Teilchens bei der Anregung von Niveaus in ^{28}Si durch Protoneneinfang in ^{27}Al bzw. α-Einfang in ^{24}Mg wurde die Massendifferenz $^{27}Al - {}^{24}Mg$ zu $1601 \pm 0{,}7$ keV bestimmt. H. Schroeder. 95◇

0097 **Der Einfluß der Paarungskorrelationen auf die Übergangsgeschwindigkeiten des Kerns.** A. F. de Miranda und M. A. Preston. (Nuclear Physics [Amsterdam] **44,** 529—45, 1963; Hamilton, Canada, McMaster Univ., Dep. of Phys.; engl.) — Unters. des Einfl. der Paarungskorrelationen bei einigen γ- u. β-Zerfallsprozessen unter Verw. projizierter Wellenfunktionen.
Gerhard Schmidt. 103◇

0098 **Über den Verlauf erlaubter β-Spektren.** Br. Kuchowicz. (Acta physica polon. **20,** 341—49, 1961; Dubna, USSR, Joint Inst. for Nucl. Res.; engl.) — Die in den β-Spektren von ^{32}P, ^{90}Y, ^{114}In u. ^{22}Na beobachteten kleinen Abweichungen (Nichtlinearität im Fermi-Kurie-Diagramm) werden diskutiert.
H.-D. Freyer. 103◇

0099 **Erstverbotener β-Zerfall.** Hans A. Weidenmüller. (Rev. mod. Physics **33,** 574—607, 1961; Pasadena, Calif., California Inst. of Technol.; engl.) — Übersicht. H. Schroeder. 103□

0100 **Coulomb-Korrekturen bei der inneren Bremsstrahlung.** Gerhard Felsner. (Z. Physik **174,** 43—56, 1963; Erlangen-Nürnberg, Univ., Inst. für Theoret. Physik; dt.) — Durch Berücksichtigen des Coulomb-Feld-Einfl. auf die Zwischenzustände beim β-Zerfall wird eine verbesserte Theorie der inneren Bremsstrahlung gefunden, wobei vor allem im hochenerget. Teil des Spektrums eine gute Übereinstimmung von Theorie u. Experiment erhalten wird. B. Schmitt. 103◇

0101 **K-Konversionskoeffizienten einiger E2-Übergänge.** A. Foglio und M. Mandelli Bettoni. (Energia nucleare **9,** 677—80, 1962; Milano, CESNEF; engl.) — Die K-Konversions-Koeff. von E2-Übergängen in ^{166}*Er*, ^{176}*Hf*, ^{186}*Os* u. ^{188}*Os* wurden mit einem Scintillationsspektrographen u. Koinzidenz-Verf. untersucht. Zerfallsschemata für ^{166}*Ho* → ^{166}Er, ^{176}*Lu* → ^{176}Hf, ^{186}*Re* → ^{186}Os u. ^{188}*Re* → ^{188}Os werden wiedergegeben.
Herbert Weber. 103◇

0102 **Reichweiten von Rückstoßionen aus α-Reaktionen.** Lise Bryde, N. O. Lassen und N. O. Roy Poulsen. (Kong. danske Vidensk Selsk., mat.-fysiske Medd. **33,** 1—28, 1962; engl.) — Die bei der Bestrahlung dünner Cu-Schichten mit α-Teilchen (19,6 MeV) auf Grund der Rk. ^{63}*Cu* (α, n) ^{66}*Ga* auftretenden Rückstoßionen wurden in H_2-, D_2-, He-, N_2- bzw. Ar-Gas abgestoppt. Die positiven Ionen wurden auf einem Kathodenblech gesammelt u. die Aktivitätsverteilung auf dem Blech gemessen. Die mittlere Reichweite wurde im Energiebereich 0,6 MeV $< E <$ 1,2 MeV als nahezu proportional zur Energie gefunden. Die Reichweite von ^{66}Ga-Ionen in Cu u. von K-Ionen in Ar wurde ebenfalls untersucht.
H. Schroeder. 103□

0103 **Emission von ^{8}Li-, Be- und B-Fragmenten aus Kernen in photographischer Emulsion.** F. O. Breivik, T. Jacobsen und S. O. Sørensen. (Physic. Rev. [2] **130,** 1119—26, 1963; Oslo, Univ. of Oslo, Inst. of Phys.; engl.) — Beschreibung einer Meth. zur Identifizierung von Bahnen schwerer Fragmente aus hochangeregten Kernen bei Exposition der Emulsionen mit 4—5-GeV-π^--Mesonen. Ladungs-, Energiespektren u. Winkelverteilungen der Fragmente werden bestimmt.
Gerhard Schmidt. 103◇

0104 **Übertragung geladener Teilchen bei Reaktionen mit schweren Ionen.** V. K. Lukyanov. (Acta physica polon. **22,** 529—31, 1962; Dubna, Joint Inst. for Nucl. Res.; engl.) — Vf. berechnet periphere Stöße schwerer Ionen, bei denen geladene Teilchen (p u. α) auf den gebundenen Zustand des Endkerns übertragen werden.
H. Schroeder. 103◇

0105 **Anregungsfunktionen für Kernreaktionen zwischen komplexen Kernen.** 1. Mitt. **Neutronenemission.** G. R. Choppin und T. J. Klingen. (Physic. Rev. [2] **130,** 1990—95, 1963; Tallahassee, Fla., Florida State Univ., Dep. of Chem.; engl.) — Die Anregungsfunktionen werden für die Bldg. von ^{134}*Ce*, ^{135}Ce u. ^{137m}Ce durch die Rkk. ^{128}*Te* + ^{12}C, ^{130}*Te* + ^{12}C u. ^{124}*Sn* + ^{16}O bestimmt. Für sämtliche Rkk. sind die maximalen Querschnitte $<$ 0,6 barn. Die Anregungsfunktionen scheinen um 10—15 MeV nach höheren Energien versetzt zu sein, als für Compoundkern-Bldg.-Rkk. bei niedrigem Drehimpuls erwartet wird. Gerhard Schmidt. 103◇

0106 **Anregungsfunktionen für Kernreaktionen zwischen komplexen Kernen.** 2. Mitt. **Emission geladener Teilchen.** T. J. Klingen und G. R. Choppin. (Physic. Rev. [2] **130,** 1996—99, 1963; engl.) — 1. vgl. vorst. Referat. — Die Erzeugung von ^{135}*La*, ^{135m}*Ba* u. ^{133m}Ba aus den Rkk. ^{128}*Te* + ^{12}C, ^{130}*Te* + ^{12}C u. ^{124}*Sn* + ^{16}O wird radiochem. gemessen. Die Funktion von ^{135}La tritt durch Nucleonenverdampfung auf, die der Compoundkern-Bldg. folgt. Der maximale Querschnitt stimmt beim Vgl. mit dem maximalen Querschnitt für die ^{135}Ce-Bldg. mit dieser Vorstellung überein. Gerhard Schmidt. 103◇

0107 **Kernchemische Untersuchungen von durch Schwere-Ionen-Reaktionen erzeugten alphastrahlenden Nucliden mit Neutronenmangel.** Wilhelm Forsling. (Svensk kem. Tidskr. **73,** 210—32, 1961; Stockholm, Nobel Inst. of Physics; Univ. of Stockholm, Inst. of Inorg. and Phys. Chem.; engl.) — Zusammenfassung einer Reihe früherer Arbeiten des Vf. mit 10 Literaturangaben. (Vgl. z. B. C. **1959,** 5060, **1960,** 11184 u. 11887.)
A. Senning. 103◇

0108 **γ-Strahlen aus dem Lithiumbeschuß von ^{9}Be, ^{10}B, ^{11}B und ^{12}C.** E. Norbeck, S. A. Coon, R. R. Carlson und E. Berkowitz. (Physic. Rev. [2] **130,** 1971—86, **1963;** Iowa City, Iowa, State Univ. of Iowa, Dep. of Phys. and Astronom.; engl.) — Mit einem Dreikristall-Paarspektrometer u. einem NaJ(Tl)-Kristall werden die relativen Intensitäten der γ-Strahlen erhalten, die beim Beschuß von ^{9}Be-, ^{10}B-, ^{11}B- u. ^{12}C-Targets mit ^{6}Li- u. ^{7}Li-Bündeln erzeugt worden sind. γ-Strahlen werden aus angeregten Zuständen in den Restkernen ^{7}Li, ^{10}Be, ^{10}B, ^{11}B, ^{12}B, ^{12}C, ^{13}C, ^{14}C, ^{14}N, ^{15}N, ^{15}O, ^{16}O u. ^{17}O beobachtet. Einige dieser γ-Strahlen sind bisher nicht festgestellt worden. Gerhard Schmidt. 103◇

0109 **Vergleich der Reaktionen ^{13}C(d,α)^{11}B und ^{11}B(^{3}He,p)^{13}C.** B. B. Marsh und O. M. Bilaniuk. (Physic. Rev. [2] **130,** 2373—80, **1963;** Rochester, N. Y., Univ. of Rochester, Dep. of Phys. and Astronom.; engl.) — Die Winkelverteilungen werden für die Rk. ^{13}C(d,α)^{11}B (Grundzustand) bei 3,35, 3,55, 3,85 u. 4,20 MeV gemessen. Die differentiellen Anregungsfunktionen für diese Rk. werden in 100-keV-Intervallen über den Bereich von 3,1—4,2 MeV bei 54, 84, 119 u. 154° ermittelt. Die Winkelverteilungen für die Rk. ^{11}B(^{3}He, p)^{13}C (Grundzustand) werden bei 8,6, 9,6 u. 10,3 MeV gemessen. Die differentiellen Anregungsfunktionen werden in 200-keV-Intervallen über den Bereich von 8,0—11,0 MeV bei 35 u. 140° bestimmt. Die Daten für die Rk. ^{13}C(d, α)^{11}B werden unter Verw. Legendrescher Polynome in cos Θ wiedergegeben. Gerhard Schmidt. 103◇

0110 **Winkelverteilung für die ^{14}N(d, p)^{15}N-Grundzustandsreaktion.** Susumu Morita, Toshiyuki Ishimatsu, Tetsuji Cho, Yutaka Nakajima, Nawoyuki Kawai, Toru Murata und Yuki Hachiya. (J. physic. Soc. Japan **16,** 1849—52, 1961; Hukuoka, Kynsyn Univ., Dep. of Phys.; Tokyo, Tokyo Univ., Dep. of Phys.; Tokyo, Chiyoda-ku, Nippon Atomic Ind. Group Co., Ltd.; Tokyo, Minato-ku, Nippon Electric Co. Ltd.; engl.) — Bei Deuteronenenergien von 15,2 u. 13,8 MeV gemessene Winkelverteilungen wurden mit denen der ^{12}*C*(α,*p*)^{15}*N*-Grund-Zustands-Rk. bei solchen α-Energien verglichen, daß der Compoundkern ^{16}*O* bei gleichen Anregungsenergien erzeugt wurde. Es ist ersichtlich, daß die ^{14}*N*(d, p)^{15}*N*-Grundzustands-Rk. bei $E_d >$ 8 MeV hauptsächlich über den Strippingprozeß verläuft. O. Jansen. 103◇

0111 **Winkelverteilungen für einen Q-Wertebereich bei der Reaktion ^{19}F(d,p)^{20}F.** V. M. Rout, W. M. Jones und F. G. Waters. Nuclear Physics [Amsterdam] **45,** 369—82, 1963; Aldermaston, Berks., Assoc. Electr. Indust. Ltd., Res. Labor.; engl.) — Die Analyse der Winkelverteilungen von 21 Protonengruppen aus der Rk. ^{19}F(d, p)^{20}F bis zu einer Anregungsenergie von 4,3 MeV mit E_d = 2 MeV liefert mehrere neue l_n-Werte u. weitere gegenüber früher modifizierte l_n-Werte.
Gerhard Schmidt 103◇

0112 **Winkelverteilung der Strippingreaktionen an Silicium-29 und Sauerstoff-17.** E. El-Baz. (Nuclear Physics [Amsterdam] **45,** 383—441, 1963; Lyon, Inst. de Phys. Nucl.; franz.) — Bei Verw. ebener Wellen in den Einfalls- u. Austrittskanälen sowie einer komplementären Wechselwrkg. (Wechselwrkg. des austretenden Protons mit dem Restkern) ohne Spin-Bahn-Kopplung gibt die Berechnung der Winkelverteilung die Meßpunkte bei großen Winkeln wieder. Die Berechnungen werden auf die Rkk. ^{29}Si(d,p)^{30}Si u. ^{17}O(d,p)^{18}O angewandt.
Gerhard Schmidt. 103◇

0113 **(α,p)-Reaktionen in der Nähe von Z = 26.** Itaru Nonaka, Hisashi Yamaguchi, Takashi Mikumo, Iwao Umeda, Tatsuro Tabata und Saburo Mikumo. (J. physic. Soc. Japan **16,** 1853—56, 1961; Tanashimachi, Tokyo, Univ. of Tokyo, Inst. for Nucl. Study; engl.) — Die Protonenspektren der (α, p)-Rkk. an *Ti*, *Cr*, *Fe*, *Ni*, *Cu* u. *Zn* wurden bei α-Energien nahe 28 MeV gemessen. Für Ti u. Fe sind die Formen der Spektren u. die Verteilungen der beobachteten Energieniveaus der Restkerne einander ähnlich. Die Winkelverteilungen der ersten, zweiten u. dritten Protonengruppen für Ni u. für die ersten u. zweiten Protonengruppen für Zn zeigen den direkten Prozeß (Vorwärtsmaxima). Die integrierten totalen Wirkungsquerschnitte dieser Protonengruppen sind $0{,}5_4$ (erste), $0{,}4_9$ (zweite) u. $0{,}7_2$ (dritte) mb für *Ni* u. $0{,}2_4$ (erste) u. $0{,}2_4$ (zweite) mb für Zn.
O. Jansen. 103◇

0114 **(p, d)-, (p, t)- und (p, α)-Reaktionen zu den gleichen Endzuständen in ^{56}Fe und ^{90}Zr.** J. B. Ball, C. B. Fulmer und C. D. Goodman. (Physic. Rev. [2] **130,** 2342—48,

1963; Oak Ridge, Tenn., Oak Ridge Nat. Labor.; engl.) — Mit 22-MeV-Protonen aus dem 86-in.-Cyclotron werden die Rkk. ^{57}Fe(p, d), ^{58}Fe(p, t) u. ^{59}*Co*(p, α) sowie die Rkk. ^{91}Zr(p, d), ^{92}Zr(p, t) u. ^{93}*Nb*(p, α) untersucht. Es werden die Winkelverteilungen u. Querschnitte für jede dieser Rkk. erhalten, welche die gleichen Endzustände anregen. Die Querschnitte für die Anregung eines vorgegebenen Endzustandes liefert ein Anzeichen der relativen Wahrscheinlichkeit für den einzelnen, doppelten u. dreifachen Pickup-Prozeß.
Gerhard Schmidt. 103◇

0115 **Die durch 14,6-MeV-Neutronen in CsJ(Tl)-Scintillationskristallen hervorgerufenen (n, p)-, (n, d)- und (n, α)-Reaktionen.** W. R. Dixon. (Nuclear Physics [Amsterdam] **42,** 27—45, 1963; Ottawa, Nat. Res. Council; engl.) — Mittels Impulsverlaufdiskrimination war es möglich, Energiespektren der einzelnen Teilchen zu messen. Protonen- u. α-Spektren wurden mit der statist. Theorie der Kern-Rkk. analysiert; unerklärbare Spektrenanteile werden auf direkte Wechselwrkg.-Rkk. zurückgeführt. Für Cs + J wurden folgende abs. Querschnitte ermittelt: σ(n, p) = 8 ± 1 mbarn; σ(n, d) = 1,2 ± 0,2 mbarn; σ(n, α) = 1,8 ± 0,2 mbarn. — 41 Literaturzitate. H. Schroeder. 103◇

0116 **Niveaus des ^{150}Sm-Kerns, die bei der (n, γ)-Reaktion angeregt werden.** L. V. Groshew, A. M. Demidov, V. A. Ivanov, V. N. Lutsenko und V. I. Pelekhov. (Nuclear Physics [Amsterdam] **43,** 669—83, 1963; Moscow, USSR Acad. of Sci., I. V. Kurchatov Atom. Energy Inst.; engl.) — Mit Magnetspektrometern werden die Spektren der γ-Strahlen u. inneren Konversionselektronen gemessen, die beim Einfang therm. Neutronen von ^{149}Sm emittiert werden. Ein Schema der γ-Übergänge des ^{150}Sm-Kerns wird angenommen. Die Niveaus der ^{150}Sm- u. ^{152}Gd-Kerne werden verglichen.
Gerhard Schmidt. 103◇

0117 **Der K-Konversionskoeffizient des 368-keV-E2-Überganges in ^{200}Hg.** W. H. G. Lewin, B. van Nooijen und A. H. Wapstra. (Nuclear Physics [Amsterdam] **27,** 681—87, 1961; Delft, Labor. voor Techn. Fys.; engl.) — Der K-Konversions-Koeff. wurde mittels K-Konversions-Elektron-γ-Koinzidenzmessungen zu α_k = 0,0395 ± 0,0008 in Übereinstimmung mit theoret. Werten erhalten. H. Schroeder. 103□

0118 **Suche nach der α-Aktivität von Pb-, Tl-, Hg-, Pt- und Te-Isotopen mit Neutronendefizit.** M. Karras, G. Andersson und M. Nurmia. (Ark. Fysik **23,** 57—63, 1963; Uppsala, Univ., Gustav-Werner-Inst. for Nucl. Chem.; Helsinki, Univ., Inst. of Phys.; engl.) — Die im Synchrocyclotron durch Protonenbeschuß dargestellten Nuclide wurden mit einer α-Ionisationskammer untersucht. Ergebnisse: ^{188}Pt E$_\alpha$ = 3,87 ± 0,05 MeV, $\tau_{1/2}$ = 10,5 ± 1,0 d, α-Verzweigung 0,5 · 10^{-6}; 188(187?) Hg 5,14 ± 0,05 MeV, 3,0 ± 0,5 min.; 186(185?) Hg 5,64 ± 0,05 MeV, 53 ± 4 s u. Bi$^{(?)}$ 6,45 ± 0,10 MeV, 33 s. Für 20 Nuclide konnte lediglich eine obere Grenze für die α-Verzweigung (10^{-9} bis 5 · 10^{-5}) festgelegt werden.
K. Mauersberger. 103◇

0119 **Monoenergetische Positronenlinie und drei neue γ-Übergänge in ^{206}Bi.** R. Wiener, C. Chasman, P. Harihar und C. S. Wu. (Physic. Rev. [2] **130,** 1069—77, 1963; New York, N. Y., Columbia Univ.; engl.) — Unter Verw. einer intensiven ^{206}Bi-Quelle in einem Solenoid-Spektrometer wird die monoenerget. Positronenlinie (1,72-MeV-Übergang) in ^{206}Bi untersucht. Die Intensität dieser Linie wird zu 3,2 · 10^{-8} pro γ-Strahl geschätzt. Der Verzögerungsfaktor des E1 (1,720 MeV)-Überganges wird zu ca. 600 angenommen. Drei neue Übergänge über der bisher bekannten höchsten Energielinie werden bei 1,845, 1,88 u. 1,90 MeV festgestellt. Den 1,845- u. 1,880-MeV-Übergängen kann E1-Charakter zugeordnet werden.
Gerhard Schmidt. 103◇

0120 **Rückstoßeigenschaften der Produkte aus der ^{209}Bi(p, pxn)-Spallation.** William R. Pierson und Nathan Sugarman. (Physic. Rev. [2] **130,** 2417—28, 1963; Chicago, Ill., Univ. of Chicago, Enrico Fermi Inst. for Nucl. Stud.; engl.) — Die Rückstoß-Eigg. werden bei einer Beschußenergie der Protonen von 450 MeV gemessen u. mit den nach Monte-Carlo-Kaskadenberechnungen vorhergesagten verglichen. Der Einfl. der Streuung der Rückstoßkerne während des Bremsprozesses auf die Ergebnisse erweist sich als bedeutend. Angenäherte Werte für die Ausbeuteverhältnisse ^{205}Bi/^{206}Bi, ^{205}*Po*/^{205}Bi u. ^{206}Po/^{206}Bi werden wiedergegeben.
Gerhard Schmidt. 103◇

0121 **Unelastische Querschnittsmessungen für Neutronen an ^{6}Li, ^{7}Li, ^{235}U, ^{238}U und ^{239}Pu bei 8,1, 11,9 und 14,1 MeV.** M. H. MacGregor, R. Booth und W. P. Ball. (Physic. Rev. [2] **130,** 1471—72, 1963; Livermore, Calif., Univ. of California, Lawrence Radiat. Labor.; engl.) — Tabellar. Zusammenfassung der Querschnittsmessungen an obigen Nucliden. Gerhard Schmidt. 103◇

0122 **Symmetrie der neutroneninduzierten Spaltung von ^{235}U bei einzelnen Resonanzen.** 2. Mitt. G. A. Cowan, B. P. Bayhurst und R. J. Prestwood. (Physic. Rev. [2] **130,** 2380—83, 1963; Los Alamos, N. Mex., Univ. of California, Los Alamos Scient. Labor.; engl.) — 1. vgl. C. **1962,** 2621. — Die Neutronen aus dem Kernexplosionstest GNOME werden in der Energie aufgelöst u. zur Unters. der Symmetrie der Spaltung von ^{235}U im Resonanzbereich verwendet. Die Symmetrie wird aus der Messung des Spaltproduktverhältnisses ^{111}Ag/^{99}Mo bei Resonanzen von 8,8—40 eV abgeleitet. Die bei der Wahrscheinlichkeit der symm. Spaltung beobachtete maximale Abnahme beträgt im Vgl. zur Wahrscheinlichkeit bei der therm. Spaltung von ^{235}U 50%, die beobachtete maximale Zunahme 22%. Vier Niveaus zeigen eine Zunahme in der Symmetrie, 13 Niveaus eine Abnahme.
Gerhard Schmidt. 103◇

0123 **Zerfall eines isomeren Zustandes in ^{244}Cm.** P. G. Hansen, K. Wilsky, C. V. K. Baba und S. E. Vandenbosch. (Nuclear Physics [Amsterdam] **45,** 410—16, 1963; Risø, Res. Establ., Chem. Dep.; Copenhagen, Univ., Inst. for Theoret. Phys.; engl.) — Die bisherige Zuordnung von $(K, I\pi) = (6,6^+)$ für den 1042-keV-Zustand in ^{244}Cm wird über eine Winkelkorrelationsmessung bestätigt; ferner wird festgestellt, daß der 746-keV-γ-Strahl eine Mischung von 46% E2 u. 54% M1 ist. Die Halbwertszeit des 1042-keV-Zustandes ergibt sich aus der Messung der verzögerten Koinzidenzen zwischen β-Strahlen u. Konversionselektronen zu 34 ± 2 ms. Der Vgl. mit der Einzelteilchenschätzung zeigt, daß die E2-Übergänge aus dem verzögerten Zustand um Faktoren von ca. 10^{10} gehemmt sind.
Gerhard Schmidt. 103◇

0124 **Zerfall eines isomeren Zustandes in ^{234}U.** P. G. Hansen, K. Wilsky und S. Bjørnholm. (Nuclear Physics [Amsterdam] **45,** 417—22, 1963; engl.) — Vgl. vorst. Referat. — Die Halbwertszeit des obigen Zustandes wird durch Zeitanalysatortechnik zu 33,5 ± 2,0 μs bestimmt. Durch die Messung verzögerter Koinzidenzen wird das γ-Spektrum dieses Iosmers untersucht, Energien u. Intensitäten werden wiedergegeben. Die Ergebnisse bestätigen nachfolgende Haupt-Eigg. des Zerfallsschemas: 1) Das Isomer entsteht durch einen 126-keV-γ-Strahl u. 2) das Isomer wird über Zustände der γ-Schwingungsbande in ^{234}U abgebaut.
Gerhard Schmidt. 103◇

0125 **Experimentelle Arbeit mit schnellen Nullenergie-Reaktoren.** R. D. Smith und J. E. Sanders. (Progr. nuclear Energy, Ser. II **2,** 1—63, 1961; Harwell, A. E. R. E., U. K. Atom. Energy; engl.) — Beschreibung des Syst. u. der Reaktivitätsbeiträge für die beiden brit. schnellen Reaktoren ZEPHYR u. ZEUS.
Gerhard Schmidt. 110◇

0126 **Untersuchungen in der Physik von Reaktoren mit schnellen Neutronen.** A. I. Leipunskii, A. I. Abramov, V. N. Andreev, A. I. Baryshnikov, I. I. Bondarenko, N. I. Fetisov, V. I. Galkov, V. I. Golubev, A. D. Gulko, A. G. Guseinov, O. D. Kazachkovskii, N. V. Kozlova, N. V. Krasnoyarov, B. D. Kuzminov, V. N. Morozov, M. N. Nikolaev, L. E. Sherman, G. N. Smirenkin, Iu. Ia. Stavisskii, F. I. Ukrantsev und L. N. Usachev. (Progr. nuclear Energy, Ser. II **2,** 362—87, 1961; engl.) — Vgl. C. **1963,** 8793. — Zusammenfassende Darst. der Unterss. schneller Syst. zur Best. des Brutverhältnisses u. zur Prüfung von

Reaktorberechnungen an den sowjet. schnellen Forschungsreaktoren. Gerhard Schmidt. 110◇

0127 **Gekoppeltes kritisches schnell-thermisches Experiment.** R. Avery, C. E. Branyan, G. S. Brunson, C. E. Cohn, G. J. Fischer, H. H. Hummel, W. Y. Kato, F. S. Kirn, D. Meneghetti, F. W. Thalgott und B. J. Toppel. (Progr. nuclear Energy, Ser. II **2**, 147—75, 1961; Lemont, Ill., Argonne Nat. Labor.; Idaho Falls, Idaho; engl.) — Das gekoppelte Syst. besteht aus einer schnellen u. einer therm. Anordnung, die in der Weise gekoppelt sind, daß in jeder einige der die Spaltung hervorrufenden Neutronen in der anderen Anordnung entstehen. Theoret. werden die krit. Ladung, die Lebensdauer der prompten Neutronen, die Reaktivität des schnellen Teiles des Syst., die Aufteilung der Reaktivität sowie die Kopplungsparameter behandelt. Gerhard Schmidt. 110◇

0128 **Mittlere Neutronenenergie von Reaktorspektren und ihr Einfluß auf Verschiebungsschäden.** A. D. Kantz. (J. appl. Physics **34**, 1944—52, 1963; Albuquerque, N. Mex., Sandia Corp.; engl.) — Die mittlere Energie des Neutronenspektrums eines Reaktors kann mit guter Näherung durch die Reaktionsschwellen-Technik bestimmt werden. Durch Pu-Folien (effektive Schwelle 1 keV) u. S-Folien (effektive Schwelle 3,0 MeV) wurde eine mittlere Energie des Reaktorspektrums von $E = 7{,}42$ R $\pm$ 0,30 MeV gefunden, wobei $R = N_2/N_1$ das zahlenmäßige Flux-Verhältnis von Neutronen mit Energien > S-Schwelle zu denen > Pu-Schwelle bedeutet. Die Abnahme der Ladungsträger in n-leitendem *Si* wurde an 1-, 10- u. 100-$\Omega \cdot$ cm-Proben an 7 Reaktoren untersucht sie ist direkt proportional der mittleren Energie des Neutronenspektrums. B. Schmitt. 110◇

0129 **Zur Fokussierung von Beta-Teilchen in einem Kurzlinsen-Spektrometer.** R. Nathe, J. Schintlmeister, H. Seidenfaden und R. Weibrecht. (Exp. Techn. Physik **9**, 1—12, 1961; Dresden; dt.) — Das Kurzlinsenspektrometer besteht aus einer langgestreckten, zylindr. Vakuumkammer mit Strahlenquelle u. Detektor (Geiger-Zähler) an den beiden Enden. In der Mitte der Kammer befindet sich eine verstellbare Ringblende, die Kammer ist konzentr. von einer magnet. Linse umgeben. Die bei der Fokussierung monoenerget. Elektronen auftretende sphär. Aberration wurde experimentell untersucht. W. Reusse. 112□

0130 **Einfluß der endlichen Ausdehnung von Ionisationskammern auf Messungen an kleinen Photonenquellen.** S. Kondo und M. L. Randolph. (Radiation Res. **13**, 37—60, 1960; Oak Ridge, Tenn., O. R. N. L., Biol. Div.; engl.) — Theoret. Unters. der erforderlichen Korrekturfaktoren (Oberflächenintegrale). A. Blaschette. 112◇

0131 **Über das Ansprechen von Ionisationskammern auf gepulste Flüsse von Gammastrahlung.** M. L. Corazza, M. Ladu, M. Pelliccioni und E. Rotondi. (Energia nucleare **9**, 690—93, 1962; Frascati, CNEN, Labor. Naz.; Labor. di Dosimetria; ital.) — Messungen bei Frequenzen von 1, 5, 10 u. 20 Impulsen/s u. Sammelspannungen von 5—700 V. Die gesammelte Ladung pro Impuls nimmt mit steigender Frequenz ab, ist jedoch nahezu unabhängig von letzterer für Spannungen > 200 V. Herbert Weber. 112◇

0132 **Ausbeuten und Photofraktionen für Gammastrahlen in Thallium-aktivierten Natriumjodid-Kristallen.** W. F. Miller, John Reynolds und William J. Snow. (Rev. sci. Instruments **30**, 141, 1959; Lemont, Ill., Argonne Nat. Labor.; engl.) — Hinweis auf Berechnungen nach der Monte Carlo-Meth. für Photonenenergien von 0,279; 0,661; 1,33; 2,62 u. 4,45 MeV u. verschieden dimensionierte zylindr. Kristalle. W. Reusse. 112◇

0133 **Praktische Ergebnisse der Luminescenzdosimetrie durch thermische Ausleuchtung von Kristallphosphoren.** M. Frank und L. Herforth. (Dtsch. Akad. Wiss. Berlin, Tag. Unterkommiss. Leuchtstoffe Sekt. Physik, Physik Chem. Kristallphosphore **2**, 66—73, 1962; Dresden, TU, Inst. für Anwendung radioakt. Isotope; dt.) — Ein von Vff. beschriebenes CaF_2:Mn-Luminescenzdosimeter kann zur Messung von β- u. γ-Strahlendosen von 1—10000 rad bzw. r eingesetzt werden. Gemessen wurden β-Strahlung von ^{204}Tl u. ^{90}Sr/^{90}Y u. γ-Strahlung von ^{60}Co u. ^{124}Sb. Tabellar. werden die Eigg. weiterer bekannter Leuchtstoffe (*ZnS:Cu, ZnS:Ag; SrS:(Eu, Sm), CaF_2* u. *$CaSO_4$:Sm* sowie des kommerziellen Prod. R 28) zusammengestellt. H. Roschkowski. 112◇

0134 **Zur Theorie des Zählratenmessers.** F. H. Fröhner. (Nukleonik [Berlin] **5**, 82—85, 1963; München, TH, Labor für Techn. Phys.; dt.) — Der Einfluß der Zeitkonst. eines registrierenden Zählratenmessers (counting rate meter) auf die Form der Registrierkurve wird theoret. untersucht, u. zwar für den prakt. wichtigen Fall einer einzelnen Linie bei Anwesenheit eines konst. Untergrunds. H. Jehne. 112◇

0135 **Totzeitkorrektur bei der Messung von kurzlebigen Radionucliden.** E. J. Axton und T. B. Ryves. (Int. J. appl. Radiat. Isotopes **14**, 159—61, 1963; Teddington, Middlesex, Nat. Phys. Labor.; engl.) — Eine graph. Darst. zeigt die Größe des Fehlers, der entsteht, wenn einfache Totzeitkorrekturen an die beobachteten mittleren Zählraten während Zählperioden, die sich über mehrere Halbwertzeiten erstrecken, angebracht werden. H. Jehne. 112◇

0136 **Schnell-Langsam-Koinzidenzeinheit mit Zeit-zu-Impulshöhen-Konverter für den Nanosekundenbereich.** Eugeniusz Bożek, Andrzej Z. Hrynkiewicz, Tadeusz Walczak und Grzegorz Zapalski. (Nukleonika [Warszawa] **7**, 669—79, 1962; Kraków, Inst. of Nucl. Phys.; Jagellon. Univ., Inst. of Phys.; poln.) — Beschreibung von Aufbau, Wrkg.-Weise u. Charakteristiken. Anwendungsbeispiele. H. Schroeder. 112◇

0137 **Ein System zum Abbilden mehrfacher Impulse.** L. Cucančić. (Nuclear Instruments Methods [Amsterdam] **21**, 53—55, 1963; Genf, CERN; engl.) — Um gleichzeitig auftretende Impulse, z. B. bei Antikoinzidenzanordnungen, messen zu können, werden diese nach einer geeigneten Impulsformung an verschiedenen Punkten auf eine Verzögerungsleitung gegeben u. der so entstehende Impulszug auf einem Oscilloskop abgebildet u. photographiert. Auf diese Weise können bis zu 20 Simultanimpulse abgebildet werden. W. Reusse. 112◇

0138 **Die Anwendung photographischer Emulsionen in der Kernphysik.** F. Claes und P. Faelens. (Ind. chim. belge **27**, 823—27, 1962; Gevaert Photo-Producten N. V.; niederl.) — Kurze Übersicht (photograph. u. ionograph. Emulsionen). A. Blaschette. 112◇

0139 **Bestimmung des Impulses aus der magnetischen Krümmung in verzerrten Emulsionen.** G. Bellettini (Rev. sci. Instruments **30**, 899—901, 1959; Roma, Univ., Ist. di Fisica; Ist. Naz. di Fisica Nucl.; engl.) — Die Analyse von Kim (C. **1963**, 11501) zur magnet. Best. des Impulses aus dem Verlauf der Spuren in einer im gepulsten Magnetfeld angeordneten Emulsion wurde unter Berücksichtigung der Verzerrung der Platten erweitert. Die Berechnungen zeigen, daß sich keine entscheidende Verbesserung aus einem gepulsten Magnetfeld erzielen läßt, wenn die Verzerrung der Platten nicht unter die gegenwärtig gegebenen Werte herabgedrückt werden kann. Eine Möglichkeit zur Verbesserung der Situation bietet sich in der Verw. dickerer Emulsionsschichten. E. Uhlein. 112◇

0140 **Maximalwahrscheinlichkeitsbestimmung der Streukonstante einer Emulsionsspur in Gegenwart von Rauschen.** L. Jánossy und P. Rózsa. (Nuovo Cimento [10] **20**, 817—35, 1961; Hungarian Acad. of Sci., Central Res. Inst. of Phys. and Math. Inst.; engl.) — Ableitung von Formeln für die Best. von 2 Parametern einer Emulsionsspur (von energiereichen Teilchen) mit Hilfe der Maximalwahrscheinlichkeitsmethode. Die Parameter sind die Konst. der Coulomb-Streuung u. die Amplitude des Untergrundrauschens. Herbert Weber. 112◇

A_2. Optisches Verhalten der Materie

0141 **Das Spektrum des Seki-Lines-Kometen (1962c).** Pol Swings und Charles Fehrenbach. (C. R. hebd. Séances Acad. Sci. **255**, 1826—28, 1 Tafel, 1962; Observ. de Haute-Provence; Liège, Univ., Inst. d'Astrophys.; franz.) — Mitt. hochaufgelöster Spektrogramme u. Diskussion der Emissionen von *CN*, C_2, *NH*, NH_2, *Na* u. [*OI*] sowie C_3, *OH* (sehr schwach), CO^+, N_2^+ (sehr schwach) u. OH^+ (?). A. Blaschette. 113◇

0142 **Die Häufigkeit von N_2O in der Atmosphäre.** D. H. Rank, A. F. Slomba, E. F. Gardner und T. A. Wiggins. (J. opt. Soc. America **52**, 858—59, 1962; University Park, Pa., Pennsylvania State Univ., Phys. Dep.; engl.) — Absorptionsmessungen bei 3,9 μ ergaben 2,0 ± 0,3 mm path unter Normalbedingungen für die N_2O-Menge in einer Standard-Erdluftmasse. K. Jaeger. 113◇

0143 **Irreduzible Darstellungen von Liniengruppen.** I. V. V. Raghavacharyulu und C. B. Shrestha. (J. molecular Spectroscopy **7**, 46—52, 1961; Annamalainagar, South India, Annamalai Univ., Dep. of Phys.; engl.) — Die zur Analyse der Normalschwingungen von Kettenmoll. erforderlichen irreduziblen Darst. eindimensionaler Raumgruppen (Liniengruppen) mit ein-, zwei- u. dreidimensionalen Motiven werden angegeben. A. Blaschette. 114◇

0144 **Bemerkungen über die Anwendbarkeit der Coulombschen Näherung zur Berechnung der Übergangswahrscheinlichkeiten in Atomen und der Oscillatorstärken von Spektrallinien.** Maria Danuta Kunisz. (Acta physica polon. **22**, 99—123, 1962; Kraków, Univ. Jagellonienne, Inst. de Phys.; franz.) — Vgl. der experimentell ermittelten Oscillatorstärken der Spektrallinien von Li I, Na I, K I, Rb I, Cs I, Mg I, Ca I, Sr I, Ba I, Zn I, Cd I, Hg I, Al I, Ga I, In I, Tl I mit den nach der Coulombschen Näherungsmeth. berechneten. A. Blaschette. 114◇

0145 **Quadrupol- und verbotene Übergänge in den L-Spektren der schweren Elemente Wolfram, Rhenium und Blei.** Bhaskar Gangadhar Gokhale und Kripa Shanker Srivastava. (C. R. hebd. Séances Acad. Sci. **255**, 2406—07, 1962; Lucknow, Inde, Univ., Labor. de Phys.; franz.) — Nachw. neuer Übergänge mit Hilfe eines Glimmerkristall-Spektrographen (Krümmungsradius 40 cm). A. Blaschette. 116◇

0146 **Feinstrukturen von Röntgen-Absorptionsspektren der K-Serie in einigen kovalenten Komplexen der ersten Übergangsserie.** Masayoshi Obashi. (Sci. Rep., Coll. gen. Educat., Osaka Univ. **1961**, 1—18; Osaka, Osaka Univ., Coll. of Gen. Educ., Inst. of Phys.; engl.) — Die Feinstrukturen der K-Röntgenabsorptionskanten von Ni, Co, Fe, Mn u. Cr in den kristallinen Verbb. $K_2[Ni(CN)_4]\cdot 4H_2O$, $K_3[CO(CN)_6]$ (**I**), $K_3[Fe(CN)_6]$ (**II**), $K_4[Fe(CN)_6]\cdot 3H_2O$ (**III**), $K_4[Mn(CN)_6]\cdot 3H_2O$; $[Co(NH_3)_6]Cl_3$, $(NH_4)_2Fe(SO_4)_2\cdot 6H_2O$, $[Co(NH_2\cdot CH_2-CH_2\cdot NH_2)_3](ClO_4)_3)$, $KMnO_4$, K_2CrO_4, $K_2Cr_2O_7$ u. CrO_3 (**IV**) sowie in wss. Lsg. von **I**, **II**, **III** u. **IV** wurden untersucht. Im Gegensatz zu der Annahme von Coster u. Kiestra zeigen auch diejenigen Cyano- u. Ammin-Komplexe keine ähnlichen Feinstrukturen der K-Absorptionskanten, bei denen das absorbierende Atom von den gleichen geometr. Atomanordnungen umgeben ist. Die Cyano-Komplexe weisen jedoch untereinander ähnliche Strukturen auf, die von denen in anderen Verbb. völlig verschieden sind. Im Bereich bis zu 150 eV von der Hauptkante entfernt wird die Feinstruktur durch die Eigg. der das absorbierende Atom unmittelbar umgebenden Atome bestimmt. Auf Grund der an CrO_3 durchgeführten Messungen wurde festgestellt, daß das Cr vier kovalente Bindungen vom $3d^34s$-Typ bildet u. von vier O-Atomen umgeben ist. D. Noack. 116◇

0147 **Grundmultiplett des Bogenspektrums von Plutonium.** Jean Blaise, Mark Fred, Simon Gerstenkorn und Brian R. Judd. (C. R. hebd. Séances Acad. Sci. **255**, 2403—05, 1962; Bellevue, C. N. R. S., Labor. Aimé Cotton; franz.) — Die Struktur des Grundmultipletts $5f^67s^2$ (^7F) im Pu-Bogenspektrum u. die Landé-Faktoren der entsprechenden Niveaus werden mitgeteilt; die Übereinstimmung mit theoret. Werten ist befriedigend. Die Hyperfeinstrukturen u. Isotopieverschiebungen der verschiedenen Niveaus des Multipletts wurden gemessen. A. Blaschette. 118◇

0148 **Strömungssystem und Brenner zur Beobachtung selektiver Anregung von Spektren durch metastabile Teilchen im Nachleuchten einer Heliumentladung.** C. B. Collins und W. W. Robertson. (Spectrochim. Acta [London] **19**, 747—51, 1963; Austin, Tex., Univ. of Texas, Dep. of Phys.; engl.) — Ein Strömungssyst. u. Brenner zur Erzeugung von metastabilen He-Teilchen während einer Gasentladung wurde entwickelt zur Beobachtung von Rkk. mit zugesetzten Gasen in einer Kammer, die sich in geeigneter Entfernung hinter der Entladung befindet, damit ein bestimmter Zeitverzug zwischen Entstehung u. Zerfall der Teilchen gegeben ist. Eine Meth. zur Auswahl der für eine Rk. verantwortlichen Teilchen u. ihre Anwendung bei Zusatz von Ne, N_2 u. O_2 wird angegeben. Das Ne-Spektrum u. die ersten negativen Syst. von N_2^+ u. O_2^+ sind durch He(2^3S) angeregt, wohingegen die beobachteten zweiten negativen Syst. von O_2^+ vermutlich von He_2 ($^2\Sigma_u^+$) angeregt werden. M. Engel. 118◇

0149 **Einige Faktoren, die die Abklinggeschwindigkeit des Lewis-Rayleigh-Nachleuchtens in Stickstoff beeinflussen.** M. E. Pillow und A. J. Rogers. (Proc. physic. Soc. **81**, 1034—37, 1963; London, Northern Polytechnic; engl.) — Es wird der Einfl. des Gasdrucks sowie der Gefäßgeometrie auf das Gesetz der Intensitätsabnahme untersucht. Ferner werden einige Faktoren, die den Verlust von N-Atomen an die Gefäßwand verlangsamen oder beschleunigen, behandelt. D. Noack. 118◇

0150 **Einige Untersuchungen zum Nachleuchten des Stickstoffmonoxids.** M. E. Pillow und B. E. Smith. (Proc. physic. Soc. **81**, 1038—42, 1963; engl.) — Es wird über Messungen der Intensitäts- u. der Abkling-Geschw. von NO-Banden im schwachen Nachleuchten des N_2 bei Zusätzen von O_2 bis zu 0,15% berichtet. Innerhalb des untersuchten Meßbereichs ist die Geschw.-Konst. für die Bewegung der O-Atome zur Gefäßwand proportional der zugesetzten O_2-Menge. Die sich daraus ergebenden Folgerungen für die Dimensionierung des Gefäßes für die Unters. des Nachleuchtens werden behandelt. D. Noack. 118◇

0151 **Sichtbares Spektrum von XeN.** L. Herman und R. Herman. (J. Physique Radium **24**, 73—75, 1963; Meudon, Seine-et-Oise, Observ.; franz.) — Die unvollständigen Analysenergebnisse der Rotationsstruktur eines Bandensyst. von XeN zwischen 4920 u. 4750 Å werden angegeben. Die experimentelle Anordnung besteht im wesentlichen aus der Anregung eines Xe/N_2-Gemisches in einem Gleichstrom-Entladungsrohr. Zur Vermeidung von strömenden N_2-Banden werden jeweils nur geringe Mengen N_2 verwendet, die nach Bedarf ergänzt werden, da N_2 auch an den Elektroden verbraucht wird. Die Wellenlängen der Intensitätsmaxima werden bestimmt u. die Mol.-Konst. berechnet: $\omega_e'' = 63\ cm^{-1}$, $\omega_e''x_e'' = 0,6\ cm^{-1}$ u. $\omega_0' = 40\ cm^{-1}$. Die Dissoziationsenergie des Mol. im unteren Niveaus ist kleiner als 0,2 eV. Mit Hilfe einer Lennard-Jones-Potentialfunktion werden über die nach Slater ermittelten Atompolarisierbarkeiten die Dissoziationsenergien für Xe(normal)N u. Xe(metastabil)N zu 0,012 bzw. 0,24 eV berechnet. Die Ergebnisse werden bzgl. der möglichen Elektronenzustände diskutiert. H. Pförtner. 118◇

0152 **Über die Deutung des anomalen Abstands der Multiplettkomponenten des $^4\Pi$-Zustands des Sauerstoff-Molekülions.** I. Kovacs und S. Weniger. (J. Physique Radium **23**, 377—80, 1962; Budapest, Univ. Polytechn., Dép. de Phys. Atom.; Paris-Meudon, Observ.; franz.) — Die Multiplettaufspaltung im $^4\Pi_\mu$-Zustand des O_2^+ ist eine Funktion der Rotationsquantenzahl u. entspricht nicht den Formeln von Brandt [1936]. Sie wird gedeutet als Störung des $^4\Pi$-Zustands durch $^2\Pi$-Zustände unter Beteiligung von Spin–Spin-Wechselwirkung. A. Blaschette. 118◇

0153 **Beobachtung des ($b^1\Sigma_g^+ - a^1\Delta g$)-Übergangs von O_2.** J. F. Noxon. (Canad. J. Physics **39**, 1110—19, 1961; Saskatoon, Univ. of Saskatchewan, Phys. Dep.; engl.) — Der Q-Zweig der (0,0)-Bande des elektr. Quadrupolübergangs $b^1\Sigma_g^+ - a^1\Delta g$ von O_2 wurde bei 1,908 μ im Emissionsspektrum einer Entladung in 150 Torr He + 0,5% O_2 beobachtet. Durch Vgl. mit der atmosphär. Bande (0, 0) des Übergangs ($b^1\Sigma_g^+ - X^3\Sigma_g^-$) ergibt sich die abs. Übergangswahrscheinlichkeit des Syst. (b — a) zu $2,5\cdot 10^{-3}\ s^{-1}$ (Unsicherheitsfaktor 2). Weiterhin wurde das atmosphär.

IR-Syst. ($a^1\Delta_g - X^3\Sigma_g^-$) des O_2 in Emission beobachtet. A. Blaschette. 118◇

0154 **Franck-Condon-Faktoren und r-Zentroide bei zu hohen Quantenzahlen für Banden des $^2\Pi_g - A^2\Pi_u$-Systems von N_2^+.** R. W. Nicholls. (Canad. J. Physics **40**, 523–27, 1962; London, Ontario, Univ. of Western Ontario, Dep. of Phys.; engl.) — Maschinelle Berechnung für alle Kombinationen mit $v' = 0-11$ u. $v'' = 0-5$ sowie einige Banden mit $v' = 4-11$ u. $v'' = 6-9$. A. Blaschette. 118◇

0155 **Neuer Beitrag zur Analyse der Rotationsstruktur der (1,0)-Bande des $A^3\Pi_i - X^3\Sigma^-$-Übergangs von NH.** Henri Guenebaut und Guy Pannetier. (C. R. hebd. Séances Acad. Sci. **250**, 3613–15, 1960; Paris, Fac. des Sci., Labor. de Chim. X; franz.) — Die genannte Bandenanalyse wurde in der Emission bei der Rk. von NH_3 mit H-Atomen vorgenommen. Die sechs Hauptzweige R_1, R_2 u. R_3 bzw. Q_1, Q_2 u. Q_3 wurden bis zu den Rotationsniveaus $K = 11$ bzw. $K = 13$ aufgelöst. A. Blaschette. 118◇

0156 **Struktur des Bandenspektrums des CuCl-Moleküls.** 1. Mitt. **Zusätzliche Kenntnisse über die Grobstruktur.** P. Ramakoteswara Rao und J. K. Brody. (J. chem. Physics **35**, 776–87, 1961; Argonne, Ill., Argonne Nat. Labor.; engl.) — 2. vgl. C. **1964**, 3–0166. — Die Verw. verbesserter Geräte ermöglichte zusätzliche Unterss. über die Grobstruktur des CuCl-Bandenspektrums. Ein elektrodenloses Entladungsrohr wurde benutzt. Als Probe wurde isotopenreines $^{63}Cu^{35}Cl$ verwendet. Eine Anzahl neuer Banden der Syst. A, B, C, D u. E wurden beobachtet. Das schwache F-Syst. wurde erstmalig mit einer für die Schwingungsanalyse genügenden Dispersion photographiert. Es wurde gezeigt, daß das niedrige Niveau des F-Syst. das gleiche wie das gemeinsame niedrige Niveau aller anderen bekannten Bandensyst. u. damit gleich dem Grundzustand des Mol. ist. G. Winkhaus. 118◇

0157 **Rotationsanalyse der Bandensysteme BX und CX von CuCl.** Albin Lagerqvist und Vesselina Lazarova-Girsamof. (Ark. Fysik **20**, 543–53, 1962; engl.) — Es wurden Rotationsanalysen der Banden (0,0), (1,0), (0,1), (2,1), (1,2) u. (3,2) des BX- u. der Banden (0,0), (1,0) u. (2,1) des CX-Syst. von CuCl durchgeführt. Die Struktur des BX-Syst. deutet auf einen $^1\Pi - ^1\Sigma$-, die des CX-Syst. auf einen $^1\Sigma - ^1\Sigma$-Übergang, doch ist es nicht ausgeschlossen, daß es sich um zwei Untersyst. eines $^3\Pi - ^1\Sigma$-Übergangs handelt. Die Konst. T_0, ω_e, $\omega_e \cdot x_e$, B_e u. r_e wurden bestimmt. A. Blaschette. 118◇

0158 **Über die Deutung der Spektren im sichtbaren und ultravioletten Bereich der Komplexionen $[Mo(CN)_8]^{4-}$ und $[Fe(CN)_6]^{4-}$.** Hans Ludwig Schläfer, Edgar König und Heinrich v. Hirschhausen. (Ann. Chimica **52**, 663–66, 1962; Frankfurt/Main, Univ., Inst. für phys. Chem.; ital.) — Die Absorptions- u. Reflexionsspektren von festem $K_4[Mo(CN)_8]\cdot 2H_2O$ u. $K_4[Fe(CN)_6]\cdot 3H_2O$ werden vermessen. Für das $[Mo(CN)_8]^{4-}$-Ion weisen die Anzahl der beobachteten Banden, deren Intensität u. deren theoret. Behandlung auf Grund von Auswahlregeln darauf hin, daß das Komplexion in Übereinstimmung mit den Ergebnissen aus IR- u. ramanspektroskop. Unterss., jedoch im Gegensatz zu theoret. Berechnungen nach der MO-Meth. u. röntgenograph. Messungen, der Symmetriegruppe D_{4d} zuzuordnen ist. H. Pförtner. 118◇

0159 **Bemerkungen zur Struktur des $[Mo(CN)_8]^{4-}$ in wäßriger Lösung.** Alessandro Bertoluzza und Anna Maria Marinangeli. (Ann. Chimica **52**, 667–68, 1962; Bologna, Univ., Ist. di Chim. gen. ed inorg.; ital.) — Die auf Grund von röntgenograph. Unterss. als Dodekaeder der Symm.-Gruppe D_{2d} zugeordnete Struktur des $[Mo(CN)_8]^{4-}$-Ions wird diskutiert. Die UV-Spektren von $K_4[Mo(CN)_8]$ (I) in wss. Lsg. sind schlecht aufgelöst. Jedoch werden im wesentlichen die Meßergebnisse von Schläfer u. Mitarbeitern (vgl. vorst. Ref.) an festem I bestätigt. Der Vers., die Achterkoordination mit der Elektronenanordnung der Mo-Valenzorbitale vom Typ dsp durch eine Abschätzung der Überlappungsintegrale zu interpretieren, deutet ebenfalls auf eine dodekaedr. Konfiguration der Symmetrie D_{2d} hin. H. Pförtner. 118◇

0160 **Beitrag zu den Methoden der chemischen Strukturforschung unter Anwendung von Reflexionsspektren.** E. Plško. (Acta Univ. Szegediensis, Acta physica chem. **5**, 58–66, 1959; Bratislava, Slowak. Akad. der Wiss., Inst. für anorg. Chem.; dt.) — Die Reflexionsspektren von festen, krist. Ni^{2+}-Hydraten werden mit Hilfe einer photoelektr. Meßeinrichtung untersucht. Die method. Grundlagen des Verf. werden diskutiert, u. unter Zugrundelegung der Kubelka-Munkschen Theorie wird ein Ausdruck für die Beziehung zwischen Streukoeff. u. Absorptionskoeff. abgeleitet. Der Charakter der Reflexionsspektren von Hexaaquokomplexen des Ni^{2+} in Kristallen entspricht dem der Absorptionsspektren der wss. Lösungen. Die Maxima der Absorptionsspektren sind im Vgl. zu denen der Reflexionsspektren zu niedrigeren Wellenzahlen hin verschoben. Auch im Falle der Heptahydrate sind die (rechner. transponierten) Reflexionsspektren den Absorptionsspektren prakt. gleich. Die Intensität der Absorptionsbanden der Ni^{2+}-Komplexe hängt stark von der Art der Koordination ab. Für das 7. H_2O des Heptahydrat-Ions kann eine der des 5. H_2O im Cu(II)-Pentahydrat-Ion analoge Anordnung angenommen werden. W. Betcke. 118◇

0161 **Mehrstufige Strahlungsübergänge in CaF_2/Er^{3+}.** S. A. Pollack. (J. chem. Physics **38**, 2521–29, 1963; Redondo Beach, Calif., Space Technol. Labor., Inc.; engl.) — Die Hauptanregungsbereiche im Fluorescenzspektrum von CaF_2/Er^{3+} (Er^{3+}-Konz. 0,1 Mol-%) liegen bei 2550 u. 3750 Å mit grundsätzlich verschiedenen Spektren. Die mit monochromat. Strahlung von 2550 Å angeregten Fluorescenzgruppen sind angegeben. Die meisten Gruppen sind Teile von mehrstufigen Strahlungsrelaxationsvorgängen. Die Stufen der meistens zweistufigen Prozesse werden identifiziert u. die Zerfallskurven der Zweistufenübergänge untersucht. Die nichtexponentiellen Zerfallskurven der Übergänge in der 2. Stufe werden in die Differenz zweier Potenzen zerlegt u. die Zeitkonst. bestimmt. Die Übereinstimmung mit den Zeitkonst. für die getrennt angeregten 1. u. 2. Stufen ist befriedigend. Die Zerfallskurven für mit verschiedenen Wellenlängen angeregten Übergänge u. die Temp.- u. Konz.-Abhängigkeit der Übergangswahrscheinlichkeiten werden untersucht. Die experimentellen Ergebnisse bestätigen die nach der Theorie für mehrstufige Übergänge berechneten Werte. H. Pförtner. 118◇

0162 **Magnetischer Dipolcharakter des $^3A_{2g} \rightleftarrows {}^3T_{2g}$-Überganges in oktaedrischen Ni(II)-Verbindungen.** J. Ferguson, H. J. Guggenheim, L. F. Johnson und H. Kamimura. (J. chem. Physics **38**, 2579–80, 1963; Murray Hill, N. J., Bell Telephone Labor., Inc.; engl.) — Die Absorptions- u. Fluorescenzspektren von Ni^{2+} in $KMgF_3$ u. MgF_2 zeigen, daß der $^3A_{2g} \rightarrow {}^3T_{2g}$-Übergang in oktaedr. Ni-Verbb. eine merkliche magnet. Dipol-Absorption besitzt. Für einen magnet. Dipolmechanismus spricht die Übereinstimmung der Ursprünge der Fluorescenz- u. Absorptionsspektren u. die Polarisation des Absorptionsspektrums in einem einachsigen Kristall. Die 2 scharfen Linien im $KMg(Ni)F_3$-Spektrum bei 6699 u. 6867 cm^{-1} (20°K) werden den Übergängen der Γ_3- u. Γ_4-Spin-Bahn-Komponenten des $^3T_{2g}$-Zustandes zugeordnet. Im $Mg(Ni)F_2$ ist der $^3T_{2g}$-Zustand infolge Spin-Bahn-Kopplung u. des orthoromb. Feldes von MgF_2 in 9 nichtentartete Zustände aufgespaltet. Das Polarisationsverh. u. die beobachteten Temp.-Verschiebungen bei 20° u. 1,5°K erlauben Symmetrie-Zuordnungen, mit deren Hilfe sich alle Parameter in dem effektiven Hamilton-Operator bestimmen lassen. H. Pförtner. 118◇

0163 **Eine Berechnung der Aufspaltung im Grundzustand für Mn^{2+}-Ionen in einem kubischen Feld.** J. R. Gabriel, D. F. Johnston und M. J. D. Powell. (Proc. Roy. Soc. [London], Ser. A **264**, 503–15, 1961; Harwell, A.E.R.E.; engl.) — Die Aufspaltung im Grundzustand u. das opt. Absorptionsspektrum eines $(d^5)^6S$-Ions in einem kub. Wirtskristall werden mit Hilfe der einfachsten Kristallfeldnäherung u. unter Verw. einer vollständigen d^5-Konfiguration als Funktionen der Racah-Parameter B u. C, des Kristallfeld-Parameters Δ, des Spin-Bahn-Parameters ζ u. der Spin-Spin-Parameter M_0 u. M_2 berechnet.

Die für den Grundzustand von Mn^{2+} in MgO beobachtete Aufspaltung ($57{,}10^{-4}$ cm^{-1}) kann nach dem vorliegenden Modell nur gedeutet werden, wenn für Mn^{2+} in MgO ein um ca. 30% höherer Δ-Wert als für Mn^{2+} in MnO angenommen wird. A. Blaschette. 118◇

0164 **Excitonenabsorption in Kupfer(I)-jodid.** S. K. Deb. (Canad. J. Physics **41,** 992—94, 1963; Ottawa, Canada, Nat. Res. Council, Radio and Electr. Engng. Div.; engl.) — An dünnen Filmen von CuJ, die auf LiF aufgedampft wurden, werden die Absorptionsspektren zwischen 2000 u. ca. 5000 Å aufgenommen. Die auftretenden Peaks werden Excitonen zugeschrieben. R. Nink. 119◇

0165 **Polarisation der gelben Excitonserien im Cu_2O-Spektrum bei der Verformung der Kristalle.** Je. F. Gross, A. A. Kapljanski. W. T. Agekjan und D. Ss. Buljanitza. (Festkörperphysik [UdSSR] **4,** 1660—66, 1 Tafel, 1962; Leningrad, Akad. der Wiss. der UdSSR, Phys.-techn. Joffe-Inst.; russ.) — Die gelben Excitonserien im Absorptionsspektrum von Cu_2O-Kristallen werden experimentell u. theoret. untersucht. Bei Einw. einachsialer Spannungsbeanspruchungen hängt der Absorptionskoeff. von der Polarisation des einfallenden Lichtes ab. Die Spannungsbeanspruchung wirkte in den Richtungen <100>, <110> u. <111> ein. Die Polarisation der Excitonbanden wird dem Einfl. der Deformation auf „direkt verbotene" Übergänge zugeschrieben, die zu Excitonenzuständen führen. P. Frenzel. 119◇

0166 **Optisch-hydrodynamische Phänomene in einem Exciton-Phonon-System.** Ss. A. Mosskalenko, P. I. Chadshi, A. I. Bobryschewa und A. W. Leljakow. (Festkörperphysik [UdSSR] **5,** 1444—53, 1963; Kischinew, Akad. der Wiss. der MoldauSSR, Inst. für Phys. u. Math.; russ.) — Untersucht werden die Bedingungen, unter denen in Ggw. u. Abwesenheit von Phononen eine Bose-Einstein-Kondens. von Excitonen auftreten kann. Die Behandlung des ersten Falles führt zur Einführung einer besonderen Art der Elementaranregung, die als Phonon-Hydron bezeichnet wird. Ferner wird gezeigt, daß für den zweiten Fall ein Phasenübergang zweiter Ordnung in dem Excitonensyst. auftritt. Mit Hilfe der Green-Funktion wird der Massenoperator des Problemes erhalten. K. Jaeger. 119◇

0167 **Thermisches Gleichgewicht zwischen F- und M-Zentren in Kaliumchlorid.** C. Z. van Doorn. (Physic. Rev. Letters **4,** 236—37, 1960; Eindhoven, N. V. Philips' Gloeilampenfabrieken, Philips Res. Labor.; engl.) — C. **1963,** 13047. J. M. Spaeth. 119◇

0168 **Infrarot-Durchlässigkeit von Wasserdampf.** 1. Mitt. **Die Verwendung spektroskopischer Daten.** W. L. Godson. (Arch. Meteorol., Geophysik, Bioklimatol., Ser. B **12,** 1—18, 1962; Toronto, Dep. of Transport, Meteorol. Branch; engl.) — 2. vgl. C. **1963,** 20280. — Vf. berichtet über theoret. Verss., durch Verw. von spektroskop. u. theoret. Parametern, Angaben über die langwellige opt. Durchlässigkeit von Wasserdampf zu erhalten. C. Gottfried. 119△

0169 **Photoelektrische Messung der Rayleigh-Streuung in Flüssigkeiten; Beschreibung der Apparatur.** André Martinez und André Massoulier. (J. Physique Radium **23,** 135—36, 1962; Bordeaux, Fac. des Sci., Labor. d'Optique Mol.; franz.) — Das Verhältnis der Streustrahlung zweier Fll. wird gemessen, wobei die Rayleigh-Konst. der Standardlsg. bekannt ist. Eine genaue Beschreibung des verwendeten Vorverstärkers, Selektivverstärkers u. Detektors wird gegeben. W. Knoch. 119□

0170 **Infrarot-Schwingungen von kristallinem Kaliumazid.** James I. Bryant. (J. chem. Physics **38,** 2845—54, 1963; Fort Belvoir, Va., U. S. Army Engineer Res. and Dev. Labor., Basic Res. Group; engl.) — Das IR-Spektrum von KN_3-Einkristallen wurde im Bereich 550 bis 4000 cm^{-1} mit einem Perkin-Elmer-Modell 421 aufgenommen. Auswahlregeln für innere u. Gitter-Schwingungen u. ihren Kombinationen wurden mit Hilfe der unit-cell-Methode von Bhagavantam u. Venkatarayudu [1939] vorgenommen. Das Spektrum ist charakterisiert durch Aufspaltungen der Fundamental-Absorptionen u. durch das Vorhandensein zahlreicher Gitter-Kombinationsbanden, die gleichmäßig auf akt. u. inakt. Grundschwingungen verteilt sind. Aus den beobachteten Gitter-Kombinationsbanden wird versucht, eine Frequenzzuordnung für die Gitter-Schwingungen zu geben. Mit Hilfe polarisierter Spektren läßt sich zeigen, daß die Mehrzahl der Kombinationsschwingungen in der xy-Ebene des Kristalls orientiert sind. Das Spektrum zeigt eine gute Übereinstimmung mit einer angenommenen Kristall-Struktur, die durch die Punktgruppe D_{4h}^{18}–14/mcm beschrieben wird. D. Kunath. 120◇

0171 **Über die Deutung der Infrarotspektren und die Gitterdynamik des kubischen $BaTiO_3$.** V. Dvořák und V. Janovec. (Czechoslov. J. Physics **12,** 461—70, 1962; Prague, Czechoslov. Acad. of Sci., Inst. of Phys.; engl.) — Die Frequenzen der Normalschwingungen von kub. *$BaTiO_3$* werden für den Wellenvektor k = 0 berechnet. Es wird gezeigt, daß *$BaTiO_3$* als reiner Ionenkristall nicht beständig sein kann; die kovalenten Bindungsanteile werden mit Hilfe effektiver Ladungen ermittelt. Die niedrigste opt. Frequenz ist von der Größe der Coulomb-Wechselwrkg. abhängig u. liegt weit niedriger als die übrigen opt. Frequenzen. M. Engel. 120◇

0172 **Theorie druckbedingter Verschiebungen von Infrarot-Linien.** A. Ben-Reuven, H. Friedmann und J. H. Jaffe. (J. chem. Physics **38,** 3021—28, 1963; Rehovoth, Israel, Weizmann Inst. of Sci.; engl.) — Die Abhängigkeit der Rotationsquantenzahl j bei der druckbedingten Verschiebung von Linien in den *HCl*-Banden unter dem Einfl. von Edelgasen wird untersucht. Nach einem kurzen krit. Überblick über die theoret. Arbeiten dieses Gebietes wird eine verbesserte Näherung der Phasen-Verschiebung für den intermol. Stoßvorgang ausgearbeitet, der in einem Raumkoordinaten-Syst. festgehalten wird. Die Hauptmerkmale der beobachteten Phänomene werden erklärt, indem nur Parameter gebraucht werden, die direkt aus bekannten Mol.-Eigg. ableitbar sind. Die Grenzen dieses Verf. werden diskutiert. Es zeigt sich, daß, um weitere Verbesserungen zu erreichen, die endliche Wahrscheinlichkeit von j-Übergängen u. der Einfl. von kurzreichenden Kräften in Betracht gezogen werden müssen. D. Kunath. 120◇

0173 **Spektren und Wasserstoffbrückenbindungen der Thiocyansäure.** 1. Mitt. **Infrarot-Spektren der Thiocyansäure in inerten Lösungsmitteln.** T. M. Barakat, N. Legge und A. D. E. Pullin. (Trans. Faraday Soc. **59,** 1764—72, 1963; Belfast, Queen's Univ., Dep. of Chem.; engl.) — Die IR-Spektren von *HNCS* u. *DNCS* in verschiedenen inerten Lsgm. (CCl_4, CS_2, n-Hexan, Cyclohexan) werden im Bereich 400—6800 cm^{-1} gemessen. Die Spektren werden diskutiert, indem auf die Schwingungszuordnungen von Morgan u. Lawson (Privatmitt.) zurückgegriffen wird; dabei sind nur kleine Unterschiede in den Frequenzen einiger Schwingungen feststellbar. Einige Banden konnten nicht auf der Grundlage der vorgeschlagenen Zuordnung erklärt werden. Die Frequenzen der Wasserstoff- u. Deuterium-Schwingungen bedürfen weiterer Bestätigung. D. Kunath. 120◇

0174 **Spektren und Wasserstoffbrückenbindungen der Thiocyansäure.** 2. Mitt. **Spektren von Mischungen der Thiocyansäure mit Basen in inerten Lösungsmitteln.** T. M. Barakat, N. Legge und A. D. E. Pullin. (Trans. Faraday Soc. **59,** 1773—83, 1963; engl.) — 1. vgl. vorst. Referat. — Die IR-Spektren der Mischungen von *HNCS*- u. *DNCS*-Lsgg. mit verschiedenen schwachen Basen (*Bzl., Mesitylen, CH_3NO_2, $C_6H_5NO_2$, Benzylcyanid, W., CH_3CN, CH_3SCH_3, Ae., Tetrahydropyran* u. *Tetrahydrofuran*) in inerten Lsgm. (CCl_4, CS_2, n-Hexan, Cyclohexan) werden gemessen. Die Frequenzverschiebungen von ν_1 u. ν_2 der Schwingungen der Wasserstoffbindungen werden gezeigt. Die Frequenzverschiebungen von ν_1 sind ähnlich, wie sie bei HCl u. HBr bereits beobachtet wurden. Die Teilnahme der D-N-Valenzschwingung in der ν_2 der DNCS verursacht eine Frequenzverschiebung dieser Bande bei Wasserstoffbrückenbindungen u. weicht damit merklich von der ν_2-Frequenz des HNCS ab. Aus den Untersuchungsergebnissen folgt, daß HNCS mit ätherartigen Verbb. nur einen Typ von Komplexen unter den gegebenen Verhältnissen bildet. D. Kunath. 120◇

0175 **Das Infrarot-Spektrum des Nitrosyl-Ions.** D. W. A. Sharp und J. Thorley. (J. chem. Soc. [London] **1963,** 3557—60; Glasgow, Roy. Coll. of Sci. and Technol., Chem. Dep.; engl.) — Die IR-Absorptionsbande des NO^+-Ions von $(NO)_2GeF_6$, $NOVF_6$, $NOBF_4$, $NOSbF_6$, $NOPF_6$, $NOSO_3F$, $(NO)_2SnF_6$, $NOAsF_6$, $NOHSO_4$, $NOUF_6$, $NOMoF_6$, $NOBiCl_4$, $NOClO_4$, $(NO)(NO_2)S_3O_{10}$, $(NO)_2 \cdot S_2O_7$, $NOMnCl_3$, $NOCuCl_2$, $NOHgCl_3$, $NOAlCl_4$, $(NO)_2 \cdot PtCl_6$, $NOFeCl_4$, $(NO)_2SnCl_6$, $NOSbCl_6$, $NOZnCl_3$ u. $(NO)_2TiCl_6$ („Fluorube"-Fett-Einbettung zwischen CaF_2-Scheiben) wird im Bereich 2150—2400 cm^{-1} mitgeteilt. Röntgenograph. (Pulveraufnahme in Lindemann-Glaskapillaren, Cu-K_α-Strahlung) werden die Dimensionen der Einheitszellen für $NOBF_4$ (orthorhomb. a = 7,88; b = 5,72; c = 7,40 Å), KBF_4 (orthorhomb. a = 7,83; b = 5,67; c = 7,35 Å), $NOSO_3F$ (orthorhomb. a = 8,59; b = 5,99; c = 7,37 Å), $(NO)_2SnCl_6$ (kub. a = 10,24 Å), $(NO)_2PtCl_6$ (kub. a = 11,27 Å) bestimmt. Die Änderungen der NO^+-Absorptionsfrequenz wird diskutiert u. es werden Zusammenhänge aufgestellt zwischen kovalentem Bindungscharakter u. Ladungseffekten im Kristallgitter. D. Kunath. 120◇

0176 **Untersuchung der Absorptionsspektren einiger anorganischer Halogenkomplexe durch Interferometrie im fernen Infrarot.** D. M. Adams und H. A. Gebbie. (Spectrochim. Acta [London] **19,** 925—30, 1963; The Frythe, I. C. I. Ltd., Akers Res. Labor., Heavy Org. Chem. Div.; Teddington, Nat. Phys. Labor., Basic Phys. Div.; engl.) — Komplexe vom Typ K_2MX_6 (M = Re, Os, Ir, Pt, Pd; X = Cl) mit oktaedr. Struktur, K_2OsF_6, K_2PtJ_6, K_3IrCl_6 u. $(NH_4)_2IrCl_6$, u. solche vom Typ K_2MX_4 (K_2PtCl_4, K_2PtBr_4, $KAuBr_4 \cdot 2H_2O$) mit quadrat.-planarer Struktur werden mit einem Interferometer im fernen IR (40—400 cm^{-1}) im festen Zustand spektroskopiert. Die Valenz- u. Spreiz-Schwingungen der Metall–Halogen-Bindungen werden zugeordnet. D. Kunath. 120◇

0177 **Die Infrarot-Spektren von Trimethylaluminium, Dimethylaluminiumchlorid, Methylaluminiumdichlorid, Methyltitantrichlorid, Dimethyltitandichlorid und einigen deuterierten Derivaten.** A. P. Gray. (Canad. J. Chem. **41,** 1511—21, 1963; Kingston, Ont., Du Pont of Canada Ltd., Res. Center; engl.) — Die IR-Spektren (> 300 cm^{-1}) werden von gasförmigen $(CH_3)_6Al_2$, $(CD_3)_6Al_2$, $(CH_3)_4 \cdot Al_2Cl_2$, $(CD_3)_4Al_2Cl_2$, $(CH_3)_2Al_2Cl_4$, CH_3TiCl_3, CD_3TiCl_3 u. $(CH_3)_2TiCl_2$ gemessen und die Frequenzen zugeordnet. Die Frequenzzuordnungen weichen bedeutend von früheren Zuordnungen anderer Vff. ab, sind aber durchaus übereinstimmend mit Frequenzzuordnungen bei anderen Al-Verbindungen u. mit Spektren verwandter Verbindungen. Die Ergebnisse stehen in Übereinstimmung mit der Brückenstruktur des Trimethylaluminiums mit einer Symmetrie der Punktgruppe D_{2h} oder C_{2h} u. der Brückenstruktur des Dimethylaluminiumchlorids mit einer Chlorbrücke. Das dimere $(CH_3)_2Al_2Cl_4$ liegt wahrscheinlich in trans-Konfiguration vor. Eine Anzahl von Anomalien in den Spektren von Methyltitanverbindungen werden beobachtet u. diskutiert. D. Kunath. 120◇

0178 **Die Infrarot-Spektren von quartären Onium-Kationen der Elemente der Gruppe Vb.** 2. Mitt. **Schwingungszuordnungen für einige Tetraphenyl-, Triphenylmethyl-, Triphenyläthyl- und Tetraäthylphosphoniumsalze.** G. B. Deacon, R. A. Jones und P. E. Rogasch. (Austral. J. Chem. **16,** 360—70, 1963; engl.) — 1. vgl. C. **1963,** 11117. — Die IR-Spektren von $[(C_6H_5)_4P]A$, $[(C_6H_5)_3CH_3P]B$, $[(C_6H_5)_3C_2H_5P]C$ u. $[(C_2H_5)_4P]D$ in *Nujol*- od. *Hexachlorbutadien*aufschlämmungen werden im Wellenzahlenbereich 400—2000 cm^{-1} gemessen (A = Br^-, J^-, $HgBr_3^-$, HgJ_3^-, HgJ_4^{2-}; B = Br^-, J^-, $HgBr_2J^-$, $HgBrJ_2^-$, HgJ_3^-, HgJ_4^{2-}, CdJ_4^{2-}; C = Br^-, J^-, $HgBr_3^-$, HgJ_3^-, HgJ_4^{2-}; D = J^-, HgJ_4^{2-}, HgJ_5^-). Für die Mehrzahl der beobachteten Schwingungsbanden wird eine Schwingungszuordnung versuchsweise angegeben. D. Kunath. 120◇

0179 **Die Infrarot-Spektren von quartären Onium-Kationen der Elemente der Gruppe Vb.** 3. Mitt. **Die durch Substituenten beeinflußbare Schwingung bei 1100 cm^{-1}.** G. B. Deacon und R. A. Jones. (Austral. J. Chem. **16,** 499—503, 1963; engl.) — 2. vgl. vorst. Referat. — Die IR-Spektren von A_3P, A_3As, $[A_3CH_3P]^+$ u. $[A_3CH_3As]^+$ (A = *Phenyl*, *o-*, *m-* u. *p-Tolyl*) in Nujolaufschlämmungen werden im Wellenzahlenbereich 400—2000 cm^{-1} gemessen. Die Lageänderung der Schwingungsbande bei ca. 1100 cm^{-1} wird in Abhängigkeit der Phenylsubstitution diskutiert. Die nichtebenen Deformationsfrequenzen des Phenylringes werden angegeben. D. Kunath. 120◇

0180 **Mittlere Schwingungsamplituden pyramidaler Moleküle vom Typ XY_3 (X = N, P, As, Sb; Y = H, D, T).** S. Sundaram. (J. molecular Spectroscopy **7,** 53—57, 1961; Vancouver, B. C., Canada, British Columbia Res. Council; engl.) — Ableitung der hauptsächlichen mittleren Schwingungsamplituden aus den Schwingungsfrequenzen (Meth. der Symmetriekoordinaten) für nachst. Moll. bei 25°: NH_3, ND_3, NT_3, PH_3, PD_3, PT_3, AsH_3, AsD_3, AsT_3, SbH_3, SbD_3, SbT_3. A. Blaschette. 120◇

0181 **Untersuchung einer Rotationsschwingungsbande in festem Wasserstoff bei hoher Auflösung.** H. P. Gush. (J. Physique Radium **22,** 149—53, 1961; Bellevue, C. N. R. S., Labor. Aimé-Cotton; franz.) — Festes H_2 liefert ein auf intermol. Kräften beruhendes IR-Absorptionsspektrum. Die Rotationsschwingungsbande $S_1(o)$ bei 4486 cm^{-1} (o = 0 → o = 1; J = 0 → J = 2) wurde bei hoher Auflösung an Kristallen von reinem p-H_2 u. an Kristallen mit geringem Geh. an o-H_2 (0—8%) untersucht. Die beobachtete Aufspaltung der Linie wird der Quadrupolkopplung zwischen einem angeregten p-H_2- u. einem benachbarten o-H_2-Mol. zugeschrieben. A. Blaschette. 120◇

0182 **Raman- und Infrarotspektren und Normalkoordinatenbehandlung des Hypophosphit- und des Dideuterohypophosphitions.** Joseph S. Ziomek, John R. Ferraro und Donald F. Peppard. (J. molecular Spectroscopy **8,** 212—21, 1962; Chicago, Ill., DePaul Univ., Chem. Dep.; Argonne, Ill., Argonne Nat. Labor.; engl.) — Aus Raman- u. IR-Messungen (400—4000 cm^{-1}) an NaH_2PO_2, KH_2PO_2, $Ba(H_2PO_2)_2$, NaD_2PO_2, KD_2PO_2 u. $Ba(D_2PO_2)_2$ bei Raumtemp. werden Raman-Frequenzen, relative Intensitäten, Depolarisationsfaktoren bzw. IR-Wellenzahlen bestimmt, mit Angaben anderer Bearbeiter verglichen, die beobachteten Banden zugeordnet u. die Ergebnisse der Normalkoordinatenbehandlung (FG-Matrixmeth.; Basis C_{2v}-Symmetrie) mitgeteilt (Übereinstimmung mit der Isotopenproduktregel). F. Huber. 120◇

0183 **Raman-Streuung in piezoelektrischen Kristallen des tetragonalen Systems.** L. N. Owander. (Festkörperphysik [UdSSR] **4,** 1466—70, 1962; Kiew, Schewtschenko-Univ.; russ.) — Der Einfl. nicht- u. doppeltentarteter Schwingungen auf das Raman-Spektrum piezoelektr. tetragonaler Kristalle wird untersucht. Bei einer nichtentarteten Schwingung hängt der Streutensor von der Richtung des Wellenvektors ab. Doppelte Entartung wird unterdrückt. Die Größe der Aufspaltung u. die beiden entsprechenden Streutensoren werden als Funktion des Wellenvektors berechnet. P. Frenzel. 120◇

0184 **Raman-Resonanz-Effekt in Kristallen.** L. N. Owander. (Festkörperphysik [UdSSR] **4,** 1471—73, 1962; russ.) — Vgl. vorst. Referat. — Die Abhängigkeit der Raman-Intensität von der Frequenz des einfallenden Lichtes wird im Bereich einer Absorptionsbande untersucht. Aus dieser Beziehung kann die Dispersionskurve abgeleitet werden. Als Grenzfälle werden diskutiert: Große Oscillatorstärke u. kleiner Dämpfungs-Koeff. als charakterist. für die Absorptionsbande bzw. der umgekehrte Fall. P. Frenzel. 120◇

0185 **Fortschritte in der Spektrometrie im fernen Infrarot** ($\lambda > 50\ \mu$). Vincenzo Lorenzelli. (Ann. Chimica **52,** 573—84, 1962; Genova, Centro Studi di Chim. appl. del Consiglio Naz. delle Ric.; ital.) — Die verschiedenen Gründe, die bis heute eine Weiterentwicklung der Spektrometrie bei großen IR-Wellenlängen verhindert haben, werden mit dem Ziel untersucht, durch geeignete Formulierung der opt. u. energet. Probleme ein handliches, registrierendes Spektrometer mit genügendem Auflösungsvermögen zu realisieren. Die vorhandenen Strahlenquellen, Empfänger u. Filtersyst. zur Filterung der Reststrahlung werden bzgl. ihrer Leistungsfähigkeit diskutiert. Das Gerät sollte außerdem so ausgelegt sein, daß es Arbeiten unter Vakuum bzw. trockener Atmosphäre zuläßt. H. Pförtner. 120◇

0186 **Rotationsspektrum von SO_2.** M. de Hemptinne, F. Greindl und R. Van Riet. (Bull. Cl. Sci., Acad. roy. Belgique [5] **48**, 397—410, 1962; Louvain, Univ., Labor. de Phys. nucl. et mol.; franz.) — Das Rotationsspektrum von SO_2 wurde bei 13—25,5 kMHz mit natürlicher Isotopenverteilung u. mit 98,9%ig. ^{32}S gemessen. Es werden mehrere neue Übergänge beobachtet u. in der Näherung eines halbstarren Rotators berechnet. A. Blaschette. 121◇

0187 **Optisches Pumpen an Gasen.** W. Barthold. (Kerntechn., Isotopentechn. u. -chem. **4**, 185—88, 1962; Kiel, Univ., Inst. für Reine u. Angew. Kernphys.; dt.) — Vgl. C. **1963**, 777. — Übersicht über Grundlagen u. Meßmethoden. A. Blaschette. 121◇

0188 **Ultraschallmodulation der Resonanzgüte eines Rubinlasers.** E. Bayer, K. H. Hellwege und G. Schaack. (Physics Letters [Amsterdam] **5**, 33—35, 1963; Darmstadt, TH, Inst. für Techn. Physik; dt.) — Die von einem Rubinlaser emittierten Lichtimpulse lassen sich durch erzwungene Schwingungen modulieren, so daß oberhalb einer bestimmten Amplitude die Lichtimpulse synchron zum Ultraschall u. in doppelter Folgefrequenz emittiert werden. Bei noch größerer Amplitude wird wieder in statist. Folge emittiert, jedoch mit modulierter Intensität. H. U. Borgstedt. 121◇

0189 **Exoemission und Luminescenz von Alkalihalogenidkristallen mit Thallium.** A. Bohun und J. Dolejsi. (Dtsch. Akad. Wiss. Berlin, Tag. Unterkommiss. Leuchtstoffe Sekt. Physik, Physik Chem. Kristallphosphore **2**, 162—65, 1 Tafel, 1962; Prag, Tschechoslowak. Akad. der Wiss., Inst. für techn. Phys.; dt.) — An *KCl-*, *KBr-*, *KJ-* u. *CsJ*-Kristallen mit Tl-Zusätzen wird der gleichzeitige Verlauf der Thermoluminescenz u. der Thermoemission untersucht. Die Ergebnisse weisen darauf hin, daß die Elektronenquellen für beide Vorgänge ident. sind u. daß die freigesetzten Elektronen vor der Rekombination oder Emission das Leitungsband durchlaufen. H. Roschkowski. 125◇

0190 **Wirkung eines pulsierenden elektrischen Felds auf das spektrale Verhalten der Luminescenz von AgCl-Kristallen.** K. Vacek. (Czechoslov. J. Physics **13**, 188 bis 189, 1963; Praha, Fyz. ústav karlovy univ.; engl.) — Bei der Temp. des fl. N_2 wird an AgCl-Blättchen mit Ag-Elektroden unter Einw. rektangulärer Impulse von 500 V/cm, 1 Sek. Dauer u. einer Frequenz von $5 \cdot 10^5$ Hz eine schwache Verschiebung der Emissionsbande zu kürzeren Wellenlängen festgestellt. Sie beträgt ca. $\Delta E = 1{,}4_2 \cdot 10^{-2}$ eV u. stimmt mit theoret. Werten gut überein. Die Luminescenz findet wahrscheinlich an kurz vor der Emission durch ein lokalisiertes Exciton gebildeten Zentren statt. H. Roschkowski. 125◇

0191 **Zur Photoluminescenz von AgCl-Kristallen im elektrischen Felde.** K. Vacek. (Dtsch. Akad. Wiss. Berlin, Tag. Unterkommiss. Leuchtstoffe Sekt. Physik, Physik Chem. Kristallphosphore **2**, 138—42, 1962; Prag, Karls-Univ., Physikal. Inst.; dt.) — Vgl. vorst. Referat. — Übersicht. 9 Literaturangaben. H. Roschkowski. 125◇

0192 **Temperaturabhängigkeit der Luminescenz der Kristalle von AgCl mit Beimengung von Tl.** Z. Berger. (Czechoslov. J. Physics **13**, 190—93, 1963; Praha, Fyz. ústav karlovy univ.; dt.) — Die Temperatur-Abhängigkeit der Luminescenz von AgCl-Kristallen mit 0,01; 0,1 u. 0,3 Mol-% TlCl im roten Bereich des Spektrums wurde gemessen. Die Kurven beginnen bei ca. 50—70°K, besitzen Maxima bei 70—100°K u. fallen bei ca. 190°K steil ab. Im untersuchten Bereich hängt die Luminescenzintensität linear von der Anregungsstrahlung ab. Auf die Kompliziertheit der Luminescenzzentren u. die Möglichkeit eines Energieübergangs zwischen Absorptions- u. Luminescenzzentrum wird hingewiesen. H. Roschkowski. 125◇

0193 **Über die Thermoluminescenz des AgCl:Tl.** Zd. Berger. (Dtsch. Akad. Wiss. Berlin, Tag. Unterkommiss. Leuchtstoffe Sekt. Physik, Physik Chem. Kristallphosphore **2**, 145—47, 1962; Prag, Karls-Univ., Physikal. Inst.; dt.) — Vgl. vorst. Referat. — Übersicht über bereits früher mitgeteilte Ergebnisse an Hand von 4 Literaturangaben. H. Roschkowski. 125◇

0194 **Beitrag zur Messung des Luminescenzanklingens in AgCl-Kristallen.** J. Pantofliček. (Czechoslov. J. Physics **13**, 194—96, 1963; Praha, Fyz. ústav karlovy univ.; dt.) — Im Bereich von 77—150° wurden an AgCl-Plättchen mit überwiegend kurzwelliger bzw. überwiegend langwelliger Luminescenz bzw. an mit Cd^{2+} oder Te^{+} dotierten AgCl-Kristallen photograph. Messungen des Luminescenzanklingens vorgenommen. Die Aktivierungsenergien der an verschiedenen Luminescenzzentren verlaufenden Relaxationsvorgänge wurden aus der Temp.-Abhängigkeit der Relaxationszeiten berechnet. H. Roschkowski. 125◇

0195 **Über die Temperaturabhängigkeit der Fluorescenz S-dotierter AgBr-Kristalle.** H. D. Koswig. (Dtsch. Akad. Wiss. Berlin, Tag. Unterkommiss. Leuchtstoffe Sekt. Physik, Physik Chem. Kristallphosphore **2**, 166—72, 1962; Berlin, Dt. Akad. der Wiss., Inst. für Kristallphys.; dt.) — Die Temp.-Abhängigkeit der Fluorescenz von AgBr; AgBr:Cd; AgBr:S; AgBr:CdS; AgBr:PbS u. AgBr:ZnS wird untersucht. Die Verss. zeigen, daß der Abfall der Fluorescenzintensität im Bereich von ca. 100°K durch photochem. Rk.-Prodd. mit beeinflußt wird. Diese können bei ihrer Bldg. Leuchtzentren verbrauchen oder das Verhältnis der Übergangswahrscheinlichkeiten strahlender/strahlungsloser Übergang verändern. Der in photochem. unempfindlichen Kristallen bei 200°K u. darüber auftretende Intensitätsverlust scheint die therm. Grenze für das Auftreten von Luminescenzerscheinungen in den AgBr-Kristallen zu sein. H. Roschkowski. 125◇

0196 **Optische Untersuchungen an CdS-dotierten AgBr-Kristallen bei tiefen Temperaturen.** H. D. Koswig. (Czechoslov. J. Physics **13**, 197—200, 1963; dt.) — Vgl. vorst. Referat. — Bei mit CdS dotierten AgBr-Kristallen tritt zusätzlich zu den nur mit S dotierten Kristallen eine neue Fluorescenzbande bei 1,96 eV auf, die sich gegenüber therm. u. photochem. Behandlung ähnlich wie die Absorptionsbande der gleichen Kristalle verhält. Die Absorptionsbande ist gegenüber den mit S dotierten Kristallen um 0,11 eV zur kurzwelligen, die Fluorescenzbande um den gleichen Betrag zur langwelligen Seite verschoben. Beide Banden werden einem Zentrum zugeordnet. Die Ergebnisse werden mit Hilfe eines eindimensionalen Konfigurationskurvenmodells gedeutet. H. Roschkowski. 125◇

0197 **Untersuchungen über die Bildung von luminescenzfähigen anorganischen Kristallen bei niedrigen Temperaturen.** R. Piwonka. (Dtsch. Akad. Wiss. Berlin, Tag. Unterkommiss. Leuchtstoffe Sekt. Physik, Physik. Chem. Kristallphosphore **2**, 97—99, 7 Tafeln, 1962; Liebenwalde bei Berlin, Dt. Akad. der Wiss., Phys. techn. Inst., Bereich Luminescenzforsch.; dt.) — Durch Rk. von Na_2WO_4 mit $CaCl_2$ in wss. Lsg. wurde weitgehend kristallines, unter Röntgenanregung fluorescierendes $CaWO_4$ erhalten. Die Luminescenz wird bei Erwärmung der Probe durch das Entweichen von W., die Wrkg. geringer Mengen eingeschlossener Salze u. oberhalb 600° durch die Temp. selbst gesteigert. H. Roschkowski. 125◇

0198 **Über die Luminescenz aktivierter Erdalkalialuminate in Abhängigkeit von ihrer Struktur.** Hans Witzmann und Rainer Knopp. (Ber. Bunsenges. physik. Chem. **67**, 439—44, 1963; Greifswald, Univ., Inst. für physikal. Chem.; dt.) — Das Luminescenz-Verh. aller bekannten stöchiometr. Erdalkalialuminate (A) unter UV-Anregung u. Aktivierung mit Bi, Pb bzw. Bi + Li wird systemat. untersucht. $BeO \cdot Al_2O_3$, $BeO \cdot 3Al_2O_3$ u. $MgO \cdot Al_2O_3$ zeigen keine Luminescenzerscheinungen. $3CaO \cdot Al_2O_3$ (**I**) u. $CaO \cdot Al_2O_3$ luminescieren bei Bi- u. Pb-Dotierung, $12CaO \cdot 7Al_2O_3$ bei Pb-Einbau, **I** auch mit (Li + Bi). Gemische stöchiometr. A können ebenfalls Luminescenz zeigen. $3SrO \cdot Al_2O_3 \cdot Bi$ verhält sich wie **I**; auch die mit Pb dotierte entsprechende Verb. verhält sich wie das Ca-Aluminat. $SrO \cdot Al_2O_3{:}Pb$ zeigt eine starke UV-Emission. $3SrO \cdot Al_2O_3$: (Bi, Li) verhält sich wie die Ca-Verbindung. $3BaO \cdot Al_2O_3{:}Bi$ zeigt blaue Emission, ebenso $BaO \cdot Al_2O_3{:}Pb$ u. $3BaO \cdot Al_2O_3{:}Pb$. Die Aluminate zeigen bei den verwendeten Dotierungen Luminescenz auch bei Anregung mit Röntgen- u. Kathodenstrahlen. Untersucht wurde weiterhin die Temp.-Abhängigkeit der Luminescenzspektren (— 180 bis 300°) sowie der Einfl. von Fluoriden auf Bldg. u. Luminescenz von Tricalciumaluminat. H. Roschkowski. 125◇

0199 **Emission von Hexaantipyrinterbiumtrijodid.** L. G. van Uitert, R. R. Soden und R. G. Treuting. (J. appl. Physics **30**, 2017, 1959; Murray Hill, N. J., Bell Telephone Labor., Inc.; engl.) — Hexaantipyrinterbiumtrijodid(**I**)-Einkristalle emittieren bei Anregung mit dem UV-Licht einer Hg-Lampe (2537 Å-Filter Corning 9863) stark im grünen Spektralbereich. Die Bandenintensität ist ca. 3mal so stark wie die einer Vergleichsprobe von ZnS. **I** ist ungefärbt, durchlässig für sichtbares u. teilweise durchlässig für UV-Licht. Es zeigt starke Tribolumineszenz. F. Huber. 125◇

0200 **Gudden-Pohl- und Memory-Effekte bei einem infrarotangeregten Phosphor.** I. T. Steinberger, E. A. Braun und E. Alexander. (Physics Chem. Solids **3**, 133—40, 1957; Jerusalem, Hebrew Univ., Dep. of Phys.; engl.) — Vff. beschreiben Experimente, die die Existenz des Gudden-Pohl-Effektes bei IR-angeregter Emission von „Standard VI"-Phosphor bestätigen. Außerdem wird eine Beeinflussung der Fluorescenz durch ein vorher angelegtes elektr. Feld gefunden. Die Effekte lassen sich mit Hilfe des Termschemas deuten. H. Schirrwitz. 125◇

A_3. Elektrizität, Magnetismus, Elektrochemie

0201 **Die Kalibrierung der Elektronenenergie-Skala zur Messung von Ionisationspotentialen.** R. K. Asundi und M. V. Kurepa. (J. sci. Instruments **40**, 183—86, 1963; Liverpool, Univ., Dep. of Electr. Engng; engl.) — Die theoret. ermittelte Elektronenenergie-Verteilung nach der Funktion $dN/dU = (2\pi m/h^3) \cdot U \exp(-(\Phi - \mu + U)/kT)$ wird mit den experimentellen Werten verglichen. U ist die Elektronenenergie, Φ die Austrittsarbeit des Heizfadens, μ das Fermi-Niveau, m die Elektronenmasse, h u. k die Plancksche bzw. Boltzmann-Konst., T die abs. Temp. u. dN die Zahl der Elektronen mit Energien zwischen U u. U + dU. Die Verschiebung der Maxima der beiden verglichenen Kurven wird dem Kontaktpotential in dem Syst. zugeordnet u. dient daher zur Best. dieses Potentials während des Versuches. Die linear extrapolierten Werte liegen tiefer als das wahre Ionisationspotential. Mit dem experimentell bestimmten Kontaktpotential u. dem aus der Heizfaden-Temp. berechneten Wert werden für 4 Gase (*O₂*, *CO*, *CO₂*, *Ar*) die Ionisationspotentiale auf ± 0,08 eV kalibriert. Die Ergebnisse werden mit spektroskop. Daten verglichen. H. Pförtner. 131◇

0202 **Reaktionen beim Durchgang eines Strahls von Wasserstoff-Molekülionen durch ein ionisiertes Medium.** Joseph Guidini, André Jeudon, Claude Manus und Théodore Sinda. (C. R. hebd. Séances Acad. Sci. **254**, 3081—83, 1962; franz.) — Die Wrkg.-Querschnitte der Dissoziation u. der Ionisation von H_2^+ beim Durchgang eines H_2^+-Strahls (250 keV) durch ein Medium aus N^+ werden gemessen; sie sind höher als die entsprechenden Wrkg.-Querschnitte bei Stößen mit Neutralteilchen. A. Blaschette. 131◇

0203 **Berechnungen der Gleichgewichtsionisation für normale und schräge Stoßwellen in Argon.** N. R. Jones und M. McChesney. (Proc. physic. Soc. **81**, 1022—33, 1963; Liverpool, Univ. of Liverpool, Dep. of Mechan. Engng.; engl.) — Für ein Zwei-Teilchen-Modell werden einige Eigg. starker normaler Schockwellen in Ar sowie das Problem des Überschall-Fließens in der Nähe eines Keiles bei zwei verschiedenen Temp.-Bedingungen untersucht. Im ersten Fall beträgt die Temp. des vom Keil aufströmenden Gases 300°K, für den zweiten Fall wird eine wesentlich höhere Temp. angenommen, etwa wie sie im Gleichgewichtsbereich hinter einer fortschreitenden Ionisationsstoßwelle auftritt. Für verschiedene Keilwinkel u. Fließbedingungen werden die Winkel schräger Stoßwellen berechnet. Die Werte werden mit den entsprechenden Berechnungen nach der Theorie idealer Gase verglichen. D. Noack. 131◇

0204 **Massenspektrum des Argons bei hohem Druck in der Ionenquelle.** A. Bloch. (J. Chim. physique Physico-Chim. biol. **58**, 289—91, 1961; Saclay, C. E. N., Serv. des Isotopes Stables; franz.) — Im Massenspektrum von Ar, das bei einem Druck von 10^{-2} Torr in der Ionenquelle aufgenommen wurde, konnte die Existenz von Ar_2^+-Ionen, von Ladungsübergängen durch Ion-Mol.-Stöße u. von Eigenionisationen eines angeregten Ar^{2+}- zu einem Ar^{3+}-Ion nachgewiesen werden. A. Blaschette. 131◇

0205 **Natur und Eigenschaften eines Plasmas.** A. von Engel. (Contemporary Physics **2**, 447—62, 1961; Oxford, Clarendon Labor.; engl.) — Übersicht. — 26 Literaturangaben. A. Blaschette. 131◇

0206 **Statistische Thermodynamik von Plasmen.** H. S. Green. (Nuclear Fusion [Wien] **1**, 69—77, 1961; Adelaide, South Australia, Univ.; engl.) — Theoret. Untersuchung. Ableitung eines Verf. zur Berechnung der thermodynam. Funktionen eines gasförmigen Plasmas. Die in der Literatur weit verbreitete Annahme, daß sich ein gasförmiges Plasma thermodynam. wie ein ideales Gas verhält, ist wegen der großen Reichweite der Coulomb-Wechselwrkg. in ionisierten Gasen eine ungerechtfertigte Näherung. In Fortführung früherer Unterss. des Vf. über die Theorie der Gesamt-Verteilungsfunktion werden exakte Integralgleichungen abgeleitet, welche die Elektronen- und Ionenverteilungsfunktionen bestimmen. Eine erste Näherungslösung für diese Gleichungen liefert Ergebnisse, die denen der Debye-Hückel-Theorie der Elektrolyte entsprechen. Es erweist sich, daß der Gültigkeitsbereich der Debye-Hückel-Theorie viel weiter ist als der der von Debye und Hückel verwandten Näherungsannahmen. Genauere Lösungen werden abgeleitet und zur Berechnung der Zustandsgleichung und anderer thermodynam. Funktionen für Plasmen verwandt. F. Lenz. 131□

0207 **Eine vereinfachte Analyse der Dynamik von Plasmastrahlerzeugern.** J. G. Linhart. (Nuclear Fusion [Wien] **1**, 78—81, 1961; Frascati, Italien, Assoc. Euratom-Nat. Komitee für Kernforsch.; engl.) — Theoret. Unters. der Beschleunigung einer zylindr. Plasmaschicht in Richtung auf die Zylinderachse durch ein magnet. Feld. Der Vorgang ist dem gewöhnlichen $B_\varphi I_z$-Pinch ähnlich. Das magnet. Feld wird durch den Strom einer Kondensatorentladung erzeugt. Das Syst. kann als L–C-Kreis aufgefaßt werden, in welchem die Induktivität wegen der Bewegung des Plasmaleiters variiert. Eine einfache näherungsweise Beschreibung der Plasmabeschleunigung kann aus dem Adiabatensatz für Oscillatoren u. dem Energieerhaltungssatz abgeleitet werden. Die daraus folgenden Näherungslösungen für die Plasmabeschleunigung werden mit numer. Lösungen der entsprechenden Differentialgleichungen verglichen u. daraus auf die Gültigkeitsgrenzen für die adiabat. Näherung geschlossen. Sie ist anwendbar, wenn $C^2V_0^2/MNR_0^2 < 5$. Hierbei sind C u. V_0 Kapazität (in Farad) u. Anfangspotential (in Volt) der Kondensatorbatterie, M die positive Ionenmasse, N die lineare Ionendichte und R_0 (in cm) der Anfangsradius des Plasmazylinders. Die adiabat. Näherung erweist sich auch für die Anwendung auf dem von Arzimowitsch u. Mitarbeitern beschriebenen Beschleuniger für Plasmawolken (C. **1959, 1344**) als brauchbar. F. Lenz. 131□

0208 **Nichtlineare Schwingungen eines verdünnten Plasmas.** A. A. Wedenow, E. P. Belichow und R. S. Ssagdejew. (Nuclear Fusion [Wien] **1**, 82—100, 1961; Moskau, I. W. Kurtschatow-Leninorden-Inst. für Atomenergie der Akad. der Wiss. der UdSSR; engl.) — Zusammenfassender Bericht über eine Reihe von Arbeiten über die Theorie nichtlinearer Plasmabewegungen unter Bedingungen, bei denen die Stöße zwischen den Teilchen keine entscheidende Rolle spielen. F. Lenz. 131□

0209 **Die Dämpfung von Rayleigh-Taylor-Instabilitäten in einer Thetatron-Entladung.** H. A. B. Bodin, A. A. Newton und N. J. Peacock. (Nuclear Fusion [Wien] **1**, 139—43, 1961; Aldermaston, Berks., A. W. R. E.; engl.) — In der Thetatron-Entladung treten wellige Verformungen längs der Mantellinien der zylindr. Plasmaoberfläche auf, die durch Kurzzeitphotographie registriert werden. Die Wellenlänge dieser instabilen Verformungen nimmt mit abnehmendem Anfangsdruck zu, was auf viscose Dämpfung hinweist. Eine einfache Theorie zur Erklärung dieser Instabilitäten wird entwickelt. Ihr Gültigkeitsbereich ist darauf beschränkt, daß a) die mittlere freie Weglänge der Ionen kleiner als die Wellenlänge und b) die Ionen-Stoßzeit kleiner als die Anwachszeit der welligen Instabilitäten ist. Ein für zukünftige Experimente bei höheren Temp. günstiger Umstand ist, daß die Dämpfung mit steigender Temp. zunimmt. F. Lenz. 131□

0210 **Fluktuationen eines Plasmas.** Norman Rostoker. (Nuclear Fusion [Wien] **1**, 101—20, 1961; San Diego, Calif., Gen. Dynam. Corp., John Jay Hopkins Labor. for Pure and Appl. Sci.; engl.) — Theoret. Unters. der kombinierten Wahrscheinlichkeitsdichte $D_s(X, t)$ im Phasenraum aller im Plasma enthaltenen Teilchen. Daraus lassen sich Spektraldichte und Autokorrelationsfunktion ableiten, ohne daß irgendein Stoßzahlansatz oder Markow-Annahmen gemacht werden müßten. Zunächst wird das Plasma im therm. Gleichgewicht mit Coulomb-Wechselwrkg. ausführlich behandelt und Ausdrücke für die Fluktuationen des elektr. Feldes und der Stromdichte abgeleitet. Im zweiten Teil der Arbeit werden räumlich homogene Nichtgleichgewichtszustände in einem heißen Plasma und die darin auftretenden Fluktuationen behandelt. Auch in diesem Fall bleibt das KirchhoffscheS trahlungsgesetz und das Fluktuations-Zerstreuungsgesetz gültig. Als Anwendung wird der Anregungsgrad von kollektiven Schwingungsformen wie Plasmawellen, Ionenschwingungen etc. berechnet. Für Verteilungsfunktionen, die sich bei Variation eines Parameters einer Instabilität nähern, wächst die Energie einiger Schwingungsformen mit Annäherung an die Instabilität über alle Grenzen. F. Lenz. 131□

0211 **Spannungscharakteristik eines rotierenden Plasmas.** B. Lehnert. (Nuclear Fusion [Wien] **1**, 125—30, 1961; Stockholm, Königl. Techn. Inst.; engl.) — Theoret. Unters. des Kräftegleichgew. in einem rotierenden Plasma im Innern eines langen zylindr. Gefäßes in einem axialen Magnetfeld. Eine Beziehung (Spannungscharakteristik) wird abgeleitet, welche die entstehende radiale Potentialdifferenz mit der Stärke der elektr. Kondensatorentladung verknüpft, welche das Magnetfeld erzeugt. Die Äquivalentkapazität, welche das elektr. Verh. des Plasmas beschreibt, hängt von der übertragenen Ladung und den Eigg. der Gefäßwandung ab. Die Spannungscharakteristik ist nicht linear, und es kann vorkommen, daß die radiale Potentialdifferenz mit zunehmender Anfangsspannung der Kondensatorbatterie gegen einen Sättigungswert geht. Durch Anwendung dieser Überlegung auf eine magneto-hydrodynam. Versuchsanordnung des Los Alamos Sci. Labor. (Ixion) kann die daran früher beobachtete Spannungsbegrenzung erklärt werden. F. Lenz. 131□

0212 **Die positive Säule der Argon-Niederdruck-Entladung im Übergangsbereich.** 1. Mitt. Karl Wojaczek. (Beitr. Plasmaphysik **1**, 30—43, 1960/61; Berlin, DAW, Forsch.-Gemeinsch., Phys.-Techn. Inst., Bereich Strahlungsquellen; dt.) — Vgl. C. **1963**, 781. — In der positiven Säule der Ar-Niederdruck-Entladung wurden in weiten Stromstärkebereichen der axiale Potentialgradient u. in der homogenen Säule die Elektronen-Temp. durch Sondenmessungen bestimmt. Aus dem Vgl. von gemessenen u. theoret. Werten wird die Rolle verschiedener Elementarprozesse abgeschätzt. Im Übergangsbereich zwischen homogener u. geschichteter Säule werden künstlich laufende Schichten kleiner Amplitude angeregt. Ihr Dispersionsverh. wird für verschiedene Drücke gemessen. Die ermittelten Abhängigkeiten der Schichtwerte u. Amplifikation lassen sich durch einfache analyt. Ausdrücke wiedergeben. Die Ergebnisse ermöglichen eine quant. Überprüfung der Theorie der laufenden Schichten. L. Roth. 131◇

0213 **Die positive Säule der Argon-Niederdruckentladung im Übergangsbereich.** 2. Mitt. Karl Wojaczek. (Beitr. Plasmaphysik **2**, 13—23, 1962; dt.) — 1. vgl. vorst. Referat. — Die l. c. ermittelten Meßwerte werden zur Berechnung von Ionenbeweglichkeit, Wärmeleitfähigkeit der Elektronen sowie „effektiver Ionisierungsspannung" in der positiven Säule benutzt. L. Roth. 131◇

0214 **Zur Theorie laufender Schichten kleiner Amplitude in Niederdruckentladungen.** Karl Wojaczek. (Beitr. Plasmaphysik **2**, 1—12, 1962; dt.) — Vgl. vorst. Referate. — Aus Meßdaten für das Dispersions- u. Amplifikationsverh. laufender Schichten kann mit Hilfe von Ausdrücken, die aus der linearisierten Theorie der nicht stationären positiven Säule einer Niederdruckentladung gewonnen wurden, auf folgende Kenngrößen der Elementarprozesse im Plasma geschlossen werden: Ionenbeweglichkeit, Wärmeleitfähigkeit der Elektronen, Konz.- u. Elektronentemp.-Abhängigkeit der Ionisations- u. Energieverlustrate. Außerdem ergibt sich bei der Grenzstromstärke ein Minimalwert der Resonanzschichtweite. L. Roth. 131◇

0215 **Zur theoretischen Begründung des „Minimumprinzips" für die Spannung einer Gasentladung und einige weitere Folgerungen.** Max Steenbeck. (Beitr. Plasmaphysik **1**, 1—10, 1960/61; Jena, DAW, Forschungsgem. Inst. für Magnetohydrodynam.; dt.) — Es wird gezeigt, daß das Minimum-Prinzip für die Brennspannung eines stationär brennenden Lichtbogens nicht nur eine unter Umständen bequeme Faustregel darstellt. Bei Berücksichtigung der nächsthöheren Näherung für den Wärmestom im Ansatz der von Elenbaas u. Mitarbeitern [1936] eingeführten Differentialgleichung zur Berechnung der Säulenfeldstärke u. des radialen Temp.-Verlaufes ergibt sich bereits die Notwendigkeit eines zusätzlichen Auswahlprinzips. L. Roth. 131◇

0216 **Über die Elektronenemission aus Festkörpern in Gasentladungen.** 2. Mitt. **Emission im beschleunigenden Feld.** D. M. Speros und P. R. Buccilli. (J. electrochem. Soc. **110**, 748—50, 1963; Nela Park, Cleveland, Ohio, Gen. Electr. Co., Comp.; Res. Labor.; engl.) — 1. vgl. C. **1963**, **6466**. — Die Unterss. werden an einer Fluorescenzlampe (Ar, 2,5 mm Hg) mit W- bzw. W-Oxidkathode ($BaO : SrO : CaO_2 : ZrO_2 = 49 : 29 : 19 : 3$) durchgeführt. Stromspannungscharakteristik; ein Emissionshystereseeffekt u. der Einfl. des verwendeten Edelgases werden erörtert. P. Frenzel. 131◇

0217 **Der Einfluß von Strom und Druck auf die Impedanz von Kaltkathoden-Glimmentladungsröhren.** G. F. Weston. (J. Electronics and Control [1], **12**, 379—92, 1962; Salfords, Surrey, Mullard Res. Labor.; engl.) — Bei vollkommen vom Glimmlicht bedeckter Kathode ergibt sich im Niederfrequenzbereich umgekehrte Proportionalität zwischen Reaktanzanteil u. Entladungs-Gleichstrom für jede Frequenz, während sich der Widerstandsanteil umgekehrt proportional zur Quadratwurzel des Stromes ändert. Für die Abhängigkeit vom Druck ergeben sich nur einfache Beziehungen, wenn man die Impedanz entsprechend der van Geelschen Theorie durch „Selbstinduktion" u. „Degressionszeit" ausdrückt. L. Roth. 131◇

0218 **Einfluß des Gitters auf die dielektrischen Eigenschaften eines Elektronengases.** David S. Falk. (Physic. Rev. [2] **118**, 105—09, 1960; Lexington, Mass., MIT, Lincoln Labor.; engl.) — Theoret. Behandlung eines Syst. von N Elektronen in Ggw. eines starren period. Mediums aus positiven Ladungen. A. Blaschette. 132◇

0219 **Octupolwechselwirkung von polarisierten Atomen in Kristallen.** I. Z. Ljasst. (Festkörperphysik [UdSSR] **4**, 3—7, 1962; Baschkir. Abt. der Akad. der Wiss. der UdSSR; russ.) — Es wird der Effekt eines induzierten Octupolmoments auf die Größe des inneren Feldes theoret. behandelt u. eine Korrektur der Clausius-Mosotti-Gleichung gefunden. Eine Abschätzung zeigt, daß die DK nur unwesentlich durch diese Korrektur beeinflußt wird. K. Huste. 132◇

0220 **Die Dielektrizitätskonstante von Dielektrika unter hydrostatischem Druck.** D. F. Gibbs und M. Jarman. (Philos. Mag. [8] **7**, 663—70, 1962; Bristol, Univ., H. H. Wills Phys. Labor.; engl.) — Die Druckabhängigkeit der DK nachst. Stoffe wurde untersucht, indem dünne Proben (Dicke 0,1 mm, Oberfläche 1 cm²) Drücken bis zu 3000 kg/cm² in Öl ausgesetzt u. die Kapazitätsänderungen gemessen wurden: *LiF*, *NaCl*, *NaJ*, *KCl* (Kristall), *KCl* (Pulver), *KBr*, *Polyäthylen*, *Polystyrol*, *Rutil*

(Feld in a- oder c-Richtung), *NH_4J* (NaCl- u. CsCl-Modifikation). A. Blaschette. 132◇

0221 **Dielektrische Eigenschaften von Titandioxidkeramiken bei Mikrowellenfrequenzen.** J. M. Free, M. E. B. Moffat und G. B. Walker. (Brit. J. appl. Physics **14,** 289—91, 1963; Oxford, Univ., Engng. Labor.; Vancouver, Univ. of Brit. Columbia, Dep. of Electr. Engng.; engl.) — Die Änderung des tg δ u. der Durchlässigkeit in Abhängigkeit von der Frequenz von TiO_2 u. Magnesiumtitanat werden mitgeteilt u. die Ergebnisse diskutiert. H. G. Moslé. 132◇

0222 **Nichtlinearität der dielektrischen Polarisation und ferroelektrische Eigenschaften von Materialien.** Ss. W. Bogdanow. (Festkörperphysik [UdSSR] **5,** 807—10, 1963; Moskau, Akad. der Wiss. der UdSSR, Phys. Lebedew-Inst.; russ.) — Es wird gezeigt, daß nichtlineare Polarisation in Ferroelektrika ebenso auftreten kann wie in gewöhnlichen Dielektrika. K. Jaeger. 133◇

0223 **Zur makroskopischen Theorie ferroelektrischer Kristalle.** I. I. Iwantschik. (Festkörperphysik [UdSSR] **8,** 3731—42, 1961; Moskau, Physikal. Lebedew-Inst. der Akad. der Wiss. der UdSSR; russ.) — Die Eigg. von c-Domänenkristallen aus plättchenförmigem $BaTiO_3$ wurden unter Berücksichtigung der leitfähigkeitsverursachten Abschirmung der spontanen Polarisation theoret. untersucht. Es wird gefunden, daß die spontane Polarisation, die Curie-Temp. u. die mechan. Dehnung stark von der Plättchendicke abhängen. Kristalle mit Stärken $< 2 \cdot 10^{-6}$ cm sind nicht ferroelektrisch. Die Koexistenzkurve der ferroelektr. u. paraelektr. Phase im Dicken-Temp.-Diagramm erreicht nicht den abs. Nullpunkt, sondern endet in einem krit. Punkt. Die Bedingungen für ein Minimum der Freien Energie werden durch eine period. Polarisationsverteilung erfüllt. Diese Verteilung wird mit den experimentell erhaltenen period. Strukturen verglichen. K. Huste. 133◇

0224 **Neue Methode der Untersuchung der Umpolarisierung der Seignetteelektrika.** W. M. Petrow und A. M. Schirokow. (Nachr. Moskauer Univ., Ser. III **17,** Nr. 3, 59—62, 1962; russ.) — Die beschriebene Meth. beruht auf der Beobachtung, daß bei vielen seignetteelektr. Materialien die DK (ε) vom angelegten Mischfeld E, bzw. der von E bewirkten Polarisation, abhängt. Das Blockschema mit Meßkreis wird beschrieben (Abb.). Die Umpolarisierung des Seignetteelektrikums ist ebenso wie die Änderung von ε der Änderung der Polarisation proportional. Die Meth. eignet sich zur Unters. der Umpolarisierung von Dämonen in Ferroelektriken vom Typ $BaTiO_3$, aber nicht für Seignettesalz, bei dem sich die Änderung von ε in $\leq 0{,}1\ \mu$ Sek. abspielt. R. K. Müller. 133◇

0225 **Moderne Anwendungen der Ferroelektrizität.** R. C. Kell. (Brit. J. appl. Physics **14,** 249—55, 1963; Wembley, Middlesex, Gen. Electr. Co. Ltd., Central Res. Labor., Hirst Res. Centre; engl.) — An Hand von ca. 70 Literaturhinweisen gibt Vf. einen Überblick über die wesentlichsten Eigg. ferroelektr. Kristalle u. Keramiken u ihrer Anwendungsgebiete. H. G. Moslé. 133◇

0226 **Zur Thermo-EMK in Bi und seinen Legierungen mit Tellur.** D. W. Gitzu, G. A. Iwanow und A. M. Popow. (Festkörperphysik [UdSSR] **4,** 22—28, 1962; Leningrad, Pädagog. Inst.; russ.) — Die Thermo-EMK von Bi-Einkristallen u. von Bi–Te-Legg. wird gemessen. In reinem Bi ist die Thermo-EMK stark anisotrop. Durch Zugabe von Te sinkt die Anisotropie sehr schnell ab u. erreicht bei 0,1 Atom-% Te die Isotropie. In nichtkub. Halbleitern kann eine höhere Anisotropie als in dem Verunreinigungsbereich, wo die Thermo-EMK im allg. isotrop. ist, im Eigenbereich erwartet werden. K. Huste. 133◇

0227 **Thermoelektrische Eigenschaften von Bi_2Te_3–Bi_2Se_3 in dem Temperaturbereich von 77 bis 630°K.** Je. K. Iordanischwili und B. M. Trachbrot. (Festkörperphysik [UdSSR] **4,** 122—31, 1962; Leningrad, Halbleiter-Inst. der Akad. der Wiss. der UdSSR; russ.) — Es werden die Leitfähigkeit, die Thermo-EMK u. die Gütezahl von polykristallinen Bi_2Te_3–Bi_2Se_3-Proben in Abhängigkeit von der Temp. untersucht. Die Ergebnisse werden an Hand von drei Streuungsmechanismen diskutiert. Die mittlere freie Weglänge der Stromträger ist proportional der Wurzel ihrer Energie. Die Möglichkeit der Anwendung dieser Verbb. als thermoelektr. Material wird diskutiert. K. Huste. 133◇

0228 **Messungen der thermoelektrischen Parameter von Bleitellurid bei Zimmertemperatur.** G. W. Johnson. (J. Electronics and Control [1] **12,** 421—32, 1962; Rugby, A. E. I. Ltd., Res. Labor.; engl.) — Seebeck-Koeff. α, elektr. Leitfähigkeit σ u. Wärmeleitfähigkeit K werden für n- u. p-leitendes Bleitellurid bei verschiedenen Ladungsträgerkonzentrationen gemessen u. die Ergebnisse an Hand der Theorie diskutiert. L. Roth. 133◇

0229 **Thermoelektrische Eigenschaften von festen Lösungen von Mg_2Si–Mg_2Sn.** Je. N. Nikitin, W. G. Basanow und W. I. Tarassow. (Festkörperphysik [UdSSR] **3,** 3645—49, 1961; Leningrad, Halbleiter-Inst. der Akad. der Wiss. der UdSSR; russ.) — Die Thermo-EMK u. die elektr. u. therm. Leitfähigkeit von festen Lsgg. von Mg_2Si–Mg_2Sn wurden in Abhängigkeit von der Temp. untersucht. Für mit Sb dotierte Proben $Mg_2Si_{0,7}Sn_{0,3}$ wurden von 200—600° Gütezahlen von $\sim 0{,}7 \cdot 10^{-3}$ $Grad^{-1}$ gefunden. Die Abhängigkeit der Thermo-EMK von der Träger-Konz., die aus Messungen des Hall-Effekts erhalten wurden, zeigte eine Abweichung von der theoret. Formel nach Pissarenko. K. Huste. 133◇

0230 **Ein Ionenschutzfilter.** V. Střelka. (Českoslov. Časopis Fysiku **11,** 489—92, 1961; Praha, ČSAV, Úst. techn. fys.; tschech.) — Der Unterschied der Beweglichkeit von Elektronen u. Ionen in einem gasförmigen Medium kann dazu benutzt werden, um bei der Messung der Elektronenemission mittels eines Geiger-Müller-Zählers Ionen fernzuhalten. Als Ionenfilter wird der Kathode ein Gitter vorgeschaltet u. der Ionenstrom bei einer Impulszahl von 1000 N/s gemessen. R. K. Müller. 134◇

0231 **Bemerkungen über die dynamische Kondensatormethode.** Zbigniew Ratajewicz. (Roczniki Chem. [Ann. Soc. chim. Polonorum] **35,** 1543—47, 1961; Lublin, Pol. Akad. der Wiss., Inst. für Phys. Chem., Labor. für Phys. Chem. von Oberflächenphänomenen; pol.) — Erörterung der Messung von Kontaktpotentialen. P. Frenzel. 134◇

0232 **Durch Sublimation von Bariumoxid bei angelegten Anodenpotentialen verursachte Änderungen der Anodenaustrittsarbeiten.** B. J. Hopkins und K. J. Ross. (J. appl. Physics **34,** 2111—12, 1963; Southampton, Univ., Dep. of Phys.; engl.) — Die Kathode bestand aus einer Pt-Basis, auf die $BaCO_3$ mit einem Nitrocellulosebinder aufgebracht wurde. Die Austrittsarbeitsänderungen einer W-Anode wurden nach Zers. des Carbonats u. Sublimation bei verschiedenen erhöhten Kathodentemp. bei Anodenspannungen zwischen 4 u. 100 V in Abhängigkeit von der Zeit gemessen. Die sich dabei ergebenden Kurven zeigten einen Einfl. der Anodenspannung während der Sublimation. Bei Anodenspannungen $> +30$ V wurde die mittlere Anoden-Austrittsarbeit bis auf 2,0 eV erniedrigt. H. Liepack. 134◇

0233 **Sekundärelektronenemission von Jod.** E. G. Marzinowskaja, T. L. Matzkewitsch und G. M. Rubanowa. (Festkörperphysik [UdSSR] **3,** 3634—36, 1961; Leningrad, Phys.-Techn. Joffe-Inst. der Akad. der Wiss. der UdSSR; russ.) — Die Koeff. σ der Sekundäremission u. η der nichtelast. Reflexion von J wurden als Funktion der Energie u_p der prim. Elektronen zwischen 200 bis 3000 eV gemessen. Die Funktion $\sigma(u_p)$ hatte ein breites Maximum bei $\sigma_{max} = 1{,}4$. Die Tiefe aus der langsame Sekundärelektronen emittiert wurden, wurde zu 570, 840 u. 1100 Å mit den dazugehörigen Primärenergien von 500, 1000 u. 3000 eV bestimmt. K. Huste. 134◇

0234 **Änderung der Sekundärelektronenemission einiger Metalle als Funktion der Temperatur.** René Simon, Nicole Colombie, Phan Van Chuong und Louis Dandurand. (C. R. hebd. Séances Acad. Sci. **255,** 1217 bis 1219, 1962; franz.) — Die Elektronenemission von *Cu, Ag* u. *Au* bei Beschuß mit Ar-Ionen von 10—100 keV wurde im Bereich 20—450° gemessen. Entsprechend der theoret. Erwartung ist der Emissionskoeff. von der Temp. unabhängig. A. Blaschette. 134◇

0235 **Sekundärelektronenemission von Aluminium–Magnesium-Legierungen, die Seltenerdmetalle enthalten.** G. B. Stutschinski. (Festkörperphysik [UdSSR] **5,** 798—800, 1963; russ.) — Untersucht wird die Sekundärelektronenemission von Al–Mg-Legg., die eine Oberflächenschicht aus *MgO* tragen. Die MgO-Bedeckung wurde bei 450—470° in O_2 hergestellt. Die MgO-Schichten, die ein deutliches Anwachsen der Sekundäremission bewirken, werden schon von Mg-Konzz. > 0,15% gebildet. Diese Minimal-Konz. wird durch Zusatz von *La* auf 0,02% u. durch Zusatz von *Nd* auf 0,04% erniedrigt. Es wird angenommen, daß La u. Nd die Diffusion des Mg zur Oberfläche erleichtern. K. Jaeger. 134◇

0236 **Glühemissionseigenschaften einiger schwerschmelzender Metallcarbide.** J. H. Ingold. (J. appl. Physics **34,** 2033—39, 1963; Pleanton, Calif., Gen. Electr. Comp., Vallecitos Atom. Labor.; engl.) — Die Glühemissionseigenschaften bei niedrigen Feldstärken von im Vakuum heiß gepreßten polykristallinen Carbiden wurden untersucht u. die durch die Gleichungen $\Phi = \Phi_R (1 + \alpha T)$, $A_R = A \cdot \exp(-e\Phi_R\alpha/k)$ definierten Größen Φ_R, A_R u. α bestimmt, A u. Φ Konst. der Richardson-Dushman-Gleichung: *MoC* (T < 1700 °K) $A_R = 23$ (A/cm² Grad²), $\Phi_R = 3{,}54$ (V), Φ (für A = 120, T = 1800 °K) = — (V), $\alpha = 4{,}02 \cdot 10^{-5}$ (°K⁻¹); MoC (T > 1700 °K) 0,40, 2,92, 3,80, $1{,}68 \cdot 10^{-4}$; $Ta_{0,8}Zr_{0,2}C$ 2,3; 3,40, 4,01, $1{,}00 \cdot 10^{-4}$; *TiC* 99, 4,09, 4,12, $4{,}07 \cdot 10^{-6}$; *HfC* 41, 3,98, 4,15, 2,37 $\cdot 10^{-5}$; *TaC* 37, 3,97, 4,15, $2{,}52 \cdot 10^{-5}$; *ZrC* 41, 4,22, 4,39, $2{,}22 \cdot 10^{-5}$. Es wurde ein Zusammenhang zwischen Mikrostruktur u. Glühemission beobachtet. H. Liepack. 134◇

0237 **Durch Laser-Strahlen angeregte Emission von Elektronen, Ionen und neutralen Atomen von festen Oberflächen.** R. E. Honig und J. R. Woolston. (Appl. Physics Letters **2,** 138—39, 1963; Princeton, N. J., Radio Corp. of America, Labor.; engl.) — Als Ziel für fokussierte Laserstrahl-Impulse dienten Plättchen aus *Cu, Mo, Ta, W,* rostfreiem *Stahl, Graphit; Ge, SiC* u. Al_2O_3. Ein Laser-Impuls vermochte etwa 2×10^{17} Atome aus dem Target zu verdampfen (im Vakuum). Die verdampften Partikel wurden nach dem Passieren der entsprechenden Steuergitter oscilloskop. u./oder massenspektroskop. beobachtet. Die Elektronenimpulse betrugen auf 50 μs etwa 100 A, was rund 3×10^{6} Elektronen pro Impuls entspricht. Die therm. Kationen-Impulse betrugen während der gleichen Impulsdauer einige mA. Die therm. Ionen aller Targets mit Ausnahme der beiden Halbleiter enthielten nur einfach positiv geladene Ionen (ca. 10^{8} pro Laser-Impuls). An Ge u. SiC konnte die Bldg. therm. Ionen nicht nachgewiesen werden. Von allen Targets konnten jedoch Ionenströme (ca. 10^{10} Ionen/Laser-Impuls) beobachtet werden, die durch Elektronen-Stoßionisation verdampfter neutraler Atome entstanden. Die Partikel dieser Ionenströme waren ein- u. mehrfach positiv geladen. Das beschriebene Verf. eignet sich in Verb. mit dem Massenspektroskop zur Best. von Verunreinigungen der Größenordnung von wenigen p.p.m. K. Jaeger. 134◇

0238 **Experimentelle Untersuchung der Gründe der Nichtlinearität der Feldemissionsstrom-Spannungs-Charakteristiken von CdS-Einkristallen.** I. L. Ssokolskaja und G. P. Schtscherbakow. (Festkörperphysik [UdSSR] **4,** 44—51, 1962; Leningrad, Univ.; russ.) — Der Anstieg des Feldemissionsstroms von CdS-Einkristallen bei hohen Spannungen wird von einem Anwachsen der Träger-Konz. begleitet. Beide Erscheinungen werden durch Erzeugung von Stromträgern durch das innere elektr. Feld erklärt. Der Emissionsstrom ist bei den dazugehörigen Spannungen proportional zu der Konz. der Ladungsträger. Die beobachtete Stromerhöhung bei niedriger Spannung ist der Erwärmung des Elektronengases des Kristalls zuzuordnen. K. Huste. 134◇

0239 **Emission von Nichtgleichgewichts-Elektronen aus Cadmiumsulfid bei dessen Belichtung.** W. F. Bibik. (Festkörperphysik [UdSSR] **5,** 1304—09, 1963; Kiew, Akad. der Wiss. der UkrainSSR, Inst. für Phys.; russ.) — Untersucht wird die Emission von Überschußladungsträgern aus CdS-Kristallen unter der Einw. von Licht u. starken elektr. Feldern. K. Jaeger. 134◇

0240 **Photoemission von Galliumarsenid.** A. N. Arssenjewa-Geil und Bao Kun Wan. (Festkörperphysik [UdSSR] **3,** 3621—27, 1961; Leningrad, Shdanow-Univ.; russ.) — Die Photoemission von p- u. n-GaAs mit verschiedenen Träger-Konzz. wurde mit Hilfe der Bremspotentialtechnik untersucht. Die Werte der Elektronenaustrittsarbeiten aus der Glühemission φ_T der p- u. n-Proben zeigten nur geringe Unterschiede. Alle lagen bei ~4. Beim n-GaAs sanken φ_T u. die photoelektr. Austrittsarbeit φ_{Ph} mit steigender Träger-Konz., während der Anteil der schnellen Photoelektronen stieg. Es wurde angenommen, daß die schnellen Elektronen aus einem Verunreinigungsband stammen. φ_{Ph} wuchs linear mit steigender Photonenenergie. K. Huste. 134◇

0241 **Einfluß einer zusätzlichen Belichtung auf die Photoemission aus Galliumarsenid.** Bao Kun Wan und A. N. Arssenjewa-Geil. (Festkörperphysik [UdSSR] **3,** 3628—33, 1961; russ.) — Vgl. vorst. Referat. — Proben von GaAs wurden mit UV-Licht u. gleichzeitig mit sichtbarem oder IR-Licht bestrahlt. Die Spektralverteilung der Quantenausbeute wurde durch die zusätzliche Belichtung nicht beeinflußt, wohl aber die Strom-Spannungs-Charakteristik. Die Richtung u. Größe dieser Änderung waren unabhängig von der Photonenenergie des UV-Lichts. Die Richtung steht im Zusammenhang mit der Art der Leitfähigkeit, während die Größe von der Träger-Konz. u. der Wellenlänge u. Intensität der Zusatzbelichtung abhängt. Die Änderung der Strom-Spannungscharakteristik wurde Änderungen der Potentialschwelle auf der Oberfläche, die durch die Zusatzbelichtung erzeugt wurde, zugeschrieben. K. Huste. 134◇

0242 **Der lichtelektrische Zweiphotoneneffekt.** Richard L. Smith. (Physic. Rev. [2] **130,** 2599, 1963; engl.) — Vgl. C. **1963,** 14561. — Erratum. H. Liepack. 134◇

0243 **Bestimmung der Absorptionskoeffizienten des Elektronenflusses in Festkörpern aus den Gesetzmäßigkeiten der Röntgen-Photoemission einer massiven Photokathode.** M. A. Rumsch, W. N. Schtschemelew und Ch. Proiss. (Festkörperphysik [UdSSR] **4,** 62—68, 1962; Leningrad, Univ.; russ.) — Es wird gezeigt, daß der Koeff. α, der die Schwächung eines Elektronenstroms beim Passieren durch einen Festkörper beschreibt, auf zwei verschiedenen Wegen aus den Messungen der durch Röntgenstrahlen verursachten Elektronenemission bestimmt werden kann. Die α-Werte, die nach den zwei Meth. für Au erhalten wurden, stimmen für Röntgenstrahlen von geringerer Wellenlänge als die M-Absorptionskante, aber nicht bei größeren Wellenlängen überein. Diese Abweichung wird theoret. erklärt. K. Huste. 134◇

0244 **Effektive Einfang- und Rekombinationswirkungsquerschnitte für freie elektrische Ladungen in Festkörpern.** W. W. Antonow-Romanowski. (Festkörperphysik [UdSSR] **5,** 1339—44, 1963; Moskau, Akad. der Wiss. der UdSSR, Phys. Lebedew-Inst.; russ.) — Es wird gezeigt, daß der effektive Einfang- u. Rekombinationsquerschnitt nicht nur von der Art der Zentren abhängt, sondern auch von der mittleren Freien Weglänge der Ladungsträger u. von der Zentrenkonzentration. K. Jaeger. 135◇

0245 **Der Einfluß eines elektrischen Feldes auf die effektiven Rekombinations- und Einfangquerschnitte.** W. W. Antonow-Romanowski. (Festkörperphysik [UdSSR] **5,** 1345—47, 1963; russ.) — Vgl. vorst. Referat. — Der Einfl. eines elektr. Feldes auf die effektiven Rekombinations- u. Einfangquerschnitte ist vernachlässigbar. K. Jaeger. 135◇

0246 **Die Natur der Elektronenzustände in ungeordneten eindimensionalen Systemen.** R. E. Borland. (Proc. Roy. Soc. [London], Ser. A **274,** 529—45, 1963; Teddington, Middlesex, Nat. Phys. Labor., Math. Div.; engl.) — Die Bewegung eines Elektrons in einer eindimensionalen unendlich langen Kette ident. Potentiale, welche durch Bereiche verschwindenden Potentials getrennt sind, wird untersucht. Eine Wahrscheinlichkeitsdichte-Funktion bestimmt die Verteilung der Potentiale. Ist diese Funktion beschränkt, so ist für hinreichend große Energien die Einhüllende jeder Eigenfunktion nur in einem

bestimmten räumlichen Bereich wesentlich von Null verschieden. Für eine Verteilung von δ-Funktionen sind einige dieser Einhüllenden numer. berechnet worden.
F. Kitzka. 135◇

0247 **Zur Theorie lokaler Elektronenzentren nahe einer Halbleiteroberfläche.** M. D. Glintschuk und M. F. Deigen. (Festkörperphysik [UdSSR] **5,** 405—16, 1963; Kiew, Inst. für Halbleiter der Akad. der Wiss. der UdSSR; russ.) — Vff. berechnen Wellenfunktion u. Energie des Grundzustandes des Elektrons eines lokalen Zentrums nahe der Kristalloberfläche. Bestimmt werden die ortsabhängige Schrödinger-Gleichung u. die therm. Dissoziationsenergie des Elektrons (Abstand des lokalen Elektronenzentrums bis zur Oberfläche). Die rotwellige Grenze des äußeren Photoeffektes u. die Austrittsarbeit des an der Oberfläche lokalisierten Elektrons werden angegeben. Vff. erhalten eine Verschiebung des g-Faktors (Δ_g) sowie eine Abhängigkeit der Verschiebung von der Kristallorientierung im äußeren stat. Magnetfeld.
E. L. Richter. 135◇

0248 **Temperaturabhängigkeit optischer und strahlungsloser Übergänge in Halbleitern.** L. Ss. Kukuschkin. (J. exp. theoret. Physik [UdSSR] **44,** 703—09, 1963; Akad. der Wiss. der UkrainSSR, Phys.-Techn. Inst. für tiefe Tempp.; russ., Auszug: engl.) — Mitgeteilt wird eine Differential-Differenzengleichung für einige opt. u. strahlungslose Übergänge in Halbleitern. Der Ausdruck für T = O wird als Anfangsfunktion behandelt. Für einige Fälle können Näherungslösungen gefunden werden. Unter einigen Annahmen geht die abgeleitete Gleichung in die Diffusionsgleichung über u. kann dann exakt gelöst werden. So erlaubt die vorgeschlagene Meth. den untersuchten Ausdruck $I_w(E; T)$ auf der Grundlage T = O aufzubauen.
K. Jaeger. 135◇

0249 **Optische Eigenschaften von entarteten Halbleitern.** Claude Sébenne. (J. Physique **24,** 216—20, 1963; Labor. de Phys. de l'Ecole Normale Super.; franz.) — Überblick über theoret. Unterss. über die Wrkg. einer hohen Konz. an Verunreinigungen.
M. Wiedemann. 135◇

0250 **Einfangsniveaus im amorphen Se mit Hg-Zusatz.** M. I. Korssunski und N. Ss. Passtuschuk. (Festkörperphysik [UdSSR] **5,** 559—63, 1963; Charkow, Polytechn. Inst. „W. I. Lenin"; russ.) — Vff. beobachten, daß bei amorphem Se mit Hg-Beimischung die Relaxationskurven der Photoleitfähigkeit S-förmig verlaufen — ähnlich den Relaxationskurven der monopolaren Photoleitfähigkeit in CdS-Einkristallen. Vff. schließen daher auf die Existenz von Einfangsniveaus. Nach der von Rywkin u. Parizkij vorgeschlagenen Meth. zur theoret. Behandlung der Relaxationszeit des Anstiegs der monopolaren Photoleitfähitkeit werden verschiedene Parameter (z. B. Lebensdauer) untersucht, die die Photoleitfähigkeit im amorphen Se charakterisieren.
E. L. Richter. 135◇

0251 **Spektren und Kinetik der Photoleitfähigkeit von einfachen Gitterfehlstellen in Germaniumkristallen.** I. P. Akimtschenko, W. Ss. Wawilow und A. F. Plotnikow. (Festkörperphysik [UdSSR] **5,** 1417—22, 1963; Moskau, Akad. der Wiss. der UdSSR, Phys. Lebedew-Inst.; russ.) — Gemessen werden die Kinetik u. die spektrale Verteilung der Photoleitfähigkeit, die auf Gitterfehlstellen zurückgeht, welche in reinem u. *Au*-dotiertem Ge durch 1-MeV-Elektronen hergestellt worden waren. Es wird gezeigt, daß die Niveaus der Strahlungsfehlstellen bei 0,36 u. 0,42 eV über dem Valenzband liegen u. auf Gitterleerstellen bzw. auf besetzten Zwischengitterplätzen beruhen. Abgeleitet aus den Ergebnissen werden die Bldg.-Geschw. der Fehlstellen u. die Einfangsquerschnitte der Defektelektronen.
K. Jaeger. 135◇

0252 **Der Einfluß eines magnetischen Feldes auf den Photostrom durch eine Germaniumphotodiode.** Ju. P. Kosyrew. (Festkörperphysik [UdSSR] **5,** 1233—37, 1963; russ.) — Die Änderung des Photostromes durch eine Ge-Photodiode, die durch die Einw. eines Magnetfeldes hervorgerufen wird, kann in eine gerade u. in eine ungerade Komponente zerlegt werden. Eingehend untersucht wird die gerade Komponente. Es wird gezeigt, daß die Gesamtänderung des Photostroms verschiedene Vorzeichen annehmen kann, je nach den Parametern der Diode, dem Ladungswiderstand u. der Beleuchtungsintensität. Die Ergebnisse werden diskutiert.
K. Jaeger. 135◇

0253 **Galvano- und thermomagnetische Erscheinungen in n-GaAs.** A. F. Krawtschenko und G. Ju. Fen. (Festkörperphysik [UdSSR] **5,** 660—66, 1963; Nowosibirsk, Elektrotechn. Inst.; russ.) — Vff. untersuchen Thermokraft u. Nernst-Ettingshausen-Effekt von n-GaAs-Proben bei Trägerkonzz. von 10^{14}—10^{15} cm^{-3}. Aus dem Nernst-Ettingshausen-Koeff. wird die energet. Abhängigkeit der Relaxationszeit bestimmt. Die effektive Masse für die Photoleitfähigkeit wird mit 0,068 · m_0 angegeben. Die magnet. Widerstandsänderung von Proben mit einer Trägerkonz. von 10^{14}—10^{18} cm^{-3} wird untersucht, dabei finden Vff. für alle Proben (außer Proben mit n $\simeq 10^{18}$ cm^{-3}) eine Anisotropie der (100)-Zone mit vielen Minima. Aus der Berechnung für das Zonenmodell mit (000)-Minimum u. (100)-Minima ergibt sich, daß zwei Minimum-Typen durch höchstens einige hundertstel eV getrennt sind.
E. L. Richter. 135◇

0254 **Widerstandsänderung von n-InAs in starken Magnetfeldern.** Ch. I. Amirchanow, R. I. Baschirow und Ju. E. Sakijew. (Festkörperphysik [UdSSR] **5,** 469—74, 1963; Machatschkala, Physikal. Inst. der Dagestaner Filiale der Akad. der Wiss. der UdSSR; russ.) — Vff. untersuchen die Widerstandsänderung in magnet. Quer- u. Längsfeldern bis 400 kOe bei Temp. des fl. Wasserstoffs. Es werden gewachsene Proben von n-InAs verwendet. Vff. beobachteten Stubnikow-de Haas-Oscillationen.
E. L. Richter. 135◇

0255 **Freie Weglänge der Ladungsträger in Wismut und Wismut–Antimon-Legierungen.** G. A. Iwanow und A. M. Popow. (Festkörperphysik [UdSSR] **5,** 1428—29, 1963; Leningrad, Pädagog. Inst.; russ.) — In Abhängigkeit von der Korngröße werden zwischen 77 u. 300°K die elektr. Leitfähigkeit u. der Hall-Koeff. von polykristallinen Bi- u. Bi–Sb-Proben gemessen. Die beobachteten Abhängigkeiten werden der Korngrößenabhängigkeit der mittleren Freien Weglänge der Ladungsträger zugeschrieben.
K. Jaeger. 135◇

0256 **Über den Mechanismus der Leitfähigkeitsänderungen während des Alterns von Rutilkeramiken und über die Elektrolyse von Alkalihalogenidkristallen.** Ja. N. Perschitz. (Festkörperphysik [UdSSR] **5,** 1348—57, 1963; Pskow, Päd. Kirow-Inst.; russ.) — Gemessen wurden die Leitfähigkeitsänderungen in Rutilkeramiken u. Alkalihalogenidkristallen (*KBr*), die durch ein äußeres elektr. Feld hervorgerufen wurden („Altern u. Regenerieren"). Für beide Substanztypen wurde ein ähnliches Verh. gefunden. Das läßt darauf schließen, daß der Alterungsprozeß in den Keramiken auf einer Elektronenwanderung von beiden Elektroden in die Probe beruht, wogegen die Regenerierung an eine Kationendiffusion geknüpft ist.
K. Jaeger. 135◇

0257 **Über die Natur der Leitfähigkeit von Aluminiumsilicatgläsern.** W. A. Zechomski, O. W. Masurin und K. K. Jewstropjew. (Festkörperphysik [UdSSR] **5,** 586—89, 1963; Leningrad, Technolog. Inst.; Staatl. Opt. Inst.; russ.) — Leitfähigkeit u. Diffusionskoeff. folgender Gläser werden untersucht: $13 Na_2O \cdot x Al_2O_3 \cdot (87-x) SiO_2$ u. $20 Na_2O \cdot x Al_2O_3 \cdot (80-x) SiO_2$. Der äquimol. Austausch von Kieselerde durch Al_2O_3 verändert in gleicher Weise die elektr. Leitfähigkeit wie auch den Diffusionskoeffizienten. Während des Austauschprozesses beobachtet man zunächst einen geringen Abfall beider Größen, danach einen starken Anstieg bis zum Maximum (Al_2O_3:Na_2O = 1:1). Bei weiterem Zusatz von Al_2O_3 folgt dann ein erneuter Abfall. Vff. schließen auf Grund der Ergebnisse, daß die in den untersuchten Gläsern beobachteten Veränderungen der Aktivierungsenergie der Ladungsträger sowie der spezif. elektr. Leitfähigkeit vom Al_2O_3-Bestandteil abhängen u. durch rein ion. Prozesse bedingt werden.
E. L. Richter. 135◇

0258 **Strukturuntersuchungen von halbleitenden Gläsern auf Eisenoxidbasis.** G. O. Karapetjan, W. A. Zechomski und D. M. Judin. (Festkörperphysik [UdSSR] **5,** 627—33, 1963; Leningrad, Staatl. Opt. Inst. „S. I.

Wawilow"; russ.) — Untersucht werden mehrere sauerstoffhaltige Gläser mit wechselnder Eisenoxidkonzentration. Die Eigg. dieser Gläser werden auf Grund der bekannten elektr. Leitfähigkeit, der opt. Absorptionsspektren u. der Spektren der paramagnet. Elektronenresonanz untersucht. Dabei wird die elektr. Leitfähigkeit durch die Struktur der Gläser erklärt.
E. L. Richter. 135◇

0259 **Über die Photoleitfähigkeit der α-Form des Siliciumcarbids.** G. N. Poroshnikowa und G. F. Cholujanow. (Festkörperphysik [UdSSR] **3**, 3657—62, 1961; Leningrad, Elektrotechn. Uljanow-Lenin-Inst.; russ.) — Die photoelektr. Spektralfrequenzkurve bei 100—500° von n-α-*SiC* wurde zwischen 1—5 eV gemessen. Die Ergebnisse wurden mit den Absorptionsspektren verglichen. Der kurzwellige Teil des Spektrums der Photoleitfähigkeit der am stärksten empfindlichen Proben wurde durch Ätzen mit Na_2O_2 u. durch Oxydation stark beeinflußt.
K. Huste. 135◇

0260 **Zur Bestimmung von Halbleiterparametern aus dem photomagnetischen Effekt und der Photoleitfähigkeit.** W. K. Ssubaschijew. (Festkörperphysik [UdSSR] **5**, 556—58, 1963; Leningrad, Inst. für Halbleiterphysik der Akad. der Wiss. der UdSSR; russ.) — Vf. begründet eine verbesserte Variante der Meth. zur Best. von Halbleiterparametern aus spektralen Charakteristiken des photomagnet. Effektes u. der Photoleitfähigkeit.
E. L. Richter. 135◇

0261 **Elektrischer Widerstand ferromagnetischer Metalle.** Jun Kondo. (J. physic. Soc. Japan, Suppl. B-I **17**, 55—58, 1962; Tokyo, Univ. of Tokyo, Inst. for Solid State Phys.; engl.) — Auf der Basis des Modells lokalisierter d-Elektronen (oder f-Elektronen), wird der anomale Hall-Effekt u. die magnet. Widerstandsänderung ferromagnet. Metalle unter Berücksichtigung der Wechselwirkung zwischen den Leitungselektronen u. der Bahndrehimpulse der lokalisierten Elektronen berechnet. Die genannten Effekte lassen sich mit Hilfe der Wechselwirkung beschreiben. Experimentelle u. theoret. Werte des Hall-Widerstands für *Fe* u. *Ni* werden verglichen.
D. Noack. 136◇

0262 **Hall-Effekt und elektrische Widerstandsänderung in Eisen–Vanadin-Legierungen.** A. W. Tscheremuschkina und M. I. Korolewa. (Festkörperphysik [UdSSR] **5**, 455—57, 1963; Moskau, Lomonossow Univ.; russ.) — Untersucht werden Fe–V-Legg. mit einer V-Konz. von 1—25,5%. Die Messungen werden bei Zimmer- u. fl. Stickstoff-Temp. durchgeführt. Dabei wird gezeigt, daß die ferromagnet. Hall-Konst. R u. der spezif. elektr. Widerstand ϱ durch eine Beziehung der Form $R = \alpha\varrho + b\varrho^2$ verbunden sind. E. L. Richter. 136◇

0263 **Temperaturabhängigkeit des verbotenen Bandes in einem Supraleiter.** E. G. Batyjew. (J. exp. theoret. Physik [UdSSR] **44**, 710—16, 1963; Akad. der Wiss. der UdSSR, sibir. Abt., Inst. für Radiophys. u. Elektronik; russ., Auszug: engl.) — Es wird gezeigt, daß die Temp.-Abhängigkeit des verbotenen Energiebandes auch ohne die Annahme nur schwacher Wechselwrkg. in der Theorie der Supraleitung gültig ist, wenn das verbotene Energieband klein im Vgl. zur Debye-Frequenz ist.
K. Jaeger. 136◇

0264 **Einige Verhaltenseigentümlichkeiten des Temperaturübergangspunktes der Supraleitung in Thallium unter hohen Drücken.** B. G. Lasarew, L. Ss. Lasarewa und W. I. Makarow. (J. exp. theoret. Physik [UdSSR] **44**, 481—482, 1963; Akad. der Wiss. der UkrainSSR, Physikal.-Techn. Inst.; russ., Auszug: engl.) — Gemessen wurde die Verschiebung der Temp. des Übergangs zur Supraleitung in geglühten Te-Einkristallen ($R_{4,2°K}/R_K \sim 2 \cdot 10^{-4}$) bei verschiedenen Drücken bis zu 1730 kg/cm². In diesem Druckbereich ist die p-Abhängigkeit von ΔT_K verwickelt. Abgeschätzt wird der Einfl. kleiner Elektronengruppen, wobei die Differenz der Elektronen-Phononen-Wechselwrkg.-Konst. berücksichtigt wird.
K. Jaeger. 136◇

0265 **Lineare Verschiebung des Fermi-Niveaus in Eisen mit dem angelegten Magnetfeld.** Roger H. Walmsley. (Physic. Rev. Letters **8**, 242—43, 1962; Philadelphia, Pa., Univ. of Pennsylvania; engl.) — Das Fermi-Niveau in Fe zeigt eine lineare Verschiebung als Funktion des angelegten magnet. Feldes. Dieser Effekt gestattet die Best. der relativen Zustandsdichten für spin-up- u. spin-down-Elektronen an der Fermi-Oberfläche. Die Messungen ergeben, daß die d-Zustände an der Fermi-Oberfläche in Fe alle von gleichem Spin sind u. daß die Orientierung dieser Spins parallel zur Magnetisierung erfolgt. Harro Zimmer. 137◇

0266 **Quantentheoretischer thermomagnetischer Nernst-Ettingshausen-Effekt bei n-InSb und n-InAs.** Ch. I. Amirchanow, R. I. Baschirow und M. M. Gadshialijew. (Festkörperphysik [UdSSR] **3**, 3743—45, 1961; Machatschkala, Dagestaner Filiale der Akad. der Wiss. der UdSSR; russ.) — Nahe dem Kp. des fl. H_2 wurde die Abhängigkeit der Nernst-Ettingshausen-Koeff. von der magnet. Feldstärke von nichtentartetem InSb u. von entartetem InAs untersucht. Bei hohen magnet. Feldstärken werden der longitudinale u. transversale Effekt von der Quantelungs-Wrkg. des magnet. Feldes erzeugt.
K. Huste. 137◇

0267 **Der Nernst-Ettingshausen-Effekt in einem starken magnetischen Feld bei Berücksichtigung eines gemischten Streumechanismus.** B. M. Asskerow. (Festkörperphysik [UdSSR] **3**, 3663—67, 1961; Baku, Phys. Inst. der Akad. der Wiss. der AserbaidshanSSR; russ.) — Für einen homöopolaren Halbleiter wurde der isotherme transversale Nernst-Ettingshausen-Effekt in einem starken Magnetfeld theoret. untersucht. Die durch akust. Phononen u. Fremdatome verursachte Streuung sowie ein beliebiger Grad der Entartung der Stromträger werden dabei berücksichtigt. K. Huste. 137◇

0268 **Anomalie des longitudinalen Nernst-Ettingshausen-Effektes.** N. I. Dawidenko und I. G. Fakidow. (Festkörperphysik [UdSSR] **5**, 769—72, 1963; Swerdlowsk, Akad. der Wiss. der UdSSR, Inst. für Metall-Phys.; russ.) — Vff. zeigen, daß in polykristallinem Magnetit der longitudinale u. der transversale Nernst-Ettingshausen-Effekt das gleiche Vorzeichen haben.
K. Jaeger. 137◇

0269 **Die Gütezahl nach Ettingshausen von Wismut und Wismut–Antimon-Legierungen.** H. J. Goldsmid. (Brit. J. appl. Physics **14**, 271—74, 1963; Wembley, Middlesex, Gen. Electr. Co. Ltd., Central Res. Labor., Hirst Res. Centre; engl.) — Gleichungen für die Gütezahl von Bi nach Ettingshausen u. Nernst für verschiedene Orientierungen werden auf Grund des Abeles-Meiboom-Modells der Bänderstruktur abgeleitet. Die maximale Gütezahl von Bi für 80 u. 300°K überschreitet $5 \cdot 10^{-3}$/°C. Die bei diesen Temp. notwendigen magnet. Felder müssen größer als 1500 Oe bzw. 25000 Oe sein. Die Eigg. können durch Leg. mit Sb verbessert werden.
H. G. Moslé. 137◇

0270 **Diamagnetismus der Leitungselektronen in der Näherung für schwache Bindung.** A. G. Ssamoilowitsch und Je. Ja. Rabinowitsch. (Festkörperphysik [UdSSR] **5**, 778—82, 1963; Leningrad, Akad. der Wiss. der UdSSR, Halbleiter-Inst.; russ.) — Berechnet wurde die diamagnet. Susceptibilität der Leitungselektronen in der Näherung der schwachen Bindung. Die Ergebnisse wurden auf *Li* angewandt. Es wurde gezeigt, daß ein positiver Susceptibilitätsbeitrag auf die Wrkg. des elektr. Kristallfeldes zurückgeht. K. Jaeger. 137◇

0271 **Elektronenspinresonanz.** H. M. Assenheim. (Hilger J. **6**, 43—47, 1961; engl.) — Vgl. C. **1963**, 21062. — Kurze Übersicht. A. Blaschette. 137◇

0272 **Die Theorie der Sättigung der magnetischen Resonanz in ionischen Kristallen.** B. N. Prowotorow. (Festkörperphysik [UdSSR] **5**, 564—70, 1963; Moskau, Inst. für Chem. Physik der Akad. der Wiss. der UdSSR; russ.) — Aus allg. quantenmechan. Gleichungen für die Dichtematrix werden Ausdrücke erhalten, die die Sättigung der paramagnet. Elektronenresonanz in Ionenkristallen beschreiben. Diese Gleichungen weichen wesentlich von früheren Ergebnissen anderer Vff. ab. Wie im Falle der Sättigung der magnet. Resonanz bei der Kernresonanz hängt diese Abweichung mit der vom Vf. durchgeführten Berechnung der Änderung der mittleren Energie der Spin–Spin-Wechselwrkg. im Sättigungsprozeß zusammen.
E. L. Richter. 137◇

0273 **Untersuchung der paramagnetischen Elektronenresonanz des Cu^{2+}-Ions von in einem Einkristall von Magnesiumsulfat-7-Wasser magnetisch verdünntem Kupfersulfat.** Anne-Marie Duclaux und Gaston Raoult. (C. R. hebd. Séances Acad. Sci. **250,** 3983—85, 1960; franz.) — Die bei 90°K erhaltenen EPR-Signale entsprechen der Kristallstruktur. Es wird ein Einfl. des Kernquadrupolmoments beobachtet.
A. Blaschette. 137◇

0274 **EPR-Spektrum und Spin-Gitter-Relaxation von Chrom und Eisen in Zinkwolframat-Einkristallen.** Je. N. Jemeljanowa, N. W. Karlow, A. A. Manenkow, W. A. Miljajew, A. M. Prochorow, Ss. P. Smirnow und A. W. Schirkow. (J. exp. theoret. Physik [UdSSR] **44,** 868—69, 1963; UdSSR, Akad. der Wiss., Phys. Inst.; russ., Auszug: engl.) — Untersucht wurde die EPR von Cr^{3+}- u. Fe^{3+}-Ionen in $ZnWO_4$-Einkristallen. Bestimmt wurden die Konst. des Hamiltonschen Spinoperators für das Cr^{3+}-Ion. Ferner wurden bei der Temp. des fl. He für die Cr^{3+}- u. Fe^{3+}-Ionen die Spin-Gitter-Relaxationszeiten bestimmt. K. Jaeger. 137◇

0275 **Anisotropie der Breite der EPR-Maxima in Yttrium-Granaten, die Verunreinigungen aus Seltenerdmetallen enthalten.** A. G. Gurewitsch, Ssjan-tschshen Men und Ss. Ss. Starobinetz. (Festkörperphysik [UdSSR] **5,** 740—49, 1963; Leningrad, Akad. der Wiss. der UdSSR, Halbleiter-Inst.; russ.) — Untersucht wurde die Winkelabhängigkeit der Breite ΔH der Maxima der paramagnet. Elektronenresonanz (EPR) in Y-Granaten, die Verunreinigungen an *Dy, Tb, Ho* u. *Sm* enthielten. Minima wurden für ΔH bei 78°K gefunden, die mit den Maxima von ΔH u. dem Resonanzfeld bei 4°K koinzidieren. Eine qual. Erklärung dieser Effekte wird gegeben. Die beobachteten ΔH-Werte sind beträchtlich größer als die nach der bisher gültigen Theorie berechneten.
K. Jaeger. 137◇

0276 **Paramagnetisches Verhalten der hydratisierten Salze von Ti^{3+}, V^{3+}, Fe^{3+} und Co^{2+}.** A. Bose, A. S. Chakravarty, R. Chatterjee und S. K. Datta-Roy. (J. physic. Soc. Japan, Suppl. B-I **17,** 27—32, 1962; Calcutta, Indian Assoc. for the Cultivat. of Sci.; engl.) — Auf der Basis der Näherungsmeth. von van Vleck, Abragam u. Pryce u. Stevens zur Berechnung von Mol.-Bahnen werden die Hauptsusceptibilitäten der Ti^{3+}- u. V^{3+}-Ionen in Alaunen $AV(SO_4)_2 \cdot 12\,H_2O$ mit $A = NH_4$, Rb, Cs u. Tl sowie $CsTi(SO_4)_2 \cdot 12\,H_2O$ sowie die der Fe^{2+}- u. Co^{2+}-Ionen in den Tuttonschen Salzen $(NH_4)_2Co(SO_4)_2 \cdot 6\,H_2O$; $(NH_4)_2Co[BeF_4]_2 \cdot 6\,H_2O$ u. $K_2Co(SO_4)_2 \cdot 6\,H_2O$ berechnet u. mit den bekannten experimentellen Werten verglichen. D. Noack. 137◇

0277 **Theorie des Magnetismus und die Grundzustandsenergie für eine lineare Kette.** 1. Mitt. David I. Paul. (Physic. Rev. [2] **118,** 92—99; 1960; Los Angeles, Calif., Univ. of California, Dep. of Phys.; engl.) — 2. vgl. C. **1962,** 11096. — Die Theorie starker magnet. Effekte wird auf der Grundlage orthogonaler Atomfunktionen für den Fall eines eindimensionalen Syst. untersucht.
A. Blaschette. 137◇

0278 **Theorie nichtgleichförmiger antiferromagnetischer Spinketten.** L. N. Bulajewski. (J. exp. theoret. Physik [UdSSR] **44,** 1008—14, 1963; Phys. Inst. der Akad. der Wiss. der UdSSR; russ., Auszug: engl.) — Behandelt wird eine Spinkette mit antiferromagnet. Kopplung u. unterschiedlichen Wechselwrkg.-Konst. eines Spins mit seinem nächsten rechten u. linken Nachbarn. Solch ein Syst. kann als Modell für die π-Elektronen eines gestreckten Mol. mit alternierenden Doppelbindungen dienen. Benutzt wird die Umwandlung der Spin-Operatoren in Operatoren vom Fermi-Typ sowie die Hartree-Fock-Näherung. Es wird gezeigt, daß in einem Syst. mit nichtgleichförmigen Wechselwrkgg. Anregungslücken für eine beliebige Anzahl von Spins existieren können. Diese Lücken verschwinden für eine lineare homogene Kopplungskette mit unendlicher Spinanzahl. Die Berechnungsmeth. kann auch auf kompliziertere Strukturen angewandt werden. K. Jaeger. 137◇

0279 **Atomare und magnetische Ordnung in abgeschreckten Nickel–Mangan-Legierungen.** M. W. Dechtjar. (Festkörperphysik [UdSSR] **5,** 1258—63, 1963; Moskau, Lomonossow-Univ.; russ.) — Untersucht wird der Einfl. des Ordnungsprozesses in abgeschreckten Ni_3Mn-Legg. auf ihre magnet. Eigenschaften. Temperungen zwischen 400 u. 460° lassen in Neutronenbeugungsdiagrammen keine Überstruktur erkennen, führen jedoch zu einem Anwachsen der Magnetisierung, was auf das Auftreten von Nahordnungen zurückgeführt wird. Temperungen zwischen 460 u. 500° führen zu einem Abfall der Magnetisierung, u. unkompensierter Antiferromagnetismus tritt in Proben mit Nah- u. Fernordnungen auf. Daraus wird geschlossen, daß die Ordnungstemp. bei 460° liegt. K. Jaeger. 137◇

0280 **Phänomenologische Diskussion der magnetischen Ordnung in den schweren Seltenerdmetallen.** R. J. Elliott. (J. physic. Soc. Japan, Suppl. B-I **17,** 1—2, 1962; Oxford, Clarendon Labor.; engl.) — Vf. entwickelt eine einfache phänomenolog. Theorie, mit der die wichtigsten Änderungen der magnet. Eigg. der Elemente Gd–Tm erklärt werden können Die Schrauben-Spinanordnung läßt sich durch indirekten Austausch von Leitfähigkeitselektronen deuten. Das hexagonale Kristallfeld wird für die Anisotropie verantwortlich gemacht.
D. Noack. 137◇

0281 **Magnetische Ordnung in den ferromagnetischen Seltenerdmetallen.** Kei Yosida und Hirosi Miwa. (J. physic. Soc. Japan, Suppl. B-I **17,** 5—10, 1962; Tokyo, Univ. of Tokyo, Inst. for Solid State Phys.; engl.) — Vgl. C. **1962,** 11820. — Der Einfl. der Anisotropieenergie auf die Schraubenstruktur wird an den schweren Seltenerdmetallen untersucht. Für das Gebiet hoher Temp. nahe den Néel-Temp. wird die Freie Energie des Spinsystems berechnet. Es kann gezeigt werden, daß bei bevorzugter Spinrichtung in der c-Ebene eine normale Schraubenstruktur resultiert. Liegt dagegen infolge der Anisotropieenergie die bevorzugte Spinrichtung parallel zur c-Achse, erscheint zunächst nur die z-Komponente der Oscillation, während die x- u. y-Komponente erst bei tieferen Temp. auftritt. Der Wechsel der Schraubenperiode sowie die verschiedenen magnet. Umwandlungen, wie sie beim *Dy, Ho* u. *Er* beobachtet werden, werden ebenfalls diskutiert. D. Noack. 137◇

0282 **Austauschpolarisation und magnetisches Verhalten von Ionen der Übergangs- und Seltenerdmetalle.** A. J. Freeman und R. E. Watson. (J. physic. Soc. Japan, Suppl. B-I **17,** 15—19, 1962; Watertown, Mass., Ordnance Mater. Res. Off., Mater. Res. Labor.; Wilmington, Mass., RAD, Avco; engl.) — Es wird der Einfl. der „gepaarten" Elektronen auf die magnet. Eigg. von Festkörpern unter Anwendung des Hartree-Fock-Formalismus auf den Mechanismus der Spin- oder Austauschpolarisation untersucht. Im einzelnen werden drei verschiedene physikal. Eigg. behandelt, wobei jede durch ein spezielles Gebiet gek. ist, in dem die Spindichte vorherrscht: 1. Die magnet. Wechselwrkg. eines Ions der SE mit seinen Nachbarn u. seinem eigenen Leitungselektron. 2. Die Verteilung der Kernpolarisation a) auf die von Mössbauer beobachteten effektiven magnet. Felder; NMR, EPR u. Messungen der spezif. Wärme, u. b) auf die in Syst. mit ungepaarten s- u. d- (oder f-) Elektronen beobachteten positiven u. negativen Knight-Verschiebungen. 3. Die Verteilung der gepaarten Elektronen auf die magnet. Streuung von Neutronen durch Übergangsmetall- u. SE-Ionen.
D. Noack. 137◇

0283 **Wirksames magnetisches Moment des Atoms eines Übergangsmetalls in einer verdünnten Legierung mit einem einfachen Metall.** Ju. A. Isjumow und L. M. Nosskowa. (Festkörperphysik [UdSSR] **4,** 217—24, 1962; Swerdlowsk, Inst. für Metallphys. der Akad. der Wiss. der UdSSR; russ.) — Das wirksame magnet. Moment eines paramagnet. Fremdatoms in einem einfachen Metall wird auf der Grundlage der Austauschwechselwrkg. mit den Leitungselektronen berechnet. Es wird eine Gleichung für die räumliche Verteilung der Spinpolarisation, in der Nachbarschaft des Atoms, die von den Leitungselektronen herrührt, erhalten. Ein Mittelungs-Verf. zum Aufstellen einer Hamilton-Gleichung für den Spin von Übergangsmetallatomen in einem normalen Metall wird vorgeschlagen.
K. Huste. 137◇

0284 **Magnetische Streuung von langsamen Neutronen in einer verdünnten Legierung eines Übergangsmetalls in einem einfachen Metall.** Ju. A. Isjumow. (Festkörperphysik [UdSSR] **4,** 225—30, 1962; Swerdlowsk, Inst. für Metallphys. der Akad. der Wiss. der UdSSR; russ.) — Der effektive Wirkungsquerschnitt der magnet. Streuung von langsamen Neutronen wird für einfache Metalle berechnet, die Übergangselemente gelöst enthalten. Der magnet. Formfaktor wird stark von der Austauschwechselwrkg. zwischen den Elektronen der unvollständigen Schalen u. den Leitungselektronen beeinflußt. Es wird gezeigt, daß Neutronenstreuungs-Verss. zur Best. der räumlichen Verteilung der Spinpolarisation in Nachbarschaft der Atome, die von Leitungselektronen herrührt, benutzt werden können. K. Huste. 137◇

0285 **Neuere theoretische Arbeiten über Magnetismus in Harwell.** W. Marshall. (J. physic. Soc. Japan, Suppl. B-I **17,** 20—22, 1962; Harwell, Berks., AERE; engl.) — Überblick: (Gültigkeit der uneingeschränkten Hartree-Fock-Meth.; Polarisation der Leitungselektronen in Ferromagneten; Neutronen-Formfaktor für Ni^{2+}-Salze; Korrektionsglieder für die übertragene Hyperfeinwechselwrkg. in magnet. Komplexen). — 5 Literaturangaben. D. Noack. 137◇

0286 **Direkter Austausch.** W. J. Carr jun. (J. physic. Soc. Japan, Suppl. B-I **17,** 36—39, 1962; Pittsburgh, Pa., Westinghouse Res. Labor.; engl.) — Es wird der direkte Austausch von Elektronen, der bei Übergang zwischen Ferro- u. Antiferromagnetismus eine Rolle spielt, als Vielelektronensyst. auf der Basis der Heitler-London-Wellenfunktion behandelt. Unter speziellen Bedingungen läßt sich dieses Syst. durch Korrekturglieder als abgewandeltes H_2-Mol. behandeln. Diese speziellen Fälle treten ein, wenn a) die Ein-Elektron-Funktionen für das Syst. Lösungen der Hartree-Gleichungen u. b) Lösungen der Hartree- u. Hartree-Fock-Gleichungen für die Atome sind. Im letzten Fall besteht der grundsätzliche Unterschied zwischen dem Ergebnis u. dem Austauschintegral des H_2-Mol darin, daß das Elektron-Nichteigenkern-Potential $-e^2/(|r_1-R_2|)$ durch $-e^2Z(r)/(|r_1-R_2|)$ ersetzt wird, worin Z(r) die effektive, durch das Elektron gegebene Ladung darstellt. Durch diesen Zusatz wird das von Stuart u. Marshall berechnete Austauschintegral beim Fe negativ, was gleichbedeutend mit antiferromagnet. Eigg. ist. Es wird angenommen, daß die Verhältnisse beim Ni u. Co ähnlich sind. D. Noack. 137◇

0287 **Magnetisierungsprozeß eines Spinschraubensystems.** Takeo Nagamiya, Kazukiyo Nagata und Yoshiharu Kitano. (J. physic. Soc. Japan, Suppl. B-I, **17,** 10—14, 1962; Osaka, Osaka Univ., Dep. of Phys.; Osaka, Univ. of Osaka Prefecture; engl. — C. **1963,** 16811.) D. Noack. 137◇

0288 **Bandtheorie der Anisotropie.** J. C. Slonczewski. (J. physic. Soc. Japan, Suppl. B-I, **17,** 34—36, 1962; Yorktown Heights, N. Y., IBM, Thomas J. Watson Res. Center; engl.) — Vf. zeigt, daß die Nichtberücksichtigung von Änderungen der besetzten Zustände, wie sie durch die Spin-Bahn-Störung verursacht wird, bei der Berechnung der kub. ferromagnet. Anisotropie bei 0°K nach der Bändertheorie von Brooks, Fletcher u. Merkle nicht zulässig ist. Die Einführung eines Additionsgliedes führt zu wesentlich niedrigeren Werten; beim Ni ist dieser Wert 200mal kleiner als der nach Fletcher berechnete. D. Noack. 137◇

0289 **Die Energiebandstruktur von raumzentriertem Eisen.** J. F. Cornwell und E. P. Wohlfarth. (J. physic. Soc. Japan, Suppl. B-I **17,** 32—33, 1962; London, Imp. Coll., Dep. of Math.; engl.) — Mit Hilfe des Interpolationsschemas von Slater u. Koster wird an Hand der experimentellen Daten von Wood die Zustandsdichtekurve von raumzentriertem Fe berechnet, sowie die Bedeutung dieser Ergebnisse für die Theorie des Ferromagnetismus diskutiert. D. Noack. 137◇

0290 **Eine Theorie der Greenschen Funktion des Ferromagnetismus.** Ju. A. Isjumow. (Festkörperphysik [UdSSR] **5,** 717—23, 1963; Swerdlowsk, Akad. der Wiss. der UdSSR, Inst. für Metall-Phys.; russ.) — Thermodyn. Behandlung des Verh. eines ferromagnet. Kristalles mit beliebiger magnet. Struktur u. beliebigem atomarem Spin für einen großen Temp.-Bereich. K. Jaeger. 137◇

0291 **Untersuchung der Grenzschichten zwischen den Domänen in ferromagnetischen Stoffen.** M. K. Ssawtschenko und W. I. Ssinegubow. (J. exp. theoret. Physik [UdSSR] **44,** 781—92, 1963; UdSSR, Akad. der Wiss., sibir. Abt., Phys. Inst.; russ., Auszug: engl.) — Unter Benutzung des Kerr-Effektes wird in Kristallen von *Transformatorstahl, Ni* u. *Co* die Verteilung der Magnetisierung in den Hauptarten der Domänenbegrenzungen untersucht. In denjenigen Teilen der Begrenzungen, in denen hauptsächlich die Änderungen der Orientierungen der spontanen Magnetisierungen auftreten, ist die Übereinstimmung mit den verfügbaren theoret. Berechnungen gut. Größe u. Form der Begrenzungen werden bestimmt. Die Breite vergleichbarer Begrenzungen in *Eisensilicat* ist etwa um eine Größenordnung größer als in Co u. etwa um ebensoviel kleiner als in Ni. Die Wrkg. von mechan. Druck u. Temp. auf die Begrenzungen wurden untersucht. Mit zunehmender Temp. wächst die Begrenzungsbreite, u. bei Temp., bei denen die Anisotropie-Konst. verschwindet oder das Vorzeichen umkehrt, tritt eine „Auflösung" der Begrenzung in den getrennten Domänen ein. Druckeinw. verursachen eine Änderung der Spinorientierung an den Begrenzungen u. eine Größenänderung der Begrenzungen. K. Jaeger. 137◇

0292 **Über einige magnetische Eigenschaften von Europium-Ferrit-Granat.** W. I. Tschetschernikow. (Nachr. Moskauer Univ., Ser. III **17,** Nr. 3, 27—29, 1962; Lehrst. für Magnetismus; russ.) — Die spezif. magnet. Susceptibilität χ von Eu–Ferrit-Granat, $3\,Eu_2O_3 \cdot 5\,Fe_2O_3$, wird in der Nähe des Curie-Punktes ($\Theta_f = 280°$) in einem Feld von 6500 Oe gemessen u. in einem $1/\chi$—T-Diagramm dargestellt. Mit steigender Temp. nimmt der nichtlineare Charakter der Magnetisierungskurven allmählich ab u. bei 289° ist χ nicht mehr von der Feldstärke abhängig. Im Gegensatz zu anderen Ferrit-Granaten u. sonstigen ferromagnet. Verbb. beträgt der Übergangsbereich nur 8—10°. R. K. Müller. 137◇

0293 **Der Einfluß der Nahordnung auf die magnetischen Eigenschaften von Ferromagnetika des Granattyps.** A. N. Men, W. P. Poljakow, G. A. Smolenski und G. I. Tschufarow. (Festkörperphysik [UdSSR] **5,** 1286—90, 1963; Swerdlowsk, Akad. der Wiss., Metallurg. Inst.; Leningrad, Akad. der Wiss. der UdSSR, Halbleiter-Inst.; russ.) — Auf der Grundlage der Theorie von Gilleo wird eine Berechnung durchgeführt über den Einfl. der Nahordnung auf die Sättigungsmagnetisierung in granatartigen ferromagnet. Mischkristallen, die auf Tetraeder- u. Oktaederplätzen nichtmagnet. Ionen enthalten. Die Ergebnisse werden mit experimentellen Daten verglichen, die an dem Syst. $Y_3Fe_5O_{12}$–$Ca_3Fe_2Si_3O_{12}$ gemessen wurden. K. Jaeger. 137◇

0294 **Domänenwand- und Spinresonanzen in Magnesiumnickelferriten.** W. I. Schachow und Je. I. Kondorski. (Festkörperphysik [UdSSR] **4,** 29—35, 1962; Moskau, Lomonossow-Univ.; russ.) — In polykristallinen Ferriten des Syst. $Mg_{1-x}Ni_xFe_2O_4$ wurden die magnet. Resonanzspektren im Frequenzbereich von 10 bis $3 \cdot 10^3$ MHz untersucht. Die magnet. Permeabilität besitzt in diesem Bereich ein Maximum nahe der oberen u. ein zweites nahe der unteren Frequenzgrenze. Die Frequenzen der Maxima werden mit den erwarteten Resonanzfrequenzen für die gemessenen Werte der Sättigungsmagnetisierung, der magnet. Anisotropie-Konst. u. der magnet. Anfangssusceptibilität verglichen. Es wird geschlossen, daß das niedrigere der beiden Maxima der Schwingung der Domänenwände u. das höhere der Spinresonanz zuzuordnen ist. Der Effekt des inneren Feldes auf die Spinresonanzfrequenz wird diskutiert. K. Huste. 137◇

0295 **Spin–Gitter-Relaxation in Ferriten mit paramagnetischen Beimengungen.** L. L. Buischwili. (Festkörperphyik [UdSSR] **3,** 3706—11, 1961; Tbilissi, Kybernet. Inst. der Akad. der Wiss. der GrusinSSR; russ.) — Es wird eine Berechnung der Spin–Gitter-Relaxationszeit von Fremdatomspins gegeben. Der Overhauser-

Effekt wird für gesätt. paramagnet. Resonanz der Spins der freien Elektronen diskutiert. K. Huste. 137◇

0296 **Messung der Spin–Gitter-Relaxationszeit in unterkühlten Ti^{3+}-Lösungen durch die Methode der fortschreitenden Sättigung.** N. Ss. Garifjanow, W. N. Fedotow und R. Ch. Timerow. (Festkörperphysik [UdSSR] **4**, 96–98, 1962; Kasaner Filiale der Akad. der Wiss. der UdSSR; russ.) — Die Meth. der fortschreitenden Sättigung wird zur Messung der longitudinalen Spin–Gitter-Rreaxationszeit T_1 in unterkühlten Glycerin-Lsgg. von $HCl_3 \cdot 6H_2O$ bei 270 MHz u. 77°K benutzt. Es wird gezeigt, daß T_1 mit fallender Konz. von Ti^{3+} steigt; ebenso bewirkt eine Zugabe von Co^{2+} ($CoCl_2 \cdot 6H_2O$) eine Erhöhung von T_1. K. Huste. 137◇

0297 **Kernmagnetische Resonanz in ferromagnetischen Metallen und Legierungen.** Yoshitaka Kôi, Akira Tsujimura, Tadamiki Hihara und Toshimoto Kushida. (J. physic. Soc. Japan, Suppl. B-I **17**, 96–98, 1962; Tokushima, Tokushima Univ., Fac. of Engng.; Hiroshima, Hiroshima Univ., Dep. of Phys.; engl.) — Vff. berichten zunächst über Frequenz-Messungen der kernmagnet. Resonanz des ^{59}Co in hexagonalem u. kub. Co als Funktion der Temp. bis zu 956°K bzw. 1157°K. Oberhalb des Umwandlungspunktes bei 723°K beträgt der Unterschied der Resonanzfrequenzen in beiden Co-Modifikationen konst. 3,5 MHz. Weiter wird über kernmagnet. Resonanzmessungen zur Best. der inneren Felder an *Cu*, gelöst in Fe u. kub. Co, berichtet. Bei 0° beträgt der Wert für Cu in Fe 212,7 kOe u. bei 9° für Cu in Co 157,5 kOe. Bei 0° wurde ferner die Druckabhängigkeit des Feldes H_i am Cu in Fe bestimmt; für $d\ln H_i/dp$ wurde der Wert $-3{,}0 \cdot 10^{-7}$ $(kg/cm^2)^{-1}$ ermittelt. D. Noack. 137◇

0298 **Magnetische Resonanz einfacher Niveaus von Vanadin(III)-Ionen auf Zwischengitterplätzen in Korund.** R. M. Minejewa. (Festkörperphysik [UdSSR] **5**, 1403 bis 1405, 1963; Kasan, Lenin-Univ.; russ.) — Berechnet werden das Spektrum, die Intensität u. die Linienbreite der Resonanzübergänge zwischen den Hyperfeinkomponenten der niedrigsten nichtentarteten Niveaus der Vanadin(III)-Ionen, die Zwischengitterplätze im Korundgitter besetzen. Es wird gezeigt, daß die Linienbreite exponentiell mit der Temp. anwächst u. bei 1°K etwa eine Größenordnung kleiner ist als der Abstand zwischen zwei benachbarten Linien. K. Jaeger. 137◇

0299 **Der Einfluß eines äußeren elektrischen Feldes auf die Kernresonanz.** A. M. Wassiljew. (Festkörperphysik [UdSSR] **5**, 1430–43, 1963; russ.) — Es wird für den Fall eines $^{23}Na^+$-Ions gezeigt, daß ein äußeres elektr. Feld die Kernresonanzfrequenz verschieben kann, u. zwar auf Grund einer Änderung zweiter Ordnung der Quadrupol-Kopplungs-Konst., die auf einer Polarisation der Elektronenschalen beruht. Diskutiert werden die Bedingungen für eine lineare Verschiebung. Die Größe des Effektes wird mit einer Variationsmeth. abgeleitet. K. Jaeger. 137◇

0300 **Untersuchungen über die auf Kerne in ferrimagnetischen und paramagnetischen Festkörpern wirkenden inneren Felder mit Hilfe rückstoßfreier Resonanzabsorption (Mössbauer-Effekt).** R. Bauminger, S. G. Cohen, A. Marinov und S. Ofer. (J. physic. Soc. Japan, Suppl. B-I **17**, 123–24, 1962; Jerusalem, Hebrew Univ., Dep. of Phys.; engl.) — Vff. beobachteten in ferrimagnet. u. paramagnet. Festkörpern, die ^{57}Fe- u. ^{151}Dy-Kerne enthielten, rückstoßfreie γ-Absorptionsspektren. Als radioakt. Quellen wurden ^{57}Co u. ^{151}Tb verwendet. Aus den Zeeman-Hyperfeinaufspaltungen in den ferrimagnet. Materialien wurden die effektiven magnet. Felder (H_{eff}) an den ^{57}Fe-Kernen in Y–Fe- u. Dy-Fe-Granat u. in $NiFe_2O_4$, γ-Fe_2O_3 u. Fe_3O_4 bei 85 u. 300°K gemessen. Die Messungen an Fe_3O_4 bestätigen die Annahme von Verwey, daß oberhalb der Umwandlungstemp. zwischen den Fe^{2+}- u. Fe^{3+}-Ionen in den Oktaeder-Gitterplätzen ein rascher Austausch stattfindet. H_{eff} beim Fe ist ungefähr $5{,}1 \cdot 10^5$ Oe, mit Ausnahme bei Fe_3O_4 ($4{,}5 \cdot 10^5$ Oe bei 85°K). In Dy–Fe-Granat wurde für H_{eff} an ^{151}Dy $3{,}5 \cdot 10^6$ Oe (85°K) gefunden; ferner wird eine starke Temp.-Abhängigkeit der Quadrupol-Wechselwirkung beobachtet, die einem starken Gradienten des elektr. Feldes an den Dy-Kernen zugeordnet wird. Die Ursache hierfür liegt in der teilweisen Ausrichtung der Orbitale der 4f-Elektronen, welche auch die beobachtete spontane Magnetisierung des Dy-Zwischengitters erklärt. D. Noack. 137◇

0301 **Mössbauer-Effekt bei metallischem Eisen.** R. S. Preston, S. S. Hanna und J. Heberle. (Physic. Rev. [2] **130**, 2599, 1963; engl.) — Erratum zur C. **1963**, 14936 referierten Arbeit. H. Liepack. 137◇

0302 **Das örtliche magnetische Moment, das mit einem Eisenatom, das sich in verschiedenen Übergangsmetall-Legierungen gelöst befindet, verbunden ist.** A. M. Clogston, B. T. Matthias, M. Peter, H. J. Williams, E. Corenzwit und R. C. Sherwood. (J. physic. Soc. Japan, Suppl. B-I **17**, 115–17, 1962; Murray Hill, N. J., Bell Telephone Labor.; engl.) — Für Legg., die durch Zusammenschmelzen verschiedener prozentualer Mengen von zwei benachbarten Elementen der Reihe Zr-Nb-Mo-Re-Ru-Rh-Pd erhalten wurden, werden in Abhängigkeit von der Elektronenkonz. außerhalb der gefüllten 3p-Schale die magnet. Eigg. bei Zusatz von 1 Atom-% Fe bestimmt. Zwischen 1,4°K u. Zimmertemp. wurde die Temp.-Abhängigkeit der magnet. Susceptibilität χ gemessen, in einigen Fällen ist diese temperaturunabhängig, in anderen Fällen wird das Auftreten eines lokalen Moments durch eine Curie–Weiss-Abhängigkeit für χ von T bewiesen. Das erste Auftreten eines lokalen Moments erfolgt beim Übergang von Nb zu Mo bei $(Nb_{0,6} \cdot Mo_{0,4})_{0,99}Fe_{0,01}$ u. wird bis Re beobachtet, dann verschwindet das magnet. Moment, um bei $(Ru_{0,75}Rh_{0,25})_{0,99} \cdot Fe_{0,01}$ wieder aufzutreten. Bis zu den Legg. nahe Pd wird dann ein starker Anstieg beobachtet. Das Auftreten lokaler Momente wird aus der Bandstruktur der Legg. u. durch die vom Fe verursachte Störung erklärt. Die großen magnet. Momente nahe Pd sind durch die großen Susceptibilitäten der eisenfreien Legg. in diesem Bereich bedingt. D. Noack. 137◇

0303 **Magnetische Eigenschaften von Verbindungen des Aluminiums mit Seltenerdmetallen mit $MgCu_2$-Struktur.** H. J. Williams, J. H. Wernick, E. A. Nesbitt und R. C. Sherwood. (J. physic. Soc. Japan, Suppl. B-I, **17**, 91–95, 1962; Murray Hill, N. J., Bell Telephone Labor., Inc.; engl.) — Im Temp.-Bereich von 1,4° bis 300°K werden die magnet. Momente einiger kub. Laves-Phasen-Verbb. vom Typ RAl_2 (R = Ce, Pr, Nd, Sm, Gd, Tb, Dy, Ho, Er, Tm u. Yb) gemessen. Aus den Ergebnissen geht hervor, daß die Spinmomente der Ionen der Seltenerdmetalle ferromagnet. gekoppelt sind. Die Curie-Punkte der RAl_2-Verbb. liegen gleichförmig höher als die der entsprechenden Laves-Verbb. ROs_2, RJr_2 u. RRu_2. Ferner wurden die festen Lsgg. $Gd_xPr_{(1-x)}Al_2$, $Dy_xGd_{(1-x)}Al_2$ u. $Er_xGd_{(1-x)}Al_2$ untersucht. In den Verbb. $Gd_xPr_{(1-x)}Al_2$ sind die magnet. Momente der Gd-Ionen antiparallel zu denen der Pr-Ionen, weil J im Grundzustand des Pr-Ions antiparallel zu S ist. In diesem Syst. werden Kompensationspunkte beobachtet. In den anderen genannten Syst. ist das magnet. Moment proportional der Summe der magnet. Momente der beiden Seltenerdmetallionen. D. Noack. 137◇

0304 **MO-Analyse der optischen und magnetischen Eigenschaften von $KNiF_3$.** S. Sugano und R. G. Shulman. (J. physic. Soc. Japan, Suppl. B-I, **17**, 23–36, 1962; Murray Hill, N. J., Bell Telephone Labor.; engl.) — Mit Hilfe einer MO-Analyse werden die kub. Feldaufspaltung 10 Dq u. die Zusatzkoeff. der F-Orbitale für $KNiF_3$ berechnet. Die Übereinstimmung zwischen den berechneten u. experimentell ermittelten Werten ist ausgezeichnet. Im einzelnen kann gezeigt werden, daß die π-Bindung sehr bedeutend ist u. daß der einzige Beitrag zur 10 Dq-Feldaufspaltung mit richtigem Vorzeichen vom nichtdiagonalen Matrixelement zwischen den Ni- u. F-Orbitalen herrührt. D. Noack. 137◇

0305 **Eine Methode zur Messung der Beweglichkeit von elektrischen Ladungen in Flüssigkeiten.** S. Cunsolo. (Nuovo Cimento [10] **21**, 76–83, 1961; Padova, Italia, Univ., Ist. di Fis.; Ist Naz. di Fis. Nucl., Sezione di Padova; engl.) — Zur Messung der Beweglichkeit elektr. Ladungen in Fll. wird im wesentlichen die Zeit bestimmt, die die Ladungen zum Zurücklegen der Strecke zwischen einem Gitter u. einer Sammelelektrode benötigen. Die Sammelelektrode ist über ein geeignetes Filter mit einem Elektrometer verbunden. Die Meth. liefert für die Beweglichkeit von Kationen in fl. *He* Werte, die ausgezeichnet mit den bisher nach anderen Meth. bestimmten übereinstimmen. K. Jaeger. 138◇

0306 **Die Entwicklung einer Methode zur Messung der Selbstdiffusion von Ionen.** Guy F. Allen, Helmut Schurig, Laird Slade und Henry C. Thomas. (J. physic. Chem. **67**, 1402—07, 1963; Chapel Hill, N. C., Univ. of North Carolina, Dep. of Chem.; engl.) — Die Selbstdiffusionskoeff. von Na^+-, Cs^+- u. Co^{2+}-Ionen bei 25° in 2%ig. Agar-Gel werden gemessen. Lsgg. der radioakt. markierten Metallchloride werden in verschiedener Konz. hergestellt, mit Agar-Gel versetzt u. in eine Diffusionszelle gegeben. Dort sind sie durch eine Cellophanmembran von einer stark gerührten, wss. Lsg. getrennt, die dasselbe, aber inakt. Salz in gleicher Konz. wie im Gel enthält. Aus der experimentell ermittelten Abnahme der Radioaktivität des Agar-Gels wird der Selbstdiffusionskoeff. obiger Ionen berechnet. Die Dicke der Cellophanmembran ist ohne Bedeutung. J. Simon. 138◇

0307 **Diffusionskoeffizienten von Kupfer(II)-sulfat in Wasser und Wasser in n-Butylalkohol.** Alan Emanuel und D. R. Olander. (J. chem. Engng. Data **8**, 31—32, 1963; Berkeley, Calif., Univ. of California; engl.) — Die differentiellen Diffusionskoeff. D für die Syst. $CuSO_4$–H_2O [$CuSO_4$-Konzz. C 0,35—1,4 n (Sättigung)] u. n-C_4H_9OH–H_2O [reines n-C_4H_5OH bis zu H_2O-Konzz. von 9,89 Mol/Liter (Mischbarkeitsgrenze)] werden bei 25° bestimmt. Für ersteres Syst. gilt $D/D_0 = 1-0{,}52\,C^{1,5}$, $0 \leq C \leq 1{,}4$. P. Frenzel. 138◇

0308 **Zur elektrischen Leitfähigkeit verdünnter wäßriger Phosphatlösungen und Phosphorsäurelösungen bei höheren Temperaturen und Drücken.** G. Whitehead. (J. appl. Chem. **11**, 136—40, 1961; Botany, N. S. W., New Zealand, Imp. Chem. Ind. of Australia and New Zealand; engl.) — Untersucht wurde die elektr. Leitfähigkeit verdünnter wäßriger Lsgg. von *Na-Phosphaten* (Phosphat-Konz. 0,0006—0,01 m) u. H_3PO_4 (0,13 m) bei Drücken $\leqq$ 16 atm u. Temp. bis 200°. Alle untersuchten Lsg. zeigten bei einer bestimmten Temp. Leitfähigkeitsmaxima. Die Temp. der maximalen Leitfähigkeiten lagen tiefer, als sie für andere ein- u. zweiwertige Salze angegeben werden. — Die zu den Verss. benutzte Meßzelle wird beschrieben. K. Jaeger. 138◇

0309 **Anmerkungen zu einigen fundamentalen Problemen in elektrolytischen Schmelzen bei hohen Temperaturen.** Jean Brenet. (Silicates ind. **27**, 225—31, 1962; Strasbourg, Univ., Fac. des Sci.; franz.) — Kurze Übersicht. R. G. Kaiser. 138◇

0310 **Die Herstellung von geschmolzenem KCl–LiCl-Eutektikum und seine Verwendung als Medium für EMK-Messungen.** J. B. Raynor. (Ber. Bunsenges. physik. Chem. **67**, 360—64, 1963; Vancouver, Canada, Univ. of British Columbia, Dep. of Mining and Metallurg.; engl.) — Gelöstes W. in geschmolzenem KCl-LiCl-Eutektikum verursacht eine Hydrolyse der Halogenide. Die Ursache dafür ist der hohe Hydroxidgeh. der geschmolzenen Salze. Es wurde eine leistungsfähige Meth. zur Herst. hydroxidfreier Schmelzen entwickelt. Polarograph. u. chem. Analysen zeigten, daß eine Behandlung der Schmelzen mit gasförmigem HCl den Alkaligeh. auf ein Minimum herabdrückt. Untersuchungen mit der Ag/AgCl-Elektrode in so hergestellten eutekt. Schmelzen zeigten, daß die Elektrode reversibel arbeitet u. die gemessenen Potentiale der Nernstschen Gleichung gehorchen. R. Worbis. 139◇

0311 **Die zweite Dissoziationskonstante von Deuteroschwefelsäure bei 25—225°.** M. H. Lietzke und R. W. Stoughton. (J. physic. Chem. **67**, 652—54, 1963; Oak Ridge, Tenn., Oak Ridge Nat. Labor., Chem. Div.; engl.) — Die zweite Dissoziationskonst. K_2 von D_2SO_4 (I) wird aus Löslichkeitswerten für Ag_2SO_4 (II) in I berechnet. Die Löslichkeit von II in D_2O ist niedriger als in H_2O. Bzgl. H_2SO_4 ist der Einfl. der Ionenstärke in I ausgeprägter. Thermodynam. Werte für die Rk. $DSO_4^- = D^+ + SO_4^{2-}$ werden mitgeteilt. Der Isotopeneffekt, der einen um den Faktor 2, 3 niedrigeren Wert für K_2 in I gegenüber H_2SO_4 bei 25° bedingt, nimmt mit zunehmender Temp. bis 200° ab, danach zu. P. Frenzel. 139◇

0312 **Kritik der elektrostatischen Elektrolyttheorie.** R. Hümberlin. (Chimia [Aarau, Schweiz] **16**, 341—42, 1962; Basel; dt.) P. Frenzel. 139◇

0313 **Anfängliche Feld- und Stromverteilung auf den Mikrounebenheiten einer Elektrodenoberfläche.** Robert H. Rousselot. (J. Rech. Centre nat. Rech. sci. **1360**, 231—36; Labor d'Electrolyse; franz.) —Um quick den Einfl. der Mikrogeometrie einer Elektrodenoberfläche auf die Stromverteilung zu ermitteln, werden Elementarprofile in V-, A-, W- u. U-Form bei gleicher Höhe, aber verschiedenen Winkeln (15, 30, 45 u. 60°) untersucht. Die Ergebnisse sollen Erscheinungen bei anod. Zersetzungen, elektrolyt. Polieren u. der Nivellierung von Rückständen erklären. I. Zoll. 141◇

0314 **Betrachtungen über das Streuvermögen von Elektrolyten.** Robert H. Rousselot. (J. Rech. Centre nat. Rech. sci. **1960**, 237—48; franz.) — Vgl. vorst. Referat. — Bei Beobachtung elektrolyt. Ndd. zeigt sich ein unterschiedliches Streuvermögen der Elektrolyte, d. h. die Metall- u. Stromverteilung ist an den Elektrodenoberflächen verschieden. An einem Zahlenbeispiel versucht Vf. die einzelnen Faktoren im makroskop. Maßstab (Elektrode > 5 cm) sowie mkr. Maßstab (Elektrode < 1 cm) zu bestimmen. Untersucht werden: *Cu-Fluoroborat*-Lsgg., $CuSO_4$-Lsgg., alkal. Bäder (pH ca. 11) mit Cu^+, Ag^+, Au^+, Cd^{2+} u. Zn^{2+} sowie *Cu-Cyanid* mit freiem CN^- in alkal. Bädern. Die Metall- u. Stromverteilung wird beeinflußt durch: Geometrie des Syst., Polarisation, Leitfähigkeit, Ausbeute an der Kathode, Stromdichte, Temp., Konz. Komplexbldg., Überspannung. Unter mikroskop. Bedingungen wird für den von Wagner vorgeschlagenen „dimensionslosen" Koeff. k_c/L gefunden, daß für $k_c/L > 1$ die Verteilung verbessert u. für $k_c/L < 1$ die Verteilung verschlechtert wird. I. Zoll. 141◇

0315 **Theoretische Untersuchung über den Einfluß der Diffusion auf die Stromverteilung an der Oberfläche einer Elektrode.** Georges Feuillade. (J. Rech. Centre nat. Rech. sci. **1960**, 249—62; Labor. de Magn. et de Phys. du Solide; franz.) — Es wird die Polarisation einer Elektrode bei Elektrolyse mit Diffusionsvorgängen in fl. Phase untersucht. Für makroskop. Dimensionen kann der Einfl. der Diffusion vollständig erklärt werden. Für den mikroskop. Fall wird die Wrkg. der wichtigsten physikal. u. hydrodynam. Faktoren qual. ermittelt. I. Zoll. 141◇

0316 **Anwendung der bipolaren porösen Elektrode auf gekoppelte Elektrodenprozesse.** Witold Tomassi. (C. R. hebd. Séances Acad. Sci. **256**, 3093—95, 1963; Varsovie, École Polytechn., Chaire de Chim. phys.; franz.) — Wird ein Elektrolyseraum durch eine poröse Elektrode aus Aktivkohle in einen (a) Kathoden- u. (b) Anodenraum getrennt, so tritt bei Füllung von a mit $CuSO_4$–H_2SO_4-Lsg. u. b mit 10%ig. HCl u. Elektrolyse mit Stromdichten an der Kathode von 100 (A/m²) bzw. an der Anode von 500 u. an der porösen Elektrode von 175 die Cu-Abscheidung mit einer Stromausbeute von 100% u. die Cl_2-Abscheidung mit 90% ein. a kann andererseits mit $ZnSO_4$–H_2SO_4-Lsg. u. b gleichzeitig mit $MnSO_4$–H_2SO_4-Lsg. gefüllt werden; die Stromausbeuten sind für Zn 90% u. MnO_2 82%. Herbert Müller. 141◇

0317 **Einfluß der Temperatur auf die Zersetzungsspannung geschmolzener Salze.** M. G. Kher und P. S. Mene. (Indian J. Chem. **1**, 185—86, 1963; Nagpur, Laxminarayan Inst. of Technol.; engl.) — Die Zers.-Spannung einer *NaCl–AlCl$_3$*-Schmelze (Gew.-Verhältnis 17/40; Kohleanode; Graphitkathode) ändert sich zwischen 200° u. 660° linear, ihr Temp.-Koeff. beträgt in diesem Bereich 0,000982. M. Engel. 141◇

0318 **Untersuchungen über das anodische Verhalten von Titan. 3. Mitt. Untersuchungen über die anodische Oxidschicht von Titan.** Hiroshi Chiba. (J. electrochem. Soc. Japan [Overseas Edit.] **28**, 3—5, 1960; Musashino-City, Tokyo, Nippon Telegraph and Telephone Public Corp., Electr. Communicat. Labor.; engl.) — 2. vgl. J. electrochem. Soc. Japan [Overseas Edit.] **27**, [1959], 484. —

Elektrolyt. oxydierte Ti-Oberflächen wurden elektronenmkr. untersucht. Bei Stromdichten von 5 mA/cm² liegt die Oxidschicht nur locker auf der Metalloberfläche u. beginnt bei zunehmender Dicke abzusplittern. Bei kleineren Stromdichten (0,5 mA/cm²) haftet die Oxidschicht fest. Die Ursachen dafür werden diskutiert. Elektronenbeugungs-Unterss. zeigten, daß es sich bei dem gebildeten Oxid in allen Fällen um *Anatas* handelte.
K. Jaeger. 141◇

0319 **Einbau von Phosphationen in anodischen Filmen auf Zirkonium.** Mario Maraghini und Maria Serra. (Ricerca sci. **29,** 2201—06, 1959; Roma, Univ., Ist. di fis. tecn.; ital.) — Vff. untersuchten den Einbau von PO_4^{3-}- u. SO_4^{2-}-Ionen in anod. auf Zr gebildeten Filmen, wobei die Elektrolytlsgg. markierte $H_3{}^{32}PO_4$- bzw. $H_2{}^{35}SO_4$-Lsgg. enthielten. Ausgegangen wurde von Lsgg., die 0,02 m an Na_2HPO_4 u. 0,015 m an Na_2SO_4 waren. Der anod. gebildete Film enthielt PO_4^{3-} u. SO_4^{2-} im Verhältnis 5,1, während in der Ausgangslsg. dieses Verhältnis nur 1,3 betrug. Weitere Unterss. zeigten, daß dieserEinbau in den ersten Schichten stärker ist als in den später gebildeten Schichten. Durch Ggw. von NO_3^--Ionen in der Elektrolytlsg. wird der spezif. Einbau von PO_4^{3-}-Ionen nahezu verdreifacht. C. Gottfried. 141△

0320 **Über die Struktur elektrolytischer Chromabscheidungen.** Pierre-A. Jacquet. (C. R. hebd. Séances Acad. Sci. **256,** 4209—12, 1963; franz.) — Auf geschliffenen Stahlplatten werden bei 45—60° mit Stromdichten von 25 u. 75 A/dm² elektrolyt. 0,8—1,6 mm dicke Cr-Schichten abgeschieden. Textur u. Struktur der Schichten werden mkr. u. elektronenmkr. im Abdruck-Verf. untersucht. Die Schichten bestehen aus fächerförmigen Säulenanordnungen mit verschiedenen Öffnungswinkeln der Fächer. Jede Säule ist aus kleinen Fasern zusammengesetzt, die in gleicher Richtung Heterogenitäten eingelagert enthalten. Der Zusammenhang der beobachteten Textur mit der von stark verformten Metallen wird diskutiert.
Herbert Müller. 141◇

0321 **Elektrochemie in Acetonitril.** J. P. Billon. (J. electroanalyt. Chem. [Amsterdam] **1,** 486—501, 1960; Paris, École Supér. de Phys. et de Chim. Ind., Labor. de Chim. Analyt.; Vitry, Seine, Soc. Rhône-Poulenc, Labor. de Rech.; franz.) — Es werden mit einer polierten Pt-Elektrode die elektrochem. Eigg. der Acetonitrils untersucht. Auf Grund der Strom–Spannungs-Kurven wird der Bereich ermittelt, in dem Redox-Rkk. an einer Pt-Elektrode stattfinden. Die obere Oxydationsgrenze liegt bei Verw. von $LiClO_4$, $NaClO_4$, $(C_4H_9)_4NClO_4$ als indifferente Elektrolyte bei + 2,4 V. Der Einfl. von Wasserspuren auf die Kurven liegt unterhalb 1%. Bei der Red. hängen die elektrochem. Rkk., die den Redox-Bereich begrenzen, von den verwendeten indifferenten Elektrolyten ab. Die Red.-Grenzen betragen bei folgenden Elektrolyten (0,1 m): $LiClO_4$ + LiH —3,5 V, $LiClO_4$ + 0,2% W. u. $(C_4H_9)_4NBr$ + 0,1% W. —3 V, $NaClO_4$ + 0,01% W. ca. —2 V. Der Wassergeh. beeinflußt stark die Lage der Red.-Kurven. Durch Oxydation des Lsgm. konnten H^+-Ionen erzeugt werden.
D. Heinrich. 142◇

0322 **Untersuchung einiger Elektrodenprozesse in bestrahlten wässerigen Lösungen.** I. Kósa-Somogyi. (Acta chim. Acad. Sci. hung. **35,** 85—93, 1963; Budapest, Acad. Hongr. des Sci., Inst. Central de Rech. du Phys., Labor. de Chim. Nucl. I; franz.) — Die Potentialänderungen von Elektroden aus Pt, Au, platiniertem Pt u. korrosionsbeständigem Stahl KOR 5 in ^{60}Co-γ-bestrahlten wss. Lsgg. wird in Abhängigkeit von der absorbierten Strahlungsdosis u. der Acidität (A) der Lsg. gemessen. In 10^{-4} m $K_2Cr_2O_7$-Lsgg. vom pH 0,5—2 scheint das Elektrodenpotential E von Pt bis zur vollständigen Red. von $Cr_2O_7^{2-}$ durch das Verhältnis (v) der Aktivität der oxydierten Form zu der der red. Form des Elements bestimmt zu sein, so daß die Red. durch die Variation von E verfolgt werden kann. Bis pH 2 ändert sich E mit $v = 2H^+/H_2$. Im pH-Bereich von 2—3 wird eine Abweichung von der linearen pH-Abhängigkeit festgestellt, die auf die katalyt. Zers. von H_2O_2 zurückzuführen ist. E von Pt u. Au in bestrahltem H_2SO_4 wird durch $v = 2H^+/H_2$ u. durch die Bestrahlung nicht beeinflußt. E von Stahl in H_2SO_4 vom pH 0,5—7 liegt im Passivbereich (+ 200 bis + 300 mV bzgl. Normalwasserstoffelektrode). Die Korrosionsgeschw. nimmt bei γ-Bestrahlung nicht zu. P. Frenzel. 142◇

0323 **Untersuchung des Nullpotentials nach der Tauchmethode.** Bogdan Jakuszewski und Zygmunt Kozłowski. (Roczniki Chem. [Ann. Soc. chim. Polonorum] **36,** 1873—77, 1962; Łódź, Univ., Kat. Chem. Nieorg.; Kat. Chem. Fiz.; pol.) — Die Tauchmeth. beruht auf der oscillograph. Messung des Potentialsprungs der kathod. polarisierten Metallelektrode beim Eintauchen in die neutrale Elektrolytlsg. (0,01 m KCl-Lsg.). Das Potential der polarisierten Elektrode wird mit Hilfe der Kompensationsmeth. gegen eine 0,1 m Kalomelelektrode bestimmt. Die Nullpotentiale für *Sn, Cu, Bi, Ni* u. *Al* werden ermittelt u. die berechneten Austrittspotentiale mit Literaturwerten verglichen.
P. Frenzel. 142◇

0324 **Das anodische Verhalten von Zinn in einer alkalischen Lösung.** Masayoshi Katoh. (Bull. chem. Soc. Japan **35,** 1711—15, 1962; Shinjuku-ku, Tokyo, Tokyo Coll. of Sci., Fac. of Sci., Dep. of Appl. Chem.; engl.) — Die anod. Polarisation von Sn in 0,1 n NaOH (**I**; N_2 bzw. O_2) wird untersucht. Die anod. Polarisationskurven weisen drei Potentialstufen auf, in deren Bereich Stromausbeute u. Potential-Zeit-Abhängigkeit bei konst. Stromdichte ermittelt werden. Aus thermodynam. Werten berechnete reversible Halbkettenpotentiale für *Sn*/*Sn(OH)*$_2$ (**II**)/**I**, **II**/*Sn(OH)*$_4$ (**III**)/**I**, Sn/**III**/**I**, Sn/*SnO*/**I** u. SnO/*SnO*$_2$/**II** werden zum Vgl. herangezogen. Die erste Stufe scheint der anod. Bldg. von **II**, die zweite der Bldg. von gemischten Rk.-Prodd. zwischen **II** u. **III** auf **II**, die dritte der Passivierung der Anode zu entsprechen. Das Flade-Potential beträgt — 0,400 V bzgl. 1 n Hg/HgO-Elektrode. Beziehungen zwischen Alkali-Konz. u. Grenzstromdichte werden erörtert. P. Frenzel. 142◇

0325 **Einfluß von Verunreinigungen auf das Potential der Kupferanode.** Yoshiyuki Umetsu und Shinichiro Suzuki. (J. Mining metallurg. Inst. Japan **77,** 1087—93, 1961; jap., Auszug: engl.) — Das Anodenpotential (AP) vou Cu wird durch β-Cu_3As extrem erhöht. Der Anstieg des AP von Sb enthaltendem Cu beruht auf der Bldg. von Sb_2O_3-Schlamm. Bi beeinflußt das AP von Cu in Abhängigkeit von [Cl^-]; die Abwesenheit von Cl^- erhöht das AP infolge der Bldg. von Cu-Schlamm durch die reduzierende Wrkg. von Bi. Umgekehrt fällt das AP in Ggw. von Cl^- infolge Bldg. von BiOCl-Schlamm. Sn bildet SnO_2-Schlamm, beeinflußt das AP aber nicht. Bei niedriger Temp. senken As, Sb u. Sn das AP in der 1. Stufe der Elektrolyse. W. Wesly. 142◇

0326 **Bestimmung der Anzahl aktiver Zentren auf platinierten Platinelektroden mit Hilfe des Wasserstoffdiffusionsstroms.** F. Nagy, Gy. Horanyi und Gy. Vertes. (Acta chim. Acad. Sci. hung. **34,** 35—49, 1962; Budapest, Hung. Acad. of Sci., Central Res. Inst. for Chem.; engl.) — Die auf die an der Oberfläche befindlichen akt. Zentren zurückzuführende Stromstärke kann mit Hilfe der für stationäre Diffusion unter inhomogenen Grenzbedingungen gültigen Differentialgleichung beschrieben werden. Ein Äquivalentstromkreis für die stationäre Diffusion im Zylinderrohr unter inhomogenen Grenzbedingungen wird entwickelt, mit dessen Hilfe eine Gleichung für den elektr. Widerstand eines zylindr. Leiters abgeleitet wird. Weiterhin läßt sich für die rotierende Scheibenelektrode über die Gleichung für den H-Diffusionsstrom eine Beziehung gewinnen, aus der die Dichte p der akt. Zentren berechnet werden kann. p auf einer gealterten platinierten Pt-Elektrode ergibt sich zu $1{,}3 \cdot 10^{10}$ bzw. $0{,}6 \cdot 10^{10}$. P. Frenzel. 142◇

0327 **Über die Differentialkapazität von Doppelschichten in Perchlorat-Lösungen.** P. A. Kirkov. (Croat. chem. Acta **34,** 31—40, 1962; Skopje, Tehn. fak., Inst. za fiz. hem. i elektrohem.; kroat.) — Messungen der Kapazität elektrochem. Doppelschichten an einer Tropfelektrode in wss. u. in n-Butanol-Lsg. von $LiClO_4$ zeigen, daß die spezif. Adsorptionstheorie hier nicht anwendbar ist. Kurven der Kapazität gegen φ zeigen keine Korrelation zwischen dem Wechsel der Oberflächenaktivität u. der Differentialkapazität. Auf Grund der experimentellen

Daten wird ein Modell der Doppelschicht entwickelt, dessen Hauptkennzeichen ist, daß eine mol. Schicht des Lsgm. an der Elektrodenoberfläche vorhanden ist. Nur hinter dieser Schicht u. in der Lsg. selbst kann sich eine Ionenschicht entwickeln. M. Straschill. 142◇

0328 **Chronopotentiometrie unter Verwendung der hängenden Quecksilbertropfelektrode.** Mutsuaki Shinagawa und Fumito Nakashima. (J. sci. Hiroshima Univ., Ser. A **24**, 445—51, 1960; Hiroshima, Univ., Fac. of Sci., Dep. of Chem.; engl.) — Chronopotentiometr. werden die Potential-Zeit-Kurven für die Red. von *Cd*$^{2+}$- oder *Pb*$^{2+}$-Ionen in 0,1 m KNO_3 bestimmt. Die hierbei erhaltene zusätzliche Welle verschwand nach leichtem Ansäuern der Lsg. u. wird der Bldg. von Hydroxid an der Elektrodenoberfläche zugeschrieben. Nach Delahay u. Mitarbeitern (vgl. C. **1950/54, 7740** S) ist das Prod. der Stromdichte i u. der Quadratwurzel der Übergangszeit $\sqrt{T}$ nicht unabhängig von der Stromdichte bei sphär. Diffusion, dagegen unabhängig bei linearer Diffusion. Die Beobachtungen der Änderungen von $i\sqrt{T}$ mit der Stromdichte für die Red. des Cd^{2+}-Ions in 0,1 m KNO_3 ergaben Übereinstimmung mit der Theorie von Delahay u. Mitarbeitern (vgl. l. c.), d. h. das Prod. wird unendlich, wenn sich i dem Wert Null nähert. Das Prod. $i\sqrt{T}$ nahm dagegen linear mit wachsender Stromstärke ab, obwohl zu erwarten war, daß es sich asymptot. einem konst. Wert für lineare Diffusion nähern u. unabhängig von der Stromstärke werden sollte. Dasselbe wurde auch für $(CrO_4)^{2-}$-Ionen in 1 m NaOH u. Fe^{3+}-Ionen in 1 m-Kaliumoxalat beobachtet. Red.- u. Reoxydationsprozeße wurden mehrere Male durch Umkehr der Stromrichtung durch die Elektrolytzelle wiederholt. Hier bestand ein großer Unterschied, je nachdem die reduzierte Form in Hg lösl. war (Cd^{2+}-, Pb^{2+}- oder Tl^{+}-Ionen in 0,1 m-KNO_3) oder in W. löslich war (Fe^{2+} in 1 m Kaliumoxalat). C. Gottfried. 142△

0329 **Einflüsse der Überlagerung eines wechselnden Feldes auf die Quecksilbertropfelektrode. — Langsamer Relaxationsprozeß in der gerichteten Wasserschicht an geladenen Phasengrenzen.** R. Narayan, V. K. Venkatesan und K. S. G. Doss. (J. sci. ind. Res. [New Delhi], Sect. B **20**, 450—53, 1961; Karaikudi, India, Central Electrochem. Res. Inst.; engl.) — Die Überlagerung einer Wechselsspannung über ein Gleichstrompolarisationspotential unterdrückt das polarograph. Maximum u. verursacht eine beträchtliche Verminderung der Tropfgeschw. der Quecksilbertropfelektrode. Diese Effekte sind auf einen kleinen Frequenzbereich um 60 Hz (maximaler Effekt) beschränkt. Die Erscheinungen werden auf einen langsamen Relaxationsprozeß in der Schicht der ausgerichteten Wasserdipole an der Phasengrenze Wasser–Hg zurückgeführt. Die Relaxationszeit des elektr. Feldwechsels in dieser Schicht ausgerichteter Dipole beträgt $\sim$ 1/300 s. K. Jaeger. 142◇

0330 **Polarographische Untersuchungen bei Regulierung der Tropfzeit durch Abschlagen des Tropfens.** 2. Mitt. **Die Tropfzeitabhängigkeit von Kapazitätsströmen.** H. Schmidt und R. von Schorlemer. (J. electroanalyt. Chem. [Amsterdam] **5**, 345—49, 1963; Bonn, Univ., Inst. für Phys. Chem.; dt.) — 1. vgl. C. **1963**, 19500. — Die Unters. von Kapazitätsströmen bei durch Abklopfen gesteuerten Tropfzeiten *v* ergibt keine Abweichungen vom Verh. bei normalen Tropfzeiten. Die in 0,5 m KCl-Lsg. bei konst. Niveauhöhe aufgenommene log I/log *v*-Kurve zeigt die theoret. zu erwartende Neigung von $-{}^1/_3$. Abweichungen werden durch Überlagerung eines Faradayschen Stromanteils gedeutet, der durch Verunreinigungen bedingt ist. Die Auswertung von Stromstärke-Tropfzeit-Kurven wird bei gesteuerten Tropfzeiten genauer, da die Variationsbreite wesentlich größer ist, als dies durch Änderung des Quecksilberdruckes möglich ist. E. Beyerle. 142◇

0331 **Polarographische Bestimmung von Zwischenstufen bei kathodischen und anodischen Reaktionen.** Lj. Duić, Z. Kovač und B. Lovreček. (Croat. chem. Acta **32**, 213—17, 1960; Zagreb, Svenč. Techn. fak., Zav. za fiz. kem.; kroat.) — $2{,}5 \cdot 10^{-4}$, $5 \cdot 10^{-4}$ u. $7{,}5 \cdot 10^{-4}$ m Lsgg. von GeO_2 in 0,5 m KOH ergeben bei der kathod. Red. ein Polarogramm mit einem deutlichen Knick, der auf instabiles Ge^{2+} hindeutet. Bei der anod. Behandlung von In-Metall in verschiedenen Lsgg. (1 n HCl, H_2SO_4 u. $HClO_4$ sowie in KCl, Na_2SO_4 u. $KClO_4$) wurde nur bei den beiden letzten Lsgg. ein deutlicher, reproduzierbarer Knick in der polarograph. Kurve festgestellt u. daraus auf das Vorhandensein von In^+ geschlossen. M. Straschill. 142◇

0332 **Durch organische Katalysatoren verursachte polarographische katalytische Wellen des Wasserstoffs.** 3. Mitt. **Experimentelle Untersuchung des Einflusses einer vorausgegangenen Reaktion auf die katalytischen Raumwellen.** Ss. G. Mairanowski, J. Koutecki und V. Hanuš. (J. physik. Chem. [UdSSR] **36**, 2621—27, 1962; Moskau, Akad. der Wiss. der UdSSR, Zelinsky-Inst. für org. Chem. u. Praha, CSAV, Úst. fiz. chem.; russ., Auszug: engl.) — 2. vgl. J. physik. Chem. [UdSSR] **36**, [1962], 2010. — Die früher (l. c.) abgeleiteten theoret. Gleichungen werden mit Pyridin (I) als organ. Katalysator bei 25 ± 0,1° nachgeprüft. Die mit KCl auf konst. Ionenstärke (μ = 0,5) gehaltenen, mit verschiedenen Puffern eingestellten Lsgg. enthalten als einziges Kation K^+, außer bei der Pufferung mit NH_4^+ + Ammoniak. Der auf I zurückzuführende katalyt. Strom ist der Oberfläche des Hg-Tropfens proportional u. von der Höhe der Hg-Säule unabhängig. In dem Gebiet, in dem die polarograph. Wellen durch die vorausgegangene Rk. begrenzt sind, nimmt der Grenzstrom mit abnehmendem pH zu. Die Geschw.-Konst. ϱ der Protonisierung von I ist gleich der Summe der Geschw.-Konst. der Rk. von I mit verschiedenen Donatorprotonen: $\varrho = k_1[DH^+]_1 + k_2[DH^+]_2$. Mit der Gesamt-Pufferkonz. (C) von $H_3BO_3 + H_2BO_3^-$ (pH 8,0—9,20) u. von Veronal (II, pH 8,30, 8,70) nimmt ϱ linear zu. Die Neigungen der Geraden nehmen mit dem pH zu; der Einfl. des Diffusionsteils der elektr. Doppelschicht ändert sich mit der Konz. der geladenen Teilchen nahe der Elektrodenoberfläche (vgl. Frumkin, C. **1957**, 11215; Gierst u. Hurwitz, C. **1960**, 12920). Ausgeprägter ist der Einfl. bei den mit NH_4^+ gepufferten Lsgg., bei denen die Kurven $\varrho - C_{NH_4^+}$ keine Geraden sind, sondern ihre Neigung bei pH 9,00 u. 9,50 rascher zunimmt. Die Rk.-Geschw.-Konst. $k = \Delta\varrho/\Delta C$ der Rk. von I mit verschiedenen Säuren werden aus den ϱ-C-Kurven berechnet. Die Extrapolation der Geraden $k - 1/[H^+]$ auf $1/[H^+] = 0$ ergibt für die mit $H_2BO_3^-$ (bzw. mit II) gepufferten Lsgg. $k = 9{,}0 \cdot 10^3$ ($1{,}2 \cdot 10^5$) (Liter/Mol · s), wenn die Dissoziations-Konst. von $H_3BO_3^-$ (von II) zu $1{,}4 \cdot 10^{-9}$ ($1{,}6 \cdot 10^{-8}$) angenommen werden. Die durch I verursachte katalyt. Halbwelle $-E_{1/2}$ nimmt mit $\log \varrho$ linear zu. Die Neigung der Geraden (ca. 20 mV) entspricht dem theoret. Wert. Die $E_{1/2}$-pH-Funktionen für Lsgg. mit $H_2BO_3^-$, II, Phosphat u. Acetat als Puffer lassen sich durch eine Gerade ausdrücken, deren Neigung ca. 40 mV beträgt. R. K. Müller. 142◇

0333 **Gleichzeitige Bestimmung von Wismut, Antimon und Arsen in metallischem Blei durch Polarographie.** 2. Mitt. **Polarogramme von Wismut, Antimon und Arsen in schwefelsaurer Lösung, die Mangan(II)-sulfat und Methylenblau enthält.** Masayasu Tsuiki. (J. electrochem. Soc. Japan [Overseas Edit.] **28**, 293—97, 1960; Gifu, Univ., Fac. of Engng., Dep. of Ind. Chem.; engl.) — Vf. untersucht die Wrkg. verschiedener Konzz. von *Gelatine*, *Methylenblau*, Mangan(II)-sulfat, H_2SO_4 u. HCl auf die Polarogramme von Bi, Sb u. As. Gleichzeitig konnten einwandfreie Polarogramme der 3 Elemente erhalten werden, wenn die Konz. von jedem Element zwischen 0,2 u. 5 mg/100 ml lag, u. die Lsg. aus 1 n H_2SO_4; 0,1 n HCl; 1 m $MnSO_4$ bestand u. $8 \cdot 10^{-4}$% Methylenblau enthielt. — Arbeitsvorschriften u. graph. Darst. der Ergebnisse bei isolierter Unters. der genannten Rk.-Teilnehmer sind beigefügt. P. Nachtwey. 142□

0334 **Elektrochemische Untersuchung der Korrosion von Kupfer in wässerigen Schwefelwasserstofflösungen.** 1. Mitt. **Die Deutung des Elektrodenpotentials und der Polarisationsdaten auf Grund des Potential-pH-Gleichgewichts-Diagramms des ternären Systems Cu–S–H_2O.** J. Horváth und M. Novák. (Acta chim. Acad. Sci. hung. **34**, 455—67, 1962; Szeged, Univ., Inst. of Gen. and Phys. Chem.; engl. — C. **1963**, 5353.) P. Frenzel. 143◇

A_4. Thermodynamik, Thermochemie

0335 **Eine Methode zur Untersuchung nicht gleichförmiger konservativer linearer Systeme.** M. C. Pease. (J. appl. Physics **33,** 2398–99, 1962; Menlo Park, Calif., Stanford Res. Inst.; engl.) — Vf. diskutiert eine abstrakte Basis für die theoret. Unters. verteilter linearer eindimensionaler Systeme mit Ungleichförmigkeit in den unabhängigen Variablen. D. Jörchel. 146□

0336 **Definition der Gütezahl für Energieumwandlungsprozesse.** Rodolfo Monti. (J. Aerospace Sci. **29,** 881, 1962; Naples, Univ., Ist. di Aerodinam.; engl.) — Es wird gezeigt, wie die Gütezahl aus der irreversiblen Thermodynamik abgeleitet werden kann; sie wird dann für allgemeine Umwandlungsprozesse definiert. H. Liepack. 146◇

0337 **Über die dynamische Theorie des Wärmetransports.** Shi-Kang Chen. (Acta physica sinica **18,** 305–10, 1962; chin., Auszug: engl.) — Der Begriff der Temp.-Differenz zwischen Subsyst. wird an Hand ihrer Gleichgew.-Temp. in getrennten Zustand eingeführt; die Wechselwrkg. zwischen den Subsyst. wird als Störung behandelt, wobei sich ein exakter Ausdruck für den Wärmeleitfähigkeitskoeff. ergibt. Für ein großes u. gleichförmiges Syst. geht es in die Formel von Kubo über. A. Blaschette. 146◇

0338 **Versuch einer elektronischen Theorie des Jacq-Effekts.** Louis Kaiser. (Rev. gén. Thermique **1,** 21 bis 40, 1962; franz.) — Die von Jacq beobachteten Anomalien der Temp.-Verteilung in den Oberflächenschichten von Metallen werden als Temp.-Schwankung betrachtet, welche im Innern eines, die statist. Verteilung nach Fermi-Dirac erfüllenden Gases von freien Elektronen lokalisiert ist. Die örtliche Über-Temp. unter der Oberfläche ist der Dichte des eintretenden Wärmeflusses proportional; der für jedes Metall spezif. Proportionalitäts-Koeff. kann aus dessen Atomstrahlung abgeschätzt werden. Der Ausbau der Theorie führt zu der Möglichkeit, den Über-Temp.-Koeff. u. die Zeit-Konst. aus den physikal. Daten zu berechnen u. die beiden Aspekte des Jacq-Effekts mit dem Aufheizen u. Abkühlen zu verbinden. M. Hagedorn. 146◇

0339 **Zur Theorie irreversibler Prozesse in nichtstationären Systemen.** F. W. Bunkin. (J. exp. theoret. Physik [UdSSR] **44,** 1567–76, 1963; Akad. der Wiss. der UdSSR, Lebedew-Inst. für Phys.; russ., Auszug: engl.) — Der von Kubo (C. **1958,** 13165) zur Analyse irreversibler Prozesse in nahe dem thermodynam. Gleichgewicht befindlichen Syst. entwickelte Formalismus wird auf stark im Ungleichgewicht befindliche, period.-nichtstationäre Syst. ausgedehnt. Eine Verallgemeinerung der Symmetriebeziehungen der kinet. Onsager-Koeff. wird für derartige Syst. angegeben. Eine mögliche Verallgemeinerung des auf klass. nichtstationäre Syst. angewandten Fluktuations-Dissipations-Theorems wird besprochen. Die Ergebnisse sind direkt auf das Problem der Erzielung u. Verw. von Nichtgleichgewichts-Syst. zur Verstärkung u. Erzeugung elektromagnet. Wellen anwendbar. H. Roschkowski. 146◇

0340 **Über das Variationsprinzip in der Thermodynamik irreversibler Prozesse.** H. C. Ting. (Acta physica sinica **17,** 51–53, 1961; chin.) A. Blaschette. 146◇

0341 **Stöße eines Gasatoms auf eine kalte Oberfläche.** Robert W. Zwanzig. (J. chem. Physics **32,** 1173–77, 1960; Washington, D. C., Nat. Bur. of Stand., Thermodynam. Sect.; engl.) — Die Stoßübertragung der kinet. Energie von einem Gasatom auf einen kalten Festkörper wird untersucht. H. Liepack. 146◇

0342 **Konsistenz und der fünfte Virialkoeffizient für ein Hartkugelgas.** G. H. A. Cole. (J. chem. Physics **36,** 1680–82, 1962; Gateshead, County Durham, England, Clarke, Chapman & Co. Ltd., Phys. Div.; engl.) — Vgl. C. **1963, 9977.** — Nach der l. c. beschriebenen Meth. zur konsistenten Berechnung des 4. Virial-Koeff. für ein Hartkugelgas wird der 5. Virialkoeff. E berechnet. Durch eine geeignete Wahl des Koeff. X_2 in der verwendeten Überlagerungsnäherung für die Triplett-Verteilung $g^{(3)} = g^{(2)}(r)g^{(2)}(s)g^{(2)}(t)[1 + X_1 n + X_2 n^2]$ werden der direkt aus dem Virialtheorem u. der aus Kompressibilitätsüberlegungen abgeleitete Wert für E in Einklang gebracht. Unter der Annahme X_1 = const wird für den Fall harter Kugeln durch die Werte $X_1 = 0{,}1014$ b u. $X_2 = -0{,}0424$ b^2 (b = das Vierfache eines Mol.-Vol.) Konsistenz bis zum 5. Virial-Koeff. erreicht. Mit dieser Näherung beträgt der konsistente E-Wert $+0{,}0242\,b^4$. D. Jörchel. 146□

0343 **Sphärisches Gittergas.** H. A. Gersch und T. H. Berlin. (Physic. Rev. [2] **127,** 2276–83, 1962; Atlanta, Ga., Georgia Inst. of Technol., School of Phys.; Baltimore, Md., Johns Hopkins Univ., Dep. of Phys.; engl.) — Vff. behandeln das von Pressman u. Keller (C. **1961, 9312**) vorgeschlagene sphär. Modell eines Gittergases u. zeigen, daß ein durch einen konst. Kondensationsdruck gek. Phasenübergang in 3 Dimensionen existiert u. daß das Modell die allg. Eigg. der Teilchen-Clusterbldg. einschließt. D. Jörchel. 146◇

0344 **Nichtlinearität der Wärmeausdehnung von Festkörpern mit der Temperatur.** G. B. Mitra und S. K. Mitra. (Indian J. Physics Proc. Indian Assoc. Cultivat. Sci. **36(45),** 200–10, 1962; Berkeley, Calif., Univ. of California, Phys. Metallurg. Sect.; engl.) — Mit Hilfe einer außerordentlich genauen Röntgenbeugungstechnik (Genauigkeit $\pm 10^{-4}$ Å) konnten die Gitterkonst. zwischen 30 u. 500° von *Cu, Au, Al, Ge* u. von 4 *Cu–Al-Legg.* (0,08% Cu in Al, 5,87% Al in Cu, 5% Cu in Al, 10% Cu in Al) bestimmt werden. Es zeigte sich, daß die Wärmeausdehnungskoeff. bei verschiedenen Temp. nicht konst. waren. Die Differenz δ zwischen den wahren Gitterkonst. u. denen, die sich bei konst. Ausdehnungskoeff. ergeben würden, wurde als anomale therm. Expansion definiert. Trägt man $\log \delta$ gegen die entsprechenden reziproken Temp. in °K auf, so erhält man Geraden, die zu der Beziehung $\delta = A \exp(-U/RT)$ führen. A u. U sind Konstanten. Auf rein empir. Wege identifizierte Lawson (1950) U mit der Aktivierungsenergie der Atome, womit die hier angeführten Befunde übereinstimmen. Eine theoret. Ableitung fehlt bisher. M. Olivier. 148◇

0345 **Anomale Temperaturänderung der Gitterparameter in CrO_2.** Kiiti Siratori und Shuichi Iida. (J. physic. Soc. Japan, Suppl. B-I, **17,** 208–11, 1962; Tokyo, Univ. of Tokyo, Fac. of Sci., Dep. of Phys.; engl.) — Vgl. C. **1963, 40.** — Für CrO_2 wurden in Richtung der c-Achse oberhalb Zimmertemp. negative therm. Ausdehnungs-Koeff. gefunden. Im Temp.-Bereich von −200° bis 500° ist der Vol.-Ausdehnungs-Koeff. trotzdem in Folge des sehr großen positiven Koeff. in Richtung der a-Achse konstant. Dieses anomale Verh. wird qual. mit Hilfe des Jahn-Teller-Effektes der Cr^{4+}-Ionen erklärt. Es wird ferner gezeigt, daß Zusätze kleiner Mengen MnO_2 (5–20%) zu CrO_2 keinen großen Einfl. auf das beobachtete Phänomen ausüben. D. Noack. 148◇

0346 **Thermische Ausdehnung bei tiefen Temperaturen.** 3. Mitt. **Kaliumchlorid.** G. K. White. (Philos. Mag. [8] **6,** 1425–29, 1961; Sydney, C. S. I. R. O., Div. of Phys.; engl.) — 2. vgl. C. **1963,** 3115; 4. vgl. C. **1963,** 17207. — Mit Hilfe einer früher ausführlich beschriebenen Differenzmeth. (vgl. White, Cryogenics **1,** [1961], 151) wurde an einem aus der Schmelze gezogenen KCl-Einkristall die therm. Ausdehnung bei verschiedenen Temp. untersucht. Der lineare therm. Ausdehnungskoeff. beträgt $\alpha \simeq (5{,}4 \pm 0{,}3) \cdot 10^{-11} T^3$ pro Grad zwischen 3° u. 9°K; die Grüneisen-Konst. ist $\gamma = 0{,}39 \pm 0{,}2$. γ nimmt mit steigender Temp. zu: 0,43 (bei 15°K), 0,56 (20°K), 0,73 (25°K), 0,85 (30°K), 1,28 (65°K), 1,39 (85°K) u. 1,47 (283°K); Debyesche charakterist. Temp.: $\Theta_D \simeq 235$°K. Die experimentellen Ergebnisse werden mit den theoret. Voraussagen verschiedener Autoren verglichen. G. Gattow. 148□

0347 **Entwicklung der kinetischen Gastheorie.** 5. Mitt. **Die Zustandsgleichung.** Stephen G. Brush. (Amer. J. Physics **29,** 593–605, 1961; Livermore, Calif., Univ. of California, Lawrence Radiat. Labor.; engl.) — Übersicht über die entscheidenden Arbeiten des 19. Jahrhunderts zu diesem Thema: Ritter (1846), Clausius (1870), van der Waals (1873). L. Roth. 149◇

0348 **Entwicklung der kinetischen Gastheorie.** 6. Mitt. **Viscosität.** Stephen G. Brush. (Amer. J. Physics **30,** 269–81, 1962; Livermore, Calif., Univ. of California,

Lawrence Rad. Labor., engl.) — 5. vgl. vorst. Referat. — Übersicht unter bes. Berücksichtigung der Arbeiten von Maxwell, Boltzmann, Tait, Sutherland, Rayleigh, Jeans, Chapman u. Enskog. — 58 Literaturangaben. A. Blaschette. 149◇

0349 **Viscosität und Wärmeleitfähigkeit von Gasen bei hohen Drücken.** A. G. Ussmanow und N. U. Bakirow. (Hochschulnachr. [Baku], Erdöl Gas **5**, 69—75, 1962; Kasan, Kirow-Inst. für chem. Technol.; russ.) — Auf Grund von 2 Gleichungen zur Best. der Viscositäts- u. Wärmeleitfähigkeitskoeff. für Gase u. Dämpfe in Abhängigkeit von Druck u. Temp. werden Kurven u. Tabellen über die Abhängigkeit der Viscosität η u. Wärmeleitfähigkeit von Ar, N_2, CO_2, Wasserdampf u. CH_4 gegenüber Druck u. Temp. aufgestellt. Für Wasserdampf werden die η- u. λ-Werte für Drücke von 100—500 atm u. Temp. bis zu 1000° berechnet. J. Lehmberg. 149△

0350 **Gegenseitige Diffusion binärer Gemische von Ammoniak mit He, Ne und Xe.** I. B. Srivastava. (Indian J. Physics Proc. Indian Assoc. Cultivat. Sci. **36**(**45**), 193—99, 1962; Calcutta, Indian Assoc. for the Cultiv. of Sci.; engl.) — Die experimentelle Best. der bin. Diffusionskoeff. für NH_3–He, NH_3–Ne u. NH_3–Xe erfolgte im Temp.-Bereich 0—60°. Die Messungen wurden nach der Zwei-Gefäße-Meth. ausgeführt, wobei die Diffusion durch eine Capillare erfolgen konnte. Die eingesetzten Gase He u. Ne waren spektralrein, Xe enthielt ca. 1% Kr. Trockenes u. reines NH_3 erhielt Vf. durch Erhitzen eines NH_4Cl-CaO-Gemisches, wobei das sich bildende NH_3 mehrfach über Na kondensiert wurde. In bestimmten Zeitabständen wurden den Gefäßen Proben entnommen u. über Wärmeleitfähigkeitsmessungen die Zus. bestimmt. Aus den Diffusionskoeff. wurden die Kraftparameter für die Wechselwrkg. zwischen polaren u. nichtpolaren Moll. nach dem Lennard-Jones-(12:6)-Potential bestimmt. Mit diesen Parametern konnten mit Hilfe von halbempir. Kombinationsregeln die Kraftkonst. des NH_3 für das Stockmayer-Potential errechnet werden. Die gefundenen Werte waren gute Näherungswerte ($\varepsilon/k = 337$; $\sigma = 3{,}21$). M. Olivier. 149◇

0351 **Untersuchung über die Kopplung zwischen erstem und zweitem Schall in Helium II.** Wolfgang Niegel und Gerhard Ulrich Schubert. (Z. angew. Physik **14**, 741—48, 1962; Mainz, Univ., Inst. für Theoret. Phys.; dt.) — Die vollständige Theorie des He II von Chalatnikow (C. **1958**, 8259) wird im Temp.-Bereich zwischen 0,9 u. 2,1 °K für zwei verschiedene Ausgangssituationen, eine Welle ersten bzw. zweiten Schalls, diskutiert. Mit Hilfe der Massauschen Gitterkonstruktion werden die Änderungen der Zustandsfunktionen in den ersten 10^{-6} s berechnet. Die Ergebnisse stimmen mit den seither durchgeführten Näherungen nicht überein. H. Jehne. 149◇

0352 **Abscheidung von Cäsium im Hochvakuum.** F. G. Allen und G. W. Gobeli. (Rev. sci. Instruments **34**, 184—85, 1963; Murray Hill, N. J., Bell Telephone, Inc.; engl.) — Zum Aufdampfen definierter Cs-Mengen wird eine Hochvakuum-App. beschrieben. In einem auf $2 \cdot 10^{-9}$ Torr evakuierten Seitenarm wird ein Cs-Dampfstrahl erzeugt, der in dem auf $1 \cdot 10^{-10}$ Torr evakuierten Aufdampfraum auf einen W-Draht mit 1000° trifft u. dort ionisiert wird. Der Cs^+-Strahl wird bei Verw. einer geeigneten Kollektorspannung vom Substrat aufgefangen. Durch Messung des Ionenstromes kann eine vorgegebene Cs-Menge aufgedampft werden. Herbert Müller. 150◇

0353 **Berechnungsmethode für das Gleichgewicht zwischen Flüssigkeit und Dampf in Dreikomponenten-Systemen.** 2. Mitt. W. B. Kogan und W. M. Ssafronow. (J. physik. Chem. [UdSSR] **33**, 1353—59, 1959; Leningrad, Inst. für angew. Chem.; russ., Auszug: engl.) — 1. vgl. C. **1960**, 8778. — Es wird eine auf einer exakten thermodynam. Gleichung beruhende graph.-analyt. Meth. vorgeschlagen. Ihre Anwendbarkeit wird an den Syst. *Aceton-Methanol-W.*, *Butan–Buten–Furfurol*, *Isobutan–Buten–Furfurol*, *Methanol–CCl$_4$–Bzl.*, *Bzl.–Cyclohexan–Isopropanol*, *Aceton–Chlf.–Methylisobutylketon*, *Heptan–Methanol–Toluol* u. *Methyläthylketon–Heptan–Toluol* durch Vgl. mit experimentellen Werten bestätigt. H. Roschkowski. 150◇

0354 **Thermodynamische Eigenschaften assoziierter Mischungen.** F. Billes und Gy. Varsanyi. (Acta chim. Acad. Sci. hung. **35**, 147—70, 1963; Budapest, TH, Dep. of Phys. Chem.; engl.) — Es werden Zusammenhänge zur Berechnung der thermodynam. Zusatzfunktionen H^E, Ge^E u. $T \cdot S^E$ u. Aktivitätskoeff. abgeleitet, aus denen ein verallgemeinertes Diagramm zu ihrer Berechnung entwickelt werden kann. Die Diagramme sind für assoziierte Mischungen angegeben, die eine apolare u. eine assoziierende Komponente enthalten. Berechnete Werte für Mischungen von *Toluol* u. *Anilin* (**I**) stimmen mit experimentellen Werten für Fl.-Dampf-Gleichgew. (20, 30 u. 40°; stat. Syst.) überein. Es wird angenommen, daß zwischen 2 I-Moll. zwei H-Brücken ausgebildet werden; die Bindungsenergie je H-Bindung beträgt dann 9,1 kcal/Mol. P. Frenzel. 150◇

0355 **Wechselwirkungsmodelle für flüssige ternäre Legierungen. Anwendungen auf verdünnte Lösungen von Kohlenstoff.** Étienne Bonnier und Francis Durand. (C. R. hebd. Séances Acad. Sci. **256**, 2844—45, 1963; Grenoble, École Nat. Sup. d'Électrochim. et d'Électrométallurg.; S. E. C. E. M. A. E. U., Serv. centraux de Rech.; franz.) — Vff. verwenden das Modell regulärer Lsgg. zur Beschreibung der Wechselwrkg. zwischen verd. Lsgg. von C in Fe u. einem zweiten gelösten Stoff; für die entsprechenden Carbide werden die Freien Bldg.-Enthalpien eingesetzt. Die abgeleitete Beziehung ist nur auf Elemente anwendbar, die Fe benachbart sind. Herbert Müller. 150◇

0356 **Untersuchungen über wechselseitige Aktivitätseinflüsse in homogenen metallischen Mehrstofflösungen.** 1. Mitt. **Experimentelle Untersuchungen der Systeme Mangan–Kohlenstoff–X, Kobalt–Kohlenstoff–X, Nickel–Kohlenstoff–X im flüssigen Zustand.** Hermann Schenk, Martin G. Frohberg und Eberhard Steinmetz. (Arch. Eisenhüttenwes. **34**, 37—42, 1963; Aachen, TH, Inst. für Eisenhüttenwes.; dt.) — Aus Unterss. bei 1600° zur Beeinflussung der C-Löslichkeit im fl. Mn, Co u. Ni werden die Wirkungsparameter der einzelnen Zusatzelemente X (von He bis Ac) ermittelt. Diese stehen in engem Zusammenhang mit der Ordnungszahl der Zusatzelemente. Die in metall. Phasen auftretenden Aktivitätsbeeinflussungen werden danach so gedeutet, daß Elektronen neben Metallionen zu den Bestandteilen gehören, die für den Aufbau u. das Verh. einer Lsg. verantwortlich sind. — 30 Literaturangaben. H. Hochstein. 150◇

0357 **Untersuchungen über wechselseitige Aktivitätseinflüsse in homogenen metallischen Mehrstofflösungen.** 2. Mitt. **Theoretische Betrachtungen.** Hermann Schenck, Martin G. Frohberg und Eberhard Steinmetz. (Arch. Eisenhüttenwes. **34**, 43—47, 1963; dt.) — 1. vgl. vorst. Referat. — Die Abhängigkeit der chem. Potentiale von der Zus. wird theoret. untersucht u. erörtert. Dabei ergibt sich, daß bei Drei- u. Mehrstofflsgg. verschiedene Bedingungen möglich sind, unter denen Differentialquotienten zur Kennzeichnung chem. Wechselwrkg. gebildet werden können. Demgemäß werden unterschiedliche Wirkungsparameter definiert u. die Umrechnungsbeziehungen zwischen ihnen hergestellt. Weiterhin werden Gleichungen abgeleitet, die den wechselseitigen Einfl. zweier Elemente aufeinander beschreiben. H. Hochstein. 150◇

0358 **Aktivität und Löslichkeit von Sauerstoff in Eisen–Chrom-Legierungen.** Hiroshi Sakao und Kokichi Sano. (Nippon Kinzoku Gakkai-Si [Japan Inst. Metals] **26**, 236—40, 1962; Nagoya, Univ., Fac. of Engng., Dep. of Metallurgy.; jap., Auszug: engl.) — Die Aktivität von Sauerstoff in fl. Fe–Cr-Legg. wird durch Messung des Gleichgew. zwischen dem gelösten Sauerstoff u. H_2–H_2O-Gasgemischen bestimmt. Für die Einw. von Cr (bis 30%) auf den Aktivitätskoeff. von Sauerstoff (gelöst in fl. Fe–Cr-Legg.) bei 1600° wird eine Gleichung abgeleitet. Das Gasverhältnis von H_2–H_2O-Gemischen, die im Gleichgew. mit fl. Fe–Cr-Legg. u. festen Oxidphasen stehen, wird bis 20% Cr bei 1600° bestimmt. Die Sauerstoff-Löslichkeit wird thermodynam. berechnet. W. Wesly. 150◇

0359 **Aktivität von Sauerstoff in flüssigen Ni-Cr- und Co-Cr-Legierungen.** Hiroshi Sakao und Kokichi Sano. (Nippon Kinzoku Gakkai-Si [Japan Inst. Metals] **26**, 240—44, 1962; jap., Auszug: engl.) — Vgl. vorst.

Referat. — Die Aktivität von Sauerstoff in fl. Ni–Cr- u. Co–Cr-Legg. wird durch Messung des Gleichgew. zwischen dem gelösten Sauerstoff u. H_2–H_2O-Gasgemischen bei 1600° u. bis 30% Cr bestimmt. Für den Einfl. von Cr auf den Aktivitätskoeff. von Sauerstoff werden Gleichungen abgeleitet. Die mit fl. Ni–Cr-Legg. u. der festen Oxidphase im Gleichgew. stehenden Zus. der H_2–H_2O-Gemische bei 1600° werden bis 35% Cr berechnet. Die Löslichkeit von Sauerstoff in fl. Ni–Cr-Legg. wird berechnet.

W. Wesly. 150◇

0360 **Schwingungsspektrum und spezifische Wärme von Lithium.** M. P. Hemkar u. S. K. Joshi. (J. physic. Soc. Japan **17,** 754—58, 1962; Allahabad, U. P. India, Univ., Pieys. Dep.; engl.) — Das Schwingungsspektrum u. die spezif. Wärme von Li wurden aus den Drei-Kraftkonst.-Modell einwertiger Metalle von Bhatia berechnet. Die Berechnung erfolgt sowohl mit bei 78 °K gemessenen elast. Konst. als auch mit den von Fuchs berechneten Werten für den abs. Nullpunkt. Die Übereinstimmung mit experimentellen Werten ist für die auf den bei 78 °K gemessenen elast. Konst. beruhenden Berechnungen bei höheren Temp. günstiger, während die aus den elast. Konst. am abs. Nullpunkt berechneten Werte bei tiefen Temp. besser mit dem Experiment im Einklang stehen.

Wolfgang Krüger. 151◇

0361 **Thermodynamische Exzeßfunktionen der flüssigen Systeme O_2–Ar und O_2–N_2.** C. M. Knobler, R. J. J. Van Heijningen und J. J. M. Beenakker. (Physica [Utrecht] **27,** 296—308, 1961; Leiden, Kamerlingh Onnes Labor.; engl.) — Die Mischungswärmen für die Syst. O_2–N_2 (bei 77 °K) u. O_2–Ar (bei 86 °K) wurden isotherm. bestimmt. Zusammen mit der Gibbsschen Freien Zusatzenergie, die sich aus den Daten des Dampf-Fl.-Gleichgew. errechnen läßt, wurde hieraus die Zusatzentropie berechnet. Keine der Mischungen verhält sich regulär. Vff. betrachten die Anwendung der Theorien von den übereinstimmenden Zuständen auf diese Mischungen als eine Meth., die thermodynam. Zusatzfunktionen zu berechnen.

M. Olivier. 156◇

0362 **Bildungswärme von Calciumaluminatmonocarbonat.** H. A. Berman und E. S. Newman. (J. Res. nat. Bur. Standards, A **65,** 197—207, 1961; engl.) — Vgl. C. **1963,** 18359. — Die Bldg-Wärme von $3\,CaO \cdot Al_2O_3 \cdot CaCO_3 \cdot 10{,}68\,H_2O$ wurde über die Lsg.-Wärmen von $3\,CaO \cdot Al_2O_3 \cdot 6\,H_2O$ u. $CaCO_3$ in 2 n HCl bestimmt. Der Meth. liegen folgende Teil-Rkk. zugrunde: (1) $3\,CaO \cdot Al_2O_3 \cdot 6\,H_2O + CaCO_3 + 4{,}68\,H_2O \xrightarrow{\Delta H_1} 3\,CaO \cdot Al_2O_3 \cdot CaCO_3 \cdot 10{,}68\,H_2O$; (2) $3\,CaO \cdot Al_2O_3 \cdot 6\,H_2O + 12\,HCl \xrightarrow{\Delta H_2} [3\,CaCl_2 + 2\,AlCl_3 + 12\,H_2O]$; (3) $CaCO_3 + [3\,CaCl_2 + 2\,AlCl_3 + 12\,H_2O] + 2\,HCl \xrightarrow{\Delta H_3} [4\,CaCl_2 + 2\,AlCl_3 + 13\,H_2O] + CO_2$; (4) $[4\,CaCl_2 + 2\,AlCl_3 + 13\,H_2O] + 4{,}68\,H_2O \xrightarrow{\Delta H_4} [4\,CaCl_2 + 2\,AlCl_3 + 17{,}68\,H_2O]$; (5) $[4\,CaCl_2 + 2\,AlCl_3 + 17{,}68\,H_2O] + CO_2 \xrightarrow{\Delta H_5} 3\,CaO \cdot Al_2O_3 \cdot CaCO_3 \cdot 10{,}68\,H_2O + 14\,HCl$; $\Delta H_1 = \Delta H_2 + \Delta H_3 + \Delta H_4 + \Delta H_5$. Beim Lösen von $CaCO_3$ wurde durch eine große Säuremenge erreicht, daß das CO_2 in Lsg. blieb. Für $3\,CaO \cdot Al_2O_3 \cdot CaCO_3 \cdot 10{,}68\,H_2O$ errechneten Vff. eine Bldg.-Wärme von — 1956 kcal/Mol. Die Verb. wurde dargestellt aus Lsgg. von Calciumaluminat, Calciumhydroxid u. Natriumcarbonat unter CO_2-Ausschluß. Das verwendete $CaCO_3$ war Calcit. Allerdings unterscheiden sich Calcit u. Aragonit nur geringfügig in ihren Bldg.-Wärmen.

M. Olivier. 156◇

0363 **Thermodynamische Berechnungen von Phasengleichgewichten, die geschmolzene Salze einschließen. 2. Mitt. Feste Lösungen und Anwendung auf Olivine.** R. S. Bradley. (Amer. J. Sci. **260,** 550—54, 1962; Leeds, Univ., School of Chem.; engl.) — 1. vgl. C. **1963,** 15311. — Es bird eine Theorie für feste Lsgg. zweier Salze, die Roozeboom-Phasendiagramme vom Typ I ergeben, entwickelt u. auf folgende Syst. angewendet: Mg_2SiO_4–Fe_2SiO_4 (I), Mg_2SiO_4 — Mg_2GeO_4 (II), Mg_2GeO_4–Fe_2SiO_4 (III), Mg_2SiO_4–Mn_2SiO_4 (IV). **I** u. **IV** verhalten sich sehr ähnlich, für **II** muß die Theorie für ideale Lsgg. undissoziierter Komponenten angewendet werden. Vf. ermittelte für die Schmelzwärmen von *Fayalit* u. *Forsterit* 25,2 bzw. 29,3 kcal Mol^{-1}.

M. Engel. 156◇

0364 **Gleichgewicht Metall–Gas in der gesättigten festen Lösung vom Stickstoff in Niob.** J. R. Cost und C. A. Wert. (Acta metallurg. [New York] **11,** 231—42, 1963; Dearborn, Mich., Ford Motor Co.; Urbana, Ill., Univ.; engl.) — Das Gleichgew. Druck-Temp.-Zus. wird auf der metallreichen Seite des Syst. Nb–N untersucht. Es wird dabei gefunden, daß die gesätt. feste Lsg. bei allen untersuchten Zus. dem Sievertsschen Gesetz gehorcht. Die Lösungswärme von N im Nb wird zu — 46 kcal/Grammatom N angegeben. Die Lösungsentropie bei 1% Zusatz beträgt — 14,7 Entropie-Einheiten/Grammatom N. Ein empir. Ausdruck für die Gleichgew.-Konz. des gelösten N wird mitgeteilt. Das Nitrid, das mit der festen Lsg. in Gleichgew. steht, ist *Nb_2N*. Die Bildungsenthalpie u. -entropie (Standard-Werte) von Nb_2N oberhalb von 1500° sind — 67 kcal/Grammatom N bzw. — 22,3 Entropie-Einheiten/Grammatom N. Die Grenzlöslichkeit von N in Nb hinsichtlich der Bldg. von Nb_2N wird von 300° bis 2230° gemessen; es findet sich — mit einer Ausnahme — allg. Übereinstimmung mit früheren Untersuchungen. Oberhalb 1150° wird die Grenzlöslichkeit wiedergegeben durch $x = 720 \exp(-20000/RT)$. Es wird angenommen, daß N bei Lsg. in Nb nahezu ideales Verh. zeigt.

H. Hochstein. 156◇

0365 **Einflüsse von Wasser auf die Verbrennungsgeschwindigkeit von Wasserstoff–Luft-Flammen.** D. K. Kuehl. (ARS Journal **32,** 1724—26, 1962; East Hartford, Conn., United Aircraft Corp.; engl.) — Die Änderung der Verbrennungsgeschw. einer vorgemischten H_2-Luft-Flamme bei teilweisem Ersatz des N_2 durch W. wird gemessen. Ein Energieübergang durch Wärmestrahlung scheint der Hauptgrund für die anomalen Ergebnisse zu sein.

G. Krien. 157◇

0366 **Zur Verbrennungsgeschwindigkeit von Ruß in einer laminaren Rußflamme.** K. B. Lee, M. W. Thring und J. M. Beer. (Combust. and Flame **6,** 137—45, 1962; Ijmuiden, Netherlands, Internat. Flame Res. Foundat.; Sheffield, Univ.; engl.) — Die Verbrennungsgeschw. von Ruß wurde mit einem laminaren KW-Stoff-Gasbrenner untersucht u. die Änderung der Teilchengröße elektronenmkr. verfolgt. Aus den Ergebnissen läßt sich eine halbempir. Geschw.-Gleichung ermitteln, die die spezif. Rk.-Geschw. als Funktion der Temp. u. des O_2-Partialdruckes wiedergibt.

G. M. Neumann. 157◇

0367 **Nichtgleichgewichtseffekte bei der Rußabscheidung.** R. C. Millikan und W. I. Foss. (Combust. and Flame **6,** 210—11, 1962; Schenectady, N. Y., Gen. Electr. Res. Labor.; engl.) — Unterss. der Rußabscheidung bei der Rk. von C_2H_4 mit O_2 zeigen, daß bei der Best. des krit. O/C-Verhältnisses Nichtgleichgewichtseinflüsse noch bei 2500 °K von Bedeutung sind. Das krit. Mischungsverhältnis erweist sich als temperaturabhängig, erreicht aber nicht den theoret. Wert O/C = 0,99.

G. M. Neumann. 157◇

0368 **Verbrennung von Magnesiumteilchen.** 1. Mitt. H. M. Cassel und I. Liebman. (Combust. and Flame **6,** 153—56, 1962; Pittsburgh, Pa., U. S. Bur. of Mines, Explosives Res. Labor.; engl.) — Messungen der Lebensdauer von Mg-Teilchen (50—120 μ) bei Verbrennung in Mischungen (2:8) von O_2 mit Luft bzw. He zeigen, daß die Gesamtrk. durch die Diffusion der O-Atome bestimmt wird.

G. M. Neumann. 157◇

0369 **Verpuffung von gepreßtem Ammoniumperchlorat.** M. D. Horton und E. W. Price. (A R S Journal **32,** 1745, 1962; China Lake, Calif., U. S. Naval Ordn. Test Station; engl.) — Die Druckabhängigkeit der Verbrennungsgeschw. im Bereich von 1 bis 60 atm wird in der Normbrennkammer der Naval Ordnance Test Station bestimmt. Bei 52 bzw. 24 atm traten bei 17 Messungen zwei oscillierende Verbrennungen mit einer Frequenz von 350 u. 130 Hz auf.

G. Krien. 157◇

0370 **Das Einsetzen der Retonation.** A. K. Oppenheim, A. J. Laderman und P. A. Urtiew. (Combust. and Flame **6,** 193—97, 1962; Berkeley, Calif., Univ. of California; engl.) — Das Einsetzen von Retonationswellen in stöchiometr. H_2/O_2-Mischungen wurde durch Schlierenphotographien während der Rk. untersucht. Es zeigt sich, daß der Prozeß durch eine punktförmige Explosion ausgelöst wird, der eine Implosion vorausgeht. In dieser Beziehung besteht eine interessante Ähnlichkeit zu hochfrequenten Verbrennungsinstabilitäten in Raketenschubkammern. G. M. Neumann. 157◇

0371 **Thermische Zündung von Explosivstoffen durch Lichtblitze. Theoretische Untersuchung.** Raymonde Blanchard. (C. R. hebd. Séances Acad. Sci. **256,** 2550 bis 53, 1963; franz.) — Vf. entwickelt einen Ausdruck, der die Initiierung von Explosivstoffen durch Lichtenergie unter der Annahme beschreibt, daß die Zündung nach Absorption der gesamten Lichtmenge durch Erwärmung erfolgt. Der Ausdruck wird für $Pb(N_3)_2$ u. AgN_3 integriert. G. Krien. 157◇

0372 **Messungen des Detonationsdruckes.** M. A. Cook, R. T. Keyes und W. O. Ursenbach. (J. appl. Physics **33,** 3413—21, 1962; Salt Lake City, Utah, Univ. of Utah, Inst. of Metals and Explosives Res.; engl.) — Vff. messen durch Drehtrommelaufnahmen die Geschw. von Stoßwellen in *W* u. *Lucite* sowie die Geschw. der Trennfläche W.–Luft beim Auftreffen der Stoßwelle. Diese „Aquariumtechnik" wird zur experimentellen Best. der Zustandsgleichung von W. u. Lucite benutzt. Die Eigg. für W. werden mit Resultaten anderer Meth. verglichen. Die Messungen der Spitzendrücke in den Detonationswellen verschiedener Explosivstoffe (*Hexogen, Trinitrotoluol* verschiedener Korngröße, *Amatol* lose u. gegossen u. *Baratol*) werden mitgeteilt. Die Drücke stimmen mit den nach der thermohydrodynam. Theorie berechneten Chapman-Jouguet-Drücken überein. Für die nach dem Zeldovich-von Neumann-Modell vorhergesagten Druckspitzen wurden keine Anhaltspunkte gefunden. G. Krien. 157◇

0373 **Automatisierung des Prozesses zur Bestimmung des Temperaturleitfähigkeitskoeffizienten von Stoffen.** B. W. Spektor, W. I. Rjasanzew und G. A. Kosatschenko. (Betriebs.-Lab. [UdSSR] **29,** **447**—49, 1963; Forsch.-Inst. für Baumaterialien u. der Akad. für Bauwesen u. Architektur der UkrainSSR; russ.) — Vorgeschlagen wird ein Verf. der Automatisierung von Messungen des Koeff. der Temp.-Leitfähigkeit nach der Meth. des regulären Wärmeaustausches. Für diese Messungen wird eine Vorr. vorgeschlagen. Der höchstmögliche Fehler überschreitet nicht 4%. Im Vgl. zu der bisherigen Meßmeth. wird die Best.-Zeit wesentlich verkürzt. H. Hochstein. 158◇

0374 **Ultraschalltechnik bei sehr hoher Energie.** E. A. Neppiras. (Brit. J. appl. Physics **11,** 143—50, 1960; Salfords, Surrey, A. R. C. S., Mullard Res. Labor.; engl.) — Übersicht über Anwendungsgebiete für starke Ultraschallfelder bei Unterss. von Gasen (Herst. von Aerosolen, Trennung von Gemischen), Fll. (Entgasung, chem. u. biolog. Rkk., Emulgierung u. a.) u. Festkörpern (Mischen, Schweißen, Festigkeitsprüfungen u. a.) sowie Besprechung einzelner Techniken. W. Betcke. 159◇

0375 **Absorption von Ultraschall in Wasser; Meßverfahren und Meßergebnisse.** Paul Rieckmann. (Z. Instrumentenkunde **71,** 126—30, 1963; Braunschweig; dt.) — Die Temp.-Abhängigkeit (0—80°) der mit Hilfe des Strahlungsdrucks gemessenen Absorptionskoeff. des Ultraschalls (22,75 MHz) in H_2O weicht von den Ergebnissen älterer Messungen ab; für die Koeff. ergaben sich allg. kleinere Werte. H. U. Borgstedt. 159◇

0376 **Ultraschallgeschwindigkeiten und Kompressibilitäten der wäßrigen Lösungen einiger Metallnitrate.** M. Satyanarayanamurty und Bh. Krishnamurty. (Indian J. pure appl. Physics **1,** 234—35, 1963; Waltair, Andhra Univ., Phys. Dep.; engl.) — Mit Hilfe einer interferometr. Meth. wurden die Ultraschallgeschw. (v) der wss. Lsgg. (bis 3 m) der Nitrate von Li^+, Ca^{2+}, Cu^{2+}, Mg^{2+}, Mn^{2+}, Ni^{2+}, Zn^{2+}, Fe^{3+}, Al^{3+} u. Cr^{3+} (bei 28° u. 1,4 MHz) gemessen. Aus den Ergebnissen wurde die adiabat. (β) u. die scheinbare mol. (Φ) Kompressibilität berechnet. v u. β nehmen in allen Fällen in Übereinstimmung mit der Theorie (Debye–Hückel) mit wachsender Konz. zu, sogar im Bereich höherer Konzz. (2—3 m). Zwischen Φ u. $\sqrt{c}$ besteht erst oberhalb $\sqrt{c} =$ 1 ein linearer Zusammenhang. Die $\sqrt{c}$-Werte bleiben nur im Falle des $LiNO_3$ im ganzen Konz.-Bereich negativ. Der Anstieg der $\Phi/\sqrt{c}$-Kurven ist bei den 3wertigen Salzen am steilsten, ferner besteht ein qual. Zusammenhang mit dem Molgew. des Salzes. W. Betcke. 159◇

0377 **Ultraschalluntersuchungen wäßriger Lösungen der Formiate, Acetate und Propionate des Natriums und Calciums.** M. Pancholy und S. P. Singal. (J. physic. Soc. Japan **18,** 582—87, 1963; New Delhi, India, Nat. Phys. Labor.; engl.) — In wss. Lsgg. der Na- u. Ca-Formiate, -Acetate u. -Propionate nimmt die Schallgeschw. mit steigender Temp., Konz. u. Größe des Anions zu. Die Absorptionskoeff. zeigen nur für die Ca-Salze bei 10—20 MHz einen schwachen Relaxationseffekt. H. U. Borgstedt. 159◇

0378 **Ultraschall-Relaxation in linearen Polysiloxanen.** J. L. Hunter, T. B. Lewis und C. J. Montrose. (J. acoust. Soc. America **35,** 481—89, 1963; Cleveland, Ohio, John Carroll Univ.; engl.) — Im Bereich von 30 bis 270 MHz hängt die Ultraschallabsorption u. die Schallgeschw. in Dimethylpolysiloxanen (2—11 Si-Atome je Mol.) von der Viscosität der Fl., der Temp. u. der Ultraschallfrequenz ab. Relaxationserscheinungen treten unterhalb 0° hervor. H. U. Borgstedt. 159◇

0379 **Verstärkung von Ultraschall in Wismut.** Arnold M. Toxen und Sabih Tansal. (Physic. Rev. Letters **10,** 481—83, 1963; Yorktown Heights, N. Y., IBM Corp., Thomas J. Watson Res. Center; engl.) — In Ggw. bestimmt gerichteter elektr. u. magnet. Felder wird in Bi die Amplitude eingestrahlten Ultraschalls verstärkt oder ohne Fremderregung eine akust. Schwingung erzeugt. H. U. Borgstedt. 159◇

0380 **Longitudinale Schallgeschwindigkeit in Säulen von granuliertem Ammoniumperchlorat mit niedriger Ladedichte.** R. C. Goettelman und Marjorie W. Evans. (Nature [London] **198,** 679—80, 1963; Menlo Park, Calif., Stanford Res. Inst.; engl.) — Die longitudinale Schallgeschw. in NH_4ClO_4 mit einer Schüttdichte von 0,93 $\pm$ 0,07 g/ml u. einer mittleren Korngröße von 14 μ beträgt bei Anregung mit Sinusschwingungen von 1 MHz in einem Rohr von 16 mm ⌀ 0,57 $\pm$ 0,01 mm/μs. G. Krien. 159◇

0381 **Akustische Eigenschaften von Stahlwolle.** David Alan Bies. (J. acoust. Soc. America **35,** 495—99, 1963; Los Angeles, Calif., Bolt Beranek and Newman Inc.; engl.) — Nach den Unterss. der akust. Eigg. von Stahlwolle verschiedener Packung u. mit verschiedenen Gasen (*Luft*, CO_2; C_3H_8; H_2; *LPG*) mit Frequenzen von 0 bis 10 kHz läßt sich die Theorie für poröses Material verallgemeinern. H. U. Borgstedt. 159◇

0382 **Resonanzrotation der Polarisationsebene des Schalls in einer paramagnetischen Verbindung.** B. I. Kotschelajew. (Festkörperphysik [UdSSR] **4,** 1559 bis 63, 1962; Kasan, Uljanow-Lenin-Univ.; russ.) — Die Polarisationsebene einer transversalen akust. Welle, die sich in einem paramagnet. Kristall fortpflanzt, wird infolge Resonanz gedreht. Die Änderung des Rotationswinkels mit der Frequenz u. der magnet. Feldstärke wird berechnet. Eine Abschätzung ergibt, daß der Effekt experimentell beobachtet werden kann. P. Frenzel. 159◇

0383 **Elektromagnetische und Schallwellen in seignetteelektrischen Stoffen.** D. G. Ssannikow. (Festkörperphysik [UdSSR] **4,** 1619—26, 1962; Moskau, Akad. der Wiss. der UdSSR, Phys. Lebedew-Inst.; russ.) — Die Beziehungen zwischen elektromagnet. u. akust. Wellen in ferroelektr. Kristallen werden erörtert u. Dispersionsformeln für Wellen, die sich parallel zu den kristallograph. Achsen von rhomb. u. kub. Kristallen fortpflanzen, mitgeteilt. Die Ergebnisse werden mit experimentellen Werten über die Dämpfung von Wellen in *Seignettesalz* verglichen. P. Frenzel. 159◇

A$_5$. Kolloidchemie, Grenzschichtforschung

0384 **Der „Discrete-Ion"-Effekt und die Stabilitäts-Theorie der Kolloide. Zwei parallele Platten in einem symmetrischen Elektrolyten.** S. Levine und G. M. Bell. (J. physic. Chem. **67,** 1408—19, 1963; Manchester, Univ., Dep. of Math.; London, Chelsea Coll. of Sci. and Technol., Dep. of Math.; engl.) — Es wird ein Modell angegeben, das Koll. als zwei einander gegenüberstehende, plattenähnliche Partikel von großer Dicke beschreibt, die in die Lsg. eines bin. symm. Elektrolyten eintauchen. Jede Platte ist von einer Sternschen Schicht u. einer Diffusionszone umgeben; es wird die Wechselwirkungsenergie dieser Schichten u. der beiden Platten errechnet. Die Adsorption von Ionen in der Sternschen Schicht bewirkt den „Discrete-Ion"-Effekt, nämlich einen Potentialunterschied zwischen diesem Ion u. der umgebenden Schicht. Dieser Beitrag zur Adsorptionsenergie ist annähernd proportional der Dichte der adsorbierten Ionen. Die Theorie wird auf Silberhalogenid-Sole angewendet. J. Simon. 160◇

0385 **Die physikalische Wechselwirkung kugelförmiger Partikel in Suspensionen.** V. Fidleris und R. L. Whitmore. (Rheol. Acta [Ergänzungsh. z. Kolloid-Z.] **1**, Nr. 4/6, 573–81, 1961; Univ. of Nottingham, Dep. of Mining and Fuels; engl.) — Es wird die Wechselwrkg. einer fallenden Kugel mit kugelförmigen Partikeln einer Suspension untersucht. Als Suspensionen werden kugelförmige Teilchen von *Polystyrol* (124–422 μ) u. *Polymethylmethacrylat* (1676–2812 μ) in wss. Lsg. von *Glycerin* (**I**) u. *Bleinitrat* (**II**) verschiedener Zus., wss. Lsg. von I u. II mit *Isopropylalkohol*, wss. Lsg. von $CaCl_2$, sowie in *Olivenöl* verwendet. Vff. zeigen, daß bei kleiner Reynoldsscher Zahl die Fallgeschw. der Kugel von der Größe der suspendierten Teilchen unabhängig ist. Dies ist auch der Fall bei gleicher Größe von fallenden u. suspendierten Kugeln. Bei hoher Reynoldsscher Zahl nimmt die Fallgeschw. ab, wenn die Größe der Kugeln gleich wird. W. Fester. 162◇

0386 **Untersuchungen am Chromarsenatsol.** 4. Mitt. **Kinetik der Koagulation des Sols bei verschiedenen Dialysestufen.** P. C. Jain und S. N. Banerji. (Kolloid-Z., Z. Polymere **184**, 49–54, 1962; Saugar [India], Univ., Dep. of Chem.; engl.) — 3. vgl. J. Indian chem. Soc. **38**, [1961], 355; 1. vgl. C. **1963**, 11542. — Unterss. über die Kinetik der Koagulation von Cr-Arsenat-Sol durch Messung der Lichtauslöschung bei verschiedenen Dialysestufen zeigen, daß Gebiete von langsamer u. rascher Koagulation auftreten. Die zunehmende Konz. eines Elektrolyten hat eine geringe Einw. auf den Koagulationsverlauf. Das beim Koagulieren eines reinen Sols gebildete Koagulum hat einen höheren Extinktionswert als ein teilweise gereinigtes Sol. Bei höchster Solreinheit ergibt sich selbst nach Erreichen der stärksten Koagulationen wieder eine geringe Extinktion. Die Ergebnisse werden erörtert. W. Wesly. 163◇

0387 **Randwinkel und Grenzflächenspannungen im System Quecksilber–Wasser–Benzol.** Edward B. Butler. (J. physic. Chem. **67**, 1419–25, 1963; Tulsa, Okla., Pan Amer. Petroleum Corp.; engl.) — Es werden Grenzflächenspannungen nach der Meth. des hängenden Tropfens in einer thermostatisierten Spezialzelle gemessen. Der Tropfen wird zu verschiedenen Zeiten mit einer auf einem Mikroskop sitzenden Kamera photographiert. Die Grenzflächenspannungen zwischen Hg u. Bzl. sowie zwischen Hg u. W. sind weder temperatur- noch zeitabhängig, doch sind die zwischen Hg u. mit W. gesätt. Bzl., zwischen Hg u. mit Bzl. gesätt. W. sowie zwischen Bzl. u. W. zeitunabhängig, aber veränderlich mit der Temperatur. Die Randwinkel werden aus den Grenzflächenspannungen berechnet u. mit direkt gemessenen verglichen. Man beobachtet, daß die gemessenen Werte sich den berechneten erst nach sehr langer Wartezeit annähern. Diese Diskrepanz gestattet Aussagen über die Mol.-Struktur der Hg-Oberfläche u. über die sehr langsame Adsorption bzw. Desorption benetzender Fl.-Schichten. J. Simon. 166◇

0388 **Trennung von ^{137}Cs und ^{90}Sr aus einem Gemisch von Spaltprodukten durch Papierelektrophorese.** E. Lazzarini und P. Gerontopulos. (Metallurgia ital. **54**, 300–04, 1962; Milano, CESNEF, Politecn.; ital.) — Die Verss. zur Trennung von reinem ^{137}Cs u. ^{90}Sr aus einem Gemisch von alten Spaltprodd. durch Papierelektrophorese unter Verw. von $2 \cdot 10^{-1}$ m Essigsäure als Elektrolyt zeigen, daß diese Elemente bei einem elektr. Feld von 50 V/cm in 30 Min. getrennt werden können (gute Trennungen sind auch in 15 Min. ausführbar). Bei steigender Temp. nimmt die Migrationsgeschw. zu, aber die Banden verbreitern sich beträchtlich u. daher ist eine längere Migration für die Gewinnung von reinen Prodd. erforderlich. Prakt. Vorteile werden beim Arbeiten unter Rauntemp. nicht erzielt. Im Maßstab von 0,1 c kann eine kontinuierliche Trennung von ^{137}Cs u. ^{90}Sr ausgeführt werden. G. Platzer. 168◇

0389 **Bestimmung des Diffusionskoeffizienten in Metallen nach der Methode des Elektroübergangs.** G. A. Grigorjew und B. Ss. Bokstein. (Betriebs-Lab. [UdSSR] **29**, 446–47, 1963; Moskau, Inst. für Stahl u. Legg.; russ.) — Beim Durchgang von Gleichstrom durch eine homogene Leg. tritt eine gerichtete Übertragung der Leg.-Komponenten auf u. es entsteht ein Konz.-Gradient. Die Größe des Gradienten längs der Durchgangsrichtung wird nur durch den Diffusionskoeff. u. die Aufladung der Ionen der Komponenten der Leg.-Beimengungen bestimmt. Auf Grund dieser Erscheinung werden Gleichungen zur Berechnung der Diffusionskoeff. in Metallen ermittelt. Nach dieser Meth. wird der Wert des Diffusionskoeff. von ^{60}Co in fl. Sn bei 350° zu $D = 0{,}78 \cdot 10^{-5}$ cm²/s ermittelt, der gut übereinstimmt mit dem Wert $D = 0{,}62 \cdot 10^{-5}$ cm²/s für Ni in fl. Sn bei 350°. H. Hochstein. 171◇

0390 **Temperaturabhängigkeit der Viscosität wäßriger Cadmiumsulfatlösungen.** Jadwiga Demichowicz-Pigoniowa. (Roczniki Chem. [Ann. Soc. chim. Polonorum] **36**, 1677–81, 1962; Wrocław, Inst. of Technol., Dep. of Phys. Chem.; engl.) — Vgl. C. **1963**, 11545. — Für die Abhängigkeit der Viscosität von wss. Lsgg. von $8\ CaSO_4 \cdot 3\ H_2O$ (0,25–2,5 m) von der Temp. wird eine Gleichung abgeleitet. W. Wesly. 172◇

0391 **Viscositätsuntersuchungen an einigen in Methanol gelösten Chloriden von Metallen der ersten Übergangsreihe.** P. A. D. de Maine, E. R. Russell, D. O. Johnston und M. M. de Maine. (J. chem. Engng. Data **8**, 91–93, 1963; University, Miss., Univ. of Mississippi, Dep. of Chem.; engl.) — Die Viscosität bei 20 u. 45° von in reinem Methanol gelöstem $CaCl_2$, $CrCl_3 \cdot 6\ H_2O$, $MnCl_2 \cdot 4\ H_2O$, $CoCl_2 \cdot 6\ H_2O$, $CoCl_2 \cdot 2\ H_2O$, $NiCl_2 \cdot 6\ H_2O$, $NiCl_2 \cdot 2H_2O$ u. $CuCl_2 \cdot 2\ H_2O$ sowie von $ZnCl_2$ (auch bei 5 u. 25°) wird untersucht. Das Verhältnis Q der molaren Viscosität bei 20° zu der bei 45° ist unabhängig von der Salzkonz. u. im Fall der Co- u. Ni-Chloride unabhängig vom Hydratationsgrad. Q scheint für alle vorst. Salze den gleichen Wert zu haben. Die Werte werden zur Überprüfung der Jones-Talley- u. der Dawson-Zimmermann-Gleichung herangezogen u. mit Leitfähigkeitswerten verglichen. P. Frenzel. 172◇

0392 **Messungen der Viscosität von flüssigem Woodschen Metall.** H. A. Kuhn, W. F. Hughes und E. W. Gaylord. (Brit. J. appl. Physics **13**, 527, 1962; Pittsburgh, Pa., Carnegie Inst. of Technol.; engl.) — Die Viscosität von fl. Woodschen Metall wurde im Temp.-Bereich von 75° (F.) bis 275° gemessen. Bei 75° beträgt die Viscosität ca. 0,33, bei 275° ca. 0,15 Stokes. Wolfgang Krüger. 172◇

0393 **Die Viscosität flüssiger kohlenstoffhaltiger Eisenschmelzen.** N. A. Watolin, A. A. Wosstrjakow und O. A. Jessin. (Metallphysik u. Metallkunde [UdSSR] **15**, 222–28, 1963; Akad. der Wiss. der UdSSR, Inst. für Metallurg.; russ.) — Die Viscosität von Fe–C-Legg. wird bei Temp. von 1300 bis 1700° u. Zus. von 0,05–4,9% C mittels der Dämpfungsmeth. gemessen. Die hierbei erhaltenen Resultate stimmen mit den Literaturangaben überein. Es wird bestätigt, daß die Viscositäts-Isothermen drei deutlich ausgeprägte Bereiche besitzen. Bis 0,2% C wird die Viscosität stark erniedrigt, im Bereich von 0,2–2,2% C bleibt sie prakt. unverändert u. wird dann ab 2,2% C kontinuierlich verringert. Ferner wird nachgewiesen, daß der Verlauf der Viscositäts-Isothermen nicht durch eine Vergrößerung des freien Fl.-Vol. allein erklärt werden kann; größere Bedeutung besitzt die eigenartige Veränderung der Wechselwirkungsenergie der Atome mit dem Anstieg der C-Konz. in der Schmelze. 20 Literaturangaben. H. Hochstein. 172◇

0394 **Übergangsbereiche für dreidimensionalen Sog.** R. H. Margarvey und Roy L. Bishop. (Canad. J. Physics **39**, 1418–22, 6 Tafeln, 1961; Nova Scotia, Canada, Acadia Univ., Dep. of Phys.; engl.) — Für einige nicht mischbare Fl.-Systeme wurden die Bewegungen, die beim Durchgang eines Tropfens einer Fl. durch eine andere Fl. auftreten, untersucht. Die Sogausbildung der Tropfen in der Fl. wurde für einige Reynolds-Zahlen zwischen 0 u. 2500 photograph. registriert u. die charakterist. Ausbildungen den einzelnen Bereichen der Reynolds-Zahlen zugeordnet. Die Abhängigkeit der Reynolds-Zahlen von der Strouhal-Zahl für „Loop"-Sog ist graph. dargestellt. H. Schroeder. 173◇

0395 **Aufdampfversuche im Spitzenmikroskop.** Alfred Recknagel und Joachim Zweiniger. (Wiss. Z. Techn. Hochschule Dresden **10, 433—38, 1961**; dt.) — Im Feldelektronenmikroskop wurden bei Zimmertemp. u. 1300°K auf eine W-Spitze *W, Mo* u. *Ta* aufgedampft. Die bevorzugte Adsorption auf [011] sowie entlang der [111]-Zonen wird auf Grund einer Theorie von Stranski u. Suhrmann durch geometr. Beziehungen zwischen Adsorbat u. Unterlage gedeutet. H. Liepack. 176◇

0396 **Korrosion von Wolfram und Iridium durch Felddesorption von Stickstoff und Kohlenmonoxid.** J. F. Mulson und E. W. Müller. (J. chem. Physics **38,** 2615 bis 2619, 1963; Pennsylvania State Univ., Dep. of Phys.; engl.) — Im Feldionenmikroskop wurden Adsorption u. Felddesorption von N_2, CO, H_2, N_2–H_2 u. CO–H_2 an W u. Ir untersucht. Es wurde beobachtet, daß nach der Desorption von N-Atomen auch das darunter befindliche W-Atom, in einigen Fällen noch das benachbarte, entfernt war. Bei H_2 trat kein Korrosionseffekt (KE) auf, Zusatz von H_2 zu N_2 beeinflußte nicht den Effekt von N_2. Der KE von CO war entschieden kleiner als der von N_2. Vff. nehmen an, daß hier die CO-Dissoziation als geschwindigkeitsbestimmender Schritt vorliegt. Die Dissoziation erfolgt durch Elektronen, die bei der Ionisation des abbildenden He in Nähe der Oberfläche freiwerden. Durch H_2-Zusatz konnte der KE des CO vergrößert werden, der auf dissoziierte O-Atome zurückgeführt wird. Bei Desorption eines N_2-Mol. über zwei benachbarten Ir-Atomen wurden letztere nicht entfernt. Der KE von N_2 u. CO auf Ir ist im Vgl. zu W sehr klein. Auch bei Ir wurde durch H_2-Zusatz der KE von CO stark erhöht. An Pt-Spitzen wurde ein KE durch Restgase beobachtet. Vff. weisen darauf hin, daß wegen des KE ein Manometer für Restgase nach dem Feldionisationsprinzip nicht möglich ist. H. Liepack. 176◇

0397 **Theorie der Wasserstoffadsorption an Platin.** Tomiyuki Toya. (J. Res. Inst. Catalysis, Hokkaido Univ. **10,** 236—60, 1962; Hokkaido Univ., Res. Inst. for Catalysis; engl.) — Die theoret. Betrachtung der Austrittsarbeits- u. Widerstandsmessungen von Mignolet, Suhrmann, Wedler u. Gentsch u. Sachtler u. Dorgelo sowie der IR-Absorptionsspektren von Pliskin u. Eischens führen zu der Annahme zweier verschiedener Sorptionsplätze. Vf. schließt, daß diese Plätze mit denen der r- u. s-Adsorption an Ni übereinstimmen (feste Bindung an ein Metallatom mit Schwingung um die Gleichgewichtslage bzw. Lsg. im Gitter mit Dissoziation in Proton u. Elektron im Leitungsband). Die komplizierten Verhältnisse beim Pt sind auf die kleinere Differenz der Adsorptionswärmen für die beiden Platzarten zurückzuführen (ca. 0,4 kcal/Mol gegenüber ca. 10 kcal/Mol bei Ni). Die breite u. intensive Bande bei 4,86 μ im IR-Absorptionsspektrum wird dem s-Adatom zugeschrieben, das Austrittsarbeit u. Widerstand herabsetzt. Die bei niedrigeren Temp. u. höheren Drücken nachweisbare scharfe Bande bei 4,74 μ wird dem r-Adatom zugeordnet, das Austrittsarbeit u. Widerstand zunehmen läßt. Die Bandenbreiten werden diskutiert. H. Liepack. 176◇

0398 **Reaktionen des Sauerstoffes auf dunklen und beleuchteten Oberflächen aus Zinkoxid.** T. I. Barry und F. S. Stone. (Proc. Roy. Soc. [London], Ser. A **255,** 124—43, 1960; Bristol, Univ. of Bristol, Dep. of Phys. and Inorg. Chem.; engl.) — Untersucht wurden Adsorption u. Desorption (Kinetik u. Mechanismen) von Sauerstoff an ZnO im Temp.-Bereich 25—390°. Die Unterss. ergaben zwei verschiedene Typen der Chemisorption des Sauerstoffes, deren eine unterhalb 200°, deren andere oberhalb 300° vorherrscht. Dieses Verh. wurde durch Messungen der Desorptionsgeschw. in Abhängigkeit von der Temp. deutlich. Von starkem Einfl. auf Desorptions- u. Adsorptionsverh. des ZnO ist die Vorgeschichte der jeweiligen Probe, was bes. deutlich wird bei Bestrahlung mit UV oder sichtbarem Licht. Photoeffekte treten unter 300° am stärksten in Erscheinung u. regen sowohl Desorption als auch Adsorption an. Die Unterss. wurden unter Zuhilfenahme der intermol. Austauschrk. $^{18}O_2 + {}^{16}O_2 \rightleftharpoons 2\,{}^{18}O^{16}O$ u. der katalyt. Wrkg. des ZnO auf diese Rk. durchgeführt. Die experimentellen Ergebnisse werden durch Chemisorption des Sauerstoffes als O^- u. O^{2-} an ZnO gedeutet, das als n-Halbleiter mit Zn auf Zwischengitterplätzen behandelt wird. Es wird angenommen, daß oberhalb 300° die Diffusion des Zn auf den Zwischengitterplätzen unter der Wrkg. des elektr. Feldes des chemisorbierten Sauerstoffes eine bedeutende Rolle spielt im Hinblick auf Desorptions- u. Adsorptionsprozesse. K. Jaeger. 176◇

0399 **Die Existenz von Säurezentren des Lewis-Typs auf Siliciumdioxid–Aluminiumoxid-Oberflächen.** Michio Okuda und Taro Tachibana. (Bull. chem. Soc. Japan **33,** 863—64, 1960; Bunkyo-ku, Tokyo, Japan, Ochanomizu Univ., Chem. Labor.; engl.) — Gemessen wurden die Absorptionsspektren (300—650 mμ) von *Benzazodiphenylamin* u. *p-Phenylendiamin,* die an SiO_2–Al_2O_3-Oberflächen adsorbiert waren. Die Absorptionsspektren beider Substanzen zeigen Säurezentren vom Lewis-Typ. Das leere 3 p-Niveau des Al an der SiO_2–Al_2O_3-Oberfläche nimmt ein Elektron vom höchsten besetzten π-Orbital der adsorbierten Substanz auf u. reagiert so mit einer Base als Lewis-Zentrum. K. Jaeger. 176◇

0400 **Versuche zur Retentionsanalyse.** 1. Mitt. Baha Erdem. (Istanbul Üniv. Fen Fak. Mecmuasi [Rev. Fac. Sci. Univ. Istanbul], Ser. C **21,** 1—8, 1956, 1 Tafel; Inst. für Allg. Chem.; dt.) — Die Metallkomplex-Bldg. bei der Retentionschromatographie wird unter verschiedenen Bedingungen untersucht. Als Lsgm. werden *Tetrahydrofuran*/W.- (90:10) u. *Dioxan*/W.-Gemische (70:30; 60:40), als Komplexbildner $CuSO_4$, $Ni(CH_3CO_2)_2$, $CoSO_4$ u. $FeSO_4$, als Sprühmittel *Ninhydrin* u. *Rubeanwasserstoff* eingesetzt; untersucht werden *DL-Valin, L-Lysin, DL-Threonin, L-Cystein, L-Arginin, DL-Glutaminsäure, DL-Leucin* u. *Tyrosin* (Abbildungen). Bei Verw. von Ni^{2+} statt Cu^{2+} als komplexbildendes Ion wird eine schwächere Retention beobachtet. Verwendet man statt Tetrahydrofuran Dioxan als Lsgm., so treten keine Lücken in der Cu^{2+}- bzw. Ni^{2+}-, Co^{2+}- oder Fe^{2+}-Front auf, sondern es bilden sich Frontvorsprünge. Das Metallion erhält durch die Aminosäure an diesen Stellen einen höheren Rf-Wert. Die Erscheinungen stehen wahrscheinlich mit den unterschiedlichen Dipolmomenten der verschiedenen Aminosäuren u. mit der unterschiedlichen Deformation der Cu^{2+}-Ionen in Zusammenhang. K. Hardel. 177◇

0401 **Versuche zur Retentionsanalyse.** 2. Mitt. Baha Erdem. (Istanbul Üniv. Fen Fak. Mecmuasi [Rev. Fac. Sci. Univ. Istanbul], Ser. C **21,** 9—15, 1956; dt.) — 1. vgl. vorst. Referat. — Als Lsgm. werden *Tetrahydrofuran*/W.- (90:10), *Dioxan*/W.- (70:30) u. *A.*/5 n *HCl*-Gemische (90:10), als Komplexbildner $Cu(CH_3CO_2)_2$, $Cd(CH_3CO_2)_2$, $NiCl_2$ u. $CoCl_2$, als Sprühmittel *Ninhydrin* u. *Rubeanwasserstoff,* als Aminosäure *Leucin* verwendet (Abbildungen). Es wird — umgekehrt wie l. c. — das Metallion auf der Startlinie aufgetragen u. die Aminosäure dem Lsgm. zugesetzt. Dabei erhielt Vf. Chromatogramme, die in der Aminosäurefront Aussparungen zeigen. Besprühen mit Rubeanwasserstoff ergibt, daß sich bei dieser Vers.-Anordnung alle Metallionen in diesen Aussparungen befinden, während bei der Retentionschromatographie in der üblichen Anordnung Cu^{2+} komplex gebunden am Startpunkt verbleibt. K. Hardel. 177◇

0402 **Über das Verhalten von komplexen Ionen bei der Papierchromatographie.** 5. Mitt. Baha Erdem. (Istanbul Üniv. Fen Fak. Mecmuasi [Rev. Fac. Sci. Univ. Istanbul], Ser. C **21,** 46—49, 1956; dt.) — 4. vgl. C. **1957,** 2129; vgl. auch vorst. Referate. — Vf. ersetzt in dem zur Wielandschen Retentionschromatographie „reziproken" Syst. (l. c.) die Aminosäure in der mobilen Phase durch *Oxin* als Komplexbildner. Dabei werden als Lsgm. (mit u. ohne Zusatz von *Eisessig*) *Dioxan*/W.- (90:10; 70:30) u. *Tetrahydrofuran*/W.-Gemische (90:10; 60:40) bzw.

reines Dioxan u. Tetrahydrofuran, als Sprühmittel $FeCl_3$- u. $Co(CH_3CO_2)_2$-Lsgg., als Metallsalze $Cu(CH_3CO_2)_2$, $Cd(CH_3CO_2)_2$, $FeCl_3$ u. $UO_2(CH_3CO_2)_2$ verwendet (Abbildungen). K. Hardel. 177◇

0403 **Isotopischer Kaliumaustausch in Illit unter Gleichgewichtsbedingungen.** M. R. Sumner und G. H. Bolt. (Proc. Soil Sci. Soc. America **26,** 541–44, 1962; Wageningen, Netherlands, State Agric. Univ., Labor. of Soils and Fertilizers; engl.) — Die Kinetik des K-Austausches in einem Illit wurde unter Verw. von ^{42}K untersucht. Die Proben wurden unter verschiedenen Bedingungen mit $CaCl_2$-Lsgg. mit oder ohne Zusatz von KCl vorbehandelt. Der ^{42}K-Austausch im Gleichgew. während 1 Woche u. bei wiederholter Extraktion mit 0,5 n NH_4NO_3 biw. 0,5 n $NaNO_3$ wurde verglichen. Außer bei Proben mit 0,5 n $CaCl_2$ erfolgte der Austausch sehr rasch u. konnte durch längeres Schütteln nicht erhöht werden. Verlängerte Vorbehandlung mit 0,5 n $CaCl_2$ zerstört das Illitgitter. Extraktion mit NH_4NO_3 entfernt danach mehr K als der im Gleichgew. gegen ^{42}K austauschbaren Menge entspricht. Andererseits führt Extraktion mit 0,5 n $NaNO_3$ zu einem geringeren Austausch als der gegen ^{42}K austauschbaren Menge, was zeigt, daß Teile des austauschbaren K sich in Zwischengitterlagen befinden. O. Bär. 177◇

0404 **Trennung von Radioisotopen mit Ionenaustauschermembranen.** 1. Mitt. **Konzentrierung von ^{90}Y aus einer ^{90}Sr–^{90}Y-Lösung.** Hidehiro Gotô, Shin Suzuki und Makoto Saitô. (Sci. Rep. Res. Inst. Tôhoku Univ., Ser. A **14,** 269–77, 1963; Forschungsinst. für Eisen, Stahl u. a. Metalle; dt.) — Zur trägerfreien Abtrennung des ^{90}Y aus einer im radioakt. Gleichgew. befindlichen ^{90}Sr–^{90}Y-Lsg. eignet sich ein elektrolyt. Verf. unter Verw. von Ionenaustauschermembranen. Zur Ermittlung der günstigsten Bedingungen wurde zuerst das Verh. von reinen ^{89}Sr-Lsgg. in salzsaurer, NH_4Cl-haltiger Lsg. untersucht; in wss. Lsg. mit $[H^+] \leq 10^{-3}$ m oder in einer NH_4Cl-haltigen Lsg. $\leq$ 1 m diffundiert ^{89}Sr nicht durch eine Anionenaustauschermembran. ^{90}Y diffundiert dagegen unter den gleichen Bedingungen aus einer $^{90}Sr/^{90}Y$-Lösung. Verwendet wird eine 5-Zellen-Anordnung, deren Zellen abwechselnd durch Anionenaustauscher- bzw. Kationenaustauschermembranen (Amberplex A-1, Amberplex C-1) verbunden werden. Die Ausgangslsg. wird in die mittlere Zelle gegeben; die beiden Außenzellen enthalten 1 n H_2SO_4. Die Spannung beträgt 12 V, die Platinelektroden haben eine Größe von 1 cm². Es resultiert ^{90}Y mit einer Reinheit $> 99\%$ (bestimmt durch Vgl. der Absorption der β-Strahlung von reinem ^{90}Y u. dem erhaltenen Prod. in einer Al-Folie). Für die techn. Gewinnung von ^{90}Y durch „Melken" von ^{90}Sr schlagen Vff. größere Zellen mit einer erhöhten Spannung vor. K. D. Schubert. 177◇

0405 **Dünne Kationenaustauscherfolien.** Sven Bjørnholm und C. Michael Lederer. (Nuclear Instruments Methods [Amsterdam] **15,** 233–36, April 1962; Berkeley, Calif., Univ. of California, Lawrence Rad. Labor.; engl.) — Durch Behandlung von Polystyrolfolien mit rauchendem H_2SO_4 bekannter Zus. wurden Kationenaustauscherfolien hergestellt, die in bezug auf Kapazität u. Dicke der austauschfähigen Schicht untersucht wurden. Die spezif. Kapazität der Folien schwankte je nach Konz. des Sulfonierungsmittels u. der Einw.-Dauer zwischen 0,11 u. 5,8 mVal/g, die Dicke der Schicht zwischen 2,8 u. 88 μg/cm². Die beiden Größen wurden unter Verw. von ^{228}Th u. mit Hilfe einer Rückstoß-Meth. gemessen. Das Verf. kann zur schnellen Herst. sehr gleichmäßiger radioakt. Quellen mit α-Emission benutzt werden (Cm-, Cf-, Fm-, Es-Quellen in 20–30 min bei Ausbeuten von 70–90%). Mehrwertige Kationen werden in vielen Fällen selektiv an den Folien ausgetauscht. T. Tamberg. 177◇

A_6. Strukturforschung

0406 **Vorrichtung für die Abscheidung dünner Schichten auf geheizter Unterlage.** G. Blet. (J. Physique Radium, Physique appl. **23,** 105–08, 1962; C. F. T. H., Labor. de Phys. du Solide; franz.) — Die beschriebene App. zeichnet sich durch einen Ofen aus, in welchem über ein Vol. von mehreren cm³ eine auf einige Zehntel Grad konst. gleichförmige Temp. einstellbar ist. A. Blaschette. 181◇

0407 **Über die Auflösungsgrenze von Spitzenmikroskopen.** A. Recknagel und D. Werner. (Ann. Physik [7] **10,** 233–42, 1963; Dresden, Techn. Univ., Inst. für Experimentalphys.; dt.) — Vff. nehmen als Modell für Feldelektronen-, Feldionen- u. T–F-Emissionsmikroskope ein den ganzen Raum erfüllendes, kugelsymm. elektr. Feld an, mit einer nach allen Seiten emittierenden punktförmigen Quelle außerhalb des Zentrums. Die Auflösungsgrenze des FEM — ermittelt aus der quantenmechan. Stromdichte für Unendlich — ist etwas größer als die experimentell bestimmte, während sich für das FIM keine Übereinstimmung ergibt. H. Liepack. 181◇

0408 **Ein optisches Großfeldemissionsmikroskop für thermionische Untersuchungen.** Aurelius Sandor. (J. Electronics and Control [1] **13,** 231–47, 1962; New York, N. Y., Gen. Telephone and Electron. Labor.; engl.) — Das beschriebene magnet., zweistufige Emissionsmikroskop gestattet die Beobachtung einer emittierenden Oberfläche von 3 mm ∅ auf einer Bildröhre mit 530 mm ∅; Auflösung 2000 Å bei Spannungen unterhalb 16 KV. Die Vakuumauflösung wird mit 1100 Å geschätzt. Auf die Entw. des Geräts wird ausführlich eingegangen. R. Üttech. 181◇

0409 **Ein drehbarer Probenhalter für das Philips-EM-100-Elektronenmikroskop.** P. H. Harris und E. L. Thompson. (J. sci. Instruments **40,** 111–13, 1963; Pontypool, Monmouthshire, Brit. Nylon Spinners Ltd.; engl.) — Es wird ein Probenhalter beschrieben, der eine vollständige Drehung des Proben-Gitters in seiner eigenen Ebene u. eine Neigung um $\pm 35°$ um eine Achse in dieser Ebene während der Beobachtung im Elektronenmikroskop erlaubt. W. Betcke. 181◇

0410 **Eine Präparationsmethode zur Untersuchung von Si- und Ge-Proben durch Transmissionselektronenmikroskopie.** G. R. Booker und R. Stickler. (Brit. J. appl. Physics **13,** 446–48, 1962; Churchill Boro, Pittsburgh, Pa., Westinghouse Res. Labor.; engl.) — Beschrieben wird eine hydrodynam.-chem. Poliermeth. zur Präparation von Si- u. Ge-Proben zur Transmissionselektronenmikroskopie. Für Si wird eine HNO_3/HF-Lsg., für Ge eine HNO_3/HF- oder $NaClO$-Lsg. benutzt. K. Jaeger. 181◇

0411 **Notiz über die Elektronenbeugungsanalyse von Festkörpern.** S. Yamaguchi. (Z. analyt. Chem. **184,** 412–14, 1961; Tokio, Japan, Inst. für Phys. u. Chem.; dt.) — Zur Identifizierung einer Schichtgitterstruktur mit Elektronenbeugung kann die Eigenart des Intensitätsverlaufes der hk0-Reflexe dienen: Scharfer, steiler Intensitätsanstieg an der den größeren Netzebenenabständen entsprechenden Seite, allmähliches, diffuses Abklingen der Intensität nach der anderen Seite zu. Eine Pt–Au-Leg. (50 : 50 Gew.-%), die die intermediäre Verb. $PtAu_3$ enthält, sowie das Konz.-Gefälle im Mischkristall, zeigt abweichend von dem Fall des Schichtgitters die umgekehrte Intensitätsverteilung an allen Reflexen. K. Jaeger. 181◇

0412 **Beugungskontrast elektronenmikroskopischer Bilder von Kristallgitterfehlern.** 2. Mitt. **Die Entwicklung einer dynamischen Theorie.** A. Howie und M. J. Whelan. (Proc. Roy. Soc. [London], Ser. A **263,** 217–37, 1961; Cambridge, Univ., Cavendish Labor., Crystallogr. Labor.; engl.) — 1. vgl. Philos. Trans. Roy. Soc. London, Ser. A **252,** [1960], 499; 3. vgl. C. **1963, 9990.** — In Fortsetzung der l. c. durchgeführten theoret. Unters., bei der das Problem des Kontrastes einer Versetzungslinie mit Hilfe der kinemat. Beugungstheorie behandelt worden war, entwickelten Vff. eine dynam. Theorie der Elektronenbeugung in einer Form, die geeignet ist, die Bilder von Kristallgitterfehlern (z. B. Versetzungen) theoret. vorherzusagen. C. Gottfried. 181

0413 **Über die kinematische Theorie des Beugungskontrastes von elektronenmikroskopischen Durchstrahlungsbildern von Stufenversetzungen.** R. Gevers. (Philos. Mag. [8] **7,** 59–66, 1962; Mol, Belgium, Studiecentr. voor

Kernenerg., Solid State Phys. Dep.; engl.) — Erweiterung der kinemat. Theorie von Hirsch u. Mitarbeitern (Philos. Trans. Roy. Soc. London, Ser. A **252**, [1960], 499) für den Beugungskontrast im elektronenmkr. Bild einer Schraubenversetzung parallel zur Oberfläche eines dünnen Kristalls auf den Fall einer Stufenversetzung mit der Gleitebene parallel zur Oberfläche. Die Linienprofile der Kantenversetzung im Dunkelfeldbild sind etwa doppelt so breit wie die einer Schraubenversetzung mit gleichem Burgers-Vektor. Hirsch u. Mitarbeiter hatten zwar auch schon die Stufenversetzung behandelt, dabei aber für die Verschiebung der Zelle relativ zu ihrer idealen Lage eine für die Rechnung nicht notwendige Näherung eingeführt. F. Lenz. 181◇

0414 **Über die kinematische Theorie des Beugungskontrastes von elektronenmikroskopischen Durchstrahlungsbildern von vollkommenen Versetzungen von gemischtem Typ.** R. Gevers. (Philos. Mag. [8] **7**, 651—62, 1962; engl.) — Vgl. vorst. Referat. — Die kinematische Theorie von Hirsch u. Mitarbeitern wird auf den Beugungskontrast im elektronenmkr. Bild einer beliebigen, aus einer Schrauben- u. Stufenversetzung kombinierten vollkommenen Versetzung mit einer Gleitebene parallel zur Kristalloberfläche angewandt. Ebenso wie l. c. die Berechnung des Beugungskontrastes einer reinen Stufenversetzung mit einer Gleitebene parallel zur Kristalloberfläche auf bereits von der Behandlung der Schraubenversetzung her bekannte Ausdrücke zurückgeführt werden konnte, so gelingt dies auch jetzt für die aus Schraube und Stufe gemischte Versetzung. Die Abhängigkeit der Breite des Bildes der Versetzung von der Orientierung der Versetzungslinie, des Burgers-Vektors u. des Beugungsvektors, die alle in der Gleitebene liegen, relativ zueinander wird diskutiert. Das Bild der Versetzung wird am schmalsten (bzw. breitesten), wenn Burgers-Vektor und Beugungsvektor einen spitzen (bzw. stumpfen) Winkel bilden, der von der Versetzungslinie halbiert wird. Einige andere Spezialfälle werden diskutiert u. die berechneten Intensitätsprofile graph. dargestellt. F. Lenz. 181◇

0415 **Mikroskopische und makroskopische Energieverlustverteilungen.** 1. Mitt. **Theoretische Mitteilungen. Eine Zusammenfassung.** U. Fano. (Nat. Acad. Sci. — Nat. Res. Council, Publ. **29**, 144—46, 1960; Nat. Bur. of Stand.; engl.) — Es wird ein Überblick über die Arbeiten gegeben, die hauptsächlich die spektralen u. Winkelverteilungen der Energieverluste von Elektronen infolge elementarer Prozesse in kondensierten Materialien behandeln. 4 Literaturangaben. D. Jörchel. 181◇

0416 **Mikroskopische und makroskopische Energieverlustverteilungen.** 2. Mitt. **Messungen der charakteristischen Energieverluste von Elektronen.** L. B. Leder, L. Marton, H. Wendlowitz, J. Arol Simpson und M. D. Wagner. (Nat. Acad. Sci. — Nat. Res. Council, Publ. **29**, 147—51, 1960; engl.) — 1. vgl. vorst. Referat. — Zusammenfassender Bericht über Energieverlustwerte, ihre Winkelabhängigkeit, Querschnitte u. Deutungen der Ergebnisse an zahlreichen Metallen, Metallverbb. u. (zum Vgl.) Kollodium an Hand von 14 Literaturangaben. D. Jörchel. 181◇

0417 **Mikroskopische und makroskopische Energieverlustverteilungen.** 3. Mitt. **Zusammenfassung der Energieverlust-Experimente.** Hiroshi Watanabe. (Nat. Acad. Sci. — Nat. Res. Council, Publ. **29**, 152—57, 1960; Tokyo, Hitachi Central Res. Labor.; engl.) — 2. vgl. vorst. Referat. — Angabe der charakterist. Energieverlust-Spektren für *Al*, Al_2O_3, *Be*, *BeO*, *Mg*, *MgO*, *Sn*, SnO_2, *Si*, SiO_2, *Ag*, *Au*, *Cu*, *Co*, *Cr*, *Fe*, *Ni*, *Sb*, *Ti*, *Tl*, *W*, *Ge*, MoS_2, MoO_3, *Graphit* u. *Glimmer*; Vgl. mit opt. Daten; Winkelabhängigkeit des Energieverlustwerts; Abhängigkeit von der Filmdicke; Abhängigkeit vom Einfallswinkel. D. Jörchel. 181◇

0418 **Die Verwendung von Filmen in der Röntgen-Filtertechnik.** N. W. Grimes. (J. sci. Instruments **40**, 128, 1963; Bristol, Univ., Wills Phys. Labor.; engl.) — Der durch die Wrkg. der Absorptionskanten der Ag-Halogenide im Photofilm verstärkte Einfl. der kurzwelligen „weißen" Strahlung auf den Untergrund von kristallograph. Röntgenfilmen läßt sich durch Verw. eines Photofilms als Filter erheblich abschwächen. W. Betcke. 181◇

0419 **Einfache Befestigungsmöglichkeiten für Röntgen-Goniometer.** F. A. Underwood und J. M. Peskett. (J. sci. Instruments **40**, 134—35, 1963; Bristol, Coll. of Sci. and Technol., Phys. Dep.; engl.) W. Betcke. 181◇

0420 **Theorie der automatischen Justierung von Kristallen auf Röntgenbeugungsapparaten unter Verwendung von gestanzten Streifen.** W. A. Wooster und A. M. Wooster. (J. sci. Instruments **39**, 103—06, 1962; Cambridge, Mass., Crystal Structures Res. Ltd., Brooklyn Crystallographic Labor.; engl.) — Unter Bezugnahme auf das von den Vff. (vgl. J. sci. Instruments **38**, [1961], 477) entwickelte Dreikreis-Goniometer wird eine Meth. zur Berechnung der Justierung eines Einkristalls in dem Goniometer beschrieben. Zuvor werden die geometrischen Grundlagen der Meth. u. die notwendigen Formeln entwickelt, die zur Umwandlung der Parameter der Elementarzelle in geeignete Justierwinkel notwendig sind. C. Gottfried. 181△

0421 **Beugungsintensitäten von gekrümmten Kristallen.** J. M. Cowley. (Acta crystallogr. [Copenhagen] **14**, 920 bis 927, 1961; Melbourne, Australia, C. S. I. R. O., Div. of Chem. Phys.; engl.) — Es werden einfache Ausdrücke für die Beugungsintensitäten von kohärenten Beugungsbereichen leicht gekrümmter Kristalle abgeleitet. Die Profile der breiten hk-Banden von Röntgenpulveraufnahmen des *Metahalloysits* ließen sich berechnen. Bei der Annahme um eine einzige Achse gekrümmter Kristallite verbesserte sich die Übereinstimmung mit den von Brindley u. Robinson (1948) angegebenen Meßwerten. Vf. erklärt unter ähnlichen Annahmen die Diskrepanz zwischen der theoret. u. experimentell realisierbaren Anwendbarkeit der Elektronenbeugung zur Strukturanalyse von Einkristallen u. polykristallinen Materials sowie einige bei Einkristallstrukturanalyse erhaltene Resultate. R. Uttech. 181◇

0422 **Summenregeln, die Werte der kohärenten Röntgenstreuung mit der diamagnetischen Kernabschirmungskonstanten sowie mit der Eigenenergie der Ladungsverteilung des Streusystems verknüpfen.** Jeremiah N. Silverman und Yukio Obata. (J. chem. Physics **38**, 1254—55, 1963; Washington, D. C., Nat. Bur. of Stand.; Cambridge, Mass., Harvard Univ., Div. of Engng. and Appl. Phys.; engl.) — Die diamagnet. kernmagnet. Abschirmungs-Konst. σ_d ergibt sich aus den Röntgenstreufaktoren f(k) nach $\int_0^\infty f(k)\,dk = 3/2\,(\Pi/\alpha^2)\sigma_d$; α = Feinstruktur-Konst. Die an einem gasförmigen Syst. von N ident. Streu-Syst. beobachtete gestreute Röntgenintensität liefert einen mathemat. Ausdruck, der proportional ist der Eigenenergie der Ladungsverteilung eines einzelnen Streu-Systems. Die erste Regel liefert für Br $\sigma_d = 305 \times 10^{-5}$. R. Uttech. 181◇

0423 **Korrektur und Interpretation der Fourierkoeffizienten von Röntgenbeugungsbildern sehr kleiner verzerrter Kristalle.** D. H. Kobe. (Acta crystallogr. [Copenhagen] **15**, 767—69, 1960; Richland, Wash., Hanford Labor.; engl.) — Nach Warren u. Averbach (C. **1951**, II. 1859) läßt sich das Beugungsvermögen von Pulvern sehr kleiner, verzerrter Kristalle in den (001)-Beugungsbildern als Funktion des Beugungswinkels in Form einer Fourier-Reihe darstellen. Es wird eine Meth. vorgelegt, die die Korrektur der Fourier-Koeff. gestattet. Dazu wird eine vom Beugungswinkel abhängige Funktion angenommen, mit der die Fourier-Reihe zu multiplizieren ist. Die sonst konst. Funktion ist ein Produkt aus Strukturfaktor, Polarisationsfaktor u. Lorentz-Faktor u. kann in gewissen Fällen beträchtlich über das Beugungsmaximum variieren. Die korr. Koeff. lassen sich in Teilchengröße-Koeff. u. Verzerrungs-Koeff. aufspalten. Aus den Teilchengröße-Koeff. läßt sich die Verteilungsfunktion der Teilchengröße erhalten. Die Verzerrungs-Koeff. werden zur Best. der Verzerrungsmomente benutzt, aus denen die Wahrscheinlichkeitsdichtefunktion für die Verzerrung mittels einer Gram-Charlier-Reihe erhalten werden kann. R. Uttech. 181◇

0424 **Exakte Bestimmung der Zelldimensionen aus Einkristall-Röntgenaufnahmen.** F. H. Herbstein. (Acta crystallogr. [Copenhagen] **16,** 255—63, 1963; Pretoria, South Africa, Council of Sci. and Ind. Res., Nat. Phys. Res. Labor.; engl.) — Mittels eines einfachen Einsatzes u. eines veränderten Getriebeverhältnisses ließ sich eine Frontreflexions-Weissenberg-Kamera als Rückreflexionsinstrument mit Bragg-Winkeln bis zu 86° benutzen u. durch einen zusätzlichen Einbau herkömmlicher Art innerhalb eines weiten Bereichs temperaturkonst. halten. Die auf fehlerhafter Messung der reziproken Gitterparameter beruhenden Fehler der Zelldimensionen u. die daraus resultierenden Fehler der Atomabstände werden für das trikline Syst. abgeleitet. Aus Messungen an verschiedenen Kristallen ergab sich für die reziproken Gitterparameter eine Standardabweichung von 0,0025—0,01%. Die von Mathieson (C. **1958, 6468**) beschriebene Filmhalterung wurde für Rotationsaufnahmen mit senkrechter u. schräger Einstrahlung benutzt. Die für die Exzentrizitätsfehler geltende Extrapolationsfunktion wurde abgeleitet u. tabuliert. Die Messung der Identitätsperiode erfolgte mit einer Standardabweichung von 0,1%. Die Meth. werden am Beispiel des Hexabrombenzols demonstriert: $a = 15{,}3816 \pm 0{,}0010$, $b = 4{,}002 \pm 0{,}003$, $c = 8{,}3768 \pm 0{,}0006$ Å, $\beta = 92{,}691 \pm 0{,}004°$ bei 20°. R. Uttech. 181◇

0425 **Bindungslängen und Bindungswinkel in oktaedrischen, trigonal-bipyramidalen und verwandten Molekülen der Hauptgruppenelemente.** R. J. Gillespie. (Canad. J. Chem. **39,** 318—23, 1961; Hamilton, Ontario, McMaster Univ., Dep. of Chem.; engl.) — Vf. diskutiert die Stereochemie von Moll. mit 5 oder 6 Elektronenpaaren in der Valenzschale des Zentralatoms auf der Grundlage der sich aus dem Pauli-Prinzip ergebenden Abstoßung. Die unterschiedlichen Längen der axialen u. äquatorialen Bindungen in Moll. mit trigonalbipyramidaler Anordnung von 5 Elektronenpaaren um das Zentralatom (z. B. PCl_5, ClF_3) und die Lage des Zentralatoms unterhalb der Basisebene der quadrat. Pyramide in Moll. mit 5 bindenden u. einem freien Elektronenpaar um das Zentralatom (z. B. SbF_5^{2-}) finden hierbei ihre Erklärung. A. Schmidpeter. 182□

0426 **Elektronenzustände von einzelnen Zwischengitter-Atomen in Diamant.** Tasuku Yamaguchi. (J. physic. Soc. Japan **18,** 368—80, 1963; Tachikawa, Univ. of Tottori, Labor. of Phys.; engl.) — Modifizierungen von Überlappungs- u. Energieintegralen wurden zur Best. des Elektronenzustandes von einzelnen Zwischengitteratomen in Diamant in ähnlicher Weise wie früher für einzelne Leerstellen berücksichtigt. Die Zwischengitteratome sind für die Interpretation verschiedener experimenteller Ergebnisse von Bedeutung. Durch Bestrahlung mit Partikeln hoher Energie werden sehr viel mehr neutrale Zwischengitteratome (C°) als ionisierte Atome (C^- etc.) gebildet. Der Grundzustand von C° ist nicht magnetisch. Der bei der opt. Absorption beobachtete „GR 1-set" (vgl. Clark u. Mitarbeiter, C. **1957,** 12066) entsteht aus dem Übergang vom Grundzustand in den angeregten $^1F_2$-Zustand in C°. Ernst Schulte. 182◇

0427 **Berechnung der Parameter des trigonalen Feldes für Vanadinkorund.** D. P. Seed. (Philos. Mag. [8] **7,** 1371—72, 1962; Canterbury, New Zealand, Univ., Dep. of Phys.; engl.) — Für den Fall eines trigonalen Kristallfeldes u. der Ggw. einer Spin-Bahn-Kopplung werden vollständige Spin-Bahn- u. Feldmatrizen berechnet. Dabei ergibt sich ein Parameter des trigonalen Feldes, der der experimentell beobachteten Aufspaltung (8 cm^{-1}) des Grundzustands von $Al_2O_3(V^{3+})$ entspricht. A. Blaschette. 182◇

0428 **Eine kurze Bemerkung über die Natur des elektrischen Kristallfeldes im Vanadin(III)-Alaun.** R. Chatteriee. (Indian J. Physics Proc. Indian Assoc. Cultivat. Sci. **36(45),** 660—61, 1962; Calcutta, Indian Assoc. for the Cultivat. of Sci., Magnetism Dep.; engl.) — Vf. berechnete für $NH_4V(SO_4)_2 \cdot 12H_2O$ die mittlere magnet. Suszeptibilität unter Berücksichtigung temperaturabhängiger u. mit Reduktion der Spinbahnkopplung veränderlicher Feld-Koeff. u. fand eine bessere Übereinstimmung mit den experimentellen Werten van den Handels (1937) als für ein temp.-unabhängiges Ligandenfeld. Die Änderung des trigonalen Feldes mit der Temp. wird mit der therm. Expansion des Kristalls u. einer kleinen Reorientierung der paramagnet. ($V^{3+} \cdot 6H_2O$)-Gruppen innerhalb der Elementarzelle erklärt. R. Uttech. 182◇

0429 **Die Struktur des flüssigen Broms.** G. Caglioti und F. P. Ricci. (Nuovo Cimento [10] **24,** 968, 1962; Ispra, Centro Comune Ric. Euratom, Comitato Nat. per l'Energ. Nucl.; engl.) — Berichtigung der graph. Darst. von radialen Verteilungsfunktionen in der C. **1963,** 14586 referierten Arbeit. C. Gottfried. 186△

0430 **Struktur von geschmolzenem Au und von flüssigem Hg nach der Methode der Trennung der Streuanteile.** G. Breitling und H. Richter. (Z. Physik **172,** 338—52, 1963; Tübingen, Univ., Med. Strahlen-Inst.; Stuttgart, TH, Röntgen-Inst.; dt.) — In einatomigen Metallschmelzen liegen zwei Arten von Strukturbereichen vor, eine aufgelockerte dichteste Kugelpackung u. eine Flächengitterstruktur. Beide Strukturbereiche können diskret verteilt oder miteinander verknüpft vorkommen. Die experimentellen Kurven der kohärenten Streuung [i(s)] von geschmolzenem Au u. von fl. Hg wurden nach der neuen Meth. der Trennung der Streuanteile (sukzessive Analyse) ausgewertet u. die zu den kürzesten Atomabständen r_1 u. r_1' der Kugelmodell- u. der Flächengitterstruktur gehörigen Koordinationszahlen $\overline{N}_1$ u. $\overline{N}_1'$ erhalten. Ihre Summe stimmt mit der Atomzahl N_I im resultierenden Atomabstand r_I überein, wie sie die Fourier-Analyse der Intensitätskurve liefert. Die Meth. erlaubt, aus den Amplitudenwerten der Interferenzfunktionen $i(s)_{Kug}$ u. $i(s)_{Flg}$ auf die Anteile der beiden Strukturen u. aus der Dämpfung auf die Abstandsstreuung der Atome zu schließen. Die Abstandsschwankungen der Atome der Kugelmodellstruktur sind etwa doppelt so groß wie die der Atome im Al- u. im NaCl-Gitter, die Abstandsschwankungen der Atome der Flächengitterstruktur sind beträchtlich kleiner. Vf. schließt auf eine starke Bindung der Atome in den Flächengitterbereichen, die sich auch bei Temp.-Steigerung als stabil erweist. R. Uttech. 186◇

0431 **Häufigkeitsfaktoren für das Ausheilen von durch schnelle Neutronen in glasiger Kieselsäure induzierten Dichteänderungen.** William Primak, Herman Szymanski und David Keiffer. (J. appl. Physics **32,** 660—68, 1961; Argonne, Ill., Argonne Nat. Labor.; Buffalo, N. Y., Canisius Coll.; engl.) — Vff. berichten über erneute isotherme u. stufenweise Anlaßverss. an mit schnellen Neutronen bestrahltem Pulver von glasiger SiO_2. Der Häufigkeitsfaktor beträgt für Prozesse, die Aktivierungsenergien oberhalb ihres Verteilungsmaximums besitzen, ca. 10^{14} s^{-1}, ist jedoch um einige Größenordnungen kleiner für Prozesse, deren Aktivierungsenergien unterhalb ihres Verteilungsmaximums liegen. C. Gottfried. 186

0432 **Zum Kristallisationsverhalten binärer Lithiumsilicatgläser.** W. Vogel, J. Hoyer und H.-G. Byhan. (Z. Chem. **3,** 197—98, 1963; Jena, VEB Jenaer Glaswerk Schott u. Gen.; dt.) — Das Kristallisationsverh. bin. Lithiumsilicatgläser wurde röntgenograph. u. elektronenopt. durch Temperung (1 Std.) von Gläsern der Zus. (in Mol-%) 20 Li_2O + 80 SiO_2 im Bereich von 265—1400° verfolgt (z. T. keine Gleichgew.-Einstellung!): 265° starke Glasstreuung; 300° Übergangsstruktur (ÜS); 342° $Li_2O \cdot SiO_2$; 350—475° ÜS; 500—950° $Li_2O \cdot 2SiO_2$ (**I**) + α-Cristobalit (**II**); 1150° **I** + **II** + α-Quarz; 1400° **I** + **II**. Die elektronenopt. Ergebnisse werden diskutiert. G. Gattow. 186◇

0433 **Stereochemie ionischer Festkörper.** J. D. Dunitz und L. E. Orgel. (Advances inorg. Chem. Radiochem. **2,** 1—60, 1960; Zurich, Swiss Federal Inst. of Technol., Org. Chem. Labor; Cambridge, England, Univ., Chem. Labor.; engl.) — Zusammenfassende Darst. der Kristallfeldtheorie in Ionenkristallen unter besonderer Berücksichtigung der Ionen mit unvollständiger d-Schale. Bes. wird die Symmetrieerniedrigung der Koordinationspolyeder auf Grund von Bindungskräften diskutiert. — 151 Literaturzitate. K. Jaeger. 190◇

0434 **Die geometrische Grundlage der Kristallchemie. 7. Mitt. Über dreidimensionale Polyeder und Netzwerke.**

A. F. Wells und R. R. Sharpe. (Acta crystallogr. [Copenhagen] **16,** 857—71, **1963;** Manchester, England, I. C. I. [Dyestuffs Div.] Res. Dep.; engl.) — 6. vgl. C. **1957,** 3463. — Die Anzahl der n-Ecke, die sich in allen Punkten zu einem ebenen Mosaik zusammenfügen lassen, ist begrenzt (6 Dreiecke, 4 Vierecke, 3 Sechsecke). Es werden unbegrenzte period. Oberflächen (dreidimensionale Polyeder) untersucht, die nach {n, p} mosaikartig zusammengefügt, ein größeres p aufweisen als bei einer ebenen Anordnung. Die Arbeit befaßt sich mit Polyedern, die sich im Euklidschen Raum verwirklichen lassen, im Gegensatz zu Unterss. regulärer Mosaikanordnungen auf der hyperbol. Fläche, u. stellt eine Erweiterung früherer Unterss. über dreidimensionale Netzwerke dar, für die neue Beispiele u. eine Klassifikation angegeben werden. R. Uttech. 190◇

0435 **Nahordnung und Nahentmischung in Mischkristallen.** W. Köster. (Metall **14,** 641—49, 1960; Stuttgart, MPI für Metallforsch.; dt.) — Übersicht über den Nachweis der Nahordnung u. Nahentmischung in Mischkristallen durch Röntgen-, Elektronen- oder Neutronenstrahlen, durch Messung der elektr. Leitfähigkeit, der Hall-Konst. oder der magnet. Susceptibilität u. über den Einfl. der Fehlordnung auf den Ablauf der Nahordnungsvorgänge in Mischkristallen. — **44** Literaturzitate (bis 1960). K. Hardel. 190◇

0436 **Symmetrie von Schneekristallen.** I. J. Smalley. (Nature [London] **198,** 1080—81, 1963; London, Northampton Coll. of Advanc. Technol.; engl.) — Unterss. an 12fach verzweigten Schneekristallen stützen den von Tolansky (C. **1958,** 9424) vorgeschlagenen Mechanismus zur Erklärung des Wachstums von komplex symm. Schneekristallen. Ernst Schulte. 190◇

0437 **Löslichkeit von Elektrolyten in Eis.** Stella M. de DeMicheli und Julio V. Iribarne. (J. Chim. physique Physico-Chim. biol. **60,** 767—74, 1963; Buenos Aires, Fac. des Sci. Exactes et Nat., Inst. de Phys. de l'Atm.; franz.) — Man läßt wss. Elektrolyt-Lsgg. langsam kristallisieren unter wirksamem Rühren der fl. Phase. Man analysiert den Einfluß der Geschw. des Kristallwachstums, der Natur des Elektrolyten, der Konz. der Ausgangslsg., des Rührens und der Zus. des Kristallkeimes u. seines Kristallgefüges auf die Segregation bzw. den Einbau von Ionen in das Gefüge des wachsenden Kristalls. Die Natur des Kristallkeimes hat einen sehr großen Einfluß. Gleichgew. in der Segregation wird nur erreicht, wenn der Keim rein oder sehr leicht mit Ionen dotiert ist. Folgende Elektrolyten werden in das Eis eingebaut: K_2SO_4, KCl, NH_4Cl, NH_4ClO_4, $(NH_4)_2SO_4$, $NaCl$. Segregationskonst. werden angegeben. R. Heindl. 190◇

0438 **Über das Kriechen kristallisierender Salze.** 1. Mitt. **Die Verteilung der Verunreinigung bei der kriechenden Kristallisation.** N. Kolarow (unter Mitarbeit von R. Dobrewa). (Mh. Chem. **93,** 851—60, 1962; Sofia-Darwenitza, Chem.-techn. Inst., Abt. für Anorg. Chem.; dt.) — 2. vgl. C. **1963,** 17217. — Unterss. an Lsgg. von $NaCl$, KCl, NH_4Cl, Na_2SO_4, K_2SO_4 u. $(NH_4)_2SO_4$, die jeweils mit einem Salz dieser Reihe oder durch LiCl bzw. Li_2SO_4 verunreinigt werden, zeigen, daß bei der sog. kriechenden Kristallisation (Kristallisation an den Gefäßwänden von der Grenze Luft–Lsg.–Wand nach oben) die Verteilung der Verunreinigungen in der Weise erfolgt, daß deren geringster Geh. in den Kristallen auf dem Boden des Gefäßes festzustellen ist, während sie in der Kristallkruste, die sich auf den inneren Gefäßwänden befinden, mit der Höhe gleichmäßig oder sprunghaft ansteigen. Der Verunreinigungsgrad hängt bei gleichem verunreinigenden Salz u. gleicher Höhe der Probenentnahme vom Grundsalz ab. Die kriechende Kristallisation kann als Verf. für die Herst. reiner Salze angewandt werden, wenn sich zwischen den Komponenten keine Doppelsalze oder Mischkristalle bilden. W. Dietzel. 190◇

0439 **Die Gestalt der Grenzflächen Schmelze–Kristall während des Zonenschmelzens von Silicium.** Juergen H. Braun und Remo A. Pellin. (J. electrochem. Soc. **108,** 969—74, 1961; Wilmington, Del., E. I. du Pont de Nemours & Co., Inc., Pigments Dep.; engl.) — Vff. erzeugten während des Zonenschmelzens durch Dotierung mit B einen p-n-Übergang an der Phasengrenze n-Si-Einkristall/p-leitende Schmelze. Der die Grenzfläche charakterisierende p-n-Übergang wurde nach einem von Fuller u. Ditzenberger (C. **1958,** 2047) beschriebenen Verf. angeätzt, wobei p-Si leichter als n-Si oxydiert wird. Es ergab sich, daß die Grenzfläche zwischen der Schmelze u. dem wachsenden Kristall je nach Ausführung des Verf. nahezu flach, konkav oder konvex sein kann. K. Hardel. 190◇

0440 **Korrosion von AlSb-Kristallen und Wachstum von Nadeln und Bändern von $Al(OH)_3$.** Tadasi Numata. (J. physic. Soc. Japan **17,** 878—79, 1962; Ohashi-Machi, Nagasaki, Nagasaki Univ.; engl.) — Die Korrosion von AlSb, das an trockener Luft beständig ist, verläuft in feuchter Luft u. im W. nach $AlSb + 3H_2O \rightarrow Al(OH)_3 + SbH_3$ u. $2SbH_3 \rightarrow 2Sb + 3H_2$. Auf der Oberfläche des korrodierenden Kristalles scheidet sich Sb ab, gleichzeitig bilden sich Beschläge aus Gibbsit, auf denen im weiteren Verlauf der Korrosion $Al(OH)_3$-Nadeln u. -Bänder wachsen. Es tritt ferner der typ. Geruch nach SbH_3 auf. K. Jaeger. 190◇

0441 **Untersuchung einer Methode zur Züchtung von GaP- und GaAs-Kristallen aus der Dampfphase.** G. R. Antell. (Brit. J. appl. Physics **12,** 687—90, 1961; Manchester, Res. Dep., Assoc. Electr. Ind. Ltd.; engl.) — Durch Verdampfen von GaP in einem geschlossenem Rohr mit J_2 bei 900° u. Kondens. an einer lokal unterkühlten, graphitierten Fläche des Rk.-Rohres werden große mit der (110)-Achse parallel zur Aufwachsfläche orientierte Einkristalle von GaP mit einem J_2-Gehalt $< 0{,}02$ ppm u. einem mittleren spezif. Widerstand von $5 \cdot 10^9 \Omega \cdot cm$ erhalten. Eine Wärmeleitfähigkeit von 0,13 cal s^{-1} cm^{-1} $Grad^{-1}$ bei 300°K wurde an einer polykristallinen Probe gemessen. Nach dem gleichen Verf. gewonnenes einkristallines GaAs ergab einen Hall-Koeff. von 2,54 $cm^3 \cdot coulomb^{-1}$, eine spezif. Leitfähigkeit von 5,65 $\Omega^{-1} \cdot cm^{-1}$ entsprechend einer Hall-Beweglichkeit von 305 $cm^2 v^{-1} s^{-1}$. L. Mögele. 190◇

0442 **Analyse von epitaktisch gewachsenen Halbleiterschichten mit Hilfe von Licht-Figuren.** John G. Gualtieri und Albert J. Kerecman. (Rev. sci. Instruments **34,** 108—09, 1963; Fort Monmouth, N. J., U. S. Army Electronics Res. and Developm. Labor.; engl.) — Mit Hilfe der Licht-Figuren-Meth. (vgl. Wolff u. Mitarbeiter, C. **1957,** 10133) ist es möglich, kristallograph. Eigg. wie z. B. die Lage der Zonen zu bestimmen, Wachstum- u. Ätzrichtungen sichtbar zu machen, polykrist. Proben oder solche, die Ablagerungsringe enthalten, zu untersuchen u. die Orientierung jedes einzelnen Kristallits der Ablagerungsringe zu ermitteln, schnell festzustellen, ob es sich um einen Einkristall handelt u. eventuell die Probe bei der Unters. in einer Rk.-Kammer zu belassen. Reflexionsfiguren von auf *Ge*-Einkristallen epitakt. aufgewachsenen Ge-(111)-Flächen sind dargestellt. Ernst Schulte. 190◇

0443 **Züchtung von Yttriumaluminiumgranat-Einkristallen.** R. C. Linares. (J. Amer. ceram. Soc. **45,** 119—20, 1962; Murray Hill, N. J., Bell Telephone Labor., Inc.; engl.) — Vf. züchtete Y–Al-Granate aus $PbO–xB_2O_3$-Schmelzen mit $0 \leqq x \leqq 0{,}36$. Mit wachsendem B_2O_3-Geh. in der Schmelze wird der Stabilitätsbereich des Granates größer. Ein Ausschnitt aus dem Pseudo-Phasendiagramm des quatern. Syst. $PbO–B_2O_3–Y_2O_3–Al_2O_3$ wird mitgeteilt. Auch Mn-, Fe-, Co- u. Cr-dotierte Granate wurden dargestellt. Die Cr-Dotierung verursachte Luminescenz (rot). Y–Al–Fe-Granate mit 0,5, 66 u. 90 Mol-% Fe wurden gezüchtet; das Al der Granate läßt sich kontinuierlich durch Fe substituieren, so daß schließlich Y–Fe-Granate vorliegen. K. Jaeger. 190◇

0444 **Züchtung von Kobaltferrit-Einkristallen aus der Schmelze.** F. H. Horn. (J. appl. Physics **33,** 2832—34, 1962; Schenectady, N. Y., Gen. Electr. Res. Labor.; engl.) — $Co_{3-x}Fe_xO_4$-Einkristalle ($x \lesssim 2$) konnten in zwei Stufen aus der Schmelze gezüchtet werden: 1. Ziehen eines 2phasigen „Einkristalles" (kohärentes Sauerstoff-Gitter) aus der Schmelze entsprechender Zus. (Ir-Tiegel, CO_2-Atmosphäre) u. 2. Erhitzen des so erhaltenen Kristalles auf Temp., die ein rasches Diffundieren der Ka-

tionen ermöglichen, in einer entsprechend stark oxydierenden Atmosphäre (z. B. 17 h, 1350°, P_{O_2} = 1 atm.).
K. Jaeger. 190◇

0445 **Bevorzugte Wachstumsrichtung von Metallen.** William A. Tiller. (J. Metals **9**, Nr. 7, Sect. 2, AIME Trans. **209**, 847—55, 1957; Pittsburgh, Pa., Westinghouse Res. Labor.; engl.) — Vgl. C. **1957**, 7291. — Aus Unterss. von Rosenberg u. Tiller (C. **1958**, 14245) am *Pb* entwickelte Vf. für kub.-flächenzentrierte Metalle eine Theorie, nach der bei der Erstarrung von Metallen je nach ihrer Reinheit folgende bevorzugte Wachstumsrichtungen auftreten: 1. in reinen Metallen die ⟨111⟩-Richtung; 2. in leicht verunreinigten Metallen keine bevorzugte Orientierung; 3. in stark verunreinigten Metallen u. Legg. die ⟨100⟩-Richtung. K. Hardel. 190◇

0446 **Kristallwachstum aus der Schmelze.** 1. Mitt. **Einfluß von Oberflächeneinschnitten in reinen Metallen.** G. F. Bolling und W. A. Tiller. (J. appl. Physics **31**, 1345—50, 1960; engl.) — Vgl. vorst. Referat. — Theoret. untersucht wurde die Morphologie der Phasengrenze fest–fl. bei der Kristallzüchtung aus Schmelzen in der Umgebung von Störungen durch Korngrenzen u. äußeren Oberflächen. Behandelt wird die stationäre Kristallisation reiner Stoffe unter Berücksichtigung isotroper u. anisotroper Grenzflächenenergien. Verschiedene bei der Kristallzüchtung auftretende Effekte können mit diesem Ansatz geklärt werden. K. Jaeger. 190◇

0447 **Kristallwachstum aus der Schmelze.** 2. Mitt. **Zellulare Phasengrenzenmorphologie.** G. F. Bolling und W. A. Tiller. (J. appl. Physics **31**, 2040—45, 1960; engl.) — 1. vgl. vorst. Referat. — Theoret. untersucht wurden die mkr. Formen der Phasengrenzen fest–fl. für solche Wachstumsbedingungen, unter denen zellulare Strukturen entstehen. Behandelt wird die Änderung der Zellengröße mit den Temp.-Gradienten, der Wachstums-Geschw., der Flüssigkeitsbewegung (Rühren), Phasengrenzenenergie u. dem Lösungsanteil. Die Bedingungen zur Darst. stabiler zellularer Oberflächen werden angegeben. K. Jaeger. 190◇

0448 **Kristallwachstum aus der Schmelze.** 3. Mitt. **Dendritenwachstum.** G. F. Bolling und W. A. Tiller. (J. appl. Physics **32**, 2587—2605, 1961; engl.) — 2. vgl. vorst. Referat. — Entwickelt wird eine mathemat. Behandlung des stationären Dendritenwachstums aus Schmelzen reiner oder legierter Metalle für isotherme u. nichtisotherme Bedingungen. Berechnet wurden die Dendritenwachstums-Geschw., Dendritengröße, -richtung u. der Leg.-Geh. der Dendriten als Funktionen der Unterkühlung der Schmelze, des Leg.-Geh. der Schmelze u. der Kinetik der Stoffe. Die Ableitungen sind auf die maximale Wachstums-Geschw. bezogen. Die Ableitungen wurden experimentell geprüft an reinem *Ni*, *Sn*, H_2O sowie an wss. Lsg. von *KCl* u. CH_3COOH. Unter der Annahme gleichmäßigen Fortschreitens der Phasengrenze wird gute Übereinstimmung erzielt.
K. Jaeger. 190◇

0449 **Untersuchung des Wachstumsmechanismus und des Zwillingshabitus von $Ba_2TiP_2O_9$.** D. E. Harrison und W. A. Tiller. (J. appl. Physics **33**, 2451—57, 1962; engl.) — Vgl. vorst. Referate. — An $Ba_2TiP_2O_9$-Kristallen, die nach dem Bridgman-Verf. gezüchtet worden waren, wurden Wachstums- u. mechan. Zwillinge beobachtet. Die Zwillingsebene der Wachstumszwillinge ist (100), die der mechan. Zwillinge (001). In verzwillingten Kristallen ist [010] die Richtung der maximalen Wachstumsgeschwindigkeit. Die mechan. Zwillinge bilden sich durch Reflexion an (001) ± 4°. Die Zwillingsscherung beträgt 0,140. K. Jaeger. 190◇

0450 **Herstellung von Einkristallen durch Sinterung.** L. Michalowsky und G. Vogler. (Physica Status solidi [Berlin] **3**, K 313—K 316, 1963; Jena, Dt. Akad. der Wiss., Inst. für magnet. Werkstoffe; dt.) — Durch Zusammengeben der Komponenten, Vorbrennen zwischen 900 u. 1100°, Mahlen, Verpressen zu Ringkernen, Brennen bei 1300—1400° u. Aktivieren des Pulvers durch O_2-Abgabe oder -Aufnahme können Ferritkristallite bis zu 1 mm ⌀ erhalten werden. Die Kristallite werden durch Schleiftrennung der Sintermasse entnommen. Das Verf. wurde an Mn–Zn-, Mn-, Ni–Zn-Ferriten u. an Magnetit erprobt. Der Einkristallcharakter eines Mn–Mg-Ferrits wird röntgenograph. u. magnet. bestimmt.
H. Roschkowski. 190◇

0451 **Untersuchungen über die Rekristallisation des Bleiglanzes.** D. P. Grigorjew. (Schweiz. mineralog. petrogr. Mitt. **43**, 123—30, 1963; Leningrad, Min. Inst., Miner. Dep.; dt.) — In einem deformierten Stück von Bleiglanz aus Akatui wurde Rekristallisation mit Hilfe eines Photogoniometers beobachtet. Das Kennzeichen der Rekristallisation, die Anwesenheit sehr kleiner undeformierter Kristalle in einem großen deformierten Kristall wird sehr gut wiedergegeben.
Ernst Schulte. 190◇

0452 **Untersuchung kristalliner Unvollkommenheiten und Eigenschaften von Stoffen.** Sigmund Weissmann. (Amer. Scientist **51**, 193—226, 1963; engl.) — Überblick (Meth. zur Unters. von Gitterdefekten, Zusammenhang zwischen Gitterdefekten u. der Festigkeit von Metallen, Strukturänderungen durch Rekristallisation und Kornwachstum, Ausscheidungshärtung, Gitterdefekte durch Neutronenbestrahlung). 30 Literaturangaben.
H. Roschkowski. 190◇

0453 **Die geometrische Gleichung der Versetzungsdynamik.** E. F. Holländer. (Czechoslov. J. Physics **12**, 35—47, 1962; Bratislava, ČSSR, Schweißerei-Forsch.-Inst.; engl.) — Es wird mathemat. eine differentialgeometr. dynam. Theorie der kontinuierlichen Verteilung von Versetzungen aufgestellt. Eine allg. Kontinuitätsgleichung für den Versetzungsstrom wird abgeleitet. Diskutiert wird ferner die elektr. Leitfähigkeit in Versetzungen in einfachen kub. Kristallen. Schließlich wird eine Zusammenstellung aller noch ungelöster Probleme gegeben. K. Jaeger. 190◇

0454 **Gleichförmig auf der Grenzfläche zwischen isotropen Medien von unterschiedlichen elastischen Eigenschaften wandernde Versetzungen.** J. Weertman. (J. Mechan. Physics Solids **11**, 197—207, 1963; Evanston, Ill., Northwestern Univ., Dep. of Mater. Sci.; engl.) — Die Lösung des Problems der elast. Versetzungen für Schrauben- u. Stufenversetzungen, die auf der Grenzfläche zwischen zwei isotropen Medien von verschiedenen elast. Eigg. u. von verschiedenen Dichten wandern, wird erörtert. Dieses Problem wird auf jede diffusionslose, Versetzungen auf der Umwandlungszwischenfläche betreffende Umwandlung angewandt. Es wird gefunden, daß die Eigenenergie einer Versetzung bei der niedrigsten Schallgeschw. unendlich wird. Die Schwellengeschw. liegt zwischen den Rayleighschen Wellengeschw. der beiden Medien. Diese Geschw. kann nur innerhalb eines begrenzten Bereichs der elast. Konst. bestehen. Die Ggw. der Eshelbyschen Einzel-Versetzungsgeschw. wird z. B. auf einen Wert-Bereich der elast. Konst. begrenzt.
H. Hochstein. 190◇

0455 **Spekulation über die von Stickstoff in Diamant gebildeten Zentren.** R. J. Elliott. (Proc. physic. Soc. **76**, 787—91, 1960; Oxford, Clarendon Labor.; engl.) — Übersicht u. Diskussion der Eigg. des Diamant vom Typus I (mit Fehlstellen beträchtlicher Zahl in fester Lsg.) im Licht der opt. Absorptionseigg. u. Spekulation über die Form der von Stickstoff erzeugten Fehlstellen an Hand experimenteller Daten aus der Literatur. — 9 Literaturangaben. J. M. Spaeth. 190◇

0456 **Die Bestimmung der austauschbaren Ionenladung in Quarzkristallen.** F. Gross und F. Aussenegg. (Naturwissenschaften **50**, 348—49, 1963; Graz, Univ., Physikal. Inst.; dt.) — Es wird eine Meth. beschrieben, die die auf Zwischengitterplätzen des natürlichen Quarz eingelagerten Alkaliionen durch Austauschelektrolyse gegen Ag^+ oberhalb 400° zu bestimmen gestattet. Störungen wurden durch im Vakuum aufgedampfte Elektroden u. Verw. von Teilanoden vermieden. Die experimentellen Ergebnisse entsprechen den theoret. erwarteten.
R. Uttech. 190◇

0457 **Vorzeichen elektrisch geladener Versetzungen in NaCl.** J. E. Caffyn und T. L. Goodfellow. (J. appl. Physics **33**, 2567—68, 1962; London, England, Northampton Coll. of Advanced Technol., Dep. of Appl. Phys.; engl.) — Eine Analyse der in der Literatur vor-

liegenden Vers.-Ergebnisse zeigte, daß die Versetzungen in Ionenkristallen (NaCl) positiv elektr. geladen sind.
K. Jaeger. 190◇

0458 **Spaltproduktschäden an Kristallgittern: Hitzeempfindliche Kristalle.** L. T. Chadderton und H. M. Montagu-Pollock. (Proc. Roy. Soc. [London], Ser. A **274,** 239—52, 1963; Cambridge, Univ., Cavendish Labor., Phys. and Chem. of Solids; engl.) — Dünne Einkristalle von *Ag-Cyanamid*, *AgSCN*, *HgSCN*, NH_4-, *K-* u. *Tl-Pikrat*, NH_4JO_3 u. NH_4BF_4 wurden mit Neutronen bestrahlt u. elektronenmkr. untersucht. Im Vgl. zu Strahlungsschäden in stabilen Kristallen wurden in Typ u. Geh. des Schadens unterschiedliche Ergebnisse erhalten. Jedes Spaltprod. ruft eine Spur bis zu 140 Å Breite hervor, die entweder fehlendes Material (weiße Spur) oder eine Änderung der Kristallstruktur (schwarze Spur) darstellt, u. fortlaufend oder unterbrochen sein kann. In einigen Proben wurden nach der Bestrahlung keine sichtbaren Spuren festgestellt. Der beobachtete Schadensbetrag ist mit dem auf der Basis der Hitzebeschädigung (Zers. u. Verdampfung) berechneten in Übereinstimmung. Ein wichtiger Parameter ist der Radius des zylindr. Vol., in dem die von den Spaltprodd. abgegebene Energie als Wärme auftritt. Der Radius wird aus der Reichweite der Elektronen, die durch die Spaltprodd. zurückgelassen werden u. die die Energie auf das Kristallgitter übertragen, berechnet. Es ist wahrscheinlich, daß die Reichweite dieser Elektronen nur in Halbleitern klein genug ist, um sichtbare Spuren in Einkristallen zu hinterlassen. Ernst Schulte. 190◇

0459 **Untersuchungen von Fehlstellen in Silberchlorid.** Howard Layer und Lawrence Slifkin. (J. physic. Chem. **66,** 2396—98, 1962; Chapel Hill, N. C., Univ. of North Carolina; engl.) — In AgCl durch plötzliches Abschrecken oder plast. Dehnung erzeugte Fehlstellen werden eingehend untersucht. Zwischengitter-Ag-Ionen haben eine Lebensdauer von ca. 10^8 Platzwechseln. Ag^+- u. Cl^--Leerstellen sind bei Zimmrtemp. fast vollständig assoziiert. Diese Leerstellenpaare haben eine Wanderungsaktivierungsenergie von 23 kcal/Mol u. eine Dissoziationsenergie von 9,8 kcal/Mol.
G. M. Neumann. 190◇

0460 **Versetzungs–Verunreinigungs-Wechselwirkungen und Spannungsalterung bei AgCl.** M. N. Kabler, M. G. Miller und L. M. Slifkin. (J. appl. Physics **34,** 1953—57, 1963; engl.) — Vgl. vorst. Referat. — Im Temp.-Bereich von —12 bis 51° wird die Spannungsalterung von AgCl-Kristallen mit einigen ppm Verunreinigungen an mehrwertigen Metallionen (Cu^{2+}) gemessen. Der Alterungsprozeß verläuft in ca. 0,5 Std., die Aktivierungsenergie der Alterungsrate beträgt 0,46 ± 0,06 eV. Auf Grundlage der Kinetik des Prozesses wird geschlossen, daß der die Spannungsalterung bewirkende Versetzungseinfang der Wanderung der Verunreinigungsionen an die Versetzungen zuzuschreiben ist. Eine scharfe obere Fließgrenze wird beobachtet u. theoret. gedeutet.
H. Roschkowski. 190◇

0461 **Oberflächenerscheinungen während der Wechselwirkung zwischen festem MgO und verschiedenen Gasen bei erhöhten Temperaturen.** D. M. Speros und L. J. Schupp. (Physics Chem. Solids **15,** 157—66, 6 Tafeln, 1960; East Cleveland, Ohio, Gen. Electr. Co., Lamp Developm. Dep., Lamp Res. Labor.; engl.) — Untersucht wurde die Einwirkung von Ar–H_2- u. Ar–CO_2-Gemischen bei > 2000° auf festes MgO. Zwei verschiedene Typen von Oberflächenätzung wurden beobachtet: 1. Die Ätzlinien verlaufen parallel zu den natürlichen Spaltkanten des MgO u. 2. die Ätzlinien bilden mit diesen Kanten einen Winkel von 45°. In allen Fällen bilden die Ätzmuster mehratomig. tiefe Oberflächendiskontinua. Die Ätzangriffe treten an den Stellen der Oberfläche ein, die nicht durch eine Chemisorption geschützt sind. Die Orientierung der Ätzmuster hängt davon ab, ob die Ätzagentien bevorzugt eines der beiden Ionen (Mg^{2+} oder O^{2-}) oder beide Ionen in gleichem Maße angreifen. Fall 1 führt zu parallelen, Fall 2 zu 45°-orientierten Ätzmustern. K. Jaeger. 190◇

0462 **Diffusion von Phosphor in metallisches Silicium.** Saburo Yanagisawa, Yoshikazu Hashimoto und Shuichiro Anzai. (Nippon Kinzoku Gakkai-Si [Japan Inst. Metals] **26,** 334—38, 1962; Tokyo, Keio Univ., Fac. of Engng.; jap., Auszug: engl.) — Röntgenunterss. über die Diffusion von P in metall. Si bei 1180—1330° führen zur Best. des Diffusionskoeff.: D = 0,12 · exp (— 68,3 kcal/RT) [$cm^2 \cdot s^{-1}$]. Die Verminderung der Gitter-Konst. wird durch O-Atome bei der P_2O_5-Diffusion kompensiert. Bei der P-Diffusion ergibt sich keine Absorption, bei der P_2O_5-Diffusion eine IR-Absorption bei 9 μ. Die an Si mit P_2O_5 erzeugte Schicht ist eine Art Cristobalit. Auf der Oberfläche erscheint bei Verw, von hoch diffusem P eine Beugungslinie (2,5 Å), entsprechend der (210)-Fläche von Si. W. Wesly. 190◇

0463 **Diffusion von Zn in ZnO.** E. A. Secco. (Canad. J. Chem. **39,** 1544—48, 1961; Antigonish, Nova Scotia, St. Francis Xavier Univ., Chem. Dep.; engl.) — Vf. untersuchte die Austausch-Rk. von ^{65}Zn-Dampf mit polykristallinem ZnO, das vorher mit inakt. Zn gesättigt worden war. Die Ergebnisse zeigen, daß die Diffusion des Zn in ZnO durch das gemeinsame u. gleichzeitige Auftreten zweier Effekte bestimmt wird: 1. Diffusion des Zn auf den Zwischengitterplätzen u. 2. Zn-Austausch zwischen Gitterplätzen u. Zwischengitterplätzen. Der Ausdruck für den Diffusionskoeff. des Zn in ZnO enthält einen Beweglichkeits- u. einen Austauschterm: $D = D_i \cdot k_c$ [D_i = Diffusions-Koeff. der Zwischengitter-Diffusion, k_c = Austausch-Konst. $Zn_{Gitter} - Zn_{zw.\text{-}Gitter}$]. $D_i = 3 \times 10^{-7}$ exp [— 25 kcal/RT] $cm^2\ sec^{-1}$ u. $k_c = 4{,}0 \times 10^5$ exp [— 40 kcal/RT] sec^{-1}. K. Jaeger. 190◇

0464 **Phasenumwandlung bei hohen Temperaturen bei Hafniumdioxid und Zirkoniumdioxid.** William L. Baun. (Science [Washington] **140,** 1330—31, 1963; Ohio, Wright-Patterson Air Force Base, Aeronautical Syst. Div.; engl.) — Vf. stellt auf Grund von Hoch-Temp.-Röntgen-Unterss. die Phasenumwandlungskurve für HfO_2 sowie ZrO_2 auf u. diskutiert die Umwandlungshysteresis. Bei ansteigender Temp. geht die monokline Form in die tetragonale zwischen 1000° u. 1200° bei ZrO_2 u. zwischen 1500° u. 1600° bei HfO_2 über. Der umgekehrte Vorgang erfolgt beim Abkühlen von 970—750° im ZrO_2 u. von 1550°—1450° im HfO_2. Die Umwandlungen lassen sich am ZrO_2 visuell beobachten, nicht jedoch am HfO_2. R. Uttech. 190◇

0465 **Tetragonale Verzerrung oxidischer Spinelle, die Kobalt und Mangan enthalten.** Ikuo Aoki. (J. physic. Soc. Japan **17,** 53—61, 1962; Chiba, Japan, Chiba Univ., Coll. of Arts and Sci.; engl.) — Vf. untersuchte die durch den Jahn-Teller-Effekt verursachte Verzerrung in dem Syst. $Co_{3-x}Mn_xO_4$, das durch schrittweises Ersetzen der Mn-Ionen im Hausmannit durch Co-Ionen erhalten wurde. Das Syst. wurde kristallograph., elektr. (Widerstandsmessungen) u. mittels DTA untersucht. Das vollständige Phasendiagramm von $Co_{3-x}Mn_xO_4$ wird mitgeteilt. Die Kationenverteilung im Spinell wird mit Fe–K_α ermittelt; Mn-Ionen besetzen vorzugsweise Oktaederplätze. Die Gitterparameter werden mitgeteilt für Proben, die von 1000° abgeschreckt worden waren. Der Übergang von der kub. zur tetragonalen Phase tritt ein, sobald etwa 60% der Oktaederplätze von Mn-Ionen besetzt sind. Die Bedeutung der therm. Hysteresis des elektr. Widerstandes wird diskutiert, ebenso das anomale Maximum, das bei der DTA auftritt für den kub.-tetragonalen Umwandlungspunkt u. bei der Temp. der einsetzenden Red. oder Oxydation. K. Jaeger. 190◇

0466 **Polymorphie und Mischkristallbildung im System Ca_2GeO_4–Ca_2SiO_4.** W. Eysel und Th. Hahn. (Neues Jb. Mineralog., Mh. **1963,** 137—39, Frankfurt/Main, Univ., Min. Inst.; dt.) — Vom Ca_2GeO_4 war bisher nur eine dem γ-Ca_2SiO_4 isotype Verb. bekannt; diese blieb bei Hochtemp.-Aufnahmen bis 1300° erhalten. Aus Pulveraufnahmen wurden mit der Meth. der kleinsten Quadrate die Gitterkonst. des Tief-(γ)-Ca_2GeO_4 zu (a) = 6,786 (Å); (b) = 5,230; (c) = 11,400 u. des γ-Ca_2SiO_4 zu 6,758; 5,077; 11,210 bestimmt. Die mittleren statist. Fehler sind ≤ 0,004. Die DTA lieferte bei 1440° einen stark reversiblen Ausschlag, die daraus zu erwartende Hochtemp.-Modifikation ließ sich noch nicht nachweisen. Im Syst. Ca_2GeO_4–Ca_2SiO_4 ließ sich bei Ersatz von 12 bis

50% Ge durch Si eine neue Hochtemp.-Form beim Abschrecken auf Raumtemp. nachweisen. Diese Phase tritt auch im restlichen Si-reichen Teil des Syst. auf. Sie ist mit der Hochtemp.-(α)-Modifikation des Ca_2SiO_4 isotyp. Die im Zweistoffsyst. gefundenen Phasengrenzen laufen auf den Umwandlungspunkt des Ca_2GeO_4 bei 1440° zu, so daß wahrscheinlich auch bei reinem Germanat das α-Ca_2GeO_4 auftritt. Ca_2GeO_4 u. Ca_2SiO_4 weisen in dieser Phase vollständige Mischbarkeit auf, während die Tieftemp.-Modifikationen nur beschränkte Mischbarkeit haben. Das Fehlen der α'- u. β-Formen bei reinem *Ca_2GeO_4* läßt erwarten, daß diese Substanz keine ausgeprägten hydraul. Eigg. aufweist.
Ernst Schulte. 190◇

0467 **Elektronenmikroskopische Beobachtung einer Phasenumwandlung in Glimmer mit durch Strahlung hervorgerufener Keimbildung.** P. B. Price und R. M. Walker. (J. appl. Physics **33,** 2625—28, 1962; Schenectady, N. Y., Gen. Electr. Res. Labor.; engl.) — Proben aus synthet. Fluorphlogopit $KMg_3AlSi_3O_{10}F_2$ wurden mit Kernspaltungs-Bruchstücken bestrahlt und anschließend in dünnen Schichten (≤ 3000 Å) im Durchstrahlungs-Elektronenmikroskop untersucht. Die Spuren der Kernbruchstücke blieben beim Glühen an Luft auf Temp. bis 775° unverändert, aber oberhalb von 800° beginnen die Spuren an den Durchstoßpunkten durch die Glimmeroberflächen dicker und im Zwischenbereich dünner zu werden. Die verdickten Enden wachsen sich zu plattenförmigen Teilchen aus, deren Elektronen-Feinbereichs-Beugungsdiagramm mit dem von Forsterit übereinstimmt. Diese Phase bildet sich auch bei der Umwandlung von unbestrahltem Glimmer bei hohen Temperaturen.
F. Lenz. 190◇

0468 **Untersuchung von Cancriniten. 1. Mitt. Polymorphie bei an Natriumcarbonat reichem Cancrinit-Natrodavyn.** A. D. Edgar und B. J. Burley. (Canad. Mineralogist **7,** 631—42, 1963; Hamilton, McMaster Univ.; engl.) — Cancrinit der Zus. *$3\,NaAlSiO_4 \cdot Na_2CO_3$* wurde aus α-Cristobalit, γ-Al_2O_3 u. Na_2SiO_3 u. Na_2CO_3 bei hohen Drücken u. Temp. synthetisiert u. sein Stabilitätsfeld bei Ggw. von W. im Überschuß bestimmt. Der Cancrinit, den Vff. als Natrodavyn bezeichnen, geht oberhalb von 600° u. 10000—30000 p. s. i. von der hexagonalen in eine kub. Struktur vom Nosean-Typ über. Die Umwandlung verläuft unter Vol.-Verminderung.
Ernst Schulte. 190◇

0469 **Kristallstruktur einer monoklinen instabilen Form von Distickstofftetroxid.** P. Groth. (Nature [London] **198,** 1081, 1963; Univ. of Oslo, Dep. of Chem.; engl.) — Das feste monokline N_2O_4 krist. in $P\,2_1/c$ mit a = 5,93 (Å); b = 4,77; c = 6,56, β = 117,2°. Die über Weissenberg- u. Präzessionsaufnahmen ermittelten Bindungslängen u. -winkel sind angegeben u. werden mit denen der N_2O_4–1.4-Dioxan-Additionsverb., dem freien Mol. sowie dem kub. N_2O_4 verglichen. Ernst Schulte. 195◇

0470 **Über die Struktur des Bromhydrats.** K. W. Allen und G. A. Jeffrey. (J. chem. Physics **38,** 2304—05, 1963; Pittsburgh, Pa., Univ. of Pittsburgh, Crystallography Labor.; engl.) — Nach Schwenk- u. Weissenberg-Aufnahmen bei —10° ist Br-Hydrat tetragonal, a = 23,8, c = 12,2 Å, Laue-Symmetrie 4/mmm, ideale Zus. $Br_2 \cdot 8{,}6\,H_2O$. R. Uttech. 195◇

0471 **Direkte Umwandlung des hexagonalen Bornitrides in dichtere Formen.** F. P. Bundy und R. H. Wentorf jun. (J. chem. Physics **38,** 1144—49, 1963; Gen. Electric Res. Labor.; engl.) — Hexagonales, graphitähnliches BN kann direkt unter Anwendung stat. hoher Drücke in die kub. Firm mit Zinkblendegitter, a = 3,62 ± 0,01 Å, D_R = 3,48 ± 0,03, oder in eine neue Wurtzitform, a = 2,55 ± 0,01, c = 4,20 ± 0,01 Å, D_R 3,49 ± 0,03, überführt werden. Zwischen 2500 u. 4000°K ist die Zinkblendeform begünstigt, bei niederen Temp. bis 300°K die Wurtzitform. Beide Formen können zusammen auftreten. Für die Umwandlung reicht ein minimaler Druck von 115 kbar bei 2000°K, bei höheren oder tieferen Temp. sind Drücke von 130 kbar erforderlich. Die Kristallite der dichteren Phasen sind klein, geben jedoch gute Röntgenbeugungsdiagramme.
R. Uttech. 195◇

0472 **Phosphornitridderivate. 10. Mitt. Die Kristallstruktur des trimeren Phosphornitridfluorids.** Maryon W. Dougill. (J. chem. Soc. [London] **1963,** 3211—17; Leeds, Univ,. Dep. of Inorg. and Structural Chem.; engl.) — 9. vgl. C. **1962,** 12573. — $(PNF_2)_3$ krist. orthorhomb., (a = 6,948, b = 12,190, c = 8,723) ± 0,006 Å über Schwenkaufnahmen nach Strausmannis; Pnma; D. (röntgenograph.) 2,24 g/ml, Z = 4; Liste der Atomkoordinaten u. Darst. der Bindungslängen u. -winkel nach Patterson-, Fourier-Differenz-Synth. u. kleinste-Quadrat-Verfeinerung auf Grund dreidimensionaler Daten über die Multifilm-Äquiinklinations-Weissenberg-Methode. Die Mol. sind ebene Ringe. Vgl. der Struktur mit der von $(PNCl_2)_3$. R. Uttech. 195◇

0473 **Struktur des Kaliumpolyphosphates.** K.-H. Jost. (Naturwissenschaften **49,** 229—30, 1962; Berlin-Adlershof, Dt. Akad. der Wiss. zu Berlin, Inst. für anorg. Chem.; dt.) — $(KPO_3)_x$ (I) krist. monoklin in der Raumgruppe $P\,2_1/a$ mit den Gitterdimensionen a = 14,02, b = 4,54, c = 10,28 Å, β = 111,5°. Die Kristallstruktur konnte bis auf die Zuverlässigkeitsfaktoren R(h0l) = 0,13 u. R(hk0) = 0,18 verfeinert werden. Hinweise auf eine Erklärung des Quellungs- u. Ionenaustauschvermögens von I geben der relativ schwache Zusammenhalt der Struktur über die Ebenen (20$\bar{1}$) hinweg u. vielleicht auch die Röhren parallel zur b-Achse. Die von Weiss u. Michel (C. **1959,** 5389) beschriebene Struktur von **I** ist unrichtig.
G. Gattow. 195□

0474 **Eine Verfeinerung der Kristallstruktur des Kalium-imido-bis-[sulfats].** D. W. J. Cruickshank und D. W. Jones. (Acta crystallogr. [Copenhagen] **16,** 877—83, 1963; Leeds, England, Univ., School of Chem. engl.) — Die von Jeffrey u. Jones (C. **1957,** 12679) angegebene Struktur des $K_2[NH(SO_3)_2]$ wurde nach der Raumgruppe C 2/c nach der Meth. der kleinsten Quadrate verfeinert. Dabei wurden anisotrope Vibrationen berücksichtigt u. eine Korrektur für die Drehoszillationen vorgenommen. Es ergaben sich die Mittelwerte S–N 1,662 ± 0,005, S–O 1,453 ± 0,005 Å, S–N–S 124,5°, O–S–O 113,0°, N–S–O 105,6°. Die Struktur wird mit der des *$K_2S_2O_7$* u. der des *$K_2[CH_2(SO_3)_2]$* verglichen. R. Uttech. 195◇

0475 **Eine Röntgenbeugungsuntersuchung der Kristall- und Molekülstruktur des Tetramethylstiboniumtetrakis-[trimethylsiloxy]-aluminats.** P. J. Wheatley. (J. chem. Soc. [London] **1963,** 3200—03; Zürich, Switzerland, Monsanto Res. S. A.; engl.) + $[(CH_3)_4Sb]\{Al[OSi(CH_3)_3]_4\}$ (**I**) F. 180,5°, krist. orthorhomb., a = $13{,}41_2$, b = $11{,}88_4$, c = $9{,}89_9$ Å, Pmmn; Z = 2, D. (experimentell) 1,17, D. (röngenograph.) 1,191; u. ist isomorph mit $[(CH_3)_4Sb] \cdot$ *$\{Ga[OSi(CH_3)_3]_4\}$*, F. 190,5°, a = $13{,}45_0$, b = $11{,}93_6$, c = $9{,}86_9$ Å, D. (experimentell) 1,26, D. (röntgenograph.) 1,275; u. *$[(CH_3)_4Sb]\{Fe[OSi(CH_3)_3]_4\}$*, F. 193°, a = $13{,}50_8$, b = $11{,}95_3$, c = $9{,}81_6$ Å, D. (experimentell) 1,25, D. (röntgenograph.) 1,246 Å. Die Struktur von **I** wurde über Patterson- u. Fourier-Projektionen auf Grund zweidimensionaler Weissenberg-Daten bestimmt; Liste der Atomkoordinaten. Sie baut sich aus tetraedr. Anionen u. Kationen (beide mm-Symmetrie) auf.
R. Uttech. 195◇

0476 **Die Strukturen der 1:1-Verbindungen der Oxide der Seltenerdmetalle mit Niob- und Tantaloxid.** H. P. Rooksby und E. A. D. White. (Acta crystallogr. [Copenhagen] **16,** 888—90, 1963; Wembley, England, Gen. Electric Co., Ltd., Central Res.-Labor., Hirst Res. Centre; engl.) — Nach Röntgenpulveraufnahmen krist. die folgenden Verbb. im Scheelit-ähnlichen, monoklinen Ferguson-Typ (Ferguson, Canad. Mineralogist **6,** [1957], 72): *$LaNbO_4$* a = 5,56, b = 11,54, c = 5,2 Å, β = 94,0°; *$CeNbO_4$* a = 5,48, b = 11,30, c = 5,13 Å, β = 94,5°; *$NdNbO_4$* a = 5,45, b = 11,24, c = 5,13 Å, β = 94,5°; *$NdTaO_4$* a = 5,52, b = 11,27, c = 5,12 Å, β = 95,6°; *$SmNbO_4$* a = 5,41, b = 11,15, c = 5,12 Å, β = 94,7°; *$SmTaO_4$* a = 5,46, b = 11,13, c = 5,08 Å, β = 95,6°; *$GdNbO_4$* a = 5,37, b = 11,09, c = 5,11 Å, β = 94,7°; *$GdTaO_4$* a = 5,40, b = 11,04, c = 5,07 Å, β = 95,7°; *$DyNbO_4$* a = 5,23, b = 11,02, c = 5,10 Å, β = 94,5°; *$DyTaO_4$* a = 5,30, b = 10,89, c = 5,03 Å, β = 95,1°; *$YNbO_4$* a = 5,30, b = 10,96, c = 5,08 Å, β = 94,6°; *$YTaO_4$* a = 5,34, b = 10,94, c = 5,07 Å,

$\beta = 95{,}3°$. Nach Hochtemp.-Röntgenunterss. nimmt bei den Nb-Verbb. mit steigender Temp. die monokline Verzerrung ab. Noch unter 800° findet ein reversibler Übergang in eine tetragonale Struktur statt. Trotz Abnahme der monoklinen Verzerrung mit steigender Temp. konnte bei den Ta-Verbb. unterhalb 1300° eine Strukturumwandlung nicht nachgewiesen werden. Im monoklinen Wolframit-Typ krist. *$ScNbO_4$* a = 4,80, b = 5,65, c = 5,09 Å, $\beta = 88{,}3°$; *$ScTaO_4$* a = 4,80, b = 5,65, c = 5,10 Å, $\beta = 88{,}5°$. R. Uttech. 195◇

0477 **Die Kristallstruktur des trans-Dimesityl-bis-[diäthylphenylphosphin]-kobalt(II).** P. G. Owston und J. M. Rowe. (J. chem. Soc. [London] **1963**, 3411–19; Welwyn, Herts., Imp. Chem. Ind. Ltd., Heavy Organ. Chem. Div., Akers Res. Labor.; engl.) — $\{Co[C_6H_2(CH_3)_3]_2 \cdot [P(C_2H_5)_2(C_6H_5)]_2\}$ (**I**), F. 124–127°, krist. monoklin, a = 10,69 ± 0,03, b = 9,33 ± 0,03, c = 18,25 ± 0,06 Å, $\beta = 107{,}6 \pm 0{,}1°$; C_{2h}^5-$P2_1/c$, Z = 2, D. (experimentell) 1,198 ± 0,010, D. (röntgenograph.) 1,206, u. ist isomorph mit *$\{Ni[C_6H_2(CH_3)_3]_2[P(C_2H_5)_2(C_6H_5)]_2\}$*, a = 10,67 ± 0,03, b = 9,40 ± 0,03, c = 18,54 ± 0,06 Å, $\beta = 107{,}3 \pm 0{,}1°$, D. (experimentell) 1,198 ± 0,010, D. (röntgenograph.) 1,178. Liste der Atomkoordinaten, Bindungslängen u. -winkel von **I** auf Grund dreidimensionaler Daten aus Schwenk- u. Weissenberg-Aufnahmen nach der Schweratom-Meth. u. Kleinste-Quadrate-Verfeinerung. Wegen der Zentrosymmetrie der Moll. wird Co trans-quadrat.-eben koordiniert. Die ebenen Mesitylgruppen stehen senkrecht zur Koordinatenebene. Die relative Stabilität der Verbb. wird stereochem. erklärt. R. Uttech. 195◇

0478 **Physikochemische Untersuchungen an Kobaltsalzen höherer Fettsäuren.** 5. Mitt. **Aussehen, Dichten und Röntgenkristallstrukturanalysen der Kobaltseifen.** Hirotaro Kambe. (Bull. chem. Soc. Japan **35**, 78–81, 1962; Tokyo, Meguro-ku, Univ. of Tokyo, Inst. for Sci. and Technol.; engl.) — 4. vgl. Bull. chem. Soc. Japan **34**, [1961], 1797. Nach Mikrophotographien im durchfallenden Licht kommt blaues Co-Stearatanhydrat in prismat. Kristallen, rotes Co-Stearatdihydrat in Täfelchen vor; wahre D. 1,263 bzw. 1,213 nach der Substitutions-Meth. in Aceton. Debye-Scherrer-Aufnahmen zeigen für die rote Seife, a = 7,50, b = 4,81 Å, Blattstruktur ähnlich der der Fettsäure, während die blaue Form eine gänzlich andere Struktur zu besitzen scheint. R. Uttech. 195◇

0479 **Kristallstruktur von KMF_3.** Atsushi Okazaki und Yasutaka Suemune. (J. physic. Soc. Japan, Suppl. B-I, **17**, 204–07, 1962; Fukuoka, Kyusyu Univ., Fac. of Sci., Dep. of Phys.; engl.) — Die Elektronenverteilungen in *$KMnF_3$*, *$KFeF_3$*, *$KCoF_3$* u. *$KNiF_3$* wurden röntgenograph. im Hinblick auf örtliche Verzerrungen in der Nähe der 3d-Metallionen untersucht. Aus der durch Fourier-Synth. erhaltenen [001]-Projektion ergibt sich, daß bei Zimmertemp. alle Verbb. im idealen Perowskit-Gitter kristallisieren. In jedem Falle ist jedoch die Elektronenverteilung um die F^--Ionen senkrecht zur 3d-Metall-Fluor-3d-Metall-Bindung verzerrt. Die Verzerrung wird auf zwei Einfl. zurückgeführt. 1. Auf anisotrope therm. Schwingungen der F^--Ionen auf Grund der tetragonalen Symmetrie ihrer Kristallagen, 2. auf isotrope therm. Schwingungen von F^--Ionen, die mit gleichförmiger Wahrscheinlichkeit Gitterplätze entlang eines Kreises besetzen, dessen Achse in Richtung der 3d-Metall-Fluor-3d-Metall-Bindung ausgerichtet ist. Auf Grund der kleinen beobachteten Elongationen ist eine Unterscheidung der beiden Effekte nicht möglich. D. Noack. 195◇

0480 **Untersuchung des Silberfulminats durch Röntgenbeugung.** S. N. Pandey. (Indian J. Physics Proc. Indian Assoc. Cultivat. Sci. **36** (**45**), 657–59, 2 Tafeln, 1962; Kanpur; engl.) — Die Darst. von Silberfulminat (**I**) durch Zusammengeben von 20 ml einer 40%ig. $AgNO_3$-Lsg. in HNO_3 (D. 1,2) u. 30 ml 95%ig. A., Waschen u. Umkristallisieren aus NH_4CH_3COO–CH_3COOH-Lsg. Auskristallisation bei pH 4,5–6 führt zu blaß weißen, harten u. durchsichtigen Kristallen, deren Drehaufnahmen mit Angaben von Singh (Acta crystallogr. [Copenhagen] **12**, [1959], 1053) übereinstimmen. Andererseits entstehen bei Verw. von 10%ig. HNO_3 u. Umkristallisieren in Abwesenheit von CH_3COOH bei pH 7,7–8 undurchsichtige, zerbrechliche Kristalle, die trotz der äußeren Gestalt von Einkristallen polykristallin sind u. deren Linienintensitäten von Pulveraufnahmen bei gleicher Indizierung auf eine andere Struktur deuten. R. Uttech. 195◇

0481 **Änderung der Elektronenbeugungsintensitäten von BiOCl-Schichten mit dem Neigungswinkel und λH.** Shigeya Kuwabara. (J. physic. Soc. Japan **17**, 1414–23, 1962; Hiroshima, Japan, Hiroshima Univ., Fac. of Sci., Dep. of Phys.; engl.) — Vgl. C. **1963**, 11922. — Untersucht wurden die Änderungen der Elektronenbeugungsintensitäten dünner BiOCl-Schichten in Abhängigkeit vom Auftreffwinkel des Elektronenstrahles, von der Kristallitgröße der Probe, H, u. der Wellenlänge λ. Für große Werte von λH (> 4 Å²) stimmen die Ergebnisse qual. mit der Theorie von Blackman überein, für λH < 4 Å² wurde gute Koinzidenz mit der Theorie von Cowley-Moodie festgestellt. Für die relativen Intensitätsmessungen wurde der 220-Reflex als Standard benutzt. K. Jaeger. 196◇

0482 **Elektronenbeugungsuntersuchung an einkristallinen Schichten von Uranoxiden im Bereich von UO_2 bis U_4O_9.** S. Steeb. (J. nuclear Mater. [Amsterdam] **3**, 235–36, 1961; Stuttgart, MPI für Metallforsch., Abt. für Sondermetalle; dt.) — Dünne UO_2-Schichten, durch Aufdampfen von U bei 10^{-5} Torr auf heiße Steinsalzspaltflächen (400°) hergestellt, wurden elektronendiffraktograph. untersucht. Eine Beziehung zwischen der Gitter-Konst. des UO_2 u. dem Oxydationsgrad des U wurde aufgestellt: O/U = (5,667–a)/0,1066 für 1,75 ≦ O/U ≦ 2,35. Der Oxydationsgrad der aufgedampften UO_2-Filme betrug nach dieser Gleichung 1,96–2,04. Wurden diese Filme auf 250–500° erhitzt, gleichzeitig O_2 bis zu 10^{-3} Torr in den Diffraktographen eingelassen, so zeigten die Beugungsbilder Überstrukturen. Die Zus. der Filme entsprach U_4O_9. Die Kantenlänge der Überstrukturzellen betrug 8 × a = 8 × 5,43 = 43,44 Å. Unter Annahme, daß die Überstruktur-Bldg. in allen 3 Koordinatenrichtungen in gleicher Weise erfolgt (UO_2 ist kub., CaF_2-Typ), müssen die Überstrukturzellen durch $8^3 = 512$ UO_2-Zellen beschrieben werden, mit 2048 U-, 4096 O-Atomen u. 2048 Zwischengitterplätzen. Auf diesen Zwischengitterplätzen sind dann, gemäß U_4O_9, weitere 512 O-Atome einzubauen. Das Auftreten der Überstruktur ist reversibel vom O_2-Druck abhängig. Bei Überschreitung einer von p_{O_2} abhängigen Temp. T_c verschwinden die Überstruktur-Reflexe in den Beugungsdiagrammen (T_c = 580° für $p_{O_2} = 10^{-3}$ Torr u. T_c = 415° für $p_{O_2} = 10^{-4}$ Torr). K. Jaeger. 196◇

0483 **Eigenschaften von Ag_2Se-Schichten.** Wilhelm Sander. (Z. Physik **159**, 456–61, 1960; Göttingen, Univ., I. Phys. Inst.; dt.) — Dünne Ag_2Se-Schichten wurden bei 80°K auf verschiedene Unterlagen aufkondensiert (NaCl-Platte für IR-Messungen, Quarzplatte für elektr. Messungen). In Abhängigkeit von der Temp. wurden sie opt. (IR-Durchlässigkeit 1–25 μ), elektr. (Widerstandsmessungen) u. röntgenograph. untersucht. Nach der Kondens. sind die Filme amorph. Sie kristallisieren erst im Bereich 150–170°K kub.-raumzentriert. Diese Struktur entspricht einer Hochtemp.-Modifikation, die nur oberhalb 133° (thermodynam. Gleichgew.) stabil ist. Hiermit ist also die Möglichkeit gegeben, eine Hochtemp.-Modifikation einzufrieren u. unterhalb 180°K zu untersuchen. K. Jaeger. 196◇

0484 **Die Bildung von Ni_3O in Einkristallen.** H. E. Farnsworth. (Appl. Physics Letters **2**, 199–200, 1963; Providence, R. I., Brown Univ., Barus Phys. Labor.; engl.) — Vgl. C. **1963**, 7656. — Elektronenbeugungsaufnahmen von Ni-Filmen zeigen nach Einw. von O_2 die für Ni verbotenen (100)- u. (110)-Reflexe. Ihr Auftreten wird durch die Struktur eines *Ni_3O* gedeutet, in der die Ecken der kub. flächenzentrierten Zelle von O u. die Flächenmitten von Ni eingenommen werden. R. Uttech. 196◇

0485 **Röntgenographische Untersuchungen der Temperatur- und Oxydationseffekte an dünnen Festkörperschichten.** N. Wainfan und L. G. Parratt. (J. appl.

Physics **31,** 1331–37, 1960; Cornell Univ.; engl.) — Die Totalreflexion von Röntgenstrahlen wurde zur Unters. dünner *Cu-*, *Ni-*, *Ge-* u. *Se*-Schichten, die auf Glassubstraten aufgedampft waren, benutzt. Interferenzen 7. u. 8. Ordnung wurden beobachtet, was auf eine maximale Welligkeit der Oberflächen von ~ 40 Å schließen läßt. Bei Cu- u. z. T. auch Ni-Schichten hatte die beginnende Oxydation zunächst einen oberflächenglättenden Effekt, weitere Temperung bei 200° löste dann jedoch die Bindung Schicht-Substrat soweit, daß keine Röntgeninterferenzen mehr auftraten. Nur auf Pyrex-Glas zeigten die untersuchten Schichten im Vakuum bis ~ 400° feste Haftung. Ge-Schichten zeigten eine Zunahme ihrer Dichte. Fortgeschrittene Oxydation der Metallschichten in Luft führt zu stärkerer Aufrauhung der Oberflächen. Die Ni- u. Ge-Oxydation in Luft führte bei 200–400° zu Schichtverdickungen, was auf die Oxydation selbst, auf Adsorption oder auf beides zurückzuführen sein kann. Teilweise oxydierte Cu-Schichten konnten durch Erhitzen im Vakuum zwar wieder reduziert werden, jedoch erlangte die Cu-Oberfläche nicht wieder ihre anfängliche Glätte. Die aufgedampften Se-Schichten waren glatt, aber amorph. Vers. zur Kristallisation der Se-Schichten durch Vakuumtemperung führten zum „Aufbrechen" der Schichten.
K. Jaeger. 196◇

0486 **Die Darstellung dünner Germanium- und Siliciumfilme.** B. A. Irving. (Brit. J. appl. Physics **12,** 92–93, 1961; Aldermaston, Berks., U. K., Assoc. Electric. Ind.; engl.) — Vgl. C. **1962,** 11467. — Filme von nur 1000 Å Dicke, geeignet zur Beobachtung von Versetzungen durch Transmissionselektronenmikroskopie, konnten von Ge u. Si hergestellt werden. Die Filme wurden zunächst mechan. poliert. (Carborund-Papier, Diamantstaub) u. dann nach Vorreinigung mit $KMnO_4$-konz. H_2SO_4 (0,01 Gew.-% $KMnO_4$/Vol.) chem geätzt. Als Ätzmittel dienten für Ge NaOCl-Lsg. (~ 1 Gew.-% Cl_2/Vol.) bei 30–40° u. für Si NaOH-Lsg. (4%ig.), der NaOCl-Lsg. (10 Gew.-% Cl_2/Vol.) zugesetzt wurde, bis die H_2-Entwicklung beim Ätzen von Si gerade nicht mehr auftrat.
K. Jaeger. 196◇

0487 **Epitaktisches Wachsen von Ge auf GaP.** L. J. van Ruyven und W. Dekker. (Physica [Utrecht] **28,** 307–08, 1962; Eindhoven, TU; engl.) — Nach der Transport-Meth. von Marinace (IBM Journal **4,** [1960], 280) wurde in Ggw. von J_2 (0,3 mg/cm³) das epitakt. Aufwachsen von Ge (a = 5,63 Å) auf GaP (a = 5,45 Å) vom n-Typ untersucht; Temperaturgefälle: 550°/330° auf 170 mm, Wachstumsrate: 10–20 μ/Tag. Die Wachstumsrate kann durch geringen Zusatz von P (0,03 mg/cm³) auf 30–40 μ/Tag erhöht werden. Das Aufwachsen wurde mkr. u. röntgenograph. verfolgt.
G. Gattow. 196□

0488 **Rekristallisation von Germanium aus geschmolzenem Indium oder Blei.** Masami Tomono. (J. physic. Soc. Japan **16,** 711–19, 1961; Kokubunji, Tokyo, Japan, Hitachi, Ltd., Central Res. Labor.; engl.) — Es wurde ein n-Ge-Einkristall an (111) mit In legiert u. die Kristallisation des entstandenen p-Ge beobachtet. Bei mittleren Abkühlungs-Geschw. wurde Dendritenwachstum beobachtet, bei sehr langsamen Abkühlungs-Geschw. treten Treppen auf, deren obere Stufenflächen von (111) gebildet werden. Bei großen Abkühlungs-Geschw. wird auf dem Grund der Rk.-Pfanne im Ge-Kristall Oberflächenkeim-Bldg.-Wachstum, an den Wandungen Dendritenwachstum (auf Grund der Schraubenversetzungen) beobachtet. Die Leg. einer Pb–As-Leg. mit p-Ge zeigte Streifung. So ermöglicht also der Zusatz einer Pb–As-Leg. den Kristallisationsprozeß von p-Ge u. dessen Störungen makroskop. zu untersuchen.
K. Jaeger. 197◇

0489 **Der röntgenographische Nachweis von Versetzungen in Germanium.** V. Gerold und F. Meier. (Z. Physik **155,** 387–94, 1959; Stuttgart, MPI für Metall-Forsch., Inst. f¨r Metallphys.; dt.) — Vgl. C. **1962,** 9262. — In Ge-Kristallen mit geringen Versetzungsdichten (100 bis 1000 Linien/cm²) wird die räumliche Verteilung der Versetzungslinien röntgenograph. untersucht. Die Mehrzahl der Versetzungen liegt in (111). Die Richtung des Burgers-Vektors liegt, wo sie bestimmt werden konnte, ebenfalls in (111), (111) ist somit die Gleitebene der Versetzungen.
K. Jaeger. 197◇

0490 **Elektronenmikroskopische Untersuchungen zur Keimbildung bei der Rekristallisation.** F. Granzer und G. Haase. (Z. Physik **162,** 468–82, 1961; Frankfurt a. M., Univ., Inst. für Angew. Phys.; dt.) — Dünne, durch elektrolyt. Abtragung hergestellte *Al*-Einkristalle wurden plast. verformt u. die bei der Rekristallisation eintretenden Gefügeänderungen elektronenmkr. untersucht. Die elektronenmkr. Aufnahmen u. Beugungsdiagramme zeigen, daß der von Cahn (C. **1951, II,** 2015) vorgeschlagene Mechanismus der Keimbldg. durch Polygonisation gekrümmter Gitterbereiche am besten den Vers.-Ergebnissen entspricht.
H. Liepack. 197◇

0491 **Weiterer Beitrag über die kristallographischen Winkel von Wismut und Antimon.** W. Vickers. (J. Metals **9,** Nr. 7, Sect. 2, AIME Trans. **209,** 827–28, 1957; Sheffield, Univ.; engl.) — Als Ergänzung zur Arbeit von Salkowitz (C. **1960,** 8109) berechnet Vf. für Laue-Aufnahmen aus der stereograph. Projektion auf [111] die Winkel zwischen den kristallograph. Richtungen u. Netzebenen von Bi u. Sb (Tabellen).
K. Hardel. 197◇

0492 **Über „Keimbildungskatalyse in unterkühltem flüssigem Zinn".** B. E. Sundquist. (Acta metallurg. [New York] **11,** 630–32, 1963; Monroeville, Pa., U. S. Steel Corp. Res. Center, Edgar C. Bain Labor for Fund. Res.; engl.) — Vgl. Glicksman u. Mitarbeiter, C. **1963,** 14951. — Krit. theoret. Diskussion der l. c. referierten Arbeit.
H. Roschkowski. 197◇

0493 **Antwort auf die Mitteilung „Über Keimbildungskatalyse in unterkühltem flüssigem Zinn".** M. E. Glicksman. (Acta metallurg. [New York] **11,** 632–34, 1963; Washington, D. C., U. S. Naval Res. Labor.; engl.) — Vgl. vorst. Referat. — Die von Sundquist erhobene Kritik an den von Vf. (C. **1963, 14951**) mitgeteilten Ergebnissen wird auf Grund einer neuerlichen Unters. der gleichen Werte zurückgewiesen.
H. Roschkowski. 197◇

0494 **Würfeltextur in Kupfer.** Y. C. Liu. (J. Metals **9,** Nr. 7, Sect. 2, AIME Trans. **209,** 836–42, 1957; New York, N. Y., New York Univ., Res. Div.; engl.) — Einkristalle aus 99,94 u. 99,97%ig. Cu mit der Anfangsorientierung (358)[523] zeigten nach dem Kaltwalzen (Verminderung der Dicke um 98%) im wesentlichen ihre ursprüngliche Orientierung. Es wird experimentell gezeigt, daß der vom Vf. (C. **1958,** 7985) für die Deformationstextur bei der Rekristallisation kub.-flächenzentrierter Metalle vorgeschlagene Mechanismus auch in diesem Fall bis zu einem gewissen Grad gültig ist.
K. Hardel. 197◇

0495 **Bestimmung der Feinphasen in Legierungen mit dem optischen Mikroskop.** N. W. Korolewa und N. W. Korolew. (Betriebs-Lab. [UdSSR] **29,** 460, 1963; russ.) — Ausgearbeitet wird eine Meth. zur Erzielung von Amplituden-Kontrasten bei der mkr. Unters. von Strukturen nach einer Reliefätzung von Schliffen. Die Meth. wird zur Unters. der Struktur der Korngrenzen von Mo-Legg. u. Stahl bei der Entw. der Anlaßsprödigkeit angewendet. Die Reflexionsfähigkeit der Kornoberfläche hängt von dem Unterschied des Strahlenverlaufs in der Oberflächenschicht ab. Durch Beschichten der Oberfläche mit einer organ. Lackschicht mit einer Dicke von 400–500 Å treten große Unterschiede in den Amplituden der von den Strukturelementen reflektierten Lichtwellen auf; dies beweisen Mikrographien der Korngrenzenstruktur einer Mo-Leg. ohne ein organ. Häutchen u. nach Auftragung eines organ. („Parladion"-)Häutchens u. Abtönung mit Al.
H. Hochstein. 197◇

0496 **Beurteilung der Metastabilität von Gußeutektika im Zusammenhang mit dem Auftreten der Überplastizität.** G. W. Starikowa und A. A. Pressnjakow. (Metallphysik u. Metallkunde [UdSSR] **13,** 769–71, 1962; Inst. für Metallurgie u. Aufarbeitung der Akad. der Wiss. der KasachSSR; russ.) — Der Prozeß des Zerfalls übersätt., durch schnelle Abkühlung eines geschmolzenen Eutektikums erhaltener fester Lsgg. führt zu einer Neuverteilung der Atome beider Komponenten in bezug auf das Konz.-Gleichgewicht. Als Grad des Ungleichgew. wird die geringste relative Menge der Atome gewählt, deren Verschiebung zu einer völligen Stabilisierung der Leg. führen kann. Rechner. wird dargelegt, daß der größte Grad des Ungleichgew. (η = 0,5) dann erreicht wird, wenn der Geh. der zweiten Komponente in der eutekt. Leg. etwa 50%, jedoch die Löslichkeit in den α- u. β-Phasen der Komponenten B u. A gering ist. In einer Tabelle werden die Werte des Ungleichgew.-Grades (η), die unter Bedingungen einer idealen Abschreckung für eine Reihe von Eutektika berechnet sind, in drei Gruppen in der Reihenfolge einer Zunahme des Wertes η (1.: Al–Fe, Al–Ni, Al–Mg; 2.: Mg–Al, Sb–Mn, Mg–Pb, Cu–Mg, Mg–Ni, Al–Si, Al–Cu, Mg–Cu, Al–Ag, Sb–Mg; 3.: Sn–Zn, Cd–Pb, Bi–Pb, Pb–Sn, Cu–Sb, Ag–Cu, Cd–Sn, Bi–Sn u. Bi–Cd) mitgeteilt. Es werden Angaben über die anormal hohe Plastizität dieser Eutektika dieser drei Gruppen, bes. der dritten, gemacht u. gezeigt, daß diese mit der guten Härtbarkeit dieser eutekt. Legg. in Zusammenhang steht. Eine wichtige Rolle in der Entw. des Effektes der Überplastizität für die Eutektika der dritten Gruppe spielen außer dem Konz.-Ungleichgew. auch noch andere, zur Zeit unbekannte Faktoren. H. Hochstein. 197◇

0497 **Die Struktur von HfP.** W. Jeitschko und H. Nowotny. (Mh. Chem. **93,** 1107—09, 1962; Wien, Univ., Inst. für Phys. Chem.; dt.) — HfP wird durch Zusammenschmelzen von rotem P u. pulverförmigem Hf bei 900° in geschlossenen Ampullen hergestellt. Es entstehen mindestens drei intermediäre Phasen, von denen HfP die Hauptmenge darstellt u. röntgenograph. indiziert worden ist. Mit einer hexagonalen Zelle a = 3,643 u. c = 12,35 kX wird Isotypie mit β-ZrP nahegelegt. Die Röntgendichte ist ϱ = 9,78 g/cm³. Die kürzesten interatomaren Abstände sind: Hf–Hf = 3,32, Hf–P = 2,55 u. P–P = 3,65 Å. Die Abstände sprechen für die Anwesenheit einer stark ion. Komponente. W. Knoch. 197◇

0498 **Ein Beitrag zu hochschmelzenden Systemen. Aufbau des Dreistoffs: Uran–Zirkonium–Bor und Messungen des Ausdehnungskoeffizienten von Mo_3(Al, Si), MoAlSi, Mo(Al, Si)$_2$ und TaB_2.** H. Holleck, F. Benesovsky, E. Laube und H. Nowotny. (Mh. Chem. **93,** 1075—79, 1962; Reutte/Tirol, Metallwerk Plansee A. G.; Wien, Univ., Inst. für Phys. Chem.; dt.) — Vgl. vorst. Referat. — Das Syst. U–Zr–B besitzt keine tern. Verbb., UB_{12} u. ZrB_{12} bilden eine lückenlose Mischreihe. UB_2 löst etwa 10 Mol-% ZrB_2. Neben den Dreiphasenfeldern $ZrB_2 + UB_4 + (U_{0,7}Zr_{0,3})B_{12}$, $ZrB_2 + UB_4 + (U_{0,85} \cdot Zr_{0,15})B_2$ muß man bei Temp. oberhalb 1000° noch ein anderes annehmen: $ZrB_2 + (U_{0,85}Zr_{0,15})B_2$ + β-Zr-γ-U-Mischkristalle. Für Temp. zwischen 10 u. 870° werden die Gitterparameter von Mo_3(Al, Si), MoAlSi ($TaSi_2$-Typ), Mo(Al, Si)$_2$ ($MoSi_2$-Typ) u. TaB_2 angegeben u. daraus die therm. Ausdehnungskoeff. berechnet: *$TaSi_2$*, ($\alpha_a \cdot 10^6$) = 8,9, ($\alpha_c \cdot 10^6$) = 8,8, 950°; *TaB_2*, 11,6, 11,4, 870°; *MoAlSi*, 8,9, 10,8, 800°; *Mo(Al, Si)$_2$*, 9,6, 10,3, 690°; *Mo_3(Al, Si)*, $\alpha \cdot 10^6$ = 7,1 bei 840°. W. Knoch. 197◇

0499 **Aufbau und Eigenschaften von Silber–Cadmium–Zink-Legierungen.** 2. Mitt. Günter Petzow und Ewald Wagner. (Z. Metallkunde **53,** 189—95, 1962; Stuttgart, MPl für Metallforsch.; Pforzheim, Degussa, Metall-Labor.; dt.) — 1. vgl. Z. Metallkunde **52,** [1961], 736. — Weitere Ergebnisse auf Grund von Gefügebetrachtungen, therm. Analysen, Temp.-Temp.-Differenz-Messungen u. röntgenograph. Unterss. werden zur Kenntnis des Dreistoffsyst. Ag–Cd–Zn mitgeteilt. Hierbei wird bes. Wert auf die Best. der Schmelzgleichgew. u. der Vierphasenumsetzungen gelegt. Einige Temp.-Konz.-Schnitte werden wiedergegeben, durch die eine Vorstellung von der Gestalt der Zustandsräume in Abhängigkeit von Temp. u. Konz. vermittelt wird. Im untersuchten Dreistoffsyst. werden insgesamt drei Vierphasenumsetzungen festgestellt, deren Temp. sich zu 440, 285 u. 270° ergeben. Ferner werden Angaben über einige Eigg. von Ag-Cd-Zn-Legg. gemacht, wobei bes. auf die Verformbarkeit, die Färbung u. die Härte der Legg. sowie ihre Zerreißfestigkeit bei Stoßlötungen eingegangen wird. H. Hochstein. 197◇

0500 **Die Struktur von Au_2Mn.** E. O. Hall und J. Royan. (Acta crystallogr. [Copenhagen] **12,** 607—08, 1959; Sheffield, England, Univ., Dep. of Phys.; engl.) — Wie die Auswertung von Debye-Scherrer-Aufnahmen zeigte, ist Au_2Mn tetragonal-innenzentriert mit den Parametern a = 3,363 Å u. c/a = 2,555, Z = 2, D. = 15,33 g/cm³ u. z_{Au} = 0,35 ± 0,01. I 4/mmm mit Mn in 0,0,0; ½,½,½ u. Au in 0, 0, z u. 0, 0, $\bar{z}$. Der Mn–Mn-Abstand beträgt 4,91 Å. Jedes Mn ist von 6 Au umgeben mit Mn–Au 2,64 u. 3,01 Å. Die magnet. Kopplung der Mn-Atome erfolgt über die Au-Atome. K. Jaeger. 197◇

0501 **Durch Leerstellen induzierter Übergang in den geordneten Zustand in Cu_3Au.** P. Wright und J. C. Goodchild. (Proc. physic. Soc. **79,** 196—206, 1962; Bangor, Univ. Coll. of North Wales; engl.) — Vff. beschreiben eine Anordnung, mit der eine Probe von Cu_3Au, die auf eine Temp. oberhalb der kub. Temp. für Fernordnung erhitzt wird, zuerst in W. u. hierauf ohne Änderung der Orientierung in fl. Luft abgeschreckt wird. Die so abgeschreckten Proben wurden hierauf möglichst schnell in ein Anlaßbad überführt. Erhitzt wurden die Proben vor dem Abschrecken bis auf 800°, während die Anlaßtemp. zwischen 30° u. 275° lagen. Von allen Proben wurde der elektr. Widerstand bei —190° gemessen. Es wurde gefunden, daß selbst bei den höchsten Abschreckgeschw. während des Abschreckens merkliche Ordnung auftritt u. daß das Nahordnungsstadium nicht vollkommen zur Beobachtung während des nachfolgenden Anlassens erhalten bleibt. Die Aktivierungsenergie für die Wanderung von durch Abschrecken erzeugten Defekten scheint mit dem Grad der Fernordnung zuzunehmen. Die hauptsächlichsten beweglichen Defekte sind einzelne Leerstellen; sie haben eine Wanderungsenergie von 1,0 eV in den freien Stadien der Fernordnung. Es wurde ferner gefunden, daß isotherme Ordnung bei 100° mit der Vorabschrecktemp. bis etwa 650° zuerst zunimmt u. hierauf abnimmt. Als Grund für diese anomale Abnahme werden Dreifachleerstellen in hoher Konz. angenommen. C. Gottfried. 197△

0502 **Bestimmung der Veränderung des Ordnungsgrades in der Au–Cu-Legierung mit der stöchiometrischen Zusammensetzung $AuCu_3$ in Abhängigkeit von der Temperatur.** Michel Gantois und Antoine Pianelli. (C. R. hebd. Séances Acad. Sci. **256,** 3995—97, 1963; Nancy, Fac. des Sci., Labor. de Phys. de l'État Métall.; franz.) — Unter Anwendung verschiedener Abkühlungsbedingungen werden unterschiedliche Kurven erhalten, die den Ordnungsgrad von $AuCu_3$ in Abhängigkeit von der Temp. zeigen. Bei der hohen Abkühlungsgeschw. nähern sich diese Kurven einer Grenzkurve, die den wirklichen Gleichgew.-Zuständen entspricht. H. Hochstein. 197◇

0503 **Über den Vibrationseinfluß auf die Kristallisation von Legierungen in Gußstücken.** G. F. Balandin und Ju. P. Jakowlew. (Metallphysik u. Metallkunde [UdSSR] **13,** 436—40, März 1962; Moskau, höhere techn. Bauman-Schule; russ.) — Der Mechanismus des Vibrationseinfl. auf die Kristallisation von *Al-* u. *Stahl-Legg.* (AL 4, AL 19, AW, AK 4, AMz, D 16 bzw. 15 L, Ch 12 N 9) sowie von den reinen Metallen AW 00, AL 0, M 1 u. Z 1 wird untersucht u. dabei ein Zusammenhang zwischen der Bruchgrenze der Kristalle der Al-Legg. Al–Cu u. Al–Si in der Nähe der Solidus-Temp. u. dem Aufbau der Blöcke dieser Legg. festgestellt. Die Ursachen der verschiedenen Behandelbarkeit der Legg. durch Vibration beim Gießen werden erörtert. 12 Literaturangaben. H. Hochstein. 197◇

0504 **Einfluß der Härtetemperatur auf die innere Reibung und den elektrischen Widerstand von Eisen–Molybdän-Legierungen.** W. I. Baranowa und Ss. A. Golowin. (Metallphysik u. Metallkunde [UdSSR] **14,** 296—98, 1962; Tulsk, mechan. Inst.; russ.) — Untersucht werden Fe–Mo-Legg. mit 0,019—0,037(%) C u. 0,78—8,37 Mo auf die Abhängigkeit ihres elektr. Widerstandes u. der inneren Reibung von der Abschrecktemperatur. Mit steigendem Mo-Geh. nimmt die Höhe des Maximums der inneren Reibung ab. Eine Erhitzung der Leg. auf eine Abschrecktemp. von 1050° bewirkt eine intensive Auflsg. der Carbide unter Mischkristallbldg. u. eine Zunahme des Tieftemp.-Maximums der inneren Reibung. Eine Erhitzung über 1050° hinaus führt zur Bldg. von Leerstellen. Die Relaxationseffekte der inneren Reibung

sind in den Fe–Mo-Legg. geringer als bei Fe–Cr-Legg. bei gleicher atomarer Legierung. Für Fe–Mo-Legg. mit über 3,67% Mo wird bei der inneren Reibung kein Niedertemp.-Maximum beobachtet, sondern die Spitzen liegen im Temp.-Bereich von 230—390°, was mit einer Wanderung der C- u. vielleicht auch Mo-Atome im Gebiete der Versetzungen in Zusammenhang gebracht wird. Ferner nimmt mit Steigerung der Mo-Konz. der elektr. Widerstand zu; er ist ebenfalls eine Funktion der Abschrecktemperatur. Für Legg. mit 0,78; 1,02; 3,67 u. 5,67% Mo nimmt der elektr. Widerstand mit einer Erhöhung der Abschrecktemp. ab u. erreicht bei einer Erwärmung auf 1050—1100° ein Minimum, was mit der Auflsg. der Carbide u. Homogenisierung der Leg. zusammenhängt. Eine darüber hinaus gehende Temp.-Erhöhung führt zur Erhöhung des elektr. Widerstandes in Verb. mit dem Einfl. von Leerstellen. Bei Legg. mit über 5,67 Mo wird der elektr. Widerstand bei Abschrecktemp.-Erhöhung erhöht, erreicht bei einer Erhitzung bis auf 1100° ein Maximum u. fällt dann ab.
H. Hochstein. 197◇

0505 **Beweglichkeit von Kantenversetzungen an (112)-Gleitebenen in 3,25%-Siliciumeisen.** John S. Erickson. (J. appl. Physics **33**, 2499—2506, 1962; Schenectady, N.Y., Gen. Electric Res. Labor.; engl.) — Für eine bestimmte Orientierung wirkt (112) in 3,25% Si–Fe bei Temp. > 184 °K als Gleitebene. Für T < 184 °K ist (110) die Gleitebene. Gemessen wurde die Wanderungs-Geschw. der Kantenversetzungen an (112) in Einkristallen von 3,25% Si–Fe. Die Geschw. ist stark druckabhängig u. wurde zwischen 10^{-7} u. 10^{-2} cm/s gefunden. Vorgeschlagen wird eine Meth. zur Best. der wirksamen Gleitebene in 3,25% Si-Fe als Funktion der Deformations-Temp. u. der Orientierung der deformierten Proben.
K. Jaeger. 197◇

0506 **Einfluß von Kohlenstoff auf die Phasenbeziehungen manganreicher, lösungsbehandelter und anschließend kalt bearbeiteter Stähle.** Yûnoshin Imai und Toshio Saitô. (Nippon Kinzoku Gakkai-Si [J. Japan Inst. Metals] **26**, 283—87, 1962; Sendai, Tôhoku Univ., Res. Inst. for Iron, Steel and Other Metals; jap., Auszug: engl.) — Unterss. über die Phasenbeziehungen lösungsbehandelter Stähle mit ca. 12(%) Mn, 0—1,2 C, 0,004—0,026 N zeigen, daß die α-Phase mit steigendem C-Geh. abnimmt u. bei ca. 0,6% C verschwindet. Die ε-Phase nimmt mit dem C-Geh. bis ca. 0,2% C zu u. nimmt bei weiterem C-Zusatz ab; sie verschwindet bei ca. 0,7% C. Durch Kaltbearbeitung nimmt die α-Phase zu u. verschwindet bei ca. 0,8% C. Das Maximum der ε-Phase nimmt ab, u. der C-Geh., bei dem das Maximum der ε-Phase entsteht, verschiebt sich zu höheren Werten. Die Umwandlung $\gamma \rightarrow \varepsilon \rightarrow \alpha$ erfolgt bei Kaltbearbeitung. Der Einfl. von C auf die Bldg. der ε-Phase schwankt mit der Zus. der Stähle.
W. Wesly. 197◇

0507 **Zur magnetischen Methode der quantitativen Carbidanalyse.** Ja. I. Kagan, Ss. W. Bronin und I. Ja. Ssidorenko. (Metallphysik u. Metallkunde [UdSSR] **13**, 926—28, 1962; Allunions-Forsch.-Inst. der Technol. des Elektromaschinen- u. Apparatebaues; russ.) — Durch Verss. wird nachgewiesen, daß die Ansicht von Permjakow u. Mitarbeiter (C. **1962**, 5213) unzutreffend ist, wonach im Bereich der Anlaßtemp. von 200—300° in den von den Vff. zuvor untersuchten Stahlproben ein intensiver, die gewonnenen Ergebnisse der magnet. Carbidanalyse entstehender Zerfall des Restaustenits auftreten soll. 10 Literaturangaben.
H. Hochstein. 197◇

0508 **Kinetik der Graphitisierung des isolierten Zementits von Tempergußeisen mit großem und kleinem Schwefel/Mangan-Verhältnis.** R. A. Ssidorenko, F. A. Ssidorenko und A. Ss. Kossnarew. (Metallphysik u. Metallkunde [UdSSR] **14**, 303—05, 1062; Uraler polytechn. Kirow-Inst.; russ.) — Zementit aus einem Tempergußeisen mit einem großen S/Mn-Verhältnis graphitisiert etwas schneller als Zementit aus einem solchen Gußeisen mit niedrigem S/Mn-Verhältnis. Die geringe Vollständigkeit u. Geschw. der Graphitisierung des aus dem letztgenannten Gußeisen ausgeschiedenen Zementits hängt wahrscheinlich mit dem im Vgl. zum erstgenannten Gußeisen größeren Mn-Geh. zusammen. Die Verzögerung des Graphitisierungsprozesses bei einem großen Si/Mn-Verhältnis wird durch den S-Einfl. auf den Zustand der Grundmasse des Gußeisens u. nicht durch eine Erhöhung der Zementitbeständigkeit hervorgerufen.
H. Hochstein. 197◇

0509 **Änderung in der Carbidphase von Stahl unter dem Einfluß einer plastischen Kaltverformung.** M. W. Belouss und W. T. Tscherepin. (Metallphysik u. Metallkunde [UdSSR] **14**, 312—14, 1962; Kiew, polytechn. Inst.; russ.) — Durch dilatometr. u. thermomagnet. Messungen der Änderung der Carbidphase des Stahles U 12 A mit 1,19(%) C, 0,24 Mn, 0,25 Si, 0,02 Cr, 0,10 Ni, 0,020 S u. 0,011 P durch eine plast. Kaltverformung wird festgestellt, daß im Falle der Unters. des Stahles im hochangelassenen Zustand die Verformung u. die nachfolgende Erwärmung eines Stahles mit einem groblamellaren perlit. Ausgangsgefüge eine Graphitisierung eines wesentlichen Teiles des Zementits bewirken. Die Graphitisierung bei der Erwärmung des verformten Stahles verläuft in Abhängigkeit vom Kaltverformungsgrad u. der Temp.-Höhe mit sehr unterschiedlicher Geschwindigkeit.
H. Hochstein. 197◇

0510 **Veränderungen in der Carbidphase eines Stahles unter dem Einfluß einer plastischen Kaltverformung. 4. Mitt. Carbidumwandlung im 3. Anlaßstadium in einem niedrigangelassenen kaltverformten Stahl.** M. W. Belouss, und W. T. Tscherepin. (Metallphysik u. Metallkunde [UdSSR] **15**, 215—21, 1963; russ.) — Vgl. C. **1963**, 15 333; vgl. vorst. Referat. — Durch magnet. Messungen u. dilatometr. Meth. wird der Einfl. einer plast. Kaltverformung auf den Ablauf der Carbid-Umwandlung im 3. Stadium des Anlassens des Stahles U 8 A untersucht. Es werden dabei der Zers.-Grad des Niedertemp.-Carbids bei der plast. Verformung sowie der Graphitisierungsgrad bei der nachfolgenden Erwärmung ermittelt u. auch die Veränderungen der mittleren Zus. der Bereiche der Carbidphase bestimmt.
H. Hochstein. 197◇

0511 **Anisotropie der Wärmeschwingungen der Atome in Zementitkristallen.** A. M. Belikow und A. A. Ssawinskaja. (Metallphysik u. Metallkunde [UdSSR] **14**, 299—301, 1962; Tscheljabinsk, Inst. für Metallurg.; russ.) — Übersicht. 12 Literaturangaben.
H. Hochstein. 197◇

0512 **Thermomechanische Behandlung austenitischer Stähle.** W. I. Grigorkin. (Metallphysik u. Metallkunde [UdSSR] **14**, 212—17, 1962; Sibir. metallurg. Ordshonikidse-Inst.; russ.) — Untersucht wird die Verfestigung austenit. Stähle (1 Ch 18 N 9 T) unter Anwendung einer plast. Verformung bei sehr niedrigen Temp. (— 196°) nach einer vorangegangenen Abschreckung der Proben von 1080° u. 1050° u. einer 12std. Alterung bei 400° nach der Kaltverfestigung bei — 196°. Es zeigt sich, daß die thermomechan. Behandlung die Festigkeit der austenit. Stähle wesentlich erhöht. Eine Verfestigung bei Raumtemp. u. eine kombinierte Verformung bei 500—600° mit einer nachfolgenden Kaltverfestigung ergeben im Gegensatz zur thermomechan. Behandlung keine Festigkeitssteigerung. Eine dynam. Druckverformung bei — 196°, bes. in Verb. mit einer nachfolgenden Alterung verfestigt den austenit. Stahl wesentlich. Ein austenit. Mn-Stahl wird ebenfalls durch Kaltverformung verfestigt. Eine nachfolgende Alterung ergibt einen weiteren Festigkeitszuwachs.
H. Hochstein. 197◇

0513 **Neigung austenitischen Stahls zur Wasserstoffversprödung in Abhängigkeit von Wasserstoffgehalt, Verformungsgeschwindigkeit und Temperatur.** Je. P. Netschai und K. W. Popow. (Metallphysik u. Metallkunde [UdSSR] **14**, 271—74, 1962; Inst. für Erdöl- u. kohlechem. Synth. der Sibir. Abt. der Akad. der Wiss. der UdSSR; russ.) — Untersucht wird die Abhängigkeit der Einschnürung von mit H beladenen Proben des austenit. Stahles 1 Ch 18 N 9 T vom H-Geh., von der Verformungsgeschw. u. der Unters.-Temperatur. Es zeigt sich, daß die Neigung des Stahles zur H-Versprödung mit der Zunahme des H-Geh. u. mit Abnahme der Verformungsgeschw. erhöht wird. Festgestellt wird ein Temp.-Bereich der geringsten Plastizität, dessen Grenzen sich mit der Änderung des H-Geh. verändern.
H. Hochstein. 197◇

0514 **Einfluß des Aufpralls einer fallenden Last auf den Zustand des Martensits unlegierter Kohlenstoff-Stähle.** F. L. Lokschin und L. F. Lokschin. (Metallphysik u. Metallkunde [UdSSR] **14**, 307—09, 1962; Nowotscherkassk, polytechn. Ordshonikidse-Inst.; russ.) — Unters. wird der Einfl. einer dynam. Beanspruchung (vielfache Schläge einer fallenden Last) auf den Zustand des Martensits gehärteter Stähle mit 0,43; 0,81 u. 0,98% C. Dabei wurde die Veränderung des Martensits während der Unters. röntgenograph. verfolgt. Hierbei zeigt sich, daß unter dem Einfl. der beim Schlag entstehenden Spannungen die Diffusionsprozesse beschleunigt werden. Dadurch wird einerseits die Gleichmäßigkeit der festen Lsg. verringert u. andererseits ein Teil des C aus der festen Lsg. ausgeschieden, was zu einer Abnahme der Tetragonalität des Gitters u. zu einem Spannungsabbau führt. Mit einer Spannungserhöhung beim Schlag wird die Menge des aus dem Martensit ausgeschiedenen C erhöht. Im Falle einer gleichbleibenden Spannungsgröße wird um so mehr C ausgeschieden, je größer die Impulshöhe ist. Mit einer Zunahme der Schlagzahl wird die Menge des aus dem Martensit ausgeschiedenen C erhöht, wobei die Geschw. der C-Ausscheidung bei den ersten Schlägen bes. hoch ist. H. Hochstein. 197◇

0515 **Über die Gesetzmäßigkeiten des Martensiteinflusses auf die Kinetik der weiteren Martensitumwandlung.** E. I. Estrin. (Ber. Akad. Wiss. UdSSR **148**, 818—20, 1963; Inst. für Metallkunde u. Metallphys. des zentralen Bardin-Forsch.-Inst.; russ.) — Eine metallograph. Unters. ergab, daß eine Aktivierung u. eine Hemmung der Martensitumwandlung unter dem Einfl. eines zuvor verfestigten Martensits nicht mit einer Veränderung der Martensitkristallabmessungen, sondern mit einer Veränderung der Anzahl der in der Zeiteinheit entstehenden Kristalle zusammenhängen. Es wird festgestellt, daß bei niedrigen Temp. (von Raumtemp. u. darunter) eine starke Abhängigkeit der Streckgrenze der γ-Phase-Legg. Fe–Ni–Mn u. Fe–Cr–Ni von der Temp. auftritt. H. Hochstein. 197◇

0516 **Das Versetzungsverhalten in abgeschrecktem und in neutronenbestrahltem rostfreien Stahl.** H. G. F. Wilsdorf und D. Kuhlmann-Wilsdorf. (J. nuclear Mater. [Amsterdam] **5**, 178—92, 1962; Philadelphia, Pa., Univ.; engl.) — Das Versetzungsverh. in einem unbestrahlten sowie in einem neutronenbestrahlten rostfreien Stahl wurde mit Hilfe der Dünnfilmtechnik elektronenmkr. untersucht. Neutronenbestrahlung verursacht keine Defekte, die zu merklichen Beugungseffekten führen. Jedoch scheinen die Bestrahlungseffekte in einer starken Übersättigung gewisser Punktdefekte zu bestehen. Diese entsprechen möglicherweise einem Typ von dreidimensionaler Form, ohne mit einem Spannungsfeld verbunden zu sein. Die übersättigten Punktdefekte, welche auch in einem gewissen Umfang in dem nicht bestrahltem Material vorliegen, verursachen bei „alten" Versetzungen eine feste Verankerung, während sie in neuen Versetzungen in dünnen Folien zu einem Klettern während des Gleitens führen. Es wird gefolgert, daß sie auch den Mechanismus des „Mushrooming" (vgl. Wilsdorf, Physic. Rev. Letters **3**, [1959], 172) in festem Metall verursachen. H. Hochstein. 197□

0517 **Einfluß geringer Kohlenstoffzusätze auf die Erholungs- und Rekristallisationskinetik des α-Eisens.** L. N. Larikow, Je. E. Sassimtschuk und W. Ss. Schkirow. (Metallphysik u. Metallkunde [UdSSR] **14**, 218—22, 1962; Inst. für Metallphys. der Akad. der Wiss. der UkrainSSR; russ.) — Röntgenograph. wird die Kinetik der Erholung u. Rekristallisation beim Glühen von durch Ziehen verformtem Fe mit geringem C-Geh. von bis zu 0,05% untersucht. Es wird dabei nachgewiesen, daß ein C-Geh. oberhalb der Löslichkeitsgrenze in der α-Phase die Wachstumsgeschw. der Rekristallisationszentren wesentlich beeinflußt, prakt. jedoch keinen Einfl. auf die Kontraktion der Röntgenlinien zeigt. H. Hochstein. 197◇

0518 **Der Einfluß von Temperatur und Verformungsgeschwindigkeit auf die Fließspannung von α-Eisen-Einkristallen.** Barry L. Mordike und Peter Haasen. (Philos. Mag. [8] **7**, 459—74, 1962; Göttingen, Univ., Inst. für Metallphys.; engl.) — Der reversible Beitrag zur Fließspannung in α-Fe-Einkristallen wird durch Temp.- u. Verformungsgeschw.-Änderungen zwischen — 72° u. + 22° bei verschiedenen Größenordnungen der Verformungsgeschw. untersucht. Die entsprechenden Fließspannungsänderungen waren im Vgl. mit den kub. flächenzentrierten Metallen sehr groß u. nahmen mit zunehmender Verformung zu. Die Ergebnisse wurden quant. unter der Annahme, daß das Aktivierungs-Vol. mit steigender Spannung abnimmt, ausgewertet. Der ursprüngliche Abstand zwischen den Hindernissen wurde zu ca. 5×10^{-6} cm u. die Aktivierungsenergie zu 0,55 eV ermittelt. Verunreinigungen wirkten als Hindernisse, die für den therm. aktivierten Fließspannungsbeitrag im untersuchten Temp.-Bereich verantwortlich waren. H. Hochstein. 200◇

0519 **Verzögerter Bruch einer wasserstoffhaltigen kubisch-flächenzentrierten Nickellegierung.** J. L. Mihelich und A. R. Troiano. (Nature [London] **197**, 996—97, 1963; Cleveland, Ohio, Case Inst. of Technol.; engl.) — Es wurden Zeitstand-Verss. mit einer wasserstoffversprödeten *Ni–Cu–Al*-Leg. (66% Ni, 30% Cu, 3% Al) bei 350—500°F vorgenommen. Es wurden die gleichen Erscheinungen wie bei wasserstoffversprödetem Stahl beobachtet: Das Auftreten einer oberen Festigkeitsgrenze, bei der sofort Bruch erfolgt; die Existenz eines Gebietes verzögerten Bruches u. eine untere Dauerstandfestigkeit. Ferner wurde mit abnehmender Dehngeschw. die Zähigkeit vermindert. Es konnte festgestellt werden, daß die H-Aufnahme eine starke Aufweitung des Gitters zur Folge hat. Durch Erwärmen auf 212°F wurde ein Abdiffundieren des H u. damit ein Verschwinden aller beobachteten Effekte bewirkt. Die Ergebnisse wurden wie bei wasserstoffversprödetem Stahl auf das Aufeinanderwirken von den auf Zwischengitterplätzen befindlichen H-Atomen u. Versetzungen zurückgeführt. Das Phänomen des verzögerten Bruchs tritt hier im Gegensatz zum Stahl bei erheblich über Raumtemp. liegenden Temp. auf, weil die H-Diffusion im kub.-flächenzentrierten Gitter langsamer als im kub.-innenzentrierten Gitter ist. D. Rogalla. 200◇

0520 **Ableitung der Volumenabhängigkeit der Kohäsionsenergie von Festkörpern aus Schockwellen-Kompressionsmessungen.** G. B. Benedek. (Physic. Rev. [2] **114**, 467—75, 1959; Cambridge, Mass., Harvard Univ., Div. of Eng. and Appl. Phys.; engl.) — Durch Anwendung der Mie-Grüneisen-Zustandsgleichung auf Messungen der Kompression von Festkörpern durch starke Stoßwellen ist es möglich, die Vol.-Abhängigkeit der Kohäsionsenergie zu bestimmen. Diese Meth. wird an *Be*, *Al*, *Co*, *Ni*, *Cu* u. *Ag* geprüft. Im Rahmen der zur Ableitung notwendigen Vereinfachungen (z. B. Stoßallseitiger Druck u. Vol.-Unabhängigkeit des Grüneisen-Parameters γ) sind die Übereinstimmungen zufriedenstellend. K. Jaeger. 200◇

0521 **Röntgenographische Untersuchung spröder Brüche in stranggepreßtem Chrom.** C. W. Weaver und K. A. Gross. (J. appl. Physics **31**, 626—31, 1960; Maribyrnong, Victoria, Australia, Australian Def. Sci. Serv., Defence Standards Labor., Dep. of Supply; engl.) — Röntgenograph. untersucht wurden spröde Brüche an polykristallinem, stranggrepeßtem Cr, die zwischen 193 u. 623°K hergestellt worden waren. Mit dem spröden Bruch sind, bes. bei höheren Temp., starke plast. Spannungen verbunden, wie sie sonst nur in duktilen Substanzen beobachtet werden. Es wird vermutet, daß das Absinken der Sprödigkeit von der Anwesenheit fein verteilter Phasenausscheidungen herrührt, die die Wirksamkeit des Quergleitens beeinträchtigen. Der Abstand dieser ausgeschiedenen Partikel voneinander betrug etwa 6000—7000 Å. K. Jaeger. 200◇

0522 **Elastizitätskonstanten trigonaler Kristallsysteme (Wismut).** S. K. Kor. (Physica [Utrecht] **28**, 837—38, 1962; Allahabad, India, Univ. of Allahabad, Dep. of Phys.; engl.) — Die Christoffel-Gleichung wird für Bi (trigonaler Fall) gelöst. Die berechneten Elastizitäts-Konst. C_{14} u. C_{13} stehen mit den experimentellen (Literaturwerte) gut im Einklang. K. Jaeger. 200◇

0523 **Bedeutung von Doppelversetzungsgrenzen bei der plastischen Verformung von kubisch-flächenzentrierten**

Kristallen. B. H. Kear. (Trans. metallurg. Soc. AIME **224,** 674—77, 1962; Philadelphia, Pa., Franklin Inst. Labor.; engl.) — Alle möglichen Wege der Bldg. von einfachen Doppelversetzungsgrenzen in Mehrfachgleitorientierungen werden theoret. für kub.-flächenzentrierte Kristalle abgeleitet. Es wird dabei gezeigt, daß die grundsätzlichen Unterschiede im Kaltverfestigungsverh. von in diesen Orientierungen plast. verformten Kristallen wegen ihrer Ähnlichkeit auf eine Bldg. von diffusen Grenzen oder Verformungsbändern zurückgeführt werden können. Die mit den Prodd. von Versetzungsrkk. des Lomer-Typs übereinstimmen. Ferner wird darauf hingewiesen, daß das Aufhören von solchen Grenzen unter der angelegten Spannung mehr Fließ-Zwischengittersprüngen als Leerstellensprüngen entspricht, während Gleitversetzungen, welche die an bes. stabilen Grenzen aufgehaltenen Versetzungen durchschneiden, zu den beiden Arten von Sprüngen gerechnet werden können. H. Hochstein. 200◇

0524 **Der Einfluß der Oberflächenstruktur auf die Sprödbruchfestigkeit von Metallen.** K. Schröder. (J. Mechan. Physics Solids **11,** 205—14, 1963; New York, N. Y., Syracuse Univ., Metallurg. Res. Inst.; engl.) — Bei der Unters. einiger Einw. der Oberflächenstruktur auf die Bruch-Kennzeichen von Metallen zeigt sich, daß die Gleitlinien stets zu einer Abnahme der maximalen Oberflächen-Bruchfestigkeit führen u. daß der Spannungs-Konz.-Faktor, der mit den Gleitstufen zusammenhängt, in der Größenordnung zwischen 4 u. 50 liegt. Eine Beurteilung der spezif. Oberflächen-Geometrie ergibt, daß die Spannungs-Konz.-Faktoren von verschiedenen Fehlstellen in manchen Fällen vervielfältigt werden müssen. Es wird eine physikal. Auslegung der begrenzten Teilchengröße gegeben. 30 Literaturangaben. H. Hochstein. 200◇

0525 **Reibung von Molybdändiselenid.** Melvin T. Lavik, T. Bruce Daniel und A. Neal Abbott. (J. appl. Physics **32,** 1795, 1961; Kansas City, Mo., Midwest Res. Inst.; engl.) — Die Reibung von $MoSe_2$ auf $MoSe_2$ wurde bei Reibungsgeschw. von 310 cm/s gemessen, der aus der scheinbaren Kontaktfläche berechnete Druck auf der Schleifgrenzfläche betrug 10^4 dyn/cm². Der Gleichgewichtswert M_e der Reibung im Vakuum wurde zu 0,108 gefunden mit einer Standardabweichung von 0,004. Für MoS_2 (vgl. l. c.) betrug dieser Wert unter gleichen Bedingungen 0,065. In Luft oder He ist M_e etwa doppelt so groß wie der Vakuumwert. In Ergänzung zu den l. c. durchgeführten Messungen wurde die Reibung an Einkristallen von MoS_2, an natürlichem Molybdänit gemessen. Die Verss. lieferten die gleichen Ergebnisse wie die l. c. mit gepreßtem MoS_2-Pulver bei Zimmertemp. im Vakuum oder in Luft, N_2 u. He. C. Gottfried. 200

0526 **Kolloidales Molybdändisulfid. Oberflächenchemie und Schmiereigenschaften.** E. R. Braithwaite. (Res. appl. in Ind. **14,** 24—28, 1961; Plymouth, Devon, England, Acheson Colloids Ltd.; engl.) — Untersucht wird der Einfl. des Mahlprozesses in einer Kugelmühle auf die Eigg., die die Schmier-Eigg. von kolloidalem MoS_2 wesentlich bestimmen, nämlich Größe der Oberfläche, Struktur, Oxydations-Temp., Acidität u. die Wasser-Adsorptionsfähigkeit. Die Ergebnisse der Unterss. deuten darauf hin, daß der Schmiermechanismus von MoS_2 auf den folgenden Eigg. der Verb. beruht: Schichtgitterstruktur u. Blättrigkeit beim Erwärmen auf Grund des Verlustes verdampfbarer Oxydationsprodukte. Die Schmierqualität einer MoS_2-Probe wird wesentlich durch die Menge des an den Korngrenzen chemisorbierten Sauerstoffes bestimmt. K. Jaeger. 200◇

0527 **Durch die Keilmethode bestimmte Elastizitätskonstanten von Kristallen. — Elektrischer Nachweis der Resonanzfrequenzen.** Bh. Krishna Murty und B. Subrahmanyam. (J. sci. ind. Res. [New Delhi], Sect. B **20,** 448—49, 1961; Waltair, India, Andhra Univ., Phys. Dep.; engl.) — Bestimmt wurden die Elastizitäts-Konst. der kub. Kristalle $Pb(NO_3)_2$, $Sr(NO_3)_2$ u. ZnS mit Hilfe der Keil-Meth. unter Anwendung einer elektr. (anstatt wie sonst üblich opt.) Meth. der Best. der Resonanzfrequenzen. Die beschriebene Meth. arbeitet ohne jede Fl. u. eignet sich dadurch gut zu thermoelast. Untersuchungen. Die Meth. liefert für die genannten Kristalle gute Werte. K. Jaeger. 200◇

0528 **Über die Oberflächenspannung von Quarz.** Onzo Jyo. (J. Mining metallurg. Inst. Japan **77,** 468—70, 1961; jap., Auszug: engl.) — Für die Beziehung zwischen der Oberflächenspannung von amorphen Quarzfasern (0,3 bis 10 μ Radius) u. deren Radien wird die Beziehung abgeleitet: $\omega = \Pi \cdot r^2 \cdot \sigma + 2\Pi r \cdot \gamma$ (ω = zum Bruch der Faser erforderliches Gew., r = Radius, σ = Zugfestigkeit, γ = Oberflächenspannung). Der ermittelte Wert für σ beträgt 65 kg/mm², für γ 1348480 dyn/cm. W. Wesly. 200◇

0529 **Eine Näherung der Theorie des elastischen Verhaltens polykristalliner Körper durch Variation.** Z. Hashin und S. Shtrikman. (J. Mechan. Physics Solids **10,** 343—52, 1962; Philadelphia, Pa., Univ. of Pennsylvania; Franklin Inst., Labor. for Res. and Developm.; engl.) — Abgeleitet werden die oberen u. unteren Grenzwerte der Elastizitätsmoduln polykristalliner Körper auf der Grundlage von Variationsprinzipien. Die Ergebnisse sind für beliebige Kristallformen gültig. Explicite Ergebnisse für polykristalline Körper des kub. Syst. zeigen, daß diese neuen Grenzen eine deutliche Verbesserung gegenüber den Grenzen von Voigt u. Reuss darstellen. Gute Übereinstimmungen mit den experimentellen Resultaten wurde erzielt. K. Jaeger. 200◇

0530 **Variationsnäherung zur Theorie des elastischen Verhaltens von mehrphasigem Material.** Z. Hashin und S. Shtrikman. (J. Mechan. Physics Solids **11,** 127—40, 1963; engl.) — Vgl. vorst. Referat. — Variationsprinzipien für die nichthomogene lineare Elastizität unter Einschluß des elast. Polarisationstensors werden zur Ableitung der oberen u. unteren Grenzen der effektiven Elastizitätsmoduln quasiisotroper u. quasihomogener mehrphasiger Stoffe beliebiger Phasengeometrie angewendet. Vgl. theoret. u. experimenteller Werte für das Syst. WC–Co zeigen gute Übereinstimmung. F. Vier. 200◇

A$_7$. Gleichgewichte, Kinetik

0531 **Einige Bemerkungen zu der Beziehung zwischen dem Volumenverhältnis von Lösungen und der Zusammensetzung einer Komplexverbindung unter den Bedingungen der Jobschen Methode.** Edmund Kwiatkowski und Antoni Basiński. (Roczniki Chem. [Ann. Soc. chim. Polonorum] **36,** 1671—76, 1962; Gdańsk, School of Educat., Dep. of Phys. Chem.; pol.) — Die von anderen Autoren angegebenen Gleichungen für die Beziehung zwischen dem Vol.-Verhältnis isomolarer Lsgg. u. der Zus. von Komplexverbb. maximaler Konz. werden als richtig bestätigt. Für die genannte Beziehung bei Ggw. von 4 gelösten Komplexverbb. werden Gleichungen abgeleitet. W. Wesly. 223◇

0532 **Eine Gleichgewichtstheorie für Komplexverbindungen in Lösung.** Kwang-Hsien Hsu. (Acta chim. sinica **27,** 93—96, 1961; Peking, Univ.; chin., Auszug: engl.) — Ein der Freundlichschen Adsorptions-Isotherme entsprechender, theoret. Ausdruck für die Änderung von Halbwellen-Potential, Redox-Potential, Löslichkeit usw. bei Bldg. von Komplex-Verbb. in Lsg. wird vorgeschlagen. W. Wesly. 223◇

0533 **Viscosimetrischer Nachweis der Bildung von Additionsverbindungen in binären Nichtelektrolyt-Systemen.** Ewa Kozłowska. (Roczniki Chem. [Ann. Soc. chim. Polonorum] **36,** 1661—70, 1962; Toruń, Univ. de N. Copernic, Inst. de Chim. Min.; pol.) — Die Anwendung von Gleichungen für die Viscosität von bin. Gemischen von Syst., in denen Additionsverbb. gebildet werden (HNO_3–Chlf., CH_3OH–$C_2H_4Cl_2$), wird erörtert. Die Best. der Existenz u. Zus. der gebildeten Verb. aus den viscosimetr. Werten wird beschrieben. W. Wesly. 223◇

0534 **Untersuchungen an konzentrierten Lösungen von Oxosäuren, die durch Ionenaustausch hergestellt wurden. 1. Mitt. Gleichgewichte mit ein- und mehrkernigen Oxosäuren von Germanium.** P. J. Antikainen. (Suomen Kemistilehti B **33,** 38—40, 1960; Helsinki, Univ. of Helsinki, Inst. of Chem.; engl.) — Durch Ionenaustausch an Amberlite IR 120 (H^+-Form) wurden konzentriertere H_2GeO_3-Lsgg. als durch Lösen von GeO_2 in W. erhalten. Lsgg. mit < 0,23 m GeO_2 sind stabil, während aus konzentrierteren Lsgg. (bis 0,5 m) langsam GeO_2 ausfällt. Die konzentrierteren Lsgg. wurden potentiometr. u. kryoskop. untersucht. Die Ergebnisse können unter der Annahme von Gleichgew. zwischen H_2GeO_3, $HGeO_3^-$ u. zwei einbasigen, zwei- u. dreikernigen Ionen (A^- bzw. L^-) erklärt werden. Folgende Gleichgewichts-Konst. wurden berechnet: $k_2 = [H^+][A^-]/[H_2GeO_3]^2 = 5 \cdot 10^{-5}$; $k_2/K_1 = [A^-]/[H_2GeO_3][HGeO_3^-] = 1,9 \cdot 10^4$; $k_3 = [H^+][L^-]/[H_2GeO_3]^3 = 2,3 \cdot 10^{-4}$; $k_3/K_1 = [L^-]/[H_2GeO_3]^2[HGeO_3^-] = 8,8 \cdot 10^4$. G. Heller. 223◇

0535 **Der Einfluß von Elektrolyten auf die Bildung von Polysäuren. Tellursäure in wäßrigen Lösungen von Natriumperchlorat.** P. J. Antikainen und Kaarina Tevanen. (Suomen Kemistilehti B **33**, 59—60, 1960; engl.) — Vgl. vorst. Referat. — Im Gegensatz zu Ergebnissen an Borsäure (vgl. C. **1963**, 7278) scheint eine Änderung der Konz. des neutralen Elektrolyten (0,1 u. 3 m $NaClO_4$) keinen Einfl. auf das Konz.-Verhältnis der einfach geladenen, zwei- u. dreikernigen komplexen Anionen zu haben, die in konz. Tellursäure-Lsgg. vorliegen. Die Bldg.-Konst. aller Anionen werden tabellar. mitgeteilt. G. Heller. 223◇

0536 **Potentiometrische Untersuchung von Quecksilber-Diäthyldithiocarbamat-Komplexverbindungen.** 2. Mitt. Wiktor Kemula, Adam Hulanicki und Wojciech Nawrot. (Roczniki Chem. [Ann. Soc. chim. Polonorum] **36**, 1717—18, 1962; Warsaw, Univ., Dep. of Inorg. Chem.; engl.) — 1. vgl. Bull. Acad. polon. Sci., Sér. Sci. chim. **9**, [1961], 477. — Potentiometr. Unterss. über die Bldg. von Komplexverbb. aus Diäthyldithiocarbamat (I) u. Hg^{2+} zeigen, daß in Ggw. eines I-Überschusses hauptsächlich $Hg(DDTC)_2$ (**II**) gebildet wird u. die Bldg. von $Hg(DDTC)^+$ vernachlässigt werden kann. Das Löslichkeitsprod. von **II** wird zu $3,2 \cdot 10^{-41}$ bei 20° u. einer Ionenstärke von $\mu = 0,1$ (KNO_3) bestimmt. In Ggw. von Hg^{2+}-Überschuß kann die Existenz von $[Hg(DDTC)_3]^-$ u. $[Hg(DDTC)_4]^{2-}$ vernachlässigt werden. Die Stabilitätskonst. $K_1 = [Hg(DDTC)^+]/[Hg^{2+}] \cdot [DDTC^-]$ beträgt $1,2 \cdot 10^{20}$. W. Wesly. 223◇

0537 **Eine polarographische Untersuchung über Thallium(I)-acetat-Komplexverbindungen.** Ming-Chang Pai, Chien-Min Chang, Hui-Jung Hu und Kyi-Hsien Chang. (Acta chim. sinica **27**, 163—65, 1961; Inner Mongolia, Agric. Coll.; chin., Auszug: engl.) — Aus den Halbwellenpotentialen von Tl^+ in $NaClO_4$–Na-Acetat-Gemischen bei 25° im Bereich von 0—2,0 m Na-Acetat u. bei einer Ionenstärke von 3,00 wird die Existenz von $Tl(CH_3COO)_2^-$ nachgewiesen. Früher waren bereits $Tl(CH_3COO)$ u. Tl^+ gefunden worden. Die Stabilitäts-Konst. betragen $K_1 = 0,0661 \pm 0,01$, $K_2 = 0,178 \pm 0,03$. W. Wesly. 223◇

0538 **Spektrophotometrische und potentiometrische Untersuchungen über die Zusammensetzung und Stabilität des Chrompropionat-Komplexes.** Mohd. Muzaffaruddin, Salahuddin und Wahid U. Malik. (J. Indian chem. Soc. **40**, 467—71, 1963; Aligarh, Muslim Univ., Chem. Labor.; engl.) — Beim Kochen von $CrCl_3$ u. Propionsäure bei 70° bildet sich zwischen pH 4,7 u. 5,5 nach spektrophotometr. u. potentiometr. Unterss. ein 1 : 1-Komplex. Für diesen Komplex beträgt log k 2,74 u. ΔF^0 — 3,797 kcal. H. Schroth. 223◇

0539 **Chemische Untersuchung einiger als Korrosionsinhibitoren für Eisen wirksamer Amine.** Fatemeh Pachai. (C. R. hebd. Séances Acad. Sci. **256**, 3096—99, 1963; Paris, École Nat. Sup. de Chim.; franz.) — Vf. untersucht spektrophotometr. u. polarograph. die Komplex-Bldg. zwischen $8 \cdot 10^{-2}$ m Fe^{2+}-Lsg. u. *Mono-, Di-* u. *Tripropylamin, Trimethylamin, Triäthylamin* bzw. *Tributylamin* bei pH ≦ 4. Im untersuchten pH-Bereich werden die komplexen Kationen $[Fe(C_3H_7NH_2)]^{2+}$, $[Fe(C_3H_7NH_2)_3]^{2+}$, $\{Fe[(C_3H_7)_2NH]_2\}^{2+}$, $\{Fe[(C_3H_7)_2 \cdot NH]_4\}^{2+}$, $\{Fe[(C_3H_7)_3N]_3\}^{2+}$, $\{Fe[(CH_3)_3N]_2\}^{2+}$, $\{Fe[(C_2H_5)_2 \cdot N]_2\}^{2+}$ u. $\{Fe[(C_4H_9)_3N]_4\}^{2+}$ beobachtet. Die Stabilität der Komplexe steigt mit zunehmender Kettenlänge der Alkylgruppen beträchtlich an. Herbert Müller. 223◇

0540 **Komplexe, die aus α-Hydroxyamidinen und Übergangsmetallionen gebildet werden.** 2. Mitt. **Komplexe mit Kupfer(II).** R. O. Gould und R. F. Jameson. (J. chem. Soc. [London] **1963**, 15—22; Dundee, Univ. of St. Andrews, Queen's Coll.; engl.) — 1. vgl. C. **1962**, 13685. — Mandel- (H_2A^+), Atrolact- (H_2B^+) u. α-Hydroxy-α-phenylbutyramidiniumionen (H_2C^+) bilden mit Cu(II)-Ionen in wss. Lsg. bei pH ca. 10 starke, ungeladene Komplexe, die mit Pentanol aus der wss. Lsg. extrahiert werden können. Bei ihrer Bldg. werden 4 OH^-- u. 2 Amidiniumionen pro Cu(II)-Ion verbraucht. Im Falle von CuB_2 u. CuC_2 kristallisieren die Verbb. aus den wss. tiefrötlichblauen Lsgg. als Dihydrate aus. Für ihre Stabilitäts-Konst. in wss. Lsg. bei 25° u. einer Ionenstärke $\mu = 0,1$ (KCl) sowie für ihre magnet. Momente wurden folgende Werte ermittelt: CuA_2: ($\log K_1$) = 12,50; ($\log K_2$ =) 11,30; μ = 1,81 (B. M.). — CuB_2: 12,73; 11,57; μ 1,84. — CuC_2: 12,86; 11,70; μ 1,88. — Ihre Spektren wurden in wss. Alkali, Pentanol u. Formamid im Bereich von 300 bis 2000 nm bestimmt. Die Spektren von quadrat.-planaren Cu(II)-Komplexen im sichtbaren Bereich werden diskutiert u. mit denen der α-Hydroxyamidin–Cu(II)-Verbb. (I) verglichen. Die Stabilitäten von **I** werden mit denen der α-Aminosäuren verglichen, die Funktion der α-Hydroxygruppe bei der Komplex-Bldg. wird diskutiert. P. Scharner. 223◇

0541 **Zur Löslichkeit des Natriumchlorids in Glycerinlösungen.** Antonín Kopecký. (Chem. Průmysl **12(37)**, 360—61, 1962; Praha, Výzkumný ústav Sdrûženi tûkového průmyslů; tschech.) — Die Befunde von Carr u. Mitarbeitern [1925] werden im wesentlichen bestätigt. NaCl wurde nach Mohr, Glycerin (**I**) refraktometr. bestimmt, wobei eine Formel zur Berechnung des **I**-Geh. aus dem Brechungsindex u. dem NaCl-Geh. angegeben wird. W. Stross. 224◇

0542 **Über die Löslichkeit von Wismuthexacyanoferrat(II) $Bi_4[Fe(CN)_6]_3$.** Halina Basińska, Zenon Orylski und Aleksandra Charaszkiewicz. (Chem. analit. [Warszawa] **8**, 473—74, 1963; Toruń, M. Kopernika Univ., Inst. of Inorgan. Chem.; poln.) — Die Löslichkeit von $Bi_4[Fe(CN)_6]_3$ in 0,1, 0,01 u. 0,001 n HNO_3, W., 20, 40, 60 u. 96,2%ig. A. sowie Aceton wird mitgeteilt. H. Kuchenbecker. 224◇

0543 **Messung von Dissoziationskonstanten einiger Barium-, Europium- und Hexamminkobalt-Ionenpaare durch Verwendung radioaktiv markierter, schwachlöslicher Jodate.** S. H. Laurie und C. B. Monk. (J. chem. Soc. [London] **1963**, 3343—47; Aberystwyth, Univ. Coll. of Wales, Edward Davies Chem. Labor.; engl.) — Die Löslichkeiten der Jodate von (1) Ba (markiert mit ^{131}J), (2) Eu (markiert mit $^{152}Eu + ^{154}Eu$) u. (3) $[Co(NH_3)_6]^{2+}$ (markiert mit ^{60}Co) in Lsgg. von (1) Tartrat u. Malonat, (2) Cl^-, Sulfat, Hexacyanoferrat(III) u. Glykolat sowie (3) ClO_4^-, Sulfat, Tartrat, Malonat, Lactat u. Thiocyanat wurden durch Messung der γ-Aktivität der gesätt. Lsgg. bestimmt. Die Löslichkeiten der Jodate in W. wurden durch Titration mit Thiosulfat ermittelt. Aus diesen Werten wurden unter Anwendung der allg. Gleichung für Aktivitätskoeff. von Davies die Dissoziationskonst. der gebildeten Ionenpaare berechnet. Die Ergebnisse in der obigen Reihenfolge: $23 \cdot 10^{-4} \pm 3\%$, $1 \cdot 10^{-2} \pm 20\%$, $19 \cdot 10^{-5} \pm 10\%$, $11 \cdot 10^{-5} \pm 10\%$, $32 \cdot 10^{-5} \pm 7\%$, $25 \cdot 10^{-5} \pm 4\%$, $68 \cdot 10^{-5} \pm 6\%$, $47 \cdot 10^{-5} \pm 3\%$, $21 \cdot 10^{-2} \pm 5\%$, $13 \cdot 10^{-2} \pm 8\%$. Die Resultate werden mit Werten anderer Autoren verglichen u. diskutiert. Es wird nachgewiesen, daß auch eine ungefähre Kenntnis der Löslichkeit in W. zu einer relativ genauen Berechnung der Dissoziationskonst. ausreicht. T. Tamberg. 224◇

0544 **Die Extraktions-, R_M- und R_F-Koeffizienten in bestimmten Zweiphasensystemen mit mehreren Komponenten.** Edward Soczewiński. (Chem. analit. [Warszawa] **8**, 337—46, 1963; Lublin, Med. Acad., Dep. of Inorg. Chem.; poln.) — Beziehungen, die die Abhängigkeit des Extraktions-Koeff. Kr u. des R_M-Koeff. (R_M = log Kr) von der Phasen-Zus. einer Reihe von Zweiphasen-Syst. beschreiben, wurden abgeleitet. Meth. zur räumlichen Darstellung dieser Abhängigkeiten sowie zur graph. Auswertung von Meßergebnissen wurden aufgezeigt.

Relativ einfache Beziehungen ergaben sich, wenn die Verteilung mit Hilfe des log Kr oder mit Hilfe des R_M-Koeff. angegeben wurde. Bei Angabe der prozentualen Extraktion u. des R_F-Koeff. (R_F = Kr/Kr + 1) erhält man wesentlich kompliziertere Beziehungen.
H. Kuchenbecker. 224◇

0545 **Sterische Effekte bei der synergetischen Extraktion von Lanthaniden, Yttrium und Scandium.** P. G. Manning. (Canad. J. Chem. **41**, 658—66, 1963; Ottawa, Dep. of Mines and Techn. Surv., Min. Sci. Div.; engl.) — Die Verteilungskoeff. der trägerfreien Nuclide ^{170}Tm, ^{144}Ce, $^{152/154}Eu$, ^{160}Tb, ^{177}Lu, ^{91}Y u. ^{46}Sc zwischen einer wss. HNO_3-Phase u. einer Kerosin-Phase, die Thenoyltrifluoraceton (HTTA) u. Dibutylbutylphosphonat (DBBP) oder HTTA u. Bis-[2-äthylhexyl]-2-äthylhexylphosphonat (DEEP) enthielt, wurde in Abhängigkeit von der HNO_3-, HTTA- u. Phosphonat-Konz. gemessen. Aus den Ergebnissen wurden Gleichgew.-Konst. (k_2) für die Bldg.-Rkk. der extrahierten Species errechnet. Diese Rkk. verliefen allg. nach: $M_w^{3+} + 3HTTA_0 + 2S_0 = [M(TTA)_3S_2]_0 + 3H_w^+$ (M: Metallion, S: Phosphonat; o: organ. Phase). Allein beim Sc bildeten sich je nach der Alkylgruppe des Phosphonats Mono- oder Disolvatkomplexe. Die k_2-Werte erlauben in Kombination mit Ergebnissen von Bronaugh u. Suttle (1951) die Berechnung der Gleichgew.-Konst. der Rkk. $[M(TTA)_3]_0 + 2S_0 = [M(TTA)_3S_2]_0$. Der Einfl. ster. Effekte auf die Bldg. der extrahierten Species wird an Hand der Resultate diskutiert.
T. Tamberg. 224◇

0546 **Untersuchungen über die Solventextraktion von Niob-95 im System Tribenzylamin–Salzsäure.** Takashi Omori und Nobuo Suzuki. (Bull. chem. Soc. Japan **35**, 1633—37, 1962; Katahira-cho, Sendai, Japan, Tohoku Univ., Fac. of Sci., Dep. of Chem.; engl.) — Die Extraktion von ^{95}Nb aus HCl mit Tribenzylamin (R—H) wird durch die folgenden Rkk. beschrieben: $Nb(OH)_2Cl_4^- + RCl \rightleftharpoons RNb(OH)_2Cl_4 + Cl^-$, $RNb(OH)_2Cl_4 + RCl \rightleftharpoons RNb(OH)_2Cl_4 \cdot RCl$ u. $RNb(OH)_2Cl_4 \cdot RCl + RCl \rightleftharpoons RNb(OH)_2Cl_4 \cdot 2\,RCl$. Die Temp.-Abhängigkeit u. der Einfl. der Konzz. von H^+ u. Cl^- werden untersucht.
B. Schmitt. 224◇

0547 **Radiochemische Untersuchungen der Extraktion von Metallionen.** 2. Mitt. **Extraktion von Mn(II), Fe(III), Co(II), Cu(II) und Zn durch 8-Mercaptochinolin.** Jan Mikulski und Ignacy Stroński. (Nukleonika [Warszawa] **7**, 769 bis 773, 1962; Krakôw, Inst. of Nucl. Phys., Labor. of Chem. and Radiochem.; engl.) — Es wurde die Abhängigkeit des Verteilungskoeff. vom pH-Wert untersucht. Die organ. Phase war 0,1 m 8-Mercaptochinolin (**I**) in Chlf., die wss. Phase enthielt 10^{-3}—10^{-4} m des Metalles (inakt.), radioakt. Isotop (^{54}Mn, ^{55,59}Fe, ^{60}Co, ^{65}Zn, ^{90}Sr, ^{90}Y, ^{189}Hf, ^{234}Th) u. je nach pH-Wert HCl (1—3 n), HCl + 0,2 m KCl, oder Tartrat- bzw. Acetatpuffer. Die maximalen Verteilungskoeff. haben folgende Größenordnung: Mn(II): $q = 100$, $pH > 6$, Co(II): $q \sim 10$, $pH \geq 6$, Cu(II): $q = 10$, $pH \geq 6$, Fe(III): $q = 6$, $pH \geq 5$, Zn: $q = 0{,}8$, $pH \geq 4$. Nicht extrahiert werden Sr, Y, Hf u. Th. — Darstellung von **I**: 18 g des Zinndoppelsalzes von **I** (Edinger [1908]) wurden in 200 ml heißem 10%ig. NaOH gelöst, auf 30° gekühlt u. 13 ml 30%ig. H_2O_2 zugegeben. Abfiltrieren des farblosen *Disulfides* von **I**, Waschen mit 2%ig. NaOH, W., Trocknen bei 60°. 5 g Disulfid in 100 ml HCl (D. 1,19) werden mit 6,7 g KH_2PO_2 30 Min. lang in der Siedehitze red., nach dem Abkühlen wird ausgefallenes KCl entfernt, die Lsg. mit gesätt. Na_2CO_3-Lsg. auf pH 5,5—6 eingestellt u. mit Ae. extrahiert. Durch Verdampfen des Äe. erhält man das *Dihydrat* von **I**, $C_9H_7NS \cdot 2H_2O$. S. Eberle. 224◇

0548 **Bemerkung zur Para-Ortho-Umwandlung in festem Deuterium.** Kazuko Motizuki. (J. physic. Soc. Japan **17**, 1192, 1962; Osaka, Univ., Dep. of Phys.; engl.) — Vgl. C. **1958**, 3820. — Es werden die Para-Ortho-Übergangswahrscheinlichkeit u. das Geschw.-Gesetz der Umwandlung diskutiert. M. Engel. 225◇

0549 **Kinetik der Reaktionen von aktivem Stickstoff mit Sauerstoff und mit Stickstoffoxid.** M. A. A. Clyne und B. A. Thrush. (Proc. Roy. Soc. [London], Ser. A **261**, 259—73, 1961; Cambridge, Univ., Dep. of Phys. Chem.; engl.) — Die Abnahme der Konz. an N-Atomen in Ggw. von Sauerstoff wurde in einem schnellströmenden Syst. zwischen 412 u. 755°K untersucht. Die jeweilige Konz. an N-Atomen wurde durch Titration mit NO bestimmt. Der erste langsame Rk.-Schritt verläuft nach (1) $N + O_2 \rightarrow NO + O$, dem die wesentlich schnellere Rk. (2) $N + NO \rightarrow N_2 + O$ folgt. Rk. (1) ist 1. Ordnung bzgl. der N-Atome u. der O_2-Moll. mit der Geschw.-Konst. $k_1 = 8{,}3 \cdot 10^{12} \exp(-7100/RT)\ cm^3 \cdot Mol^{-1} \cdot s^{-1}$ zwischen 412 u. 755°K. Bei hoher O_2-Strömungsgeschw. u. hohen Temp. konnte das Kontinuum des Luftnachleuchtens mit geringer, aber meßbarer Intensität beobachtet werden. Demnach sind NO- u. O-Atome anwesend, u. Rk. (2) ist nicht vollständig verlaufen. Die NO-Konzz. wurden durch Messung der Intensität des Nachleuchtens mit einem Photomultiplier bestimmt, der vorher entsprechend geeicht war. So konnte k_2 zu $3{,}0 \cdot 10^{13} \cdot \exp(-200/RT)\ cm^3 \cdot Mol^{-1} \cdot s^{-1}$ ermittelt werden. Der Mittelwert für k_2 zwischen 476 u. 755°K betrug $2{,}5 \cdot 10^{13}\ cm^3 \cdot Mol^{-1} \cdot s^{-1}$ u. war prakt. unabhängig von der Temperatur. Beide Rkk. laufen über Übergangskomplexe ab mit Mol.-Konst. u. Schwingungsfrequenzen, die denen des NO_2 sehr ähnlich sind. Jedoch weicht der berechnete Wert für das Verhältnis der Frequenzfaktoren der beiden Rkk. $A_1/A_2 = 1{,}4$ stark vom experimentell bestimmten (0,3) ab. M. Olivier. 225◇

0550 **Der Einfluß von Schwefeldioxid auf die Verbrennung einiger anorganischer Verbindungen.** 2. Mitt. **Das System Stickstoffoxid–Schwefeldioxid–Sauerstoff.** C. F. H. Tipper und R. K. Williams. (Trans. Faraday Soc. **57**, 79—86, 1961; Liverpool, Univ., Dep. of Inorg. and Phys. Chem.; engl.) — Das Syst. $NO + SO_2 + O_2$ wurde im Temp.-Bereich von 20—570° untersucht. Bei niedrigen Drücken ist die Anfangsgeschw. ϱ_i der Oxydation von NO in einem stat. Syst. annähernd 2. Ordnung bzgl. NO u. 1. Ordnung bzgl. O_2; mit steigendem Druck nimmt die Abhängigkeit der Rk.-Geschw. von den Konzz. beider Rk.-Partner ab; die Aktivierungsenergie beträgt — 1,75 kcal/Mol. N_2 u. SO_2 wirken leicht hemmend auf den Anfangsprozeß, im weiteren Verlauf der Rk. tritt jedoch Rk. mit SO_2 ein; die Geschw. ϱ_s dieser 2. Rk.-Phase ist direkt proportional dem Druck aller drei Rk.-Partner, die Aktivierungsenergie beträgt 7,0 kcal/Mol. Die Rk. verläuft in beiden Phasen homogen. Endprod. ist ein weißer, fester Körper, bei höheren Temp. vermutlich ein Gemisch von $SO_3 + (SO_3)_2 \cdot N_2O_3$. Es wird ein Rk.-Mechanismus vorgeschlagen, nach dem NO mit O_2 zu NO_3 reagiert, das sich mit NO oder SO_2 unter Bldg. von NO_2 umsetzt. Bei Temp. über 200° zerfällt NO_2 in NO u. O_2, wodurch überschüssiges SO_2 oxydiert werden kann. M. Schenk. 225◇

0551 **Kinetische Untersuchung der Kohlenmonoxid–Sauerstoff-Reaktion unter Ausnutzung des Inhibitionsmechanismus dieser Reaktion.** P. Laffitte, F. Cusin und H. James. (Combust. and Flame **6**, 163—71, 1962; Paris, Fac. des Sci., Labor. de Chim. Gén.; engl.) — Der Mechanismus der Zündungsrk. u. die Rk.-Verzweigung der explosiven Verbrennung von CO mit O_2 wird über den Inhibitionsmechanismus bei Zugabe kleiner Mengen C_2H_6 untersucht. Es zeigt sich, daß die Zündung über eine heterogene Wandrk. verläuft.
G. M. Neumann. 225◇

0552 **Chloraustausch in nichtwäßrigen, chlorhaltigen Lösungsmitteln.** J. Lewis. (Sci. Progr. **48**, 81—88, 1960; London, Univ. Coll., W. Ramsay and R. Forster Labor.; engl.) — Übersicht. Behandelt wird das Säure-Base-Verh. von fl. *NOCl*, *$AsCl_3$*, *$SeOCl_2$*, *$SOCl_2$*, *$POCl_3$* u. *$COCl_2$* unter dem Gesichtspunkt der Lindquist-Gutmanschen Säure-Base-Definition für Cl-haltige Lösungsmittel. — 24 Literaturhinweise. K. Jaeger. 225◇

0553 **Untersuchung der Reaktion von Chromat mit Diphenylcarbazid.** A. K. Babko und T. Je. Getman. (J. allg. Chem. [UdSSR] **29(91)**, 2416—20, 1959; Inst. für allg. u. anorg. Chem. der Akad. der Wiss. der UdSSR; russ.) — Die Unters. der Oxydation von *Diphenylcarbazid* (**I**) mit Chromaten unter Zusatz von Komplexbildnern u. Red.-Mitteln zeigt, daß die bei der Rk. auftretende Färbung nicht Cr^{2+}- oder Cr^{3+}-haltigen Komplexen von Oxydationsprodd. des **I** zugeschrieben werden kann,

sondern wahrscheinlich von chinhydronartigen Oxydationsprodd. des **I** hervorgerufen wird. Die Widersprüche in der Literatur werden mit der unterschiedlichen Extrahierbarkeit des Farbstoffs u. der Chromkomponente in Abhängigkeit von der Acidität der Lsgg. erklärt.
B. Celms. 225△

0554 **Reduktion von Permanganat durch einige Carbonsäuren in Gegenwart von Jodid.** D. D. Misra und Y. K. Gupta. (Bull. Acad. polon. Sci., Sér. Sci. chim. **9,** 379—87, 1961; Nainital, India, Gov. Coll., Dep. of Chem.; engl.) — Die Red. von Permanganat durch *Oxalsäure* (**I**), *Citronensäure* (**II**), *Weinsäure* (**III**), *Malonsäure* (**IV**) oder *Maleinsäure* (**V**) in Ggw. von geringen Mengen KJ wurde bei 25° untersucht. Dabei wurde für die Geschw. der Entfärbung folgende Reihe gefunden: **V** > **III** > **II** > **I** > **IV**. Bis auf die Rk. mit **V** u. **III** werden sämtliche Oxydations-Rkk. durch den pH-Wert stark beeinflußt. Für die Oxydation mit MnO_2 läßt sich folgende Reihe der Rk.-Geschw. aufstellen: **I** > **II** > **III** > **IV** > **V**. Mit zunehmender Alterung des MnO_2 nimmt die Rk.-Geschw. ab. **V** red. Permanganat sofort; in Ggw. von Jodid wird die Rk. jedoch verlangsamt u. es wird MnO_2 gebildet.
D. Hass. 225◇

0555 **Reaktion von atomarem Sauerstoff mit Kohlenstoff.** H. Marsh, E. O'Hair, R. Reed und W. F. K. Wynne-Jones. (Nature [London] **198,** 1195—96, 1963; Newcastle-upon-Tyne, Univ. of Durham, King's Coll., Northern Coke Res. Labor., Dep. of Chem.; engl.) — In einem Strömungssyst. (335 cm^3/h; 0,13 Torr) wurde atomares O durch eine elektrodenlose Hochfrequenzentladung (28 MHz) dargestellt u. die Rk. mit C-Proben in u. neben dem Plasma elektronenmkr. beobachtet. Die O-Konz. an den C-Proben betrug ca. 10%. Außerhalb des Plasmas wurde bei 20° während einer Std. mit Ticonderoga-Graphit keine Oxydation beobachtet, während bei 100° nach einer Std. schwache Rk. eintritt. Der Grad der erhaltenen Ätzfiguren ist temperaturabhängig. Im Plasma tritt die Rk. schon bei Raumtemp. ein, sie wird bei Temp.-Erhöhung stärker. Ernst Schulte. 225◇

0556 **Kinetische Untersuchung der Oxydation von Zirkonium bei erhöhten Temperaturen.** Marcel Perdereau und Jean Bardolle. (C. R. hebd. Séances Acad. Sci. **256,** 4665—68, 1963; Paris, E.N.S.C.P.; Reims, Fac. des Sci.; franz.) — Aus Kroll-*Zr* sowie normalem u. gereinigtem Van Arkel-*Zr* werden 0,5 mm dicke Plättchen geschnitten, die nach dem Ätzen bei 0,1—300 Torr O_2 0—200 Min. lang auf 700, 800 bzw. 900° erhitzt werden. Die Gew.-Zunahme der Proben $\Delta m/s$ (mg/cm^2) ist als Funktion der Zeit graph. angegeben. Die Oxydationsgeschw. wird mit $(\Delta m/s)^n = kt$ (t Zeit, n u. k Konst.) beschrieben. n liegt für ungereinigtes Zr zwischen 3 u. 4 u. erreicht für gereinigtes Zr den Wert 3. Die Aktivierungsenergie der Rk. beträgt 40 kcal/Mol. Die Abhängigkeit der Rk.-Geschw. vom O_2-Druck wird unter Berücksichtigung der gebildeten Oxidschicht diskutiert.
Herbert Müller. 225◇

0557 **Untersuchung des Oxydationsmechanismus von Nickelsulfid NiS.** Denise Delafosse und Jean-Claude Colson und Pierre Barret. (C. R. hebd. Séances Acad. Sci. **254,** 3685—87, 1962; Dijon, Univ., Fac. des Sci., Labor. de Chim. gén.; franz.) — Der Mechanismus der Oxydation von NiS zwischen 350 u. 450° unter einem O_2-Druck von 80 Torr scheint von den experimentellen Bedingungen u. dem Partialdruck des entstehenden SO_2 abzuhängen. Ist letzterer bei 350° > 2 Torr, wird die Bldg. von $NiSO_4$ begünstigt. Bei einem niedrigen Druck verläuft die Oxydation unter Bldg. von NiO über die Zwischenprodd. $NiSO_4$ (**I**), Ni_3S_2 (**II**) u. NiS_2 (**III**). Die Unterss. wurden nach einer früher beschriebenen thermogravimetr. Meth. durchgeführt. SO_2 wurde über eine Kühlfalle der Rk. entzogen. Die Anteile an **I** u. **II** im Zwischenprod. sind gering, während die Menge an **III** ziemlich groß ist u. über ein Maximum mit wachsender NiO-Bldg. abnimmt. H. Fries. 225◇

0558 **Oxydation von Rubidiumjodid durch Ultraschallwellen.** Wiktor Wawrzyczek und Antoni Przybylski. (Roczniki Chem. [Ann. Soc. chim. Polonorum] **36,** 1217—22, 1962; Olsztyn, Wyższej, Kat. Chem. Ogólnej; pol.) — Wss. RbJ-Lsgg. werden im Ultraschallfeld zu freiem *Jod* oxydiert. Die ausgeschiedene Jodmenge ist von der Konz. der Lsg. u. von der Beschallungsdauer abhängig. Bei höheren Konzz. u. längerer Beschallungsdauer erfolgt teilweise Rückreduktion. O_2, He u. Ne verhindern die Oxydation von RbJ nicht, H_2 dagegen unterdrückt sie vollständig. Organ. Verbb. mit hohem Dampfdruck, wie Aceton, inhibieren ebenfalls vollständig, solche mit geringen Dampfdrücken, wie Glycerin, wirken katalytisch. P. Frenzel. 226◇

0559 **Photochemie von Komplexsalzen in Lösung. 8. Mitt. Lösungsmitteleffekt auf die Photoreduktion von oktakoordinierten Komplexen.** Vincenzo Balzani und Vittorio Carassiti. (Ann. Chimica **52,** 432—38, 1962; Bologna e Genova, Nucl. di Lavoro di Struttur. e Spettr. mol., organ. dal Centro Stud. di Chim. appl. del Consiglio naz. delle Ric.; ital.) — 7. vgl. Ann. Chimica **51,** [1961], 533. — Zu $[Mo(CN)_8]^{4-}$ bzw. $[W(CN)_8]^{4-}$ verlaufende Photored. (PR) von $K_3[Mo(CN)_8]$- u. $K_3[W(CN)_8]$-Lsgg. in verschiedenen Alkohol–Wasser-Gemischen wird bei Bestrahlung mit Licht (λ = 3650 Å) beobachtet. Benutzt werden 0,001 m Lsgg. in W. oder W. mit 20 u. 40 (Vol.-%) CH_3OH, 20 u. 40 A., 40 Propanol (**I**) u. 40 Isopropanol (**II**). Die erhaltenen Quantenausbeuten (Φ) sind 4,4, 4,1, 3,8, 3,9, 3,4, 3,2 u. 3,4 für $[Mo(CN)_8]^{3-}$ u. 1,6, —, 1,3, 1,4, 1,3, 1,4 u. 1,4 für $[W(CN)_8]^{3-}$. Die Extinktion verändert sich linear mit der Zeit; die Neigung der Funktion ist kleiner in Alkohol–Wasser-Gemischen als in W. allein.
G. Platzer. 226◇

0560 **Untersuchungen über die Aktivität von Kobalt–Aluminiumoxid-Katalysatoren für die Ammoniakoxydation.** Józef Hawliczek und Janusz Malik. (Roczniki Chem. [Ann. Soc. chim. Polonorum] **36,** 1713—15, 1962; Warszawa, Inst. of Technol., Dep. of Inorg. Technol.; pol.) — Die Aktivität von Co–Al_2O_3-Katalysatoren für die NH_3-Oxydation wird als Funktion des Geh. an Al_2O_3, des Herst.-Verf. u. der Temp. untersucht. Das verwendete polymorphe α-Al_2O_3 ergab einen guten Aktivator in den industriell angewandten Katalysatoren mit 9 u. 15% Al_2O_3.
W. Wesly. 227◇

0561 **Einfluß von Sauerstoff auf die katalytische Wirksamkeit von Aktivkohle.** A. Swinarski und J. Siedlewski. (Roczniki Chem. [Ann. Soc. chim. Polonorum] **35,** 999—1008, 1961; Torun, Univ. de N. Copernic., Inst. de Chim. Anorg.; pol., Auszug: engl.) — Die katalyt. Wirksamkeit von Aktivkohle bei der Oxydation von H_2S wird mit der von Kohle verglichen, die nach Desorption mit O_2 gesätt. worden ist. Die Zus. der Oxydationsprodd. u. der Einfl. der Feuchtigkeit auf die Zus. werden beschrieben. W. Wesly. 227◇

0562 **Wirkung radioaktiver Strahlung auf die Adsorptions- und katalytischen Eigenschaften fester Körper.** László Guczi und Pál Tétényi. (Magyar tudományos Akad., kém. Tudományok Osztályának Közleményei [Ung. Akad. Wiss., Ber. Abt. chem. Wiss.] **18,** 585—601, 1962; Budapest, Isotopen-Inst. der Landesenergiekommiss.; ung.) — Übersicht. — 70 Literaturangaben. J. Plank. 227△

0563 **Halbleiter als Katalysatoren.** Georg-Maria Schwab. (Z. angew. Physik **14,** 50—52, 1962; München, Univ., Physikal.-chem. Inst.; dt.) — Vgl. C. **1964,** 3—0244.
C. Gottfried. 227△

A_8. Präparative anorganische Chemie, Komplexverbindungen, Metallorganische Verbindungen

0564 **Bindungsisomere Substanzen.** Lothar Kolditz. (Z. Chem. **3,** 291—97, 1963; Berlin, Humboldt-Univ., I. Chem. Inst.; dt.) — Übersicht unter bes. Berücksichtigung eigener Arbeiten des Vf. über bindungsisomere Halogenverbb. von *P*, *As* u. *Sb*. — 62 Literaturangaben.
A. Blaschette. 228◇

0565 **Phasenzusammensetzung des handelsüblichen „Ammoniumcarbonats".** C. B. Sclar und L. C. Carrison. (Science [Washington] **140,** 1205—07, 1963; Columbus, Ohio, Battelle Mem. Inst.; engl.) — Frisch geöffnete Behälter käuflichen, techn.-reinen Ammoniumcarbonats enthalten als einzige kristalline Phase eine Verb., die nach der chem. Zus., opt. Konst., Debye-Scherrer-Aufnahmen, IR-Absorptionsspektren u. D. ein Doppel-

salz ist: $NH_4HCO_3 \cdot NH_4CO_2NH_2$, das sich an der Luft bei Raumtemp. rasch in NH_4HCO_3 zersetzt.
R. Uttech. 243◇

0566 **Fluorhaltige Schwefelverbindungen.** George H. Cady. (Advances inorg. Chem. Radiochem. **2,** 105—57, 1960; Seattle, Wash., Univ. of Washington, Dep. of Chem.; engl.) — Zusammenfassende Übersicht. Behandelt werden S-Fluoride, F-haltige S-Oxidhalogenide, Fluorooxosäuren von S, eine Anzahl anorgan. Verbb., die S u. F enthalten, die C, S, F u. andere Elemente außer O enthalten, ferner Perfluoroalkansulfonsäuren, ihre Anhydride, Salze u. Ester sowie Sulfonylfluoride. — 336 Literaturzitate. K. Jaeger. 253◇

0567 **Amide und Imide der Oxosäuren des Schwefels.** Margot Becke-Goehring. (Advances inorg. Chem. Radiochem. **2,** 159—93, 1960; Heidelberg, Univ., Chem. Inst.; engl.) — Zusammenfassende Übersicht. Behandelt werden S-Imide der S-Oxide zwischen S(0) u. S(III), S-Imide, die sich von SO_2 ableiten, Amide der Oxosäuren von S(IV), S-Imide, die sich von SO_3 ableiten sowie Amide der Sauerstoffsäuren von S(VI). — 119 Literaturhinweise.
K. Jaeger. 253◇

0568 **Strukturen von Verbindungen, die Ketten von Schwefelatomen enthalten.** Olav Foss. (Advances inorg. Chem. Radiochem. **2,** 237—78, 1960; Bergen, Norge, Univ., Chem. Inst.; engl.) — Zusammenfassende Übersicht. Behandelt werden elementares S, Polysulfidionen, Schwefelwasserstoffe u. -halogenide, organ. Di- u. Polysulfide, durch Cyan- u. Sulfonyl-Gruppen abgeschlossene S-Ketten, Polythionate, unsymmetr. Verbb. sowie Struktur- u. stereochem. Probleme. — 240 Literaturzitate. K. Jaeger. 253◇

0569 **Untersuchungen über Thiosalze.** 5. Mitt. **Bildung des Thiosalzes aus Tellur(IV)-sulfid.** Keshava P. Dubey und Satyeshwar Ghosh. (J. Indian chem. Soc. **40,** 479—82, 1963; Allahabad, Univ. of Allahabad, Chem. Dep.; engl.) — 4. vgl. C. **1963,** 18005. — Mit Hilfe von Löslichkeits-Unterss. wurden die Stabilitäts-Konst. von TeS_3^{2-} u. TeS_2O^{2-} zu $4{,}1 \cdot 10^7$ u. $1{,}8 \cdot 10^4$ bestimmt. Konduktometr. u. potentiometr. Unterss. zeigen, daß sich Oxothiotellurite wie zweibasige Säuren verhalten. Die Werte für die erste u. zweite Dissoziations-Konst. sind: $2{,}0 \cdot 10^9$ u. $3{,}2 \cdot 10^{-11}$. H. Schroth. 255◇

0570 **Zum Stande der Chemie borsaurer Salze.** Hans-Albert Lehmann. (Z. Chem. **3,** 284—91, 1963; Dresden, TU, Inst. für anorg. u. anorg.-techn. Chem.; dt.) — Übersicht unter bes. Berücksichtigung der Borathydrate von Alkali- u. Erdalkalimetallen. — 70 Literaturangaben.
A. Blaschette. 258◇

0571 **Chemische Reaktivität der Borwasserstoffe und verwandter Verbindungen.** F. G. A. Stone. (Advances inorg. Chem. Radiochem. **2,** 279—313, 1960; Cambridge, Mass., Harvard Univ., Dep. of Chem.; engl.) — Zusammenfassender Überblick. Behandelt werden die Rkk. der Borane u. ihrer Derivate u. die neuesten Ergebnisse. — 156 Literaturhinweise. K. Jaeger. 258◇

0572 **Anwendung topochemischer Graphitreaktionen zur Untersuchung graphitisierbarer und nicht graphitisierbarer Kohlen.** N. Platzer. (J. Chim. physique Physico-Chim. biol. **58,** 120—25, 1961; Paris, Sorbonne, Labor. de Chim. Minér. A; franz.) — Durch Anwendung topochem. Graphitrkk. auf C-Präpp. von Petrolkoks bzw. Polyvinylchlorid (Oxydation, Rkk. mit K, Rb, Cs, H_2SO_4, H_2SeO_4, HNO_3 u. $FeCl_3$) wird gezeigt, daß derart graphitisierbare u. nicht graphitisierbare Kohlen unterschieden werden können. — Diskussion. G. Winkhaus. 260◇

0573 **Zur Kenntnis des Chlorgraphits.** 13. Mitt. **über magnetochemische Untersuchungen von Sorptionsvorgängen.** Robert Juza und Hinrich Seidel. (Z. anorg. allg. Chem. **317,** 73—83, 1962; Kiel, Christian-Albrechts-Univ., Anorg. Chem. Inst.; dt.) — 12. vgl. C. **1958,** 4123. — Vff. untersuchten durch Messung der magnet. Suszeptibilität die Bldg. von Chlorgraphit durch Einlagerung von Cl_2 während 30 Tagen in das Graphit-Gitter. Rest-Verbb. des Chlor- bzw. Bromgraphits, z. B. $C_{81}Cl$ (I) oder $C_{19}Cl$ (**II**), lagern Cl_2 bedeutend schneller als reiner Graphit ein. **I** bildet sich bei 12std. Abbau bei 220°, **II** durch Zers. des „gesätt." Chlorgraphits $C_{8,5}Cl$ bei 22°, dessen Zus. tensimetr. bestimmt wurde. Die Abweichungen vom Wert C_8Cl werden auf Kristallbaufehler zurückgeführt. Die Debye-Diagramme der verschiedenen Chlorgraphit- u. Bromgraphit-Modifikationen werden angegeben. Die Konst. c des Chlorgraphit-Gitters ist 50,5% größer als die des Graphits. Cl wird in jede 2. Schichtlücke eingelagert. Eine durch geordnete Cl-Atome bedingte Vergrößerung von a wurde nicht beobachtet. H. Bürger. 260□

0574 **Spaltung von Silicium–Silicium-Bindungen an einer Aluminiumoxid-Säule.** Ghansham R. Chainani, Sheila Coopper und Henry Gilman. (J. org. Chemistry **28,** 2146—48, 1963; Ames, Iowa, Iowa State Univ., Dep. of Chem.; engl.) — Bas. Al_2O_3 spaltet aus Hydroxypolyphenylpolysilanen das die OH-Gruppe tragende Si-Atom ab. So gibt $HO[Si(C_6H_5)_2]_4OH$ 46% symm. *Tetraphenyldisilan* sowie aus Diphenylsilandiol gebildetes Oktaphenylcyclotetrasiloxan; $R[Si(C_6H_5)_2]_5R'$ analog *Hexaphenyltrisilan* (I), 62% bei R = R'=OH (**II**), 50% bei R=R'= Cl; $R[Si(C_6H_5)_2]_4R'$ ebenfalls **I,** 51% bei R = H, R' = OH (**III**) bzw. 52% bei R = H, R' = Cl. Aus **II** läßt sich auch **III** abfangen. H^+ bewirkt keine Spaltung.

Versuche: *1.4-Dihydroxyoktaphenyltetrasilan*, $C_{48} \cdot H_{42}O_2Si_4$, F. 212—213° (Bzl./PAe.), durch Spaltung von $Cl[Si(C_6H_5)_2]_4Cl$ in THF mit verd. HCl, Ae.-Extraktion, 70% (Ausbeute). — Analog: *1.5-Dihydroxydekaphenylpentasilan*, F. 172—174° (Bzl./Cyclohexan), 92,2%. — *1.1.2.2.3.3-Hexaphenyltrisilan* (**I**), $C_{36}H_{32}Si_3$, F. 96—98.
H. Bürger. 261◇

0575 **Darstellung bestimmter Cyclopolymethylencyclosiloxane.** Francis J. Bajer und Howard W. Post. (J. org. Chemistry **28,** 1941—42, 1963; Buffalo, N. Y., State Univ. of New York, Dep. of Chem.; engl.) — Zur Darst. von *Tetracyclopentamethylencyclotetrasiloxan*, $C_{20} \cdot H_{40}O_4Si_4$, F. 71—73°, läßt man 20,7 g Mg-Pulver, 400 cm^3 Ae., 34,1 g $SiCl_4$ u. 92,0 g 1.5-Dibrompentan miteinander reagieren, hydrolysiert anschließend mit 200 ml 10%ig. HCl u. destilliert die Ae.-Schicht nach dem Trocknen mit $CaCl_2$ im Vakuum. Bei 156—169° (1) bzw. 173—187° (2) übergehende Fraktionen kristallisieren schnell bei Raumtemp., eine bei 198—200°/0,07 Torr übergehende erst nach einiger Zeit. Die Fraktionen (1) u. (2) werden aus A. umkristallisiert; 3,6 g (Ausbeute). In ähnlicher Weise werden erhalten: *Tricyclopentamethylencyclotrisiloxan*, $C_{15}H_{30}O_3Si_3$, F. 92—94°, aus 33 g 1.1-Dichlor-1-silacyclohexan, 250 ml Ae. u. 38,1 g Eis; 2,4 g; *Tricyclotetramethylencyclotrisiloxan* (**I**), $C_{12}H_{24}O_3Si_3$, F. 199—201°, u. *Tetracyclotetramethylencyclotetrasiloxan* (**II**), $C_{16}H_{32}O_4Si_4$, F. 114—116°, aus 20 g Mg-Pulver, 400 ml Ae., 34 g $SiCl_4$ u. 86 g 1.4-Dibrombutan; aus Heptan/Octan umkristallisierbares **I,** 2,2 g, scheidet sich bereits vor der Aufarbeitung ab, aus dem verbleibenden Öl neben einer unbekannten Si–H-enthaltenden Fraktion **II** durch Destillation, $Kp._{5,4}$ 43—52°; 2,8 g. H. Kuckertz. 261◇

0576 **Über Halogenophosphorsäuren und kondensierte Phosphorylhalogenide.** Herbert Grunze. (Z. Chem. **3,** 297—305, 1963; Berlin-Adlershof, Inst. für Anorg. Chem. der DAW; dt.) — Übersicht. — 55 Literaturangaben.
A. Blaschette. 264◇

0577 **Die Kondensation der Alkalidiphosphate mit Essigsäureanhydrid.** František Kašpárek. (Mh. Chem. **93,** 822—25, 1962; Olomouc, Palacký-Univ., Inst. für Anorg. Chem.; dt.) — Bei der Einw. von $(CH_3CO)_2O$ (I) auf Li-, Na-, K- u. NH_4-Diphosphat tritt eine Spaltung zu Monophosphat ein, das sich mit Diphosphat zu Triphosphat kondensiert. Letzteres cyclisiert zum Trimetaphosphat. Das $(NH_4)_4P_2O_7$ bildet unter diesen Bedingungen ausschließlich lineare Polyphosphate, $K_4P_2O_7$ am Kp. von **I** auch Oligophosphate. Die Kondens.-Rk. verläuft um so schneller, je größer das Atomgew. des Alkalimetalls ist u. je höhere Rk.-Temp., angewandt werden. Der Rk.-Verlauf wird papierchromatograph. verfolgt.
W. Dietzel. 264◇

0578 **Zur Kenntnis der Organophosphorverbindungen.** 5. Mitt. **Über Dialkylphosphinsäuren, Dialkylphosphinsäureanhydride und deren Thioderivate.** Wilhelm Kuchen, Karel Strolenberg und Hans Buchwald. (Chem. Ber. **95,** 1703—10, 1962; Aachen, TH, Inst. für Anorg. Chem. u. Elektrochem.; dt.) — 4. vgl. C. **1963,** 11217; 6. vgl. C. **1963,** 21470. — Dialkylphosphinsäuren werden gemäß $R_2P(S)-P(S)R_2 + 3\,HgO \rightarrow R_2P(O)-O-P(O)R_2 + 2\,HgS + Hg$; $R_2P(O)-O-P(O)R_2 + H_2O \rightarrow 2\,R_2P(O)OH$ in ca. 70%ig. Ausbeute dargestellt ($R = C_2H_5$, n-C_3H_7, n-C_4H_9, n-C_5H_{11}). Unter Feuchtigkeitsausschluß können die intermediären Dialkylphosphinsäureanhydride gewonnen werden. $R_2P(S)-P(S)R_2$ u. HgO reagieren häufig explosionsartig, beim Erwärmen in Ggw. eines H_2O-haltigen Lsgm. manchmal in heftiger Rk.; die Dialkylphosphinsäuren sind in Bzl. assoziiert (Assoziationsgrad 2,4), in W. monomer. H-Brückenbindungen werden durch IR-Spektren nachgewiesen. Innerkomplexbldg. wird nicht beobachtet, dagegen die Bldg. schwerlösl. Salze. Die den Dialkylphosphinsäureanhydriden analogen Thioverbb. werden gemäß $R_2P(S)Br + R_2P(S)SNa \rightarrow R_2P(S)-S-P-(S)R_2 + NaBr$ u. $2\,R_2P(S)Br + Ag_2O \rightarrow R_2P(S)-O-P(S)R_2 + 2\,AgBr$ isoliert. $R_2P(O)-O-P(O)R_2$ wird von W. sofort hydrolysiert; $R_2P(S)-S-P(S)R_2$ bzw. $R_2P(S)-O-P(S)R_2$ werden von W. kaum benetzt u. von verd. Laugen oder Säuren nur sehr langsam zu $R_2P(S)SH + R_2P(S)OH$ bzw. nur zu $R_2P(S)OH$ hydrolysiert. In Dioxan/Wasser-Gemisch kann die Hydrolysegeschw. gemessen werden: $R_2P(O)-O-P(O)R_2 \gg R_2P(S)-S-P(S)R_2 > R_2P(S)-O-P(S)R_2$; $R = C_3H_7 > C_2H_5$.

Versuche: *Diäthylphosphinsäure*, $C_4H_{11}O_2P$ (**I**), F. 19°, Kp.$_4$ 158°; 35 g HgO in 25 ml feuchtem Bzl. auf dem Wasserbad erwärmen u. 9,7 g Tetraäthyldiphosphindisulfid (**II**) in 50 ml Bzl. zutropfen, 1,5 Std. erhitzen, filtrieren u. eindampfen; Öl im Vakuum fraktionieren; farbloses Öl; 76% (Ausbeute). — *Di-n-propylphosphinsäure*, $C_6H_{15}O_2P$ (**III**), F. 59,9°, analog **I**; Umkrist. aus Ligroin; farblose Kristalle; 72%. — *Di-n-butylphosphinsäure*, $C_8H_{19}O_2P$, F. 70,5°, analog **III**; farblose Kristalle; 71,5%. — *Di-n-amylphosphinsäure*, $C_{10}H_{23}O_2P$, F. 69°, analog **III**; farblose Kristalle; 71%. — *Salze der Di-n-propylphosphinsäure*: $Fe[(C_3H_7)_2P(O)O]_3$, aus 0,015 Mo lIII in 100 ml heißem W. u. 0,005 Mol $FeCl_3 \cdot 6\,H_2O$ in 25 ml W.; farbloser Nd.; 100%; $Sn[(C_3H_7)_2P(O)O]_4$, aus **III** u. $SnCl_4 \cdot 4\,H_2O$; farblos; 100%; $ZrO[(C_3H_7)_2P(O)O]_2$, aus **III** u. $ZrOCl_2$; gelartige Masse, beim Trocknen feinkrist., farbloses Pulver; 100%; $UO_2[(C_3H_7)_2P(O)O]_2$, aus **III** u. $UO_2(CH_3COO)_2 \cdot 2\,H_2O$; zartgelb; 100%; $Th[(C_3H_7)_2 \cdot P(O)O]_4$, aus **III** u. $Th(NO_3)_4 \cdot 12\,H_2O$; farblos; 100%; $Ce[(C_3H_7)_2P(O)O]_3$, aus **III** u. $Ce(NO_3)_3 \cdot 6\,H_2O$; farblos; 46%; $La[(C_3H_7)_2P(O)O]_3$, aus **III** u. $La(NO_3)_3 \cdot 6\,H_2O$; farblos; 27%; $Co[(C_3H_7)_2P(O)O]_2$, $CoCO_3$ u. **III** ergibt in heißem Bzl. eine blaue Lsg.; heiß filtrieren u. einengen; bei 0° tiefblauer Nd.; 86,8%. — *Diäthylphosphinsäureanhydrid*, $C_8H_{20}O_3P_2$, Kp.$_{0,5}$ 124—125°, aus **II** u. getrocknetem HgO in Xylol unter Feuchtigkeitsausschluß unter N_2; farbloses Öl; 72%. — *Di-n-propylphosphinsäureanhydrid*, $C_{12}H_{28}O_3P_2$, F. 28—30°, Kp.$_{0,5}$ 133—134°, analog vorst. Verbb.; farblose Kristalle; 74%. — $(C_2H_5)_2P(S)-S-P(S)\cdot(C_2H_5)_2$, F. 51°, Kp.$_{0,5}$ 173—176°, aus $(C_2H_5)_2P(S)SNa \cdot 2\,H_2O$ nach Entwässern u. $(C_2H_5)_2P(S)Br$ in abs. Dioxan; farblose Nadeln; 73%. — $(C_3H_7)_2P(S)-S-P(S)(C_3H_7)_2$, F. 47,5, Kp.$_{0,7}$ 193,5—195°, aus $(C_3H_7)_2P(S)SNa$ u. $(C_3H_7)_2P(S)Br$ in abs. Dioxan; farblose, schuppenförmige Kristalle; 65%. — $(C_3H_7)_2P(S)-P(S)(C_2H_5)_2$, aus $(C_2H_5)_2P(S)SNa$ u. $(C_3H_7)_2P(S)Br$ in abs. Xylol; fraktionierte Dest. ergibt ein zwischen 175—177° (0,4 Torr) sd. Öl, das bei erneuter Fraktionierung offenbar dismutiert. — $(C_2H_5)_2P(S)-O-P(S)(C_2H_5)_2$, F. 42,5°, Kp.$_{0,4}$ 146,5—147,5°, aus $(C_2H_5)_2 \cdot P(S)Br$ u. Ag_2O in Bzl.; farblose Nadeln (aus Ligroin); 81,4%. — $(C_3H_7)_2P(S)-O-P(S)(C_3H_7)_2$, Kp.$_{0,3}$ 141—142°, n_D^{20} 1,5244, aus $(C_3H_7)_2P(S)Br$ u. Ag_2O in Bzl.; blaßgelbes Öl; 85%. F. Huber. 264◇

0579 **Zur Reaktion der Phosphornitridchloride mit aliphatischen Alkoholen.** Fumiaki Yamada. (Waseda appl. chem. Soc. Bull. **26**, 7—10, 1959; jap., Auszug: engl.) — *Phosphornitridchloridpolymere* (**P**) werden durch Erhitzen von $(PNCl_2)_3$ im Rohr auf 300° erhalten. Die **P** reagieren mit aliphat. Alkoholen in wasserfreiem Pyridin nach $(PNCl_2)_n + 2\,n\,ROH \rightarrow [PN(OR)_2]_n + 2\,n\,HCl$. — Polydialkoxyphosphornitride: *Äthoxy-*, $[PN \cdot (OC_2H_5)_2]_n$; *Propoxy-*, $[PN(OC_3H_7)_2]_n$; *Isopropoxy-*, $[PN \cdot (OC_3H_7)_2]_n$; *n-Butoxy-*, $[PN(OC_4H_9)_2]_n$; *Isobutoxy-*, $[PN \cdot (OC_4H_9)_2]_n$; *n-Amyloxy-*, $[PN(OC_5H_{11})_2]_n$; *Isoamyloxy-*, $[PN(OC_5H_{11})_2]_n$; *n-Heptyloxy-*, $[PN(OC_7H_{15})_2]_n$; *Dodecyloxy-*, $[PN(OC_{12}H_{25})_2]_n$; *Tetradecyloxy-*, $[PN(OC_{14}H_{29})_2]_n$.
H. Roschkowski. 264□

0580 **Chemie von Addukten von ungesättigten Alkalimetall-Kohlenwasserstoffen. 4. Mitt. Eine bequeme Darstellung von Lithiumallyl.** John J. Eisch und Alan M. Jacobs. (J. org. Chemistry **28**, 2145—46, 1963; Ann Arbor, Mich., Univ. of Michigan, Dep. of Chem.; engl.) — Phenylallyläther (**I**) wird durch Li in THF bei — 15° in *Li-Allyl* (**II**) u. $LiOC_6H_5$ gespalten. **II** ist sehr reaktionsfähig: es addiert sich leicht an Benzophenonanil u. reagiert mit Triphenylchlorsilan zu *Triphenylallylsilan*.

Versuche: *Li-Allyl* (**II**), aus 4,2 g Li in 50 ml THF durch Zugabe von 6,7 g **I** in 25 ml Ae. in 45 Min., 15 Min. rühren; 62—66% (Ausbeute). Gibt mit Benzophenonanil in Bzl. in 12 Std. nach Hydrolyse u. Aufarbeiten *1-Allyl-1.1-diphenylmethylanilin*, F. 75—77°. — *Allyltriphenylsilan*, F. 88—89° (A.), aus **II** u. $(C_6H_5)_3SiCl$ durch 12std. Rückflußerhitzen in Ae.; 66%. H. Bürger. 273◇

0581 **Die thermische Dissoziation des Kaliummethyl- und -äthylsulfats. Thermogravimetrische Analyse, Differentialthermoanalyse, Gasentwicklungs- und Röntgenuntersuchungen.** W. W. Wendlandt und E. Sturm. (J. inorg. nuclear Chem. **25**, 535—44, 1963; Lubbock, Tex., Texas Technol. Coll., Dep. of Chem. and Geosciences; engl.) — Die Unterss. ergaben zwei neue Phasenumwandlungen: $\alpha \rightarrow \beta$-KCH_3SO_4 bei ca. 110° u. $\alpha \rightarrow \beta$-$KC_2H_5SO_4$ bei ca. 87°; Umwandlungswärmen 1800 bzw. 2000 cal mol^{-1}. Es wurden folgende Dissoziations-Rkk. gefunden: $KCH_3SO_4 \rightarrow K_2S_2O_7 + (CH_3)_2O \rightarrow K_2SO_4 + SO_3$; $KC_2H_5SO_4 \rightarrow K_2S_2O_7 + C_2H_4 + H_2O \rightarrow K_2SO_4 + SO_3$. Von den dabei auftretenden festen Phasen werden die Netzebenenabstände der Debye-Scharrer-Linien u. deren Intensitäten angegeben. R. Uttech. 275◇

0582 **Alterung von Calciumsulfathemihydrat.** F. H. Smith. (Nature [London] **198**, 1055—56, 1963; Robertsbridge, Mountfield, Gyproc. Ltd., Gypsum Mines Branch; engl.) — Der Energieinhalt von Halbhydraten ist abhängig von der Darst.-Methode. Bei $CaSO_4 \cdot {}^1/_2\,H_2O$ wurde gefunden, daß sich Proben mit hohem Energieinhalt bei der Mischung mit W. in einen sehr viel feiner verteilten Zustand umwandeln. Die Halbhydrate hohen Energieinhalts werden durch Dissoziation der Dihydrate in Abwesenheit von fl. W. dargestellt u. stellen die am häufigsten vorliegende Form von Gipsmörtel in der Bauindustrie dar. Werden solche Mörtel mit W. gemischt, so sind die rheolog. Eigg. bemerkenswert unabhängig von der Korngrößenverteilung im trockenen Zustand. Diese Unabhängigkeit kann jetzt durch das Phänomen der Umwandlung in einen feiner verteilten Zustand erklärt werden. Werden die Halbhydrate längere Zeit feuchter Luft ausgesetzt, so altern sie. Die rheolog. Eigg. der wss. Aufschlämmung sind jetzt von der Korngrößenverteilung im trockenen Zustand abhängig. Alterung u. Auflsg. in kleinere Teilchen bewirken einen Energieverlust, der durch ein Ansteigen der Lsg.-Wärme von ca. 1200 (cal/Mol) auf ca. 1450 gekennzeichnet ist.
Ernst Schulte. 283◇

0583 **Synthese und Stabilität von Datolith und Danburit.** Hans P. Eugster und William S. Wise. (Schweiz. mineralog. petrogr. Mitt. **43**, 135—52, 1963; Baltimore, Md., Johns Hopkins Univ., Dep. of Geol.; Santa Barbara, Calif., Santa Barbara Univ., Dep. of Geol.; engl.) — Datolith, $CaBSiO_4(OH)$, u. Danburit, $CaB_2Si_2O_8$, wurden hydrothermal bei verschiedenen Temp. u. Drücken aus H_3BO_3, $CaCO_3$ bzw. CaO u. Quarz mit einem Überschuß an W. dargestellt u. ihre Phasenbeziehungen z. T. ermittelt. Opt. u. röntgenograph. Daten stimmen mit denen der natürlichen Minerale überein. Bei 2000 bar Wasserdruck wurde die Rk. Datolith + Quarz $\rightleftharpoons$ Danburit + Wollastonit + W. zu 495° ± 6° festgelegt. Die Phasenbeziehungen zwischen Datolith, Danburit, Wollastonit, Calcit, Quarz u. Dampf werden durch ein schemat. $p_{H_2O}-p_{CO_2}$-Diagramm erklärt. Die geolog. Vork. werden in Hinblick auf diese Ergebnisse diskutiert.
Ernst Schulte. 283◇

0584 **Über die Löslichkeit und die Geschwindigkeit der Auflösung von Korund unter hydrothermalen Bedingungen.** Goro Yamaguchi, Hiroaki Yanagida und Shigeo Soejima. (Bull. chem. Soc. Japan **35**, 1789—9[illegible], 1962; Hongo, Univ. of Tokyo, Fac. of Engng., Dep. of Ind. Chem.; engl.) — Die Löslichkeit von Korund wurde unter hydrothermalen Bedingungen bestimmt; die

Gleichgew.-Löslichkeit ist druckunabhängig. Das Verhältnis Val Korund zu Val NaOH in Lsg. beträgt für 350° 2,46 ± 0,09; für 400° $2{,}58_8$ ± 0,02; für 450° $2{,}70_0$ ± 0,05; für 500° 2,85 ± 0,10. Die Lsg.-Geschw. ist der Oberfläche der Korundkristalle u. der NaOH-Konz. proportional. Die Geschw.-Konst. ist 0,024 ($cm^{-2}h^{-1}$) bei 400° u. 0,056 bei 450°. Keimbldg. von Korund wird ohne Impfen bei einem Übersättigungsverhältnis von 0,12 erreicht. Ernst Schulte. 294◇

0585 **Über die Beziehung zwischen γ-, η- und δ-Al_2O_3 unter hydrothermalen Bedingungen.** Goro Yamaguchi und Hiroaki Yanagida. (Bull. chem. Soc. Japan **35**, 1896—97, 1962; engl.) — Vgl. vorst. Referat. — Gut krist. Böhmit wurde bei 700° an der Luft dehydratisiert u. das entstandene *γ-Al_2O_3* hydrothermal (20—100 atm u. 450—500°) behandelt. Die Aufspaltung der (400)-Reflexe wurde untersucht u. die Gitterkonst. ermittelt. Unter den gegebenen Bedingungen wurde das γ-Al_2O_3 mehr tetragonal verformt, dabei steigt der Deformationsgrad bei Druckerhöhung u. Rk.-Zeitverlängerung an. Korund (*α-Al_2O_3*) wurde direkt aus γ-Al_2O_3 erhalten, während gut krist. η- oder *δ-Al_2O_3* nicht festgestellt wurde. Beim Wiedererhitzen auf 800° nimmt der Grad der Deformation wieder ab. Vff. vermuten, daß η-Al_2O_3 mit geringer tetragonaler Deformation im Rk.-Gemisch mit vorliegt. Ernst Schulte. 294◇

0586 **Die Reaktion von Diazomethan mit den Phenylchlorverbindungen des Siliciums, Germaniums und Zinns.** Karlheinz Kramer und Niell Wright. (Chem. Ber. **96**, 1877—80, 1963; Chester, „Shell" Res. Ltd., Thornton Res. Centre; dt.) — Phenylchlorverbb. des Typs $(C_6H_5)_nMeCl_{4-n}$ (Me = Si, Ge, Sn) bilden mit äther. Diazomethan-Lsg. bei 0° in Ggw. von Cu-Pulver die entsprechenden Chlormethylverbindungen. Trichlorverbb., (n = 1, Me = Si, Ge, Sn) geben sowohl Mono- als auch Bis-[chlormethyl]-Derivv., ein Tris-[chlormethyl]-Deriv. entsteht jedoch nur aus $C_6H_5SnCl_3$. In der Reihe der Dichlorverbb. (n = 2, Me = Si, Ge, Sn) reagiert die Si-Verb. nicht mit Diazomethan. Für alle Rk. wird ein polarer Mechanismus angenommen.

Versuche: *Phenylchlormethyldichlorsilan*, $C_7H_7 \cdot Cl_3Si$, $Kp._{0,3}$ 68—70°, 47% (Ausbeute); *Phenyl-bis-[chlormethyl]-chlorsilan*, $C_8H_9Cl_3Si$, $Kp._{0,15}$ 84—86°, 53%; *Phenyl-bis-[chlormethyl]-chlorgerman*, $C_8H_9Cl_3Ge$, $Kp._{0,1}$ 93°, n_D^{20} 1,5723, 86%; *Phenylchlormethyldichlorgerman*, $C_7H_7Cl_3Ge$, $Kp._{10}$ 136°, n_D^{20} 1,5658, 70%; *Phenylchlormethyldichlorstannan*, $C_7H_7Cl_3Sn$, $Kp._{0,1}$ 115°, n_D^{20} 1,5900, 16%; *Phenyl-bis-[chlormethyl]-chlorstannan*, $C_8H_9Cl_3Sn$, $Kp._{0,1}$ 126—128°, n_D^{20} 1,6020, 24%; *Phenyl-tris-[chlormethyl]-stannan*, $C_9H_{11}Cl_3Sn$, $Kp._{0,1}$ 140—142°, n_D^{20} 1,6031, 38%, bildet mit NaJ in Aceton quant. *Phenyl-tris-[jodmethyl]-stannan*, $C_9H_{11}J_3Sn$, $Kp._{0,05}$ 180°; *Diphenylchlormethylchlorgerman*, $C_{13}H_{12}Cl_2Ge$, $Kp._{0,004}$ 100°, n_D^{20} 1,5990, 26%; *Diphenylchlormethylchlorstannan*, $C_{13} \cdot H_{12}Cl_2Sn$, $Kp._{0,07}$ 152—154°, n_D^{20} 1,6168, 45%.

H. Kuckertz. 327◇

0587 **Vanadin. 3. Mitt. Vanadin(IV)- und Vanadin(V)-Komplexe von substituierten aromatischen Hydroxamsäuren.** R. L. Dutta und Subrata Lahiry. (J. Indian chem. Soc. **40**, 53—66, 1963; Calcutta, Indian Assoc. for the Cult. of Sci., Inorg. Chem. Labor.; engl.) — 2. vgl. C. **1963**, 11170. — Phenylacet- (**I**), α-Naphtho- (**II**), Zimt- u. Chinaldinhydroxamsäure sowie p-Nitro- (**III**), p-Methyl- (**IV**), p-Methoxy- (**V**), m-Nitro- (**VI**), o- (**VII**) u. p-Hydroxy- (**VIII**) u. o-Aminobenzhydroxamsäure (**IX**) bilden mit NH_4-Vanadat (**X**) bei pH 3—4 violettschwarz gefärbte Verbb. der allg. Zus. *$[VO(OH)(RH)_2]$* (**XI**; RH_2 = substituierte, aromat. Hydroxamsäure), die sich leicht in Alkoholen mit roter Farbe, vermutlich unter Bldg. von Alkoholaddukten lösen. Mit **I**, **II** u. **III** als Liganden lassen sich aus diesen Lsgg. feste, rot gefärbte Ester-Verbb., *$[VO(OX)(RH)_2]$* (**XII**; X = *Methyl, Äthyl*; mit **II** als Liganden auch X = *n-* u. *Isopropyl, Butyl* u. *Amyl*) isolieren. **I** bildet mit **X** in wss. Lsg. bei ca. pH 4 das übliche violette, wenig lösl. Prod., das jedoch bei 4—5std. Stehen in der Rk.-Lsg. eine intensiv blaue Farbe annimmt. Diese Farbänderung wird durch die Ggw. eines geringen Säureüberschusses oder durch Erwärmen erleichtert. Beide Prodd. haben ident. Zus. u. reagieren mit Alkoholen zu **XII**. Mit **III**, **IV**, **V** u. **VI** bildet Vanadylsulfat (**XIII**) stabile V(IV)-Komplexe, $[VO(RH)_2]$; die V(IV)-Komplexe der anderen Hydroxamsäuren werden sehr rasch oxydiert. Beim Mischen der heißen wss. Lsgg. von **III** u. **XIII** entsteht nach Abkühlen zunächst ein hellvioletter Nd.; aus dem Filtrat scheiden sich nach $^1/_2$std. Erwärmen grüne Kristalle ab. Beide Stoffe sind paramagnet. (μ_{eff} 1,778 B. M. bzw. 1,737) u. haben gleiche Zus.; die grüne Modifikation reagiert mit A. weniger leicht als die violette. Das IR-Spektrum der grünen Form zeigt eine geringere Anzahl von Banden als das der violetten Form; daher wird der grünen Form eine „trans"- u. der violetten Form eine „cis"-Anordnung der funktionellen Gruppen zugeschrieben. **I**, **III**, **V** u. **IX** ergeben in wss. A. mit Spuren von **X** bei pH 3—5 intensiv goldgelb bis rot gefärbte Lsgg., deren Spektren sich von denen von **XI** u. **XII** in A. unterscheiden. Die Lsgg. enthalten Verbb. mit dem empir. Metall: Ligandverhältnis 1 : 3. Mit **VII** entsteht in verd. Lsg. u. bei begrenzter Ligand-Konz. bei pH 3 eine tiefblaue Lsg., in der neutrale Teilchen vorliegen; an der Farb-Bldg. in der verd. Lsg. nimmt vermutlich auch die phenol. OH-Gruppe teil. In Ggw. eines großen Überschusses an **VII** erhält man dagegen ein goldgelb gefärbtes Prod. unbekannter Zusammensetzung.

Versuche: *Oxohydroxo-bis-[phenylacethydroxamato]-vanadin*(V) (**XIV**), $[VO(OH)(C_8H_8NO_2)_2]$, a) violette Form: aus **I** u. **X** in W. nach Zugabe von 4n H_2SO_4 (pH 3—4); χ_g —0,2 · 10^{-6} (32°); violetter, krist. Nd.; b) blaue Form: durch Zugabe von wenig Säure zu vorst. violetter Form u. 4—5std. Stehen bei Raum-Temp.; χ_g —0,21 · 10^{-6}; intensiv blaue Kristalle. — *Oxomethoxo-bis-[phenylacethydroxamato]-vanadin(V)*, $[VO(OCH_3) \cdot (C_8H_8NO_2)_2]$, durch Lösen von violettem **XIV** in Methanol ($^1/_2$std. Kochen); χ_g —0,2 · 10^{-6}; seidige, rubinrote Kristalle. — *Oxoäthoxo-bis-[phenylacethydroxamato]-vanadin(V)*, $[VO(OC_2H_5)(C_8H_8NO_2)_2]$, analog vorst. Verb. in A. (1 std. Kochen); harte, glänzende, rubinrote Kristalle. — *Oxohydroxo-bis-[zimthydroxamato]-vanadin(V)*, $[VO(OH) \cdot (C_9H_8NO_2)_2]$, analog **XIV** aus Na-Zimthydroxamat in W. u. **X** bei pH 4—5; violettschwarzer, krist. Niederschlag. — *Oxohydroxo-bis-[α-naphthohydroxamato]-vanadin(V)*, $[VO(OH)(C_{11}H_8NO_2)_2]$, aus **II** in NaOH u. **X** in W. nach Zugabe von verd. H_2SO_4 (pH 3—4); violetter, krist. Niederschlag. — *Oxomethoxo-bis-[α-naphthohydroxamato]-vanadin(V)*, $[VO(OCH_3)(C_{11}H_8NO_2)_2]$, aus vorst. Verb. u. Methanol; rot. — Analog: *Oxoäthoxo-*, $[VO(OC_2H_5)(C_{11}H_8 \cdot NO_2)_2]$, *Oxo-n-propoxo-*, $[VO(OC_3H_7)(C_{11}H_8NO_2)_2]$, *Oxo-isopropoxo-*, $[VO(OC_3H_7)(C_{11}H_8NO_2)_2]$; ziegelrote Kristalle, *Oxo-n-butoxo-*, $[VO(OC_4H_9)(C_{11}H_8NO_2)_2]$; ziegelroter Feststoff u. *Oxo-n-pentoxo-bis-[α-naphthohydroxamato]-vanadin(V)*, $[VO(OC_5H_{11})(C_{11}H_8NO_2)_2]$. — *Oxohydroxo-bis-[chinaldinhydroxamato]-vanadin(V)*, $[VO(OH) \cdot (C_{10}H_7N_2O_2)_2]$, aus den wss. Lsgg. von **X** u. Chinaldinhydroxamsäurehydrochlorid nach Ansäuern mit 4n H_2SO_4; violettschwarzer, krist. Niederschlag. — *Oxohydroxo-bis-[p-nitrobenzhydroxamato]-vanadin(V)*, $[VO \cdot (OH)(C_7H_5N_2O_4)_2]$, analog **XIV** a) aus **III**; krist. violetter Niederschlag. — *Oxomethoxo-*, $[VO(OCH_3)(C_7H_5N_2O_4)_2]$, aus vorst. Verb. u. Methanol; ziegelrot u. *Oxoäthoxo-bis-[p-nitrobenzhydroxamato]-vanadin(V)*, $[VO(OC_2H_5)(C_7H_5 \cdot N_2O_4)_2]$, analog mit A. nach 3—3$^1/_2$std. Erhitzen. — *Oxohydroxo-bis-[p-methylbenzhydroxamato]-vanadin(V)*, $[VO(OH)(C_8H_8NO_2)_2]$, analog **XIV** (Meth. a) aus **IV**. — *Oxohydroxo-bis-[p-methoxybenzhydroxamato]-vanadin(V)*, $[VO(OH)(C_8H_8NO_3)_2]$, aus **V**. — *Oxohydroxo-bis-[p-hydroxybenzhydroxamato]-vanadin(V)*, $[VO(OH)(C_7H_6NO_3)_2]$, durch Zugabe einer wss. Lsg. von **X** zu konz. **VIII**-Lsg. u. Ansäuern mit 4n H_2SO_4; violettschwarzer, krist. Niederschlag. — *Oxohydroxo-bis-[m-nitrobenzhydroxamato]-vanadin(V)*, $[VO(OH)(C_7H_5N_2O_4)_2]$, aus **VI**. — *Oxohydroxo-bis-[o-aminobenzhydroxamato]-vanadin(V)*, $[VO(OH)(C_7H_7N_2O_2)_2]$, aus konz. wss. Lsg. von **X** u. dem Na-Salz von **IX**, Ansäuern mit verd. Essigsäure bis pH 5; dunkelvioletter, krist. Niederschlag. —*Oxohydroxo-bis-[o-hydroxybenzhydroxamato]-vanadin(V)*, $[VO(OH)(C_7H_6 \cdot NO_3)_2]$, analog vorst. Verb. mit 2n H_2SO_4 (pH 3—4); blauvioletter Niederschlag. — *Oxo-bis-[p-nitrobenzhydroxamato]-vanadin(IV)*, $[VO(C_7H_5N_2O_4)_2]$, a) violette Form: durch Zugabe einer wss. Lsg. von **XIII** zu einer heißen Lsg. von **III** in W. u. 5—10 Min. langes Kochen; krist.

violettschwarze Verb.; b) grüne Form: durch $^1/_4$std. Erhitzen des Filtrats vorst. Verb. oder analog a) nach $^1/_2$—$^3/_4$std. Erhitzen; krist. grünes Produkt. — *Oxo-bis-[p-methylbenzhydroxamato]-vanadin(IV)*, $[VO(C_8H_8NO_2)_2]$, durch Ansäuern des K-Salzes von **IV** in W. mit verd. Essigsäure (pH 4—5) u. Zugabe von **XIII** in W.; dunkelgrauviolett, kristallin. — *Oxo-bis-[p-methoxybenzhydroxamato]-vanadin(IV)*, $[VO(C_8H_8NO_3)_2]$, aus dem K-Salz von **V** u. **XIII** in W. im Verhältnis 3 : 1; rosaviolett, kristallin. — *Oxo-bis-[m-nitrobenzhydroxamato]-vanadin(IV)*, $[VO \cdot (C_7H_5N_2O_4)_2]_2$ durch $^1/_4$std. Erwärmen des Gemisches der wss. Lsgg. von **VI** u. **XIII**; hellrosarot; kristallin.

P. Scharner. 330◇

0588 **Vanadin.** 4. Mitt. **Vanadin(IV)- und Vanadin(V)-Komplexe von 3-Hydroxy-1.3-diphenyltriazen.** R. L. Dutta und Subrata Lahiry. (J. Indian chem. Soc. **40,** 67—74, 1963; engl.) — 3. vgl. vorst. Referat. — 3-Hydroxy-1.3-diphenyltriazen (**I**; HT) red. in verd. saurem Medium V(V) zu V(IV) u. bildet dann olivgrünes $[VOT_2]$ (**II**), das auch durch Einw. von $VOSO_4$ (**III**) auf **I** entsteht. Die Identität dieser Verbb. wurde durch Best. der Röntgen- u. IR-Spektren, magnet. Momente (μ_{eff}) u. Molgew. bewiesen. **II** ist monomer, paramagnet. (μ_{eff} 1,77—1,74 B. M.) u. ein Nichtelektrolyt. Bei Einw. von Pyridin (py) wird **II** oxydiert unter Bldg. von monomerem, diamagnet., goldgelbem $[VO_2T\ py]$, das beim Lösen in Bzl. ein grünschwarz gefärbtes diamagnet. Isomeres ergibt. Das IR-Spektrum von letzterem besitzt weniger Banden, als das der goldgelben Form; ihm wird daher die symm. „trans"-Struktur zugeschrieben. In ähnlicher Weise wie py reagieren α-Picolin (**IV**) u. Anilin (**V**) mit **II**.

Versuche: *Oxo-bis-[3-hydroxy-1.3-diphenyltriazenato]-vanadin(IV)* (**II**), $[VO(C_{12}H_{10}N_3O)_2]$, a) durch Einw. der warmen äthanol. Lsg. von **I** auf **III** in W.; b) durch Einw. wss. NH_4-Vanadat-Lsg. auf die äthanol. Lsg. von **I** u. Ansäuern mit ca. 2n H_2SO_4 (pH 2—3); glänzende, olivgrüne Kristalle. — *Dioxo-[3-hydroxy-1.3-diphenyltriazenato]-pyridinvanadin(V)*, $[VO_2(C_{12}H_{10}N_3O) \cdot (C_5H_5N)]$, *goldgelbe* Form: a) durch Einw. von frisch dest. py auf **II**; b) durch Zugabe von wss. **III** zu einer Lsg. von **I** in A.-py; goldgelbe Nadeln. — *Grünschwarze* Form: durch Lösen vorst. goldgelber Form in Bzl. u. mehrstd. Stehen. — *Dioxo-[3-hydroxy-1.3-diphenyltriazenato]-α-picolinvanadin(V)*, $[VO_2(C_{12}H_{10}N_3O)(C_6H_7N)]$, analog vorst. Verb. mit **IV**; goldgelb, kristallin. — *Dioxo-[3-hydroxy-1.3-diphenyltriazenato]-anilinvanadin(V)*, $[VO_2(C_{12}H_{10}N_3O)(C_6H_7N)]$, analog vorvorst. Verb. mit **V**; goldgelb, kristallin.

P. Scharner. 330◇

0589 **Hochdrucksynthese von Molybdaten mit Wolframitstruktur.** A. P. Young und C. M. Schwartz. (Science [Washington] **141,** 348—49, 1963; Columbus, Ohio, Battelle Mem. Inst.; engl.) — $MgMoO_4$, $MnMoO_4$, $FeMoO_4$, $CoMoO_4$, $NiMoO_4$ u. $ZnMoO_4$ wurden bei 60 kbar u. 900° aus den einzelnen Oxiden synthetisiert, sie haben die monokline Wolframitstruktur, die für die entsprechenden Wolframate charakterist. ist. $MgMoO_4$: (a) = 4,66 (Å); (b) = 5,64; (c) = 4,86; (β) = 90°. $MnMoO_4$: 4,82; 5,75; 4,96; 89°10′. $FeMoO_4$: 4,62; 5,64; 4,90; 90°. $CoMoO_4$: 4,67; 5,67; 4,87; 90°. $NiMoO_4$: 4,58; 5,67; 4,87; 89°20′. $ZnMoO_4$: 4,71; 5,74; 4,90; 90°.

Ernst Schulte. 336◇

0590 **Untersuchung der Struktur anorganischer Verbindungen mit Hilfe radioaktiver Isotope.** 6. Mitt. **Untersuchung der Stabilität von Wolframatophosphorsäure (P: 12 W) und von Wolframatokieselsäure (Si: 12 W) mit Hilfe der elektroradiochromatographischen Methode.** R. Ripan und Gh. Marcu. (Studii Cercetări Chim. [Cluj] **10,** 201—08, 1959; Cluj, Babes-Univ.; rum.) — 5. vgl. C. **1961,** 4280; vgl. auch C. **1963,** 13470. — Bei elektroradiochromatograph. Unterss. mit ^{185}W markierter Dodekawolframatophosphorsäure (**I**) u. Dodekawolframatokieselsäure (**II**) wird eine vollkommene Übereinstimmung mit den Ergebnissen der radiochromatograph. Meth. erhalten. Der Stabilitätsbereich für **I** liegt bei pH = 0,0—0,3, für **II** pH = 0,0—6,0, wenn die krist. Säuren gelöst werden. Für beide Verbb. liegt die obere Stabilitätsgrenze um 0,5 pH-Einheiten bei ihrer Bldg. aus den Komponenten in wss. Lsg. niedriger.

R. Grundmann. 337◇

0591 **Untersuchung der Struktur anorganischer Verbindungen mit Hilfe radioaktiver Isotope.** 7. Mitt. **Untersuchung des Isotopenaustausches zwischen den Wolframaten und den Polywolframaten.** R. Ripan und Gh. Marcu. (Studii Cercetări Chim. [Cluj] **10,** 209—16, 1959; rum.) — 6. vgl. vorst. Referat. — Eine elektroradiochromatograph. Meth. zur Trennung der Isopolysäuren u. Heteropolysäuren von W bei pH ∼1 in Ggw. von Oxalsäure wird angegeben. Sehr wahrscheinlich bilden in diesem Syst. die Heteropolysäuren mit den Isopolysäuren hochkomplexe Verbindungen. Beim Isotopenaustausch (^{185}W) zwischen Dodekawolframatophosphorsäure (**I**), Dodekawolframatokieselsäure (**II**) u. Dodekawolframsäure (**III**) einerseits u. Na_2WO_4 + H^+ andererseits bei pH ∼1 in Ggw. von Oxalsäure wurde festgestellt, daß bei **I** ein schneller Isotopenaustausch stattfindet, der bei **II** stark vermindert ist. Bei **III** wird selbst nach 214 Std. kein Austausch beobachtet. R. Grundmann. 337◇

0592 **Physikochemische Untersuchung von wäßrigen Lösungen von Dodekawolframsäure.** R. Ripan und C. Calu. (Studii Cercetări Chim. [Cluj] **10,** 217—26, 1959; rum.) — Vgl. vorst. Referate. — Die Zus. von Dodekawolframsäure (**I**) in wss. Lsg. entspricht auf Grund konduktometr. Titration von **I** mit NaOH, NH_4OH, $NaHCO_3$, Guanidin, $Ba(CH_3COO)_2$, $Pb(CH_3COO)_2$, $Tl(CH_3COO)$ u. $AgNO_3$ sowie von $Ba_3H_4[H_2(W_{12}O_{42})]$ mit $AgNO_3$ bzw. $Ba(CH_3COO)_2$ der Formel $H_{10}[H_2W_{12}O_{42}] \cdot xH_2O$.

R. Grundmann. 337◇

0593 **Colorimetrische Untersuchungen der Heteropolysäuren.** 2. Mitt. **Die Stabilität von Molybdatophosphorsäuren.** I. Zsakó und G. Balogh. (Studii Cercetări Chim. [Cluj] **10,** 227—32, 1959; Cluj, Bolyai, Univ., Cat. de Chim. gen. si chim.-fis.; rum.) — 1. vgl. C. **1960,** 12951. — Lsgg., die Na-Phosphat u. Na-Molybdat im Verhältnis 1:3, 1:6, 1:9, 1:11, 1:12 u. 1:15 enthalten, werden mit HCl, HNO_3 u. konz. H_2SO_4 titriert. Die Extinktion der Lsg. wird unter Verw. blauer, grüner u. roter Filter gemessen. Bei Verw. von H_2SO_4 findet eine Entfärbung statt, die durch die Bldg. einer neuen Verb., jedoch nicht durch die Bldg. eines Molybdatosulfat-Komplexes erklärt wird.

R. Grundmann. 337◇

0594 **Colorimetrische Untersuchungen der Heteropolysäuren.** 3. Mitt. **Die Bildung von Phosphor–Molybdän–Wolfram-Heteropolysäuren in wäßrigen Lösungen.** I. Zsakó. (Studii Cercetări Chim. [Cluj] **10,** 233—43, 1959; rum.) — 2. vgl. vorst. Referat. — Das Syst. Molybdatophosphorsäure (**I**)/Wolframsäure (**II**)/W. wird photocolorimetr. untersucht. Die Extinktion (E_w) wird in 3 Lsg.-Reihen untersucht. In der 1. Reihe wird die Summe der Konz. von **I** u. von **II** konst. gehalten, in der 2. wird die Konz. von **I** u. in der 3. die Konz. von **II** konst. gehalten u. die Konz. der anderen Komponenten variiert. In den 3 Reihen hat die $\Delta_w E$-Kurve ein Minimum beim Verhältnis W : P = 4 : 1, woraus auf die Verb. 4-Wolframato-8-molybdatophosphorsäure geschlossen wird.

R. Grundmann. 337◇

0595 **Einige Eigenschaften der isomeren α- und β-Ammoniumluteowolframatophosphate.** Je. A. Nikitina und N. A. Zwetkow. (J. anorg. Chem. [UdSSR] 8, 105—09, 1963; Moskau, 2. med. Pirogow-Inst.; russ.) — Durch opt. Unterss. wurde gezeigt, daß die β-Form, $(NH_4)_6H_6 \cdot [P_2O_2(W_2O_7)_9] \cdot 11\ H_2O$, des *Ammoniumluteowolframatophosphats* in 2 polymorphen Formen auftritt: Die 1. Form (β_1) wird bei langsamem Kristallisieren aus verd. Lsg. am häufigsten erhalten; die Kristalle der 2. Form (β_2) neigen zu gegenseitiger Durchdringung; beide Formen werden als große Kristalle (1—3 cm) erhalten. Das α-Isomere $(NH_4)_6H_6[P_2O_2(W_2O_7)_9] \cdot 15\ H_2O$ des Salzes wurde nur in einer Kristallform erhalten u. bildet kleinere hexagonale Prismen. Die α-Form ist leichter als die β-Form reduzierbar, weshalb sie je nach den Darst.-Bedingungen in Form gelber bis blauer Kristalle erhalten wird, während die β-Form stets hellgelb anfällt. Die wiedergegebenen IR-Spektren der Isomeren sind unterschiedlich, die Spektren der β_1- u. β_2-Form gleich. Der Unterschied der Spektren deutet auf unterschiedliche Koordination in der Isomeren. Die β-Form zeigt starke, die α-Form keine bzw. schwache Piezoelektrizität. Demnach ist die β-Form weniger symm. als die α-Form. G. Winkhaus. 337◇

0596 **Über gemischte Isopolyanionen: Ein neuer Typ von Vanadatwolframaten und Vanadatmolybdaten.** Françoise Chauveau und Pierre Souchay. (Bull. Soc. chim. France **1963**, 561–65,; Paris, Univ., Fac. des Sci., Labor. de Chim. P. C. B. IV; franz.) — Vff. untersuchen durch spektrophotometr. Titration von Vanadat- u. Molybdat-Lsgg. die Bldg. des Isopolyanions $[Mo_5VO_{19}]^{3-}$ vom Typ des Hexawolframats. Aus Vanadat- u. Wolframat-Lsgg. bilden sich $H[W_4V_2O_{19}]^{4-}$ u. $[W_5VO_{19}]^{3-}$, wie durch Lichtabsorptionsmessung u. acidimetr. Titration gezeigt wird. Die Stabilität der Isopolyanionen wird bei verschiedenen Konz. u. pH-Werten untersucht.
G. Krien. 337◇

0597 **Substitutionsprodukte von Metallcarbonylen mit mehrzähnigen Liganden.** 2. Mitt. **Derivate der Metallcarbonyle der 6. Gruppe mit einem tertiären Diarsin.** Franco Zingales, Franco Canziani und Renato Ugo. (Gazz. chim. ital. **92**, 761–67, 1962; Milano, Univ., Ist. di Chim. gen.; C. N. R., Labor. di Chim. dei Composti di Coordinazione; ital.) — 1. vgl. Gazz. chim. ital. **92**, [1962], 343. — Aus 1.2-Bis-[diphenylarsino]-äthan (A) werden mit $Mo(CO)_6$, $Cr(CO)_6$ u. $W(CO)_6$ in Dibutyläther (**I**) die Verbb. $Mo(CO)_4A$ (**II**), $Cr(CO)_4A$ (**III**) u. $W(CO)_4A$ (**IV**) erhalten. Mit einem weiteren Mol A reagiert **III** unter UV-Licht zu $Cr(CO)_2A_2$ (**V**), **II** in der Wärme zu $Mo(CO)_2A_2$ (**VI**) oder unter UV-Licht zu $Mo_2(CO)_6A_3$ (**VII**), **IV** zu $W_2(CO)_6A_3$ (**VIII**). Zu den letzteren Verbb. führt auch die Rk. von Metalltricarbonylcycloheptatrien (**IX**) mit A. **VII** zerfällt beim Kochen in **I** in **II** u. **VI**. Die komplexen Carbonyle sind in fester Form gegen Luft u. Licht stabil. In **VII** u. **VIII** sind je 3 CO-Gruppen an ein Metall gebunden, die beide cis-ständig sind.

Versuche: *Tetracarbonyl-1.2-bis-[diphenylarsino]-äthanmolybdän.* (**II**), $C_{30}H_{24}As_2MoO_4$, F. 176° (A.), durch 4std. Kochen von $Mo(CO)_6$ u. A in **I** unter N_2 u. Fällen mit Pentan; *-chrom* (**III**), $C_{30}H_{24}As_2CrO_4$, F. 173° (Bzl.), analog in 24 Std. u. *-wolfram* (**IV**), $C_{30}H_{24}As_2O_4W$, F. 191° (A.), analog in 70 Stunden. — *Hexacarbonyl-tris-[1.2-bis-(diphenylarsino)-äthan]-dimolybdän* (**VII**), $C_{84}H_{72} \cdot As_6Mo_2O_6$, F. 228°, a) durch 1std. Rk. von **IX** (Mo) mit 1,5 Mol A in heißem Bzl. unter N_2, b) durch 5std. Rk. von **II** u. A in heißem **I** unter UV-Licht; daneben **VI**; *-diwolfram* (**VIII**), $C_{84}H_{72}As_6O_6W_2$, F. 268° (CH_2Cl_2/Methanol), analog nach a) oder b). — *Dicarbonyl-bis-[1.2-bis-(diphenylarsino)-äthan]-chrom*(**V**), $C_{54}H_{48}As_4CrO_2$, F. 230–233° (CH_2Cl_2/PAe.), a) aus **III** u. A in heißem **I** unter UV-Licht, b) durch 40std. Kochen von **IX** (Cr) u. 1,5 Mol A in Toluol unter N_2; *-molybdän* (**VI**), $C_{54}H_{48}As_4 \cdot MoO_2$, F. 252°, aus **II** u. A in heißem Dimethyldiglykol in 15 Stunden.
W. Holland. 337◇

0598 **Halogenide der Actiniden.** Joseph J. Katz und Irving Sheft. (Advances inorg. Chem. Radiochem. **2**, 195–236, 1960; Argonne, Ill., Argonne Nat. Labor.; engl.) — Zusammenfassende Übersicht. Behandelt werden präparative Meth. u. chem., phys. u. phys.-chem. Eigg. der Halogenide. — 90 Literaturhinweise.
K. Jaeger. 341◇

0599 **Acetylacetonatomangan(III).** Robert G. Charles. (Inorg. Syntheses **7**, 183–84, 1963; Pittsburgh, Pa., Westinghouse Res. Labors.; engl.) — Krist. $Mn(C_5H_7O_2)_3$, Zers. > 150°, durch Oxydation einer Lsg. von $MnCl_2 \cdot 4\,H_2O$ (0,026 Mol) u. Acetylaceton (0,2 Mol) in W. mit $KMnO_4$ (0,0066 Mol) in Ggw. von $NaCH_3CO_2$; 70% Ausbeute.
A. Blaschette. 350◇

0600 **Rhenium(III)-jodid.** L. Malatesta, George W. Watt und Richard J. Thompson. (Inorg. Syntheses **7**, 185–89, 1963; Milan, Italy, Univ., Inst. of Gen. Chem.; Austin, Tex., Univ. of Texas; Denton, Tex., North Texas State Univ.; engl.) — ReJ_3, a) durch Rk. von 30%ig. H_2O_2 mit Re-Metallpulver wird eine $HReO_4$-Lsg. erhalten u. mit HJ/A. in der Wärme red.; 71% (Ausbeute); b) durch Darst. einer $HReO_4$-Lsg. aus $KReO_4$ mit Dowex-50 W-X 1, Red. mit konz. wss. HJ zu ReJ_4 u. therm. Zers. im Vakuum (350 ± 5°; 8 Std.); 83%.
A. Blaschette. 352◇

0601 **Kaliumhexachlororhenat(IV) und Kaliumhexabromorhenat(IV).** George W. Watt und Richard J. Thompson. (Inorg. Syntheses **7**, 189–92, 1963; engl.) — Vgl. vorst. Referat. — K_2ReCl_6 u. K_2ReBr_6, durch Red. von $KReO_4$ mit H_3PO_2 in Ggw. von KCl + konz. HCl bzw. KBr + konz. HBr bei 95 ± 5° bzw. 110 ± 5°; Ausbeute 93% bzw. 95%.
A. Blaschette. 352◇

0602 **Das System Eisen(II)-chlorid–Eisen(II)-bromid bei 400°.** N. W. Gregory und Theodore Wydeven. (J. physic. Chem. **67**, 927–28, 1963; Seattle, Wash., Univ. of Washington, Dep. of Chem.; engl.) — $FeBr_2$ mit CdJ_2-Struktur (C 3 m) geht nahe 360° nach Debye-Scherrer-Aufnahmen in die Struktur des $FeCl_2$ vom $CdCl_2$-Typ (R $\bar{3}$ m) über u. bildet bei 400° mit $FeCl_2$ eine kontinuierliche Reihe fester Lösungen. Die Gleichgew.-Konst. der Rk. Cl^- (in fester Lsg. mit Fe^{2+} u. Br^-) + HBr(Gas) = HCl(Gas) + Br^- (in fester Lsg. mit Fe^{2+} u. Cl^-) wird diskutiert.
R. Uttech. 354◇

0603 **Fe-Al-Oxide: Phasenbeziehungen unterhalb 1000°.** A. C. Turnock und H. P. Eugster. (J. Petrology **3**, 533–65, 1962; Baltimore, Md., Johns Hopkins Univ., Dep. of Geol.; engl.) — Es wurden die Gleichgew. der Phasen Magnetit, Hercynit, Haematit, Korund, Wüstit, Fe u. Dampf röntgenograph. u. analyt. untersucht. Temp., Zus., Gesamtdruck u. Sauerstoff-Partialdruck wurden variiert. Im quasibinären Syst. Magnetit–Hercynit wurde unterhalb 860 ± 15° eine Mischungslücke gefunden. α_0 der lückenlosen Mischkristallreihe Hercynit-Magnetit oberhalb 860° wurde zu 8,391 − 0,00190 X − 0,5 $X^2 \cdot 10^{-5}$ (Å) bestimmt. (X: Mol-% $FeAl_2O_4$). Im Teilsyst. Fe–Al_2O_3–O wurden folgende Mehrphasenräume gefunden u. deren Grenzen bestimmt: 1. Haematit + Korund + Magnetit + Dampf, 2. Korund + Magnetit + Hercynit + Dampf, 3. Magnetit + Hercynit + Wüstit + Dampf, 4. Hercynit + Wüstit + Fe + Dampf, 5. Hercynit + Fe + Korund + Dampf. Das Phasendiagramm wird als Grundlage zur Diskussion der Paragenese der untersuchten Oxidmineralien benutzt.
D. Rogalla. 354◇

0604 **Sulfatuntersuchungen.** 2. Mitt. **Feste Lösung zwischen Alunit und Jarosit.** Gerald P. Brophy, Earl S. Scott und Richard A. Snellgrove. (Amer. Mineralogist **47**, 112–26, 1962; Amherst, Mass., Amherst Coll.; engl.) — Vff. berichten über die Darst. einer vollständigen Reihe fester Lsgg. zwischen Alunit, $KAl_3(SO_4)_2(OH)_6$, u. Jarosit, $KFe_3(SO_4)_2(OH)_6$. Ausgegangen wurde in allen Fällen von einem Molverhältnis 1:3 von K^+-Ion zu (Al–Fe)-Kation, wobei Al^{3+}- u. Fe^{3+}-Ion in jedem gewünschten Molverhältnis gemischt wurde. Als Lsgm. wurde zur Vermeidung einer Hydrolyse von Fe^{3+}-Ionen H_2SO_4 verwendet. Die Rk.-Prodd. wurde chem. analysiert u. röntgenograph. untersucht. Die Vers.-Bedingungen waren: Erhitzen auf 78° oder 105° bei 1 atm u. auf 150° bei 6,1 atm. Die Röntgenaufnahmen zeigten, daß a von 6,976 Å für synthet. Alunit nahezu linear auf 7,288 Å für synthet. Jarosit ansteigt. c fällt von 17,26 Å (Alunit) auf 17,17 Å (Jarosit). Das Verhältnis Fe:Al in den Rk.-Prodd. war stets größer als in den Ausgangslsgg., das bevorzugte Eintreten von Fe^{3+} in das Gitter wird bei erhöhter Temp. u. geringerer Acidität der Lsg. herabgesetzt. Es wird angenommen, daß die meisten Alunitvork., die während einer Zers. von Fe-haltigen Gesteinen gebildet werden, unter reduzierenden Bedingungen auskristallisieren, die die Erzeugung von Fe^{3+}-Ionen verhindern.
C. Gottfried. 354△

0605 **Phasengleichgewichte von „Ferriannit" $KFe_3^{2+}Fe^{3+} \cdot Si_3O_{10}(OH)_2$.** David R. Wones. (Amer. J. Sci. **261**, 581–96, 1963; Washington, D. C., U. S. Geol. Surv.; engl.) — Die Stabilität von synthet. bei 500°, 2070 bar aus Glas der Zus. $K_2O \cdot 6\,SiO_2$ unter Zugabe von Fe_2O_3, $Fe(C_2O_4) \cdot 2\,H_2O$ oder Fe erhaltenem $KFe_3^{2+}Fe^{3+}Si_3O_{10} \cdot (OH)_2$ wurde als Funktion des Gesamtdruckes ($p_{H_2O} + p_{H_2}$), der Temp. u. der O_2-Fugazität bestimmt. Mit dem Gas reagiert Ferriannit u. bildet folgende Mischungen: Eisenfeldspat u. Haematit; Eisenfeldspat u. Magnetit; Schmelze u. Magnetit; Schmelze, Magnetit, Wüstit u. Fayalit sowie Schmelze, Wüstit, Eisen u. Fayalit. Ferriannit ist monoklin mit a = 5,430 ± 0,002 (Å), b = 9,404 ± 0,003, c = 10,341 ± 0,006, β = 100°4′ ± 10′. Die Veränderungen der Brechungsindices korrespondieren mit den Änderungen der H_2-Fugazitäten bei den Verss., in denen Ferriannit die stabile Phase ist.
Ernst Schulte. 354◇

0606 **Am Eisen markierte Eisencyclopentadienyl-Komplexe.** D. R. Stranks. (Inorg. Syntheses **7**, 201—05, 1963; Victoria, Australia, Univ. of Melbourne; engl.) — Beschreibung der Aktivierung von reinem $Fe(C_5H_5)_2$ (I) im Reaktor nach I + n → $^{55}Fe(C_5H_5)_2$ + $^{59}Fe(C_5H_5)_2$ + γ; chem. Ausbeute > 95%; Isotopenausbeute 20%; bei 6tägiger Bestrahlung von 1 g I mit $1 \cdot 10^{12}$ n/cm² · s Bldg. von 140 μc ^{55}Fe u. 70 μc ^{59}Fe. Aus akt. I wird durch anod. Oxydation an Hg in $NaClO_4$/Methanol eine $[^{55,59}Fe(C_5H_5)_2]^+$-Lsg. erhalten. A. Blaschette. 354◇

0607 **Ferrocenderivate des Pentalens: Dipentalenyleisen-Dianion und Hydrodipentalenyleisen-Anion.** Thomas J. Katz und Michael Rosenberger. (J. Amer. chem. Soc. **85**, 2030—31, 1963; New York, N. Y., Columbia Univ., Dep. of Chem.; engl.) — Dihydropentalenyleisen (**Ia**), $C_{16}H_{14}Fe$, F. 95—99°, wird in THF aus Dihydropentalen, n-Butyllithium u. $FeCl_2$ in Form roter, aus Hexan umkristallisierbarer Nadeln erhalten; seine KMR-Banden lassen sich olefin., ferrocen. u. allylständigen Protonen zuordnen. **Ia** bildet mit 5 Mol tert.-Butyllithium in Ae. bei — 40° eine dunkelbraune Lsg. aus der sich bei — 10° ein brauner Nd. abscheidet. Bei Behandlung der braunen Lsg. mit überschüssigem D_2SO_4 wird **Ib** erhalten; **Ib** enthält 2 D-Atome u. sein KMR-Spektrum ist bis auf die um den Faktor 2 abgeschwächte Allylbande mit dem von **Ia** identisch. Wird die braune Lösung hingegen schnell in 0,1 n D_2SO_4 von 0° gegeben, so wird **Ic** erhalten, in dem sich nur 1 D-Atom befindet. Hieraus wird auf das intermediäre Auftreten obiger Anionen geschlossen. H. Kuckertz. 354◇

0608 **Cyclooctatrien- und verwandte Eisen- und Kobaltkomplexe.** W. McFarlane, L. Pratt und G. Wilkinson. (J. chem. Soc. [London] **1963**, 2162—66; London, Imp. Coll. of Sci. and Technol., Inorg. Chem. Res. Labor.; engl.) — Cyclooctatrien-Metallkomplexe bilden sich durch Red. von Tricarbonylcyclooctatetraeneisen u. bei der Rk. einer Mischung isomerer Cyclooctatriene mit Dodekacarbonyltrieisen u. π-Cyclopentadienyldicarbonylkobalt. Auf Grund von IR- u. NMR-spektroskop. Unterss. werden für die erhaltenen Verbb. sowie für ihre in konz. H_2SO_4 protonierten Prodd. Strukturen vorgeschlagen.

Versuche: Das zur Herst. der Komplexe notwendige Isomerengemisch der Cyclooctatriene wird durch Red. von Cyclooctatetraen mit Zn-Staub u. NaOH in A. gewonnen. — *Cyclopentadienyl-bicyclo-[4.2.0]-octadien-(2.4)-kobalt*, $C_{13}H_{15}Co$ (dunkelrote Nadeln, F. 46°) u. isomeres *Cyclopentadienylcyclooctatrien-(1.3.5)-kobalt*, (goldbraune Nadeln, F. 98°), durch 15std. Kochen des Gemisches der isomeren Cyclooctatriene u. Cyclopentadienyldicarbonylkobalt in Leichtbenzin am Rückfluß unter N_2, Chromatographieren der filtrierten Lsg. auf Al_2O_3 u. Eluieren mit PAe. Umkristallisation aus PAe. bei — 30° bzw. — 78°. — *Tricarbonylcyclooctatrien-(1.3.5)-eisen*, $C_{11}H_{10}FeO_3$, (orangegelbes Öl), u. isomeres *Tricarbonylbicyclo-[4.2.0]-octadien-(2.4)-eisen*, durch 35 Min. langes Kochen einer Lsg. von $[Fe(CO)_4]_3$ u. Cyclooctatrien in Leichtbenzin am Rückfluß unter N_2; weitere Behandlung wie bei vorst. Co-Komplexen. — *Cyclooctadienyltricarbonyleisen-tetrafluoroborat*, $C_{11}H_{11}BF_4FeO_3$, Zers. 120°, durch Versetzen einer Lsg. von Tricarbonylcyclooctatrien-(*1.3.5*)-eisen in Propionsäureanhydrid mit eisgekühlter Mischung von Tetrafluoroborsäure (40%ig.) u. Propionsäureanhydrid, Eingießen dieser Lsg. nach 30 Min. in Ae. u. Waschen des Nd. mit PAe.; gelbe Kristalle — *Bis-[cycloocta-2.4.6-trienyl]-hexacarbonyldieisen*, $C_{22}H_{18}Fe_2O_6$, Zers. 120—130°, durch Kochen einer Suspension von Bicyclo-[5.1.0]-octadienyltricarbonyl-eisen-tetrafluoroborat u. Zn-Staub in CO_2-freiem Tetrahydrofuran am Rückfluß unter N_2, Eindampfen des Filtrates, Verreiben des zurückbleibenden Öles mit PAe. u. Umkristallisieren aus Bzl., gelbe Kristalle. J. Simon. 355◇

0609 **Tris-[3-nitroacetylacetonato]-kobalt(III).** James P. Collman und William L. Young III. (Inorg. Syntheses **7**, 205—07, 1963; Chapel Hill, N. C., Univ. of North Carolina; engl.) — $\{Co[(CH_3CO)_2CNO_2]_3\}$, Zers. bei 198°, in Chlf. λ_{max} 262 nm (ε 29400), aus $\{Co[(CH_3CO)_2CH]_3\}$ durch Nitrieren mit $Cu(NO_3)_2 \cdot 3\,H_2O$ in Acetanhydrid; 71%. — Analog: $\{Cr[(CH_3CO)_2CNO_2]_3\}$. A. Blaschette. 355◇

0610 **Innerkomplexe von Kobalt(III) mit Diäthylentriamin.** Philip H. Crayton. (Inorg. Syntheses **7**, 207—13, 1963; Niagara Falls, N. Y., Carborundum Co., Res. Dep.; engl.) — Vgl. C. **1963**, 7677. — $[Co(OH)(SCN)_2(dien)]$, aus $Co(NO_3)_2$, KSCN, Diäthylentriamin (**I**; dien) in Ggw. von O_2 in wss. Lsg.; 60% (Ausbeute). — $[Co(SCN)_3(dien)]$, aus $Co(SCN)_2$, KSCN u. **I** in abs. A. in Ggw. von O_2; 95%. — $[Co(NO_2)_3(dien)]$ (**II**), a) aus $Co(NO_3)_2$, $NaNO_2$ u. **I** in wss. Acetatpuffer in Ggw. von O_2; 78%; b) aus $[Co(NO_2)_3 \cdot (NH_3)_3]$ u. **I** in heißem W.; 80%; c) aus $Na_3[Co(NO_2)_6]$ u. **I** in heißem W.; 59%. — $[CoCl(NO_2)_2(dien)]$ (**III**), aus **II** unter 6 m wss. HCl in 24 Std.; 82%. — $[Co(NO_2)_2(NH_3) \cdot (dien)]Cl$, aus **III** mit heißem wss. NH_3; 90%. — $[CoCl_3 \cdot (dien)]$, aus **II** u. heißem konz. HCl; 81%. — $[Co(NO_3)_3 \cdot dien]$, aus **II** durch Erhitzen mit konz. HNO_3; 90%. A. Blaschette. 355◇

0611 **Physikochemische Untersuchungen an Kobaltsalzen höherer Fettsäuren.** 6. Mitt. **Einige Beobachtungen über thermische Umwandlungen von Kobaltseifen nach Differentialthermoanalyse, Thermogravimetrie und magnetischer Messung.** Hirotaro Kambe, Takeo Ozawa, Masao Onoue und Shoichi Igarashi. (Bull. chem. Soc. Japan **35**, 81—85, 1962; Tokyo, Meguro-ku, Univ. of Tokyo, Inst. for Sci. and Technol. and Aeronautic. Res. Inst.; engl.) — 5. vgl. C. **1964**, 5—0478. — Nach Differentialthermogrammen besteht beim blauen Co-Stearatanhydrat um 50° ein Übergang zwischen mesomorphen Phasen u. um 100° ein Übergang von einem kristallinen zu einem höheren mesomorphen Zustand, der bei wiederholtem Erhitzen verschwindet. Das rote Dihydrat verliert Hydrat-H_2O bei 90°. Die Zers. zu CoO u. Stearon wurde thermogravimetr. nachgewiesen. Geschmolzene Seife ist amorph u. von anderer Natur als die roten und blauen Seifen. R. Uttech. 355◇

0612 **Aminoalkohole.** 7. Mitt. **Sterische Verhältnisse bei der Komplexbildung mit 2-Aminocyclohexanolen.** Günther Drefahl, Heinz Zimmermann und Klaus Gehrke. (Chem. Ber. **93**, 509—13, 1960; Jena, Univ., Inst. für Organ. Chem. u. Biochem.; dt.) — 6. vgl. C. **1959**, 1100. — Die beiden diastereomeren 2-Aminocyclohexanole zeigen gegen abs. methanol. Co(II)-chlorid-Lsg. prakt. gleiches Verh., jedoch lassen sich durch Einführung großer Substituenten bestimmte Konstellationen dieser Aminoalkohole mit unterschiedlichen komplexchem. Eigg. stabilisieren. Es werden Dreikernkomplexe gebildet, in denen 2 dreiwertige u. ein zweiwertiges Co als Zentralatome fungieren; die Verb. der Zentralatome wird durch 4 μ-Aminoalkoholatobrücken hergestellt.

Versuche: *Hexakis-[cis-2-aminocyclohexanolato]-trikobaltdichlorid-2-Methanol*, $C_{38}H_{80}Cl_2Co_3N_6O_8$, braunvioletter Nd. aus cis-2-Aminocyclohexanol in 98%ig. Methanol u. $CoCl_2$-Lsg., 80% (Ausbeute). — *Hexakis-[trans-2-aminocyclohexanolato]-trikobaltdichlorid-Methanol-2-Wasser*, $C_{37}H_{80}Cl_2Co_3N_6O_9$, hellviolett, aus trans-2-Aminocyclohexanol u. $CoCl_2$-Lsg., 50%. — *Hexakis-[trans-1-amino-2-hydroxytetralinato]-trikobaltdichlorid-3-Methanol*, $C_{63}H_{84}Cl_2Co_3N_6O_9$, dunkelrot, aus 1-Amino-2-hydroxytetralin u. $CoCl_2$-Lsg.; 34%. — *cis-1-Amino-2-hydroxytetralinato-bis-[cis-1-amino-2-hydroxytetralin]-kobalt(II)-chlorid*, $C_{30}H_{38}ClCoN_3O_3$, braunviolette Kristalle, aus cis-1-Amino-2-hydroxytetralin u. $CoCl_2$-Lsg., 34%. — *Hexakis-[cis-1-amino-2-hydroxytetralinato]-trikobaltdichlorid-2-Methanol*, $C_{62}H_{80}Cl_2Co_3N_6O_8$, hellroter Nd. aus dem Filtrat der vorst. Verb., 48%. — *Hexakis-[cis-1-phenyl-2-aminocyclohexanol-(1)-ato]-trikobaltdichlorid*, $C_{72}H_{96}Cl_2Co_3N_6O_6$, F. 133° (Zers.) aus cis-1-Phenyl-2-aminocyclohexanol-(1) u. $CoCl_2$-Lsg., violette Nadeln, 82%. — *Hexakis-[trans-1-phenyl-2-aminocyclohexanol-(1)-ato]-trikobaltdichlorid*, F. 213° (Zers.), aus trans-1-Phenyl-2-aminocyclohexanol-(1) u. $CoCl_2$-Lsg., rotviolette Kristalle, 17%. W. Mucke. 355△

0613 **Aminoalkohole.** 8. Mitt. **Stereochemische Untersuchungen von Tropanolen durch Komplexbildung.** Günther Drefahl und Klaus Braun. (Chem. Ber. **93**, 514—16, 1960; dt.) — 7. vgl. vorst. Referat. — Zur Aufklärung der Konstellationsverhältnisse bei Tropanolen wird das Komplex-Bldg.-Vermögen dieser Verbb. mit $CuCl_2$ herangezogen. Tropan-3α-ol, Tropan-3β-ol u. Nortropan-3α-ol liefern mit $CoCl_2$-, $CuCl_2$- u. Cu(CH$_3$ ·

$COO)_2$-Lsgg. keine Komplex-Verbb., sondern ergeben Fällungen von bas. Chloriden. Nortropan-3β-ol u. 3α.6β-Dihydroxytropan geben mit den aufgeführten Metallchlorid-Lsgg. teils isolierbare Komplex-Verbb., teils nur Färbungen der Lösungen.

Versuche: *Di-μ-nortropan-3β-olato-dichlorodikupfer(II)*, $C_{14}H_{24}Cl_2Cu_2N_2O_2$, F. 205° (Zers.), aus Nortropan-3β-ol u. methanol. $CuCl_2$-Lsg., dunkelgrüne Säulen. — *Di-μ-(±)-3α.6β-dihydroxytropanato-dichloro-dikupfer(II)*, $C_{16}H_{28}Cl_2Cu_2N_2O_4$, F. 192—184° (Zers.), dunkelgrüne Kristalle. W. Mucke. 358△

0614 **Aminoalkohole.** 9. Mitt. **Notiz zur stereochemischen Zuordnung der 3-Aminocamphanole-(2) mittels Komplexbildung.** Günther Drefahl, Heinz Zimmermann und Joachim Kurze. (Chem. Ber. **93,** 517—19, 1960; dt.) — 8. vgl. vorst. Referat. — Auf Grund ihres unterschiedlichen komplexchem. Verh. lassen sich die diastereomeren 3-endo-Aminocamphanole-(2) eindeutig ster. zuordnen; es wird das Verh. gegenüber $CoCl_2$-, $CuCl_2$- u. $PdCl_2$-Lsgg. untersucht.

Versuche: *Hexakis-[β-aminoborneolato]-trikobaltdichlorid-4-Methanol*, $C_{64}H_{124}Cl_2Co_3N_6O_{10}$, rotviolett, aus β-Aminoborneol u. $CoCl_2$-Lsg., 60% (Ausbeute). — *Tetrakis-[α-aminoborneol]-kobalt(II)-dichlorid*, $C_{40}H_{76}Cl_2 \cdot CoN_4O_4$, hellrotvioletter Nd., aus α-Aminoborneol u. $CoCl_2$-Lsg., 36%. — *Bis-[β-aminoborneolato]-kupfer(II)-dihydrat*, $C_{20}H_{40}CuN_2O_4$, F. 196—197° (Zers.), violetter Nd. aus β-Aminoborneol u. $CuCl_2$-Lsg., 95%. — *Bis-[β-aminoborneol]-palladium(II)-dichlorid*, $C_{20}H_{38}Cl_2N_2O_2Pd$, F. 222° (Zers.), hellgelbe Schuppen aus β-Aminoborneol u. $PdCl_2$-Lsg., 53%. W. Mucke. 358△

0615 **Untersuchung von Komplexverbindungen mit Diphenylderivaten.** 2. Mitt. **Die Komplexverbindungen der Mono-, Di-, Trichloracetate, der Propionate und der Butyrate von Cu, Hg, Pb mit Benzidin.** Const. Gh. Macarovici und G. Schmidt. (Studii Cercetări Chim. [Cluj] **10,** 245—50, 1959; Cluj, Babes-Univ., Cat. de chim. gen.; rum.) — 1. vgl. C. **1960,** 16702. — Folgende Aminkomplexe werden dargestellt (Bzd = Benzidin): [Cu Bzd] $(Cl_2CHCOO)_2$; [Cu Bzd] $(Cl_3CCOO)_2$; [Hg Bzd] · $(ClCH_2COO)_2$; [Hg Bzd] $(Cl_2CHCOO)_2$; [Hg Bzd] $(Cl_3 \cdot CCOO)_2$; [Cu Bzd $(H_2O)_2$] $(CH_3CH_2COO)_2$; [Cu Bzd] · $(CH_3CH_2COO)_2$; [Hg Bzd] $(CH_3CH_2COO)_2$, durch Zugeben von $CuCO_3$ bzw. HgO der entsprechenden Säure u. Bzd in alkohol. Lsg. Außerdem werden die anion. Metallkomplexe [Bzd H_2] $[Pb(Cl_2CHCOO)_4]$; [Bzd H_2] [Hg · $(CH_3CH_2COO)_4$]; [Bzd H_2] $[Cu(CH_3CH_2CH_2COO)_4]$ durch Rk. von bas. Pb-Carbonat, HgO bzw. $CuCO_3$, der entsprechenden Säure u. Bzd. in A. dargestellt. Schließlich wird [Cu Bzd] $[Cu(CH_3CH_2COO)_4]$ durch Zusammengeben von $CuCO_3$, Propionsäure u. Bzd. in Bzl. erhalten. R. Grundmann. 358◇

0616 **Tetrakis-[jodo-(tri-n-butylphosphin)-kupfer(I)] und Jodo-[2.2′-dipyridyl]-[tri-n-butylphosphin]-kupfer(I).** George B. Kauffman und Larry A. Teter. (Inorg. Syntheses **7,** 9—12, 1963; Fresno, Calif., Fresno State Coll.; engl.) — *{CuJ[(n-C₄H₉)₃P]}* (I), F. 75° (nach mehrmaligem Umkristallisieren aus A./Isopropanol), aus $(n\text{-}C_4H_9)_3P$ u. CuJ in wss. KJ-Lsg.; ca. 50%. — *[CuJ · ($C_{10}H_8N_2$) ($n\text{-}C_4H_9)_3P$]* (II), F. 123°, aus I u. 2.2′-Dipyridyl in Aceton; 66,3%. — *Di-μ-jodo-bis-[2.2′-dipyridyldikupfer(I)]*, aus II in sd. A., Bzl. oder Aceton. A. Blaschette. 358◇

0617 **Kupfer(II)-Komplexe von 1-Phenylbiguanid-p-sulfonsäure.** Priyadaranjan Rây. (Inorg. Syntheses **7,** 6—8, 1963; Calcutta, Univ. Coll. of Sci.; engl.) — *1-Phenylbiguanid-p-sulfonsäure* (I; HA), $C_8H_{11}N_5O_3S$, F. 265—268° (Zers.), aus Sulfanilsäure u. Cyanguanidin in sd. W. (2 Std.); 74% (Ausbeute). — *$[Cu(A)_2] \cdot H_2O$* (rotviolett) u. *$[Cu(A)_2] \cdot 1{,}5H_2O$* (grün), aus I u. $CuSO_4$ in wss. ammoniakal. Lsg. unter exakt einzuhaltenden Bedingungen; 93 bzw. 93%. A. Blaschette. 358◇

0618 **Die Darstellung von Silberfluoroborat: eine Warnung.** D. M. Lemal und A. J. Fry. (Tetrahedron Letters [London] **1961,** Nr. 21, 775—76; Madison, Wis., Univ. of Wisconsin, Dep. of Chem.; engl.) — Bei der Darst.-Meth. des Silberfluoroborats nach Meerwein u. Mitarbeitern (C. **1961,** 6800) durch Erhitzen von Ag_2O u. der BF_3–Ae.-Additions-Verb. in Nitromethan erfolgte eine heftige Explosion, vermutlich durch Bldg. von Ag-Fulminat. Vff. empfehlen die Darst.-Meth. von Olah u. Quinn (C. **1963,** 4655), bei der AgF statt Ag_2O verwendet wird. G. Heller. 359◇

0619 **Rhodium(III)-chlorid-Hydrat, Chloroamminrhodium(III)-salze und eine Notiz über die Aufarbeitung von Rhodiumabfällen.** Susan N. Anderson und Fred Basolo. (Inorg. Syntheses **7,** 214—20, 1963; Evanston, Ill., Northwestern Univ.; engl.) — *$K_2[RhCl_5(H_2O)]$*, durch Rk. von Rh-Schwamm + KCl mit Cl_2 bei 575° u. Aufnehmen des gebildeten K_3RhCl_6 mit Wasser. — *$Rh_2O_3 \cdot 5H_2O$*, aus der wss. Lsg. vorst. Verb. mit KOH. — *$RhCl_3 \cdot 3H_2O$* (I), durch Lösen vorst. Verb. in konz. HCl u. Eindampfen; 64% Ausbeute bzgl. Rh-Metall. — *$[RhCl(NH_3)_5]Cl_2$* (II) u. *trans-$[RhCl_2(NH_3)_4]Cl$* (III), aus I u. $(NH_4)_2CO_3$ in wss. Lsg., Trennung auf Grund der unterschiedlichen Löslichkeit in heißem HCl/W. (2:1) [III gut lösl.; II unlösl.]. — *$[RhCl_2(NH_3)_4]NO_3 \cdot H_2O$*, aus III u. HNO_3. — *cis-* (IV) u. *trans-$[RhCl_2(en)_2]NO_3$* (V), aus I u. Äthylendiammoniumdichlorid durch Erhitzen mit wss. KOH u. Rk. des gebildeten *$[RhCl_2(en)_2]Cl$* mit HNO_3; V ist weniger lösl. als IV; Ausbeuten: 11% IV; 33% V. — *cis-* (VI) u. *trans-$[RhCl_2(en)_2]Cl$*, aus IV bzw. V mit Hilfe eines Anionenaustauschers (Dowex 1-X 4) in der Chloridform. — *l-cis-$[RhCl_2(en)_2]Cl$*, durch Spaltung von VI mit Ammonium-d-α-bromcampher-π-sulfonat; 59%. — Die Zurückgewinnung von metall. Rh aus Rh-Verbb. wird beschrieben. A. Blaschette. 364◇

0620 **Über die Dinitrodioxalatoiridate(III) $M_3[Ir(NO_2)_2 \cdot (C_2O_4)_2]$.** Marcel Delépine und Fernande Larèze. (C. R. hebd. Séances Acad. Sci. **254,** 388—92, 15/1. 1962; Paris, Coll. de France, Labor. de Chim. org. des Hormones; franz.) — Eine wss. Lsg. von $K_3[IrCl_2(C_2O_4)_2]$ (I) bildet mit KNO_2 nicht, wie Vèzes u. Duffour [1909] berichten, $K_3[IrCl_2(NO_2)_2(C_2O_4)]$ (II), sondern *$K_3[Ir \cdot (NO_2)_2(C_2O_4)_2]$* (III), gelbe Kristalle. Die sowohl bei Rückfluß-Temp. als auch im Autoklaven (130°) durchgeführte Rk. verläuft bei Verw. von I, in dem die beiden Cl-Atome in trans-Stellung stehen, wesentlich schneller als bei der entsprechenden cis-Verbindung. In der warmen Rk.-Lsg. wandelt sich ein Teil von trans-I in cis-I um. In einer warmen wss. Lsg. erleidet trans-III offensichtlich den gleichen Isomerisationsprozeß. cis-III wird über das Strychniniumsulfat in die opt. Antipoden gespalten. Aus wss. Lsgg. von III (cis u. trans) werden mit den Nitraten von Ag^+, Pb^{2+}, Hg^+, Hg^{2+} u. Tl^+ die schwerlösl. Salze des $[Ir(NO_2)_2(C_2O_4)_2]^{3-}$-Anions erhalten. Mit Salzen des Na^+, Rb^+, Cs^+, NH_4^+, Ca^{2+}, Sr^{2+}, Ba^{2+}, Mg^{2+}, Zn^{2+}, Cd^{2+}, Cu^{2+}, Ni^{2+}, Co^{2+}, Fe^{2+}, Fe^{3+} sowie mit Pyridiniumchlorid waren keine Fällungen möglich. H. Kuckertz. 367◇

0621 **Darstellung von Salzen des Dichlorotetrapyridiniridium(III).** Marcel Delépine und Fernande Larèze. (C. R. hebd. Séances Acad. Sci. **256,** 3912—16, 1963; franz.) — Vgl. vorst. Referat. — Bei der Umsetzung von trans-$K[IrCl_4Py_2]$ (I) mit Pyridin (Py) bei 100° bildet das zwischenzeitlich entstehende $[IrCl_2Py_4]Cl$ (II) mit überschüssigem I unlösl. $[IrCl_2Py_4]$ $[IrCl_4Py_2]$ (III) als rosafarbenes, kristallines Pulver. Geringe Mengen $[IrCl_3 \cdot Py_3]$ können aus III durch Extraktion mit Chlf. herausgelöst werden. III läßt sich mit wss. Pyridin bei 130°/1,5 Std. im Autoklaven spalten: III + 2 Py → 2 II. II wird hierbei in zwei Modifikationen, IIa u. IIb erhalten. IIa · $6H_2O$ krist. nach dem Filtrieren u. Erkalten der Lsg. in gelben lamellenförmigen Kristallen. IIb · $4H_2O$ wird beim Aufarbeiten der Mutterlaugen aus der verbleibenden klebrigen Masse in Form großer, gelber Kristalle erhalten. IIa bildet mit HNO_3 *$[IrCl_2Py_4]NO_3 \cdot 5H_2O$*, mit KJ *$[IrCl_2Py_4]J$*, mit NH_4SCN *$[IrCl_2Py_4]SCN$* u. mit Natriumpikrat *$[IrCl_2Py_4]$ $[C_6H_2(NO_2)_3O]$*; mit $Na_3[IrCl_6]$, $K_2[IrCl_5Py]$ u. $K[IrCl_4Py_2]$ wird polymeres $IrCl_3Py_3$ erhalten. H. Kuckertz. 367◇

0622 **Cis- und trans-Tetrachlorodipyridiniridium(IV).** George B. Kauffman. (Inorg. Syntheses **7,** 220—24, 1963; Fresno, Calif., Fresno State Coll.; engl.) — *cis-$[IrCl_4(py)_2]$*, durch Lösen von cis-$[C_5H_5NH]$ $[IrCl_4(py)_2]$ in wss. NH_3 u. Oxydieren mit HNO_3/HCl; 92,5% (Ausbeute). — *trans-[$IrCl_4(py)_2$]*, entsprechend vorst. Verb. aus trans-[C_5H_5NH] [$IrCl_4(py)_2$]; 94,3%. A. Blaschette. 367◇

0623 **Cis- und trans-Trichloro-tris-[diäthylsulfid]-iridium(III).** George B. Kauffman. (Inorg. Syntheses **7**, 224—28, 1963; engl.) — Vgl. vorst. Referat. — Darst. nach $(NH_4)_2[IrCl_6] + 3(C_2H_5)_2S \rightarrow \{IrCl_3[(C_2H_5)_2S]_3\} + 2NH_4Cl + {}^1/_2Cl_2$ in heißem A. u. Trennung der Isomeren; Ausbeuten: 34,2% cis-, 7,8% trans-Form. A. Blaschette. 367◇

0624 **Cis- und trans-Pyridiniumtetrachlorodipyridiniridat(III).** George B. Kauffman. (Inorg. Syntheses **7**, 228—31, 1963; engl.) — Vgl. vorst. Referate. — Darst. durch Red. von $(NH_4)_2[IrCl_6]$ mit $(NH_4)_2C_2O_4$ zu $(NH_4)_3 \cdot [IrCl_6]$ u. Rk. mit Pyridiniumchlorid + Pyridin in der Wärme zu cis- u. trans-[C_5H_5NH] [$IrCl_4(py)_2$]; Trennung der Isomeren; Ausbeuten: 37,0% cis-, 40,3% trans-Form. A. Blaschette. 367◇

0625 **Zurückgewinnung von Platin aus Laboratoriumsrückständen.** George B. Kauffman und Larry A. Teter. (Inorg. Syntheses **7**, 232—36, 1963; engl.) — Vgl. vorst. Referate. A. Blaschette. 368◇

0626 **cis- und trans-Tetrachlorodiamminplatin(IV).** George B. Kauffman. (Inorg. Syntheses **7**, 236—38, 1963; engl.) — Vgl. vorst. Referate. — Darst. durch Oxydation von cis- bzw. trans-[$PtCl_2(NH_3)_2$] (vgl. nachst. Ref.) mit Cl_2 in wss. Lsg. bei 75—80° bzw. 100°; 56% bzw. 88% Ausbeute. A. Blaschette. 368◇

0627 **cis- und trans-Dichlorodiamminplatin(II).** George B. Kauffman und Dwaine O. Cowan. (Inorg. Syntheses **7**, 239—45, 1963; engl.) — Vgl. vorst. Referate. — *$K_2[PtCl_4]$* (I), durch Red. einer wss. Lsg. von $K_2[PtCl_6]$ (II) mit $[N_2H_6]Cl_2$ bei 50—65°. — *cis-[$PtCl_2(NH_3)_2$]*, aus I u. der geeigneten Menge NH_3 in wss. Lsg. in Ggw. von NH_4Cl; 60% (bzgl. II). — *trans-[$PtCl_2(NH_3)_2$]* (III), aus I in der Wärme nach $I + 4NH_3 \rightarrow [Pt(NH_3)_4]Cl_2$ (IV) $+ 2KCl$, $IV + 2HCl \rightarrow III + 2NH_4Cl$; 90%. A. Blaschette. 368◇

0628 **cis- und trans-Dichloro-bis-[tri-n-butylphosphin]-platin(II).** George B. Kauffman und Larry A. Teter. (Inorg. Syntheses **7**, 245—49, 1963; engl.) — Vgl. vorst. Referate. — Darst. nach $K_2[PtCl_4] + 2(n\text{-}C_4H_9)_3P \rightarrow \{PtCl_2[(n\text{-}C_4H_9)_3P]_2\} + 2KCl$, Trennung der Isomeren. A. Blaschette. 368◇

0629 **cis- und trans-Dichlorodipyridinplatin(II).** George B. Kauffman. (Inorg. Syntheses **7**, 249—53, 1963; engl.) — Vgl. vorst. Referate. — *cis-[$PtCl_2(py)_2$]* (I), aus $K_2[PtCl_4]$ u. Pyridin in wss. Lsg.; 89,4%. — *trans-[$PtCl_2(py)_2$]*, aus I durch Rk. mit Pyridin zu $[Pt(py)_4]Cl_2$ u. anschließende Umsetzung mit wss. HCl in der Wärme; 93%. A. Blaschette. 368◇

A₉. Mineralogische und geologische Chemie

0630 **$^{18}O/^{16}O$-Verhältnisse von koexistierenden Mineralen in drei Vergesellschaftungen von pelitischem Schiefer der Cyanit-Zone.** Hugh P. Taylor jun., Arden L. Albee und Samuel Epstein. (J. Geology **71**, 513—22, 1963; Pennsylvania State Univ., Dep. of Min. and Petrolog.; engl.) — Mit Hilfe einer F-Extraktionsmeth. wurden die $^{18}O/^{16}O$-Verhältnisse von drei pelit. Schiefern von Lincoln Mountain, Vermont, bestimmt. Die drei Mineralvergesellschaftungen sind die folgenden: 1. *Cyanit–Chloritoid – Chlorit – Muskovit – Paragonit – Quarz – Rutil*; 2. *Chloritoid – Almandin – Chlorit – Muskovit – Paragonit–Quarz–Ilmenit* u. 3. *Almandin–Biotit–Chlorit–Muskovit–Albit–Quarz–Ilmenit–Graphit.* Mineralog. u. texturell scheint es sich um Abscheidungen zu handeln, die im Gleichgew. sind. In allen Vergesellschaftungen hat Quarz das höchste $^{18}O/^{16}O$-Verhältnis, gefolgt von Albit, weißem Glimmer, Cyanit u. Biotit. Ilmenit, Chloritoid, Rutil u. Granat wurden nicht analysiert. Jedes einzelne Mineral hat eine von der Vergesellschaftung unabhängige O-Isotopenzus.; die Fraktionierungsfaktoren zwischen den Mineralen sind für die drei Schiefer identisch. Das O-Isotopengleichgew. wurde während der Metamorphose u. bei allen drei Gesteinen bei der gleichen Temp. erreicht. Zur Erklärung dieses Phänomens wird eine weitverbreitete O_2-haltige Fl. mit konst. $^{18}O/^{16}O$-Verhältnis angenommen. Ernst Schulte. 378◇

0631 **Radioaktivität von Kurokô-(Schwarzerz)-Lagerstätten in Japan.** Shoichiro Hayashi. (J. Mining metallurg. Inst. Japan **77**, 458—62, 1961; jap., Auszug: engl.) — Die Radioaktivität eines japan. Ton-Vork. rührt von 0,01—0,08% U her, das in Sericit, Chlorit, Nakrit u. Montmorillonit fixiert ist. W. Wesly. 378◇

0632 **Zur Geochemie des Urans und Thoriums in den Granitgesteinen des Kysyltau-Massivs (Zentral-Kasachstan).** W. I. Baranow und Le-tjan Du. (Geochemie [UdSSR] **1961**, 1059—67; Moskau, Lomonossow-Univ., Lehrst. für Geochem.; russ., Auszug: engl.) — Die Best. des U- u. Th-Geh. in den Granitgesteinen ergab Werte, die zweimal höher als die von Winogradow (Geochemie [UdSSR] **1956**, Nr. 1) ermittelten Durchschnitts-Geh. sind. Während der Differentation des Magmas stellt sich von den frühen zu den späteren Phasen eine Zunahme des U- sowie eine Abnahme des Th-Geh. ein. Die Hauptmenge des U in den Graniten (61%) ist an akzessor. Minerale, davon zu 30% an *Orthite*, u. an *Biotite* gebunden. Die U-Verteilung in den Mineralen hängt vom Kristallisationsgrad ab, bei großer Kristallisationsgeschw. konz. sich U in hellen gesteinsbildenden Mineralen. H. Noack. 378△

0633 **Faktoren, die die abweichenden Alter von Euxenit eines Grenville-Pegmatites nach sich ziehen.** S. C. Robinson, W. D. Loveridge, J. Rimsaite und J. van Peteghem. (Canad. Mineralogist **7**, 533—46, 1963; Ottawa, Geol. Surv. of Canada; engl.) — Metamikte Euxenitkristalle eines Pegmatits nahe St. Pierre de Wakefield, Quebec, ergaben folgende Alter: $^{207}Pb/^{206}Pb$ 1000 ($\cdot 10^6$ Jahre), $^{207}Pb/^{235}U$ 710, $^{206}Pb/^{238}U$ 620 u. $^{208}Pb/^{232}Th$ 550. Das Rb/Sr-Alter eines gleichaltrigen Mikroklins beträgt 1050 ± 50. Von verschiedenen Teilen der Euxenitkristalle u. von umgebenden Mineralen wurden die Gesamtgeh. an Pb, U u. Th sowie die Isotope des Pb bestimmt. Die unterschiedlichen Alter lassen sich durch folgende Faktoren erklären: 1. Differentieller Verlust von U relativ zu Th in den äußeren Zonen der Euxenitkristalle. 2. Gesamtverlust von Pb, wobei der Verlust an ^{208}Pb größer ist als der von ^{207}Pb u. ^{206}Pb. Beim Erhitzen von metamiktem Uranothorit u. krist. Thorianit (beide Grenville Alter) unter Vakuum zeigt sich, daß Pb aus dem metamikten Mineral sehr leicht auszutreiben ist im Gegensatz zum krist. Thorianit. Ernst Schulte. 378◇

0634 **Alter der Roraima-Formation, British Guayana.** N. J. Snelling. (Nature [London] **198**, 1079—80, 1963; Oxford, Univ., Museum Overseas Geol. Surv. at the Dep. of Geol. and Miner.; engl.) — Die Roraima-Formation bildet Teile einer Serie von Plateaus, die sich ostsüdöstlich durch British-Guayana von der Grenze mit Venezuela u. Brasilien bis zum Berbice River erstrecken. Das K/Ar-Alter von *Pyroxen-Hornblende* der mittleren Zone der Lower Kopinang Dolerite Sill ergab 1665 ± 170 (10^6 Jahre). *Muskovit* unmittelbar über dem oberen Kontakt der Lower Kopinang Sill 1735 ± 70. *Biotit* von Glimmerhornfelsen 1700 ± 65. Ernst Schulte. 378◇

0635 **Die Entstehung der Basaltmagmen. Eine experimentelle Untersuchung von natürlichen und synthetischen Gesteinssystemen.** H. S. Yoder jun. und C. E. Tilley. (J. Petrology, **3**, 342—532, 10 Tafeln, 1962; Washington, D. C., Carnegie Instn. of Washington, Geophys. Labor.; engl.) — Natürliche Basalte u. Eklogite wurden bei Drücken bis 40 kb u. bei H_2O-Drücken von 1 bis 10 kb bei Temp. bis oberhalb des F. untersucht. Außerdem wurden verwandte synthet. Syst. im Druckbereich von 10—33 kb erforscht. Das Schmelzverh. der Basalte u. Eklogite zeigt, daß beide die Schmelzprodd. eines einfacheren Gesteins sind. In der Zone der Magmabildung (unterhalb 60 km) entsteht aus Granatperidotit als Ausgangsmaterial ein eklogit. Magma, dessen Trennung vom Granat u. Omphacit des Eklogits abhängt. Eine Zunahme der Granatbestandteile im Magma gibt Anlaß zur Bldg. eines Magmas des Tholeiit-Typs bei niedrigem Druck. Anreicherung der Omphacitbestandteile hat die Bldg. eines Magmas vom Alkali–Basalt-Typ zur Folge. Im allg. kann erwartet werden, daß aus dem gleichen

Ausgangsgestein Alkali–Basalt-Magmen in größeren Tiefen als Tholeiit-Magmen gebildet werden. Die experimentell gefundenen Druck- u. Temp.-Grenzen legen nahe, daß die Basalt–Eklogit-Transformation die Ursache der Mohorovičić-Diskontinuität unter den Kontinenten, nicht aber unter den Ozeanen ist. Der Stabilitätsbereich des Basalts ist in Ggw. von W. stark eingeschränkt, und es bildet sich Amphibolit. Das Schmelzintervall des Amphibolits ist bedeutend größer als das des Basalts. Bei 10 kb beginnt der Amphibolit bei der gleichen Temp. zu schmelzen wie Granit. Beim teilweisen Aufschmelzen des Amphibolits können anorthosit. Schmelzen mit relativ geringem Anorthitgeh. bei außerordentlich niedrigen Temp. entstehen. Eklogit ist in Ggw. von W. nicht stabil u. wandelt sich in Amphibolit oder Pyroxen-Hornblende um. Magmen, aus denen sich Basalt, Gabbro oder Eklogit bilden, müssen deshalb zur Zeit der Kristallisation einen geringen H_2O-Geh. gehabt haben. Die experimentellen Ergebnisse werden mit Angaben aus ca. 250 Literaturstellen verglichen.
D. Rogalla. 378◇

0636 **Phasengleichgewichte im System Cu–Fe–As–S.** Lewis B. Gustafson. (Econ. Geol. **58,** 667–701, 1963; Cambridge, Mass., Harvard Univ., Labor. of Min. Geol.; engl.) — Phasenbeziehungen in den Syst. *Cu–Fe–As–S* u. *Cu–Fe–S–O* werden in Termen von Fugazitäten der verschiedenen Komponenten beschrieben. Die qual. richtigen Fugazitätsdiagramme erweisen sich als nützlich, da genaue thermodynam. Daten fehlen. Feste Lsgg. können bei hohen Temp. nur qual. beschrieben werden. Die Phasenregel u. die Fugazitätsdiagramme wurden zur Aufstellung von Modellen für die hydrothermale Erzbldg. herangezogen. Prim. Mineralisation wird durch ein Modell im völlig offenen Syst. beschrieben. ebenso die paragenet. u. zonalen Beziehungen in Sulfiderzen. Die Abscheidung von Mineralen aus hydrothermalen Lsgg. ist nahezu analog der Kristallisation aus einer Silicatschmelze; die Fugazitätsdiagramme sind ähnlich den Liquidus-Diagrammen von tern. Systemen. Die Beziehungen in metamorphen Erzen können durch ein Modell im z. T. offenen Syst. u. die Änderungen nach erfolgter Mineralisation der Sulfiderze können durch ein Modell im geschlossenen Syst. beschrieben werden.
Ernst Schulte. 378◇

0637 **Über den extrusiv-sedimentären Ursprung der Blei–Zink-Lagerstätten der Kalkalpen.** Dino di Colbertaldo. (Ind. mineraria [2] **1961,** 725–29; Milano, Univ., Ist. di Miner. Petrograf. e Geochim; Udine, Raibl Soc. Mineraria del Predil; ital.) — Betr. die Theorie der Entstehung der Pb–Zn-Lagerstätten in den Kalkalpen u. eine krit. Stellungnahme des Vf. über eine Arbeit von Hegemann (vgl. C. **1962,** 1163), über die gleiche Frage.
C. Gottfried. 378△

0638 **Der Chemismus von Silicaten als geochemischer Indicator in Skarnlagerstätten.** Marie Králová und Richard Král. (Geologie **10,** 141–51, 1961; Prag; dt.) — Die geochem. u. mineralog. Analyse der Skarnlagerstätte im Obřídůl im Riesengebirge hat gezeigt, daß man Silicatminerale, hauptsächlich Granate, als Indicator der Vererzung benützen kann u. daß man durch die Unters. der Skarnsilicate den Skarntyp bestimmen kann. Die Ortho- u. Metasilicate von der Lagerstätte im Obřídůl zeigen zwei charakterist. Grundzüge: 1. die vertikale Differentiation u. 2. den durch das Auftreten von Silicaten mit erhöhtem Alkaligeh. charakterisierten Chemismus (hauptsächlich Alkaligranat-Lagoriolit).
K. Jaeger. 378◇

0639 **Änderung der tonigen Verwitterung seit dem Ende des Tertiärs im Vulkanmassiv von Atakor (Hoggar).** Pierre Rognon. (C. R. somm. Séances Soc. géol. France **1961,** 186–88; franz.) — Auf Grund einer eingehenden geolog. Unters. des Vulkanmassivs von Atakor kommt Vf. zu der gleichen Schlußfolgerung wie Birot u. Pinza (vgl. C. R. somm. Séances Soc. géol. France **1961,** 21), daß nämlich eine grundsätzliche Änderung in der Verwitterung der Tone zwischen der Periode des Ergusses der alten Basalte u. der der mittleren Ergüsse eingetreten ist. Bei den ältesten Tonen handelt es sich in der Hauptsache um die Gruppe der *Kaolinite–Halloysite,* während es sich bei den jüngeren um *Montmorillonite* u. *Nontronite,* in zwei Fällen auch um *Illite* handelt. Die vom geolog. Standpunkt hieraus zu ziehenden Schlußfolgerungen werden besprochen.
C. Gottfried. 378

0640 **Experimentelle Abrasion.** 5. Mitt. **Das Mattieren und Polieren von Quarzkörnern.** Ph. H. Kuenen und W. G. Perdok. (J. Geology **70,** 648–58, 1962; Groningen, Univ., Geol. Inst.; Inst. für Crystal Phys.; engl.) — 4. vgl. J. Geology **68,** [1960], 427. — Das Mattieren von Quarzkörnern wird hauptsächlich durch chem. Einw., Korrosions-Lsgg. u. durch abwechselndes Lösen u. Ablagern von Substanz (bes. in Wüstengebieten) erzeugt; mechan. Einw. von Wind u. W. spielen demgegenüber eine geringe Rolle. Es wird auf die Wrkg. von Tau in Wüsten verwiesen, der für die Ausbldg. einer Mattierung verantwortlich ist u. die aeol. Wrkg. überprägt.
J. Heinze. 378◇

0641 **Aragonit in californischen Glaukophanschiefern und die Kinetik der Aragonit–Calcit-Umwandlung.** W. H. Brown, W. S. Fyfe und F. J. Turner. (J. Petrology **3,** 566–82, 1962; Berkeley, Calif., Univ. of California, Dep. of Geol.; engl.) — Aragonit ist ein weitverbreitetes Mineral in kaliforn. Glaukophanschiefern. Mkr. Meth. zur Unterscheidung von Aragonit, Calcit u. Dolomit werden beschrieben. Ferner werden weitere Daten zur Paragenese der aragonithaltigen Glaukophan- u. Lawsonitschiefer angegeben. Als Carbonate wurden in der Grünschieferfazies ausschließlich Calcit u. Dolomit gefunden. In vielen metamorphen kaliforn. Aragoniten wurde eine teilweise Umwandlung in Calcit beobachtet. Diese scheint ohne Vol.-Änderung bei Parallelstellung einer a-Achse u. einer Kante [f : f] des Calcits, die beide Richtungen kleinster Abstände von Ca^{2+} sind, mit zwei der Achsen a, b u. c des Aragonits vor sich zu gehen. Aus der Kinetik der Rk. Aragonit → Calcit ergibt sich, daß in 20 km Tiefe metamorph gebildeter Aragonit nur dann die durch Aberosion des Deckgebirges bedingte Entlastung ohne Umwandlung übersteht, wenn der geotherm. Gradient $< 10°$/km ist. Diese Bedingungen treffen für die Kristallisation von Aragonit, Jadeit u. Lawsonit zu. Die entsprechenden Bedingungen der Glaukophanschieferfazies ($\vartheta = 200-300°$, $P = 6-9$ kb) werden im wesentlichen einer Lagerung in großen Tiefen in Gebieten mit ungewöhnlich niedrigem Temp.-Gradienten (10°/km) zugeschrieben.
D. Rogalla. 378◇

0642 **Chabasit vom Chrüzlistock (Tavetsch).** Max Weibel. (Schweiz. mineralog. petrogr. Mitt. **43,** 361–66, 1963; Zürich, ETH, Inst. für Kristallographie u. Petrographie; dt.) — Opt. Eigg., chem. Analyse u. die Gitterkonst. vom Chabasit von Chrüzlistock, Val Strem, Tavetsch, Graubünden sind angegeben. Formel: $(Ca, Sr, K)\ Al_{1,8}Si_{4,2}O_{12} \cdot 6{,}4\ H_2O$. $n_x = 1{,}487$; $n_z = 1{,}488$ $a = 13{,}773 \pm 0{,}001$ (Å); $c = 14{,}994 \pm 0{,}001$.
Ernst Schulte. 380◇

0643 **Eudidymit vom Seal Lake, Labrador, Neufundland.** E. H. Nickel. (Canad. Mineralogist. **7,** 643–49, 1963; Ottawa, Min. Sci. Div., Mines Branch, Dep. of Mines and Techn. Surv.; engl.) — Eudidymit ist ein Begleitmineral im Paragneis bei Seal Lake. Chem. Zus.: Na_2O 12,20(%); K_2O 0,39; BeO 10,15; SiO_2 73,56; H_2O 3,62. Die Elementarzelle ist ein wenig kleiner als die des Langessundfjord-Eudidymits; auch die opt. u. physikal. Eigg. zeigen kleine Differenzen. Diese Änderungen werden auf Schwankungen des Be : Si-Verhältnisses in Eudidymit zurückgeführt. Die indizierten d-Werte sind angegeben.
Ernst Schulte. 380◇

0644 **Rückschlüsse von den physikalischen Eigenschaften auf die Zusammensetzung von Klinopyroxenen.** 3. Mitt. **Die normalen soda- und tonerdefreien Klinopyroxene.** 4. Mitt. **Der Einfluß teilweiser Kationensubstitution auf physikalische Eigenschaften.** 5. Mitt. **Alternativ-Funktionen des Brechungsindex.** Horace Winchell. (Amer. J. Sci. **261,** 168–85, 1963; New Haven, Conn., Yale Univ., Dep. of Geol.; engl.) — 2. vgl. Amer. J. Sci. **259,** [1961], 295; 1. vgl. C. **1962,** 16969. — Neue Diagramme für opt. Eigg. u. Spezif. Gew. werden mitgeteilt. Sie wurden aus den kürzlich veröffentlichten Regressionsformeln abgeleitet. Aus statist. Daten von 155 Klinopyroxenen ergibt sich, daß folgende Kationensubstitutionen bedeutende, unterschiedliche Einflüsse auf die physikal. Eigg. haben: Al für Si in der C-Position des Gitters, verglichen mit Al für Mg in der B-Position beeinflußt alle Brechungsindices; Fe^{3+} für Si in der C-Position, verglichen mit Fe^{3+} für Mg in der B-Position beeinflußt den Auslöschungswinkel Z/c; Fe^{2+} für Mg in der B-Position, verglichen mit Fe für Ca in der A-Position beeinflußt alle Brechungsindices. Die Daten erlauben nicht, solche Feststellungen auch für die Substitution von Mg durch Mn, verglichen mit der von Ca durch Mn, zu treffen. Die positiven u. negativen 1. u. 2. Kräfte des Brechungsindex n_b werden durch die Regressionsgleichungen mit derselben Genauigkeit vorausgesagt. Damit zeigt sich, daß kein Vorteil erhalten wird, wenn man die Brechungsindices in den Regressionsgleichungen durch DK oder dielektr. Undurchlässigkeiten ersetzt. J. Heinze. 380◇

0645 **Maskelynit: Bildung durch Explosionsstoß.** Daniel J. Milton und Paul S. De Carli. (Science [Washington] **140**, 670—71, 1963; Menlo Park, Calif., U. S. Geol. Surv.; Menlo Park, Calif., Stanford Res. Inst., Poulter Labor.; engl.) — Wirken hohe Drücke (250—300 kbar) plötzlich auf Gabbro ein, so wird der Plagioklasanteil in eine amorphe Phase, den Maskelynit, durch Rk. in festem Zustand bei niederen Temp. überführt, während der Pyroxen kristallin verbleibt. Der stoßbelastete Gabbro ist den Meteoriten aus der Shergotty-Klasse ähnlich. Daraus wird geschlossen, daß letztere ebenfalls durch Stoß-Wrkg. gebildet wurden. Bei kurzzeitiger Anwendung höherer Drücke (600—800 kbar) steigt die Temp. über den Schmelzbereich von Plagioklas. Ernst Schulte. 380◇

0646 **Die Zusammensetzung von Nephelin.** Tom. F. W. Barth. (Schweiz. mineralog. petrogr. Mitt. **43**, 153—64, 1963; Oslo; engl.) — Die Kristallstruktur von Nephelin wird diskutiert. Die chem. Zus. wird an Hand von Nephelin- u. Feldspatanalysen (Vork. Seiland-Stjernö, Norwegen) erörtert u. im tern. Quarz–Nephelin–Kalsilit- u. im quatern. Nephelin–Kalsilit–Anorthit–Quarz-Diagramm dargestellt. Ferner wird die Bedeutung des Nephelins als geolog. Thermometer dargelegt. Ernst Schulte. 380◇

0647 **Über ein neues Nickelarsenid Ni_2As. Der Orcelit.** S. Caillère, J. Avias und J. Falgueirettes. (Bull. Soc. franç. Minéralog. Cristallogr. **84**, 9—12, 1961; Paris, Labor. de Minér. du Muséum; franz.) — Vgl. C. **1963**, 4657. — Im Tiébaghi-Massiv (Neu-Kaledonien) wurde bei Erdbohrungen eine Mineralschicht entdeckt, die ein anisotropes Mineral enthält, das einen höheren Reflexionskoeff. als die bekannten Ni-Arsenide besitzt. Die Analyse des als „Orcelit" bezeichneten Minerals ergab die Formel Ni_2As; es entspricht dem synthetischem Ni_2As. Beim Calcinieren gehen Ni-ärmere Arsenide bei 650° an der Luft in Ni_2As über. M. Engel. 380◇

0648 **Über Parawollastonit von Oldoinyo Lengai, Tanganyika.** J. B. Dawson und Th. G. Sahama. (Schweiz. mineralog. petrogr. Mitt. **43**, 131—33, 1963; Halifax, Canada, Dalhousie Univ., Dep. of Geol.; Helsinki, Univ., Inst. of Geol. and Min.; engl.) — Parawollastonit von Oldoinyo Lengai ergab folgende Analyse. Si 50,78 (%); Al 0,07; Fe^{3+} 0,54; Fe^{2+} 0,13; Mg 0,72; Ti 0,53; Mn 0,11; Ca 46,62; Na 0,18; K 0,04; Sr 0,0; O 0,10; H_2O^+ 0,05; H_2O^- 0,02; P_2O_5 nicht bestimmt. Die Analyse des Hauptgesteins ist zum Vgl. angegeben. Einkristallaufnahmen ergaben $a = 15,44 \pm 0,05$ (Å); $b = 7,32 \pm 0,02$; $c = 7,10 \pm 0,02$; $\beta = 95°40' \pm 20'$, $P\,2_1/c$, $D = 2,922 \pm 0,004$ g/cm³. Ernst Schulte. 380◇

0649 **Akzessorische Minerale auf Pyrit, Zonenbildung von Pyrit und zonarer Pyrit.** G. C. Amstutz. (Schweiz. mineralog. petrogr. Mitt. **43**, 111—22, 1963; Rolla, Mo., Univ. of Missouri; engl.) — Die Unters. über Pyritzonenbldg. erfordert zunächst einen Atlas über die vorkommenden Aufwachsungen zur Best. des vorherrschenden Habitus. Diese erste Annäherung ergibt brauchbare Resultate nur bei „einfachen" Ablagerungen mit nur einem Mineralisationshauptbestandteil. Ernst Schulte. 380◇

0650 **Über Pseudomorphosen von Spodumen der Borborema-Pegmatite.** A. Bhaskara Rao. (An. Acad. brasil. Ci. **34**, 455—63, 1962; Recife, Univ., Escola de Engenharia; engl.) — Der verwitterte Spodumen ist nach der chem., röntgenograph. u. der Differentialthermoanalyse ein Gemisch von Illit u. Halloysit mit 80—90% Illit. Die Tonmineralien bilden Pseudomorphosen nach dem ursprünglichen Spodumen, der in sehr großen Kristallen auftritt. Die Pseudomorphosen treten neben ganz frischen Spodumenmineralien auf, so daß 2 Generationen angenommen werden müssen. Bei der Verwitterung wird zuerst das gesamte Li u. ein Teil des Al durch Mg u. später ein Teil des Mg durch Fe^{2+} ersetzt. Die Verwitterungslsgg. waren wahrscheinlich reich an Fe, Mn, Ti u. Na. F. Ensslin. 380◇

0651 **Thortveitit von Kobe, Omiya, Kyoto, Japan.** Kin-ichi Sakurai, Kozo Nagashima und Akira Kato. (Bull. chem. Soc. Japan **35**, 1776—79, 1962; Meguro-ku, Tokyo, Univ. of Tokyo, Coll. of Gen. Educ.; engl.) — Im Shiroishi-Pegmatit, der aus Perthit, Quarz, Biotit u. Muskovit besteht u. die selteneren Minerale Kobeit, Perrierit, Euxenit, Monazit, radioakt. Zirkon, Allanit, Turmalin, Magnetit u. Ilmenit führt, wurde auch Thortveitit. festgestellt Die Verteilung der Seltenerdmetalle sowie die d-Werte sind angegeben. Ernst Schulte. 380◇

0652 **Die Bestimmung der chemischen Zusammensetzung einiger Sulfosalze aus dem Lengenbach (Binnatal, Kt. Wallis) mit Hilfe der elektronischen Mikrosonde.** W. Nowacki und C. Bahezre. (Schweiz. mineralog. petrogr. Mitt. **43**, 407—11, 1963; Bern, Univ., Min. Inst.; Paris, Bur. de Rech., Geol. et Min.; dt.) — Mehrere Sulfosalze mit z. T. sehr kleinen Kristallen u. ungenau oder gar nicht bekannter chem. Zus. wurden mit der Mikrosonde untersucht. *Baumhauerit*: Pb 48,0 ± 1 (%), As 26,6 ± 0,5, S 27,0 ± (1—2). Dieser Baumhauerit ist zentrosymmetrisch. *Dufrenoysit:* Pb 54,8 ± 1, As 20,6 ± 0,5, S 26,7 ± (1—2). *Jordanit:* Pb 67,5 ± 1, As 11,8 ± 0,5, S 21,7 ± (1—2). *Rathit I:* Pb 41,2 ± 1, As 27,0 ± 0,5, S 28 ± (1—2), Tl 3,6 ± 1. (*Rathit I* hat die Formel $(Pb, Tl)_9As_{15}S_{30}$ ebenso wie *Rathit III*, *Rathit II* ist $Pb_9As_{13}S_{28}$ u. *Rathit I a* $Pb_7As_9S_{20}$). *Skleroklas*: Pb 42 ± 1, As 28,6 ± 0,5, S 27 ± (1—2), Tl 2,6 ± 1. *Hatchit:* Tl 27,1 ± 1, Pb23,8 ± 1, As21,7 ± 1, S 27,5 ± (1—2). *Hutchinsonit*: Pb 17,3 ± 1, Tl 20 ± 1, As 36,8, S 26,5 ± (1—2). Die chem. Analyse entsprach der Formel $Tl_{10}Pb_{8,9}Cu_{1,5}Ag_{0,09}$ $As_{41,1}S_{82,8}$. *Lengenbachit:* Pb 54,5 ± 1, As 14,9 ± 0,5, Ag 8,7 ± 1, Cu 2,85 ± 0,5, S 20,8 ± (1—2) angenähert entsprechend der Formel $Pb_{34}Ag_{11}Cu_5As_{24}S_{78}$. *Smithit:* Ag 42,5 ± 1, As 30,4 ± 0,5, S 29,2 ± (1—2) dieser Smithit war vorher als Hutchinsonit bezeichnet worden. *Trechmannit*: Im Schrifttum wird für Trechmannit die Formel $AgAsS_2$ also gleich wie für Smithit aufgeführt. Die Mikrosondenanalyse mit Ag 44,5 ± 1, As 29,3 ± 0,5, S 26,3 ± (1—2) bestätigt diese Ansicht. Ernst Schulte. 380◇

0653 **Ungewöhnliche Kristallgruppen von Green County, Missouri.** William C. Hood. (Amer. Mineralogist **47**, 1000—01, 1962; Missoula, Mont., State Univ., Dep. of Geol.; engl.) — Eine erneute Unters. der von Ellis (vgl. Amer. Mineralogist **32**, [1947], 583) beschriebenen Pseudomorphosen von King's Butte, Green County, führte Vf. zu dem Ergebnis, daß es sich bei den l. c. beschriebenen Kristallgruppen um eine *Goethit*-Pseudomorphose nach verzwillingten orientierten Überwachsungen von *Markasit* auf *Pyrit* handelt. C. Gottfried. 380△

0654 **Uranerze: ihr Vorkommen und ihre Behandlung.** S. W. F. Patching. (Nuclear Power **2**, 12—17, 1957; Harwell, A. E. R. E., Chem.-Engng. Div., Min. Dressing Group). — Kurzer Überblick über die wichtigsten Uranmineralien u. ihre Aufbereitung. C. Gottfried. 380△

0655 **Sedimentpetrographische Untersuchungen im Buntsandstein des Saarlandes und der angrenzenden Gebiete.** Hans Walter Henrich. (Ann. Univ. Saraviensis, Sci. **10**, 79—134, 1962; dt.) — Die Ablagerungen im Buntsandstein (I) sind im nördlichen Bereich unter ruhigen fluviatilen, äol. u. lakustr. Bedingungen, im Süden mit schneller Sedimentation u. Ablagerungen stark erodierender Flüsse erfolgt. Der Quarz des Oberen (I) ist meist kantig, im Mittleren I vorwiegend rund. Alle Quarze sind ausgeätzt u. durch die in Lsg. gegangene SiO_2 verkieselt, was zur Verfestigung der Sandsteine führte.

Schwermineralvork. u. analog denen anderer (I). Baryt ist häufig als Imprägnation vorhanden. 2 Turmalinformen treten auf, die charakterist. für die Einteilung der Schichten sind: die kantig unangegriffenen stammen aus dem Karbon, die runden aus dem Oberen Rotliegenden u. dem Mittleren **I.** stammen aus der vindelizischen Schwelle u. dem Gallischen Land. F. Ensslin. 385◇

0656 **Einige Bemerkungen zum Chemismus paläozoischer Phosphorite aus Thüringen und dem Harz.** Hans Jürgen Rösler. (Geologie **10,** 131—40, 1961; Freiberg, Bergakad., Inst. für Mineral. u. Lagerstättenlehre; dt.) — Es werden neue geochem. Daten über die paläozoischen Phosphorite aus Thüringen u. dem Harz mitgeteilt (chem. Analysen, spektralanalyt. Best. von Spurenelementen einschließl. der Seltenerdmetalle). Ausführlicher werden die Phosphorite des unteren Unterkarbons behandelt, die in Ostthüringen u. dem Harz (Elbingeröder Komplex) im Rußschiefer, in spilit. Umlagerungsprodd. („Pseudotuffit") u. im Quarzkeratophyrtuffit auftreten. Alle Phosphoritkonkretionen erreichen einen ziemlich konst. Geh. von 20—30 Gew.-% P_2O_5. Nur Phosphorite des Ordoviziums von der Eisenerzgrube Gebersdorf zeigten einen Geh. von 15,9 Gew.-% P_2O_5 u. keinen meßbaren Geh. an Oxiden der Seltenerdmetalle. K. Jaeger. 385◇

0657 **Untersuchungen zum Mechanismus von Blastesis und Syntexis in Phylliten und Hornfelsen des südwestlichen Fichtelgebirges. 2. Mitt. Die Umprägung des Mineralbestandes und des Gefüges.** Erich Dimroth. (Tschermaks mineralog. petrogr. Mitt. [3] **8,** 361—402, 1963; München, Univ., Inst. für Petrographie; dt.) J. Heinze. 385◇

0658 **Entdeckung von Analcimolithen endogener Entstehung in den „Richât" (Adrar mauritanien).** György Bardossy, Théodore Monod und Charles Pomerol. (C. R. hebd. Séances Acad. Sci. **256,** 3934—36, 1963; engl.) — Chem. u. röntgenograph. Unterss. zeigen, daß es sich bei den Gesteinen nicht um Rhyolithe oder rhyolith. Tuffe, sondern um Analcimolithe mit Analcim-Geh. zwischen 50 u. 80% handelt. Die Zus. wird mit 57 (%) Analcim, 33 Quarz, 3 Calcit, 3 Haematit, 2 Serpentin u. 1 Anatas angegeben. Nach dem Vork. wird auf endogene Entstehung geschlossen. J. Heinze. 385◇

0659 **Kritische Bemerkungen über das angebliche Vorkommen von Mikroorganismen außerterrestrischer Entstehung in Meteoriten.** Georges Deflandre. (C. R. hebd. Séances Acad. Sci. **254,** 3405—07, 1962; Paris, École Pratique des Hautes Etudes, Labor. de Micropaléontol.; franz.) — Vgl. Nagy u. Claus, C. **1962,** 13700. — Bei einigen Sporen bzw. Pollen wird auf die Möglichkeit der Aufnahme während der Lagerung am Fallort oder in den Museen verwiesen. J. Heinze. 388◇

0660 **Über den Druckeinfluß auf das elektrische Leitvermögen von Meerwasser.** Gunther Groh. (Z. angew. Physik **15,** 181—84, 1963; Kiel, Univ., Inst. für angew. Phys.; dt.) — An Hand der bekannten Ansätze zur Theorie der Elektrolyte nach Debye, Hückel u. Falkenhagen wird der Druckeinfl. auf das elektr. Leitvermögen einer 0,6 n NaCl-Lsg. stellvertretend für Meerwasser von 35‰ Salz-Geh. bei drei verschiedenen Temp. abgeschätzt u. diskutiert. Das Ergebnis der Abschätzung dient als Grundlage für eine Fehlerbetrachtung, aus der Forderungen an die zur Korrektur des Druckeinfl. bei meereskundlichen Unterss. notwendigen Druckmessungen abgeleitet werden. J. Heinze. 393◇

0661 **Schallabsorption in Meerwasser.** M. Schulkin und H. W. Marsh. (J. acoust. Soc. America **34,** 864—65, 1962; New London, Conn., US Navy Underwater Sound Labor.; engl.) — Es wird ein Ausdruck angegeben, der die Schallabsorption in Meerwasser als Funktion der Frequenz, der Temp., des Druckes u. des Salz-Geh. darstellt u. dem neben in der Literatur vorhandenen Daten die Ergebnisse fünfjähriger Schallmessungen der Vff. im Frequenzbereich 2—25 kHz im Nordatlantik zugrundegelegt wurden. W. Betcke. 393◇

0662 **Extrapolation der Gleichung für die Schallgeschwindigkeit in Meerwasser.** Wayne D. Wilson. (J. acoust. Soc. America **34,** 866, 1962; White Oak, Silver Spring, Md., U. S. Naval Ordn. Labor.; engl.) — Die Gleichung von Wilson u. Mitarbeiter (C. **1961,** 14191), die die Abhängigkeit der Schallgeschw. in Meerwasser von Temp., Druck u. Salz-Geh. wiedergibt, wird an Hand von neuen Meßwerten auf ihre Gültigkeit außerhalb des vorgesehenen Bereichs der Variablen (— 4 bis + 30°; 1—1000 atm; 0—37‰ Salz) hin überprüft. W. Betcke. 393◇

0663 **Wässer der mesozoischen Lager des Zentral-Karakumer Sattels.** Ja. A. Chodshakulijew und W. P. Schugrin. (Hochschulnachr. [Baku], Erdöl Gas **5,** 3—7, 1962; Moskau, Gubkin-Inst. für Petrolchem. u. Gasind.; russ.) — Die Unterss. ergeben einen steigenden Mineralisationsgrad von 845 mg/Liter in 290—355 m Tiefe bis 6480 mg/Liter in 1807—1861 m Tiefe. Die Geh. an Ca, Mg u. Na sowie die Verhältnisse zueinander u. der Geh. an J u. Br werden angegeben. Der Geh. an SO_4^{2-}-Ionen ist unbedeutend. In den Ablagerungen der Unteren Kreide des untersuchten Gebietes werden CH_4, C_2H_6, C_3H_8, C_4H_{10}, C_5H_{12}, CO_2, N_2, He u. Ar nachgewiesen. J. Lehmberg. 393△

0664 **Gefrierkeime, Meteore und Regen.** N. H. Fletcher. (Science [Washington] **134,** 361—67, 1961; Armidale, N. S. W., Univ. of New England; engl.) — Vf. untersucht krit. die Frage, ob winzige Teilchen von Meteorströmen das Auftreten von Regen über den Erdkontinenten beeinflussen können. C. Gottfried. 396△

0665 **Die isotopische Zusammensetzung des Sauerstoffs im Nebel und Regen im Nordatlantik.** R. Gonfiantini und A. Longinelli. (Experientia [Basel] **18,** 222—23, 1962; Pisa, Contratto EURATOM-ULB-CNEN, Labor. di Geol. Nucl.; engl.) — Es wurden gemäß dem niedrigeren Dampfdruck des $H_2{}^{18}O$ gegenüber dem $H_2{}^{16}O$, im Regen u. kondensierten Nebel geringere Geh. an ^{18}O als im Meerwasser gefunden (massenspektroskop. Unters.). Hansjoachim Thiele. 396◇

0666 **Zusammensetzung und Eigenschaften des natürlich radioaktiven Aerosols. Eine quantitative Erweiterung der Versuche von Elster und Geitel.** P. H. Wieser und K. Stierstadt. (Z. Physik **169,** 386—408, 1962; München Univ., 1. Physikal. Inst.; dt.) — Es wird die Anreicherung der Rn-Folgeprodd. auf Faserfiltern im definierten elektr. u. Strömungsfeld untersucht. Bei ca. 10^4 Kernen pro cm^3 beträgt die Konz. atomdisperser Ra-A-Teilchen ca. 3% der Ra-A-Aktivität. 90% der Rn-Folgeprodd. sind an Kernen mit einem Radius $< 10^{-5}$ cm angelagert, kleine Mittelionen tragen ca. 4% der β-Aktivität. Die berechneten Anlagerungszeiten in Abhängigkeit von der Kernkonz. u. dem Kernradius sowie die integrale Größenverteilung werden durch das Experiment bestätigt. K.-D. Asmus. 396◇

0667 **Atmosphärische Zirkulation der Spaltprodukt-Radioaktivität in Oberflächenluft.** D. O. Staley. (Science [Washington] **140,** 667—70, 1963; Tucson, Ariz., Univ. of Arizona, Inst. of Atmospheric Phys.; engl.) — Die β-Aktivität von Oberflächenluft wurde analysiert u. in einem Diagramm, mit Zeit u. geograph. Breite als Koordinaten, dargestellt. Die Frühjahrs-Maxima u. die Ausbreitung neuer Spaltprodd. ist gut zu erkennen. Spaltprodd. der sowjet. Testserie von 1961, die durch die obere Troposphäre oder die Stratosphäre wanderten, erscheinen bei 16—35° S mehr als einen Monat früher als die Trümmer, die direkt durch die Troposphäre wanderten. Spaltprodd. der Testverss. der USA, bei 2° N verbreiten sich hauptsächlich in der südlichen Hemisphäre. Ernst Schulte. 396◇

0668 **Die Radioaktivität atmosphärischer Niederschläge.** V. Mageru, D. Blănariu und I. Gabe. (Rev. Physique [Bucarest] **6,** 23—30, 1961; Iaşi, Akad. der Rumän. Volksrepubl., Abt. für phys. Forsch.; dt.) — Die gemessenen Werte für das Jahr 1959 werden angegeben u. die Ausbeuten verschiedener Anreicherungs-Meth. verglichen. Durch Autoradiographie der Proben wurde teilweise ungleichmäßige Verteilung der Aktivität festgestellt, die mit höherer Aktivität der Niederschläge zusammenfiel. Die Proben wurden radiochromatograph., spektrograph. u. durch Fällung nach Trägerzusatz analysiert. Hansjoachim Thiele. 396◇

0669 **Über den Nachweis von Spaltprodukten in Regenwasser aus der Umgebung von Wien (Mai bis Dezember 1962).** E. Schmid, Margrit Lesigang und K. Buchtela. (Mikrochim. ichnoanalyt. Acta [Wien] **1963,** 552—60; Wien, Univ., Anal. Inst.; dt.) — Die Aufarbeitung von in Wien gesammelten radioakt. Regenwasserproben wird beschrieben. Zur Erleichterung der γ-spektrometr. Identifizierung der Spaltprodd. wurde eine Gruppentrennung durch Fällung mit nichtisotopen Trägern ausgeführt. Bei allen chem. Operationen wurde auf Verluste (Adsorption) geprüft. Hansjoachim Thiele. 396◇

0670 **Untersuchung der Luftverunreinigung in Helsinki im Jahre 1959.** A. Jormalainen, A. Laamanen und P. U. Lehtinen. (Suomen Kemistilehti A **34,** 152—64, 1961; Inst. of Occupational Health, Ind. Hygiene Dep.; engl.) — Die im Stadtgebiet an 5 verschiedenen Stellen entnommenen Proben wurden auf Teerbestandteile, SO_2, Chlorid u. Aschengehalt nach den brit. Standard-Meth. untersucht. Die maximale niedergeschlagene Menge betrug im Oktober 1196,5 g/100 m², die Jahresdurchschnittsmenge 567,7 g/100 m² monatlich. Hansjoachim Thiele. 396◇

0671 **Jahreszeitliche Veränderungen des Cäsium-137-Gehaltes der Luft in Bodennähe in den Jahren 1960 und 1961.** K. G. Vohra, C. Rangarajan und G. Sarada. (Nature [London] **197,** 1092, 1963; Bombay, Atomic Energy Establ., Air Monitoring Sect.; engl.) — Die Meßergebnisse von je 5 nord- u. südind. Beobachtungsstellen werden mitgeteilt. Jeweils im Frühjahr ist ein starker Aktivitätsanstieg zu beobachten. Hansjoachim Thiele. 396◇

0672 **Vorläufige Ergebnisse über den radioaktiven Fallout als Folge von Kernexplosionen.** Yasushi Nishiwaki. (Bull. Tokyo Inst. Technol. **1962,** 205—27; engl.) — Auf Grund von Ergebnissen über den radioakt. Fallout als Folge von Kernexplosionen werden die Verff. der Probenahme von Regenwasser zur Best. der künstlichen Radioaktivität erörtert. Die Absorptions- u. Zerfallskurven der β-Strahlen verschiedener Regenfälle werden miteinander verglichen; die Probleme des Auftretens kurzlebiger, natürlicher Radioaktivität u. der Best. der Größenordnung des radioakt. Fallout werden erörtert. W. Wesly. 396◇

0673 **Über die künstliche Radioaktivität im Regen von Osaka während der Zeit von April 1954 bis Ende August 1961.** Yasushi Nishiwaki. (Bull. Tokyo Inst. Technol. **1962,** 255—92; engl.) — Vgl. vorst. Referat. — Übersicht über die Messungen der Radioaktivität des Regens von Osaka u. ihre Wechselbeziehungen zu der Aktivität von ^{90}Sr u. ^{137}Cs u. Erörterung der Probenahme. W. Wesly. 396◇

0674 **Plutonium-239 und andere Nuclide in der Bodenluft und menschlichen Lunge während des Frühlings 1962.** R. V. Osborne. (Nature [London] **199,** 143—46, 1963; London, Royal Cancer Hospital, Inst. of Cancer Res., Dep. of Phys.; engl.) — Wiedergabe u. Diskussion der Ergebnisse α-spektrometr. Messungen von ^{239}Pu, ^{240}Pu, ^{95}Zr u. ^{95}Nb. Gerhard Schmidt. 396◇

B. Allgemeine und theoretische organische Chemie

0675 **Absorptionsspektrum von Benzol in Tetrachlorkohlenstoff bei 77°K.** Yoshiya Kanda, Yasuhiko Gondo und Ryoichi Shimada. (Spectrochim. Acta [London] **17,** 424—35, 1961; Fukuoka, Japan, Kyushu Univ., Fac. of Sci., Dep. of Chem.; engl.) — Es wird das Absorptions- (ca. 37500—40500 cm^{-1}) u. Phosphorescenzspektrum (ca. 22000—29000 cm^{-1}) von *Bzl.* in CCl_4, Cyclohexan, Dioxan, A. u. PAe. im Temp.-Bereich von ca. 30°C—77°K z. T. bei verschiedenen Abkühlungsgeschw. untersucht. Aus dem Auftreten der verbotenen 0.0-Bande in schnell abgekühlten Proben wird auf eine Deformation des Bzl. durch die Kristallkräfte des CCl_4 geschlossen. Hubertus Zimmer. B 118◇

0676 **Spektren der Derivate von 1-[Benzolazo]-naphthol-(2), die kontrapolarisierte elektronenabstoßende Systeme besitzen.** W. A. Ismailski und A. W. Malygina. (Chem. Wiss. Ind. [UdSSR] **4,** 279—80, 1959; Moskau, Pädagog. Potemkin-Inst. u. Textil-Inst.; russ.) — Der Einfl. von zueinander p-ständigen Elektronendonatorgruppen (Methyl- u. Methoxygruppen) auf Farbe u. Absorptionsspektren folgender β-Naphthole wird bestimmt: *α-Benzolazo-* (F. 133°), *α-[2.5-Dimethylbenzolazo]-* (F. 149°), *α-[2.5-Dimethyl-4-acetylaminobenzolazo]-* (F. 286 bis 287°), *α-[2.5-Dimethyl-4-benzoylaminobenzolazo]-* (F. 256°), *α-[2-Methoxybenzolazo]-* (F. 175°), *α-[2-Methoxy-5-methylbenzolazo]-* (F. 167°), *α-[2-Methoxy-5-methyl-4-benzoylaminobenzolazo]-* (F. 247°), *α-[2-Methoxy-5-methyl-4-(p-nitrobenzoylamino)-benzolazo]-* (F. 289—290°), *α-[2-Methyl-5-methoxy-4-benzoylaminobenzolazo]-* (F. 231 bis 232°), *α-[2-Methyl-5-methoxy-4-acetylaminobenzolazo]-* (F. 258—259°). Alle Verbb. haben vier Absorptionsbanden bei 230—235, 250—270, 315—319 u. 475—520 mμ. Die Einführung von 2 Methylgruppen in 2- u. 5-Stellung bewirkt eine schwache (orange → hellrot), die einer Methoxy- bzw. einer Methoxy- u. einer Methylgruppe eine stärkere bathochrome Verschiebung (→ dunkelrot), die durch 4-Acetyl- bzw. 4-Benzoylaminogruppen weiter verstärkt wird. I. Schade. B 118△

0677 **Spektren der Derivate von 1-[Benzolazo]-3-phenylcarbamoylnaphthol-(2), die kontrapolarisierte elektronenabstoßende Systeme besitzen.** W. A. Ismailski und A. W. Malygina. (Chem. Wiss. Ind. [UdSSR] **4,** 280—81, 1959; russ.) — Vgl. vorst. Referat. — Zur Unters. des von zueinander p-ständigen Elektronendonatorgruppen ausgeübten Effektes werden die Absorptionsmaxima nachst. 2-Hydroxynaphthoesäure-(3)-anilide bestimmt: *1-Benzolazo-*, F. 237°; 515 (in A.); rotes Pulver. — *1-[2.5-Dimethylbenzolazo]-*, F. 208°; 253, 330, 410, 535 (in A.); 415, 546 (in Pyridin); rotes Pulver. — *1-[2.5-Dimethyl-4-acetylaminobenzolazo]-*, F. 291,5—292°; 257, 330, 410, 535 (in A.); 420, 550 (in Pyridin); rot. — *1-[2.5-Dimethyl-4-benzoylaminobenzolazo]-*, F. 223—224°; 258, 345, 410, 537 (in A.); 425, 545 (in Pyridin); rot. — *1-[2-Methoxybenzolazo]-*, F. 191°; 262, 328, 410, 537 (in A.); dunkelrot. — *1-[2-Methoxy-5-methylbenzolazo]-*, F. 218°; 265, 350, 408, 528 (in A.); bordeauxrot. — *1-[2-Methoxy-5-methyl-4-benzoylaminobenzolazo]-*, F. 309 bis 310°; 408 (340), 552 (in Pyridin); dunkelviolett. — *1-[2-Methoxy-5-methyl-4-(p-nitrobenzoylamino)-benzolazo]-*, F. 292—293°; 415 (345), 550 (in Pyridin); schwarz mit metall. Glanz. — *1-[2-Methyl-5-methoxy-4-benzoylaminobenzolazo]-*, F. 265°, 430 (360), 555 (in Pyridin); dunkelviolett. — *1-[2.5-Dimethoxy-4-benzoylaminobenzolazo]-*; 580 (in Pyridin); fast schwarz. — *1-[2-Methyl-5-methoxy-4-acetylaminobenzolazo]-*, F. 258—259°; dunkelrot. I. Schade. B 118△

0678 **Synthesen von Phenylpyrazolonderivaten.** 10. Mitt. **Absorptionsspektren von Phenylpyrazolonazomethinderivaten.** Kohei Itano. (J. pharmac. Soc. Japan [Yakugakuzasshi] **78,** 152—55, 1958; Tokyo, Konishiroku Photo Ind. Co. Ltd., Chem. Res. Labor.; jap., Auszug: engl.) — 9. vgl. J. pharmac. Soc. Japan [Yakugakuzasshi] **77,** [1957], 903; 7. vgl. C. **1963,** 19585. — Die Absorptionsspektren im sichtbaren Bereich von 30 verschiedenen *Phenylpyrazolonazomethinderivv.* werden gemessen u. der Einfl. der Substituenten in 1-Stellung am Pyrazolonring untersucht.

Versuche (in Klammern λ_{max} der x- u. y-Bande in mμ u. $\varepsilon_{max} \cdot 10^{-4}$ der x- bzw. y-Bande): 4-[p-Diäthylaminophenylimino]-pyrazolone: *1-[p-Bromphenyl]-3-amino-*, $C_{19}H_{20}BrN_5O$, F. 180—182° (510, 425; 4,0 0,9). — *1-[m-Chlorphenyl]-3-amino-*, $C_{19}H_{20}ClN_5O$, F. 76—78° (515, 425; 4,4, 1,0). — *1-[p-Cyanphenyl]-3-amino-*, $C_{20}H_{20}N_6O$, F. 213—215° (520, 430; 4,5, 1,1). — *1-[p-Tolyl]-3-amino-*, $C_{20}H_{23}N_5O$; F. 69,5° (525, 440; 0,5, 0,4). — *1-[p-Phenylphenyl]-3-methyl-*, $C_{26}H_{26}N_4O$, F. 94—95° (525, 440; 1,8, 0,7). — *1-[p-Aminophenyl]-3-methyl-*, $C_{20}H_{23}N_5O$, F. 75—76° (525, 440; 11,7, 4,5). — *1-[α-Naphthyl]-3-methyl-*, $C_{24}H_{24}N_4O$,

F. 116,5° (540, 440; 2,1, 0,7). — *1-[p-Tolyl]-3-methyl-*, $C_{21}H_{24}N_4O$, F. 151—153° (530, 440; 3,7, 1,2). — *1-[p-Nitrophenyl]-3-methyl-*, $C_{20}H_{21}N_5O_3$, F. 172—174° (540, 450; 4,4, 1,2). — *1-[p-Palmitoylaminophenyl]-3-methyl-*, $C_{36}H_{53}N_5O_2$, F. 114—116° (535, 425; 7,5, 1,1). — *1-[β-Naphthyl]-3-phenyl-*, $C_{29}H_{26}N_4O$, F. 120—122° (540, 450; 3,2, 1,1). — *1-[p-Aminophenyl]-3-phenyl-*, $C_{25}H_{25}N_5O$, F. 92—94° (540, 450; 3,2, 1,3). — *1-[p-Nitrophenyl]-[3-phenyl-*, $C_{25}H_{23}N_5O_3$, F. 170—172° (550, 450; 9,8, 3,5). — *1-[p-Nitrophenyl]-[3-acetylamino-*, $C_{21}H_{22}N_6O_4$, F. 172—174° (535, 430; 1,4, 0,4). — *1-[p-Bromphenyl]-3-acetamido-*, $C_{21}H_{22}BrN_5O_2$, F. 164—165° (535, 435; 7,2, 1,1). — *1-[m-Chlorphenyl]-[3-acetamido-*, $C_{21}H_{22}ClN_5O_2$, F. 184 bis 185° (535, 430; 4,5, 0,7). — *1-[m-Chlorphenyl]-[3-lauroyl-amino-*, $C_{31}H_{42}ClN_5O_2$, F. 118—120° (530, 430; 6,2, 0,9). — *1-Phenyl-[3-palmitoylamino]-*, $C_{35}H_{51}N_5O_2$, F. 92—94° (535, 435; 4,8, 0,8). — *1-[m-Chlorphenyl]-[3-palmitoyl-amino]-*, $C_{35}H_{50}ClN_5O_2$, F. 101—102° (535, 430; 6,8, 1,4). — *1-[p-Bromphenyl]-3-[palmitoylamino]-*, $C_{35}H_{50}BrN_5O_2$, F. 132—135° (530, 440; 3,2, 1,2). — *1-[p-Tolyl]-[3-palmitoyl-amino]-*, $C_{36}H_{53}N_5O_2$, F. 104—105° (530, 435; 5,4, 1,1). — *1-[m-Carboxyphenyl]-3-[p-palmitoylaminophenyl]-*, $C_{42}H_{55} \cdot N_5O_4$, F. 225° (535, 440; 3,5, 1,2). — *1-Phenyl-3-[p-phenoxybenzolsulfonamido]-*, $C_{31}H_{29}N_5O_4S$, F. 130—132° (530, 435; 6,4, 1,2). — *1-[p-Cyanphenyl]-3-[benzoyl-amino]-*, $C_{27}H_{24}N_6O_2$, F. 234° (545, 440; 6,0, 0,8). — *1-[p-Aminophenyl]-3-[benzoylamino]-*, $C_{26}H_{26}N_6O_2$, F. 158 bis 160° (535, 435; 3,6, 0,8). — *1-[p-Nitrophenyl]-3-ben-zoylamino]-*, $C_{26}H_{24}N_6O_4$, F. 226—228° (545, 435; 4,2, 0,6). — *1-[m-Chlorphenyl]-3-[benzoylamino]-*, $C_{26}H_{24}Cl \cdot N_5O_2$, F. 188—190° (540, 440; 5,5, 0,8). — *2.2'-Dimethyl-x.x'-bis-[3-methyl-4-p-diäthylaminophenyliminopyrazo-lon-(5)-yl-(1)]-biphenyl*, $C_{42}H_{46}N_8O_2$, F. 62—64°. — *K-p-[3-Palmitoylamino-4-(p-diäthylaminophenylimino)-pyrazolon-(5)-yl-(1)]-benzolsulfonat*, $C_{35}H_{50}KN_5O_5S$, F. 90 bis 92° (530, 435; 3,9, 0,9). — *K-2-Phenoxy-4-[3-palmi-toylamino-4-(diäthylaminophenylimino)-pyrazolon-(5)-yl-(1)]-benzolsulfonat*, $C_{41}H_{54}KN_5O_6S$, F. > 250° (530, 435; 2,0, 0,6). W. Hampel. B 118△

0679 **Untersuchungen über Alken-(1)-ylisocyanate und ihre Derivate.** Masao Sato. (J. org. Chemistry **26,** 770 bis 779, 1961; Tokyo, Tokyo Inst. of Technol., Res. Labor. of Resources Utilizat.; engl.) — Vgl. C. **1961,** 5032. — Die IR-Spektren (in CCl_4 oder CS_2 oder als Fll.) der durch Rk. der entsprechenden Säurechloride mit NaN_3 erhaltenen Alken-(1)-ylisocyanate (**A**) sowie ihrer Rk.-Prodd. mit n-Butanol (**I**), n-Butyl- (**II**) u. Di-n-butylamin (**III**) werden untersucht. Untersuchte Verbb.: **A**: *Vinyl-* [Kp.$_{760}$ 39°, n_D^{20} 1,4188, aus Acrylylchlorid (Kp.$_{760}$ 75°, nach Meth. a aus der Säure mit Benzoylchlorid, 73%) in Anisol; 73% Ausbeute], *Propenyl-* [Kp.$_{760}$ 81°, aus Crotonylchlorid (aus der Säure nach Meth. a in Anisol; 54%], *Penten-(1)-yl-* [Kp.$_{760}$ 133°, aus Hexen-(2)-säurechlorid (Kp.$_{18}$ 65°, nach Meth. b aus der Säure u. $SOCl_2$; 83%) in Tetrahydrofuran (THF); 70%], *β-Phenylvinyl-* [Kp.$_{18}$ 110°, aus Cinnamoylchlorid (Kp.$_{35}$ 150—151°, nach Meth. b; 83%) in THF; 45%], *Isopropenyl-* [Kp.$_{760}$ 61—62°, n_D^{25} 1,4160, aus Methacrylylchlorid (Kp.$_{138}$ 50—51°, nach Meth. b; 76%) in Anisol; 92%], *Buten-(1)-yl-(2)-* [Kp.$_{760}$ 88°, n_D^{25} 1,4242, aus α-Äthylacrylylchlorid (Kp.$_{760}$ 117—119°, nach Meth. a; 77%) in Anisol; 90%], *Hexen-(1)-yl-(2)-* [Kp.$_{60}$ 66°, n_D^{25} 1,4338, aus α-n-Butylacrylylchlorid (Kp. $_{19}$62°, nach Meth. b; 90%) in THF; 80%], *Octen-(1)-yl-(2)-* [Kp.$_8$ 60°, n_D^{25} 1,4408, aus α-n-Hexylacrylylchlorid (Kp.$_3$ 63°, nach Meth. b; 91%) in THF; 85%], *α-Phenylvinyl-* [Kp.$_5$ 61°, n_D^{25} 1,5554, aus α-Phenylacrylylchlorid (Kp.$_5$ 87—88°, nach Meth. b; 33%) in THF; 52%], *α-Cyclohexylvinyl-* [Kp.$_{14}$ 77°, n_D^{25} 1,4770, aus α-Cyclohexylacrylylchlorid (Kp.$_{14}$ 95°, nach Meth. b; 96%) in THF; 86%], *1-Methylentetramethylendi-* [Kp.$_3$ 65°, n_D^{25} 1,4707, aus α-(3-Isocyanatopropyl)-acrylylchlorid (Kp.$_5$ 98°, nach Meth. b; 85%) in THF; 17%], *1-Methylen-oktamethylendi-* [Kp.$_2$ 100°, n_D^{25} 1,4668, aus α-(ω-Isocyanatoheptyl)-acrylylchlorid (Kp.$_{2,5}$ 127—129°, nach Meth. b; 91%) in THF; 46%]. — N-Alkylcarbaminsäure-n-butylester (aus den **A** mit **I**): *N-Äthyl-*, *N-Vinyl-*, *N-Propenyl-*, *N-Penten-(1)-yl-*, *N-β-Phenylvinyl-*, *N-Isopropenyl-*, *N-Buten-(1)-yl-(2)-* (**IV**), *N-Hexen-(1)-yl-(2)-*, *N-Octen-(1)-yl-(2)-*, *N-[α-Cyclohexyl]-vinyl-*, *N-[2-Butoxypropyl-(2)]-*, *N-[α-Butylaminoäthyl]-*, *N-[α-Phenylmercaptoäthyl]-*. — *N.N'-1-Methylenoktamethylen-bis-[n-butylcarbaminat]*, *N-Carbäthoxydiäthyl-* u. *-methyl-phenylketimin.* — N-Alkyl-N'-butylharnstoffe (aus den **A** mit **II**): *N-Äthyl-*, *N-[β-Phenyläthyl]-*, *N-Vinyl-*, *N-Propenyl-*, *N-[β-Phenylvinyl]-*, *N-Isopropenyl-*, *N-[Buten-(1)-yl-(2)]*. — *1.8-Bis-[3-n-butylureido]-1-methylen-octan.* — N-Alkyl-N'.N'-dibutylharnstoffe (aus den **A** mit **III**): *N-Vinyl-*, *N-Propenyl-*, *N-[β-Phenylvinyl]-*, *N-Isopropenyl-*, *N-[Buten-(1)-yl-(2)]-*. Die Lage der ν(C=C) bei 1629—1665 (cm^{-1}) u. ν(NCO) bei 2256—2275 bei den **A** ändert sich nicht wesentlich gegenüber der gewöhnlicher Alkene u. Isocyanate. N-1-unsubstituierte Alken-(1)-yl-carbaminate RCH=CH–NHCOOR' treten nur in dieser Form auf, bei 1-substituierten Carbaminaten RCH=C(R'')–NHCOOR' (**B**) wird auch die tautomere Ketiminform $RCH_2C(R'')$=NCOOR' (**C**) beobachtet, deren Menge von den Darst.-Bedingungen abhängt. In Ggw. von Alkoholen finden folgende Rkk. statt: **B** + R'OH ⇌ $RCH_2C(R'')(OR')NHCOOR'$ ⇌ **C** + R'OH. **IV** liegt z. T. in der tautomeren Form $CH_3CH=C(CH_3) \cdot NHCO_2C_4H_9$ vor. Ähnliche Isomerieverhältnisse treten bei den Harnstoffderivv. auf: α-unsubstituierte N-Alken-(1)-harnstoffe (R'' = H) bestehen aus Gemischen der Formen RCH=C(R'')NHCONHR' (**D**) u. $RCH_2C(R'')$= NCONHR' (**E**), wobei Form **D** überwiegt, die sich polymerisieren läßt; α-substituierte isomerisieren sich zur Form **E**; es ist unmöglich, solche Verbb. in der Polymerchemie zu verwenden. G. Pötzscher. B 120◇

0680 **Infrarot-Absorptionsspektren von α.β.β.β-Tetradeutero-L-alanin und Perdeutero-L-alanin.** Tairo Oshima und Nobuo Tamiya. (Spectrochim. Acta [London] **17,** 384—87, 1961; Tokyo, Univ., Fac. of Sci., Dep. of Biophys. and Biochem.; engl.) — Vff. nehmen das IR-Spektrum von *L-Alanin* (**I**), *DL-Dα-***I**, *L-Dα.β.β.β-***I** u. *Perdeutero-L-***I** [in KBr, Nujol u. Hexachlorbutadien-(1.3)] auf u. ordnen die Banden zu. — *L-Dα.β.β.β-***I** wird wie früher (vgl. Biochem. J. **78,** [1961], 116) enzymat. dargestellt; Perdeutero-L-**I** durch Gefriertrocknung einer Lsg. von vorst. Verb. in D_2O. Hubertus Zimmer. B 120◇

0681 **Die Raman- und Infrarot-Spektren von 2.4- und 3.4-Dichlorbenzylchlorid und 1.2.4-Trimethylbenzol.** Krishna Kumar Deb. (Indian J. Physics Proc. Indian Assoc. Cultivat. Sci. **37** (**46**), 45—53, 1963; Calcutta, Indian Assoc. Cultivat. Sci., Optics Dep.; engl.) — Die Raman-Spektren von fl. *2.4-* (**I**) u. *3.4-Dichlorbenzylchlorid* (**II**) u. *1.2.4-Trimethylbenzol* (**III**) wurden aufgenommen, der Polarisationszustand der Raman-Linien gemessen u. Zuordnungen getroffen. Bei —180° wurden die Raman-Spektren von festem **I, II** u. **III** registriert. Außerdem wurden im Bereich von 607 bis 3600 cm^{-1} die IR-Spektren von fl. **I, II** u. **III** untersucht. Im Falle der beiden Isomeren **I** u. **II** wurden Frequenzänderungen gefunden, die mit der Zustandsänderung fl.-fest in Verbindung stehen. Es wird angenommen, daß das Cl-Atom der CH_2Cl-Gruppe von **I** schwache intermol. H-Brückenbindungen bildet, während das Cl-Atom der CH_2Cl-Gruppe von **II** zur Bldg. intramol. H-Brückenbindungen neigt. Die Tief-Temp.-Spektren von **III** zeigen keine Anhaltspunkte für die Bldg. zusätzlicher intermol. Brückenbindungen bei Temp.-Erniedrigung.
D. Kunath. B 120◇

0682 **Organische Analyse.** 14. Mitt. **IR-Spektren von Phenylsulfonylderivaten.** 3. Mitt. **Die C–H-Deformationsschwingungen des Benzolringes, die CH_3-Pendelschwingungen der SO_2CH_3-Gruppe und charakteristische Absorptionsbanden der SO_2NH_2-Gruppe.** Tsutomu Momose, Yo Ueda und Tatsuo Shoji. (Chem. pharmac. Bull. [Tokyo] **7,** 734—39, 1959; Kyushu, Univ., Med. Fac., Pharm. Inst.; engl.) — 13. vgl. Chem. pharmac. Bull. [Tokyo] **7,** [1959], 31; 16. vgl. C. **1962,** 11133. — Die IR-Spektren der nachst. Verbb. wurden im Bereich 6—7 u. 9—13 μ untersucht (Tabelle). Die Phenylsulfonyl-Derivv. zeigen eine starke Absorption bei 1078—1106 cm^{-1}, die der ebenen C–H-Deformationsschwingung des Bzl.-Ringes zugeordnet wird, ihre starke Intensität wird durch die Polarität der SO_2-Gruppe erklärt. Verbb. mit der Gruppe SO_2CH_3 zeigen ein oder zwei starke Absorptionen bei 950—980 u. eine bei 760—790 cm^{-1}, die den beiden CH_3-Pendelschwingungen zugeordnet werden, da sie bei anderen Substituenten als CH_3 fehlen. Verbb. mit der Gruppe SO_2NH_2 zeigen charakterist. Absorptionen bei 896 bis 916 cm^{-1}, die der S–N-Valenzschwingung zugeordnet werden, obwohl andere Autoren darauf hinweisen, daß diese bei tieferen Wellenzahlen liegen müsse. Untersucht wurden: p-X-Phenylmethylsulfone mit X = *H*, *CH_3*, *NH_2*, *OH*, *CN*, *CH_3CONH*, *$(CH_3CO)_2N$*, *HCl·H_2NCH_2*, *HCl·$H_2N(CH_3)CH$*, *$HCONHCH_2$*, *$CH_3CO·NHCH_2$*, *$(CH_3CO)_2NCH_2$*, *Phthalimidomethyl-*, *$(CH_3COO)_2·CH$*, *HON=CH*; *2-Chlor-4-aminomethyl-* (als *Hydrochlorid*), *-4-formyl-*, *-4-[diacetoxymethyl]-*, *-4-hydroximinomethyl-*; *p-[β-Aminoäthyl]-* (*Hydrochlorid*), *-Aminomethyl-* (*Hydrochlorid*), *-[α-Aminoäthyl]-* (*Hydrochlorid*), *-[Diacetoxymethyl]-phenyläthylsulfon*, Essigsäuren: *p-Methyl-*, *-Cyan-*, *-Aminomethyl-*, *-Phthalimidomethyl-*, *-Formyl-*, *-Hydroximinomethylphenylsulfonyl-*; Essigsäureäthylester: *p-Cyan-*, *-Formylaminomethyl-*, *-Phthalimidomethyl-*; *1-[p-Cyan-*, *-Aminomethyl-* (*Hydrochlorid*), *-Formylaminomethyl-* u. *-Phthalimidomethylphenylsulfonyl]-propanon-(2)*; *ω-[p-Aminomethyl-* (*Hydrochlorid*), *-Formylaminomethylphenylsulfonyl]-acetophenon*; *β-[p-Aminomethyl-* (*Hydrochlorid*) u. *-Phthalimidomethylphenylsulfonyl]-äthanol*; *p-Aminomethyl-*, *-Formylaminomethyl-* u. *-Phthalimidomethylphenyljodmethylsulfon*; *Diphenylsulfon*, *p-Methyl-*, *-Aminomethyl-* (*Hydrochlorid*), *-Phthalimidomethyl-*, *-Diacetoxymethyl-* u. *-Hydroximinomethyldiphenylsulfon*; *p.p′-Diamino-* u. *p-Amino-p′-phenylmercaptodiphenylsulfon*; *Benzolsulfonamid*, *p-Methyl-*, *-Amino-*, *-Cyan-*, *-Carboxy-*, *-Aminomethyl-* u. dessen *Hydrochlorid*, *-[α-* u. *β-Aminoäthyl]-* (*Hydrochlorid*), *-Methylaminomethyl-* (*Hydrochlorid*), *-[α-Aminobutyl]-* (*Hydrochlorid*), *-Acetylaminomethyl-*, *-[β-* u. *α-Acetylaminoäthyl]-*, *-Methylacetylaminomethyl-*, *[3-Acetylaminobutyl]-*, *-Ureidomethyl-*, *-Diacetoxymethyl-*, *-Hydroximinomethylbenzolsulfonamid*; *N-Methylbenzol-* u. *-p-toluolsulfonamid*, *p-Formyl-*, *-Hydroximinomethyl-*, *-Aminomethyl- -N-methylbenzolsulfonamid* (u. dessen *Hydrochlorid*),; *N.N-Dimethylbenzol-* u. *-p-toluolsulfonamid*; *p-Cyan-*, *-Carboxy-*, *-Aminomethyl-* (*Hydrochlorid*), *-[α-* u. *β-Acetylaminoäthyl]-*, *-Methylacetylaminomethyl-*, *-Acetylaminomethyl-*, *-Diacetylaminomethyl-*, *-[β-Diacetylaminoäthyl]-N-acetylbenzolsulfonamid*; *o-Acetyl-* u. *-Diacetylaminomethyl- N-acetylbenzolsulfonamid*; *p-Acetylaminomethyl-*, *-Diacetylaminomethyl-* u. *-Diacetoxymethyl-N-acetyl-N-methylbenzolsulfonamid*; *p-Aminomethyl-N-[thiazolyl-(2)]-* (u. dessen *Hydrochlorid*), *p-Aminomethyl-N-phenyl-*, *-N-p-tolyl-*, *-N-p-äthoxyphenyl-*, *-N-p-hydroxyphenyl-*, *-N-p-carboxyphenyl-* u. *-N-p-nitrophenylbenzosulfonamid* u. deren *Hydrochloride*.

P. Kahlow. B 120△

0683 **Untersuchung der endo-exo-Isomerie von Verbindungen des Bicyclo-[2.2.1]-heptan-Systems. — Die Infrarotspektren von 2-Methyldehydronorborneolen und 2-Methylnorborneolen.** N. J. Toivonen und P. J. Mälkönen. (Suomen Kemistilehti B **32**, 277—79, 1959; Helsinki, Univ., Inst. of Chem.; engl.) — Von den früher (vgl. Mälkönen u. Toivonen, C. **1962**, 8267) dargestellten Verbb. α- (**I**), F. 11—13° u. *β-2-Methyldehydronorborneol* [**II**, *2-Methyl-Δ^5-norbornenol-(2)*, F. 54,8 bis 55,8°] sowie α- (**III**, F. 34°) u. *β-2-Methylnorborneol* [**IV**, F. 86°] werden die IR-Spektren im OH-Bereich untersucht. Die OH-Absorption liegt bei **I** bei 3591 (cm^{-1}), **II** 3611, **III** 3614 u. **IV** 3610; bei **I** tritt also eine Wechselwrkg. zwischen der OH-Gruppe u. der Doppelbindung auf. In Übereinstimmung mit den chem. Befunden muß deshalb **I** u. **III** die 2-endo-Hydroxy- u. **II** u. **IV** die 2-exo-Hydroxystruktur zugeschrieben werden.

G. Pötzscher. B 120◇

0684 **Der Einfluß der endo-exo-Stellung der Hydroxylgruppe in Bicyclo-[2.2.1]-heptanolen auf die OH-Valenzabsorption.** Pekka Hirsjärvi und Kalervo Salo. (Suomen Kemistilehti B **32**, 280—83, 1959; Helsinki, Univ., Inst. of Chem.; engl.) — Vgl. vorst. Referat. — Die OH-Grundvalenzfrequenz tritt bei exo-Bicyclo-[2.2.1]-heptan-2-olen bei einer niedrigeren Wellenzahl auf als bei den endo-Isomeren mit Ausnahme von α- (endo) u. *β-Fenchol* (exo), bei denen bei beiden die ν(OH) bei 3632 (cm^{-1}) liegt. Im allg. ist die OH-Bande der endo-Verbb. breiter als die der exo-Isomeren. Eine $C_{(5)}$–$C_{(6)}$-Doppelbindung verschiebt die ν(OH) der endo-Isomeren um 20 cm^{-1} nach niedrigeren Wellenzahlen. Somit kann die ν(OH) zur Best. der Konfiguration dieser Verbb. verwendet werden. Untersuchte Verbb. (in CCl_4): α- [ν(OH) 3623, endo-Konfiguration], *β-Norborneol* (3616, exo), α- (3614, endo), *β-2-Methylnorborneol* (3610, endo), α- (3626, endo), *β-1-Methylnorborneol* (3624, exo), *Borneol* (3628, endo), *Isoborneol* (3624, exo), *β-* (3626, endo), *α-Isofenchol* (3621, exo), *Epiborneol* (3624, endo), *Epiisoborneol* (3621, exo), *Methylcamphenicol* (3620, endo), *Camphenhydrat* (3616, exo), α- (3591 u. Schulter bei 3610, endo), *β-2-Methyldehydronorborneol* (3611, exo), α- (3992, 3622, endo), *β-Dehydronorborneol* (3620, exo), *Dehydromethylcamphenilol* (3599 u. Schulter bei 3619, endo), *Methanol* (3641), *n-Butanol* (3634), *tert.-Butanol* (3614) u. *Phenol* (3608).

G. Pötzscher. B 120◇

0685 **Über das Mikrowellenspektrum von Methylalkohol.** 1. Mitt. **Allgemeine Theorie.** A. Mozumder. (Proc. nat. Inst. Sci., India, Part A **28**, 57—73, 1962; Kharagpur, Indian Inst. of Technol., Dep. of Phys. and Meteorology; engl.) — An Hand eines von Ivash u. Dennison (vgl. C. **1954**, 3658) für *Methanol* (**I**) vorgeschlagenen Modells berechnete Vf. die Mikrowellenabsorptionsfrequenzen von **I** für die Reihe $\Delta J = 0$, wobei ein Hinderungspotential vom δ-Typ für die innere Rotation der CH_3-Pyramide relativ zu der festen OH-Richtung angenommen wurde. Die erhaltenen Ergebnisse standen in guter Übereinstimmung mit Beobachtungen von Hughes u. Mitarbeitern (vgl. C. **1952**, 6988). Weiter wurden das Hochfrequenzspektrum, die zentrifugalen Valenz-Konst. u. die Linienintensitäten des Methylalkohols für die Reihe $\Delta J = 0$ berechnet.

C. Gottfried. B 121△

0686 **Über das Mikrowellenspektrum von Methylalkohol.** 2. Mitt. **Numerischer Teil.** A. Mozumder. (Proc. nat. Inst. Sci., India, Part A **28**, 74—88, 1962; engl.) — 1. vgl. vorst. Referat. — Unter Zugrundelegung der l. c. entwickelten Gleichungen fand Vf., daß man mit P = 16,174684 für die Potentialschwelle der inneren Rotation das beste Spektrum für normalen *Methylalkohol* erhält. Für $^{13}CH_3OH$ u. $CH_3{}^{18}OH$ sind die entsprechenden P-Werte 16,13 u. 15,33. Die für die Reihe $\Delta J = 0$ berechneten Mikrowellenabsorptionsfrequenzen standen in guter Übereinstimmung mit den experimentellen Beobachtungen von Hughes u. Mitarbeitern (vgl. l. c.), speziell auch für das bei $\Delta J = 20$ auftretende Maximum. Behandelt man das Mol. als ein angenähert symm. Kreisel, dann erhält man für die zentrifugalen Valenz-Konst. die Werte $D_{IK} = 3{,}681 \cdot 10^{-4}$ GHz u. $D_K = -6{,}207 \cdot 10^{-3}$ GHz. Die berechneten Lininenintensitäten stimmten jedoch mit den experimentellen Beobachtungen nicht gut überein. Dagegen war die berechnete Hochfrequenzabsorption des Alkohols für $\Delta J = 1$ nahe dem von Gordy (vgl. Rev. mod. Physics **20**, [1948], 668) experimentell bestimmten Wert; der Unterschied betrug nur 4 MHz.

C. Gottfried. B 121△

0687 **Berechnung des ESR-Spektrums des CH-Radikals im polykristallinen Zustand.** R. Lefebvre. (Arch. Sci. [Genève] **13** (**165**), Sonderh. 234—35, 1960; Paris, Centre de Mécan. ondulat. appl.; franz.)

A. Blaschette. B 137◇

0688 **ESR-Spektren der Radikale von gehinderten Phenolen.** J. Pannell. (Chem. and Ind. **1962**, 1797 bis 1800; Welwyn Garden City, Imp. Chem. Ind. Ltd., Plastics Div., Res. Dep.; engl.) — Durch Oxydation einer Reihe von 4-X-2.6-Di-tert.-butylphenolen (**A**) mit PbO_2 in Toluol (Meth. a) oder durch UV-Bestrahlung der **A** mit Di-tert.-butylperoxid (Meth. b) wurden folgende 2.6-Di-tert.-butylphenoxylradikale dargestellt u. ihre Struktur mit Hilfe der ESR-Spektren ermittelt: *unsubstituiert* (aus **A**, X = H, bei — 10° nach b), *4-Hydroxy-* (aus **A**, X = OH, bei — 15° nach b), *4-Methoxy-* (aus **A**, X = OCH_3, bei — 60° nach a), *4-[4-Hydroxy-3.5-di-tert.-butylbenzyl]-* u. *4-[3.5-Di-tert.-butyl-4-oxocyclohexadienylidenmethyl]-* (*Galvinoxyl*) (aus 3.3′.5.5′-Tetra-tert.-butyl-4.4′-dihydroxydiphenylmethan bei — 30° nach a u. b), *4-[N.N-Diäthylthiocarbamoylmercaptomethyl]-* [aus **A**, X = $(C_2H_5)_2NCS{-}SCH_2$, bei — 10° nach b), *4-[β-Carboxyäthylmercaptomethyl]-* (aus **A**, X = $HO_2CCH_2CH_2·SCH_2$, bei — 10° nach b), *4-[O.O-Diäthyldithiophosphato-*

methyl]-2.6-di-tert.-butylphenoxyl [aus **A**, X = $(C_2H_5O)_2 \cdot$ PS–SCH_2, bei — 10° nach b) sowie *4-[3.5-Di-tert.-butyl-4-oxycyclohexadienyliden]-2.6-di-tert.-butylcyclohexadienoxyl* (aus 3.3'.5.5'-Tetra-tert.-butyl-4.4'-dihydroxybiphenyl, bei — 10° nach b). Von den **A** mit X = Br u. X = NO_2 wurden keine ESR-Spektren erhalten.

G. Pötzscher. B 137◇

0689 **Die paramagnetische Resonanz von Wursters Blau-Perchlorat.** H. M. McConnell, D. Pooley und A. Bradbury. (Proc. nat. Acad. Sci. USA **48**, 1480–82, 1962; Pasadena, Calif., Inst. of Technol., Gates and Crellin Labor. of Chem.; engl.) — Vff. untersuchten die paramagnet. Resonanz (9500 MHz) einer größeren Anzahl von Einkristallen von Wursters Blau-Perchlorat (**I**) bei — 50°K, wobei die Kristalle so orientiert waren, daß das angelegte magnet. Feld parallel zur a-Achse der Kristalle lag, die die Kettenachse der freien **I**-Radikale ist. Von den verschiedenen Signalen wird das äußere Dublettsignal der Feinstrukturaufspaltung eines Triplettexcitonenzustandes zugeschrieben; die Dublettaufspaltung ist 660 ± 20 MHz. Das isotrope zentrale Signal ist wahrscheinlich einer Verunreinigung zuzuschreiben, u. es besteht keine Austauschwechselwrkg. zwischen dieser Verunreinigung u. den Excitonen. Das Excitonensignal verschwindet bei etwa 25°K im Instrumentrauschen; bei 60°K zeigen die Signale eine deutliche Exciton-Exciton-Austauschverbreiterung u. bei noch höheren Temp. eine Austauschverengung zu einer einzelnen scharfen Linie bei g = 2,00. Der Ursprung der bei 35°K beobachteten Excitonenlinienbreite von ∼40 MHz ist nicht sicher, sie kann vielleicht auf Kristallunvollkommenheiten zurückgeführt werden. Bei 60°K sind die Excitonensignale breiter als bei 35°K; hierbei handelt es sich sicherlich um Austauschverbreiterung.

C. Gottfried. B 137△

0690 **Die Bestimmung der H_R-Säurefunktion für das System Schwefelsäure/wäßrige Essigsäure.** William N. White und Charles A. Stout. (J. org. Chemistry **27**, 2915–17, 1962; Columbus, Ohio, Ohio State Univ., Dep. of Chem.; engl.) — Im Syst. H_2SO_4/80 Gew.-%ig. wss. Essigsäure beträgt die –H_R-Funktion (vgl. Deno, Jaruzelski u. Schriesheim, C. **1955**, 10228) für H_2SO_4-Konzz. von 4–86% 1,80–15,94 bei 25° (Tabelle). Die Säurefunktion wird mit Hilfe folgender Arylcarbinole als Indicatoren bestimmt (in Klammern –pK_{R^+}-Werte): *p-Methoxyphenyldiphenylcarbinol* (als *p-Methoxyphenyldiphenylcarbinylchlorid*, 3,23); *Bis-[p-tolyl]-phenylcarbinol* (4,39); *p-Tolyldiphenylcarbinol* (5,41); *Triphenylcarbinol* (6,65); *p-Methoxyphenyl-p-tolylcarbinol* (8,32); *9-Phenylfluorenol-(9)* (10,27); *p-Tolylphenylcarbinol* (12,29); *Diphenylcarbinol* (13,56). Versuche: *p-Methoxyphenyldiphenylcarbinylchlorid*, F. 119,0–122,0° (PAe.), aus p-Methoxyphenylphenylketon u. C_6H_5MgBr (**I**) in Bzl./Ae. u. Behandeln mit trockenem HCl. — *Bis-[p-tolyl]-phenylcarbinol*, F. 75,5 bis 76,4° (PAe.), aus p-Tolylphenylketon (**II**) u. p-Tolylmagnesiumbromid (**III**) nach vorst. Methode — *p-Tolyldiphenylcarbinol*, F. 70,8–72,8° (PAe.), aus **I** u. **II**. — *p-Tolyl-p-methoxyphenylcarbinol*, F. 59,5 bis 60,5° (PAe.), aus p-Anisaldehyd u. **III**. — *p-Tolylphenylcarbinol*, F. 52,8–54,8° (PAe.), aus **II** durch Red. mit $NaBH_4$ in A., Ansäuern mit HCl u. Extrahieren mit Ae.; seidige Nadeln. G. Kirsten. B 139◇

0691 **Untersuchung von Alkalimethylaten in Methanol-Lösung.** Gérard Lambert und Robert Schaal. (C. R. hebd. Séances Acad. Sci. **255**, 1939–41, 1962; Paris, P. C. B., Labor. de Chim. IV; franz.) — Ident. mit der C. **1963**, 21887 referierten Arbeit. E. Boye. B 139◇

0692 **Bemerkung über die Berechnung von Nullpunktsenergien und infolge von Isotopensubstitution bewirkte Nullpunktsenergiedifferenzen durch Entwicklung Taylorscher Reihen.** J. Bigeleisen, R. E. Weston jun. und M. Wolfsberg. (Z. Naturforsch. **18a**, 210–15, 1963; Upton, L. I., N. Y., Brookhaven Nat. Labor., Chem. Dep.; engl.) — Die Nullpunktsenergien verschieden deuterierter H_2-, Methan-, Äthen-, Äthan- u. Bzl.-Moll. wurden berechnet u. die Ergebnisse auf der Basis der Isotopensummenregel 1. u. 2. Ordnung diskutiert.

Wolfgang Krüger. B 146◇

0693 **Debyesche-Näherung für organische Kristalle.** A. I. Kitaigorodski. (Kristallographie [UdSSR] **7**, 195–98, 1962; Akad. der Wiss. der UdSSR, Inst. für heteroorgan. Verbb.; russ.) — Berechnet wurden aus dem Spektrum der Normalschwingungen die Entropie für das *Bzl.-*, *Hexamethylentetramin*(**I**)- u. *Naphthalin*(**II**)-Molekül. Durch Subtraktion dieser Werte von den kalorimetr. Werten für die krist. Stoffe wurden die Kristallanteile der Entropie erhalten; sie betragen bei 200°K 20,8 (Bzl.), 23,94 (**I**) u. 20,58 (**II**). Die Kristallanteile der Entropie erfüllen die Debye-Näherung; die Debye-Temp. wurden berechnet. Sie betragen bei 200°K 133° (Bzl.), 102° (**I**) u. 136° (**II**). Ferner wurden die Kristallanteile der spezif. Wärme berechnet. Sie betragen bei Zimmertemp. ∼ 12 cal/Mol (entsprechend der Dulong-Petitschen Regel für Mol.-Kristalle), wie sie für Kristalle mit sechs Freiheitsgraden zu erwarten ist.

K. Jaeger. B 146◇

0694 **Virialkoeffizienten für ungleiche Wechselwirkungen.** G. A. Bottomley und T. H. Spurling. (Austral. J. Chem. **16**, 1–6, 1963; Nedlands, Univ. of Western Australia, Dep. of Chem.; engl.) — Bei 50° wurde das Prod. P · V von Dämpfen der bin. Syst. *Nitromethan* (**I**)–*Aceton* (**II**), **I**–*Argon* (**III**) u. **I**–Bzl. gemessen u. daraus die 2. Virial-Koeff. für Wechselwrkg. zwischen ungleichen Molekülen berechnet. Die experimentellen Werte B_{12}: **I**–**II**: — 2679 ± 50; **I**–**III**: — 72 ± 20- **I**-Bzl.: — 1283 ± 25 cm^3/Mol werden mit theoret. aus intermol. Potentialen berechneten Werten verglichen. Nur im Syst. **I**–**III** stimmt der experimentelle mit dem theoret. vorausgesagten Wert überein. — Die Adsorption von **I** u. **II** an „Phoenix"-Glas wurde bei 50° gemessen.

B. Krebs. B 149◇

0695 **Molekül-Geometrie und Dampfdruck isotoper Moleküle. Die äquivalenten Isomeren cis-, gem.- und trans-Dideuteroäthylen.** Jacob Bigeleisen, Slobodan V. Ribnikar und W. Alexander Van Hook. (J. chem. Physics **38**, 489–96, 1963; Upton, Long Island, N. Y., Brookhaven Nat. Labor., Chem. Dep.; engl.) — Durch direkte Differenzmessungen mit einem Hg-Manometer wurden die Dampfdrücke von ***trans-*** (**I**), ***cis-*** (**II**) u. ***gem.-Dideuteroäthylen*** (**III**) sowie von C_2H_4 (**IV**) im Temp.-Bereich zwischen 120 u. 180°K miteinander verglichen. Die experimentell gewonnenen Parameter A u. B der Dampfdruckgleichung $\ln P_{deut.}/P_{prot.} = B/T - A/T^2$ sind: **I**: 716,0; 6,865; **II**: 742,2; 6,916; **III**: 748,3; 6,995. Als Vgl.-Dampfdruckkurve für **IV** wird benutzt: $\log_{10} P_{mm} = 6{,}74756 - 585{,}00/(t + 255{,}00)$. Die Dampfdrücke von **I** sind zwischen 1,2 u. 1,6% größer als die von **IV** u. etwa 0,1% größer als die untereinander fast gleichen Drücke für **II** u. **III**. Der erhöhte Dampfdruck von **I** wird auf dessen geringes Trägheitsmoment um die C=C-Achse zurückgeführt. Die Messungen lassen direkte Schlüsse auf die Rotationsbehinderung in der Fl. zu.

B. Krebs. B 150◇

0696 **Molekül-Geometrie und Dampfdruck isotoper Moleküle. C_2H_3D und $^{12}CH_2{=}^{13}CH_2$.** Jacob Bigeleisen, Marvin J. Stern und W. Alexander Van Hook. (J. chem. Physics **38**, 497–504, 1963; Upton, N. Y., Brookhaven Nat. Labor., Chem. Dep.; engl.) — Vgl. vorst. Referat. — Durch differentialmanometr. Messungen u. Messungen des Siedegleichgew. zwischen 120 u. 180°K wurden die Dampfdrücke von *Monodeuteroäthylen* (**I**) u. $^{12}CH_2{=}^{13}CH_2$ (**II**) mit denen von normalem Äthylen (**III**) verglichen. Die experimentell gewonnenen Konst. A u. B der Dampfdruckgleichung (l. c.) sind für **I** 342,7 u. 3,185. Der inverse Isotopeneffekt bei **I** ist deutlich geringer als es für eine lineare Abhängigkeit von der Zahl der D-Atome zu erwarten wäre. Die Dampfdrücke von **II** sind kleiner als die von **III**. Die experimentellen Ergebnisse werden theoret. begründet (Rotationsbehinderung, Quanteneffekte). Für **I** u. **II** sowie für die 3 Dideuteroäthylene wird je eine mit theoret. Daten konsistente Dampfdruckgleichung berechnet. Die Dampfdruckdaten werden auf Änderungen der Nullpunktsenergie bei der Kondensation hin ausgewertet u. mit spektroskop. Daten verglichen. Ein neuer Effekt wird beobachtet: Die inneren Schwingungen werden in Abhängigkeit von der Molekülsymmetrie durch die Rotationsbehinderung gestört.

B. Krebs. B 150◇

0697 **Thermodynamische Eigenschaften sauerstoffhaltiger organischer Verbindungen. 8. Mitt. Reinigung und Dampfdrücke der Propyl- und Butylalkohole.** D. P. Biddiscombe, R. R. Collerson, R. Handley, E. F. G. Herington, J. F. Martin und C. H. S. Sprake. (J. chem. Soc. [London] **1963,** 1954—57; Teddington, Middlesex, Nat. Chem. Labor., D. S. I. R.; engl.) — 7. vgl. Trans. Faraday Soc. **59,** [1963], 830; 6. vgl. C. **1963,** 3171. — *n-Propyl-*(**I**), *Isopropyl-*(**II**), *n-Butyl-*(**III**), *Isobutyl-*(**IV**), *sek. -Butyl-*(**V**) u. *tert.-Butylalkohol* (**VI**) wurden bis zu einem Reinheitsgrad von 99,92—99,96% gereinigt u. ihre Dampfdrücke ermittelt. Die gemessenen Werte lassen sich durch die Antoine-Gleichung $\log P = A - B/(t + C)$ wiedergeben, deren Konst. tabellar. angegeben sind. Der Kp. bei 760 mm Hg u. die mol. Verdampfungswärme (cal/Mol) bei 760 mm Hg sind jeweils: **I**: 97,151°; 9950; **II**: 82,241°; 9650; **III**: 117,726°; 10350; **IV**: 107,888°; 10050; **V**: 99,513°; 9800; **VI**: 82,347°; 9400. B. Krebs. B 150◇

0698 **Nichtstatische Messungen der Wärmeleitfähigkeiten flüssiger Polyphenyle.** J. K. Horrocks und E. McLaughlin. (Proc. Roy. Soc. [London], Ser. A **273,** 259—74, **1963**; South Kensington, London, Imp. Coll., Dep. of Chem. Engng. and Chem. Technol.; engl.) — Vff. beschreiben eine Meth., die Wärmeleitfähigkeit von Fll. über einen größeren Temp.-Bereich abs. zu messen. Die Genauigkeit der Meth. wird diskutiert. Mit der beschriebenen App. wurden die Wärmeleitfähigkeiten gemessen von: *Benzol* (**I**) im Temp.-Bereich 22° bis 73°, *Diphenyl* (**II**, 81°—132°), *o-Terphenyl* (**III**, 47—140°), *m-Terphenyl* (**IV**, ca. 82—134°), *p-Terphenyl* (**V**, 215—246°) u. *Toluol* (**VI**, 25—61°). Einige ausgewählte Werte sind (in J. $cm^{-1}s^{-1}grad^{-1}$; Genauigkeit ± 0,25%): **I**: 1,426 (22,7°); **II**: 1,291 (132,2°); **III**: 1,255 (140,6°); **IV**: 1,348 (133,7°); **V**: 1,246 (246,4°); **VI**: 1,330 (25°); 1,225 (61°). Die Ergebnisse werden hinsichtlich des Struktur-Einfl. auf die Transport-Eigg. der Fll. sowie der Beziehung zwischen dem therm. Ausdehnungs-Koeff. u. der Temp.-Abhängigkeit der Wärmeleitfähigkeit diskutiert. B. Krebs. B 158◇

0699 **Der Chemismus der Adsorption von fettlöslichen Hydroxylverbindungen an Anionenaustauscher-Harzen.** Lysim Ninnis und Maria Birbili-Ninnis. (Praktika Akad. Athenon **34,** 22—29, 1959; griech., Auszug: engl.) — Es wurde die Adsorption von nachst. fettlösl. Hydroxyl-Verbb. [*Cetylalkohol, α-dl-Tocopherol, Cholesterin,* deren *Acetate, Elaidinalkohol* (?), *Palmitinsäure* u. *Vitamin D_2*] aus PAe. an verschiedenen Typen, von anionenaustauschenden Harzen [Duolit-Typen: A 2, A 6, A 7; Amberlit. Alle Harze jeweils sauer (HCl) oder bas. (OH)] untersucht. Nur die freien Basen u. der Salzsäuretyp von tert. Harzen, wie auch der Polyamintyp, zeigen gute Adsorptionsfähigkeiten. Es wurde weiter festgestellt, daß die Adsorption von Hydroxyl-Verbb. nur dann möglich ist, wenn an der Aminogruppe von Harzen mindestens ein H-Atom vorhanden ist. Th. Skulikidis. B 177□

0700 **Lebensdauer angeregter Zustände von Molekülen und ihre Bestimmung.** K. K. Rohatgi. (J. Indian chem. Soc. **38,** 495—508, 1961; Calcutta, Jadavpur Univ., Dep. of Phys. Chem.; engl.) — Überblick über Berechnungs- u. Best.-Meth. der Lebensdauer von angeregten Zuständen in organ. Molekülen. G. Pötzscher. B 182◇

0701 **Genaue Bestimmung der Atomabstände von Schwefelkohlenstoff.** Yonezo Morino und Takao Iijima. (Bull. chem. Soc. Japan **35,** 1661—67, 1962; Hongo, Univ. of Tokyo, Fac. of Sci., Dep. of Chem.; engl.) — Mittels der Elektronenbeugung werden folgende Mittelwerte der Atomparameter für 15° erhalten: r_g(C–S) 1,5592 ± 0,0022 Å, r_g (S–S) 3,1126 ± 0,0044 Å, Amplituden (Wurzel der mittleren Quadrate) l(C–S) 0,0364 ± 0,0040 Å, l(S–S) 0,0448 ± 0,0038 Å, Schrumpfung δ_g 0,0058 ± 0,0042 Å. Die Werte stimmen gut mit spektroskop. bestimmten Werten überein. G. Pötzscher. B 182◇

0702 **Berechnung der Bindungswinkel in aromatischen stickstoffhaltigen Heterocyclen.** Hojing Kim und H. F. Hameka. (J. Amer. chem. Soc. **85,** 1398—1401, 1963; Baltimore, Md., Johns Hopkins Univ., Dep. of Chem.; Philadelphia, Pa., Univ. of Pennsylvania, Dep. of Chem.; engl.) — Die Bindungswinkel in *Pyridin, Pyrazin, Pyridazin, Pyrimidin, symm-Triazin* u. *symm.-Tetrazin* wurden nur unter Berücksichtigung der Wechselwrkg. zwischen den σ-Elektronen berechnet. Die zunächst angenähert abgeschätzten Mol.-Energien wurden zur Ermittlung der Winkel successiv verkleinert. Außer für Pyridin u. Pyrimidin ist die Übereinstimmung mit experimentellen Werten gut. Diese Abweichungen werden diskutiert. B. Krebs. B 182◇

0703 **Domänenstruktur in orthorhombischen Einkristallen von Anilinhydrobromid.** Kazuo Kawabe. (J. physic. Soc. Japan **17,** 1067, 1962; Kobe, Univ., Mikage Coll.; engl.) — Neben den von Iwai (C. **1963,** 11186) u. a. in der oberhalb von 27,5° stabilen monoklinen Form des *Anilinhydrobromids* beobachteten Domänenstrukturen fand u. beschreibt Vf. 2 weitere Typen von Domänenstrukturen in dem Hydrobromid in der oberhalb 27,5° stabilen rhomb. Form. Mkr. Reproduktionen sind beigegeben. C. Gottfried. B 190△

0704 **Die Kristallstruktur des Kaliumsalzes von Dithiophosphorsäure-O.O.dimethylester.** Th. Coppens, C. H. Mac-Gillavry, S. G. Hovenkamp und H. Douwes. (Acta crystallogr. [Copenhagen] **15,** 765—69, 1962; Amsterdam, Univ., Labor. for Crystallography; engl.) — *K-Dithiophosphorsäure-O.O-dimethylester-K-Salz,* kristallisiert aus Dioxan in ziemlich großen farblosen Kristallen. Die goniometr. Vermessung ergab das Achsenverhältnis a:b:c = 1:1:0,67. Die Kristalle sind opt. zweiachsig mit der c-Achse parallel zu der spitzen Bisektrix. Weißenberg-Aufnahmen ergaben rhomb. Symmetrie u. die Zelldimensionen a = 17,21 ± 0,04 (Å); b = 17,50 ± 0,04; c = 11,45 ± 0,03. Raumgruppe ist Fddd; Z = 16. Die Struktur wurde mit Hilfe von Patterson- u. Elektronendichteprojektionen bestimmt u. die erhaltenen Parameter mit einer Meth. der kleinsten Quadrate weiter verfeinert. Die gefundenen Parameter sind K(x =)0; (y =)0,1207; (z =) 0; P: 0,1816; 0; 0; S: 0,1231; 0,0077; 0,8536; O: 0,2515; 0,0612; 0,0268; C: 0,2766; 0,1039; 0,9120. Die berechneten interatomaren Abstände sind normal mit Ausnahme des Abstandes C–O, der mit 1,58 Å zu groß ist. Das Gitter besteht aus $[S_2P(OCH_3)_2]^-$-Ionen u. K-Ionen, die derart gepackt sind, daß die K-Ionen von 6 S- u. 2 O-Atomen umgeben sind, die ein verzerrtes tetragonales Antiprisma bilden. C. Gottfried. B 195△

0705 **Über die Kristallstruktur des Chloranil–Hexamethylbenzol-Komplexes.** Noel D. Jones und Richard E. Marsh. (Acta crystallogr. [Copenhagen] **15,** 809—10, 1962; Pasadena, Calif., Inst. of Technol., Gates and Crellin Labor. of Chem.; engl.) — Vff. nehmen Bezug auf die Strukturbest. des Komplexes $C_6Cl_4O_2 \cdot C_6(CH_3)_6$ von Harding u. Wallwork (vgl. C. **1957,** 3770), die gefunden hatten, daß sowohl die Chloranil (**I**)- als auch die Hexamethylbenzol (**II**)-Moll. ausgesprochen nicht eben sind u. berichten über eine eigene Strukturunters., bei der die l. c. angegebenen Strukturfaktoren u. Atomkoordinaten verwendet wurden. Diese Koordinaten wurden mit Hilfe der Meth. der kleinsten Quadrate verfeinert. Aus den für **I** u. **II** gefundenen Parametern geht hervor, daß beide Moll. eben sind; die maximale Abweichung von dieser Ebene beträgt 0,087 Å für 2 C-Atome von **I** u. 0,45 Å für **II**. Beide Ebenen sind nahezu parallel, der berechnete Winkel zwischen ihnen beträgt 2,1°. C. Gottfried. B 195△

0706 **Die Kristallstruktur des Chloranil–Hexamethylbenzol-Komplexes.** S. C. Wallwork u. T. T. Harding. (Acta crystallogr. [Copenhagen] **15,** 810, 1962; Nottingham, Univ., Dep. of Chem. u. Billingham, Imp. Chem. Ind., Ltd., Billingham Div.; engl.) — Vgl. vorst. Referat. — Vff. stimmen den Ergebnissen von Jones u. Marsh (vgl. l. c.) zu u. verweisen auf eine Arbeit von Wallwork (vgl. C. **1962,** 4126), in der bereits angedeutet war, daß die ursprünglich gemachten Angaben nicht richtig sind. C. Gottfried. B 195△

0707 **Röntgenographische Strukturaufklärung der Jodadditionsverbindung eines halogenwasserstoffsauren Salzes des p-Jod-N.N-dimethylanilins.** Rudolf Allmann. (Z. Kristallogr., Kristallgeometr., Kristallphysik, Kristallchem. **117,** 184—208, 1962; Kiel, Univ., Mineralog.-

Petrograph. Inst.; dt.) — *2* $C_8H_{10}NJ \cdot HCl \cdot HJ \cdot J_2$, F. 106—109°, aus den Komponenten in A. durch Einengen der Lsg. erhältlich, krist. in Cc oder C 2/c mit a = 16,253 ± 0,004, b = 20,607 ± 0,003, c = 8,283 ± 0,002 Å, β = 109,28° ± 0,02°. Die Strukturaufklärung erfolgte in C 2/c mit Hilfe einer dreidimensionalen Patterson-Synth. u. einer Fourier-Projektion ϱ(xy). Das J_2-Mol. ist an das J^--Ion angelagert u. bildet mit ihm zentrosymm. J_3^--Ionen (J–J 2,917 ± 0,006 Å). Die p-Jod-N.N-dimethylanilin-Moll. liegen gekreuzt u. fast parallel zur Ebene (101) in einem Abstand von 4 Å übereinander. Auch in der Raumgruppe Cc bleibt die Struktur prakt. zentrosymm.; nur im J_3^- treten leichte Unterschiede der J–J-Abstände auf (2,82 ± 0,06 bzw. 3,01 ± 0,06 Å; Winkel J–J–J.178,3°). A. Blaschette. B 195◇

0708 **Struktur der Form C des Naphthazarins.** Claudine Pascard-Billy. (Acta crystallogr. [Copenhagen] **15,** 519—28, 1962; Paris, C. N. R. S., Labor. de Chim. Cristallographique; franz.) — Vgl. C. **1963, 3561.** — Unter Bezugnahme auf eine frühere Unters. (These, Univ. Paris [1960]) berichtet Vf. über die Struktur der Form C des *Naphthazarins* (**I**). Die Verb. erhält man in Form hellroter hexagonaler Prismen, die nach der c-Achse gestreckt sind durch Eindampfen einer Lsg. von **I** (Form A) in Chloroform. Die monokline Zelle hat die Abmessungen a = 7,906 ± 0,005 (Å); b = 7,324 ± 0,005; c = 14,05 ± 0,01; β = 96°35′ ± 6′; Raumgruppe ist $P2_1/n$; Z = 4. Die Struktur wurde mit Hilfe einer dreidimensionalen Patterson-Funktion festgelegt. Hierbei ergab sich, daß die 4 Moll. in der Elementarzelle zentrosymm. sind u. daß die Struktur aus zweimal 2 unabhängigen zentrosymm. Moll. besteht. Die Gleichungen der parallelen Ebenen I u. II der Moll. in rechtwinkligen Koordinaten X′, Y′ u. Z′ in Å mit Bezug auf die orthogonalen Achsen a′, b u. c lauten: Ebene I: — 1,868 X′ + Y′ + 0,901 Z′ = 0 u. Ebene II: — 1,899 X′ + Y′ + 0,855 Z′ + 7,457 = 0. Bei den intramol. Abständen ist besonders bemerkenswert, daß die Abstände $C_{(1)}–O_{(1)}$ u. $C_{(8)}–O_{(8)}$ mit 1,301 Å u. 1,327 Å nahezu gleich sind, obwohl die theoret. Abstände mit 1,20 Å für die chinon. Bindung u. 1,46 Å für die phenol. Bindung stark von einander abweichen. Es besteht demnach eine sehr starke Wechselwrkg. zwischen den beiden O-Atomen durch Vermittlung des H-Atoms. C. Gottfried. B 195△

0709 **Die Kristall- und Molekularstrukturen der α-Thiophen- und α-Selenophencarbonsäure.** Mario Nardelli, Giovanna Fava und Giulia Giraldi. (Acta crystallogr. [Copenhagen] **15,** 737—46, 1962; Parma, Univ., Inst. of Chem., Structural Chem. Labor.; engl.) — Vff. berichten über eine Verfeinerung der von Nardelli u. Fava (vgl. C. **1959,** 13427) u. von Nardelli u. Mitarbeitern (vgl. C. **1960,** 73) bestimmten Strukturen der *α-Thiophen-* (**I**) u. der *α-Selenophencarbonsäure* (**II**). Die l. c. mit Hilfe zweidimensionaler Fourier-Meth. erhaltenen Parameter wurden mit dreidimensionalen Differenzsynth. verbessert. Die Zelldimensionen von **I** sind a = 5,67 ± 0,01 (Å); b = 5,03 ± 0,01; c = 19,57 ± 0,01; β = 98,2°, von **II** a = 5,80 ± 0,01 (Å); b = 5,05 ± 0,01; c = 20,05 ± 0,01; β = 97,9°. Raumgruppe für beide Säuren ist $P\,2_1/c$; Z = 4. In dem Gitter sind die Moll. durch H-Bindungen zu zentrosymm. Dimeren verknüpft. Die Moll. selbst sind eben mit der Ausnahme der S- u. Se-Atome, die 0,03 bzw. 0,06 außerhalb dieser Ebenen liegen. Die Bindungslängen u. Valenzwinkel sind tabellar. angegeben. Die Carboxylgruppen in den beiden Säuren liegen nicht in dem gleichen Abstand vom Ring, u. es besteht ein kleiner, aber deutlicher Unterschied zwischen den Abständen $C_{(2)}–C_{(COOH)}$; es hat den Anschein, daß in **II** die Carboxylgruppe mehr mit dem Ring konjugiert ist als in **I**. Die ganze Carboxylgruppe scheint durch das Heteroatom angezogen zu werden, da der Winkel $C_{(3)}–C_{(2)}–C_{(COOH)}$ größer ist als der Winkel $S(Se)–C_{(2)}–C_{(COOH)}$; dieser Effekt ist in **II** bes. deutlich. Das O-Atom, das zu der Hydroxylgruppe gehört, liegt wahrscheinlich dem Heteroatom gegenüber. Aus den Bindungsabständen wurden „experimentelle" π-Bindungsordnungen berechnet. Die für S–C u. Se–C berechneten Bindungsordnungen deuten auf eine größere π-Delokalisierung in dem Ring von **I** hin, die jedoch nicht durch die Dimensionen des restlichen Teils des Rings gestützt wird, der in den beiden Säuren prakt. unverändert ist. Ein Vgl. zwischen **I** u. **II** selbst zeigt, daß als Ergebnis der Konjugation zwischen Carboxylgruppe u. Ring eine Verkürzung in den C–S- u. $C_{(3)}–C_{(4)}$-Bindungen vorhanden ist, entsprechend einer erhöhten π-Delokalisierung in dem Ring. C. Gottfried. B 195△

0710 **Die Kristallstruktur von Tosyl-L-prolyl-L-hydroxyprolinmonohydrat.** J. Friedrichsons und A. McL. Mathieson. (Acta crystallogr. [Copenhagen] **15,** 569 bis 577, 1962; Melbourne, C. S. I. R. O., Chem. Res. Labor., Div. of Chem. Phys.; engl.) — *Tosyl-L-prolyl-L-hydroxyprolinmonohydrat* ($C_{17}H_{22}N_2O_6S \cdot H_2O$) kristallisiert in monoklinen, plättchenförmigen Kristallen u. hat die Zelldimensionen a = 6,291 (Å), b = 7,689; c = 19,640; β = 99°27,5′; Raumgruppe ist $P\,2_1$; Z = 2. Die Struktur wurde mit Hilfe von Patterson-Funktionen u. einer dreidimensionalen Elektronendichte-Synth. bestimmt. Die interatomaren u. intermol. Abstände sowie die Valenzwinkel sind tabellar. zusammengestellt. Das Mol. als Ganzes ist aus vier sich schneidenden ebenen oder nahezu ebenen Atomgruppen zusammengesetzt, die derart angeordnet sind, daß benachbarte Ebenen nahezu senkrecht zueinander liegen. Innerhalb der Fehlergrenzen ist die p-Methylphenylthiogruppe eben. Aus dem Mol.-Modell ist ersichtlich, daß die Peptidgruppe nicht streng koplanar ist. Das $O_{(OH)}$-Atom liegt in trans-Stellung zu der Carboxylgruppe, die Carboxylgruppe liegt angenähert senkrecht zu der Hauptebene des Peptid-Hydroxyprolinsystems. Die polaren Moll. mit ihren aktiven Carboxylenden bilden dipolare Schichten, die parallel der ab-Ebene liegen. Ferner sind die Moll. durch Vermittlung des H_2O-Mol., das eng mit dem Peptid-C = O verbunden ist, vernetzt. C. Gottfried. B 195△

0711 **Die Struktur des Jodkomplexes von 1.4-Selenathian, $C_4H_8SSe \cdot 2J_2$.** Håkon Hope und J. D. McCullough. (Acta crystallogr. [Copenhagen] **15,** 806—07, 1962; Los Angeles, Calif., Univ., Dep. of Chem.; engl.) — $C_4H_8SSe \cdot 2J_2$ bildet nach der b-Achse gestreckte granatrote Nadeln. Präzessions- u. Weißenberg-Aufnahmen lieferten für die monokline Zelle die Abmessungen a = 6,80 ± 0,03 (Å); b = 6,38 ± 0,03; c = 16,69 ± 0,08; β = 114,1° ± 0,4°; Raumgruppe ist $P\,2_1/c$; D. 3,33; Z = 2. Die Ggw. von nur 2 Mol. in der Zelle verlangt, daß diese zentrosymm. orientiert sind; es folgt hieraus, daß der 1.4-Selenathiankomplex regellos angeordnet ist. Eine genaue Struktur-Best. wurde daher nicht durchgeführt. C. Gottfried. B 195△

0712 **Die Kristallstruktur von 1-Methylthymin.** Karst Hoogsteen. (Acta crystallogr. [Copenhagen] **16,** 28 bis 38, 1963; Pasadena, Calif., Inst. of Technol., Gates and Crellin Labor. of Chem.; engl.) — Wird eine heiße u. gesättigte wss. Lsg. von *1-Methylthymin* schnell abgekühlt, dann scheidet sich die Verb. in langen dünnen Nadeln ab, die sich nach kurzer Zeit in Prismen umwandeln. Die Zelldimensionen dieser ersten Form, deren Struktur nicht bestimmt wurde, sind a = 10,75 (Å); b = 15,72; c = 3,91; β = 93°6′. Diese Form scheint bei Zimmertemp. stabil zu sein, wenn sie vor der Umwandlung aus der Lsg. genommen wird. Die prismat. Form erhält man durch langsames Verdunsten der wss. Lsg. bei Zimmertemperatur. Ihre Zelldimensionen sind a = 7,351 ± 0,004 (Å); b = 12,091 ± 0,006; c = 7,602 ± 0,004; β = 89°58′ ± 3′; Raumgruppe ist $P\,2_1/c$; Z = 4. Mit Hilfe der Meth. der kleinsten Quadrate wurden die zunächst erhaltenen Parameter weiter verfeinert. Die Moll. sind in Schichten angenähert parallel zu der (102)-Ebene, die gleichzeitig Spaltebene ist, angeordnet; der Netzebenenabstand dieser Ebene beträgt 3,38 Å. In jeder Schicht bilden durch H-Bindungen zusammengehaltene Paare von Moll. einen Stapel entlang der b-Richtung; innerhalb eines Stapels sind die Ebenen der Moll. parallel u. unter 4° zu der (102)-Ebene geneigt. Die inter- u. intramol. Abstände u. Valenzwinkel sind tabellar. angegeben. C. Gottfried. B 195△

0713 **Die Kristallstruktur von Cytosinmonohydrat.** G. A. Jeffrey und Y. Kinoshita. (Acta crystallogr. [Copenhagen] **16,** 20—28, 1963; Pittsburgh, Pa., Univ., Cristallography Labor.; engl.) — *Cytosinmonohydrat* [*1H-*

2-Aminopyrimidon-(2), $C_4H_5N_3O \cdot H_2O$] kristallisiert aus verd. wss. Lsg. in monoklinen Täfelchen u. hat die Zelldimensionen a = 7,801 ± 0,005 (Å); b = 9,844 ± 0,007; c = 7,683 ± 0,006; β = 99°42′ ± 4′; Raumgruppe P 2_1/c; Z = 4. Die Struktur wurde mit Hilfe einer dreidimensionalen Patterson-Projektion u. Elektronendichteprojektionen bestimmt; die hierbei erhaltenen Parameter wurde mit der Meth. der kleinsten Quadrate weiter verfeinert. In dem Gitter ist das Mol. nahezu eben. Die interatomaren Abstände u. die Valenzbindungswinkel sind tabellar. angegeben. Durch H-Bindungen $N_{(1)}H...N_{(3)}$ u. $N_{(NH_2)}$... werden die Moll. zu parallelen Bändern verknüpft, die sich in Richtung der b-Achse erstrecken. Mit Hilfe der Wassermoll. werden diese Bänder durch ein dreidimensionales H-Bindungsnetzwerk verknüpft, u. zwar besteht H-Bindung von jedem Wassermol. zu 2 O- u. einem N-Atom in 3 benachbarten Bändern. Bemerkenswert bei den H-Bindungen ist die Bldg. von 3 H-Bindungen zu dem Carbonyl-O-Atom.
C. Gottfried. B 195△

0714 **Die Kristallstruktur der triklinen Modifikation der Vitamin-A-säure.** C. H. Stam und Carolina H. MacGillavry. (Acta crystallogr. [Copenhagen] **16,** 62—68, 1963; Amsterdam, Univ., Labor. for Crystallography; engl.) — Die *Vitamin-A-säure* (I) kristallisiert in 2 Modifikationen. Gewöhnlich erhält man gut entwickelte monokline Kristalle u. zuweilen schlecht entwickelte trikline Kristalle. Die monoklinen Kristalle sind metastabil u. wandeln sich bei etwa 120° irreversibel in die trikline Form um. Zur Darst. der triklinen Kristalle wurden die monoklinen Kristalle in Pulverform im Vakuum mehrere Std. auf etwa 120° erhitzt, um die Umwandlung in die trikline Form zu erreichen. Aus einer heiß gesättigten alkohol. Lsg. scheidet sich dann bei sehr langsamen abkühlen die trikline Form in Täfelchen parallel (010) aus, die nach [001] gestreckt sind. Die Zelldimensionen dieser triklinen Form sind a = 8,04 ± 0,02 (Å); b = 28,49 ± 0,04; c = 5,996 ± 0,007; α = 50°58′ ± 10′; β = 71[38′ ± 9′; γ = 95°7′ ± 12′; Raumgruppe ist P $\bar{1}$; Z = 2. Die Struktur wurde durch eine dreidimensionale Patterson-Synth. bestimmt u. die hierbei erhaltenen Parameter mit Hilfe der Meth. der kleinsten Quadrate weiter verfeinert. Die Bindungsabstände sind alle normal mit Ausnahme der Einfachbindung $C_{(4)}—C_{(5)}$ im Cyclohexen-(1)-yl-Ring, die mit 1,45 Å beträchtlich kürzer ist als der mittlere Einfachbindungsabstand im Ring. Die Seitenkette im ganzen ist nicht genau eben, die getrennten Doppelbindungssyst. dagegen sind innerhalb der Meßgenauigkeit vollkommen eben. Die Konfiguration des Cyclohexenrings ist dieselbe wie in trans-β-Jonyliden-γ-crotonsäure (II), deren Struktur von Eichhorn u. MacGillavry (vgl. C. **1961,** 15340) bestimmt worden war, u. entspricht der Sesselform des Cyclohexans. Die Lage des Rings relativ zu der Seitenkette ist vollkommen verschieden von der in **II**, wo die Doppelbindung im Ring eine Fortsetzung des Zick-Zacks der Seitenkette ist u. angenähert in derselben Ebene mit ihr liegt. In **I** ist der Ring um die Bindung $C_{(9)}—C_{(10)}$ um angenähert 145° gedreht. Wie in **II** liegt die Doppelbindung C = O nicht in Linie mit dem Zick-Zack der Seitenkette. Die beste Ebene durch die Seitenkette weicht nicht viel von der (201)-Ebene ab, doch ist die Seitenkette in dieser Ebene beträchtlich gekrümmt, wahrscheinlich wegen der Ggw. der CH_3-Gruppen. C. Gottfried. B 195△

0715 **Die Kristallstruktur von Thiaminhydrochlorid (Vitamin B_1).** J. Kraut und H. J. Reed. (Acta crystallogr. [Copenhagen] **15,** 747—57, 1962; Seattle, Wash., Univ. of Washington, Dep. of Biochem.; engl.) — *Thiaminhydrochlorid* kristallisiert aus einem Gemisch von W. u. N.N-Dimethylformamid mit 1 Mol H_2O in leistenförmigen Kristallen mit der langen Richtung parallel der a-Achse. Die Aufnahmen ergaben monokline Symmetrie u. die Zelldimensionen a = 6,99 ± 0,01 (Å); b = 20,59 ± 0,02; c = 12,73 ± 0,02; β = 114°0′ ± 5′; Raumgruppe ist P 2_1/c; Z = 4. Die Struktur wurde mit Hilfe dreidimensionaler Patterson-Meth. bestimmt u. die hierbei erhaltenen Parameter mit der Meth. der kleinsten Quadrate weiter verfeinert. 17 der 20H-Atome konnten mit Hilfe einer Differenz-Fourier-Synth. lokalisiert werden; ihre Parameter sind tabellar. angegeben. Die Bindungslängen u. Valenzwinkel sind in Tabellen zusammengestellt. Der Pyrimidinring ist an dem der Aminogruppe gegenüberliegenden N-Atom protoniert, im Gegensatz zu Adeninhydrochlorid, wo das Proton sich an dem der Aminogruppe benachbarten N-Atom des Ringes befindet. Sowohl der Thiazoliumring als auch der Pyrimidinring sind eben. Die Ebenen der Thiazolium- u. Pyrimidinringe bilden einen Winkel von 76° u. sind so orientiert, daß die NH_2-Gruppe des Pyrimidinrings leicht in Wechselwrkg. mit $C_{(2)}$ des Thiazoliumrings treten kann. C. Gottfried. B 195△

0716 **Struktur und Tautomerie der Ester von mehreren β-substituierten Brenztraubensäuren.** Albert M. Stock, W. E. Donahue und E. D. Amstutz. (J. org. Chemistry **23,** 1840—48, 1958; Bethlehem, Pa., Lehigh Univ., W. C. Chandler Chem. Labor.; engl.) — Neben der Enolisierung ist bei den Brenztraubensäurederivv. auch die H-Brückenbldg. vom Enol zu einem geeignet gelegenen N-Atom, sowie die Bldg. eines Zwitterions möglich. Die Unters. erfolgte bei *p-Nitrophenylbrenztraubensäuremethylester* (**I**, F. 153,5—155°, λ_{max} 340 mμ, log ε_{max} 4,201) durch Vgl. der IR-Bande 2,9 μ, die bei *α-Methoxy-p-nitrozimtsäuremethylester* (**II**, F. 97,0—97,5°, λ_{max} 320 mμ, log ε_{max} 4,197) fehlt u. deshalb der enol. OH-Gruppe von **I** zugeschrieben wird. Der hypsochrome Effekt im UV-Spektrum, die Erniedrigung des F. (vgl. p-Nitrophenol → -anisol) beim Übergang **I** → **II**, die Bldg. eines Anions von **I** in Ggw. von NH_4OH (begleitet von einem bathochromen Effekt) u. die Kurt-Meyer-Bromtitration erweisen die Existenz der Enol-Form (42% im Gleichgewicht), das sich in nicht völlig reversibler Rk. 1. Ordnung aus der Enolform einstellt (Gleichgew.-Konst. K = 1,49 bei 0° u. 1,03 bei 25°). [*Benzoxazolyl-(2)*]*-brenztraubensäureäthylester* (**III**, F. 69—70°, λ_{max} 330 mμ, A.) bildet intramol. O—H—N-Brücken (45% Enol im Gleichgewicht, reversibel; K = 1,75 bei 0° u. 0,89 bei 25°), erkennbar an der Fluorescenz im sichtbaren Bereich u. der geringen Depression von F. beim Benetzen (Δ $F_{\cdot naß}$ = 3°). Bei der Methylierung mit CH_2N_2 bildet sich [*3-Methyldihydrobenzoxazolyliden-(2)*]*-brenztraubensäureäthylester* (F. 171—172°, λ_{max} 360 mμ, A.), der in Mesomerie mit dem Zwitterion steht. Die Lage der UV-Bande von **III** bei ca. 330 mμ ist vom Lsgm. abhängig, ebenso wie die bei ca. 450 mμ von [*Chinolyl-(2)*]*-brenztraubensäureäthylester* (**IV**, F. 132°, λ_{max} 444, A.), wobei sich bei Übergang zu polaren Lsgm. (z. B. W.) ein bathochromer Effekt bei **III** u. ein hypsochromer bei **IV** einstellt (bei **IV**: π → π′-Übergang mit log ε 3,8 → 4,4). Die Differenz Δ$F_{\cdot naß}$ 21° u. die Fluorescenz von **IV** bei UV-Bestrahlung zeigen, daß die O—H—N-Brücken ebenfalls intramol. sind, während sie bei [*Chinolyl-(4)*]*-brenztraubensäureäthylester* (**I**, F. 198°) intermol. sind (Δ$F_{\cdot naß}$ 51°, fehlende Fluorescenz, keine Methylierung mit CH_2N_2). Der Anteil der Enolform wurde ebenfalls angegeben für: [*Pyrimidyl-(2)*]- (98% Enol-Form im Gleichgewicht), [*Pyrimidyl-(4)*]- (98%), [*Pyridazinyl-(3)*]- (79%), *Pyrazinyl-(2)*]- (72%), [*Chinoxalyl-(2)*]- (85%) u. [*Benzthiazolyl-(2)*]*-brenztraubensäureäthylester* (83%), sowie [*Thienyl-(2)*]- (—: anfangs 99%), *Phenyl-* (—; anfangs 99%), *p-Chlorphenyl-* (93%), *p-Methoxyphenyl-* (95%) [*Naphthyl-(1)*]- (50%) u. [*Naphthyl-(2)*]*-brenztraubensäuremethylester* (60%).
A. Grohmann. B 221◇

0717 **Infrarot-Untersuchungen der Wasserstoffbindung in Alkohol–Basen-Systemen.** Edwin D. Becker. (Spectrochim. Acta [London] **17,** 436—47, 1961; Bethesda, Md., Nat. Inst. of Health; engl.) — IR-spektroskop. (3000—4000 cm^{-1}) werden nachst. 1:1-H-Brückenkomplexe in CCl_4 untersucht: *Methanol* (als Donator) mit (den Acceptoren) *Aceton* [**I**, —ΔF 0,35 bei 25° (kcal/Mol, unter Verwendung der Gleichgewichtskonst. K in Liter/Mol); —ΔS 7,3 (cal/Grad · Mol); —ΔH 2,52], *Benzophenon* (**II**, 0,24; 6,5; 2,16), *Äthylacetat* (**III**, 0,20; 7,8; 2,52), *Dioxan* (**IV**, 0,24; 8,6; 2,80), *Dimethylformamid* (**V**, 1,01; 9,1; 3,72), *Pyridin* (**VI**, 0,65; 10,8; 3,88), *A.* mit **I** (0,12; 11,2; 3,46), **II** (0,10; 10,5; 3,23), **III** (0,02; 7,8; 2,33), **IV** (0,03; 10,3; 3,09), **V** (0,74; 10,5; 3,88), **VI** (0,52; 10,5; 3,66), *tert.-Butanol* mit **I** (0,02; 9,8; 2,94), **II** (0,01; 8,9; 2,67), **III** (— 0,10; 10,1; 2,92), **IV** (0,07; 9,6; 2,94),

V (0,63; 11,0; 3,92), VI (0,22; 12,6; 3,98). *Δν* der Bande des nicht komplex u. komplex gebundenen Alkohols u. die integrierte Intensität (B°) der Komplexbande sind temperaturabhängig in Gegensatz zur Halbwertsbreite. Die an den O–H···O-Komplexen erhaltenen Ergebnisse sind in Übereinstimmung mit Badger u. Bauer ([1940] u. früher), während das Verh. der VI-Komplexe davon abweicht. Zwischen B° u. *Δ*H besteht eine einigermaßen lineare Beziehung. Hubertus Zimmer. B 223◇

0718 **Bildungskonstanten von Molekülkomplexen aus Jodmonobromid und einigen aromatischen Kohlenwasserstoffen.** R. D. Whitaker und H. H. Sisler. (J. physic. Chem. **67,** 523–25, 1963; Gainesville, Fla., Univ. of Florida, Dep. of Chem.; engl.) — Die Absorptionsspektren u. Bildungskonst. K_c der *1:1-Komplexe* aus *JBr* ($1 \cdot 10^{-4}$ – $5 \cdot 10^{-4}$ Mol/Liter) u. folgenden aromat. KW-Stoffen (**A**; 0,1–1 Mol/Liter) werden im Gebiet von 270–600 mμ in CCl_4 bei 24° bestimmt u. mit den an den Syst. **A**–JCl bzw. **A**–J_2 von Andrews u. Keefer (C. **1953,** 6006) gemessenen Werten (Tabelle) verglichen (in Klammern K_c in Liter · Mol^{-1}): *Benzol* (**I**; 0,44 ± 0,07); *Toluol* (0,51 ± 0,07); *o-* (0,78 ± 0,09), *m-* (0,78 ± 0,05) u. *p-Xylol* (0,67 ± 0,06); *Mesitylen* (**II**; 1,47 ± 0,03); *Hexamethylbenzol* (**III**; 34, ± 0,5); *Hexaäthylbenzol* (0,34 ± 0,07); *Naphthalin* (0,63 ± 0,04). Die Ergebnisse bestätigen, daß JBr für jedes der untersuchten **A** als Elektronenacceptor eine Zwischenstellung in der Komplexstabilitätsfolge JCl > JBr > J_2 inne hat. In analoger Weise variieren in den homologen Reihen der **A**-Komplexe die Wellenlängen der Ladungsübergangsbanden bzw. die maximalen Absorptionswerte, letztere lediglich mit dem **II**-Komplex als einziger Ausnahme. Mit zunehmender Methylsubstitution der **A** nimmt die Stabilität in allen 3 Komplexreihen zu, jedoch liegt das Verhältnis der K_c der **I**- zu den **III**-Komplexen für JBr mit 10:1 näher an dem für JCl (9:1) als für J_2(42:1), was ster. bedingt sein dürfte. G. Kirsten. B 223◇

0719 **Molekülkomplexe von Methoxybenzolen.** Arnold Zweig. (J. physic. Chem. **67,** 506–08, 1963; Stamford, Conn., Amer. Cyanamid Co., Central Res. Div., Chem. Res. Dep.; engl.) — Die 1. u. teilweise 2. Ladungsübergangsbanden (CTB) sowie die Energieniveaus der höchsten gefüllten Mol.-Orbitale (HFMO) der *Tetracyanäthylen-Komplexe* folgender Methoxybenzole (**A**) werden gemessen (Tabelle): *Anisol, 1.2-Di-,* (*Veratrol*), *1.3-Di-, 1.4-Di-, 1.2.3-Tri-* (F. 45–46°), *1.2.4-Tri-, 1.3.5-Tri-* (F. 52–53°), *1.2.3.4-Tetra-,* (F. 88–90°), *1.2.3.5-Tetra-* (F. 40–42°), *1.2.4.5-Tetra-* (F. 102–103°), *Penta-* (F. 55 bis 57°) u. *Hexamethoxybenzol* (F. 81°). Graphische Darst. der CTB-Frequenzen gegen die HFMO-Energien (Abb.) zeigt, daß alle **A**-Komplexe mit weniger als 3 benachbarten CH_3O-Gruppen einer linearen Beziehung folgen, wogegen alle übrigen untersuchten **A**-Komplexe gestreute Werte liefern. Aus dem Anstieg der Geraden ergibt sich für den *β*-Wert des C–O-Austauschintegrals –76 kcal/Mol. Das Hückel-MO-Schema gestattet, Eigenwert- u. Eigenvektor-Eigg. der **A** vorauszusagen, solange gewissen ster. Erfordernissen genügt wird. — *1.2.4.5-Tetramethoxybenzol-Tetracyanäthylen*(1:1)-*Komplex,* F. 113–115°; aus Hexan blaue Nadeln. G. Kirsten. B 223◇

0720 **Synthesen durch Reaktionen mit freien Radikalen.** 1. Mitt. **Oxydative Kupplung durch Hydroxyl-Radikale.** D. D. Coffman, E. L. Jenner und R. D. Lipscomb. (J. Amer. chem. Soc. **80,** 2864–72, 1958; Wilmington, Del., E. I. Du Pont de Nemours & Co., Central Res. Dep., Exp. Stat.; engl.) — In wss. Lsg. werden mit dem Fenton-Reagenz (H_2O_2 + Fe^{++} → HO · + OH^- + Fe^{+++}) durch Spaltung einer C–H-Bindung Radikale gebildet, die sich dimerisieren. Die Spaltung bedarf keiner Aktivierung durch Carbonyl-, C=C-Gruppen usw., so erfolgt sie bei *Propion-* (**I**), bei *n-Butter-* (**II**) u. *Isobuttersäure* (**III**) bevorzugt in *β*-Stellung. Vff. geben am Beispiel des *Propionitrils* (**IV**) folgende Abhängigkeit der Gesamtausbeute an Umsetzungsprodd. an: sie sinkt stark mit steigendem pH-Wert, durchläuft bei der Verdünnung 2 Liter H_2O/Mol H_2O_2 ein Maximum u. steigt erst steil u. von 2 Mol/Liter ab asymptot. mit der Konz. von **IV** an. Es werden erhalten: Essigsäure → *Bernsteinsäure* (**V**, F. 185–186°, W., 4% Gesamtausbeute an Umsetzungsprodd. bezogen auf H_2O_2). — **I** → *Adipinsäure* (**VI**, F. 149–151°, W.) mit 5% *α.α'-Dimethylbernsteinsäure* (**VII**, Anhydrid, F. 34–37°, meso-Form, F. 194–195°, W., dl-Form, F. 120–135°). — **III** → *meso-α.α'-Dimethyladipinsäure* (F. 143–144°, W.). — **II** → sechs verschiedene C_8-Carbonsäuren, von denen *β.β'-Dimethyladipin-* (F. 128° u. F. 104°) u. *β-Methylpimelinsäure* (F. 39°) isoliert wurden. — Pivalinsäure (**VIII**) → *α.α.α'.α'-Tetramethyladipinsäure* (**IX**, F. 188–190°, W., 37%). — Acetonitril → *Succinodinitril* (18%) u. daraus **V**. — **IV** → ein Nitril-Gemisch (60%), aus dem nach der Verseifung **VII** (meso-Form), **VI** u. *α-Methylglutarsäure* (F. 75°) isoliert wurden. — Pivalonitril → *α.α.α'.α'-Tetramethyladipodinitril* (F. 138°, A., 51,8%) u. **IX** nach der Verseifung. — Adipodinitril → ein nicht definiertes Tetranitril (F. 128–132°, 53%). — Propionsäureamid → rohes *Adipinsäureamid* (F. 220–225°, Aceton), aus dem durch Verseifung **VI** isoliert wurde. — Propylamin → *Hexamethylendiamin* (F. 159–160°, A.). — tert.-Butylamin → *α.α.α'.α'-Tetramethyltetramethylendiamin* ($C_8 \cdot H_{20}N_2$, $Kp._{13}$ 78–79°, 10%). — tert.-Butylalkohol → *α.α.α'.α'-Tetramethyltetramethylenglykol* ($C_8H_{18}O_2$, F. 85–87°, Essigester, 36%). — Aceton → *Essigsäure* (10%) u. *Acetonylaceton* [4%; Bis-phenylhydrazon, F. 115–118°, A.; gibt mit Phenylhydrazin u. Essigsäure *2.5-Dimethyl-1-anilinopyrrol* (F. 92–93°, A.). — Cyclopentanon → *Valeriansäure* ($C_5H_{10}O_2$, $Kp._1$ 36–41°) u. wahrscheinlich Cyclopentanonylcyclopentanon ($C_{10}H_{14}O_2$, $Kp._{0,3}$ 90 bis 130°). A. Grohmann. B 225◇

0721 **Synthesen durch Reaktionen mit freien Radikalen.** 2. Mitt. **Additive Dimerisation durch Hydroxyl-Radikale.** D. D. Coffman und E. L. Jenner. (J. Amer. chem. Soc. **80,** 2872–77, 1958; engl.) — 1. vgl. vorst. Referat. — Die Dimerisation von *Butadien* (**I**) erfolgt in einer Stufe über das akt. Radikal R· einer monofunktionellen, gesätt. Verb. RH mit H_2O_2 u. Fe(II) (vgl. l. c.), das mit **I** zum weniger akt., resonanzstabilisierten Radikal R–B· reagiert. Da **I** nur in einer Konz. von 0,01–0,1 m vorliegt u. die Konz. von RH (1–10 m) u. H_2O_2 größer ist, reagiert R–B· nicht im Sinne einer Polymerisation, sondern erleidet mit einem gleichartigen Radikal eine 4'.4-, 4'.2- oder 2'.2-Dimerisierung zu R–B–B–R. Es entstehen *α.ω*-Derivv. von Octadien-(2.6), 2-Äthenylhexen-(6) u. 2.3-Diäthenylbutan, von denen die der ersteren Verb. überwiegen. Folgende Ergebnisse wurden erzielt: **I** u. tert.-Butylalkohol (**II**) → 64% *2.13-Dimethyltetradecadien-(5.9)-diol-(2.13)* ($Kp._{0,08}$ 80°, n_D^{25} 1,4773); daraus durch Hydrierung an Pd-Holzkohle *2.13-Dimethyltetradecandiol-(2.13)* ($C_{16}H_{34}O_2$, $Kp._{0,02}$ 70:°, F. 50 bis 52°). — Chloropren u. **II** → ungesätt. Dichlorglykol, $C_{16} \cdot H_{28}O_2Cl_2$ ($Kp._1$ 80°, 76% Ausbeute). — Isopren, Cyclopentadien u. Acrylnitril u. **II** → dimere Verbb. (Ausbeute 46, 20 bzw. 54%). — Maleinsäure mit **II** → *2.9-Dimethyl-2.9-dihydroxydecan-4.5.6.7-tetracarbonsäuredilacton-(4→2; 7→9)* ($C_{16}H_{22}O_8$, F. 180–220°; Zers.; 24%; *Dimethylester,* $C_{18}H_{26}O_8$, F. 173–175°). — **I** u. A. → 12% *ungesätt. Glykol*; gibt durch Hydrierung *Dodekamethylenglykol* ($C_{12}H_{26}O_2$, $Kp._{0,8}$ 136°). — **I** u. Cyclopentanon → *ungesätt. Diketon* 70%; gibt durch Hydrierung *gesätt. Diketon* $C_{18}H_{30}O_2$ ($Kp._{0,25}$ 138–142°). — **I** u. Essigsäure u. anschließender Hydrierung u. Veresterung → Hydroxysäureäthylester $C_{12}H_{24}O_3$ ($Kp._{0,3}$ 150–180°). — **I** u. Glutarsäure → C_{18}-Tetracarbonsäure (30%). — Essigsäuremethylester bildet mit H_2O_2 u. Fe(II) beide Radikale ·CH_2–$COOCH_3$ u. CH_3–$COOCH_2$ im Verhältnis 1:4, u. bei der Umsetzung mit **I** entsteht ein Gemisch an Dimerprodd. (27%), aus dem nach der Verseifung ein C_{10}-Glykol ($Kp._1$ 115–130°) isoliert wurde. — Aus Ameisensäuremethylester bilden sich die Radikale ·$COOCH_3$ u. $HCOOCH_2$· im Verhältnis 3:1 u. das Gemisch an Dimerprodd. (27%). Bei der Rk. von Aceton mit H_2O_2 entstehen Acetonyl-Radikale oder Essigsäure u. Methyl-Radikale u. aus dieser mit **I** neue Radikale, die in jeder Kombination dimerisieren können. Vff. isolierten *Decadien-(3.7)* (*Tetrabrom-Deriv.*, F. 68–69°) u. das Dinitrophenylhydrazon eines hydrierten Ketons ($C_{18}H_{28}N_2O_4$, F. 78–79°). Die dimeren Prodd. weisen **I** zu 75% als 1.4-Einheit auf. Aus n-Butanol (47% Ausbeute), Isopropylalkohol (13%), Propionsäure (77%)

bzw. Acetaldehyd (7%) entstehen mit **I** die erwarteten dimeren Prodd. als Isomeren-Gemisch. Die Löslichkeit von **I** bei 25° in W. u. den 33%ig. wss. Lsgg. von Essigsäure, Propionsäure u. **II** ist angegeben.

A. Grohmann. B 225◇

0722 **Synthesen durch Reaktionen mit freien Radikalen. 3. Mitt. Ungesättigte langkettige Diketone aus cyclischen tert.-Hydroperoxiden und 1.3-Dienen durch additive Dimerisation.** D. D. Coffman und H. N. Cripps. (J. Amer. chem. Soc. **80**, 2877—79, 1958; engl.) — 2. vgl. vorst. Referat. — Cycl. tert.-Hydroperoxide erfahren mit $FeSO_4$ eine Spaltung zu gestreckten Radikalen R′–CO–R–CH_2 ·, die mit 1.3-Dienen (vgl. l. c.) additiv dimerisieren. Aus der Rk. von 1-Methylcyclopentylhydroperoxid-(1) (**I**) u. 1-Methylcyclohexylhydroperoxid-(1) mit Butadien (**II**) wurden die gestreckten Isomeren (vgl. l. c.) *n-Eikosadien-(8.12)-dion-(2.19)* u. *n-Dokosadien-(9.13)-dion-(2.21)* isoliert. Die Rk. von **I** mit Isopren ergab ein Diketon-Isomerengemisch $C_{22}H_{38}O_2$; als Nebenprod. wurde *n-Dodecandion-(2.11)* isoliert. Pinanhydroperoxid reagierte mit **II** zum Isomerengemisch der Verb. $C_{28}H_{46}O_2$ (Semicarbazon $C_{30}H_{52}N_6O_2$, F. 152—157°).

Versuche: *1-Methylcyclopentylhydroperoxid-(1)* (**I**), $C_6H_{12}O_2$, n_D^{25} 1,4530, durch Zugabe von 30 g 1-Methylcyclopentanol-(1), zu 90%ig. H_2O_2 in Aceton unter N_2, 1std. Rühren bei < 0° u. 1,5std. bei 15°; 21,7 g (Ausbeute). — *n-Eikosadien-(8.12)-dion-(2.19)*, $C_{20}H_{34}O_2$, F. 64—65° (A.), durch Zugabe von **I** bei — 15° zu **II** in Methanol u. $FeSO_4 \cdot 7\,H_2O$ in W. u. zweimalige erneute Zugabe von **II**, 10 Min. Rühren bei + 20°; 86,6% rohes Prod.; 30,6% (Ausbeute). *Disemicarbazon*, $C_{22}H_{40}N_6O_2$, F. 182—183°. — *n-Eikosandion-(2.19)*, $C_{20}H_{38}O_2$, F. 92 bis 92,5°, aus vorst. Verb. durch Hydrierung an PtO_2. *Oxim*, $C_{20}H_{40}N_2O_2$, F. 110—114°. — *Dodecandion-(2.11)*, F. 67,5—68,5°, *Semicarbazon*, F. 202,5—204,5°, aus 23,2 g **I** durch Rk. mit 34,1 g Isopren u. $FeSO_4$ in Methanol unter N_2 bei — 10°, 10 Min. Rühren; 0,95 g; daneben fl., durch additive Dimerisation entstandene Verb. $C_{22}H_{38}O_2$, $Kp._{0,5}$ 146—177° u. 177—186°, n_D^{25} 1,4658 u. 1,4740, IR-Spektrum. — *n-Dokosadien-(9.13)-dion-(2.21)*, $C_{22}H_{38}O_2$, F. 71,5—72° (A.), aus 1-Methylcyclohexylhydroperoxid-(1) u. **II** in Methanol bei — 20° unter N_2, durch Zugabe von $FeSO_4 \cdot 7\,H_2O$ in W. innerhalb 15 Min.; 20,4%. *Disemicarbazon*, $C_{24}H_{44}N_6O_2$, F. 163,5—165°. — *n-Dokosandion-(2.21)* F. 89,5—90,5° (A.), aus vorst. Verb. durch Hydrierung an PtO_2. *Bis-2.4-dinitrophenylhydrazon*, F. 105—108° (Essigsäure).

A. Grohmann. B 225◇

0723 **Synthesen durch Reaktionen mit freien Radikalen. 4. Mitt. Additive Dimerisationen des Butadiens mit Radikalen von acyclischen Ketonperoxiden.** D. D. Coffman und H. N. Cripps. (J. Amer. chem. Soc. **80**, 2880—82, 1958; engl.) — 3. vgl. vorst. Referat. — Die Spaltung von Ketocarbonsäureestern mit $FeSO_4$ u. H_2O_2 erfolgt analog wie beim Cyclohexanonperoxid: $R'C(OH)(OOH) \cdot (CH_2)_nCOOC_2H_5 + Fe^{2+} \rightarrow \cdot (CH_2)_nCOOC_2H_5 + Fe^{3+} +$ R′COOH. Bei der Rk. der entstehenden Carbäthoxyalkylradikale mit Butadien (**I**) erfolgt (vgl. l. c.) additive Dimerisation. So entstehen aus den Hydroxyhydroperoxiden von Oxomalonsäurediäthylester (**II**) Acetessigäthylester (**III**) u. Lävulinsäureäthylester (**IV**) langkettige ungesätt. Dicarbonsäureester, aus denen durch Verseifung u. Hydrierung *Sebacinsäure*, *Dodecandisäure* bzw. *Tetradecandisäure* hervorgingen. Bei der Rk. von Trifluoracetessigester konnte das Radikal · CF_3 u. ein entsprechendes dimeres Prod. nicht beobachtet werden.

Versuche: *Hydroxyhydroperoxymalonsäurediäthylester*, $C_7H_{12}O_7$, aus **II** (vgl. Milar u. Panagiotakor, J. Amer. chem. Soc. **68**, [1946], 533) mit einer Lsg. von H_2O_2 in abs. Ae. (aus 90%ig. H_2O_2 u. abs. Ae. durch Trocknen mit $MgSO_4$), 3std. Rühren; 80% (Ausbeute). — *Sebacinsäure*, $C_{10}H_{18}O_4$, F. 130,5—132° (W.), aus vorst. Verb. mit **I** in Methanol–wss. $FeSO_4$ unter N_2 bei —15° Extraktion mit Ae. u. Hydrierung an PtO_2 u. Verseifung mit 6%ig. NaOH. — *β-Hydroxy-β-hydroperoxybuttersäureäthylester* (**V**), $C_6H_{12}O_5$, aus **III** mit H_2O_2 in abs. Ae.; 95%. — *β-Hydroxy-β-hydroperoxy-γ.γ.γ-trifluorbuttersäureäthylester*, $C_6H_9F_3O_5$, aus Trifluoracetylessigester mit H_2O_2 in abs. Ae.; 100%. — *n-Dodecandisäure*, $C_{12}H_{22}O_4$, F. 127,5 bis 128,5 (W.), a) aus **V** bzw. vorst. Verb. durch Umsatz mit **I** u. $FeSO_4$ in Methanol unter N_2, Extraktion des entstehenden ungesätt. Esters ($C_{16}H_{26}O_4$, 13,1 bzw. 52% Ausbeute; ungesätt. Säure, $C_{12}H_{18}O_4$, F. 159,5—160,5°), dessen Hydrierung u. Verseifung; 49,6 bzw. 45,5%; b) aus **III**, 27%ig. wss. H_2O_2 wss. $FeSO_4$ mit **I**-Lsg. in Methanol unter N_2 zum rohen ungesätt. Ester (68%) u. dessen Hydrierung u. Verseifung; 28,2% — *γ-Hydroxy-γ-hydroperoxyvaleriansäureäthylester*, $C_7H_{14}O_5$, aus **IV** u. H_2O_2 in abs. Ae.; 96%. — *n-Tetradecandisäure*, $C_{14}H_{26}O_4$, F. 125—126° (Essigester), aus vorst. Verb. wie oben über den rohen ungesätt. Ester ($C_{18}H_{30}O_4$; 11,2% Ausbeute) u. dessen Hydrierung u. Verseifung; 56,5%. — *Hexadecandion-(2.15)*, $C_{16}H_{30}O_2$, F. 85—87,5 (Methanol), aus Acetonylaceton, 30% wss. H_2O_2 u. wss. $FeSO_4$ mit **I** in N_2 gesätt. Methanol zum rohen ungesätt. Diketon ($C_{16}H_{28}O_2$) u. dessen Hydrierung; Trennung aus dem Isomerengemisch durch Kristallisation; 30%.

A. Grohmann. B 225◇

0724 **Synthesen durch Reaktionen mit freien Radikalen. 5. Mitt. Eine neue Synthese von Carbonsäuren.** D. D. Coffman, Richard Cramer und W. E. Mochel. (J. Amer. chem. Soc. **80**, 2882—87, 1958; engl.) — 4. vgl. vorst. Referat. — Die bei der Rk. des Fenton-Reagens mit Alkoholen, Aminen u. Nitrilen (RH) entstehenden Radikale R. (vgl. 1. Mitt.) erleiden Dimerisation oder sie lagern in Konkurrenzrk. CO an unter Bldg. der entsprechenden Carbonsäuren. Wegen der unspezif. Rk. von H_2O_2 verwendeten Vff. nur symm. Verbb. mit eindeutigen Rk.-Produkten. Vff. geben folgenden Mechanismus an: $H_2O_2 + Fe^{2+} \rightarrow HO \cdot + Fe^{3+}$ (1); $HO \cdot + RH \rightarrow R \cdot + H_2O$ (2); $R \cdot + CO \rightarrow R{-}\overset{\overset{O}{\|}}{C} \cdot$ (3); $R{-}\overset{\overset{O}{\|}}{C} \cdot + Fe^{3+} \rightarrow R\overset{+}{C}O + Fe^{2+}$ (4); $R\overset{+}{C}O + OH^- \rightarrow RCOOH$. Andere Rk.-Mechanismen werden diskutiert. Während bei der Carboxylierung Fe^{2+} zurückgebildet wird (Rk. 4), werden bei der Dimerisation zu R–R zwei Mol Fe^{2+} verbraucht. Damit in Übereinstimmung steht die Bldg. von 0,23 Mol *β-Hydroxyisovaleriansäure* u. 0,33 *2.5-Dihydroxy-2.5-dimethylhexan* aus tert.-Butylalkohol (**I**) mit 0,6 Mol Fe^{2+} u. 1 Mol H_2O_2 (0,6 : 1 günstigstes Molverhältnis). Vff. erhielten außerdem *β-Amino-* u. *β-Cyanisovaleriansäure* sowie *2.5-Diamino-* u. *2.5-Dicyan-2.5-dimethylhexan* aus tert.-Butylamin (**II**) bzw. Pivalonitril (**III**) u. aus 1-Hydroxy-1-hydroperoxycyclohexan *Pimelinsäure* u. *Dodecandisäure*.

Versuche: *β-Hydroxyisovaleriansäure* (**I**), $Kp._{2,5}$ 94—97°, n_D^{25} 1,4396, pK_A 4,4; a) aus **I** in verd. H_2SO_4 durch Zusatz von $FeSO_4$ in verd. H_2SO_4, 22%ig. H_2O_2 u. CO-Gas (1,6 Liter/min.), Trennung durch Extraktion mit Äthylmethylketon u. NaOH (pH 10); 24 g (Ausbeute); b) aus den gleichen Reagentien im Autoklaven bei 750 lb/sq. in. CO-Gas; 0,37 Mol; c) aus Diacetonalkohol durch Oxydation mit NaOCl in W., $^1/_2$std. Kühlung, $2^1/_2$std. Rühren u. Stehen über Nacht; 70% Ausbeute. *p-Bromphenacylester*, F. 66—67°. — *2.5-Dihydroxy-2.5-dimethylhexan* (*α.α.α′.α′-Tetramethyltetramethylenglykol*), F. 85—87°, neben vorst. Verb. nach a) oder b); 49 g bzw. 0,20 Mol. — *β-Aminoisovaleriansäure* (2.4-Dinitrophenyl-Deriv., $C_{11}H_{14}N_3O_6$, F. 125—165°), a) aus tert.-Butylamin bei Normaldruck wie vorst. Verbb. u. Extraktion mit Ae. u. HCl; b) aus *β.β*-Dimethylacrylsäure durch Aminierung nach Slimmer [1902]. — *2.5-Diamino-2.5-dimethylhexan* (*α.α.α′.α′-Tetramethyltetramethylendiamin*), neben vorst. Verb. nach a). — *β-Cyanisovaleriansäure*, aus **III** im Autoklaven bei 20° u. unter CO (200 lb/sq. in.) durch Zugabe von $FeSO_4$-Lsg. in verd. H_2SO_4 u. wss. H_2O_2; 25 g (Rohprod.). — *2.5-Dicyan-2.5-dimethylhexan* (*α.α.α′.α′-Tetramethyladipodinitril*), F. 137—139°, neben vorst. Verb.; 11 g. — *α.α-Dimethylbernsteinsäure*, $C_6H_{10}O_4$, F. 138°, aus vorvorst. Verb. durch Hydrolyse. — *α.α-Dimethylsuccinimid*, F. 104°, aus drittvorst. Verb. u. aus dem Rohprodukt. — *α.α′-Dimethylbernsteinsäure*, aus 500 g Propionsäure durch Carboxylierung im Autoklaven bei 150 lb./sq. in. CO-Druck u. Chromatographie; 3,8 g; daneben *Adipinsäure* u. *Bernsteinsäure* 5,2 bzw. 4,5 g. — *Pimelinsäure*, $C_7H_{12}O_4$, F. 94—96, aus 1-Hydroxy-1-hydroperoxycyclohexan in Methanol, $FeSO_4$ in verd. H_2SO_4 u. wss. H_2O_2 mit CO-Gas (1.5 Liter/min), 0,3std. Rühren.; daneben *Dodecandisäure*.

A. Grohmann. B 225◇

0725 **Synthesen durch Reaktionen mit freien Radikalen. 6. Mitt. Die Addition von Aryloxyradikalen an ungesättigte Verbindungen.** W. R. Hatchard, R. D. Lipscomb und F. W. Stacey. (J. Amer. chem. Soc. **80**, 3636—40, 1958; engl.) — 5. vgl. vorst. Referat. — Die Radikale von 2.4.6-Tri-tert.-butylphenol (**I**) u. 2.6-Di-tert.-butyl-4-phenylphenol (**II**) reagieren mit Butadien, Chloropren, 2.5-Dimethylen-2.5-dihydrofuran, Vinylchlorid u. Acrylonitril unter Bldg. von Alkylen-bis-[cyclohexadienon]-Isomeren meist mit p-Oxogruppe. Es entsteht kein Phenyläther, wie an Hand der IR- u. UV-Spektren (6,0; 8,0 μ u. 244 mμ) festgestellt wurde. Die Bldg. von Isomeren, durch Anlagerung der Radikale in o-Stellung, bewirkt eine Inkonstanz der Schmelzpunkte. Ein Dimeres des Radikals von **I** enthält einen tert.-Butylrest weniger: [*1.3-Di-tert.-butyl-6-oxocyclohexadien-(2.4)-yl*]-*2.4.6-tri-tert.-butylphenyläther* (?, $C_{32}H_{50} \cdot O_2$, F. 145—146°, Methanol). Die Oxydation von **I** mit PbO_2 in Ggw. von Maleinsäureanhydrid führt zu einer *Verb.* $C_{26}H_{35}O_6$ (F. 299—300°, Sublimation, nicht identifiziert), neben *2.4.6-Tri-tert.-butyl-4-hydroxycyclohexadien-(2.5)-on-(1)* (**III**) u. dem Bernsteinsäurediester von **III** (F. 234—235°) u. dem Ester der **III** analogen 2-Hydroxy-Verb.: $C_{40}H_{62}O_6$(F. 173—174°, IR-, UV-Spektrum). Ein Mechanismus der Esterbldg. ist angegeben.

Versuche: *1.4-Bis-[1.3.5-tri-tert.-butyl-4-oxocyclohexadien-(2.5)-yl]-buten-(2)*, $C_{40}H_{64}O_2$, F. 167 bis 168,5° (A.), F. 206—208° (Bzl.), a) aus dem mit PbO_2 oxydierten **I** in Bzl., durch Einleiten von Butadien 30 Std. bei 10—20°; 42% (Ausbeute); b) aus den gleichen Verbb. in der Druckflasche bei 50°, 20std. Schütteln; 61%. — *1.4-Bis-[1.3.5-tri-tert.-butyl-4-oxycyclohexadien-(2.5)-yl]-2-chlorbuten-(2)*, $C_{40}H_{63}ClO_2$, F. 169—172° (Methanol), aus **I** u. Ferricyanid in Bzl. mit Chloropren in der Druckflasche, 5 Tage bei 25°; 79%. — *1.2-Bis-[1.3.5-tri-tert.-butyl-4-oxocyclohexadien-(2.5)-yl]-cyanäthan*, $C_{39}H_{61} \cdot NO_2$, F. 195,5—197° (Methanol), aus 26 g **I** u. PbO_2 in Bzl. durch Zugabe von Acrylnitril, 18 Std. am Rückfluß; 26,5 g (Rohprod.); 0,37 g. — *1.2-Bis-[1.3.5-tri-tert.-butyl-4-oxocyclohexadien-(2.5)-yl]-chloräthan*, $C_{38}H_{61}ClO_2$, F. 168 bis 182° (Bzl. u. A.), aus **I**, PbO_2 u. Vinylchlorid in Bzl. in der Druckflasche, 48 Std. bei 40° u. 1 Monat bei Zimmertemp.; 11%. — *2.5-Bis-[1.3.5-tri-tert.-butyl-4-oxocyclohexadien-(2.5)-ylmethyl]-furan*, $C_{42}H_{64}O_3$, F. 143,5 bis 144,5° (A.), aus 15 g **I** u. PbO_2 in Bzl. durch Zugabe von 2.5-Dimethylen-2.5-dihydrofuran in Ae., 16 Std. bei Zimmertemp.; 18 g. (Rohprod.). — *1.4-Bis-[3.5-di-tert.-butyl-1-phenyl-4-oxocyclohexadien-(2.5)-yl]-buten-(2)*, $C_{44} \cdot H_{56}O_2$, F. 169—170° (Methanol), aus 2,8 g **II**, Butadien u. PbO_2 in Bzl. in der Druckflasche, 14 Tage bei Zimmertemp.; 0,5 g. — *1.4-Bis-[3.5-di-tert.-butyl-1-phenyl-4-oxocyclohexadien-(2.5)-yl]-2-chlorbuten-(2)*, $C_{44}H_{55}ClO_2$, F. 179 bis 180° (A.), aus 0,5 g **II** mit Chloropren u. PbO_2 in Bzl. in der Druckflasche, 3 Tage bei Zimmertemp.; 0,47 g (Rohprod.); 0,03 g. — *2.4.6-Tri-tert.-butyl-4-hydroxycyclohexadien-(2.5)-on-(1)* (**III**), F. 135—135,5° (Petroläther), aus 10 g Maleinsäureanhydrid u. 10 g **I** mit PbO_2 in Bzl. in der Druckflasche, 18 Std. bei 80°, Filtrierung u. Fällung in PAe. nach dem Auswaschen mit W.; 0,12 g.

A. Grohmann. B 225◇

0726 **Synthesen durch Reaktionen mit freien Radikalen. 7. Mitt. Die Reaktion von 2.6-Di-tert.-butyl-4-methylphenol und 2.6-Di-tert.-butyl-4-isopropylphenol mit Chloropren.** W. R. Hatchard. (J. Amer. chem. Soc. **80**, 3640 bis 3642, 1958; engl.) — 6. vgl. vorst. Referat. — 2.6-Di-tert.-butyl-4-methylphenol (**I**) u. 2.6-Di-tert.-butyl-4-isopropylphenol (**II**) bilden bei der Rk. mit Chloropren nach der Überführung in ihr Radikal mit PbO_2 die 1:1-Addukte *Spiro-[5.5]-undecatrien-(1.4.8)-on-(3)*-Derivate. Der Nachw. der Spiro-Strukturen erfolgte mittels UV-Spektrum (241 mμ, ε = 8600) u. der Struktur von Hydrierungsprodukten. Der Mechanismus der Bldg. der Spiro-Verbb. ist angegeben. Neben den Spiro-Verbb. entstehen unter bestimmten Voraussetzungen auch die 1:2-Addukte.

Versuche: *2.4-Di-tert.-butyl-9-(oder 8)-chlorspiro-[5.5]-undecatrien-(1.4.8)-on-(3)* (**III**), $C_{19}H_{27}ClO$, F. 111 bis 112° (A.), a) aus **I**, Chloropren u. PbO_2 in Bzl. in der Druckflasche, 16std. Schütteln bei 50°; 74% (Ausbeute); b) analog bei 60°; 30%; daneben *3.3'.5.5'-Tetra-tert.-butylstilbenchinon*; 12%. — *2.4-Di-tert.-butyl-11.11-dimethyl-9-(oder-8)-chlorspiro-[5.5]-undecatrien-(1.4.8)-on-(3)* $C_{21}H_{31}ClO$, F. 172—173,5° (Methanol), aus 3,5 g **II** in Bzl.-Lsg. durch Zugabe zu 88 g Chloropren u. PbO_2 in Bzl., 2std. Rühren bei 60° u. Stehen über Nacht; 0,3 g. — *2.4-Di-tert.-butylspiro-[5.5]-undecadien-(1.4)-on-(3)*, $C_{19}H_{30} \cdot O$, F. 105—106,5° (A.), aus **III** durch Hydrierung an Pd-Kohle in abs. A., 90 Min. Schütteln bei Zimmertemp. bei 40 lb./sq. in., Waschen mit saurer $AgNO_3$-Lsg.; 53%. — *2.4-Di-tert.-butylspiro-[5.5]- undecen-(1)-on-(3)*, $C_{19}H_{32}O$, F. 44—44,5° (Methanol), aus 1 g **III** durch Hydrierung an PtO_2 in Eisessig; 18std. Schütteln bei Zimmertemp. bei 40 lb./sq. in. H_2; Verdünnen mit W. u. Extrahieren mit Ae.; 0,06 g.

A. Grohmann. B 225◇

0727 **Die Chemie der Carbanionen. 1. Mitt. Reaktion von Triphenylmethan mit Kalium.** Herbert O. House und Vera Kramar. (J. org. Chemistry **27**, 4146—49, 1962; Cambridge, Mass., MIT, Dep. of Chem.; engl.) — Bei Rk. von K u. $(C_6H_5)_3CH$ (**I**) im Überschuß in 1.2-Dimethoxyäthan (**II**) werden Lsgg. von $(C_6H_5)_3CK$ (**III**) erhalten, die verschiedene von **I** abgeleitete Spalt- u. Reduktionsprodd. enthalten. Zusatz von Butadien-(1.3) (**IV**) zum Rk.-Gemisch verhütet die Bldg. dieser Nebenprodd., wobei **IV** zu trans-Buten-(2) u. einem Gemisch von Octadi- u. Dodecatrienen umgesetzt wird. Die erhaltenen **III**-Lsgg. enthalten ca. 1 Mol Base/Liter, sind mindestens 24 Std. lang stabil u. eignen sich zur Umsetzung einfacher Ketone, wie z. B. Heptanon-(2) (**V**), zu einem Gemisch der entsprechenden Enolatanionen. Der Radikalionenmechanismus ohne u. in Ggw. von **IV** wird diskutiert. — IR-Daten s. Original.

Versuche: *Triphenylmethylkalium* (**III**), a) durch 18std. Rk. aus 44 mMol **I** u. 39 mg-Atomen K in 45 ml **II**; rote Lsg.; nach Entfärben durch Zusatz von 4-Methylpentanon-(2), Eintragen in W. u. Ae.-Extraktion daneben *Phenylcyclohexan* (2%; Ausbeute bezogen auf Extraktionsrückstand), *Phenylcyclohexadiene* (2%), *Biphenyl* (6%) u. *Diphenylmethan* (16%); b) analog in Ggw. von 10 g **IV** in 30 Min.; daneben *trans-Buten-(2)* sowie nach Entfärben durch **V** analog vorst. Meth. ein Gemisch (1,7 g) der 3 isomeren *Octadiene-(2.6)* (31% *trans.trans-*, 26% *cis.trans-* u. 43% *cis.cis-Isomeres*), *Dodecatriene* (1, 6 g; durch Hydrieren 52% *5-Äthyldecan* u. 48% *Dodecan*) u. wahrscheinlich *Hexadecatetraene* (1 g). — *5-Äthyldecanol-(5)*, Kp.$_9$ 100—101°, aus Octanon-(3) u. Butyl-MgBr; n_D^{25} 1,4411; 51%.

G. Kirsten. B 225◇

0728 **Die durch Jod katalysierte Stellungsisomerisierung bei Olefinen. Ein neues Hilfsmittel für die genaue Messung thermodynamischer Daten.** Sidney W. Benson und A. N. Bose. (J. Amer. chem. Soc. **85**, 1385—87, 1963; Los Angeles, Calif., Univ. of Southern California, Dep. of Chem.; engl.) — Kleine Mengen J_2 bewirken zwischen 200 u. 300° in homogener Gasphase eine schnelle Stellungs- u. geometr. Isomerisierung von Olefinen. Vff. führten mit Hilfe dieser katalysierenden Wrkg. präzise Messungen der Gleichgew.-Konst. K der Rkk. *Buten-(1)* (**I**) $\rightleftharpoons$ *trans-Buten-(2)* (**II**) u. *cis-Buten-(2)* (**III**) $\rightleftharpoons$ **II** durch: K_1 = **II**/**I** = 3,48; K_2 = **II**/**III** = 1,63 (Werte für 508°K). Für 540°K wurde für die Rk. **I** $\rightleftharpoons$ **II** als Rk.-Enthalpie u. Rk.-Entropie berechnet: $\Delta H = -3{,}1 \pm 0{,}2$ kcal/Mol u. $\Delta S = -3{,}6 \pm 0{,}4$ cal/Grad · Mol. Die für die Rk. **III** $\rightleftharpoons$ **II** ermittelten Werte stimmen mit Literaturwerten überein: $\Delta H = -0{,}50 \pm 0{,}20$ kcal/Mol; $\Delta S = 0{,}00 \pm 0{,}4$ cal/Grad · Mol. Die Jodkatalyse ist sowohl ein gutes Mittel zur Olefinsynthese als auch sehr zur präzisen Ermittlung der Differenz thermodynam. Daten zwischen Olefinen u. deren Stammalkanen geeignet. Die Anwendung auf Keto-Enol-Gleichgew. u. a. ist möglich.

B. Krebs. B 225◇

0729 **Die Kinetik der durch Jod katalysierten Stellungsisomerisierung von Buten-(1). Die Resonanzenergie des Allylradikals.** Sidney W. Benson, A. N. Bose und P. Nangia. (J. Amer. chem. Soc. **85**, 1388—89, 1963; engl.) — Vgl. vorst. Referat. — Die J_2-katalysierte Isomerisierung von Buten-(1) zu einem Gemisch von cis- u. trans-Buten-(2) wurde im Temp.-Bereich zwischen 204 u. 252° kinet. untersucht. Für die Rk.-Geschw. der in homogener Gasphase durch Seitenreaktionen verlaufenden Isomerisierung wurde ermittelt: $-d[\text{Buten-1}]/dt = KJ_2^{1/2}k_1[J_2]^{1/2}\{[\text{Buten-(1)}] - 1/K_{1-2}[\text{Buten-(2)}]\}$ mit

KJ_2 = Gleichgew.-Konst. der J_2-Dissoziation; log $2k_1$ = 9,83 (± 0,15) — 13,2 (± 0,4)/Θ; Θ = 4,575 T/1000 kcal, k_1 in Liter/Mol · s. Aus dem Wert der Aktivierungsenergie wurde die Resonanzenergie des Methallylradikals zu 12 ± 1 kcal berechnet. B. Krebs. B 225◇

0730 **Verallgemeinerung der Allylumlagerung. Anwendung zur Untersuchung einiger Reaktionsprozesse.** Philippe Miginiac. (Ann. Chimie [13] **7**, 445—78, 1962; Paris, Fac. des Sci., Labor. de Chim. Org.; franz.) — Vgl. C. **1962**, 9674. — Rk. von Pentadien-(1.4)-ol-(3) (**I**) mit 12 n HCl lieferte ausschließlich *1-Chlorpentadien-(2.4)* (**V**). Analog entstanden aus Hexadien-(1.4)-ol-(3) (**II**), Hexadien-(1.3)-ol-(5) (**III**) oder Hexadien-(2.4)-ol-(1) (**IV**) ausschließlich Gemische aus *5-Chlorhexadien-(1.3)* (**VI**) u. *1-Chlorhexadien-(2.4)* (**VII**). Nucleophile Rkk. von **V**, **VI** u. **VII** sowie solche der entsprechenden *Bromide* **Va** u. **VIIa** sind beschrieben. Nach S_N2 verliefen die Umsetzungen mit Na-Malonester u. mit CH_3COOK in Acetanhydrid (Ac.) oder Aceton, nach S_N1 diejenigen mit CH_3COOAg u. die Hydrolyse; beide Mechanismen waren beteiligt z. B. an den Umsetzungen mit CH_3ONa in CH_3OH u. mit CH_3COONa in CH_3COOH. Wurtz-Rk. von **Va** mit Mg lieferte ein Gemisch aus etwa gleichen Teilen *Decatetraen-(1.3.7.9)* u. *3-Vinyloctatrien-(1.5.7)*; 1.1.2.2-Tetravinyläthan entstand nicht. Rk. von C_2H_5Mg·Br mit **Va** gab hauptsächlich *Heptadien-(1.3)*. Die Grignard-Derivv. von **V**, **VI** u. **VII** reagierten mit Hexanal bzw. Heptanal unter vollständiger Allylumlagerung. Einw. von Grignard-Reagentien auf *Heptadien-(2.5)-on-(2)* (**XIII**) gab neben dem tertiären Alkohol auch kleinere Mengen der 1.4- u. 1.6-Additionsprodukte.

Versuche: *Vinylbromid*, Kp. 15,8°, aus $(CH_2Br)_2$ u. C_2H_5ONa in A. (ca. 4std. Rühren bei 70—75°); 85% (Ausbeute). — *Pentadien-(1.4)-ol-(3)* (**I**), Kp. 115—116°, aus Acrolein u. CH_2 = CHMgBr in Ae./Tetrahydrofuran (THF; 3std. Rühren, dann 1 Std. bei 50°); $D._4^{17}$ 0,866; n_D^{17} 1,4451; 55%. — *Hexadien-(1.4)-ol-(3)* (**II**), $Kp._{100}$ 87°, analog aus Crotonaldehyd; $D._4^{18}$ 0,862; n_D^{18} 1,4520; 70%. — *Hexadien-(1.3)-ol-(5)* (**III**), $Kp._{13}$ 57°, durch 4—5 std. Rühren von 98 g **II** mit 1%ig. H_2SO_4 in Ggw. von Hydrochinon; $D._4^{19}$ 0,866; n_D^{19} 1,4814; 70%, daneben **II** zurück. — *Hexadien-(2.4)-ol-(1)* (**IV**), $Kp._{11}$ 73°, a) neben **III** aus **II** (ca. 1 cm^3), b) durch 53std. Rühren von **III** mit 1%ig. H_2SO_4 (→ 65% eines Gemischs aus 76% **III** u. 24% **IV**). — *1-Chlorpentadien-(2.4)* (**V**), C_5H_7Cl, $Kp._{90}$ 57—59°, a) aus **I** u. 12 n HCl (0°, dann 1std. Rühren bei Raumtemp.; 57%, b) aus **I** u. PCl_3 bei 0° (60%); $D._4^{19}$ 0,9535; n_D^{19} 1,4932. — Entsprechendes Behandeln von **II** (oder **III**) gab 50% eines Gemischs aus ca. 10% *5-Chlorhexadien-(1.3)* (**VI**; C_6H_9Cl, $Kp._{42}$ 53°; $D._4^{16}$ 0,934; n_D^{16} 1,488) u. ca. 90% *1-Chlorhexadien-(2.4)* (**VII**; C_6H_9Cl, $Kp._{42}$ 70,5°; $D._4^{18}$ 0,949; n_D^{18} 1,506). — *1-Brompentadien-(2.4)* (**Va**), $Kp._{38}$ 59°, aus **I** u. PBr_3 bei 0°; $D._4^{20}$ 1,330; n_D^{20} 1,5400; 60%. — *1-Bromhexadien-(2.4)* (?; **VIIa**), $Kp._{13}$ 60—64°, aus **II** u. PBr_3 in Bzl. bei 10—15°; $D._4^{20}$ 1,268; n_D^{20} 1,538; daneben (weniger) *5-Bromhexadien-(1.3)*; zus. 49%. — Rk. von **II**, **III** oder **IV** mit PCl_3 gab Gemische von **VI** u. (überwiegend) **VII**. — *3-Methoxypentadien-(1.4)*, Kp. 84°, durch Zutropfen von **I** zu einer Suspension von $NaNH_2$ in Ae., Rühren über Nacht, dann 10std. Kochen, Zugeben von CH_3J in Ae., erneutes Rühren über Nacht u. 10std. Kochen; $D._4^{18}$ 0,8006; n_D^{18} 1,4130; 31%. — *1-Methoxypentadien-(2.4)*, Kp. 112°, a) aus Pentadien-(2.4)-ol-(1) u. CH_3J wie oben (20%), b) aus **V** u. methanol. CH_3ONa (6std. Rühren, dann 5std. Kochen (41%); $D._4^{18,5}$ 0,824; $n_D^{18,5}$ 1,4555. — *3-Methoxyhexadien-(1.4)*, $Kp._{100}$ 58°, aus **II** u. CH_3J wie oben; $D._4^{16}$ 0,8095; n_D^{16} 1,4282; 64%. — *5-Methoxyhexadien-(1.3)*, $Kp._{100}$ 62°, a) aus **III** u. CH_3J wie oben (71%), b) neben nachst. Verb. aus **VII** (ca. 2%) oder aus **VI** (5 → 2,2 g) u. CH_3ONa wie oben; D_4^{18} 0,811; n_D^{18} 1,4490. — *1-Methoxyhexadien-(2.4)*, $Kp._{100}$ 83,5—84°, a) aus **IV** u. CH_3J wie oben (10%), b) neben vorst. Verb. aus **VII** (ca. 48%) oder aus **VI** (5 → 0,7 g) u. CH_3ONa wie oben; $D._4^{18}$ 0,835; n_D^{18} 1,4689. — *1-Äthoxypentadien-(2.4)*, Kp. 129,5°, aus **V** u. äthanol. C_2H_5ONa analog oben; $D._4^{19}$ 0,818; n_D^{19} 1,4525, 50%. — *2-Carboxyheptadien-(4.6)-säurediäthylester*, $C_{12}H_{18}O_4$, $Kp._{11}$ 133—134°, aus **V** u. Na-Malonsäurediäthylester; $D._4^{19}$ 1,007; n_D^{19} 1,4635; 42%. — *2-Carboxyoctadien-(4.6)-säurediäthylester*, $C_{13}H_{20}O_4$, $Kp._{11}$ 148—149°, aus **VII** analog; $D._4^{17}$ 1,002; n_D^{17} 1,4701; 47%. — *3-Acetoxypentadien-(1.4)* (**VIII**), $C_7H_{10}O_2$, $Kp._{41}$ 52—53°, aus **I** u. Acetanhydrid (Ac.) in Ggw. von K_2CO_3 bei 0°, dann 6 Tage bei 80°; $D._4^{20}$ 0,914; n_D^{20} 1,4257; 56%. — *3-Acetoxyhexadien-(1.4)*, $C_8H_{12}O_2$, $Kp._{15}$ 56,5°, aus **II** u. Ac./Pyridin bei 0°, dann 13 Std. bei 90—95°; $D._4^{18}$ 0,917; n_D^{18} 1,4370;. — *1-Acetoxypentadien-(2.4)* (**IX**), $C_7H_{10}O_2$, $Kp._{30}$ 75°, aus **V** u. CH_3COONa in CH_3COOH, 1 Std. Kochen, dann Stehen über Nacht; $D._4^{21}$ 0,935; n_D^{21} 1,4632; 36,8%, daneben 3,2% **VIII**. — *5-Acetoxyhexadien-(1.3)* (**X**), $C_8H_{12}O_2$, $Kp._{15}$ 59—60°, aus **VIIa** u. CH_3COONa wie vorst.; $D._4^{20}$ 0,915; n_D^{20} 1,4581; 30%, daneben 20% *1-Acetoxyhexadien-(2.4)* (**XI**), $C_8H_{12}O_2$, $Kp._{15}$ 79—80°; $D._4^{22}$ 0,927; n_D^{22} 1,4730. — 200std. Rühren von **V** mit Ac./CH_3COOK bei 80° gab ausschließlich 50% **IX**. 120std. Rühren von **VII** mit CH_3COOK in sd. Aceton gab ausschließlich 53% **XI**. — 24std. Kochen von **V** mit CH_3COOAg in Ae. gab 9% **VIII** u. 41% **IX**. — > 6std. Rühren von **VII** mit CH_3COOAg in sd. Ae. gab 88% eines Gemisches aus **X** u. **XI**. — Analog wurden aus **VI** erhalten 39% **X** u. 21% **XI**. — 2std. Erhitzen von **IX** mit 2 n wss.-alkohol. KOH auf 70° gab 85% *Pentadien-(2.4)-ol-(1)* (**XII**). — Analog wurden aus **XI** 80% **IV** erhalten. — *Pentadien-(2.4)-ol-(1)* (**XII**), $Kp._{90}$ 93,5°, aus **V** u. sd. wss. $NaHCO_3$-Lsg. (1½ Std. Rühren); $D._4^{20}$ 0,880; n_D^{20} 1,4890; 51%, daneben 9% **I**. — Analog wurden aus **Va** 14% **I** u. 41% **XII** erhalten, aus **VIIa** (30 Min.) 41% **III** u. 14% **IV**. — *Decatetraen-(1.3.7.9)*, $C_{10}H_{14}$, $Kp._{13}$ 68,5°, aus **Va** u. Mg in sd. Ae. (> 15 Std.); $D._4^{19}$ 0,795; n_D^{19} 1,5091; 40%. *1.2.3.4.7.8.9.10-Oktabromdecan*, $C_{10}H_{14}Br_8$, F. 170—175° (CCl_4). — *3-Vinyloctatrien-(1.5.7)*, $C_{10}H_{14}$, $Kp._8$ 45,5°, neben vorst. Tetraen aus **Va**; $D._4^{19}$ 0,780; n_D^{19} 1,4806; 40%. — *Heptadien-(1.3)*, C_7H_{12}, Kp. 100—100,5°, aus 147 g **Va** u. C_2H_5MgBr in sd. Ae. (2 Std.); $D._4^{19,5}$ 0,721; $n_D^{19,5}$ 1,4450; 7 g, daneben weitere C_7H_{12}- u. $C_{10}H_{14}$-KW-Stoff-Gemische. — *3-Vinylnonen-(2)-ol-(4)*, $C_{11}H_{20}O$, $Kp._{11}$ 97°, aus Hexanal u. dem Grignard-Reagens von **V** (bei —5°, dann 2std. Rühren bei Raumtemp.); $D._4^{18}$ 0,856; n_D^{18} 1,4579; 63%. — *4-Vinylundecen-(2)-ol-(5)*, $C_{13}H_{24}O$, $Kp._{10}$ 122—123°, aus Heptanal u. dem Grignard-Reagens von **VII** wie vorst.; $D._4^{15}$ 0,859; n_D^{15} 1,4640; 64%; unrein erhalten (52%) auch aus dem Grignard-Reagens von **VI** u. Heptanal. — *Heptadien-(3.5)-on-(2)* (**XIII**), $C_7H_{10}O$, $Kp._{13}$ 69—71°, aus Aceton u. Crotonaldehyd in Ggw. von Ba·$(OH)_2$; $D._4^{19}$ 0,890; n_D^{19} 1,5200; 35%. *Semicarbazon*, $C_8H_{13}N_3O$, F. 174—175° (wss. A.). — *Penten-(3)-ol-(2)*, $Kp._{110}$ 73—74°, aus Crotonaldehyd u. CH_3MgJ in Ae.; $D._4^{20}$ 0,838; n_D^{20} 1,4278; 80%. — *2-Chlorpenten-(3)*, $Kp._{200}$ 59—60°, aus vorst. Verb. u. 12 n HCl; $D._4^{20}$ 0,9017; n_D^{20} 1,4331; 74%. — *4-Methylhepten-(5)-on-(2)* (**XIV**), $C_8H_{14}O$, $Kp._{16}$ 57°, aus vorst. Verb. u. Na-Acetessigsäureäthylester in A. (3 Std. bei 55°, über Nacht Stehen), 4std. Rühren mit W., Stehen über Nacht, Ansäuern mit wss. H_2SO_4 u. 2std. Erhitzen auf 50—60°; $D._4^{20}$ 0,836; n_D^{20} 1,4320; 39%. *Semicarbazon*, $C_9H_{17}N_3O$, F. 93° (W./A.). — *3-Isopenten-(2)-ylpentandion-(2.4)*, *Cu-Salz*, $C_{20}H_{30}CuO_4$, F. 162—163° (absol. A.), aus Acetylaceton u. Isovaleraldehyd in CH_3·COOH/Ac./CH_3COONa (5std. Rühren bei 100°), dann Behandeln mit $(CH_3COO)_2Cu$; 23%. — *2-Methylhepten-(3)-on-(6)* (**XV**), $C_8H_{14}O$, $Kp._{19}$ 62—62,5°, aus vorst. Salz, $Ca(OH)_2$ u. Wasserdampf; $D._4^{23}$ 0,8254; n_D^{23} 1,4300; 11 g; enthält nach gaschromatograph. Analyse < 3% *6-Methylhepten-(3)-on-(2)* (**XVI**). **XV**-*Semicarbazon*, C_9H_{17}·N_3O, F. 113° (W./A.). — 30 Min. Kochen von **XV** mit 20%ig. H_2SO_4 gab ein Gemisch aus 60% **XV** u. 40% **XVI**. — *6-Methylhepten-(3)-on-(2)* (**XVI**) $Kp._{21}$ 73°, aus Isovaleraldehyd u. Aceton in wss. NaOH (9std. Rühren, Stehen über Nacht); $D._4^{20}$ 0,838; n_D^{20} 1,4449; 37%. *Semicarbazon*, $C_9H_{17}N_3O$, F. 108° (W./A.). — Rk. von **XIII** mit CH_3MgBr in Ae. (bei 0°, dann 1std. Kochen u. Stehen über Nacht) gab 66% eines Gemischs aus 83% *2-Methylheptadien-(3.5)-ol-(2)* (**XVII**; $C_8H_{14}O$, $Kp._{19}$ 80°; $D._4^{20}$ 0,864; n_D^{20} 1,4840), 4% **XIV** u. 13% **XV**. — Rk. von **XIII** mit CH_3MgJ gab 73% eines Gemischs aus 90% **XVII**, 5% **XIV** u. 5% **XV**. — Rk. von **XIII** mit C_2H_5MgBr gab 69% eines Gemischs aus 50% *4-Äthylhepten-(5)-on-(2)* [$C_9H_{16}O$, $Kp._{13}$ 67—68°; $D._4^{20}$ 0,8355; n_D^{20} 1,4360; *Semi-*

carbazon, $C_{10}H_{19}N_3O$, F. 98° (W./A.); Ozonspaltung gab nur CH_3CHO; wurde durch 1std. Kochen mit 20%ig. H_2SO_4 nicht verändert] u. 50% *3-Methyloctadien-(4.6)-ol-(3)* ($C_9H_{16}O$, Kp.$_{13}$ 85,5—86,5°; D.$_4^{18}$ 0,8675; n_D^{18} 1,4859).
J. Rothe. B 225◇

0731 **Eine Neuuntersuchung der Grenzen der Hofmannschen Reaktion.** Ernest Magnien und Richard Baltzly. (J. org. Chemistry **23**, 2029—32, 1958; Brooklyn, N. Y., Polytechn. Inst. of Brooklyn, Dep. of Chem.; engl.) — Während die niedrigen aliphat. Carbonsäureamide in wss. Lsg. gute Ausbeuten an Amin ergeben, ist bei dem C_9-, C_{10}-, C_{12}- u. C_{13}-Säureamid die Verw. von 33%ig. wss. Dioxan als Lsgm. notwendig, da die geringe Löslichkeit der Carbonsäureamide in W. die Ausbeute an Amin stark beeinträchtigt. Die Ausbeute (in %) fällt mit wachsender Kettenlänge des Carbonsäureamids; beim Palmitinsäureamid wurde kein Umsatz erzielt. Vff. verwendeten HOCl statt HOBr u. erhielten auch von den höheren Carbonsäureamiden kein entsprechendes Nitril, sondern *N-n-Undecyl-* u. *N-n-Pentadecylcarbaminsäuremethylester*, die mit guter Ausbeute nur in alkal. A. verseift werden konnten. Mit $LiAlH_4$ lassen sich aus den Urethanen die entsprechenden Amine darstellen.

Versuche: *Amylamin*, aus Capronsäureamid u. einer wss. Lsg. aus 0,1 m NaOCl u. 0,2 m NaOH, 1 Std. bei 75° u. Dampfdestillation in eine Vorlage mit überschüssiger HCl; 95% (Ausbeute). *Pikrat* F. 137—139°. — Analog: *n-Octylamin, Hydrochlorid* F. 197—198°, aus Pelargonsäureamid (F. 99—100°), 1 Std. bei 80°, Extraktion der erkalteten Lsg. mit Ae. u. Fällung mit gasförmiger HCl; 9,7%. — *n-Nonylamin, Hydrochlorid* F. 185—186°, aus Caprinsäureamid in Dioxan, 2std. Rühren bei 42° ohne äußere Heizung, Lösen des ausfallenden Öles in Bzl u. Sättigung mit HCl; 66,4%. — *N-n-Pentadecylcarbaminsäuremethylester*, F. 58—62°, aus Palmitinsäureamid u. Cl_2 in Methanol mit Na, 10 Min. am Rückfluß, Neutralisation mit Essigsäure, Abzug von Methanol u. Zusatz von W.; 95%. — *N-n-Undecylcarbaminsäuremethylester*, F. 42—43°, aus Laurinsäureamid u. vorst. Hypochlorit-Lsg. in Methanol, 1/2 Std. bei 42° u. 1 Std. am Rückfluß; 92%. — *n-Undecylamin, Hydrochlorid* F. 190°, aus vorst. Verb. durch Hydrolyse in A. mit 50%ig. NaOH, 17 Std. am Rückfluß; 93%. — *N-Methyl-n-undecylamin, Hydrochlorid* F. 150—154°, aus vorvorst. Urethan mit $LiAlH_4$ in abs. Ae., 27,5 Std. am Rückfluß; 84,5%.
A. Grohmann. B 225◇

0732 **Peroxidinduzierte Umwandlung cyclischer Benzaldehydacetale in Benzoesäureester.** Earl S. Huyser und Zenaida Garcia. (J. org. Chemistry **27**, 2716—19, 1962; Lawrence, Kans., Univ. of Kansas, Dep. of Chem.; engl.) — Beim Erhitzen cycl. Benzaldehydacetale (A) mit Ditert.-butylperoxid (I) entstehen in einer intramol. Redox-Rk. die isomeren *Benzoesäureester* neben *tert.-Butanol* (II), *Benzaldehyd* (III) u. einem hochsd. Rückstand, der eine starke Estercarbonylbande bei 1718 cm^{-1} aufweist, mengenmäßig dem verwendeten I äquivalent ist. Die Rk. zeigt in Abhängigkeit vom A:I-Verhältnis verschiedene kinet. Kettenlängen (KK). In 18 Std. ergibt bei 132° das Gemisch aus Äthylenbenzal u. I im Verhältnis ca. 5:1, 10:1 bzw. 20:1 *Äthylbenzoat* (Kp. 209 bis 213°; n_D^{25} 1,5032) in 76,8, 43,1 bzw. 36,0% Ausbeute, u. die KK beträgt 2,0, 2,3 bzw. 3,2. Unter gleichen Bedingungen ergibt Trimethylenbenzal *n-Propylbenzoat* (Kp.$_5$ 112°; n_D^{20} 1,5170) in 37,8, 26,0 bzw. 18,2% Ausbeute u. KK von 1,03, 1,3 bzw. 1,9; Propylenbenzal liefert ein 5,3:1-Gemisch aus *n-Propyl-* u. *Isopropylbenzoat* in 90, 75 bzw. 61% Ausbeute mit KK von 2,6, 4,0 bzw. 6,0; 2-Phenyl-4-methyl-1.3-dioxan u. I im Verhältnis ca. 5:1, 20:1 bzw. 40:1 (135°) ergibt ein ca. 5:1-Gemisch aus *n-Butyl-* u. *sek.-Butylbenzoat* in 47, 14,8 bzw. 9,8% Ausbeute mit KK von 1,3, 1,5 bzw. 1,9, neben wenig *Methyläthylketon* (*2.4-Dinitrophenylhydrazon*, F. 117—118°). Die KK der Rk. ist im Falle sechsgliedriger A-Ringe merkbar kürzer. Die Menge des vermutlich in einer freien Radikal-Rk. gebildeten III liegt zwischen 1—18% u. ist abhängig von A.

Versuche: Folgende A werden aus äquivalenten Mengen III u. den entsprechenden Diolen in sd. Bzl. in Ggw. einer katalyt. Menge p-Toluolsulfonsäure in 70 bis 100% Ausbeute erhalten: *Äthylenbenzal*, Kp.$_{16}$ 115—116°; n_D^{25} 1,5182. — *Trimethylenbenzal*, F. 48°, Kp.$_{14}$ 128 bis 129°. — *Propylenbenzal*, Kp.$_{24}$ 125°; n_D^{25} 1,5068. — *2-Phenyl-4-methyl-1.3-dioxan*, $C_{11}H_{14}O_2$, Kp.$_4$ 102—103°; n_D^{25} 1,5118.
G. Kirsten. B 225◇

0733 **Über den Mechanismus der Umwandlung von α-Acylamino-β-hydroxypropiophenonen in die entsprechenden Benzoylacetyle. 2. Mitt. Synthese und Spaltung von α-Benzolsulfamidoacrylophenonen.** W. A. Michalew, M. I. Dorochowa und N. Je. Ssmolina. (J. allg. Chem. [UdSSR] **30(92)**, 3714—18, 1960; Allunions Chem.-Pharmazeut. Ordshonikidse-Forschungsinst.; russ.) — 1. vgl. C. **1961**, 2951. — α-Benzolsulfamido-β-hydroxypropiophenon (I) geht bei der Einw. von Acetanhydrid bzw. $SOCl_2$ in *β-Acetoxy-* bzw. *β-Chlor-α-benzolsulfamidopropiophenon* (II) über. Die Einw. von tert. Aminen auf II führt zu *α-Benzolsulfamidoacrylophenon* (III), die Einw. von NaOH oder Na-Äthylat dagegen zu *1-Benzolsulfonyl-2-benzoyl-1-azacyclopropan* (IV; *1-Benzolsulfonyl-2-benzoylaziridin*). IV lagert sich in HCl in *α-Chlor-β-benzolsulfamidopropiophenon* (V) um, das in NaOH wieder in IV übergeht. Die Methylierung von III liefert *N-Methyl-α-benzolsulfamidoacrylophenon* (VI). III u. VI werden durch verd. H_2SO_4 unter Bldg. von *Benzoylacetyl* u. *Benzolsulfamid* bzw. *-N-methylamid* hydrolysiert.

Versuche: α-Benzolsulfamidopropiophenone: *β-Acetoxy-*, $C_{17}H_{17}NO_5S$, F. 92—92,5° (A.), durch 4std. Erhitzen von 6,1 g I mit 15 ml Acetanhydrid auf dem sd. Wasserbad; 77,8% (Ausbeute). — *β-Chlor-*(II), $C_{15}H_{14}ClNO_3S$, F. 106—107° (A.), durch 1/2std. Rühren von 6,1 g I 1 ml Pyridin u. 1,8 ml $SOCl_2$ in 30 ml Bzl. bei 20° u. 10—15 Min. langes Kochen; quadrat. Plättchen; 61,7%. — *α-Benzolsulfamidoacrylophenon* (III), $C_{15}H_{13}NO_3S$, F. 130—131° (A.), durch 1std. Kochen von 3,2 g II mit 1,6 g Pyridin in 10 ml Bzl.; 87,1%. *N-Methylderiv.* (VI), $C_{16}H_{15}NO_3S$, F. 126—127° (A.), durch Methylierung von 2,9 g III in 30 ml 3%ig. NaOH bei 30 bis 35° mit 1,8 ml $(CH_3)_2SO_4$; 74%. — *1-Benzolsulfonyl-2-benzoyl-1-azacyclopropan* (IV), $C_{15}H_{13}NO_3S$, F. 129—130° (A.), a) durch Rühren von 10 g II in 200 ml 1%ig. NaOH u. 1/2std. Stehen; Nadeln; 60,6%; daneben 36,5% III; b) analog nach a) aus V; 80%. — *α-Chlor-β-benzolsulfamidopropiophenon* (V), $C_{15}H_{14}ClNO_3S$, F. 92—93° (A.), durch 1/4std. Kochen von 2,0 g IV in 2 ml konz. HCl u. 10 ml A. u. 12std. Stehen; Plättchen; 90,7%. — *Benzoylacetyl*, Kp.$_{11}$ 98—99°, durch 1std. Kochen von 5,74 g III (oder VI) in 25 ml A. u. 1 ml 40%ig. H_2SO_4; n_D^{22} 1,5328; 89,2%. Daneben *Benzolsulfamid*, F. 152—157°; 2,4 g.
Helmut Schäfer. B 225△

0734 **Kinetik der Persulfatoxydation von Propanol-(2) in Gegenwart anderer organischer Verbindungen.** L. S. Levitt, Barbara W. Levitt und E. R. Malinowski. (J. org. Chemistry **27**, 2917—18, 1962; Hoboken, N. J., Stevens Inst. of Technol., Chem. Dep.; South Orange, N. J., Seton Hall Univ., Chem. Dep.; engl.) — Vgl. Howard, C. **1954**, 5265. — Im Gegensatz zu dem von Wiberg (C. **1959**, 16593) vorgeschlagenen freien Radikal-Mechanismus für die $K_2S_2O_8$ (I)-Oxydation von *Propanol-(2)* (II) wird gefunden, daß Allylacetat (III) die Rk. in 0,02 m gepufferter wss. Lsg. lediglich auf den Wert der eigenen Oxydationsgeschw. erniedrigt, jedoch keinesfalls als „Radikalfänger" auftritt. Die Reaktionsgeschw. folgender Substrat-Syst. (0,02 bzw. 0,04 Mol/Liter) werden bestimmt (in Klammern $k_1^{60°}$-Werte in h^{-1}): Pufferlösung (0,018); II (0,84), III (0,060); II + III (0,063); *Butanol-(2)* (IV; 0,22); II + IV (0,30). Ferner (in Klammern $k_1^{70°}$-Werte in h^{-1} für 0,05 Mol/Liter Substrat): Pufferlsg. (0,071); II (2,9); *Thiodiglykol-S-oxid* (V; 0,56); II + V (0,51). Der Einfl. von III—V auf die I-Oxydation von II ist somit eine Konkurrenz-Rk., die mit der Bldg. eines stärkeren Zwischenkomplexes (wahrscheinlich Persulfatester) der ersteren mit I erklärt wird.
G. Kirsten. B 225◇

0735 **Infrarot-Untersuchungen von einigen Besonderheiten der Methylen-getrennten Doppelbindung bei der Autoxydation von Fettsäureestern.** Nurul Absar Khan. (Pakistan J. sci. ind. Res. **1**, 12—16, 1958; Tejgaon, Dacca, East Pakistan, Pakistan Council of Sci. and Ind. Res., East Reg. Labor.; engl.) — Vgl. Khan, Canad. J.

Chem. **32,** [1954], 1149. — Die Autoxydation von *Linol-* (I) u. *Linolensäuremethylester* führte mit Bewegung durch O_2 (bei — 10°) u. ohne (bei — 10°, 0° u. 25°) zu monomeren Hydroperoxiden mit konjugierten Doppelbindungen. Nachw. erfolgte durch Hydrierung der im Gegenstrom mit PAe., A. u. W. isolierten Prodd., z. B. entstehen aus **I** durch Autoxydation u. Hydrierung → Hydroxystearinsäuren (F. 75—77,5°). Die größere Oxydierbarkeit mit steigender Anzahl an $-CH_2$-unterbrochenen cis-Doppelbindungen läßt die IR-Bande bei 3,3 μ erkennen (Abb. der IR-Bande von *Linoelaidinsäuremethylester,* Ölsäurederiv. mit konjugierter Doppelbindung, I-Hydroperoxide u. I). Die CH_2-Gruppe wird beim angegebenen Mechanismus am π-Elektronen-Syst. der benachbarten C=C-Bindung beteiligt, das O_2-Mol. bildet mit der $-H_2C-CH=CH-$ Gruppe intermediär einen Sechsring, worauf sich unter Verschiebung der Doppelbindung die Hydroperoxy Verb. $-HC=CH-\overset{|}{C}H-OOH$ bildet. A. Grohmann. B 225◇

0736 **Kinetische Untersuchung der Reaktion Permanganat–Malonsäure.** 1. Mitt. **Ergebnisse der experimentellen Untersuchung.** S. Senent und S. Cuadrado. (An. Real Soc. españ. Física Quím., Ser. B **57,** 11—20, 1961; Univ., Labor. de Quím. Fís.; C.S.I.C., Sec. del Inst., „A. de G. Rocasolano"; span.) — Vgl. C. **1962,** 12240. — Die genannte Rk. verläuft autokatalyt. mit einer langsamen Induktionsperiode (IP). Die Kinetik der IP u. der Zers. des Zwischenprod. [Entfärbungsrk. (ER)] wird spektrophotometr. untersucht. Ergebnisse: Die Stöchiometrie der IP ist gegeben durch $5C_3H_2O_4H_2 + 2MnO_4^- \rightarrow 2[Mn(C_3H_2O_4)_2(H_2O)_2]^- + 2H_2O + 3CO_2$ (Lsg. violett → gelb). In der IP nimmt die Geschw.-Konst. 1. Ordnung mit steigender $[MnO_4^-]$ angenähert linear ab. In Abhängigkeit von der Konz. an *Malonsäure* (I) gilt für k_1 21,2° $k_1 = 0{,}0111 + 0{,}00272$ [I]. Für die Abhängigkeit von k_1 von der Mineralsäure-Konz. gilt $k_1 = 0{,}0115 + 0{,}439$ [HCl] bzw. $k_1 = 0{,}0115 + 0{,}461$ $[HNO_3]$ bzw. $k_1 = 0{,}0115 + 0{,}556$ $[HClO_4]$. In Ggw. von Mn^{2+} gilt $k_1 = 0{,}0115 + 8060$ $[MnCl_2]$ bzw. $k_1 = 0{,}0115 + 8490$ $[Mn\cdot(NO_3)_2]$ bzw. $k_1 = 0{,}0115 + 9340$ $[Mn(ClO_4)_2]$. Die Stöchiometrie der ER (Entfärbung der gelben Lsg.) ist $6[Mn(C_3H_2O_4)_2(H_2O_2)]^- + 18H^+ \rightarrow 6Mn^{2+} + 2CO_2 + 10H_2O + HCO_2H + 11C_3H_2O_4H_2$. k_1 nimmt mit steigender Anfangskonz. an MnO_4^- prakt. linear ab. Tatsächlich muß dieser Effekt der Konz. des Komplexes zugeschrieben werden (da dieser nach Abschluß der IP in der Lsg. vorliegt), die aber nicht a priori angegeben werden kann, weil die komplexbildenden Mn^{3+}-Ionen auch aus den sich ansammelnden Mn^{2+}-Ionen entstehen könnten. In Abhängigkeit von [I] gilt $k_1 = 0{,}0472 + 0{,}0218$ [I] u. in Abhängigkeit von der Mineralsäurekonz. $k_1 = 0{,}0504 + 17{,}9$ [HCl] bzw. $k_1 = 0{,}0504 + 19{,}9$ $[HNO_3]$ bzw. $k_1 = 0{,}0504 + 22{,}7$ $[HClO_4]$. k_1 steigt ferner mit der Anfangskonz. an Mn^{2+} linear an. Beim Vgl. der Ergebnisse der Zers.-Phase der Rk. $I-KMnO_4$ mit denen der Kinetik der Zers. des Komplexes ergibt sich Übereinstimmung in qual. Hinsicht, während in quant. Hinsicht Unterschiede in den Steigungen der linearen Beziehungen bestehen. Während ferner steigende Anfangskonz. des Komplexes seine Zers. beschleunigen, nehmen die Geschw.-Konst. der Zers. mit steigender MnO_4^--Konz. ab. Ebenso verzögern steigende Anfangskonz. an Mn^{2+} die Zers. des Komplexes, steigern aber die Geschw. der ER. J. Richter. B 225◇

0737 **Kinetische Untersuchung der Reaktion Permanganat–Malonsäure.** 2. Mitt. **Kritische Untersuchung der experimentellen Ergebnisse.** S. Senent und S. Cuadrado. (An. Real Soc. españ. Física Quím., Ser. B **57,** 21—28, 1961; span.) — 1. vgl. vorst. Referat. — Für die 1. Phase der l. c. beschriebenen Rk. wird ein Mechanismus vorgeschlagen, der die kinet. Ergebnisse nur qual. wiedergibt. Für die 2. Phase der Rk. können die früher (vgl. C. **1964,** 1—0505) mitgeteilten Ergebnisse der Kinetik der Zers. des intermediären Komplexes angewendet werden. J. Richter. B 225◇

0738 **Oxydation mit Kupfer-Aminkomplexen.** 6. Mitt. **Oxydation von aromatischen Aminen, insbesondere Anilin.** G. Engelsma und E. Havinga. (Tetrahedron [London] **2,** 289—95, 1958; Leiden, Netherlands, Univ., Labor. of Org. Chem.; engl.) — 5. vgl. C. **1958,** 14282. — Der schwarze Cu-Anilin (I)-Komplex (N/Cu = 2,77), der kurz vor der Oxydations-Rk. gebildet wird, wirkt als Katalysator bei der Oxydation von **I** mit O_2. Die O_2-Aufnahme ist der Menge an Cu-Acetat in der Rk.-Mischung proportional. Vff. isolierten *2-Amino-5-anilino-p-chinonmonoanil* (70% Ausbeute), neben *Azobenzol* (19%), *3-Aminophenoxazon-(2)* (5%) u. einer Verb. (F. 158—159°, A.), die nicht identifiziert wurde. Mit CH_3 u. CH_3O m- u. p-substituierte Aniline (*m-, p-Toluidin, m-* u. *p-Anisidin, 3.4-* u. *3.5-Dimethylanilin, β-Naphthylamin*) reagieren sehr schnell bei der Cu(II)-katalysierten Oxydation, o-substituierte (*o-Toluidin, o-Anisidin, 2.4-Dimethylanilin, α-Naphthylamin*) u. solche mit elektronenanziehenden Gruppen (*m-Chlor-, m-Bromanilin*) dagegen sehr langsam. *o-, p-Chlor-, o-, p-Brom-* u. *o-, m-* u. *p-Nitroanilin* werden nicht oxydiert. In Ggw. von Cu(II)-Acetat werden alle Aniline, auch die Nitroaniline u. *N.N-Dimethylanilin,* durch H_2O_2 sehr schnell oxydiert. Andere Metallionen wirken nicht katalyt., Zusätze von Ni(II)- u. Co(II)-Ionen erhöhen jedoch die Geschw. der durch Cu(II) katalysierten Oxydation.

Versuche: *Azobenzol,* $C_{12}H_{10}N_2$, aus **I** in Methanol, Zugabe von wss. Cu-Acetat u. O_2-Absorption, $2^1/_2$std. Rühren, Filtration; Abzug der Lsgm. u. Extraktion mit verd. NH_4OH; 13% (Ausbeute). — *2-Amino-5-anilino-p-chinon-4-anil,* $C_{18}H_{15}N_3O$, F. 127—128° (65%ig. A.), a) aus vorst. Umsatz durch Extraktion mit W. bei 20—30°; 63%; b) aus o-Aminophenol u. **I** in Eisessig u. Ag_2O, 15 Min. Stehen, Filtration des Ag u. Fällung in verd. NH_4OH; 75%. — *2.3-Dianilinophenazin* (I) $C_{24}H_{18}N_4$, **I** · C_2H_5OH, F. 220—222° (A.), aus vorst. Verb. mit o-Phenylendiamin in Eisessig–A.; 3 Std. am Rückfluß, Abkühlung u. Fällung in verd. NH_4OH. — *3-Aminophenoxazon-(2),* $C_{12}H_8N_2O_2$, F. 249—250° (80%ig. A.), aus der Oxydations-Rk. durch Extraktion der wss. Lsg. mit Ae., Abzug des Ae. u. Kristallisation aus 80%ig. Äthanol. A. Großmann. B 225◇

0739 **Kinetik und Gleichgewichte der Amidbildung in wäßrigem Medium.** H. Morawetz und P. S. Otaki. (J. Amer. chem. Soc. **85,** 463—68, 1963; Brooklyn, N. Y., Polytechn. Inst., Dep. of Chem.; engl.) — Die Geschw. der Amidbildung wurden bei möglichst niedrigen Temp. in wss. Lsgg. für folgende Amide gemessen: *Propion-, Butyr-, Isobutyr-* u. *Succinamid, N-Methylform-*(**I**), *-acet-*(**II**), *-propion-*(**III**), *-isobutyr-*(**IV**), *N-Äthylpropion-* (F. 105—110°) u. *-isobutyr-, N-Äthanolpropion-, N-Isopropylform-* (**V**, Kp. 220°), *-acet-* (**VI**, Kp. 89—90, ?), *-propion-* u. *N.N-Dimethylpropionamid* (F. 81—82°). Die Geschw. ist je 1. Ordnung bzgl. des Anion der Säure u. der bas. Form des Amins. Die Geschw.-Konst. 2. Ordnung ist unabhängig von der Acidität des Mediums. **I** wird bei 44,4° 140mal schneller als **II** gebildet. Für höhere Fettsäuren nimmt die Geschw. nur noch langsam ab. CH_3NH_2 reagiert bei 75,8° mit dem Propionation u. Isobutyration 11- bzw. 6mal schneller als NH_3. Die Aktivierungsenergie für die CH_3NH_2-Rk. ist ca. 5 kcal/Mol. niedriger. Gleichgew.-Konstanten für die Amidbildung (formuliert als $R_1COO^- + R_2R_3NH \rightleftharpoons R_1CO \cdot NR_2R_3 + OH^-$) wurden in verd. wss. Lsgg. aus den Geschw.-Konst. der Amidbildung u. -hydrolyse bestimmt. Die Werte für **III** u. **IV** sind bei 75,8° etwa 100mal größer als für die prim. Amide. Für die Bldg. prim. Amide beträgt ΔH 6—9 kcal/Mol. Für **II** ist ΔH leicht negativ. $\Delta F°$ ist für die **I**- negativer als für die **II**-Bildung, bei **V** positiver als bei **VI**. Die thermodynam. Daten für die Bldg. prim. Amide gleichen den für enzymat. katalysierte Systeme ermittelten Werten. Für die Bldg. von N-Methylamiden ist $\Delta F°$ um 4—5 kcal/Mol. u. ΔH um 8 kcal/Mol negativer als für die Bldg. von Peptidbindungen. Amidbldg. aus dem Propionation u. NH_3 verläuft in 70%igem n-Propanol 3mal schneller als in Wasser. Zusatz von Propanol-(2) beschleunigt die Rk. nicht. H. U. Kibbel. B 225◇

0740 **Über den Bildungsmechanismus sekundärer Amide bei der Reaktion von Nitrilen mit Carbonsäuren.** Je. N. Silberman. (J. allg. Chem. [UdSSR] **29 (91),** 3350—55, 1959; russ.) — Es wurden Kinetik u. Mechanismus der Bldg. von *δ-Cyanvaleriansäure* (I) aus Adipinsäure (**II**) u. Adipodinitril (**III**; 1:1 Mol) bei 180—240° untersucht.

Mit zunehmender Rk.-Dauer (bis 6 Std.) nimmt die **III**-Konz. im Rk.-Gemisch ab, die an **I** u. *Adipinimid* (**IV**; nach Erreichen einer bestimmten **I**-Konz.) zu. Temp.-Erhöhung vergrößert die Ausbeute an **I** u. vermindert die an **IV**. Starke Säuren u. W. beschleunigen die Umwandlungs-Geschw. von **II** u. **III**, Acetanhydrid, Dioxan u. Pyridin vermindern sie. **II, III, I** u. **IV** stehen miteinander im Gleichgewicht. Als Intermediärprod. entsteht N-[δ-Cyanvaleryl]-adipinsäuremonoamid.

Helmut Schäfer. B 225△

0741 **Substitution der Sulfogruppe durch die Nitrogruppe in Anthrachinonsulfonsäuren.** N. Ss. Dokunichin und G. Ss. Lissenkowa. (Chem. Wiss. Ind. [UdSSR] **3,** 280—81, 1958; Woroschilow-Inst. für organ. Zwischen-Prodd. u. Farbstoffe; russ.) — Die Rk. des K-Salzes von Anthrachinon-1-sulfonsäure (**I**) mit verd. HNO_3 zu *1-Nitroanthrachinon* wird in Abhängigkeit von Konz. u. Menge der HNO_3, Rk.-Temp. u. Rk.-Dauer untersucht. Als optimale Bedingungen (73,5% Ausbeute) werden 5std. Erhitzen auf 200—240° mit 5%ig. HNO_3 im Molverhältnis HNO_3 : **I** = 6,65 (bei Zusatz von $NaNO_2$ HNO_3 : **I** = 13,3) gefunden. Mit 1%ig. HNO_3 wird *1-Hydroxyanthrachinon* erhalten. Anthrachinon-2-sulfonsäure u. Anthrachinon-1.5-disulfonsäure liefern unter analogen Bedingungen *2-Nitro-* u. *1.5-Dinitroanthrachinon.* Die Struktur der erhaltenen Nitroverbb. wird durch Red. mit Na_2S zu den entsprechenden Aminoverbb. bewiesen.

I. Schade. B 225△

0742 **Basenkatalysierte Addition von Methanol an Dibenzoyläthylene.** Thomas I. Crowell, Grover C. Helsley, Robert E. Lutz und William L. Scott. (J. Amer. chem. Soc. **85,** 443—46, 1963; Charlottesville, Va., Univ., Cobb Chemical Labor.; engl.) — Die Kinetik der Addition von *Methanol* an die Doppelbindung von *trans-Dibenzoyläthen* (**I**) ($5 \cdot 10^{-5}$ m Lsg.) wurde in Triäthylamin- u. Acetatpuffern, sowie in CH_3ONa-Lsgg. im pH-Bereich 6—14 gemessen. Die Rk. von **I** zu 1-methoxy-1.2-dibenzoyläthan (**II**) wurde spektrophotometr. verfolgt (Bande von **I** bei 269 mμ). Sie zeigte deutliche CH_3O^--Katalyse neben langsamer nichtkatalysierter Addition. Der Angriff des CH_3O^- wird als die Geschw. bestimmender Schritt angesehen. Die sich anschließende Protonierung verläuft schneller. Die Geschw.-Konst. folgen der Gleichung $k[\text{min}^{-1}] = 1{,}8 \cdot 10^{-5} + 182[OCH_3^-]$. Die Geschw.-Konst. für die CH_3OH-Addition an neun Dibenzoyläthene (**A**) mit Substituenten-Paaren X u. Y in beiden p-Stellungen in $(C_2H_5)_3N$ werden gemessen, sie wachsen bei symm. substituierten Verbb. in der Reihenfolge der Substituenten X = Y = *CH_3, H, OCH_3* (**III**), *Br, Cl* (**IV**), *J*, ferner werden untersucht die **A** mit X = *CH_3*, Y = *Br*; *H, Cl*; *H, Br* u. *Bis-1.2-[3-methyl-4-chlorbenzoyl]-äthen.* Es ergibt sich eine nahezu lineare Hammett-Kurve für $\sigma_x + \sigma_y$ als Abszisse. Unter Berücksichtigung der substituenten-Effekte berechnete Geschw.-Konst. einiger unsymm. substituierter Verbb. erweisen sich als zu niedrig. cis-Dibenzoyläthen reagiert langsamer als **I** mit $NaOCH_3$ (Verhältnis der Geschw.-Konstanten 4:180).

Versuche: *trans-2-Methoxy-1.4-bis-[4-methoxyphenyl]-butandion-(1.4)*, $C_{19}H_{20}O_5$, F. 80—81° (Methanol), aus 3 g **III**, 0,1 g NaOH in 800 ml Methanol, 1std. Stehen in 400 ml Eiswasser, mit Ae. extrahieren; 0,5 g (Ausbeute). — *trans-2-Methoxy-1.4-bis-[4-chlorphenyl]-butandion-(1.4)*, F. 61,5—62°, aus **IV** in 450 ml Methanol u. 20 ml 0,2%ig. methanol. CH_3ONa, 10 Min. bei Raumtemp., neutralisieren mit Eisessig, einengen, filtrieren, eindampfen, mit CH_3OH fällen; geringe Ausbeute. — *trans-Bis-[4-jodphenyl]-buten-(2)-dion-(1.4)*, $C_{16}H_{10}J_2O_2$, F. 234—234,5° (A.-Bzl.), Lsg. von Fumarylchlorid u. $AlCl_3$ in Äthylendichlorid bei Raumtemp. 30 Min. rühren, zur abdekantierten Lsg. bei 100° unter Rühren Jodbenzol, hydrolysieren; 30%. — *trans-1-[4-Bromphenyl]-4-[4-tolyl]-buten-(2)-dion-(1.4)*, $C_{17}H_{13}BrO_2$, F. 157 bis 158°, durch 1std. Erhitzen von trans-p-Brombenzoylacrylsäure u. PCl_5 in Toluol mit $AlCl_3$ auf 55—60°, hydrolysieren, aufarbeiten, mit PAe.-Pentan fällen; 14%. — *trans-1-[4-Chlorphenyl]-4-phenylbuten-(2)-dion-(1.4)*, F. 120,5—121,5°, aus Phenylglyoxal, p-Chloracetophenon durch 2std. Erhitzen in Acetanhydrid, Hydrolyse in Eiswasser, gelbe Kristalle aus Ae.; 15%. — *Bis-1.2-[p-methoxybenzoyl]-äthen*, F. 168—168,5° (Butanon-A.), aus $AlCl_3$, Anisol u. Fumarylchlorid in Bzl. unter Rühren bei 70°, abkühlen, auf mit konz. HCl versetztes Eis gießen, filtrieren; 41%. — *Bis-1.2-[m-nitrobenzoyl]-äthen*, $C_{16}H_{10}N_2O_6$, F. 205—205,5° (Bzl.-A.), aus **I** u. rauchender HNO_3 bei 0°, in Eiswasser gießen; 40%. Durch Eindampfen der Bzl.-A. Mutterlaugen wenig einer isomeren Verb., F. 129—130°. H. U. Kibbel. B 225◇

0743 **Carbanionenmechanismus bei β-Eliminierungsreaktionen. 4. Mitt. Wirkung von β-Chlor- und -Fluorsubstituenten auf die Leichtigkeit der Carbanionenbildung.** Jack Hine und Paul B. Langford. (J. org. Chemistry **27,** 4149—51, 1962; Atlanta, Ga., Georgia Inst. of Technol., School of Chem.; engl.) — 3. vgl. C. **1963,** 12756. — Der $NaOCH_3$-katalysierte H-Austausch von 4 untersuchten aromat. Halogeniden erfolgt in der Reihenfolge *m-$C_6H_4F_2$* (**I**) > *1.2.4-$C_6H_3Cl_3$* > *m-C_6H_4ClF* > *m-$C_6H_4Cl_2$*, wobei mit größter Wahrscheinlichkeit das von 2 Halogensubstituenten eingeschlossene H-Atom ausgetauscht wird. Die Geschwindigkeitskonst. für den D-Austausch folgender *Monodeuterobenzolhalogenide* in CH_3OH werden bestimmt (in Klammern $10^6 \cdot k_2^{100°}$ in Liter · $Mol^{-1} \cdot s^{-2}$, $\Delta H^{\neq}$ in kcal/Mol u. $\Delta S^{\neq}$ in cal/Grad · Mol): *2.6-Difluor-* (978 ± 35; 27,3 ± 0,2; —4,3 ± 0,7); *2-Chlor-6-fluor-* (151 ± 3; 29,2 ± 0,5; —2,9 ± 1,4); *2.6-Dichlor-* (20,2 ± 0,8; 28,6 ± 1,0; —8,6 ± 2,8); *2.3.6-Trichlor-* (244 ± 6; 32,8 ± 0,5; 7,6 ± 1,5). Es wird nachgewiesen, daß β-F-Substituenten die Carbanionen-Bldg. stärker fördern als β-Cl-Substituenten. Die basenkatalysierte Dehydrohalogenierung von *1.1-Difluor-1.2.2-trichloräthan,* die weder in D_2O noch CH_2DOH von einem D-Austausch begleitet ist, weist $k_2^{0°} = (43{,}7 \pm 1{,}4) \cdot 10^{-3}$ Liter · $Mol^{-1} \cdot s^{-2}$ auf, ist somit 55mal rascher als die Carbanionen-Bldg. aus 1.1.1-Trifluor-2.2-dichloräthan (vgl. C. **1962,** 5616) u. ist wahrscheinlich ein Grenzfall derjenigen Eliminierungen, die intermediäre Carbanionen u. einen gekoppelten E_2-Reaktionsverlauf aufweisen.

Versuche: *1.1-Difluor-1.2.2-trichloräthan,* $Kp._{740}$ 70,5—70,9°, nach der Meth. von Henne u. Ladd [1936]; n_D^{21} 1,3910. — *D-2.6-Difluorbenzol,* durch 97std. Rk. aus 0,6 ml **I** u. CH_3ONa in CH_2DOH bei 50° im verschlossenen Rohr; 0,45 ml (Ausbeute). G. Kirsten. B 225◇

0744 **Photooxydation von Butenen durch Stickstoffdioxid bei verschiedenen Wellenlängen.** S. Sato und R. J. Cvetanović. (Canad. J. Chem. **36,** 1668—73, 1958; Ottawa, Nat. Res. Council, Div. of Appl. Chem.; engl.) — Vff. untersuchen die Photooxydation von *Buten-(1)* (**I**), *cis-* (*cis*-**II**) u. *trans-Buten-(2)* (*trans*-**II**) u. *Isobuten* (**III**) mit NO_2 bei Raumtemp. in Abhängigkeit von λ (2288, 2537 u. 3261 Å). Im Falle des **I** wurde bei 2288 Å etwa dreimal mehr α-Butenoxid als n-Butyraldehyd gebildet, während bei größeren λ-Werten annähernd gleiche Ausbeuten beider Verbb. erhalten wurden. Diese Diskontinuität wird unterschiedlichen Rk.-Mechanismen bei der Rk. von olefin. Doppelbindungen mit O_2 im 1. angeregten Zustand $[O(d_1)]$ bzw. im Grundzustand $[O(p_3)]$ zugeschrieben. Analoge Rkk. von cis-**II** u. trans-**II**, bes. aber von **III** sind wegen der sehr viel rascheren therm. Rk. von überschüssigem NO_2 mit den zunächst gebildeten Epoxiden weniger reproduzierbar.

H.-J. Weigmann. B 226△

0745 **Zerfall von tritiummarkierten organischen Verbindungen.** E. Anthony Evans und F. G. Stanford. (Nature [London] **197,** 551—55, 1963; Amersham, Radiochem. Centre; engl.) — T-markierte Verbb. der Zus. $C_nH_{m-1}TX$ weisen eine spezif. Aktivität (SA) von 29,12 c/mMol auf. Vff. untersuchen die Alterungsstabilität zahlreicher fester bzw. vorwiegend in W. gelöster Verbb. verschiedener SA u. radiochem. Reinheitsgrade bei verschiedenen Tempp. u. ermitteln das Auftreten prim. Zersetzungsprodd. mittels Papierchromatographie oder Verdünnungsanalyse, insbesondere von verschieden tritierten *Aminosäuren* (**A**, *DL-Alanin, L-Arginin, DL-3.4-Dihydroxyphenylalanin, Glycin, DL-5-Hydroxytryptophan, L-* u. *DL-Leucin, DL-Methionin, DL-β-Phenylalanin, L-Prolin, DL-Serin, DL-Tryptophan, L-* u. *DL-Tyrosin*), *Nucleosiden* (**B**, *Adenosin, 5-Bromdesoxyuridin, Cytidin, Desoxyadenosin, Desoxyuridin, Guanosin, Thymidin,*

Uridin), *Purinen* (**C**), *Pyrimidinen* [**D**, *Adenin, Coffein, Cytosin, Pteroylglutaminsäure* (*Folsäure*), *Orotsäure, Uracil, Thymin*], *Steroiden* (**E**, *Δ^4-Androstendion, Cholesterin, Östradiol-17β-acetat, Östron, Progesteron*) u. einigen Verbb. verschiedener Klassen (*Adipin-, Benzoe-, Naphthyl-(1)-essig-* u. *Stearinsäure, Atropin* u. *Nicotin, Anilin, Glycerintristearat, C_2H_5J, Bzl., n-Decan, D-Glucose, Pyridoxinhydrochlorid, Vitamin B_{12}*). Abhängig von SA, Lagerungszustand u. -temp. beträgt die maximale jährliche Zerfallsrate 5—40% für die verschiedenen Verbindungsklassen (Tabelle) mit Ausnahme aliphat. Säuren hoher SA, die sich innerhalb eines Jahres vollständig zersetzen. Durch Verw. geeigneter Lsgm. u. Lagerungstemp. um 0° lassen sich chem. u. sek. radiochem. Zers. auf ein Mindestmaß beschränken. Verbb. mit SA < 500 mc/mMol sind prakt. unbedenklich bis zu 1 Jahr lagerfähig. Besonders stabil erweisen sich **A** u. **C—E**, auch bei höherer SA, wogegen für **B** mit SA > 1 c/mMol die Zerfallsrate mindestens 0,5—1%/Monat beträgt.
G. Kirsten. B 226◇

0746 **Zirkoniumdioxid und Titandioxid als Promotoren für Cobalt-Katalysatoren bei der Synthese höherer Kohlenwasserstoffe aus Kohlenoxid und Wasserstoff.** Ja. T. Eiduss, T. F. Bulanowa und N. Ss. Ssergejewa. (Ber. Akad. Wiss. UdSSR **147,** 1105—07, 1962; Akad. der Wiss. der UdSSR, Zelinsky-Inst. für organ. Chem.; russ.) — TiO_2 u. ZrO_2 eignen sich anstelle von ThO_2 als Promotoren des Co/Kieselgur (1:1)-Katalysators (**I**) bei der Synth. von *KW-Stoffen* aus CO u. H_2. Die Promotor-Wrkg. von TiO_2 u. ZrO_2 durchläuft mit ihrer zunehmenden Konz. im Katalysator u. mit der Temp. ein Maximum, das für TiO_2 bei 195° u. für ZrO_2 bei 210° liegt. Beim Überleiten von CO/H_2 (1:2 Mol, Vol.-Geschw. 90—100 h^{-1}) werden z. B. folgende Ausbeuten (in ml/m^3) an KW-Stoffen erzielt: An **I** 144; an **I** mit 18% TiO_2 200, an **I** mit 18% ZrO_2 172 u. an **I** mit 18% ThO_2 175.
Helmut Schäfer. B 227△

0747 **Über den Mechanismus der Aromatisierung von Kohlenwasserstoffen und die Aktivität des Katalysators Pt–Al_2O_3.** A. Popescu und I. V. Nicolescu. (An. Univ. „C. I. Parhon", Ser. Ştiinţ. naturii, Chim. **10,** Nr. 30, 119 bis 30, 1961; Labor de Chim. Technol. şi Cataliză Org.; rum.) — Bei der Aromatisierung von *n-Hexan — Cyclohexan* (**I**)-Gemischen bei 460—500° in Ggw. eines Katalysators (K) mit 1% Pt auf Al_2O_3 wird ein Einfl. der Temp. u. der Zus. des Gemischs auf die Intensität der Aromatisierung festgestellt. Ein Zusatz von Äthylen zum Gemisch vergiftet K u. setzt seine Aktivität herab; dies wird auch durch Messungen der Leitfähigkeit bestätigt. Die Oberfläche von K hat Zentren verschiedener Aktivität; eine Aktivität des Trägers Al_2O_3 ist auch anzunehmen. Die Dehydrierung von **I** wird durch das entstehende Bzl. gehemmt u. unterscheidet sich von der Rk. am MoO_2–Al_2O_3-Katalysator; ihre Aktivierungsenergie beträgt **11,4** kcal/Mol.
R. K. Müller. B 227◇

0748 **Die katalytische Wirkung der Komplexsäure $HZnCl_3 \cdot 2(C_2H_5)_2O$ auf α-Pinen in Vergleich zu wasserfreiem Zinkchlorid ($ZnCl_2$).** A. G. Galinos und J. M. Tsangaris. (Praktika Akad. Athenon **34,** 113—19, 1959; Athens, Greece, Techn. Univ., Chem. Labor.; griech., Auszug: engl.) — Vgl. C. **1961,** 17134 u. C. **1959,** 13811. — Die Komplexsäure *$HZnCl_3 \cdot 2(C_2H_5)_2O$* katalysiert im Vgl. zu $ZnCl_2$ die Isomerisation, Dimerisation u. Polymerisation von *α-Pinen* sehr stark. Die Katalyse führt zu 25—30% Isomerisations-(Dipentene), 65—75% Dimerisations-(Diterpene) u. 2—10% Polymerisationsprodd. (Polyterpene). Der Grund der starken katalyt. Eigg. von Säuren dieses Typ ist, daß sie starke Protonensäuren u. Friedel-Crafts-Katalysatoren sind. Die Ergebnisse werden mit den früherer Arbeiten (vgl. auch l. c.) eingehend verglichen. Th. Skulikidis. B 227□

0749 **Die Bildung eines Alkylfluorids aus Siliciumtetrafluorid.** K. G. Mason, J. A. Sperry und E. S. Stern. (J. chem. Soc. [London] **1963,** 2558—59; Loughborough, Leicestershire, Whiffen and Sons Ltd., Res. Dep.; engl.) — Die Rk. von 100 g Orthoameisensäuretriäthylester mit SiF_4 in Ggw. von 2 g $AlCl_3$, ergab die Bldg. von 23 g *Äthylfluorid* (**I**) neben *Ae.* u. ca. 40 g *Äthylformiat.* Bei der Verw. anderer Alkoxyverbb. wie Äther, Diäthylcarbonat u. Aldehydacetalen ergab sich keine Bldg. von **I.** 2 g der anderen Katalysatoren ergaben folgende Ausbeuten an **I**: $SnCl_4$ 6 g; $TiCl_5$ 16 g; AlF_3 1 g; BF_3 15 g.; CoF_2 0 g. R. Preußmann. B 227◇

C. Präparative organische Chemie, Naturstoffe

0750 **Beitrag zur Untersuchung der Acetylenäther, -amine und -aminoäther.** 3. Mitt. **Über Diacetylenäther und -aminoäther.** Jean-Pierre Guermont. (Mém. Serv. chim. État **40,** 239—59, 1955.) — 1. vgl. C. **1950/54,** 1563 S; 2. vgl. C. **1963,** 21142. — Verschiedene Synth. für *Diacetylenäther* (**A**) werden beschrieben. Bei der Aminomethylierung der **A** werden Monoamin u. Diamin nebeneinander erhalten. Die besten Ausbeuten an Diamin werden bei Verw. von Cu-Acetat als Katalysator u. von 2 Mol Amin auf 1 Mol **A** erhalten. Die katalyt. Hydrierung der **A** u. der Acetylenaminoäther mit Raney-Ni liefert die entsprechenden gesätt. Verbindungen. In Ggw. von Pt ist die Hydrierung von einer Hydrogenolyse begleitet, wobei Spaltung zwischen dem N-Atom u. der nicht gesätt. Kette eintritt. Die curareähnliche Wrkg. der Diacetylen-bis-trialkylammonioäthersalze wird untersucht.

Versuche: Äther: *2.3.2'.3'-Tetrabromdipropyl,* $Kp._4$ 170—180°, durch Rk. von 52,5 g Dialllyläther mit Br_2 in CCl_4 unter Rühren < 5°; 130 g (Ausbeute). — *Dipropargyl-* (**I**), C_6H_6O, Kp. 120°, a) durch 4std. Rk. vorst. Verb. mit $NaNH_2$ in fl. NH_3 unter N_2 u. Zugabe von NH_4Cl u. Ae.; 58%; b) durch 4std. Erhitzen von Propargylalkohol mit Propargylbromid u. 4 n KOH unter Rühren auf 60—70° unter N_2; n_D^{20} 1,4431; 75%. — *Chlormethylallyl-*, Kp. 110—114°, durch 2½std. Rk. von Allylalkohol mit Trioxymethylen u. gasförmigem HCl; 73%. — *Propen-(2)-yl-buten-(3)-yl* — $C_7H_{12}O$, Kp. 117°, durch 12std. Rk. von Allyl–MgBr mit vorst. Verb. in Ae. u. Gießen auf Eis u. NH_4Cl; n_D^{13} 1,4240; 72%. — *Propin-(2)-ylbutin-(3)-yl-* (**II**), C_7H_8O, $Kp._{110}$ 89°, a) durch Rk. von 60 g vorst. Verb. mit Br_2 in CCl_4 u. 4 std. Rk. von 190 g des *Tetrabromderiv.* mit $NaNH_2$ in fl. NH_3 analog **I** nach a); 57%; b) durch Rk. von Butin-(1)-ol-(4) mit $NaNH_2$, Zugabe von Ae., 3std. Kochen, Zugabe von Propargylbromid, ½std. Kochen u. Zugabe von W.; n_D^{18} 1,4505; 45%. — *Propin-(2)-ylheptin-(2)-yl-*, $C_{10}H_{14}O$, $Kp._{10}$ 85°, durch 6std. Rk. von 0,33 Mol **I** mit 0,33 Mol Butylbromid u. 0,36 Mol $NaNH_2$ in fl. NH_3, Zugabe von Ae. u. 12std. Stehen; n_D^{17} 1,4570; 67,6%; daneben 10% nachst. Verbindung. — *Bis-[heptin-(2)-yl]-*, $Kp._{0,5}$ 105°, durch Rk. von 0,33 Mol **I** mit 0,85 Mol Butylbromid u. 0,85 Mol $NaNH_2$ analog vorst. Verb.; n_D^{18} 1,4646; 65%; daneben 12% vorst. Verbindung. — *Heptin-(2)-yloctin-(3)-yl-*, $C_{15}H_{24}O$, $Kp._{0,3}$ 107°, durch Rk. von **II** mit Butylbromid u. $NaNH_2$; n_D^{25} 1,4610; 65%. — *1-Propargyloxy-4-hydroxy-4-methylpentin-(2)* (**III**), $C_9H_{12}O_2$, $Kp._{0,25}$ 73°, durch 6std. Rk. von 0,38 Mol **I** mit 0,41 Mol Aceton u. 0,41 Mol $NaNH_2$ in fl. NH_3 u. Zugabe von NH_4Cl u. abs. A.; 50%; daneben 21% **IV.** *Acetylderiv.*, $C_{11}H_{14}O_3$, $Kp._{0,15}$ 66°; n_D^{19} 1,4607; 85%. — *Bis-[4-methyl-4-hydroxypentin-(2)-yl]-äther* (**IV**), $C_{12}H_{18}O_3$, F. 53° (Chlf./PAe.), $Kp._{0,2}$ 138°, aus 0,38 Mol **I,** 0,83 Mol Aceton u. 0,91 Mol $NaNH_2$ analog **III**; 72%; daneben 21% **III.** — *1-Dimethylamino-4-propargyloxybutin-(2)* (**V**), $C_9H_{13}NO$, $Kp._{0,05}$ 54—55°, durch 40std. Erhitzen von 0,09 Mol **I** mit 0,09 Mol Dimethylamin u. Trioxymethylen in Dioxan auf 80°; n_D^{22} 1,4700; 43%; daneben 27% **VI.** *Oxalat*, $C_{11}H_{15}NO_5$, F. 71° (A./Aceton). — *Bis-[4-dimethylaminobutin-(2)-yl]-äther* (**VI**), $C_{12}H_{20}N_2O$, $Kp._{0,3}$ 111°, durch 50std. Erhitzen von 0,16 Mol **I** mit 0,33 Mol Dimethylamin, Trioxymethylen u. Cu-Acetat in Dioxan auf 80°, Ansäuern mit 2 n HCl, Extraktion mit Ae., Zugabe von Na_2CO_3 u. Extraktion; n_D^{20} 1,4808; 55%. *Bis-methojodid*, $C_{14}H_{26} \cdot J_2N_2O$, F. 212—213° (W./A.). — *1-Diäthylamino-4-propargyloxybutin-(2)*, $C_{11}H_{17}NO$, $Kp._{0,5}$ 87°, aus Diäthylamin durch 30std. Erhitzen analog **V**; n_D^{20} 1,4710; 37%; daneben **VII**. *Äthojodid*, $C_{13}H_{22}JNO$, F. 99—100° (Aceton). — *Bis-[4-diäthylaminobutin-(2)-yl]-äther* (**VII**), $C_{16}H_{28}N_2O$, Kp.$_{0,3}$ 127°, analog **VI** ohne Cu-Acetat; n_D^{20} 1,4800; 50%. *Bis-äthojodid*, $C_{20}H_{38}J_2N_2O$, F. 173—174° (A.). — *1-[4-Dimethylaminobutin-(2)-yloxy]-5-dimethylaminopentin-(3)*, $C_{13}H_{22}N_2O$, Kp.$_{0,4}$ 123°, durch 50std. Erhitzen von **II**, Trioxymethylen, Cu-Acetat u. Dimethylamin in Dioxan analog **VI**; n_D^{20} 1,4800; 53%. *Bis-methojodid*, $C_{15}H_{28}J_2N_2O$, F. 249° (W./A.). — *1-[4-Diäthylaminobutin-(2)-yloxy]-5-diäthylaminopentin-(3)*, $C_{17}H_{30}N_2O$, Kp.$_{0,5}$ 152°, analog **VI**; $n_D^{20,5}$ 1,4773; 69%. *Bis-äthojodid*, $C_{21}H_{40}J_2N_2O$, F. 193—194° (A.). — *5-Propyloxy-2-methyl-2-hydroxypentan*, $C_9H_{20}O_2$, Kp.$_{1,5}$ 65°; n_D^{15} 1,4322. — *Bis-[4-methyl-4-hydroxypentyl]-äther*, $C_{12}H_{26}O_3$, Kp.$_{0,2}$ 115°; n_D^{16} 1,4580. — *1-Diäthylamino-4-propyloxybutan*, $C_{11}H_{25}NO$, Kp.$_8$ 82°; n_D^{20} 1,4309. — *Bis-[4-dimethylaminobutyl]-äther*, $C_{12}H_{28}N_2O$, Kp.$_{0,5}$ 93°; n_D^{20} 1,4412. *Bis-methojodid*, $C_{14}H_{34}J_2N_2O$, F. 170° (A./W.). — *Bis-[4-diäthylaminobutyl]-äther*, $C_{16}H_{36}N_2O$, Kp.$_{0,3}$ 121 bis 122°; n_D^{20} 1,4500. *Bis-äthojodid*, $C_{20}H_{46}J_2N_2O$, F. 245° (A./Aceton/Ae.). — *1-[4-Dimethylaminobutyloxy]-5-dimethylaminopentan*, $C_{13}H_{30}N_2O$, Kp.$_{0,1}$ 90°; n_D^{20} 1,4430. *Bis-methojodid*, $C_{15}H_{36}J_2N_2O$, F. 178° (A./Aceton/Ae.). — *1-[4-Diäthylaminobutyloxy]-5-diäthylaminopentan*, $C_{17}H_{38}N_2O$, Kp.$_{0,05}$ 108°; $n_D^{19,5}$ 1,4515. *Bis-äthojodid*, $C_{21}H_{48}J_2N_2O$, F. 168° (Aceton/A./Ae.).

Gottfried Schreiber. 530△

0751 **Trichlormethansulfenylrhodanid.** Alexander Senning. (Acta chem. scand. **17**, 272, 1963; Aarhus, Dänemark, Univ., Chem. Inst.; dt.) — Nach 3½std. Kochen von *Trichlormethansulfenylchlorid* mit bei 130° getrocknetem KSCN in Bzl. u. nachfolgender Vakuumdestillation wird in 80%ig. Ausbeute *Trichlormethansulfenylrhodanid* [Kp.$_{10}$ 94°, n_D^{22} 1,5820] erhalten. Die unangenehm riechende, gelbe Verb. reagiert heftig mit NaN_3 in CH_3CN u. oxydiert KJ zu J_2; eine gesteigerte Rk.-Fähigkeit gegen Phenol oder N.N-Dimethylanilin konnte nicht festgestellt werden. M. Lehmann. 600△

0752 **Die Strukturen einiger Polybrom-substituierter einfacher Ketone.** Christoffer Rappe. (Acta chem. scand. **16**, 2467—68, 1962; Uppsala, Univ. of Uppsala, Inst. of Chem.; engl.) — Mit Hilfe der KMR-Spektroskopie wird die Struktur einiger Di-, Tri- u. Tetrabromketone untersucht. Die Verbb. werden durch säurekatalysierte Bromierung von 1 Mol Keton in 100 ml 48%ig. HBr synthetisiert. Nach Zusatz von 200 ml W. pro Mol Br_2 werden die Prodd. aus der organ. Schicht isoliert. Je nach Verw. von 2, 3 oder 4 Mol Brom pro Mol Keton werden Di- Tri- bzw. Tetrabromderivv. erhalten. In den Di- bzw. Tetrabromketonen sind die Bromatome symm. verteilt. *1.3-Dibromaceton*, $C_3H_4Br_2O$, F. 25,5—27,0°, Kp.$_9$ 79,5 bis 80,5°. — *1.1.3-Tribromaceton*, $C_3H_3Br_3O$, F. 30,0 bis 30,5°, Kp.$_9$ 107—107,5°. — *symm. -Tetrabromaceton*, $C_3H_2Br_4O$, F. 37—38°, Kp.$_7$ 129—130°. — *1.3-Dibrommethyläthylketon*, $C_4H_6Br_2O$, Kp.$_8$ 79—80°. — *1.3.3-Tribrommethyläthylketon* u. *1.1.3-Tribrommethyläthylketon*, $C_4H_5Br_3O$, Kp.$_9$ 100—102,5°. — *1.1-Dibrom-3.3-brommethyläthylketon*, $C_4H_4Br_4O$, F. 52,5—53,5°. — *2.4-Dibromdiäthylketon*, $C_5H_8Br_2O$, Kp.$_8$ 67—68°. — *2.4.4-Tribromdiäthylketon*, $C_5H_7Br_3O$, Kp.$_7$ 95—95,5°. — *1.3-Dibrommethylpropylketon*, $C_5H_8Br_2O$, Kp.$_{10}$ 88—89° — *1.3.3-Tribrommethylpropylketon* u. *1.1.3-Tribrommethylpropylketon*, $C_5H_7Br_3O$, Kp.$_{10}$ 119—119,5°. — *1.1-Dibrom-3.3-dibrommethylpropylketon*, $C_5H_6Br_4O$, F. 58—59,5°

L. Träger. 710◇

0753 **Reaktionen von Alkoxyradikalen.** 1. Mitt. **Die Reaktion von Di-tert.-butylperoxid mit n-Buttersäure und Buttersäureäthylester.** A. L. J. Beckwith. (Austral. J. Chem. **13**, 244—55, 1960; Adelaide, Univ., Dep. of Organ. Chem.; engl.) — Durch therm. Spaltung von Di-tert.-butylperoxid (**VIII**, Kp.$_{90}$ 50—52°) werden *tert.-Butoxy-Radikale* gebildet, die zu *Aceton* (**XI**) u. $\dot{C}H_3$*-Radikalen* (**I**) oder mit n-Buttersäure (**IV**, Kp. 162°) zu *tert.-Butanol*(**V**) u. den Radikalen $CH_3CH_2\dot{C}HCO_2H$ (**II**) u. $CH_3\dot{C}HCH_2CO_2H$ (**III**) reagieren. Durch Arbeiten bei niedriger Temp. (116°) wird die Bldg. von **I** unterdrückt. Aus **II** u. **III** werden *meso-*(**VI a**) u. *rac.-2.3-Diäthylbernstein-*(**VI b**) u. *2-Äthyl-3-methylglutarsäure* (**VII**) gebildet. **V** reagiert teilweise mit **IV** zu *tert.-Butylbutyrat* u. durch Dehydratisierung zu *Isobutylen* weiter, das mit **II** *2-Äthyl-4-methylvaleriansäure* liefert. Die unterschiedlichen Ausbeuten an **VI** u. **VII** sind ein Maß für die Konz. der Radikale **II** u. **III** u. zeigen, daß die Rk. in α-Stellung von **IV** 16 mal schneller als in β-Stellung erfolgt, woraus geschlossen wird, daß das tert.-Butoxy-Radikal nur geringe Elektronen-Acceptor-Eigg. besitzt u. polare Effekte den Verlauf der Rkk. nicht beeinflussen. Analog reagiert **VIII** mit n-Buttersäureäthylester (**IX**, Kp.119—120°), wobei die Radikale $CH_3CH_2\dot{C}HCO_2CH_2CH_3$, $CH_3\dot{C}HCH_2CO_2CH_2CH_3$ u. $CH_3\cdot CH_2CH_2CO_2\dot{C}HCH_3$ intermediär gebildet werden. Anders verläuft die Rk. von **IV** mit **VIII** in Ggw. von etwas $CuCl_2$; **VI** u. **VII** konnten nicht isoliert werden, dagegen die nicht identifizierten *Säuren* $C_8H_{14}O_4$ u. $C_8H_{12}O_4$ sowie *ungesätt. Säuren* u. *Lactone*. Die gebildeten Prodd. werden mit authent. Proben, deren Darst. beschrieben ist, verglichen. Zur Trennung u. Best. der Hydroxy- u. Dicarbonsäuren werden spezielle chromatograph. Meth. beschrieben.

Versuche: *Aceton* (**XI**), Kp. 54—58°, durch 92std. Erhitzen von 90 ml **IV** u. 10 g **VIII** unter N_2 auf dem Dampfbad auf 116°, fraktionierte Dest. u. Gaschromatographie; 1,9 g (Ausbeute). *2.4-Dinitrophenylhydrazon*, F. 127°. Neben **XI** 6,1 g *tert.-Butanol* (**V**, Kp. 84—86°; *3.5-Dinitrobenzoat*, F. 141°), 64 g *n-Buttersäure* (**IV**, Kp.$_{30}$ 70—82°) u. 0,65 g *n-Buttersäure-tert.-butylester*. — *2-Äthyl-4-methylvaleriansäure*, Kp.$_2$ 84—86°, a) durch Wasserdampf-Dest. des Rückstandes (**R**) von **IV** u. **V**, Extraktion des Destillats mit Hexan u. Chromatographie an Silicagel; 0,34 g; b) durch Alkylierung von Malonsäurediäthylester (**X**) mit Isobutylbromid u. Äthyljodid, Hydrolyse mit 50%ig. wss. KOH u. Decarboxylierung bei 180°. *p-Toluidid*, $C_{15}H_{23}NO$, F. 111°, aus Pentan Nadeln. — *meso-2.3-Diäthylbernsteinsäure* (**VIa**), $C_8H_{14}O_4$, F. 204°, a) durch Ausäthern von **R**; 2,34 g; b) durch 8std. Kochen von 12,7 g 2-Brombuttersäureäthylester mit KOH in 70%ig. wss. A., Zugabe von 6 n H_2SO_4, Wasserzusatz u. Trennung der 7,9 g Prodd. durch fraktionierte Kristallisation aus Aceton-CCl_4; Stäbchen. *p-Phenylphenacylester*, $C_{36}H_{34}O_6$, F. 228°, aus Chlf. oder Toluol Nadeln. *p-Bromphenacylester*, $C_{24}H_{24}Br_2O_6$, F. 151—152,° aus **XI** Nadeln. — *rac.-2.3-Diäthylbernsteinsäure* (**VI b**), F. 135°, a) aus der Mutterlauge von **VIa** nach a); 2,38 g; daneben ein *γ-Lacton* $C_8H_{12}O_4$ (*Phenylphenacylester*, $C_{22}H_{22}O_5$, F. 116 bis 117°, aus Methanol Rosetten); b) neben **VIa** nach b); aus Ae.-Hexan Nadeln. *p-Phenylphenacylester*, F. 185°, Stäbchen aus Äthylacetat. *p-Bromphenacylester*, F. 121 bis 122°, Nadeln aus Methanol. — *2-Äthyl-3-methylglutarsäure* (**VII**), $C_8H_{14}O_4$, F. 82—87°, a) aus der Mutterlauge von **VI** nach a); 0,32 g; b) durch 16std. Kochen des Esters **VIIa** mit KOH in 50%ig. A.; 87%; wiederholte Kristallisation aus Ae.-Hexan gibt ein *Isomeres vom F. 97—99°*. *p-Phenylphenacylester*, $C_{36}H_{34}O_6$, F. 90—92°, aus Ae. Stäbchen. *Diäthylester* (**VIIa**), durch 4,5std. Hydrieren von 24 g nachst. Verb. in A. an Pd-Kohle; 24,2 g. — *2-Äthyliden-3-methylglutarsäurediäthylester*, Kp.$_{18}$ 136—138°, durch 1std. Zugabe von Äthylcrotonat (Kp. 139°) zu Na-Äthylat in abs. Ae. bei — 70° unter Rühren, 3std. Kochen, Kühlen mit Eis u. Ansäuern mit Essigsäure u. 6 n H_2SO_4; 60%. — 7tägiges Erhitzen von 90 ml **IX** mit 8,5 g **VIII** unter N_2 auf 116°, Abtrennen von **XI** u. **V**, 14std. Kochen der 5,6 g Substanz vom Kp.$_{20}$ 124—140° mit 10%ig. wss. KOH, Ansäuern u. Wasserdampf-Dest. → *Capronsäure*, 0,65 g **IV** u. 3,49 g **VIa**, **VIb** u. **VII**. — Analog 4tägige Rk. von **IV** u. **VIII** in Ggw. von $CuCl_2$, Aufarbeitung, Abrennen von **IV**, **V** u. **XI** u. Rk. mit den entsprechenden Reagentien → *p-Phenylphenacylester* $C_{22}H_{24}O_5$ (F. 59—60°, Nadeln aus Pentan), *p-Phenylphenacylester* $C_{36}H_{34}O_6$ (F. 127—128°, Prismen aus Ae.), *p-Phenylphenacylester* $C_{22}H_{22}O_5$ (F. 116—117°, Nadeln aus Methanol) u. *p-Toluidid* $C_{15}H_{19}NO_3$ (F. 87 bis 88°, Nadeln aus Hexan). — *3-Chlor-3-methylhexan* (**XIII**), Kp.$_{80}$ 76°, durch Sättigen von 3-Methylhexanol-(3) (Kp.$_{25}$ 62°) mit HCl unter Eiskühlung u. Stehen über Nacht; 90%. — *2-Äthyl-2-methylvaleriansäure*, Kp.$_{25}$ 132°, durch 48std. Rk. der **XIII**-Grignard-Verb. mit Trockeneis in Ae. bei 30 at; 50%. *p-Toluidid*, $C_{15}H_{23}NO$, F. 92°, Nadeln aus Hexan. — *2-Äthylvaleriansäure*, Kp.$_{20}$ 118—120°, durch Hydrolyse von Äthylpropylmalonsäurediäthylester mit 50%ig. wss. KOH u. Decarboxylierung bei 180°. *p-Toluidid*, F. 129°, aus Hexan Nadeln. — *2-Äthylcapronsäure*, $Kp._4$ 102—106°, durch Alkylierung von Äthylmalonsäurediäthylester mit n-Butylbromid, Verseifen u. Decarboxylieren. *p-Toluidid*, $C_{15}H_{23}NO$, F. 107°, aus wss. Methanol Nadeln. — *2-Propylvaleriansäure*, $Kp._{10}$ 118—120°, analog vorst. Verb. aus Dipropylmalonsäurediäthylester. *p-Toluidid*, $C_{15}H_{23}NO$, F. 154°, aus Hexan Nadeln. — *3-Methylcapronsäure*, $Kp._{10}$ 101 bis 102°, durch Alkylierung von **X** mit 2-Brompentan u. Aufarbeiten. *p-Toluidid*, $C_{14}H_{21}NO$, F. 73°. — *2-Butyroxybuttersäure*, $C_8H_{14}O_4$, $Kp._{2,5}$ 106—108°, durch Stehen von 2-Hydroxybuttersäure, Buttersäureanhydrid u. Pyridin in Bzl. über Nacht u. $^1/_2$std. Kochen; n_D^{20} 1,4298. *p-Phenylphenacylester*, $C_{22}H_{24}O_5$, F. 53—54°, aus Pentan Stäbchen. K. Stühmer. 800◇

0754 **Additionsreaktionen der Allylgruppe: Synthese von β-Allylpropionsäure-Verbindungen.** Gian Paolo Chiusoli. (Chim. e Ind. [Milano] **43**, 365—68, 1961; Novara, Soc. Montecatini, Ist. di Ric. „G. Donegani"; ital.) — Allylchlorid (**I**) wird in Ggw. von Raney-Ni u. Thioharnstoff (**II**) an Acrylsäure (**III**) unter Bldg. von *Δ⁵-Hexensäure* (**IV**) addiert. Die Rk. gelingt allg. mit substituierten Allylhalogeniden u. Derivv. sowie Homologen von **III**; die Ausbeuten liegen bei 20—40%. Die möglichen Reaktionsmechanismen werden besprochen.

Versuche: *Δ^5-Hexensäure* (**IV**), $Kp._{15}$ 100—105°, durch Zutropfen von je 20 g **I** u. **III** in Aceton zu ca. 18 g Raney-Ni u. 5 g **II** in 200 cm³ Aceton u. 20 cm³ W. bei 45° unter Rühren, 2std. Rühren, Einengen des Filtrates, Ansäuern mit H_2SO_4 u. Extrahieren mit Ae.; 5 g (Ausbeute); Hydrierung gibt *Capronsäure* (*Amid*, F. 100°), Oxydation mit $KMnO_4$ liefert *Glutarsäure*. *Methylester*, $Kp._{30}$ 60—63°, durch Zutropfen von 20 g **I** u. 40 g **III**-Methylester in CH_3OH zu 20 g Fe-Pulver, 20 g $NiCl_2 \cdot 6H_2O$ u. 4 g **II** in CH_3OH bei 50° u. 2std. Rühren bei 50°; 6,5 g; daneben *Diallylsulfid* (*$AgNO_3$-Komplex*, F. 152°). *Nitril*, $Kp._{22}$ 60—65°, durch Zutropfen von 20 g **I** u. 15 g Acrylnitril zu 18 g Raney-Ni u. 10 g **II** in 200 cm³ CH_3OH bei 55° u. 2std. Rühren; 3,5 g. — *5-Methyl-Δ^5-hexensäure*, $Kp._{15}$ 105—110°, analog **IV** aus 20 g Methallylchlorid (**V**), 40 g **III** u. 10 g **II**; 4,5 g; enthält etwas *5-Methyl-Δ^4-hexensäure*; Oxydation mit $KMnO_4$ gibt *5-Ketohexansäure* (*Semicarbazon*, F. 175°); Hydrierung an Pd liefert *5-Methylcapronsäure* (*Amid*, F. 104°). *Methylester*, $Kp._{20}$ 67—72°, a) durch Zutropfen von 20 g **V** u. 40 g **III**-Methylester in CH_3OH zu 10 g Raney-Ni u. 5 g **II** in 200 cm³ CH_3OH bei 45—50°, Fraktionieren u. Entschwefeln des Destillates mit $HgCl_2$ in W.; 7 g; b) analog dem **IV**-Methylester aus **V** bei 60°; 10,3 g. *Butylester*, $Kp._{15}$ 107—112°, durch 2std. Rühren von 20 g **V**, 40 g **III**-Butylester, 20 g Fe-Pulver, 10 g $NiCl_2 \cdot 6H_2O$ u. 4 g **II** in 200 cm³ Butanol bei 45—55°; 6,5 g. — *Δ^5-Heptensäure, Methylester*, $Kp._{20}$ 68—72°, analog dem **IV**-Methylester aus Crotylchlorid oder 3-Chlorbuten-(1) u. Entschwefeln des Destillates mit $HgCl_2$; 11 g; Hydrierung an Pd gibt *Önanthsäuremethylester* (identifiziert als *Önanthamid*, F. 95°). *Nitril*, $Kp._{20}$ 75—80°, analog dem **IV**-Nitril aus 20 g Crotylchlorid, 15 g Acrylnitril u. Entschwefeln des Destillates; 5 g. — *Δ^5-Heptenal*, $Kp._{30}$ 65—75°, durch Zutropfen von 25 g Crotylchlorid u. 15 g Acrolein in CH_3OH zu 18 g Raney-Ni u. 5 g **II** in CH_3OH bei 40° u. 2std. Rühren; 2 g. *Semicarbazon*, F. 91—93°. F. Heller. 810◇

0755 **Untersuchungen über ungesättigte Carbonsäuren. Tautomeriebeziehungen in durch die Carboxylgruppe aktivierten Pentadien-Systemen.** Gian Paolo Chiusoli und Sergio Merzoni. (Chim. e Ind. [Milano] **43**, 255—59, 1961; Novara, Soc. Montecatini, Ist. di Ric. „G. Donegani"; ital.) — Bei der Rk. von cis.trans-$\Delta^{2.5}$-Hexadiensäuremethylester (**I**) mit NH_4OH wird neben sehr wenig *Sorbinsäure*(**II**)*-amid trans.trans-$\Delta^{3.5}$-Hexadiensäure*(**III**)*-Amid* erhalten u. daraus mit HCl in CH_3OH der **III**-*Methylester* (**IIIa**) dargestellt. Die Konstit. von **III** u. **IIIa** wird durch Abbau, Rk. mit Maleinsäureanhydrid (**IV**) die UV- u. IR-Spektren sowie gaschromatograph. festgestellt. Bei der Rk. von **III** oder **IIIa** mit sd. 20%ig. NaOH wird die thermodynam. stabilere **II** erhalten. Beim Kochen von $\Delta^{2.5}$-Heptadiensäuremethylester (**V**) mit 20%ig. NaOH wird *$\Delta^{3.5}$-Heptadiensäure* (**VI**) gebildet, die erst mit sd. 30%ig. NaOH ein Gemisch von **VI** u. *$\Delta^{2.4}$-Heptadiensäure* gibt, während der isomere *5-Methyl-$\Delta^{2.5}$-hexadiensäuremethylester* (**VII**) schon mit Triäthylamin in ein Gemisch von *5-Methyl-$\Delta^{3.5}$-hexadiensäuremethylester* u. dem *$\Delta^{2.4}$-Isomeren* übergeht. 6-Methyl-$\Delta^{2.5}$-heptadiensäuremethylester (**VIII**) gibt mit sd. 10%ig. NaOH *6-Methyl-$\Delta^{3.5}$-heptadiensäure* u. sehr wenig des *$\Delta^{2.4}$-Isomeren*; ebenso verhält sich der 6-Phenyl-$\Delta^{2.5}$-heptadiensäuremethylester. Analog **I** wird $\Delta^{2.5}$-Octadien-1.8-disäure mit kalter verd. NaOH zu *$\Delta^{3.5}$-Octadien-1.8-disäure*, mit sd. NaOH zu *$\Delta^{2.4}$-Octadien-1.8-disäure* isomerisiert. — UV-Spektren vgl. Original.

Versuche: *$\Delta^{3.5}$-Hexadiensäure* (**III**), aus dem Amid u. kalter 10%ig. HCl; Öl. *Methylester* (**IIIa**), $Kp._{30}$ 71 bis 72°, durch 10std. Stehen von **III**-Amid u. 10%ig. methanol. HCl; $D._4^{20}$ 0,9518; n_D^{20} 1,4670. *Amid*, C_6H_9NO, F. 101—102° (Bzl.), neben wenig **II**-Amid durch 24std. Stehen von 10 g **I** ($Kp._{28}$ 62—63°; $D._4^{20}$ 0,9435; n_D^{20} 1,4481) u. 30%ig. NH_4OH bei 20—25°; 7,5 g (Ausbeute). — *Sorbinsäure* (**II**), durch Kochen von **III** oder **IIIa** u. 20%ig. NaOH. — *Formaldehyd, Dimedon-Deriv.*, F. 191°, durch Ozonolyse von **IIIa** in Äthylacetat bei —30°, Red. des Ozonids mit 3 at H_2 über Pd-$CaCO_3$ u. Rk. mit Dimedon. — *Oxalsäure, Dihydrat*, F. 101°, durch Ozonolyse von **IIIa** u. Luftoxydation des Ozonids. — *3-Carboxymethyl-Δ^4-tetrahydrophthalsäureanhydrid*, F. 148 bis 150°, aus **III** u. **IV**. *Methylester*, F. 97—99° (Bzl.), aus **IIIa** u. **IV**. — *$\Delta^{3.5}$-Heptadiensäure* (**VI**), F. 55°, a) durch 1std. Kochen von **VIa** oder **V** mit 20%ig. NaOH; b) aus dem Amid u. kalter 10%ig. HCl; aus PAe. Nadeln. *Methylester* (**VIa**), $Kp._{20}$ 83—84°, analog **IIIa**; $D._4^{20}$ 0,9462; n_D^{20} 1,4765. *Amid*, $C_7H_{11}NO$, F. 138—139° (Bzl.), durch 8std. Stehen von 10 g **V** u. 30%ig. NH_4OH bei 20—25°; 8,5 g. — *$\Delta^{2.4}$-Heptadiensäuremethylester*, im Gemisch mit **VIa** durch 10std. Kochen von **VIa** mit 30%ig. NaOH. Hydrierung über Pd–$CaCO_3$ gibt *Önanthsäure* (*Amid*, F. 95°). — *3-Carbomethoxymethyl-6-methyl-Δ^4-tetrahydrophthalsäureanhydrid*, F. 87—89°, aus **VIa** u. **IV**. — *5-Methyl-$\Delta^{2.4}$-hexadiensäure*, F. 107—108°, durch Kochen von **VII** u. verd. NaOH. *Methylester*, $Kp._{10}$ 73—74°, durch Verestern der Säure; $D._4^{20}$ 0,9566; n_D^{20} 1,5145. — *5-Methyl-$\Delta^{3.5}$-hexadiensäure, Methylester*, $Kp._{13}$ 65—70°, neben vorst. Methylester durch Kochen von **VII** u. Triäthylamin in CH_3OH u. fraktionierte Dest.; $D._4^{20}$ 0,9471; n_D^{20} 1,4719. *Amid*, F. 86—87° (Bzl.), durch 10tägiges Stehen von **VII** u. konz. NH_4OH bei 20°. — *3-Carbomethoxymethyl-5-methyl-Δ^4-tetrahydrophthalsäureanhydrid*, F. 101—102° (Bzl.), aus vorst. Methylester u. **IV**. — *6-Methyl-$\Delta^{3.5}$-heptadiensäure, Methylester*, $Kp._{12}$ 85—86°, durch Verseifen von **VIII** ($Kp._{15}$ 78—79°; $D._4^{20}$ 0,9320; n_D^{20} 1,4630) mit 10%ig. NaOH u. Wiederverestern der Säure mit CH_3OH; $D._4^{20}$ 0,9457; n_D^{20} 1,4838. *Amid*, F. 124—125°, aus **VIII** u. kaltem konz. NH_4OH. — *6-Phenyl-$\Delta^{3.5}$-hexadiensäure*, F. 108—109° (verd. A.), durch Kochen von 6-Phenyl-$\Delta^{2.5}$-hexadiensäuremethylester ($Kp._{2,5}$ 133—135°) mit 10%ig. NaOH; gibt bei der Oxydation mit $KMnO_4$ *Benzoe-* u. *Oxalsäure*, die Hydrierung über Pd liefert *6-Phenylcapronsäure* (*p-Phenylphenacylester*, F. 66—67°). *Methylester*, $C_{13}H_{14}O_2$, F. 46—48. — *$\Delta^{3.5}$-Octadien-1.8-disäure*, F. 191—192°, aus $\Delta^{2.5}$-Octadien-1.8-disäure u. kalter verd. NaOH. — *$\Delta^{2.4}$-Octadien-1.8-disäure*, F. 221 bis 224°, wie vorst. Säure mit sd. 20%ig. NaOH. F. Heller. 810◇

0756 **Die Darstellung von Estern einiger substituierter Sebacinsäuren aus Ölsäure.** L. K. Dalton, H. H. Hatt und A. Z. Szumer. (Austral. J. Chem. **12**, 671—77, 1959; Melbourne, C.S.I.R.O. Chem. Res. Labor., Organ. Chem. Sect.; engl.) — Durch Rk. von Elaidinsäure mit einer Persäure erhaltene *threo-9.10-Dihydroxyoctadecansäure* (**II**) wird in einer verbesserten Meth. ähnlich wie die entsprechende erythro-Form (**I**) in *2-Hydroxy-2-octyldecandisäure* (**III**) übergeführt, die beim Erhitzen ein Gemisch ungesätt. Dicarbonsäuren liefert, dessen Hydrierung *2-Octyldecandisäure* (**IV**) gibt. **IV**-*Bis-[2-äthylhexylester]* eignet sich als Schmiermittel. Ester von **III** sind Weichmacher für u. verbesserten die Hitzebeständigkeit von PVC; wegen der Dehydratation in der Hitze eignen sie sich nicht als Schmiermittel. Da 9.10-Diketooctadecansäure (**V**) unter den gleichen Bedingungen zu **III** umgelagert wird, wird sie als Zwischenstufe der Bldg. von **III** aus **I** oder **II** angesehen (vgl. Nicolet u. Jurist [1922]). Die von Nicolet u. Jurist (l. c.) beschriebene Red. von **V** zu **I** in geschmolzenen Alkalien konnte nicht bestätigt werden. **III** wird bei längerer Einw. von geschmolzenen Alkalien bei 230° zu *9-Ketoheptadecansäure*, *Azelainsäure*, *C_{18}-Disäuren*, *C_9-Säuren* u. a., nicht identifizierten Prodd. abgebaut.

Versuche: *2-Hydroxy-2-octyldecandisäure* (**III**), $C_{18}H_{34}O_5$, F. 109—110° (Chlf./Cyclohexan), a) durch Zugabe von geschmolzenem **II** zu überschüssiger KOH/NaOH-Schmelze (6:4), 1½std. Rühren bei 180°, kurzes Rühren, Kühlen < 100°, Zugabe von wenig W., Lösen der oberen Schicht in W., Ansäuern mit HCl, Kochen mit W. u. Trocknen des Nd.; 11% (Ausbeute); b) analog a) in ½ Std. bei 200° mit KOH/NaOH (1:1); 29%; c) analog b) in 1½ Std.; 37%; d) analog a) bei 230° in 10 Min. mit KOH/NaOH (2:3); e) analog d) in 20 Min.; 51%; f) analog d) in 1 Std.; 25%; g) analog a) in 5 Min. bei 240° mit KOH/NaOH (35:65); 44%; h) analog a) in 5 Min. bei 250° mit KOH/NaOH (3:7); 53%; i) analog h) in 8 Min.; 58%; j) analog g) in Ggw. von CdO; 67%; k) analog j) mit der doppelten Menge KOH/NaOH; 70%; l) durch ½std. Erhitzen von **II** mit NaOH u. W. in Ggw. von $Cd(NO_3)_2$ im Autoklaven auf 250°; 37%. *Diisobutylester*, $C_{26}H_{50}O_5$, durch Kochen von **III**, Isobutanol u. H_2SO_4 in Toluol. — *2-Octyldecandisäure* (**IV**), $C_{18}H_{34}O_4$, F. 70° [Chlf.: Hexan (1:9)], durch 2std. Erhitzen von 30 g **III** auf 220° bei 50 Torr u. Hydrieren in Essigsäure u. Ggw. von PtO_2 bei Zimmertemp. bei 1500 lb./sq. in.; 23 g. *Bis-[2-äthylhexylester]*, $C_{34}H_{66}O_4$, $Kp._{0,4}$ 232—238°, analog vorst. Ester aus **IV** u. 2-Äthylhexanol (Reinigung durch Dest. oder Waschen mit Girard-Reagens T); Öl; $D._4^{25}$ 0,8969; n_D^{25} 1,4510.

M. Wolff. 820◇

0757 **Die Kondensation von Ketonen mit dem Äthylhemiacetal des Glyoxylsäureäthylesters.** A. W. Noltes und F. Kögl. (Recueil Trav. chim. Pays-Bas **80**, 1334—47, 1961; Utrecht, State Univ., Labor. of Org. Chem.; engl.) — Bei der Kondens. von aliphat. Ketonen mit dem Äthylhemiacetal des Glyoxylsäureäthylesters (**I**) durch Erhitzen im Bombenrohr entstehen unter Abspaltung von A. *2-Hydroxy-4-ketoalkansäureester*, die durch Wasser-Abspaltung in die entsprechenden α.β-ungesätt. Ketoester (**A**) übergehen. Die Hydrierung der **A** ergibt in Ggw. von PtO_2 *4-Hydroxyalkansäuren*, die durch Verseifung in die entsprechenden *Lactone* übergeführt werden. In Ggw. von Raney-Ni entstehen *4-Ketoalkansäureester*. Aus Heptanon-(3) u. **I** entsteht ein Gemisch aus 2 isomeren Kondens.-Produkten. Cycloaliphat. Ketone reagieren analog. Einige in der Literatur beschriebene Rkk. von **I**, Glyoxylsäure bzw. Glyoxylsäureestern mit Verbb., die aktive CH_2-Gruppen enthalten, werden diskutiert.

Versuche: *2-Hydroxy-4-ketopentansäureäthylester*, $Kp._{10}$ 123,5—124,5°, aus **I** u. Aceton durch 2std. Erhitzen im Bombenrohr auf 160—165°; 60% (Ausbeute). — *4-Ketopenten-(2)-säureäthylester*, *Semicarbazon*, $C_8H_{13}N_3O_3$, F. 200—202° (Zers.), aus vorst. Verb. durch Erhitzen (5 Min., 100°) mit Semicarbazid · HCl in Essigsäure. — *2-Hydroxy-4-keto-3-methylhexansäureäthylester* (**IV**), $Kp._{11}$ 128—131°, aus **I** u. Diäthylketon (2,5 Std., 200°); 74%; daneben *1.5-Dihydroxy-3-keto-2.4-dimethylpentan-1.5-dicarbonsäurediäthylester* [$C_{13}H_{22}O_7$, $Kp._{0,005}$ 110°, aus dem Dest.-Rückstand (10 g) durch Dest.; 8,5 g]. *Semicarbazon*, *p-Nitrobenzoat*, $C_{17}H_{22}N_4O_7$, F. 167,5—169,5° (CH_3OH). — *4-Keto-3-methylhexen-(2)-säureäthylester* (**II**), $C_9H_{14}O_3$, F. 31,7—32,3°, $Kp._{12}$ 110 bis 111,5°, aus **IV** durch langsames Erhitzen mit $KHSO_4$ auf 180° im Vakuum; Prismen aus A., 83%. *2.4-Dinitrophenylhydrazon*, $C_{15}H_{18}N_4O_6$, F. 140—140,7°; aus A. orangefarbene Nadeln. — *4-Keto-3-methylhexansäureäthylester*, $Kp._{12}$ 99,5°, aus **II** (29,2 g) durch 10std. Hydrierung in A. in Ggw. von Raney-Ni; 25 g. *Semicarbazon*, $C_{10}H_{19}N_3O_3$, F. 93—94°; aus wss. A. Prismen. — *3-Methylhexanolid-(4.1)*, $Kp._{10,5}$ 99—101,5°, aus vorst. Verb. (16,8 g) durch 3std. Hydrierung in A. an Adams-Katalysator, Kochen mit 10%ig. wss. KOH u. Ansäuern mit 25%ig. H_2SO_4; n_D^{20} 1,4391; 7,3 g. — *4-Hydroxy-3-methylhexansäurehydrazid*, $C_7H_{16}N_2O_2$, F. 129,8—130,2°, aus vorst. Verb. durch kurzes Erhitzen mit Hydrazinhydrat u. wenig A.; aus A. Spieße. — *3-Äthyl-2-hydroxy-4-ketoheptansäureäthylester*, $C_{11}H_{20}O_4$, $Kp._{10,5}$ 140—142,5°, aus **I** u. Heptanon-(4) (2 Std., 200°); 62%. — *3-n-Butyl-2-hydroxy-4-ketononansäureäthylester*, $Kp._{11}$ 169—172°, aus **I** u. Undecanon-(6); 59%. — *3-sek.-Butyl-2-hydroxy-4-keto-6-methyloctansäureäthylester*, $C_{15}H_{28}O_4$, $Kp._{0,005}$ 84 bis 87°, aus **I** u. 3.7-Dimethylnonanon-(5) (2,5 Std., 200—210°); 58%.— *3-sek.-Butyl-4-keto-6-methylocten-(2)-säureäthylester*, $Kp._{11,5}$ 152—154°, aus vorst. Verb. durch Erhitzen mit $KHSO_4$ auf 140°; 83%. — *3-sek.-Butyl-4-hydroxy-6-methyloctansäureäthylester*, $Kp._{12}$ 159—161°, aus vorst. Verb. durch Hydrierung in A. in Ggw. von Raney-Ni u. anschließend 12 Std. in Ggw. von mit Pt aktiviertem Raney-Ni (80°, 100 at); 70%. — *3-sek.-Butyl-6-methyloctanolid-(4.1)*, $C_{13}H_{24}O_2$, $Kp._{11,5}$ 159—162°, aus vorst. Verb. durch 25std. Kochen mit wss. KOH u. Ansäuern mit 40%ig. H_2SO_4; 61%. — *2-Hydroxy-4-ketohexansäureäthylester*, $C_8H_{14}O_4$, $Kp._{13}$ 124—127°, aus **I** u. Methyläthylketon (2 Std., 200°); 67%. — *4-Ketohexen-(2)-säureäthylester*, $Kp._{11,5}$ 95—102°, aus vorst. Verb. u. $KHSO_4$ durch Dest. unter vermindertem Druck; 86%. — *4-Ketohexansäureäthylester*, $Kp._{12}$ 95—98°, aus vorst. Verb. durch 3std. Hydrierung in A. in Ggw. von Raney-Ni u. wenig Chlf.; 88%. — *Homolävulinsäure*, $Kp._{16}$ 143—144°, aus vorst. Verb. durch Kochen mit wss. NaOH; 86%. *Semicarbazon*, F. 175°. — *Gemisch aus 2-Hydroxy-4-keto-3-n-propylhexansäureäthylester* u. *2-Hydroxy-4-keto-3-methyloctansäureäthylester*, $C_{11}H_{20}O_4$, $Kp._{14}$ 141—147°, aus **I** u. Heptanon-(3) (2,5 Std., 200°); 54%. Liefert durch Erhitzen mit $KHSO_4$, 2std. Hydrierung des erhaltenen Gemisches der ungesätt. Ketoester in A. in Ggw. von Raney-Ni u. wenig Chlf., Verseifung mit wss. NaOH, Wolff-Kishner-Red. der erhaltenen Ketosäuren zu C_9-Fettsäuren u. Identifizierung durch Gaschromatographie *3-n-Propylhexansäure* u. *3-Methyloctansäure*. — *Cyclopentanon-(2)-ylglykolsäureäthylester*, $C_9H_{14}O_4$, F. 62,5°, aus **I** u. Cyclopentanon (2 Std., 200°); Nadeln aus Cyclohexan; 81%. — *Cyclopentanon-(2)-ylidenessigsäureäthylester*, $Kp._{10}$ 120—122°, aus vorst. Verb. u. $KHSO_4$ durch Erhitzen (10 Min.) auf 100°/10 Torr; 36%. — *Cyclopentanon-(2)-ylessigsäureäthylester* (**III**), $Kp._{10}$ 118—119,5°, aus vorst. Verb. durch 12std. Hydrierung in A. in Ggw. von Raney-Ni u. wenig Chlf.; 82%. *Semicarbazon*, F. 173—174°. — *Cyclohexanon-(2)-ylglykolsäureäthylester*, $C_{10}H_{16}O_4$, $Kp._{10}$ 156—157°, aus **I** u. Cyclohexanon (2 Std., 200°); 71%. — *Cyclohexanon-(2)-ylidenessigsäureäthylester*, $Kp._{12}$ 132°, aus vorst. Verb. u. $KHSO_4$ durch Kochen (15 Min.) bei 100° u. 10 Torr; 37%. — *Cyclohexanon-(2)-ylessigsäureäthylester*, $Kp._{11}$ 127—129°, aus vorst. Verb. (1,0 g) wie **III**; 0,9 g. *Semicarbazon*, F. 194° (wss. A.). — *2-Hydroxy-4-keto-4-phenylbuttersäureäthylester*, $C_{12}H_{14}O_4$, $Kp._{0,01}$ 132 bis 134°, aus **I** u. Acetophenon (2 Std., 200°); 80%. — *4-Keto-4-phenylbuten-(2)-säureäthylester*, $Kp._{14}$ 163—165°, aus vorst. Verb. (12 g) durch Zugabe von $POCl_3$ in Pyridin u. 3std. Stehen; 6,5 g. *Semicarbazon*, F. 170,5 bis 171°. — *1-Hydroxy-3-keto-2.4-dimethylpenten-(4)-dicarbonsäure-(1.5)-diäthylester*, $C_{13}H_{20}O_6$, $Kp._{0,001}$ 106—109°, aus **I** u. **II** (2,5 Std., 200°); 60%.

R. Pester. 870◇

0758 **Hexamethylendithiocarbaminsäure und ihre Derivate.** A. N. Kosst, P. B. Terentjew und W. M. Byrko. (Nachr. Moskauer Univ., Ser. Math., Mechan., Astronom., Physik. Chem. **14**, Nr. 4, 195—98, 1959; Lehrstuhl für organ. Chem.; russ.) — Das *K-Salz* (**I**) u. die *Alkylester* der *N.N-Hexamethylendithiocarbaminsäure* werden dargestellt. **I** bildet Ndd. mit den Ionen von Cd, Zn, Co (rosagrün), Ni (gelbgrün), Cu^{2+} (schwarz), Fe^{3+} (braunschwarz), Pd^{2+} (braun), Mo^{6+} (rotviolett), Bi^{3+} (dunkelgelb), Tl^{3+} (hellgelb) u. Tl^{+}, die mit Chlf. u. CCl_4 extrahierbar sind.

Versuche: *N.N-Hexamethylendithiocarbaminsäure, K-Salz* (**I**), $C_7H_{12}KNS_2$, durch tropfenweise Zugabe von 37 g CS_2 zu 27 g KOH u. 49,5 g Hexamethylenimin in 150 ml Bzl. u. 6 ml W. u. 1std. Rühren bei 20°; aus Aceton gelb; 106 g (Ausbeute). *Äthylester*, $C_9H_{17}NS_2$, $Kp._2$ 142—144°, durch Zugabe von 0,05 Mol Äthylhalogenid in 20 ml Aceton bei 40—50° zu 0,05 Mol **I** in 80 ml Aceton u. 1std. Stehen; $D._4^{20}$ 1,1188; n_D^{20} 1,5972; 73,0%. Analog: *Isopropylester*, $C_{10}H_{19}NS_2$, $Kp._2$ 148—149°; $D._4^{20}$

1,0902; n_D^{20} 1,5840; 75,2%. *n-Butylester*, $C_{11}H_{21}NS_2$, $Kp._1$ 156—157°; $D._4^{20}$ 1,0745; n_D^{20} 1,5773; 75,0%. *Isobutylester*, $C_{11}H_{21}NS_2$, $Kp._4$ 169—171°; $D._4^{20}$ 1,0710; n_D^{20} 1,5760; 77,0%. *Isoamylester*, $C_{12}H_{23}NS_2$, $Kp._2$ 171 bis 173°; $D._4^{20}$ 0,9679; n_D^{20} 1,5687; 76,2%. *β-Cyanäthylester*, $C_{10}H_{16}N_2S_2$, $Kp._1$ 195—198°, F. 42—44°, durch Zugabe von 0,2 Mol Acrylonitril unter Kühlung zu 0,2 Mol I in 50 ml W. u. ½std. Rühren; 56,5%.

Helmut Schäfer. 880△

0759 **Untersuchung von Monoguanylhydrazonen und gemischten Guanylhydrazonthiosemicarbazonen einiger β-Diketone mit tuberkulostatischer Wirkung.** W. Ja. Grinstein und A. P. Weweriss. (Журнал Общей Химии [J. allg. Chem.] **32(94)**, 1077—84, April 1962; Inst. für org. Synth. der Akad. der Wiss. der LettSSR; russ.) — Während Acetylaceton mit Aminoguanidinnitrat (I-Nitrat) allein das Bis-guanylhydrazon liefert, wird mit I-Acetat glatt das *Monoguanylhydrazonacetat* (**II**) erhalten. Monoguanylhydrazone werden ferner aus Dibenzoylmethan, Indandion-(1.3), 2-Phenylindandion-(1.3), Usninsäure u. weiteren β-Diketonen dargestellt. Isonitrosodimedon gibt auch mit geringen Mengen I-Acetat stets das *Bisguanylhydrazon*. Die spektroskop. Unters. zeigt, daß die Monoguanylhydrazone von enolisierbaren β-Diketonen in der Enaminform vorliegen; bei ihnen fehlt der für die Ketimingruppierung charakterist. Absorptionsbereich bei 1690 cm^{-1}, u. es tritt ein neues Absorptionsgebiet bei 1550—1640 cm^{-1} auf. Aus Indandion-(1.3)-monoguanylhydrazonacetat (**III**) erhält man mit Thiosemicarbazid (**IV**) bei Raumtemp. in Ggw. von HNO_3 das *Guanylhydrazonthiosemicarbazon*, während längeres Kochen mit **IV** in verd. HCl zum *Bis-thiosemicarbazon* führt. Zahlreiche Salze der synthetisierten Guanylhydrazone u. Guanylhydrazonthiosemicarbazone werden beschrieben. Die Verb. besitzen durchweg eine tuberkulostat. Wirksamkeit; bes. interessant erscheinen *Usninsäuremonoguanylhydrazonacetat* u. *Indandion-(1.3)-guanylhydrazonthiosemicarbazonhydrochlorid*.

Versuche: *Acetylacetonmonoguanylhydrazon, Acetat* (**II**), $C_6H_{12}N_4O \cdot C_2H_4O_2$, F. 179—180° (Zers.; A.), durch leichtes Erwärmen von I-Bicarbonat mit Essigsäure in wss. A. bis zum Aufhören der CO_2-Entw., Zugeben von Acetylaceton u. 48std. Stehen bei 0°; 72,1% (Ausbeute). *Pikrat*, $C_6H_{12}N_4O \cdot C_6H_3N_3O_7$, F. 165—166° (Zers.; A.). *Nitrat*, $C_6H_{12}N_4O \cdot HNO_3$, F. 138—140°, aus Propanol Blättchen. — *3.5-Dimethylpyrazol* (**V**), F. 104 bis 105° (W.), durch 3std. Kochen von **II** mit 20%ig. KOH; 90,2%. — *ω-Phenylacetylacetonmonoguanylhydrazonacetat*, $C_{12}H_{16}N_4O \cdot C_2H_4O_2$, F. 169—171°, analog **II**; aus A.-Dioxan Blättchen; 28%. — *3(5)-Methyl-5(3)-benzylpyrazol*, $C_{11}H_{12}N_2$, F. 77—78°, analog **V** aus vorst. Acetat. — *Dibenzoylmethanmonoguanylhydrazon, Nitrat*, $C_{16}H_{16}N_4O \cdot HNO_3$, F. 163—164° (A.), durch 2std. Kochen von Dibenzoylmethan mit I-Nitrat in verd. HNO_3; 85%. *Pikrat*, $C_{16}H_{16}N_4O \cdot C_6H_3N_3O_7$, F. 205—206° (Zers.; A.). — *3.5-Diphenylpyrazol*, F. 199—200°, analog **V** aus vorst. Nitrat. — *Usninsäuremonoguanylhydrazon, Acetat*, $C_{19}H_{20}N_4O_6 \cdot C_2H_4O_2$, F. 176—178° (Zers.), durch 1std. Kochen von Usninsäure mit I-Acetat in Bzl.-A., Kühlen, Zutropfen von Eisessig u. 48std. Stehen; aus A. gelbe Blättchen; 41,2%. *Hydrochlorid*, $C_{19}H_{20}N_4O_6 \cdot HCl$, F. 225 bis 227° (Zers.). — *Isonitrosodimedon-bis-[guanylhydrazon]-diacetat*, $C_{10}H_{19}N_9O \cdot 2C_2H_4O_2$, F. 165—166° (Zers.), durch 1std. Schütteln von Isonitrosodimedon mit I-Acetat in A.; aus A. violette Nadeln; 83,3%. — *Indandion-(1.3)-monoguanylhydrazon*, $C_{10}H_{10}N_4O$, F. 215 bis 219° (Zers.; A.), aus dem Acetat mit verd. NH_4OH. *Acetat* (**III**), $C_{10}H_{10}N_4O \cdot C_2H_4O_2$, F. 207° (Zers.), durch Auskochen des Nitrats mit 1,5%ig. alkohol. KOH, rasches Filtrieren u. Zugaben von Eisessig; aus Pyridin gelbliche Blättchen; 78,9%. *Nitrat*, $C_{10}H_{10}N_4O \cdot HNO_3$, F. 243—246° (Zers.), durch 48std. Stehen von Indandion-(1.3) mit I-Nitrat in A. in Ggw. von HNO_3; blaugraue Nadeln; 97,3%. *Pikrat*, $C_{10}H_{10}N_4O \cdot C_6H_3N_3O_7$, F. 253° (Zers.; wss. A.). — *2-Phenylindandion-(1.3)-monoguanylhydrazon, Nitrat*, F. 212—214° (Zers.; wss. A.); 22,1%. *Pikrat*, $C_{16}H_{14}N_4O \cdot C_6H_3N_3O_7$, F. 191—192° (Zers.). — *2-Phenyl-2-methylindandion-(1.3)-monoguanylhydrazonnitrat*, $C_{17}H_{16}N_4O \cdot HNO_3$, F. 208° (Zers.; wss. A.); 83,3%. — *2-Amino-2-phenylindandion-(1.3)-monoguanylhydrazondinitrat*, $C_{16}H_{15}N_5O \cdot 2HNO_3$, F. 193° (Zers.); 30,1%. — *Acetylacetonguanylhydrazonthiosemicarbazonnitrat*, $C_7 \cdot H_{15}N_7S \cdot HNO_3$, F. 161° (Zers.), durch 48std. Stehen von **II** mit **IV** in verd. HNO_3; aus W. Nadeln; 59,3%. — *Benzoylacetonguanylhydrazonthiosemicarbazonnitrat*, $C_{12} \cdot H_{17}N_7S \cdot HNO_3$, F. 152—153° (Zers.; W.), analog; 20%. — *Indandion-(1.3)-guanylhydrazonthiosemicarbazon, Hydrat*, $C_{11}H_{13}N_7S \cdot H_2O$, F. 214—216° (Zers.), aus W. gelbe Nadeln. *Hydrochlorid*, $C_{11}H_{13}N_7S \cdot HCl$, F. 214° (Zers.). *Hydrochloridhydrat*, $C_{11}H_{13}N_7S \cdot HCl \cdot H_2O$, F. 215° (Zers.), durch Zutropfen von 4 n HCl zu **III** u. **IV** in W. bei 90° u. Stehen über Nacht. *Pikrat*, $C_{11}H_{13}N_7S \cdot C_6H_3N_3 \cdot O_7$, F. 267—269° (Zers.; wss. A.). *Nitrathydrat*, $C_{11}H_{13}N_7S \cdot HNO_3 \cdot H_2O$, F. 221—222° (Zers.; W.). — *Indandion-(1.3)-bis-guanylhydrazon, Hydrat*, $C_{11}H_{14}N_8 \cdot H_2O$, gelbe Nadeln. *Dihydrochloriddihydrat*, $C_{11}H_{14}N_8 \cdot 2HCl \cdot 2H_2O$, F. 250—252° (Zers.), durch ½std. Kochen von Indandion-(1.3) mit I-Hydrochlorid in verd. HCl; aus W. Nadeln. *Dinitrathydrat*, $C_{11}H_{14}N_8 \cdot 2HNO_3 \cdot H_2O$, F. 234—235° (Zers.; W.). — *Indandion-(1.3)-bis-thiosemicarbazon, Hydrat*, $C_{11}H_{12}N_6S_2 \cdot H_2O$, F. 236—242°, durch 1½std. Kochen von **III** mit **IV** in 0,3 n HCl; aus wss. Pyridin graue Blättchen; 81,9%. H.-E. Toussaint. 880◇

0760 **Biguanidsulfat (Guanylguanidiniumhydrogensulfat).** D. Karipides und W. Conard Fernelius. (Inorg. Syntheses **7**, 56—58, 1963; University Park, Pa., State Univ.; engl.) — Standardmeth. zur Darst. von *$H_2NC(NH) \cdot NHC(NH)NH_2 \cdot H_2SO_4$*, $C_2H_9N_5O_4S$, F. 231—232°, durch Rk. von Cyanguanidin mit NH_4Cl bei 160—165° zu *Biguanidhydrochlorid*, Bldg. des *Cu-Salzes* $[Cu(C_2H_7N_5)_2] \cdot SO_4$ mit ammoniakal. $CuSO_4$-Lsg., Umsetzung mit heißem 10%ig. H_2SO_4 zu *Biguanidsulfat-Dihydrat* u. Entwässerung bei 110°; 15,4% Ausbeute.

A. Blaschette. 880◇

0761 **Biguanid (Guanylguanidin, Amidinoguanidin).** Samuel N. Holter und W. Conard Fernelius. (Inorg. Syntheses **7**, 58—59, 1963; engl.) — Vgl. vorst. Referat. — Standardmeth. zur Darst. von *$H_2NC(NH) \cdot NHC \cdot (NH)NH_2$*, F. 133—134°, durch Rk. des Sulfats (l. c.) mit NaOH in Methanol; 89% Ausbeute.

A. Blaschette. 880◇

0762 **Amine mit gangliolytischer Aktivität. 4. Mitt. Tertiäre aliphatische Amine mit verzweigter Kette.** A. Ja. Chorlin, L. A. Worotnikowa und N. K. Kotschetkow. (Журнал Общей Химии [J. allg. Chem.] **31 (93)**, 1827—30, 1961; Inst. für Pharmakol. u. Chemotherapie der Akad. der med. Wiss. der UdSSR; russ.) — 3. vgl. C. **1962**, 10053. — Durch Verseifung von N-tert.-Alkylacetamiden wurden *tert.-Alkylamine* dargestellt u. zu *Dimethyl-tert.-alkylaminen* methyliert. Durch Red. der N-tert.-Alkylacetamide mit $LiAlH_4$ u. Methylierung der gebildeten Äthyl-tert.-alkylamine wurden *Methyläthyl-tert.-alkylamine* erhalten. Der Zusammenhang zwischen Struktur u. ganglienblockierender Wrkg. wird erörtert.

Versuche: Man kocht 0,5 Mol des entsprechenden N-tert.-Alkylacetamids, 56 g KOH, 30 ml W. u. 400 ml Äthylenglykol 50 Std. u. dest. mit Wasserdampf: *tert.-Butylamin*, Kp. 42—43°; 28,5% (Ausbeute). *Hydrochlorid*, $C_4H_{12}ClN$, F. 300—305°. — *2-Methylbutyl-(2)-amin*, Kp. 77—78°, 28,5%. *Hydrochlorid*, $C_5H_{14}ClN$, F. 234—236°. — *3-Methylpentyl-(3)-amin*, Kp. 102—104°; 21,3%. *Hydrochlorid*, $C_6H_{16}ClN$, F. 292°. — *3-Äthylpentyl-(3)-amin*, Kp. 132—133°; 20,5%. *Hydrochlorid*, $C_7H_{18}ClN$, sublimiert bei 300°. — *2.3.3-Trimethylbutyl-(2)-amin*, Kp. 121—122°; 15%. *Hydrochlorid*, $C_7H_{18}ClN$, F. 305—306°. — Dimethyl- u. Methyläthyl-tert.-alkylamine; man kocht 0,6 Mol Ameisensäure, 0,3 Mol Formaldehyd als Formalin u. 0,1 Mol der vorst. prim. Amine oder der aus den N-tert. Alkylacetamid mit $LiAlH_4$ erhaltenen Äthyl-tert.-alkylamine 8 Std., säuert mit HCl an, dampft ein, behandelt mit NaOH u. extrahiert mit Ae.: *Methyläthyl-tert.-butylamin*, Kp. 106°; 71,2%. *Hydrobromid*, $C_7H_{18}BrN$, F. 214—216°. — *Methyläthyl-[2-methylbutyl-(2)]-amin*, Kp. 135°; 60%. *Hydrobromid*, $C_8H_{20}BrN$, F. 161—162°. — *Methyläthyl-[3-methylpentyl-(3)]-amin*, Kp. 159—160°; 45,3%. *Hydrobromid*, $C_9H_{22} \cdot BrN$, F. 159—160,5°. — *Methyläthyl-[3-äthylpentyl-(3)]-amin*, Kp. 182—184°; 60%. *Hydrobromid*, $C_{10}H_{24}BrN$, F. 165—167°. — *Methyläthyl-[2.3.3-trimethylbutyl-(2)]-*

amin, Kp. 173–175°; 60%. *Hydrobromid*, $C_{10}H_{24}BrN$, F. 173°. – *Dimethyl-tert.-butylamin*, Kp. 88–90°; 32%. *Hydrochlorid*, $C_6H_{16}ClN$, F. 238–239°. – *Dimethyl-[3-methylpentyl-(3)]-amin*, Kp. 139–140°; 60%. *Hydrobromid*, $C_8H_{20}BrN$, F. 175,5–177°. – *Dimethyl-[3-äthylpentyl-(3)]-amin*, Kp. 166°; 60%. *Hydrobromid*, $C_9 \cdot H_{22}BrN$, F. 179–181°. – *Dimethyl-[2.3.3-trimethylbutyl-(2)]-amin*, Kp. 155–156°; 60%. *Hydrobromid*, $C_9H_{22}BrN$, F. 217°. Helmut Schäfer. 910

0763 **α,ω-substituierte Alkane von möglicher biologischer Bedeutung.** 3. Mitt. **Synthese von ω-Dialkylaminoalkylchloriden.** W. M. Ssolowjew und A. P. Skoldinow. (J. allg. Chem. [UdSSR] **32(94)**, 439–45, Febr. 1962; Inst. für Pharmakol. u. Chemotherapie der Akad. der med. Wiss. der UdSSR; russ.) – 2. vgl. C. **1963**, 14657. – Durch Kondens. von ω-Chloralkansäurechloriden mit Dimethyl-, Diäthylamin u. Piperidin wurden die entsprechenden *ω-Chloralkansäureamide* dargestellt die mit $LiAlH_4$ zu den entsprechenden *ω-Dialkylaminoalkylchloriden* reduziert wurden. Die ω-Chlorpentylamine cyclisieren leicht zu den entsprechenden *Piperidiniumchloriden*. Es werden einige *ω-Chloralkansäuremethylester* u. *ω-Aminoalkansäureamide* beschrieben.

Versuche: *β-Chlorpropionsäure, Dimethylamid*, $C_5H_{10}ClNO$, Kp.$_2$ 82–83°, durch Zutropfen von Dimethylamin in Bzl. zu β-Chlorpropionylchlorid in Bzl. u. 2std. Rühren bei < 10°; $D._4^{20}$ 1,110; n_D^{20} 1,4735; 83% (Ausbeute). Analog: *Diäthylamid*, $C_7H_{14}ClNO$, Kp.$_1$ 86 bis 87°; $D._4^{20}$ 1,058; n_D^{20} 1,4690; 61,1%. *Piperidid*, $C_8H_{14}ClNO$, Kp.$_2$ 118–119°; $D._4^{20}$ 1,112; nD^{20} 1,4941; 67,1%. – *δ-Chlorvaleriansäure, Methylester* (**I**), $C_6H_{11}ClO_2$, Kp.$_{14}$ 81–82°, durch 6std. Kochen von δ-Chlorvaleriansäure in Methanol in Ggw. von konz. H_2SO_4; $D._4^{20}$ 1,076; n_D^{20} 1,4380; 75%. *Dimethylamid*, $C_7H_{14}ClNO$, Kp.$_3$ 129–130,5°, aus δ-Chlorvalerylchlorid; $D._4^{20}$ 1,064; n_D^{20} 1,4740; 87%. Analog: *Diäthylamid*, $C_9H_{18}ClNO$, Kp.$_2$ 113–116°; $D._4^{20}$ 1,022; n_D^{20} 1,4708; 76,5%. *Piperidid*, $C_{10}H_{18}ClNO$, Kp.$_2$ 139–141°; $D._4^{20}$ 1,072; n_D^{20} 1,4932; 63%. – *δ-Piperidinovaleriansäuremethylester*, Kp.$_2$ 100°, durch 3std. Kochen von 22,6 g **I** mit 26 g Piperidin in 30 ml Toluol; n_D^{20} 1,4580; 85,7%. – *ω-Chlorönanthsäure, Methylester* (**II**), $C_8H_{15}ClO_2$, Kp.$_{2,5}$ 90–91°; $D._4^{20}$ 1,039; n_D^{20} 1,4438; 70%. *Dimethylamid*, $C_9H_{18}ClNO$, Kp.$_2$ 134–135°, durch Zutropfen von Dimethylamin in Bzl. zu ω-Chlorönanthylchlorid in Bzl. u. 2std. Rühren bei 15–20°; $D._4^{20}$ 1,028; n_D^{20} 1,4749; 80%. Analog: *Diäthylamid* (**III**), $C_{11}H_{22}ClNO$, Kp.$_3$ 143–144°; $D._4^{20}$ 0,9928; n_D^{20} 1,4708; 82,5%. *Piperidid* (**IV**), $C_{12}H_{22}ClNO$, Kp.$_3$ 165–166°; $D._4^{20}$ 1,051, n_D^{20} 1,4932; 81%. – *ω-Diäthylaminoönanthsäurediäthylamid*, $C_{15}H_{32}N_2O$, Kp.$_2$ 150–153°, a) durch Erhitzen von 13,5 g **II** mit 22 g Diäthylamin im Rohr (5 Std., 180–185°; 6 Std. 195–200°); $D._4^{20}$ 0,8925; n_D^{20} 1,4632; 49,5%; b) durch 5std. Erhitzen von 22 g **III** mit 14,6 g Diäthylamin im Rohr auf 110–115°; n_D^{20} 1,4615; 65%. – *ω-Piperidinoönanthsäure, Piperidid*, $C_{17}H_{32}N_2O$, Kp.$_2$ 184–185°, durch 4std. Kochen von **IV** mit Piperidin in Toluol; $D._4^{20}$ 0,9772, n_D^{20} 1,4983; 71,5% [*Hydrochlorid*, $C_{17}H_{32}N_2O \cdot HCl$, F. 115–116° (A.-Aceton). *Jodmethylat*, $C_{18}H_{35}JN_2O$, F. 96–97° aus Aceton]. *Diäthylamid*, $C_{16}H_{32}N_2O$, Kp.$_{2,5}$ 164–166°, aus **III** u. Piperidin; $D._4^{20}$ 0,9274, n_D^{20} 1,4780; 73% [*Hydrochlorid*, $C_{16}H_{32}N_2O \cdot HCl$, F. 100° (A.–Ae.). *Jodmethylat*, $C_{17}H_{35}JN_2O$, F. 80–80,5° aus Äthylacetat–Aceton]. – *ω-Chlorpelargonsäure, Methylester*, $C_{10}H_{19}ClO_2$, Kp.$_1$ 113 bis 114°; $D._4^{20}$ 1,006; n_D^{20} 1,4478; 85,5%. *Dimethylamid*, $C_{11}H_{22}ClNO$, Kp.$_2$ 152–154°, F. 33–34°, aus ω-Chlorpelargonylchlorid u. Dimethylamin in Bzl.; 79%. *Diäthylamid*, $C_{13}H_{26}ClNO$, Kp.$_{0,5}$ 140–141°; $D._4^{20}$ 0,9723; n_D^{20} 1,4712; 85%. *Piperidid*, $C_{14}H_{26}ClNO$, Kp.$_{1,5}$ 171 bis 172°; $D._4^{20}$ 1,023; n_D^{20} 1,4915; 84%. – *ω-Chlorundecansäure, Methylester*, $C_{12}H_{23}ClO_2$, Kp.$_1$ 124–126°; $D._4^{20}$ 0,9863; n_D^{20} 1,4510; 76%. *Dimethylamid*, $C_{13}H_{26}ClNO$, F. 49–51°, aus ω-Chlorundecanoylchlorid u. Dimethylamin in Bzl.; 86%. *Diäthylamid*, $C_{15}H_{30}ClNO$, Kp.$_{1,5}$ 165 bis 167°, F. 31–32°; 86%. *Piperidid*, $C_{16}H_{30}ClNO$, Kp.$_1$ 196–197°; $D._4^{20}$ 1,010, n_D^{20} 1,4920; 75%. – n-Heptylchloride: *ω-Diäthylamino-*, $C_{11}H_{24}ClN$, Kp.$_5$ 99–100°, durch Zugabe von 11 g **III** bei 5–10° in ³/₄ Std. zu 5 mMol $LiAlH_4$ in 100 ml Ae. u. 2std. Rühren bei 20°; $D._4^{20}$ 0,8989, n_D^{20} 1,4538; 75%. *Hydrochlorid*, F. 83–84°. – Analog: *ω-Dimethylamino-*, $C_9H_{20}ClN$, Kp.$_2$ 81°; $D._4^{20}$ 0,9718, n_D^{20} 1,4485; 91%. *Hydrochlorid*, F. 107–108°. *Jodmethylat*, F. 73–75°. – *ω-Piperidino-*, $C_{12}H_{24}ClN$, Kp.$_3$ 107–108°; $D._4^{20}$ 0,9761; n_D^{20} 1,4733; 88%. *Hydrochlorid*, F. 146–147°. *Jodmethylat*, F. 99–100°. – n-Propylchloride: *ω-Dimethylamino-*, $C_5H_{12}ClN$, Kp. 132 bis 134°; $D._4^{20}$ 0,9772; n_D^{20} 1,4502; 80%. *Hydrochlorid*, F. 142°. *Jodmethylat*, F. 206°. – *ω-Diäthylamino-*, $C_7H_{16} \cdot ClN$, Kp.$_{50}$ 85°, $D._4^{20}$ 0,9346, n_D^{20} 1,4541; 92%. *Hydrochlorid*, F. 82°. *Jodmethylat*, F. 194–196°. – *ω-Piperidino-*, $C_8H_{16}ClN$, Kp.$_{15}$ 90°, $D._4^{20}$ 0,9951, n_D^{20} 1,4735; 83%. *Hydrochlorid*, F. 212°. *Jodmethylat*, F. 158°. – n-Pentylchloride: *ω-Dimethylamino-* (**V**), 85%. *Hydrochlorid*, F. 88–89°. *Jodmethylat*, F. 129–130°. – *ω-Diäthylamino-*(**VI**); 79%. *Hydrochlorid*, F. 82°. *Jodmethylat*, F. 80–81°. – *ω-Piperidino-*(**VII**); 82%. *Hydrochlorid*, F. 141°. *Jodmethylat*, F. 108–109°. – n-Nonylchloride: *ω-Dimethylamino-*, $C_{11}H_{24}ClN$, Kp.$_3$ 96–98°, $D._4^{20}$ 0,8966; n_D^{20} 1,4500; 77%. *Hydrochlorid*, F. 124–125°. *Jodmethylat*, F. 88,5–89°. – *ω-Diäthylamino-*, $C_{13}H_{28}ClN$, Kp.$_3$ 127–129°; $D._4^{20}$ 0,8882; n_D^{20} 1,4529; 93%. *Hydrochlorid*, F. 87°. *Jodmethylat*, F. 80 bis 81°. – *ω-Piperidino-*, $C_{14}H_{28}ClN$, Kp.$_3$ 127–129°, $D._4^{20}$ 0,9396; n_D^{20} 1,4738; 88%. *Hydrochlorid*, F. 122–123°. *Jodmethylat*, F. 84–85°. – n-Undecylchloride: *ω-Dimethylamino-*, $C_{13}H_{28}ClN$, Kp.$_4$ 125°, $D._4^{20}$ 0,8818, n_D^{20} 1,4497; 86%. *Hydrochlorid*, F. 134–135°. *Jodmethylat*, F. 103–104°. – *ω-Diäthylamino-*, $C_{15}H_{32}ClN$, Kp.$_4$ 143°, $D._4^{20}$ 0,8841; n_D^{20} 1,4533; 81%. *Hydrochlorid*, F. 86 bis 87°. *Jodmethylat*, F. 52–53°. – *ω-Piperidino-*, $C_{16}H_{32} \cdot ClN$, Kp.$_2$ 163°, $D._4^{20}$ 0,8989; n_D^{20} 1,4739; 65%. *Hydrochlorid*, F. 142–144°. *Jodmethylat*, F. 82–83°. – *N.N-Dimethylpiperidiniumchlorid*, $C_7H_{16}ClN$, F. 320–323° (Zers.), durch Einengen der äther. Lsg. von **V**; 87%. – *N.N-Diäthylpiperidiniumchlorid*, $C_9H_{20}ClN$, F. 270 bis 272°, aus **VI**; 90%. – *Bis-[pentamethylen]-ammoniumchlorid*, $C_{10}H_{20}ClN$, F. 305° (Zers.), aus **VII**; 85%.

Helmut Schäfer. 910△

0764 **Synthese aliphatischer 2-Amino-3-hydroxysäuren und Diastereomerentrennung mit Hilfe von Kupferchelaten.** Hermann Mix. (Hoppe Seyler's Z. physiol. Chem. **327**, 41–48, 1961; Rostock, Dt. Akad. der Wiss. zu Berlin, Inst. für organ. Katalyseforsch.; dt.) – Durch alkal. Kondens. von Aldehyden u. Ketonen mit Cu-Glycinat (**III**) wurden in z. T. sehr guten Ausbeuten folgende *3-Hydroxyaminosäuren* dargestellt: *-norvalin* (**I**) aus Propionaldehyd (**IV**), *-norleucin* (**II**) aus Butyraldehyd (**V**), *-2-aminopelargonsäure* aus Önanthaldehyd (**VI**), *-valin* aus Aceton u. *-isoleucin* aus Methyläthylketon (**VII**). **I** u. **II** ließen sich über ihre Cu-Chelate in die Diastereomeren zerlegen, da im Cu-Chelat die jeweilige *threo-*, in freier Form die *erythro*-Verb. schwer lösl. war.

Versuche: *3-Hydroxy-DL-norvalin* (**I**), $C_5H_{11}NO_3$, Zers. bei 229–230° (W.-A.), aus 23 g **III** u. 33,2 g **IV** durch mehrtägiges Schütteln in wss. KOH bei 0°, Ansäuern mit Eisessig, Einengen im Vakuum, Fällung von Cu^{2+} mit H_2S, Chromatographie an Wofatit KPS 200 mit 2–3 n NH_4OH, Konzentrierung des Eluates u. Zusatz von Aceton; 58% (Ausbeute). *threo*-**I**, Zers. bei 217 bis 218°, durch mehrtägiges Stehen einer heiß filtrierten wss. Lsg. von 2,87 g bas. Cu-Carbonat u. 13,3 g **I** nach Zusatz von wenig Aceton bei 0°, Zers. des ausgefallenen Chelates mit H_2S, Einengen der Mutterlauge u. Zusatz von abs. A.; Nadeln; 24%. *erythro*-**I**, Zers. bei 245–246°, aus dem Filtrat des vorst. Cu-Chelates; derbe Flitter; 16%. – Analog **I**: *3-Hydroxy-DL-norleucin* (**II**), $C_6H_{13}NO_3$, Zers. bei 238–239°, aus **V**; 81%. *threo*-**II**, Zers. bei 224 bis 226°, große Schuppen; 34%. *erytrho*-**II**, Zers. bei 248 bis 250°; 17,7%. – *DL-2-Amino-3-hydroxypelargonsäure*, $C_9H_{19}NO_3$, Zers. bei 224° (W.), aus **VI**; 61,5%. – *3-Hydroxy-DL-valin*, $C_5H_{11}NO_3$, Zers. bei 218–220° (W.-Aceton), aus Aceton; 45,8%. – *3-Hydroxy-DL-isoleucin*, $C_6H_{13}NO_3$, Zers. bei 213–215°, aus **VII**; aus W./A. Plättchen; 3%. Winfried Krüger. 950◇

0765 **Untersuchungen in der Propiothiolactonreihe.** 3. Mitt. **Darstellung von L-α-Acylamino-β-propiothiolactonen nach der Carbodiimid-Methode.** M. Dadić, D. Fleš und A. Markovac-Prpić. (Croat. chem. Acta **33**, 73 bis 75, 1961; Zagreb, Croatia, Yugoslavia, Univ. Pharmaceut. Fac.; „Plivia“, Pharmaceut. and Chem. Works; engl.) — 2. vgl. C. **1960,** 15021. — *α-[N-Acylamino]-β-propiothiolactone* werden durch Cyclisierung von N-Acyl-L-cystein mit Carbodiimiden gewonnen. Sie können mit Aminosäureestern zu *Cystinylpeptiden* umgesetzt werden.

Versuche: *N-[p-Toluolsulfonyl]-L-cystein*, $C_{10}H_{13}\cdot NO_4S_2$, F. 157—158° (Bzl./PAe.), durch ½std. Erhitzen von N.N'-Ditosyl-L-cystin mit Zn in Methanol in Ggw. von H_2SO_4 auf dem Wasserbad, $[\alpha]_D^{20}$ 31,2° (c = 3,07; Dioxan); 41,5% (Ausbeute). — *L-α-[p-Toluolsulfonamido]-β-propiothiolacton*, durch 1½std. Stehen vorst. Verb. mit N.N'-Diisopropylcarbodiimid in Dioxan bei Raumtemperatur. — *N.N'-Bis-p-tosyl-L-cystinyldi-β-alanindiäthylester*, $C_{30}H_{42}N_4O_{10}S_4$, F. 71—73° (A.), durch Stehen vorst. Verb. u. β-Alaninäthylester in Dioxan über Nacht bei Raumtemp.; $[\alpha]_D^{20}$ 48,2° (c = 0,166; Dioxan); 41,7%. — *N.N'-Bis-p-tosyl-L-cystinyldiglycindimethylester*, $C_{26}H_{34}N_4O_{10}S_4$, F. 171—173° (A.), aus Glycinmethylester analog vorst. Verb.; $[\alpha]_D^{20}$ 57,2° (c = 0,94; Dioxan); 17,9%. — *L-α-Benzyloxycarbonylamino-β-propiothiolacton*, $C_{11}H_{11}NO_3S$, F. 125° (PAe.), aus N-Benzyloxycarbonyl-L-cystein u. N.N'-Dicyclohexylcarbodiimid in Dioxan bei Raumtemp. in 1,5 Std.; $[\alpha]_D^{20}$ —50° (c = 1; Chlf.); 14%. — *N.N'-Bis-[benzyloxycarbonyl]-L-cytinyldiglycindimethylester*, $C_{28}H_{34}N_4O_{10}S_2$, F. 143—145°, durch Stehen vorst. Verb. u. Glycinmethylester in Dioxan bei Raumtemp. über Nacht; $[\alpha]_D^{20}$ —34° (c = 0,672; Dioxan); 86,6%. J. Voss. 950◇

0766 **Herstellung von Ornithin aus 2.5-Diazidovaleriansäuremethylester.** R. A. Strojny und H. C. Whrite. (J. org. Chemistry **28,** 1942—43, 1963; Midland, Mich., Dow Chem. Co., Edgar C. Britton Res. Labor.; engl.) — Da die Ammonolyse von 2.5-Dichlorvaleriansäure (I) zum Ringschluß führt, wird zur Darst. von *Ornithin* der Weg über Red. von *2.5-Diazidovaleriansäuremethylester* u. Hydrolyse des Prod. beschrieben.

Versuche: *2.5-Dichlorvaleriansäure*(**I**)-*Methylester*, $C_6H_{10}Cl_2O_2$, Kp.₁ 72—73°, durch 20std. Rühren von **I**, Methanol u. 2.2-Dimethoxypropan in Ggw. von wenig trockenem Dowex 50 (H^+), 24std. Erhitzen auf 40—60°, Filtrieren u. Dest.; 61% (Ausbeute). — *DL-Ornithin-hydrochlorid*, durch Zugabe vorst. Verb. zu Dimethylsulfoxid u. NaN_3, 5std. Rühren bei 60—65°, Zugeben von W., Ae.-Extraktion, Eindampfen (→ *2.5-Diazidovaleriansäuremethylester*, gelbe Fl.), Lösen in 95%ig. A., Hydrieren in Ggw. von 5%ig. Pd/Kohle u. konz. HCl bei 0° u. bei Raum-Temp., Filtrieren, Eindampfen, 4std. Kochen mit 5n HCl, Eindampfen, Lösen in W., Absorption an Dowex 50 (H^+), Waschen mit W., Elution mit NH_4OH, Eindampfen, Einstellen mit HCl auf pH 3,8 u. Anreiben des Öls mit Methanol u. Kristallisieren aus W./A.; 63% (roh). Hanfried Arnold. 950◇

0767 **Synthese von DL-Asparaginsäure aus Fumar- und Maleinsäure.** Tsukasa Maki und Takeo Mori. (J. pharmac. Soc. Japan [Yakugakuzasshi] **75,** 604—05, Mai 1955; Tokyo, Minophagen Pharm. Comp.; jap., Auszug: engl.) — Durch Schmelz-Rk. von Diammoniumfumarat bzw. -maleat mit Ammoniumacetat wird *DL-Asparaginsäure* in 70%ig. Ausbeute erhalten. L. Lamza. 950△

0768 **Untersuchungen auf dem Gebiet der Synthese von biquartären Salzen der N.N'-Derivate von Hexamethylendiamin. 1. Mitt. Synthese von N.N'-Hexamethylenbis-dimethylaminoessigsäure und ihren Estern.** W. P. Denissenko und A. I. Lopuschanski. (J. allg. Chem. **30(92),** 2698—2700, 1960; Tschernowiz, Med. Inst.; russ.) — Es wurden *Methochloride* der *N.N'-Hexamethylenbis-[methylaminoessigsäure]* u. ihrer *Alkylester* dargestellt.

Versuche: *N.N'-Hexamethylenbis-[methylaminoessigsäure], Dimethochlorid*, $C_{14}H_{30}Cl_2N_2O_4$, F. 159 bis 160° (abs. A.-Ae.), durch Zugabe von 17,2 g N.N'-Hexamethylenbis-[dimethylamin] (**I**) zu 21 g Chloressigsäure u. 60,5 g Na-Acetat-Trihydrat u. ½std. Erhitzen auf dem Wasserbad; 80% (Ausbeute). Alle nachst. Ester als *Dimethochloride*: *Dimethylester*, $C_{16}H_{34}Cl_2N_2O_4$, F. 106 bis 108° (abs. A.-Ae.), durch Zugabe von Chloressigsäuremethylester zu **I** (1,1 : 0,5 Mol) in Ae.; 95%. Analog: *Diäthylester*, $C_{18}H_{38}Cl_2N_2O_4$, F. 116—118°; 96,5%. *Di-n-propylester*, $C_{20}H_{42}Cl_2N_2O_4$, F. 126—128°; 98%. *Diisopropylester*, $C_{20}H_{42}Cl_2N_2O_4$, F. 106—108°; 98%. *Di-n-butylester*, $C_{22}H_{46}Cl_2N_2O_4$, F. 136—138°; 97%. *Diisobutylester*, $C_{22}H_{46}Cl_2N_2O_4$, F. 162°; 96,9%. *Di-n-amylester*, $C_{24}H_{50}Cl_2N_2O_4$, F. 146—148°; 95%. *Diisoamylester*, $C_{24}H_{50}Cl_2N_2O_4$, F. 110—112°; 96%. Helmut Schäfer. 950△

0769 **Spaltung von Benzyläthern in flüssiger Phase.** Alfred Rieche und Helmut Seeboth. (Chem. Techn. **13,** 614—15, Okt. 1961; Berlin-Adlershof, Dt. Akad. der Wiss., Inst. für organ. Chem.; dt.) — Die Gewinnung von *Benzylchlorid* (Kp.₁₀ 64°) aus „Benzylöl“ (**I**), einem Nebenprod. bei der Herst. von Benzylcellulose, gelingt durch 5std. Erhitzen von **I** mit konz. HCl auf 100°, Zusatz von NaCl u. H_2SO_4, weiteres 10std. Rühren bei 100°, Abtrennen im Scheidetrichter, Trocknen u. Dest. mit 78% Ausbeute. F. Rosendahl. 1010□

0770 **Ein bequemes Synthese-Verfahren für gewisse aromatische Polyjodverbindungen.** Hitomi Suzuki und Ryozo Goto. (Bull. chem. Soc. Japan **36,** 389—91, 1963; Sakyo-ku, Kyoto, Kyoto Univ., Fac of Science, Dep. of Chem.; engl.) — Vff. berichten über ein Verf. zur Darst. einer Reihe aromat. *Polyjodbenzole* aus den leicht zugänglichen einfachen Jod-Verbb., die mit H_2SO_4 einige Std. gerührt werden. Das Rk.-Prod. wird durch Chromatographie an Al_2O_3 gereinigt. Das Verf. ist bes. geeignet zur Darst. symm. substituierter oder voll-jodierter Verbindungen.

Versuche: Benzole: *p-Dijod-*, F. 128°, durch 6std. Umsetzung von Jodbenzol mit H_2SO_4 bei 95—100°; 11% (Ausbeute); daneben *1.2.4-Trijod-* (**I**), F. 92°; 5%. — *1.2.4.5-Tetrajod-*, F. 253°, durch 6std. Erhitzen von p-Dijodbenzol mit H_2SO_4 bei 120—130°; 26%; daneben **I**. — *2.4-Dijodäthyl-*, Kp.₃ 130°, a) durch 6std. Erhitzen von o-Jodäthylbenzol u. H_2SO_4 auf 90—100°; 5%; daneben *2.4.5-Trijodäthyl-* (**II**), F. 74° (24%); b) analog aus p-Jodäthylbenzol bei 50—55° (53%); daneben 5% **II**; c) analog bei 90—100° (5%); daneben 15% **II**. — Toluole: *2.4.5-Trijod-*(**III**), F. 119°, a) durch 6std. Erhitzen von 2.4-Dijodtoluol mit H_2SO_4 bei 90—100°; 65%; b) analog aus 2.5-Dijodtoluol bei 100—110°; 42%; c) analog aus 3.4-Dijodtoluol 55%. — *2.4-Dijod-*, Kp.₁ 117°, a) durch 6std. Erhitzen von o-Jodtoluol mit H_2SO_4 bei 100—110°; 14%; daneben 26% **III** (F. 120°); b) analog aus p-Jodtoluol bei 50—60° (33%); daneben 25% **III**; c) analog bei 100—110°; 11%; daneben 28% **III**. — *2.3.5-Trijod-*, F. 68°, durch 6std. Erhitzen von 3.4.5-Trijodtoluol mit H_2SO_4 bei 90—100°; 56%. — *2.3.4.5-Tetrajod-*, F. 189°, analog vorst. Verb. aus 2.3.5-Trijodtoluol bei 120—130°; 74%. — *2.3.4.6-Tetrajod-*, F. 171°, analog vorst. Verb. aus 2.3.6-Trijodtoluol; 42%. — *2.4-Dijodanisol*, F. 69°, a) durch 6std. Erhitzen von o-Jodanisol mit H_2SO_4 bei 20—25°; 76%; b) analog aus p-Jodanisol. — *2.4-Dijodphenol*, F. 72°, a) durch 6std. Erhitzen von o-Jodphenol mit H_2SO_4 bei 20—25°; 59%; b) analog aus p-Jodphenol; 40%. — *2.4.6-Trijodphenol*, F. 158°, nach b) vorst. Verb.; 20%. — *Dijodhemimellitol*, F. 114°, durch 4std. Erhitzen von 5-Jodhemimellitol mit H_2SO_4 bei 55—65°; 27%. — *Dijodmesitylen*, F. 82°, durch 4std. Erhitzen von Jodmesitylen mit H_2SO_4 bei 60—65°; 74%. — Xylole: *4.5-Dijod-o-*, F. 90°, durch 4std. Erhitzen von 4-Jod-o-xylol mit H_2SO_4 bei 50—55°; 38%. — *4.6-Dijod-m-*, F. 72°, durch 4std. Erhitzen von 4-Jod-m-xylol mit H_2SO_4 bei 70—80°; 42%. — *2.5-Dijod-m-*, F. 75°, analog vorst. Verb. aus 5-Jod-m-xylol; 39%. — *2.5-Dijod-p-*, F. 104°, analog aus 2-Jod-p-xylol bei 50—55°; 32%. — *3.4.5.6-Tetrajod-o-*, F. 129°, analog aus 4.5-Dijod-o-xylol bei 70—80°. — *2.4.5.6-Tetrajod-m-*, F. 127°, analog aus 4.6-Dijod-m-xylol bei 70—80°; 75%. — *2.3.5.6-Tetrajod-p-*, F. 247°, analog aus 2.5-Dijod-p-xylol bei 65—75°; 59%. G. Leithäuser. 1010◇

0771 **Alkylierung von Phenol mit den Molekülverbindungen aus Alkoholen und Borfluorid.** I. A. Romadan und G. T. Stipnijek. (J. allg. Chem. [UdSSR] **30(92),** 2193—96, 1960; Riga, Polytechn. Inst.; russ.) — Es wurde die Alkylierung von Phenol (**I**) mit den aus BF_3 u. A., n-Propanol (**II**), Isopropanol (**III**), n-Butanol (**IV**), Isobutanol (**V**) u. Isoamylalkohol (**VI**) erhaltenen Mol.-Verbb. 2 ROH · BF_3 bei 135—170°/1—25 at in CCl_4,

Nitrobenzol u. ohne Lsgm. untersucht. Die Alkylierung von **I** durch **III** setzt bei 60—70°, durch die übrigen Alkohole bei 110—135° ein. Es werden die entsprechenden *p-Alkylphenole* in 76—80%ig., daneben die *o-Alkylphenole* in 2—3%ig. Ausbeute erhalten. In Ggw. von Lsgm. entstehen keine, bei Abwesenheit von Lsgm. *Dialkylphenole* in 15—20%ig. Ausbeute. Die prim. entstehenden *Alkylphenyläther* werden z. T. bei der Dest., vollständig beim Erhitzen in CCl_4 auf 12—15 at/140—150° zu den p-Alkylphenolen isomerisiert. — *p-Isopropylphenol*, Kp. 215 bis 217°, F. 61°, aus **I** u. **II** oder **III** bei 135°/20 at/170 Std.; 68—70% (Ausbeute). Daneben *Propylphenyläther*; 15 bis 20%. — *p-sek.-Butylphenol*, Kp. 239—240°, F. 58—59°, aus **I** u. **IV** bei 130°/15 at/180 Std.; 76%. Daneben *p-sek.-Butylphenyl-x-butyläther*, Kp. 257—258°; 16%. — *p-tert.-Butylphenol*, Kp. 235—236°, F. 99°, aus **I** u. **V** bei 120°/15 at/30 Std.; 71%. Daneben 15% *Isobutylphenyläther*, Kp. 197—199°, u. *p-tert.-Butylphenyl-x-butyläther*, Kp. 264°. — *p-tert.-Amylphenol*, Kp.264—266°, F. 93°, aus **I** u. **VI** bei 135°/16 at/60 Std.; 78%. Daneben 19% *Isoamylphenyläther*, Kp. 218—220°, u. *p-tert.-Amylphenyl-x-amyläther*, Kp. 278—290°. — *Phenetol*, Kp. 167°, aus **I** u. A. bei 155°/20 at/180 Std.; 18%.

Helmut Schäfer. 1060△

0772 **Über die Reaktion von Thiocyanaten mit lithium- und magnesiumorganischen Verbindungen.** Salo Gronowitz und Rolf Håkansson. (Ark. Kemi **17**, Nr. 6, 73—82, 1961; Uppsala, Sweden, University, Institute of Chemistry; engl.) — Die Rk. von Thiocyanaten (**A**) mit Li- oder Mg-organ. Verbb. kann zu Sulfiden (**B**) oder Nitrilen (**C**) führen, je nachdem ob das S- oder das Cyan-C-Atom angegriffen wird. **C** können zu Ketiminen bzw. Ketonen weiterreagieren. Bei — 70° dominiert die Bldg. der **B**. Aliphat. **A** geben Ausbeuten zwischen 70—90%, Phenylthiocyanate 40—60%. Gründe für die stärkere Bldg. von **C** aus aromat. **A** werden diskutiert. Die Umsetzungen bei 0° haben keine präparative Bedeutung; es entstehen Gemische aus **B**, Thiolen, **C** u. Sekundärprodukten. In manchen Fällen werden auch aromat. Ketimine isoliert. Allg. nimmt mit steigender Temp. die Bldg. von **C** zu. Dieser Temp.-Effekt ist bei Li-organ. Verbb. nicht so stark, so daß mit diesen manchmal bei 0° gute Ausbeuten an **B** erzielt werden, die aber oft mit Ketonen verunreinigt sind.

Versuche: Folgende Verbb. wurden unter N_2 in abs. Ae. **a**) bei —70° u. **b**) bei 0° dargestellt: *Diphenylsulfid*, $Kp._{25}$ 168—170°, 1. aus Phenylthiocyanat (**IV**) u. Phenyl-Li (**V**), n_D^{20} 1,6298; nach **a**) 60%; daneben *Benzonitril* (**VI**), $Kp._{17}$ 81—90°; 17%) u. *Thiophenol* (**VII**, $Kp._{45}$ 84—86°; 19%); nach **b**) 40%; daneben **VI**, *Benzophenon* (**VIII**), *Diphenyldisulfid* (**IX**) u. **VII** ($Kp._{11}$ 54—58°; 20%); 2. aus Phenyl-MgBr (**X**) u. **IV**; nach **a**) 30%; daneben **VI**, **IX** ($Kp._{11}$ 145—160°) u. **VII** (25%); nach **b**) 27%; daneben **VI** ($Kp._{12}$ 70—74°, 19%), **X**, **IX** u. **VII** (17%). — *n-Butylphenylsulfid*, $Kp._{10}$ 109—113°, $Kp._{11}$ 108—112°, $Kp._{30}$ 134—138°; 1. aus **V** u. n-Butylthiocyanat (**XI**); n_D^{20} 1,5480; nach **a**) 77%; daneben **VIII** u. *Benzophenonketimin* (**XIII**); nach **b**) 79%; daneben **VI**; 2. aus **X** u. **XI**; nach **a**) 79%; daneben **VI**; nach **b**) 30%; daneben **VI**, **VIII** u. **XIII**; 3. aus n-Butyl-Li (**XII**) u. **IV**; nach **a**) 45%; daneben *n-Butylcyanid* (**I**), **IX** u. **VII** (22%); nach **b**) 21%; daneben **I** (21%) u. **IX** (F. 54—58°, $Kp._{19}$ 195—198°; 69%); 4. aus n-Butyl-MgBr (**II**) u. **IV**; nach **a**) 56%; daneben **I** ($Kp._{50}$ 55—65°, n_D^{20} 1,4093; 10%) u. **IX**; nach **b**) 77%; daneben **I** (14%) u. **VII** ($Kp._{12}$ 56—60°; 20%). — *Di-n-butylsulfid*, $Kp._{25}$ 86—88°, $Kp._{55}$ 105—110°, n_D^{20} 1,4535; 1. aus **XI** u. **XII**; nach a) 87%; nach **b**) 58% mit Spuren *Di-n-butylketon;* 2. aus **II** u. **XI**; nach **a**) 72%; nach **b**) 58%, — *Thioanisol*, 1. aus **V** u. Methylthiocyanat (**III**) nach **a**) 96%; daneben **VI** (4%); nach **b**) 98%; daneben **VI** (2%); 2. aus **X** u. **III**; nach **a**) 97ig.; daneben **VI**; nach **b**) 67%; daneben **VI**, **VIII** u. **XIII**. — *n-Butylmethylsulfid*, Kp. 120—125°; n_D^{20} 1,4453, 1. aus **XII** u. **III**; nach **a**) 77%; daneben **I**; nach **b**) 51%; daneben Di-n-butylketon; 2) aus **II** u. **III**; nach a) 87%; nach b) 82%. — *Thienyl-(2)-phenylsulfid*, $C_{10}H_8S_2$, $Kp._{0,3}$ 93—96°, aus **IV** u. α-Thienyl-Li; n_D^{20} 1,6485; nach 42%; daneben *Thieno-2-nitril* (19%) u. **IX**. — *Thienyl-(3)-phenylsulfid*, $C_{10}H_8S_2$, $Kp._{0,3}$ 100—103°,aus **IV** u. β-Thienyl-Li; n_D^{20} 1,6520; nach **a**) 34%; daneben *Thieno-3-nitril* ($Kp._{10}$ 75—80°; n_D^{20} 1,5605, 24%) u. **IX**.

D. Lauer. 1090◇

0773 **Über die Spaltung des N-[β.β.β-Trifluoräthyl]-p-toluolsulfonamids und des N-[p-Tosyl]-phenacylamins mit Ammoniak.** M. Lempert-Sréter und K. Lempert. (Acta chim. Acad. Sci. hung. **21**, 89—90, 1959; Budapest, Ungar. Akad. der Wiss., Inst. für Exp. Medizin, Abteilung für Pathophysiologie; L. Eötvös Univ., Inst. für Organ. Chem.; dt.) — N-[β.β.β-Trifluoräthyl]-p-toluolsulfonamid ($C_9H_{10}F_3NO_2S$, F. 138—139°) bzw. N-[p-Tosyl]-phenacylamin werden durch mehrstd. Erhitzen mit 30%ig. wss. NH_3 auf 230—240° im Rohr in 100 bzw. 75%ig. Ausbeute unter Bldg. von *p-Toluolsulfonamid* (F. 135 bis 136°) gespalten.

Roland Gnauck. 1090△

0774 **Untersuchungen aus der Gruppe der Sulfone.** 6. Mitt. **Neue Verbindungen mit Monoäthern der Alkylresorcine.** Al. I. Mavrodin, V. Zotta, Manon Stoenescu und D. Oţeleanu. (Farmacia [Bucureşti] **7**, 107—16, 1959; Bucureşti, Fac. farm., Labor. chim. organică; rum.) — 5. vgl. C. **1959**, 102. — Synth. von neuen *Azoverbb.* (**A**) durch Rk. von Bis-[4-aminophenyl]-sulfon (**I**) mit Derivv. des Resorcins werden beschrieben. Die **A** weisen vom bakteriolog. Standpunkt aus gesehen einen erhöhten Phenolkoeffizienten auf.

Versuche: *Bis-[4-(4'-hydroxyphenylazo)-phenyl]-sulfon*, $C_{24}H_{18}N_4O_4S$, F. 231° (Aceton), durch Rk. von Bis-[4-aminophenyl]-sulfon (**I**) mit $NaNO_2$ u. Phenol im alkal. Medium; 65,5% (Ausbeute). — *Bis-[4-(2'.4'-dihydroxyphenylazo)-phenyl]-sulfon*, $C_{24}H_{18}N_4O_6S$, F. 229 bis 230° (Aceton), durch Rk. von **I** mit Resorcin; 14,28%. — *Bis-[4-(2'-äthoxy-4'-hydroxyphenylazo)-phenyl]-sulfon*, $C_{28}H_{26}N_4O_6S$, F. 144° (Aceton), durch Rk. von **I** mit 3-Äthoxyphenol; 66,49%. — *Bis-[4-(2'.4'-dihydroxy-5'-äthylphenylazo)-phenyl]-sulfon*, $C_{28}H_{26}N_4O_6S$, F. 190° (Aceton), aus **I** u. 4-Äthylresorcin; 57,5%. — *Bis-[4-(2'.4'-dihydroxy-5'-n-propylphenylazo)-phenyl]-sulfon*, $C_{30}H_{30}N_4 \cdot O_6S$, F. 165° (Aceton), aus **I** u. 4-n-Propylresorcin; 41,81% — *Bis-[4-(2'.4'-dihydroxy-5'-n-butylphenylazo)-phenyl]-sulfon*, $C_{32}H_{34}N_4O_6S$, F. 192° (Aceton), aus **I** u. 4-n-Butylresorcin; 44,85%. — *Bis-[4-(2'-äthoxy-4'-hydroxy-x-äthylphenylazo)-phenyl]-sulfon*, $C_{32}H_{34}N_4O_6S$, F. 187° (Aceton); 35%. — *Bis-[4-(2'-n-propoxy-4'-hydroxy-x-äthylphenylazo)-phenyl]-sulfon*, $C_{34}H_{38}N_4O_6S$, F. 167° (Dioxan); 47%. — *Bis-[4-(2'-n-butoxy-4'-hydroxy-x-äthylphenylazo)-phenyl]-sulfon*, $C_{36}H_{42}N_4O_6S$, F. 160° (Aceton); 60%. — *Bis-[4-(2'-äthoxy-4'-hydroxy-x-n-propylphenylazo)-phenyl]-sulfon*, $C_{34}H_{38}N_4O_6S$, F. 165° (Aceton); 57%. — *Bis-[4-(2'-n-propoxy-4'-hydroxy-x-n-propylphenylazo)-phenyl]-sulfon*, $C_{36}H_{42}N_4O_6S$, F. 142° (Aceton); 16%. — *Bis-[4-(2'-n-butoxy-4'-hydroxy-x-n-propylphenylazo)-phenyl]-sulfon*, $C_{38}H_{46}N_4O_6S$, F. 164° (Aceton); 34,9% — *Bis-[4-(2'-äthoxy-4'-hydroxy-x-n-butylphenylazo)-phenyl]-sulfon*, $C_{36}H_{42}N_4O_6S$, F. 190° (Aceton); 42%. — *Bis-[4-(2'-n-propoxy-4'-hydroxy-x-n-butylphenylazo)-phenyl]-sulfon*, $C_{38}H_{46}N_4O_6S$, F. 215° (Aceton); 72,8%.

J. Lehmberg. 1090◇

0775 **Einwirkung von Brom auf 2.6-Dinitrohydrochinon-4-acetat. Eine neue Darstellung von Tetrabrom-p-benzochinon.** J. Schawartz. (J. Indian chem. Soc. **36**, 288, 1959; Budapest, TU, Inst. of Organ. Chem.) — Zur Herst. von *Tetrabrom-p-benzochinon* ($C_6Br_4O_2$, F. 300°) wird eine Lsg. von 2.6-Dinitrohydrochinon-4-monoacetat in Eisessig 3 Std. unter UV-Bestrahlung mit Br_2 gekocht. Man gießt die Mischung in W. u. krist. nach Aufarbeitung aus Dioxan um; 88,4% Ausbeute. H. Pluskal. 1190□

0776 **Konjugation einer Doppelbindung mit einem aromatischen Kern.** 34. Mitt. **Addition von N-Phenylbenzimidchlorid.** G. García Muñoz, M. Lora-Tamayo und R. Madroñero. (An. Real Soc. españ. Física Quím., Ser. B **57**, 465—68, 1961; Madrid, Inst. de Quím. „Alonso Barba", Dep. de Quím. Orgañ.; span.) — 32. vgl. C. **1961**, 9757. — Bei der Rk. von N-Phenylbenzimidchlorid (**I**) mit 2.3-Dimethylbutadien (**II**) oder Isosafrol (**III**) entstehen nicht die erwarteten Diels-Alder-Addukte, sondern *N.N'-Diphenylbenzamidin* (**IV**), das man auch durch Erhitzen von **I** in Toluol erhält. Für **IV** sind die IR-Banden angegeben.

Versuche: *N.N'-Diphenylbenzamidin* (**IV**), $C_{19} \cdot H_{16}N_2$, F. 145—146° (A.), a) durch 10std. Erhitzen von 3 Mol **I** mit 5 Mol **II** oder **III** in Toluol auf 150°, Ansäuern, Absaugen von *Benzanilid*, Alkalisieren der wss. Lsg. u. Absaugen; b) durch 6std. Kochen von **I** in Toluol u. Auf-Arbeitung analog a). *Hydrochlorid*, $C_{19}H_{17}ClN_2$, F. 297 bis 299° (Zers.; A./Ae.). *Hydrobromid*, $C_{19}H_{17}BrN_2$, F. 292 bis 293° (Zers.; CH_3OH). *Pikrat*, $C_{25}H_{19}N_5O_7$, F. 215 bis 216° (Acetonitril). M. Reiher. 1210◇

0777 **Friedel-Crafts-Reaktionen von Oxalylchlorid mit Mesitylen und symm.-Triäthylbenzol.** George A. Varvoglis und Nicholas E. Alexandrou. (Chim. Chron. [Athen] **26**, 137—39, 1961; Univ. of Thessaloniki, Labor. of Org. Chem.; engl.) — Oxalyldichlorid (**I**) reagiert mit Mesitylen (**II**) bzw. symm.-Triäthylbenzol (**III**) in Ggw. von $AlCl_3$ unter Abspaltung von *CO* zu den entsprechenden *Benzoesäuren*. Die CO-Eliminierungsgeschw. wächst mit der Basizität des aromat. KW-Stoffes. UV-Spektren s. Original.

Versuche: *Mesitylencarbonsäure*, $C_{10}H_{12}O_2$, F. 149—151° (Ae./PAe.), durch Zutropfen von 0,066 Mol **II** in CS_2 zu 0,066 Mol **I** u. 0,132 Mol $AlCl_3$ in CS_2 bei 0° u. Zers. mit Eiswasser/HCl nach 24std. Stehen; 85% (Ausbeute). — *2.4.6-Triäthylbenzoesäure*, $C_{13}H_{18}O_2$, F. 109—111° (PAe.), analog aus **III**; 62%. Klaus Lange. 1210△

0778 **Herstellung chemischer Verbindungen für chemotherapeutische Zwecke: Phthalimid und N-Arylphthalimide.** Kai Kjeldgaard. (Arzneimittel-Forsch. **12**, 1207—08, 1962; Copenhagen, Borups Allé Apotek; engl.) — Vf. stellt für mikrobiolog. Unterss. *Phthalimid* u. 15 *N-Arylphthalimide* dar. Für die Darst. der Verbb. werden 0,3 Mol prim. aromat. Amin u. 0,25 Mol Phthalsäureanhydrid in 120—150 ml Eisessig erhitzt. Die N-Arylphthalimide scheiden sich beim Abkühlen aus: *Phthalimid*, F. 238°. — Phthalimide: *N-Phenyl-*, F. 208°. — *N-[2-Chlorphenyl]-*, F. 144°. — *N-[3-Chlorphenyl]-*, F. 163°. — *N-[4-Chlorphenyl]-*, F. 198°. — *N-[2.3-Dichlorphenyl]-*, F. 193°. — *N-[2.5-Dichlorphenyl]-*, F. 209°. — *N-[3.4-Dichlorphenyl]-*, F. 198°. — *N-[5-Chlor-2-methylphenyl]-*, F. 176°. — *N-[3-Chlor-2-methylphenyl]-*, F. 218. — *N-[3-Chlor-4-methylphenyl]-*, F. 166°. — *N-[2-Methylphenyl]-*, F. 183°. — *N-[3-Methylphenyl]-*, F. 176°. — *N-[4-Methylphenyl]-*, F. 203°. — *N-[4-Nitrophenyl]-*, F. 268°. W. Hiller. 1220◇

0779 **3-Methoxy-4-nitrophenylessigsäure und verwandte Verbindungen.** A. A. R. Sayigh, Henri Ulrich und J. Rubinfeld. (J. chem. Soc. [London] **1963**, 3899—3901; North Haven, Conn., Upjohn Co., Carwin Co.; engl.) — Durch Nitrierung von m-Methoxyphenylessigsäure (**II**) entstehen *5-Methoxy-2-nitro-* u. ein untrennbares Gemisch von *3-Methoxy-4-nitro-*(**I**) u. (hauptsächlich) *3-Methoxy-2-nitrophenylessigsäure*. In der aus 4-Amino-3-bromphenylessigsäure (**III**) u. ihrem Äthylester erhältlichen *3-Brom-4-nitrophenylessigsäure* u. ihrem *Äthylester* ließ sich das Br-Atom nicht gegen die CH_3O-Gruppe austauschen. Zur Synth. von **I** wurde m-Methoxybenzoesäure (**IV**) nitriert, wobei im Gegensatz zu den Angaben von Froelicher u. Cohen [1921] das *2-Nitro-* u. das *4-Nitroderiv.* im Verhältnis 2:1 u. nicht umgekehrt erhalten wurden. Beide wurden nach Arndt-Eistert in **I** bzw. das *2-Nitroisomere* übergeführt.

Versuche: *5-Methoxy-2-nitrophenylessigsäure*, F. 176—178° (A.-W.), durch Zugabe von rauchender HNO_3 in Eisessig zu **II** in Acetanhydrid bei —20°, 2std. Stehen bei —15 bis —20°, Einengen im Vakuum u. Zugabe von W.; 35% (Ausbeute); daneben durch Einengen der Chlf.-Extrakte ein *Gemisch*, F. 100—111° (56%), das nach dem IR-Spektrum hauptsächlich aus *3-Methoxy-2-nitrophenylessigsäure* besteht. — *3-Brom-4-nitrophenylessigsäure*, $C_8H_6BrNO_4$, F. 117—118° (Wasser-Aceton; gelbliche Nadeln), durch Zugabe von 90%ig. H_2O_2 zu Trifluoressigsäure u. **III** unter Eiskühlung, allmähliche Temp.-Erhöhung bis zum Kp., 2std. Kochen u. Gießen auf Eis; 41%. *Äthylester*, $C_{10}H_{10}BrNO_4$, F. 42—43°, $Kp._2$ 173 bis 178°, durch Zugabe von Trifluoracetanhydrid zu 90%ig. H_2O_2 in CH_2Cl_2 unter Eiskühlung, Zutropfen von **III**-Äthylester in CH_2Cl_2, 2std. Kochen u. Gießen in W.; 68%. — *3-Methoxy-2-nitrobenzoesäure*, F. 258—259° (Zers.; abs. A.), durch Nitrierung von **IV** nach Froelicher u. Cohen (l. c.) u. Extraktion des festen Prod. (24%) mit sd. Chlf. als unlösl. Rückstand u. durch Einengen der Chlf.-Lsg.; 42%. — *3-Methoxy-4-nitrobenzoesäure*, F. 232—233° (A.), neben vorst. Verb. durch weiteres Einengen der Chlf.-Lsg.; 23%. *Chlorid*, F. 60—62 (CCl_4/Ligroin), durch 1½std. Erhitzen der Säure mit $SOCl_2$ auf dem Dampfbad; 80%. — *ω-Diazo-3-methoxy-4-nitroacetophenon*, F. 78—80° (Zers. bei 110—118°), durch Zutropfen vorst. Chlorids in Ae. zu CH_2N_2 in Ae. unter Rühren bei 0°, Stehen über Nacht u. Eindampfen im Vakuum; 81%. — *3-Methoxy-4-nitrophenylessigsäure* (**I**), $C_9H_9NO_5$, F. 130,5—131,5° (Bzl.), durch Zutropfen einer filtrierten Lsg. von Ag-Benzoat in Triäthylamin zu sd. Lsg. vorst. Verb. in tert.-Butanol, ¾std. Kochen, Heißfiltration, Eindampfen im Vakuum, Lösen des Rückstands in Bzl., Waschen mit verd. $NaHCO_3$-Lsg., Aufnehmen des Eindampfrückstands in tert.-Butanol, 2std. Kochen mit konz. HCl unter Abdest. des Lsgm., Zugabe von W. u. Chlf.-Extraktion; 48% — *3-Methoxy-2-nitrophenylessigsäure*, F. 136,5—137° (A.-W. 1:1), analog **I**; 53%. — Die IR-Spektren von **I**, vorst. Verb. u. ihrer niederen Homologen sind angegeben. I. Spaeth. 1250◇

0780 **Den Bis-benzyl-isochinolinalkaloiden verwandte sterisch gehinderte Diphenyläther.** Marjorie Allen und R. Y. Moir. (Canad. J. Chem. **41**, 252—63, 1963; Kingston, Ontario, Queen's Univ., Dep. of Chem.; engl.) — Durch Red. von *7-[4-Carbomethoxy-2-nitrophenoxy]-metamekonin* (**V**; vgl. McRae u. Mitarbeiter, C. **1950/54**, 8395 S) u. Allen u. Moir, C. **1962**, 8222) wird die entsprechende *2-Amino-Verb.* (**I**) erhalten. Der Vers., **I** durch Diazotieren u. Zusetzen von Methanol in 7-[4-Carbomethoxy-2-methoxyphenoxy]-metamekonin (**IV**) überzuführen, ergab *7-[4-Carbomethoxyphenoxy]-metamekonin*, das sich hydrolysieren u. zu *3-[4-Carboxyphenoxy]-4.5-dimethoxyphthalsäure* oxydieren läßt. Diese Verb. u. deren *Trimethylester* sind ident. mit den Verbb., die Faltis u. Frauendorfer [1930] aus dem Dimethyläther von Isochondrodendrin erhielten. Verss. **IV** über das Diazoniumfluoroborat u. das Acetat zu erhalten, blieben ergebnislos. Durch Diazotieren von **I** u. Rk. mit KJ/J_2 wird die entsprechende *2-Jod-Verb.* (**II**) erhalten, die in *7-[4-Carboxy-2-hydroxyphenoxy]-3-metamekonin* übergeführt wird; Methylieren führt zu **IV**. Hydrolyse von **IV** u. Oxydieren liefert *3-[4-Carboxy-2-methoxyphenoxy]-4.5-dimethoxyphthalsäure*, die als *Trimethylester* charakterisiert wird. Die Möglichkeit einer durch die Ullmann-Rk. bedingten Umlagerung wird ausgeschlossen. Verss., Rotationsisomerie mit Hilfe des *Strychninsalzes* von *7-[2-Jod-4-carboxyphenoxy]-metamekonin* (**III**) nachzuweisen, waren ohne Erfolg. Mutarotation wurde nicht beobachtet. Verss., Diphenyläther aus Phenolen u. Dicyclohexylcarbodiimid (**X**) darzustellen, waren erfolglos.

Versuche: Metamekonine: *7-[2-Amino-4-carboxyphenoxy]-*, F. 269,5—270,5° (Methanol), durch ½std. Erhitzen von **I** mit 10%ig. NaOH auf dem Dampfbad, Kühlen u. Ansäuern. *Methylester* (**I**), $C_{18}H_{17}NO_7$, F. 200 u. 210—212°, durch ½std. Stehen im **V** mit Fe u. Eisessig bei 85—90°, Einengen, Zusetzen von W. u. Extraktion mit verd. HCl; aus A. Nadeln; 43% (Ausbeute). — *7-[4-Carboxy-2-jodphenoxy]-*(**III**), $C_{17}H_{13}JO_7$, F. 260,5—261° (A.), a) durch 12std. Kochen von 2 g **II** u. CH_3OK in Methanol in Ggw. von Cu; 0,24 g (roh); b) durch 2std. Kochen um 0,95 g **II** mit Aceton u. 5%ig. KOH, Ansäuern u. Ausäthern; 0,3 g; c) durch 3std. Kochen von 0,3 g **II** u. 10%ig. NaOH in Ggw. von Cu-Bronze, Zusetzen von NaOH, Aceton u. W., Filtrieren u. Ansäuern; 0,2 g; d) durch 2std. Kochen von 0,5 g **II** mit 10%ig. NaOH, Zusetzen von Cu, 1std. Erhitzen auf 120° im Rohr u. Ansäuern des Filtrats; 0,28 g. *Methylester* (**II**), $C_{18}H_{15}JO_7$, F. 206,5—207,5°, a) durch Zusetzen von **I** in konz. H_2SO_4/Eisessig zu $NaNO_2$ in konz. H_2SO_4/Eisessig bei — 2 bis + 1°, 1std. Rühren, Gießen in eine Mischung aus Chlf., W., KJ, J_2 u. Harnstoff, 1std. Rühren, Extrahieren der wss. Schicht mit Chlf., Zusetzen von Na_2SO_3-Lsg., Einleiten von SO_2 bis zur Entfärbung u. Einengen der Chlf.-Schicht; aus A. Nadeln;

39—50%; b) durch Diazotieren von 2 g **I** mit Butylnitrit, HCl u. Essigsäure bei 20° u. Gießen in KJ/J_2/W./Chlf.; 0,51 g; c) aus **III** u. CH_2N_2. *Strychninsalz*, $C_{38}H_{35} \cdot JN_2O_9$, F. 178,5—179,5° (A.), durch 24std. Stehen von 0,6 g **III** in Chlf./A. mit Strychnin, Einengen u. Zusetzen von PAe.; 79% (weitere 0,31 g aus den Mutterlaugen). — *7-[4-Carboxy-2-hydroxyphenoxy]-*, F. 282—288°, analog **III** nach d) bei 170—180°; 84% (roh). — *7-[4-Carbomethoxy-2-methoxyphenoxy]-* (**IV**), $C_{19}H_{18}O_8$, F. 189,6 bis 190,2° (wss. Methanol), durch Zugabe von CH_2N_2 in Ae. zu vorst. Verb. in Methanol u. Stehen über Nacht; 44%. — *7-[4-Carbomethoxyphenoxy]-*, $C_{18}H_{16}O_7$, F. 194 bis 195,5°, durch Diazotieren von **I** nach Hodgson u. Walker [1933] mit $NaNO_2$/konz. H_2SO_4/Eisessig, bei — 2 bis 0°, Zusetzen von Methanol, 1½std. Kochen, Einengen u. Gießen auf Eis; aus A. orangefarbene Nadeln; 40%. — **4.5**-Dimethoxyphthalsäuren: *3-[4-Carboxy-2-methoxyphenoxy]-*, F. 208—210° u. F. 264—265° (nach Wiedererstarren zu Nadeln), durch 1std. Erhitzen von **IV** mit 10%ig. KOH auf dem Dampfbad, Zusetzen von $KMnO_4$ in W., ½std. Erhitzen, Entfärben mit SO_2, Zusatz von konz. H_2SO_4, Filtrieren u. Kühlen; aus W. Tafeln; 25%. *Trimethylester*, $C_{21}H_{22}O_{10}$, F. 157—158°, aus Methanol rautenförmige Platten. — *3-[4-Carboxyphenoxy]-*, F. 141—146° u. 171—191° (nach Wiedererstarren; W.), durch 1std. Erhitzen von vorvorst. Verb. mit KOH auf dem Wasserbad, Zusetzen von $KHCO_3$ u. $KMnO_4$, 45 Min. langes Erhitzen, Filtrieren, Entfärben mit SO_2 u. Ansäuern mit HCl; 42%. *Trimethylester*, $C_{20}H_{20}O_9$, F. 115,6—116,2°, durch 3std. Stehen von 0,16 g der Säure mit CH_2N_2 in Ae. bei 0°, Eindampfen, Lösen in Methanol u. Eindampfen; aus wss. Methanol Nadeln; 0,14 g. — *5-Nitrosalicylaldehyd* (**VI**), F. 125,4—126,4°, durch Nitrieren von Salicylaldehyd nach von Miller [1887], Behandeln mit $NaHSO_3$-Lsg. bei 70°, Stehen über Nacht u. Waschen des Nd. mit HCl; aus wss. Essigsäure hellgelb; 24%; daneben *3-Nitrosalicylaldehyd* (**VII**), F. 108,5—109,5°, durch fraktionierte Kristallisation der aus den Mutterlaugen erhaltenen Na-Salze aus W.; aus A. sandgelb; 13%. — *3.5-Dinitrosalicylaldehyd* (**VIII**), F. 72,3—73,7°, nach Lorett u. Roberts [1928] aus 43,4 g des rohen Gemischs von **VI** u. **VII**; aus wss. Essigsäure gelb; 34,88 g. — *Addukt* $C_{21}H_{28}N_4O_7$, F. 211,6—212,2°, durch Stehen von 2-Hydroxy-3.5-dinitrobenzoesäuremethylester mit **X** in abs. Essigester über Nacht; aus Methanol u. Bzl. gelbe Nadeln. — *Addukt* $C_{21}H_{28}N_4O_7$, F. 196—200° u. 200° (nach Wiedererstarren zu Nadeln) a) analog vorst. Verb. aus 10 g 4-Hydroxy-3.5-dinitrobenzoesäuremethylester (**IX**) u. **X** durch 2tägiges Stehen; aus Bzl. u. Methanol Prismen; 6,89 g; b) durch 8std. Erhitzen von **IX** mit **X** u. Salicylsäuremethylester auf dem Dampfbad. — *Verb.* $C_{21}H_{28}N_4O_6$, F. 192,5—193,5° (nach partiellem Schmelzen u. Wiedererstarren bei 188°), durch 4std. Kochen von 8,4 g **VIII** mit **X** in abs. Essigester; aus Methanol u. aus wss. Aceton Prismen; 2,47 g; daneben 0,7 g *Dicyclohexylharnstoff* (**XI**), $C_{13}H_{24}N_2O$, F. 233,2 bis 234°. — Analog: *Verb. vom F. 142—143°* (A), aus **VI** u. **X**. — Die analoge Rk. mit **VII** gibt nur **XI** u. **VII**.

H. Gleinig. 1250◇

0781 **Einige Eigenschaften von Dinitrophenylaminen.** Atsushi Oikawa, Sadao Noguchi, Taijiro Matsushima und Masayori Inouye. (J. Biochemistry [Tokyo] **50**, 157—58, 1961; Osaka, Univ., Med. School, Inst. for Cancer Res.; engl.) — Amine wurden in 67%ig. wss. Aceton mit 1-Fluor-2.4-dinitrobenzol in Ggw. von Na_2CO_3 dinitrophenyliert, Tyramin, Spermidin u. Spermin ohne Aceton. 2.4-Dinitrophenyl(DNP)-amine: *Methyl-*, F. 174—175° (A.); *Äthyl-*, F. 114—115° (A.); *Äthanol-*, F. 88—89° (wss. A.); *Isobutyl-*, F. 80—81° (wss. A.); *Isoamyl-*, F. 89—90° (wss. A.); *2-Methylbutyl-*; *β-Phenäthyl-*, F. 114—115° (wss. A.); *Tryptamin-*, F. 215° (Zers.; wss. Dioxan). — Di-DNP-amine: *Tyramin-*, F. 167—168° (wss. Dioxan); *Histamin-*, F. 208° (Zers.; wss. Dioxan); 357°; *Putrescin-*, F. 236 bis 237° (Aceton); *Cadaverin-*, F. 177—177,5° (Dioxan). — *Tri-DNP-Spermidin*, F. 171° (wss. Dimethylformamid). — *Tetra-DNP-Spermin*, F. 224—225° (Zers.; wss. Dimethylformamid). — *DNP-Agmatinsulfat*, F. 213—213,5° (W.).

K. Maier. 1310◇

0782 **Untersuchungen auf dem Gebiet aromatischer Verbindungen mit einer langen Seitenkette. 6. Mitt. Darstellung von p-sek.-Alkylanilinen.** L. N. Nikolenko, Je. N. Karpowa und L. Ss. Kobrina. (J. allg. Chem. [UdSSR] **31(93)**, 1266—69, 1961; Moskau, Chem.-technol. Mendelejew-Inst.; russ.) — 5. vgl. C. **1963**, 878. — Durch Rk. von Alkyl-p-chlorphenylketonen (**I**) mit Alkyl-Mg-Bromiden stellt man *Dialkyl-p-chlorphenylcarbinole* dar, die durch Erhitzen mit $KHSO_4$ zu *p-sek.-Alkenylchlorbenzolen* (**II**) dehydratisiert werden; die genaue Lage der Doppelbindungen in den **II** wurde nicht ermittelt. Die katalyt. Hydrierung der **II** liefert *p-sek.-Alkylchlorbenzole* (**III**), aus denen durch Ammonolyse in Ggw. von $CuCl_2$ im Autoklaven mit hoher Ausbeute *p-sek.-Alkylaniline* erhalten werden.

Versuche: Dialkyl-p-chlorphenylcarbinole, durch Zutropfen des **I** zum Alkyl-MgBr in Ae., 5std. Kochen, 12std. Stehen u. Zers. mit Eiswasser: *2-[p-Chlorphenyl]-pentanol-(2)*, $Kp._3$ 112—113°; 78,3% (Ausbeute). — *2-[p-Chlorphenyl]-octanol-(2)*, $Kp._{3,5}$ 130°, n_D^{18} 1,5260; 67,8%. — *3-[p-Chlorphenyl]-octanol-(3)*, $Kp._3$ 109—110°, n_D^{18} 1,5244; 60,2%. — *4-[p-Chlorphenyl]-octanol-(4)*, $Kp._7$ 137—140°, n_D^{18} 1,5238; 74,2%. — *4-[p-Chlorphenyl]-2-methylheptanol-(4)*, $Kp._3$ 108—110°, n_D^{18} 1,5239; 52,6%. — *2-[p-Chlorphenyl]-undecanol-(2)*, $Kp._2$ 155,5—156°, n_D^{21} 1,5044; 69,3%. — *3-[p-Chlorphenyl]-undecanol-(3)*, $Kp._{1,5}$ 150—151°, n_D^{20} 1,5080; 70,8%. — *4-[p-Chlorphenyl]-undecanol-(4)*, $Kp._{2,5}$ 165 bis 166°, n_D^{20} 1,5054; 85%. — *5-[p-Chlorphenyl]-undecanol-(5)*, $Kp._3$ 165,5—166,5°, n_D^{20} 1,5069; 77%. — *6-[p-Chlorphenyl]-undecanol-(6)*, $Kp._3$ 160—162°; 73%. — p-sek.-Alkenylchlorbenzole (**II**), durch Zutropfen der vorst. Carbinole zu $KHSO_4$ bei 180°/40 mm u. 1std. weiteres Erhitzen unter diesen Bedingungen: *2-[p-Chlorphenyl]-penten-(1 u./oder 2)*, $Kp._2$ 74—75°; 78,3%. — *2-[p-Chlorphenyl]-octen-(1 u./oder 2)*, $Kp._5$ 134°, n_D^{18} 1,5290; 60,5%. — *3-[p-Chlorphenyl]-octen-(2 u./oder 3)*, $Kp._3$ 118—120°, n_D^{18} 1,5259; 91%. — *4-[p-Chlorphenyl]-octen-(3 u./oder 4)*, $Kp._5$ 115—117°, n_D^{18} 1,5322; 94,3%. — *4-[p-Chlorphenyl]-2-methylhepten-(3 u./oder 4)*, $Kp._{3,5}$ 101—105°, n_D^{18} 1,5311; 61,5%. — *2-[p-Chlorphenyl]-undecen-(1 u./oder 2)*, $Kp._3$ 157,5—160°, n_D^{21} 1,5150; 91%. — *3-[p-Chlorphenyl]-undecen-(2- u./oder 3)*, $Kp._2$ 140,5—142°, n_D^{21} 1,5150; 95%. — *4-[p-Chlorphenyl]-undecen (3 u./oder 4)*, $Kp._3$ 150,5—152°; 94%. — *5-[p-Chlorphenyl]-undecen-(4 u./oder 5)*, $Kp._3$ 149—152°, n_D^{20} 1,5140; 97%. — *6-[p-Chlorphenyl]-undecen-(5)*, $Kp._3$ 150—152°, n_D^{21} 1,5136; 93%. — p-sek.-Alkylchlorbenzole (**III**), durch Hydrieren der **II** in A. über Pd-Schwarz bei 40°: *2-[p-Chlorphenyl]-pentan*, $Kp._3$ 74—75°; 88,5%. — *2-[p-Chlorphenyl]-octan*, $Kp._6$ 130—134°, n_D^{18} 1,5016; 85%. — *3-[p-Chlorphenyl]-octan*, $Kp._2$ 105—106°, n_D^{18} 1,5023; 91,4%. — *4-[p-Chlorphenyl]-octan*, $Kp._5$ 115—118°, n_D^{18} 1,5077; 93%. — *4-[p-Chlorphenyl]-2-methylheptan*, $Kp._2$ 105—107°, n_D^{18} 1,5070; 96,5%. — *2-[p-Chlorphenyl]-undecan*, $Kp._3$ 148—150°, n_D^{21} 1,4913; 77%. — *3-[p-Chlorphenyl]-undecan*, $Kp._4$ 146—148°, n_D^{21} 1,4944; 90%. — *4-[p-Chlorphenyl]-undecan*, $Kp._4$ 151—151,5°; 95%. — *5-[p-Chlorphenyl]-undecan*, $Kp._4$ 152,5—153°, n_D^{20} 1,4931; 90,5%. — *6-[p-Chlorphenyl]-undecan*, $Kp._{3,5}$ 148—149,5°, n_D^{21} 1,4919; 82%. — p-sek.-Alkylaniline, durch 6std. Erhitzen der **III** mit $CuCl_2$ in 35%ig. NH_4OH im Autoklaven auf 250—260° u. Ausäthern: *2-[p-Aminophenyl]-pentan*, $Kp._2$ 85—87°; 64%. *Acetylderiv.*, F. 104—104,3°. — *2-[p-Aminophenyl]-octan*, $Kp._2$ 123—124°, n_D^{18} 1,5120; 82%. — *3-p-[Aminophenyl]-octan*, $Kp._6$ 130—132°, n_D^{18} 1,5090; 82,5%. — *4-[p-Aminophenyl]-octan*, $Kp._1$ 111—112°, n_D^{18} 1,5139; 87,5%. — *4-[p-Aminophenyl]-2-methylheptan*, $Kp._3$ 111—112°, n_D^{18} 1,5242; 75,5%. — *2-[p-Aminophenyl]-undecan*, $Kp._2$ 158—160°, n_D^{21} 1,5036; 66,5%. — *3-[p-Aminophenyl]-undecan*, $Kp._2$ 159°, n_D^{21} 1,5033; 77,4%. — *4-[p-Aminophenyl]-undecan*, $Kp._1$ 149—150°, n_D^{21} 1,5043; 82,4%. — *5-[p-Aminophenyl]-undecan*, $Kp._3$ 157—158°, n_D^{21} 1,5059; 68,8%. — *6-[p-Aminophenyl]-undecan*, $Kp._2$ 142—143°, n_D^{21} 1,5040; 79,8%.

H.-E. Toussaint. 1310□

0783 **Reaktionen zwischen Säuren und Thioharnstoff.** 2. Mitt. **Die Bildung von Aniliden aus Säuren und symm.-**

Diphenylthioharnstoff. Aziz-Ur Rahman, Miguel A. Medrano und Betty E. Jeanneret. (J. org. Chemistry **27,** 3315—17, 1962; Bahia Blanca, Argentina, Univ. Nacional Del Sur, Dep. de Quím. e Ingen. Quím.; engl.) — 1. vgl. C. **1962,** 11878. — Durch Erhitzen von symm. Diphenylthioharnstoff (**I**) mit Phenylessigsäure (**III**) wird *Phenylacetanilid* (**IV**) erhalten. Da auch aus Phenylisothiocyanat (**II**) u. Carbonsäuren die entsprechenden *Anilide* gebildet werden, wird der Rk.-Mechanismus durch prim. Zers. von **I** in **II** u. *Anilin* (**V**) u. Rk. von **II** mit **III** unter Bldg. von **IV** u. *COS* gedeutet. **V** konnte durch Kupplung mit β-Naphthol nachgewiesen werden. Die Bldg. von COS wird durch den Nachw. der Zers.-Prodd. H_2S, *S* u. CO_2 indirekt bewiesen. Bernsteinsäure (**VI**) bzw. -anhydrid (**VII**) reagieren mit **II** bzw. **I** unter Bldg. von *N-Phenylsuccinimid.*

Versuche: Anilide: *Benz-*, F. 162—163° (A.), durch 2std. Erhitzen von 0,03 Mol Benzoesäure u. 4,05 g **II** auf 180—185°, Lösen in heißem A., Klären mit Aktivkohle, Filtrieren u. Dest. (Meth. **A**); 89% (Ausbeute). — *Diphenylacet-*, F. 181—182° (A.), nach **A** aus Diphenylessigsäure; 91%. — *Palmitinsäure-*, F. 86—87° (A.), nach **A** aus Palmitinsäure; 81%. — *Stearinsäure-*, F. 82—83° (A.), nach **A** aus Stearinsäure; 84%. — *Phenylacet-*(**IV**), F. 117—118° (A.), a) durch 1std. langsames Erhitzen von 0,05 Mol **III** u. 11,4 g **I** auf 180—185°, 1 std. auf 180—190°, Aufnehmen in Ae., Extrahieren mit verd. HCl u. Dest.; 90%; b) nach **A** aus **III**; 85%. — *N-Phenylsuccinimid,* F. 155° (A.), a) durch 2std. Erhitzen äquimol. Mengen **VII** u. **I** auf 180—185° u. Extrahieren von **V** mit wenig Ae.; 74%; b) nach **A** aus **VI**; 57%.
R. Gnauck. 1310△

0784 **Dehalogenierung während der Reduktion von Halogennitrobenzolen mit LiAlH$_4$.** J. F. Corbett und P. F. Holt. (J. chem. Soc. [London] **1963,** 2385—87; Reading, Berkshire, Univ.; engl.) — Bei der Red. von Jodnitrobenzolen mit überschüssigem $LiAlH_4$ wird stets Jod eliminiert, Bromnitrobenzole verlieren ihr Brom dagegen nur, wenn dieses in o-Stellung zur Nitro- oder einer Chlor-Gruppe steht. Chlornitrobenzole geben kein Chlor ab. Bei allen Redd. entstehen *Azobenzole.* Wird $LiAlH_4$ im Unterschuß angewandt, entstehen *Azoxybenzole.*

Versuche: 1-Nitrobenzole, aus den entsprechenden Aminen nach einer von Hodgen u. Walter modifizierten Sandmeyer-Reaktion: *2-Chlor-5-methyl-* (**IV**), F. 4—5°. — *2-Chlor-5-methoxy-*, F. 32°. — *3-Chlor-* (**VI**), F. 44°. — *3-Methyl-4-chlor-*, F. 43—44°. — *2-Brom-5-methyl-* (**IX**), F. 33°. — *2-Brom-5-methoxy-* (**X**), F. 45°. — *3-Brom-* (**XI**), F. 53°. — *3-Brom-5-methyl-* (**XII**), F. 83°. — *3-Methyl-4-brom-*, F. 78°. — *2-Jod-*, F. 49°. — *3-Jod-* (**XX**), F. 33°. — *4-Jod-*, F. 174°. — *2.5-Dichlor-*, F. 54°. — *3.4-Dichlor-*, F. 41 . — *2.3-Dibrom-5-methyl-* (**XIII**), F. 65°. — *3.4-Dibrom-5-methyl-*(**XIV**), F. 105—106°. — *2.3.5-Tribrom-*(**XVI**), F. 81°. — *2-Chlor-3-brom-5-methyl-* (**V**), F. 60°. — *2-Chlor-5-brom-* (**XVIII**), F. 72°. — *3-Chlor-4-brom-* (**VII**), F. 61—62°. — *2-Brom-5-chlor-* (**VIII**), F. 70°. — *3.5-Dichlor-4-brom-* (**XV**), F. 87—88°. — *2-Chlor-3.5-dibrom-* (**XVII**), $C_6H_2Br_2ClNO_2$, F. 61°, Nadeln. — *3-Brom-4-chlor-5-methyl-*, $C_7H_5BrClNO_2$, F. 97°, hellgelbe Rhomben. — *3.5-Dichlor-* (**I**), F. 65°, durch Desaminierung von 2.6-Dichlor-4-nitroanilin. — *3.5-Dibrom-*(**II**), F. 104°, analog **I**. — *2.4.6-Tribrom-*(**III**), F. 123—124° (A.), durch 4std. Oxydation von 1 g 2.4.6-Tribromanilin mit 80%ig. H_2O_2 in Essigsäure im Wasserbad bei ca. 100°; 0,8 g (Ausbeute). — *1-Brom-2-nitronaphthalin* (**XIX**), F. 97°, analog **IV**. — Azobenzole, durch 1std. Stehen des entsprechenden Nitrobenzols mit $LiAlH_4$ in abs. Ae. bei Raumtemp. u. $^1/_4$std. Kochen; 75—95%. *2.2'-Dichlor-*, F. 134—136°; 40%. — *2.2'-Dichlor-5.5'-dimethyl-*, F. 164—165°, a) aus **IV**; b) aus **V**. — *2.2'-Dichlor-5.5'-dimethoxy-*, F. 172°. — *3.3'-Dichlor-*, F. 101°, a) aus **VI**; b) aus **VII**; c) aus **VIII**. — *4.4'-Dichlor-*, F. 184°. — *4.4'-Dichlor-3.3'-dimethyl-*, F. 166°. — *3.3'-Dimethyl-*, F. 55°, aus **IX**. — *3.3'-Dimethoxy-*, F. 76°, aus **X**. — *3.3'-Bis-[hydroxymethyl]-*, F. 105°, aus 2-Brom-5-äthoxycarbonylnitrobenzol. — *3.3'-Dibrom-*, F. 125°, a) aus **XI**; b) aus 2.5-Dibromnitrobenzol. — *3.3'-Dibrom-5.5'-dimethyl-*, F. 163°, a) aus **XII**; b) aus **XIII**; c) aus **XIV**; daneben *Verb. vom F. 124—130°.* — *4.4'-Dibrom-*, F. 203°, a) aus 4-Bromnitrobenzol; b) aus **III**. — *4.4'-Dibrom-3.3'-dimethyl-*, F. 141°. — *2.2'.5.5'-Tetrachlor-*, F. 187°. — *3.3'.4.4'-Tetrachlor-*, F. 158°, — *3.3'.5.5'-Tetrachlor-*, F. 196°, a) aus **I**; b) aus **XV**. — *3.3'.5.5'-Tetrabrom-*, F. 244°, a) aus **II**; b) aus **XVI**. — *2.2' Dichlor-5.5'-dibrom-*, F. 226°, a) aus **XVII**; b) aus **XVIII**. — *4.4'-Dichlor-3.3'-dibrom-5.5'-dimethyl-*, F. 260°, gelbliche Rhomben. — *4.4'-Dichlor-3.3'-dimethyl-*, neben vorst. Verbindung. — *Azobenzol,* F. 69°, a) aus 2-Bromnitrobenzol; 35%; b) aus 2-Jodnitrobenzol; c) aus **XX**; d) aus 4-Jodnitrobenzol. — *2.2'-Azonaphthalin,* F. 208°, aus **XIX**. — Azoxybenzole, analog vorst. Verbb. mit einem Unterschuß an $LiAlH_4$ u. Abbrechen der Rk. nach 10 Min. durch Zugabe von W., Trennen an Al_2O_3 u. Eluieren mit PAe. u. dann Benzol: *3.3'-Dijod-*, $C_{12}H_8J_2N_2O$, F. 115°; aus **XX**; gelbe Nadeln aus Acetanhydrid. — *2.2'-Dichlor-5.5'-dimethyl-*, $C_{14}H_{12}Cl_2N_2O$, F. 144°, aus **IV**; aus A. gelbe, gefiederte Nadeln. — *3.3'-Dibrom-*, F. 109°, aus 2.5-Dibromnitrobenzol. — *4.4'-Dibrom-*, F. 176°, aus **III**. — *3.3'-Dichlor-*, F. 97°, aus **VIII**. — *3.3'-Dimethoxy-*, F. 70°, aus **X**. — *Azoxybenzol,* F. 36°, aus 2-Bromnitrobenzol. D. Jahnke. 1310△

0785 **Synthese der p-Diazoacetylderivate von Phenylalanin.** A. Ja. Berlin und K. N. Kurdjumowa. (J. allg. Chem. **30(92)**, 3759—66, 1960; russ.) — Es wurden *[p-Carbäthoxy-* (**I**), *[p-Carbomethoxy-* (**II**) u. *[p-Carbobenzoxybenzyl]-acetylaminomalonsäurediäthylester* (**III**) dargestellt. Aus **I**, **II** u. **III** wurden durch Verseifung u. Decarboxylierung *p-Carboxy-*(**IV**), *p-Carbäthoxy-*, *p-Carbomethoxy-*, *p-Carbobenzoxy-* u. *p-Carboisobutoxy-N-acetyl-β-phenylalanin* erhalten. Die vollständige Hydrolyse von **IV** lieferte *p-Carboxy-β-phenylalanin.* **IV** wurde in *p-Carbobenzoxy - N - acetyl - β - phenylalanin* (**V**) *- benzylester* übergeführt, aus dem **V** u. **V**-*Äthylester* erhalten wurden. **V**-Äthylester wurde durch Hydrierung in *p-Carboxy-N-acetyl-β-phenylalaninäthylester* (**VI**), dieser in das *Chlorid* u. *Anilid* übergeführt. Die Rk. von **VI**-Chlorid mit CH_2N_2 lieferte *p-Diazoacetyl-N-acetyl-β-phenylalanin*(**VII**)*-äthylester.*

Versuche: Benzylacetylaminomalonsäurediäthylester: *p-Carbäthoxy-*(**I**), $C_{19}H_{25}NO_7$, F. 141 bis 141,5° (abs. A.), man gibt zu 3,94 g Na in 90 ml abs. A. 37,5 g Acetylaminomalonsäurediäthylester (**VIII**) in 160 ml abs. A., rührt $^1/_2$ Std., versetzt mit 41,6 g p-Brommethylbenzoesäureäthylester in 80 ml abs. Bzl. u. erhitzt 2 Std. auf 70—75°; Nadeln; 68,5% (Ausbeute). — *p-Carbomethoxy-* (**II**), $C_{18}H_{23}NO_7$, F. 121—122° (Methanol), durch Zugabe von 20,6 g p-Brommethylbenzoesäuremethylester in 40 ml abs. A. zu Na-Acetylaminomalonester (**IX**; 2,06 g Na, 19,45 g **VIII**, 70 ml abs. A.) u. 2std. Rühren bei 70—75°; Nadeln; 50,4%. — *p-Carbobenzoxy-*(**III**), $C_{24}H_{27}NO_7$, F. 160—161° (Aceton–Methanol), durch Eindampfen der Lsg. von **IX** (0,31 g Na, 2,9 g **VIII**, 25 ml abs. A.) mit Bzl., Versetzen des Rückstandes mit 20 ml Bzl. u. 5,0 g p-Brommethylbenzoesäurebenzylester u. 6std. Erhitzen auf 80°; 47,5%. — N-Acetyl-β-phenylalanine: *p-Carbäthoxy-*, $C_{14}H_{17}\cdot NO_5$, F. 151—152° (Aceton–Methanol), durch $3^1/_2$std. Kochen von 2,0 g **I** in 25 ml A. mit der äquivalenten Menge alkohol. NaOH; 0,5 g. — *p-Carboisobutoxy-*, $C_{16}H_{21}NO_5$, F. 167—167,5° (Äthylacetat, Aceton, 30%ig. A.), durch $3^1/_2$std. Erhitzen von 2,0 g **I** mit 30 ml Isobutanol mit 2 Äquivalenten alkohol. NaOH auf 100 bis 105°; Nädelchen; 0,19 g. — *p-Carbomethoxy-*, $C_{13}H_{15}NO_5$, F. 171—172° (Aceton), durch Zugabe von 2 Äquivalenten 10%ig. NaOH in 2 Std. zu 2,0 g **II** in 30 ml Methanol bei 50—55°; Nadeln; 0,25 g; daneben 0,3 g **IV**. — *p-Carboxy-*(**IV**), $C_{12}H_{13}NO_5$, F. 238—240° (25%ig. A.), durch 8std. Kochen von 16,6 g **I** mit 5,25 g NaOH in 500 ml A.; 72,8%. — *p-Carbobenzoxy-*(**V**), $C_{19}H_{19}NO_5$, F. 174—175° (Äthylacetat), a) durch Zugabe von 14 ml 10%ig. NaOH auf dem sd. Wasserbad zu 16,3 g **V**-Benzylester in 150 ml Benzylalkohol (**X**) u. $1^1/_2$std. Rühren; Schüppchen; 72,1%; b) durch 2std. Erhitzen von 1,0 g **III** in 5 ml **X** mit 2 Äquivalenten 10%ig. NaOH auf dem sd. Wasserbad; 0,14 g; daneben 0,1 g **IV**. *Benzylester,* $C_{26}H_{25}NO_5$, F. 91—92° (Ae.), durch Sättigen von 8,1 g **IV** in 200 ml **X** mit HCl unter Eiskühlung u. 36std. Stehen bei 20°; Nädelchen; 81,2%. *Äthylester,* $C_{21}H_{23}NO_5$, F. 92—93° (Ae.), F. 79—80° (PAe.), durch Zugabe von

2,5 ml Acetylchlorid bei 0° zu 10 g **V** in 50 ml abs. A. u. 2std. Rühren bei 30°; Nadeln; 81,7%. — *p-Carboxy-β-phenylalaninhydrochlorid*, $C_{10}H_{12}ClNO_4$, F. 287—292° (Zers.; 10%ig. HCl), durch 3std. Kochen von 0,22 g **IV** mit 15 ml 20%ig. HCl; 0,15 g. — *p-Carboxy-N-acetyl-β-phenylalaninäthylester* (**VI**), $C_{14}H_{17}NO_5$, F. 187—188° (Äthylacetat), durch Hydrierung von 8,21 g **V**-Äthylester in 100 ml abs. A. an 1,0 g 5%ig. Pd/Kohle; Schüppchen; 80,5%. *Chlorid*, durch Zugabe von 2,0 ml $SOCl_2$ unter Eiskühlung zu 5,05 g **VI** in 50 ml Chlf., 1/4std. Erhitzen auf 50° u. Eindampfen mit Bzl. im Vakuum bei 40°. *Anilid*, $C_{18}H_{18}N_2O_4$, F. 190—191° (A.-Äthylacetat), aus je 0,24 g **VI**-Chlorid u. Anilin in 10 ml Chlf.; Nädelchen; 0,21 g. — *p-Diazoacetyl-N-acetyl-β-phenylalanin* (**VII**), *Hydrat*, $C_{13}H_{13}N_3O_4 \cdot H_2O$, F. 103—106° (Zers.; Methanol–Ae., 75%ig. A.), durch 48std. Stehen von 1,0 g **VII**-Äthylester mit 1 Äquivalent NaOH in A. bei 0°; gelbe Nadeln; 0,1 g. *Äthylester*, $C_{15}H_{17}N_3O_4$, F. 134—135° (Zers.; 50%ig. A.), durch tropfenweise Zugabe von CH_2N_2 in Ae. bei 0° zu **VI**-Chlorid (5:1 Mol) in Chlf. u. 2std. Rühren bei 20°; hellgelb; 83,0%.

Helmut Schäfer. 1350△

0786 **Reaktionsfähigkeit der Vinylgruppe in substituierten Silanen in der Anlagerungsreaktion an Benzol unter Einwirkung von Aluminiumchlorid.** K. A. Andrianow, A. A. Shdanow und W. A. Odinetz. (Журнал Общей Химии [J. allg. Chem.] **31(94)**, 1126—30, April 1962; russ.) — *Vinyltrichlor-*(**I**), *Vinylmethyldichlor-*(**II**) u. *Vinyldimethylchlorsilan* (**III**) setzen sich mit in dieser Reihenfolge abnehmender Geschw. u. Ausbeute mit Bzl. in Ggw. von $AlCl_3$ zu den entsprechenden *β-Phenyläthylsilanen* um; Vinyltrimethylsilan gibt unter den gewählten Bedingungen gar kein Bzl.-Addukt. Die unterschiedliche Rk.-Fähigkeit der Vinylgruppe in den Verbb. wird auf die unterschiedliche Polarisation der Doppelbindung durch die Substituenten am Si zurückgeführt; der Mechanismus der Rk. wird diskutiert.

Versuche: *Vinylmethyldiäthoxysilan*, $C_7H_{16}O_2Si$, Kp. 132—134°, durch Zutropfen von **II** zu abs. A. u. Rühren bei 75—80° bis zum Aufhören der HCl-Entw.; $D._4^{20}$ 0,8649, n_D^{20} 1,3982; 62,5% (Ausbeute). — *Vinyldimethylchlorsilan* (**III**), C_4H_9ClSi, Kp. 83—84°, durch Zugeben von konz. H_2SO_4 zu rohem Divinyltetramethyldisiloxan (aus vorst. Verb. durch Rk. mit Mg u. CH_3J in Ae. u. Zers. mit Eis u. konz. HCl) u. $AlCl_3$ bei 4° u. 20 Min. langes Rühren; $D._4^{20}$ 0,8916, n_D^{20} 1,4140; 42,6%. — *Vinyltrimethylsilan*, Kp. 53—55°, durch Zutropfen von **I** zu Mg u. CH_3J in Ae. u. 3std. Rühren; n_D^{20} 1,3931, 40%. — *β-Phenyläthyltrichlorsilan*, (**IV**), $C_8H_9Cl_3Si$, Kp. 242—245°, durch Zutropfen von **I** zu $AlCl_3$ in Bzl. bei 75—80° im Dunkeln, 4½std. Rühren bei 75°, Abgießen, Zugeben von Triäthylamin bei 0° u. 1/4std. Stehen; $D._4^{20}$ 1,2302; 66,8%. — *β-Phenyläthylmethyldichlorsilan*, $C_9H_{12}Cl_2Si$, Kp. 248—250°, analog **IV** aus **II**; 59,3%. — *β-Phenyläthyldimethylchlorsilan*, $C_{10}H_{15}ClSi$, Kp. 223—225°, analog **IV** aus **III**; $D._4^{20}$ 0,9998, n_D^{20} 1,5035; 25,15%. H.-E. Toussaint. 1380◇

0787 **1-Aryl-, 1-Benzoyl- und 1.1-Dimethyl-4-dichlorphosphorylsemicarbazid und ihre Derivate.** O. W. Kirssanow und L. P. Shurawlowa. (Ber. Akad. Wiss. UkrainSSR **1960**, 804—08; Inst. für org. Chem. der Akad. der Wiss. der UkrainSSR; ukrain., Auszug: engl.) — Durch Rk. von Isocyanatophosphorsäuredichlorid (**I**), -diphenyl-(**II**) oder -dimethylester (**III**) mit Arylhydrazinen, Benzoyl- u. 1.1-Dimethylhydrazin (**IV**) werden *1-Aryl-*(**V**), *1-Benzoyl-*(**VI**) u. *1.1-Dimethyl-4-dichlorphosphorylsemicarbazid* (**VII**) bzw. *1-Aryl-*, *1-Benzoyl-* u. *1.1-Dimethyl-4-di-O-methyl(phenyl)-phosphorylsemicarbazid* erhalten. Die Konstit. von **V** u. **VI** ergibt sich aus der Bldg. von *1-Aryl-* u. *1-Benzoylsemicarbaziden* bei der Hydrolyse. Das 1.1-Dimethylhydraziniumsalz von **VII** wird durch Rk. mit Na-Phenolat in *1.1-Dimethyl-4-di-O-phenylphosphorylsemicarbazid* übergeführt. Hydrolyse von **VII** liefert **IV**. Die substituierten *Di-O-methyl(phenyl)-phosphorylsemicarbazide* sind schwache Säuren, deren Struktur sich aus ihrer Bldg. aus **V**, **VI** u. **VII** u. den entsprechenden Alkoholen ergibt. Bei Rk. mit Hydrazin liefern **I**, **II** u. **III** *Dihydraziniumsalze* von *N.N'-Bis-[dichlorphosphorylcarbamoyl]-hydrazin* bzw. die entsprechenden *Di-O-methyl(phenyl)verbindungen*. — 4-Dichlorphosphorylsemicarbazide: *1-Phenyl-*(**VIII**), $C_7H_8 \cdot Cl_2N_3O_2P$, F. 160°—163 (Zers.); 86% (Ausbeute). — *1.1-Dimethyl-*, (**VII**), *1.1-Dimethylhydraziniumsalz*, $C_5H_{16} \cdot Cl_2N_5O_2P$, F. 110—113° (Zers.); 99%. — *1-p-Tolyl-*, $C_8H_{10} \cdot Cl_2N_3O_2P$, F. 114—117° (Zers.); 79%. — *1-[p-Nitrophenyl]-*, $C_7H_7Cl_2N_4O_4P$, F. 188—189° (Zers.); 98%. — *1-[2.4-Dinitrophenyl]-*, $C_7H_6Cl_2N_5O_6P$, F. 175—177° (Zers.); 99%. — *1-Benzoyl-*, (**VI**), $C_8H_8Cl_2N_3O_3P$, F. 126 bis 128° (Zers.); 70%. — Semicarbazide: *1-Phenyl-*, F. 166—168°; 60%. — *1-p-Tolyl-*, F. 192—193°; 73%. — *1-[p-Nitrophenyl]-*, F. 208—209°; 71%. — *1-[2.4-Dinitrophenyl]-*, $C_7H_7N_5O_5$, F. 212—215° (Zers.); 75%. — *1-Benzoyl-*, F. 218—219°; 70%. — 4-Di-O-methylphosphorylsemicarbazide: *1-Phenyl-*, $C_9H_{14}N_3O_4P$, F. 166—167° (W.); 93% (32% bei Rk. von Methanol mit **VIII**). — *1-p-Tolyl-*, $C_{10}H_{16}N_3O_4P$, F. 147—149° (A.); 76% (46%). — *1-Benzoyl-*, $C_{10}H_{14}N_3O_5P$, F. 149—150° (W. u. Dioxan); 91%. — *1-[p-Nitrophenyl]-*, $C_9H_{13}N_4O_6P$, F. 164—166° (Zers., A.); 83% (70%). — *1-[2.4-Dinitrophenyl]-*, $C_9H_{12}N_5O_8P$, F. 198—200° (Zers.; Aceton u. A.); 99% (63%). — *1.1-Dimethyl-*, $C_5H_{14}N_3O_4P$, F. 109 bis 110° (Bzl. u. Chlf.); 87%. — 4-Di-O-phenylphosphorylsemicarbazide: *1-Phenyl-*, $C_{19}H_{18}N_3O_4P$, F. 167—168° (A.); 86%. — *1-p-Tolyl-*, $C_{20}H_{20}N_3O_4P$, F. 176—177° (A.); 93%. — *1-Benzoyl-*, $C_{20}H_{18}N_3O_5P$, F. 180—181° (A.); 98%. — *1-[p-Nitrophenyl]-*, $C_{19}H_{17} \cdot N_4O_6P$, F. 211—213° (Zers.; Nitrobenzol); 80%. — *1-[2.4-Dinitrophenyl]-*, $C_{19}H_{16}N_5O_8P$, F. 202—203° (Zers.; Nitrobenzol); 85%. — *1.1-Dimethyl-*, $C_{15}H_{18}N_3O_4P$, F. 129—130° (W.); 90%. I. Schade. 1380△

0788 **Anlagerung von Phenylphosphortetrachlorid an Vinyläthyläther und Umwandlung des Anlagerungsproduktes in verschiedene Derivate der Phenyl-β-äthoxyvinylphosphinsäure und -phosphinigsäure.** K. N. Anissimow und N. Je. Kolobowa. (Известия Академии Наук СССР, Отделение Химических Наук [Nachr. Akad. Wiss. UdSSR, Abt. techn. Wiss.] **1962**, 444—48, März; Inst. für metallorgan. Verbb. der Akad. der Wiss. der UdSSR; russ.) — Die Rk. von Phenylphosphortetrachlorid mit Vinyläthyläther liefert neben einem nicht identifizierten öligen Prod. eine krist. Verb. (**I**), der man die Stuktur eines *Phenyl-β-äthoxyvinylphosphortrichlorids* zuschreibt u. die beim Behandeln mit SO_2 in *Phenyl-β-äthoxyvinylphosphinsäurechlorid* (**II**) übergeht. Mit weißem P wird aus **I** *Phenyl-β-äthoxyvinylphosphinigsäurechlorid* (**III**) erhalten. **II** u. **III** wurden in zahlreiche Ester umgewandelt.

Versuche: *Phenyl-β-äthoxyvinylphosphortrichlorid* (**I**), $C_{10}H_{12}Cl_3OP$, krist., durch Chlorieren von Phenyldichlorphosphin (n_D^{20} 1,5962), Durchleiten von CO_2, Lösen in Bzl., Zugeben von Vinyläthyläther u. Stehen über Nacht; 83% (Ausbeute); daneben *Verb.* $C_8H_7Cl_2OP$, $Kp._1$ 140°, $D._4^{20}$ 1,3503, n_D^{20} 1,5815, 11%. — *Phenyl-β-äthoxyvinylphosphinsäure, Chlorid* (**II**), $C_{10}H_{12}ClO_2P$, $Kp._2$ 155—156°, durch Behandeln von **I** mit SO_2 bis zur vollständigen Verflüssigung; $D._4^{20}$ 1,2251, n_D^{20} 1,5613; 70%. *Methylester*, $C_{11}H_{15}O_3P$, $Kp._2$ 144°, aus **II** u. Methanol in Ggw. von Pyridin unter Kühlung; $D._4^{20}$ 1,1425, n_D^{20} 1,5328; 63%. *Äthylester*, $C_{12}H_{17}O_3P$, $Kp._2$ 156°, $D._4^{20}$ 1,1032, n_D^{20} 1,5220; 71%. *n-Propylester*, $C_{13}H_{19}O_3P$, $Kp._2$ 170—171°, $D._4^{20}$ 1,0765, n_D^{20} 1,5195; 76%. *n-Butylester*, $C_{14}H_{21}O_3P$, $Kp._2$ 177—178°, $D._4^{20}$ 1,0549, n_D^{20} 1,5173; 83%. — *Phenyl-β-äthoxyvinylphosphinigsäure, Chlorid* (**III**), $C_{10}H_{12}ClOP$, $Kp._2$ 130°, aus **I** u. weißem P in Bzl. in Ggw. von J_2; $D._4^{20}$ 1,1419, n_D^{20} 1,5828; 47%. *Äthylester*, $C_{12}H_{17}O_2P$, $Kp._2$ 133°, $D._4^{20}$ 1,0383, n_D^{20} 1,5372; 76,9%. *Allylester*, $C_{13}H_{17}O_2P$, $Kp._{0,5}$ 166—167°, $D._4^{20}$ 1,1014, n_D^{20} 1,5524; 63%. *Isobutylester*, $C_{14}H_{21}O_2P$, $Kp._1$ 145—146°, $D._4^{20}$ 0,9976, n_D^{20} 1,5240; 45%.

H.-E. Toussaint. 1380◇

0789 **Säurechloride ungesättigter Phosphonigsäuren.** K. N. Anissimow und N. Je. Kolobowa. (Известия Академии Наук СССР, Отделение Химических Наук [Nachr. Akad. Wiss. UdSSR, Abt. techn. Wiss.] **1962**, 442—44, März; Inst. für metallorgan. Verbb. der Akad. der Wiss. der UdSSR; russ.) — Die Rk. von Vinylalkyläthern (**I**) mit PCl_5 führt zu krist. 1 : 1-Komplexverbb., aus denen man durch Behandeln mit weißem P *β-Alkoxyvinylphosphonigsäuredichloride* (*β-Alkoxyvinyldichlorphosphine*) erhält. — Phosphonigsäuredichloride, durch Rühren der I mit PCl_5 (1 : 1) in Bzl., Stehen über Nacht u. Behandeln mit weißem P in Ggw. von J_2: *β-Äthoxyvinyl-*, $C_4H_7Cl_2OP$, Kp.$_5$ 67—69°, D.$_4^{20}$ 1,2471, n_D^{20} 1,5234; 30% (Ausbeute) (gibt mit A. in Ggw. von Triäthylamin den *Diäthylester*, $C_8H_{17}O_3P$, Kp.$_2$ 113°, D.$_4^{20}$ 0,9764, n_D^{20} 1,4570). — *β-[2-Äthylhexyloxy]-vinyl-*, $C_{10}H_{19}Cl_2OP$, Kp.$_7$ 145—147°, D.$_4^{20}$ 1,0844, n_D^{20} 1,5019; 61%. — *β-n-Nonyloxyvinyl-*, $C_{11}H_{21}Cl_2OP$, Kp.$_3$ 140—141°, D.$_4^{20}$ 1,0637, n_D^{20} 1,4960; 61%. — *β-[β-Methoxyäthoxy]-vinyl-*, $C_5H_9Cl_2O_2P$, Kp.$_2$ 95°, D.$_4^{20}$ 1,2737, n_D^{20} 1,5155. — *β-[β-Äthoxyäthoxy]-vinyl-*, $C_6H_{11}Cl_2O_2P$, Kp.$_2$ 98°, D.$_4^{20}$ 1,2396, n_D^{20} 1,5140; 37%. — *2-Chlor-3-methylbuten-(3)-yl-*, $C_5H_8Cl_3P$, Kp.$_3$ 91—91,5°, aus Isopren, PCl_5 u. dann P; D.$_4^{20}$ 1,3148, n_D^{20} 1,5412. H.-E. Toussaint. 1380◇

0790 **Reaktionen aliphatischer Epoxyverbindungen.** 5. Mitt. **Darstellung von trans-Propenylbenzol.** Czesław Bełżecki und Jerzy Lange. (Roczniki Chem. [Ann. Soc. chim. Polonorum] **35,** 1641—44, 1961; Warszawa, PAN, Zakł. Synt. org.; Politechn., Kat. Technol. org. II; pol.) — 3. vgl. C. **1961,** 5412. — Reines trans-Propenylbenzol (**I**) wurde durch stereospezif. Synth. aus trans-Zimtalkohol (**II**) erhalten. Die Rk. führte über *Cinnamylbromid* (**III**), das mit $LiAlH_4$ red. wurde. Da sich **III** sehr leicht zu *2-Brompropenylbenzol* umlagert, muß die Red. schnell durchgeführt werden. Alle Rk.-Schritte lassen die trans-Konfiguration an der Doppelbindung unangetastet. Andere Meth. der Darst. von reinem **I** blieben erfolglos, z.B. die Red. von erythro-1.2-Dibrom-1-phenylpropan (**IV**) mit Zn (→ *1-Äthyl-2-methyl-3-phenylindan*) oder mit Mg (→ **I** u. *cis-Propenylbenzol*, 85 : 15). cis-α-Methylzimtsäure liefert bei der Decarboxylierung in Ggw. von Cu-Chromit in Chinolin ebenfalls nur das *cis-trans-Gemisch*.

Versuche: *1-Äthyl-2-methyl-3-phenylindan*, Kp.$_{18}$ 182—183°, durch Kochen von **IV** mit Zn-Pulver in A.; n_D^{20} 1,5718; 65% (Ausbeute). — *trans-Propenylbenzol* (**I**), Kp.$_{20}$ 72—74°, Kp.$_{760}$ 176,5—177,5°, durch Rk. von **II** (19,7 g) mit HBr nach Claisen u. Tietze [1925] zu **III**, Lösen des Prod. in abs. Ae. u. Eintropfen der Lsg. in eine äther. Lsg. von $LiAlH_4$; n_D^{20} 1,5508; 7,1 g. F. Urban. 1410◇

0791 **Reaktionen aliphatischer Epoxyverbindungen.** 6. Mitt. **Diastereoisomere 1-Phenyl-2-brompropanole.** Jerzy Lange, Czesław Bełżecki, Anna Nowak und Emilia Gomolińska. (Roczniki Chem. [Ann. Soc. chim. Polonorum] **35,** 1645—49, 1961; pol.) — 5. vgl. vorst. Referat. — cis-Propenylbenzol (**I**) addiert bei der Rk. mit N-Bromsuccinimid (**II**) HOBr unter Bldg. von *threo-1-Phenyl-2-brompropanol* (**III**). trans-Propenylbenzol (**IV**) liefert bei derselben Rk. *erythro-1-Phenyl-2-brompropanol* (**V**). Bei Anwendung von HOBr selbst ist der Anteil der mitgebildeten *Dibrom-Verbb.* beachtlich. Die Konfiguration von **III** u. **V** wurde durch Red. mit $LiAlH_4$ (beide Verbb. geben dabei *1-Phenyläthylcarbinol*) u. durch Rk. mit NaOH zu den diastereoisomeren *1.2-Epoxy-1-phenylpropanen* bestätigt. **I** u. **IV** addieren demnach HOBr in einer trans-Rk. u. auch die Abspaltung von HBr aus den gebildeten Bromhydrinen ist eine trans-Eliminierung. Weitere Umsetzung der 1.2-Epoxy-1-phenylpropane mit Methylamin liefert in einer stereospezif. Rk. *DL-Pseudoephedrin* bzw. *DL-Isoephedrin*.

Versuche: *threo-1-Phenyl-2-brompropanol* (**III**), Kp.$_{0,1}$ 80—90°, durch Umsetzung von **I** mit **II** in wss. Suspension bei Raumtemp.; n_D^{25} 1,5618; 61% (Ausbeute). — *erythro-1-Phenyl-2-brompropanol* (**V**), Kp.$_{1,8}$ 118 bis 120°, analog aus **IV**; n_D^{25} 1,5622; 67%. — *erythro-1.2-Epoxy-1-phenylpropan*, Kp.$_{10}$ 77—79°, durch Rk. von **III** mit verd. NaOH bei 40—50°; n_D^{20} 1,5218; 71%. — *threo-1.2-Epoxy-1-phenylpropan*, Kp.$_{14}$ 90—92°, analog aus **V**; n_D^{20} 1,5205; 68%. — *Phenyläthylcarbinol*, Kp.$_{10}$ 97 bis 102°, durch Rk. von **III** bzw. **V** mit einer äther. $LiAlH_4$-Lsg.; n_D^{22} 1,5269; 81 bzw. 76%. *α-Naphthylurethan*, F. 96—97°. F. Urban. 1410◇

0792 **Darstellung von 2-Brom-4.5-dimethoxyphenylacetylen.** K. W. Bentley, S. F. Dyke und A. R. Marshall. (J. chem. Soc. [London] **1963,** 3914—15; Bristol, Coll. of Sci. and Technol., Chem. Dep.; Edinburgh, J. F. MacFarlan & Co., Ltd.; engl.) — Durch Behandlung von α.β-Dibrom-β-[2-brom-4.5-dimethoxyphenyl]-propionsäure (**I**) mit Alkali erhielten Vff. *trans-1-Brom-2-[2-brom-4.5-dimethoxyphenyl]-äthylen* (**II**) u. eine Spur *cis-α-Brom-β-[2-brom-4.5-dimethoxyphenyl]-acrylsäure* (**III**). Die Dehydrobromierung von **I**, **III** oder deren trans-Isomeren (vgl. Reimer, Tobin u. Schaffner [1933]) zur Propiolsäure gelang nicht. **II** wird durch sd. alkohol. KOH nicht verändert, gibt durch Erhitzen mit KOH in Äthylenglykol auf 140° *1-[2-Hydroxyäthoxy]-2-[2-brom-4.5-dimethoxyphenyl]-äthylen* (**IV**) u. wird mit K-tert.-Butylat in tert.-Butanol in *2-Brom-4.5-dimethoxyphenylacetylen* (**V**) übergeführt, aus dem ebenfalls **IV** erhältlich ist. H_2SO_4-Hydrolyse von **IV** liefert wahrscheinlich *2-Brom-4.5-dimethoxyphenylacetaldehyd*.

Versuche: *trans-1-Brom-2-[2-brom-4.5-dimethoxyphenyl]-äthylen* (**II**), $C_{10}H_{10}Br_2O_2$, F. 102—103° (wss. A.), durch Einrühren von gepluverter **I** in methanol. KOH u. $^1/_2$std. Stehen; 78% (Ausbeute). — *cis-α-Brom-β-[2-brom-4.5-dimethoxyphenyl]-acrylsäure* (**III**), F. 198°, a) neben **II** durch Ansäuern des Filtrats; Spur; b) durch 6std. Kochen von 2 g **I** mit KOH in A. + W., 0,4 g; daneben 0,3 g **II**. — *2-Brom-4.5-dimethoxyphenylacetylen* (**V**), $C_{10}H_9BrO_2$, F. 101—102° (aus wss. Aceton cremefarbene Nadeln), a) durch 3std. Kochen von **II** mit K in tert.-Butanol u. Gießen in W.; b) durch 3std. Kochen von 2 g **II** mit KOH in Dimethylformamid, Gießen in W., Aufnehmen des Nd. in A., Ausfällen des *Ag-Acetylids* mit $AgNO_3$, dessen Zers. durch 3std. Kochen mit wss. NaCN-Lsg. u. Ae.-Extraktion; 0,7 g. — *1-[2-Brom-4.5-dimethoxyphenyl]-2-[2-hydroxyäthoxy]-äthylen* (**IV**), $C_{12}H_{15}BrO_4 \cdot H_2O$, F. 67—68° (aus wss. Aceton cremefarbene Flocken), a) durch 3std. Erhitzen von **II** mit KOH in Äthylenglykol auf 140° u. Gießen in W.; b) analog a) aus **V**. — *2-Brom-4.5-dimethoxyphenylacetaldehyd*(?), durch $1^1/_2$std. Stehen von **IV** mit alkohol. H_2SO_4 bei Raumtemp., Gießen in W. u. Ae.-Extraktion. *2.4-Dinitrophenylhydrazon*, $C_{16}H_{15}BrN_4O_6$, F. 170—171° (gelbe Prismen aus Essigsäure), entsteht auch direkt aus **IV** durch 5 Min. Behandlung mit 2.4-Dinitrophenylhydrazin in methanol. H_2SO_4. — *2-Brom-4.5-dimethoxyacetophenon*, $C_{10}H_{11}BrO_3$, F. 106° (aus A. cremefarbene Nadeln), durch 3std. Erhitzen von **V** mit 70%ig. CH_3OH, konz. H_2SO_4 u. $HgSO_4$ auf dem Dampfbad, Gießen in W. + $NaHCO_3$ u. Ae.-Extraktion. *2.4-Dinitrophenylhydrazon*, $C_{16}H_{15}BrN_4O_6$, F. 185—186°, orangefarben. I. Spaeth. 1460◇

0793 **Synthese von Äthern und Estern von Cyclopenten-(1)-ol-(3) und seinen Homologen.** R. Ja. Lewina, T. I. Godowikowa und W. N. Winogradowa. (Nachr. Moskauer Univ., Ser. II **14,** Nr. 3, 171—75, 1959; Lehrstuhl für organ. Chemie; russ.) — Durch Rk. von K-Acetat mit 3-Chlorcyclopenten-(1) (**I**) wird *3-Acetoxycyclopenten-(1)* erhalten; die Rk. von **I** mit Na-Äthylat (**II**) verläuft unter HCl-Abspaltung u. Polymerisation des gebildeten Cyclopentadiens. **II** reagiert mit 1.2-Dibromcyclopentan (**III**) unter Bldg. von *3-Äthoxycyclopenten-(1)*, mit 1-Alkyl-2.3-dibromcyclopentanen unter Bldg. von Gemischen aus *3-Äthoxy-1-alkyl-* u. *3-Äthoxy-3-alkylcyclopentenen-(1)*, deren Zus. mit Hilfe der Raman-Spektren bestimmt wird.

Versuche: *3-Acetoxycyclopenten-(1)*, $C_7H_{10}O_2$, Kp.$_{35}$ 69°, durch Zugabe von **I** (aus 18 g Cyclopentadien u. 9,8 g HCl) zu 40 g K-Acetat in 100 ml Eisessig unter Kühlung, 30 Min. langes Erhitzen auf dem Wasserbad, Gießen in W. u. Extrahieren mit Ae.; n_D^{20} 1,4498; D.$_4^{20}$ 1,0050; 60% (Ausbeute). — *3-Äthoxycyclopenten-(1)*, $C_7H_{12}O$, Kp.$_{757}$ 120—121°, durch tropfenweise Zugabe von 25,2 g **III** zu fast zum Sieden erhitztem **II** (6,6 g Na u. 85 ml A.) u. 10std. Erhitzen auf dem Wasserbad; n_D^{20} 1,4426; D.$_4^{20}$ 0,8931; 35%. — 2.3-Dibromcyclopentane: *1-Methyl-*(**IV**), $C_6H_{10}Br_2$, Kp.$_{10}$ 60,5°, durch Zugabe von 222 g Br_2 zu 1,4 Mol 3-Methylcyclopenten-(1) in 400 ml Chlf. unter Kühlung u. Dest. unter N_2; n_D^{20} 1,5339; D.$_4^{20}$ 1,7330; 80—85%. — *1-Äthyl-*(**V**), $C_7H_{12}Br_2$, Kp.$_{10}$ 90,5°, analog aus 3-Äthylcyclopenten-(1); n_D^{20} 1,5288; D.$_4^{20}$ 1,6522; 80—85%. — *Gemisch aus 3-Äthoxy-1-methyl-* u. *3-Äthoxy-3-methylcyclopenten-(1)*, Kp.$_{40}$ 60,5 bis 61,5°, aus **II** u. **IV** wie oben; n_D^{20} 1,4398; D.$_4^{20}$ 0,8724. — Gemisch aus *3-Äthoxy-1-äthyl-* (43%) u. *3-Äthoxy-3-äthylcyclopenten-(1)* (57%), Kp.$_{39}$ 79—80°, analog aus **V**; n_D^{20} 1,4438; D.$_4^{20}$ 0,8746. I. Schade. 1860△

0794 **Einwirkung von Butyllithium und Butylmagnesiumbromid auf trans-Epoxycyclododecan.** L. I. Sacharkin. (Nachr. Akad. Wiss. UdSSR, Abt. chem. Wiss. **1961,** 2245–46; Inst. für metallorgan. Verbb. der Akad. der Wiss. der UdSSR; russ.) — trans-Epoxycyclododecan (I) wird durch Einw. von n-Butyl-Li unter Butan-Entw. in *Cyclododecenol-(3)* (II) umgewandelt; aus trans-1.2-Epoxy-cis-trans-cyclodecadien-(5.9) (III) erhält man analog *Cyclododecatrien-(2.5.9)-ol-(1)*. Die ungesätt. Alkohole fallen dabei als Gemische von stereoisomeren Formen an. Mit n-Butyl-MgBr liefert I als Hauptprod. *1-n-Butylcyclododecen-(2)-ol-(1)* neben II.

Versuche: *Cyclododecenol-(3)* (II), *Isomerengemisch*, $C_{12}H_{22}O$, Kp.$_3$ 110–112°, durch Zutropfen von 30 g I zu n-Butyl-Li in Ae., 5std. Kochen u. Zers. mit W.; n_D^{20} 1,4925; 24,3 g (Ausbeute); beim Stehen krist. *cis*-II, $C_{12}H_{22}O$, F. 69–70° (PAe.), aus. — *Cyclododecanol*, F. 79 bis 80°, durch Hydrieren von II in Essigsäure an Pd/$BaSO_4$. — *Cyclododecatrien-(2.5.9)-ol-(1)*, *Isomerengemisch*, $C_{12}H_{18}O$, Kp.$_4$ 114–117°, analog II aus 30 g III; n_D^{20} 1,5243; 20,1 g; beim Stehen krist. die *cis-trans-Form*, $C_{12}H_{18}O$, F. 74–75° (PAe.), aus. — *1-n-Butylcyclododecen-(2)-ol-(1)*, $C_{16}H_{30}O$, Kp.$_3$ 145–148°, F. 72° (PAe.), aus 30 g I u. n-Butyl-MgBr in Ae.; 16,3 g; daneben 10,1 g II. H.-E. Toussaint. 1860

0795 **gem.-Dithiole.** Bengt Magnusson. (Acta chem. scand. **17,** 273–75, 1963; Uppsala, Sweden, Univ. Dep. of Org. Chem., Chem. Inst.; engl.) — Einw. von H_2S auf Ketimine liefert *gem.-Dithiole* (A), die sich oberhalb 80° zersetzen. *2.2-Dimercapto-4-methylpentan* zersetzt sich bei der Destillation. *Phenylaceton* gibt ein hellrosa Öl von Zwiebelgeruch mit positiver Pb-Acetat-Rk., das aber nicht rein erhalten werden konnte. Die Ketimine von Acetophenon u. Phenylcyclohexylketon liefern mit H_2S keine A, sondern *Thioketone*. Analog geben aromat. Aldehyde polymere Thioaldehyde, während aliphat. Aldimine polymere A liefern.

Versuche: Ketimine: *Dimethyl-* (II), Kp. 131°, n_D^{20} 1,4228; aus Aceton u. Butylamin (III); 73% (Ausbeute). — *Methyläthyl-*(IV), Kp. 145°, n_D^{20} 1,4263, aus Methyläthylketon u. III; 72%. — *Methylisopropyl-*(V), Kp. 140°, n_D^{20} 1,4223, aus Methylisopropylketon u. Propylamin; 37%. — *Methyl-tert.-butyl-*(VI), Kp.$_2$ 55°, n_D^{20} 1,4291, aus Methyl-tert.-butylketon u. III; 60%. — *Diäthyl-*(VII), Kp.$_2$ 58°, n_D^{20} 1,4323, aus Diäthylketon u. III; 63%. — *Cyclopentanonimin* (VIII), Kp.$_{13}$ 78°, n_D^{20} 1,4608, aus Cyclopentanon u. III; 50%. — *Cyclohexanonimin* (IX), Kp.$_{10}$ 80°, n_D^{20} 1,4665, aus Cyclohexanon u. III; 78%. — *Cycloheptanonimin* (X), Kp.$_{17}$ 116°, n_D^{20} 1,4729, aus Cycloheptanon u. III; 75%. — *2-Methylcyclohexanonimin* (I), Kp.$_{17}$ 103°, n_D^{20} 1,4163, aus 2-Methylcyclohexanon u. III; 71%. — *2.2-Dimercaptopropan*, $C_3H_8S_2$, F. 4–6°, Kp.$_{100}$ 57°, n_D^{20} 1,5088, aus II; 56%. — *2.2-Dimercaptobutan*, $C_4H_{10}S_2$, Kp.$_{19}$ 46°, n_D^{20} 1,5100, aus IV; 72%. — *2.2-Dimercapto-3-methylbutan*, $C_5H_{12}S_2$, F. 37–40°, Kp.$_{13}$ 51°, aus V; 81%. — *2.2-Dimercapto-3.3-dimethylbutan*, $C_6H_{14}S_2$, F. (im geschlossenen Rohr) 195–203°, aus VI; 53%. — *1.1-Dimercaptocyclopentan*, $C_5H_{10}S_2$, Kp.$_{13}$ 62°, n_D^{20} 1,5492, aus VIII; 73%. — *1.1-Dimercaptocyclohexan*, $C_6H_{12}S_2$, Kp.$_{2,3}$ 51°, aus IX; 80%. — *1.1-Dimercaptocycloheptan*, $C_7H_{14}S_2$, Kp.$_3$ 70°, n_D^{20} 1,5523, aus X; 71%. — *1.1-Dimercapto-2-methylcyclohexan*, $C_7H_{14}S_2$, Kp.$_{0,3}$ 48°, n_D^{20} 1,5432, aus I; 81%. — *3.3-Dimercaptopentan*, $C_5H_{12}S_2$, Kp.$_{12}$ 54°, n_D^{20} 1,5052, aus VII; 83%. M. Lehmann. 1890△

0796 **Über die Darstellung des Fungicids Captan.** N. N. Melnikow, Je. M. Ssokolowa, P. P. Trunow und G. I. Brussenina. (J. angew. Chem. **34,** 2550–54, Nov. 1961; russ.) — Eine verbesserte Darst. des Fungicids *Captan* [*N-Trichlormethylmercapto-Δ³-tetrahydrophthalimid*] wird beschrieben.

Versuche: *Δ³-Tetrahydrophthalsäureanhydrid*, F. 97–98,5°, durch Einleiten von 0,6 Mol Butadien-(1.3) bei 100–110° in 45 Min. in 0,5 Mol Maleinsäureanhydrid; 98,6% (Ausbeute). — *Δ³-Tetrahydrophthalimid*, F. 134 bis 135° (A.), durch Einleiten von NH_3 (0,25 g/Min.) bei 160–220° in 0,2 Mol vorst. Verb.; 97–99% (techn. Prod.). — *N-Trichlormethylmercapto-Δ³-tetrahydrophthalimid*, F. 166–169°, durch Rk. vorst. Verb. mit Trichlormethylsulfenylchlorid in 0,5n NaOH (1 : 1 : 1 Mol) bei 10–30°; 75–80%. Helmut Schäfer. 2020△

0797 **Gallotannine.** 8. Mitt. **Die Darstellung und Eigenschaften einiger Galloylester der Chinasäure.** E. Haslam, R. D. Haworth und D. A. Lawton. (J. chem. Soc. [London] **1963,** 2173–81; Sheffield, Univ., Dep. of Chem.; engl.) — 7. vgl. C. **1963,** 18078. — *4.5-Di-O-*, *3.4.5-Tri-O-*(I), *1.3.4.5-Tetra-O-* u. die vier *Mono-O-galloylchinasäuren* werden synthetisiert. I ist ident. mit dem „Kern" des Taragallotannins.

Versuche: *4.5-O-Isopropyliden-1-O-[tri-O-benzylgalloyl]-chinasäurelacton* (I), $C_{38}H_{36}O_9$, F. 163–164° (Essigester/PAe.), durch 10 Tage lange Rk. von 6,5 g Tri-O-benzylgalloylchlorid u. 2,5 g 4.5-O-Isopropylidenchinasäurelacton in Chlf. bei 40°; Nadeln; 3,5 g (Ausbeute). — *1-O-Galloyl-4.5-O-isopropylidenchinasäurelacton*, $C_{17}H_{18}O_9$, F. 275–276° (Aceton/W.), durch Red. von 1,85 g I in Essigester über Pd-Kohle; Platten; 0,91 g. — *1-O-Galloylchinasäureäthylester*, $C_{16}H_{20}O_{10}$, F. 232–234° (W.), durch Zugeben von 0,408 n $Ba(OH)_2$ zu 2,02 g I in A. bei 60° innerhalb 3/4 Std., Ansäuern mit n-H_2SO_4, Extrahieren mit Essigester, Eindampfen, 2std. Rk. mit 80%ig. Essigsäure bei 100°, Eindampfen, Red. in Essigester über 10%ig. Pd-Kohle, Eindampfen u. Gegenstromverteilung zwischen Essigester u. W.; Platten; 0,4 g. — *1-O-[Tri-O-benzylgalloyl]-chinasäurelacton*, $C_{35}H_{32}O_9$, F. 122° (Essigester/PAe.), durch 2std. Rk. von 2,25 g I mit 80%ig. Essigsäure bei 100°; Nadeln; 0,52 g. — *1-O-Galloylchinasäurelacton*, $C_{14}H_{14}O_9$, F. 258–260° (W.), durch Red. von 1,47 g vorst. Verb. in Essigester über 10%ig. Pd-Kohle; Nadeln; 0,5 g. — *1-O-Galloylchinasäure*, $C_{14}H_{16}O_{10}$, durch 40std. Erhitzen von 0,65 g vorst. Verb. in W., Eindampfen u. Gegenstromverteilung zwischen Essigester u. W.; 0,29 g. — *1-O-Äthoxycarbonyl-4.5-O-isopropyliden-3-O-[tri-O-benzylgalloyl]-chinasäurediphenylmethylester*, $C_{54}H_{52}O_{12}$, F. 178–180° (Essigester/PAe.), durch 10tägige Rk. von 5 g 1-O-Äthoxycarbonyl-4.5-O-isopropylidenchinasäurediphenylmethylester mit 11,5 g Tri-O-benzylgalloylchlorid in Chlf./Pyridin bei 60°, Aufarbeiten u. Reinigen an Al_2O_3 mit Bzl./Chlf. (1 : 1); Nadeln; 6,8 g. — *3-O-Galloylchinasäure*, $C_{14}H_{16}O_{10}$, durch Zugeben von 0,43n $Ba(OH)_2$ zu vorst. Verb. in Tetrahydrofuran u. W. innerhalb 1 Std. unter Rühren mit N_2, Neutralisieren mit n-H_2SO_4, Extrahieren mit Chlf., Eindampfen, Red. über Pd-Kohle in Essigester, Eindampfen, 2std. Rk. mit 30%ig. CH_3COOH u. Gegenstromverteilung zwischen W. u. Essigester; amorph; $[\alpha]_D^{22}$ –41,3° (c = 0,73; W.). — *1-O-Äthoxycarbonylchinasäurelacton* (II), $C_{10}H_{14}O_7$, F. 100–101° (Bzl.), durch 1std. Rk. von 4 g 1-O-Äthoxycarbonyl-4.5-O-isopropylidenchinasäurelacton mit 40%ig. CH_3COOH bei 100°; Nadeln; $[\alpha]_D^{22}$ –1,7° (c = 1,5; Chlf.); 2,5 g. — *1.5-Bis-[O-äthoxycarbonyl]-chinasäurelacton*, $C_{13}H_{18}O_9$, F. 113–114° (Essigester/PAe.), durch Zugeben von 1,2 ml Chlorameisensäureäthylester zu 2,7 g II in Chlf. u. Pyridin bei 0° innerhalb 15 Min. u. 12std. Stehen bei 20°; Nadeln; $[\alpha]_D^{22}$ –10,4° (c = 1,4; Chlf.); 0,5 g. — *1.5-Bis-[O-äthoxycarbonyl]-4-O-[tri-O-benzylgalloyl]-chinasäurelacton*, $C_{41}H_{40}O_{13}$, F. 125 bis 126° (Bzl./PAe.), durch 12tägige Rk. von 0,47 g vorst. Verb. mit Tri-O-benzylgalloylchlorid in Chlf./Pyridin bei 60°; Nadeln; 0,4 g. — *4-O-Galloylchinasäure*, $C_{14}H_{16}O_{10}$, durch Red. von 0,75 g vorst. Verb. über 10%ig. Pd-Kohle in Essigester u. Gegenstromverteilung zwischen Methyläthylketon u. W.; amorph; $[\alpha]_D^{23}$ –37° (c = 0,95; Aceton); 0,2 g. — *5-O-Galloylchinasäure*, $C_{14}H_{16}O_{10}$, durch 11tägige Rk. von 4 g II mit Tri-O-benzylgalloylchlorid in Chlf./Pyridin bei 60°, Aufarbeiten, Reinigen an Al_2O_3 mit Bzl./Chlf. (2 : 1), Eindampfen (→ 6,2 g), 15std. Red. über 10%ig. Pd-Kohle in Essigester, Eindampfen, 24std. Erhitzen in W. bei 100° u. Gegenstromverteilung zwischen Methyläthylketon u. W.; amorph; $[\alpha]_D^{21}$ –15,4° (c = 1,5; W.); 0,35 g; daneben 0,2 g vorst. Verbindung. — *1-O-Äthoxycarbonyl-4.5-bis-O-[tri-O-benzylgalloyl]-chinasäurelacton*, $C_{66}H_{58}O_{15}$, F. 152–153° (Bzl./PAe.), durch 14tägige Rk. von 1,9 g 1-O-Äthoxycarbonylchinasäurelacton mit 14 g Tri-O-benzylgalloylchlorid in Chlf./Pyridin bei 60°; Nadeln; $[\alpha]_D^{18}$ +69° (c = 1,7; Chlf.); 3,1 g. — *1-O-Äthoxycarbonyl-4.5-di-O-galloylchinasäurelacton*, $C_{24}H_{22}O_{15}$, F. 128–130° (Aceton/

W.), durch Red. von 1,8 g vorst. Verb. über 10%ig. Pd-Kohle in Essigester; Nadeln; 0,45 g. — *4.5-Di-O-galloylchinasäure*, $C_{21}H_{20}O_{14}$, durch 7std. Kochen von 2,2 g vorst. Verb. in W., Gegenstromverteilung zwischen Essigester u. W. u. Trennung an Cellulose mit n-CH_3COOH; amorph; $[\alpha]_D^{19}$ — 58,2° (c = 0,93; Aceton); 0,6 g. — *1-O-Benzyl-4.5-O-isopropylidenchinasäurelacton*, $C_{17}H_{20}O_5$, F. 137—139° (Essigester/PAe.), durch 24std. Kochen von 10 g 4.5-O-Isopropylidenchinasäurelacton, Benzyljodid u. Ag_2O in Chlf.; Nadeln; 1,1 g. — *1-O-Benzylchinasäurelacton*, $C_{14}H_{16}O_5$, F. 129—130° (Bzl.), durch 2std. Rk. von 1,05 g vorst. Verb. mit 80%ig. CH_3COOH bei 100°; Nadeln; 0,8 g. — *1-O-Benzylchinasäurediphenylmethylester*, $C_{27}H_{28}O_6$, durch ½std. Rk. von 0,65 g vorst. Verb. mit n-NaOH bei 20°, Ansäuern mit n-HCl, Extrahieren mit Essigester, Eindampfen, 1std. Rk. mit Diphenyldiazomethan in Dioxan bei 20° u. 6 Std. bei 60°; amorph; $[\alpha]_D^{24}$ + 1,1° (c = 1,0; Chlf.). — *1-O-Benzyl-3.4.5-tris-[O-(tri-O-benzylgalloyl)]-chinasäurediphenylester*, $C_{111}H_{94}O_{18}$, durch 20tägige Rk. von 0,5 g vorst. Verb. mit Tri-O-benzylgalloylchlorid in Chlf./Pyridin bei 60°; amorph; $[\alpha]_D^{25}$ — 61,7° (c = 0,86; Chlf.); 0,6 g. — *3.4.5-Tri-O-galloylchinasäure*, $C_{28}H_{24}O_{18}$, durch Red. von 0,55 g vorst. Verb. über 10%ig. Pd-Kohle in Essigester u. Gegenstromverteilung; amorph; $[\alpha]_D^{23}$ — 130° (c = 1,8; W.); 0,11 g. — *Chinasäurediphenylmethylester*, $C_{20}H_{22}O_6$, F. 125—126° (Essigester/PAe.), durch 6std. Kochen von 10 g Chinasäure u. 16 g Diphenyldiazomethan in Dioxan; Platten; 1,5 g. — *Tetrakis-[O-tri-O-benzylgalloyl]-chinasäurediphenylmethylester*, $C_{132}H_{110}O_{22}$, durch 25tägige Rk. von 1 g vorst. Verb. mit 16 g Tri-O-benzylgalloylchlorid in Chlf./Pyridin bei 60°; amorph; $[\alpha]_D^{22}$ — 56° (c = 1,0; Chlf.); 3,2 g. — *Tetra-O-galloylchinasäure*, $C_{35}H_{28}O_{22}$, F. 237—240°, durch 36std. Red. von 3,0 g vorst. Verb. über 10%ig. Pd-Kohle in Essigester u. Gegenstromverteilung zwischen Essigester u. W.; amorph; $[\alpha]_D^{24}$ — 177° (c = 0,77; W.); 0,4 g.

E. Schraven. 2050◇

0798 **Die Abhängigkeit der alkylierenden Eigenschaften von N-Benzylamiden von der Art des Kondensationsmittels.** Bronisław Prajsnar und Czesława Troszkiewicz. (Roczniki Chem. [Ann. Soc. chim. Polonorum] **35**, 1635—39, 1961; Gliwice, Politechn. Śląska, Kat. Chem. organ.; pol.) — N-Benzylamide alkylieren aromat. Verbb. nur in Ggw. von P_2O_5 oder $POCl_3$. PCl_5, PBr_5, PCl_3, $SOCl_2$ u. $AlCl_3$ sind als Kondensationsmittel unwirksam. In ihrer Ggw. zersetzt sich N-Benzylbenzamid (**I**) zu *Benzylhalogenid* u. *Benzonitril*. Bei der Benzylierung von m-Xylol mit **I** werden mit P_2O_5 57,3(%) mono- (Kp.$_{13}$ 150—155°) u. 9,8 disubstituierte Prodd. (Kp.$_{12}$ 210 bis 240°), mit $POCl_3$ dagegen 71,5 mono- u. 9,8 disubstituierte Verbb. erhalten. Bei der Benzylierung mit N-Benzylacetamid in Ggw. von $POCl_3$ wurden isoliert: Aus Toluol: *Benzyltoluol*, Kp.$_{11}$ 139—141°; n_D^{20} 1,5715; 45,5% (Ausbeute). *Dibenzyltoluol*, Kp.$_{11}$ 215—235°; n_D^{20} 1,5955; 7,05%. *Benzylchlorid* (**II**), Kp.$_{11}$ 65—70°; 11,8%. — Aus m-Xylol: *Benzyl-m-xylol*, Kp.$_{14}$ 157—158°; n_D^{20} 1,5697; 46,1%. *Dibenzyl-m-xylol*, Kp.$_{12}$ 235—245°; n_D^{20} 1,5972; 3,0% **II**; 9,4%. — Aus Anisol: *Benzylanisol*, Kp.$_{10}$ 157 bis 160°; n_D^{20} 1,5773; 57,7%. *Dibenzylanisol*, Kp.$_2$ 200 bis 210°; n_D^{20} 1,6010; 8,3%. F. Urban. 2210◇

0799 **Neue Heptafulven-Derivate.** K. Hafner, H. W. Riedel und M. Danielisz. (Angew. Chem. **75**, 344—45, 1963; Marburg, Univ., Chem. Inst.; dt.) — Vff. fanden, daß die Reaktivität der Carbonylgruppe von Tropon (**I**) durch O-Alkylierung erhöht werden kann. **I** liefert mit Triäthyloxoniumfluoroborat in quant. Ausbeute *Äthoxytropyliumfluoroborat* (F. 40°), das in Ggw. von Basen mit Malodinitril das therm. stabile orangefarbene *8.8-Dicyanheptafulven* (F. 200°) bildet. Aus Methyltropyliumperchlorat (**II**) u. Orthoameisensäuretriäthylester (**III**) in Acetanhydrid (**IV**) entsteht das tiefblaue *β-[Heptafulvenyl-(8)]-vinyltropyliumperchlorat* [F. > 200° (Zers.)]. Analog entstehen aus **II** u. Azulen-1-aldehyd sowie aus **II** u. p-Dimethylaminobenzaldehyd tiefblaue krist. *Verbb.*, die sich bei 150° zersetzen. 1.2-Dimethyltropyliumfluoroborat reagiert mit **III** in **IV** unter Bldg. von *Azuleniumfluoroborat*. Absorptionsmaxima s. Original.

Klaus Lange. 2210△

0800 **Untersuchung auf dem Gebiet von Bisphenolen. 1. Mitt. Kondensation von Phenol mit Aceton in Gegenwart von Borfluorid.** I. M. Bilik, A. M. Sserebrjany, R. L. Globuss und W. G. Bruds. (J. allg. Chem. [UdSSR] **32(94)**, 1945—48, Juni 1962; Allunions-Forschungsinst. für chem. Reagentien u. bes. reine chem. Verbb.; russ.) — *2.2-Bis-[p-hydroxyphenyl]-propan* (F. 154—156°) wird in 75—85%ig. Ausbeute durch ½std. Erhitzen von Phenol mit Aceton in Ggw. von BF_3 (6—8:1:1 Mol) auf 40° erhalten.

Helmut Schäfer. 2260△

0801 **Eine neue Synthese von para-substituierten Benzilen und Darstellung einiger entsprechender Benzoine.** T. van Es und O. G. Backeberg. (J. chem. Soc. [London] **1963**, 1371—77; Johannesburg, Univ. of the Witwatersrand; engl.) — p-substituierte 2-Methyl-4.5-diphenyloxazole (**A**) werden mit Br_2 in wss. Essigsäure zu den entsprechenden *Benzilen* (**B**) oxydiert. **A** mit Acylamino- oder Acyloxygruppen im Phenylkern werden dabei bromiert, wenn sie nicht in Na-Acetat-Puffer umgesetzt werden. Die meisten **B** werden durch Überführen in die entsprechenden *Benzoesäuren* bzw. in *Chinoxaline* charakterisiert. Das aus 5-[p-Acetamidophenyl]-2-methyl-4-phenyloxazol erhaltende **B** gibt mit Br_2 in sd. wss. CH_3COOH nur einen Teer. Ein möglicher Mechanismus der Oxydation der **A** zu **B** wird erörtert. Es wird gezeigt, daß die Bldg. der **B** von der Verdünnung des Lsgm. mit W. abhängt. Die **A** geben mit anderen Oxydationsmitteln ebenfalls **B**. 4.5-Diphenylimidazole u. ihre 2-Methylhomologen werden nur dann zu den entsprechenden **B** oxydiert, wenn sie elektronenanziehende Substituenten in den Phenylgruppen tragen. Die **B** werden durch Na-Dithionit in *Benzoine* übergeführt. Die Red. unsymm. **B** findet, wie die Perjodatoxydation der Prodd. zeigt, an der Carbonylgruppe, die dem Phenylkern mit dem stärker elektronenanziehenden Substituenten benachbart ist, statt. 4.4'-Disulfamoylbenzil (**V**) gibt dabei das entsprechende *Hydrobenzoin*.

Versuche: Benzile (**B**), a) durch 1std. Kochen des Oxazols mit Br_2 u. 7 Val W. in Essigsäure (Meth. **a**); b) analog a) mit 2 Val W. unter Zusetzen von Na-Acetat (Meth. **b**); c) analog b) durch 24std. Stehen bei Raumtemp., Gießen in W. u. Einengen im Vakuum (Meth. **c**); aus A., A./W., Essigsäure oder Essigsäure/W. blaßgelb bis gelb; ca. 100% (Ausbeute). [Chinoxalin-Derivv. (*Ch*), durch 2std. Kochen mit o-Phenylendiamin in Essigsäure, Filtrieren u. Zusetzen von W. zur sd. Lsg.]: *unsubstituiert* (**III**; *Benzil*), F. 94—95° (CH_3OH), a) nach **a**; b) durch 20 Min. langes Einleiten von Cl_2 in eine Lsg. von 2-Methyl-4.5-diphenyloxazol (**I**) in konz. HCl u. 1std. Stehen; 97%; c) durch 1std. Kochen von **I** in wss. Essigsäure mit $KBrO_3$; 63%; d) durch 1std. Kochen von **I** mit KJO_3 in wss. Essigsäure u. konz. H_2SO_4; 93%; e) durch 1std. Kochen oder Stehen über Nacht bei Raumtemp. von **I** mit N-Bromsuccinimid in wss. Essigsäure; 97%; f) durch 2tägiges Stehen von **I** u. tert.-Butylhypochlorit in wss. Methanol bei Raumtemp.; 43%; g) durch 1std. Kochen bzw. Stehen über Nacht bei Raumtemp. um **I** mit Chloramin-T in wss. Essigsäure; 97%; h) durch 1std. Erhitzen von **I** mit konz. HNO_3 in Essigsäure auf dem Wasserbad; 51%; i) durch 3std. Kochen von **I** mit $Fe(NO_3)_3$ bzw. $Cu(NO_3)_2$ in wss. Essigsäure; 75%; j) durch Lösen von je 1 Val Br_2 u. **I** in Eisessig bei Raumtemp. u. Eindampfen; geringe Ausbeute; daneben viel **I** [mit 20 Val Br_2 in sd. Eisessig wird fast alles **I** zurückgewonnen; daneben etwas Bromessigsäure (**II**; *p-Nitrobenzylester*, F. 88°) u. a. Br-Verbb.; in CCl_4 wird mit Br_2 ein orangerotes Öl erhalten, das mit Aceton **I** u. Bromaceton, mit sd. Eisessig **I**, HBr, **II** u. wenig **III** gibt]; k) analog j) durch 1std. Kochen; Spuren. — *4.4'Dinitro-*, F. 213—214° (CH_3COOH), nach **a**; *Ch*, F. 201—202°. — *4-Nitro-*(**IV**), F. 140—141°, nach **a**; *Ch*, F. 160—161°. — *4-Acetamido-*(**VI**), F. 139—140° (nach Erweichen bei 60° u. Erstarren) nach **c**; *Ch*, F. 228—229°. — *4-Benzamido-*, $C_{21}H_{15}NO_3$, F. 178—179°, nach **c**; *Ch*, $C_{27}H_{19}N_3O$, F. 216—217°. — *4-Chlor-*, F. 73—74°, nach **a**. — *4-Brom-*, F. 84—85°, nach **a**. — *4-Cyan-*, $C_{15}H_9NO_2$, F. 108—109°, nach **b**; *Ch*, $C_{21}H_{13}N_3$, F. 167—168°. — *4-Carboxy-*, $C_{15}H_{10}O_4$, F. 227—228°, nach **a**; *Methylester*, $C_{16}H_{12}O_4$, F. 65—66°, nach **b**. *Ch*,

$C_{21}H_{14}N_2O_3$, F. 260—261°. — *4-Sulfamoyl-*, $C_{14}H_{11}NO_4S$, F. 151—152°, nach **a**; *Ch*, $C_{20}H_{15}N_3O_2S$, F. 250—251°. — *4-Sulfamoyl-4'-nitro-*, $C_{14}H_{10}N_2O_6S$, F. 224—225°, nach **a**; *Ch*, $C_{20}H_{14}N_4O_4S$, F. 279—280°. — *4-Amino-4'-sulfamoyl-*, $C_{14}H_{12}N_2O_4S$, F. 193—194°, durch Hydrolyse des Acetyl-Deriv. mit wss.-alkohol. HCl. *Hydrochlorid*, $C_{14}H_{12}N_2O_4S \cdot HCl$, F. 201—202° (Zers.). *N⁴-Acetyl-Deriv.*, $C_{16}H_{14}N_2O_5S$, F. 228—229°, nach **c**; *Ch*, $C_{22}H_{18} \cdot N_4O_3S$, F. 313—314°. — *4-Sulfamoyl-4'-chlor-*, $C_{14}H_{10}Cl \cdot NO_4S$, F. 225—226°, nach **a**; *Ch*, $C_{20}H_{14}ClN_3O_2S$, F. 194—195°. — *4-Sulfamoyl-4'-brom-*, $C_{14}H_{10}BrNO_4S$, F. 244—245°, nach **a**; *Ch*, $C_{20}H_{14}BrN_3O_2S$, F. 246—247°. — *4-Sulfamoyl-4'-cyan-*, $C_{15}H_{10}N_2O_4S$, F. 194—195°, nach **b**. — *4-Sulfamoyl-4'-carboxy-*, $C_{15}H_{11}NO_6S$, F. 281—282°, nach **a**; *Ch*, $C_{21}H_{15}N_3O_4S$, F. 304—305°. — *Methylester*, $C_{16}H_{13}NO_6S$, F. 211—212°, nach **b**; *Ch*, $C_{22}H_{17}N_3O_4S$, F. 231—232°. — *4.4'-Diacetamido-*, F. 251—252°, nach **c**; *Ch*, $C_{24}H_{20}N_4O_2$, F. > 370°. — *4.4'-Dibenzamido-*, $C_{28}H_{20}N_2O_4$, F. 281—282°, nach **c**; *Ch*, $C_{34}H_{24}N_4O_2$, F. 272—273°. — *4.4'-Disulfamoyl-*(**V**), $C_{14}H_{12}N_2O_6S_2$, F. 257—258°, nach **a**; *Ch*, $C_{20}H_{16}N_4O_4S_2$, F. 296—297°. — *4.4'-Dichlor-*, F. 194—195°, nach **a**. — *4.4'-Dibrom-*, F. 223—224°, nach **a**. — *4.4'-Dijod-*, F. 245—246°, nach **a**. — *4.4'Dicyan-*, $C_{16}H_8N_2O_2$, F. 221—222°, a) nach **b**; b) durch 3std. Kochen des entsprechenden Desoxybenzoins mit SeO_2 in Essigsäure u. Einengen des Filtrats. *Ch*, $C_{22}H_{12}N_4$, F. 218—219°. — *4.4'-Dicarboxy-*, $C_{16}H_{10}O_6$, F. 324—325°, a) nach **a**; b) analog vorst. Verb. nach b). *Ch*, $C_{22}H_{14}N_2O_4$, F. 332—333°. *Dimethylester*, $C_{18}H_{14}O_6$, F. 196—197°, nach **b**; *Ch*, $C_{24}H_{18}N_2O_4$, F. 229—230°. *Diamid*, $C_{16}H_{12}N_2O_4$, F. 311—312°, a) nach **b**; b) analog vorst. Verb.; *Ch*, $C_{22}H_{16}N_4O_2$, F. 329—330°. — *4'-Nitro-4-amino-*, $C_{14}H_{10}N_2O_4$, F. 92—93°, durch Hydrolyse des Acetyl-Deriv.; 92%. *N⁴-Acetyl-Deriv.*, $C_{16}H_{12}N_2O_5$, F. 192—193°, nach **c**; *Ch*, $C_{22}H_{16}N_4O_3$, F. 131—132°. *Dichloracetyl-Deriv.*, $C_{16}H_{10}Cl_2N_2O_5$, F. 164—165°. — *4-Nitro-4'-chlor-*, $C_{14}H_8ClNO_4$, F. 199—200°, nach **a**; *Ch*, $C_{20}H_{12}ClN_3O_2$, F. 161—162°. — *4-Nitro-4'-brom-*, $C_{14}H_8 \cdot BrNO_4$, F. 228—229°, nach **a**; *Ch*, $C_{20}H_{12}BrN_3O_2$, F. 184—185°. — *4-Nitro-4'-cyan-*, $C_{15}H_8N_2O_4$, F. 187—188°, nach **b**. — *4-Nitro-4'-carboxy-*, $C_{15}H_9NO_6$, F. 330—331°, nach **a**; *Ch*, $C_{21}H_{13}N_3O_4$, F. 290—291°. *Methylester*, $C_{16}H_{11}NO_6$, F. 185—186°, nach **b**; *Ch*, $C_{22}H_{15}N_3O_4$, F. 172—173°. — *4-Acetamido-4'-chlor-*, F. 172—173°, nach **c**; *Ch*, F. 253—254°. — *4-Amino-4'-brom-*, $C_{14}H_{10}BrNO_2$, F. 129—130°, durch Hydrolyse des Acetyl-Deriv.; 90%. *N⁴-Acetyl-Deriv.*, $C_{16}H_{12}BrNO_3$, F. 151—152°, nach **c**; *Ch*, $C_{22}H_{16}BrN_3O$, F. 254—255°. — *4-Brom-4'-chlor-*, $C_{14}H_8BrClO_2$, F. 203—204°, nach **a**; *Ch*, $C_{20}H_{12}BrClN_2$, F. 182—183°. — *3.5-Dibrom-4-amino-*, $C_{14}H_9Br_2NO_2$, F. 165—166°, nach **a**; 88%. *Ch*, $C_{20}H_{13}Br_2N_3$, F. 130 bis 131°. *N⁴-Acetyl-Deriv.* (**VII**), $C_{16}H_{11}Br_2NO_3$, F. 230—231°, nach **b**; 81%; *Ch*, $C_{22}H_{15}Br_2N_3O$, F. 217—128°. *N⁴-Benzoyl-Deriv.*, $C_{21}H_{13}Br_2NO_3$, F. 180—181°, nach **b**; 95%; *Ch*, $C_{27}H_{17}Br_2N_3O$, F. 207—208°. — *3.5-Dibrom-4-hydroxy-*, $C_{14}H_8Br_2O_3$, F. 167—168°, nach **a**; 92%. *Ch*, $C_{20}H_{12}Br_2N_2O$, F. 208—209°. — *4-Benzoyloxy-*, $C_{21} \cdot H_{14}O_4$, F. 109—110°, nach **b**; 94%. *Ch*, $C_{27}H_{18}N_2O_2$, F. 166—167°. — *3.5-Dibrom-4-amino-4'-sulfamoyl-*, $C_{14} \cdot H_{10}Br_2N_2O_4S$, F. 240—241°, nach **a**; 92%. *Ch*, $C_{20}H_{14}Br_2 \cdot N_4O_2S$, F. 279—280°. *N⁴-Acetyl-Deriv.*, $C_{16}H_{12}Br_2N_2O_5S$, F. 223—224°, nach **b**; 80%; *Ch*, $C_{22}H_{16}Br_2N_4O_3S$, F. 245—246°. — *3.5-Dibrom-4-hydroxy-4'-sulfamoyl-*, $C_{14}H_9 \cdot Br_2NO_5S$, F. 241—242°, nach **a**; 86%. *Ch*, $C_{20}H_{13}Br_2N_3 \cdot O_3S$, F. 225—226°. — *3.3'.5.5'-Tetrabrom-4.4'-diamino-*, $C_{14}H_8Br_4N_2O_2$, F. 355—356°, nach **a**; 94%. *Ch*, $C_{20}H_{12} \cdot Br_4N_4$, F. 202—203°. — *3.3'.5-Tribrom-4.4'-diamino-*, *N⁴.N⁴'-Diacetyl-Deriv.*, $C_{18}H_{13}Br_3N_2O_4$, F. 293—294°, nach **b**; 56%; *Ch*, $C_{24}H_{17}Br_3N_4O_2$, F. 260—261°. — *N⁴.N⁴'-Dibenzoyl-Deriv.-*, $C_{28}H_{17}Br_3N_2O_4$, F. 250—251°, nach **b**; 97%; *Ch*, $C_{34}H_{21}Br_3N_4O_3$, F. 261—262°. — *3.3'.5.5'-Tetrabrom-4.4'-dihydroxy-*, F. 301—302°, nach **a**; 96%. *Ch*, $C_{20}H_{10}Br_4N_2O_2$, F. 227—228°. — *4.4'-Dibenzoyloxy-*, $C_{28}H_{18}O_6$, F. 164—165°, nach **b**; 95%. *Ch*, $C_{34}H_{22}N_2O_4$, F. 186—187°. — *4.4'-Diacetoxy-*, F. 85—86°, nach **b**. — *3.3'-Dibrom-4.4'-dimethoxy-*, F. 219—220°, nach **a**; 81%. — *3.5-Dibrom-4-amino-4'-nitro-*, $C_{14}H_8Br_2N_2O_4$, F. 230—231°, nach **a**; 86%. *N⁴-Acetyl-Deriv.*, $C_{16}H_{10}Br_2N_2O_5$, F. 241—242°, nach **b**; 93%; *Ch*, $C_{22}H_{14}Br_2N_4O_3$, F. 217—218°. — *3.5-Dibrom-4'-chlor-4-amino-*, $C_{14}H_8Br_2ClNO_2$, F. 221—222°, nach **a**; 82%. *Ch*, $C_{20}H_{12}Br_2ClN_3$, F. 176—177°. — *3.4'.5-Tribrom-4-amino-*, $C_{14}H_8Br_3NO_2$, F. 233—234°, nach **a**; 97%. *Ch*, $C_{20}H_{12}Br_3N_3$, F. 184—185°. — *4-Acetamido-3.5-dibrombenzoesäure*, $C_9H_7Br_2NO_3$, F. 360°, durch Oxydieren von **VII** mit H_2O_2 in Essigsäure. — *4-Benzamido-3.5-dibrombenzoesäure*, $C_{14}H_9Br_2NO_3$, F. 264—265°, analog vorst. Verbindung. — *5-[3.5-Dibrom-4-hydroxyphenyl]-2-methyl-4-[p-nitrophenyl]-oxazol* (?), $C_{16}H_{10}Br_2 \cdot N_2O_4$, F. 234—235°, durch Oxydation von 5-[p-Hydroxyphenyl]-2-methyl-4-[p-nitrophenyl]-oxazol nach **a**; 73%. — *4.4'-Dicarbamoyldesoxybenzoin*, $C_{16}H_{14}N_2O_3$, F. 290—291° (Essigsäure), durch 1½std. Erhitzen von 4.4'-Dicyandesoxybenzoin mit Polyphosphorsäure auf 110—120° u. Zusetzen von W.; 96%. — Benzoine, durch ½std. Kochen des entsprechenden **B** mit Na-Dithionit in wss. A., Einengen im Vakuum u. Waschen mit W. (Oxydation durch 24std. Stehen mit $NaJO_4$ in A./2 n H_2SO_4 bei Raumtemp., Neutralisieren mit NH_4OH, Zusetzen von Semicarbazidhydrochlorid u. Na-Acetat in W., 2std. Stehen, Einengen, Alkalisieren mit Na_2CO_3, Abfiltrieren des entsprechenden Benzaldehydsemicarbazons u. Ansäuern des Filtrats → entsprechende Benzoesäure): *4-Amino-*, $C_{14}H_{13}NO_2$, F. 203—204°; a) aus **IV**; 18%; b) durch Red. von **VI** u. Hydrolyse; ca. 100%. *N⁴-Acetyl-Deriv.*, F. 157—158°. — *3.5-Dibrom-4-amino-*, $C_{14}H_{11}Br_2NO_2$, F. 161—162°. — *4-Acetamido-4'-chlor-*, F. 149—150°. — *3.5-Dibrom-4'-chlor-4-amino-*, $C_{14}H_{10} \cdot Br_2ClNO_2$, F. 136—137°. — *4-Acetamido-4'-brom-*, $C_{16} \cdot H_{14}BrNO_3$, F. 144—145°. — *3.4'.5-Tribrom-4-amino-*, $C_{14}H_{10}Br_3NO_2$, F. 133—144°. — *4-Acetamido-4'-sulfamoyl-*, $C_{16}H_{16}N_2O_5S$, F. 191—192°. — *3.5-Dibrom-4-amino-4'-sulfamoyl-*, $C_{14}H_{12}Br_2N_2O_4S$. F. 215—216°. — *4'-Sulfamoyl-*, $C_{14}H_{13}NO_4S$, F. 164—165°. — *4-Chlor-4'-sulfamoyl-*, $C_{14}H_{12}ClNO_4S$, F. 178—179°. — *4-Brom-4'-sulfamoyl-*, $C_{14}H_{12}BrNO_4S$, F. 165—166°, — *3.5-Dibrom-4-hydroxy-4'-sulfamoyl-*, $C_{14}H_{11}Br_2NO_5S$, F. 253—254°. — *3.5-Dibrom-4-hydroxy-*, $C_{14}H_{10}Br_2O_3$, F. 125—126°. — *4-Brom-4'-chlor-*, $C_{14}H_{10}BrClO_2$, F. 77—78°. — *4'-Brom-*, F. 123—124°. — *4'-Chlor-*, F. 114—115°. — *4.4'-Dibrom-*, $C_{14}H_{10}Br_2O_2$, F. 99—100°. — *4.4'-Disulfamoylhydrobenzoin*, $C_{14}H_{16}N_2O_6S_2$, F. 273—274°, a) aus **V** analog vorst. Verbb.; 90%; b) durch 5std. Rühren von **V** u. $NaBH_4$ in Propanol-(2); 34%. — Ferner lassen sich folgende Verbb. durch 1std. Kochen mit Br_2 in wss. Essigsäure in die entsprechenden **B** überführen: Oxazole: 4.5-Diphenyl-, 5-p-Nitrophenyl-4-phenyl-, 4.5-Bis-[p-nitrophenyl]-, 4.5-Bis-[p-sulfamoylphenyl]-, 2-Phenyl-4.5-bis-[p-nitrophenyl]- (nach **b**), 2.4.5-Tris-[p-nitrophenyl]- (nach **b**), 2-p-Nitrophenyl-4.5-diphenyl-(nach **b**) (Verbb. mit einer Phenylgruppe in 2-Stellung geben daneben die entsprechenden Benzoesäuren); Oxazolone: 4.5-Diphenyl-, 4.5-Bis-[p-sulfamoylphenyl]-, 4.5-Bis-[p-bromphenyl]-, $C_{15}H_9Br_2NO_2$, F. 216—218°; Imidazole: 2-Methyl-4-p-nitrophenyl-5-phenyl-, 2-Methyl-4.5-bis-[p-nitrophenyl]-, 4.5-Bis-[p-nitrophenyl]- u. 4.5-Bis-[p-sulfamoylphenyl]-. H. Gleinig. 2370◇

0802 **Neue Nitrochalkone.** 4. Mitt. **Gy. Sipos, T. Széll** und **I. Várnai.** (Acta Univ. Szegediensis, Acta physica chem. [N. S.] **6**, 109—12, 1960; Szeged, Univ., Inst. für Angew. Chemie; dt.) — 3. vgl. C. **1962**, 16662. — Die Kondens. von aromat. Aldehyden u. Nitrohydroxyacetophenonen zu *Chalkonen* mit Alkali u. mit $AlCl_3$ wird untersucht. Die Kondensationstendenz von Hydroxybenzaldehyden fällt in der Reihe 3–OH > 2–OH > 4–OH, bei den Nitrohydroxyacetophenonen in der Reihe 2–NO_2–5–OH > 4–NO_2–2–OH > 5–NO_2–2–OH > 3–NO_2–4–OH.

Versuche: *2-Nitro-5-hydroxyacetophenon* (**I**), $C_8 \cdot H_7NO_4$, F. 167° nach Osborn u. Schoffield (C. **1959**, 4804). — Chalkone: *2'-Nitro-5'-hydroxy-*, $C_{15}H_{11}NO_4$, F. 185—186°, durch Zugeben von Benzaldehyd zu **I** in n-NaOH bei 20°, Schütteln für 10 Min. u. Ansäuren mit HCl; aus Bzl. Nadeln; 80% (Ausbeute). — *2'.4-Dinitro-5'-hydroxy-*, $C_{15}H_{10}N_2O_6$, F. 200—201°, durch Kochen von **I**, 4-Nitrobenzaldehyd u. wss.-alkohol. NaOH für 5 Min. u. Ansäuern; aus CH_3OH blaßgelbe Nadeln; 63,6%. — *2'-Nitro-5'-hydroxy-4-chlor-*, $C_{15}H_{10}ClNO_4$, F. 174—175°, wie vorst. Verb. aus **I** u. 4-Chlorbenzaldehyd (**II**); aus

Bzl. blaßgelbe Nadeln; 56,2%. — *2'-Nitro-5'-3.dihydroxy-*, $C_{15}H_{11}NO_5$, F. 178—179°, wie vorst. aus I u. 3-Hydroxybenzaldehyd (III); aus Bzl./CH_3OH (10:1) blaßgelbe Nadeln; 40%. — *4'-Nitro-2'-hydroxy-4-chlor-*, $C_{15}H_{10}Cl \cdot NO_4$, F. 192—193°, wie vorst. aus 2-Hydroxy-4-nitroacetophenon (IV) u. II; aus A./Äthylacetat gelbe Nadeln.– *3'-Nitro-4'.2-dihydroxy-*, $C_{15}H_{11}NO_5$, F. 194—195°, wie vorst. aus 3-Nitro-4-hydroxyacetophenon (V) u. Salicylaldehyd; aus A./Äthylacetat gelbe Nadeln. — *3'-Nitro-4'.3-dihydroxy-*, $C_{15}H_{11}NO_5$, F. 212—214°, wie vorst. aus III u. V (2$^1/_2$ Std.) u. Ansäuern mit Eisessig; aus A./Äthylacetat gelbe Nadeln. — *3'-Nitro-4'.4-dihydroxy-*, $C_{15}H_{11}NO_5$, F. 214—216°, aus V u. 4-Hydroxybenzaldehyd in wss.-alkohol. NaOH; aus A./Äthylacetat bräunlichgelbe Nadeln. — *4'-Nitro-2'.3-dihydroxy-*, $C_{15}H_{11}NO_5$, F. 197—198°, durch $^1/_4$std. Stehen von III, 0,37 g IV u. n-NaOH in A. bei Raumtemp., $^1/_4$std. Erhitzen auf dem Wasserbad, Gießen in W. u. Ansäuern mit Eisessig; aus A./Äthylacetat gelbe Nadeln; 0,37 g. — *5'-Nitro-2'.2-dihydroxy-*, $C_{15}H_{11}NO_5$, F. 182—183°, aus 5-Nitro-2-hydroxyacetophenon (VI), Salicylaldehyd u. wss.-alkohol. NaOH; aus A./Äthylacetat gelbe Nadeln. — *5'-Nitro-2'.3-dihydroxy-*, $C_{15}H_{11}NO_5$, F. 186—187°, durch 1std. Stehen von III, 0,37 g VI u. n-NaOH in A. bei 40° u. Ansäuern mit Essigsäure; aus A./Äthylacetat citronengelbe Nadeln; 0,48 g. — *3'-Nitro-4'-hydroxy-4-chlor-*, $C_{15}H_{10}ClNO_4$, F. 183—184°, aus II, V u. $AlCl_3$ nach l. c.; aus A./Äthylacetat hellgelbe Nadeln. — *5'-Nitro-2'-hydroxy-4-chlor-*, $C_{15}H_{10}ClNO_4$, F. 216—217°, wie vorst. aus II, VI u. $AlCl_3$; aus A./Äthylacetat gelbe Nadeln.

F. Heller. 2380◇

0803 **Amide der 4-Aminodiphenyl-4'-carbonsäure mit ε-Aminocapronsäure.** H. K. Müller und H.-G. Müller. (Z. Chem. **3**, 28, 1963; Magdeburg, TH Otto von Guericke, Chem. Inst., Abteilung für organ. u. organ.-techn. Chemie; dt.) — *4-Nitrodiphenyl-4'-carbonsäure*, aus 4-Nitro-4'-acetyldiphenyl durch Oxydation mit Hypobromit nach Griewe u. Hey [1933]. — ε-Aminocapronsäuren: *N-[4-Nitrodiphenyl-4'-carbonyl]-*, F. 172°, durch Schotten-Baumann-Rk. von ε-Aminocapronsäure mit 4-Nitrodiphenyl-4'-carbonsäurechlorid; 90% (Ausbeute). — *N-[4-Aminodiphenyl-4'-carbonyl]-*, F. 195°, durch katalyt. Hydrierung vorst. Verb.; 90%. — *N-[N-(N-Tosyl-ε-aminocaproyl)-4-aminodiphenyl-4'-carbonyl]-* (I), F. 194°, durch Rk. vorst. Verb. mit ε-Tosylaminocapronsäurechlorid in abs. Pyridin. — *N-[N-(N-Carbobenzoxy-ε-aminocaproyl)-4-aminodiphenyl-4'-carbonyl]-* (II), F. 214°, analog I mit ε-Carbobenzoxyaminocapronsäurechlorid. — *N-[N-(ε-Aminocaproyl)-4-aminodiphenyl-4'-carbonyl]-, Hydrobromid*, F. 256—257°, durch Hydrolyse von I bzw. II mit HBr/Eisessig.

Roland Gnauck. 2550△

0804 **Synthese von 1α-Vinyl-1β-hydroxy-5-oxo-7a-methyl-2.3.5.6.7.7a-hexahydroindèn.** S. Swaminathan, Joseph P. John, P. S. Venkataramani und K. Viswanathan. (Proc. Indian Acad. Sci., Sect. A **57**, 44—47, 1963; Madras, Univ., Dep. of Organ. Chem.; engl.) — *1α-Vinyl-1β-hydroxy-5-oxo-7a-methyl-2.3.5.6.7.7a-hexahydroinden* wird durch selektive Äthinylierung von 1.5-Dioxo-7a-methyl-2.3.5.6.7.7a-hexahydroinden (I) u. anschließende partielle Hydrierung dargestellt.

Versuche: *2-Methyl-5-äthoxalylcyclopentantrion-(1.3.4)*, durch Rk. von Butanon-(2) mit Oxalsäurediäthylester in Ggw. von Na-Äthylat. — *2-Methylcyclopentantrion-(1.3.4)-monohydrat*, F. 75—76° (W.), durch 4std. Kochen vorst. Verb. in W. mit 85%ig. H_3PO_4 u. Kühlen auf — 5°; 83% (Ausbeute). — *2-Methylcyclopentandion-(1.3)*, F. 207—209°, durch Zugabe von Na-Acetat (II) zu vorst. Verb. in W. bis zum pH > 5,4, Filtrieren, 1std. Zugabe von II u. Semicarbazidhydrochlorid zum Filtrat bei 30° unter Rühren, 1std. Rühren, Isolieren des *Semicarbazons*, $^1/_2$std. Zugabe des Semicarbazons u. W. zu KOH on Äthylenglykol unter Rühren bei 130°, $^1/_2$std. Erhitzen auf 150° u. 2std. auf 180—190°; 75%. — *1α-Äthinyl-1β-hydroxy-5-oxo-7a-methyl-2.3.5.6.7.7a-hexahydroinden*, $C_{12}H_{14}O_2$, F. 129,5—130,5° (Äthylacetat), durch Zugabe von I in Ae. zu Li-Acetylid in fl. NH_3 unter Rühren, Kühlen mit CO_2/Aceton u. Durchleiten von Acetylen, 20 Min. langes Rühren u. Zers. mit NH_4Cl-Lsg.; 55%. — *1α-Vinyl-1β-hydroxy-5-oxo-7a-methyl-2.3.5.6.7.7a-hexahydroinden*, $C_{12}H_{16}O_2$, F. 104,5—105°, durch $^1/_2$std. Hydrieren von 1 g vorst. Verb. in Pyridin an Pd/$BaCO_3$ bei 50 lbs./sq. in.; aus PAe. Kristalle; 0,7 g.

M. Mirsch. 2650◇

0805 **Bromierung von 2.7-Dihydroxynaphthalin.** R. G. Cooke, B. L. Johnson und W. R. Owen. (Austral. J. Chem. **13**, 256—60, 1960; Melbourne, Univ., Chem. Dep.; engl.) — Das bei der Bromierung von 2.7-Dihydroxynaphthalin (III) entstehende Rk.-Gemisch wurde als *1.6-* (73% Anteil) u. *1.3-Dibrom-2.7-dihydroxynaphthalin* identifiziert. Red. beider Verbb. mit $SnBr_2$ führt zu *3-Brom-2.7-dihydroxynaphthalin.* Analog entsteht aus 1.3.6-Tribrom-2.7-dihydroxynaphthalin (aus III u. Br_2) *3.6-Dibrom-2.7-dihydroxynaphthalin*, dessen *Dimethyläther* mit n-Butyl-Li u. CO_2 in *2.7-Dimethoxynaphthalincarbonsäure* übergeht. Ein Tetrabrom-Deriv. von III u. dessen Methyläther konnten in keinem Fall isoliert werden.

Versuche (FF. korr.): Naphthaline: *1-Brom-2.7-dihydroxy-* (VI), F. 134—135° (wss. A.), nach Bell, Gibson u. Wilson (vgl. C. **1957**, 4671). — *2.7-Dihydroxy-* (III), F. 189—190°, durch 20 Min. Erwärmen von 180 mg VI mit Sn in Eisessig u. HBr auf 100°, Zugabe von W. u. Ausäthern; 110 mg (Ausbeute). — *1.6-Dibrom-2.7-dihydroxy-* (I), $C_{10}H_6Br_2O_2$, F. 162—163°, durch 3std. Einleiten von 6 g Br_2 im CO_2-Strom zu 3 g III in Eisessig, $^1/_4$std. Erwärmen auf dem Wasserbad, Gießen in W. u. Chromatographie mit Bzl. an Silicagel; aus Bzl. oder wss. Essigsäure Nadeln; 3 g. — *1.3-Dibrom-2.7-dihydroxy-* (II), F. 186—187°, neben I; Nadeln aus Bzl. oder wss. A.; 1,3 g. — *1.6-Dibrom-2.7-dimethoxy-*, F. 130—131° (Methanol), durch Methylierung von I mit CH_2N_2 oder Dimethylsulfat (IV); Nadeln. — *1.3-Dibrom-2.7-dimethoxy-*, $C_{12}H_{10}Br_2O_2$, F. 80—81°, analog vorst. Verb. aus II; Nadeln aus wss. Methanol. — *3-Brom-2.7-dihydroxy-* (V), $C_{10}H_7BrO_2$, F. 191—192°, aus I oder II in Eisessig a) durch 20 Min. Erwärmen mit $SnBr_2$ in HBr auf 100°, Zugabe von W., Ausäthern, Waschen mit wss. $NaHCO_3$ u. Chromatographie des Rückstandes in Bzl. an Silicagel; b) durch 1std. Kochen mit KJ u. W.; c) durch 10 Min. Erwärmen mit β-Naphthol u. HBr auf 100° u. Aufarbeiten; aus Bzl. Nadeln. Daneben *1-Brom-2-naphthol.* — *3-Brom-2.7-dimethoxy-*, $C_{12}H_{11}BrO_2$, F. 108—109°, durch Methylierung von V mit IV; aus Petroleum (Kp. 60—70°) Prismen. — *1.6-Dibrom-2.7-dihydroxy-*(I), F. 162—163°, a) durch 15 Min. Erwärmen von 50 mg II mit 0,05 ml 48%ig. HBr in Eisessig auf 100°; 10 mg; b) durch Bromierung von V. — *1.3-Dibrom-7-hydroxy-2-methoxy-* (VII), $C_{11}H_8Br_2O_2$, F. 142—143°, durch Methylierung von II mit 1 Val CH_2N_2; aus Bzl. u. Petroleum Nadeln. — *1.3.6-Tribrom-2.7-dihydroxy-*, $C_{10}H_5Br_3O_2$, F. 206,5 bis 207,5°, durch langsame Zugabe von Br_2-Eisessig zu III in Eisessig; aus wss. A. Nadeln. *Dimethyläther*, $C_{12}H_9Br_3O_2$, F. 173—174°, aus A. Nadeln. — *3.6-Dibrom-2.7-dihydroxy-*, $C_{10}H_6Br_2O_2$, F. 189—190°, durch $^1/_4$std. Zugabe von 26 g Br_2 zu 6,5 g III in Eisessig, Verdünnen mit W., portionsweise Zugabe von 10 g Sn, 4std. Kochen, Abkühlen auf 50°, Filtrieren u. Verdünnen mit W.; Nadeln aus wss. Essigsäure u. Bzl.; 11 g. — *3.6-Dibrom-2.7-dimethoxy-*, $C_{12}H_{10}Br_2O_2$, F. 176,5—177°, durch Methylierung vorst. Verb. mit CH_2N_2 oder IV; aus Bzl. Nadeln. — *2.7-Dimethoxynaphthalin-3.6-dicarbonsäure*, $C_{14}H_{12}O_6$, F. 276—279° (Zers.), durch 10 Min. Zugabe einer Lsg. vorst. Verb. in Ae. u. Bzl. zu n-Butyl-Li in Ae., Zugabe von festem CO_2, Stehen über Nacht u. Ansäuern mit verd. HCl; hellgelbe Nadeln aus Eisessig; 77%. *Dimethylester*, $C_{16}H_{16}O_6$, F. 157—158,5°, durch Rk. mit CH_2N_2 in Ae.–Methanol u. Sublimation im Hochvakuum; Platten aus Bzl.–Petroleum. — *3.5-Dibrom-4-methoxyphthalsäuredimethylester*, $C_{11}H_{10}Br_2O_5$, F. 79 bis 80°, a) durch portionsweise Zugabe von $KMnO_4$ zu VII in wss. 8%ig. NaOH, 3std. Erwärmen unter Rühren, 1std. Kochen, Zugabe von Na_2SO_3 u. HCl, Sättigen mit NaCl, Ausäthern, Sublimieren im Hochvakuum, Verestern mit CH_2N_2 u. Chromatographie in Bzl.; b) durch zweitägige Einw. von Br_2 auf 4-Hydroxyphthalsäuredimethylester in Eisessig, Zugabe von W. u. Methylierung mit CH_2N_2.

K. Stühmer. 2700◇

0806 **Untersuchungen über potentielle Amöbicide.** 14. Mitt. **Synthese von Mannichbasen des 3.3'-Diallyl-**

stilböstrols (und Dihydrostilböstrols) und des 4.4'-Dihydroxy-1.1'-binaphthyls. J. S. Tandon, K. B. Mathur und R. N. Iyer. (J. sci. ind. Res. [New Delhi], Sect. B **21,** 224–26, 1962; Lucknow, Central Drug Res. Inst.; engl.) – 13. vgl. C. **1964,** 2-0901. – Nach der üblichen Meth. wird eine Reihe von Mannich-Basen dargestellt.

Versuche: *dl-Dihydrostilböstrol*, F. 126° (Ae.–PAe.), durch 1std. Erhitzen von 5,4 g Stilböstrol (**I**) in wss. NaOH mit Ni–Al-Leg. auf dem Wasserbad; 4,5 g (Ausbeute). – *4.4'-Diallyloxy-α.β-diäthylstilben* (**II**), $C_{24}H_{28}O_2$, F. 94° (A.), durch 3std. Kochen von 5,4 g **I** u. Allylbromid in einer Lsg. von 0,92 g Na in 100 ml A., Verdampfen des Lsgm., Aufnehmen in Chlf. u. Chromatographieren an Al_2O_3; 5,2 g. – *dl-3.4-Bis-[p-allyloxy-phenyl]-hexan* (**III**), $C_{24}H_{30}O_2$, Kp.$_1$ 180–182°, in ähnlicher Weise wie vorst. Verbindung. – *3.3'-Diallylstilböstrol*, $C_{24}H_{28}O_2$, F. 98° (Bzl.–PAe.), durch 3std. Kochen von 4,5 g **II** in Tetralin; 3,8 g. – *3.3'-Diallyldihydrostilböstrol*, $C_{24}H_{30}O_2$, Kp.$_1$ 186°, durch $^1/_4$std. Erhitzen von 4,5 g **III** auf 215°; 4 g. – Folgende Mannichbasen werden durch 6std. Erhitzen der Hydroxyverbb. mit Paraformaldehyd u. 2 Mol der entsprechenden Base in A.; im Falle der Binaphthylderivv. durch Stehen bei Zimmertemp. dargestellt. – 3.3'-Diallylstilböstrole: *5.5'-Bis-[dimethylaminomethyl]-*, $C_{30}H_{42}N_2O_2$, F. 127–128°. – *5.5'-Bis-[diäthylaminomethyl]-*, $C_{34}H_{50}N_2O_2$; Öl. – *5.5'-Bis-[di-n-butylaminomethyl]-*, $C_{42}H_{66}N_2O_2$; Öl. – *5.5'-Bis-[di-n-amylaminomethyl]-*, $C_{46}H_{74}N_2O_2$; Öl. – *5.5'-Bis-[piperidinomethyl]-*, $C_{36}H_{50}N_2O_2$, F. 140–141°. – *5.5'-Bis-[morpholinomethyl]-*, $C_{34}H_{46}N_2O_4$, F. 137–138°. – 3.3'-Diallylhexöstrole: *5.5'-Bis-[dimethylaminomethyl]-*, $C_{30}H_{44}N_2O_2$; Öl. – *5.5'-Bis-[diäthylaminomethyl]-*, $C_{34}\cdot H_{52}N_2O_2$; Öl. – *5.5'-Bis-[di-n-butylaminomethyl]-*, $C_{42}\cdot H_{68}N_2O_2$; Öl. – *5.5'-Bis-[di-n-amylaminomethyl]-*, $C_{46}\cdot H_{76}N_2O_2$; Öl. – *5.5'-Bis-[piperidinomethyl]-*, $C_{36}H_{52}N_2O_2$; Öl. – *5.5'-Bis-[morpholinomethyl]-*, $C_{34}H_{48}N_2O_4$; Öl. – 4.4'-Dihydroxy-1.1'-binaphthyle: *3.3'-Bis-[dimethylaminomethyl]-*, $C_{26}H_{28}N_2O_2$, F. 129° (Bzl.–PAe.). – *3.3'-Bis-[diäthylaminomethyl]-*, $C_{30}H_{36}N_2O_2$, F. 155° (Bzl.–PAe.). – *3.3'-Bis-[di-n-butylaminomethyl]-*, $C_{38}H_{52}N_2O_2$, F. 105° (PAe.–A.). – *3.3'-Bis-[diisobutylaminomethyl]-*, $C_{38}H_{52}N_2O_2$, F. 166° (PAe.–A.). – *3.3'-Bis-[di-n-amylaminomethyl]-*, $C_{42}H_{60}N_2O_2$, F. 70° (PAe.–A.). – *3.3'-Bis-[diisoamylaminomethyl]-*, $C_{42}H_{60}N_2O_2$, F. 130° (PAe.–A.). – *3.3'-Bis-[piperidinomethyl]-*, $C_{32}H_{36}N_2O_2$, F. 187° (Bzl.→PAe.). – *3.3'-Bis-[morpholinomethyl]-*, $C_{30}H_{32}N_2O_4$, F. 193° (Bzl.–PAe.). P. Gregorzewski. 2700◇

0807 **Bisulfitverbindungen der Hydroxyderivate von Anthracen.** Ss. W. Bogdanow und M. W. Gorelik. (Chem. Wiss. Ind. [UdSSR] **3,** 279–80, **1958;** Woroschilow-Inst. für organ. Zwischen-Prodd. u. Farbstoffe; russ.) – Vgl. auch C. **1960,** 2868; 2869. – Struktur u. Eigg. der *$NaHSO_3$-Additions-Verbb.* von *Anthrol-(1)* (**I**), *4-Nitrosoanthrol-(1)* (**II**) u. *1-Nitrosoanthrol-(2)* (**III**) werden untersucht. Sie sind im neutralen u. sauren Medium beständig u. zerfallen bei Einw. von Alkali in die Ausgangsstoffe. Die Bldg. von *Oximen* mit NH_2OH spricht für das Vorliegen einer freien Carbonylgruppe in den Additionsverbb., für die folgende Strukturen vorgeschlagen werden: aus **I** *1-Oxo-1.2.3.4-tetrahydroanthracen-3-sulfonsäure, Na-Salz* [$C_{14}H_{11}NaO_4S \cdot 3\,H_2O$; *Oxim, Ba-Salz*, $C_{14}H_{12}Ba_{1/2}NO_4S \cdot H_2O$], aus **II** *1-Oxo-4-hydroximino-1.2.3.4-tetrahydroanthracen-3-sulfonsäure, Na-Salz* [$C_{14}\cdot H_{10}NNaO_5S \cdot 1{,}25\,H_2O$; *Oxim* (**IV**), *Na-Salz*, $C_{14}H_{11}\cdot N_2NaO_5S \cdot 2{,}5\,H_2O$] u. aus **III** *2-Oxo-1-hydroximino-1.2.3.4-tetrahydroanthracen-4-sulfonsäure, Na-Salz* [$C_{14}H_{10}\cdot NNaO_5S \cdot 2\,H_2O$; *Oxim* (**V**), *Na-Salz*, $C_{14}H_{11}N_2NaO_5S \cdot 3\,H_2O$]. Die Oxime sind beständiger gegenüber Alkali. Erst beim Erhitzen erfolgt Zers., wobei **IV** in *Anthrachinon-(1.4)-dioxim* [$C_{14}H_{10}N_2O_2$, F. ca. 250° (Zers.); *Diacetyl-Deriv.*, $C_{18}H_{14}N_2O_4$, F. 235° (Zers.)] u. **V** in *Anthrachinon-(1.2)-dioxim* [**VI**; $C_{14}H_{10}N_2O_2$, F. 183° (Zers.)] übergehen. **VI** wird leicht zu *Anthra-[1'.2': 3.4]-furazan* [$C_{14}H_8N_2O$, F. 176–176,2°] anhydrisiert, das bei Oxydation mit HNO_3 *Anthra-[1'.2': 3.4]-furoxan* [$C_{14}H_8N_2O_2$, F. 175,9–176,2°] liefert. I. Schade. 2800△

0808 **Untersuchungen auf dem Gebiet der Hydroxyderivate des Phenanthrens.** 1. Mitt. **1-Nitrosophenanthrol-(2) und seine Bisulfitverbindung.** Ss. W. Bogdanow und L. Ss. Schibrjajewa. (J. allg. Chem. **30(92),** 2229–35, 1960; Woroschilow-Forschungsinst. für organ. Zwischenprodd. u. Farbstoffe; russ.) – Phenanthrol-(2) (**I**) gibt bei der Einw. von HONO *1-Nitrosophenanthrol-(2)* (**II**) neben *1.2-Dihydroxyphenanthren* (**III**). Die Red. von **II** mit $SnCl_2$ liefert *1-Aminophenanthrol-(2)* (**IV**), die Anlagerung von $NaHSO_3$ das *Na-Salz* (**V**) der *3.4-Dihydrophenanthrenchinon-(1.2)-oxim-(1)-sulfonsäure-(4)*. Von **V** werden das *2-Oxim*, *2-Semicarbazon* u. *2-Phenylhydrazon* dargestellt. Die Rk. von **V** mit SO_2, $NaHSO_3$ oder $SnCl_2$ liefert **III**, **IV** u. *1-Amino-2-hydroxyphenanthren-4-sulfonsäure* (**VI**). **VI** wird durch HNO_3 zu *Phenanthrenchinon-(1.2)-sulfonsäure-(4)* oxydiert, aus der *1.2-Dihydroxyphenanthren-4-sulfonsäure* (als *p-Toluidinsalz*) erhalten wird. Das **V**-2-Oxim geht in alkal. Lsg. in *Phenanthrenchinon-(1.2)-dioxim* (**VII**), dann in *Phenanthro-[1'.2':3.4]-furazan* über. **VII** wird durch HNO_3 zum *N-Oxid* letzterer Verb. oxydiert.

Versuche: *1-Nitrosophenanthrol-(2)* (**II**), $C_{14}H_9\cdot NO_2$, F. 181,4–181,5° (Zers.; A.-Essigsäure), a) durch tropfenweise Zugabe von 21 g 17,4%ig. HCl bei 3° zu 8,6 g **I** in 8,7 g 20,7%ig. NaOH, 0,5 g Sulfitlauge, 10,9 g 17,4%ig. HCl u. 960 ml W., 3–4std. Rühren, 12std. Stehen u. Reinigen über die Bisulfitverb.; rote Nadeln; 4,0 g (Ausbeute); daneben 0,5 g **III**; b) durch Zugabe von 0,8 g $NaNO_2$ in 1,5 ml W. zu 1,02 g **I** u. 0,72 g $ZnCl_2$ in 10 ml A. u. 1 ml W. u. $2^1/_2$std. Kochen; 0,45 g; c) durch 18std. Stehen von 1,02 g **I**, 1,2 g $Al_2(SO_4)_3$ u. 0,69 g $NaNO_2$ in 15 ml A. u. 4 ml W.; 0,35 g. – *1-Aminophenanthrol-(2)* (**IV**), durch Zugabe von 10 ml 38,5%ig. $SnCl_2$ in konz. HCl zu 1,13 g **II** in 50 ml A. u. 1std. Kochen; Nadeln; 1,12 g. *Diacetylderiv.*, F. 224,8–225,2°; Nadeln. – *3.4-Dihydrophenanthrenchinon-(1.2)-oxim-(1)-sulfonsäure-(4)*, *Na-Salz* (**V**), *Hemihydrat*, $C_{14}H_{10}NNaO_5S \cdot 0{,}5\,H_2O$, Zers. bei 115–120° (90%ig. A.), durch 28std. Rühren von 6,7 g **II**, 16,8 g 37,2%ig. $NaHSO_3$-Lsg. u. 0,6 ml Pyridin in 60 ml W. u. Aussalzen mit NaCl; lange, viereckige Plättchen; 7,82 g (daneben 0,53 g **III**). *2-Oxim, Hydrat*, $C_{14}H_{11}N_2NaO_5S \cdot H_2O$; aus A. gelbe Plättchen; 82,6%. *2-Semicarbazon, Dihydrat*, $C_{15}H_{13}N_4NaO_5S \cdot 2\,H_2O$; aus W.-A. gelbe Prismen; 92%. *2-Phenylhydrazon, Trihydrat*, $C_{20}H_{16}N_3NaO_4S \cdot 3\,H_2O$; aus A. gelbe Nadeln; 94,1%. – *1.2-Dihydroxyphenanthren* (**III**), F. 158–160,4° (verd. HCl), durch Behandeln von 0,04 Mol **II** in Ggw. von Pyridin mit 0,08 Mol $NaHSO_3$, Zugabe von 10 ml 35,4%ig. HCl u. 7tägiges Stehen bei 20°; Nadeln; 3,32 g. *Diacetylderiv.*, F. 146,4–147,2°. – *1-Aminophenanthrol-(2)-sulfonsäure-(4)* (**VI**), *Hydrat*, $C_{14}H_{11}NO_4S \cdot H_2O$, a) durch 2std. Kochen von 5,6 g **V** mit 8,1 g 37,2%ig. $NaHSO_3$ in 150 ml W., Zugabe von 6 ml 35,4%ig. HCl u. 5tägiges Stehen; 0,88 g (daneben 0,82 g **IV**-Hydrochlorid u. 0,4 g **III**); b) durch 6tägiges Stehen von 1,87 g **V**, 2,4 g $SnCl_2$ u. 5 ml konz. HCl in 100 ml W.; 1,1 g; Nädelchen (daneben 0,54 g **III** + **IV**). – *Phenanthrenchinon-(1.2)-sulfonsäure-(4)*, *Na-Salz*, durch 8tägiges Stehen von 0,61 g **VI** in 10 ml 20,2%ig. HNO_3; rote Plättchen; 0,35 g. – *1.2-Dihydroxyphenanthren-4-sulfonsäure*, *p-Toluidinsalz*, F. 245,8–247,3° (Zers.; verd. HCl), durch 1std. Erhitzen von 0,15 g vorst. Na-Salzes mit 0,05 g p-Toluidin in 7 ml W.; gelbe Plättchen; 0,09 g. – *Phenanthrenchinon-(1.2)-dioxim* (**VII**), $C_{14}H_{10}N_2O_2$, F. 178–178,2° (Zers.; W.-A.), durch Erhitzen von 7,2 g **V**-2-Oxim in 25 ml 25,6%ig. NaOH u. 170 ml W. auf 70°, schnelles Abkühlen u. Gießen in 200 ml 6%ig. HCl; gelbe, rechteckige Prismen; 3,68 g; daneben 0,9 g nachst. Verbindung. – *Phenanthro-[1'.2':3.4]-furazan*, $C_{14}H_8N_2O$, F. 172,6–173° (W.-A.), durch 3std. Kochen von 3,6 g **V**-2-Oxim in 160 ml 5%ig. Soda-Lsg.; gelbe Nadeln; 2,15 g. *N-Oxid*, $C_{14}H_8N_2O_2$, F. 221,5–222° (A.), durch Zugabe von 2,38 g **VII** in 8 ml 8,4%ig. NaOH u. 160 ml W. in 25 Min. bei 65–70° zu 180 ml 20,2%ig. HNO_3 u. $^1/_4$ Std. Erhitzen auf 90°; gelbe Nadeln; 2,16 g.
Helmut Schäfer. 2850△

0809 **Isomerisation von Polymethylenkohlenwasserstoffen unter Einfluß von Aluminiumchlorid.** 26. Mitt. **Untersuchung der Einwirkung von Aluminiumchlorid auf Bicyclo-[2.2.1]-heptan.** I. Je. Ssossnina und M. B. Turowa-Poljak. (J. allg. Chem. [UdSSR] **32(94),** 1941–42, 1962; Moskau, Univ.; russ.) – 25. vgl. J. allg. Chem. [UdSSR] **31(93),** [1961], 3187; 24. vgl. C. **1963,** 86. – *Bicyclo-[2.2.1]-heptan*

(F. 86°) bleibt bei Einw. von $AlCl_3$ (1 : 3 Mol, 15 Std.) bei 20—75° unverändert. Helmut Schäfer. 2950△

0810 **Isomerisation von Polymethylenkohlenwasserstoffen unter Einfluß von Aluminiumchlorid.** 27. Mitt. **Isomerisation von α-Methyldekahydronaphthalin.** M. B. Turowa-Poljak, I. Je. Ssossnina und L. D. Boltunowa. (J. allg. Chem. [UdSSR] **32(94),** 1942—45, 1962; Moskau, Univ.; russ.) — 26. vgl. vorst. Referat. — *α-Methyldekalin* (durch Hydrierung von α-Methylnaphthalin an Raney-Ni bei 100 at/200°) wird unter der Einw. von $AlCl_3$ (3 : 1; 2std. Stehen bei 20—37°) zu *trans-β-Methyldekalin* (Kp. 205°; D_4^{20} 0,8653; n_D^{20} 1,4684) isomerisiert. Letzteres liefert bei der Dehydrierung an Pt/Kohle bei 300° *β-Methylnaphthalin* (F. 34°; *Pikrat,* F. 116°). Helmut Schäfer. 2950△

0811 **Die Bildung hochgespannter Systeme durch intramolekulare Einfügung eines Dreirings: Tricyclo-[4.1.0.0$^{2.7}$]-heptan und Tricyclo-[4.1.0.0$^{3.7}$]-heptan.** William R. Moore, Harold R. Ward und Richard F. Merritt. (J. Amer. chem. Soc. **83,** 2019—20, 1961; Cambridge, Mass., MIT, Dep. of Chem.; engl.) — Das aus 7.7-Dibrombicyclo-[4.1.0]-heptan (I) mit CH_3Li entstehende *Carben* reagiert mit Ae. zu *1-[Bicyclo-[4.1.0]-heptyl-(7)]-diäthyläther* [II, $C_{11}H_{20}O$; 20% (Ausbeute)], der bei der Hydrierung an 30%ig. Pd-Kohle in Propionsäure *n-Propylcyclohexan* lieferte. Neben II entstanden bei — 80° bis 0° oder bei der Rk. von I mit Butyl-Li in Ae. bei 0° 40% einer Fraktion isomerer *KW-Stoffe* (C_7H_{10}, Kp. 110°), die durch Gaschromatographie in *Tricyclo-[4.1.0.0$^{2.7}$]-heptan* (III; n_D^{25} 1,4660; 93%), *Tricyclo-[4.1.0.0$^{3.7}$]-heptan* (IV) u. einen weiteren KW-Stoff (3%) getrennt werden konnte. Die Hydrierung von III an Pd-Kohle in A. führt zu *Methylcyclohexan* neben geringen Mengen *Cycloheptan* u. *Norcaran* u. a. Verbindungen. Bei kurzzeitiger Einw. von Säuren, z. B. $AlCl_3$ in Ae., ergibt III *Norcaren-(2),* dessen Hydrierung das gleiche Ergebnis wie die III-Hydrierung lieferte. IV absorbiert 1 Val H_2 unter Bldg. von *Norbornan* (92%) u. drei nicht identifizierten Produkten. D. Kirstein. 2950◇

0812 **Struktur des C_{26}-Kohlenwasserstoffs aus Cholesterin. Synthese von 5-Isobutyl-7-methylnaphtho-[2'.1':1.2]-fluoren.** D. Nasipuri. (J. sci. ind. Res. [New Delhi], Sect. B **20,** 85—87, Febr. 1961; Calcutta, Univ. Coll. of Sci. and Technol.; engl.) — Durch Dieckmann-Cyclisierung von β-[2-Methoxycarbonylphenanthryl-(1)]-propionsäuremethylester wird *3'-Oxo-4'-methoxycarbonyl-1.2-cyclopentenophenanthren* (I; F. 125°) erhalten. *1-Piperidino-2.6-dimethylheptanon-(3)* (II, $Kp._{10}$ 128—130°, n_D^{30} 1,4581) wird aus α-Methylisocaproylessigsäureäthylester nach Mannich u. Curtaz [1926] dargestellt u. in *4.8-Dimethyl-5-oxooctancarbonsäure* (*Semicarbazon,* F. 144°) übergeführt. Die Kondens. von II-Methojodid in Methanol mit dem K-Salz von I gibt *3'-Oxo-4'-methoxycarbonyl-4'-[2.6-dimethyl-3-oxoheptyl-(1)]-1.2-cyclopentenophenanthren* (III, F. 115°). Durch Kochen in konz. HCl/Eisessig unter CO_2 liefert III *5-Isobutyl-6-oxo-7-methyl-6.7.8.8a-tetrahydronaphtho-[2'.1':1.2]-fluoren* (F. 176°), das durch Red. mit $LiAlH_4$, Erhitzen des erhaltenen *Alkohols* mit Pd/Kohle auf 300—320°, Extraktion mit Bzl. u. Sublimation *5-Isobutyl-7-methylnaphtho-[2'.1':1.2]-fluoren* (IV, $C_{26}H_{24}$, F. 212,5—213°, aus Pyridin Nadeln) ergibt. IV wird durch Bldg. eines *Ketons* $C_{26}H_{22}O$ (F. 187°, rote Nadeln) u. eines roten *Trinitrofluorenon-Komplexes* [F. 212° (Zers.), vgl. Orchin u. Woolfolk, J. Amer. chem. Soc. **68,** [1946], 1727) sowie das UV-Spektrum charakterisiert. IV ist wahrscheinlich nicht mit dem aus Cholesterin erhaltenen Dielsschen KW-Stoff identisch. Klaus Lange. 2950△

0813 **Die Reaktion von 2-Benzylidenacenaphthenon-(1) und Acetessigsäureäthylester.** Neil Campbell, P. S. Davison, Margaret W. Elliott, D. Leaver und W. H. Stafford. (J. chem. Soc. [London] **1963,** 1511—13; Edinburgh, Univ.; engl.) — Durch Kondens. von 2-Benzylidenacenaphthenon-(1) (IV) mit Acetessigsäureäthylester (V) in alkal. Medium bildet sich *7.10-Dihydro-9-hydroxy-7-phenylfluoranthencarbonsäure-(8)-äthylester*(I). Spektroskop. Unterss. u. Eigg. von I deuten auf eine intramol. H-Brücke zwischen der 9-Hydroxy- u. der Carbonylgruppe hin. I bildet nur langsam ein *2.4-Dinitrophenylhydrazon* u. liefert mit H_2SO_4 wahrscheinlich *8-Carbäthoxy-9-oxo-7-phenyl-6b.7.8.9-tetrahydrofluoranthen* (II), das sich beim Umkristallisieren wieder in I umlagert. Aus den Mutterlaugen von I wird das *6b.7-Dihydro-Isomere* (III) von I isoliert, dessen Struktur durch IR- u. UV-Spektren gesichert wird. I u. III haben in alkohol. KOH ident. UV-Spektren. Vermutlich handelt es sich bei II u. III um $C_{(7)}$-Epimere. Durch Hydrolyse u. Decarboxylieren von I wird *6b.7.8.9-Tetrahydro-9-oxo-7-phenylfluoranthen* erhalten, das durch KBH_4-Red. u. katalyt. Dehydrierung in *Ortho-* u. *Metaborat* von *9-Hydroxy-7-Phenylfluoranthen* übergeführt wird. Weiter werden die Redd. von IV zu *2-Benzylacenaphthenon-(1)* u. *1-Benzylacenaphthen* beschrieben.

Versuche: *1-Benzylacenaphthen,* $C_{19}H_{16}$, F. 149 bis 150°, durch ½std. Erhitzen von 1 g IV mit N_2H_4-Hydrat u. KOH in Äthylenglykol auf 100°, ½std. Kochen, Ansäuern, Ätherextraktion u. Eindampfen; aus PAe. Platten; 0,15 g (Ausbeute). — *2-Benzylacenaphthenon-(1),* $C_{19}H_{14}O$, F. 81—82°, durch Hydrieren von 1 g IV in Ggw. von Adams-Katalysator; aus A. Platten; 0,65 g. — *7.10-Dihydro-9-hydroxy-7-phenylfluoranthencarbonsäure-(8)-äthylester* (I), $C_{25}H_{20}O_3$, F. 178—180°, durch 2tägiges Stehen von Acenaphthenon-(1), Benzaldehyd u. C_2H_5O Na in A., [→ *2-Benzylidenacenaphthenon-(1)* (IV), F. 113,5—115,5°, aus A. goldfarbene Platten; 44%], 20std. Stehen mit V u. Na in A. u. Ansäuern des Filtrats mit verd. HCl; gelb; 33%. *6b.7.8.9-Tetrahydrotautomeres*(?) (II), durch Zugeben von I in A. zu konz. H_2SO_4, 5 Min. langes Stehen in der Kälte u. Gießen in W.; *2.4-Dinitrophenylhydrazon,* $C_{31}H_{24}N_4O_6$, F. 246—248°, durch Erhitzen von I mit 2.4-Dinitrophenylhydrazin in Ggw. von HCl über Nacht; aus Tetralin rote Prismen. — *6b.7-Dihydro-9-hydroxy-7-phenylfluoranthencarbonsäure-(8)-äthylester* (III), $C_{25}H_{20}O_3$, F. 160—160,5°, durch Umkristallisieren von II aus Essigester, Filtrieren (→ I), Einengen des Filtrats u. Chromatographie an Al_2O_3; gelb. — *6b.7.8.9-Tetrahydro-9-oxo-7-phenylfluoranthen,* $C_{22}H_{16}O$, F. 185—186,5°, durch ¼std. Kochen von I in Essigsäure/H_2SO_4, Gießen in W., Extrahieren mit Ae. u. Einengen; aus Bzl./PAe. gelb. — *9-Hydroxy-7-phenylfluoranthen, Orthoborat,* F. 199—202°, durch 1½std. Erhitzen vorst. Verb. mit KBH_4 in Dioxan, Ansäuern, Zusetzen von W., ½std. Erhitzen des Nd. auf 280° mit 20%ig. Pd/Kohle u. Chromatographie an Al_2O_3; aus Bzl.-PAe. gelbe Nadeln. *Metaborat,* $C_{22}H_{13}BO_2$, F. 321°, durch Erhitzen oder Trocknen des Orthoborats; aus Bzl. gelbe, blaufluorescierende Nadeln. H. Gleinig. 2950◇

0814 **4.10-Dibenzoylanthanthron und das Produkt seiner Cyclisierung.** N. Ss. Dokunichin und L. A. Gajewa. (Chem. Wiss. Ind. [UdSSR] **3,** 280, 1958; Woroschilow-Inst. für organ. Zwischen-Prodd. u. Farbstoffe; russ.) — Vgl. auch C. **1961,** 16461. — Bei Rk. von Benzoylchlorid mit Naphthostyril (*1-Aminonaphthalin-8-carbonsäurelactam*) in Ggw. von $AlCl_3$ wird *4-Benzoyl-1-aminonaphthalin-8-carbonsäurelactam* erhalten, das durch Erhitzen mit wss. Alkali in das entsprechende Alkalisalz der *1-Amino-4-benzoylnaphthalin-8-carbonsäure* übergeführt wird. Letztere liefert nach Diazotierung u. Red. der erhaltenen Diazonium-Verb. mit ammoniakal. Cu_2Cl_2-Lsg. *4.4'-Dibenzoyl-1.1'-dinaphthyl-8.8'-dicarbonsäure* [$C_{36}H_{22}O_6$]. Diese wird durch konz. H_2SO_4 unter Bldg. von *4.10-Dibenzoylanthanthron* [$C_{36}H_{18}O_4$] dehydratisiert, das Baumwolle aus alkal. Hydrogensulfit-Küpe gelb färbt u. bei Oxydation unter erneutem Ringschluß einen tetraoxosubstituierten aromat. KW-Stoff mit 10 kondensierten Benzolringen liefert. I. Schade. 2950△

0815 **Untersuchungen an polycyclischen Systemen.** 1. Mitt. **Synthese von Triphenylenen über Diels-Alder-Addukte.** A. Mandelbaum und Michael Cais. (J. org. Chemistry **26,** 2633 bis 2640, 1961; Haifa, Israel, Inst. of Technol., Dep. of Chem.; engl.) — Vff. stellten eine Reihe *Bis-[cyclohexen-(1)-yle-(1)]*d durch Dehydratisierung der entsprechenden Bis-[1-hydroxycyclohexyle-(1)] mit $POCl_3$ in Pyridin mit Ausbeuten > 75% dar, die mit p-Benzochinon (I) bzw. p-Toluchinon (II) die entsprechenden *1.4.5.6.7.-8.9.10.11.12.13.16.17.18-Tetradekahydro-* (B) oder *1.4.5.-6.7.8.9.10.11.12.13.16-Dodekahydrotriphenylendione-(1.4)*

(**C**) lieferten. Bei der Rk. von **I** mit Bis-[cyclohexen-(1)-yl-[1)] (**VII**) in A. wurde *1.4.5.6.7.8.9.10.11.12.13.16-Dodekahydro-triphenylendion-(1.4)* (**XVI**) mit 17% Ausbeute erhalten, die sich bei Verw. von überschüssigem **I** erhöhte. Demgegenüber entstand in Abwesenheit eines Lsgm. zu 62% *1.4.5.6.7.8.9.10.11.12.13.16.17.18-Tetradekahydro-triphenylendion-(1.4)* (**III**). Bis-[3.5-dimethylcyclohexen-(1)-yl-(1)] (**X**) lieferte mit **II** in A. das *2.5.7.10.12-Pentamethylderiv.* von **III**. Die Red. der dargestellten **B** mit Zn in Essigsäure führte zu den entsprechenden *Δ^{14}-Hexadekahydrotriphenylendionen-(1.4)*, während aus den **C** hierbei die zugehörigen *1.4-Dihydroxy-5.6.7.8.9.10.11.-12.13.16-dekahydrotriphenylene* (**D**) entstanden, die mit Acetanhydrid (**IV**) in Pyridin deren *Diacetate* ergaben, die analog auch aus den **B** dargestellt wurden. Die **B** u. **C** sowie die Diacetate u. die Dimethyläther der **D** wurden mit 30%ig. Pd-Kohle in Abwesenheit eines Lsgm. bei 220° unter Hydrogenolyse zu den entsprechenden *Triphenylenen* dehydriert. Aus 2-Methyl-1.4-diacetoxy-5.6.-7.8.9.10.11.12.13.16-dekahydrotriphenylen entstand bei der Dehydrierung *2-Methyltriphenylen* neben seinem *1.4-Diacetoxyderivat*. Die Dehydrierung von Bis-[4-cyclohexylcyclohexen-(1)-yl-(1)] (**IX**) ergab *Quaterphenyl*. Die UV-Spektren von 1- u. 2-Methyltriphenylen sowie die UV-Spektren u. Hauptabsorptionsbanden von 2.7-Dimethyl-, 2.7-Diphenyl-, 1.4-Diacetoxy-2-methyl- u. 2.6.11-Trimethyltriphenylen werden angegeben.

Versuche: *4-Methoxycyclohexanon*, Kp.$_{24}$ 89 bis 93°, durch Hydrierung von p-Methoxyphenol in 24 Std. bei 70°/4 atm. u. anschließende Oxydation des erhaltenen *4-Methoxycyclohexanols* [Kp.$_{24}$ 110–112°; 91% (Ausbeute)] mit $K_2Cr_2O_7$ in H_2SO_4. — *3.5-Dimethylcyclohexanon*, Kp.$_{20}$ 70–72°, a) aus 3.5-Dimethylphenol über *3.5-Dimethylcyclohexanol* (Kp.$_{20}$ 88–91°; 90,5%) analog vorst. Verb.; b) durch Hydrierung von 3.5-Dimethylcyclohexen-(2)-on-(1) in A. bei Raumtemp./2 atm. an Pd-Kohle; 86%. — *4-Cyclohexylcyclohexanon*, F. 38 bis 40°, Kp.$_{0,08}$ 80–85°, aus 50 g p-Phenylphenol in Eisessig durch Hydrierung an PtO_2 bei Raumtemp./3–4 atm. in 12 Std. u. anschließende CrO_3-Oxydation des erhaltenen Prod. (98 g) in Essigsäure < 10° in 1,5 Std.; 63,4 g. Daneben *Prod. vom Kp.$_{0,07}$ 50–52°*; 11 g. — *Bis-[1-hydroxycyclohexyl-(1)]* (**V**), F. 128–131°, aus Cyclohexanon nach Barnett u. Lawrence [1935] in Ggw. von Hg u. katalyt. Mengen $HgCl_2$; 44%. — Analog nachst. Bis-[alkyl-1-hydroxycyclohexyle-(1)]: *4-Methyl-*, F. 112–115°; 28%. — *4-Cyclohexyl-*, $C_{24}H_{42}O_2$, F. 192–220° (Methylcyclohexan), F. 320–321° (Chlf.); 29%. — *4-Methoxy-*(**VI**), $C_{14}H_{26}O_4$, F. 155–157° (Methylcyclohexan); 22,5%. — *3.5-Dimethyl-*, $C_{16}H_{30}O_2$, F. 146–147° (Methylcyclohexan); 36,5%. —*Bis-[cyclohexen-(1)-yl-(1)]* (**VII**), Kp.$_{0,2}$ 67–68°, durch Dehydratisierung von **V** nach Greidinger u. Ginsburg (C. **1959**, 11216) mit $POCl_3$-Pyridin; 77%. — Analog nachst. Bis-[cyclohexen-(1)-yle-(1)]: *4-Methyl-*(**VIII**), Kp.$_{0,1}$ 99–100°; 80%. — *4-Cyclohexyl-*(**IX**), $C_{24}H_{38}$, F. 173–174,5° (Bzl.); 82%. — *3.5-Dimethyl-* (**X**), $C_{16}H_{26}$, F. 99–100° (Bzl.), Kp.$_{0,06}$ 88–90°; 76%.— *4-Methoxy-* (**XI**) Kp.$_{0,05}$ 99–100°, aus **VI** durch 3std. Kochen in **IV** u. Eisessig; 75%. — *1.4.5.6.7.8.9.10.11.12.13.16.-17.18-Tetradekahydrotriphenylendion-(1.4)* (**III**), $C_{18}H_{22}$·O_2, F. 115,5–116,5° (Methanol), aus **VII** u. **I** (1:1) durch Erhitzen auf 55–65° u. anschließendes 72std. Stehen bei Raumtemp.; 62%. — 1.4.5.6.7.8.9.10.11.12.13.16.17.-18-Tetradekahydrotriphenylendione-(1.4) (**B**): *6.11-Dimethyl-*, $C_{20}H_{26}O_2$, F. 109,5–111°(Methanol), aus **I** u. **VIII** (1:1) analog **III**; 43%. — *6.11-Dicyclohexyl* (**XII**), $C_{30}H_{42}O_2$, F. 144–145,5° (A.), aus **IX** u. **I** (1:3) durch 4 std. Kochen in Tetrahydrofuran; 85%. — *6.11-Dimethoxy-*, $C_{20}H_{26}O_4$, F. 131–132° (Methanol), aus **XI** u. **I** (1:1) analog **III**; 60%. — *2.5.7.10.12-Pentamethyl-*, $C_{23}H_{32}O_2$, F. 145,5–146° (A.), aus **X** u. **II** (1:2) in A. analog **XII**; 59%. — *1.4.5.6.7.8.9.10.11.12.13.16-Dodekahydrotriphenylendion-(1.4)* (**XVI**), $C_{18}H_{20}O_2$, F. 173–175° (Methanol), a) aus **VII** u. **I** (1:1) in A., 17%; b) aus **VII** u. **I** (1:2) in A.; 25,5%. — 1.4.5.6.7.8.9.10.11.12.13.16-Dodekahydrotriphenylendione-(1.4) (**C**): *2-Methyl-* (**XIII**), $C_{19}H_{22}O_2$, F. 167–167,5° (Methanol), a) aus **VII** u. **II** (1:1) in A.; 30%; b) aus **VII** u. **II** (1:2) in A.; 61%; c) analog a) in Propanol-(2); 19,5%; d) analog a) in Methanol; 18%. — *2.6.11-Trimethyl-* (**XIV**), C_{21}·$H_{26}O_2$, F. 136,5–138° (Methanol), a) aus **VIII** u. **II** (1:2) in A.; 17%; b) analog a) aus **VIII** u. **II** (1:1); 14,5%. — *Triphenylen*, F. 196–197° (A.), a) aus **III** durch Erhitzen mit 30%ig. Pd-Kohle im Metallbad auf 200°, dann bis zur Entw. von H_2 (260–340°) in 20 Min.; 71%; b) aus **XV** in 180 Min. bei 200–235°; analog a); 46,5%; c) aus der 1.4-Dimethoxy-5.6.7.8.9.10.11.12.13.16-dekahydroverb. in 30 Min. bei 220–260° analog a); 74%. — Triphenylene: *6.11-Dimethyl-*, $C_{20}H_{16}$, F. 135,5 bis 136° (A.), aus der 6.11-Dimethylverb. von **III** bei 310 bis 325° in 10 Min.; 54,5%. — *6.11-Dicyclohexyl-*, $C_{30}H_{32}$, F. 295–296° (Bzl.), aus **XII** bei 280–340° in 20 Min.; 68%. — *2-Methyl-*, F. 101–103° (A.), a) aus **XIII** bei 300–310° in 10 Min.; 42%; b) aus der 2-Methylverb. von **XV** bei 230–240° in 50 Min. u. anschließende Chromatographie des erhaltenen Rohprod. an Al_2O_3 mit Hexan; 26%. — *2.6.11-Trimethyl-*, $C_{21}H_{18}$, F. 137,5 bis 138,5° (A.), aus **XIV** bei 310–340° in 22 Min.; 46%. — *1.4-Diacetoxy-2-methyl-*, $C_{23}H_{18}O_4$, F. 164–165,5° (Methanol), aus 0,5 g des 2-Methylderiv. von **XV** analog vorvorst. Verb., Bzl.-Extraktion u. Zugabe von Hexan zum erhaltenen Rohprod.; 50 mg. — *1.2.3.4.5.6.7.8.9.10.11.-12.13.16.17.18-Hexadekahydrotriphenylendion-(1.4)*, C_{18}·$H_{24}O_2$, F. 116–118° (Hexan), aus **III** u. Zn-Staub in Eisessig in 10 Min. unter Rühren; 100%. — *1.4-Dihydroxy-5.6.7.8.9.10.11.12.13.16-dekahydrotriphenylen*, $C_{18}H_{22}O_2$, F. 170–171,5°, aus 5 g **XVI** in Eisessig durch Zugabe von Zn-Staub in der Hitze unter Rühren u. anschließendes 0,5std. Kochen; 2,1 g. *Diacetat* (**XV**), F. 159–160° (Methanol), a) aus der Dihydroxyverb. mit **IV** in Pyridin über Nacht bei Raumtemp.; 38%; b) aus **III** in Pyridin u. **IV** in 23 Std. bei Raumtemp.; 49%; *2-Methylderiv.*, $C_{23}H_{28}O_4$, F. 118,5–119° (Hexan), aus **XIII** mit Zn-Staub im Eisessig u. anschließende Einw. von **IV** in Pyridin auf die erhaltene *2-Methyl-1.4-dihydroxyverb.* [F. 100–104° (Methylcyclohexan); 70%] über Nacht bei Raumtemp.; 77,5%. *Dimethyläther*, $C_{20}H_{26}O_2$, F. 157,5 bis 158°, durch 1std. Rühren der Dihydroxyverb. mit Dimethylsulfat u. 20%ig. KOH in Dioxan bei 100°. — *Quaterphenyl*, F. 310–312° (Toluol), aus **IX** durch 15 Min. Erhitzen mit 30%ig. Pd-Kohle auf 330° u. 15 Min. auf 350° u. Toluol-Extraktion; 85%.

D. Kirstein. 2950◇

0816 **Untersuchungen in der Anthrachinonreihe. 31. Mitt. Über die Sulfonsäuren von trans-Dibenzpyrenchinon·** W. W. Koslow und Je. A. Ssilajewa. (J. allg. Chem. [UdSSR] **30(92)**, 3766–72, 1960; Moskau, Plechanow-Inst. für Volkswirtsch.; russ.) — 30. vgl. J. allg. Chem. [UdSSR] **30(92)**, [1960] 3464; 27. vgl. C. **1960**, 8505. — Die Sulfonierung von 3.4;8.9-Dibenzpyren-5.10-chinon (**I**) liefert ein Gemisch aus der *4'-Sulfonsäure* u. der *4'.4''-Disulfonsäure*. Aus letzterer werden durch Ersatz der Sulfogruppen durch Cl oder Br *4'.4''-Dichlor-* bzw. *4'.4''-Dibrom-3.4;8.9-dibenzpyren-5.10-chinon* (**II**) erhalten. Bei der Einw. von KOH auf die 4'.4''-Disulfonsäure oder **II** wird die *4'.4''-Dihydroxyverb.* erhalten.

Versuche: Man trägt in 20%ig. Oleum (0,05 Mol SO_3) **I** (F. 365°; 0,025 Mol) ein, rührt 1 Std. bei 150° u. gießt auf Eis: *3.4;8.9-Dibenzpyren-5.10-chinon-4'-sulfonsäure*; 8,5% (Ausbeute). *Zn-Salz*, $C_{48}H_{22}O_{10}S_2Zn$, aus W. als *Pentahydrat*; orangegelb. *Na-Salz*, $C_{24}H_{11}NaO_5$·S, aus W. als *Mono-* u. *Trihydrat*; orangegelbe Stäbchen. — *3.4;8.9-Dibenzpyren-5.10-chinon-4'.4''-disulfonsäure*; 91%. *Di-Na-Salz*, $C_{24}H_{10}Na_2O_8S_2$, aus W. als *Di-* u. *Tetrahydrat*; gelbe oder gelbbraune Nädelchen. *Ba-Salz*, $C_{24}H_{10}BaO_8S_2$, krist. mit 1,5 Mol W.; gelbbraun. *Al-Salz*, $C_{72}H_{30}Al_2O_{24}S_6$, aus W. als *Pentadekahydrat*; gelbbraune Körnchen. *m-Nitroanilinsalz*; hellgelbe Nädelchen. *o-Nitroanilinsalz*; hellgelbe Nadeln. *p-Toluidinsalz*, $C_{24}H_{12}$·O_8S_2·$(C_7H_9N)_2$, krist. als *Pentahydrat*; rotgelbe Nadeln. *S-Benzylisothiuroniumsalz*; graugelbe Nadeln. *o-Toluidinsalz*; gelbrote Nadeln. *α-Naphthylaminsalz*; zitronengelbe Nadeln. *β-Naphthylaminsalz*; gelbe Nadeln. *Benzidinsalz*; goldgelbe Stäbchen oder Täfelchen. — Durch Chlorierung (in HCl–H_2SO_4–$KClO_3$; 2 Std. bei 102°) bzw. Bromierung (in 2 n H_2SO_4–KBr–$KBrO_3$; 1½–2 Std. bei 102°) vorst. Di-Na-Salzes werden erhalten: *4'-Chlor-3.4;8.9-dibenzpyren-5.10-chinon-4''-sulfonsäure*, *Na-Salz*, $C_{24}H_{10}ClNaO_5S$; aus Pyridin oder Nitrobenzol Nadeln. —

4'.4''-Dichlor-3.4;8.9-dibenzpyren-5.10-chinon, $C_{24}H_{10}Cl_2 \cdot O_2$; durch Sublimation dunkelgelbe Nädelchen. — *4'-Brom-3.4;8.9-dibenzpyren-5.10-chinon-4''-sulfonsäure, Na-Salz*, $C_{24}H_{10}BrNaO_5S$. — *4'.4''-Dibrom-3.4;8.9-dibenzpyren-5.10-chinon* (II), $C_{24}H_{10}Br_2O_2$. — *4'.4''-Dihydroxy-3.4;8.9-dibenzpyren-5.10-chinon*, durch 1std. Erhitzen von II mit KOH auf 220° oder durch 1std. Erhitzen der 4'.4''-Disulfonsäure mit KOH auf 300°; 40 bzw. 19%.

Helmut Schäfer. 2950△

0817 **Die elektrophile Reaktivität einiger polycyclischer Ketone. 3. Mitt. Dibenz-[a;k.l]-anthron.** Martin Stephenson und F. K. Sutcliffe. (J. chem. Soc. [London] **1962**, 3516—25; Leeds, Univ., Clothworkers' Res. Labor.; engl.) — 2. vgl. J. chem. Soc. [London] **1952, 1247**; 1. vgl. C. **1950/54,** 6046 S. — Dibenz-[a;k.l]-anthron (I) kondensiert sich in alkohol. KOH bei 100° entgegen der früheren Annahme (vgl. 2. Mitt. l. c.) vorwiegend zu *Dinaphtho-[1.2:a;2'.1':m]-peropyrenchinon-(7.12)* (III) neben *Diphenanthro-[2.3.4:c.d;2'.3'.4':l.m]-perylenchinon-(11.22)* (II). I liefert mit Br_2 in sd. Essigsäure ein *Monobromderiv.* (VI), in sd. Nitrobenzol ein *Dibromderiv.* (VII) u. bei der Rk. mit überschüssigem Br_2 u. nachfolgender Einw. von Essigsäure auf das zunächst entstehende braune Prod. ein *Tribromderivat* (VIII). Das 2. Br-Atom tritt in 3-Stellung ein, während die anderen nicht die 1, 2, 3 oder 4-Stellung in I besetzen, was anhand der Oxydationen von VI u. VII mit CrO_3 in Essigsäure zu einer *Brombenz-[a]-* u. von VIII zu einer *Dibrombenz-[a]-anthrachinon-11-carbonsäure* gezeigt wird. VI reagiert mit alkohol. KOH bei 110° zu einem Gemisch von *Dihydroxyderivv.* von II u. III. In Äthylenglykol wird VI durch KOH nicht angegriffen, während bei Abwesenheit eines Lsgm. bei 240° schwarze Prodd. entstehen. VIII liefert mit KOH in Äthylenglykol ein *Tetrahydroxyderiv.* von II. Neben II u. III wurden das *4-Hydroxyderiv.* von I (IX), das mit zunehmender Ausbeute bei der KOH-Behandlung von I in Ggw. von MnO_2 bei 240° gebildet wird, sowie die *6-Hydroxyverb.* von I (X) gewonnen; ferner wurden vermutlich *Dinaphtho-[1.2:a;1.'2':p]-* u. *Dinaphtho-[1.2:Q;2'.1':i]-peropyren* isoliert. Beim Erhitzen von I mit $NaNH_2$ u. Dimethylanilin (IV) unter N_2 wurde als Hauptprod. III erhalten, während analog in Ggw. von O_2 daneben *6-N-Methylanilino-* u. *6-Aminodibenz-[a;k.l]-anthron* entstand, das zu X hydrolysiert wurde. Die *4-Aminoverb.* von I wurde durch Ammonolyse von IX in Ggw. von Cu-Bronze dargestellt. Na-Anilid in Anilin lieferte mit I unter N_2 die *4-Anilinoverb.* u. *Bis-[dibenz-[a;k.l]-anthronyl-(4)]*, das mit alkohol. KOH zu III führte. Daneben wurden wenig II u. das *6-Anilinoderiv.* von I erhalten. $NaNH_2$-Piperidin u. $NaNH_2$-Morpholin lieferten mit I vorwiegend seine *4-Piperidinoverb.* bzw. seine *4-* u. *6-Morpholinoverbindungen.*

Versuche: *Dibenz-[a;k.l]-anthron* (I), F. 189 bis 190°, aus 1.1'-Binaphthyl-8.8'-dicarbonsäure durch Behandlung mit 48%ig. H_2SO_4 u. nach Eiskühlung Zugabe von konz. H_2SO_4, dann 22std. Kochen der erhaltenen *Dibenz-[a;k.l]-anthron-13-carbonsäure* in Chinolin in Ggw. von Cu-Bronze, Zugabe zu 10%ig. HCl u. 2std. Rühren, nach weiterer Aufarbeitung Sublimation bei 180°/0,001 mm. *Bromderiv.* (VI), $C_{21}H_{11}BrO$, F. 237—238° (Eisessig; goldgelbe Plättchen), aus 6 g I u. Br_2 durch 5std. Kochen in Essigsäure; 5,5 g (Ausbeute). *Dibromderiv.* (VII), $C_{21}H_{10}Br_2O$, F. 325—326° (Essigsäure), aus 1 g VI u. Br_2 in Nitrobenzol durch 1std. Kochen; 0,6 g. *Tribromderiv.* (VIII), $C_{21}H_9Br_3O$, F. 302—304° (aus Nitrobenzol goldgelbe Nadeln), aus I u. Br_2 < 30°, Stehen über Nacht bei Raumtemp. u. Verdünnen mit Essigsäure. — *Brombenz-[a]-anthrachinoncarbonsäure-(11)*, $C_{19}H_9BrO_4$, F. 298—300° (Zers.; Essigsäure), a) durch 1std. Kochen von 0,36 g VI mit CrO_3 u. 80%ig. Essigsäure; 0,17 g; b) aus 0,06 g VII wie bei a) in 4 Std.; 0,002 g. — *Dibrombenz-[a]-anthrachinoncarbonsäure-(11)*, $C_{19}H_8Br_2O_4$, F. 292° (Zers.; Essigsäure; goldgelbe Nadeln), aus VIII wie vorst. Verb. nach b). — *Dinaphtho-[1.2:a;2'.1':m]-peropyrenchinon-(7.12)* (III), $C_{42}H_{20}O_2$, durch 2½std. Kochen von 2 g I mit KOH u. Na-Acetat in A., Gießen in W., Durchleiten von Luft u. Extraktion des Nd. mit Bzl., dann mit Nitrobenzol; aus Nitrobenzol schwarze Mikronadeln; 0,3 g; daneben III/II-Gemisch (0,4 g). *Dihydroxyderiv.*, $C_{42}H_{20}O_4$, aus 0,5 g VI analog III; schwarze Mikronadeln; 0,1 g; daneben II (? 0,05 g). — *4-Hydroxydibenz-[a;k.l]-anthron* (IX), $C_{21}H_{12}O_2$, F. 302 bis 303° (1.2.4-Trichlorbenzol; gelbe Kristalle), aus 20 g I u. MnO_2 durch Zugabe zur Schmelze von KOH u. K-Acetat bei 210°, 1std. Erhitzen auf 240°, Gießen in W. u. Ansäuern; 7 g. *Acetyl-Deriv.*, $C_{23}H_{14}O_3$, F. 220—222° (A.; gelbe Nädelchen). — *Dinaphtho-[1.2:a;1'.2':p]-peropyren* (?), $C_{42}H_{22}$, F. 344—346° (Toluol; goldgelbe Nadeln), neben IX aus dem Rückstand durch Chromatographie des Bzl.-Extraktes an Al_2O_3; 0,2 g; daneben *Dinaphtho-[1.2:a;2'.1':i]-peropyren* (V), $C_{42}H_{22}$, F. 332 bis 334° (Zers.; Toluol; orangefarbene Nadeln); 0,08 g. Daneben *6-Hydroxydibenz-[a;k.l]-anthron* (X), $C_{21}H_{12}O_2$, F. 200—201° (A.; goldgelbe Nadeln); 0,1 g. — *Dibenz-[a;k.l]-anthrone: 6-N-Methylanilino-*, F. 159—160° (Zers.; A.; grüngelbe Platten), durch 3std. Erhitzen von 17 g I mit $NaNH_2$ u. IV auf 140° unter O_2, Dampfdest. u. Al_2O_3-Chromatographie des Bzl.-Extraktes des Rückstandes; 0,4 g. Daneben 0,5 g *6-Amino-*, $C_{21}H_{13}NO$, F. 219—221° (Toluol; goldgelbe Nadeln), liefert mit KOH in sd. Isopentanol X. Daneben unreines III; 2,4 g. — *4-Amino-*, $C_{21}H_{13}NO$, F. 244—245° (A.; braunrote Rosetten), aus 0,15 g IX u. konz. NH_4OH in Ggw. von Cu-Bronze im Rohr bei 230° in 15 Std.; 0,05 g. — *4-Piperidino-*, $C_{26} \cdot H_{21}NO$, F. 228—230° (Toluol; orangefarbene Kristalle), aus 5,6 g I, $NaNH_2$ u. Piperidin bei 80° unter O_2, dann 2½std. Erhitzen auf 100°, Verdünnen mit Bzl. u. W. u. Al_2O_3-Chromatographie des mit Bzl. extrahierten Nd.; 2,4 g; liefert mit Isopentanol-KOH IX. Daneben rotbraunes *Pulver von F. 206—216°*; 0,5 g. Daneben III. — *6-Morpholino-*, $C_{25}H_{19}NO_2$, F. 210—215° (Ligroin; dunkelrote Nadeln), aus 5,6 g I, $NaNH_2$ u. Morpholin wie vorst. Verb.; 0,07 g. Daneben *4-Morpholino-*, $C_{25}H_{19}NO_2$, F. 197—198,5° (Ligroin; goldgelbe Plättchen); 2 g, liefert durch Hydrolyse IX. — *6-Anilino-*, $C_{27}H_{17}NO$, F. 193 bis 194° (A.; orangefarbene Nadeln), aus 7,5 g I u. Na-Anilid in Anilin bei Raumtemp. in 2 Std., Gießen in W., Durchleiten von Luft u. Zugabe von wss. HCl, Extraktion des Nd. u. Al_2O_3-Chromatographie mit Toluol; 0,4 g. — *4-Anilino-*, $C_{27}H_{17}NO$, F. 257—258° (Toluol; rote Platten), neben vorst. Verb.; 1,5 g; liefert durch 12std. Kochen mit KOH in Isopentanol IX. — *Bis-[dibenz-[a;k.l]-anthronyl-(4)]*, $C_{42}H_{22}O_2$, F. 349—350° (Chlorbenzol; gelbe Nadeln), neben vorst. Verb.; 0,6 g; lieferte analog I in 2 Std. III. Daneben *Dinaphtho-[1.2:a;1.'2':l]-peropyrenchinon-(11.22)* (II), $C_{42}H_{20}O_2$; aus Nitrobenzol schwarze Nädelchen. *Tetrahydroxyderiv.*, $C_{42}H_{20}O_6$, durch 7std. Kochen von 1 g VIII mit KOH in Äthylenglykol, Gießen in W., Durchleiten von Luft u. Extraktion des Nd. (0,6 g) mit Bzl., dann mit Nitrobenzol; schwarze Nädelchen. — *Dinaphtho-[1.2:a;1'.2':l]-peropyren*, $C_{42}H_{22}$, F. 440—444°, (1.2.4-Trichlorbenzol; dunkelrote Nadeln), durch ½std. Erhitzen von 0,5 g vorst. Tetrahydroxyderiv., NaCl, Zn-Staub u. $ZnCl_2$ auf 290° u. Digerieren mit 10%ig. HCl; 0,3 g; daneben aus dem Bzl.-Extrakt des Rohprod. V. — *Dinaphtho-[1.2:a;2'.1':m]-peropyren*, $C_{42}H_{22}$, F. 374—376° (Xylol, rote Nädelchen), analog vorst. Verb. aus III.

K. Lehmstedt. 2950◇

0818 **Isomere Oxime mit Dreiringstruktur.** E. Schmitz, R. Ohme und S. Schramm. (Z. Chem. **3**, 190, 1963; Berlin, Deutsche Akad. der Wiss., Inst. für Organ. Chem.; dt.) — Aus Cyclohexanon (I) u. Methyläthylketon lassen sich durch Einw. von Hydroxylamin-O-sulfonsäure (III) u. verd. NaOH *Isoxime* mit Dreiringstruktur darstellen. Die Isoxime, die nur bei tiefer Temp. stabil sind, besitzen ein starkes Aminierungsvermögen u. wirken stark oxydierend (Titration mit KJ-Lsg.). — *N.N'-Bis-[3.3-pentamethylenoxaziridinyl-(2)-methyl]-harnstoff*, $C_{15}H_{26} \cdot N_4O_3$, F. 127°, durch Rk. von I mit III in 2 n NaOH bei 6—8° u. Zugabe von N.N'-Dimethylharnstoff; 54% (Ausbeute). — *Methyläthylketonisoxim* (II), C_4H_9NO, analog vorst. Verb. aus Methyläthylketon u. Vakuumdest. bei 0°. — *Benzaldehydphenylhydrazon*, F. 154°, durch Rk. von II u. Anilin mit Benzaldehyd; 22%. — *1-Cyclohexyl-3-äthyldiaziridin, Chloraladdukt*, F. 100°, aus II u. N-Propylidencyclohexylamin; 75%.

B. Lücke. 3030◇

0819 **Eine bequeme Darstellung von 2.5-Bis-[hydroxymethyl]-furan.** P. A. Finan. (J. chem. Soc. [London] **1963**, 3917–18; Belfast, Queen's Univ.; Sheffield, Univ.; engl.) – Besser als durch Behandlung von 5-[Chlormethyl]-a-furoesäuremethylester (I) mit methanol KOH nach Andrisano (C. **1951**, I, 998) u. Red. wird *2.5-Bis-[hydroxymethyl]-furan* aus I durch Umsetzung mit Na-Acetat in Essigsäure zu *5-[Acetoxymethyl]-2-furoesäuremethylester*, Red. mit $LiAlH_4$, Reacetylierung u. Desacetylierung erhalten.

Versuche: *5-[Acetoxymethyl]-2-furoesäuremethylester*, $C_9H_{10}O_5$, Kp.$_{0,2}$ 96°, durch 1std. Kochen von I [F. 33° (Plättchen) nach Andrisano (l. c.); 80% (Ausbeute)] mit Na-Acetat in Essigsäure + Acetanhydrid, Verdünnen mit Ae. u. Neutralisation mit wss. $NaHCO_3$, n_D^{25} 1,4910; 92%. – *5-[Hydroxymethyl]-2-furoesäuremethylester*, $C_7H_8O_4$, Kp.$_{0,02}$ 62°, durch 24std. Stehen vorst. Verb. mit 0,2%ig. methanol. $NaOCH_3$ bei Raumtemp., Filtration über IRC-50 u. Einengen im Vakuum; n_D^{25} 1,4922; 87%. – *2.5-Bis-[acetoxymethyl]-furan*, F. 64° (aus Leichtbzn. Nadeln), durch Zutropfen vorvorst. (oder vorst.) Verb. in Ae. zu $LiAlH_4$ in Ae., 1std. Rühren bei Raumtemp., Zufügen von Acetanhydrid, Abdampfen des Al., 2std. Rühren des Rückstands bei 125°, Verdünnen mit Ae. u. Neutralisation mit wss. $NaHCO_3$; 75%. – *2.5-Bis-[hydroxymethyl]-furan*, $C_6H_8O_3$, F. 76° (aus Äthylacetat Plättchen), durch 24std. Behandlung vorst. Verb. mit 0,2%ig. methanol. $NaOCH_3$ bei Raumtemp.; 100%. *Dibenzoat*, $C_{20}H_{16}O_5$, F. 76° (aus CH_3OH Prismen), mit Benzoylchlorid in 10%ig. NaOH; 80%.

I. Spaeth. 3061◇

0820 **Synthese substituierter Säuren über Furanderivate.** 4. Mitt. **Darstellung von γ-Aminosäuren.** A. P. Terentjew, R. A. Gratschewa und O. P. Schkurko. (J. allg. Chem. **30(92)**, 3711–14, 1960; Moskau, Univ.; russ.) – 3. vgl. J. allg. Chem. [UdSSR] **30(92)**, [1960], 2947; 2. vgl. C. **1963**, 861. – Es wurden *Furfurylidenaceton* (**I**), *β-[Furyl-(2)]-acrolein* (**II**), *1.3-Bis-[furyl-(2)]-propenon* (**III**) u. *Furfurylidenacetophenon* dargestellt. Aus **I**, **II** u. **III** wurden durch Hydrierung in Ggw. von NH_3 *Furfurylaceton* u. *2-Amino-4-[furyl-(2)]-butan* (**IV**), *β-[Furyl-(2)]-propanol* u. *1-Amino-3-[furyl-(2)]-propan* (**V**) bzw. *1.3-Bis-[furyl-(2)]-propan* u. *1-Amino-1.3-bis-[furyl-(2)]-propan* erhalten. Die $KMnO_4$-Oxydation von **IV**- u. **V**-N-Benzoylderiv. lieferte *γ-Benzoylaminovalerian-* bzw. *-buttersäure*.

Versuche: *Furfurylidenaceton* (**I**), Kp.$_9$ 109–110°, F. 36–37°, durch tropfenweise Zugabe von 30 ml 30%ig. NaOH zu 1,5 Mol Furfurol (**VI**) u. 3,4 Mol Aceton bei < 10° in Methanol u. 4std. Rühren; 70% (Ausbeute). – Analog *1.3-Bis-[furyl-(2)]-propenon* (**III**), F. 88–89° (Methanol); 84%. – *Furfurylidenacetophenon*, Kp.$_{10}$ 184–185°, durch Zugabe der Lsg. von 5 g Na in 70 ml abs. Methanol zu je 0,2 Mol Acetophenon u. **VI** in 50 ml abs. Methanol u. 3std. Rühren; 70%. – *β-[Furyl-(2)]-acrolein* (**II**), Kp.$_{12}$ 105–110°, F. 49–50° durch Zugabe von 1,3 Mol Acetaldehyd in 300 ml W. bei 0° zu 7 g NaOH u. 1 Mol **VI** in 1,4 Liter W. u. 2std. Rühren; 80%. – Durch Hydrierung von 0,1 Mol **I**, **II** oder **III** in 30 ml mit NH_3 gesätt. A. an 3 g Raney-Ni im Autoklaven bei 110°/83 at bis zum Druckabfall auf 63 at: *Furfurylaceton*, Kp.$_{20}$ 98–100°, aus **I**; D.$_4^{20}$ 1,0293; n_D^{20} 1,4712; 51%. – *2-Amino-4-[furyl-(2)]-butan* (**IV**) Kp.$_{20}$ 85–93°, aus **I**; D.$_4^{20}$ 0,9488; n_D^{20} 1,4732; 44%. *Benzoylderiv.*, $C_{15}H_{17}NO_2$, F. 109–110° (PAe.). – *β-[Furyl-(2)]-propanol*, Kp.$_{10}$ 71–73°, aus **II**; n_D^{20} 1,4757; 23%. – *1-Amino-3-[furyl-(2)]-propan* (**V**), Kp.$_{20}$ 70–71°, aus **II**; D.$_4^{20}$ 1,001; n_D^{20} 1,4852; 30%. *Benzoylderiv.*, $C_{14}H_{15}NO_2$, F. 59–60° (PAe.). – *1.3-Bis-[furyl-(2)]-propan*, Kp.$_{13}$ 147–148°, aus **III**; D.$^{20}_4$ 1,1442; n_D^{20} 1,5225; 50%. – *1-Amino-1.3-bis-[furyl-(2)]-propan*, Kp.$_{14}$ 140–141°, aus **III**; D.$_4^{20}$ 1,0701; n_D^{20} 1,5012; 35%. *Benzoylderiv.*, $C_{18}H_{17}NO_3$, F. 109–110° (PAe.). – *γ-Benzoylaminobuttersäure*, $C_{11}H_{13}NO_3$, F. 81° (W.), durch Zugabe von 8,2 g $KMnO_4$ in 250 ml W. bei < 15° zu 0,01 Mol des **V**-Benzoylderiv. in 100 ml abs. Aceton, 1 ml 20%ig. KOH u. 1 ml A., Zugabe weiterer 8,3 g $KMnO_4$ nach der Entfärbung u. 12std. Stehen; 50%. – Analog: *γ-Benzoylaminovaleriansäure*, $C_{12}H_{15}NO_3$, F. 132–133°, aus dem **IV**-Benzoylderiv.; 65%.

Helmut Schäfer. 3061△

0821 **Anormale Diels-Alder-Reaktionen zwischen 2-Acetylbenzochinon und Furanen.** 3. Mitt. **über „β-Hydroxyfurane“.** C. H. Eugster und Pedro Bosshard. (Chimia [Aarau, Schweiz] **15**, 528–30, 1961; Zürich, Univ., Organ.-Chem. Inst.; dt.) – 2. vgl. C. **1964**, 3-0897. – 2-Acetyl-p-benzochinon (I) bildet mit Furan *2-Acetyl-3-[furyl-(2)]-benzochinon-(1.4)* (**II**; $C_{12}H_8O_4$, F. 123–124°; daneben 50% *2-Acetylhydrochinon*), das sich leicht an Pd zu gelbem *2-Acetyl-3-[furyl-(2)]-hydrochinon-(1.4)* (**IV**; $C_{12}H_{10}O_4$, F. 96–99°) hydrieren läßt. Die reduzierende Acetylierung von **II** mit Zn in Pyridin (Meth. **A**) bzw. die Acetylierung von **IV** ergibt *1.4-Diacetoxy-2-acetyl-3-[furyl-(2)]-benzol*, $C_{16}H_{14}O_6$, F. 92–93°. Die Hydrierung dieser Verb. an Pd ergibt *1.4-Diacetoxy-2-acetyl-3-[tetrahydrofuryl-(2)]-benzol*, $C_{16}H_{18}O_6$, F. 110–113°. Methylierung von **IV** mit CH_3J ergibt den *Dimethyläther* ($C_{14}H_{14}O_4$, F. 93–94°), der sich mit $KMnO_4$ zu *3-Methyl-3-hydroxy-4.7-dimethoxyphthalid* ($C_{11}H_{12}O_5$, F. 195 bis 197°) abbauen läßt. 3.4-Dimethoxyfuran u. **I** lieferte *2-[3.4-Dimethoxyfuryl-(2)]-3-acetylhydrochinon-(1.4)* (**V**; $C_{14}H_{14}O_6$, F. 102–103°) u. *2.5-Bis-[1-acetyl-3.6-dihydroxyphenyl]-3.4-dimethoxyfuran* (**III**). Oxydation von **V** mit MnO_2 führt zu *2-[3.4-Dimethoxyfuryl-(2)]-3-acetylbenzochinon-(1.4)* ($C_{14}H_{12}O_6$, F. 87°), das nach **A** *2-[3.4-Dimethoxyfuryl-(2)]-1.4-diacetoxy-3-acetylbenzol* ($C_{18}H_{18}O_8$, F. 80–82°) ergibt. *2.5-Bis-[2-acetylbenzochinon-(1.4)-yl-(3)]-3.4-dimethoxyfuran*, $C_{22}H_{16}O_9$, entsteht durch Oxydation von **III** mit MnO_2 u. ergibt nach **A** *2.5-Bis-[2-acetyl-3.6-acetoxyphenyl]-3.4-dimethoxyfuran*, $C_{30}H_{28}O_{13}$, F. 142–143°. UV-, IR- u. Kernresonanzspektren vgl. Original.

G. Leithäuser. 3061◇

0822 **Umsetzungen an 2-Acetyl-3-[α-furyl]-1.4-benzochinon.** 4. Mitt. **über „β-Hydroxyfurane“.** C. H. Eugster und Pedro Bosshard. (Chimia [Aarau, Schweiz] **15**, 530–31, 1961; dt.) – 3. vgl. vorst. Referat. – *2-Acetyl-3-[furyl-(2)]-benzochinon-(1.4)* ergibt mit Butadien in quant. Ausbeute wahrscheinlich das gelbe *2-[Furyl-(2)]-3-acetyl-5.8.9.10-tetrahydronaphthochinon-(1.4)* ($C_{16}H_{14}O_4$, F. 113–115°). Brommethoxylierung von 1.4-Diacetoxy-2-[furyl-(2)]-3-acetylbenzol (I) nach Clauson-Kaas [1948] liefert *1-Methyl-1-methoxy-4.7-diacetoxyisocumaran-[3-spiro-2']-5'-methoxy-2'.5'-dihydrofuran* ($C_{18}H_{20}O_8$, F. 126–128°), das durch Hydrierung an Pd/Kohle die *Verb.* $C_{18}H_{22}O_8$ vom F. 111–112° ergibt. Die Oxydation von I mit Chromsäure liefert *4.7-Diacetoxy-1-hydroxy-1-methyl-isocumaran-[3-spiro-2']-5'-oxo-2'.5'-dihydrofuran* ($C_{16}H_{14}O_8$, F. 183–185°). UV- u. IR-Spektren vgl. Original.

G. Leithäuser. 3061◇

0823 **Furane.** 2. Mitt. **Friedel-Crafts-Acylierung von Furan, 2-Methylfuran und 3-Methylfuran.** P. A. Finan und G. A. Fothergill. (J. chem. Soc. [London] **1963**, 2723–27, Sheffield, Univ.; engl.) – 1. vgl. C. **1963**, 2446. – Friedel-Crafts-Rk. von Furan (**I**), 2-Methylfuran (**II**) bzw. 3-Methylfuran (**III**) mit Isovalerylchlorid (**IV**) oder besser mit Isovaleriansäureanhydrid in Ggw. von BF_3 liefern *2-Isovalerylfuran* bzw. das *5-* bzw. das *3-Methyl*-Deriv.; die letzte Verb. ist ident. mit *Elsholtziaketon*. Analog gibt die Acetylierung von **III** in Ggw. von BF_3 *2-Acetyl-3-methylfuran*, das auch aus 3-Methylfuroesäure (**V**) mit CH_3Li dargestellt wird. *2-Acetyl-4-methylfuran* wird durch Acetylieren des Äthylesters (**VI**) von **V**, Verseifen des *5-Acetyl-3-methylfuroesäure* (**VII**)-*Äthylesters*, dessen Struktur durch Kernresonanzspektrum gesichert wird, u. Decarboxylieren der **VII** erhalten. Optimale Bedingungen für die Acetylierung werden am Beispiel des Furoesäureäthylesters (**VIII**) ermittelt.

Versuche: *Isovaleriansäureanhydrid*, Kp.$_{20}$ 128 bis 130°, durch Rk. von Isovaleriansäure mit Benzoylchlorid nach Brown [1938] u. des erhaltenen *Isovalerylchlorids* (**IV**, Kp. 114°) mit Pyridin in Bzl. nach Org. Syntheses **26**, [1946], 1. – Furane: *2-Isovaleryl-*, $C_9H_{12}O_2$, Kp.$_{20}$ 88°, a) durch Schütteln von BF_3 in Ae. mit **I** in **IV** bei 0°, 1std. Stehen bei Zimmertemp., Zugabe von W., Extraktion mit Ae. u. Chromatographie an Al_2O_3 n_D^{20} 1,4885; 10% (Ausbeute); b) durch Schütteln von BF_3 in Ae. mit **I** u. vorst. Verb. bei 0° u. 1std. Stehen bei Raumtemp.; n_D^{25} 1,4889; 55%. – *2.4-Dinitrophenyl-*

hydrazon (DNP), $C_{15}H_{16}N_4O_5$, F. 128°, aus Essigester Methanol rote Platten. *Semicarbazon*, $C_{10}H_{15}N_3O_2$, F. 170°, aus A. Prismen. — *2-Isovaleryl-5-methyl-*, $C_{10}H_{14}O_2$, Kp.$_{25}$ 104°, a) analog vorst. Verb. nach a) bzw. b) aus **II**; blaßgelb; n_D^{25} 1,4958; 15 bzw. 30% DNP, *Form A*, $C_{16}H_{18}N_4O_5$, F. 142°; Essigester/Methanol orangefarbene Nadeln; *Form* B, F. 173°, braune Nadeln). *Semicarbazon*, $C_{11}H_{17}N_3O_2$, F. 162°; aus A. Nadeln. — *2-Isovaleryl-3-methyl-* (*Esholtziaketon*), $C_{10}H_{14}O_2$, Kp.$_{20}$ 90°, analog vorvorst. Verb. nach b) aus **III** bei 0° statt bei Raumtemp.; blaßgelb; n_D^{25} 1,4842; 30% (mit **IV** gelingt die Rk. nicht). DNP, *Form A*, $C_{16}H_{18}N_4O_5$, F. 126° aus Essigester/ Methanol orangefarbene Nadeln; *Form B*, F. 189°; rote Nadeln. — *2-Acetyl-3-methyl-*, $C_7H_8O_2$, Kp.$_{20}$ 70—72° Kp$_{10}$ 60°, *Semicarbazon*, F. 171°; a) durch 1std. Kochen von **V** mit 0,75 m äther. CH_3Li Lsg. unter N_2 in Ae., Zusetzen von W. u. Aufarbeiten der äther. Schicht; n_D^{25} 1,4986; 81%; b) durch Zutropfen von BF_3 in Ae. zu **II** in Acetanhydrid (**IX**) bei 0° u. 1std. Stehen bei 0°; 20%. DNP, $C_{13}H_{12}N_4O_5$, F. 180°, aus A. rote Nadeln. — *2-Acetyl-4-methyl-*, $C_7H_8O_2$, Kp.$_{760}$ 188—192°, durch Kochen von **VII**, Cu-Bronze u. Chinolin auf 220—230°, Kühlen, Ausäthern, Eindampfen u. Chromatographie an Kieselgel G; 55%. DNP, $C_{13}H_{12}N_4O_5$, F. 196°; aus A. rote Nadeln. — *5-Acetylfuroesäure*, $C_7H_6O_4$, F. 198°, durch 6std. Kochen des Äthylesters mit KOH in 50%ig. A., Ansäuern mit verd. HCl u. Extrahieren mit Essigester; durch Sublimieren rahmfarbene Nadeln; 77%. *Äthylester*, F. 86°, durch Zutropfen von **VIII** u. **IX** in abs. Bzl. zu $SnCl_4$ in abs. Bzl. bei 0°, 24std. Kochen, Kühlen, Zusetzen von **IX**, 6std. Kochen, Gießen in Eiswasser, Extrahieren mit Bzl., Aufarbeiten u. Chromatographie an Al_2O_3 mit Bzl./PAe.; aus wss. A. Nadeln; 45%. — *2-Acetylfuran*, durch Decarboxylieren vorst. Säure mit Cu-Bronze u. Chinolin bei 220° u. Ae.-Extraktion. DNP, F. 221°; 57%. — *5-Acetyl-3-methylfuroesäure* (**VII**), $C_8H_8O_4$, F. 202°, durch 6std. Kochen des Äthylesters mit KOH in 50%ig. A., Ansäuern mit verd. HCl u. Extrahieren mit Ae.; aus Essigester Nadeln; 24%. *Äthylester*, $C_{10}H_{12}O_4$, F. 96°, durch 24std. Kochen von **VI**, **IX**, u. $SnCl_4$ in abs. Bzl., Zusetzen von $SnCl_4$ u. **IX** u. 6std. Kochen u. Aufarbeiten; aus PAe. blaßgelbe Nadeln; 4%. DNP, $C_{16}H_{16}N_4O_7$, F. 201°; aus A. rote Nadeln.

H. Gleinig. 3061◇

0824 **Furane.** 3. Mitt. **Die Synthese von 2-Isovalerylfuranen aus Furoylessigestern.** P. A. Finan und G. A. Fothergill. (J. chem. Soc. [London] **1963**, 2728—31; engl.) — 2. vgl. vorst. Referat. — *Furoylessigsäureäthylester* (**I**) wird durch Kondens. von Furoylchlorid (**II**) mit Malonsäure-tert.-butyläthylester (**IX**) u. Behandeln des erhaltenen *α-Furoylmalonsäure-tert.-butyläthylesters* (**III**) mit p-Toluolsulfonsäure dargestellt. Rk. des Na-Deriv. von **I** mit Isopropylbromid (**X**) bzw. -jodid (**XI**) liefert *α-Furoyl-β-methylbuttersäureäthylester*, der mit verd. Säure zu *2-Isovalerylfuran* (**XII**) umgesetzt wird. Analoge Rkk. mit 5-(**XIII**), bzw. 3-Methylfuroylchlorid (**XIV**) führen zu *2-Isovaleryl-5-* bzw. *-3-methylfuran* (Elsholtziaketon). Verss., den durch Rk. von **II** mit dem Äthoxy-Mg-Deriv. von Isopropylmalonsäurediäthylester (**XV**) erhältlichen *α-Furoyl-α-isopropylmalonsäurediäthylester* mit verd. Säure zu **XII** zu spalten, waren auch bei längerem Erhitzen ohne Erfolg; Einw. von Laugen gibt *Furoesäure*.

Versuche: *Furoylessigsäureäthylester* (**I**), *2.4-Dinitrophenylhydrazon* (DNP), $C_{15}H_{14}N_4O_7$, F. 139°; aus A. rote Nadeln. *5-Methyl-Deriv.* (**IV**), $C_{10}H_{12}O_4$, Kp.$_{20}$ 150°, durch 12std. Kochen u. Rühren von **XIII** mit dem Äthoxy-Mg-Deriv. von **IX** in Ae., Aufarbeiten (→ *5-Methyl-Deriv.* von **III**) u. 2std. Erhitzen mit p-Toluolsulfonsäure in Bzl.; gelb; n_D^{25} 1,5085; 68%; DNP, $C_{16}H_{16}N_4O_7$, F. 192°; aus A. orangefarbene Nadeln. *3-Methyl-Deriv.* (**V**), Kp.$_{25}$ 149—150°, analog **IV** aus **XIV**; n_D^{25} 1,5010. DNP, $C_{16}H_{16}N_4O_7$, F. 128°; aus A. orangefarbene Nadeln. — *α-Furoyl-β-methylbuttersäureäthylester* (**VI**), $C_{12}H_{16}O_4$, Kp.$_{0,6}$ 99°, a) durch 1/2std. Rühren von **I** mit C_2H_5ONa in A., 7std. Kochen mit **XI**, Einengen im Vakuum, Gießen in W. u. Ausäthern; n_D^{25} 1,4960; 68%; b) analog a) durch 24std. Kochen mit **X**; 47%; c) analog b) mit **X** in Dimethylformamid (DMF); 16%; d) analog a) durch Eindampfen des Prod. aus **I** u. C_2H_5ONa u. 36std. Kochen mit **X** in Bzl./DMF; 23%; e) durch 24std. Kochen des Na-Deriv. von **I** mit **XI** in Xylol; 50%. *5-Methyl-Deriv.* (**VII**), $C_{13}H_{18}O_4$, Kp.$_{0,5}$ 107—109°, durch 1/2std. Rühren von **IV** mit C_2H_5ONa in A. bei 0° u. 12std. Kochen mit **XI**; blaßgelb; n_D^{25} 1,5026; 78%. *3-Methyl-Deriv.* (**VIII**), $C_{13}H_{18}O_4$, Kp.$_{1,5}$ 109—110°, analog **VII** aus **V**; n_D^{25} 1,4909; 78%. — *2-Isovalerylfuran*, (**XII**), Kp.$_{15}$ 92°, durch 1std. Kochen von **VI** in 2 n H_2SO_4/Essigsäure, Ausäthern, Aufarbeiten u. Chromatographie an Al_2O_3; n_D^{25} 1,4891; 37%. DNP, F. 128°. *Semicarbazon*, F. 170°. *5-Methyl-Deriv.*, Kp.$_{15}$ 99°, analog aus **VII**; n_D^{25} 1,4967; 25%; DNP, *Form A*, F. 142°; orangefarbene Nadeln; *Form B*, F. 173° braune Nadeln; *Semicarbazon*, F. 162°. *3-Methyl-Deriv.*, Kp.$_{10}$ 86—87°, analog aus **VIII**; n_D^{25} 1,4842; 50%; DNP, *Form A*, F. 126°; orangefarbene Nadeln, *Form B*, F. 189—190°, rote Nadeln; *Semicarbazon*, F. 170°. — *α-Furoyl-α-isopropylmalonsäurediäthylester*, $C_{15}H_{20}O_6$, F. 48°, Kp.$_{0,02}$ 130°, durch Zutropfen von **XV** in A. zu Mg in sd. A. in Ggw. von CCl_4, Kochen mit Ae., Eindampfen, Lösen in Ae., Zutropfen von **II**, 3/4std. Kochen, Behandeln mit W. u. verd. H_2SO_4 u. Ausäthern; aus PAe. Platten; 70%; bleibt bei 3tägigem Erhitzen in 2 n H_2SO_4/Essigsäure unverändert; 76%. — *Furoesäure*, F. 133°, durch 5std. Erhitzen vorst. Verb. mit alkohol. 2 n KOH, Ansäuern mit verd. HCl, Einengen u. Ausäthern; 90%.

H. Gleinig. 3061◇

0825 **Reduktion von Nitrofuranen.** 1. Mitt. **Aminofurane.** Frank F. Ebetino, James J. Carroll und Gabriel Gever. (J. med. pharmac. Chem. **5**, 513—24, 1962; Norwich, N. Y., Norwich Pharmacal Co., Eaton Labors.; engl.) — Zur Prüfung auf pharmakolog. Wrkg. werden 5-Nitrofurfurol (**I**) u. einige seiner funktionellen Derivv. an Pd/Kohle zu *5-Aminofurfurol* (**VII**) bzw. den entsprechenden Derivv. red., die relativ stabil sind u. sich mit Acetanhydrid (**II**) acetylieren lassen. Acetylierung von *1-[5-Aminofurfurylidenamino]-hydantoin* (**IX**) mit **II** in Ggw. von Pyridin führt zu *1-[5-Acetamidofurfurylidenamino]-3-acetylhydantoin*, das mit NH_4OH zu *1-[5-Acetamidofurfurylidenamino]-hydantoin* verseift wird. Als Nebenprod. isolieren Vff. eine Verb., in der vermutlich *5-Acetamidofurfurol-[N'-acetylcarbonyl-N'-carbamoylmethylhydrazon]* vorliegt. Das aus **I**-Semicarbazon durch Hydrierung an Pd/Kohle in Essigsäureäthylester-A. u. nachfolgender Rk. mit HCl zugängliche *5-Aminofurfurolsemicarbazonhydrochlorid* (**IV**) kondensiert sich mit **I** zu *5-[5-Nitrofurfurylidenamino]-furfurolsemicarbazon*. Auf dem gleichen Wege findet Kondens. von **I** mit *3-[5-Aminofurfurylidenamino]-oxazolidinon-(2)* (**V**) unter Bldg. von *3-[5-(5-nitrofurfurylidenamino)-furfurylidenamino]-oxazolidinon-(2)* statt. Katalyt. Hydrierung von 5-Nitrothiophenaldehyd-(2)-semicarbazon (**VI**) u. von 3-[5-Nitrothenyliden-(2)-amino]-oxazolidinon-(2) (**III**) in Methanol an Pd/Kohle führt zu den entsprechenden *Aminoverbb.*, die mit **II** acetyliert werden. Für alle synthetisierten Verbb. sind die Werte der UV- u. IR-Spektren angegeben.

Versuche: Aus den entsprechenden Nitroverbb. werden erhalten: *5-Aminofurfurol* (**VII**), $C_5H_5NO_2$, F. 150 bis 175° (Acetonitril), durch Hydrierung von **I** an 5%ig. Pd/Kohle in Essigsäureäthylester-abs. A. innerhalb 1/2—3/4 Std., Einengen der filtrierten Lsg. im Vakuum u. Waschen des Rückstandes mit Isopropanol; 14% (Ausbeute). *Acetylhydrazon*, $C_7H_9N_3O_2$, F. 158—161° (Acetonitril), analog **VII**; 58%. *N-Methyl-N-acetylhydrazon* (**VIII**) $C_8H_{11}N_3O_2$, F. 148,5—151° (Bzl.), durch Hydrierung der entsprechenden Nitroverb. an Pd/Kohle in Methanol bis zur Aufnahme der berechneten Menge H_2 u. Abkühlen oder Einengen der filtrierten Lsg.; 13%. *Semicarbazon*, $C_6H_8N_4O_2$, durch Hydrierung der entsprechenden Nitroverb. in Essigsäureäthylester an Pd/Kohle in Ggw. von $MgSO_4$; *Hydrochlorid* (**IV**), $C_6H_8N_4O_2 \cdot HCl$, F. 165—175°, analog **VII**; jedoch Ansäuern der nach der Hydrierung erhaltenen filtrierten Lsg. mit HCl; 67%. *Thiosemicarbazon*, $C_6H_8N_4OS$, F. 169,5° (wss. A.), aus der entsprechenden Nitroverb. analog **VIII**; 33%; *5-Acetylderiv.*, $C_8H_{10} \cdot N_4O_2S$, F. 235° [Nitromethan-Dimethylformamid (DMF)], durch 15 Min. langes Erwärmen mit **II** auf dem Wasserbad; 63%. *2-[2-Hydroxyäthyl]-thiosemicarbazon*, $C_8H_{12}N_4 \cdot O_2S$, F. 126—127° (Acetonitril), analog **VIII**; 26%. — *2-Oxo-1-[5-aminofurfurylidenamino]-pyrrolidin*, $C_9H_{11} \cdot N_3O_2$, F. 222—223° (Nitromethan), aus der entsprechenden 5-Nitroverb. analog **VIII**; 30%. *5-Acetylderiv.*,

$C_{11}H_{13}N_3O_3$, F. 231—232° (Acetonitril), durch 4std. Rühren vorst. Verb. mit **II** u. Pyridin bei Raumtemp.; 65%. — *3-[5-Acetamidofuroyl-(2)-amino]-oxazolidinon-(2), Hydrat*, $C_{10}H_{11}N_3O_5 \cdot H_2O$, F. 249—250° ($CH_3OH$), durch Hydrierung von 3-[5-Nitrofuroyl-(2)-amino]-oxazolidinon-(2) an Pd/Kohle in **II**; 43%. — *1-[5-Aminofurfurylidenamino]-hydantoin* (**IX**), $C_8H_8N_4O_3$, F. 249—250°, durch Hydrierung der entsprechenden 5-Nitroverb. analog **VIII**, jedoch Versetzen der Lsg. nach der Hydrierung mit Dimethylsulfoxid u. Verdünnen der filtrierten Lsg. mit W. oder Isopropanol-Ae.; 75%. *5-Acetylderiv.*, $C_{10}H_{10}N_4O_4$, F. 300° (W./DMF), durch 24std. Rühren von **IX** mit **II** u. Pyridin, Suspension des abfiltrierten *1-[5-Acetamidofurfurylidenamino]-3-acetylhydantoins* [$C_{12} \cdot H_{12}N_4O_5$, F. 217—220° (**II**); 57%] in W., Zugabe von konz. NH_4OH, Absaugen des in der Kälte ausgeschiedenen *5-Acetamidofurfurol-[N'-acetylcarbamoyl-N'-carbamoylmethylhydrazons* [$C_{12}H_{15}N_5O_5$, F. 210—215° (W.); 14%] u. Versetzen des Filtrates mit HCl; 37%. — *3-[5-Aminofurfurylidenamino]-oxazolidinon-(2)* (**V**), $C_8H_9 \cdot N_3O_4$, F. 202—203° (CH_3OH), analog **IX** aus der entsprechenden 5-Nitroverb.; 57% (*Pikrat*, $C_{14}H_{12}N_6O_9$, F. 153—154°). *5-Acetylderiv.*, $C_{10}H_{11}N_3O_4$, F. 231—232° (CH_3OH), durch 4std. Rühren von **V** mit **II** u. Pyridin bei Raumtemp.; 68%. — *3-[5-Aminofurfurylidenamino]-5-morpholinomethyloxazolidinon-(2)*, $C_{13}H_{18}N_4O_4$, F. 209° (Nitromethan), analog **VIII**; 50%. *5-Acetylderiv.*, $C_{15}H_{20} \cdot N_4O_5$, F. 248—249° (Nitromethan), durch 15 Min. langes Erwärmen mit **II** auf dem Wasserbad; 53%. — *1-[5-Aminofurfurylidenamino]-2-thionoimidazolidin*, $C_8H_{10}N_4 \cdot OS$, F. 194—195°, analog **VIII**; 69%. — *5-[5-Aminofuryl-(2)]-2-amino-1.3.4-thiadiazol*, $C_6H_6N_4OS$, F. 137—138,5° (Dioxan), analog **VII**; 62%. — *3-[5-Amino-α-methylfurfurylidenamino]-oxazolidinon-(2)*, $C_9H_{11}N_3O_3$, F. 144—148° (Acetonitril), analog **VII**; 29%. — *1-[5-Aminofurfurylidenamino]-2-oxoimidazolidin*, $C_8H_{10}N_4O_2$, F. 210—212°, analog **IX**; 31%. — *5-[5-Nitrofurfurylidenamino]-furfurolsemicarbazon*, $C_{11}H_9N_5O_5$, F. > 300° (DMF + Isopropanol), a) durch Hydrierung von 5 g **I**-Semicarbazon in abs. A. an Pd/Kohle innerhalb von 17 Min. Lsg. Zugabe der von 3,5 g **I** in abs. A. u. Ansäuern mit 10%ig. HCl; 2,8 g; b) durch Zusammengeben von 1 Mol **IV** in W. u. 1 Mol **I** in A.; 72%. — *3-[5-(5-Nitrofurfurylidenamino)-furfurylidenamino]-oxazolidinon-(2), Hemihydrat*, $C_{13}H_{10}N_4O_6 \cdot 0{,}5\,H_2O$. F. > 300°, durch Versetzen der Lsg. von 1 Mol **V** in DMF mit der äthanol. Lsg. von 1 Mol **I**, Ansäuern mit 10%ig. HCl, Verdünnen mit abs. A. u. Gießen in Ae.; 100%. — *5-Aminothiophenaldehyd-(2)-semicarbazon*, $C_6 \cdot H_8N_4OS$, F. 176—177° (Isopropanol), durch Hydrierung von **VI** in Methanol an Pd/Kohle innerhalb ³/₄ Std. u. Einlegen der filtrierten Lsg. im Vakuum; 65%. *5-Acetylderiv.*, F. 257° (Zers.), durch Erhitzen mit **II** auf 100°. — *3-[5-Aminothenyliden-(2)-amino]-oxazolidinon-(2)*, $C_8H_9 \cdot N_3O_2S$, F. 224—225° (Zers.; Nitromethan), durch Hydrierung von **III** an Pd/Kohle; 63,5%. *5-Acetylderiv.*, $C_{10}H_{11} \cdot N_3O_3S$. F. 269—271° [Nitromethan/DMF (2:1)], durch Erhitzen mit **II** auf 100°; 98%. E. Kossmehl. 3061◇

0826 **Einwirkung von Trifluoracetanhydrid auf N-substituierte Amidsäuren.** William R. Roderick und Parshotam L. Bhatia. (J. org. Chemistry **28**, 2018—24, 1963; Gainesville, Fla., Univ., Dep. of Chem.; engl.) — Einw. von $(CF_3CO)_2O$ (**I**) auf N-substituierte Malein-amid- u. Phthalamidsäuren führt unter Wasserabspaltung zu *Isoimiden*. Aus gesätt. Amidsäuren wurden verschied. Prodd. erhalten, je nachdem, wieviele C-Atome sich zwischen COOH- u. $CONH_2$-Gruppe befinden; gesätt. Isoamide bildeten sich jedoch in keinem Fall. α-(**III**) u. β-N-Methylcampheramidsäure wurden durch **I** nicht dehydratisiert; mit CH_3COCl u. $POCl_3$ entstehen bekanntlich Isoimide, was bestätigt wurde. Maleinisoimide reagierten mit Piperidin unter Ringöffnung u. Bldg. von *Diamiden* u. nicht unter Anlagerung an die C=C-Doppelbindung; diese Rk. wurde zum Konstit.-Beweis von *N-[Naphthyl-(1)]-maleinisoimid* benutzt. — Isoimide können von Imiden durch ihre charakterist. Banden bei 5,52—5,58 u. 5,65—5,95 (Durchschnitt 5,84—5,88) μ (Nujol) unterschieden werden.

Versuche: Amidsäuren, aus den Anhydriden u. 1 Mol Amin in Chlf., Ae. oder Bzl. bei Raumtemp.: *N-[p-Dimthylaminophenyl]-phthal-*, $C_{16}H_{16}N_2O_3$, F. 261 bis 264° (A.); 53% (Ausbeute). — *N-[p-Dimethylaminophenyl]-malein-*, $C_{12}H_{14}N_2O_3$, F. 212°, scharlachrot (A.); 83%. — *N-[p-Methoxyphenyl]-succin-* (**IV**), $C_{11}H_{13}NO_4$, F. 162,5—153,0° (W.); 81%. — *N-[p-Dimethylaminophenyl]-maleinimid*, $C_{12}H_{12}N_2O_2$, F. 153—154, rotbraun (Aceton), aus vorvorst. Säure u. Acetanhydrid/$CH_3 \cdot COONa$; 80%. — Maleinisoimide, aus den Amidsäuren u. **I** in trockenem Dioxan (5 bis 60 Min. Stehen bzw. 1std. Rühren bis zur Lsg.; Kristallisation aus wss. Aceton): *N-[p-Dimethylaminophenyl-*, $C_{12}H_{12}N_2O_2$, F. 137°; 85%. — *N-p-Methoxyphenyl]-*, $C_{11}H_9NO_3$, F. 71°; 75%; mit Heptafluorbuttersäureanhydrid (**II**) statt **I** 45%. — *N-p-Äthoxyphenyl-*, $C_{12}H_{11}NO_3$, F. 71—74°; 75%. — *N-p-Tolyl-*, $C_{11}H_9NO_2$, F. 74°; 70%. — *N-Phenyl-*, $C_{10}H_7NO_2$, F. 60°; 30%. — *N-o-Nitrophenyl-*, $C_{10} \cdot H_6N_2O_4$, F. 107—109°; 82%. — *N-m-Nitrophenyl-*, F. 57°; 50%. — *N-p-Nitrophenyl-*, F. 112—113°; 80%. — Phthalisoimide, analog: *N-p-Dimethylaminophenyl-*, $C_{16}H_{14}N_2O_2$, F. 170°; 55%. — *N-o-Methoxyphenyl-*, $C_{15} \cdot H_{11}NO_3$, F. 121°; 70%. — *N-p-Methoxyphenyl-*, F. 134°; 80%; mit **II** statt **I** 65%. — *N-o-Tolyl-*, $C_{15}H_{11}NO_2$, F. 136°; 80%. — *N-p-Tolyl-*, F. 123°; 80%. — *N-Phenyl-*, $C_{14}H_9NO_2$, F. 112°; 80%. — *N-o-Chlorphenyl-*, $C_{14}H_8ClNO_2$, F. 139°; 90%. — *N-p-Chlorphenyl-*, F. 160°; 89%. — *N-o-Nitrophenyl-*, $C_{14}H_8N_2O_4$, F. 162°; 60%. — *N-m-Nitrophenyl-*, F. 138°; 50%. — *N-p-Nitrophenyl-*, F. 172°; 91%. — Amidsäureanhydride, analog (mit **I** oder **II**): *N-Phenylglutar-*, $C_{22}H_{24}N_2O_5$, F. 145° (A.); 40%. — *N-[p-Methoxyphenyl]-glutar-*, $C_{24}H_{28}N_2O_7$, F. 159°; 50%. — *N-Phenyladipin-*, $C_{24}H_{28}N_2O_5$, F. 135 bis 138°; 50%. — **IV** wurde nach dem Behandeln mit **I** zurückgewonnen; mit **II** entstand *p-Methoxyheptafluorbutyranilid*, F. 97°, Nadeln; 21%. — Rk. von N-Phenylsuccinamidsäure mit **II** gab *Heptafluorbutyranilid*, F. 85°; 30%. — Rk. von N-Phenylmalonamidsäure mit **I** oder **II** gab 60—80% eines *Polymeren*. — *N-Methyl-α-campheramidsäure* (**III**), aus d-Camphersäureanhydrid u. wss. CH_3NH_2. — *N-Methylcampherimid*, F. 38—40°, Nadeln (abs. A.), durch Erhitzen von **III**. — *N-Methyl-β-campheramidsäure*, durch Hydrolyse vorst. Verb.; daneben **III**. — *N-Methyl-α-campherisoimid*, F. 132—133° (Ae.), durch Erhitzen von **III** mit CH_3COCl, dann Behandeln mit wss. Hydroxid; 16%. — Behandeln vorvorst. Verb. mit $POCl_3$ gab *N-Methyl-β-campherisoimid* (?); 9%. — Maleinamidsäurepiperidide, nach Mustafa u. Mitarbeitern (C. **1962**, **448**): *N-[p-Methoxyphenyl]-*, $C_{16}H_{20} \cdot N_2O_3$, F. 151,0—154,0° (wss. A.); 40%. — *N-[Naphthyl-(1)]-*, $C_{19}H_{20}N_2O_2$, F. 150,0—152,0°, Nadeln (Aceton); 86%. — *α-Piperidino-N-[naphthyl-(1)]-succinimid*, $C_{19} \cdot H_{20}N_2O_2$, F. 147—151° (95%ig. A.), aus N-[Naphthyl-(1)]-maleinimid u. Piperidin; 74%. J. Rothe. 3061◇

0827 **Die Synthese von 2-Phenyl-5-[propin-(1)-yl]-thiophen.** J. Cymerman Craig und M. Moyle. (J. chem. Soc. [London] **1963**, 3907—08; San Francisco, Calif., Univ., Dep. of Pharmaceut. Chem.; engl.) — Es wird die Synth. von *2-Phenyl-5-[propin-(1)-yl]-thiophen* beschrieben, das nach dem UV- u. IR-Spektrum mit dem von Sörensen u. Sörensen (C. **1959**, 7811) aus *Coreopsis grandiflora* isolierten Naturprod. ident. ist.

Versuche: *5-Phenylthiophen-2-carbonsäure*, F. 186—188° (wss. A.), durch 6std. Kochen von 2-Brom-5-phenylthiophen mit Mg in Ae., Gießen auf Trockeneis, Stehenlassen über Nacht u. Zers. mit eiskalter verd. H_2SO_4; 81% (Ausbeute.) — *Chlormethyl-[5-phenylthienyl-(2)]-keton*, $C_{12}H_9ClOS$, F. 123—124° (aus A. Blättchen), durch 1std. Kochen vorst. Verb. mit $SOCl_2$, Entfernen des $SOCl_2$-Überschusses im Vakuum, Behandlung des erhaltenen Säurechlorids in Ae. bei 0° mit CH_2N_2 in Ae., 4std. Stehen bei 0°, Sättigen mit HCl, Stehen über Nacht bei Raumtemp., Eindampfen im Vakuum u. Abdampfen mit Chlf.; 86%. — *2-Äthinyl-5-phenylthiophen*, $C_{12}H_8S$, F. 65—67° (aus Hexan Blättchen), durch 1std. Erhitzen vorst. Verb. mit Triäthylphosphit auf 90° unter N_2, Abdest. des überschüssigen $(C_2H_5O)_3P$ im Vakuum, Zugabe des Rückstands in Ae. zu einer Suspension von $NaNH_2$ in fl. NH_3 unter Rühren bei —70°, 45 Min. Rühren bei —70°, Zers. mit NH_4Cl, Verdampfenlassen des NH_3, Verteilung des Rückstands zwischen W.

u. Ae. u. Chromatographie des Ae.-Rückstands mit Hexan an Al_2O_3; 68%. — *2-Phenyl-5-[propin-(1)-yl]-thiophen*, $C_{13}H_{10}S$, F. 43—44° (aus PAe. Nadeln), durch Zutropfen vorst. Verb. in Dioxan zu $LiNH_2$ in fl. NH_3 unter Rühren, 1std. Rühren, Verdampfen des NH_3 im N_2-Strom, Zusatz von Dioxan, Erhitzen auf 90° bis zum Ende der NH_3-Entw., 1std. Stehen mit Dimethylsulfat bei 90°, Entfernen des Dioxans im Vakuum, Verteilen des Rückstands zwischen Ae. u. W. u. Chromatographie des Ae.-Rückstands mit Hexan an Al_2O_3; 60%.

I. Spaeth. 3071◇

0828 **Synthese von Pyrrol-3-carbonsäuren.** Henry Rapoport und Clyde D. Willson. (J. org. Chemistry **26**, 1102—04, 1961; Berkeley, Calif., Univ., Dep. of Chem.; engl.) — Durch Rk. von 1.3-Dicarbäthoxy-4-oxopyrrolidin (I) u. seinen Derivv. mit CH_2N_2 erhältliches *1.3-Dicarbäthoxy-4-methoxy-Δ^3-pyrrolin* (II) u. seine Derivv. gehen bei der drast. Hydrolyse mit Alkalien in *Pyrrol-3-carbonsäure* u. Derivv. über Verss., II durch Erwärmen auf 60° bei pH 11 in 4-Methoxy-Δ^3-pyrrolin-3-carbonsäure überzuführen, gaben nur *1-Carbäthoxy-3-carboxy-4-methoxy-Δ^3-pyrrolin.*

Versuche (FF. korr.): 4-Methoxy-Δ^3-pyrroline: *1.3-Dicarbäthoxy-*(II), $C_{11}H_{17}NO_5$, F. 65—66°, durch Zutropfen von CH_2N_2 in Ae. zu I in Ae. bei 0°, 3std. Stehen bei Raumtemp., Eindampfen, Lösen in Ae., Waschen mit 1 n NaOH, Eindampfen u. Dest. bei 2,3 Torr; 83% (Ausbeute). — *1.3-Dicarbäthoxy-2-methyl-*(III), $C_{12}H_{19}NO_5$, Kp.$_1$ 123—125°, analog II aus dem 2-Methyl-Deriv. von I; 94%. — *1.2.3-Tricarbäthoxy-*(IV), nach Kuhn u. Osswald (C. **1956**, 11419) aus dem 2-Carbäthoxy-Deriv. von I. — *1-Carbäthoxy-3-carbomethoxy-*, $C_{10}H_{15}NO_5$, F. 90—93° (Hexan; Sublimation bei 85°/0,1 Torr), durch Zutropfen von NaOH zu II in 60%ig. CH_3OH bei 60° bis pH 11, Ansäuern auf pH 5 mit H_3PO_4, Extraktion mit n-Butanol, Eindampfen im Vakuum, Lösen in Ae., Zugabe eines Überschusses CH_2N_2 in Ae., 3std. Stehen bei Raumtemp., Eindampfen, Lösen in Ae. u. Waschen mit Soda-Lsg.; 66%. — *Pyrrol-3-carbonsäure*, F. 150—150,5°, durch 4std. Kochen von II mit $Ba(OH)_2$ in W., Filtrieren, Waschen mit Ae., Ansäuern mit 12 n H_2SO_4 auf pH 1, Filtrieren, Extraktion mit Chlf., Eindampfen u. Sublimation bei 100°/0,1 Torr; 60%. *Methylester*, F. 86—87° (Sublimation bei 60°/1 Torr); 90%. — *2-Methylpyrrol-3-carbonsäure*, Zers. bei 178—179° (Sublimation bei 100°/0,1 Torr), analog vorst. Verb. aus III; 60%. *Methylester*, F. 67—68° (Sublimation bei 40°/0,1 Torr); 95%. — *Pyrrol-2.3-dicarbonsäure*, F. 220° (Zers.; Sintern bei 150°; Sublimation bei 180°/0,1 Torr) analog vorvorst. Verb. aus IV; 5%. *Dimethylester*, F. 69—71° (Sublimation bei 50°/0,1 Torr).

H. Pagel. 3081◇

0829 **Die Fischersche Indolsynthese. 6. Mitt. Ein nichtaromatisches Zwischenprodukt und eine neue Klasse von Hydroindolen.** Robert B. Carlin und D. Peter Carlson. (J. Amer. chem. Soc. **81**, 4673—82, 1959; Pittsburgh, Pa., Carnegie Inst. of Technol., Dep. of Chem.; engl.) — 5. vgl. C. **1958**, 10638. — Acetophenon-2.6-dimethylphenylhydrazon (I) liefert mit $ZnCl_2$ in Nitrobenzol bei 120° eine Mischung, die in *2.6-Xylidin*, *Acetophenon*, *2-Phenyl-4.7-dimethylindol* (II) als Hauptreaktionsprod., *2-Phenyl-3a.5-dimethyl-3a.4.7.7a-tetrahydro-3H-pseudoindolon-(4)* (III) u. in weniger als 1% einer Verb. der Zus. $C_{24}H_{25}NO_2$ getrennt werden kann. Die Struktur von II ergab sich aus einer unabhängigen Synth. aus Acetophenon-2.5-dimethylphenylhydrazon (IV), die von III aus IR- und UV-Absorptionen sowie Abbaureaktionen. Während die $LiAlH_4$-Red. von III *2-Phenyl-4-hydroxy-3a.5-dimethyl-2.3.3a.4.7.7a-hexahydroindol* liefert, entsteht bei der Hydrierung von III in Ggw. von PtO_2 eine Stereoisomerenmischung von *2-Phenyl-3a.5-dimethyloktahydroindolon-(4)* (V). Die Wolff-Kishner-Red. von V führt zu *2-Phenyl-3a.5-dimethyloktahydroindol*, das bei Se-Dehydrierung *2-Phenyl-5-methylindol* ergab. Der Hofmannsche Abbau der aus V erhältlichen N-Methylverb. liefert ein Reaktionsprod., das im wesentlichen aus *3.5-Dimethyl-3-[β-dimethylamino-β-phenyläthyl]-cyclohexenon-(4)* (VI) neben wenig *2.6-Dimethyl-2-styryl-3-dimethylaminocyclohexanon* (VII) besteht. Das Methohydroxid von VI (u./oder VII) geht bei der therm. Zers. aus Gründen der Konfiguration unter Abspaltung von Trimethylamin in *3.5-Dimethyl-3-[β-hydroxy-β-phenyläthyl]-cyclohexenon-(4)* über, während das N-Oxid von VI unter diesen Bedingungen *3.5-Dimethyl-3-styrylcyclohexenon-(4)* liefert, dessen Konstit. sich aus einer unabhängigen Synth. des Hydrierungsprod. *2.6-Dimethyl-2-[β-phenyläthyl]-cyclohexanon* ergibt.

Versuche (FF. korr.): *2.6-Dimethylphenylhydrazin* (VIII), F. 36—40° (PAe.), Nadeln, aus dem Xylidin durch Diazotieren des Hydrochlorids bei —5°, Red. der *Diazoverb.* mit $SnCl_2$ (24 Std.) u. Spalten der Sn-Komplexverb. mit NaOH bei +15°; 72%. *Hydrochlorid*, $C_8H_{13}ClN_2$, F. 211° (A., Zers.); Nadeln. — *Acetophenon-2.6-dimethylphenylhydrazon* (I), F. 55,5—58° (CH_3OH), Nadeln, aus vorst. Hydrochlorid u. Acetophenon in wss. CH_3OH in Ggw. von Na-Acetat; 88%. — *2-Phenyl-4.7-dimethylindol* (II), $C_{16}H_{15}N$, F. 65,5—66,5° (n-Heptan, Vakuumsublimation), Nadeln, a) aus 232 g I mit $ZnCl_2$ in Nitrobenzol bei 120—130° (exotherm., 1 Std.), Wasserdampfdest., Extrahieren des nicht flüchtigen Rückstandes mit Ae. u. Fraktionieren des Extraktes aus der 2. Fraktion (Kp.$_{0,015}$ 146—149° bzw. Kp.$_{0,050}$ 130—155°) als neutraler Anteil; 3 g (Ausbeute); b) aus Acetophenon-2.5-dimethylhydrazon (IV) analog; 26% (Ausbeute). *Pikrat*, F. 170,5—171,5° (A.); dunkelbraune Nadeln. — *2-Phenyl-3a.5-dimethyl-3a.4.7.7a-tetrahydro-3H-pseudoindolon-(4)* (III), *Hemihydrat*, $C_{16}H_{17}NO \cdot 0,5H_2O$, F. 92—101° (Ae.); prismat. Nadeln, neben II u. als bas. Anteil aus allen Fraktionen; 79,8 g. *Hydrochlorid*, $C_{16}H_{18}ClNO$, F. 214° (A. + Ae.). *Oxim*, $C_{16}H_{18}N_2O$, F. 230° (Zers., Essigester), in Pyridin. *Pikrat*, $C_{22}H_{20}N_4O_8$, F. 224° (Zers., Aceton); gelbe Würfel. *Molverb. mit* II, $C_{32}H_{32}N_2O$, F. 114,5—115°. — *Verb. $C_{24}H_{25}NO_2$*, F. 176—178° (Aceton), neben III aus dem nicht flüchtigen Anteil; 0,85 g. *Bisoxim, Äthanolsolvat*, $C_{24}H_{27}N_3O_2 \cdot C_2H_5OH$, F. 239—240° (A.); Prismen. — *2.6-Xylidin*, aus dem Nitrobenzoldestillat neben II; 10 g. — *N-[2.6-Dimethylphenyl]-N'-phenylthioharnstoff*, $C_{15}H_{16}N_2S$, F. 179—179,5° (Aceton + Eisessig). — *Acetophenon*, neben II aus der 1. Fraktion (Kp.$_{0,015}$ 137,2—142°), als neutraler Anteil. *2.4-Dinitrophenylhydrazon*, F. 247—249° (A. + Essigester); orangefarbene Nadeln. — *2.5-Dimethylphenylhydrazin*, F. 73—75°, wie VIII. — *Acetophenon-2.5-dimethylphenylhydrazon*, F. 107 bis 108,5°, in Eisessig; 95%. — *2-Phenyl-4-hydroxy-3a.5-dimethyl-2.3.3a.4.7.7a-hexahydroindol*, $C_{16}H_{21}NO$, Kp.$_{1-2}$ 173°, aus III mit $LiAlH_4$ in sd. Äther. *Pikrat*, $C_{22}H_{24}N_4O_8$, F. 186—187° (wss. A.); gelbe Nadeln. — *2-Phenyl-4-chlor-3a.5-dimethyl-2.3.3a.4.7.7a-hexahydroindolhydrochlorid*, $C_{16}H_{21}Cl_2N$, F. 199—201° (Zers., abs. A. + Ae.), in Ae. mit alkohol. HCl u. Eindampfen als Rückstand. — *2-Phenyl-3a.5-dimethyloktahydroindolon-(4)* (V), $C_{16}H_{21} \cdot NO$, F. 92,5—93,5° (PAe.), Nadeln, durch Hydrieren von III in Eisessig in Ggw. von Adams-Katalysator; 45%. *Oxim*, $C_{16}H_{22}N_2O$, F. 177—179° (Cyclohexan + Essigester); Nadeln. *Epimeres von* V, $C_{16}H_{21}NO$, Kp.$_{1-2}$ 164—166°, F. 56,5—58° (PAe.), aus den Mutterlaugen von V; 46% [*Oxim*, $C_{16}H_{22}N_2O$, F. 162—164° (Cyclohexan)]. — *2-Phenyl-3a.5-dimethyloktahydroindol*, Öl, durch Red. von V in sd. Äthylenglykol mit Hydrazinhydrat u. KOH (1,5 Std.), Abdest. von W. bis 195°, Verdünnen mit W. u. Extrahieren mit Äther. *Hydrobromid*, $C_{16}H_{24}BrN$, F. 206—218° (A. + Ae.); gelbe Nadeln. — *2-Phenyl-5-methylindol*, $C_{15}H_{13}N$, F. 214 bis 216° (PAe.), a) aus vorst. Verb. mit der doppelten Menge Se bei 290° (6 Std.), Extrahieren mit Ae. u. Erhitzen des Extraktes auf 80—110° bei 0,001 Torr als Sublimat; b) aus N-Phenacylanilin u. p-Toluidin (1:9) nach Bischler [1892]. — *2-Phenyl-1.3a.5-trimethyloktahydroindolon-(4)*, $C_{17}H_{23}NO$, F. 42—44° (PAe.), aus V oder dem Epimeren von V (F. 47—52°) mit Formalin in 80%ig. HCOOH nach Clark u. Mitarbeitern [1933], Extrahieren aus der mit NaOH neutralisierten Reaktionsmischung mit Ae. u. Reinigen des Extraktes durch Dest. (Kp.$_{1-2}$ 145—147°; n_D^{20} 1,5338). *Oxim*, $C_{17}H_{24}N_2O$, F. 138—140° (PAe.); Nadeln. *Methojodid*, $C_{18}H_{26}JNO$, F. 228° (Zers., A.), mit CH_3J in sd. Dioxan (22 Std.) u. Fällen mit Ae.; 57%. *Methohydroxyd*, gelbes Glas, aus dem Methojodid in W. mit einem alkal. Amberlite IR-400-Harz u. Eindampfen bei 15—20 Torr. — *3.5-Dimethyl-3-[β-dimethylamino-β-*

phenyläthyl]-cyclohexenon-(4) (VI) u./oder *2.6-Dimethyl-2-styryl-3-dimethylaminocyclohexanon* (VII), Kp.$_{0,001}$ 115°, n_D^{20} 1,5305, aus vorst. Methohydroxyd bei 120°/0,001 Torr u. Extrahieren aus dem erhaltenen Öl mit Ae.; 59%. *Methojodid*, F. 158—213° (Zers., A. + Ae.); 100%. — *3.5-Dimethyl-3-[β-hydroxy-β-phenyläthyl]-cyclohexenon-(4)* (?), Öl, n_D^{20} 1,5512, aus VI (u./oder VII) — Methohydroxyd wie VI (u./oder VII) u. Reinigen durch Dest. bei 0,001 Torr [*Oxim*, $C_{16}H_{21}NO_2$, F. 185—187° (A.)]; liefert beim Hydrieren in A. in Ggw. von Adams-Katalysator unter Aufnahme von 1 Mol H_2 ein Öl [*Oxim*, $C_{16} \cdot H_{23}NO_2$, F. 129—130° (Cyclohexan)]. — *3.5-Dimethyl-3-styrylcyclohexenon-(4)*, $C_{16}H_{18}O$, Öl, n_D^{20} 1,5626, durch Überführen von VI (u./oder VII) in W. nach Cope u. Mitarbeitern (J. Amer. chem. Soc. **71**, [1949], 3929) in das *N-Oxid* [*Pikrat*, $C_{24}H_{28}N_4O_9$, F. 133—134,5° (wss. A.); hellgelbe Nadeln] u. dessen therm. Zers. bei 100° u. 15—20 Torr (1,5 Std.); 43%. — *2.6-Dimethyl-2-[β-phenyläthyl]-cyclohexanon*, $C_{16}H_{22}O$, Kp.$_{1-2}$ 143°, n_D^{20} 1,5205, a) aus vorst. Verb. durch Hydrieren in CH_3OH in Ggw. von Adams-Katalysator; b) aus 2.6-Dimethylcyclohexanon mit $NaNH_2$ u. β-Phenyläthylbromid in sd. Bzl. (18 Stdn.), Waschen mit W. u. Fraktionieren der benzol. Lsg.; 40%. *Oxim*, $C_{16}H_{23}NO$, F. 115—116° (PAe.); Nadeln. H. Gold. 3081◇

0830 **Oktahydro-3-methylindolizin.** M. F. Grundon und B. E. Reynolds. (J. chem. Soc. [London] **1963**, 3898—99; Belfast, N. Ireland, Queen's Univ.; engl.) — Das aus 2 n-Butylpiperidin (I) u. N-Chlorsuccinimid (II) erhältliche *2-n-Butyl-1-chlorpiperidin* liefert durch Bestrahlung in H_2SO_4- bzw. *Oktahydro-3-methylindolizin*, u. zwar hauptsächlich in Form des *Racemats B* u. nur in geringer Menge das *Racemat A* (vgl. Leonard u. Pines, C. **1952**, 6373). Die Bldg. einer geringen Menge Oktahydrochinolizin konnte nicht gänzlich ausgeschlossen werden.

Versuche: *2-n-Butyl-1-chlorpiperidin*, $C_9H_{18}ClN$, Kp.$_{5,5}$ 83—85°, durch 24std. Rühren von I u. II in Ae. unter N_2, Zugabe von W. u. Aufarbeitung der Ae.-Lsg.; n_D^{20} 1,4785; 71% (Ausbeute). — *Oktahydro-3-methylindolizin*, Kp.$_{16}$ 40—50° (Badtemp.), durch Zugabe vorst. Verb. zu 80%ig. H_2SO_4 bei 0°, 20std. UV-Bestrahlung unter N_2 u. unter Schütteln, Zugabe von Eis u. W., Sättigen mit KOH u. kontinuierliche 60std. Ae.-Extraktion; n_D^{22} 1,4700; 64%; Chromatographie an Al_2O_3 → *Racemat A* [2%; *Pikrolonat*, F. 209—213° (Zers.), aus A. orangefarbene Prismen] u. *Racemat B* [25%; *Pikrolonat*, $C_{19}H_{25}N_5O_5$, F. 168—169°, aus A. gelbe Stäbchen]. I. Spaeth. 3081◇

0831 **Die Synthese von 6-Hydroxy-1.3.4.5-tetrahydrobenz-[c.d]-indol.** James A. Moore und Michael Rahm. (J. org. Chemistry **26**, 1109—11, 1961; Newark, Del., Univ., Dep. of Chem.; engl.) — Die Darst. von *6-Hydroxy-1.3.1.5-tetrahydrobenz-[c.d]-indol* (I) wird beschrieben. Verss., I-Tosylat zum Strukturbeweis mit H_2 u. Raney-Ni in sd. A. (6 Std.) in 1.3.4.5-Tetrahydrobenz-[c.d]-indol überzuführen, waren erfolglos u. gaben nur unverändertes Tosylat; 5-Tosyloxyindol konnte ebensowenig zu Indol red. werden.

Versuche: *β-[2.5-Dimethoxybenzoyl]-propionsäure*, F. 101—102°, durch 3½std. Rk. von Bernsteinsäureanhydrid u. p-Dimethoxybenzol in $C_6H_5NO_2$ in Ggw. von $AlCl_3$ bei 5—29°, Gießen in HCl/Eis, Extraktion mit Bicarbonat-Lsg. u. Ansäuern; 81% (Ausbeute). — *4-[2.5-Dimethoxyphenyl]-buttersäure*, F. 68—69° (Ae.), durch 3std. Kochen vorst. Verb. in Triäthylenglykol mit NaOH, 85%ig. Hydrazinhydrat u. W., Erhitzen auf 210°, Zusatz von W., 4std. Erhitzen auf 190°, Kühlen u. Gießen in HCl/Eis; 66%. — *5.8-Dimethoxytetralon-(1)*, F. 58—62°, durch Zugeben von 22,9 g vorst. Verb. zu Polyphosphorsäure (aus 85%ig. H_3PO_4 u. P_4O_{10}), 1½std. Erwärmen auf dem Dampfbad, Gießen auf Eis u. Extraktion mit Ae.; Prismen; 15 g. *2.4-Dinitrophenylhydrazon*, $C_{18}H_{18}N_4O_6$, F. 245—246°, aus Essigester orangerote Nadeln. *Cyanhydrin*, F. 103—104°, durch Zutropfen von H_2SO_4 zu 3,7 g des Tetralons in Ae. u. zu NaCN in W. unter Rühren u. Aufarbeiten der Ae.-Schicht; aus A. Prismen; 3,1 g. — *4-Cyan-5.8-dimethoxy-1.2-dihydronaphthalin*, $C_{13}H_{13}NO_2$, F. 85—86°, durch Zugeben von $SOCl_2$ zu vorst. Cyanhydrin in Pyridin bei 0°, 1std. Erhitzen auf dem Dampfbad, Kühlen u. Zusatz von Eiswasser; aus A. Nadeln; 80%. — *1-Cyan-5.8-dimethoxy-1.2.3.4-tetrahydronaphthalin*, $C_{13}H_{15} \cdot NO_2$, F. 104—105°, durch Schütteln vorst. Verb. in CH_3OH mit H_2 in Ggw. von 10%ig. Pd/Kohle bei 3 at; aus CH_3OH Tafeln; 82%. — *1-Aminomethyl-5.8-dimethoxy-1.2.3.4-tetrahydronaphthalin*, F. 86—87°, a) durch 5std. Kochen von 23 g vorst. Verb. in Ae. mit überschüssigem $LiAlH_4$ u. Aufarbeiten; Nadeln; 19 g; b) durch 10std. Hydrieren vorvorst. Verb. in A./konz. HCl in Ggw. von 10%ig. Pd-Kohle. — *1-Aminomethyl-5.8-dihydroxy-1.2.3.4-tetrahydronaphthalinhydrobromid*, $C_{11} \cdot H_{16}BrNO_2$, Zers. bei 150°, durch 2std. Kochen von 15 g vorst. Verb. in 48%ig. HBr; 13 g. — *6-Hydroxy-1.3.4.5-tetrahydrobenz-[c.d]-indol* (I), $C_{11}H_{11}NO$, F. 117—118°, durch ½std. Schütteln von 1,23 g vorst. Verb. in W. mit frisch gefälltem AgCl, Filtrieren, Zusetzen von $K_3Fe \cdot (CN)_6$ u. $NaHCO_3$ in W., Extraktion mit Ae. nach dem Ende der Rk., Eindampfen im Vakuum, Chromatographie an Al_2O_3 u. Sublimation; 406 mg. *Tosylat*, $C_{18}H_{17}NO_3S$, F. 164—165°, durch 26std. Erhitzen von 100 mg mit p-Toluolsulfonylchlorid in Pyridin bei 50° u. Gießen in HCl/Eis; aus A./Ae. Prismen; 121 mg. H. Pagel. 3081◇

0832 **1-Chlorborolane.** R. Köster und G. Benedikt. (Angew. Chem. **75**, 346, 1963; Mülheim/Ruhr, Max-Planck-Inst. für Kohlenforschung; dt.) — Aus 1 Mol 1.4-Bis-[borolanyl-(1)]-alkanen, z. B. 1.4-Bis-[borolanyl-(1)]-butan, u. 1 Mol BCl_3 erhält man in Ggw. von BH-Verbindungen bei 120—140° in ca. 90%ig. Ausbeute 3 Mol *1-Chlorborolane* (A). Die A lassen sich unter Normaldruck unzersetzt destillieren, wonach *1-Chlorborolan* (Kp. 96 bis 100°) kristallisiert, während *1-Chlor-3-methylborolan* (I; Kp. 110—112°) erst bei —40° fest wird. Die polymeren Verbb., denen vermutlich Ring- u. Kettenstrukturen zugrunde liegen, depolymerisieren in Ggw. von BH-Verbb. u. beim Erhitzen. In verd. Lsg. sind sie monomer. Die A geben mit $LiAlH_4$ *Bis-borolane* (B) in hoher Ausbeute. Enthalogenierung mit K/Na-Leg. in Hexan bei Raumtemp. der A führt zu *2-[Borolanyl-(1)]-borolanen* u. beim Erwärmen zu B. Die entsprechenden Borhydride aus I liefern mit Äthylen stufenweise *1-Äthyl-3-methylborolan*, *2-[3-Methylborolanyl-(1)]-1-äthyl-3-methylborolan* (II) u. oberhalb 110° B. II disproportioniert sich in Ggw. von BH-Verbb. oder beim Erhitzen nach Dehydroborierung in *1-Äthyl-3-methylborolan* u. der *Verb.* $C_{15}H_{27} \cdot B_3$ (Kp.$_{0,3}$ 85°), die für isomere *Trimethyltriborolanosymm.-triboracyclohexane* gehalten werden. — IR-Spektren vgl. Original. Klaus Lange. 3091△

0833 **Die thermische Kondensation von Imidazolen mit Carbonylverbindungen.** A. M. Roe. (J. chem. Soc. [London] **1963**, 2195—2200, 1963; Welwyn Garden City, Herts., Smith Kline and French Res. Inst.; engl.) — Durch therm. Kondens. von 1-Alkylimidazolen (A) oder durch Rk. der Li-Derivv. von A mit Aldehyden werden entsprechende *1-[1-Alkylimidazolyl-(2)]-alkohole* (B) dargestellt. Die Konstit. von B wird durch unabhängige Synth. bewiesen. Verss., die Methoxymethylgruppe von 1-Methoxymethylimidazol oder entsprechende B durch sd. 6 n HCl abzuspalten, gelangen nicht. Die Kondens. von A mit wss. bzw. abs. CH_3CHO, Chloralhydrat, Cyclohexanon (III), p-Dimethylaminobenzaldehyd, p-Nitrobenzaldehyd oder Hexandion-(2.5) (IV) gelingt nicht. Die Rk. von 1-Methylimidazol (I) u. C_6H_5CHO zum entsprechenden B gelingt auch durch Kochen in Xylol. Eine säurekatalysierte Rk. von A zu B konnte nicht stattfinden. Durch Debenzylieren von *1-[1-Benzylimidazolyl-(2)]-äthanol* (V) u. anschließende CrO_3-Oxydation wird *2-Acetylimidazol* dargestellt. Kondens. von Imidazol (VI) selbst gelingt nur mit 1.4-Dicarbonyl-Verbindungen u. führt zu *Imidazo-[1.2:a]-pyridinen*. Die Struktur des hierbei erhaltenen *5.8-Dimethylimidazo-[1.2:a]-pyridins* wird durch Synth. aus 2-Amino-3.6-dimethylpyridin (VII) u. Bromacetaldehyddiäthylacetal (VIII) gesichert. Verss., *Imidazo-[1.2:a]-pyridin* analog aus 2.5-Diäthoxytetrahydrofuran (IX) u. VIII darzustellen, führten in einem Fall zur gewünschten Verb., in einem anderen Fall zu einer gegen Säuren stabilen Base, bei der es sich vermutlich um 1-[5-Äthoxytetrahydrofuryl-(2)]-imidazol handelt.

Versuche: Imidazole: *1-Methyl-* (I), Kp.$_{18}$ 57°, durch Zusetzen von CH_3J zu **VI** u. $NaNH_2$ in fl. NH_3 in Ggw. von $Fe(NO_3)_2$, 1std. Rühren, Abdampfen des NH_3, Lösen in W. u. Extrahieren mit Chlf.; 72% (Ausbeute). — *1-Benzyl-* (II), F. 70—71,5°, Kp.$_{0,5}$ 112—117°, analog **I** aus Benzylbromid; aus PAe. Nadeln; 75%. — *1-Methoxymethyl-*, $C_5H_8N_2O$, Kp.$_{23}$ 111—112°, durch 2-std. Rühren von **VI** mit Chlordimethyläther in abs. Bzl. u. Redest. der Fraktion vom Kp.$_{0,1}$ 64—110°; 81%. *Pikrat*, $C_{11}H_{11}N_5O_8$, F. 152°, aus A. Nadeln. *Methopikrat*, $C_{12}H_{13}N_5O_8$, F. 89—90°; aus Essigester Nadeln. — α (bzw. 1)-[1-Methylimidazolyl-(2)]-alkohole: *-benzylalkohol*, $C_{11}H_{12}N_2O$, F. 113°, durch 22std. Erhitzen von **I** mit C_6H_5CHO unter N_2 auf 135°, Lösen in Bzl., Extrahieren mit verd. HCl, Alkalisieren mit 50%ig. NaOH, Extraktion mit Essigester, Eindampfen, Lösen in warmen Ae., u. Stehen des Filtrats (Meth. **a**); aus Aceton Nadeln; 36%, daneben 0,05 g *Verb.* $C_{18}H_{18}N_2O_2$, F. 236° (aus Essigester Nadeln) bzw. nach Lösen in A./verd. HCl u. Dampf-Dest. *Benzoin*, F. 134° (aus A. Nadeln). *Hydrochlorid*, $C_{11}H_{13}ClN_2O$, Zers. bei 208—210° (Sintern u. Rosafärbung bei 190°); aus A. Platten. *Methopikrat*, $C_{18}H_{17}N_5O_8$, F. 178—180° (Zers.); aus A. Nadeln. — *-4-methoxybenzylalkohol, Hydrochlorid*, $C_{12}H_{15}ClN_2O_2$, F. 191 bis 194° (Zers.; A.) nach **a** durch 17std. Erhitzen von **I** u. p-Methoxybenzaldehyd unter N_2 im Rohr auf 145°, Extraktion aus Chlf. mit verd. HCl, Alkalisieren, Extrahieren mit Chlf., Eindampfen, Lösen in alkohol. HCl u. Zusetzen von Ae.; 12%; daneben *Anisil*, F. 131—132,5° (CCl_4), durch Eindampfen der Chlf.-Phase, Lösen in A., Zugabe von gesätt. $NaHSO_3$-Lsg.; Kühlen u. Filtrieren. — *-cyclohexanol*, $C_{10}H_{16}N_2O$, F. 177—178°, durch Behandeln von **I** mit 1,3 m äther. n-Butyl-Li-Lsg., 1std. Rühren bei Zimmer-Temp., Zusetzen von **III** bei 0°, 3std. Stehen bei Zimmer-Temp., Zusetzen von W. u. verd. HCl u. Alkalisieren der wss. Schicht (Meth. **b**); aus A. Nadeln; 56%. *Hydrochlorid*, $C_{10}H_{17}ClN_2O$, F. 199,5° (A./Ae). — *-α-[pyridyl-(3)]-methanol, Dihydrochloridhemihydrat*, $C_{10}H_{13} \cdot Cl_2N_3O \cdot {}^1/_2H_2O$, F. 222° (Methanol u. Ae.), nach **b** durch 2std. Rühren von **I** mit 1,1 m äther. n-Butyl-Li-Lsg., Zusetzen von 3-Formylpyridin, 3std. Rühren, Zusetzen von W., Extrahieren der wss. Schicht mit warmen Chlf. u. Rk. mit HCl; 33%. — *-n-heptanol, Hydrochlorid*, $C_{11}H_{21}ClN_2O$, F. 116—117°; nach **a** bzw. **b**; 35 bzw. 41%. — *isobutanol*, $C_8H_{14}N_2O$, F. 78,5—79,5° nach **a**; 24%. — *-3.4-dimethoxybenzylalkohol, Hydrochlorid*, $C_{13}H_{17}ClN_2O_3$, F. 192,5—198° (Zers.) nach **b**; 23%. — *β-phenyläthanol*, $C_{12}H_{14}N_2O$, F. 157—160°, nach **b**; 44%. — *-p-dimethylaminobenzylalkohol*, $C_{13}H_{17}N_3O$, F. 142—143°, nach **b**; 48%. — *-α-[pyridyl-2)]-methanol, Dihydrochlorid*, $C_{10}H_{13}Cl_2N_3O$, F. 222—223° (Zers.), nach **b**; 48%. α (bzw. 1)-[1-Benzylimidazolyl-(2)]-alkohole: *-2-methylpropanol*, $C_{14}H_{18} \cdot N_2O$, F. 136,5—137,5° (Essigester), nach **a** durch 16std. Erhitzen von 2,36 g **II** u. Isobutylaldehyd unter N_2 im Rohr auf 145°, Lösen in Chlf., Extrahieren der mit verd. HCl, Erhitzen u. Alkalisieren in der Kälte; 1,44 g. — *-methanol, Hydrochlorid*, $C_{11}H_{13}ClN_2O$, F. 165—165,5°; nach **a**; 61%. — *-n-heptanol*, $C_{17}H_{24}N_2O$, F. 113—114; nach **a**; 12%. — *-2.2-dimethylpropanol*, $C_{15}H_{20}N_2O$, F. 112,5 bis 114°, nach **a**; 15%. — *-benzylalkohol*, $C_{17}H_{16}N_2O$, F. 110—111,5°, nach **a**; 15%. *Hydrochlorid*, $C_{17}H_{17}ClN_2O$, F. 190—193° (Zers.), nach **b** 48%. — *-äthanol* (**V**), $C_{12}H_{14}N_2O$, F. 105,5—106,5°, nach **b**; 22%. — α (bzw. 1) [1-Methoxymethylimidazolyl-(2)]-alkohole: *-methanol*, $C_6H_{10}N_2O_2$, F. 82—84°, nach **a**; 75%. — *-isobutanol*, $C_9H_{16}N_2O_2$, F. 108,5°, nach **a**; 46%. — *-benzylalkohol, Hydrochlorid*, $C_{12}H_{15}ClN_2O_2$, F. 148°, nach **b**; 45%. — *-n-heptanol*, $C_{12}H_{22}N_2O_2$, F. 73—74°, nach **a**; 40%. — *Bis-[1-benzylimidazolyl-(2)]-methanol*, $C_{21}H_{20} \cdot N_4O$, F. 176—177° (Bzl.), nach **b** aus **II**, 1,2 m äther. n-Butyl-Li u. Äthylformiat in abs. Ae. bei 0° in 2 Std.; 22%. — *1-[Imidazolyl-(2)]-äthanol*, $C_5H_8N_2O$, F. 134 bis 136°, durch 10 Min. langes Rühren von **V** in fl. NH_3 unter Zusatz von Na bzw. zur bleibenden Blaufärbung, Zusetzen von NH_4Cl, Einengen, Lösen in W., Extrahieren mit Essigester, Einengen u. Filtrieren der heißen Lsg.; Nadeln. — *2-Acetylimidazol*, $C_5H_6N_2O$, F. 135—137,5° (nach Sublimation bei 45—60°/0,2 Torr), durch Stehen vorst. Verb. mit CrO_3 in Pyridin bei 0—5° (${}^1/_2$ Std.) u. Zimmer-Temp. (48 Std.), Zusetzen von W., Extrahieren mit warmem Chlf., Einengen bei 50° im Vakuum, Kochen des Rückstands mit PAe. u. Einengen; Nadeln. *Pikrat*, $C_{11}H_9N_5O_8$, F. 224—226° (Zers.); aus A. Nadeln. — *5.8-Dimethylimidazo-[1.2:a]-pyridin*, Kp.$_{0,7}$ 91—93°, durch 15 Std. Erhitzen von 12 g **VI** u. **IV** im Rohr unter N_2 auf 180°; 14,1 g; b) durch ${}^1/_2$std. Kochen von 4,33 g **VIII** in wss. Dioxan in Ggw. von konz. HCl, Zusetzen von $NaHCO_3$ u. dann von **VII** in wss. Dioxan, 22 Std. Kochen, Kühlen, Gießen in W., Ansäuern mit HCl, Waschen mit Ae., Alkalisieren, Extraktion mit Chlf. u. Chromatographie an Silicagel mit Chlf.; 1,21 g. *Perchlorat*, $C_9H_{11} \cdot ClN_2O_4$, F. 119—120,5° (n-Butanol). *Pikrat*, $C_{15}H_{13}N_5O_7$, F. 216—218° (Aceton; Zers.). *Methojodid*, $C_{10}H_{13}JN_2$, F. 201—202° (A.). — *5.6.7.8-Tetrahydro-5.8-dimethylimidazo-[1.2:a]-pyridin*, durch Hydrieren von 0,5 g vorst. Verb. in A. in Ggw. von konz. HCl über PtO_2, Eindampfen des Filtrats, Behandeln mit verd. NaOH u. Extrahieren mit Chlf.; 0,5 g. *Pikrat*, $C_{15}H_{17}N_5O_7$, F. 181,5 bis 184°, aus A. Nadeln. *Oxalat*, $C_{11}H_{16}N_2O_4$, F. 121 bis 122°; aus n-Propanol Rhomben. — *2-Amino-3.6-dimethylpyridin* (**VII**), $C_7H_{10}N_2$, F. 49,5—51°, Kp.$_{20}$ 119 bis 121°, durch 6 Std. Kochen von $NaNH_2$ u. 71,3 g 2.5-Lutidin in abs. Xylol unter Feuchtigkeitsabschluß, Hydrolysieren mit W. u. dann mit konz. HCl bei 0°. Waschen der sauren Auszüge mit Bzl., Alkalisieren u. Extraktion mit Chlf.; aus PAe. Nadeln; 16,8 g [daneben *Bis-[3.6-dimethylpyridyl-(2)]-amin* (?), $C_{14}H_{17}N_3$, F. 137,5 bis 138,5° (Bzl.). *Pikrat*, $C_{13}H_{13}N_5O_7$, F. 227—228° (Zers.); aus Aceton Nadeln. — *3.6-Dimethylpyridon-(2)*, F. 137 bis 138°, durch Behandeln von **VII** mit HNO_2, Neutralisieren u. Sublimieren. — *Imidazo-[1.2:a]-pyridin*, Kp.$_{0,7}$ 88—90°, a) durch 14std. Erhitzen von 7 g **VI** u. **IX** im Rohr unter N_2 auf 166—179°, Behandeln mit heißer verd. HCl u. Chlf., Alkalisieren der sauren Auszüge u. Extraktion mit Chlf.; 3,85 g; b) durch ${}^1/_2$std. Kochen von **VIII** in wss. Dioxan in Ggw. von konz. HCl, Zusetzen von $NaHCO_3$ u. 2-Aminopyridin in wss. Dioxan, 22std. Kochen, Ansäuern, Waschen mit Ae., Alkalisieren u. Extrahieren mit warmen Chlf.; 85%. *Pikrat*, F. 203 bis 205°; aus A. Nadeln. *Methojodid*, F. 205—208°; aus n-Propanol Nadeln. *Perchlorat*, $C_7H_7ClN_2O_4$, F. 241 bis 243,5° (A.; Zers.). — *1-[5-Äthoxytetrahydrofuryl-(2)]-imidazol* (?), F. 134—137°, analog vorst. Verb. nach a) in 16 Std. bei 147° (sowie Chromatographie an Silicagel); aus Bzl/PAe. Rhomben. *Pikrat*, $C_{15}H_{17}N_5O_9$, F. 120 bis 132° (A.). H. Gleinig. 3122◇

0834 **Die Chemie der Urethane.** 2. Mitt. **Bildung von Oxazolidonen-(2) aus β-Jodurethanen. Stereospezifische Synthese von cis-β-Aminoalkoholen.** C. Heathcock und A. Hassner. (Angew. Chem. **75**, 344, 1963; Boulder, Colo., Univ. of Colorado, Dep. of Chem.; engl.) — Jodisocyanat (**I**) reagiert mit Olefinen zu *β-Jodalkylisocyanaten*, die mit Alkoholen die entsprechenden *N-[β-Jodalkyl]-urethane* (**A**) bilden. Aus cycl. Olefinen entstehen unter Inversion am β-C-Atom u. Abspaltung von *Alkyljodid Oxazolidone-(2)* (**B**). Die Inversion wird durch Bldg. von *cis-Cyclohexano-[d]-oxazolidon-(2)* bei der Pyrolyse von trans-2-Jodcyclohexylcarbaminsäureäthylester bewiesen. Hydrolyse der **B** führt zu *cis-β-Aminoalkoholen.* So entsteht aus Cholestano-[3β.2β:d]-oxazolidon-(2) (**II**) *2β-Aminocholestan-3β-ol.* Die **A** reagieren mit Basen zu *Äthyleniminen*, die mit Säuren unter Ringspaltung *trans-β-Aminoalkohole* geben. — *Oxazolidone-(2): Cholestano-[3β.2β:d]*-(**II**), F. 227°, durch Rk. von Δ^2-Cholesten mit **I** u. einem Alkohol u. Erhitzen des entstandenen *Urethans* in Lsg. oder unverdünnt auf 100—190°; 53%. — *cis-Tetralino-[2.1:d]-*, F. 141°, analog aus 1.2-Dihydronaphthalin; 35%. — *cis-Indano-[2.1:d]-*, F. 160°, aus Inden; 61%. — *4-Phenyl-*, F. 136°, aus Styrol; 81%. — *cis-Cyclohexano-[d]-*, F. 55°, aus Cyclohexen; 41%. — *2-β-Aminocholestan-3β-ol*, F. 166°, durch Hydrolyse von **II** mit methanol. KOH; 93%. *N.O-Diacetylderiv.*, F. 194°. Klaus Lange. 3132△

0835 **Über eine bei der Synthese von 2-Thiothiazolidonen beobachtete Cycloammonium-Umlagerung.** H. J. Roth und H. Schlump. (Arch. Pharmaz. **296/68**, 213—17, 1963; Würzburg, Univ., Inst. für Pharm. u. Lebensmittelchem.; Braunschweig, TH, Inst. für Pharmazeut. Chem.; dt.) — Bei dem Vers., Thioanaloge von Apophedrin [1-Phenyl-2-aminoäthanol (**I**)-Sulfat] bzw. L-Ephedrin (**II**) durch Rk. der aus **I** bzw. **II** mit $SOCl_2$ erhältlichen Chloride mit K-Xanthogenat (**V**) u. Verseifung des Prod. unter Cyclisierung darzustellen, wurden statt der erwarteten Xanthogenate 2 Verbb. erhalten, die als *4-Phenylthiazolidinthion-(2)* (**III**) bzw. dessen *3.5-Dimethyl-Deriv.* (**IV**) identifiziert wurden; für diese Konstit. sprechen neben den Analysen die Stabilität gegenüber verd. Mineralsäuren u. der Vgl. mit dem aus **I**-Hydrochlorid u. CS_2 dargestellten *5-Phenylthiazolidinthion-(2)* bzw. seinem *3.4-Dimethyl-Derivat*. Es wird angenommen, daß die Bldg. von **III** u. **IV** über ein Aziridiniumäthylxanthogenat verläuft. **III** ist mit der von Wolfheim [1914] mit CS_2 in stark alkal. Lsg. dargestellten u. als 2-Mercapto-5-phenylthiazolin bezeichneten Verb. ident.; es entsteht also offenbar auch hier unter Umlagerung.

Versuche: (F. durch Best. mit dem Kofler-Mikroskop, $F._L$ durch F-Best. mit dem Linström-Block) *1-Phenyl-1-chlor-2-aminoäthanhydrochlorid*, F. 196—197° (nach Sublimieren ab 118°; A.), $F._L$ 161—162°, durch Zutropfen von $SOCl_2$ in Chlf. zu **I** in Chlf. von 0°, Rühren unter Abkühlen auf Raumtemp., $^3/_4$std. Kochen u. Einengen im Vakuum; 55% (Ausbeute). — *1-Phenyl-1-chlor-2-methylaminopropanhydrochlorid*, F. 231—232° (nach Sublimieren ab 125°), $F._L$ 195—197°, analog vorst. Verb. aus **II**; aus A. Blättchen; 81%. — Thiazolidinthione-(2): *4-Phenyl-*(**III**), $C_9H_9NS_2$, F. 186—187° (nach Sublimieren ab 110°), $F._L$ 169—170°, durch $1^1/_2$std. Kochen vorvorst. Verb. mit **V** in A. u. Einengen des Filtrats auf dem Wasserbad; aus A./W. Blättchen; 41%. — *3.5-Dimethyl-4-phenyl-*(**IV**), $C_{11}H_{13}NS_2$, F. 50—52°, $F._L$ 45—46°, analog vorst. aus vorvorst. Verb.; aus A./W. Blättchen; 67%. — *5-Phenyl-*, $C_9H_9NS_2$, F. 139—140° (nach Sublimieren ab 115°; A./W.), $F._L$ 131—132°, durch 45std. Rühren von **I**-Sulfat mit CS_2 in 15%ig. NaOH bei Raumtemp.; 74%. — *3.4-Dimethyl-5-phenyl-*, $C_{11}H_{13}NS_2$, F. 65—66° (A./W.), $F._L$ 64—65°, analog vorst. Verb. aus **II**-Hydrochlorid; 69%. H. Gleinig. 3142◇

0836 **Über einige gefäßaktive 2-Aralkylamino- bzw. 2-Arylaminothiazoline.** Henry Najer und René Giudicelli. (Bull. Soc. chim. France **1960**, 960—63; Serv. de Recherch. des Labor. Dausse, Paris; franz.) — Vgl. C. **1959**, 12221. — Die durch Umsetzung von Isothiocyanaten mit Äthanolamin erhaltenen *N-Aryl(alkyl)-N'-[β-hydroxyäthyl]-thioharnstoffe* (**A**) lassen sich zu *2-Aryl(alkyl)-amino-Δ²-thiazolinen* cyclisieren. Ihre vasokonstriktor. Wrkg. ist 6—8fach geringer als die der entsprechenden Oxazoline. Eine adrenolyt. oder sedative Wrkg. fehlt fast ganz.

Versuche: N-Aryl(alkyl)-N'-[β-hydroxyäthyl]-thioharnstoffe (**A**), durch $1^1/_2$std. Stehen der entsprechenden Isothiocyanate mit Äthanolamin bei Raumtemperatur: *N-[2.6-Dimethylphenyl]-*, $C_{11}H_{16}N_2OS$, F. 129° (A.); 86% (Ausbeute). — *N-Benzyl-*, F. 63—64; (40%ig. A./Äthylendichlorid/Hexan); 52%. — *N-Benzhydryl-* (**I**), F. 131° (Äthylendichlorid); 87%. — *N-[4-Chlorbenzhydryl]-* (**II**), F. 150° (Äthylendichlorid); 70%. — *N-Phenyl-*, F. 141° (A.); 84%. — *N-[o-Tolyl]-*, F. 124° (Äthylendichlorid); 92%. — *N-[3-Chlor-o-tolyl]-*, F. 140° (50%ig. A.); 93%. — *N-[α-Naphthyl]-*, F. 168° (A.), 89%. — 2-Aryl(alkyl)amino-Δ²-thiazoline, durch 6std. Erhitzen der **A** mit rauchender HCl im Bombenrohr auf 100—105°: *2-[2.6-Dimethylphenylamino]-*, $C_{11}H_{14}N_2S$, F. 102° (A.); 100%. — *2-Benzylamino-*, F. 83° (50%ig. A.); 67%. — *2-Phenylamino-*, F. 162° (50%ig. A.); 84%. — *2-[o-Tolylamino]-*, F. 105° (50%ig. A.); 91%. — *2-[3-Chlor-o-tolylamino]-*, F. 119° (50%ig. A.); 84%. — *2-[α-Naphthylamino]-*, F. 153° (A.); 69%. — *2-Benzhydrylamino-*, $C_{16}H_{16}N_2S$, F. 131° (A.), durch 2std. Erhitzen von **I** mit $SOCl_2$ auf 100°; 92,5%. — *2-[4-Chlorbenzhydrylamino]-*, $C_{16}H_{15}ClN_2S$, F. 125° (A.), aus **II** analog vorst. Verb.; 60%. *Hydrochlorid*, $C_{16}H_{16}Cl_2N_2S$, F. 198°. J. Voss. 3142◇

0837 **Mögliche Antiamöbenmittel.** 19. Mitt. **Synthese von 1.3.4-Thiadiazolinen und Di-1.3.4-thiadiazolinen.** A. B. Sen und S. K. Gupta. (J. Indian chem. Soc. **39**, 628—34, **1962**; Lucknow, Lucknow Univ., Chem. Dep.; engl.) — 18. vgl. J. Indian chem. Soc. **39**, [1962], **368**; 13. vgl. C. **1962**, **11926**. — Eine Reihe von in 2-Stellung aryl- oder alkylsubstituierten *5-Arylimino-* u. *5-Alkylimino-1.3.4-thiazolinen* sowie von *Bis-[2-aryl-1.3.4-thiadiazolinyliden-(5)-amino]-äthanen* u. *-biphenylen* mit potentieller Antiamöbenwrkg. werden synthetisiert.

Versuche: Thiosemicarbazide: *4-Phenyl-* (**I**), $C_7H_9N_3S$, F. 140°, durch Zufügen von A. u. CS_2 zu einer Lsg. von Anilin in wss. NH_4OH (D. 0,888) < 30°, 2std. Stehen, Zugeben von Na-Chloracetat u. Hydrazinhydrat oder -sulfat, Erwärmen, Filtrieren u. mehrstd. Stehen; 90% (Ausbeute). — *4-[p-Methoxyphenyl]-* (**II**), $C_8H_{11}N_3 \cdot OS$, F. 144°, analog aus p-Anisidin; 88%. — *4-[o-Mercaptophenyl]-* (**III**), $C_7H_9N_3S_2$, F. 177°, aus o-Aminothiophenol; 98%. — *4-[4-Äthylthiazolyl-(2)]-*(**IV**), $C_6H_{10}N_4S_2$, F. 180° (A.), aus 2-Amino-4-äthylthiazol; 57%. — *4-Cyclohexyl-*, (**V**), $C_7H_{15}N_3S$, F. 143° (A.), aus Cyclohexylamin; 56%. — *4.4'-Äthylen-bis-thiosemicarbazid* (**VI**), $C_4H_{12}N_6S_2$, F. 221° (A.), aus Äthylendiamin; 56%. — *4.4'-[p.p'-Xenylen]-bis-thiosemicarbazid*(**VII**), $C_{14}H_{16}N_6S_2$, F. > 280° (A.), aus Benzidin; 60%. — 4'-Phenylthiosemicarbazone: *2-Chlorbenzaldehyd-* (**VIII**), $C_{14}H_{12}Cl \cdot N_3S$, F. 190°, durch 1std. Kochen von **I** mit o-Chlorbenzaldehyd in A.; 96%. — *3-Methoxy-4-hydroxybenzaldehyd-* (**IX**), $C_{15}H_{15}N_3O_2S$, F. 179°; 99%. — *Furfurol-* (**X**), $C_{12}H_{11}N_3OS$, F. 182°; 95%. — *x-Vinylbenzaldehyd-*(**XI**), $C_{16}H_{15}N_3S$, F. 165°; 98%. — *β-Naphthaldehyd-* (**XII**), $C_{18}H_{15}N_3S$, F. 210°; 92%. — 4-Cyclohexylthiosemicarbazone: *p-Dimethylaminobenzaldehyd-* (**XIII**), $C_{16} \cdot H_{24}N_4S$, F. 166°, analog aus **V**; 88%. — *Salicylaldehyd-* (**XIV**), $C_{14}H_{19}N_3OS$, F. 184°; 90%. — *o-Chlorbenzaldehyd-* (**XV**), $C_{14}H_{18}ClN_3S$, F. 220°; 92%. — *x-Vinylbenzaldehyd-* (**XVI**), $C_{16}H_{21}N_3S$, F. 215°; 90%. — *Furfurol-* (**XVII**), $C_{12}H_{17}N_3OS$, F. 163°; 95%. — 4-[p-Methoxyphenyl]-thiosemicarbazone: *p-Dimethylaminobenzaldehyd-* (**XVIII**), $C_{17}H_{20}N_4OS$, F. 188°, aus **II**; 98%. — *p-Methylbenzaldehyd-* (**XIX**), $C_{16}H_{17}N_3OS$, F. 164°; 92%. — *Salicylaldehyd-* (**XX**), $C_{15}H_{15}N_3O_2S$, F. 184°; 95%. — *o-Methoxybenzaldehyd-* (**XXI**), $C_{16}H_{17}N_3O_2S$, F. 196°; 96%. — *x-Vinylbenzaldehyd-* (**XXII**), $C_{17}H_{17}N_3OS$, F. 182°; 93%. — 4-[o-Mercaptophenyl]-thiosemicarbazone: *p-Methylbenzaldehyd-* (**XXIII**), $C_{15}H_{15}N_3S_2$, F. 178°, aus **III**; 84%. — *Benzaldehyd-* (**XXIV**), $C_{14}H_{13} \cdot N_3S_2$, F. 181°; 86%. — *Salicylaldehyd-* (**XXV**), $C_{14}H_{13}N_3 \cdot OS_2$, F. 120°; 90%. — *o-Methoxybenzaldehyd-* (**XXVI**), $C_{15}H_{15}N_3OS_2$, F. 182°; 82%. — *Furfurol-* (**XXVII**), $C_{12}H_{11}N_3OS_2$, F. 153°; 78%. — 4-[4-Äthylthiazolyl-(2)]-thiosemicarbazone: *p-Dimethylaminobenzaldehyd-* (**XXVIII**), $C_{15}H_{19}N_5S_2$, F. 240°, aus **IV**; 68%. — *p-Methylbenzaldehyd-* (**XXIX**), $C_{14}H_{16}N_4S_2$, F. 193°; 72%. — *Benzaldehyd-* (**XXX**), $C_{13}H_{14}N_4S_2$, F. 192°; 65%. — *p-Methoxybenzaldehyd-* (**XXXI**), $C_{14}H_{16}N_4OS_2$, F. 188°; 63%. — *Furfurol-* (**XXXII**), $C_{11}H_{12}N_4OS_2$, F. 178°; 65%. — 4.4'-Äthylenbis-[benzylidenthiosemicarbazide]: *p-dimethylamino-* (**XXXIII**), $C_{22}H_{30}N_8S_2$, F. 232°, aus **VI**; 68%. — *p-methyl-* (**XXXIV**), $C_{20}H_{24}N_6S_2$, F. 230°; 70%. — *m-hydroxy-* (**XXXV**), $C_{18}H_{20}N_6O_2S_2$, F. 240°; 70%. — *x-vinyl-* (**XXXVI**), $C_{22}H_{24}N_6S_2$, F. 225°; 65%. — *o-methoxy-* (**XXXVII**), $C_{20}H_{24}N_6O_2S_2$, F. 170°; 75%. — 4.4'-[p.p'-Xenylen]-bis-[benzylidenthiosemicarbazide]: *p-dimethylamino-* (**XXXVIII**), $C_{32}H_{34} \cdot N_8S_2$, F. 224°, aus **VII**; 65%. — *Unsubstituiert* (**XXXIX**), $C_{28}H_{24}N_6S_2$, F. 223°; 70%. — *o-hydroxy-* (**XL**), $C_{28}H_{24}N_6 \cdot O_2S_2$, F. > 280°; 68%. — *x-vinyl-*, (**XLI**), $C_{32}H_{28}N_6S_2$, F. 235°; 60%. — *4.4'-[p.p'-Xenylen]-bis-[furfurylidenthiosemicarbazid]* (**XLII**), $C_{24}H_{20}N_6O_2S_2$, F. 220°; 62%. — 5-Phenylimino-1.3.4-thiadiazoline: *2-[o-Chlorphenyl]-*, $C_{14}H_{10}ClN_3S$, F. 186° (A.), durch Rk. von **VIII** mit $K_3[Fe(CN)_6]$ in alkohol. NaOH bei 100°; 74%. — *2-[3-Methoxy-4-hydroxyphenyl]-*, *Dihydrojodid*, $C_{15}H_{15}J_2N_3O_2S$, F. 256° (A.), analog aus **IX**; 75%. — *2-[Furyl-(2)]-*, $C_{12}H_9N_3OS$, F. 160° (A.), aus **X**; 65%. — *2-[x-Vinylphenyl]-*, *Dihydrojodid*, $C_{16}H_{15}J_2N_3S$, F. 230° (A.), aus **XI**; 70%. — *2-[β-Naphthyl]-*, $C_{18}H_{13}N_3S$, F. 157° (A.), aus **XII**; 64%. — 5-Cyclohexylimino-1.3.4-thiadiazoline: *2-[p-Dimethylaminophenyl]-*, $C_{16}H_{22}N_4S$, F. 152° (A.), aus **XIII**; 52%. — *2-[o-Hydroxyphenyl]-*, $C_{14}H_{17}N_3 \cdot OS$, F. 132° (A.), aus **XIV**; 48%. — *2-[o-Chlorphenyl]-*, *Dihydrojodid*, $C_{14}H_{18}ClJ_2N_3S$, F. 230° (A.), aus **XV**; 50%. — *2-[x-Vinylphenyl]-*, $C_{16}H_{19}N_3S$, F. 150° (A.), aus **XVI**;

58%. — *2-[Furyl-(2)]-*, $C_{12}H_{15}N_3OS$, F. 135° (A.), aus **XVII**; 60%. — 5-[p-Methoxyphenylimino]-1.3.4-thiadiazoline: *2-[p-Dimethylaminophenyl]-*, $C_{17}H_{18}N_4 \cdot OS$, F. 190° (A.), aus **XVIII**; 80%. — *2-[p-Tolyl]-, Dihydrojodid*, $C_{16}H_{17}J_2N_3OS$, F. 265° (A.), aus **XIX**; 78%. — *2-[o-Hydroxyphenyl]-, Dihydrojodid*, $C_{15}H_{15}J_2N_3O_2S$, F. 240° (A.), aus **XX**; 75%. — *2-[o-Methoxyphenyl]-*, $C_{16}H_{15}N_3O_2S$, F. 172° (A.), aus **XXI**; 68%. — *2-[x-Vinylphenyl]-*, $C_{17}H_{15}N_3OS$, F. 146° (A.), aus **XXII**; 70%. — 5-[o-Mercaptophenylimino]-1.3.4-thiadiazoline: *2-[p-Tolyl]-*, $C_{15}H_{13}N_3S_2$, F. 148° (A.), aus **XXIII**; 85%. — *2-Phenyl-*, $C_{14}H_{11}N_3S_2$, F. 153° (A.), aus **XXIV**; 84%. — *2-[o-Hydroxyphenyl]-*, $C_{14}H_{11}N_3OS_2$, F. 130° (A.), aus **XXV**; 88%. — *2-[o-Methoxyphenyl]-*, $C_{15}H_{13}N_3OS_2$, F. 149° (A.), aus **XXVI**; 78%. — *2-[Furyl-(2)]-*, $C_{12}H_9 \cdot N_3OS_2$, F. 136° (A.), aus **XXVII**; 80%. — 5-[4-Äthylthiazolyl-(2)-imino]-1.3.4-thiazoline: *2-[p-Dimethylaminophenyl]-*, $C_{15}H_{17}N_5S_2$, F. 168° (A.), aus **XXVIII**; 64%. — *2-[p-Tolyl]-, Dihydrojodid*, $C_{14}H_{16}J_2 \cdot N_4S_2$, F. 250° (A.), aus **XXIX**; 68%. — *2-Phenyl-, Dihydrojodid*, $C_{13}H_{14}J_2N_4S_2$, F. 272° (A.), aus **XXX**; 65%. — *2-[p-Methoxyphenyl]-, Dihydrojodid*, $C_{14}H_{16}J_2N_4OS_2$, F. 280° (A.), aus **XXXI**; 70%. — *2-[Furyl-(2)]-, Dihydrojodid*, $C_{11}H_{12}J_2N_4OS_2$, F. 268° (A.), aus **XXXII**; 72%. — N.N′-Bis-[2-aryl-1.3.4-thiadiazolinyliden-(5)]-äthylendiamine: *-[p-dimethylaminophenyl]-*, $C_{22}H_{26} \cdot N_8S_2$, F. 210° (A.), durch 5—6std. Kochen von **XXXIII** mit J_2 in A. u. mehrstd. Stehen; 58%. — *-[p-tolyl]-*, $C_{20}H_{20}N_6S_2$, F. 215° (A.), analog aus **XXXIV**; 54%. — *-[m-hydroxyphenyl]-*, $C_{18}H_{16}N_6O_2S_2$, F. 207° (A.), aus **XXXV**; 60%. — *-[x-vinylphenyl]-*, $C_{22}H_{20}N_6S_2$, F. 212° (A.), aus **XXXVI**; 55%. — *-[o-methoxyphenyl]-*, $C_{20}H_{20}N_6O_2S_2$, F. 205° (A.), aus **XXXVII**; 60%. — N.N′-Bis-[2-aryl-1.3.4-thiadiazolinyliden-(5)]-p.p′-xenylendiamine: *-[p-dimethylaminophenyl]-*, $C_{32}H_{30}N_8S_2$, F. 198° (A.), aus **XXXVIII**; 56%. — *-phenyl-*, $C_{28}H_{20}N_6S_2$, F. 200° (A.), aus **XXXIX**; 58%. — *-[o-hydroxyphenyl]-*, $C_{28}H_{20}N_6O_2S_2$, F. 264° (A.), aus **XL**; 60%. — *-[x-vinylphenyl]-*, $C_{32}H_{24} \cdot N_6S_2$, F. 220° (A.), aus **XLI**; 58%. — *-[furyl-(2)]-*, $C_{24}H_{16} \cdot N_6O_2S_2$, F. 209° (A.), aus **XLII**; 55%. — *Dimethylaminoessigsäure, Hydrochlorid*, $C_4H_{10}ClNO_2$, F. 180° (Methanol/Aceton), durch Zugeben von Chloressigsäure (**XLVI**) zu 25%ig. wss. Dimethylamin bei 0°, je 24std. Stehen in der Kälte u. bei Raumtemp., Alkalisieren, Eindampfen, Ansäuern, Filtrieren nach Versetzen mit A., Aufnehmen in Methanol u. Fällen mit Aceton; 30%. — 5-Phenylimino-2-alkyl-1.3.4-thiadiazoline: *-methyl-*, $C_9H_9N_3S$, F. 162° (A.), durch 1/2std. Kochen von **I** u. Acetylchlorid (**XLIII**) in abs. Bzl. u. mehrstd. Stehen; 65%. — *-dichlormethyl-*, $C_9H_7Cl_2N_3S$, F. 165° (A.), analog aus **I** u. Dichloracetylchlorid (**XLIV**); 54%. — *-dimethylaminomethyl-*, $C_{11}H_{14} \cdot N_4S$, F. 184° (A.), analog aus **I** u. Dimethylaminoacetylchlorid (**XLV**); 44%. — 5-Cyclohexylimino-2-alkyl-1.3.4-thiadiazoline: *-chlormethyl-*, $C_9H_{14}ClN_3S$, F. 198° (A.), aus **V** u. Chloressigsäure (**XLVI**); 50%. — *-dichlormethyl-*, $C_9H_{13}Cl_2N_3S$, F. 210° (A.), aus **V** u. **XLIV**; 46%. — *-dimethylaminomethyl-*, $C_{11}H_{20}N_4S$, F. 193° (A.), aus **V** u. **XLV**; 42%. — 5-[p-Methoxyphenylimino]-2-alkyl-1.3.4-thiadiazoline: *-chlormethyl-*, $C_{10}H_{10}ClN_3OS$, F. 158° (A.), aus **II** u. **XLVI**; 56%. — *-dichlormethyl-*, $C_{10}H_9Cl_2N_3OS$, F. 155° (A.), aus **II** u. **XLIV**; 50%. — *-dimethylaminomethyl-*, $C_{12}H_{16}N_4OS$, F. 170° (A.), aus **II** u. **XLV**; 50%. — 5-[o-Mercaptophenylimino]-2-alkyl-1.3.4-thiadiazoline: *-methyl-*, $C_9H_9N_4S_2$, F. 190° (A.), aus **III** u. **XLIII**; 55%. — *-dichlormethyl-*, $C_9H_7Cl_2 \cdot N_3S_2$, F. 185° (A.), aus **III** u. **XLIV**; 48%. — *-dimethylaminomethyl-*, $C_{11}H_{14}N_4S_2$, F. 188° (A.), aus **III** u. **XLV**; 48%. K. Lange. 3173△

0838 **Untersuchungen über die wesentlichen Bestandteile der pigmentierten äußeren Schale der Zwiebelknolle. 2. Mitt. Die Isolierung von Quercetin aus der Zwiebelschale mit wäßrig-alkalischen Lösungen.** Masae Okajima. (Sci. Pap. Inst. physic. chem. Res. [Tokyo] **54**, 245—46, Juni 1960; engl.) — 1. vgl. C. **1950/54**, 7992 S. — Aus der getrockneten äußeren, pigmentierten Schale der Zwiebelknolle wird mit Na_2SO_3-haltiger 1%ig. Na_2CO_3 in 0,02%ig. Ausbeute *Quercetin* (**I**) als *Hemihydrat* extrahiert. Analog wird mit 1,2%ig. Borax 0,6% **I** isoliert. — *Quercetin*, $C_{15}H_{10}O_7$, F. 312° (Zers.), aus Methanol leuchtend gelbe Nadeln. *Hemihydrat*, $C_{15}H_{10}O_7 \cdot 1/2\,H_2O$, F. 274,5—275° (Zers.), aus Methanol leuchtend gelbe Nadeln. *Pentaacetat*, $C_{25}H_{20}O_{12}$, F. 194,5—195°, aus Methanol Nadeln. Klaus Lange. 3211△

0839 **Identifizierung und Synthese von 2.2.4.6-Tetramethylpyran.** Alain Hinnen und Jacques Dreux. (C. R. hebd. Séances Acad. Sci. **255**, 1747—49, 1962; Lyon, Fac. des Sci., Inst. de Chim.; franz.) — Das bei 148° azetrop sd. Gemisch aus *2.2.4.6-Tetramethylpyran* (**I**) u. *2.2.6-Trimethyl-4-methylen-3.4-dihydropyran* (**II**) läßt sich durch Gaschromatographie trennen. Die Struktur von **I** u. **II** wird durch Kernresonanzspektroskopie, UV-Spektroskopie u. Abbau-Rk. gesichert. Das **I**–**II**-*Gemisch* kann entweder als Nebenprod. bei der Darst. von 4.6-Dimethylheptadien-(3.5)-on-(2) aus Acetylaceton u. Isobutenylmagnesiumbromid (vgl. Crisan u. Normant, C. **1959**, 6118) oder bei der Rk. von CH_3MgJ mit 4.6-Dimethylcumalin nach Gompper u. Christmann (vgl. C. **1963**, 14301) erhalten werden. A. Kumm. 3211◇

0840 **Aminosäurederivate der Kojisäure.** George O'Brien, J. M. Patterson und J. R. Meadow. (J. org. Chemistry **27**, 1711—14, 1962; Lexington, Ky., Univ., Dep. of Chem.; engl.) — Vgl. C. **1961**, 11710. — Kojisäure (**I**) kondensiert in 6-Stellung mit Formaldehyd (**II**) u. Aminosäuren nach Art der Mannich-Reaktion. Bei Sarkosin, DL-Valin, DL-Leucin, DL-Isoleucin, DL-Methionin u. L-Prolin wird ein H-Atom der Aminogruppe substituiert, während bei Glycin u. Taurin beide H-Atome ausgetauscht werden. Keine Mannich-Derivv. konnten mit L-Asparaginsäure, L-Asparagin, L-Glutaminsäure, L-Glutamin, DL-Phenylalanin u. DL-Tyrosin erhalten werden.

Versuche: *N.N-Bis-[5-hydroxy-2-hydroxymethyl-γ-pyronyl-(6)-methyl]-glycin* (**III**), $C_{16}H_{17}NO_{10}$, F. 135 bis 136° (Zers.), durch 10 Min. langes Kochen von Glycin mit einer 37%ig. wss. **II**-Lsg. in A., Zugabe von **I** u. 2—3std. Stehen bei 20°; aus Methanol Pulver; 62% (Ausbeute). — *N.N-Bis-[5-hydroxy-2-hydroxymethyl-γ-pyronyl-(6)-methyl]-taurin*, $C_{16}H_{19}NO_{11}S$, F. 216° (Zers.), analog **III** durch 20 Min. langes Kochen nach Lösen der Hauptmenge Taurin u. Eindampfen bei Raumtemp.; aus Methanol Pulver; 42%. — N-[2-Hydroxymethyl-5-hydroxy-γ-pyronyl-(6)-methyl]-aminosäuren: *-DL-valin* (**IV**), F. 216—217° (Zers.), aus DL-Valin analog **III**, portionsweise Zugabe von **I** u. 1/4std. Kochen; aus A. Pulver; 80%. — *-L-prolin*, $C_{12}H_{15}NO_6$, F. 168 bis 169° (Zers.), aus Prolin analog **III**, 1/4std. Stehen bei Raumtemp., Zugabe von **I** u. Schütteln; aus A./Ae. Pulver; 70%. — *-sarkosin*, $C_{10}H_{13}NO_6$, F. 173° (Zers.), aus Sarkosin analog **III**, Zugabe von **I** u. schwaches Erwärmen; aus Methanol Pulver; 50%. — *-DL-leucin*, $C_{13}H_{19}NO_6$, F. 225° (Zers.), aus DL-Leucin analog **IV**. — *DL-isoleucin*, $C_{13}H_{19}NO_6$, F. 204° (Zers.), aus DL-Isoleucin analog **IV**. — *-methionin*, $C_{12}H_{17}NO_6S$, F. 194—196° (Zers.), analog **IV** u. längeres Erhitzen. H.-J. Haase. 3211◇

0841 **Synthese von heterocyclischen Chromanonen und Chromonen. Polarographische Untersuchung über das Gleichgewicht Hydroxychalkon ⇌ Chromanon.** André Corvaisier und Jean Tirouflet. (C. R. hebd. Séances Acad. Sci. **251**, 1641—42, 1960; Dijon, Fac. des Sci.; franz.) — *o-Hydroxychalkone* (**A**) lagern sich in Ggw. von Na-Acetat in *Chromanone-(4)* (**B**) um, die mit PCl_5 in *Chromone* übergeführt werden können. *3-Hydroxychromane* sowie *-chromone* lassen sich durch Oxydation von o-Hydroxyacrylophenonen (**C**) erhalten. Die bei der Kondens. von o-Hydroxyacetophenon mit Aldehyden intermediär gebildeten *Ketole* lassen sich unter bestimmten Bedingungen isolieren. — Polarograph. Unterss. zeigen, daß die Lage des **A** ⇌ **B**-Gleichgewichts zwischen pH 5 u. pH 9 pH-unabhängig ist; die Cyclisierungsgeschwindigkeit jedoch mit dem pH-Wert steigt.

Versuche: Chromanone-(4) (**B**), aus den entsprechenden **A** nach Tirouflet u. Corvaisier (C. **1960**, 11288) in natriumacetathaltiger Lsg.: *2-[5-Nitrothienyl-(2)]-*, $C_{13}H_9NO_4S$, F. 160°. — *2-[4-Nitrothienyl-(2)]-*, $C_{13}H_9NO_4S$, F. 110°. — *2-[Pyridyl-(4)]-*, $C_{14}H_{11}NO_2$, F. 94°. — *2-[Pyridyl-(3)]-*, $C_{14}H_{11}NO_2$, F. 47°. — *2-[Pyridyl-(2)]-*, $C_{14}H_{11}NO_2$, F. 68°. — Chromone-(4), durch Dehydrieren der **A** mit PCl_5 in Bzl. *2-[5-Nitropyrryl-(2)]-*, $C_{13}H_8N_2O_4$, F. 352°. — *2-[4-Nitropyrryl-(2)]-*,

$C_{13}H_8N_2O_4$, F. 320°. — 3-Hydroxychromanone-(4), durch Einw. von H_2O_2 in der Kälte auf die C in 8%ig. Na_2CO_3-Lösung: *2-[Thienyl-(2)]-*, $C_{13}H_{10}O_3S$, F. 168°. — *2-[Furyl-(2)]-*, $C_{13}H_{10}O_4$, F. 148°. — 3-Hydroxychromone-(4), wie vorst. in 15%ig. Sodalsg. oder heißer 5%ig. Pottaschelösung: *2-[Thienyl-(2)]-*, F. 200°. — *[Furyl-(2)]-*, $C_{13}H_8O_4$, F. 171°. — *2-[Pyrryl-(2)]-*, $C_{13}H_9 \cdot ON_3$; F. 206°. — *2-[4-Nitropyrryl-(2)]-*, $C_{13}H_8N_2O_5$, F. 305°. — *2-[5-Nitropyrryl-(2)]-*, $C_{13}H_8N_2O_5$, F. 317°. — 1-[o-Hydroxyphenyl]-propanol-(3)-one-(1), durch Einw. von Natriummethylat auf o-Hydroxyacetophenon u. die entsprechenden Aldehyde: *3-[Thienyl-(2)]-*, $C_{13}H_{12}O_3S$, F. 116°. — *3-[4-Nitrothienyl-(2)]-*, $C_{13}H_{11}NO_5S$, F. 120°. — *3-[Pyridyl-(2)]-*, $C_{14}H_{13}NO_3$, F. 110°. — *3-[Pyridyl-(4)]-*, $C_{14}H_{13}NO_3$, F. 152°. — *1-[Pyrryl-(2)]-3-[4-nitrothienyl-(2)]-propanol-(1)-on-(3)*, $C_{11}H_{10}N_2O_4S$, F. 120°, aus dem entsprechendem Keton analog vorst. Verbindungen. — *1-[Thienyl-(2)]-3-[5-nitrothienyl-(2)]-propanol-(1)-on-(3)*, $C_{11}H_9NO_4S_2$, F. 140°, wie vorstehend. J. Voss. 3211◇

0842 **Neue Isoflavone.** Nripendra Kumar Roy und Nirendra Nath Chakravarti. (J. Indian chem. Soc. **40,** 601—02, 1963; Calcutta, Univ. Coll. of Sci. and Technol., Dep. of Chem.; engl.) — Die Synth. einiger *2-Hydroxyphenylbenzylketone* u. ihre Überführung in die entsprechenden *Isoflavone* nach Johsi u. Venkataraman [1934] wird beschrieben.

Versuche: *2.4-Dihydroxy-5-chlorphenylbenzylketon*, $C_{14}H_{11}ClO_3$, F. 121° (prismat. Stäbchen aus verd. A.), durch Zugabe von $AlCl_3$ zu 15 g 4-Chlorresorcin in Nitrobenzol bei 10°, Zutropfen von Phenylacetylchlorid in Nitrobenzol unter Schütteln, 36std. Stehen bei Raumtemp., Zers. mit Eis/HCl u. Wasserdampfdest.; $FeCl_3$-Rk. violett; 20 g (Ausbeute). *2.4-Dinitrophenylhydrazon* (DNP), $C_{20}H_{15}ClN_4O_6$, F. 250°, aus A. rote Nadeln. — *6-Chlor-7-hydroxyisoflavon*, $C_{15}H_9ClO_3$, F. 272° (Prismen aus Eisessig), aus vorst. Verb. u. Ameisensäureäthylester. *Acetat*, $C_{17}H_{11}O_4Cl$, F. 190°, aus Eisessig prismat. Stäbchen. *Methyläther*, $C_{16}H_{11}ClO_3$, F. 206°, aus A. Nadeln. — *2.4-Dihydroxy-5-bromphenylbenzylketon*, $C_{14} \cdot H_{11}BrO_3$, F. 112° (Nadeln aus verd. A.), analog vorvorst. Verb. aus 4-Bromresorcin; $FeCl_3$-Rk. violett. *DNP*, $C_{20}H_{15}BrN_4O_6$, F. 257°, aus A. rote Kristalle. — *6-Brom-7-hydroxyisoflavon*, $C_{15}H_9BrO_3$, F. 290° (rechteckige Platten aus Eisessig), UV- u. IR-Maxima angegeben. *Acetat*, $C_{17}H_{11}BrO_4$, F. 206°, aus Eisessig Nadeln. *Methyläther*, $C_{16}H_{11}BrO_3$, F. 186°, rechteckige Platten. — *2-Hydroxy-4-methyl-5-chlorphenylbenzylketon*, $C_{15}H_{13}ClO_2$, F. 112° (prismat. Stäbchen aus verd. A)., aus 2-Chlor-5-hydroxytoluol; $FeCl_3$-Rk. violett. *DNP*, $C_{21}H_{17}ClN_4O_5$, aus A.-Bzl. rötlichbraun. — *6-Chlor-7-methylisoflavon*, $C_{16}H_{11} \cdot ClO_2$, F. 192°, aus Essigsäure Nadeln, UV- u. IR-Maxima angegeben. — *2.4-Dihydroxy-6-methylphenylbenzylketon*, $C_{15}H_{14}O_3$, F. 148° (Nadeln aus verd. A.), aus Orcin, $FeCl_3$-Rk. violett. *DNP*, $C_{21}H_{18}N_4O_6$, F. 205°, aus A. braune Nadeln. — *5-Methyl-7-hydroxyisoflavon*, $C_{16}H_{12}O_3$, F. 241°, Nadeln aus Eisessig. *Acetat*, $C_{18}H_{14}O_4$, F. 128°, aus A. rechteckige Plättchen. I. Spaeth. 3211◇

0843 **Synthese von 7-Hydroxy-2′.4′.5′-trimethoxyisoflavon und verwandten Verbindungen.** Kenji Fukui, Mitsuru Nakayama, Masayuki Hatanaka, Tadao Okamoto und Yoshiyuki Kawase. (Bull. chem. Soc. Japan **36,** 397—99, 1963; Hiroshima, Higashi-sendamchi, Hiroshima Univ., Fac. of Science, Dep. of Chem.; Gofuko, Toyama, Toyama Univ., Fac. of Literature and Science; engl.) — *7-Hydroxy-2′.4′.5′-trimethoxyisoflavon* (**I**) u. *2-Methyl-7-hydroxy-2′.4′.5′-trimethoxyisoflavon* (**II**) wurden dargestellt, um ihre Strukturen mit denen der zwei natürlichen, in 2′-, 4′- u. 5′-Stellung oxydierten Isoflavonen Caviunin u. Harpers Phenol (Toxicarolisoflavon") zu vergleichen. Die Synth. verläuft über *2.4-Dihydroxyphenyl-2′.4′.5′-trimethoxybenzylketon* (**III**), das sich mit Orthoameisensäuretriäthylester zu **I**, mit Essigsäureanhydrid in Ggw. von Na-Acetat u. nachfolgender Hydrolyse zu **II** umsetzen läßt. Bei der Rk. von **III** mit Acetylchlorid bei 0° in Pyridin entsteht *2.4-Diacetoxyphenyl-α-acetyl-2′.4′.5′-trimethoxybenzylketon* (**IV**), das bei der alkal. Hydrolyse unter Ringschluß ebenfalls **II** liefert.

Versuche: *2.4-Dihydroxyphenyl-2′.4′.5′-trimethoxybenzylketon* (**III**), $C_{17}H_{18}O_6$, F. 201—202° (Nadeln), a) aus Resorcin u. 2.4.5-Trimethoxybenzylcyanid in abs. Ae. durch Einleiten von HCl bei 0° u. 4 Tage Stehen bei Raumtemperatur; 13% (Ausbeute); b) durch Erhitzen von Homoasaronsäure (2.4.5-Trimethoxyphenylessigsäure) u. $ZnCl_2$ auf 130—140° u. Zugabe von Resorcin; 31%; c) durch 2std. Erhitzen auf 50—60° einer Mischung aus Resorcin, Homoasaronsäure, $POCl_3$ u. $ZnCl_2$; 24%; d) durch 15 Min. langes Erwärmen von Resorcin, Homoasaronsäure u. Polyphosphorsäure auf dem Dampfbad; 46%. — *2-Hydroxy-4-methoxyphenyl-2′.4′.5′-trimethoxybenzylketon*, $C_{18}H_{20}O_6$, F. 135—136°, (Nadeln), aus **III** durch Behandeln mit Diazomethan oder Methyljodid; 96%. — *2.4-Dimethoxyphenyl-2′.4′.5′-trimethoxybenzylketon*, $C_{19}H_{22}O_6$, F. 110—111°, farbl. Nadeln, aus **III** durch Umsetzung mit Dimethylsulfat; 91%. — *2-Hydroxy-4-benzyloxyphenyl-2′.4′.5′-trimethoxybenzylketon*, $C_{24}H_{24}O_6$, F. 149—150°, (Nadeln), aus **III** mit Benzylchlorid; 94%. — *2.4-Diacetoxyphenyl-2′.4′.5′-trimethoxybenzylketon*, $C_{21}H_{22}O_8$, F. 134—135° (Prismen), aus **III** durch Acetylierung mit Acetanhydrid; 95%. — *7-Hydroxy-2′.4′.5′-trimethoxyisoflavon* (**I**), $C_{18}H_{16}O_6$, F. 244—245°, durch 10std. Kochen eines Gemisches aus **III** u. Orthoameisensäuretriäthylester in Pyridin bei Ggw. von etwas Piperidin u. Fällung mit verd. HCl; 61%. *Acetat*, $C_{20}H_{18}O_7$, F. 156—157°, aus A. Nadeln. — *2′.4′.5′.7-Tetramethoxyisoflavon*, $C_{19}H_{18}O_6$, F. 190—191° (Plättchen), aus **I** mit Dimethylsulfat; 80%. — *7-Acetoxy-2′.4′.5′-trimethoxy-2-methylisoflavon* (**V**), $C_{21}H_{20}O_7$, F. 177—178° (Nadeln), aus **III** u. wasserfreiem Na-Acetat in Acetanhydrid durch 18std. Kochen u. Zersetzung mit Eiswasser; 83%. — *2.4-Diacetoxyphenyl-α-acetyl-2′.4′.5′-trimethoxybenzylketon* (**IV**), $C_{23}H_{24}O_9$, F. 164—165° (Prismen), aus **III** durch Umsetzung mit Acetylchlorid bei 0° in Pyridin u. 24std. Stehen bei 0°; 78%. — *7-Hydroxy-2′.4′.5′-trimethoxy-2-methylisoflavon* (**II**), $C_{19} \cdot H_{18}O_6$, F. 246—247°, durch Hydrolyse von **V** a) mit H_2SO_4 (96%), b) mit Na_2CO_3 (48%), c) durch Hydrolyse von **IV** mit Na_2CO_3 (38%). *Acetat*, F. 177—178°. — *2′.4′.5′.7-Tetramethoxy-2-methylisoflavon*, $C_{20}H_{20}O_6$, F. 189—190°, durch Methylierung von **II** mit Dimethylsulfat. G. Leithäuser. 3211

0844 **Untersuchungen über Pyronderivate.** 10. Mitt. **Über die Reaktion von Dehydracetsäure mit primären Aminen und Ammoniak.** Sadao Iguchi und Atsuko Inoue. (Chem. pharmac. Bull. [Tokyo] **11,** 390—95, 1963; Kyushu Univ., Faculty of Med., Inst. of Pharmaceut. Sci.; engl.) — 9. vgl. C. **1964,** 4-0864. — Dehydracetsäure (DHA) reagiert unter milden Bedingungen mit überschüssigem Methyl-, Äthyl-, Benzyl- oder β-Phenyläthylamin wie folgt: *Schiffsche Base* → *2.6-Bis-[alkylamino]-heptadien-(2.5)-on-(4)* → *2.6-Lutidon-(4)-derivate.* Bei der Rk. mit überschüssigem NH_3 entstehen *2.6-Lutidon-(4)* (**I**) u. *2.6-Lutidon-(4)-carbonsäure-(3)* (**II**), wobei **II** unter milden Bedingungen nicht das Zwischenprod. für **I** zu sein scheint.

Versuche: 3-[1-Alkyliminoäthyl]-4-hydroxy-6-methylpyrone-(2), durch 24std. Stehen von 3,4 g DHA in 5 ml A. mit äquimol. Menge Alkylamin bei Raum-Temp. u. Waschen des Rückstandes mit Äther: *-Methyl-*, $C_9H_{11}NO_3$, F. 126—129° (A.); 62% (Ausbeute). — *-Äthyl-*, $C_{10}H_{13}NO_3$, F. 88—90° (Ae./Methanol); 65%. — *-Benzyl-*, $C_{15}H_{15}NO_3$, F. 79—81° (Methanol); 51%. — *-[β-Phenyläthyl]-*, $C_{16}H_{17}NO_3$, F. 89—91° (Ae.); 54%. — 2.6-Bis-[alkylamino]-heptadien-(2.5)-one-(4), durch 24std. Rk. von 3,4 g DHA in 5 ml A. mit überschüssigem Alkylamin bei Raumtemperatur: *methyl-*, $C_9H_{16}N_2O$, F. 165—166° (Methanol); 30%. — *äthyl-*, $C_{11}H_{20}N_2O$, F. 91—92° (Methanol); 30%. — *benzyl-*, $C_{21}H_{24}N_2O$, F. 118—119° (A.); 37%. — *β-phenyläthyl-*, $C_{23}H_{28}N_2O$, F. 115—116° (Ae.); 40%. — N-Alkyl-2.6-lutidone-(4), a) durch Lösen von 1 g vorst. Verbb. in 20 ml W., Zugeben einiger Tropfen HCl oder Essigsäure, Aufbewahren für 1 Woche bei Raum-Temp. oder für 10 Std. unter Rückfluß; 100%; b) aus 6,8 g DHA u. der äquivalenten Menge Benzylamin oder β-Phenyläthylamin in 8std. Rk. bei 110—120° im Bombenrohr; 40—50%. — *-Methyl-*, *Hydrat*, $C_8H_{11}NO \cdot 3H_2O$, F. 110° (W.). *Pikrat*, F. 197—199°. — *-Äthyl-*, *Hydrat*,

$C_9H_{13}NO \cdot 3H_2O$, F. 72—73° (W.). *Pikrat*, F. 194—195°. — *-Benzyl-, Hydrat*, $C_{14}H_{15}NO \cdot H_2O$, F. 125—127° (W.). *Pikrat*, F. 183—185°. — *-β-Phenyläthyl-, Hydrat*, $C_{15}H_{17} \cdot NO \cdot H_2O$, F. 167—168°, (W.). *Pikrat*, F. 218—220°. H.-J. Haase. 3231◇

0845 **Über pyridyläthylierte Kohlensäurederivate.** E. Profft und R. Schmuck. (Arch. Pharmaz. **296/68,** 209 bis 212, 1963; Leuna-Merseburg, TH für Chem., Inst. für Organ. Chem.; dt.) — *Dithiocarbaminsäure-2-[pyridyl-(2)]-äthylester* werden durch Anlagern von Dithiocarbamaten (**A**) an 2-Vinylpyridin (**I**) in Ggw. von Essigsäure erhalten. Ohne CH_3COOH erfolgte nur Polymerisation von **I**. Die Addition von 2-[Pyridyl-(2)]-äthanol (**II**) an Phenylisocyanat (**III**) liefert *2-[Pyridyl-(2)]-äthyl-N-phenylcarbamat;* Rk. von Chlorameisensäure-n-butylester (**IV**) mit **II** in NaOH gibt *Kohlensäure-n-butyl-2-[pyridyl-(2)]-äthylester.* Amin- bzw. Na-Salze von Dithiocarbaminsäuren werden aus CS_2 u. 2 Val Amin in Ae. bzw. CS_2 u. je 1 Val Amin u. NaOH erhalten. Gemischte Dialkylamine werden durch Hydrieren Schiffscher Basen in Ggw. von Raney-Ni, oder durch Rk. von prim. Aminen mit Alkylhalogeniden dargestellt.

Versuche: *Gemischte sek. Amine*, durch Zutropfen des entsprechenden Aldehyds zum entsprechenden Amin in W., 5std. Rühren, Alkalisieren, Lösen der *Schiffschen Base* in A., 24std. Schütteln mit H_2 in Ggw. von Raney-Ni bei Raumtemp., Ansäuern des Filtrats mit HCl, Eindampfen, Zusetzen von konz. KOH u. Destillieren (einzelne Verbb. sind nicht aufgeführt). — 2-[Pyridyl-(2)]-äthyldithiocarbamate, a) durch Zutropfen des **A** in W. zu **I** in verd. Essigsäure bei 0°, 5std. Rühren u. Abfiltrieren oder Aufnahme in Ae.; b) durch Zusetzen des Amins zu NaOH bei 0°, Zutropfen von CS_2, 3std. Rühren, Zusetzen **I** in verd. Essigsäure u. Aufarbeiten wie bei a) (einzelne Verbb. sind nicht aufgeführt). — *N.N-Diäthyl-, Hydrochlorid*, $C_{12}H_{19}ClN_2S_2$, F. 155° (Dimethylformamid/Ae.), durch Erhitzen des nach a) bzw. b) erhaltenen Esters auf 100°/0,6 Torr, Lösen in abs. Ae. u. Zusetzen von äther. HCl. — *N-Phenyl-2-[pyridyl-(2)]-äthylcarbamat*, $C_{14}H_{14}N_2O_2$, F. 121—122° durch Rk. von **II** in Ae. mit **III** u. Einengen; aus 50%ig. A. Nadeln; 96,9% (Ausbeute). — *Kohlensäure-n-butyl-2-[pyridyl-(2)]-äthylester*, $C_{12}H_{17}NO_3$, Kp.$_{0,7}$ 124—125°, durch Zutropfen von **IV** zu **II** in NaOH bei 0°, ½std. Rühren, 1 Std. Erwärmen auf 60° u. Ausäthern; n_D^{20} 1,4855; 28%. H. Gleinig. 3231◇

0846 **Synthese von angular substituierten Okta- und Dekahydrochinolinen.** C. F. Koelsch und D. L. Ostercamp. (J. org. Chemistry **26,** 1104—06, 1961; Minneapolis, Minn., Univ., School of Chem.; engl.) — 4a-Phenyl-Δ^8-oktahydro-2.7-dioxochinolin (**I**; vgl. Koelsch u. Walker, C. **1951,** II, 1283) gibt mit H_2 in Ggw. von Pd/Kohle *4a-Phenyl-Δ^8-oktahydro-2-oxochinolin* (**II**), mit H_2 in Ggw. von Raney-Ni *4a-Phenyl-7-hydroxy-2-oxodekahydrochinolin* (**III**; F. 227—229°) u. **II** (vgl. hierzu Koelsch u. Walker, l. c., die irrtümlich die quant. Bldg. von **III** vom F. 117—119° beschrieben) u. mit $LiAlH_4$ *4a-Phenyl-Δ^{8a}-oktahydrochinolin* (**IV**). Das 1-Methyl-Deriv. (**V**) von **I** reagiert mit H_2 in Ggw. von Pd/Kohle zum *1-Methyl-Deriv.* (**VI**) von **II** u. mit $LiAlH_4$ zu *1-Methyl-4a-phenyl-Δ^7-oktahydrochinolin*, dessen Struktur aus der in saurer Lsg. unveränderten IR-Absorption bei 1645 cm^{-1} u. der Synth. des Δ^8-Analogen folgt. Mit Grignard-Reagentien gibt **I** unlösl., zu **I** hydrolysierbare Komplexe; **V** dagegen reagiert mit C_6H_5MgBr zu einem Prod., das bei der Einw. von W. *1.4-Diphenyl-3-oxo-4-[β-benzoyläthyl]-cyclohexen* gibt. Die Synth. dieser Verb. aus Phenylaceton (**VII**) u. Acrylophenon stützt ihre Struktur. **II** u. **VI** gehen bei der Hydrolyse in *2-Phenyl-2-[2-carboxyäthyl]-cyclohexanon* über. **IV** wird in Ggw. von Raney-Ni zu *4a-Phenyldekahydrochinolin* red., dessen *1-Phenylacetyl-Deriv.* mit $LiAlH_4$ zu *1-β-Phenäthyl-4a-phenyldekahydrochinolin* red. wird.

Versuche: *1.4-Diphenyl-3-oxo-y-4[β-benzoläthyl]-cyclohexen*, $C_{27}H_{24}O_2$, F. 193—195° (CH_3COOH), a) durch Zugeben von 5 g **V** in warmen Bzl. zu C_6H_5MgBr in Ae., Kochen bis zur Klärung, Zers. mit NH_4Cl-Lsg., Eindampfen, Lösen in heißer CH_3COOH u. Zugeben von verd. HCl; 3 g (Ausbeute); b) durch Zutropfen von 5 n methanol. KOH zu 6 g β-Chlorpropiophenon u. 2 g **VII** in tert.-Butanol bis zur stark alkal. Rk. u. 12std. Stehen; 46%; wird durch CrO_3 in CH_3COOH bei 80° zu *3-[β-Benzoyläthyl]-2.6-dioxo-3.6-diphenylcapronsäure* (?), $C_{27} \cdot H_{24}O_5$, F. 256—259° (Zers.), aus CH_3COOH Prismen, oxydiert. — *4a-Phenyl-Δ^8-oktahydro-2-oxochinolin* (**II**), $C_{15}H_{17}NO$, F. 211—214°, durch Schütteln von 0,5 g **I** mit H_2 u. 10%ig. Pd/Kohle; aus Essigester Nadeln; 0,31 g. *1-Methyl-Deriv.* (**VI**), $C_{16}H_{19}NO$, F. 112—114°, analog **II** aus 6 g **V**; aus verd. CH_3OH Nadeln; 4,7 g; gibt ebenso wie **II**, bei der sauren Hydrolyse 71% *2-Phenyl-2-[2-carboxyäthyl]-cyclohexanon*, F. 110—112°. *-4a-Phenyl-7-hydroxy-2-oxodekahydrochinolin* (**III**), $C_{15}H_{19} \cdot NO_2$, F. 227—229°, durch Hydrieren von **I** in Ggw. von Ni u. Extraktion von 12,1 g des Gemischs (F. 170—205°; ca. 100%) mit sd. Propionsäureäthylester; aus CH_3NO_2 Tafeln; 5,6 g. *N.O-Diacetyl-Deriv.*, $C_{19}H_{23}NO_4$, F. 151 bis 152°, aus Ligroin u. dann aus CH_3OH Prismen; wird durch 5 Min. langes Kochen mit 1,5 n alkohol. KOH in 43%ig. Ausbeute wieder zu **III** hydrolysiert. — *4a-Phenyl-2.7-dioxodekahydrochinolin*, $C_{15}H_{17}NO_2$, F. 184—213° (unscharf), durch Oxydation von 3,5 g **III** mit CrO_3 in wss. CH_3COOH, Verdünnen mit W., Zusatz von Pb-Acetat u. Extraktion mit Chlf.; aus Essigester Tafeln; 2 g. — *4a-Phenyl-Δ^{8a}-oktahydrochinolin* (**IV**), $C_{15}H_{19}N$, Kp.$_{15}$ 168°, durch 21std. Kochen von 10 g **I** u. $LiAlH_4$ in Ae. u. Zers. mit 10%ig. NaOH; $n_D^{2,51}$ 1,5708; 7,4 g. *Pikrat*, $C_{15}H_{19}N \cdot C_6H_3N_3O_7$, F. 188—190°; *Äthanolat*, $C_{15}H_{19}N \cdot C_6H_3N_3O_7 \cdot C_2H_5OH$, F. 96—99°, aus A. gelbe Platten. — *4a-Phenyldekahydrochinolin*, Kp.$_{16}$ 175—178°, durch Hydrieren von 4 g **IV** in Ggw. von Raney-Ni in A. bei 30 lb./sq. in.; 3,2 g. *1-Benzoyl-Deriv.*, $C_{22}H_{25}NO$, F. 156—157°, aus A. Tafeln; 95%. *Pikrat*, F. 154—156°; *Äthanolat*, F. 115—116°. *1-Phenylacetyl-Deriv.*, $C_{23}H_{27} \cdot NO$, F. 106—107°, aus 3,2 g der Base u. Phenylacetylchlorid; aus Ligroin Tafeln; 4,4 g. — *4a-Phenyl-1-β-phenäthyldekahydrochinolin*, durch 20std. Kochen vorst. 1-Phenylacetyl-Deriv. mit $LiAlH_4$in Ae. u. Zers. mit 10%ig. NaOH. *Hydrobromid*, $C_{23}H_{29}N \cdot HBr$, F. 243 bis 244° (Essigester/A.). *Hydrochlorid*, $C_{23}H_{29}N \cdot HCl$, F. 228 bis 230°. — *1-Methyl-4a-phenyl-Δ^7-oktahydrochinolin*, $C_{16}H_{21}N$, F. 57—59°, Kp.$_{13}$ 172—173°, durch Red. von **V** mit $LiAlH_4$; n_D^{25} 1,5653; 87%. *Pikrat*, $C_{16}H_{21}N \cdot C_6H_3 \cdot N_3O_7$, F. 182—184°, aus A. gelbe Nadeln. *Hydrojodid*, $C_{16}H_{21}N \cdot HJ$, F. 256—258° (Zers.; W.). *Perchlorat*, $C_{16}H_{21}N \cdot HClO_4$, F. 253—255° (Zers.; A.). — *1-Methyl-4a-phenyldekahydrochinolin*, Kp.$_8$ 160—161°, durch Schütteln von 5,5 g vorst. Verb. u. H_2 in A. mit Raney-Ni bei 30 lb./sq. in.; $n_D^{25.5}$ 1,5541; 5,14 g. *Hydrochlorid*, F. 224—226°. *Perchlorat*, $C_{16}H_{23}N \cdot HClO_4$, F. 210—211° (A.). — *1-Methyl-4a-phenyl-Δ^8-oktahydrochinolin*, $C_{16}H_{21} \cdot N$, Kp.$_3$ 125—127°, a) durch 1std. Erhitzen von 3,1 g vorst. Verb. mit Hg(II)-Acetat in 5%ig. CH_3COOH auf 95°, Filtrieren, Einleiten von H_2S, Eindampfen u. Reinigen übers *Perchlorat* ($C_{16}H_{21}N \cdot HClO_4$, F. 134—136°, Prismen; 2,3 g); b) durch Red. von **VI** mit $LiAlH_4$ in Ae.; 70%. H. Pagel. 3231◇

0847 **Fluorthiophenole und ihre Derivate.** N. Sharghi und I. Lalezari. (J. chem. Engng. Data 8, 276—78, 1963; Tehran, Univ. of Tehran, Fac. of Pharmacy; engl.) — *o-* (**I**) u. *m-Fluorthiophenol* (**II**), ihre *S-Alkyl-* u. *S-Acetonylderivv.* (**A**), sowie von p-Fluorthiophenol (**III**) werden dargestellt. Die **A** lassen sich mit Isatin (**IV**) zu *Chinolinen* bzw. *Chinolincarbonsäuren* cyclisieren. **II** u. **III** geben mit SO_3 das gleiche *3.8-Difluorthianthren*, das zum *S.S'-Dioxid* u. *Bis-S.S'-dioxid* oxydiert wird. Analog entstehen aus Methylmercaptofluoracetophenonen eine Reihe von *Cinchophenanaloga.* Außerdem werden synthetisiert: *Methylmercaptofluorbenzophenone, Fluorphenylnitro-* u. *-aminophenylsulfide* u. *-sulfone, Monothiobenzoesäure-S-fluorphenylester, Fluorphenylmercaptoessigsäuren* u. deren *Amide* u. *Xanthylamide* sowie *5.5'-Difluorthioindigo.*

Versuche: Thiophenole: *o-Fluor-* (**I**), C_6H_5FS, Kp.$_{15}$ 65°, durch Rk. von o-Chlornitrobenzol mit CsF, Red. des neben *2.2'-Dinitrodiphenyläther* entstehenden *o-Fluornitrobenzols* mit Fe in 10%ig. Essigsäure, Diazotieren, Überführen ins *Xanthogenat* u. dessen Zers.; n_D^{26} 1,5395; 57% (Ausbeute). *S-Methylderiv.*, C_7H_7FS, Kp.$_{13}$ 79—80°, durch Zers. des entsprechenden Diazoniumfluoroborats in sd. Dioxan; n_D^{25} 1,5575; 75%. —

m-Fluor-(**II**), C_8H_9FS, Kp.$_{11}$ 53°; n_D^{27} 1,5481; 54%. *S-Methylderiv.*, C_7H_7FS, Kp.$_{11}$ 69–70°; 95%. – Alkyl-p-fluorphenylsulfide: *Äthyl-*, C_8H_9FS, Kp.$_{13}$ 92–93°; 75%. – *n-Propyl-*, $C_9H_{11}FS$, Kp.$_{25}$ 110–112°; 78%. – *Isopropyl-*, $C_9H_{11}FS$, Kp.$_{23}$ 110°; 82%. – *n-Butyl-*, $C_{10}H_{13}FS$, Kp.$_{23}$ 126–128°; 73%. – *Isobutyl-*, $C_{10}H_{13}FS$, Kp.$_{23}$ 118–120°; 74%. – *Allyl-*, C_9H_9FS, Kp.$_{12}$ 92°; n_D^{20} 1,5495. – *2-Hydroxypropyl-*, $C_9H_{11}FOS$, Kp.$_2$ 80 bis 82°. – *1-Dimethylaminopropyl-(2)-*, $C_{11}H_{16}FNS$, Kp.$_{0,6}$ 90°. – Arylacetonylsulfide: *2-Fluorphenyl-* (**V**), C_9H_9FOS, Kp.$_{18}$ 145°; n_D^{28} 1,5356; 75%. *Semicarbazon*, F. 153°. *Thiosemicarbazon*, F. 146°. *2.4-Dinitrophenylhydrazon*, F. 97°. – *3-Fluorphenyl-*, C_9H_9FOS, Kp.$_{18}$ 144°; n_D^{24} 1,5314; 75%. *Semicarbazon*, F. 118°. *Thiosemicarbazon*, F. 141°. *2.4-Dinitrophenylhydrazon*, F. 126°. – *4-Fluorphenyl-*, C_9H_9FOS, Kp.$_{18}$ 148°; n_D^{26} 1,5345; 72%. *Semicarbazon*, F. 155°. *Thiosemicarbazon*, F. 137°. *2.4-Dinitrophenylhydrazon*, F. 239°. – *3.8-Difluorthianthren*, $C_{12}H_6F_2S_2$, F. 156°, aus **II** oder **III** durch Rk. mit SO_3 in H_2SO_4 bei Raumtemp.; färbt sich mit H_2SO_4 intensiv violett; 80%. *S.S'-Dioxid*, $C_{12}H_6F_2O_2S_2$, F. 235°; 99%. *Bis-S.S'-dioxid*, $C_{12}H_6F_2O_4S_2$, F. 270°; 90%. – Arylmethylsulfone: *o-Fluorphenyl-*, $C_7H_7FO_2S$, F. 49 bis 50°; 95%. – *m-Fluorphenyl-*, $C_7H_7FO_2S$, F. 38°; 95%. – *Bis-[3-fluorphenyl]-disulfon*, $C_{12}H_8F_2O_4S_2$, F. 186°; 85%. – Acetophenone: *4-Methylmercapto-3-fluor-*, C_9H_9FOS, F. 70°, Kp.$_{2,5}$ 135°; 90%. *Semicarbazon*, F. 216°. *2.4-Dinitrophenylhydrazon*, F. 174°. – *4-Methylmercapto-2-fluor-*, C_9H_9FOS, F. 57°; 55%. *Semicarbazon*, F. 184°. *2.4-Dinitrophenylhydrazon*, F. 174°. – *2-Methylmercapto-5-fluor-*, C_9H_9FOS, F. 50°; 7%. *Semicarbazon*, F. 161°. *2.4-Dinitrophenylhydrazon*, F. 225°. – Chinolin-4-carbonsäuren: *2-[4-Methylmercapto-3-fluorphenyl]-*, $C_{17}H_{12}FNO_2S$, F. 201°; 80%. – *2-[4-Methylmercapto-2-fluorphenyl]-*, $C_{17}H_{12}FNO_2S$, F. 228°; 90%. – *2-[2-Methylmercapto-5-fluorphenyl]-*, $C_{17}H_{12}FNO_2S$, F. 222°; 85%. – *2-[2-Fluorphenylmercaptomethyl]-*, $C_{17}H_{12}FNO_2S$, F. 282° (Zers.), durch Kochen von **V** mit **IV** in alkohol. KOH; 98%. – *2-[3-Fluorphenylmercaptomethyl]-*, $C_{17}H_{12}FNO_2S$, F. 282° (Zers.); 98%. – *2-[4-Fluorphenylmercaptomethyl]-*, $C_{17}H_{12}FNO_2S$, F. 313° (Zers.); 36%. – Benzophenone: *4-Methylmercapto-3-fluor-*, $C_{14}H_{11}FOS$, F. 49°, Kp.$_{15}$ 200°; 99%. *2.4-Dinitrophenylhydrazon*, F. 178°. – *4-Methylmercapto-2-fluor-*, $C_{14}H_{11}FOS$, F. 64°; 50%. *2.4-Dinitrophenylhydrazon*, F. 187°. – *2-Methylmercapto-5-fluor-*, $C_{14}H_{11}FOS$, F. 99°; 30%. *2.4-Dinitrophenylhydrazon*, F. 230°. – Aryl-4'-nitrophenylsulfide: *2-Fluorphenyl-*, $C_{12}H_8FNO_2S$, F. 78°; 98%. – *3-Fluorphenyl-*, $C_{12}H_8FNO_2S$, F. 71°; 90%. – *4-Fluorphenyl-*, $C_{12}H_8FNO_2S$, F. 95°; 95%. – Aryl-4'-nitrophenylsulfone: *2-Fluorphenyl-*, $C_{12}H_8FNO_4S$, F. 165°; 99%. – *3-Fluorphenyl-*, $C_{12}H_8FNO_4S$, F. 140°; 95%. – *4-Fluorphenyl-*, $C_{12}H_8FNO_4S$, F. 160°; 95%. – Aryl-4'-aminophenylsulfone: *2-Fluorphenyl-*, $C_{12}H_{10}FNO_2S$, F. 159°; 70%. *N-Acetylderiv.*, F. 192°. – *3-Fluorphenyl-*, $C_{12}H_{10}FNO_2S$, F. 173°; 70%. *N-Acetylderiv.*, F. 165°. – *4-Fluorphenyl-*, $C_{12}H_{10}FNO_2S$, F. 203°; 75%. *N-Acetylderiv.*, F. 184°. – Monothiobenzoesäure-S-arylester: *-2-flourphenyl-*, $C_{13}H_9FOS$, F. 64°; 70%. – *-3-fluorphenyl-*, $C_{13}H_9FOS$, F. 48°; 72%. – *-4-fluorphenyl-*, $C_{13}H_9FOS$, F. 47–48°; 75%. – S-Phenylmercaptoessigsäuren: *2-Fluor-*, $C_8H_7FO_2S$, F. 79°; 70%. – *3-Fluor-*, $C_8H_7FO_2S$, F. 71°; 75%. *β-Naphthylester*, F. 67°. – *4-Fluor-*, $C_8H_7FO_2S$, F. 73°; 74%. *β-Naphthylester*, F. 65°. – S-Phenylmercaptoacetamide: *2-Fluor-*, C_8H_8FNOS, F. 89°; 76%. *N-Xanthylderiv.*, F. 167°. – *3-Fluor-*, C_8H_8FNOS, F. 102°; 72%. *N-Xanthylderiv.*, F. 170°. – *4-Fluor-*, C_8H_8FNOS, F. 118°; 73%. *N-Xanthylderiv.*, F. 174°. – *5.5'-Difluorthioindigo*, $C_{16}H_6F_2O_2S_2$, Sublimation bei 400°; 55%. – Chinoline: *2-[2-Fluorphenylmercaptomethyl]-*, $C_{16}H_{12}FNS$, F. 68°; 75%. *Pikrat*, F. 184°. – *2-[3-Fluorphenylmercaptomethyl]-*, $C_{16}H_{12}FNS$, F. 78°; 70%. *Pikrat*, F. 168°. – *2-[4-Fluorphenylmercaptomethyl]-*, $C_{16}H_{12}FNS$, F. 72°; 70%. *Pikrat*, F. 196°. – α-Brom-4-methylmercaptoacetophenone: *3-Fluor-*, C_9H_8BrFOS, F. 71°. – *2-Fluor-*, C_9H_8BrFOS, F. 63°. – 6-Bromchinolin-4-carbonsäuren: *2-[4-Methylmercapto-3-fluorphenyl]-*, $C_{17}H_{11}BrFNO_2S$, F. 250° (Zers.); 85%. – *2-[4-Methylmercapto-2-fluorphenyl]-*, $C_{17}H_{11}BrFNO_2S$, F. 240° (Zers.); 80%. – *2-[2-Methylmercapto-5-fluorphenyl]-*, $C_{17}H_{11}BrFNO_2S$, F. 181° (Zers.); 85%. – *2-[2-Fluorphenlymercaptomethyl]-*, $C_{17}H_{11}BrFNO_2S$, F. 288° (Zers.); 95%. – *2-[3-Fluorphenylmercaptomethyl]-*, $C_{17}H_{11}BrFNO_2S$, F. 280° (Zers.); 95%. – *2-[4-Fluorphenylmercaptomethyl]-*, $C_{17}H_{11}BrFNO_2S$, F. 300° (Zers.); 96%. – 6-Bromchinoline: *2-[2-Fluorphenylmercaptomethyl]-*, $C_{16}H_{11}BrFNS$, F. 85°; 70%. *Pikrat*, F. 202°. – *2-[3-Fluorphenylmercaptomethyl]-*, $C_{16}H_{11}BrFNS$, F. 79°; 73%. *Pikrat*, F. 170°. – *2-[4-Fluorphenylmercaptomethyl]-*, $C_{16}H_{11}BrFNS$, F. 99°; 75%. *Pikrat*, F. 199°.

Klaus Lange. 3231△

0848 **Der Einfluß der Chelatisierung auf die Stabilität von Endiolen.** 2. Mitt. **1.2-Bis-[chinolyl-(2)]-äthendiol-(1.2)-N.N'-dioxid.** C. A. Buehler, Lloyd A. Walker und Paulina Garcia. (J. org. Chemistry **26**, 1410–13, 1961; Knoxville, Tenn., Univ., Dep. of Chem.; engl.) – 1. vgl. C. **1959**, 4469. – *Chinolin-2-aldehyd-N-oxid* (**I**) wurde mit mäßigen Ausbeuten durch SeO_2-Oxydation in A. oder Pyridin von Chinaldin-N-oxid dargestellt. Verss. zur Darst. von **I** mittels der Sommelet-Rk. oder durch Verw. von CrO_2Cl_2 oder CrO_3 u. Acetanhydrid waren erfolglos. Neben **I** wurden die *N.N'-Dioxide* von *1.2-Bis-[chinolyl-(2)]-äthen* u. *1.2-Bis-[chinolyl-(2)]-hydroxyäthan* isoliert. Die Benzoinkondens. von **I** lieferte in Abhängigkeit von den Rk.-Bedingungen *1.2-Bis-[chinolyl-(2)]-äthendiol-(1.2)-N.N'-dioxid* (**II**) bzw. sein *K-Salz* (**III**) oder/u. *Chinaldoin-N.N'-dioxid* (**IV**). **II** wird durch alkohol. HCl in **IV** übergeführt, liefert kein Diacetat oder Dibenzoat u. besitzt wahrscheinlich trans-Konfiguration. **IV** ist das Hauptprod. der I-Kondens., wenn keine größeren Konzz. an KCN angewendet werden, u. lieferte in Ggw. von Pyridin u. W. **II**. Das im Gegensatz zum roten **II**-Mol. farblose **III**-Mol ist nicht koplanar u. ergibt **IV** durch Einw. von HCl sowie **II** bei der Behandlung mit Benzoylchlorid, während es umgekehrt aus **II** u. **IV** durch Zugabe von KCN entsteht. **IV** bildet mit Übergangsmetallen Chelatkomplexe, die in W. unlösl. sind.

Versuche: *Chinaldin-N-oxid*, F. 77–78° (Bzl.), aus 60 g Chinaldin in Eisessig u. 30%ig. H_2O_2; 37,8 g (Ausbeute). – *Chinolin-2-aldehyd-N-oxid* (**I**), $C_{10}H_7NO_2$, F. 125–127° (Ae.; grüne Kristalle), aus 30 g vorst. Verb. durch 4std. Kochen mit SeO_2 in Pyridin; 15,8 g. *Phenylhydrazon*, $C_{16}H_{13}N_3O$, F. 246–247°. – N.N'-Dioxide: *1.2-Bis-[chinolyl-(2)]-äthylen-*, $C_{20}H_{14}N_2O_2$, F. 260–261° (Dimethylformamid), a) neben **I** aus 5 g vorvorst. Verb.; 0,9 g; b) aus **I**, vorvorst. Verb. u. Acetanhydrid. – *1.2-Bis-[chinolyl-(2)]-hydroxyäthan-*, $C_{20}H_{16}N_2O_3$, F. 217 bis 218° (Methanol), daneben vorst. Verb. nach a); 1,3 g. – *1.2-Bis-[chinolyl-(2)]-äthendiol-(1.2)-*(**II**), $C_{20}H_{14}N_2O_4$, F. 193–194° (Zers.; Pyridin unter N_2), aus **I** in wss. Pyridin durch Zugabe von KCN u. 0,5std. Rühren bei Raumtemp.; 9%; liefert durch 0,75std. Kochen mit methanol. HCl unter N_2 **IV** (20%). *K-Salz* (**III**), Zers. bei 338–341° (A.), aus **I** in Pyridin u. wss. KCN durch 0,5std. Rühren bei Raumtemp. u. anschließendes 0,5std. Kochen; 24%; liefert durch Kochen mit Benzoylchlorid **II**; 75%. – *Chinaldoin-*(**IV**), $C_{20}H_{14}N_2O_4$, F. 158–159° (Bzl.), a) neben **II** durch Eindampfen der Rk.-Lsg. u. Zugabe von 10%ig. HCl; 38%; b) neben **III**; 43%; c) aus **III** in W. durch Zugabe von HCl u. Ae.-Extraktion; 100%; liefert in 10 Tagen in wss. Pyridin unter N_2 **II** (15%). *Cu-Komplex*, $C_{40}H_{24}Cu_2N_4O_8 \cdot 2H_2O$, F. 306–307°, durch Zugabe von 1 g **IV** zu $CuSO_4$ in wss. Pyridin u. Erhitzen über Nacht auf dem Wasserbad unter Durchleiten von Luft; 1,1 g. – *Chinaldil-*, $C_{20}H_{12}N_2O_4$, F. 258–259° (Pyridin), durch Einleiten von O_2 in die Lsg. von **II** in Pyridin unter Erwärmen auf dem Wasserbad in 8 Std.; 80%. *Bis-p-nitrophenylhydrazon*, $C_{32}H_{22}N_8O_6$, F. 275–276°, entsteht auch aus **IV**.

D. Kirstein. 3231◇

0849 **Zur Darstellung N-alkylierter Diacridyliumsalze.** K. Körmendy. (Acta chim. Acad. Sci. hung. **21**, 83–88, 1959; Budapest, L. Eötvös Univ., Inst. für Organ. Chem.; dt.) – N-Alkylacridone werden mit Zn/alkohol. HCl zu *N.N'-Dialkyldiacridylidenen-(9.9')* reduziert. N.N'-Di-n-propyl-(**VI**) bzw. -butyldiacridyliden-(9.9') (**VII**) werden mit HNO_3 unter Bldg. der entsprechenden

Lucigeninhomologen umgesetzt. N-Isoalkylacridone zersetzen sich in der Hitze unter Bldg. von *Acridon* (**II**).
Versuche: *N-Isopropylacridiniumbromid*, C_{16} · $H_{16}BrN$, durch 16std. Erwärmen von 0,005 Mol Acridin mit 0,01 Mol Isopropylbromid u. A. im Rohr auf 100°; aus W. gelbe Plättchen; 66% (Ausbeute). — *N-sek.-Butylacridiniumbromid*, $C_{17}H_{18}BrN$, analog vorst. Verb. mit sek.-Butylbromid u. Zugabe von Ae. nach dem Erkalten; aus A./Ae. bzw. W. grüngelbe Nadeln; 26%. — *Acridonkalium* (**I**), durch Verreiben von 50 g **II** u. 50 g KOH mit 2 ml W. u. 5 ml A. u. langsames Erhitzen auf 160—170° unter Rühren; orangerotes Pulver. — N-Alkylacridone: *-Methyl-*(**III**), F. 203°, durch langsame Zugabe von Dimethylsulfat zu **I** in abs. Bzl. unter Rühren, $^1/_2$std. Kochen, Zugabe von NH_4OH u. Abtreiben von Bzl. mit Wasserdampf; aus Methanol gelbe Nadeln; 80—90%. — *-Äthyl-*, F. 159°, durch Zugabe von Diäthylsulfat zu **I** in abs. Bzl., $^1/_2$std. Stehen, 3std. Kochen, Zugabe von NH_4OH u. Abtreiben von Bzl. mit Wasserdampf; aus A. gelbe Nadeln; 75%. — *-n-Propyl-* (**IV**), $C_{16}H_{15}NO$, F. 130—131°, durch 12std. Erhitzen von 6 g **I** mit 15 ml n-Propylbromid auf 100° im Rohr, Schütteln, weiteres 12std. Erhitzen auf 100°, Zugabe von W., Abdest. von Propylbromid u. *Di-n-propyläther*, Filtrieren, Extrahieren mit Methanol (Rückstand 0,4 g **II**) u. Zugabe von W.; gelbe Nadeln; 2,6 g; daneben *Propen*. — *-Isopropyl-*, $C_{16}H_{15}NO$, durch 60std. Erhitzen von **I** mit Isopropylbromid auf 100° im Rohr, Extrahieren mit heißem A., Filtrieren u. Zugabe von W.; aus verd. A. seidige gelbe Nadeln; bei 170—180° Zers. unter Bldg. von **II**; 4%. — *-n-Butyl-* (**V**), $C_{17}H_{17}NO$, F. 100°, analog vorst. Verb. mit n-Butylbromid; aus verd. A. gelbe Nadeln; 57%. — *-prim.-Isobutyl-*, $C_{17}H_{17}NO$, durch 14std. Erwärmen von **I** mit Isobutylbromid auf 100° im Rohr, Dest., Extrahieren des Rückstandes mit warmen Bzl. u. Eindampfen im Vakuum; aus A. gelbe Nadeln; zersetzt sich bei 170—180° unter Bldg. von **II**; 11,6%. — N.N'-Dialkyldiacridylidene-(9.9'): *-methyl-*, F. 385°, durch Suspendieren von **III** u. Zn-Staub in A., Erwärmen bis fast zum Sieden, Einleiten von HCl, Dekantieren u. Suspendieren in verd. HCl; aus Cyclohexanon grüngelbe Nadeln; 87%. — *-propyl-*(**VI**), $C_{32}H_{30}N_2$, F. 313—314°, durch Zutropfen von 2 n alkohol. HCl zu **IV** u. Zn-Staub in A. bis zum Verschwinden der blauen Fluorescenz, rasches Filtrieren, Lösen in heißem Cyclohexanon, Einengen des Filtrats im Vakuum u. Kühlen; grüngelbe Plättchen; ca. 100%. — *-n-butyl-* (**VII**), F. 254°, analog **VI** aus **V**; aus A. gelbe Nadeln; 82%. — N.N'-Dialkyldiacridyliumdinitrate: *-propyl-*, *Tetrahydrat*, $C_{32}H_{30}N_2 \cdot 2HNO_3 \cdot 4H_2O$, durch Erwärmen von 1,5 g **VI** in 60 ml W. mit 4,5 ml konz. HNO_3 bis zur Lsg. u. Klären mit Tierkohle; glänzende orangegelbe Plättchen; 1,8 g. — *-butyl-*, *Dihydrat*, $C_{34}H_{34}N_2 \cdot 2HNO_3 \cdot 2H_2O$, analog vorst. Verb. aus **VII**; 100%. R. Gnauck. 3231△

0850 **2-Vinyl- und 4-Vinyl-1.3-dioxan.** Kurze Mitteilung. A. C. Belalart. (Recueil Trav. chim. Pays-Bas **81**, 457—60, 1962; Eindhoven, Netherlands, Technolog. Univ., Labor. of Organ. Chem.; engl.) — *2-Vinyl-1.3-dioxan* (**I**; Kp. 143—144°) wird aus Acrolein u. Propandiol-(1.3) dargestellt (vgl. Faass u. Hilgert, C. **1956**, **4147**). *4-Vinyl-1.3-dioxan* (**II**; Kp. 143—144°) wird nach Dermer u. Mitarbeiter (vgl. C. **1954**, **319**) aus Formaldehyd u. Butadien synthetisiert. Durch Hydrierung bzw. Bromierung werden aus **I** u. **II** die entsprechenden gesätt. Derivv. hergestellt.
Versuche: *2-Äthyl-1.3-dioxan*, $C_6H_{12}O_2$, Kp. 132—133°, aus 11,4 g **I** durch Hydrierung in Ggw. von 100 mg Pd in 60 ml Äther; 8 g (Ausbeute). — *2-[1'.2'-Dibromäthyl]-1.3-dioxan*, $C_6H_{10}Br_2O_2$, Kp.$_{0,5}$ 100—101°, aus einer gekühlten Lsg. von 34 g **I** in 20 ml Bzl. u. tropfenweisem Zusatz von 48 g Br_2 in 100 ml Bzl. unter Rühren bei 0—5°; 64 g. — *4-Äthyl-1.3-dioxan*, $C_6H_{12}O_2$, Kp. 138—139°, aus 11,4 g **II** durch Hydrierung; 5 g. L. Träger. 3252◇

0851 **Synthesen von Pyridazinderivaten. 3. Mitt. 4- oder 5-Chlor-3.6-dimethylpyridazin-1-oxid.** Shigeru Sako. (Chem. pharmac. Bull. [Tokyo] **11**, 337—41, 1963; Tokyo, Nat. Inst. of Hygienic Sci.; engl.) — 2. vgl. Chem. pharmac. Bull. [Tokyo] **11**, [1963], 261. — Die Rk. von 3.6-Dimethylpyridazin-1-oxid (**I**) mit $POCl_3$ führt zu *4-Chlor-3.6-dimethylpyridazin* (**II**), das mit Monoperphthalsäure im Verhältnis 2 : 1 *4-Chlor-3.6-dimethylpyridazin-1-oxid* (**III**) u. *5-Chlor-3.6-dimethylpyridazin-1-oxid* (**IV**) ergibt. Zur Zuordnung der Strukturen **III** u. **IV** wird 4-Nitro-3.6-dimethylpyridazin-1-oxid (**V**) mit Acetylchlorid in **III** übergeführt, das ebenfalls aus 4-Amino-3.6-dimethylpyridazin-1-oxid (**VI**) nach Gattermann erhalten werden kann. **III** u. **IV** werden mit CH_3ONa in *4-Methoxy-* (**VII**) bzw. *5-Methoxy-3.6-dimethylpyridazin-1-oxid* (**VIII**) übergeführt, die mit PCl_3 *4-Methoxy-3.6-dimethylpyridazin* ergeben, das auch aus **II** erhalten wird. Die Hydrolyse von **VII** u. **VIII** mit 5%ig. NaOH liefert *4-Hydroxy-*(**X**) u. *5-Hydroxy-3.6-dimethylpyridazin-1-oxid* (**IX**). Mit CH_3J bildet **IX** **VIII** zurück, während aus **X** *1-Methoxy-3.6-dimethyl-1H-pyridazinon-(4)* entsteht. Hydrolyse von **III** u. **IV** ergibt **X** bzw. **IX**. Bei Überprüfung der Reaktivitäten der in 4- oder 5-Stellung befindlichen Cl-Atome gegenüber CH_3ONa u. Äthylamin ergibt sich die Rangfolge **IV** > **II** > **III**. UV-Spektren vgl. Original.
Versuche: *4-Chlor-3.6-dimethylpyridazin* (**II**), $C_6H_7ClN_2$, F. 60—62°, a) durch $^1/_2$std. Erwärmen von **I** u. $POCl_3$ auf 60—70°, Gießen auf Eis u. Neutralisieren mit $NaHCO_3$; aus PAe. Platten; 28% (Ausbeute); b) durch mehrstd. Stehen von **III**, PCl_3 u. Chlf. bei Raumtemp.; 59%. *1-Oxid* (**III**), $C_6H_7ClN_2O$, F. 132—133°, a) durch Zugabe einer $NaNO_2$-Lsg. zu einer Lsg. von **VI** in 18%ig. HCl im Eisbad in Ggw. von Cu-Pulver, Neutralisieren mit $NaHCO_3$ u. Extrahieren mit Chlf.; aus Diisopropyläther Nadeln; 55%; b) durch 10 Min. langes Stehen von Acetylchlorid u. **V** bei Raumtemp.; 41%; c) durch 4tägiges Stehen von **II** mit Monoperphthalsäure in äther. Lsg. bei Raumtemp. u. Extrahieren des Rückstandes mit Chlf.; 23%; daneben aus den Mutterlaugen 11% *5-Chlor-3.6-dimethylpyridazin-1-oxid* (**IV**), $C_6H_7ClN_2O$, F. 126—127°; aus PAe. Schuppen. — *4-Amino-3.6-dimethylpyridazin-1-oxid* (**VI**), C_6H_9 · N_3O, F. 295° (Zers.), durch Hydrieren von **V** in Ggw. von Pd-Kohle in A.; aus A./Bzl. feine Nadeln; 82%. — *4-Methoxy-3.6-dimethylpyridazin-1-oxid* (**VII**), $C_7H_{10}N_2O_2$, F. 148—149°, durch 1std. Kochen von **III** u. CH_3ONa in Methanol, Zugabe von wenig W. zum Rückstand u. Extrahieren mit Chlf. (Meth. **A**); aus Bzl. Nadeln; 82%. — *5-Methoxy-3.6-dimethylpyridazin-1-oxid* (**VIII**), $C_7H_{10}N_2O_2$, F. 136—137°, a) aus **IV** nach **A**; aus Bzl./PAe. Nadeln; 87%; b) durch Methylieren von 100 mg **IX** mit CH_3J in Ggw. von Ag_2O in Methanol; 29,4 mg. — *4-Methoxy-3.6-dimethylpyridazin*, $C_7H_{10}N_2O \cdot {}^1/_2H_2O$, F. 78—80°, a) aus **II** nach **A**; Nadeln aus PAe.; 80%; b) durch mehrstd. Stehen von **VII** in Chlf.; 64%; c) analog aus **VIII**; 69%. — *5-Äthylamino-3.6-dimethylpyridazin-1-oxid*, $C_8H_{13}N_3O$, F. 177—178°, durch 6std. Erhitzen von **IV** mit 70%ig. wss. Äthylamin in A. im Rohr auf 120 bis 130°, Zugabe von wenig W. u. $NaHCO_3$ zum Rückstand u. Extrahieren mit Chlf.; aus Bzl./A. Nadeln; 85%. — *4-Äthylamino-3.6-dimethylpyridazin*, *Pikrat*, $C_8H_{13}N_3$ · $C_6H_3N_3O_7$, F. 187—188°, aus **II** wie vorst. Verb. u. Überführen des Rückstands in das Pikrat; aus Bzl./A. gelbe Nadeln; 10,5%. — *3.6-Dimethyl-4-hydroxypyridazin-1-oxid* (**X**), $C_6H_8N_2O_2$, F. 255° (Zers.), durch 2std. Erhitzen von **VII** mit 5%ig. NaOH auf dem Dampfbad u. Ansäuren; aus A. Nadeln; 80%. — *3.6-Dimethyl-5-hydroxypyridazin-1-oxid* (**IX**), $C_6H_8N_2O_2$, F. 260° (Zers.), analog vorst. Verb. aus **VIII**; aus A. Prismen; 70%. — *1-Methoxy-3.6-dimethyl-1H-pyridazinon-(4)*, $C_7H_{10}N_2O_2$, F. 102—104°, durch 4std. Erhitzen eines Gemisches aus 524,5 mg **X**, Methanol, CH_3J u. Ag_2O im Rohr auf dem Dampfbad u. Extrahieren des Rückstandes mit Ae.; aus Diisopropyläther Nadeln; 66,6 mg. *Pikrat*, $C_7H_{10}N_2O_2$ · $C_6H_3N_3O_7$, F. 132—134°; gelbe Nadeln. H.-J. Haase. 3272◇

0852 **Neue sedative und hypotensive Phenylpiperazinester und -carbamate.** Shin Hayao, R. N. Schut und W. G. Strycker. (J. med. Chem. **6**, 133—35, 1963; Elkhart, Ind., Miles Labor., Inc., Chem. Therapeut. Res. Labor.; engl.) — Durch Einw. von Äthylenoxid oder ω-Halogenalkoholen auf N-Arylpiperazine, z. B. 1-Phenylpiperazin (**I**), in sd. Isopropanol oder durch katalyt. Hydrierung des Rk.-Prod. aus **I** u. 2-Hydroxytetrahydropyran (**VI**) wurden *4-Arylpiperazyl-(1)-alkanole* dargestellt. Diese reagieren mit Säurechloriden, z. B. 3.4.5-Trimethoxybenzoylchlorid (**IV**), in sd. Chlf. zu den entsprechenden *Esterdihydrochloriden* u. mit Isocyanaten oder Säureaziden in sd. Bzl. zu N-substituierten *Carbamaten*, die krist. *Dihydrochloride*, *Monomaleinate*, *1-Methojodide* u. *Oxalate* bilden. Die Maxima der IR-Spektren sind angegeben. Ester u. Carbamate wirken antiadrenerg. u. erzeugen, i. v. verabreicht, an mit Pentobarbital behandelten Hunden anhaltende Hypotension. Die Ester weisen sedative Wirksamkeit auf, bes. *4-[4-Phenylpiperazyl-(1)]-butyl-3.4.5-trimethoxybenzoatdihydrochlorid*, das in Dauer-Verss. an Hunden oder Ratten weder Kumulation noch Gewöhnung bewirkt.

Versuche (FF. korr.): Piperazine: *1-Phenyl-4-[tetrahydropyranyl-(2)]-*, $C_{15}H_{22}N_2O$, F. 99—100° (Skelly B), aus **I** u. **VI** in Isopropanol durch Stehenlassen bei Raum-Temp.; 74,5% (Ausbeute). — *1-Phenyl-4-[5-hydroxypentyl]-(II)*, $C_{15}H_{24}N_2O$, F. 78—78,5°, aus vorst. Verb. in Methanol durch 22std. Hydrierung an Adams Katalysator unter 3,52 kg/cm² H_2 bei Raum-Temp.; aus Bzl.-Skelly B feine Nadeln; 75,5%. *Monohydrochlorid*, $C_{15}H_{25}ClN_2O$, F. 181°; *Dihydrochlorid*, $C_{15}H_{26}Cl_2 \cdot N_2O$, F. 195—196°. — *1-Phenyl-4-[4-hydroxybutyl]-(III)*, $C_{14}H_{22}N_2O$, F. 65—68° (wss. Methanol), durch 20std. Kochen von **I** u. 4-Chlorbutylacetat in Isopropanol in Ggw. von wasserfreiem Na_2CO_3, Filtrieren, 3std. Erhitzen des Eindampfrückstands mit 20%ig. HCl u. Alkalisieren mit wss. NaOH; 65%. — *1-p-Methoxyphenyl-4-[2-hydroxyäthyl]-*, $C_{13}H_{20}N_2O_2$, F. 92—93°, aus N.N-Bis-[2-chloräthyl]-p-anisidinhydrochlorid u. Äthanolamin in sd. Isopropanol in 5 Std.; aus Bzl.-Skelly B Prismen; 75,5%. — *1-Phenyl-4-[2-hydroxyäthyl]-(V)*, $C_{12}H_{18}N_2O$, F. 84—85°. — *1-p-Chlorphenyl-4-[2-hydroxyäthyl]-*, $C_{12}H_{17}ClN_2O$, F. 109—111°. — *1-Phenyl-4-[2-hydroxypropyl]-*, $C_{13}H_{20}N_2O$, F. 76—78°. — *1-Phenyl-4-[3-hydroxypropyl]-*, $C_{13}H_{20}N_2O$; *Dihydrochlorid*, $C_{13}H_{22} \cdot Cl_2N_2O$, F. 216—217°. — *1-p-Methoxyphenyl-4-[3-hydroxypropyl]-*, $C_{14}H_{22}N_2O_2$, F. 88—91,5°. — *1-p-Chlorphenyl-4-[3-hydroxypropyl]-*, $C_{13}H_{19}ClN_2O$, F. 107—109°. — *1-p-Chlorphenyl-4-[4-hydroxybutyl]-*, $C_{14}H_{21}ClN_2O$, F. 79—81°. — 3.4.5-Trimethoxybenzoate, Dihydrochloride: *5-[4-Phenylpiperazyl]-pentyl-*, $C_{25}H_{36} \cdot Cl_2N_2O_5$, F. 190—192° (Zers.), durch 3std. Kochen von 24,8 g **II** u. 23,1 g **IV** in Chlf., Abfiltrieren von **II**-Hydrochlorid, Eindampfen des Filtrats im Vakuum, Lösen in warmem Methanol, Sättigen mit trockenem HCl u. Verdünnen mit Äthylacetat; 18,2 g. — *4-[4-Phenylpiperazyl]-butyl-*, $C_{24}H_{34}Cl_2N_2O_5$, F. 198,5—199,5° (Zers.), aus **III** u. **IV**; 87%. — *2-[4-p-Methoxyphenylpiperazyl]-äthyl-*, $C_{23}H_{32}Cl_2N_2O_6$, F. 205—206°, aus wss. Methanol-Äthylacetat Kristalle; 84%. — *2-[4-Phenylpiperazyl]-äthyl-*, $C_{22}H_{30}Cl_2N_2O_5$, F. 188—190°. — *2-[4-p-Chlorphenylpiperazyl]-äthyl-*, $C_{22}H_{29}Cl_3N_2O_5$, F. 194—194,5°. — *2-[4-Phenylpiperazyl]-propyl-*, $C_{23}H_{32}Cl_2N_2O_5$, F. 202—204°. — *3-[4-Phenylpiperazyl]-propyl-*, $C_{23}H_{32}Cl_2N_2O_5$, F. 180 bis 181°. — *3-[4-p-Chlorphenylpiperazyl]-propyl-*, $C_{23}H_{31} \cdot Cl_3N_2O_5$, F. 187—188°. — *3-[4-p-Methoxyphenylpiperazyl]-propyl-*, $C_{24}H_{34}Cl_2N_2O_6$, F. 203—204°. — *4-[4-Phenylpiperazyl]-butyl-3.4-dimethoxybenzoat*, *Dihydrochlorid*, $C_{23}H_{32}Cl_2N_2O_4$, F. 184—185°. — *4-[4-Phenylpiperazyl]-butyl-4-methoxybenzoat*, *Dihydrochlorid*, $C_{22}H_{30}Cl_2N_2O_3$, F. 210—211°. — *4-[4-Phenylpiperazyl]-butyl-3.4-methylendioxybenzoat*, *Dihydrochlorid*, $C_{22}H_{28}Cl_2N_2O_4$, F. 215 bis 218°. — *3.4.5-Trimethoxybenzoylazid*, F. 85,5—86,5°, durch Zusetzen von Natriumazid-Lsg. zu **IV** in Aceton während 45 Min.; 98%. — 4-Phenylpiperazine: *1-[2-(3.4.5-Trimethoxyphenylcarbamoyloxy)-äthyl]-*, $C_{22}H_{29} \cdot N_3O_5$, F. 124,5—125,5° (Bzl.-Ae.), durch 5std. Kochen von **V** mit vorst. Azid in trockenem Bzl.; 92%; *Oxalat*, $C_{24}H_{31}N_3O_9$, F. 155—156° (Methanol-Ae.); *Monomethojodid*, $C_{23}H_{32}JN_3O_5$, F. 211—212° (Zers.). — *1-[2-(p-Methoxyphenylcarbamoyloxy)-äthyl]-*, $C_{20}H_{25}N_3O_3$, F. 120 bis 122°, durch 6std. Kochen von **V** u. p-Methoxyphenylisocyanat in trockenem Bzl.; 73%; *Dihydrochlorid*, $C_{20}H_{27} \cdot Cl_2N_3O_3$, F. 212,5—213° (Zers.), kleine Kristalle; *Monomethojodid*, $C_{21}H_{28}JN_3O_3$, F. 145—147° (Methanol-Ae.). — *1-[2-(3.4-Dimethoxyphenylcarbamoyloxy)-äthyl]-*, *Maleinat*, $C_{25}H_{31}N_3O_8$, F. 144,5—145,5°. — *1-[2-(3.4-Methylendioxyphenylcarbamoyloxy)-äthyl]-*, *Maleinat*, $C_{24}H_{27}N_3O_8$, F. 151—153°. — *1-[3-(3.4.5-Trimethoxyphenylcarbamoyloxy)-propyl]-*, *Maleinat*, $C_{27}H_{35}N_3O_9$, F. 163—164° (Zers.). — *1-[4-(3.4-Methylendioxyphenylcarbamoyloxy)-butyl]-*, *Maleinat*, $C_{26}H_{31}N_3O_8$, F. 157—159°. — *1-[4-(3.4.5-Trimethoxyphenylcarbamoyloxy)-butyl]-*, *Maleinat*, $C_{28}H_{37}N_3O_9$, F. 152,5—154°. — *1-[5-(p-Methoxyphenylcarbamoyloxy)-pentyl]-*, *Maleinat*, $C_{27}H_{35}N_3O_7$, F. 175 bis 176,5° (Zers.). — *1-[5-(3.4.5-Trimethoxyphenylcarbamoyloxy)-pentyl]-*, *Maleinat*, $C_{29}H_{39}N_3O_9$, F. 132—133°. — *1-[2-(3.4-Methylendioxybenzylcarbamoyloxy)-äthyl]-*, *Maleinat*, $C_{25}H_{29}N_3O_8$, F. 108—109°. — *1-[3-(3.4-Methylendioxybenzylcarbamoyloxy)-propyl]-*, *Dihydrochlorid*, $C_{22}H_{29} \cdot Cl_2N_3O_4$, F. 188—189° (Zers.). — *1-[4-(3.4-Methylendioxybenzylcarbamoyloxy)-butyl]-*, *Dihydrochlorid*, $C_{23}H_{31}Cl_2N_3 \cdot O_4$, F. 194—194,5° (Zers.). — *1-[5-(3.4-Methylendioxybenzylcarbamoyloxy)-pentyl-]*, *Dihydrochlorid*, $C_{24}H_{33}Cl_2N_3 \cdot O_4$, F. 178—178,5° (Zers.). — *4-p-Tolyl-1-[3-(4-methoxyphenylcarbamoyloxy)-propyl]-piperazin*, *Maleinat*, $C_{26}H_{33} \cdot N_3O_7$, F. 149,5—150,5°. A. Jungblut. 3272◇

0853 **Die Synthese von trans-2.4-Dioxo-3-hydroxydekahydrochinazolin.** Ludwig Bauer und C. N. V. Nambury. (J. org. Chemistry **26**, 1106—09, 1961; Chicago, Ill., Univ., Coll. of Pharm., Dep. of Chem.; engl.) — Durch Rk. von cis-Hexahydrophthalsäure (cis-**I**)-Anhydrid (**II**) mit CH_3OH zum *Monomethylester* von cis-**I** u. dessen Rk. mit CH_2N_2 oder durch Verestern von **II** mit CH_3OH/H_2SO_4 wird der *Dimethylester* (cis-**III**) von cis-**I** erhalten, der durch Isomerisieren mit C_2H_5ONa in CH_3OH bei 100° zu *trans*-**III**, dessen Rk. mit NH_2OH/CH_3ONa zu *trans-Hexahydrophthaldihydroxamsäure-(trans-*__IV__*)-Di-Na-Salz* (**V**) u. Benzoylieren dieses Salzes ins *Di-O-benzoyl-Deriv.* (**VI**) von trans-**IV** übergeführt wird. **VI** entsteht auch bei der Rk. von cis-**III** mit NH_2OH u. Benzoylieren des Prod., allerdings in geringer Ausbeute. **VI** wird durch Einw. von 1 Val NaOH in *trans-2.4-Dioxo-3-benzoyloxydekahydrochinazolin* (**VII**) übergeführt, das mit überschüssiger NaOH oder besser mit Benzylamin (**VIII**) zu *trans-2.4-Dioxo-3-hydroxydekahydrochinazolin* (**IX**) gespalten wird. Mit $C_6H_5SO_2Cl$ reagiert **V** zum *Benzolsulfonat* (**X**) von **IX**, das durch alkal. Spaltung u. Hydrolyse in *trans-Cyclohexylen-(1.2)-diamin* bzw. mit C_2H_5ONa in *trans-1.2-Bis-[carbäthoxyamino]-cyclohexan* übergeführt wird. Die durch Ansäuern von **V** erhaltene *trans*-**IV** ist offenbar mit der von Stolberg u. Mitarbeitern (C. **1957**, 10729) durch Erhitzen von cis-**III** mit NH_2OH/C_2H_5ONa auf 100° u. Ansäuern erhaltenen u. als cis-**IV** betrachteten Verb. identisch. Verss., das analog **VI** aus Δ^5-Norbornen-endo-cis-2.3-dicarbonsäure-(cis-**XII**)-Anhydrid über *Δ^5-Norbornen-trans-2.3-dicarbondihydroxamsäure* (**XI**)*-Di-Na-Salz* dargestellte *Di-O-benzoyl-Deriv.* von **XI** mit KOH zum **VII**-Analogen zu cyclisieren, gaben nur *Poly-[N.N'-Δ^5-norbornenylen-(2.3)-harnstoff]*, dessen Struktur aus der Elementaranalyse u. dem Vgl. des IR-Spektrums mit dem des aus Di-O-benzoyladipodihydroxamsäure darstellbaren Poly-[N.N'-tetramethylenharnstoffs] geschlossen wird. Verss., das **X**-Analoge aus **XI** u. $C_6H_5SO_2Cl$ darzustellen, waren ohne Erfolg.

Versuche: *cis-Hexahydrophthalsäure* (cis-**I**)*-Dimethylester* (cis-**III**), Kp.$_{0,5}$ 82°, durch Rk. von **II** mit CH_3OH nach Smith u. Fort (C. **1959**, 1074); n_D^{23} 1,4580; 85% (Ausbeute). *trans*-**III**, Kp.$_{0,5-0,75}$ 72—75°, aus cis-**III** nach Hückel u. Groth [1925]; n_D^{24} 1,4539; 82%. — *trans-Hexahydrophthaldihydroxamsäure* (trans-**IV**), $C_8H_{14}N_2O_4$, F. 191—192°, durch Zutropfen von 5%ig. HCl zu **V** in W. bei 10° bis pH 7; aus Dioxan/W. Büschel; 30%. *Di-Na-Salz* (**V**), durch Zugeben von 20 g trans-**III** zu NH_2OH (aus dem Hydrochlorid u. 1 Val C_2H_5ONa) in A. u. ½std. Rühren mit C_2H_5ONa in A.; 24 g. *Di-O-benzoyl-Deriv.* (**VI**), $C_{22}H_{22}N_2O_6$, F. 188°, durch Lösen von **V** in Na-Acetat-Lsg., Zugabe von etwas Saponin, Zutropfen von C_6H_5COCl bei 0—5°, ¾std. Rühren, Ansäuern mit konz. HCl, Abfiltrieren u. Waschen mit Bzl./Ligroin (1 : 1); aus Dioxan Tafeln; 45%. — *trans-2.4-Dioxo-3-hydroxydekahydrochinazolin* (**IX**), $C_8H_{12}N_2O_3$, F. 204—205°, durch 40 Min. langes Erhitzen von **VII** in **VIII** auf 150°, Kühlen, Anreiben mit 5n CH_3COOH, Filtrieren [→ *N-Benzylbenzamid*, F. 105—107° (Bzl./PAe.)], Eindampfen u. Waschen mit sd. Bzl.; aus Chlf./Cyclohexan Rhomben; 62,5%. *3-O-Benzoyl-Deriv.* (**VII**), $C_{15}H_{16}N_2O_4$, F. 210—211°, durch 1std. Rühren von **VI** u. 1 Val NaOH in W. auf dem Dampfbad; aus A. Nadeln; 81%. *3-O-Benzolsulfonyl-Deriv.* (**X**), $C_{14}H_{16}N_2O_5S$, F. 208 bis 209° [Tetrahydrofuran (THF)], durch Zutropfen von $C_6H_5SO_2Cl$ in THF zu **V** in THF bei 20°—25°, $^1/_2$std. Rühren, $^3/_4$std. Rühren mit Na-Acetattrihydrat, Filtrieren u. Einengen; 25%. — *trans-1.2-Diaminocyclohexan, N.N'-Dicarbäthoxy-Deriv.*, F. 142° (Bzl./PAe.), durch Zutropfen von C_2H_5ONa in A. zu **X** in sd. A., 5 Min. langes Kochen, Eindampfen im Vakuum, Extraktion mit sd. Bzl. u. Eindampfen; 67%. *Dihydrochlorid*, F. 300 bis 303°, durch Hydrolyse des Dicarbäthoxy-Deriv. mit konz. HCl nach Wieland u. Mitarbeitern [1926]; 80%. *N.N'-Dibenzoyl-Deriv.*, $C_{20}H_{22}N_2O_2$, F. 350° (CH_3COOH), durch $^3/_4$std. Kochen von **X** in NaOH, Filtrieren, Einengen, 6std. Kochen mit konz. HCl, Alkalisieren mit NaOH u. Zusatz von C_6H_5COCl; 46%. *N.N'-Dibenzolsulfonyl-Deriv.*, F. 155—156° (Bzl./PAe.), analog dem Dibenzoyl-Deriv. durch Verw. von $C_6H_5SO_2Cl$ statt C_6H_5COCl; 35%. — *Δ^5-Norbornen-2.3-dicarbonsäuredimethylester, endo-cis-Form*, Kp.$_{0,25}$ 71—73°, nach Morgan u. Mitarbeitern (J. Amer. chem. Soc. **66**, [1944], 404); 76%. *trans-Form*, F. 29,5—30°, Kp.$_{0,2}$ 68—69°, durch $1^1/_4$std. Kochen der cis-Form mit CH_3ONa in CH_3OH, Kühlen, Verdünnen mit W., Extraktion mit Bzl./Ae. (1 : 1), Waschen mit W., verd. H_2SO_4 u. W. u. Dest.; 87%. — *Di-O-Benzoyl-Δ^5-norbornen-trans-2.3-dicarbondihydroxamsäure*, $C_{23}H_{20}N_2O_6$, F. 187° (Zers.), a) analog **V** aus vorst. trans-Form u. weiter durch Eindampfen der Lsg. des Na-Salzes im Vakuum, Lösen in Na-Acetat-Lsg., Zutropfen von C_6H_5COCl bei 0°, 2std. Stehen, Ansäuern mit konz. HCl, Abfiltrieren u. Waschen mit W., Bzl. u. Ae.; aus 80%ig. A. Nadeln; 50%; b) analog a) aus vorst. cis-Form; 30%. — *Poly-[N.N'-Δ^5-norbornenylen-(2.3)-harnstoff]*, $(C_8H_{10}N_2O)_x$, Zers. > 340°, durch 1std. Erwärmen von **XI** in KOH auf dem Dampfbad u. Waschen des Nd. mit W. u. sd. CH_3OH. — IR-Maxima von cis- u. trans-**III** sowie von cis- u. trans-**XII**-Dimethylester sind angegeben. H. Pagel. 3272◇

0854 **Darstellung und Reaktionen einiger unsymmetrischer Phenoxasilinverbindungen.** Henry Gilman und W. J. Trepka. (J. org. Chemistry **27**, 1418—22, 12/4. 1962; Ames, Iowa, State Univ., Dep. of Chem.; engl.) — 2.2'-Dilithiumdiphenyläther (**I**) wird mit Phenylsilan (**II**) zu *10-Phenylphenoxasilin* (**III**; O = 5) umgesetzt. Aus **III** u. Alkyl- bzw. Aryl-Li-Verbb. werden *unsymmetr. Phenoxasilinderivv.* hergestellt. Aus **III** u. Benzyl-Li entsteht neben wenig *10-Benzyl-10-phenylphenoxasilin* hauptsächlich *10-Hydroxy-10-phenylphenoxasilin* (**IV**). **IV** bildet sich auch bei der Hydrolyse von **III** mit alkohol. KOH. Durch Erwärmen von **IV** in 98%ig. Ameisensäure wird das entsprechende *Disiloxan* gewonnen. Mit N-Bromsuccinimid (NBS) wird aus **III** *10-Brom-10-phenylphenoxasilin* (**V**) in guter Ausbeute erhalten. **V** setzt sich mit Na in Xylol zum *Disilan* um. Diphenyldichlorsilan u. 2.2'-Dilithium-4-trimethylsilylphenylphenyläther setzen sich zu *2-Trimethylsilyl-10.10-diphenylphenoxasilin* um. Die therm. Beständigkeit der Verbb. wird angegeben.

Versuche: Phenoxasiline: *10.10-Diphenyl-*, F. 177—179° (Äthylacetat, PAe.), a) aus **I** u. Diphenylsilan in Tetrahydrofuran (THF); 20% (Ausbeute); b) aus **III** u. Phenyl-Li in Ae.; 39%; c) aus **V** u. Phenyl-Li in Ae.; 35,3%. — *10-Phenyl-*(**III**), $C_{18}H_{14}OSi$, F. 81—83° (Methanol), Kp.$_{0,05}$ 119—127°, aus **I** u. **II** in THF; 25,8%. — *10-Methyl-10-phenyl-*, $C_{19}H_{16}OSi$, F. 56,5—58° (A.), aus **III** u. Methyl-Li in Ae.; 60%. — *10-Phenyl-10-[o-tolyl]-*, $C_{25}H_{20}OSi$, F. 116—117,5° (A.), aus **III** u. o-Tolyl-Li in Ae.; 47,2%. — *10-Phenyl-10-[p-tolyl]-*, F. 155 bis 157° (PAe.), aus **III** u. p-Tolyl-Li in Ae.; 47,2%. — *10-[o-Biphenylyl]-10-phenyl-*, $C_{30}H_{22}OSi$, F. 150—151° (PAe.), aus **III** u. Biphenylyl-Li; 47,2%. — *10-[p-Phenoxyphenyl]-10-phenyl-*, $C_{30}H_{22}O_2Si$, F. 136—137° (PAe.) aus n-Butyl-Li, p-Bromphenylphenyläther in Ae. bei — 20° u. **III** in Ae.; 19,3%. — *10-Hydroxy-10-phenyl-* (**IV**) $C_{18}H_{14}O_2Si$, F. 124—125,5° (PAe.), a) aus **III** in A. u. KOH in wss. A.; 77,4%; b) durch Hydrolyse von **V**; c) aus **III** in Ae. u. Benzyl-Li in THF, 28%; daneben wenig *10-Benzyl-10-phenylphenoxasilin*, $C_{25}H_{20}OSi$, F. 89 bis 90° (A.). — *10.10'-Oxy-bis-[10-phenyl-]*, F. 189,5 bis 191° (PAe.), durch 1std. Kochen von **IV** in 98%ig. Ameisensäure; 37,3%. — *10-Brom-10-phenyl-* (**V**), $C_{18}H_{13}$·BrOSi, F. 96—99° (PAe.), aus **III** u. NBS in CCl_4; schwach gelber Körper; 52,6%. — *10.10'-Diphenyl-10.10'-bis-*, $C_{36}H_{26}O_2Si_2$, F. 231—233° (Bzl./PAe.), durch 24std. Kochen von **V** u. Na in Xylol; 56,6%. — *2-Trimethylsilyl-10.10-diphenyl-*, $C_{27}H_{26}OSi_2$, F. 123—124° (Methanol), Kp.$_{0,05}$ 185—198°, aus 4-Trimethylsilylphenylphenyläther, n-Butyl-Li u. Diphenyldichlorsilan in THF; 16,9%. K. Rühlmann. 3292□

0855 **Fluorkohlenhydrate.** 2. Mitt. **Charakterisierung der (±)-2-Desoxy-2-fluorglycerinsäure und ihrer Chininsalze.** P. W. Kent, G. Hebblethwaite und N. F. Taylor. (J. chem. Soc. [London] **1960**, 106—08; Oxford, Univ., Dep. of Biochem.; engl.) — 1. vgl. C. **1958**, 12115. — *(±)-2-Desoxy-2-fluorglycerinaldehyd* (**I**) läßt sich durch Hypohalogenite, vorzugsweise durch Na- oder Ba-Hypojodit, in wss. Lsg. quant. zur *Säure* (**II**) oxydieren. In Methanol erfolgt die Oxydation nur zu 20—50%. Zur Darst. von (±)-**II** wurde **I** mit wss. $Ba(JO)_2$ behandelt u. als *Pb-Salz* abgetrennt, das mit Methanol-H_2SO_4 den *Methylester* lieferte, aus dem das krist. *Amid* erhalten wurde. Das aus dem Pb-Salz mit Dowex 50 isolierte (±)-**II** wurde in das Chininsalz der (+)- u. (—)-*Form* übergeführt.

Versuche: *(±)-2-Desoxy-2-fluorglycerinsäure [(±)-α-Fluor-β-hydroxypropionsäure]* (**II**), $C_3H_5FO_3$, a) durch Oxydation von 0,53 g **I** mit Br_2 in W. bei Raumtemp. in 24 Std.; 0,25 g (Ausbeute); b) durch Lösen von 1 g **I** in der wss. Lsg. von 0,3 n J_2 in 1 n BaJ_2 u. tropfenweise Zugabe von 0,4 g $Ba(OH)_2$, Zugabe von 3 n H_2SO_4 u. $PbCO_3$ u. anschließendes Schütteln des erhaltenen *Pb-Salzes* (1,55 g) mit Dowex 50 in W.; R_F 0,53 in Propanol-NH_4OH (6:4). *Methylester*, $C_4H_7FO_3$, Kp.$_{0,05}$ 18°, durch Schütteln u. anschließendes 7std. Kochen des Pb-Salzes (1,55g) mit methanol. H_2SO_4; n_D^{18} 1,4080. *Amid*, $C_3H_6FNO_2$, F. 115° (Aceton), aus dem Methylester in Methanol u. NH_3 in 16 Std. bei Raumtemperatur. (—)-*Form* (?), *Chininsalz*, $C_{23}H_{29}FN_2O_5$, F. 196° (W.–A.), durch Neutralisation der (±)-Form mit Chinin bei 100°; $[\alpha]_D^{21}$ —151 ± 2° (c = 2; W.). (+)-*Form* (?), *Chininsalz*, F. 179—180° (A.), $[\alpha]_D^{20}$ — 132 ± 2° (c = 0,6; W.). M. Reiher. 3400□

0856 **Fluorkohlenhydrate.** 3. Mitt. **Reaktionen der 6-Desoxy-6-fluor-D-galaktose.** P. W. Kent, A. Morris und N. F. Taylor. (J. chem. Soc. [London] **1960**, 298—303; engl.) — 2. vgl. vorst. Referat. — *1.2;3.4-Di-O-isopropyliden-6-O-methansulfonyl-D-galaktose* (**I**) gibt mit KF u. CH_3OH eine Mischung (**B**) der entsprechenden *6-Desoxy-6-fluor-* u. *6-O-Methylderivate.* Durch Methanolyse entsteht aus **B** eine isomorphe Mischung (**C**) von *Methyl-6-O-methyl-α-D-galaktosid* (**IV**) u. *Methyl-6-desoxy-6-fluor-α-D-galaktosid* (**V**) im Verhältnis 2:1. Bei der wss.-sauren Hydrolyse von **B** erhält man red. Zucker, die papierchromatograph. getrennt werden können. Die Methylierung von **C** lieferte *Methyl-6-desoxy-6-fluor-2.3.4-tri-O-methyl-α-D-galaktosid* (**VI**) u. *2.3.4.6-Tetra-O-methyl-α-D-galaktosid.* Authent. **V** ergab mit CH_3J/HgO_2 krist. **VI**, aus dem durch Hydrolyse (H^+) der entsprechende *Fluor-tri-O-methyl-Zucker* (**VII**) entsteht. Mit Br_2 erhält man aus **VII** *6-Desoxy-6-fluor-2.3.4-tri-O-methyl-D-galaktonsäurelactan-(1—>5)* (**II**). **V** wird durch Raney-Ni mit H_2 bei 1 atm oder durch Kochen mit Raney-Ni in 70%ig. A. oder mit Al-Amalgam nicht enthalogeniert, jedoch erfolgt seine Defluorierung durch Hydrierung an Raney-Ni bei 100°/1 atm in Methanol zum *Methyl-6-desoxy-α-D-galaktosid*, das bei der Hydrolyse in wss.-saurer Lsg. *D-Fucose* lieferte. Die *α-Glykoside* der F-haltigen Zucker werden langsamer hydrolysiert als das des F-freien Analogen, während die Mutarotation der Fluorzucker mit ähnlicher Geschw. erfolgt wie die der normalen Zucker.

Versuche: *6-O-Methyl-α-D-galaktose* (**III**), C_7H_{14}·O_6, F. 122° (Methanol–Ae.), a) durch 16std. Erhitzen von 6 g **I** mit KF in Methanol im Rohr u. anschließendes 4,5std. Erhitzen von 1,587 g des erhaltenen *Prod. vom Kp.$_{0,05}$ 96°* [**B**; n_D^{18} 1,4590; 1,85 g (Ausbeute)] mit 0,05 n H_2SO_4 auf 100°; $[\alpha]_D^{20}$ + 129° → + 53,5° (c = 0,2; W.); R_F 0,31 (Pyridin–Butanol 1:4); 0,8 g; b) aus **IV** durch

Hydrolyse; $[\alpha]_D^{20}$ + 66° (c = 0,5; W.). *Methylglycosid* (**IV**), $C_8H_{16}O_6$, F. 132—133° (Ae.–Methanol), a) durch 4std. Kochen von 2,01 g **B** mit methanol. HCl als *Gemisch* mit **V** [**C**, F. 120° (Methanol–Ae.); $[\alpha]_D^{20}$ + 161° (c = 2; W.); 0,4 g]; b) aus 5 g Di-O-isopropylidengalaktose durch Methylierung mit CH_3J u. Ag_2O u. anschließendes 5std. Kochen des erhaltenen *Diisopropylidenderiv.* von **III** (Kp.$_{0,02}$ 92°; n_D^{21} 1,4646; 4 g) mit 1%ig. methanol. HCl u. Neutralisation mit Ag_2CO_3; $[\alpha]_D^{20}$ + 171° (c = 4,3; W.). — *6-Desoxy-6-fluor-2.3.4-tri-O-methyl-α-D-galaktose* (**VII**), $C_9H_{17}FO_5$, aus 0,75 g **VI** durch 8std. Erhitzen mit 1 n H_2SO_4 auf 100°; $[\alpha]_D$ + 171 ± 2° (0 Std.), + 125 ± 2° (4 Std.), + 107 ± 2° (7 Std.), + 103 ± 2° (8 Std.), Neutralisation mit $Ba(OH)_2$; n_D^{23} 1,4560; R_F 0,69 (Butanol–A.–W.); 0,6 g. *Methylglykosid* (**VI**), $C_{10}H_{19}FO_5$, F. 110° (Aceton), a) aus 0,45 g **V** durch dreimaliges 19std. Kochen mit CH_3J–Hg_2O in Aceton; 0,35 g; b) aus 1,156 g **C** analog a); $[\alpha]_D^{20}$ + 151° (c = 0,6; Chlf.); 0,8 g. — *Prod. vom Kp.$_{0,04}$ 100—110°*, neben **B**; n_D^{18} 1,4590; 1,85 g. — *2.3.4.6-Tetra-O-methyl-D-galaktosylanilin*, F. 189—190° (Aceton–PAe.), durch 5std. Erhitzen des neben **C** aus **B** erhaltenen *Prod. vom Kp.$_{0,04}$ 104—105°* (n_D^{20} 1,4420; 0,35 g) mit 1 n H_2SO_4 auf 100° u. anschließendes 10 std. Kochen des isolierten Zuckers (n_D^{20} 1,4540; 0,21 g) mit Anilin in Alkohol. — *6-Desoxy-6-fluor-2.3.4-tri-O-methyl-D-galaktonsäure, Lacton-(1 → 5)* (**II**), $C_9H_{15}FO_5$, Kp.$_{0,05}$ 50—55°, aus 0,44 g **VII** in W. mit Br_2 in 10 Tagen u. anschließendes 3std. Erhitzen der entstandenen *Galaktonsäure* auf 100°/15 mn.; $[\alpha]_D^{22}$ + 71° (3 Min.) → + 11° (6 Std.); n_D^{20} 1,4520; 0,16 g. *Phenylhydrazid*, $C_{15}H_{23}FN_2O_5$, F. 151—152° (A.), aus 50 mg **II** durch 1,5std. Kochen mit Phenylhydrazin in A. u. nach Abdest. des A. weiteres 0,5std. Erhitzen des Rückstandes auf 100°; 15 mg. — *6-Desoxy-6-fluor-D-galaktose*, neben **III**; R_F 0,37. *Phenylosazon*, $C_{18}H_{21}FN_4O_3$, F. 155—156° (Bzl.). — *D-Fucosebenzylphenylhydrazon*, F. 177—178° (A.), aus 0,5 g **V** durch Hydrierung an Raney-Ni in Methanol bei 100°/120 atm. in 9 Std. u. anschließende Hydrolyse des erhaltenen Prod. mit 0,5 n H_2SO_4 in 2std. bei 100°, dann Überführung der *D-Fucose* [R_F 0,39 (Butanol–A.–W.)] in das Hydrazon.

M. Reiher. 3400□

0857 **Die Oxydation von Glykosiden.** 11. Mitt. **Oxydation von Methyl-β-D-xylopyranosid und Methyl-β-D-ribopyranosid.** Eileen Brimacombe, John S. Brimacombe und Bengt Lindberg. (Acta chem. scand. **14**, 2236—39, 1960; Stockholm, Svenska Träforsknings-Inst., Träkem. Avd.; engl.) — 10. vgl. C. **1960**, 138; 12. vgl. C. **1962**, 3100. — Bei der Oxydation von Methyl-β-D-xylopyranosid (**I**) mit CrO_3 in Aceton entstehen neben *Methyl-β-D-3-oxo-xylopyranosid* (**II**), die unbeständigeren entsprechenden *2-*(**III**) bzw. *4-Oxo-Verbb.* (**IV**), die schon nahe pH 7 Epimerisierung u. Zers. erleiden. Die Oxydationsprodd. bilden bei pH 4,7 in $NaHSO_3$-Puffer starke Komplexe, reagieren stark mit $AgNO_3$–Na-Äthylat u. geben mit Anisidinhydrochlorid charakterist. gelb gefärbte Komplexe. Dehydrierung von **I** mit O_2 in Ggw. von Pt ist kaum zu beobachten, dagegen liefert Methyl-β-D-ribopyranosid (**V**) unter diesen Bedingungen **II**, dessen Red. mit Na-Amalgam u. anschließende Hydrolyse *Ribose* u. *Xylose* ergibt. Diese Oxydations-Meth. greift primär axiale Hydroxylgruppen an, Methyl-α-L-arabinopyranosid wird am $C_{(4)}$ dehydriert; die Prodd. sind jedoch sehr instabil.

Versuche: *Methyl-3-oxo-β-D-xylopyranosid (ribopyranoside)* (**II**), a) aus **I** durch ½std. Kochen mit CrO_3 in Aceton, Red. des überschüssigen CrO_3 mit alkohol. HCl, Beseitigung der Ionen an Dowex 50 (H^+) u. 3 u. Chromatographie an Kohle-Celit; 3,5% (Ausbeute). daneben 0,4% *Methyl-2-oxo-*(**III**) u. 0,4% *Methyl-4-oxo-β-D-xylopyranosid* (**IV**); b) durch 5std. Rk. von 4 g **V** mit O_2 in W. an PtO_2 bei 20° unter Normaldruck; ca. 0,46 g; $[\alpha]_D^{21,5}$ − 90° (c = 1,0; W.). — *Xylose*, a) aus **II** durch 2std. Rk. mit 2,5%ig. Na-Amalgam in W. bei pH 6, 16std. Kochen mit 0,5 n H_2SO_4 u. Deionisierung an Dowex 50 (H^+) u. 3; daneben *Ribose*; b) analog a) aus **III**; daneben *Lyxose*; c) analog a) aus **IV**; daneben *Arabinose*. *2.4-Dinitrophenylhydrazon*, F. 162—163°.

H.-J. Schulz. 3400◇

0858 **Benzyliden- und Isopropylidenverbindungen der 3-Desoxy-D-mannose.** Gerhard Rembarz. (J. prakt. Chem. [4] **19**, 315—18, 1963; Rostock, Inst. für organ. Chem. der Univ.; dt.) — *3-Desoxy-D-mannose* bildet mit Benzaldehyd stereoisomere *1.2;4.6-Di-O-benzyliden-3-desoxy-D-mannosen* (**Ia** u. **Ib**). Die Struktur folgt aus der Bldg. einer *Monobenzyliden-3-desoxy-D-mannose* durch kurzes Erwärmen von **Ia** u. **Ib** mit Raney-Ni in abs. A. bzw. durch Methylierung des nach Katalysator-Entfernung anfallenden Sirups, Hydrolyse u. papierchromatograph. Identifizierung der *4.6-Di-O-methyl-3-desoxy-D-mannose* (**III**). — Mit Aceton bildet 3-Desoxy-D-mannose die entsprechende *1.2;4.6-Di-O-isopropyliden-3-desoxy-D-mannose* (**IV**), die sich partiell zur *1.2-O-isopropyliden-3-desoxy-D-mannose* (**II**) verseifen läßt.

Versuche: *1.2;4.6-Di-O-benzyliden-3-desoxy-D-mannose* (**Ia**), $C_{20}H_{20}O_5$, F. 230°, durch 16std. Schütteln von 3-Desoxy-D-mannose mit Benzaldehyd u. $ZnCl_2$ bei Raumtemp., Blättchen aus n-Butanol, zwischen 170 u. 200° Umwandlung in Stäbchen, $[\alpha]_D^{20}$ + 33,2° (c = 1,50 Chlf.), 49% (Ausbeute). *Stereoisomere Verb.* (**Ib**), $C_{20}H_{20}O_5$, F. 105,5° (Methanol), $[\alpha]_D^{20}$ − 23,2 (c = 2,36 Chlf.) aus der Mutterlauge von **Ia**. — *1.2;4.6-Di-O-isopropyliden-3-desoxy-D-mannose* (**IV**), $C_{12}H_{20}O_5$, Kp.$_1$ 125° (Badtemp.), analog vorst. Verb. mit 10 ml abs. Aceton; $[\alpha]_D^{20}$ + 21,1° (c = 1,50 Chlf.); Sirup; 62%. — *1.2-O-Isopropyliden-3-desoxy-D-mannose* (**II**), $C_9H_{16}O_5$, Kp.$_{10^{-4}}$ 150° (Badtemp.), durch 24std. Stehen einer Lsg. von **IV** in Methanol u. 0,05 n H_2SO_4; $[\alpha]_D^{20}$ + 24,9° (c = 2,18 Methanol); 49%.

R. Schirmer. 3400△

0859 **Sulfate von Monosacchariden und Derivaten.** 5. Mitt. **Sulfatierungsprodukte von Galaktose und Glucose.** J. R. Turvey und T. P. Williams. (J. chem. Soc. [London] **1963**, 2242—46; Bangor, Caernarvonshire, Univ., Coll. of N. Wales, Dep. of Chem.; engl.) — 4. vgl. C. **1963**, 12808. — Aus D-Galaktose erhält man durch Sulfatierung mit Pyridin/SO_3 u. chromatograph. Trennung *D-Galaktose-3-, 6-, 3.6-di-, 2.3.6-tri-* u. *2.3.4.6-tetrasulfat* u. aus D-Glucose *D-Glucose-3-, 4-, 6-mono-, 2.3.4.6-tetrasulfat*, zwei *Disulfate* u. ein *Trisulfat*.

Versuche: D-Galaktosesulfate, durch 5std. Sulfatierung von D-Galaktose mit dem 3fachen mol. Überschuß Pyridin/SO_3 bei 65°, Trennung an Cellulose mit 0,5% HCOOH in 85%ig. wss. A. (**a**), in 75%ig. A. (**b**), in 70%ig. A. (**c**) u. W. (**d**) u. weitere Reinigung durch Papierchromatographie oder Elektrophorese erhält man: *D-Galaktose*, aus **a**; 6% (Ausbeute). — *D-Galaktose-6-sulfat, Na-Salz*, $C_6H_{11}NaO_9S$, aus **b**; $[\alpha]_D^{16}$ + 51,1° (W.); 20%. — *D-Galaktose-3-sulfat*, aus **b**; 1%. — *D-Galaktose-3.6-disulfat, Di-Na-Salz*, $C_6H_{10}Na_2O_{12}S_2$, aus **b**; $[\alpha]_D^{16}$ + 51,7° (W.); 31%. — *D-Galaktose-2.3.6-trisulfat, Tri-Na-Salz*, $C_6H_9Na_3O_{15}S_3$, aus **c**; $[\alpha]_D^{16}$ + 35,8° (W.); 23%. — *D-Galaktose-2.3.4.6-tetrasulfat, Tetra-Na-Salz*, $C_6H_8Na_4 \cdot O_{18}S_4$, aus **d**; $[\alpha]_D^{16}$ + 0,9° (W.); 19%. — D-Glucosesulfate, durch Sulfatierung von D-Glucose u. Trennung an Cellulose mit 0,2% HCOOH in 80%ig. wss. A. (**a**), 0,3% HCOOH in 60%ig. A. (**b**) u. W. (**c**) erhält man: *D-Glucose*, aus **a**; 31,6%. — *D-Glucose-3-sulfat, Na-Salz*, $C_6H_{11}NaO_9S$, aus **a**; 0,9%. — *D-Glucose-4-sulfat*, aus **a**; 1,5%. — *D-Glucose-6-sulfat, Ba-Salz*, $(C_6H_{11}O_9S)_2Ba$, aus **a**; $[\alpha]_D^{16}$ + 28,7° (W.); 27%. — *D-Glucosedisulfate A u. B*, aus **b**; 10%. — *D-Glucosetrisulfat*, aus **b**; 13%. — *D-Glucose-2.3.4.6-tetrasulfat, Di-Ba-Salz*, $C_6H_8Ba_2O_{18}S_4$, aus **c**; $[\alpha]_D^{16}$ + 38,3° (W.); 16%.

E. Schraven. 3400◇

0860 **Synthese und Stereochemie von Mycaminose.** A. C. Richardson. (Proc. chem. Soc. [London] **1961**, 430—31, Bristol, Univ.; engl.) — Die für *Mycaminose* (**I**) aus der Mol.-Rotation der anomeren *Tri-O-acetate* von **I** gefolgerte *3.6-Didesoxy-3-dimethylamino-β-glucose*-Struktur wird durch Synth. bestätigt. Selektive Methylierung von Methyl-3-amino-3.6-didesoxy-α-D-glucopyranosid (**II**) mit CH_2O/HCOOH ergibt in 71%ig. Ausbeute das *Dimethylaminoderiv.* (**III**). Säurehydrolyse von **III** liefert mit dem *Mycaminosehydrochloridmonohydrat* ident. (IR-Spektrum) *3.6-Didesoxy-3-dimethylamino-β-D-glucose, Hydrochlorid, Monohydrat*, F. 116—118°; $[\alpha]_D$ + 11° → + 31° (W.). Aus der L-Form von **II** resultiert analog *L-Mycaminose, Hydrochlorid, Monohydrat*, F. 116—117°; $[\alpha]_D$ − 13° → − 30° (W.); IR-Spektrum ident. mit der D-Form.

G. Etzold. 3400◇

0861 **Präparative Herstellung von kristallinem 6-Desoxy-6-amino-D-glucosehydrochlorid und Konstitution**

einiger Zwischenprodukte. E. Hardegger, G. Zanetti und K. Steiner. (Helv. chim. Acta **46**, 282—87, 1963; Zürich, ETH, Organ.-chem. Labor.; dt.) — Die Furanosidstruktur von *1.2;3.5-Diisopropyliden-6-desoxy-6-chlorglucose* (**I**) läßt sich durch Umsetzung von 1.2;5.6-Diisopropylidenglucose (**II**) mit PCl_5 zu **I**, das über das *6-Hydrazinoderivat* in *1.2;3.5-Diisopropyliden-6-desoxy-6-aminoglucose* (**IV**) übergeführt wird, festlegen. Aus 6-Tosyl-1.2-isopropyliden-3.5-benzyliden-D-glucofuranose läßt sich mit methanol. NH_3 kein 6-Desoxy-6-amino-D-glucosehydrochlorid (**VI**) erhalten. Aus Methyl-6-desoxy-6-amino-α-D-glucosidhydrochlorid (**V**) dargestelltes **VI** wird bei Einw. von Methanol in **V** zurückverwandelt. Bei Anwendung von Essigsäure zur Kristallisation erhält man analysenreines **VI**.

Versuche: *6-Desoxy-6-chlor-1.2;3.5-diisopropyliden-D-glucofuranose* (**I**), $C_{12}H_{19}ClO_5$, Kp.$_{0,03}$ 107°, durch Umsetzen von **II** mit PCl_5 u. wasserfreiem Na_2CO_3 in PAe. bei —16°, Ausschütteln mit 10%ig. NaOH, Trocknen u. Dest. im Hochvakuum; 14% (Ausbeute); $[\alpha]_D$ +48° (c = 2,5; Methanol). — *6-Desoxy-6-amino-1.2;3.5-diisopropyliden-D-glucofuranose* (**IV**), $C_{12}H_{21}NO_5$, Kp.$_{0,01}$ 110°, a) durch 2tägiges Kochen von **I** mit abs. Hydrazin, Ausäthern, Einengen im Hochvakuum u. 2tägiges Hydrieren in Ggw. von Raney-Ni; 94%; b) durch Lösen des Pikrats in Chlf., Ausschütteln mit NaOH/W. u. Eindampfen im Vakuum; 77%; $[\alpha]_D$ +40° (c = 1,7; Chlf.). *Pikrat*, $C_{18}H_{24}N_4O_{12}$, F. 196° (Zers.); $[\alpha]_D$ +19° (c = 1,0; A.). — *6-Desoxy-6-benzylidenamino-1.2;3.5-diisopropyliden-D-glucofuranose*, $C_{19}H_{25}NO_5$, F. 79—80° (PAe.), durch Umsetzen von **IV** mit Benzaldehyd in Bzl., Chromatographie an Al_2O_3 u. Eluieren mit Bzl./CH_2Cl_2; 45%; $[\alpha]_D$ +29° (c = 1,0; Chlf.). — *6-Desoxy-6-acetamido-1.2;3.5-diisopropyliden-D-glucofuranose* (**III**), $C_{14}H_{23}NO_6$, F. 152° (Chlf./Cyclohexan), a) durch Umsetzung von **IV** mit Acetanhydrid in abs. Pyridin; 65%; $[\alpha]_D$ +29° (c = 1,5; Chlf.); b) durch Kochen von 6-Tosyl-1.2;3.5-diisopropyliden-D-glucofuranose in abs. Hydrazin, Extraktion mit Ae., Eindampfen im Vakuum, Hydrieren in Ggw. von Raney-Ni u. Umsetzen mit Acetanhydrid; 50%. — *6-Desoxy-6-acetamido-D-glucose*, $C_8H_{15}NO_6$, F. 199—200° (Zers., W./A.), durch 3std. Kochen von **III** in Methanol/W. mit H_2SO_4, Neutralisation mit $BaCO_3$, Filtrieren über Celite u. Eindampfen im Vakuum; 32%; $[\alpha]_D$ +30° → +40° (nach 24 Std.) (c = 1,1; W.). — *6-Desoxy-6-amino-D-glucosehydrochlorid* (**VI**), $C_6H_{14}ClNO_5$, F. 158° (Zers.; Wasser/Eisessig), durch 4std. Kochen von Methyl-6-desoxy-6-amino-α-D-glucosidhydrochlorid (**V**) mit 2n HCl, Eindampfen im Vakuum u. Versetzen mit Eisessig; 77%; $[\alpha]_D$ +22° → +48° (nach 24 Std.) (c = 1,1; W.). *Pentabenzoyl-Derivat*, $C_{41}H_{33}NO_{10}$, F. 185° (A./W.); 78% (Ausbeute); aus **VI** u. Benzoylchlorid in Pyridin; $[\alpha]_D$ +33° (c = 0,7; Chlf.).

B. Lücke. 3400◇

0862 **Glykopeptide. 1. Mitt. Synthese von 6-O-Glycylglucose und 6-O-(DL-Alanyl)-glucose.** N. K. Kotschetkow, W. A. Derewitzkaja, L. M. Lichoscherstow und Ss. G. Kara-Mursa. (Журнал Общей Химии [J. allg. Chem.] **32 (94)**, 1159—66, April 1962; Inst. für die Chem. der Naturstoffe der Akad. der Wiss. der UdSSR; russ.) — Die Rk. von D-Glucose mit Carbobenzoxy (Cbo)-glycin in Ggw. von Dicyclohexylcarbodiimid liefert als Hauptprod. *6-O-Cbo-glycyl-D-glucose* (**I**); daneben fallen in sehr geringer Menge *2(3?).6-Bis-O-[cbo-glycyl]-D-glucose* u. *3-O-Cbo-glycyl-D-glucose* (**II**) an. Die Struktur von **II** wird durch die Synth. aus 1.2;5.6-Di-O-isopropyliden-D-glucose bestätigt. **I** wird durch Hydrogenolyse in Ggw. von Oxalsäure in *6-O-Glycyl-D-glucoseoxalat* (**III**) umgewandelt. Analog **III** werden das Oxalat der *6-O-DL-Alanyl-D-glucose* u. des *6-O-DL-Alanyl-D-α-methylglucosids* dargestellt. Die freien O-Aminoacylmonosaccharide sind äußerst unbeständig.

Versuche: *6-O-Cbo-glycyl-D-glucose* (**I**), $C_{16}H_{21}NO_9$, F. 159—160° (Methanol-Essigester), durch Zugeben von Dicyclohexylcarbodiimid zu D-Glucose u. Cbo-glycin in Pyridin bei 5°, 16std. Stehen bei 5°, 24 Std. bei Raumtemp., Verdünnen mit W., Ausäthern, Ansäuern der wss. Phase mit Essigsäure, Ausziehen mit n-Butanol, Eindampfen u. Chromatographieren in mit W. gesätt. Isobutanol an Cellulose; $[\alpha]_D^{20}$ +53,0° (c = 0,715; Methanol), $[\alpha]_D^{27}$ +30,4° (c = 0,5; W.); 46% (Ausbeute); daneben *3-O-Cbo-glycyl-D-glucose* (**II**), $C_{16}H_{21}NO_9$, hygroskop. glasige Masse, $[\alpha]_D^{20}$ +22,9° (c = 0,959; Methanol; 8%; sowie (aus dem Ae.-Extrakt) *2(3?).6-Bis-O-[cbo-glycyl]-D-glucose*, $C_{26}H_{30}N_2O_{12}$, F. 180° (Zers.; A.), $[\alpha]_D^{20}$ +50,0° (c = 0,597; Methanol). — *4.6-O-Benzyliden-3-O-cbo-glycyl-D-glucose*, $C_{23}H_{25}NO_9$, F. 164—165°, durch 3std. Schütteln von **II** mit Benzaldehyd in Ggw. von $ZnCl_2$; aus A. Nadeln; $[\alpha]_D^{20}$ +10,4° (c = 0,467; Methanol); 60,5%. — *6-O-Glycyl-D-glucose, Oxalat* (**III**), $C_8H_{15}NO_7 \cdot {}^1/_2C_2H_2O_4$, durch Hydrieren von **I** in wss. Methanol in Ggw. von Oxalsäure über Pd/$BaSO_4$; amorphes Pulver; $[\alpha]_D^{20}$ +36,2° (c = 1,281; W.); 68,5%. — *6-O-DL-Cbo-alanyl-D-glucose*, $C_{17}H_{23}NO_9$, analog **I** unter Abtrennung des als Nebenprod. anfallenden 3-Isomeren durch Rk. mit Benzaldehyd in Ggw. von $ZnCl_2$; hygroskop. glasige Masse; $[\alpha]_D^{20}$ +33,0° (c = 0,447; Methanol); 39,5%. — *6-O-DL-Cbo-alanyl-D-α-methylglucopyranosid*, $C_{18}H_{25}NO_9$, analog vorst. Verb.; $[\alpha]_D^{20}$ +74,5° (c = 1,124; Methanol); 31,5%. — *6-O-DL-Alanyl-D-glucose, Oxalat*, $C_9H_{17}NO_7 \cdot {}^1/_2C_2H_2O_4$, analog **III**; amorph; $[\alpha]_D^{20}$ +31,5° (c = 0,386; W.); 60%. — *6-O-DL-Alanyl-D-α-methylglucopyranosid, Oxalat*, $C_{10}H_{19}NO_7 \cdot {}^1/_2C_2H_2O_4$, analog **III**; amorph; $[\alpha]_D^{20}$ +86,6° (c = 0,577; W.); 70%.

H.-E. Toussaint. 3400◇

0863 **Genuine Anthrachinonglykoside aus dem Rhizom von Rheum palmatum var. tangut.** L. Farkas, H. Wagner und L. Hörhammer. (Z. Naturforsch. **18b**, 89, 1963; Budapest, TU, Inst. für Organ. Chem.; München, Univ., Inst. für Pharmazeut. Arzneimittellehre; dt.) — Durch Polyamidchromatographie wurden 5 Monoglykoside aus dem Rhizom von *Rheum palmatum var. tangut.* in kristalliner Form isoliert u. ihre Struktur durch CH-Analyse, Darst. der Acetate, UV- u. IR-Spektrum sowie Vgl. mit authent. Prodd. teilweise sichergestellt. Daneben wurden ein *Chrysophanol-*, *Aloeemodin-* u. *Rheindiglucosid* nachgewiesen. R_F-Werte s. Original.

Versuche: *Physcionmonoglucosid* [*Physcionin, 1.8-Dihydroxy-6-methoxy-3-methylanthrachinon-1* (oder *8*)-*mono-β-D-glucosid*], $C_{22}H_{22}O_{10}$, F. 235°; liefert bei der Hydrolyse je 1 Mol *Glucose* (**I**) u. *Physcion. Pentaacetat*, $C_{32}H_{32}O_{15}$, F. 169—170°. — *Aloeemodinmonoglucosidhemihydrat* [*1.8-Dihydroxy-3-hydroxymethylanthrachinon-1(oder 8)-mono-β-D-glucosidhemihydrat*], $C_{21}H_{20}O_{10} \cdot {}^1/_2H_2O$, F. 239°. *Pentaacetat*, $C_{31}H_{30}O_{15}$, F. 187°; $[\alpha]_D^{20}$ —91,61° (Aceton). — *Chrysophanolmonoglucosidmonohydrat* [*Chrysophanein, 1.8-Dihydroxy-3-methylanthrachinon-1(oder 8)-mono-β-D-glucosidmonohydrat*], $C_{21}H_{20}O_9 \cdot H_2O$, F. 245 bis 246°; liefert durch Hydrolyse je 1 Mol **I** u. *Chrysophanol. Pentaacetat*, $C_{31}H_{30}O_{14}$, F. 186—187°; $[\alpha]_D^{20}$ —80,7° (Aceton). — *Rheumemodinmonoglucosidhemihydrat* [*1.6.8-Trihydroxy-3-methylanthrachinon-1(oder 8)-mono-β-D-glucosidhemihydrat*], $C_{21}H_{20}O_{10} \cdot {}^1/_2H_2O$, F. 189—190°; liefert durch Hydrolyse je 1 Mol **I** u. *Rheumemodin. Hexaacetat*, $C_{33}H_{32}O_{16}$, F. 203—205°. — *Rhein-8-monoglucosid* (*1.8-Dihydroxy-3-carboxyanthrachinon-8-mono-β-D-glucosid*), $C_{21}H_{18}O_{11}$, F. 266—270°; liefert durch Hydrolyse je 1 Mol **I** u. *Rhein.* Roland Gnauck. 3450△

0864 **Die absolute Konfiguration des Nupharamins.** Ichiro Kawasaki, Shigeru Matsutani und Takeo Kaneko. (Bull. chem. Soc. Japan **36**, 623, 1963; Osaka, Nakanoshima, Osaka Univ., Fac. of Sci., Dep. of Chem.; engl.) — Chlorierung u. Dechlorierung von *Nupharamin* (*2α-[3-Hydroxyisopentyl]-3β-methyl-6α-[furyl-(3)]-piperidin*) gibt zwei isomere *Anhydronupharamine*; das eine hat eine Endomethylengruppe, dessen Hydroborierung u. Oxydation zu *Isonupharamin* (*Perchlorat*, F. 164 bis 166°) führt. Dieses wird chloriert u. zu Chinolizidin-Derivv. cyclisiert, diese in zwei Diastereomere getrennt, von denen eins mit natürlichem *1-Desoxynupharidin* ident. ist, das andere dagegen mit *rac. 7-Epidesoxynupharidin.* K. Gröbe. 3500◇

0865 **Aufspaltung der Tropasäure und eine direkte Synthese von S-(—)-Hyoscyamin (L-Atropin)].** G. Fodor, J. Rákóczi und Gy. Csepreghy. (Acta chim. Acad. Sci. hung. **28**, 409—11, 1961; Budapest, Stereochem. Labor. of the Hung. Acad. of Sci., and Res. Labor. of the United Pharm. Works,; engl.) — (±)-Tropasäure (**I**) läßt sich mit (2R.3R)-1-p-Nitrophenyl-2-aminopropandiol-(1.3) (**A**) bzw. dem (2S.3S)-Enantiomeren (**B**) in *S*(−)- (**II**) bzw. *R*(+)-*Tropasäure* (**III**) trennen. **II** wird in das (−)-*Acetyltropylchlorid* (**IV**) übergeführt, das durch Schmelzen mit Tropinhydrochlorid (**V**) u. nachfolgende Desacetylierung mit verd. HCl *S*(−)-*Hyoscyamin* liefert.

Versuche: *S*(−)-*Tropasäure* (**II**), F. 126−128°, durch Lösen von **I** u. **A** in W. bei 40−50°, Stehen über Nacht bei Raumtemp., Absaugen, Lösen in heißem W. u. Versetzen mit konz. NH_3, Abfiltrieren von **A** nach 1 Std., Ansäuern der Mutterlauge mit HCl bis pH 1 u. Kühlen auf 0°; $[\alpha]_D^{20} = -72°$ (c = 0,5; W.); 73% (Ausbeute). — *R*(+)-*Tropasäure* (**III**), F. 107−108°, a) aus der Mutterlauge des Salzes von **II** mit **A** durch Alkalisieren mit konz. NH_3 bis pH 9, 1std. Stehenlassen u. Abfiltrieren von **A**, Ansäuern des Filtrats bis pH 1, Abfiltrieren u. Umkristallisieren aus 30 ml heißem W.; $[\alpha]_D^{20} = +72°$ (c = 0,5; W.); 37%; b) analog **II**, aus **I** u. **B**; 10 g. — (−)-*Acetyltropylchlorid* (**IV**), durch Rk. von 199,2 g **II** u. 180 g Acetylchlorid während 30 Min. bei Raum-Temp. u. 1 Std. bei ca. 55°, portionsweises Zufügen von 180 ml Bzl. u. 288 g $SOCl_2$ u. 2,5 std. Erwärmen auf 60°, Abdampfen; schwach gelbes Öl; $[\alpha]_D^{20} = -79°$ (c = 2; Bzl.); 272,4 g. — *S*(−)-*Hyoscyamin*, F. 103−104°, durch 2std. Erwärmen von **IV** mit **V** auf 80−85°, Abkühlen auf 50−55°, Eingießen in W. u. konz. HCl, 24std. Stehen bei Raum-Temp., Ausschütteln von restlicher **II** mit $CHCl_3$, Zugabe von $CHCl_3$ u. Na_2CO_3 in W. zur wss. Phase, zweimaliges Ausschütteln mit $CHCl_3$, Eindampfen der vereinigten Extrakte u. Zugabe von PAe.; 68,2%.

Joachim Schmidt/Hannover. 3500◇

0866 **Die Alkaloide der Leguminosen.** 1. Mitt. **Die Struktur des Calpurnins von Calpurnia subdecandra.** A. Goosen. (J. chem. Soc. [London] **1963**, 3067−68, Mai; Pietermaritzburg [Südafrika], Univ. of Natal, Dep. of Chem., Natural Prod. Res. Unit, C. S. I. R.; engl.) — Das neue Alkaloid *Calpurnin* (**I**) besitzt die Struktur eines *Esters der Pyrrol-2-carbonsäure* mit (+)-*13-Hydroxylupanin* (**II**). **II** wurde durch seine Red. zum (−)-*13-Hydroxyspartein* u. den Vgl. dieser Basen mit bekannten Derivaten charakterisiert.

Versuche: *Calpurnin* (**I**), $C_{20}H_{27}N_3O_3$, F. 152 bis 154°; $[\alpha]_D^{22}$ +59° (c = 1; Chlf.); Prismen aus Äthylacetat. *Perchlorat*, $C_{20}H_{28}ClN_3O_7$, F. 255−260°; Prismen aus heißem Methanol. *Methojodid*, $C_{21}H_{30}JN_3O_3$, F. 230 bis 233°; Stäbchen aus Aceton. — (−)-*13-Hydroxyspartein*, $C_{15}H_{26}N_2O$, F. 155−157°, durch 10std. Kochen von **I** in Tetrahydrofuran mit $LiAlH_4$, Zersetzen mit Eiswasser, Extraktion mit Chlf. u. Chromatographie an Al_2O_3; $[\alpha]_D^{22}$ −21,3° (c = 1; Chlf.); Prismen aus Aceton. *Acetat*, $C_{17}H_{28}N_2O_2$, F. 135−138° (Subl. 100°/0,5 mm). *Pikrat des Acetats*, $C_{23}H_{31}N_5O_9$, F. 224−226°; Nadeln aus Aceton-A. *Methojodid des Acetats*, $C_{18}H_{31}JN_2O_2$, F. 260 bis 264° (Äthylacetat). — (+)-*13-Hydroxylupanin* (**II**), $C_{15}H_{24}N_2O_2$, F. 174°, durch 13std. Kochen von **I** mit $NaOCH_3$ in Methanol unter N_2; $[\alpha]_D^{22}$ +51,8° (c = 1; A.); Prismen aus Aceton. *Acetyl-Deriv.*, $C_{17}H_{26}N_2O_3$, F. 103−105° (PAe.). — *Pyrrol-2-carbonsäure*, $C_5H_5NO_2$, F. 206−209°, durch Ansäuern der wss. Phase nach Entfernung von **II** u. Extraktion mit Chlf.; Prismen aus Wasser.

K. Gröbe. 3500◇

0867 **Synthese von $N_{(b)}$-Alkylajmaliniumverbindungen mit starker antiarrhythmischer Wirkung.** Johannes Keck. (Z. Naturforsch. **18b**, 177−79, 1963; Biberach/Riß, Firma Dr. Karl Thomae GmbH, Wiss. Abt.; dt.) — Durch Umsetzung von Ajmalin (**I**) mit Alkylhalogeniden wird eine Reihe von *$N_{(b)}$-Alkylajmaliniumsalze* (**A**) mit antiarrhythm. Wrkg. dargestellt, wobei das Methylderiv. etwa die Wrkg. von **I** hat. Verlängerung des Alkylrestes bewirkt einen Aktivitätsanstieg bis auf den 10fachen Wert beim N-Propylderivat. Alkylgruppen mit mehr als 5 C-Atomen verringern die Wrkg. wieder. Beim Ausschütteln der **A** in alkal. Lsg. mit Chlf. erhält man unter Ringspaltung der $N_{(b)}$–C-Bindung die *N-Alkylaldehydbasen* (**B**), die durch Einw. von HBr wieder in die **A** übergeführt werden können. In neutraler Lsg. liegt ein Gleichgewicht zwischen **A** u. **B** vor.

Versuche: $N_{(b)}$-Alkylajmaliniumbromide: *Propyl-*, F. 282−284° (Zers.), durch 8std. Kochen von 20 g **I** mit 20 cm³ Propylbromid in Acetonitril; 17,2 g (Ausbeute). — *Äthyl-*, F. 254−257° (Zers.). — *Allyl-*, F. 252−254° (Zers.). — *Butyl-*, F. 268−271° (Zers.). — *Amyl-*, F. 259−261° (Zers.). — *Hexyl-*, F. 252−254° (Zers.). — *Heptyl-*, F. 247−249° (Zers.). — *Octyl-*, F. 239−241° (Zers.). — *Dodecyl-*, F. 184−187° (Zers.). — $N_{(b)}$-Alkylajmaliniumchloride: *Propargyl-*, *Methanolat*, F. 172−174° (Zers.), durch 24std. Rk. von 1 g **I** mit 1 cm³ Propargylchlorid in Chlf. bei Raumtemp., Abkühlen auf −75° u. Stehen bei 0°; aus Methanol/Ae. Nadeln; 0,7 g. — [*p-Nitrobenzyl*]-, F. 230−231° (Zers.). — [*p-Chlorbenzyl*]-, F. 226−227° (Zers.; Methanol/Ae.), durch 30std. Kochen von 4 g **I** mit 4 g p-Chlorbenzylchlorid in Acetonitril; 3,4 g.

K. Lange. 3500△

0868 **Die Alkaloide von Thalictrum isopyroides C. A. M.** S. F. Issmailow, A. U. Rachmatkarijew und Ss. Ju. Junussow. (Ber. Akad. Wiss. UsbekSSR **1959**, Nr. 5, 34−36; Akad. der Wiss. der UsbekSSR, Inst. für Chem. der Pflanzenstoffe; russ.) — Durch Chlf.-Extraktion von 52 kg mit NH_4OH befeuchteten Wurzeln von *Thalictrum isopyroides* C. A. M. werden 1342 g Gesamtalkaloide erhalten, aus denen „*Thalisopyrin*" [$C_{23}H_{25}NO_5$, F. 216 bis 217° (Aceton); tetragonale Prismen; 67 g Ausbeute; *Nitrat*, F. 213−214° (Zers.); *Hydrojodid*, F. 190−192° (Zers.); *Hydrobromid*, F. 224−224,5°] isoliert wird. Das vorläufige Strukturbild ist $C_{19}H_{14}O(NCH_3)(OCH_3)_2(CH_2 \cdot O_2)$.

Helmut Schäfer. 3500△

0869 **Alkaloide aus den Wurzeln von Thalictrum simplex L.** S. F. Issmailow, Ss. Ch. Majech und Ss. Ju. Junussow. (Ber. Akad. Wiss. UsbekSSR **1959**, Nr. 7, 32−34, Inst. für Chemie der Pflanzeninhaltsstoffe, Akad. der Wiss. der UsbekSSR.; russ.) — Aus den Wurzeln von *Thalictrum simplex L.* werden 3 bisher nicht beschriebene Alkaloide *Thalsin*, *Thaliximin* u. *Thalixin* isoliert. Der Gesamtgeh. an Alkaloiden beträgt 0,63% vom Gew. der getrockneten Wurzeln.

Versuche: *Thalsin*, $C_{20}H_{21}NO_7$, F. 193−194° (Zers.; A.) durch Extraktion von 12 kg getrockneten, mit 10%ig. NH_4OH angefeuchteten Wurzeln mit Chlf., Extrahieren des Chlf. mit 10%ig. H_2SO_4, Lösen des dabei ausfallenden Sulfats (8,65 g) in 50 ml heißem W., Alkalisieren mit konz. NH_4OH; enthält 2 Methoxygruppen u. 3 akt. H-Atome; 6,9 g (Ausbeute). *Hydrojodid*, F. 260−263°. *Hydrochlorid*, F. 189−190°. — *Thaliximin*, $C_{18}H_{21}NO_3$, F. 153−154 (A.), durch Alkalisieren des H_2SO_4-Auszuges mit konz. NH_4OH, Extrahieren mit Ae., Abdest. des Ae. u. Behandeln des Rückstandes mit Methanol; enthält 2 Methoxyl- u. eine Methyliminogruppe; $[\alpha]_D^{20}$ +221,2° (c = 3,06; Chlf.); 13,1 g. *Nitrat*, F. 209−211° (Zers.). *Hydrobromid*, F. 251−253°. *Hydrojodid*, F. 240−242°. *Jodmethylat*, F. 233−236° (Zers.). — *Thalixin*, $C_{21}H_{13}NO_6$, F. 194 bis 195°, durch Extraktion des H_2SO_4-Auszuges mit Chlf., Abdest. des Lsgm., Behandeln mit alkohol. HCl u. Isolierung der Base aus dem Hydrochlorid; enthält eine Methylimino-, eine Methoxygruppe u. ein akt. H-Atom; 2,5 g. *Hydrochlorid*, F. 263−267°. *Hydrojodid*, F. 274 bis 278° (Zers.). *Tartrat*, F. 218−219° (Zers.). *Pikrat*, F. 248−250°. *Jodmethylat*, F. 303−306° (Zers.).

I. Schade. 3500△

0870 **Alkaloide der Lippenblütler.** 1. Mitt. **Untersuchung des Alkaloids Rosmaricin aus Rosmarinus officinalis L.** L. D. Jachontowa und M. I. Anissimowa. (J. allg. Chem. **32(94)**, 1337−39, April 1962; Allunions-Inst. für Heil- u. Gewürzpflanzen; russ.) — Die Blätter u. Zweige des Rosmarins enthalten rund 0,5% an Alkaloiden, die sich nach Alkalisieren (NH_4OH) mit Dichloräthan extrahieren lassen. Durch Ausziehen des Extraktes mit 5%ig. H_2SO_4, Extrahieren der sauren Lsg. mit Chlf. u. fraktioniertes Aufarbeiten mit 0,2 n HCl, NH_4OH u. Chlf. wird ein Alkaloid „*Rosmaricin*" [**I**; $C_{20}H_{27}NO_4$, F. 199−200° (Zers.; Toluol); $[\alpha]_D^{20}$ +137° (c = 1,02; Dioxan); *Hydrochlorid*, $C_{20}H_{27}NO_4 \cdot HCl$, F. 197−198° (Zers.; W.)] mit 0,33% Ausbeute gewonnen. **I** bildet ein *N-Monoacetylderiv.* ($C_{22}H_{29}NO_5$, durch 6std. Kochen mit Essigsäureanhydrid in Chlf.) u. ein *Triacetylderiv.* ($C_{26}H_{33}NO_7$, F. 217−219°, durch 6std. Kochen in Essigsäureanhydrid). Durch HNO_2 wird **I** zu einer *Verb. $C_{20}H_{26}O_5$*, F. 172−175° (Zers.), desaminiert. Danach enthält **I** eine prim. Aminogruppe u. zwei OH-Reste.

Das UV-Spektrum weist mit einem Absorptionsmaximum bei 290 mμ auf einen aromat. Ring hin; isolierte Doppelbindungen liegen nicht vor (keine Hydrierung über Adams-Pt). Ein Absorptionsbereich bei 1763 cm^{-1} im IR-Spektrum zeigt einen γ-Lactonring oder ein 5gliedriges cycl. Keton an. Ein Absorptionsgebiet bei 1779 (und nicht 1740) cm^{-1} im Spektrum des I-Triacetylderiv. weist die beiden OH-Gruppen als phenol. aus.

H.-E. Toussaint. 3500◇

0871 **Untersuchung der Reaktion von Gossypol mit o-Aminobenzoesäure (Anthranilsäure).** W. P. Rshechin und B. A. Belowa. (J. angew. Chem. **34,** 1176 bis 1178, 1961; Allunions Fett-Forschungsinst.; russ.) — Gossypol (**I;** Bis-[1.6.7-trihydroxy-3-methyl-5-isopropyl-8-formylnaphthyl-(2)], F. 182°) reagiert mit Anthranilsäure beim Erhitzen in A. unter Bldg. von I-Bis-[*o-carboxyanil*] [$C_{44}H_{40}N_2O_{10}$, F. > 360° (A.-Ae. 1:1); hellorangefarbene Stäbchen; 50% Ausbeute]. Die Rk. läßt sich für die Abtrennung von I aus Baumwollöl anwenden. I-*Dianil* u. I-Bis-[o-carboxyanil] haben bei 400—500 mμ 2 charakterst. Absorptionsmaxima, während I in diesem Bereich nicht absorbiert.

Helmut Schäfer. 3550△

0872 **Bemerkungen zur Struktur des Capsorubins.** L. Cholnoky und J. Szabolcs. (Experientia [Basel] **16,** 483—84, 1960; Pécs, Ungarn, Univ., Chem. Inst.; dt.) — Vgl. C. **1956,** 7274. — Capsorubinacetat wird nach Ozonosierung mit H_2O_2 behandelt u. mit Chromsäure oxydiert. Präparative Papierchromatographie führt zu folgenden Verbb.: *1.1-Dimethylbernsteinsäure,* F. 140°; *Trimethylbernsteinsäure,* F. 149°; *1.1.2-Trimethylglutarsäure,* F. 110°; *Camphoronsäure,* F. 165°, u. *Dimethylmalonsäure.* Die Abbau-Prodd. beweisen, daß sich die Hydroxylgruppen des Capsorubins an $C_{(3)}$ u. $C_{(3')}$ befinden; gleichzeitig wird die Lage der Methylgruppen festgelegt.

D. Groß/Berlin. 3550◇

0873 **Untersuchungen über flüchtige Pflanzenstoffe. 183. Mitt. Das „Pulespenon" aus dem ätherischen Öl der spanischen Poleiminze ist Piperitenon.** Yves-René Naves. (Bull. Soc. chim. France **1963,** 681—83; Vernier-Genève, Giraudan SA., Labor. de Rech.; franz.) — 182. vgl. Helv. chim. Acta **46,** [1963], 185; 181. vgl. C. **1963,** 13619. — Vf. beweist durch Vgl. der 2.4-Dinitrophenylhydrazonderivv. sowie durch Auswertung der UV- u. IR-Spektren, daß es sich bei der von Pascual Teresa u. Sánchez Bellido (An. Real Soc. españ. Física Quím., Ser. B **58,** [1962], 351) aus dem äther. Öl von span. Poleiminze isolierten u. fälschlich als Pulespenon [$\Delta^{1.4,8}$p-Menthadienon-(5)] bezeichneten Verb. in Wirklichkeit um *Piperitenon* [$\Delta^{1.4,8}$*p-Menthadienon-(3)*] handelt.

A. Kumm. 3600◇

0874 **α- und β-Verbesinol. Sesquiterpenalkohole der cis-Dekalinreihe.** Pete D. Gardner, Gene J. Park und Carl C. Albers. (J. Amer. chem. Soc. **83,** 1511—12, 20/3. 1961; Austin, Tex., Univ. of Texas, Dep. of Chem.; engl.) — Durch kontinuierliche PAe.-Extraktion von gefriergetrockneten Wurzeln von *Verbesina virginica* L. werden 4% eines *Gemisches* (**A**) aus α- u. *β-Verbesinol-p-hydroxycinnamat* (F. 116—122°, $[\alpha]_D^{16}$ + 49°) erhalten. Die Methyläther von **A** geben durch Pyrolyse *p-Hydroxyzimtsäure,* durch Dehydrierung mit Pd/Kohle *Eudalin* u. *β-[p-Methoxyphenyl]-propionsäure.* Durch zweifache Red. mit $LiAlH_4$ wird **A** zu einem *Gemisch* (**B,** Kp.$_{0,2}$ 82—83°, $[\alpha]_D^{22}$ ± 0°) aus α- (α-**I,** F. 134—136°, $[\alpha]_D^{21}$ — 15,3°) u. *β-Verbesinol* (**β-I**) gespalten. Red. Spaltung von Dihydro-**A** liefert **I.** Hydroxylierung von **B** mit OsO_4 oder $KMnO_4$ gibt ein Gemisch aus α- (α-**II,** F. 149—151°, $[\alpha]_D^{22}$ + 16,0°) u. *β-Verbesintriol* (**β-II,** F. 146—147°, $[\alpha]_D^{22}$ — 11,7°). **β-II** wird auch direkt aus **A** erhalten. Pb-Tetraacetat-Spaltung von **β-II** ergibt *Formaldehyd* u. *4-Desmethylen-4-oxoverbesinol* (**III,** F. 49,5 bis 50,0°, $[\alpha]_D^{22}$ — 73,2°), analog wird aus α-**II** *3.4-Dioxo-3.4-secoverbesinol* (Fl.) erhalten. Die durch Methylationen katalysierte Dehydratisierung von **III** ergibt *3β-Isopropyl-9β-methyl-5-oxo-Δ⁴-oktalin* (Kp.$_{0,01}$ 55°, $[\alpha]_D^{21}$ + 34,8°), das zu *3β-Isopropyl-9β-methyl-5-oxodekalin* hydriert u. anschließend durch Red. mit $LiAlH_4$, Dehydratisierung u. Dehydrierung in *2-Isopropylnaphthalin* übergeführt wird. Durch Oxydation von **B** mit CrO_3 bei 30° entsteht ein *Gemisch* (**C,** Kp.$_{0,1}$ 78°, $[\alpha]_D^{22}$ + 42,3°) aus α- u. *β-Verbesinon,* das durch Hydrierung *Dihydroverbesinon* u. anschließende Bromierung ein *Dibrom-Deriv.* (F. 160,5—161,0°, $[\alpha]_D^{22}$ ± 0°) ergibt. Durch Hydrieren von Dihydroeudesmol (F. 85—86°) in A. in Ggw. von Pd/Kohle wird in sehr langsamer Rk. ein Gemisch aus 85% *3β-Isopropyl-5β.9β-dimethyl-trans-dekalin* (**IV**) u. 15% *3β-Isopropyl-5α.9β-dimethyl-trans-dekalin* (**V**) erhalten, analog entsteht aus **B** in schneller Rk. ein Gemisch aus 27% **IV** u. 73% **V,** aus **A** in langsamer Rk. ein Gemisch aus 14% **IV,** 18% **V** u. 68% *3β-Isopropyl-5α.9β-dimethyl-cis-dekalin.* **A** gehört somit zur cis-Dekalinreihe. Da **B** durch Alkali nicht epimerisiert wird, besitzt die Hydroxylgruppe am $C_{(6)}$ α-Konfig., was sich auch aus der langsamen Oxydation von **B** zu **C** ergibt. **A** u. **B** liefern durch OsO_4-Oxydation **β-II** u. besitzen somit am $C_{(6)}$ ident. Konfiguration.

Klaus Lange. 3600△

0875 **Syntheseversuche in der Eudalingruppe bicyclischer Sesquiterpene. 1. Mitt. Die Synthese von Carisson und γ-Eudesmol.** A. R. Pinder und R. A. Williams. (J. chem. Soc. [London] **1963,** 2773—78; Cardiff, Univ. Coll., Dep. of Chem.; engl.) — Vff. beschreiben die Synth. der im *Carissa lanceolata* R. Brown u. *Eucalyptus macarthuri* bzw. *Callitropsis araucarioides* vorkommenden Sesquiterpene (+)-*Carisson* u. (+)-*γ-Eudesmol,* womit sie gleichzeitig deren Struktur u. abs. Konfiguration bestätigen.

Versuche: (±)-*trans-4-Methyl-3-oxocyclohexancarbonsäureäthylester* (**I**), Kp.$_{10}$ 140—142°, aus p-Toluylsäure nach Meldrum u. Perkin [1908]. *2.4-Dinitrophenylhydrazon,* $C_{16}H_{20}N_4O_6$, F. 131—131,5°; aus A. gelbe Nadeln. — (±)-*trans-3.3-Äthylendioxy-4-methylcyclohexancarbonsäureäthylester,* $C_{12}H_{20}O_4$, Kp.$_{0,5}$ 106 bis 108°, durch 4std. Kochen von 1,3 g **I** mit 0,88 g Äthylenglykol (**II**) in abs. Bzl. in Ggw. von etwas p-Toluolsulfonsäure (**III**); 1,14 g (Ausbeute). — (±)-*trans-2.2-Äthylendioxy-4-[1-hydroxy-1-methyläthyl]-1-methylcyclohexan,* $C_{12}H_{22}O_3$, Kp.$_{0,05}$ 87—88°, durch portionsweises Zufügen einer abs. äther. Lsg. vorst. Verb. zu einer Lsg. von Methyl-MgJ unter Rühren u. 2std. Kochen; 75%. — (±)-*trans-5-[1-Hydroxy-1-methyläthyl]-2-methylcyclohexanon* [(±)-**VI**], $C_{10}H_{18}O_2$, Kp.$_{0,05}$ 81—82°, durch 2std. Kochen von 0,6 g vorst. Verb. in Methanol mit wss. HCl; 0,43 g. *2.4-Dinitrophenylhydrazon,* $C_{16}H_{22}N_4O_5$, F. 136°; aus A. orangefarbene Nadeln. — *9-Hydroxy-8.10-dimethyl-3-oxodekalin-2-carbonsäureäthylester,* $C_{15}H_{24}O_4$, Kp.$_{0,05}$ 124—128°, durch 5std. Kochen einer äther. Lsg. von 8,0 g **I** mit frisch dargestelltem $NaNH_2$ unter N_2, portionsweises Zugeben von 5,24 g 2-Chlordiäthylketon in Ae. bei 0°, mehrstd. Rühren bei Raumtemp. u. 4std. Kochen; 0,9 g. — *1.2.3.4.5.6.7.10-Oktahydro-8.10-dimethyl-7-oxo-2β-naphthoesäureäthylester,* $C_{15}H_{22}O_3$, Kp.$_{0,05}$ 117—120°, durch 4std. Rühren einer Lsg. von 8,0 g **I** in abs. Ae. mit einer äther. Suspension von frisch dargestelltem $NaNH_2$, rasches Zufügen des Methojodids von 1-Diäthylaminopentanon-(3) (**IV**) (aus 7,85 g **IV**) in Pyridin unter Rühren bei 0°, weiteres 1½std. Rühren bei 0°, 12 Std. bei Raumtemp. u. 5 Std. unter Kochen, Abtrennung von nicht umgesetztem **I** u. 2tägige Behandlung des Rückstandes (1,05 g) in Methanol mit konz. HCl; 0,46 g. *2.4-Dinitrophenylhydrazon,* $C_{21}H_{26}N_4O_6$, F. 141°; aus A. rote Nadeln. — (−)-*trans-2.2-Äthylendioxy-4-isopropenyl-1-methylcyclohexan,* $C_{12}H_{20}O_2$, Kp.$_{1,0}$ 69—71°, durch 6std. Kochen von (+)-Dihydrocarvon in abs. Bzl. mit **II** in Ggw. von etwas **III**; n_D^{22} 1,4737; $[\alpha]_D^{20}$ (c = 3,3; alle Drehungen in Chlf.); 90%. — (+)-*trans-4-[1.2-Epoxy-1-methyläthyl]-2.2-äthylendioxy-1-methylcyclohexan,* $C_{12}H_{20}O_3$, Kp.$_{0,05}$ 74 bis 75°, durch portionsweises Zufügen von 34,7 g vorst. Verb. in abs. Ae. zu einer Lsg. von 1.15 Mol Monoperphthalsäure in abs. Ae. bei 0° u. 6tägigem Stehen bei 0°; n_D^{19} 1,4771; $[\alpha]_D^{19}$ + 11,9° (c = 6,3); 35,2 g; gibt keine Färbung mit Tetranitromethan (**V**). — (+)-*trans-2.2-Äthylendioxy-4-[1-hydroxy-1-methyläthyl]-1-methylcyclohexan,* $C_{12}H_{22}O_3$, Kp.$_{0,1}$ 84—86°, durch portionsweises Zufügen einer Lsg. von 35 g vorst. Verb. in abs. Ae. zu einer eiskalten äther. Lsg. von 4 g $LiAlH_4$ unter Rühren u. 16std. Stehen bei Raumtemp.; n_D^{21} 1,4787; $[\alpha]_D$ + 16,3° (c = 2,15); 30,7 g. *3.5-Dinitrobenzoylderiv.,* $C_{19}H_{24}N_2O_8$,

F. 154—155°; aus PAe. Prismen. — (+)-*trans-5-[1-Hydroxy-1-methyläthyl]-2-methylcyclohexanon* [(+)-**IV**], $C_{10}H_{18}O_2$, Kp.$_{0,05}$ 78—80°, Kp.$_1$ 81—83°, a) durch 2std. Kochen von 30,7 g vorst. Verb. in wss. Methanol mit konz. HCl; 21,7 g; b) durch Mischen von 2,0 g **VIII** in Eisessig mit einer Lsg. von 1,6 g CrO_3 in 80%ig. wss. Essigsäure bei 60°; 1,2 g; n_D^{20} 1,4756; $[\alpha]_D^{20}$ + 16,6° (c = 6,3); + 18,4° (c = 2,1). *2.4-Dinitrophenylhydiazon* (*F.* 131°). — (+)-*trans-5-[1.2-Epoxy-1-methyläthyl]-2-methylcyclohexanon*, Kp.$_{0,2}$ 75°, durch Epoxydierung von (+)-Dihydrocarvon mit Perbenzoesäure (**VII**); n_D^{20} 1,4736; $[\alpha]_D^{20}$ + 14,9° (c = 0,9); 75%; daneben das entsprechende *Diol*(?), Kp.$_{0,25}$ 138°. — (—)-*cis-5-[1-Hydroxy-1-methyläthyl]-trans-2-methylcyclohexanol* (**VIII**), $C_{10}H_{20}O_2$, F. 103—104°, Kp.$_{0,05}$ 90—92°, durch portionsweises Zufügen einer Lsg. von 3,0 g vorst. Verb. in Ae. zu einer äther. Lsg. von $LiAlH_4$ unter Rühren, 1std. Stehen u. 2std. Kochen; Nadeln aus PAe./Bzl.; $[\alpha]_D^{20}$ — 8,0° (c = 1,6); 2,46 g. *Bis-[3.5-dinitrobenzoyl]-deriv.*, $C_{24}H_{24}N_4O_{12}$, F. 183—184°; aus Bzl. Platten. — (+)-*11.12-Epoxy-11.12-dihydro-γ-cyperon*, $C_{15}H_{22}O_2$, Kp.$_{0,1}$ 110—112°, durch Epoxydierung von 0,86 g (+)-γ-Cyperon mit 1,02 Mol. **VII**; n_D^{20} 1,5247; $[\alpha]_D^{20}$ + 110,2° (c = 1,49); 0,90 g. — (+)-*3β-Hydroxy-γ-eudesmol* (*Δ⁴-Eudesmen-3β.11-diol*), $C_{15}H_{26}O_2$, F. 129,5—130°, Kp.$_{0,1}$ 120—122°, durch portionsweises Zufügen einer gekühlten äther. Lsg. von 0,16 g $LiAlH_4$ zu einer äther. Lsg. vorst. Verb. bei < 0° unter Rühren u. 24std. Stehen bei 0°; Nadeln aus Bzl./PAe.; $[\alpha]_D^{20}$ + 57,6° (c = 2,9); 0,60 g; gibt mit **V** braune Färbung u. entfärbt kalte saure $KMnO_4$-Lsg. augenblicklich. — (+)-*Carisson*, $C_{15}H_{24}O_2$, F. 78—79° (keine Depression mit der natürlichen Verb.), durch 20std. Schütteln von 2,0 g vorst. Verb. in Chlf. mit akt. MnO_2 bei Raumtemp.; Prismen aus Ae./PAe.; $[\alpha]_D^{20}$ + 134,4° (c = 0,6); 0,25 g. — (+)-*Carissonäthylendithioketal*, $C_{17}H_{28}OS_2$, F. 101—101,5°, Kp.$_{0,1}$ 120—123°, durch Zufügen von frisch dest. BF_3-Ae-Komplex zu einer Mischung von 0,33 g vorst. Verb., 0,22 g Dithioäthylenglykol u. Methanol bei 0° u. mehrstd. Stehen bei dieser Temp.; Nadeln aus PAe; $[\alpha]_D^{20}$ + 100° (c = 0,88); 0,36 g; gibt mit **V** gelbe Färbung. — (+)-*γ-Eudesmol*, $C_{15}H_{26}O$, Kp.$_{0,05}$ 80—81°, durch 14std. Kochen von 0,44 g vorst. Verb. in 90%ig. wss. A. mit Raney-Ni; $[\alpha]_D^{20}$ + 59,1° (c = 1,8); gibt mit **V** bräunlichgelbe Färbung u. entfärbt kalte, saure $KMnO_4$-Lsg. augenblicklich; gibt durch Schütteln mit H_2 u. red. Adams-Katalysator in Eisessig bei normalem Druck u. normaler Temp. *Dihydroeudesmol*, F. 82,5° (keine Depression mit dem Hydrierungs-Prod. der natürlichen Verb.); aus A. längliche Prismen. — Die charakterist. Banden der UV- u. IR-Spektren sind angegeben. Die IR-Spektren von (±)- u. (+)-**VI** waren identisch.

Gerhard Müller/Bitterfeld. 3600◇

0876 **Untersuchungen über Anthelminthica.** 13. Mitt. **Die Michael-Kondensation bei der Synthese von Santonin.** Takuichi Miki. (J. pharmac. Soc. Japan [Yakugakuzasshi] **75,** 395—99, 1955; Osaka, Takeda Pharmac. Ind., Ltd., Res. Labor.; jap., Auszug: engl.) — 12. vgl. C. **1956,** 12571. — Durch Michael-Kondens. von Malonsäurediäthylester, Cyanessigsäuremethylester, α-Cyanpropionsäuremethylester oder Acetessigsäureäthylester mit 3-Oxo-4.9-dimethyl-1.2.3.7.8.9-hexahydronaphthalin werden Verbb. mit äquatorialer Seitenkette am $C_{(6)}$ dargestellt. Diese Konfiguration ist die gleiche wie am $C_{(7)}$ in nativem Santonin.

Versuche: *11-Äthoxycarbonyl-3-oxo-11-nor-Δ⁴-eusantonensäure, Äthylester*, $C_{19}H_{28}O_5$, F. 71°, Kp.$_2$ 195 bis 200°. *Äthylester-2.4-dinitrophenylhydrazon*, $C_{25}H_{32}N_4O_8$, F. 177°. *Freie Säure*, $C_{17}H_{24}O_5$, F. 143—147° (Zers.). — *11-Carboxy-3-oxo-11-nor-Δ⁴-eusantonensäure*, $C_{15}H_{20}O_5$, F. 173—175° (Zers.). — *3-Oxo-11-nor-Δ⁴-eusantonensäure*, $C_{14}H_{20}O_3$, F. 139°. — *11-Cyan-3-oxo-11-nor-Δ⁴-eusantonensäure, Monohydrat*, $C_{15}H_{19}NO_3 \cdot H_2O$, F. 116—118° (Zers.); daneben *$C_{(11)}$-Epimeres. Methylester*, $C_{16}H_{21}NO_3$, F. 95°. *Methylester-2.4-dinitrophenylhydrazon*, $C_{22}H_{25}N_5 \cdot O_6$, F. 154°; daneben *$C_{(11)}$-Epimeres*. — *3-Oxo-11-nor-Δ⁴-eusantonenonitril*, $C_{14}H_{19}NO$, F. 82°. — *11-Cyan-3-oxo-Δ⁴-eusantonensäure, Methylester*, $C_{17}H_{23}NO_3$, F. 109° daneben *$C_{(11)}$-Epimeres* (Kp.$_4$ 200—215°. *2.4-Dinitrophenylhydrazon*, $C_{23}H_{27}N_5O_6$, F. 205°). *Methylester-2.4 dinitrophenylhydrazon*, $C_{23}H_{27}N_5O_6$, F. 208°. *Freie Säure*, $C_{16}H_{21}NO_3$, F. 215° (Zers.); daneben *$C_{(11)}$-Epimeres*. — *3-Oxo-Δ⁴-eusantonenonitril*, Kp.$_2$ 172°. *2.4-Dinitrophenylhydrazon*, $C_{21}H_{25}N_5O_4$, F. 202°. — *3-Oxo-Δ⁴-eusantonensäureamid*, $C_{15}H_{23}NO_2$, F. 189°. *Freie Säure*, F. 145°. — *11-Acetyl-3-oxo-11-nor-Δ⁴-eusantonensäureäthylester*, Kp.$_2$ 168—173°. *2.4-Dinitrophenylhydrazon*, $C_{24}H_{30}N_4O_7$, F. 208°.

Klaus Lange. 3600△

0877 **Untersuchungen über Anthelminthica.** 14. Mitt. **Synthese von 11-Norsantonin.** Takuichi Miki. (J. pharmac. Soc. Japan [Yakugakuzasshi] **75,** 399—402, 1955; jap., Auszug: engl.) — 13. vgl. vorst. Referat. — Aus 3-Oxo-11-nor-Δ⁴-eusantonensäure wird *dl-11-Norsantonin* dargestellt u. in die opt. akt. Komponenten gespalten. Die IR-Spektren sind wiedergegeben.

Versuche: *3-Oxo-11-nor-Δ⁴-eusantonensäureäthylester*, Kp.$_2$ 172°. *2.4-Dinitrophenylhydrazon*, $C_{22}H_{28}N_4O_6$, F. 152°. *Freie Säure*, F. 139°. — *6ξ-Brom-3-oxo-11-nor-Δ⁴-eusantonensäure*, $C_{14}H_{19}BrO_3$, F. 135° (Zers.). — *6β-Hydroxy-3-oxo-11-nor-Δ⁴-eusantonensäurelacton, 2.4-Dinitrophenylhydrazon*, $C_{20}H_{22}N_4O_6$, F. 228°. — *2ξ.6ξ-Dibrom-3-oxo-11-nor-Δ⁴-eusantonensäure*, $C_{14}H_{18}Br_2O_3$, F. 122° (Zers.). — *2ξ-Brom-6β-hydroxy-3-oxo-11-nor-Δ⁴-eusantonensäurelacton*, $C_{14}H_{17}BrO_3$, F. 107—112° (Zers.). — *6β-Hydroxy-3-oxo-11-nor-Δ¹·⁴-eusantonadiensäuredimethylamid*, $C_{16}H_{23}NO_3$, F. 130°. — *11-Norsantonin*, $C_{14}H_{16}O_3$, F. 123°. — *Desmotropo-11-norsantonin*, $C_{14}H_{16}O_3$, F. 212°. — *11-Norsantoninsäure*, ($C_{14}H_{18}O_4$, F. 182°. — *rac.-3-Oxo-11-nor-Δ⁴-eusantonensäure*, F. 155°; $[\alpha]_D^{32}$ + 115,0° (c = 1,0; A.). — *l-11-Norsantonin*, F. 155°; $[\alpha]_D^{27}$ — 134,0° (c = 1,0; A.). — *d-Desmotropo-11-norsantonin*, F. 222°; $[\alpha]_D^{27}$ + 147,6° (c = 0,8; A.). — *l-Desmotropo-11-norsantonigesäure*, F. 111°; $[\alpha]_D^{19}$ — 60,0° (c = 0,5; A.).

Klaus Lange. 3600△

0878 **Untersuchungen über Anthelminthica.** 15. Mitt. **Eine Synthese des Dienonringes vom Santonin-Typ mittels Selendioxid.** Takuichi Miki. (J. pharmac. Soc. Japan [Yakugakuzasshi] **75,** 403—06, 1955; jap., Auszug: engl.) — 14. vgl. vorst. Referat. — Durch Rk. von cycl. monoungesätt. Ketonen mit SeO_2 in Eisessig u. Pyrolyse der Se-Verb. werden die entsprechenden cycl. *Dienone* dargestellt. Die Rk. wird mit anderen Meth. verglichen. Das IR-Spektrum von *11-Äthoxycarbonyl-3-oxo-Δ⁴-eusantonensäureäthylester* ist wiedergegeben.

Versuche: *3-Oxo-11-epi-Δ⁴-eusantonensäure, 2ξ.6ξ-Dibromderiv.*, $C_{15}H_{20}Br_2O_3$, F. 145° (Zers.). *Methylester*, Kp.$_2$ 172°. — *3-Oxo-11-epi-Δ¹·⁴-eusantonadiensäuremethylester*, Kp.$_2$ 172—175°. *2.4-Dinitrophenylhydrazon*, $C_{22}H_{26}N_4O_6$, F. 218°. — *3-Oxo-Δ¹·⁴-eusantonadienonitril*, Kp.$_3$ 175—185°. *2.4-Dinitrophenylhydrazon*, $C_{21}H_{23}N_5O_4$, F. 119°. — *11-Cyan-3-oxo-Δ¹·⁴-eusantonadiensäuremethylester*, Kp.$_2$ 210°. *2.4-Dinitrophenylhydrazon*, F. 190°. *Freie Säure*, F. 198° (Zers.). — *11-Äthoxycarbonyl-6α-hydroxy-3-oxo-Δ¹·⁴-eusantonadiensäurelacton*, Kp.$_2$ 220°. — *11-Äthoxycarbonyl-3-oxo-Δ¹·⁴-eusantonadiensäureäthylester*, Kp.$_4$ 200—215°, F. 67°. *2.4-Dinitrophenylhydrazon*, F. 190°. — *2ξ.6ξ-Dibrom-11-cyan-3-oxo-Δ⁴-eusantonensäuremethylester*, $C_{17}H_{21}Br_2NO_3$, F. 160° (Zers.). — *1.2-Episeleno-11-äthoxycarbonyl-3-oxo-Δ⁴-eusantonensäureäthylester*, $C_{20}H_{28}O_5Se$, F. 208—209°.

Klaus Lange. 3600△

0879 **Untersuchungen über Anthelminthica.** 16. Mitt. **Eine Synthese von Lactonen des Santonin-Typs mittels Selendioxid.** Takuichi Miki. (J. pharmac. Soc. Japan [Yakugakuzasshi] **75,** 407—09, 1955; jap., Auszug; engl.) — 15. vgl. vorst. Referat. — Durch mehrstd. Kochen von 3-Oxo-Δ¹·⁴-eusantonadiensäurehomologen in Eisessig mit SeO_2 unter Hydroxylierung am $C_{(6)}$ u. gleichzeitiger Lactonierung werden die entsprechenden *trans-Lactone* erhalten. Bei Verw. von Hg-Acetat an Stelle von SeO_2 entstehen die *cis-Lactone*. Die IR-Maxima sind angegeben.

Versuche: *6ξ-Brom-3-oxo-Δ¹·⁴-eusantonadiensäure*. — *3-Oxo-Δ¹·⁴·⁶-eusantonatriensäure*, F. 115° (Zers.). — *6-Äthyl-3.7.8.9-tetrahydro-3-oxonaphthalin, 2.4-Dinitrophenylhydrazon*, F. 195°. — *3-Oxo-Δ¹·⁴-eusantonadienonitril*, F. 180°. — *11-Cyan-6α-hydroxy-3-oxo-Δ¹·⁴-eusantonadiensäurelacton*, F. 190°. — *11-Carboxy-6α-hydroxy-3-oxo-Δ¹·⁴-eusantonadiensäurelacton*, F. 186°. — *dl-6β-Hydroxy-3-oxo-11-epi-Δ¹·⁴-eusantonadiensäurelacton*, (*dl-Santonin D*), F. 185°.

Klaus Lange. 3600△

0880 **Untersuchungen über Anthelminthica.** 17. Mitt. **Eine alternative Synthese und die Stereochemie von 11-Norsantonin.** Takuichi Miki. (J. pharmac. Soc. Japan [Yakugakuzasshi] **75**, 410—11, 1955; jap., Auszug: engl.) — 16. vgl. vorst. Referat. — Durch Dehydrierung von 3-Oxo-11-nor-Δ^4-eusantonensäuremethylester mit SeO_2, Verseifung der erhaltenen *3-Oxo-11-nor-$\Delta^{1.4}$-eusantonadiensäuremethylesters* u. anschließenden SeO_2-Oxydation wird *11-Norsantonin* dargestellt, das vermutlich cis-Lacton-Konfiguration besitzt.

Versuche: *3-Oxo-11-nor-Δ^4-eusantonensäuremethylester*, Kp.$_2$ 170°. *2.4-Dinitrophenylhydrazon*, $C_{21}H_{26} \cdot N_4O_6$, F. 185°. — *3-Oxo-11-nor-$\Delta^{1.4}$-eusantonadiensäuremethylester*, Kp.$_6$ 198°. *2.4-Dinitrophenylhydrazon*, $C_{21}H_{24} \cdot N_4O_6$, F. 195°. — *rac.-Desoxy-11-norsantoninsäure*, F. 194°. — *rac.-11-Norsantonin*. — *l-3-Oxo-11-nor-$\Delta^{1.4}$-eusantonadiensäure*, F. 218°; $[\alpha]_D^{24}$ — 84,0° (c = 0,83; A.). Klaus Lange. 3600△

0881 **Untersuchungen über Anthelminthica.** 18. Mitt. **Derivate des Lactons des Santonins.** Takuichi Miki. (J. pharmac. Soc. Japan [Yakugakuzasshi] **75**, 412—15, 1955; jap., Auszug: engl.) — 17. vgl. vorst. Referat. — Aus *l*-α-Santonin wird *l-α-Santoninsäure* (F. 147°), deren *Methylester* (**I**) u. *Nitril* dargestellt. Von rac.-Santoninsäure werden 4 Isomere synthetisiert u. die erhaltenen rac.-α-Santoninsäure mittels Brucin in die opt. akt. Komponenten gespalten. Bei der Behandlung von Santonin C u. D (cis-Lacton) mit Zn/Essigsäure erfolgt reduktive Spaltung des Lactonringes zu *3-Oxo-$\Delta^{1.4}$-eusantonadiensäure* u. deren *$C_{(11)}$-Epimeren*. α- u. *β-Santonin* besitzen trans-Lacton-Struktur u. werden bei analoger Behandlung nicht gespalten. Der Rk.-Mechanismus wird diskutiert. Das IR-Spektrum von I ist wiedergegeben.

Versuche: *rac.-3-Oxo-6α-hydroxy-$\Delta^{1.4}$-eusantonadiensäure* (**II**; *rac.-α-Santoninsäure*), F. 102° (Zers.). — *rac.-3-Oxo-6α-hydroxy-11 epi-$\Delta^{1.4}$-eusantonadiensäure* (*rac.-β-Santoninsäure*) $C_{15}H_{20}O_4$, F. 141° (Zers.). — *rac.-6β-Hydroxy-3-oxo-$\Delta^{1.4}$-eusantonadiensäure* (*rac.-Santoninsäure* C), λ_{max} 243 mμ (log ε 4,13). — *rac.-6β-Hydroxy-3-oxo-11-epi-$\Delta^{1.4}$-eusantonadiensäure* (*rac.-Santoninsäure* D) $C_{15} \cdot H_{20}O_4$, F. 186° (Zers.). — *l-6α-Hydroxy-3-oxo-$\Delta^{1.4}$-eusantonadiensäuremethylester* (**I**), $C_{16}H_{22}O_4$, F. 117,5°, $[\alpha]_D^{31}$ — 21,5° (c = 1; A.). — *l-α-Santoninonitril*, $C_{15}H_{19}NO_3$, F. 170°, $[\alpha]_D^{31}$ — 69,9° (c = 1; A.). — **II**-*Brucinsalzsesquihydrat*, $C_{38}H_{46} \cdot N_2O_8 \cdot 1{,}5\ H_2O$, F. 118° (Zers.). — *rac.-3-Oxo-$\Delta^{1.4}$-eusantonadiensäure*, λ_{max} 242 mμ (log. ε 4,00). — *rac.-3-Oxo-11-epi-$\Delta^{1.4}$-eusantonadiensäure*, $C_{15}H_{20}O_3$, F. 147°. — *rac.-α-Desmotroposantonigesäure*, F. 155°. Klaus Lange. 3600△

0882 **Untersuchungen über Anthelmintica.** 19. Mitt. **Über die Konfiguration am $C_{(11)}$ in der Santonin-Reihe.** Takuichi Miki. (J. pharmac. Soc. Japan [Yakugakuzasshi] **75**, 416—17, 1955; jap., Auszug: engl.) — 18. vgl. vorst. Referat. — Auf Grund der unterschiedlichen Lactonisierungsgeschw. von *α-Santonin-* u. *β-Santoninsäure* der Decarboxylierung von *11-Carboxysantonin* zu *α-Santonin* u. der Tatsache, daß der Lactonring in Santonin mit dem D-Ring der Steroide isoster ist, wird unter Verw. der Bartonschen Konformationsanalyse die Konformation am $C_{(11)}$ diskutiert. — *3-Oxo-6β-hydroxy-$\Delta^{1.4}$-eusantonadiensäuremethylester*, $C_{16}H_{22}O_4$, λ_{max} 242 mμ (A.). Klaus Lange. 3600△

0883 **Untersuchungen über Anthelminthica.** 20. Mitt. **4-Norsantonin.** 2. Mitt. **Stereochemische Konfiguration von Desoxy-4-norsantoninsäuren.** Tadatsugu Harukawa. (J. pharmac. Soc. Japan [Yakugakuzasshi] **75**, 521—25, 1955; jap., Auszug: engl.) — 19. vgl. vorst. Referat. — Die Isomeren der α-[3-Oxo-9-methyl-3.5.6.7.8.9-hexahydronaphthyl-(6)]-propionsäure vom F. 155° bzw. F. 164° sind ident. mit *3-Oxo-4-nor-$\Delta^{1.4}$-eusantonadiensäure* (**I**) bzw. ihrer *11-Epi-Verb.* (**Ia**) in denen die angulären Methylgruppen axial u. die Propionsäurereste äquatorial angeordnet sind. **I** u. **Ia** unterscheiden sich nur durch die Konformationam $C_{(11)}$. Das Isomere vom F. 202° ist *3-Oxo-4-nor-$\Delta^{1.4}$-isoeusantonadiensäure* (**Ic**) mit axialer angulärer Methylgruppe u. axialen Propionsäurerest. Die Konformation von **I** u. **Ia** wird durch Vgl. ihrer Red.-Prodd. mit denen von 3-Oxo-4-nor-Δ^4-isoeusantonensäure bzw. 3-Oxo-4-nor-Δ^4-eusantonensäure gesichert. UV- u. IR-Spektren s. Original.

Versuche: *Gemisch aus 3-Oxo-4-nor-* u. *3-Oxo-11-epi-4-nor-Δ^4-isoeusantonensäuremethylester*, $C_{15}H_{22}O_3$, Kp.$_3$ 160—175°, aus 1-Diäthylaminobutanon-(3) u. α-[3-Oxo-4-methylcyclohexyl]-propionsäuremethylester. *Gemisch der freien Säuren*, $C_{14}H_{20}O_3$, F. 161,5—163°. — *Gemisch aus 3-Oxo-4-nor-* u. *3-Oxo-11-epi-4-norisoeusantonansäure*, $C_{14}H_{22}O_3$, F. 136—139°, durch Hydrierung vorst. Säuregemischs an 4% $Pd/CaCO_3$. — *3-Acetoxy-9-methyl-1.2.6.7.8.9-hexahydronaphthalin*, aus 3-Keto-9-methyl-Δ^4-oktahydronaphthalin. — *3-Oxo-9-methyl-1.2.3.7.8.9-hexahydronaphthalin*, Kp.$_2$ 107—140°. *2.4-Dinitrophenylhydrazon*, F. 177°. — *11-Carbäthoxy-3-oxo-4-nor-Δ^4-eusantonensäureäthylester*, Kp.$_2$ 200—206°. *Semicarbazon*, $C_{20}H_{31}N_3O_5$, F. 193°. *2.4-Dinitrophenylhydrazon*, $C_{25}H_{32}N_4O_8$, F. 141°. — *11-Carboxy-3-oxo-4-nor-Δ^4-eusantonensäure*, $C_{15}H_{20}O_5$, F. 185°. — *3-Oxo-11-epi-4-nor-Δ^4-eusantonensäure*, $C_{14}H_{20}O_3$, F. 158—162°. — *3-Oxo-11-epi-4-noreusantonansäure*, $C_{14}H_{22}O_3$, F. 104—107°; a) durch Hydrieren vorst. Verb. über $Pd/CaCO_3$; b) aus **Ia**. *2.4-Dinitrophenylhydrazon*, $C_{20}H_{26}N_4O_6$, F. 155—156°. — *3-Oxo-4-noreusantonansäure*, F. 125—128°, durch Hydrieren von **I** über $Pd/CaCO_3$. L. Lamza. 3600△

0884 **Untersuchungen über Anthelminthica.** 21. Mitt. **4-Norsantonin.** 3. Mitt. **6-Bromdiensäure und ihre Derivate.** Tadatsugu Harukawa. (J. pharmac. Soc. Japan [Yakugakuzasshi] **75**, 525—28, 1955; jap., Auszug: engl.) — 20. bzw. 2. vgl. vorst. Referat. — 6-Brom-3-oxo-4-nor-$\Delta^{1.4}$-eusantonadiensäure, die 11-Episäure sowie deren Methylester gehen bei Einw. von OH- bzw. Acetat-Ionen in die entsprechenden $\Delta^{1.4.6}$-Trienon-Derivv. über. Durch Decarboxylierung von 11-Carboxy-6β-hydroxy-3-oxo-4-nor-$\Delta^{1.4}$-eusantonadiensäure-cis-lacton (11-Carboxy-4-norsantonin) konnte 4-Norsantonin nicht erhalten werden. UV- u. IR-Spektren s. Original.

Versuche: *6-Brom-3-oxo-11-epi-4-nor-$\Delta^{1.4}$-eusantonadiensäure*, $C_{14}H_{17}BrO_3$, F. 140° (Zers.), durch Bromierung von 3-Oxo-11-epi-4-nor-$\Delta^{1.4}$-eusantonadiensäure mit N-Bromsuccinimid in Ggw. von Benzoylperoxid. *Methylester* (**I**), $C_{15}H_{19}BrO_3$, F. 122—123°. — *6-Brom-3-oxo-4-nor-$\Delta^{1.4}$-eusantonadiensäure*, F. 125°, durch Bromierung von 3-Oxo-4-nor-$\Delta^{1.4}$-eusantonadiensäure. — *3-Oxo-11-epi-4-nor-$\Delta^{1.4.6}$-eusantonatriensäure*, $C_{14}H_{16}O_3$, F. 126°, aus vorvorst. Verbindung. *Methylester-2.4-dinitrophenylhydrazon*, $C_{21}H_{22}N_4O_6$, F. 175—177°, aus **I**. — *3-Oxo-4-nor-$\Delta^{1.4.6}$-eusontonatriensäure*, F. 132° (Zers.). — *3-Oxo-4.11-bis-nor-$\Delta^{1.4.6}$-eusantonatrien-2.4-dinitrophenylhydrazon*, $C_{19}H_{18}N_4O_6$, F. 148—149°, aus vorst. Verbindung. — *11-Äthoxycarbonyl-6-brom-3-oxo-4-nor-$\Delta^{1.4}$-eusantonadiensäureäthylester*, $C_{19}H_{25}BrO_5$, aus 11-Äthoxycarbonyl-3-oxo-4-nor-$\Delta^{1.4}$-eusantonadiensäureäthylester. — *11-Carboxy-6β-hydroxy-3-oxo-4-nor-$\Delta^{1.4}$-eusantonadiensäure-cis-lacton* (*11-Carboxy-4-norsantonin*), $C_{15}H_{16}O_5$, F. 184—185° (Zers.). *S-Benzylthiuroniumsalz*, $C_{23}H_{26}N_2O_5S$, F. 170° (Zers.). L. Lamza. 3600△

0885 **Untersuchungen über Anthelminthica.** 22. Mitt. **4-Norsantonin.** 4. Mitt. **Synthese von Brom-4-norsantonin.** Tadatsugu Harukawa. (J. pharmac. Soc. Japan [Yakugakuzasshi] **75**, 529—33, 1955; jap., Auszug: engl.) — 21. bzw. 3. vgl. vorst. Referat. — Durch Behandlung des aus 3-Oxo-11-epi-4-nor-$\Delta^{1.4}$-eusantonadiensäure erhaltenen *2.6-Dibrom-Deriv.* (**II**) mit einer Base wird *2-Brom-3-oxo-11-epi-4-nor-$\Delta^{1.4.6}$-eusantonatriensäure* u. *rac.-2-Brom-4-norsantonin* (**I**) erhalten. **I** ließ sich nicht zu rac.-4-Norsantonin debromieren. UV-Spektren s. Original.

Versuche: *2.6-Dibrom-3-oxo-11-epi-4-nor-$\Delta^{1.4}$-eusantonadiensäure* (**II**), $C_{14}H_{16}Br_2O_3$, F. 172° (Zers.). — *2-Brom-6β-hydroxy-3-oxo-11-epi-4-nor-$\Delta^{1.4}$-eusantonadiensäure-cis-lacton*, $C_{14}H_{15}BrO_3$, F. 194—195° (Zers.). — *2-Brom-3-oxo-11-epi-4-nor-$\Delta^{1.4.6}$-eusantonatriensäure*, $C_{14} \cdot H_{15}BrO_3$, F. 157—159° (Zers.). — *2-Brom-3-oxo-11-epi-4-nor-$\Delta^{1.4}$-eusantonadiensäure*, $C_{14}H_{17}BrO_3$, F. 179—181° (Zers.), a) aus vorvorst. Verb.; b) aus vorst. Verb.; c) aus **II**. — *3-Oxo-11-epi-3-nor-Δ^4-eusantonensäure*, F. 158 bis 161°. — *2-Brom-3-oxo-4.11-bis-nor-$\Delta^{1.4.6}$-eusantonatriensäure*, *Dinitrophenylhydrazon*, $C_{19}H_{17}BrN_4O_6$, F. 186—187°. L. Lamza. 3600△

0886 **Untersuchungen über Anthelminthica.** 23. Mitt. **4-Norsantonin.** 5. Mitt. **6-Brommonoensäure und ihre**

Derivate. Tadatsugu Harukawa. (J. pharmac. Soc. Japan [Yakugakuzasshi] **75,** 533—36, 1955; jap., Auszug: engl.) — 22. bzw. 4. vgl. vorst. Referat. — Durch Bromierung von 3-Oxo-4-nor-Δ^4-isoeusantonensäure bzw. 3-Oxo-11-epi-4-nor-Δ^4-eusantonensäure wird *2-Brom-4-nordihydrosantonin* (**I**) erhalten, aus 11-Carboxy-3-oxo-4-nor-Δ^4-eusantonensäure entsteht analog *2-Brom-11-carboxy-4-nordihydrosantonin* (**II**). Die Dehydrobromierung von **I** oder **II** führt nicht zum erwarteten 4-Norsantonin. Dagegen führt die Dehydrobromierung von rohem **I** oder **II** zu *2-Brom-4-norsantonin.*

Versuche: *2-Brom-6α-hydroxy-3-oxo-4-nor-Δ^4-isoeusantonensäurelacton,* $C_{14}H_{17}BrO_3$, F. 108—109° (Zers.) — *2-Brom-6β-hydroxy-3-oxo-11-epi-4-nor-Δ^4-eusantonensäurelacton,* $C_{14}H_{17}NrO_3$, F. 107—109° (Zers.). *Dibrom-Deriv.,* $C_{14}H_{15}Br_3O_3$, F. 152—153° (Zers.). — *2.6-Dibrom-11-carboxy-3-oxo-4-nor-Δ^4-eusantonensäure,* $C_{15}H_{18}Br_2O_5$, F. 138—139° (Zers.). — *2-Brom-6β-hydroxy-11-carboxy-3-oxo-4-nor-Δ^4-eusantonensäurelacton,* $C_{15}H_{17}\cdot BrO_5$, F. 168° (Zers.). — *2-Brom-6β-hydroxy-3-oxo-11-epi-4-nor-$\Delta^{1.4}$-eusantonadiensäurelacton* (*2-Brom-4-norsantonin*), F. 195° (Zers.). — *2-Brom-4-nordesmotroposantonin, Hemihydrat,* $C_{14}H_{15}BrO_3 \cdot {}^1/_2H_2O$. *Acetathemihydrat,* $C_{16}H_{17}BrO_4 \cdot {}^1/_2H_2O$, F. 167—174°.

L. Lamza. 3600△

0887 **Untersuchungen über Anthelminthica.** 24. Mitt **4-Norsantonin.** 6. Mitt. **Synthese von 4-Norsantonin.** Tadatsugu Harukawa. (J. pharmac. Soc. Japan [Yakugakuzasshi] **75,** 536—40, 1955; jap., Auszug: engl.) — 23. bzw. 5. vgl. vorst. Referat. — Durch Erhitzen von 3-Oxo-4-nor-$\Delta^{1.4}$-eusantonadiensäure bzw. der 11-Episäure mit SeO_2 werden *rac.-4-Nor-α-* (**I**) u. *rac.-4-Nor-β-santonin* (**II**) erhalten. **I** u. **II** enthalten einen trans-Lactonring; sie unterscheiden sich nur durch ihre Konfiguration am $C_{(11)}$. Beim Behandeln von **I** bzw. **II** mit Acetanhydrid/H_2SO_4 resultieren *rac.-4-Nor-α-* bzw. *rac.-4-Nor-β-desmotroposantoninacetat,* die mit Soda-Lsg. zu *rac.-4-Nor-α-* bzw. *rac.-4-Nor-β-desmotroposantonin* verseift werden; dabei kann Isomerisierung am $C_{(11)}$ erfolgen. IR-Spektren s. Original.

Versuche: *rac.-4-Nor-α-santonin* (**I**; *6α-Hydroxy-3-oxo-4-nor-$\Delta^{1.4}$-eusantonadiensäurelacton*), $C_{14}H_{16}O_3$, F. 171°. — *rac.-4-Nor-β-santonin*(**II**), $C_{14}H_{16}O_3$, F. 175°. — *rac.-4-Nor-α-desmotroposantoninacetat,* $C_{16}H_{18}O_4$, F. 164°.— *rac.-4-Nor-β-desmotroposantoninacetat, Hemihydrat,* $C_{16}\cdot H_{18}O_4 \cdot {}^1/_2H_2O$, F. 130°. — *rac.-4-Nor-α-desmotroposantonin,* $C_{14}H_{16}O_3$, F. 233°. — *rac.-4-Nor-β-desmotroposantonin,* $C_{14}H_{16}O_3$, F. 166°. — *rac.-2-Brom-4-nor-β-desmotroposantonin,* F. 200—210° (Zers.).

L. Lamza. 3600△

0888 **Notiz über die Reduktion von Cerinoxim.** Günther Drefahl und Siegfried Huneck. (J. prakt. Chem. [4] **19,** 14—6, 1963; Jena, Friedrich-Schiller-Univ., Inst. für Organ. Chem. u. Biochem.; dt.) — Cerinoxim (**I**) wird mit Na in n-Pentanol (**II**) zu *3e-Aminofriedelan* reduziert. Beim Hydrieren von **I** an PtO_2 entsteht *2e-Hydroxy-3a-aminofriedelan,* das mit Aceton *2e-Hydroxy-3a-isopropylidenaminofriedelan* liefert.

Versuche: *Cerin,* F. 250—254° (Chlf.), durch Extrahieren von Korkmehl mit Essigester (EE). *Oxim* (**I**), F. 273—274° (Zers.), durch 1std. Kochen von 0,35 g vorst. Verb. in abs. Pyridin mit 0,7 g Hydroxylaminhydrochlorid u. Zugabe von W.; aus Bzl./EE (1:1) Nadeln; aus A. Prismen; 0,3 g (Ausbeute). — *3e-Aminofriedelan,* F. 282—284° (abs. Bzl.), durch Lösen von 0,35 g **I** in sd. abs. **II**, 2std. Zugabe von 2,5 g Na unter N_2 u. Aufarbeiten nach Drefahl u. Huneck (vgl. C. **1961,** 11340); $[\alpha]_D^{20}$ — 19° (c = 0,5; Chlf.) 0,2 g. *Acetylderiv.,* F. 315—316°. — *2e-Hydroxy-3a-aminofriedelan,* $C_{30}H_{53}NO$, F. 252—254°, durch 1std. Hydrieren von 0,1 g **I** in Eisessig an PtO_2, Filtrieren, Einengen im Vakuum u. Zugabe von wss. Pikrinsäure in der Hitze, Schütteln des erhaltenen *Pikrats* (F. 257—258°, aus Essigsäure/Wasser Nadeln) mit 20%ig. KOH, Extrahieren mit Ae., Waschen mit KOH u. Eindampfen; aus abs. Bzl. Nadeln; 0,05 g. — *2e-Hydroxy-3a-isopropylidenaminofriedelan,* $C_{33}H_{57}NO$, F. 230—231°, durch 4maliges Kristallisieren von 0,02 g vorst. Verb. aus Aceton; Nadeln; 0,01 g.

R. Gnauck. 3600△

0889 **Saponine und Sapogenine.** 4. Mitt. **Isolierung von Oleanolsäure aus Sesbania aegyptica Pers.** M. O. Farooq, I. P. Varshney und Mohd. S. Y. Khan. (J. Amer. pharmac. Assoc., sci. Edit. **48,** 466—68, 1959; Aligarh, India, Muslim Univ., Dep. of Chem.; engl.) — 1. vgl. C. **1961,** 9046. — Aus dem alkohol. Extrakt von entfetteten Samen von *Sesbania aegyptica* Pers. wird neben einem neutralen Sapogenin *Oleanolsäure* {**I**; F. 285—288°; $[\alpha]_D^{26}$ + 80° (c = 0,100; Chlf.)} isoliert u. durch das *Acetyl-Deriv.* {$C_{32}H_{50}O_4$, F. 261—263°; $[\alpha]_D^{25}$ + 72,7° (c = 0,165; Chlf.); aus CH_3OH Nadeln}, den *Methylester* {$C_{31}H_{50}O_3$, F. 195—198°; $[\alpha]_D^{26}$ + 75° (c = 0,098; Chlf.)} das *Acetyl-Deriv. des Methylesters* {$C_{33}H_{52}O_4$, F. 217—219°; $[\alpha]_D^{26}$ + 72,7° (c = 0,165; Chlf.)}, Oxydation von **I** zum *Keton* (F. 156—160°; *2.4-Dinitrophenylhydrazon,* F. 251—255°) u. durch direkten Vgl. von **I** mit einem authent. Präp. identifiziert. — UV- u. IR-Spektren s. Original.

F. Heller. 3650□

0890 **Saponine und Sapogenine.** 6. Mitt. **Über das aus Acacia intsia Willd. isolierte Säure-Sapogenin (Acacinsäure).** M. O. Farooq, I. P. Varshney und Z. Naim. (Arch. Pharmaz. Ber. dtsch. pharmaz. Ges. **294/66** Nr. 3, Mitt. dtsch. pharmaz. Ges. **31,** 133—37, 1961; dt.) — 4. vgl. vorst. Ref.; — 5. vgl. C. **1962** 14522. — Das Saponin aus *Acacia intsia* Willd. ergibt bei der Hydrolyse zwei neutrale u. ein *saures Sapogenin* (**I**). Aus dem rohen **I** wurde mit Pyridin/Essigsäureanhydrid ein *Acetat* (**II**; F. 235—236°; $[\alpha]_D \neq +5°$) gewonnen. Auf Grund der Analyse mußte es ein Diacetat $C_{34}H_{50}O_6$ oder $C_{35}H_{52}O_6$ sein; die Absorptionsbanden im IR-Spektrum bei 8,08 μ u. 5,9 μ lassen eine Acetylgruppe erkennen, eine Bande bei 5,75 μ kann einem Lacton zugeschrieben werden, OH-Banden sind nicht vorhanden, die für die Vinylidengruppierung der Lupeolseitenkette charakterist. Bande bei 11,30—11,34 μ fehlt. Die Deacetylierung von **II** ergab eine *Säure* (**III**; F. 280—281°); die Analyse erwies das Vorliegen von 3 OH- u. einer COOH-Gruppe; im IR-Spektrum sind die OH- u. COOH-Gruppen, sowie eine trisubstituierte Doppelbindung zu erkennen. Mit Diazomethan konnte **III** in den *Methylester* (**IV**; F. 223—224°, $[\alpha]_D \neq 0$) überführt werden. Die Acetylierung von **IV** ergab einen *Acetylmethylester* (F. 208—209°). **I** wird vorläufig als *Acacinsäure* bezeichnet u. es wird gefolgert, daß sie eine **3.?.?**-Trihydroxymonocarbonsäure darstellt, die entweder zur Gruppe des α-Amyrins oder der tetracycl. Triterpene gehört.

H. Althoff. 3650

0891 **Saponine und Sapogenine.** 8. Mitt. **Isolierung eines neuen Triterpenalkohols, Acaciol, aus Acacia intsia Willd.** M. O. Farooq, I. P. Varshney und Z. Naim. (Arch. Pharmaz. Ber. dtsch. pharmaz. Ges. **294/66,** 197—200, 1961; dt.) — 6. vgl. vorst. Referat. — Extraktion der Rinde von *Acacia intsia* Willd. Abtrennung der sauren Genine über deren Na-Salze, Acetylierung der neutralen Sapogenine mit Acetanhydrid/Pyridin in der Kälte, Verseifung des Acetatgemisches mit methanol. KOH, Adsorption des Verseifungsrückstandes an Al_2O_3 u. fraktionierte Elution mit Bzl. ergibt das bekannte *Lupeol* (F. 213—214°), ein neues, vorläufig *Acaciol* (**I**) genanntes, neutrales Sapogenin ($C_{30}H_{50}O$, F. 160—161°; aus Methanol farblose Nadeln; $[\alpha]_D \pm 0$) u. in Spuren ein *neutrales Genin vom F. 280—283°.* **I** bildet mit Acetanhydrid/Pyridin ein *Monoacetat* ($C_{32}H_{52}O_2$, 174—175°; aus Methanol farblose, schimmernde Plättchen; $[\alpha]_D \pm 0$; Gelbfärbung mit Tetranitromethan) u. gibt bei CrO_3/Eisessig/Oxydation ein *Keton* ($C_{30}H_{48}O \cdot {}^1/_2CH_3OH$, F. 170 bis 171°; aus Methanol farblose Nadeln; Zimmermanntest positiv; *2.4-Dinitrophenylhydrazon,* $C_{36}H_{52}N_4O_4$, F. 205—210°, aus Aceton-Methanol gelbe Kristalle). Wolff-Kishner-Red. des Ketons liefert einen *KW-Stoff* ($C_{30}H_{50}$, F. 103—105°; aus Methanol farblos schimmernde Plättchen; $[\alpha]_D \pm 0$; Gelbfärbung mit Tetranitromethan), der mit keinem bekannten KW-Stoff der Triterpenreihe ident. ist.

G. Schmidt-Kastner. 3650

0892 **Saponine und Sapogenine.** 11. Mitt. **Über die Anwesenheit von Echinocystinsäure und Quercetin in den Blüten von Albizzia lebbek Benth.** I. P. Varshney und Mohd. S. Y. Khan. (Canad. J. Chem. **39,** 1721—23, 1961; engl.) — 9. vgl. J. sci. ind. Res. [New Delhi], Sect. B

19, [1960], 507; 8. vgl. vorst. Referat. — Aus den Blüten von *Albizzia lebbek* Benth wurde durch A.-Extraktion *Echinocystinsäure* (*3β.16α-Dihydroxy-Δ^{12}-oleanen-28-säure*) isoliert. In einer Anthoxanthin–Glykosid-Fraktion wurden als Aglykone mindestens 3 Komponenten gefunden, von denen eine *Quercetin* (**II**) darstellt.

Versuche (FF. korr.): *3β.16α-Dihydroxy-Δ^{12}-oleanen-28-säure, Diacetat* (**I**), F. 257—262° (Methanol), durch A.-Extraktion der Blüten u. Verseifen des erhaltenen Genins mit 7%ig. H_2SO_4. *Freie Säure*, F. 297 bis 301° (Isopropanol), durch Deacetylierung von 100 mg **I** mit 10%ig. methanol. KOH; 80 mg (Ausbeute). *Diacetyl-Deriv. des Methylester*, F. 201—202°, durch Methylierung von 100 mg **I** mit Diazomethan; 90 mg. — *Anthoxanthinglykosid*, durch Extraktion des Rückstandes der A.-Extraktion vorst. Verb. mit wss. n-Butanol u. Abtrennen des Saponins durch mehrfache Aceton-Fällung. *Aglykon*, durch 3std. Hydrolyse des wss. Lsg. mit 10%ig. H_2SO_4 bei Siedetemperatur; daraus durch Papierchromatographie (Essigsäure: Wasser, 60 : 40), **II**.

R. Schirner. 3650△

0893 **Über Steroide.** 191. Mitt. **Reaktionen von Steroid-Hypojoditen.** 3. Mitt. **Sterische Effekte bei 6β-Hydroxysteroiden.** K. Heusler, J. Kalvoda, Ch. Meystre, G. Anner und A. Wettstein. (Helv. chim. Acta **45**, 2161—75, 1962; Basel, Ciba-AG, Forschungslabor., Pharmazeut. Abt.; dt.) — 190. vgl. Helv. chim. Acta **45**, [1962], 1939; 161. vgl. C. **1961**, 6500; 2. vgl. Helv. chim. Acta **45**, [1962], 1317. — 6β-Hydroxysteroide geben mit J_2 u. Pb-Tetraacetat, Hg-Acetat, Ag-Acetat oder N-Jodsuccinimid (**I**) in guter Ausbeute *6β.19-Äther*, das die lineare Lage des 6β-Sauerstoffs u. der im Zwischenprodukt angenommenen 19-CH_2J-Gruppe intramol. Substitution begünstigt. Durch Substituenten in 11-Stellung wird die lineare Anordnung so beeinflußt, daß neben Äthern Halbacetale entstehen. IR-, UV- u. NMR-Maxima s. Original.

Versuche ($[\alpha]_D$ in Chlf.): *3β.17β-Diacetoxy-6β.19-oxido-5α-androstan*, $C_{23}H_{34}O_5$, F. 146—147° (Diisopropyläther/Pentan), a) durch Kochen (10 Min.) von Pb-Tetraacetat, $CaCO_3$ u. Cyclohexan (CH), Zugabe von J_2 u. 3β.17β-Diacetoxy-6β-hydroxy-5α-androstan (**II**), 2,5std. Kochen, Filtrieren, Lösen des Rückstandes in 50 ml Eisessig in portionsweise Zugabe von Zn-Staub (< 20°); $[\alpha]_D$ — 9,5° (c = 0,998); 84% (Ausbeute); b) durch 1std. Kochen mit Hg-Diacetat u. Belichten, analog a); 82%; c) analog b) mit Ag-Acetat; 78%; d) durch 1,5std. Kochen u. Belichten von **I** analog a), Chromatographie u. Eluieren mit Pentan/Bzl. (1 : 1); 61%. — *3β.20β-Diacetoxy-6α-methyl-6β-hydroxy-5α-pregnan*, $C_{26}H_{42}O_5$, F. 194—194,5° (CH_2Cl_2/Ae./PAe.), durch 1std. Kochen von 1,0 g 3β.20β-Diacetoxy-6-oxo-5α-pregnan u. MethylMgJ in Ae., Zers. mit 2n HCl u. Acetylierung; $[\alpha]_D^{25}$ + 9,2° (c = 0,725); 764 mg. — *3β.20β-Diacetoxy-6α-methyl-6β.19-oxido-5α-pregnan* (**IV**), $C_{26}H_{40}O_5$, F. 171 bis 171,5° (Ae./PAe.), durch 50 Min. langes Kochen u. Bestrahlen von 15,0 g Pb-Tetraacetat, 6,0 g $CaCO_3$, 500 ml CH, 4,0 g J_2 u. 2,5 g vorst. Verb.; $[\alpha]_D^{25}$ + 15,9° (c = 0,941); 2,0 g. — *3β.20β-Dihydroxy-6α-methyl-6β.19-oxido-5α-pregnan*, $C_{22}H_{36}O_3$, F. 218—219° (CH_2Cl_2/Ae.), durch 1std. Kochen von 1,02 g **IV** in wss. Methanol KOH; $[\alpha]_D^{25}$ — 4,2° (c = 0,787); 730 mg. — *3.20-Dioxo-6α-methyl-6β.19-oxido-5α-pregnan*, $C_{22}H_{32}O_3$, F. 207—208° (CH_2Cl_2/Ae./PAe.), durch $^3/_4$std. Oxydation von 650 mg vorst. Verb. in Aceton bei 0° mit 6,5 ml 8n CrO_3/H_2SO_4; $[\alpha]_D^{25}$ + 130,7° (c = 0,836); 477 mg. — *3.20-Dioxo-6α-methyl-19-hydroxy-Δ^4-pregnen*, $C_{22}H_{32}O_3$, F. 173—174° (CH_2Cl_2/Aceton), durch Stehen von 300 mg **II** in 300 ml Acetanhydrid u. 300 mg p-Toluolsulfonsäure über Nacht bei 25°, Gießen in Eiswasser, 2std. Rühren bei 0° u. Al_2O_3-Chromatographie; $[\alpha]_D^{25}$ + 147° (c = 0,870); 75 mg. — *3β.11α.20β-Triacetoxy-6β-hydroxy-5α-pregnan* (**VI**), $C_{27}H_{42}O_7$, F. 178 bis 180° (Ae./Hexan), durch Hydrieren von 1,0 g 3β.11α.20β-Triacetoxy-6-oxo-5α-pregnan in Eisessig an PtO_2 bei 35—40°; $[\alpha]_D^{25}$ — 36° (c = 1,154); 900 mg. — *3β.20β-Diacetoxy-6β-hydroxy-11-oxo-5α-pregnan* (**VIII**), $C_{25}H_{38}O_6$, F. 142—144° (Ae./Pentan), durch Hydrieren von 2,15 g 3β.20β-Diacetoxy-6.11-dioxo-5α-pregnan in Eisessig an PtO_2 bei 30°, Chromatographie an Al_2O_3 u. Eluieren mit Bzl./Essigester (9 : 1); $[\alpha]_D^{25}$ + 9° (c = 0,945); 1,18 g. *6β-Acetat*, $C_{27}H_{40}O_7$, F. 231—234° (CH_2Cl_2/Ae.), durch Acetylierung von **VIII**. — *3β.20β-Diacetoxy-6β.11β-dihydroxy-5α-pregnan*, $C_{25}H_{40}O_6$, F. 195—197° (wss. Methanol), neben **VIII** durch Eluieren mit Bzl./Essigester (4 : 1; 1 : 1); $[\alpha]_D$ + 8° (c = 0,978); 350 mg. — *3β.11α.20β-Triacetoxy-6β.19-oxido-5α-pregnan* (**XI**), $C_{27}H_{40}O_7$, F. 224 bis 226° (Ae./Pentan), a) analog **IV** nach a) durch $^1/_4$std. Kochen, Zugabe von 740 mg **VI**, $^3/_4$std. Kochen unter Bestrahlung, Chromatographieren des Rückstandes nach Reinigung an Al_2O_3 u. Eluieren mit Bzl./Hexan (1 : 1); $[\alpha]_D^{25}$ — 24° (c = 0,897); 270 mg; b) durch 2std. Kochen von 750 mg **VI** mit Hg(II)-Acetat analog **IV**, u. $^1/_4$std. Rühren des Rohproduktes mit CrO_3/H_2SO_4 in Aceton bei 0°; 533 mg; c) analog b) mit Ag-Acetat, Chromatographie u. Eluieren mit Bzl. u. Bzl./Essigester (9 : 1); 571 mg; d) analog b) mit **I**, erneute Zugabe von **I** u. 3std. Kochen; 552 mg. — *3β.11α.20β-Triacetoxy-6β.19-oxido-19-hydroxy-5α-pregnan* (**X**), $C_{27}H_{40}O_8$, F. 168—172° (Zers.), neben **XI** nach a) durch Eluieren mit Bzl./Essigester (1 : 1); $[\alpha]_D^{25}$ — 21° (c = 0,689), aus Aceton/Hexan filzige Nadeln; 47 mg. — *3β.20β-Diacetoxy-6β.19-oxido-11-oxo-5α-pregnan* (**IX**), $C_{25}H_{36}O_6$, F. 173—174° (Ae.), durch 1std. Kochen von 600 mg **VIII** analog **XI** nach b) u. Eluieren mit Bzl. u. Bzl./Essigester (19:1); $[\alpha]_D^{25}$ + 57° (c = 0,0881); 178 mg. — *3β-20β-Diacetoxy-6β-hydroxy-11-oxo-5-α-pregnansäurelacton-(19 → 6), Hemihydrat*, $C_{25}H_{34}O_7 \cdot {}^1/_2 H_2O$, F. 258—261° ($CH_2Cl_2$/Ae.), neben **IX** durch Eluieren mit Bzl./Essigester (9:1); $[\alpha]_D^{25}$ + 32° (c = 0,638); 32 mg. — *Verb. $C_{24}H_{34}O_6$*, F. 192—194°, neben **IX** durch Eluieren mit Bzl./Essigester (4:1). — *3β.11α.20β-Triacetoxy-6β-hydroxy-5α-pregnansäurelacton-(19 → 6)*, $C_{27}H_{38}O_8$, F. 284—285° (CH_2Cl_2/Ae.) a) durch Oxydation von 49 mg **X** in Aceton bei 0° mit 8 n CrO_3/H_2SO_4 (10 Min.); 50 mg; b) durch Lösen von 72 mg **X** in Eisessig, Zugabe von W., $^1/_2$std. Erhitzen auf 100° u. Oxydation analog a); 7,1 mg. — *3.11α.20β-Triacetoxy-$\Delta^{3.5}$-pregnadien*, $C_{27}H_{38}O_6$, F. 155 bis 160° (CH_2Cl_2/Ae.), durch 2std. Kochen von 18,7 g 3-Oxo-11α-acetoxy-20β-hydroxy-Δ^4-pregnen in Isopropenylacetat u. H_2SO_4, Zugabe von Na-Acetat, Eindampfen im Vakuum u. Aufnehmen in CH_2Cl_2; $[\alpha]_D^{25}$ — 144,5° (c = 0,964); 21,2 g. — *3β-Hydroxy-11α.20β-diacetoxy-Δ^5-pregnen* (**V**), *Hemimethanolat*, $C_{25}H_{38}O_5 \cdot {}^1/_2\, CH_3OH$, F. 162—165° (Ae./Methanol); durch Hydrierung (3 Tage) von 12,0 g vorst. Verb. bei 0—5° mit $NaBH_4$ in 70%ig. wss. A. u. Versetzen mit Eisessig; $[\alpha]_D^{25}$ — 69,5° (c = 1,199); 9,72 g. *3β-Acetat* (**VII**), $C_{27}H_{40}O_6$, F. 141—143° (Pentan/wss. Methanol), durch Acetylierung von 9,78 g **V**; $[\alpha]_D^{25}$ — 59,5° (c = 0,988); 10,1 g. — *3β.11β.20β-Trihydroxy-Δ^5-pregnen* (**XII**), $C_{21}H_{34}O_3$, F. 198—203° (Aceton), durch 2std. Kochen von 9,24 g 11-Ketoprogesteron in Isopropenylacetat u. H_2SO_4, Lösen in A. u. etwas Pyridin, Red. (1 Tag) bei 0—5° mit $NaBH_4$ in 70%ig. wss. A., Zugabe von 5%ig. NaOH, 2std. Erwärmen auf 70°, Zutropfen von Eisessig, Isolieren $^1/_2$std. Rühren mit $LiAlH_4$ in Tetrahydrofuran u. $^1/_2$std. Kochen; $[\alpha]_D^{25}$ — 49,5° (c; 0,784); 4,36 g. *3β.20β-Diacetat*, $C_{25}H_{38}O_5$, F. 123—127° (Hexan), durch Acetylierung von 3,253 g **XII**; $[\alpha]_D^{25}$ — 23,5° (c = 1,095); 2,76 g. — *3β.20β-Diacetoxy-11-oxo-Δ^5-pregnen* (**III**), $C_{25}H_{36}O_5$, F. 134 bis 139° (Ae./Pentan), durch Oxydation von 3 g vorst. Diacetats in Aceton bei 0° mit 8 n CrO_3/H_2SO_4 (10 Min.); $[\alpha]_D^{25}$ — 1° (c = 1,090); 2,78 g. — *3β.11α.20β-Triacetoxy-6-nitro-Δ^5-pregnen*, $C_{27}H_{39}NO_8$, F. 188—192° (Ae./Pentan), durch Nitrierung von 5 g **VII** in Eisessig mit HNO_3 u. Zugabe von $NaNO_2$ bei 15—20° (1 Std.); $[\alpha]_D^{25}$ — 75° (c = 0,865); 5,68 g. — *3β.11α.20β-Triacetoxy-6-oxo-5α-pregnan*, $C_{27}H_{40}O_7$, F. 189—191° (Methanol/Ae.), aus 5,6 g vorst. Verb. durch Lösen in 30 ml Eisessig u. 6 ml H_2O, Versetzen mit 10 g Zn-Staub u. 4std. Kochen; $[\alpha]_D^{25}$ — 46° (c = 1,029); 1,41 g. — *3β.20β-Diacetoxy-6.11-dioxo-5α-pregnan*, $C_{25}H_{36}O_6$, F. 191—192° (Ae.), a) aus 2,885 **III** durch Nitrierung zu *3β.20β-Diacetoxy-6-nitro-11-oxo-Δ^5-pregnen* u. Behandeln mit Zn/Eisessig wie vorst. Verb.; $[\alpha]_D^{25}$ + 12° (c = 1,001); 872 mg.

G. Mann. 3700◇

0894 **Untersuchungen über Verbindungen mit Sterangerüst.** 7. Mitt. **Über die Darstellung der 21-Benzalverbindungen von 3.20-Diketopregnanderivaten.** I. Döry, I.

Geri und Gy. Lányi. (Acta chim. Acad. Sci. hung. **30,** 207—12, 1962; Budapest, Chinoin, Fabrik für Arzneimittel u. chem. Prodd.; dt.) — 6. vgl. Acta chim. Acad. Sci. hung. **30,** [1962] 79; 5. vgl. C. **1963,** 20040. — Durch Red. von Pregnan-3.20-dion (**I**) mit überschüssigem $NaBH_4$ wird ein Gemisch aus *Pregnan-3α-ol-20-on, Pregnan-3β-ol-20-on, Pregnan-3α.20β-diol* (**IIa**) u. *Pregnan-3β.20β-diol* (**IIb**) gebildet, das durch Kondens. mit Benzaldehyd (**III**) in ein Gemisch aus *21-Benzalpregnan-3α-ol-20-on* (**IVa**) u. wenig *21-Benzalpregnan-3β-ol-20-on* (**IVb**) übergeführt wird. **IIa** u. **IIb** konnten nach der Kondens. unverändert isoliert werden. Das Gemisch aus **IVa** u. **IVb** liefert bei der Oppenauer-Oxydation *21-Benzalpregnan-3.20-dion.* Analog entsteht bei der Red. von Pregnan-3.11.20-trion (**V**) ein Gemisch aus *Pregnan-3α-ol-11.20-dion* bzw. *-3β-ol-11.20-dion, Pregnan-3α.20β-diol-11-on* (**VI**) u. (vermutlich) *Pregnan-3β.20β-diol-11-on,* das durch Kondens. mit **III** ein Gemisch aus *21-Benzalpregnan-3α-ol-11.20-dion* u. wenig *21-Benzalpregnan-3β-ol-11.20-dion* liefert, aus dem durch Oppenauer-Oxydation *21-Benzalpregnan-3.11.20-trion* erhalten wird.

Versuche: *Gemisch aus Pregnan-3α-ol-20-on, Pregnan-3β-ol-20-on, Pregnan-3α.20β-diol* (**IIa**) u. *Pregnan-3β.-20β-diol* (**IIb**), F. 138—139°, durch Zugabe von 85%ig. $NaBH_4$ u. $SrCl_2$ zu **I** in A. bei —20°, 6std. Rühren bei —20 bis —25°, Zutropfen von 30%ig. Essigsäure bei —20°, Filtrieren bei 0°, Einengen im Vakuum < 40° u. Gießen in Eiswasser; 99% (Ausbeute). — *Gemisch aus 21-Benzalpregnan-3β-ol-20-on* (**IVb**) u. *21-Benzalpregnan-3α-ol-20-on* (**IVa**), F. 215—225° durch Zugabe von 50 ml **III** u. 4,35 n methanol. Na-Methylat-Lsg. zu 50 g vorst. Gemisches in warmem Methanol, 24std. Stehen bei Raum-Temp. u. Kühlen auf 0° (Meth. **A**); 48,7 g; daneben durch Neutralisieren der Mutterlauge mit Essigsäure, Filtrieren, Abtreiben von **III** mit Wasserdampf, Dekantieren, Kochen mit Aceton/Methanol (1:1) u. Filtrieren 1,1 g **IIa** (F. 224—229°) sowie 4,1 g **IIb** [F. 185 bis 190° (Aceton), durch Eindampfen des Filtrats]. — *Pregnan-3.20-dion* (**I**), F. 118—120°, durch Lösen von **IIa** u. **IIb** in Eisessig, Klären mit Knochenkohle in der Wärme, Filtrieren, 5 Min. lange Zugabe von $Na_2Cr_2O_7$ u. verd. H_2SO_4 bei 20°, $^1/_2$std. Rühren u. $^1/_2$std. Gießen in Eiswasser/konz. H_2SO_4; aus PAe. gelbe Kristalle; $[\alpha]_D^{20}$ + 110° (c = 1; Chlf.); 84,6%. — *21-Benzalpregnan-3.20-dion,* F. 208—210° (Bzl./PAe.), durch Lösen von 48 g vorvorst. Gemisches in heißem Toluol, Entwässern durch Dest., Zugabe von Cyclohexanon, Dest. bis Kp. 110°, 4 Min. lange Zugabe von 60 ml 40%ig. Al-Isopropylat in Toluol, $^1/_2$std. Kochen, Zugabe von Toluol/Eisessig (1:1), Seignettesalz u. W., 6std. Dest. mit Wasserdampf, Dekantieren, Aufkochen mit Aceton/Methanol u. Kühlen (Meth. **B**); $[\alpha]_D^{20}$ + 95° (c = 1; Dioxan); 88,5%. — *Gemisch aus Pregnan-3α-ol-11.20-dion, Pregnan-3β-ol-11.20-dion,* wenig *Pregnan-3α.20β-diol-11-on* (**VI**) u. (vermutlich) *Pregnan-3β.20β-diol-11-on,* F. 146—160°, durch 7std. Zutropfen von 87%ig. $NaBH_4$, Pyridin u. W. zu 25 g **V** in Pyridin bei 18—19° unter Rühren, Filtrieren u. 2std. Eintropfen in verd. HCl bei —2°; 82,4%. — *Gemisch aus 21-Benzalpregnan-3α-ol-11.20-dion* u. *21-Benzalpregnan-3β-ol-11.20-dion,* F. 205—215°, nach **A** aus 5 g vorst. Gemisches bei 0°; 5,45 g; daneben durch Dest. der Mutterlauge mit Wasserdampf, Dekantieren, Suspendieren in Bzl. u. Filtrieren 0,32 g **VI** (F. 219—226°). — *Pregnan-3.11.20-trion* (**V**), F. 152—155°, durch 1std. Schütteln von 0,31 g **VI** in Essigsäure mit Kohle, Filtrieren, 5 Min. langes Zutropfen von $Na_2Cr_2O_7$ u. verd. H_2SO_4 bei 20°, $^1/_4$std. Schütteln, Kühlen auf Raum-Temp., erneutes Schütteln, Eintropfen in verd. H_2SO_4 bei 0° u. $^1/_2$std. Schütteln; $[\alpha]_D^{20}$ + 124° (c = 1; Chlf.); 76%. — *21-Benzalpregnan-3.11.20-trion,* $C_{28}H_{34}O_3$, F. 195 bis 196° (sintert bei 188°; Methanol/Wasser., 4:1), nach **B** aus vorvorst. Gemisch; $[\alpha]_D^{20}$ + 70° (c = 1; Chlf.); 82,7%.
R. Gnauck. 3700△

0895 **Untersuchungen über Verbindungen mit Sterangerüst.** 8. Mitt. **Über die Ozonolyse und Reduktion von 21-Benzal-20-ketosteroiden.** I. Döry und G. Szabó. (Acta chim. Acad. Sci. hung. **30,** 213—19, 1962; dt.) — 7. vgl. vorst. Referat. — Durch Einw. von O_3 auf 3α-Acetoxy-21-benzalpregnan-11.20-dion (**I**) u. reduktive Spaltung des gebildeten *Ozonids* entsteht *3α-Acetoxypregnan-21-ol-11.20-dion,* das nach Acetylierung als *3α.21-Diacetoxypregnan-11.20-dion* (**VII**) isoliert wird; daneben entsteht wenig *3α-Acetoxy-11-ketoätiocholansäure.* Analog wird aus 21-Benzalpregnan-3.11.20-trion (**II**) neben wenig *3.11-Diketoätiocholansäure* *21-Acetoxypregnan-3.11.20-trion* erhalten. 3β-Acetoxy-16α.17α-epoxy-21-benzal-Δ^5-pregnen-20-on (**III**) liefert mit 1 Mol Br_2 *3β-Acetoxy-5.6-dibrom-16α.17α-epoxy-21-benzalpregnan-20-on* (**IV**), das bei der Ozonolyse neben *Benzaldehyd* (**VI**) ein bromfreies Harz liefert. Durch Rk. von **III** mit 1 Mol Br_2 u. anschließende Einw. von HBr/Eisessig wird (ohne Isolierung von **IV**) *3β-Acetoxy-5.6.16β-tribrom-21-benzalpregnan-17α-ol-20-on* erhalten, aus dem bei Behandlung mit NaJ das 5- u. 6-ständige Br unter Rückbldg. der Δ^5-Bindung abgespalten u. das 16-ständige Br teilweise gegen J ausgetauscht wird. Das erhaltene Bromhydrin/Jodhydrin-Gemisch liefert durch Einw. von Raney-Ni unter gleichzeitiger Hydrierung der Δ^{21}-Bindung *3β-Acetoxy-21-benzyl-Δ^5-pregnen-17α-ol-20-on* (**V**). Durch Ozonolyse von **V** entsteht ein harziges Prod., das sich nicht acetylieren läßt. Das **V**-Dibromid verbraucht erwartungsgemäß kein O_3; es konnte mit Zn in **V** zurückverwandelt werden.

Versuche: *3α.21-Diacetoxypregnan-11.20-dion* (**VII**), $C_{25}H_{36}O_6$, F. 110—112° (Ae./PAe.), durch Einw. von 16 Litern O_2/O_3 (31,5 mg O_3/Liter) auf 4,62 g **I** in abs. Chlf. bei —60 bis —65°, Zers. mit 15 g aktiviertem Zn-Staub u. Eisessig bei —5 bis 0°, 1std. Red. mit 15 g Zn-Staub u. Eisessig bei Raum-Temp., Filtrieren, Abtreiben des Lsgm. u. **VI** mit Wasserdampf, Lösen des Öls in Bzl., Ausschütteln mit Soda-Lsg., NaOH u. W., Eindampfen, 1std. Erwärmen mit Acetanhydrid u. Pyridin auf 100°, Eindampfen im Vakuum, Aufnehmen in Ae./PAe. u. Chromatographieren an Al_2O_3; $[\alpha]_D^{20}$ + 126° (c = 1; Chlf.); 1,41 g (Ausbeute); daneben durch Ansäuern der alkal. Waschlaugen 0,35 g *3α-Acetoxy-11-ketoätiocholansäure,* F. 205—220°. — *Pregnan-3α.21-diol-11.20-dion,* F. 216—220° (A.), durch Zugabe von 0,1 n methanol. Na-Methylat-Lsg. zu **VII** in abs. Methanol, $^1/_2$std. Kochen, Neutralisieren mit Eisessig, Eindampfen im Vakuum, Aufnehmen in Chlf., Schütteln mit W. u. Einengen im Vakuum; $[\alpha]_D^{20}$ + 106° (c = 1; Dioxan); 62,15%. — *Pregnan-21-ol-3.11.20-trion,* F. 140—143°, analog **VII** aus 209 mg **II** u. Kristallisieren des Bzl.-Rückstandes aus Hexan/Essigester (EE); 67 mg; daneben 25 mg *3.11-Diketoätiocholansäure,* F. 245—248° (Zers.). — *21-Acetoxypregnan-3.11.20-trion,* F. 154—157° [Ae./PAe. (5:1)], durch 1std. Erwärmen vorst. Verb. mit Acetanhydrid u. Pyridin auf 100°; $[\alpha]_D^{20}$ + 110° (c = 1; Chlf.); 77,1%. — *3β-Acetoxy-5.6-dibrom-16α.17α-oxido-21-benzalpregnan-20-on* (**IV**), $C_{30}H_{36}Br_2O_4$, F. 145—152° (EE), durch Zutropfen von Br_2 in CCl_4 zu **III** in Eisessig u. CCl_4 bei Raum-Temp. unter Rühren, Dest. des CCl_4 u. Gießen in Eiswasser; $[\alpha]_D^{20}$ — 36° (c = 1; Chlf.); 94,15%. — *3β-Acetoxy-5.6.16β-tribrom-21-benzalpregnan-17α-ol-20-on,* $C_{30}H_{37}Br_3O_4$, F. 135—138° (A.), analog **IV** aus 13,8 g **III** Zutropfen von 32%ig. HBr in Eisessig bei Raum-Temp., 10 Min. langes Rühren, Dest. des CCl_4 im Vakuum u. Gießen in Eiswasser; $[\alpha]_D^{20}$ — 30° (c = 1; Chlf.); 21,32 g. *Gemisch aus 16-Brom-* u. *16-Jod-3β-acetoxy-21-benzal-Δ^5-pregnen-17α-ol-20-on,* F. 188—190° [CCl_4/PAe. (2:1)] durch Zugabe von NaJ in abs. A. zu vorst. Verb. in Bzl. bei Raum-Temp., 24std. Stehen, Gießen in Eiswasser, Aufnehmen in Ae. u. Waschen mit $Na_2S_2O_3$; $[\alpha]_D^{20}$ — 12° (c = 1; Chlf.); 89,7%. — *3β-Acetoxy-21-benzyl-Δ^5-pregnen-17α-ol-20-on* (**V**), $C_{30}H_{40}O_4$, F. 163—166°, durch 5std. Kochen vorst. Gemisches in abs. A. mit Raney-Ni; $[\alpha]_D^{20}$ — 22° (c = 1; Chlf.); 71,8%.
R. Gnauck. 3700△

0896 **Totalsynthese des Aldosterons. Teil C. Racemisches Aldosteron und die beiden Enantiomeren des entsprechenden 18 → 11-Lactons.** 7. Mitt. **über Synthesen in der Aldosteronreihe.** 149. Mitt. **über Steroide.** J. Schmidlin, G. Anner, J.-R. Billeter, K. Heusler, H. Ueberwasser, P. Wieland und A. Wettstein. (Helv. chim. Acta **40,** 2291—23, 2/12. 1957; Basel, CIBA-AG., Forsch. Labor., Pharmazeut. Abt.) — Teil B bzw. 6. bzw. 148. vgl. C. **1959,** 11262. — Ausgehend von dl-Δ^5-3.3-Äthylendioxy-11β-hydroxy-20-oxopregnen-18-säure-18 → 11-lacton (**I**) wird *dl-Aldosteron* (**XVI**) synthetisiert. Die Antipodentrennung der *dl-Δ⁵-3.3-Äthylendioxy-11β-hydroxy-20-oxo-pregnen-18-säure-18 → 11-lacton-21-oxalsäure* (**IV**), die zum *d-Δ⁴-3.20-Dioxo-11β.21-dihydroxypregnen-18-säure-18 → 11-lacton* (*d*-**IX**) führt, aus dem schon früher *d*-**XVI** dargestellt wurde, wird beschrieben. Die Synth. besteht aus folgenden Stufen: Einführung der 21-O-Funktion durch Acetoxylierung von **I** über das *18 → 11-Lacton des dl-Δ⁵-3.3-Äthylendioxy-11β-hydroxy-20-oxo-pregnen-18-säure-21-oxalsäuremethylesters* (**III**) u. das *18 → 11-Lacton* der *dl-Δ⁵-3.3-Äthylendioxy-11β-hydroxy-20-oxo-21-jodpregnen-18-säure* u. **IX**, Ketalisierung von **IX**, Umwandlung der Lactongruppe des *18 → 11-Lactons* der *dl-Δ⁵-3.3;20.20-Bis-[äthylendioxy]-11β.21-dihydroxypregnen-18-säure* (**XI**) in die Cyclohemiacetalgruppe durch $LiAlH_4$-Red. u. Hydrolyse der blockierten O-Funktionen, die erst nach Acetylierung der Hydroxygruppen gute Ausbeuten liefert. Die 17β/17α-Isomerisierung der Seitenkette, die bei Verbb. des 18 → 11-Lacton- u. -Cyclohemiacetal-Typs leicht erfolgt u. im vorst. Falle zum *dl-17-Isoaldosteron* (**XVIII**) führt, wird untersucht.

Versuche: *dl-Δ⁵-3.3-Äthylendioxy-11β-hydroxy-20-oxo-17-isopregnen-18-säure-18 → 11-lacton* (**II**), $C_{23}H_{30}O_5$, FF. 135–150° u. 190–193° (Kristallwasser; aus CH_2Cl_2/Ae.) aus 200 mg **I** u. KOH in Dioxan/CH_3OH/W. u. Chromatographie an Silicagel; 40 mg (Ausbeute). — *dl-Δ⁴-3.20-Dioxo-11β-hydroxy-17-isopregnen-18-säure-18 → 11-lacton*, $C_{21}H_{26}O_4$, F. 214—221° (CH_2Cl_2/Ae.), F. 224—227° (Aceton), aus **II** u. 50%ig. CH_3COOH durch ½std. Erhitzen auf 100°. — *dl-Δ⁵-3.3-Äthylendioxy-11β-hydroxy-20-oxo-pregnen-18-säure-18 → 11-lacton-21-oxalsäure* (*dl*-**IV**), $C_{25}H_{30}O_8$, F. 189–192° (CH_2Cl_2), aus **III** u. 1 n KOH in CH_2Cl_2/Ae. (1:3). *Methylester* (**III**), $C_{26}H_{32}O_8$, F. 199—202° (Zers.; Ae./CH_2Cl_2), aus **I** u. CH_3ONa u. $(COOCH_3)_2$ in Bzl. durch 16std. Rk. bei 20—25°; aus Ae./CH_2Cl_2 Nadeln oder sechseckige Plättchen; 43,26 g. *l-Form* (*l*-**IV**), F. 197—200° (Zers.; Aceton), $[\alpha]_D^{22}$ — 52 ± 4° (c = 1,01; Chlf.), aus nachst. Salz u. 10%ig. H_3PO_4; *Strychninsalz*, F. 198—200° (Zers.), $[\alpha]_D^{23}$ — 43°, — 41 ± 3° (c = 1,336; Chlf.). *d-Form*, (*d*-**IV**), nicht krist., $[\alpha]_D^{22}$ + 25°, + 26 ± 4° (c = 0,566; Chlf.), analog vorst. Verb. aus dem aus der Mutterlauge isoliertem leichtlösl. d-**IV**-*Strychninsalz*. **IV** konnte durch Einw. von $KHCO_3$ in **I** übergeführt werden. — *l-Δ⁴-3.20-Dioxo-11β-hydroxypregnen-18-säure-18 → 11-lacton*, F. 195—198°, aus *l*-**IV** u. $KHCO_3$ über *l*-**I**, $[\alpha]_D^{24}$ — 176 ± 4° (c = 0,802; Chlf.). — *dl-Δ⁵-3,3-Äthylendioxy-11β-hydroxy-20-oxo-21-acetoxypregnen-18-säure-18 → 11-lacton* (**V**), $C_{25}H_{32}O_7$, F. 235—238°, aus **III** durch a) Jodierung u. Ketonspaltung in Ggw. von CH_3ONa u. Einw. von CH_3COOK; b) Jodierung u. Ketonspaltung in Ggw. von CH_3COOK u. Rk. mit CH_3COOK; daneben nach a) *dl-Δ⁵-3.3-Äthylendioxy-11β-hydroxy-20-oxo-21-acetoxy-isopregnen-18-säure-18 → 11-lacton* (**VII**), $C_{25}H_{32}O_7$, F. 214 bis 220,5°, Prismen aus Aceton. — *dl-Δ⁵-3.3-Äthylendioxy-11β-hydroxy-20-oxo-21-glykoloyloxypregnen-18-säure-18 → 11-lacton*, $C_{25}H_{32}O_8$, F. 210—214°, feine Nadeln aus Ae./CH_2Cl_2; aus **III** analog **V** nach a), aber Rk. mit K-Glykolat. — *dl-Δ⁵-3.3-Äthylendioxy-11β.21-dihydroxy-20-oxopregnen-18-säure-18 → 11-lacton* (**VI**), $C_{23}H_{30}O_6$, F. 209—215° (Zers.), aus 444,6 mg **V** u. $KHCO_3$ durch 1std. Kochen in CH_3OH u. Papierchromatographie; aus Aceton/CH_2Cl_2 Plättchen; 93,4 mg; daneben *dl-Δ⁵-3.3-Äthylendioxy-11β.21-dihydroxy-20-oxo-17-isopregnen-18-säure-18 → 11-lacton* (**VIII**), F. 179—182°, aus Aceton/Ae. Plättchen; 167 mg. Acetylierung von **VI** bzw. **VIII** mit Acetanhydrid in abs. Pyridin ergibt **V** bzw. **VII**. — *Δ⁴-3.20-Dioxo-11β.21-dihydroxypregnen-18-säure-18 → 11-lacton* (**IX**), *dl-Form*, $C_{21}H_{26}O_5$, F. 223—228° (Zers.; Aceton), aus 11,12 g **V** u. 4 n $HClO_4$ in Tetrahydrofuran THF) durch 72std. Rk. bei 20—25°; 8,92 g; *21-Acetat* (*dl*-**X**), $C_{23}H_{28}O_6$, F. 234—236,5°, Prismen aus Aceton/CH_2Cl_2; *21-Hemisuccinat*, $C_{25}H_{30}O_8$, F. 245—249,5°, aus Pyridin/Essigester/Ae. Nadeln. *l-Form*, F. 214—218° (Aceton), aus l-**IV** durch Jodierung, Ketonspaltung, Umsetzung mit CH_3COOK zu l-**V** u. Entketalisierung u. gleichzeitige Verseifung mit 4 n $HClO_4$; $[\alpha]_D^{22}$ — 157°; — 159 ± 4° (c = 0,990; Chlf.); *21-Acetat* (*l*-**X**), F. 186—188° (Methanol), $[\alpha]_D^{25}$ — 107 ± 4° (c = 1,003; Chlf.); *d-Form*, F. 212 bis 216° (Aceton/Ae.), analog l-**IX** aus d-**IV** über d-**V**; $[\alpha]_D^{23}$ + 178°, + 180° ± 4° (c = 0,51 Chlf.); *21-Acetat* (*d*-**X**), F. 186 bis 188° (Methanol), $[\alpha]_D^{28}$ + 109; + 110 ± 4° (c = 0,804; Chlf.). — *dl-Δ⁵-3.3;20.20-Bis-[äthylendioxy]-11β.21-dihydroxypregnen-18-säure-18 → 11-lacton* (**XI**), $C_{25}H_{34}O_7$, F. 264—267° (THF) aus 7,068 g **IX**, p-Toluolsulfonsäure · H_2O u. Äthylenglykol; 7,91 g. *21-Acetat*, $C_{27}H_{36}O_8$, F. 198—200° (Aceton/Ae.). Durch Entketalisierung von **XI** mit 1 n HCl in Dioxan wurde **IX**, erhalten. — *dl-Δ⁴-3.20-Dioxo-11β.21-dihydroxy-17-isopregnen-18-säure-18 → 11-lacton*, $C_{21}H_{26}O_5$, F. 213—218° (Aceton), aus 120 mg **VII** u. $HClO_4$ in THF; 80 mg. — *dl-Δ⁴-3.20-Dioxo-11β-hydroxy-21-acetoxy-17-isopregnen-18-säure-18 → 11-lacton* (**XII**), $C_{23}H_{28}O_6$, F. 181—182° (Aceton) aus 40,5 mg **VII** durch Erhitzen mit 50%ig. CH_3COOH; 39 mg. — *dl-Δ⁵-3.3;20.20-Bis-[äthylendioxy]-11β.21-dihydroxy-18-oxopregnen-18 → 11-cyclohemiacetal* (**XIII**), aus **XI** u. $LiAlH_4$ in THF; daneben *dl-Δ⁵-3.3;20.20-Bis-[äthylendioxy]-11β.18:18.21-bis-[oxido]-pregnen*, $C_{25}H_{34}O_6$. *18.21-Diacetat* (**XIV**), F. 200—206,5° (Ae./CH_2Cl_2) aus **XI** u. $LiAlH_4$ in THF, danach Acetanhydridzugabe u. Chromatographie an Silicagel; 32,3 mg; daneben *21-Acetat* (**XV**), $C_{27}H_{38}O_8$, FF. 182,5–186° u. 198,5-201,5° (CH_2Cl_2/Aceton); **XIV** wird nicht zu **XV** hydrolisiert. — *dl-Δ⁴-3.18.20-Trioxo-11β.21-dihydroxypregnen-18 → 11-cyclohemiacetal* (**XVI**; *dl-Aldosteron*), $C_{21}H_{28}O_5 \cdot H_2O$; FF. 154° u. 183 bis 185°, aus **XIII** durch 36std. Stehen in Dioxan mit 0,1 n HCl u. Chromatographie. Prismen aus wss. Aceton. *21-Acetat* (**XVII**), $C_{23}H_{30}O_6$, F. 178—180° (Aceton). *18.21-Diacetat*, F. 122,5—125°, Prismen aus CS_2. Aus **XIV** bzw. **XV** wurde durch Erwärmen mit 90%ig. CH_3COOH **XVII** mit den gleichen Eigg. wie vorst. erhalten. Oxydation von **XVII** mit CrO_3 in Eisessig ergab **X**; durch Verseifung von **XVII** mit K_2CO_3 in Methanol entstand **XVI**. — *dl-Δ⁴-3-Oxo-11β.18-oxido-18-hydroxy-ätiensäure-20 → 18-lacton*, F. 302—306° (CH_2Cl_2/Aceton), aus 1,8 mg **XVI** u. $HJO_4 \cdot 2\,H_2O$ u. Pyridin in Methanol, Ansäuern u. Extraktion mit CH_2Cl_2; 0,85 mg. — *dl-Δ⁴-3.18.20-Trioxo-11β.21-dihydroxy-17-isopregnen-18 → 11-cyclohemiacetal* (**XVIII**; *dl-17-Isoaldosteron*), $C_{21}H_{28}O_5$, F. 199,5—201,5° (Aceton) aus **XVII** u. K_2CO_3 in wss. Methanol u. Trennung der Mischkristalle von **XVI** u. **XVIII** [F. 161,5—163,5°] durch Papierchromatographie. *18.21-Diacetat*, nicht kristallin. *21-Acetat*, F. 158,5—162°, aus CH_2Cl_2/Ae. Drusen. Oxydation mit CrO_3 in Eisessig ergab **XII**. IR u. UV-Maxima sind angegeben.

W. Krombholz. 3700◇

0897 **Hydroborierung.** 2. Mitt. **Olefine und Alkohole aus den Enolderivaten gesättigter Ketone.** Luciano Caglioti und Gianfranco Cainelli. (Atti Accad. naz. Lincei, Rend., Cl. Sci. fisiche, mat. natur. [8] **30**, 224—28, 1961; Milano, Politecn., Ist. di Chim. Gen.; C. N. R., Centro di Chim. Ind.; ital.) — 1. vgl. C. **1963**, **2086**. — (Verss. mit A. Selva; $[\alpha]_D$ in Chlf.) 3-Oxo-5α-cholestan (**I**) liefert beim Kochen mit Benzoylchlorid in Heptan das entsprechende **I**-*Enolbenzoat* [*3-Benzoyloxy-Δ²-5α-cholesten* (**II**), $C_{34}H_{50}O_2$, F. 126—128°, $[\alpha]_D^{20}$ + 48° (c = 0,7)] u. beim Kochen mit Acetanhydrid (**III**) u. p-Toluolsulfonsäure in Toluol das **I**-*Enolacetat* [*3-Acetoxy-Δ²-5α-cholesten* (**V**), $C_{29}H_{48}O_2$, F. 93—95°, $[\alpha]_D^{20}$ + 58° (c = 1,3)]. Das **I**-Dimethylketal geht durch Pyrolyse bei 200° in **I**-*Enolmethyläther* [*3-Methoxy-Δ²-5α-cholesten* (**VI**), $C_{28}H_{48}O$, F. 97°, $[\alpha]_D^{20}$ + 89° (c = 1,27)] über. **VI** liefert bei der Hydrolyse mit HCl in CH_2Cl_2/CH_3OH **I** zurück. Rk. von in Diäthylenglykol-Dimethyläther-Gemisch (**G**) gelöstem **II** oder **V** mit B_2H_6 bei Raumtemp. u. anschließende Oxydation des Rk.-Gemisches mit H_2O_2 in Ggw. von Alkali ergibt neben *3β-Hydroxy-5α-cholestan* [ca. 30—35% (Ausbeute)] ein *Diol*, das sich durch Vgl. mit einem authent. Präp. als *2α.3β-Dihydroxy-5α-cholestan* [**IV**; $C_{27}H_{48}O_2$, F. 210—221°, $[\alpha]_D^{20}$ + 30° (c = 0,7); 55%] erweist, u. das mit **III** in Pyridin in *2α.3β-Diacetoxy-5α-cholestan* [$C_{31}H_{52}O_4$, F. 105—107°, $[\alpha]_D^{20}$ — 22° (c = 1,2)] umgewandelt wird. Durch Oxydation von **IV** mit CrO_3 in Essigsäure entsteht *2.3-Seco-5α-cholestan-2.3-disäure*, die als *Dimethylester* [**V**; $C_{29}H_{50}O_4$, F. 79°, $[\alpha]_D^{20}$ + 53° (c = 1,0)] charakterisiert wird. Einw. von B_2H_6 auf **VI** in **G** u. anschließende Oxydation des Rk.-Prod. führt zu *2α-Hydroxy-3β-methoxy-5α-cholestan* [$C_{28}H_{50}O_2$, F. 172 bis 173°, $[\alpha]_D^{20}$ + 2° (c = 1,01); 75%]. Durch Umsetzung von **V** oder **II** mit B_2H_6 in **G**, Kochen des Rk.-Gemisches mit Propionsäure (**VIII**), Ae.-Extraktion u. chromatograph. Reinigung wird *Δ^2-5α-Cholesten* [VII; $C_{27}H_{46}$, F. 75°, $[\alpha]_D^{20}$ + 71° (c = 1,1); 25%] gewonnen. **VII** läßt sich zu *2α.3β-Dibrom-5α-cholestan* bromieren. Wird bei der Darst. von **VII** an Stelle von **VIII** sd. **III** verwendet, so steigt die Ausbeute an **VII** auf 60%. Hydroborierung von **VI** u. anschließende Rk. mit **VIII** (**III**) liefert **VII** in 80—85%ig. (90%ig.) Ausbeute. Die Werte der IR-Banden sind für die synthetisierten Verbb. angegeben.

G. Platzer. 3700◇

0898 **Beitrag zur Untersuchung der Gallensäuren.** 6. Mitt. **2-[3α.7α.12α-Trihydroxynorcholanyl-(23)]-5-thiono-1.3.4-oxdiazolin.** J. Hadáček und J. Frgala. (Spisy přírodovědecké Fak. Univ. Brně **1959**, 7—13; Inst. für organ. Chem. der Univ. Brno; russ., Auszug: engl.) — 5. vgl. C. **1960,** 15061. — Die Darst. von *2-[3α.7α.12α-Trihydroxynorcholanyl-(23)]-5-thiono-1.3.4-oxdiazolin* (**I**) u. dessen *Tetraacetyl-Deriv.* wird beschrieben. Ein nicht näher beschriebenes *Methyl-Deriv.* wird bei Einw. von CH_3J auf **I** in alkohol. Lsg. erhalten u. zersetzt sich beim Kochen mit konz. HCl unter Bldg. von Methylmercaptan. Die Spaltung des heterocycl. Ringes in **I** durch Erhitzen mit alkohol. NH_3 gelingt nicht.

Versuche: *2-[3α.7α.12α-Trihydroxynorcholanyl-(23)]-5-thiono-1.3.4-oxdiazolin* (**I**), $C_{25}H_{40}N_2O_4S$, F. (Monohydrat) 154—155° (A.-W.), durch Zugabe einer Suspension von 3 g Cholsäurehydrazid (**II**) in 250 ml Toluol zu einer Lsg. von 0,9 g Thiophosgen in 100 ml Toluol, 4std. Erhitzen bis zur Lsg. von **II**, 2std. Erhitzen u. Eindampfen im Vakuum; 2,7 g (Ausbeute); Entwässern des Hydrats durch Trocknen bei 110°. — *2-[3α.7α.12α-Triacetoxynorcholanyl-(23)]-5-thiono-4-acetyl-1.3.4-oxdiazolin,* $C_{33}H_{48}N_2O_8S$, F. 93°, durch 2tägiges Stehen von 1 g **I** in 5 ml Chlf. mit 1,2 g Acetylchlorid, Zugabe von 20 ml Chlf., Einengen im Vakuum, Aufnehmen des Rückstandes mit Chlf. u. Fällen mit wss. NaCl-Lsg.; 1,1 g. — *$N_{(1)}$-[3α.7α.12α-Trihydroxynorcholanoyl-(23)]-thiosemicarbazid,* $C_{25}H_{43}N_3O_4S$, F. 231—232°, durch Zugabe von 2,2 ml konz. HCl zu 3 g **II** in 100 ml abs. A., Abdest. des A. im Vakuum, Lösen des Rückstandes in 100 ml A., Zugabe von 3 g NH_4SCN in 40 ml A., 14std. Erhitzen u. Zugabe von 300 ml W.; 2,7 g.

I. Schade. 3700△

0899 **Über Herzglykoside.** 51. Mitt. **Über die Autoxydation des Strophanthidins.** 3. Mitt. **Abbau von 10β-Hydroxy-19-norperiplogenin zu Östron.** Albert von Wartburg. (Helv. chim. Acta **46,** 591—601, 1963; Basel, Sandoz AG., Pharmazeut.-chem. Forschungslabor.; dt.) — 50. bzw. 2. vgl. C. **1963,** 18080. — 10β-Hydroxy-19-norperiplogenin (Aglykon A), ein Umlagerungsprod. des Strophanthidins, wird durch systemat. Abbau in *Derivv. des 10β-Hydroxy-19-norandrostans* u. in *Östron* umgewandelt. Damit werden Lage u. Konfiguration der in 10β-Stellung postulierten tert. OH-Gruppe bestätigt. IR-Spektren sind abgebildet, UV-Maxima z. T. angegeben. Die Reinheitsprüfung erfolgt dünnschichtchromatographisch.

Versuche (FF. korr.): *3β-Acetoxy-5.10.14-trihydroxy-17β-carbomethoxy-5β.14β-östran* (**I**), FF. 154 bis 159° u. 177—184°, durch Oxydation von 5 g 3-O-Acetyl-10β-hydroxy-19-norperiplogenin nach Wartburg u. Mitarbeitern (l. c.) mit $KMnO_4$ in Aceton, Methylierung der Säurefraktion (2,2 g) mit CH_2N_2 u. Chromatographie; 1 g (Ausbeute). — *3β-Acetoxy-5.10-dihydroxy-17β-carbomethoxy-Δ^{14}-5β-östren* (**VII**), $C_{22}H_{32}O_6$, F. 168—171° (Ae.), durch 1std. Einleiten von trockenem HCl in die Lsg. von 1 g **I** in reinstem Eisessig bei 10°, Eindampfen bei 25° u. Chromatographie an neutralem Al_2O_3 (Elution mit Bzl./Chlf. 4:1 u. 1:1); $[\alpha]_D^{20}$ = +57,6° (c = 0,513; Chlf.); 853 mg. *5.10-Cyclosulfit,* $C_{22}H_{30}O_7S$, F. 150—157°, durch Zugabe von frisch dest. $SOCl_2$ zu 200 mg **I** in Pyridin bei — 15°, 20std. Stehenlassen bei 0°, Gießen auf Eis, Extrahieren mit Chlf. u. Chromatographie an Al_2O_3; $[\alpha]_D^{20}$ = +33,7° (c = 0,520; Chlf.); perlmutterglänzende Blättchen aus Aceton; 150 mg. — *3β-Acetoxy-5.10-dihydroxy-17β-carbomethoxy-5β-östran,* $C_{22}H_{34}O_6$, FF. 128 bis 130° u. 150—152°, durch 40 Min. langes Schütteln von 500 mg **VII** in Eisessig mit vorhydriertem Katalysator aus $PtO_2 \cdot H_2O$ unter H_2; $[\alpha]_D^{20}$ = +78,7° (c = 0,483; Chlf.); rechteckige Plättchen aus Ae./Pentan; 420 mg. — *3β.5.10-Trihydroxy-17-[bis-(p-methoxyphenyl)-hydroxymethyl]-5β-östran* (**II**), $C_{33}H_{44}O_6$, F. 280—281° (Aceton), durch Bldg. der Grignard-Verb. aus frisch dest. p-Bromanisol in Tetrahydrofuran (THF), rasches Zutropfen von 50° mg vorst. Verb. in THF, 5std. Kochen, Zugabe von Ae., Eis u. 2 n H_2SO_4, Ausäthern, Eindampfen u. Zugabe von Bzl.; $[\alpha]_D^{20}$ = —58,2° (c = 0,550; Chlf.); 471 mg; daneben durch Chromatographie des Rückstandes der Bzl.-Mutterlauge u. Elution mit Bzl. 245 mg *1.1-Bis-[4-methoxyphenyl]-äthylen* [$C_{16}H_{16}O_2$, F. 130—132°, sublimiert im Hochvakuum bei 90°; Blättchen aus Ae.; wird von CrO_3 in Eisessig oxydiert zu *4.4'-Dimethoxybenzophenon* [**III**, $C_{15}H_{14}O_3$, F. 144—145°, sublimiert im Hochvakuum bei 90°; sechseckige Blättchen aus abs. A.)] sowie durch Elution mit Bzl./Chlf., Chlf. u. Chlf./Methanol 1,13 g amorphes *3β-Acetoxy-5.10-dihydroxy-17-[bis-(p-methoxyphenyl)-hydroxymethyl]-5β-östran* [bildet bei Stehenlassen über Nacht mit 50%ig. wss. KOH in Methanol, Verdünnen mit W., Einengen im Vakuum bei 23°, Extrahieren mit Chlf./Ae. (1:2), Chromatographie u. Umkristallisation aus Ae. 143 mg **II**]. — *3β.5.10-Trihydroxy-17-[bis-(p-methoxyphenyl)-methylen]-5β-östran,* durch $1^1/_4$std. Kochen von 80° mg **II** in Eisessig u. Eindampfen; 800 mg (roh). — *3β.5.10β-Trihydroxy-19-nor-5β-androstan-17-on* (**IV**), $C_{18}H_{28}O_4$, F. 208—212°, durch $^1/_4$std. Einleiten von trockenem O_3 in die Lsg. von 800 mg roher vorst. Verb. in abs. Essigester bei — 80°, 20 Min. langes Stehenlassen bei — 80°, Durchleiten von trockenem N_2, Eindampfen im Vakuum bei 20°, Lösen in Eisessig, portionsweise Zugabe von Zn-Staub unter Schütteln bis zum Verschwinden der KJ-Stärke-Rk., Filtrieren, Eindampfen u. Chromatographie an Al_2O_3 unter Elution mit Bzl./Chlf. 1:1 (→ 400 mg **III**), Chlf. u. Chlf./Methanol (99:1) als letzte Fraktion; $[\alpha]_D^{20}$ = + 79,3° (c = 0,473; Chlf.); zu Rosetten angeordnete Prismen aus Aceton/Ae.; 171 mg. — *10β-Hydroxy-19-nortestosteron* (**V**), $C_{18}H_{26}O_3$, F. 208—215° (Aceton/Pentan), a) durch Zugabe der Lsg. von $LiAlH[OC(CH_3)_3]_3$ zu 72 mg **IV** in THF bei 0°, 1std. Stehenlassen bei Raumtemp., Zugabe von 5%ig. Essigsäure, Extraktion mit Chlf., Lösen der rohen Tetrahydroxyverb. (68 mg) in Aceton/W. (9:8), 21std. Schütteln mit durch Hydrierung von $PtO_2 \cdot H_2O$ in W. hergestelltem Pt-Katalysator unter reinem O_2, Eindampfen, Lösen der *3-Oxoverb.* (67 mg) in Eisessig, $^1/_4$std. Kochen unter N_2 u. Chromatographie an Al_2O_3 (Elution mit Bzl./Chlf. 1:4); 8,5 mg; enthält nach dünnschichtchromatograph. Analyse ca. 5% **VII** (s. unten); b) durch Umwandlung von Östron in *Östradiol-3-methyläther,* Red. mit Li in fl. NH_3 zu *1.4-Dihydroöstradiol-3-methyläther,* Ätherspaltung mit Oxalsäure zu *17β-Hydroxy-$\Delta^{5.10}$-östren-3-on* (= *$\Delta^{5.10}$-Norandrosten-17-ol-3-on*), Oxydation mit Monoperphthalsäure zu *5β.10β-Oxido-19-norandrostan-17-ol-3-on,* 1std. Kochen von 1 g letzterer Verb. in 5%ig. methanol. KOH, Verdünnen mit W., Ausäthern u. Chromatographie an Al_2O_3 (Elution mit Bzl./Chlf.); 267 mg. — *10β-Hydroxy-Δ^4-19-norandrosten-3.17-dion* (**VI**), $C_{18}H_{24}O_3$, F. 198—211°, a) durch 22std. Schütteln von **V** in wss. Aceton mit durch Hydrieren von PtO_2 dargestelltem Katalysator unter reinem O_2, Chromatographie des Eindampfrückstandes (nach dünnschichtchromatograph. Analyse 20% **VI** u. 80% **V**) an Al_2O_3 u. mehrfache erneute Dehydrierung des unumgesetzten Anteils; $[\alpha]_D^{20}$ = + 143,0° (c = 0,49; Chlf.); Blättchen aus Ae. oder Aceton/Ae.; b) durch Dehydrierung von 70 mg **IV** wie bei a), Eindampfen, $^1/_4$std. Kochen der reinen *3-Ketoverb.* (F. 184—188°; 70 mg) in Eisessig unter reinem N_2 u. Chromatographie; 35 mg. — *Östron,* F. 254—259° (Aceton), durch 2std. Einleiten von trockenem HCl in die Lsg. von 50 mg **VI** in Eisessig bei 7°, Eindampfen im Vakuum bei 20° u. Chromatographie an Al_2O_3; 26 mg. *O-Acetylverb.,* $C_{20}H_{24}O_3$, F. 125—127°, mit Pyridin/Acetanhydrid. — *Δ^4-Androsten-3.17-dion,* $C_{19}H_{26}O_2$, F. 174—176°, durch 22std. Schütteln von 200 mg Testosteron in Aceton/Wasser am Pt-Katalysator unter O_2 u. Chromatographie an Al_2O_3; $[\alpha]_D^{20}$ = + 187,2° (c = 0,505; abs. A.); Polyeder aus Ae./Pentan; 155 mg.

G. Fischer. 3750◇

0900 **Totalsynthese von 2.5.7.8-Tetramethyl-2-[4.8.12-trimethyltridecyl]-6-hydroxychroman (Vitamin E, α-Tocopherol) und seinen Derivaten.** M. Je. Maurit, G. W.

Smirnowa, E. A. Parfenow, I. K. Ssarytschewa und N. A. Preobrashenski. (Доклады Академии Наук СССР [Ber. Akad. Wiss. UdSSR] **140,** 1330—34, 21/10. 1961; Inst. für metallorg. Verbb. der Akad. der Wiss. der UdSSR; russ.) — Eine neue Synth. des *2.6.10.14-Tetramethylhexadecin-(15)-ols-(14)* (IV) geht von Aceton u. C_2H_2 aus u. wendet in dreimaliger Folge nacheinander die drei Schritte der Kettenverlängerung um 2 C-Atome, Kettenverlängerung um 3 C-Atome u. katalyt. Hydrierung an. IV wird partiell zu *Isophytol* hydriert, dessen Kondens. mit 2.3.5-Trimethylhydrochinon in Essigsäure zu *Vitamin-E-acetat* führt.

Versuche: *Formaldehyddi-n-butylacetal*, $C_9H_{20}O_2$, Kp.$_7$ 63—65°, D_4^{20} 0,8473, n_D^{20} 1,4081. — *Acetaldehyd-di-n-butylacetal*, $C_{10}H_{22}O_2$, Kp.$_7$ 64—64,5°, D_4^{20} 0,8330, n_D^{20} 1,4086. — *2-Methylbutin-(3)-ol-(2)* (I), C_5H_8O, Kp.$_{752}$ 98—102°, durch Kondens. von Aceton mit C_2H_2 in Ggw. von KOH in Xylol, Toluol oder vorst. Acetalen bzw. in Ggw. von Na in fl. NH_3; D_4^{20} 0,8658, n_D^{20} 1,4212; 89,5% (Ausbeute). — *2-Methylheptadien-(2.4)-on-(6)* (II), $C_8H_{12}O$, Kp.$_9$ 79—80°, durch Isomerisieren von I-Acetat zu 3-Methylbutadien-(1.2)-yl-(1)-acetat, Umwandeln in 3-Methylbuten-(2)-aldiacetat u. dessen Kondens. mit Aceton; D_4^{20} 0,9006, n_D^{20} 1,5293; 44,6%. — *2-Methylheptanon-(6)* (III), $C_8H_{16}O$, Kp.$_{752}$ 159—163°, durch Hydrieren von II in Methanol über Pd/Kohle; D_4^{20} 0,8203, n_D^{20} 1,4171; 84,2%. — *2.6-Dimethyloctin-(7)-ol-(6)*, $C_{10}H_{18}O$, Kp.$_{10}$ 79—81°, analog I aus III; D_4^{20} 0,8521, n_D^{20} 1,4420; 96%. — *2.6-Dimethylundecadien-(6.8)-on-(10)*, $C_{13}H_{22}O$, Kp.$_8$ 132—135°, analog II aus vorst. Verb.; D_4^{20} 0,8768, n_D^{20} 1,5097; 72,8%. — *2.6-Dimethylundecanon-(10)*, $C_{13}H_{26}O$, Kp.$_8$ 115—117°, analog III aus vorst. Verb.; D_4^{20} 0,8300, n_D^{20} 1,4376; 86,2% — *2.6.10-Trimethyldodecin-(11)-ol-(10)*, $C_{15}H_{28}O$, Kp.$_9$ 131—134°, analog I aus vorst. Verb.; D_4^{20} 0,8542, n_D^{20} 1,4532; 87,3%. — *2.6.10-Trimethylpentadecadien-(10.12)-on-(14)*, $C_{18}H_{32}O$, Kp.$_4$ 152—154°, analog II aus vorst. Verb.; D_4^{20} 0,8684, n_D^{20} 1,4971; 69,5%. — *2.6.10-Trimethylpentadecanon-(14)*, $C_{18}H_{36}O$, Kp.$_5$ 159—161°, analog III aus vorst. Verb.; D_4^{20} 0,8368, n_D^{20} 1,4482; 90,1%. — *2.6.10.14-Tetramethylhexadecin-(15)-ol-(14)* (IV), $C_{20}H_{38}O$, Kp.$_{0,25}$ 127—130°, analog I aus vorst. Verb.; D_4^{20} 0,8517, n_D^{20} 1,4562; 68,3%. — *2.6.10.14-Tetramethylhexadecen-(15)-ol-(14)* (*Isophytol*), $C_{20}H_{40}O$, Kp.$_5$ 146—147°, durch Hydrieren von IV in abs. Methanol über Lindlar-Katalysator, Pd/$CaCO_2$ oder Raney-Ni; D_4^{20} 0,8454, n_D^{20} 1,4576; 90,6%. — *α-Tocopherol* (*Vitamin E*), *Acetat*, $C_{31}H_{52}O_3$, Kp.$_{0,3}$ 205—208°, durch Kondens. vorst. Verb. mit 2.3.5-Trimethylhydrochinon in Essigsäure in Ggw. von BF_3-Ätherat u. $ZnCl_2$; hellgelb; D_4^{20} 0,9773, n_D^{20} 1,5021; 69,5%. *Palmitat*, $C_{45}H_{80}O_3$, F. 36—37°, durch Verseifen des Acetats mit alkohol. KOH u. Acylieren mit Palmitinsäurechlorid; 37,5%. H.-E. Toussaint. 3800◇

0901 **Synthese von Adenylyl-2.3-diphosphoglycerinsäure.** Takashi Hashimoto, Masamiti Tatibana, Yoshinari Ishii und Haruhisa Yoshikawa. (J. Biochemistry [Tokyo] **50,** 548—49, 1961; Tokyo, Univ. of Tokyo, Fac. of Med., Dep. of Physiol. Chem. and Nutrit.; engl.) — Vgl. C. **1963,** 2906. — *Adenylyl-2.3-diphosphoglycerinsäure* (I) wurde aus 4-Morpholin-N.N'-dicyclohexylcarbonamidiumadenosin-5'-phosphorylmorpholid u. Bis-[tri-n-butylammonium]-2.3-diphosphoglycerinsäure durch 6—8std. Schütteln in Pyridin u. Chromatographie an Dowex-1-Formiat erhalten u. war mit dem natürlichen I aus Schweineblut identisch. Die Isolierung als Tri-n-butylammoniumsalz gab höhere Ausbeuten. Michelson (Privatmitt.) synthetisierte das *Li-Salz* von I aus P¹-Adenosin-5'.P²-diphenylpyrophosphat. Saure Prostataphosphatase spaltete aus natürlichem u. synthet. I kein anorgan. Phosphat ab. *Adenylylmonophosphoglycerinsäure* wurde aus Tri-n-butylammonium-3-phosphoglycerinsäure u. -2-phosphoglycerinsäure, aus letzterer in sehr niedriger Ausbeute, synthetisiert.
K. Maier. 3950◇

D. Makromolekulare Chemie

0902 **Eine Einführung in die Polymerwissenschaft.** G. J. Howard. (School Sci. Rev. **44,** 594—601, 1963; Manchester, College of Sci. and Technol.; engl.) — Übersicht mit experimentellen Beispielen. — 7 Literaturangaben. H. Czech. 4000◇

0903 **Nichtlineare viscoelastische Eigenschaften. (Ungelöste Probleme der Polymerwissenschaft).** Hershel Markovitz. (Nat. Acad. Sci. — Nat. Res. Council, Publ. Nr. **995,** 153—56, 1962; Pittsburgh, Pa., Mellon Inst.; engl.) — Die Deutung der Erscheinungen im nichtlinearen viscoelast. Verh. steht noch in den ersten Anfängen; auf die Leistungen u. die noch bestehenden Lücken der phänomenolog. u. der mol. Theorien wird hingewiesen. Auf experimentellem Gebiet sind folgende weitere Messungen notwendig: Abhängigkeit der Intrinsicviscosität von der Schergeschw.; Einfl. der Meßbedingungen auf das nichtlineare Fließverh. von konz. Lsgg.; Zusammenhang zwischen dem Schubspannungseffekt u. der Strömungsdoppelbrechnung; Zeiteinfl. (Spannungsrelaxation nach starker Deformation, Zugdehnungsverh. bei verschiedenen Dehnungsgeschw., Kriechverh., Rückfederung u. a.); Elastizität in krist. Polymeren u. in Syst. mit Streckgrenze. O. Fuchs. 4000◇

0904 **Scherabhängigkeit bei der Viscositätsbestimmung von Lösungen von Hochpolymeren. Ein neues Kapillarviscosimeter für variable Scher-Bedingungen.** L. H. Cragg und H. van Oene. (Canad. J. Chem. **39,** 203—15, 1961; Hamilton, Ontario, McMaster Univ., Dep. of Chem.; engl.) — Übersicht über die Grundlagen der Kapillarviscosimetrie u. Beschreibung eines Viscosimeters für den Bereich niedriger Scherung. — 39 Literaturangaben.
K. Gröber. 4000◇

0905 **Berechnung der Molekulargewichtsverteilung und Vernetzungsdichte der Gel- und Solkomponenten durch Intrinsicviscositätsmessungen.** A. M. Kotliar. (J. Polymer Sci. **62,** 115—34, 1962; Linden, N. J., Esso Res. and Engng. Co.; engl.) — Vf. geht von einem teilweise vernetzten beliebigen Polymeren aus, das aus einem Sol- u. einem Gelanteil besteht; die Molgew.-Verteilung des Ausgangsprod. soll durch eine Schulz-Zimm-Verteilung oder eine Summe solcher Verteilungen darstellbar sein. Es wird theoret. gezeigt, daß die ursprüngliche Verteilung aus dem Verhältnis der Ausgangsviscositätszahl zu der Viscositätszahl der Solfraktion bestimmt werden kann. Die Theorie wird auch auf den Fall, daß bei der Vernetzung ein teilweiser Abbau auftritt, erweitert. Auch die Abhängigkeit des Gel-, Sol- u. Gesamtvernetzungsindex u. des Koeff. der Verteilung jeder Komponente von dem Gew. der lösl. Fraktion läßt sich so berechnen. Vgl. auch C. **1962,** 18126.
O. Fuchs. 4000◇

0906 **Die Physik der Polymeren.** J. W. S. Hearle. (School Sci. Rev. **44,** 283—90, 1963; Manchester, Univ., Manchester College of Sci. and Technol.; engl.) — Übersicht über die physikal. Strukturen (Netzwerkpolymere, kautschuk- u. glasartige polymere u. kristalline polymere Strukturen). H. Czech. 4000◇

0907 **Eigenschaften von heterogenen Systemen. (Ungelöste Probleme der Polymerwissenschaft).** T. G. Fox. (Nat. Acad. Sci. — Nat. Res. Council, Publ. Nr. **995,** 164—67, 1962; Pittsburgh, Pa., Mellon Inst.; engl.) — Unter „heterogenen" Syst. versteht Vf. z. B. folgende: Polykristalline Homopolymere, Copolymere mit kristallinen u. amorphen Anteilen, Mischungen von miteinander nur z. T. verträglichen Polymeren, Ggw. von anorgan. Bestandteilen (Füllmitteln, Glasfasern u. a.). Die Eigg. solcher Syst. hängen nicht nur von der Mol.-Struktur u. vom Mischungsverhältnis sowie von der Größe der Oberfläche zwischen den Phasen ab, sondern stark auch von der therm. u. mechan. Vorgeschichte. Welche Bedeutung kommt diesen Parametern zu u. wie ist deren Einfl. auf die anwendungstechn. Eigenschaften? Zur Beantwortung dieser Fragen sind eingehende Unterss. an polykristallinen Syst. sowie die Entw. neuer Vorstellungen zur

Charakterisierung von amorphen Syst. notwendig. An Meßmeth. werden Elektronen- u. opt. Mikroskopie, opt. Doppelbrechnung, Röntgenstreuung bei kleinen u. großen Winkeln u. Lichtstreuung genannt. Bei der Messung der mechan. Eigg. muß die Reproduzierbarkeit verbessert werden. Auch die Theorie ist zu erweitern. O. Fuchs. 4000◇

0908 **Überlegungen über den Mechanismus der stereospezifischen Polymerisation.** G. Geuskens. (Ind. chim. belge **27,** 250—54, 1962; Bruxelles, Univ. Libre, Labor. de Chim. Analyt. et Minérale.; franz.) — Übersicht. — 12 Literaturangaben. M. Hagedorn. 4000◇

0909 **Kinetik der Emulsionspolymerisation.** B. M. E. van der Hoff. (Advances Chem. Ser. Nr. **34,** 6—31, 1962; Sarnia, Ontario, Canada, Polymer Corp., Ltd., Res. and Dev. Div.; engl.) — Ausführliche Literaturübersicht, in der behandelt werden: Kinetik der Emulsionspolymerisation (Angabe der wichtigsten kinet. Gleichungen für Start, Wachstum u. Abbruch); Abhängigkeit der Teilchenzahl von der Emulgatorkonz.; Mechanismus der Teilchenbldg. unterhalb der krit. Micellkonz. u. bei wasserlösl. Monomeren; Dauer der Teilchenbldg. u. Abhängigkeit der Teilchenzahl vom Umsatz; verschiedene Möglichkeiten zur Auslösung der Polymerisation (Photolyse, Peroxide, Redoxsystem u. a.); Abhängigkeit der Polymerisationsgeschw. von der Zahl der Teilchen u. der Zahl der Radikale pro Teilchen, ferner von der Monomerkonz. in den Teilchen u. von der Wachstumsgeschw.; Abhängigkeit der Abbruchkonst. von der Art des Initiators, vom Umsatz u. von der Viscosität des Mediums; Vorliegen einer „nicht idealen" Emulsionspolymerisation (vgl. hierzu C. **1961, 8685**). Aus der Zusammenstellung folgt, daß für wasserunlösl. Monomere befriedigende Übereinstimmung zwischen Vers. u. Theorie besteht. Die Bedingungen für eine ideale Emulsionspolymerisation können auf Grund der Theorie von Smith u. Ewart [1948] genau definiert werden. Auf noch bestehende Lücken wird hingewiesen. Vgl. auch C. **1962,** 14891. — 71 Literaturangaben. O. Fuchs. 4000◇

0910 **Neue Gesichtspunkte der anionischen Polymerisation.** Michael Szwarc. (Advances Chem. Ser. Nr. **34,** 96—110, 1962; Syracuse, N. Y., Syracuse Univ., State Univ. Coll. of Forestry, Dep. of Chem.; engl.) — Vgl. hierzu C. **1961,** 10578. — Vf. gibt einen Überblick über die Darst. u. Eigg. der „living polymers" durch anion. Polymerisation. Weiter werden ausführlicher an Hand zahlreicher Literaturdaten folgende Erscheinungen behandelt: Thermodynam. Unterss. (Gleichgew. zwischen den Makromoll. verschiedenen Polymerisationsgrades), Kinetik der Polymerisation, Darst. von Block- u. Pfropfcopolymeren, Darst. von Polymeren mit gewünschten funktionellen Endgruppen u. von Polymeren mit bes. enger Molgew.-Verteilung. O. Fuchs. 4000◇

0911 **Über den Abbau von Polymeren.** Leo A. Wall und Joseph H. Flynn. (Rubber Chem. Technol. **35,** 1157 bis 1221, 1962; Washington, D. C., Nat. Bureau of Standards; engl.) — Übersicht über die theoret. Aspekte u. die experimentellen Ergebnisse des Abbaus von Polymeren (*Vinylpolymere, Cellulose, Naturkautschuk*) durch Wärme u. Strahlung. 226 Literaturangaben. H. Czech. 4000◇

0912 **Die Molekülstruktur von Polyäthylen.** 11. Mitt. **Gewichts- und Zahlenmittelmolekulargewichte von ausgewählten Proben.** V. Kokle, F. W. Billmeyer jun., L. T. Muus und E. J. Newitt. (J. Polymer Sci. **62,** 251—61, 1962; Newark, Del., Univ. of Delaware, Dep. of Chem.; Wilmington, Del., du Pont de Nemours & Co., Polychem. Dep.; engl.) — 10. vgl. C. **1960,** 1869. — Von 4 verzweigten (**Ia**) u. 2 linearen (**Ib**) Proben von *Polyäthylen* wurden die Molgew. M_n (osmot. in Xylol bei 90° für **Ia** u. 105° für **Ib**, sowie kryoskop. in Hexamethylbenzol) u. M_w (Lichtstreuung in α-Chlornaphthalin bei 125° bzw. in 1.2.3.4-Tetrahydronaphthalin bei 105° bzw. in n-Decan bei 115°) bestimmt; vor der M_w-Messung wurden die Proben mit der Ultrazentrifuge von dem unlösl. Teil abgetrennt. M_n (kryoskop.) liegt zwischen 11000 u. 19000, M_n (osmot.) dagegen wegen der Diffusion der niedrigstmol. Prodd. durch die Membran um den Faktor 2—3 höher. M_w von **Ia** liegt zwischen $3 \cdot 10^5$ u. $7 \cdot 10^5$ u. von **Ib** bei 144000 u. 175000, entsprechend M_w/M_n = 20—50 für **Ia** u. 14 für **Ib**. M_w ist unabhängig von der Natur des Lsgm., eine Assoziation wurde nicht festgestellt. O. Fuchs. 4010◇

0913 **Molekulare Bewegung in Polyäthylen.** 3. Mitt. David W. McCall und Ernest W. Anderson. (J. Polymer Sci., Part A **1,** 1175—84, 1963; Murray Hill, N. J., Bell Telephone Labor. Inc.; engl.) — 2. vgl. C. **1960,** 2894. — Von Vff. wurde l. c. gezeigt, daß durch Messen der kernmagnet. Resonanz (KMR) von *Polyäthylen* (**I**) der Kristallisationsgrad α bestimmt werden kann. Vff. zeigen nun, daß das so erhaltene α ein besseres Maß zur Charakterisierung von **I** darstellt als das röntgenograph. ermittelte α, da α (KMR) ein unmittelbares Maß für die Beweglichkeit darstellt u. die mechan. Eigg. bes. hiervon abhängen. Wird **I** bei Raumtemp. in CCl_4 gequollen, so bleibt die breite Resonanzlinie unverändert, während die engere Linie noch schmaler wird unter Beibehalten der Größe der Fläche unter der Resonanzkurve. Daraus folgt, daß CCl_4 nur in amorphe Bereiche von **I** eindiffundiert, während die kristallinen Bereiche unverändert bleiben. Wird **I** mit Bzl. angequollen, so nimmt das Vol. des amorphen Anteiles um ca. 50% zu. Die Aktivierungsenergie des Relaxationsprozesses wird zu 6—10 kcal · Mol^{-1} abgeschätzt. Für die in der Literatur zu findende Annahme, daß die Oberfläche der Einkristall-Lamellen bewegliches Material enthalte, konnten keine Hinweise gefunden werden. Schließlich wird die Natur der Mol.-Bewegung an einem Modell diskutiert. Hiernach besitzen die amorphen Bereiche definierte Dimensionen u. stellen keine Defektstellen dar. Aus der Tatsache, daß die Resonanzbreite in Schmelzen, in Lsgg. u. in amorphen Bereichen von **I** vergleichbar sind mit denen in fl. Glycerin, folgt, daß die KMR-Daten einem sehr allg. Bewegungstyp entsprechen. O. Fuchs. 4010◇

0914 **Morphologie von thermisch abgebautem Polyäthylen.** Yasuna Fujiwara und Kenyū Harada. (J. appl. Polymer Sci. **6,** Nr. 22, 480—83, 1962; Shizuoka, Univ., Fac. of Liberal Arts and Sci., Phys. Dep.; Kyoto, Japan., Univ., Fac. of Sci., Phys. Dep.; engl.) — *Polyäthylen* wurde durch mehrminütiges Erhitzen auf 100° über den F. abgebaut, die entstandenen Dentrite wurden mit opt. u. mit Elektronen-Mikroskop untersucht. Ihr Kristallhabitus unterscheidet sich sowohl von dem von Polyäthylen mit wesentlich größerer Kettenlänge als auch von Paraffinwachs mit kürzeren Ketten. Ausgebildete Terassen von ca. 100 Å Höhe stimmen mit der Struktur von Polymerkristallen überein. Beim Kristallisieren aus der Schmelze scheinen sich die Moll. in Lamellen zu falten. U. Stürzer. 4010◇

0915 **Eine Untersuchung über die Beziehung zwischen Kettenfaltung und Kettenlänge in Polyäthylen.** A. Keller und A. O'Connor. (Polymer [London] **1,** 163—68, 1960; Bristol, Univ. of Bristol, H. H. Wills Physics Labor.; engl.) — *Polyäthylen* wurde therm. zersetzt u. die Zersetzungs-Prodd. fraktioniert; sie sind hart bis wachsartig weich. *Marlex 50* wurde durch Extraktion im Soxhlet mit sd. Trichloräthylen (unter verschiedenen Drucken bei 46, 54, 62, 69, 75, 81 u. 86°) u. mit sd. Xylol (bei 84, 92, 100, 108, 115 u. 122°) fraktioniert. Von den einzelnen inhomogenen Fraktionen wurden Gew.-Anteile, F., Kleinwinkelröntgenabstände, Molgew., Zahl der C-Atome u. die Mol.-Längen bestimmt. Die Moll. der niedrigen Fraktionen (wachsartige, 46 u. 54°) zeigen wie Paraffin-Moll. keine Kettenfaltung, was eine Kontinuität zwischen der Kristallisation von Polyäthylenen u. Paraffinen beweist. Die Faltungslänge ist unabhängig von der Mol.-Länge. G. Vetter. 4010◇

0916 **Die Sorption organischer Dämpfe durch Polyolefine.** K. P. Kwei und T. K. Kwei. (J. physic. Chem. **66,** 2146—49, 1962; Newark, N. J., Newark College of Engng.; New York, N. Y., Interchem. Corporation, Central Res. Labor.; engl.) — Die Dampfsorption von Hexan (**I**), Heptan (**II**), 2.2.4-Trimethylpentan (**III**) u. Bzl. bei Temp. zwischen 30° u. 70° durch Filme aus *amorphem Polypropylen* (**IV**; D_{25} 0,854) u. *isotakt. Polypropylen* (**V**; $D_{21,7}$ 0,906, kristalliner Anteil ca. 62%) wurde bestimmt. Die Sorptionsisothermen von **I**, **II** u. **III** durch **IV** sind bei 30, 40 u. 50° identisch. Die gemessenen Daten können durch $\ln a_1 = \ln v_1 + v_1 + \chi v_2^2$ mit einem χ-Parameterwert von 0,27 wiedergegeben werden. Die Gleichgewichtssorption von **I**, **II** u. **III** durch den amorphen Anteil von **V** steigt mit der Temp. u. ist für die drei Dämpfe für die gleiche Temp. identisch. Die Entropie der Netzwerkdeformation $\equiv$ 1450 v_2^2 cal/Mol · Grad. Die partielle molare Sorptionsenthalpie von Bzl. durch **IV** beträgt 610 $\pm$ 100 v_2^2 cal/Mol im v_2-Bereich 0,85—0,95 u. konnte der Mischungsentropie gleichgesetzt werden. Die partielle molare Sorptionsenthalpie von Bzl. durch **V** ist 2100 v_2^2 cal/Mol. Als Durchschnittsmolgew. von Polypropylenketten zwischen den kristallinen Bereichen wurde 250—350 berechnet. U. Stürzer. 4010◇

0917 **Molekularschwingung und Struktur von Hochpolymeren. 4. Mitt. Eine Allgemeine Methode zur Behandlung der degenerierten Normalschwingungen von Helixpolymeren und infrarotaktiven Schwingungen von isotaktischem Polypropylen.** T. Miyazawa, Y. Ideguchi und K. Fukushima. (J. chem. Physics **38**, 2709 bis 2720, 1963; Kitaku, Osaka, Japan, Osaka Univ., Inst. for Protein Res; engl.) — 3. vgl. C. **1963**, 17332. — Von orientierten Filmen von *isotakt. Polypropylen* (**I**) wurde zwischen 280 u. 900 cm^{-1} das IR-Spektrum (Verw. von polarisiertem Licht) aufgenommen. Folgende Banden wurden festgestellt: 321, 398, 458, 528, 575, 809 u. 842 cm^{-1}. Die Bande 575 ist sehr schwach u. scheint nicht durch die kristallinen Anteile bedingt zu sein. Die Bande 458 wurde in die parallele Bande 456 u. die senkrechte Bande 460 aufgelöst. Die Banden 528 u. 321 zeigen senkrechten u. 398 parallelen Dichroismus. Weiter entwickelten Vff. eine allg. Meth. zur Berechnung der Normalschwingungen einer unendlich langen schraubenförmigen Polymerkette. Die Meth. wurde auf die akt. symm. A-Schwingungen u. die degenerierten $E(2\pi/3)$-Schwingungen von **I** angewandt; erstere liefern parallele u. letztere senkrechte IR-Banden. Die Rechnungen wurden unter Zugrundelegung eines Urey-Bradleyschen Kraftfeldes u. Verw. der Potentialkonst. von aliphat. KW-Stoffen ausgeführt. Auf diese Weise werden für die genannten u. weitere in der Literatur mitgeteilten Banden die Frequenzen u. Verteilungen der potentiellen Energie berechnet (Frequenzbereich 300—1500 cm^{-1}) u. eine Zuordnung der Banden gegeben. O. Fuchs. 4010◇

0918 **Vom Molekulargewicht abhängige Umwandlungen in Polyisobutylen.** Enzo Butta und Paolo Giusti. (Ric. Sci., Parte II, Sez. A, [2] **2**, 362—71, 1962; Pisa, Univ., Ist. Chim. Ind. e Appl.; ital.) — An Proben von *Polyisobutylen* (**I**) mit Molgew. 6000—300000 wurden die dynam.-mechan. Eigg. mittels einer elektrostat. dynam. Meth. im Temp.-Intervall —170°—0° bei Frequenzen von ca. 10^4 Hz bestimmt. Dabei zeigten die hochmol. ($>$ 80000) Proben das Verh. von vollständig amorphen Polymeren, was sich durch ziemlich lineare Abnahme der Schallgeschw. mit zunehmender Temp. ausdrückte. Am Glasumwandlungspunkt (Tg = —68°) trat eine starke Erhöhung des Temp.-Koeff. der Schallgeschw. ein, gleichzeitig ein starker Anstieg des Dämpfungskoeffizienten. — In den v-T-Kurven der niedermol. (6000—15000) **I**-Proben traten zwei aufeinanderfolgende Erhöhungen des Temp.-Koeff. auf, deren Lage (Tempp. T_g' u. T_g) vom Molgew. abhängig war. Bei niedrigen Tempp. war der Dämpfungskoeff. niedrig u. nahezu unabhängig von der Temperatur. Im Intervall T_g'–T_g nahm der Dämpfungskoeff. langsam, dann bei $T > T_g$ schneller zu. Das Auftreten von 2 Umwandlungspunkten bei den niedermol. Polymeren wird auf das Vorliegen von 2 aufeinanderfolgenden therm. aktivierten Erhöhungen der Kettenbeweglichkeit zurückgeführt.
E. Ühlein. 4010◇

0919 **Kationische Polymerisationen bei ultratiefen Temperaturen.** J. P. Kennedy und R. M. Thomas. (Advances Chem. Ser. Nr. **34**, 111—19, 1962; Linden, N. J., Esso Res. and Engng. Co., Chem. Res. Div.; engl.) — Fortführung der von den Vff. früher (vgl. C. **1961**, **9433**, 13566; **1962**, **14160**) beschriebenen Verss. zur Polymerisation von *Isobuten* (**I**) mit $AlCl_3$ (**II**), wobei nun Propan (**III**) als Lsgm. verwendet wurde, um auch bei tieferen Temp. als l. c. arbeiten zu können. Die Polymerisation wurde durch Zugabe einer Lsg. von Propanol-(1) in **III** abgebrochen. Von dem erhaltenen *Polyisobuten* (**IV**) wurde der Polymerisationsgrad PG viscosimetr. bestimmt. Verss. zwischen —50 u. —145° zeigen, daß das (log PG-1/T)-Diagramm aus 2 Geraden mit sehr verschiedener Neigung besteht: die Gerade zwischen —50 u. —100 fällt wesentlich steiler als die zwischen —100 u. —145° ab; dabei ist PG um so höher, je kleiner T. Die Unterschiede werden auf die Differenzen der Aktivierungsenergien für die einzelnen Kettenabbruchvorgänge zurückgeführt. **I** läßt sich auch mit **II** bei —185° polymerisieren; bei Verw. von 0,566 g **II** (gelöst in einem Gemisch aus C_2H_5Cl u. C_2H_3Cl) auf 17,7 g **I** wurde nach 10 Min. **IV** mit PG = 21400 bei einer Ausbeute von 85% erhalten. PG geht bei wachsender **I**-Konz. (Molenbruch m = 0,042 bis 0,324) durch ein schwaches Maximum bei m = 0,135 (Verss. bei —180°). Vermutlich spielt bei diesen Verss. W., das in Spuren vorhanden sein könnte, keine wesentliche Rolle als Cokatalysator. O. Fuchs. 4010◇

0920 **Polymerisation von Decen-(1). 1. Mitt. Wirkung der Änderung der Reaktionsbedingungen.** K. I. Beynon, T. G. Evans, C. B. Milne und D. Southern. (J. appl. Chem. **12**, 33—45, 1962; Chester, „Shell" Res. Ltd., Thornton Res. Centre; engl.) — *Decen-(1)* wird mit Triäthyl-Al/$TiCl_4$ in Isooctan oder in Bzl. bei Raum-Temp. unter wechselnden Vers.-Bedingungen polymerisiert. Bei Verw. eines KatalysatorverhältnissesTriäthyl-Al/$TiCl_4$ von 0,1:1 bis 0,8:1 sind die Polymerisate fl., bei 1:1 bis 4,0:1 wachsartig. Der Unterschied wird mit einem unterschiedlichen Rk.-Mechanismus erklärt, der bei $<$ 1:1 als vorwiegend kation., bei $>$ 1:1 als vorwiegend anion. angesehen wird. Bei $<$ 1:1 ist das Lsgm. von Einfl., Bzl. wird in das Polymere eingebaut; bei $>$ 1:1 ist das Lsgm. inert. Erhöhen der Rk.-Temp. führt zu einem niedrigeren Grad der Ungesättigtheit — dafür werden Erklärungen versucht — u. bei Polymerisations-Temp. von 20—50° zu niedrigeren FF., die bei weiterer Temp.-Steigerung kaum noch weiter sinken. Erhöhung der Katalysator-Konz. bringt ähnliche, aber mindert ausgeprägte Änderungen wie die Temp.-Steigerung. Die fl. Polymeren von *Decen-(1)* können als Schmieröle für Spezialzwecke, die wachsartigen als Verdickungsmittel u. zum Herabsetzen des Fließpunkts für Schmieröle dienen. Ein Vgl. mit *Polydecenen*, die mit $AlCl_3$, mit u. ohne HCl oder $TiCl_4$ hergestellt werden, wird gegeben. M. Hagedorn. 4010◇

0921 **Polymerisation von konjugierten Dienen mit heterogenen Ziegler-Natta-Katalysatoren.** Norman G. Gaylord und Herman F. Mark. (Advances Chem. Ser. Nr. **34**, 127—36, 1962; Newark, N. J., Gaylord Assoc. Inc.; Brooklyn, N. Y., Polytechn. Inst. of Brooklyn; engl.) — Vff. geben eine ausführliche Übersicht über die in der Literatur vorliegenden Angaben über die Abhängigkeit der Struktur der mit heterogenen Ziegler-Natta-Katalysatoren hergestellten Polymeren von *Butadien* (**I**), *Isopren* u. *Cyclopentadien* (**II**) von der Monomerenart, dem Katalysatorsyst. (AlR_3 + $TiCl_3$ bzw. + $TiCl_4$ bzw. + TiJ_4 bzw. + VCl_3 bzw. + VCl_4 bzw. + Ti-Acetylacetonat, $LiAlH_4$ + $TiCl_4$ bzw. + TiJ_4, CdR_2 + $TiCl_4$) u. den Polymerisationsbedingungen (Temp., Art des Lsgm. bei der Polymerisation, Druck). Die für die Bldg. von *Poly-cis-1.4-isopren* u. von *Poly-trans-1.4-butadien* vorgeschlagenen Rk.-Schemata werden angegeben u. diskutiert. Bei der Polymerisation von **I** mit Triisobutyl-Al/$TiCl_4$ werden 10% *Polybutadien* erhalten mit einem cis-1.4-Geh. von 80% (vgl. hierzu auch C. **1961**, 7594). **II** wurde unter N_2 ohne Lsgm. bei 25° mit dem aus $LiAlH_4$, $TiCl_4$ u. Octen-(1) bestehenden Katalysatorsyst. polymerisiert. Bei Erhöhung des Al/Ti-Verhältnisses (= β) von 0,28 auf 2,78 fällt die Ausbeute an *Polycyclopentadien* (**III**) von 62 auf 32% ab; **III** ist schwarz gefärbt u. nach Röntgenanalyse amorph; es enthält nach IR-Analyse Doppelbindungen u. OH-Gruppen. Bei der Polymerisation unterhalb 10° u. in Ggw. von Cyclohexan (**IV**) oder Toluol (**V**) werden die höchsten Ausbeuten mit β = 0,55 erhalten. Mit β = 2,78 betrug die Ausbeute 3% in **IV**, aber 0% in **V** (unter sonst gleichen Bedingungen). Beim Stehen an Luft wird **III** rasch unlöslich. Werden die **III**-Proben ohne Ausschluß von

Luft aufgearbeitet, so enthält das Prod. 1 O-Atom im Ring. **III** besitzt vermutlich 1.2-Struktur. Wird **III** mit PtO_2 hydriert, so bleibt ein Restgeh. an Doppelbindungen übrig u. das Prod. wird beim Stehen ebenfalls unlöslich. Ein *Copolymeres* aus **II** u. *Propylen* enthält Methylgruppen, es ist unlösl. in **V**. O. Fuchs. 4010◇

0922 **Kinetik der thermischen Oxydation von Butadien-Acrylonitril-Copolymeren.** Harold C. Beachell und James C. Spitsbergen. (J. Polymer Sci. **62**, 73–82, 1962; Newark, Del., Univ. of Delaware, Chem. Dep.; engl.) — Filme aus dem *Copolymeren* (**I**) aus 67% *Butadien* u. 33% *Acrylonitril* wurden bis zu t = 500 Std. auf 100 bis 150° u. bis zu 8 Std. auf 200° in Luft erhitzt; gemessen wurde der zeitliche Verlauf der Intensitäten J der OH-Bande 2,95 μ u. der CO-Banden 5,76 u. 5,85, von denen sich die 1. auf eine Ketogruppe u. die 2. auf Vinylketon beziehen. Die J aller Banden nimmt mit wachsendem t u. steigender Temp. zu, bes. stark J (5,76). Vff. nehmen an, daß primär Hydroperoxide oder Hydroperoxidradikale entstehen, die durch Oxydation des tert. H-Atoms Vinylketon (5,85) liefern; daraus u. durch gleichzeitigen Angriff des α-H-Atoms wird die Ketogruppe (5,76) gebildet. Dabei wird eine Zwischenverb., deren Zers. eine CO- u. OH-Gruppe bei einer Aktivierungsenergie von je 18 kcal/Mol liefert, erzeugt. Mit der Oxydation von **I** ist eine starke Verfärbung verknüpft (Auftreten einer breiten Absorptionsbande bei 3500 Å infolge der Bldg. von konjugierten chromophoren Gruppen, Aktivierungsenergie 21 kcal/Mol). Daneben treten Spaltungs- u. Vernetzungsrkk. bei der Oxydation auf. J der CN-Gruppe bleibt unverändert. J der CH-Valenzschwingung ändert sich in komplizierter Weise, eine Deutung ist nicht möglich. O. Fuchs. 4010◇

0923 **Untersuchung der Reaktion von Isopropylbenzolhydroperoxid mit Rongalit und ihre Verwendung zur Initiierung der Polymerisation in sauren Medien.** B. Je. Kutzenok, Je. I. Tinjakowa und B. A. Dolgoplossk. (Hochmolekulare Verbind. **1**, 1830–39, 1959; Allunions Forschungsinst. für synthet. Kautschuk; russ., Auszug engl.) — Die Kinetik der Rk. von *Rongalit* (**I**) mit *Isopropylbenzolhydroperoxid* (**II**) wurde bei verschiedenen pH-Werten untersucht. Das Syst. **I**—**II** eignet sich bei 30 bis 50° in Abwesenheit von Fe-Salzen für die Initiierung der Polymerisation in saurer wss. Emulsion (für die Copolymerisation von *Divinyl*, *Methacrylsäure*, *Styrol*, *Acrylonitril* u. *Methylstyrol*, bes. für die Darst. von carboxylhaltigen Polymeren). Die Initiierung beruht auf einer direkten Rk. zwischen **I** u. **II**. Fe-Salze in sehr geringer Konz. beschleunigen bei tieferer Temp. stark die Rk. von **I** mit **II**, wobei **I** als Red.-Mittel für Fe^{3+} dient; das Syst. **I**–**II**–$Fe^{2+(3\times)}$ ist somit für die Initiierung von Polymerisationen bei tieferen Temp. in sauren Medien geeignet. Helmut Schäfer. 4010△

0924 **Die Reaktion von Polyisopren mit Titantetrachlorid.** Morton A. Golub und Jorge Heller. (Canad. J. Chem. **41**, 937–53, 1963; Menlo Park, Calif., Stanford Res. Inst.; engl.) — Die Cyclisierung (Cy.) von *cis-Polyisopren* (**I**) mit $TiCl_4$ in Bzl.-Lsg. bei 80° wird untersucht, ebenso die von *Kautschuk*, *Balata*, *Poly-cis-3-deuteroisopren* (**II**) u. *Poly-cis-2-trideuteromethyl-1.1-dideuterobutadien-(1.3)*. Die Cy. wird kinet. u. durch IR- u. kernmagnet. Resonanz-Spektroskopie messend verfolgt. Charakterist. für die Cy. aller synthet. Polyisoprene mit $TiCl_4$ sind u. a. das fast völlige Verschwinden der 12 μ Bande, Schwächung u. Änderung des Bandengebiets zwischen 7,5 u. 10 μ, Schwächung der 6,0 μ u. (in cyclisiertem **II**) das völlige Verschwinden der 14,7 μ Bande (— $C(CH_3)$ = CD–). Die Rk.-Kinetik der Abschwächung der 12 μ Bande u. des Verlusts der ursprünglichen –C · (CH_3) = CH– Einheiten ist pseudo-1. Ordnung; die Geschw. hängt ab von $[TiCl_4]^n$ für n = 1 bei cis-Polymeren u. n = 1,5 für trans-Polymere. Entgegen früheren Angaben findet keine cis-trans Isomerisierung von **I** statt. Es wird angenommen, daß die Cy. über einen von $TiCl_4$ angeregten Carboniumionen-Mechanismus zur Bldg. sechsgliedriger Ringe von bicycl. Struktur führt, die über CH_2- u. (oder) nichtcyclisierte Monomereinheiten verbunden sind. In jeder Ringverschmelzung kommt eine Doppelbindung vor, die tetra- oder tri- oder disubstituiert ist (in abnehmendem Betrag in dieser Reihenfolge) M. Hagedorn. 4010◇

0925 **Hydrid-Reduktionsmittel-Verbindung mit einem Metall der VIII. Gruppe. Ein neues Katalysatorsystem für die Polymerisation von Acetylenen und verwandten Verbindungen.** 2. Mitt. L. B. Luttinger und E. C. Colthup. (J. org. Chemistry **27**, 3752–56, 1962; Stanford, Conn., Amer. Cyanamid Co., Chem. Res. Dep., Central Res. Div.; engl.) — 1. vgl. C. **1962**, 18851. — Vff. untersuchen bei der Polymerisation (PL) von *Heptin-(1)* (**I**) die Einfl. verschiedener Verbb. von Übergangsmetallen der VIII. Gruppe (Bis-[tri-n-butylphosphin]-palladium(II)-chlorid (**II**), $Co(NO_3)_2 \cdot 6H_2O$ (**III**), $RuCl_3$, $PtCl_4 \cdot 8H_2O$, $OsCl_3$, $PdCl_2$), den Einfl. der Wertigkeit des Übergangsmetalls, die Brauchbarkeit von Übergangsmetallen anderer Gruppen als Cokatalysatoren ($ZnCl_2$, $MnCl_2$, $HgCl_2$, HgCl, $SnCl_2$, $TiCl_4$, $ZrCl_4$, $AgNO_3$, WO_3, Na_2WO_4, Na_2CrO_4 u. $CrCl_3$), den Einfl. verschiedener Hydride (KBH_4, $LiBH_4$, $LiAlH_4$, LiH, CaH_2, Silane, u. Diboran) u. nichthydrid. Red.-Mittel (Formamidinsulfinsäure, $Na_2S_2 \cdot O_3$, Hydrazin), weiter die Einfl. veränderter Cokatalysator-Konzz. u. -Verhältnisse, des Sauerstoffs u. der Rk.-Temperatur. Verss. zur PL von **I** mit Katalysator-Syst. aus Übergangsmetall-Verbb. der VIII. Gruppe u. $NaBH_4$ ergaben Ausbeuten von 8,6–60% *Polyheptin-(1)* entsprechend einer unterschiedlichen katalyt. Aktivität der Katalysator-Systeme. Nur Eisen-Verbb. [$FeCl_3$, $FeCl_2$ sowie ein Fe(II)-o-Phenanthrolin-Komplex] besitzen keine katalyt. Aktivität. Auch andere Metalle wie die der VIII. Gruppe sind als Cokatalysatoren unbrauchbar. Während KBH_4, $LiBH_4$ u. $LiAlH_4$ katalyt. ebenso wirksam sind wie $NaBH_4$, setzt die PL von **I** u. Propargylalkohol (**IV**) mit LiH bzw. NaH als Cokatalysator erst im Temp.-Bereich von 150–160° ein. Mit CaH_2 konnte **I** auch bei 160° nicht polymerisiert werden; **IV** reagiert jedoch bei 140° mit CaH_2 unter Bldg. eines Gemisches aus *1.3.5-* u. *1.2.4-trisubstituierten* aromat. Produkten. — *Phenylacetylen* wird bei 135° in Ggw. einer akt. Metall-Verb. der VIII. Gruppe auch in Abwesenheit eines Red.-Mittels als Cokatalysator unter Bldg. eines Prod. polymerisiert, welches u. a. *1.3.5-* u. *1.2.4-Triphenylbenzol* enthält. Während Silan mit geringen Beimengungen an höheren Homologen in Verbindung mit Ni-Salzen keine katalyt. Aktivität besitzt, kann **I** mit $PdCl_2$ u. $Pd(NO_3)_2$ in Ggw. von Silan polymerisiert werden (Temp. 50 bis 125°), wobei **I**-Dimere u. **I**-Trimere in geringer Ausbeute gebildet werden. Dagegen erweist sich Diboran als sehr wirksamer Cokatalysator der PL von **I**. Auch sehr starke, nichthydrid. Red.-Mittel wie Hydrazin zeigen keine oder nur sehr geringe katalyt. Aktivität. — Unterss. des Einfl. von Lsgm. auf die PL ergaben, daß Cyclohexan die Rk. nicht unterstützt, weil $NaBH_4$ darin unlösl. ist. Erst bei Zugabe von 25% A. tritt Rk. ein. A. erweist sich im allg. als günstigstes Lsgm., W. in einigen Fällen als geeignet. Diäthylenglykoldimethyläther, auch im Gemisch mit 83% Cyclohexan, ist als Lsgm. verwendbar u. gestattet die Anwendung sehr reakt. Red.-Mittel wie $LiAlH_4$. Bei Einsatz von $LiAlD_4$ wurde mit Deuterium markiertes *Polyheptin-(1)* erhalten, u. zwar waren 80% des Dimeren u. 20% des Trimeren deuteriert. In Ergänzung der Verss. zur PL von **I** mit Ni-Salzen (vgl. l.c.) untersuchten Vff. den Einfl. einer Chelat-Bldg. am Übergangsmetall auf seine katalyt. Aktivität. Während bei der PL einer alkohol. Lsg. von **I** (1,51 m) in Ggw. von $NaBH_4$ (0,26 m) u. des $NiCl_2$-Chelats von Äthylen-1.2-bis-[bis-(β-cyanäthyl)-phosphin] (**V**; 0,016 m) Polyheptin-(1) in 43%ig. Ausbeute entstand, wurde bei einem Vers. mit Lsgg., die 2,88 m an **I**, 0,66 m an $NaBH_4$, 0,08 m an vorst. $NiCl_2$-Chelat u. 0,09 m an **V** waren (Lsgm. A.: CH_3CN = 3 : 1), keine PL erreicht; denn im letzten Falle wurde die Bldg. eines 2. Chelatringes um das Ni-Atom ermöglicht u. die Tendenz des 1. Chelatringes zur Dissoziation unterdrückt. In einem Vers. mit *Äthylpropiolat* trat in Ggw. eines Überschusses von **V** Aromatisierung ein. Ein Vgl. der katalyt. Aktivität von Co- u. Ni-Salzen ergab, daß Co- u. Ni-Chlorid etwa gleich wirksam sind, während bei den entsprechenden Nitraten das Ni-Salz etwa 20% weniger wirksam u. bei den Fluoriden das Ni-Salz etwa 25% weniger wirksam ist als das entsprechende

Co-Salz. Bei der PL in Ggw. von Co-Salzen entstanden außerdem nennenswerte Mengen von aromat. Verbindungen.

Versuche: *Bis-[tri-n-butylphosphin]-palladium (II)-chlorid* (II), F. 66° (A.), aus $PdCl_2$ u. Tri-n-butylphosphin in 50 ml W. u. mehrwöchige Lagerung in einem Kühlschrank; glänzende gelbe Plättchen. — *Bis-[triphenylphosphin]-platin(II)-chlorid*, F. 290—295°, durch Lösen von $PtCl_2$ in luftfreier konz. HCl unter N_2, Einstellen auf pH 8 mit KOH, Zufügen von Triphenylphosphin in 50 ml heißem A. u. 7std. Rühren des Gemisches unter N_2; feines weißes Pulver mit gräulichem Anflug. — Zur Ausführung der Polymerisationen vgl. l. c. *Polyheptin-(1)*, a) aus 1,35 Mol/kg Heptin-(1) (I), 0,29 Mol/kg $NaBH_4$ u. 0,0094 Mol/kg II in A.; 25% (Ausbeute), davon 42% *Dimeres* (A) u. 48% *Trimeres* (B); b) aus 1,71 Mol/kg I, 0,58 Mol/kg $NaBH_4$ u. 0,076 Mol/kg III in A.; 60%, davon 13% A, 86% B u. 1% *Tetrameres* (C); c) aus 1,50 Mol/kg I, 0,30 Mol/kg $NaBH_4$ u. 0,014 Mol/kg $RuCl_3$ in CH_3CN; 12%, davon 47% A, 36% B u. 1% C; d) aus 1,43 Mol/kg I, 0,307 Mol/kg $NaBH_4$ u. 0,019 Mol/kg $PtCl_4 \cdot 8H_2O$ in A.; 35%, davon 54% A, 44% B u. 2,5% C; e) aus 1,43 Mol/kg I, 0,307 Mol/kg $NaBH_4$ u. 0,03 Mol/kg $OsCl_3$ in A.; 17%, davon 55% A, 43% B u. 2,0% C; f) aus 1,43 Mol/kg I, 0,307 Mol/kg $NaBH_4$ u. 0,052 Mol/kg $PdCl_2$ in A.; 8,6%, davon 62% A, 36% B u. 2,0% C. J. Sickfeld. 4010◇

0926 **Untersuchungen über die Polymerisation von Vinylchlorid. 6. Mitt. Polymerisationsmechanismus in einigen Polymerisationssystemen.** Taizo Uno. (Chem. High Polymers [Tokyo] **15,** 510—16, 1958; Osaka, Osaka Municipal Technical Res. Inst.; jap., Auszug: engl.) — 3. vgl. C. **1962,** 15249. — Der Mechanismus der *Vinylchlorid*-Polymerisation in Substanz sowie in Butylchlorid (I) u. Butylacetat (II) wurde bei 50 u. 60° untersucht (Initiator *α.α'-Azo-bis-isobutyronitril*). Die Polymerisations-Geschw. (R_p) ist in jedem Fall proportional der Quadratwurzel der Initiator-Konz. [I] bei 50° u. in I-Lsg. bei 60°. Bei der Polymerisation in Substanz u. in II bei 60° betragen die Exponenten von [I] 0,82 u. 0,70. Bezogen auf die Monomeren-Konz. betragen die Exponenten in I 1,30 u. in II 1,5. Der Wert des Exponenten 0,70 in II bei 60° kann mit Kombination der bimol. Rk. mit dem offensichtlich monomol. Kettenabbruch, den man wegen der Kettenübertragung zwischen Monomerem u. Lsgm. annehmen muß, erklärt werden. Der Exponent 1,30 in Abhängigkeit von der Monomeren-Konz. in I kann mit der Annahme erklärt werden, daß der Initiierungsschritt sich aus zwei Mechanismen zusammensetzt. Daraus ergibt sich R_p zu $A_I[M] + B_I[M]^{1/2}$, wobei A_I u. B_I Konstanten sind. K. Gröbe. 4010◇

0927 **Untersuchungen über die Polymerisation von Vinylchlorid. 7. Mitt. Kinetik der Polymerisation in Substanz.** Taizo Uno und Keinosuke Yoshida. (Chem. High Polymers [Tokyo] **15,** 811—16, 1958; jap., Auszug: engl.) — 6. vgl. vorst. Referat. — Die Unters. der Gleichungen für die Polymerisationsgeschw. (PG) von *Vinylchlorid* in Emulsion u. in Substanz bei 50° in Ggw. von α.α'-Azo-bis-isobutyronitril als Initiator (I) zeigt, daß die Geschw. u. der Mechanismus der Polymerisation ohne W. u. bei Sättigung mit W. keine Unterschiede zeigen. Geschw. u. Ausmaß der Polymerisation lassen sich durch folgende Gleichungen beschreiben: $R_p + K_\alpha[I] + K_\beta[I] \cdot [M] + K_\gamma[I]^{1/2}$ [M] u. $1/\bar{P} = C_M + C_0/M + R_{p\gamma}kt[M]^2$, worin $R_{p\gamma}$ die PG bei bimol. Rk.-Abbruch, K_α, K_β u. K_γ Konst. sind. Dabei wird K_α aus dem scheinbar unimol. Abbruch (beurteilt aus der Kettenübertragung des Monomeren), K_β aus dem unimol. Abbruch durch Einschluß des Polymerenradikals u. K_γ aus dem bimol. Abbruch erhalten. Bei Verwendung von *Crotonsäureanhydrid* als Vernetzungsagens (Bldg. von Brücken) wird bei bimol. Abbruch K_γ kleiner; der Exponent von [I] steigt von 0,56 auf 0,7. L. Schuler. 4010□

0928 **Untersuchungen über die Polymerisation von Vinylchlorid. 8. Mitt. Beschleunigung und Mechanismus der Polymerisation in Substanz.** Taizo Uno. (Chem. High Polymers [Tokyo] **15,** 816—19, 1958; jap., Auszug: engl.) — 7. vgl. vorst. Referat. — Bei der Polymerisation von *Vinylchlorid* in Substanz bei 50° besteht zwischen der Menge (W) des Polymerisats u. der Zeit (t) die Beziehung $W = kt^n$, worin K eine Konst. ist u. n einen mit der Konz. [I] des Initiators veränderlichen Wert hat, u. zwar > 23,43 [Mol/Liter · 10^{-3}] den Wert 1,30 u. bei 6,97 den Wert 1,08. Beim Zusatz von Butylchlorid als Verdünnungsmittel, Dodecylmercaptan als Kettenüberträger u. *Crotonsäureanhydrid* als Brückenbildner ist in jedem Fall der n-Wert kleiner. Das Okklusionsradikal, für das genügend Monomeres vorhanden ist, setzt die Polymerisation durch eine Kettenübertragung des Monomeren bis zum Abbruch fort. Das dadurch erzeugte Radikal hat Gelegenheit zu bimol. Abbruch. Die Menge an eingefangenen Radikalen wird als gering angenommen, da die Monomerenkettenübertragung ziemlich erheblich ist. L. Schuler. 4010□

0929 **Untersuchungen über die Polymerisation von Vinylchlorid.** 9. Mitt. **Kettenübertragung des Monomeren.** Taizo Uno und Keinosuke Yoshida. (Chem. High Polymers [Tokyo] **15,** 819—24, 1958; jap., Auszug: engl.) — 8 vgl. vorst. Referat. — Aus der Polymerisation (PS) von *Vinylchlorid* in Substanz bei 50—60° ergibt sich eine Kettenübertragungskonst. C_M von 0,85 · 10^{-3} (50°) bzw. 1,23 · 10^{-3} (60°), mit Butylchlorid als Verdünnungsmittel 0,78 bzw. 1,28 (· 10^{-3}), mit Butylacetat 0,64 (bzw. 1,08) · 10^{-3}. Für die Berechnung des Polymerisationsgrades $\bar{P}$ wird folgende Gleichung nach Sakurada-Matsumoto verwendet: $\bar{P}$ = 500 antilog (η 1,85—1). Im Falle der PS ist C_M etwas größer als die der anderen Syst., wahrscheinlich wegen des Einfl. des niedermol. Polymeren, das durch Kettenabbruch u. Okklusion entsteht. In diesem Fall tritt an Stelle von C_M der Wert $C_M + C_0/M$, worin C_0 eine neue Konst. unter Berücksichtigung der Okklusion ist. L. Schuler. 4010□

0930 **Untersuchungen über die Polymerisation von Vinylchlorid.** 11. Mitt. **Einige bei der Copolymerisation von Vinylchlorid mit Crotonsäurederivaten gewonnene Ergebnisse.** Taizo Uno und Keinosuke Yoshida. (Chem. High Polymers [Tokyo] **16,** 308—13, 1959; jap., Auszug: engl.) — 10. vgl. Kagaku to Kogyo **32,** [1958], 232; 9. vgl. vorst. Referat. — Bei der Emulsionscopolymerisation von *Vinylchlorid* (I) mit *Crotonsäure* (II) in Ggw. von $K_2S_2O_8/Na_2SO_3$ als Initiator ergeben sich in 1—24 Std. bei einem Umsatz von 6—32% die relativen Monomerreaktivitäten r_I zu 2,4 u. r_{II} zu 0; mit *Äthylcrotonat* (III) in 0,48—40 Std. bei einem Umsatz von 0,75—3,30%: r_I = 2,0 u. r_{III} = 0, u. mit *Vinylcrotonat* (IV) in 2,5—5,5 Std. bei einem Umsatz von 11,64—79%: r_I = 0,98 u. r_{IV} = 0,97. Die Crotonoylgruppe copolymerisiert mit I in gleichem Maße wie *Vinylacetat* (V) mit I. Die Copolymeren I/II u. I/III sind lösl. in Aceton-Methanolgemischen. Die Copolymerisation des bifunktionellen IV mit I ist im Vgl. zu der mit dem 3-Komponentensyst. I/V/III gering. Die Huggins-Konst. k' beim Gelpunkt (infolge Vernetzung) beträgt 0,53 u. die Kettenübertragungskonst. von II 2,1 · 10^{-3}. L. Schuler. 4010◇

0931 **Untersuchungen über die Polymerisation von Vinylchlorid. 12. Mitt. Über die Polymerisation bei Verwendung von Dicrotonoylperoxid und über verzweigte Polymere.** Taizo Uno und Keinosuke Yoshida. (Chem. High Polymers [Tokyo] **16,** 313—16, 1959; jap., Auszug: engl.) — 11. vgl. vorst. Referat. — Bei der Polymerisation von *Vinylchlorid* in Substanz bei 50° zeigt *Dicrotonoylperoxid* (I) eine bessere katalyt. Wrkg. als Dilauroylperoxid. Die scheinbare Aktivierungsenergie der Polymerisation beträgt nur 20,4 kcal/Mol. Bei einer I-Konz. > 1/400 Mol/Mol Monomeres entsteht unlösl. *Polyvinylchlorid*. Der k'-Wert von Huggins beträgt 0,4—1,8 (bei den gewöhnlichen I-Polymeren: 0,3—0,4). Es wird daher auf einen großen Anteil an Verzweigungen geschlossen. Der k'-Wert beim Gelpunkt infolge Verzweigung ist 1,82 (infolge Vernetzung: 0,5). Die Polymerisationsgeschw. ist proportional $[I]^{0,56}$. L. Schuler. 4010◇

0932 **Untersuchungen über die Polymerisation von Vinylchlorid. 13. Mitt. Polymerisation in Isopropylchlorid und Kettenübertragung des Polymeren.** Taizo Uno und Keinosuke Yoshida. (Chem. High Polymers [Tokyo] **16,** 349—52, 1959; jap., Auszug: engl.) — 12. vgl. vorst. Referat. — Aus der Best. der Polymerisationsgeschw. R_p von *Vinylchlorid* (I, mol. Konz. [M]) in Isopropylchlorid

(**II**) bei 50 u. 60° in Ggw. von α.α'-Azo-bis-isobutyronitril (mol. Konz. [I]) ergibt sich, daß R_p proportional $[I]^{0.5}$ u. $[M]^{1.1}$ ist. Die Kettenübertragungskonst. des Lsgm. ergibt sich graph. zu 7,0 · 10^{-4} bei 50° u. 8,2 · 10^{-4} bei 60°. Betrachtet man **II** als Modell für *Polyvinylchlorid* (**III**), so ist die Kettenüberragung von **III** von der gleichen Größenordnung wie für **I**. Der berechnete Geh. an Verzweigungen für **III**-Moll. ist (bei 94% Umsatz) etwa 10 u. damit ähnlich den aus der IR-Absorption erhaltenen Werten der Literatur. L. Schuler. 4010□

0933 **Untersuchungen über die Polymerisation von Vinylchlorid. 15. Mitt. Polymerisation in Schwefelkohlenstoff.** Taizo Uno. (Chem. High Polymers [Tokyo] **17**, 64—68, 1960; jap., Auszug: engl.) — 13. vgl. vorst. Referat. — Der Polymerisationsgrad (PG) von *Vinylchlorid* (**I**) in CS_2 ist der Quadratwurzel der Anfangs-Konz. proportional; jedoch liegt eine normale Beziehung zwischen dem PG u. dem Monomeren nicht vor. Der PG fällt infolge der kettenübertragenden Wrkg. von CS_2. Die Beziehung zwischen 1/P u. CS_2/I stellt keine gerade Linie dar. Die Ergebnisse werden erörtert. W. Wesly. 4010◇

0934 **Untersuchungen über die Polymerisation von Vinylchlorid. 16. Mitt. Polymerisation mit Natriumdialkylphosphit als Emulgiermittel. 2. Mitt. Probleme der Versuchanlage und des Abblätterns.** Taizo Uno und Keinosuke Yoshida. (Chem. High Polymers [Tokyo] **17**, 68—71, 1960; jap., Auszug: engl.) — 15. vgl. vorst. Referat. — Unterss. über die Polymerisation von *Vinylchlorid* mit Na-Dialkylphosphit als Emulgiermittel im Glasbombenrohr u. im Autoklaven aus rostfreiem Stahl zeigen, daß die erforderliche Menge Emulgiermittel der Oberfläche des mit der Lsg. in Berührung stehenden Rk.-Gefäßes proportional ist. Die Probleme des Abblätterns werden erörtert. W. Wesly. 4010◇

0935 **Carbonisierung von Polymeren. 1. Mitt. Thermogravimetrische Analyse.** J. B. Gilbert, J. J. Kipling, B. McEnaney und J. N. Sherwood. (Polymer [London] **3**, 1—10, 1962; Hull, Univ.; engl.) — *Polyvinylchlorid* (**I**), *Polyvinylidenchlorid* (**IV**), *Polyvinylacetat, Polyvinylalkohol, Polyacrylonitril, chloriertes Polyvinylchlorid* (**II**) (61,3% Cl), *Chlorkautschuk* (**III**) (66—68% Cl), *Polyvinylpyrrolidon, Polyvinyläther, Polyacrylamid* (**V**) u. *Polyäthylen* wurden in brikettierter Form in einer speziellen Thermowaage mit einer Geschw. von 2°/min, in einigen Fällen auch 6°/min, bis zu einer Endtemp. von 900° erhitzt. In einfachen Fällen ist bei Verlust der Seitenkette zusammen mit einem H-Atom die erste Stufe vollendet (meist bei etwa 250°), ehe ein ausgedehnterer Zusammenbruch der Kohlenstoffstruktur der Polymeren unter Bldg. von Teer u. anderen flüchtigen Stoffen als zweite Stufe eintritt (hauptsächlich zwischen 300° u. 500°). Zwischen 500° u. 900° tritt nur noch geringer Gew.-Verlust ein. Dabei ist der relative C-Geh. stark vom Cl-Geh. des ursprünglichen Polymeren abhängig u. beträgt 30% für **I**, 64% für **II**, 97% für **III** u. 104% (O_2 adsorbiert) für **IV**. **V** zersetzt sich in drei Stufen entsprechend dem Verlust von W., NH_3 sowie von Teer u. anderen flüchtigen Produkten. U. Stürzer. 4010◇

0936 **Verträglichkeit von Polyvinylchlorid mit Polyvinylacetat in Gegenwart einer dritten Komponente.** Wl. Kabaiwanow und O. Zrnoretschki. (Annu. Inst. chim.-technol. [Sofia] **7**, Nr. 1/2, 213—21, 1960; herausgeg. 1961; bulg., Auszug: engl.) — Trotz ihrer ähnlichen DK sind *Polyvinylchlorid* u. *Polyvinylacetat* (**I**), wie die Best. der Zugfestigkeit zeigt, nicht miteinander verträglich. Beim Mischungsverhältnis 70:30 u. 40:60 zeigen sie gegenseitig Weichmachereffekte, wobei der Einfl. von **I** überwiegt. Ein Zusatz von Dibutylphthalat erhöht die gegenseitige Löslichkeit erheblich, weniger wirksam sind Alkydharze. Die Unverträglichkeit wird auf die räumliche Anordnung in ihrer Beziehung zur Größe der Substituenten in der Kette zurückgeführt. R. K. Müller. 4010◇

0937 **Kinematische Erscheinungsbilder beim Sprödbruch.** Ir. J. Leeuwerik. (Rheol. Acta (Ergänzungsh. z. Kolloid-Z.) **2**, 10—16, 1962; Delft, Niederlande, TNO, Centr. Labor.; engl.) — Unter Zugrundelegen der Smekalschen Anschauungen wird ein allg. Schema für die Oberflächen eines Normalbruchs u. die Bruchausweitung (unter Zugeinw.) auf Grund lichtmkr. Aufnahmen an *PVC, Polymethylmethacrylat* (**I**) u. rußgefüllten SRS (ein *Butadien-Styrol-Copolymerisat*) entworfen. Eingehender werden besprochen: der Mechanismus des (durch Inhomogenitäten bedingten) Bruchs; die Ausbldg. von Sekundärbrüchen; die Gestalt der parabol. u. hyperbol. Schnittlinien; die Reliefstruktur (von **I** u. Glas) u. die Beschaffenheit der Oberfläche frischer Brüche (Interferenzfarben). Aus der Morphologie des Bruchs u. Messungen der Oberflächenrauheit wird grob die Vol.-Häufigkeit (three dimensional density) der Bruchausgangspunkte für **I** abgeschätzt u. ihre geometr. Gestalt elektronenmkr. belegt. Auch wird innerhalb einer Normalbruchfläche von **I** die Wrkg. des Drehens der Hauptrichtung der Zugkraft um 90° auf die „Gefährlichkeit" der Hauptmenge der Inhomogenitäten untersucht. — Diskussionsbemerkungen. M. Hagedorn. 4010◇

0938 **Relaxationen in Copolymeren von Tetrafluoräthylen und Hexafluorpropylen.** R. K. Eby und F. C. Wilson. (J. appl. Physics **33**, 2951—55, 1962; Wilmington, Del., E. I. du Pont der Nemours and Co.; engl.) — Von *Copolymerisaten* aus *Tetrafluoräthylen* (**I**) u. 0—100% *Hexafluorpropylen* (**II**) mit 0—60% kristallinem Anteil wurden der Modul u. die innere Friktion (Dämpfungskoeff., Wellenlänge) mit Longitudinalwellen einer Frequenz von 12 Mc zwischen — 80° u. 260° gemessen, der dielektr. Verlustfaktor wurde bei 0,1, 10 u. 100 Kc zwischen — 180° u. 200° bestimmt. Eine Relaxation bei — 10° verlagert sich mit steigendem **II**-Geh. nach höheren Temperaturen. Daraus wird geschlossen, daß die Relaxation 5 bis 13 Hauptketten-KW-Stoffe umfaßt, übereinstimmend mit der Zuordnung der Relaxation zu Bewegungen einer kleinen Fehlstelle im Kristallgitter, deren Wrkg. durch Eintritt von Perfluormethylgruppen verringert wird. Die elektr. u. mechan. Relaxationstemp. stimmen etwa überein u. ergeben dieselben Aktivierungsparameter. Diese ändern sich mit dem **II**-Geh. nicht sichtbar. Mit steigender **II**-Konz. sinkt die Aktivierungsenthalpie, die Aktivierungsentropie wird nicht beeinflußt. Erhitzen von **I** bis nahe an den F. bildet nicht genug polare Gruppen, um die Relaxation merklich dielektr. zu machen. Eine andere Relaxation, die — 150° in den dielektr., aber nicht in den Ultraschall-Daten beobachtet wurde, ist unabhängig von der Polymerendichte u. der Konz. der Perfluormethylgruppen. U. Stürzer. 4010◇

0939 **γ-Bestrahlung von Fluorkohlenwasserstoffpolymeren.** Roland E. Florin und Leo A. Wall. (J. Res. nat. Bur. Standards, **A 65**, 375—87, 1961; engl.) — *Polytetrafluoräthylen* (**I**), ein *Copolymeres* (**II**) aus *Tetrafluoräthylen* u. *Hexafluorpropylen, Polychlortrifluoräthylen* (**III**), *Polytrifluoräthylen*, ein *Copolymeres* (**IV**) aus *Chlortrifluoräthylen* u. *Vinylidenfluorid*, ein *Copolymeres* aus *Hexafluorpropylen* u. *Vinylidenfluorid, Poly-α.β.β-trifluorstyrol* sowie *Poly-2.3.4.5.6-pentafluorstyrol* wurden mit einer ^{60}Co-Quelle von 2000 c mit ca. 0,5 · 10^6 r bei 20—2° bestrahlt. Die G-Werte für flüchtige Prodd., freie Radikale sowie für **III** die Spaltprodd. wurden ermittelt, der Verlauf des Abbaus bzw. der Vernetzung mittels Zugfestigkeitsmessung u. Nullkraftmessung (zero-strength-time) verfolgt. Als Prodd. entstanden SiF_4 (Ausnahmen: **II** u. **III**), CO_2 u. z. T. CF_4, C_2F_4, C_2F_6, C_3F_6, C_4F_8, C_5F_{12}, CO, H_2 u. CHF_3, jedoch keine Monomeren. Die Elektronenspinspektren deuten auf Anwesenheit von $-CF_2-\dot{C}F-CF_2-$ u. Abwesenheit von $-CF_2-$ hin. Die H-haltigen Polymeren entwickeln HCl bzw. HF u. vernetzen schnell (nur bei **IV** geringere Vernetzungstendenz), die reinen Halogen-Kohlenstoff-Polymeren vernetzen nicht oder langsam. **III** war das einzige Polymere, das nur Spaltung erlitt, alle anderen zeigen eine Periode steigenden Molgew., erst bei Dosen > 1—10 · 10^{20} eV/g beginnt die Zers. zu dominieren. Die G-Werte steigen dabei nicht abnorm hoch. **I** erwies sich extrem empfindlich gegenüber der Anwesenheit von Luft während der Bestrahlung. Die Zugkraft sinkt bei Bestrahlungen mit wenigen Mr auf Null, während im Vakuum ein Plateau bei 50% der ursprünglichen Zugkraft liegt. Auch **II** zeigt höhere Empfindlichkeit gegen Bestrahlung bei Anwesenheit von Luft. Der Mechanismus der strahleninduzierten Rkk. wird mit freien Radikalen als Zwischenprodd. erklärt. U. Stürzer. 4010◇

0940 **Das Viscositätsverhalten von linearen und einfach gewinkelten Oligophenylenen.** 11. Mitt. Werner Kern, Wilhelm Gruber, Walter Heitz, Hermann Otto Wirth und Irmgard Ziegler. (Makromolekulare Chem. **51,** 1—14, 1962; Mainz, Univ., Organ. Chem. Inst.; dt.) — In einem zweischenkligen Freiflußviscosimeter wird mit verbesserter Temp.-Konstanz die Lsg.-Viscosität von *Di-* u. *Terphenyl,* 12 methylsubstituierten *Oligophenylenen* (**A**) in Toluol u. Cyclohexan, 15 methoxysubstituierten **A** in Toluol u. Tetrachloräthan u. 7 gewinkelten **A** in Toluol untersucht. Immer sind die $\eta_{spez.}$c-Werte linear von c abhängig. Bei gewinkelten **A** in o-Stellung fällt die Viscosität stärker ab als bei m-ständigen **A**. In allen Lsgm. sind Viscosität u. Molgew. linear voneinander abhängig. Es wird ein Vgl. zwischen den stäbchenförmigen **A**-Moll u. knäuelbaren Polymer-Moll. gezogen. M. Hagedorn. 4010◇

0941 **Eine Lichtstreuungsuntersuchung der bevorzugten Adsorption im System Benzol + Cyclohexan + Polystyrol.** B. E. Read. (Trans. Faraday Soc. **56,** 382—90, 1960; Cambridge, Mass., MIT, Dep. of Chem.; engl.) — Von *Polystyrol* (**I**; Molgew. 3,8 · 10^5) der Konz. c ~ 0,4 g/100 ml, c/2, c/4 u. c/8 in Bzl. mit 0 (v_a), 25 (v_b), 35 (v_c), 50 (v_d), 65 (v_e) u. 75 (v_f) Vol.-% u. reinem (v_g) Cyclohexan werden für alle v n_D, $n_{5461\,A}$, dn/dv, dn/dc [ml · g^{-1}] u. die Adsorptions-Konst. λ[ml · g^{-1}] ermittelt. Nach der Theorie von Flory-Huggins betragen die Parameter der bin. Wechselwrkg. dieses Syst. bei 25° $\chi_{12} = 0,476$, $\chi_{122} = 0$, $\chi_{23} = 0,510$, $\chi_{233} = 0,338$ u. für **I**-Bzl. $\chi_{13} = 0,24$. Der Parameter der tern. Wechselwrkg. χ_{123} dieses Systems, der die mathemat. u. physikal. Zusammenhänge ausdrückt, beträgt bei 25° $\chi_{123} = 0,33 \pm 0,05$. G. Vetter. 4010◇

0942 **Entgasung von viscosen polymeren Systemen.** George A. Latinen. (Advances Chem. Ser. Nr. **34,** 235—46, 1962; Springfield, Mass., Monsanto Chem. Co., Plastics Div.; engl.) — Zunächst leitet Vf. für eine in 2 Stufen arbeitende Schnecke zur Entgasung einer Polymerschmelze (in Form eines dünnen Filmes) die grundlegenden Gleichungen ab (Einfl. der Konz. der zu entfernenden niedermol. Substanz, des Diffusionskoeff., des Druckes p, der Länge L, des Durchmessers Φ u. der Umdrehungsgeschw. der Schnecke, der Dicke, Oberfläche u. Viscosität des Filmes auf die Endkonz. im Film). Zur Prüfung der Theorie wurden Verss. an *Polystyrol,* das bis zu 0,8% Monomeres enthielt, unter verschiedenen Bedingungen ausgeführt (Temp. 404—482 °F, p = 5—20 Torr, Φ = 2,5″ L/Φ = 4 u. 10). Die experimentellen Ergebnisse stehen z. T. im Einklang mit der Theorie. Daneben treten auch Differenzen auf, die durch die Zugrundelegung eines zu einfachen Modells bei der Berechnung bedingt sind; zur Berechnung der optimalen Wrkg. sind noch weitere Einfl. (bes. der Geschw. der Oberflächenerneuerung u. der Durchmischung der Schmelze) zu berücksichtigen. Zur rechner. Erfassung solcher Einfl. sind weitere Verss. notwendig. O. Fuchs. 4010◇

0943 **Besonderheiten der Kinetik der durch Di-tert.-butylperoxid und tert.-Butylperbenzoat initiierten Polymerisation von Styrol.** Ss. Ss. Iwantschew, A. I. Jurshenko und N. I. Ssolomko. (Ber. Akad. Wiss. [UdSSR] **140,** 1079—82, 1961; Odessa, Univ.; russ.) — Die Abhängigkeit der Geschw. der Polymerisation von *Styrol* (**I**) u. der Viscosität von *Polystyrol* (**II**) von Rk.-Temp. (85—105°) u. verwendetem Initiator [*Dibenzoylperoxid* (**III**), *Di-tert.-butylperoxid* (**IV**), *tert.-Butylperbenzoat* (**V**)] wurde in Substanz u. Emulsion untersucht. Die Geschw. der **I**-Polymerisation erhöht sich mit steigender Temp., zunehmender Initiator-Konz. u. in der Reihe **IV** < **V** < **III**. Bei geringer Initiatorkonz. nimmt die Viscosität von **II** in der Reihe **IV** > **V** > **III**, bei größerer Konz. in der Reihe **V** > **IV** > **III** ab. Mit zunehmendem Umwandlungsgrad von **I** bleibt die Viscosität von **II** bei Polymerisation in Ggw. von **III** konst. u. nimmt in Ggw. von **IV** u. **V** zu. Helmut Schäfer. 4010△

0944 **Kontinuierliche Umlauf-Copolymerisation. Vorrichtung für wirksamen Wärmeaustausch und für Handhabung von inerten Verdünnungsmitteln.** R. L. Zimmerman, J. S. Best, P. N. Hall und A. W. Hanson. (Advances Chem. Ser. Nr. **34,** 225—34, 1962; Midland, Mich., Dow Chem. Co.; engl.) — Das Copolymerisationsverf. zur Darst. von Copolymeren mit definierter u. homogener Zus. wurde bereits früher (vgl. C. **1961, 4899**) beschrieben. Die Abführung der Wärme bei einem Feststoffgeh. von mehr als 30% erfordert spezielle Wärmeaustauscher. Ein Teil der Polymerlsg. wird kontinuierlich aus dem Polymerisationskessel abgezogen u. entgast; von dem Rückstand im Entgaser wird ein Teil nach außen entfernt u. der Rest wird nach dem Verd. mit frischem Monomeren über den Austauscher in den Kessel zurückgeführt. Die Rk.-Mischung können auch Verd.-Mittel zugesetzt werden. Beispiele werden angeführt für die Copolymerisation von *Styrol* (**I**) u. *α-Methylstyrol* bei 125° in Ggw. von Äthylbenzol u. Cumol u. von **I** u. *Acrylonitril* in Ggw. von Methyläthylketon. Die Anlage wird durch kontinuierliche Viscositätsmessung der Polymerlsg. u. durch Messen des Monomerdruckes automat. gesteuert. Für die Lsg. von *Polystyrol* in Isopropylbenzol wird die Temp.- u. Konz.-Abhängigkeit der Viscosität angegeben. O. Fuchs. 4010

0945 **Oligomere und Polymere mit Dreifach-Bindungen.** 1. Mitt. **Derivate von Äthinylbiphenyl und Äthinylfluoren.** Hisaya Tani, Fumio Toda und Koreyasu Matsumiya. (Bull. chem. Soc. Japan **36,** 391—92, 1963; engl.) — Unter Verwendung von $CuCl_2$ oder $Cu(OOCCH_3)_2$ wurden eine Reihe *konjugierter Polyacetylene* aus den entsprechenden Diäthinyl-Verbb. dargestellt. Die niederen Homologen dieser Polymeren wurden ebenfalls synthetisiert, um den Einfluß der Phenyl-, Biphenylyl- u. Fluorenylgruppe auf die konjugierten Systeme zu untersuchen. 4-Acetylbiphenyl u. 4.4′-Diacetylbiphenyl wurden durch Behandlung mit PCl_5 u. nachfolgende Umsetzung mit $NaNH_2$ in fl. NH_3 in *4-Äthinylbiphenyl* (**I**) bzw. *4.4′-Diäthinylbiphenyl* (**II**) übergeführt. Bei der Darst. von **I** entsteht eine geringe Menge *1.4-Bis-[p-biphenylyl]-diacetylen* (**III**), das sich ebenfalls bei der Einw. von Cu^{2+} auf **I** bildet. Die Behandlung von **II** mit Cu^{2+} oder Cu^{+} führt zu *Poly-4.4′-diäthinylbiphenyl* (Polymerisationsgrad 2 u. 4). Ein Gemisch aus **I** u. Phenylacetylen liefert mit Cu^{2+}-Ionen ein Reaktionsgemisch, das aus **III**, *1.4-Diphenyldiacetylen* u. *1-Phenyl-4-biphenylyl-(4′)-diacetylen* besteht. Durch Rk. von 4.4′-Diacetylbiphenyl mit äquimol. Mengen PCl_5 u. nachfolgende Behandlung mit $NaNH_2$ entsteht nicht das gewünschte 4-Acetyl-4′-äthinylbiphenyl, sondern Verb. **II**, *4-Acetyl-4′-[α-chlorvinyl]-biphenyl* u. *4.4′-Bis-[α-chlorvinyl]-biphenyl*. UV- u. IR-Spektren s. Original. G. Leithäuser. 4010◇

0946 **Bestimmung der restlichen Monomeren in Polyvinylacetat-Dispersionen.** Sadao Hayashi und Takuhiko Motoyama. (Chem. High Polymers [Tokyo] **18,** 95—98, 1961; Niwaji Neyagawa, Osaka, High Polymer Chem. Ind. Ltd.; jap., Auszug: engl.) — *Polyvinylalkohol* (**I**)-haltige *Polyvinylacetat* (**II**)-Dispersionen können auf ihren Geh. an Vinylacetat (**III**) nicht nach der Br-Anlagerungs-Meth. untersucht werden, da **I** ebenfalls Br_2 verbraucht. Statt dessen wird **III** mit NaOH in Acetaldehyd übergeführt u. die Intensität der mit Benzolsulfohydroxamsäure u. $Fe_2(SO_4)_3$ erzeugten Färbung colorimetr. ermittelt. Die Genauigkeit der Meth. wird an **II**-Emulsionen in wss. Isopropanol untersucht. M. Hagedorn. 4010◇

0947 **Inverse Emulsionspolymerisation.** J. W. Vanderhoff, E. B. Bradford, H. L. Tarkowski, J. B. Shaffer und R. M. Wiley. (Advances Chem. Ser. Nr. **34,** 32—51, 1962; Midland, Mich., The Dow Chem. Co., Phys. Res. Labor.; engl.) — Bei der inversen Emulsionspolymerisation wird eine wss. Lsg. eines hydrophilen Monomeren unter Verw. von speziellen Emulgatoren in einer hydrophoben Ölphase emulgiert; die Polymerisation kann mit öl- oder wasserlösl. Initiatoren eingeleitet werden. Verss. wurden zwischen 50 u. 70° ausgeführt mit *Na-p-Vinylbenzolsulfonat* (**I**), Dibenzoylperoxid (**II**), dem Emulgator *Span 60* (**III** = Sorbitmonostearat) u. o-Xylol (**IV**); das Mengenverhältnis **IV**:W.:**I** betrug 70:25:5 mit 0,2% **II** bezogen auf **IV** u. 0,033—0,125 g **III** pro 1 cm^3 **IV**. Der Rk.-Verlauf wurde dilatometr. verfolgt. Der erhaltene Latex wurde in A. koaguliert u. das abgeschiedene Polymere (**V**) im Vakuum bei 35° getrocknet. Die Induktionsperiode betrug 40 Min. bei 50°

u. 0 Min. bei 70°. Der I-Umsatz steigt bis 50—60% linear mit der Zeit an u. nähert sich dann einem Grenzwert. Die Polymerisationsgeschw. v ist bei 50° unabhängig von der III-Konz., steigt aber bei höherer Temp. t um so steiler an, je größer [III]. Die Zahl N. der V-Teilchen pro 1 cm^3 IV (aus elektronenmkr. Aufnahmen) steigt mit [III] an; bei kleinerem [III] ist N. um so größer, je höher t. Daraus folgt, daß die Polymerisation sowohl in den wss. I-Tröpfchen als auch in den Micellen einsetzt. Die Polymerisation von I mit $K_2S_2O_8$ (VI) wurde in wss. Lsg. u. in Emulsion wie bei II bei 50° ausgeführt; v in Emulsion ist beträchtlich größer als in Lösung. Bei Erhöhung von t wird der Unterschied zwischen beiden Syst. geringer. Aus den Vers.-Daten werden die Geschw.-Konst. im Falle II u. VI für Wachstum (k_p), Abbruch (k_t) u. Übertragung (k_{tr}) berechnet. k_t steigt mit wachsendem t u. zunehmender Teilchengröße u. mit fallendem Molgew. an. k_{tr}/k_p liegt für II zwischen 0,8 u. 1,1 · 10^{-4}, unabhängig von t. Aus der t-Abhängigkeit von k_p berechnet sich die Aktivierungsenergie zu 7,1 kcal Mol^{-1}. Die Wirksamkeit der II-Bruchstücke als Kettenstarter liegt zwischen 0,8 u. 1,5, unabhängig von t.

O. Fuchs. 4010◇

0948 **Polymere Chinone.** 1. Mitt. **Die Synthese einiger durch Methylenbrücken verbundener Di-, Tri- und Polybenzochinone.** S. E. Hunt und A. S. Lindsey. (J. chem. Soc. [London] **1962,** 4550—57; Teddington, Middlesex, D. S. I. R., Nat. Chem. Labor.; engl.) — Es wird die Darst. zweier polymerer sowie einer Anzahl di- u. trimerer *Benzochinone* beschrieben, deren cycl. Glieder durch Methylengruppen miteinander verbunden sind. Die *Polychinone* wurden entweder durch Oxydation des Polykondensats aus Phenol, Hydrochinon (II) u. Formaldehyd (III) im Verhältnis 1:1:3 oder durch Polykondensation äquimol. Mengen p-Dimethoxybenzol (IV) u. 1.4-Bis-[chlormethyl]-2.5-dimethoxybenzol (V) sowie Demethylierung u. Oxydation des gebildeten *Poly-2.5-dimethoxybenzylens-(1.4)* (I) erhalten. Die di- u. trimeren Chinone sind Substanzen, die den polymeren Verbb. ähnlich gebaut sind. Durch Unters. dieser Substanzen konnte gezeigt werden, daß weder bei der Demethylierung noch bei der Oxydation strukturelle Änderungen auftreten. Die UV-Absorptionsspektren der Verbb. werden diskutiert.

Versuche: *1.4-Bis-[chlormethyl]-2.5-dimethoxybenzol* (V), $C_{10}H_{12}Cl_2O_2$, F. 165° (Bzl./CCl_4), aus 70 g IV u. einem Gemisch aus 400 ml 40%ig. III u. 540 ml konz. HCl u. 2std. Rühren bei 35°; 78 g (Ausbeute). — *1.4-Dimethoxy-2.5-dimethylbenzol* (VI), $C_{10}H_{14}O_2$, F. 112° (PAe.), aus 2,5 g V in 200 ml Essigester durch Hydrierung an Adams-Katalysator; 2 g. — *2.5-Dimethylhydrochinon*, $C_8H_{10}O_2$, F. 217°, aus 800 mg VI durch Erhitzen mit 5 g Pyridinhydrochlorid (VII) für 4 Std. auf 200°; Nadeln aus Toluol. — *1.4-Bis-[acetoxymethyl]-2.5-dimethoxybenzol*, $C_{14}H_{18}O_6$, F. 122—123°, aus 2,35 g V, Na-Acetat u. Eisessig durch 3std. Erhitzen; aus PAe. Prismen. — *1.4-Bis-[2-hydroxy-3.5-dimethylbenzyl]-2.5-dimethoxybenzol*, $C_{26}H_{30}O_4$, F. 177—178°, aus einem Gemisch aus 7,1 g V u. 25 g 2.4-Dimethylphenol unter 96std. Stehen u. Isolierung des in PAe. unlösl. Teils; Nadeln aus PAe./Bzl.; 4,9 g. *Diacetat*, F. 144—145°. — *2.5-Bis-[2-hydroxy-3.5-dimethylbenzyl]-hydrochinon*, $C_{24}H_{26}O_4$, F. 309° (Zers.; Methanol/W.), aus 3 g vorst. Verb. durch 3std. Erhitzen unter N_2 auf 180°—200° in Ggw. von 12 g VII u. Fällen mit W.; 2,6 g. *Tetraacetat*, F. 217—218°, Prismen aus Essigester. — *2.5-Bis-[2-hydroxy-3.5-dimethylbenzyl]-1.4-benzochinon*, $C_{24}H_{24}O_4$, F. 265° (Zers.), durch Versetzen von 1 g vorst. Verb. mit 600 mg p-Benzochinon (VIII) in sd. Methanol; rote Nadeln aus A.; 580 mg. — *1.4-Bis-[2.5-dimethoxybenzyl]-2.5-dimethoxybenzol*, $C_{26}H_{30}O_6$, F. 157—158° (PAe.), aus 4 g V durch 3std. Erhitzen mit 40 g IV unter N_2 auf 190° u. Extraktion des Schmelzkuchens mit heißem PAe.; 3,4 g. — *2.5-Bis-[2.5-dihydroxybenzyl]-hydrochinon*, $C_{20}H_{18}O_6$, F. 190°, aus vorst. Verb. u. VII; braunes Pulver aus wss. Äthanol. *Hexaacetat*, F. 236—237°. — *1.4-Bis-[2.5-dimethoxy-4-methylbenzyl]-2.5-dimethoxybenzol*, $C_{28}H_{34}O_6$, F. 196,5—197°, aus 4,5 g V, 13 g 1.4-Dimethoxy-2-methylbenzol (IX) u. 2 Tropfen 2 n H_2SO_4 durch Erhitzen unter N_2 auf 120 bis 140°; aus dem in kaltem PAe. unlösl. Teil der Rk.-Prodd. 5,1 g Nadeln (PAe./Bzl., 1:2). — *2.5-Bis-[2.5-dihydroxy-4-methylbenzyl]-hydrochinon* (X), $C_{22}H_{22}O_6$, F. 317—318°, a) aus vorst. Verb. u. VII; b) durch katalyt. Hydrierung von XI. *Hexaacetat*, F. 216—217°, Nadeln aus Essigester. — *2.5-Bis-[5-methyl-p-benzochinonyl-(2)-methyl]-p-benzochinon* (XI), $C_{22}H_{16}O_6$, F. 188° (Zers.), aus 600 mg X u. 550 mg VIII in sd. Methanol u. chromatograph. Reinigung an Silicagel in Bzl.; gelbe Nadeln; 260 mg. — *2.2'.5.5'-Tetramethoxy-4.4'-dimethyldiphenylmethan*, $C_{19}H_{24}O_4$, F. 147—147,5°, aus 5 g IX, 5 ml konz. HCl u. 5 ml 35%ig. III-Lsg. durch 4std. Erhitzen auf 75°; Nadeln aus A.; 2,2 g. — *2.2'.5.5'-Tetrahydroxy-4.4'-dimethyldiphenylmethan*, $C_{15}H_{16}O_4$, F. 286—287° (Zers.), aus vorst. Verb. u. VII. *Tetraacetat*, F. 162—163°. — *2-Methyl-5-[5-methyl-p-benzochinonyl-(2)-methyl]-p-benzochinon*, $C_{15} \cdot H_{12}O_4$, F. 158° (Zers.), aus 1 g vorst. Verb. u. 830 mg VIII in sd. Methanol; orangefarbene Nadeln aus Bzl./PAe. nach Säulenchromatographie an Silicagel; 360 mg. — *Poly-[2.5-dimethoxybenzylen-(1.4)]* (I), $(C_9H_{10}O_2)_n$, aus 11,8 g V u. 6,9 g IV in Eisessig durch 24std. Erhitzen auf dem sd. Wasserbad; 13,9 g — *Kondens.-Prod.* (XII) aus V u. II, $(C_{16}H_{16}O_4)_n$, aus 9,4 g V u. 4,4 g II in Eisessig durch 24std. Erhitzen auf dem sd. Wasserbad; braunes Polymerisat, das 50% W. enthält; nach Trocknen bei 105° 18 g. — *Kondens.-Prod.* (XIII) *aus* V *u. Hydrochinondiacetat*, aus 11,8 g V u. 9,7 g II-Diacetat in Eisessig durch 24std. Erhitzen zum Sieden; 10,7 g mit 10% Wasser. — Die Demethylierung von I, XII u. XIII erfolgte durch Erhitzen mit überschüssigem VII oder mit einer 55%ig. Lsg. von HJ unter N_2; sie wurde durch Messung der Intensität der Methoxybande bei 1040 cm^{-1} oder durch Best. des gebildeten Methyljodids verfolgt. Die Oxydation zu den *Polychinonen* erfolgte durch eine saure Lsg. von Eisen(II)-ammoniumsulfat oder durch 5std. Erhitzen mit einer äthanol. Lsg. von VIII.

K. Heyns. 4010◇

0949 **Ionenbindung durch polymere Elektrolyte.** Frederick T. Wall und W. Brian Hill. (J. Amer. chem. Soc. **82,** 5599—601, 1960; Urbana, Ill., Univ. of Illinois, Noyes Chem. Labor; engl.) — Es wird über Messungen der Hittorfschen Überführungszahlen in wss. Lsgg. von *Polyacrylsäure*, die bis zu verschiedenen Graden durch *NaOH* neutralisiert wurde, berichtet. Die Ergebnisse wurden zur Berechnung des Bindungsanteils der Na-Ionen an die Polyacrylationen verwendet. Der Einfl. der Elektrolysedauer auf den Bindungsanteil wurde durch Messungen bei konst. Stromstärke untersucht, dabei wurde festgestellt, daß die Werte für die Ionenbindung monoton mit steigender Elektrolysedauer abnehmen. Durch Auftragung einer geeigneten Funktion für den Grad der Ionenfixierung gegen die insgesamt durch die Lsg. gegangene Elektrizitätsmenge werden Gerade erhalten, die, auf Null extrapoliert, die nichtelektrolysierte Lsg. charakterisieren. Weitere Messungen zeigen, daß der Einfl. der Temp. auf die Ionenbindung in *Na-Polyacrylat*-Lsgg. klein ist. D. Noack. 4010◇

0950 **Über einige Methoden zur Darstellung von Graft-Copolymeren.** N. A. Plate, W. P. Schibajew und W. A. Kargin. (Hochmolekulare Verb. [UdSSR] **1,** 1853—58, 1959; Moskau, Univ., Chem. Fak.; russ., Auszug: engl.) — Graft-Copolymere aus *Polyacrylsäure* (I) u. *Polyvinylalkohol* (II) lassen sich unter bestimmten Bedingungen nicht durch Ozonisierung von I bzw. II zwecks Bldg. akt. Peroxide u. anschließende Aufpolymerisation von Monomeren darstellen, da I zu wenig beständig u. II zu beständig gegenüber O_3 ist. I-*Styrol*- u. II-*Styrol*-Copolymere mit verschiedenem Verhältnis der Komponenten wurden nach der mechano-chem. Meth. mittels einer speziell konstruierten App. erhalten. Die Löslichkeit der Copolymeren liegt zwischen der der einzelnen Komponenten. Helmut Schäfer. 4010△

0951 **Diffusion von Benzol in Polyacrylaten.** A. Kishimoto und Y. Enda. (J. Polymer Sci., Part A **1,** 1799 bis 1811, 1963; Maizuru, Japan, Univ. of Kyoto, Dep. of Fisheries, Phys. Chem. Labor.; engl.) — Nach der früher (vgl. C. **1960,** 155) angegebenen Meth. wurden für *Polymethylacrylat* (I) u. *Polyäthylacrylat* (II) Messungen für die Sorption u. Permeation von Bzl.-Dampf zwischen t = 20 u. 60° (I) bzw. zwischen 5 u. 60° (II) ausgeführt.

Bei 30° berechnen sich für die Abhängigkeit des Diffusionskoeff. D von der Bzl.-Konst. c aus den Sorptions- u. Desorptionsmessungen ident. Werte, woraus folgt, daß ein Fickscher Diffusionsmechanismus vorliegt. Die t-Abhängigkeit der Größe D_T/D_0 (D_T = thermodynam. Diffusionskoeff., D_0 = D für c → 0) läßt sich nach Fujita, Kishimoto u. Matsumoto (vgl. C. **1963**, 19257) darstellen durch $1/\log(D_T/D_0) = 2{,}303\, f(0, t)/B_d + 2{,}303\, [f(0, t)]^2/B_d/\beta(t) \cdot 1/v_1$ (v_1 = Vol.-Bruch von Benzol). B_d berechnet sich aus den Messungen zu 0,89 für **I** u. 0,68 für **II**; ferner ist $f(0, t) = 0{,}025 + 4{,}1 \cdot 10^{-4}$ (t − 3) für **I** u. $0{,}022 + 4{,}8 \cdot 10^{-4}$ (t − 22) für **II**. Die Größe $\beta(t)$ fällt mit steigendem t schwach ab.
O. Fuchs. 4010◇

0952 **Eine neue Methode zum Studium der Abbaureaktionen von Hochpolymeren.** H. H. G. Jellinek und J. E. Clark. (Canad. J. Chem. **41**, 355–62, 1963; Windsor, Ontario, Assumption Univ. of Windsor, Dep. of Chem., Essex College; engl.) — Beschreibung eines automat. registrierenden Quarzlöffel-Manometers, das Unters. von gasbildenden Rkk. von hoher Geschw. gestattet u. nur ca. 20–40 mg Unters.-Material benötigt. Prüfung der App. an der therm. Zers.-Rk. von *Polymethylmethacrylat* zwischen 300° u. 400° (2 Gew.-%ig. Lsg. in Aceton). Neben dem Monomeren als Hauptprod. entstanden bei 400° geringe Mengen verkohlter Rückstände. Filme von 20 mg erzeugten z. B. bei 300° in 30 s $2{,}9 \cdot 10^{-5}$ Mol, bei 350° $4{,}3 \cdot 10^{-5}$ Mol u. bei 400° $12{,}8 \cdot 10^{-5}$ Mol Gas.
U. Stürzer. 4010◇

0953 **Alkaliphosphide als Polymerisationskatalysatoren.** G. Henrici-Olivé und S. Olivé. (J. Polymer Sci. **62**, S 8 – S 9, 1962; Zürich, Monsanto Res. S. A.; engl.) — *Methylmethacrylat* (**I**) oder *Styrol* (**II**) wurden mit K-Diphenylphosphid u. Di-Li-phenylphosphid als Katalysator polymerisiert. Die Polymerisationsgeschw. steigt in der Reihenfolge der Lsgm. Dioxan, Tetrahydrofuran, Dimethoxyäthan an; sie ist für **I** größer als für **II**. Es liegt ein anion. Mechanismus vor. Pro Polymermol. wird 1 Atom P eingebaut. Lebende Polymere konnten nicht festgestellt werden.
O. Fuchs. 4010◇

0954 **Eine kinetische Untersuchung der von Benzol induzierten Kristallisation von Polyäthylenterephthalat.** R. P. Sheldon. (Polymer [London] **3**, 27–34, 1962; Bradford, Yorkshire, Inst. of Technol., Dep. of Chem. Technol., Polymer Res. Labor.; engl.) — Die Geschw. der von Bzl. induzierten Kristallisation von transparenten, nicht orientierten *Polyäthylen*-Filmen (D. 1,340) von 2,1, 2,7, 3,4 u. $4{,}1 \cdot 10^{-2}$ cm Dicke wurde bei Temp. von 25, 30, 35 u. 40° sowie mit Folien von $2{,}7 \cdot 10^{-2}$ cm Dicke zusätzlich bei 55° durch Dichtemessung untersucht. Sie steigt mit steigender Temperatur. Der Hauptteil der Geschw.-Kurven gehorcht der Gleichung $A' - V/A' = C \exp[-(C'/x^3)(e^{-\Delta E/RT}) \cdot t]$ (A' u. V = Vol.-Bruch des kristallinen Anteils im Gleichgewicht bzw. in der Zeit t; x = Probendicke; E = Aktivierungsenergie von 10,3 kcal/Mol). Der Kristallisationsvorgang scheint diffusionsbestimmt zu sein u. entlang einer fortschreitenden Front, die die Flüssigkeitsdiffusion begleitet, stattzufinden.
U. Stürzer. 4010◇

0955 **Gemischte Poly-[4-amino-1.2.4-triazole].** W. W. Korschak, G. N. Tschelnokowa und M. A. Schkolina. (Hochmolekulare Verbind. **1**, 1772–77, 1959; Akad. der Wiss. der UdSSR, Inst. für metallorgan. Verbb.; russ., Auszug: engl.) — Die aus *Adipin*-(**I**), *Sebacinsäure* (**II**) u. *Hydrazin* (**III**), aus **II** u. *Azelainsäure* (**IV**) u. **III**, aus **IV**, **I** u. **III** sowie aus **I**, **II**, **III** u. **IV** erhaltenen *Poly-[4-amino-1.2.4-triazole]* wurden untersucht u. durch F., Viscosität u. Löslichkeit charakterisiert. Durch die Eingliederung einer 2. u. 3. Komponente in die polymere Kette einer Komponente werden die Strukturregularität der 1. Komponente u. die Kohäsionskräfte der Makromoll. vermindert. Im Vgl. mit Polymethylen-4-amino-1.2.4-triazolen schmelzen die gemischten Polymeren tiefer u. sind stärker löslich.
Helmut Schäfer. 4010△

0956 **Über die Synthese von Polymeren mit geladenen Heteroatomen in den Makromolekülketten. Onium-Polymerisation.** A. A. Berlin und Je. F. Raswodowski. (Ber. Akad. Wiss. UdSSR **140**, 598–600, 1961; russ.) — *4-Chlorpyridin* (**I**) geht beim Stehen oder Erhitzen auf 50–60° durch intermol. Quaternierung in *Polypyridiniumchlorid* über. Das Polymere ist wasserlösl., unlösl. in den üblichen organ. Lsgm., enthält endständige Cl- u. N-Atome u. hat ein Molgew. von 912–1600. Bei der Polymerisation von **I** mit *Pyridin* (4:1 Vol.) werden niedermol. *Copolymere* erhalten, die außer in W. auch in Pyridin, Methanol u. z. T. in A. lösl. sind, $3{,}8 \cdot 10^{18}$ paramagnet. Teilchen pro g u. kein endständiges Cl enthalten. Das aus *γ.γ'-Dipyridyl* u. *Chloranil* erhaltene *Copolymere* ist z. T. in W. lösl. u. enthält $5 \cdot 10^{18}$ paramagnet. Teilchen pro g.
Helmut Schäfer. 4010△

0957 **Einige Aspekte der Chemie der anorganischen Polymeren.** M. Doucet. (Meded. vlaamse chem. Veren. **25**, 33–49, 1963; Oostende, Hoger Techn. Inst.; fläm.) — Übersicht über *Silicone*, *Organophosphor*-Verbb., *Organobor*-Verbb. u. *polymere Chelate*. — 46 Literaturangaben.
H. Czech. 4010◇

0958 **Über Silicone.** 55. Mitt. **Kryoskopische Molgewichtsbestimmungen an Kalium- und Natriummethylsiliconat mit geschmolzenem Glaubersalz.** R. Müller, G. Meier und H. Rotzsche. (Z. anorg. allg. Chem. **314**, 291–297, 1962; Radebeul-Dresden, Inst. für Silicon- und Fluorcarbonchem; dt.) — 54. vgl. Chem. Ber. **94**, [1961], 2225; 50. vgl. C. **1962**, **4883**. — Die Durchschnittsmolgew. von *Natrium-* u. *Kaliummethylsiliconat* werden kryoskop. in schm. Glaubersalz bestimmt. Die dabei zusätzlich durch Hydrolyse entstehenden, ebenfalls eine Erniedrigung des F. hervorrufenden Hydroxylionen konnten aus EMK-Messungen an entsprechend aufgebauten Wasserstoffelektroden ermittelt u. bei Berechnung des Kondensations (oder Assoziations)-grades berücksichtigt werden. In großer Verdünnung besteht das Na-Salz zu mehr als 80% aus Monomeren, während das K-Salz dann sogar überhaupt nicht mehr kondensiert ist. Konz.-Erhöhung bewirkt bei den Siliconaten zwar eine Verringerung des Monomerengehaltes um 25–35%; selbst in 14%ig. Lsgg. liegen aber noch mehr als 45% der Na u. 75% der K-Verb. monomer vor. Die höchsten gemessenen Kondensationsgrade betragen 1,55 bzw. 1,23. Die 1. Dissoziationskonst. der Methylsiliconsäure für 20° wird zu $2{,}2 \cdot 10^{-11}$ bestimmt. Die Werte für die Methylsiliconate werden mit den bekannten Werten für das Mononatriumorthosilicat verglichen.
K. Rühlmann. 4010□

0959 **Durch Dicumylperoxid eingeleitete Vernetzung von Vinylsiliconharzen.** H. A. Hartung und S. E. Berger. (J. appl. Polymer Sci. **6**, Nr. 22, 474–79, 1962; Tonawanda, N. Y., Silicones Div. Union Carbide Corpor.; engl.) — Der Einfl. der Reaktionsdauer, Temp. u. Dicumylperoxid (**I**)-Konz. auf die mechan. Eigg. eines vernetzten *Vinylsiliconharzes* wurden untersucht. Das Harz hat von < 25° bis ca. 100° eine Umwandlung 2. Ordnung, deren Bereich sich mit steigendem Vernetzungsgrad verbreitert. Maximale Vernetzung wird erzielt, wenn **I** langsam bei niedriger Temp. u. langen Härtezeiten verbraucht wird. Bei 4std. Behandlung liegt die optimale Temp. zwischen 125 u. 135°.

Versuche: *Vinylsiliconharz*, durch alkal. Coäquilibrierung von 20,2 Gew.-% $CH_3(C_2H_3)SiO$, 62,2% $(C_6H_5)_2SiO$, 3,2% $(CH_3)_3SiO_{1/2}$, 14,5% $(CH_3)_2SiO$ mit 0,5–2 Gew.-% **I** nach der Meth. von Hyde. Viscosität 48 cP bei 25°; D. 1,18; Härtungstemp. zwischen 125 u. 175°, Nachhärtung bei 200°. Die Messung des Moduls ist zur Best. des Vernetzungsgrades am geeignetsten.
U. Stürzer. 4010◇

0960 **Über Wege und Synthese von regulären elementorganischen Polymeren räumlicher Struktur.** K. A. Andrianow. (Ber. Akad. Wiss. UdSSR **140**, 1310–13, 1961; Akad. der Wiss. der UdSSR, Inst. für metallorgan. Verbb.; russ.) — Die Eigg. von Polymeren vernetzter u. räumlicher Struktur lassen sich durch Änderung der Anzahl der Atome u. der Gruppen in den polyfunktionellen Ausgangsoligomeren variieren. Bei der Kondens. von *α.ω*-Dihydroxypolydimethylsiloxan mit $SiCl_4$, $C_6H_5 \cdot SiCl_3$ bzw. $TiCl_4$ [4:1 Mol in Bzl. bei 40–60° NH_3 einleiten, eindampfen u. auf 130–180° erhitzen] werden über in Bzl. u. Toluol lösl. Polymere schließlich unlösl. u. nichtschm. *Polysiloxydimethylsiloxan* (Molgew. 1252 bis

1258), *Polyphenylsiloxydimethylsiloxan* (Molgew. 2146) bzw. *Polytitanodimethylsiloxan* (Molgew. 3920) erhalten.
Helmut Schäfer. 4010△

0961 **Über einige Polyester des Bis-[hydroxymethyl]-tetramethyldisiloxans.** M. A. Bulatow, Ss. Ss. Spasski und Ss. G. Mischina. (Hochmolekulare Verbind. [UdSSR] **4**, 1310—13, 1962; Ural, Filiale der Akad. der Wiss. der UdSSR, Chem. Inst.; russ., Auszug: engl.) — Durch Kondens. von symm.-Bis-[chlormethyl]-tetramethyldisiloxan ($Kp._4$ 69—71°, durch Hydrolyse von Chlormethyldimethylchlorsilan; $D._{20}^{20}$ 1,060; n_D^{20} 1,4405) mit Maleinsäure in Xylol in Ggw. von Triäthylamin (1:1:2 Mol 14 Std. kochen) oder Na-Maleinat in Dimethylformamid in Ggw. von Hydrochinon (16 Std. kochen), mit Phthalsäure oder Na-Succinat wurden *Poly-[bis-(hydroxymethyl)-tetramethyldisiloxan]-maleinat* [**I**; $(C_{10}H_{18} \cdot O_5Si_2)_x$; 77 bzw. 48% (Ausbeute)], *-phthalat* [$(C_{14}H_{20}O_5 \cdot Si_2)_x$; 69%] bzw. *-succinat* [$(C_{10}H_{20}O_5Si_2)_x$] dargestellt. **I** läßt sich in Ggw. von Peroxiden weiter polymerisieren bzw. mit Styrol copolymerisieren, wobei thermoreaktive Harze erhalten werden. Helmut Schäfer. 4010△

0962 **Untersuchung der Polymerisation von cyanhaltigen siliciumorganischen Verbindungen.** A. M. Poljakowa, W. W. Korschak, W. M. Wdowin und Je. Ss. Tambowzewa. (Ber. Akad. Wiss. UdSSR **141**, 641—44, 1961; Akad. der Wiss. der UdSSR, Inst. für metallorgan. Verbb.; Zelinsky-Inst. für organ. Chem.; russ.) — Die Polymerisation bei 6000 at in Ggw. von Azodiisobutyronitril, Di-tert.-butylperoxid oder Dibenzoylperoxid sowie ohne Druck in Ggw. von Pt/Kohle oder H_2PtCl_6 folgender Silane wurde untersucht: *Methylvinyl-bis-[2-cyanpropyl-(2)-oxy]-*; *Vinyl-tris-[2-cyanpropyl-(2)-oxy]-*; *[α-Methylallyl]-tris-[2-cyanpropyl-(2)-oxy]-*; *Allyl-tris-[2-cyanpropyl-(2)-oxy]-*; *Diallyl-bis-[2-cyanpropyl-(2)-oxy]-* (**I**); *Dimethylallyloxy-[2-cyanpropyl-(2)-oxy]-*; *Äthyldiallyloxy-[2-cyanpropyl-(2)-oxy]-*; *Triallyloxy-[β-cyanäthyl]-*; *Methylvinyl-bis-[β-cyanäthoxy]-*; *Allyl-bis-[2-cyanpropyl-(2)-oxy]-*; *[α-Methylallyl]-bis-[2-cyanpropyl-(2)-oxy]-*; **I** + *symm.-Dimethyldiäthyldisiloxan* (**II**) sowie *Diallyl-bis-[β-cyanäthoxy]-silan* + **II**. Die entsprechenden *Polymeren* wurden als gelbe bis dunkelbraune, bewegliche bis zähe Öle oder feste Massen erhalten, die in Bzl. oder Dimethylformamid z. T. lösl. sind. — *Diallyl-bis-[β-cyanäthoxy]-silan*, $C_{12}H_{18}N_2O_2Si$, $Kp._{10}$ 178—181°, aus 0,25 Mol Diallyldichlorsilan, 0,5 Mol β-Cyanäthylallyläther u. 0,6 Mol Pyridin in 100 ml abs. Bzl.; $D._4^{20}$ 1,0283; n_D^{20} 1,4674; ca. 40% (Ausbeute). — Analog: *Vinylmethyl-bis-[β-cyanäthoxy]-silan*, $C_9H_{14}N_2O_2 \cdot Si$, $Kp._{18}$ 178°; $D._4^{20}$ 1,0428; n_D^{20} 1,4475; 76%. — *Vinylmethyl-bis-[2-cyanpropyl-(2)-oxy]-silan*, $C_{11}H_{18}N_2O_2Si$, $Kp._5$ 123—124°; $D._4^{20}$ 0,9729; n_D^{20} 1,4298; 47%. Helmut Schäfer. 4010△

0963 **Synthese von polymerisierbaren antimonorganischen Acrylaten und Methacrylaten.** M. M. Koton und F. Ss. Florinski. (Ber. Akad. Wiss. UdSSR **137**, 1368—69, 1961; Inst. für hochmol. Verbb. der Akad. der Wiss. der UdSSR; russ.) — Die Darst. von *Diphenylstibinacrylat* u. *-methacrylat* wird beschrieben. Beide werden in Substanz u. in Toluol-Lsg. beim Erhitzen in Ggw. von Azodiisobuttersäurenitril leicht polymerisiert. Die erhaltenen Polymeren sind unlösl. in organ. Lsgm. u. besitzen hohe Erweichungstemperaturen. Mit Methylmethacrylat u. Styrol tritt Copolymerisation unter Bldg. thermoplast. Massen ein.

Versuche: *Diphenylstibinacrylat*, $C_{15}H_{13}O_2Sb$, F. 115—117° (n-Hexan), durch Zugabe von 2,1 g Acrylsäure in 15 ml CH_3OH zu einer sd. Lsg. von 5,7 g Diphenylstibinoxid (**I**) in 50 ml CH_3OH, 1std. Erhitzen auf dem Wasserbad, Abdest. des CH_3OH u. Behandeln des Rückstandes mit heißem Hexan; 74% (Ausbeute). — *Diphenylstibinmethacrylat*, $C_{16}H_{15}O_2Sb$, F. 113—115° (Hexan), analog aus 5,7 g **I** u. 2,6 g Methacrylsäure; 5,5 g.
I. Schade. 4010△

0964 **Einfluß einer thermischen Einwirkung auf Systeme aus Polymeren und dispersen Metallen.** Ss. D. Lewina, K. P. Lobanowa und A. W. Wannikow. (Ber. Akad. Wiss. UdSSR **141**, 662—64, 1961; Akad. der Wiss. der UdSSR, Inst. für Elektrochem.; russ.) — Die in einer Vibrationsmühle im Medium der Monomeren dargestellten Syst. *Fe-Polyisopren* (**I**), *Fe-Polymethylmethacrylat*, *Fe-Polystyrol*, *Fe-Polyacrylonitril* besitzen n-Leitfähigkeit. Das durch Ausfällung von **I** aus der Lsg. erhaltene Syst. *Fe*-**I** ist ein p-Halbleiter. Das Syst. *Polyisobutylen*(**II**)*-Fe*, das durch Fällung von **II** aus Toluol dargestellt wird, hat bei einem Geh. von 10 u. 20% **II** einen spezif. Widerstand δ von $1 \cdot 10^{-2}$ bzw. $1 \cdot 10^{-1}$, bei einem Geh. von 30% **II** dagegen einen von $1 \cdot 10^4 \Omega \cdot cm$ u. ist ein p-Halbleiter. Beim Erhitzen des Syst. *Fe*-**II** mit 30% **II** auf 180—200° im Vakuum ändern sich seine Eigg. wie folgt: δ beträgt bei 20° 2—4 $\Omega \cdot cm$, δ sinkt bei 180—0° mit abnehmender Temp. stark u. bei 0 bis 50° sehr stark ab. Analog verhält sich das Syst. *Fe-Polyäthylen*.
Helmut Schäfer. 4010△

0965 **Cellulosederivate.** G. B. Turner. Chem. and Ind. **1963**, 920—28; Spondon, Derby, British Celanese Ltd.; engl.) — Übersicht über die Struktur der *Cellulose*, die Kinetik der Substitutionsrkk., die *Celluloseacetat*-Herst., ökonom. Aspekte u. die voraussichtlichen Entw.-Richtungen. — 20 Literaturangaben. Diskussionsbemerkungen. H. Czech. 4050◇

0966 **Pfropfcopolymere von Weizenstärke.** Robert L. Walrath, Zoila Reyes und C. R. Russell. (Advances Chem. Ser. Nr. **34**, 87—95, 1962; Menlo Park, Calif., Stanford Res. Inst.; Peoria, Ill., Northern Regional Res. Labor.; engl.) — Gemische aus *Weizenstärke* (**I**) u. *Acrylonitril* (**II**) bzw. *Vinylacetat* (**III**) (1 Teil **II** bzw. **III** auf 3 Teile **I**) wurden im Vakuum bestrahlt (^{60}Co). Der Grad β (= Gewichtszunahme von **I**) der dabei stattfindenden Pfropfungsrk. wurde durch IR- u. chem. Analyse der durch saure Hydrolyse isolierten Prodd. bestimmt. β beträgt für eine Gesamtdosis D = 8,5 Mrep für **II** 32% bei einem Umsatz U = 95% (Menge H an Homopolymerisat 0%). Lag **I** im gequollenen Zustand vor (Erhitzen einer 15%ig. wss. Dispersion von **I** auf 65°, Entfernen des überschüssigen W. durch Filtration), so waren β = 16,9, U = 95,5, H = 14,5. Wurde die Pfropfung in Ggw. einer größeren Wassermenge ausgeführt, so betrugen β = 12,1, U = 74,3, H = 12,4, entsprechend 0,97 u. 33 für Dimethylformamid als Verdünnungsmittel u. 0,96 u. 96 für gleiche Mengen **I** u. **II**. β, U u. H für **III** lauten: 2,01, 93,5 u. 91,5 für trockene **I** bzw. 0, 67,2 u. 67,2 in Ggw. von Dioxan bzw. 9,3, 98,5 u. 89,2 für gequollene **I**. Die Pfropfcopolymeren sind unlösl., in Dimethylsulfoxid bilden sie eine viscose Dispersion. Die Unlöslichkeit wird durch eine Vernetzung bei der Bestrahlung hervorgerufen. Die Bldg. von freien Radikalen wurde durch Elektronenspinresonanz nachgewiesen; ihre Konz. nimmt mit steigendem D zu u. fällt nach der Bestrahlung bei Lagerung im Vakuum im Verlauf von Wochen ab (viel rascher bei Lagerung in Luft). Pfropfcopolymere entstehen auch, wenn **I** zuerst im Vakuum bestrahlt u. dann erst **II**, **III** oder *Vinylchlorid* (**IV**) zugegeben werden; β ist dabei um so höher, je größer D u. je höher die Temp. bei der Monomerzugabe (Verss. bei 25 u. 60°). Unter sonst gleichen Bedingungen steigt β in der Reihenfolge **II**, **III**, **IV** an; Homopolymerisate entstehen dabei nicht. Mit **IV** konnte der höchste β-Wert (2,45) in Ggw. von Formamid als Verdünnungsmittel erzielt werden. Aus den Verss. folgt, daß β vor allem von der Diffusion der Monomeren in **I** abhängt. O. Fuchs. 4050◇

0967 **β-Thiolactone, ihre Polykondensation und Polymerisation.** I. L. Knunjanz, Je. Ja. Perwowa, M. G. Linkowa und O. W. Kildishewa. (Chem. Wiss. Ind. [UdSSR] **3**, 278—79, 1958, Inst. für Elementorgan. Verbb. der Akad. der Wiss. der UdSSR; russ.) — Durch Rk. von Chlorkohlensäureestern (**A**) mit N-Acyl-β.β-dimethylcysteinen oder dem NH_4-Salz der β-Mercaptoisovaleriansäure werden *β.β-Dimethyl-α-acylamino-β-propiothiolactone* (Acyl= *Acetyl-*, *Phenacetyl-*, *Phenaceturyl-*) bzw. *β.β-Dimethyl-β-propiothiolacton* (**I**; $Kp._{1,5}$ 33—34°) erhalten. Die Thiolactone sind kräftige Acylierungsmittel für Amine u. Alkohole. Mit β.β-Dimethylcystein (**II**) entstehen *Dipeptide*, die durch wiederholte Rk. mit **A** u. **II** in *Tri-*, *Tetra-*, *Penta-* u. *Polypeptide* übergeführt werden können. **I** liefert beim Erhitzen mit wenig W. im geschlossenen Gefäß ein festes Polymeres, für das eine lineare Struktur angenommen wird. Das Polymere reagiert lebhaft mit Verbb. mit beweglichen H-Atomen.
I. Schade. 4070△

0968 **Über Lichtstreuungsuntersuchungen an isoionischen Proteinen.** Serge N. Timasheff und Bernard D. Coleman. (Arch. Biochem. Biophysics **87,** 63—69, 1960; New Haven, Conn., Yale Univ., Sterling Chem. Labor.; Philadelphia, Pa., Eastern Regional Res. Labor.; engl.) — Lichtstreuungsunterss. an isoion. Proteinen zeigen, daß die auf Ladungsfluktuationen beruhende Anziehungskraft einen erheblichen Beitrag zur Ableitung des überschüssigen chem. Potentials $\mu_2^{(e)}$ des Proteins nach dessen Konz., in Ggw. u. Abwesenheit von Salz, liefert. Diese Anziehungskraft trägt manchmal erheblich zu den negativen Werten der Lichtstreuungsdiagrammkurven bei. Die Wechselwrkg. fluktuierender Ladungen bietet mindestens teilweise eine Erklärung für die bei Lichtstreuungsverss. an isoion. Proteinen in Ggw. von Salz beobachteten negativen Neigungen des Kurvenverlaufs. K. Maier. 4070◇

0969 **Dielektrische Eigenschaften von an Proteinkristallen adsorbiertem Wasser.** Shiro Takashima. (J. Polymer Sci. **62,** 233—40, 1962; Osaka, Japan, Univ. of Osaka, Inst. for Protein Res.; engl.) — Im Frequenzbereich f = 30 Hz — 5 · 10^6 Hz wurde die Abhängigkeit der DK ε u. der elektr. Leitfähigkeit Λ von kristallinem *Eialbumin* (I) u. kristallinem *Rinderserumalbumin* (II) vom Wassergeh. β (in Gew.-%) gemessen. ε fällt mit wachsendem f ab, während Λ ansteigt. Bei konst. f u. wachsendem β ist ε zunächst konst. u. steigt ab β = 10 (I) bzw. 20 (II) sehr stark u. ab β = 20 (I) bzw. 33 (II) schwächer an. Auch Λ steigt mit zunehmendem β an. Die Erscheinungen können nicht allein mit der Orientierung der adsorbierten Wasser-Moll. erklärt werden. Vf. nimmt an, daß die große DK bei hohem β durch die Polarisierbarkeit der ersten Hydratationsschicht, die vermutlich eine eisartige Struktur besitzt, bedingt ist. O. Fuchs. 4070◇

0970 **Der Einfluß bestimmter kleiner Moleküle auf die Elastizität von adsorbierten Filmen des Serumalbumins.** Byomkesh Biswas und D. A. Haydon. (Kolloid-Z., Z. Polymere **186,** 57—61, 1962; Cambridge, Univ., Dep. of Coll. Chem.; engl.) — Am Beispiel von an der Grenzfläche *PAe./W.* adsorbierten Filmen von *Rinderserumalbumin* (I) wurde der Einfl. von grenzflächenakt. Substanzen (GAS), z. B. von ionogenen, wie *Tetradecyltrimethylammoniumbromid* u. *Na-Tetradecylsulfat* oder nichtionogenen, wie *n-Decanol* (II), *Phenol* u. dessen Alkylderivate auf die Rheologie viscoelast. Filme aus Makromoll. an der Grenzfläche zwischen zwei Fll. untersucht. Man fand, daß die ziemlich hohe Grenzflächenviscoelastizität der Filme bereits durch schwache Konzz. von ionogenen wie auch nichtionogenen GAS zerstört wird. Durch hohe Konzz. an ionogenen GAS läßt sich mit Sicherheit eine Verdrängung von I aus der Grenzfläche erreichen; hier handelt es sich um den wahrscheinlichsten Wrkg.-Mechanismus dieser Moleküle. Durch II wird das I nur unvollständig aus der Grenzfläche verdrängt; die Ergebnisse von Best. der Elastizität u. des Oberflächendruckes lassen sich entweder mit der Annahme teilweiser Verdrängung erklären oder mit der Annahme, daß das adsorbierte Protein nur teilweise oberflächendenaturiert ist. E. Ühlein. 4070◇

0971 **Proteinlöslichkeit in Lösungsmittelgemischen mit niedriger Dielektrizitätskonstante.** Norman A. Frigerio und Thomas P. Hettinger. (Biochim. biophysica Acta [Amsterdam] **59,** 228—30, 1962; Argonne, Ill., Argonne Nat. Labor., Div. of Biol. and Med. Res.; Lisle, Ill., St. Procopins College; engl.) — Für die bekannte Erscheinung, daß die Löslichkeit von *Proteinen* (**A**) in Lsgm. mit fallender DK der Lsgm. abnimmt, wird im Rahmen der physikal.-chem. Theorie der **A** eine mathemat. Beziehung aufgestellt, deren Basis auf der Ausdehnung der Theorie kleiner dipolarer Ionen auf **A** beruht: $\log x = K''D^2 + \log x_0$, in welcher x u. x_0 die Molenbruch-Löslichkeiten u. D die DK des Lsgm. darstellen u. K eine für das Protein charakterist. Konst. ist. Die Übereinstimmung der Rechnung mit den Meßresultaten an den Syst. kristallisiertes *Rinderserumalbumin*/Wasser/A. u. Glykolsäureoxidase/Wasser/Aceton, wobei Leitfähigkeit in ionenfreiem u. in LiCl-haltigem W. u. Proteinlöslichkeit (spektrophotometr. bei 280 mμ) gemessen werden, ist recht gut. Bei LiCl-Zusatz tritt in beiden Syst. ein Löseeffekt auf; die aufgestellte Gleichung u. der Löseeffekt scheinen allg. anwendbar zu sein. M. Hagedorn. 4070◇

0972 **Die Konfiguration eines disulfidbrückenfreien Proteins.** J. Stauff und R. Jaenicke. (Kolloid-Z. **175,** 1—14, 1961; Frankfurt/M., Univ., Inst. f. physik. Chem.; dt.) — Vff. untersuchten das Verh. des mit Perameisensäure oxydierten (RSA_{ox}) u. des mit Thioglykolat reduzierten carboxymethylierten *Rinderserumalbumins* (RSA_{rc}) in wss. Lsg., um zuverlässige Angaben über die Konfiguration einer disulfidbrückenfreien Peptidkette ampholyt. Natur zu erhalten. Zur Klärung der Frage, ob derartige Moll. in wss. Lsg. freiwillig Helixstruktur ausbilden oder nicht, wurden Messungen der Sedimentations- u. Diffusions-Konst., des partiellen spezif. Vol., der Viscositätszahl, der opt. Drehung u. der Rotationsdispersion bei verschiedenen Konzz. u. Ionenstärken vorgenommen. Der Konz.-Bereich umfaßte 0,03—0,80 g/100 cm^3, die Ionenstärke wurde von $\mu \cong 0$ bis $\mu = 0{,}30$ variiert, der pH-Bereich bis in den isoelektr. Bereich ausgedehnt, wo die Substanz bereits unlösl. zu werden beginnt, u. von pH 10—5,25 bei RSA_{ox} bzw. pH 10 — 6,15 bei RSA_{rc} erfaßt. Das rheolog. Verh. im gesamten untersuchten Bereich entspricht dem eines statist. ungeordneten fadenförmigen Polyelektrolyten. Für die Drude-Konst. der Rotationsdispersion wurde unabhängig vom gestreckten oder nicht geknäuelten Zustand des Mol. der gleiche Wert von 214 $\pm$ 2 mμ gefunden, was als Kriterium für die Abwesenheit von Helixstrukturen angesehen wird. Es wurde eine auffallende Parallelität von Viscosität u. spezif. opt. Drehung beobachtet, die durch eine Abhängigkeit der opt. Drehung vom Knäuelungsgrad der Peptidkette begründet wird. Daß sich im Gegensatz zu einsinnig geladenen Polyaminosäuren bei Abnahme der Nettoladung keine Helixstrukturen ausbilden, wird auf die elektrostat. Anziehung der entgegengesetzten Ladungen im gleichen Mol. zurückgeführt. K. Heyns. 4070◇

0973 **Über die Art der gegenseitigen Beeinflussung zwischen oberflächenaktiven Mitteln und Gelatine.** Toshizo Isemura, Fumikatsu Tokiwa und Shoichi Ikeda. (Bull. chem. Soc. Japan **35,** 240—44, 1962; Osaka, Osaka Univ., Inst. for Protein Res., Fac. of Sci.; engl.) — Die Wechselwrkg. zwischen *Gelatine* (**A**) u. grenzflächenakt. Mitteln (**B**) wie Na-Dodecylbenzolsulfonat (I), Dodecylpyridiniumbromid (II) u. Cetylpyridiniumchlorid (III) wird durch Gleichgewichtsdialyse untersucht. Bei niedrigen **B**/**A**-Verhältnissen, bei denen keine Fällung eintritt, werden die in den Dialyse-Verss. von **A** gebundenen Mengen an **B** UV-spektrophotometr. ermittelt. Die Bindung von **B** an **A** erfolgt nach der Isotherme $r = Kc^n$; K u. n (> i) sind Konst. für das Maß der Affinität u. gegenseitigen Bindekraft. K ist abhängig von Temp. u. pH, nimmt mit höherem pH für die Bindung des anion. I ab, des kation. III aber zu. n ist für die einzelnen **B** charakterist.; n ist für I deutlich höher als für III, u. die gegenseitige Stabilisierung eines gebundenen **B** ist für I höher als für III. I u. III verbinden sich mit **A**, das kation. II aber kaum. Aus den Verss. wird geschlossen, daß **B**, bes. I, auf **A** nach Art der Micell-Bldg. aggregieren u. sich so mit **A** verbinden. Dabei sind das Ladungsvorzeichen von **B** u. zusätzlich auch seine Kettenlänge, welche mit kation. **B** untersucht wurde, von Einfluß. M. Hagedorn. 4070◇

0974 **Vergleich zwischen orientierter Kristallisation auf Kollagen und Quellwirkung.** Edwin H. Shaw jun. und Karen Helgerson. (Proc. South Dakota Acad. Sci. [Ser. 63] **41,** 144—49, 1962; Vermillon, Univ. of South Dakota, Dep. of Biochem.; engl.) — Man fand, daß die Quellung von *Kollagen* (I) aus der Schwanzsehne der Ratte u. die orientierte Kristallisation von H-Bindungen erzeugenden Reagentien auf dem Protein unabhängig voneinander verlaufen; denn durch wss. CH_3COOH, Glykol- u. Milchsäure wird im Konz.-Bereich 0,001—1 m Quellung erreicht, obwohl diese Substanzen keine orientierte Kristallisation auf I zeigen. Durch < 0,01 Mol/l Weinsäure oder Citronensäure wird bereits Dispersion erzeugt, in den 3 vorst. Fällen erst bei Konzz. > 1 m.

Durch isoton. Lsgg. von NaCl oder NaF wird der Quellungsgrad verringert. Fixieren der Sehne in Formaldehyd verhindert die Quellung vollständig. Durch die orientierte Kristallisation erzeugende Verbb. Harnstoff (**II**), Acetamid, Brenzcatechin, Resorcin u. Mannit läßt sich Quellung erst bei Konzz. > 1 m erreichen. Wss. Lsgg. von LiF, LiCl, LiBr, LiSCN, Li-Lactat, Li_2SO_4, $Li_2C_2O_4$ u. Li_2CO_3 bewirken keine Quellung, doch verursachen sie im Konz.-Bereich 4—8 m eine deutliche Schrumpfung auf weniger als den halben Durchmesser der ursprünglichen Sehne. Hieraus u. aus der orientierten Kristallisation von **II** wurde der mittlere Durchmesser der Polypeptidspirale zu 7—8 Å bestimmt, die restlichen 10 Å des Abstandes zwischen den Spiralen stehen für W. u. Seitenketten zur Verfügung. E. Uhlein. 4070◇

0975 **Untersuchungen über Metallcasein.** 2. Mitt. **Zinkcasein.** 1. Mitt. Akira Minato und Kentaro Tanaka. (J. pharmac. Soc. Japan [Yakugakuzasshi] **76,** 962—65, 1956; Chiba, Univ., Pharmac. Inst.; jap., Auszug: engl.) — 1. vgl. J. pharmac. Soc. Japan [Yakugakuzasshi] **75,** [1955], 1272. — Die Unters. der Absorptionsspektren von *Zn-Casein* u. seinem HCl-Hydrolysat weist auf chelatartig gebundenes Zn hin. H.-J. Weigmann. 4070△

0976 **Untersuchungen über Metallcasein.** 3. Mitt. **Zink-Casein.** 2. Mitt. Akira Minato und Kentaro Tanaka. (J. pharmac. Soc. Japan [Yakugakuzasshi] **77,** 1058—61, 1957; Chiba, Univ., Pharmac. Fac.; jap., Auszug: engl.) — 2. vgl. vorst. Referat. — Die partielle Hydrolyse von *Zn-Casein* liefert beim pH 7,2—7,4 eine Fraktion aus *Leucin, Tyrosin, Glutaminsäure* (**I**), *Lysin* (**II**) u. an Zn gebundenes *Histidin* als Chelat (**III**). Die Fraktion vom pH 8,6—8,8 enthält **I, II** u. **III**. Die Papierelektrophorese zeigt, daß **III** in wss. Lsg. nicht dissoziiert. UV-Spektren vgl. Original. H. Krause. 4070△

E. Biologische Chemie, Physiologie, Medizin

E₁. Allgemeine Biologie und Biochemie

0977 **Einige Probleme der molekularen Biophysik.** Akiyoshi Wada. (Chem. and chem. Ind. [Kagaku to Kogyo] **16,** 753—61, Juli 1963; Tôkyô-Daigaku, Rigakubu; jap.) — Übersicht über den Zusammenhang zwischen der Struktur der Makromoleküle u. dem Leben. E. Maekawa. 4100◇

0978 **Der Einfluß der Fixierung auf den Ausfall der o-Diacetylbenzol-Reaktion.** Charlotte Meyer. (Acta Histochem. [Jena] **9,** 11—65, 30/4. 1960; Jena, Friedrich-Schiller-Univ., Anat. Inst.; dt.) — Als Fixiermittel bei der *o-Diacetylbenzol*-Rk. (zum Protein-Nachw.; 2%ig. alkohol. o-Diacetylbenzol-Lsg.) eignen sich *abs. A., Gendre fluid* (mit alkal. Pikrinsäure), *Tripiform* nach Stieve, Zenkersche-Fl., *Sulfosalicylsäure*-Gemisch, Heldsches Gemisch; nicht zu empfehlen sind *Formol* 4%, *Kaformacet*, Schaffer. U. Tausendfreund. 4100◇

0979 **Wirkung einer in großer Höhe auftretenden Hypoxie auf den Stoffwechsel von ^{32}P-Phosphat und dessen Einbau in das Zentralnervensystem der weißen Maus.** S. Barański. (Bull. Acad. polon. Sci., Sér. Sci. biol. **10,** 275—82, 1962; Warsaw, School of Med., Dep. of Histol. and Embryol.; Milit. Inst. of Aviation Med.; engl.) — An Mäusen wird der Einfl. einer Höhenhypoxie (Unterdruckkammer entsprechend 8000—8500 m) auf den ^{32}P-Phosphatstoffwechsel u. -einbau in Tel-, Mes- u. Diencephalon untersucht. Morpholog. ergeben sich Hyperämie u. Ödeme in den Hirngeweben. Nach intraperitonealer ^{32}P-Gabe ist die Radioaktivität in der wasserlösl. Fraktion höher u. in der Lipid- u. Nucleoproteinfraktion niedriger als bei den Kontrollen. Es wird eine Störung des Stoffwechsels dieser Verbb. durch die Hypoxie angenommen. P. Nachtweg. 4102◇

0980 **Eine neue Möglichkeit zur tierexperimentellen Darstellung der Golgi-Zone durch das erweiterte Sulfidsilberverfahren.** Paul Müller. (Naturwissenschaften **50,** 336, 1963; Jena, Univ., Pathol. Inst.; dt.) — Eine auf Tierverss. begrenzte Erweiterung der Sulfid-Silber-Meth. wird zur exakteren Darst. des Golgi-Feldes empfohlen. Dabei wird durch chron. *H_2S*-Vergiftung eine intravitale Fällung von Schwermetallspurenelementen zu Metallsulfiden herbeigeführt; die Gewebe werden außerdem wie üblich in H_2S–A. fixiert; die Schnitte werden physikal. entwickelt. Andere Zellbestandteile als der Golgi-App. werden in der Regel nicht versilbert, so daß klare histolog. Bilder entstehen. U. Tausendfreund. 4150◇

0981 **Untersuchungen zur ultrastrukturellen Zellchemie. Wirkung auf das Chromatin.** Elizabeth Leduc und Wilhelm Bernhard. (C. R. hebd. Séances Acad. Sci. **250,** 2948—50, 1960; Villejuif, Seine, Inst. de Rech. sur le Cancer, Labor. de Microscop. électron.; franz.) — In ultrafeinen Schnitten des Rattenthymus u. -pankreas verschwanden unter Behandlung mit *Desoxyribonuclease, Pepsin* oder *HCl* die Chromatinstrukturen der Zellkerne; das entspricht dem Verschwinden des basophilen Verh. der Kerne. K. Zingraf. 4150◇

0982 **Umkehr der Hemmwirkung von Ammoniak auf die Atmung der Rattenlebermitochondrien.** Maria Erecinska und Abraham Worcel. (Biochim. biophysica Acta [Amsterdam] **71,** 305—10, 1963; Galveston, Tex., Univ. of Texas, Med. School, Dep. of Neuropsychiat., Neurochem. Labor.; Dep. of Surg., Tissue Metabol. Res. Labor.; engl.) — Die durch 30 μm *NH_3* in Ggw. von *α-Ketoglutarat* (**I**) ausgeübte Hemmung der Atmung von Rattenlebermitochondrien (vgl. Unters. von 1962) kann durch 50 μm *Glutamat* (**II**) teilweise u. durch 150 μm **II** vollständig aufgehoben werden; **II** verhütet dabei als Prod. reduktiver Aminierung die weitere Aminierung von **I**. Auch durch 40 μm *Succinat* (**III**) kann die durch NH_3 ausgeübte Atmungshemmung ausgelöscht werden; hierbei kommt es jedoch nicht zu einer Beeinflussung der **I**-Aminierung, sondern zu einer Steigerung des Gleichgewichtszustandes red. Pyridinnucleotide (NADH u. NADPH), entweder durch Ausschaltung von Phosphatacceptor oder durch Zugabe von **III**. Der Quotient red./oxydierte Mitochondrien-Pyridinnucleotide kann auf der Grundlage der Gleichgewichtskonst. der Glutaminsäuredehydrogenase-Rk. ermittelt werden. U. Tausendfreund. 4150◇

0983 **Der Stoffwechsel isolierter Rattenlebernucleoli und anderer subnuclearer Fraktionen. Der aktive Ort des Aminosäureeinbaus in den Kern.** K. R. Rees, G. F. Rowland und J. S. Varcoe. (Biochem. J. **86,** 130—36, Jan. 1963; London, Univ. Coll. Hosp., Med. School, Dep. of Chem. Pathol.; engl.) — Nach Auftrennung von Rattenleberkernen in subnucleare Fraktionen inkorporieren, neben allen anderen Fraktionen, bes. die Nucleoli u. das lipidreiche Material *^{14}C-Aminosäuren* in *Protein* u. *$^{14}C_{(6)}$-Orotsäure* in *Ribonucleinsäure* ohne zusätzliche Energiezufuhr. Da außerdem eine hohe spezif. Aktivität oxydativer Enzymsyst. in der lipidreichen Fraktion gefunden werden kann, dürfte das lipidreiche Material das mit dem Nucleolus vergesellschaftete *Heterochromatin* u. der akt. Ort für den Einbau von Aminosäuren durch den Rattenleberkern darstellen. U. Tausendfreund. 4150◇

0984 **Abschätzung des Proteingehaltes in Zellmaterial.** David Racusen und D. B. Johnstone. (Nature [London] **191,** 492—93, 1961; Vermont, Univ., Dep. of Agricultural Biochem.; engl.) — Die hier beschriebene Proteinbest. beruht darauf, daß sich die meisten Proteine in verd. Alkali lösen. Bei Benutzung von Biuret-Reagens ist es möglich zu extrahieren u. anschließend zu messen. In bezug auf diese Meth. läßt sich das Zellmaterial in 3 Kategorien einordnen: 1. Keine Vorbehandlung nötig (die meisten Bakterien), 2. chlorophyllhaltige Zellen (Algen, Blattsubstanz) benötigen Extraktion mit 70 bis 80%ig. A. zur Entfernung der Pigmentstoffe; 3. Zellen, die der alkal. Extraktion widerstehen (Hefe, Algen). Diese benötigen eine Vorbehandlung mit 0,5 m-Perchlorsäure. Die Extraktion ist nicht für jede Zellart quant.;

das ist jedoch kein Nachteil in solchen Fällen, wo nur eine Zellart untersucht werden soll. Der Verlust an Protein, der auf die Behandlungen mit Buiret-Reagens u. 0,5 m-Perchlorsäure zurückzuführen ist, beträgt weniger als 10%. K. Heyns. 4150◇

0985 **Molekulare Synchronie und Sequenzennachbildung der Desoxyribonucleinsäure in Escherichia coli.** Toshio Nagata. (Proc. nat. Acad. Sci. USA **49**, 551—59, 1963; Columbia Univ., Dep. of Zool.; engl.) — Bei lysogenen Stämmen von *E. coli* (K-12 Hfr u. F^-) wurde das Bakterienwachstum synchronisiert u. die Prophagen-Duplikation während eines Vermehrungscyclus der *Desoxyribonucleinsäure* (DNS) untersucht. Danach verläuft die Chromosomen-Replikation synchron u. der Reihe nach, sie beginnt am hinteren Ende, wo der F-Faktor sitzt, u. läuft zum vorderen Ende. M. Wiedemann. 4150◇

0986 **Temperaturinduzierte Veränderungen des Phosphorstoffwechsels bei synchronisierten Tetrahymena.** S. C. Chou und O. H. Scherbaum. (Biochim. biophysica Acta [Amsterdam] **71**, 221—24, 1963; Los Angeles, Calif., Univ. of California, Dep. of Zool.; engl.) — Im Verlaufe von Unterss. über den *P*-Stoffwechsel sich teilender Zellen konnten Veränderungen im chromatograph. Verh. der trichloressigsäurelösl. Fraktionen von sich synchron teilenden *Tetrahymena pyriformis* GL. beobachtet werden. Die Akkumulierung bestimmter Verbb. deutet darauf, daß durch die Synchronisierung eine Veränderung im Stoffwechsel von P-Verbb. mit niedrigem Mol.-Gew. hervorgerufen wird. Ob diese Akkumulierung die Ursache der Unfähigkeit der Zellen zur Teilung bei Hitzebehandlung ist, ist noch unklar. U. Tausendfreund. 4150◇

0987 **Neue Vorstellungen über die Biochemie des Zellkerns.** R. K. Morton. (Austral. J. Sci. **24**, 260—78, 21/12. 1961; Adelaide, Univ., Waite Agricult. Res. Inst.; engl.) — Übersicht (bis 1961). Biosynth. der *Desoxyribonucleinsäure*, der Ribonucleinsäure, Synth. u. Funktion der Proteine des Zellkerns, Synth. der Nicotinamid-Nucleotid-Coenzyme. — 163 Literaturangaben. H. Drost. 4150◇

0988 **Biosynthese von Ribonucleinsäure in Säugetierzellen.** A. V. Rake und A. F. Graham. (J. cellular comparat. Physiol. **60** [Part. I], 139—47, 1962; Philadelphia, Pa., Wistar Inst. of Anat. and Biol.; engl.) — L-Mäusezellen wurden in modifiziertem CMRL-1066-Medium (L. Simonovitch u. Mitarbeiter, Exp. Cell Res. **12**, 299, 1957) mit $^{14}C_{(2)}$-*Uridin* (ca. $3,8 \cdot 10^{-5}$ μg/Zelle) bei 37° inkubiert. Danach wurden die *Ribonucleinsäuren* (RNS) extrahiert, durch Ultrazentrifugieren in einen hochmol. (A; 18—32 S, vorwiegend Ribosomen-RNS) u. niedermol. (B; S ca. 4) Anteil aufgetrennt, jeweils hydrolysiert u. die Aktivität in *Uracil* (**I**) u. *Cytosin* (**II**) in Abhängigkeit von der Inkubationszeit bestimmt. Der ^{14}C-Einbau in B verläuft danach anfangs schneller als der Einbau in A u. ist in den ersten 48 Std. in **I** höher als in **II**. W. Damerau. 4150◇

0989 **Beziehungen zwischen Ribonucleinsäure-Synthese und Schleifenstruktur in Lampenbürsten-Chromosomen.** Mitsuo Izawa, V. G. Allfrey und A. E. Mirsky. (Proc. nat. Acad. Sci. USA **49**, 544—55, 1963; Rockefeller Institute; engl.) — Bei den Riesenchromosomen (Lampbrush-Chromosomen) von Krötenoocyten wurde durch Markierung mit ^{3}H u. Autoradiographie der Zusammenhang zwischen Schleifenstruktur u. *Ribonucleinsäure* (RNS)-Synth. bewiesen. *Actinomycin D* zerstörte die Schleifen u. hemmte die RNS-Synthese, Actinomycin C_3 bewirkte beides nicht. *Arginin-reiche Histone* u. *Polylysin* wirkten ebenfalls störend auf Struktur wie auf RNS-Synth., nicht dagegen *Puromycin*. M. Wiedemann. 4150◇

0990 **Die Kinetik der Synthese von Transfer-Ribonucleinsäure in Escherichia coli.** J. E. M. Midgley. (Biochim. biophysica Acta [Amsterdam] **68**, 354—64, 1963; Washington, Carnegie Inst., Dep. of Terrestrial Magnetism; engl.) — Die Synthese von *Transfer (lösl.) -Ribonucleinsäure* (RNS) in *Escherichia coli*-Kulturen wurde mittels ^{14}*C-Uracil* u. ^{32}*P-Orthophosphat* untersucht. Uridin- u. Pseudouridinnucleosidphosphate wurden mit ^{14}C-Uracil mit gleicher Geschw. markiert. Die Markierung der Transfer-RNS war um 1,5 Min. verzögert gegenüber der anderer RNS-Komponenten. Diese Verzögerung konnte durch *Chloramphenicol* unterdrückt werden. In exponentiell wachsenden Kulturen tritt Uracil nicht in den intracellulären Vorrat („Pool") ein. Bei Markierung mit ^{32}P wurden Uridin- u. Pseudouridin-5'-phosphat der Transfer-RNS langsamer markiert als die anderer neugebildeter RNS. Bei Einw. von Chloramphenicol wird mehr mit Desoxyribonucleinsäure hybridisierbare RNS gebildet. M. Wiedemann. 4150◇

0991 **Über die Veränderung der säurelöslichen Nucleotide und der Ribonucleinsäure bei der Reifung von Reticulocyten in vitro.** G. Rost. (Folia haematol. [Leipzig] **78**, 544—50, 1962; Berlin, Humboldt-Univ., Physiol.-Chem. Inst.; dt.) — Vortrag. Im Zusammenhang mit dem Verschwinden der Substantia reticulo-filamentosa bei der Reifung der Reticulocyten wurde der *Ribonucleinsäure* (RNS)-Abbau untersucht; dabei konnte kein simultaner, sondern nur ein successiver Abbau konstatiert werden, Adenin- u. Pyrimidinnucleotide verhielten sich nicht gleichartig. In den Zellen werden Mononucleotide mit einem unbekannten Phosphorylierungsgrad gebildet. Offensichtlich handelt es sich bei dem Abbau der Substantia reticulo-filamentosa um eine vollständige Spaltung in Mononucleotide, bei dem kein spaltbarer Rest purinreicher Oligonucleotide zurückbleibt; bevorzugter Abbau einer pyrimidinnucleotidreichen RNS. Es ist Beweis für das Vorliegen unterschiedlicher Ribonucleinsäuren in Reticulocyten erbracht worden. U. Tausendfreund. 4150◇

0992 **Das Vorkommen der Pseudouridylsäure in der Ribonucleinsäure in Insekten.** N. A. Gumilewskaja und N. M. Ssissakjan. (Ber. Akad. Wiss. UdSSR **144**, 223—25, 1962; russ.) — Als Bestandteil der Ribonucleinsäure wurde die *Pseudouridylsäure* in folgenden Mengen (in Mol-% von Uridylsäure) in der in 1,5 m NaCl lösl. bzw. unlösl. Fraktion festgestellt: Seidenspinnerpuppe 18,7—19,3 bzw. 8,2—10,2; Holzwurmlarve 17,9 bzw. 7,4. O. Lebtag. 4150△

0993 **Abbau von Nucleinsäuren und verwandten Verbindungen durch Bakterien-Enzyme. 4. Mitt. Der Gehalt an Ribonucleinsäure in Hefen.** Kōichi Ogata und Akira Imada. (Annu. Rep. Takeda Res. Lab. **21**, 31—53, 1962; engl.) — 1. vgl. Agric. biol. Chem. [Tokyo] **27**, [1963], 110. — Der Geh. an *Ribonucleinsäure* (RNS) wurde bei über 500 Hefestämmen geprüft, er lag nach 18 Std. Kultivierung bei 3,5—9,2% u. nach 42 Std. bei 2,3—5,8%. Die Produktion betrug meist 10—70 bzw. 20—70 μg RNS-P. Eine Reihe von Hefen wuchs gut in den Abfall-Sulfitlaugen. Der RNS-Geh. war in der frühen logarithm. Phase am höchsten, er war auch hoch in Medien mit niederem C/N-Verhältnis. M. Wiedemann. 4150◇

0994 **Wirkung von Deuterium auf die thermische Umwandlung von Nucleinsäuren.** H. R. Mahler, Gary Dutton und B. D. Mehrotra. (Biochim. biophysica Acta [Amsterdam] **68**, 199—210; 1963, Bloomington, Indiana Univ., Chem. Labor.; engl.) — Der therm. Übergang Helix → Knäuel wurde für die *Desoxyribonucleinsäuren* aus *Pseudomonas aeruginosa*, *Escherichia coli* u. Phage T_2, für verschiedene Transfer-*Ribonucleinsäuren* (RNS) u. für RNS aus Tabakmosaikvirus bestimmt. Hierzu dienten Messungen der UV-Absorption. Es konnte kein Einfl. der D_2O-Lösung gegenüber W. gefunden werden. Die Schmelztemp. T_m hing dagegen in einem Medium $1,5 \cdot 10^{-3}$ m NaCl, $1,5 \cdot 10^{-4}$ m Na-Citrat + $1,0 \cdot 10^{-3}$ m $MgCl_2$ vom Geh. an Guanin + Cytosin ab, sie betrug für die *Alanin-*, *Tyrosin-* u. *Valin*-Transfer-RNS 73°, 52,5° u. 49,5°. M. Wiedemann. 4150◇

0995 **Einige Beobachtungen über Isolierung und Bestimmung der löslichen Nucleotide von Weizensämlingen.** A. J. Keys. (J. exp. Bot. [London] **14**, 14—28, 1963; London, Imperial Coll. of Sci. and Technol., A. R. C. Unit of Plant Physiol.; engl.) — Die Best. der *Nucleotide* durch UV-Absorption in Weizensämlingen bereitet Schwierigkeiten, weil sich UV absorbierende Glucoside durch Aktivkohle nicht trennen lassen. Vf. schlägt daher folgende Meth. zur Isolierung u. Trennung vor, bei der die Verw. von Aktivkohle vermieden wird:

Lyophilisierte Gewebepuder werden auf eine Cellulosepulversäule gebracht u. extrahiert mit 1. Methanol/5% K-Acetat-Puffer pH 6,0 (90 : 10); 2. abs. A. u. 3. 30%ig. A., der 0,01 m Essigsäure enthält. In der 3. Fraktion befinden sich die Nucleotide. Die Glucoside, Pigmente u. Lipide sind durch Fraktion 1 eluiert, Die Nucleotide enthaltende Fraktion wird entweder der Dialyse oder der Ionenaustauscheradsorption unterworfen. Der Geh. an lösl. Nucleotiden ist während der Keimung im Embryo 20mal höher als im Endosperm (2 Tage nach der Quellung). Die Hauptkomponente ist *Uridindiphosphat*. *Cytosin*-Verbb. werden nicht gefunden. *Guanin*, *Adenin* u. *Uridylsäure* werden nur nach saurer Hydrolyse der lösl. Nucleotide gefunden. W. Hiller. 4150◇

0996 **Symposium über chemische Carcinogenese. Mit Lebensmitteln, Lebensmittelzusätzen, Lebensmittelabbauprodukten und verwandten Diätfaktoren verknüpfte Carcinogenese.** H. F. Kraybill. (Clin. Pharmacol. Therapeutics **4**, 73—87, 1963; Bethesda, Md., Nat. Cancer Inst.; engl.) — Übersicht. — 75 Literaturangaben. W. Damerau. 4160◇

0997 **Symposium über chemische Carcinogenese. Chemie, Wirtseintritt und Stoffwechsel von Carcinogenen.** Hans L. Falk und Paul Kotin. (Clin. Pharmacol. Therapeutics **4**, 88—103, 1963; Los Angeles, Calif., Univ. of Southern California, School of Med., Dep. of Pathol.; Los Angeles County Hosp., Pathol. Dep.; engl.) — Die Tumorerzeugung durch *3.4-Benzpyren* (**I**) u. andere polycycl. aromat. KW-Stoffe aus der Atemluft wird durch verschiedene exogene Faktoren (Korngröße, Ggw. anticarcinogener Stoffe u. a.) u. endogene Faktoren wie z. B. die **I**-Abbau-Geschw. in Leber u. Galle beeinflußt. Bei Ratten wurde durch Schädigung der Leber mittels CCl_4 die ^{14}C-Ausscheidung nach Injektion von ^{14}C-**I** von ca. 80% auf ca. 30% verringert. Die Tumorerzeugung durch subkutane Injektion von **I**/CCl_4 war größer als bei gleichen **I**-Dosen ohne CCl_4. — Die **I**-Aufnahme ist abhängig von der Stelle u. Art der **I**-Verabreichung: die **I**-Absorption war z. B. vom Zwölffingerdarm größer als vom Magen u. aus einer Protein-Lsg. höher als aus einem Fett-Medium. W. Damerau. 4160◇

0998 **Symposium über chemische Carcinogenese. Das Konzept der Schwelle in der Carcinogenese.** Nathan Mantel. (Clin. Pharmacol. Therapeutics **4**, 104—09, 1963; Bethesda, Md., Nat. Cancer Inst., Biometry Branch; engl.) — Vf. schlägt auf Grund mathemat. Modelle für die Cancerogenese vor, nicht untere Schwellen der cancerogenen Wrkg. zu bestimmen, sondern die Höhe unschädlicher Dosen zu bestimmen, da Schwellenwerte durch cocarcinogenen Einfl. unsicher werden. Bei Testprogrammen zur Best. der cancerogenen Wrkg. sollte daher der Einfl. bekannter promoter-Substanzen oder Initiatoren mitbestimmt werden. W. Damerau. 4160◇

0999 **Symposium über chemische Carcinogenese. Pharmakodynamik carcinogener Azofarbstoffe, aromatischer Amine und Nitrosamine.** John H. Weisburger und Elisabeth K. Weisburger. (Clin. Pharmacol. Therapeutics **4**, 110—29, 1963; Bethesda, Md., Nat. Cancer Inst., Carcinogenesis Studies Branch; engl.) — Übersicht. — 95 Literaturangaben. W. Damerau. 4160◇

1000 **Die Natur der Toxizität einiger N-Nitroso-N-[2-chloräthyl]-carbamate in Tieren und Menschen.** Stanley P. Kramer, Arnold M. Seligman, Samuel D. Gaby, Robert D. Solomon, Jacob I. Miller, Charles Williamson und Benjamin Witten. (Cancer [Philadelphia] **12**, 446—62, 1959; Baltimore, Md., John Hopkins Univ. School of Med., Dep. of Surg.; Sinai Hosp. of Baltimore, Dep. of Surg. and Pathol.; Army Chem. Center, Md., Chem. Warfare Labor., Chem. Res. Div.) — Untersucht werden folgende Verbb.: *N-β-Chloräthylcarbaminsäure-n-butylester* (**I**), $C_7H_{14}ClN_2$, Kp.$_{11}$ 73°; *N-β-Chloräthylcarbaminsäurephenylester* (**II**), $C_9H_{10}ClNO_2$, F. 71—72°; *N-β-Chloräthylcarbaminsäure-β-naphthylester* (**III**), $C_{13}H_{12}ClNO_2$, F. 137—138°; *N-Äthylcarbaminsäure-β-naphthylester*, $C_{13}H_{13}NO_2$, F. 127,5—128,5°; *N-β-Hydroxyäthylcarbaminsäure-β-naphthylester*, $C_{13}H_{13}NO_3$, F. 138—140°; **I**-*N-Nitrosoderiv.*, $C_7H_{13}ClN_2O_3$, Kp.$_{11}$ 60°; **II**-*N-Nitrosoderiv.*, $C_9H_9ClN_2O_3$; **III**-*N-Nitrosoderiv.*, $C_{13}H_{11}ClN_2O_3$, F. 71—72,5° (Zers.); *N-Nitroso-n-propyl-β-chloräthylamin*, $C_5H_{11}ClN_2O$, Kp.$_{0,6-0,7}$ 56 bis 58°; *N-Nitroso-N-β-chloräthylacetylamid*, $C_4H_7ClN_2O_2$, Kp.$_{0,82-0,85}$ 46—47°, $[n]_D^{24}$ 1,4707; *N-Nitroso-N-äthylcarbaminsäureäthylester*, $C_5H_{10}N_2O_3$, Kp.$_{24}$ 78—80°, $[n]_D^{26}$ 1,4334. Von den Verbb. zeigen diejenigen die größte Toxizität, die in Ggw. von Geweben rasch hydrolysieren u. dabei *2-Chlordiazoäthan* zu bilden vermögen. Diese Verb. ist verantwortlich für die hohe Toxizität der Nitrosocarbamate u. für die erzeugten Lungenödeme u. Lebernekrosen, die Patienten zeigen, die das **I**-N-Nitrosoderiv. erhalten haben. Die Hydrolysegeschw. einiger Verbb. in verschiedenen Geweben ist in Tabellen angegeben. W. Hiller. 4160◇

1001 **Untersuchungen über Meerschweinchentumoren.** 2. Mitt. **Die Erzeugung maligner Tumoren bei Meerschweinchen durch Methylcholanthren.** Herman T. Blumenthal und James P. Rogers. (Cancer Res. **22**, 1155—62, 1962; St. Louis., Mo., Jew. Hosp., Inst. of Experim. Pathol.; Louisville, Ky., Univ. of Louisville, School of Med., Dep. of Anat.; engl.) — 1. vgl. Cancer Res. **20** [1960] 191. — Mehr als 50% von 749 Meerschweinchen der Stämme R 7 u. R 9 entwickelten Sarkome nach Injektion von *Methylcholanthren* in die Bauchhaut; etwas weniger als 20% der Tumortiere zeigten Metastasen. K. Zingraf. 4160◇

1002 **Forschungen über den Urin von Krebspatienten.** 1. Mitt. Yoshiro Maki. (Folia pharmacol. japon. **55**, 1358—62, 20/11. 1959; Kumamoto, Kumamoto Univ., Dep. of Pharmacol.; jap., Auszug: engl. S. 52.) — Vf. fand, daß der Davis-Test nicht bei allen Patienten mit Uteruskrebs positiv war; 48—81% der Patienten zeigten positive Reaktion. Die Menge des *Indicans* im Urin war relativ zu den Werten des Davis-Tests. Es ist anzunehmen, daß der Hauptmetabolit des Davis-Tests ein Metabolit des *Indoxyls* ist. Kombination des Metaboliten mit Indoxyl ergibt eine Art von *Indirubin*-gefärbter Substanz. W. Hiller. 4160◇

1003 **Forschungen über den Urin von Krebspatienten.** 2. Mitt. Yoshiro Maki. (Folia pharmacol. japon. **55**, 1363—66, 20/11. 1959; jap., Auszug: engl. S. 52.) — 1. vgl. vorst. Referat. — Die gefärbte Substanz des Davis-Tests wurde chromatograph. u. UV-spektroskop. untersucht u. als *Indirubin* identifiziert. Vf. vermutet als Hauptsubstanz des Davis-Tests *Isatin* oder *Dihydroxyindol*. W. Hiller. 4160◇

1004 **Forschungen über den Urin von Krebspatienten.** 3. Mitt. **Pharmakologische Untersuchung über Indoxyl und seine Verbindungen.** Yoshiro Maki. (Folia pharmacol. japon. **55**, 1514—21, 20/11. 1959; jap., Auszug: engl. S. 55). — 2. vgl. vorst. Referat. — Vf. beschreibt die pharmakolog. Wrkg. der in der 1. u. 2. Mitt. beschriebenen Verbindungen. Die DL_{50} haben folgende Werte: *Indoxylacetat* (**I**) 0,6, *Dihydroxyindol* (**II**) 0,55 u. *Isatin* (**III**) 0,3 g/kg. *Indican*, **II** u. **III** zeigten keine Wrkg. bei Kröten; **I** zeigte intensive kontraktive Wrkg., die nach vorheriger Verabreichung von *Ascorbinsäure* verschwand. **I**, **II** u. **III** hatten geringen Einfl. auf den Blutdruck u. die Respirationsbewegung bei Kaninchen. **II** u. **III** zeigten an der isolierten Dünndarmwand von Kaninchen keine Wrkg., **I** rief Kontraktion hervor u. zeigte eine kombinierte Wrkg., die der von *Adrenalin*, *Atropin*, $BaCl_2$ u. *Acetylcholin* ähnlich war (die **I**-Wrkg. auf das isolierte Meerschweinchenintestinum wurde durch Behandlung mit Ascorbinsäure vermindert). W. Hiller. 4160◇

1005 **Desoxycorticosteronsynthese durch menschliches Nebennierenadenom.** Dorothy B. Villee, Claude A. Ville, Lewis L. Engel und Nathan B. Talbot. (J. clin. Endocrinol. Metamolism **22**, 481—89, Mai 1962; Boston, Mass., Massachusetts Gen. Hosp., Children's Serv.; Harvard Univ., Collis P. Huntington Mem Hosp., John Collins Warren Labor.; Boston Lying-in Hosp., Res. Labor.; Harvard Med. School, Dep. of Pediatr. and Biol. Chem.; engl.) — Homogenate eines menschlichen Nebennierenadenoms (Nebennierenvirilismus, Hypertension) wandelten $^{14}C_{(4)}$-*Progesteron* (**I**) in $^{14}C_{(4)}$-*Desoxycorticosteron* u. $^{14}C_{(4)}$-*Corticosteron* um. Durch Zufügen eines TPNH (red. Triphosphopyridinnucleotid)-bildenden Syst. kam es zur gesteigerten Umwandlung von **I** in stärker polare Metaboliten. Kein Nachw. für Bldg. von Androstendion, Testosteron, 16α-Hydroxyprogesteron oder Aldosteron aus **I**. Durch Inkubation mit $^{14}C_{(1)}$- oder $^{14}C_{(6)}$-Glucose wurde Nachw. für das Vorliegen eines akt. Pentoseabbauweges u. eine hohe Lipogenese-Geschw. erbracht. U. Tausendfreund. 4160◇

1006 **Porphyrinkonzentration und Myeloperoxydaseaktivität in den Geweben des Shay-Chloroms der Ratte.** Gabriel Kelényi, Julius Pongratz, Stephen Orban und Georg Deak. (Blood **18**, 417—22, Okt. 1961; Pécs, Med. Univ., Dep. of Pathol. Anat.; engl.) — Bei den durch unterschiedliche Inokulationsart der Shay-Chloroleukämie in verschiedenen Altersstufen bei der Ratte hervorrufbaren verschiedenen Chlorom- u. Leukämietypen ergibt eine Best. der *Porphyrin*(**I**)-Konz. u. *Myeloperoxydase*(**II**)-Aktivität in den betreffenden malignen Geweben ein jeweils umgekehrtes Verhältnis zwischen **I** u. **II**. In chloroleukäm. Geweben mit langsamer Wachstumsgeschw. ist die **I**-Konz. hoch u. die **II**-Aktivität niedrig; in schnell wachsenden Geweben steht eine niedrige **I**-Konz. einer hohen **II**-Aktivität gegenüber. Die funktionelle Bedeutung dieses umgekehrten Verhältnisses ist noch unklar.
U. Tausendfreund. 4160◇

1007 **D-Aminosäureoxydase der Leber und Niere von Ratten mit atypischem Epitheliom.** Kunio Yagi und Sueharu Nakano. (Vitamins [Kyoto] **22**, 288—91, 1961; Nagoya, Univ., Fac. of Med., Dep. of Biochem.; jap., Auszug: engl.) — Die *D-Aminooxydase*(**I**)-Wrkg. der Leber von Tumorratten ist im Vgl. zu normalen Fällen deutlich vermindert, während die **I**-Wrkg. der Niere von Tumorratten gegenüber normalen Fällen nicht signifikant verändert ist. Der *Flavin*-Geh. der Leber u. Niere von Tumorratten ist erniedrigt.
K. F. Müller. 4160□

1008 **Induzierte Bildung von Tryptophanpyrrolase bei experimenteller, durch 3′-Methyl-4-dimethylaminoazobenzol hervorgerufener Cancerogenese der Leber.** A. A. Chadshiolow und M. D. Dabewa. (Ber. Akad. Wiss. UdSSR **140**, 946—49, 1961; Sofia, Med. Inst.; russ.) — Weiße Ratten erhielten 30—40 Tage eine halbsynthet. Diät, die als Cancerogen *3′-Methyl-4-dimethylaminoazobenzol* (**I**) enthielt. Die Induzierung der *Tryptophanpyrrolase* (**II**) erfolgte durch intraperitoneale Zufuhr von *L(—)-Tryptophan* (**III**) oder *Hydrocortison* (**IV**). Die Fütterung mit **I** führte zur Verminderung der **II**-Aktivität von 8,0 (μMol Kynurenin/h·g) auf 3,7. Nach Zufuhr von **III** beträgt die **II**-Aktivität in der Norm 35,3, bei **I**-Fütterung 13,91, nach **III** 53,1 bzw. 14,0. Sowohl in der Norm wie nach **I**-Fütterung tritt das Maximum der **II**-Aktivität 5 Std. nach der **III**-Zufuhr ein. Aus der Unters. der innercellularen Verteilung der **II**-Aktivität ist zu schließen, daß in der Anfangsphase der Cancerogenese die Mikrosomen stärker geschädigt werden als die Mitochondrien. Die Ergebnisse sprechen für die Annahme, daß die Störungen durch die Cancerogenese auf der Schädigung der Strukturen von Ergastoplasma u. Mitochondrien beruhen. O. Lebtag. 4160△

1009 **Enzymatische Aktivitäten im menschlichen Prostataadenom (Leucinaminopeptidase, 5-Nucleotidase, Adenosintriphosphatase, Lacticodehydrase, Phosphohexoseisomerase).** G. Dastugue, J. Neveu, P. Bastide und J. Boyer. (Ann. Biol. clin. **20**, 685—88, 1962; Clermont-Ferrand, Fac. de Méd. et Pharmacie, Labor. de Chim. Biol. et de Pharmacodynamie; franz.) — Die *Leucinaminopeptidase*(**I**)-Aktivität von menschlichem Prostataadenom ist stark erhöht u. gleicht der von Placenta (**I**-Geh. von Tierprostata: Ratte, Hund > Adenom > Kalb > Ochse > Stier). Die 5-Nucleotidase-Aktivität ist gering (Adenom > Ratte, Hund > Ochse usw.). Die *Adenosintriphosphatase*-Aktivität ist größer als die menschlicher Placenta u. die der Prostata von Tieren. Die *Lacticodehydrase*-Aktivitäten von Prostataadenom u. Placenta sind ident., die *Phosphohexoseisomerase*-Aktivitäten von gleicher Größenordnung. Die in menschlichen Adenomhomogenaten gefundenen Werte lagen deutlich über denen des Plasmas oder der Erythrocyten. K. Maier. 4160◇

1010 **Die Phosphoglycerinsäurekinase normaler und pathologischer menschlicher Seren.** M.-E. van Rymenant, J. Robert und D. Ramoisy. (Rev. franç. Études clin. biol. **7**, 843—44, 1962; Bruxelles, Centre des Tumeurs de l'Univ., Inst. Jules Bordet, Serv. de Méd. et d'Invest. Clinique; franz.) — Es wurde die Aktivität der *Phosphoglycerinsäurekinase* an normalen Erwachsenen u. an 96 Patienten bestimmt, von denen die meisten Krebs, herdförmig oder verbreitet oder Leberleiden besaßen. Bei den Patienten mit herdförmigem Krebs waren die Werte normal, bei denen mit verbreitetem Krebs waren sie oft erhöht. Auch bei Cirrhose, Hepatitis u. akuter Leukämie waren erhöhte Werte festzustellen. H. Aman. 4160◇

1011 **Der Einfluß von endokrinen Faktoren auf die sauren Phosphomonoesterasen der Gewebe und das Wachstum einiger Tumore.** K. Šilink und K. Černý. (Acta endocrinol. [Copenhagen], Suppl. Nr. **51**, 995, 1960; Prague, Res. Inst. of Endocrinol; engl.) H. Herper. 4160□

1012 **Wirkung von 4-Hydroxy-17α-methyl-19-nortestosteron auf einige experimentelle Tumoren.** Aurelio Di Marco, Marcello Gaetani, Luciano Dorigotti und Ornella Bellini. (Tumori **48**, 361—72, 1962; Milano, Farmitalia, Labor. Ric. di Microbiol. e Chemioterap.; ital.) — *4-Hydroxy-17α-methyl-19-nortestosteron*, in Dosen von 100—300 mg/kg. s. c. angewandt, hemmt das Wachstum des Adenocarcinoms von Ehrlich, des Mammacarcinoms C3H der Maus bei der ersten Transplantation, des Walker-Carcinoms, der Ascites-Tumoren (Ehrlich, Hepatom AH 130, Myelom von Oberling, Guérin u. Guérin), nicht aber des Sarkoms 180. Es verlangsamt die Prozesse, die der Zellteilung vorausgehen. K. Zingraf. 4160◇

1013 **Über den Einfluß der Orotsäure auf Ehrlich's Ascitestumorzellen.** Hideko Mitsumura. (Vitamins [Kyoto] **22**, 336—41, 1961; Kyoto, Prefectural Univ. of Med., Dep. of Pathol.; jap., Auszug; engl.) — Nach intraperitonealer Transplantation von Ascitestumorzellen, wurden 6tägige *Orotsäure*(**I**)-Injektionen durchgeführt. Mehr als 128 mg **I**/kg/Tag sind für Mäuse toxisch. Eine Verabreichung von 4—64 mg **I**/kg/Tag bewirkt eine Vermehrung der Carcinomzellen. Eine durch **I** hervorgerufene Hypertrophie des Nucleolus wurde durch Phasenkontrastmikroskopie nachgewiesen. Der hypertrophe Nucleolus erwies sich bei der Methylgrün-Pyroninfärbung als stärker pyroninophil, ein Zeichen für die Zunahme der Ribonucleinsäure. K. F. Müller. 4160□

1014 **Charakterisierung der Resistenz gegenüber A-methopterin, 8-Azaguanin und einigen fluorierten Pyrimidinen im Mäuse-Lymphocyten-Neoplasma P 388.** Robert A. Roosa, T. Ray Bradley, Lloyd W. Law und Leonard A. Herzenberg. (J. cellular comparat. Physiol. **60**, [Part I] 109—26, 1962; Bethesda, Md., Labor. of Biol.; Labor. of Cell Biol.; Philadelphia, Pa., Wistar Inst.; engl.) — P 388/P-Tumorzellen wurden in einem Kulturmedium (Eagle-Basalmedium, modifizierte Earle-Salzlsg., Kalbserum, Na-Pyruvat u. L-Serin) unter Zusatz wuchshemmender Dosen von *A-methopterin* (**I**), *5-Fluoruracil*, *5-Fluoruridin*, *5-Fluor-2′-desoxyuridin*, *8-Azaguanin*, *8-Azaguanylsäure*, *8-Azaguanosin* oder *6-Mercaptopurin* inkubiert. Überlebende Zellen wurde selektiert u. höheren Konzz. ausgesetzt. Bei **I** wurde so ausgehend von $2 \cdot 10^{-9}$ m **I** eine gegenüber $5 \cdot 10^{-6}$ m **I** resistente Linie erhalten. Nach Passage in (BALB/C × DBA/2)F_1-Mäusen verminderte sich jedoch bei einigen Linien die **I**-Resistenz. Ähnliches wurde bei den anderen Verbb. beobachtet. Morpholog. Änderungen bei der Selektion dieser Unterlinien traten nicht auf.
W. Damerau. 4160◇

1015 **Desoxyribonucleinsäure-Transformation-Untersuchungen mit Säugetierzellen in Kulturen.** T. Ray Bradley, Robert A. Roosa, und Lloyd W. Law. (J. cellular comparat. Physiol. **60** [Part I], 127—37, 1962; Bethesda, Md., Nat. Cancer Inst., Labor. of Biol.; Philadelphia, Pa., Wistar Inst.; engl.) — Wurden

P 338-Tumorzellen, die durch $8 \cdot 10^{-7}$ m *8-Azaguanin* (**I**) in vitro zu annähernd 100% gehemmt wurden, mit *Desoxyribonucleinsäure* (DNS)-Präparationen aus **I**-resistenten Unterlinien (bis zu $1 \cdot 10^{-3}$ m **I**) inkubiert, so wurde die **I**-Resistenz dieser DNS z. T. auf die ursprünglich **I**-empfindlichen Zellen übertragen u. blieb in diesen über mehrere Zellgenerationen auch in Abwesenheit von **I** erhalten. Andererseits muß die Möglichkeit von Artefakten einberechnet werden, da z. T. auch DNS aus den **I**-sensiblen Zellen eine **I**-Resistenz vortäuschten u. durch *Desoxyribonuclease*-Behandlung der DNS die **I**-Resistenz nicht beeinträchtigt wurde. Adenin wirkte in Konzz. von 10^{-6}—10^{-4} m als **I**-Antagonist (10^{-6} m), nicht aber *Guanin, Uracil, Thymin* u. *Cytosin*.
W. Damerau. 4160◇

1016 **Die Wirkung des Cysteins auf die Stoffwechseländerungen durch zwei krebserregende N-Nitrosodialkylamine in der Rattenleber.** I. J. Mizrahi und P. Emmelot. (Cancer Res. **22,** 339—51, 1962; Amsterdam, Netherlands, Dep. of Biochem., Antoni van Leeuwenhoek-Huis; Netherlands Cancer Inst.; engl.) — Die In-vitro-Inkorporierung von Aminosäuren in die Proteine der lösl. Mikrosomenfraktion der Rattenleber wurde durch i. v. Injektion von *Diäthylnitrosamin* (**I**) nicht so stark gehemmt wie durch *Dimethylnitrosamin*(**II**)-Gaben. Das Leberglykogen wird durch **II** stärker verringert als durch **I**. Die Vorbehandlung der Ratten mit überschüssigem *Cystein* vermindert den Prozentsatz der Inhibition des *Aminosäure*-Einbaus u. auch die Glykogenolysis nach **II**. Keine solche Wrkg. des *Cysteins* wurde im Falle von **I** beobachtet. Die mikrosomale *N-Desmethylase* der *Cystein*-Lebern, die wahrscheinlich die Umwandlung des **II** in das wirksame tox. Deriv. *Diazomethan* auslöst, wurde in ihrer Aktivität merklich herabgesetzt (Vgl. mit normalen Lebern). Die mikrosomale *N-Desäthylase*, die **I** in *Diazoäthan* umwandelt, wurde durch Cystein nicht verändert. O. Jansen. 4160◇

1017 **Untersuchung der Wirkung von Methioninhomologen in der Zelle und in den Systemen organisierten Wachstums.** Aldo Cestari, Carlo Concilio, Pietro Dessi und Carlo Rizzoli. (Biochem. Pharmacol. **9,** 233—45, Aug. 1962; Bologna, Univ., Dep. of Pharmacol. and Histol.; engl.) — Das Wachstum von HeLa-Zellen in vitro wurde durch *Äthionin* (**I**), *D-n-Propylhomocystein* (**II**), *D-* u. *L-Isopropylhomocystein* (**III**), *L-* u. *D-n-Butylhomocystein* (**IV**) u. *L-* u. *D-Isobutylhomocystein* (**V**), nicht jedoch durch *L-Methionin* (**VI**) oder *L*-**II** gehemmt. Bei Hühnerembryonen wirkten nur **I** u. *L*-**III** wachstumshemmend. Das Wachstum von *Tetrahymena pyriformis* W. wurde durch **II** u. alle Isomere von **III**, **IV** u. **V**, nicht jedoch durch **VI** gehemmt.
K. Zingraf. 4160◇

1018 **Die Wirkung von Stickstofflost und anderen Heilmitteln auf die Yoshida-Sarkomazellen in vitro.** Haruki Fujikawa. (Folia pharmacol. japon. **55,** 1442—66, 20/11. 1959; Tokyo, Showa Med. School, Dep. of Pharmacol.; jap., Auszug: engl. S. 53.) — *Stickstofflost* (**I**) u. *Nitromin* (**II**) hemmen die Transplantation von Yoshida-Sarkomazellen in vitro. **I** wirkt stärker als **II**. **I** u. **II** haben beide starken Einfl. auf den Nucleus der Sarkomzellen, obgleich die Wrkg.-Weisen von **I** u. **II** verschieden sind. *Emetinhydrochlorid* hemmt die Transplantation der Sarkomzellen kaum. W. Hiller. 4160◇

1019 **Untersuchungen über die Wirkung von Stickstofflost und Tetrachlorkohlenstoff auf die Nucleinsäuren der Leber von Ratten.** V. R. Talageri, Kumud D. Samarth und A. J. Baxi. (Proc. Indian Acad. Sci., Sect. B **56,** 259—68, 1962; Bombay, Ind. Canc. Res. Centre; engl.) — Die einmalige i. v. Injektion von 1 mg/kg *Stickstofflost* (**I**) führt nach 24 Std. zu einer 70%ig. Verminderung des Geh. an *Desoxyribonucleinsäure* (**II**) u. einem Anstieg des Geh. an *Ribonucleinsäuren* (**III**) um 16%. Vorbehandlung mit *Vitamin B_{12}*, *Folsäure* oder *Cholin* verhindert die **I**-Wirkung. Die intraperitoneale Injektion von 0,5 mg/kg *Tetrachlorkohlenstoff* über 5 Tage führt zum Abfall von **II** u. **III**.
Joachim Schmidt, Magdeburg. 4160◇

1020 **Triäthylenthiophosphoramid zur Verhütung von Pterygium-Rezidiven.** Charles T. Meacham. (Amer. J. Ophthalmol. **54,** 751—53, 1962; Stamford, Conn.; engl.) — Pterygium-Rezidive nach Operation konnten durch *N.N'.N''-Triäthylenthiophosphoramid* (Thio-TEPA) in niedriger Konz. (1:2000) verhütet werden.
K. Zingraf. 4160◇

1021 **Klinische Prüfung von Cyclophosphamid bei der Behandlung maligner Erkrankungen.** Jean Olmer und Paul Casanova. (Thérapie **16,** 755—59, Sept./Okt. 1961; Marseille, Hôp. de la Conception, Clin. méd. thérap.; franz.) — *Cyclophosphamid* (*Endoxan*) wurde bei 23 Krebsfällen angewandt. Es unterschied sich von ähnlichen Präpp. nur durch seine gute Verträglichkeit, verzögerte aber die Entw. der Geschwülste außer bei Morbus Hodgkin nicht wesentlich. K. Zingraf. 4160◇

1022 **Myleran bei der Behandlung von myeloider Leukämie (Bericht über 29 behandelte Fälle).** Jean Olmer, P. Casanova und Calothy. (Thérapie **16,** 751—54, Sept./Okt. 1961; Marseille, Hôp. de la Conception, Clin. méd. thérap.; franz.) — *Myleran* wurde in 29 Fällen von myeloider Leukämie angewandt. Die Wrkg. auf die Milz war sehr deutlich, in 26 Fällen wurde die Leukocytose erfolgreich u. oft zufriedenstellend verringert. Es fanden sich 4 Erstremissionen u. eine Zweitremission von mehr als einem Jahr. Nebenwirkungen: Leukopenie, Erythropenie (1 Exitus), hämorrhag. Syndrom mit Thrombopenie (1 Exitus). Anfangsdosierung: 4—8 mg täglich, dabei tritt nach 1—3 Monaten Erstremission ein.
K. Zingraf. 4160◇

1023 **Erfahrungen bei der Anwendung von Aurantin in der Klinik der bösartigen Geschwülste.** Ss. Ss. Akopjanz. (Antibiotika [UdSSR] **7,** 832—36, 1962; russ., Auszug: engl.) — Bei der Behandlung von 138 Kranken zeigt *Aurantin* (**I**) eine gute therapeut. Wrkg. bei Lymphogranulomatose, weniger bei Leukosen u. „wahren" Geschwülsten. Bei i. v. Zufuhr von je 500—700 γ **I** jeden 2.—3. Tag treten in der Regel keine Nebenwrkgg. auf. **I** hat vor den Chloräthylamin-Präpp. den Vorzug, daß die Hemmung der Blutbldg. u. die Nebenwrkgg. geringer sind. Kontraindiziert ist **I** bei schweren Schädigungen von Leber, Niere u. Herzgefäß-Syst. u. bei Tuberkulose. Der Mechanismus der **I**-Wrkg. auf die Hämopoese ist noch ungeklärt. O. Lebtag. 4160△

1024 **Thiolsubstanzen und cytopharmakologische Wirkung von Protoanemonin auf die Karyokinese.** R. Rondanelli, M. Giordano und N. Trotta. (Arch. ital. Sci. farmacol. [3] **11,** 54—61, Jan. 1961; Pavia, Univ., Ist. di Farmacol. e Terap. Sperim; Ist. di Clin. Med. Generale e Terap. Med.; ital.) — Die Mitose-hemmende Wrkg. von *Protoanemonin* (**I**) in der Metaphase bei Hühnerembryonen wird in vivo u. in vitro durch *Glutathion, Thioctsäure* u. *Dimercaptopropanol* gehemmt. Die Wrkg. von **I** beruht anscheinend auf der Verb. von **I** mit den SH-Gruppen der Polypeptidketten der Spindelfasern.
K. Zingraf. 4160□

1025 **Vorläufige Beobachtungen über die thearpeutische Wirksamkeit von Vinblastinsulfat in einigen Hämolymphoblastosen.** Aurelio Cajozzo, Alfio Pappalardo und Giorgio Migneco. (Clin. terapeut. [Roma] **23,** 913—17, 1962; Palermo, Univ., Ist. di Clin. Med. Generale e Terap. Med.; ital.) — In 12 Fällen von Morbus Hodgkin u. in 3 Fällen von Lymphosarkom bewirkte *Vinblastin* (*Velbran*, $C_{46}H_{58}N_4O_9$) eine Besserung des Allgemeinzustandes, Gewichtszunahme, Fiebersenkung, Verringerung der Lymphknotenschwellung u. der Leber- u. Milzvergrößerung; bei Lymphoreticulosarkomatose war es dagegen wirkungslos. K. Zingraf. 4160◇

E_2. Enzymologie, Gärung

1026 **Quantitative Beziehungen zwischen Chlorophyll und Cytochromen in den Chloroplasten.** H. Lundegårdh. (Physiol. Plantarum [Copenhagen] **15,** 390—98, 1962; Penningby, Sweden; engl.) — Es wurde spektrophotometr. die *Cytochrom b_3* u. *b_6* (*oder b*)-Menge in den Chloroplasten (Ch.) von Spinat u. Klee bestimmt. Die Ch. werden durch Zentrifugieren des Homogenats bei 1000 g gewonnen. Bei höherem *g* (10000; 35000; 140000) werden die Ch. zerstört, u. diese Fraktionen enthalten Mitochondrien (M.). Das Verhältnis Chlorophyll/Cytochrom

$b_3 + b_6$ (oder b) beträgt, bezogen auf Trockengew., 3,7/1; bezogen auf Molarität 111/1. Der hohe Anteil der Cytochrome in den Ch. erklärt die Bedeutung, die die Ch. als Energieüberträger haben u. den hohen Wirkungsgrad des photosynthet. Apparates im Vgl. mit den M.
H. Ackermann. 4210□

1027 **Die prosthetischen Hämatingruppen einiger tierischer Peroxydasen.** 1. Mitt. **Herstellung und Eigenschaften eines ätherlöslichen Hämatins aus Milchperoxydase.** D. B. Morell und P. S. Clezy. (Biochim. biophysica Acta [Amsterdam] **71,** 157–64, 1963; Sydney, Royal North Shore Hosp., Inst. of Med. Res.; Univ. of New South Wales, Dep. of Org. Chem.; engl.) — Unters. des Pyridinhämochroms der *Peroxydase* der Milch zeigt, daß die *prosthet. Hämatingruppe* einen mit dem Porphyrinring verbundenen, stark elektrophilen Substituenten aufweist (stärker elektrophil als die beiden Vinylgruppen). Dieser Substituent verhält sich gegenüber starken Alkalien u. Adsorbentien labil. Soll die charakterist. elektrophile Gruppe des Hämatins erhalten bleiben, so darf die Aufspaltung der Covalenzbindung des Hämatins zum Apoenzym (Ester- oder Amid-Bindungen) nur mit Hilfe von HBr in Essigsäure (nicht mit Alkali oder HJ) durchgeführt werden. — Es werden Einzelheiten über den Gewinnungsvorgang angegeben.
U. Tausendfreund. 4210◇

1028 **Änderungen der Alkoholdehydrogenase und anderer Leberenzyme nach oraler Alkoholintoxikation.** Roland B. Figueroa und Arthur P. Klotz. (Amer. J. clin. Nutrit. **11,** 235–39, 1962; Kansas City, Kans.; Univ. of Kansas Med. Center.; engl.) — Albinoratten erhalten täglich ca. 7 ml *A.*, u. es werden nach 3, 6 u. 12 Wochen die Leberenzyme bestimmt. Die *Alkoholdehydrogenase*-Aktivität ist nach 3 Wochen gegenüber den Kontrollen erhöht, nach 12 Wochen jedoch erniedrigt. Die *Isocitronensäuredehydrogenase-* u. *Glutaminsäure–Benztraubensäure–Transaminase*-Aktivitäten nehmen durch die A.-Intoxication ab. Die *Glutaminsäure–Oxalessigsäure-Transaminase* zeigt nach 6 Wochen eine sehr stark erhöhte Aktivität. W. Hiller. 4210◇

1029 **Die Oxydoreduktasen von Leukocyten.** 1. Mitt. **Ultramikrobestimmungen von Peroxydase, Katalase, Bernsteinsäuredehydrogenase u. Protein in kleinen Mengen in Leukocytenhomogenaten, Darstellung von an partikelgebundene Hydroperoxydasen.** R. E. Vercauteren und A. Gillis-Van Maele. (Enzymologia [Den Haag] **24,** 25–36, 2/1. 1962; Ghent, Univ. of Gent, Vet. Coll., Dep. of Physiol. Chem.; engl.) — Beschreibung einer Meth. zur Darst. von an Partikel gebundener *Katalase* (I) u. *Peroxydase* (II) aus Leukocyten. Zur Best. von **I**, **II**, *Bernsteinsäuredehydrogenase* u. *Protein* wurden Ultramikrometh. ausgearbeitet. *Mesidin* (**III**) ist ein guter H-Donator für *Myeloperoxydase.* Durch Kombination der Messung der **III**-Oxydation mit dem Verbrauch an H_2O_2 kann **I** auch in Ggw. von **II** bestimmt werden.
H. Aman. 4210◇

1030 **Oxydoreduktasen von Leukocyten.** 2. Mitt. **Nachweis von an Partikel gebundene Katalase und Peroxydase in Leukocytenhomogenaten.** R. E. Vercauteren. (Enzymologia [Den Haag] **24,** 37–48, 2/1. 1962; engl.) — 1. vgl. vorst. Referat. — *Peroxydase* (**I**) u. *Katalase* (**II**) sind in subzellulären Partikeln verschiedener Art angereichert. **I** in der Mitochondrialschicht bleibt in verschiedenen Reagenzien unlösl., während **II** sich leicht auflöst. Bei Fraktionierung der Mitochondrialschicht nach dem Dichtegrad befindet sich **I** in einer schweren Schicht. Die Trennung von **II** ist damit unvollständig. Die gereinigten peroxydat. Granula zeigen *Glutathionperoxydase*-Aktivität. H. Aman. 4210◇

1031 **Die Wirkung der Verfütterung von Cholesterin und Fett auf die Aktivität der Dehydrogenasesysteme in der Kaninchenaorta.** O. Mrhová, T. Zemplényi und Z. Lojda. (Quart. J. exp. Physiol. cognate med. Sci. **48,** 61–66, 1963; Prague-Krč, Inst. for. Cardiovasc. Res.; Prague, Charles Univ., Angiol. Labor.; engl.) — 4 u. 10 Wochen nach Beginn der Verfütterung von *Fett + Cholesterin* zeigte die Aktivität der *Bernsteinsäuredehydrogenase* in der Aorta des Kaninchens eine statist. signifikante Verringerung ($p < 0{,}01$). Nach 4 Wochen war auch die Aktivität der *α-Glycerophosphatdehydrogenase* u. nach 10 Wochen die der *Milchsäuredehydrogenase* u. der *Äpfelsäuredehydrogenase* verringert ($p < 0{,}05$). K. Zingraf. 4210◇

1032 **Über die Eigenschaften der Bernsteinsäuredehydrogenase aus Skelettmuskeln.** Ss. Je. Ssewerin und Ss. W. Schesstakow. (Ber. Akad. Wiss. [UdSSR] **140,** 1452 bis 1455, 21/10. 1961; Moskau, Lomonossow-Univ.; russ.) — Aus den Verss. über den Einfl. von Imidazol (**I**) u. **I**-Abkömmlingen auf die Aktivität der Brenztraubensäuredehydrogenase (**II**) in Ggw. von Diphosphopyridinnucleotid als Elektronenüberträger u. von Coenzym A als Acceptor der Acetylgruppen sowie über das Verhältnis des Apofermentes zu Thiaminpyrophosphat (**III**) u. zum stimulierenden Agens schließen Vff., daß in Ggw. von **III** ein Coferment-Apoferment-Komplex entsteht, dessen Dissoziation zur Inaktivierung der akt. Zentren des Eiweißanteils von **II** führen kann. Bei der Aufbewahrung von **III** u. **II** wird **III** fester an das Apoferment gebunden, wodurch die **II**-Aktivität erhalten bleibt. Die **I**-Verbb. intensivieren die oxydative Decarboxylierung des Peruvats u. begünstigen damit die Stabilisierung des Komplexes. Die **I**-Verbb. schützen nicht direkt das Apoferment vor der Inaktivierung, sondern wirken indirekt stabilisierend. Neben **III** ist Mg^{2+} ein notwendiger Cofaktor für die Decarboxylierung des Pyruvats. Bei optimaler Konz. von **III** u. Mg^{2+} ist die Wrkg. des Histidins auf die **II**-Aktivität minimal. Die Rolle des Mg^{2+} bei der Decarboxylierung ist noch ungeklärt.
O. Lebtag. 4210△

1033 **Histochemische Untersuchung der Dehydrogenasen der Äpfel- und Bernsteinsäure sowie der Di- und Triphosphopyridinnucleotiddiaphorasen bei experimentellem Herzinfarkt.** Je. F. Luschnikow. (Bull. exp. Biol. Med. [UdSSR] **53** (27), Nr. 4, 115–23, 1962; Moskau, Inst. für normale u. patholog. Physiol. der Akad. der med. Wiss. der UdSSR, Labor. für allg. patholog. Anatomie; russ., Auszug: engl.) — In Verss. an 19 Meerschweinchen mit experimentellem Herzinfarkt durch Unterbinden der Kranzvene beobachtet man bei Störung des Coronarkreislaufs bereits vor dem Auftreten von morpholog. Merkmalen der Nekrose eine Abnahme der Aktivitäten von *Äpfelsäuredehydrogenase* (**I**), *Bernsteinsäuredehydrogenase* (**II**), *Di* (**III**)- u. *Triphosphopyridinnucleotiddiaphorase* (**IV**). Später werden **I**, **II**, **III** u. **IV** in der Zone der Ischämie völlig inaktiv. Außerhalb dieser Zone ist die Aktivitätsverteilung von **I**, **II**, **III** u. **IV** ungleichmäßig. Zwischen der 12. u. 96. Std. der Infarkt-Bldg. bestehen nach Ansicht des Vf. 3 Zonen der Fermentaktivitäten: völliges Fehlen der Aktivität; verminderte Aktivität; Zone der erhaltenen oder erhöhten Aktivität.
O. Lebtag. 4210△

1034 **Aktivität der Redoxfermente und Widerstandsfähigkeit der Kartoffel gegenüber funktionellen Erkrankungen im Zusammenhang mit der Wirkung von γ-Strahlen.** Je. N. Muchin. (Ber. Akad. Wiss. [UdSSR] **131,** 1177–80, 11/4. 1960; Bach-Inst. für Biochem. der Akad. der Wiss. der UdSSR; russ.) — In Verss. mit verschiedenen Kartoffelsorten zeigt sich bei γ-Bestrahlung (^{60}Co) eine von der Sorte abhängige Abnahme der Anfälligkeit, gegenüber der Herzfäule eintritt. Die Aktivitäten von *Polyphenoloxydase* (**I**) u. *Peroxydase* (**II**) nehmen nach der γ-Bestrahlung nur sehr wenig zu; die Aktivitäten der *Dehydrasen* dagegen nehmen hierbei stark zu. Bei *Succindehydrase* ist die Zunahme stärker als bei *Alkoholdehydrase.* Bei Aufenthalt der Kartoffel in O_2-armer u. CO_2-reicher Atmosphäre bei 18°, wobei Herzfäulebefall eintritt, sowie bei langer Lagerung der Kartoffel (bis zu 15 Monaten) ist das dunkel gefärbte Gewebe durch eine hohe **I**-Aktivität u. eine geringe **II**-Aktivität gekennzeichnet. Die Ergebnisse bestätigen die Richtigkeit der Annahme, daß bei der Entw. der Herzfäule der Kartoffel die Dekompensation der Oxydations- u. Red.-Prozesse eine wichtige, wenn auch nicht alleinige Ursache der Dunkelfärbung des Fruchtfleisches ist. O. Lebtag. 4210△

1035 **Über die konstitutionellen, hämolytischen, nichtsphärocytären Anämien mit einem Mangel an Glucose-6-**

phosphatdehydrogenase in den roten Blutkörperchen. G. Ghiotto, G. Perona und G. De Sandre. (Folia haemotol. [Leipzig] **68**, 639—45, 1962; Padova, Univ., Inst. di Patol. Med.; dt.) — Vortrag. Aus der Gruppe der sog. konstitutionellen, hämolyt., nichtsphärocytären Anämien kann eine umschriebene Art abgetrennt werden, die durch einen inneren, erblichen Defekt der Erythrocyten u. Leukocyten an *Glucose-6-phosphatdehydrogenase* gek. ist; gehört dem Typ I der Selwyn-Dacie-Klassifizierung (1954) an; Ähnlichkeit mit Primaquinüberempfindlichkeit u. Favismus, Fermentmangel jedoch trotz anhaltender Reticulocytose fast immer absolut. U. Tausendfreund. 4210◇

1036 **Erstmalige Befunde an Faktoren, die die Glucose-6-phosphatdehydrogenase-Aktivität der roten Blutkörperchen beeinflussen.** G. Perona, G. De Sandre und G. Ghiotto. (Folia haemotol. [Leipzig] **78**, 650—53, 1962; Padua, Univ., Pathol.-med. Inst.; dt.) — Vgl. vorst. Referat. — Vortrag mit Diskussion. Es wurde erstmals eine Aktivitätsabnahme der *Glucose-6-phosphatdehydrogenase* von Erythrocyten in Ggw. von Mg^{2+} beobachtet. Die inhibierende Wrkg. von Mg^{2+} im Inkubationssyst. verstärkt sich, wenn außerdem noch die Stromata zugegen sind. Es wird die Arbeitshypothese aufgestellt, nach Mg^{2+} bei Ggw. der Erythrocyten wirksam wird, indem es eine normalerweise in den rohen Enzympräpp. befindliche inhibierende Substanz potenziert oder aber mit Substanzen interferiert, die mit einer Regulationsfähigkeit auf das Enzym der Erythrocyten ausgestattet sind. U. Tausendfreund. 4210◇

1037 **Brilliantkresolblau-Entfärbungstest für den Nachweis der Abwesenheit von Glucose-6-phosphatdehydrogenase in Erythrocyten.** R. E. Bernstein. (Clin. chim. Acta [Amsterdam] **8**, 158—60, 1963; Johannesburg [Süd-Afrika], Electr. and Met. Res. Unit, South Agric. Inst. of Med. Res.; engl.) — Ein Aktivitätsabfall der *Glucose-6-phosphatdehydrogenase* (I) in menschlichen Erythrocyten hängt mit einem Mangel an *red. Triphosphopyridinnucleotid* (**II**) zusammen. **II** überführt *Brilliantkresolblau* (**III**) in die Leukoverbindung, so daß man auf Grund der Entfärbungszeit des **III** die Aktivität der **I** beurteilen kann. Bei normaler Enzymaktivität beträgt sie 30—35 Min., in **I**-Mangel-Erythrocyten dagegen 2—5 Std. L. Macher. 4210◇

1038 **3-Phosphoglycerinsäure-Dehydrogenase aus der Seidendrüse.** Fusaoki Koide und Kensuke Shimura. (J. Biochemistry [Tokyo] **52**, 302—03, 1962; Sendai, Univ., Labor. of Biochem., Dep. of Agr. Chem.; engl.) — Die aus der hinteren Seidendrüse von *Bombyx mori* präparierte *Dehydrogenase* katalysierte die Dehydrogenierung von *3-Phosphoglycerinsäure* bei pH 10 u. bei Ggw. von *Nicotinamidadenindinucleotid* (NAD) als Wasserstoffacceptor. *Nicotinamidadenindinucleotidphosphat* (NADP) konnte NAD nicht ersetzen. L. Macher. 4210◇

1039 **Vergleichende Untersuchung der Dehydrogenaseaktivität bei den von Kranken isolierten antibioticaempfindlichen und -resistenten Breslau-Bakterien.** F. G. Djatlow. (Antibiotika [UdSSR] **6**, 521—26, 1961; Leningrad, Kirow-Inst. für Ärztefortbildung, Lehrstuhl für Mikrobiol.; russ., Auszug: engl.) — In Verss. mit 13 Kulturen von *Bact. Breslau*, die von Personen mit Magen- u. Darmkrankheiten entnommen wurden u. die gegenüber *Chlortetracyclin* (**I**), *Streptomycin* (**II**) u. *Lävomycetin* (**III**) empfindlich oder resistent waren, zeigte sich, daß **I**, **II** u. **III** die Aktivität der *Dehydrogenase* (**IV**) sowohl bei den resistenten wie bei den empfindlichen Kulturen beeinflussen. Die Ggw. von **I** führt selbst bei baktericider Konz. zu keiner völligen Unterdrückung der **IV**-Aktivität der empfindlichen resistenten Stämme. Am schwächsten ist die **I**-Wrkg. bei Anwendung von Bernsteinsäure als Substrat. In Ggw. von **III** wird die **IV**-Aktivität der empfindlichen Stämme bei bakteriostat. **III**-Konz. völlig oder fast völlig unterdrückt. Bei den resistenten Stämmen tritt dies erst bei bactericider **III**-Konz. ein. In Ggw. von **II** ist die Inaktivierung von **IV** mit 50—60% bei den resistenten u. empfindlichen Stämmen prakt. die gleiche. O. Lebtag. 4210△

1040 **Methode zur Untersuchung der zufälligen Veränderungen des Stickstoffbedarfs.** M. D. Mezincesco und A. Popescu-Stefanescu. (Arch. Sci. physiol. **16**, 245—54, 1962; Bucarest, Univ., Fac. de Méd., Labor. de Chim. biol.; franz.) — Es besteht bei der Ratte ein Parallelismus zwischen dem Grad der Deckung des N-Bedarfs u. der *Xanthinoxydase*-Aktivität in der Leber; dieser kann zur Unters. der zufälligen Veränderungen des N-Bedarfs benützt werden. Die Meth. ist sehr empfindlich. K. Zingraf. 4210◇

1041 **Über die Bildung von Hyponitrit durch die Nitritreduktase aus Geflügelleber.** Yutaka Osajima und Kazuo Yamafuji. (Enzymologia [Den Haag] **24**, 57—60, 2/1. 1962; Fukuoka, Kyushu Univ., Agric. Chem. Inst.; engl.) — Jede *Reduktase* zwischen Nitrat u. Ammoniak ($NO_3 \rightarrow NO_2 \rightarrow N_2O_2 \rightarrow NH_2OH \rightarrow NH_3$) in Hühnerleber verhält sich spezif. gegenüber verschiedenen Inhibitoren. Hyponitrit wurde in den Rk.-Prod. der *Nitritreduktase* quant. bestimmt. H. Aman. 4210◇

1042 **2.4-Dihydroxypteridin als ein Zwischenprodukt bei der enzymatisch katalysierten Oxydation von 4-Hydroxypteridin.** H. S. Forrest, E. W. Hanly und J. M. Lagowski. (Biochim. biophysica Acta [Amsterdam] **50**, 596—98, 1961; Austin, Tex., Univ. of Texas, Genetics Found.; engl.) — Nach Bergmann, Kwietny (C. **1960**, 13062) verläuft die durch *Xanthinoxydase* (**V**) katalysierte Oxydation von *4-Hydroxypteridin* (**I**) zu *2.4.7-Trihydroxypteridin* (**II**) über *4.7-Dihydroxypteridin* (**III**) als Zwischenprodukt. Vff. fanden, daß das Schleimbakterium *Azetomonas insolita*, das verhältnismäßig große Mengen *2-Amino-4-hydroxypteridin* (**VI**) enthält u. zur Oxydation von *Hypoxanthin* (**VII**) zu Harnsäure befähigt ist, **I** zu *2.4-Dihydroxypteridin* (**IV**) + **II** oxydiert; unter den Rk.-Prodd. konnte aber **III** nicht gefunden werden. Auch bei Verw. von käuflicher **V** (aus Milch) wurde in Ggw. u. in Abwesenheit von Katalase **II** u. **IV**, nicht aber **III** gefunden. Vff. schließen, daß die Rk. bei den in diesen Verss. (Bergmann, Kwietny [1959]) verwendeten hochgereinigten **V**-Präpp. anders als bei ihren **V**-Präpp. verläuft. — In einer Tabelle werden die R_F-Werte für **I** u. **III** sowie für die enzymat. erhaltenen u. zum Vgl. dienenden synthet. **II** u. **IV** mitgeteilt. — In Extrakten aus *Drosophila melanogaster* konnte die Umwandlung von **I** in **IV** nachgewiesen werden. — Nach den bisherigen Befunden ist folgender Rk.-Verlauf möglich: **VII** → **I** → **IV**, das dann einerseits in **II**, andererseits in **VI** umgewandelt werden kann; **VI** liefert dann *Folsäure*-Verbb. bzw. Biopterin-artige Verbindungen. A. Hesse. 4210◇

1043 **Prosthetische Gruppen der reduzierten Nicotinamidadenindinucleotiddehydrogenase der Atmungskette.** Shigeki Minakami, Robert L. Ringler und Thomas P. Singer. (Biochim. biophysica Acta [Amsterdam] **50**, 611—13, 1961; Detroit, Mich., Henry Ford Hosp., Edsel B. Ford Inst. for Med. Res.; engl.) — Die Verdauung von Teilchen-Präpp. der Atmungskette von Rinderherzmitochondrien mittels Phospholipase A führt zum Freisetzen von *DPNH-Dehydrogenase* (**I**) in einem lösl. u. zu > 90% homogenen Zustand. Dieses **I**-Präp. zeigt bei pH 8,0—9,0 eine Umsatzzahl von mindestens 1,3—1,4 · 10^6/Mol. Flavin/Min. bei 30°; das Präp. enthält 1 ± 0,1 Mol *Flavin* u. 16 g-Atome Nicht-Häm-Fe pro 10^6 g Protein. *Flavinadenindinucleotid* (**II**) scheint die natürliche prosthet. Gruppe zu sein. Bei Denaturierung von **I** mittels Säure oder durch Erhitzen bleibt nur ein Teil des **II** unverändert, wobei die Ausbeute an **II** (20—30%) von der Meth. der Deproteinisierung abhängt. A. Hesse. 4210◇

1044 **Benzpyrenhydroxylase-Aktivität im Magen-Darmtrakt.** Lee W. Wattenberg, J. Lionel Leong und Peter J. Strand. (Cancer Res. **22**, 1120—25, 1962; Minneapolis, Minn., Dep. of Pathology, Univ., Medical School; engl.) — Bei normalen Ratten wurde die *Benzpyrenhydroxylase*(**I**)-Aktivität nur im Dünndarm angetroffen. Bei Ratten, bei welchen ein Ansteigen der **I**-Aktivität durch orale Verabreichung von *1.2-Benzanthracen* bewirkt wurde, fand man die Aktivität ungeschmälert im gesamten Magen-Darmtrakt, aber von einer Körpergegend zur anderen in ihrer Größe wechselnd.

Die mögliche Rolle dieses Systemtyps liegt in einem Schutzmechanismus gegen *polycycl. KW-Stoffe.*

O. Jansen. 4210◇

1045 **Über Faktoren, welche die Höhe der Synthese der Nicotinsäureamidmononucleotide in menschlichen Erythrocyten beeinflussen.** V. Holecek, Vl. Kulich und V. Cepelak. (Folia haematol. [Leipzig] **78,** 694—97, 1962; Pilsen, Karls-Univ., Med. Fak., Chem. Inst.; engl.) — Vgl. C. **1963,** 18873. — Vortrag mit Diskussion. Es wurde untersucht, wieweit die Fähigkeit zur Synth. von *Nicotinsäureamidmononucleotid* (I) in Erythrocyten von Erwachsenen durch verschiedene Faktoren beeinflußt werden kann. Durch Zusatz von Heparin u. mit Na-Sequestren konserviertes Blut verändert sich die I-Synth. nicht. In Oxalat-Blut sinkt die Aktivität der I-Synth. in der 1. Std. auf 32—70%. In saurer Citrat-Dextrose geht die I-Synth. schnell zurück, nach 3 Std. ist sie prakt. völlig gehemmt. Durch Berührung mit Wofatit KPS-200 (Katex-Röhre) u. Stajonit-S wird die I-Synth. nicht beeinflußt, durch Dowex-50 wird sie gehemmt. Die Höhe der I-Synth. wird durch krankhafte Zustände beeinflußt (Erhöhung beim akuten Herzinfarkt, gering auch bei akuter Pankreatitis u. Hirnblutung; Verminderung bei perniciöser Anämie u. Urämie).

U. Tausendfreund. 4210◇

1046 **Die Rolle von Calcium in der Beziehung zwischen G-Actin und Adenosintriphosphat.** Koşçak Maruyama. (Sci. Pap. Coll. gen. Educat., Univ. Tokyo **12,** 73—92, 1962; Tokyo, Univ. of Tokyo, Coll. of Gen. Educ., Biol. Inst.; engl.) — In Verss. mit *Äthylendiamintetraessigsäure* (EDTA) konnte nachgewiesen werden, daß *Ca* die Bildung von *Adenosintriphosphat* (ATP) an *G-Actin* (I) stabilisiert. Durch EDTA wird das stabilisierend wirkende Ca rasch entfernt, ATP bleibt zwar noch in Bindung an I, dissoziiert jedoch rasch, so daß I + ATP übrigbleibt u. I damit seine Polymerisationsfähigkeit verloren hat.

U. Tausendfreund. 4210◇

1047 **Untersuchungen über die tryptische Verdauung von schwerem Meromyosin.** H. Mueller und S. V. Perry. (Biochim. biophysica Acta [Amsterdam] **50,** 599—601, 1961; Birmingham, Univ. of Birmingham, Dep. of Biochem.; engl.) — „*Schweres*" *Meromyosin* (Mikolyi, Szent-Györgyi [1953]), das von „leichtem" Meromyosin mittels Chromatographie an DEAE-Cellulose getrennt werden kann, wird bei Einw. von *Trypsin* (I) weiter abgebaut. Dabei entstehen zwei Fragmente. Im ersten Fragment, das in 10 Min. erhalten wird, ist die gesamte *Adenosintriphosphatase*(II)-Aktivität um 10 bis 13% vermindert, wogegen der mit 6,7%ig. Trichloressigsäure fällbare N-Anteil um 24—25% vermindert wird. Bei weiterer Einw. von I erfolgt ein wesentlich langsamerer Abbau, mit welchem nur noch 30% der II-Aktivität erhalten bleiben, während der durch Trichloressigsäure fällbare N auf 45% zurückgeht.

A. Hesse. 4210◇

1048 **Verteilung der alkalischen Phosphatase und der Sekretionskörnchen in den Malpighischen Tuben von Gryllus domesticus (Orthoptera Gryllidae).** André Berkaloff. (C. R. hebd. Séances Acad. Sci. **249,** 2120—21, 1959; Paris, Labor. de Microscopie électron. appl. à la Biol.; Éc. Normale Supér., Labor. de Bot.; C. N. R. S., Labor. de Synth. atom.; franz.) — Die *alkal. Phosphatase* (I) ist im proximalen Saum der Malpighischen Tuben der Hausgrille u. im Ductus communis verteilt. Sie findet sich nie in den Tuben selbst. In den Zellen, die frei sind von I, treten nach Behandlung mit $Co(NO_3)_2$ u. $(NH_4)_2S$ schwarze Granula auf, die den Urosphäriten entsprechen; sie enthalten wahrscheinlich Calciumurat u. außerdem ein Mucopolysaccharid.

K. Zingraf. 4210◇

1049 **Die alkalische Phosphatase in der klinischen und experimentellen Nierenpathologie.** G. Zinner und H. Ehrlich. (Z. Vitamin-, Hormon- u. Fermentforsch. [Wien] **12,** 325—32, 1963; Wien, Krankenanst. Rudolfstiftung, Urol. Abt.; Zentrallabor.; dt.) — In einem Krankengut von 3000 Patienten war die *alkal. Phosphatase* (I) im Serum bei Niereninsuffizienz bei akuter u. chron. Rückstauung stark verringert. Experimentell wurde festgestellt, daß akute Hydronephrose infolge distaler Ureterligatur bei Kaninchen eine Verringerung der I in der Niere u. der alkal. I im Serum bewirkt.

K. Zingraf. 4210◇

1050 **Wirkungen von fettlöslichen Verbindungen auf die Lysosomen in vitro.** C. de Duve, R. Wattiaux und M. Wibo. (Biochem. Pharmacol. **9,** 97—116, Aug. 1962; Louvain, Univ., Labor. of Physiol. Chem.; engl.) — Die Freisetzung *saurer Phosphatase* aus den Lysosomen von Rattenlebermitochondrienfraktionen bei Inkubation in 0,25 m Saccharose bei pH 5 u. 37° wurde durch *Digitonin, Vitamin A, D_2, E* u. *K_1, Ubichromenol, Phytol, Testosteronpropionat, β-Östradiolbenzoat* u. *Progesteron* beschleunigt, durch *Cholesterin, Cortison* u. *Hydrocortison* dagegen verzögert.

K. Zingraf. 4210◇

1051 **Aktivierung der Phosphofructokinase des Leberegels Fasciola hepatica durch Serotonin und cyclisches 3'.5'-Adenosinmonophosphat.** Tag E. Mansour, Nancy A. Le Rouge und Joan M. Mansour. (Biochem. Pharmacol. **9,** 149—53, Aug. 1962; Palo Alto, Calif., Stanford Univ. School of Med., Dep. of Pharmacol.; New Orleans, La., Louisiana State Univ. School of Med., Dep. of Pharmacol.; engl.) — Die Aktivität der *Phosphofructokinase* des Leberegels *Fasciola hepatica* in vitro wurde durch *Serotonin* (I) oder *cycl. 3'.5'-Adenosinmonophosphat* (II) erhöht. Es ist möglich, daß es sich bei der Wrkg. von I um eine indirekte Wrkg. handelt, die durch II vermittelt wird.

K. Zingraf. 4210◇

1052 **Bewährte Mikromethode für die Bestimmung der Glucose-6-phosphatase-Aktivität.** T. R. Ricketts. (Clin. chim. Acta [Amsterdam] **8,** 160—62, Leeds [England], Univ., Dep. of Chem. Path.; engl.) — Der Vgl. der Hers-Meth. mit der neuen Mikrometh. zeigte in letzten Fall eine bessere lineare Phosphat-Freisetzung. Bei dieser modifizierten Meth. wurde das 1%ige Leberhomogenat mit wss. 0,25 m Saccharose + 0,001 m *Äthylendiamintetraessigsäure* (I) bei pH 7,0 bereitet, da hierbei die *Glucose-6-phosphatase* (II) stabiler blieb als in rein wss. Lösung. II war bei 37° labil; I schirmte II vor einer spontanen Inaktivierung. Dies dürfte die höhere Stabilität des menschlichen Leberenzyms im modifizierten Syst. verursacht haben, das auch zu höheren II-Aktivitäten führt als die Meth. nach Hers.

L. Macher. 4210◇

1053 **Über den Einfluß von anorganischem Phosphat auf den Hexosephosphat-Stoffwechsel.** Edward A. Kravitz und Armand J. Guarino. (Science [Washington] **128,** 1139—40, 1958; Ann Arbor, Univ. of Michigan, Dep. of Biol. Chem.; engl.) — *Anorg. Phosphat* (I) beeinflußt die Richtung des Glucosestoffwechsels in Extrakten Ehrlichscher Mäuse-Ascites-Tumorzellen. Hohe I-Konz. hemmt die direkte Glucoseoxydation, während die Glykolyse weiterläuft. Dagegen ruft eine begrenzte I-Konz. den entgegengesetzten Effekt hervor.

K. Grade. 4210◇

1054 **Die pH-Abhängigkeit der anaeroben Glykolyse und der Hexokinase.** E. Ockel, S. Rapoport, U. Hinterberger und W. Gerischer-Mothes. (Folia haematol. [Leipzig] **78,** 477—80, 1962; Berlin, Humboldt-Univ., Physiol.-Chem. Inst.; dt.) — Vortrag mit Diskussion. Da die pH-Abhängigkeit der anaeroben Glykolyse mit der pH-Abhängigkeit ihres begrenzenden Schrittes übereinstimmen muß, wurde die *Hexokinase*(I)-Aktivität (als vermutlicher begrenzender Faktor) in Abhängigkeit vom pH untersucht. Die I-Aktivität zeigt ein Maximum von pH 8,1 mit scharfem Abfall nach beiden Richtungen; die anaerobe Glykolyse zeigt ein Optimum von pH 8,5 mit ebenfalls starkem Abfall nach beiden Seiten; der Unterschied kann durch die Donnan-Verteilung der diffusiblen Ionen erklärt werden.

U. Tausendfreund. 4210◇

1055 **Verteilung von Glykogen und Phosphorylase in den Herzwänden und im Reizleitungssystem.** Lillian Jedeikin. (Biochem. Pharmacol. **9,** 193—98, Aug. 1962; New York, N. Y., Yeshiva Univ., Albert Einstein Coll. of Med., Dep. of Physiol.; engl.) — In beiden Herzhälften von Kaninchen, Hunden u. Rindern sank die *Glykogen*(I)-Konz. in den Wänden vom Endocard zum Pericard stark ab (mitunter auf den 6. Teil), dagegen waren die Unterschiede zwischen dem Endocard bei der Kammer u. im Septum nur gering. Die höchste I-Konz. fand sich im

Reizleitungssyst., bes. im Hisschen Bündel. Im Herzen decapitierter Ratten war die I-Konz. gering, konnte jedoch durch Äther- oder Pentobarbitalnarkose erhöht werden. Die Verteilung der Phosphorylase entspricht der von I, jedoch sind die Unterschiede geringer.
K. Zingraf. 4210◇

1056 **Versuche über den Phosphateinbau in Erythrocyten bei Verwendung verschiedener Substrate und Fermentinhibitoren.** F. Wosegien. (Folia haematol. [Leipzig] **78,** 492—506, 1962; Frankfurt/M., Univ., I. Med. Klinik; dt.) — Vortrag mit Diskussion. Es wurde zu klären versucht, welchen Hauptweg das durch die Phosphorylase von *Purinribosid* in die Zelle eingebrachte Phosphat bei dem zu beobachtenden Anstieg verschiedener säurelösl. Phosphate [bes. auch von Adenosintriphosphat (ATP)] nach Zufügung von Purinnucleosiden zu frischen oder gealterten Erythrocyten wählt. Dabei wird Gebrauch von der Auseinanderziehung der säurelösl. Phosphate mittels Hochspannungselektrophorese u. der enzymat.-opt. Best. von ATP gemacht. Ribosephosphat mündet danach bei seinem weiteren Abbau über Seduheptulosephosphat u. Triosephosphat in die Glykolyse u. durchläuft einen Kreislauf, wie er schon von Brin u. Yonemoto (C. **1958,** 13552) nachgewiesen wurde. U. Tausendfreund. 4210◇

1057 **Immunochemische Untersuchungen mit citratkondensierendem Enzym.** I. Broder und Paul A. Srere. (Biochim. biophysica Acta [Amsterdam] **67,** 617—25, 1963; Ann Arbor, Mich., Univ. of Mich., Dep. of Biol. Chem. and Int. Med.; engl.) — Als Beitrag zu Unterss. über Beziehungen zwischen Antigenen u. Antikörpern sowie zwischen Enzymen u. ihren Substraten werden einige Befunde über das System *citratkondensierendes Enzym* (I)-Kaninchen-Anti-I bekanntgegeben. Die Rk. zwischen I aus Schweineherz u. Kaninchen-Anti-I ist zwischen pH 6,3 u. 8,9 sowie 0 u. 37° weder pH- noch temp.-abhängig. Die Rk. ist nach 10 Min. abgeschlossen. Ggw. von hitzeinaktiviertem I, Acetyl-Coenzym A, Coenzym A oder Citrat beeinflussen die Rk. nicht. Durch Acetylierung inaktiviertes I behält einen Teil seiner Rk.-Fähigkeit gegenüber Anti-I. p-Chlormercuribenzoat-behandeltes I behält seine Rk.-Fähigkeit. I aus Schweine-Leber, -Niere, Tauben-Herz u. -Brustmuskel reagiert mit Antischweineherz-I wie I aus Schweineherz. I aus Taubenleber, Hunde-Herz, -Leber u. Niere reagiert nur teilweise, während I aus Mottenflugmuskel u. Kaninchenherz durch Antischweineherz-I nicht gehemmt wird. U. Tausendfreund. 4210◇

1058 **In-vitro-Bestimmung des Sauerstoffverbrauchs des menschlichen Herzmuskels.** J. N. Norman, T. A. Douglas, G. Smith und C. Henderson. (Nature [London] **197,** 802—03, 1963; Glasgow. Univ., Dep. of Surg., Dep. of Veterin. Biochem.; engl.) — In vorl. Verss. an operativ entnommenen Muskelstückchen aus dem menschlichen Herzohr in Krebs-Ringer-Phosphat-Lsg. wird gezeigt, daß bei 26° der *O_2*-Verbrauch des Herzmuskels nur noch 72% des Verbrauchs bei 37° beträgt; bei 15° u. 8° geht der O_2-Verbrauch auf 40 u. 30% zurück. Die Fähigkeit zur Verarbeitung von *Succinat* geht mit fallender Temp. zurück u. hört bei 8° völlig auf; bei Wiedererwärmung auf 37° kehrt die Fähigkeit jedoch wieder zurück. Bei Wiedererwärmung der hypotherm. Gewebeproben übersteigt der O_2-Verbrauch denjenigen der normalen 37°-Gewebeproben um 50%. U. Tausendfreund. 4210◇

1059 **Die Aufenthaltsdauer der Aldolase im Plasma beim Kaninchen: Untersuchung mit Hilfe einer mit radioaktivem Jod markierten Aldolase.** Fanny Schapira J.-C. Dreyfus und G. Schapira. (Rev. franç. Études clin. biol. **7,** 829—32, 1962; Paris, Hôp. des Enfants Malades, Labor. de Rech. de Biochim. Méd.; franz.) — Gereinigte krist. *Muskel-Aldolase* (I) wurde mit ^{131}J markiert u. 4 Kaninchen i. v. injiziert. Die durchschnittliche Halbwertzeit wurde aus dem exponentiellen Abfall der Radioaktivität berechnet u. auf 198 Min. ± 108 geschätzt. Diese Meth. zeigt, daß I im Plasma nicht inaktiviert, sondern zerstört oder ausgeschieden wird. Das kurze Vorhandensein im Plasma kann das rasche Verschwinden aus dem Muskel unter bestimmten patholog. Verhältnissen erklären. H. Aman. 4210◇

1060 **Wechselwirkung zwischen der β-Glucosidase von Stachybotrys atra und einem C-Glucosid.** M. A. Jermyn. (Enzymologia [Den Haag] **24,** 49—51, 2/1. 1962; Melbourne, C.S.I.R.C. Wool Res. Labor., Div. of Protein Chem.; engl.) — Man kann die Verb. *1-[β-D-Glucopyranosyl]-4-nitrobenzol* als *C-Glucosid* betrachten. Sie erwies sich als kompetitiver Inhibitor der *β-Glucosidase* von *Stachybotrys atra* ähnlich den *O-*, *N-* u. *S-β-Glucosiden.* Die *C–C*-Bindung verringert die Affinität des Enzyms für Glucoside nicht mehr, als die flexiblere *C–S–C*-Bindung von *Thioglucosiden.*
H. Aman. 4210◇

1061 **Bestimmung der β-Glucuronidase-Aktivität im menschlichen Serum.** Harald Schön und Heribert Leipold. (Klin. Wschr. **40,** 292—94, 1962; Erlangen, Univ., Med. Klin.; dt.) — Das Verf. beruht auf der colorimetr. Messung der Menge an Phenolphthalein, die aus Phenolphthaleinglucuronid durch die im Serum enthaltene *β-Glucuronidase*(I)-Aktivität freigesetzt wird. Mit dem Verf. wurde an 51 klin. gesunden Personen der physiolog. Streubereich des I-Geh. im Plasma ermittelt. Er lag für ♀ zwischen **13,7** u. **42,1,** bei ♂ zwischen 19,2 u. 56,0 I.E. Unterss. des I-Geh. bei Patienten mit verschiedenen Krankheiten ergaben, daß bei akuter Hepatitis eine deutliche Erhöhung der I-Serumaktivität auftritt. F. Krusen. 4210◇

1062 **Elektrophoretische Lokalisation der Amylasen durch die zweidimensionale Methode.** D. Vincent und G. Segonzac. (C. R. Séances Soc. Biol. Filiales **156,** 2133—35, 1962, herausgeg. 1963; Toulose, Hôpital de Purpan, Labor. de Bioch. clin. du Centre hospit. régional; Labor. de Matière méd., Fac. de Méd. et Pharmacie; franz.) — Durch zweidimensionale Papierelektrophorese wurde die elektrophoret. Wanderung der *Amylasen* von menschlichem Serum, Speichel, Pankreatin officinalis u. der käuflichen α-Amylase zwischen den *β-* u. *γ-Globulinen* festgestellt. M. Wiedemann. 4210◇

1063 **Daten zur Erforschung der Enzymanreicherung im Boden.** I. Kiss und I. Balint. (Nachr. Akad. Wiss. UdSSR, biol. Ser. **1959,** 215—20, März/April; Cluj/Rumänien, Bojan-Univ.; russ., Auszug: engl.) — Die im Boden (degradierte Schwarzerde) natürlich vorkommende *Saccharase* (I) bleibt während einer Vers.-Dauer von 3 Wochen in der Aktivität unverändert. I ist demnach sehr beständig gegenüber der der bakteriellen Zersetzung. Wird I von lebenden Hefezellen in den Boden eingebracht, so bleibt sie zu 11,3% aktiv. Auch die I aus teilweise autolysierten Hefezellen wird nach Einbringung in den Boden nicht völlig inaktiviert, wohl aber die I aus zellfreiem Hefeautolysat. Diese Unterschiede beruhen auf der Adsorption u. darauf, daß die Enzyme der Zellen u. Zellbruchstücke nicht so stark von den proteolyt. Fermenten der Bodenorganismen beeinflußt werden wie die freien Enzymmoleküle. Bentonit u. Kaolinit unterdrücken prakt. nicht die Zers. der I aus zellfreiem Autolysat, hemmen jedoch die Zers. der I aus Zellsuspensionen. Die Adsorption ist demnach von großer Bedeutung für die I-Anreicherung im Boden.
W. Kurtzmann. 4210△

1064 **Carbohydraseaktivität der Entodinium-Arten des Vormagens vom Schaf unter stärkefreier Kost.** R. W. Bailey und R. T. J. Clarke. (Nature [London] **198,** 787, 1963; Palmerston North, New Zealand, Dep. of Sci. and Indust. Res., Plant Chem. Div.; engl.) — An weitgehend isolierten *Entodinium*-Arten aus dem Vormagen grasgefütterter Schafe (*Entodinium ovinum, longinucleatum, indicum, biconcavum, bicarinatum*) wurde die *Carbohydrase*-Aktivität dieser Protozoen untersucht. Die Zellextrakte der Entodinium-Arten waren zur Verwertung von Kohlenhydraten des Nichtstärketyps u. möglicherweise sogar von Cellulose fähig. Es wurden durch einen *Extrakt A* hydrolysiert: *Amylose* u. *Amylopektin* [zu *Maltose* (I) u. Maltotriose], *Xylan* u. *Arabinoxylan* (zu Arabinose, Xylose u. Xylobiose), *Lamarin* (zu Glucose), *Cellodextrine* [zu *Cellobiose* (II) u. Cellotriose]; I, *Laminaribose* (III) u. *Saccharose* wurden langsamer hydrolysiert; II, *β-Glucoside*, *α-* u. *β-Galaktoside*, *Pektin* u. native *Cellulose* wurden nicht hydrolysiert; *Extrakt B* enthielt eine schwächere Amylase, Xylanase

u. Cellodextrinase, hydrolysierte jedoch I u. III schneller u. hydrolysierte auch II. Es konnte Ingestion von Cellulose u. Graspartikelchen durch größere Protozoen beobachtet werden. — Das stärkeverarbeitende *Entodinium caudatum* (welches hier fehlte) scheint demnach ein atyp. Mitglied der Entodinium-Arten zu sein. U. Tausendfreund. 4210◇

1065 **Aktivität der Hyaluronidase bei verschiedenen Arten von Bienengiften.** B. Dulovičová und O. Markovic. (Chem. Zvesti **16**, 458—62, 1962; Bratislava, Univ. Komenského, Katedra biochémie; slowak.) — Die Hyaluronidase-Aktivität der Bienengifte war im Durchschnitt 3,5 mal höher als bei der Testikularhyaluronidase (Biogena), welche als Standard verwendet wurde. Die Aktivität wurde viscosimetr. bei 7 Arten von Bienengiften bestimmt. Der Unterschied der höchsten u. niedrigsten Aktivität betrug 42%. Z. Pechan. 4210△

1066 **Die Inhibierung von Pektinase und Cellulase bei verschiedenen Pflanzen.** Thomas A. Bell, John L. Etchells, Carlos F. Williams und William I. Porter. (Bot. Gaz. **123**, 220—23, März 1962; Raleigh, N. C. U. S. Food Fermentation Labor. ARS., USDA; Agricult. Exp. Stat., Dep. of Horticult.; Philadelphia, Pa., Eastern Utilization. Res. and Develop. Div., Plant Prod. Labor.; engl.) — Es werden Angaben über die *Cellulase*, bzw. *Pektinase*-hemmende Wrkg. der wss. Blattextrakte von 61 Pflanzenspecies aus 32 Familien gemacht. H. H. Schmiedeknecht. 4210□

1067 **Die Induktion der Glutamat-Pyruvat-Transaminase durch Corticoide.** Klaus Otto. (Naturwissenschaften **50**, 355—56, 1963; Bonn, Univ., Physiol.-Chem. Inst.; dt.) — Die Aktivität der *Glutamat-Pyruvat-Transaminase* der Rattenleber läßt sich durch *Glucocorticoide* bis zum 12fachen steigern. Es wurde nachgewiesen, daß eine solche Induktion auf einer vermehrten Menge Enzymprotein beruht. K. Zingraf. 4210◇

1068 **Untersuchungen über die colorimetrischen Methoden zur Bestimmung der Glutaminsäure-Oxalessigsäure-Transaminase im Serum.** J. C. Gupta, B. P. Ghosh und S. N. Mal. (Med. exp. [Basel] **3**, 199—205, 1960; Calcutta, S.S.K.M. Hosp., Dep. of Biochem.; engl., Auszüge: dt., franz.) — Zuverlässige Ergebnisse bei der colorimetr. Best. von *Glutaminsäure-Oxalessigsäure-Transaminase* (I) wurden mit der Meth. von Reitman u. Frankel (C. **1959**, 10616) sowie von Cabaud, Leper, Wroblewski (C. **1959**, 7171), nicht aber mit der Meth. von Sall erhalten. Mit der zuerst genannten Meth., die bevorzugt wird, werden die Normalwerte der I für Inder ermittelt. A. Hesse. 4210□

1069 **Experimentelle Untersuchungen der Leber-Transaminase-Aktivität mit speziellem Hinweis auf hormonellen Einfluß.** Chisato Akai. (Jap. Arch. intern. Med. **8**, 329—39, 1961; Kobe, Kobe Med. Coll., Dep. of Internal Med.; jap., Auszug: engl.) — Bei Ratten verursachte die tägliche Gabe von 2 u. 5 mg *Cortison* (I) für eine Woche ein leichtes Ansteigen der *Glutaminsäure-Oxalessigsäure-Transaminase* (GOT)- u. noch stärker der *Glutaminsäure-Brenztraubensäure-Transaminase* (GPT)-Aktivität in der Leber. Ein ähnlicher Effekt ergab sich mit 1 mg *Prednisolon*. Durch Adrenalektomie wurden die GPT-Aktivitäten erniedrigt, die durch I-Verabreichung normalisiert werden konnten. Bei Alloxan-diabet. Ratten waren die GOT- u. GPT-Aktivitäten erhöht, die durch I-Behandlung noch weiter verstärkt wurden. Bei Kaninchen wurden ähnliche Ergebnisse erreicht, jedoch war der GPT-Anstieg nicht so erheblich wie bei Ratten. Eine i.v. Injektion von 10 mg *Hydrocortison* bewirkte bei Kaninchen eine lange anhaltende Steigerung der GOT- u. GPT-Werte. Die Glykogenolyse von Leberschnitten wurde durch I nicht erhöht. Bei Ratten verursachte die mehrmalige Injektion von 5 Einheiten *ACTH* keine Veränderungen der Transaminasewerte, jedoch bei Kaninchen kam es zu einer Erhöhung der GOT- u. GPT-Aktivitäten. Die bilaterale Adrenalektomie senkte bei Ratten nur die GPT-Aktivität; ein ähnliches Ergebnis ergab sich auch bei Alloxan-diabet. Ratten. Dagegen bewirkte die bilaterale Adrenalektomie bei Kaninchen eine Erhöhung der GOT- u. GPT-Werte. Eine Woche fastende Ratten u. Kaninchen hatten erhöhte GOT- u. GPT-Aktivitäten. G. Kimmerle. 4210△

1070 **Die Wirkung von Cycloserin und verwandten Verbindungen auf die Aktivität von Aspartat-Glutamat-Transaminase und Alanain-Glutamat-Transaminase des Schweineherzens.** O. L. Poljanowski und Ju. M. Tortschinski. (Ber. Akad. Wiss. UdSSR **141**, 488—91, 1961; Inst. für physikal.-chem. u. Strahlenbiol. der Akad. der Wiss. der UdSSR; russ.) — Untersucht wurde die Inaktivierung der *Asparagin-Glutaminsäure-Transaminase* (I) u. der *Alanin-Glutaminsäure-Transaminase* (II) durch die folgenden Verbb.: *Hydroxylamin* (III), *O-Methylhydroxylamin*, *γ-Aminooxybuttersäure*, *α-Amino-γ-aminooxybuttersäure*, *β-Aminooxyalanin*, *Methyläther*, *α-Aminobutyrolacton*, *Isoxazolidon-(3)*, *Cycloserin* (IV; 4-Amino-3-isoxazolidon) u. *N-Methylcycloserin* (V). Die cycl. I-Derivv. inhibierten I u. II weniger als die aliphat. I-Verbindungen. Von den cycl. Verbb. war IV am wirksamsten. V war viel weniger wirksam als IV. Die starke inhibierende Wrkg. des IV beruht auf der Ggw. einer NH_2-Gruppe u. auf der Isoxazolidonstruktur. In Verss. mit I nimmt die inhibierende Wrkg. aller untersuchten Verbb. mit Ausnahme von IV mit der Zeit ab. Die Wrkg. von IV nimmt hierbei zu. Die Festigkeit der Bindung zwischen IV u. I oder II beruht wahrscheinlich darauf, daß bei der Ringöffnung IV acylierende Eigg. erwirbt. O. Lebtag. 4210△

1071 **Enzyme des Argininstoffwechsels im Gehirn.** S. Ratner, Halina Morell und Evelyn Carvalho. (Arch. Biochem. Biophysics **91**, 280—89, 1960; New York, N. Y., Public Health Res. Inst. of the City of New York, Inc., Div. of Nutrition and Physiol.; engl.) — In Gehirnpräpp. von Ratte, Meerschweinchen, Affe, Katze, Rind u. Mensch wurden die Enzyme *Argininbernsteinsäuresynthetase*, *Argininbernsteinsäure-spaltendes Enzym* u. *Arginase* gefunden. Im Gehirn läuft somit der gleiche Adenosintriphosphat-abhängige 2-Schrittvorgang der Arginin-Synthese aus Citrullin ab wie in Leber u. Niere. Die spezif. Aktivitäten der untersuchten Enzyme entsprachen den normalen Aktivitäten des Aminosäurenstoffwechsels im Gehirn. Vff. beschreiben eine empfindliche colorimetr. Meth. zur Best. von Argininbernsteinsäure (Prinzip: Umwandlung zum cycl. Anhydrid u. Freisetzung von Arginin durch alkal. Oxydation) u. ihre Anwendung auf die Best. der Synthetaseaktivität. H.-G. Trüper. 4210◇

1072 **Untersuchung der Leucinaminopeptidase in neoplastischen und entzündlichen Geweben mit einer neuen histochemischen Methode.** Benito Monis, Marvin M. Nachlas und Arnold M. Seligman. (Cancer [Philadelphia] **12**, 601—08, 1959; Baltimore, Md.; Johns Hopkins Univ. School of Med. and Sinai Hosp., Dep. of Surg.; engl.) — Vff. weisen *Leucinaminopeptidase*-Aktivität in frischen gefrorenen Schnitten von neoplast. u. entzündeten Geweben durch eine histochem. Meth. nach, bei der *L-Leucyl-4-methoxy-2-naphthylamid* als Substrat verwendet wird. Die optimale Inkubationszeit betrug bei 37° 2—4 Std. für patholog. Gewebe. Das Enzym kommt in stärkerer Aktivität in sich vermehrenden Gewebe u. Bindegewebe vor. W. Hiller. 4210◇

1073 **Untersuchung über Exopeptidasen bei Küken.** P. de Rycke. (Naturwetensch. Tijdschr. **43**, 82—86, 8/2. 1962; Gent, Nat. Fonds voor Wetensch. Onderz.; niederl.) — Unterss. über die Ggw. von *Exopeptidasen* (I) im Duodenum- u. Pankreasgewebe von Küken ergeben (Zahlentafel) *Dipeptidase* (II), *Aminopeptidase* u. *Carboxypeptidase*. Die stärkste Wirksamkeit üben die I im Duodenum aus, dabei zeigt II seine größte Wirksamkeit bei pH = 8,5. W. Wesly. 4210□

1074 **Hormon-Einfluß auf die intrazelluläre Peptidase-Aktivität.** Theodore B. Schwartz. (Acta endocrinol. [Copenhagen], Suppl. Nr. **51**, 973, 1960; Chicago, Ill., Presbyterian-St. Luke's Hosp.; engl.) H. Herper. 4210□

1075 **Die strukturellen Umwandlungen bei der reversiblen Inaktivierung des Trypsins.** W. P. Kuschner und Ss. Ja. Frenkel. (Ber. Akad. Wiss. UdSSR **141**, 481—84, 11/11. 1961; Akad. der Wiss. der UdSSR, Inst. für hochmol. Verbb. u. Inst. für Cytol.; russ.) — Die Unterss.

über die sek. Struktur u. die Aktivität des *Trypsins* (I) bei 20—95° im Citratpuffer (zur Vermeidung der Autolyse) vom pH 2,5—3,2, wobei die 1%ig. I-Lsg. 15 Min. erhitzt u. danach rasch oder langsam abgekühlt wurde (Kontrolle ohne diese Behandlung), ergaben, daß oberhalb 50° die I-Aktivität rasch abnimmt u. bei 70° auf Null absinkt. Bei der gleichen Temp. erreicht $[\alpha]_D$ den Minimalwert, entsprechend der maximalen Entspiralisierung des Makromoleküls. Bei Störung der α-Spiralstruktur geht die I-Aktivität verloren. Bei der Entspiralisierung des I durch Harnstoff wird [α] stark verändert, jedoch nach Entfernung des Harnstoffs normalisiert. Ein Einfrieren des entspiralisierten Zustandes von I durch sehr rasches Abkühlen gelingt nicht. Aus den Ergebnissen ist zu schließen, daß die sek. I-Struktur von entscheidender Bedeutung für die Aufrechterhaltung der I-Aktivität ist, während die tert. Struktur die Stabilität des akt. Zentrums u. die rasche Wiederherst. der biolog. Eigg. gewährleistet. O. Lebtag. 4210△

1076 **Wirkung von Fettsäuren auf die Proteolyse von Proteinen. 3. Mitt. Hydrolyse von Ovalbumin und Serum-Albumin durch verschiedene Proteasen bei Gegenwart von Fettsäure.** Michiyo Kondo. (J. Biochemistry [Tokyo] **52,** 279—83, 1962; Tokyo, Atomi Gakuen Coll.; engl.) — 2, vgl. C. **1961,** 11024. — Zusätze von *Na-Laurat* in verschiedenen Konzz. steigerten die durch *Trypsin, Chymotrypsin* u. durch *Proteasen* von *Bacillus subtilis* u. *Streptomyces griseus* bewirkte Hydrolyse von *Ovalbumin.* Obwohl *Serumalbumin* schon durch die obigen Enzyme allein leicht abgebaut wurde, komplizierte der Fettsäurezusatz seinen Abbau insofern, als bei niedrigeren Konzz. die Proteolyse stark gehemmt wurde, bei höheren Konzz. als $2 \cdot 10^{-3}$ m der Hemmeffekt dagegen schwächer war u. bei Konzz. von über $2 \cdot 10^{-2}$ m eher eine stimulierende Wrkg. zu beobachten war. Für die trypt. Digestion war eine pH 8 optimal unabhängig von der Konz. der Fettsäure. Für die chymotrypt. Digestion wechselte die pH je nach Konz. der Fettsäure. L. Macher. 4210◇

1077 **Wirkung von Fettsäure auf die Proteolyse von Proteinen.** 4. Mitt. **Papierelektrophoretische und dialytische Analyse der Reaktionsmischung von Fettsäure mit Ovalalbumin oder Serumalbumin.** Michiyo Kondo. (J. Biochemistry [Tokyo] **52,** 284—89, 1962; Tokyo, Atomi Gakuen Coll.; engl.) — Bei niederen Konzz. ($1 \cdot 10^{-3}$ m bis $3 \cdot 10^{-3}$ m) von Fettsäure (*$^{14}C_{(1)}$-Na-Laurat,* I) kann *Ovalbumin* mit I keinen Komplex bilden u. blieb unabgebaut. Bei den angegebenen Konzz. an I bildete dagegen ein Teil des *Serumalbumins* einen Komplex mit I, der sich *Proteasen* gegenüber stabil verhielt. Bei höheren Konzz. von I ($5 \cdot 10^{-3}$ m) können die beiden Proteine Komplexe mit I bilden u. werden dann durch Proteasen leicht abbaubar. Dies dürfte durch Denaturation der Proteine durch die Ggw. der Fettsäure verursacht werden. L. Macher. 4210◇

1078 **Charakterisierung des Differenzspektrums von Diisopropylphosphoryl-α-chymotrypsin gegen α-Chymotrypsin.** 4. Mitt. **Die Umgebung der Tryptophylreste.** Hannah L. Oppenheimer, Julie Mercouroff und George P. Gess. (Biochim. biophysica Acta [Amsterdam] **71,** 78—88, 1963; Ithaca, N. Y., Cornell Univ., Dep. of Biochem.; engl.) — Das Differenzspektrum von *Diisopropylphosphoryl-α-chymotrypsin* (I) gegen *α-Chymotrypsin* (II) läßt sich durch einen Vgl. mit einer Modellsubstanz (Modifizierung von Tryptophanresten bei Inkorporierung in Protein) z. B. durch das Differenzspektrum von *Acetyl-L-tryptophanamid* (III) in 20%ig. (v/v) Glycerin gegen III in W deuten. Ferner wurde der Einfl. von Harnstoff-Denaturierung u. von Oxydation mit *N-Bromsuccinimid* (IV) auf das Differenzspektrum untersucht. Demnach dürften sich ein oder mehrere Tryptophanreste in I in einem weniger polaren Medium befinden als in II. Diese sind für IV unzugänglich. Es handelt sich also um einen nichtion. Lösungsmitteleffekt. M. Wiedemann. 4210◇

1079 **Pepsinogen D, ein Zymogen aus Schweinemagenschleimhaut.** D. Lee und A. P. Ryle. (Biochem. J. **87,** Nr. 3, 44 P, 1963; Edinburgh, Univ., Dep. of Biochem.; engl.) — Rechromatographie von *Pepsinogen D* (I), das durch Extraktion von Schweinemagenschleimhaut mit 0,02 m Phosphatpuffer, pH 6,9, u. Diäthylaminoäthylcellulose-Chromatographie bei pH 6,9 (exponentieller NaCl-Gradient) von den anderen Zymogenen isolierbar ist, erweist I als homogen. Die Wandergeschw. bei Stärkegelelektrophorese ist etwas geringer als die von Pepsinogen (II). Die N-endständigen Aminosäuren von I sind als Leucin u. Isoleucin identifiziert worden. Aktivierung von I führt zu einem als *Pepsin D* (III) zu bezeichnenden Enzym, welches wie Pepsin (IV) Hämoglobin u. N-Acetyl-DL-phenylalanin-L-dijodtyrosin bei pH-Optimum von 2 verdaut. Das papierchromatograph. Peptid-Muster von I ist trotz verschiedener Unterschiede ähnlich wie das von II. Die N-endständige Aminosäure von III ist Valin, während die von IV Isoleucin ist. U. Tausendfreund. 4210◇

1080 **Die Aktivität der Verdauungsenzyme beim jungen Kalb.** J. T. Huber, N. L. Jacobson, R. S. Allen und P. A. Hartman. (J. Dairy Sci. **44,** 1494—1501, 1961; Ames, Iowa State Univ., Dep. of Animal Husbandry and Dep. of Bact.; engl.) — Die Aktivität (A.) der Verdauungsenzyme *Lactase* (I), *Maltase, Magen-* u. *Pankreasprotease, Pankresaslipase-* u. *-amylase* ändert sich bei jungen Kälbern in den ersten Lebenstagen. Die I-Aktivität nimmt vom 1. Tag an ab, die anderen Aktivitäten langsam zu, ohne merklich nahrungsabhängig zu sein. Winfried Krüger. 4210◇

1081 **Untersuchungen zur ultrastrukturellen Zellchemie. Verdauung durch Pepsin und Trypsin.** Elizabeth Leduc, Wanda Byczkowska-Smyk und Wilhelm Bernhard. (C. R. hebd. Séances Acad. Sci. **250,** 4052—54, 1960; Villejuif, Seine, Inst. de Rech. sur le Cancer, Labor. de Microscop. électron.; franz.) — Die *Pepsin-* u. *Trypsin*-Verdauung ultrafeiner Schnitte von Rattenleber u. -pankreas liefert im Elektronenmikroskop spezif. Verdauungsbilder. Die Rk.-Geschw. hängt von der Fixierungsweise ab. K. Zingraf. 4210◇

1082 **Untersuchungen zur enzymatischen Hydrolyse von Eiweißfutterstoffen. 1. Mitt. Zur Methodik der enzymatischen Hydrolyse.** K. Nehring und I. Schröder. (Arch. Tierernähr. **12,** 305—13, 1962; Rostock, Univ., Inst. für Agrik. Chem. u. Bodenkunde; dt.) — Zur vorbereitenden Ermittlung der Wrkg. von Pepsin u. Trypsin auf Eiweißfutterstoffe bei der enzymat. Hydrolyse wurden untersucht: 1. *Art der Fermente,* z. B. Pepsin aus Schweinemagenhaut, Trypsin als Roh- oder Rein-Präp. mit der höchsterreichbaren Aktivität von 500000 FGE (Fuld-Gross-Einheiten, Best. der pept. Wrkg. nach Ege bzw. der trypt. in EGE-Einheiten). 2. *Durchführung der Hydrolyse*: 3std. pept. Hydrolyse mit Anfangs-pH 1,3 für Grünfutter bzw. 1,5 für Gerste, Raps, Lupine u. Fleischmehl, Einstellung von pH 8,5; Trypsinhydrolyse bei 38° u. konst. pH 8,5 (n NaOH), kurzes Erhitzen auf dem sd. Wasserbad u. Kühlen auf 0° → Nd. (Fraktion III), Proteine, Eintrocknen der zentrifugierten Fl. bei 30—40° (Unterdruck), Extraktion des Rückstands mit 80%ig. A. bei 0° → Nd. (Fraktion II), Polypeptide u. Lsg. (Fraktion I), Aminosäuren u. niedere Peptide, NH_2-N-Best. u. Kontrolle mit den NH_2–N-Werten einer Totalhydrolyse mit Säure. 3. *Einfl. der Fermentmenge*: Proportionalität zwischen Rk.-Geschw. u. Enzymmenge bei reinen Pepsin-Lsgg.; 20 mg Pepsin für 200 mg Substrat-N ausreichend, Trypsin-Wrkg. bei höheren Mengen aber noch zunehmend. 4. *Anfangs-pH* (s. oben) 1,5 bzw. 1,3, pH-Optimum ∼ 2. 5. *Zustand der Proben*: Unterschiedlicher Einfl. von Temp., Erhitzungsdauer, Medium (fest oder wss.), Ggw. von reduzierenden Kohlenhydraten, bzw. Hemmstoffen. Durch 6std. Erhitzen der Futterstoffe auf 105° vor der Hydrolyse ergab sich bei Fraktion I eine Spaltungserniedrigung, nicht in Fraktion III. Es erscheint sicher, daß durch erhöhte Trockentemp. eine Bindung zwischen den Kohlenhydrat–COOH- u. den Protein–NH_2-Gruppen (Maillard-Rk.) eintritt. durch die die Spaltungserniedrigung erklärt wird. G. Vogel. 4210◇

1083 **Prüfung proteolytischer Enthaarungsenzyme an Keratin; Aktivierung mit Metabisulfit.** A. L. Averett, T. C. Cordon und W. Windus. (Enzymologia [Den Haag] **24,** 14—24, 2/1. 1962; Philadelphia, Eastern Reg. Res. Labor.; engl.) — Beschreibung einer Meth. zur spektrophotometr. Messung einer lösl., durch Enzymwrkg. freigesetzten Komponente, mittels Zupfwolle als Substrat. Aus einer Gruppe von Enthaarungsenzymen zeigte nur *Keratinase* (I) aus *Streptomyces fradiae* eine signifikante Aktivität. Eine interessante Aktivierung durch *Natriummetabisulfit* war zu sehen, nicht nur gegenüber I, sondern auch gegen trypt. u. pflanzliche Enzyme. Die optimalen Bedingungen für die Konz. des Aktivators u. den pH-Wert wurden bestimmt für I, krist. *Trypsin*, *Bromelin* u. *HT Proteolytic* (*416*). H. Aman. 4210◇

1084 **Eine Untersuchung der Volumenänderung bei der Acyl-Verschiebung im Bezug auf die Ameisensäureinaktivierung von Eiweißfermenten.** Lars Josefsson. (Biochim. biophysica Acta [Amsterdam] **58,** 575—82, 23/4. 1962; Lund, Univ., Dep. of Physiol. Chem.; engl.) — Es wurde Information über den Rk.-Mechanismus der Reaktivierung von durch *Ameisensäure*(I)-Anhydrid reversibel inaktivierten Eiweißfermenten zu erlangen versucht; es wurden dazu die begleitenden Vol.-Änderungen, die O.N-Acyl-Verschiebung (O.N-Acyl-shift) von der O-Acyl-Struktur in O-Acetyl-DL-serin u. Deformylierungen von Aminogruppen bzw. OH-Gruppen von I-haltigen O- bzw. N-Acylstrukturen untersucht. Dabei erwies sich die Deformylierung der $OH-NH_2$-Reste als die wahrscheinlichste Hauptrk. bei der Reaktivierung. Es konnte jedoch noch nicht geklärt werden, ob die Formyl-Gruppen in Ester- oder Formamid-Bindung vorliegen. U. Tausendfreund. 4210◇

1085 **Experimentelle Untersuchung und klinische Anwendung von Lysozym.** S. W. Jermoljewa, N. M. Furer, I. W. Rawitsch, Ss. M. Nawaschin, A. I. Braude, I. P. Fomina, N. A. Shukowskaja, T. I. Balesina, Je. A. Wedmina, T. W. Golossowa, B. M. Nemirowskaja und T. G. Terentjewa. (Antibiotika [UdSSR] **8,** 39—45, 1963; russ., Auszug: engl.) — Das aus Eiklar durch Kristallisation gewonnene *Lysozym* (I) zeigt in Verss. an Hühnerembryo u. Maus eine prophylakt. u. heilende Wrkg. bei der Infektion durch *Staphylococcus aureus* u. *E. coli*. Im Lebergewebe des Affen verhindert I in der Dosierung 250—500 γ die cytopathogene Wrkg. des Grippevirus u. der Adenoviren. In Kulturen von humanen Krebszellen (HeLa u. HEp-2) unterdrücken 500—2000 γI/Liter die Entw. einer Monozellschicht, bes. bei Zusatz vor Beginn der Kultivierung. I unterdrückt die Dehydraseaktivität u. die Atmung der humanen Krebszellen. Im Tier-Vers. hemmt I das Wachstum der Ehrlich-Geschwulst zu 45%. Bei Trägern von pathogenen, gegenüber Penicillin u. Tetracyclin resistenten Staphylokokken bewirkt I nach 24 Std. eine Abnahme der Zahl der Träger auf $^1/_4$, in Kombination mit Ekmolin auf $^1/_8$. O. Lebtag. 4210△

1086 **Die Kinetik der Hemmung von Lipoproteinlipase durch Polyanionen und Polykationen.** Edward D. Korn. (J. biol. Chemistry **237,** 3423—29, 1962; Bethesda, Md., Nat. Inst. of Health, Nat. Heart Inst., Labor. of Cellular Physiol. and Metabolism; engl.] — *Lipoproteinlipase* (I), welche lösl. *Lipoproteine* (II) des normalen menschlichen Plasmas spaltet, wird nach früheren Befunden von Polyanionen (PA) u. Polykationen (PK) gehemmt, wodurch sie von anderen *Lipasen* unterschieden werden kann. Bei Wrkg. von I gegen II hemmen PK [wie *Poly-L-lysin-HBr* (III), *Tyrosin-Lysin* (IV), *Polybrene* (ein quart. NH_4-Deriv.)] kompetitiv. Dagegen war bei aktiviertem Cocosöl (II A) (aus „Ediol" durch Behandlung mit menschlichem Plasma erhalten) als Substrat die Hemmung vom gemischt kompetitiv–unkompetitiven Typ. Die Hemmung war durch Verdünnen oder durch Zusatz von PA (z. B. *Poly-L-glutaminsäure*) jederzeit vollständig reversibel. Bei Verw. von verschiedenen Typen von III zeigte sich, daß PK mit höheren Mol.-Gew. eine größere Wrkg. hatten. PK mit quart. NH_4-Gruppen sind wirksamer als solche mit prim. NH_2-Gruppen; die Hemmung durch die verschiedenen IV war proportional dem Geh. an Lysin; dies zeigt, daß die Wechselwrkg. zwischen I u. PK auf elektrostat. Kräften beruht. Die Hemmung durch Polyanionen ähnelt in vieler Hinsicht der Hemmung durch PK. Die Wrkg. setzt sofort nach Zusatz in irgendeinem Zeitpunkt der Rk. ein u. kann nicht durch Verdünnen oder Zusatz von PK aufgehoben werden. PA mit höherem Mol.-Gew. üben eine stärkere Wrkg. aus, z. B. Dextransulfat (VI) > *Heparin* (V); ferner wirken verzweigte Verbb. stärker als gradkettige Verbb.: z. B. *Polyglucosesulfat* (VII) > V; carboxylierte Polymere haben geringere Wrkg. als sulfurierte Polymere; ein Polymeres aus L-Tyrosin u. L-Asparaginsäure hemmt nicht so stark wie Poly-L-asparaginsäure von gleichem Mol.-Gewicht. VI als Beispiel eines PK von hohem Mol.-Gew. wirkt als unkompetitiver Inhibitor der Hydrolyse von lösl. II u. II A. V u. VII sind dagegen unkompetitive Inhibitoren der II A-Hydrolyse, hemmen jedoch nicht die Hydrolyse von lösl. II. A. Hesse. 4210◇

1087 **Synthese von Fettsäuren durch Hodengewebe in vitro.** Peter F. Hall, Edward E. Nishizawa und Kristen B. Eik-Nes. (Canad. J. Biochem. Physiol. **41,** 1267—74, 1963; Salt Lake City, Utah, Univ. of Utah, Coll. of Med., Dep. of Biol. Chem.; engl.) — Aus Kaninchenhoden lassen sich *Palmitinsäure* (I), *Stearinsäure* (II) u. *Ölsäure* (III) isolieren, u. es kann eine in-vitro-Synth. von I u. II aus $^{14}C_{(1)}$-Acetat (IV) nachgewiesen werden. *Luteinisierungshormon* regt die Synth. von I u. II nicht an, obwohl es die Bldg. von ^{14}C-Testosteron durch das Hodengewebe fördert. Da auch *Adrenocorticotropes Hormon* den Einbau von IV in die im Nebennierengewebe nachweisbaren I, II u. III in vitro nicht steigert, ist anzunehmen, daß die Fettsäurenbiosynth. durch diejenigen Mechanismen, über welche troph. Hormone die Steroid-Bldg. steigern, nicht beeinflußt wird. U. Tausendfreund. 4210◇

1088 **Über den Einfluß von CO_2 auf den Einbau von ^{14}C-Acetat in die Fraktion höherer Fettsäuren.** Vera V. Brand. (Klin. Wschr. **40,** 294—97, 1962; München, Univ., Med. Poliklin.; dt.) — Der Einbau von *^{14}C-Acetat* in *Fettsäuren* durch ein *fettsäuresynthetisierendes Enzymsystem* aus Taubenleber wird um 144% gesteigert, wenn die Inkubation in einer *CO_2*-Atmosphäre vorgenommen wird. Eine weitere Steigerung bis auf 287% der Ausgangsaktivität wird durch Zusatz von $0{,}338 \cdot 10^{-3}$ m Mn^{2+} erzielt. Durch Adsorption der während der Inkubation gebildeten *CO_2* wird umgekehrt die Fettsäuresynthese vermindert. Bei der vermehrten Synth. in *CO_2*-Atmosphäre tritt ein beschleunigter Abbau von *Adenosintriphosphat* u. *Glucose-6-phosphat* auf. F. Krusen. 4210◇

1089 **Die Wirkung von Gallensalzen auf die Cholesterinoxydation in vitro.** M. J. Lee und M. W. Whitehouse. (Biochem. J. **86,** 4 P, 1963; Oxford, Univ., Dep. of Biochem.; engl.) — In-vitro-Unterss. zeigen, daß die Oxydation der endständigen C-Atome von *$^{14}C_{(26)}$-Cholesterin* (I) durch Lebermitochondrien von Maus, Ratte u. Meerschweinchen zu $^{14}CO_2$ durch *Glycin-* u. *Taurin*-Konjugate von *Cholsäure*, *Dehydrochlosäure*, *Triformylcholsäure*, *Desoxycholsäure*, *Chenodesoxycholsäure*, *Hyodesoxycholsäure*, *Lithocholsäure* u. *Cholansäure* (in Konzz. von 10^{-3} bis 10^{-4} m) gehemmt wird. Die gleichen Verbb. haben keinen Einfl. auf die Oxydation von *$^{14}C_{(1)}$-Octanoat* u. *$^{14}C_{(2)}$-Propionat* durch Lebermitochondrien. Die Choloyl-Verbb. sind weniger wirksam als die Cholanoyl-Verbindungen. *4-Methylpentanoyltaurin* hemmt die I-Oxydation nicht. U. Tausendfreund. 4210◇

1090 **Einige Faktoren zur Beeinflussung der Aktivität vin A-, B- und C-Esterase aus Kuhmilch.** T. L. Forster, M. W. Montgomery und J. E. Montoure. (J. Dairy Sci. **44,** 1420—30, 1961; Pullman, Wash. Agricult. Exp. Station., Dep. of Dairy Sci.; engl.) — Vff. bestimmen die Aktivität der *Esterasen A*, *B* u. *C* in normalen u. Mastitis-Milch sowie in Colostrum nach der Warburg-Technik, sowie die Empfindlichkeit dieser Enzyme gegenüber verschiedenen Inhibitoren. Die Ergebnisse sind tabelliert. Winfried Krüger. 4210◇

1091 **Cholinesterase vom elektrischen Organ von Narcine tasmaniensis.** 1. Mitt. J. H. A. Butler, J. F. Jackson und J. B. Polya. (Enzymologia [Den Haag] **24,** 52—56, 1962; Hobart, Univ. of Tasmania, Chem. Dep.; engl.) — *Cholinesterase*-Aktivität ist im elektr. Organ von *Narcine tasmaniensis* vorhanden u. ist signifikant höher, als die von vergleichbaren Präpp. aus Schafshirn. Präpp. aus alten, in der Kälte aufbewahrten Organen werden durch *Acetamid* weniger gehemmt als Präpp. aus frischen Organen. H. Aman. 4210◇

1092 **Cholinacetylase in normalen und denervierten Speicheldrüsen.** Ivar Nordenfelt. (Quart. J. exp. Physiol. cognate med. Sci. **48,** 67—79, 1963; Babraham, Cambridge, A. R. C. Inst. of Animal Physiol.; Lund, Univ., Inst. of Physiol.; engl.) — In normal innervierten Speicheldrüsen, bes. in der Submaxillardrüse von Katzen u. Kaninchen wurde *Cholinacetylase*-Aktivität nachgewiesen. Diese wurde durch chron. präganglionäre Parasympathicusdenervierung oder durch partielle postganglionäre Denervierung deutlich herabgesetzt. K. Zingraf. 4210◇

1093 **Cholinesteraseaktivität in den Colliculi rostrales der Vierhügelplatte nach Unterbrechung der afferenten Bahnen und Injektion von Diisopropylfluorphosphat bei Küken.** E. Strumia, G. Filogamo und G. Gabella. (Biochem. Pharmacol. **9,** 199—203, Aug. 1962; Torino, Univ., Ist. di Chim. Biol.; engl.) — Esxtirpation des Auges bei Küken bewirkt keine Verringerung der *Cholinesterase*(**I**)-Geh. je Einheit Gewebe; dieser Geh. ist in den Colliculi rostrales der Vierhügelplatte u. in der Rinde nach Unterbrechung der afferenten Bahnen höher (Fehlen von Gewebe mit negativem **I**-Geh. in den Colliculi rostrales infolge Verringerung der Opticusfasern). Nach Injektion von *Diisopropylfluorphosphat* geht die Enzym-Synth. trotz starker Verringerung der Synapsen, allerdings verlangsamt, weiter. K. Zingraf. 4210◇

1094 **Der Acetylcholinesterasemangel in den roten Blutkörperchen bei der nächtlichen paroxysmalen Hämoglobinurie.** G. de Sandre und G. Ghiotto. (Folia haematol. [Leipzig] **78,** 646—59, 1962; Padua, Univ., Pathol.-Med. Inst.; dt.) — Vortrag. Der Mangel an Erythrocyten-*Acetylcholinesterase*-Aktivität scheint eine charakterist. Abnormität der nächtlichen paroxysmalen Hämoglobinurie darzustellen; betrifft auch Reticulocyten; die Bedeutung der Verminderung ist noch ungeklärt. U. Tausendfreund. 4210◇

1095 **Die Jodierung von Tyrosin durch Rinderschilddrüsenpräparate.** S. J. Klebanoff, C. Yip und D. Kessler. (Biochim. biophysica Acta [Amsterdam] **58,** 563—74, 23/4. 1962; New York, N. Y., Rockefeller Inst.; engl.) — Rinderschilddrüsen enthalten ein mit der Partikelfraktion gekoppeltes Enzym sowie ein lösl. Enzym [die Wrkg. beider Enzyme wird sichtbar nach Eliminierung endogener Hemmstoffe durch Zentrifugierung bzw. Dialyse], welche die aerobe Oxydation von red. Nicotinamidadenindinucleotid (NADH bzw. DPNH) in Ggw. von Mn^{2+}, Dichlorphenol u. SO_3^{2-} katalysieren. Im Verlaufe der vorläufigen Reinigung bestand eine enge Beziehung zwischen der NADH-Oxydaseaktivität u. der Fähigkeit der Fraktionen zur Jodierung von *Tyrosin*; möglicherweise kommt es durch weitere Reinigung zu einer Trennung der Eigg.; gehemmt wird die Jodierung durch NADH, NADPH (red. Nicotinamidadenindinucleotidphosphat bzw. TPNH), Cystein, Epinephrin, Norepinephrin, Serotonin, Ergothionin, Thiohistidin u. Dichlorphenol. Außerdem läßt sich Peroxydase-Aktivität nachweisen u. ein Enzym, welches die Oxydierung von o-Dianisidin, Scopoletin u. red. 2.6-Dichlorbenzolindo-3′-chlorphenol durch H_2O_2 katalysiert. Gereinigte Myeloperoxydase u. Lactoperoxydase katalysieren die Jodierung in Ggw. von Glucose u. Glucoseoxydase, von Flavinmononucleotid u. Mn^{2+}, von Mn^{2+} u. NADH-bildendem Syst. oder von Mn^{2+} u. NADPH-bildendem System. U. Tausendfreund. 4210◇

1096 **Kompetitive Hemmung der Corticoidsynthese durch Östrogene.** Kenneth W. McKerns. (Biochim. biophysica Acta [Amsterdam] **69,** 425—27, 1963; Gainesville, Fla., Univ. of Florida, Coll. of Med., Dep. of Obstet. and Gyn.; engl.) — Da *Glucose-6-phosphatdehydrogenase* (**I**) durch *Östrogen* (**II**) kompetitiv gehemmt wird, erscheint es als möglich, die Regulierung der Red.-Geschw. von *NADP* (*Nicotinamidadenindinucleotidphosphat*) mit der Regulierung der Nebennierenfunktion in Zusammenhang zu bringen, da die Bldg. von $NADPH_2$ durch **I** bei der Corticosteroid(**III**)-Synth. von bes. Bedeutung ist. Werden *Glucose-6-phosphat* (**IV**; wird durch **II** nichtkompetitiv gehemmt) oder NADP allein zu einem Homogenat ♂ Rattennebennieren gegeben, in welchem NADP kompetitiv durch **II** gehemmt ist, so kommt es nur zu geringer oder keiner **III**-Synth., nach gemeinsamer Zugabe von **IV** u. NADP steigt die **III**-Synth. aus dem endogenen Vorläufer. U. Tausendfreund. 4210◇

1097 **Bestimmung der Aktivität einiger Enzyme des Kohlenstoff-Stoffwechsels in Zellextrakten von Euglena gracilis.** L. Drobnica und L. Ebringer. (Folia Microbiol. [Praha] **8,** 56—59, 1963; Bratislava, Fac. of Chem., Slovak Techn. Univ. und Dep. of Microbiol., Komenský Univ.; engl.) — Es wurden grüne *Euglena gracilis* var. *bacillaris* u. mit Streptomycin oder Erythromycin entfärbte Organismen des gleichen Stammes verwendet. Aus 14tägigen Kulturen wurden die toten Zellen durch Zentrifugieren abgetrennt u. die lebenden bei —40° eingefroren. Der Gefrierprozeß wurde nach dem Auftauen wiederholt. In der aufgetauten u. zentrifugierten Suspension wurde die Aktivität folgender Enzyme mit dem opt. Test nach Warburg bestimmt: *Aldolase*, *Glycerinaldehyd-3-phosphatdehydrogenase*, *3-Phosphoglyceratkinase*, *Pyruvatphosphokinase*, *Malatdehydrogenase* u. *Glutamat-Oxalacetat-Transaminase*. Lactatdehydrogenase, die mit Diphosphopyridinnucleotid reagiert, sowie Glutamatdehydrogenase u. Glutamat-Pyruvat-Transaminase konnten nicht festgestellt werden. G. Kampf. 4210◇

1098 **Die Wirkung der extrazellulären Enzyme holzzerstörender Pilze auf Holz.** J. Stárka und L. Schánĕl. (Folia Microbiol. [Praha] **7,** 197—99, 1962; Prague, Dep. of Microbiol., Charles Univ. and Brno, J. E. Purkyně Univ., Lab. of Plant Phys. and Anat.; engl.) — 14 Pilzstämme wurden in Submerskultur untersucht, ob sie zur Gewinnung von zellfreien Enzympräpp. verwendet werden können, die zur biochem. Holzbehandlung geeignet sind. Die Enzympräpp. verursachten Veränderungen in der Mikrostruktur des Holzes, die zu seiner Schneidbarkeit Beziehungen zeigten. Die Behandlung mit akt. Enzympräpp. verkürzt den Verbesserungsprozeß gegenüber der biolog. u. gewährleistet gleichförmige Bearbeitung. G. Kampf. 4210◇

1099 **Die Wirkung von Spermin auf die alkoholische Gärung von Backhefe.** Tomomi Sakurada. (J. Biochemistry [Tokyo] **52,** 245—49, 1962; Tokyo, Univ., Dep. of Biochem., School of Med.; engl.) — Es wurde eine hemmende Wrkg. des *Spermins* (**I**) auf die alkohol. Gärung der Hefe festgestellt, wobei zumindest die *Hexokinase* (**II**) u. die *Brenztraubensäurecarboxylase* (**III**) sperminempfindlich sind. Während **II** durch **I** völlig inhibiert wurde, verursachte **I** eine 37%ige Hemmung der **III**. *Spermidin* u. *Cadaverin* hemmten **III** zu 16% bzw. 9%, **II** zu 100% bzw. 32%. *Arginin*, *Kreatin*, *β-Alanin* waren auf **III** wirkungslos. *Hefephosphorylase* wurde durch **I** nicht gehemmt, zumal da tier. Phosphorylasen durch **I** aktiviert werden. L. Macher. 4270◇

E₃. Mikrobiologie, Bakteriologie, Immunologie

1100 **Reinigung des Psittacose-Agens mit Anionenaustauschcellulose „ECTEOLA".** Ronald Silberman und Paul Fiset. (Nature [London] **198,** 699—700, 1963; Rochester, N. Y., School of Med. and Dent., Dep. of Microbiol.; engl.) — Angabe einer Modifikation der von Hoyer u. Mitarbeitern (Science [Washington] **127,** [1958], 859) angegebenen Reinigungsmeth. zur Erzielung einer ausreichenden Ausbeute an infektiösem Agens aus einem an Dottersack adaptierten Psittacose-Stamm (6*BC*) unter Verw. der Anionenaustauschcellulose *ECTEOLA*. Auch die Verw. von *Celite* führt zu einem Präp. mit hoher Reinheit, die Ausbeute ist jedoch geringer. Das Verf. dürfte auch für die Reinigung von Viren, Rickettsien u. anderen Gliedern der Psittacose-LGV-Gruppe geeignet sein. U. Tausendfreund. 4300◇

1101 **Der Einfluß von Hydroxylysin auf die Stabilität der Zellen von Streptococcus faecalis.** W. Grady Smith, Franklin R. Leach und L. M. Henderson. (Biochim. biophysica Acta [Amsterdam] **50,** 608—10, 1961; Stillwater, Okla., Oklahoma State Univ., Dep. of Biochem.; engl.) — Bei *Streptoccus faecalis* erfolgt nach früheren Unterss. (1961) keine Umwandlung zwischen *Lysin* (**I**) u. *Hydroxylysin* (**II**). Über den Einfl. von **I** u. **II** auf das Wachstum dieser Zellen wurde jetzt folgendes gefunden: Bei Wachstum in Abwesenheit von **II** u. in Ggw. von begrenzenden

Mengen **I** erfolgt Lysis der Zellen nach ca. 10 Stunden. Diese Lysis wird völlig verhindert, wenn **II** während des ganzen Wachstums zugegen ist. Wird **II** erst nach 7std. Wachstum asept. zugesetzt, so ist der **II**-Einfl. ebenso groß wie bei **II**-Ggw. während des ganzen Wachstums. — Die in Ggw. von **II** gewachsenen Zellen zeigen ca. 1,8mal größere Stabilität gegen Lysis u. gegen Zerreißen durch Beschallen; dabei verhalten sich die in Ggw. von **I** u. die in Ggw. von **II** gewachsenen Zellen praktisch gleich.
A. Hesse. 4310◇

1102 **Reduktion anorganischer Verbindungen mit molekularem Wasserstoff durch Micrococcus lactilyticus.** 1. Mitt. **Stöchiometrie mit Verbindungen von Arsen, Selen, Tellur, Übergangs- und anderen Elementen.** C. A. Woolfolk und H. R. Whiteley. (J. Bacteriol. **84,** 647 bis 658, 1962; Seattle, Wash., Univ. of Washington, School of Med., Dep. of Microbiol.; engl.) — Der durch Zentrifugieren (25000 · *g*, 20 Min.) aus Ultraschallhomogenaten erhaltene Überstand katalysiert in H_2-Atmosphäre folgende Reduktionen: $Se \rightarrow Se^{2-}$, $S_2O_5^{2-} \rightarrow S_2O_4^{2-}$, $Mo_6O_{21}^{6-} \rightarrow 6\,MoO_{2,5}$, $UO_2(OH)_2 \rightarrow U(OH)_4$, $S \rightarrow H_2S$, $Bi(OH)_3 \rightarrow Bi$, $Fe(OH_3) \rightarrow Fe(OH)_2$, $S_4O_6^{2-} \rightarrow 2\,S_2O_3^{2-}$, $HTeO_3^- \rightarrow Te$, $AsO_4^{2-} \rightarrow AsO_2^-$, $VO_4^{2-} \rightarrow VO(OH)_2$, $SeO_3^{2-} \rightarrow Se$, $OsO_2 \rightarrow Os$, $NO_2^- \rightarrow NH_4^+$, $Cu(OH)_2 \rightarrow CuOH$, $OsO_4 \rightarrow OsO_4^{2-}$, $MnO_2 \rightarrow Mn^{2+}$, $NO_3^- \rightarrow NO_2^-$, $Fe(CN)_6^{3-} \rightarrow Fe(CN)_6^{2-}$, $HTeO_4 \rightarrow Te$, $S_2O_4^{2-} \rightarrow S_2O_3^{2-}$, $PbO_2 \rightarrow Pb(OH)_2$, $N_2H_4 \rightarrow NH_4^+$, $O_2 \rightarrow H_2O$, $BiO_3^- \rightarrow Bi$, $NH_2OH \rightarrow NH_4^+$.
P. Gregorzewski. 4320◇

1103 **Reduktion anorganischer Verbindungen mit molekularem Wasserstoff durch Micrococcus lactilyticus.** 2. Mitt. **Stöchiometrie mit anorganischen Schwefelverbindungen.** C. A. Woolfolk. (J. Bacteriol. **84,** 659—68, 1962; engl.) — 1. vgl. vorst. Referat. — Bei Zusatz von K-Metabisulfit zu dem Extrakt von *Micrococcus lactilyticus* unter H_2-Atmosphäre wird mol. Wasserstoff aufgenommen u. die stöchiometr. Menge Thiosulfat gebildet ($S_2O_5^{2-} + 2\,H_2 \rightarrow S_2O_3^{2-} + 2\,H_2O$). Jodometr. u. säulenchromatograph. wird bewiesen, daß in der ersten Phase der Red. kein Thiosulfat gebildet wird. Als Intermediärprod. wird *Dithionit* angenommen. Die Dithionit-Bldg. ist reversibel; durch Zusatz von Dithionit als Substrat entsteht Metabisulfit unter Freiwerden von mol. Wasserstoff.
L. Gregorzewski. 4320◇

1104 **Kohlenwasserstoffe als Substrat für Mikroorganismen.** J. W. Foster. (Antonie van Leeuwenhoek **28,** 241—74, 1962; Austin 12, Tex., Univ. of Texas, Dep. of Microbiol.; engl.) — Übersicht über die Verwertung von KW-Stoffen durch die verschiedensten Mikroorganismen, die H_2-Autotrophie KW-Stoffe ausnutzender Bakterien, die Oxydation aliphat. KW-Stoffe, die monoterminale Oxydation von KW-Stoffen (Oxydation der endständigen CH_3-Gruppe) mit anschließender *β*-Oxydation. — 69 Literaturangaben.
M. Lorenz. 4320◇

1105 **Mikrobiologische Produktion von Carotinoiden.** 8. Mitt. **Einfluß von Kohlenwasserstoffen auf die Carotinbildung durch gepaarte Kulturen von Blakeslea trispora.** Alex Ciegler, George E. N. Nelson und Harlow H. Hall. (App. Microbiol. **10,** 132—36, 1962; Northern Regional Res. Labor., Peoria, Ill., USA; engl.) — 5. vgl. C. **1962,** 15281. — Die Bldg. von *β-Carotin* (**I**) durch gepaarte (sporogene und asporogene) Stämme von *B. trispora* in Schüttelkulturen wird durch den Zusatz von säuregereinigtem *Petroleum* (**II**) beträchtlich gesteigert. Der Zusatz von **II** muß am 2. Fermentationstag erfolgen, um optimale **I**-Ausbeuten zu erzielen. Das gesamte **I** ist im Mycel enthalten.
Ekkehard Schmid. 4320◇

1106 **Über die Notwendigkeit von Zink als Spurenelement für die Synthese von Tyrosin durch Aspergillus niger.** Didier Bertrand und André de Wolf. (C. R. hebd. Séances Acad. Sci. **250,** 2951—52, 1960; Paris, Inst. Pasteur, Labor. de Chim. Biol.; franz.) — *Zn* ist für die Synth. von *Tryptophan* u. *Tyrosin* durch *Aspergillus niger* erforderlich; es kann in beiden Fällen durch *Cd* ersetzt werden.
K. Zingraf. 4320◇

1107 **Die Rolle der Darmbakterien bei der Aromatisierung der Chinasäure bei Menschen und Meerschweinchen.** Ramzi Cotran, Mary I. Kendrick und Edward H. Kass. (Proc. Soc. exp. Biol. Med. **104,** 424—26, Juli 1960; Harvard Med. School, Dep. of Pathol. and Bacteriol. and Immunology and Boston City Hosp., 2. und 4. Med. Serv., Thomdike Mem. Labor., Mallory Inst. of Pathol.; engl.) — *Chinasäure* (**I**), oral verabreicht, erscheint beim Menschen im Urin zu 70% als *Hippursäure* (**II**). Wird *Neomycin* mitgegeben, so sinkt die **II**-Ausscheidung unter den Wert von Personen, die keine **I** erhalten haben. Bei Meerschweinchen erscheint 30% der verabreichten **I** als **II** im Harn. Der Geh. an organ. Säuren im Harn bei Meerschweinchen steigt mit der injizierten **I**-Menge. Die Aromatisierung der **I** erfolgt bei Menschen u. Meerschweinchen durch Darmbakterien.
W. Hiller. 4320□

1108 **Weitere Beobachtungen über den Einfluß von Kationen auf die Enzyminduktion bei marinen Bakterien.** Martha E. Rhodes und William J. Payne. (Antonie van Leeuwenhoek **28,** 302—14, 1962; Athens, Ga., Univ. of Georgia, Dep. of Bacteriol.; engl.) — *Na^+* u. *K^+* sind zur Oxydation von *Lactose* (**I**), *L-Arabinose* (**II**) u. *Mannit* (**III**) durch ruhende Zellen mariner Bakterien (*Pseudomonas natriegens* u. L 5) notwendig. *Mg^{2+}* hemmt die Stimulation der **I**-, **II**- oder **III**-Oxydation durch höhere K^+-Dosen, wobei die Hemmung proportional zur Mg^{2+}-Konz. ansteigt. *Chloramphenicol* (**IV**) hemmt die Enzyminduktion bei der Oxydation von **I, II** oder **III** in Ggw. von K^+, die Hemmung ist um so größer, je zeitiger **IV** zur Rk.-Lsg. gegeben wird. K^+ stimuliert daher die Neuproduktion der betreffenden Enzyme. Zellen, die nicht an **I** adaptiert sind, verfügen nur über eine geringe *β-Galactosidase*- u. keine *L-Arabinoseisomerase*-Aktivität. Bei einer Kultivierung in Ggw. von **I** u. K^+ u. in Abwesenheit von Mg^{2+} nimmt der Geh. der Zellen an beiden Enzymen zu. Beim Wachstum sind die Bakterien unbedingt auf Na^+ angewiesen, Na^+ kann aber durch eine Erhöhung des K^+ in der Nährlsg. ersetzt werden.
M. Lorenz. 4320◇

1109 **Wirkung von Lithium auf den Kohlenhydratstoffwechsel von Escherichia coli.** T. Berti und S. Caffau. (Arch. ital. Sci. farmacol. [3]**11,** 70—75, Jan. 1961; Trieste, Univ., Ist. di Farmacol.; ital.) — Wenn *Escherichia coli* in einem Medium, dessen *Li^+*-Geh. größer ist als der K^+-Geh. oder in einem K^+-freien Medium gezüchtet wird, so ist eine deutliche Verringerung des Kohlenhydrat-Geh. von E. coli zu beobachten. Bei der Wrkg. von Li^+ handelt es sich offenbar um einen K^+-Antagonismus.
K. Zingraf. 4320□

1110 **Untersuchungen an Aspergillus.** 5. Mitt. **Verwertung von Monosacchariden durch einige ascosporenbildende Stämme der Aspergillus nidulans-Gruppe.** V. P. Agnihotri. (Flora [Jena] **152,** 81—90, 1962; Botany Dep., Univ. of Allahabad, Indien; engl.) — Fünf Stämme (*A. nidulans*, *A. violaceus*, *A. variecolor*, *A. rugulosus* und *A. quadrilineatus*) wurden in Czapeks Nährlösung mit *7 Monosacchariden* (*Glucose*, *Fructose*, *Sorbose*, *Galaktose*, *Xylose*, *Rhamnose*, *Arabinose*) als C-Quelle einzeln oder in Kombination auf die Verwertung dieser Zucker untersucht. Alle Stämme konnten alle Zucker als C-Quelle verwerten, Beimischung von *Sorbose* erhöht das Mycelgew. unter Verlangsamung des Verbrauches des jeweiligen zweiten Zuckers, ausgenommen *Xylose*.
Ekkehard Schmid. 4320◇

1111 **Glycerin-Stoffwechsel einer Arthrobacter-Species.** Y. I. Shethna und J. V. Bhat. (Antonie van Leeuwenhoek **28,** 289—301, 1962; Bangalore, India, Indian Inst. of Sc.; Fermantation Technology Labor.; engl.) — Zellfreie Extrakte von an *Glycerin* (**I**) adaptierten Zellen dieser Arthrobacter-Species zeigten in Ggw. von **I** u. *Glykolsäure* (**II**) im Warburg-Vers. eine O_2-Aufnahme, während *α*-Glycerinphosphat, Glycerinaldehyd-3-phosphat u. D-3-Phosphoglycerin nicht oxydiert werden. Die O_2-Aufnahme wird bei zellfreien Extrakten oder ruhenden Zellen mit **I** als Substrat durch Arsenit, Jodacetat u. p-Chlormercuribenzoat in unterschiedlichem Maße gehemmt, während sie durch NaF u. NaN_3 unbeeinflußt bleibt. Ohne lag-Phase werden **I**, *D-Glycerinaldehyd* (**VIII**), *Glycerinsäure* (**IV**), *Glykolsäurealdehyd* (**II**), *Glyoxylsäure* (**V**) u. *Ameisensäure* (**III**) von an **I, IV, II,** oder **III** adaptierten ruhenden Zellen veratmet. An **I** oder Asparagin adaptierte Zellen oxydieren nur **III** mit einer lag-Phase. Die Oxydation von **II, V** u. **III** durch an **II** adaptierte Zellen wird durch KH_2PO_2 gehemmt. Mit Ausnahme von *Citronensäure* (**VI**), Isocitronensäure, cis-Aconitsäure u. *α-Ketoglutarsäure* (**XI**) werden alle Glieder des Krebs-Cyclus (Essigsäure, *Fumarsäure* (**VII**), *Äpfelsäure* (**IX**), Oxalessigsäure) ohne lag-Phase oxydiert, in Ggw. von **VII** wird die lag-Phase bei der **VI**-Oxydation verkürzt. In Ggw. von Arsenit produzieren an **I** adaptierte Zellen aus **I, VIII, IV** u. **II** *Brenztraubensäure* (**X**), an **II** adaptierte Zellen bilden dann aus **V** u. **IX, X** u. **XI**. Aus den Verss. wird geschlossen, daß **I** über den Glyoxylat-Krebs-Cyclus abgebaut wird. M. Lorenz. 4320◇

1112 **Untersuchungen eines Glycerin abbauenden Erdbakteriums.** 2. Mitt. **Stoffwechsel von Streptomyces- und Azotobacter-Arten.** Y. I. Shethna und J. V. Bhat. (J. Indian Inst. Sci. **44,** 141–147, 1962; Bangalore, Indian Inst. of Sci., Ferment. Techn. Labor.; engl.) — 1. vgl. J. Indian Inst. Sci. **44** [1962] 8. — 8. vgl. auch vorst. Referat. — Streptomyces bildet unter bestimmten Bedingungen *Acetylmethylcarbinol, Glycerin* (**I**) wird von Streptomyces über das Embden-Meyerhof-Parnas-Schema, wie auch über einige andere Wege abgebaut. Azotobacterarten binden N_2 mit **I** als einziger C-Quelle. 0,001 m Natriumarsenit u. 0,1 m NaF hemmen sowohl **I**-Abbau, wie N_2-Bindung an beiden untersuchten Stämmen, während 0,025 m Fluorid eine unterschiedliche Wrkg. zeigt. Ähnlich hemmen 0,0001 m NaN_3 u. 0,0005 m 2.4-Dinitrophenol den **I**-Abbau nicht, während ihre Wrkg. auf die N_2-Bindung bei den zwei Stämmen verschieden war. Zellfreie Extrakte von Azotobacter erfordern zur Aktivität *Mg^{2+}* u. Adenosintriphosphat; **I** wurde oxydiert, es erfolgte aber keine O_2-Aufnahme mit α-Glycerophosphat u. Glykolat. 0,001 m u. 0,0001 m *NaN_3*, sowie 0,001 m Arsenit hatten keinen Einfl. auf die O_2-Aufnahme durch zellfreie Extrakte. Die Ergebnisse mit NaF waren schwankend. H. Aman. 4320◇

1113 **Die Bildung von Phenylacetylcarbinol durch verschiedene Hefearten.** Hana Bečvářová und O. Hanč. (Folia Microbiol. [Praha] **8,** 42–47, 1963; Prague, Res. Inst. Pharm. and Biochem.; engl.) — 6 Hefearten wurden auf ihre Toleranz gegenüber *Benzaldehyd* (**I**) untersucht: *Hansenula anomala, Brettanomyces vini, Saccharomyces carlsbergensis, Sacch. cerevisiae* R XII, *Sacch. ellipsoideus* u. *Torula utilis*. Es erfolgte ein Vgl. der CO_2-Bldg. mit u. ohne **I** u. der Produktion von *Phenylacetylcarbinol* (**II**) nach einer (0,2%) u. nach vier (insgesamt 0,8%) Gaben von **I**. Nach einer Gabe wurde die höchste Bldg. von **II** bei Hansenula anomala, Sacch. carlsbergensis u. Sacch. cerevisiae festgestellt. Die Ausbeute an **II** betrug in diesen Fällen zwischen 46,0 u. 51,5%, berechnet auf zugegebenen **I**. G. Kampf. 4320◇

1114 **Vergleichende Untersuchungen des Lipidstoffwechsels von Trypanosomidae.** 1. Mitt. **Trypanosoma cruzi, Leishmania tropica und verwandte Species.** S. Halevy. (Bull. Res. Council Israel, Sect. E **10E,** 65–68, 1962; Jerusalem, Hebrew Univ., Hadassah Med. School Dep. of Biochem., Labor of Nutrit.; engl.) — Vf. untersuchte Zus. u. Stoffwechsel von im gleichen Medium gewachsenen Lipoiden der Stämme *Leptomonas culicidarum* (*L.C.*), *Herpetomonas muscidarum* (*H.M.*), *Leishmania tropica* (*L.T.*) u. *Trypanosoma cruzi* (*T.C.*). Die in den Stämmen untersuchten Steroide enthielten schnell wirkende Steroide, die hauptsächlich in freier Form vorlagen. Zur Kalkulation wurde der Geh. der Steroide auf Ergosterin als Standard bezogen. *L.C.* Tage der Inkubation 3; Geh. in mcg/mg Protein der Steroidester 1,2; der Steroide 7,4; Glycerin 0,9; P 4,2. *H.M.* 3; 0,8; 7,9; 1,3; 4,9. *L.T.* 9; 0,8; 10,2; 3,6; 5,6. *T.C.* 9; 1,2; 7,9; 4,1 u. 5,8. *L.T.* u. *T.C.* inkorporieren in ihren Steroiden wenig ^{14}C u. enthielten mehr Glyceride als die Stämme *L.C.* u. *H.muscidarum*. G. Bratfisch. 4320◇

1115 **Enzymatische Umwandlung von bakteriellem Phytoen in δ-Carotin.** Ginzaburo Suzue. (Biochim. biophysica Acta [Amsterdam] **50,** 593–94, 1961; Kyoto (Japan), Kyoto Univ., Fac. of Sci., Biochem. Labor.; engl.) — Bakterielles *Phytoen* (**I**), dessen Synth. aus *Mevalonsäure* (**II**) mittels zellfreien Extrakten aus einer *Staphylococcus aureus*-Mutante kürzlich (1960) vom Vf. beschrieben wurde, wird mit Hilfe eines zellfreien Extraktes aus dem normalen Stamm 209 P von *Staphylococcus aureus* [der bekanntlich *δ-Carotin* (**III**) u. Rubixanthin in größeren Mengen anhäuft] bei 37° (3 Std. unter Schütteln in N_2) in **III** übergeführt. Die mit ^{14}C-**I** durchgeführten Verss. zeigen, daß **II** ein Zwischenprod. bei der Biosynth. von carotinoiden Pigmenten aus **I** ist. A. Hesse. 4320◇

1116 **Mikrobielle Transformation von Steroiden.** 18. Mitt. **Dehydrogenierung von Cortison in der 1-2-Position.** A. Čapek, O. Hanč, B. Kakáč und M. Tadra. (Folia Microbiol. [Praha] **7,** 175–80, 1962; Prague, Res. Inst. of Pharm. and Biochem.; engl.) — 17. vgl. C. **1963,** 10904. — Es wurden 248 Stämme verschiedener Gattungen (*Fusarium, Actinomyces, Proactinomyces, Nocardia* u. *Mycobacterium*) in Submerskultur untersucht. Die Metabolite waren bei allen Rkk. die gleichen, aber die Transformationsgeschw. waren unterschiedlich (am besten bei Mycobact. flavum 390). Das Alter der Kultur, der pH-Wert u. die Temp. haben keinen Einfl. auf den Rk.-Verlauf u. das gebildete Produkt. Das 1. Transformationsprod. ist *Prednison*, das aber später in der 20-Position zum *20β-Hydroxyderiv.* reduziert wird. G. Kampf. 4320◇

1117 **Mikrobielle Transformation von Steroiden.** 19. Mitt. **Transformation von Steroiden durch Mycobacterium flavum.** A. Čapek und O. Hanč. (Folia Microbiol. [Praha] **7,** 181–84, 1962; Prague, Res. Inst. of Pharm. and Biochem.; engl.) — 18. vgl. vorst. Referat. — Bei der Transformation von Steroiden der Androstenserie durch M. flavum 390 werden Δ^4-Androsten-3.17-dion u. Testosteron in der 1-2-Position dehydrogeniert, woraus die entsprechenden 1-Dehydro-Derivv. *$\Delta^{1.4}$-Androstadien-3.17-dion* u. *1-Dehydrotestosteron* entstehen. Dabei findet eine Oxydored. am C_{17} statt. In Steroiden der Pregnenserie mit einer Hydroxylgruppe in der 17α-Position (Steroid „S“, Cortison, Prednison) wird die Seitenkette am C_{17} nicht abgespalten. Hier ist die erste Rk. die Dehydrogenierung in der 1-2-Position. Das gebildete *1-Dehydroderiv.* wird am C_{20} weiter zu dem entsprechenden *20β-Hydroxy-1-Dehydro*-Deriv. des Ausgangssteroides reduziert. Nach 48std. Fermentation entstehen Komponenten von nicht steroidem Typ. G. Kampf. 4320◇

1118 **Neue Mitteilungen über den adaptiven Stoffwechsel in Mikroorganismen.** Irina L. Rabotnova. (Z. allg. Mikrobiol. Morphol., Physiol. Oekol. Mikroorganismen **2,** 48–55, 1962; Moscow, Lomonossow Univ., Inst. of Mikrobiol.; engl.) — C. **1962,** 897. — Übersicht. — 9 Literaturangaben. H. Aman. 4320◇

1119 **Anthocyanine.** 2. Mitt. **Wirkung von Anthocyaninpigmenten und verwandten Verbindungen auf das Wachstum bestimmter Mikroorganismen.** John J. Powers, Dardjo Somaatmadja, Dan E. Pratt und Mostafa K. Hamdy. (Food Technol. **14,** 626–32, Dez. 1960; Athens, Ga., Univ. of Ga., Food Technol. Dep.; engl.) — 1. vgl. C. **1960,** 15785. — Die Wrkg. von natürlichen und synthet. Anthocyanin-Verbb. auf *Escherichia coli, Lactobacillus casei* u. *Staphylococcus aureus* wurde untersucht. An synthet. Verbb. wurden eingesetzt: *Apigeninidinchlorid* (**I**), *Apigeninidinchlorid-4'-methyläther* (**II**), *3-Methoxyapigeninidinchlorid-4'-methyläther* (**III**), *5-Desoxyapigeninidinchlorid-4'-methyläther* (**IV**) u. *5-Desoxy-3'-methoxyapigeninidinchlorid-4'-methyläther* (**V**). Pelargonidin-3-monoglucosid (**VI**) und *Delphinidin-3-monoglucosid* (**VII**) hemmten das Wachstum von *E. coli*. *Malvidin-3.5-diglucosid* (**VIII**) stimulierte u. hemmte das Wachstum in einigen Stadien. *Delphinidin* (**IX**) und *Malvidin* (**X**) stimulierten das Wachstum. Das Wachstum von *St. aureus* wurde von **I, III, IV** u. **VI** gehemmt. **VII**, *Malvidin-3-monoglucosid* u. **IX** beschleunigten die Vermehrung. *L. casei* wurde stimuliert durch **X** u. **VIII**. Durch Erhitzen der synthet. Verbb. kam es in einigen Fällen zu Verlust der Wirksamkeit, in anderen Fällen wurden Verbb. wirksam, die vorher keine Aktivität besaßen. A. Gabert. 4325□

1120 **Über die fungicide und antibakterielle Wirkung einiger trisubstituierter Germanium-, Zinn- und Bleiorganischer Verbindungen.** A. Kaars Sijpesteijn, F. Rijkens, J. G. A. Luijten und L. C. Willemsens.

(Antonie van Leeuwenhoek **28,** 346—56, 1962; Utrecht, Organisch Chemisch Inst. T.N.O.; engl.) — Folgende Trialkylgermanium-, Trialkylzinn- u. Trialkylbleiacetate wurden auf ihre fungicide u. antibakterielle Wrkg. getestet: *Trimethyl-, Triäthyl-, Tripropyl-, Triisopropyl-, Tributyl-, Triisobutyl-, Tripentyl-, Triisopentyl-, Trihexyl-, Triphenyl-, Triheptyl-, Trioctyl-.* Die Ge-Verbb. hatten die geringste Wirkung. Gegenüber Pilzen waren die Äthyl- u. Propyl-Derivv. des Ge, die Propyl- u. Butyl-Derivv. des Sn u. die Butyl- u. Pentyl-Derivv. des Pb am wirksamsten. Die grampositiven Bakterien reagierten ähnlich wie die Pilze, die gramnegativen Bakterien erwiesen sich als weniger empfindlich. Am wirksamsten von allen Verbb. war Triphenylzinnacetat. Die Isoverbb. entsprechen in ihrer Wrkg. meist den entsprechenden n-Verbindungen. M. Lorenz. 4330◇

1121 **Untersuchungen über p-Aminobenzoesäure.** 2. Mitt. **Wachstumshemmung von Escherichia coli durch ein Sulfonamid und durch einen genetischen Block.** Morihisa Iguchi. (Vitamins [Kyoto] **22,** 323—27, 1961; Ube, Yamaguchi Med. School, Dep. of Microbiol.; Osaka, Univ. of Liberal Arts and Educ., Dep. of Hyg.; jap., Auszug: engl.) — Es wurde die Wrkg. mehrerer Metabolite, welche der *p-Aminobenzoesäure* (**I**) funktionell, jedoch nicht strukturell verwandt sind, auf die Aufhebung der Sulfadiazinhemmung von *E. coli 0—20* u. auf die Einsparung des **I**-Bedarfs der vom Normalstamm sich ableitenden Mutante 273-A-1 untersucht. *Methionin* (**II**), *Vitamin* B_{12} u. in geringerem Maße *Glycin* (**III**) zeigten Wrkg., wenn sie einzeln dem Medium zugesetzt werden. *Xanthin* (**IV**) hemmt das Wachstum der Mutante in Ggw. minimaler, jedoch ausreichender **I**-Mengen. Werden **II, IV,** *Serin* (**V**), *Thymin* (**VI**), *Valin* (**VII**) u. **III** aufeinanderfolgend dem Medium zugesetzt, so nehmen die Hemmwrkg. von *Sulfadiazin* auf das Wachstum des Elternstammes u. die für das Wachstum der Mutante notwendige **I**-Menge ab. Die Fähigkeit des aufeinanderfolgenden Zusatzes von **V, VI** u. **VII,** die Sulfadiazinhemmung aufzuheben, ist jedoch nicht so ausgeprägt wie diejenige, den **I**-Bedarf herabzusetzen. In einem Medium, das diese Metabolite, sowie B_{12} enthält, benötigt die Mutante keine **I** mehr. K. F. Müller. 4330□

1122 **Bestimmung der Leistung fungitoxischer Stoffe auf Grund der Inhibition des Mycelwachstums.** M. Bomar. (Folia Microbiol. [Praha] **7,** 185—90, 1962; Prague, Packaging Inst.; engl.) — *Benzoesäure, Methyl-p-hydroxybenzoat, Natriumpentachlorphenolat,* Derivv. der *Methoxyphenoxyessigsäure* u. *Dehydracetsäure* zeigten fungistat. Effekte. Die Conidiosporen waren empfindlicher als das Mycel. G. Kampf. 4330◇

1123 **Fungitoxische Wirkung einiger Derivate substituierter Phenoxyessigsäuren.** M. Bomar und J. Myška. (Folia Microbiol. [Praha] **7,** 193—96, 1962; Prague, Packaging Inst. and Coll. of Chem. Technol.; engl.) — Folgende Substanzen wurden geprüft: die *Methyl-, Äthyl-, n-Propyl-, Isopropyl-* u. *n-Butylester* der *2-Methoxy-, 3-Methoxy-* u. *4-Methoxy-4.5-dichlorphenoxyessigsäure* u. der *2-Methoxy-3.4.5.6-tetrachlorphenoxyessigsäure* weiter die *Dimethyl-, Diäthyl-, Di-n-propyl-, Diisopropyl-* u. *Di-n-butylester* der 2-*Carboxymethoxy-3.4.5.6-tetrachlorphenoxyessigsäure.* Es wurde die Beziehung zwischen chem. Struktur u. fungistat. Wirksamkeit untersucht. Der n-Propylester einer Säure ist biolog. weniger akt. als ihr Isopropylester u. vom Butylester an sinkt die fungistat. Aktivität mit der Zunahme der C-Atome in der Alkoholkette des Moleküls. G. Kampf. 4330◇

1124 **Thiazolidone und Thiazolidinone als fungicide Mittel.** R. P. Rao. (Indian J. appl. Chem. **23,** 110, 1960; Gorakhpur, Univ. of Gorakhpur, Dep. of Chem.; engl.) — Untersucht wurden: *3-Phenylthiazolidindion-(2.4)* u. folgende Iminothiazolidinone-(4): *2.3-Bis-[p-chlorphenyl]-, 2.3-Bis-[o-chlorphenyl]-, 2.3-Bis-[p-methoxyphenyl]-, 2.3-Diphenyl-.* Die durchschnittliche Hemmung von *Aspergillus niger* auf Agar durch die genannten Verbb. betrug in Verdünnung $1:10^4$ zwischen 33,8 u. 48,0%, in Verdünnung $1:10^5$ zwischen 19,0 u. 25,6%. W. Knöbel. 4330◇

1125 **Negativer Einfluß von Penicillin auf die Lipogenese in einigen Pilzen.** G. Picci. (Nuovi Ann. Igiene Microbiol. **11,** 241—46, Mai/Juni 1960; Pisa, Univ., Ist. di Microbiol. Agr. e Tecn.; ital.) — Die Ggw. von *Penicillin* in den Kulturmedien übte einen negativen Einfl. auf die Lipogenese in *Penicillium citrinum* Thom, *P. javanicum* v. Beyma, *Fusarium lini* Bolley u. *F. solani* (Mart)-App. et Wr. aus. K. Zingraf. 4340□

1126 **Bestimmung der biologischen Aktivität des Phenoxymethylpenicillins und Untersuchung der Stabilität seiner Arzneiformen.** Je. N. Drushinina. (Med. Ind. [UdSSR] **13,** Nr. 2, 45—48, Febr. 1959; russ.) — Die Best. der biol. Aktivität von *Phenoxymethylpenicillin* (**I**) u. seinen Arzneiformen ist nur durch Vgl. mit reinem **I**-Standard möglich. Hierfür eignen sich 3 Verfahren. **I**-Pulver verliert seine Aktivität bei einer Aufbewahrungsdauer von 18 Monaten nicht. 4 verschiedene **I**-Tablettensorten sind 24 Monate beständig, eine Tablettenserie 12 Monate. Auch **I**-Dragees sind 12 Monate beständig. G. Mönch. 4340△

1127 **Antibiotische Wirkung von fremdem Phenoxymethylpenicillin oder seinem 4-β-Hydroxyäthyldiäthylendiaminomethyltetracyclinsalz auf den Penicillinase-Erzeuger Staphylococcus aureus.** B. Gradnik und E. Ferrero. (Arch. ital. Sci. farmacol. [**3**]**11,** 13—22, Jan. 1961; Milano, Farmaceutici Midy, Labor. Ric.; ital.) — Durch Verb.-Bldg. mit *4-[β-Hydroxyäthyldiäthylendiaminomethyl]-tetracyclin* (**I**) wird Penicillin vor Aktivierung durch die von *Staphylococcus aureus* erzeugte *Penicillinase* (**II**) geschützt. **I** hemmt nicht nur **II** sondern auch ihre Erzeugung. K. Zingraf. 4340□

1128 **Die Perspektiven der Synthese neuer Penicilline aus 6-Aminopenicillansäure.** I. I. Inosemzewa, I. T. Strukow und W. A. Gotowzewa. (Med. Ind. [UdSSR] **16,** Nr. 7, 9—13, 1962; Allunions-Forschungs-Inst. für Antibiotica; russ.) — Übersicht. — 24 Literaturangaben. O. Lebtag. 4340△

1129 **Bestimmung des Antibioticagehaltes im Futter-Oxytetracyclin nach der Luminescenzmethode.** Je. Ss. Kwaschnina. (Antibiotika [UdSSR] **8,** 76—78, 1963; Allunions Inst. für experim. Tierheilkunde; russ., Auszug: engl.) — Nach der beschriebenen Luminescenz-Meth. zur Schnellbest. des *Oxytetracyclin* (**I**)-Geh. werden **I**-Werte erhalten, die in 124 von 140 **I**-Proben um höchstens ±10% von den mikrobiolog. ermittelten Werten abweichen; in 13 Fällen beträgt die Abweichung ±10 bis ±20%, in 3 Fällen höchstens ±20%. O. Lebtag. 4340△

1130 **Methode der Agardiffusion zur Bestimmung geringer Mengen Streptomycin und Dihydrostreptomycin.** Je. N. Drushinina und D. W. Ssuworkina. (Antibiotika [UdSSR] **7,** 825—28, 1962; Allunions-Forschungs-Inst. für Antibiotica; russ., Auszug: engl.) — Bei der Anwendung von Bac. subtilis 6633 als Testobjekt statt Bac. mycoides 537 lassen sich durch Diffusion in Agar 0,04—0,05 E. *Streptomycin*/ml u. *Dihydrostreptomycin* statt 0,4—0,5 E./ml bestimmen. O. Lebtag. 4340△

1131 **Kinetik der Erythromycininaktivierung in wäßrigen Lösungen.** A. P. Kondratjewa, N. A. Wakulenko, A. Je. Tebjakina und B. P. Bruns. (Antibiotika [UdSSR] **6,** 541—47, 1961; Allunions-Forschungsinst. für Antibiotica; russ., Auszug: engl.) — Beim pH 3—12 u. im Temp.-Bereich 14—65° wurde die Inaktivierung von *Erythromycin* (**I**) untersucht u. festgestellt, daß die Konst. K der **I**-Inaktivierung im sauren Bereich proportional der H^+-Konz. u. im alkal. Bereich proportional der OH^--Konz. ist. Aus einer Gleichung für K lassen sich die pH-Werte ermitteln, bei welchen **I** eine maximale Stabilität aufweist. Die K-Abhängigkeit von der Temp. gehorcht der Arrheniusschen Gleichung. Die Aktivierungsenergie beträgt im sauren Gebiet 19100, im alkal. Gebiet 14600 cal/Mol. Aus der Ermittlung der K-Werte in verschiedenen Puffer-Lsg. geht hervor, daß aus der Gleichung für die Abhängigkeit des K von pH u. Temp. die K-Werte für solche Lsgg. zu berechnen sind, in welchen keine Ionen mit katalyt. Aktivität vorhanden sind. O. Lebtag. 4340△

1132 **Atmung der Kultur von Actinomyces circulatus var. monomycini. Biosynthese von Monomycin auf verschiedenen Nährböden.** K. K. Iwanow, N. Ss. Landau und L. B. Ssokolowa. (Antibiotika [UdSSR] **8**, 18—27, **1963**; Inst. für Auffindung neuer Antibiotica der Akad. der med. Wiss. der UdSSR; russ., Auszug: engl.) — Die Unterss. über das Wachstum von *Actinomyces circulatus var. monomycini Stamm Nr. 1465*, dem Produzenten von *Monomycin*, ergaben, daß von den 3 untersuchten Nährböden der Sojamehlnährboden aus 2% Sojamehl, 1% Glucose, 0,3% KNO_3 oder 0,25% $NaNO_3$, 0,5% $CaCO_3$ u. 0,3% NaCl am geeignetsten ist. Der Sojamehlextraktnährboden u. der synthet. Nährboden (1% Glucose, 0,5% Milchsäure, 0,3% KNO_3, 0,3% NaCl, 0,3% $CaCO_3$ je 0,05% K_2HPO_4, $MgSO_4$ u. $MnSO_4$ u. je 0,001% $ZnSO_4$ u. $FeSO_4$) sind wenig geeignet. Die Abhängigkeit der Antibioticum-Biosynth. u. des O_2-Verbrauches von Temp., Belüftungsbedingungen u. Menge des Aussaatmaterials wird eingehend untersucht.

O. Lebtag. 4340△

1133 **Zum Mechanismus der Abschwächung der bactericiden Colimycinwirkung in infektiösen Eiterherden.** W. Ss. Sujewa. (Antibiotika [UdSSR] **7**, 804—09, 1962; Inst. für Pharmakol. u. Chemotherapie der Akad. der med. Wiss. der UdSSR; russ., Auszug: engl.) — Im eitrigen Rattenexsudat nach der Infektion durch Staphylococcus aureus oder Bac. pneumonia ist die baktericide Wrkg. des *Colimycins* (**I**) als Folge der verminderten Empfindlichkeit der Mikrobenzellen vermindert. Im Unterschied zu den Kulturen auf synthet. Nährboden zeigen die Kulturen aus dem Exsudat bei verstärkter Belüftung eine Intensivierung der Zellteilung u. keine Veränderung der Empfindlichkeit gegenüber **I**. Die verminderte **I**-Empfindlichkeit der Mikroben ist nicht erblich.

O. Lebtag. 4340△

1134 **Isolierung und Eigenschaften einiger gefärbter Antibiotica aus der Kulturflüssigkeit von Act. prunicolor Nr. 2844-31.** D. M. Trachtenberg, L. W. Birlowa, N. O. Blinow und T. N. Rosanowa. (Antibiotika [UdSSR] **7**, 776—83, 1962; Allunions-Forschungs-Inst. für Antibiotica; russ., Auszug: engl.) — Aus der Kultur-Fl. von *Actinomyces prunicolor Nr. 2844-31* wurden in den Fraktionen A, B u. C *Antibiotica* (**I**) gewonnen, die gegenüber grampositiven Mikroorganismen aktiv waren. Fraktion A ist leicht lösl. in Chlf., A., Bzl., Aceton u. n-Butylalkohol u. enthält 1 rotes u. 1 farbloses **I**, außerdem eine gelbe inakt. Substanz. Fraktion B ist weniger lösl. in den genannten Lsgm. u. enthält das gleiche rote **I** wie A. Fraktion C enthält 3 rote **I**. Aus der Mutter-Lsg. nach der Isolierung der Fraktion A wird die inakt. Substanz vom F. 62—64° erhalten.

O. Lebtag. 4340△

1135 **Eine systematische Untersuchung zum Antibiotica-Antagonismus.** A. Manten und M. J. Meyerman-Wisse. (Antonie van Leeuwenhoek **28**, 321—45, 1962; Utrecht, Nat. Inst. of Public Health; engl.) — Vgl. C. **1962**, 9806. — An verschiedenen Mikroorganismen (*Staphylococcus aureus, Streptococcus faecalis, Escherichia coli, Salmonella*-Species) wurde die bactericide u. bacteriostat. Wrkg. von Antibiotica-Kombinationen getestet, um evtl. Antibiotica-Antagonismen festzustellen. Folgende Antibiotica wurden einzeln oder kombiniert verwendet: *Penicillin* (**VI**), *Streptomycin* (**IV**), *Tetracylin* (**X**), *Chloramphenicol* (**XI**), *Erythromycin* (**XII**), *Novobiocin* (**IX**), *Nitrofurantoin* (**I**), *Sulfathiazol* (**XIII**), *Neomycin* (**III**), *Bacitracin* (**V**), *Vancomycin* (**VII**), *Ristocetin* (**VIII**), *Cycloserin* (**XIV**), *Polymyxin* (**II**). Auf Grund der Versuchsergebnisse können die Antibiotica in folgende Gruppen eingeteilt werden: 1. Gruppe (bactericide Verbb.) **I, II, III, IV, V**. 2. Gruppe (baktericide Verbb.) **VI, VII, VIII, IX**. 3. Gruppe (bakteriostat. Verbb.) **X, XI, XII**. 4. Gruppe (schwach bakteriostat. Verbb.) **XIII** u. **XIV**. Verbb., die zur gleichen Gruppe gehören, ergeben in Kombination keinen Antagonismus. Zu einem Antagonismus kommt es nur, wenn Verbb. aus Gruppe 2 mit Verbb. aus Gruppe 3 kombiniert werden.

M. Lorenz. 4340◇

1136 **KCN-Test und Aminosäuredecarboxylase-Aktivität bei Enterobakterien.** S. P. Gupta, N. P. Gupta und D. S. Agarwal. (Indian J. med. Res. **48**, 287—94, Mai 1960; Lucknow, King Georges Med. Coll., Dep. of Pathol. and Bacteriol.; engl.) — 679 Stämme von Enterobakterien wurden in KCN-Fleischbrühe kultiviert. KCN erwies sich als starker Inhibitor für *Salmonella* u. *Escherichia coli*, nicht jedoch für *Klebsiella, Ballerup-Bethesda, Proteus, Providencia, Paracolon* u. *Serratia*. 112 Stämme der Enterobakterien wurden auf das Vorhandensein einer *Decarboxylase* (**I**)-Aktivität getestet. Der größte Teil der Stämme von *Salmonella typhi* u. *Klebsiella* zeigten eine positivere **I**-Rk. mit *Lysin*. *Salmonella paratyphi A, Providencia, Proteus* u. *Paracolon* zeigten keine **I**-Aktivität. *Glutaminsäure*-**I** zeigten *S. typhi, S. paratyphi A* u. *Klebsiella*. *Arginin*-**I** war vorhanden bei allen Stämmen von *S. typhi, S. paratyphi A* u. bei wenigen Stämmen von *Klebsiella, Providencia* u. *Paracolon*. W. Hiller. 4350□

1137 **Die Spezifität einer Hemmung der Tuberkulincytolyse.** G. Gillissen. (Naturwissenschaften **50**, **405** bis 406, 1963; Mainz, Univ., Inst. für Med. Mikrobiol.; dt.) — Die Cytolyse, welcher gewaschene Leukocyten von Tieren, die mit Tuberkelbakterien sensibilisiert worden waren, bei Inkubation mit *Tuberkulin* zu einem bestimmten Prozentsatz unterliegen, kann durch *Histaminase* (*Torantil*) aufgehoben werden. Dieses Ergebnis stützt die Vorstellung, daß dem als Folge einer Antigen-Antikörper-Rk. freiwerdenden *Histamin* eine ätiolog. Bedeutung für den cellularpatholog. Effekt zukommt.

U. Tausendfreund. 4370◇

1138 **Zur Immunchemie der O-Antigene von Enterobacteriaceae. 6. Mitt. Vergleich der Zuckerbausteine von Polysacchariden aus Salmonella-S- und R-Formen.** F. Kauffmann, L. Krüger, O. Lüderitz und O. Westphal. (Zbl. Bakteriol., Parasitenkunde, Infektionskrankh. Hyg., I. Abt., Orig. **182**, 57—66, 1961; Statens Serum Inst., Int. Salmonella und Escherichia Centrale, Kopenhagen, Dänemark und A. Wander-Forschungsinst., Freiburg-Zähringen, Deutschland; dt.) — 2. vgl. C. **1962**, 899. — Die Endotoxine von *Salmonellen* (Sa.) ändern sich beim S–R Formenwechsel nicht, die Antigenwrkg. ist aber markant verschieden. Die *O-Antigene* (**I**) von Sa. bestehen aus *Lipopolysacchariden* (**II**), deren determinante Endgruppen den **I**-Charakter bestimmen. Auf Grund der Zuckerbausteine von **II** lassen sich für Sa. 16 Chemotypen (Ch.) aufstellen. Beim Vgl. von 25 Sa. in S- u. R-Form erscheinen alle R-Formen als Verlustvarianten von der S-Form u. gehören dem Ch. 1 an, der nur *Glucosamin, Heptosen, Galaktose* u. *Glucose* enthält. Anscheinend bildet Ch. 1, oder die **II** der R-Form von Sa. ein basales Element der Zellwandstruktur.

Ekkehard Schmid. 4370◇

1139 **Beziehung der Sialidase der Influenza-A-Viren zu den im Elektronenmikroskop bestimmten Virusteilchen.** J. T. Seto, Y. Nishi, Betty Jane Hickey und A. F. Rasmussen jun. (Virology **13**, 13—18, 1961; Los Angeles, Univ. of California School of Med., Div. of Virology; engl.) — Bei den folgenden Influenza-A-Stämmen wurden im Elektronenmikroskop die Teilchen gezählt u. gleichzeitig die *Sialidase* (*Neuraminidase*)-Aktivität gemessen: A Schweine/32, A PR8/33, A1/FlM1/47, A2/Japan 305/57 u. A2/Taiwan (Formosa)/58. Die Aktivität je Teilchen schwankte zwischen den verschiedenen Stämmen um den Faktor 100, am aktivsten war Japan 305. M. Wiedemann. 4374◇

1140 **Bruchstück-Übertragung der mit ^{32}P markierten elterlichen Desoxyribonucleinsäure auf die Phagennachkommenschaft.** Andrzej W. Kozinski. (Virology **13**, 124—34, 1961; Baltimore, Johns Hopkins Univ., Dep. of Biol. and Biophys.; engl.)— „Schwere", d. h. 5-Bromuracil enthaltende Bakterien (E. coli) wurden mit „leichten" mit ^{32}P markierten T_4 Bakteriophagen infiziert. Mittels Zentrifugation im CsCl-Dichtegradienten wurden die Phagennachkommen u. ihre *Desoxyribonucleinsäure* (DNS) untersucht. Demnach trägt die elterliche DNS des infizierenden T_4 bei jedem einzelnen Nachkommen immer nur einen Bruchteil bei, die DNS wird also in Fragmenten u. nicht als Ganzes oder halbkonservativ übertragen.

M. Wiedemann. 4374◇

1141 **Lysolecithin als ein „Cofaktor" bei der Vermehrung des abgeschwächten Poliovirus Typ 3 (Lederle) in HeLa-Zellen.** N. Oker-Blom, Helena Strandström und O. Renkonen. (Naturwissenschaften **50**, **385**—86, 1963; Helsinki, Univ., Dep. of Virol., Serol. and Bacteriol.; engl.) — Abgeschwächtes Poliovirus Typ 3 (Lederle) kann in HeLa-Zellen allein nicht zur Vermehrung gebracht werden; es bedarf der Ggw. eines „Cofaktors", wie er in den Faeces vorhanden ist. Die Cofaktoraktivität kann aus Faecessuspensionen mit Fettlsgm. extrahiert werden. Ausgeprägte Aktivität findet sich jedoch nur in den Fraktionen, die *Lysolecithin* (I) enthalten. Reine I-Fraktionen sind bes. akt.; bereits 0,1 mm induzieren deutliche Zellveränderungen u. Vermehrung des Virus. Der Mechanismus, über den I wirkt, ist noch weitgehend unbekannt; die Anheftung des Virus an die HeLa-Zelle ist in Ggw. von Galle stärker.

U. Tausendfreund. 4374◇

1142 **Änderungen der freien Aminosäuren und Amide in Tomatenpflanzen, die mit dem Bronzefleckenvirus der Tomate beimpft worden waren.** I. W. Selman, M. R. Brierley, G. F. Pegg und T. A. Hill. (Ann. appl. Biol. **49,** 601—15, Dez. 1961; Ashford, Kent, Wye Coll., Univ. of London, Dep. of Biol. Sci.; engl.) — Blätter von je 128 Tomatensämlingen, die im Gewächshaus in Nährlsgg. bei 65°F u. 15 Std. Licht/d gehalten worden waren, wurden mit dem Saft gesunder bzw. viruskranker Tomaten beimpft; 90 blieben als Kontrollen unbehandelt. Die Okulate bestanden aus zerriebenem Blattmaterial u. einer 0,5%ig. wss. Lsg. von $Na_2SO_3 \cdot 7\,H_2O$ in den Konzz. 1:10 bzw. 1:2. 5, 9, 13 u. 17 Tage nach Beimpfung wurden der Geh. der Sproßachse u. Blätter an freien Aminosäuren (AS) u. Amiden, sowie Infektiosität u. Wachstumsgeschw. bestimmt. Die Best. der AS erfolgte mit 2-dimensionaler, aufsteigender Papierchromatographie. Viröse Blätter hatten am 13. Tag maximale Geh. an *Glutamin* (I) u. *Asparagin* (II). Infektiosität u. Amid-Geh. waren bei der Inokulat-Konz. von 1:2 höher. Der Gesamt-AS-Geh. war bei virösen Blättern um 150—180% erhöht. Der Geh. an *α-Alanin* war am 9., 13. u. 17. Tag, der von *Asparaginsäure, Valin, Glycin* u. *Leucinen* am 13. Tag am höchsten. System. Infektion der Sproßachse erhöhte den Gesamt-AS-Geh. auf 200—300%, den Amid-Geh. auf 400%. Der Geh. an *Serin, Threonin, Phenylalanin, Prolin* u. *Leucin* stieg am 9. Tag u. erreichte am 13. Tag den Maximalwert, der von I, II, *Glutaminsäure, Asparaginsäure, Valin, Tyrosin* (III), *α-Alanin, Glycin* u. *γ-Aminobuttersäure* wuchs am 13. u. 17. Tag. Freies III u. *Hydroxylysin* wurden in gesunden Blättern u. Sproßachsen, III u. *Methionin* in gesunden Wurzeln erstmalig nachgewiesen. Vff. vermuten Zusammenhang zwischen der Anreicherung von NH_2-Verbb., Virus-Synth. u. cykl. Änderung der Infektiosität.

H. G. W. Gleiß. 4374◇

1143 **Einfluß von Diisopropylammoniumdichloräthanoat auf die Virenvermehrung in Gewebskultur.** F. Coraggio, G. De Marco und C. A. Galeota. (Arch. ital. Sci. farmacol. [3]**11,** 62—69, 1961; Napoli, Univ., Ist. di Patol. Spec. Med. e Metodol. Clin.; ital.) — *Diisopropylammoniumdichloracetat* (*Diedi,* Italseber), steigerte u. beschleunigte die cytopathogene Wrkg. von *Poliomyelitisvirus* Typ. 1, 2 u. 3, *Coxsackievirus* B_1 u. B_5, *Herpesvirus* u. *Kuhpockenvirus* in einschichtigen menschlichen Nierenzellkulturen (Stamm PF-Rita) u. begünstigte den Vermehrungsrhythmus der Viren, jedoch nur, wenn es von Beginn der Zellentw. an u. auch noch nach Infektion angewandt wurde.

K. Zingraf. 4374□

1144 **Hydrolyse von Polyphosphaten durch Porphyra- und andere Seetangarten.** Richard W. Eppley. (Physiol. Plantarum [Copenhagen] **15,** 246—51, 1962; Hawthorne, Calif., Northrop. Corp., Bioastronautics Labor.; engl.) — Es wurde die Hydrolyse von *Polyphosphaten* (I) durch intakte Blätter u. die Aufnahme von I durch die Zellen verschiedener Seetangarten untersucht. *Porphyra perforata* weist ein Hydrolysemaximum für *Tripolyphosphat* u. *Hexametaphosphat* bei pH 9,0 auf; die extracelluläre Apyrase zeigt maximale Aktivität bei pH 7,9. Der Hauptteil des gebildeten *Orthophosphats* (II) wird in der Kulturfl. gefunden. Für die Hydrolyse sind Ca- u. Mg-Ionen erforderlich. Die Polyphosphatase ist hitzelabil. Die gleiche Aktivität wie Porphyra zeigte nur *Ahnfeltia plienta,* während sie bei den anderen geprüften Arten geringer ist. Die Ergebnisse zeigen, daß die Hydrolyse von I an der Zelloberfläche erfolgt, während die Aufnahme u. der Einbau in der Zelle als II vor sich geht.

H. Ackermann. 4380□

E$_4$. Pflanzenchemie, Pflanzenphysiologie, Pflanzenpathologie

1145 **Herstellung von Pulvern von Pflanzengeweben durch Gefriertrocknung.** A. J. Keys, F. S. Smith und R. V. Martin. (J. exp. Bot. [London] **14,** 10—13, 1963; London, Imperial Coll. of Sci. and Technol., A. R. C. Unit of Plant Physiol.; engl.) — Vff. beschreiben ein Gerät zur Herst. frostgetrockneter Pflanzengewebepulver. Die Gewebe werden in einem Mixer bei der Temp. des fl. N_2 gemahlen. Das erhaltene Pulver wird dann bei — 25° über $CaCl_2$ getrocknet. Das Pulver kann bis zu Wassergeh. unter 5% bei dieser Temp. getrocknet werden.

W. Hiller. 4400□

1146 **Der Einfluß der Tageslänge auf den Hämatingehalt der Blätter einiger photoperiodisch beeinflußbarer Pflanzen.** C. Sironval. (Physiol. Plantarum [Copenhagen] **15,** 263—72, 1962; Gorsem-Saint-Trond, Centre de Recherches de Gorsem, Labor. de Physiol. Végétale (IRSJA); engl.) — Das mol. Verhältnis Gesamtchlorophyll/*Hämatin* (I) beträgt in ausgewachsenen Blättern verschiedener Pflanzen 60/1. Bei tagneutralen Pflanzen wird dieses durch unterschiedliche Tageslänge nicht beeinflußt. Bei typ. Kurztagspflanzen (Hanf) wird bei Umstellung von Langtags- auf Kurztagsverhältnisse das I erniedrigt. Die gleiche Erniedrigung tritt ein, wenn Langtagspflanzen von Kurztags- auf Langtagsverhältnisse eingestellt werden; gleichzeitig fällt der abs. Chlorophyllgeh. ab. Die Unterss. wurden an *Cannabis sativa, Salvia splendens, Perilla nankinensis* u. *Sinapis alba* vorgenommen. Aus den Unterss. kann geschlossen werden, daß die Tageslänge eine allg. Wrkg. auf den Tetrapyrrolstoffwechsel ausübt.

H. Ackermann. 4404□

1147 **Verteilung der Mikroelemente (Cu, Zn, Co, Ni, Mn, Sr) und einiger Makroelemente (Si, Fe, Al, Ca, Mg) zwischen dem Wurzel- und oberirdischen Teil der Pflanzen in Abhängigkeit von der Entwicklungsphase.** G. P. Bondarenko. (Nachr. Moskauer Univ., Ser. VI **18,** Nr. 1, 57—69, 1963; Lehrstuhl für Bodenkunde; russ.) — Bei Wiesenfuttergräsern (Rasenschmiele, Wiesenfuchsschwanz) vollzieht sich das Wachstum der Wurzelmasse hauptsächlich während der Periode vor der Blüte, sodann gegen das Ende der Vegetationsperiode. Im Vgl. zur Bestockungsphase vergrößert sich die Wurzelmasse der Gräser zu Beginn der Blüte um das 1,5fache, zu gleicher Zeit vermindert sich aber das Wachstum der oberird. Pflanzenteile bedeutend. Auch in anderen Vegetationsphasen wurde der gleiche Zusammenhang zwischen dem Wachstum der Wurzeln u. der oberird. Pflanzenteile ermittelt. In Jahren mit größeren Niederschlagsmengen beobachtete man das intensivste Wachstum der oberird. Teile während der Reifungsperiode, in trockenen Jahren während der Blüte. Gräser zeigten den höchsten Geh. an Spurenelementen in ihren oberird. Teilen in den Phasen der Bestockung u. Reifung, während der Blüte sank er auf die Hälfte herab. Beide untersuchten Gräserarten zeichnen sich durch einen beträchtlichen Co-Geh. aus, Rasenschmiele enthält auch viel Mn. Bei Kohl vermindert sich der Geh. an Spurenelementen mit fortschreitender Vegetation. Im Gegensatz zu den Gräsern, die beträchtliche Mengen von den aufgenommenen Spurenelementen dem Boden zurückgeben, entnimmt die Kohlernte die meisten aufgenommenen Mengen von Spurenelementen endgültig. Durch überschüssige Fe-Aufnahme wird beim Kohl die gesamte Ernährung gestört u. der Ertrag vermindert.

M. Gordienko. 4410◇

1148 **Die löslichen Kohlenhydrate einiger indischer Hülsenfrüchte.** Radha Pant und A. S. Kapur. (Naturwissenschaften **50,** 95, 1963; Allahabad, India, Univ., Biochem. Sect.; engl.) — Der Geh. an lösl. *Zuckern* sowie der Gesamtgeh. an lösl. *Kohlenhydraten* wurde papierchromatograph. unter Verw. verschiedener Lsgm. (Pyridin-Isoamylalkohol-W.-NH_4OH 80:40:40:10, Pyridin-Isoamylakohol-W. 40:10:50, Butanol-A.-W. 40:10:50, Butanol-Essigsäure-W. 40:10:50) in den eßbaren Hülsenfrüchten *Cajanus indicus* (8,0 g Kohlenhydrate/100 g), *Cicer arietinum* (6,7), *Phaseolus mungo* (6,55) sowie den wildwachsenden Arten *Crotolaria medicaginea* (7,4), *Cassia obtusifolia* (C. ob.; 5,56), *Cassia occidentalis* (C. oc.;

5,52) bestimmt. Alle 6 Arten enthielten *Glucose* u. *Sucrose*, C. ob. u. C. oc. daneben noch *Maltose, Lactose* u. *Raffinose*. M. Schenk. 4420◇

1149 **Zur Zusammensetzung der Schleimsubstanz in Leinsamen.** Hr. Ahtardjiev und D. Kolev. (C. R. Acad. bulg. Sci. **10,** Nr. 5, 387—89, 1957; franz., Auszug: russ.) — 2. vgl. C. **1962,** **17136.** — Die papierchromatograph. Unters. der Schleimsubstanz von Leinsamen ergab, daß die bei der Hydrolyse erhaltenen Monosaccharide u. Uronsäure R_F-Werte aufweisen, welche der *L-Arabinose, L-Rhamnose, D-Galaktose, D-Xylose* u. *D-Galakturonsäure* entsprechen. O. Lebtag. 4420△

1150 **Kohlenhydrate in Kakaobohnen.** 2. Mitt. **Zucker in Caracas-Kakaobohnen.** J. Cerbulis. (Arch. Biochem. Biophysics **58,** 406—13, Okt. 1955; Philadelphia, Pa., Stephen F. Whiteman and Son, Inc.) — 1. vgl. C. **1950/54,** **9179** S. — Vf. findet in gerösteten Caracas-Kakaobohnen außer den früher genannten Verbb. noch *Planteose* [O-α-D-Galaktopyranosyl-(1 → 6)-O-β-D-fructofuranosyl-(2 → 1)-D-glucopyranosid], *Verbascotetraose* u. *Verbascose* [O-α-D-Galaktopyranosyl-(1 → 6)-O-α-D-galaktopyranosyl-(1 → 6)-O-α-D-Galaktopyranosyl-(1.6)-O-α-D-glucopyranosyl-(1 → 2)-β-D-fructofuranosid], *Glycerin, Mesoinosit,* eine Heptose u. eine Reihe weiterer noch nicht identifizierter Oligosaccharide. R. Lafferenz. 4420□

1151 **Vergleichende Untersuchung der Aminosäurezusammensetzung der Fruchtkerne von Steinobst.** Ss. I. Jankow. (C. R. Acad. bulg. Sci. **14,** 251—54, 1961; russ., Auszug: franz.) — Inhaltlich ident. mit der C. **1962,** **18153** referierten Arbeit. O. Lebtag. 4420△

1152 **Chemische Untersuchung von Ajuga bracteosa Wall.** D. S. Bhakuni und K. N. Kaul. (J. sci. ind. Res. [New Delhi], Sect. B **20,** 185—86, 1961; Lucknow, National Botanic Gardens; engl.) — 1 kg luftgetrocknetes Material von *A. bracteosa* wurde nacheinander mit PAe., Aceton u. A. extrahiert. Der wachsartige Rückstand (10,82 g) des PAe.-Auszuges wurde verseift. Nach Reinigung u. Chromatographie an Al_2O_3 isolierten Vff. aus dem unverseifbaren Anteil *Cerylalkohol, β-* u. *γ-Sitosterin* sowie eine *Verb.* $C_{40}H_{82}O$, F. 94°, farblose Platten. Der verseifbare Anteil wurde über die Bleisalze in eine lösl. u. eine unlösl. Säurefraktion getrennt. In ersterer ließen sich *Oleinsäure* u. *Linoleinsäure* nachweisen, aus letzterer wurden *Cerotinsäure* u. *Palmitinsäure* isoliert. Die Rückstände der Aceton- u. A.-Auszüge wurden nacheinander mit PAe., Äthylacetat u. Butanol extrahiert. Die beiden ersten Extrakte enthielten ein Gemisch *phenol., saurer* u. *neutraler Bitterstoffe* unbekannter Struktur. Im Butanolauszug fand sich eine hygroskop. glucosid. Verbindung. In der verbleibenden wss. Phase ließen sich papierchromatograph. *Glucose* u. *Arabinose,* nach saurer Hydrolyse zusätzlich *Rhamnose* nachweisen. H. Nürnberger. 4420◇

1153 **Lipoidkristalle in der Zwiebel.** Clarence Sterling. (Protoplasma **51,** 299—06, 1959; Davis, Calif., Univ. of Calif., Depart of Food Technology; engl.) — In den Milchsaft führenden Zellen von *Allium cepa* (var. Yellow Globe) wurden ausgedehnte nadelförmige u. flächige Kristalle gefunden, die den Körpern virusinfizierter Pflanzen ähneln. Die Kristalle sind biegsam u. elast., unlösl. in kaltem W., Glycerin, verd. Mineralsäuren u. Laugen u. werden von konz. H_2SO_4 nur wenig angegriffen. Sie lösen sich in Äthanol, Aceton u. Toluol. In alkohol. Sudan-IV-Lsg. nehmen sie eine schwachrosa Farbe an, nach 24—48 Std. in dieser Lsg. gehen sie in Tropfen über, die sich rot-orange färben. Es wird geschlossen, daß es sich um *Lipoide* handelt. G. Alcer. 4420

1154 **Flavonolglucoside in den Knospen und Blättern der Rotbuche (Fagus sylvatica Linn.).** H. H. Dietrichs und E. Schaich. (Naturwissenschaften **50,** 478, 1963; Reinbeck/Bez. Hamburg, Bundesforschungsanst. für Forst- u. Holzwirtschaft, Inst. für Holzchemie u. chem. Technologie des Holzes; dt.) — Vff. isolieren aus Rotbuchenknospen *Kämpferol-4′-p-cumaroyl-3-diglucosid* (I), $C_{30}H_{36}O_{18}$, F. 241—246°. Saure Hydrolyse von I ergibt Kämpferol + Glucose; Alkalihydrolyse *p-Cumarsäuremethylester* u. Kämpferol-3-diglucosid. Permethylierung u. nachfolgende Hydrolyse ergibt *5.7-Dimethylkämpferol.* Vff. nehmen an, daß aus I durch Abspaltung von p-Cumarsäure Kämpferol-3-diglucosid entsteht. Dies wandelt sich nach Abspaltung von 1 Mol. Glucose in Astragalin um, dieses geht wiederum durch Einführung einer Hydroxylgruppe in 3′-Stellung in Isoquercitrin über. Diese Übergänge werden durch das zeitliche Auftreten dieser Verbb. wahrscheinlich gemacht. W. Hiller. 4420◇

1155 **Isolierung eines neuen Phenolglykosids aus Salix fragilis L.** H. Thieme. (Naturwissenschaften **50,** 477, 1963; Leipzig, Univ., Pharmazeut. Inst.; dt.) — Vf. isoliert aus der Rinde von *Salix fragilis* ein neues Phenolglykosid, für das er den Namen *Fragilin*(I) vorschlägt. I, $C_{15}H_{20}O_8$, F. 177—179°, $[\alpha]_D^{15}$ —38,7° (c, 1,35; W.) ist ein *Monoacetylderiv. des Salicins.* Der Acetylrest ist vermutlich in $C_{(6)}$ an die Glucose gebunden. Acetylieren mit Acetanhydrid-Pyridin ergibt *Pentaacetylsalicin,* F. 132 bis 133°, $[\alpha]_D^{10}$ —22,7 (c 2,2; Chlf.). I wird von Emulsin nicht gespalten; Hydrolyse mit 3% H_2SO_4 ergibt Glucose u. Salicylalkohol; 1 Std. Spaltung mit $Ba(OH)_2$ ergibt Salicin mit 87% Ausbeute. Nach alkal. Spaltung ist Essigsäure nachweisbar. W. Hiller. 4420◇

1156 **Das Vorkommen von Rhodoxanthin in rotblättrigen Sämlingen von Agathis australis Salisb.** P. J. Peterson. (J. exp. Bot. [London] **14,** 1—9, 1963; Palmerston North, New Zealand, Dep. of Scient. and Industrial Res., Plant Chem. Div.; engl.) — Vf. isoliert aus rotblättrigen Sämlingen von *Agathis australis Rhodoxanthin.* Die Identifizierung erfolgt durch Vgl. mit Rhodoxanthin aus Früchten von *Taxus baccata.* Als Kriterien dienen: Absorptionsspektren in PAe., Chlf. u. 95%ig. A.; Verh. bei der Verteilung zwischen PAe. u. 90%ig. Methanol; Lage bei der Säulenchromatographie an Saccharose, Celite u. MgO; Löslichkeit in verschiedenen Solventien. Rhodoxanthin ist in rotblättrigen Sämlingen in ca. 25-facher Konz. im Vgl. zu grünblättrigen enthalten, der Chlorophyllgeh. ist in den rotblättrigen nur halb so hoch im Vgl. zu Normalpflanzen. W. Hiller. 4420◇

1157 **Blütenpigmente: Flavonoide von Daucus carota Linn. D. vulgaris.** W. Rahman, M. Ilyas und A. W. Khan. (Naturwissenschaften **50,** 477, 1963; Aligash, Indien; Muslim Univ., Dep. of Chem.; engl.) — Vff. isolieren aus Blüten von *Daucus carota Kämpferol-3-glucosid (Astragalin),* F. 176—178°; saure Hydrolyse ergibt *Kämpferol,* F. 276—278; *Acetat* 180—182°. Völlige Methylierung des Glykosids u. nachfolgende Hydrolyse ergibt *3-Hydroxy-5.7.4′-trimethoxyflavanol,* F. 150 bis 152°. Weiterhin wird ein Glykosid, F. 228—230° isoliert, das bei Hydrolyse mit Mineralsäure 2 Mole Glucose per Mol Kämpferol ergibt. Die beiden Zucker befinden sich in 3-Stellung. Ein Glykosid, F. 208—210°, wird ebenfalls noch isoliert. Hydrolyse ergibt graue Nadeln, F. 348 bis 349°. Die Verb. wurde als *Apigenin* identifiziert, *Acetat,* F. 185—187°; Trimethyläther, F. 156—157°; *7.4′-Dimethyläther,* F. 174°. W. Hiller. 4420◇

1158 **Salpichroa rhomboidea.** 1. Mitt. **Über die Anwesenheit basischer Bestandteile.** Mario Covello und Giuseppe Ciampa. (Rend. Accad. Sci. fisiche Mat., Napoli [4] **27(99),** 358—71, 1960; ital.) — Die Wurzeln von *Salpichroa rhomboidea* aus der Familie der *Solanaceen* wurden in wss., saurer u. alkal. Lsg. extrahiert, die Bestandteile in Scheibenchromatographie getrennt u. die Basen mit *Dragendorffs Reagens* präcipitiert. Es konnten 2 bas. Alkaloidbestandteile nachgewiesen werden. Ekkehard Schmid. 4420◇

1159 **Dynamik der Anreicherung von reduzierenden Zuckern, organischen Säuren und Pektin- und Gerbstoffen in den Blättern und Kapseln einiger Baumwollsorten.** A. Ss. Ssadykow, S. P. Pakudina, Je. P. Busitzkowa, A. Sch. Guli-Kewchjan, A. Karimdshanow und Ch. Issajew. (Узбекский Химический Журнал [Usbek. chem. J.] **1958,** Nr. 6, 41—48; Inst. für Chemie der Pflanzenstoffe der Akad. der Wiss. der Usbek SSR; russ., Auszug: usbek.) — In den Blättern von *Gossipum hirsutum* u. *G. barbadense* beträgt der Geh. an *Gerbstoffen* 2,5—8,5%, in den Kapseln 5,0—11,0%. Mit zunehmendem Alter von Blatt u. Kapsel nimmt der Gerbstoff-Geh. zu. In den Kapseln im Alter von 5—60 Tagen nimmt der

Geh. an *Pektinstoffen* bis zum 35.—50. Tag zu, danach ab. *Citronen-* u. *Apfelsäure* werden im Blatt während der Vegetation angereichert: 6—7 bzw. 8—10%. Ihr Geh. wird durch die Anwendung von chem. Defolianten nicht beeinflußt, so daß die Baumwollblätter als Ausgangsmaterial für diese Säuren dienen können. Der Geh. an reduzierenden *Zuckern* nimmt in den Kapseln von 3—5% am 6. Tag auf 10—13% am 20. Tag zu, danach ab. Bei der Aufbewahrung der Blätter wird der Geh. an reduzierenden Zuckern prakt. nicht verändert.

O. Lebtag. 4450△

1160 **Beziehungen zwischen der Größe von Chloroplasten und ihrem Gehalt an löslichen Eiweißen und Zuckern im Zusammenhang mit dem Frostresistenzproblem.** U. Heber. (Protoplasma **51**, 284—97, 1959; Bonn, Inst. f. landwirtsch. Botanik, Univ.; dt.) — In vitro verhindern bei direktem Kontakt *Zucker* u. *Proteine* Frostkoagulation von Plasmaeiweiß. Chloroplasten von Weizenblättern der Sorten *Criewener 192* u. *Hauters'II* weisen bei Frosthärtung Größenschwankungen auf, die dem Gang der Frostresistenz der Pflanzen folgen u. auf Aufnahme bzw. Abgabe niedermolekularer Zucker u. wasserlöslicher Eiweiße zurückgeführt werden. Es wird geschlossen, daß die Frostresistenz durch Zunahme lösl. Eiweiße u. Zucker an empfindlichen Plasmaorten bewirkt wird. G. Alcer. 4450

1161 **Phasen der Anthocyanbildung in der Blütenentwicklung von Petunia hybrida.** Dieter Hess. (Planta **59**, 567—86, 1963; Köln-Vogelsang, Max-Planck-Inst. für Züchtungsforsch., Abt. Genetik.; dt.) — Erhalten Petunien $^{14}C_{(1)}$*-Phenylalanin* durch einen Baumwollfaden in die Sproßachse infiltriert, so wird dieses in *Zimtsäuren* u. in die Aglykone von *Flavonolen, Cyanidin, Päonidin, Delphinidin, Petunidin* u. *Malvidin* eingebaut. Im Verlauf der Blütenentw. treten die einfacher substituierten Anthocyane früher auf, so daß sich für das Auftreten folgende Reihenfolge ergibt: Cyanidin, Delphinidin, Päonidin, Petunidin, Malvidin. Die Flavonolsynth. erfolgt zu jedem Zeitpunkt der Anthocyansynth., sie ist von dieser in genet. Hinsicht unabhängig. Vf. sieht eine zeitlich verschiedene Aktivität der für die Substitution verantwortlichen Gene als einzige Ursache für die Reihenfolge des Auftretens der Anthocyane an u. nicht verschieden lange Synthesewege.

W. Hiller. 4450◇

1162 **Freie Aminosäuren in dem Endosperm der sich entwickelnden Cocosnuß.** N. G. Baptist. (J. exp. Bot. [London] **14**, 29—41, 1963; Colombo, Univ. of Ceylon, Dep. of Biochem.; engl.) — Vf. findet in dem Saft des Blütenstandes folgende Aminosäuren (Reihenfolge nach geringer werdenden Geh.): *Glutamin* (**I**)-, *Asparaginsäure* (**II**), *Glutamin* (**III**), *Serin* (**IV**), *Asparagin* (**V**). In geringerer Menge sind vorhanden: *Threonin* (**VI**), *Alanin* (**VII**), *γ-Aminobuttersäure* (**VIII**), *Prolin* (**IX**) *Valin* (**X**), *Arginin* u. *Tryptophan.* In Spuren finden sich: *Tyrosin, β-Alanin, Lysin, Histidin, Leucin* (**XI**), *Isoleucin* (**XII**) u. *Methionin.* In dem fl. Endosperm der Nuß bis zu einem Alter von 6 Monaten finden sich als Hauptaminosäuren: **VII, I, IV, X** u. **IX**; in geringerer Menge: **V, II**, *Glycin*, **VI, XI, XII** u. **III**. Bei der Anlage des festen Endosperms nehmen **VII, I, IX** u. **VIII** stark zu u. bilden zuletzt 75% der gesamten Aminosäuren.

W. Hiller. 4450◇

1163 **Der chemische und mechanische Status der Zellwand von Erbsenwurzelspitzen.** 2. Mitt. **Die Wirkungen einiger Stoffwechseländerungen.** A. P. Brown. (J. exp. Bot. [London] **14**, 114—31, 1963; Univ. of Edinburgh, Dep. of Bot.; engl.) — 1. vgl. J. exp. Bot., **12**, [1961], 147. — Werden Gewebeproben mit Säure wie bei der Feulgenprozedur behandelt u. danach zerquetscht, so ist die Fläche, die das zerquetschte Gewebepräpp. einnimmt ein quant. jedoch umgekehrter Maßstab für die Kohäsionskräfte zwischen den Zellen. Vf. bezeichnet die hier gemessene Kohäsion als „Säureresistente Kohäsion" (SK; gemessen nach Säurebehandlung der Gewebe). Zugabe von *Saccharose* zu einer Gewebeinkubation unter atmosphär. Bedingungen senkt die SK. Zugabe von Saccharose unter N_2 läßt die SK ansteigen. Vf. schließt, daß bei Inkubation unter aeroben Bedingungen mit Saccharose ein Teil der Bindungen im Gewebe (covalente Bindungen) aufgebrochen wird. Zugabe von Auxin in Konzz., die das Wachstum beeinflussen (10^{-5}—10^{-13} m *β-Indolylessigsäure*), beeinflußt ebenfalls die SK. Der Einfl. ist von begrenzter Dauer u. reversibel u. wird von den Kationen des Inkubationsmediums modifiziert, bes. von Na^+.

W. Hiller. 4450◇

1164 **Quantitative Veränderungen der Nucleinsäuren während der Keimung von Salatsamen.** A. M. Mayer und A. Poljakoff-Mayber. (Physiol. Plantarum [Copenhagen] **15**, 283—92, 1962; Jerusalem, Hebrew Univ., Biol. Dep.; engl.) — Als einer der wichtigsten Prozesse in bezug auf Wachstum u. Entw. wird der *Nucleinsäurestoffwechsel* (NS.) angesehen. Es wurden die Veränderungen der *Gesamt-Desoxyribonucleinsäure* (**I**) u. *-Ribonucleinsäure-*(**II**) unter verschiedenen Lichteinflüssen, durch *Cumarin* (**III**) u. *Thioharnstoff* (**IV**) während der Keimung untersucht. Deutliche Veränderungen von **I** u. **II** treten in der Kernfraktion auf. Weder durch **III** noch durch **IV** war eine direkte Beeinflussung des NS. zu beobachten. **IV** scheint Bedeutung für die Stabilität der Kerne zu haben. Die Bedeutung von **I** u. **II** für das Zellwachstum u. die Zellteilung wird diskutiert.

H. Ackermann. 4455□

1165 **Oxydative Phosphorylierung in keimendem Salatsamen.** S. Ulitzur und A. Poljakoff-Mayber. (J. exp. Bot. [London] **14**, 95—100, 1963; Jerusalem, Hebrew Univ., Dep. of Bot.; engl.) — Vff. untersuchen die Phosphorylierungsaktivität (PA) der Mitochondrien aus gequollenen oder keimenden Salatsamen. Keine PA ist vorhanden, wenn die Samen für kürzere Perioden als 30 Std. in W. gekeimt sind. PA steigt dann rasch von 30—48 Std. u. bleibt dann auf der gleichen Höhe. Das Aktivitätsmaximum liegt bei ca. 10 γ P per mg Protein. Zugabe von *Cumarin*, 100 ppm, hemmt die PA u. setzt die Zahl der gekeimten Samen auf 10—20% herab u. die Mitochondrien zeigen hier keine PA. Zugabe von 1250 ppm *Thioharnstoff* blockiert die PA völlig. Werden die Samen in Thioharnstoff zur Keimung gebracht, danach gewaschen u. die Mitochondrien anschließend isoliert, so zeigen diese Mitochondrien früher eine PA im Vgl. zu den Kontrollen. Cumarin verursacht eine Abnahme des P/O-Verhältnisses u. kann als Entkoppler angesehen werden. W. Hiller. 4455◇

1166 **Kohlendioxidproduktion bei der frühen Anaerobiose.** E. W. Simon (J. exp. Bot. [London] **14**, 82—94, 1963; Univ. of Manchester, Dep. of Bot.; engl.) — Schnitte von *Brassica Napus* produzieren unter N_2 CO_2 u. *A.* in gleichen Mengen. Während der Initialphase (1 Std.) wird mehr CO_2 als A. gebildet. Die Mehrproduktion an CO_2 in der Initialphase wird nicht gehemmt durch *Jodacetat, Fluorid, Arsenit* oder *Dinitrophenol.* Auch in Ggw. von CN^- unter aeroben Bedingungen bleibt die Mehrproduktion. Vf. vermutet, daß die anfängliche Mehrproduktion aus Kohlenhydraten stammt, die im Laufe der oxydativen Phosphorylierung freigesetzt werden. Bei Fütterung der Schnitte mit $^{14}C_6$*-Glucose* ist das freigesetzte CO_2 radioaktiv. In den Verss. mit *B. Napus* stammt ein Teil des CO_2 aus $C_{(3)}$ u. $C_{(4)}$ u. ist verbunden mit A.-Bldg., ein großer Teil ($^1/_3$—$^1/_2$), stammt von $C_{(1)}$ (nicht von $C_{(6)}$) u. ist anfänglich durch den Pentosephosphat-Stoffwechselweg freigesetzt werden. W. Hiller. 4460◇

1167 **Wege der Nutzung von $^{14}C_{(1)}$-Glucose und $^{14}C_{(6)}$-Glucose in Erbsenschnitten.** Harold G. Wager. (J. exp. Bot. [London] **14**, 63—81, 1963; Cambridge, Low Temperature Res. Stat.; engl.) — Schnitte von reifen Erbsen werden in $^{14}C_{(1)}$*-Glucose* (**I**) oder in $^{14}C_{(6)}$*-Glucose* (**II**) suspendiert. Die spezif. Aktivität des Respirations-CO_2 beträgt bei **II** 64% der Aktivität von **I**. Nach 30 Min. findet sich der größte Teil der Aktivität im *Malat, Citrat* u. *Succinat.* Beim Malat sind über 90% der Aktivität in den $C_{(2)}$ + $C_{(3)}$ Atomen enthalten, beim Citrat über 85% in den Atomen $C_{(2)}$ + $C_{(3)}$ + $C_{(4)}$. Diese Verteilung ist unabhängig davon, ob **I** oder **II** angewandt wurde. Vf. nimmt an, daß in diesem Fall der Stoffwechsel nicht über den Tricarbonsäurecyclus erfolgt, da die Aktivität des freigesetzten CO_2 10 mal höher als möglich ist, wenn CO_2 aus Malat via Tricarbonsäurecyclus stammt. Die möglichen Stoffwechselwege für **I** u. **II** werden besprochen.

W. Hiller. 4460◇

1168 **Der Stoffwechsel von Fructosepolymeren in Pflanzen.** 2. Mitt. **Die Wirkung der Temperatur auf die Kohlenhydratveränderungen und Morphologie von gelagerten Knollen von Helianthus tuberosus L.** T. G. Jefford und J. Edelman. (J. exp. Bot. [London] **14,** 56—62, 1963; London, Imperial Coll. of Sci. and Technol., Dep. of Plant Physiol; engl.) — 1. vgl. J. exp. Bot. [London] **12,** [1961], 177. — Knollen von *Helianthus tuberosus* werden für 7 Wochen bei 2° u. 20° gelagert u. anschließend wird $[\alpha]_D^{20}$ bestimmt. Die Werte betragen am Anfang der Lagerung —7 bis —19°, am Ende der Lagerung bei 2° +21 bis +28° u. am Ende der Lagerung bei 20° —5 bis —11°. Die Veränderung der Drehung ist in der Umbldg. von *Fructosan* zu *Oligosacchariden* mit niedrigerem Molgew. begründet. Lagerung bei 2° beschleunigt u. Lagerung bei 20° hemmt diese Umbildung. Die Ruheperiode beeinflußt diesen Vorgang nicht.
W. Hiller. 4460◇

1169 **Die Produktivität der Photosynthese von Mais in Abhängigkeit von der Mineraldüngung.** T. B. Basanowa. (Nachr. Akad. Wiss. TurkmenSSR, Ser. biol. Wiss. **1962,** Nr. 6, 13—19; Botan. Inst. der Akad. der Wiss. der TurkmenSSR; russ.) — Bei der Düngung mit 45 kg *Ammoniaksalpeter* (**I**)/ha wird das Gew. der Maisblätter verdoppelt, bei der Düngung mit 45 kg **I**/ha u. 25 kg *Superphosphat* (**II**)/ha verdreifacht. Bei Gaben von **I** + **II** wird die Lebensdauer der Blätter zwar verringert, die gesamte Photosynth. jedoch intensiviert. Durch **I** allein wird die Assimilationsoberfläche erhöht, die Dauer der photosynthet. Aktivität verlängert.
O. Lebtag. 4460△

1170 **Rotabfall und Funktion der Hilfspigmente bei der Photosynthese.** R. Emerson und E. Rabinowitch. (Plant Physiol. **35,** 477—85, Juli 1960; Univ. of Illinois, Bot. Dep.; engl.) — Die Steigerung der Quantenausbeute der Photosynth. im entfernten Rot (> 680 mμ) durch zusätzliches Licht kürzerer Wellenlängen wurde als Funktion der letzteren bei Grün (*Chlorella*)-, Braun (*Navicula*)-, Rot (*Porphyridium*)- u. blaugrünen Algen (*Anacystis*) bestimmt. Die resultierenden „Aktionsspektren des Emerson-Effekts" zeigten in den Bereichen, wo der Beitrag der Hilfspigmente (*Chlorophyll b* bei *Chlorella*, c u. *Fucoxanthol* bei *Navicula*, *Phycoerythrin* bei *Porphyridium*, *Phycocyanin* bei *Anacystis*) zur Gesamtabsorption am größten ist, scharfe Peaks. Anscheinend ist die Erregung von *Chlorophyll a* (**I**) allein zur Erzielung der Photosynth. nicht ausreichend (oder liefert keine hohe Ausbeute u. erfordert gleichzeitige Erregung eines Hilfspigments. Hiergegen spricht aber die große Ausbeute der Chlorophyllfluorescenz in vivo unter Sensibilisierung durch Hilfspigmente, u. deutet auf eine hochwirksame Übertragung von Erregungsenergie von Hilfspigmenten auf **I** hin. Möglicherweise existieren mindestens 2 verschiedene **I**-Formen, die zur Durchführung der Photosynth. angeregt werden müssen. Von diesen wird eine durch langwelliges Rotlicht, die andere direkt durch kurzwelliges Rotlicht oder indirekt durch Energieübertragung von den Hilfspigmenten angeregt. K. Maier. 4460□

1171 **Untersuchungen über den Stickstoffwechsel in Tabakpflanzen. A.** 1. Mitt. **Stickstoffverbindungen im Tabaksaft.** Masao Noguchi, Kyôko Yamamoto und Einosuke Tamaki. (Agric. biol. Chem. [Tokyo] **25,** 626—31, 1961; Tokyo, Japan Monopoly Corporation, Central Res. Inst.; engl.) — NO_3^--N macht im Saft von Tabakpflanzen 40—70% des Gesamt-N-Geh. aus. In der Zeit vom 8. 6. bis 8. 7. fällt der Gesamt-N-Geh. von 638 auf 158 μg/ml Saft, der Prozentsatz des organ. N steigt in dieser Zeit. Im Saft weisen Vff. 21 Aminosäuren nach, Prolin wurde nicht im Saft nachgewiesen, obgleich es in Blättern, Stengeln u. Wurzeln anzutreffen ist. *Glutamin* ist am stärksten im Saft enthalten, danach folgen *Asparagin, Lysin, Leucin, Serin, Histidin, Arginin, Threonin, Glutaminsäure, Valin* u. *Isoleucin*. Stützen der Pflanzen erhöht den Alkaloidgeh. im Saft.
W. Hiller. 4460◇

1172 **Der Einbau von ^{14}C-Prolin in die Proteine der wachsenden Zellen.** 1. Mitt. **Beweis der Synthese in verschiedenen Proteinen und Zellkomponenten.** R. F. Lyndon und F. C. Steward. (J. exp. Bot. [London] **14,** 42—55, 1963; Ithaca, N. Y., Cornell Univ., Dep. of Bot.; engl.) — Vff. applizieren belüfteten Kartoffelscheiben u. ausgepflanzten Kartoffeln u. Möhren *^{14}C-Prolin* (**I**). **I** findet sich in allen subcellularen Proteinfraktionen wieder u. wird teilweise in *^{14}C-Hydroxyprolin* (**II**) umgebildet. **I** u. **II** finden sich in erster Linie in der lösl. Fraktion. Hier sind elektrophoret. 7 Fraktionen zu unterscheiden. Jede Fraktion zeigt ein charakterist. **II**:**I**-Verhältnis.
W. Hiller. 4460◇

1173 **Untersuchungen über die Biogenese der Ringsysteme des Nicotins.** Thomas Griffith, Kenneth P. Hellman und Richard U. Byerrum. (J. biol.Chemistry **235,** 800—04, März 1960; East Lansing, Mich., Michigan State Univ., Kedzie Chem. Labor.; engl.) — Vgl. C. **1957,** 5322. — *Nicotiana rustica*-Pflanzen, denen *$^{14}C_{(1)}$-Acetat* (**I**), *$^{14}C_{(2)}$*-**I**, *$^{14}C_{(1)}$-Propionat* (**II**), *$^{14}C_{(2)}$*-**II** u. *$^{14}C_{(1,3)}$-Glycerin* (**III**) verabreicht wurde, bildeten *^{14}C-Nicotin*(**IV**). *^{14}C*-**III** gab **IV** mit dem höchsten *^{14}C*-Gehalt. **IV** wurde derart abgebaut, daß $C_{(2)}$ des Pyrrolidinrings als $BaCO_3$ anfiel. Nach *$^{14}C_{(2)}$*-**II**-Zufuhr enthielten $C_{(2)}$ 12%, $C_{(3,4,5)}$ 42%, nach $^{14}C_{(1,3)}$-**III**-Zufuhr $C_{(2)}$6%, $C_{(3,4,5)}$ 27% des ^{14}C. Nach $^{14}C_{(2)}$-**II**-Gaben enthielt der **IV**-Pyridinring 39%, nach $^{14}C_{(1,3)}$-**III** 57% des ^{14}C. Nach *$^{14}C_{(2)}$*-**II** u. *$^{14}C_{(2)}$*-**I**-Gaben war ca. die Hälfte Pyridinring-^{14}C in $C_{(3)}$ lokalisiert.
Versuche: *1-Methyl-3-[1'-methylpyrrolidyl-(2')]-pyridiniumjodidhydrojodid*, *Nicotinisomethojodidhydrojodid* (**V**), $C_{11}H_{18}J_2N_2$, F. 220—222°, aus **IV** u. 47%ig. HJ in W. u. Erhitzen des Eindampfrückstands mit CH_3J in CH_3OH (12 Std.); gelbe Nadeln; 76% Ausbeute *Isomethojodid*, $C_{11}H_{17}JN_2$, F. 165—165,5°, aus Hydrojodid mit gesätt. Na_2CO_3-Lsg. durch leichtes Erwärmen u. Chlf-Extraktion; hellgelbe Plättchen (CH_3OH + Ae. bei 5°); 86%. — *1-Methylpyrrolidin-2-carbonsäure* (*L-Hygrinsäure*), $C_6H_{11}NO_2$, F. 115—116° (über Mg-Perchlorat), 144—145° (Vak., 63°), aus **V** durch Oxydation mit wss. alkal. $K_3Fe(CN)_6$-Lsg. zu N-Methylnicoton (Benzolextrakt) u. Weiteroxydation mit CrO_3–H_2SO_4 in sd. W. (15 Std.); $[\alpha]_D^{25°}$ — 90,7° (1%ig. wss. Lsg.); 2,6%. Durch Decarboxylierung mit CaO bei 300°/N_2 *1-Methylpyrrolidin*, aus Rückstand mit Säure CO_2 als $BaCO_3$; 28%.
K. Maier. 4460□

1174 **Phenolische Substanzen bei der Wundverharrschung verschiedener Pflanzen.** C. C. Craft und William V. Audia. (Bot. Gaz. **123,** 211—19, 1962; Beltsville, Md. U. S. Dep. of Agric., Agric. Marketing Serv.; engl.) — Phenol. Verbb., die sich im Gewebe der Wundränder anreichern, wurden bei Süßkartoffel (S. K.), Irischer Kartoffel (I. K.), Möhre (M.), Runkel (Ru.), Pastinake (Pa.), Rübe (Rü.) u. Kürbis (Kü.) quant. u. qual. mit denen des unverletzten Gewebes verglichen. Das UV-Spektrum des Äthanolextrakts zeigt für S. K., I. K., M. u. Pa. eine Spitze bei 325 mμ, die bei den verletzten Geweben höher ist als bei den intakten. Diese Spitze entspricht dem Maximum im Spektrum der Chlorogensäure. Durch enzymat. Oxydation läßt sich für S. K., I. K., u. M. das Maximum bei 325 mμ erniedrigen. Papierchromatograph. ergab sich ein kompliziertes Gemisch von Phenolen u. blaufluoreszierenden Substanzen, die mit Fortschreiten der Verharrschung zunahm. Der Anteil an Polyphenolen ist bei Rü. u. Kü. gering. S. K., I. K. u. M. zeigen *Chlorogensäure* im Chromatogramm. Ferner konnten *Hydroxyzimtsäure*, *Flavanole* u. *Cumarine* nachgewiesen werden. Histochem. Tests erbrachten bei S. K. I. K., M. u. Ru. den Nachw. von o-Diphenolen. *Lignin* wurde bei allen Pflanzen gefunden, dsgl. *Peroxydase*. *Phenolase* war im Gewebe von S. K., I. K. u. M. nachweisbar. H. H. Schmiedeknecht. 4420□

1175 **Der Einfluß von Oxydantien aus der Luft auf die biologische Aktivität von Indolylessigsäure.** Lawrence Ordin und Betty Propst. (Bot. Gaz. **123,** 170—75, März 1962; Riverside, Calif. Univ. of Calif., Dep. of Plant Biochem.; engl.) — *Ozon* (**I**) u. *Peroxyacetylnitrat* (**II**) hemmen die biolog. Aktivität von *Indolylessigsäure* (**III**). Das Inaktivierungsvermögen ist bei **I** u. **II** gleich. *Ascorbinsäure* (**IV**) u. *red. Glutathion* (**V**) können die Hemmwrkg. der Oxydantien verhindern. Zugabe von **IV** zu Substraten, die durch **I** oder **II** inaktiviert wurden, vermag jedoch nicht die wachstumsfördernde Wrkg.

von **III** wieder herzustellen. Wie das UV-Spektrum zeigt, wird der Indolring von **III** durch **I** oder **II** verändert.
H. H. Schmiedeknecht. 4485□

1176 **Der Einfluß einiger Wuchsregulatoren und Entkopplungssubstanzen auf die oxydative Phosphorylierung in den Mitochondrien des Kürbishypocotyls.** Göran Stenlid und Kamel Saddik. (Physiol. Plantarum [Copenhagen] **15,** 369–79, 1962; Uppsala, Sweden, Royal Agric. Coll., Inst. of Plant Physiol.; engl.) — Die Unterss. hatten zum Ziel, festzustellen, inwieweit Wiederregulatoren (R.) in den Respirationsstoffwechsel (Kopplung der Respiration mit der Bldg. energiereicher Phosphorylierung) eingreifen. Bestimmt wurden: O_2 u. P-Aufnahme, sowie das P/O-Verhältnis. Folgende R. wurden getestet: *Indolyl-(3)-essigsäure, Naphthyl-1-essigsäure, 2.4-Dichlorphenoxyessigsäure, D-* u. *L-2.4-Dichlorphenoxypropionsäure, 4-Chlorphenoxyisobuttersäure, 2.4-Dichlorphenoxyisobuttersäure, Phenylessigsäure, Maleinhydrazid, α-[Naphthyl-(1)-methylmercapto]-propionsäure, Phenylborsäure, trans-* u. *cis-Zimtsäure, Cumarin, 2.3.5-Trijodbenzoesäure,* sowie folgende Entkopplungssubstanzen (E.): *2.4-Dinitrophenol, Methylenblau, Dicumarin, D-Usninsäure, Salicylsäure, 4-Hydroxycumarin.* Die Ergebnisse zeigen, daß die R. gegenüber den E. eine geringere Entkopplungskapazität aufweisen. Es scheint jedoch eine gewisse Verb. zwischen Auxinantagonisten und E. zu bestehen. H. Ackermann. 4485□

1177 **Wirkung von Gibberellsäure auf Wachstum, Gibberellingehalt und Chlorophyllgehalt von Kartoffelblättern (Solanum tuberosum).** A. W. Wheeler und E. C. Humphries. (J. exp. Bot. [London] **14,** 132–36, 1963; Harpenden, Herts.; Rothamsted Exp. Stat.; engl.) — Vff. besprühen Kartoffeln mit 50 mg *Gibberellsäure* (**I**) /Liter vor der Entfaltung des 14. Blattes. **I** verursacht ein schnelleres Wachstum des 15. Blattes. Der Chlorophyll-Geh. per Blatt ist erhöht u. der Geh. per Blattfläche ist erniedrigt im Vgl. zu den Kontrollen. 2 Wochen nach der **I**-Behandlung nimmt der **I**-Geh. im Blatt wieder ab. Nach 5 Wochen ist kein **I** mehr nachzuweisen. W. Hiller. 4485◇

1178 **Rolle des Gibberellins im ruhenden Samen.** M. G. Nikolajewa. (Bot. J. [UdSSR] **47,** 1823–35, 1962; Leningrad, Komarow-Inst. für Botanik der Akad. der Wiss. der UdSSR; russ.) — Übersicht. — 89 Literaturangaben. O. Lebtag. 4485△

1179 **Veränderungen im Gehalt gibberellinähnlicher Substanzen während der Samenentwicklung bei Echinocystis, Lupinus und Phaseolus.** Mary Ritzel Corcoran und Bernard O. Phinney. (Physiol. Plantarum [Copenhagen] **15,** 252–62, 1962; Los Angeles, Calif.,Univ. of California, Dep. of Bot.; engl.) — Die Veränderung des Geh. *Gibberellin-ähnlicher Substanzen* (G. Ä.) wurde — beginnend mit dem Welken der Blütenblätter — jeden zweiten bis achten Tag bis zur Reife verfolgt u. in Beziehung zu Fruchtlänge, Kotyledonlänge, Endospermvol. u. Samengew. gesetzt. Die biolog. Prüfung der G. Ä. erfolgte in Extrakten mittels d_1-Mutanten von Mais (Meth. nach Neely u. Phinney) u. wird in Gibberellsäureäquivalenten (G.) angegeben. G. Ä. sind während des Wachstums der Samen bzw. Embryonen erhöht u. fallen mit zunehmender Samenreife ab. Die höchsten G. Ä.-Aktivitäten werden bei Lupinen in den Kotyledonen (16 ng G./g Frischgew.) u. bei Schinocystis im Endosperm (470 ng **II**/ml) gefunden. H. Ackermann. 4485□

1180 **Der Einfluß von Kinetin und Gibberellin auf die Morphogenese kernhaltiger und kernloser Acetabularien.** Klaus Zetsche. (Planta **59,** 624–34, 1963; Wilhelmshaven, Max-Planck-Inst. für Meeresbiol., Abt. Hämmerling; dt.) — 10^{-4}–10^{-5} m *Kinetin* (**I**) hemmt die Stielbldg. bei *Acetabularia mediterranea*; 10^{-7}–10^{-8} m **I** u. 10^{-4}–10^{-8} m (Maximum bei 10^{-6}–10^{-7} m) *Gibberellin* (**II**) fördern sie. Die Hutbldg. wird durch 10^{-4}–10^{-5} m (sehr stark) u. 10^{7}–10^{-8} m **I** u. durch 10^{-4} m u. 10^{-8} bis 10^{-7} m **II** gefördert. W. Hiller. 4485◇

1181 **Wirkung von Wuchsstoffinjektionen auf Sämlinge.** Vagn Tullin. (Physiol. Plantarum [Copenhagen] **15,** 315–340, 1962; Lund, Dep. of Plant Physiol.; engl.) — Die Unterss. hatten zum Ziel, eine verbesserte Prüfmeth. für Pflanzenwuchsstoffe zu entwickeln. Diese beruht auf der Injektion dieser Substanzen in das Scutellum von Weizenkeimlingen. Kultur des Pflanzenmaterials, Applikation der Substanzen u. Auswertung sind eingehend beschrieben. Die Ergebnisse zeigen, daß diese Meth. nur eine beschränkte Anwendung besitzt, da 1. kein Unterschied zwischen unwirksamen Substanzen u. solchen, die an der Injektionsstelle verbleiben, gemacht werden kann, 2. tritt durch die Verletzung bei der Injektion ein Reiz (Traumatisation) auf, der auf das endogene Indolylessigsäure-Syst. einwirkt. Trotz dieser Nachteile eignet sich diese Meth. z. B. für die Unters. von Tryptophanmetaboliten u. anorgan. Salzen. Getestet wurden folgende Substanzen: *Gibberellsäure, α-Naphthylessigsäure, Phenylborsäure, Indolyl-(3)-essigsäure, Indolyl-(3)-acetonitril, 2.4-Dichlorphenoxyessigsäure, 6-Methoxy-7-hydroxycumarin, Vitamin K, Thiamin, Biotin, Riboflavin, Pyridoxin, α-Tocopherol, Aminosäuren, Ascorbinsäure, Pantothensäure, Azelainsäure, Chlorogensäure, Salicylsäure, Adenosintriphosphat, Adenosindiphosphat, Glucosephosphat, Thiaminmonophosphat, Äthylendiamintetraessigsäure, 8-Hydroxychinolin, Kinetin, p-Chlorphenoxyisobuttersäure, Nicotinamid, Picolinsäure, Chinolinsäure, Triphenyl-tetrazoliumchlorid,* sowie *Ca, Mg, Co* u. *Zn.*
H. Ackermann. 4485□

1182 **Die Reaktion von Aspenwurzeln auf 3-Amino-1.2.4-triazole.** Lennart Eliasson. (Physiol. Plantarum [Copenhagen] **15,** 229–38, 1962; Stockholm 51, Forest Res. Inst.; engl.) — *3-Amino-1.2.4-triazol* (**I**) hemmt das Wurzelwachstum von *Populus tremula*-Stecklingen, wenn 0,1 mg **I**/Pflanze auf die Blätter aufgebracht wird oder die **I**-Konz. der Nährlösung 3 · 10^{-5} μ beträgt. Die Wrkg. setzt bei diesen Konzz. nach 24 Std. ein, bei höheren **I**-Konzz. früher. Bei letzten treten neben der Hemmung des Wurzelwachstums nekrot. Veränderungen in der Nähe der Wurzelspitze auf. Die Hemmerscheinungen treten bereits vor einer sichtbaren Schädigung der Blätter auf. Bei Verss. mit Weizen u. Erbsen konnte beobachtet werden, daß Unterschiede der Anfälligkeit zwischen den Pflanzengattungen bestehen. H. Ackermann. 4485□

1183 **Einfluß der wirksamen Stoffe aus der gemeinen Quecke auf die Keimung des Weizens und Roggens in Beziehung zu manchen Bodenpilzen.** Jaroślav Minář. (Spisy přírodovědecké Fak. Univ. Brně, **1961,** 307–20 Brno, přírodověd. fak. UJEP, kat. fysiol. rost.; tschech., Auszug: russ., dt.) — Äther. Extrakt (Ae. E.) aus Wurzelstöcken der gemeinen Quecke, von Säuren befreit, wies bei indirekter Applikation in zwei niedrigsten Konzz. eine fördernde, in höheren Konzz. eine hemmende Wrkg. auf die Keimung des Weizens auf. Der fördernde Einfl. des Ae. E. auf die Keimung des Roggens war auch bei der niedrigsten Konz. undeutlich, alle höheren Konzz. erwiesen eine hemmende Wirkung. Die Wachstums-Geschw. des Pilzes *Stemphylium ilicis* ist durch 0,1 g des Ae.E. am stärksten u. bis zu 0,5 g des Ae.E. nachweisbar beschleunigt. Auf das Wachstum des Pilzes *Cyathus stercoreus* zeigt der Ae.E. in allen Konzz. nur die hemmende Wrkg. Nach der Meinung des Vf. beruht die keimungsschädliche Wrkg. der gemeinen Quecke teilweise auch in der Störung des normalen Gleichgewichts zwischen der Pflanze u. ihrer Mikroflora.
V. Dadák. 4485△

1184 **Über den Einfluß des Lichtes auf den Wuchsstoff- und Hemmstoffhaushalt von Bryophyllum daigremontianum und Hellianthus annuus.** E. Raadts, H. Söding und E. L. Nuernbergk. (Planta **59,** 635–72, 1963; Hamburg, Staatsinst. für Allg. Bot.; dt.) — Bei *Helianthus annuus* steigt der Wuchsstoffgeh. bei Verdunklung in den Blättern u. Internodien; bei *Bryophyllum daigremontianum* fällt er mit der Dauer der Verdunklung. Belichtung mit verschiedenen Lichtquellen wirkt sich kaum unterschiedlich auf die Wuchsstoffbldg. aus. Bei Belichtung mit vorwiegend grünen u. blauen Lichtquellen bilden sich vermutlich hemmende Substanzen.
W. Hiller. 4485◇

E$_5$. Tierchemie, Tierphysiologie, Tierpathologie

1185 **Vergleichende Untersuchungen zwischen der Methodik der Gesamtstoffwechselmessungen und der Tierkörperanalytik an wachsenden Ratten und Schweinen**

R. Schiemann, W. Jentsch, W. Klippel, F. Schmidt, St. Trela und B. Tscheschmedschiew. (Arch. Tierernähr. **12,** 321—42, 1962; Rostock, Oskar Kellner-Inst. für Tierernähr.; dt.) — In langfristigen Verss. mit wachsenden Albinoratten wurden die durch Gesamtstoffwechselmessungen (GSWM) errechneten Ansätze für N, C u. Energie mit den durch Analyse der gesamten Tierkörper gefundenen Ansätzen verglichen. Die Differenz zwischen Analyse u. Bilanz betrug (ausgedrückt in % der Einnahme) im Mittel —2,7 bei N, —0,3 bei C u. —0,2 bei Energie bei Streuungen aus 15 Einzelverss. von ± 1,9 bei N, ± 0,07 bei C u. ± 1,1 bei Energie. Analog wurden bei wachsenden Schweinen (35—100 kg) Differenzen von —7,3 bzw. 1,7 bzw. 0,6 eine beträchtliche N-Differenz gefunden, so daß den N-Bilanzen mit Vorsicht zu begegnen ist. Auf die Best. der Nettoenergie von Futterstoffen haben die N-Verluste nur geringen Einfluß. Für C u. Energie lagen die Differenzen innerhalb der Fehlergrenzen, wodurch die Brauchbarkeit der Energiewechselmessung zum Zweck der Best. der energet. Ansatzleistungen nach der indirekten Meth. der Energiemessung unter Verw. von Atmungs-App. über die N- u. C-Bilanz bestätigt wird. In Parallel-Verss. mit Schweinen wurde nach der Kontrollschlachtungs-Meth. von Tomme die Nettoenergie von Mais u. Gerste gemessen, wobei große Streuungen auftraten, so daß bei Nettoenergie-Best. von Schweinefutterstoffen die GSWM als genauer u. einfacher vorzuziehen ist.
G. Vogel. 4500◇

1186 **Elektronenmikroskopische Untersuchungen der Struktur von Calcit in Vogeleierschalen.** A. N. J. Heyn. (J. appl. Physics **33,** 2658—59, Aug. 1962; Auburn, Ala., Auburn Univ., Dep. of Phys.; engl.) — Die elektronenmkr. Beobachtung der Schalen von Hühnereiern zeigte einige, in gewöhnlichen Calcitkristallen nicht anzufindende Strukturen. Auf der Innenseite findet man rhomboedr. Calcit-Mikrokristalle, u. dicht gepackte Calcitkristalle. Die Bruchfläche erinnert an Spaltflächen von Einkristallen gewisser metall. Legierungen. Die Orientierung ist über größere Flächen hinweg konst., so daß auf große Einkristalle oder große Dendriten geschlossen wird. F. Lenz. 4510◇

1187 **Die Wirkung des Schmelzfluors auf die Säurebildung durch Lactobacillus casei.** W. W. Briner und Marion D. Francis. (Arch. oral Biol. **7,** 541—50, 1962; Cincinnati, Ohio, Procter & Gamble Comp., Miami Valley Labor.; engl.) — Durch aus dem Zahnschmelz freigesetztes *F* kommt es zu einer Hemmung der Säurebldg. durch *Lactobacillus casei.* Die Hemmung der Glykolyse durch aus der Schmelzoberfläche freigesetztes Fluorid dürfte teilweise mit verantwortlich für die durch Trinkwasserfluorierung oder örtliche F-Anwendung bedingte Verminderung der Carieshäufigkeit sein.
U. Tausendfreund. 4510◇

1188 **Über den Calciumgehalt des Knochens.** K. H. Goll und W. Döpke. (Z. ges. inn. Med. Grenzgebiete **16,** 1019—23, 1961; Berlin, Med.-Diagnost. Inst.; dt.) — Zur *Ca*-Best. im Knochen wird die komplexometr. Titration (Indicator: Calcein, Puffer: Glycin-NaOH) angewendet. Reinigung u. Entfettung des Knochens mit A./Ae. 1:1 (3 Std. im Soxhlet); anschließend wird er in Glycerin-Äthylenglykol 2:1 (180 Min. bei 180—190°) erhitzt, mit A. gewaschen u. bei 115° getrocknet. Der feinpulverisierte Knochen wird in n/10 HCl gelöst. Die Unterss. der Rippen von 120 nephrektomierten Patienten ergaben einen durchschnittlichen Ca-Geh. von 31,82 mg%. Altersunterschiede waren nicht festzustellen.
H. Ackermann. 4510◇

1189 **Wechselbeziehungen zwischen dem Gehalt an Zn und verschiedenen Mengen- und Spurenelementen in der Rinderleber.** Manfred Kirchgessner. (Z. Tierphysiol., Tierernähr. Futtermittelkunde **17,** 272—74, 1962; Weihenstephan, Techn. Hochschule München, Inst. für Tierernährung; dt.) — Durch Analyse der Leber von 30 Kühen auf P, Ca, Mg, Na, K, Cu, Mn, Zn u. Co wird die Korrelation zwischen Ca:Zn, Mg:Zn u. P:Zn festgestellt. Das Verhältnis P:Zn wird auf die Komplexbldg. mit Proteinen u. Nucleoproteinen zurückgeführt, da durch Zufuhr von *Vitamin* B_6 die Stickstoff- u. Zn-Retention gesteigert wird. A. Täufel. 4510◇

1190 **Der Weg von ^{60}Co, in Ionen- oder Chelatform bei Albinoratten nach intravenöser Anwendung.** V. M. Sivaramakrishnan, T. N. Sekhara Varma, S. Brahmanandam und B. Nagarajan. (Proc. Soc. exp. Biol. Med. **110,** 817—21, Aug.-Sept. 1962; Madras, India, Cancer Inst., Isotope Div.; engl.) — Nach i. v. Injektion von ^{60}*CoCl*$_2$ oder von verschiedenen ^{60}*Co-Chelaten* bei Albinoratten tritt zunächst eine Konzentrierung von Radioaktivität in der Leber ein, die spätere Verteilung ist jedoch sehr unterschiedlich. Das *1-Nitroso-2-naphthol-chelat* folgt dem Wege: Blut → Leber → Haut, Knochen u. Muskeln → Ausscheidung. Äthylendiamintetraessigsäure- u. Cysteinchelate bilden vor allem in Haut u. Knochen Konzentrate. K. Zingraf. 4510◇

1191 **Untersuchungen über die Aminosäurenzusammensetzung und die chemische Struktur von Seidenprotein mittels mikrobiologischer Bestimmung.** Jiro Kirimura. (Bull. sericult. Exp. Stat. [Tokyo] **17,** 447—522, 1962; Suginami-ku, Tokyo, Sericult. Experim. Stat.; jap., Auszug: engl.) — *Fibroin* (**I**) enthielt 42,8% *Glycin* (**II**), 32,4% *Alanin* (**III**), 14,7% *Serin* (**IV**) u. 11,8% *Tyrosin* (**V**) sowie geringe Mengen von *Methionin* u. *Cystin. Sericin* bestand aus 30,1% **IV**, 8,5% *Threonin*, 16,8% *Asparaginsäure*, 10,1% *Glutaminsäure*, 5,5% *Lysin* u. 4,2% *Arginin*. **II**, **III**, **IV** u. **V** werden im Körper der Seidenraupe aus anderen Aminosäuren oder aus anderen Stoffen synthetisiert. Die Struktur von **I** wurde unter Verw. von proteolyt. Enzymen untersucht. — 159 Literaturangaben. K. Zingraf. 4520◇

1192 **Die praktische Bedeutung der Phospholipide.** K. Simon. (Med. Mschr. **15,** 437—42, Juli 1961; Köln; dt.) — Übersicht. — 299 Literaturangaben.
G. Kimmerle. 4520△

1193 **Hyperoxie und Bildung von Chromolipidpigmenten.** M. Wolman und Liliana Zaidel. (Experientia [Basel] **18,** 323—24, 1962; Governm. Hosp. Tel-Hashomer, Dep. of Pathol.; engl.) — Nach wiederholter Exposition gegenüber hohen O_2-Drucken sind bei Ratten nach 4 Wochen vermehrt *chromolipoide Pigmente* nachweisbar, die vorwiegend in Gefäßwandungen u. deren Umgebung sowie an den Stellen mit dem höchsten O_2-Druck zu finden sind. U. Tausendfreund. 4520◇

1194 **Einige Wirkungen der Temperatur und Konzentration des Mediums auf die Ionenregulation des Isopoden Asellus aquaticus (L.)** A. P. M. Lockwood. (J. exp. Biology **37,** 614—30, 1960; Cambridge, Univ. of Cambridge, Dep. of Zool.; Edinburgh, Univ. of Edinburgh, Dep. of Zool.; engl.) — Die *Na*-Konz. bei Fließgleichgew. in der Hämolymphe von *Asellus* steigt im Bereich von 5—24° mit der Temp. an. Die Geschw. des Na-Verlustes aus dem Körper wird durch die Temp. nicht beeinflußt, dagegen nimmt die Geschw. der akt. Na-Aufnahme mit steigender Temp. zu; sie steht in Beziehung zur Konz. in der Hämolymphe u. nimmt zu, wenn die Konz. in der Hämolymphe abnimmt. Diese wird in Medien, die mehr als 90 μ Mol NaCl/Liter enthalten, auf Normalwerten gehalten. K. Zingraf. 4550◇

1195 **Die quantitative Bestimmung überschüssiger Säuren- oder Basenmengen im menschlichen Körper.** K. Mellemgaard und P. Astrup. (Scand. J. clin. Lab. Invest. **12,** 187—99, 1960; Copenhagen, Rigshosp., Med. Dep. B; Dep. of Clin. Chem.; engl.) — Nach rascher i. v. Infusion von hyperton. $NaHCO_3$-Lsg. entwickelte sich bei 7 Normalpersonen eine stoffwechselbedingte Alkalose. Das überschüssige HCO_3^- im Blut nahm zunächst rasch ab (Herst. eines Gleichgew. zwischen Blut u. extracellulärem Raum), dann erfolgte die Abnahme langsamer (zu erklären teils durch Diffusionsprozesse zwischen extra- u. intracellulärem Raum, teils durch renale Ausscheidung). Überschüssige Mengen Base (oder Säure) können nach der Formel 0,3 × Körpergew. in kg × Basenüberschuß in mVal/Liter Blut berechnet werden. K. Zingraf. 4550◇

1196 **Die Verwendung von Antigen-Cellulose-Suspensionen zur Isolierung spezifischer Antikörper.** N. R. Moudgal und R. R. Porter. (Biochim. biophysica Acta [Amsterdam] **71,** 185—87, 1963; London, St. Mary's Hosp., Med. School, Dep. of Immunol.; engl.) —

Beschreibung einer kürzlich entwickelten Modifikation (Gurwitch u. Mitarbeiter, Biokhimiya **26,** [1961], 934) der Meth. von Campbell u. Mitarbeitern (1951; cellulosegebundenes Antigen) zur Isolierung spezif. Antikörper. U. Tausendfreund. 4551◇

1197 **Veränderungen von Na$^+$ und K$^+$ in Vollblut. Blutplasma und Erythrocyten bei sensibilisierten Meerschweinchen und im anaphylaktischen Schock.** Mihailo Mojović. (Acta allergol. [København] **17,** 430–41, 1962; Belgrade, Univ., Med. Fac., Inst. of Physiol.; engl.) — Nach der Sensibilisierung nimmt der *Na*$^+$-Geh. im Blut von Meerschweinchen ab u. der *K*$^+$-Geh. nimmt zu. Im anaphylakt. Schock besteht eine Verringerung von Na$^+$ u. eine Zunahme von K$^+$ im Vollblut u. im Plasma, dagegen eine Zunahme von Na$^+$ u. eine Verringerung von K$^+$ in den Erythrocyten sowie eine stärkere Zunahme des Zellvol. im Vgl. zum Plasmavolumen. K. Zingraf. 4551◇

1198 **Die Änderung der elektrischen Oberflächenladung von Erythrocyten durch agglutinierende und sensibilisierende Substanzen.** 2. Mitt. **Immunseren und andere agglutinierende Stoffe.** P. Sachtleben und G. Ruhenstroth-Bauer. (Med. exp. [Basel] **6,** 226–36, 1962; München, Max-Planck-Inst. f. Biochem.; dt.) — 1. vgl. Med. exp. [Basel] **6,** [1962], 183. — An empfänglichen Erythrocyten riefen Erythrocyten-Antiseren, hämolyt. Amboceptor, Antiglobulinserum (Coombs), das Virus der klass. Geflügelpest, Phytagglutinin u. $AlCl_3$, nicht jedoch ein Kaninchen-Heteroagglutinin eine Verringerung der elektr. Oberflächenladung hervor, dagegen wurde sie durch Blutplasma von Blut mit einer hohen Blutkörperchensenkungsgeschw., welches eine Agglomeratbldg. der Erythrocyten hervorruft, erhöht. K. Zingraf. 4551◇

1199 **Die Beteiligung von Komplement an immunologischen Vorgängen, die zur Zellschädigung führen.** I. Haupt und H. Fischer. (Folia haematol. [Leipzig] **78,** 600–07, 1962; Frankfurt/M., Univ., I. Med. Klin.; dt.) — Vortrag mit Diskussion. Jede Behandlung von frischem Serum, welche zu einer Erniedrigung des *Komplement*-Titers führt, geht prakt. mit einer vermehrten Bldg. von *Lysocithin* (I) einher. Dem Komplement bzw. dem bei seiner Wrkg. entstehenden *Cytolysin* kommt eine Bedeutung sowohl bei immunolog. als auch bei nichtimmunolog. oder fraglich immunolog. Vorgängen zu (es wird der ggw. Stand der Komplementforschung erläutert u. ein Schema zur Rolle von Serumkomplement bei den genannten Vorgängen gegeben); das direkt an der Zelloberfläche frei werdende I erklärt, warum bei zahlreichen immunolog. u. nichtimmunolog. Vorgängen sek. Mediatoren, wie *Histamin, Serotonin* usw. freigesetzt werden. Es konnte bisher noch nicht festgelegt werden, welche Komplementkomponenten als Substrat für das freiwerdende I anzusehen sind. U. Tausendfreund. 4551◇

1200 **Passive Agglutinationsteste. Wismuttannattest.** Edgar Pick und D. Nelken. (Nature [London] **197,** 157–58, 1963; engl.) — Es wird die Verw. u. Herst. von *Wismuttannat*-Partikelchen für passive Agglutination beschrieben. U. Tausendfreund. 4551◇

1201 **Wirkung der Reduktion verschiedener Disulfidbindungen auf die Eigenschaften und die Rekombination univalenter Kaninchenantikörperfragmente.** W. J. Mandy und A. Nisonoff. (J. biol. Chemistry **238,** 206–13, 1963; Urbana, Ill., Univ. of Illinois, Dep. of Microbiol.; engl.) — Durch Red. von mehr als einer Disulfid-Bindung pepsinbehandelter, bivalenter Kaninchenantikörper (Mol.-Gew. 106000) wird der Sedimentations-Koeff. oder die spezif. Aktivität des Fragmentes nicht verändert; bei Rekombination werden auch keine höheren Polymere gebildet, so daß die zusätzlichen SH-Gruppen für die Herst. von Beziehungen zu anderen Fragmenten nicht zur Verfügung stehen (möglicherweise rasche Rekombination innerhalb des Fragmentes nach Eliminierung des reduzierend wirkenden Agens). Zwei 3,5 S-Fragmente sind demnach jeweils nur mit einer Disulfid-Bindung gekoppelt. U. Tausendfreund. 4551◇

1202 **Zur Methode der fluorescierenden Antikörper. Konjugation von Fluoresceinisothiocyanat mit γ-Immunglobulin.** F. Sokol, A. Hulka und P. Albrecht. (Folia Microbiol. [Praha] **7,** 155–61, 1962; Bratislava, Czechoslov. Acad. of Sci., Inst. of Virol., Slov. Techn. Inst., Chair of Org. Chem.; engl.) — Der Einfl. des pH-Wertes, des Verh. von Farbstoff zu Protein, der Konz. der einzelnen Komponenten, von organ. Lsgm., der Temp. u. der Rk.-Zeit auf die Konjugation von *γ-Globulin* (I) mit *Fluoresceinisothiocyanat* (II) wurde untersucht. Die Menge des von I gebundenen Farbstoffes stieg im Bereich von pH 7–10 mit dem pH-Wert an. Andere Faktoren beeinflußten die Bindung des Farbstoffes nicht. Die spezif. Fluorescenz des gebundenen II nahm mit steigender Bindungsintensität des Proteins ab. Die besten Ergebnisse wurden erhalten, wenn Konjugate mit einem Protein-Farbstoff-Verhältnis von etwa 60 verwendet wurden. G. Kampf. 4551◇

1203 **Einige morphologische und physiologische Aspekte der inneren Sekretion der Krabbe Rhithropanopeus harrisi (Gould) subsp. tridentata (Maitland).** Fryderyk Pautsch, Andrzej Bomirski, Tadeusz Dominiczak, Lidia Nowiúska, Marian Szudarski und Janina Tarzýnska-Kleineder. (Acta endocrinol. [Copenhagen], Suppl. Nr. **51,** 1015, 1960; Gdansk, Poland, Med. Acad., Dep. of Biol.; engl.) H. Herper. 4555□

1204 **Schutzmechanismen von Arthropoden.** 8. Mitt. **Ausscheidung von Salicylaldehyd durch einen Carabidkäfer.** T. Eisner, C. Swithenbank und J. Meinwald. (Ann. entomol. Soc. America **56,** 37–41, 1963; Ithaca, N. Y., Cornell Univ., Dep. of Entomol. and Dep. of Chem.; engl.) — Die Sekretion, mit der sich *Calosoma prominens Lec.* gegen den Angriff von Vögeln u. a. schützt, besteht nach IR- u. UV-spektrophotometr. Best. zu ca. 50% aus *Salicylaldehyd* u. zum anderen Teil aus Wasser. W. Damerau. 4555◇

1205 **Anwendung neuer und einfacher Papierchromatographiemethoden für die Reinigung und Trennung von Steroiden.** Takeshi Nakao, Minoru Inaba, Shoichi Kanemoto, Machiko Tozawa und Shoichi Takeyama. (Acta endocrinol. [Copenhagen], Suppl. Nr. **51,** 1047, 1960; Tokyo, Jikei Univ. School of Med. Shiba, Dep. of Pharmacol.; engl.) H. Herper. 4558□

1206 **Über den Einfluß des Choriongonadotropins auf einige Oxydationsprozesse in den Geweben von Tieren.** A. M. Kusin und N. Je. Lebedewa. (Probleme Endokrinol. Hormontherap. [UdSSR] **9,** Nr. 1, 34–39, 1963; Moskau, Technol. Inst. für die Fleisch- u. Milch-Ind., Lehrstuhl für Biol.; russ., Auszug: engl.) — Es werden die Ergebnisse von Experimenten mit Geweben von infantilen Ratten mitgeteilt. Es zeigt sich, daß *Choriongonadotropin* in der Dosis von 25–200 Einheiten/100 mg Gewebe die oxydative Phosphorylierung im Leberhomogenat stimuliert. Eine Dosis von 750 Einheiten I/100 mg Gewebe hemmt die oxydative Phosphorylierung. G. Wesirow. 4559△

1207 **Isolierung und Identifizierung von Östriolglucosiduronat in menschlichem Meconium.** E. Menini und E. Diczfalusy. (Endocrinology **67,** 500–10, 1960; Stockholm, Karolinska Sjukkuset, Dep. of Women's Dis., Hormone Labor.; engl.) — Beschreibung einer Meth. zur Extraktion und Reinigung von *Östriolglucosiduronat* (I). Mit dieser Meth. wurde I aus Extrakten von menschlichem Meconium isoliert u. identifiziert. Daneben fand sich in Meconium ein anderes Konjugat von Östriol, wahrscheinlich das Sulfat. K. Zingraf. 4559◇

1208 **Neuer Beitrag zum Studium der Eiimplantation bei der Ratte.** Alexandre Psychoyos. (C. R. hebd. Séances Acad. Sci. **251,** 3073–75, 1960; Paris, Coll. de France, Labor. de Morphol. expérim. et de d'Endocr.; franz.) — Bei Ratten, die am 4. Tag der Gestation kastriert wurden, übte *Östradiol* eine günstige Wrkg. auf die Eiimplantation aus u. konnte durch *Compound 48/80, Pyrathiazine* oder *α-Aminoguanidin* nicht ersetzt werden. K. Zingraf. 4559◇

1209 **Östradiol: Beweis für dessen direkte Wirkung auf hypothalamische Neurone.** Robert D. Lisk und Michael Newlon. (Science [Washington] **139,** 223–24, 1963; Princeton, N. J., Princeton Univ., Dep. of Biol.; engl.) —

Nach Implantation von *17β-Östradiol* in den Nucleus arcuatus des Hypothalamus kommt es zu Verminderungen der Größe der Nucleoli in den entsprechenden Nervenzellen, gleichzeitig kommt es zu Atrophie von Ovar u. Uterus (bzw. Testes) wie bei Hypophysektomie. Diese Neurone reagieren demnach offenbar direkt auf die zirkulierende Östrogen-Menge.
U. Tausendfreund. 4559◇

1210 **Östrogene und antiöstrogene Wirkung einiger Östranabkömmlinge in vitro und in vivo.** E. Hecker und G. Farthofer. (Biochim. biophysica Acta [Amsterdam] **71,** 196—98, 1963; München, Max-Planck-Inst. für Biochem.; dt.) — Prüfung der östrogenen u. antiöstrogenen Wrkg. einiger *Östran*-Derivv. in vitro (an der östrogenabhängigen Transhydrogenase aus menschlicher Plazenta unter Verfolgung der Kinetik der Bldg. von red. Nicotinamidadenindinucleotid (NADH) aus NAD im opt. Test) u. in vivo (Allen-Doisy-Test) führte zu folgenden Ergebnissen: Außer *Östron* wirken (bes. in $28 \cdot 10^{-6}$ m Konz.) *3-Chlor-*$\Delta^{1.3.5(10)}$*-17β-östratrienol* (**I**), *3-Jod-*$\Delta^{1.3.5(10)}$*-17β-östratrienol* (**II**), *3-Desoxy-17β-östradiol* (**III**), *3-Methoxyöstron* (**IV**), *3-Carboxy-*$\Delta^{1.3.5(10)}$*-17β-östratrienol* (**V**) in vitro aktivierend auf das Enzym. Die Verb. **I—V** hemmen jedoch die Wrkg. von *17β-Östradiol* nur wenig oder gar nicht, auch wenn sie in 10fach höherer Konz. als dieses angewendet werden. Größere Hemm- oder Antiöstrogenwrkg. in vitro zeigen *3-Amino-*$\Delta^{1.3.5(10)}$*-17β-östratrienol* (**VI**), *3-Thio-17β-östradiol* (**VII**, *17α-Östradiol* (**VIII**), *3-Hydroxy-*$\Delta^{1.3.5(10)}$*-östratrien* (**IX**), *3-Hydroxy-17β-amino-*$\Delta^{1.3.5(10)}$*-östratrien* (**X**), *17α-Äthinyl-17β-östradiol* (**XI**) u. *Östriol* (**XII**); sie aktivieren das Enzym nicht, wie es für ein ideales Antiöstrogen zu fordern ist. In vivo erweisen sich die Verbb. **I—X** als schwache Östrogene, **XI** u. **XII** sind wirksamer. Antiöstrogene Wrkg. wurde in vivo bei den Verbb. **I—VII** nicht beobachtet.
U. Tausendfreund. 4559◇

1211 **Physiologische und therapeutische Wirkung von 16α-Hydroxyöstron.** M. F. Jayle und J. Pujol. (Thérapie **16,** 849—53, Sept./Okt. 1961; Paris, Univ., Fac. de Méd.; franz.) — *16α-Hydroxyöstron* (**I**) unterscheidet sich von den natürlichen u. synthet. Östrogenen, da es nicht auf das Endometrium des Uterus wirkt, die Ovulation nicht blockiert u. auch von Männern u. Kindern ausgezeichnet vertragen wird. Es besitzt eine spezif. troph. Wrkg. auf die externe Genitalsphäre der Frau, ist ein Schleimbildner u. hat als Indikationen: bestimmte Formen der Sterilität, Dyspareunie, Metritis, Cervicitis u. Vulvitis. Klimakteriumsbeschwerden werden nur wenig beeinflußt. Eine Anwendung zur Arteriosklerosebekämpfung bei Männern ist möglich, da **I** keine Feminisierungserscheinungen hervorruft. K. Zingraf. 4559◇

1212 **Die Wirkung von Progesteron auf den Galaktose-Stoffwechsel bei congenitaler Galaktosämie.** Stanton Segal, T. David Elder, LeRoy A. Pesch und Yale J. Topper. (Acta endocrinol. [Copenhagen], Suppl. Nr. **51,** 963, 1960; Bethesda, Md., Nat. Inst. of Health, Nat. Inst. of Arthritis and Metabolic Diseases.; engl.)
H. Herper. 4559□

1213 **Plasma-Pregnandiol in Beziehung zu Plasma-Progesteron bei der menschlichen Schwangerschaft und während der Arbeit.** Ian F. Sommerville. (Acta endocrinol. [Copenhagen], Suppl. Nr. **51,** 1035, 1960; London, Chelsea Hosp. for Women, Endocrine Unit.; engl.)
H. Herper. 4559□

1214 **Die Pathogenese der experimentellen Brucellose bei virginellen Färsen mit und ohne Progesteron-Dauerbehandlung.** J. M. Payne. (J. Endocrinology **20,** 345 bis 54, 1960; Compton, Berks., Agr. Res. Council Field Stat.; engl.) — Bei 6 unbehandelten u. 6 täglich mit *Progesteron* (**I**) behandelten Färsen verliefen experimentelle Infektionen mit *Brucella abortus* milder als bei trächtigen Kühen. Bei Behandlung mit **I** setzte der Östruscyclus aus, es wurde Atresie der Follikel in den Ovarien beobachtet u. die Endometrialdrüsen sezernierten ein Material, das sich im Uteruslumen ansammelte, in der Cervix bildete sich ein Schleimpfropf. Dagegen wurde die Pathogenese der Brucellose durch **I** nicht beeinflußt.
K. Zingraf. 4559◇

1215 **Die Wirkungen von Stilböstrol und Progesteron sowie der Nierendenervierung auf die Reaktion der Niere gegenüber Vasopressin und Oxytocin.** R. P. Deis, Sybil Lloyd und Mary Pickford. (J. Physiology **165,** **348** bis 57, 1963; Edinburgh, Univ., Dep. of Physiol.; engl.) — *Stilböstrol* (**I**; 0,033 mg/kg/Tag subcutan für einige Tage) hemmt den nach *Vasopressin*(**II**) normalerweise zu beobachtenden Anstieg der Elektrolyt-Ausscheidung beim Hund leicht. Nach **I**-Injektion führt *Oxytocin* (**III**; i. v.) manchmal zu einer sofortigen geringen Steigerung der *Na*- u. *Cl*-Ausscheidung, die normale, verzögerte Steigerung bleibt aus oder ist vermindert (sie läßt sich trotz **I** durch intracarotide **III**-Injektion hervorrufen). *Progesteron* (**IV**; 0,35 mg/kg/Tag subcutan) beeinflußt die Rk. der Niere des Hundes auf **II** u. **III** nicht. Bei Kombination von **I** mit **IV** sind nur die **I**-Wrkg. sichtbar. Die Fähigkeit von **I** zur Veränderung der Rk. gegenüber **II** u. **III** beruht vermutlich auf gesteigerter Sensibilität der Nierengefäße gegenüber den konstriktor. Eigg. von **II** u. **III**. Denervierung der Niere hat keinen Einfl. auf die Rk. gegenüber **II** u. **III**.
U. Tausendfreund. 4559◇

1216 **Mechanismus der biochemischen Aromatisierung von Steroiden.** Leonard R. Axelrod und Joseph W. Goldzieher. (J. clin. Endocrinol. Metabolism **22,** 537 bis 542, Mai 1962; San Antonio, Tex., Southwest Found. for Res. and Education, Dep. of Biochem. and Endocrinol.; engl.) — Vorschlag einer Hypothese eines einfachen Mechanismus der Aromatisierung von Steroiden bei der Biosynth. von *Östrogenen*, die mit biochem. Daten u. organ.-chem. Theorien in Einklang steht. Nach einer einzigen enzymat. Stufe (der diaxialen Transeliminierung der C_{19}-Gruppe u. des α-H von C_1) kommt der gesamte Mechanismus spontan in Gang. Der Defekt in der Biosynth. von Östrogenen im polycyst. Ovar dürfte die diaxiale Transelimnierung betreffen.
U. Tausendfreund. 4559◇

1217 **Östrogenantagonismus. Wirkungen einer Reihe von 19-Nortestosteron-Derivaten auf vaginale Veränderungen infolge von Östron.** Richard A. Edgren. (Proc. Soc. exp. Biol. Med. **105,** 252—54, 1960; Chicago, Ill., G. D. Searle and Co., Div. of Biol. Res.; engl.) — *Progesteron, Desoxycorticosteronacetat, Testosteronpropionat, 19-Nortestosteron* u. die *17-Alkyl-19-nortestosteronderivv.*: *Methyl-, Äthyl-, Vinyl-, Äthinyl-, Isopropyl-, n-Propyl-, Allyl-, n-Butyl-, 1-Methallyl-* u. *2-Methallyl-* wirkten sowohl im Vaginalabstrichtest als auch im Uteruswachstumstest antagonist. gegen *Östron.*
K. Zingraf. 4559◇

1218 **Die Wirkung von Enovid, einem synthetischen 19-Norsteroid (Norethynodrel), auf die Schleimhaut der postmenopausalen Vagina und des Uterus.** M. Cronqvist und S. Kullander. (Acta obstetr. gynecol. scand. **40,** 43—58, 1961; Lund (Schweden), Dep. of Obstetrics and Gynaecol.; engl.) — *Enovid* (*Norethynodrel, 17α-Äthinyl-17-hydroxy-5(10)-östron,* Seasle u. Co., Chicago) an Frauen im Stadium der Postmenopause verabreicht, verursacht Wachstum des Endometriums, teilweise auch Sekretion in das Endometrium u. eine dicke an *Glykogen* reiche vaginale Schleimhaut. Die Wrkg. trat auch 20 Jahre nach der Menopause ein. W. Hiller. 4559◇

1219 **Stationäre Phase als Farbreagens bei Glaspapierchromatographie von Östrogenen.** Emanuel Epstein und Bennie Zak. (Clin. Chem. [New York] **9,** 70—78, 1963; Pontiac, Mich., St. Joseph Mercy Hosp., Dep. of Pathol.; Detroit, Mich., Wayne State Univ., Coll. of Med., Dep. of Pathol.; Detroit Receiving Hosp.; engl.) — Zur neuerlichen Erleichterung der chromatograph. Trennung von *Östrogenen* wird Glaspapierchromatographie mit *p-Toluolsulfonsäure* (**I**) als stationärer Phase empfohlen. **I** übt dabei eine Doppelwrkg. aus u. fungiert nach der Vollendung der Chromatographie als Farbreagens, wobei es unter leichter Erhitzung (120° für 10 Min.) zur Entw. von Rotfärbung u. gelber bis roter Fluorenscenz kommt. Quant. Best. ist durch Densiometrie u. Fluorimetrie möglich.
U. Tausendfreund. 4559◇

1220 **Bestimmung von Östron und Östradiol-17β im Plasma.** Børge Sørensen und Reiner Svendsen. (Acta endocrinol. [Copenhagen], Suppl. Nr. **51,** 1115, 1960; Copenhagen, Univ., Inst. for Exper. Med., Dep.

for Exper. Endocrinol.; Rigshospitalat, Obstetrical Dep. A & B.; engl.) H. Herper. 4559□

1221 **Untersuchungen über den Sterinstoffwechsel. 11. Mitt. Gaschromatographische Bestimmung des Oestrogens im menschlichen Schwangerschaftsharn.** Herbert H. Wotiz und Horace F. Martin. (Analyt. Biochem. [New York] **3,** 97—108, 1962; Boston, Mass., Boston Univ., School of Med., Dep. of Biochem.; engl.) — 10. vgl. C. **1962,** 4595. — Die Verw. von *Oestrogenacetaten* erleichtert die Trennung in den kurzen Silikonölkolonnen. Schwacher *Oestrogen*-Abbau im Harn durch Mineralsäuren wurde gefunden. O. Janson. 4559◇

1222 **Beitrag zum Studium der Protein-aufbauenden proteoanabolischen Wirkungen von Dimethazin (Klinische Untersuchungen).** C. Cei und G. Anselmi. (Gazz. med. ital. **122,** 57—61, 1963; Piacenza, Osped. Civ. di Castel San Giovanni; ital.) — Bei einer Gruppe von Patienten in schlechtem Allgemeinzustand bewirkte *2α.-17α-Dimethyl-5α-androstan-17β-ol-3.3'-azin* (*Dimethazin*, „Roxilon" *Richter*; **I**) eine deutliche Gew.-Zunahme u. ein Positivwerden der N-Bilanz. Der W.- u. Na-Haushalt wurden nicht beeinflußt. **I** förderte außerdem die Bldg. von organ. Knochensubstanz (Ossein). K. Zingraf. 4559◇

1223 **Wirkung von Testosteron- und Gonadotropininjektionen auf die Entwicklung der Geschlechtsorgane von männlichen Zink-Mangelratten.** M. J. Millar, P. V. Elcoate, M. I. Fischer und C. A. Mawson. (Canad. J. Biochem. Physiol. **38,** 1457—66, 1960; Chalk River, Ontario, Atomic Energy of Canada Ltd., Biol. and Health Phys. Div., Biol. Branch; engl.) — Bei *Zn-Mangelratten*, die Zn-armes Futter erhielten, bewirkte die Injektion von *Testosteronpropionat* (**I**) oder *Gonadotropin* (**II**), 13—28 Tage, lang ein deutliches Wachstum der accessor. Geschlechtsorgane, jedoch blieb der Zn-Geh. der Prostata niedrig. Die vor der Behandlung eingetretene Hodenatrophie wurde durch **I** nicht aufgehoben. **II** erhöhte bei unreifen Testes die Wachstumsgeschw., bei reifen trat jedoch die charakterist., durch Zn-Mangel bedingte tubuläre Atrophie ein. K. Zingraf. 4559◇

1224 **Metamere Anordnung des Gewebes mit Sekretion von männlichem Hormon bei den verschiedenen Oniscoiden-Typen.** Jean-Jacques Legrand und Pierre Juchault. (C. R. hebd. Séances Acad. Sci. **250,** 764—66, 1960; franz.) — Das Gewebe, das ♂ Hormon sezerniert, zeigt bei den verschiedenen Typen von *Oniscoiden* (Krebstiere) eine verschiedenartige Verteilung, die an die metamere Anordnung der Trakte der nichtdifferenzierten Gonaden gebunden ist. K. Zingraf. 4559◇

1225 **Die Wirkungen von Octacosanol auf das Wachstum des Kükenkammes.** Ezra Levin. (Proc. Soc. exp. Biol. Med. **112,** 331—34, 1963; Monticelli, Ill.; Vio Bin Corp.; engl.) — Synthet. *Octacosanol* (**I**) u. aus Weizenkeimöl isoliertes **I** verursachen bei Küken eine starke Zunahme des Kammwachstums. Eine Dosierung von 0,00036 bis 1296 μg verursacht die gleiche quant. Wirkung. Die Wrkg. von 0,00036 μg **I** ist vergleichbar mit der von 4 μg *Testosteronpropionat.* Die **I**-Wrkg. ist von der Rasse abhängig. W. Hiller. 4559◇

1226 **Wirkung bestimmter cytostatischer und fungistatischer Steroide auf die Aktivität des reticuloendothelialen Systems.** T. Nicol und D. L. J. Bilbey. (Nature [London] **198,** 492, 1963; London, Univ. of London, King's Coll., Dep. of Anat.; engl.) — Bericht über die Wrkg. von 6 synthet. Steroiden auf die phagocyt. Aktivität des reticuloendothelialen Syst. der Maus. Der phagocytot. Index (normal 16) betrug nach täglich 500 μg *Androst-5-en-3β.16β-diol* (**I**) 9,2, nach 100 μg **I**-*Diacetat* 14,6, nach 100 μg *3-β-Methoxyandrost-5-en-16β-ol* 9,8 (somit stärkste Hemmung des reticuloendothelialen Syst. in Übereinstimmung mit der starken cytostat. u. fungistat. Wrkg., wie sie von Jones u. Mitarbeitern, C. **1959,** 6834, bei dieser Verb. beobachtet wurde), nach 100 μg *3β-Methoxyandrost-5-en-16α-ol* 18,7, nach 100 μg *3β-Äthoxyandrost-5-en-16β-ol* 13,6, nach 100 μg *Androst-5-en-3β.16β.17β-trioltriacetat* 16,3. U. Tausendfreund. 4559◇

1227 **Die Wirkung von Gonadotropinen und Oestron auf den Gehalt der Nucleosidphosphate in Ovar und Uterus.** G. Bettendorf, U. Böttcher, C. le Coutre und H. Maass. (Klin. Wschr. **41,** 398—406, 1963; Hamburg-Eppendorf, Univ., Frauenklin.; dt.) — Die Wrkg. von *gonadotropen Hormonen* auf Stoffwechselvorgänge ist bisher noch nicht geklärt. Es wurde deshalb versucht, durch Messung der Nucleosidphosphat-Geh. in den Erfolgsorganen Stoffwechsel-Wrkg. der Gonadotropine zu erfassen. So treten nach Verabreichung von *hypophysärem Humangonadotropin* bereits nach 1 Std. im Ovar u. Uterus des Meerschweinchens deutliche Veränderungen auf [Anstieg des Geh. an *Adenosinmonophosphat, Adenosindiphosphat* u. *Adenosintriphosphat* (ATP)]; nach 2 Std. stellt sich ein neuer stationärer Zustand ein, der durch Verminderung des Nucleosidphosphat-Geh. (bes. ATP) gek. ist. In der Leber als Kontrollorgan sind keine derartigen Veränderungen nachweisbar. Der Wrkg. liegt keine echte Dosis-Wrkg.-Beziehung zugrunde; maximale Wrkg. ist bereits mit 8 HMG-E. zu erzielen. Die Tropin-Wrkg. kommt nicht über eine in Gang gesetzte Östrogen-Synth. zustande, da durch *Östron* die Wrkg. im Ovar nicht beeinflußt wird (im Uterus wird die Wrkg. modifiziert). Besprechung der Folgerungen auf die Regulierung des Stoffwechsel durch gonadotrope Hormone. U. Tausendfreund. 4560◇

1228 **Eine gonadotropinhemmende Substanz im Harn normaler Personen.** Louis J. Soffer, Jorge Salvaneschi und Walter Futterweit. (J. clin. Endocrinol. Metabolism **22,** 532—34, Mai 1962; New York, N. Y., Mount Sinai Hosp., Endocrine Labor. and Dep. of Med. and Chem.; engl.) — Die Extrakte (nach der Meth. für Gonadotropinextraktion) des Harns verschiedener Altersgruppen normaler Personen (6—12, 12—20, 20—40 u. über 60 Jahre) zeigen die Ggw. eines *Gonadotropinhemmstoffes.* Der gleiche Extrakt, welcher die Wrkg. von menschlichem Choriongonadotropin auf das Gew. des Mäuseuterus hemmt, übt keine Hemmung auf die Rk. des Uterus gegenüber Östron aus. U. Tausendfreund. 4560◇

1229 **Wirkung üblicher Arzneimittel auf die Ausscheidung von Gonadotropinen mit dem Harn.** Solomon Ciprut, Joseph N. Silverstein, Harold L. Schwartz, Elaine B. Feldman und Anne C. Carter. (J. clin. Endocrinol. Metabolism **22,** 535—36, 1962; New York, N. Y., State Univ. of New York, Coll. of Med., Dep. of Med.; Brooklyn, N. Y., Kings County Hosp., Med. Serv.; engl.) — Bei Unters. der *Gonadotropin*(**I**)-Ausscheidung mit dem Harn bei postmenopausalen Frauen (nach Mammaablation wegen Brustkrebs, jedoch frei von Metastasen) konnte eine große Schwankungsbreite der **I**-Ausscheidungswerte erneut bestätigt werden. Diese Schwankungsbreite ließ sich nicht durch die Verabfolgung von *Phenobarbital* (3mal 30 mg/Tag), *Tetracyclinhydrochlorid* (4 mal 250 mg), *Reserpin* (0,25 mg), *Codeinsulfat* (4 mal 15 mg), *Chlorpromazin* (3 mal 25 mg) oder *Acetylsalicylsäure* (5 mal 0,6 g) erklären; keines der Mittel bewirkte eine Hemmung der **I**-Ausscheidung. U. Tausendfreund. 4560◇

1230 **Als Antagonisten wirkende Analoge von Oxytocin.** G. W. Bisset. (J. Physiology **165,** 69P—71P., 1963; London, Mill Hill, Nat. Inst. for Med. Res.; engl.) — Folgende Analoge von *Oxytocin* (**I**) besaßen eine wehenerregende Wrkg. (WW) am isolierten Rattenuterus, die jedoch geringer war als die von **I**: Sar-Cys^1-I, Leu-Cys^1-I (**II**), Tyr (Me)^2-I (**III**), Leu^3-I, Alle^3-I, Nleu^3-I, Val^3-I u. Nval^3-I. Die gleichen Verbb. u. Leu^2-I zeigten am Meerschweinchen eine Wrkg. auf die Lactation (LW). Gly-Cys^1-I, **II** u. Leu-Gly-Gly-Cys^1-I wirkten als Antagonisten gegen LW, **III** gegen WW von **I**. K. Zingraf. 4560◇

1231 **Die insulinartige Wirkung von Oxytocin auf Fettgewebe.** I. Arthur Mirsky und Gladys Perisutti. (Biochim. biophysica Acta [Amsterdam] **50,** 603—04, 1961; Pittsburgh, Pa., Univ. of Pittsburgh, School of Med., Dep. of Clin. Sci.; engl.) — Im Verlauf von Unterss. über den Einfl. von –SH- bzw. –SS-Gruppen-enthaltenden Verbb. auf Ausnutzung von *Glucose*(**I**) durch das Fettgewebe in vitro wurde beobachtet, daß synthet. *Oxytocin* (**II**) eine dem *Insulin* ähnliche Wrkg. ausübt. Unbehandeltes Gewebe oxydiert im Durchschnitt 3,14 ± 0,11 μMol I/g feuchtes Gewebe/3 Std., während in Ggw. von mit 100 Millieinheiten **II** behandeltem Gewebe 7,94 ± 0,4 μMol I oxydiert werden. Bei 48 Std. dauernden Verss. sind die entspr. Werte: 4,16 ± 0,22 bzw. 909 ± 0,62. A. Hesse. 4560◇

1232 **Kreislaufwirkungen eines neuen synthetischen Vasopressins. Experimentelle Untersuchungen mit (2-Phenylalanin-8-Lysin)-Vasopressin.** A. Tsakiris und A. Bühlmann. (Dtsch. med. Wschr. **88**, 46—52, 1963; Zürich, Univ., Med. Klin.; dt.) — *[2-Phenylalanin-8-Lysin]-Vasopressin* (*Octapressin*, Sandoz) führt zu kräftiger Blutdrucksteigerung (systol. ca. 25, diastol. 13 mm Hg/I. E., fast lineare Dosis-Wrkg.-Beziehung zwischen 1/2 u. 3 I. E., Wrkg.-Dauer ca. 20 Min., Pulsfrequenzabnahme, bei i. v. Infusion bleibt Herzzeitvol. prakt. konst.), die auf periphere Gefäßverengung u. Widerstandserhöhung zurückzuführen ist. Der Lungengefäßwiderstand bleibt unverändert. Die Leberdurchblutung wird vermindert (bei 1 I. E./Min. um 46% an Gesunden, um 37% bei Lebercirrhose). Bei portaler Hypertension sinkt der Portaldruck. O_2-Verbrauch des Splanchnicusgebietes bleibt unverändert. Hauptindikationen sind Ösophagusvaricenblutungen u. isovoläm. Schock. U. Tausendfreund. 4560◇

1233 **Vasopressin und Schilddrüsenfunktion beim Kaninchen.** J. Garcia, G. W. Harris und W. J. Schindler. (J. Physiology **162**, 64 P—65 P, Juli 1962; London, Maudsley Hosp., Inst. of Psychiatr., Dep. of Neuroendocrinol.; engl.) — Bei normalen u. hypophysektomierten Kaninchen steigerte Infusion von *Vasopressin* die Sekretion von Schilddrüsenhormon. K. Zingraf. 4560□

1234 **Die Zersetzung von Präparaten des thyreotropen Hormons aus der Hypophyse des Menschen und des Stieres mit proteolytischen Fermenten.** Je. Je. Limanowa und D. E. Grodsenski. (Probleme Endokrinol. Hormontherap. [UdSSR] **9**, Nr. 1, 23—26, 1963; Allunions-Inst. für exp. Endokrinol.; russ., Auszug: engl.) — Es wird ein Vgl. des Verh. der Präpp. des *thyreotropen Hormons* aus der Hypophyse des Menschen u. des Stieres gegenüber proteolyt. Fermenten geführt. Es zeigt sich, daß die Zers.-Geschw. des *Trypsins* aus dem thyreotropen Hormon von Mensch u. Stier gleich sind. Unter dem Einfl. von *Hämotrypsin* zersetzt sich das thyreotrope Hormon der Hypophyse des Menschen langsamer als das des Stieres. G. Wesirow. 4560△

1235 **Der Gasumsatz bei Tieren mit Verfettung bei Einführung des Hypophysenpräparates Adiposin.** N. A. Issitschenko. (Probleme Endokrinol. Hormontherap. [UdSSR] **9**, Nr. 1, 39—43, 1963; Allunions-Inst. für exp. Endokrinol., Abt. für Pathophysiol.; russ., Auszug: engl.) — Es wird der Einfl. des *Adiposins* auf die Fettmobilisierung aus dem Leberdepot u. auf den weiteren Weg des Fettes bis zur Verbrennung untersucht. Es wird beobachtet, daß Adiposin die Fettverbrennung bei Tieren mit experimenteller Verfettung stimuliert. G. Wesirow. 4560△

1236 **Untersuchungen über 2.4-Dinitrophenol.** 7. Mitt. **Wirkungen von 2.4-Dinitrophenol und Adenosintriphosphat auf den Kohlenhydratstoffwechsel bei hypophysektomierten Ratten.** Taiji Uenishi. (Folia pharmacol. japon. **55**, 1241—57, 20/11. 1959; Osaka, Osaka City Univ. Med. School, Dep. of Pharmacol.; jap., Auszug: engl. S. 49.) — Hypophysektomie bei Ratten bewirkt starken Verlust von Leber-*Glykogen* (**I**), Abnahme der Gew. der Nebennieren u. Zunahme der *Glucose*-Aufnahme bei den isolierten perfundierten Hinterläufen. Bei den hypophysektomierten Tieren bewirkt eine einzelne *Diphosphopyridinnucleotid*(**II**)-Injektion keine Hyperglykämie u. Hemmung der Glucose-Aufnahme durch die Hinterläufe. Wiederholte **II**-Injektionen bewirken keine **I**-Speicherung in der Leber. Werden die hypophysektomierten Tiere mit *adrenocorticotropem Hormon* (**III**) behandelt, so ist die charakterist. Wrkg. von **II** auf das Leber-**I** u. die Glucose-Aufnahme der Hinterläufe wieder zu verzeichnen. Eine einzelne Administration von *Adenosintriphosphat* zu hypophysektomierten Tieren erhöht den Blutzuckergeh. u. die Glucoseaufnahme der Hinterläufe; wiederholte Injektionen zeigen tox. Wirkung. Vorherige Behandlung mit **III** modifiziert diese Wrkg. nicht. Bei den ektomierten Tieren ist die aktivierende Wrkg. von **II** auf *Epinephrin* nicht markant, die aktivierende Wrkg. tritt jedoch nach Vorbehandlung mit **III** ein. W. Hiller. 4560◇

1237 **Adrenocorticotropes Hormon im menschlichen Plasma.** Don H. Nelson. (Acta endocrinol. [Copenhagen], Suppl. Nr. **51**, 1131—32, 1960; Los Angeles, Calif., Univ. of Southern California, School of Med.; engl.) H. Herper. 4560□

1238 **Über die biologische Prüfung von Corticotropin bei Meerschweinchen.** Aimo Pekkarinen und Eero Tala. (Acta endocrinol. [Copenhagen], Suppl. Nr. **51**, 1123—24, 1960; Turku, Finland, Univ., Dep. of Pharmacol.; engl.) H. Herper. 4560□

1239 **Beobachtungen über die Blockierung der Corticotropinbildung in der Hypophyse, nachgewiesen durch Ascorbinsäureverarmung der Nebenniere.** M. C. Cann und N. R. Stephenson. (Canad. J. Biochem. Physiol. **41**, 1084—87, 1963; Ottawa, Ontario, Dep. of Nat. Health and Welfare, Food and Drug Labor.; engl.) — Es wird bestätigt, daß die Nebennieren-Hypophysen-Achse (gemessen an der Ascorbinsäure-Verarmung der Nebennieren) durch 1,3 mg *Prednisolon* (pro 100 g) u. 0,7 mg *Dexamethason* bei der Ratte blockiert werden kann; außerdem konnte eine Hemmung der endogenen Sekretion von *adrenocorticotropem Hormon* (ACTH) durch 2 mg *6α-Methylprednisolonacetat*, 0,5 mg *9α-Fluroprednisolonacetat* u. 2 mg *Triamcinolonacetonid* erzielt werden. 5—15 mg *Na-Pentobarbital* (auf verschiedenen Verabreichungswegen) hatten keine Hemmung der endogenen ACTH-Sekretion zur Folge. Daß trotz der Möglichkeit zur Hemmung der endogenen ACTH-Sekretion hypophysektomierte Tiere besser zum Nachw. von ACTH geeignet sind, wird nicht bestritten. U. Tausendfreund. 4560◇

1240 **Wirkung von Diphenylhydantoin auf die Hypophysen-Nebennieren-Beziehungen.** Dorothy T. Krieger. (J. clin. Endocrinol. Metabolism **22**, 490—93, Mai 1962; New York, N. Y., Mount Sinai Hosp., Endocrine Res. Labor. and Dep. of Med.; engl.) — Kurzdauernde Verabreichung therapeut. Dosen von *Diphenylhydantoin* (*Dilantin*, Parke Davis & Co.; dreimal 100 mg/Tag für 14 Tage) beeinflußt die Hypophysen-Nebennierenfunktion durch Blockierung der hypophysären Freisetzung von *adrenocorticotropem Hormon*. U. Tausendfreund. 4560◇

1241 **Die Veränderungen des Phosphor-Kohlenhydratumsatzes der Erythrocyten bei gesunden Kaninchen unter dem Einfluß von Cortison.** B. Ss. Beresowski. (Probleme Endokrinol. Hormontherap. [UdSSR] **9**, Nr. 1, 7—11, 1963; Kasan, Med. Inst., Lehrstuhl für Röntgenol. u. Radiol.; russ., Auszug: engl.) — Vgl. C. **1963**, 7842. — In 2 Serien von Verss. an gesunden Kaninchen wird der Einfl. der verschiedenen Dosen *Cortison* auf den Phosphor-Kohlenhydrat-Umsatz der Erythrocyten untersucht. Es wird beobachtet, daß die einmalige Einführung von Cortison in der Dosis von 25—50 mg den Phosphor-Kohlenhydrat-Umsatz der Erythrocyten verändert. Sie vermindert einen erhöhten u. steigert rasch einen gesenkten Umsatz. Eine wiederholte Gabe steigert den Umsatz u. verstärkt dystroph. Prozesse. G. Wesirow. 4561△

1242 **Der Einfluß von Cortison auf die Wundheilung.** M. B. Rappoport, K. W. Mossketi und P. I. Gladunetz. (Bull. exp. Biol. Med. [UdSSR] **53** (27), Nr. 4, 108—10, 1962; Archangelsk, Med. Inst.; russ., Auszug: engl.) — Im Kaninchen-Vers. zeigt die Behandlung von Wunden der Haut u. der darunterliegenden Muskulatur mit *Cortison* (**I**) Abnahme der Exsudation, Hemmung der Proliferation der Bindegewebselemente im Anfangsstadium der Regeneration u. starke dystroph. Veränderungen in den Muskelfasern. Daneben beobachtet man nach **I** im späteren Stadium Regeneration der Muskelfasern u. Auftreten von Myoblasten an den Wundrändern. **I** wird als Heilmittel für Muskelwunden empfohlen. O. Lebtag. 4561△

1243 **Untersuchungen der Produktion von Hydrocortison, gemessen durch die Isotopenverdünnungsmethode**

bei Nebennierenrindenerkrankungen und idiopathischen Hirsutismus. G. F. De Witt, J. S. Robson und C. P. Stewart. (Clin. chim. Acta [Amsterdam] **7**, 664—73, 1962; Edinburgh, Univ., Dep. of Clin. Chem. and Terap.; engl.) — Es werden zwei Meth. beschrieben zur Messung der endogenen Produktion von *Hydrocortison* (**I**), die Blutmeth. nach Peterson u. Wyngaarden u. die Urinmeth. nach Cope u. Black. Die Best. der Geschw. der Produktion von I scheint die empfindlichste Meth. zu sein zur Auffindung einer Nebennierenrindenüberfunktion. Die bei Patienten mit idiopath. Hirsutismus erhaltenen Resultate bestätigen die Ansicht, daß die Synth. von I dabei nicht unterdrückt wird.
H. Aman. 4561◇

1244 **Untersuchung der wachstumshemmenden Wirkung von Hydrocortison auf eine in vitro wachsende Mäuselymphomzelle.** L. Aronow und J. D. Gabourel. (Biochem. Pharmacol. **9**, 227—32, Aug. 1962; Palo Alto, Calif., Stanford Univ., School of Med., Dep. of Pharmacol.; engl.) — An der in vitro wachsenden Mäuselymphomzelle bewirkt *Hydrocortison* frühzeitig eine Hemmung der Eiweißerzeugung u. der Aktivität der Transaminasen der Zelle mit einer Anreicherung von *Alanin* u. einer Abnahme von *Asparaginsäure* u. *Glutaminsäure* in der Zelle; schließlich wird das Wachstum gehemmt. Dieser Test kann zur Best. der Wirkstärke entzündungshemmender Steroide verwandt werden.
K. Zingraf. 4561◇

1245 **Wirkungen der Nebennierenrindenhormone auf die Blutdrucksenkung infolge von Histamin beim Hund.** C. Valette, Y. Cohen und H. Huidobro. (Arch. int. Pharmacodynam. Thérap. **129**, 364—70, 1960; Paris, Univ., Fac. de Pharm., Labor. de Pharmacodyn.; franz.) — Die Blutdrucksenkung infolge von *Histamin* wird beim Hund durch *Hydrocortison* deutlich veringert, durch Desoxycorticosteron dagegen nicht beeinflußt.
K. Zingraf. 4561◇

1246 **Cortisolumsatz beim Schaf.** J. Y. F. Paterson. (Biochem. J. **86**, 1 P, 1963; Cambridge, A. R. C. Inst. of Animal Physiol., Biochem. Dep.; engl.) — Bei untrainierten Schafen konnte ein rascher *Cortisol*(**I**)-Umsatz mit einer Umsatzkonst. *k* von 0,1 pool · Min^{-1} gefunden werden. Unter Zugrundelegung von k und dem Geh. des Organismus an **I** (130—2400 μg) wurde eine Sekretionsgeschw. von 7—192 μg/Std./kg Körpergew. ermittelt.
U. Tausendfreund. 4561◇

1247 **Die Wirkungen von Einzeldosen Desoxycorticosteronacetat und Cortison auf die Gefäßreaktion der weiblichen Ratte auf Hypophysenhinterlappenhormone.** L. H. Honoré. (Quart. J. exp. Physiol. cognate med. Sci. **47**, 334—44, Okt. 1962; Edinburgh, Univ., Dep. of Physiol.; engl.) — *Desoxycorticosteronacetat* (**I**) verringert bei ♀ Ratten die Empfindlichkeit gegen die Blutdruckwrkg. von *Vasopressin* (**II**); nach **I** sprachen die meisten Tiere auf *Oxytocin* (**III**) zunächst mit einer geringen Abnahme u. einem darauffolgenden Anstieg des Blutdrucks an. *Cortison* (**IV**) erhöhte die Rk.-Fähigkeit der Tiere ohne Östrus auf **II**, verringerte aber die **II**-Empfindlichkeit während des natürlichen oder durch *Stilböstrol* (**V**) ausgelösten Östrus. Die Rk. auf **III** war nach **IV** ähnlich wie nach **I**. Bei Tieren, welche eine diphas. Rk. auf **II** u. nur Blutdruckabfall oder ebenfalls eine diphas. Rk. nach **III** zeigten, wurde die Phase der Blutdrucksenkung durch *Dihydroergotamin* (**VI**) aufgehoben u. nur der Blutdruckanstieg blieb erhalten (Ausnahme **IV**-behandelte Tiere mit Östrus u. einige mit **IV**- u. **V**-behandelte ♀ Ratten: Bei ihnen wurde der Blutdruckabfall durch **VI** u. durch anschließend verabreichtes Atropin jeweils noch weiter verstärkt).
K. Zingraf. 4561◇

1248 **Vergleich der Stoffwechselwirkungen hoher und massiver Prednison-Dosen.** M. B. Lipsett, Ernest Greenberg und Olof H. Pearson. (J. Lab. clin. Med. **56**, 63—71, 1960; New York, N. Y., Sloan-Kettering Inst. for Cancer Res., Div. of Clin. Invest.; Memor. Center, Memor. and James Ewing Hosps., Dep. of Med.; engl.) — Bericht über Stoffwechselunterss. an 3 Patienten, die 100 bzw. 1000 mg *Prednison* (**I**) täglich erhielten. Bei einem Patienten zeigte der N-Verlust beim Übergang zur höheren Dosis keine Veränderung, bei den beiden anderen Patienten nahm er zu, jedoch nicht proportional zur Dosis; in ähnlicher Weise entsprach bei einem Patienten mit chron. lymphat. Leukämie der 10fachen Steigerung der Tagesdosis von **I** eine nur 2fache Steigerung des N-Verlustes aus dem Tumorgewebe. Bei Dosen von 1000 mg **I** bestand immer eine mäßige Na-Retention.
K. Zingraf. 4561◇

1249 **Wirkung des Nebennierenrindenhormons Ultracorten H auf die Kollagenese in vitro.** W. Stodolnik-Barańska. (Bull. Acad. polon. Sci., Sér. Sci. biol. **10**, 283—89, 1962; Warsaw, School of Med., Dep. of Histol. and Embryol., engl.) — Schenkel- u. Schienbeinknochen von 14 Tage alten Küken gleicher Größe werden unter gleichen Bedingungen mit u. ohne Zusatz des Nebennierenrindenhormons *Ultracorten H* (**I**; Ciba) kultiviert. 0,01 mg **I**/ml u. höhere Konzz. verursachen eine mit der Konz. parallel verlaufende Wachstumshemmung. Vf. deutet diese Wrkg. als Ergebnis einer Hemmung der Kollagen-Bildung. P. Nachtwey. 4561◇

1250 **Ungesättigte Harnsteroide.** Kurt Schubert. (Acta endocrinol. [Copenhagen], Suppl. Nr. **51**, 1019, 1960; Jena, Inst. für Mikrobiol. und exper. Therapie der Dt. Akad. der Wiss. zu Berlin; dt.) H. Herper. 4561□

1251 **Harnausscheidung von Aldosteron bei dem Syndrom arterieller idiopathischer Hypertension.** L. E. Piotti, J. D. Romani, A. Keller und E. Ferrari. (Acta endocrinol. [Copenhagen], Suppl. Nr. **51**, 175, 1960; Pavia, Italia, Univ., Patol. med. et Paris, Hospit. Laennec; franz.) H. Herper. 4561□

1252 **Untersuchungen über den Gehalt an freien und konjugierten 17-Hydroxycorticosteroiden und ihr täglicher Rhythmus im Plasma während normaler und toxämischer Schwangerschaft.** Aimo Pekkarinen, Lauri Rauramo und Björn Thomasson. (Acta endocrinol. [Copenhagen], Suppl. Nr. **51**, 667, 1960; Turku, Finland, Univ. of Turku, Dep. of Pharmacol. and Dep. of Obstetrics and Gynecol.; engl.) — H. Herper. 4561□

1253 **Pharmakologische Eigenschaften einiger 9β.10α-Steroid-Hormone (Retro-Steroide).** H. F. L. Schöler, R. H. Reerink und P. Westerhof. (Acta endocrinol. [Copenhagen], Suppl. Nr. **51**, 917, 1960; Weesp, Central Res. Labor. Philips-Duphar; engl.) H. Herper. 4561□

1254 **Die Wirkungen der Daueranwendung einiger Nebennierenrindensteroide bei der Ratte.** P. F. D'Arcy und E. M. Howard. (J. Pharmacy Pharmacol. **14**, 294—305, Mai 1962; Ware, Hertforgshire, Allen & Hanburys Ltd., Res. Div.; engl.) — 6 Wochen lange Anwendung von *Cortisonacetat, Hydrocortisonacetat, Prednisonacetat, Prednisolon, Fludrocortisonacetat* oder hohen Dosen *Desoxycorticosteronacetat* jeden 2. Tag wirkte bei Ratten wachstumshemmend u. verringerte das Gew. der Nebennieren. Die Lokalisation der Rindenatrophie u. der Abnahme sudanophiler Lipide war je nach Art des angewandten Steroids verschieden. Die Nebennierenrindenatrophie war mit dem Absetzen der Behandlung reversibel. K. Zingraf. 4561◇

1255 **Corticosteroide und Arbeitskapazität vom isolierten Rattenherz-Präparat.** Neil Solomon, Harold B. Markowitz und George Sayers. (Acta endocrinol. [Copenhagen], Suppl. Nr. **51**, 825, 1960; Cleveland, Ohio, Western Res. Univ., School of Med., Dep. of Physiol.; engl.) H. Herper. 4561□

1256 **Chromatographische Verteilung von 17-Hydroxycorticoiden auf einer $CaSO_4$-Säule.** J. Matis und O. Adamec. (Chem. Zvesti **16**, 482—85, 1962; Lubochna, Odborny liecebný ústav endokrinologický; slowak.) — Auf einer $CaSO_4$-Säule konnte man *Cortisol, Cortison* u. *17-Hydroxy-desoxy-corticosteron* mit Chlf. als Lsgm. klar abtrennen. Die Ausbeuten sind 90—96%. Die Meth. wurde auch zur Trennung der Harnextrakte benutzt.
Z. Pechan. 4561△

1257 **Nachweis von Steroiden auf Chromatographieplatten mit Hilfe einer nichtdestruktiven Methode.** G. S. Boyd und H. R. B. Hutton. (Biochim. biophysica Acta [Amsterdam] **69**, 419—20, 1963; Edinburgh, Univ., Dep. of Biochem.; engl.) — Zum Nachw. von *Steroiden* (bes. Nebennierenrindensteroide, Östrogene, Cholesterin-Abbauprodd.) eignet sich folgende Meth.: Mischung

verschiedener anorgan. Phosphate, welche unter Hg-UV-Licht grün fluorescieren, mit Silicagel G (Merck) zur Verw. einer Dünnschichtchromatographie auf Glasplatten; die Schichtseite wird der UV-Quelle ausgesetzt u. von der Glasseite her betrachtet; Substanzen mit maximaler Absorption zwischen 240 u. 280 mμ erscheinen als dunkle Flecken u. können auf der Glasseite markiert werden; es ist Elution oder spektrophotometr. Unters. bzw. Prüfung auf Radioaktivität möglich. Durch Veränderung der Wellenlänge des Lichtes sind Modifikationen möglich; mit H-Lampe u. verschiedenen Filtern können auch Aussagen über UV-absorbierende Eigg. u. über mögliche mol. Struktur gemacht werden.
U. Tausendfreund. 4561◇

1258 **Papierchromatographie phenolischer Steroide.** R. Knuppen. (Z. Vitamin-, Hormon- u. Fermentforsch. [Wien] **12**, 355—401, 1963; Bonn, Chir. Univ.-Klin. u. Poliklin., Chem. Abt.; dt.) — Übersicht. — 120 Literaturangaben. K. Zingraf. 4561◇

1259 **Die Rolle der Nebennieren beim Lipoidstoffwechsel.** Daniel A. Sherber. (Acta endocrinol. [Copenhagen], Suppl. Nr. **51**, 845, 1960; New York, N. Y., Fordham Hospital, Metabolic Res. Labor.; engl.)
H. Herper. 4561□

1260 **Calorigene Reaktion kälteadaptierter Kaninchen auf Adrenalin und Noradrenalin.** W. H. Cottle. (Canad. J. Biochem. Physiol. **41**, 1334—37, 1963; Edmonton, Alberta, Univ. of Alberta, Dep. of Physiol.; engl.) — Stoffwechselunterss. zeigen, daß kälteadaptierte Kaninchen (bis — 37° im Verlaufe eines strengen Winters) auf Infusion von 5 μg *Adrenalin* (**I**) stärker reagieren als Kontrolltiere (29—30°); die Rk. kälteadaptierter Tiere tritt im Gegensatz zu Kontrollen sofort auf. Kälteadaptierte Kaninchen reagieren auch auf 5 μg *Noradrenalin*, jedoch schwächer als auf **I**, während Kontrollen keine eindeutige Rk. aufweisen. Das kälteadaptierte Kaninchen scheint gegenüber **I** empfindlicher zu sein, weshalb **I** wohl eine wichtigere Rolle bei der Adaptation des Kaninchens als bei der Ratte spielt.
U. Tausendfreund. 4561◇

1261 **Der Einfluß von Calcium auf die Sekretionsleistung der Glandula submaxillaris nach Acetylcholin und Noradrenalin.** W. W. Douglas und A. M. Poisner. (J. Physiology **165**, 528—41, 1963; New York, Yeshiva Univ., Coll. Med., Dep. of Pharmacol.; engl.) — Die Sekretionsleistung der akut denervierten u. isoliert durchströmten Gl. submaxillaris der Katze nach *Acetylcholin* (**I**) oder *Noradrenalin* wird gehemmt bei Durchströmung mit Ca-freier Locke-Lsg. — Erhöhung des *Ca*-Geh. der Locke-Lsg. erhöht die Wrkg. von **I**. *Mg* (10 nm) hemmt den **I**-Effekt. Die Bedeutung des Ca für den **I**-Effekt wird ausführlich diskutiert.
Joachim Schmidt/Magdeburg. 4561◇

1262 **Die Reaktion normaler Blutgefäße der Retina auf Angiotensin und Noradrenalin.** C. T. Dollery, D. W. Hill und J. V. Hodge. (J. Physiology **165**, 500—07, 1963; London, Hammersmith Hosp., Dep. Med.; engl.) — Die Gefäßweite der Arteriolen u. Venen der Retina des Menschen wurde photograph. vor, während u. nach Infusion von *Angiotensin* u. *Noradrenalin* bestimmt. Beide Stoffe verursachen eine Verengung der Arteriolen u. Venen, wobei die kleineren Gefäße stärker reagieren als die größeren.
Joachim Schmidt/Magdeburg. 4561◇

1263 **Die Wirkung von intravenösem Noradrenalin auf den Sauerstoffverbrauch neugeborener Säugetiere.** J. W. Scopes und J. P. M. Tizard. (J. Physiology **165**, 305—26, 1963; Oxford, Univ., Nuffield Inst. for Med. Res.; engl.) — Durch i.v. Injektion von bereits 0,25 bis 0,5 μg *Noradrenalin*(**I**)/kg/Min. kann bei neugeborenen Katzen u. Kaninchen eine Erhöhung von O_2-Verbrauch u. Rektaltemp. erzielt werden. Diese **I**-Wrkg. geht mit steigendem Alter zurück, wobei keine Beziehung zur Anpassung an die relativ kältere extrauterine Umgebungstemp. besteht. Überlegungen über den Mechanismus dieser **I**-Wrkg. lassen die Ursache bisher nicht klar erkennen; durch verstärkte Muskelaktivität kommt die Temp.-Erhöhung u. der erhöhte O_2-Verbrauch nicht zustande; ebenso besteht keine Beziehung zu Blutdruckanstieg, Vasoconstriction in der Haut oder Veränderungen der Blutkonz. an Lactat, Glucose oder Ketonen; der Ort der Temp.-Bldg. scheint nicht auf ein bestimmtes Organ beschränkt zu sein. U. Tausendfreund. 4561◇

1264 **Die Wirkung kleiner Noradrenalindosen auf die Glucose-, Phosphor- und Kaliumaufnahme bzw. -abgabe der Leber gesunder Hunde.** H. Drischel, K. D. Fett, Annemarie König und W. Rautenberg. (Pflügers Arch. ges. Physiol. Menschen Tiere **276**, 11—17, 1962; Greifswald, Univ., Physiolog. Inst.; dt.) — An stoffwechselgesunden Hunden wurde vor, während u. nach 2std. Infusion von *l-Noradrenalin* (**I**), in einer Dosierung von **1** γ/kg/min i.v., der arterielle *Blutglucose-*, *Phosphat-* u. *Kaliumspiegel* bestimmt, sowie die Aufnahme bzw. Abgabe von *Glucose*, *anorgan. Phosphat* u. *K* durch die Leber ermittelt. Es zeigte sich, daß kleine **I**-Dosen eine kurzfristige Hyperglykämie u. eine Glucosemobilisierung aus der Leber bewirken. Ferner konnten Vff. eine signifikante Erhöhung des arteriellen *K-Spiegels* nachweisen, die zum Teil durch eine *K*-Abgabe aus der Leber erklärt werden konnte, zum Teil ihre Ursache vermutlich in einer gesteigerten K-Abgabe der glatten Muskulatur hat. R. Illhardt. 4561◇

1265 **Wirkung von Adrenalin auf die durch Eserin partiell gehemmte neuromuskuläre Übertragung.** M. Midrio und E. Xamin. (Arch. ital. Sci. farmacol. [**3**] **11**, 23—28, Jan. 1961; Padova, Univ., Ist. di Fisiol. umana; ital.) — Die durch *Eserin* (**I**) bewirkte partielle Hemmung der in einem Phrenicusnerv-Zwerchfellpräp. der Ratte in Krebsscher Lsg. indirekt ausgelösten Kontraktion wird durch *Adrenalin* (**II**) verringert. Bei Eintauchen des Präp. in eine Ca^{2+}- oder Mg^{2+}-freie Lsg. wird die durch **I** bewirkte Hemmung durch **II** je nach **I**-Empfindlichkeit des Präp. verstärkt oder verringert.
K. Zingraf. 4561□

1266 **Die Verteilung sympathicomimetischer Amine nach der Einführung von Adrenalin in den Geweben gesunder Ratten und bei Alloxandiabetes.** A. M. Baru. (Probleme Endokrinol. Hormontherap. [UdSSR] **9**, Nr. 1, 12—17, 1963; Ukrain. Inst. für exp. Endokrinol.; Ukrain. Inst. für Psychoneurol.; russ.) — An Ratten mit experimentellem Alloxandiabetes wird das Sympathicoadrenalsyst. studiert. *Adrenalin* findet man 15 Min. nach Einführung einer Dosis von 150 γ/100 g im Herzmuskel u. sehr wenig in der Niere. In Blut, Gehirn u. Leber ist kein Adrenalin nachzuweisen. Bei Tieren mit schwerem Alloxandiabetes tritt neben der Senkung des Noradrenalin-Geh. im Herzmuskel eine rasche Senkung des Geh. an akkumuliertem Adrenalin ein.
G. Wesirow. 4561△

1267 **Einfluß von Ovarialhormonen und Denervierung auf die Brenzcatechinamine des Rattenuterus.** V. Oskarsson. (Acta endocrinol. [Copenhagen] **34**, 38—44, 1960; Lund, Kungl. Univ., Dep. of Pharmacol.) — Der Rattenuterus enthält viel weniger *Adrenalin* (**I**) als *Noradrenalin* (**II**); manchmal fehlt **I** vollständig. Der Gesamtgeh. von **II** variierte während des Östrus, Diöstrus u. der Schwangerschaft nicht wesentlich. Behandlung ovarektomierter Ratten mit *Ovarialhormonen* beeinflußte den Geh. von **I** u. **II** in Uterus nicht, partielle Denervierung des Uterus halbierte ihn.
K. Zingraf. 4561◇

1268 **Wirkung einiger Arzneimittel auf die Noradrenalinfreisetzung aus isolierten Nervengranula.** U. S. von Euler und F. Lishajko. (Biochem. Pharmacol. **9**, 77—84, Aug. 1962; Stockholm, Karolinska Inst., Physiol. Dep.; engl.) — *Noradrenalin*(**I**)-haltige Speichergranula, welche vom Splenicus von Rindern isoliert wurden, behielten ihren **I**-Geh. bei 0—4° mehrere Std. lang, setzten dagegen bei höherer Temp. spontan **I** frei. Diese Freisetzung wurde durch 0,2 · 10^{-4}–10^{-3} m *Tyramin*, 10^{-3} m *Reserpin* (**I**), 10^{-1} m *Xylocholin*, *β-Methylxylocholin* (**II**), *Cocain* (**III**) oder *Xylocain* (*Lidocain* **IV**) gesteigert u. durch 10^{-6}–10^{-8} **I**, 10^{-2} m **II**, 10^{-3} m **III** oder **IV** u. durch 10^{-5}–10^{-3} m *Phenoxybenzamin* gehemmt. Nach spontaner **I**-Abgabe bei 20° können die Granula *Adrenalin* oder **I** aus der Inkubationslsg. aufnehmen, wenn sie in dieser in Konzz. von 5—20 μg/ml enthalten sind. Diese Aufnahme wird durch 0,6 · 10^{-5} m **I** nicht unterbunden. K. Zingraf. 4561◇

1269 **Der Stoffwechsel von ^{131}J im Fötus der Ratte.** Berthe Nataf und Mariette Sfez. (Acta endocrinol. [Copenhagen], Suppl. Nr. **51,** 1205, 1960; Paris, Collège de France, Labor. de Biochim.; franz.) H. Herper. 4562□

1270 **Thyroxin-Analoge bei anhaltender Inkubation von Rattennierenschnitten.** C. S. Pittman, R. H. Lindsay und S. B. Barker. (Acta endocrinol. [Copenhagen], Suppl. Nr. **51,** 1003, 1960; Birmingham, Ala., Univ. of Alabama Med. Center, Dep. of Med. and Dep. of Pharmacol.; engl.) H. Herper. 4562□

1271 **Kinetik der subcutanen Resorption von ^{131}J-Thyroxin, gemessen durch das Ansteigen von ^{131}J im Blut des Rindes.** B. N. Premachandra und C. W. Turner. (J. Dairy Sci. **44,** 1544—48, 1961; Columbia, Univ. of Missouri, Dep. of Dairy Husbandry; engl.) — Bei s.c. Injektion von *^{131}J-Thyroxin* war 30 Min. nach Applikation ^{131}J im Blut nachweisbar. Über einen Zeitraum von 24 Std. verläuft der ^{131}J-Einbau deutlich in zwei Stufen mit unterschiedlicher Geschwindigkeit. Nach 4 Std. trat ^{131}J auch in der Schilddrüse auf. Winfried Krüger. 4562◇

1272 **Ein Vergleich der Bindung von Schilddrüsenhormonen durch Ratten-, Hühner- und Menschenserum.** L. M. S. Dubowitz, N. B. Myant und C. Osorio. (J. Physiology **162,** 358—66, Juli 1962; London, Hammersmith Hosp., Med. Res. Council Exp. Radiopathol. Res. Unit.; engl.) — Das Bindungsvermögen der hauptsächlichen *Thyroxin*(**I**)*-bindenden Substanz* (**II**) im Serum von Ratten bei pH 8,6 u. 7,4 ist viel höher als das von menschlicher **II.** Bei pH 7,4 bindet Ratten-Albumin (**III**) im Gegensatz zu menschlichem **III** kein **I** u. die Konz. von Protein-gebundenem J im Rattenserum wird durch Schwangerschaft oder Östrogeninjektionen nicht beeinflußt. Bei physiolog. pH bestehen im Hühnerserum Unterschiede zwischen der Bindung von I u. von Trijodthyronin. K. Zingraf. 4562□

1273 **Der Einfluß von Schilddrüsenhormon auf den Stoffwechsel von Adenosintriphosphat in Rattenleber.** K. Fletcher, N. B. Myant und D. D. Tyler. (J. Physiology **162,** 345—57, Juli 1962; London, Hammersmith Hosp., Med. Res. Council Experim. Radiopathol. Res. Unit.; engl.) — Kleine *Thyroxin*(**I**)-Dosen, die die *Adenosintriphosphat*(**II**)-Konz. in der Leber von Ratten verringern, aber keine tox. Wrkg. ausüben, erhöhen den O_2-Verbrauch von Lebermitochondrien in Ggw. von α-Glycerophosphat, Succinat u. Glutamat, beeinflussen jedoch die Leistungsfähigkeit der oxydativen Phosphorylierung nicht. 20—50 μg **I** täglich verändern die Kontrolle des O_2-Verbrauchs in isolierten Lebermitochondrien nicht. Der Abbau von zugesetztem **II** in der überstehenden Leberfraktion nach Entfernung der Mitochondrien wird durch Behandlung mit 100 μg **I**/Tag etwas beschleunigt. K. Zingraf. 4562□

1274 **Die Wirkung von Schilddrüsenhormonen auf den Sauerstoffverbrauch isolierter Pferdeleukocyten.** Milton W. Hamolsky, Raymond Michel, Hilda Carnicero und Jean Roche. (Biochim. biophysica Acta [Amsterdam] **69,** 420—22, 1963; Paris, Coll. de France, Labor de Biochim. Gén. et Comp.; engl.) — Es wird über einen raschen Anstieg des O_2-Verbrauchs von Pferdeleukocyten durch in-vitro Zufügung von *L-Trijodthyroessigsäure* (**I**) u. eine geringere, erst nach einiger Zeit einsetzende Erhöhung des O_2-Verbrauchs nach Einw. von *L-Thyroxin* oder *L-Trijodthyronin* berichtet. Diese u. andere rasche Wrkg. von **I** sind vermutlich durch rascheres Penetrationsvermögen von **I** erklärbar. U. Tausendfreund. 4562◇

1275 **Über die Funktion der Schilddrüse im Zusammenhang mit dem Zustand des Lipidumsatzes bei Kranken mit Diencephalsyndrom.** I. Je. Ganelina, I. N. Komarowa und Ja. M. Krajewski. (Klin. Med. [UdSSR] **40(43),** Nr. 9, 129—35, Sept. 1962; Leningrad, Pawlow-Inst. für Physiol.; russ., Auszug: engl.) — Es werden 31 Kranke mit *Diencephalsyndrom* beobachtet. Es zeigt sich, daß der funktionelle Zustand der Schilddrüse bei Diencephalsyndrom in der einen oder anderen Richtung verändert ist. Es ist keine Parallele zwischen der klin. Erscheinung der Erkrankung u. dem Charakter des funktionellen Zustandes der Schilddrüse festzustellen. Die Veränderungen des Lipidumsatzes u. die Funktion der Schilddrüse ist abhängig von der Störung der zentralen Regulationsmechanismen. G. Wesirow. 4562△

1276 **Der Gehalt an Cholesterin und Lecithin im Blut bei thyreotoxischem Kropf.** Ju. M. Michailow. (Probleme Endokrinol. Hormontherap. [UdSSR] **9,** Nr. 1, 62—65, 1963; Swerdlowsk, Med. Inst.; russ.) — Bei der Unters. von 85 an *Thyreotoxikose* Erkrankten zwecks Aufklärung einiger Besonderheiten des Fettumsatzes wird festgestellt, daß der Charakter des Lipoidumsatzes wechselhaft u. nicht überzeugend zu erklären ist. G. Wesirow. 4562△

1277 **Hemmung des peripheren Radiothyroxinstoffwechsels durch Propylthiouracil.** D. W. Slingerland, B. A. Burrows (unter techn. Mitarb. v. A. Ballas und E. Dell). (J. clin. Endocrinol. Metabolism **22,** 511—17, Mai 1962; Boston, Mass., Boston Vet. Admin. Hosp., Radioisotope and Med. Serv.; Boston, Univ., School of Med.; engl.) — Da Behandlung mit *Propylthiouracil* (**I**; alle 6 Std. 200 mg) bei euthyreoiden, hyperthyreoiden u. hypothyreoiden Patienten zur Verzögerung der Eliminierungsgeschw. der Radioaktivität von vorher verabreichtem ^{131}J-L-Thyroxin oder -Thyreoidextrakt im Gesamtkörper sowie des serumproteingebundenen ^{131}J führt, wird angenommen, daß **I** mit dem extrathyreoidalen Stoffwechsel von *Thyroxin* interferiert. U. Tausendfreund. 4562◇

1278 **Über Dextrothyroxin und seinen Einfluß auf den Serum-Cholesterinspiegel und die β-Lipoproteide.** J. Hoeflmayr. (Praxis [Bern] **52,** 193—95, 1963; München; dt.) — An 21 Fällen mit Hypercholesterinämie wird gezeigt, daß D-*Thyroxin* (*Dethyrona*, Chem. Fabrik Schweizerhall) nicht nur den Geh. des Serum an *Cholesterin*, sondern auch den an *β-Lipoproteiden* in 90% der Fälle normalisiert. Anfangs wurden 6 mg, nach 3 Wochen 2 mg/Tag gegeben. Nur 2mal Nebenerscheinungen im Sinne von Hyperthyreose, die nach Absetzen zurückgingen u. bei niedriger Dosis nicht wiederkehrten. U. Tausendfreund. 4562◇

1279 **Ubichinon (Coenzym Q) und die Regulierung des Grundumsatzes durch Schilddrüsenhormone.** S. Pedersen, J. R. Tata und L. Ernster. (Biochim. biophysica Acta [Amsterdam] **69,** 407—09, 1963; Stockholm, Univ., Wenner-Gren Inst.; engl.) — Da *Ubichinone* (*Coenzyme Q*; **I**) zur Mitochondrien-Atemkette gehören u. bei experimenteller Hyperthyreose der Ratte ein erhöhter Geh. an **I** in der Leber gefunden wird, wurde geprüft, ob die Veränderungen des **I**-Geh. von Leber, Herz u. Muskulatur den durch nahezu physiolog. Mengen von Schilddrüsenhormonen bewirkten Erhöhungen des Grundumsatzes vorangehen. Da jedoch in akuten Verss. [innerhalb 2 Std. nach einer Injektion von 25 μg *Trijodthyronin* (**II**) bei schilddrüsenlosen Ratten] trotz Erhöhung des Grundumsatzes noch keine **I**-Erhöhung wie nach längerdauernder Verabreichung von **II** oder *Thyroxin* zu beobachten war, können die Veränderungen des **I**-Geh. im Gewebe eher als Anpassung u. nicht als Ursache der gesteigerten Stoffwechselaktivität angesehen werden. U. Tausendfreund. 4562◇

1280 **Der Magnesiumstoffwechsel bei Erkrankungen der Nebenschilddrüse.** Samir Hanna, K. A. K. North, I. MacIntyre und Russell Fraser. (Brit. med. J. **1961,** II 1253—56, 11/11.; London, Postgraduate Med. School, Dep. of Chem. Pathol., and Med.; engl.) — Der *Mg*-Stoffwechsel von 7 Patienten mit Überfunktion der Nebenschilddrüse wird vor u. nach Entfernung des Organs untersucht. Hyperparathyreoidismus ist mit einer erhöhten Ausscheidg. von *Mg* im Urin verbunden. Nach Entfernung der Nebenschilddrüse sinkt der *Mg*-Spiegel im Plasma, das *Mg*-Gleichgew. wird positiv, wahrscheinlich durch Einbau von *Mg* ins Knochengewebe. Die Versuchsergebnisse zeigen keinen direkten Einfl. des Hormons der Nebenschilddrüse auf den *Mg*-Stoffwechsel. U. Baumann. 4563△

1281 **Oxydationsgleichgewicht von Glucose bei der hypothyreoten diabetischen Ratte: eine Rolle der Nebennierenrinde bei der Glucoseoxydation.** Dorothy S. Dow und C. E. Allen. (Canad. J. Biochem. Physiol. **41,**

1293—1305, 1963; Ottawa, Ontario, Canada Dep. of Agric., Res. Branch, Animal Res. Inst.; engl.) — Während eines für längere Zeit nach intraperitonealer Injektion von *Glucose* (I; $^{14}C_{(1)}$-I u. $^{14}C_{(6)}$-I) aufrechterhaltenen Gleichgew. zwischen den spezif. Aktivitäten von Blut-I u. ausgeatmetem CO_2 wurde bei hypothyreot. diabet. Ratten die Oxydationsgeschw. von I gemessen. Dabei verhielt sich die I-Oxydation über den glykolyt. Weg u. den Tricarbonsäurecyclus als parallel zu $^{14}CO_2$ verlaufend, während der Hexosemonophosphat-Abbauweg bei hypothyreot. diabet. Tieren blockiert war. Die Hemmwrkg. auf den Hexosemonophosphat-Weg wird als Folge der Aufrechterhaltung der red. Form von Nicotinamid-adenindinucleotid (NAD bzw. DPN) durch die Hemmung der steroidkatalysierten H-Übertragung bei Hypothyreose angesehen; die Steroidkonz. ist demnach als krit. Faktor bei der I-Oxydation über den Hexosemonophosphatweg zu werten.
U. Tausendfreund. 4564◇

1282 **Der Corticosteroid-Glucose-Test bei Verdacht auf Diabetes.** B. Nusimovich, C. Sarsotti, L. M. Spina, I. Liscio und M. A. Vera. (Acta endocrinol. [Copenhagen], Suppl. Nr. **51,** 1261. 1960; Santa Fé, Argentina, Clin. de Endocrinol. y Enfermedades de la Nutrición; engl.) H. Herper. 4564□

1283 **Plasma-Insulinaktivität nach Glucose: Index der Insulin-Reserve beim normalen und diabetischen Menschen.** Holbrooke S. Seltzer und Walter L. Smith. (Acta endocrinol. [Copenhagen], Suppl. Nr. **51,** 1241, 1960; Dallas, Tex., Univ. of Texas Southwestern Med. School, Veterans Administration Hosp.; engl.)
H. Herper. 4564□

1284 **Hemmung der Insulinbindung durch die Gewebe durch p-Hydroxymercuribenzoat und N-Äthylmaleimid.** J. E. Whitney, O. E. Cutler und F. E. Wright. (Metabolism, clin. and exp. **12,** 352—58, 1963; Little Rock, Ark., Univ. of Arkansas School of Med., Dep. of Physiol. engl.) — Halbzwerchfelle u. Nebenhodenfettgewebe von Ratten banden nach Vorbehandlung mit *p-Hydroxymercuribenzoat* (I) oder *N-Äthylmaleimid* (II) kein *Insulin* (III) mehr; dagegen wurde die Wrkg. des durch das Zwerchfell bereits gebundenen III durch I u. II u. die des durch das Fettgewebe bereits gebundenen III durch I nicht beeinflußt. II hemmte die Wrkg. des bereits durch das Fettgewebe gebundenen III. Die Bindung von I ans Zwerchfell konnte durch *Glutathion, BAL, Cystein* oder niedriges pH nicht aufgehoben werden.
K. Zingraf. 4564◇

1285 **Der Einfluß intravenöser Glucose auf die Blut-Insulin-Aktivität und ebenso auf die Glucoseaufnahme des Zwerchfells und des Fettgewebes von Ratten.** M. C. Garcia-Fernandez und J. L. R. Candela. (Biochim. biophysica Acta [Amsterdam] **71,** 172—77, 1963; Madrid, Inst. „G. Marañón"; engl.) — *Glucose* (I; 200 mg i. v. bei normalen ♂ Ratten) bewirkt nicht nur eine Erhöhung der *Insulin*(II)-Sekretion (Erhöhung des Plasma-II-Spiegels; Steigerung der I-Aufnahme durch das Zwerchfell), sondern führt vermutlich auch zu einer Stimulierung der Nebennieren, deren vermehrte *Glucocorticoid*-Ausschüttung die I-Aufnahme durch Fettgewebe (Nebenhodenfett) hemmen; nach Adrenalektomie ist die I-Aufnahme durch Fettgewebe nicht gehemmt. — Wird II durch *L-Leucin* (11 mg/100 g) stimuliert, so erweist sich die I-Aufnahme durch Fettgewebe ebenfalls als nicht gehemmt. U. Tausendfreund. 4564◇

1286 **Wirkung von Insulin auf das Glycerin im Plasma des Menschen.** Jean Himms Hagen, J. A. Moorhouse und J. Steinberg. (Metabolism, clin. and exp. **12,** 346—51, 1963; Winnipeg, Manitoba, Univ. of Manitoba, Dep. of Physiol.; Winnipeg General Hosp.; engl.) — Die i.v. Injektion von *Insulin* oder *Glucose* (I) bei fastenden Personen oder von I bei Diabetikern bewirkt eine Abnahme der Glycerin-Konz. im Plasma.
K. Zingraf. 4564

1287 **Gesamt- und Acetyl-Coenzym A in der Leber normaler und alloxandiabetischer Ratten.** H. Bühring und J. Kühnau. (Klin. Wschr. **38,** 694—98, 1960; Hamburg, Univ., Physiol. Chem. Inst.; dt.) — Der *Coenzym-A* (I)-Geh. lag bei normalen Ratten zwischen 82 u. 168 Lipman-Einheiten u. bei alloxandiabet. Tieren zwischen 113 u. 355. Die entsprechenden Werte für *Acetylcoenzym A* (II) betrugen 4—17 u. 7—35 Lipman-Einheiten. Die Werte für I u. II weisen einen jahreszeitlichen Trend auf, wobei das Maximum im Winter bis Frühjahr (Januar—Mai) u. das Minimum im Sommer u. Herbst (Juni—Oktober) liegt. Im Mittel lagen die I u. II-Werte in der diabet. Leber um ca. 60% höher als in der Normalleber. Zwischen der Schwere des Diabetes (Größe der Glucoseausscheidung) u. I-Geh. besteht keine Korrelation. II betrug bei Normaltieren 7,3 u. bei Tieren mit Diabetes 8,1% von I. W. Hiller. 4564□

1288 **Der Zuckerspiegel im Blut und der Zustand der β-Zellen der Langerhans-Inseln bei der Einführung von einigen antithyreoiden Präparaten und Diaboral.** R. W. Rudy und A. P. Dyban. (Probleme Endokrinol. Hormontherap. [UdSSR] **9,** Nr. 1, 44—49, 1963; Lwow, Med. Inst.; russ., Auszug: engl.) — Es wird der Einfl. verschiedener antithyreoider Präpp. auf den Inselapparat untersucht. Es wird beobachtet, daß *Diaboral* Hyperglykämie, Hypertonie u. völlige Degranulation der β-Zellen des Inselapp. hervorruft. *6-Methylthiouracil, Rhodanin* u. *5-Methylrhodanin* verändern den Blutzuckerspiegel. G. Wesirow. 4564△

1289 **Experimentelle Untersuchungen über die Wirkung von oral antidiabetischen Stoffen. 3. Mitt. Einfluß antidiabetischer Stoffe auf die Langerhans Inseln im Rattenpankreas.** Shotaro Kuno. (Jap. Arch. intern. Med. **8,** 220—29, 1961; Kyoto, Japan, Univ., Fac. of Med., Dep. of Intern. Med.; jap., Auszug: engl.) — Die Behandlung von alloxandiabet. Ratten mit oral antidiabet. Medikamenten zeigt, daß *Sulfonylharnstoff*-Verbb. wie *D 860* u. *P 607* die β-Zellen stimulieren u. bei leichten Diabetes-Fällen anwendbar sind. Die *Guanidin*-Verb. *PDG* hat Insulin-ähnliche Wrkg. u. wirkt auch bei schweren Diabetes-Fällen. F. Krusen. 4564◇

1290 **Freisetzung von Serum-Protein-gebundenem Insulin durch Tolbutamid.** A. Hasselblatt. (Metabolism, clin. and exp. **12,** 302—10, 1963; Göttingen, Univ., Dep. of Pharmakol.; engl.) — Vgl. C. **1963, 3677.** — *Insulin* (I), welches nach wiederholten Injektionen bei Meerschweinchen an Serumeiweißkörper gebunden war, wurde in vitro durch 22—70 mg *Tolbutamid* (II)/100 ml freigesetzt. II-*Carbonsäure,* die keine blutzuckersenkende Wrkg. besitzt, war auch in diesen Verss. wirkungslos. I, welches in vitro dem Serum eines I-resistenten Patienten zugesetzt wurde, wurde durch die I-bindenden Stellen des Serums gebunden, allerdings nicht, wenn II zugesetzt wurde. Die endogene I-ähnliche Aktivität im Serum von Ratten konnte durch 200 mg II/100 ml freigesetzt werden. Die I-Aktivität im Serum dieser Tiere fehlt beim Fasten u. nach Glucosebelastung.
K. Zingraf. 4564◇

1291 **Insulin-potenzierende Wirkung von Tolbutamid bei eviscerierten Katzen.** Joop Madsen. (Proc. Soc. exp. Biol. Med. **105,** 273—74, 1960; Copenhagen, Univ. of Copenhagen, Inst. of Med. Physiol.; engl.) — Inhaltlich identisch mit der C. **1963,** 4050 referierten Arbeit.
K. Zingraf. 4564◇

1292 **Experimentelle Untersuchungen über die Wirkungsweise von Biguaniden.** H. Daweke und I. Bach. (Metabolism, clin. and exp. **12,** 319—32, 1963; Düsseldorf, Med. Acad., Sec. Clin. and Polyclin.; engl.) — Die Oxydation von *$^{14}C_{(1)}$-Glucose* (I) zu *$^{14}CO_2$* durch Nebenhodenfettgewebe der Ratte wurde durch 1,0 μg *N^1-n-Butylbiguanid* (*Buformin, DBV, W 37, Silubin*; II)/ml. unter Zusatz von menschlichem Serum um > 50% gesteigert. Diese Wrkg. wird ab 5 mg II/ml schwächer. Bei Zusatz von *Insulin* (III) wird die III-Wrkg. durch II verstärkt. Die I-Aufnahme durch das Fettgewebe wird durch 5 μg II/ml um 38% gesteigert. II-Konzz. von 10 μg/ml u. mehr hemmten die III-Wrkg. auf die I-Oxydation bei Zusatz von menschlichem Serum oder krist. III; dagegen wurde die I-Aufnahme durch das Fettgewebe durch diese Dosen nicht verändert.
K. Zingraf. 4564◇

1293 **Einige Fragen zur Behandlung von Zuckerkranken mit Sulfanilamidpräparaten und die Ursachen ihrer Unwirksamkeit.** A. A. Lobanow und G. W. Bragin.

(Probleme Endokrinol. Hormontherap. [UdSSR] **9,** Nr. 1, 54—58, 1963; Burdenko-Militärhospital; russ., Auszug: engl.) — Bei der Unters. therapeut. Meth. zur Behandlung des Diabetes mit *Sulfanilamid*präpp. wird festgestellt, daß die Behandlung in den meisten Fällen wirksam ist, wenn Kontraindikationen beachtet werden u. die geeignete therapeut. Meth. ausgewählt wird.
G. Wesirow. 4564△

1294 **Bildung lipoidlöslicher Salze von Acetylcholin, Na^+ und Ca^{2+} mit Phosphatidsäure als Receptormodell.** Walther Vogt. (Hoppe-Seylers Z. physiol. Chem. **331,** 239—44, 1963; Göttingen, Med. Forschungsanst. d. Max-Planck-Ges., Pharmakol. Abt.; dt.) — *Phosphatidsäure* (**I**) hat nicht die Eigg. eines Receptors für *Acetylcholin* (**II**), da **II** in einer Konz. von 1 μMol/ml in Ggw. physiolog. Salzkonz. nicht mehr an **I** gebunden wird. Eine Bindung von **II** an **I** könnte dann nur an bes. salzarmen Orten eintreten. Die pharmakolog. Effekte von **I** könnten lediglich über seine Affinität zu *Ca* erklärt werden. Joachim Schmidt, Magdeburg 4569◇

1295 **Cholinergische Wirkung der Homogenate von Seeigelstacheln.** E. G. Mendes, L. Abbud und S. Umiji. (Science [Washington] **139,** 408—09, 1963; São Paul, Univ. of São Paul, Dep. of Gen. and Animal Physiol.; Inst. of Marine Biol.; engl.) — In den Kugelstacheln des Seeigels *Lytechinus variegatus* konnte eine Substanz nachgewiesen werden, die viele der Kennzeichen von *Acetylcholin* im biolog. Vers. aufweist.
U. Tausendfreund. 4569◇

1296 **Modalitäten der Freisetzung von Histamin durch verschiedene Histamin-freisetzende Substanzen bei starker Unterkühlung.** Bernard N. Halpern, T. Neveu und A. Brannellec. (C. R. Séances Soc. Biol. Filiales **153,** 14—18, 30/4. 1959; Paris, Clinique Méd. Propédeut. de l'Hôpital Broussais, Labor. de Méd. experim.; Centre de Rech. Allerg. de l'Association Claude Bernard et Centre Nat. de la Rech. Sci.; franz.) — Bei der Ratte erhöht starke Unterkühlung signifikant den Geh. an Plasma-*Histamin*, wahrscheinlich durch Hemmung seines Abbaues oder seiner Ausscheidung, wenn gleichzeitig aromat. Amine wie *48/80* oder *1935 L* verabfolgt werden. Unter den gleichen Bedingungen wird die durch *Dextran* oder *Ovomucoid* bewirkte Freisetzung des Histamins vollständig verhindert. Vff. schließen, daß die verschiedenen Histamin freisetzenden Substanzen entsprechend ihrer Struktur verschiedene Wirkungsmechanismen haben.
P. Nachtwey. 4569◇

1297 **Histamin und Schwangerschaft der Ratte.** Lalitha Kameswaran, Jocelyn N. Pennefather und G. B. West. (J. Physiology **162,** 50P—51P, Juli 1962; London, Univ. of London, School of Pharmacy, Dep. of Pharmacol.; engl.) — Bei der Ratte folgt die Zunahme der *Histamin* (**I**)-Inaktivierung durch Placenta u. Uterus, die etwa in der Mitte der Schwangerschaft beginnt, der Zunahme der **I**-Bldg. durch den Fötus u. nimmt nach Beendigung der Schwangerschaft wieder auf normale Werte ab. Adrenal- oder Ovarektomie bei der Mutter oder Anwendung von Histaminase- oder Histidindecarboxylase-Hemmstoffen oder Serotonin-Antagonisten beeinflussen die Fähigkeit des Fötus zur **I**-Bldg. nur wenig. Einige Antihistaminica, bes. Aprobit, lösen Abort aus. K. Zingraf. 4569□

1298 **Zur Beeinflussung der permeabilitätssteigernden Wirkung des Serotonins durch verschiedenartige Pharmaka.** K. Mörsdorf und H. H. Bode. (Arch. int. Pharmacodynam. Thérap. **118,** 292—97, 1/2. 1959; Homburg/Saar, Univ. des Saarlandes, Pharmakol. Inst.) — An ♂ weißen Ratten wurde nach i.v. Injektion von 1 ml 0,2%iger Geigy-Blau-Kochsalzlsg. u. eine Min. später erfolgter subkutaner Injektion von 0,1 γ *Serotonin* (**I**) eine gesteigerte Gefäßpermeabilität beobachtet. Vorbehandlung mit *Chlorpromazin* (subkutan 5—25 mg/kg) führt zu einer fast vollständigen Hemmung des Farbstoffaustritts, während *Phenobarbital-Na* (subkutan 100 mg/kg) vollkommen unwirksam war. *Aminopyrin* (200 mg/kg), *Phenazon* (200 mg/kg) u. *Acetylsalicylsäure* (500 mg/kg) hemmen deutlich den Farbstoffaustritt, *Phenylbutazon* u. *Na-Salicylat* sind ohne Wirkung. Mit *Tofranil* in höheren Dosen (50 mg/kg) ließ sich eine Hemmung der gesteigerten Gefäßpermeabilität erreichen; *Lysergsäurediamid* dagegen war bis zu 100 γ/kg fast wirkungslos. Auch *Calciumgluconat* besaß ebenso wie das Antihistaminicum *Chloropyramin* keine wesentliche Wrkg. auf die gesteigerte Gefäßpermeabilität nach **I**.
K. Böhm. 4569◇

1299 **Wirkung von Lysolecithin auf die anregende Aktivität von Histamin, Acetylcholin, 5-Hydroxytryptamin, anaphylaktisch-langsam-reagierender Substanz und Bradykinin gegenüber glatter Muskulatur.** Elliott Middleton jun. und Gerald B. Phillips. (Nature [London] **198,** 758—60, 1963; New York, N. Y., Columbia Univ. Coll of Phys. and Surg., Dep. of Med.; engl.) — Es wird gezeigt, daß *Lysolecithin* (**I**) eine vermutlich nichtkompetitive Hemmung gegenüber den spasmogen wirkenden Substanzen *Histamin, Acetylcholin, 5-Hydroxytryptamin, anaphylat. langsam reagierender Substanz* u. *Bradykinin* (Meerschweinchenileum) ausübt. Die weitgespannte Hemmwrkg. von **I** deutet darauf, daß **I** Receptoren beeinflußt, die allen genannten Spasmogensubstanzen gemeinsam sind. **I** dürfte Bedeutung als Moderator der Rk. glatter Muskulatur gegenüber den Spasmogenen u. möglicherweise auch bei der allerg. Rk. haben. U. Tausendfreund. 4569◇

1300 **Niedere aliphatische Amine als chemische Lockmittel für Milichiella lacteipennis (Zweiflügler: Milichiidae).** Robert W. Dorner und Mir S. Mulla. (Ann. entomol. Soc. America **56,** 1—2, 1963; Riverside, Univ. of California, Citrus Res. Center and Agricult. Exp. Station; engl.) — Folgende Amine wurden in Konzz. von 0,0001—10% (wss. Lsgg.) auf ihre Anziehungskraft auf *Milichiella lacteipennis* geprüft: *Methyl*-(**I**), *Äthyl*-(**II**), *n-Propyl*-(**III**), *1-Propyl*-(**IV**), *n-* u. *isobutyl-*, *sek.* u. *tert.* (**V**) *Butyl-*, *n-* u. *isoamyl-*, *Dimethyl-*, *Diäthyl-*, *Di-n-propyl-*, *Trimethyl*-(**VI**) u. *Triäthylamin*. Die beste Wrkg. zeigten 1% **II** u. 0,1% **III** bzw. **IV**. Bei **I** u. **V** nahm die Wrkg. mit abnehmender Konz. zu. Ähnliche Wrkg. wie diese Amine zeigten auch andere NH_2-haltige Verbb. wie NH_3, *Lysin, Ornithin, 2.4-Diaminobuttersäure, Spermidin, 1.1.7.7-Tetraäthyldiäthylentriamin* u. *N.N-Bis-[n-butyl]-1.3-propandiamin*. In geringem Maße war **VI** auch bei *Hippelates dorsalis* wirksam. W. Damerau. 4569◇

1301 **Haptoglobine und Transferrine bei forensischen Blutfärbungen.** Bryan J. Culliford. (Nature [London] **198,** 796—97, 1963; London, New Scotland Yard, Metropol. Pol. Labor.; engl.) — Da der Nachw. von *Haptoglobinen* bei Färbungen von Vollblut eine wertvolle Bereicherung der Identifikations- u. Ausschlußmöglichkeiten bedeutet, wird eine Meth. dafür angegeben. Stärkeblöcke werden dazu nach der Modifikation von Poulik (Nature [London] **180,** [1957], 1477) vorbereitet; der Gelpuffer besteht aus 0,076 m Tris (2-Amino-2-[hydroxymethyl]-propan-1.3-diol) u. 0,0005 m Citronensäure, der Tankpuffer aus 0,3 m Borsäure u. 0,05 m NaOH. U. Tausendfreund. 4572◇

1302 **Wirkung von N-Bromsuccinimid auf menschliches Hämoglobin und seine mögliche Beziehung zur Häm-Globin-Bindung.** G. J. S. Rao und H. R. Cama. (Biochim. biophysica Acta [Amsterdam] **71,** 139—49, 1963; Bangalore, Indian Inst. of Sci., Dep. of Biochem.; engl.) — Die Rk. zwischen *N-Bromsuccinimid* mit den Häm-Gruppen von *Hämoglobin* (**I**) führt zum Verschwinden charakterist. Absorptionsmaxima von **I** u. ist von einer Freigabe von anorgan. *Fe* aus den Häm-Gruppen begleitet. Diese bei pH 7,0 vor sich gehende Rk. kommt bei pH 4,0 nicht zustande, es sei denn die Häm-Gruppen würden durch 8 m Harnstoff oder Saccharose voll reaktionsfähig gemacht werden. Aus den Ergebnissen wird der Schluß gezogen, daß Häm-Gruppen im Globin (bei pH 4,0) eingeschlossen sind u. nicht vom Globin getrennt sind, wie bisher vermutet.
U. Tausendfreund. 4572◇

1303 **Über die Bildung des Hämiglobins (Methämoglobins) beim Trocknen des Blutes.** 1. Mitt. **Die spektrophotometrische Arbeitsmethode.** Dušanka Mikac-Dević und Karlo Weber. (Ber. chem. Ges. Belgrad **25/26,** Nr. 3/4, 197—205, 1960/1961; Zagreb, Med. Inst.; jugosl., Auszug: dt.) — Nach den Unterss. nach der Heilmeyer-Meth. erfolgt während des Trocknens von

Blut eine autokatalyt. Umwandlung des *Oxyhämoglobins* in *Hämiglobin*. Dieser Prozeß verläuft im hämolysierten u. nichthämolysierten Blut verschieden. Durch Zusatz von Fremdstoffen kann die Geschw. der Hämoglobin-Bldg. verändert werden. O. Lebtag. 4573△

1304 **Hämoglobin Zürich**: $\alpha_2{}^A\beta_2{}^{63Arg}$. C. J. Muller und S. Kingma. (Biochim. biophysica Acta [Amsterdam] **50**, 595, 1961; Groningen (Niederlande), State Univ. of Groningen, Dep. of Paediatrics; engl.) — Die kürzlich [Hitzig u. Mitarbeiter (1960) bei einer schweizer. Familie entdeckte *Hämoglobin* (I)-Variante „*Hb Zürich*" unterscheidet sich von normalem I dadurch, daß bei ihr die Sequenz -Ala-His-Gly-Lys-Lys- der normalen β-Ketten gegen die Sequenz -Ala-Arg-Gly-Lys-Lys- ausgetauscht ist. Es ist also die 63. Aminosäure (vom N-Ende der β-Ketten gezählt) *Histidin* gegen *Arginin* ausgetauscht. A. Hesse. 4572◇

1305 **Beitrag zur idiopathischen Methämoglobinämie.** H. D. Waller und G. W. Löhr. (Folia haematol. [Leipzig] **78**, 588—99, 1962; Marburg/Lahn, Univ., Med. Klinik; dt.) — Vortrag. Betrachtungen über Probleme der *Methämoglobinämie* mit Besprechung von klin. Symptomatologie, Pathogenese u. Methämoglobin-Red.-Geschwindigkeit. — 27 Literaturangaben. U. Tausendfreund. 4572◇

1306 **Isolierung von Ascarishämoglobinen.** Malcolm H. Smith und Martin Morrison. (Biochim. biophysica Acta [Amsterdam] **71**, 364—70, 1963; Cambridge, Univ., Molteno Inst.; engl.) — Die beiden *Hämoglobine* von *Ascaris lumbricoides* lassen sich nur durch Ultrazentrifugierung von Proteinverunreinigungen befreien. Der I. P. liegt bei pH 5,0 u. 6,7. Die Mol.-Gew. weisen die ungewöhnlichen Werte von 14000 u. 280000 auf. Der spektroskop. zu ermittelnde Charakter der Hämoglobine entspricht dem anderer Hämoglobine, die Absorption ist ungewöhnlich hoch. Die Eigg. der beiden Hämoglobine weichen von denjenigen der Säuger in jeder Hinsicht ab; sie sind als spezif. Wurmproteine aufzufassen. U. Tausendfreund. 4572◇

1307 **Einige Aspekte der Kombination von Ascarishämoglobinen mit Sauerstoff und Kohlenmonoxid.** Malcolm H. Smith. (Biochim. biophysica Acta [Amsterdam] **71**, 370—76, 1963; Cambridge, Univ., Molteno Inst.; engl.) — Vgl auch vorst. Referat. — Die Red.-Geschw. des *Hämoglobins* der *Ascaris lumbricoides*-Körperwand weist einen Q_{10}-Wert von 3 auf, der mit wechselndem pH Schwankungen unterworfen ist, während der Q_{10}-Wert des Hämoglobins der Körperfl. 5 beträgt u. durch pH-Veränderung nur wenig beeinflußt wird. Die Rk.-Geschw. des Hämoglobins der Körperwand ist bei 38° 17mal schneller als die des Hämoglobins der Körperflüssigkeit. Die *Oxyhämoglobine* (mit dem intensiveren β- als α-Band) haben eine hohe Affinität für O_2. Vermutlich hängen die Eigg. der hohen O_2-Affinität u. das ungewöhnliche Oxyhämoglobinspektrum zusammen, so daß aus spektrophotometr. Verss. weitere Aufschlüsse möglich sind. U. Tausendfreund. 4572◇

1308 **Die Wirkung von Diazomethan auf Häminchloride.** P. S. Clezy und D. B. Morell. (Biochim. biophysica Acta [Amsterdam] **71**, 150—56, 1963; Sydney, Univ. of New South Wales, School of Chem.; Royal North Shore Hosp., Inst. of Med. Res.; engl.) — *Häminchloride* werden durch Einw. von *Diazomethan* in Ae. Lsg. in eine Verb. umgewandelt, die ein Extinktionsmaximum nahe 600 mμ aufweist. Da Porphyrine u. deren Cu-Komplexe ebenso wie alkal. Hämatine nicht reagieren, dürfte die Rk. mit dem Fe von Häminchlorid zustande kommen, vermutlich durch Verdrängung des Cl vom Fe. Durch Säureeinw. wird der zur Originalverb. gehörende Prophyrinring wieder nachweisbar. U. Tausendfreund. 4572◇

1309 **Die Wirkung von Natriumnitrit- und p-Aminopropiophenon-Verabreichung auf die Blut-Methämoglobinspiegel und die Überlebenszeit der Erythrocyten.** Ernest Beutler und Barbara J. Mikus. (Blood **18**, 455—67, Okt. 1961; Duarte, Calif., City of Hope Med. Center, Dep. of Med.; engl.) — *Na-Nitrit* (I; als direktes Oxydans) u. *p-Aminopropiophenon* (II; als indirektes Oxydans) bewirken bei Ratten einen Anstieg des *Methämoglobin* (III)-Spiegels im Blut mit maximalen III-Konzz. nach ca. ½—1 Std.; danach langsamer Rückgang der III-Konz.; bei Dauerverabreichung (alle 4 Std.) stabiler III-Spiegel, kein Unterschied bei intragastraler oder s.c. Verabreichung; bei s.c. Injektion an verschiedenen Stellen wirken I u. II additiv. Der Verlauf der III-Bldg. wird durch die II-Konz. in *Propylenglykol* (IV) beeinflußt; stärker konzentrierte II-Lsgg. führen zu stärkerer III-Bldg., auch wenn die Gesamtdosis nicht höher ist. Das Alter der Erythrocyten hat keinen Einfl. auf den III-Gehalt. Im Gegensatz zu IV allein u. 50 mg I/kg führen äquivalente 5 mg II/kg zu beschleunigter Erythrocytenzerstörung. U. Tausendfreund. 4573◇

1310 **Beziehung zwischen Adenosintriphosphat und Kationentransport im menschlichen Erythrocyten.** John Konsek und Charles Bishop. (Proc. Soc. exp. Biol. Med. **110**, 813—17, Aug.-Sept. 1962; Buffalo, N. Y., Univ. of Buffalo School of Med., Dep. of Med.; Buffalo General Hosp.; engl.) — Wenn frisches menschliches Blut, dem Heparin u. Glucose zugesetzt waren, mit Jodacetat oder 2-Desoxyglucose behandelt wurde, um die Glykolyse zu vergrößern u. die Speicher von energiereichem Phosphat (I) in den Erythrocyten zu verringern, so strömte K^+ aus den Erythrocyten aus u. Na^+ strömte ein. In Ggw. von Arsenat fand die Glykolyse statt, aber die Speicher wurden nicht aufrechterhalten u. die Kationenwanderung setzte ebenfalls ein. Wenn bei normaler Glykolyse u. normalen I-Speichern Ouabain zugesetzt wurde, so wurde dadurch die Koppelung des Adenosintriphosphat-Abbaus durch die Adenosintriphosphatase an den akt. Kationentransport unterbunden u. die Kationen wanderten ebenfalls. K. Zingraf. 4573◇

1311 **Beitrag zum Mechanismus des Phosphattransports in Erythrocyten.** G. Hillmann. (Folia haematol. [Leipzig] **78**, 654—60, 1962; Tübingen, Univ., Med. Klin.; dt.) — Vortrag mit Diskussion. Im Rahmen von Unterss. über den Einfl. von Hormonen auf den *Phosphat*-Stoffwechsel wurde der Mechanismus des Phosphat-Transportes in die Zelle durch Anwendung verschiedener Stofftrennungsverff. bei der Aufarbeitung ^{32}P-markierter Erythrocyten u. deren Schatten zu klären versucht. Es ergaben sich Hinweise auf den enzymat. Charakter der Phosphat-Aufnahme. Dabei wäre denkbar, daß der Phosphat-Austausch im *Membran-Primär-Phosphat* (I) durch eine Transphosphorylase erfolgt, die möglicherweise für den Phosphat-Transport geschwindigkeitsbegrenzend ist. Denkbar wäre auch, daß das I als Enzym-Substrat-Verb. eine „carrier"-Funktion besitzt, indem durch eine räumliche Anordnung des Enzyms das ausgetauschte Phosphat nach einer Seite abgegeben wird. U. Tausendfreund. 4573◇

1312 **Der Stoffwechsel von Monosacchariden in roten Blutkörperchen.** E. C. G. Hofmann, H. v. Krepl und R. Peschke. (Folia haematol. [Leipzig] **78**, 481—91, 1962; Berlin, Humboldt-Univ., Physiol.-Chem. Inst.; dt.) — Vortrag mit Diskussion. Bei Unterss. über den Kohlenhydratstoffwechsel von Erythrocyten zeigte sich, daß Reticulocyten *Glucose* (I), *Mannose*, *Fructose* (II) u. *Galaktose* rascher abbauen können als Erythrocyten. Es wurde eine bisher noch nicht beschriebene pH-Abhängigkeit der Hemmung der II-Phosphorylierung durch I festgestellt. Während *Methylenblau* (III) auf den O_2-Verbrauch von Erythrocyten unter endogenen Bedingungen prakt. ohne Einfl. ist, steigert es die Atmung der Reticulocyten um 30% (zusätzliche Übertragung von H von den gelben Fermenten auf O_2). Die bei Anwesenheit von III ablaufende Atmung besteht endogen offenbar aus einem der echten Atmung der Reticulocyten entsprechenden, CN^--empfindlichen u. einem CN^--unempfindlichen Anteil. III kann aerob u. anaerob in Erythrocyten u. anaerob in Reticulocyten die *Milchsäure*-Bldg. unterdrücken, statt dessen häuft sich eine äquivalente Menge *Brenztraubensäure* an. III greift nicht nur an der Oxydation von red. Triphosphopyridinnucleotid ein, sondern oxydiert auch red. Diphosphopyridinnucleotid unter Zwischenschaltung von Diaphorase. III zeigt weder anaerob noch aerob einen deutlichen Effekt auf die *Phosphat*-Verteilung von Erythrocyten u. Reticulocyten. U. Tausendfreund. 4573◇

1313 **Betrachtungen über den Inosinverbrauch der roten Blutkörperchen.** F. Corsini und G. Pollacci. (Folia haematol. [Leipzig] **78**, 507—09, 1962; Bologna, Univ., Clin. Pediatr., Inst.; dt.) — Vortrag. In Physiologie u. Pathologie der Erythrocyten wurde dem Stoffwechselweg der Benutzung von *Nucleosiden* als Quelle zur Gewinnung von *phosphorylierten Zuckern* bisher verhältnismäßig geringe Aufmerksamkeit gewidmet. Die Bedeutung des Weges ist an der Verlängerung der Erythrocytenlebensdauer nach Zusatz von *Inosin* (**I**) oder von anderen Nucleosiden zu erkennen. Es sollte deshalb Aufschluß über den quant. **I**-Verbrauch gewonnen werden, u. es zeigte sich, daß bei Einbringung von **I** im Überschuß der **I**-Verbrauch durch Erythrocyten größer als der Verbrauch von *Glucose* ist (welcher 2,4 μm beträgt). Die Intensität des genannten Stoffwechselweges läßt annehmen, daß es sich nicht um einen beiläufigen, kompensator. Weg handelt. U. Tausendfreund. 4573◇

1314 **Über Intermediärprodukte zwischen Aminosäuren und Globin bei Entenerythrocyten in vitro.** L. Bianco, G. Giustina und E. Lazzarini. (Folia haematol. [Leipzig] **78**, 560—67, 1962; Milano, Centro di studi Nucleari E. Fermi, Ist. di Fisica; Labor. Radiochim.-Politecnico; engl.) — Vgl. C. **1963**, 16632. — Vortrag mit Diskussion. Es wurde untersucht, ob ein Gleichgew. radioakt. Materials ($^{14}C_{(2)}$-Glycin) von Mikrosomen zum *Globin* des Hämoglobins besteht. Dabei konnte eine Übertragung der Radioaktivität von Mikrosomen zum Globin als wahrscheinlich erkannt werden (Entenerythrocyten). Ferner wurde das Vork. lösl. Vorläufersubstanzen von niedrigem Mol.-Gew. (*freie Peptide*?) bei der Globin-Synth. geprüft u. bestätigt. Zusammenfassend läßt sich folgendes Rk.-Schema aufstellen: Aminosäuren → mikrosomaler Übergangsteil → lösl. Hämoglobinvorläufer → Globin. U. Tausendfreund. 4573◇

1315 **Das Verhalten des Glutathions im Erythrocyten bei der Heinz-Körper-Bildung. Versuche mit Dinitroglykol in vitro.** H. D. Faulhaber. (Folia haematol. [Leipzig] **78**, 672—75, 1962; Berlin, Humboldt-Univ., Inst. für Pharmakol. und Toxikol.; dt.) — Vortrag. Da *Glutathion* (**I**) eine wichtige Rolle im Erythrocytenstoffwechsel als Schutzstoff u. Aktivator für Fermentsyst. spielt, wurde sein Verh. bei der Heinz-Körperchen-Bldg. untersucht. Zwar ist bei den empfindlich reagierenden Katzenerythrocyten eine schnelle Methämoglobin- u. Heinz-Körperchen-Bldg. nach *Dinitroglykol* von einem ebenso schnell verlaufenden **I**-Schwund begleitet, doch sprechen die Ergebnisse gegen einen direkten Zusammenhang zwischen Heinz-Körperchen-Bldg. u. **I**-Abfall; es wird die zentrale Rolle des *Hämoglobins* bei der Heinz-Körperchen-Bldg. belegt. Es ist eine direkte Inaktivierung der *Glucose-6-phosphatdehydrogenase* u. der *6-Phosphogluconsäuredehydrogenase* u. damit die Unterbrechung des Triphosphopyridinnucleotid-abhängigen Schutzmechanismus für red. **I** in Erwägung zu ziehen. U. Tausendfreund. 4573◇

1316 **Das Verhalten der Lipoide bei der Reifung und Konservierung von Blutzellen.** H. J. Raderecht, E. Schölzel, (zusammen mit D. Strauß und M. Woettke) (Folia haematol. [Leipzig] **78**, 613—19, 1962; Berlin, Humboldt-Univ., Physiol.-Chem. Inst.; dt.) — Vortrag mit Diskussion. Es wurden die Lipoid-Verhältnisse bei der Reifung u. Konservierung von Erythrocyten untersucht. Nach Extrapolierung auf 100% Reticulocyten ergibt sich das 4—5fache der Erythrocytenwerte für *Phospholipide* (**I**), das 2—3fache für *Cholesterin* (**II**) u. das 2,5—3fache für *Fettsäureester*. Das Verh. der Lipoide ist bzgl. des Eintritts der Hämolyse bei der Konservierung von Bedeutung; im Citrat-Medium nimmt die **II**-Konz. in den ersten 20 Tagen um 25% ab, in ACD-Medium mit u. ohne Inosin sinkt die **II**-Konz. nicht oder nur bis 5%; die **I**-Konz. sinkt im Citrat-Medium vom 20. Tag ab bis zur Minderung um 25% am 125. Tag, in den anderen Medien Abfall am 5. Tag, Tiefpunkt am 40. Tag. **I** u. **II** dienen zusammen mit einem Kohlenhydratanteil der Erythrocytenmembran möglicherweise als Kittsubstanz; Verlust der genannten geringen Mengen würde dann die Permeabilität bereits beeinträchtigen u. Hämolyse auslösen. U. Tausendfreund. 4573◇

1317 **Der Natrium-, Kalium- und Wassergehalt isolierter normaler menschlicher Leukocyten.** D. N. Baron und Phyllida M. Roberts. (J. Physiology **165**, 219—26, 1963; London, Royal Free Hosp., Dep. of Chem. Pathol., Dep. of Haematol.; School of Med.; engl.) — Menschliche Leukocyten, die nach mechan. Defibrinierung von 50 ml Blut u. Absedimentierung der Erythrocyten mit 6% Dextran (Rest wird durch Lysis entfernt) gewonnen werden, enthalten 48,3 ± 3,8 mVal *Na*/kg Feuchtgew., 79,6 ± 4,9 mVal *K*/kg u. 80,2 ± 1,2% *Wasser*. Leukocytenanalyse kann möglicherweise als Alternative zu Muskelbiopsien bei Unters. intracellulärer Elektrolyte dienen. U. Tausendfreund. 4573◇

1318 **Der Stoffwechsel des Glutamins in Reticulocyten.** L. Ababei. (Folia haematol. [Leipzig] **78**, 568—71, 1962; Berlin, Humboldt-Univ., Physiol.-Chem. Inst.; dt.) — Vortrag. Die lang andauernde Atmung der Reticulocyten ohne Substratzusatz spricht für eine Verbrennung eines endogenen Substrates, dessen Natur Gegenstand der Unters. war. Es wurde die Quelle der NH_3-Bldg. bei *Glutamin* (**I**)-Zugabe untersucht u. festgestellt, daß in Erythrocyten eine *Glutaminase* (**II**) enthalten ist (Spaltung von **I** zu Glutaminsäure u. NH_3); in Reticulocyten ist diese **II** 20mal aktiver als in Erythrocyten. α-Ketoglutarsäure ist der begrenzende Faktor in der Veratmung von **I**. Im Reticulocytenstoffwechsel kann **I** als ein Depotsubstrat für die Zellatmung u. für verschiedene Synth. angesehen werden. U. Tausendfreund. 4573◇

1319 **Die Zusammensetzung des Samenplasmas von Balanus balanus.** H. Barnes. (J. exp. Biology **39**, 345—51, Sept. 1962; Millport, Scotland, Marine Stat.; engl.) — Bei Analysen der anorgan. u. organ. Bestandteile des Samenplasmas von *Balanus balanus* zeigte sich ein Kationendefizit von 178 mVal./Liter, das wahrscheinlich auf freie Aminosäuren zurückzuführen ist. *Cystin* ist bes. stark vertreten. Vorhanden sind K u. Ca in höheren Mengen als im Seewasser, ferner reduzierende Zucker zu etwa 1 mg/ml, P nur sehr gering (0,14 mg/ml), verschiedene Phosphatasen u. 21 μg *Ascorbinsäure*/ml. P. Nachtwey. 4574□

1320 **Dynamische Regulierung der Calcium-, Phosphat-, Citrat- und Glucosespiegel im Blutserum. Wirkung von ACTH, Adrenalin, Noradrenalin, Hydrocortison, Parathormon, Insulin und Glukagon.** Samuel Natelson, Joseph B. Pincus und Gandolfo Rannazzisi. (Clin. Chem. [New York] **9**, 31—61, 1963; Brooklyn, N. Y., New York State, Med. School, Downstate Div., Ped. Dep.; Jewish Hosp. of Brooklyn; New York, N. Y., Rooesevelt Hosp.; engl.) — Für die Aufrechterhaltung des Serum-*Ca*-Spiegels sind beim Kaninchen *Parathormon* (**I**; Erhöhung des Ca-Spiegels) u. ACTH (Verminderung des Ca-Spiegels) verantwortlich; ACTH ist bei diesen Verss. ein Gemisch aus *Adrenocorticotropem Hormon* u. einem von diesem trennbaren Faktor, welcher zur Serum-Ca-Verminderung führt, dessen Natur jedoch noch ungeklärt ist (es handelt sich nicht um Thyreotropin, Somatotropin, Prolactin, Oxytocin; Pitressin bewirkt leichte Ca-Verminderung); geringe Verminderung des Serum-Ca löst auch *Adrenalin* (**II**) aus. Die Hauptfaktoren für die Verminderung des Serum-*Phosphat*-Spiegels sind *Insulin* (**III**), welches PO_4 in die Zellen verlagert, u. **I**, welches über die Nieren wirkt; auch **II**, ACTH u. *Glukagon* (**IV**) vermindern den PO_4-Spiegel. Der Serum-*Citrat*-Spiegel wird durch ACTH, **II** u. **IV**, welche zur Erhöhung führen, u. **III**, welches zur Verminderung führt, im Gleichgew. gehalten; Stress bewirkt, vermutlich über **II** u. ACTH, Erhöhung des Serum-Citrats. **II**, ACTH, **IV** u. **III** (vermutlich durch Vermittlung von **II**) senken den Serum-*K*-Spiegel; *Noradrenalin* erhöht Serum-K. Das Serum-*Glucose*-Gleichgew. wird durch **III** (Verlagerung in die Zellen) u. **IV** sowie **II** (entgegengesetzte Wrkg.) verbürgt; *Hydrocortison* ist zwar kein **III**-Antagonist, führt jedoch nach anfänglicher Verminderung zu langdauerndem Blutzuckeranstieg; ebenso wirkt ACTH (vermutlich über Nebennierenrindenstimulierung. — Unterss. bei Kindern zeigen nur im Falle von Citrat eine gleichartige Rk. wie beim Kaninchen auf ACTH; sonst führt ACTH zum Anstieg von Serum-Ca, -K u. -PO_4; diese ausgeprägten Unterschiede zwischen Kaninchen u.

Mensch sind noch ungeklärt. Der Blutzucker verhält sich nach ACTH beim Kind umgekehrt wie beim Kaninchen. U. Tausendfreund. 4574◇

1321 **Darstellung einer hexosereichen Fraktion von saurem α_1-Glykoprotein des menschlichen Serums (Orosomucoid).** Herbert Weinfeld und Marvin Tunis. (Biochim. biophysica Acta [Amsterdam] **50,** 590—91, 1961; Buffalo, N. Y., Roswell Park Memorial Inst., Dep. of Med. C; engl.) — *Saures α_1-Glykoprotein* (*Orosomucoid,* I) wird nach C. **1961,** 4756 mit Pepsin bei pH 2, 3 (38°) abgebaut; die Rk.-Lsg. wurde bei pH 4, 2 mit Aceton versetzt, der Nd. in Phosphatpuffer (pH 7, 2) gelöst u. mit Trypsin behandelt; nach Fällen mit Aceton u. Lösen des Nd. in W. wurde gegen W. dialysiert u. die Restlsg. gefriergetrocknet. Dabei wurden aus 230 mg **I**, das 66% Polypeptid; 15,0% Hexose; 11,8% Hexosamin; bzw. 13% Sialsäure enthält, 94 mg mit 43,6; 23,1; 15,8; bzw. 14,8% der genannten Verbb. erhalten. Es wurden also 63% des Hexoseanteils, aber nur 27% des Polypeptidanteils zurückgewonnen. A. Hesse. 4574◇

1322 **Plasma-Glykoproteine bei verschiedenen Krankheitszuständen einschließlich des Carcinoms.** Robert A. L. Macbeth und J. George Bekesi. (Cancer Res. **22,** 1170—76, 1962; Edmonton, Univ. of Alberta, Dep. of Surg.; Surg.-Med. Res. Inst.; engl.) — Bei Normalpersonen ergaben sich für die *Kohlenhydrate* (**I**) der neutralen Glykoprotein-Fraktion des Plasmas folgende Werte (mg/100 ml Plasma): Gesamte **I** 216,9; *Hexosen* (Galaktose, Mannose; **II**) 81,7 ± 0,8; *Hexosamine* (Glucosamin, Galaktosamin) 68,7 ± 1,2, *N-Acetylneuraminsäure* 58,3 ± 1,3; *Fucose* 8,2 ± 0,6. Bei nichtmalignen Erkrankungen war nur **II** erhöht, während bei Krebspatienten alle **I**-Anteile eine deutliche Zunahme zeigten. K. Zingraf. 4574◇

1323 **Die Proteinbestandteile des Rattenserums.** 2. Mitt. **Immunelektrophoretische Bestimmung.** G.-A. Boffa und J.-M. Fine. (Rev. franc. Études clin. biol. **7,** 822 bis 828, 1962; Paris, Centre Nat. de Transfusion Sang., Labor d'Immunochimie.; franz.) — Mittels immunelektrophoret. Unters. des Rattenserums konnten 19 antigene Bestandteile abgesondert werden. Es werden 3 Fällungslinien mit Lipidfarbstoffen, eine α_2-Fällungslinie, die der von Haptoglobin entspricht, u. eine mit geringerer Beweglichkeit als letzte mit der Fähigkeit, sich mit Chromoproteiden zu verbinden, festgestellt. Die immunelektrophoret. Unters. bestätigt das Bestehen von 2 verschiedenen antigenen Strukturen in den γ-Globulinen der Ratte. H. Aman. 4574◇

1324 **Wechselwirkung von Amiden mit Proteinen.** 4. Mitt. **Ein Vergleich von normalen und lipämischen Seren in Gegenwart von Acetamid.** G. A. Major und J. B. Polya. (Enzymologia [Den Haag] **24,** 61—67, 1962; Hobart, Univ. of Tasmania, Chem. Dep.; engl.) — 3. vgl. Enzymologia [Den Haag] **22,** [1960], 126; 2. vgl. C. **1959,** 13540. — Wie bei dem früher untersuchten Syst. von Rinderserum schützen die Zwischenfraktionen im menschlichen Serum gegen die Wrkg. von *Acetamid* (**I**). Deshalb widersteht lipäm. Serum der Einw. von **I** besser als normales Serum. H. Aman. 4574◇

1325 **Der Einfluß des Körpergewichts auf den β-Lipoproteingehalt im Serum.** Miroslav Ledvina und Rostislav Lukaštik. (Z. ges. inn. Med. Grenzgebiete **16,** 1028—34, 1961; Gottwaldov, ČSSR, Bezirkskrankenhaus, I. Innere Abt., Zentrallabor; dt.) — Auf Grund der Unterss. von 306 Fettsüchtigen u. 91 Personen mit Untergew., einschließlich Diabetikern u. Arteriosklerotikern, nehmen Vff. an, daß die Erhöhung des β-Lipoprotein-Indexes bei Übergew. auf eine Beeinflussung der Leberfunktion zurückzuführen ist. H. Ackermann. 4574◇

1326 **Reinigung und einige Eigenschaften von Autoprothrombin C.** Walter H. Seegers, Edmont R. Cole, Charles R. Harmison und Ewa Marciniak. (Canad. J. Biochem. Physiol. **41,** 1047—63, 1963; Detroit, Mich., Wayne State Univ., Coll. of Med., Dep. of Physiol. and Pharmacol.; engl.) — Bei DEAE-Cellulose-Chromatographie von gereinigtem Rinder-Prothrombin kann (> 360 ml Elutionspufferlsg.) als 2. Enzym *Autoprothrombin C* (**I**) gewonnen werden. $S_{20,w}$ von **I** ist 2,27 S, Diffusionskonst. 8,4 · 10^{-7} cm²/Sek., spezif. Partialvol. 0,695, Molgew. 21500. **I** weist sämtliche *Aminosäuren* auf (von Methionin allerdings nur 1 Mol.); nach Best. über die Aminosäuren beträgt das Molgew. 27000. Gereinigtes **I** enthält 7% *Orcinol* u. 3,8% *Hexosamin*; es ist bei pH 7,2 u. Zimmertemp. für mehr als 1 Woche stabil, in Glycerin unter 0° noch länger. Mit **I** kann in Agardiffusionsplatten ein einziges Präcipitinband mit Prothrombin-Antikörper erzielt werden. U. Tausendfreund. 4574◇

1327 **Selektive Inaktivierung der Fibrinstabilisierungsfaktor-Verunreinigung des Fibrinogens.** Stevenson Swigert, J. L. Koppel und John H. Olwin. (Nature [London] **198,** 797—98, 1963; Chicago, Ill., Presbyterian-St. Luke's Hosp., Dep. of Surg., Coagulation Res. Labor.; engl.) — Die quant. Best. der *Fibrinase* (**I**; *Fibrinstabilisierungsfaktor*)-Aktivität ist dadurch erschwert, daß *Fibrinogen* (**II**)-Präpp. immer durch **I** verunreinigt sind. Es wird deshalb gezeigt, daß **I** in Rinder- oder Human-**II**-Präpp. durch Behandlung mit mercaptidbildenden Stoffen, wie *p-Chlormercuribenzoesäure* oder *Salyrgan* inaktiviert werden kann, ohne daß **II** selbst beeinträchtigt wird. Anschließende Inkubation des derart behandelten **II** mit *-SH-Substanzen* führt zum Wiederauftreten der **I**-Aktivität, die damit leicht reversibel erscheint. Die **I**-Inaktivierung ist auch bei Fluorescein-markierten **II**-Präpp. möglich; demnach kann in reproduzierbarer Weise ein markiertes **II** zur quant. **I**-Best. hergestellt werden. U. Tausendfreund. 4574◇

1328 **Existenz und Bedeutung eines reflex-humoralen Antiplasminsystems im Organismus.** B. A. Kudrjashov und T. M. Kalishevska. (Nature [London] **198,** 763—64, 1963; Moscow, State Univ., Fac. of Biol.; engl.) — Aus eigenen u. fremden Vers.-Ergebnissen kann der Schluß gezogen werden, daß die Chemoreception des Gefäßbettes dem automat. Mechanismus der neutralen Regulierung des fl. Zustandes des zirkulierenden Blutes sowie dessen Gerinnungspotenz unterliegt. Receptoren werden durch zwei Schlüsselsubstanzen des Gerinnungs- u. Antikoagulations-Syst., namentlich *Thrombin* u. *Plasmin* stimuliert. Beide Enzyme programmieren die reflexhumoralen Vorgänge u. erhalten damit den physiolog. Zustand des Blutes im Gefäßbett. U. Tausendfreund. 4574◇

1329 **Die Antithrombinaktivität von Carragheenin im menschlichen Blut.** W. W. Hawkins und Verna G. Leonard. (Canad. J. Biochem. Physiol. **41,** 1325—27, 1963; Halifax, Nova Scotia, Nat. Res. Council, Atlantic Reg. Labor.; engl.) — *Carragheenin* (**I**)-Substanzen (Gesamt-**I** aus Irish Moos, $\varkappa$-**I** u. λ-**I**) sind bei Prüfung der Verlängerung der Thrombinzeit 3—4 mal wirksamer als bei Prüfung der Prothrombinzeit; sie sind weniger wirksam als *Heparin* (**II**), ähneln diesem jedoch bzgl. Hemmung des letzten Gerinnungsstadiums (Umwandlung von Fibrinogen zu Fibrin). Am wirksamsten ist λ-**I** ($^1/_{17}$ der Wrkg. von **II**, gemessen an der Verdoppelung der Thrombinzeit), Gesamt-**I** hat nur $^1/_{50}$—$^1/_{67}$ der Wrkg. von **II**, $\varkappa$-**I** zeigt die schwächste Aktivität ($^1/_{100}$—$^1/_{167}$). Die Antikoagulanswrkg. ist in der Fraktion mit dem höheren SO_4-Geh. am größten; da diese λ-**I**-Fraktion wegen antipept. Eigg. auch zur Behandlung des pept. Ulcus herangezogen wird, muß hier ein Gefahrenmoment beachtet werden. U. Tausendfreund. 4574◇

1330 **Nucleotidstoffwechsel und seine Beziehung zur Funktion konservierter menschlicher Erythrocyten.** H. Yoshikawa und M. Nakao. (Folia haematol. [Leipzig] **78,** 516—24, 1962; Tokyo, Univ. of Tokyo, Fac. of Med., Dep. of Nutrit. and Physiol. Chem.; engl.) — Vortrag. Es wurden die Wrkg. von *Inosin* (**I**) auf den Geh. von Lagerblut an *säurelösl. Phosphat*-Verbb. untersucht: **I**, sowie *Adenin* (**I**) können bei Zugabe zu frischem Blut durch Erhaltung des Geh. an säurelösl. Phosphaten die Lagerfähigkeit verbessern u. die Lagerungsdauer ausdehnen; bei bereits gestörtem Erythrocytenstoffwechsel (es werden dazu die mit der Phosphat- u. bes. *Adenosintriphosphat*-Verminderung einhergehenden Formveränderungen der Erythrocyten beschrieben) können **I** u. **II** (nicht **I** allein) einen verjüngenden Effekt auf die Erythroctyen durch Anhebung des Phosphat-Geh. ausüben.

Es wird der Rk.-Ablauf der Phosphat-Regenerierung diskutiert. U. Tausendfreund. 4576◇

1331 **Über den Einfluß von Inosin auf die Blutkonservierung.** H. Banaschak. (Folia haematol. [Leipzig] **78**, 551–59, 1962; Berlin, Humboldt-Univ., Inst. für Pharmakol. und Toxikol.; dt.) — Vortrag mit Diskussion. *Inosin* (**I**; $5 \cdot 10^{-3}$ m), bei 4° zu frischen Blutkonserven zugefügt, läßt einen nur langsamen Abfall des *2.3-Diphosphoglycerinsäure*-Geh. der Erythrocyten zu; *Adenin* (**II**) hat keinen Einfluß. **I** u. **II** beeinflußten den Adenosintriphosphat-Geh. der Erythrocyten bei dieser Temp. nicht. **I** führt zu vermehrtem Elektrolytverlust. U. Tausendfreund. 4576◇

1332 **Reinigung und Kennzeichnung von Harnglykopeptiden, die eine N-Peptidyl-1-ketosamin-Struktur haben.** Sen-itiroh Hakomori und Taiko Ishimoda. (J. Biochemistry [Tokyo] **52**, 250–60, 1962; Sendai, Japan, Tohoku Pharm. School, Inst. for Cancer Res., Dep. of Biochem.; engl.) — Die aus menschlichem Harn durch Chromatographie, Ionenaustausch u. Sephadex-Kolonne isolierten zwei *Glykopeptide* (**I**), die Aminosäuren, Glucose u. Galaktose mit oder ohne L-Fucose enthielten, wurden durch die Dische-Borenfreund-Rk. mit Cystein u. Carbazol durch eine starke Reduzierfähigkeit gekennzeichnet. Obwohl 2-Aminozucker u. Sialsäure in den **I** nicht nachweisbar waren, zeigte **I** eine charakterist. Welle in der Polarographie, eine Rk. mit Nitroprussidnatrium u. die Rkk. nach Elson-Morgan bzw. Morgan-Elson. Diese Rkk. wurden verglichen vor u. nach der Red. mit Na-Borhydrid mit den Rkk. die synthet. u. sublimiertes *l-Fructosamin* (**II**) gab. Die Gleichartigkeit beider Rkk. ließ die Folgerung zu, daß **II** zwischen der Peptid- u. der Kohlenhydratkette von **I** eingeschlossen sein dürfte. L. Macher. 4577◇

1333 **Die Zusammensetzung der Hämolymphe von im Wasser lebenden Insekten.** D. W. Sutcliffe. (J. exp. Biology **39**, 325–43, Sept. 1962; Newcastle upon Tyne, Irland, Univ. of Durham, King's Coll., Dep. of Zool.; Freshwater Biol. Assoc., Windermere Labor.; engl.) — Vf. untersuchte die Hämolymphe von 9 repräsentativen größeren Ordnungen der im W. lebenden Insekten. Bei den Odonata, Plecoptera, Ephemeroptera u. Hemiptera-Heteroptera ist die Na-Konz. verhältnismäßig hoch, dagegen die K-Konz. niedrig; die Cl-Konz. ist verhältnismäßig hoch, überschreitet aber niemals die Na-Konzentration. Bei den Neuroptera, Coleoptera, Trichoptera u. bei Diptera ist auch die Na-Konz. verhältnismäßig hoch u. die K-Konz. niedrig. Es besteht keine Beziehung zwischen der Ernährung u. dem Na/K-Verhältnis in der Hämolymphe von Wasserinsekten. P. Nachtwey. 4578□

1334 **Kaliumgehalt des menschlichen Samens in bezug auf die Spermamobilität.** A. R. Sheth und Shanta S. Rao. (Experientia [Basel] **18**, 324–25, 1962; Bombay, Indian Cancer Res. Centre, Reprod. Physiol. Unit [Parel]; engl.) — *K* übt offenbar einen bedeutsamen Einfl. auf die Mobilität von Spermatozoen aus. Bei einer Unters. an 120 Samenproben fruchtbarer u. unfruchtbarer Männer konnte in der Samenfl. derjenigen Proben, deren Spermatozoen eine gute Beweglichkeit aufwiesen, ein durchschnittlicher K-Geh. von 126 mg/100 ml nachgewiesen werden, während Samenfl. von Proben mit Spermatozoen schlechter Beweglichkeit einen höheren K-Geh. von 196 mg/100 ml zeigte. U. Tausendfreund. 4578◇

1335 **Autoradiographische Untersuchung des Einbaues von ^{3}H-Thymidin während der Oogenese.** G. I. Ginzburg. (J. allg. Biol. [UdSSR] **24**, 71–73, 1963; Moskau: Ssewertzow-Inst. für Morphol. der Tiere der Akad. der Wiss. der UdSSR; russ., Auszug: engl.) — Während der Oogenese von *Coreus marginatus* beobachtet man bei der Inkubation mit *^{3}H-Thymidin* (**I**) einen intensiven **I**-Einbau in die Kerne der Follikelzellen der Oocyten im Stadium des akt. Wachstums. Der **I**-Einbau verändert sich während der 60–180std. Inkubation nicht wesentlich. In den Oocyten selbst u. in ihren Embryonalblasen erfolgt kein **I**-Einbau. Der **I**-Einbau in den Kern u. in das Cytoplasma der Follikelzellen ist intensiver als der Einbau in den Kern der Nährzellen. Die Follikelzellen sind demnach an der Anreicherung von „Reserve"-*Desoxyribonucleinsäure* u. ihren Derivv. in den Oocyten beteiligt. O. Lebtag. 4583△

1336 **^{137}Cs und Kalium im Menschen und in der Nahrung. — Eine Untersuchung an finnischen Lappen.** J. K. Miettinen, Aili Jokelainen, P. Roine, K. Lidén und Y. Naversten (unter Mitarbeit von G. Bengtsson, E. Häsänen und R. C. McCall.) (Suomalaisen Tiedeakatemian Toimituksia [Ann. Acad. Sci. fenn.], Ser. A **2, 1963**, Nr. 120, 1–46; Helsinki, Univ., Dep. of Radio-Chem.; Dep. of Nutr. Chem.; Lund, Univ., Rad. Phys. Dep.; engl.) — Bei Rentier-züchtenden Lappen betrug der ^{137}Cs-Geh. des Körpers im Oktober 1961 bei ♂ 245 nc, bei ♀ 122 u. bei Kindern 51 nc. Daraus ergibt sich als jährliche Strahlungsdosis für ♂ 62 mrem., für ♀ 26 mrem. u. für Kinder 15 mrem. Renntierfleisch enthielt 18,0 nc/kg Frischgew., Fisch 2,8 nc/kg u. Milch 0,6 nc/kg; diese 3 Nahrungsmittel machten 98–99% der Gesamtnahrung aus. K. Zingraf. 4585◇

1337 **Einige Einflüsse von Kohlenhydrat in der Nahrung auf Leber- und Depotfette.** I. Macdonald. (J. Physiology **162**, 334–44, Juli 1962; London, Guy's Hosp., Med. School, Dep. of Physiol.; engl.) — Bei ausgewachsenen Kaninchen, bei denen die Eiweißzufuhr ziemlich konst. war, war der *Lipid* (**I**)-Geh. der Leber dem mittleren täglichen *Kohlenhydrat* (**II**)-Verbrauch direkt proportional. Bei Verfütterung von *Saccharose* (**III**) fand sich relativ mehr **I** in der Leber als nach *Glucose* (**IV**)-Lsg. oder *Stärke* (**V**). Der *Cholesterin*(**VI**)-Geh. in der Leber veränderte sich bei Veränderung der Zufuhr von **III** oder **IV**, nicht aber von **V**. Je größer der tägliche **II**-Verbrauch ist, um so mehr nimmt der Anteil von *Myristinsäure* u. *Palmitölsäure* (**VII**) am Leber-**I** zu u. der von *Linolsäure* (**VIII**) ab, während im Fettgewebe der Anteil von **VI** u. **VIII** abnimmt u. der von **VII** zunimmt. K. Zingraf. 4585□

1338 **Fettsäurezusammensetzung und Glyceridstruktur in Ratten nach Rübsamen- oder Maisöl-Fütterung.** B. M. Craig, C. G. Youngs, Joyce L. Beare und J. A. Campbell. (Canad. J. Biochem. Physiol. **41**, 43–49, 1963; Saskatoon, Saskatchewan, Nat. Res. Council of Canada, Prairie Reg. Labor. and Ottawa, Canada, Dep. of Nat. Health and Welfare, Food and Drug Labor.; engl.) — Die Fettsäurezus. von Leber, Haut, Abdominalfett u. den Rückständen von entdarmten Kadavern von Ratten, welche 21 Wochen lang mit Mais- oder Rübsamenöl-Zusätzen gefüttert wurden, wurde mittels Gas/flüssig-Chromatographie bestimmt. Es zeigten sich keine signifikanten Unterschiede bei den verschiedenen Tieren u. auch nicht bei den Haut-, Abdominal- u. Kadaverfetten. In diesen Fettdepots waren die Anteile der Fettsäuren die der Nahrung, ausgenommen *Palmitin-*, *Palmitolein-*, *Olein-*, u. *Erucasäure*. Die *Glycerid*-Zus. der Körperfette stimmten überein mit den durch die Vander Wals Verteilungstheorie vorhergesagten. H. Aman. 4585◇

1339 **Untersuchung der essentiellen Fettsäureaktivität einiger Isomeren von ungesättigten Fettsäuren.** F. H. Mattson. (J. Nutrit. **71**, 366–70, 1960; Cincinnati, Ohio, Procter and Gamble Comp., Miami Valley Labor.; engl.) — Ein Mangel an essentiellen *Fettsäuren*(**I**) wird durch Verfütterung einer **I**-Mangelkost nach annähernd 12 Wochen erzielt. Die Tiere erhielten danach die Äthylester der *cis, cis-Linolensäure* (**II**), *cis, trans-Linolensäure, trans, trans-Linolensäure* sowie der *Olein-* bzw. *Elaidinsäure*, ohne u. mit Zusatz von **II**. An Hand der Gesamtentw. der Ratten ergibt sich, daß nur **II** eine **I**-Aktivität besitzt. Sie wird durch Zusatz der anderen Säuren nicht beeinflußt. H. Ackermann. 4585◇

1340 **Cholesterinträger bei der experimentellen Atherosklerosis.** 3. Mitt. **Wirkungen bei Abwesenheit oder Gegenwart von Fettträgern.** David Kritchevsky, John Langan, Jack Markowitz, James J. Berry und David A. Turner. (J. Amer. Oil Chemists' Soc. **38**, 74–76, 1961; Philadelphia, Pa., Wistar Inst. of Anatomy and Biol.; Baltimore, Md., Sinai Hosp., Dep. of Med., Biochem. Res. Div.; engl.) — 2. vgl. C. **1957**, 2800. — In 3 Vers.-Reihen zeigten Vff., daß Kaninchen, denen in Abwesenheit von Fett *Cholesterin* (**I**) verabreicht wurde, empfänglicher für Atherosklerosis waren als Kaninchen,

denen I zusammen mit Maisöl verabreicht wurde. In Maisöl durch Erhitzen gelöstes I war dagegen Atherosklerosis-wirksamer als I suspendiert in Maisöl. In allen Fällen hatten Tiere, die kein Maisöl erhielten, die tiefsten Serum- u. Leber-I-Spiegel. Gaschromatograph. Unterss. der Fettsäuren (FS) aus den Serum-I-Estern zeigten, daß die Tiergruppe, die I ohne Fett erhielt, im Serum nur sehr geringe Mengen an ungesätt. C_{18}-FS enthielt. Ein Mangel an diesen ungesätt. C_{18}-FS kann zu einer erhöhten Bereitschaft zur Atherosklerosis führen. Ein Erhitzen des Maisöls auf 160—200° für 10 Min. hat eine starke Zunahme an titrierbaren FS im Öl zur Folge. (0,14(%) auf 2,5). Vff. glauben, daß diese in relativ großen Mengen gebildeten ungesätt. FS der Grund für die Atherosklerosisbereitschaft sein könnte.
G. Bratfisch. 4585◇

1341 **Aminosäurezusammensetzung und Nährwert von Proteinen.** 3. Mitt. **Gesamtprotein- und nichtessentieller Aminostickstoffbedarf.** P. B. Rama Rao, V. Chalam Metta, H. W. Norton und B. Connor Johnson. (J. Nutrit. **71**, 361—65, 1960; Urbana, Ill., Univ., Div. of Animal Nutrit.; engl.) — 2. vgl. C. **1963**, 15880. — Der Proteinbedarf zur Erzielung eines normalen Wachstums bei der Ratte beträgt bei Verfütterung von *Casein* u. einer Mischung aller essentiellen Aminosäuren 8,8%. Für eine maximale N-Retention liegt der Proteinanteil der Diät bei minimal 10%. H. Ackermann. 4585◇

1342 **Wirkung des Nahrungsproteins auf den Natrium-$^{14}C_{(1)}$-Acetat-Stoffwechsel bei Küken.** Toshiro Nishida, Akira Ueno und Fred A. Kummerow. (J. Nutrit. **71**, 379—86, 1960, Urbana, Ill., Univ., Dep. of Food Techn.; engl.) — Bei proteinarmer Fütterung (a) besteht die Tendenz eines erhöhten *Na-$^{14}C_{(1)}$-Acetat* (I)-Einbaues in Lebercholesterin. Durch zusätzliche Verfütterung von *Cholesterin* (II) wird der I-Einbau signifikant herabgesetzt, liegt jedoch höher als bei proteinreicher Fütterung. Die Biosynth. der Fettsäuren wird dagegen durch a) u. II-Fütterung gesteigert. Im Serum ist der I-Stoffwechsel ähnlich. Der Einbau von I in *Leberglykogen* wird durch diese Fütterungsmaßnahmen nicht beeinflußt. H. Ackermann. 4585◇

1343 **Untersuchungen über Milchsurrogate pflanzlicher Herkunft.** 2. Mitt. **Die Wirkung der Anreicherung mit DL-Methionin auf den Nährwert eines Sojabohnen-Erdnuß-Milchpulvers.** S. R. Shurpalekar, M. R. Chandrasekhara, N. L. Lahiry, M. Swaminathan, K. Indiramma und V. Subrahmanyan. (Ann. Biochem. exp. Med. [Calcutta] **20**, 145—56, Juni 1960; Mysore, Central Food Technol. Res. Inst.; engl.) — Durch Anreicherung mit *DL-Methionin* (I; auf 3 g/16 g N) kann die wachstumsfördernde Wrkg. von pflanzlichem Milchpulver (aus Sojabohnen, aus Erdnüssen bzw. Gemisch beider Pulver) derart angehoben werden, daß die Wachstumssteigerung bei Ratten nun diejenige von pflanzlichen Pulvern mit Kuhmilchpulverzusatz übersteigt u. nahe an die durch Kuhmilchpulver-Nahrung herankommt. Hämoglobin-Geh., Erythrocytenzahlen, Feuchtigkeits- u. Fett-Geh. von Leber u. Gesamtkörper sind in allen Gruppen gleich. Durch I wird der Proteinwirksamkeitsquotient der Proteine erhöht.
U. Tausendfreund. 4585◇

1344 **Carotinoide und Vitamin A im Blut des Rindes.** W. A. McGillivray. (New Zealand J. agric. Res. **3**, 934—49, 1960; Palmerston North, Massey Agr. Coll., Biochem. Dep.; engl.) — Der Geh. von *Carotinoiden* u. *Vitamin A* im Blut von neuseeländ. Rindern zeigt hohe individuelle u. jahreszeitliche Variationen u. ist mit Werten aus anderen Ländern nicht vergleichbar.
K. Zingraf. 4587◇

1345 **Histopathologische Untersuchung der Schädigung von Ratten bei Vitamin-A-Hypervitaminose.** Fumio Imanishi. (Vitamins [Kyoto] **22**, 313—22, 1961; Kyoto, Prefectural Univ. of Med., Dep. of Pathol.; jap., Auszug: engl.) — Die Schädigung eines jeden Organs von Ratten, denen 7—15 Tage lang 50000 i. E. *Vitamin-A-Acetat* verabreicht wurden, wurde histolog. untersucht. Nach Beschreibung der patholog. Veränderungen von Herz, Leber, Niere, Gehirn, peripheren Nervenfasern, Knochen u. endokrinen Drüsen werden die unter Verw. von synthet. Vitamin A erzielten Ergebnisse mit Ergebnissen verglichen, die unter Verw. von Leberöl erzielt wurden. K. F. Müller. 4587□

1346 **Der Einfluß von Vitamin A und Thiamin auf die Aktivität und den Adenosintriphosphat- und Kreatinphosphatgehalt von Ratten.** Yasuto Watanabe. (Vitamins [Kyoto] **22**, 260—65, 1961; Fukuoka, Kyushu Univ., Fac. of Agricult., Dep. of Agricult. Chem.; jap., Auszug: engl.) — Es wurde der Einfl. von in der Diät enthaltenem *Vitamin A* (I) u. *Thiamin* (II) auf Wachstum, körperliche Aktivität, den Adenosintriphosphat (ATP)- u. Kreatinphosphatgeh. im Muskel u. den I- u. II-Geh. in Organen der Ratte untersucht. I- oder II-Mangel verursacht Abnahme im Wachstum, in der körperlichen Aktivität u. im ATP-, Kreatinphosphat-, I- u. II-Gehalt. Im Einfl. dieser Vitamine wurde jedoch keine klare Beziehung zwischen I u. II gefunden. K. F. Müller. 4587□

1347 **Untersuchungen über stabile Thiaminsalze.** Ichiro Tanaka, Susumu Murayama, Shoji Otani und Juichi Nakayashiki. (Vitamins [Kyoto] **22**, 266—71, 1961; Tokyo, Taisho Pharmaceut. Co., Ltd., jap., Auszug: engl.) — Es wurden 3 stabile *Thiamin*(I)-Salze synthetisiert, nämlich I-*Dibiphenylmonosulfonat*, *Di*-I-*biphenyl-4.4′-disulfonat* (II) u. I-*Biphenyldisulfonat*. Diese Verbb. sind schwer wasserlösl., geruch- u. geschmacklos, nicht tox. u. sogar in Ggw. von $CaCO_3$ stabil. II wird leicht vom Verdauungstrakt absorbiert; die Blut-I-Konz. wird länger als bei I-HCl aufrechterhalten, so daß II zur Behandlung latenter Beriberi verwendet werden kann.
K. F. Müller. 4587□

1348 **Untersuchungen über Thiaminphosphate.** 1. Mitt. **Biologische Eigenschaften von S-Benzoylthiamin-O-monophosphat.** Tadao Wada, Hiromu Takagi, Shigeru Miyazawa, Yoshio Suzuki und Haruhiko Minakami. (Vitamins [Kyoto] **22**, 342—49, 1961; Tokyo, Sankyo Co., Ltd., Takamine Labor.; jap., Auszug: engl.) — *S-Benzoylthiamin-O-monophosphat* (I) zeigt bei Thiamin-(I)bedürftigen Organismen (*Lactobacillus fermenti 36*, Reisvogel, Taube) eine I-Wrkg., die etwa der des I-Hydrochlorids entspricht. I wird durch Thiaminase aus *Bacillus Thiaminolyticus* u. *B. aneurinolyticus* kaum zerstört. I wird bei oraler Verabreichung durch den Organismus von Mensch, Hund oder Maus leicht absorbiert; der Blut-I-Spiegel, die I-Geh. der Organe u. die Blutcocarboxylaseaktivität nehmen deutlich zu. Subkutan u. i. v. verabreichtes I bewirkt einen höheren Blut-I-Spiegel u. höhere Cocarboxylaseaktivität als I-Hydrochlorid. K. F. Müller. 4587□

1349 **Untersuchungen über Thiaminphosphate.** 2. Mitt. **Physikochemische Eigenschaften von S-Benzoylthiamin-O-monophosphat.** Akira Ito, Wataru Hamanaka, Koichi Okamoto und Katsuro Kawada. (Vitamins [Kyoto] **22**, 349—57, 1961; jap., Auszug: engl.) — 1. vgl. vorst. Referat. — *S-Benzoylthiamin-O-monophosphat* (I, $C_{19}H_{23}N_4O_6PS \cdot n\,H_2O$) existiert in 4 Kristallformen (α, β[$n = 2$, Platten], γ($n = 1{,}5$, Nadeln) u. δ($n = 0$, Prismen). Die Kristalle sind farb- u. geruchlos u. nicht hygroskopisch. Auf Grund der IR-Spektren u. der Röntgenaufnahmen zeigen sich Ähnlichkeiten zwischen der α- u. β-Form; γ- u. δ-Form zeigen Unterschiede. Die UV-Maxima der wss. I-Lsg. verschieben sich in Abhängigkeit vom pH; die isosbest. Punkte liegen bei 239 u. 277 mμ. Die Dissoziationskonst. sind $K_{a1} = 1{,}64 \cdot 10^{-6}$, $K_{a2} = 0{,}98 \cdot 10^{-7}$ u. $K_b = 2{,}00 \cdot 10^{-12}$; der isoelektr. Punkt liegt bei pH 4,05. Die wss. Lsg. von I ist stärker oberflächenakt. als diejenige von Thiaminhydrochlorid. Die α-Form ist am besten lösl.; die Löslichkeit erreicht ihren Minimalwert bei pH 4. Der R_F-Wert liegt zwischen 0,48 u. 0,53 im Fließmittelsyst. Essigsäure-Butanol-Wasser. I ist stabil in saurem Medium, bes. bei pH 4, u. instabil in alkal. Lösung. K. F. Müller. 4587□

1350 **Untersuchungen über Thiaminphosphate.** 3. Mitt. **Quantitative Bestimmung von S-Benzoylthiamin-O-monophosphat.** Akira Ito, Wataru Hamanaka, Koichi Okamoto und Tadao Wada. (Vitamins [Kyoto] **22**, 358—63, 1961; jap., Auszug: engl.) — 2. vgl. vorst. Referat. — Die Meth. zur quant. Best. von *S-Benzoylthiamin-O-monophosphat* (I) beruht auf Unterss. über die Hydrolyse von I zu freiem *Thiamin* (II) mittels

Takadiastase B u. die Debenzoylierung zu I-*Monophosphat* durch *Cystein*. Wird I mit Takadiastase zu einer Endkonz. von ca. 1% (5—15 Std. bei 37° u. pH 5—6) hydrolysiert, so entsteht quant. I, das fluorometr. bestimmt wird. (Takadiastase-Meth.) Erhitzt man I mit 1000 bis 10000 Teilen *Cystein* 30 Min. bei pH 5 auf 50°, so entsteht quant. II-Monophosphat; durch anschließende Hydrolyse der Lsg. mit Takadiastase B (2 Std. bei 37°, pH 4,5) entsteht I (Cystein-Takadiastasemeth.). Zur quant. Best. von I in wss. Lsg. eignen sich beide Methoden. Liegen I, freies II u. verestertes II im Blut nebeneinader vor, so können die Cystein-Takadiastasemeth. u. eine geeignete Kombination beider Meth. zur Best. von Gesamt-II bzw. I verwendet werden.

K. F. Müller. 4587□

1351 **Untersuchungen über Thiaminphosphate. 4. Mitt. Gleichstrompolarographische Untersuchungen über S-Benzoylthiamin-O-monophosphat.** Koichi Okamoto und Akira Ito. (Vitamins [Kyoto] **22,** 364—70, 1961; jap., Auszug: engl.) — 3. vgl. vorst. Referat. — *S-Benzoylthiamin-O-monophosphat* (I) gibt polarograph. Stufen in Pufferlsgg. von pH 2—12; im pH-Bereich 4—7 wurden 2 Stufen beobachtet. Die 1. Stufe ist verhältnismäßig gut definiert ($E_{1/2}$ = —1,275 V gegen gesätt. Kalomelelektrode bei pH 7,0) u. stärker pH-abhängig; die 2. Stufe ist schlecht definiert. Die 1. Stufe ist irreversibel u. wird durch Diffusionsprozesse beeinflußt. Eine Unters. über die Natur der Reduktionsprodd. ergab, daß die 1. Stufe einer reduktiven Spaltung der S-Benzoylgruppe des I unter Bldg. von *Thiaminmonophosphat* (II) über ein Zwischenprod. entspricht, während die 2. Stufe der Red. von II zu *Tetrahydrothiaminmonophosphat* entspricht. Die Gleichstrompolarographie eignet sich nicht zur Best. von I. K. F. Müller. 4587□

1352 **Untersuchungen über Thiaminphosphate. 5. Mitt. Pharmakologische Wirkungen von S-Benzoylthiamin-O-monophosphat.** Haruhiko Minakami, Hiromu Takagi und Tadao Wada. (Vitamins [Kyoto] **22,** 371—73, 1961; jap., Auszug: engl.) — 4. vgl. vorst. Referat. — Die pharmakolog. Wrkg. von *S-Benzoylthiamin-O-monophosphat* sind im allg. schwächer als diejenigen anderer Thiaminderivate (Hydrochlorid, Mono-, Diphosphat).

K. F. Müller. 4587□

1353 **Die Wirkung der intraspinalen Injektion von S-Benzoylthiaminmonophosphat.** Yoshito Nishizawa. (Vitamins [Kyoto] **22,** 379—81, 1961; Osaka, Univ., Fac. of Med., Dep. of Pediatrics; jap., Auszug: engl.) — Bei intraspinaler Injektion von *S-Benzoylthiaminmonophosphat* wurden keine Nebenwrkg. beobachtet; der Unterschied in der Thiaminausscheidung im Harn war verglichen mit Thiaminhydrochlorid gering.

K. F. Müller. 4587□

1354 **Die Beziehung zwischen der Fällungsreaktion der Bakterienthiaminase und dem Thiaminblutspiegel.** Tao Hsung Liao und Yoshiaki Takaichi. (Vitamins [Kyoto] **22,** 303—05, 1961; Osaka, Kodokai Hosp., Res. Labor.; Kobe, Med.-Coll., Dep. of Microbiol.; jap., Auszug: engl.) — Der *Thiamin*-Blutspiegel von Personen, deren Blutserum eine pos. Fällungsrk. mit der Kulturbrühe von Transaminasebakterien gibt, scheint etwas geringer zu sein als derjenige von Personen, deren Blutserum eine negative Rk. gibt. K. F. Müller. 4587□

1355 **Der Verbleib von injiziertem Riboflavin. 5. Mitt. Die Ausscheidung von Riboflavin im Urin nach Injektion von Flavinadenindinucleotid und Flavinmononucleotid.** Kunio Yagi, Minoru Harada, Shigetaka Fujimoto und Hideki Yamamoto. (Vitamins [Kyoto] **22,** 294—97, 1961; Nagoya, Univ., Fac. of Med., Dep. of Biochem; jap., Auszug: engl.) — Nach Injektion von 200 μg *Flavinadenindinucleotid* (FAD) nimmt die Ausscheidung von Flavinen im Harn sehr schnell zu. 20 Min. nach der Injektion setzt sich das im Harn ausgeschiedene *Flavin* aus 90% *Riboflavin* (I) u. 10% *Flavinmononucleotid* (FMN) zusammen, FAD wurde nicht aufgefunden. 6 Std. nach der Injektion erreicht die Menge des ausgeschiedenen Flavins die Menge des injizierten Flavins. Durch Injektion von 200 μg FMN wird die Menge des im Harn ausgeschiedenen Flavins ebenfalls erhöht. 20 Min. nach der Injektion bestehen die im Harn ausgeschiedenen Flavine zu > 90% aus I u. zu < 10% aus FMN. 6 Std. nach der Injektion erreicht die im Harn ausgeschiedene Flavinmenge die Menge des injizierten Flavins.

K. F. Müller. 4587□

1356 **Einfluß von Vitamin B_1 und Thiaminpropyldisulfid auf die Leber des Kükenembryos.** Mitsuo Watanabe. (Folia pharmacol. japon. **55,** 1485—1504, 20/11. 1959; Tokyo, Showa Med. School, Dep. of Pharmacol.; jap., Auszug: engl. S. 54.) — Wurden *Vitamin B_1* u. *Thiaminpropyldisulfid* im Bebrütungsstadium stehenden Hühnereiern zugesetzt, so traten leichte degenerative Veränderungen der Lebern der Kükenembryonen ein. Vf. nimmt an, daß diese Veränderungen reversibel sind.

W. Hiller. 4587◇

1357 **Pathologische Untersuchung über Riboflavinmangelkrankheit.** Hideko Mitumura. (Vitamins [Kyoto] **22,** 328—36, 1961; Kyoto, Prefectural Univ. of Med., Dep. of Pathology; jap., Auszug: engl.) — Die Veränderungen der Organe von Ratten, die eine Riboflavinmangeldiät erhielten, wurden histolog. u. histochem. untersucht. Bei Tieren mit Ariboflavinose zeigte sich eine bemerkenswerte Degeneration von Hauptorganen (Fettdegeneration der Leber, Degeneration u. Atrophie von Nervenzellen, Degeneration des Herzmuskels u. der Nieren) mit Ausnahme von Augen- u. Hautschäden.

K. F. Müller. 4587□

1358 **Untersuchungen über einen neuen Flavonucleotidtyp. 1. Mitt. Biosynthese von Riboflavinylglucosidmononucleotid.** Sei Tachibana. (Vitamins [Kyoto] **22,** 291 bis 294, 1961; Kyoto, Ritsumeikan Univ., Fac. of Science and Engineering, Dep. of Chem.; jap., Auszug: engl.) — In einer Riboflavinylglucosid enthaltenden Kulturlsg. von *Rhizopus oryzae* wurde eine unbekannte Flavinverb. gefunden. Es wird angenommen, daß ein neuer Nucleotidtyp vorliegt, nämlich ein *Riboflavinylglucosidmononucleotid*, da chem. u. enzymat. nachgewiesen wurde, daß die Verb. aus einem Riboflavinylglucosid, dessen Ribitylrest mit einem Phosphat verknüpft ist, besteht.

K. F. Müller. 4587□

1359 **Ein Agarplattentest für Nicotinsäure in biologischem Material mittels Proteus OX—19.** Karel Hodák (unter techn. Mitarbeit von Marie Horáčková.) (Spisy přírodovědecké Fak. Univ. Brně **1961,** 293—300; Brno, Univ., přírodověd. fakulta, kat. mikrobiol.; tschech.) — Die Platten-Meth. zur quant. Best. der *Nicotinsäure* (I) (C. **1962,** 11271) erwies sich auch für die Best. von I in biolog. Material geeignet. Wegen ihrer Einfachheit empfehlen Vff. diese Meth. zur Serienanalyse. Best.-Fehler 5—7%.

V. Dadák. 4587△

1360 **Die Möglichkeiten eines Plattentestes für Pantothensäure mit Hilfe von Proteus morganii 8019.** Karel Hodák und Stanislav Rosypal (unter techn. Mitarbeit von Marie Horáčková.) (Spisy přírodovědecké Fak. Univ. Brně **1961,** 301—6; Brno, přírod. fak. Univ. JEP, kat. mikrobiol.; tschech.) — Das Verf. zur Best. der *Pantothensäure* (I) mit Hilfe von *Proteus morganii 8019* Pelczar u. Porter (J. biol. Chemistry, **139,** [1941], 111) wurde für einen Plattentest verwendet. Im Bereich von 0,0468—3,0 μg/ml der reinen I-Proben gibt es eine lineare Abhängigkeit zwischen Wachstumszonengröße u. log der Konz. von I. Der Test ist wegen seiner Einfachheit zu Serien-Best. geeignet. V. Dadák. 4587△

1361 **Der Einfluß von Pyridoxaminphosphat auf die Behandlung des Hyperthyroidismus.** Kozo Yamada, Shuhei Ogawa und Tomohiro Shin. (Vitamins [Kyoto] **22,** 277—79, 1961; Nagoya, Univ., Fac. of Med., Dep. of Internal Med.; jap., Auszug: engl.) — 8 Patienten mit Hyperthyroidismus wurden mit *Pyridoxaminphosphat* behandelt. In keinem Fall konnte eine merkliche Besserung erzielt werden. K. F. Müller. 4587□

1362 **Einfluß von 2-Methyl-4-amino-5-hydroxymethylpyrimidin und Pyridoxin auf Kükenembryonen.** Toshiaki Nakajima. (Folia pharmacol. japon. **55,** 1310—28, 20/11. 1959; Tokyo, Showa Med. School, Dep. of Pharmacol.; jap., Auszug: engl. S. 51.) — Durch Verabreichung von *2-Methyl-4-amino-5-hydroxymethylpyrimidin* (I) zu sich entwickelnden Hühnereiern wurde die Exkretion von *Vitamin B_1* in die Allantois-Fl. u. der Vitamin-B_1-Geh. in den Lebern der Kükenembryonen vermindert. Zusätzliche Gaben von *Vitamin B_6* verstärkten diese Wirkungen. Die Exkretion von **I** in die Allantois-Fl. wurde durch Vitamin-B_6-Verabreichung kaum beeinflußt. W. Hiller. 4587◇

1363 **Wasserstoffwechsel bei mit 2-Methyl-4-amino-5-hydroxymethylpyrimidin behandelten Ratten.** Keisuke Tsujioka. (Vitamins [Kyoto] **22**, 257–59, 1961; Sapporo, Hokkaido Univ., School of Med., Dep. of Physiol.; jap., Auszug: engl.) — Mit *2-Methyl-4-amino-5-hydroxymethylpyrimidin* (**I**), einem Pyridoxinantagonisten, behandelte Ratten zeigten eine verzögerte Rk. gegenüber einer Wasserbeladung. Die Wrkg. des Leber- u. Nierenvasopressins wurde jedoch durch **I** nicht beeinträchtigt, der Geh. an Antidiuretischem Hormon der Hypophyse wurde nicht verändert. **I** bewirkt eine Abnahme des Ascorbinsäuregeh. u. des Gew. der Nebenniere. Es wird angenommen, daß die durch **I**-Behandlung bewirkte Insuffizienz der Nebenniere eine der Ursachen der Störung des W.-Stoffwechsels ist. K. F. Müller. 4587□

1364 **Zur Pharmakodynamie der Vitamine B_6 und B_{12}.** K. H. Chemnitius und J. Gebhard. (Z. Vitamin-, Hormon- u. Fermentforsch. [Wien] **12**, 333–49, 1963; Jena, Friedrich Schiller-Univ., Inst. f. Pharmacol.; VEB Jenapharm.; dt.) — Im Tiervers. war die pharmakolog. Wrkg. von *Vitamin B_6* (Krämpfe mit Metrazol, Strychnin, Nicotin u. Picrotoxin, Elektroschock, audiogene Krämpfe, Narkoseverlängerung, Analgesie, Motilität) größer als die von *Vitamin B_{12}* (**I**); seine Wrkg. wurde bei kombinierter Verabreichung durch **I** nur geringfügig verstärkt. K. Zingraf. 4587◇

1365 **Beobachtungen über den Einfluß von Vitamin B_{12} und Folsäure auf die Proteinverwertung durch wachsende Ratten.** Prema Fatterpaker, S. P. Manjrekar, Urmila Marfatia, A. G. Mulgaonkar, D. V. Rege und A. Sreenivasan. (J. Nutrit. **71**, 371–78, 1960; Bombay, India, Univ. of Bombay, Uatunga, Dep. of Chem. Techn.; engl.) — Der im Vgl. zum Casein geringe Wrkg.-Grad des *Erdnußproteins* (**III**) kann durch Zusatz von *Vitamin B_{12}* (**I**) u. *Folsäure* (**II**) erhöht werden. **I**- u. **II**-Mangelratten weisen wie Proteinmangeltiere eine erhebliche Fettinfiltration sowie einen geringeren Sulfhydrylgruppengeh. der Leber auf. Ähnliche Veränderungen sind auch bei Verfütterung von **III** als alleinige Eiweißquelle zu beobachten. Durch Zusatz von *Eialbumin* werden die Mangelerscheinungen behoben. H. Ackermann. 4587◇

1366 **Coenzym B_{12} und aus „Hydridocobalamin" synthetisierte Analoge.** E. Lester Smith und L. Mervyn. (Biochem. J. **86**, 2P–3P, 1963; Greenford, Glaxo Res. Ltd.; engl.) — Zur Isolierung von *Coenzym B_{12}* (**I**)-Analogen eignet sich die Einw. alkylierender Substanzen (Methyljodid oder -sulfat) auf red. Vitamin B_{12}, das als Co-Hydrid-Deriv. angesehen wird. Alle geprüften Analoge sind Antagonisten von **I** mit folgenden Indices: *Methyl*-**I**, 13; *Äthyl*-**I**, 8; *Vinyl*-**I**, 2; *Äthinyl*-**I**, 12; *Mesyl*-**I**, 18; *5'-Desoxyuridin*-**I**, 1; *Isopropyliden*-**I**, 2; auch *Cyanocobalamin* ist ein Antagonist mit dem Index 11. Methyl-**I** kann auch als Coenzym für den Methyl-Transfer von Methyltetrahydrofolsäure zu Homocystein in bestimmten *Escherichia coli*-Syst. dienen. U. Tausendfreund. 4587◇

1367 **Schutz durch Ascorbinsäure und Sorbit gegen B-Hypovitaminosen beim Küken.** Claude Calet und Thérèse Terroine. (Arch. Sci. physiol. **16**, 273–304, 1962; Jouyen-Josas (S.-et-O.), C. N. R. Z., Stat. de Rech. Avicoles; Bellevue (S.-et-O.), C. N. R. S., Centre de Rech. sur la Nutr.; franz.) — Zusatz von 0,5–4% *Ascorbinsäure* (**I**) zum Futter schützten Küken gegen Mangel an *Riboflavin* oder an mehreren *B-Vitaminen* (**II**); gegen **II**-Mangel schützte auch *Sorbit*. Dagegen wirkt **I** bei Tieren, bei denen kein **II**-Mangel besteht, in der genannten Dosierung oft ungünstig (Verringerung der Gewichtszunahme u. des Appetits). K. Zingraf. 4587◇

1368 **Die Bedeutung des Blutes als ein Vitamin-D-Pool.** J. Quarterman, A. C. Dalgarno und A. Adam. (Biochem. J. **86**, 1P–2P, 1963; Aberdeen, Rowett Res. Inst.; engl.) — Verss. bei Ferkeln mit Verfütterung von 350–250000 I.E. *Vitamin D_3*/Tag zeigen, daß im Blut jeweils (d. h. in verschiedenen Wochenabständen im Verlaufe der Verabreichungszeit) ein höherer Vitamin-Geh./100 g vorliegt als in der Leber/100 g. Da das Blut beim Ferkel ca. 7,4% des Gesamtkörpergew. ausmacht, dürfte das Blut 3–15mal soviel Vitamin enthalten wie die Leber, was auf die Bedeutung des Bluts als Depotorgan hinweist. U. Tausendfreund. 4587◇

1369 **Ein Beitrag zur Vitamin-D_2-D_3-Ausscheidung mit der Milch.** 4. Mitt. **Der Einfluß des peroral zugeführten Vitamin D_2, D_3 und des parenteral zugeführten Vitamin D_3.** K. Günther und W. Lenkeit. (Z. Tierphysiol., Tierernähr. Futtermittelkunde **17**, 275–94, 1962; Göttingen, Univ., Inst. für Tierphysiol. u. Tierernährung; dt.) — 3. vgl. C. **1962**, 14936. — An Niederungsmilchkühe werden über einen Zeitraum von 330 bzw. 385 Tagen mit dem täglichen Futter 8000 I.E. oder 16000 I.E. *Vitamin-D_3*-(**I**) verabfolgt u. festgestellt, daß die **I**-Aktivität der Milch prakt. konst. bleibt. Eine zusätzliche *Vitamin D_2* (**II**)-Gabe hat keinen Einfl. auf die *Vitamin-D*-Aktivität der Milch. Dagegen steigt bei s.c. zugeführtem **I** (8500 u. 17000 I.E.) die **I**-Aktivität der Frühjahrsmilch an u. führt zur doppelten bis dreifachen **I**-Wirksamkeit pro g Milchfett. Mit der Erhöhung der **I**-Aktivität steigt auch der Serum-Ca-Spiegel. Die Ursache für das unterschiedliche Schicksal von **I** u. **II** je nach Applikationsweg wird auf eine partielle Resorptionsblockade im Verdauungstrakt der Wiederkäuer zurückgeführt. A. Täufel. 4587◇

1370 **Biochemische Bestimmung von Liposäure durch Streptococcus faecalis 10 C 1.** Teijiro Kamihara. (Vitamins [Kyoto] **22**, 298–303, 1961; Kyoto, Univ., Fac. of Engin., Dep. of Ind. Chem.; jap., Auszug: engl.) — Es wird eine biochem. Meth. zur Best. von *Liposäure* (**I**) beschrieben, bei der *S. faecalis 10 C 1* als Testorganismus verwendet wird. Das Wachstum des Organismus in einem 0,125 %Na-Propionat u. verschiedene **I**-Mengen enthaltenden synthet. Medium wird bei 37° während 15–20 Std. turbidimetr. gemessen. 0,25 mγ **I**/ml Medium bewirken bereits eine ausreichende Wachstumsreaktion. Eine einstündige Säurehydrolyse in 6 n H_2SO_4 bei 120° dient zur Freimachung von **I** aus natürlichen Substanzen. Auf die Existenz einer im Mycel von *Aspergillus oryzae* vorkommenden unbekannten Substanz, welche unter den Bedingungen der Meth. das Wachstum des Testorganismus stimuliert, wird hingewiesen. K. F. Müller. 4587□

1371 **Experimentelle und klinische Untersuchungen über Liposäureamid bei der Behandlung von Leberkrankheiten.** Sumihiko Okuyama, Kohei Kawaguchi und Mieko Oi. (Vitamins [Kyoto] **22**, 280–88, 1961; Nagoya, Univ., Fac. of Med., Dep. of Internal Med.; jap., Auszug: engl.) — Die Wrkg. von *Liposäureamid* (**I**) auf durch CCl_4 hervorgerufene Leberschädigungen bei der Ratte wurden untersucht. **I** zeigte bei der Förderung des Wachstums von *Streptococcus faecalis 10 C 1* eine stärkere Wrkg. als *Liposäure* (**II**). Bei Ratten wurde beobachtet, daß **I** u. **II** die histolog. Veränderungen der durch CCl_4 vergifteten Leber vermindern u. die Transaminasewrkg. der Leber wieder herstellen. Die Wrkg. von **I** wurden deshalb bei verschiedenen Leberkrankheiten (akute u. chron. Hepatitis, Lebercirrhose) klin. untersucht. Bei 1–5 wöchiger Verabreichung von täglich 30–60 mg **I** besserten sich oder verschwanden die subjektiven Symptome in allen Fällen; die Leberfunktionsteste wurden in vielen Fällen verbessert. K. F. Müller. 4587□

1372 **Polarographische Untersuchungen an Magensaftproteinen.** 2. Mitt. **Höhe der Proteinwelle bei verschiedenen Magensaftfiltraten und ihre klinische Bedeutung unter besonderer Berücksichtigung des Magenkrebses.** Tokio Sasai, Mamoru Kakei und Hideyuki Shinohara. (Bull. Inst. chem. Res., Kyoto Univ. **37**, 213–25, 1959; Hayaishi Labor.; engl.) — 1. vgl. C. **1962**, 6489. — Der Magensaft von Patienten mit verschiedenen Magenerkrankungen wurde mit *Sulfosalicylsäure* (**I**) bzw. *Methanol* (**II**) gefällt u. polarograph. untersucht. Die Proteinwelle des **II**-Filtrats (Peptide) war bei Magenkrebs am höchsten, es folgen Magengeschwüre u. Duodenalgeschwüre. Die mögliche Herkunft der Peptide wird diskutiert. Die Proteinwelle des **I**-Nd. bzw. des **II**-Nd. war bei anacidem Magenkrebs am höchsten, danach folgt chron. Gastritis. Es wurden Beziehungen zwischen dem polarograph. Verh. u. den mkr. Befunden der Magenschleimhaut gesichert. In den selteneren Fällen von schwerer Atrophie der Magenschleimhaut gibt der Magensaft eine niedrigere Proteinwelle als normal, unabhängig davon, ob es sich um Carcinome handelt oder nicht.

P. Schwerdtfeger. 4594◇

1373 **Calciumakkumulierung und respiratorische Aktivität des Dünndarms der Ratte.** J. S. Charnock. (Canad. J. Biochem. Physiol. **41,** 1013—22, 1963; Montreal, Quebec, McGill-Montreal Gen. Hosp., Res. Inst.; engl.) — Bei Unterss. über den *Ca*-Geh. u. die respirator. Aktivität des isolierten Rattendünndarms konnte keine Abhängigkeit des O_2-Verbrauchs von der Ca-Konz. im Medium u. keine Abhängigkeit der Ca-Akkumulierung im Gewebe (auch gegen Konz.-Gradienten) von der Atmung nachgewiesen werden; die Aufnahme von Ca durch den Dünndarm ist kein stoffwechselmäßig regulierter Vorgang, sondern eher ein Bindungsprozeß wie bei der Speicheldrüse der Ratte.

U. Tausendfreund. 4594◇

1374 **Über den Einfluß von Fluor auf den Wassergehalt des Knochens.** W. Minder und T. Gordonoff. (Arch. int. Pharmacodynam. Thérap. **140,** 173—82, 1962; Bern, Univ., Med. Fac., Radium Inst.; dt.) — Im Knochen von mit NaF behandelten Ratten ist der Anteil des gebundenen W. auf 10% erhöht. In der Kristallstruktur des Knochens tritt neben *Hydroxylapatit, Fluorapatit* auf.

P. Lange. 4596◇

1375 **Untersuchungen über die Glycinbiosynthese in der Seidenraupe. 2. Mitt. Umsetzung der Glyoxalsäure in Glycin durch die intakte Seidenraupe.** Michiko Muramatsu und Kensuke Shimura. (J. Biochemistry [Tokyo] **52,** 297—301, 1962; Sendai, Japan, Univ., Lab. of Biochem., Dep. of Agr. Chem.; engl.) — 1. vgl. C. **1963,** 6307. — Nach Injektion von 0,12 μMol $^{14}C_{(1.2)}$-*Glyoxalat* (**I**) in die Körperhöhle von Seidenraupen konnte in ihrer Körperfl. *Glycin* nachgewiesen werden. Die meiste Radioaktivität in der Aminosäurefraktion der Körperfl. wurde nur in Form von Glycin u. *Serin* gefunden. Teilweise wurde **I** in Respirations-CO_2 verwandelt. Umgekehrt konnte durch Injektion von ^{14}C-Glycin das Auftreten von nur geringen Mengen an **I** festgestellt werden.

L. Macher. 4596◇

1376 **Der Einbau von ^{14}C aus $^{14}C_{(2)}$-Natriumacetat in die Aminosäuren des im Boden vorkommenden Nematoden Caenorhabditis briggsae.** W. L. Nicholas, Ellsworth C. Dougherty, Osmund Holm-Hansen und Vivian Moses. (J. exp. Biology **37,** 435—43, 1960; Richmond, Calif., Kaiser Found. Res. Inst., Labor. of Comp. Biol.; Berkeley, Calif., Univ. of California, Lawrence Radiation Labor., Bio-Organic Group.; engl.) — Die folgenden Aminosäuren von einem Proteinhydrolysat von *Caenorhabditis briggsae,* welcher in einem Gemisch von Embryoextrakt, Leberextrakt u. $^{14}C_{(2)}$-Natriumacetat gezüchtet worden war, enthielten ^{14}C: *Asparaginsäure, Glutaminsäure, Alanin, Prolin, Glycin, Serin* u. *Cysteinsäure* (als Oxydationsprod. von Cystein u. Cystin). Nicht markiert waren: Arginin, Histidin, Lysin, Methionin, Threonin, Tyrosin, Valin, Phenylalanin, Leucin u. Isoleucin.

K. Zingraf. 4596◇

1377 **Der Kreatinstoffwechsel bei chronischem, progressivem Rheumatismus.** Stefan Mackiewicz. (Poznanskie Towarzystwo Przyjaciół, Nauk, Wydział lekarski, Prace Komisji Med. doświadczalnej **20,** 1—30, 1961; pol.) — Die Best. des Geh. an *Kreatin* (**I**) im Urin u. im Blut bei Patienten mit Gelenkrheumatismus im Vgl. mit Gesunden u. die Auswertung der Ergebnisse, nach Geschlechtern getrennt, zeigt, daß Kreatinurie in ihrer spontanen, patholog. Form nur bei Frauen vorkommt. Da aber die **I**-Ausscheidung bei gesunden u. kranken Frauen keine wesentlichen Unterschiede zeigt, erscheint ein Zusammenhang mit der Krankheit unsicher. Im Blut ist der **I**-Geh. bei etwa $^1/_3$ der kranken Frauen erhöht, nach **I**-Belastung in patholog. Ausmaß. In der quergestreiften Muskulatur ist der **I**-Geh. bei Gesunden u. Kranken gleich. Störungen des **I**-Stoffwechsels sind offenbar nicht charakterist. für das Krankheitsbild.

R. K. Müller. 4596◇

1378 **Beitrag zu den Fragen der Bildung, Bedeutung und Bestimmung der Indolyl-(3)-essigsäure.** Karl Ressel. (Z. ges. inn. Med. Grenzgebiete **16,** 1023—28, 1961; Görlitz, Inst. für klin. Diagnostik, Med.-chem. Labor.; dt.) — *Indolyl-(3)-essigsäure* (**I**) wird bei gestörtem Tryptophanstoffwechsel über *Indolyl-(3)-brenztraubensäure* oder *Tryptamin* gebildet. Es werden Extraktion u. Best. der freien **I** u. der Gesamt-**I** im Harn beschrieben. Die Anfärbung erfolgt mit Xanthydrol u. Natriumhydrogensulfit (Violettfärbung). Indolyl-(3)-milchsäure, Tryptophan, 5-Hydroxy-**I** u. Indolyl-(3)-carbonsäure stören den Nachw. nicht. Vf. unterscheidet eine „isolierte u. kombinierte Indolaceturie"; bei letzterer gelangen zusätzlich „klass." Fäulniskörper zur Ausscheidung. Die Ursachen der **I**-Bldg. werden diskutiert, wobei eine veränderte Keimbesiedlung bei anacider Gastritis oder nach Magenresektion berücksichtigt wird. H. Ackermann. 4596◇

1379 **Untersuchung über Phenylketonurie.** 2. Mitt. **Die Ausscheidung von N-Acetyl-L-phenylalanin bei Phenylketonurie.** Fred B. Goldstein. (Biochim. biophysica Acta [Amsterdam] **71,** 204—06, 1963; Thiells, N. Y., New York State Dep. of Mental Health, Res. Dep.; engl.) — Bei phenylketonur. Patienten verschiedener Altersstufen u. verschiedener Grade geistiger Entw. konnten *N-Acetyl-L-phenylalanin* (**I**)-Ausscheidungen zwischen 0,016 u. 0,14 (Durchschnitt 0,054)mg/mg Kreatinin im Morgenharn nachgewiesen werden. Die tägliche Ausscheidung lag zwischen 30 u. 100 mg. Bei Gesunden konnten nur maximal 0,003 mg **I**/mg Kreatinin ermittelt werden, ebenso enthielt der Harn von Phenylketonuriefällen unter *Phenylalanin*(**II**)-armer Kost nur geringe **I**-Mengen. Eine Belastung mit 2 μm L-**II**/kg ließ bei homozygoten phenylketonur. Patienten die **I**-Ausscheidung rasch auf 1 mg **I**/mg Kreatinin ansteigen; bei Heterozygoten kann die **I**-Ausscheidung der Norm u. auch derjenigen bei Phenylketonurie ähneln.

U. Tausendfreund. 4596◇

1380 **Verteilung und Verbleib von ^{14}-$C_{(4)}$Cholesterin in der erwachsenen männlichen amerikanischen Küchenschabe.** Shoziro Ishii, J. N. Kaplanis und W. E. Robbins. (Ann. entomol. Soc. America **56,** 115—19, 1963; Beltsville, Md., U. S. Dep. of Agricult., Agric. Res. Serv., Entomol. Res. Div.; engl.) — Nach Injektion von $^{14}C_{(4)}$-*Cholesterin* (**I**; suspendiert in 10%ig. N.N-Dimethylformamid) in Küchenschaben (*Periplaneta americana*) verblieben nach 20 Tagen noch 80,3% der Radioaktivität in den verschiedenen Geweben. **I** blieb dabei im wesentlichen unverändert, jedoch wurden auch *Sterinester* (**II**) u. geringfügig polare *Steroide* gefunden. Die **II** waren im Fettkörper stark angereichert.

W. Damerau. 4596◇

1381 **Sterinantagonisten und Stubenfliegenvermehrung.** R. E. Monroe, W. E. Robbins, D. L. Chambers und L. A. Tabor. (Ann. entomol. Soc. America **56,** 124—25, 1963; Beltsville, Md., U. S. D. A., Agric. Res. Serv., Entomol. Res. Div.; engl.) — Stubenfliegen (*Musca domestica*) erhielten in der Diät 0,05% *Cholesterin* (**I**) sowie 0,5% **I**-Antagonisten (*Cholesterylchlorid, Cholestan-3-on, Cholesterylmethyläther, Thiocholesterin* u. *Thiocholesterylacetat*). Die Sterblichkeit wurde durch diese Verbb. nicht erhöht. Die Eiablage entsprach etwa den normalen Werten. Dagegen wurde durch 0,01% *Cholesterylfluoracetat* u. nochmehr durch 0,002% *Na-Fluoracetat* — jeweils unter Zusatz von 0,05% **I** — die Eierproduktion stark reduziert. W. Damerau. 4596◇

1382 **Polysaccharide des Bindegewebes.** Albert Dorfman. (J. Histochem. Cytochem. [Baltimore] **2,** 2—13, 1963; Chicago, Ill., Univ., Dep. of Pediatrics and Biochem., La Rabida, Univ. of Chicago Inst.; engl.) — Bericht über den gegenwärtigen Stand der Kenntnisse des Stoffwechsels bzw. der Biosynth. *saurer Mucopolysaccharide* in Säugetiergeweben. — 99 Literaturangaben.

P. Fahrnlaender. 4597◇

1383 **Morphologische Aspekte über extrazelluläre Polysaccharide.** H. Stanley Bennett. (J. Histochem. Cytochem. [Baltimore] **2,** 14—23, 1963; Chicago, Ill., Univ., Dep. of Anat.; engl.) — Übersicht über die biol. Eigg. der an extracellulären *Polysacchariden* reichen Schleimschicht (Glycocalyx) am gestreiften Muskel der Steingarneele, sowie am Diaphragma u. an der Luftröhre der Ratte. — 19 Literaturangaben. P. Fahrnlaender. 4597◇

1384 **Die tubuläre Rückresorption des Kreatins in der Niere des Hundes.** J. Gayer und F. Kreutz. (Klin. Wschr. **40,** 289—92, 1962; Marburg an d. L., Univ., Med. Klin.; dt.) — Die an narkotisierten Hunden mit stufenweise bis auf das 50fache des Normalwertes gesteigerten *Kreatin* (I)-Plasma-Konzz. vorgenommenen Unterss. ergaben ein tubuläres Transportmaximum für I von etwa 30 μMol/min/100 ml Glomerulusfiltrat, das bei einer auf das 15fache des normalen I-Plasmawertes gesteigerten Konz. erreicht wurde. Die I-Rückresorption, die nach Stop-flow-Analysen im proximalen Tubulus stattfindet, wird durch *Glycin* u. L-*Glutaminsäure* nicht kompetitiv beeinflußt. F. Krusen. 4597◇

1385 **Der Transport anorganischer Ionen und von p-Aminohippursäure in isolierten Zellen der Nierenrinde des Kaninchens.** J. Bosáčková. (Biochim. biophysica Acta [Amsterdam] **71,** 345—54, 1963; Prague, Czechoslovak Acad. of Sci., Inst. of Microbiol., Labor. of Cellular Metabol.; engl.) — Isolierte Zellen der Nierenrinde des Kaninchens zeigen bei aerober Inkubation (25°, 10 mm Acetat) akt. Na^+-Austritt u. K^+-Akkumulierung; letzte ist linear von der K^+-Konz. des Mediums abhängig. Durch anaerobe Inkubation oder 10 m Dinitrophenol wird die Na^+ u. K^+-Bewegung gehemmt, es kommt zur Schwellung (Wasser-Retention). *p-Aminohippursäure* (I) wird in den Zellen akt. akkumuliert, am stärksten bei normalem K^+-Geh.; bei erhöhtem K^+-Geh. ist die I-Akkumulierung vermindert. Die I-Akkumulierung wird auch durch erhöhte Konz. (7,5 mm) von Ca^{2+} im Medium vermindert. Die Hemmwrkg. von 20 mVal Li^+/Liter auf die I-Akkumulierung wird durch erhöhte Ca^{2+}-Konz. im Medium teilweise vermindert; Ca^{2+} verändert auch die Li^+-Verteilung zwischen Zellen u. Medium. U. Tausendfreund. 4597◇

1386 **Pharmakologische Untersuchungen über die Innervation der renalen Gefäße.** Kiyoshi Sakai. (Folia pharmacol. japon. **55,** 1264—71, 20/11. 1959; Nagasaki, Nagasaki-Univ., School of Med., Dep. of Pharmacol.; jap., Auszug: engl. S. 50.) — Die Verss. erfolgten an Katzen. Die renalen Gefäße wurden durch *Acetylcholin* (I) manchmal konstriktor. oder dilatator. beeinflußt, beide Wrkg. wurden durch *Atropin* blockiert. Die renalen Gefäße befinden sich unter extrarenaler, cholinerg., vasokonstriktiver Innervation. Eine Constriction erfolgt durch Stimulation des cervicalen vagalen Nervs genau so gut wie durch in den Körper injiziertes I nach der Kreuzmeth., bei welcher das Gefäß mit dem Blut einer anderen Katze perfundiert wird. Der renale Fluß wurde vermindert durch i. v. Injektion von *Pentobarbital*, er wurde erhöht bei der Kreuzmeth. (das renale Gefäß wird inerviert durch den Vasokonstriktor, der extravasculär durch die Droge blockiert wird). *Aminocordin* i. v. injiziert wirkt vasokonstriktor., in die renale Arterie injiziert wirkt es vasodepressorisch. W. Hiller. 4597◇

1387 **Unterbrechung des inneren Kreislaufs der Leber und ihre Wirkung auf die Galle der Ratte.** Harry G. Light, C. Witmer und H. M. Vars. (Amer. J. Physiol. **197,** 1330—32, 1959; Philadelphia, Pa., Univ. of Pennsylvania, Schools of Med., Harrison Dep. of Surg. Res.; engl.) — In den ersten 3 Std. nach Unterbrechung des inneren Kreislaufs der Leber war der *Cholat*-Geh. in der Galle der Ratte sehr hoch; in den nächsten 3 Std. sank er ab u. stieg in den folgenden 3—4 Tagen wieder an, um dann konst. zu bleiben. Der *Cholesterin*-Geh. der Galle war am ersten Tag nur wenig verändert, am 3.—4. Tag dagegen verdoppelt. K. Zingraf. 4597◇

1388 **Untersuchungen über Bilirubin in menschlicher Galle.** Hiraki Nakayama. (Fukuoka Acta med. [Fukuoka-Igaku-Zassi] **53,** 83—102, Febr. 1962; jap., Auszug: engl.) — Das Verh. von Bilirubin (B) in der menschlichen Galle im Verhältnis zu anderen Gallenstoffen, wie Gallensäuren, Lecithin, Cholesterin u. Protein wird mittels Papierelektrophorese von Galle unter Verw. eines Veronal-Veronal-Na-Puffers μ 0,05, pH 8,6 untersucht. Man kann die Gallenpigmente in 5 Fraktionen aufteilen. Direkt-B in Galle findet sich entweder frei oder gepaart mit Protein u. Lecithin. Die Anwesenheit von Gallensalzen u. Protein spielt bei der Auflösung von sonst unlösl. Indirekt-B eine wichtige Rolle. Folgende Salze werden auf ihre Fähigkeit, die adsorptive Verb. von Lecithin mit Direkt-B zu beeinflussen, unters.: *Na-Glykocholat, Na-Cholat, Na-Glykodesoxycholat* u. *Na-Desoxycholat.* Direkt-B liegt zu 80—87% als Glucuronid, z. T. auch mit H_2SO_4, Amino- u. P-Säuren gepaart, in der Galle vor, seine Bldg. u. Paarung findet in der Leber statt. Bei Schädigung der Leber oder Entzündung der Gallenwege nimmt die Menge Direkt-B in der Galle ab. In Gallensteinen findet sich B als Ca-Salz. Wenn B-Glucuronid zu Indirekt-B hydrolysiert wird, kann dieses unter den physiolog. pH-Bedingungen der Galle sich nicht lösen, es kann aus der Galle ausfallen u. so den Anlaß zur Bldg. von Gallenpigment-Steinen geben. F. Zeidler. 4597◇

1389 **Klinische Studien zur Lebercirrhose.** 11. Mitt. **Fermentbestimmungen im Blut bei Lebercirrhose.** K. Vetter und I. Falck. (Z. ges. inn. Med. Grenzgebiete **16,** 1014—18, 1961; Berlin, Humboldt-Univ., I. Med. Univ., Klinik der Charité; dt.) — Die Best. der *Aldolase-, Lactatdehydrogenase-, Malatdehydrase-, Glutaminoxalessigsäure-Transaminase-, Glutaminpyruvat-Transaminase-* u. *alkal. Phosphatase-Aktivität* bei Lebercirrhose unterschiedlicher Ätiologie ließ zwischen den verschiedenen Gruppen Unterschiede erkennen. Die Zuordnung eines Einzelfalles zu einer bestimmten Cirrhoseform oder -art auf Grund der Enzymwerte ist jedoch nicht möglich. H. Ackermann. 4597◇

1390 **Die Bildung von Carnosin in der Leber und in den Muskeln des Frosches.** A. N. Parschin, T. A. Gorjuchina, Je. A. Scherstnew und L. M. Wdowitschenko. (Ber. Akad. Wiss. UdSSR **141,** 233—35, 1/11. 1961; Inst. für Ozeanol. der Akad. der Wiss. der UdSSR; russ.) — Die unter Anwendung eines Phosphatpuffers mit $^{14}C_{(1)}$-*Histidin*-Geh. durchgeführten Verss. an isolierten Extremitätenmuskeln u. Leber des Frosches ergaben, daß sowohl im Muskel wie in der Leber eine Bldg. von *Carnosin* (I) erfolgt. Nach der Radioaktivität ist die I-Bldg. in der Leber 22mal intensiver als im Muskel. Der mit 3—5 mg-% geringe I-Geh. in der Leber im Vgl. zum I-Geh. im Muskel (500 mg-% u. mehr) erklärt sich nicht nur aus der I-Zers. in der Leber, sondern auch aus dem ständigen u. starken Austritt ins Blut u. aus der I-Fixierung im Muskel. O. Lebtag. 4597△

1391 **Transport und Phosphorylierung von Glucose durch das Hundeherz.** W. H. Danforth, J. J. McKinsey und J. T. Stewart. (J. Physiology **162,** 367—84, 1962; St. Louis, Mo., Washington Univ. School of Med., Dep. of Med.; Veterans Admin. Hosp.; engl.) — Die *Glucose* (I)-Konz. im intracellulären W. in Herzmuskelzellen des Hundes bleibt niedrig, auch wenn die extracelluläre I-Konz. hoch ist u. die I-Phosphorylierung mit maximaler Geschw. erfolgt oder wenn dieselbe durch Zusatz von Pyruvat u. Lactat als Substrat verringert wird. Herzen mit niedriger Glykogen-Konz. besitzen das höchste I-Phosphorylierungsvermögen. Die Gesamt-Konz. von Glucose-6-phosphat war nur in Ggw. von Adrenalin (das indessen die Freisetzung von großen Mengen freier I bewirkte) ein guter Indicator für das I-Phosphorylierungsvermögen des Herzens. K. Zingraf. 4597□

1392 **Verteilung von Wasser, Natrium und Kalium in ruhendem und erregtem Säugetiermuskel.** Frank A. Sréter. (Canad. J. Biochem. Physiol. **41,** 1035—45, 1963; Vancouver, British Columbia, Univ. of British Columbia, Dep. of Anat.; engl.) — Reizung des Gastrocnemiusmuskels der Ratte in situ (10/Sek.) bewirkt nach mehr als 1 Std. eine Veränderung des *Na-* u. *K*-Geh. in den Muskelfasern: im mittleren Muskelbereich ist dabei die K-Verarmung u. die Na-Akkumulierung größer als in proximalen oder distalen Muskelabschnitten; beim fast ermüdeten Muskel können die Na- u. K-Verschiebungen extrem werden, obwohl der *Glykogen*-Geh. noch ausreichend ist (über 200 mg%). Wird der Muskel 6 Std. lang mit geringerer Frequenz (2/Sek.) gereizt, so sind die Kationenverteilungen über den proximalen u. mittleren Muskelbereich einheitlich, während im distalen Abschnitt eine stärkere Kationen-„Schuld" anzutreffen ist; eine derartige „Ionen-Schuld" könnte mit der Ermüdung zusammenhängen. Die Na–K-Austauschvorgänge dürften

auch eine Rolle beim Kontraktionsvorgang selbst spielen u. nicht nur dem Erregungsvorgang zuzuschreiben sein.
U. Tausendfreund. 4597◇

1393 **Bedeutung verschiedener Faktoren einschließlich Milchsäuredehydrogenase auf den aktiven Transport von Natriumionen im Skelettmuskel.** E. J. Conway. (Nature [London] **198,** 760–62, 1963; Dublin, Univ. Coll., Dep. of Biochem.; engl.) — Unterss. über den Na^+-Transport im Froschsartoriusmuskel unter dem Einfl. einer Reihe von Faktoren [Dinitrophenol, *Lactat* (**I**), o-Phenanthrolin, Jodacetat] zeigen, daß *Milchsäuredehydrogenase* in enger Beziehung zur Na-Pumpe in der Skelettmuskulatur steht. Vermutlich wird unter den Bedingungen der Na-Sekretion aus dem Na-beladenen Muskel ständig eine bestimmte Menge **I** (selbst anaerob) an den Stellen gebildet, an denen die Na-Pumpe arbeitet, mit daraus folgender Sekretion von Na^+ über ein *Cytochrom.* Das so gebildete **I** diffundiert rasch in andere Fasergebiete, wo es zu Pyruvat oxydiert wird u. Na^+ erneut über einen Cytochrom-Träger sezerniert wird (insgesamt 4 mVal Na bei Aufnahme von 1 m Mol O_2). U. Tausendfreund. 4597◇

1394 **Die Altersunterschiede des Einbaues von radioaktivem Phosphor in die Skelettmuskeln bei verschiedenem Grad der Erschöpfung.** O. W. Epstein. (Physiol. J. [Kiew] **8,** 815–17, Nov./Dez. 1962; Kiew, Med. Bogomoletz-Inst.; Inst. für Gerontol u. exp. Pathol. der Akad. der med. Wiss. der UkrainSSR; ukrain.) — In Verss. mit Ratten im Alter von 8–14 bzw. 30–72 Monaten ist die Intensität des Einbaues von ^{32}P in die Skelettmuskeln nach Erschöpfung durch elektr. Reiz des Ischiasnerves erhöht, bes. bei den älteren Tieren. Nach 4std. Erschöpfung erreicht diese Intensität 190%, nach 16 Std. 234% der Kontrolle. Bei den alten Tieren nimmt der Einbau von ^{32}P in den nichttätigen Skelettmuskeln bei Erschöpfung des entgegengesetzten Muskelendes ab, nicht jedoch bei den jungen Tieren. O. Lebtag. 4597△

1395 **Zur Frage der Übertragung der Hydrolysenenergie der Adenosintriphosphorsäure auf das kontraktile Eiweiß.** L. P. Kajuschin, Je. B. Kofman, I. N. Golubew, K. M. Lwow und M. K. Pulatowa. (Biophysik [UdSSR] **6,** 20–23, 1961; Moskau, Inst. für biol. Physik der Akad. der Wiss. der UdSSR; russ., Auszug: engl.) — Zwecks Klärung der Frage nach der Energieübertragung auf das kontraktile Eiweiß bei der Spaltung von *Adenosintriphosphorsäure* (**I**) wurde die Rk. zwischen **I** u. *Actomyosin* (**II**), *Myosin* bzw. *Actin* nach der Meth. der paramagnet. Elektronenresonanz untersucht. Das Auftreten von Resonanzspektren im Syst. **I** + **II** beweist, daß hier Elektronen vorliegen, welche die Energie von **I** auf **II** übertragen. Die **I**-Spaltung durch **II** hängt mit der Bldg. freier Radikale zusammen. Die möglichen Rk.-Mechanismen werden diskutiert. O. Lebtag. 4597△

1396 **Die Wirkung von Ionen und Pharmacis auf die Zellmembranaktivität und die Spannung des Myometrium der Ratte post partum.** I. A. Csapo und H. A. Kuriyama. (J. Physiology **165,** 575–92, 1961; New York, Rockef. Inst. Med. Res.; engl.) — Eine Erhöhung der *K*-Konz. auf über 30 nm führt zur Depolarisation der Membran u. Blockade der Spike-Bldg. des Rattenmyometriums 3–6 Std. post partum. NO_3^- u. J^- erhöhen das Membranpotential, SO_4^{2-} vermindert es. Unter Na^+-Mangel ist das Membranpotential erhöht. *Acetylcholin* depolarisiert die Membran u. erhöht Spannung u. Spike-Zahl, *Adrenalin* hat den entgegengesetzten Effekt.
Joachim Schmidt/Magdeburg. 4598◇

1397 **Pharmakologische Untersuchungen über den Phosphorstoffwechsel des Gehirns mit dem radioaktiven Isotop ^{32}P.** 3. Mitt. Takeshi Ide. (Folia pharmacol. japon. **55,** 1430–41, 20/11. 1959; Nagasaki, Nagasaki-Univ. School of Med., Dep. of Pharmacol.; jap., Auszug: engl.) — Vf. untersucht den P-Stoffwechsel des Rattenhirns in vivo unter dem Einfl. von *Chlorpromazin* (**I**), *Ae.*, *Evipan* (**II**) u. *Methan* (**III**). Verabreichung von **I** mit Ae., **II** oder **III** verursachte einen signifikanten Anstieg der Fraktion von *Adenosintriphosphat* u. einen Abfall bei *Creatinphosphat* u. *Phosphoprotein.* Die Umsatzgeschw. von ^{32}P in den vorst. Fraktionen u. bei den *Phospholipiden* war verringert. Der Einbau von anorgan. P in die Fraktion von Creatinphosphat, Adenosintriphosphat, Phosphoprotein u. Phospholipid wird durch Anästhetica gehemmt. W. Hiller. 4598◇

1398 **Über die Wirkung natriumfreier Lösungen auf isolierte, einzelne Froschnervenfasern.** V. Honrubia und R. Lorente de Nó. (Proc. nat. Acad. Sci. USA **49,** 40–54, 1963; New York, N. Y., Rockefeller Inst.; engl.) — Durch *Na*-freie Lsg. wird das Aktionspotential isolierter einzelner Froschnervenfasern nicht ausgelöscht; es kommt lediglich zur Erhöhung der Reizschwelle u. Verminderung der maximalen Aktionspotentiale; das Alles-oder-Nichts-Gesetz ist aufgehoben, die Höhe der Aktionspotentiale steigt mit der Stärke des Reizes. Für die Hervorrufung der Aktionspotentiale scheint demnach nur die interne Na-Konz. eine Rolle zu spielen.
U. Tausendfreund. 4598◇

1399 **Die Rolle der ein- und zweiwertigen Ionen bei der Entstehung des Aktionspotentials.** Je. A. Liberman, L. M. Zofina und M. N. Wainzwaig. (Biophysik [UdSSR] **6,** 45–51, 1961; Moskau, Inst. für biol. Physik der Akad. der Wiss. der UdSSR; russ., Auszug: engl.) — In Verss. an Muskelfasern der Krabbe wird nachgewiesen, daß in reinen Lsgg. von $SrCl_2$ u. $BaCl_2$ ein Aktionspotential entsteht. Das Ruhepotential ist bei geringer *K*-Konz. prakt. unabhängig vom K-Geh. u. damit kein K-Potential. Die Ergebnisse widerlegen die These, wonach die Bldg. eines Aktionspotentials durch die größere oder kleinere Durchlässigkeit der Zellen für Na^+ bedingt ist. O. Lebtag. 4598△

1400 **Ein aus menschlichem, Gehirn isoliertes, Kohlenhydrat-enthaltendes Inositphosphatid.** E. Klenk und U. W. Hendricks. (Biochim. biophysica Acta [Amsterdam] **50,** 602–03, 1961; Köln, Univ., Physiol.-chem. Inst.; engl.) — Aus der *Cephalin*-Fraktion des menschlichen Gehirnes wurde ein bisher unbekanntes *Inositphosphatid* (**I**) isoliert. Das farblose, in den meisten organ. Lsgm. (Ae., Bzl., Pyridin, Methanol, A.) unlösl., aber in W. sowie in mit W. gesätt. Chlf. lösl., **I** (51,05% C; 7,76% H; 2,2% N; 4,7% P) enthält: ca. 20% Fettsäuren (*Palmitin-Säure, Stearinsäure, Ölsäure*), ca. 20% *Butylalkohol* (**III**; ev. im Gemisch mit *Chimylalkohol*), 6,1% *Inosit* (**II**), 6,1% *Hexosamin* (**VII**; vornehmlich *Glucosamin*), 5,5% *Hexosen* [hauptsächlich *Mannose* (**VIII**), neben kleinen Mengen von *Galaktose* (**IX**) u. *Glucose* (**X**)], 19,4% *Äthanolamin* (**V**), 5,4% *Glycerin* (**IV**); das mol. Verhältnis von **II** zu *Phosphorsäure* (**VI**) beträgt 1:4. — Bei Hydrolyse von **I** mit 0,1 n-$Ba(OH)_2$ entstehen: Fettsäuren, **III**, *Glycerinphosphorsäure* u. **IV**. Bei partieller Hydrolyse des Kohlenhydratanteiles zeigt sich, daß dieser das gesamte **V** u. fast die gesamte **VI** enthält; dieser Anteil (**I A**) ist stark sauer u. kann durch Papierelektrophorese in zwei Komponenten zerlegt werden, die in der chem. Zus. ähnlich sind, sich aber im P-Geh. unterscheiden: Die Hauptkomponente hat ein Mol.-Verhältnis von **II**: **VI** wie 1:4, während dieses Verhältnis bei **IA** gleich 1:3 ist; **II** u. **VII** liegen in äquimolekularen Mengen vor. Es scheint, daß die P-reichere Verb. einen **VI**-Rest weniger als die andere Verb. hat. — Mit Vorbehalt wird für den P-reichen Anteil folgende Strukturformel vorgeschlagen:

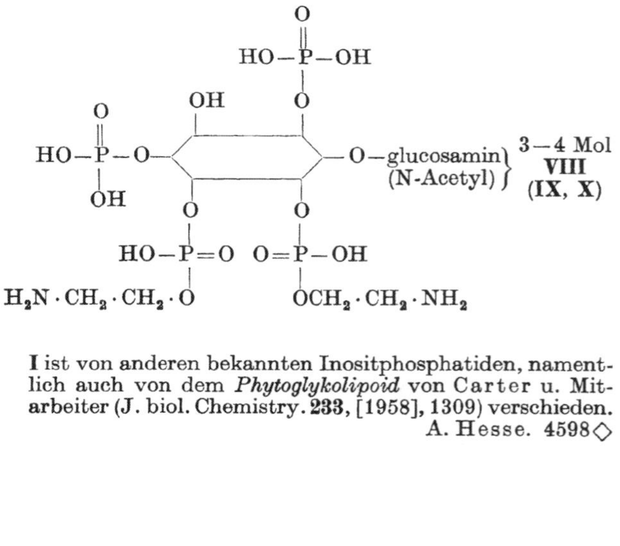

I ist von anderen bekannten Inositphosphatiden, namentlich auch von dem *Phytoglykolipoid* von Carter u. Mitarbeiter (J. biol. Chemistry. **233,** [1958], 1309) verschieden.
A. Hesse. 4598◇

1401 **Peroxydierung von Lipiden in sich entwickelndem Rattenhirn.** E. T. Pritchard und H. Singh. (Canad. J. Biochim. Physiol. **39**, 1231—38, Aug. 1961; Alberta, Edmonton, Univ. of Alberta, Dep. of Biochem.; engl.) — Die Erzeugung von Thiobarbitursäure positivem Material, das größtenteils von der Peroxydierung ungesätt. Fettsäuren herrührt, vermindert sich mit der Reife von Rattenhirn. Während der Reife wird im Hirn ein Faktor erzeugt oder in das Hirn eingeführt, der die Neigung ungesätt. Stoffe, in situ oxydiert zu werden verzögert.
W. Wesly. 4598◇

E$_6$. Pharmakologie, Therapie, Toxikologie, Hygiene

1402 **Bindung von etwa 20 Arzneimitteln an Rinderserumproteine.** G. Dastugue, P. Bastide und M.-Th. Meunier. (Thérapie **16**, 804—10, Sept./Okt. 1961; Clermont Ferrand, Univ., Fac. Mixte de Méd. et de Pharm., Labor. de Pharmacodyn. et de Chim. Biol.; franz.) — Die Bindung von 25 bakteriostat., blutzuckersenkenden u. diuret. Sulfonamiden, Psycholepticis, curarisierenden Mitteln, Lokal- u. Allgemeinanästheticis etc. an *Rinderserumproteine* (I) wurde untersucht. Es bestand nicht immer Parallelität zwischen der Bindung u. der Verzögerung der Ausscheidung der Substanzen durch die Nieren; wahrscheinlich ist daher die Bldg. des Arzneimittel-I-Komplexes reversibel. K. Zingraf. 4600◇

1403 **Bewertung der Sicherheit neuer Arzneimittel durch Tierversuche.** John T. Litchfield jun. (Clin. Pharmacol. Therapeutics **3**, 665—72, Sept./Okt. 1962; Pearl River, N. Y., Lederle Labor., Exp. Therapeut. Research; engl.) — Nach Bemerkungen über den Einfl. des Gesundheitszustands u. der Zahl der Versuchstiere, der Zeitdauer u. artenspezif. Wrkg. wird über langjährige Unterss. mit 6 chem. verschiedenartigen Arzneimitteln (je 1 natürliches u. synthet. Antibioticum, Tranquillizer, Zentralnerven-Depressivum, Alkoholoxydations-Blocker u. Glucocorticoid) an Ratten, Hunden u. Menschen berichtet. Unter der Annahme, daß bei beiden Tierarten auftretende Wrkg. beim Menschen ebenfalls auftreten, nur bei einer Tierart vorhandene Wrkg. jedoch beim Menschen nicht, wurden mit 74% Wahrscheinlichkeit richtige Voraussagen erhalten.
Wolfgang Herrmann. 4600◇

1404 **Die Ergebnisse klinischer Prüfungen beeinflussende physikochemische und pharmazeutische Eigenschaften von Arzneimitteln.** Eino Nelson. (Clin. Pharmacol. Therapeutics **3**, 673—81, Sept./Okt. 1962; San Francisco, Calif., Univ. of Calif. Med. Center, School of Pharmacy; engl.) — Die sogenannte Absorptionsrate von Arzneimitteln wird als Funktion der Auflösungs- u. der Adsorptionsgeschw. aufgefaßt. An Beispielen wird erläutert, wie der Einfl. der Korngröße der Löslichkeit von Salzen bzw. ihrer Komponenten u. der Applikationsform bei gleichem Wirkstoff unterschiedliche klin. Ergebnisse bewirkt. Wolfgang Herrmann. 4600◇

1405 **Die Beziehung von Yttrium zu Knochenbestandteilen und anderen Verbindungen.** Jill Dearnaley. (Int. J. Radiat. Biol. **6**, 39—47, 1963; Oxford, Churchill Hosp., M. R. C. Bone-Seeking Isotopes Res. Unit.; engl.) — Bei Unters. der Bindung von ^{91}Y an verschiedene organ. Verbb., bewies *Äthylendiamintetraessigsäure* (EDTA) die größte Affinität, gefolgt von *Citrat* (I), *Iso*-I u. *Malat*; bei niedrigem pH-Wert war die Y-Bindung geringer. Die leichte Bindung an Serum-*Albumin* ging nach Hydrolyse mit 6 n HCl bei 100° zurück. Die chelatisierenden Eigg. von EDTA u. I gegenüber ^{89}Sr waren geringer als gegenüber ^{91}Y. Extrakte aus pulverisiertem, corticalem Rinderknochengewebe zeigen nur schwache Y-Bindung, die nach Dialyse noch zurückgeht; die ^{91}Y- u. ^{89}Sr-Aufnahme durch Knochenpulver ist bei niedrigen pH-Werten geringer; nach Veraschung bleibt die ^{89}Sr-Aufnahme unverändert, während die ^{91}Y-Aufnahme bei allen pH-Werten hoch ist; es wird deshalb angenommen, daß I der bestimmende Faktor der Y-Aufnahme durch Knochengewebe ist. U. Tausendfreund. 4601◇

1406 **Einfluß des Rhythmus der Strontium-90-Aufnahme auf die Kinetik seiner Ausscheidung aus den Knochen.** Ju. M. Mosskalew. (Bull. exp. Biol. Med. [UdSSR] **53**(**26**), Nr. 1, 59—62, 1962; russ., Auszug: engl.) — An 348 Ratten, denen intraperitoneal einmalig 1—1000 mc ^{90}Sr oder die gleiche Gesamtmenge täglich 100 Tage lang oder 1 bzw. 2mal im Monat (5 bzw. 10 Zufuhren) zugeführt wurden, zeigt sich, daß sofort nach Einstellung der täglichen Zufuhren der ^{90}Sr-Geh. der Knochen mit 27,1% der zugeführten Menge geringer ist als nach einmaliger Zufuhr (57,6%). Bei 5 bzw. 10 Zufuhren beträgt diese Menge 31,0 bzw. 15,4%.
O. Lebtag. 4601△

1407 **Einfluß der Totalbestrahlung mit γ-Strahlen von Radiokobalt und β-Teilchen von Radiophosphor auf Entwicklung und Verlauf des anaphylaktischen Schockes.** Je. I. Ssidorik. (Physiol. J. [Kiew] **8**, 819—21, Nov./Dez. 1962; Kiew, Inst. für Röntgenol., Radiol. u. Onkologie, Labor. für radioakt. Isotopen; ukrain.) — Im Vers. mit Meerschweinchen wird gezeigt, daß durch Bestrahlung der Tiere mit ^{32}P der analphylakt. Schock abgeschwächt wird, bes. bei der Bestrahlung vor der sensibilisierenden Injektion. Bei Tieren, denen Serum des sensibilisierten Meerschweinchens injiziert wurde, wird durch die γ-Strahlen von Co der anaphylakt. Schock abgeschwächt, bes. bei der Bestrahlung vor der Sensibilisierung. O. Lebtag. 4601△

1408 **Die Veränderung der physikalisch-chemischen Eigenschaften des Hämoglobins bei der Strahlenkrankheit von Tieren.** B. F. Ssuchomlinow und W. W. Merenow. (Ber. Akad. Wiss. UkrainSSR, **1962**, 624 bis 627; Lwow, Forschungs-Inst. für Blutübertragung; ukrain., Auszug: engl.) — Die Unterss. über die elektrophoret. Beweglichkeit von *Hämoglobin* (I), die Aminosäure-Zus. von I, die Dissoziation von *Oxyhämoglobin*(II) u. die Absorptionsspektren von II ergaben, daß nach der Röntgenbestrahlung von Hunden mit 600—800 r die Geschwindigkeit der elektrophoret. Wanderung des I mit zunehmender Schwere der Strahlenkrankheit abnimmt u. umgekehrt. Der Verlauf der Absorptionskurven von II wird durch die Bestrahlung in der angewandten Dosis nicht merklich beeinflußt. Durch die Bestrahlung wird der I-Geh. an Cystin, Cystein u. Valin vermindert, an Lysin, Histidin u. Asparaginsäure vermehrt. Die I-Affinität gegenüber O wird erhöht. O. Lebtag. 4601△

1409 **Histochemische Untersuchung des Gehaltes an Polysacchariden bei der Verheilung der akuten Strahlenhautnekrose.** L. A. Afrikanowa. (Ber. Akad. Wiss. UdSSR **140**, 1181—84, 11/10. 1961; Inst. für biol. Physik der Akad. der Wiss. der UdSSR; russ.) — In Verss. an 82 Mäusen, bei denen durch Röntgenbestrahlung mit 9965 r eine Hautnekrose hervorgerufen wurde, konnte bei einer Versuchs-Dauer von 60 Tagen keine normale Kollagenbldg. der Narben beobachtet werden. Der Geh. an sauren Mucopolysacchariden blieb in einzelnen Herden bis zum Schluß erhöht. Hierauf beruht wahrscheinlich die langsame Abheilung der durch Strahlen verursachten Narben. O. Lebtag. 4601△

1410 **Strahlenschutz in wäßrigen Lösungen von Polymeren.** A. Charlesby und P. M. Kopp. (Int. J. Radiat. Biol. **5**, 521—34, 1962; Near Swindon, Wilts, Royal Military Coll. Sci. Shrivenham, Physics Branch; engl.) — *Polyvinylpyrrolidon*(I)- u. *Polyäthylenoxid*(II)-Lsgg. können durch γ-Strahlen vernetzt werden. Die Veränderung der Vernetzungsdosis mit der Konz. wurde bis 16 Megarad untersucht. Für I lag sie zwischen 1 u. 65%, für II zwischen 0,5 u. 10%. Zusatz von verschiedenen Chemikalien (Aminosäuren, Aminen, Amiden, Glucose, Harnstoff-Derivaten, organ. Säuren, gemischten organ. Verbb., anorgan. Verbb. u. Salzen) in Konzz. von 10^{-4} m erhöht die Vernetzungsdosis erheblich. 2 Typen von Verbb.: a) Zunahme der Vernetzungsdosis mit Zunahme der Konz. des Additivs. Die meisten Substanzen enthielten Schwefel. b) Zunahme der Vernetzungsdosis nur bis zu einer Grenzkonz. des Additivs. Vgl. dieser Befunde mit Bestrahlungsergebnissen an Mäusen, die mit Aminosäuren u. Aminen behandelt wurden.
H. Hüller. 4601◇

1411 **Schutz von Gewebekulturen gegen ionisierende Strahlung.** 1. Mitt. **Die Wirkung biogener Amine, Disulfidverbindungen und Sulfhydrylverbindungen.** O. Vos, L. Budke und A. J. Vergroesen. (Int. J. Radiat. Biol.

5, 543—57, 1962; Rijswijk (Z. H.), Netherlands, Nat. Defense Res. Organ. T.N.O., Med. Biol. Labor.; engl.) — Die Schutzwrkg. von *Histamin, Adrenalin, Noradrenalin, Serotonin, Cystamin, Cystin, Cysteamin*(**I**), *Cystein* (**II**) u. *AET*(**III**; *2-Aminoäthylisothioharnstoff-dihydrobromid*) gegenüber der Wrkg. von Röntgenstrahlen (200 r/Min., 0,5—6 krad) auf Gewebekulturen („Cloning-Technik") wurde in vitro untersucht. Wurden die untersuchten Substanzen 10—30 Min. vor der Bestrahlung der Gewebekultur zugesetzt, zeigten nur **I, II** u. **III** Schutzwirkung. Konzz. von 2—128 mm führten zu Dosisreduktionsfaktoren von 1 bis etwa 4. Die stärkste Schutzwrkg. hatte **I**. Nach erfolgter Bestrahlung war keine Verb. wirksam. H. Hüller. 4601◇

1412 **Schutz von Gewebekulturen gegen ionisierende Strahlung. 2. Mitt. Die Wirkung von Hypoxie, Dimethylsulfoxid, Dimethylsulfon, Glycerin und Cysteamin bei Zimmertemperatur und bei — 196 °C.** O. Vos und M. C. A. C. Kaalen. (Int. J. Radiat. Biol. **5,** 609—621, 1962; Rijswijk Z. H., Netherlands, Med. Biol. Lab. RVO-TNO; engl.) — Bei Bestrahlung dünner Zellschichten ergaben sich folgende Dosisreduktionsfaktoren (DRF): *Glycerin* (**I**) 1,9; **I** + **II** 2,8; *Dimethylsulfoxid* (**III**) 1,13 bis 2,4; *Cysteamin* (**II**) 1,9 u. Anoxie 2,6. *Dimethylsulfon* zeigte keine Schutz-Wrkg., **I** u. **III** schützten die Zellen gegen Gefrieren u. Auftauen. — Zellsuspensionen waren bei — 196° weniger strahlenempfindlich (DRF 1,9—2,8). Hypoxie hatte bei + 20° einen DRF von 2,2, bei — 196° 1,1. **I, I** u. **II** u. **III** (1 u. 4 Vol.%) schützte Zellsuspensionen bei + 20° u. — 196° in gleichem Maße. Bestrahlung erfolgte mit 345 r/Min. bis zu 3 Krad. H. Hüller. 4601◇

1413 **Der Einfluß von Vitamin B_1 auf anaphylaktisierte Tiere bei Strahleneinwirkung.** A. F. Leschtschinski. (Physiol. J. [Kiew] **8,** 818—19, Nov./Dez. 1962; Odessa, Pharmakol. Inst., Lehrstuhl für Physiol. u. Pharmakol.; ukrain.) — In Verss. mit 30 Meerschweinchen wird der Einfl. von *Vitamin B_1* (**I**) auf röntgenbestrahlte u. mit Pferdeserum sensibilisierte u. auf sensibilisierte u. nichtbestrahlte Tiere sowie der Einfl. der Röntgenbestrahlung mit 100 r auf sensibilisierte Tiere untersucht. Die **I**-Injektion zeigt bei den bestrahlten u. sensibilisierten Tieren keine desensibilisierende Wirkung. Einerseits zeigen sich die typ. Strahlenschäden des Blutes, andererseits die Merkmale des anaphylakt. Schockes. Bei Anaphylaxie wirkt **I** desensibilisierend. Bestrahlung vor der Injektion von Pferdeserum verhindert ganz oder teilweise den anaphylakt. Schock. Bei der getrennten Einw. von **I** u. ionisierender Strahlung auf die sensibilisierten Tiere wird die Anaphylaxie abgeschwächt; bei ihrer gleichzeitigen Einw. werden ihre desensibilisierenden Eigg. weitgehend ausgeglichen. O. Lebtag. 4601△

1414 **Die theoretischen Aspekte des chemischen Schutzes von Säugetieren gegen ionisierende Strahlen.** E. Ja. Grajewski. (J. allg. Biol. [UdSSR] **24,** 3—22, 1963; russ.) — Übersicht. — 131 Literaturangaben. O. Lebtag. 4601△

1415 **Klinische Versuche mit Bunamiodyl (Orabilix) und Vergleich mit Iopansäure (Telepaque).** T. Philp. (Brit. J. Radiol. **34,** 58—62, 1961; Edinburgh, Radiodiagnostic Dep., Royal Infirmary; engl.) — *Orabilix*-(*Na-3-[3-Butyrylamino-2.4.6-trijodphenyl]-2-äthylacrylat*; **I**), ein neues Mittel zur Gallenblasendarst., wurde bei 37 Patienten verwendet, von denen 25 vergleichsweise auch *Iopansäure* (*Telepaque*; **II**) erhielten. **I** wird besser vertragen u. verursacht weniger oft Diarrhoen. Die Dichte des Gallenblasenschattens war mit **I** ebenso gut wie mit **II**, wenn von beiden gleiche Gewichtsmengen verabreicht wurden. K. Böhm. 4601◇

1416 **Eine Untersuchung der Ammoniumfixierung in vivo.** Tadashi Murano, Masao Matsushima, Tōru Tsuji und Wataru Okada. (Folia pharmacol. japon. **55,** 1473—84, 20/11. 1959; Osaka, Osaka City Univ., Fac. of Med., Dep. of Pharmacol.; jap., Auszug: engl. S. 54.) — Bei intakten Ratten ist *Arginin* (**I**) in der Lage, den plötzlichen Anstieg von *Ammonium* in Leber u. Blut zu verhindern, der durch parenterale Verabreichung von NH_4Cl verursacht wird. **I** ist jedoch nicht in der Lage die nach einer *Urease*-Injektion folgende NH_4^+ Entw. zu unterdrücken. *Glutamat* (**II**) zeigte die entgegengesetzte Wrkg. (Unterdrückung der NH_4^+ -Entw. nach Urease-injektion, Unfähigkeit zur Verhinderung des NH_4^+-Anstiegs nach parenteraler NH_4Cl -Anwendung). **I** u. **II** zeigen auf Grund ihrer Eigg. bei fastenden u. durch CCl_4 Leber-geschädigten Tieren gute Wirkungen. Die **I**-Wrkg. scheint von der Geschw. der Harnstoffsynth. abhängig zu sein. Der Mechanismus der **II**-Wrkg. ist noch unbekannt. W. Hiller. 4606◇

1417 **Eine Mikroapparatur zur Adsorption von Äthylen und deren Verwendung zur Bestimmung von Äthylen in Ausatmungsgasen des Menschen.** G. Ram Chandra und Mary Spencer. (Biochim. biophysica Acta [Amsterdam] **69,** 423—25, 1963; Edmonton, Univ. of Alberta, Dep. of Plant. Sci. and Biochem.; engl.) — Zur Best. von *Äthylen* (**I**) wird eine App. empfohlen, die 4,5 ml Hg-Perchlorat (0,25 m in 2 m $HClO_4$) als spezif. Adsorptionsmittel u. 5 µl n-Butanol als Schaumbildner enthält; der **I**-haltige Luftstrom wird durch das Syst. geleitet. Beim Menschen konnte in der ausgeatmeten Luft ein **I**-Geh. von 6,79 ppm (gegenüber einem **I**-Geh. der eingeatmeten Luft von 3,46 ppm) nachgewiesen werden, so daß damit zum ersten Male über einen ca. doppelt so hohen **I**-Geh. in der ausgeatmeten Luft gegenüber der Raumluft beim Menschen berichtet wird. U. Tausendfreund. 4607◇

1418 **Die Biochemie der Methanolvergiftung.** J. R. Cooper und M. M. Kini. (Biochem. Pharmacol. **9,** 145—48, 1962; New Haven, Conn., Yale Univ. School of Med., Dep. of Pharmacol.; engl.) — Nach Genuß von *Methanol* (**I**) scheint dieses in den verschiedenen Geweben des Körpers, einschließlich der Retina, gleichförmig verteilt zu werden. In der Retina entkoppelt **I**, welches zu Formaldehyd oxydiert wird, die oxydative Phosphorylierung u. hemmt vielleicht die anaerobe Glykolyse; das führt schließlich zu einem Mangel an *Adenosintriphosphat* (**II**), welches wahrscheinlich für den Sehvorgang erforderlich ist. Obwohl der Mangel an **II** nur vorübergehend besteht, kann er doch bis zur Erblindung führen. K. Zingraf. 4607◇

1419 **Beitrag zur pharmakologischen Prüfung von Prophenamin.** J. Delphaut und M. Bouisson. (Thérapie **16,** 771—73, Sept./Okt. 1961; Marseille, Univ., Fac. de Méd. et de Pharm.; franz.) — Am isolierten Darm des Kaninchens, des Meerschweinchens u. der Ratte u. an der isolierten Blase des Meerschweinchens bestanden keine deutlichen quant. Unterschiede in der spasmolyt. Wrkg. von *Prophenamin* (*N-[3.3-Diphenylpropyl]-äthylamin,* **I**) u. *Papaverin* (**II**). Die Erregung der Maus nach Cocain oder Dextroamphetamintartrat u. die normale Motilität der Tiere wurde durch beide Präpp. wesentlich weniger eingeschränkt als durch Phenothiazinderivate. Die blutdrucksenkende u. Antidyspnoe-Wrkg. von **I** scheint der von **II** überlegen zu sein. K. Zingraf. 4607◇

1420 **Einfluß von Glucuronsäure auf den „Nicotinhydrops" beim Kükenembryo.** Yasutoshi Mishima. (Folia pharmacol. japon. **55,** 1278—1304, 20/11. 1959; Tokyo, Showa Med. School, Dep. of Pharmacol.; jap., Auszug: engl. S. 50.) — Vf. untersuchte die curative Wrkg. von *Na-Glucuronat* (**I**) u. *Glucuronolacton* (**II**) auf den „Nicotinhydrops". Zu diesem Zweck wurden **I** u. **II** zusammen mit *Nicotin* in sich entwickelnde Hühnereier injiziert u. der Stoffwechsel von *W., Na + K, N, Glucuronsäure, Thiamin* u. *Brenztraubensäure* in den Kükenembryonen untersucht. Die entgiftende Wrkg. von Glucuronsäure auf *Nicotin* konnte nicht nachgewiesen werden. W. Hiller. 4607◇

1421 **Einfluß von Aminosulfonsäuren auf den „Nicotinhydrops" bei Kükenembryonen.** Tóru Osada. (Folia pharmacol. japon. **55,** 1329—57, 20/11. 1959; Tokyo, Showa Med. School, Dep. of Pharmacol.; jap., Auszug: engl. S. 51—52.) — Vgl. vorst. Referat. — Vf. untersuchte den Einfl. von *l-Amino-2-hydroxypropansulfonsäuren* u. deren Derivv. bei kombinierter Anwendung mit *Nicotin* zu sich entwickelnden Hühnerembryonen. Die kombinierte Anwendung hemmt in geringem Maße den durch Nicotin hervorgerufenen „Nicotinhydrops"; die Mißbldg. wurden jedoch nicht verhindert. Die histolog. Prüfung der Leber zeigte keinen Einfl. der Aminosulfonsäuren. W. Hiller. 4607◇

1422 **Die teratogenen Wirkungen gereinigter Proben von Trypanblau.** J. B. Lloyd und F. Beck. (Biochem. J. **83**, 30P–31P, 1962; Cardiff, Univ. Coll.; engl.) — *Trypanblau* des Handels wurde durch Papierchromatographie in eine *rote*, eine *purpurfarbige* u. eine *blaue Komponente* zerlegt. Bei trächtigen Wistar-Ratten wurde nachgewiesen, daß die blaue Hauptkomponente für fötale Mißbldg. verantwortlich ist. K. Zingraf. 4607◇

1423 **Beziehung der Struktur von Diphenylmethanderivaten zur Toxizität gegenüber Tribolium confusum Duv.** F. A. Gunther, R. C. Blinn, G. E. Carman und J. L. Pappas. (J. econ. Entomol. **51**, 385–90, 1958; Riverside, Univ. of California citrus Experiment Station; engl.) — Durch Vgl. der Zeit-Mortalitätsbeziehungen mit Dosis-Mortalitätsbeziehungen werden 2 Toxizitätsmechanismen vermutet, ein dem DDT-Typ ähnlicher für die aliphat. substituierten Verbb. u. ein schneller wirkender Diphenylmethan-Typ-Mechanismus bei Verbb. mit schwach aliphat. Substituenten. Ersatz des Benzolringsyst. durch andere aromat. Syst. führte zu keinen nennenswerten Veränderungen der Toxizitätsbeziehungen. Die Toxizitäten folgender 44 Verbb. wurden an *Tribolium confusum* Duv. getestet: Diphenylmethane: unsubstituiert, F. 25,8–26,0°, $Kp._1$ 78–79°; *Trichlormethyl-*, F. 64,8 bis 5,8°; *Dichlormethyl-*, F. 77–78°; *Chlormethyl-*, $Kp._2$ 117–118°; *Methyl-*, $Kp._5$ 107–108°; Phenyl-p-chlorphenylmethane: unsubstituiert, F. 9–10°, $Kp._2$ 115–116°; *Trichlormethyl-*, F. 73–74°; *Dichlormethyl-*, F. 119,5–120,1°; *Chlormethyl-*, F. 40,3–41,0°; *Methyl-*, $Kp._3$ 122°; *Äthyl-*, $Kp._{1,5}$ 139°; Phenyl-p-methylphenylmethane: unsubstituiert, F. 6–7°, $Kp._{0,7}$ 92 bis 96°; *Trichlormethyl-*, F. 66,6–67,4°; *Dichlormethyl-*, F. 94,0–94,4°; *Chlormethyl-*, $Kp._2$ 140°; *Methyl-*, $Kp._{3,5}$ 111°; *Äthyl-*, $Kp._3$ 129–130°; Bis-[p-chlorphenyl]-methane: unsubstituiert, F. 54–55°; *Trichlormethyl-*, F. 107,5–108,5°; *Dichlormethyl-*, F. 108–109°; *Chlormethyl-*, F. 53,8–54,4°; *Methyl-*, F. 54–55°; *Äthyl-*, $Kp._1$ 163–165°; p-Chlorphenyl-p-methylphenylmethane: unsubstituiert, F. 31,5–32,5°; *Trichlormethyl-*, F. 87–88°; *Dichlormethyl-*, F. 97,4–98,4°; *Chlormethyl-*, F. 31,0–31,5°; *Methyl-*, $Kp._3$ 131°; *Äthyl-*, $Kp._{3,5}$ 134 bis 135°; Bis-[p-methylphenyl]-methane: unsubstituiert, F. 27–28°; *Trichlormethyl-*, F. 86,5–87,0°; *Dichlormethyl-*, F. 77,8°; *Chlormethyl-*, F. 59,0–59,8°; *Methyl-*, $Kp._4$ 137–138°; *Äthyl-*, $Kp._5$ 34–35°. — *Thienyl-(2)-phenylmethan, Dithienyl-(2)-methan, Cyclohexylphenylmethan, Benzophenon, Benzhydrol, Benzhydrylchlorid, 4.4'-Dichlorbenzhydrylchlorid, Diphenyl.* K. Grade. 4607◇

1424 **Reproduktion nach insekticider Behandlung von zwei resistenten Stämmen der Stubenfliege.** Preston E. Hunter, L. K. Cutkomp und A. M. Kolkaila. (J. econ. Entomol. **52**, 765–66, Aug. 1959; St. Paul, Univ. of Minnesota, Dep. of Entomol. and Econom. Zool.; engl.) — Vgl. C. **1960**, 7243. — Die Best. der DL_{50} adulter Stubenfliegen (*Musca domestica* L.) vom Stamm „DDT-45" (= Stamm 1, resistent gegenüber DDT, Dilan, Dieldrin u. DDVP) u. vom Stamm „Roberds" (= Stamm 2, resistent gegenüber DDT u. Dieldrin) ergab nach lokaler Applikation von Olivenöl mit *DDT* (I) für Stamm 1 160 μg/♀, für Stamm 2 130 μg/♀ u. mit *Diazinon* (II) für Stamm 1 u. 2 je 0,1 μg/♀. Die DL_{50} vergleichbarer empfindlicher Stämme betrug mit I 0,5 μg/♀ u. mit II 0,03μg/♀. Die 6-monatigen Verss. zur Best. der Wrkg. von I u. II auf die Reproduktion der Fliegen nach der Meth. der Vff. (J. econ. Entom. **51**, 1958, 579–82) ergaben bei beiden Stämmen eine Verkürzung der Lebensdauer der Imagines, Absinken der Eiproduktion u. Verringerung der Anzahl der Nachkommen. I verminderte die Eifertilität, nicht aber II. Vff. vermögen das Phänomen nicht zu erklären. H. G. W. Gleiß. 4607□

1425 **Der Stoffwechsel von Co-Ral (Bayer 21/199) im Gewebe der Stubenfliege, der Großen Rinderdasselfliege, des Rindes, der Ratte und der Maus.** R. D. O'Brien und L. S. Wolfe. (J. econ. Entomol. **52**, 692–95, Aug. 1959; London (Canada), Canada Dep. of Agricult. Res. Branch; Guelph (Canada), Entomol. Labor.; engl.) — Zur Klärung der Ursache für die selektive Toxizität von *Co-Ral* (*O.O-Diäthyl-O-[3-chlor-4-methylumbelliferon]-thiophosphat, Bayer 21/199*; I) wurden Gewebeschnitte u. -homogenisate von ♀ Mäusen, ♀ Ratten, jungen Rindern, 3–4 Tage alten ♀ u. ♂ Imagines der Stubenfliege (*Musca domestica* L.) u. Larven der Großen Rinderdasselfliege (*Hypoderma bovis* L.) im 3. Stadium einem Krebs-Henseleit-Puffer mit 0,2% Glucose mit einer alkohol. Lsg. von 10^{-2} m I ausgesetzt. Je 0,5 ml dieser Flüssigkeit wurden in Warburg-Flaschen mit 0,33 ml menschlichem Blutplasma, 0,25 ml 1,25%ig. Lsg. von $NaHCO_3$, 1 ml 0,033 m Phosphat-Puffer, pH 7,4, u. 0,42 ml W. gefüllt. Die Seitenarme enthielten 0,2 ml 5%ig. Acetylcholinbromid. Die Best. der Cholinesterase erfolgte manometr. bei 25°. Die DL_{50} von I betrug für Musca 1,5, für Maus (intraperitoneal) 23,5 u. für Ratte (intraperitoneal) 150 mg/kg Körper-Gewicht. Bei den Säugetieren vollzieht sich der I-Stoffwechsel prim. in der Leber. Die I-sensible Maus verfügt über kein Abbausystem. Rind u. Ratte sind I-resistent u. bauen I ab. In der Rinderleber wirkt ein schwach aktivierendes u. ein dominierendes abbauendes System. Musca u. Hypoderma sind I-sensibel u. besitzen ausschließlich ein I-aktivierendes System (bei Hypoderma in Darm u. Fettkörper). Das O-Analogon von I, *Coroxon* (*O.O-Diäthyl-O-[3-chlor-4-methyl-7-cumarinyl]-phosphat*), das durch Brom-Oxydation einer Lsg. von 0,5 ml 10^{-2} m I in A. zu 6,5 ml W. dargestellt wurde, inhibierte Cholinesterase bei 5 · 10^{-8} m zu 50%. H. G. W. Gleiß. 4607□

1426 **Insekticide Wirksamkeit der Enantiomorphen von O-Äthyl-S-2-[Äthylmercaptoäthyl]-äthylthiophosphonat.** T. R. Fukuto und R. L. Metcalf. (J. econ. Entomol. **52**, 739–40, Aug. 1959; engl.) — Die DL_{50} (in γ/g) betrug bei Imagines der Stubenfliege (*Musca domestica* L.) für die dl-Form 9,5, für die d-Form 30,0 u. für die l-Form 5,0, bei Imagines der Honigbiene (*Apis mellifica* L.) für die d-Form 6,6 u. für die l-Form 0,68. Die CL_{50} (in ppm) betrug bei Larven der Stechmücke *Culex quinquefasciatus* SAY für die dl-Form 0,15, für die d-Form 0,80 u. für die l-Form 0,08. Das l-Isomere erwies sich als etwa 10mal toxischer als das d-Isomere. Die Reaktionsquote von dl-, d-, u. l-I mit Fliegenhirn-Cholinesterase wurde nach Aldridge (Biochem. J. **46**, [1950], 451–60) manometr. bei 37,5° in doppelarmigen Warburg-Gefäßen mit einem Gemisch aus 3 homogenisierten Fliegenhirnen/ml einer Lsg. von 0,025 m $NaHCO_3$, 0,15 m NaCl, 0,04 m $MgCl_2$ u. 0,01 m Acetylcholinbromid bestimmt. Das l-Isomere inaktivierte Fliegenhirn-Cholinesterase 11mal schneller als das d-Isomere. H. G. W. Gleiß. 4607□

1427 **Diterpenalkaloide. Isolierung und Untersuchung von 2 neuen Alkaloiden.** Nazar Singh und K. L. Chopra. (J. Pharmacy Pharmacol. **14**, 288–93, Mai 1962; Chandigarh, India, Panjab Univ., Dep. of Pharm.; engl.) — Aus der ind. Rohdroge „Judwar" (Wurzeln von *Delphinium denudatum* Wall.) wurden 2 neue Alkaloide „*Denudatin*" (F. 248–249°, Ausbeute 0,05%; I) u. „*Denudatidin*" (F. 273°, Ausbeute 0,003%) isoliert. I ist wahrscheinlich ein Diterpenalkaloid der Atisin-Gruppe. Es hemmt die normalen rhyth. Kontraktionen des Kaninchenduodenumstreifens, stimuliert den isolierten Meerschweinchenuterusstreifen, senkt den Tonus u. hemmt die Peristaltikbewegungen des Darmes, beeinflußt aber die Atmung u. den Blutdruck des narkotisierten Hundes nicht. K. Zingraf. 4608◇

1428 **Wirkungen von Phytohämagglutinin in vivo bei Ratten.** M. W. Elves, S. Roath und M. C. G. Israëls. (Nature [London] **198**, 494, 1963; Manchester, Univ., Dep. of Clin. Haematol.; Royal Infirmary; engl.) — *Phytohämagglutinin* (ein Mucoprotein aus *Phaseolus vulgaris*) in Dosen bis zu 4mal 0,2 ml subkutan oder intraperitoneal in wöchentlichen Abständen, bewies bei Ratten keine tox. Wrkg.; es kam zu keiner akt. Hämolyse oder bemerkenswerter Agglutinierung von Erythrocyten; Nachw. über Lymphoproliferation wie in vitro konnte nicht eindeutig geführt werden. U. Tausendfreund. 4608◇

1429 **Untersuchungen über die ernährungsbedingte Shwartzman-Reaktion.** 4. Mitt. **Äthylesterfraktionen**

von Dorschlebertran und Dihydroxystearinsäure. Hans Kaunitz, Erich Gauglitz jun. und Donald G. McKay. (Metabolism, clin. and exp. **12,** 371—80, 1963; New York, Columbia Univ., Coll. of Physicians and Surgeons, Dep. of Pathol.; Seattle, Wash., U. S. Dep. of the Interior, Fish. and Wildlife Serv., Bureau of Commerc. Fisheries.; engl.) — 3. vgl. C. **1963,** 10548. — Dorschlebertran wurde bis zu einer Peroxidzahl von 150 oxydiert, in die Äthylester umgewandelt u. bei Temp. bis zu 94° der Molekulardest. unterworfen; es wurden 8 gleiche Fraktionen hergestellt. Wenn die zuletzt abdestillierten Fraktionen in einer Menge von 5% einem Vitamin-E-armen Futter für trächtige Ratten zugesetzt wurden, so starben 80% der Tiere an einer generalisierten Shwartzman-Reaktion. Es wurde die Ggw. von Substanzen mit mittlerer u. hoher Polarität in einem Anteil von 2—3% in den tox. Fraktionen nachgewiesen. Verfütterung von *Dihydroxystearinsäure* löste ebenfalls eine generalisierte Shwartzman-Rk., aber in geringerer Häufigkeit aus. K. Zingraf. 4609◇

1430 **Hymenopteren: Reines Gift von Bienen, Wespen und Hornissen.** Rod O'Connor, Wm. Rosenbrook jun. und Robert Erickson. (Science [Washington] **139,** 420, 1963; Bozeman, Mont., Montana State Coll., Dep. of Chem.; engl.) — Nach Einspannung CO_2-narkotisierter Bienen, Wespen oder Hornissen in einen einfachen App. u. Verabreichung eines Hochspannungsschocks kann deren Gift in reiner Form gewonnen werden. Die Tiere können später wieder verwendet werden.

U. Tausendfreund. 4609◇

1431 **Zur Frage der Resistenz des Igels gegen Cantharidin.** R. Fischer und K. Folberth (unter Mitarbeit von M. S. Karawya). (Arzneimittel-Forsch. **9,** 761—63, Dez. 1959; Graz, Österreich, Univ., Inst. f. Pharmakognosie; dt.) — *Cantharidin* (**I**) wird im Organismus des Igels nicht angegriffen. Die Ausscheidungen enthalten prakt. das ganze per os verabfolgte Gift. Bei quant. Unterss. wurden gefunden, daß sich nach 9—24 Std. durchschnittlich 75% der verabreichten Dosis im Magen-Darmtrakt u. nur 8% in Leber, Galle, Niere u. Blase wiederfanden. **I** wird demnach also schlecht resorbiert bzw. der resorbierte Anteil rasch wieder ausgeschieden. Bei gleichzeitiger Verabreichung von Saponin in unschädlichen Dosen wird **I** besser resorbiert, so daß die Tiere schwer erkranken u. unter Umständen sogar zugrunde gehen können. Der Geh. an **I** in Leber, Galle, Niere u. Blase steigt dabei durchschnittlich um das 4fache an, im Magen-Darm sinkt er dagegen ab. In der schweren Resorbierbarkeit von **I** liegt also eine Ursache der erstaunlichen Resistenz des Igels gegen **I.** Vermutet wird aber auch noch eine spezif. Unempfindlichkeit der Zellen beim Igel gegen **I.**

K. Böhm. 4609◇

1432 **Die tuberkulostatische Wirkung des Cyanessigsäurehydrazons der D-Galakturonsäure.** Peter P. T. Sah und George R. Cowgill. (Arch. Pharmaz. Ber. dtsch. pharmaz. Ges. **292/64,** 302—06, 1959; Davis, Cal., Univ. of California, School of Veterinary Med. Dep. of Pharmacology, Physiology and Biochem.) — Die tox. Nebenwrkgg. von *Isonicotinsäurehydrazid* (**I**) lassen sich durch Kondensation von **I** mit *Pyridoxal* (**II**) oder mit Uronsäure u. ihren Lactonen verringern. „*Reazid*" (**III**), das *Hydrazid der Cyanessigsäure* ist fast ebenso wirksam wie **I.** Es ist aber auch recht tox., die DL_{50} beträgt 300 mg/kg Maus (intraperitoneal). Weder durch **II** noch durch **II**-Cyanessigsäurehydrazon läßt sich die **III**-Toxizität aufheben. Wird **III** mit *D-Galakturonsäure* in Methanol oder in 70%ig. A. kondensiert, so erhält man das krist. *D-Galakturonsäurecyanacethydrazon* (**IV**), das weniger tox. ist als **III.** In vitro u. in vivo ist **IV** bei Mäusen gegen *Mycobacterium tuberculosis* (H 37 Rv) genau so wirksam wie **III. IV** wirkt auch gegen *Mycobacterium avium* gut u. besitzt anthelmint. Wirksamkeit gegen *Ascaris lumbricoides, Dictyocaulis viviparus, Metastrongylus salmi, Diphyllobothrium latum, Taenia solium* u. *Dirofilaria immitis.* In vitro war **IV** gegen *Endamoeba histolyticus* wirksam. Bei der durchschnittlich therapeut. Dosis (oral 20 u. 30 mg/kg) zur Behandlung tuberkulöser Infektionen bei Vögeln u. Tieren traten keine oder nur geringe Nebenwrkg. auf. Bei Mäusen war **IV** gegen verschiedene Virusinfektionen (Poliomyelitis, asiat. Grippe, Gelbfieber, gewöhnliche Erkältung) unwirksam.

Versuche: *Galakturonsäurecyanacethydrazon,* $C_9 \cdot H_{13}N_3O_3$, bei 170° Braunfärbung. Darst.: Alkohol. Lsg. von Galakturonsäure wird mit Aktivkohle entfärbt u. mit Cyanacethydrazid gekocht. 77% Ausbeute.

K. Böhm. 4610◇

1433 **Bedingungen einer Sensibilisierung der Nagetiere mit Hydraziden gegenüber dem audiogenen Krampfanfall. Prüfung der Schutzmittel.** L. Buchel, A. Debay, Jeanne Levy und O. Tanguy. (Thérapie **16,** 729—42, 1961; Paris, Univ. ,Fac. de Méd., Labor. de Pharmacol. Chim.; franz.) — Ratten u. Mäuse, die normalerweise gegen akust. Reize unempfindlich sind, konnten durch *Nicotinsäurehydrazid* u. *Isonicotinsäurehydrazid* sensibilisiert werden, so daß die Auslösung audiogener Krämpfe möglich war. Einige Barbiturate, Antiepileptica u. Tranquillizer zeigten Schutzwirkung.

K. Zingraf. 4610◇

1434 **Eigenschaften von Sambucinum, einer tuberkulostatisch wirkenden Substanz aus Fusarium sambucinum Fuckel.** M. O. Tirunarayanan und M. Sirsi. (Arch. int. Pharmacodynam. Thérap. **118,** 258—64, 1959; Bangalore, India, Indian Inst. of Sci. Pharmacol. Labor.), — I. v. injiziert ist *Sambucinum* (**I**) bei anästhesierten Hunden (30 mg Seconal/kg) recht toxisch. 4 mg **I**/kg bewirken Blutdruckabfall u. Anstieg der Atmungsamplitude, u. bereits 5 mg **I**/kg wirken infolge irreversibler Blutdrucksenkung tödlich. Auf die Blutdruck-Effekte von *Histamin* (**IV**) u. *Adrenalin* (**II**) haben 2 mg **I**/kg keinen Einfluß. Auch bei atropinisierten oder vagotomierten Tieren werden die Vasomotorenrkk. von *Nicotin* (**III**) u. **II** nicht beeinflußt. An Spinalhunden senkt **I** noch den Blutdruck u. hemmt die Rk. auf **III,** während der **II**-Effekt nicht verändert wird. An den Vorhöfen u. Ventrikeln des Herzens kommt es nach 2,5 mg **I**/kg zu einem Tonusanstieg u. einem temporären Anstieg der Ventrikelkontraktion. Es treten aber auch Herzirregularitäten auf. **I** hat am isolierten Meerschweinchen-Ileum keine direkte Wirkung. Höhere Dosen wirken unspezif. spasmolyt. gegen Acetylcholin u. **IV**-Effekte.

K. Böhm. 4611◇

1435 **Neue Präparate und Arzneiformen der Antibiotica.** Je. N. Lasarewa. (Med. Ind. UdSSR **16,** Nr. 7, 14—18, 1962; Allunions-Forschungs-Inst. für Antibiotica; russ.) — Übersicht. Behandelt werden: Arzneiformen der Antibiotica für die Behandlung von Trachom bzw. Kindern; Untersuchungen auf dem Gebiet der Antituberkulosemittel. — 33 Literaturangaben. O. Lebtag. 4611△

1436 **Wirksamkeit des Ampicillins in vitro und Resorption und Ausscheidung bei jungen Männern.** Jerome O. Klein, Maxwell Finland und Clare Wilcox. (Amer. J. med. Sci. **245,** Nr. 5, 544—55, 1963; Boston, Mass., Harvard Medical School, Dep. of Med.; Boston, City Hospital; engl.) — *Ampicillin* scheint in vitro gegen die üblichen *Penicillin G* empfindlichen Organismen mäßig aktiv zu sein, aber nicht gegen die meisten gramnegativen Bacillen. Die oralen Dosen werden gut resorbiert, u. die antibakteriellen Spiegel im Serum werden durch die Nahrung nicht merklich beeinflußt. Die Absorption u. Ausscheidung der i. m. Gaben scheinen zum Vgl. mit der i. m. Verabreichung von *Penicillin G* verlängert zu sein. O. Jansen. 4611◇

1437 **Untersuchung der Lävomycetinwirkung auf das Reticuloendothelialsystem.** N. A. Kalinina. (Antibiotika [UdSSR] **6,** 501—04, 1961; Inst. für experim. Pharmakol. u. Chemotherapie der Akad. der med. Wiss. der UdSSR, Abt. für exp. Chemotherapie; russ., Auszug: engl.) — In Verss. mit Mäusen wurde i. v. *Lävomycetin* (**I**) in der Dosis 1 mg/20 g u. nach 5 Min. bis 24 Std. i. v. eine Kultur von *Staphylococcus* zugeführt. Die hemmende Wrkg. des **I** auf das Absorptionsvermögen (AV) des Reticuloendothelial-Syst. dauerte mindestens 4 Std., während nach 2 Std. kein **I** im Blut mehr nachzuweisen war. Die Intensität der **I**-Wrkg. auf das AV war geringer als in Verss. mit Pelikan-Tusche. O. Lebtag. 4611△

1438 **Unterschiedliche Empfindlichkeit von Untersuchungsmethoden für Tetracyclin und Desmethylchlortetracyclin beim Menschen.** Edward A. Lichter und

Solomon Sobel. (Clin. Pharmacol. Therapeutics **3,** 580—92, Sept./Okt. 1962; Chicago, Ill., Univ. of Illinois, Res. and Educat. Hosp.; Univ. of Illinois, Coll. of Med., Dep. of Med.; engl.) — Die Zuverlässigkeit der Einhaltung der berechneten antibakteriellen Serumaktivität wurde an 17 normalen, gesunden Freiwilligen untersucht. 4 Tage lang wurden 4mal täglich 250 mg *Tetracyclin* (**I**; *Achromycin*; *TC*) bzw. 150 mg *Desmethylchlortetracyclin* (**II**; *Declomycin*; *DMCT*) verabreicht. Für die mikrobiolog. „Awofoldtube-Dilution"-Prüfungen der bis 102 Std. nach Versuchsbeginn entnommenen Blutproben ermittelten Vff. folgende minimalen Hemm-Konzentrationen: *Bacillus cercus* # *5*: **I** 0,03 (µg/ml), **II** 0,011; *Streptococcus 98*: **I** 0,017, **II** 0,010; *Staphylococcus aureus 209 P*: **I** 0,077, **II** 0,019. Die parallel dazu erfolgte „cupplate"-Prüfung mittels B. cercus erwies sich als empfindlicher u. zuverlässiger. 150 mg **II** ergaben größere antibakterielle Serumaktivität als 250 mg **I**. Nach 4 Tagen wurde mit B. cercus nach beiden Meth. eine signifikante Erhöhung dieser Differenz nachgewiesen, mit den übrigen Mikroben jedoch nicht.

Wolfgang Herrmann/Berlin. 4611◇

1439 **Wirksamkeit der Antibiotica und chemischen Präparate in Abhängigkeit vom Zeitpunkt der Zufuhr nach der Infektion von weißen Mäusen mit Brucellen.** Je. I. Kaitmasowa. (Antibiotika [UdSSR] **8,** 46—49, 1963; Gamaleja-Inst. für Epidemiol. u. Mikrobiol. der Akad. der med. Wiss. der UdSSR; russ., Auszug: engl.) — Die perorale Zufuhr von *Chlortetracyclin* (**I**), *Oxytetracyclin* oder *Furacilin* (**III**) 1—3 Tage vor der Infektion weißer Mäuse durch Brucella melitensis oder gleichzeitig mit der Infektion verhindert diese nicht. Wird **I** unmittelbar nach der Infektion 7 Tage lang verabreicht, so sinkt die Zahl der Infektionen. Wird **I** 5 Tage nach der Infektion 1—7 Tage lang verabreicht, so tritt nur eine kurze bakteriostat. Wrkg. ein. Eine gute **I**-Wrkg. zeigt sich erst nach mindestens 15 Tage langer Anwendung

O. Lebtag. 4611△

1440 **Antibiotische Konservierung von Rindfleisch mit nachfolgender Verfütterung an Versuchstiere.** R. B. Sleeth, J. C. Armstrong, H. S. Goldberg und H. D. Naumann. (Food Technol. **14,** 505—07, Okt. 1960; Columbia, Mo., Univ. of Missouri, Missouri Agric. Station; Dep. of Microbiol., Food Processing Labor.; engl.) — Der Einfl. von Antibiotica, die zur Konservierung von Rindfleisch verwendet werden, auf Ratten wird untersucht. Die Tiere wurden mit rohem und gekochtem Fleisch, das 2,4 bis 2,8 und 0,8 bis 1,0 µg *Oxytetracyclin* (**I**) pro Gramm enthielt, 16 Wochen lang gefüttert. Im Blutserum, in Herz, Leber u. Muskeln konnten keine Reste des Antibioticums entdeckt werden. In der Darmflora der Ratten trat keine bedeutende Veränderung auf. Die Gefahr einer Gesundheitsschädigung beim Genuß von Fleisch, das geringe Mengen von **I** enthält, erscheint sehr gering. D. Pöhland. 4611□

1441 **Über einige neue Ester von Chloramphenicol. 7. Mitt. Möglichkeit der Resorption von Chloramphenicol aus einigen unlöslichen aliphatischen und Acylglykolestern. Vergleichsuntersuchungen.** M. Preti und C. Concilio. (Arch. ital. Sci. farmacol. [**3**] **11,** 32—38, Jan. 1961; Vicenza, Zambon S. p. A., Labor. Ric.; ital.) — Das *Palmitoylglykolat* (**I**) u. *Stearylglykolat* (**II**) von *Chloramphenicol* werden in homogenen Syst. bei pH 8,5 rasch, das *Palmitat* u. das *Stearat* dagegen nur wenig hydrolysiert. Bei **I** u. **II** wurde auch eine höhergradige Resorption bei Ratten u. Kaninchen beobachtet.

K. Zingraf. 4611□

1442 **Das neue Antibioticum Monomycin.** L. Je. Goldberg. (Med. Ind. UdSSR **16,** Nr. 7, 55—56, 1962; Inst. für Auffindung neuer Antibiotica der Akad. der med. Wiss. der UdSSR; russ.) — Das aus der Kultur-Fl. von Actinomyces circulatus var. monomycini gewonnene *Monomycin* (**I**) zeigt eine geringere ototox. Wrkg. als Colimycin. Bei intraperitonealer, intramuskulärer u. peroraler Zufuhr erweist sich **I** bei 1000 Kindern u. 1500 Erwachsenen als wirksames Mittel gegen grampositive u. gramnegative Bakterien. Kontraindiziert ist **I** bei schwerer degenerativer Schädigung von Leber u. Niere, bei Neuritis des Gehörnervs u. bei gleichzeitiger Anwendung mit Streptomycin, Colimycin, Neomycin oder Mycerin. **I** ist bes. wirksam bei Infektionen durch Staphylococcus u. Bac. coli. O. Lebtag. 4611△

1443 **Vergleichende Untersuchungen über die Toxizität von Phenacetin und N-Acetyl-p-aminophenol.** M. Vest. (Dtsch. med. Wschr. **87,** 2141—47, 19/10. 1962; Basel, Univ., Kinderklin.; dt.) — *Phenacetin* führt bei Säuglingen bereits in Dosen von 10 mg/kg zu einer deutlichen *Methämoglobin*(**I**)-Bldg., wobei sich bes. Neugeborene unter 1 Monat als empfindlich erweisen. Äquimolare Mengen von *N-Acetyl-p-aminophenol* (8,5 mg/kg; in Form von *Ben-u-ron*, Bene-Chemie) u. selbst bedeutend höhere Dosen haben im Gegensatz dazu nur einen geringen **I**-Anstieg zur Folge. Sonstige hämatolog. Veränderungen wurden bei beiden Mitteln nur in Form von geringer Vermehrung der Heinz-Körperchen u. der Reticulocyten in einigen Fällen beobachtet.

U. Tausendfreund. 4615◇

1444 **Akute Vergiftung mit Phenacetin und phenacetinhaltigen Schlafmittel-Kombinationspräparaten.** G. Engelhardt, B. Zuckmayer und L. Lendle. (Arzneimittel-Forsch. **9,** 728—34, Dez. 1959; Göttingen, Univ., Pharmakol. Inst.; dt.) — Die DL_{50} von *Phenacetin* (**I**) beträgt bei Ratten bei intraperitonealer Injektion 1,02 g/kg. Dosen unter 500 mg/kg bewirken nur leichte Sedierung, höhere Dosen als 500 mg/kg verursachen Dyspnoe, der Tod erfolgt an Atemlähmung, teilweise mit terminalen ton.-klon. Krämpfen. Die Temperatursenkung war nach intraperitonealer Injektion von **I** deutlich dosisabhängig, sie betrug bei 500 mg/kg nach 2 Std. durchschnittl. schon 6°. Die Weckwrkg. von *Cardiazol* (**II**) steigerte stark die Atemfrequenz, führte zu motor. Unruhe, hatte aber zu keinem Zeitpunkt der **I**-Vergiftung einen Einfl. auf die Temperatursenkung. Bei der Kombination von **I** mit *Veronal* (**III**) glich das Vergiftungsbild im wesentlichen ganz dem der einfachen **I**-Vergiftung. Hinsichtlich der Letalität addieren sich die Effekte von **I** u. **III**. Die Wrkgg. von **II** auf Atmung u. vegetative Regulationszentren waren auch bei der kombinierten Vergiftung aufgehoben. Bei Katzen u. Kaninchen hatte die akute **I**-Vergiftung keine spezif. lähmende Wrkg. auf die Atmung u. den Blutdruck. Die allmählich einsetzende Blutdrucksenkung beruht wohl auf der starken Methämoglobinbldg. (40—60%), die unter der Einwrkg. hoher **I**-Dosen (1,2—1,5 g/kg) erfolgt. Während der akuten u. subchron. Vergiftung von Katzen u. Kaninchen mit **I** konnte in keinem Falle der Nachw. einer Sulfhämoglobinbldg. erbracht werden. Die osmot. Resistenz der Erythrocyten blieb auch bei einer sehr starken Methämoglobinbldg. nach **I** unbeeinflußt.

K. Böhm. 4615◇

1445 **Die cytotoxische Wirkung von Chinin, Chinidin und Hydroxyäthylapocuprein auf Säugetierzellkulturen.** Spyros Kominos und W. W. G. Maclachlan. (Amer. J. med. Sci. **245,** Nr. 5, 569—72, 1963; Pittsburgh, Pa., Mercy Hospital; engl.) — *Chinin* (**I**) u. *Chinidin* haben eine angenähert gleiche cytotox. Wrkg. auf die Zellkulturen. Beim *Hydroxyäthylapocuprein* ist die Wrkg. etwa halb so intensiv wie bei **I**. O. Jansen. 4615◇

1446 **Einfluß des Glutamins und der γ-Aminobuttersäure auf die Prozesse der Erregung in den zentralen Synapsen.** P. Je. Djablowa. (Bull. exp. Biol. Med. [UdSSR] **53** (**26**), Nr. 1, 66—69, 1962; Leningrad, Pädiatr. Med. Inst., Lehrstuhl für Pharmakol.; russ., Auszug: engl.) — In Verss. an 100 weißen Mäusen bewirkt die subkutane Zufuhr von 300 γ/g *Glutamin* (**I**), 10 Min. vor der Zufuhr von *Proserin* (**II**), eine Abnahme der letalen Fälle von 32 (**II** allein) auf 26% u. eine Abnahme der spast. Fälle von 72 auf 46%. Nach *Cardiazol* (**III**) zeigt **I** keine antispast. Wrkg., vermindert jedoch die Zahl der letalen Fälle von 30 auf 15%. Die Wrkg. des **I** auf die durch **II** verursachten cholinerg. Krämpfe führt Vf. auf die Bindung des Acetylcholins durch **I** zurück. Die *γ-Aminobuttersäure* (**IV**) zeigt eine statist. sichere antispast. Wrkg. nach **III**, nicht jedoch nach **II** oder *Strychnin* (**V**). Das Fehlen einer **IV**-Wrkg. nach **V** spricht dafür, daß **IV** hauptsächlich auf die erregenden Synapse einwirkt, nicht jedoch die hemmenden Synapse beeinflußt.

O. Lebtag. 4620△

1447 **Wirkung einiger symphaticomimetischer Amine auf die Katzeniris (isoliert oder in situ).** E. Marley. (J. Physiology **162**, 193—211, Juli 1962; London, Royal Coll. of Surgeons of England, Inst. of Basic Med. Sci., Dep. of Pharmacol.; engl.) — Die Sympathicomimetica (I) wurden nach ihrer Wrkg. auf die Katzeniris in 3 Gruppen eingeteilt: 1) Phenyläthylamine ohne –OH; ihre mydriat. Wrkg. verschwand nach Denervierung; 2) Substanzen mit einer OH-Gruppe entweder am Phenylring oder am β-C-Atom der Seitenkette; bei diesen war die mydriat. Schwellendosis für die denervierte Iris erhöht; 3) Substanzen mit 2 OH-Gruppen in 3.4-Stellung (mit oder ohne OH am β-C-Atom der Seitenkette) oder mit nur einer OH-Gruppe am Phenylring u. einer OH-Gruppe am β-C-Atom; gegen diese war die denervierte Iris überempfindlich. In Gruppe 2) glichen Tyramin, Pholedrin u. Pipradrol 1), Methoxamin 3). Nach Verlust der mydriat. Wrkg. bewirkten I von 1) Kontraktion der denervierten Iris, die durch den Tryptaminantagonisten BOL, nicht jedoch durch Atropin oder Sympaticus- u. Parasympathicusdenervierung der Iris aufgehoben wurde. Die mydriat. Wrkg. aller getesteten I nahm nach Bretylium zu u. nach i. v. Reserpin ab. K. Zingraf. 4620□

1448 **Untersuchungen über Verhaltensänderungen von Ratten nach Läsionen im Septum-Bereich und ihre pharmakologische Beeinflußbarkeit.** Irmgard Hoffmann. (Arzneimittel-Forsch. **9**, 740—42, Dez. 1959; Hamburg, Pharmakol. Abt. Chem. Fabrik Promonta; dt.) — Werden durch Elektrokoagulation bei Ratten im Bereich des Septum pellucidum Läsionen gesetzt, so erleiden die Tiere charakterist. Veränderungen in ihrem Verhalten. *Chlorpromazin, Perazin, Meprobamat, Butabarbital, Reserpin* u. *Scopolamin* können diese Verhaltensveränderungen nicht beeinflussen, das *10-[1-Methyl-piperidyl-(3)]-2-methoxy-phenothiazin* (*P 1030*; I) kann dagegen die Symptome der Verhaltensänderung dämpfen oder sogar aufheben. I wurde in der Klinik bei leichten psych. Erkrankungen erfolgreich angewendet. K. Böhm. 4620◇

1449 **Klinische Untersuchung einer neuen Phenthiazinverbindung, Methdilazin.** Cyril Taylor, Robert W. Gardier, Vergil K. Stoelting und Mary E. Dallas. (Clin. Pharmacol. Therapeutics **3**, 593—98, Sept./Okt. 1962; Indianapolis, Ind., Univ. Med. Center, Dep. of Anesthes. and Veterans Administr, Hosp.; engl.) — An 527 erwachsenen Patienten wurden neben Vergleichsverss. die Wrkg. von *Methdilazin*(I)-*Hydrochlorid* (*Tacaryl*) untersucht. I ist zur präanästhet. Vorbereitung des Patienten brauchbar, erhöht jedoch leicht die Schläfrigkeit nach der Operation (25 mg I u. 50 mg *Meperidin* (II) intramusculär). Applikation von 12,5 mg I zum Zeitpunkt der Anästhesie wirkt bei minimaler Erhöhung der Schläfrigkeit u. Hypotension signifikant antiemet. bis 3 Std. nach der Operation. Intramusculäre Injektion von 2 × 25 mg I u. 50 mg II, später ohne I, zur Schmerzlinderung ergab antianalget. Wrkg. von I. Evtl. auftretende Hypotension ließ sich leicht beseitigen. Wolfgang Herrmann, Berlin. 4620◇

1450 **Durch Arzneimittel bewirkte Veränderungen der subzellulären Verteilung von 5-Hydroxytryptamin im Rattenhirn.** Nicholas J. Giarman und Saul M. Schanberg. (Biochem. Pharmacol. **9**, 93—96, Aug. 1962; New Haven, Conn., Yale Univ., School of Med., Dep. of Pharmacol.; engl.) — *Chlorpromazin, Reserpin, α-Methyldihydroxyphenylalanin* u. *Phenobarbital* verringerten den Anteil von gebundenem *Serotonin* (I) u. erhöhten den Anteil von freiem I im Rattenhirn, *β-Phenylisopropylhydrazin* u. *Lysergsäurediäthylamid* zeigten eine schwache Wrkg. in umgekehrter Richtung. *Isoreserpin, Methylparafynol* (*Dormison*), *Hydroxydion* (*Viadril*), *Iproniazid* u. *Imipramin* waren prakt. unwirksam. K. Zingraf. 4620◇

1451 **Psychoaktive Stoffe.** K. Schlögl. (Österr. Chemiker-Ztg. **60**, 121—29, Mai 1959; Wien, Univ., II. Chem. Inst.;) — Übersicht über die Chemie, Biochemie u. Pharmakologie psychoaktiver Stoffe, wobei ausführlich *Reserpin* u. *Chlorpromazin*, ferner *Meprobamat, Atarax* u. die Halluzinogene Mezcalin u. Lysergsäurediamid besprochen werden. Erwähnt werden die gebräuchlichen Testmeth. für die Tierverss. u. schließlich werden die biochem. Grundlagen der Geisteskrankheiten unter Hinweis auf die zentrale Stellung von *Serotonin* u. die auffallende Tatsache, daß alle Halluzinogene den Indolkern enthalten, erörtert. K. Böhm. 4620◇

1452 **Die Wirkung bestimmter Psychopharmaka auf die Amöboidwanderung in menschlichen Leukocyten in vitro.** Melvin M. Ketchel und Erwin Miller. (Biochem. Pharmacol. **9**, 247—52, Aug. 1962; Shrewsbury, Mass., Worcester Found. for Exp. Biol.; engl.) — Die Amöboidwanderung in menschlichen Leukocyten in vitro wird durch *Serotonin* (I), *Chlorpromazin* (II) oder *Lysergsäurediäthylamid* (III) gehemmt. Die Wrkg. von I + II oder von II + III ist schwächer als die der einzelnen Substanzen allein. Die Wrkg. von I + III ist nicht stärker als die von I oder III allein. Die Hemmung durch I + III kann durch. II verringert werden. K. Zingraf. 4620◇

1453 **Der Einfluß von Lysergsäurediäthylamid aud den O_2-Verbrauch von Rattenhirnhomogenat.** M. Streifler und J. E. Steiner. (Bull. Res. Council Israel, Sect. E **10 E**, 69—72, 1962; Jerusalem, Hadassah-Hebrew-Univ., Med. School, Dep. of Neurol.; engl.) — Vff. untersuchten die Wrkg. von *Lysergsäurediäthylamid* (I) auf den O_2-Verbrauch von Rattenhirnhomogenat mit der manometr. Meth. von Warburg. I übt eine bestimmte Hemmwrkg. auf den Gesamt-O_2-Verbrauch von Rattenhirnhomogenaten aus. Der Grad der Hemmung steigt mit höheren I-Konzz. proportional an. Ein möglicher Wrkg.-Mechanismus wird diskutiert. G. Bratfisch. 4620◇

1454 **Unterdrückung der Wirkungen von LSD-25 bei Ratten durch Steroide.** J. R. Bergen, D. Krus und G. Pincus. (Proc. Soc. exp. Biol. Med. **105**, 254—56, 1960; Shrewsbury, Worcester Found. for Exp. Biol.; Worcester, Mass., Clark Univ., Psychol. Dep.; engl.) — Bei Ratten wurden Verh.-Veränderungen infolge von *Lysergsäurediäthylamid* (*LSD-25* durch *Desoxycorticosteron, Dehydrocorticosteron, Corticosteron, 11-Desoxycortisol, Cortison, Cortisol, Testosteron, Δ^4-Androstendion, Androsteron, Dehydroisoandrosteron, Ätiocholanolon, Pregnenolon, Progesteron* u. *Pregnandiol*, nicht jedoch durch Östradiol unterdrückt. K. Zingraf. 4620◇

1455 **Der hypotensive Mechanismus von Reserpin.** Hiromichi Torii. (Folia pharmacol. japon. **55**, 1227 bis 1240, 20/11. 1959; Kyoto, Kyoto Univ., Fac. of Med., Dep. of Pharmacol.; jap., Auszug: engl. S. 49.) — I. v. Injektion von 1 mk/kg *Reserpin* (I) verursacht Sedation. Injektion von 0,1 mg/kg in die Carotis gegeben oder 1 mg i. v. I zu mit *Iproniazid* behandelten Tieren verursacht verstärkte motor. Bewegung u. sympath. Reizung innerhalb von 10—20 Min.; nach 10—20 Std. zeigten die mit I behandelten Tiere wieder Sedation; die Tiere, die I in die Carotis erhalten hatten, zeigten keine Sedation. Das hypertensive Verh. von anästhetisierten Kaninchen auf die Stimulation der thalam. oder hypothalam. Nuclei wurde durch i. v. Injektion von 1 mg/kg I nach 10—20 Std. verhindert, auch wenn die Tiere vorher mit Iproniazid behandelt wurden. Das gleiche Verh. jedoch wurde durch I verstärkt bei mit Iproniazid behandelten Tieren innerhalb 30—60 Minuten. Injektion von I in die Carotis verstärkte das gleiche hypertensive Verh. nach 2—3 u. auch nach 10—20 Std. nach der Administration. Zusammen mit der Hemmung des hypertensiven Verh. gegenüber Thalamus u. Hypothalamus wurde auch das hypertensive Verh. der splanchn. Nervenstimulation gehemmt. Die Tiere zeigten Hypersensitivität gegenüber dem hypertensiven Verh. gegenüber *Adrenalin* oder *Noradrenalin*. W. Hiller. 4620◇

1456 **Wirkung von Reserpin auf die Schilddrüsen-Funktion beim Menschen.** J. A. Pittman, F. W. Wouters, S. R. Hill jun., T. A. Farmer, D. Hamner und H. F. Rosser. (Acta endocrinol. [Copenhagen], Suppl. Nr. **51**, 1175, 1960; Birmingham, Ala., Univ. of Alabama, Med. Coll.; Vet. Admin. Hosp., Radioisotope Serv.; engl.) H. Herper. 4620□

1457 **Direkte Messung der Monoaminoxydase-Hemmung in Menschen.** Robert J. Levine und Albert Sjoerdsma. (Clin. Pharmacol. Therapeutics **4**, 22—27, 1963; Bethesda, Md., Nat. Heart Inst., Exper. Therapeutics Branch.; engl.) — Durch orale Verabreichung von *Iso-*

carboxyzid (**I**, *Marplan*, *Ro 5-0831*, *1-Benzyl-2-[5-methyl-3-isoxazolyl]-hydrazin*) u. *Pargylinhydrochlorid* (**II**; oral u. i. v.) wurde bei menschlichen Patienten die *Monoaminooxydase*(**III**)-Aktivität in der Jejunum-Schleimhaut verringert. Die *Tryptamin*-Ausscheidung im Harn wurde durch **I** u. **II** erhöht, sank jedoch nach längerer **I**- bzw. **II**-Behandlung auf den Normalwert. Da in Ratten durch **I** u. **II** die **III**-Aktivität in Herz, Leber, Hirn, Magen u. Jejunum verringert wurde, nehmen Vff. an, daß die **III**-Hemmung durch **I** u. **II** beim Menschen nicht nur auf den Darm beschränkt ist. Die **I**- bzw. **II**-Wrkg. war im Menschen ca. 100mal größer als in Ratten.
W. Damerau. 4620◇

1458 **Über einige pharmakologische Wirkungen eines neuen Monoaminoxydasehemmstoffes: dl-α-Äthyltryptaminacetat (Monase).** Jacques-R. Boissier und Jeannette Pagny. (Thérapie **16**, 774—81, Sept./Okt. 1961; Paris, Univ., Fac. de Méd., Inst. de Pharmacol.; franz.) — *dl-α-Äthyltryptaminacetat* zeigte in Verh.-Testen bei Mäusen u. Ratten keine Veränderungen. Im Offenfeldtest besaß es eine Antireserpin-Wrkg., verstärkte die hypnot. Wrkg. der Barbiturate nicht, schützte Mäuse nicht gegen Strychnin-, Pentylentetrazol- oder Picrotoxinkrämpfe u. bewirkte bei Kaninchen einen Anstieg der Körpertemperatur. Es gehört auf Grund dieser Wrkg. zu den Psychoanaleptica. Die Wrkg. auf das Zentralnervensyst. kann weder durch eine Hemmung der Aminoxydase noch durch eine Amphetamin-Wrkg. erklärt werden.
K. Zingraf. 4620◇

1459 **Untersuchungen über die die Enzymaktivität hemmenden und am Serotoninstoffwechsel beteiligten Chemikalien.** Masayori Ozaki. (Folia pharmacol. japon. **55**, 1467—72, 20/11. 1959; Med. School of Kumamoto Univ., 2. Dep. of Pharmacol.; japan., Auszug: engl. S. 54.) — Vf. untersuchte die Aktivität der *Monoaminoxydase* (**I**) in Gehirn, Leber u. Niere bei verschiedenen Tieren. Ratten u. Meerschweinchen zeigten von den untersuchten Tieren die größten **I**-Aktivitäten. Die Sensibilität gegenüber **I**-Inhibitoren ist bei den verschiedenen Spezies nicht proportional der **I**-Aktivität, z. B. ist Krötenleber-**I** schwach sensitiv gegenüber *Marsilid*-Hemmung, die **I**-Aktivität ist jedoch der Aktivität bei Meerschweinchen ähnlich. Vf. führt Meth. zur Best. der **I**- u. *Decarboxylase*-Aktivität an. Wurden Mäuse i. p. mit *Serotonin* injiziert u. danach im ganzen Homogenat *5-Hydroxyindolylessigsäure* bestimmt, so erwiesen sich *Marsilid*, *Phenylisopropylhyrdazin* u. *Phenylcyclopropylalanin* als Inhibitoren.
W. Hiller. 4620◇

1460 **Erste Erfahrungen mit Valium „Roche" in der nervenärztlichen Privatpraxis.** F. Beyme. (Praxis [Bern] **52**, 734—39, 1963; Basel; dt.) — 14 von 20 Neurasthenikern sprachen auf das Psychosedativum *Valium* (*1-Methyl-2-oxo-5-phenyl-7-chlor-3H-1.4-benzdiazepin*) gut oder sehr gut an. Tagesdosis: 1,25—30 mg.
K. Zingraf. 4620◇

1461 **Benzoxazepin mit möglicher Wirkung auf das neurovegetative System.** L. M. Marson. (Farmaco [Pavia], Ediz. sci. **14**, 159—75, März 1959; Jersey City, N. J., Reed & Carwrick, Res. Labor.; ital.) — 3.4-Methyl- u. 4-Allylderivv. des *2.3.4.5-Tetrahydro-1.4-benzoxazepins* wirken auf das autonome Nervensystem. Die Verbb. werden durch Cyclisierung von o-[2-Chloralkoxy]-benzylalkylaminen oder durch Zers. von Hydrobenzoxazepiniumchloriden erhalten.

Versuche: *o-[2-Hydroxyäthoxy]-benzylalkohol* (**I**), $C_9H_{12}O_3$, Kp.$_3$ 175—180°, aus Saligenin durch 0,5 Std. Kochen mit wss. äthanol. NaOH u. anschließend mit Äthylenchlorhydrin unter Rückfl. (3 Std.); n_D^{25} 1,5535; 68% (Ausbeute). — *o-[2-Hydroxypropoxy]*-, $C_{10}H_{14}O_3$, Kp.$_{1,5}$ 170—174°, n_D^{25} 1,5418, 76%. — *o-[2-Chloräthoxy]-benzylchlorid* (**II**), $C_9H_{10}Cl_2O$, Kp.$_1$ 125—127°, aus **I** u. $SOCl_2$ in Pyridin–Chlf.; 80%. — *o-[2-Chlorpropoxy]*- (**III**), $C_{10}H_{12}Cl_2O$, Kp.$_2$ 125—126° (W.), 84,5%. — *Tri-[o-(2-chloräthoxy)-benzyl]-methylammoniumchlorid*, $C_{28}H_{33}\cdot Cl_4NO_3$, F. 170°, aus **II** u. äthanol. NH_2CH_3 (1 Std., — 15°, dann Raumtemp.); 29%. — *o-[2-Chloräthoxy]-benzylmethyl-2.3.4.5-tetrahydro-[f]-benz-1.4-oxazepin*- (**IV**), $C_{19}\cdot C_{23}Cl_2NO_2$, F. 122—123° (Aceton–A., 5 : 1), aus vorst. Filtrat durch Ae.-Extraktion, Extraktion der Ae.-Fraktion mit verd. HCl, Alkalisieren u. Ae.-Extraktion; 70,5%. Als Nebenprod. *Bis-[o-(2-chloräthoxy)-benzyl]-methylamin*. — *Tri-[o-(2-chlorpropoxy)-benzyl]-methylammoniumchlorid*, $C_{31}H_{39}Cl_4NO_3$, F. 163—164°, wie oben; 60%. Als Nebenprod. *Bis-[o-(2-chlorpropoxy)-benzyl]-methylamin*. — *o-[2-Chloräthoxy]-benzylmethylamin* (**V**), aus 41 g **II** u. 40%ig. wss. NH_2CH_3 in Ae. (— 15°, dann Raumtemp., 3 Std.); gelbes Öl; 36 g. — *o-[2-Chlorpropoxy]-benzylmethylamin* (**VI**), wie vorst. — *4-Methyl-2.3.4.5-tetrahydro-1.4-benzoxazepin* (**VII**), $C_{10}H_{13}NO$, Kp.$_5$ 104—105°, aus **V** mit K_2CO_3 in sd. A. (1 Std.); Öl, n_D^{25} 1,5422; 12%. — *3.4-Dimethyl-* (**VIIa**), $C_{11}H_{15}NO$, Kp.$_2$ 104—111°, aus **VI** u. K_2CO_3 bei 175° (2 Std.); Öl, n_D^{25} 1,5390; 17,6%. — **VII**, *Hydrochlorid*, $C_{10}H_{14}ClNO$, F. 190° (Aceton–A.). *Hydrobromid*, $C_{10}H_{14}BrNO$, F. 182° (A.). *Pikrat*, $C_{16}H_{16}N_4O_8$, F. 154—155°, gelbe Krist. (A.). — **VIIa**, *Hydrochlorid*, $C_{10}H_{14}BrNO$, F. 182° (Aceton). — *4.4-Dimethyl-2.3.4.5-tetrahydro-1.4-benzoxazepiniumbromid*, $C_{11}H_{16}BrNO$, F. 170—171°, aus 0,5 g **VII** u. CH_3Br in Ae.; 0,6 g. *Jodid*, $C_{11}H_{16}JNO$, F. 209° (A.), aus **VII** u. CH_3J. *Chlorid* (**X**), $C_{11}H_{16}ClNO$, 0,5 C_2H_5OH, F. 199—200° (Aceton–A., Zers. ab 192°), a) aus o-[2-Dimethylaminoäthoxy]-benzylchloridhydrochlorid in W.–Ae. u. NaOH-Zusatz unter Kühlung; 11,5%; b) aus **II** u. wss. 25%ig. $(CH_3)_2NH$-Lsg. in Ae. bei 0°; 41%. Hieraus durch Vakuum-Dest. **VII**; 60%. — *3.4.4-Trimethyl-2.3.4.5-tetrahydro-1.4-benzoxazepiniumjodid*, $C_{12}H_{18}JNO$, F. 224—226° (A.). — *o-[2-Dimethylaminoäthoxy]-benzylalkohol*, $C_{11}H_{17}NO_2$, Kp.$_2$ 152°, aus Saligenin mit NaOH in sd. Aceton u. Einw. von 2-Dimethylaminoäthylchlorid (2 Std., Rückfl.); n_D^{25} 1,5282; 51%. — *o-[2-Dimethylaminoäthoxy]-benzylchlorid*, *Hydrochlorid*, $C_{11}H_{17}Cl_2NO$, F. 137—139° (Aceton–A.), aus vorst. Verb. u. $SOCl_2$ in sd. Chlf. (1 Std.); 62,5%. — *N-[o-(2-Chloräthoxy)-benzylpiperidin]* (**XI**), aus **II** u. Piperidin in A. (60°, 1 Std., 1 Tag stehenlassen); Öl; 94%. — *N-[o-(2-Chloräthoxy)-benzyl]-morpholin* (**XIa**), analog wie vorst. mit Morpholin; Öl; 94%. — *o-[2-Piperidinoäthoxy]-benzylalkohol* (**VIII**), $C_{14}\cdot H_{21}NO_2$, F. 83—84°, aus Saligenin mit NaOH in Aceton u. N-[2-Chloräthylpiperidin] (2 Std., Rückfl.); 85%. — *o-[2-Morpholinoäthoxy]*- (**XII**), $C_{13}H_{19}NO_3$, F. 78°, aus Saligenin mit methanol. $NaOCH_3$ u. N-[2-Chloräthylmorpholin] (5 Std., Rückfl.); 86%. — *o-[2-Piperidinoäthoxy]-benzylchloridhydrochlorid* (**IX**), $C_{14}H_{21}Cl_2NO$, F. 161—162° (A.), aus **VIII** u. $SOCl_2$ in Chlf.; 62%. — *o-[2-Morpholinoäthoxy]*-, $C_{13}H_{19}Cl_2NO_2$, F. 162° (Zers. ab 155°) (A.); 79%. — *2.3.4.5-Tetrahydro-1.4-benzoxazepin-4.1'-spiropiperidiniumchlorid* (**XIII**, Y = CH_2), $C_{14}\cdot H_{20}ClNO$, F. 224—225° (Aceton–A.), a) aus **IX** analog **X**, Meth. a, b) aus **XI** durch Erhitzen in Isopropanol u. Verdampfen des Lsgm.; hygroskopisch; 78/51%. — . . . *spiromorpholiniumchlorid*, $C_{13}H_{18}ClNO_2$, Zers. 155 bis 160°, a) aus **XII** analog **X**, Meth. a, b) aus **XIa** in sd. Nitrobenzol; 74,5/54,5%. — *N-[o-(2-Chloräthoxy)-benzyl]-allylamin* (**XIV**), aus **II** u. Allylamin in A. oder Bzl. (exotherme Rk.) (2 Std., 50°); gelbes Öl; 90%. — *N-[o-(2-Chlorpropoxy)*- (**XV**), aus **III** wie vorst.; Öl; 96%. —

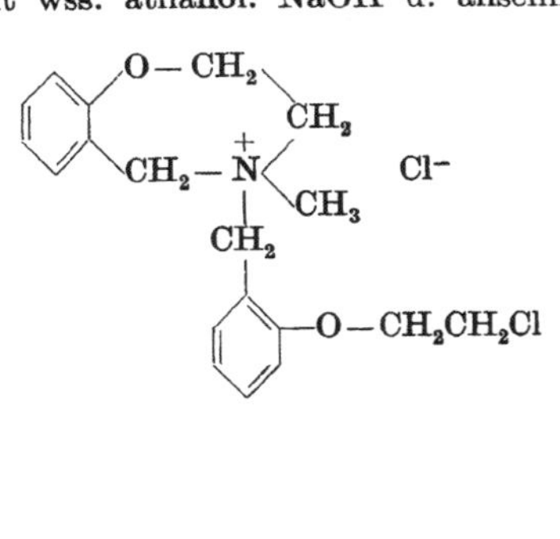

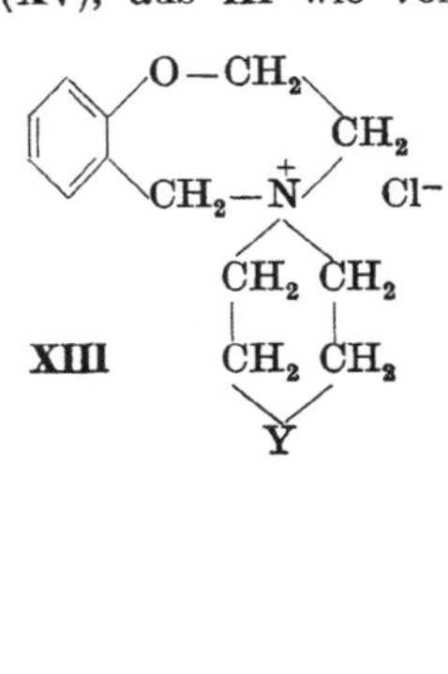

XIII

N-Allyl-2.3.4.5-tetrahydro-1.4-benzoxazepin, $C_{12}H_{15}NO$, $Kp._1$ 105—108°, aus **XIV** durch Erhitzen mit K_2CO_3 (3 Std., 130—140°); 21%. *Hydrochlorid*, $C_{12}H_{16}ClNO$, F. 197° (Aceton-Äthylacetat). *Hydrobromid*, $C_{12}H_{16}Br \cdot NO$, F. 153—156° (Äthylacetat). *Pikrat*, gelbe Nadeln, $C_{18}H_{18}N_4O_8$, F. 137° (95%ig. A.). — *3-Methyl-4-allyl-2.3.4.5-tetrahydro-1.4-benzoxazepin*, $C_{13}H_{17}NO$, $Kp._{6-7}$ 150 bis 160°, aus **XV** wie vorst.; 18,5%. *Hydrochlorid*, $C_{13}H_{18} \cdot ClNO$, F. 205—208° (Zers.). K. Maier. 4620◇

1462 **Über die Wirkung eines amphomimetischen Mittels auf die Organe alter weiblicher Ratten.** Maria Nagy, Margarete Berger und Gy. Kiszely. (Acta morphol. Acad. Sci. hung. **11**, 393—402, 1962; Budapest, Med. Univ., Inst. für Histol. u. Embryol.; Inst. f. ärztl. Fortbild.; dt.) — Histolog. Befunde von endokrinen Drüsen, Ovarien u. Uteri alter Ratten, die mit *Adrenalon* (*Stryphnon*) behandelt wurden, lassen auf eine neuroendokrine Wrkg. des Mittels schließen. Der Unterschied zwischen den behandelten Tieren u. den Kontrollen war in der reticulären Zone der Nebennierenrinde am größten. K. Zingraf. 4620◇

1463 **Dämpfende Eigenschaften einiger 3.4.5-Trimethoxybenzoylderivate.** 2. Mitt. H. Barth, G. Gebhard, R. Kiesewetter und M. Müller. (Pharmazie **17**, 351 bis 356, Juni 1962; Dresden, VEB Arzneimittelwerk; Leipzig, Karl-Marx-Univ., Inst. f. Pharmakol. u. Toxikol.; dt.) — 1. vgl. C. **1961**, 18031. — Vff. berichten über weitere pharmakolog. Unterss. des *N-Äthyl-* u. *N-Butyl-N'-3.4.5-trimethoxybenzoylharnstoffs* sowie des *3.4.5-Trimethoxybenzoylbutylamids*. Als Vgl. Substanzen wurden *3.4.5-Trimethoxybenzoylglycindiäthylamid* (*Trimeglamide*) u. in einigen Fällen *2-Brom-2.2-diäthylacetylharnstoff* (*Adalin*) herangezogen. Die anfangs genannten Verbb. wiesen auch bei oraler Applikation eine geringe Toxizität auf; sie hemmten die durch *β.β'*-Iminodipropionitril gesteigerte Motilität von Albinomäusen u. verursachten bei gleicher Dosierung eine Störung der Bewegungskoordination u. der Haltereflexe. Während durch Strychnin bzw. Pentamethylentetrazol induzierte Krämpfe nicht zu beeinflussen waren, erwiesen sich die Verbb. als wirksam gegenüber dem Elektroschock. Im Gegensatz zu den Vgl.-Substanzen konnte bei diesen Verbb. eine Aufhebung des Aggresionstriebes im Kampffisch-Test beobachtet werden. Die stressbedingte Erwartungsspannung der Ratte ließ sich gleichfalls vermindern. B. Schobess. 4627□

1464 **Untersuchung einiger Zentralnervensystem-dämpfender Mittel.** Graham Chen und Barbara Bohner. (Arch. int. Pharmacodynam. Thérap. **125**, 1—20, 1960; Detroit, Mich., Parke, Davis & Comp., Res. Div.; engl.) — Es wurden die zentral dämpfenden Eigg. von *Barbital-Na, Phenobarbital-Na, Carbromal, Meprobamat, Diphenylhydantoin, Methsuximid, Chlorpromazinhydrochlorid, Reserpin, Hyoscinhydrobromid, Atropinsulfat, Benactyzinhydrochlorid, Promethazinhydrochlorid, Phensuximid, Trimethadion, Mephenesin, Zoxazolamin, Trichloramat, Diphenhydraminhydrochlorid, Tripelennamin, Bromdiphenhydramin, Methadon, Isonipecain, β-Diäthylaminoäthylbenzhydrylätherhydrochlorid, p-Methylbenzhydryl-β-dimethylaminoäthylätherhydrochlorid, p-Brom* ... u. *β-Morpholinoäthylbenzhydryläther* bei Mäusen auf Grund des antagonist. Einfl. auf zentrale Stimulantien, wie *Cardiazol, Nicotin, Lysergsäurediäthylamid, Cocain, d-Desoxyephedrin, Mezcalin, Morphin*, untersucht. K. Maier. 4627□

1465 **Wirkung der Inhalation von Lachgas auf Hämatopoiese der Ratte.** Cloid D. Green und Douglas W. Eastwood. (Anesthesiology **34**, 341—45, 1963; Charlottesville, Va., Univ. of Virginia School of Med.; engl.) — Längerdauernde Anwendung von Lachgas mit normaler O_2-Spannung besitzt eine tox. Wrkg. auf das Knochenmark der Albinoratte u. verringert die Leukocytenzahl. Nur die Megakaryocyten werden nicht geschädigt. K. Zingraf. 4627◇

1466 **Diäthyläther und Lactatdehydrogenaseaktivität in vitro.** Nicholas M. Greene und Edward L. Spencer. (Anesthesiology **24**, 23—28, 1963; New Haven, Conn., Yale Univ. School of Med., Sect. of Anesthesiol.; Grace-New Haven Community Hosp., Dep. of Anesthesiol.; engl.) — Hohe Konz. von Ae. bewirkten in vitro eine Hemmung der Aktivität von *Lactatdehydrogenase* (**I**) aus Rinderherzen in Lsgg., die nur Natriumpyruvat, **I** u. red. Diphosphopyridinnucleotid enthielten. K. Zingraf. 4627◇

1467 **Lokalanästhetische Wirkung von Propiophenonderivaten.** 2. Mitt. **Pharmakologische Untersuchungen von Nr. 25, eines der Propiophenonderivate.** Takashi Teshigahara. (Folia pharmacol. japon. **58**, 78—86, 20/1. 1962; Tokyo, Kowa Chem. Labor.; jap., Auszug: engl. S. 3.) — 1. vgl. Folia pharmacol. japon. **58**, [1962], 67. — Eine lokalanästhet. Aktivität von *p-Phenoxy-2-methylaminopropiophenon* (Nr. 25) war schon zu sehen bei einer Konz. von 0,1%; die Dauer der Wrkg. war kurz, ihr Anfang rasch. Nach i. v. Injektion von 5 mg/kg trat eine beträchtliche aber kurz dauernde Störung des Atmungs- u. Kreislaufsyst. ein; auf 2mg/kg war diese Störung kaum nennenswert. H. Aman. 4627◇

1468 **Veränderungen der Aktivität der Aldolase und alkalischen Phosphatase im Serum als Wirkung hoher Dosen von Pyramidon (Aminopyrin).** I. Gyula Fazekas, Árpád Gy. Fazekas und Béla Rengei. (Enzymologia [Den Haag] **24**, 7—13, 2/1. 1962; Szeged, Med. Univ. of Szeged, Dep. of Forensic. Med.; engl.) — 75% der einmaligen letalen Dosis von Pyramidon (0,4 g/kg) wurden Kaninchen 5 Tage lang, täglich auf drei gleiche Dosen verteilt, subkutan injiziert. Die Aktivität der *Aldolase* stieg um 41—116%, die der *alkal. Phosphatase* um 73—104% an. Nach Absetzen der Behandlung kehrte die Aktivität der beiden Enzyme im Serum innerhalb von 5 Tagen fast immer auf den Normalwert zurück, obwohl 3 der 5 Tiere bald darauf an Urämie zugrunde gingen. Mögliche Erklärungen für diese Enzymveränderungen werden besprochen. H. Aman. 4627◇

1469 **Wirkung von Methotrimeprazin auf die Atmung.** John W. Pearson und Thomas J. DeKornfeld. (Anesthesiology **24**, 38—40, 1963; Baltimore, Md., Baltimore City Hosp., Dep. of Anesthesiol.; engl.) — Bei Menschen wurde die Atmung durch 10 mg *Morphinsulfat* (**I**) i. m. u. durch eine Kombination von **I** u. *Methotrimeprazin* (**II**), nicht jedoch durch 15 mg **II** allein, gehemmt. **II** verstärkt die Wrkg. von **I** nicht. K. Zingraf. 4627◇

1470 **Pharmakologische Untersuchungen über Terpene.** Hyoe Nishio. (Folia pharmacol. japon. **55**, 1552—67, 20/11. 1959; Nara, Nara Med. Coll., Dep. of Pharmacol.; jap., Auszug: engl. S. 56.) — Vf. untersucht die ganglienblockierende Wrkg. von Terpenen mit einem quart. Ammoniumrest. Einführung der Isoketopinsäure-Gruppe in *β-Morpholinoäthanolmethojodid* verstärkte u. verlängerte die ganglienblockierende Wrkg. von *Morpholin. Ketopinsäure*-Derivv. zeigten nur eine vorübergehende Blockierung, die durch menschliches Serum u. durch Meerschweinchenleberhomogenate zerstört wurde. Im Gegensatz dazu wurden Isoketopinsäurederivv. u. Pseudooxocampheroxim-Derivv. nicht zerstört u. zeigten eine verlängerte Wirkung. W. Hiller. 4627◇

1471 **Vergleich zwischen der experimentellen Gewöhnung an die psychosomatischen Störungen und der körperlichen Abhängigkeit infolge von Morphin und seinem Dinicotinsäureester bei der Ratte und beim Affen.** J. Mercier, P. Etzensperger und S. Dessaigne. (Thérapie **16**, 743—50, Sept./Okt. 1961; Marseille, Univ., Fac. de Méd. et de Pharm., Labor. de Pharmacol.; franz.) — Bei Macacus-Affen und Ratten tritt eine Gewöhnung an *Dinicotinoylmorphin* (*Nicomorphin*; **I**) viel langsamer ein als an Morphin, soweit dies nach den psychosomat. Störungen beurteilt werden kann; auch ist nach **I** nur eine partielle Gewöhnung zu beobachten. Die Entziehungserscheinungen beim Affen nach Nalorphin sind bei Gewöhnung an **I** geringer. K. Zingraf. 4627◇

1472 **Untersuchungen über die Antidote von Morphin (Nalorphin, Nikethamid) bei Kombination mit zentral lähmenden Mitteln (Acepromazin, Levomepromazin) oder mit einem curarisierenden Mittel (Auxoperan).** A. H. Nezamie. (Thérapie **16**, 811—18, Sept./Okt. 1961; Paris, Univ., Fac. de Méd., Inst. de Pharmacol.; franz.) — Durch die Kombination mit *Acepromazin, Levomepromazin* oder *Auxoperan* (*Methylbebeerindimethylätherhydrochlorid*) wird die *Morphin*-Toleranz des Kaninchens erhöht. Durch eine solche Kombination tritt indessen mitunter eine Atemlähmung auf, die mit *Nalorphin* oder, weniger deutlich u. nur vorübergehend, mit *Nikethamid* aufgehoben werden kann. K. Zingraf. 4627◇

1473 **Einfluß des medikamentösen Schlafes auf die Harnausscheidung des Menschen.** O. T. Omeltschenko. (Physiol. J. [Kiew] 8, 813—16, Nov./Dez. 1962; Kiew, Bogomoletz-Inst. für Physiol. der Akad. der Wiss. der UkrainSSR; ukrain.) — An 50 Personen wurde der Einfl. des medikamentösen Schlafes (*Barbamyl*) auf die Intensität der Harnausscheidung nach Zufuhr von $MgSO_4$ oder Rettichsaft untersucht u. festgestellt, daß während der Schlaftherapie die Harnausscheidung vermindert, nach beendeter Schlaftherapie verstärkt wird. O. Lebtag. 4627△

1474 **Durch Thalidomid bei Protozoen hervorgerufene Stoffwechselmangelzustände.** Oscar Frank, Herman Baker, Herman Ziffer, Sheldon Aaronson, S. H. Hunter und C. M. Leevy. (Science [Washington] **139,** 110—11, 1963; Jersey, N. J., Seton Hall Coll. of Med.; New York, N. Y., Roosevelt Hosp.; Haskins Labor.; engl.) — Wegen der Nebenwrkg. von *Thalidomid* (I) dürften zusätzliche Meth. zur Testung von Arzneimitteln notwendig werden. Da teratogene Wrkg. auch durch Stoffwechselinterferenzen hervorgerufen werden können, wurde geprüft, ob I sich als ein Antimetabolit verhält. So hemmte I in einer Konz. von 2 mg/ml das Wachstum von *Ochromonas danica,* 3 mg/ml hemmten *Euglena gracilis* u. *Tetrahymena pyriformis,* 6 mg/ml hemmten *Ochromonas malhamensis.* Purine, Pyrimidine, Aminosäuren oder Metalle änderten diese Hemmung nicht; die Hemmung konnte jedoch durch 0,01 mg *Nicotinsäure*/ml 0,1 mg *Nicotinamidadenindinucleotid* (NAD)/ml oder 0,0001 mg *Vitamin* K_1 rückgängig gemacht werden. Der Protozoentest wird zur Prüfung auf Nebenwrkg. von Arzneimitteln bei höheren Tieren u. beim Menschen empfohlen. U. Tausendfreund. 4627◇

1475 **Das Risiko der Thiopentalnarkose bei Porphyrie.** John W. Dundee, W. N. C. McCleery und George McLoughlin. (Anesthesia Analgesia, current Res. **41,** 567—74, Sept./Okt. 1962; Belfast, Queen's Univ. of Belfast, Dep. of Anesthet.; engl.) — In 3 Fällen kam es durch *Thiopental*-Verabreichung zu Narkosezwecken zu einer Exacerbation einer akuten Porphyrie, in 2 Fällen Lähmungen u. tödlicher Ausgang (obwohl die Patientinnen vorher gesund zu sein schienen), im 3. Fall Lähmungen. U. Tausendfreund. 4627◇

1476 **Halothannarkose als mögliche Ursache einer massiven Lebernekrose.** Gerald L. Brody und Robert B. Sweet. (Anesthesiology **24,** 29—37, 1963; Ann Arbor, Mich., Univ. of Michigan, Deps. of Pathol. and Anesthesiol.; engl.) — Beschreibung von 4 Fällen (davon 3 mit tödlichem Verlauf), bei denen nach chirurg. Eingriffen unter Halothannarkose massive Lebernekrose (akute gelbe Atrophie) auftrat. K. Zingraf. 4627◇

1477 **Über die Wirkung von Heptaminolhydrochlorid auf Energie und Stoffwechsel des Herzens.** F. Mercier, M. Gavend und M.-R. Gavend. (Thérapie **16,** 719—28, Sept./Okt. 1961; Marseille, Univ., Fac. de Méd. et de Pharm., Labor. de Pharmacol.; franz.) — *Heptaminolhydrochlorid* (*2-Amino-6-methylheptanol-*(*6*), I) erhöht die Ausflußmenge der Coronarien, aber nicht den O_2-Geh. im venösen Coronarblut u. kann daher nicht als echtes coronarerweiterndes Mittel gelten, da die Veränderungen der Ausflußmenge offenbar nur eine Anpassung an den erhöhten O_2-Bedarf des Herzmuskels darstellen. I bewirkt eine deutliche Zunahme des O_2-Verbrauchs des Herzmuskels u. eine geringe Zunahme (manchmal auch Abnahme) der Herzarbeit u. infolgedessen eine mehr oder weniger ausgeprägte Abnahme der Herzleistung. K. Zingraf. 4630◇

1478 **Synthese und Stoffwechseluntersuchungen von ^{14}C-markiertem Hemicholinium Nr. 3.** Floyd R. Domer und F. W. Schueler. (J. Amer. pharmac. Assoc., sci. Edit. **49,** 553—56, Aug. 1960; New Orleans, La., Tulane Univ., School of Med.; engl.) — Um durch Verteilungsunterss. die biolog. Wrkg. von *Hemicholinium Nr. 3* (I) zu untersuchen, wurde ^{14}C-markiertes I durch Quarternierung von *p.p'-Bis-*[*2-hydroxy-4-methylmorpholinyl-*(*2*)]*-diphenyl* (II) mit $^{14}CH_3Br$ synthetisiert. Verss. an Ratten zeigten, daß von injiziertem I 57,5% im Urin u. 15,6% in den Fäces ausgeschieden werden. Im Gewebe war I ohne erkennbare Anhäufung gleichmäßig verteilt.

Versuche: *p.p'-Bis-*[*2-hydroxy-4-methylmorpholinyl-*(*2*)]*-diphenyl* (II), $C_{22}H_{28}N_2O_4 \cdot CH_3OH$, F. 97—99°, durch Zugabe von p.p'-Bis-[chloracetyl]-diphenyl zu N-Methylaminoäthanol bei 100°, Fällung mit H_2O u. Extraktion mit Benzol. 58,4% (Ausbeute). ^{14}C-*Hemicholinium Nr. 3,* F. 178—180°, aus vorst. Verb. mit $^{14}CH_3Br$ in A. durch 12std. Rühren bei Raum-Temp. u. Fällung mit Ae. 95,2%. H.-G. Floß. 4628□

1479 **Die Wirkung von Hemicholinium Nr. 3 auf das Aktionspotential des Phrenicus.** V. G. Longo. (Arch. int. Pharmacodynam. Thérap. **119,** 1—9, 1/3. 1959; Chicago, Univ. of Ill., Coll. of Med., Dep. of Pharmacol.; engl.) — Vf. untersucht die Wrkg. von *α.α'-Dimethyläthanolamino-4 4'-diacetophenon, Bromid* (I; *Hemicholinium Nr. 3*) auf Atmung u. Aktionspotential des Phrenicus an Katzen (betäubt mit Phenobarbital) u. Kaninchen (Urethan). Er stellt fest, daß bei Dosen von 2 mg/kg die Atmung nachläßt, die Reflexe des Phrenicus aber nicht beeinträchtigt werden. Die Wrkg. von I beruht also nicht auf einer Lähmung des Atemzentrums im Zentralnervensystem. U. Baumann. 4628

1480 **Neuromuskuläre Blockierung durch α.α'-Dimethyläthanolamino-4.4'-diacetophenon (Hemicholinium).** N. L. Reitzel und J. P. Long. (Arch. int. Pharmacodynam. Thérap. **119,** 20—30, 1/3. 1959; Iowa, State Univ. Coll. of Med., Dep. of Pharmacol.; engl.) — Vgl. auch vorst. Referat. — *α.α'-Dimethyläthanolamino-4.4'-diacetophenon* (I) wirkt auf den isolierten Ischias von Hund, Kaninchen u. Küken blockierend. Die Wrkg. kann durch i. v. verabreichtes *Cholinchlorid* zeitweise aufgehoben werden. Die Ergebnisse bestätigen die Befunde von Longo (l. c.), nach denen I nicht im Zentralnervensystem, sondern im Peripheren angreift. Die Kontraktionen von isoliertem Frosch-Rectum u. Kaninchen-Ileum werden durch I nicht beeinflußt. U. Baumann. 4628

1481 **Untersuchungen über synthetische Anticonvulsantien.** 12. Mitt. **Wirkung einiger Derivate von Mephenesinmonocarbamat und verwandten Verbindungen.** Shoji Shibata, Manabu Yasuda und Hajime Yamada. (Folia pharmacol. japon. **55,** 1272—77, 20/11. 1959; Kyoto, Kyoto Univ., Fac. of Med., Dep. of Pharmacol.; jap., Auszug: engl. S. 50) — Vff. prüften 8 Verbb. des Monocarbamats von *Mephenesin* u. *3-*[*o-Methoxyphenoxy*]*-propandiol-*(*1.2*) auf ihre Toxizität, Muskel-relaxierende u. anticonvulsive Aktivität bei Mäusen. *N-Methyl-3-*[*o-methoxyphenoxy*]*-2-hydroxypropylcarbamat* zeigte anticonvulsive Aktivität, es ist dem Mephenesin weit überlegen. W. Hiller. 4628◇

1482 **Choleretische Wirkung von Mephenesin.** P. Zamboni und I. Palumbi. (Arch. ital. Sci. farmacol. [3] **11,** 29—31; Jan. 1961; Camerino, Univ., Ist. di Pharmacol.; ital.) — 25 mg *Mephenesin*/kg i.v. steigern den Gallefluß bei der Ratte um 33%. Diese Menge entspricht der üblicherweise in der Klinik angewandten Dosierung. K. Zingraf. 4628□

1483 **Vergleichende antispasmodische Aktivität von N-Methylpiperidyl-(3)-diphenylglykolatmethobromid (JB-340) und Atropinsulfat.** J. P. Buckley, J. J. DeFeo und Edward C. Reif. (J. Amer. pharmac. Assoc., sci. Edit. **46,** 592—94, 1957; Pittsburgh, Pa., Univ. of Pittsburgh, School of Pharmacy, Dep. of Pharmacol.; engl.) — *N-Methylpiperidyl-*(*3*)*-diphenylglykolatmethobromid* (*JB-340*; I) ist als anticholinerg. Mittel sehr gut zur Behandlung von Colonhypermotilität geeignet. 0,5 mg I/kg sind im Vgl. mit 0,2 mg *Atropinsulfat*(II)/kg am spast. Colon der Katze u. am normalen Colon des Hundes wirksamer als II, am spast. Colon u. normalen Duodenum des Hundes wirken I u. II gleich stark, während am spast. Magen des Hundes die Wrkg. von II größer ist. Die Wrkg.-Dauer von I ist etwas geringer als die von II. Der Angriffspunkt von I dürfte an postganglionären parasympath. Nervenendigungen zu suchen sein. In den genannten Dosen übt I keine ganglionblockierende Aktivität aus, ebenso keine Blutdruckwrkg. beim normotensiven Hund u. keine Blockierung der Wrkg. von Acetylcholin auf die Speicheldrüsen. Für II konnten primäre u. sek. spasmogene Wrkg. am Colon nachgewiesen werden. U. Tausendfreund. 4628◇

1484 **Neue Dijodmethylate von α-Phenyl-α-tert.-aminoacetaten des β-tert. Aminoäthoxyäthylalkohols mit curaremimetischer Aktivität.** Jean Cheymol, René Giudicelli, Pierre Chabrier und Henry Najer. (Arch. int. Pharmacodynam. Thérap. **125,** 121—31, 1960; Paris, Fac. de Méd., Labor. de Pharmacol.; franz.) — Es wurde die Curarewrkg. der *Dimethojodide* von 6 *α-Phenyl-α-tert.-aminoessigsäure-[β-tert.-aminoäthoxyäthylestern]* untersucht, Verb. **I** u. **II** (s. u.) eingehender. Im Unterschied zu *d-Tubocurarin* (**III**) tritt deren Wrkg. rascher ein u. ist kürzer, wirken etwas blutdrucksteigernd, haben schwache histaminogene Aktivität, zeigen geringe gangliopleg. Eigg. als **III** u. verstärken im Gegensatz zu **III** die Gefäßwrkgg. von Adrenalin u. Acetylcholin nicht. Der therapeut. Index (I) ist günstiger. Neostigmin u. Edrophonium antagonisieren **I** u. **II**. Geprüfte Verbb. (Dimethojodide): *α-Phenyl-α-piperidinoessigsäure-[β-(β-diäthylaminoäthoxy)-äthylester]* (**I**), F. 196°, DL_{50} (mg/kg Maus, i. v.), 3,6, Kopffalltest (mg/kg Kaninchen), 0,31, I 0,086; *-[β-(β-piperidinoäthoxy]-äthylester]*, F. 210°, 3,9/0,91/0,23; *-[β-(β-morpholinoäthoxy)-äthylester]*, F. 201°, 5,3/1,26/0,23; *α-Phenyl-α-[1.2.5.6-tetrahydropyridino]-essigsäure-[β-(β-diäthylaminoäthoxy)-äthylester]* (**II**), F. 1,67°, 3,45/0,40/0,11; *-[β-(β-piperidinoäthoxy)-äthylester]*, F. 176°, 4,3/0,72/0,16; *-[β-(β-morpholinoäthoxy)-äthylester]*, F. 201°, 6,5/1,15/0,18; **III**, 0,15/0,12/0,8. K. Maier. 4628□

1485 **Die Hemmung des Bernsteinsäureoxydasesystems durch Ganglienblocker.** Isao Komura. (Folia pharmacol. japon. **55,** 1537—51, 20/11. 1959; Osaka, Osaka Univ. Dental School, Dep. of Pharmacol.; jap., Auszug: engl. S. 55—56.) — Vf. untersucht Ganglienblocker in ihrer Wrkg. auf die Oxydation verschiedener Substrate in Rattenhirnhomogenat. *Pendiomide* u. *Mecamylamin* hemmten die *Bernsteinsäure*-Oxydation, hatten jedoch keinen Einfl. auf die Oxydation von *Glucose, Lactat, Pyruvat* u. *Glutamat* in Rattenhirnhomogenaten. Bei Green-Brei wurde auch die *Cytochromoxydase* u. *Bernsteinsäuredehydrogenase* nicht gehemmt. Aus den Daten u. den Ergebnissen einer kombinierten Anwendung der Blocker u. *Antimycin A*, schließt Vf., daß die Wrkg.-Art der Blocker auf das Bernsteinsäureoxydase-Syst. wahrscheinlich ein geringeres Potential besitzt als die des Antimycin-A-sensitiven Faktors (Slater Faktor). *Decamethonium, N-[β-Diäthylaminoäthyl]-aminoisocamphan* u. *N-[γ-Dimethylaminopropyl]-aminoisocamphan* hemmten die Oxydation von Glucose, Lactat, Pyruvat u. Glutamat im gleichen Maße wie die von Succinat. Vf. schließt, daß die Hemm-Wrkg. dieser Ganglienblocker auf das Bernsteinsäureoxydase-Syst. nicht der Wrkg. des Charakters der chem. Eigg. zuzuschreiben ist, sondern eine pharmakolog. Wrkg. in Natur darstellt. W. Hiller. 4628◇

1486 **Der Einfluß einiger pharmakologischer Stoffe auf den Sauerstoffverbrauch durch das Myocard des „trockenen„ isolierten Hundeherzens.** L. W. Rosenschtrauch. (Ber. Akad. Wiss. [UdSSR] **140,** 1220—22, 11/10. 1961; Moskau, Lomonossow-Univ.; russ.) — In Verss. an 10 Hunden über die Beeinflussung des O_2-Verbrauchs durch das Myocard zeigten die untersuchten Verbb. verschiedene Wrkgg.: starke Veränderung der Arterien-Venen-Differenz bei *Acetylcholin* u. *Atropin* (**I**); starke Veränderung der Geschw. des coronaren Blutkreislaufes bei *Nitroglycerin* (**II**) u. *Pituitrin*; gleichzeitige u. fast gleich starke Veränderung des coronaren Kreislaufes u. der Arterien-Venen-Differenz durch *Adrenalin* u. *Noradrenalin*. Die Wrkg. des **II** kann bei Dilatation der coronaren Arterien einen O_2-Mangel verursachen. **I** ist von starker Wrkg. auf den funktionellen Zustand des Myocards u. auf dessen Stoffwechsel. O. Lebtag. 4630△

1487 **Die Coronargefäßmotilität kontrolliert mit der Coronarographie bei Herzstillstand infolge von Acetylcholin. Wirkung einiger coronargefäßerweiternder Mittel.** G. Caccia, L. Chiampo und G. Peracchia. (Arch. ital. Sci. farmacol. [3]**11,** 45—53, Jan. 1961; Parma, Univ., Ist. di Chim. Chir. Generale e Terap. Chir.; Ist. di Radiol. e del Radium; ital.) — Bei Hunden in Asystolie infolge von Acetylcholin bewirkten *Nitroglycerin* u. *1-[β-Hydroxypropyl]-theobromin* eine Erweiterung der größeren Coronargefäße, *Khellin* dagegen auch eine Erweiterung der kleinsten Verzweigungen. K. Zingraf. 4630□

1488 **α-Methyldopa. Wirkungen und Nebenwirkungen bei der Therapie des arteriellen Hochdrucks.** O. H. Arnold. (Dtsch. med. Wschr. **87,** 2288—90, 9/11. 1962; Essen, Städt. Krankenanst., Med. Klin.; dt.) — *α-Methyldopa* (**I**; L-I als *Aldomet*, Merck Sharp & Dohme; DL-I als *Vers.-Präp. Bayer 1440*) wirkt bei Hochdruckkranken in Dosen bis zu 2,5 g (der allein wirksamen L-Form) deutlich stärker als die Kombination *Thiazid–Reserpin* u. etwas schwächer als *Guanethidin* (**II**), bes. auf den diastol. Druck. Mit Thiaziden zusammen wirkt **I** im langfristigen Vers. gleichmäßig, ohne Toleranzentw.; Zugabe von Saluretica steigert die Wirkung. Die orthostat. Beschwerden sind bei ausgiebiger Blutdrucksenkung gering. Im Liegen wird der Druck durch **I** stärker als durch **II** gesenkt. **I** wirkt bei Hypertonien aller Schweregrade gleich gut. Als Nebenw. wurde 2mal (von 75 Fällen) fieberhafte Rk. beobachtet, ferner kurzfristige Sedation, Halluzination, Depression. U. Tausendfreund. 4630◇

1489 **Chemische, pharmakologische und klinische Untersuchungen mit Äthylflavon-7-hydroxyacetat.** I. Setnikar. (Gazz. med. ital. **122,** 24—33, 1963; Milano, Recordati S. p. A., Div. Ric.; ital.) — Übersicht über die Wrkgg. von *Recordil*. — 53 Literaturangaben. K. Zingraf. 4630◇

1490 **Die Wirkung von Chinidin und Chinin auf die Stickstoff- und Elektrolytbilanz (Protein-anabolische Wirkung) und auf die Glucose-Verwertung.** R. Palmer Howard, H. Alan Ells und Robert H. Furman. (Metabolism, clin. and exp. **12,** 359—70, 1963; Oklahoma City, Oklahoma Med. Res. Inst., Cardiovasc. Sect.; Univ. of Oklahoma School of Med., Dep. of Med.; engl.) — Nach Verabreichung von 1—3 g *Chinidin* (**I**) täglich trat bei 11 Personen eine deutliche *N-, P-* u. *K*-Retention u. eine Zunahme der Ausscheidung von *Na* im Harn u. von Na u. N in den Faeces ein, während die *Ca*-Bilanz unverändert blieb. *Chinin* hatte ähnliche Wirkungen. **I** verringerte deutlich die „Verwertungsgeschwindigkeit" von i. v. verabreichter *Glucose* (**II**) u. die orale **II**-Toleranz. Die Wrkg. von **I** war nicht durch Keimdrüsen oder Nebennierenhormone vermittelt. K. Zingraf. 4630◇

1491 **Diprophyllin, ein wasserlösliches Analogon des Theophyllins.** R. A. Altschuler. (Med. Ind. UdSSR **16,** Nr. 7, 57—58, 1962; Chem.-Pharm. Ordshonikidse-Forschungs-Inst.; russ.) — Die pharmakolog. Unters. des *Diprophyllins* (**I**; *7-[2.3-Dihydroxypropyl]-theophyllin*) in Verss. mit Katzen, Meerschweinchen, Mäusen u. weißen Ratten ergab eine ähnliche Wrkg. wie die von *Theophyllin* (**II**). Im Unterschied zu **II** u. *Euphyllin* (**III**) zeigte **I** keine diuret. Wirkung. Bei subcutaner u. i. m. Zufuhr der 5 bzw. 10%igen **I**-Lsg. zeigten sich keine lokalen Reizerscheinungen. Im Mäuse-Vers. betrug die Dl_{50} bei peroraler Zufuhr 3400, subcutan 1430, i. v. 1300 mg/kg. Wiederholte Zufuhr von 250 mg/kg **I** täglich 10 Tage lang blieb im Ratten-Vers. ohne patholog. Veränderungen der inneren Organe. In der Klinik bewährte sich **I** bei Bronchial- u. Herzasthma u. bei chron. Coronarinsuffizienz. Bei der Behandlung von Bronchialasthma war **I** häufig wirksamer als **III**. Die klin. **I**-Dosen bei verschiedener Art der Zufuhr werden mitgeteilt. O. Lebtag. 4630△

1492 **Über den Mechanismus der Papaverinwirkung auf den coronaren Blutkreislauf.** I. Je. Kissin. (Bull. exp. Biol. Med. [UdSSR] **53(26),** Nr. 1, 69—73, 1962; Moskau, Inst. für Pharmakol. u. Chemotherapie der Akad. der med. Wiss. der UdSSR; russ., Auszug: engl.) — Durch Zufuhr von 0,3—0,5 mg *Papaverin* (**I**) wird in Verss. am isolierten Katzenherz die Vol.-Geschw. des Coronarkreislaufes um 25—50%, die O_2-Aufnahme durch das Herz um 40—80% erhöht, der Geh. an Oxyhämoglobin (**II**) um 5—10% vermindert. Durch 1 mg **I** erfolgt in den ersten 1—2 Min. eine geringe Zunahme der Vol.-Geschw.

des Coronarkreislaufes u. eine **II**-Abnahme von 8–12%. Später nimmt **II** ab; die O_2-Aufnahme nimmt stärker zu als die Vol.-Geschw. des Coronarkreislaufes. Unter dem Einfl. von Euphyllin (**III**) nimmt der **II**-Geh. um 10 bis 15% ab, die Vol.-Geschw. des Kreislaufes um 30–60% zu. Aus dem Vgl. der Wrkgg. von **I** u. **III** u. dem stärkeren Anstieg der O_2-Aufnahme im Vgl. zur Intensivierung des Coronarkreislaufes folgt, daß die Intensivierung der O_2-Aufnahme durch den Herzmuskel prim. erfolgt.
O. Lebtag. 4630△

1493 **Beitrag zur pharmakologischen und klinischen Prüfung von Digoxin.** F. Mercier, A. Jouve, M. Delaage, M. Gavend und R.-R. Gavend. (Thérapie **16,** 701–09, Sept./Okt. 1961; Marseille, Univ., Fac. de Méd., Labor. de Pharmacol.; Chaire de Cardiol. clin.; franz.) — Unterss. am chloralosierten Hund u. an der Maus ergaben als bes. Charakteristica für *Digoxin* (**I**) die langsame aber nicht verlängerte Bindung durch den Herzmuskel u. die gute Resorption bei oraler Anwendung. **I** wurde in Tagesdosen von 0,125–1,5 mg bei 65 Patienten mit Herzinsuffizienz angewandt. Ergebnis: Gut 44, befriedigend 9, Versager 10. K. Zingraf. 4630◇

1494 **Beziehungen zwischen Akkumulation von Herzglykosiden und Leberschäden bei der Katze.** Saburo Hirate. (Folia pharmacol. japon. **55,** 1505–13, 20/11. 1959; Sapporo, Sapporo Med. Coll., Dep. of Pharmacol.; jap., Auszug: engl. S. 54–55.) — Vf. bestimmte die DL von *Digitoxin* (**I**) bei Katzen nach einer einzelnen i. v. Injektion von 0,15 mg/kg **I**. Bei Tieren mit durch CCl_4 erzeugten Leberschäden stieg die DL nicht an, auch nicht 2 Wochen nach einer einzelnen **I**-Injektion, während sie bei normalen Tieren vom 3. Tag nach der Injektion steigt. *G-Strophantin* u. *Lanatosid C* zeigten eine längere Wrkg.-Dauer bei Katzen mit Leberschäden im Vgl. zu Normaltieren. Vf. schließt, daß Leberschäden die Akkumulation von Herzglykosiden fördern. W. Hiller. 4630◇

1495 **Die limitierenden Faktoren für die orale Wirksamkeit cardiotonischer Steroide.** R. Megges und K. Repke. (Mber. dtsch. Akad. Wiss. Berlin **5,** 136–39, 1963; Berlin, Dt. Akad. Wiss., Inst. f. Biochem. in den Inst. f. Med. u. Biol.; dt.) — Ergebnisse der systemat. Analyse der Faktoren, die die enterale Wirksamkeit der *cardioton. Steroide* bestimmen. Nur bei ausreichender Löslichkeit der Verbb. im Darmsaft als Voraussetzung für deren Resorption ist enterale Wrkg. möglich, abhängig von den relativen Geschw. der Resorption u. Ausscheidung. Diese werden best. durch die Polarität der Verbindung. An Ratten wurden folgende Substanzen untersucht: *16-Acetylgitoxin, Acetylgitoxin-α, Acetylgitoxin-β, Digitoxin* u. *Digitoxigenin*. Erkannt wurden Abhängigkeiten der enteralen Wrkg. von der Geschw. der Biotransformation im Darm u. der Entgiftung der Verb. im Organismus. Vorschlag, oral unwirksames Gitoxin durch Acetylierung in ein therapeut. wirksames Deriv. umzuwandeln. F. O. W. Meyer. 4630◇

1496 **Klinische Erfahrungen mit einem neuen blutdrucksenkenden Arzneimittel, dem 2-Methyl-2-sek.-butyl-1.3-propandioldicarbamat.** L. L. Pozzi und M. Cagnoni. (Gazz. med. ital. **122,** 1–7, 1963; Firenze Univ., Ist. di Patol. Spec. Med. e Metodol. Clin.; ital.) — Die blutdrucksenkende Wrkg. von *Mebutamat* (**I**) in Einzelinjektion oder in Dauerverabreichung oraler oder i. m. wurde an 32 Patienten mit essentieller Hypertension, 4 Patienten mit schwerer nephrogener Hypertension u. 5 Normotonikern geprüft. Bei essentieller Hypertension trat eine prompte Verringerung des Blutdrucks, oft mit Besserung der klin. Symptome u. der EKG- u. Röntgenbefunde, ein. Bei nephrogenem Hochdruck u. bei normalem Druck war **I** unwirksam. Schwerere Nebenwrkgg. traten nicht auf. K. Zingraf. 4630◇

1497 **Behandlung der arteriellen Hypertension mit 2-Methyl-2-sek.-butyl-1.3-propandioldicarbamat (Mebutamat).** R. Buoninconti. (Gazz. med. ital. **122,** 54–56, 1963; Napoli, Osped. Riuniti, Osped. Gesù e Maria, Div. Med.; ital.) — Vgl. vorst. Referat. — *Mebutamat* normalisierte bei 23 von 34 Hypertonikern den diastol. Blutdruck; bei nephrogenem Hochdruck war die Wrkg. gering.
K. Zingraf. 4630◇

1498 **Klinische Betrachtungen über die Anwendung von Diisopropylammoniumdichloracetat.** A. Fortunato, S. Ghersina und C. Parentin. (Gazz. med. ital. **122,** 19–24, 1963; Trieste, Osped. Magg., I Rep. Med.; ital.) — *Diisopropylammoniumdichloracetat* (Diedì, Hersteller: Italseber S. p. A.) wurde bei 19 Patienten mit Gewebsanoxie (Arteriosklerose, Coronarsklerose, periphere Kreislaufstörungen, cirrhogene Leberkrankheit) mit Erfolg angewandt; das Präp. scheint eine Enzymwrkg. im respirator. Stoffwechsel u. in den Redoxprozessen der Zellen auszuüben. Die Verträglichkeit bei i. v. u. i. m. Anwendung war gut. K. Zingraf. 4630◇

1499 **Therapeutische Erfahrungen mit einem Derivat von Diphenylpropylamin.** F. Basso und E. Borgo. (Gazz. med. ital. **122,** 7–17, 1963; Genova, Univ., Catt. di Sci. dell'Ortogenesi; Osped. Civ., IV Div. Med.; ital.) — *N-3'-Phenylpropyl-(2')-1.1-diphenylpropyl-(3)-amin* zeigte bei oraler Verabreichung bei 29 Patienten mit frischem Herzinfarkt u. mit Coronarinsuffizienz eine ausgezeichnete Verträglichkeit. Die Wrkg. auf die Angina pectoris war in 6 Fällen sehr gut, in 14 Fällen gut u. in 3 Fällen gering. In 6 Fällen (meist Infarktpatienten) versagte das Mittel. K. Zingraf. 4630◇

1500 **Wirkung von Chlorothiaziden auf die Aldosteronausscheidung und das Natrium- und Kaliumgleichgewicht bei essentieller Hypertension.** Eleanor H. Venning, Inge Dyrenfurth, John B. Dossetor und John C. Beck. (J. Lab. clin. Med. **60,** 79–85, 1962; Oxford Montreal, Quebec; engl.) — Die Unterss. wurden ausgeführt, um die frühzeitigen Wrkg. von *Chlorothiaziden* auf die *Aldosteron*(**I**)-Ausscheidung bei Patienten mit essentieller Hypertension zu studieren. Die Elektrolytaufnahme wurde kontrolliert u. während der Unters. auf einem konst. Niveau gehalten. Alle Patienten hatten eine frühzeitige *Na*-Uresis für 1–3 Tage, danach eine zunehmende Na-Retention. Die **I**-Ausscheidung stieg bei allen Patienten an. O. Jansen. 4634◇

1501 **Die klinische Pharmakologie des Cyclothiazids.** Charles Swartz, Robert H. Seller, Morton Fuchs, Stanley Spitzer, Gaddo Onesti, Albert N. Brest und John H. Moyer. (Amer. J. med. Sci. **245,** Nr. 5, 573–81, 1963; Philadelphia, Pa., Hahnemann Mecidal College and Hospital; Hypertension-Renal Unit.; engl.) — *Cyclothiazid* (*3-[2.5-Endomethylencyclohexen-(3)-yl]-6-chlor-7-sulfamyl-3.4-dihydro-1.2.4-benzothiazin-1.1-dioxid*) ist ein wirksames Diureticum mit einem Na : K Ausscheidungsverhältnis im Harn von 3,7 : 1. Die maximale Wirkungsdosis beträgt 8 mg/Tag. O. Jansen. 4634◇

1502 **Pharmakologische Beiträge über Diurese und renale Zirkulation.** Yoshiro Nakazawa, Akira Ueno und Kiyoshi Sakai. (Folia pharmacol. japon. **55,** 1258–63, 20/11. 1959; Nagasaki, Nagasaki School of Med., Dep. of Pharmacol.; jap., Auszug: engl. S. 50.) — Je höher der Blutdruck bei Katzen war, desto größer war der renale Fluß u. das Vol. des Urins. Nach i. v. Injektion von *Salz-* u. *Dextrose*-Lsg. stieg der Harnfluß, auch wenn der Druck u. renale Blutfluß auf normale Werte ging. *Methyloxynitrodiacetoxymercuribenzol* u. *Chlorothiazide* stimulierten die Diurese, während im system. Blutdruck u. in der renalen Zirkulation keine Veränderungen erfolgten.
W. Hiller. 4634◇

1503 **Die Wirkung die menschliche Harnsäureausscheidung verändernder Pharmaka auf die Harnsäureclearance beim Huhn.** Lawrence Berger, T'sai Fan Yü und Alexander B. Gutman. (Amer. J. Physiol. **198,** 575 bis 580, März 1960; New York City, Alount Sinai Hospital, Dep. of Med., and Columbia Univ., Coll. of Physicians and Surgeons; engl.) — Bei 43 Hühnern betrug die mittlere Inulin-Clearance 4,7 ± 1,8 ml/min (1,8 ± 0,8 ml/kg/min), die *Ureat*(**I**)-Clearance 29,0 ± 14,9 ml/min (11,3 ± 6,0 ml/kg/min) u. die tubuläre **I**-Sekretion (T) 1,30 ± 0,69 mg/Min. (0,48 ± 0,24 mg/kg/Min. Die tubuläre Sekretion entsprach 81% des Geamtharn-**I**. *Probenecid, Sulfinpyrazone* (*1.2-Diphenyl-4-[2-phenylsulfinyläthyl]-pyrazolidin-[3.5]*), *Zoxazolamine* u. hohen Dosen von *Phenylbutazone*, die beim Menschen die Harnsäureausscheidung im Harn steigern, verminderten diese, wahrscheinlich durch Unterdrückung der tubulären **I**-Sekretion, beim Huhn. Die *p-Aminohipurat*(**II**)-Clearance wurde ebenfalls herabgesetzt. *Salicylat* beeinflußte die I-Ausscheidung des Huhns nicht. *Pyrazinamid* u. *Na-rac-Lactat*, die beim Menschen die I-Ausscheidung herabsetzen, beeinflußten diejenige des Huhns nicht. II-Belastung zeigte, daß mit Zunahme von T_{II}, T_I abnahm. Dies deutet auf eine Konkurrenz von I u. II bezüglich des tubulären Transports hin. K. Maier. 4670□

1504 **Die Parathion-Vergiftung als Beispiel der Gefährlichkeit moderner Pesticide.** H. Hartmann. (Praxis [Bern] **50,** 819—23, 10/8. 1961; Zürich, Univ., Gerichtlich-medizin. Inst.; dt.) — Von den in diesem Inst. während den Jahren 1952—1961 zur Unters. gelangten **13** tödlichen *Parathion*-Vergiftungen wird die Symptomatologie von 6 Fällen beschrieben. Bei diesen Selbstmorden wurde meist das Präp. Aralo oral aufgenommen. Da dieses Präp. Kieselalgen enthält, konnte hier der Nachw. durch die mkr. Unters. des Mageninhaltes geführt werden. G. Kimmerle. 4675△

1505 **Akute Chlorpromazinvergiftung.** N. M. Dilworth, A. E. Dugdale und H. B. Hilton. (Lancet **1963** **(I),** 137—38; Perth, Univ. of Western Australia, Dep. of Child Health; Princess Margaret Hosp. for Children; engl.) — An Hand eines tödlich verlaufenen Falles (dreijähriges Kind, Einnahme von 800 mg) wird über Symptome u. Behandlungsmöglichkeiten einer *Chlorpromazin*-(*Largactil*)-Vergiftung berichtet. 5 Std. nach der Einnahme keine Rk. auf Schmerzreize, erweiterte Pupillen, langsame Rk., Verminderung tiefer Reflexe, oberflächliche Atmung, Temp.-Abfall (31°), zu Dehydratation führende Diurese, paralyt. Ileus, Blutdruckabfall, Postmortal strohfarbene Fl. in Pleura-, Pericard-, u. Peritonealräumen, Hirnödem, Hirnthrombose (vermutlich bei anfänglicher Atemsuffizienz vor Beginn artifizieller Beatmung entstanden), geschwollene, entleerte Leberparenchymzellen, vakuolisierte u. vergrößerte Kerne, Glykogen-Infiltration. Therapie: Temp.-Erhaltung, Plasmaexpander, Vasokonstriktoren, Fll.; es gibt kein spezif. Antidot, Analeptica sind von begrenztem Wert, Austauschtransfusion dürfte nicht viel nützen. U. Tausendfreund. 4675◇

1506 **Das Verhalten von Enzymen Substraten bei der Konservierung von Blut in verschiedenen Medien.** Anonym. (Folia haematol. [Leipzig] **78,** 620—23, 1962; Berlin, Humboldt-Univ., Physiol.-Chem. Inst.; dt.) — Vortrag. Bei der Unters. der Erythrocytenenzyme können stabile (***Hexokinase, Zwischenferment, 3-Phosphoglycerinaldehyddehydrogenase, Milchsäuredehydrogenase***) u. instabile Fermente (*Phosphofructokinase, Aldolase* u. *Pyruvatkinase*) unterschieden werden. Die Vorgänge in der Konserve sind jedoch nicht mit denen in vivo identisch (Folge von Temp.-Unterschieden). Da die Enzyme des Energiestoffwechsels nicht den begrenzenden Faktor bei der Alterung in vitro darstellen, muß dieser in den Substraten des Zwischenstoffwechsels der Erythrocyten zu suchen sein. U. Tausendfreund. 4576◇

F. Pharmazeutische Chemie, Desinfektion

1507 **Pharmazeutische Wissenschaften. — 1962.** 1. Mitt. **Literatur-Überblick.** Wayne McKeehan. (J. pharmac. Sci. **52,** 613—29, 1963; engl.) — 535 Literaturangaben. H. Franzen. 4750◇

1508 **Internationale Freinamen für Arzneimittel. 13. Liste der vorgeschlagenen internationalen Freinamen.** Anonym (Pharmaz. Ztg. verein. Apotheker-Ztg. **108,** 1122—25, 1963; dt.) H. Franzen. 4750◇

1509 **Probleme der Aromatisierung pharmazeutischer Produkte.** M. Gelman. (Parfum., Cosmét., Savons **6,** 286—88, 1963; Société Alphonse Irnard; franz.) — Allg. Überblick. H. Franzen. 4750◇

1510 **Die Siliconisierung von Arzneifläschchen in der betrieblichen Praxis.** Herbert Kuntscher. (Pharmaz. Ind. **24,** 543—46, 1962; Kundl/Tirol, Biochemia G. m. b. H.; dt.) — Es werden die wichtigsten Verff. zur Siliconisierung von Arzneifläschchen beschrieben, wobei heute prakt. nur noch Naß-Verff. im pharmazeut. Betrieb angewendet werden. Verschiedene Typen von Silicon-Emulsionen werden aufgeführt u. auf einige häufig auftretende Fehler wird hingewiesen. Harro Zimmer. 4758◇

1511 **Über eine neue Verpackungsfolie für Suppositorien.** Franz Zeppelzauer. (Pharmaz. Ind. **24,** 554—56, 1962; Grevenbroich (Ndrh.); dt.) — Für die Verpackung von Suppositorien wird eine Verbundfolie beschrieben, die aus einer Al-Folie (0,015 mm) auf einer biaxial gereckten Niederdruckpolyäthylenfolie (0,015 mm) besteht u. eine hohe Dehnfähigkeit aufweist. Harro Zimmer. 4758◇

1512 **Schnellmethode zum Dragieren von Tabletten.** Hadar Sahleström. (Pharmaz. Ztg. verein. Apotheker-Ztg. **106,** 790—92, 1961; Stockholm; dt.) — Vf. empfiehlt, die Kerne durch wechselnden Auftrag von Andecklsg. u. Andeckpuder zu isolieren. Dann werden 12—15 Schichten mit Überzugsmasse aufgetragen. Bei zu schnellem Trocknen werden knotige Dragees erhalten. Hierauf erfolgt das Glätten in 3 Phasen: 8—9 Schichten mit Kalttrocknung, dann 6 Schichten ohne Trocknungshilfen. Nach 30 Min. langem Trocknen im stehenden Kessel werden die letzten 3 Glättschichten aufgetragen. Die letzte Trocknung soll sehr langsam erfolgen; anschließend wird poliert. Zus. der Andecklsg., des Andeckpuders, der Überzugsmasse, der Glättlsgg. u. der Polier-Fl. sind angegeben. S. Erbe. 4766◇

1513 **Farbbeständigkeit von Tablettenzubereitungen.** 5. Mitt. **Einfluß von UV-Absorbern auf die Photostabilität gefärbter Tabletten.** L. Lachman, T. Urbanyi, S Weinstein, J. Cooper und C. J. Swartz. (J. pharmac Sci. **51,** 321—26, 1962; Summit, N. J., Ciba Pharmaceutical Prod., Inc., Res. Dep.; engl.) — **4.** vgl. C. **1962,** 12381. — Es wird der photostabilisierende Einfl. des UV-Absorbers 2.4-Dihydroxybenzophenon auf die durch FD & C-Gelb Nr. 5, FD & C-Blau Nr. 1 u. FD & C-Rot Nr. 3 angefärbte Tabletten bei Sonnenlicht u. normaler Raumbeleuchtung untersucht. Der Zusammenhang zwischen den Eigg. des UV-Absorbers, der Absorptionscharakteristik der Farbstoffe sowie der spektralen Energieverteilung der künstlichen Beleuchtung wird diskutiert. G. Talsky. 4766◇

1514 **Farbbeständigkeit von Tablettenzubereitungen.** 6. Mitt. **Vorläufige Untersuchungen der Temperaturabhängigkeit des Farbverlustes in Tabletten bei verschiedenen pH-Werten.** C. J. Swartz, L. Lachman, T. Urbanyi, S. Weinstein und J. Cooper. (J. pharmac. Sci. **51,** 326—29, 1962; engl.) — 5. vgl. vorst. Referat. — Vff. prüfen den Einfl. der Temp. u. des pH-Wertes auf die Oberflächenfarbe sowie den Gesamt-Farbstoff-Geh. von Tabletten, die mit den Farbstoffen FD & C-Rot Nr. 4 (I), Blau Nr. 1 u. Gelb Nr. 5 angeführt wurden. Gefärbte u. bei verschiedenen pH-Werten (3—7) gepufferte Tabletten wurden bei 25, 60 u. 80° gelagert u. bis zu 60 Tagen beobachtet. Von den angegebenen Farbstoffen war I am stabilsten. Zwischen Verblassen der Oberflächenfarbe u. der Abnahme der Farbkonz. konnte kein Zusammenhang gefunden werden. G. Talsky. 4766◇

1515 **Zur Herstellung von Manteltabletten.** W. A. Ritschel und G. Ritschel-Beurlin. (Pharmaz. Ind. **24,** 535—43, 1962; Dacca, Ost-Pakistan, Univ., Notre Dame Coll., Dep. of Pharm.; dt.) — Nach einem geschichtlichen Überblick über die Entw. der Tablette bis zu den Manteltabletten werden die auf dem Markt befindlichen Fabrikate besprochen u. ein Vgl. zwischen den Manteltablettenpressen *Kilian-Prescoter* u. *Manesty Drycota* angestellt. Alle Faktoren, die bei der Herst. u. Prüfung von Manteltabletten von Bedeutung sind, werden eingehend diskutiert. Harro Zimmer. 4766◇

1516 **Weiche Gelatinekapseln und Vorteile bei ihrer Verwendung.** J. Clemow. (Medicamenta [Madrid] **29(15),** 215—19, 1963; span.) H. Guischard. 4766◇

1517 **Über einige Fragen der Homogenität der im Gießverfahren hergestellten Suspensionszäpfchen.** Georg Kedvessy und Géza Regdon. (Arch. Pharmaz. Ber. dtsch.

pharmaz. Ges. **294/66,** Nr. 12, Mitt. dtsch. pharmaz. Ges. **31,** 221–26, 1961; Szeged, Med. Univ., Pharm. Inst.; dt.) — Die Homogenität von auf verschiedene Weise hergestellten Pyramidon-Suppositorien wurde untersucht. Die Sedimentation ist abhängig vom Dispersitätsgrad. Bei Teilchen unter 150 μ ist bei zeitweiligem Umrühren während des Gießens Homogenität zu erreichen. Maschinelles Rühren verbessert diesen Effekt. Die Sedimentation kann durch Zusatz von Al-Stearat oder Bentonit verringert werden. Der Zusatz von 15% Bentonit ergab eine gleichmäßigere Verteilung des Wirkstoffes als ein gleicher Zusatz von sich nicht lösendem Al-Monostearat. S. Erbe. 4766◇

1518 **Pharmakognostische Untersuchung des Wurzelstocks von Dioscorea deltoidea Wall.** B. K. Abrol, L. D. Kapoor und I. C. Chopra. (Planta med. [Stuttgart] **10,** 335–40, 1962; Jammu, Reg. Res. Labor.; engl.) — Beschreibung der pharmakognost. Eigg. der Droge, die als Rohmaterial für die Synth. von Cortison u. Steroid-Sexualhormonen von Bedeutung ist. U. Drehmann. 4782◇

1519 **Bemerkungen über die Verwendung von wassergesättigtem Äther als Extraktionsmittel für Rutin.** J. Masquelier, B. Mochayedi und Triaud. (Bull. Soc. Pharmac. Bordeaux **101,** 225–28, 1962; Labor. de matière méd.; franz.) — Vff. beweisen experimentell, daß die Soxhlet-Extraktion getrockneter *Ruta graveolens* mit wassergesätt. Ae. nur *Quercetin* ergibt. *Rutin* wird durch die bei diesem Verf. entstehende *Rhamnodiastase* hydrolysiert. U. Drehmann. 4782◇

1520 **Über den Alkaloidgehalt der Blätter von tetraploider Datura.** 1. Mitt. Katumi Shimada. (J. pharmac. Soc. Japan [Yakugakuzassi] **75,** 589–91, 1955; Sapporo, Hokkaido, Hokkaido Univ., Fac. Med., Dep. Pharmacol.; jap., Auszug: engl.) — Der Alkaloid-Geh. (G) der Blätter von tetraploider *Datura* ist ca. doppelt so groß, wie der von diploider Datura, erreichte im Juni mit 0,81% sein Maximum, nahm dann ab auf 0,71%, während der Blüte auf 0,59% u. sank im Oktober auf 0,38%. L. Lamza. 4782△

1521 **Über die Isolierung des aktiven Prinzips aus den Blättern von tetraploider Datura.** Katumi Shimada. (J. pharmac. Soc. Japan [Yakugakuzassi] **75,** 609–10, 1955; Hokkaido Univ., Fac. Med., Dep. Pharmacol.; jap., Auszug: engl.) — Die aus getrockneten Blättern von tetraploider *Datura Stramonium L.* isolierte Alkaloidfraktion enthält nicht d.l-, sondern nur *l-Hyoscyamin.* L. Lamza. 4782△

1522 **Über die Inhaltsstoffe von Catha edulis.** 1. Mitt. S. Ristić und A. Thomas. (Arch. Pharmaz. Ber. dtsch. pharmaz. Ges. **295/67,** 524–25, 1962; Bensberg, Bez. Köln; dt.) — Die durch alkal. Extraktion aus Blättern von *Catha edulis* erhaltenen Gesamtalkaloide (**I**) wurden aus Aceton umkristallisiert. Durch Chromatographie an Kieselgel-G-Dünnschichtplatten mit Isopropanol-NH_4OH 5%ig. (10 : 1) konnte mit Ninhydrin als Hauptalkaloid *Cathin* (D-Pseudonorephedrin), R_F 0,62 u. daneben in geringer Menge *L-Ephedrin,* R_F 0,30, sowie ein nichtidentifiziertes Nebenalkaloid mit R_F 0,92 nachgewiesen werden. H. Althoff. 4782△

1523 **Blattalkaloide von Rauwolfia nitida.** Ralph Salkin, Norman Hosansky und Robert Jaret. (J. pharmac. Sci. **50,** 1038–41, 1961; Jersey City, N. J., S. B. Penick & Co., Res. Labor.; engl.) — In den Blättern von *Rauwolfia nitida Jacq.* wurden neben Reserpinin, Isoreserpinin, Isoreserpilin 2 neue Indolalkaloide, *Raunitidin* (**I**; 11-Methoxy-δ-yohimbin), $C_{22}H_{26}N_2O_4$, F. 276 bis 278°, $[\alpha]_D$ −30,6°, u. *Rauniticin* (**II**), $C_{21}H_{24}N_2O_3$, F. 233–235°, $[\alpha]_D$ −6,6° (Pyridin) ein Isomeres des Ajmalicins, gefunden. **I** u. **II** gaben bei alkal. Hydrolyse Methanol u. die entsprechende krist. Säure. Se-Dehydrierung von **II** ergab Alstyrin u. Dehydrierung von **I** mit Hg-Acetat 3-Dehydroraunitidin. Durch Erhitzen in Essigsäureanhydrid konnte **I** in *Isoraunitidin,* F. 269–261°, $[\alpha]_D$ +131° umgelagert werden. H. Althoff. 4782△

1524 **Das Rezeptieren von Flüssigkeiten zum ophthalmischen Gebrauch.** Alan Baker. (West African Pharmacist **3,** 127–30, 1961; London, Moorfields Eye Hospital; engl.) — Als Lsgm. für wss. *Augentropfen* (**I**) werden empfohlen 0,1%ig. Lsg. von Methylhydroxybenzoat (für Halogene, Antibiotica u. Rose-bengal enthaltende Lsgg.), sowie 0,004%ig. Phenylquecksilbernitrat-Lsg. (für alle anderen Lsgg.). Für ölige Lsgg. soll sterilisiertes Ricinusöl verwendet werden. Allg. Ausführungen über Herst., Aufbewahrung u. Signierung von **I** sowie über **I**-Flaschen. S. Erbe. 4790◇

1525 **Untersuchungen an Salbengrundstoffen und Salbengrundlagen. Über die Beurteilung und Identifizierung von Salbengrundstoffen und Salbengrundlagen mittels der kritischen Mischungstemperatur unter besonderer Berücksichtigung der entsprechenden Artikel des ÖAB. 9.** Th. Kartnig. (Scientia pharmac. **29,** 187–92, 1961; Graz, Univ., Inst. für Pharmakogn.; dt.) — Vgl. C. **1962,** 2823. — Die krit. Mischungstemp. (MTk) kann zur Identifizierung u. Reinheitsprüfung von Salbengrundstoffen u. Salben herangezogen werden. Bei reinen Prodd. werden auch bei mehrmaligem Erwärmen u. Abkühlen gut reproduzierbare Werte erhalten. Bei unreinen (ranzigen) Prodd. „wandert" die MTk bei wiederholtem Erwärmen u. Abkühlen. In diesem Falle reinigt man den Stoff durch Behandlung mit Floridin-Bleicherde u. Charcoal (Merck) bei 70–80°. Als Test-Fll. werden verwendet Äthylglykol, Nitromethan, Phthalsäuredioctylester oder Dioxan. Die MTk zahlreicher Salbengrundlagen in einer bzw. 2 Test-Fll. sind in einer Tabelle angegeben. S. Erbe. 4792◇

1526 **Die Autoxydation von Wollwachs und ihre Verhinderung.** E. W. Clark und G. F. Kitchen. (J. Pharmacy Pharmacol. **13,** 172–83, 1961; Bradford, England, Westbrook Lanolin Co., Argonaut Works; engl.) — Im Swift-Test u. in langfristigen Lagerungs-Verss. unter guten u. schlechten Bedingungen wurde gezeigt, daß Wollwachs für mindestens 2 Jahre mit ausreichendem Erfolg zu stabilisieren ist. Als Antioxydantien werden empfohlen 0,01% BHA (butyliertes Hydroxyanisol) oder 0,01% BHT (butyliertes Hydroxytoluol), gegebenenfalls in Kombination mit Propylgallat. Prakt. keinen Effekt zeigte α-Tocopherol allein oder in Kombination mit Ascorbylpalmitat. Wollwachs-Proben verschiedener Herkunft werden von den Antioxydantien unterschiedlich beeinflußt. Mit fortschreitender Autoxydation fällt der F. u. steigt der Betrag an wasserlösl. Substanz sowie die Peroxydzahl. Im Gegensatz zu anderen Vff. wurde festgestellt, daß die JZ. sich prakt. nicht ändert u. die SZ. zunimmt. — 46 Literaturangaben. S. Erbe. 4792◇

1527 **Probleme der Arzneimittelforschung.** J. Druey. (Pharmac. Acta Helvetiae **38,** 193–217, 1963; Beil. zu: Schweiz. Apotheker-Ztg.; Basel, Ciba AG; dt.) — Krit. Übersicht über zahlreiche während der letzten 25 Jahre in den Handel gekommene Arzneimittel (Sulfonamide, Antibiotica, blutdrucksenkende Mittel, Sedativa u. Anästhetica). U. Drehmann. 4806◇

1528 **Beitrag zur Prüfung der Stabilität von Chloralhydratlösungen.** 2. Mitt. N. Tuchel und E. Lenhardt. (Farmacia [București] **9,** 351–56, 1961; rum.) — 1. vgl. Farmacia [București] **9,** [1961], Nr. 4. — Vff. untersuchen den Zerfall des Chlorals in wss. Lsg., bzgl. der Rk.-Kinetik. Aus den experimentellen Ergebnissen geht hervor, daß dieser Zerfall ein Zwischenstadium durchläuft, u. daß er der Kinetik der monomol. Rkk. folgt. H. Herper. 4806◇

1529 **Einige neuere Narkotica und Hypnotica unter besonderer Berücksichtigung der Barbitursäurederivate.** M. Preußler. (Pharmaz. Zentralhalle Deutschland **102,** 357–66, 1963; Jena, Univ., Inst. f. Pharmazie u. Lebensmittelchemie; dt.) — Übersicht über wichtigste neuere Hypnotica bes. Barbitursäure-Derivv., Narkotica zur Inhalation u. zur Injektion, ferner über Kombinations-Präpp., deren Eigg., chirurg. u. therapeut. Anwendung. — 49 Literaturangaben. H. Franzen. 4806◇

1530 **Über die Oxydation des Rutins durch Peroxydase.** 2. Mitt., zugleich 17. Mitt. **über die enzymatische und nichtenzymatische Oxydation von therapeutisch wirksamen Pflanzenstoffen.** H. Loth. (Arch. Pharmaz. Ber. dtsch. pharmaz. Ges. **294/66,** 498–505, 1961; Berlin, Freie Univ., Pharmazeut. Inst.; dt.) — 1. bzw. 16. vgl. Arch. Pharmaz. **294/66,** [1961], 419. — Durch Messung der Extinktion der beiden Maxima des *Rutins* wird der

Verlauf der Oxydation durch H_2O_2 in Ggw. von wechselnden Mengen Peroxydase in Abhängigkeit von der Rk.-Zeit verfolgt. Analoge Unters. mit Quercetin werden durchgeführt. Der Verlauf der Oxydation führt wahrscheinlich zunächst zu einem o-Chinon, das unter Rückbildung des aromat. Zustandes polymerisiert, worauf die entstehenden Phenole weiter oxydiert werden.
F. Heller. 4806◇

1531 **Stabilität von Vitamin B_{12} in Gegenwart von Zuckern.** H. N. Aithal und M. Sirsi. (Indian J. Pharmacy **25,** 100—01, 1963; Bangalore, Indian Inst. of Sci., Pharmakol. Labor.; engl.) — Die Stabilität von Vitamin B_{12} (15 μg/ml) wurde in Ggw. von sterilen Lsgg. der Zucker Fructose (**I**), Glucose (**II**), Sorbose (**III**), Maltose (**IV**) u. Saccharose (**V**) verfolgt. Nach 6 Monaten Lagerung betrug die Abnahme des Vitamin-Geh. in 30%ig. Lsgg. von **I** u. **II** 23%, von **III** 11%, von **IV** u. **V** nur 3%; bei Verw. einer 12,5%ig. Lactose-Lsg. betrug die Abnahme 18%. Halbstündiges Erhitzen der Lsgg. auf 120° (künstliches Altern) zeigte Ergebnisse, die in der gleichen Größenordnung lagen. G. Talsky. 4808◇

1532 **Polymorphie von Cortisonacetat.** R. K. Callow und Olga Kennard. (J. Pharmacy Pharmacol. **13,** 723—33, 1961; London, National Inst. for Med. Res.; engl.) — Je nach dem Kristallisationsmedium kann *Cortisonacetat* (**I**) 5 verschiedene Kristallformen bilden. Für die einzelnen Formen werden opt. u. kristallograph. Daten sowie IR-Spektren angegeben. Die Formen 2—5 sind in Ggw. von W. eine gewisse Zeit stabil, wenn sie nicht mechan. belastet werden. Beim Schütteln oder Verreiben gehen sie jedoch in die Kristallform 1 über. In Injektions-Lsgg. ist der Übergang in die stabile Form 1 von einem „caking" begleitet, so daß es ratsam ist, **I**-Suspensionen zur Injektion mit der Kristallform 1 zu bereiten. S. Erbe. 4808◇

1533 **Die biologische Prüfung von thyrotrop wirksamen Substanzen mit Hilfe der „Struma-Verhinderungstechnik".** G. S. Wiberg und N. R. Stephenson. (J. Pharmacy Pharmacol. **13,** 416—21, 1961; Ottawa, Canada, Dep. of Nat. Health and Welfare, Food and Drug Labor.; engl.) — Junge weibliche Ratten von 150—180 g Gew. wurden mit über 0,3% Thiouracil enthaltenden Diät gefüttert. Die thyrotrop wirksamen Substanzen wurden dem Futter zugesetzt oder intraperitoneal injiziert. Nach 14 Tagen wurden die Tiere getötet u. die Schilddrüsen gewogen (mg Drüse/100 g Körpergew.). Die Aktivität von synthet. u. natürlichen Thyroproteinen wurde geprüft. L-Thyroxin kann nicht als Standard für die Best. der Aktivität von natürlichen Thyroid-Präpp. verwendet werden, da der Verlauf der Dosiswirkungskurve stark abweicht. Als Standard für synthet. thyrotrop wirksame Substanzen, wie jodiertes Casein, ist es brauchbar. S. Erbe. 4808◇

1534 **Synthese einiger Antistaphylokokken-Penicilline.** P. Axerio. (Farmac. nueva **28,** 315—20, 1963; span.) — Übersicht über die Synth. von 3-Methyl-5-[o-chlorphenyl]-isoxazolyl-(4)- u. 5-Methyl-3-[o-chlorphenyl]-isoxazolyl-(4)-penicillin. — 29 Literaturangaben.
H. Guischard. 4810◇

1535 **Chemische Sterilisation.** J. G. Davis. (J. Pharmacy Pharmacol., Suppl. **12,** 29 T—39 T, 1960; London; engl.) — Vf. beschreibt die üblichen Verff. zur chem. Sterilisation u. deren Anwendung in verschiedenen Industriezweigen. — 19 Literaturangaben.
Harro Zimmer. 4830◇

1536 **Mikromethoden in der Praxis des Apothekenbetriebes.** M. Brandstätter-Kuhnert. (Pharmaz. Ztg. verein. Apotheker-Ztg. **108,** 993—97, 1963; Innsbruck, Univ. Pharmakognost. Inst.; dt.) — Einführung in die pharmazeut. Mikrochemie (Best. von F. mit dem Heizmikroskop sowie der Sublimationstemp., mkr. Unters. der Sublimate, Best. von n_D^{20} der Kristalle u. mikrochem. Spezial-Rkk.) zur Anwendung bei der Unters. von Einzelsubstanzen u. Substanzgemischen. U. Drehmann. 4880◇

1537 **Komplexometrische Bestimmung des Quecksilbers in einigen anorganischen und organischen Arzneimitteln.** Agnes Blazsek und Magda György. (Farmacia [București] **9,** 705—10, 1961; Tirgu Mures, Lucrare efect. Labor. chim. anal. al Fac. farm.; rum.)
H. Herper. 4880◇

1538 **Vergleichende Untersuchung der Kontrollmethoden für radioaktive Medikamente.** A. Heyndrickx. (J. Pharmac. Belgique [N. S.] **17 (44),** 267—71, 1962; U. S. Atomic Energy Commission, Nuclear Sci. Inst.; franz.) — Da bei der Darst. von Radiopharmazeutica (z. B. ^{132}J, ^{90}Y, ^{32}P) radioakt. Verunreinigungen der Medikamente möglich sind, fordert Vf. die Aufnahme von entsprechenden Kontroll-Meth. in die belg. Pharmakopöe u. die Gründung von Speziallaboratorien, um Isotope von genügender Reinheit u. der gewünschten Aktivität herstellen zu können. U. Drehmann. 4880◇

1539 **Die Bestimmung von Phenylquecksilbernitrat in Impfstoffpräparaten.** Tzu-Ni Gao, Chi Ma und Ping-Shih T'ien. (Acta chim. sinica **27,** 167—72, 1961; Peking, Vaccine and Serum Inst., Dep. of Biochem.; chin., Auszug: engl.) — Zur Best. von Spuren $HgC_6H_5NO_3$ in Impfstoff-Präpp. wird die katalyt. Wrkg. von Hg^{2+} auf die Rk. von $X_4Fe(CN)_6$ mit C_6H_5NO nutzbar gemacht. Die optimalen Best.-Bedingungen (Konz. der Reagentien u. Puffergemische usw.) werden ermittelt.
W. Wesly. 4880◇

1540 **Die Anwendung der Gaschromatographie in der Reinheitsprüfung von Arzneistoffen.** 8. Mitt. N. Iconomou, J. Büchi und H. Schumacher. (Pharmac. Acta Helvetia **38,** 102—18, 1963; Beil. zu: Schweiz. Apotheker-Ztg.; Zürich, ETH, Pharm. Inst.; dt.) — 7. vgl. C. **1963,** 20897. — Vff. erhielten bei gaschromatograph. Auftrennungen von Fettsäureestern mit Spezialsäulen u. He als Trägergas befriedigende Resultate u. stellen den Einfl. der C-Zahl, der Mol.-Form, der Trägergasmenge u. der Temp. auf die Retentionszeiten in zahlreichen Diagrammen dar. Reinheitsprüfungen für Fettsäureester erfaßten qual. kleinere Mengen von Verunreinigungen als die Ph. Helv. V-Vorschriften. U. Drehmann. 4880◇

1541 **Neue Methoden im pharmakognostischen Unterricht.** 4. Mitt. **Chromatographie der Inhaltsstoffe von Arbutindrogen und ihrer Arzneizubereitungen.** L. Hörhammer und H. Wagner (unter Mitarb. v. H. König). (Dtsch. Apotheker-Ztg. **103,** 1—4, 1963; München, Univ., Inst. f. Pharmaz. Arzneimittellehre; dt.) — 3. vgl. C. **1963,** 10954. — Anwendung der aufsteigenden Papier-, der Rundfilter u. der Dünnschichtchromatographie zum Nachw. von *Arbutin* u. *Methylarbutin* in Drogen (*Folia uvae ursi* (**I**), *Folia vitis idaeae* u. *Folia myrtilli*) u. Spezialitäten (*Arctuvan*) zur Überprüfung einer Ersatzmöglichkeit von **I** durch andere Drogen. — 23 Literaturangaben. U. Drehmann. 4880◇

1542 **Nachweis und Bestimmung von Barbituraten in pharmazeutischen Präparaten.** Carl Stainier. (Bull. Soc. Pharmac. Bordeaux **101,** 249—78, 1962; Liège, Univ.; franz.) — Krit. Betrachtung der gebräuchlichen Nachw.-Rkk. für einfache, N-methylierte u. Thiobarbiturate in pharmazeut. Präpp., wobei chem. Rkk., Papierchromatographie u. Hydrierung behandelt werden. Quant. Best.-Meth. wie Titrationen, Colorimetrie u. UV-Spektroskopie werden in zahlreichen Beispielen dargestellt. — 16 Literaturangaben.
U. Drehmann. 4880◇

1543 **Zur Darstellung und Bestimmung von Solanin durch Ionenaustausch.** P. Patt und W. Winkler. (Arch. Pharmaz. Ber. dtsch. pharmaz. Ges. **293/65,** 846—53, 1960; Köln-Merheim, Dr. Madaus & Co., Pharm.-Chem. Abt.; dt.) — Mit dem weitmaschig vernetzten Kationenaustauscher *Duolite C 10* läßt sich *Solanin* (**I**) aus dem Primärextrakt nach einer Verdünnung auf einen A.-Geh. von 50% quant. von den Begleitstoffen trennen. Nach dem Eluieren mit ammoniakal. A. u. Einengen im Vakuum, kristallisiert **I** in büschelförmigen Nadeln, ist jedoch noch von Solanidin begleitet. Zur quant. Best. von **I** in Solanum-Extrakten werden diese über *Duolite C 10* (H^+-Form) vorgereinigt. Das Eluat wird mit vorgeschalteter Papierpulversäule nach Erbring u. Patt [1954] auf dem Rundfilter papierchromatograph. getrennt. Die eine Hälfte des Chromatogramms wird mit Phosphorsäure-Formaldehyd behandelt, um die **I**-Ionen festzustellen, aus der anderen Hälfte wird die **I**-Zone ausgeschnitten, eluiert u. der **I**-Geh. mit Phosphorsäure-Formaldehyd quant. bestimmt. Die beschriebene Meth. liefert gut reproduzierbare Werte. S. Erbe. 4880◇

1544 Richter Gedeon Vegyészeti Gyár R. T. (Erfinder: György Molnár und Peter Tétényi), Budapest, Ungarn, **Herstellung von Ergometin, Ergokriptin und Ergocornin in Saprophytkulturen.** Der durch radioakt. Bestrahlung u. kontinuierliche Selektion aus dem Claviceps purpurea-Stamm entwickelte Mutant (deponiert bei O. K. I. Nr. 620125.1) wird in Oberflächen- oder immerser Kultur gezüchtet. Der Nährboden enthält Saccharose, NH_4-Succinat u. anorgan. Salze. Die gebildeten Alkaloide werden der Fermentbrühe entzogen. Der Mutant wird zur Erhaltung der Aktivität in der Oberflächenkultur vor dem Inokulieren in Schüttelkultur gezüchtet. (**Ung. P. 150631** vom 24/3. 1962, ausg. 20/2. 1963.) F. Landsberger. 4783

1545 Gyógyszeripari Kutató Intézet (Erfinder: Dániel Bagdy und Sándor Török), Budapest, Ungarn, **Herstellung von Hirudin** durch Verreiben von Blutegeln mit einem Gemisch von organ. Lsgm. (halogenierte Essigsäure) mit W. u. Extraktion des Wirkstoffes mit anorgan. Salzen enthaltenden organ. Säuren. Aus dem Extrakt wird Hirudineiweiß durch Erhöhung der Konz. des organ. Lsgm. (Aceton) niedergeschlagen, in Puffersalz-Lsg. (1—3%ig. wss. Lsg., die $\geqq$ 60% Aceton oder Methanol enthält) gelöst u. lyophilisiert. (**Ung. P. 150600** vom 8/3. 1962, ausg. 20/2. 1963.) F. Landsberger. 4791

1546 Carolina Julia Cornelia Vintges, Den Haag, Niederlande (Erfinder: Armand Dragten), **Salbe zur Behandlung von Hautausschlägen.** Sie enthält Vitamin A (I) oder sein Provitamin u. Resorcin (II) sowie ggf. S dispergiert in Polyalkylenglykol, bes. Polyäthylenglykol mit einem Mol-Gew. 1500, bes. sollen 100 g Salbe 26—27 **II** u. 10^6 I. E. **I** enthalten. (**E. P. 901659** vom 25/11. 1959, ausg. 25/7. 1962.) K. Wolk. 4793

1547 Nobuhisa Kawaguchi, Tokio, Japan, **Wundverband,** bestehend aus einem luftdurchlässigen Kunststoffgewebe oder -Schwamm, der mit einem *Organopolysiloxanfilm* überzogen ist. (**E. P. 898826** vom 11/5. 1959, ausg. 14/6. 1962. Jap. Prior. 16/1. 1959.) K. Koebke. 4795

1548 Rowa-Wagner K.G., Bensberg, **Wundverband,** bestehend aus einer 0,01—0,1 mm starken weichmacherfreien Polyamidfolie, die mit einer Schicht von Alginsäure u./oder deren Derivv., u./oder Carboxymethylcellulose, u./oder Polyvinylalkohol oder Polyvinylpyrrolidon u. ggf. baktericiden u. blutstillenden oder heilenden Stoffen versehen ist. Man kann die Folie mit Luftlöchern ausstatten u. mit saugendem Material verbinden. (**E. P. 906911** vom 14/7. 1959, ausg. 26/9. 1962. D. Prior. 14/7. 1958.) K. Koebke. 4795

1549 Ethicon, Inc., Somerville, N. J., V. St. A., **Färben von Catgut,** das aus regeneriertem Kollagen oder aus tier. Därmen hergestellt ist, dad., daß man eine wss. Lsg. von 1(%) Indigotin u. 1—15 $NaHSO_3$ mit NaOH auf pH 9—10 bringt, den unter Spannung stehenden Catgutfaden wenigstens 5 Min. mit dieser Lsg. imprägniert, mit H_2O_2 oxydiert, mit einer Pufferlsg. (pH 3,6) u. mit W. wäscht u. unter schwacher Spannung während 8 Std. unter zunehmender Erwärmung (bis 100°) trocknet. (**E. P. 902813** vom 11/1. 1961, ausg. 9/8. 1962. A. Prior. 11/1. 1960.) K. Koebke. 4795

1550 Polymer Laboratories, Inc., V. St. A., **Haftmittel für Zahnprotesen** in Form von viscosen wss. Lsgg. bzw. Pasten enthalten a) 20—100 (Gew.-%) Hydroxyäthylcellulose mit einem mittleren Substitutionsgrad (S) von ca. 0,4—4,5 C_2H_4O-Gruppen, bezogen auf Anhydroglucose, b) 0—75 Methylcellulose mit einem **S** von ca. 1,4—2,6 oder Äthylcellulose mit einem **S** von ca. 0,8—1,9 oder Hydroxyalkylmethylcellulose mit einer Alkylgruppe von 2—4 C-Atomen u. einem **S** von ca. 0,1—0,5 bzgl. der Hydroxyalkylgruppen u. von ca. 1,0—2,5 bzgl. der Methylgruppen u. c) 0—20 Polyacrylamid. Die Prodd. sind bakterien- u. pilzfest, von guter Haftfähigkeit u. beständig; zum Befestigen von künstlichen Gebissen verwendet man bes. eine viscose wss. Lsg., die ca. 5—10 Gew.-% der polymeren Prodd. enthält. — Tabellen, Diagramme. (**F. P. 1286107** vom 22/2. 1961, ausg. 20/7. 1962.) W. Raetz. 4799

1551 American Cyanamid Co., New York (Erfinder: Wayne Henry Linkenheimer, New City, Ernest Leonard Patterson, Pearl River, N. Y., und John A. Brockman, Woodcliff Lake, N. J.), V. St. A., **Herstellung eines injizierbaren, stabilen Ferrihydroxidsols,** dad. gek., daß man ein durch Umsetzen einer Ferrisalzlsg. mit einem Anionenaustauschharz hergestelltes positiv geladenes Ferrihydroxidsol in wss. Medium mit gelbem Kartoffelstärkedextrin von einer Grenzviscosität von 0,06—0,16 versetzt, das Lösungsgemisch erwärmt u. bis zu einem Fe-Geh. von $\geqq$ 1 Gew.-% einengt. (**D. A. S. 1140314** Kl. 30 h vom 3/7. 1959, ausg. 29/11. 1962. A. Prior. 22/9. 1958.) W. Heyer. 4805

1552 Union Chimique Belge Soc. An., Brüssel, übert. von: Henri Morren, Forest-Brüssel, Belgien, **Phenylalkanole** der allg. Formel **I** (R = H oder CH_3; n = 1—3; –N < X = Dialkylaminorest mit niedermol.

$$R-C_6H_4-CH-(CH_2)_n-OH$$
$$|$$
$$CH-CH_2-N<X$$
$$|$$
$$\mathbf{I} \qquad CH_2-N<X$$

Alkylgruppen, Pyridino- oder Morpholinorest) erhält man durch Hydrierung des entsprechenden Carbonsäureäthylesters mit dem charakterist. Rest $-CH-(CH_2)_{n-1}-COOC_2H_5$, bes. mit Na in alkohol. Lsg., mit $LiAlH_4$ oder Cu-Chromit + H_2. — Zu 0,2 (Mol) $LiAlH_4$ in 500 ml wasserfreiem Ae. gibt man unter N_2 0,15 2-Phenyl-3-diäthylaminomethyl-4-diäthylaminobuttersäureäthylester in Ae., erhitzt die Mischung 2 Std. zum Rückfluß u. erhält nach dem Aufarbeiten *2-Phenyl-3-diäthylaminomethyl-4-diäthylamino-butanol-(1)*, $Kp._{0,05}$ 135°, in 95%ig. Ausbeute. — Außerdem wurden erhalten: *2-Phenyl-3-(morpholinomethyl)-4-morpholinobutanol-(1)*, $Kp._{0,01}$ 198 bis 200°; *2-Phenyl-3-dimethylaminomethyl-4-dimethylamino-butanol-(1)*, $Kp._{0,1}$ 130—132°; *3-Phenyl-3-cyan-4-(morpholinomethyl)-5-morpholino-pentanol-(1)*, $Kp._{0,02}$ 234°; *3-Phenyl-4-(morpholinomethyl)-5-morpholino-pentanol-(1)* $Kp._{0,01}$ 197°. *3-Phenyl-3-cyan-4-dimethylaminomethyl-5-dimethylaminopentanol-(1)*, $Kp._{0,05}$ 180—185°. — *Ataraktica.* (**A. P. 2934534** vom 23/12. 1957, ausg. 26/4. 1960.) A. Jahn. 4807

1553 Chinoin Gyógyszer és Vegyészeti Termékek Gyára (Erfinder: Kálmán Harsányi, Dezsö Korbonits, Kálmán Takáts, László Tardos und György Leszkovszky), Budapest, Ungarn, **Herstellung von Aminen** der allg. Formel $(C_6H_5)_2CH-CH_2-CH_2-NH-CHR-C_6H_5$ (R = Alkylgruppe mit $\leqq$ 2 C-Atomen) a) durch Kondens. von γ,γ-Diphenylpropylamin mit Ketonen der allg. Formel C_6H_5-CO-R u. gleichzeitige Red., b) durch katalyt. Hydrieren von β,β-Diphenylpropionsäurechlorid u. Kondens. des gewonnenen β,β-Diphenylpropionaldehyds mit Aminen der allg. Formel $C_6H_5-CH(R)-NH_2$. — *Pharmazeutica.* (**Ung. P. 150534** vom 10/8. 1961, ausg. 27/1. 1963.) F. Landsberger. 4807

1554 Eli Lilly & Co., übert. von: Albert Pohland, Indianapolis, Ind., V. St. A., **3-Acetoxy-4.4-diphenyl-6-methylaminoheptan.** Die Verb. ist stark *analget.* wirksam u. kann erhalten werden durch Red. von 4.4-Diphenyl-6-benzylmethylamino-3-heptanon mit $LiAlH_4$ oder Na in A. zum 4.4-Diphenyl-6-benzylmethylamino-3-heptanol (Hydrochlorid, F. 178—179°) u. Acetylierung u. Debenzylierung mit Pd u. Wasserstoff. Nach Umkristallisation aus Aceton/Ae. F. 216—217°. (**A. P. 3021360** vom 25/3. 1959, ausg. 13/2. 1962.) R. Bauereis. 4807

1555 Farbwerke Hoechst Akt.-Ges. vormals Meister Lucius & Brüning, Frankfurt/M., **Herstellung von Diphenylalkanderivaten.** Verbb. der allg. Formel **I** erhält man nach verschiedenen, an sich bekannten Verfahren. $\genfrac{}{}{0pt}{}{R_1C_6H_4}{R_2C_6H_4}\!\!>\!CH-CH_2-CH_2-NH-CH(CH_3)-CH_2-C_6H_5$

I. Hierbei ist R_1 ein H-Atom, ein OH- oder Methoxylrest, R_2 ist ein OH- oder Methoxylrest. Man hydriert z. B. ein Gemisch aus Phenylaceton u. einem Amin der Formel **II** $H_2N-CH_2-CH_2-CH\!<\!\genfrac{}{}{0pt}{}{C_6H_4R_1}{C_6H_4R_2}$. Weiterhin erhält man Verbb. der Formel **I** in Ggw. von säurebindenden Mitteln aus **II** u. 1-Phenylhalogenpropanen oder -halogenpropenen, wobei im letztgenannten Falle die Rk.-Prodd. noch hydriert werden müssen. Die gleichen Endprodd. erhält man durch Hydrierung von Gemischen aus 1-Phenyl-2-aminopropan u. Aldehyden vom Typ **III**.

$$\left.\begin{matrix}R_1C_6H_4\\R_2C_6H_4\end{matrix}\right\rangle CH{-}CH_2{-}CHO \qquad \text{III}$$

Weiterhin kann man Diphenylmethane oder entsprechend substituierte Diphenylacetonitrile in Ggw. von säurebindenden Mitteln mit Verbb. vom Typus Halogen–CH_2–CH_2–NR_3–$CH(CH_3)$–CH_2–C_6H_5 reagieren lassen; hierbei ist R_3 ein H-Atom oder ein Benzylrest, die aus dem Endprod. katalyt. abgespalten wird. Bei Verw. von Nitrilen wird die CN-Gruppe im Rk.-Prod. zu COOH verseift u. das Rk.-Prod. decarboxylert. Schließlich kann man zur Herst. von **I** $\beta.\beta$-Diphenylpropionsäureamide zu den entsprechenden Aminen reduzieren. In allen Fällen können in den Rk.-Prodd. vorhandene OH-Gruppen methyliert u. Methoxylgruppen demethyliert werden. Verw. in Form ungiftiger Salze zur Herst. von *pharmazeut.* Präparaten. (**Port. P. 38024** vom 28/1. 1961, Auszug veröff. 29/3. 1961. D. Prior. 30/1. 1960.) A. Kalix. 4807

1556 Upjohn Co., übert. von: Roman P. Holysz, Kalamazoo, Mich., V. St. A., **Herstellung von 1-Phenäthyl-4-piperidylcarbamat bzw. -α-äthylisovalerat** dad. gek., daß man 1-Phenäthyl-4-piperidinol (**I**) mit einem Phenylhalogenformiat, z. B. Phenylchlorformiat umsetzt u. das erhaltene 1-Phenäthyl-4-piperidylphenylcarbonat mit NH_3 oder einem prim. oder sek. Amin zur Rk. bringt, oder **I** mit α-Äthylisovalerylhalogenid verestert. — Aus **I** u. Phenylchlorformiat in Pyridin-Toluol bei 0—5° u. Rk. mit NH_3 → *1-Phenäthyl-4-piperidylcarbamat*, F. 189—191°, *-Hydrochlorid*, F. 254—255°; analog aus **I** u. Butylisocyanat → *1-Phenäthyl-4-piperidylbutylcarbamat*, *-Hydrochlorid*, F. 219—220°; *1-(p-Äthylphenäthyl)-4-piperidyl-carbamat*; *1-(p-Methoxyphenäthyl)-4-piperidyl-carbamat*; *1-(p-Chlorphenäthyl)-4-piperidylcarbamat*; *1-Phenäthyl-4-piperidyl-methylcarbamat*, das entsprechende *-dimethylcarbamat* u. *-carbamat-N-oxid*; aus **I** u. α-Äthylisovalerylchlorid → *1-Phenäthyl-4-piperidyl-α-äthylisovalerat*, (rotbraunes Öl), *-Hydrochlorid*, F. 264—265°, sowie die analogen *1-(p-Äthylphenäthyl)-*, *1-(p-Methoxy-* u. *1-(p-Chlorphenäthyl)-4-piperidyl-α-äthylisovalerate* bzw. deren Hydrochloride. — *Arzneimittel u. fungicide Mittel.* (**A. PP. 3031455** vom 20/7. 1959 u. **3031456** vom 22/10. 1959, beide ausg. 24/4. 1962.) W. Heyer. 4807

1557 American Home Products Corp., New York, N. Y., übert. von: Richard F. Tislow, Philadelphia, William F. Bruce, Havertown, und James A. Page, Berwyn, Pa., V. St. A., **Herstellung eines Arzneimittels zur Behandlung von psychotischen Zuständen** enthaltend als Wirkstoff in einer Dosis von 5—100 mg *2-Propionyl-10-[γ-(N'-β-hydroxyäthyl-piperazino)-propyl]-phenthiazin* (**I**), oder ein Salz davon. — Die Verb. wird hergestellt durch Rk. von 2-Propionyl-phenthiazin mit NaH in Dimethylformamid, Alkylieren des Rk.-Prod. mit z. B. Trimethylenchlorbromid u. Behandeln mit einer N-substituierten Piperazinoverb. wie *N-(β-Hydroxyäthyl)-piperazin*. — **I**-Maleinat, F. 175—177°. (**A. P. 3023146** vom 6/6. 1960, ausg. 27/2. 1962.) W. Heyer. 4807

1558 N. V. Philips' Gloeilampenfabrieken, Eindhoven (Erfinder: Menso Pieter Rappoldt, Weesp), Niederlande, **Gewinnung von kristallinem, sterinfreiem Vitamin D_3** aus einem bis zu 8% Sterin enthaltendem Produkt. Man verestert das Gemisch mittels bekannter Verff. mit n-Buttersäure u. reinigt es durch Umkristallisation, z. B. aus Aceton/Methanol oder Aceton/Äthanol. Anschließend setzt man das Vitamin D_3 durch Verseifung oder Red., z. B. mit Li–Al-Hydrid, in Freiheit. (**Niederl. P. 102019** vom 4/8. 1959, ausg. 15/8. 1962.) F. Böhm. 4809

1559 Stuart Co., Pasadena, Calif., V. St. A. (Erfinder: Harry Wax, William Laimonis Ezers und Derek Michael Torley), **Herstellung eines in wäßriger Lösung stabilen Vitamin B_{12} und Vitamin C-haltigen Präparates,** dad. gek., daß man die Lsg. mit CO_2, die auch in situ gebildet werden kann, imprägniert. Die Lsg. kann noch mit weiteren Vitaminen versetzt u. ggf. zu einem Trockenprod. verarbeitet werden. (**E. P. 898107** vom 25/8. 1960, ausg. 6/6. 1962.) W. Heyer. 4809

1560 U. S. Vitamins & Pharmaceutical Corp., New York, N. Y., V. St. A. (Erfinder: Louis Freedman, Milton Blitz, David Bidwell Sabine und Edward Eigen), **Herstellung einer stabilen Vitamin B_{12} und Eisen enthaltenden Lösung,** der noch weitere Vitamine, wie Ascorbinsäure, Thiamin, Vitamin A u. D, Riboflavin, Niacinamid u. Pyridoxin zugesetzt werden können, dad. gek., daß man ein Eisenpeptonat oder Fe-Citrat verwendet u. die Lsg. mit Äthylendiamintetraessigsäure bzw. einem wasserlösl. Salz dieser Verb. versetzt. (**E. P. 902377** vom 30/5. 1960, ausg. 1/8. 1962.) W. Heyer. 4809

1561 Robert Côte, Monaco, **Herstellung von Hydroxocobalamin (Vitamin B_{12b}; I)** aus Cyancobalamin (Vitamin B_{12}; **II**) durch Red. u. darauffolgende Oxydation. Man behandelt **II** zunächst mit einem Red.-Mittel, wie $FeCl_2$ oder $NaHSO_3$, in saurem Medium (HCl bzw. H_2SO_4), um das CN-Anion in Freiheit zu setzen, welches nach Maßgabe der Bldg. von CH_3NH_2 bis zum Verschwinden des in den Ester der verwendeten Säure umgewandelten **II** red. wird, worauf man in bas. Medium mittels Luft oder O_2 oxydiert, wodurch gleichzeitig der genannte Ester u. der Anteil des **II**, der bei Überführung von 3wertigem in 2wertiges Co red. werden würde, in **I** umgewandelt wird. Die Aufarbeitung des Rk.-Gemisches führt zu guten Ausbeuten von **I**. — Beispiele. (**F. P. 1286143** vom 28/3. 1961, ausg. 20/7. 1962. Monegass. Prior. 21/6. 1960.) W. Raetz. 4809

1562 American Cyanamid Co., New York, übert. von: Leon Ellenbogen, New City, und Samuel R. Hawkins, Pearl River, N. Y., V. St. A., **Herstellung eines Aktivatorkonzentrats** („intrinsic factor"), dad. gek., daß man 1 (Teil) eines animal., den Aktivator enthaltenden Gewebes mit 2—6 eines wss. Mediums, bes. bei 15—40° u. pH 6,5—7,5, digeriert, das ein von den Pilzen Entomophthera apiculata, Entomophthora coronata, Basidiobolus ranarum, Conidiobolus brefeldianus oder Conidiobolus villosus erzeugtes proteolyt. Enzym enthält, das unlösl. Material entfernt u. die Lsg. zu einem Konzentrat trocknet. — Man mischt z. B. 113 (kg) (gefroren gemahlene) Pylorusschleimhaut vom Schweinemagen mit 452 Leitungswasser u. wss. 5 n NaOH bis zu pH ca. 7, setzt diesem Gemisch eine Lsg. von 1,13 g eines aus Conidiobolus brefeldianus gewonnenen proteolyt. Enzyms in 11 Litern Leitungswasser zu, rührt die Masse $2^1/_2$ Std. bei 25°, zentrifugiert die festen Stoffe ab, gefriert die Lsg. u. trocknet bei ca. 30° im Vakuum zu einem rieselfähigen Pulver mit geringem Wassergeh. u. hoher Dichte, ggf. zu Tabletten. 15 mg/Tag zur Aktivierung von *Vitamin B_{12}* bei *perniciöser Anämie.* (**A. P. 3020204** vom 11/5. 1960, ausg. 6/2. 1962.) G. Vogel. 4809

1563 Roussel-Uclaf, Paris, Frankreich, **Herstellung von Fluorsteroiden.** Das Verf. gemäß Niederl. P. 101433 wird zweckmäßig in 2 Stufen durchgeführt, indem man erst wasserfreien HF bei 40—60° in Dimethylformamid löst, die Lsg. kühlt u. erst dann das 9β.11β- oder 5α.6α-Epoxysteroid zusetzt. (**Niederl. P. 103203** vom 24/10. 1960, ausg. 15/11. 1962. F. Prior. 13/11. 1959. **Zusatz zu Niederl. P. 101433; C. 1963, 12905.**) F. Böhm. 4809

1564 Merck & Co., Inc., Rahway, N. J., V. St. A., **Herstellung von Steroiden.** Δ^{16}-Pregnen-3α-ol-11.20-dion-3-acylate werden mit Hilfe von Methyl-Grignard-Verbb. in 16α-Methylpregnan-3α-ol-11.20-dion-3-acylate umgesetzt u. diese ggf. zu 16α-Methylpregnan-3α-ol-11.20-dionen hydrolysiert. Auf diese Weise erhält man z. B. *16α-Methylpregnan-3α-ol-11.20-dion-3-acetat*, F. 157 bis 158°, u. *16α-Methylpregnan-3α-ol-11.20-dion*, F. 150 bis 152°. — *Anästhetica.* (**Niederl. P. 101997** vom 26/2. 1958, ausg. 16/7. 1962. A. Prior. 27/2. 1957.) F. Böhm. 4809

1565 Merck & Co., Inc., Rahway, N. J., V. St. A., **Herstellung von 17α-Hydroxy-20-ketosteroiden der Pre-**

gnanreihe. Man setzt einen Enolester eines 16α-Methyl-$\Delta^{17,20}$-pregnen-3α.20-diol-11-ons mit Perbenzoesäure zum 16α-Methyl-17α.20-epoxypregnan-3α.20-diol-11-on-3.20-diester um u. hydrolysiert diese Verb. mit $KHCO_3$ zum entsprechenden 16α-Methylpregnan-3α-.17α-diol-11.20-dion. — Die Herst. von *16α-Methylpregnan-3α.17α-diol-11.20-dion*, F. 185—187°, ist beschrieben. (**Niederl. P. 101998** vom 26/2. 1958, ausg. 16/7. 1962. A. Prior. 27/2. 1957.) F. Böhm. 4809

1566 Merck & Co., Inc., V. St. A. (Erfinder: Thomas Henry Stoudt), **1-Dehydrosteroide der Δ^4-Pregnenreihe** erhält man durch Bebrütung eines entsprechenden Δ^4-3-Ketons mit einer Kultur eines Mikroorganismus der Art *Eubacteriales* unter üblichen aeroben u. submersen Bedingungen. — Man dehydriert auf diese Weise z. B. Hydrocortison mit *Bacillus sphaericus* → *$\Delta^{1.4}$-Pregnadien-11β.17α.21-triol-3.20-dion.* — Analog: *$\Delta^{1.4}$-Pregnadien-17α.21-diol-3.20-dion*, F. 230—236°. — *9α-Fluor-$\Delta^{1.4}$-pregnadien-11β.17α.21-triol-3.20-trion*; *21-Acetat*, F. 236°. — *$\Delta^{1.4}$-Pregnadien-11β.21-diol-3.20-dion*, F. 231—234°. — *$\Delta^{1.4}$-Pregnadien-21-ol-3.20-dion*, F. 191—193°. — *$\Delta^{1.4}$-Pregnadien-3.20-dion*, F. 148—150°. — Alternativ können z. B. Stämme von *Acetobacter, Aerobacter, Mycobacterium, Bacillus rotans* oder *fusiformis* verwendet werden. — *Heilmittel* sowie Zwischenprodd. zu deren Herstellung. (**F. P. 1270505** vom 11/12. 1956, ausg. 4/1. 1962. A. Prior. 13/12. 1955.) U. Sievers. 4809

1567 Merck & Co., Inc., V. St. A. (Erfinder: William Joseph McAleer und Thomas Henry Stoudt), **11α-Hydroxyverbindungen der 16α-Methyl-Δ^4-pregnen-3.20-dionreihe** erhält man durch Bebrütung einer entsprechenden 11-Desoxyverb. mit einer Kultur von *Aspergillus ochraceus* oder *Rhizopus nigricans* unter üblichen aeroben u. submersen Bedingungen. — Es wird die Herst. folgender Verbb. beschrieben: *11α-Hydroxy-16α-methyl-Δ^4-pregnen-3.20-dion*; *11α.17α-Dihydroxy-16α-methyl-Δ^4-pregnen-3.20-dion*; *11α.17α.21-Trihydroxy-16α-methyl-Δ^4-pregnen-3.20-dion.* — Alternativ können auch *Mucor-, Cunninghamella-* oder andere *Rhizopus-* bzw. *Aspergillusarten* für die 11-Hydroxylierung eingesetzt werden. — *Heilmittel* sowie Zwischenprodd. zu deren Herstellung. (**F. P. 1261181** vom 10/2. 1959, ausg. 8/9. 1961. A. Prior. 21/2. 1958.) U. Sievers. 4809

1568 Upjohn Co., V. St. A. (Erfinder: Frank Harris Lincoln jun., J. B. William Paul Schneider und George Basil Spero), **6α-Methyl-9α-fluor-17α-hydroxy-$\Delta^{1.4}$-pregnadien-3.11.20-trion** (**I**) erhält man durch Rk. von 1-Dehydro-6α-methyl-9α-fluorhydrocortison (**II**) mit Methansulfonylchlorid in Ggw. von Pyridin → **II**-*21-Methansulfonat*, F. 165—185°, welches sich durch Rk. mit NaJ in Aceton u. anschließende Dejodierung mit $Na_2S_2O_7$ überführen läßt → *6α-Methyl-9α-fluor-11β.17α-dihydroxy-$\Delta^{1.4}$-pregnadien-3.20-dion*, F. 292—303°; daraus durch CrO_3-Oxydation → **I**. — *Heilmittel*. (**F. P. 1280559** vom 5/9. 1957, ausg. 25/5. 1962. A. Prior. 10/9. u. 23/11. 1956 u. 17/5. 1957.) U. Sievers. 4809

1569 Merck & Co., Inc., V. St. A. (Erfinder: David Taub, Norman Lord Wendler und Harry Lovell Slates), **11-Oxigenierte 16β-Alkylsteroide.** Man setzt z. B. 3α-Acetoxy-Δ^{16}-pregnen-11.20-dion mit Diazomethan in Tetrahydrofuran-Ae. um → *3α-Acetoxy-16β.17α-methylenazopregnan-11.20-dion*, F. 186—190°, welches sich durch Thermolyse bei ca. 180° überführen läßt → *3α-Acetoxy-16-methyl-Δ^{16}-pregnen-11.20-dion*, F. 165—167°; daraus durch Epoxydation mit H_2O_2–NaOH → *16α.17α-Epoxy-3α-hydroxy-16β-methylpregnan-11.20-dion* (**I**), F. 178—180°; *3-Acetat*(**II**), F. 162—164°. — **I** läßt sich durch Spaltung mit $HClO_4$ in Dioxan überführen → *3α.17α-Dihydroxy-16-methyl-Δ^{15}-pregnen-11.20-dion* (**IIa**), neben *3α.17α-Dihydroxy-16-methylenpregnan-11.20-dion* (**IIIb**) (ca. 1:1), F. 158—167°; daraus durch Rk. mit $LiAlH_4$ u. anschließend mit $NaJO_4$ → *3α.11β-Dihydroxy-16-methylen-Δ^{15}-ätiocholen-17-on* (endocycl. Methylenverb.) neben *3α, 11β-Dihydroxy-16-methylen-ätiocholan-16-on* (exocycl. Methylenverb.) im Verhältnis ca. 1:1, F. 166—171°. — Durch Spaltung von **II** mit HBr in Eisessig erhält man → *3α-Acetoxy-15-brom-16-methyl-Δ^{16}-pregnen-11.20-dion* (**III**), F. 130—135° (Zers.); $[\alpha]_D$ 43°, neben *3α-Acetoxy-17α-hydroxy-16-methylenpregnan-11.20-dion*, F. 198—200°; $[\alpha]_D$ — 5,2° (nach chromatograph. Aufarbeitung). — **III** läßt sich durch Dehydrobromierung mit Pyridin überführen → *3α-Acetoxy-16-methyl-$\Delta^{4.16}$-pregnadien-11.20-dion*, F. 180 bis 185°. — Durch katalyt. Hydrierung des wie vorst. erhaltenen Gemisches aus **IIIa** u. **IIIb** mit H_2/Pd-$CaCO_3$ erhält man → *3α.17α-Dihydroxy-16α-methylpregnan-11.20-dion* (**IV**) neben *3α.17α-Dihydroxy-16β-methylpregnan-11.20-dion* (**V**), F. 166—182°. Das erhaltene Gemisch läßt sich chromatograph. an Mg-Silicat trennen → **IV**, F. 188—191°, u. **V**, F. 192—197°. — Durch Acetylierung des erhaltenen Gemisches aus **IV** u. **V** mit Acetanhydrid in Pyridin erhält man das Gemisch der entsprechenden *3-Acetate*, F. 175—179°. — Das Gemisch aus **IV** u. **V** läßt sich sodann über die 21-Bromverbb. durch Rk. mit K-Acetat überführen → *3α.17α.21-Trihydroxy-16β-methylpregnan-11-20-dion-21-acetat*, F. 200 bis 213°, welches eine kleine Menge des *16α-Isomeren* enthält; daraus durch Oxydation der *3*-Hydroxygruppe mit N-Bromsuccinimid → *17α.21-Dihydroxy-16α-methylpregnan-3.11.20-trion-21-acetat*, F. 230° neben dem *16β-Methylisomeren* (**VI**), F. 210—212°; $[\alpha]_D$ 130°; daraus durch übliche Bromierung der 4-Stellung → *4-Brom-17α.21-dihydroxy-16β-methylpregnan-3.11.20-trion-21-acetat*, F. 165—170°, welches sich über sein Semicarbazon durch Rk. mit Brenztraubensäure dehydrobromieren läßt → *17α.21-Dihydroxy-16β-methyl-Δ^4-pregnen-3.11.20-trion-21-acetat*, F. 226—232°; $[\alpha]_D$ 252°. — **VI** läßt sich durch Rk. mit 2 Mol. Br_2 überführen → *2.4-Dibrom-17α.21-dihydroxy-16β-methylpregnan-3.11.20-trion-21-acetat*, F. 122—130°; daraus durch Dehydrobromierung mit NaBr in Dimethylformamid-Dimethylanilin → *17α.21-Dihydroxy-16β-methyl-$\Delta^{1.4}$-pregnadien-3.11.20-trion-21-acetat*, F. 230—233°; $[\alpha]_D$ 216°; *freier Alkohol*, F. 195—200°. — *Heilmittel* sowie Zwischenprodd. zu deren Herstellung. (**F. P. 1260000** vom 2/3. 1959, ausg. 18/8. 1961. A. Prior. 19/3. 1958.) U. Sievers. 4809

1570 Roussel-Uclaf, Paris, Frankreich, **Herstellung von 20-Keto-16α-alkoxymethylsteroiden.** Man läßt ein Alkoxymethyl–Mg-Halogenid auf ein 20-Keto-Δ^{16}-Steroid einwirken u. hydrolysiert das entstandene Mg-Derivat. — 3α-Acetoxy-11.20-diketo-Δ^{16}-pregnen → *3α-Acetoxy-11.20-diketo-16α-methoxymethylpregnan*, F. 147°, $[\alpha]_D^{20}$ + 111° (c = 0,5 in Chlf.). — Analog: *3α-Benzoxy-11.20-diketo-16α-methoxymethylpregnan*, F. 205°, $[\alpha]_D^{20}$ + 98° (c = 0,5 in Chlf.). — *Therapeutica*. (**Niederl. P. 103195** vom 21/5. 1960, ausg. 15/11. 1962. F. Prior. 22/5. 1959.) F. Böhm. 4809

1571 Merck & Co., Inc., V. St. A. (Erfinder: Dale Richard Hoff und Joyce Marie Korntved), **6-Halogen-$\Delta^{1.4}$-3-ketosteroide.** Man setzt z. B. 9α-Fluor-16α-methyl-$\Delta^{1.4}$-pregnadien-17α.21-diol-3.11.20-trion-21-acetat mit Acetanhydrid in Ggw. von p-Toluolsulfonsäure um → *9α-Fluor-16α-methyl-$\Delta^{1.3.5}$-pregnatrien-3.17α.21-triol-11.20-dion-3.17.21-triacetat* (**I**), F. 189—192°, neben dem entsprechenden *17.21-Diacetat*, F. 220—230°; $[\alpha]_D^{21}$ 81°. — **I** läßt sich durch Rk. mit N-Chlorsuccinimid in Essigsäure u. in Ggw. von HCl überführen → *6α-Chlor-9α-fluor-16α-methyl-$\Delta^{1.4}$-pregnadien-17α.21-diol-3.11.20-trion-17.21-diacetat*, F. 199—200°; $[\alpha]_D^{22}$ 45°. — Analog: *9α-Fluor-16α-methyl-$\Delta^{1.3.5}$-pregnatrien-3.11β.17α.21-tetrol-20-on-3-benzoat-21-acetat*, F. 161—167°; *6α-Chlor-9α-fluor-16α-methyl-$\Delta^{1.4}$-pregnadien-11β.17α.21-triol-3.20-dion-21-acetat*, F. 186—196°. — *Heilmittel*. (**F. P. 1273625** vom 14/11. 1960, ausg. 9/2. 1962. A. Prior. 17/11. 1959.) U. Sievers. 4809

1572 Glaxo Laboratories Ltd., England (Erfinder: Harold Bernard Henbest), **Vicinale Acyloxylierung von Ketosteroiden.** Man setzt ein Steroidketon mit Pb-Tetraacetat in Ggw. einer starken Säure oder einer Lewis-Säure ohne Anwendung von Wärme um. — Cholestan-3-on + Pb-Acetat (**I**) in Ggw. von BF_3-Ätherat in Essigsäure u. Bzl. bei 25° → *2α-Acetoxy-cholestan-3-on* (**II**). F. 123—124°; $[\alpha]_D$ 57°. Durch Chromatographie an akt. (alkal.) Al_2O_3 erhält man **II** ganz oder z. T. in Form des *3β-Acetoxy-cholestan-2-ons*, F. 143—144°; $[\alpha]_D$ 76°. — Analog: *3α-Acetoxycholestan-2-on*, F. 148—149°; $[\alpha]_D^{17}$ 57°, aus Cholstan-2-on. — *3β.21-Diacetoxy-5α-pregnan-11.20-dion*, F. 145—146°; $[\alpha]_D$ 75°. — *3α.21-Diacetoxy-5β-pregnan-11.20-dion*, F. 106—109°; $[\alpha]_D^{21}$ 124,7°. —

21-Acetoxy-3α-hydroxy-5β-pregnan-11.20-dion, F. 137,5 bis 139,5°. — *21-Acetoxy-5α-pregnan-11.20-dion*, F. 161,5 bis 163,5°; $[\alpha]_D$ 110,8°. — *21-Acetoxy-3α-hydroxy-5β-pregnan-20-on*, F. 173—176°; $[\alpha]_D$ 108,9°. — *3β-Hydroxy-21-acetoxy-Δ^5-pregnen-20-on*, F. 177,5—181°; $[\alpha]_D$ 35,2°. — *21-Acetoxy-Δ^4-pregnen-3.20-dion*, F. 153—157°. — *3β.21-Diacetoxy-16-methyl-5α-$\Delta^{9,11.16}$-pregnadien-20-on*, F. 118 bis 127°. — Als starke Säuren sind bes. geeignet HCl, $HClO_4$ oder p-Toluolsulfonsäure; als Lewis-Säuren außer BF_3 noch $AlCl_3$ u. $FeCl_3$. — (**F. P. 1273506** vom 13/10. 1960, ausg. 7/2. 1962. E. Prior. 13/10. 1959.)
U. Sievers. 4809

1573 Roussel-Uclaf, Paris, Frankreich, **Herstellung von 17α.21-Äthoxymethylendioxysteroiden.** Man läßt 17.21-Dihydroxy-20-ketosteroide in inerter Atmosphäre reagieren mit einem Überschuß an Äthylorthoformiat (**I**). — Z. B. läßt man bei Raumtemp. unter N_2 auf 1 (g) Cortison in Ggw. von 0,005 p-Toluolsulfonsäure 5 cm³ **I** einwirken → *17α.21-Äthoxymethylendioxy-3-äthoxy-11.20-diketo-$\Delta^{3.5}$-pregnadien*, F. 154°, $[\alpha]_D^{20}$ — 37° ± 10 (c = 1 in Chlf. mit 1% Pyridin). — Analog: *17α.21-Äthoxymethylendioxy-3.11.20-triketo-$\Delta^{1.4}$-pregnadien*, F. 212°, $[\alpha]_D^{20}$ + 168° ± 3° (c = 0,5 in Chlf. mit 1% Pyridin). — *17α.21-Äthoxymethylendioxy-3-äthoxy-20-keto-$\Delta^{3.5.9.11}$-pregnatrien*, F. 195°, $[\alpha]_D^{20}$ — 135° ± 2° (c = 0,5 in Chlf. mit 1% Pyridin). — *Zwischenprodd.* u. Heilmittel. (**Niederl. P. 103200** vom 18/8. 1960, ausg. 15/11. 1962. F. Prior. 20/8. 1959.)
F. Böhm. 4809

1574 British Drug Houses Ltd., London, England, **Herstellung von 3-Oxo-$\Delta^{1.4}$- und 3-Oxo-$\Delta^{1.4.6}$-steroiden.** Man behandelt die entsprechenden 3-Oxo-Δ^4- bzw. 3-Oxo-$\Delta^{4.6}$-steroide in einem Lsgm. mit ggf. durch 2 Cl-Atome substituiertem 2.3-Dicyan-1.4-benzochinon, bes. in Ggw. katalyt. Mengen p-Nitrophenol (**I**). — Z. B. kocht man eine Lsg. von 0,25 (g) 17α-Hydroxyprogesteron, 0,25 2.3-Dicyan-5.6-dichlorbenzochinon u. 0,05 **I** in 5 cm³ Bzl. 5 Std. → *17α-Hydroxy-$\Delta^{1.4}$-pregnadien-3.20-dion*, F. 230—232°, $[\alpha]_D^{20}$ + 36° (c = 0,57 in Chlf.). — Analog: *21-Acetoxy-$\Delta^{1.4}$-pregnadien-3.20-dion*, F. 204—207°, $[\alpha]_D^{20}$ + 137° (c = 0,82 in Chlf.). — *$\Delta^{1.4}$-Pregnadien-3.20-dion*, F. 151—153°, $[\alpha]_D^{20}$ + 125° (c = 0,6 in Chlf.). — *21-Acetoxy-17α-hydroxy-$\Delta^{1.4}$-pregnadien-3.11.20-trion*, F. 227 bis 230°, $[\alpha]_D^{22}$ + 182° (c = 0,4 in Dioxan). — *25D-$\Delta^{1.4}$-Spirostadien-3-on*, F. 192—194°, $[\alpha]_D^{24}$ — 71° (c = 0,64 in Chlf.). — *17β-Propionoxy-$\Delta^{1.4}$-androstadien-3-on*, F. 144 bis 146°, $[\alpha]_D^{20}$ + 33° (c = 0,65 in Chlf.). — *17β-Hydroxy-$\Delta^{1.4}$-androstadien-3-on*, F. 167—169°, $[\alpha]_D^{21}$ + 22° (c = 0,72 in Chlf.). — *17β-Hydroxy-17α-methyl-$\Delta^{1.4}$-androstadien-3-on*, F. 162—164°, $[\alpha]_D^{20}$ + 3° (c = 0,65 in Chlf.). — *$\Delta^{1.4}$ Androstadien-2.20-dion*, F. 137—139°, $[\alpha]_D^{19}$ + 117° (c = 0,42 in Chlf.). — *$\Delta^{1.4}$-Cholestadien-3-on*, F. 11—113°, $[\alpha]_D^{20}$ + 27° (c = 0,65 in Chlf.). — *$\Delta^{1.4.6}$-Cholestatrien-3-on*, F. 83—84°, $[\alpha]_D^{20}$ + 1° (c = 0,42 in Chlf.). — *11α-Hydroxy-$\Delta^{1.4}$-pregnadien-3.20-dion*, F. 223—225°, $[\alpha]_D^{18}$ + 100,3° (c = 0,68 in Chlf.). — *$\Delta^{1.4}$-Pregnadien-3.11.20-trion*, F. 167—169°, $[\alpha]_D^{19}$ + 249° (c = 0,9 in Chlf.). — *17β-Hydroxy-$\Delta^{1.4.6}$-androstatrien-3-on*, F. 155—156°, $[\alpha]_D^{20}$ + 16,5° (c = 0,32 in Chlf.). — *$\Delta^{1.4.6}$-Pregnatrien-3.20-dion*, F. 150—152°, $[\alpha]_D^{17}$ + 125,1° (c = 1 in Chlf.). — *17-Hydroxy-17α-methyl-$\Delta^{4.6}$-androstadien-3-on*, F. 194—195°, $[\alpha]_D^{22}$ + 40° (c = 0,7 in Chlf.). — *17β-Hydroxy-17α-methyl-$\Delta^{1.4.6}$-androstatrien-3-on*, F. 139—140°, $[\alpha]_D^{22}$ — 19,5° (c = 1 in Chlf.). — *$\Delta^{1.4.6}$-Pregnatrien-3.11.20-trion*, F. 177—179°, $[\alpha]_D^{23}$ + 350,1° (c = 1,05 in Chlf.). — *11β.17α.21-Trihydroxy-$\Delta^{1.4}$-pregnadien-3.20-dion*, F. 236—240°, $[\alpha]_D^{20}$ + 100° (c = 0,22 in Dioxan). — *17α-Äthnyil-17-hydroxy-$\Delta^{1.4}$-androstadien-3-on*, F. 225—228°, $(\alpha)_D^{22}$ — 13° (c = 0,7 in Chlf.). — *$\Delta^{1.4}$-Pregnadien-3.20-dion*, F. 150—152°, $[\alpha]_D^{21}$ + 126° (c = 0,45° in Chlf.). — *16α-Methyl-$\Delta^{1.4}$-pregnadien-3.20-dion*, F. 129—133°, $[\alpha]_D^{23}$ + 120,8° (c = 0,18 in Chlf.). — *$\Delta^{1.4.6}$-Pregnatrien-3.20-dion*, F. 208—211°, $[\alpha]_D^{21}$ + 120° (c = 0,46 in Chlf.). — *17α-Äthinyl-17β-hydroxy-$\Delta^{1.4.6}$-androstatrien-3-on*, F. 233—235°, $[\alpha]_D^{23}$ — 104,2° (c = 1 in Chlf.). — *21-Acetoxy-17α-hydroxy-$\Delta^{1.4.6}$-pregnatrien-3.11.20-trion*, F. 221—225°, $[\alpha]_D$ + 280° (c = 0,4 in Dioxan). — *9α-Fluor-11β.17β-dihydroxy-17α-methyl-$\Delta^{1.4}$-androstadien-3-on*, F. 272—274°, $[\alpha]_D^{26}$ + 55° (c = 0,23 in Chlf.). — *3-Oxo-$\Delta^{1.4.17.20}$-pregnatrien-21-säureäthylester*, F. 132—133°, $[\alpha]_D^{27}$ + 61° (c = 0,29 in Chlf.). — *20.20-Äthylendioxy-$\Delta^{1.4}$-pregnadien-3-on*, F. 184—186°, $[\alpha]_D^{22}$ + 45° (c = 0,16 in Chlf.). — *17β-Acetoxy-4-methyl-$\Delta^{1.4}$-androstadien-3-on*, F. 175—177°, $[\alpha]_D^{21}$ + 62° (c = 0,24 in Chlf.). — *$\Delta^{1.4}$-Cholestadien-3.6-dion*, F. 132—134°, $[\alpha]_D^{20}$ + 90,6° (c = 1,06 in Chlf.). — *20β-Hydroxy-$\Delta^{1.4}$-pregnadien-3-on*, F. 192—194°, $[\alpha]_D^{19}$ + 12° (c = 0,85 in Chlf.). — *16α.17α-Dihydroxy-$\Delta^{1.4}$-pregnadien-3.20-dion-acetonid*, F. 197—199°, $[\alpha]_D^{19}$ + 83,35° (c = 1,38 in Chlf.). — *4-Chlor-17β-propionoxy-$\Delta^{1.4}$-androstadien-3-on*, F. 140 bis 141°. $[\alpha]_D^{18}$ + 75° (c = 1 in Chlf.). — *17β-Acetoxy-2-methyl-$\Delta^{1.4}$-androstadien-3-on*, F. 165—167°, $[\alpha]_D^{19}$ + 48,1° (c = 1,12 in Chlf.). — *Biolog. wirksame Verbb.* u. Zwischenprodukte. (**Niederl. P. 100310** vom 11/3. 1959, ausg. 15/1. 1962. **Ind. P. 66970** vom 9/3. 1959, ausg. 13/3. 1961. Beide E. Prior. 13/3. 1958.) F. Böhm. 4809

1575 American Cyanamid Co., New York, N. Y., V. St. A., **11α-Hydroxylierung von 16.17-Epoxysteroiden der Pregnanreihe.** Man bebrütet eine entsprechende 16α.17α-Epoxyverb. der Pregnanreihe mit einer Kultur eines Mikroorganismus der Arten *Botryodiplodia theobromae* (**I**), *Didymocladium ternatum* (**II**), *Myrothecium roridum* (**III**), *Hormodendrum hordei* und *pallidum*, *Fusarium solani* (**IV**) und/oder*Penicillium ehrlichii* unter üblichen aeroben u. submersen Bedingungen. Folgende Umwandlungen werden beschrieben: 16α.17α-Epoxyprogesteron $\xrightarrow{\text{I oder II}}$ *11α-Hydroxy-16α.17α-epoxyprogesteron*, F. 246—247°. — *16α.17α*-Epoxy-desoxycorticosteron-21-acetat $\xrightarrow{\text{III}}$ *11α-Hydroxy-16α.17α-epoxydesoxycorticosteron-21-acetat*. — 16α.17α-Epoxypregnenolon $\xrightarrow{\text{IV oder III}}$ *Δ^5-Pregnen-3β.11-diol-20-on-16α.17α-epoxid*. — *Zwischenprodd.* zur Herst. von *Heilmitteln*. (**E. P. 889853** vom 20/10. 1960, ausg. 21/2. 1962. A. Prior. 30/11. 1959.)
U. Sievers. 4809

1576 Merck & Co., Inc., Rahway, N. J., V. St. A., **Herstellung von Methylderivaten von Corticoiden.** Zu Belg. P. 564914; C. **1961**, 15491 u. Aust. P. 223725; C. **1962**, 7628 sind folgende physikal. Daten nachzutragen: *16α-Methyl-$\Delta^{1.4}$-pregnadien-11β.17α.21-triol-3.20-dion*, F. 199—203,5°, $[\alpha]_D^{25}$ + 84° (c = 0,855 in Chlf.); *21-Acetat*, F. 145—149°. — *16α-Methyl-9α-fluor-$\Delta^{1.4}$-pregnadien-11β.17α.21-triol-3.20-dion*, F. 262—264°; *21-Acetat*, F. 215 bis 221°, $[\alpha]_D^{22}$ + 73° (c = 0,99 in Chlf.).— *9α-Fluor-16α-methyl-$\Delta^{1.4}$-pregnadien-17α.21-diol-3.11.20-dion-21-acetat*, F. 208—210°. (**Niederl. P. 101892** vom 26/2. 1958, 16/7. 1962. A. Prior. 27/2. 1957.) F. Böhm. 4809

1577 Upjohn Co., Kalamazoo, Mich., V. St. A., **6α-Fluorverbindungen der Androstanreihe.** Man setzt z. B. 17β-Hydroxy-17α-methyl-Δ^5-androsten-3.11-dion-3-äthylenketal, F. 179—184°; $[\alpha]_D$ — 21°, mit Peressigsäure in Chlf. um → *5α.6α-Epoxy-17β-hydroxy-17α-methylandrostan-3.11-dion-3-äthylenketal*, F. 219—225°; $[\alpha]_D$ — 32°, welches sich durch HF in CH_2Cl_2 spalten läßt → *6β-Fluor-5α.17β-dihydroxy-17α-methylandrostan-3.11-dion*; daraus durch gleichzeitige Dehydratisierung u. Isomerisierung → *6α-Fluor-17β-hydroxy-17α-methyl-Δ^4-androsten-3.11-dion*. — Analog: *5α.6α-Epoxy-11β.17β-dihydroxy-17α-methylandrostan-3-on-3-äthylenketal*, F. 285—295°; $[\alpha]_D$ — 9°. — *Heilmittel* sowie Zwischenprodd. zu deren Herstellung. (**E. P. 893146** vom 7/1. 1959, ausg. 4/4. 1962. A. Prior. 19/2. 1958.) U. Sievers. 4809

1578 Upjohn Co., Kalamazoo, Mich., V. St. A., **6α-Fluorsteroide der Androstanreihe.** Man setzt z. B. 17β-Hydroxy-Δ^5-androsten-3.11-dion (**I**) in Ggw. von p-Toluolsulfonsäure mit Äthylenglykol um → **I**-*3-Äthylenketal*, welches sich durch Epoxydation mit Peressigsäure u. anschließende HF-Spaltung überführen läßt → *6β-Fluor-5α.17β-dihydroxyandrostan-3.11-dion*; daraus durch Rk. mit Propionsäureanhydrid, Dehydratisierung des *5α.17β-Dihydroxy-17-propionates* mit N-Bromacetamid in Pyridin u. Isomerisierung des 6β-Fluorsubstituenten mit HCl(Gas) → *6α-Fluor-17β-hydroxy-Δ^4-androsten-3.11-dion-17-propionat*. — Analoge Rk. werden für Verbb. der 19-Norreihe beschrieben. — *Heilmittel* sowie Zwischenprodd. zu deren Herstellung. (**E. P. 893147** vom 7/1. 1959, ausg. 4/4. 1962. A. Prior. 19/2. 1958.) U. Sievers. 4809

1579 Upjohn Co., Kalamazoo, Mich., V. St. A., **4-Alkylverbindungen der Androstanreihe** erhält man durch

Rk. einer entsprechenden 3-Keto-Δ^4-Verb. mit einem cycl. Amin u. Rk. des erhaltenen Enamins mit einem Alkylhalogenid. — Man setzt z. B. Testosteron (I) in üblicher Weise unter Abscheidung des Rk.-Wassers mit Pyrrolidin um → I-*3-[N-Pyrrolidyl]-enamin*, F. 133 bis 137°; $[\alpha]_D$ — 116°, welches sich durch Rk. mit CH_3J in Methanol überführen läßt → *4-Methyl-17β-hydroxy-Δ^4-androsten-3-on*, F. 158—163°; daraus durch katalyt. Hydrierung mit H_2/Pd-Kohle → *4β-Methyl-17β-hydroxy-androstan-3-on*, F. 193—197°; $[\alpha]_D$ 7°. — Analog: *17α-Methyl-17β-hydroxy-Δ^4-androsten-3-on-3-[N-pyrrolidyl]-enamin*, $[\alpha]_D$ — 27°; *4.17α-Dimethyl-17β-hydroxy-Δ^4-androsten-3-on*, F. 136—143°. — *Heilmittel* sowie Zwischenprodd. zu deren Herstellung. (**E. P. 894710** vom 14/5. 1959, ausg. 26/4. 1962. A. Prior. 2/6. 1958.) U. Sievers. 4809

1580 Syntex Soc. An., übert. von: Howard J. Ringold, John A. Zderic, Enrique Batres und George Rosenkranz, Mexico, Mexico, **11α-Methyl-11β-hydroxyverbindungen der Androstanreihe.** Man red. z. B. 11α-Methyl-11β-hydroxy-Δ^4-androsten-3.17-dion (I) mit $NaBH_4$ bei $< 0°$ → *11α-Methyl-Δ^4-androsten-11β.17β-diol-3-on*, F. 225—226°. — Führt man die Red. mit dem gleichen Red.-Mittel bei normaler Temp. oder mit $LiAlH_4$ in Tetrahydrofuran aus, so erhält man → *11α-Methyl-Δ^4-androsten-3β.11β.17β-triol*. — I läßt sich ferner mit Li/$NH_{3fl.}$ in Dioxan red. → *11α-Methylandrostan-11β-ol-3.17-dion*. — Man kann auch I zunächst durch Rk. mit Pyrrolidin überführen → *3-N-Pyrrolidyl-11α-methyl-$\Delta^{3.5}$-androstadien-11β-ol-17-on*, F. 231—235°, welches sich durch Rk. mit CH_3MgBr überführen läßt → *11α.17α-Dimethyl-Δ^4-androsten-11β.17β-diol-3-on* (nach Hydrolyse der Enamingruppe); daraus durch Red. mit $LiAlH_4$ oder $NaBH_4$ wie vorst. beschrieben → *11α.17α-Dimethyl-Δ^4-androsten-3β.11β.17β-triol*, neben dem 3α-Isomeren. — 11α.17α-Dimethyl-androstan-3β.11β.17β-triol (II) + Acetanhydrid in Pyridin → II-*3-Acetat*, F. 221—224°. — *Heilmittel* sowie Zwischenprodd. zu deren Herstellung. (**E. P. 893723** vom 16/7. 1958, ausg. 11/4. 1962. **A. P. 3017419** vom 21/7. 1958, ausg. 16/1. 1962. Beide Mexican. Prior. 20/7. 1957.) U. Sievers. 4809

1581 Upjohn Co., Kalamazoo, Mich., V. St. A., **6α-Chlorprogesteronverbindungen.** Man spaltet z. B. 5α.6α-Oxido-3β.5α.17α-trihydroxypregnan-20-on-17-acetat mit HCl (Gas) in Chlf. → *6β-Chlor-3β.5α.17α-trihydroxy-pregnan-20-on-17-acetat*, $[\alpha]_D$ — 25°, welches sich mit $Na_2Cr_2O_7$ in Essigsäure oxyideren läßt → *6β-Chlor-5α.17α-dihydroxypregnan-3.20-dion-17-acetat*, F. 202 bis 204°; $[\alpha]_D$ — 22°; daraus durch Dehydratisierung und Isomerisierung mit HCl (Gas) in äthanol. Chlf. → *6α-Chlor-17α-hydroxy-Δ^4-pregnen-3.20-dion-17-acetat* (I), F. 177—180°; $[\alpha]_D$ 38°, welches sich durch Dehydrierung mit SeO_2 in sein 1-Dehydroderiv. überführen läßt. — Alternativ kann man durch Dehydrierung von I mit Chloranil *6-Chlor-17α-hydroxy-$\Delta^{4.6}$-pregnadien-3.20-dion-17-acetat* herstellen, welches sich durch anschließende Dehydrierung mit SeO_2 überführen läßt → *6-Chlor-17α-hydroxy-$\Delta^{1.4.6}$-pregnatrien-3.20-dion-17-acetat*. — *Heilmittel* sowie Zwischenprodd. zu deren Herstellung. (**E. P. 890315** vom 22/4. 1960, ausg. 28/2. 1962. A. Prior. 19/5. 1959.) U. Sievers. 4809

1582 Syntex Soc. An., übert. von: Howard J. Ringold, Octavio Mancera, George Rosenkranz und John Edwards, Mexico, Mexico, **6α-Bromverbindungen der Androstan- oder Pregnanreihe.** Man setzt z. B. 3-Äthoxy-$\Delta^{3.5}$-pregnadien-20-on in Aceton mit N-Bromsuccinimid in Ggw. von Na-Acetat um → *6β-Brompregosteron*, welches sich in üblicher Weise durch Rk. mit konz. HCl in Eisessig umlagern läßt. → *6α-Bromprogesteron*. — Analog: *17α-Methyl-6α-bromtesteron*. — *Heilmittel* sowie Zwischenprodd. zu deren Herstellung. (**A. P. 3019239** vom 13/2. 1959, ausg. 30/1. 1962. Mexican. Prior. 14/2. 1958.) U. Sievers. 4809

1583 Ciba Ltd., Basel, Schweiz, **Reinigung von 1-Dehydro-17α-methyltestosteron (I),** welches durch SeO_2-Dehydrierung erhältlich ist. — Man behandelt z. B. rohes I (enthaltend 8000 Teile organ. gebundenes Se/10^6 Teile Substanz) in Eisessig mit 30%ig. H_2O_2, trennt die neutrale Fraktion ab u. behandelt diese an bas. Al_2O_3 → *reinem* I, F. 166—168°. — *Heilmittel.* (**E. P. 894029** vom 5/12. 1960, ausg. 18/4. 1962. Schwz. Prior. 3/12. 1959.) U. Sievers. 4809

1584 Roussel-Uclaf, Paris, Frankreich, **Herstellung schwer hydrolysierbarer Ester von 20-Keto-21-hydroxysteroiden.** Man läßt ein 21-Hydroxy-20-ketosteroid in an sich bekannter Weise reagieren mit einem Sulfonsäurechlorid, löst das gebildete 21-Sulfonat in einem stark polaren Lsgm. u. erwärmt diese Lsg. mit einem Alkalisalz einer Carbonsäuer mit starker ster. Behinderung. — Zum Beispiel läßt man Methansulfonylchlorid bei — 7 bis — 10° in Pyridin auf 9α-Fluor-16α-methyl-Δ^1-hydrocortison (Hexadecadrol, I) einwirken → I-*Mesylat*, F. 250°, $[\alpha]_D^{20}$ + 81° ± 1,5° (c = 1 in Dioxan). Durch Erhitzen dieser Verb. mit Di-Na-m-sulfobenzoat in Dimethylformamid auf 90—95° erhält man das *Na-Salz von 21-m-Sulfobenzoesäure-I-ester*, $[\alpha]_D^{20}$ + 134° (c = 1 in W.). — Analog: *K-Salz von 21-p-Sulfobenzoesäureprednisolonester*, $[\alpha]_D^{20}$ + 181° (c = 1 in W.). (**Niederl. P. 103191** vom 21/4. 1960, ausg. 15/11. 1962. F. Prior. 24/4. 1959.) F. Böhm. 4809

1585 Olin Mathieson Chemical Corp., V. St. A. (Erfinder: Charles J. Sih und Ralph E. Bennett), **Im Ring A ungesättigte, bes. 1-Dehydrosteroide** erhält man durch Bebrütung einer entsprechenden 1.2-Dihydro-Δ^4-3-ketoverb. oder eines im Ring A gesätt. 3-Ketons mit dem zellfreien dehydrierend wirkenden Extrakt aus Mikroorganismen der Arten *Nocardia, Corynebacterium, Mycobacterium, Cylindrocarpon* oder *Bacterium* in Ggw. eines H-Acceptors, bes. von 2.6-Dichlorphenolindophenol oder Methylenblau. — Es wird die Herst. der 1-Dehydroverbb. der folgenden Steroide beschrieben: Δ^4-Cholesten-3-on, Pregnan-3.20-dion, Testosteron, 6α.9α-Difluor-16α-hydroxyhydrocortison, Progesteron, 9α-Fluor-16α-hydroxyhydrocortison. — *Heilmittel.* (**F. P. 1262182** vom 1/7. 1960, ausg. 20/9. 1961. A. Prior. 8/7. 1959.) U. Sievers. 4809

1586 Merck & Co., Inc., Rahway, N. J., V. St. A., **11β.17α-Dihydroxy-1-methyl-17β-[1-oxo-2-hydroxyäthyl]-Δ^4-östren-3-one sowie deren 6-Dehydroanaloga.** Man lagert z. B. 17α.21-Diacetoxy-$\Delta^{1.4}$-pregnadien-3.11.20-trion mit Acetanhydrid in Ggw. von $ZnCl_2$ um → *3.17α-Diacetoxy-1-methyl-17β-[1-oxo-2-acetoxyäthyl]-$\Delta^{1.3.5,10}$-östratrien-11-on*, welches sich mit methanol. Na-Methylat verseifen läßt → *3.17α-Dihydroxy-1-methyl-17β-[1-oxo-2-hydroxyäthyl]-$\Delta^{1.3.5,10}$-östratrien-11-on* (I), F. 256 bis 257°; daraus durch Verätherung mit Diazomethan → I-*3-Methyläther*, welcher sich durch Rk. mit Semicarbazid in Dimethylformamid u. anschließende Red. des Semicarbazons mit $NaBH_4$ in Tetrahydrofuran überführen läßt → *11β.17α-Dihydroxy-3-methoxy-1-methyl-17β-[1-oxo-2-hydroxyäthyl]-$\Delta^{1.3.5,10}$-östratrien*. — Durch übliche Überführung der 17ständigen Ketolseitenkette in eine 17α.20;20.21-Bismethylendioxygruppierung, anschließende Birch-Red. mit Li/$NH_{3fl.}$ u. Rk. des Red.-Prod. mit 60%ig. Ameisensäure erhält man → *11β.17α-Dihydroxy-1-methyl-17β-[1-oxo-2-hydroxyäthyl]-Δ^4-östren-3-on*. — Analog erhält man ausgehend von 17α.21-Diacetoxy-$\Delta^{1.4.6}$-pregnatrien-3.11.20-trion → *11β.17α-Dihydroxy-1-methyl-17β-[1-oxo-2-acetoxyäthyl]-$\Delta^{4.6}$-östradien-3-on*. — *Heilmittel.* (**E. P. 886961** vom 8/10. 1958, ausg. 10/1. 1962. A. Prior. 16/10. 1957 u. 16/5. 1958.) U. Sievers. 4809

1587 Frank W. Horner Ltd. (Erfinder: Willard Jesse Johnson), Montreal, Quebec, Canada, **Hormonpräparat** enthaltend als Steroide z. B. Cortison, Hydrocortison, Prednison, Predenisolon, 6α-Methylprednisolon, Dexamethason, 9α-Fluorhydrocortison, Diäthylstilböstrol u. ä. u. als Inhibitor für eine Glukuronylierung in vivo ein N-Acetyl-p-aminophenol, N-(2-Methylphenäthylaminopropyl)-N-acetyl-p-aminophenol u. ä. Verbb.; als akt. Substanz kann an Stelle des Hormons auch Serotonin, 5-Hydroxytryptophan oder Chloralhydrat eingesetzt werden. (**E. P. 901674** vom 18/8. 1959, ausg. 25/7. 1962.) W. Heyer. 4809

1588 Ortho Pharmaceutical Corp., N. J., übert. von: Heron Orlando Singher, Plainfield, und Leo Zuckerman, Bound Brook, N. J., V. St. A., **Reinigen**

von Streptokinase (St), dad. gek., daß man rohe **St.** in W. löst, so daß der Protein-Geh. der Lsg. höchstens 2% beträgt, pH auf 6,5—8 einstellt, gewaschenes Na-Al-Silicat zusetzt u. das Silicatgel entfernt. — Man löst z. B. 7 g rohe **St.** (1739500 Einheiten) in 248 (ml) W., setzt 7 g aktiviertes „Decalso" (Na-Al-Silicat, das mit 70, 0,5%ig. wss. Na_2CO_3 behandelt u. mit W. bis zu einem pH von 7,5 im Ablauf gewaschen wurde) zu, rührt 1 Std. bei Raum-Temp., dekantiert 246 Lsg. (4135 **St.**-Einheiten/ml), kühlt auf — 5°, verd. mit 1154 dest. W., setzt 6 g NaCl zur Bldg. einer Ionen-Konz. von 0,13, dann 120,1 n wss. HCl bis zu pH 4,9 zu, kühlt auf 0°, setzt langsam 248,5 CH_3OH von — 10° zu, läßt $^1/_2$ Std. bei — 5° stehen, zentrifugiert die St. bei — 5°, löst den Nd. in wenig pyrogenfreiem W., stellt mit NaOH pH 7,0 ein, gefriert u. lyiphilisiert die Lsg. → 700 mg pyrogenfreie St. mit 1170 Einheiten/mg. Aus der Zentrifugen-Fl. erhält man noch 730 mg St. mit 420 Einheiten/mg. — Zu *Injektionen gegen Thrombose.* (**A. P. 3016337** vom 27/4. 1959, ausg. 9/1. 1962.) G. Vogel. 4809

1589 Ethicon, Inc., N. J., übert von: Alfred Bloch, Highland Park, und Ralph A. Messing, Somerville, N. J., V. St. A., **Aktivieren von Enzymen** (Papain, Bromelin, Bromelain, Asclepain, bes. Pinguinain u. Ficin) bei pH 3—5, dad. gek., daß man dem Enzym Mn-, Co-, bes. Ca- oder Mg-Ionen oder eine Mischung von Ca- u. Mg-Ionen in einer nichttox., ca. 0,01—1, bes. 0,05 bis 0,1-mol. Konz. in Form des Chlorids, Acetats, Lactats, Propionats, Gluconats oder bes. Phosphats der Metalle, ggf. unter Mitverw. von K- oder Na-Phosphaten als Puffer bzw. eines Red.-Mittels, wie Na- oder K-Thiosulfat bzw. von Cystein zur Ausbeuteerhöhung einverleibt. Lsgg. für *örtliche oder intramusculäre Anwendung, Gele für Geschwüre oder Brandwunden.* (**A. P. 3019171** vom 25/11. 1957, ausg. 30/1. 1962.) G. Vogel. 4809

1590 Merck & Co., Inc., Rahway, N. J., übert. von: Arnold Lester Demain, Westfield, N. J., und Norman Leonard Somerson, Elysburg, Pa., V. St. A., **Ausbeuteerhöhung bei der biologischen Penicillinherstellung** durch Zusatz von 0,02—0,8% (0,3%) *Adipinsäure, α-Aminoadipinsäure* oder *Glutarsäure* zum Nährmedium. Zur Penicillin G-Herst. werden die üblichen Precursoren verwendet. Fermentationsbeispiele u. Tabellen. (**A. P. 3024169** vom 23/11. 1959, ausg. 6/3. 1962.) H. Schindler. 4811

1591 Toju Hata, Ryozo Sugawara und Akihiro Matsumae, Tokio, Japan, **Herstellung und Gewinnung des Antibioticums Protomycin** mittels Streptomyces reticuli var. protomycicus auf üblichem biolog. Wege u. Adsorption an A-Kohle u. Elution mit wss. organ. Lsgm., z. B. Aceton. Das mit Essigsäureanhydrid aus den sirupösen Antibioticum erhaltene *Acetylprotomycin* hat F. 110 bis 111°. — Morphologie u. Physiologie des Mikroorganismus. Charakterist. UV- u. IR-Spektrum. Kurven. Antibakterielles Spektrum. Tabelle. Beispiele für Fermentation u. Gewinnung. (**A. P. 3023145** vom 6/7. 1960, ausg. 27/2. 1962.) H. Schindler. 4811

1592 Olin Mathieson Chemical Corp., New York, N. Y., V. St. A., übert. von: Maria Susana Cataldi, Vicente Lopez, Oscar Luis Galmarini, Martinez, und Jose Pahn, Villa-Bosch-San Martin, Argentinien, **Curamycin (I)** erhält man durch aerobe Gärung von *Streptomyces cura-coi* (ATCC Nr. 13385) in einem Nährmedium bei pH 6,6—8,2 u. Extraktion des Gär-Prod. mit einem mit W. nicht mischbaren organ. Lsgm., bes. einem aliphat. Alkohol mit mehr als 3 C Atomen oder Äthylacetat (**II**). — Man vermehrt z. B. eine Reinzucht der Bakterien von 5 (ml) auf 50, dann auf 1 (Liter) u. 29, überträgt 0,75 aus der Hauptgärung auf 29 einer Anstellwürze, die 3 (%) Sojamehl, 0,25 $CaCO_3$, 0,1 NaCl, 0,4 Schmalzöl, 0,01 Co-Lsg. (5%ig.) u. 2,2 Glucosemonohydrat enthält, läßt 48 Std. bei 25° unter Lüften u. Schütteln stehen, unterbricht die Gärung, filtriert 27 Liter der vergorenen Würze (Aktivität: 250 d-Einheiten/ml gegen Staphylococcus aureus), verd. das Filtrat mit W., extrahiert es 2mal mit je 25 ml Butanol, konz. die Extrakte (Aktivität: 1000 d-Einheiten) auf dem Wasserbad auf 500 ml (+Nd), stellt pH 7,0 ein, extrahiert die Masse 2 mal mit je 50 Vol.-% **II** u. konz. die Extrakte bei pH 7,0 → 550 mg krist. **I**, F. ca. 196°, Nadeln, $[\alpha]_D$ —5,5 (in Chlf.)UV-Absorption in A. 280 mμ $[E^{1\%}_{1cm} = 11]$; in 0,1 n NaOH 295 mμ $[E^{1\%}_{1cm} = 65]$; IR-Spektrum: 31 Bänder zwischen 2,95 u. 14,3 μ. Aktivität: 600 d-Einheiten/mg, Ausbeute 61%, auf Roh-Prod. bezogen. Man löst 300 mg **I** in einem Gemisch aus 18 fml) abs. A. u. 7,2 **II**, setzt eine Lsg. von Diazomethan in Ae. (Überschuß) zu, läßt die gelbe Lsg. 72 Std. kalt stehen, verdampft das Lsgm. u. krist. den Rückstand durch Lösen in Aceton u. Fällen mit Bzl. → *Methyl*-Verb. des **I**, F. 224°, Prismen. Aus 100 mg **I** (in 2 Pyridin) u. 2 Essigsäureanhydrid nach 72std. Stehen → 90 mg *acetyliertes* **I**, F. 174—175° (verd. A.). — *Antibiotica*, bes. gegen Streptokokken, bzw. zur Diagnose von Klebsiella pneumonia. — Mengenbeispiele u. Tabellen für Nährböden, Bakterienarten, physikal., chem. u. biolog. Eigg. der Prodd., Vgl. mit anderen Antibiotica, IR-Diagramm. (**A. P. 3015607** vom 17/6. 1959, ausg. 2/1. 1962.) G. Vogel. 4811

1593 Eli Lilly and Co., Indianapolis, übert. von: James M. McGuire und Robert L. Mann, Indianapolis, Ind., V. St. A., **Erzeugung von Hygromycin B (I) durch Gärung,** dad. gek., daß man Streptomyces hygroscopicus (Stamm NRRL 2387, 2388 oder 2389) in einer Kohlenhydrat, N-Verbb. u. anorgan. Salze enthaltenden Nähr-Lsg. submers u. aerob, z. B. 100 Std. bei 28° u. einem von 6,2 auf 7,0 ansteigenden pH, gären läßt u. das Prod. gewinnt. — Man leitet die vergorene u. filtrierte Gär-Lsg. durch ein Kationenaustauschharz mit COOH-Gruppen (mit NaOH in die Na-Form übergeführt), z. B. „IRC-50", verwirft den Abfluß, eluiert die Säule mit wss. 0,1 n HCl (pH am Schluß 1,5), setzt NH_4OH bis pH 6,9 zu, konz., gefriert u. trocknet die Lsg. u. reinigt das Prod. → **I** F. ca. 160—180° (Zers.), $[\alpha]_D^{20}$ + 19,2 (1% in W.), pK a = 71 u. 88 in W., Absorptionsspektren in Mineralöl Maxima bei 3,03, 6,01, 6,12, 6,24, 6,34, 8,10, 7,72, 9,30, 9,63 u. 11,25 μ; in W. kein Maximum, schwach bas. amorphes Pulver; daraus erhält man durch starke Säurehydrolyse Diaminoinosit, durch schwache Hydrolyse einen Zucker der empir. Zus. $C_6H_{12}O_6$, Molgew. ca. 400, was auf die Zus. $C_{15}H_{28}N_2O_{10}$ für **I** schließen läßt. Man kann **I** über seine *Salze* weiter reinigen → *Sulfat*, pK'α in 66%ig. wss. Dimethylformamid-Lsg. 7,2 u. 8,9, pH 2,4, Molgew. ca. 500. — *Dihydrochlorid*, F. 170 bis 175° (Zers.), in W. löslich. — p-[p'-Hydroxyphenylazo]-benzolsulfonat, F. 220—230° (Zers., aus A.–W.), aus 2 (Mol) Sulfonat u. 1 **I**. — Ferner *Salze* mit *Phosphorwolframsäure, Methylorange* u. *Reinecke's Salz*, daraus mit überschüssiger Alkalilauge → **I.** Fungicid gegen gramnegative Bakterien, Parasiticid als Zusatz zum Futter, bes. gegen Ascaris lubricoides usw. bei Schweinen. — Tabellen für Nähr-Lsgg., Wachstum u. Eigg. der Bakterien, Kurve für Absorptionsspektren. (**A. P. 3018220** vom 15/10. 1957, ausg. 23/1. 1962.) G. Vogel. 4811

1594 United States of America, Secretary of Agriculture, V. St. A., übert. von: Renato Craveri, Mailand, Italien, Odette L. Shotwell und Thomas G. Pridham, Peoria, Ill., V. St. A., **Erzeugung von duramycinfreiem Azacolutin durch Gärung,** dad. gek., daß man Streptomyces cinnamomeus var. azacoluta (NRRL B-1699) in einer Nähr-Lsg., z. B. 30 Std. in einer 30 g Glucose im Liter enthaltenden wss. Sojamehlinfusion bei 28° u. 200 U/min, unter Lüftung gären läßt, die Gär-Fl. entfernt, das Mycel in Abwesenheit von Licht unter N_2 mit A. extrahiert, den Nd. mit dest. W. wäscht, in einem Gemisch aus Butanol-(1), Pyridin u. W. löst, die Masse zentrifugiert, die obere Phase abzieht u. im Vakuum konz., den gebildeten Nd. in fl. Heptan wäscht u. das reine Azacolutin (gelbes Pulver) trocknet. — *Antibioticum* gegen pathogene Hefen u. Fadenpilze. Mengenbeispiele, Tabellen für UV-Absorptionsspektren, Ausbeuten u. letalen Konzz. für viele Mikroorganismen, Diagramme für UV-Absorptionsspektren. (**A. P. 3017327** vom 17/11. 1959, ausg. 16/1. 1962.) G. Vogel. 4811

1595 Robert Paul Hanson, Madison, Wis., und Frank F. Piraino, Ashland, Ohio, V. St. A., **Herstellung von Virusvaccinen.** Man gewinnt avirulente neurotrope Viren, indem man wss. Suspensionen von Viren zu einer Suspension von Nervenzellen bringt u. 5 Min. bis 1 Std.

rührt, zellfrei filtriert u. die im Filtrat verbliebenen nicht adsorbierten Viren erneut mit frischen Nervenzellen in Kontakt bringt. Man wiederholt die Prozedur mindestens 5 mal u. erhält ein als Vaccine verwendbares Filtrat. (**A. P. 3029190** vom 4/8. 1959, ausg. 10/4. 1962.) K. Koebke. 4813

1596 Columbian Carbon Co., New York, N. Y., V. St. A. (Erfinder: Jules Verne Hallum), **Herstellung von Vaccinen durch Inaktivieren von Viren.** Die Viren werden in wss. Suspension bei annährend neutralem pH (Phosphatpuffer) mit der Anode (Pt) einer Elektrolysezelle in Kontakt gebracht, wobei eine Berührung mit der Kathode verhindert u. das Potential der Anode konstant auf 1—2 V gegen die Kalomelnormalelektrode gehalten wird. Die Suspension soll möglichst frei von fremden Eiweiß sein. Influenza-Virus wird bei 1.3—1.7 V., Polio-Virus bei 1,6—1,8 u. Vacine-Virus bei 1,75—1,8 V inaktiviert. (**E. P. 904563** vom 17/10. 1960, ausg. 29/8. 1962.) K. Koebke. 4813

1597 Allen & Hanburys Ltd., London, England (Erfinder: Paul Hyman Silverman), **Herstellung von Vaccinen gegen Nematoden-Infektionen von Vertrebraten.** In einem sterilen Kulturmedium bringt man Larven des dritten Infektions-Stadiums zur Ausbildung des histotrophen Stadiums u. benutzt das larvenhaltige Medium, ggf. nach Trocknung u. Resuspension in sterilem W. als injizierbare Vaccine. Beschrieben wird die Herst. von Vaccinen gegen Infektionen durch *Dictyocaulus viviparus, Haemochus contortus, Ostertagia ostertagi, Strongylus vulgaris, Trichostrongylus axei, Strongyloides papillosus, Ostertagia circumcincta* u. *Trichostrongylus colubriformis.* (**E. P. 894603** vom 2/9. 1959, ausg. 26/4. 1962.) K. Koebke. 4813

1598 Merck & Co., Inc., Rahway, übert. von: Lewis E. Stoyle jun., Westfield, Philip A. Quellette, Rahway, und Edward J. Hanus, Palisade, N. J., V. St. A., **Geschmacklose medizinische Eisenpräparate** werden dadurch erhalten, daß die wirksamen Fe-Verbb. mit einem bei ca. 45° schmelzenden Fettsäuregemisch, dessen gesätt. Fettsäuren 14—18 C-Atome aufweisen, überzogen werden. Bes. werden Gemische, die zu gleichen Teilen aus Palmitin- u. Stearinsäure bestehen, verwendet. (**A. P. 3035985** vom 30/9. 1959, ausg. 22/5. 1962.) K. Wolk. 4815

1599 Lloyd Brothers, Inc., übert. von: Lyell J. Klotz, Cincinnati, Ohio, V. St. A., **Abführmittel-Gelatinekapseln.** Sie enthalten 90—240 mg *Dioctyl-Ca-sulfosuccinat,* gelöst in einem Öl, bes. einem Getreideöl, wobei die Lsg. als Lösungsvermittler bei hohem Wirkstoffgehalt 1—10% Glycerinmonooleat enthalten kann. (**A. P. 3035973** vom 1/8. 1958, ausg. 22/5. 1962.) K. Wolk. 4815

1600 Eli Lilly & Co., Indianapolis, übert. von: William N. Cannon, Greenwood, Ind., V. St. A., **Äthylquecksilberthiosalicylsäure** u. ihre Salze in Lsg. u. Dispersion werden stabilisiert durch Zusatz von Verbb. der allg. Formel $RHNCH_2CH_2N(R)CH_2CH_2NR_2$ (R = H, $H_2NCH_2CH_2$-). — *Heilmittel.* (**A. P. 3031485** vom 16/10. 1958, ausg. 24/4. 1962.) A. Debo. 4815

1601 Wellcome Foundation Ltd., London, England, **Arzneimittel** mit blutdrucksenkender Wrkg. zur oralen oder parenteralen Anwendung, bestehend aus üblichen Trägerstoffen oder Verdünnungsmitteln u. *N-Benzyl-N-2-hydroxyäthyl-N.N-dimethyl-, -N-methyl-N-äthyl-* oder *N-Benzyl-N.N-di-(2-hydroxyäthyl)-N-methyl-ammoniumbromid* oder *-p-toluolsulfonat.* (**Ind. P. 67333** vom 13/4. 1959, ausg. 3/10. 1961. E. Prior. 18/4. 1958.) C. Lüttgen. 4815

1602 Ciba Ltd., Basel, Schweiz, **Arzneimittel** mit *sedativer Wrkg.,* gek. durch einen Geh. an *N-[o-Methoxyphenoxyäthyl]-N-n-propylaminhydrochlorid.* (**Ind. P. 70150** vom 22/12. 1959, ausg. 9/6. 1961.) C. Lüttgen. 4815

1603 Smith, Kline & French Laboratories, Philadelphia, übert. von: Leonard Cook, Abington, Pa., V. St. A., **Muskelrelaxans,** enthaltend als Wirkstoff in einem üblichen, inerten pharmazeut. Träger 3-Amino-4-phenylpyrazol, F. 176—177°. (**A. P. 3017326** vom 4/6. 1959, ausg. 16/1. 1962.) W. Heyer. 4815

1604 Ciba Ltd., Basel, Schweiz, **Arzneimittel** mit *hypotensiver Wrkg.* für enterale u. parenterale Anwendung, gek. durch einen Geh. an Alkyleniminoalkylguanidinen, deren Salzen oder quatern. NH_4-Verbb., bes. *3-(Heptamethylenimino)-propyl-, 2-(Pentamethylenimino)-äthyl-* u. *2-(Piperidino)-äthylguanidinhydrosulfat.* (**Ind. P. 70470** vom 21/1. 1960, ausg. 21/2. 1961.) C. Lüttgen. 4815

1605 Soc. des Usines Chimiques Rhône-Poulenc, Paris, Frankreich, **Arzneimittel** mit stimulierender Wrkg. auf das Zentralnervensyst., gek. durch den Geh. an Estern von substituierten 2-Piperidylphenylmethanolen (Form B) u. deren Salzen, bes. 1-Acetoxy-1-(4-methylphenyl)-1-(2-piperidyl)-methan-(Form B)-hydrochlorid. (**Ind. P. 70129** vom 22/12. 1959, ausg. 16/2. 1961.) C. Lüttgen. 4815

1606 Ciba Ltd., Basel, Schweiz, **Arzneimittel** *zur Behandlung von Allergien,* z. B. Nesselsucht, Harnfieber, gek. durch den Geh. an *2-[2-Dimethylaminoäthyl]-3-[1-pyridyl(2)-äthyl]-indenmaleat.* (**Ind. P. 69657** vom 11/11. 1959, ausg. 16/2. 1961.) C. Lüttgen. 4815

1607 Dr. Karl Thomae G. m. b. H., Biberach/Riß, **Arzneimittel** mit antipyret., bakteriostat. u. fungistat. Wrkg. für orale u. parenterale Anwendung, gek. durch einen Geh. an *2.4-Dioxodihydro-5.6-benz-1.3-thiazinen* (**I**), bes. **I**, 3-Methyl-**I** u. 3-Amino-**I**. Die Herst. der **I** kann z. B. nach den Angaben in D. A. SS. 1079050; C. **1961**, 15843 u. 1110647; C. **1962**, 3192, erfolgen. (**Ind. P. 65143** vom 4/9. 1958, ausg. 10/7. 1961.) C. Lüttgen. 4815

1608 Ciba Ltd., Basel, Schweiz, **Arzneimittel** mit *diuret.* u. *natriuret. Wrkg.,* gek. durch den Geh. an *6-Chlor-7-sulfanyl-3.4-dihydro-1.2.4-benzothiadiazin-1.1-dioxid.* (**Ind. P. 69278** vom 6/10. 1959, ausg. 10/2. 1961.) C. Lüttgen. 4815

1609 Ciba Ltd., Basel, Schweiz, **Arzneimittel** mit entzündungshemmender Wrkg. in Form von injizierbaren Lsgg., Tabletten u. Salben, gek. durch den Geh. an Estern des Dexamethason (= 16α-Methyl-9α-fluor-$\Delta^{1.4}$-pregnadien-11β, 17α, 21-triol-3.20-dion), ber. dem 21-Trimethylacetat. (**Ind. P. 70410** vom 18/1. 1960, ausg. 14/7. 1961.) C. Lüttgen. 4815

1610 Upjohn Co. (Erfinder: Alma Dietz, Clarence de Boer, Charles Giles Smith, Makom Edward Bergy und Herman Hoeksema), **Therapeutica,** bestehend aus Novobiocin u. wenigstens einem der folgenden Stoffe: Sulfisomidine, Acetylsulfisoxazole, Sulfaäthylthiadiazole, Sulfamethylthiadiazole, Sulfamethoxypyridazine; außerdem können die Therapeutica noch enthalten: Mandelsäure, Methenamin, Methenaminmandelat, Nitrofurantoin, 6-Äthoxybenzothiazol-2-sulfonamide, NH_4Cl, Acetozolamide. (**Aust. P. 235199** vom 28/8. 1958, ausg. 28/9. 1961. A. Prior. 30/9. 1957.) K. Demmler. 4815

1611 Chemicals, Inc., Luquillo, Puerto Rico, übert. von: Nicholas A. Floramo, Easton, Pa., V. St. A., **Herstellung eines Eisen-Dextran-Komplexes** für *therapeut.* Zwecke, dad. gek., daß man ein das Somogyi-Reagens nicht reduzierendes hydriertes Dextran mit einer Intrinsic Viscosität von 0,03—0,15 bei 25° in wss. Medium mit in situ gebildetem Ferrihydroxyd bei pH 5,5—7,0 umsetzt. Die entstehende koll. Lsg. kann parenteral injiziert werden. (**A. P. 3022221** vom 16/4. 1959, ausg. 20/2. 1962.) W. Heyer. 4815

1612 Československá Socialistická Republika (Erfinder: Zdeněk Roubal, Zdeněk Placer und Zdeňka Slabochová), Prag, Tschechoslowakei, **Herstellung von Mukoproteiden mit antilipämischer Wirksamkeit** aus rohem, entwässerten Mucin, das bei der Bereitung von Pepsin aus Schweinemägen anfällt u. das man in alkalisiertem W. (pH 9) suspendiert, nach einer pH-Regelung auf 4—7 aufkocht, mit Kieselgur oder Aktivkohle klärt, worauf man im Filtrat bei 15—25° das rohe Mukoproteid (**I**) durch Methanol, A. oder Aceton ausfällt. Aus 1 kg entwässertem Mucin erhält man 600 bis 700 g reines **I**. (**Tschech. P. 98492** vom 3/6. 1959, ausg. 15/2. 1961.) L. Macher. 4815

1613 Ontario Research Foundation, übert. von: Dale W. Read, Toronto, Ontario, Canada, **Guajacol (I),** das als *Chemotherapeuticum* in der *Veterinärmedizin* u. als

Desinfektionsmittel Verw. findet, erhält man durch Erhitzen von Acetovanillin (**II**) auf eine Temp. zwischen ca. 205° u. 300° in Ggw. eines aus $ZnCl_2$, $ZnBr_2$, H_3PO_4, P_2O_5, Polyphosphorsäure oder Gemischen hieraus bestehenden Katalysators u. Isolierung des **I** aus den abgekühlten Destillatdämpfen. — So liefern 10 (Gew.-Teile) **II** beim $^1/_2$std. Erhitzen mit 1 $ZnCl_2$ auf 165—170°, dann auf 260—275°, innerhalb 15—20 Min. ein Destillat, aus dem 3,8 **I** gewonnen werden. (**A. P. 3057927** vom 6/6. 1960, ausg. 9/10. 1962.) A. Mohr. 4817

1614 General Aniline & Film Corp., New York, N. Y., übert. von: Gene A. Brost, Westfield, N. J., Fred Krupin, New York, N. Y., und Fred E. Woodward, Watchung, N. J., V. St. A., **Wasserlösliches keimtötendes Gemisch** aus einer Kombination von Jod mit einem nichtion. oberflächenakt. Gemisch, das aus einem wasserunlösl. Alkylphenol-Äthylenoxid-(**I**)-Kondensat mit < 55 Gew.-% **I** u. einem wasserlösl. Alkylphenol-**I**-Kondensat mit > 60% Gew.-% **I** besteht, wobei der **I**-Geh. des Gemisches > 60% beträgt. Der Jodgeh. kann zwischen 0,5 u. 25% liegen. Die Lsgg. können pH < 4 aufweisen u. Phosphorsäure enthalten. (**A. P. 2989434** vom 19/5. 1958, ausg. 20/6. 1961.) R. Bauereis. 4833

1615 General Aniline & Film Corp., New York, N. Y., übert. von: William A. Hosmer, Lee, Mass., Raymond L. Mayhew, Phillipsburg, N. J., und James P. Oelberg, Lebanon, Ind., V. St. A., **Wasserlösliches keimtötendes Gemisch** aus einem nichtion. oberflächenakt. Mittel, das Polyglykoläthergruppen enthält, z. B. das Kondensat eines Alkylphenols mit Äthylenoxid, mit 20 Gew.-% J u. 5 Gew.-% eines Schwermetallhalids, z. B. $HgCl_2$, $CuCl_2$, $FeCl_3$. (**A. P. 2997421** vom 6/2. 1958, ausg. 22/8. 1961.) R. Bauereis. 4833

1616 Chesebrough-Pond's, Inc., New York, N. Y., V. St. A. (Erfinder: Martin Ganzler), **Keimtötendes wasserfreies flüssiges Gemisch,** enthaltend 60 Gew.-% eines weißen Mineralöls, einen nicht-ion. Emulgator, der sowohl in Mineralöl als auch in W. lösl. ist, ein keimtötendes Mittel, das in W. u. dem Mineralöl lösl. ist. Als Emulgator kann ein partieller Ester eines Polyoxyäthylenäthers verwendet werden. Als keimtötende Mittel sind geeignet: Quatern. Ammonium-Verbb., Chlorphenole, Alkylchlorphenole, labile Disulfide, organ. Peroxide oder Chloramin. Zur Verbesserung der Löslichkeit kann ein höherer aliphat. Alkohol, ein höheres aliphat. Glykol oder eine Mischung davon zugesetzt werden. (**E. P. 882742** vom 18/2. 1960, ausg. 22/11. 1961. A. Prior. 19/2. 1959.) R. Bauereis. 4833

1617 J. R. Geigy Akt.-Ges. (Erfinder: Alfred Margot und Hans Gysin), Basel, Schweiz, **Trichlormethansulfensäurederivate** der allg. Formel Cl_3C–S–(CH_3SO_2)–N–Q (Q = ggf. substituierter Arylrest) werden hergestellt durch Rk. von Sulfonsäureamiden oder deren Salze der allg. Formel $CH_3SO_2(X)N$–Q (X = H, einwertiges Kation) mit Cl_3CSCl. — Zu 20,5 Teilen Methansulfonsäure-4-chloranilid in 200 Raumteilen 0,5n-NaOH tropft man unter Rühren bei 10° 18,6 Teile Perchlormethylmercaptan. Man rührt mehrere Std. bei Raumtemp. nach, neutralisiert mit NaOH, saugt ab, wäscht mit W. → *Methansulfonsäure-N-trichlormethansulfonyl-4-chloranilid*, F. 114—115° (aus Cyclohexan). — Analog werden hergestellt: *Methansulfonsäure-N-trichlormethansulfenylanilid*, F. 116—117°. — *Methansulfonsäure-N-trichlormethansulfenyl-2-chloranilid*, F. 129—130°. — *Fungicide* u. *Baktericide*. (**Schwz. P. 360987** vom 20/9. 1957, ausg. 15/5. 1962. **Zusatz zu Schwz. P. 317878; C. 1960, 3678.**) A. Debo. 4833

1618 J. R. Geigy Akt.-Ges. (Erfinder: Alfred Margot und Hans Gysin), Basel, Schweiz, **Trichlormethansulfensäurederivate** der allg. Formel Cl_3CS–$(ClCH_2SO_2)N$–Q (Q = Nitrophenyl) werden hergestellt durch Rk. von $ClCH_2SO_2N(X)$–Q (X = H, einwertiges Kation) mit Cl_3CSCl. — Zu 25 Teilen Chlormethansulfonsäure-4-nitranilid in 100 Raumteilen n-NaOH tropft man bei 10° 18,6 Teile Cl_3CSCl. Man rührt einige Std. nach, filtriert ab, wäscht mit W. → *Chlormethansulfonsäure-N-trichlormethansulfenyl*(**I**)*-4-nitranilid*, F. 63—64° (aus Methanol); analog stellt man her: **I**-*2-nitranilid*, F. 89—90°; -*Fungicide*, *Baktericide*. (**Schwz. P. 360989** vom 20/9. 1957, ausg. 15/5. 1962. **Zusatz zu Schwz. P. 317878; C. 1960, 3678.**) A. Debo. 4833

1619 Lockheed Aircraft Corp., Burbank, übert. von: William F. Hamilton, Altadena, Calif., V. St. A., **Toilettensumpfflüssigkeit** zum wiederholten Gebrauch aus 20—70 g eines antibakteriellen quatern. Ammoniumsalzes (Diisobutylphenoxyäthoxyäthyldimethylbenzylammoniumchloridmonohydrat, Benzalkoniumchlorid u. C_9–C_{15}-Alkyltolylmethyltrimethylammoniumchlorid), 2 bis 10 g Saponin u. so viel W., daß die Gesamt-Lsg. ∼3 Gallonen beträgt; zur Behandlung von 12 Gallonen Kloakenfl. unter Belüftung. Die Fl. kann noch Borsäure, HCHO, äther. Öle u. Alkalisalze enthalten. (**A. P. 2998390** vom 5/12. 1957, ausg. 29/8. 1961.) R. Bauereis. 4833

1620 Weco Products Co., Chicago, Ill. (Erfinder: W. Kedzie Teller, Kingston, N. Y.), V. St. A., **Herstellung eines bakteriostatischen Kunststoff-Formkörpers,** der mit der menschlichen Haut verträglich u. langanhaltend wirksam ist. Organ. Kunststoffen werden 0,1—3 Gew.-% 3.5.3'.4'-Tetrachlorsalicylanilid (Irgasan) zugesetzt. Das pulverisierte Gemisch wird stranggepreßt oder zu Schichten geformt. Das Verf. ist anwendbar auf Cellulosederivv., thermoplast. Polymere, wie Polyalkylene, Polystyrol, Polyamide u. hitzehärtende Polymere wie Harnstoff -oder Phenolformaldehydharze. — Herst. von Zahnbürsten, Tischgeschirr, Telefonsprechkapseln, Fußbodenfliesen. (**Oe. P. 224813** vom 22/3. 1961, ausg. 10/12. 1962.) B. L. König. 4833

1621 **J. R. Geigy Akt.-Ges.** (Erfinder: **Bruno Hofer** und **Willy Stoll**), Basel, Schweiz, *Glykole*. (**Schwz. P. 367812** vom 4/7. 1958, ausg. 30/4. 1963. — C. **1961**, 13276 [D. A. S. 1095271].)

1622 **Farbenfabriken Bayer Akt.-Ges.**, Leverkusen, *Herstellung von heterocyclischen o-chinonen*. (**E. P. 904680** vom 20/9. 1960, ausg. 29/8. 1962. D. Prior. 25/9. 1959. — C. **1961**, 18418 [D. A. S. 1108699].)

1623 **Ciba Akt.-Ges.**, Basel (Erfinder: **Jean Druey**, Riehen, und **Hans Isler**, Bottmingen), Schweiz, *Herstellung eines Sulfonamids*. (**Schwz. P. 361577** vom 18/7. 1957, ausg. 15/6. 1962. — C. **1961**, 14021 [Oe. P. 205981 u. D. A. S. 1079064].)

1624 **Ciba Ltd.**, Basel, Schweiz, *Herstellung von ungesättigten Aminodiolen*. (**Ind. P. 57675** vom 19/6. 1956, ausg. 23/8. 1962. — C. **1962**, 947 [Schwz. P. 349592].)

1625 **Dr. Karl Thomae G. m. b. H.**, Biberach/Riß, *Herstellung von tertiären Aminen*. (**E. P. 898068** vom 8/7. 1960, ausg. 6/6. 1962. D. Prior. 9/7. 1959. — C. **1963**, 9040 [D. A. S. 1116227].)

1626 **Ciba Akt.-Ges.**, Basel (Erfinder: **Karl Hoffmann**, Binningen, **Alfred Hunger**, **Jindrich Kebrle** und **Alberto Rossi**, Basel), Schweiz, *Herstellung neuer Benzimidazole*.(**Schwz. P. 361285** vom 30/8. 1957, ausg. 30/5. 1962. — C. **1962**, 2085 [Oe. P. 207379 u. D. A. S. 1079646].)

1627 **Ciba Akt.-Ges.**, Basel (Erfinder: **Karl Hoffmann**, Binningen, **Alfred Hunger**, **Jindrich Kebrle** und **Alberto Rossi**, Basel), Schweiz, *Benzimidazole*. (**Schwz. P. 361286** vom 27/9. 1957, ausg. 30/5. 1962. — C. **1961**, 11428 [D. A. S. 1081019].)

1628 **Ciba Akt.-Ges.**, Basel (Erfinder: **Karl Hoffmann**, Binningen, **Alfred Hunger**, **Jindrich Kebrle** und **Alberto Rossi**, Basel), Schweiz, *Herstellung von Benzimidazolen*. (**Schwz. P. 361288** vom 30/8. 1957, ausg. 30/5. 1962. — C. **1962**, 17139 [Oe. P. 208853].)

1629 **Ciba Akt.-Ges.**, Basel (Erfinder: **Karl Hoffmann**, Binningen, **Alfred Hunger**, **Jindrich Kebrle** und **Alberto Rossi**, Basel), Schweiz, *Herstellung von 1-[tert.-Aminoalkyl]-2-[p-alkylbenzyl]-benzimidazolen*. (**Schwz. PP. 361575** u. **361576** vom 27/9. 1957, ausg. 15/6. 1962. — C. **1962**, 17139 [F. P. 1208640].)

1630 **Ciba Ltd.**, Basel, Schweiz, *Herstellung von Pyrazolo-[2.3.a]-imidazolidinen*. (**E. P. 888703** vom 5/5. 1959, ausg. 31/1. 1962. Schwz. Prior. 30/5. 1958 u. 10/4. 1959. — C. **1962**, 10192 [D. A. S. 1111640].)

1631 **Ciba Ltd.**, Basel, Schweiz, *Herstellung von γ-Carbolinen*. (**E. P. 891157** vom 3/7. 1958, ausg. 14/3. 1962. Schwz. Prior. 11/7. 1957. — C. **1962**, 2085 [F. P. 1200949].)

1632 **Ciba Ltd.**, Basel, Schweiz, *Herstellung von 1-Isopropylpyrazolo-[3.4: d]-pyrimidinen*. (**E. P. 888690** vom 24/11. 1958, ausg. 31/1. 1962. Schwz. Prior. 22/11. 1957. — C. **1962**, 6877 [F. P. 1215845].)

1633 **Ciba Ltd.**, Basel, Schweiz, *Herstellung von Tetrahydrodioxopyridazinen*. (**E. P. 887318** vom 1/5. 1958, ausg. 17/1. 1962. Schwz. Prior. 24/5. u. 25/10. 1957. — C. **1962**, 5395 [F. P. 1206940].)

1634 **Ciba Ltd**. (Erfinder: **George de Stevens** und **Lincoln Harvey Werner**), *Herstellung von 3-Dichlormethyl-6-trifluormethyl-7-sulfamyl-3.4-dihydro-1.2.4-benzothiadiazin-1.1-dioxid*. (**Aust. P. 237732** vom 13/1. 1960, ausg. 22/3. 1962. A. Prior. 27/3. u. 9/7. 1959. — C. **1963**, 9810 [D. A. S. 1129497].)

1635 **Ciba Ltd**. Basel, Schweiz, *Herstellung von Reserpin*. (**Niederl. P. 103553** vom 8/4. 1957, ausg. 15/1. 1963. A. Prior. 9/4. u. 30/4. 1956. — C. **1963**, 8260 [F. P. 1173498].)

1636 **F. Hoffmann — La Roche & Co. Akt.-Ges.**, Basel (Erfinder: **Urs Gloor**, Riehen, und **Oswald Wiss**, Reinach), Schweiz, *Herstellung eines arzneilichen Wirkstoffes*. (**Schwz. P. 368113** vom 29/8. 1958, ausg. 15/5. 1963. — C. **1961**, 2717 [D. A. S. 1084434].)

1637 **G. D. Searle & Co.** (Erfinder: **John A. Cella** und **Robert C. Tweit**), *Alkanoylmercaptosteroide*. (**Aust. P. 238433** vom 10/12. 1959, ausg. 17/5. 1962. A. Prior. 12/12. 1958. — C. **1963**, 8654 [D. A. S. 1121610].)

1638 **C. H. Boehringer Sohn**, Ingelheim, *Herstellung von 3.12.-Dihydroxy-11-oxo-23-bromspirostan*. (**Niederl. P. 103430** vom 5/3. 1960, ausg. 17/12. 1962. D. Prior. 5/3. 1959. — C. **1961**, **17673** [D. A. S. 1092913].)

1639 **Aktiebolaget Leo,** Schweden, *Herstellung von Corticosteroidhormonestern.* **(F. P. 1294116** vom 16/7. 1960, ausg. 11/10. 1962. E. Prior. 16/7. 1959. – C. **1963,** 20526 [D. A. S. 1131668].)

1640 **Uclaf,** Paris, Frankreich, *Herstellung von Oxytocin.* **(E. PP. 848407** vom 28/3. 1957, ausg. 14/9. 1960. F. Prior. 22/6. 1956 u. **887415** [Zusatz-Pat.] vom 21/7. 1958, ausg. 17/1. 1962. F. Prior. 22/7. 1957. – C. **1963,** 20528 [D. A. S. 1038053 u. 1059471].)

1641 **Ciba Ltd.,** Basel, Schweiz, *Hexapeptide.* **(E. P. 895345** vom 3/7. 1959, ausg. 2/5. 1962. Schwz. Prior. 3/7. 1958. – C. **1962,** 10936 [D. A. S. 1108232].)

1642 **American Cyanamid Co.,** New York, N. Y., (Erfinder: **Jerry Robert Daniel Mc Cormick,** New City, **Nancy Hazlett Arnold, Ursula Hirsch,** Pearl River, **Philip Andrew Miller,** New City, N. Y., und **Newell Andrew Sjolander,** Saddle River, N. J.), V. St. A., *Antibiotica der Tetracyclinreihe.* **(D. A. S. 1123085** Kl. 30h vom 18/6. 1959, ausg. 1/2. 1962. A. Prior 20/6. 1958. – C. **1962,** 13873 [A. P. 2970947].)

1643 **Eli Lilly & Co.,** Indianapolis, Ind., V. St. A., *Sulfatsalze der Erythromycin- und Erythromycin-B-Ester.* **(Ind. P. 68059** vom 17/6. 1959, ausg. 7/4. 1962. – C. **1962,** 9447 [D. A. S. 1114499].)

1644 **Merck & Co., Inc.,** Rahway, N. J., V. St. A., *Isolieren und Reinigen von Novobiocin.* **(Ind. PP. 57008** vom 7/4. 1956, ausg. 16/8. 1962 u. **61464** vom 14/8. 1957, ausg. 25/8. 1962. – C. **1959,** 9332 [D. A. S. 1034818].)

1645 **Ciba Akt.-Ges.,** Basel (Erfinder: **Ernst Gäumann, Vladimir Prelog,** Zürich, und **Ernst Vischer,** Basel), Schweiz, *Herstellung des Antibioticums Actinomycin Z.* **(Schwz. P. 367936** vom 25/7. 1958, ausg. 30/4. 1963. – C. **1961,** 12566 [D. A. S. 1089512].)

G. Analyse, Laboratorium

1646 **Labortischkonstruktionen — Versuch einer Bewertung.** W. Schramm. (Glas-Instrumenten-Techn. **7,** 56–59, 1963; Darmstadt; dt.) — Übersicht. W. Betcke. 5010◇

1647 **Ultrahochvakuum-Ionisationsmanometer mit direkt geheizten Elektroden.** C. Y. Hwa, S. Y. Wang und Z. C. Chang. (Acta physica sinica **19,** 83–89, 1963; chin., Auszug: engl.) — Beschreibung zweier Typen für den Bereich 10^{-3}–10^{-11} Torr. Alle Elektroden können durch Widerstandsheizung entgast werden. H. Liepack. 5016◇

1648 **Ein einfaches, aber genaues mit Öl gefülltes Vakuummanometer.** A. T. J. Hayward. (J. sci. Instruments **40,** 173–75, 1963; East Kilbride, Glasgow, Nat. Engng. Labor., Fluids Group, Basic Heat Transfer and Properties of Fluids Div.; engl.) — Das beschriebene Gerät hat gegenüber konventionellen Typen den Vorteil, daß man das zur Füllung dienende Öl leicht in einer am Manometer befindlichen Entlüftungskammer entgasen kann. Vergleiche mit McLeod-Manometern ergaben, daß man mit dem beschriebenen Gerät trotz seiner einfachen Konstruktion im Bereich von 0–10 Torr die gleiche Genauigkeit erreicht. F. Voigt. 5016◇

1649 **Theorie der Klumb-Schwarz-Manometer.** Z. Y. Lee, M. Y. Wang und Q. M. Pan. (Acta physica sinica **19,** 90–98, 1963; chin., Auszug: engl.) — Beschreibung einer einfachen Theorie zur Best. der Empfindlichkeit eines Manometers vom Klumb-Schwarz-Typ (Knudsen-Manometer). Es wird ein optimaler Winkel für die Flügel von 24° angegeben. Vff. zeigen ferner, daß der untere Bereich dieses Vakuummeters durch die Kraft infolge der elektromagnet. Strahlungen begrenzt ist, analog zu dem Effekt weicher Röntgenstrahlung in Glühkathoden-Ionisationsmanometern. H. Liepack. 5016◇

1650 **Verbesserte Brückenschaltung für die Messung tiefer Temperaturen.** W. L. Briscoe. (Rev. sci. Instruments **31,** 999–1000, 1960; Los Alamos, N. Mex., Univ. of California, L. A. S. L.; engl.) A. Blaschette. 5016◇

1651 **Verfahren zur Messung rasch veränderlicher Temperaturen.** Horst Ebel. (Naturwissenschaften **49,** 80 bis 81, 1962; Wien, TH, Inst. für ang. Phys.; dt.) — Großes zeitliches Auflösungsvermögen u. hohe Empfindlichkeit werden bei einem Pyrometer durch Verw. einer Ge-Photodiode als Detektor erzielt. Diese liefert eine von der Temp.-Strahlung abhängige EMK, deren zeitliche Änderungen in einem photograph. aufgenommenen Oscillogramm registriert werden. Mit dieser Anordnung ist der zeitliche Temp.-Verlauf bei Temp. bis $> 500°$ mit einer Zeitkonst. $T = 10^{-4}$ s meßtechn. erfaßbar. Als Beispiel wird der zeitliche Temp.-Verlauf einer durch Hochfrequenzinduktion erwärmten Stahlprobe wiedergegeben. W. Betcke. 5016◇

1652 **Ein Sinterglas-Stoßfilter zum Filtrieren bei niedriger Temperatur.** J. M. Ferguson. (Chem. and Ind. **1961,** 1348–49; Waltham Abbey, Essex, Min. of Aviat.; engl.) — In den Stempelteil einer unten geschlossenen Injektionsspritze wird eine Fritte eingesetzt, mit der die im Hohlraum der Spritze befindliche Fl. nach dem Abkühlen schnell von der festen Substanz getrennt werden kann. W. Betcke. 5024◇

1653 **Ein elektromagnetisch gesteuertes Allglasventil für Ultrahochvakuum.** K. Thiele. (Vakuum-Techn. **8,** 223–26, 1959; Rossendorf b. Dresden, Zentralinst. für Kernphys.; dt.) — Beschreibung einer verbesserten Konstruktion eines Allglasventils mit magnet. Betätigung, das für den Betrieb in Verb. mit Kühlwasser-Sicherheitsschaltern, Kontaktmanometern usw. sehr gut geeignet ist. Angabe der dazu notwendigen elektr. Steuereinrichtung. L. Roth. 5026◇

1654 **Die elektrische Widerstandsheizung im Laboratorium.** 2.–4. Mitt. F. W. D. Wolf. (Glas-Instrumenten-Techn. **5,** 245–51, 285–90, 321–32, 1961; dt.) — 1. vgl. C. **1962,** 8000. — Vf. behandelt Oberflächenverdampfer (Vitreosil IR-Strahlungsheizer mit Vitreosil-Quarzgut-Heizkörper), Heizplatten (Werkstoff Silumin: 12,75% Si, 0,2% Mn, 0,6% Fe, 0,05% Cu, 86,4% Al), Heizschalen, Elektro-Bunsenbrenner, Spiegelbrenner, Glas-Col Heizer, Isopad-Heizmäntel, Elektrothermal-Heizmäntel, Pilz-Heiztuben, Heizbänder, Wärmeschränke, Laboröfen (Heizwerkstoff je nach Temp. Legg. von Ni–Cu, Cr–Al, Cr–Ni, Pt–Rh, Pt–Ir u. Mo + Schutzgas), Staböfen (Silit-Heizstäbe, Mosilitheizelemente auf $MoSi_2$-Basis, Kanthal-Superelemente), Kohleöfen (Graphit, Kohlegrieß, Kryptol), Heizleiter-Legg. (austenit. auf Fe–Cr-Basis, ferrit. auf Fe–Cr–Al-Basis), Beständigkeit von Heizleitern (Oxidschichten u. ihre Zerstörung durch Silicate, Borate, Chloride, Nitrate, Carbonate, PbO, S-Einw. bei austenit. Legg., die Al_2O_3-Schicht auf ferrit. Legg. ist gegen S beständig) u. Selbstbau einfacher Widerstandsheizvorrichtungen. I. Zoll. 5028◇

1655 **Verbesserte Dichtungen für Rührer.** J. Okon und M. I. Paz-Andrade. (Chemist-Analyst **52,** 51, 1963; Santiago de Compostela, Spain, Univ., Fac. of Sci., Dep. of Engng. Chem.; engl.) — Durch Ersatz des oberen Glas-Kugelschliffs eines Ganzglas-Kugelhülsenlagers für einen mechan. Rührer durch eine Teflon-Kugelverbindung wird ein selbstschmierender Verschluß hergestellt, der in Fällen, wo Fett stört (z. B. Kochen von Lsgm. unter vermindertem Druck) Anwendung finden kann. W. Betcke. 5036◇

1656 **Verbesserter Rührer und verbessertes Lager für Drehband-Destilliersäulen.** W. F. Pease, A. H. Gilbert und Arno Cahn. (Analytic. Chem. **32,** 894, 1960; Edgewater, N. J., Lever Brothers Co., Res. and Dev. Div.; engl.) — Es wird eine Art der Lagerung des Rührers in Drehband-Destilliersäulen am unteren Ende der Säule beschrieben, bei der ein Schlingern des Bandes verhindert wird. W. Betcke. 5038◇

1657 **Eine Apparatur für kombinierte thermogravimetrische und Differentialthermoanalyse.** J. E. Krüger und J. G. Bryden. (J. sci. Instruments **40,** 178–82, 1963; Pretoria, South Africa, South African Council for Sci. and Ind. Res., Nat. Building Res. Inst.; engl.) — Es wird eine elektron. gesteuerte App. beschrieben, die das Gew. der Probe während des Erhitzens anzeigt u. gleichzeitig die DTA-Kurven aufnimmt. Die Waage ist direkt über dem Ofen angeordnet. Einzelheiten des apparativen u. elektron. Aufbaues werden genau angegeben. Das Gerät wurde zur Unters. von Baumaterial, z. B. *Ca(OH)*$_2$, *Magnesit* u. *Dolomit* verwendet. F. Voigt. 5052◇

1658 **Gaschromatographie.** Krystyna Malinowska. (Chem. analit. [Warszawa] **7,** 1017–41, 1962; Warszawa, Inst. Chem. Ogólnej, Zaklad Analit. im N. Struszyńskiego; pol.) — Übersicht über die Meth. der Gaschromatographie. — 320 Literaturangaben. H. Kuchenbecker. 5062◇

1659 **Apparat zur Handhabung von Gasen für die Gaschromatographie.** Stephen P. Vango. (Chemist-Analyst **52,** 53—54, 1963; Pasadena, Calif., California Inst. of Technol., Jet. Prop. Labor.; engl.) — Beschreibung einer Vorr., mit deren Hilfe Gase (bes. solche unter vermindertem Druck) bei minimalen Verlusten in den Gaschromatographen überführt werden können.
W. Betcke. 5062◇

1660 **Eine einfache Apparatur zur Konstanthaltung des Enddrucks an Gas-Chromatographiegeräten.** G. Kateman. (J. Chromatogr. [Amsterdam] **8,** 278—79, 1962; Geleen, Netherlands, Staatsmijnen in Limburg Labor. Stikstofbindingbedrijf; engl.) — Der chemat. Aufbau der Vorr., bestehend aus einem Druckbehälter, einem Hg-Manometer mit drei Kontakten und einem Nadelventil am Ausgang des Gaschromatographen ist angegeben. W. Leipnitz. 5062◇

1661 **Eine quantitative Gasstromteilungs-Injektionsvorrichtung für Capillarsäulen.** D. R. Clarke. (Nature [London] **198,** 681—82, 1963; Cambridge, W. G. Pye and Co., Ltd.; engl.) — Die Vorr. besteht aus einem Metallzylinder, in welchen von oben Trägergas einströmt u. die fl. Probe mittels Injektionsspritze durch eine Membran eingeführt wird. Die Probe verdampft an einem beheizten Drahtnetz u. wird vom Gasstrom gegen die durch die Grundfläche des Zylinders in diesen hineinragende Trennsäule gespült. Das Verhältnis der Zylinder- zur Säulenfläche beträgt 1000:1. Der Überschuß an Probe strömt durch ein Nadelventil, welches zur Einstellung der Gas-Geschw. u. des Teilungsverhältnisses dient, aus dem System. Bei Testgemischen aus *A.*, *n-Butylacetat* u. *Cumol* wurde keine Veränderung der Konz.-Verhältnisse beobachtet. G. Bock. 5062◇

1662 **Ein Trägergasleitungssystem für Gaschromatographen mit mehreren Trennsäulen.** J. Dutta. (Sci. and Cult. [Calcutta] **29,** 153—54, 1963; Calcutta, Bose Inst.; engl.) — Beschrieben wird ein Leitungssystem mit 5 Hähnen, um in einem Gaschromatographen mit 3 Trennsäulen beliebige Kombinationen derselben in den Gasweg einschalten zu können. G. Bock. 5062◇

1663 **Trennung mit endlosen kreisförmigen Säulen in der Gaschromatographie.** S. Sideman. (Chem. Engng. Sci. **18,** 95—98, 1963; Haifa, Israel, Israel Inst. of Technol., Dep. of Chem. Engng.; engl.) — Eine hohe Anzahl von Trennstufen (**A**) erfordernde Trennungen können in relativ kurzen Säulen erzielt werden, wenn Probe u. Trägergas wiederholt im Kreislauf hindurchgepumpt werden. Mit steigender Umlaufzahl werden die Banden breiter u. niedriger, weshalb Säulen mit möglichst vielen **A** eingesetzt werden müssen. Die berechneten Beziehungen zwischen Bandenbreite u. -höhe, Umlaufzahl u. **A** stimmen mit den Vers.-Ergebnissen gut überein.
G. Bock. 5062◇

1664 **Oberflächenmodifizierte Glascapillaren für polare Trennflüssigkeit in der Gas-Chromatographie.** W. Leipnitz und M. Mohnke. (Chem. Techn. **14,** 753—54, 1962; Leipzig, Dt. Akad. Wiss. zu Berlin, Inst. für Verf.-Techn. der organ. Chem. u. Inst. für phys. Stofftrennung; dt.) — Durch Einw. von NH_3 auf Glascapillaren bei 180° über mehrere Std. u. Sinterung bei der gleichen Temp., gelang es, die Innenfläche der Capillaren mit einer dünnen Schicht von SiO_2 zu belegen. Auf diese Oberfläche können nun auch polare Fl.-Filme aufgebracht werden, die die Trennleistung der Säule erheblich steigern.
H. Hoffmann. 5062◇

1665 **Die gegenseitige Beeinflussung der gelösten Komponenten in der Gaschromatographie.** Kazuo Amaya und Kazuko Sasaki. (Bull. chem. Soc. Japan **35,** 1507—10, 1962; Shibuya-Ku, Tokyo, Governm. Chem. Ind. Res. Inst.; engl.) — Entgegen bisherigen Annahmen kommen Vff. auf Grund von Berechnungen, denen stark vereinfachte Modellvorstellungen zugrunde liegen, zu dem Ergebnis, daß sich in der Gas-Fl.-Chromatographie mehrere gleichzeitig eingegebene Probesubstanzen gegenseitig beeinflussen, wodurch sich die Retentionszeiten ändern. Der Effekt ist außer von der Art der Stoffe auch von der Konz. u. davon abhängig, ob die Komponenten rasch getrennt werden, oder eine lange Strecke gemeinsam wandern. Bisher wurde nur Verlängerung der Retentionszeiten beobachtet, was durch einige prakt. Beispiele (*Äthylmethylketon–Chlf.*; *CCl_4–Chlf.*; *Toluol–Chlf.*) belegt wird. G. Bock. 5062◇

1666 **Ein gesteuertes Gaschromatographiesystem zur Analyse von Austrittsströmen von Reaktoren.** C. W. Munday und G. R. Primavesi. (Analyst **88,** 551—57, 1963; Great Burgh, Epsom, Surrey, Distillers Co. Ltd., Res. Dep.; engl.) — Beschreibung eines App. zur Analyse von Dampfströmen, die einen Taupunkt bis zu 150° u. einen H_2O-Geh. bis zu 90% haben können.
U. Wenzel. 5062◇

1667 **Verwendung von Capillarsäulen zur gaschromatographischen Trennung einiger nahe verwandter Stellungsisomeren des Methyllinolats.** R. A. Landowne und S. R. Lipsky. (Biochem. biophysica Acta [Amsterdam] **46,** 1—12, 1961; New Haven, Conn., Yale Univ., School of Med., Dep. of Internal Med.; engl.) — Während Stellungsisomere des *Methyllinolats* gaschromatograph. an Polyestersäulen relativ schlecht trennbar sind, gelingt eine vollständige Trennung von $\Delta^{8.11}$-, $\Delta^{9.12}$-, $\Delta^{10.13}$- u. *$\Delta^{11.14}$-Octadiensäuremethylestern* in Capillaren aus rostfreiem, mit Glutarat-Äthylenglykolpolyester ausgekleideten Säulen. Nichtpolare Säulen trennten ebenfalls diese Isomeren, jedoch überlappten Oleat u. Linolat, so daß sie für komplizierte Gemische weniger geeignet sind. K. Maier. 5062◇

1668 **Eine Methode zur Einführung instabiler, fester Metallchloride in gaschromatographische Säulen.** C. P. Ellis. (Analytic. Chem. **35,** 1327—28, 1963; South Africa, Univ. of Natal, Dep. of Chem.; engl.) — In der gläsernen, auf die Trennsäule aufgesetzten Vorr. wird mit einem von außen zu handhabenden Spatel eine kleine Probenmenge aus dem Vorratsgefäß in einen verschiebbaren, elektr. beheizten Tiegel gebracht, wo rasche Verdampfung stattfindet. G. Bock. 5062◇

1669 **Ein automatischer, kontinuierlich variabler Dämpfer für die Gaschromatographie.** Kenneth Abel und Wm. B. Dabney. (Analytic. Chem. **35,** 1335—36, 1963; Falls Church, Va., Melpar, Inc., Res. Div.; engl.) — Zwischen Wärmeleitzelle u. Schreiber wird ein 1000Ω-Potentiometer geschaltet, dessen Widerstand sich mit zunehmendem Detektorsignal vergrößert. Bis etwa 40% Vollausschlag (1 mV) erfolgt etwa lineare Abschwächung, bei höheren Werten steigt die Dämpfung rasch auf das 50fache an. Bei Bedarf kann auf stufenweise veränderliche Dämpfung umgeschaltet werden. G. Bock. 5062◇

1670 **Eine Apparatur zur Bestimmung des Produkts aus Berghöhe und Retentionszeit in der Gaschromatographie.** G. Kateman. (J. Chromatogr. [Amsterdam] **8,** 280—81, 1962; Geleen, Netherlands, Staatsmijnen in Limburg, Labor. Stikstofbindingsbedrijf.; engl.) — Parallel zum elektr. Ausgang des Detektors wird ein Potentiometer geschaltet, dessen beweglicher Kontakt während einer Analyse mit konstanter Geschw. verstellt wird. Je später ein Berg auftritt, desto mehr Spannung wird am Potentiometer abgegriffen u. dem Schreiber zugeführt. Schaltung u. Abb. der Vorrichtung. W. Leipnitz. 5062◇

1671 **Thermistor-Detektoren in der Gaschromatographie.** W. K. R. Musgrave. (Chem. and Ind. **1959,** 46, 1959; Durham, Univ. Durham Coll. Chem. Dep.; engl.) — Die verwendeten Thermistor-Paare (Typ A oder I) hatten bei Raumtemp. Widerstände von 1000, 2000 bzw. 500000 Ohm u. konnten sämtlich in kontinuierlichem Einsatz bis 220° verwendet werden.
C. E. Döring. 5062◇

1672 **Vereinfachter Flammenionisations-Detektor zur Gaschromatographie.** Iwao Fujishima und Tsugio Takeuchi. (Japan Analyst **11,** 104—08, 1962; Nagoya Univ., Fac. of Engng., Inst. of Techn.-analyt. Chem.; jap., Auszug: engl.) — Ein vereinfachter Flammenionisations-Detektor wird zusammen mit einem Impedanzumwandlungsstromkreis zur Gaschromatographie verwendet. Mit Hilfe dieser Vorr. werden noch 0,05 (μg) Bzl. 0,1 Toluol u. 0,25 Xylol nachgewiesen.
W. Wesly. 5062◇

1673 **Ein selbsttätig schreibender Integrator für die Gaschromatographie.** Tatsuro Haruki und Shûso Fujiwara. (Japan Analyst **11,** 38—43, 1962; Shimadzu Mfg.

Co., Sci. Instr. Div.; jap., Auszug: engl.) — App.-Beschreibung. W. Wesly. 5062◇

1674 **Grundlagen der coulostatischen Analyse.** Paul Delahay. (Analytic. Chem. **34**, 1267—71, 1962; Baton Rouge, La., Louisiana State Univ., Coates Chem. Labor.; engl.) — Diskutiert wird das Prinzip einer elektrochem. Analysenmeth., bei der nach plötzlichem Ladungswechsel an der Arbeitselektrode Potential-Zeit-Kurven bei offenem Stromkreis aufgenommen werden. Durch die Entladung eines mit der Elektrode in Serie geschalteten Kondensators entsprechender Kapazität läßt sich in sehr kurzer Zeit (10^{-6} Sek.) die Ladung der Meßelektrode u. damit ihr Potential E um einen definierten Betrag verändern. Die Größe der Aufladung wird so bemessen, daß E von dem vor der Aufladung herrschenden Gleichgew.-Potential E_G abweicht entsprechend einem deutlichen Faradaystrom. Nach der Aufladung wird bei offenem Stromkreis der infolge der Entladung der Doppelschichtkapazität einsetzende zeitliche Abfall des Potentials auf seinen Ausgangswert oszillograph. registriert. Et-Kurven hängen ab von der Doppelschichtkapazität u. der Größe des Faradaystromes. Da dieser allgemein konz. abhängig ist, lassen sich die Konzz. der an der Elektrodenrk. beteiligten Stoffe aus der Et-Kurve ermitteln. Unter Vermeidung aller aus der Doppelschicht resultierenden Schwierigkeiten bei der Spurenanalyse bewähren sich coulostat. Analysen an einer Elektrode konst. Oberfläche im Konz.-Bereich 10^{-5}—10^{-7} m/Liter für Substanzen, die sich unter polarograph. Bedingungen reduzieren u. oxydieren lassen. Notwendig ist jedoch Reinigung des Grundelektrolyten z. B. durch Vorelektrolyse u. Entfernung des O_2. Bes. geeignet ist die Meth. für Unterss. der Kinetik der Elektrodenprozesse u. Adsorptionsvorgänge. E. Beyerle. 5066◇

1675 **Coulostatische Anodic-stripping-Technik mit einer Quecksilberelektrode.** Paul Delahay. (Analytic. Chem. **34**, 1662—63, 1962; engl.) — Vgl. vorst. Referat. — Für eine mögliche Kombination der „anodic-stripping"-Technik mit der coulostat Meth. werden Fundamentalgleichungen abgeleitet u. experimentelle Bedingungen diskutiert unter Betrachtung der beiden Fälle: Metall-Abscheidung an Hg bei 1. linearer Diffusion des Metallions in der Lsg. u. 2. bei konst. Stromdichte u. Konvektion der Lsg. Im Falle 1. entspricht die Empfindlichkeit der coulostat. anodic-stripping-Meth. dem direkten coulostat. Verf., wobei jedoch erstere Meth. den Vorteil bietet, daß der Potentialabfall in Spannungsbereichen beobachtet werden kann, in denen O_2 nicht reduziert u. Hg kaum oxydiert wird. Bei gleicher Empfindlichkeit können im Fall 2. die Schwierigkeiten, die mit der Ladung der Doppelschicht zusammenhängen, ausgeschaltet werden. E. Beyerle. 5066◇

1676 **Vanillinazin und Möglichkeiten seiner Anwendung zur chemischen Analyse.** Regina Matyja. (Chem. analit. [Warszawa] **8**, 437—41, 1963; Warszawa, Warsaw Agricult. Univ., Dep. of General Chem.; pol.) — Vanillinazin (**I**) bildet unter Beteiligung der phenol. OH-Gruppen mit einer Reihe von Kationen farbige, in W. unlösl. innere Komplexe. Wegen der Unlöslichkeit von I in W. wird das Dinatriumsalz verwendet. Lsgg. von I in $CH_3 \cdot COOH$ oder A. reagieren nicht. Das Rk.-Medium kann neutral, schwach sauer oder schwach alkal. sein. In stark sauren oder stark alkal. Lsgg. werden die Komplexe z. T. wieder zersetzt. Die Empfindlichkeit der Rk. für Zn^{2+} u. Pb^{2+} in Ggw. verschiedener anderer Kationen ist angegeben. H. Kuchenbecker. 5072◇

1677 **Neue o.o'-Dihydroxyazofarbstoffe aus 5-Hydroxychinolin.** A. Badrinas. (Talanta [London] **10**, 704—08, 1963; Barcelona, Univ., Dep. de Fisiol. Vegetal, Inst. de Biol. Apl. C. S. I. C.; engl.) — Zur analyt. Anwendung untersucht Vf. Darst. u. Eigg. von o.o'-Dihydroxyazofarbstoffen, die durch Kupplung der Diazoniumsalze von 1-Amino-2-hydroxynaphthalin-4-sulfonsäure (**I**) mit 8-Hydroxychinolin (**II**), von 1-Amino-2-naphthol mit **II**, von 1-Amino-2-hydroxynaphthalin-4.5-disulfonsäure mit 8-Hydroxychinolin-5-sulfonsäure (**III**) u. von **I** mit **III** entstehen. Bei der Rk. von I mit II wird die Bldg. zweier Isomerer (in 5- u. 7-Stellung; chromatograph. Trennung) beschrieben. Es werden das Verh. gegenüber Cu^{2+}, Zn^{2+}, Cd^{2+}, Fe^{3+}, Th^{4+}, Ni^{2+}, Co^{2+} u. bes. Mg^{2+} u. Al^{3+}, auch in Ggw. von Maskierungsreagentien, wie CN^-, Triäthanolamin, Ascorbinsäure, sowie die Indicator-Eigg. untersucht. J. Weiner. 5072◇

1678 **Physikochemische Methoden zur Feuchtigkeitsmessung.** 1. Mitt. A. Pande. (Lab. Pract. **12**, 432—36, 1963; Delhi, India, Shri Ram Inst. for Ind. Res.; engl.) — Die Feuchtigkeits-Best. von Substanzen durch Trocknung in Öfen, Vakuum-Trockenschränken sowie durch Thermowaagen wird diskutiert. Der diesen Meth. zugrundeliegende Zusammenhang zwischen Bindungsenergie u. Dampfdruck des H_2O wird erläutert. Abschließend werden die Eigg. von Geräten, die mit Infrarotstrahlern arbeiten, hervorgehoben, bes. hinsichtlich der hier sehr schnell verlaufenden Trocknung bei nur geringer Erwärmung der Substanz. K. Scheffler. 5074◇

1679 **Physikochemische Methoden zur Feuchtigkeitsmessung.** 2. Mitt. A. Pande. (Lab. Pract. **12**, 661—66, 1963; engl.) — 1. vgl. vorst. Referat. — Die verschiedenen Meth. der Feuchtigkeits-Best. werden beschrieben u. diskutiert: Best. durch Absorption an Feststoffen, wie P_2O_5, $Mg(ClO_4)_2$, $CaCl_2$ usw., u. in Fll., Best. durch azeotrope Dest. sowie Best. durch Verteilungsgaschromatographie. K. Scheffler. 5074◇

a) Elemente und anorganische Verbindungen

1680 **Die Trennung von Gemischen aus Wasserstoff, Deuteriumhydrid, Tritiumhydrid, Deuterium, Tritiumdeuterid und Tritium durch Gaschromatographie.** Edward H. Carter jun. und Hilton A. Smith. (J. physic. Chem. **67**, 1512—16, 1963; Knoxville, Tenn., Univ. of Tennessee, Dep. of Chem.; engl.) — Die Trennung wurde bei 77°K an Säulen mit aktiviertem Al u. Fe_2O_3 auf Al durchgeführt. Als Trägergase dienten He, H_2, u. Ne, als Detektoren wurden Ionisationskammern u. Wärmeleitfähigkeitszellen verwendet. Die Trennfaktoren sind angegeben. U. Wenzel. G 238◇

1681 **Neue Reagentien für die colorimetrische Nitrit-Bestimmung.** L. S. Bark, R. Catterall, O. Meth-Cohn und H. Suschitzky. (Chem. and Ind. **1960**, 375 bis 376; Salford, Lancs., Royal Techn. Coll., Dep. of Chem. and Appl. Chem.; engl.) — *N-(2-Aminophenyl)-piperidin-HCl* (**I**) gibt mit NO_2^- ein orangefarbenes Diazoniumsalz, dessen Lichtabsorption nach 40 Min. langem Stehen im Dunkeln bei 18—20° bei 445 nm gemessen wird. Das Beersche Gesetz gilt im Bereich von 0,1 μg bis 20 μg NO_2^-/ml. Es stört weder ein hundertfacher Überschuß von **I**, noch NO_3^- bis zu 200 μg/ml. Dagegen stören mehr als 10 μg/ml Ce^{4+}, Fe^{3+} u. $Cr_2O_7^{--}$ u. mehr als 50 μg/ml VO_4^{3-}, MnO_4^- u. H_2O_2. Fe^{3+} kann mit F^- maskiert werden. Die Färbung mit *N-(2-Aminophenyl)pyrrolidin* ist nicht lichtbeständig. *N-(2-Aminophenyl)morpholin* gibt eine intensive Färbung, die in 30 Sek. auftritt u. sich nicht verändert. Das Absorptionsmaximum liegt bei 435 nm. I. Balke. G 243◇

1682 **Elementaranalyse von Fluor durch Neutronenaktivierung.** B. van Zanten, D. Decat und G. Leliaert. (Int. J. appl. Radiat. Isotopes **14**, 105—11, 1963; Mol, Studiecentrum voor Kernenergie; engl.) — Zur Best. von Änderungen des F-Geh. von Teflon bei Bestrahlung im Reaktor wurde der 1,4 MeV-Peak des ^{20}F. gemessen. Als Standard dienten NH_4F u. p-Fluorbenzoesäure. Die mit Pt als Flußmesser erhaltenen Ergebnisse zeigten gute Reproduzierbarkeit bei einem relativen Fehler von 1—2%. Durch die verwendete Analysentechnik sind die meisten Störungen zu vernachlässigen bzw. zu eliminieren. Hansjoachim Thiele. G 246◇

1683 **Neue Radioindicatormethode zur Fluoridbestimmung.** Fletcher L. Moore. (Analytic. Chem. **35**, 1032 bis 1034, 1963; Oak Ridge, Tenn., Oak Ridge Nat. Labor., Analyt. Chem. Div.; engl.) — F^- wird als Fluorotantalat unter Verw. von ^{182}Ta aus einer 6,5 m H_2SO_4-Lsg. mit Diisobutylketon extrahiert u. auf Grund der Radioaktivität des Ta im Extrakt bestimmt. Zwischen 400—840 μg F^- ist die Zählrate der F^--Konz. direkt proportional; unterhalb 400 μg F^- besteht keine Linearität, doch werden reproduzierbare Werte erhalten. U. Wenzel. G 246◇

1684 **Schnelle zerstörungsfreie Chlorbestimmung durch Neutronenaktivierung.** Minoru Okada und Yuichiro Kamemoto. (Nature [London] **199,** 276, 1963; Tokyo, Governm. Chem. Ind.; Res. Inst.; Ibaraki, Japan, Atomic Energy Res. Inst.; engl.) — Gemessen wurde die Höhe u. Halbwertsbreite des 0,66 MeV-Peak des 38 m Cl mit 1 s Halbwertszeit nach 2,5 s Bestrahlung u. 5 s Kühlung mit 1 s Meßzeit, wobei die β-Strahlung mit Al abgeschirmt wurde. Als Standard dienten NaCl u. KCl. Der relative Standardfehler betrug 14%.
Hansjoachim Thiele. G 247◇

1685 **Nachweis von Jod-131 im Rain-out (im Herbst 1962).** Margrit Lesigang. (Österr. Chemiker-Ztg. **64,** 118—19, 1963; Wien, Univ., Analyt. Inst.; dt.) — Regenwasser wurde nach Zusatz von J^--Träger bei pH 8—9 stark eingeengt u. nach Oxydation mit H_2O_2 in essigsaurer Lsg. J_2 mit Bzl. ausgeschüttelt. Nach Rückextraktion mit wss. $S_2O_3^{2-}$-Lsg. wurde im NaJ-Bohrloch-Scintillationskristall mit Einkanal-γ-Spektrometer gemessen. Durch Aufnahme der Zerfallskurve konnte die Reinheit der ^{131}K-Fraktion bewiesen werden.
Hansjoachim Thiele. G 249◇

1686 **Argentometrische Bestimmung von Telluriten in Gegenwart vom Bromphenolblau als Adsorptionsindicator.** Wiktor Wawrzyczek und Wiesław Wiśniewski. (Chem. analit. [Warszawa] **8,** 395—97, 1963; Olsztyn, Landwirtschaftl. Hochschule, Inst. für allg. Chem.; pol.) — Beim Äquivalenzpunkt tritt ein deutlicher Farbumschlag von Blauviolett nach Grün auf. Es wurden 0,08777—0,00887 m Lsgg. von K_2TeO_3 titriert, wobei der Fehler innerhalb von 1% lag. Auch eine Titration von $AgNO_3$ mit TeO_3^{2-}-Lsg. ist möglich. Der Fehler wird hierbei etwa verdoppelt. H. Kuchenbecker. G 255

1687 **Ein neues Verfahren zur spektrophotometrischen Bestimmung von Bor mit Neo-Thorin.** Kazuo Hiiro. (Japan Analyst **11,** 223—27, 1962; Osaka Ind. Res. Inst.; jap., Auszug: engl.) — Zur Best. von $\leqq 10\ \mu g$ B versetzt man die Probe mit 1,5 ml $2 \cdot 10^{-3}$ m Neo-Thorin-Lsg. u. konz. H_2SO_4, erwärmt das Lsg.-Gemisch 15 Min. lang auf 35° u. ermittelt die Extinktion der abgekühlten Lsg. bei 635 nm. W. Wesly. G 258◇

1688 **Ein neues, spektrophotometrisches Verfahren zur Bestimmung von Bor mit Beryllion.** Kazuo Hiiro. (Japan Analyst **11,** 337—41, 1962; Osaka, Ind. Res. Inst.; jap., Auszug: engl.) — Man versetzt die Probe ($\leqq 15\ \mu g$ B) mit 2 ml 10^{-3} m Beryllion-Lsg. u. konz. H_2SO_4, füllt auf 10 ml auf, erwärmt die Lsg. 30 Min. lang auf 70° u. ermittelt die Extinktion der abgekühlten Lsg. bei 650 nm.
W. Wesly. G 258◇

1689 **Beiträge zur photometrischen Bestimmung geringer Bormengen.** 1. Mitt. **Das Photometrieren.** Lászlóné Lechner und Zoltán Ferenczy. (Nehézvegyipari Kutató Intézet Közleményei [Mitt. Forsch.-Inst. chem. Schwerind.] **2,** 253—58, 1963; Veszprém; ung.) — Für die Best. sehr geringer (10^{-7}%) B-Mengen in überwiegend Si enthaltendem Material erweis sich Curcumin (**I**) als am besten geeignet. Die Rk. der Borsäure mit I verläuft nur dann quant, wenn die Lsg. eingetrocknet wird. Da dabei mit dem zum Lösen des I verwendeten A. oder Methanol entstehende Borsäureester zu Verlusten führen können, wurde das Eindampfen bei 55° im Luftstrom ausgeführt u. der Trockenrückstand in Aceton-Wasser-Gemisch 1:1 gelöst. Zwischen der Extinktion von I u. dem gebildeten Rosocyanin ist der Unterschied bei 540 nm am größten; daher ist die Best. bei dieser Wellenlänge am genauesten. Die Eichkurve ist bei Verw. von n-Propanol (**II**) steiler als mit A., somit ist **II** günstiger. Genauigkeit bei $> 0,1\ \mu g$ ist $\pm$ 10%, darunter $\pm$ 20 bis 50%. J. Plank. G 258△

1690 **Beiträge zur photometrischen Bestimmung geringer Bormengen.** 2. Mitt. **Vorbereitung der Lösung.** Lászlóné Lechner, Lászlóné Toman und Zoltán Ferenczy. (Nehézvegyipari Kutató Intézet Közleményei [Mitt. Forsch.-Inst. chem. Schwerind.] **2,** 259—62, 1963; ung.) — 1. vgl. vorst. Referat. — Zur Trennung des B von der beim Aufschluß mit Alkali gebildeten Kieselsäure kann am besten nach der Neutralisation zur Extraktion reinstes Aceton verwendet werden, weil so die die Farbrk. störenden Na-Ionen nicht in die Lsg. gelangen. Nach etwa 10maligem Durchlaufen des Acetons ist prakt. die ganze B-Menge extrahiert. J. Plank. G 258△

1691 **Eine einfache Methode für die Bestimmung von Kohlenstoff-14 in Verbindungen oder Mischungen.** L. A. Walker und R. Lougheed. (Int. J. appl. Radiat. Isotopes **13,** 95—97, 1962; Seattle, Wash., Mason Clinic; engl.) — Die Meth. (Oxydation mit $K_2S_2O_8$ in schwefelsaurer Lsg. u. Absorption des CO_2 in NaOH) erlaubt die Best. des Gesamtkohlenstoffes durch Titration der Absorptionslsg. vom Phenolphthalein-Endpunkt zum Bromkresolgrün-Endpunkt u. die ^{14}C-Best. durch Messung des ausgefällten $BaCO_3$ mit einem Geiger-Müller-Endfensterzählrohr gegen einen ebenso behandelten $BaCO_3$-Standard. Hansjoachim Thiele. G 260◇

1692 **Bestimmung von Kohlendioxid und Distickstoffoxid in Monoäthanolamin-Lösungen.** P. G. Jeffery und P. J. Kipping. (Analyst **87,** 594—95, 1962; Stevenage, Herts., Warren Spring Labor., Dep. of Sci. and Ind. Res.; engl.) — Vff. beschreiben eine Meth. zur gaschromatograph. Best. von CO_2 u. N_2O in wss. Monäthanolamin-Lsgg. sowie das dazu verwendete Rk.-Gefäß. Das CO_2 wird durch Sieden der Probe unter Zusatz von verd. H_3PO_4 freigesetzt. Bei der N_2O-Best. unterbleibt der H_3PO_4-Zusatz. F. Sarfert. G 260◇

1693 **Bestimmung von Kohlenstoffdioxid durch Titration in nichtwäßrigem Medium.** J. A. Grant, J. A. Hunter und W. H. S. Massie. (Analyst **88,** 134—36, 1963; Edinburgh, Heriot-Watt Coll., Chem. Dep.; engl.) — Vff. beschreiben eine Meth. zur Best. des gasförmigen CO_2, das bei der Verbrennung oder Zers. von Substanzen entsteht. Nach der Absorption in Dimethylformamid wird mit Kaliummethanolat in Bzl.-Methanol gegen Thymolphthalein titriert. Vor der Absorption muß das CO_2 gut gereinigt werden, da z. B. W. u. H_2S in Dimethylformamid gelöst sauer reagieren.
J. Peters. G 260◇

1694 **Beitrag zur Analyse des Siliciumcarbids.** H. W. Ardelt, P. H. Opel und H. Kießling. (Z. Chem. **3,** 70—72, 1963; Wittenberg-Piesteritz, VEB Stickstoffwerk Piesteritz, Hauptlabor.; dt.) — Es wird eine polarograph. Meth. zur gleichzeitigen Best. von Fe u. Cu in SiC beschrieben. Arbeitsvorschrift: 2,0000 $\pm$ 0,0002 g der zerkleinerten u. getrockneten SiC-Probe werden in einem Pt-Tiegel mit 98%ig. H_2SO_4, 40%ig. HF u. 65%ig. HNO_3 behandelt. Der Rückstand wird nach Abrauchen der Säuren mit 25 ml 20%ig. HCl aufgenommen u. abfiltriert. Nach Überführen des Filtrates in einen 100 ml-Meßkolben u. Auffüllen, werden 50 ml dieser Lsg. abgenommen u. nach Zugabe von 10 Tropfen Bromphenolblau (0,05%) sowie 12,5 ml 0,2 m AeDTE-Lsg. mit 10 ml NaOH neutralisiert. Dann Zugabe von 12,5 ml 2 m Triäthanol- u. 12,5 ml Äthylendiaminlsg. sowie 2,5 ml 10 m NaOH u. Auffüllen mit dest. W. auf 100 ml. Nach Entlüften (N_2) wird im Spannungsbereich —0,3 bis —1,3 V (GKE) das Polarogramm aufgenommen. Die Halbstufenpotentiale für die Elektrodenrkk. $Cu^{2+} \rightarrow Cu$ u. $Fe^{3+} \rightarrow Fe^{2+}$ liegen unter den angegebenen Bedingungen u. 20° bei $-0,57 \pm 0,01$ V u. $-0,99 \pm 0,01$ V.
E. Beyerle. G 261◇

1695 **Vergleich mehrerer Verfahren zur Bestimmung von anorganischem Phosphat in Seewasser.** P. G. W. Jones und C. P. Spencer. (J. Marine biol. Assoc. United Kingdom **43,** 251—73, 1962; Anglesey, Marine Sci. Labor.; engl.) — Vgl. mehrerer bekannter Verfahren. — 16 Literaturangaben. W. Wesly. G 264◇

1696 **Volumetrische Bestimmung von Hypophosphit in Gegenwart von Phosphit durch Oxydation mit Eisen(III).** M. N. Sastri und Ch. Kalidas. (Recueil Trav. chim. Pays-Bas **75,** 1122—24, 1956; Waltair, South India, Andhra Univ., Chem. Labor.; engl.) — Eine titrimetr. Meth. zur Best. von Hypophosphit($H_2PO_2^-$) besteht in der Oxydation mit Eisen(III)-ammoniumsulfat ($2\,Fe^{3+} + H_2PO_2^- + H_2O \rightarrow H_2PO_3^- + 2\,Fe^{2+} + 2\,H^+$) in saurer Lsg. (20 Min. Kochen) u. Titration des entstandenen Fe^{2+} mit $Ce(SO_4)_2$-Lösung. $KMnO_4$ u. $K_2Cr_2O_7$ sind zur Titration ungeeignet; überschüssiges Phosphit beeinflußt die Best. nicht. H. Gold. G 264◇

1697 **Neue Reagentien, die Natrium- und Lithiumionen in Gegenwart von Kaliumionen fällen. Alternative Tren-**

nung. Téofilo Gaspar y Arnal. (Chim. et Ind. **84**, 523 bis 528, 1960; Dalladolid, Univ., Fac. des Sci., Labor. de Chim. minér.; franz.) — Vf. beschreibt zwei Meth. zur Trennung von K^+ u. Na^+, Li^+, Tl^+. Das eine Verf. beruht auf der Fällung von Na^+, Li^+ oder Tl^+, mit Ammoniumphosphat (**I**), Ammoniak (**II**) u. A. enthaltendem Reagens u. das andere auf der Fällung von K^+ mit $Ca_2[Fe(CN)_6]$ (**III**) aus den Chloridlsgg. der Metalle, wobei K^+ bzw. Na^+, Li^+ u. Tl^+ in Lsg. bleiben. Zur Fällung von Na^+, Li^+ der Tl^+ in Ggw. von K^+ wird die Probelsg. bei Zimmertemp. mit einer Reagens-Lsg. aus 50 ml 10%ig. wss. Lsg. von **I**, 50 ml 10—12,5%ig. Lsg. von **II** u. 300 ml eines Gemisches von A. u. Methanol im Überschuß versetzt u. gut gerührt. Der Nd. läßt sich gut abfiltrieren. Um Na^+ bzw. Li^+ u. Tl^+ in Form ihrer Chloride zu erhalten, wird Nd. in HCl gelöst u. **I** mit $MgCl_2$ u. NH_4Cl in ammoniakal. Lsg. gefällt. Die Fällung von K^+ mit **IV** erfolgt in neutraler bis schwach saurer, wss.-alkohol. Lösung. K^+ liegt dann in Form von $CaK_2[Fe(CN)_6]$ vor. Um aus den Lsgg. überschüssiges **III** zu entfernen, wird es mit $CaCl_2$ in ammoniakal. Lsg. gefällt. Auch Ag, Th u. Fe(II) eignen sich als Fällungskomponenten. Die Rkk. werden eingehend diskutiert. H. Fries. G 274◇

1698 **Bestimmung von Beryllium als Oxid durch die Methode der homogenen Fällung.** T. P. Prasad und M. N. Sastri. (Current Sci. [Bangalore] **32**, 67, 1963; Visakhapatnam, Andhra Univ., Chem. Labor.; engl.) — Zu einer Lsg., die ca. 30—60 mg Be enthält, gibt man 2 g $(NH_4)_2SO_4$, 10 g NH_4Cl, 10 g Harnstoff u. füllt auf 500 ml auf. Nach 3std. Erhitzen zum Sieden (unter Konst.-Haltung des Vol.) u. 1 Std. auf dem Wasserbad wird der Nd. über ein quant. Filter abfiltriert u. bei 1000° in einem Pt-Tiegel verascht. Die größte Abweichung vom vorgegebenen Wert (ca. 100 mg BeO) betrug $< 0{,}25\%$. H. Schroeder. G 281◇

1699 **Eine Methode zur Messung von Calcium-45 mit flüssigen Scintillatoren.** T. E. F. Carr und B. J. Parsons. (Int. J. appl. Radiat. Isotopes **13**, 57—62, 1962; Harwell, Med. Res. Council, Radiobiol. Unit.; engl.) — ^{45}Ca wurde als Chlorid in A., gemischt mit einem fl. Scintillator auf Toluolbasis, gemessen. Durch die Abwesenheit von H_2O u. HCl im Scintillator wird eine hohe Zählausbeute ohne Selbstabsorptionsverluste erreicht. Die Meth. wurde mit den Standard-Meth. verglichen. Hansjoachim Thiele. G 283◇

1700 **Jodometrische Methode zur Bestimmung überschüssigen Zinks in Zinkoxid.** Jerzy Dereń und Ewa Fryt. (Chem. analit. [Warszawa] **8**, 365—67, 1963; Krakow, School of Mining and Metallurgy, Dep. of Inorg. Chem.; Krakow, Polish Acad. of Sci., Inst. of Phys. Chem., Labor. of Surface Phenomena; engl.) — Die Probe wird in einer J_2-Standard-Lsg. gelöst. Das überschüssige J_2 wird unter Schutzgasatmosphäre (N_2, CO_2) mit $Na_2S_2O_3$-Lsg. unter Verw. von Stärke als Indicator titriert. Noch $2{,}5 \cdot 10^{-6}$ g Zn in 1 g ZnO lassen sich bestimmen. Der durchschnittliche Fehler beträgt ca. $\pm 2\%$. H. Kuchenbecker. G 288◇

1701 **Bestimmung von Zink in Ferrit unter Verwendung eines Anionenaustauscherharzes.** Otojiro Miyamoto, Yasuo Tanaka und Masamichi Furukawa. (Rep. Government ind. Res. Inst. Nagoya **11**, 224—28, 1962; jap., Auszug: engl.) — Man gibt die zu untersuchende Lsg. auf einen Anionenaustauscher, wäscht mit 2 n HCl (Beseitigung von Fe u. Mn), eluiert Zn mit 0,1 n HNO_3-Lsg. u. titriert diese mit EDTA. Die in 3—4 Std. ausführbare Best. gestattet die Best. von 5—250 mg Zn in Ferrit. Die Elution mit NaCl enthaltender NH_3-Lsg. gibt bei der EDTA-Titration keinen scharfen Endpunkt. W. Wesly. G 288◇

1702 **Anwendung von Ionenaustauscherharzen in der analytischen Chemie.** 7. Mitt. **Bestimmung von Zink in Cadmium-Metall.** Tetsuo Katsura. (Japan Analyst **11**, 34—37, 1962; Kosaka Mining Co., Ltd.; jap., Auszug: engl.) — 6. vgl. Japan Analyst **10**, [1961], 1323; 4. vgl. C. **1963**, 22444. — Zur Best. von Zn in Cd mit einem Kationenaustauscher werden 2 Verff. vorgeschlagen. Man eluiert den mit Zn^{2+} u. Cd^{2+} beladenen Austauscher (60—80 mesh) zur Trennung beider Kationen mit HCl verschiedener Konzentrationen. Man kann den Austauscher (in Na^+-Form) auch mit Cd^{2+} u. Zn^{2+} in Ggw. von viel 0,1 m $Na_2S_2O_3$-Lsg. beschicken, wobei nur Zn^{2+} ausgetauscht wird, das mit 2 m NaCl-Lsg. eluiert wird. In beiden Fällen wird das abgetrennte Zn photometr. mit Dithizon bestimmt. W. Wesly. G 289◇

1703 **Eine neue gravimetrische Schnellmethode zur Bestimmung von Cadmium.** Ioan Grecu. (Studii Cercetări Chim. [Cluj] **10**, 295—98, 1959; Cluj, Fac. de farm., Cat. de chim. anorgan.; rum.) — Cd wird gravimetr. als $[Cd(C_4H_{10}N_2)]\ (SCN)_2$ bestimmt. Die Verb. ist schwer lösl. in W., A. u. Ae. u. wird durch Behandeln von Cd^{2+} mit einer 4%ig. Lsg. von Piperazin in Ggw. von überschüssigem NH_4SCN erhalten. R. Grundmann. G 289◇

1704 **Über die Bestimmung kleiner Quecksilbermengen mit der hängenden Quecksilberelektrode.** Hans Berge und Stefan Głodowski. (Chem. analit. [Warszawa] **8**, 361—64, 1963; Rostock, Univ., Anorgan.-chem. Inst.; Warschau, Univ., Anorgan.-chem. Inst.; dt.) — Unter Zugrundelegung eines von Kemula u. Mitarbeitern entwickelten polarograph. Verf. zur Best. kleiner J^--Konzz. läßt sich der Hg(II)-Geh. noch in einer 10^{-7} m Lsg. bestimmen, indem man die Hg(II)-Lsg. zu einer J^--Lsg. gibt u. die Abnahme des J^--Maximums bestimmt. Als günstig hat sich ein 8—12 m Überschuß an J^- erwiesen. Cu, Pb u. Ag stören. H. Kuchenbecker. G 290◇

1705 **Coulonometrische Bestimmung kleiner Aluminiummengen.** A. I. Kosstromin und M. Ch. Achmadejew. (Betriebs-Lab. [UdSSR] **29**, 402—04, 1963; Kasan, Uljanow-Lenin-Univ.; russ.) — Mit einer früher (vgl. Kosstromin u. Flegontow, Betriebs-Lab. [UdSSR] **27**, [1961], 528) beschriebenen App. wurden ppm-Geh. an Al in verschiedenen Materialien (z. B. W, Sb, Na-Acetat) bestimmt. Dazu wird die Chlorid-Lsg. — eventuell nach Vorabtrennung anderer Komponenten — mit Boratpuffer von pH = 9,55 u. 2%ig. Oxin(**I**)-Lsg. in A. versetzt u. 20—30 min auf dem Wasserbad erhitzt. Das Al-Oxinat wird abzentrifugiert bzw. mit Bzl. extrahiert, durch Waschen mit W. bzw. 0,1 n KOH von überschüssigem **I** befreit, (nach Abdampfen des Bzl.) in 1—2 ml HCl (1,19) gelöst u. mit W. auf 100 ml gebracht. Ein Aliquot wird mit 0,2 n KBr u. 0,1 n H_2SO_4 in die Elektrolysezelle gebracht. **I** reagiert mit dem elektrolyt. freigesetzten Br; Endpunktanzeige potentiometr. nach period. eingeschalteten Indicatorelektroden. R. Gerbatsch. G 294◇

1706 **Die Bestimmung einiger Elemente in Aluminium durch zerstörungsfreie Radioaktivierungsanalyse.** B. Chinaglia und R. Malvano. (Energia nucleare **8**, 571—78, 1961; engl.) — Die Verw. der γ-Spektroskopie bei der Radioaktivierungsanalyse zur Best. von Cu, Ga u. Mn in reinem Al (99,8%), von Cu u. Mn in 99,99%ig. Al sowie von Mn in durch Zonenschmelzen gereinigtem Al werden beschrieben. Die Geh.-Best. erfolgt durch Messung der durch (n, γ)-Rkk. hervorgerufenen Aktivitäten des ^{64}Cu, ^{72}Ga u. ^{56}Mn. Das Verf. wird auf seine Genauigkeit hin untersucht; die Fehlerquellen werden diskutiert. Weiterhin werden nach dem Verf. Schnellbest. von Co, Cu, Mn u. Ga (0,1—1%) in Al-Legg. durchgeführt. D. Heinrich. G 294◇

1707 **Coulonometrische Bestimmung von Thallium bei kontrolliertem Potential.** K. D. Omarowa und M. T. Koslowski. (Betriebs-Lab. [UdSSR] **29**, 528—30, 1963; Alma Ata, Kasach. Polytechn. Inst. u. Kasach. Kirow-Univ.; russ.) — Bei Elektrolyse mit dem Potential des Sättigungsstromes an der Hg-Tropfelektrode kann die zur vollständigen Abscheidung eines Metalles notwendige Strommenge Q aus der geradlinigen Abhängigkeit lg I_t — t (I_t = Stromstärke bei der Zeit t) extrapoliert werden (vgl. MacNevin u. Baker, C. **1955**, 9867). Vff. zeigen am Beispiel des Tl, daß bei intensivem Rühren die Meth. auch für eine stationäre großflächige Hg-Elektrode anwendbar ist. 0,2—2 mg zugesetztes Tl wurde mit relativen Abweichungen zwischen 0,48 u. 11,5% wiedergefunden. R. Gerbatsch. G 297◇

1708 **Chromatographische Trennung von Seltenerdmetallen mit Hilfe eines mit dem flüssigen Kationenaustauscher Di-(2-äthylhexyl)-orthophosphorsäure imprägnierten Papieres.** E. Cerrai und C. Testa. (J. Chromatogr. [Amsterdam] **8,** 232—44, 1962; Milan, Italy, Labor. C. S. J. E.; engl.) — Vff. beschreiben die Anwendung von *Di-(2-äthylhexyl)-orthophosphorsäure* (I) zur austauschchromatograph. Trennung der Seltenerdmetalle untereinander u. von Sc, Y, Th, U, Zr, Fe u. Al auf Whatman-Papier Nr. 1 bzw. CRL/1. Das Papier wird mit einer HCl-sauren 0,1 m I-Lsg. in Cyclohexan imprägniert; nach dem Trocknen an der Luft werden die Substanzen aufgetragen u. mit HCl verschiedener Konz. entwickelt. Es konnte gezeigt werden, daß 1. der R_F-Wert jedes Elementes unter gleichen Bedingungen mit fallender Ordnungszahl zunimmt u. 2. bei einem einzelnen Element der R_F-Wert mit der Molarität der HCl, der Elutionstemp. u. abnehmender I-Konz. auf dem Papier zunimmt. Eine Verbesserung der Trennwrkg. kann durch zusätzliche Imprägnierung eines Teiles des Papieres mit Tri-n-octylamin erfolgen. M. Finke. G 303◇

1709 **Einfluß von Aceton auf die Trennwirkung bei der chromatographischen Trennung von Seltenerdmetallen durch Elution mit α-Hydroxyisobuttersäure.** O. Vojtěch, V. Brožek und L. Neumann. (Collect. czechoslov. chem. Commun. **27,** 2535—40, 1962; Prag, TH für Chem., Inst. für Kernbrennstoffe u. Radiochem.; dt.) — Es wurde der Einfl. von Aceton–Wasser-Gemischen auf die chromatograph. Trennung einiger Seltenerdmetalle untersucht. Mit Hilfe des stat. Verf. wurde der Einfl. der Zus. der Lsg. auf den Verteilungskoeff. des Y(III)- u. Ce(III)-Ions untersucht. Unter dynam. Bedingungen wurde die Wirksamkeit der Änderungen des Milieus auf die Trennung von Pm u. Nd verfolgt. Sämtliche Arbeiten wurden mit Indicatormengen radioakt. Isotope dieser Elemente ausgeführt. Als komplexbildendes Reagens wurde α-Hydroxyisobuttersäure angewandt. Bei der Trennung von Pm u. Nd wurde ein Trennungsfaktor von 3,5 erzielt. V. Růžička/Prag. G 303△

1710 **Vervollständigung der Analyse der Metalle der seltenen Erden durch Verdrängungschromatographie an Ionenaustauschern.** R. Moret und G. Brunisholz. (Chimia [Aarau, Schweiz] **16,** 313—14, 1961; Lausanne, Univ., Labor. de Chim. miner. etanal.; franz.) — Die Meth. der quant. Analyse der Metalle der seltenen Erden (SE) durch Verdrängungschromatographie an Ionenaustauschern, konnte durch Behandlung des Harzes mit geringen Mengen an Morin wesentlich verbessert werden. Alle Elemente der Lanthanreihe (außer Eu) können damit bestimmt werden. Eine 0,04 m, mit Ammoniumformiat gepufferte (pH 3,0) EDTA-Lsg. wird als Elutionsmittel verwendet. Da das Morin sehr stark absorbiert wird, können mehrere Best. mit einer Morin-Behandlung des Harzes durchgeführt werden. Unter UV-Licht können die sauber getrennten, farbigen Zonen der Elemente unterschieden werden, u. zwar von oben nach unten in der Reihenfolge: La, Ce, Pr, Nd, Sm, Eu, Gd, Tb, Y, Dy, Ho, Er, Tm, Yb u. Lu. Ca u. Fe als Verunreinigungen sammeln sich oberhalb der SE, u. unterhalb zeigt sich im Verlauf der Elution eine Bande von Cu^{2+}/NH_4. Merkliche Mengen an Eu stören die Best. von Sm u. Gd, da die Stabilität der Komplexe dieser Elemente sich nur wenig unterscheidet. Die Behandlung des Harzes mit Morin erfolgt durch tropfenweises Zufügen von 5 mg in 400 ml W. gelösten Morins pro 100 cm^3 Harz zu einer Suspension des Harzes in einer 1,5fachen Wassermenge. Nach gutem Durchschütteln, Filtrieren u. Waschen mit W. wird eine Hälfte des Harzes in der Ammoniumform aufbewahrt u. die andere Hälfte mit Cu^{2+} u. H^+ aufgeladen. Die zu untersuchenden Oxide der SE werden in HCl u. Essigsäure gelöst. H. Fries. G 303◇

1711 **Anwendung von Xylenolorange zur spektrophotometrischen Bestimmung der Seltenerdmetalle.** Danuta Prajsnar. (Chem. analit. [Warszawa] **8,** 71—74, 1963; Gliwice, Politechn. Slaska, Dep. of Inorg. Chem.; pol.) — Xylenolorange bildet mit den Seltenerdmetallen Komplexe, die sich zur photometr. Best. eignen. Der Einfl. der Wellenlänge, des pH-Wertes u. der Konz. an Seltenerdmetallen auf die Extinktion wurde untersucht. Das Lambert-Beersche Gesetz wird bei 576 nm im Konz.-Bereich von 0,5—4,0 μg/ml erfüllt.
H. Kuchenbecker. G 303◇

1712 **Chemie des Cer(III).** 1. Mitt. **Eine elektrometrische Untersuchung über die quantitative Fällung des Cer(III) als normales Selenit.** Sarju Prasad und Suresh Kumar. (J. Indian chem. Soc. **40,** 445—50, 1963; Varanasi Banaras, Hindu Univ., Chem. Labor.; engl.) — Konduktometr. Titrationen von Cer(III)-nitrat-Lsg. mit H_2SeO_3 u. umgekehrt bei Ggw. von 70% A. werden durchgeführt. Durch die Zugabe des A. ist eine genaue titrimetr. Best. des Ce(III) unter quant. Fällung von $Ce_2(SeO_3)_3$ möglich. H. Schroth. G 304◇

1713 **Trennung und Mikrobestimmung von Zirkonium und Hafnium.** 7. Mitt. **Bestimmung von Hafnium in Zirkonium durch Lösungsmittelextraktion mit Cyclohexanon.** Yoshio Hoshino. (Japan Analyst **11,** 1032 bis 1040, 1962; Tokyo, Inst. of Technol., Res. Labor. of Resources Utilizat.; jap., Auszug: engl.) — 4. vgl. C. **1963,** 7108. — Beim Schütteln einer NH_4SCN, $(NH_4)_2SO_4$ u. HCl enthaltenden Zr- u. Hf-Lsg. mit Cyclohexanon wird Hf bevorzugt extrahiert. Durch mehrfaches Waschen der organ. Phase mit einer wss. Lsg. von NH_4SCN, $(NH_4)_2SO_4$ u. HCl wird das Hf gereinigt, mit 4 n H_2SO_4 rückextrahiert, mit EDTA titriert oder mit Morin spektrophotometr. bestimmt. Man kann die Hf-Best. in der organ. Phase auch radiochem. unter Verw. von ^{181}Hf oder Unters. der Extraktionskurven ausführen.
W. Wesly. G 323◇

1714 **Trennung und Mikrobestimmung von Zirkonium und Hafnium.** 8. Mitt. **Beziehung zwischen der chemischen Struktur von Lösungsmittelmolekülen und ihrer Extrahierbarkeit für Hafnium und Zirkonium.** Yoshio Hoshino. (Japan Analyst **11,** 1040—50, 1962; jap., Auszug: engl.) — 7. vgl. vorst. Referat. — Das Verteilungsverhältnis (VV) von $Hf(SCN)_4$ u. $Zr(SCN)_4$ zwischen 80 verschiedenen organ. Lsgm. u. HCl wird mit Hilfe radioakt. Tracer angegeben; es fällt bei Lsgm. mit gleicher Struktur mit steigender Anzahl der C-Atome, der Seitenkettenverzweigung, der symm. Mol.-Struktur gegenüber den funktionellen Gruppen (außer bei Lsgm. mit geringer Zahl von C-Atomen). Das VV entspricht der Rangordnung alicycl. Ketone > aliphat. Ketone > Ester > Alkohole > Aether. Mit steigendem VV steigt der Trennungsfaktor für Hf. W. Wesly. G 323◇

1715 **Trennung und Mikrobestimmung von Zirkonium und Hafnium.** 9. Mitt. **Verteilung von Thiocyansäure, Salzsäure und Schwefelsäure im System Cyclohexanon–Wasser.** Yoshio Hoshino. (Japan Analyst **11,** 1050—54, 1962; jap., Auszug: engl.) — 8. vgl. vorst. Referat. — Unterss. über die Verteilung von HSCN, HCl u. H_2SO_4 zwischen Cyclohexanon (**I**), Ae-, Methylisobutylketon (**II**), Diisobutylketon u. W. zeigen, daß das Verteilungsverhältnis (VV) von HSCN in jedem Lsgm. bei 20° ca. 1—3 beträgt. Mit steigender Säure fällt das Vol. der wss. u. steigt das der Lsgm.-Phase. Das VV von n.HCl beträgt $1-10^{-2}$ für **I**, $7 \cdot 10^{-3}$ für Ä. u. $5 \cdot 10^{-4}$ für **II**. Das VV steigt mit der Säurekonzentration. Das VV von n H_2SO_4 im Syst. I–W. beträgt ca. $4 \cdot 10^{-3}$. W. Wesly. G 323◇

1716 **Gravimetrische Bestimmung von Zirkonium (und Thorium) mit N-Phenylglycin, Bernsteinsäure und Adipinsäure.** B. D. Jain und M. N. Sastri. (Current Sci. [Bangalore] **32,** 66—67, 1963; Delhi, Univ. of Delhi, Dep. of Chem.; engl.) — Zr u. Th können mit N-Phenylglycin im pH-Bereich von 2,0—3,8 (Zr) bzw. von 3,8 bis 4,0 (Th) quant. bestimmt werden, Zr außerdem mit Bernsteinsäure bei pH 3,0—3,5 u. mit Adipinsäure im pH-Bereich von 2,0—3,5. H. Schroeder. G 324◇

1717 **Papierchromatographie von Sn(II) und Sb(III).** Mohsin Qureshi und Mukhtar A. Khan. (J. Chromatogr. [Amsterdam] **8,** 276—78, 1962; Aligarh, U. P., India, Aligarh Muslim Univ., Dep. of Chem.; engl.) — Vff. untersuchen die Möglichkeiten der papierchromatograph. Trennung von Sn^{2+}–Sb^{3+} auf Schleicher-Schüll-Papier 2043a bzw. Whatman-Nr. 1-Rundfiltern. Von den zahlreichen untersuchten Laufmitteln erwies sich das Syst. Ameisensäure–Anisol (1:1) als am besten brauchbar. Der Nachw. erfolgt durch Räuchern mit H_2S-Gas. Die Zonen von Sn^{2+} waren stets kompakt, während die von Sb^{3+} teilweise diffus erschienen, jedoch

wurde stets eine gute Trennung erzielt. Die Entwicklungszeit beträgt 20 Min. — 2 Stunden.
M. Finke. G 327◇

1718 **Quantitatives radiochemisches Verfahren zur Analyse von Polonium-210 und Blei-212 in Mineralien.** Hugh T. Millard jun. (Analytic. Chem. **35**, 1017—23, 1963; Pasadena, Calif., California Inst. of Technol., Div. of Geol. Sci.; engl.) — Po wird auf Ag-Blech auf Grund seines edleren Charakters niedergeschlagen, während Pb durch Elektrolyse abgetrennt wird. Sind störende Ionen vorhanden, wird Pb mit Diäthyldithiocarbamat extrahiert. Anschließend werden Po u. Pb durch ihre α-Strahlung quant. bestimmt. U. Wenzel. G 328◇

1719 **Bestimmung des Bleigehalts in Erzproben mit Hilfe der Absorption von γ- oder Röntgenstrahlen.** Bohdan Dziunikowski, Tadeusz Florkowski, Leopold Jurkiewicz und Bogusława Turkowa. (Nukleonika [Warszawa] **7**, 561—72, 1962; Krakau, Akad. für Bergbau u. Metallurg., Inst. für Kerntechn., Abt. für Phys.; engl.) — An Mischungen von gepulvertem Dolomit u. gepulvertem Pb_3O_4 wurde eine Schnellbest. von Pb in Zn-Pb-Gesteinen u. in ihren Flotationsfll. erprobt. Die theoret. Grundlagen der Absorptionsmeth. für weiche γ- u. Röntgenstrahlen werden ausführlich dargelegt u. in zahlreichen Verss. die besten Arbeitsbedingungen erprobt. Die Genauigkeit der Meth. für verschiedene Syst. des Strahlungsnachw. u. für unterschiedliche Pb-Geh. werden diskutiert.
U. Drehmann. G 328◇

1720 **Spektrophotometrische Bestimmung kleinster Mengen Wismut in Blei hoher Reinheit.** Yoshihiro Ishihara, Kiyoshi Shibata, Hazime Kishi und Toru Hori. (Japan Analyst **11**, 91—95, 1962; Mitsubishi Mining and Metallurg. Labor.; jap., Auszug: engl.) — Das Verf. beruht auf der Bi-Trennung von Pb durch Cupferron-Extraktion aus HNO_3-Lsg. bei pH 1 in Ggw. kleiner Fe-Mengen als Träger u. anschließende Dithizon-Spektrophotometrie. Es lassen sich noch 0,2 ppm Bi erfassen. W. Wesly. G 328◇

1721 **Zur Trennung von Blei und Wismut mittels Gallussäure.** Robert Waroquier. (Mh. Chem. **93**, 967—68, 1962; Brüssel, S.E.R.A.I.; dt.) — Die beträchtlichen Löslichkeitsunterschiede der Gallate beider Elemente bei verschiedenem pH-Wert werden ausgenutzt u. durch eine fraktionierte Fällung von Bi u. Pb wird ihre quant. Trennung ermöglicht. Als günstigste Fällungsbedingung für das Bi-Gallat wird ein pH-Wert von 2,25 ermittelt, der günstigste pH-Wert für die Fällung von Pb-Gallat beträgt 6,25. W. Dietzel. G 334◇

1722 **Die gravimetrische Schnellbestimmung von Wismut als Wismutoxalat.** Marin Vancea und Maria Voluşniuc. (Studii Cercetări Chim. [Cluj] **10**, 283—86, 1959; Cluj, Acad. R.P.R., Inst. de chim.; rum.) — Zu 10 bis 25 ml einer 2%ig. wss. HNO_3-Lsg., die Bi in einer Konz. von 5 g/Liter enthält, wird das doppelte Vol. ca. 0,1 n Oxalsäure gegeben. Das ausfallende $BiH(C_2O_4)_2 \cdot {}^1/_3 H_2O$ wird abfiltriert, mit A. u. Ae. gewaschen u. gewogen.
R. Grundmann. G 334◇

1723 **Beiträge zur Untersuchung der Verwendung von Dithizon als innerer Indicator bei der Fällungstitration.** 1. Mitt. **Die direkte volumetrische Bestimmung von Wismut als Wismutphosphat.** Marin Vancea und Maria Volusniuc. (Studii Cercetari Chim. [Cluj] **10**, 269—73, 1959; rum.) — Vgl. vorst. Referat. — 10—20 ml einer Lsg., die 5 g Bi/Liter in 2%ig. HNO_3 enthalten, werden mit einer 0,1 n NaH_2PO_4 oder Na_2HPO_4 von bekanntem Titer in Ggw. von 1 ml 0,03%ig. Lsg. von Dithizon in Chlf. titriert. Bi-Phosphat fällt aus. Am Äquivalenzpunkt beginnt die orange Farbe von gebildetem Bi-Dithizonat in grün überzuschlagen, wobei am Äquivalenzpunkt eine graue Mischfärbung entsteht.
R. Grundmann. G 334◇

1724 **Die Trennung von Wismut und Uran durch Extraktion und Fällung mit 1-Phenyltetrazol-5-thiol.** D. B. Stevančević. (Bull. Boris Kidrich Inst. nuclear Sci. **14**, 67—72, 1963; Dep. of Phys. Chem.; engl.) — Zur Fällung u. gravimetr. Best. von Bi in Ggw. von U dient 1-Phenyltetrazol-5-thiol (**I**). Bi kann von U auch durch Extraktion mit einer Lsg. von **I** in Chlf. getrennt werden. W. Wesly. G 334◇

1725 **Erfahrungen mit der visuellen Uranbestimmung durch Fluorescenz.** Evžen Singer und Ladislav Šisler. (Chem. Průmysl **12(37)**, 350—52, 1962; Ústí nad Labem, Výzkumný ústav anorgan. chem.; tschech.) — 0,001 μg U kann noch mit einer Genauigkeit von 30 bis 50% in 3—4 Min. bestimmt werden, auch in Anwesenheit von fluorescenzhemmenden Substanzen, indem 2 ml Lsg., nach Zugabe von Methylviolett, mit NH_3 oder HNO_3 auf rein blau eingestellt werden. 2,5 ml einer 11%ig. $Al(NO_3)_3$-Lsg. u. genau 2 ml einer 10%ig. Lsg. von Tributylphosphat in Hexan werden zugegeben u. geschüttelt. Die sich abscheidende Perle wird getrocknet u. auf Pt zur Rotglut erhitzt. Bei Betrachtung im UV-Licht wird die Fluorescenz mit der von Standardperlen verglichen.
W. Stross. G 339◇

1726 **Auf Schwärzungsunterschiede der Mangan-Linien beruhende neue Methode zur Bestimmung des Mangangehaltes von Aluminiumlegierungen.** László Péter. (Magyar Kémiai Folyóirat [Ung. Z. Chem.] **68**, 523—28, 1962; Miskolc, TU., Schwerind.; ung.) — Bei angegebenen Anregungsbedingungen kann der Mn-Geh. von Al-Legg. aus dem Schwärzungsunterschied der Linien Mn 3547,79/Mn 2798,27 u. Mn 3547,79/Mn 2576,10 mit Hilfe der Seidelschen Transformation bestimmt werden.
J. Plank. G 350△

1727 **Polarographisches Verhalten von Vanadin und Eisen in Thiocyanat-Lösung.** G. S. Deshmukh und J. P. Srivastava. (Bull. chem. Soc. Japan **34**, 325—28, 1961; Varanasi, Banaras Hindu Univ., Chem. Labor.; engl.) — Beschrieben wird das polarograph. Verh. von V(IV) u. Fe(III) in KSCN (Einfl. von pH u. Grundelektrolytkonz. auf das Halbstufenpotential) unter Angabe von Bedingungen für eine Simultanbest. beider Metalle. Für $2{,}00 \cdot 10^{-3}$ m Fe(III) in 1,0 m KSCN (0,005% Gelatine als Maximumdämpfer) liegt $E_{1/2}$ bei — 0,17 V(SCE), für $2{,}19 \cdot 10^{-3}$ VO^{2+} in 1,0 m KSCN (pH 1,5; 0,005% Gelatine) liegt $E_{1/2}$ bei — 0,21 bzw. — 0,54 V für die 1. bzw. 2. Stufe. Co, Ni, Cr(III) stören die Vanadinstufen nicht; Mo(VI) u. W(VI) verzerren das Diffusionsstromplateau beträchtlich. Cu(II) verschieben die V-Stufen zu negativeren Potentialen. NO_3^-, Cl^-, HSO_4^- u. NH_4^+ sind ohne Einfluß. Die Fe-Stufe wird nur durch W u. Mo gestört. — Arbeitsvorschrift: Die Lsg., die mehr als $0{,}4 \cdot 10^{-3}$ m V u. $0{,}5 \cdot 10^{-3}$ m Fe(III) enthalten soll, wird auf eine KSCN-Konz. von 1,0 m gebracht. Mit HCl wird pH 1,5 eingestellt. Innerhalb von 15 Min. wird V(V) zu V(IV) red., wobei die violette Farbe [Mischung des blauen V(IV) u. roten $Fe(SCN)_3$] das Ende der Red. anzeigt. Bei der Polarographie werden zwei Stufen festgestellt: die erste entspricht den Red.-Rkk. Fe(III) → Fe(II) u. V(IV) → V(III); die zweite dem Ein-Elektronenübergang V(III) → V(II). Der V-Geh. wird aus der Stufenhöhe der 2. Stufe ermittelt. Nach Substraktion der Stufenhöhe der 1. Stufe, die die Eichkurve für den aus der 2. Stufe erhaltenen V-Geh. angibt, wird die Fe-Konz. aus der 1. Stufe bestimmt. Reproduzierbarkeit innerhalb der polarograph. Fehlergrenze. E. Beyerle. G 354◇

1728 **Die Papierchromatographie einiger Komplexone und ihrer Eisenchelate.** D. G. Hill-Cottingham. (J. Chromatogr. [Amsterdam] **8**, 261—64, 1962; Bristol, Great Britain, Long Ashton, Res. Stat.; engl.) — Vf. beschreibt die papierchromatograph. Trennung von 23 *Komplexonen* (**I**) u. ihren Fe-III-Komplexen auf säuregewaschenem Whatman-Papier Nr. 1 in den Syst. Phenol-W. (4:1) in Ggw. von KCN u. NH_4OH u. n-Butanol-Essigsäure-W. (4:1:5). Durch den Zusatz von NH_4OH wird ungebundenes Fe am Start ausgefällt. Im ersten Syst. sind die R_F-Werte der Chelate größer als die der freien **I**, im zweiten Syst. ist es meist umgekehrt. Der Nachw. der **I** erfolgte durch Tauchen der Papiere in $NiSO_4$, NH_3-Räuchern u. Tauchen in Dimethylglyoxim, wobei weiße Flecken auf rosa Untergrund erhalten werden. M. Finke. G 354◇

1729 **Spektrophotometrische Bestimmung von Eisen mit 3-Hydroxy-1-p-sulfonatophenyl-3-phenyltriazin.** H. K. L. Gupta und N. C. Sogani. (J. Indian chem. Soc. **37**,

97—100, 1960; Ajmer, Governm. Coll., Chem. Dep.; engl.) — Fe^{3+} bildet mit 3-Hydroxy-1-p-sulfonatophenyl-3-phenyltriazin einen blauschwarzen, wasserlösl. Komplex. Extinktionsmaxima der wss. Lsgg. liegen bei 520 u. bei 650 nm, u. zwar ist bei pH 5,1 das erstere, bei pH 2,7 das letztere stärker ausgeprägt. Das Beersche Gesetz ist (bei 650 nm) zwischen den Konzz. 1 u. 20 ppm erfüllt; der Extinktionskoeff. wurde zu $4{,}47 \cdot 10^3$ bestimmt. Die üblicherweise vorkommenden Fremdionen stören bei der quant. Fe-Best. nicht, Ag^+ u. Au^{3+} werden leicht reduziert. Bei Verw. der Rk. zur Tüpfelanalyse beträgt die Erfassungsgrenze 0,1 γ Fe.
W. Betcke. G 354◇

1730 **Höhere Nachweisempfindlichkeit von Eisen bei Untersuchungen mit der doppelt rotierenden Funkenstrecke in Argon.** Wolfgang Guttmann. (Magyar Kémiai Folyóirat [Ung. Z. Chem.] **68**, 528—30, 1962; Potsdam-Rehbrücke, Ernährungswiss. Inst. Dt. Akad. Wiss.; ung.) — Das weiter entwickelte Gerät ist auch zur Verw. von festen Elektroden geeignet u. durch Ergänzung mit einer luftdicht schließenden Gaskammer zu Unterss. in Ar-Atmosphäre verwendbar. Mit dieser Vorr. wird die Nachw.-Empfindlichkeit des Fe bei der Lsg.-Analyse bes. von biolog. Material auf 20 μg erweitert. Es wird auch ein Kleinspektrometer für biolog. Unterss. beschrieben. J. Plank. G 354△

1731 **Versuche über die Verwendung einer elektrochemischen Kette zur Analyse von hochreinem Eisen.** H. W. Kilau und J. P. Hansen. (U. S. Dep. Interior, Bur. Mines, Rep. Invest. **1963**, Nr. 6183, 1—11; Minneapolis, Minn., Bur. of Mines, Minneapolis Metallurg. Res. Center; engl.) — Zur Unters. der Brauchbarkeit eines rein elektrochem. differentiellen Vers. zur Analyse von hochreinem Fe werden Messungen an den Ketten Fe-Anode/Elektrolyt + Fe^{2+}/Fe-Kathode bei Raumtemp. sowie an 99,4910%ig. Fe/$^1/_2$% $FeCl_2$, KCl–LiCl-Eutektikum (45% LiCl)/99,4016%ig. Fe bei 910—1000° (940°) durchgeführt. Die Kette mit wss. Lsg. ist auf Grund ungenügender Gleichgew.-Einstellung (geringe Diffusionsgeschw.) bei Raumtemp. irreversibel. Die Hochtemp.-Kette ist zwar reversibel, erreicht jedoch kein für analyt. Zwecke brauchbares konst. Potential. Der Einfl. der Bldg. von Fe_3C, des Auftretens von Sekundärrkk. u. der Affinität des Elektrolytanions gegenüber Verunreinigungen der Elektrode wird erörtert. Thermoelektr. Spannungen sind offensichtlich ohne Einfluß. P. Frenzel. G 354◇

1732 **Methoden der chemischen Analyse von Gußeisen, gewöhnlichen und legierten Stählen.** A. H. da Silveira Feijó. (Rev. Quim. ind. **30**, 15—21, 1961; port.) — Fortsetzung der C **1963**, 18196 referierten Übersicht.
A. Blanschette. G 354◇

1733 **Bestimmung von Mikrogrammengen Kobalt durch die Papierimprägnierungsmethode.** Władysław Kiełczewski und Janusz Supiński. (Chem. analit. [Warszawa) **8**, 59—62, 1963; Poznań, School of Agricult., Dep. of Gen. Chem.; pol.) — Die Best. erfolgt auf Filterpapierstreifen, die mit α-Nitroso-β-naphthol imprägniert wurden. Trägt man auf einen solchen Streifen eine Co-Lsg. auf, so bildet sich ein roter Fleck, dessen Größe der Co-Konz. proportional ist. Bei Ggw. von Fe tränkt man die Papierstreifen zusätzlich mit $(NH_4)H_2PO_4$ u. $Ba(NO_3)_2$-Lösung. Co wurde nach dieser Meth. im Bereich zwischen 0,31 u. 1,24 μg bestimmt.
H. Kuchenbecker. G 355◇

1734 **Katalytische Analyse.** 1. Mitt. **Nachweis von Submikromengen Kobaltionen mit der Reaktion von Tiron mit Wasserstoffperoxid bzw. von Tiron mit 2.7-Dihydroxynaphthalin und Wasserstoffperoxid.** J. Bognár und O. Jellinek. (Acta chim. Acad. Sci. hung. **29**, 21—33, 1961; Miskole, Hungary, TU for Heavy Ind., Dep. for Chem.; engl.) — C. **1961**, 11834. H. Jehne. G 355◇

1735 **Bestimmung von Kobaltspuren durch Kathodenstrahlpolarographie, Spektrophotometrie und Neutronenaktivierungsanalyse.** D. Monnier, J. Vogel, H. Haerdi und P. E. Wenger. (Chimia [Aarau, Schweiz] **14**, 128, 1960; Genève, Univ., Labor. de chim. min. et analyt.; franz.) — Co im Stahl (0,045% Co) wird im Makro- u. Mikromaßstab photometr. mit Nitroso R-Salz bestimmt. Zur Makro-Best. benötigt man 100—500 mg der Stahlprobe. Fe wird durch HCl/Ae.-Extraktion entfernt u. Co durch einen Anionenaustauscher abgetrennt. Bei der Mikro-Best. (1 mg Probe) ist das Extraktions-Verf. überflüssig. Die polarograph. Best. wird durch Zn gelöst u. ist gegenüber der photometr. Meth. unempfindlicher. Die Best. von Co durch Neutronenaktivierungsanalyse wird durch die Strahlung des Fe gestört. Zur Auswertung der Spektren werden drei verschiedene Möglichkeiten angegeben. D. Heinrich. G 355◇

1736 **Chemiluminescenzbestimmung von Kobaltmikromengen.** A. K. Babko und N. M. Lukowskaja. (Betriebs-Lab. [UdSSR] **29**, 404—07, 1963; Kiew, Inst. für allg. u. anorgan. Chem. der Akad. der Wiss. der Ukrain. SSR; russ.) — Co bildet mit Luminol (**I**) einen Komplex im Molverhältnis 1 : 1, der die Rk. des **I** mit H_2O_2 katalysiert. Das dabei auftretende Chemiluminescenzlicht wird in speziellen Küvetten photograph. registriert. Die für eine lineare Abhängigkeit der Lichtsumme von der Co-Konz. optimalen Bedingungen wurden untersucht. Ni, Cu u. Fe stören; die letzteren beiden können mit Na-Salicylat (**II**) gebunden werden. Zur Best. von Co bis $2 \cdot 10^{-9}$ g werden 0,05 ml von dessen Lsg. in die Küvette gebracht u. mit 3 Tropfen 0,1%ig. **II**-Lsg., 2 Tropfen 0,1%ig. **I**-Lsg. in 0,1 n NaOH u. dann mit 7—8 Tropfen $1{,}5 \cdot 10^{-4}$ bis $3 \cdot 10^{-4}$ m H_2O_2 versetzt. Die unter der Küvette angebrachte Photoplatte wird nach 3—5 min entwickelt, die Schwärzung unter der Probe u. unter einer Blindprobe mikrophotometr. gemessen u. nach der Schwärzungsdifferenz der Co-Geh. ermittelt.
R. Gerbatsch. G 355◇

1737 **Die polarographische Bestimmung von Nickel in Molybdänoxid und in metallischem Molybdän.** Zofia Zlotowska. (Chem. analit. [Warszawa] **8**, 405—10, 1963; Warszawa, Vacuum Tube Material Works; pol.) — Metall. Mo wurde in einem H_2SO_4/HNO_3-Gemisch gelöst u. die Lsg. ammoniakal. gemacht; MoO_3 wurde direkt in NH_4OH-Lsg. gelöst. Für die Aufstellung der Eichkurve wurden die Polarogramme von Mo-Lsgg. mit einem Ni-Geh. von 0,1—1 mg Ni pro 100 ml aufgenommen. Als Grundelektrolyt diente ein NH_4OH/NH_4Cl-Gemisch.
H. Kuchenbecker. G 356◇

1738 **Die Bestimmung der Summe der Schwermetalle in chemischen Reagentien unter Anwendung extraktiver Titration mit Dithizon.** Zygmunt Marczenko, Maria Krasiejko und Łucja Chołuj. (Chem. analit [Warszawa] **8**, 375—80, 1963; Warszawa, Politechn., Dep. of Analyt. Chem.; pol.) — Die neutrale oder schwach saure Probe-Lsg. wird mit einer Lsg. von Dithizon in CCl_4 extrahiert. Man wäscht zur Entfernung überschüssigen Dithizons mit einer wss. Puffer-Lsg. (pH 9,5) u. versetzt anschließend die organ. Phase mit einem Überschuß einer sauren Ag-Salz-Lsg. bekannten Gehaltes. Durch Verdrängungs-Rk. werden die Dithizonate des Cu, Pb, Bi, Cd, Zn, Co u. Ni in Ag-Dithizonat überführt. Der Überschuß der Ag-Ionen in der wss. Phase wird durch Titration mit Dithizon-Lsg. ermittelt. Pd, Au, Pt u. Hg werden nach dieser Meth. nicht erfaßt, da ihre Dithizonate beständiger als Ag-Dithizionat sind. H. Kuchenbecker. G 358◇

1739 **Papier-Fällungschromatographie von Quecksilber, Kupfer, Wismut und Cadmium mit Thioacetamid.** Hideo Nagai. (Japan Analyst **11**, 95—98, 1962; Kumamoto Univ., Fac. of Sci., Dep. of Chem.; jap., Auszug: engl.) — Hg^{2+}, Cu^{2+}, Bi^{3+} u. Cd^{2+} werden in 4 konzentr. Fällungszonen ihrer Sulfide auf Filterpapierscheiben unter Verw. von Thioacetamid getrennt. Ein Tropfen HNO_3-Lsg. wird auf die Papiermitte gegeben u. sogleich entwickelt. Das beste Ergebnis zeigt die Entw. mit 1,5 m NH_4-Acetat-Lsg., die Spuren Essigsäure enthält u. eine Temp. von 15—20° aufweist. Die Fällungszonen vom Mittelpunkt aus sind: Hg^{2+}, Cu^{2+}, Bi^{3+} u. Cd^{2+}. Die Verteilung entspricht der Rangordnung der Sulfidstabilität.
W. Wesly. G 358◇

1740 **Spektrophotometrische Bestimmung von Wismut, Kobalt, Kupfer, Nickel und Tellur mit Zink-bis(2-Hydroxyäthyl)-amidodithiocarbonat.** Hitoshi Yoshida, Masahiro Yamamoto und Seiichiro Hikime. (Japan Analyst **11**, 197—201, 1962; Hokkaido Univ., Fac. of Sci.; jap., Auszug: engl.) — Nach Unterss. über die Verw. von

Zn-bis(2-Hydroxyäthyl)-amidodithiocarbonat (I) zur spektrophotometr. Best. von Bi, Co, Cu, Ni u. Te(IV), mit denen I in Ggw. von Citronensäure wasserlösl. gefärbte Komplex-Verbb. bildet, wird die Extinktion der Te-I-Verb. vom pH u. der Standzeit nach der Rk. beeinflußt. Die Komplex-Verbb. der anderen Metalle sind mindestens 25 Min. lang bei pH 5,5—9,5 beständig. Die Beziehung zwischen Extinktion u. Kationenkonz. ist linear. Die Best-Grenzen sind für Bi 0,021 ($\mu g/cm^2$) bei 363 (nm), für Co 0,075 bei 470, für Cu 0,004 bei 432, für Ni 0,010 bei 390 u. für Te(IV) 0,04 bei 420.
W. Wesly. G 358◇

1741 **Bestimmung von Cu, Pb, Cd und Zn in Produkten der Buntmetallurgie am Wechselstrompolarographen.** R. G. Patz, Ss. B. Zfassman und T. W. Ssemotschkina. (Betriebs-Lab. [UdSSR] **29**, 395—401, 1963; Moskau, Wiss. Forsch.-Inst. für Buntmetalle u. Zentr. Labor. für Automatisierung; russ.) — Zur Best. von Cu, Cd, Pb u. Zn bis zu 10^{-3}—10^{-4}% in verschiedenen Prodd. der Buntmetallurgie werden als Leitelektrolyten 0,5 m $HClO_4$ + 1 m H_3PO_4 sowie alkal. Lsgg. von $NaClO_4$, NaCl u. Na-Tartrat (für Cu u. Pb) vorgeschlagen. Die Halbwellenpotentiale u. Störmöglichkeiten wurden eingehend untersucht. Arbeitsvorschriften für verschiedene Materialien werden gegeben. Verwendet wurde ein Wechselstrompolarograph mit Hg-Tropfelektrode u. großflächiger Hg-Anode. R. Gerbatsch. G 358◇

1742 **Die chronovoltamperometrische Bestimmung von Pb- und Cu-Spuren in konzentrierter Salpeter- und Salzsäure unter Verwendung der Quecksilbertropfelektrode.** Wiktor Kemula und Stefan Głodowski. (Chem. analit. [Warszawa] **8**, 369—74, 1963; Warszawa, Univ., Dep. of Inorg. Chem.; Warszawa, Polish Acad. of Sci., Inst. of Phys. Chem.; pol.) — Konz. HNO_3 u. HCl verschiedener Reinheitsgrade wurden auf ihren Geh. an Pb u. Cu untersucht. Die Best. wurden in 0,1 n HNO_3 unter Zusatz von $5 \cdot 10^{-5}$% Gelatine durchgeführt. Geh. von ca. 10^{-7}% Cu bzw. Pb konnten mit einer Abweichung von maximal ±20% vom Mittelwert bestimmt werden. Für noch kleinere Konzz. wurden nur noch Abschätzungen vorgenommen. H. Kuchenbecker. G 358◇

1743 **Eine neue papierchromatographische Bestimmung von Cu^{2+}-Ionen.** F. Baykut und A. Kücüjuysal. (Instanbul Üniv. Fen Fak, Mecmuasi [Rev. Fac. Sci. Univ. Instanbul], Ser. C **27**, 26—31, 1962; Anorg. Chem. Inst.; dt.) — Auf der Basis der Retentionsanalyse wurden Cu^{2+}-Ionen quant. als Diphenylcarbazid(I)-Komplex bestimmt. Es wird aufsteigend chromatographiert, wobei I in Methanol gelöst vorliegt. Die farblosen Flächen, die durch Retention von I durch Cu^{2+} in der Diphenylcarbazonfläche bleiben, werden bestimmt u. in einer Eichkurve aufgetragen. Bestimmbar sind mit dieser Meth. 2—200 μg $CuSO_4 \cdot 5H_2O$ in 10^{-3} ml Lsg.; dabei stören Na^+, K^+, NH_4^+, Fe^{2+}, Fe^{3+}, Ca^{2+}, Ni^{2+}, Mn^{2+}, Zn^{2+}, Cd^{2+}, Hg^{2+} u. Al^{3+} nicht. K. Huste. G 358◇

1744 **Gravimetrische Methode für die Bestimmung von Silber.** Eugène Papafil, N. Hurduc, M. Popa und D. Lazăr. (An. ştiinţ. Univ. „Al. I. Cuza" Iaşi, Sect. I [N. S.] **9**, 191—94, 1963; Univ. „Al. I. Cuza", Labor. de chim. phys. et gén.; franz.) — Ag^+ in W./A.-Gemischen (1 : 2) wird mit einer alkohol. Lsg. von p-Aminoazobenzol (I) als $(C_{12}H_{11}N_3)_2 \cdot AgOH$ gefällt u. zu Ag verglüht, da sich I nicht vollständig auswaschen läßt. Ni^{2+}, Cd^{2+} u. Cu^{2+} bedingen einen Ag-Verlust von 1%, Na^+ u. K^+ von weniger als 1%. Pb^{2+} stört nur, wenn die Menge den Ag-Geh. übersteigt. I. Balke. G 359◇

1745 **Konduktometrische Titration von Silber.** E. Papafil, N. Hurduc, M. Popa und D. Lazăr. (An. ştiinţ. Univ. „Al. I. Cuza" Iaşi, Sect. I [N. S.] **9**, 195—200, 1963; franz.) — Vgl. vorst. Referat. — Die Rk. von Ag^+ mit p-Aminoazobenzol zu unlösl. $(C_{12}H_{11}N_3)_2 \cdot AgOH$ eignet sich zur konduktometr. Titration von Ag^+. Man arbeitet mit möglichst konz. Lsgg. von Ag^+ in W. u. A. (1 : 2) u. alkohol. Reagenz-Lsg. bei 20° in einer Hochfrequenz-Leitfähigkeitszelle. I. Balke. G 359◇

1746 **Amperometrische Bestimmung von Gold mit Thioharnstoff.** G. S. Deshmukh, S. V. Tatwawadi und M. Surendranath. (Current Sci. [Bangalore] **32**, 69, 1963; Varanasi, Banaras Hindu Univ., Dep. of Chem., Analyt. Chem. Sect.; engl.) — Die Titration wurde mit 0,01 m Thioharnstoff-Lsg. u. unter Verw. einer rotierenden Pt-Mikroelektrode bei einem Potential von —0,1 V gegen eine gesätt. Kalomelelektrode bei Zimmertemp. ausgeführt. Die Gesamtlsg. betrug 25—30 ml; die Erfassungsgrenze liegt bei 0,1—0,2 mg Au.
H. Schroeder. G 360◇

1747 **Diallyldithiocarbamidohydrazin (Dalzin) als ein analytisches Reagens. 6. Mitt. Colorimetrische Bestimmung von Palladium.** N. K. Dutt und K. P. Sen Sarma. (J. Indian chem. Soc. **39**, 20—22, 1962; Calcutta, Univ. Coll. of Sci. & Technol., Pure Chem. Dep.; engl.) — 4. vgl. C. **1961**, 12203. — Pd bildet zwischen pH 3—6 mit *Dalzin* (I) einen gelben Farbkomplex der Zus. Pd : I = 1 : 1. Störungen anderer Ionen werden durch Zugabe von EDTA bzw. durch Extraktion des Farbkomplexes mit Chlf. umgangen. Es wird bei 365 nm colorimetriert. Das Beersche Gesetz ist von 1—20 ppm Pd erfüllt. E. Faulhaber. G 365◇

1748 **Photometrische Bestimmung von Platin mit 5-(p-Dimethylaminobenzyliden)-rhodanin.** Frances E. Piercy und D. E. Ryan. (Canad. J. Chem. **41**, 667—70, 1963; Halifax, Nova Scotia, Dalhouse Univ., Dep. of Chem.; engl.) — Pt(II)-Verbb. liefern mit 5-(p-Dimethylaminobenzyliden)-rhodanin einen roten Nd., der in H_2O schwer, in Propionsäure gut lösl. ist. Pt(IV)-Verbb. werden mit Ascorbinsäure reduziert. Das Absorptionsmaximum der Verb. in Propionsäure liegt bei 545 nm, die photometr. Best. wird bei 590 nm durchgeführt, da die Durchlässigkeit des Lsgm. dort 100% beträgt. Ag, Hg, Au, Rh, Cu, Pd stören die Best., ein 10facher Überschuß von Pd kann durch Zugabe von Dimethylglyoxim unwirksam gemacht werden. Die Meth. ist auf Mengen von 0,5 bis 6 ppm Pt anwendbar. U. Wenzel. G 368◇

1749 **Untersuchungen über die Möglichkeit der Anwendung des Spektralverfahrens zur Analyse einiger bleihaltiger Bronzen.** Adolf Fiałkiewicz. (Zeszyty naukowe Politechn. Gdańskiej, Chem. **1959**, 65—74, Kath. Chem. Fizycz; pol.) — Zur Spektralanalyse von Bronzen mit 16,70—23,55(%) Pb, 0,97—2,2 Sn, 0,28—0,93 Fe werden die Proben mit Wechselstrom angeregt. Die im Mikrophotometer ausgeführten Best. zeigen, daß die Seigerungen an der Leg.-Oberfläche zu stark sind. Die mittleren Fehler betragen für Pb 22,08, für Sn 31,3%.
W. Wesly. 5282◇

1750 **Analyse von Gesteinen und Mineralien durch reflektierte Infrarotstrahlung.** R. J. P. Lyon und Eugene A. Burns. (Econ. Geol. **58**, 274—84, 1963; Mento Park, Calif., Stanford Res. Inst., Physico and Propulsion Sci. Div.; engl.) — Vff. besprechen die Unterschiede zwischen IR-Absorptions- u. Reflexions-Spektren sowie deren Abhängigkeit von Kristallorientierung, Korngröße u. chem. Zusammensetzung. Als Beispiele werden *α-Quarz, Granit*, saure u. bas. Gesteine sowie tektit. u. chondrit. *Meteorite* behandelt. D. Hoene. 5290◇

1751 **Papierelektrochromatographie von Tonmineralien.** B. L. McNeal und J. L. Young. (Nature [London] **197**, 1132, 1963; Corvallis, Oreg., State Univ., US Dep. of Agricult., Agricult. Exper. Stat.; engl.) — Aus Mischsuspensionen (Teilchengröße $< 2\ \mu$) läßt sich Bentonit von Kaolinit u. vermiculit-ähnlichem Material, die gemeinsam wandern, durch 48 Std. lange Elektrophorese trennen. Die Unterss. werden auf Schleicher & Schüll 470-A in Glycerin–Wasser (20 : 80) mit 0,01% Na_2CO_3 bei 8° u. 20 V/cm durchgeführt.
F.-M. Friedrich-Anderseck. 5290◇

1752 **Die quantitative Röntgenanalyse des Bauxits. 1. Mitt. Das System Hydrargillit–Böhmit–Goethit–Hämatit.** A. Bezjak, T. Friš-Gačeša, V. Uzelac und I. Arapovič. (Croat. chem. Acta **34**, 51—64, 1962; Zagreb, Yugoslavia, Inst. of Light Metals; engl.) — Zur quant. mineralog. Analyse des Vier-Komponenten-Syst. werden mit $CoK_{\bar{\alpha}}$-Strahlung belichtete photograph. Filme mikrophotometr. ausgewertet. Die erforderlichen Eichgeraden werden angegeben, u. es wird gezeigt, daß bei 5—20% Hämatit (I) die sich mit Goethit überlappende Linie d = 2,69 Å benutzt werden kann. Oberhalb 20% I ist dagegen die Linie d = 3,67 Å zu bevorzugen. Die

Meth. ist auf ± 3% abs. genau. Die untere Grenze der Bestimmbarkeit wird mit 5% für jede der Komponenten angegeben. R. Uttech. 5292◇

b) Organische Verbindungen

1753 **Strukturaufklärung organischer Verbindungen nach chemischen und physikalischen Methoden.** Heinz Dannenberg. (Z. analyt. Chem. **181**, 425—43, 1961; München, Max-Planck-Inst. für Biochem.; dt.) — Übersicht über chem. u. physikal. Meth. zur Strukturaufklärung organ. Verbindungen. E. Faulhaber. 5350◇

1754 **Destruktive Chlorierung organischer Verbindungen. 1. Mitt. Grundlegende Beobachtungen.** Jiri Körbl und Dagmar Mansfeldová. (Talanta [London] **10**, 816—19, **1963**; Praha, Res. Inst. of Pharmacy and Biochem.; engl.) — Die Best. einiger Elemente, bes. H u. O, durch chlorierenden Abbau bei hoher Temp. wird diskutiert. Beobachtungen über das Verh. von H, N, S, Br, J, P, C u. O beim chlorierenden Abbau werden mitgeteilt. J. Peters. 5352◇

1755 **Absaugvorrichtung für die Kjeldahlanalyse von Produkten.** Jaroslav Šimek und Bohumil Miča. (Věstník českoslov. Akad. zemědělských Věd **9**, 166—67, 1962; tschech.) — Für Reihenunterss. nach der Kjeldahl-Meth. wird eine gemeinsame Verbrennung der Proben nebeneinander vorgeschlagen. Als Wandmaterial dient Faolith. R. K. Müller. 5352◇

1756 **Ein Flaschenhalter für eine Mikro-Kjeldahl-Apparatur.** K. J. Dodson. (Lab. Prakt. **11**, 925, 1962; Nelson, New Zealand, Cawthron Inst.; engl.) W. Betcke. 5352◇

1757 **Vorrichtung zur Verhinderung des Schäumens bei der Bestimmung nach Kjeldahl.** Gregor Melnyk. (Chemist-Analyst **49**, 118, 1960; Ithaca, N. Y., Cornell Univ., Dep. of Agricult.; engl.) — Zur Vermeidung eines übermäßigen Schäumens bei der N-Best. in Bodenproben u. schäumenden Materialien wird in den Hals des Kjeldahl-Kolbens ein perforierter hohler Plastikstopfen an einer Aufhänge-Vorr. eingeführt. Dieter Heinrich. 5352◇

1758 **Ein modifiziertes Rohrverbrennungs-Verfahren zur gravimetrischen Mikrobestimmung von Halogenen in organischen Verbindungen.** Keiichiro Hozumi und Shigeo Kinoshita. (Japan Analyst **11**, **113**—17, 1962; Kyoto Univ., Fac. of Pharm.; jap., Auszug: engl.) — Zur gravimetr. Best. organ. gebundener Halogene (außer F) werden diese als J ermittelt, indem Cl u. Br über AgJ in die äquivalente J-Menge umgewandelt werden. Dabei dient Ag-Gaze zur J-Absorption bei 250° in Ggw. von AgJ-Körnern u. Silika-Wolle. W. Wesly. 5352◇

1759 **Zur Bestimmung von Chlor in β-Chloräthylderivaten von phosphororganischen Säuren.** Je. L. Gefter. (Betriebs-Lab. [UdSSR] **29**, 419, 1963; Wiss. Forsch.-Inst. für Kunststoffe; russ.) — Durch Kochen mit einer NaOH-Lsg. in Äthylenglykol (**I**) kann die Bindung C–Cl vollständig zerstört werden. Zur Cl-Best. werden 0,1 bis 0,2 g Probe in 5 ml I gelöst, mit 10 ml 0,5 n NaOH-Lsg. in **I** versetzt u. 10—15 min gekocht. Nach Zugabe von 30 ml dest. W. u. 5 ml HNO_3 (1:3) wird auf Zimmertemp. abgekühlt u. mit 20 ml 0,1 n $AgNO_3$-Lsg. versetzt, dessen Überschuß nach Vollhardt titriert wird. R. Gerbatsch. 5352◇

1760 **Bestimmung des aktiven Wasserstoffs in sterisch gehinderten Hydroxylgruppen mit Diboran.** George H. Schenk. (Analytic. Chem. **35**, 593, 1963; Detroit, Mich., Wayne State Univ., Dep. of Chem.; engl.) — Krit. Betrachtung über den Wert der Best. im Vgl. zu anderen Meth. zur Best. von tert. u. ster. gehinderten OH-Gruppen mit Acylierungs- u. Grignard-Reagentien sowie $Li(AlH_4)$. W. Kupfer. 5364◇

1761 **Über ein neues mögliches Reagens zur Charakterisierung organischer Säuren.** Georges Bouilloux. (Bull. Soc. chim. France **1958**, 1446—47, Seine; franz.) — Durch Verestern organ. Säuren mit β-[Di-n-butylamino]-äthanol erhält man bas. Ester, die mit HJ krist. oder ölige Hydrojodide geben. Die der Säure äquivalente Menge J_2 wird als AgJ bestimmt.

Versuche: *β-[Di-n-butylamino]-äthanol* (**I**), $Kp._{760}$ 229—230°, durch 6—8std. Erhitzen von Di-n-butylamin mit Äthylenchlorhydrin auf 80—100° im Bombenrohr; $D._{20}$ 0,861; 56% (Ausbeute).–Carbonsäure-β-[di-n-butylamino]-äthylesterhydrojodide: *Essigsäure-*, durch 30—40 Min. langes Erhitzen (bei nicht flüchtigen Säuren 1,5—2 Std.) von **I** mit Essigsäure auf 180—200°, Versetzen mit n/10 HCl, Zugabe von KJ u. wenig H_2SO_3; Öl. — *Buttersäure-*, Öl. — *n-Heptansäure-*, F. 92—93° (W.). — *n-Octansäure-*, F. 91—93° (W.). — *2-Äthylhexansäure-*, F. 127—128° (W.). — *3.5.5-Trimethylhexansäure*, F. 98—99° (W.). — *n-Dodekansäure-*, F. 90—91° (PAe.). — *n-Hexadecansäure-*, F. 93—94° (PAe.). — *Crotonsäure-*, Öl. — *Ölsäure*, Öl. — *Benzoesäure-*, F. 106 bis 107° (W.). — *p-Nitrobenzoesäure-*, Öl. — *o-Hydroxybenzoesäure-*, Öl. — *p-tert.-Butylbenzoesäure-*, F. 112 bis 113° (W.). — *Zimtsäure-*, F. 111—113° (wss. A.). — *Phthalsäure-*, Öl. P.-G. Dietrich. 5368△

1762 **Bestimmung von n-Alkanen in Kohlenwasserstoffgemischen mittels Gaschromatographie.** P. A. Schenck und E. Eisma. (Nature [London] **199**, 170, 1963; Rijsvijk, Koninklijke/Shell Exploratie en Prod. Labor.; engl.) — Hinter Trennsäule u. Wärmeleitzelle (WLZ) werden ein 10 cm langes Glasrohr mit Molekularsieb 5 Å (**I**) zur Adsorption der n-Alkane (C_{10}—C_{20}) u. eine 2. WLZ geschaltet. Man erhält so pro Probeneingabe 2 quant. auswertbare Chromatogramme. Die bei geringer Konz. spürbare Adsorption der Isoalkane wird durch Imprägnierung von **I** mit 2% Silikonöl GE/SF 96 unterdrückt. G. Bock. G 500◇

1763 **Vergleich der relativen Retentionszeiten und des Kovats-Index.** J. H. Dhont. (Nature [London] **198**, 990—91, 1963; Utrecht, Central-Inst. for Nutrit. and Food Res.; engl.) — Die Verw. des Kovats-Index als Retentionszeitparameter für die gaschromatograph. Best. der KW-Stoffe (C_3—C_8) ergibt eine lineare, von apparativen u. experimentellen Einfl. unabhängige Beziehung. Die Messungen erfolgen bei verschiedenen Kolonnenlängen, Temp. u. Kolonnenfüllungen. H. J. Altmann. G 500◇

1764 **Spurenanalyse durch kombinierte Chromatographiertechnik.** C. G. Scott und C. S. G. Phillips. (Nature [London] **199**, 66—67, 1963; Oxford, Univ., Inorg. Chem. Labor.; engl.) — Noch 10^{-6}% *Hexen-(1)*, *Hepten-(1)* u. -(*2*) in *n-Heptan* können nachgewiesen werden, indem man 100 ml Probe durch eine Säule von 3 mm ⌀ laufen läßt, die 1 g mit $AgNO_3$ modifiziertes Al_2O_3 enthält. Nach restloser Entfernung des Heptans im N_2-Strom bei 75° werden die adsorbierten Alkene durch mit Octen-(1) gesätt. N_2 ausgetrieben u. in einer Kühlfalle aufgefangen. Der Nachw. erfolgt durch Gaschromatographie an Squalan unter Verw. eines Flammenionisationsdetektors. G. Bock. G 520◇

1765 **Über ein Verfahren zur Mikrobestimmung von Alkohol in wässrigen Medien.** Lucien Bessot und Maurice Scemama. (C. R. hebd. Séances Acad. Sci. **250**, 3897—99, 1960; Paris, Fac. de Pharm., Labor. de Phys.; franz.) — Vff. verbesserten das klass. Verf. von Nicloux zur Best. von A. in wss. Medien, das auf der Oxydation von A. durch $K_2Cr_2O_7$ (**I**) in schwefelsaurer Lsg. u. der volumetr. Best. des Überschusses von **I** beruht. Die Dest. wurde von Vff. durch einen Diffusions-Prozeß u. die volumetr. Best. von **I** durch eine photometr. ersetzt, da Lsg. von **I** im UV-Spektrum bei 350 μm ein Maximum besitzt. Das Verf. ist relativ schnell u. genau u. gestattet Mengen von 1—3 mg A. zu bestimmen. *Arbeitsvorschrift*: In ein verschließbares Glasgefäß von ca. 50 mm ⌀ werden 5 ml einer stark schwefelsauren n/10 Lsg. von **I** gefüllt, ein dreibeiniges Glasschälchen mit der, in 1 ml W. u. 1 ml 1 n H_2SO_4 gelösten Probe hineingesetzt, das geschlossene Gefäß 3 Std. lang im Wasserbad auf 85° erwärmt, gekühlt, die Lsg. von **I** auf 250 ml verd. u. die Extinktion der Lsg. von **I** bei 350 nm gemessen. 1 ml n/10 Lsg. von **I** entspricht 1,15 mg A. oder 0,534 mg Methanol. H. Fries. G 560◇

1766 **Einfluß der Borsäure auf die Oxydation von Glykol mit Perjodsäure.** Jean Ploquin und Claude Neau. (Chim. analytique **42**, 552—56, 1960; Nantes, Fac. de Med. et de la Pharm., Labor. de Chim. org.; franz.) —

Unter gewissen Bed. wird die Oxydation von zweiwertigen Alkoholen mit Perjodsäure durch die Ggw. von Borsäure aktiviert. Diese Aktivierung scheint nur in geringem Maße in den ersten Oxydationsstadien stattzufinden. Während der Einfl. von Borsäure im schwach sauren Medium (pH 6,3) klar zu erkennen ist, ist er im alkal. Medium unübersichtlich durch den langsamen Verlauf der Rk., die durch eine parallel laufende Strukturänderung der Perjodsäure gestört wird. Vff. nehmen an, daß die Perjodsäure an den Rkk. in zwei unterschiedlichen Formen beteiligt ist. H. Fries. G 570◇

1767 **Colorimetrische Bestimmung von Hypotaurin.** Koichiro Sumizu. (Analyt. Biochem. [New York] **4,** 378—83, 1962; Kyoto, Univ., Fac. of Sci., Dep. of Chem.; engl.) — Hypotaurin ($HOC_2H_4SO_2H$) wird mit NaJO zu Taurin oxydiert, das überschüssige NaJO wird durch Ansäuern mit H_3PO_4 quant. in J_2 überführt u. in 5 bis 30 μmol. Lsgg. bei 590 nm bestimmt. Beim Ansäuern mit HCl oder H_2SO_4 tritt im Laufe der Zeit Farbvertiefung, beim Ansäuern mit Essig- oder Zitronensäure Farbschwächung ein. Die Best. wird gestört durch Mn^{2+}, VO_3^-, Co^{2+}, Ni^{2+}, während Mg, Cd, Al, Zn u. MoO_4^{2-} keinen Einfl. haben. Es stören ferner $Pb(CH_3COO)_4$, CCl_3COOH, SO_2, Cystein, Cysteinsulfonsäuren, Cystamin, HCHO, CH_3CHO u. Aceton. W. Kupfer. G 600◇

1768 **Polarographische Bestimmung organischer Disulfide (Derivate von Thiosäuren).** A. A. Golikow. (Betriebs-Lab. [UdSSR] **29,** 548, 1963; Ural-Forsch.-Inst. für mechan. Verarbeitung mineral. Rohstoffe; russ.) — Dialkylxanthogendisulfide werden mit Ae. extrahiert u. nach Verflüchtigen des Ae. mit 0,1 n NaOH in 75%ig. A. verestert. Die Lsg. wird mit 10-facher Menge Leitelektrolyt (0,1 n KCl + 0,05% Gelatine) versetzt u. polarographiert. Der anod. Strom bei Nullpotential ist der Disulfid-Konz. proportional.
R. Gerbatsch. G 600◇

1769 **Die Bestimmung von Cystein, Thioglykolsäure, Cyanid und Dithioglykolsäure.** M. Wroński. (Analyst **88,** 562—63, 1963; Łódz, źniv., Dep. of Chem. Technol.; engl.) — Die für kinet. Unterss. benötigten Best. wurden wie folgt durchgeführt: 1. Cystein (**I**) u. Thioglykolsäure (**II**) wurden gemeinsam in alkal. Lsg. mit o-Hydroxymercuribenzoesäure-Lsg. (**III**) gegen Thiofluorescein als Indicator titriert. Nach Rk. mit CH_2O reagiert **I** nicht mehr mit **III**, so daß **II** in einer 2. Probe allein bestimmt werden kann. 2. **I** u. Cyanid: **I** reagiert nach Umsetzung mit Acrylnitril (**IV**) nicht mit $AgNO_3$, Cyanid stört nach Fällung mit der äquivalenten $AgNO_3$-Menge die Titration von **I** mit **III** nicht. 3. Dithioglykolsäure (**V**) ergibt beim Kochen mit Alkali **II**, Sulfid u. Glyoxylsäure in konst. Verhältnis. Durch Best. von **II** u. Sulfid (Summe sowie Sulfid allein nach Zugabe von **IV** mit **III** titrieren) kann der Geh. an **V** ermittelt werden.
G. Bock. G 950◇

1770 **Mercurimetrische Bestimmung von Cystin neben Cystein und Sulfiden.** Mieczysław Wroński. (Chem. analit. [Warszawa] **8,** 467—71, 1963; Łódz, Univ., Inst. für Chem. Technol.; pol.) — Vgl. C. **1963,** 14805. — Cystein (**I**) sowie Sulfide werden mit o-Hydroxymercuribenzoesäure (HMB) unter Verw. von Thiofluorescein als Indicator titriert. Anschließend wird mit H_3PO_4 u. NH_4OH-Lsg. auf pH 8 eingestellt u. nach Zugabe von Na_2SO_3 durch weitere Titration der Geh. an Cystin (**II**) ermittelt. Zur Best. des Geh. an Sulfiden wird eine Probe mit Acrylnitril versetzt u. mit HMB titriert. **I** u. **II** können auch photometr. bestimmt werden. Hierzu versetzt man die Probe mit dem HMB-Thiofluoresceinkomplex u. mißt die Extinktion vor u. nach der Zugabe von Na_2SO_3. H. Kuchenbecker. G 950◇

1771 **Quantitative Bestimmung von Caprolactam nach einer modifizierten van Slyke-Methode.** Stefan Goszczyński. (Chem. analit. [Warszawa] **8,** 87—90, 1963; Gliwice, Politechn., Dep. of Org. Chem.; pol.) — Beschreibung eines vereinfachten Gerätes zur Caprolactambestimmung. H. Kuchenbecker. G 950◇

1772 **Untersuchungen über die Trennung aromatischer von ungesättigten Kohlenwasserstoffen nach der FIA-Methode.** Hideo Takisawa. (Technol. Rep. Osaka Univ. **11,** 423—30, 1961; Osaka, Univ., Chem. Inst.; dt.) — Bei der FIA-Meth. chromatographiert man das Gemisch der KW-Stoffe an Silicagel mit Propanol-(2). Die einzelnen Zonen werden durch Fluorescenz-Indicatoren sichtbar gemacht; aus ihrer Breite ergibt sich der Geh. an aromat., ungesätt. u. gesätt. KW-Stoffen. Die Meth. wird mit Zweistoffgemischen Aromat/Olefin geprüft. Dazu werden 15 aromat. u. 4 ungesätt. gaschromatograph. reine KW-Stoffe verwendet. Zu je einem aromat. KW-Stoff wird das gleiche Vol. Hexadien-(1.5) (**I**), Cyclohexen (**II**), Hexen (**III**) oder Octen (**IV**) zugesetzt. Bei übermäßig breiter Grenzzone oder bei verwischten Übergängen wird die Trennung als unmöglich erachtet. Mit einem Fehler $< 4\%$ läßt sich von den Zweistoffgemischen der Aromaten mit **I** oder **II** nur das mit Butenylbenzol trennen. Aus den Gemischen mit **III** können alle Alkyl- und Alkenylbenzole mit insgesamt höchstens 3 C-Atomen in den Seitenketten abgetrennt werden. Von **IV** lassen sich außer n-Hexylbenzol alle Aromaten trennen. Die chromatograph. Trennung wird in der Reihenfolge **I, II, III, IV** der Olefine besser, verschlechtert sich jedoch mit zunehmender Anzahl der C-Atome in den aromat. Seitenketten. Für eine gute Trennung ist bei optimaler Säulenlänge eine ausreichende Menge an Adsorptionsmittel erforderlich (Formel).

Versuche: Die Ausgangsmischung besteht aus gleichen Vol. aromat. u. ungesätt. KW-Stoffen. Aromat.: + Olefin, gefundene Vol.-% aromat./Vol.-% ungesätt. KW-Stoff, Fehler; Benzol: + **I**, 57/43, 14%; + **II**, 55/45, 10%; + **III**, 48/52, 4%; + **IV**, 51/49, 2%. Toluol: + **I**, 57/43, 14%; + **II**, 60/40, 20%; + **III**, 51/49, 2%; + **IV**, 51/49, 2%. Äthylbenzol: + **I**, 64/36, 28%; + **II**, 72/28, 44%; + **III**, 49/51, 2%; + **IV**, 52/48, 4%. Isopropylbenzol: + **I**, Trennung unmöglich (Tr. unm.); + **III**, 47/53, 6%; + **IV**, 50/50, 0%. o-Xylol: + **I**, 62/38, 24%; + **II**, 61/39, 22%; + **III**, 52/48, 4%; + **IV**, 50/50, 0%. 1.2.4-Trimethylbenzol: + **I**, 87/13, 74%; + **II**, 70/30, 40%; + **III**, 52/48, 4%; + **IV**, 51/49, 2%. Tert.-Butylbenzol: + **I**, Tr. unm.; + **II** ebenso; + **III**, 54/46, 8%; + **IV**, 52/48, 4%. Sek.-Butylbenzol: + **I** u. + **II** Tr. unm.; + **III**, 61/39, 22%; + **IV**, 51/49, 2%. N-Butylbenzol: + **I** u. + **II**, Tr. unm.; + **III**, 67/33, 34%; + **IV**, 51/49, 2%. N-Amylbenzol: + **I**, u. + **II**, Tr. unm.; + **IV**, 51/49, 2%. N-Hexylbenzol: + **I**, + **II**, + **III**, + **IV** Tr. unmöglich. Styrol: + **I**, 59/41, 18%; + **II**, 53/47, 6%; + **III**, 49/51, 2%; + **IV**, 49/51, 2%. α-Methylstyrol: + **I**, 65/35, 30%; + **II**, 53/47, 6%; + **III**, 49/51, 2%; + **IV**, 48/52, 4%. Allylbenzol: + **I**, 58/42, 16%; + **II**, 56/44, 12%; + **III**, 52/48, 4%; + **IV**, 48/52, 4%. Butenylbenzol: + **I**, 48/52, 4%; + **II**, 51/49, 2%; + **III**, 49/51, 2%; + **IV**, 48/52, 4%. A. Ackermann. G 1010◇

1773 **Die gaschromatographische Trennung von m- und p-Xylol: Tetrahalogenphthalat als Trennflüssigkeit.** S. H. Langer, C. Zahn und G. Pantazoplos. (Chem. and Ind. **1958,** 1145—47; Pittsburgh, Pa., US Dep. of the Interior. Bur. of Mines, Central Exp. Station; engl.) — Verwendet wurden der Methylpropyl- u. der Dipropylester (**I**) der Tetrachlorphthalsäure. In einer 889 × 0,5 cm Säule mit 7% **I** auf firebrick 35—42 mesh konnten bei 95° u. 84,8 ml He/min die drei Xylolisomeren u. Äthylbenzol getrennt werden. Die Trenn-Wrkg. beruht auf der Bldg. von „charge-transfer"-Komplexen.
G. Bock. G 1010◇

1774 **Die Zusammensetzung von Wasser–Phenol-Gemischen aus der Brechungszahl.** H. Aring und U. v. Weber. (Z. Chem. **2, 344—45, 1962**; Rostock, Univ., Inst. für Phys. Chem.; dt.) — Die Best. der Zus. von Wasser–Phenol-Gemischen aus der Brechungszahl (n_D) muß bei höheren Phenolanteilen wegen der Mischungslücke oberhalb der krit. Mischungstemp. (68°) vorgenommen werden, zweckmäßig bei 75° im Abbé-Refraktometer. Die Ungenauigkeit beträgt ± 0,05%. Zur Festlegung der Eichkurve wird der Phenolgeh. jodometr. nach Koppescharr, in der phenolreichsten Phase zusätzlich der Wassergeh. nach Karl Fischer bestimmt. Die Auswertung erfolgt halbgraph.; aus n_D wird ein Geh. c_{linear} so errechnet, als ob sich n_D linear mit der Konz. ändere: $c_{linear} = (n_D - n_D^{H_2O})/(n_D^{Ph} - n_D^{H_2O})$. Die Differenz zwischen dem wirklichen u. dem inter-

polierten Geh. wird einem Diagramm (Δc als Ordinate gegen c_{linear}) entnommen u. zu c_{linear} addiert. Da nicht alle Refraktometer gleich anzeigen u. Temp.-Schwankungen auftreten können, soll n_D der reinen Komponenten bestimmt u. in die Formel eingesetzt werden.
G. Hédo. G 1060◇

1775 **Oscillographischer Nachweis und Bestimmung von Dihydroxyphenolen.** Jan Doležal, Vasil Koprda und Jaroslaw Zýka. (Talanta [London] **10,** 621—32, 1963; Prag, Karls-Univ., Dep. of Analyt. Chem.; engl.) — Vff. untersuchen die qual. u. quant. oscillograph. Best. von *Hydrochinon, Brenzcatechin* u. *Resorcin* in 1 m Lsgg. von KCl, KF, Na-Acetat, Na_2SO_4, KNO_3, K_3PO_4, einer 2 m NaOH- u. einer gesätt. $KClO_3$-Lsg. als Grundelektrolyt. Empfohlen wird eine 1 m KNO_3-Lösung. Genügend differenzierte Einschnitte auf den Kurven der Funktion dV/dt = f(V) ermöglichen ihre Best. mit Hilfe der Meth. der Vgl.-Titrationen mit einem mittleren Fehler von ± 3 bis 4%. Phenol stört den Nachweis nicht, während Phloroglucin u. Pyrogallol Nachw. u. Best. stören. Mit Hilfe von Eichkurven ist die Best. der Verbb. mit einem Durchschnittsfehler von ± 5% möglich.
J. Weiner. G 1060◇

1776 **Bestimmung der Konzentration von Toluol- und Xylolsulfonat in wäßriger Lösung durch IR-Spektrometrie.** S. D. Kullbom und H. F. Smith. (Analytic. Chem. **35,** 912—14, 1963; Ponca City, Okla., Continental Oil Co., Res. and Dev. Dep., Analyt. Res. Sect.; engl.) — Zur Best. der Konz. von Toluol- u. Xylolsulfonaten in wss. Lsg. beschreiben Vff. eine IR-Meth., bei der die ν(SO) bei 1175 cm^{-1} Verw. findet. Zum Vgl. werden gravimetr. Best. durchgeführt; der relative Fehler beträgt ± 1,10%.
J. Weiner. G 1090◇

1777 **Polarographische Untersuchung über Chloranil und verwandte Verbindungen.** 1. Mitt. **Polarographische Bestimmung von Chloranil.** Yasuhisa Mizunoya. (Japan Analyst **11,** 87—90, 1962; Osaka, Municip. Hygien. Labor.; jap., Auszug: engl.) — Chloranil (I) zeigt eine reversible Red.-Stufe bei der Gleich- oder Wechselstrom-Polarographie in 50%ig. Dioxan- oder A.-Lsg. mit 0,1 n KNO_3-Lsg. als Leitelektrolyt bei pH 2,2 bis 5,6. Zur Best. von 10^{-3}—10^{-5} m I eignet sich die Gleich-, zur Best. von < 10^{-6} m I die Wechselstrom-Polarographie. Bei pH 6,8 wird das Halbstufenpotential von I negativ, bei pH > 8 extrem negativ. Das Polarogramm von I u. anderen Chinonen zeigt eine Oxydationsstufe vor der zur Best. angewandten Red.-Stufe.
W. Wesly. G 1190◇

1778 **Chromatographischer Nachweis von Benzoesäure mit der Mohlerschen Reaktion.** Th. Brouwer. (Chem. Weekbl. **57,** 405—08, 1961; 's-Gravenhage, Heuringsdienst van Waren; holl.) — Zum Nachw. von Benzoesäure (I) in Fruchtsaft u. anderen Prodd. schüttelt man 5 ml der Probe nach Versetzen mit verd. H_2SO_4 mit 10 ml Ae. aus, versetzt die mit Na_2SO_4 getrocknete Ae.-Schicht mit 1 Tropfen 0,5 n alkohol. NaOH, versetzt den Abdampfrückstand mit 10 Tropfen konz. H_2SO_4 u. 50 mg KNO_3, erhitzt auf dem sd. Wasserbad, versetzt die abgekühlte Lsg. mit 5 ml W. u. 10%ig. NH_3-Lsg. im Überschuß, kocht einige Min. lang, läßt abkühlen, versetzt mit H_2SO_4, schüttelt mit Ae., wäscht mit W., trocknet mit Na_2SO_4, bringt den Abdampfrückstand mit einigen Tropfen Ae. auf Filterpapier, entwickelt mit einem Gemisch von 10 (Teilen) n-Butanol, 0,5 25%ig NH_3-Lsg. u. 1,5 W., läßt das Chromatogramm an der Luft trocknen u. läßt in einem geschlossenen Behälter $(NH_4)_2S$-Dampf einwirken. Bei Ggw. von I entsteht ein roter Fleck (R_f = 0,35) der an der Luft verschwindet u. bei Einw. von NH_3 wiedererscheint. Die Empfindlichkeit beträgt ca. 1 mg/kg I. Man vergleicht Oberfläche u. Stärke des roten Flecks mit dem einer Vgl.-Lsg. bekannten Gehaltes.
W. Wesly. G 1210□

1779 **Die polarographische Bestimmung von Terephthalsäure und deren Kaliumsalzen in Gegenwart von Phthal-, Toluyl- und Benzoesäure und deren Kaliumsalzen.** Zygmunt Bellen und Irena Kochel. (Chem. analit. [Warszawa] **8,** 411—13, 1963; Warszawa, Inst. of General Chem., M. Struszynski Analyt. Labor.; pol.) — Zur Best. wird die Probe in 1 n LiOH-Lsg. gelöst, mit $MgCl_2$-Lsg. verd. u. anschließend ein pH-Wert zwischen 8,5 u. 10 eingestellt. Aus der Stufenhöhe des Polarogramms wird der Geh. an Terephthalsäure über eine Eichkurve bestimmt.
H. Kuchenbecker. G 1220◇

1780 **Eine Aktivierungsmethode zur quantitativen Bestimmung von organisch gebundenen Schwefel-Verunreinigungen in Polyphenyl.** Ju. G. Ssewasstjanow, L. A. Bulanow, Je. P. Kaplan, O. M. Nefedow und A. P. Smirnow-Awerin. (Atomenergie [UdSSR] **14,** Nr. 3, 324—26, 1963; russ.) — Durch Aktivierung über 26—28 Std. mit bis zu 10^{18} Neutronen/cm^2 u. Vgl. mit Na_2SO_4 wurde in Terphenyl (p-, m- u. eine Mischung) sowie in Monoisopropyldiphenyl u. Monoisopropylterphenyl der Gehalt an org. gebundenem S bestimmt (0,58—0,002%).
M. Wiedemann. G 2210◇

1781 **Die polarographische Kontrolle bestimmter Synthesestadien einiger Monomere.** W. D. Besuglyi, W. N. Dmitrijewa, L. A. Melnik, Je. A. Preobrashenskaja, I. A. Schkodina, R. Ss. Milner, M. I. Dowgoscheja und A. Ss. Dychanowa. (J. analyt. Chem. [UdSSR] **18,** 385—95, 1963; Allunionsinst. für Wiss. u. Forsch. für Monokristalle, szintillierende Mat. u. bes. reine Stoffe; russ., Auszug: engl.) — Für die Zwischenprodd. der Synth. von *4-Vinyldiphenyl* u. seiner Derivv. sowie *β-Vinyltetralin* wurden polarograph. Best.-Meth. ausgearbeitet.
W. Pötsch. G 2700◇

1782 **Die totale Luminescenz organischer Moleküle von petrochemischem Interesse.** 1. Mitt. **Naphthalin, Phenanthren und 1.2.4.5-Tetramethylbenzol.** S. P. McGlynn, B. T. Neely und C. Neely. (Analytica chim. Acta [Amsterdam] **28,** 472—79, 1963; Baton Rouge, La., Louisiana State Univ., Coates Chem. Labor.; engl.) — Vff. untersuchen die Luminescenzerscheinungen von *Naphthalin, Phenanthren* u. *1.2.4.5-Tetramethylbenzol* zu deren quant. Best. im Gemisch. Es werden Fluorescenz, Phosphorescenz u. die Anregungsspektren der reinen Verbb. gemessen u. mit Werten verglichen, die absorptionspektroskop. erhalten wurden.
J. Weiner. G 2850◇

1783 **Über die IR-Absorption von Purinkörpern im Bereich 15—24 μ.** Siegmar Läufer. (Z. analyt. Chem. **181,** 481—87, 1961; Tübingen, Bundesforschungsanst. für Viruskrankheiten der Tiere; dt.) — Die IR-Absorption von Purinderivv. im Dispersionsbereich des KBr-Prismas kann sowohl zur analyt. Best. einzelner Komponenten im Gemisch, als auch zu deren Konst.-Best. (Lactam-Lactimform) herangezogen werden. Man erkennt auch Carbonylstrukturen im Purinring, wenn ähnliche Strukturen in Kettensubstituenten vorkommen.
E. Faulhaber. G 3272◇

1784 **Trennung von Galaktose-1-phosphat von anderen Hexosephosphaten durch Ionenaustausch.** Donald F. Diedrich und Laurens Anderson. (Analyt. Biochem. [New York] **2,** 68—79, 1961; Madison, Wis., Univ. of Wisconsin, Coll. of Agric., Dep. of Biochem.; engl.) — Galaktose-1-phosphat wird von anderen Hexosephosphaten an Dowex 1-X8 (Borat-Form) unter Verw. von 0,1 m $Na_2B_4O_7$-Lsg. getrennt. Borat wird von den Hexosephosphaten an Dowex 50-X8 (H^+-Form) oder durch Extraktion mit Isoamylalkohol abgetrennt. Die Auswertung der Elutionsfraktionen erfolgt colorimetrisch. Die Farb-Rk. beruht auf einer Umsetzung von Cystein mit den Dehydratationsprodd. der Zucker durch H_2SO_4. Die Meth. unterscheidet sicher zwischen Hexosen u. Pentosen. Hinweise für die genaue Best. von anorg. Phosphat in Anwesenheit von Hexose-1-phosphaten werden gegeben.
A. Gabert. G 3400◇

1785 **Eine fluorometrische Methode zur Bestimmung von 2-Desoxy-D-glucose.** Melvin Blecher und Bernyce Dvorkin. (Analyt. Biochem. [New York] **2,** 30—38, 1961; New York, N. Y., Yeshiva Univ., Albert Einstein Coll. of Med., Dep. of Biochem.; engl.) — 2-Desoxy-D-glucose (I) wird mit 3.5-Diaminobenzoesäure zu 2-(1-glyceryl-)5-carboxy-7-aminochinolin (II) kondensiert. II hat ein Anregungsmaximum bei 405 nm, das Emissionsmaximum liegt bei etwa 495 nm. Die Meth. ist für Konzz. von 2,8—125 mμ Mole I/ml Lsg. anwendbar. Sie ist sehr gut reproduzierbar u. genau. Hohe Konzz. an Glucose neben I stören die Best. nicht. I kann aus Gewebehomogenisaten durch Extraktion mit $Cl_3C \cdot COOH$ gewonnen werden. A. Gabert. G 3400◇

1786 **Ein papierchromatographisches System für Östrogene.** John H. Copenhaver und Anthony M. Gawienowski. (J. Chromatogr. [Amsterdam] **8**, 274—75, 1962; Manhattan, Kan., Kansas State Univ., Dep. of Biochem.; engl.) — Vff. benutzen zur verteilungschromatograph. Trennung von Steroid-Metaboliten (**I**) aus Rinderurin das Syst. *Triäthylenglykol* (**II**, stationäre Phase) *o-Dichlorbenzol* (**III**, mobile Phase). Das I-Rohprodukt wird durch schwefelsaure Ae.-Extraktion u. Gradienten-Elutionschromatographie an SiO_2 hergestellt. Die Steroide werden auf Whatman-Nr. 1-Papier aufgetragen, das mit einer 33%ig. **II**-Lsg. in Methanol imprägniert wurde, u. nach 2 Std. Äquilibrierung in der Kammer mit **II**-gesätt. **III** absteigend bei 16° 4—4,5 Std. entwickelt. Nachw. erfolgte mit Folin's oder Zimmerman's Reagens oder $FeCl_3$ u. $K_3[Fe(CN)_6]$. Die R_F-Werte von *Östriol, 17α- u. 17β-Östradiol, Equilenin, Östron, Hexöstrol, Diäthylstilböstrol, 2-Methoxyöstron, Testosteron* u. *Desoxycorticosteron* sind angegeben. M. Finke. G 3750◇

1787 **Photometrische Bestimmung von Viomycin.** Stanislawa Ochab und Barbara Borowiecka. (Chem. analit. [Warszawa] **8**, 99—102, 1963; Warszawa, Inst. of Drugs, Dep. of Analyt. Chem.; pol.) — Die Best.-Meth. beruht auf einer Farb-Rk. zwischen Viomycin u. $CuSO_4$ in alkal. tartrathaltigem Medium. Die optimalen Bedingungen für die Rk. wurden ermittelt u. Eichmessungen für Viomycin-Geh. bis hinauf zu 0,2% durchgeführt. Das Absorptionsmaximum liegt bei 532 nm. H. Kuchenbecker. G 3900◇

1788 **Phenylisocyanat-Methode zur Bestimmung von Hydroxyl-Äquivalentgewichten von Polyoxyalkylen-Verbindungen.** D. H. Reed, F. E. Critchfield und K. D. Elder. (Analytic. Chem. **35**, 571—73, 1963; South Charleston, W. Va., Union Carbide Chem. Co., Techn. Center, Res. and Developm.; engl.) — Bis zu 11 m Val Alkohol (**I**), Polyalkohol (**II**) oder Ätheralkohol (**III**) werden in 25 ml Dimethylformamid gelöst. Die Lsg. wird mit 20,0 ml 1 n Phenylisocyanat-Lsg. in Toluol (**IV**) u. 1,0 ml tägl. frisch bereiteter Lsg. von 21 g Sn(II)-Octoat in 100 ml **IV** versetzt. Nach 30—60 Min. (je nach OH-Verb.) werden in das Rk.-Gemisch 20,0 ml 2 n Dibutylamin(**V**)-Lsg. in **IV** pipettiert. Der **V**-Überschuß wird nach weiteren 15 Min. mit 0,5 n $HClO_4$ in Methylcellosolve gegen Bromkresolpurpur als Indicator maßanalyt. ermittelt. Die Standardabweichung liegt für **I** bei 0,3%, für **III** bei 0,9%. Prim. u. sek. **I** reagieren bei 25° innerhalb 30 Min., tert. u. ster. gehinderte **I** setzt man in üblichen Acetylierungsflaschen bei 98° um. Zur Best. von **II** u. **III** ist diese Meth. den bisher bekannten überlegen. W., prim. u. sek. Amine reagieren ebenfalls quant.; tert. Amine stören die Rücktitration des überschüssigen **V**. Acetale, Vinyläther, Aldehyde u. Carbonsäuren stören nicht. Phenole reagieren nicht quant.; bei Gehh. bis zu 1% beeinflussen sie die Best. nicht. W. Kupfer. G 4010◇

1789 **Anwendung der Chromatographie zur Strukturaufklärung von Oligonucleotiden.** F. Cramer. (Z. analyt. Chem. **181**, 545—49, 1961; Darmstadt. T. H., Inst. für Organ. Chem.; dt.) — Übersicht der papier- u. ionenaustauschchromatograph. Verff. zur Trennung von Oligonucleotiden bis zu 10 Bausteinen. E. Faulhaber. G 4090◇

c) Bestandteile von Pflanzen und Tieren

1790 **Geeignetes Gerät zur Eiweißhydrolyse und schmiermittelfreien Gefriertrocknung.** Jake Bello. (Analyt. Biochem. [New York] **5**, 366—67, 1963; Buffalo, N. Y., Roswell Park Mem. Inst., Biophys. Dep.; engl.) — Beschreibung eines Gerätes, in dem bei normalem Druck oder im Vakuum Hydrolysen von Eiweiß-Verbb. u. Gefriertrocknungen ausgeführt werden können. W. Wesly. G 5661◇

1791 **Die Bestimmung von Stickstoff in Pflanzen durch Hypobromit unter Vermeidung der Destillation.** W. S. Iljin. (Protoplasma **50**, 198—207, 1959; Maracay, Venezuela, Univ. Central, Inst. Ing. Agric.; engl.) — Mit der Meth. können Mengen von ca. 1 mg N_2 bestimmt werden. 0,5 g getrocknete pulverisierte Analysensubstanz werden mit 6—7 ml konz. H_2SO_4, 1 g K_2SO_4 u. 1 ml einer 8%ig. Lsg. von $CuSO_4$ behandelt, danach auf 25 ml verdünnt. Je nach zu erwartendem N_2-Geh. werden 0,5—5 ml der Lsg. mit 1—2 ml einer 10%ig. Na_2HPO_4-Lsg. versetzt u. pro ml Originallsg. mit 20 ml H_2O verdünnt. 1—2 Tropfen alkal. Methylrot-Thymolblau-Indicator u. 1,5 ml 5%ig. Fluoridlsg. werden zugegeben. Die leicht alkal. gemachte Probe wird mit 20 ml KOBr-Lsg. u. nach 5 Min. mit einigen KJ-Kristallen u. 8—10 ml 6 n H_2SO_4-Lsg. versetzt. Nach 1—2 Min. jodometr. Titration. Aus der Differenz zur mittitrierten Blindprobe errechnet sich der N_2-Gehalt. G. Alcer. G 5664◇

1792 **Fluorescenzmethoden zur Mikrobestimmung von Metallen in biologischen Substanzen. Verwendbarkeit von 2.4-Bis-[N.N'-di-(carboxymethyl)-aminomethyl]-fluorescein zur fluorimetrischen Bestimmung von Al^{3+}, Erdalkalimetallen, Co^{2+}, Cu^{2+}, Ni^{2+} und Zn^{2+} in mikromolaren Konzentrationen.** Donald F. Hoelzl Wallach und Theodore L. Steck. (Analytic. Chem. **35**, 1035—44, 1963; Boston, Mass., Harvard Univ., Med. School; engl.) — Vff. untersuchten die Änderungen der Absorption u. der Fluorescenz bei der Rk. von Al, Erdalkalimetallen, Co, Cu, Ni u. Zn mit 2.4-Bis-[N.N'-di-(carboxymethyl)-aminomethyl]-fluorescein (**I**) in Abhängigkeit vom pH-Wert u. von den Konzz. der Reaktanten. **I** gestattet die fluorimetr. Best. von mikro- u. submikromolaren Mengen dieser Ionen. Die Stabilitäts-Konst. der 2:1-Komplexe von Ba^{2+}, Sr^{2+}, Ca^{2+} u. Mg^{2+} mit **I** wurden zu $10^{5,57}$, $10^{5,86}$, $10^{6,63}$ u. $10^{7,90}$ bestimmt. P. Kurzmann. G 5664◇

1793 **Ein modifizierter registrierender Sauerstoffabsorptionsapparat zur Bestimmung der Oxydationsstabilität von Lipoid-Material.** H. F. Martin. (Chem. and Ind. **1961**, 364—67; St. Albans, Herts., Res. Assoc. of Brit. Fluor Millers, Cereal Res. Stat.; engl.) — Durch einige Modifikationen des automat. registrierenden O_2-Absorptions-App. von Sylvester (1942) kann die Substanzmenge auf 0,1 g Fett bei einer Induktionszeit von ca. 1,8 Std. für 0,1—1 g herabgesetzt werden. Der App. wird zur Best. des O_2-Verbrauchs von Cerealien-Lipoiden benutzt. W. Betcke. G 5666◇

d) Medizinische und toxikologische Analyse

1794 **Trennung organischer Säuren im Blut durch Verteilungschromatographie.** H. A. Ramsey. (J. Dairy Sci. **46**, 480—83, 1963; Urbana, Ill., Univ. of Illinois. Dep. of Dairy Sci.; engl.) — Es wird eine Meth. beschrieben zur quant. Analyse organ. Säuren in enteiweißtem Blut, tier. u. pflanzlichen Extrakten, Magenflüssigkeit u. ä. an einer Kieselsäuresäule (Mallinckrodt 2847, 40 cm lang, 12 mm ⌀). 10—75 ml heparinisiertes Blut wurden nach Folin u. Wu enteiweißt, zentrifugiert, der Überstand auf pH 9 eingestellt, im Vakuum unterhalb 55° auf 6 ml eingeengt, die organ. Säuren in einer abgebildeten App. extrahiert u. an der SiO_2-Säule adsorbiert. Die Säuren wurden nacheinander mit Bzl. (60 ml), Chlf. (100 ml) u. Mischungen aus tert.-Butanol u. Chlf. (v/v): 1% (100 ml), 2% (250 ml), 5% (200 ml), 8% (250 ml), 12% (100 ml), 16% (150 ml), 24% (200 ml), 30% (200 ml) eluiert u. in den Durchläufen zu je 5—10 ml mit 0,01 n äthanol. KOH gegen Bromthymolblau als Indicator titriert. In einem Testgemisch waren *n-Capronsäure, n-Valeriansäure, n-Buttersäure, Propionsäure* (**I**), *Essigsäure* (**II**), *Brenztraubensäure, Ameisensäure* (**III**), *β-Hydroxybuttersäure* (**IV**), *Milchsäure* (**V**), *Bernsteinsäure* (**VI**), *α-Ketoglutarsäure, Malonsäure* (**VII**), *Glykolsäure* (**VIII**), *Oxalsäure, Maleinsäure, Citronensäure* (**IX**) u. *Isocitronensäure* (**X**) nebeneinander bestimmbar. Venöses Blut enthielt (μäq./100 ml): 4,0 (**I**), 63,8 (**II**), 14,2 (**III**); 27,1 (**IV**); 73,7 (**V**); Spuren (**VI**); 14,8 (**VII**); 5,1 (**VIII**); 40,2 (**IX**) plus (**X**). K. Pfordte. 5727◇

1795 **Bestimmung von Corticosteroiden im Blut durch Doppelmarkierung und Messung von ^{14}C und ^3H in der Gasphase.** R.Ködding, W. Lamprecht, H. P. Wolff, J. Karl und Kh. R. Koczorek. (Z. analyt. Chem. 181

574—80, 1961; München, TH, Organ.-Chem. Inst. u. Univ., I. Med. Klinik; dt.) — Die chromatograph. gegetrennten ^{14}C-Corticosteroide (I) wurden nach papierchromatograph. Feintrennung mit ^{3}H-Essigsäureanhydrid acetyliert u. nochmals auf Papier chromatographiert. Nach Elution u. Verdampfen des Lsgm. wurden die Rückstände mit $KClO_4$ zu CO_2 u. H_2O (II) verbrannt. II wird mit Zn zu H_2 umgesetzt. Die Auswertung der Analysen erfolgte durch Messung der Impulsraten von $^{14}CO_2$ u. ^{3}H. Die untere Nachw.-Grenze betrug 0,005 μg I. E. Faulhaber. 5727◇

1796 **Direkte spektrophotometrische Bestimmung des Gesamtbilirubins im Plasma von Neugeborenen.** R. Richterich. (Klin. Wschr. **41**, 778—83, 1963; Bern, Univ., Med.-Chem. Inst. u. Kinderklinik; dt.) — Die spektrophotometr. Meth. von White, Haider u. Reinhold zur Best. des Plasma-Bilirubins (I) von Neugeborenen wurde für Spektrallinienphotometer mit den Filtern 436 nm u. 578 nm adaptiert. Bei Verw. von 20 μ Plasma u. 1 ml Tris-[hydroxymethyl]-aminomethan-Puffer gilt folgende empir. ermittelte Formel: mg I/100 ml = $(87 \cdot E_{436\,nm}) - (197 \cdot E_{578\,nm})$. Die Best. des Gesamt-I bei 25 Neugeborenen als *Azobilirubin* u. mit der physikal. Meth. ergaben eine gute Übereinstimmung der Resultate (r = 0,988). M. Blaschette-Huttinger. 5727◇

1797 **Trennung von Kaninchen-Plasmaproteinen durch Zonenelektrophorese an Pevikon C 870.** V. Bocci. (J. Chromatogr. [Amsterdam] 8, 218—26, 1962; London, Mill Hill, Nat. Inst. for Med. Res.; engl.) — Vf. beschreiben die Trennung von Plasmaproteinen aus Kaninchenblut durch Zonenelektrophorese in Pevikon C-870 (Kopolymeres aus Polyvinylchlorid u. -acetat). Als Pufferlsgg. wurden Na-Barbiturat/Diäthylbarbitursäure/Di-Na-Äthylendiamintetraacetat (pH 8,6) oder Tris-(hydroxymethyl)-aminomethan/Citronensäure/Äthylendiamintetraessigsäure (pH 8,8) benutzt. Die Elektrophorese wurde bei + 3° u. 3,7—3,9 V/cm mit 0,9—1,0 g Proteinen durchgeführt. Es konnte gezeigt werden, daß nur *Albumin* u. *γ-Globulin* als homogene Fraktionen abgetrennt werden. *Transferrin* wurde durch nachfolgende Stärkegelelektrophorese der *β*-Globulinfraktion rein erhalten. An weiteren Proteinen wurde die Anwesenheit von *Ceruloplasmin*, *Haptoglobin* u. *β-Lipoprotein* nachgewiesen. Die Identifizierung der Proteine erfolgte durch Autoradiographie (nach ^{131}J-Markierung) oder durch Anfärbung mit p-Phenylendiamin, Dianisidin, Sudanschwarz B oder Amidoschwarz. M. Finke. 5727◇

1798 **Methode der quantitativen Bestimmung des Haptoglobins im menschlichen Blutserum.** J. Kořínek. (Collect. czechoslov. chem. Commun. **27**, 2427—32, 1962; Prag, Inst. für Hämatologie u. Bluttransfusion; dt.) — Bei der Fraktionierung des Serums mit Rivanol [2-Äthoxy-6.9-diaminoacridinlactat (I)] in Ggw. von Hämoglobin (II) nimmt die Färbung des Eiweiß-Sedimentes linear in Abhängigkeit von der II-Menge zu, soweit das anwesende II nicht von Haptoglobin (III) gebunden wird. Die Menge des zugesetzten II, dessen Überschuß nicht mehr durch I gefällt wird, entspricht den Werten des III. Diese Befunde ermöglichten die Ausarbeitung einer Meth. für die routinemäßige Serienanalyse des III im Blutserum auf folgende rasche u. einfache Art: In 4 Zentrifugen-Röhrchen mit 0,5 ml nicht hämolyt. (grundsätzlich unverd.) Serum wurden 0,5%ig. wss. II-Lsg. u. dest. W. im Verhältnis (in ml) 0 : 0,5, 0,2 : 0,3, 0,4 : 0,1 u. 0,5 : 0 pipettiert, gut gemischt, nach 10 Min. 2 ml der 0,3%ig. wss. I-Lsg. zugegeben, wieder gemischt u. das Gemisch nach 5 Min. bei 3000 U/Min. zentrifugiert. Die überstehende, abgegossene u.mit 0,2 ml Eisessig angesäuerte Fl. wurde bei 540 mμ photocolorimetr. gemessen. Die Absorbanzen wurden durch Subtraktion der Probe ohne II-Zusatz korr. u. in Abhängigkeit von der dem Blutserum zugesetzten II-Menge graph. aufgetragen. Bei III-Werten oberhalb 400 mg in 100 ml Serum wird eine II-Lsg. doppelter Konz. angewandt. — Auf diesem Weg wurde der III-Geh. bei Blutspendern, bei Patienten mit verschied., meist Blut-Erkrankungen u. Patienten mit Lymphogranulom bestimmt, wobei ausnahmslos abnormal hohe III-Werte im letzteren Fall gefunden wurden. J. Vaněček/Prag. 5728△

1799 **Beitrag zur Analytik des Calciums im Blutserum.** 3. Mitt. **Eine Mikromethode für Seren, die Äthylendiamintetraacetat enthalten.** K. Pfordte und W. Ponsold. (Z. ges. exp. Med. **135**, 543—46, 1963; Halle-Wittenberg, Martin-Luther-Univ., Pharmakolog. Inst.; dt.) — 2. vgl. C. **1961**, 12585. — In Anlehnung an Ferro u. Ham (1958) wird eine modifizierte Mikro-Meth. zur Best. von Ca in 0,1 bis 0,2 ml Blutserum bzw. Plasma mit *Chloranilsäure* beschrieben. Die Standardabweichung beträgt ± 3%. Das Verf. ist auch geeignet, Ca in ÄDTA-haltigen Seren zu bestimmen, wenn bei pH 9 gearbeitet wird. Die Meth. eignet sich somit zur Diagnose der relativen Nebenschilddrüseninsuffizienz im ÄDTA-Belastungstest. A. Blaschette-Huttinger. 5728◇

1800 **Eine verbesserte Methode zur Isolierung und Dosierung von Furan-2.5-dicarbonsäure im menschlichen Urin.** B. Flaschenträger und Samiha M. Abdel Wahhab. (Mikrochim. Acta [Wien] **1960**, 275—81, 1960; V. A. R., Alexandria Univ., Fac. of Sci., Biochem. Dep., Fac. of Med., Chem. Dep.; engl.) — Eine neue Modifikation des von Müller angegebenen App. zur Mikroextraktion von Flüssigkeiten wird beschrieben. Verbesserungen der Meth. zur Isolierung von *Furan-2.5-dicarbonsäure* (I) führten zu deren Vereinfachung u. größeren Genauigkeit. Die durchschnittliche Ausscheidung von I im Harn von Erwachsenen beträgt 4 bis 5 mg/Tag. Normale Kinder scheiden I nicht aus. M. Blaschette-Hüttinger. 5732◇

1801 **Fraktionsbestimmung der Östrogene im Harn von nichtschwangeren Frauen.** 2. Mitt. **Über die Anwendung der Brownschen Methode.** O. N. Ssawtschenko und G. Ss. Stepanow. (Probleme Endokrinol. Hormontherap. [UdSSR] 7, Nr. 3, 42—48, 1961; Pawlow-Inst. für Physiol.; Inst. für Entbindungskust u. Gynäkol. der Akad. der med. Wiss. der UdSSR; russ., Auszug: engl.) — 1. vgl. C. **1962**, 908. — Die Genauigkeit der Östron- (I), Östradiol- (II) u. Östriol-Best. (III) nach der modifizierten Meth. von Braun (Biochem. J. **60**, [1955], 185) wird erörtert. Die Fehlergrenze der I-, II- u. III-Best. beträgt ± 7,6, ± 6,1 u. ± 2,3%. — 22 Literaturangaben. S. Baryschnikow. 5732△

1802 **Probenahmemethode für die Infrarot-Analyse flüchtiger organischer Materialien in Tiergeweben.** Dale N. Robertson und Duncan S. Erley. (Analyt. Biochem. [New York] **2**, 45—49, 1961; Midland, Mich.; Dow Chemical Comp.; engl.) — Zur quant. Best. von z. B. Ae. u. $CHCl_3$ wird das Gewebe mit CS_2 extrahiert u. der Extrakt zur Entfernung gelösten Lipoid-Materials destilliert. Das IR-Spektrum des dest. Extrakts kann sowohl zur qual. als auch zur quant. Analyse verwendet werden. Die Meth. der Probenahme u. der Dest. werden beschrieben. A. Gabert. 5750◇

1803 **Fluorimetrische Adrenalin- und Noradrenalinbestimmung in Geweben an einem einfachen Gerät auf photometrischem Wege.** R. Smetana und J. Dlohožka. (Collect. czechoslov. chem. Commun. **27**, 2419—26, 1961; Prag, Akad. der Wiss., Inst. für Organ. Chem. u. Biochem., Zentrales Labor. für Pharmakol.; dt.) — Eine fluorimetr. Meth. zur Best. kleiner Adrenalin- u. Noradrenalinmengen in Geweben wird beschrieben. Brenzcatechinamine werden mit 5%ig. Trichloressigsäure extrahiert u. an Dowex 50 X 8 gereinigt. Die Differentialbest. beider Substanzen wird mit der Trihydroxyindol-Meth. durch Best. der Fluorescenz auf photograph. Wege ausgeführt. V. Kesslová/Prag. 5750△

1804 **Über das Bestreben, Konzentrationen mineralischer Bestandteile des Knochens als eine Funktion des Aschengewichtes auszudrücken.** R. B. Holtzman. (Health Physics **8**, 315—19, 1962; Argonne, Ill., Argonne Nat. Labor., Radiolog. Phys. Div.; engl.) — Hinweis auf die Notwendigkeit der Aufstellung geeigneter chem. u. dosimetr. Standardeinheiten, Wiedergabe der Gew.-Verhältnisse von veraschten zu nichtveraschten Knochen sowie tabellar. Übersicht über berechnete u. gemessene Verteilungen von *Pb* im menschlichen Körper. — 15 Literaturhinweise. Gerhard Schmidt. 5756◇

1805 **Die direkte flammenphotometrische Bestimmung des Verhältnisses Strontium : Calcium in der Asche menschlicher Knochen und Zähne.** M. S. W. Webb und M. L. Wordingham. (Analytica chim. Acta [Amsterdam] **28**,

450—56, 1963; Woolwich, London, A. E. R. E., Royal Arsenal, Chem. Div.; engl.) — Die in HCl gelöste Probe wird in einer Propan–O_2-Flamme angeregt, die von einer O_2-Hülle umgeben ist, um Störungen durch Phosphat auszuschalten. Der Sr-Geh. beträgt 20—1000 ppm des Ca-Gehaltes. Die Standardabweichung ist mit 10 ppm Sr (bezogen auf Ca) in diesem Bereich konstant.
K. Scheffler. 5756◇

1806 **Ultraviolettspektrophotometrische Bestimmung von Zahnprotein in Lösung.** W. G. Armstrong. (Arch. oral Biol. 7, 771—72, 1962; London, Eastman Dent. Hosp., Univ. Inst. of Dent. Surg.; engl.) — 5—50 mg der pulverisierten u. mit 20%ig. EDTA-Lsg. demineralisierten Zahnprobe werden in einer geschlossenen Ampulle mit 5 ml W. über Nacht auf 100° erhitzt. Nach dem Zentrifugieren der Lsg. wird die überstehende Fl. verd. u. ihre Extinktion bei 215 nm gemessen. Es besteht eine lineare Beziehung zwischen der Extinktion u. der Protein-N-Konz. sowohl bei gesunden als auch bei cariösen Zähnen.
W. Betcke. 5756◇

H. Angewandte Chemie

H_1. Allgemeine chemische Technologie

1807 **Reaktionskinetische Probleme der chemischen Technik. 6. Mitt. Zur Größe und Geschwindigkeit der Entropie-Erzeugung bei irreversiblen Reaktionen.** 2. Mitt. Adolf Franck. (Chemiker-Ztg./Chem. Apparatur **85,** 800—05, 1961; München, Metzeler Gummiwerke AG.; dt.) — 5. vgl. C. **1963,** 20933. — Bei irreversiblen Rkk. ist die Entropieerzeugung (EE) gleich der negativen freien Enthalpie, dividiert durch die abs. Temp., eine Gleichung, die sich auf Grund der Energie- u. Entropiebilanz ergibt. Die Geschw. der EE kann man durch eine Kombination von thermodynam. u. reaktionskinet. Gleichungen berechnen, indem man die differentielle molare EE mit der Umsatzgeschw. multipliziert. Nähert sich die Rk. einem Gleichgewicht, so vereinfacht sich die Rechnung, indem man einfache quadrat. Gleichungen erhält. Numer. Berechnungen auf Grund der dargelegten Zusammenhänge werden am Beispiel der NH_3-Synth. u. der HJ-Spaltung durchgeführt.
F. Rosendahl. 5800□

1808 **Reaktionskinetische Probleme der chemischen Technik. 7. Mitt. Vereinfachte Auswertungsverfahren.** Adolf Franck. (Chemiker-Ztg./Chem. Apparatur **86,** 174—81, 1962; dt.) — 6. vgl. vorst. Referat.
F. Rosendahl. 5800△

1809 **Reaktionskinetische Probleme der chemischen Technik. 8. Mitt. Vereinfachte Auswertungsverfahren.** 2. Mitt. Adolf Franck und Rudolf Sizmann. (Chemiker-Ztg./Chem. Apparatur **86,** 671—79, 1962; München, Metzeler Gummiwerke AG.; TH, Labor. für Techn. Phys.; dt.) — 7. Mitt. (1. Teil) vgl. vorst. Referat.
A. Blaschette. 5800◇

1810 **Chemische Technik und Korrosionswissenschaft.** T. K. Ross. (Trans. Instn. chem. Engr. **40,** 83—90, 1962; Manchester, Manchester College of Sci. and Technol., Dep. of Chem. Engng.; engl.) — Der Zusammenhang zwischen den Wissenschaftsgebieten der Chemie-Ingenieure u. der Korrosion (K) wird untersucht. Beispiele für wissenschaftliche Behandlung von K-Vorgängen u. die Behandlung durch den K-Techniker u. für K in chem. Fabriken werden besprochen. Vorstellungen u. Techniken beider Disziplinen können sich gegenseitig befruchten; die Zusammenarbeit ist bei der wachsenden Spezialisierung der Aufgaben dringend notwendig.
M. Hagedorn. 5800◇

1811 **Nomogramme für Chemiker.** A. B. Calder und D. A. Calder. (Roy. Inst. Chem., Lecture Ser. **1962,** Nr. 1, 1—38; engl.) — In einer übersichtlich geordneten Sammlung sind Nomogramme u. Tabellen zur Berechnung u. Best. von Kenngrößen u. Daten bei Routine-Unterss. in der konventionellen u. analyt. sowie physikal. Chemie zusammengestellt. — 33 Literaturangaben.
W.-D. Heußner. 5800◇

1812 **Dynamik eines Teilchens in einer viscosen Flüssigkeit.** Howard Brenner. (Chem. Engng. Sci. **17,** 435 bis 446, 1962; New York, Univ., Abt. für Chem. Technol.; engl.) — Auf die relative Bewegung eines Teilchens u. einer viscosen Fl. in einem Zylinder mit beliebigem Querschnitt werden Impuls- u. Energietheoreme angewandt. Die Analyse im laminaren Bereich zeigt die Existenz einer begrenzten Scherspannung an den Zylinderwänden, die an die Fl. grenzen, selbst wenn die Wände unendlich fern vom Teilchen sind. Diese zusätzliche Kraft, die diejenige übersteigt, die bei Abwesenheit des Teilchens vorhanden wäre, ist bei einer Fl., die sich mit der gleichen mittleren Durchflußgeschw. bewegt, gegeben durch

$$F_W{}^+ = \left(\frac{V_0{}^0}{V_m} - 1\right) D,$$

wobei V_m die mittlere Durchflußgeschw. gemessen durch einen in bezug auf die Wände in Ruhe befindlichen Beobachter, $v_0{}^0$ die angenäherte Geschw. zum Teilchen vom gleichen Bezugspunkt aus, D den Strömungswiderstand eines Teilchens mit beliebiger Oberfläche darstellt. Dieses Resultat ist korrekt für die nullte u. erste Potenz des Verhältnisses von charakterist. Teilchen in Zylinder-Dimension. Wenn das Verhältnis $V_0{}^0/V_m$ unabhängig von V_m ist, kann man das Resultat auch auf die reine Sedimentation ($V_m = 0$) anwenden, in welchem Falle $F_W{}^+$ die tatsächliche, auf die Wand wirkende Kraft ist. Die Existenz dieser Kraft erklärt den wesentlichen Unterschied zwischen einer unbegrenzten u. einer im Unendlichen begrenzten Flüssigkeit. Experimente, die diese Analyse bestätigen, werden zitiert.
H. Liebscher. 5800◇

1813 **Stauung einer Gas-Flüssigkeits-Strömung.** G. A. Hughmark. (Chem. Engng. Progr. **58,** 62—65, 1962; Baton Rouge La., Ethyl Corp.; engl.) — Vgl. C. **1963,** 2189. — Vf. entwickelt eine Beziehung zwischen dem Bankoffschen Strömungsparameter K u. der Reynoldsschen Zahl, der Froudeschen Zahl u. der Fl.-Vol.-Fraktion, die vorliegen würde, wenn zwischen den Phasen keine Gleitung erfolgt. Diese Beziehung kann allg. angewendet werden u. trifft nicht nur für einen spezif. Fall zu wie die Bankoffsche Druckabhängigkeit.
I. Köditz. 5800

1814 **Die horizontale, ringförmige Nebelströmung Erdgas–Wasser-Gemische.** K. Aziz und G. W. Govier. (Canad. J. chem. Engng. **40,** 51—59, 1962; Edmonton, Alberta, Univ.; engl.) — Vff. geben einen Überblick über die Literatur zum Problem der horizontalen Strömung von Gas-Fl.-Gemischen bei hohen Gas- u. kleinen Fl.-Geschw. u. beschreiben Verss. zur Unters. der horizontalen ringförmigen Nebelströmung in Al-Rohren (⌀ = 1 u. 2 in.), bei einem Gas-Fl.-Aufgabeverhältnis von 10—100000 u. Gasströmungs-Geschw. zwischen 25 u. 300 ft./sec. Der Druckabfall bei konst. Dichte wird als Funktion der Oberflächen-Geschw. beider Phasen, sowie als Verhältnis des Zwei-Phasen-Druckgradienten zum Gasdruckgradienten dargestellt. Der Mechanismus der Strömung im ringförmigen Nebelgebiet wird diskutiert. Die Ergebnisse lassen folgende Schlüsse zu: 1. Eine geringe Menge W., das einen Fl.-Film auf der Rohrinnenwand bildet, sowie die Form des Fl.-Filmes im allg. ringförmigen Nebelgebiet u. die Verteilung der Fl.-Tropfen in der Gasphase üben einen großen Einfl. auf den Druckabfall in Röhren aus, durch die Gas mit hoher Geschw. strömt. 2. Aus der Veränderung der Formen der Kurven für die Druckgradienten muß auf mikroskop. Veränderungen des Strömungsbildes bei Veränderung der Gasströmungs-Geschw. geschlossen werden. 3. Die Fl., die in ringförmigen Filmen strömt, verursacht einen größeren Energieverlust als dieselbe Fl.-Menge, wenn sie im Gas als disperse Phase vorhanden ist. I. Köditz. 5800

1815 **Bestimmung der Wellenlänge an einem Flüssigkeitsfilm der an einer im hydrodynamischen Sinn glatten Platte senkrecht abwärts fließt.** S. R. Tailby und S. Portalski. (Trans. Instn. chem. Engr. **40,** 114—22, 1962; London, Battersea Coll. of Technol., Dep. of chem. Engng.; engl.) — Fll. mit Reynolds-Zahlen von 4 bis 4000 laufen an einer glatten, senkrechten, federnd isolierten Edelstahlplatte von 21 × 7 ft. herab. Die dabei auftretenden Wellengebilde werden photographiert. Nur die in unmittelbarer Nähe des Kopfes der Wellenfront auftretenden wandernden Wellen des Fl.-Films sind so regelmäßig, daß die Wellenlängen (WL) gemessen werden können. Die vorherrschende WL hängt von der Fließgeschw., der kinemat. Viscosität, der Oberflächenspannung u. der Höhe der benetzten Oberfläche ab. Die für verschiedene Fl.-Geschw. gemessenen Werte sind etwas höher als die aus theoret. Analysen berechneten, welche nicht die natürliche Tendenz der Wellen zum Zusammenfließen berücksichtigen. M. Hagedorn. 5800◇

1816 **Temperaturverteilung um die ruhende oder bewegte Fest-flüssig-Grenzfläche in einem Zylinder.** Mikio Yamamoto. (Sci Rep. Res. Inst. Tôhoku Univ., Ser. A **64,** 78—91, 1962; Res. Inst. for Iron, Steel and Other Metals; engl.) — Es werden Gleichungen zur Berechnung der Temp.-Verteilung als Funktion des Ofen-Temp.-Gradienten u. der Fortpflanzungsgeschw. der Fest-flüssig-Grenzfläche für einen ruhenden oder mit konst. Geschw. bewegten Rotationszylinder in einem unendlich langen Vakuumofen mit gleichförmigem Temp.-Gradienten angegeben. H. Harenz. 5800◇

1817 **Näherungsmethode zur Abschätzung des Einflusses der axialen Dispersion in Reaktoren mit isothermischer Strömung.** Gerald Houghton. (Canad. J. chem. Engng. **40,** 188—93, 1962; Pittsburgh, Pa., Univ., Div. of Engng. Res., Dep. of Chem. Engng.; engl.) — Vf. entwickelt zwei quasi-analyt. Meth. für eine Näherungslösung der nichtlinearen Differentialgleichung, die den Einfl. der Dispersion in der Längsrichtung auf das Konz.-Profil in einem Reaktor mit isotherm. Strömung beschreiben. Es wird ein dimensionsloser Ausdruck abgeleitet, der für die Wechselwirkung zwischen der axialen Diffusion u. der Rk.-Kinetik charakterist. ist. I. Köditz. 5800

1818 **Eingebauter Analog-Rechner für Untersuchungen der Verweilzeit.** Daniel Hyman und William B. Corson. (Ind.-Engng. Chem. Process Design Development **1,** 92—96, 1962; Stamford, Conn., Amer. Cyanamid Co., Central Res. Div., Engng. Res. Sect.; engl.) — Zur Unters. der Verweilzeit-Verteilung von Material, das durch ein kontinuierliches Fließsyst. läuft. F. Zeidler. 5800◇

1819 **Diffusion und chemische Reaktion in einem Rohrreaktor im laminaren Gebiet.** J. P. Vignes und P. J. Trambouze. (Chem. Engng. Sci. **17,** 73—86, 1962; Rueil-Malmaison, Inst. Franç. du Pétrole; franz.) — Theoret. u. experimentelle Ergebnisse des Diffusionseinfl. auf chem. Rkk. in Rohrreaktoren bei laminarer Strömung. Eine Gegenüberstellung dieser Ergebnisse führt zu einer einfachen Beziehung, die die Best. der Ausbeute einer unter diesen Verhältnissen verlaufenden Rk. gestattet. Die Übereinstimmung zwischen dieser Beziehung u. den Verss.-Ergebnissen für Rkk. 1. u. 2. Ordnung ist sehr befriedigend. F. Zeidler. 5800◇

1820 **Adiabatische und thermisch kontrollierte Reaktoren.** L. J. Hellinckx. (Ind. chim. belge **27,** 785—98, 1962; Louvain, Univ.; franz.) — Der Einfl. der adiabatischen Zustandsänderung auf die Umsetzung wird vom thermodynam. u. kinet. Standpunkt aus untersucht. Es wird gezeigt, wie die Umsetzung durch eine Zwischenkühlung oder durch eine kalte Injektion verbessert werden kann. Die Anwendung einer therm. Überwachung des Reaktors wird gleichfalls berücksichtigt. F. Zeidler. 5802◇

1821 **Ein induktiv beheizter Hochtemperatur-Reaktor.** W. E. Ranz und B. A. Bydal. (Chem. Engng. Progr. **58,** Nr. 12, 43—44, 1962; Minneapolis, Minn., Univ.; engl.) — Es wurde ein induktiv beheizter Strömungsreaktor von 1 cu. in. Inhalt für Gas-Rkk. zwischen 500 u. 2000° entwickelt, der die Variation von Temp., Konz., Verweilzeit u. Strömungsgeschw. erlaubt u. bes. für kinet. Unterss. von Rkk. mit KW-Stoffen geeignet ist. I. Vieweg. 5802◇

1822 **Maximale Temperaturen in chemischen Reaktoren.** K. R. Westerterp. (Chem. Engng. Sci. **17,** 423—33, 1962; Delft, TH., Labor. für physikal. Technik; engl.) — Berechnungen für die notwendige Kapazität der Kühlung von Tank-Reaktoren werden diskutiert, mit dem Ziel, einen hohen Umsatz zum gewünschten Prod. zu erhalten u. einen übermäßigen Abbau der Reagentien zu unerwünschten Prodd. zu vermeiden. Es wird gezeigt, daß die Temp.-Grenzen, die normalerweise in der Praxis festgelegt werden, von der Verweilzeit im Reaktor abhängen. Als Beispiel eines Prozesses, bei dem ein hoher Umsatz u. eine sichere Begrenzung der Reaktortemp. schwierig gleichzeitig zu gewährleisten sind, wird die Synth. von Phthalsäureanhydrid in einem gut durchgemischten Wirbelbettreaktor behandelt. H. Liebscher. 5802◇

1823 **Entwurf eines Reaktors vom Typ eines Wärmeaustauschers für die optimale Prozeßführung.** Hiroshi Kubota. (Canad. J. chem. Engng. **40,** 194—96, 1962; Ottawa, Ont., Nat. Res. Council; engl.) — Durch Auswahl bestimmter Prozeßbedingungen wird für einen Reaktor vom Typ des Wärmeaustauschers bei optimaler Leistung das Minimalvolumen bei feststehender Umwandlung eines bestimmten Stoffes berechnet. Mit Hilfe eines Analogrechners wird die entwickelte Berechnungs-Meth. am Beispiel der Berechnung eines Reaktors für die NH_3-Synthese dargestellt. I. Köditz. 5802

1824 **Rationelle Verwendung von Kunststoffrohrleitungen im chemischen Apparatebau.** M. A. Rodeyns. (Ind. Plast. mod. **14,** Nr. 10, 2, 13—14, 1962; Brüssel, Soc. Solvay et Cie.; franz.) — Vf. gibt einen kurzen Überblick über die Korrosionsbeständigkeit der wesentlichen Thermoplaste, Duroplaste u. Gießharze, über ihre Temp.-Beständigkeit, Zeitstandfestigkeit u. die Änderung des Elastizitätsmoduls. Die mechan. Eigg., bes. Widerstand gegen den inneren Druck, u. Grundregeln für die Installation werden gegeben. Vf. berichtet über Kunststoffrohrleitungen, die sich gut bewährt haben. — 53 Literaturhinweise. H.-G. Moslé. 5802◇

1825 **Untersuchungen über Octadecylamin und Dioctadecylamin in Dampf und kondensierten Systemen.** Hugh E. Carr, Wayne L. Denman und Ronald M. Silverstein. (Ind. Engng. Chem., Product Rec. Development **1,** 302—04, 1962; engl.) — Es wurden auf Octadecylamin basierende Aminfilme auf ihre Korrosionsbeständigkeit in Dampfkondensatoren u. Kondensatrückgewinnungsanlagen untersucht. Dabei hat sich herausgestellt, daß sich Octadecylamin in verschiedenen Dampfsyst. in Dioctadecylamin u. NH_3 zersetzen kann. Dieses Dioctadecylamin ist aber nur ein sehr dürftiger Korrosionsinhibitor. Es ist also wichtig, zu wissen, unter welchen Bedingungen die Zersetzung erfolgt. Wie die Unterss. zeigen, haben sich Octadecylaminfilme in verschiedenen Industrieanlagen trotzdem sehr gut bewährt. R. Worbis. 5804◇

1826 **Verbesserung der Wärmeübertragung an Wasser durch künstliche Aufrauhung der Oberflächen in Reaktoren oder Wärmeaustauschern.** Günther Grass. (Atomkernenergie **3,** 328—31, 1958; Duisburg, Mannesmann Forschungs-Inst.; dt.) — Vf. untersuchte die Wärmeübertragung u. den Druckverlust in Rohren bei verschiedener Oberflächenrauhigkeit u. stellte fest, daß diese auf beide Eigg. etwa gleichen Einfluß hat. Künstlich aufgerauhte Oberflächen können zu 2—3mal größeren Leistungen führen. (Unterss. an *Al*- u. Stahlrohren.) O. Jansen. 5814◇

1827 **Untersuchung des Heizvorganges an zylindrischen Körpern bei veränderlicher Ofentemperatur und veränderlichem Wärmeübergangskoeffizienten.** A. Hoffmann. (Acta techn. Acad. Sci. hung. **40,** 285—300, 1962; Budapest, Techn. Univ., Akad. Arbeitsgemeinsch. für Strömungslehre, Lehrst. für Math.; dt.) — Für die Wärmeleitung an zylindr. Körpern bei veränderlicher Ofen-Temp. u. veränderlichem Wärmeübergangs-Koeff. wird eine Differentialgleichung abgeleitet u. gelöst. W. Wesly. 5816◇

1828 **Der Wärmeübergang im System Stickstoffdioxid-Distickstofftetroxid.** R. R. Furgason und J. M. Smith. (A. I. Ch. E. Journal **8,** 654—58, 1962; engl.) — Es

wurde der lokale Wärmeaustauschkoeff. gemessen, der Fehler der Best. liegt bei 2%. Die Deissler- u. Colburn-Analogiekorrelationen wurden ausgewertet.
R. Worbis. 5816◇

1829 **Die Mischbarkeit von Flüssigkeiten bei hoher Temperatur und bei hohem Druck.** K. L. Butcher und C. Hanson. (Chem. Process Engng. incorp. Atomic Wld. **43,** 540—43, 1962; Univ. of Leeds, Houldsworth School of Appl. Sci., Dep. of Chem. Engng.; Bradford Inst. of Technol.; engl.) — Ein volumetr. Verf. wird beschrieben. Ursprünglich diente es dazu, die Gleichgew. der fl. Phasen des Syst. SO_2–W. bis zum krit. Punkt des SO_2 zu untersuchen, es dürfte sich jedoch auch auf andere Syst., die aus 2 Komponenten bestehen, anwenden lassen.
F. Zeidler. 5222◇

1830 **Industrielle Verfahren zur Trennung von Feststoffen und Flüssigkeiten.** D. J. Spikins und A. W. Lawson. (Chem. Process. Engng. incorp. Atomic Wld. **43,** 534—39, 1962; Loughborough Coll. of Technol., Dep. of Chem. Engng.; engl.) — Übersicht.
F. Zeidler. 5828◇

1831 **Extraktion im Flüssigkeits-Zyklon.** F. Molyneux. (Chem. Process Engng. incorp. Atomic Wld. **43,** 502—10, 1062; Birkenhead Coll. of Technol., Dep. of Chem. Engng.; engl.) — Ein Fl.-Zyklon hat 2 Funktionen zu erfüllen, er trennt u. transportiert gleichzeitig. Da nur wenige Unters.-Ergebnisse über seine Verw. bei der Lsg.-Extraktion (Fl./Fl.) sowie beim Auslaugen (fl./fest) vorliegen, untersucht der Verf. einige fl./fl. -u. fl./fest-Systeme. Der Vf. versucht, den Stoffübergangs-Koeff. bei der Extraktion im Zyklon aus einem Grenzflächenmodell fl. Stofftransports in Festbetten abzuleiten. An einem prakt. Beispiel der Auslaugung eines Cu-Erzes wird die zur Anreicherung der Auslaugungs-Fl. notwendige Anzahl von Zyklonen bestimmt.
F. Zeidler. 5828◇

1832 **Anfangs-Retention länglicher Teilchen auf Idealsieben.** Ronald Estridge. (Ind. Engng. Chem., Process Design Development **1,** 87—91, 1962; Appleton, Wis., Inst. of Paper Chem.; engl.) — Der Durchgang oder die Zurückhaltung länglicher, nicht kugelförmiger Teilchen durch eine Sieböffnung ist zufällig. Für Teilchen mit hohen Achsenverhältnissen, z. B. Fasern, sind relative Länge der Teilchen u. die Form der Sieböffnung die beiden Faktoren, die die Wahrscheinlichkeit des Durchgangs oder der Zurückhaltung bestimmen. Die Beziehungen zwischen der relativen Faserlänge u. der durchschnittlichen Wahrscheinlichkeit für die Zurückhaltung auf Sieben aus parallelen u. senkrecht dazu verlaufenden Fäden wird untersucht. Die Resultate der Unters. stützen die Gültigkeit dieser gegenseitigen Beziehungen. Eine quadrat. Masche ist theoret. die wirksamste Form für ein rechtwinkliges Sieb, um Fasern nach ihrer Länge zu klassieren. Für die Wahl geeigneter Siebe für die Klassierung länglicher Partikeln sollten diese Vers.-Ergebnisse wertvoll sein. F. Zeidler. 5828◇

1833 **Die Wechselbeziehung zwischen dem Diffusionskoeffizienten und der Rückauswertung des Flüssigfilmkoeffizienten für nichtwäßrige Systeme mit hohem Molekulargewicht.** R. Sitaraman, S. H. Ibrahim und N. R. Kuloor. (J. sci. ind. Res. [New Delhi], Sect. D 21, 103 bis 107; 1962, engl.) — Der Diffusionskoeff. des Gases im Syst. UF_6–Luft wurde an Hand der Ibrahim- u. Kuloor-Gleichung berechnet u. stimmt sehr gut mit den gefundenen Werten überein. Die Rückauswertung der Sherwood- u. Holloway-Gleichung, basierend auf den Daten von Landau u. a. für UF_6–Schweröl, benötigt die Diffusionskoeff. u. Gasfilmkoeff. für die Berechnung der Ibrahim- u. Kuloor-Korrelation u. zeigt, daß die Sherwood- u. Holloway-Gleichung auch für extreme Bedingungen sicher angewendet werden kann.
R. Worbis. 5848◇

1834 **CO_2-Absorption und -Desorption in einer Füllkörpersäule unter Verwendung von Wasser und Lösungen von Na_2CO_3 und Triäthanolamin.** L. van den Berg. (Canad. J. chem. Engng. **40,** 250—53, 1962; Ottawa, 2, Ont., Nat. Res. Council; Div. of Appl. Biology; engl.) — Na_2CO_3-Lsgg. (I) von 0,025—0,4 m u. Triäthanolamin-Lsgg. (II) von 0,05—1 m sind für die Entfernung von CO_2 aus Luft bei 40—50° F von 30—60% schlechterer Wirksamkeit als Wasser. Die Desorptionskoeffizienten von I u. II sind größer als die Absorptionskoeff. unter vergleichbaren Bedingungen, aber etwas geringer als für W., außer für verdünnte Lösungen. Die Desorptionskoeff. für verdünntere Lsgg. als 0,15 m sind bis zu dreimal größer als für Wasser. H. Harenz. 5850◇

1835 **Die Berechnung der Gegenstrom-Kondensation und -Verdampfung von binären Gemischen.** B. G. Bergo. (Sauerstoff [UdSSR] **12,** Nr. 5, 6—12, 1959; russ.) — Die Gegenstromkondens. u. die Gegenstromverdampfung, die im Vgl. zur Rektifikation thermodynam. Vorzüge haben, verlaufen unter geringen kinet. Kräften des Stoffaustausches. Daher ist zu ihrer Durchführung eine stark entwickelte Oberfläche des Massenaustausches erforderlich. Zweckmäßig sind dafür App. mit Rohr- in Rohr-Konstruktion, in denen der Phasenkontakt durch Rektifikations-Glockenböden hergestellt wird. In solchen App. hat der Massenaustausch zwei Komponenten, die durch bekannte Beziehungen festgelegt sind. Vf. stellt Gleichungen zur Berechnung der Gegenstromkondens. u. Gegenstromverdampfung auf. Es wird ein Beispiel zur Berechnung der Gegenstromkondens. von Luft angeführt. Danach kann man Gegenstromkondensatoren für Luftverteilungsanlagen berechnen.
E. Steinberg. 5864□

1836 **Kontaktloses elektromagnetisches Niveaumeßgerät für flüssige Metalle.** A. Liksson ow. (Nachr. Akad. Wiss. LettSSR **1963,** Nr. 1, 53—62; Akad. der Wiss. der Lett-SSR, Inst. für Phys.; russ., Auszug: engl.) — Gerät zur Best. der Niveauhöhe von fl. Metallen (z. B. Na) in den Strom leitenden, nicht magnetisierbaren Röhren.
Ch. Weiske. 5886◇

1837 **Ansätze zur Entwicklung eines schnellen Brutreaktors.** W. Haefele und K. Wirtz. (Atomwirtschaft **7,** 557—59, 1962; Karlsruhe, Kernforschungszentrum, Inst. für Neutronenphysik; dt.) — Vf. gibt einen Überblick über bisher gebaute schnelle Brutreaktoren, deren Notwendigkeit u. die Ziele u. Ansätze des Karlsruher Forschungszentrums zur Entwicklung eines schnellen Leistungsbrutreaktors. R. Worbis. 5894◇

1838 **Erfahrungen bei der Verwendung von Ionenaustauschfiltern am Reaktor „EWA“.** Z. Bieguszewski, K. Zarnowiecki und A. Kostyrko. (Nukleonika [Warszawa] **7,** 407—17, 1962; Inst. für Kernphysik der Poln. Akad. der Wiss.; russ.) — Auf dem zusätzlich eingeschalteten mechan. Filter fanden sich Teilchen des Anionits Imak-S 4, Eisen- u. Al-Hydroxid u. Tonerde. Als Ionenaustauschfilter wurde ein Gemisch aus MK-3 (poln., stark saures Sulfoharz) u. dem holländ. Imak-S 4 (stark bas.) benutzt. Die Filter waren nur in den Pausen des Reaktorbetriebes, d. h. 2—3 mal/Monat 1—2 Std. in Betrieb (Durchlauf 7—10 m^3/h). Die Filter arbeiteten im Verlauf von $1^1/_2$-Jahren einwandfrei u. waren noch regenerationsfähig (keine Strukturänderung).
G. Ewald. 5894◇

1839 **Die Ausbildung von Metallfolien-Isolierungen in vertikalen Gasbehältern.** R. E. MacPherson jun. und H. D. Stuart. (Nuclear Sci. Engng. **12,** 225—33, 1962; Oak Ridge, Tenn., ORNL u. Malton, Ontario, Canada, Orenda Eng. Ltd., Atom. Prod. Dep.; engl.) — Durch Einbringen von Metallfolien in Hochtemperatur-Gasdruckleitungen kann man eine weitgehend temp.-unempfindliche Wärmeisolation der Leitungswände bzw. Behälter bewirken. Für den Fall eines gasgekühlten Reaktors wird ein System untersucht, bei dem in die vertikale Gasströmung eine Spirale aus rostfreiem Stahlblech von 0,005 in. Stärke eingebaut ist. Das Blech ist zweckmäßig geriffelt. Es wird eine Prüfvorr. für ein solches System beschrieben u. über Unterss. der Wirkungsweise an verschiedenen Varianten berichtet.
W. Reusse. 5894◇

1840 **Dimensionsänderungen im Graphit.** W. H. Martin, B. T. Kelly und P. T. Nettley. (Nuclear Engng. **7,** 484—87, 1962; Culcheth, U. K. AEA Reactor Materials Labor.; engl.) — Die Theorie der Dimensionsänderungen in polykristallinem Graphit wird zur Voraussage über Veränderungen herangezogen, die in „Grade A“-Graphit bei verschiedenen Temp. während der Betriebszeit der jüngsten engl. Kernkraftwerke erwartet werden, u. liefert qualitativ korrekte Werte. H. Harenz. 5894◇

1841 **Vibrationsverdichtete keramische Brennstoffelemente.** Joseph J. Hauth. (Nucleonics [New York] **20**, 50—54, 1962; Richland, Wash., General Electric Co., Hanford Atom. Prod. Operation; engl.) — Nach der Vibrationsmeth., die für die Verw. verschieden hergestellter UO_2- u. UO_2–PuO_2-Materialien genau beschrieben wird, konnten hochverdichtete Brennstoffelemente hergestellt werden (vgl. A. P. 3042594), die bis zu 90% der theoret. Dichte verdichtet waren u. den Vgl. mit durch Kalthämmern hergestellten Brennelementen durchaus aushielten. Die Kosten werden bei Verw. des Vibrationsverf. wesentlich herabgesetzt, bes. bei Verarbeitung von Pu-haltigem Material. Die Toleranzbedingungen für die Hülse sind weiter gefaßt, das Hülsenmaterial kann dünnwandig sein. Die Elemente wurden im PRTR (Plutonium Recycle Test Reactor) überprüft. Wandstärken von 0,008 in. hielten Kühldrücke von mehr als 10^3 lbs./sq. in. aus. A. Koss-Rosenqvist. 5894◇

1842 **Disperse Phasen bei der Pulvermetallurgie der Kernwerkstoffe.** F. V. Lenel. (4. Planseeseminar „De Re metallica", Pulvermetallurgie in der Atomkerntechn. **1962**, 529—42; Troy, N. J., Rensselaer Polytechn. Inst.; engl.) — Dispersions-Brennelemente bestehen aus einer spaltbaren Substanz, die in einem nichtspaltbaren Grundmetall dispergiert ist u. optimale Korngrößen zwischen 40 u. 100 μ besitzt. Daneben werden Dispersions-Syst. mit höheren Festigkeiten eingesetzt, bei denen dann viele feinere Dispersionen vorhanden sein müssen. In diese Gruppe fallen U u. U-Legg. mit Geh. feiner Teilchen, die neben höheren Festigkeiten auch geringere Aufschwellungen durch Gasbläschen der Spaltprodd. *Kr* u. *Xe* zeigen. Für Abschirmzwecke auf *Pb*-Basis werden durch Dispersionen von Pb-Oxiden oder metall. Phasen Werkstoffe mit verbessertem Kriechverh. entwickelt. Auch bei *Zr* u. *Nb* wurden Festigkeitssteigerungen bei Dispersionshärtung durch feinverteilte Zweitphasen erhalten. Neben den bekannten *S.A.P.*-Werkstoffen findet Sn als Plattierung für Konstruktionswerkstoffe in Kernreaktoren prakt. Anwendung. — Diskussion.
H. Fahlenbrach. 5894◇

1843 **Cermet-Brennstoff-Elemente.** G. W. Cunningham, D. E. Kizer und S. J. Paprocki. (4. Planseeseminar „De Re metallica", Pulvermetallurgie in der Atomkerntechn. **1962**, 483—506; Columbus, Ohio, Batelle Mem. Inst.; engl.) — Die Herst.-Technik u. die mechan. u. physikal. Eigg. von Cermet-Brennstoffelementen aus 60—90 Vol.-% UO_2 u. einem Metall-Skelett aus nichtrostendem *Stahl, Nb, Mo* oder *Cr* werden untersucht. Dabei wird die Herst. über normales Pressen u. Sintern u. über das Heißpressen (isostat. Pressen bei erhöhten Tempp.) erprobt. Gemessen wurde an den verschiedenen Proben bei Raumtemp.: Biegebruchfestigkeit, Druckfestigkeit, Elastizitätsmodul u. Poissonsche Zahl. Im Temp.-Bereich bis 900° wurden die Wärme- u. die elektr. Leitfähigkeit u. die lineare Wärmeausdehnung gemessen. — Diskussion.
H. Fahlenbrach. 5894◇

1844 **Die Verwendung von Vorlegierungs-Pulvern für Kernreaktor-Zwecke.** R. L. Sands und D. A. Oliver. (4. Planseeseminar „De Re metallica", Pulvermetallurgie in der Atomkerntechn. **1962**, 692—711; Birmingham, England, B. S. A. Group Res. Centre; engl.) — Für die Anwendung als Filter in *U*-Aufarbeitungsprozessen u. zur Reinigung von Flüssigmetall-Kühlmitteln werden poröse Werkstoffe auf der Basis austenit. Stähle unter Verw. von Vorlegierungspulvern hergestellt. Für die Herst. dichter Teile wird das Normalsintern (Kaltpressen u. Sintern) u. das Heißpressen erprobt. Ferner wird das period. Verdichten u. das Pulverwalzen erörtert. Die physikal. Eigg. der Sinterlinge werden mit denen geschmiedeter Teile aus Schmelzen verglichen. Mit Ausnahme der Warmermüdungsfestigkeit ist die Warmfestigkeit der Sinterlinge der der Schmelzingots meistens überlegen. — 24 Literaturangaben. H. Fahlenbrach. 5894◇

1845 **Die Pulvermetallurgie von Plutonium-Brennstoff-Werkstoffen.** A. E. Ogard, W. C. Pritchard, R. M. Douglass und J. A. Leary. (4. Planseeseminar „De Re metallica", Pulvermetallurgie in der Atomkerntechn. **1962**, 364—86; Los Alamos, N. M., Univ. of California, Los Alamos Scient. Labor.; engl.) — Überstöchiometr. *PuC* mit etwa 20% Pu_2C_3 u. einphasiges Pu_2C_3 wurden pulvermetallurg. hergestellt. Nach einmaligem Sintern hatten die PuC-Proben nur Dichten von 10,5 g/cm³, die nach dem Zerkleinern u. erneuten Sintern auf 13,1 g/cm³ (96% der theoret. Dichte) anstiegen. Bei Pu_2C_3 wurde mit einem Wert von 12,6 g/cm³ 99% der theoret. Dichte erreicht. Aus Mischungen von PuO_2, UO_2 u. *Graphit* wurden durch Sintern überstöchiometr. *UC–PuC*-Mischkristalle mit Dichten von 12,8 g/cm³ (94,5% der theoret. Dichte) hergestellt. PuC_2-Cermets in einer Grundmasse aus *Mo* wurden auf ähnlichem Wege 95,1% dicht erzeugt. Dazu wurden PuO_2–Mo-Mischungen nach dem Kaltpressen mit Drücken von 3, 6, 9, 12 u. 15 t/cm² u. dem Sintern bei 1200, 1400 u. 1600° bei Zeiten von 3, 6 u. 12 Stunden geprüft. Bei den höchsten Sintertemp. u. den längsten Sinterzeiten wurden die höchsten Dichten erreicht, die aber mit verlängerter Sinterzeit nur noch wenig anstiegen. H. Fahlenbrach. 5894◇

1846 **Metallboride für die Kontrollstab-Anwendung: Herstellung, Eigenschaften und Strahlungseffekte.** A. N. Holden, E. W. Hoyt, W. V. Cummings, K. C. Antony und D. L. Zimmerman. (4. Planseeseminar „De Re metallica", Pulvermetallurgie in der Atomkerntechn. **1962**, 615—44; Pleasanton, Calif., USA General Electric Comp., Vallecitos. Atomic Labor.; engl.) — Die Eignung hochschmelzender Boride für Kontrollstäbe wird erläutert. Boride der Seltenen Erden wurden mit pulvermetallurg. Meth. hergestellt. An diesen Boriden wurden physikal. Eigg. u. Verh. gegenüber dem Grundmetall u. korrodierenden Atmosphären untersucht. Im allgemeinen ist bei der Bestrahlung die Absorption von *He* bei Diboriden u. Hexaboriden günstiger als bei B_4C. Das Korrosions-Verh. der Tetraboride in W. oder in Wasserdampf ist besser als das der Diboride u. der Hexaboride. Unangenehm u. noch ungeklärt ist das Aufblähen der Boride bei der Bestrahlung. Aussichtsreiche Anwendungen der Diboride in Form von Dispersionen in Metallen oder in kompakter Form liegen bei den gasgekühlten Hochtemp.-Reaktoren. — Diskussion.
H. Fahlenbrach. 5894◇

1847 **Anwendung des Sinterns und Strangpressens von Pulvern auf die Herstellung von Brennstoff-Elementen U–Al und UO_2-Nichtrostender Stahl mit Dispersionen.** L. Meny, J. Buffet und Ch. Sauve. (4. Planseeseminar „De Re metallica", Pulvermetallurgie in der Atomkerntechn. **1962**, 566—99; Persan, Frankreich, C. E. F. I. L. A. C., Commisariat à l'Énergie Atomique, Centre d'Études Nucl. de Saclay; franz.) — Die Pulvermischungen wurden zunächst im Behälter vorverdichtet, entgast u. mittels Elektronenbeschusses im Vakuum eingeschweißt. Das anschließende Strangpressen erfolgt bei den Dispersionen *U–Al* langsam u. bei tiefen Temp. bei *UO_2-nichtrostender Stahl* schnell u. bei hohen Temperaturen. Prakt. dichte Stäbe u. Rohre v. 1 m Länge u. 10—30 mm ⌀ u. Wandstärken der Rohre von 2—5 mm wurden hergestellt. In Abhängigkeit von U-Geh. u. Temp. wurden die physikal. u. mechan. Eigg. der Dispersionen u. die mechan. Eigg. der ummantelten Brennstoff-Elemente gemessen. — 22 Literaturangaben.
H. Fahlenbrach. 5894◇

1848 **Heißstrangpressen von Pulver für eine Anwendung in Kernreaktoren.** P. Loewenstein. (4. Planseeseminar „De Re metallica", Pulvermetallurgie in der Atomkerntechn. **1962**, 543—65; Concord, Mass., Nuclear Metals, Inc.; engl.) — Das Strangpressen von Pulvern bei hohen Temp. ist ein Verf., das zur Verformung schwieriger Werkstoffe zu langen Rohren u. Sonderprofilen besonders geeignet ist. Es ist durch kurzzeitige Anwendung von hohen Drucken u. Temp. gekennzeichnet u. führt zu hohen Dichten nahe dem theoret. Dichten. Bei der Anwendung auf Reaktor-Werkstoffe wie *U* u. U-Legg., *Th* u. Th-Legg., *Zr, Ti, B* u. *Seltene Erden* sind wegen der hohen Reaktionsfähigkeit der meisten Pulver Sonderverff. (Oxydationsschutz), insbesondere in der Fülltechnik zu verwenden. Zu den Anwendungen des Verf. gehören das Strangpressen von metallplattierten keram.

Brennelementen, von plattierten Elementen u. Kontrollstäben mit Kernen, welche aus Dispersionen von Oxiden oder Carbiden in einer metall. Grundmasse bestehen. Insbesondere wird das Heiß-Strangpressen von *Be* zu Rohren u. anderen Formen beschrieben.
H. Fahlenbrach. 5894◇

1849 **Verarbeitung von Thorium-Metallpulver zu Brutelementen.** G. Schneider. (4. Planseeseminar „De Re metallica", Pulvermetallurgie in der Atomkerntechn. **1962,** 56—62; Wolfgang bei Hanau, Nuklear-Chemie u. Metallurgie G.m.b.H.; dt.) — Für den Einsatz von ^{232}Th in Brutelementen wird ein Kaltpressen von Th-Pulvern ohne anschließende Sinterung empfohlen. Diese Grünlinge sind wegen der Kaltverschweißungen bei hohen Preßdrucken ($> 7{,}4$ t/cm^2) ausreichend fest und dicht (10,5 g/cm^3). Um die Verschweißungen an den Matrizenwänden zu vermeiden, wurden Al-Folien zwischen Pulver u. Matrizenwand eingelegt. Diese Folien können auf den Th-Grünlingen verbleiben, da sie die nukleare Reinheit von Th nur mit einer Zunahme im Boräquivalent um 0,14 ppm belasten. — Diskussion.
H. Fahlenbrach. 5894◇

1850 **Brennelemente aus Uranoxid-Polyäthylen-Dispersionen.** H. J. Hein. (Atomwirtschaft **7,** 553—57, 1962; Hanau [Main], NUKEM Nuklear-Chemie u. Metallurgie GmbH; dt.) — Einige organ. Verbb. mit hohem Vol.-Anteil an H_2-Atomen sind als Moderatoren für Kernbrennstoffe geeignet, bes. wenn die Substanzen zu homogenen oder heterogenen Syst. vermischt werden können. Es werden die Brennelemente für den Siemens-Unterrichts-Reaktor SUR-100, für den angereichertes U_3O_8 verwendet wird, diskutiert. Das Mischungsverhältnis von Uranoxid zu Polyäthylen wird so eingestellt, daß die fertigen Platten einen U-235-Geh. von 60 mg/cm^3 aufweisen. U-freie Formkörperflächen werden dadurch erreicht, daß man die U-haltigen Füllkörperkerne nachträglich mit reinem Polyäthylen abdeckt.
R. Worbis. 5894◇

1851 **Aktivitätsunterschiede fester Katalysatoren, Ursachen und Folgen.** G. Froment. (Ind. chim. belge **27,** 1041—49, 1962; Gand, Univ.; franz.) — Es werden 3 Ursachen für die Aktivitätsunterschiede fester Katalysatoren besprochen: Entaktivierung, Vergiftung u. Verschmutzung (fouling). Der sehr bedeutsame Fall des fouling wird eingehend untersucht, bes. in bezug auf den Einfl., den es auf das Verh. eines katalyt. Festbett-Reaktors ausübt. Der Vf. arbeitet eine Theorie aus, welche zu mathemat. Gleichungen führt, mit deren Hilfe die in solchen Reaktoren beobachteten Änderungen in den Geschw.- u. Temp.-Profilen beschrieben werden können.
F. Zeidler. 5904◇

1852 **Katalyse im Wirbelschichtbett.** R. Jottrand. (Ind. chim. belge **27,** 799—822, 1962; Univ. Libre de Bruxelles, Serv. de Génie Chim.; franz.) — Vf. bringt eine Zusammenfassung der heutigen Kenntnisse der Wirbelschicht-Reaktoren. Die Vor- u. Nachteile dieser Technik werden dargelegt, einige Anwendungsbeispiele mitgeteilt u. anschließend die mechan. Bedingungen betrachtet. Auf die Wichtigkeit einer passenden Definition der charakterist. Merkmale des festen Stoffes (Durchmesser u. Form) wird nachdrücklich hingewiesen. Auf eine neuartige graph. Vorstellungsweise der Beziehungen zwischen der Porosität der Wirbelschicht u. den Umlauf-Geschw. des festen Stoffes u. der Fl. wird hingewiesen. Die Auswirkung der Mischung u. der Verschiedenheit der Verweilzeit auf die Umwandlung in einem chem. Reaktor wird aufgezeigt. Schließlich werden unsere heute noch bruchstückhaften Kenntnisse in bezug auf die Werte der Wärme- u. Stoffübergangskoeff. in den Wirbelschichten dargelegt. Auf die Schwierigkeiten einer korrekten Anwendung der Analog-Theorie auf diese Reaktoren wird hingewiesen.
F. Zeidler. 5904◇

1853 **Arten der Wirbelschichtbildung.** Arthur M. Squires. (Chem. Engng., Progr. **58,** 66—73, 1962; New York, N. Y., Squires Internat., Inc.; engl.) — Vf. vergleicht die physikal. Charakteristika u. die relative Wirksamkeit des Kontaktes zwischen Gas u. Fl. im Wirbelbett u. im „teeter"-Bett (teilweises Fluidieren mit W.) u. diskutiert Probleme der Projektierung von großen Wirbel- u. „teeter"-Betten. Abschließend geht er auf die Bedingungen ein, die bei der Wahl eines der beiden Betten für einen bestimmten Prozeß zu beachten sind.
I. Köditz. 5904

1854 **Flüssigkeitsströmung und Diffusion in Reaktoren mit festem porösem Bett.** P. Le Goff. (Ind. chim. belge **27,** 1009—20, 1962; Nancy, Univ.; franz.) — Es werden Gleichungen vorgestellt, welche den Druckverlust wiedergeben, der bei Laminar- oder Turbulenzströmung in einem porösen Bett auftritt, das mit einem Bündel gleichartiger, geradliniger oder gekrümmter Poren verglichen wird. Die Beziehung zwischen dem Druckverlust u. der Anzahl der Transporteinheiten wird festgelegt für den Fall, wo die Gesamt-Rk. durch die äußere Diffusion durch die jedes poröse Korn umgebende Gasschicht hindurch begrenzt wird. Das Zusammenwirken von heterogenem chem. Geschehen u. innerer Diffusion entlang den Poren der Körner wird charakterisiert.
F. Zeidler. 5904◇

H_2. Betriebsschutz, Feuerschutz

1855 **Sicherheitsempfehlungen für sensibilisierte Ammoniumnitrat-Sprengmittel.** Anonym. (U. S. Dep. Interior, Bur. Mines, Inform. Circ. **1963,** Nr. 8179, 1—15; Washington, D. C., Bur. of Mines, Div. of Bitumin. Coal; engl.) — Beschreibung der Sicherheitsvorschriften bei Herst., Lagerung, Transport u. Verw. von NH_4NO_3 enthaltenden Sprengstoffen.
W. Wesly. 5936◇

1856 **Über einige Besonderheiten bei der Entwicklung und Konstruktion des Konimeters 10.** Günther Möbius. (VEB Carl Zeiß Jena Nachr. **9,** 229—44, 1963; dt.)
I. Köditz. 5940

1857 **Das neue Konimeter 10 aus Jena.** Walter Thiele. (VEB Carl Zeiß Jena Nachr. **9,** 244—55, 1963; dt.) — Vf. beschreibt kurz die bekanntesten Staubmeßgeräte (Thermalpräzipitator, Impinger, Filtergeräte u. Konimeter) u. behandelt dann die Besonderheiten des Konimeters 10, durch die dieses Gerät sich von früheren Konstruktionen unterscheidet (Anordnung von Pumpe u. Düse, Düsenform, Objektscheiben aus hitzebeständigem Material, Möglichkeit der additiven Steigerung der Staubabscheidung, Auswertung der Ergebnisse an Ort u. Stelle, getrennte Erfassung von groben u. feinen Teilchen mit einem vorschaltbaren Vorkonimeter).
I. Köditz. 5940

1858 **Feinstaubmessung mit Handkonimetern.** Rolf Roeber. (VEB Carl Zeiß Jena Nachr. **9,** 256—85, 1963; Berlin-Pankow; dt.) — Vf. behandelt die bei der Staubmessung mit Handkonimetern auftauchenden Probleme, wie z. B. meßtechn. Probleme, Behandlung der Objektscheiben, Luftströmung u. Staubabscheidung u. gibt abschließend Hinweise für die richtige Auswertung des erzeugten Staubpräparates.
I. Köditz. 5940

1859 **Brände und Explosionen in Druckluftanlagen.** R. H. Moore. (Canad. Mining metallurg. Bull. **56,** 18—19, 1963; Falconbridge Nickel Mines Ltd.; engl.) — Beschreibung einiger Unfälle mit Bränden u. Explosionen in Druckluftanlagen u. Empfehlungen zu ihrer Vermeidung. Hierzu gehören: 1. Richtige, der Beanspruchung angemessene Wahl eines Kompressors (K), 2. genügend dimensionierte u. überwachte Lufteinlaßfilter, die Staub zurückhalten, der zu schweren Schleifschäden an Zylindern u. Ventilen führen kann; 3. Überwachung der Arbeit der K u. Kühler durch Thermometer u. deren Sauberhalten von Belägen; 4. Nachkühler, die W. u. andere kondensierte Prodd., Nebel u. feste Partikeln niederschlagen u. abführen; 5. K sollen möglichst nie lastlos laufen, die meisten Explosionen ereignen sich, wenn ein K längere Zeit ohne Ladearbeit zu leisten läuft u. dann wieder Luft liefern soll; 6. die Ventile des K sollen regelmäßig geprüft u. im Bedarfsfall gereinigt werden; 7. Leitungen u. Rezipienten sollen ebenfalls regelmäßig von Niederschlägen, die den Brennstoff für Explosionen bilden können, gereinigt werden; 8. im Falle, daß Korrosionen oder Erosionen beobachtet werden, muß die noch vorhandene Wandstärke genau festgestellt werden.
F. Zeidler. 5944◇

1860 **Der Einfluß von Schmiermitteln auf Explosionen in Druckluftanlagen.** N. D. Morgan. (Canad. Mining metallurg. Bull. **56,** 19—21, 1963; British Amer. Oil Co. Ltd.; engl.) — Explosionen in Druckluftanlagen entstehen, wenn komprimierte Luft u. Schmieröldämpfe im richtigen Mischungsverhältnis gezündet werden. Luft u. Schmieröl sollten daher möglichst nicht miteinander in Berührung kommen oder man verwende statt der heute gebräuchlichen wenig flüchtigen KW-Stoffe nicht brennbare Schmiermittel. Sie sind jedoch z. Z. noch sehr teuer, ihre physiolog. Unschädlichkeit noch nicht genügend erprobt. Die Vorgänge, die von einem leichten Ölfilm auf Ventilen u. in Leitungen unter Umständen zur Bldg. von exothermen Ablagerungen führen können, werden geschildert u. die Rolle von Rost als Katalysator dieser Oxydations-Rkk. erwähnt. Die Ursachen für gehäuftes Auftreten von Bränden u. Explosionen nach längerem Leerlauf von Kompressoren werden erklärt. Es entspricht nicht mehr den neuesten Erkenntnissen, Kompressorenöle nach ihrem Entflammungspunkt zu wählen. Wünschenswert sind gut raffinierte, von instabilen, zur Oxydation neigenden Bestandteilen weitgehend befreite Öle. Da Oxydation jedoch nicht völlig verhindert werden kann, sollten die Oxydations-Prodd. nicht klebrig-gummiartig, sondern pulvrig sein. F. Zeidler. 5944◇

1861 **Die Bestimmung der Explosionsfähigkeit von Grubenbrandgasen.** Karl Drekopf. (Bergbau-Arch. **24,** 35—47, 1963; Bochum; dt.) — Vf. beschreibt ein Verf. zur Ermittlung der Explosionsfähigkeit von Gasgemischen aus CH_4, CO, H_2, schweren KW-Stoffen, Luft u. zusätzlichem N_2 mit Hilfe von Zahlentafeln. Dieses Verf. ist einfacher als das früher entwickelte (Drekopf, Glückauf **89,** [1953], 724—39) u. berücksichtigt auch den Einfl. von Analysenfehlern. I. Köditz. 5944

H_3. Elektrotechnik

1862 **Halbleitermaterialien.** D. A. Petrow. (Wiss. J. Hochschule Elektrotechn. Ilmenau **3,** 15—24, 1957; Moskau, UdSSR, Akad. d. Wiss., Inst. für Metallurgie; dt.) — Übersicht über die Metallurgie von Ge-, Si- u. A^{III}/B^{V}-Halbleitern. W. Betcke. 5952◇

1863 **Thermokompressionskontakte für GaP-Kristalle.** Tsunekatsu Fukui und Makonto Kikuchi. (Jap. J. appl. Physics **2,** 251—52, 1963; Nagata-cho, Tokyo, Elektrotechn. Labor.; engl.) — Zur Erzielung einer festen Verb. zwischen n-GaP-Einkristallen u. Metalldrähten (Au, Au + 1% Ga + 0,8% Sb + 1% Zn; Ag + 1% Zn) werden die gereinigten Kristalle auf 460° erhitzt u. die vorher an einer Spitze abgerundeten Metalldrähte unter Drücken von ca. 370 kg/cm² nach Erhitzen auf der Kristallfläche befestigt. H. Roschkowski. 5952◇

1864 **Neue Technik zur Herstellung verbesserter dünner Schichtwiderstände.** Michael Lorant. (Chem. Rdsch. [Solothurn] **15,** 455—56, 1962; London; engl.) — Verbesserte Widerstände mit engerem Bereich des spezif. Widerstands u. Temp.-Koeff. können durch Zerstäubung von Ta in Ar/N_2-Atmosphäre unter Bldg. eines dünnen Films, der Ta-Nitrid enthält, erhalten werden. Eine weitere Verbesserung der Eigg. wird durch anschließende anod. Oxydation erreicht. P. Frenzel. 5954◇

1865 **Die Durchschlagsspannung von dicken Isolierschichten im inhomogenen Feld.** Fritz Obenaus. (Wiss. J. Hochschule Elektrotechn. Ilmenau **3,** 53—57, 1957; Dresden; dt.) — Diskussion von Weg–Spannungs-Kennlinien der Durchschlagsspannungen im inhomogenen Feld für verschiedene Isoliermaterialien. W. Betcke. 5956◇

1866 **Struktur und Eigenschaften der keramischen Hochfrequenz-Isoliermaterialien.** Jindřich Traxler. (Sklář a Keramik **11,** 6—9, 1961; Kutná Hora, Úst. nerostn. surovin; tschech.) — Vgl. C. **1963,** 5618. — In den Syst. BaO–, MgO–, CaO– u. ZrO_2–Al_2O_3–SiO_2 werden die elektr. Eigg. der für die Verw. zur Hochfrequenzisolation geeigneten Zus. u. ihre mineralog. Komponenten erörtert. R. K. Müller. 5956◇

1867 **Keramische Isolatoren mit verkleinerter Toleranz des Temperaturkoeffizienten der dielektrischen Permeabilität.** Jósef Sroka. (Szkło i Ceram. **13,** 144—49, 1962; pol.) — Es wird die Herst. eines keram. Isolators, der sich als keram. Kondensator (TK_ε = (0 ± 30) · $10^{-6}/1°$ eignet, auf der Grundlage einer der Komponenten des Syst. MgO · TiO_2 beschrieben. I. Köditz. 5956

1868 **Zur Verarbeitung von Isolierstoffen aus Plasten.** D. Northmann. (Elektrie **16,** Nr. 4, Beil.: Elektrofertigung 30—31, 1962; Dresden, TH., Inst. f. Betriebswissenschaften u. Normung, Abt. Plastverarbeitung; dt.) — Überblick über die Zusammenhänge zwischen den elektr. u. den Stoff-Eigg. von Spritzgußteilen aus Plasten. I. Köditz. 5956

1869 **Entflammbarkeit von Mipora in Sauerstoff als Folge von Elektrisierung.** I. I. Schumski. (Sauerstoff [UdSSR] **12,** Nr. 5, 19—23, 1959.) — *Mipora* ist ein Dielektrikum mit einem spezif. Volumwiderstand von $\varrho = 10^{14}$ Ohm/cm. Die dielektr. Permeabilität $\varepsilon = 2{,}3$ u. die Durchschlagsfestigkeit E = 3,6 kV/mm ε nimmt mit der Luftfeuchtigkeit zu. Mipora kann unter bestimmten Bedingungen aufgeladen werden. Die elektr. Ladung kann ein elektr. Feld mit einer Spannung von 3 kV/mm erzeugen. Die Ladung ist negativ. Fl. O_2 u. seine Dämpfe wirken auf das Potential wenig. Unter bestimmten Bedingungen kann die Spannung des elektr. Feldes Entladungsspannung erreichen. In Ggw. von O_2-Dämpfen kann die Entladung Mipora zur Entflammung bringen. Mipora wird als Wärmeisolation beim Lagern u. Transport von fl. O_2 benutzt. In industriellen Vorr. kann man die Aufladung durch Erden ausschalten. E. Steinberg. 5956□

1870 **Über den Einfluß von Anisotropien, insbesondere von Magnetfeld-Wärmebehandlungen, auf die Eigenschaften magnetischer Werkstoffe.** H. Fahlenbrach. (Metall **16,** 1185—92, 1962; Essen; dt.) — Nach einem Überblick der verschiedenen Arten der Anisotropie der magnet. Werkstoffe werden die Meth. zur Realisierung von Anisotropien beschrieben, dabei wird bes. die Magnetfeld-Wärmebehandlung erörtert. Durch sie lassen sich erhebliche Permeabilitätssteigerungen erzielen. Es wird versucht, eine Deutung der Wrkg. dieser Behandlung zu geben. — 21 Literaturangaben. F. Vier. 5958◇

1871 **Das Keimwachstum als Modell für die Ummagnetisierung von Schalt- und Speicher-Ferritkernen.** Herbert Stegmeier. (Z. angew. Physik **14,** 157—64, 1962; Stuttgart, Techn. Hochschule, Inst. f. Nachrichtentechnik; dt.) — Vf. entwickelte eine Theorie zur Erklärung u. Berechnung des reversiblen u. irreversiblen Ummagnetisierungsvorgangs in polykristallinen Rechteckferriten, u. zwar für beliebige Ursachen der Ummagnetisierung. Die Grundlage der Theorie ist das radikale Wachstum von kreiszylindr. Ummagnetisierungskeimen. C. Gottfried. 5958△

1872 **Sedimentationsuntersuchungen mit Na_2HPO_4 als Bindemittel.** I. Hangos. (Dtsch. Akad. Wiss. Berlin, Tag. Unterkommiss. Leuchtstoffe Sekt. Physik, Physik Chem. Kristallphosphore **2,** 186—89, 1962; Budapest, Forsch.-Inst. für Fernmeldetechnik; dt.) — Bei der Mischung wss. Lsgg. von Na_2HPO_4 (**I**) u. A. entsteht eine milchartig trübe koll. Lsg., die während der Sedimentationszeit innerhalb gewisser Konz.-Grenzen stabil ist u. sich zur Herst. von Leuchtstoffschichten für Bildröhren nach Zusatz eines Leuchtstoffs eignet. Adhäsionsmessungen an Glas wurden unter Verw. des Willemit-Leuchtstoffs (Tungsram) u. ^{32}P-markiertem **I** durchgeführt. H. Roschkowski. 5972◇

1873 **Versuche über die Abdunkelungsgeschwindigkeit mit reversiblen galvanischen Verschlüssen.** S. Zaromb und J. Y. Chang. (J. electrochem. Soc. **109,** 1034—40, Nov. 1962; Blue Bell, Pa., Philco Sci. Labor.; engl.) — Vff. berichten über Wrkg.-Weise u. Konstruktion des reversiblen galvan. Nichtmodulators (vgl. C. **1963,** 10229) bei Verw. eines sauren oder neutralen Elektrolyten mit höherer Spannung (ca. 200 V) u. höherem Strom (ca. 1000 A). Die Änderung der Lichtdurchlässigkeit u. der Abscheidungsimpulse wird oscillograph. verfolgt. Die Abdunkelungs-Geschw., Einfl. der Konstruktionsparameter auf die Ablösungs-Geschw., das opt. Verh. der Ag-Schichten in Abhängigkeit von ihrer Schichtstärke u. ihrer Herst. u. der Abscheidungsmechanismus werden erörtert. P. Frenzel. 5992◇

1874 **Probleme des Stofftransportes in der angewandten Elektrochemie.** N. Ibl. (Chemie-Ing. Techn. **35,** 353—61,

1963; Zürich, ETH, Techn.-chem. Inst.; dt.) — Der Stofftransport begrenzt die Geschw. elektrochem. Rkk. (Grenzstrom) u. ist daher für die maximale Ausnutzung techn. Elektrolysezellen maßgebend. Es wird eine Übersicht der Beziehungen für die Berechnung des Grenzstromes bei typ. hydrodynam. Verhältnissen gegeben. Eine wichtige Anwendung ist die Optimierung der Betriebsbedingungen bei techn. Elektrolysen. Die Wirksamkeit u. zum Teil die Kosten verschiedener Rührarten werden an Hand eines numer. Beispiels verglichen. Der Fall der Gasrührung (durch Gaseinleiten oder Gasentw. an der Elektrode) wird eingehender besprochen. Als Beispiel für eine komplizierte Diffusionsschicht, bei der die Transportvorgänge mit einer homogenen chem. Rk. gekoppelt sind, wird der Mechanismus der Anodenvorgänge bei der Chlorat-Elektrolyse diskutiert. H. Jehne. 5992◇

1875 **Siemens-Schuckertwerke Akt.-Ges.**, Deutschland, *Herstellung ultrareiner Halbleiterstoffe.* (**F. P. 1204310** vom 22/10. 1956, ausg. 25/1. 1960. D. Prior. 2/11. 1955. — C. **1960**, 8299 [E. P. 805246].)

1876 **Siemens-Schuckertwerke Akt.-Ges.**, Deutschland, *Herstellung von hochreinem Silicium.* (**F. P. 76329** vom 15/9. 1959, ausg. 7/2. 1962. D. Prior. 9/12. 1958. Zusatz zu F. P. 1204310; s. vorst. Ref. — C. **1962**, 12415 [Oe. P. 212882].)

1877 **Siemens-Schuckertwerke Akt.-Ges.** (Erfinder: **Hubert Patalong** und **Norbert Schink**), *Herstellung eines p-dotierten Bereichs in Halbleitern.* (**Aust. P. 238130** vom 4/2. 1960, ausg. 12/4. 1962. D. Prior. 12/5. 1959. — C. **1963**, 1394 [Oe. P. 211875].)

1878 **Axel Richard Wejnarth**, V. St. A., *Elektrische Widerstandsmasse.* (**F. P. 1279224** vom 9/9. 1959, ausg. 18/4. 1962. A. Prior. 10/9. 1958. — C. **1963**, 4856 [A. P. 3009886].)

1879 **Westinghouse Electric Corp.**, übert. von: **Alfred J. Rohm**, East Pittsburgh, Pa., V. St. A., *Leiterisolierung.* (**Can. P. 633849** vom 10/1. 1958, ausg. 2/1. 1962. A. Prior. 15/1. 1957. — C. **1963**, 18975 [A. P. 2983700].)

1880 **Comp. Française Thomson-Houston**, Seine, Frankreich (Erfinder: **William Joseph Bobear** und **Karl Walter Krantz**), *Imprägniertes Band.* (**F. P. 1240933** vom 19/11. 1959, ausg. 20/12. 1960. A. Prior. 19/11. 1958. — C. **1963**, 13694 [A. P. 2974063].)

1881 **Farbenfabriken Bayer Akt.-Ges.** (Erfinder: **Wilhelm Bunge** und **Otto Bayer**), Leverkusen, *Herstellung von Polyesterharzen.* (**Jap. A. S. 10848/1961** vom 10/11. 1959, ausg. 17/7. 1961. D. Prior. 10/11. 1958. — C. **1963**, 7127 [F. P. 1240301].)

1882 **General Electric Co.**, Schenectady, N. Y., V. St. A. (Erfinder: **L. S. Kohn** und **A. H. Horner**), *Härten von Epoxyharzen.* (**Belg. P. 571981** vom 13/10. 1958, ausg. 20/4. 1962. A. Prior. 21/10. 1957. Zusatz zu Belg. P. 534502; C. 1959, 8406.) — C. **1961**, 3111 [D. A. S. 1084916].)

1883 **Maschinenfabrik Oerlikon**, Zürich, Schweiz, *Härtbare Epoxyharze.* (**E. P. 926037** vom 10/12. 1959, ausg. 15/5. 1963. Schwz. Prior. 11/12. 1958. — C. **1962**, 16798 [Oe. P. 215672].)

1884 **N. V. Philips' Gloeilampenfabrieken** (Erfinder: **Cornelis Jacobus Esveldt, Hendrik van der Heide** und **Henricus Petrus Johannes Wijn**), Eindhoven, Niederlande, *Magnetkern.* (**D. A. S. 1131337** Kl. 21g vom 24/3. 1956, ausg. 14/6. 1962. **Schwz. P. 345395** vom 26/3. 1956, ausg. 13/5. 1960. Beide Niederl. Prior. 28/3. 1955. — C. **1959**, 12021 [F. P. 1150733].)

1885 **N. V. Philips' Gloeilampenfabrieken**, Eindhoven (Erfinder: **Adolf Johannes Jacobus Koch, Eduard Maria Henricus Lips** und **Krijn Jacobus de Vos**, Eindhoven), Niederlande, *Herstellung magnetisch anisotroper Dauermagnete.* (**D. A. S. 1127036** Kl. 31c vom 12/12. 1953, ausg. 5/4. 1962. Niederl. Prior. 17/12. 1952. — C. **1958**, 13353 [Oe. P. 184598].)

1886 **Audax**, Frankreich (Erfinder: **Serge Medvedieff**), *Dauermagnete aus gesinterten Oxidmischungen.* (**F. P. 67873** vom 23/5. 1955, ausg. 25/3. 1958. Zusatz zu F. P. 1114010. — C. **1959**, 587 [E. P. 781633].)

1887 **Soc. An. de Télécommunications**, Paris, Frankreich, *Herstellung eines ferromagnetischen Ferrits.* (**Niederl. P. 101789** vom 18/6. 1955, ausg. 16/7. 1962. F. Prior. 9/12. 1954. — C. **1959**, 11030 [D. A. S. 1018776].)

1888 **National Lead Co.**, New York, N. Y., V. St. A., *Elektrode für Akkumulatoren.* (**Ind. P. 67080** vom 18/3. 1959, ausg. 30/5. 1961. — C. **1963**, 18977 [Aust. P. 232259].)

1889 **Yuasa Battery Co. Ltd.**, Kosobe, Japan (Erfinder: **Masao Yamaura**), *Röhrchen aus Glasfasern für Röhrenelektroden von Akkumulatoren.* (**E. P. 866296** vom 10/8. 1959, ausg. 26/4. 1961. **Ind. P. 68600** vom 1/8. 1959. — C. **1963**, 18977 [Aust. P. 232054].)

1890 **Chloride Electrical Storage Co. Ltd.**, London, England, *Trocken geladene Blei-Akkumulatoren.* (**Ind. P. 68386** vom 14/7. 1959, ausg. 22/8. 1961. E. Prior. 8/8. 1958. — C. **1963**, 18978 [E. P. 863048].)

1891 **Union Carbide Corp.**, New York, N. Y. (Erfinder: **Karl Kordesch**, Lakewood, Ohio), V. St. A., *Elektrolyt für wiederaufladbare Trockenzellen.* (**D. A. S. 1151843** Kl. 21b vom 3/6. 1959, ausg. 25/7. 1963. A. Prior. 17/6. 1958. — C. **1963**, 18978 [E. P. 868271].)

1892 **Union Carbide Corp.**, New York, N. Y. (Erfinder: **Ralph W. Krueger**, Rocky River, und **Daniel George Soltis**, Cleveland, Ohio), V. St. A., *Galvanische Flachelemente.* (**Schwz. P. 351311** vom 7/1. 1959, ausg. 28/2. 1961. A. Prior. 16/4. 1958. **A. P. 2995614** vom 16/4. 1958, ausg. 8/8. 1961. — C. **1963**, 18978 [Ind. P. 66116].)

1893 **Continental Gummi-Werke Akt.-Ges.**, Hannover, übert. von: **Ernst Koldehofe**, *Herstellung von Separatoren.* (**A. P. 2999123** vom 17/3. 1958, ausg. 5/9. 1961. D. Prior. 16/3. 1957. — C. **1961**, 5211 [D. A. S. 1058589].)

H$_4$. Wasser, Abwasser

1894 **Preßluftzuführung zur Verbesserung der Limnologie von Seen und Staubecken.** Maurice E. Ford jun. (J. Amer. Water Works Assoc. **55**, 267—74, 1963; Escondido, Calif., Mutual Water Co.; engl.) — Infolge Durchmischung der Wasserschichten des Epi- u. Hypolimnions durch Preßluftinjektion werden sowohl Temp.-Unterschiede wie auch die unterschiedlichen Wachstumsverhältnisse von Mikroorganismen zwischen den Schichten ausgeglichen. Die näher beschriebenen Verss. ergaben eine Verminderung des Temp.-Unterschieds von 16,5 auf 2 °F., ferner Ausschaltung der H_2S-Entw. u. die dadurch bedingte Verminderung des Cl_2-Verbrauchs bei der Trinkwasseraufbereitung. Schließlich konnte der Versuchssee wieder für die Fischerei zugänglich gemacht werden. H. Eckstein. 6010◇

1895 **Das Verhalten der Erdölderivate im Grundwasser.** Ernst Becksmann. (Gas- u. Wasserfach, Ausg. Wasser **104**, 689—94, 1963; Freiburg i. Br.; dt.) — Um die vorhandenen Widersprüche bei Annahmen u. Erörterungen über die Größe der Verunreinigungen von Grundwasser durch Erdölderivv. auf eine vernünftige Basis zu stellen, werden Beobachtungen mitgeteilt, nach denen das Fließen nichtmischbarer Fll. in einem Porenraum nicht ein Problem homogener Strömung ist, sondern als heterogene, mehrphasige Strömung zu betrachten ist. Grenzflächenspannungen spielen hierbei eine erhebliche Rolle. Dazu liegen noch andere physikal. Daten vor, die sich auf das Verh. der Erdölderivv. im Grundwasser qual. u. quant. anwenden lassen. Hierzu gesellen sich noch die Fluidität u. hohe Petropermeabilität von Benzinen, innerhalb derer der Einfl. des Lockergesteins vernachlässigt werden kann. Hiernach werden in bezug auf den Schutz des Grundwassers vor Erdölderivv. diese nach ihrer Fluidität in 3 Gruppen eingeteilt: sehr viscose, die sich im Porenraum nicht horizontal verteilen können, eine mittlere Gruppe (repräsentiert durch leichtes Heizöl u. Dieselkraftstoff), bei der dem Strömen in horizontaler Richtung durch Erniedrigung der Permeabilität enge Grenzen gegeben sind, u. Benzine, die nur durch ihre Grenzflächenspannung gegenüber dem W. daran gehindert werden, sich nicht noch leichter als W. im Porenraum horizontal zu bewegen. F. Rosendahl. 6010△

1896 **Probleme der Süßwassergewinnung und der Abwasserbeseitigung.** Kurt Fischbeck. (Gas- u. Wasserfach, Ausg. Wasser **104**, 873—74, 1963; Heidelberg; dt.) — Übersicht über die in den USA ausgenutzten Verf.-Arten zur Entsalzung von Meerwasser. Die Möglichkeiten zur Entfernung der anfallenden konz. Salzsolen werden kurz skizziert. F. Rosendahl. 6014△

1897 **Mikrofiltration.** Herbert Krieghoff. (Gas- u. Wasserfach, Ausg. Wasser **104**, 1049—51, 1963; Michelbacher Hütte; dt.) — Zur mechan. Reinigung von Oberflächenwasser hat sich die Anwendung feinster Gewebe aus Kunststoff als sehr erfolgreich erwiesen. Geeignete App. zur Durchführung der Siebung werden beschrieben. F. Rosendahl. 6016△

1898 **Maschinelle Einrichtung zur Reinhaltung des Wassers.** Willy Krosse. (Wasser. Luft Betr. **7**, 456—57, 1963; Sennestadt; dt.) — Schilderung verschiedener App., die voll automat. gesteuert werden. F. Rosendahl. 6016△

1899 **Trinkwasserfluoridierung in Europa — ihre chemisch-technische Durchführung.** K. E. Quentin und H. Lingelbach. (Gesundheits-Ing. **84**, 139—45, 1963; München, Balneolog. Inst. der Univ., u. Karl-Marx-Stadt, Bezirks-Hygiene-Inst.; dt.) — An Hand von Erhebungsbogen, deren Ergebnisse bekannt gegeben werden, wird nach dem Stande von 1962 die chem.-techn. Seite der Trinkwasser-Fluoridierung (TWF) in Europa dargestellt. TWF ist demnach eine verhältnismäßig billige u. einfache Maßnahme, die leicht in die Wasserversorgung mit eingebaut werden kann. Hauptsächlich wird NaF u. Na-Silicofluorid für die TWF eingesetzt. Die zu beachtenden Vorsichtsmaßnahmen, sowie Technik u. Kontrolle der TWF werden angegeben. F. Rosendahl. 6018△

1900 **Unerwartet erforderliche Wasseraufbereitung mit Alaun in offenen Staubecken.** William R. Ree. (J. Amer. Water Works Assoc. **55**, 275—81, 1963; Los Angeles, Calif., Dept. of Water and Power; engl.) — Die Arbeit behandelt die Ausflockung mit gepulvertem Alaun speziell in Einflußwässern zu Wasserbehältern u. in diesen selbst, bes. auch bei höherer Belastung der Zuflüsse durch Starkregen. Bei starken Trübungen der W. können Dosierungen bis zu 85 mg Alaun/Liter verwendet werden. H. Eckstein. 6024◇

1901 **Polymere Phosphate gegen Steinansatz und Korrosion in Wasserrohren.** Heinz Anders. (Wasser, Luft Betr. **7,** 469—70, 1963; Ludwigshafen; dt.) — Beschreibung von Spezialphosphaten für weiche, mittelharte u. harte Wässer u. deren Anwendung. F. Rosendahl. 6024△

1902 **Die Anwendung radioaktiver Tracer in Hydrologie und Hydraulik.** G. Grandclément. (Eau **50,** 293—300, 1963; Grenoble, Centre d'Études nucléaires; franz.) — Übersicht über die zur Verfügung stehenden Isotopen einschließlich Tritium, die Meßmeth. u. die Anwendungen auf das Grundwasser, auf Oberflächenwasser u. die Probleme der Wassersuche. — 26 Literaturzitate. K. Dorfner. 6034◇

1903 **Am Beispiel Saclay: Der Wasserbedarf eines Kernenergiezentrums.** J. Aldebert. (Eau **50,** 242—47, 1963; Saclay, Commissariat à l'Énergie atomique; franz.) — Am Beispiel des Kernenergiezentrums Saclay werden der Wasserbedarf solcher Institutionen und die Möglichkeiten zu dessen Sicherstellung sowie die bes. Merkmale der Wassernetze dargelegt. K. Dorfner. 6034◇

1904 **Die Nutzbarmachung und Aufbereitung des Wassers im Kernenergiezentrum Chinon.** E. Robert und J. Hustache. (Eau **50,** 259—67, 1963; franz.) — Der Bericht umfaßt Angaben über die Nutzbarmachung des W. der Loire u. Indre, den Wasserkreislauf über Pumpstationen für die Kondensatoren sowie den Kreislauf des filtrierten Rohwassers für den zusätzlichen Betrieb (Kühltürme, Wärmetauscher, Vakuumpumpen, Reaktorkühlwasser, Vorrat für Aufbereitungsanlagen usw.), die Gewinnung des demineralisierten W. durch Flockung mit Aluminiumsulfat u. Entionisierung mit Ionenaustauschern in Verbindung mit einer CO_2-Entgasung, sowie über spezielle Fragen der Radiolyse, der Korrosion u. der Desaktivierungsteiche. K. Dorfner. 6034◇

1905 **Atomzentrum Marcoule: Die Behandlung des Speisewassers der Wärmetauscher der Reaktoren G_2 und G_3, der Speicher- und Trennanlagen und der Kessel der Plutoniumextraktion.** J. Bouchard. (Eau **50,** 272 bis 277, 1963; franz.) — Genaue Beschreibung der App. nach Größe, Leistung u. Arbeitsweise in Verbindung mit der Pu-Gewinnung aus U-Stäben. K. Dorfner. 6034◇

1906 **Atomzentrum Marcoule: Das Rhône-Wasserwerk zur Kühlung des Reaktors G 1 und verschiedener damit zusammenhängender Hilfsbetriebe.** P. Joly und J. Hugot. (Eau **50,** 279—83, 1963; Marcoule (Gard), Centre atomique; franz.) — Beschreibung des den bes. Gegebenheiten des Rhônewassers angepaßten Wasserwerkes mit einer Tagesleistung von 72000 m^3, bestehend aus einem Pumpwerk, einer Flockungs- u. Dekantieranlage u. zwei Batterien Schnellfiltern. K. Dorfner. 6034◇

1907 **Die Verwendung von Wasser in Kernreaktoren.** P. Ageron, H. Dudebout, R. Semeria und J. Villeneuve. (Eau **50,** 249—55, 1963; franz.) — Der Einsatz von W. in verschiedenen Typen von Kernreaktoren u. die Anforderungen, die an das W. zu stellen sind, werden besprochen. K. Dorfner. 6034◇

1908 **Überblick über die amerikanische Abwasserliteratur 1961.** (Teil 2—4). Walter Niemitz. (Städtehygiene **14,** 89—92, 1963; Hamburg; dt.) — Vgl. C. **1963,** 5609. — Übersicht über Schlammbehandlung u. -beseitigung, gewerbliche Abwasserprobleme einschließlich Radioaktivität u. Gewässerschutz sowie analyt. Probleme. — 33 Literaturangaben. H. Czech. 6036◇

1909 **Anstieg der Phenolkonzentration im Uferfiltratwasser des Rheins.** H. Gross. (Gas- u. Wasserfach, Ausg. Wasser **104,** 850, 1963; dt.) — Erfahrungen beim Wasserwerk Ludwigshafen im Herbst u. Winter 1962/63. F. Rosendahl. 6038△

1910 **Bauobjekte in Neutralisationsanlagen.** Walter Jäschke. (Chem. Techn. **15,** 426—30, 1963; dt.) — In einer Übersicht werden Richtlinien für die Projektierung, Bauausführung u. Auskleidung von Absetzbecken angegeben. H. Hoffmann. 6040◇

1911 **Über die Anwendung verschiedener Koagulationsmittel zum Klären von Schlammwasser aus Kohlenanreicherungsanlagen.** W. Ja. Toporkow, G. F. Wosny, P. I. Tankowski und W. A. Puchalskaja. (Koks u. Chem. **1960,** Nr. 10, 3—7, Charkow, Forsch.-Inst. für Kohlechemie; russ.) — Vff. haben zum Klären von Waschwasser auf Kohlenanreicherungsanlagen von kokschem. Werken verschiedene Koagulanten u. a. Gasöl ohne u. im Gemisch mit anderen Ölen, Lsgg. von Laugen u. Säuren (Kalkmilch, NaOH, HCl, $ZnCl_2$-Lsg.), Stärke sowie stärkehaltige Stoffe u. synthet. hochmol. Verbb. untersucht. Verss. wurden an W. von verschiedenem Verunreinigungsgrad u. Geh. an festen Suspensionen, vornehmlich Kohlenteilchen, angestellt. Die Wrkg. der Koagulantien wurde nach der Höhe einer geklärten Wassersäule u. Einw.-Dauer des Klärmittels beurteilt. Es wurde festgestellt, daß das Klären des Waschwassers um so schwieriger ist, je mehr Feststoffe in ihm vorhanden sind. Die wirksamsten Koagulantien sind: Polyacrylamid, stärkeenthaltene Stoffe u. NK-9 (ein franz. Koagulationsmittel). Der Verbrauch am Koagulationsmittel betrug beim Polyacrylamid 4 g/m^3, bei den anderen 40 g/m^3. K. Wekua. 6042□

1912 **Die Reduzierung radioisotoper Konzentrationen in Reaktorabwässern durch hochkonzentrierte Flockungsmittellösungen.** Wyatt B. Silker. (J. Amer. Water Works Assoc. **55,** 355—68, 1963; Richland, Wash., General Electric Co.; engl.) — Als Flockungsmittel wurden eingesetzt $Al(NO_3)_3 \cdot 9\,H_2O$ u. $Al_2(SO_4)_3 \cdot 17\,H_2O$, um radioakt. Salze des ^{32}P, ^{76}As, ^{65}Zn, ^{64}Cu, $^{235/238}Np$ nahezu vollständig aus dem Reaktorkühlwässern zu absorbieren. Beschreibung der labormäßigen Vers.-Anlage, aus der die erforderlichen Konzz. des Flockungsmittels, des pH u. der Temp. zur Zeit der Ausflockung zu ersehen sind. Bei der Verw. von 18,5 mg/Liter Al-Sulfat konnten 75% des ^{76}As, 60 des ^{32}P, 57 des ^{239}Np u. 25—30 der übrigen radioakt. Ionen eliminiert werden. bei Verw. von 20 mg/Liter Al-Nitrat waren die Ergebnisse fast die gleichen. H. Eckstein. 6042◇

1913 **Erfahrungen mit dem Betrieb von Versuchsanlagen zur biologischen Reinigung industrieller Abwässer nach dem Belebtschlammverfahren.** Bernhard Jäger und Walter Haltrich. (Gas- u. Wasserfach, Ausg. Wasser **104,** 1045—49, 1963; Stuttgart, Forsch.- u. Entw.-Inst. für Ind. u. Siedlungswasserwirtschaft sowie Abfallwirtschaft; dt.) — Allg. Ausführungen über biolog. Reinigung von Abwasser u. Aufbau einer Labor.-App. nach dem Belebtschlammverfahren. Die Bemessungen biolog. Reinigungsanlagen für industrielle Abwässer müssen durch Verss. ermittelt werden, wobei die Grundkenntnisse in der App. erhalten werden können. Die im App. durchgeführten Unterss. geben gute Auskunft über chem., abwasserbiolog. u. techn. Fragen zur Beurteilung der Anwendbarkeit u. der Leistungsfähigkeit eines Verfahrens. F. Rosendahl. 6044△

1914 **Halbtechnische Versuche über die biologische Reinigung von Kokereiabwässern nach dem Nocardia-Verfahren.** G. Schertz und R. Schweisfurth. (Gesundheits-Ing. **84,** 145—49, 1963; Saarbrücken, ARBED, Abt. Burbach, u. Homburg/Saar, Univ. des Saarlandes, Inst. für Hygiene u. Mikrobiologie; dt.) — Da es bei Verarbeitung von vorbelüfteten u. verd. Abwässern mit Nocardien (**A**) nicht möglich war, zu einem günstigen Ergebnis zu kommen, wurde ein Versuchs-Aero-Accelerator eingesetzt. Das Abwasser hatte einen Gesamtphenolgeh. von 3000 mg/Liter. Das Anfahren der Anlage erfolgte mit einer an Schwachwasser gewöhnten A-Kultur, die sofort einen Phenolabbau von 97,8% erwirkte. Die anfängliche Belastung mit 1,68 kg Phenol/m^3 u. Tag konnte auf 4,18 kg gesteigert werden, zugleich wurde auch die Verweilzeit von 19 auf 8 Std. herabgesetzt. Der Phenolabbau betrug dabei 98,6—99,3% bei einem Endgeh., von 9,9—18,8 mg/Liter. Bei einem Phenolstoß von 7,85 kg/m^3 an einem Tag wurde dieser zu 99% abgebaut. Die Anwendung von **A** in einem Aero-Accelerator gibt demnach ausgezeichnete Ergebnisse, wie sie bisher nicht erreicht werden konnte. F. Rosendahl. 6044△

1915 **Zusätzliche experimentelle Untersuchungen der zweistufigen biochemischen Reinigung der Abwässer aus der Entsalzungsanlage des Orsker Erdölverarbeitungswerkes.** D. D. Shukow, Ja. A. Karelin, W. M. Medem, I. I. Nasarow und D. A. Schewzow. (Chem. Technol. Brennstoffe, Öle [UdSSR], **7**, Nr. 9, 19—23, 1962; Moskau, Kuibyschew-Inst. für Bauingenieure; russ.) — Die zweistufige biolog. Abwasserreinigung hat folgende Vorteile vor der einstufigen: höherer Reinheitsgrad bzgl. Erdölgeh. u. organ. Verunreinigungen (85% gegenüber 60% bei einstufiger Arbeit); Verkleinerung der Belebungsbecken um 20%; Verringerung des Verbrauchs an belebtem Schlamm u. des Aufwandes zu seiner Entfernung aus den Becken; weniger Empfindlichkeit bei Belastungsschwankungen. Vers.-Ergebnisse u. Blockschema der empfohlenen zweistufigen Anlage sind angegeben.
H. V. Adolphi. 6044◇

1916 **Gemeinsames und Unterschiedliches der aeroben biologischen Klärverfahren.** Ludwig Hartmann. (Gas- u. Wasserfach, Ausg. Wasser **104**, 922—25, 1963; Pasadena, Calif.; dt.) — Da Abwasser (**A**) ein gestörter, nicht ausgeglichener Lebensraum mit einseitiger Lebensgemeinschaft darstellt u. die biolog. Vorgänge dazu dienen, es in einen ausgeglichenen Lebensraum mit einem Gleichgewicht zwischen Aufbau u. Abbau organ. Substanz umzuwandeln, können alle Verff. der aeroben biolog. **A**-Reinigung auf wenige biolog. Grundregeln zurückgeführt werden. Die Kenntnis dieser Regeln ermöglicht einen Einblick in die Theorie der Verff., daneben auch eine Beurteilung der Wrkg.-Weise im prakt. Betrieb, was am deutlichsten bei der natürlichen Reinigung der Oberflächenwässer erkennbar wird. Die **A**-Reinigung muß stets so betrieben werden, daß die vorhandene organ. Substanz möglichst weitgehend entfernt wird, damit die Menge der Oxydationsprodd. im Vorfluterzulauf gering ist.
F. Rosendahl. 6044△

1917 **Elektrochemische Reinigung von Cyanverbindungen enthaltenden Abwässern.** Ju. Ju. Lurje und W. Je. Genkin. (J. angew. Chem. [UdSSR] **33**, 384—89, 1960; russ.) — Vff. schlagen eine elektrochem. Reinigung *CN*-haltiger Abwässer für die galvan. Werkstätten von Maschinenbau u.- Erzaufbereitungsbetrieben vor. Die Verss. werden in elektrolyt. Bädern mit W. bei Raumtemperatur durchgeführt. Die Oxydation von CN^- verläuft bis zum CNO^-, danach erfolgt Hydrolyse. Bei Stromdichten von 1—6 (A/dm^2) ist die Stromausbeute 2—4%, bei Stromdichten von 0,1—0,5 steigt diese auf 30—40%. Vff. weisen nach, daß ein Zusatz von NaCl die Stromausbeute auf 60—80% erhöht u. der spezif. Verbrauch an Elektroenergie auf 0,007—0,010 kWh/1 g CN^- gesenkt wird. Auch CN-Komplexe wie $[Cu(CN)_3]^{2-}$ u. CNS^- werden in CNO übergeführt u. hydrolysiert; ebenfalls ist in Ggw. von Kresolen u. Phenolen eine völlige Zerstörung von CN^- erreichbar.
Siegfried Braun. 6046□

1918 **Dekontamination von Abwässern im Radiochemischen Laboratorium der Farbwerke Hoechst A. G.** W. Hoffmann und J. Talsky. (Atomwirtschaft **4**, 63—66, 1959; Frankfurt/Main, Hoechst-Werke; dt.) — Übersicht der Dekontaminations-Verff. mit speziellem Fließschema des Hoechster-Abwassersystems.
Gerhard Schmidt. 6050◇

1919 **Die Vernichtung radioaktiver Abwässer.** P. Bovard und M.-E. Gahinet). (Eau **50**, 301—06, 1963; franz.) — Für die Behandlung von radioakt. Abwässern gelten die Richtlinien der Commission Internationale de Protection Radiologique (C.I.P.R. oder I.C.R.P.), die von den Ländern des Euratom angewendet werden. Als Meth. kommen in Frage die Mitfällung bekannter Verunreinigungen, die Verdampfung, die aber nur für nichtflüchtige Radioelemente angewendet werden kann u. die chem. Behandlung der Abwässer durch Adsorption, Elektrodialyse u. Ionenaustausch. Um die übrigbleibenden, bedeutenden, wenig radioakt. Wassermengen in die Flüsse ableiten zu können, muß in Frankreich auf jeden Fall garantiert sein, daß nach der Verdünnung die maximal zulässige Konz. nicht überschritten wird.
K. Dorfner. 6050◇

1920 **Die Überwachung der Radioaktivität des Wassers. Probleme der Messung und der Auswertung der Ergebnisse.** A. Grauby und P. Raimbault. (Eau **50**, 307—13, 1963; franz.) — Bericht über App., physikal. Grundlagen, Auswertung der Meßergebnisse u. die Lokalisierung von Meßstationen zur Überwachung der Radioaktivität von W. in Frankreich. K. Dorfner. 6060◇

1921 **Kontinuierliche Messung der Wasseraktivität.** P. Bovard und A. Grauby. (Chim. analytique **44**, 439 bis 443, 1962; Comiss. à l'Énergie Atomique, Serv. de Contrôle des Radiations et de Génie Radioactif; franz.) — Zur Überprüfung der Gefährdungsmöglichkeiten durch radioakt. Kontamination des W. schlagen Vff. eine kontinuierliche Kontrolle der α- u. β-Aktivität vor.
U. Drehmann. 6060◇

1922 **Ein indirektes, photometrisches Verfahren zur Bestimmung von Sulfat und seine Anwendung auf die Boden- und Wasseranalyse.** Chen-Tse Hsueh und Ching-Hwa Jen. (Acta chim. sinica **27**, 106—12, 1961; Northwestern Agric. Coll.; chin., Auszug: engl.) — Ein indirektes Verf. zur photometr. Best. von SO_4^{2-} mit $BaCrO_4$–As_2O_3-EDTA wird beschrieben. Die optimale SO_4^{2-}-Konz. beträgt 0,5—12 mg/100 ml Lösung. Na^+, K^+, Ca^{2+}, Mg^{2+}, Cl^- u. NO_3^- stören nicht. PO_4^{3-} stört; Fe^{3+} u. Al^{3+} in großen Mengen stören geringfügig. Das rasch ausführbare Verf. wird auf die SO_4^{2-}-Best. in W. u. Böden angewandt; die Genauigkeit beträgt 1—3%. W. Wesly. 6060◇

1923 **Eine 10jährige limnologische Untersuchungsserie in der Freiwasserregion des Überlinger Sees (Bodensee).** Richard Muckle. (Gas- u. Wasserfach, Ausg. Wasser **104**, 862—66, 1963; Konstanz-Staad; dt.) — Die Unterss. wurden von 1952—1962 durchgeführt, sie umfaßten 311 Profilserien in 0—60 m Tiefe mit physikal., chem., hygien.-bakteriolog. u. biolog. Arbeiten. In dem Tiefbereich 40—60 m liegt die Trinkwasserentnahme. Wenn auch die Auswertung noch nicht vollkommen abgeschlossen ist, so geben doch die mitgeteilten Werte über Wassertemp., O_2-Sättigung, freies CO_2, $KMnO_4$-Verbrauch, Carbonathärte, Keimzahl u. Coli-Geh. einen guten Einblick. Es wird auf Veränderungen in der Trinkwasserzone hingewiesen, die als Anzeichen einer Eutrophierung gewertet werden. — 18 Schrifttumzitate.
F. Rosendahl. 6060△

1924 **Der Fluorgehalt bayerischer Wässer.** 2. Mitt. K. E. Quentin. (Gesundheits-Ing. **84**, 176—79, 1963; München, Univ., Inst. für Balneologie, Chem. Abt.; dt.) — 1. Mitt. vgl. C. **1958**, 9877. — Tabellar. Zusammenstellung von Analysenwerten, Diskussion dazu u. Vgl. mit Thermen.
F. Rosendahl. 6060△

1925 **Detergentiengehalt im Rheinwasser.** Anonym. (Gas- u. Wasserfach, Ausg. Wasser **104**, 854—55, 1963; dt.) — Tabellar. Zusammenstellung von Unters.-Ergebnissen vom Oktober 1960 bis August 1962. Durchschnittlich lag der Geh. an Detergentien unter 0,2 mg/Liter, also unterhalb der genauen Bestimmbarkeit.
F. Rosendahl. 6060△

1926 **Die Zusammensetzung der synthetischen Detergentien im Haushaltswasser und im Abwasser.** Anonym. (J. Amer. Water Works Assoc. **55**, 369—402, 1963; Ohio River Valley Water Sanit. Comm.; engl.) — Die üblichen für den Haushalt hergestellten Netzmittel bestehen entweder aus Alkylbenzolsulfonaten (ABS) oder komplexen Phosphaten, wie *Na-Tripolyphosphat* (STP) oder *Tetra-Na-Pyrophosphat* (TSPP). — Ausführliche Erörterung folgender Angaben: A. Definition u. Zus. der Detergentien u. oberflächenakt. Stoffe, Analysenverff. für ABS (colorimetr. u. IR-Verf.), Vork. von ABS im Oberflächenwasser, ABS als Bestandteil organ. Stoffe, Einw. von ABS auf die Flockung, Geschmacks- u. Geruchsbldg., Schaumerzeugung, u. Faulung von Harzaustauschern sowie ihr Einfl. auf die Trink- u. Abwasseraufbereitung. Ferner wird der biolog. Abbau bes. der oberflächenakt. Bestandteile als wesentliche tox. Komponenten der Detergentien behandelt (als mittlere Toxität der handelsüblichen ABS wird 3,5—6 mg/Liter angegeben.) — 2. Phosphate: Vork. im Oberflächenwasser; Analysenmeth.; ihr Einfl. auf die Wasseraufbereitung; ihr biolog. Abbau u. Einfl. auf das Algenwachstum; Grundwasserverunreinigung durch komplexe Phosphate u. ihr Verh. in Faulschlammbehältern. — 90 Literaturangaben. H. Eckstein. 6068◇

H_5. Anorganische Industrie

1927 **Optimalprinzipien für die Anreicherung von schwerem Wasser in Heiß-Kalt-Kolonnen. 2. Mitt. Die Anreicherungskaskade, das Abstreifsystem und die Übertragungskolonne.** K. Bier. (Chemie-Ing.-Techn. **31,** 22 bis 30, 1959; Marburg/Lahn, Univ., Physikal. Inst.; dt.) — 1. vgl. C. **1957,** 12656. — Die Konstruktions- u. Betriebsdaten für eine gleichmäßig oder eine progressiv gestaffelte Anreicherungskaskade für D aus H_2-Gas sind für Ankoppelung über die Fl.-Phase prakt. die gleichen wie über die Gasphase. Wird statt H_2 W. als Ausgangsmaterial benutzt, steigen sowohl die zum Kolonnen-Vol. als auch die zu den Materialströmen proportionalen Aufwandsgrößen der Kaskade wie beim einzelnen Heiß-Kalt-Syst. (l. c.) ungefähr um den Faktor γ_0 an. Das Abstreif-Syst., für das die Arbeitsbedingungen errechnet werden, besteht aus einer heißen u. einer kalten Austauschkolonne, die in umgekehrter Reihenfolge wie im Anreicherungs-Syst. von H_2 u. Katalysator-Lsg. durchströmt werden. Die kalte Übertragungs-Kolonne, in der die Katalysator-Lsg. D aus (katalysatorgifthaltigem) H_2 aufnimmt, läßt sich so dimensionieren, daß durch ihre Verw. die spezif. Aufwandsgrößen der gesamten Trennanlage kleiner werden, so daß sie auch bei giftfreiem H_2 wirtschaftlich vorteilhaft ist.
R. Junge. H 238◇

1928 **Die Agglomeration wäßriger Graphitsuspensionen.** J. P. Sutherland. (Canad. J. chem. Engng. **40,** 268—72, 1962; Ottawa, Ont., Nat. Res. Council, Chem. Engng. Section, Div. of Appl. Chem.; engl.) — In einem Rotationstrommel-Agglomerator wurden kugelförmige Graphit-Agglomerate von 0,020—0,75 in. ⌀ aus wss. Suspensionen von fein verteiltem Graphit durch Zusatz einer nicht mischbaren, vorzugsweise den Festkörper benetzenden Fl. (z. B. Kerosin u. Schmieröl im Verhältnis 1:2) erhalten. Der Einfl. der Trommelbeladung, der Rotationsgeschw., der Suspension u. der Konz. der zugesetzten Fl. wird diskutiert. H. Harenz. H 260◇

1929 **Kontinuierliche Herstellung von reinem, wasserfreiem Aluminiumchlorid ohne weitere Sublimation.** Roman Martinez Gayol. (Quím. e Ind. [Bilbao] **7,** 238—42, 1960; Madrid, Centro de Investigacion de la Empresa Nacional „Calvo Sotelo"; span.) — Erläuterung des Verf. zur Herst. von reinem, wasserfreien $AlCl_3$ aus Cl_2-Gas u. metall. Al u. Darlegung der hierbei auftretenden Schwierigkeiten im Umgang mit dem Produkt. Eine entsprechende halbtechn. Vers.-Anlage für kontinuierlichen Betrieb wird beschrieben. Die Einrichtung besteht aus einem ummantelten kühlbaren Rk.-Gefäß aus Quarzglas, Steatit oder einer anderen SiO_2-reichen Keramik mit Fülltrichter zum Nachfüllen von Al-Granalien, kurz angeschlossenem Kondensator u. Abfüllgefäß, Trockner-Abschlußflasche u. Restgasabsorbern, einem Inertgasvorwärmer u. der regelbaren Cl_2-Zuleitung mit Vorwärmer. Das Wesen des Prozesses ist das genaue Einhalten der Rk.-Temp. (350—400°) im Reaktor, um ein Schmelzen des Al oder Einfrieren der Rk. unterhalb 200° zu vermeiden. Das Prod. ist für Friedel-Crafts-Synth. direkt brauchbar. R. Kaiser. H 294◇

H_6. Silicatchemie, Baustoffe

1930 **Behandlung von verwittertem Glas.** Tore Boström. (Glastekn. Tidskr. **17,** 99—101, 112, 1962; schwed.) — Die Ursachen der Verwitterung des Glases u. die bisher zur musealen Erhaltung derartig verwitterter Gläser angewandten Meth. werden besprochen. Vorgeschlagen wird, die Glasgegenstände in entsprechenden, gasdicht verschlossenen Glasgefäßen in einer Ar-Atmosphäre aufzubewahren. L. Kühnert. 6168◇

1931 **Schmierungsfreie Glasformen aus Kohle.** H. Wiemer und N. Strepp. (Glastekn. Tidskr. **17,** 157—58, 1962; Ringsdorff-Werke G.m.b.H.; schwed.) — Glasformen aus bes. poröser Kunstkohle ergaben nach Eintauchen in W. einwandfreie Oberflächen der damit hergestellten Gebrauchs- u. Ziergläser in Serien von mehreren 10000 Stück. L. Kühnert. 6180◇

1932 **Zusammenfassung und Gegenüberstellung der Normen für die Aufnahme in die Liste der zu pharmazeutischem Gebrauch bestimmten Gläser.** Vittorio Gottardi und Maria Tornati. (Vetro e Silicati **3,** 3—6, 1959; Murano, Stazione Sperimentale del Vetr.; ital.) — Wegen der nachweislichen Verschiedenheit der Normen in 24 überprüften Ländern wird eine allg. geltende Norm als zweckmäßig empfohlen. R. Kaiser. 6200◇

1933 **Vorschlag für eine Normung von Gläsern nach ihrer chemischen Eignung zur Herstellung von Pharmazeutica.** E. Mecarelli, B. Rocchi und O. Scaglioni. (Vetro e Silicati **3,** 7—11, 1959; Vetreria Bormioli Rocco, Farmaceutici Farmitalia; ital.) — Unterss. der Alkali- u. SiO_2-Löslichkeiten von Borosilicatgläsern, von oberflächenbehandelten Natronsilicatgläsern u. von gewöhnlichen Natronsilicatgläsern u. Angaben über die Grenzen zulässiger Abgaben aus der Glasoberfläche der in der pharmazeut. Industrie verwendeten Geräte.
R. Kaiser. 6200◇

1934 **Widerstandsfähigkeit von Glas gegen chemische Einwirkung als Problem bei der Anwendung für pharmazeutische Flüssigkeitenlagerung.** Giuseppe Gualandi. (Vetrà e Silicati **3,** 12—16, 1959; Roma, Ist. Superiore di Sanita; ital.) — Nach einer kurzen Erläuterung der Gitterstruktur von Borosilicat-, Silica- u. Natronkalkgläsern wird eine Unters. von gewöhnlichem Natronkalkglas wiedergegeben, das nach seiner maschinellen Formung mit SO_2-Gas behandelt u. nach seiner Abkühlung gründlich ausgewaschen wurde. Die Löslichkeit von Na_2O u. SiO_2 so behandelter Gläser in Heißwasser, Säure u. Alkalien kommt der von Borosilicaten u. a. Sondergläsern sehr nahe, so daß die Herst.-Meth. für Ampullengläser empfohlen werden kann. R. Kaiser. 6200◇

1935 **Änderungen in der Herstellung von Industrieglas.** F. Ragu. (Génie chim. **85,** 165—67, 1961; Soc. SOVIREL; franz.) — Die bisher üblichen Verff. der Herst. von Glasgefäßen u. -röhren von Hand werden beschrieben u. die Vorteile der modernen maschinellen Herst. dargelegt.
L. Kühnert. 6200◇

1936 **Ein Beitrag zur Konstitution von Aluminium- und Borosilicatgläsern.** W. A. Weyl. (Centr. Glass ceram. Res. Inst. Bull. [Calcutta] **9,** 49—55, 1962; University Park, Pa., Pennsylvania State Univ., Coll. of Miner. Ind.; engl.) — C. **1963,** 9862. L. Kühnert. 6200◇

1937 **Kommentar zu „Wirkungen von ultrahohen Drücken auf Glas".** C. E. Weir und S. Spinner, (J. Amer. ceram. Soc. **45,** 196, 1962; Washington, D. C., Nat. Bur. of Standards, Mineral Prod. Div.; engl.) — Vf. stellt aus den Ergebnissen der Arbeiten von Bridgman (vgl. C. **1957,** 2137), Anderson (C. **1957,** 8437), Weir, Spinner et al. (C. **1958,** 3509) sowie Cohen u. Roy (C. **1963,** 5168) über die Beziehungen von hohem Druck, Zeit, Temp. zur Dichteänderung von Glas u. über die Beziehung von Dichteänderung zur Änderung des Brechungsindex fest, daß die Voraussetzungen für die Aufstellung einer Theorie über die Natur des Dichteänderungsvorgangs, wie sie Cohen u. Roy versucht haben, zu verschieden sind, um allg. Anerkennung zu finden. R. Kaiser. 6200◇

1938 **Erwiderung auf „Bemerkungen über «Wirkung von ultrahohen Drücken auf Glas»".** H. M. Cohen und Rustum Roy. (J. Amer. ceram. Soc. **45,** 398—99, 1962; engl.) — Vgl. vorst. Referat. — Zur Klarstellung der irrigen Bemerkungen von Weir u. Spinner wird u. a. ein Diagramm über die Beziehung von Brechungsindex u. Dichte verschiedener Gläser gebracht.
R. Kaiser. 6200◇

1939 **Mathematische Behandlung von Glaskorrosionsangaben.** D. K. Hoganson und J. H. Healy. (J. Amer. ceram. Soc. **45,** 178—81, 1962; Milwaukee, Wis., A. O. Smith Corp.; engl.) — Es wird für den Korrosionsverlust eines Glases durch den Angriff von Säuren eine Beziehung gefunden: $W = a \cdot \Theta^{b_1} \cdot \exp.^{-b_2/T}$, in der Θ die Einw.-Zeit in Std., a, b_1 u. b_2 experimentell gefundene Konst. sind. Letztere ergeben sich aus der Behandlung eines Test-Glases (60—70[%] SiO_2, 0—2 TiO_2, 5—8 ZrO_2, 3—6 B_2O_3, 0,5 CoO, 0—3 Li_2O, 12—16 Na_2O, 1—2 F_2) mit 10%ig. HCl bei Temp. 225—375° F unter entsprechen-

den Drücken; in ähnlicher Weise benutzt für bestimmte Konzz. anderer Aggressiva sowie anderer Glasarten.
R. Kaiser. 6200◇

1940 **Die Verwendung von Quarzglas für den Bau von Spektralapparaten.** M. Ss. Gomelski, P. Ja. Ganitsch, E. P. Sege, A. P. Iwanow und A. N. Rubinow. (Ber. Akad. Wiss. BelorussSSR **6**, 772–76, 1962; Physikal. Inst. d. Akad. Wiss. BelorussSSR; russ.) — An 2 Prismen-Monochromatoren wird der Durchlaßgrad, Dispersionswinkel, Polarisationsgrad u. Streuungskoeff. von Linsen bzw. Prismen aus *Quarzglas* untersucht u. dessen gute Eignung für Spektralapp. festgestellt.
J. Lehmberg. 6204△

1941 **Die Herstellung von Glasuren bei niedrigen Temperaturen.** Azizul Haq und F. A. Faruqi. (Pakistan J. sci. ind. Res. **5**, 35–38, 1962; Lahore, Pakistan Council of Sci. and Ind. Res., West Regional Labors. Glass and Ceramic Res. Div.; engl.) — Es wurden auf aus Feldspat, Quarz u. Kaolin bestehender keram. Ware mit relativ kleinem Ausdehnungs-Koeff. Glasuren aufgebracht. Die Einbrenntemp. lag zwischen 1050° u. 1110°. Um rißfreie Glasuren zu erzielen, muß in der Glasurmasse etwas Bleioxid, jedoch kein Alkalioxid enthalten sein. SiO_2 soll zu den bas. Oxiden im Verhältnis 1:1 stehen. Zur Erhöhung von Undurchsichtigkeit, Glanz und Weiße wurden ZnO, SnO_2 u. TiO_2 zugesetzt.
D. Rogalla. 6212◇

1942 **Herstellung und Prüfung von emailliertem Draht.** R. J. H. Alink, H. J. Pel und B. W. Speekman. (Wire Ind. **29**, 1077–81, 1962; Eindhoven, Philips Res. Labor.; engl.) — Die Anforderungen an die Qualität des Drahtes u. einschlägige Prüf-Verff. werden dargelegt u. auf die Beziehungen zwischen chem. Struktur u. den Eigg. des emaillierten Drahts wird hingewiesen.
N. Peters. 6212◇

1943 **Keramische Eigenschaften des Systems ZrO_2–SiO_2.** R. Pampuch. (Prace Inst. Hutniczych **13**, 229–37, 1961; Inst. Mater. ogniotrw.: pol.) — Gesinterte Mischungen von ZrO_2 u. SiO_2 (5–10%) sind wenig empfindlich gegen therm. Schock. Die Stabilisierung mit SiO_2 übertrifft die mit CaO oder MgO. Die Wrkg. von SiO_2 soll auf einer Verminderung der Korngröße von ZrO_2 (von 6,7 auf 1–1,7 μ) u. auf einer gleichmäßigeren Verteilung von $ZrO_2 \cdot SiO_2$ im Material beruhen. Dadurch werden die mechan. Eigg. verbessert. Da SiO_2 die Sinterfähigkeit von ZrO_2 verschlechtert, muß an Stelle von ZrO_2 $ZrOCl_2$ mit SiO_2 bei 700–800° vorgesintert werden.
F. Urban. 6220◇

1944 **Vorläufige Untersuchungen zum System UC–PuC.** R. C. Lied und G. D. White. (J. Amer. ceram. Soc. **45**, 149–51, 1962; Argonne, Ill., Argonne Nat. Labor.; engl.) — Die Bemühungen zur Herst. eines einheitlichen Gemisches von 80% UC — 20% PuC durch Glühen der Dioxide mit Graphitpulver, mehrmaliges Umpressen u. Brennen der Carbide bis zu 1750° zum Zwecke höchstmöglichster Verdichtung hatte beträchtliche Verluste an PuC zur Folge. Ein Dichtemaximum von 11,9 g/cm^3 entsprechend 70% der theoret. Dichte wurde nur erreicht. Das Brennen von PuO_2 mit der stöchiometr. Menge C bei 1350° ergab nach elektronenopt. u. metallograph. Prüfung stets ein Zweiphasen-Prod. PuC u. Pu_2C_3.
R. Kaiser. 6220◇

1945 **Die thermische Ausdehnung von Uranpyrophosphat und keramischer Massen im System UO_2–UP_2O_7.** Henry P. Kirchner, Kenneth M. Merz und W. Richard Brown. (J. Amer. ceram. Soc. **46**, 137–41, 1963; Buffalo, N. Y., Cornell Univ., Cornell Aeronaut. Labor. Incorp.; engl.) — Die therm. Ausdehnung (**I**) wurde röntgenograph. u. dilatometr. gemessen. UP_2O_7 weist folgende **I**-Koeff. auf: $49 \cdot 10^{-7}$ pro °C zwischen 29 u. 400°; $-37 \cdot 10^{-7}$ pro °C zwischen 400 u. 1200° u. $2 \cdot 10^{-7}$ pro °C zwischen 29 u. 1000°. $(UO)_2P_2O_7$ zeigt einen **I**-Koeff. $-23 \cdot 10^{-7}$ pro °C zwischen Zimmertemp. u. 1000°. UO_2/UP_2O_7-Proben brachen beim Abkühlen wegen der großen **I**-Anisotropie auseinander. Negative **I**-Koeff. wurden bei verschiedenen Zus. im Syst. UO_2–UP_2O_7 gemessen.
J. Heinze. 6220◇

1946 **Sinterverhalten und Stabilität fester $(PuU)O_2$-Lösungen.** N. H. Brett und L. E. Russell. (Trans. Brit. ceram. Soc. **62**, 97–115, 1963; Harwell; Atomic Energy Res. Establishment; engl.) — Das Sinterverh. u. die Stabilität von festen $(PuU)O_2$-Lsgg. bei Temp. von 1400° u. 1650° in Ar, CO_2 u. H_2 sowie die Stabilität beim Elektroschmelzen unter Ar wurden untersucht. Die festen Lsgg. wurden durch Calcinieren von gemeinsam ausgeschiedenem $Pu(OH)_4$ u. Ammoniumdiuranat hergestellt. Die Calcinierungstemp., die zu einer maximalen Dichte der in H_2 gesinterten Tabletten führt, ist abhängig von der Zus. u. beträgt etwa 800° für UO_2-reiche u. etwa 400° für PuO_2-reiche Pulver. Tabletten, die aus festen Lsgg. von $(PuO)O_2$-Pulvern hergestellt wurden, ließen sich im allg. in H_2 auf eine höhere Dichte sintern als in Ar oder CO_2. Tabletten mit 10 Mol-% PuO_2 hatten eine höhere Dichte als die von UO_2 oder die mit 20 Mol-% PuO_2, die unter H_2 gesintert wurden. Im Zus.-Bereich 0 bis 20 Mol-% PuO_2 besteht das Syst. während des Sinterns in H_2 u. des Schmelzens im Lichtbogen aus einer Phase, aber Zus. mit 40 Mol-% oder mehr UO_2 ergeben beim Abkühlen eine Mischung aus zwei Phasen, wahrscheinlich feste Lsgg. von $(PuU)O_2$ u. UO_2–$PuO_{1,62}$. Diese Beobachtungen werden unterstützt durch röntgenograph. Aufnahmen an Pulvern, metallograph. Unterss. u. Best. des Verhältnisses O/Pu + U. — 12 Literaturangaben.
F.-M. Nehmzow. 6220◇

1947 **Über die Herstellung schlickergegossener Uranoxidkeramik.** F. P. Bick, P. Rado und A. A. Philpott. (Trans. Brit. ceram. Soc. **62**, 119–26, 1963; Worcester, The Worcester Royal Porcelain Co., Ltd.; engl.) — Vff. beschreiben das Schlickergießen von Tiegeln aus überstöchiometr. Uranoxid für das Schmelzen von metall. U u. das anschließende Dichtbrennen in neutraler Atmosphäre. Die Zugabe von organ. Bindemitteln hat einen beträchtlichen Einfl. auf die Viscosität des Schlickers. Die wesentlichen Faktoren für das Gießen sind Korngrößenverteilung, pH-Wert u. Konzentration. Calcinieren des Ausgangsmaterials trägt zur Erzielung der gewünschten Sintereigg. bei. Der wichtigste Faktor ist das Sauerstoff/Metall-Verhältnis. — 17 Literaturangaben.
F.-M. Nehmzow. 6220◇

1948 **Strahlungsschäden in nicht-spaltbarer Keramik.** F. J. P. Clarke, D. H. Bowen und R. S. Wilks. (Trans. Brit. ceram. Soc. **62**, 83–95, 1963; Harwell, Atomic Energy Res. Establishment; engl.) — Der Einfl. von Reaktorbestrahlung auf Oxidkeramik wird diskutiert, wobei bes. auf den Mechanismus der Anhäufung von Fehlstellen im Gitter eingegangen wird. Vff. beschreiben die Ausheilung dieser durch Strahlung entstandenen Kristallfehler bei Mg- u. Be-Oxiden u. weisen im Zusammenhang damit auf eine Änderung der makroskop. Eigg. von Be-Oxid hin. — 16 Literaturangaben.
F.-M. Nehmzow. 6220◇

1949 **Ferroelektrische Keramiken aus Bariumzirkonat-Bleititanat.** W. R. Bratschun. (J. Amer. ceram. Soc. **46**, 141–44, 1963; Hopkins, Minn., Minneapolis-Honeywell Regulator Co., Res. Center; engl.) — Die Kristallsymmetrie u. die dielektr., ferroelektr. u. piezoelektr. Eigg. von heißgepreßten $BaZrO_3$–$PbTiO_3$-Keramiken wurden bestimmt. $BaZrO_3$-Zusätze zum $PbTiO_3$ bilden Mischkristalle mit abnehmendem Achsenverhältnis c/a, bis die Keramiken zwischen 60 $PbTiO_3$/40 $BaZrO_3$ u. 75 $PbTiO_3$/25 $BaZrO_3$ genügend geringe Koerzertivkräfte haben, um polarisiert zu werden. Piezoelektr. Keramiken mit hohen Koerzertivkräften wurden synthetisiert mit $k_p < 0{,}30$ (planar couphing coefficient) u. $d_{33} < 110 \cdot 10^{-12}$ Coulomb/Newton (thickness-strain coefficient.)
J. Heinze. 6220◇

1950 **Polier- und Ätzmethoden für verdichtete Tonerde.** R. C. McVickers, S. D. Ford und R. A. Dugdale. (J. Amer. ceram. Soc. **45**, 199, 1962; Didcot, Harwell, Berkshire, England, Atomic Energy Res. Etablishment; engl.) — Beschreibung eines wirksamen Polier- u. Ätzverf. für keram. Körper, die mit einer Plasmaflamme geschmolzen worden sind.
R. Kaiser. 6220◇

1951 **Die Bewertung eines Zementrohstoffes auf Grund seiner chemischen Zusammensetzung.** G. A. Netschajew. (Zement [UdSSR] **28**, Nr. 5, 6–7, Sept./Okt. 1962; russ.) — In Tabellenform werden Hinweise für die Auswahl von Zementrohstoffen, bes. von Carbonatgesteinen mit weniger als 77,5% $CaCO_3$ bzw. 43,5% CaO gegeben. Dabei wird auf den Gips- bzw. Anhydrit-Zusatz u. den MgO-Geh. eingegangen. R. Greschuchna. 6222◇

1952 **Der Einfluß der mineralogischen Zusammensetzung von Klinker und der Erhärtungsbedingungen auf die Festigkeit von Schlacken-Portlandzementstein.** W. A. Pjatschew und S. D. Reschetowa. (Zement [UdSSR] **28**, Nr. 5, 10—12, Sept./Okt. 1962; Uraler Polytechn. Inst.; russ.) — 4 Zementsorten (**Z**) u. 5 synthet. Klinkermineralien (**KM**) mit einer Reinheit von 76—95% werden nach Standard-Meth. nach normaler Erhärtung sowie nach 12—15 Std. Bedampfung (Bd.) bei 98—100° geprüft. Zus. u. Eigg. der **KM** u. der **Z.** sowie der Schlacken werden in 3 Tabellen wiedergegeben. Die Festigkeiten nach den Standard-Meth. werden in 18 Diagrammen in Abhängigkeit vom Schlackengeh. u. den verschiedenen Erhärtungs-Verf. dargestellt. Sie fallen von 330 kg/cm² bei C_3S nach (Bd.) in der Reihenfolge C_4AF, C_5A_3, C_2S auf 30—50 kg/cm² bei C_3A ab. Bei Normalerhärtung besitzt die Zus. der **KM** große Bedeutung für die Festigkeit, nicht jedoch nach (Bd.) für Z. mit 40—60% Schlacke. Für Stahlbeton im Bedampfungs-Verf. werden schnellhärtende Z. mit hohem Geh. an Ca-Aluminat empfohlen. R. Greschuchna. 6222◇

1953 **Reaktionen in erhitzten Kalk-Tonerde-Mischungen.** J. Williamson und F. P. Glasser. (J. appl. Chem. **12**, 535—38, 1962; Aderdeen, Univ., Dep. of Chem.; engl.) — 5 Mischungen aus CaO u. Al_2O_3 wurden zwischen 1045 bis 1405° während 3—120 Std. geglüht. Die Mischungen wurden aus Calcit u. α-Al_2O_3 bzw. aus gemeinsam ausgefällten Hydroxidgelen hergestellt. Bedeutende Abweichungen vom Gleichgew. wurden gemessen. Im allg. erreichten die Gelmischungen eher das Gleichgewicht. Instabiles 5CaO, $3Al_2O_3$ wurde nicht gefunden. J. Heinze. 6226◇

1954 **Micanit und seine Eigenschaften.** R. N. Dhar, S. S. Mandal und S. B. Roy. (Centr. Glass ceram. Res. Inst., Bull. [Calcutta] **9**, 67—78, 1962; Calcutta, Centr. Glass & Ceram. Res. Inst.; engl.) — In Indien hergestellter *Micanit* (Glimmersplitter in Kunststoff eingebettet) wird mit solchem aus anderen Ländern auf Schichtstärke, Druckfestigkeit bei Wärmeeinwrkg. u. dabei erfolgter Dickenabnahme, Bindemittelanteil, DK u. Gleichstromwiderstand unter Angabe der Vers.-Bedingungen verglichen. L. Kühnert. 6228◇

1955 **Glasfaserverstärkte Kunststoffe als Bau- und Konstruktionsmaterialien.** Richard Reichherzer. (Industrieblatt **62**, 12—16, 1962; Wien, Kunststoff-Inst.; dt.) — Die techn. Voraussetzungen werden erörtert, die für den Einsatz glasfaserverstärkter Kunststoffe erforderlich sind. Bindemittel, Faserstoffe, Formgebung u. Eigg. werden erläutert, zum Schluß werden die Möglichkeiten der techn. Anwendung eingehend behandelt. N. Peters. 6228◇

1956 **Die Glaswolle als Wärmeisolator in der Industrie.** J. Tourneur. (Génie chim. **85**, 209—16, 1961; St. Gobain, Serv. „Fibre de verre"; franz.)— Es wird die Entw. der Verff. der Glasfaserherst. beschrieben, Fasern bis herunter zu 4,5 μm bei sehr engen Toleranzen können hergestellt werden, bei bestimmten alkalifreien Gläsern sogar bis zu 1,0 μm. Für die Isolation von Glaswollerzeugnissen werden Formeln abgeleitet u. ihre Temp.-Abhängigkeit untersucht. Verschiedene Ausführungsformen für Glaswollerzeugnisse werden angegeben. L. Kuhnert. 6228◇

1957 **Einfluß des Mineralaufbaues auf Dichte und Festigkeit bei Fein- und Grobbindermassen nach TVbit 3/56.** A. Scheuerer. (Straßen- u. Tiefbau **16**, 999—1004, 1962; Berlin; dt.) — In Zahlentafeln wird über Mineralaufbau u. Korn-Zus. für Fein- u. Grobbinder (Asphaltbinder) berichtet. N. Peters. 6230◇

1958 **Derivatographische Untersuchungen an Rohstoffen der Silicatindustrie.** T. Takáts und M. Boros. (Silikattechnik **14**, 3—8, 1963; Budapest, Zentralforschungs-Inst. f. Baustoffe; dt.) — Die Genauigkeit des von Paulik, Paulik u. Erdey (C. **1959**, 3241) entwickelten derivatograph. Unters.-Verf. wird am Beispiel der Thermogramme des kristallinen $Ca(COO)_2 \cdot H_2O$ überprüft. Die relativen Fehler liegen zwischen 0,1 bis 0,2%. Vff. zeigen, daß sich aus den Derivatogrammen der Reinheitsgrad u. der Mineralbestand von Rohstoffen der Silicatindustrie mit hinreichender Genauigkeit bestimmen läßt. Es werden Thermogramme von Kalkstein, Dolomit, Bauxit, Kaolin, Calcium–Bentonit, Wasserstoff–Montmorillonit, Illit u. Hydromuskovit aufgenommen. I. Köditz. 6240

1959 **Mechanische Eigenschaften und chemische Reaktionsfähigkeit in Mullit-Glassystemen.** Perry L. Studt und Richard M. Fulrath. (J. Amer. ceram. Soc. **45**, 182—88, 1962; Berkeley, Calif., Univ. of California, Dep. Mineral Technol., Ceram. Labor.; engl.) — Die Mischungen von 4 Glassorten mit Mullit (Mul), beide Mischbestandteile in < 425 mesh Größe, wurden im Vakuum bei 570—750° u. 2500 lbs./sq. in zu 1 in.-Stäbchen gepreßt u. 1 Std. bei 500° getempert. Aus röntgenograph., physikal. u. mineralog. Unterss. ergab sich die Bldg. von α-Cristobalit in der Glasphase u. eine modifizierte Mul-Struktur, wobei Diffusion beim Austausch Al^{3+} gegen B^{3+} zwischen Mul u. Glas auftrat. Die Bruchfestigkeitswerte ließen sich durch eine modifizierte Knudsen-Gleichung vorausberechnen. R. Kaiser. 6242◇

1960 **Über die Anwendung der thermischen Analyse zur Untersuchung der Entglasungsgeschwindigkeit einiger Glassorten.** V. Gottardi und B. Locardi. (Chim. e Ind. [Milano] **43**, 1379—84, Dez. 1961; Murano, Venezia, Stazione Sperimentale del Vetro; ital.) — Es wird der Vers. unternommen, die Ergebnisse der Differentialthermoanalyse (DTA) von Gläsern des Pyroceramtypus, die leicht entglasen, zur Unters. des Mechanismus der Kristall-Bldg. u. der Entglasungs-Geschw. heranzuziehen. Hierbei wird gezeigt, daß bei Kenntnis der Zeitdauer der Rk. u. der einer Probe hierdurch zugeführten Wärmemenge sich aus der DTA-Kurve die Frage der Keim-Bldg. heterogener oder homogener Art entscheiden läßt, u. daß Rückschlüsse auf die gebildete Keimmenge gezogen werden können, die, wenn auch nur in Annäherung, doch Hinweise zu exakteren Unters.-Meth. zulassen. — 19 Literaturhinweise. R. Kaiser. 6242◇

1961 **Röntgenographische Bestimmung des prozentualen Anteils an Kristalliten von teilweise getrübten Gläsern.** S. M. Ohlberg und D. W. Strickler. (J. Amer. ceram. Soc. **45**, 170—71, 1962; Pittsburgh, Pa., Pittsburgh Plate Glass Co., Glass Res. Center; engl.) — Es wird für die Best. des Kristalliten-Geh. eines getrübten Glases eine röntgenograph. Meth. zur Intensitätsmessung der Reflexe eines bestimmten Glanzwinkels zur Anwendung gebracht, wie sie für die Best. von Kristalliten in gestreckten Kautschukproben nach Field (1941) üblich ist. Die Meth. wird beschrieben sowie die Auswertung nach der allg. Formel: %Kristallit-Geh. = $100\,(I_g-I_x)/(I_g-I_x)$, in der I_B, I_g u. I_B die Intensitäten der Streulinien des Glanzwinkels des klaren Stammglases, des getrübten Glases u. der Pulvermischung eines Vergleichsglases darstellen. R. Kaiser. 6242◇

1962 **Durch γ-Strahlen erzeugte Verfärbung in einigen Phosphatgläsern.** Adli M. Bishay. (J. Amer. ceram. Soc. **44**, 545—52, 1961; Argonne, Ill., Argonne Nat. Labor.; engl.) — Die Absorption in den Gläsern ist auf eine Überlagerung von 3 Banden bei 2,3, 2,9 u. 5,5 eV (540, 425 u. 225 mμ) u. einer vierten mit einem Maximum > 6 eV zurückzuführen. Bei Glas, das unter reduzierenden Bedingungen erschmolzen wurde, steigt die UV-Absorption, während die sichtbare abnimmt. Gegensätzliches Verh. zeigen Gläser mit Ersatz des K durch Na oder Li, oder solche, die normal erschmolzen wurden. Ähnliche Effekte werden bei Ersatz von Ba durch Pb u. Zusatz von Tl_2O zu $CaO \cdot P_2O_5$-Gläsern oder Zusatz von As_2O_3 zu $CaO \cdot P_2O_5 \cdot GeO_2$-Gläsern erzielt. Zusätze von größeren GeO_2-Mengen führen zur Abnahme der nichtbrückenbildenden O-Atome u. der sichtbaren induzierten Absorption. J. Heinze. 6242◇

1963 **Der Einfluß von γ-Strahlung auf die spektrale Durchlässigkeit bei einigen kommerziellen Gläsern.** R. S. Barker und D. A. Richardson. (J. Amer. ceram. Soc. **44**, 552—60, 1961; Lathom, Pilkington Brothers Ltd., Res. Labor.; engl.) — Kurven, die die Geschw. des Verfärbungsschwindens in Abhängigkeit von der γ-Dosis (10^4–10^8 rad) beschreiben, werden diskutiert.

Der Einfl. der Dosisverstärkung auf die opt. Dichte einiger dieser Gläser wird besprochen.
J. Heinze. 6242◇

1964 **Irreversible Komprimierfähigkeit von Quarzglas als Mittel zur Bestimmung der Kraftausübung in Hochdruckzellen.** E. B. Christiansen, S. S. Kistler und W. B. Gogarty. (J. Amer. ceram. Soc. **45,** 172—77, 1962; Salt Lake City, Utah, Univ. of Utah, Dep. Chem. Engng.; engl.) — Zu einer Unters.-Reihe über die Wrkg. von sehr hohen Drücken auf die Verdrängung von Elektronen aus der äußersten Kreisbahn radioakt. Elemente wurden Voruntersss. über die Änderung der Dichte von Quarzglasscheibchen durch Druck-Einw. vorgenommen. Aus den bei stufenweise gesteigerten Drücken (bis 141000 lb.) erhaltenen Dichteänderungen der Probestücke (aus dem zusammenhängenden Mittelteil jedes Scheibchens) wurden Beziehungen zum angewendeten Druck abgeleitet, so daß allein die Dichtemessung eines zwischen die Preßbacken u. die Zelle mit der radioakt. Substanz gelegten planparallelen Quarzglasscheibchens Hinweise auf den angewendeten Druck zu geben vermag. Die gravimetr. Dichtemessung der gepreßten Glasbruchstücke vom Rand u. aus der Mitte wird beschrieben.
R. Kaiser. 6244◇

1965 **Reaktionen zwischen Erdalkalisulfaten und Cristobalit.** W. E. Brownell. (J. Amer. ceram. Soc. **46,** 125—28, 1963; Alfred, N. Y., Alfred Univ., State Univ. of New York Coll. of Ceram.; engl.) — Die bei der Zers. der Erdalkalisulfate freiwerdenden gasförmigen S-Oxide wurden titrimetr. (J-Stärke) bestimmt. $MgSO_4$ zerfällt oberhalb 900°, ehe es mit Cristobalit reagiert. $CaSO_4$ reagiert erst mit Cristobalit, ehe es sich unter Freisetzung von SO_2 zersetzt. Sr- u. $BaSO_4$ reagieren erst bei höheren Temperaturen. Die Anwendung dieser Ergebnisse auf das Problem des Entstehens von S beim Brennen von Ton u. zur Herst. von S-freien Feuerfeststoffen wird diskutiert.
J. Heinze. 6248◇

1966 **Untersuchung über natürlichen Sillimanit als feuerfestes Material.** 1. Mitt. **Wannensteine.** J. C. Banerjee und N. R. Sircar. (Centr. Glass ceram. Res. Inst., Bull. [Calcutta] **9,** 56—66, 1962; Calcutta, Centr. Glass u. Ceram. Res. Inst.; engl.) — Sillimanit verschiedener Vork. Indiens wird auf Farbe, Härte, spez. Gew., Struktur, petrograph. Daten, chem. Analyse u. Brennverh. bei 1500—1600° untersucht. Wenn nicht äußerlich feststellbare Einschlüsse erkennbar sind, lassen die angegebenen Daten keinen Zusammenhang mit dem Brennverh. zu. Es sollten jedoch nur Steine verwendet werden, die niedrigen Glühverlust haben, beim Brennen bis 1500° keine sichtbaren Veränderungen zeigen u. nur geringen Fe-, Ti- u. $CaCO_3$-Geh. aufweisen.
L. Kühnert. 6248◇

1967 **Wärmeleitfähigkeit von feuerfesten Steinen.** Edwin Ruh und J. Spotts McDowell. (J. Amer. ceram. Soc. **45,** 189—95, 1962; Pittsburgh, Pa., Harbison-Walker Refractories Co., Garber Res. Centre; engl.) — Die Ergebnisse von Wärmeleitfähigkeitsmessungen an einer größeren Zahl verschieden dichter Steintypen unter gleichzeitiger Angabe von Biegebruchfestigkeit u. scheinbarer Porosität sind tabellar. erfaßt u. die Anwendungsbereiche innerhalb des Temp.-Gebiets bis 2000 °F in einer Diagrammtafel deutlich gemacht. R. Kaiser. 6248◇

1968 **Ausdrücke für Schermodul und Poissonzahl von porösen, feuerfesten Oxiden.** R. M. Spriggs und L. A. Brissette. (J. Amer. ceram. Soc. **45,** 198—99, 1962; Wilmington, Mass., Avco Corp., Res. and Advanced Dev. Div.; engl.) — Aus der Gegenüberstellung der von Coble u. Kingery (1956), Lang (1960) u. von Wachtman jun. et al. (1960) gefundenen Konst. für poröse Tonkörper nach Schermeßwerten gemäß Gleichung $G = G_0 \cdot e^{-bP}$ ergeben sich Abweichungen zwischen dem experimentell gefundenen u. dem berechneten Schermodul b. Der Grund für diese Diskrepanz wird in der Verschiedenheit der Porenmorphologie erblickt. Eine Beziehung zu b gibt die Poissonzahl μ durch $\mu + 1 = (\mu_0 + 1) \cdot e^{-(b_e - b_g)P}$, worin b_e der Schermodul des nichtporösen Körpers, P der Porenanteil ist; für μ_0 gilt der Knudsen-Wert 0,26 (vgl. J. Amer. ceram. Soc. **45,** [1962], 94.) R. Kaiser. 6248◇

1969 **Eine Schnellmethode zur Vorbereitung von Zementrohstoff für die chemische Analyse.** Ss. Ss. Shukowskaja, N. P. Kogan und N. I. Wodolashenko. (Zement [UdSSR] **28,** Nr. 5, 13—14, Sept./Okt. 1962; russ.) — Anstelle der üblichen Meth. des Schmelzens im Pt-Tiegel u. Muffelofen wird vorgeschlagen, die Analysensubstanz (~ 5 g) zusammengepreßt auf einer Magnesitplatte (ein Stück üblichen Zementofenfutters) mit einer Gasflamme aus Methan u. O_2 mittels Schweißbrenner zu behandeln. Gegenüber dem früheren Zeitaufwand (15 Min.) werden nur noch ~ 30 Sek. benötigt. Einzelheiten der App. werden mit Maßangaben u. Abb. beschrieben.
R. Greschuchna. 6252◇

1970 **Die wesentlichsten Gesichtspunkte der Haltbarkeit der keramischen Baustoffe.** 1. Mitt. F. Levi und L. Goffi. (Silicates ind. **24,** 497—502, 569—74, Nov. 1959; Torino, Inst. di Sci. delle Constr. del Politecnico; franz.) — Vff. berichten über Unterss. zur Erforschung der mechan. Eigg. verschiedener keram. Baustoffe, die sich in den verwendeten Rohstoffen, den Herst.-Verff. u. den Brennkurven unterscheiden. Bestimmt wurden die Druckfestigkeit von Blöcken und kleinen zylindr. Probekörpern, die Härte, die Biegefestigkeit, der Elastizitätsmodul, die Abnutzung, die Adhäsion zu Beton u. das Kriechen. Die Resultate jeder Vers.-Reihe werden erläutert u. über die Streuung der Werte u. ihre prakt. Bedeutung wird diskutiert. Bes. Wert wird auf das Ersetzen der sehr komplexen Verss. durch einfachere u. weniger kostspielige Tests gelegt. D. Rost. 6256□

1971 Henkel & Cie. G. m. b. H., Düsseldorf (Erfinder: Alfred R. Kolb, Oakland, Calif., V. St. A.), **Verringerung der Feststoffanteile in Glasofenabgasen.** Die gesamte feinkörnige oder pulverförmige Beschickung von mit Gas oder Öl beheizten Glasöfen wird kurz vor Eintritt in den Ofen mit 1—5 Gew.-% einer Wasserglas-Lsg. von 5—30°, bes. 20—25 °Bé vermischt, bei der das Gew.-Verhältnis $Na_2O : SiO_2$ 2 : 1 bis 1 : 2 beträgt. (**D. A. S. 1126081** Kl. 32b vom 19/3. 1959, ausg. 22/3. 1962. A. Prior. 25/3. 1958.) Hans Hoffmann. 6171

1972 Corning Glass Works, Corning, N. Y., V. St. A. (Erfinder: John McKinney Mochel), **Herstellung von Metallüberzügen auf Glas.** Der zu metallisierende Glaskörper wird nach Erwärmung chem. geätzt, z. B. durch Einw. von H_2F_2, u. nach anschließendem Waschen nacheinander in die wss. Lsg. eines katalyt. wirkenden Ni-, Co- oder Pd-Salzes, wie in die 2%ig. Lsg. eines Chlorides des betreffenden Metalles, u. anschließend in die Lsg. eines reduzierend wirkenden Mittels, z. B. in die 2%ig. wss. oder organ. Lsg. eines Borhydrides, wie K-, Na- oder $LiBH_4$ getaucht, worauf der so vorbehandelte Glasgegenstand in üblicher Weise durch Eintauchen in eine Ni- oder Co-haltige Lsg., z. B. in ein Bad, welches auf 1000 cm³ W. 30 (g) $NiCl_2 \cdot 6H_2O$ oder $CoCl_2 \cdot 6H_2O$, 100 Na-Citrat, 50 NaH_4Cl u. 10 Na-Hypophosphit enthält, metallisiert wird. (**E. P. 896177** vom 2/11. 1960, ausg. 9/5. 1962.) Hans Hoffmann. 6203

1973 Pierre Duquet, Somme, Frankreich, **Bildhauermaterial** aus 1,5(%) Dextrin, 2,5 Leinöl, Rest weißer Sand (gewaschener Seesand). Das leicht verformbare Material kann mittels Wasserglas, Cellulose- oder Vinylharz-Leim fixiert werden. Die Aushärtung erfolgt bei 220°. Bei Temp. > 220° tritt Braunfärbung auf. (**F. P. 1292973** vom 30/12. 1960, ausg. 5/10. 1962.)
O. Kayser. 6221

1974 Didier-Werke Akt.-Ges. (Erfinder: Sigismund Kienow), Wiesbaden, **Herstellung hydratationsbeständiger Dolomitsintermassen.** Als Stabilisierungsmittel werden dem feingemahlenen Rohdolomit neben SiO_2- oder Silicat-Pulver 2—10% vom Gew. der Mischung $ZrSiO_4$ zugemischt u. das Gemisch nach dem Granulieren oder Pressen zu kleinen Formlingen bei ca. 1700° gebrannt. (**D. A. S. 1131131** Kl. 80b vom 7/1. 1961, ausg. 7/6. 1962.) G. Frikell. 6221

1975 W. F. Funke, L. P. Ussolzewa und P. P. Kalitin, **Mineral-Keramische Legierung aus Tonerde zum Schneiden von Metallen und Legierungen,** die eine Biegefestigkeit von 50—60 kg/mm² besitzt. Zum Kleinhalten

der Korngröße setzt man Mg-, Cr- oder andere Oxide zu u. außerdem 0,1—3% C durch Schaffung einer Ruß-Atmosphäre während des Al_2O_3-Sinterns. Neben der α-Al_2O_3-Struktur bildet sich dadurch eine zweite, feste aus Al-Oxycarbid. (**UdSSR. P. 130681** vom 2/12. 1959.)
B. Pankow. 6221

1976 Union Carbide Corp., V. St. A., **Brennen von Zement** usw. im Drehrohrofen. Vom Austragsende her wird zwischen Flammenzentrum u. Rohstoffoberfläche (Kalk u. Ton) O_2 eingeblasen, um in der Sinterzone „hohe Energie" (> 788°) zum Brennen des Klinkers (1316 bis 1538°) zu erzeugen u. gleichzeitig in der Vorwärmzone, die der Carbonatzers. u. der Trocknung dient, eine Zone „niederer Energie" (< 788°) zu erzeugen. Für 0,454 kg Klinker werden 510 (Cal) „hohe Energie" u. 361 „niedere Energie" benötigt. — Energiebilanzen u. Zeichnungen. (**F. P. 1302071** vom 15/9. 1961, ausg. 28/12. 1962.)
O. Kayser. 6223

1977 Československá Socialistická Republika (Erfinder: Vladimír Jára und Vojtech Vaněček, Aussig), Tschechoslowakei, **Kontinuierliche Herstellung von gebranntem Gips** durch Calcinieren von zerkleinertem, sortiertem Gipsstein von der Korngröße 0,01 bis 10 mm bei 200—1000° in einem Calcinator. (**Tschech. P. 98199** vom 23/10. 1959, ausg. 15/1. 1961.)
L. Macher. 6227

1978 Kurt Karnstedt, Deutschland, **Bindemittel für Baustoffe.** Ein < 5 (%) wasserunlösl. Verunreinigungen enthaltender natürlicher Anhydrit, Gips oder Alabaster wird in schnell umlaufenden Mühlen unter Ausnutzung der dabei auftretenden Wärme in feinpulvriges $CaSO_4$ übergeführt, welches < 5 W. enthält u. auf einem 4900-Maschensieb < 7 Rückstand hinterläßt. — **Vgl. D. B. P. 967512 u. D. A. S. 1048217; C. 1960,** 15534. (**F. P. 1153410** vom 4/12. 1953, ausg. 10/3. 1958.)
Hans Hoffmann. 6227

1979 Francesco Lavinio, Lucca, Italien, **Hydraulisches Bindemittel für Bauzwecke,** bestehend aus 60 (%) Hochofenschlacke, 10 bei 900° gebranntem Gips, 10 amorphem SiO_2 mit hohem Geh. an lösl. SiO_2 u. 20 Portlandzement-Klinker. (**It. P. 555255** vom 28/1. 1956.)
K. Koebke. 6229

1980 Willem Beukers, **Herstellung von leichten Bausteinen auf Gipsmörtelbasis.** Zu einem Gemisch aus Gipsmörtel mit wenigstens 90% $CaSO_4 \cdot {}^1/_2\,H_2O$, W. u. MnO_2 setzt man Saponin u. H_2O_2 u. verformt die weniger als 2 Min. gemischte Masse. — Beispiel: 620 kg Gipsmörtel, 458 Liter W., 3,6 Liter H_2O_2 (35%), 3,2 kg MnO_2, 180 cm^3 wss. Saponinlsg. (50 g/l). (**Aust. P. 236134** vom 10/11. 1958, ausg. 23/11. 1961.) K. Demmler. 6229

1981 Bakelite Ltd., London, England (Erfinder: Dominic Smith), **Verbesserung von synthetischen Baumaterialien.** Um Hohlräume in Bauwerken auszufüllen, bringt man einen Beutel (**I**) aus undurchlässigem thermoplast. Kunststoffen, füllt **I** mit einem fl. Resol (**II**), dem zwecks Aufschäumung eine Säure u. ggf. ein Blähmittel zugesetzt ist, läßt die Masse aufschäumen u. verschließt nach der Härtung des Schaums. — Z. B. füllt man einen **I** aus Polyäthylen mit einem Gemisch aus 100 (Gew.-Teilen) **II**, 12,7/10 n H_2SO_4 u. 5 $NaHCO_3$. Bei diesem Verf. wird das Bauwerk nicht von der Säure angegriffen, zugleich ist der Schaum wasserundurchlässig. (**E. P. 870923** vom 10/10. 1958, ausg. 21/6. 1961.) K. Sarre. 6229

1982 A/B Bostadsforskning, Stockholm, Schweden, **Überziehen von Holz- oder Zementfaserplatten mit gekörntem mineralischem Material.** Auf die Platten wird zunächst eine in *thixotropen* Zustand befindliche Kunstharzmischung gebracht, auf die dann grobvermahlener Granit oder Marmor aufgestreut wird. Die Körner sinken in die geleeartige Schicht, die beim Trocknen erhärtet. (**Norw. P. 96569** vom 24/12. 1958, ausg. 15/8. 1960.)
K. H. Kähler. 6229

1983 Franz Xaver Michels, Niedermendig, Kr. Koblenz, **Künstlicher Bimsstein,** dessen Porenausbildung dem Naturprod. entspricht, wird hergestellt aus Hochofen- oder Kesselschlacke, die geschmolzen u. durch Einleiten von Druckgas, wie CO_2 oder durch Zusatz von gasentwickelnden Stoffen im geschlossenen Gefäß porös gemacht u. nach schneller Druckentspannung schnell abgekühlt wird. Die Viscosität zu dünnflüssigen Schlacken kann durch geeignete Zusätze gesteigert werden. (**E. P. 895584** vom 9/6. 1959, ausg. 2/5. 1962.)
G. Frikell. 6229

1984 Albert Émile Gaudry, André Larquetoux und Henri Dorliat, Seine, Frankreich, **Kunststein.** 77 (kg) Kalkstein-Sand (0—5 mm), 18,750 Weißzement u. 13 W. werden mit 81 Kies (5—20 mm) u. 84 Kies (20—50 mm) gemischt. Um ein poröses Prod. zu erhalten, kann O_2-reiches W. oder Polystyrol als Schaummittel verwendet werden. (**F. P. 1291011** vom 9/3. 1961, ausg. 12/9. 1962.) O. Kayser. 6229

1985 Fausto Violi, Reggio Emilia, Italien, **Herstellung von künstlichem Marmor** aus einem Gemisch von 50 (%) Weißzement, 40 $CaCO_3$, 10 Steinmehl, das mit einer wss. Lsg. von 1 Borax u. 3,5 Alaun angemacht wird. (**It. P. 555329** vom 22/2. 1956.)
K. Koebke. 6229

1986 Tommaso Vatteroni, Carrara, Massa Carrara, Italien, **Poliermittel für Marmor** u. Granit, bestehend aus 2 (Teilen) A., 0,5 Gummilack, 0,5 SnO_2, 5 Knochenöl. (**It. P. 552320** vom 11/11. 1955.) K. Koebke. 6229

1987 Barrier, Inc., West Los Angeles, übert. von: Roydon B. Cooper, Sunland, und Andrew H. Malinovszky, Huntington Park, Calif., V. St. A., **Herstellung hitzereflektierender Isolierkörper.** Glasfaserplättchen werden mit einem Phenolformaldehyd-Harz (**I**) überzogen u. nach Aufschichtung unter Verformung auf die zum Erhärten des Kunstharzes erforderlichen Temp. erhitzt, worauf der Preßling nach Überziehen mit der Lsg. eines Edelmetallsalzes auf 400—1000°F. erhitzt wird. An Stelle von **I** können auch Polysiloxanharze oder andere durch Hitze härtbare Kunstharze verwendet werden. — Abbildungen. (**A. P. 3006403** vom 8/10. 1957, ausg. 31/10. 1961.) Hans Hoffmann. 6229

1988 Elektroisola, Národní Podnik, Miroslav Macek und Jiří Cerňanský, Kolín, Tschechoslowakei, **Aufbereitung von Rohglimmer.** Verunreinigter Grubenglimmer wird zwecks Auflockerung auf 700—950° erhitzt u. anschließend zur Abtrennung der Verunreinigungen bes. in saurem Medium flotiert, wobei die Glimmerteilchen in den Schaum, die Unreinheiten, wie Quarz, Feldspat, Ton, in den Schlamm gehen. Für die Flotation sind kationenakt. Sammler u. mineralsaure Depressoren vorteilhaft. (**Schwz. P. 364449** vom 20/8. 1957, ausg. 31/10. 1962. Tschech. Prior. 23/8. 1956.)
G. Frikell. 6235

1989 Minnesota Mining & Mfg. Co., St. Paul, übert. von: Robert A. Hatch, White Bear Lake, Minn., V. St. A., **Dünne Plättchen aus synthetischem Glimmer,** die hohe Zugfestigkeit aufweisen u. ohne Bruch gefaltet werden können, werden hergestellt durch Einlegen der erkalteten z. B. aus $KAlLi_2Si_4O_{10}F_2$ u. ähnlichen Prodd. bestehenden Schmelzen in Wasser. Dabei zerfällt die Masse unter Aufnahme von W. in Plättchen, die durch Erhitzen auf 300—350° zerblättern u. Plättchen bilden, deren Dicke 100 Å nicht überschreitet, deren Fläche mehr als 100mal größer ist u. die zu Platten evtl. unter Verw. von Verstärkungsfasern verarbeitbar sind. (**A. P. 3001571** vom 5/8. 1957, ausg. 26/9. 1961.)
G. Frikell. 6235

1990 Owens-Corning Fiberglas Corp., Toledo, Ohio, V. St. A., **Schichtkörper** aus Glasflocken, dad. gek., daß die Glasflocken durch einen „Pergamin"-Stoffbrei gebunden sind. (**E. P. 897349** vom 27/1. 1960, ausg. 23/5. 1962. A. Prior. 30/1. 1959.) A. Gradl. 6235

1991 A. A. Rakow, B. I. Derbenew, A. Ja. Kusmin, W. N. Ustinow und A. F. Potechin, **Flüssige Polierpaste** zum Polieren von Oberflächen mittels einer Schleifscheibe auf der Basis von Cr- oder Al-Oxid oder anderen Schleifmaterialien im Gemisch mit Polyäthylenglykoläthern vom Typ OP-7 oder OP-10. — Zum Beispiel vermischt man 1 (Gew.-Teile) Cr-Oxid mit 1—2 OP-7 (oder OP-10) u. 1—2 W. (**UdSSR. P. 124995** vom 6/4. 1959.) B. Pankow. 6239

1992 Chemical Research Corp., V. St. A., **Schleifmaterial.** Man gibt Schleifkörner zu einer Lsg. von Stoffen, die unter Gasentw. poröse Elastomere bilden, u. verschäumt das Material. Solche Stoffe sind Polyester u. -äther, die mit Isocyanaten umgesetzt werden. — 150 g eines arylcyanathaltigen Adipinsäurediäthylenglykolesters „Plaskon P. F. R. Nr. 5" werden bei 21° mit 6 g einer Mischung aus 10 (Teilen) Dimethyläthanolamin, 60 W. u. 40 Netzmittel Tween Nr. 80 u. 6 g einer Mischung aus 42 Morpholin, 42 W. u. 21 Netzmittel Tween Nr. 80 u. danach mit 450 g Al-Oxid-Körnern von 15° verrührt u. geformt, wobei sich ein feinporiger Schaum bildet. (**F. P. 1221939** vom 3/2. 1959, ausg. 7/6. 1960.) M. Pankow. 6239

1993 Norton Co., Worcester, übert. von: Guy Ervin jun., Shrewsbury, Mass., V. St. A., **Schleifmittel** aus ≧ 75 Vol.-% SiC u. einem Glasbindemittel aus 50—90 (Gew.-%) SiO_2, 4—25 Al_2O_3, 2—15 Alkalioxid-Flußmittel mit ≧ 1 K_2O u. 1/15 anderem Flußmittel. (**Can. P. 568891** vom 6/12. 1954, ausg. 13/1. 1959. A. Prior. 13/10. 1954.) H.-J. Nitzschke. 6239

1994 Norton Co., Worcester, Mass., übert. von: John F. Twombly, Upper Darby, Pa., V. St. A., **Schleifmittel** aus einem Gewebe, auf das ein Überzug aufgebracht ist, in den Schleifmittelteilchen eingebettet sind u. auf den 0,1—50 mg/sq.in. der Oberfläche der schleifenden Seite kleine Teilchen von Zn-, Ca-, Pb-, Ba-, Mg-, Sr-, Al-Stearat oder -Palmitat aufgebracht sind. (**Can. P. 633730** vom 16/5. 1952, ausg. 2/1. 1962. A. Prior. 24/5. 1951.) H.-J. Nitzschke. 6239

1995 National Lead Co., New York, N. Y., V. St. A., **Hartes Schlackenprodukt,** das z. B. als *Schleifmittel* verwendet werden kann, wird hergestellt durch Red. von Zr- u. Ti-Erzen, wie Ilmenit, in solchem Verhältnis, daß die Schlacke zu 8—76,5 Gew.-% aus TiO_2 u. ZrO_2, die in einem Mol-Verhältnis von 0,1 bis 10,0:1 darin enthalten sind, SiO_2, Fe_2O_3 u. C besteht. — Zum Beispiel ergibt ein Gemisch aus 3660 (Gew.-Teilen) Zirkon, 3260 Ilmenit u. 700 Petrolkoks nach dem Schmelzen im elektr. Flammenbogen ein Red.-Prod., das 72,1 (%) Fe, 10,0 Si, 3,26 Zr u. 9,0 Ti u. eine Schlacke, die 51,4 ZrO_2, 26,8 TiO_2, 5,1 SiO_2 u. 10,4 Fe_2O_3 enthält. (**E. P. 876778** vom 14/10. 1957, ausg. 6/9. 1961. A. Prior. 16/10. 1956.) G. Frikell. 6239

1996 Carborundum Co., Niagara Falls, N. Y., V. St. A., **Schleifkörper** mit offener Schleifmittelstruktur werden hergestellt aus zerkleinerten sphäroid. Hohlkörpern aus geschmolzenem Al_2O_3 mit keram. oder Kunststoff-Bindung, wie Phenolharz. (**E. P. 896910** vom 2/2. 1959, ausg. 23/5. 1962. A. Prior. 21/2. 1958.) G. Frikell. 6239

1997 Chemical Research Corp., Rockland, Mass., V. St. A. (Erfinder: George Upton jun.), **Schleifkörper aus verschäumten Polyurethanen** mit D. ≧ 0,439 erhält man durch Verteilen des Schleifmittels in einer mit einem Treibmittel versehenen Lsg. von Polyestern oder Polyäthern u. Diisocyanaten u. Auftragen der niedrigviscosen Lsg. auf einen Kern in kontinuierlicher Weise unter Erhitzen bis man Schleifscheiben gewünschter Abmessungen erhält. (**E. P. 887920** vom 26/1. 1959, ausg. 24/1. 1962.) E. Dörfel. 6239

1998 Norton Grinding Wheel Co. Ltd., Welwyn Garden City, England, **Elektrisch leitende, organisch gebundene Schleifscheibe.** Man befeuchtet Schleifkörner mit Formamid, Dimethyl- oder Diäthylformamid oder deren Gemischen, mischt dann die benetzten Schleifkörner mit gepulvertem, vulkanisierbarem oder hitzehärtbarem organ. Bindemittel, bes. Phenolharz, u. so viel gepulvertem Graphit oder Magnetit, daß nach dem heißen Pressen des Gemenges der so erhaltene Schleifkörper mindestens eine elektr. Leitfähigkeit besitzt, die einem Widerstand von 1 MΩ/cm entspricht. Die Schleifkörper, bes. Schleifscheiben, werden beim elektr. gesteuerten Schleifen verwendet. — Schaltschema. (**E. P. 885192** vom 18/12. 1959, ausg. 20/12. 1961. A. Prior. 30/12. 1958.) K. Sarre. 6239

H_7. Agrikulturchemie, Schädlingsbekämpfung

1999 **Über die Strukturverhältnisse und den Wasserhaushalt der Börde-Schwarzerde.** J. Birke. (Dtsch. Landwirtsch. **14,** 335—37, 1963; Müncheberg, Institut für Acker- u. Pflanzenbau; dt.) — Übersicht über Strukturunterss. u. hydrolog. Eigg. der Börde-Schwarzerde. R. Grundmann. 6302◇

2000 **Über Untersuchungen des Uronsäuregehaltes und der Wasserstabilität von Bodenaggregaten.** A. Kullmann und K. Koepke. (Z. Pflanzenernähr., Düng., Bodenkunde **93(138),** 97—108, 1961; Müncheberg/Mark, Inst. für Acker- u. Pflanzenbau; dt.) — Die Veränderung der Aggregatstabilität von 3 Versuchsböden (lehmiger Sand, Lößlehm, sandiger Ton) während der Vegetation wird durch Best. der wasserstabilen Krümel von in 14tägigen Intervallen gezogenen Bodenproben untersucht. Gleichzeitig wurde der Uronsäure(I)-Geh. der Aggregate nach Vollmert (Z. Lebensmittel-Unters. u. -Forsch. **89,** [1949], 347) ermittelt, um nähere Hinweise auf die evtl. Bedeutung der Polyuronide für die Bodenstruktur zu erhalten. Signifikante Beziehungen zwischen der Stabilität u. dem I-Geh. der Aggregate konnten weder bei gemeinsamer noch bei getrennter Betrachtung der 3 Standorte nachgewiesen werden, noch bei den Fruchtfolgevarianten u. einzelnen Wiederholungsparzellen jeweils nur eines Standorts. Diese Ergebnisse stehen im Widerspruch zu zahlreichen Literaturhinweisen. Es wird versucht, die möglichen Ursachen für diese Diskrepanz aufzuzeigen. Wilfried Werner. 6304◇

2001 **Einflüsse von Eisen- und Aluminiumoxiden auf lösliche Kieselsäure in Böden.** L. H. P. Jones und K. A. Handreck. (Nature [London] **198,** 852—53, 1963; Univ. of Melbourne, School of Agriculture, C. S. I. R. O. Div. of Plant Ind.; engl.) — Der Geh. von lösl. Kieselsäure in Böden des gleichen pH-Wertes wird durch den Geh., die Art u. die Kristallinität von Sesquioxiden beeinflußt. Die Sorptionskurven von Monokieselsäure an Al_2O_3 u. Fe_2O_3 sind in Abhängigkeit vom pH-Wert dargestellt. Al_2O_3 hat einen größeren Einfl. auf die Löslichkeit von SiO_2 in Bodenlsgg. als Fe_2O_3. Ernst Schulte. 6304◇

2002 **Die Erhöhung der Fruchtbarkeit von Sandböden.** O. Mališ. (Int. Z. Landwirtsch. [Sofia/Berlin] **1962,** Nr. 1, 32—36; Tschechoslowak. Akad. der Landwirtschaftswissenschaften; dt.) — Bericht über in der ČSSR gemachte Erfahrungen. M. Winiker. 6304◇

2003 **Periodische Schwankungen der Erträge und der Düngerwirkung unter dem Einfluß wechselnder Perioden mit hohen oder niedrigen Niederschlagsmengen.** F. Van Der Paauw. (Plant and Soil [The Hague] **17,** 155—82, 1962; Groningen, Netherlands, Inst. for Soil Fertility; engl.) — Period. Schwankungen verschiedener Bodenfaktoren (pH-Wert, Geh. an wasserlösl. P, austauschbares K) entsprechen den period. Abweichungen von den durchschnittlichen Niederschlagsmengen u. werden zurückgeführt auf die kumulative Wrkg. der Niederschläge. *P*- u. *K*-Geh. steigen in trockenen u. nehmen ab in nassen Perioden; der pH-Wert verhält sich umgekehrt. Period. Schwankungen der Erträge verschiedener Pflanzenarten werden auf diese period. auftretende Änderung der Bodenfruchtbarkeit zurückgeführt. H. Goebel. 6304◇

2004 **Untersuchungen über die Düngung der Erdnuß im Gebiet des Alaotra-Sees (1957—1960).** P. Roche und J. Velly. (Agronom. tropicale **18,** 477—510, 1963; franz.) M. Winiker. 6304◇

2005 **Über die Stickstoffdüngung in der spanischen Landwirtschaft.** José M. Albareda Herrera. (An. Edafol. Agrobiol. **20,** 551—65, 1961; span. — C. **1963,** 16720). M. Winiker. 6304◇

2006 **Die Verwendung von flüssigen Stickstoffdüngemitteln.** D. Davidescu und K. Hera. (Int. Z. Landwirtsch. [Sofia/Berlin] **1963,** Nr. 2, 65—69; dt.) — Bericht über in der Rumänischen Volksrepublik gemachte Erfahrungen. M. Winiker. 6304◇

2007 **Wirkung von Düngemitteln auf den Befall mit Hessenfliegen.** B. N. Okigbo und George G. Gyrisco. (J. econ. Entomol. **55,** 753—60, 1962; Ithaca, N. Y., Cornell Univ.; engl.) — Bei Weizendüngungs-Verss. in den Jahren 1956 bis 1958 wurde beobachtet, daß der Befall mit Phytophaga destructor Say mit steigender *N*-Gabe anstieg, Boden-Rk. oder Wassergeh. blieb ohne Einfluß. Diese Erscheinung wurde mehr auf den Einfl. des

N auf das schnellere Schossen der Pflanzen zurückgeführt als auf die Bevorzugung höherer Pflanzen durch die weiblichen Fliegen zur Eiablage. Fritz Müller. 6304◇

2008 **Gefäßversuche mit „Ionenaustauschernährstoffen". 1. Mitt. Die zeitliche Aufnahme von „Ionenaustauschernährstoffen" im Vergleich zu mineralischen Düngergaben.** W. Bergmann, St. Wahl und Chr. Faust. (Z. Pflanzenernähr., Düng., Bodenkunde **93(138)**, 137—48, 1961; Jena-Zwätzen, Inst. für landw. Versuchs- u. Untersuchungswesen; dt.) — Vff. geben eine Literaturübersicht über die möglichen Anwendungen von an synthet. Ionenaustauscher sorbierten Nährstoffen u. berichten über eigene Gefäßverss. zu Hafer u. Raps zur Frage des zeitlichen Verlaufs der Nährstoffaufnahme u. der Ertragsbldg. bei Verw. mineral. „Ionenaustauschernährstoffe". Es kamen 2 Kationenaustauscher (Sulfonsäureharze) u. 2 Anionenaustauscher (Aminharze), die mit K^+, NH_4^+ bzw. NO_3^- u. PO_4^{3-} belegt waren, zur Anwendung. Die Ergebnisse zeigen, daß bestimmte Ionenaustauscher als Nährstoffträger für ernährungsphysiolog. Verss. gut geeignet sind u. eine langsam u. stetig fließende Nährstoffquelle darstellen, vor allem in bezug auf NO_3–N. Die Ergebnisse lassen aber auch den Schluß zu, daß zunächst nicht festgelegte Nährstoffe sek. sorbiert werden können, z. B. NO_3^- an den PO_4-Austauscher. Wilfried Werner. 6304◇

2009 **Schwefelmangel in Serpentinenböden.** Kyoji Otsuka. (J. Sci. Soil Manure, Japan [Nippon Dojohiryogaku Zasshi] **33**, 465—68, 1962; jap.) R. Grundmann. 6304◇

2010 **Ein Überblick über einige Aspekte des Schwefels als Bodenbestandteil und Pflanzennährstoff.** J. R. Freney, N. J. Barrow und K. Spencer. (Plant and Soil [The Hague] **17**, 295—308, 1962; Canberra, A. C. T., C. S. I. R. O., Div. of Plant Ind.; Netherlands, W. A., W. A., C. S. I. R. O., Div. of Plant Ind.; engl.) — Behandelt werden: Natur des im Boden vorkommenden S, Zunahme von S im Boden, S-Verluste der Böden, Mineralisierung von organ. S im Boden, Meth. zur Best. des Grades der S-Versorgung von Böden. — 126 Literaturangaben. M. Winiker. 6304◇

2011 **Die Verwendung von Schwefel zur Bekämpfung des gewöhnlichen Kartoffelschorfs.** J. S. V. McAllister. (Res. exp. Rec. Ministry Agric. Northern Ireland **11**, 111 bis 114, 1961; engl.) — Auf einem mittelschweren Lehmboden konnte der Schorfbefall bei Kartoffeln durch *S*-Düngung (5 u. 10 cwt/acre *Schwefelblumen* vor dem Pflanzen) merklich vermindert werden. M. Winiker. 6304◇

2012 **Erstwirkung und erste Nachwirkung von verschieden aufbereiteten Müllkomposten auf Ertrag und Nährstoffaufnahme.** C. Tietjen und K. v. Gierke. (Z. Pflanzenernähr., Düng., Bodenkunde **93(138)**, 109—25, 1961; Braunschweig-Völkenrode, Forschungsanst. für Landw., Inst. für Humuswirtschaft; dt.) — In mehrjährigen Feldverss. wurde die Erstwrkg. sowie die erste Nachwrkg. auf den Pflanzenertrag u. die Nährstoffaufnahme von folgenden Müllkomposten ermittelt: Müllklärschlammkompost (**a**), mechan. aufbereiteter Müllkompost (**b**) u. mechan. u. biolog. aufbereiteter Müllkompost (**c**). Die Höhe der Müllgaben u. der mineral. N-Düngung wurden variiert. Die höchste Ertragssteigerung im Anwendungsjahr wurde durch **a** erzielt, jedoch besaß dieser Kompost keine Nachwirkung. **b** war **c** sowohl in der Erst- als auch in der Nachwrkg. überlegen. Die Nährstoffaufnahme stand in enger Beziehung zu den Erträgen. Durch **b** u. **c** wurde bes. die Aufnahme an N u. K erhöht, ebenso die Ca- u. Mg-Aufnahme. Auch hier war **b** überlegen. Die Geh. des Ernteguts an Cu, Mn, Fe u. Co wurden durch die Müllanwendung nicht gesichert beeinflußt. Durch Zufuhr von **c** u. bes. von **b** wurde der pH-Wert des Bodens erhöht. Wilfried Werner. 6304◇

2013 **Forderungen an die Luftreinhaltung zum Schutze der Vegetation.** Hermann Ullrich. (Staub **23**, 147—51, 1963; Bonn, Univ., Inst. für Landw. u. Botanik; dt.) H. Thieme-Schneider. 6304◇

2014 **Emex australis Steinh.** G. R. W. Meadly. (J. Agric. Western Australia [4] **4**, 292—97, 1963; engl.) — Vf. berichtet über Erfahrungen, die bei der Bekämpfung von Emex australis Steinh. mit *2.4-D*-Mitteln gemacht wurden. M. Winiker. 6312◇

2015 **Bekämpfung von Unkräutern in Erbsen(kulturen).** J. G. Paterson. (J. Agric. Western Australia [4] **4**, 316—18, 321—22, 1963; engl.) — Zur Unkrautbekämpfung vor dem Auflaufen erwiesen sich *Diuron* (**I**), *Prometone* u. *Prometryne* als bes. geeignet. Für die Unkrautbekämpfung nach dem Auflaufen werden **I**, *DNBP* u. *MCPA* empfohlen. M. Winiker. 6312◇

2016 **Ergebnisse von Laboratoriumsversuchen über die fungicide Wirkung einiger neuer synthetischer Substanzen.** Gh. Miron und Gh. Ripeanu. (Comun. Acad. Republ. Populare romîne [Bucureşti] **11**, 241—46, 1961; rum.) — Ergebnisse von Labor.-Verss. über die fungicide Wrkg. von 47 Substanzen, von denen 23 neue sind [*Hg-Arsanilat, chloriertes Carotin, 1.3.7.9-Tetranitrophenothiazin-5-dioxid, 1.3.9-Trinitro-7-chlorphenothiazin-5-dioxid* (**I**), *1.9-Dinitro-3.7-dichlorphenothiazin-5-oxid, p-Nitrophenylchlormethylsulfon, p-Fluorbenzolsulfonamidothiophosphorsäure-O.O-diäthylester, p-Methoxybenzolsulfonamidothiophosphorsäure-O.O-diäthylester, p-Brombenzolsulfonamidothiophosphorsäure-O.O-dimethylester, p-Jodbenzolsulfonamidothiophosphorsäure-O.O-dimethylester, Furoe-(2)-säure-2'.4'.6'-trinitroanilid, Furoe-(2)-säure-2'.4'-dichloranilid, Furoe-(2)-säure-2'.4'.6'-trichloranilid, Furoe-(2)-säure-2'-chloranilid, 5-Nitrofuroe-(2)-säure-2'-chloranilid, 5-Nitrofuroe-(2)-säure-2'.4'.6'-trichloranilid, Furoe-(2)-säure-2'-nitroanilid, Furoe-(2)-säure-2'.4'-dinitroanilid, 5-Nitrofuroe-(2)-säure-2'-nitroanilid, 5-Nitrofuroe-(2)-säure-2'.4'-dinitroanilid, 2-Furylbenzthiazol* (**II**), *Tetrachloracridon*], auf die Konidien von Alternaria sp. (**A**) werden angegeben. 17 dieser Substanzen werden außerdem auf ihre Wrkg. auf die Sporen von Tilletia sp. (**B**) geprüft. 4 Substanzen (*Hg-Arseniat, O-Phenyldichlorthiophosphat, reines Acridon* u. *Pikramid*) zeigen eine sehr zufriedenstellende, 1 Substanz [*Furoe-(2)-säure-4'-chloranilid*] eine befriedigende Wrkg. auf die Konidien von **A**. 3 Substanzen (*O.O-Diphenylchlorthiophosphat*, **I** u. *p-Bromphenylthiosulfonsäure-p-bromphenylester*) üben eine sehr zufriedenstellende fungicide Wrkg. auf die Sporen von **B** u. 1 Substanz (**I**) eine zufriedenstellende Wrkg. aus. R. Grundmann. 6312◇

2017 **Apfelmehltau; Ergebnisse von neuen Sprühversuchen.** R. F. Doepel. (J. Agric. Western Australia [*4*] **4**, 300—02, 305—06, 1963; engl.) — Bericht über Bekämpfungserfolge mit *Karathane, Morocide* u. *Bayer-4964*. M. Winiker. 6312◇

2018 **Methoden zur Bekämpfung von Gemüsekrankheiten.** C. Rafailă und A. Alexandri. (Int. Z. Landwirtsch. [Sofia/Berlin] **1962**, Nr. 1, 36—38; dt.) — Bericht über in der Rumän. Volksrepublik gemachte Erfahrungen. M. Winiker. 6312◇

2019 **Biologische, chemische und andere spezifische Methoden zur Bekämpfung von (Schad)insekten im Obstbau.** C. H. Hoffmann. (Proc. annu. Meeting Washington State horticult. Assoc. **1962**, 41—42, 44—45, 47—56; engl.) — Vortrag. — 37 Literaturangaben. M. Winiker. 6312◇

2020 **Über die Wirkung kleiner Strahlendosen bei Saatgutbestrahlung.** A. Süß. (Atompraxis **9**, 86—92, 1963; München, Bayer. Landesanst. für Bodenkultur, Pflanzenbau u. Pflanzenschutz; dt.) — Die Ertragsförderung bei Saatgut (Getreide) durch Wrkg. kleiner Strahlendosen beträgt in Abhängigkeit von Sorte u. Vegetationsbedingungen durchschnittlich 5% bei Dosen von 10—100 r. Es wird darauf hingewiesen, daß das Problem der Wachstumsförderung durch kleine Strahlendosen nicht nur im Hinblick auf den Ertrag gewertet werden darf. Die Beeinflussung der Entw.-Geschw. in einzelnen Entw.-Stadien ist auch vom Gesichtspunkt des Pflanzenschutzes von Bedeutung. R. Grundmann. 6312◇

2021 **Die Atomenergie im Kampf gegen die Insekten.** Baccio Baccetti. (Atti Accad. Georgofili [7] **9(138)**, 319—34, 1962; ital.) — Übersicht über die Wrkg. von ionisierenden Strahlen auf den Organismus der Insekten u. die Bekämpfung der Insekten durch direkte Bestrahlung. — 37 Literaturangaben. R. Grundmann. 6312◇

2022 **Die (Anwendung von) Methoden der nützlingsschonenden Bekämpfung zum Schutz von Kulturpflanzen gegen Befall durch Arthropoden.** Maria Matilde Principi. (Atti Accad. Georgofili [7] 9(138), 65—84, 1962; ital.) — Vortrag. — 174 Literaturangaben. M. Winiker. 6312◇

2023 **Freilandversuche mit einigen Bodenbegasungsmitteln zur Abtötung von Stubenfliegenlarven.** William W. Smith. (J. econ. Entomol. **55,** 1001—03, 1962; Gainesville, Fla., Univ. of Florida; engl.) — Von *Nemagon* [I, 30,9 (g/sq.yd.)] *DD* (136,2), *Dowfume W-85* (II, 65,1), *Dorlone* (III, 51,7), *Dichloräthyläther* (IV, 1115), *Ca-Arsenat* (V, 7,0), *VC-13* (10 ml) u. *Diazinon* (1,5 ml) wirkten III u. IV als Emulsionen in Ställe gespritzt vollkommen befriedigend gegen Larven von Musca domestica L., auch I, II u. V waren gut wirksam. Die Wrkg. dauerte etwa 3 Wochen an. Fritz Müller/Ludwigshafen. 6312◇

2024 **Neue Forschungsergebnisse über die Kartoffelnematoden und andere gefährliche Nematodenarten unter besonderer Berücksichtigung der in der DDR üblichen Bekämpfungsmaßnahmen.** H. Decker. (Int. Z. Landwirtsch. [Sofia/Berlin] **1962,** Nr. 2, 58—61; Rostock, Univ., Inst. für Phytopathol.; dt.) — Bei Verss. zur chem. Bekämpfung von Heterodera rostochiensis Wollenweber u. Pratylenchus penetrans wurden gewisse Erfolge mit *Vapam* u. *Mylone* erzielt. M. Winiker. 6312◇

2025 **Mesurol — ein polyvalentes Insekticid und Akaricid.** G. Unterstenhöfer. (Pflanzenschutz-Nachr. „Bayer" **15,** 181—94, 1962; Leverkusen; dt.) — Den Ergebnissen von Labor.- u. Freilandverss. zufolge eignet sich *Mesurol* (*3.5-Dimethyl-4-methylmercaptophenyl-N-methylcarbamat,* I) bes.zur Bekämpfung resistenter Spinnmilben imHopfenbau, als vielseitig verwendbares Insekticid im Obstbau u. im Feldbau zur Bekämpfung von Kartoffelkäfern u. Rübenfliegen. Die chem. u. physikal. Eigg. von I werden eingehend behandelt. M. Winiker. 6312◇

2026 **Akaricide Eigenschaften von Aramite und Kelthane gegen zwei Stämme von Tetranychus telarius L.** David Shriver und Thomas J. Henneberry. (J. econ. Entomol. **55,** 617—18, 1962; engl.) — Gegen Adulte u. Entwicklungsformen eines gegen organ. Phosphate widerstandsfähigem u. eines dafür empfindlichen Stammes von Tetranychus telarius L. war *Kelthane* (I) besser wirksam, als *Aramite* (II). Beim Tauchen wirkte sowohl I als auch II gegen alle Entwicklungsformen beider Stämme, jedoch waren Sprühbeläge von II unwirksam. Eier beider Stämme konnten durch Tauchen in I oder II abgetötet werden, einige mit I behandelten Eier schlüpften, doch starben die Larven ab. Fritz Müller/Ludwigshafen. 6312◇

2027 **Menazon als systemisches Insekticid bei Rindvieh.** R. L. Goulding. (J. econ. Entomol. **55,** 577—79, 1962; Corvallis, Oreg., Oregon State Univ.; engl.) — 6 orale Gaben von *Menazon* [I, 10 (mg/kg/Tag)] u. örtliche Sprühanwendung mit 1,5%ig. I hatten einen vollen Bekämpfungserfolg gegen Hypoderma bei Kälbern. Einzelne orale Gaben von 25 I u. darüber waren giftig, 15 I hatte nur Cholinesterase-Hemmung zur Folge, ebenso wie örtliche Anwendung von 5%ig. I. Zugabe zum Futter von 10 I hatte keine schädlichen Folgen. Fritz Müller/Ludwigshafen. 6312◇

2028 **Wirkung der örtlichen Anwendung von Dibrom auf Viehläuse und Dassellarven.** R. L. Goulding und N. O. Taylor. (J. econ. Entomol. **55,** 744—46, 1962; Corvallis, Oreg., Oregon State Univ. Dep. of Entomol.; engl.) — Linognathus vituli L. u. Solenoptes capillatus Enderlein an Vieh wurde durch Besprühen mit 1,5 (gall./Tier) 0,5%ig. *Dibrom* (I) in genügendem Ausmaße vernichtet, gegen Bovicola bovis L. genügte bereits 0,1%ig. I. Als wirksam gegen Hypoderma lineatum de Villers u. H. bovis L. erwies sich 1,5 0,25- bis 0,5%ig. I. von Dezember bis Mai. Fritz Müller/Ludwigshafen. 6312◇

2029 **Stechfliegenbekämpfung mit Sprüh-, Staub- und Gießzubereitungen.** C. K. Dorsey, J. O. Heishman und C. H. Taylor. (J. econ. Entomol. **55,** 425—30, 1962; West Virginia Agric. Exp. Stat.; engl.) — Zur Bekämpfung von Haematobia irritans L. an Vieh bewährten sich Güsse mit 0,5% *Co-Ral* (I) u. *Ruelene* (II) sowie 0,1% *Dylox* 14 Tage ausgezeichnet u. gut für 28 Tage. Stäuben mit 2%ig. oder 25%ig. Netzpulver *Diazinon* (III) oder 10%ig. Netzpulver *Guthion* wirkte 14—21 Tage ausgezeichnet, Sprühen mit 0,1% III oder 1% *Dimethoate* ebenfalls 14 Tage ausgezeichnet u. 28 gut, mit 5% I oder II 7 Tage ausgezeichnet u. 14 Tage gut. *Ronnel, Methoxychlor, Dibrom, Sevin, Malathion* u. *Bayer-29493* fielen den genannten gegenüber mehr oder weniger ab. Im allg. wirkte Stäuben u. Gießen besser als Sprühen. — 15 Literaturangaben. Fritz Müller/Ludwigshafen. 6312◇

2030 **Insekticide zum Schutz gegen Schmeißfliegen in der Stockfischindustrie.** Lauritz Sömme und Egil T. Gjessing. (Pyrethrum Post [Nakuru, Kenya] **7,** Nr. 1, 3—7, 18, 1963; Vollebekk, Norwegian Plant Protect. Inst.; Bergen, Norwegian Fisheries Res. Inst.; engl.) — Zur Verhütung der Entw. von Larven von Schmeißfliegen (Calliphorinae) in Stockfisch erwiesen sich Tauchlsgg. von *Ronnel* (0,036%ig.) u. *Dipterex* (0,18%ig.) als sehr gut geeignet. *Pyrethrine* hatten eine stark abschreckende Wrkg. auf die Fliegen u. waren auch 0,12- bis 0,24%ig. Tauchlsgg.) bei der Larvenbekämpfung gut wirksam. *Malathion* u. *Alodan* waren ungeeignet. M. Winiker. 6312◇

2031 **Freilanduntersuchungen zur Widerstandsfähigkeit von Stubenfliegen gegen Diazinon, Ronnel und andere Insekticide.** Elton J. Hansens und Arthur P. Morris. (J. econ. Entomol. **55,** 702—08, 1962; New Brunswick, N. J., Rutgers-the State Univ.; engl.) — In einem Landstrich, der wenigstens 5 Jahre lang mit *Diazinon* (I) oder *Ronnel* (II) behandelt worden war, wurde Widerstandsfähigkeit von Musca domestica L. gegen I, II, *Malathion* (III), *Lindan* (IV) u. *DDT* (V) in verschiedenem Ausmaße beobachtet. Sie fiel bei I mit der Entfernung ab u. war bei II am höchsten dort, wo *organ. P-Insekticide* verwandt worden waren, bei III bestanden keinerlei Beziehungen zur Örtlichkeit. Die Widerstandsfähigkeit gegen IV u. V war überall hoch, sie war 1961 im allg. höher als 1960. Das Ansteigen der Widerstandsfähigkeit hängt ab von der Sauberkeit, den Wetterbedingungen u. dem Zuflug. Fritz Müller/Ludwigshafen. 6312◇

2032 **Die Selektivität der organischen Phosphor-Pesticide.** H. S. Hope und G. Ordish. (Rep. Progr. appl. Chem. **46,** 442—59, 1961; engl.) — Fortschrittsbericht. — 65 Literaturangaben. M. Winiker. 6312◇

2033 **Bekämpfung des Apfelwicklers und der McDaniel-Milbe an Äpfeln mittels eines zwei Spritzungen umfassenden Bekämpfungsprogramms.** Marvin H. Brunson, Fred P. Dean, Jay C. Maitlen und Lillian I. Butler. (Proc. annu. Meeting Washington State horticult. Assoc. **1962,** 67—69; Wenatchee, Wash., Washington State Univ. Tree Fruit Exp. Stat.; engl.) — Beide Schädlinge konnten durch 2malige Applikation von *Guthion* erfolgreich bekämpft werden. M. Winiker. 6312◇

2034 **Aktivierung von Guthion durch Zubereitungen des Gewebes amerikanischer Schaben.** T. Nakatsugawa und P. A. Dahm. (J. econ. Entomol. **55,** 594—99, 1962; Ames, Iowa, Iowa State Univ. of Science and Technol.; engl.) — In verschiedenen Gewebeteilen der Periplaneta americana L. ist ein Enzym vorhanden, das *Guthion* aktiviert. Die kräftigste Wrkg. bei ganzen Geweben hatten die Malpighischen Gefäße gefolgt von Fettkörper, Herz, Nervensträngen, Eierstöcken u. Caeca. In homogenisiertem Gewebe waren Mitteldarm u. Caecum am wirksamsten. Fritz Müller/Ludwigshafen. 6312◇

2035 **Versuche mit Guthion zur Bekämpfung von Contarinia oregonensis Foote.** Norman E. Johnson. (J. econ. Entomol. **55,** 613—16, 1962; Centralia, Wash., Weyerhaeuser Co., Forest Res. Center.; engl.) — Durch Sprühbehandlung mit 0,02- bis 1,28%ig. *Guthion* (I) wurde in Douglastannenzapfen die Anzahl von Contarinia oregonensis Foote von 166 je Schnittoberfläche auf 3, die von Dioryctria abietivorella Grote u. Henricus fuscodorsana Kearfott je halber Zapfen von 4 auf 0 reduziert. Das Abfallen der Zapfen wurde stark eingeschränkt. I wirkte nicht pflanzenschädigend, auch der Parasit Torymus sp. wurde nicht beeinträchtigt. Fritz Müller/Ludwigshafen. 6312◇

2036 **Chemische und biologische Bestimmung von Diazinon an Äpfeln und Weinbeeren.** P. R. Sferra, S. D. Gibbs, E. H. Glass und E. F. Taschenberg. (J. econ. Entomol. **55,** 641—43, 1962; Geneva, N. Y., New York State Agric. Exp. Stat.; engl.) — Bei mit *Diazinon* (1 oder 2 lbs. 25%ig. Netzpulver/100 gall, W.) besprühten Äpfeln u. Weinbeeren nahm der chem. u. biolog. bestimmte Rückstand innerhalb einer Woche rasch ab, er betrug bei der Ernte nicht mehr als 0,2 ppm.
Fritz Müller/Ludwigshafen. 6312◇

2037 **Bekämpfung der grünen Pfirsichlaus an Tabak mit systemischen Insekticiden.** Linnaeus B. Savage und Floyd P. Harrison. (J. econ. Entomol. **55,** 623—26, 1962; College Park, Md., Univ. of Maryland; engl.) — In Gewächshaus-Verss. wirkte gegen Myzus persicae Sulzer 4 (lbs/acre) gekörntes *Phorate* (**I**) besser als 1, jedoch erst, nachdem das **I** in die Pflanze gewandert war. *Phosphamidon* (**II**) war unwirksam. Blattsprühungen mit 2 **II**-Emulsion sowie mit *Dimethoate* (**III**)-Emulsion waren wirkungsvoll. — In Freiland-Verss. waren gekörntes **I** (4) beseser als 1 u. *American Cyanamid-18133* (**IV**, 4) gut wirksam. Späte Blattbehandlung mit **II** (0,25 oder 0,5) war wirksamer als frühe, bei **III** war der Unterschied nicht so ausgeprägt. Unter verschiedenen Anwendungsweisen von **IV** zeigte Breit- u. Seitenstreuen den geringsten Befall. Fritz Müller/Ludwigshafen. 6312◇

2038 **Bemerkung zur Bekämpfung der Grünen Apfelblattlaus durch neuere systemische Insekticide, die von der Borke (der Apfelbäume) in das Blattwerk wandern.** D. P. Pielou. (Canad. J. Plant Sci. **42,** 374—77, 1962; Summerlan, British Columbia, Canada Dep. of Agricult., Res. Branch., Res. Stat.; engl.) — Durch Behandlung der Stämme von Zwergapfelbäumen mit Lsgg. von *Dimethoate, Metasystox-R, Niagara-5767* u. *Bayer-39007* konnten Grüne Apfelblattläuse erfolgreich bekämpft werden. *Bayer-37344* hatte keine system. Wirkung.
M. Winiker. 6312◇

2039 **Über die Bekämpfung von Heliothis zea und Carpophilus lugubris an Süßmais.** Floyd P. Harrison. (J. econ. Entomol. **55,** 671—74, 1962; College Park, Md., Univ. of Maryland; engl.) — 1959 wurde gegen Heliothis zea Boddie (**a**) u. Carpophilus lugubris Murray (**b**) ein ebenso guter Bekämpfungserfolg wie mit dem Standard *DDT* + *Öl* (**I**) erzielt mit *Sevin* (**II**) u. *Thiodan* (**III**); *Methyltrithion* (**IV**) wirkte nur gegen **a**, *Phosphamidon* (**V**) nur gegen **b**, *Diazinon* u. *Kepone* versagten. 1960 waren **II** u. **III** ebenfalls wirkungsvoll, **III** + **I** war besser, als **III** allein, aber nicht besser als **I** allein. Zugabe von *Am. Cyanamid-24055* oder *Dylox* (**VI**) zu **I** war ebenso wirkungslos, wie die von **IV** oder **V**. — 1961 war neben **I** wieder **II** gut wirksam, aber auch *Guthion*, während **V**, *Bayer-39007*, *Bayer-37344*, **VI** u. *Am. Cyanamid-18133* gegen **a** versagten.
Fritz Müller/Ludwigshafen. 6312◇

2040 **Wirkung von Insekticiden auf den Skorpion Centruroides vittatus.** Ted McGregor und J. F. Flanigan. (J. econ. Entomol. **55,** 661—62, 1962; Fort Sam Houston, Tex.; engl.) — In Labor.-Verss. ergab *Chlordan* (**I**, 76 [mg/sq. ft]) eine 100%ig. Abtötung nach 2 bis 24 Stunden, Verdoppelung oder Verdreifachung dieser Gabe verkürzte die Abtötungszeit nicht wesentlich. *Malathion* (**II**, 86) bewirkte 100%ig. Abtötung in 72 bis 96 Stunden, **II** (172) in 24 bis 48 Stunden, höhere Gaben verkürzten diese Zeit nicht, geringe Gaben als 86 waren unwirksam. *Lindan* ergab eine 100%ig. Abtötung 20mal schneller als **I** u. 180mal schneller als **II**.
Fritz Müller/Ludwigshafen. 6312◇

2041 **Der Reisbohrer (Maliarpha separatella Rag.) in Madagaskar. Wirksamkeit von Insekticiden. Empfindlichkeit der (Reis)varietäten. Versuche 1961.** J. Brénière und H. Rodriguez. (Agronom. tropicale **18,** 427—59, 1963; franz.) — Als wirksamstes Bekämpfungsmittel erwies sich *Gusathion*, gefolgt von *Lebaycid*, *Endrin* u. *Sevin*. Mäßig wirksam waren *Diazinon, Rogor, Thiodan* u. *Metasystox*. Prakt. unwirksam waren *Dipterex* u. *DDT*. Der Schädlingsbefall war je nach Reisvarietät unterschiedlich. M. Winiker. 6312◇

2042 **Entwicklung von Widerstandsfähigkeit gegen Insekticide durch Bodeninsekten in Kanada.** C. R. Harris, G. F. Manson und J. H. Mazurek. (J. econ. Entomol. **55,** 777—80, 1962; Chatham, Ontario, Entomol. Labor., Canada Dep. of Agric.; engl.) — In verschiedenen Gegenden Kanadas gesammelte Insekten besaßen eine hohe Widerstandsfähigkeit gegen *Cyclodien*-Insekticide. Hylemya antiqua Meigen, H. cilicrura Rondani, H. liturata Meigen u. H. brassicae Bouché waren z. T. resistent gegen *Aldrin* (**I**), *Dieldrin* (**II**), *Heptachlor, DDT* (**III**), während sie für *Diazinon* (**IV**), *Trithion, Ethion* u. *VC-13* empfindlich waren. Euxesta notata Wiedemann war stark resistent gegen **I** u. **II**. Agrotis ipsilon Hufnagel u. Peridroma saucia Hübner zeigten keine *Cyclodien*-Resistenz, während *Toxaphen, Sevin, Dipterex, Malathion, Ronnel, Phosdrin* u. *Guthion* geringere Wrkg. hatten. Euxoa messoria Harris war hoch widerstandsfähig gegen **II**, **III** u. **IV**. Die Resistenz zeigte sich im allg. dort, wo mehrere Jahre hindurch die Insekticide flächen- u. bandförmig angewandt worden waren, nicht aber dort, wo Saatgutbehandlung erfolgte.
Fritz Müller/Ludwigshafen. 6312◇

2043 **Als Ersatz für Heptachlor in Betracht kommende Materialien zur selektiven Bekämpfung von Hypera brunneipennis Boheman in Südkalifornien.** Vernon M. Stern, Robert van den Bosch und W. Robert Bowen. (J. econ. Entomol. **55,** 713—18, 1962; Riverside, Calif., Univ. of California; engl.) — Bei der Bekämpfung der Larven dieses Schädlings war *Parathion* [4 (oz/acre)] sehr wirkungsvoll, schädigte aber die Nutzinsekten erheblich, während *Heptachlor* (1 bis 2) ein gutes Ergebnis bei nur geringer Schädigung der Nutzinsekten zeitigte. *Guthion* (4) wirkte im Anfang gut, aber nicht auf die Dauer, *Phosdrin* (*4*), *Dibrom* (15,5) *Dimethoat* (*4*) u. *Ronnel* (*8*) wirkten nur ungenügend. Nur *Methoxychlor* (8) bei Anwendung vom Boden oder (12) vom Flugzeug aus hatte einen zufriedenstellenden Erfolg, die meisten Räuber u. Parasiten überlebten auch bei der höheren Gabe.
Fritz Müller/Ludwigshafen. 6312◇

2044 **Lebensweise von Pyroderces riley Walsingham und seine Bekämpfung an Mais.** W. A. Douglas, C. A. Henderson und J. M. Langston. (J. econ. Entomol. **55,** 651—55, 1962; Mississippi State Coll.; engl.) — Ein gutes Bekämpfungsergebnis zeitigte *Endrin* [0,3 (lbs/acre)], gefolgt von *Dieldrin* (0,3), *Heptachlor* (0,5) u. *DDT* (**I**, 1,5), alle im Gemisch mit Mineralöl. **I**-Emulsion (2), **I**-Netzpulver (3) u. *Malathion* (1) + Mineralöl fielen dagegen ab, **I**-Staub (30) war prakt. ohne Wirkung.
Fritz Müller/Ludwigshafen. 6312◇

2045 **Lebensweise und Bekämpfung von Loxagrotis albicosta Smith an Mais in Nebraska.** Arthur F. Hagen. (J. econ. Entomol. **55,** 628—31, 1962; Mitchell, Nebr., Nebraska Agric. Exp. Stat. Scotts Bluff Branch; engl.) — Bei der Sprühbehandlung eines Maisfeldes vom Flugzeug aus mit Emulsionen hatte den besten Bekämpfungserfolg gegen Loxagrotis albicosta 1,5 (lbs. Wirkstoff/acre) *Thiodan*, gefolgt von 0,2 *Endrin*, 1,0 *DDT* (**I**)-Granulat, 1,0 **I**-Emulsion, 1,7 *Sevin* u. 0,25 *Diazinon* mit entsprechender Ertragserhöhung.
Fritz Müller/Ludwigshafen. 6312◇

2046 **Versuche mit Insekticiden gegen Thrips an Baumwolle.** Theodore R. Pfrimmer und M. E. Merkl. (J. econ. Entomol. **55,** 516—18, 1962; engl.) — Gute Bekämpfungsergebnisse gegen Frankliniella fusca Hinds zeitigten bei kleinen Freiland-Verss. Sprühungen mit *Bayer-25141* (**I**), *Toxaphen* (**II**) + *DDT* (**III**), *Shell-SD-3562* (**IV**), *Endrin* + **IV**, *Methylparathion* (**V**) + **III**, **V** + *Shell-SD-4402, Bayer-29493, Geigy-30494, Zectran, Guthion* (**VII**) + **III**, *Sevin* (**VIII**), **II** u. *Geigy 30493*. — *Shell-SD-4294, Stauffer-R-1504, Methyltrithion, Dieldrin* u. *Diazinon* fielen dagegen ab. — Eine langdauernde Bekämpfung wurde erreicht mit **I**, **IV** u. **II** + **III**. Zusatz von *Plyac* (*Polyäthylen-Haftmittel*) zu **II** + **III**, **VIII** u. **VII** + **III** verbesserten weder das Ergebnis noch die Wrkg.-Dauer. Vorauflaufanwendung von **II** oder **IV** war wirkungslos. Einmalige Anwendung von **IV** wirkte nicht so ausdauernd, wie dreimalige in wöchentlichen Abständen.
Fritz Müller/Ludwigshafen. 6312◇

2047 **Rückstandsuntersuchungen im Zusammenhang mit aufeinanderfolgenden Anwendungen von Heptachlor zur Vernichtung der Eingeschleppten Feuerameise.** R. T.

Murphy, W. F. Barthel und C. F. Lofgren. (J. agric. Food Chem. **10,** 5—7, 1962; Gulfport, Miss., USDA, Plant Pest Control Div.; engl.) — Verss. zur Vernichtung der Eingeschleppten Feuerameise (Solenopsis saevissima richteri Forel) mit dem Ziel, die Menge des angewandten Insekticids ohne Wrkg.-Einbuße zu vermindern, zeigten, daß zwei aufeinanderfolgende kleine *Heptachlor* (**I**)-Gaben ebenso wirksam sind wie eine große. Die chem. Bodenanalyse ergab, daß der **I**-Rückstand 10 Monate nach zwei Gaben von 0,25 lb **I**/acre dem Rückstand nach einer Gabe von 1 lb. **I**/acre entsprach.
W. Wesly. 6312□

2048 **Beobachtungen und Untersuchungen über Auftreten und Bekämpfung des Rapserdflohs in Oberbayern.** G. Weigand und E. Wendland. (Bayer. landwirtsch. Jb. **39,** 965—77, 1962; München, Bayer. Landesanst. für Pflanzenbau u. Pflanzenschutz; dt.) — Durch termingerechte Spritzungen (*HCH* + *DDT*) u. Stäubungen (*HCH* u. *Parathion*) kann ein stärkeres Auftreten des Schädlings in Winterrapskulturen verhindert werden. Sicherer ist jedoch die Inkrustierung (*Lindan*) des Saatguts, die sich vor allem gegen die Larven des Schädlings richtet u. eine lange Dauerwirkung besitzt.
M. Winiker. 6312◇

2049 **Freilandversuche zur Beständigkeit von wäßrigen Zubereitungen von verstärktem Pyrethrum für den Gartenbau.** J. L. Warner. (Pyrethrum Post [Nakuru, Kenya] **7,** Nr. 1, 34—42, 1963; London, Pyrethrum Bureau; engl.) — Der photochem. Abbau von Belägen aus mit *Piperonylbutoxid* verstärkten wss. *Pyrethrum*-Zubereitungen konnte durch Zusatz von *Oil Yellow G Extra* (*2.4-Dihydroxyazobenzol*) verzögert werden.
M. Winiker. 6312◇

2050 **Einige Probleme der Zigarettenkäferbekämpfung in Südafrika.** D. L. Milne. (Pyrethrum Post [Nakuru, Kenya] **7,** Nr. 1, 22—24, 1963; Rustenburg, Tobacco Res. Inst.; engl.) — Bericht über Erfahrungen, die bei der Bekämpfung des Zigarettenkäfers (Lasioderma serricorne) mit *Pyrethrum*-Zubereitungen in Tabaklagern gemacht wurden. M. Winiker. 6312◇

2051 **Eine Bemerkung über die praktische Bekämpfung von gegen Dieldrin resistenten Bettwanzen mit Pyrethrum.** A. Smith. (Pyrethrum Post [Nakuru, Kenya] **7,** Nr. 1, 33, 1963; Arusha, Tanganyika, Tropical Pesticides Res. Inst.; engl.) M. Winiker. 6312◇

2052 **Ein neues Abschreckmittel für Bienen. Versuche mit Propionsäureanhydrid.** D. F. Langridge und J. Rufford-Sharpe. (J. Agric. [Melbourne] **60,** 408—10, 1962; engl.) M. Winiker. 6312◇

2053 **N-Alkyltoluamide in Kleidern zur Abwehr von Stechmücken, Zecken und Sandflöhen.** S. I. Gertler, H. K. Gouck und I. H. Gilbert. (J. econ. Entomol. **55,** 451—52, 1962; engl.) — Von 37 *N-Alkyltoluamiden* wirkten als Abwehrmittel gegen Aedes aegypti L. am besten die *o-*, *m-* u. *p-Isomeren* von *N.N-diäthyltoluamid*, die beiden letzteren waren 39 bzw. 74 Tage wirksam. Gegen Amblyomma americanum L. war mit 70 Tagen am wirksamsten das *N.N-Dibutyl-p-Isomere*. Viele der Verbb. töteten Trombicula spp.-Larven schnell ab, jedoch überstand nur das *Diisopropyl-*, das *Dibutyl-* u. das *Diisobutyltoluamid* die Seifenwäsche der Kleider, das letztere 7 Wäschen.
Fritz Müller/Ludwigshafen. 6312◇

2054 **Antikoagulantien zur Bekämpfung von Ratten und Mäusen.** C. D. Gooding. (J. Agric. Western Australia [4] **4,** 388—90, 393—94, 1963; engl.) — Allg. Ausführungen über den Einsatz von *Warfarin*. M. Winiker. 6312◇

2055 **Beitrag zur Bestimmung der organisch und anorganisch gebundenen Phosphorsäure im Boden.** Werner Wenzel. (Z. Pflanzenernähr., Düng., Bodenkunde **93(138),** 148—64, 1961; Berlin-Charlottenburg, Techn. Univ., Inst. für Pflanzenernähr., Bodenchemie u. Bodenbiol.; dt.) — An 5 Böden, die sich sehr in ihrem Geh. an Humus, Ton u. Fe unterschieden, wurde die für Pflanzensubstanzen entwickelte Meth. zur Fraktionierung der P-Verbb. mittels aufeinanderfolgender Extraktionen mit Methanol (**I**), HCl u. NH_4OH bzw. NaOH geprüft. Da die **I**-Extrakte der Böden nur 0,5—1,5% des Gesamt-P_2O_5 als Phosphatid-P auswiesen, schlägt Vf. vor, das Gesamt-P_2O_5 im Boden ohne eine gesonderte Extraktion des Phosphatid-P zu fraktionieren, zumal diese geringe P-Menge bei der Erfassung des organ. P mitbestimmt wird. Die Böden wurden zunächst mit 4 n HCl u. anschließend mit 0,5 n NH_4OH (Mineralböden) bzw. 0,5 n NaOH (organogene Böden) extrahiert. Durch diese beiden bas. Extraktionsmittel wird nur wenig organ. gebundener P hydrolysiert, was als Vorteil anzusehen ist. Andererseits ist die Extraktion nicht vollständig. Es wird vermutet, daß es sich bei den mit schwach alkal. Lsgg. nicht extrahierbaren P-Verbb. sowohl um organ. als auch um anorgan. gebundenen P handelt, der von schwerlösl. Humus eingeschlossen ist. Wilfried Werner. 6324◇

2056 **Bestimmung des fixierten Ammoniums im Boden.** P. Schachtschabel. (Z. Pflanzenernähr., Düng., Bodenkunde **93(138),** 125—36, 1961; Hannover, T. H., Inst. für Bodenkunde; dt.) — 2 g (Tonböden) bzw. 4 g (Lehm- u. Sandböden) der vorher zur Zerstörung der organ. Substanz mit 30%ig. H_2O_2 behandelten Böden (eine sek. Fixierung des aus organ. Bindung freiwerdenden N wurde durch KCl-Zusatz verhindert) werden im Pt-Tiegel mit 3 ml konz. H_2SO_4 versetzt, 1 Std. stehengelassen, auf dem Sandbad bis zum Auftreten von H_2SO_4-Dämpfen erhitzt, abgekühlt, mit 3 ml W. u. 5 ml 40%ig. HF versetzt, etwas eingedampft, mit 15 ml HF (in 2 Portionen) versetzt u. bis zum Auftreten von H_2SO_4-Dämpfen eingedampft. Der Tiegel wird anschließend in einem Becherglas mit 100 ml W. versetzt u. langsam erwärmt. Sobald sich der Bodensatz vom Tiegel gelöst hat, wird in einen 500 ml-Destillierkolben übergespült. Nach Zusatz von 20 ml 50%ig. NaOH wird NH_3 in Borsäure überdest. u. mit 0,01 n HCl titriert. Da bei der H_2O_2-Behandlung die gesamte organ. Substanz noch nicht zersetzt ist, muß von dem ermittelten NH_4 noch der aus der nicht zersetzten organ. Substanz freigesetzte N abgezogen werden. Diese Korrektur beträgt bei Löß- u. Marschböden 3 mg N/100 mg C. Nach dieser Meth. wurden in Lößböden zwischen 8 u. 21 N (mg/100 Boden), bei Marschböden zwischen 15 u. 85 N als mineral. fixiertes NH_4 gefunden. Es bestand eine hoch signifikante Korrelation zwischen dem Geh. der Böden an mineral. fixiertem N u. ihrem Ton-Gehalt. In der Tonfraktion scheint das NH_4 vorwiegend in illit. Mineralien gebunden zu sein.
Wilfried Werner. 6324◇

2057 **Technische Mitteilungen über die photometrische Bestimmung des austauschbaren Kaliums und Natriums im Boden.** Giuseppe Gattorta und Vittoria Servello. (Ann. Staz. chim-agar-sperim. Roma [3] **1958,** Pubbl. Nr. 142, 1—15; ital.) — Die von Seay, Attoe u. Truog (C. **1951, II,** 1950) angegebene Meth. wird auf die *K-* u. *Na*-Best. in Böden angewandt. Die Probe (15 g) wird in einer Zentrifuge mit 50 ml 0,2 n Na-Acetatlsg. mit 0,04 n Zusatz von NH_4-Oxalat (**I**) u. ca. 0,5 g festem **I** ca. 1/2 Std. behandelt, die Fl. abgezogen, der Rückstand nochmals in 15 ml der Lsg. dispergiert, wieder zentrifugiert u. dasselbe noch 2mal wiederholt. Die Fll. werden vereinigt. Die photometr. Best. erfolgt im Vgl. mit einer Eichkurve, die mit der angewandten Lsg. aufgenommen ist. Die Ergebnisse sind genau u. gut reproduzierbar.
R. K. Müller. 6324◇

2058 Chemische Werke Albert (Erfinder: Rüdiger Lothar von Reppert), Wiesbaden, **Herstellung gekörnter Kalisalze, bes. für Düngezwecke,** dad. gek., daß K-Salze zunächst auf eine Mahlfeinheit zwischen 30% Durchgang durch ein 1600-Maschen-Sieb u. 95% Durchgang durch ein 10000-Maschen-Sieb zerkleinert, dann in einem Granulator, bes. in einem mit Ringkanälen ausgestatteten Tellergranulator, mit W. u. bzw. oder Wasserdampf auf einen Feuchtigkeitsgeh. von 5—16 (%), bes. 14—15, eingestellt u. darauf unter Zusatz von 0,5 bis 5, bezogen auf das K-Salz, eines in Lsg. oder Emulsion vorliegenden Gemisches aus ca. gleichen Teilen Kolophonium u. wachsartigen Substanzen, bes. Paraffin, in 1—2 mm große Granalien umgewandelt werden, worauf diese, bes. in einem ersten Ringkanal, mit 1—3, bezogen auf das vorliegende Granulat, Umhüllungsstoffen umhüllt u. anschließend in einem weiteren Ringkanal mittels in die Masse eintauchender Heißluftdüsen getrocknet werden. Die Lsg. oder Emulsion des Gemisches aus Kolophonium u. wachsartiger Substanz wird auf die Oberfläche der bereits gebildeten Granalien aufgesprüht. Das zum Granulieren dienende W. kann noch Bindemittel, z. B. Wasserglas oder Knochenleim, u. Netzmittel, z. B. sulfurierte Öle, enthalten. Als Umhüllungsstoffe werden Ton, Kaolin, Kieselgur u. dgl. verwendet. Man erhält lagerbeständige, haltbare u. druckfeste Granalien, von gleichmäßiger Korngröße, die nicht stauben, unmittelbar verpack- u. versandfähig sind u. die erforderliche Kornhärte besitzen, um mit Düngerstreumaschinen ohne Kornzerfall auf den Acker ausgestreut zu werden. (**D. A. S. 1139855** Kl. 16 vom 4/11. 1960, ausg. 22/11. 1962.) H. Karst. 6287

2059 Shell Oil Co., Del., V. St. A., übert. von: Johannes T. Hackmann und Pieter Ten Haken, Kent, England, **Bekämpfung unerwünschten Pflanzenwachstums.** Die Vernichtung von Unkräutern, bes. *Avena fatua* u. *Agropyrum repens*, erfolgt mit den üblichen herbiciden Lsgg., Emulsionen, wss. Dispersionen, Suspensionen oder festen inerten, feinverteilten Stäubemitteln, welche als Wirkstoff ca. 0,5 Gew.% einer Verb. der Formel Y–CO–O–CHClX enthalten, inder Y = -OCHClX oder $-NR_1R_2$ darstellt, wobei X ein unsubstituierter Alkylrest mit 1—4 C-Atomen oder ein chlorsubstituierter Alkylrest mit 1—4 C-Atomen ist, u. R_1 u. R_2 H oder aliphat. KW-Stoff-Reste mit bis zu 4 C-Atomen bedeuten. Als tox. Wirkstoffe kommen bes. *Di-(1.2.2.2-tetrachloräthyl)-carbonat, 1.2.2.2-Tetrachloräthyl-N-allylcarbamat, 1.2.2.2-Tetrachloräthyl-N.N-diallylcarbamat* u. *Di-[1-chlor-1-(2-chlorphenyl)-methyl]-carbonat* in Betracht. Die Verbb. weisen hohe herbicide Selektivität im Vorauflauf-Verf. bei Verwendung von ca. 2,25—13,5 kg/4050 m² auf. (**A. P. 2980525** vom 7/7. 1958, ausg. 18/4. 1961. E. Prior. 12/7. 1957.) H. Karst. 6313

2060 Hooker Chemical Corp., Niagara Falls (Erfinder: Edward David Weil, Lewiston, Jack Samuel Newcomer, Wilson, und Edwin Dorfman, Grand Island), N. Y., V. St. A., **Mittel zur Regelung, inbesondere Unterdrückung des Pflanzenwachstums** enthalten Trichlorphenylessigsäure, ihre Salze, Ester, Amide oder Halogenide, dad. gek., daß sie einen Geh. an *2.3.6-Trichlorphenylessigsäure* oder ihrer Verbb. u. ggf. einen solchen an Trägerstoffen oder anderen das Pflanzenwachstum beeinflussenden Mitteln aufweisen. Bes. geeignet sind die Methyl-, Äthyl-, Propyl-, Butyl-, Amyl-, Hexyl-, Heptyl-, Octyl-, Nonyl-, Decyl-, Dodecyl-, Lauryl-, Allyl- Oleyl-, Linolyl-, Chloräthyl-, Trichloräthyl-, 2-Chlorallyl- oder Benzylester u. die Ester mit Phenolen u. die Amide, die in Mengen von ca. $\geq$ 5,6 g/a angewendet werden. Die Wirkstoffe weisen geringe Flüchtigkeit auf, dringen langsam in den Boden ein, werden wenig aus dem Boden ausgelaugt u. eignen sich auch für eine langandauernde Sterilisierung des Bodens. — Tabellen. (**D. A. S. 1136871** Kl. 451 vom 20/4. 1959, ausg. 20/9. 1962. A. Prior. 22/4. 1958.) H. Karst. 6313

2061 Dow Chemical Co., übert. von: Melvin J. Josephs, Midland, Mich., V. St. A., **Vernichtung von Wasserpflanzen.** Die in stehenden oder fließenden Gewässern, z. B. Bewässerungsgräben, Kanälen, Aquädukten, Flüssen, Strömen, Seen, Teichen, submers vorhandenen Wasserpflanzen, bes. *Cabomba caroliniana, Salvinia rotundifolia, Lysimastrum nummularia, Anacharis spp*, u, *Ceratophyllum spp.*, werden vernichtet, indem dem W. ca. 15—100 ppm *α.α.α-Trifluor-4-nitro-m-kresol* oder die Alkali-, NH_4- oder Aminsalze desselben zugesetzt u. im W. feinverteilt werden. Die Kresol-Verbb. können dem W. in Form von Lsgg., Emulsionen, Suspensionen, Dispersionen, fl. Konzentraten, netzbaren Pulvern, festen Granalien, Prills, Pellets zugefügt werden. Sie vernichten die Stengel, Blätter u. Wurzeln der Wasserpflanzen u. sind für Säugetiere u. Landpflanzen nicht toxisch. (**A. P. 3004843** vom 10/8. 1959, ausg. 17/10. 1961.) H. Karst. 6313

2062 Ruhrchemie Akt.-Ges., Oberhausen (Erfinder: Hans Feichtinger, Dinslaken, und Siegfried Puschhof, Duisburg), **C-Chlorierte Al-Trichloralazane** werden hergestellt durch Anlagerung von $AlCl_3$ an prim. oder sek. aliphat. Amine u. Rk. des Komplexes bei 0 bis 70° in Ggw. eines inerten Lsgm. mit Cl_2 unter Bestrahlung mit UV-Licht. — Zu 61,7 g n-Dodecylamin in 500 ml Ae. tropft man unter Eiskühlung 44,4 g $AlCl_3$ in 500 ml Ae., dest. den Ae. ab u. löst in 800 ml CCl_4. Bei 40° leitet man innerhalb 8 Std. 120 l Cl_2 unter Bestrahlung mit einer 500 W Hg-Dampflampe ein: 223 g *Al-Trichlor-N-[undekachlor-n-dodecyl]-alazan*, $AlCl_3 \cdot NH_2 \cdot C_{12}H_{14}Cl_{11}$, gelbbraune, harzige Masse. — Analog erhält man: $AlCl_3 \cdot NH_2C_{12}H_{11,9}Cl_{13,1}$. — $AlCl_3 \cdot NH_2C_{10}H_{11,8} \cdot Cl_{9,2}$. — *C-chloriertes Al-Trichlor-N-äthyl-N-[n-butyl]-alazan*, $AlCl_3 \cdot NHC_6H_{12,7}Cl_{1,3}$. — *C-chloriertes Hexamethylen-bis-[Al-[trichlor-alazan]*, $(AlCl_3 \cdot NH_2)_2C_6H_{10,9} \cdot Cl_{1,1}$. — *Fungicide.* (**D. A. S. 1138786** Kl. 12q vom 24/4. 1958, ausg. 31/10. 1962.) A. Debo. 6313

2063 American Cyanamid Co., New York, N. Y. (Erfinder: Glentworth Lamb, Stamford und Irene M. Voynick, Trumbull, Conn.), V. St. A., **Fungicide Mittel,** gek. durch einen Geh. an *9.10-Phenanthrenchinonoxim, 9.10-Phenanthrenchinondioxim* oder von Alkalisalzen davon. (**D. A. S. 1150835** Kl. 451 vom 23/2. 1962, ausg. 27/6. 1963. A. Prior. 28/2. 1961.) K. Koebke. 6313

2064 E. Merck Akt.-Ges. (Erfinder: Dietrich Erdmann, Albert van Schoor, Traisa, Horst Flemming und Ernst Jacobi), Darmstadt, **Fungicide Mittel,** gek. durch einen Geh. an *2.3-Dicyan-thiophanthrachinon* (**I**) F. 286—288°, neben üblichen Zusatz- u./oder Trägerstoffen u. ggf. neben anderen bekannten Schädlingsbekämpfungsmitteln. **I** wird gewonnen aus 2.3-Dicyan-1.4-dithiaanthrachinon durch trockenes Erhitzen oder durch Erhitzen in Ggw. eines inerten Lsgm. (Naphthalin, Nitrobenzol, Dimethylformamid, Chlorbenzol), auf 100—300°, bes. auf 200—280°. Die Mittel besitzen hohe Pflanzenverträglichkeit. (**D. A. S. 1149934** Kl. 451 vom 18/12. 1958, ausg. 6/6. 1963.) K. Koebke. 6313

2065 Nederlandse Organisatie voor Toegepast-Natuurwetenschappelijk Onderzoek ten behoeve van Nijverheid, Handel en Verkeer, Den Haag (Erfinder: Hendricus Gerardus Peer, Rijswijk), Niederlande, **Herstellung von 2,3-Dibrompropen-(1) und 2-Brom-3-chlorpropen-(1),** ggf. neben anderen Brom- oder Chlor-KW-Stoffen, dad. gek., daß Allen mit Br_2 in nicht mehr als der äquivalenten Menge in Ggw. eines inerten Lsgm. (Eisessig, CH_2Cl_2, Chlf. oder CCl_4) oder mit einem Gemisch aus Cl_2 u. Br_2 in prakt. äquimol. Mengen in Ggw. eines inerten Lsgm. (CH_2Cl_2, Chlf., CCl_4) umgesetzt wird. Zweckmäßig werden Br_2 u. Cl_2 in CCl_4 gelöst u. wird die Rk. 1 Std. bei —30° u. dann 2 Std. bei +20° durchgeführt, wobei im wesentlichen *2-Brom-3-chlorpropen-(1)*, Kp. 113—114°, n_D^{20} 1,4992, erhalten wird. Verwendet man Br_2 allein bei —17° in Chlf. oder CCl_4, erhält man im wesentlichen *2.3-Dibrompropen-(1)*. — Die Prodd. sind wirksam gegen Nematoden. (**D. A. S. 1136325** Kl. 12o vom 23/3. 1961, ausg. 13/9. 1962. E. Prior. 28/3. u. 20/5. 1960.) W. Gräger. 6313

2066 Monsanto Chemical Co., St. Louis, Mo. (Erfinder: Gail Hubert Birum, Dayton, Ohio), V. St. A., **Schwefelhaltige organische Phosphorverbindungen** erhält man durch Rk. eines Phosphits der allg. Formel $(RO)_3P$ mit einer Verb. der allg. Formel $Cl_3C–S–X–R'$ (R = Alkyl; X = O oder S; R' = Alkyl, Aryl oder Chlorphenylrest mit Molgew. bis zu 300) oder mit Thiophosgen (**I**), nach der Gleichung: $4\,(RO)_3P + Cl_3C–SXR' \rightarrow R_7CO_9P_3S + R'XP(:O)(OR)_2 + 3\,HCl$, bzw. $4\,(RO)_3P + CSCl_2 \rightarrow (RO)_2P(:O)–C[=P(OR)_3]–SP(:O)(OR)_2 + 3\,R'Cl$. Zu 29,6 g Methyltrichlormethyldisulfid gibt man bei 50° während 50 Min. 112 g Triäthylphosphit (**II**) u. erhitzt die Rk.-Mischung 5 Std. auf 140—150°. Nach der Dest. erhält man 56,6 g einer Verb. der Formel $(C_2H_5)_7CO_9P_3S$ (**III**) n_D^{25} 1,4723 mit der mutmaßlichen Struktur $(C_2H_5O)_2P(:O)–C[=P(OC_2H_5)_3]–SP(:O)(OC_2 \cdot H_5)_2$ als Rückstand u. 57,8 g *Thiophosphorsäure-O,O-diäthyl-S-methylester*, Kp.$_{0,3}$ bis zu 65°. Äthyltrichlormethansulfenat + **II** → Triäthylphosphat + **III**, n_D^{25} 1,4692. Triisopropylphosphit + **I** → $(C_3H_7)_7CO_9P_3S$, F. 40—44° (Hexan, vermutlich $[(CH_3)_2CHO]_2–P(:O)–C[=$

$P[OCH(CH_3)_2]_3\}$-SP(:O)-$[OCH(CH_3)_2]$. — *Insekticide.* — (**D. A. S. 1139120** Kl. 12o vom 29/3. 1958, ausg. 8/11. 1962.) A. Jahn. 6313

2067 Farbenfabriken Bayer Akt.-Ges., Leverkusen (Erfinder: Hans-Gerd Schicke und Gerhard Schrader, Wuppertal), **Di-, Tri- bzw. Tetrathiophosphor-(phosphon-, phosphin-)säureester** der allg. Formel $(R_1O)(R_2O)$–P(:O,S)–CH(SR)–CH_2–S–P(O,S)$(R_3)(R_4)$ erhält man durch Rk. von Sulfensäurechloriden der allg. Formel R–S–Cl mit Vinyl-(thiono)-phosphonsäureestern der allg. Formel CH_2=CH–P(:O, S)$(OR_1)(OR_2)$ u. weitere Umsetzung der Rk.-Prodd. mit Thiol- bzw. Thionothiol-phosphor-(phosphon-, -phosphin-säuren der allg. Formel $R_3(R_4)$P(:O,S)SM (R = Alkyl, Aryl, Aralkyl, Cycloalkyl; R_1 u. R_2 = Alkylreste, bes. mit 1—6 C-Atomen; R_3 u. R_4 = Alkyl, Aralkyl, Cycloalkyl oder Arylreste, die direkt oder über O, S oder N an das P-Atom gebunden sind; M = H, Alkalimetall, NH_4). — Durch Rk. von 61 g Diäthyldisulfid in 150 ml CCl_4 u. 68 g Sulfurylchlorid während 30 Min. bei — 5° erhält man eine Lsg. aus 1 Mol Äthylsulfenylchlorid. Dazu tropft man bei 0° 1 Mol Vinylphosphonsäurediäthylester (**I**) in 200 ml CCl_4, rührt die Mischung bei 20° über Nacht u. erhält α-Äthylmercapto-β-chlor-äthylphosphonsäurediäthylester, $Kp._{3-4}$ 124—126° (**II**). Zu einer Lsg. von 23 g NH_4-Salz des Dithiophosphorsäure-O.O-diäthylesters (**III**) in 100 ml Acetonitril tropft man bei 70° 26 g **II**, erhitzt das Rk.-Gemisch noch 2 Std. zum Rückfluß, gießt es in W. u. gewinnt in 63%ig. Ausbeute $(C_2H_5O)_2 \cdot P(:S)–S–CH_2CH(SC_2H_5)P(:O)(OC_2H_5)_2$. Dimethyldithiophosphinsaures K (**IV**) + **II** → $(CH_3)_2P(:S)–SCH_2CH \cdot (SC_2H_5)P(:O)(OC_2H_5)_2$. α-Methylmercapto-β-chloräthylphosphonsäure-diäthylester (**V**) + NH_4-Salz des **III** → $(C_2H_5O)_2P(:S)–S–CH_2–CH(SCH_3)P(:O)(OC_2H_5)_2$. Methylthionophosphon-O-äthylesterthiolsaures K + **V** → $CH_3(C_2H_5O)P(:S)–SCH_2CH(SCH_3)P(:O)(OC_2H_5)_2$. **IV** + **V** → $(CH_3)_2P(:S)–SCH_2CH(SCH_3)P(:O)(OC_2H_5)_2$. *Insekticide mit geringer Warmblütertoxizität.* — (**D. A. S. 1138050** Kl. 12o vom 5/11. 1960, ausg. 18/10. 1962.) A. Jahn. 6313

2068 Farbenfabriken Bayer Akt.-Ges., Leverkusen (Erfinder: Gerhard Schrader, Wuppertal), **Dithiophosphonsäureester** der allg. Formel R–P(:S)(OR′) · (SR″) erhält man durch Rk. alkyl-O-alkylthionothiolphosphonsaurer Salze der allg. Formel R–P(:S)(OR′) · (SMe) mit halogenidgruppenhaltigen Verbb. der allg. Formel Halogen-R″ oder durch Rk. von Alkylthionophosphonsäure-O-alkylesterhalogeniden der allg. Formel R–P(:S)(OR′)-Halogen mit Alkylmercaptanen der allg. Formel HS–R″ (R u. R′ = niedere Alkylreste; R″ = niederer Alkylrest, der ggf. substituiert ist durch 1 CN, Phenyl, Chlorphenyl, Phenylcarbonyl, Alkylcarbonyl, oder der durch O oder S unterbrochen u. durch eine weitere Gruppe R–P(:S)(OR′)S- substituiert ist; Me = Alkaliatom oder NH_4). — Zu 52 g K-Salz des Äthyldithiophosphonsäure-O-äthylesters (**I**) in 150 ml Acetonitril gibt man bei 80° 23 g β-Chlorpropionsäurenitril (**II**), läßt die Mischung noch 5 Std. bei 80° reagieren, gießt sie in Eiswasser u. arbeitet auf. Man erhält in 72%ig. Ausbeute die Verb. $C_2H_5P(:S)(OC_2H_5)SCH_2CH_2CN$, $Kp._{0,01}$ 94°. **I** + α.α′-Dichlordimethyläther (**III**) $[(C_2H_5) \cdot (C_2H_5O)P–(:S)–S–CH_2]_2O$, im Hochvakuum nichtdestillierbares Öl. **I** + ω-Chloracetophenon → $(C_2H_5)(C_2H_5O)P$-$(:S)–SCH_2COC_6H_5$. $(C_2H_5)(C_2H_5O)P(:S)S$– (**IV**). **IV**–$CH_2–C_6H_4–Cl$-*p*, $Kp._{0,01}$ 112°. **IV**–$CH_2–S–CH_2$–**IV**. **I** + α-Chloracetonitril (**V**) → **IV**–CH_2CN, $Kp._{0,01}$ 92°. **I** + β-Chloräthylbromid → **IV**–CH_2CH_2Cl. $(CH_3)(C_2H_5O)$ P(:S)S- (**VI**) **VI**-K + **V** → **VI**-CH_2CN, $Kp._{0,01}$ 86°. **VI**-K + **II** → **VI**-CH_2CH_2CN, $Kp._{0,01}$ 90°. Methylthionophosphonsäure-O-methylesterthiolsaures K + **V** → $(CH_3)(OCH_3)P \cdot (:S)SCH_2CN$, $Kp._{0,01}$ 75°. *Insekticide.* (**D. A. S. 1138047** Kl. 12o vom 28/3. 1959, ausg. 18/10. 1962.) A. Jahn. 6313

2069 Farbenfabriken Bayer Akt.-Ges., Leverkusen (Erfinder: Gerhard Schrader, Wuppertal), **Trithiophosphonsäureester** der allg. Formel R–P(:S)(S–Ar)$_2$ erhält man durch Rk. von Alkylthionophosphonsäuredihalogeniden der allg. Formel R–P(:S) (Halogen)$_2$ mit Arylmercaptanen der allg. Formel (**I**) HS–Ar oder durch Rk. von Alkylphosphonigsäuredihalogeniden bzw. -diamiden der allg. Formel R–P(X)$_2$ mit Arylmercaptanen oder Alkalisalzen der allg. Formel **I** u. weiterer Rk. der erhaltenen Alkyldithiophosphorigsäure-S,S-diarylester mit S oder S abgebenden Verbb. (R = niederer Alkylrest, bes. mit 1—5 C-Atomen; Ar = ein ggf. durch Halogenatome substituierter Aryl-, bes. Phenylrest; X = Halogen oder Aminogruppe). Zu 90 g 3,4-Dichlorphenylmercaptan in 100 ml A. gibt man unter Rühren Na-Äthylatlsg., die 0,5 Mol Na gelöst enthält u. tropft dann bei 40—50° 41 g Äthylthionophosphonsäuredichlorid ($Kp._1$ 48°) zu. Man rührt 4 Std. bei Raumtemp. u. erhält nach dem Aufarbeiten 37 g *Äthyltrithiophosphonsäure-bis(3.4-dichlorphenylester)*, F. 68° (Ligroin). Analog erhält man die *Methyltrithiophosphonsäure-bis-ester*: *3.4-Dichlorphenyl*, F. 99°; *p-Chlorphenyl*, F. 94°; u. den *Äthyltrithiophosphonsäure-bis(p-chlorphenyl)-ester*, F. 76°. — *Schädlingsbekämpfungsmittel* mit geringer Warmblütertoxizität. — (**D. A. S. 1139495** Kl. 12o vom 17/8. 1960, ausg. 15/11. 1962.) A. Jahn. 6313

2070 Farbenfabriken Bayer Akt.-Ges., Leverkusen (Erfinder: Gerhard Schrader und Reimer Cölln, Wuppertal), **Thionothiolphosphonsäureester** der allg. Formel R–P(:S)(SR_1)O-Alk–S–R_2 (**I**) erhält man durch Rk. von Dithiophosphonsäureanhydriden der allg. Formel R–PS_2 mit Thioätheralkanolen der allg. Formel HO-Alk–SR_2 bei etwa 40 bis etwa 80° u. weitere Rk. der erhaltenen Zwischenprodd. in Ggw. säurebindender Mittel mit Alkylhalogeniden. (R = Alkyl, Cycloalkyl, Aralkyl oder ein ggf. durch CH_3O substituierter Arylrest; R_2 = Alkyl oder ein ggf. durch CH_3 substituierter Arylrest; Alk = ggf. durch C_2H_5S substituierter CH_3-Rest). — Zu einer Aufschlämmung von 55 g Methyldithiophosphonsäureanhydrid in 200 ml Bzl. gibt man 55 g β-Hydroxyäthylthioäthyläther u. hält das Rk.-Gemisch noch 1 Std. auf 50°. Dann gibt man bei 30° eine Lsg. von 30 g Ätzkali in 150 ml Methanol zu, tropft unter gutem Rühren bei 40° 71 g CH_3J zu, hält das Rk.-Gemisch noch 1 Std. bei 40—50°, gibt es in Eiswasser u. erhält nach dem Aufarbeiten 64 g *Methyldithiophosphonsäure-S-methyl-O (β-äthylmercaptoäthyl)-ester*, $Kp._{0,01}$ 82°. Analog erhält man Verbb. der Formel **I** (Alk = CH_2CH_2, R_2 = C_2H_5): R = CH_3, R_1 = C_2H_5, $Kp._{0,01}$ 88°. R = C_2H_5, R_1 = CH_3, $Kp._{0,01}$ 87°. R = R_1 = C_2H_5, $Kp._{0,01}$ 93°. R = p-anisyl, R_1 = CH_3. — R = p-Anisyl, R_1 = C_2H_5. Verbb. der Formel **I** (Alk = CH_2CH_2): R = R_1 = C_2H_5, R_2 = CH_3, $Kp._{0,01}$ 77°. R = R_1 = C_2H_5, R_2 = C_6H_5. — R = CH_3, R_1 = C_2H_5, R_2 = p-Tolyl. Ferner Verb. der Formel **I**: R = R_1 = R_2 = C_2H_5, Alk = $CH_2CH(SC_2H_5)CH_2$. *Insekticide.* (**D. A. S. 1139493** Kl. 12o vom 9/10. 1959, ausg. 15/11. 1962.) A. Jahn. 6313

2071 Farbenfabriken Bayer Akt.-Ges., Leverkusen (Erfinder: Gerhard Schrader, Wuppertal), **Dithiolphosphonsäureester** der allg. Formel $R_1(R_2S)$P. (:O)S-Alk–R_3 (**I**) erhält man durch Rk. von Alkylthiophosphonsäure–O,S-dialkylestern mit Alkali- oder Ammoniummercaptiden u. weitere Rk. der gebildeten dithiolphosphonsauren Salze der allg. Formel $R_1(R_2S)$P. (:O)S–Me mit Alkylhalogenidgruppen enthaltenden Verbb. der allg. Formel Halogen–Alk–R_3 (R_1 u. R_2 = Alkyl; Me = Alkalimetall oder NH_4; R_3 = Alkyl-, Alkylmercapto-, eine ggf. im Arylrest durch 1 Cl-Atom substituierte Arylmercapto-, sek. Amino-, Alkoxy-, Aminocarbonyl-, Alkylaminocarbonyl-, Dialkylaminocarbonyl-, CN- oder Arylgruppe, sowie der Rest $R_1(R_2S)$. P(:O)S–; Alk = ggf. durch ein S-Atom unterbrochener Alkylenrest). — Zu 25 g K-Äthylmercaptid in 100 ml A. gibt man bei 75° unter Rühren 46 g Methylthionophosphonsäure–O,S-diäthylester ($Kp._1$ 61°), erwärmt das Rk.-Gemisch 1 Std. auf 75° u. gibt dann unter weiterem Rühren 32 g β-Äthylmercaptoäthylchlorid zu. Man hält das Rk.-Gemisch noch 1 Std. bei 80°, gießt es in Eiswasser u. erhält nach dem Aufarbeiten 30 g farbloses Öl der Formel $CH_3(C_2H_5S)P(:O)–S–CH_2–CH_2–SC_2H_5$, $Kp._{0,01}$ 74°. Analog erhält man Verbb. der allg. Formel $C_2H_5(C_2H_5S)P(:O)–S–CH_2–CH_2X$, $X = N(C_2H_5)_2$, $Kp._{0,01}$ 88°; $X = SC_2H_5$, $Kp._{0,01}$ 79°. Ferner Verbb. der Formel **I**: $R_1 = CH_3$, $R_2 = C_2H_5$, Alk = CH_2CH_2, $R_3 = N(C_2H_5)_2$, $Kp._{0,01}$ 84°. $R_1 = R_2 = C_2H_5$, Alk = CH_2, $R_3 = CN$,

Kp.$_{0,01}$ 68°. $R_1 = R_2 = C_2H_5$, Alk = CH_2, $R_3 = SC_2H_5$, Kp.$_{0,01}$ 68°. $R_1 = CH_3$, $R_2 = C_2H_5$, Alk = CH_2, $R_3 = SC_2H_5$, Kp.$_{0,01}$ 73°. $R_1 = CH_3$, $R_2 = C_2H_5$, Alk = CH_2, $R_3 = CN$, Kp.$_{0,01}$ 72°. Weitere Verbb., in denen $C_2H_5 \cdot (C_2H_5S)P(:O){-}S{=}$ (**II**); **II**–CH_2–S–CH_2–**II**; **II**–CH_2–**II**; **II**–CH_2–CH_2–**II**, schwachgelbe, in W. unlösl. Öle. *Insekticide.* (**D. A. S. 1139492** Kl. 12o vom 3/9. 1959, ausg. 15/11. 1962.) A. Jahn. 6313

2072 F. Hoffmann-La Roche & Co. Akt.-Ges., Basel, Schweiz, **Herstellung von ungesättigten, gegebenenfalls veresterten Alkoholen** der allg. Formel *A–CH=CH–CH=CH–B*, worin A u. B = geradkettige Alkylreste, deren C-Zahl zusammen = 10—14, von denen einer endständig eine ggf. veresterte Hydroxylgruppe trägt, dad. gek., daß man einen Aldehyd der allg. Formel A'–(CH=CH)$_m$–CHO in einem inerten Lsgm. (abs. Ae.) mit einem Phosphoran der allg. Formel $(C_6H_5)_3P$=CH–(CH=CH)$_n$–B' umsetzt (A' u. B' = Alkylreste mit zusammen 9—13, bes. 12 C-Atomen, wobei ein Propyl- u. 1-Hydroxynonylrest bevorzugt sind, wovon einer endständig eine ggf. veresterte Carboxyl-, eine veresterte oder verätherte Hydroxymethyl- oder eine acetalisierte Carbonylgruppe trägt; von m und n ist eines 1, das andere 0). — 118 (g) Hexamethylenglykol, 15 CuBr u. 700 40%ig. HBr erhitzt man auf 95—100°, extrahiert 24 Std. mit Ligroin (Kp. 105 bis 120°), schüttelt mit K_2CO_3 u. dest. 116 *6-Bromhexanol-(1)* (I), Kp.$_{12}$ 120°. Zu 185 Triphenylphosphin in Bzl. gibt man das in Bzl. gelöste **I**, erhitzt 8 Std. zum Sieden, u. arbeitet auf. Zu der Suspension von 120 [6-Hydroxyhexyl]-triphenylphosphoniumbromid in abs. Ae. gibt man unter N_2 bei 0—5° 265 ml 1,15n Lsg. von Li-Phenyl in abs. Ae., rührt 2 Std. bei Raumtemp. u. versetzt unter Eiskühlung mit 35 Nonen-(2)-al in abs. Ae., dann wird 2 Std. unter N_2 zum Sieden erhitzt u. aufgearbeitet: 32,8 *Pentadecadien-(6.8-ol-(1)*, Kp. 115 bis 130° (Hochvakuum). — *Insektenlockstoffe*; Anwendung in Kombination mit Insekticiden. (**Oe. P. 213859** vom 26/1. 1960, ausg. 10/3. 1961. Schwz. Prior. 16/2. 1959.) H.-J. Stan. 6313

2073 **Comp. Électrochimique du Centre**, Frankreich, *Gewinnung von Humusdüngemitteln.* (**F. P. 1234165** vom 20/4. 1959, ausg. 14/10. 1960. — C. **1963**, 3377 [D. A. S. 1126895].)

2074 **Soc. An. Uclaf**, Paris, übert. von: **Georges Muller**, Nogent sur Marne, **Bruno P. Vaterlaus**, Seine-Port, und **Léon Velluz**, Paris, Frankreich, *12.13.14-Trimethoxy-9-methylthio-3α-amino-4.8-dihydro-4.5.6.7-dibenzo-$\Delta^{4,6}$-cycloheptadien-8α-carbonsäure-cis-lactam und 12.13.14-Trimethoxy-9-methylthio-3α-amino-4.5.6.7-dibenzo-$\Delta^{4,6}$-cycloheptadien-8-carbonsäurelactam* (= *aromatisches Lactam*) *aus Thiocolchicin.* (**A. P. 2911411** vom 2/7. 1957, ausg. 3/11. 1959. **E. P. 833799** vom 25/6. 1957, ausg. 27/4. 1960. **Belg. P. 559091** vom 9/7. 1957, ausg. 8/4. 1960. Alle F. Prior. 10/7. 1956. — C. **1961**, **11112** [F. P. 1179965].)

2075 **United States Rubber Co.**, New York, N. Y., übert. von: **Norman K. Sundholm**, Middlebury, **Winchester L. Hubbard**, Woodbridge, und **John A. Riddell**, Hamden, Conn., V. St. A., *Vernichtung von Unkräutern.* (**A. P. 3029138** vom 3/10. 1958, ausg. 10/4. 1962. — C. **1962**, 2879 [D. A. S. 1112340].)

2076 **Amchem Products, Inc.**, Ambler, Pa, V. St. A., *Mittel zur Unkrautvertilgung.* (**Ind. P. 70653** vom 5/2. 1960. Can. Prior. 12/9. 1959. — C. **1963**, 7146 [E. P. 876461].)

2077 **Farbenfabriken Bayer Akt.-Ges.**, Deutschland (Erfinder: **Werner Schäfer**, **Richard Wegler** und **Ludwig Eue**), *Herstellung von Herbiciden.* (**F. P. 1247138** vom 2/2. 1960, ausg. 17/2. 1961. D. Prior. 3/2. 1959. — C. **1960**, 16567 [D. A. S. 1084078].)

2078 **E. I. du Pont de Nemours & Co.** (Erfinder: **Rayner Selby Johnson**), V. St. A., *Herstellung von Herbiciden.* (**F. P. 1240355** vom 12/11. 1959, ausg. 20/12. 1960. A. Prior. 20/11. 1958. — C. **1963, 7146** [E. P. 872808].)

2079 **Diamond Alkali Co.** (Erfinder: **Reynold A. Berkey** und **Henry**), **Bluestone**), V. St. A., *Herstellung von Tri- und Tetrahalogentetrahydrothiophen-1.1-dioxiden.* (**F. P. 1242835** vom 13/3. 1958, ausg. 9/1. 1961. A. Prior. 13/3. 1957. — C. **1962**, 17538 [D. A. S. 1114505].)

2080 **Farbenfabriken Bayer Akt.-Ges.**, Deutschland (Erfinder: **August Dörken** und **Gerhard Schrader**), *Thionophosphorsäureester.* (**F. P. 73645** vom 28/5. 1958, ausg. 13/1. 1961. D. Prior. 7/6. 1957. Zusatz zu F. P. 1187793; C. 1961, 15537. — C. **1960**, 6636 [D. A. S. 1062239].)

2081 **Farbenfabriken Bayer Akt.-Ges.**, Leverkusen (Erfinder: **Gerhard Schrader**, Wuppertal), *Herstellung von Thiophosphonsäureestern.* (**Oe. P. 218031** vom 30/6. 1960, ausg. 10/11. 1961. D. Prior. 2/7. 1959. — C. **1963**, 7929 [D. A. S. 1132131].)

2082 **Farbenfabriken Bayer Akt.-Ges.**, Deutschland (Erfinder: **Gerhard Schrader**), *Herstellung von Dithiophosphonsäureestern.* (**F. P. 1241755** vom 23/7. 1959, ausg. 28/12. 1960. D. Prior. 29/7. 1958. — C. **1960**, 8657 [D. A. S. 1071701].)

H_8. Metallurgie, Korrosion

2083 **Untersuchungen über die Qualitätsüberwachung von Erzen in der Uranmine.** Shunzō Takenaka und Katuyuki Takahasi. (Suiyōkwai-Shi Trans. Mining metallurg. Alumni Assoc. **15**, 13—18, 1963; jap., Auszug: engl.) — Zwischen den Ergebnissen der *U*-Best. auf chem. Wege u. seiner aus Bohrproben ermittelten Strahlungswerte besteht eine gute Übereinstimmung. W. Wesly. 6354◇

2084 **Förderungsarten und -kosten für Uran bei mehreren Gruben auf der Colorado-Hochebene.** W. L. Dare. (U. S. Dep. Interior, Bur. Mines, Inform. Circ. **1961**, Nr. 8015, 1—48; Denver, Colo.; engl.) — Beschreibung der Lage, der geolog.-mineralog. Verhältnisse, der geschichtlichen Entw. sowie der Arbeitsweise u. -kosten von 6 im Colorado-Gebiet liegenden U-führenden Gruben. Anschließend werden noch 5 weitere Gruben kurz behandelt. F. Hochstetter. 6360◇

2085 **Verarbeitung von Uranerzen.** Tsutomu Kawamura. (J. Mining metallurg. Inst. Japan **77**, 699—705, 1961; jap., Auszug: engl.) — Übersicht über Vork. an U-Erzen, deren Aufbereitung u. die Verff. zur Gewinnung von *U*. — 18 Literaturangaben. W. Wesly. 6360◇

2086 **Zusammenarbeit von Mineralaufbereitung und Metallurgie.** Toshiaki Yonezawa. (J. Mining metallurg. Inst. Japan **77**, 706—14, 1961; jap., Auszug: engl.) — Beschreibung mehrerer Beispiele von unmittelbarer Anwendung metallurg. Verff. auf Erze, metallurg. Aufbereitungs-Verff. u. Aufbereitungs-Verff. halbfertiger metallurg. Produkte. — 33 Literaturangaben. W. Wesly. 6360◇

2087 **Trockene magnetische Separation von fein gemahlenen Erzen unter Anwendung der magnetischen Entmischung.** A. I. Ismodenow, Ss. E. Fridman und L. Ss. Schugol. (Berg-J. [UdSSR] **1961**, Nr. 3, 57—60; russ.) — Der Wirkungsgrad der trockenen magnet. Separation von *Magnetit-Quarz*-Gemischen steigt wesentlich an, wenn das Material einer vorausgehenden magnet. Entmischung unterworfen wird, die im veränderlichen Magnetfeld durch kurzzeitiges Ein- u. Ausschalten eines unter dem Gemisch befindlichen Elektromagneten erfolgt, wobei sich die magnet. Gemengeteilchen in der oberen Schicht ansammeln u. magnet. abgetrennt werden können. Die ersten technolog. Daten werden mitgeteilt. H. Jäger. 6360□

2088 **Die Probieranalyse von große Mengen von Eisenoxid oder Chromoxid enthaltenden Materialien.** I. N. Masslenitzki und L. N. Polijewski. (Hochschulnachr. [Ordshonikidse], Nichteisenmetallurgie **4**, Nr. 5, 139—44, 1961; Leningrad, Berg-Inst., Lehrstuhl für Metallurgie der Bunt- u. Edelmetalle; russ.) — Das Vorhandensein großer Mengen an *Fe*- u. *Cr*-Oxiden im zu untersuchenden *Au*-haltigen *Werkblei*, bedingt bedeutende *Au*-Verluste mit den Probierschlacken. Diese Verluste entstehen infolge der schlechten Löslichkeit der beiden Oxide in den Probierschlacken unter Hervorbringung einer Emulgation von Werkblei, der zufolge sich die Au-Teilchen nicht vollständig im Pb lösen u. sich selbständig auf dem Tiegelboden oder Scherben absetzen; eine erhöhte Schlackenzähigkeit verlangsamt das Absetzen sowohl der Werkblei-Tröpfchen als auch der Au-Teilchen, die sich nicht vollständig im Werksblei sammeln können. Zur Erzielung besserer Ergebnisse muß Fe-Oxid durch Lsg. in HCl entfernt u. der Rückstand auf üblichem Probierwege analysiert werden; bei Ggw. von Cr-Oxid im zu prüfenden Material soll Au in Königswasser gelöst u. durch Ausfällen aus der Lsg. mit nachfolgenden Abtreiben des Nd. bestimmt werden. H. Hochstein. 6360◇

2089 **Wäßrige Oxydation von Bleiglanz in saurem Medium unter Druck.** A. Vizsolyi, H. Veltman und F. A. Forward. (Trans. metallurg. Soc. AIME **227**, 215—20, 1963; Vancouver, Univ. of Brit. Columbia; engl.) — Zur Erleichterung der *Pb*-Extraktion aus *PbS* durch Amin-Auslaug-Meth. muß PbS zunächst zu $PbSO_4$ oder *PbO* umgewandelt werden. Beschrieben wird ein Verf. zur Oxydation von PbS in einem handelsüblichen Pb-Konzentrat in W. allein oder mit Zusatz von H_2SO_4 oder FeS_2 unter O_2-Druck in einem Autoklaven bei verschiedenen Temperaturen. Es zeigt sich, daß die Oxydation zu $PbSO_4$ in wenigen Min. bei 140° vollendet ist, wenn ein großer H_2SO_4-Überschuß vorhanden ist; die Oxydation ohne H_2SO_4-Zusatz ist in etwa 5 Std. im wesentlichen beendet. Mit sehr reinem

PbS durchgeführte Prüfungen zeigen, daß eine nur geringe oder gar keine Oxydation von PbS in sauren Lsgg. auftritt, es sei denn, daß ein O-Träger, z. B. Fe-Ionen, in der Lsg. vorhanden ist. Der erforderliche H_2SO_4-Zusatz kann durch Aufgabe von Pyrit erfolgen. Ein O_2-Druck über 20 psi hat keinen wesentlichen Einfluß; der Temp.-Koeff. ist unter 140° hoch, dagegen zwischen 140° u. 200° unbedeutend. *ZnS* oxydiert viel langsamer als PbS bei einem pH-Wert von 2,0 u. nicht vollständig bei einem pH-Wert von 5—6. Unter einem pH-Wert von 2 wird in Ggw. von Fe-haltigen Salzen $PbSO_4$ einer Rückumwandlung mit Bldg. eines *bas. Fe–Pb-Sulfates*, welches in Ammonium-Acetat oder in Amin-Lsgg. unlöslich ist. L. Hochstein. 6360◇

2090 **Merkmale der Erzaufbereitungsanlage der Kamaishi-Mine.** Ichiro Nakagawa. (J. Mining metallurg. Inst. Japan **77,** 740—50, 1961; jap., Auszug: engl.) — Beschreibung der Arbeitsweise u. des Ausbringens einer magnet. Aufbereitungsanlage für *Fe-* u. einer Flotationsanlage für *Cu-Erze*. W. Wesly. 6360◇

2091 **Untersuchungen über die Aufbereitungseigenschaften von Kupfererzen des Gebietes von Lublin.** J. Adamiczka, R. Bortel und Z. Grzebieluch. (Prace Inst. hutniczych **14,** 19—25, 1962; Inst. Met. Nieżelazu; pol.) — Übersicht über die Geologie u. Mineralogie neu entdeckter Cu-Erz-Vork. bei Lublin u. die Ergebnisse von Verss. zur Aufbereitung. W. Wesly. 6360◇

2092 **Das Abbau-Verfahren in der Tsuchihata-Mine.** Masaharu Miyoshi, Hideo Kuranami und Yoshiaki Murakami. (J. Mining metallurg. Inst. Japan **77,** 241—46, 1961; jap., Auszug: engl.) — Beschreibung des Abbaus eines japan. Stockwerk-Vork. von *Pyrit* u. *Kupferkies* mit Einsprengungen anderer Mineralien. W. Wesly. 6360◇

2093 **Die Arbeitsweise des Konzentrators der Akagane-Mine.** Takeshi Sahara. (J. Mining metallurg. Inst. Japan **77,** 751—54, 1961; jap., Auszug: engl.) — Beschreibung der Gewinnung von *Cu-* u. Fe_3O_4-Konzentraten aus Roherzgemischen mit 67(%) Cu, 26,5 Fe u. 4,9 S durch Flotation u. Abtrennung von Fe_3O_4 durch Magnetaufbereitung u. Flotation des Fe_3O_4-Konzentrates (Beseitigung von Pyrrhotin). Das Cu-Konzentrat enthält 17(%) Cu, das Fe_3O_4-Konzentrat 65 Fe u. 3,0 S. W. Wesly. 6360◇

2094 **Untersuchung über die Adsorptionsreaktion zwischen Äthylxanthogenat und sulfidischen Mineralien.** Shigeru Mukai, Gentarō Kanō und Masahiko Maruoka. (Suiyōkwai-Shi [Trans. Mining metallurg. Alumni Assoc.] **15,** 23—28, 1963; jap., Auszug: engl.) — Für die Adsorption von *Äthylxanthogenat* (**I**) an *Molybdänglanz, Zinnober, Covellin, Pyrit, Bleiglanz, Zinkblende* u. *Antimonglanz* wird eine Gleichung abgeleitet. Die mit der Adsorptions-Rk. einhergehende Änderung der Freien Energie wird thermodynam. bestimmt. Die chem. Affinität zwischen **I** u. den Mineralien stimmt gut mit der vom S- u. dem Metallion bei der Bldg. jedes Metallsulfids überein. Danach verbindet sich das **I**-Ion mit der Oberfläche der sulfid. Mineralien über das S-Atom. W. Wesly. 6362◇

2095 **Flockung, Flockungsmittel und ihre Anwendung.** Kazimierz Żmudziński und Joachim Płaczek. (Przemysł chem. **41,** 632, 1962; pol.) — Es werden der Wirkungsmechanismus der Flockungsmittel, die Arten von Flockungsmittel sowie ihre chem. Zus. (hochmol. organ. Flockungsmittel, natürliche u. synthet.) beschrieben u. die Anwendungsmöglichkeiten für Flockungsmittel zur beschleunigten Sedimentation von Flotations-Prodd. der *Nichteisenmetallerze* behandelt sowie die Anwendung in anderen Industriezweigen. I. Kalzendorf. 6362◇

2096 **Die Flotation von „Kuromona" (Schwarzerz) der Kosaka-Mine. Mikroskopische Untersuchungen und Einzelflotationsversuche an Proben von unterirdischen Arbeitsplätzen und Bohrkernen.** Tomonobu Kubota, Takuzi Otsuka und Iemasa Nakamura. (J. Mining metallurg. Inst. Japan **77,** 729—34, 1961; jap., Auszug: engl.) — Im Kuromono-Erz — einem komplexen Sulfiderz — werden mkr. *Kupferkies, Chalcocin, Covellin, Antimonfahlerz, Tennantit, Bleiglanz, Zinkblende, Pyrit, Ag, Au, Baryt* u. etwas Gangart nachgewiesen. Bei der Flotation gibt SO_2 etwas bessere Werte als die *Cyanid*-Verfahren. W. Wesly. 6362◇

2097 **Einflüsse der Temperatur der Suspension auf die Flotation in der Yoichi-Anlage.** Jyo Isshiki. (J. Mining metallurg. Inst. Japan **77,** 724—28, 1961; jap., Auszug: engl.) — Für die Beziehungen zwischen dem Zn-Geh. von *Zn*-Konzentraten bzw. Aufbereitungsschlamm einer Flotationsanlage u. der Temp. der Suspension sowie zwischen dem Wrkg.-Grad der *Pb*-Extraktion aus *Cu*-Konzentraten (durch Differentialflotation) u. der Temp. der Suspension werden Gleichungen abgeleitet. W. Wesly. 6362◇

2098 **Die Flotation oxydierter Bleimineralien bei der Osarizawa-Mine.** Yoshio Usui. (J. Mining metallurg. Inst. Japan **77,** 735—39, 1961; jap., Auszug: engl.) — Die Flotation oxydierter Pb-Mineralien *Bleiglanz, Beaverit, Anglesit* mit *Seife* gibt geringe Pb-Ausbeuten. Die Verw. von Na_2S u. Na_2HPO_4 gibt befriedigende Ausbeuten, ebenso *Methylxanthogenat* u. Na_2HPO_4. Das letztgenannte Verf. wird als das wirtschaftlichste angewandt. W. Wesly. 6362◇

2099 **Benetzungseigenschaften von Bleiglanz.** Kōzō Saito. (J. Mining metallurg. Inst. Japan **77,** 471—76, 1961; jap., Auszug: engl.) — Unterss. über die Benetzungs-Eigg. von Bleiglanz mit dem Kugeltropfen-Verf. zeigen, daß der Kontaktwinkel (KW) von der Oberflächenrauheit abhängt; der Wert frischer Spaltflächen ist höher als der mit Schmirgel polierter Oberflächen. Der KW fällt mit steigendem *Ag*-Geh.; bei Proben, die mit $KMnO_4$-Lsg. behandelt worden sind, fällt der KW linear mit steigender Konz. der Lösung. $KMnO_4$-Lsg. oxydiert die Bleiglanzoberfläche leicht unter Bldg. von $MnO_2 \cdot (0-1)\ MnO \cdot n\ H_2O$. W. Wesly. 6362◇

2100 **Flotierbarkeit sulfidischer Mineralien bei Verwendung von Xanthogensäuren als Sammler.** Hiroshi Majima. (J. Mining metallurg. Inst. Japan **77,** 39—48, 1961; jap., Auszug: engl.) — Unterss. über die Flotierbarkeit von *Bleiglanz* u. *Covellin* mit *Äthylxanthogensäure* als Sammler zeigen, daß eine enge Beziehung zwischen der Flotierbarkeit u. den Bldg.-Konst. von Metallchelaten in saurer Lsg. besteht. Die pKa-Werte der Dissoziation der Xanthogensäuren (**I**) haben eine lineare Beziehung zu den krit. pH-Werten. Zwischen den krit. pH-Werten von Bleiglanz u. der Bldg.-Konst. von Pb-Verbb. der **I** besteht eine enge Beziehung. — 39 Literaturangaben. W. Wesly. 6362◇

2101 **Der Neubau der basischen Sauerstofföfen der Great Lakes Steel Corp.** R. B. Morgan. (Proc. Conf., nat. Open Hearth Steel Committee Iron Steel Divis., Amer. Inst. Mining metallurg. Petroleum Engr. **44,** 361—68, 1961; Detroit, Mich., Great Lakes Steel Corp.; engl.) — Beschreibung. H. Hochstein. 6370◇

2102 **Die Entstaubung von Sauerstoff-Stahlwerksanlagen.** J. H. Smith. (Proc. Conf., nat. Open Hearth Steel Committee Iron Steel Divis., Amer. Inst. Mining, metallurg. Petroleum Engr. **44,** 351—57, 1961; Fontana, Calif., Kaiser Steel Corp.; engl.) — Beschreibung des Aufbaus u. der Arbeitsweise einer Entstaubungsanlage. — Diskussion. H. Hochstein. 6370◇

2103 **Über eine Möglichkeit des Entfernens von Schwefel aus Brauneisenerzkonzentraten aus Kremikovci.** N. Janakijew. (C. R. Acad. bulg. Sci. **14,** 255—57, 1961; russ., Auszug: dt.) — Das *Limonit*-Erz von Kremikovci mit 38,3(%) Fe, 10,5 Mn, 3,9 $BaSO_4$, 0,55 S, 6,83 SiO_2, 2,30 CaO, 1,5 MgO verliert beim Erhitzen im Luftstrom ab 700° S, bei 800° bereits 10—12%. Der S-Geh. geht gleichfalls beim Erhitzen in CO u. N_2 herab. Für techn. Zwecke wird ein Glühen bei 1100° von 20 Min. empfohlen, wobei über 85% S entweichen. J. Tůmová. 6378◇

2104 **Die allgemeinen Geschwindigkeitsgleichungen für Gas-Feststoff-Reaktionen in metallurgischen Prozessen.** Wei-Kao Lu. (Trans. metallurg. Soc. AIME **227,** 203—06, 1963; Minneapolis, Minn., Univ. of Minnesota; engl.) — Eine allgemeine Differential-Geschw.-Gleichung für Gas–Feststoff-Rkk. in metallurg. Prozessen wird abgeleitet, wobei die Beiträge der chem. Rk. an den

Zwischenphasengrenzen sowie die Diffusion durch die feste Schicht gleichzeitig berücksichtigt werden.
H. Hochstein. 6380◇

2105 **Die Veränderung der Zusammensetzung und der Struktur chromhaltiger Erze während ihrer Erhitzung und Reduktion.** Ss. Ss. Lissnjak und A. M. Belikow. (Stahl [UdSSR] **23,** 137—39, 1963; Tscheljabinsk, Forsch.-Inst. für Metallurgie; russ.) — Ein wesentlicher Anteil der *Cr*-Spinelle von Aktijubinsk besitzt eine nicht stöchiometr. Zus. ($R_2O_3/RO \approx 2$), die sich während ihrer Erwärmung von 1000 auf 1100° einstellt. Bei einer Erwärmung im Vakuum u. in einer reduzierenden Atmosphäre wird dies durch Red. des dreiwertigen Fe in das zweiwertige erreicht; an Luft wird das zweiwertige Fe oxydiert, wobei Cr-Oxid aus dem Spinellgitter verdrängt wird. Cr u. Fe des Syst. Fe–Cr–O beginnen bei 1050—1150° gleichzeitig aus dem Spinell reduziert zu werden, jedoch ist bei tiefer Temp. die Red.-Geschw. von Fe höher als die von Cr. Es bildet sich dabei ein Carbid vom Typ $(Fe, Cr)_3C$ u. metall. Fe; bei höheren Temp. erscheint als Rk.-Prod. ein Carbid vom Typ $(Cr, Fe)_7C_3$. Die Spinelle dieses Syst. werden bei gleicher Temp. schneller u. vollständiger reduziert als reines Cr-Oxid. Die Red. von Chromit $MgCr_2O_4$ beginnt über 1150° u. endet bei 1250° u. höher. Als Rk.-Prod. tritt Cr_3C_2 auf. Mit einer Erhöhung des Mg-Geh. in den Cr-Erzen wird daher die Cr-Menge erhöht, die im Bereich hoher Temp. (1250° u. höher) reduzierbar ist.
H. Hochstein. 6380◇

2106 **Anwendung radioaktiver Isotope in der Hütten- und Gießereitechnik.** Hans Wuttkowski. (Gießereipraxis **1961, 343**—46; dt.) M. Gehlen-Keller. 6382◇

2107 **Fließbarkeit von Formsanden.** 4. Mitt. **Beziehung zwischen Fließbarkeit von Formsanden und Oberflächenrauheit von Gußstücken.** Tadashi Yoshihara, Hiroshi Kasai und Koichi Koide. (Rep. Government ind. Res. Inst., Nagyoa **8,** 400—07, Juni 1959; jap., Auszug: engl.) — **3.** vgl. C. **1963,** 12573. — Eine Prüfung der Verff. zur Best. der Formsand-Fließbarkeit zeigt, daß die Fließbarkeit nach Dietert, die Stampfbarkeit u. die Fließbarkeit nach Kyle mit der Oberflächenrauheit von Gußstücken kaum in Wechselbeziehung stehen. Die Fließbarkeit nach Lissel steigt mit der Oberflächenrauheit der Gußstücke. Die Fließbarkeit nach Kennedy u. nach Gitter steht zu der Rauheit in enger Beziehung, ebenso der Ziehwiderstand der Formsande.
W. Wesly. 6382◇

2108 **Über die Möglichkeit der Verwendung von Bentonittonen des Chanlar-Vorkommens als Formmaterial.** A. M. Mamedalijew. (Ber. Akad. Wiss. AserbaidshanSSR **17,** 485—88, 1961; russ., Auszug: aserbaidshan.) — Vf. weist auf die Eignung der Bentonittone von Chanlar als Formmaterialien hin. H. Jäger. 6382□

2109 **Der Mechanismus des Überhitzens des Metalls in exothermen Gießköpfen und Festlegung der Meßmethode der Wärmeausbeute der exothermen Masse für die Auskleidung der Form.** Gabriel Kniaginin und Władysław Longa. (Arch. Hutnictwa **7,** 97—116, 1962; pol.) — Es wird eine Beziehung zwischen dem Überhitzungsgrad des Metalles im Gießkopf u. den Parametern der Thermitmasse der Auskleidung abgeleitet u. experimentell bestätigt. Der Überhitzungsgrad hängt nur von dem Verhältnis der Querschnitte der Auskleidung u. des Metalles ab. F. Urban. 6382◇

2110 **Untersuchungen über die Entfernung unerwünschter Beimengungen in Eisenerzen.** Eugeniusz Mazanek. (Zeszyty naukowe Akad. górniczo-hutniczej Kraków, Metalurgia Odlewnictwo **1960,** Nr. 5, 39—54, 1 Tafel, Kraków, Akad. Górn. Hutn., Kat. i Zakł. Metalurg; Surówki; pol.) — Beim Sintern von Pyritabbrand (4,12%) mit *Koks* unter Zusatz von *NaCl* oder $CaCl_2$ wurden 89% des *S* entfernt. Die Entschwefelung ist weder von der Basizität, noch vom *FeO*-Geh. oder von der angewandten NaCl ($CaCl_2$)-Menge abhängig. Die Entfernung von *As, Zn* u. *Pb* wird dagegen mit steigender Chlorid-Konz. im Sinterprod. verbessert. Die Basizität beeinflußt nur die Beseitigung von As, der FeO-Geh. die von Zn u. Pb. F. Urban. 6390◇

2111 **Das Verhalten von seltenen Elementen bei der Roheisen- und Stahlerzeugung.** Branko I. Božić. (Ber. chem. Ges. Belgrad **23/24,** 211—18, 1958/59; serbo-krat., Auszug: dt.) — Unterss. zeigen, daß bei der Roheisen- u. Stahlgewinnung die Elemente *Cu, Sb* u. *As* überwiegend in die Metallphase übergehen. Aus dem in der reduzierenden Atmosphäre des Hoch- bzw. in der oxydierenden des Siemens-Martinofens verarbeiteten Roheisen konnte in Ggw. von gepulvertem *CaO* bei erniedrigter Temp. ein gewisser Anteil von Sb u. As (nicht aber von Cu) in die Schlacke überführt u. so entfernt werden. S. Baryschnikow. 6390△

2112 **Einfluß bestimmter gelöster Elemente auf die Lösungsgeschwindigkeit des Stickstoffs in flüssigem Eisen.** Paul Kozakevitch und Georges Urbain. (Mém. sci. Rev. Métallurgie **60,** 143—56, 1963; St.-Germain-en-Laye, Inst. de Recherches de la Sidérurgie; franz.) — Die Auflösungsgeschw. von N_2 in fl. reinem Fe wird selbst bei völliger Abwesenheit eines Adsorptionsfilms einer spannungsaktiven Substanz durch die Durchwanderungsgeschw. des N_2 quer durch die monomolekulare Oberflächenschicht geregelt. Die Bedeutung der Diffusion im Badinnern kann allein bei Abwesenheit einer wirkungsvollen Umrührung überwiegen. Die Aktivierungswärme der Lsg. von N_2 im fl. Fe beträgt 40 kcal/Mol bei 1600°. Bei Ggw. von 0,02% gelöstem O_2 im Fe verzögert die Adsorptionsschicht stark die Auflösung. Das Verh. des im Metall gelösten N_2 während der Thomas-Stahl-Herst. wird gedeutet. Der Einfl. von gelöstem S auf die N_2-Löslichkeit ist viel schwächer als die von O_2. — 22 Literaturangaben. H. Hochstein. 6390◇

2113 **Verhalten des Wasserstoffs in Stahl, der vor oder nach einer elektrolytischen Beladung kaltverfestigt wurde.** J. Plusquellec, P. Azou und P. Bastien. (Mém. sci. Rev. Métallurgie **60,** 111—16, 1963; Paris, École Centrale des Arts et Manufactures; franz.) — Ein neues einfaches Verf. zur Best. des Diffusionskoeff. von H in Fe u. in Stahl sowie zur Ermittlung der Aktivierungsenergie wird beschrieben. Dieses Verf. ermöglicht ferner noch den Nachweis einer neuen Art von „Desorption" des Gases bei elektrolyt. mit H beladenen Proben aus extraweichem Stahl, die anschließend noch über 8% kaltverformt wurden. Hierbei zeigt sich, daß sich nach dieser Verformung H nur sehr langsam aus den Proben bei Raumtemp. ausscheidet. Es wird angenommen, daß die plast. Verformung in des Anordnung der Protonen im Metallinnern eine Veränderung vorgenommen hat. — 18 Literaturangaben. H. Hochstein. 6390◇

2114 **Gefügeumwandlungen an Gußeisen mit Kugelgraphit.** H. Michalek. (Werkstatt u. Betrieb **96,** 293—96, 1963; Bochum, Gebr. Eickhoff, Masch.-Fabr. u. Eisengießerei mbH., Gießerei-Labor.; dt.) — Unterss. über die Gefügeumwandlungen bei Erstarrung von Gußeisen mit Kugelgraphit u. Abkühlung aus dem Austenitgebiet zeigen, daß bei Abwesenheit von freiem Zementit im Ausgangsgefüge die Glühtemp. niedriger sind als bei härteren Ausgangswerkstoffen. W. Wesly. 6404◇

2115 **Untersuchung der Mikroseigerungen in Eisen-Kohlenstoff-Silicium-Legierungen verschiedener Reinheit.** J. Charbonnier und J. C. Margerie. (Mém. sci. Rev. Métallurgie **60,** 100—10, 1 farbige Tafel, 1963; Paris, Centre techn. des Industries de la Fonderie; franz.) — Die mittels der Elektronen-Mikrosonde nach Castaing durchgeführte Unters. von Mikroseigerungen an grauem *Gußeisen* mit 2,37—3,20(%) C, 1,16—2,79 Si, 0,01—0,91 Mn, 0,01—0,27 S, 0,02—2,79 Si, 0,01—0,91 Mn, 0,01—0,27 S, 0,02—0,234 P, ohne oder mit ca. 0,3 Cr, ohne oder mit ca. 1 Ni ergibt, daß die Elemente, welche die Carbide (Mn, Cr) u. P stabilisieren, in direktem Sinn durch Anreicherung während der Erstarrung seigern, während die graphitisierenden Elemente (Ni, Si) in umgekehrtem Sinne seigern. Die Wechselwrkg. zwischen Mn u. S sowie der Einfl. einer Glühung werden behandelt.
H. Hochstein. 6404◇

2116 **Über die unausgenützten Eisenerzquellen zur Stahlgewinnung.** Akimasa Matsui. (J. Mining metallurg. Inst. Japan **77,** 686—90, 1961; jap., Auszug: engl.) — Fortschrittsbericht über japan. Forschungen über *Pyrrhotin* u. *Eisensand.* W. Wesly. 6408◇

2117 **Die Kinetik der basischen Sauerstoffstahlgewinnung.** W. O. Philbrook. (Proc. Conf. nat. Open Hearth Steel Committee Iron Steel Divis., Amer. Inst. Mining, metallurg. Petroleum Engr. **44,** 376—404, 1961; Pittsburgh, Pa., Carnegie Inst. of Technol.; engl.) — Überblick über die Grundlagen der chem. Gleichgew.-Rkk. u. ihres Ablaufs im bas. Sauerstoff-Konverter, wobei Angaben der Rk.-Geschw. u. den Mechanismus der Stahlfeinungsrkk. u. über O_2-Strahlen u. -Lanzen (Strahlcharakteristik, Zirkulation des Bades, Rk. des Strahles mit dem Metall u. der Schlacke) sowie über den bas. O_2-Prozeß mit O_2-Absorption aus dem Strahl, Schlacken-Metall-Rkk. Entkohlung, Entphosphorung u. Entschwefelung u. Regelung des Verf. gemacht werden. — 29 Literaturangaben.. — Diskussion.
H. Hochstein. 6408◇

2118 **Betriebsweise der Konverteranlage der Tobata-Werke.** Shigeru Maebara. (Proc. Conf., nat. Open Hearth Steel Committee Iron Steel Divis., Amer. Inst. Mining, metallurg., Petroleum Engr. **44,** 357—61, 1961; New York, Yawata Iron & Steel Co.; engl.) — Überblick über die Betriebsweise des bas. Sauerstoff-Verfahrens.
H. Hochstein. 6408◇

2119 **Neue Anlagen der Jones & Laughlin Steel Corp. in Cleveland.** John A. Glasgow. (Proc. Conf., nat. Open Hearth Steel Committee Iron Steel Divis., Amer. Inst. Mining, metallurg., Petroleum Engr. **44,** 344—50, 1961; Cleveland, Ohio, Jones & Laughlin; engl.) — Beschreibung der neuen bas. Sauerstoff-Stahlwerksanlagen. — Diskussion. H. Hochstein. 6408◇

2120 **Das basische Sauerstoff-Stahlwerk der Colorado Fuel & Iron Corp., Pueblo/Colo.** George Grosvenor. (Proc. Conf., nat. Open Hearth Steel Committee Iron Steel Divis., Amer. Inst. Mining, metallurg., Petroleum Engr. **44,** 339—43, 1961; Pueblo, Colo., Colorado Fuel and Iron Corp.; engl.) — Beschreibung. — Diskussion.
H. Hochstein. 6408◇

2121 **Seigerungen beim Erstarrungsvorgang des Stahlblockes.** Branko I. Božić. (Ber. chem. Ges. Belgrad **23/24,** 191—210, 1958/59; dt.) — Beim Erstarren eines Stahlblocks (SB) wandern *Ni* u. *Si* zu der kälteren Blockoberfläche, *C, S, P, As, Sb* u. *N* werden dagegen als Verbb. zum heißeren Inneren des SB abgedrängt. Infolge der gleichen Geschw. der Ausscheidung von *Mn* u. *Cu* der Einordnungs-Geschw. der *Fe*-Atome in das Kristallgitter bleiben Mn u. Cu gleichmäßig in SB verteilt. Auf Grund der vorst. Ergebnisse wird die prakt. Auswrkg. der Seigerung von Cu, As u. Sb auf die Stahlerzeugung erörtert. S. Baryschnikow. 6408△

2122 **Ausscheidung von Chromcarbid an den Korngrenzen in einem austenitischen nichtrostenden Stahl 302.** R. Stickler und A. Vinckier. (Trans. metallurg. Soc. AIME **224,** 1021—24, 1962; Pittsburgh, Westinghouse Res. and Dev. Center; engl.) — Eine opt. u. elektronenmkr. Unters. wurde an einer austenit., nichtrostenden Stahlleg. mit 0,10(%) C, 0,56 Mn, 0,52 Si, 18,6 Cr, 8,4 Ni, 0,09 Mo, 0,012 S, 0,017 P durchgeführt, der eine Wärmebehandlung zur Ausscheidung großer dendrit. $(Cr, Fe)_{23}C_6$-Carbidteilchen erfahren hatte. Es zeigte sich, daß die Korngrenzenausscheidung ihr Wachstum von der Korngrenze zum Korninneren nicht fortsetzte, jedoch als Netzwerk von großen dünnen Dendriten zwischen den Körnern zusammenwuchs. H. Hochstein. 6410◇

2123 **Untersuchung der Reaktion von Nickeloxydul mit Eisen in festen Phasen.** G. Ss. Wiktorowitsch, D. I. Lissowski und A. Ju. Malewski. (Hochschulnachr. [Ordshonikidse], Nichteisenmetallurgie **5,** Nr. 4, 86—94, 1962; Moskau, Stahl-Inst., Lehrstuhl für Metallurgie u. physikal. Chemie von Buntmetallen; russ.) — Bei der Unters. der Rk. von *NiO* mit *Fe* in fester Phase wird festgestellt, daß bei einer Temp. unter 570° NiO durch Fe unter Bldg. von *Magnetit* reduziert wird, während bei höherer Temp. die Zus. des Rk.-Endprod. durch einen Fe-Überschuß bestimmt wird. Mit dem Auftreten von *Wüstit* in den Rk.-Prodd. verläuft die Rk. wesentlich schneller, was durch die höhere Diffusionsgeschw. von Fe durch FeO als durch Fe_3O_4 erklärt wird. Wenn im Syst. Fe–Ni–O als stabiles Fe-Oxid Magnetit erscheint, bleibt Ni prakt. vollständig in der metall. Phase erhalten; es zeigt sich, daß im Gleichgew. mit Wüstit die Ni-Leg. einen merklichen Fe-Geh. besitzt. Ni diffundiert nicht mit merklicher Geschw. durch Wüstit, was auch von seiner geringen Löslichkeit im FeO zeugt. Zur Herst. einer Ni-reichen Leg. ist es möglich, die Hauptmenge von Fe, z. B. *Ferronickel,* durch eine oxydierende Glühung in Oxide überzuführen; infolge der geringen Löslichkeit vom Ni in festen Fe-Oxiden war ein hoher Auszug von Ni an die Metallphase erzielt. H. Hochstein. 6418◇

2124 **Hochtemperatur-Wirbelschicht-Rösten von Zink-Konzentraten.** Carlos E. Roggero. (Trans. metallurg. Soc. AIME **227,** 105—111, 1963; La Oroya, Peru, Cerro de Pasco Corp.; engl.) — Der Einfl. von hohen Temp. auf die Zn-Röstpraxis wurde durch Wirbelschicht-Röstverss. bei Temp. von 950—1150° untersucht. Hier zeigte, daß bei diesen Temp. eine Temp.-Steigerung eine 2—3%ig. Erhöhung der Zn-Löslichkeit infolge des verringerten Geh. von Zn-Ferrit u. des verminderten Sulfid-Schwefels bewirkte. Die erstgenannte Wrkg. wird der therm. Zers. von $ZnFe_2O_4$ u. die letztgenannte der erhöhten Oxydationsgeschw. u. den längeren Haltezeiten zugeschrieben. Angaben über eine stark erhöhte Verflüchtigung von *Pb, Cd,* u. *Ag* oberhalb von 1000° werden gemacht. Ein beträchtlicher von im Eintragsgut vorhandenen *Fe* wird ebenfalls bei den hohen Temp. aus grobem Röstgutaustrag zu Flugstaub umgewandelt.
H. Hochstein. 6426◇

2125 **Der Einfluß von Blei und Wismut auf das Kornwachstum in zonengereinigtem Zinn.** E. L. Holmes und W. C. Winegard. (Trans. metallurg. Soc. AIME **224,** 945—49, 1962; Toronto, Can., Univ. of Toronto; engl.) — Die Einfl. von den gelösten Elementen Pb u. Bi auf das Kornwachstum in zonengereinigtem Sn werden untersucht. Bei niedrigen Temp. z. B. unter 160°, oder bei höheren Konzz., z. B. über 0,03 Atom-%, war die Temp.-Abhängigkeit des Kornwachstums konstant. Es wurde eine Beziehung zwischen den Geschw. des Kornwachstums in Ggw. der gelösten Verunreinigungen u. dem Faktor $[C \mid r - r' \mid]^{1/2}$ gefunden, wobei in diesem Faktor C die Konz. des gelösten Elementes, r den Radius des lösenden Atoms u. r′ den Radius des gelösten Atoms bedeuten. Es wird gezeigt, daß die Theorie von Lucke u. Detert keine befriedigende Erklärung der erhaltenen Ergebnisse liefert. — 10 Literaturangaben.
H. Hochstein. 6428◇

2126 **Blei. Eine Übersicht.** H. M. Callaway. (U. S. Dep. Interior, Bur. Mines, Inform. Circ. **1962,** Nr. 8083, 1—194; Washington; engl.) — Beschreibung der Eigg. u. Anwendungsgebiete des Pb, seine geschichtliche Entw., die Pb-Vork. einschließlich der Abfälle, die Vorräte, den Verbrauch u. die Pb-Industrie.
F. Hochstetter. 6430◇

2127 **Kontinuierlicher Abstich eines Blei-Hochofens.** J. T. Roy und J. R. Stone. (Trans. metallurg. Soc. AIME **227,** 177—79, 1963; Perth Amboy, N. J., American Smelting and Refining Co.; engl.) — Durch eine kontinuierlich wirkende Abstichvorr. nach Asarco wird eine erhöhten Leistung eines Pb-Hochofens erzielt.
H. Hochstein. 6430◇

2128 **Grundlegende Untersuchungen über die Behandlung des Anodenschlammes der elektrolytischen Bleiraffination.** 1. Mitt. Masanobu Isawa und Tokiaki Tanaka. J. Mining metallurg. Inst. Japan **77,** 483—90, 1961; jap., Auszug: engl.) — Röntgenunterss. des Anodenschlammes (AS) der elektrolyt. *Pb*-Raffination zeigen, daß der Schlamm von Pb–Bi-Anoden metall. Bi u. (bei geringem Bi-Geh. der Anode) Pb enthält. Pb–Bi–Sb-**AS** enthält metall. Bi u. Sb u. eine feste Bi–Sb-Lsg., Pb–Bi–As-**AS** metall As u. Bi, Pb–Bi–Sb–Ag-**AS** die ε- u. ε′-Phase der Ag–Sb-Leg., Pb–Bi–As–Ag-**AS** metall. As u. Ag, **AS** der Pb-Raffinerie krist. u. amorphes As_2O_3, $PbSO_4$, feste Bi–Sb-Leg., ε- u. ε′-Phase der Ag–Sb-Legierung. W. Wesly. 6430◇

2129 **Untersuchungen über den Anodenschlamm der elektrolytischen Bleiraffination.** 2. Mitt. **Über Schlamm als feste Lösung.** Masanobu Isawa und Tokiaki Tanaka. (J. Mining metallurg. Inst. Japan **78,** 519—26, 1962; jap., Auszug: engl.) — 1. vgl. vorst. Referat. — Der Anodenschlamm der elektrolyt. *Pb*-Raffination kann nach der Art der Verunreinigungen in der Anode eingeteilt werden in den Typ der festen Lsg., den eutekt. u. den Fällungstyp. Der seetangartige Schlamm (feste Lsg.) unterscheidet sich deutlich von den beiden anderen Arten, haftet an der Anodenoberfläche u. enthält sehr kleine Kristalle von bas. *Pb*- u. *Bi*-Carbonat. W. Wesly. 6430◇

2130 **Der Einfluß von Verunreinigungen auf die Eigenschaften von Rotguß-Gußstücken.** D. A. Hudson. (Brit. Foundryman **56,** 93—100, 1963; Brit. Nonferrous Metals Res. Assoc., London; engl.) — Der Einfl. von *Sb, As, Bi, Fe* auf die Spannungs-Eigg. von Rotguß rechtfertigt die Zulassung von begrenzten Mengen dieser Verunreinigungen, (vgl. Brit. Standards 1400, 1961), da sich diese Elemente nicht nachteilig auf die Eigg. der Legg. auswirken. *S* hat geringen Einfl. auf die Spannungseigg., wenn es 0,1% nicht überschreitet. *Al* in geringen Mengen verursacht einen Verlust an Druckfestigkeit u. wesentliche Verminderung der Spannungseigg., muß daher auf weniger als 0,01% begrenzt werden. *Si* zeigt den gleichen Einfl. auf Pb-freie Legg. u. verursacht Metall-Formrk. in Pb-haltigen Legg., was Porosität zur Folge hat. Es ist bedeutend unter 0,02% zu halten. *P* über der für die Desoxydation notwendigen Menge verursacht Metall-Formrk. u. sollte für sehr dünne Gußstücke 0,04% u. für schwere 0,015% betragen. — 20 Literaturangaben.
E. Haslinger. 6432◇

2131 **Untersuchungen an Kupfer–Zirkonium-Legierungen. 3. Mitt. Prüfung der Eigenschaften von Legierungen mit verbessertem Zunderverhalten.** U. Zwicker. (Metall **16,** 1110—13, 1962; Frankfurt/Main, Metallges. AG, Metall-Labor.; dt.) — 2. vgl. C. **1963, 12195.** — Der Einfl. des Reinheitsgrades u. oxydationshemmender Zusätze auf die Aushärtung u. die Leitfähigkeit von *Cu-Zr*-Legg. wurde untersucht. Danach reicht zur Erzielung einer Leitfähigkeit homogenisierter u. abgeschreckter Proben von über 50 SE (Siemens-Einheiten) bei 50% verformten Proben eine Auslagerungszeit von 1 Std. bei 450° u. bei 90% verformten eine solche von 20—40 Min. bei 450° aus, um eine Leitfähigkeit von 50 SE zu erreichen. Legg. mit *Co*-Zusätzen erfordern längere Auslagerungszeiten. Der Abfall der mechan. Eigg. durch die zunehmende Auslagerungszeit ist bei den *Co* u. *Be* u. *Nb* u. *Be* enthaltenden Legg. geringer als bei den zusatzfreien Legierungen. Bei der Prüfung des Zeitstand-Verh. zwischen 200 u. 400° zeigte sich, daß die Nb u. Be enthaltenden Legg. den Co u. Be enthaltenden u. diese den zusatzfreien Legg. überlegen sind. F. Vier. 6432◇

2132 **Untersuchung der Ausscheidungsvorgänge in einer Nickel–Chrom-Legierung mit Zusätzen von Aluminium und Titan.** Paul Schwaab und Kurt Hagen. (Z. Metallkunde **54,** 23—30, 1963; Duisburg, Forsch.-Inst. der Mannesmann AG.; dt.) — Die Ausscheidungsvorgänge in einer Leg. mit 70,5(%) Ni, 16,6 Cr, 6,8 Fe, 0,3 Al u. 3,1 Ti werden mit Hilfe von Härtemessungen sowie licht- u. elektronenmkr. untersucht. Es zeigte sich, daß die Aushärtung beim Anlassen auf 600—750° auf metastabile Ausscheidungen der γ'-Phase zurückzuführen ist, nicht aber auf G. P.-Zonen wie beim Duralumin. Kohärenzeffekte zwischen den γ'-Teilchen u. der Grundmasse spielen dabei eine wesentliche Rolle. Bei langen Glühzeiten verschwindet die γ'-Phase, u. es scheidet sich die stabile η-Phase aus. Der Ablauf dieses Vorganges u. die Ausscheidung von $M_{23}C_6$ (Cr-Carbid) wird eingehender untersucht. — 51 Literaturangaben.
H. Hochstein. 6434◇

2133 **Einfluß von Legierungszusätzen (W, Mo, Al, B) auf die Struktur und Eigenschaften einer warmfesten Legierung auf Basis der Legierung Nimonic 80.** Jan Chodorowski. (Prace Inst. Mechan. precyzyjnej **10,** Nr. 35, 1—15, 1962; tschech.) — Die Ergebnisse von Unterss. über den Einfl. von Zusätzen von *W, Mo, Al* u. *B* auf Struktur u. Eigg. (bes. Kriechfestigkeit) von warmfesten Legg. auf Basis von *Nimonic 80* werden erörtert. Auf die Entw. u. Stabilität der α'-Na_3 (Ti, Al)-Phase wirkt Mo günstiger ein als W. W. Wesly. 6434◇

2134 **Entfernung von Cadmium aus Magnesium durch Destillation bei vermindertem Druck und Verwendung von ^{115}Cd.** M. Orman und A. Galanty. (Prace Inst. hutniczych **14,** 49—54, 1962; Inst. Met. Nieżelazn.; pol.) — Die Theorie der Reinigung von *Mg* von *Cd*-Verunreinigungen durch Dest. oder Sublimation wird erörtert. Ein Gerät u. ein Verf. zur Beseitigung von 15 ppm Cd aus Mg unter Verw. von ^{115}Cd werden beschrieben. W. Wesly. 6444◇

2135 **Die Gewinnung von Tonerde aus Cyaniten.** W. W. Shukowetzki. (Hochschulnachr. [Ordshonikidse], Nichteisenmetallurgie **4,** Nr. 5, 110—16, 1961; Nordkaukas. bergmetallurg. Inst., Lehrstuhl für Metallurgie der Leichtmetalle; russ.) — Die Verarbeitungsmöglichkeit von Cyaniten auf Tonerde mittels der Sintermeth. mit Kalkstein oder zusammen mit Soda u. Kalkstein wird nachgewiesen. Für die Sinterung eines Cyanit-Konzentrates mit Kalkstein wird eine Temp. von ca. 1400° sowie eine Gattierungszus. empfohlen, die auf Bldg. von *5 CaO · 3 Al_2O_3* u. *2 CaO · SiO_2* berechnet ist. Ein Zusatz von *CaF_2* zum Einsatz senkt u. ein 10%ig. *CaO*-Überschuß gegenüber der berechneten Menge erhöht den Austrag von Al_2O_3 in die Lsg. bei der Auslaugung. Die Sinterung von Cyaniten mit Soda u. Kalkstein verläuft bei 1200° u. bei einem Mol.-Verhältnis in der Gattierung von $Na_2O : Al_2O_3 = 1$ u. $CaO : SiO_2 = 2$ erfolgreich. Das maximale Ausbringen an Tonerde aus dem Sinterprod., wie es durch eine 2std. Sinterung bei 1200° u. eine 1std. Auslaugung gewonnen wird, beträgt 94,5%. Bei einer Sintertemp.-Erhöhung oder -Erniedrigung sowie auch bei einer Verminderung der Auslaugungsdauer wird das Tonerde-Ausbringen verschlechtert.
H. Hochstein. 6446◇

2136 **Der Einfluß der Kathodenstromdichte und der Kryolith-Zahl des Elektrolyten auf das Aluminiumausbringen in Abhängigkeit vom Strom.** A. I. Beljajew, L. A. Firssanowa, G. Je. Wolfsson und G. I. Lasarew. (Hochschulnachr. [Ordshonikidse], Nichteisenmetallurgie **4,** Nr. 5, 117—22, 1961; Krasnojarsk, Inst. für Nichteisenmetalle, Wolchowsk, Al-Werk; russ.) — Durch Labor.-Verss. u. Betriebspraxis wird nachgewiesen, daß zwischen dem Al-Ausbringen in Abhängigkeit vom Strom bei der Elektrolyse von Kryolith–Tonerde-Schmelzen, der Kathodenstromdichte u. der Kryolith-Zahl eine Abhängigkeit besteht. Bei hoher Kathodenstromdichte zur Erzielung günstigster Kennwerte der Elektrolyseure muß man Elektrolyten mit einer niedrigeren Kryolith-Zahl (2,2—2,3) verwenden. Umgekehrt muß bei der Elektrolyse mit erniedrigter Stromdichte mit weniger sauren Elektrolyten (2,6—2,7) gearbeitet werden. Die Verw. von Salzzusätzen, wie *CaF_2* u. bes. *MgF_2*, bei einem Betrieb mit weniger sauren Elektrolyten bewirkt eine erhöhte Stromausbeute infolge der Verringerung der Na-Ausscheidung auf der Kathode u. der Betriebstemp.-Erniedrigung.
H. Hochstein. 6446◇

2137 **Untersuchung der Löslichkeit von Chrom, Molybdän und Wolfram in Aluminium nach der Methode der Mikrohärte.** W. N. Wigdorowitsch, W. M. Glasow und N. N. Glagolewa. (Hochschulnachr., Nichteisenmetallurgie [UdSSR] **3,** Nr. 2, 143—46, 1960; Krasnojarsk, Inst. für Nichteisenmetalle; Lehrstuhl für physik. Chemie u. für Metallkunde; russ.) — Nach dem Mikrohärteverf. (vgl. C. **1960, 7318**) wurde die Löslichkeit von Cr, Mo u. W in Al (Herst. von Al-Legg.) im Temp.-Bereich von 660—400° untersucht u. festgestellt, daß sich die Löslichkeit in der Reihenfolge Cr – Mo – W verringert, während die verfestigende Wrkg. größer wird.
H. Treumann. 6446□

2138 **Charakteristik hochfester Gußlegierungen des Aluminiums mit Zink, Magnesium und Eisen.** Zdzisław Poniewierski. (Arch. Hutnictwa **7,** 83—96, 2 Tafeln, 1962; pol.) — Eine Al-Leg. mit 7(%) Zn, 1,5 Mg, 1,5 Fe, 0,15 Cr u. 0,15 Ti hat die Plastizitätsgrenze bei 90% der Zugfestigkeit, d. h. bei 44,5 kg/mm², u. den Elastizitätsmodul 7130 kg/mm². Die Brinell-Härte beträgt 156, die Ermüdungsfestigkeit 9,5 kg/mm². Dagegen ist die Abriebfestigkeit geringer als die von Silumin. Der lineare Schwund beträgt 1,5%. Die Leg. zeigt keinen Warmbruch. Die Korrosionsbeständigkeit ist in Salznebel u. in Industrieatmosphäre 3mal so hoch wie die von Silumin. Um die Beständigkeit gegen Spannungsrißkorrosion zu vermindern, ist eine Begrenzung des *Zn*-Geh. auf 6% notwendig. F. Urban. 6446◇

2139 **Gasporosität und Seigerungen in Sandguß aus Aluminium-Umschmelzlegierungen.** Hans Reininger. (Gießereipraxis **1958,** 404—09; dt.) — Überblick. 28 Literaturangaben. M. Gehlen-Keller. 6446◇

2140 **Zur Umwandlung von $\alpha + \beta$-Titanlegierungen mit Aluminium.** Hans Hermann Weigand. (Z. Metallkunde **54,** 43—49, **1963**; Krefeld, Forsch.-Inst. der Deutschen Edelstahlwerke A. G.; dt.) — Das Umwandlungsverh. der Ti-Legg. *Ti–6Al–4Cr*, *Ti–6Al–6Cr*, *Ti–7Al–3Cr*, *Ti–6Al–6Mo*, *Ti–7Al–4Mo*, *Ti–6Al–4V* u. *Ti–6Al–6V* wurde bei kontinuierlicher Abkühlung mit dem Dilatometer untersucht. Alle Legg. außer *Ti–6Al–6Cr* haben einen unterkrit. Leg.-Geh., die β-Phase wandelt sich daher bei genügend schneller Abkühlung in die α'-Phase um, die bei der weiteren Abkühlung in α- u. β-Mischkristalle zerfällt. Die Temp. für Beginn u. Ende der α-Bldg., für den Beginn des α'-Zerfalls sowie die krit. Abkühlungsgeschw. werden durch erhöhte Geh. an V, Mo u. Cr in dieser Reihenfolge zunehmend verringert. Von der Cr-haltigen Leg. wurde ferner das Umwandlungsverh. beim Anlassen nach vorausgegangener Wasserabschreckung untersucht. Während bei der *Ti–7Al–3Cr* die α'-Phase schon bei der Abschreckung vollständig zerfällt, enthält *Ti–6Al–4Cr* noch unzerfallene Anteile der α'-Phase. Beim Anlassen laufen Umwandlungsvorgänge in der α- u. in der β-Phase ab, die durch Teildiagramme wiedergegeben werden können. Die Umwandlung der β-Phase durch Ausscheidung der α- u. γ_{Cr}-Phase entspricht den bei Al-freien Ti–Cr-Legg. bekannten Vorgängen. Aus der α-Phase scheidet sich bei tiefen Temp. die δ-(Ti_2Al)-Phase aus, während bei hohen Temp. die γ_{Al}-(Ti_3Al-)-Phase auftritt. Bei einem schmalen Temp.-Bereich liegen diese beiden Phasen nebeneinander vor. Die Aktivierungsenergien für die Ausscheidung der δ- u. der γ_{Cr}-Phase entsprechen den für die Diffusion des Al bzw. des Cr zu erwartenden Werten. — 16 Literaturangaben. H. Hochstein. 6448◇

2141 **Elektrolytische Verfahren der Gewinnung von Beschickungsgut für die Elektroraffination von Titan.** M. M. Wong, R. E. Campbell, D. C. Fleck und D. H. Baker jun. (U. S. Dep. Interior, Bur. Mines, Rep. Invest. **6161, 1963,** 1—22; Boulder City, Nev., Bur. of Mines; Washington, D. C., Bur. of Mines; engl.) — Zur Gewinnung von Ti wird die Elektrolyse von *TiC* u. „*Ti-Cyanonitrid*" [Röntgenbeugungsaufnahmen zufolge vermutlich eine feste Lsg. variierender Mengen TiC, *TiN* u. *TiO*; gemittelte Analysenwerte: 76,64(%) Ti; 7,41 C; 5,28 O; 4,46 N; :0,43 V; 0,41 Fe; 0,27 Si; Spuren Ca, Cu, Mg, Cr, Mn, Al, Mo, Sn, Ni, Pb u. Na] in Elektrolytschmelzen untersucht. In reinen Chloridelektrolyten (*NiCl–KCl–*$TiCl_3$) werden geringe Ti-Ausbeuten u. eine beträchtliche Verdampfung von $TiCl_3$ festgestellt. Elektrolyse in 85% *NaCl*–15% K_2TiF_6-Schmelze ergibt Ausbeuten von 91% bei Verw. von TiC bzw. von 62% bei Verw. von Ti-Cyanonitrid. Die Elektroraffination zur Gewinnung von *duktilem Ti* erfolgt im NaCl-$TiCl_2$-Elektrolyten. P. Frenzel. 6448◇

2142 **Anwendung des Titans und seiner Legierungen und verschiedene damit ausgeführte Arbeiten.** D. Iturrioz. (Metalurgía y Electr. **24,** Nr. 272, 130—31, 133, 135, 137, 138; Nr. 273, 212—13, 215, 217—20; Nr. 274, 65, 67, 69, 71, 73—75, 1960; span.) — Übersicht über metallurg. u. techn. Eigg. von Ti u. seinen Legg. als wichtige Werkstoffe in der Metall- u. App.-Industrie. R. K. Müller. 6448◇

2143 **Die Ausscheidung von metastabiler α-Phase während der $\gamma \rightarrow \gamma'$-Umwandlung in einer Uran-Legierung mit** *16%* **Molybdän.** D. Kramer und C. G. Rhodes. (Trans. metallurg. Soc. AIME **224,** 1015—20, 1962; Conoga Park, Calif., Atomics International; engl.) — Die Kinetik der metastabilen α-Übergangsphase während der $\gamma \rightarrow \gamma'$-Umwandlung in einer U–Mo-Leg. mit 16% Mo im Temp.-Bereich von 400—505° wird durch quant. metallograph. Verff. sowie durch elektr. Widerstandsmessungen untersucht. Der Vol.-Anteil der α-Phase geht mit der Zeit durch ein Maximum, entsprechend dem krit. Entw.-Grad der γ'-Bldg. vor der Wiederauflsg. dieser Phase nach einer Dauerglühung. Die größte Ausscheidungsgeschw. tritt bei 500° gleichzeitig mit einer niedrigsten Spitze von 9,5 Vol.-% an α-Phase auf. Bei 450° wurde der größte bei irgendeiner Temp. auftretende Vol.-%-Anteil von 14% α-Phase nach 24 Std. mit einer damit verbundenen langsamsten Bildungsgeschw. beobachtet. Die α-Ausscheidung bei 400° hört nach annähernd 160 Std. auf u. der Anteil an vorhandener α-Phase bleibt auch nach langen Haltezeiten bei dieser Temp. unverändert; eine γ'-Phase wurde bei dieser Temp. metallograph. nicht festgestellt. H. Hochstein. 6448◇

2144 **Untersuchung über die Gewinnung von Tantal durch Elektrolyse von geschmolzenem Salz.** Sanzi Nishimura, Jyoichiro Moriyama und Isao Kushima. (J. Mining metallurg. Inst. Japan **77,** 49—55, **1961**; jap., Auszug: engl.) — Die optimalen Bedingungen zur Gewinnung von Ta durch Elektrolyse von Ta_2O_5, gelöst in K_2TaF_7 in Ggw. niederer Alkalihalogenide, mit einem Graphittiegel als Anode u. W als Kathode sind: Temp. 750—850°, Kathodenstromdichte 50—100 A/dm², K_2TaF_7 Konz. 15—25%. Verhältnis $K_2TaF_7 : Ta_2O_5 = 2:1$ bis $1:1$, Verhältnis $KCl : KF = 3:1$ bis $5:3$. W. Wesly. 6448◇

2145 **Die Erstarrung von verdünnten binären Legierungen.** F. Weinberg und E. H. McLaren. (Trans. metallurg. Soc. AIME **227,** 112—24, **1963**; Ottawa, Nat. Res. Council; engl.) — Verd. bin. Legg. werden unter geregelten therm. Bedingungen zur Erstarrung gebracht u. dabei werden die Einfl. von Zusätzen an gelösten Metallen, der Temp. während der Erstarrung u. des Schmelzens sowie der Lage u. Morphologie der fest-fl. Grenzschichten überprüft. Bin. *Zn*-, *Sn*- u. *Pb*-Legg. werden mit Zusätzen von ^{110}Ag, ^{198}Au, ^{124}Sb, ^{204}Tl, ^{113}Sn u. ^{65}Zn untersucht; dabei wurden ca. 150 cm³ Metall für jedes herzustellende Blöckchen verwendet. Eine merkliche Seigerung des zugesetzten gelösten Stoffes trat in den meisten Blöckchen in Abhängigkeit von den Konzz. dieser gelösten Stoffe, von den Verteilungskoeff. u. den Erstarrungsbedingungen der Legg. auf. Messungen von der allgemeinen Verteilung des gelösten Stoffes wurden durchgeführt. Dabei wurde eine örtliche Seigerung durch eine autoradiograph. Meth. entdeckt. Erstarrungs- u. Schmelzkurven für dieselben Legg. wurden durch eine Präzisions-Widerstands-Thermometrie erhalten. Diese Kurven werden auf die entsprechenden gemessenen Verteilungskurven des gelösten Stoffes gemessen u. diese aus theoret. Ausdrücken berechnet. Die Lage u. Morphologie von fest–fl.-Grenzflächen während der Erstarrung wurde sowohl durch die Dekantierungs- als auch Abschreckmeth. bestimmt. Die Ergebnisse zeigen die Art u. Weise an, in der ein Erstarren u. nochmaliges Schmelzen unter den Unters.-Bedingungen auftritt. H. Hochstein. 6470◇

2146 **Eine neue Theorie der Kaltverfestigung.** D. Kuhlmann-Wilsdorf. (Trans. metallurg. Soc. AIME **224,** 1047—66, 1962; Philadelphia, Pa., Univ.; engl.) — Eine neue Kaltverfestigungs-Theorie wird entwickelt, welche auf nur wenigen einfachen Grundsätzen beruht u. auf viele unterschiedliche Materialien u. Versetzungsstrukturen anwendbar ist. Diese Theorie erklärt qual. die allgemeinen Kennzeichen der dreistufigen Schubspannungs-Schubdehnungs-Kurven von kub.-flächenzentrierten Metallen sowie von den meisten wichtigen, mit der leichtesten Gleitung zusammenhängenden Erscheinungen. Der Wert von Θ_{II}, der Kaltverfestigungskoeff. in der II. Stufe, wird durch die Theorie quant. abgeleitet u. gezeigt, daß er gegenüber vielen Änderungen im Versetzungsverh. unempfindlich ist. Die geringe Geschw., bei welcher Energie während der mechan. Verarbeitung in Stufe II gestapelt wird, die Abhängigkeit der Gleitlinienlänge von der Spannung u. das sogenannte Cottrell-Stokes-Gesetz lassen sich durch die neue Theorie erklären. Obwohl sie primär für kub.-flächenzentrierte Metalle u. Legg. entwickelt worden ist, läßt sie sich auch auf einige andere Materialien, bes. auf einfache vielkristalline *Stähle* im linearen Härtungsbereich anwenden. — 102 Literaturangaben. H. Hochstein. 6480◇

2147 **Über die Natur der Kalthärtung in kubischen flächenzentrierten Metallen.** S. K. Mitra und J. E. Dorn. (Trans. metallurg. Soc. AIME **224,** 1062—71, 1962; Berkeley, Calif., Univ.; engl.) — Das Zugfestigkeits- u. Kriechverh. bei tiefer Temp. von *Cu*-Einkristallen wird untersucht, um hierbei Aufschlüsse über die Einfl. von Fern- u. Nahordnungs-Spannungsfeldern auf die Kalthärtung zu erhalten. Außerdem wird das durchschnittliche Kraft-Versetzungs-Diagramm für einen therm. aktivierten Schnittpunkt von zwei Versetzungen aufgestellt. Dieses Diagramm sowie zusätzlich die Kenntnis der Veränderung des Versetzungsabstandes u. die Fernordnungs-Gegenspannungen mit einer Verformung ermöglichen eine genaue Voraussage von Kriechgeschwindigkeiten. Die berechnete Aktivierungsenergie für den Schnittpunkt unter der Voraussetzung einer konst. Dehngeschw. nimmt linear mit der absoluten Temp. zu, wie es durch die Theorie verlangt wird. — 16 Literaturangaben. H. Hochstein. 6480◇

2148 **Festigkeitsverhalten der intermetallischen Verbindung AgMg.** D. L. Wood und J. H. Westbrook. (Trans. metallurg. Soc. AIME **224,** 1024—37, 1962; Schenectady, N. Y., General Electric Res. Labor.; engl.) — Das Festigkeitsverh. der intermetall. Verb. AgMg mit der CsCl-Struktur wird durch die Dehnung, Dehnungsgeschw., Temp., Zus. u. metallurg. Behandlung bestimmt. Es gibt drei verschiedene Bereiche des Verformungs-Verh.: 1) bei niedrigen Temp., bei denen die Verformung primär durch Gleiten vor sich geht; 2) bei Zwischentemp., bei denen die Verformungsart auch Gleiten ist, jedoch das Verh. durch Versetzungswechselwrkg. mit den gelösten Atomen beherrscht wird, u. 3) bei hohen Temp., bei denen die Verformung primär durch diffusionsgeregelte Prozesse bestimmt wird. — 52 Literaturangaben. H. Hochstein. 6480◇

2149 **Die gesinterte intermetallische Verbindung NiAl als Hochtemperatur-Werkstoff.** 2. Mitt. Yunoshin Imai und Masuji Kumazawa. (Sci. Rep. Res. Inst. Tôhoku Univ., Ser. A, **11,** 312—16, 1959; Res. Inst. for Iron, Steel and Other Metals; engl.) — 1. vgl. C. **1961,** 1002. — An den gesinterten Proben werden der Oxydationswiderstand, die achsiale Bruchfestigkeit durch Kompression, der transversale Biegebruch-Widerstand u. die Absorptionsenergie nach der Charpy-Prüfung bestimmt. Der Oxydationswiderstand war deutlich größer als der zweier handelsüblicher warmfester Legg.: *LCN-155* u. *25—20* u. auch von gesintertem *CoAl.* Mit 5 t/cm² kaltgepreßtes u. 5 Std. lang bei 1400° gesintertes NiAl besitzt eine Bruchfestigkeit gegenüber Kompression von 15 t/cm². Die Absorptionsenergie nimmt zu, wenn die Prüftemp. über 600° geht. Der Wärmeausdehnungskoeff. ist von der Temp. unabhängig u. beträgt je nach Herst.-Bedingung $7-10 \cdot 10^{-6}$ cm/°C. Werte der Biegebruchfestigkeit von 2530 kg/cm² wurden bei 750° erreicht. H. Fahlenbrach. 6480◇

2150 **Unterdrückung eines Risses durch eine feinkörnige Oberflächenschicht während des Kriechens von Nickel.** R. J. Sherman und M. R. Achter. (Trans. metallurg. Soc. AIME **224,** 1072—73, 1962; Fort Belvoir, Va., U. S. Army Eng. Res. and Dev. Labor.; engl.) — Es werden an rißhaltigen Proben aus Ni mit einem Reinheitsgrad von 99,8% Fließkurven bei 650° u. einer Belastung von 7500 psi mit u. ohne feinkörnige Oberflächenschicht durchgeführt. Hierbei zeigt sich, daß im Gegensatz zu einem Oberflächen-Grobkorn sich in einer Ni-Probe mit feinkörnigem Oberflächengefüge der Riß bei der Kriechprüfung anscheinend nicht fortpflanzt. H. Hochstein. 6480◇

2151 **Stetiges Kriechen in Eisen–Aluminium-Legierungen mit 15—20 Atom-% Al.** R. G. Davies. (Trans. metallurg. Soc. AIME **227,** 22—25, 1963; Dearborn, Mich., Ford Motor Co.; engl.) — Oberhalb von 500°, wo das Klettern von Versetzungen die Geschw. des Kriechens bestimmt, wird beobachtet, daß die Aktivierungsenergie für das Kriechen von der angelegten Spannung unabhängig ist, obwohl sie sich von 62 kcal/Mol bei 15 Atom-% Al bis 73 kcal/Mol bei 20 Atom-% Al infolge der Änderung der Nahbereichsordnung infolge der Zus. ändert. Unterhalb von 500°, wenn die unkonservative Bewegung von Sprüngen auf Versetzungen die Kriechgeschw. regelt, ist die Aktivierungsenergie von der Spannung abhängig. Eine plötzliche Zunahme in der Kriechgeschw., die unerklärlich ist, tritt bei allen Temp. bei der höchsten Spannung auf. — 25 Literaturangaben. H. Hochstein. 6480◇

2152 **Ermüdungsfestigkeit von Stahl 45 bei der Prüfung in Wasser nach vorangegangener plastischer Dehnung.** I. I. Ischtschenko und I. A. Malinowska. (Ber. Akad. Wiss. UkrainSSR **1962,** 1598—1600; Inst. für Mechanik der Akad. der Wiss. der Ukrain. SSR; ukrain., Auszug: engl.) — Während die normalisierten, geschliffenen, auf der Drehbank bearbeiteten u. vorher einer Zugbelastung unterworfenen Proben von Stahl *45* bei der Prüfung an der Luft eine Abnahme der Ermüdungsgrenze um 10 bis 25% zeigen, wird bei der Prüfung in W. keine Abnahme festgestellt. O. Lebtag. 6480△

2153 **Einfluß der Diffusions-Penetration der Schmelze auf die Dauerfestigkeit von Stahl.** M. I. Tschajewski. (Ber. Akad. Wiss. UkrainSSR **1962,** 1603—07; Inst. für Maschinenkunde u. Automation der Ukrain. SSR; ukrain., Auszug: engl.) — Am Beispiel von Stahl *U-7* (gehärtet in W. bei 800°, angelassen bei 500°) wird gezeigt, daß eine von der Abnahme der Dauerfestigkeit begleitete Sprödzerstörung nur dann eintritt, wenn die Schmelze durch Diffusion in den Stahl eindringt, wenn die Geschw. der Diffusion größer ist als die Geschw. der Risseausbreitung. Kann die Schmelze nicht durch Diffusion eindringen, so ist sie ohne wesentlichen Einfl. auf die Dauerfestigkeit des Stahls. O. Lebtag. 6480△

2154 **Über eine Gleichung eines Dauerfestigkeitsschaubildes.** M. P. Markowetz. (Betriebs-Lab. [UdSSR] **28,** 87—91, 1962; Moskau, Energie-Inst.; russ.) — Eine Gleichung eines Dauerfestigkeitsschaubildes (**Dfs.**) wird auf Grund der Annahme abgeleitet, daß der Mechanismus der plast. Verformung u. des Bruches bei einmaliger u. bei Wechselbeanspruchung gleich ist. Diese Gleichung ermöglicht eine Schätzung der Lastspiele bis zum Probenbruch in Abhängigkeit von der Spannung. Es wird festgestellt, daß das **Dfs.** σ–lg N zwei Knickpunkte besitzt, die mit einer verschiedenen Verfestigungsfähigkeit des Metalles während der plast. Verformung zusammenhängen. Die Neigung der Kurve des **Dfs.** zur Abszissenachse hängt mit dem Verfestigungskoeff. des Metalles bei einer stat. Belastung zusammen. H. Hochstein. 6480◇

2155 **Fließen und bildsames Fließen in Wolfram-Einkristallen.** R. M. Rose, D. P. Ferriss und J. Wulff. (Trans. metallurg. Soc. AIME **224,** 981—90, 1962; Cambridge, Mass., Massachusetts Inst. of Technol. u. Wilmington, Del., du Pont de Nemours Co.; engl.) — Der Orientierungs-Einfl. auf die Spannungen, Aktivierungsenergien u. Aktivitätsvolumina für das Fließen u. das plast. Fließen von W-Einkristallen wurde untersucht. Zug-Prüfungen zeigten, daß die Proportionalitätsgrenze von der Orientierung abhängig ist: Kristalle, deren Ziehachsen nahe der [110]-Richtung waren, waren etwa dreimal so fest wie [100]-Kristalle. Die [110]-Kristalle zeigten geringe Kaltverfestigung u. Streckerscheinungen, während die anderen Orientierungen sich glatt streckten u. eine beträchtliche Kaltverfestigung aufwiesen. Die Bruchart war der Spaltbruch, mit Ausnahme von Kristallen in der Nähe von [110], von denen viele bei 300 u. 373 °K „Meißel" (chisel)-Brüche ergaben. Die Aktivierungsenergie für das Fließen war ungefähr die Hälfte eines Elektronen-Volts bei allen Orientierungen u. Aktivitätsvol. war (12—14) b³, mit Ausnahme nahe der [110]-Richtung, wo sie 7 b³ betrug. Die Aktivitätsvol. nahmen im allgemeinen nach dem Fließen zu. Die bisher bekannten üblichsten theoret. Modelle für das Fließen u. die Kaltverfestigung von kub.-raumzentrierten Metallen genügen nicht für eine Erklärung der gemachten Beobachtungen. Es wird eine Erklärung vorgeschlagen, die auf der Versetzungsrk.: $\frac{a}{2}[111] + \frac{a}{2}[\bar{1}\bar{1}1] \rightarrow a[100]$, auf Versetzungsnetzwerk u. Versetzungssprünge, die während des plast. Fließens gebildet wurden, basiert. — 51 Literaturangaben. H. Hochstein. 6480◇

2156 **Verformung von Tantal-Einkristallen.** D. P. Ferriss, R. M. Rose und J. Wulff. (Trans. metallurg. Soc. AIME **224,** 975—81, 1962; Wilmington, Del., E. I. du Pont de Nemours Co. u. Cambridge, Mass., Massachusetts Inst. of Technology; engl.) — Ta-Einkristalle werden durch Anwendung eines mehrfachen Zonenschmelzverf. in einem Elektronenstrahl-App. hergestellt. Zugprüfungen dieser Kristalle bei einer Dehngeschw. von $4{,}2 \cdot 10^{-4}$ je sec. ergaben eine untere Streckspannung von 7300 psi bei 300°K u. 45000 psi bei 77°K. Die gleichmäßige Gesamtverformung nahm von 1—2% bei 77°K auf über 20% bei 300°K zu. Diese Feststellung sowie Gleitspuren zeigten an, daß bei niedrigeren Temp. die Verformung inhomogener ist. Die Verformung trat ausschließlich durch Gleitung in ⟨111⟩-Richtungen, auf Ebenen in den ⟨111⟩-Zonen auf. Quergleitung war häufig, bes. für diejenigen Orientierungen, bei denen die Scherspannung auf dem Quersyst. mit denen auf der Primärebene vergleichbar war. Das Vorhandensein u. die Größe der oberen Streckgrenze waren gegenüber der Orientierung empfindlich, was auf die Umgehung von durch Einlagerungsatome blockierten Versetzungen u. auf Doppel-Quergleitung von Schraubenversetzung zurückgeführt wird. Eine Vorspannung bei 300°K beseitigte die obere Streckgrenze beim nachfolgenden Zug bei 77°K nicht. Auch verursachte diese Behandlung Streckgrenzen, die in nicht vorgespanntem Material nicht vorkamen. Das Verh. der verformten Ta-Einkristalle wird durch einen Umgehungsmechanismus zu erklären versucht. — 32 Literaturangaben. H. Hochstein. 6480◇

2157 **Leitfähigkeit und plastisches Verhalten von Kupfer- und Silberwhiskern unter α-Bestrahlung.** Peter Svoboda. (Z. Metallkunde **54,** 6—12, 1963; Wien, II. Physikal. Inst. der Univ.; dt.) — Cu- u. Ag-Whisker wurden durch Red. der Chloride dieser Metalle hergestellt. Der Whisker wurde in seinem Grundton als Saite in Schwingung versetzt u. aus der Frequenz, Spannung, Länge u. Dichte des Whiskers konnte sein Querschnitt berechnet werden. Eine neue Vorr. für Dehnungs- u. Fließverss. für Whisker wird beschrieben. Eine Einw. von α-Bestrahlung auf den Widerstand der Fäden wurde bei 90°K gemessen. Es ergab sich eine Erhöhung des Widerstandes. Auch das Verh. beim Fließen ist durch Bestrahlung zu beeinflussen. Die unter normalen Bedingungen sehr geringe Fließgeschw. nimmt mit dem Einsetzen der Bestrahlung rasch zu. Einige Zeit später vermindert sie sich wieder u. kommt dann zum Stillstand. Dieser, bei großen Kristallen entgegengesetzte Effekt wird durch die Bldg. von Frank-Read-Quellen aus den durch die Bestrahlung in einem fast „idealen" Material erzeugten Punktfehlstellen gedeutet. — 24 Literaturstellen.
H. Hochstein. 6480◇

2158 **Über die Rekristallisationsversprödung von Chrom.** Rollin E. Hook und Attwell M. Adair. (Trans. metallurg. Soc. AIME **227,** 151—59, 1963; Wright-Patterson Air Force Base, Ohio, U. S. Air Force; engl.) — Das Kriech- u. Bruch-Verh. von rekristallisiertem Cr wird zum Verständnis der rheotrop. Erholungserscheinung an durch Rekristallisation versprödetem Cr untersucht. Die Versprödungs-Übergangstemp. von rekristallisiertem Cr ändert sich von 225° auf — 80°, wenn das Verhältnis von Probendurchmesser zu mittleren planaren Korngrößen abnimmt. Die Anwendbarkeit dieser Beobachtung auf andere kub.-raumzentrierte Metalle wird erörtert. Sprödbruch in rekristallisiertem Cr wird hauptsächlich von interkristallinen Bruchkeimen eingeleitet. Einkristalle besitzen einen hohen Grad von Formänderungsvermögen bei 23°. Die experimentell erhaltenen Ergebnisse zeigen, daß Korngrenzen einen wichtigen Einfl. auf das Kriech- u. Bruchverh. ausüben. Eine Vordehnung verringert die Übergangstemp. bedeutend u. eine hohe Alterungstemp. ergibt keine Rückversprödung, bis daß vollständige Erholung oder Rekristallisation auftritt. — 20 Literaturangaben.
H. Hochstein. 6480◇

2159 **Die Abhängigkeit der Streckspannung von der Korngröße für Tantal und für eine Tantallegierung mit** ***10%*** **Wolfram.** C. S. Tedmon und D. P. Ferriss. (Trans. metallurg. Soc. AIME **224,** 1079—80, 1962; Wilmington, Del., E. I. du Pont de Nemours & Co.; engl.) — Im Temp.-Bereich von 77—300°K ist die untere Streckspannung im wesentlichen von der Korngröße sowohl im reinen Ta als auch in der Ta-Leg. mit 10% W unabhängig. — 10 Literaturangaben.
H. Hochstein. 6480◇

2160 **Niedertemperaturfließen und Bruchspannungs-Eigenschaften von wärmebehandelten Normstählen SAE 4340.** Frank R. Larson und John Nunes. (Trans. Amer. Soc. Metals **53,** 663—82, Diskussion — 952—54, 1961; Watertown, Mass., Arsenal Labor.; engl.) — Bei der Feststellung eines wahren Spannungs-Dehnungs-Diagrammes von *SAE 4340*-Stählen bei Temp. von + 200° bis — 196° bei Prüfgeschw. von 0,01 in. je Min. ergibt sich, daß die Fließspannung bei einer konst. wahren Dehnung durch eine reziproke Funktion der abs. Temp. beschrieben werden kann. — 35 Literaturangaben. H. Hochstein. 6480◇

2161 **Bestimmung der Kohäsionsfestigkeit bildsamer Werkstoffe.** Tadeusz Pełczyński. (Obróbka plast. **2,** 489—502, 1960; Warszawa, Politechn.; pol.) — Die Kohäsionsfestigkeit plast. Metallwerkstoffe wird auf Grund des Saint-Venant-Kriteriums aus der Messung der Zerreißkraft u. der Einschnürung der Probe im Endstadium des Zug-Reiß-Vers. ermittelt.
F. Urban. 6480◇

2162 **Einfache Meßmethode für die Spannungsrelaxation.** W. G. Pfann und R. S. Wagner. (Trans. metallurg. Soc. AIME **224,** 1083—84, 1962; Murray Hill, N. J., Bell Telephone Labor.; engl.) — Die vorgeschlagene Meth. zur Messung der Spannungsrelaxation besteht in der Anbringung einer Dehn-Meßvorr. an der Probe, in ihrer Ausrichtung quer zur Spannungsrichtung u. in der Messung des Ausschlages der Meßvorr. in Abhängigkeit von der Zeit. H. Hochstein. 6480◇

2163 **Quantitative metallographische Analyse von linearen Merkmalen in anisotropen Strukturen. Feinstkorngefüge einer lamellaren eutektischen Legierung.** R. W. Kraft, F. D. Lemkey und F. D. George. (Trans. metallurg. Soc. AIME **224,** 1037—46, 1962; Eash Hartford, Conn., United Aircraft Corp.; engl.) — Aus einer Betrachtung der geometr. möglichen Wege, in denen eine Reihe von Linien oder von linearen Merkmalen im dreidimensionalen Raum aus einer statist. ungeordneten Anordnung ausgehen kann, wird ein Syst. zur Beschreibung u. Messung verschiedener Typen von anisotropen Anordnungen von Linien in undurchsichtigen Feststoffen entwickelt. Die Technik wurde bei einer Probe eines ungerichtet erstarrten Al–$CuAl_2$-Eutektikums angewandt, welche mikrostrukturelle Unvollkommenheiten in Form lamellarer Fehler enthielt. Außerdem wurden Photomikrographien von verschiedenen Korn-Seitenflächen dieser Leg. hergestellt. Es wurde festgestellt, daß die Fehlstellen, welche im wesentlichen linear sind, vorwiegend parallel zueinander, jedoch nicht parallel zu der Nennwachstumsrichtung wahrscheinlich infolge einiger seitlicher Wärmeflüsse während der Erstarrung verlaufen. — 12 Literaturangaben. H. Hochstein. 6482◇

2164 **Metallographische Studien über das Rekristallisationsverhalten von elektronenstrahlgeschmolzenem Tantal.** E. Erben und F. Sperner. (Metall **16,** 1180—84, 1962; Hanau, W. C. Heraeus GmbH.; dt.) — Unterss. des Rekristallisations-Verh. sowie der mechan.-technol. Eigg. von elektronenstrahlgeschmolzenem *Ta* ergaben, daß die Rekristallisation durch Erhöhung der Kaltverformung, der Glüh-Temp. u. der Glühdauer beschleunigt wird. Ein eigentlicher krit. Verformungsgrad wurde nicht beobachtet. Grobkörniges elektronenstrahlgeschmolzenes Ta kann durch geeignetes Rekristallisationsglühen in feinkörniges Material überführt werden, das dem gesinterten in Korngröße u. technol. Eigg. gleich ist.
F. Vier. 6482◇

2165 **Die Einwirkung der Struktur auf die Dämpfung von Ultraschallwellen in Kupfer und seinen Legierungen.** H. Morawiec und K. Joszt. (Prace Inst. hutniczych **14,** 55—62, 1962; Inst. Met. Nieżelazu; pol.) — Unterss. über den Einfl. der Struktur von *Cu* u. Cu-Legg. auf die Dämpfung von Ultraschallwellen zeigen, daß der Dämpfungs-Koeff. elast. Wellen stark mit der Vergröberung

des Kornes u. der inhomogeneren Struktur steigt. Große Schwankungen von Strukturinhomogenitäten bei kurzen Abständen führen zu zusätzlichen, von den Inhomogenitätsgrenzen reflektierten Impulsen.
W. Wesly. 6482◇

2166 **Das Zählen und Klassieren von Teilchen im Durchstrahlungs-Mikroskop.** J. E. Hilliard. (Trans. metallurg. Soc. AIME **224**, 906—17, 1962; Schenectady, N. Y., General Electric Res. Labor.; engl.) — Verschiedene Meth. zur Schätzung der Anzahl der Teilchen je Vol.-Einheit u. durchschnittlichen Anzahl von konvexen Teilchen auf Grund von Messungen auf einer Projektion über einen Gefügeschnitt werden mitgeteilt. Die Best. der Größenverteilung wird bes. für kugelige Teilchen erörtert. Die Ergebnisse der Betrachtungen sind auf jede Art eines Durchstrahlungs-Mikroskopes sowie auch auf durch reflektiertes Licht auf halbtransparente Materialien gemachte Messungskorrekturen anwendbar.
H. Hochstein. 6482◇

2167 **Die Elektronenbestrahlung als Mittel zur Oberflächenverfestigung von Stahl.** G. T. Nasarenko und F. Ja. Sagawura. (Ber. Akad. Wiss. UkrainSSR **1963**, 59—61; Inst. für Mechanik der Akad. der Wiss. der Ukrain. SSR; ukrain., Auszug: engl.) — Durch Elektronenbestrahlung von Stahl *SchCh-15* in der Vakuumkammer wird in der Oberflächenschicht eine Martensitumwandlung erzielt. Die bestrahlte Zone gehört nach der Ätzbarkeit zu den beim Schleifen u. a. mechan. Bearbeitungen entstehenden „weißen“ Schichten. Die Struktur ist nach der Elektronenhärtung eine andeje als bei der üblichen Härtung. O. Lebtag. 6484△

2168 **Über die Möglichkeit der Stahlverfestigung bei Elektronenbestrahlung.** B. D. Grosin und W. Ss. Tschernenko. (Ber. Akad. Wiss. UkrainSSR **1963**, 202—04; Inst. für Mechanik der Akad. der Wiss. der UkrainSSR; ukrain., Auszug: engl.) — Vgl. vorst. Referat. — Die metallograph. u. röntgenolog. Unters. sowie die Messung der Mikrohärte von Stahl *SchCh-15* (1,6% Cr; 95% C) nach der Elektronenbestrahlung in der Vakuumkammer ergab, daß an der Oberfläche eine „weiße“ Schicht entsteht. In der darauf folgenden Zwischenschicht kommen die in der „weißen“ Schicht fehlenden Carbide vor. Die Dicke der veränderten Oberflächenschicht erreicht maximal 250 μ. Die Mikrohärte der bestrahlten Schicht beträgt in einer Tiefe von 100 bis 200 μ 900 kg/mm². Röntgenolog. läßt sich bis zu einer Tiefe von 50 μ die Austenitlinie (111) nachweisen. Die Martensitlinien fehlen. In einer Tiefe von 100—200 μ fehlen Martensit u. Austenit völlig. Die Zunahme der Härte nach dem Elektronenbeschuß beruht nicht allein auf dem Härtungsprozeß, sondern auch auf anderen, bisher noch ungeklärten Prozessen. O. Lebtag. 6484△

2169 **Die Bestimmung der Schichtdicke von Goldauflagen durch Erregung sekundärer Röntgenstrahlung.** Anton F. Mohrnheim. (Z. Metallkunde **54**, 13—16, 1963; Kingston, Rhode Island; dt.) — Eine Meth. wird beschrieben, mit der auf röntgenograph. Wege durch Anregung sek. Röntgenstrahlung die Dicke von Au-Schichten auf einer Cu-Unterlage rasch u. mit ausreichender Genauigkeit bestimmt werden kann. Ihre Anwendbarkeit wird mit anderen Meth. verglichen.
H. Hochstein. 6484◇

2170 **Beitrag zur Frage der Beeinflussung weicher Kohlenstoffstähle im Zusammenhang mit dem Kaltumformen.** Julius Reschka. (Werkstatt u. Betrieb **96**, 288—92, 1963; Mühlheim, Baden, Serv. techn. de l'Armée Franç.; dt.) — Das Auftreten von Tertiärzementit in weichem *C*-Stahl verursacht gegenüber normal geglühtem u. bes. vergütetem Stahl (trotz eines *Al*-Geh. von 0,02%) eine Steigerung der Altersempfindlichkeit; diese zeigt sich auch bei Kornvergröberung von weichem C-Stahl. Der Grenzwert der Korngröße beträgt ca. 100 mμ^2. Die durch Warmbehandlung verursachte Verbesserung der Altersanfälligkeit wird durch 10—30%ig. Kaltstauchen u. anschließende Warmbehandlung bei 600° mit zunehmendem Stauchgrad verschlechtert. W. Wesly. 6490◇

2171 **Kräfte beim Fließpressem von Stahl und Nichteisenmetallen.** Feliks Tychowski. (Obróbka plast. **2**, 537—53, 1960; Centr. Labor. Obróbki plast.; pol.) — Nomogramm zur Ermittlung der Kräfte u. Energie beim Fließpressen. F. Urban. 6490◇

2172 **Über die Verformung von Aluminium-Einkristallen im vielkristallinen Gefügeverband beim Strangpressen.** Walter Hueck und Günter Wassermann. (Z. Metallkunde **54**, 37—42, 1963; Clausthal-Zellerfeld, Bergakad., Inst. für Metallkunde; dt.) — Al-Einkristalle werden in Strangpreßbolzen aus Al eingebettet u. gemeinsam durch Strangpressen oder Ziehen verformt. Die Al-Kristalle teilen sich hierbei stets in Deformationsbänder auf, die in der Hauptsache eine ⟨111⟩-Richtung parallel zur Stangenachse aufweisen. Mit Annäherung der Ausgangsorientierung an die ⟨100⟩-Richtung tritt ein stärker werdender Anteil von Deformationsbändern auch in Richtung ⟨100⟩ auf, der jedoch selbst bei reiner ⟨100⟩-Ausgangslage nicht überwiegt. In den Deformationsbändern ändert sich die Orientierung in bezug auf die Querschnittsfläche der verpreßten Kristalle kontinuierlich. Die Bedeutung der Bldg. von Deformationsbändern für das Verständnis der Deformationstexturen kub. flächenzentrierter Metalle wird erörtert.
H. Hochstein. 6490◇

2173 **Herstellung von Namensschildern aus Aluminium.** A. Jogarao, B. A. Shenoi und K. S. Indra. (Metal Finishing **61**, Nr. 2, 40—45, 1963; Karaikudi, India, Central Electrochem. Res. Inst.; engl.) — Überblick. — 33 Literaturangaben. F. Vier. 6490◇

2174 **Uranblech.** W. F. Biddle. (Metal Treatment Drop Forging **30**, 93—99, 147—53, 189—97, 232—38, 1963; U. K. Atomic Energie Authority; engl.) — Die Herst. von U-Blech ist durch die chem. Reaktivität, die Kristallstruktur, allotropes Verh. u. die Radioaktivität erschwert. Rekristallisation bei Übergängen zwischen verschiedenen Modifikationen u. therm. Anisotropie sind zu berücksichtigen. — 124 Literaturangaben.
H. U. Borgstedt. 6490◇

2175 **Einfluß von Verformungsgrad und -temperatur auf die Textur von Silberdrähten.** Hans Ahlborn und Günter Wassermann. (Z. Metallkunde **54**, 1—6, 1963; Clausthal, Bergakad., Inst. für Metallkunde; dt.) — An Feinstsilberdrähten, die bei —190, —60, +20 u. +100° durch Ziehen unterschiedlich verformt waren, wurden röntgenograph. die Fasertexturausbldg. verfolgt. Bei einem Ausgangs-∅ von 14 mm, der eine sehr starke Verformung ermöglichte, stellte sich beim Ziehen zunächst stets eine doppelte Fasertextur nach ⟨100⟩ u. ⟨111⟩ ein. Mit steigendem Verformungsgrad nahm der ⟨111⟩-Anteil stetig ab, u. zwar bei Verformungstemp. von —190, —60 u. +100° stärker als bei +20°. Bei Verformungsgraden über 99,8% (bei —190° über 95%) war nur noch eine reine ⟨100⟩-Fasertextur vorhanden. Die Abnahme der ⟨111⟩-Kristalle bei tiefen Temp. wird durch die mit sinkender Temp. zunehmende mechan. Zwillingsbldg. hervorgerufen, die zu einer ⟨511⟩-Zwischentextur führt u. bei weiterer Verformung durch Gleitung in die ⟨100⟩-Lage übergeht. Die Zunahme des ⟨100⟩-Anteils während der Verformung bei 100° wird auf Rekristallisation zurückgeführt. — 22 Literaturangaben.
H. Hochstein. 6490◇

2176 **Beitrag zur Definition der Einhärtungstiefe.** E. Meinhard. (Industrieblatt **59**, Nr. 11, Härterei-Techn. u. Wärmebehandl. **5**, HT 86, 1959; Köln; dt.) — Als Definition der Einhärtungstiefe bei der Wärmebehandlung von *Fe* u. *Stahl* wird der Abstand senkrecht zur Oberfläche, bei dem noch 90% der (vorgeschriebenen Mindest-) Oberfläche vorliegt, vorgeschlagen. W. Wesly. 6492◇

2177 **Sekundärrekristallisation in Eisen von hoher Reinheit und in einigen seiner Legierungen.** Jean Howard. (Trans. metallurg. Soc. AIME **224**, 1076, 1962; London, England, Post Office Res. Station; engl.) — Durch Verss. an aus gesinterten Preßlingen durch Kaltwalzen hergestelltem Band aus Reineisen u. aus einer *Fe-Si*-Leg. mit 3,25% Si wird nach geeigneter Wärmevorbehandlung festgestellt, daß die Ausdehnung der Sekundärrekristallisation ein Maximum für bestimmte krit. Werte des O-Geh. der Ofenatmosphäre sowie der Glühtemp. besitzt, u. daß diese Werte für verschiedene Legg. verschieden sind. Je dünner das Material ist, desto weniger krit. sind

diese Werte. Sekundäre Rekristallisation kann auch in *Cr–Fe-* u. *Mo–Fe-*Legg. erhalten werden.
H. Hochstein. 6492◇

2178 **Das Glühverhalten von explosiv verformtem Kupfer.** A. S. Iyer und Paul Gordon. (Trans. metallurg. Soc. AIME **224,** 1077–79, 1962; Chicago, Ill., Illinois Inst. of Technol. u. Cincinnati, Ohio, Univ.; engl.) — Im Glühverh. von explosiv verformtem Cu im Vgl. zu dem üblicherweise verformten Cu gibt es bedeutende Unterschiede. So wird in vorläufigen Verss. nachgewiesen, daß beim explosiv verformten Cu viel von der gestapelten Energie während einer Glühung bei 160,5° verloren geht, bevor sich die Härte merklich zu ändern beginnt. Der für den vorzeitigen Energieverlust verantwortliche Prozeß hängt im wesentlichen mit der Diffusion von Leerstellen zusammen. Im Gegensatz zu dem einstufigen Weichwerden von in üblicherweise verformten Cu beim Glühen (bei 236° u. 220°) mit einer für die Rekristallisation typ. Kinetik wird das explosiv verformte Cu in zwei Stufen weich, wobei die Rekristallisation erst in der zweiten Stufe stattfindet, während in der ersten Stufe eine Materialerhöhung beobachtet wird.
H. Hochstein. 6492◇

2179 **Über das Carburieren mit Kohlenwasserstoff-Crackgas.** Hiroshi Kimura und Yōnosuke Wakamoto. (Bull. Univ. Osaka Prefect., Ser. A **4,** 117–22, 1956; Coll. of Engng., Dep. of Metallurg. Engng.; engl.) — Während des Aufkohlungsprozesses beim Einsatzhärten absorbiert Stahl bei erhöhten Temp. aus einer geeigneten Gasmischung C u. wird dann in einer solchen Weise abgekühlt, daß die gewünschten Eigg. erhalten werden. Die Aufkohlungs-Atmosphäre wurde aus verschiedenen KW-Stoff-Fll. wie Methanol, Bzl., Äthylacetat, Methylacetat u. Petroleumbenzin hergestellt. Die experimentelle Anordnung wird beschrieben, wobei der fl. KW-Stoff in einem elektr. Ofen getropft und zusammen mit Luft über die Prüfkörper aus Stahl geleitet wird. Die Prüfkörper werden auf verschiedene Weise wie Abschrecken im Wasser u. Abkühlen im Ofen behandelt, u. dann die Mikrohärte sowie die Dicke der Aufkohlungsschicht gemessen. Es wird gefunden, daß die geeignetsten Crack-Temp. zwischen 950 u. 1000° liegen, daß das Verhältnis Luft : Crackgas in der richtigen Proportion gehalten werden muß, daß die günstigste Gasmenge bei diesen Verss. bei 18–24 l/Std. u. der C-Geh. der Aufkohlungsschichten allg. zwischen 0,9 und 1,2% liegt.
I. Gänsheimer. 6492◇

2180 **Ein Reagenz zum Nachweis der Mikrostruktur von austenitisch-ferritischen Schweißnähten.** G. G. Muchin. (Automat. Schweißen [UdSSR] **16,** Nr. 1, 90–91, 1963; russ.) — Das zum Nachweis der Feinstruktur von Schweißnähten aus einem ferrit u. einem austenit. Stahl geeignete Reagenz besteht aus 1 Teil 14%ig. wss. Lsg. von $(NH_4)_2S_2O_8$, aus 2 Teilen 50%ig. *HCl* (Spezif. Gew. 1,19) u. aus 1 Teil einer gesätt. alkohol. Lsg. von *Orthonitrophenol.* An Beispielen von verschiedenen geschweißten austenit. Stählen wird gezeigt, daß das Reagenz bes. zur Behandlung austenit. Stähle geeignet ist, in denen die σ-Phase u. andere Phasen vorhanden sind, wobei ein deutliches Bild der Verteilung der Sekundärphasen in der austenit. Grundmasse erhalten wird.
H. Hochstein. 6506◇

2181 **Die elektrolytische Gewinnung von Überzügen mit einer supraleitfähigen Legierung Indium–Thallium.** Ss. I. Skljarenko und I. I. Lawrow. (Hochschulnachr. (Ordshonikidse), Nichteisenmetallurgie **4,** 139–44, 1961; Moskau, Inst. für chem. Feintechnol., Versuchslabor. für Chemie u. Technol. seltener u. sehr zerstreuter Elemente sowie Halbleitermaterialien; russ.) — Elektrolyt. erzeugte dünne, kompakte *In–Tl*-Überzüge auf Cu mit einem Tl-Geh. von 10 bis 20%, die bei tiefen Temp. Supraleitfähigkeit zeigen, werden untersucht. Kompakte Überzüge wurden in Bädern mit HBF_4 u. Sulfamat-Lsg. erhalten. Für die Aufnahme der Polarisationskurven wurde in einer Sulfaminsäure-Lsg. metall. In gelöst bzw. Tl_2SO_4 zugesetzt. Die Messungen wurden bei 18° nach der üblichen Kompensations-Meth. durchgeführt u. werden beschrieben. Gute Leg.-Überzüge wurden bei einem Verhältnis der Konz. $c_{In} : c_{Tl}$ im Elektrolyten von 5 bis 40 erzielt; das entspricht einem Tl-Geh. von 30–10% in der Legierung. Einen erheblichen Einfl. auf die Zus. der Legg. hat die Elektrolyse-Temperatur, Mit steigender Temp. erhöht sich der Anteil von In in der Legierung. Die günstigste Temp. liegt bei 50°. Man erhält unter diesen Bedingungen bei $c_{In} : c_{Tl} = 10$ im Elektrolyten 22,6% Tl in der Leg., bei $c_{In} : c_{Tl} = 20$ 12,5% Tl. Die erhaltenen Überzüge sind bei großer Feuchtigkeit u. erhöhter Temp. korrosionsfest.
E. Winkler. 6516□

2182 **Pulver-Diffusionshartverchromung von Werkzeugstählen.** Jan Tacikowski und Tadeusz Sobusiak. (Prace Inst. Mechan. precyzyjnej **10,** Nr. 35, 32–50, 1962; tschech.) — Bei der Pulver-Diffusionshartverchromung von Werkzeugstählen haben NH_4J u. NH_4Cl als Aktivatoren keine Wrkg., wenn das *Fe–Cr*-Korn fein ist. Die beste Verchromung ergibt sich bei Fe–Cr-Pulver mit 0,001–0,005 mm Korngröße u. 0,5% NH_4J-Gehalt. Gute Verchrombarkeit zeigen C-reiche, nicht legierte u. legierte Cr- u. Cr–*W*-Stähle. Schlecht verchrombar sind schwach legierte Stähle u. Stähle mit mittlerem *C*-Geh. u. bes. C- u. Cr-reiche Stähle. W. Wesly. 6518◇

2183 **Die Reaktionen von Eisen-Nickellegierungen mit Sauerstoff.** J. Brabers, W. J. Heideger und C. E. Birchenall. (J. Chim. physique Physico-Chim. biol. **53,** 810–16, 1956; Princeton Univ., James Forrestal Res. Center; franz.) — Zur Unters. gelangten Fe–Ni-Legg. mit 2,08; 6,40; 10,36; 15,06 u. etwa 36% Ni (*Nilvar*). Die ersten beiden Legg. wurden in Luft, die anderen in reinem O_2 bei 1050–1095° oxydiert. Alle Proben wurden chem. u. metallograph. untersucht u. das Dreiphasengebiet Leg.-Wüstit-Spinell angenähernd bestimmt. Diskussion. C. Gottfried. 6530△

2184 **Untersuchung der trocknen Oxydation von Kupfer–Mangan-Legierungen.** F. Bouillon und M. Jardinier. (J. Chim. physique Physico-Chim. biol. **53,** 817–22, 1956; Brüssel, Univ. libre; franz.) — 3 Cu–Mn-Legg. mit 1,50, 4,31 u. 7,36 Gew.-% Mn wurden trocken bei Temp. zwischen 110 u. 1000° oxydiert. Auf Grund der mkr. Beobachtungen der oxydierten Proben kann man 3 Bereiche als Funktion der Temp. unterscheiden: Um 110–320° haften die Oxidfilme fest an der darunterliegenden Leg.; zwischen 320 u. 800° lösen sich die Oxidschichten spontan von dem Metall u. legen neue, anhaftende Oxidschichten frei; zwischen 800–1000° haften die Oxidschichten auf der Oberfläche der Leg. mit 1,5 Gew.-% Mn; bei den beiden anderen Legg. lösen sich die Schichten spontan ab. Röntgenograph. u. mittels Elektronenbeugung wurden die Zuss. der äußeren Schichten u. der darunterliegenden Schichten bestimmt. In den Oxydationsbereich von 110–320° besteht die äußere Schicht zunächst aus Cu_2O, das mit steigender Temp. allmählich in *CuO* übergeht; ein Mn-Oxid wurde nicht beobachtet, wie *MnO* erst bei den höchsten Oxydationstemp. in der äußeren Schicht nachweisbar ist. Die Beobachtungsergebnisse der äußeren Schicht sind tabellar. wiedergegeben. Festgestellt wurde, daß die Bldg.-Geschw. von Cu-Oxiden auf den Cu–Mn-Legg. wesentlich geringer ist als bei reinem Cu, was durch das Eintreten von Mn in das Cu-Gitter vielleicht erklärt werden kann. Diskussion. C. Gottfried. 6530△

2185 **Kontinuierliches Entfetten und Anodisieren von Aluminiumbändern.** Ian S. Hallows. (Metal Finishing **61,** Nr. 2, 56–59, 1963; London, England; engl.) — Beschreibung einer Anlage. F. Vier. 6530◇

2186 **Die Oxydation und Korrosion von Niob (Columbium).** B. Cox und T. Johnston. (Trans. metallurg. Soc. AIME **227,** 36–47, 1963; Harwell, England, Atomic Energy Res. Establ.; engl.) — Die Ergebnisse von Oxydations- u. Korrosionsprüfungen an Nb in O_2 u. Wasserdampf bei Temp. von 350–650° sowie in verd. Sulfatlsgg. bei 300° werden mitgeteilt. Die Oxydation von Nb in O_2 kann in Begriffen einer Vorübergangsperiode, die einem angenähert parabol. Wachstumsgesetz gehorcht, u. einer Nachübergangsperiode erklärt werden, in der eine schnellere lineare Geschw. zum Teil durch Einschränkung der Gasströmung infolge des Wachsens des porösen Außenfilms erstickt wird. Infolge von Veränderungen in der Porosität der äußeren Schichten erreicht die Einschränkung, dar-

gestellt durch den porösen äußeren Film, einen Grenzwert. Die nachfolgende Oxydation gehorcht einem linearen Geschw.-Gesetz u. zeigt eine fast lineare Abhängigkeit der Geschw. vom Gasdruck. Schließlich kann eine sekundäre Erscheinung des Schutzfilmes auftreten, die zu einer weiteren Beschleunigung der Oxydationsgeschw. führt. In Wasserdampf folgt die Oxydation von Nb einem parabol. Geschw.-Gesetz u. zeigt keinen Übergang zur linearen Kinetik. Nb_2O_5 wurde in dem gebildeten NbO/NbO_2-Film nicht beobachtet. Der Zusatz eines kleinen O_2-Partialdrucks zum Wasserdampf ergab eine beschleunigte Oxydation gemäß der normalen Kinetik für Oxydation in O_2. O reagierte bevorzugt mit dem Nb u. der oxid. Schutzfilm wurde umgebildet, wenn das gesamte O verbraucht war. Dieses Verh. stützt die Theorie, daß die Keimwrkg. von Nb_2O_3 auf der Oberfläche des NbO/NbO_2-Schutzfilmes die Ursache der beschleunigten Oxydation ist. Nach der Oxydation in Dampf bei hohem Druck wurde Nb_2O_5 im Schutzfilm gefunden. Die Bildungsart von Nb_2O_5 unter diesen Bedingungen erzeugte keine Änderung in der Kinetik, sondern konnte die verhältnismäßig große Abhängigkeit der Oxydationsgeschw. vom Druck erklären. Die Kinetik der Oxydation in O_2-haltigen wss. Lsgg. bei 300° war ähnlich derjenigen für die Oxydation in O_2. Ein durchdringender Angriff auf Nb-Blech kann auf das manchmal bei der Oxydation in O_2 beobachtete Losreißen zurückgeführt werden. — 30 Literaturangaben.
H. Hochstein. 6530◇

2187 **Die Korrosion von Eisen bei Gegenwart von Schwefelwasserstoff im Zweiphasensystem Elektrolyt–Kohlenwasserstoff.** A. A. Gonik. (Ber. Akad. Wiss. UdSSR **135**, 381—84, 11/11. 1960; Ufa, Forsch.-Inst. für Erdöl; russ.) — Vf. untersuchte die Korrosion von Stahl (*St-3*) in H_2S-W. (a), H_2S-haltigen fl. KW-Stoffen (b) u. im Zweiphasensyst. a–b. Die Korrosion in b führt zur Bldg. einer FeS-Kruste auf dem Metall u. ist stärker als die Korrosion in a. Die Korrosion im Syst. a–b ist bedeutend stärker als die Summe der Einzelkorrosionen, was mittels Polarisationsmessungen als stimulierende Wrkg. der in b gebildeten FeS-Kruste auf die Auflösung von Fe in a gedeutet wird. H. Jäger. 6538□

2188 **Bevorzugte Korrosion von Schweißungen an stabilisiertem nichtrostendem Stahl.** C. L. Angermann und P. M. Kranzlein. (Trans. Amer. Soc. Metals **53**, 433 bis 446, 933—34, 1961; Ithaca, N. Y., Cornell-Univ., E. J. du Pont de Nemours & Co. u. Aiken, S. C.; engl.) — Elektronenmkr. Unterss. von Schweißungen an den stabilisierten Stahlsorten *309 SCb*, *347* u. *321* ergaben nach einer Kurzzeitbehandlung in einer korrosiven 3,0 mol HNO_3–0,075 mol *HF*-Lsg. u. in 65%ig. HNO_3, daß der Korrosionsangriff durch eine bevorzugte Auflsg. von Nb- oder Ti-Carbidteilchen, die längs der Dendriten-Grenzen in der Schweißstelle angeordnet waren, auftrat. Dieser Mechanismus stand im Gegensatz zu dem Angriff der Korngrenzen in der Nähe der Cr-Carbidteilchen in einem korrosionsempfindlich gemachten Stahl *304*. Die Ggw. von σ-Phase in Schweißstellen, die bei 900° wärmebehandelt waren, erhöhten nicht die Korrosionsgeschw. über die von Stahlproben, in denen gleich nach dem Schweißen keine σ-Phase festgestellt werden konnte. — 15 Literaturangaben. Diskussion.
H. Hochstein. 6538◇

2189 **Untersuchung der Korrosionsbeständigkeit eines Baustahls in einer Säure.** Orlando Euler De Castro. (C. R. hebd. Séances Acad. Sci. **256**, 159—61, 1963; St.-Germain-en-Laye, Inst. de Rech. de la Sidérurgie française; franz.) — Untersucht wird die Korrosionsbeständigkeit von Schweißverbindungen eines Stahles mit 0,22(%) C, 1,05 Cr, 0,67 Mn, 0,91 Si, 0,15 Ni u. 0,25 Mo nach verschiedenen Wärmebehandlungen. Die durch die verschiedenen Wärmebehandlungen erhaltenen unterschiedlichen Feingefügeausbldg. führen zu verschiedenen Gew.-Verlusten. Die Entw. des Lösungspotentials während des Angriffs in verd. H_2SO_4-Lsg. bei 24 ± 0,25° wird verfolgt. Nach einer Austenitisierung von 10 Min. Dauer bei 1300° besitzt der durch isotherm. Abschrekkung von 1 Std. 30 min bei 400° erhaltene Bainit durch eine Verteilung seiner Carbide im Ferrit eine bessere Korrosionsbeständigkeit als ein grobkörniges Ferrit–Perlit-Gefüge, das durch Abschreckung von 1 Std. 30 min bei 650° erhalten wurde. Die bei 400—525° nach Abschreckung angelassenen Stähle lassen eine ausgeprägtere Korrosion erkennen. H. Hochstein. 6538◇

2190 **Die Spannungsrißkorrosion von Eisenlegierungen unter besonderer Berücksichtigung nichtrostender austenitischer Stähle.** Helmut Ternes. (Werkstoffe u. Korrosion **14**, 729—39, 1963; Duisburg; dt.) — Überblick. — 137 Literaturangaben. M. Gehlen-Keller. 6538◇

2191 **Kondensatorrohrkorrosion und Werkstoffe.** 2. Teil: **Kondensatorrohre aus Kupfer–Nickel-Legierungen.** F. W. Nothing. (Metall **16**, 1196—99, 1962; Duisburg; dt.) — 1. vgl. C. **1963**, 13351. — Für die Verw. von *Cu–Ni*-Legg. für Kondensatorrohre ist entscheidend, daß sie neben ihrer hohen Beständigkeit gegen Korrosion u. Erosion in bewegtem Meerwasser prakt. nicht zu einer kristallinen Korrosion, Korrosionsermüdung u. Spannungskorrosion neigen. Es treten auch keine der „Entzinkung" des Messings entsprechenden Erscheinungen auf. An einigen Beispielen wird die an *CuNi 30 Fe*-Legg. auftretende Lochfrasskorrosion geschildert. Bes. gefährdet sind Wärmeaustauscherrohre aus CuNi 30 Fe, in denen geringe oder wechselnde Durchflußgeschw. herrschen oder zeitweise überhaupt kein Durchfluß vorhanden ist. F. Vier. 6538◇

2192 **Anabasin als Inhibitor der Säurekorrosion von Stahl.** K. Ss. Kuryndin, Je. A. Nikonowa und R. A. Kosyrewa. (Nachr. sibir. Abt. Akad. Wiss. UdSSR **1959**, Nr. 3, 83—88; Nowosibirsk, Inst. für Eisenbahntransportingenieure; russ.) — Verss. werden mit verschiedenen Stahlblechen, 20%ig. H_2SO_4 mit u. ohne Zusatz von *Anabasin* (I) sowie mit Zusatz von I u. 2 g/Liter *NaCl* bei 20 u. 60° während 1 Std. bzw. 10 Min. durchgeführt. Die Konzz. von I betragen 0,5, 1,0 u. 3 g/Liter. Der Zusatz des I–NaCl-Gemisches ist am wirkungsvollsten. Obgleich die inhibierende Wrkg. von I um 1,5—2mal geringer ist als die der N-Basen von Koks- u. Halbkoksteer, hat die Anwendung Vorteile. Sie ist durch den geringen Dampfdruck des Präp. nicht gesundheitsgefährdend; I u. sein Sulfat enthält kein Fett, was für die Emaillierung von eisernen Behältern von Bedeutung ist. J. Lehmberg. 6538△

2193 **Einige Bemerkungen zum kathodischen Schutz von Fernleitungen.** L. Boubela. (Paliva **41**, 81—84, 1961; Běchovice; tschech.) — Durch kathod. Schutzmaßnahmen wird der Angriff auf Fernleitungen nicht aufgehoben, aber gemildert. Durch Unregelmäßigkeiten des Betriebs wird die Schutzwrkg. noch vermindert.
R. K. Müller. 6538◇

2194 **Korrosion von Stählen in Butylacrylat und Acrylnitril.** A. L. Labutin, L. P. Malschina und W. P. Dmitrijewa. (Chem. Ind. [UdSSR] **1962**, 373—74; russ.) — Die Korrosionsgeschw. (KG) von Stahl *St-3* u. *1Ch18-N9T* betragen in *Butylacrylat* (**I**) mit 3% *Acrylsäure* (**II**) 2,87 bzw. 0,0003 (mm/Jahr), bei 1% **II** 0,0031 (0,0006), bei 0,12% **II** 0,0045 (0,0005). In wss. **II**-Lsg. ist die KG bei **II**-Konz. bei 3% 22,55 (0,0013), 1% 14,43 (0,0019), 0,1% 4,88 (0,0014), in *Acrylonitril* (**III**) mit 3% W. 0,0420 (0,0009). Diese KG sind unter Eintauchen bei 98° (bei **III** 77°) bestimmt. Die KG in der Dampfphase oder an der Phasengrenze sind ähnlich, bei Rühren der Fl. höher. Die KG vom Stahl der Marke *Ch13* in **III** mit 3% W. beträgt ohne Rühren 0,0120, mit Rühren 0,0039.
R. K. Müller. 6540◇

2195 **Untersuchung der Gaskorrosion von Eisen mit Hilfe des Kontaktpotentialunterschiedes.** R. Ch. Burstein, G. M. Kornatschewa und N. A. Schurmowskaja. (Ber. Akad. Wiss. UdSSR **146**, Nr. 3, 631—34, 1962; Inst. für Elektrochem. der Akad. der Wiss. der UdSSR; russ.) — Mit Hilfe von H_2 red. Fe-Pulver wurde mit O_2 bis zur völligen Sättigung seiner Oberfläche mit Fe_2O_3 zusammengebracht. Dann wurde es mehrmals abwechselnd der Einw. von Wasserdämpfen u. O_2 ausgesetzt. In einer anderen Vers.-Reihe wurde Fe abwechselnd unter Vakuum erhitzt u. unter O_2 gesetzt. Die hierbei vor sich gehenden Rkk. wurden mit Hilfe des Kontaktpotentialunterschiedes gemessen. Aus den erhaltenen Werten ist zu ersehen, daß Fe durch die

Chemosorption von O_2 passiviert wird. Bei Einw. von Wasserdämpfen oder Hitze wird die Schutzwirkung der Oxidschicht zerstört u. eine zusätzliche Aufnahme von O_2, die zur Bldg. stärkerer Oxidschichten u. damit zu erneuter Passivierung führt, ermöglicht. Vff. erklären diese Erscheinung mit einer Erhöhung der Migrations-Geschw. von Fe-Atomen durch die schützende Oxidschicht bei Einw. von Wasserdämpfen oder Hitze.
Gribovszki. 6540◇

2196 **Die Verminderung der Korrosionsaggressivität von Antifriktionszusätzen ohne Verschlechterung ihrer Wirksamkeit.** Ju. Ss. Sasslawski, G. I. Schor, R. N Schnejerowa, A. I. Kusnetzowa und F. B. Lebedewa. (Chem. Technol. Brennstoffe, Öle **6**, Nr. 12, 39 bis 43, 1961; russ.) — Ausarbeitung einer Radioindikatormeth. zur Best. der chem. Aktivität von Antifriktionszusätzen zu Ölen mit u. ohne Reibung. Bestimmt wird die Auflösungskinetik von radioakt. *Stahl* oder *Cu* in verschiedenen Schmierölsorten mit Zusatz von S- u. Cl-organ. Verbb. (chlorierte Paraffine, Dibenzyldisulfid). Die große chem. Aktivität der Zusätze wird durch Zugabe der Antikorrosionsmittel *1-L* (Lsg. von Ba-Alkylphenolat in hydroxypropyliertem Alkylphenol) u. *Triphenylphosphit* stark gemindert. Bei kleiner Belastung hält sich die Abnutzung etwa auf der Höhe, wie sie bei Verw. von Schmierölen ohne Zusätze eintritt.
J. Lehmberg. 6540△

2197 **Beschleunigter Korrosionstest für Weißbleche in Pampelmusen- und anderen Fruchtsäften.** P. R. Carter und T. J. Butler. (Corrosion [Houston] **17**, 72t—76t, Febr. 1961, Monroeville, Pa., U. S. Steel Corp.; engl.) — Unter Anwendung der Meth. von Kamm (vgl. Kamm, Willey, Beese u. Krickl [C. **1963**, 12590]), der ATC-Meth., (alloy-tin-couple) wird der Einfl. von Sn-Zusätzen zum Elektrolyten, der Größe u. Herkunft der Sn-Anoden u. von Beschädigungen der Blechoberfläche auf *Pampelmusen-*, *Tomaten-*, *Ananas-* u. *Pflaumensaft* untersucht. Pflaumensaft zeigte von ersteren verschiedenen Korrosionseinfluß.
H.-P. Rettig. 6540□

2198 Homokelökészitö Vállalat (Erfinder: Johann Szekeres, Georg Hevenesi und Ludwig Pokorádi), Budapest, Ungarn, **Formsandverbesserung.** Vor der Zugabe von organ. Bindemitteln werden die einzelnen Körner des Sandes mit einem Film einer organ. Fl., wie *Schwerbzn.*, *Heiz-*, *Gas-Öl*, *Pektin* oder *Melasse*, überzogen. (**Ung. P. 145340** vom 17/10. 1956, ausg. 15/9. 1959.)
G. König. 6383

2199 Chemetals Corp., New York, N. Y. (Erfinder: Cornelius Johannes Heinink, George Gilbert Olson und John Tobias Long, Phoenix, Ariz.), V. St. A., **Gewinnung von Kupfer aus kupferhaltigen wäßrigen Lösungen.** Die neutralen oder schwach sauren Lsgg. werden mit einem mit W. prakt. nicht mischbaren organ. Medium, der Lsg. eines NH_4-Salzes einer *Organophosphorsäure* mit der Formel

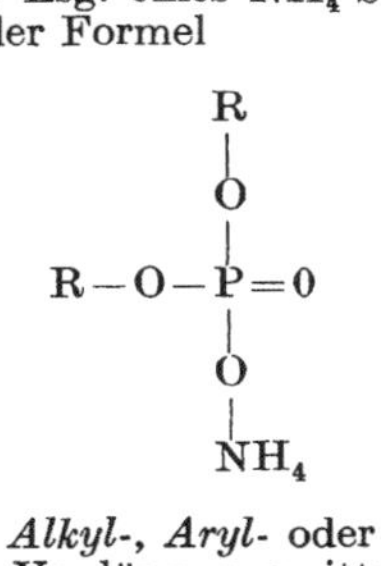

in welcher R einen *Alkyl-*, *Aryl-* oder *Aralkylrest* bedeutet, in einem organ. Verdünnungsmittel in Berührung gebracht u. das Cu aus der Lsg. extrahiert. Als organ. Verdünnungsmittel wird *Kerosin* verwendet. (**D. A. S. 1142443** Kl. 40a vom 7/2. 1962, ausg. 17/1. 1963. A. Prior. 7/2. 1961.)
M. Neckermann. 6433

2200 Union Carbide and Carbon Corp., New York, übert. von: Hendrik de W. Erasmus, Lewiston Heights, N. Y., V. St. A., **Herstellung von Cr-Legierungen,** z. B. *Chromstahl*, durch Zugabe von Cr zu der entsprechenden Metallschmelze, wobei das Cr in Form von kompakten, feinkörnigen, nicht bröckelnden, zusammenhängenden Metallaggregaten gleichmäßiger Porosität mit > 98% Cr u. einer D. von 5—5,5 g/cm³ angewendet wird. (**Can. P. 569429** vom 29/4. 1957, ausg. 20/1. 1959. A. Prior. 24/6. 1949.)
H.-J. Nitzschke. 6441

2201 Röhm & Haas G. m. b. H., Darmstadt, übert. von: Herbert Zima, Darmstadt, **Eluieren von Edelmetallsalzen** aus einer festen amorphen u. braunschwarzen polymeren Cyanwasserstoffsäure, die in Ggw. eines Alkalis polymerisiert wurde, mit einer Fl., die aus einem kleineren Anteil einer wss. HCl-Lsg. u. einem größeren Anteil einer organ. Komponente besteht, die mit der wss. HCl-Lsg. mischbar ist. Das Eluierungsmittel besteht z. B. aus 60—80% *Aceton*, 15% W. u. 15—5% HCl oder aus 60—80% *Methanol*, 25—15% W. u. 15—5% HCl. Das Verf. eignet sich bes. zur Extraktion von *Au*, *Pd*, u. *Rh*. (**A. P. 3018176** vom 26/2. 1958, ausg. 23/1. 1962. D. Prior. 27/2. 1957.)
M. Neckermann. 6459

2202 Metallwerk Plansee G. m. b. H. (Erfinder: Karl Sedlatschek und Richard Kieffer), Reutte/Tirol, Österreich, **Herstellung von Legierungen aus einer höher schmelzenden und einer niedriger schmelzenden Komponente nach dem Lichtbogenschmelzverfahren,** dad. gek., daß durch Pressen u./oder Sintern der höher schmelzenden, gepulverten Leg.-Komponente poröse Elektrodenkörper von möglichst hoher Reinheit hergestellt, diese mit dem niedriger schmelzenden Leg.-Anteil getränkt u. dann als selbstverzehrende Elektroden in einen Lichtbogenofen eingesetzt, niedergeschmolzen werden u. die Schmelze in einer Form aufgefangen wird. (**Oe. P. 202784** vom 4/2. 1958, ausg. 10/4. 1959.)
K. Bayer. 6471

2203 Max Koehler, Herbede/Ruhr, **Massen aus gesintertem Eisen.** Fe-Pulver wird zusammen mit 0,6—1% *Graphit* u. 2—10% *Pb*-Pulver bei > 3 t/cm² gepreßt, dann ≧ 1000° ca. 3 Std. gesintert u. die so erhaltene Masse unter Druck in die gewünschte Form gebracht. Außer Graphit u. Pb können auch noch 0,5—5% *Ni* vor dem Pressen zugesetzt werden. (**Can. P. 570610** vom 5/10. 1951, ausg. 17/2. 1959. D. Prior. 20/10. 1950.)
H.-J. Nitzschke. 6475

2204 E. I. du Pont de Nemours & Co., übert. von: Charles H. Winter jun., Wilmington, Del., V. St. A., **Gewinnung hochreiner hitzebeständiger Metalle,** bes. *Ti*, *Zr*, *Hf*, *V*, *Nb* oder *Ta*, durch Umsetzung entsprechender *Metallhalogenide* (Halogene mit Atomzahl > 9) in der Dampfphase bei Unterdruck mit *Alkali-* oder *Erdalkalimetallen* unterhalb des F. des Metalls, aber oberhalb des Kp. des Red.-Metalls sowie der Kondens.-Temp. des sich bildenden Red.-Metall-Halogenids in einer Rk.-Kammer, die aus einer Rk.-Zone, in der sich das gebildete Metall abscheidet, u. einer Kondens.-Zone besteht, in der unumgesetzte Ausgangs-Prodd. u. Neben-Prodd. abgeschieden werden. — Vorrichtung. (**Can. P. 634416** vom 7/10. 1959, ausg. 9/1. 1962.)
Eberhard Riedel. 6475

2205 United Kingdom Atomic Energy Authority, England (Erfinder: John Edward Antill und Henry Lloyd), **Sintern von Metall- oder Oxidpulvern.** Langgestreckte Preßlinge aus Metall- oder Oxidpulvern, wie *U*, *Th*, *MgO*, oder *Al_2O_3*-reiche Verbb., werden ggf. im Vakuum in einem Schutzrohr, z. B. aus Mullit, langsam durch einen verhältnismäßig kurzen Pt-Ofen geschoben u. auf diesem Wege zonenweise auf Sintertemp. erhitzt. In gleicher Weise kann auch ein Vorsintern stattfinden. (**F. P. 1223293** vom 10/7. 1958, ausg. 16/6. 1960. E. Prior. 11/7. 1957 u. 20/1. 1958.)
Hans Hoffmann. 6475

2206 Commissariat à l'Énergie Atomique, Frankreich (Erfinder: Micheline Calis und Jean Charpin), **Umhüllung feinstverteilter Metalloxide oder Metalle.** Ultrafeine Pulver aus Metalloxiden oder Metallen mit Korngrößen < 1 μ werden zur Herst. poröser Formkörper mit bes. feinen Poren mit einem eine lamellare Struktur bildenden oder einem thixotropen Bindemittel in der Weise umhüllt, daß der pulverförmige Ausgangsstoff in einer vertikal rotierenden Trommel mit einem eine fl. Phase aufweisenden Bindemittel, welche von dem trockenen Pulver absorbiert wird, vermischt wird. Als Bindemittel können heiß-fl. Gemische aus *Terpentin-*

extrakt u. *Ceresin* oder wss. Lsgg. oder Dispersionen von *Polyvinylalkohol, Vaseline* oder *Paraffinölen* verwendet werden. — Vgl. D. A. S. 1068614; C. **1960,** 15533. (**F. P. 1174315** vom 19/4. 1957, ausg. 10/3. 1959.) Hans Hoffmann. 6475

2207 Precision Diamond Tool Co., übert. von: Jan Taeyaerts, Elgin, Ill., V. St. A., **Diamantwerkzeug** aus einem Diamanten u. gesintertem Metallpulver mit gleichem Ausdehnungskoeff. aus 64% *Fe*, u. 34% *Ni*, wobei eine feste Bindung zwischen beiden eintritt. (**Can. P. 560114** vom 21/11. 1952, ausg. 8/7. 1958.) H.-J. Nitzschke. 6477

2208 Joseph B. Brennan, Cleveland, Ohio, V. St. A., **Herstellung von Metallbändern** durch Aufspritzen von Metallen auf bandförmige Unterlagen, z. B. aus *Baumwolle, Papier* oder *Glasfaser*, von denen das Metallband nachher abgezogen wird. Die gespritzten Teilchen werden auf dem Weg von der Spritzdüse bis zu ihrer Aufschlagstelle erhitzt, z. B. durch elektr. Induktion, so daß sie geschmolzen oder plast. auftreffen. — Abbildungen. (**A. P. 2965513** vom 30/1. 1953, ausg. 20/12. 1960.) F. Vier. 6491

2209 Farbenfabriken Bayer Akt.-Ges., Deutschland (Erfinder: Max Zimmermann, Walther Lohmar und Heinrich Morschel), **Metallkühlmittel** aus wss. Emulsionen, welche einen *Polyäther* oder *Polyätherester* mit $-(CH_2)_4-O$-Gruppen enthalten. (**F. P. 1169853** vom 20/3. 1957, ausg. 7/1. 1959. D. Prior. 23/3. 1956.) T. Oppermann. 6491

2210 Metallgesellschaft Akt.-Ges., übert. von: Kurt Meyer, Frankfurt/M., und Hans Rausch, Oberursel/Taunus, **Hitzehärten von granuliertem Eisen.** Die oxydierbares Fe enthaltenden grünen Teilchen werden zunächst vorsichtig auf eine solche Temp. erhitzt, bei der die auftretende Oxydationswärme zur weiteren Temp.-Erhöhung ausreicht, wobei dann ein O_2 enthaltendes, ggf. vorerhitztes, brennstoff-freies Gas durch die Teilchen geleitet wird, um die Oxydation bis zum Erreichen der Härtetemp. fortzusetzen. — Schemat. Zeichnung. (**Can. P. 570989** vom 19/3. 1957, ausg. 17/2. 1959. D. Prior. 22/3. 1956.) H.-J. Nitzschke. 6493

2211 Eric Aubry Raylon, Bombay, Indien, **Lot** zum Löten von *Al* u. Al-Leg., bestehend aus 21—50(%) *Zn*, 0,5—4,5 *Pb* u. 76—95 *Sn*. (**Ind. P. 67189** vom 28/3. 1959, ausg. 1/11. 1961.) C. Lüttgen. 6505

2212 N. V. Philips' Gloeilampenfabrieken, Eindhoven, Niederlande, **Herstellung stabilisierter, im wesentlichen aus Wolfram bestehender Elektroden** zum *Bogenschweißen* mit Hilfe eines Schutzgases. Dem W-Pulver wird *V, Nb* oder *Ta* in Form der Oxide oder Salze zugesetzt, worauf das Th-freie Gemisch gegebenenfalls red., zu Stäben gepreßt u. unter Erhitzen gehämmert oder gezogen wird. V wird als V_2O_5 oder als NH_4-*Vanadat* in Mengen von 0,12—2,2(%), Nb_2O_5 in Mengen von 0,20 bis 3,5, Ta_2O_5 zu 0,35—5,5 zugesetzt. (**Oe. P. 205829** vom 4/8. 1958, ausg. 26/10. 1959. Niederl. Prior. 7/8. 1957.) W. Wittholz. 6507

2213 A/S Esab, Oslo, Norwegen, **Bekleidete Schweißelektrode zum Aufschweißen von harten und schleißstarken Belägen auf Stahlgegenständen.** Die Elektrode muß solche Mengen an C, Si, Cr, Mn oder Ni enthalten, daß der aufgeschweißte Belag folgende Zus. erhält: 0,5 bis 1,2(%) *C*, 2—8 *Si*, 0—4 *Mn* oder *Ni* u. 0,5—5 *Cr*, wobei der Si-Geh. etwa dem Geh. an der übrigen Leg.-Bestandteilen, ausgenommen *Fe*, gleich sein soll. (**Norw. P. 95656** vom 9/11. 1954, ausg. 7/3. 1960. Schwed. Prior. 21/11. 1953.) K. H. Kähler. 6507

2214 A. Smit & Zoon, Bergen, Norwegen, **Herstellung von Schweißelektroden.** Um den Kerndraht wird unter hohem Druck eine Masse gepreßt, die aus 50—80(%) *Stärke* u. 20—50 *Alginat* besteht. (**Norw. P. 95742** vom 17/4. 1957, ausg. 21/3. 1960.) K. H. Kähler. 6507

2215 F. I. Paschukaniss, **Elektrodenüberzug** für den Kern einer Elektrode zum *Bogenschweißen* hochlegierter *Stähle* u. a. Legg., z. B. von *Ti, Ni* oder *Al*, bestehend aus 40—70(%) CaF_2, 30—60 *NaF*, 10—25 $NaAlO_2$, <15 Al_2O_3 u. <15 *MgO*. (**UdSSR. P. 124993** vom 8/1. 1959.) B. Pankow. 6507

2216 M. M. Timofejew, **Elektrodendraht** für das *Lichtbogenschweißen* von *Ni-Stählen* u. -Legg., der den üblichen $CaCO_3/CaF_2$-Überzug besitzt u. zur Verringerung der Rißneigung geschweißter Stellen neben *Ni* aus 25—30(%) *Mo*, 12—14 *Cr* u. 2,5—3 *Mn* besteht. (**UdSSR. P. 124994** vom 16/4. 1959.) B. Pankow. 6507

2217 Ges. für Linde's Eismaschinen Akt.-Ges., Zweigniederlassung Höllriegelskreuth, Höllriegelskreuth bei München, **Gasmischung für das Lichtbogenschweißen,** bestehend aus 8—70 (Vol.-%) CO_2 u./oder *CO*, 1—15 O_2, Rest *Ar* oder *He* u. ggf. Cl_2 oder Br_2. (**Ind. P. 68920** vom 1/9. 1959. E. Prior. 21/7. 1959.) C. Lüttgen. 6507

2218 Leo Richard Davidson, V. St. A., **Polierpaste.** Zum Polieren von Zn-, Al-haltigen Gegenständen oder aus rostfreiem Stahl wird eine Paste benutzt, bei der in ein Schmiermittel (**I**) feinverteiltes Al_2O_3 eingebettet ist. **I** besteht z. B. aus einem Gemisch aus 55—69(%) feinverteiltem *Talk*, 20—25 *Stearinsäure*, 5—15 *Candelillaharz* u. 3—5 *Carnaubawachs*. (**F. P. 1225295** vom 22/5. 1959, ausg. 30/6. 1960.) Hans Hoffmann. 6511

2219 Henry Wiggin & Co. Ltd., London, England, (Erfinder: Barclay Keegan, Glasgow) **Entfernen eines eisenhaltigen Füllstoffes aus metallischen Gegenständen.** Die Metallgegenstände werden vor dem üblichen Auslaugen mit einer nur den Füllstoff angreifenden Säure kurze Zeit in einer wss. sauren Lsg., die das Metall u. den Füllstoff angreift, vorbehandelt, z. B. mit einer sd. Lsg. mit 50% Geh. an konz. *HCl* bei einem Gegenstand aus Ni–Cr–Co-Leg. mit einem Füllstoff aus Fe–Mn–Ti-Legierung. (**D. A. S. 1052208** Kl. 48d vom 5/9. 1957, ausg. 5/3. 1959. E. Prior. 12/9. 1956.) M. Demmel. 6513

2220 Raymond Carre und Gilbert Carre, Frankreich, **Entfetten von Metallteilen.** Das Reinigungsmittel besteht aus 85(%) *Terpentinölersatz* (white spirit) u. 15 *Orthodichlorbenzol*. (**F. P. 1261524** vom 24/6. 1960, ausg. 13/9. 1961.) H. Baur. 6513

2221 Raymond André Ricard und Henri Courjon, Frankreich, **Entrosten von Eisen** mittels einer Mischung, welche in wss. Lsg. ein Fe-Salz, eine Säure, welche Fe bindet u. Zunder angreift, u. eine zweite Säure, welche die Wirksamkeit des durch Rk. der ersten Säure mit dem Fe-Salz gebildeten Salzes erhöht, enthält. Beispiel: 200 (g) $FeCl_3$, 160 H_3PO_4, 80 HBF_4, 1 Netzmittel, 1 Passivierungsmittel, W. auf 1 Liter. (**F. P. 1259695** vom 9/6. 1960, ausg. 10/8. 1961.) H. Baur. 6513

2222 Boller Development Corp., übert. von: Ernest R. Boller, Marion, Ind., V. St. A., **Herstellung von Überzügen auf Eisenmetallen** durch Vorbehandeln der Gegenstände in einer O- u. wasserfreien Schmelze die NH_4Cl u. mindestens 2 *Chloride* von *Zn, Na, K, Li, Ca, Mg* u. *Ba* sowie ein Salz eines NE-Metalls, dessen Löslichkeit in fl. Al bei 700° 8% nicht überschreitet, z. B. *Ni-* oder *Cr-Chlorid* erhält. Das Bad soll einen F. von 650° haben. Die Behandlungsdauer beträgt 5—25 Sekunden. Dabei bildet sich ein NE-Metallüberzug auf der Oberfläche. Dann wird in eine Schmelze getaucht, die das Chlorid des Überzugsmetalls nicht enthält u. schließlich in eine *Al*-Schmelze zur Herst. eines Al-Überzuges. Die Al-Schmelze kann 5% *Si* enthalten. An Stelle von Cr oder Ni können auch *Pb, Ti, Mo, Be, Bi, Co, Mn, Sb, W* oder *Zr* als Zwischenschicht aufgebracht werden. Auf diese Weise wird eine vollständige Benetzung mit Al erzielt sowie die Bldg. einer spröden Fe–Al-Zwischenschicht verhindert. (**A. P. 2957782** vom 13/7. 1956, ausg. 25/10. 1960.) F. Vier. 6517

2223 Hubbard & Co., Chicago, Ill., übert. von: Charles J. Owen, Pittsburgh, Pa., V. St. A., **Herstellung von Aluminiumüberzügen auf Eisenmetallen.** Unmittelbar vor dem Tauchen in das schmelzfl. Al-Bad wurden die Gegenstände in eine auf 1275—1400°F erhitzte Schmelze getaucht, die 35—55(%) *NaCl*, 35—55 *KCl*, 5—20 Na_3AlF_6 u. 0,2—5 K_3CrF_6 enthält. Der so hergestellte Al-Überzug ist bes. glänzend u. haftet fest auf dem Gegenständen. (**A. P. 2963384** vom 24/2. 1959, ausg. 6/12. 1960.) F. Vier. 6517

2224 Soc. des Aciéries de Pompey, Frankreich (Erfinder: Eugène Herzog), **Schutz von Stahl gegen**

Spannungskorrosion durch Aufbringen eines *Al*-Überzuges durch Tauchen in das schmelzfl. Metall. Es kann auch eine Al-Leg. mit *Si, Zn, Cu* oder *Mg* aufgebracht werden. Der Überzug kann auch aufgespritzt werden oder durch Einpacken in Al-Pulver u. Erhitzen aufgebracht werden. (**F. P. 1265162** vom 4/4. 1959, ausg. 23/10. 1961.) F. Vier. 6517

2225 Métallisation de Précision, Frankreich, **Herstellung metallischer Schutzschichten auf hochwärmebeanspruchten Maschinenteilen.** Diese werden nach dem Spritz-Verf. mit hitzebeständigen Metallen oder Legg., wie solchen des *Cr, W, Al, Ni* oder *Ti*, im breiigen Zustand unter so hohem Druck u. von einer derartigen Entfernung aus auf die zu schützende Unterlage gespritzt, daß die Dichte des Überzuges größer ist als die der Unterlage. (**F. P. 1225835** vom 20/2. 1959, ausg. 4/7. 1960.) Hans Hoffmann. 6517

2226 Soc. Industrielle d'Exploitation des Moyens de Transport (Simotra), Frankreich, **Stromloses Vernickeln.** Zur Aufrechterhaltung der Konz. u. des pH-Wertes des Vernicklungsbades, das neben *Hypophosphit* u. *Ni-Salzen* die üblichen Hilfsmittel enthält, werden laufend dem umlaufenden Ni-Bad Lsgg. zugeführt, die die verbrauchten Rk.-Teilnehmer ergänzen. Gleichzeitig wird das Vernicklungsbad in bekannter Weise über Filter u. Erhitzer im Kreislauf geführt. Das Verhältnis der Vol. der beiden Kreisläufe soll 1—0,1 sein. Zeichnung. (**F. P. 1267835** vom 10/6. 1960, ausg. 29/11. 1961.) F. Vier. 6521

2227 Automatic Telephone & Electric Co. Ltd., Liverpool, England, **Stromlose Herstellung von Edelmetallüberzügen** auf Metallgegenständen durch Einbringen in wss. Salzlsgg. dieser Metalle, z. B. Au, dad. gek., daß man die Gegenstände während des Plattierens in unmittelbarer Berührung mit einem Metall bringt, das in Lsg. elektrochem. unedler ist als das Metall der Gegenstände. So bringt man z. B. auf *Cu*, das vergoldet werden soll, einen Fleck aus einer *Sn–Pb*-Leg. auf. Zweck der Maßnahme ist eine Verkürzung des Verfahrens. (**Ind. P. 69120** vom 19/9. 1959, ausg. 27/11. 1961. E. Prior. 24/9. 1958.) C. Lüttgen. 6527

2228 Amchem Products, Inc., Ambler, übert. von: George F. Otto, Oreland, Pa., V. St. A., **Herstellung von Überzügen auf korrosionsbeständigen Legierungen,** wie *Ni*-Legg. u. *rostfreien Stählen* durch Behandeln mit einer wss. Lsg., die *Oxalate, Borate* u. eine O-haltige S-Verbb. enthält. Der Geh. an Oxalat-Ionen in der Lsg. soll 2—500 g/Liter betragen. Auf 1 Gew.-Teil Oxalat-Ionen sollen 0,1—4,0 Borat-Ionen kommen. Von der S-Verbb., z. B. *Thiosulfat, Sulfit* oder *Hyposulfit*, soll so viel in der Lsg. vorhanden sein, daß 10 ml der Lsg. mit 2—5 ml einer 0,05n J-Lsg. einen Stärke-Indicator blau färben. Es werden Überzüge erhalten, die sich beim späteren Verformen nicht ablösen. (**A. P. 2953487** vom 12/3. 1959, ausg. 20/9. 1960.) F. Vier. 6529

2229 United States Atomic Energy Commission, Washington, D. C., V. St. A., **Herstellung von Überzügen auf Tantal** durch Erhitzen der Gegenstände in Kontakt mit *B* auf 1800° im Vakuum, bis sich eine Oberflächenschicht aus TaB_2 gebildet hat. Dann wird der Kontakt mit B unterbrochen u. weiter auf 1800° im Vakuum erhitzt, so daß sich das gebildete TaB_2 in *TaB* umwandelt. Ta-Tiegel mit einer solchen Oberflächenschicht werden von geschmolzenem *U* nicht angegriffen u. die U-Schmelze bleibt B-frei. (**E. P. 840203** vom 21/7. 1958, ausg. 6/7. 1960. A. Prior. 7/8. 1957.) F. Vier. 6529

2230 Metalastik Ltd., England (Erfinder: Norman Stuart), **Kautschuküberzüge auf Metall.** Die Metalloberfläche wird durch Polieren, Schleifen, Ultraschall oder mittels einer radioakt. Quelle vorbehandelt, wodurch nach Aufvulkanisieren der Kautschukplatte eine bessere Haftung erzielt wird, auch wenn die Metallfläche zwischendurch an der Luft mit einer Oxidschicht überzogen ist. (**F. P. 1202476** vom 17/7. 1958, ausg. 11/1. 1960.) M. Pankow. 6529

2231 Continentale Parker, Seine, Frankreich (Erfinder: Hubert Vallée), **Verbinden von Kautschuk mit Eisen oder dessen Legierungen.** Die gereinigte Metallfläche wird mit einem Oxalierungsmittel (50%ig. Oxalsäurebad, das 2% $FeCl_3$ enthält) behandelt. Auf die Oxalatschicht kommt eine Schicht aus einem Elastomeren (Chlorkautschuk, Kautschukhydrochlorid, Polyisocyanate, wie Desmodur) u. darauf die Kautschukschicht (Naturkautschuk, GR–S, Neopren, Perbunan), die bei 110 bis 150° u. 700 kg/cm² vulkanisiert wird. (**F. P. 1230493** vom 10/2. 1959, ausg. 16/9. 1960.) M. Pankow. 6529

2232 Guy Paul Louis Prout-Diaz, Frankreich, **Oxydationsschutz für Eisen.** Mit einer Bürste oder Spritzpistole wird ein Überzug aufgebracht aus einem Material, das aus *Zn*-Pulver von einer Korngröße von ca. 5—20 μ (76 Teile), *Styrolkunstharz* (10), in einem aromat. Lsgm. gelöst, *Pb-Seife* (0,42), *Diäthylamin* (0,13), einem unverseifbaren Platifizierungsmittel (7,85), wie *Hexachlordiphenyl* oder *Chlorparaffin*, einem Lsgm. vom Typ W–Öl (2), wie *Hexylenglykol*, u. einem aromat. Lsgm. (3,6) besteht. (**F. P. 1264029** vom 6/5. 1960, ausg. 13/10. 1961.) H. Baur. 6529

2233 Neilson Chemical Co., Ferndale, Mich., V. St. A., übert. von: Montagu Hyams, London, England, **Oberflächenbehandlung von Metallen,** dad. gek., daß man einen unlösl. *Phosphat*überzug aufbringt u. mit Dampf bei > 180°F behandelt. (**Can. P. 571137** vom 6/8. 1953, ausg. 24/2. 1959.) S. Böttcher. 6533

2234 American Chemical Paint Co., Ambler (Erfinder: Ferdinand P. Heller, Philadelphia), Pa., V. St. A., **Erhöhen der Haftfestigkeit von Überzügen von Farbe, Lack und dergl. auf Metalloberflächen.** Der pH-Wert der nach dem Hauptpatent zur Vorbehandlung zu verwendenden Lsg. (die *Chromat*anionen, *Chlorid*anionen in Form von Alkali- oder Ammoniumchlorid und *Doppelfluorid*anionen enthält) liegt zwischen 1,4 u. 2,0. Die Vorbehandlung dient auch zur Herst. von Schichtkörpern aus Metall u. Kunstharz. (**D. A. S. 1048760** Kl. 48 d vom 31/7. 1957, ausg. 15/1. 1959. **Zusatz zu D. B. P. 975498; C. 1962, 14692.**) H. Baur. 6535

2235 National Aluminate Corp., Chicago, übert. von: John W. Ryznar, La Grange Park, Ill., V. St. A., **Korrosionsverhütendes Mittel** gegen Salzwasser aus einem in W. lösl. Alkalipolyphosphat (Na-Tripolyphosphat) u. einem in W. lösl. Sr-Salz (Sr-Nitrat, -Chlorid, -Acetat, -Chlorat, -Bromid, -Formiat, -Jodid, -Nitrit, -Thiosulfat) im Gew.-Verhältnis 10:1—4:6, z. B. aus 72(%) *Na-Tripolyphosphat*, 9 *Sr-Nitrat*, 9 *$NaNO_2$* u. 10 *NaCl*. (**Can. P. 562119** vom 15/11. 1950, ausg. 19/8. 1958. A. Prior. 22/12. 1949.) H.-J. Nitzschke. 6539

2236 Arthur D. Little, Inc., Cambridge, übert. von: John L. Ennis, Lexington, Mass., V. St. A., **Verhinderung der Korrosion der Innenwände von Motoren jeder Art und Motorteilen** aus den verschiedensten Metallen (*Stahl, Al, Mg, Bronze, Messing*) durch die Dampfphase einer Verb. der allg. Formel

$$S\begin{array}{l}\diagup (CH_2)_n - R' \\ \diagdown (CH_2)_n - R'\end{array}$$

in der n eine ganze Zahl 1 oder 2 ist u. R' einer der beiden Reste

$$-\overset{\overset{\displaystyle O}{\|}}{C}-O-R \quad \text{oder} \quad -O-\overset{\overset{\displaystyle O}{\|}}{C}-R,$$

in welcher R ein Alkylrest mit 1—8 C-Atomen ist. Die Verb. (*Di-(2-äthylhexyl)-thiodipropionat, Thiodiglycoldiacetat*) wird als Dampf in die Motoren eingebracht oder die Teile werden in mit Lsgg. der Verb. getränktem Papier verpackt. (**A. P. 2947599** vom 5/7. 1955, ausg. 2/8. 1960.) H. Baur. 6539

2237 Tréfileries et Laminoirs du Havre, Frankreich, **Verhinderung der Oxydation von Kupfer und seinen Legierungen** in feuchter Umgebung durch Behandlung der Metalloberfläche mit einer wss., merklich neutralen Lsg. oder Dispersion eines oder mehrerer Derivate von Fett-mono- oder -diaminen mit einer Kettenlänge zwischen 12 u. 20 C-Atomen. Die Aminderivate sind oxäthylierte Amine mit 2—10 Äthylenoxidgruppen oder Salze derselben. Die wss. Lsg. enthält außerdem noch Netzmittel (Fettalkohole mit 16—20 C-Atomen u. oxäthyliert durch 15—20 Äthylenoxidreste oder substituierte Phenole mit 8—10 C-Atomen u. oxäthyliert durch 6—15 Äthylenoxidreste) u./oder weitere Inhibitoren zur Verstärkung der inhibierenden Wrkg. der Aminderivate. Ein Konzentrat aus 15—45 (Gew.-%) Fettaminderivaten, 0—30 Netzmittel u. 0—20 weiterer Inhibitoren wird mit W. verd. auf eine Konz. von 0,2—5‰. (**F. P. 1259531** vom 17/3. 1960, ausg. 9/8. 1961.) H. Baur. 6539

2238 Henri Brunel, Frankreich, **Reaktionsprodukte von Aminen oder Polyaminen mit Schwefel,** bes. Schwefelblüte, lassen sich, je nach Herst. in verschiedenster Weise verwenden. Beispiel 1: 100 (kg) *Diäthylentriamin* in wss. Lsg. werden bei 60—70° mit 5—40 Schwefelblüte gut vermischt, bis man eine homogene, transparente, dunkelrote Fl. erhält, die in W. vollkommen lösl. ist. Sie dient als Schneid- oder Kühlmittel bei der Bearbeitung, zur Beendigung des Angriffs von Beizlsgg. u. als Korrosionsinhibitor bei Metallen, bes. Fe. Beispiel 2: 100 kg einer Mischung solcher Amine, in welchen der Alkylrest 8—18 C-Atome besitzt (*Alkylaminopropylenamin*) werden mit 5—20% Schwefelblüte bei 60—70° gut vermischt, bis man eine viskose, dunkelrote Fl. erhält. Nach Abkühlen erhält man eine in W. nur wenig, aber in Mineralölen vollkommen lösl. Paste, der man, schon in der Wärme eine in W. unlösl. organ. Säure (150 kg) zufügt. In Ölen oder Lsgm. gelöst, dient die Fl. den schon oben genannten Zwecken. Beispiel 3: 100 kg eines Kondens.-Prod. eines Alkylamins (Laurylamin) mit ca. 7 Mol Äthylenoxid werden bei 50—55° mit 1—5% Schwefelblüte oder 5—20% Mercaptobenzothiazol gut vermischt. Verw. wie oben. (**F. P. 1262711** vom 20/4. 1960, ausg. 27/9. 1961.) H. Baur. 6539

2239 Jean Auguste Ferdinand Rouget, Frankreich, **Verhinderung der Korrosion metallischer Lagerbehälter für organische Derivate und gleichzeitige Stabilisierung derselben.** Das Schlechtwerden aller organ. Derivate tier., pflanzlichen, mineral. oder synthet. Ursprungs mit freien oder nicht gesätt. Valenzen, rein, in Lsg., Mischung oder Emulsion, bei der Lagerung in metall. Behältern u. die damit gleichzeitige Korrosion der Behälterinnenwand wird verhindert, wenn für den Behälter anstatt Eisen Mg oder eine Mg-Leg. verwendet wird u. in den Behälter eine Kathode aus Al eingebracht wird, während der Behälter selbst die Anode bildet. Anstatt des dabei entstehenden galvan. Stroms kann auch Fremdstrom verwendet werden. Es bildet sich durch Rk. der Mg-Verb. mit der organ. Fl. eine Schutzschicht aus einer organ. Mg-Verbindung. (**F. P. 1231706** vom 4/3. 1959, ausg. 3/10. 1960.) H. Baur. 6539

2240 Dow Chemical Co., Midland, Mich., übert. von: Gerald L. Foster und Billy D. Oakes, Tulsa, Okla., V. St. A., **Herstellung von Propargylsulfid.** Eine aus wss. KOH u. H_2S hergestellte *KSH*-Lsg. wird mit *Propargylbromid* umgesetzt. Das hierbei erhaltenen *Propargylsulfid*, $Kp._{32}$ 72—74°, n_D^{22} 1,521, $D.^{25}$ 1,005, wird in geringen Mengen sauren Lsgg., wie nichtoxydierenden wss. Säuren (H_2SO_4, HCl, H_3PO_4, Essigsäure) in Metallgefäßen (bes. aus Fe) als *Korrosionsinhibitor* zugesetzt. (**A. P. 2880180** vom 10/9. 1956, ausg. 31/3. 1959.) W. Gräger. 6539

2241 Deutsche Edelstahlwerke Akt.-Ges., Krefeld (Erfinder: Günther Röth, Remscheid), **Vorübergehender Rostschutz für in KCl-haltigen Salzschmelzen behandeltem Stahl.** Die Werkstücke werden nach Waschen in W. in wss. carbonat- u./oder sulfathaltige Lsgg. (2—5%ig. Na_2SO_4- u./oder Na_2CO_3-Lsg.) getaucht. Die wss. Lsgg. können Passivierungs- (z. B. $NaNO_2$) u. Netzmittel (z. B. *Alkylsulfonate*) enthalten. (**D. A. S. 1067656** Kl. 48 d vom 21/6. 1957, ausg. 22/10. 1959.) M. Demmel. 6539

2242 Nalco Chemical Co., übert. von: Louis C. Larsonneur, Chicago, Ill., V. St. A., **Schutz von Eisen gegen den Angriff wässeriger saurer Lösungen,** nämlich der Sulfaminsäure oder hydroxylsubstituierter Carbonsäuren mit nicht mehr als 6 geradkettig angeordneten C-Atomen oder Mischungen dieser Säuren, durch Zusatz eines Korrosionsinhibitors, der aus (A) einer höher alkylsubstituierten organ. N-Base (höher alkylsubstituierte Monoamine, höher alkylsubstituierte acycl. quart. NH_4-Verbb., höher alkylsubstituierte Imidazoline) mit mindestens einer aliphat. Gruppe von 6—22 C-Atomen u. aus (B) einem Thioharnstoff, einem N-nieder-alkylsubstituierten Thioharnstoff oder einem N.N'-nieder-alkylsubstituierten Thioharnstoff, alle mit nicht mehr als 4 geradkettig angeordneten C-Atomen im Substituenten, besteht, wobei das Verhältnis $A:B = 1:9$ bis $22:1$. (**A. P. 2947703** vom 16/7. 1958, ausg. 2/8. 1960.) H. Baur. 6539

2243 Imperial Chemical Industries Ltd., London, England, **Vermindern der Korrosion von Bauteilen aus Ti oder Ti-Legierungen** die mit korrodierenden Fll. in Beziehung stehen, dad. gek., daß man die Bauteile mit dem positiven Pol einer elektr. Stromquelle verbindet u. in die Fll. eine Elektrode aus edlerem Metall als Ti als negativen Pol einbringt. Es bildet sich auf dem Bauteil ein Schutzfilm, der die Korrosion verhindert bzw. verzögert. — Diagramm. (**Ind. P. 70205** vom 29/12. 1959, ausg. 5/1. 1961. E. Prior. 25/11. 1957.) C. Lüttgen. 6539

2244 Texaco Development Corp., Wilmington, Del., übert. von: Johan C. D. Oosterhout, Port Arthur, Tex., V. St. A., **Korrosionsschutz,** z. B. bei Innenwänden von Tanks, durch Aufbringen einer Schicht eines Salzes H_2NCH_2–R–CH_2NH_2 · $HOOCCH_2$–R'–CH_2COOH (R, R' = 2wertige Reste ohne olefin. oder acetylen. Bindung; R enthält $\geq$ 2 C-Atome), welches durch Rk. der Komponenten erhalten wird, z. B. Hexamethylendiammoniumadipat, u. Erhitzen auf 80—300° (z. B. mit W. u. Dampf) unter Bldg. des entsprechenden Polyamids, z. B. *Polyhexamethylenpolyadipamid*. (**Can. P. 569754** vom 23/1. 1956, ausg. 27/1. 1959. A. Prior. 14/3. 1955.) H.-J. Nitzschke. 6539

2245 Shell Oil Co., Del., übert. von: Aaron Wachter, Oakland, und Rita Wieland, Berkeley, Calif., V. St. A., **Fungicider Korrosionsschutz für Metalle.** Man verpackt die Metalle in einem Papier, das imprägniert ist mit einer Mischung von 25—75(%) *Dicyclohexylammoniumnitrit* u. 75—25 *Dicyclohexylammoniumnitrophenat*. Man kann auch *Diisopropylammoniumnitrit* u. *Cyclohexylammoniumnitrophenat* verwenden. (**A. P. 2943909** vom 26/8. 1957, ausg. 5/7. 1960.) K. Koebke. 6539

2246 **Polygram Casting Co. Ltd.,** Tunbridge Wells, England, *Warmhärtbares Bindemittel.* (**Ind. P. 67414** vom 20/4. 1959, ausg. 9/4. 1962. E. Prior. 22/4. 1958. — C. **1963,** 4518 [F. P. 1222949].)

2247 **United States Steel Corp.,** Pittsburgh, Pa., V. St. A., *Herstellung von Stahl.* (**Niederl. P. 103532** vom 3/9. 1956, ausg. 15/1. 1963. A. Prior. 13/9. 1955. — C. **1960,** 3030 [A. P. 2845345].)

2248 **E. I. du Pont de Nemours & Co.,** Wilmington, Del., V. St. A., *Herstellung einer Legierung.* (**Niederl. P. 103578** vom 14/11. 1957, ausg. 15/1. 1963. A. Prior. 14/11. 1956. — C. **1961,** 1722 [F. P. 1190582].)

2249 **E. I. du Pont de Nemours & Co.,** Wilmington, Del., V. St. A., *Herstellung einer Legierung.* (**Niederl. P. 103579** vom 14/11. 1957, ausg. 15/1. 1963. A. Prior. 14/11. 1956. — C. **1961,** 1721 [F. P. 1190579].)

2250 **E. I. du Pont de Nemours & Co.,** Wilmington, Del., V. St. A., *Herstellung einer Legierung.* (**Niederl. P. 103580** vom 14/11. 1957, ausg. 15/1. 1963. A. Prior. 14/11. 1956. — C. **1962,** 18628 [E. P. 869817].)

2251 **Union Carbide Corp.** (Erfinder: **Stanley Thaddeus Wlodek, Edward Donald Weisert, Peter Michael Moanfeldt** und **Wallace Franklyn Sheely**), *Nioblegierungen.* (**Aust. P. 238163** vom 14/12. 1959, ausg. 19/4. 1962. A. Prior. 22/12. 1958. — C. **1962,** 17918 [F. P. 1244055].)

2252 **General American Transportation Corp.,** Chicago, Ill., V. St. A., *Nickelplattieren auf chemischem Wege.* (**Ind. P. 57181** vom 28/4. 1956, ausg. 10/7. 1962. — C. **1962, 5465** [A. P. 2819188].)

2253 **Engelhard Industries, Inc.,** Newark, N. J., V. St. A., *Vergoldungsmittel.* (**Ind. P. 66861** vom 26/2. 1959, ausg. 16/4. 1962. — C. **1963,** 10665 [Oe. P. 219924].)

2254 **Kaiser Aluminum & Chemical Corp.,** Oakland, Calif., V. St. A., *Anodische Oxydation von Aluminium.* (**Ind. PP. 67413** vom 20/4. 1959, ausg. 1/5. 1962 u. **74698** vom 27/12. 1960, ausg. 26/3. 1962. — C. **1962,** 3257 [F. P. 1221531].)

H_9. Organische Industrie

2255 **Beitrag zur physikalisch-chemischen Untersuchung von technischen Chlorparaffinen.** Johannes Teubel, Hedwig Rösner und Ortwin Leschner. (Chem. Techn. **14,** 320—23, 1962; Zeitz, VEB Hydrierwerk Zeitz; dt.) — Beschreibung einer Analysen-Meth., um in einem Gemisch von Chlorparaffinen den Geh. an unterschiedlich chlorierten KW-Stoffen zu bestimmen. Sie beruht auf einer adsorptionschromatograph. Auftren.

nung. Die Anwendbarkeit der Meth. wird jedoch durch die Siedelage des Paraffins (A) u. seinen Cl-Geh. bestimmt. So kann bei einem Cl-Geh. des A von 29% dies zu 90% erfaßt werden, doch bei höher chlorierten fällt der Anteil beträchtlich ab, so daß über den restlichen Anteil nur qual. Aussagen möglich sind. Zur labormäßigen Überwachung des techn. Chlorierungsbetriebes ist die Meth. aber zu gebrauchen, bes. wenn das Einsatzprod. längere Zeit konst. bleibt u. man sich auf die Erfassung des nicht chlorierten A u. des Cl-Geh. der einzelnen Fraktionen beschränkt. F. Rosendahl. H 510△

2256 **Entwicklung des Acetylenverfahrens mit Erdölkohlenwasserstoffen.** Akiyoshi Tamaki. (J. Fuel Soc. Japan (Nenryo Kyokwai Shi) **42,** 457—64, 1963; Res. Assoc. of Polymer Raw Materials; jap.) — Zur Gewinnung von C_2H_2 aus Erdöl-KW-Stoffen wurden zwei Pilotanlagen in halbtechn. Maßstab mit einer Leistungsfähigkeit von 0,5 u. 3,0 t je Tag errichtet. Die Ergebnisse in diesen Anlagen u. ebenso die der angeschlossenen Reinigungsanlage werden mitgeteilt. F. Rosendahl. H 530△

2257 **Über ein komplexes Verfahren zur Verarbeitung von Pyrolyseteer.** A. A. Glasunow, I. G. Gleser, Sch. I. Edelman, M. A. Ionina und K. K. Semblewski. (Koks u. Chem. [UdSSR] **1962,** Nr. 8, 39—42; russ.) — Der als Rückstand bei der Herst. von synthet. A. anfallende Pyrolyseteer wird in vier Fraktionen zerlegt. Die 1. Fraktion bis 79° (6% Ausbeute) dient als Brennstoff; die 2. Fraktion, 79—135°, (61%) wird mit H_2SO_4 gewaschen, mit Wasserdampf dest. u. daraus *Bzl.*, *Toluol*, *Xylol* u. *Solvent* rektifiziert. Der Rückstand von der Wasserdampf-Dest. geht zur Thermopolymerisation (Thp) auf dunkle Harze. Die 3. Fraktion, 135—160°, (7%) liefert durch Thp. extra helle Harze u. Solvent II; die 4. Fraktion, 160—200°, (6%) ergibt durch Thp. helle Harze u. Solvent II. Der Rückstand über 200° (20%) ergibt zusammen mit dem Rückstand der 2. Fraktion durch Thp. dunkle Harze u. Destillat, das zur Ruß-Herst. verwendet wird. W. v. Füner. H 550◇

2258 **Die Oxydation der Olefine mit Palladiumchlorid als Katalysator.** J. Smidt. (Bull. Assoc. franç. Techniciens Pétrole **1963,** Nr. 160, 467—87; München, Consortium für elektrochem. Ind.; franz.) — Bei der Oxydation von Olefinen in Ggw. von $PdCl_2$ als Katalysator bilden sich in eindeutiger Rk. Carbonylverbb. mit der gleichen C-Zahl. Es wird angenommen, daß zwischen dem Olefin u. $PdCl_2$ eine Komplexbldg. eintritt, welcher Komplex dann bei der Einw. von W. in die Carbonylverb., Pd u. HCl zerfällt. Wird die Oxydation bei der gleichzeitigen Anwesenheit von $CuCl_2$ unter Einleiten von Luft durchgeführt, so kann man mit guter Ausbeute Acetaldehyd, Aceton u. Methyläthylketon gewinnen, je nach dem angewendeten Olefin. Mit Hilfe des $CuCl_2$ ist es möglich, ein kontinuierliches Verf. durchzuführen, weil durch Komplexbldg. zwischen Pd u. $CuCl_2$ u. weitere Umsetzungen ein Gemisch aus $PdCl_2$ u. $CuCl_2$ gebildet wird, das dann die fortlaufende Oxydation von z. B. C_2H_4 zu C_2H_4O bewirkt. Die im einzelnen sich abspielenden Rkk. werden erörtert. Für die Herst. von C_2H_4O unter Verwendung einer wss. Katalysatorlsg. aus $PdCl_2$ + $CuCl_2$ u. Luft als Oxydationsmittel sind zwei techn. Anlagen errichtet worden. Die Arbeitsweise einer solchen Anlage wird an Hand eines Fließbildes beschrieben u. der sich in der Rk.-Lsg. abspielende Umsatz diskutiert. Bei den niederen Olefinen lag die Rk.-Temp. bei 20°, während sie bei den höheren auf 70° gesteigert werden mußte. Mit Hilfe des Verf. wurden hergestellt: *Acetaldehyd* aus C_2H_4 bei 20° u. 5 Min.; 85% (Ausbeute aus Acrylsäure bei 50°, 186 Min.; 50%). — *Aceton* aus C_3H_6 bei 20°, 5 Min.; 90%. aus Crotonsäure bei 50°, 60 Min.; 75%. — *Methyläthylketon* aus Buten-(1) bei 20°, 10 Min. 80%; aus α.β-Pentensäure bei 35°, 45 Min. 88%. — *n-Propylmethylketon* aus Penten-(1) bei 20°, 20 Min.; 81%; aus α.β-Hexensäure bei 35°, 70 Min.; 94%. — *n-Butylmethylketon* aus Hexen-(1) bei 30°, 30 Min.; 75%; aus α.β-Heptensäure bei 50°, 50 Min.; 86%. — *n-Amylmethylketon* aus Hepten-(1) bei 50°, 30 Min.; 65%; aus α.β-Octensäure bei 50°, 60 Min.; 95%. — *n-Hexylmethylketon* aus Octen-(1) bei 50°, 30 Min.; 42%. — *n-Heptylmethylketon* aus Nonen-(1) bei 70°, 45 Min.; 35%. — *n-Octylmethylketon* aus Decen-(1) bei 70°, 60 Min.; 34%. — *Cyclopentanon* aus Cyclopenten bei 30°, 30 Min.; 61%. — *Cyclohexanon* aus Cyclohexen bei 30°, 30 Min.; 65%. — *β-Indanon* aus Inden bei 50°, 60 Min.; 66%. — *Acetophenon* aus Styrol bei 50°, 180 Min.; 57%. — *Benzylmethylketon* aus Allylbenzol bei 40°, 30 Min.; 76%. — *Crotonaldehyd* aus Butadien-(1.3) bei 80°, 30 Min.; 34%. — *1.3.5-Triacetylbenzol* aus Crotonaldehyd bei 25°, 180 Min.; 35%. — *Propionaldehyd* aus Methacrylsäure bei 40°, 60 Min.; 61%. — *Acetophenon* aus Zimtsäure bei 50°, 10 Std.; 35%. — *Äthylidenaceton* aus Sorbinsäure bei 65°, 15 Min.; 35%. — *Brenztraubensäure* aus Maleinsäure bei 50°, 180 Min.; 25%. — *Bernsteinaldehydsäure* aus Itaconsäure bei 50°, 60 Min.; 30%. — *Nitroacetaldehyd* aus Nitroäthylen bei 70°, 60 Min.; 5,5%. — *Nitroaceton* aus 1-Nitropropen-(1) bei 70°, 60 Min.; 37%. — *Cyanacetaldehyd* aus Acrylnitril bei 90°, 120 Min.; 88%. — Eine andere wichtige Rk., die unter der Red. des $PdCl_2$ eintritt, ist die Umesterung von Vinylestern. Werden die Vinylester mit aliphat. Säuren in Ggw. von $PdCl_2$ umgesetzt, so bilden sich die neuen entsprechenden Vinylester. Die Rk. findet bei Raumtemp. statt u. es ist möglich, auf diese Weise sonst schwer erhältliche Ester, ausgehend vom Vinylacetat, zu erhalten. Der Rk.-Mechanismus wird diskutiert. F. Rosendahl. H 650△

2259 **Eignung von Braunkohlenschwelkoks zur CS_2-Herstellung.** Artur Wilke. (Freiberger Forsch.-H., Reihe A **270,** 53—64, 1963; Premnitz; dt.) — Es werden die verschiedenen techn.-wissenschaftlichen Unterss. erörtert, die am C-Träger durchgeführt werden müssen, um festzustellen, wie weit Braunkohlenschwelkoks für die Herst. von CS_2 geeignet ist. Dazu wurde eine geeignete Labor.-Unters.-App. geschaffen. Vorteilhaft ist eine nachträgliche Glühbehandlung des Kokses kurz vor der Verwendung, der Geh. an Flüchtigen soll zwischen 8 u. 12% liegen, der Restteergeh. bei 0,3—0,8% u. der Aschegeh. so niedrig wie möglich sein. Betrachtungen über die techn. Änderungen, die bei der Herst. an der App. u. der sonstigen Technologie vorgenommen werden müssen. F. Rosendahl. H 980△

2260 Československá Socialistická Republika (Erfinder: Rudolf Smrž und Jaroslav Auerhan, Preßburg), Tschechoslowakei, **Regenerierung von Sulfurylchlorid** (I) aus den Abfällen der Chlorierung organ. Stoffe mittels I durch Auswaschen des SO_2 aus den Abgasen mit kaltem, recirculierenden I, worauf die entstehende Lsg. des SO_2 in I zusammen mit der erforderlichen Cl_2-Menge über einen gekühlten Kontaktkörper (A-Kohle) geführt wird. (**Tschech. P. 99916** vom 14/12. 1959, ausg. 15/6. 1961.) L. Macher. 6565

2261 Canadian Industries Ltd. (Erfinder: George Whitlock Graham und George Russell Lusby), **Stabilisieren von chlorierten aliphatischen Kohlenwasserstoffen** gegen Bldg. von sauren Prodd. ($COCl_2$, HCl, Chloressigsäuren) durch Zusatz von 0,1—2 g Cu, Mn oder deren Legg., Oxiden oder Salzen pro 100 ml des Chlorkohlenwasserstoffs, bes. Tri- u. Perchloräthylens. (**Aust. P. 236001** vom 17/6. 1959, ausg. 16/11. 1961. Can. Prior. 19/6. 1958.) K. Demmler. H 520

2262 Imperial Chemical Industries Ltd., London, England (Erfinder: Joseph Chatt, Frank Alan Hart und George Alston Rowe), **Organische Diphosphin-Nickel-Komplexverbindungen** erhält man durch Rk. organ. Diphosphine wie $R_2P–CH_2CH_2–PR_2$ oder $o–C_6H_4 \cdot (PR_2)_2$ (R = alkyl, aryl) mit feinverteiltem Ni oder mit $Ni(CO)_4$ (**I**). — 0,285 ml **I** in 5 ml Methanol (**II**) werden in N_2 mit 0,559 g o-Phenylen-bis-(diäthylphosphin) (**III**) bei 15° umgesetzt. Nach 35 Min. wird die Rk.-Mischung mit Aceton/CO_2 abgekühlt, der Nd. abfiltriert u. mit tiefgekühltem **II** gewaschen u. *o-Phenylen-bis-diäthylphosphin-dicarbonyl-Ni* (**IV**) erhalten. Analog erhält man 1.2-Bis-(diäthylphosphino)-äthandicarbonyl-Ni. **III** + **IV** → *Di-o-phenylen-bis-(diäthylphosphin)-nickel* (**V**), scharlachfarbene Kristalle. — Eine Mischung aus 0,53 g **III** u. 0,18 g Raney-Ni wird 8 Std. auf 160° in N_2 erhitzt, das Festprod. in Bzl. gelöst, von überschüssigem Ni abfiltriert u. V in Form roter Kristalle erhalten. — *Polymerisationskatalysatoren für Acetylene.* (**E. P. 882400** vom 7/8. 1958, ausg. 15/11. 1961.) A. Jahn. H 530

2263 Herbert C. Brown, West Lafayette, Ind., und Paul A. Tierney, Pittsburgh, Pa., V. St. A., **Verhinderung der Reaktion zwischen Bortrichlorid und Äthern** erfolgt *durch Zusatz eines B-Esters der allg. Formel* $B(OR)_3$ oder einer B-Verb., die die Gruppe >B–OR enthält (R = KW-Stoffrest, bes mit 1—10-C-Atomen), z. B. von 0,01—4, bes. 1,5—2,5 Mol B-Ester je Mol BCl_3 als *Stabilisator*. Der Äthergeh. der Mischung kann 0,01—100, bes. 0,5—10 Mol je Mol BCl_3 betragen. Zum Stabilisieren sind geeignet: Trimethyl-, Triäthyl-, Trioctyl-, Triphenyl-, Tricyclohexyl-, Triallyl-, Trinaphthyl-, Tripropargyl-, Methyldiäthylborat, Dimethoxy-BCl, Diäthoxy-BF. Stabilisierbar sind: Ae., Di-n-butyl-, Diisobutyl-, Di-n-amyl-, Di-n-heptyl-, n-Amylmethyl-, n-Butylisopropyl-, Äthylisoamyl-, Dibenzyl-, Diphenyl-, Dinaphthyl-, Methylphenyl-, Methyl-p-tolyl-, Methyl-α-naphthyl-, Äthylphenyl-, Äthyl-α-naphthyl-, Phenyl-n-propyl-, Isopropylphenyl-, n-Butyl-o-tolyl-, Isoamyl-α-naphthyl-, Benzylmethyl-, Benzyläthyl-, Benzyl-n-butyl-, Äthylenglykoläthylmethyl-, Äthylenglykoldiäthyl-, Tetraäthylenglykoldimethyl-, Glycerintrimethyl-, Diäthylenglykoldimethyl-, Brenzcatechindimethyl-, Resorcindimethyl-, Didodecyl-, Dihexadecyl-, Octadecyleikosyl-, Ditetrakosyl-, Trimethylenglykoldiphenyläther, 4-Methoxybiphenyl, o-Diäthoxybenzol, 1.4-Dioxan, Dimethoxyäthan, 1.2.4-Trimethoxybenzol u. Tetrahydrofuran, die auch noch andere KW-Stoffe, wie Nonane, Octadecane, Hexane, Toluol, Bzl., Xylol, Gasolin, Dieselöl, u. ähnliche Petroleumfraktionen enthalten können. — Zu 47,25 (Teilen) *Diäthylenglykoldimethyläther* gibt man 2,49 Trimethylborat u. 1,41 BCl_3 (Molverhältnis 2:1). Bei Raumtemp. wird innerhalb von 2 Std. kein Methylchlorid entwickelt. — Eine Mischung aus 25 vorst. Äthers, 25 Tetrahydropyran, 3,55 Diäthoxy-BCl u. 1,5 BCl_3 zeigt bei 24° nach 24 Std. noch keine Reaktion. (**A. P. 2988513** vom 25/4. 1958, ausg. 13/6. 1961.) G. Krauß. H 570

2264 United States Borax & Chemical Corp., Los Angeles, übert. von: Allen L. McCloskey, Orange, und Robert J. Brotherton, Fullerton, Calif., V. St. A., **Herstellung von Alkylborsäureestern** erfolgt durch Umestern von 4 (Mol) Trimethylborat mittels 2,8—3,4 eines abs. Alkohols mit 2—4 C-Atomen in einer Fraktionierkolonne, wobei als Kopfdestillat ein Azeotrop aus Methanol u. Trimethylborat u. als Bodenprod. der Trialkylborsäureester des Ausgangsalkohols anfällt. Man erhält so die *Triäthyl-, Tripropyl-, Triisopropyl-* oder *Tri-tert.-Butylborsäureester*. (**A. P. 2987537** vom 7/4. 1958, ausg. 6/6. 1961.) G. König. H 590

2265 Olin Mathieson Chemical Corp., Va., übert. von: Robert M. Thomas, Tonawanda, N. Y., V. St. A., **Herstellung von Dichloracetaldehyd, Chloral und Chloralhydrat** durch Rk. von β.β'-Dichlordiäthyläther mit Cl_2 im Mol-Verhältnis von 1:1—1:3 bei 20—100° in Ggw. aktin. Lichtes u. unter wasserfreien Bedingungen, wobei der als Zwischenprod. anfallende α.α'.β.β'-Tetrachlordiäthyläther mit weiterem Cl_2 im molaren Verhältnis von 1:2,9—1:6 u. mit W. im molaren Verhältnis von 1 : 2 bis 1:4 bei 75—90° zur Rk. gebracht wird. Aus dem Rk.-Prod. wird reines Chloral durch azeotrope Dest., wobei Äthylendichlorid als Schlepper dient, erhalten. Der Dichloracetaldehyd dient als Zwischenprod. für Synth. oder er wird in den Kreislauf zurückgeleitet. (**A. P. 2980736** vom 2/6. 1958, ausg. 18/4. 1961.) G. König. H 670

2266 Borden Co., New York, N. Y., übert. von: Benjamin D. Halpern, Jenkintown, Pa., und Bruno Otto Krueger, Seattle, Wash., V. St. A., **Trennung von Methylacetat (I)-Methanol(II)-Gemischen** erfolgt durch Dest. bis der I-Geh. des Kopfprod. mindestens 70 (Gew.-Teile) auf 30 II beträgt, wonach W. kontinuierlich im Gegenstrom dem Dampfgemisch solange entgegengeführt wird, bis ein prakt. II-freies Gemisch aus 96,9% I u. 3% W. vom Kp. 56,4° übergeht. (Kp. des Ausgangsgemisches 54,2°). Als Dest.-Rückstand wird 99,5%ig. II erhalten. — Zeichnungen. (**A. P. 3011954** vom 13/10. 1958, ausg. 5/12. 1961.) O. Müller-Meiningen. H 810

2267 General Aniline & Film Corp., New York, N. Y., übert. von: Harry D. Anspon, Easton, Pa., V. St. A., **Stabilisieren von α-Chloracrylsäureestern,** bes. des Methyl-, Äthyl-, Propyl-, Isopropyl- u. Butylesters, bei der *Herst.*, *beim Lagern*, bei der *Reinigung* durch *Dest.* u. bei der sonstigen *Handhabung* erfolgt *durch Zusatz von 0,001—1% CuO.* Im Dest.-Gefäß soll sich an allen Stellen, an denen Polymerisation möglich ist, CuO befinden. Bei der Reinigung von α-Chloracrylsäuremethylester wurden bei der Dest. in Ggw. von 0,12% CuO 97% mit Ep. —36,57° wiedergewonnen. Nach 147 Tagen erfolgte beim Lagern in der Wärme noch keine Gelbildung. Das Verf. ist auch anwendbar auf polymerisierbare, ungesätt. halogenhaltige Verbindungen. (**A. P. 3000796** vom 3/4. 1957, ausg. 19/9. 1961.) G. Krauß. H 810

2268 Food Machinery and Chemical Corp. (Erfinder: Arthur F. Ferris, Grannis S. Johnson, Harold K. Latourette und Francis E. Gould), **Herstellung von α.ω-Diaminocarbonsäuren** aus einem cycl. Keton mit 5—7 C-Atomen im Ring durch Oximieren des Ketons, Spalten des erhaltenen α.α'-Dioximinoketons zwischen dem Carbonyl-C-Atom u. einem der α-C-Atome durch Behandeln mit einem Acylierungsmittel u. einer Base u. Umwandlung der entstandenen ω-Cyan-α-oximino- oder acyloximinocarboxylverb. durch Red. oder Red. u. Hydrolysieren zu einer α.ω-Diaminocarbonsäure, die die gleiche Anzahl C-Atome wie das cycl. Keton aufweist. — Beispiele: *5-Cyan-2-oximinovaleriansäure*, F. 105°; *5-Cyan-4-methyl-2-oximinovaleriansäure*; *2.6-Diamino-4-methylcapronsäure*. (**Aust. P. 235396** vom 20/11. 1958, ausg. 12/10. 1961. A. Prior. 21/11. 1957, 28/2. u. 30/9. 1958.) K. Demmler. H 950

2269 Union Carbide Corp., übert. von: Enrico J. Pepe, Kenmore, N. Y., V. St. A., **Organosilane oder -siloxane,** die wenigstens einen Rest der allg. Formel $[Z–C_nH_{2n}]$ am Si aufweisen, wobei Z einen Nitrit- oder Nitrorest bedeutet u. n mindestens 3 ist, erhält man durch Rk. von Silanen oder Siloxanen mit den obigen Resten, in denen Z ein Halogenatom darstellt, mit einem Nitrit eines Metalles der Gruppen I A u. I B des Period. Syst. in Ggw. von organ. Verdünnungsmitteln, die aliphat., cycloaliphat. oder aromat. KW-Stoffe oder Äther sein können. — Zu einer Suspension von 123 g $AgNO_2$ in 500 cm^3 Al gibt man bei 0° 210 g γ-Jodpropyltriäthoxysilan u. beläßt das Gemisch 36 Std. bei 25°. Bei der Aufarbeitung erhält man *γ-Nitritopropyltriäthoxysilan*, $Kp._{0,9}$ 83°, n^{25} 1,418 $D._4^{25}$ 1,066 u. *γ-Nitropropyltriäthoxysilan* (I) $Kp._{0,8}$ 88°, n^{25} 1,4210, $D._4^{25}$ 1,039. Aus I erhält man mit einem Gemisch von Al u. Eis festes *γ-Nitropropylpolysiloxan*, das beim Trocknen im Vakuum bei 200° explodiert. — *Zwischenprodd.* für Pharmaceutica, Siliconharze u. -elastomere. (**A. P. 2985680** vom 3/8. 1959, ausg. 23/5. 1961.) J. Mühleisen. H 980

2270 Monsanto Chemical Co., St. Louis, Mo., übert. von: Gail H. Birum, Dayton, Ohio, V. St. A., **Ester des 5-wertigen Phosphors** der allg. Formel R–P(:O)·(R')–O–CH(Z)–P(:O)(R')$_2$ oder R–P(:O)(R')–[O–CH(Z)–P(:O)(R')]$_n$–O–CH(Z)–P(:O)(R')$_2$ erhält man durch Erhitzen von Verbb. der allg. Formel RO–P(R')–O–CH(Z)–P(:O)(R')$_2$ oder RO–P(R')–[–O–CH(Z)–P(:O)(R')]$_n$–O–CH(Z)–P(:O)(R')$_2$ auf 135—225° (*Isomerisierung*) [R = Halogenalkyl, Halogenalkenyl, Alkoxyhalogenalkyl, Aryloxyhalogenalkyl mit 1—12 C-Atomen, wobei Halogen = Cl oder Br; R' = OR, O–KW-Stoffrest, KW-Stoffrest mit 1—12 C-Atomen, Halogenarylrest mit 6—12 C-Atomen, Z = H, KW-Stoffrest, der ggf. durch Halogen, CN, Carbalkoxy-, Alkoxy-, Alkylmercaptorest mit insgesamt 1—17 C-Atomen substituiert ist, oder Thienyl- bzw. Furylrest; n = mindestens 1, bes. 2.]. — 300 g eines Phosphitphosphonats, das durch Rk. von Acetaldehyd mit dem Rk.-Gemisch aus PCl_3 u. 4,67 Mol Propylenoxid erhalten wurde, wird $^1/_2$ Std. auf 190—200° erhitzt u. die Mischung bei 0,05 Torr auf 170° erhitzt u. als Rückstand eine Verb. der Formel ($CH_3CHClCH_2$ = A) A–P(:O)·(OA)–OCH(CH_3)–P(:O)(OA)–O–CH(CH_3)–P(:O)(OA)$_2$ erhalten. — *Schmiermittel-* u. *Benzinzusätze, Schädlingsbekämpfungsmittel, Flammschutzmittel, Weichmacher, Stabilisierungsmittel, Mittel gegen Frühzündung verbleiter*

Benzine. (**A. P. 3014956** vom 21/7. 1959, ausg. 26/12. 1961.) A. Jahn. H 980

2271 Eastman Kodak Co., Rochester, N. Y., übert. von: Richard L. McConnell und Harry W. Coover jun., Kingsport, Tenn., V. St. A., **Dithiophosphorsäure-O.O.S-trialkylester** werden hergestellt durch Rk. von Dithiophosphorsäure-O.O-dialkylestern mit Orthoestern organ. Säuren. — 0,1 Mol $(C_2H_5O)_2$ PSSH (I) u. 0,1 Mol $HC(OC_2H_5)_3$ werden unter Rühren gemischt. Nach Beendigung der exothermen Rk. wird 3 Std. auf dem Wasserbad gerührt, wobei A. abdest. wird. Dest. → 14,4 g *Dithiophosphorsäure* (**II**)-*O.O.S-triäthylester*; $C_6H_{15}O_2PS_2$ (67,3% Ausbeute), $Kp._{0,6}$ 65—71°; $Kp._{0,7}$ 73—76°; n_D^{20} 1.5040 neben 2 g einer Verb. mit $Kp._{0,7}$ 53—73°; n_D^{20} 1.4902 u. 2,9 g Rückstand, n_D^{20} 1.5210. Das gleiche Hauptprod. erhält man aus **I** u. $CH_3C(OC_2H_5)_3$ in 82,5% Ausbeute. — **I** u. $HC(OC_3H_7)_3$ → **II**-*O.O-diäthyl-S-propylester* (76%). — **I** u. Orthoameisensäure-tri-(2-äthylhexyl)-ester → **II**-*O.O-diäthyl-S-(2-äthylhexyl)-ester*, $Kp._{0,5}$ 125—130°. — **II**-O.O-diisobutylester u. $CH_3CH_2C(OC_2H_5)_3$ → **II**-*O.O-diisobutyl-S-äthylester*. — **II**-O.O-dipropylester u. $C_6H_5C(OC_2H_5)_3$ → **II**-*O.O-dipropyl-S-äthylester*. — **II**-O.O-di-(2-äthylhexyl)-ester u. $HC(OC_2H_5)_3$ → **II**-*O.O-di-(2-äthylhexyl)-S-äthylester*. — (**A. P. 2972628** vom 13/8. 1958, ausg. 21/2. 1961.) A. Debo. H 980

2272 Monsanto Chemical Co., St. Louis, Mo., übert. von: Lynn H. Estes und Walter R. Knox, El Dorado, Ark., V. St. A., **Dehydrieren und Cyclisieren von paraffinischen Kohlenwasserstoffen.** Paraffine mit 6—12 C-Atomen in gerader Kette werden bei 510—590° u. einer Raumströmungs-Geschw. von 0,1—2 Vol./Vol./Std. an einem Katalysator aus Sb_2O_3, Alkalioxid u. einem Oxid eines Elementes der linken Reihe der VI. Gruppe des Period. Syst. auf einem Tonerdeträger mit einer Oberfläche von 50—400 m²/g u. einem Poren-∅ von mindestens 40 Å. in aromat. KW-Stoffe umgewandelt. (**A. P. 3013089** vom 4/1. 1960, ausg. 12/12. 1961.) E. Kahles. H 1010

2273 Monsanto Chemical Co., St. Louis, übert. von: Carroll A. Hochwalt, St. Louis, Mo., und Walter R. Knox, El Dorado, Ark., V. St. A., **Umwandlung von Kohlenwasserstoffen.** Paraffine werden zu Aromaten dehydriert u. cyclisiert, indem Paraffine mit 6—12 C-Atomen in gerader Kette bei 510—590° u. einer Raumströmungs-Geschw. von 0,1—2 Vol./Vol./h mit einem Katalysator aus Fe-Selenid auf einem Tonerdeträger mit einer Oberfläche von 50—400 m²/g u. einem Porendurchmesser von mindestens 40 Å in Kontrakt gebracht werden. (**A. P. 3013090** vom 4/1. 1960, ausg. 12/12. 1961.) E. Kahles. H 1010

2274 Esso Research and Engineering Co., übert. von: Clyde Lee Aldridge und Edward Allen Hunter, Baton Rouge, La., V. St. A., **Herstellung von alkylierten Aromaten mit langer Seitenkette.** Bzl. wird mit einem C_5–C_8-α-Olefin der Formel $CH_2{=}CH{-}R$, worin R einen ungesätt. Rest bedeutet, in Ggw. von $AlCl_3$ bei Temp. < 50° umgesetzt. (**A. P. 3014081** vom 16/4. 1959, ausg. 19/12. 1961.) E. Kahles. H 1010

2275 Československá Socialistická Republika (Erfinder: Hellmut Weber, Hradek nad Nisou, und Rudolf Exner, Jaroměř), Tschechoslowakei, **Reinigung von Gemischen zweiwertiger Phenole** *für die Herst. synthet. Gerbmittel* (**I**), dad. gek., daß ein Brenzcatechin-Gemisch als Grundstoff nach Verdünnen mit W. durch Kationenaustausch von Eisensalzen u. Pyridinbasen befreit wird. Das Filtrat kann direkt für die Herst. von **I** Verw. finden. (**Tschech. P. 99190** vom 21/11. 1959, ausg. 15/4. 1961.) L. Macher. H 1060

2276 Československá Socialistická Republika (Erfinder: Milan Konupčik, Miroslav Liška, Olmütz, und Franz Kupčik, Moravičany), Tschechoslowakei, **Herstellung des Cyanacetohydrazons des Salicylaldehyds** durch Kondens. des Cyanessigsäurehydrazids (**I**) mit Salicylaldehyd (**II**) in wss.-alkohol. (1—4 C) Medium bei Rückflußtemperatur. — Beispiel: 10 (g) **I** löst man bei 70° in 300 ml W. u. setzt 13 **II** in 100 ml A. + 0,5 ml konz. H_2SO_4 zu. Man kocht 30 Min. u. erhält 17,6 des Hydrazons = 87% der Theorie. (**Tschech. P. 99309** vom 10/3. 1960, ausg. 15/4. 1961.) L. Macher. H 1140

2277 Československá Socialistická Republika (Erfinder: Jiří Práchenský, Pardubice), Tschechoslowakei, **Katalysator des Typs $SiO_2+K_2O+V_2O_5$ für die katalytische Oxydation des Naphthalins zu Phthalsäureanhydrid** mittels eines Luft oder Sauerstoff enthaltenden Gases auf fester Unterlage oder im Fließzustand, bestehend aus 40—60(%) SiO_2, 12—20 K_2O u. 4—8 V_2O_5. — Beispiel: 360 (g) Silicagel-Träger, hergestellt aus K-Wasserglas im Verhältnis $SiO_2:K_2O$ = 1:2, wird mit 110 ml 27%ig. Vanadiumsulfat + 98 ml W. vermischt. Platten zu 4×4 mm wurden gegossen, bei 105° getrocknet u. bei 380° im Luftstrom aktiviert; dieser Katalysator bewirkt eine 92%ig. Oxydation des Naphthalins zu Phthalsäureanhydrid. (**Tschech. P. 99438** vom 17/8. 1959, ausg. 15/4. 1961.) L. Macher. H 1220

2278 Monsanto Chemical Co. (Erfinder: William Bruce Tuemmler), **Herstellung von Pyromellitsäurenitril.** Eine Suspension von 50 (g) Pyromellitsäureamid, erhältlich aus dem Dianhydrid über das Diimid, in 750 ml Dimethylformamid wird auf 10° gekühlt u. innerhalb von 4 Std. 72 $COCl_2$ eingeleitet, wobei die Temp. auf 30° steigt. Man rührt das Gemisch 18 Std. bei 30°, entfernt das Ungelöste u. im Vakuum durch kurzes Erwärmen Reste von $COCl_2$ u. HCl u. gießt in 2000 Eiswasser. Der Nd. wird abgetrennt, gereinigt u. aus Dioxan umkristallisiert. (**Aust. P. 234999** vom 10/11. 1958, ausg. 7/9. 1961. A. Prior. 13/11. 1957.) C. Lüttgen. H 1240

2279 Monsanto Chemical Co., St. Louis, Mo., übert. von: Gail H. Birum, Dayton, Ohio, V. St. A., **Phosphinyldiester aromatischer Phosphite** erhält man nach dem Rk.-Schema: Ar–X–PCl_2 + 2 RCHO + 2 R'P(OY)$_2$ → Ar–X–P[–O–CH(R)–P(:O)(R')(OY)]$_2$ + 2 YCl (Ar = ggf. durch Halogen substituierter Arylrest mit 6—12 C-Atomen; X = O, S; R = H gesätt. KW-Stoffrest mit 1-11 C-Atomen; Y = Alkyl, Halogenalkyl mit jeweils 1—12 C-Atomen, R' = OY oder gesätt. KW-Stoffrest mit 1—12 C-Atomen). — Zu 0,7 (Mol) Acetaldehyd u. 0,675 Phosphorigsäure-tris-(2-chloräthyl)-ester gibt man während 20 Min. bei 10—20° 0,32 Phosphorigsäurephenylesterdichlorid zu, erhitzt die Mischung auf 70°, dann auf 105° im Vakuum u. erhält als Rückstand 219 g *Phosphorigsäurephenyl-bis-{1-[bis-(2-chloräthoxy)-phosphinyl]-äthyl}-ester*, n_D^{25} 1,5067. — Analog erhält man *Thiophosphorigsäure-S-p-chlorphenyl-bis-[1-(dimethoxyphosphinyl)-äthyl]-ester*, n_D^{25} 1,5451. — *Phosphorigsäurephenyl-bis-[1-(äthoxyphenylphosphinyl)-propyl]-ester*. — *Insekticide, Fungicide, Bakteriostatica, Weichmacher, Flammenschutzmittel, Zusätze* für *Schmiermittel*, u. *verbleite Benzine*. (**A. P. 3014946** vom 5/7. 1960, ausg. 26/12. 1961.) A. Jahn. H 1380

2280 Werner Richard Boehme, Somerville, N. J., V. St. A., **Di- und Trihydroxyacetophenone,** verwendbar als *Gerbmittel, photograph. Entwickler* u. *Tintenkomponenten*, erhält man durch Hydrolyse von 2-Acetoacetyl-2.5-diacyloxy- bzw. -2.5-dialkoxy-2.5-dihydrofuranen oder eines entsprechenden Tetrahydrofurans mit einer organ. oder anorgan. Säure, bes. Salzsäure. — Verrührt man z. B. ein Gemisch aus 5,35 g 2-Acetoacetyl-2.5-dimethoxy-2.5-dihydrofuran, $Kp._{0,2}$ 97°, 50 ml 0,1-n HCl u. einem Bröckchen Trockeneis 6 Std. in geschlossenem Kolben, so scheidet sich 2.2'.4.4'.5.5'-Hexahydroxy-3.3'-diacetylbiphenyl, F. 280° (Zers.) als senfgelber Nd. ab, der durch Filtrieren entfernt wird. Aus dem klaren Filtrat erhält man durch Abkühlen *2.3.6-Trihydroxyacetophenon*, leuchtend gelbe Kristalle, F. 157,5—159°. — Analog erhält man *2.3-Dihydroxyacetophenon*, gelbe Kristalle, F. 98—98,5°, durch Kochen von 2-Acetoacetyl-2.5-dimethoxytetrahydrofuran, $Kp._{0,5}$ 87—91°, mit 0,1 n HCl. (**E. P. 870289** vom 7/11. 1958, ausg. 14/6. 1961. A. Prior. 8/11. 1957.) A. Mohr. H 2380

2281 General Aniline & Film Corp., New York, N. Y., übert. von: Robert D. Donaldson, Nixon, N. J., V. St. A., **Alkali-α.α'-anthrachinondisulfonate,** die höchstens 10 Teile Hg je Million Teile Sulfonat enthalten. Anthrachinon wird in Ggw. von Hg mit Oleum disulfoniert, das entstandene unlösl. 1.5-Isomere abgetrennt u. die Lsg. mit feinverteiltem Cu auf 70—80° erhitzt u. dann heiß filtriert. Aus dem Filtrat wird mit wss. NaCl oder KCl das *Na-* u. *K-Salz* unter Abkühlen ausgefällt. —

Zwischenprodd. zur *Herst.* von *Chrysazin.* (**A. P. 2999869** vom 27/3. 1958, ausg. 12/9. 1961.) G. Krauß. H 2800

2282 E. I. du Pont de Nemours & Co., Wilmington, Del., übert. von: Aaron Oken, Kennett Township, Chester County, Pa., Stanley Dixon, Brandywine Hundred, und John J. Verbanc, New Castle, Del., V. St. A., **2-Oxazolidone** erhält man durch Rk. einer stöchiometr. Menge eines Epoxids der allg. Formel X_1–CH–CH(X_2)–O u. eines Isocyanats der allg. Formel R–NCO bzw. eines 1.3-Diazacyclobutan-2.4-dions der allg. Formel R–N–CO–N(R)–CO bei ca. 220—250° (X_1 u. X_2 = H oder organ. Reste, frei von Epoxygruppen; R = organ. Rest, frei von Epoxygruppen). — 120 (g) Phenylisocyanat u. 75 Äthylenoxid werden im Autoklav auf 210—215° u. nach dem Druckabfall noch 4 Std. auf 225—230° erhitzt. Nach dem Aufarbeiten erhält man 109 *3-Phenyl-2-oxazolidon*, F. 116° (Tetrahydrofuran-n-Hexan). — Ferner wurden folgende *2-Oxazolidone* erhalten: *4* (oder *5*)*-Methyl-3-phenyl-*, F. 81 bis 83° (Tetrahydrofuran-n-Hexan); *3-Äthyl-*, Kp.$_{0,15}$ 65 bis 68°. — *Zwischenprodukte.* (**A. PP. 2977369** u. **2977370** vom 13/4. 1959, ausg. 28/3. 1961.) A. Jahn. H 3132

2283 Imperial Chemical Industries Ltd. (Erfinder: Cyril Gardner), **Herstellung von Dipyridyl-(2.2')** durch Rk. von 2-Brom-, 2-Chlor- oder 2-Jodpyridin mit einem feinverteiltem Metall der Atomzahl 26—28. — 50 (Teile) 2-Brompyridin werden mit 11 Raney-Ni 5 Std. im Druckgefäß auf 175° erhitzt, worauf man das Rk.-Gemisch nach Zugabe von 20 30%ig. NaOH 1 Std. kocht u. mit Dampf destilliert. Aus dem Destillat wird das Dipyridyl-(2.2'), F. 69°, in einer Ausbeute von 73% isoliert. (**Aust. P. 234968** vom 6/5. 1959, ausg. 7/9. 1961.) C. Lüttgen. H 3231

2284 Allied Chemical Co., New York, N. Y., übert. von: Billy E. Lloyd, Memphis, Tenn., V. St. A., **Hexahydropyrimidin-2-on (I)** wird erhalten durch Erhitzen von Mono-(**II**) oder Bis-(3-aminopropyl)-isocyanursäure auf 165—300°, bes. bei 0,15—3 mm Hg-Druck. — 20 (Teile) **II** (hergestellt durch katalyt. Red. von Bis-(cyanäthyl)-isocyanursäure in Ggw. von NH_3) werden bei 1—2 mm Hg auf 250° erhitzt. Bei 165—250° dest. 10 **I** ab, F. (aus A.) 263—265°. — *Zwischenprodukt.* (**A. P. 3016379** vom 24/3. 1960, ausg. 9/1. 1962.) F. Hirsch. H 3272

2285 Carbogen Corp., New York, übert. von: Ludwig J. Christmann, Bronxville, N. Y., V. St. A., **Herstellung von Cyanursäure (I)**, dad. gek., daß man ein Gemisch aus einem Ätheralkohol der allg. Formel $H[CH_2]_m–[OCH_2CH_2]_nOH$ (m = 1—6; n = 1—17) mit Kp. ca. 160—290° u. Harnstoff (**II**) auf 150—350° bei Normaldruck, ggf. auf ca. 125° bei Verw. niedrig sd. Ätheralkohole bei Überdruck, in einer 1. Stufe bis zur Bldg. eines Carbamats u. Abgabe von NH_3 erhitzt, in einer 2. Stufe unter Zusatz von weiterem sich in dem Carbamat lösenden **II** bis zur Bldg. eines **I**-Nd. u. zum Ende der NH_3-Abgabe, bes. auf ca. 190—250°, weitererhitzt, in einer 3. Stufe **I** mit einem prim. Alkohol mit 1—3 C-Atomen von der Mutterlauge trennt, dieser wieder **II** zusetzt u. den Vorgang beliebig oft wiederholt. — Man erhitzt z. B. 120 (ml) Diäthylenglykolmonomethyläther (**III**) mit 120 g **II** 2 Std. unter Rückfluß, filtriert den gekühlten u. mit 60 CH_3OH versetzten Schlamm u. wäscht mit CH_3OH → 76 (g) trockene **I**. Man dest. CH_3OH aus der Mutterlauge, setzt dieser 120 **II** zu, erhitzt 2 Std. unter Rückfluß, gewinnt mit 60 ml CH_3OH weitere 79 **I**, aus deren Mutterlauge u. 120 **II** 85 **I** u. analog eine 4. Fraktion von 81 **I**. — Mengenbeispiele für die Verw. von **III**, den entsprechenden Monoäthyläther, Äthylenglykolmonobutyl (oder hexyl)-äther, Di- u. Triäthylenglykol, Triäthylenglykoläthyläther, Polyäthylenglykol (Molgew. ~ 300) u. Methoxypolyäthylenglykol (Molgew. 335—365). Man kann auch die neuen Carbamat-Zwischenprodd. gewinnen. (**A. P. 2975177** vom 17/12. 1957, ausg. 14/3. 1961.) G. Vogel. H 3313

2286 Monsanto Chemical Co. (Erfinder: Esmond Eugene Drott und George Davis Oliver), **Herstellung von Cyanurchlorid** durch Rk. von HCN u. Cl_2 in der Gasphase bei ≧ 350°, dad. gek., daß die Rk. in Ggw. eines Katalysators durchgeführt wird, der aus aktiviertem C mit einem Makroporvol. von ≧ 0,15 cm³/g besteht, wobei unter Makroporen solche Poren verstanden werden, deren ⌀ größer als 2500 Å ist. (**Aust. P. 234563** vom 16/6. 1959, ausg. 3/8. 1961. A. Prior. 19/6. 1958.) C. Lüttgen. H 3313

2287 Commercial Solvents Corp., New York, N. Y., übert. von: Wallace F. Runge, Terre Haute, Ind., V. St. A., **Herstellung von Lactamen** aus ggf. alkylsubstituierten cycloaliphat. Ketoximen (**I**), deren cycloaliphat. Teil 3—7 C-Atome aufweist, dad. gek., daß man 1 (Mol) **I** bei 40—60° in 1—3 99—105%ig. H_2SO_4 löst u. 1—5 Std. bei 40—70° hält. Die Beispiele betreffen die Herst. von *Caprolactam* aus Cyclohexanonoxim. (**A. P. 2976282** vom 13/5. 1959, ausg. 21/3. 1961.) C. Lüttgen. H 3370

2288 Union Carbide Corp., New York, N. Y., übert. von: Benjamin Phillips, Charleston, Samuel W. Tinsley, South Charleston, und Paul S. Starcher, Charleston, W. Va., V. St. A., **Herstellung von ε-Caprolactam** durch Rk. von 6-Acetoxycapronsäure(**I**) oder deren Lactonaddukten (**II**) mit wss. NH_3 bei 300—475 unter Druck. Man erhält aus 60 (g) **I** u. 268 28%ig. wss. NH_4OH nach 2½std. Erhitzen auf 350° in einer Stahlbombe 1 ε-Caprolactam. Geht man von **II** aus, so beträgt die Ausbeute 36,4% der Theorie. (**A. P. 3000877** vom 8/6. 1959, ausg. 19/9. 1961. **E. P. 888498** vom 3/6. 1960, ausg. 31/1. 1962. A. Prior. 8/6. 1959.) C. Lüttgen. H 3370

2289 Union Carbide Corp., New York, N. Y., übert. von: Benjamin Phillips, Charleston, Samuel W. Tinsley, South Charleston, und Paul S. Starcher, Charleston, W. Va., V. St. A., **Herstellung von alkylsubstituierten ε-Caprolactamen** durch Rk. von alkylsubstituierten ε-Caprolactonen mit wss. NH_3 bei 300—475° unter Druck. Ein Gemisch aus 910 (g) 28%ig. wss. NH_4 · OH u. 320 ε-Methyl-ε-caprolacton wird in einer Bombe aus rostfreiem Stahl 3 Std. auf 375° bei einem Druck von 272 at erhitzt u. nach dem Abkühlen viermal mit $CHCl_3$ extrahiert. → 142 *ε-Methyl-ε-caprolactam*, Kp. 1,5 116—120°, F. 88—91°. Analog: *β.ε-Dimethyl-*, Kp.$_{2-3}$ 119—122°, *ε-sek.-Butyl-ε-caprolactam.* (**A. P. 3000878** vom 8/6. 1959, ausg. 19/9. 1961. **E. P. 892785** vom 3/6. 1960, ausg. 28/3. 1962. A. Prior. 8/6. 1959.) C. Lüttgen. H 3370

2290 Union Carbide Corp., New York, N. Y., übert. von: Benjamin Phillips, Charleston, Samuel W. Tinsley, South Charleston, und Paul S. Starcher, Charleston, W. Va., V. St. A., **Herstellung von ε-Caprolactam** durch Erhitzen von 6-Hydroxycaproamid (**I**) mit W. unter Druck auf 300—475°. 300 (g) **I**, F. 54°, u. 900 W. werden in einer Bombe aus rostfreiem Stahl 3 Std. auf 350° erhitzt. Aus dem Rk.-Gemisch werden 78,5 *ε-Caprolactam* (**II**), F. 67°, mit $CHCl_3$ extrahiert. Analog *β-Methyl*-**II** aus 3-Methyl-**I** u. *β.δ-Dimethyl*-**II** aus 3.5-Dimethyl-6-hydroxycaproamid. (**A. P. 3000879** vom 8/6. 1959, ausg. 19/9. 1961. **E. P. 885355** vom 3/6. 1960, ausg. 28/12. 1961. A. Prior. 8/6. 1959.) C. Lüttgen. H 3370

2291 Union Carbide Corp., New York, N. Y., übert. von: Benjamin Phillips, Charleston, Samuel W. Tinsley, South Charleston, und Paul S. Starcher, Charleston, W. Va., V. St. A., **Herstellung von ggf. N-substituiertem ε-Caprolactam** durch Erhitzen von ε-Caprolacton (**I**) mit einer wss. Lsg. von NH_3 oder einem Amin auf die Temp. T_c bis T_c + 100° (T_c = krit. Temp. des W.) unter einem Druck, der über dem krit. Druck des W. liegt. Die Ausbeute an ε-Caprolactam (**II**) beträgt z. B. bei einem molaren Verhältnis von NH_3:**I** = 10 u. W.:**I** = 24,3 bei 3std. Erhitzen auf 400° 50,5% u. auf 430° 13,5%, u. bei einem molaren Verhältnis von NH_3:**I** = 5,18 u. W.:**I** = 25,8 bei 1std. Erhitzen auf 387° 49,8%. Weitere Beispiele für die Herst. von *N-(n-Butyl)*-**II**, Kp.$_5$ 121°, aus **I** u. n-Butylamin u. *N-Methyl*-**II**, Kp.$_{37}$ 75°. (**A. P. 3000880** vom 8/6. 1959, ausg. 19/9. 1961. **E. P. 895088** vom 3/6. 1960, ausg. 2/5. 1962. A. Prior. 8/6. 1959.) C. Lüttgen. H 3370

2292 Houdry Process Corp., Wilmington, Del., übert. von: Adalbert Farkas und Jack H. Krause, Media, Pa., V. St. A., **1.4-Diazabicyclo-[2.2.2]-octan** (cycl.

Triäthylendiamin, I), erhält man durch Erhitzen eines Gemisches aus 50—25 (Mol) Diäthanolamin (II) u. 50 bis 25 Äthylendiamin (III) in Ggw. eines sauren Silicatkatalysators aus 60—90 (%) SiO_2 u. 30—10 Al_2O_3 (wie beim Cracken von KW-Stoffen), ggf. mit 0,5—1 Ni belegt oder hitzefeste Metalloxide (MgO, ZrO_2) enthaltend, auf 575—900°F. Gegebenenfalls kann unter Druck gearbeitet werden. — Man erhält z. B. bei einem Mol-Verhältnis von **II** : **III** = 1,1 : 1 bei 625° u. 1 at eine Ausbeute von 12,8% **I** u. 4,3% *Piperazin*. (**A. P. 2977363** vom 30/7. 1958, ausg. 28/3. 1961.) G. Vogel. H 3380

2293 Takeda Yakuhin Kôgyô Kabushiki Kaisha, Ôsaka (Erfinder: Yoshio Uenô, Takarazuka, Masuo Miyamoto, Kyôto, Yutaka Kawamatsu, Nishinomiya, und Yoshitomo Aramaki, Suita), Japan, **Herstellung von Schwefelsäureestern des Mannans von Amorphophalus konjac** mit Chlorsulfonsäure in Ggw. von Pyridin oder Formamid. — Zu 4,5 g Konjac-Mannan in 45 cm^3 abs. Pyridin tropft man unter starkem Rühren 10,5 cm^3 Chlorsulfonsäure u. hält die Temp. bei 30°. Nach ca. 30 Min. u. Beendigung des Zusatzes hält man 6 Std. bei 95—97°, gießt nach Abkühlen auf 125 g Eis, fällt mit 750 cm^3 A. das Pyridin-Salz des Mannanschwefelsäureesters, löst es in 50 cm^3 W., filtriert, stellt mit NaOH auf pH 8—9 ein u. fällt das *Na-Salz* des Esters als Kristallmasse. (**Jap. A. S. 8746/1961** vom 23/5. 1959, ausg. 26/6. 1961.) M. Pankow. H 3400

2294 Československá Socialistická Republika (Erfinder: Jaroslav Kovač, Preßburg), Tschechoslowakei, **Herstellung normaler, saurer und binärer Phytate aus Calciumphytat (I)** durch Fällen mit dem Sulfat einer Base deren Phytat erhalten werden soll. — Beispiel: 84,5 (g) $(NH_4)_2SO_4$ + 200 ml W. + 100 **I** erwärmt man auf 63° u. setzt HCl 1:1 hinzu (pH 2—2,5). Das ausgeschiedene $CaSO_4$ filtriert man ab; aus dem durch Zusatz von 0,4 ml konz. NH_4OH auf pH 3,5 eingestellten Filtrat scheidet sich nach Zusatz von A. 81,3 Ammoniumphytat ab. (**Tschech. P. 98628** vom 18/12. 1959, ausg. 15/2. 1961.) L. Macher. H 3950

H_{10}. Färberei, Organische Farbstoffe

2295 **Überprüfung der Farbstoffabsorptionstechnik zur Abschätzung der spezifischen äußeren Oberfläche.** Edward F. Thode. (Tappi **42,** 20—23, 1959; Appleton, Wis., Inst. of Paper Chem.; engl.) — Um genauere Ergebnisse zu erhalten schlägt Vf. zu dem von ihm entwickelten Verf. folgende Änderungen vor: 1. Bes. Reinigung des verwendeten Farbstoffs. 2. schnellere Faserabtrennung nach der Färbung. 3. Verwendung von nichtion. Netzmitteln um die Proben für die spektrophotometr. Best. besser zu stabilisieren. 4. Analyse der Meßergebnisse nach einem von Brunauer u. Mitarbeitern [1938] vorgeschlagenen Verfahren. Dieses liefert Zahlenwerte die den Flächen die im Zellstoff zur Ausbildung von Faser-Faser-Bindungen vorhanden sind, proportional sind. Bei Verwendung eines bes. Farbstoffes spricht es auf den Feinstoffgeh. der Zellstoffe nicht an. F. Lang. 7002

2296 **Beitrag zur Frage der Anfärbbarkeit von Polyamidfasern mit nichtionischen Farbstoffen und löslichen Dispergiermitteln.** Stefan Plesník, Oldřich Mert u. Jan Bureš. (Sborník vědeckých Prací, Vysoká škola chem.-technol. Pardubice **1960,** 151—157; Katedra chem. techn. makromol. látek a. text.; tschech.) — Färbeisothermen von Färbungen mit *Cibacetorange 2R*/CIBA (p-Nitroaminoazobenzol) werden angegeben, die sich durch Verw. von 3 verschiedenen Dispergatoren ergeben. W. Bernard. 7002◇

2297 **Das Färben in der Masse von Chemiefasern polnischer Produktion.** Zbigniew Olszewski. (Przegląd Włokienniczy **16,** 208—10, 1962; Inst. Przemyslu Org.; pol.) — Nach einer Übersicht über die allg. Entw. der künstlichen u. synthet. Fasern wird die Entw. des Färbens von Viscose u. Cellulose besprochen. Die zur Zeit angewandte Art des Färbens von Polyamidfasern unter Berücksichtigung der Applikationsmeth. von Farbstoffen wird behandelt. Die verschiedenen Arten des Färbens von Polyacrylonitrilfasern u. Polyesterfasern werden beschrieben; auf die Schwierigkeiten, die beim Färben von Kunstfasern auftreten, wird hingewiesen. R. Grundmann. 7020◇

2298 **Neueste Fortschritte beim Färben und Ausrüsten von synthetischen Fasern.** Anonym. (Ind. Textile **1962,** 719—22; franz.) — Ein Überblick über neue oder modifizierte Fasern, die nur kleine Änderungen bei den üblichen Verff. erfordern, wird gegeben: Multicoloreffekte durch Mischen gleicher Faserarten, jedoch verschiedener Typen, z. B. Acrylfasern mit vorherrschend sauren oder bas. Gruppen, Färbemöglichkeiten für Polypropylenfasern, die Procion H Marken u. die kalt färbenden Procionfarbstoffe für Cellulosefasern, die Procinyl- u. Nylolmine-Farbstoffe für Nylon, verschiedene Metallkomplexfarbstoffe, wie die Amichrome zum HT-Färben von Nylon, neue Dispersionsfarbstoffe für Polyester, Einbad-Verff., wie die Anwendung von Reaktonen mit sauren Farbstoffen für Acrilan/Wolle, kontinuierliche Verff. zum Waschen u. Färben mit Reaktivfarbstoffen, die Anwendung von Farbstoffemulsionen mit nachfolgendem Dämpfen u. verschiedene Ausrüstungs-Verff. für Form-, Flamm- u. Wasserbeständigkeit. L. Jentgen. 7020◇

2299 **Das Färben von Cellulosefasergeweben nach der „PAD-STEAM" Methode.** Włodzimierz Szczepaniak. (Przegląd Włokienniczy **16,** 224—27, 1962; Dzierżynskiegow Łodzi, ZPBim.; pol.) — Die kontinuierlichen Färbeprozesse nach der „PAD-STEAM"-Meth. bei verschiedenen Färbeverff. (Küpenfärberei, Schwefelfärberei, Färben mit Indigosolen, Direktfarbstoffen u. a.) werden besprochen. Auf die im Trockenprozeß entstehende Migration der Farbe wie auch auf dabei entstehende Fehler wird hingewiesen. R. Grundmann. 7020◇

2300 **Über einige Resultate der Einführung des Suspensionsverfahrens für das Färben von Wolle beim Thälmann-Kombinat.** W. F. Androssow. (Hochschulnachr. [Iwanowo], Technol. Textil-Ind. **1960, Nr. 5,** 101—05; Leningrad, Kirow-Textilinst.; russ.) — Angaben von Vorschriften u. Bedingungen des Einfärbens von Wollfasern u. einiger Woll- u. Halbwoll-Gewebe nach dem Suspensionsverfahren. Bei Siedetemp. verkürzt sich die Behandlungsdauer bedeutend im Vgl. zu den gewöhnlichen Verff. wodurch die Faserfestigkeit weniger beeinträchtigt wird. P. Scheer. 7020◇

2301 **Das Färben synthetischer Fasern.** 8. Mitt. W. F. Androssow und A. A. Charcharow. (Hochschulnachr. [Iwanowo], Technol. Textil-Ind. **1960,** Nr. 2, 97—100; Iwanowo, Kirow-Inst. für Textilien; russ.) — 5. vgl. C. **1960,** 9388. — Bestimmt werden die Diffusions-Koeff. in Kapronfasern, in Polyamidfilmen (48 μ) u. in der Lsg. zweier Leukoester von Küpenfarbstoffen (**I,** Indigosolrotbraun Sh, Küpensolhellgrün S) bei verschiedenen Temp. u. Konzz. des Elektrolyts. Die Diffusions-Koeff. von Küpensolen in Polyamidfasern sind bei Abwesenheit von Dispergatoren um 100—150 mal kleiner als die Koeff. von Direktfarbstoffen u. Leukoverbb. von Küpenfarbstoffen in Cellulosefasern. Bei Einführung von dispergierenden Hilfsstoffen in das Farbbad vergrößern sich die Diffusions-Koeff. der **I** nur bis zu einem bestimmten Maximum, um alsdann abzufallen. Die Einführung von geringen Zusätzen dispergierender Stoffe vom Typ *OP-10* in das Farbbad begünstigt die Erhöhung der Geschw. des Färbens von Kapron u. Wolle mit **I.** P. Scheer. 7020◇

2302 **Klotz-Aufdock-Färbeverfahren mit Reaktivfarbstoffen.** J. A. Fowler, W. J. Marshall und I. Seltzer. (Canad. Textile J. **79,** Nr. 22, 37—41, 1962; engl.) — Das kurze Klotz-Kalt-Verweilverf. ist nur auf die hochreaktiven Dichlortriazinyl-Procionfarbstoffe, die sog. „kaltfärbenden", anwendbar. Das bereits gut eingeführte Verf. besteht in Klotzen des Gewebes (Baumwolle oder Viscose) mit einer Farblsg. u. Alkali, meistens Soda, folgendem Aufdocken, vorzugsweise in Rollenform, für 2—3 Std. u. dem üblichen Seifen. Die geringe Stabilität der kaltfärbenden Procionfarbstoffe ist kein Nachteil mehr, da jetzt ein billiger automat. Alkali-Mischer zur Verfügung steht. Das Langverweilverf. eignet sich auch für die weniger reaktiven Farbstoffe wie die Procion „H"-Marken, die Cibracron-, Drimaren-, Reacton- sowie

Remazolfarbstoffe. Als Alkali dient kaust. Soda u. die Verweilzeit beträgt 12—48 h. L. Jentgen. 7020◇

2303 **Die Kokosfaser, ihr Druck und ihre Färbung.** Anonym. (Rev. Textile Tiba [N. S.] **61,** Nr. 6, 19—20, 1962; franz.) — Kurz beschrieben wird das Vork. der Kokospalme u. die Gewinnung der Kokosfasern. Zum Bleichen werden stabilisierte Natriumhydrosulfite, wie *Blankit I, Arostit BL, Clarit I* usw. empfohlen. Kurze Angaben werden über das Färben mit sauren, Direkt-Lichtfarbstoffen u. bas. Farbstoffen gemacht. Zum Druck werden dieselben Farbstoffe verwendet, jedoch sind, wie auch beim Färben, die bas. Farbstoffe die bei weitem am meisten verwendeten. L. Jentgen. 7020◇

2304 **Fortschritte beim Vigoureuxdruck.** Anonym. (Rev. Textile Tiba [N. S.] **61,** Nr. 6, 22—24, 1962; franz.) — 2 Druckrezepte für industrielle Zwecke: a) bei Verw. von sauren oder 1:2-Metallkomplexfarbstoffen, b) Chromfarbstoffen, werden angegeben. Die beim Druck häufig auftretenden Schwierigkeiten, die auf ungenügender Benetzung der Wollfaser u. mangelnder Löslichkeit des Farbstoffs beruhen, werden besprochen. Das von Sandoz herausgebrachte Hilfsmittel *Lyogen V* soll hier Abhilfe bringen. Seine Wrkg.-Weise u. Anwendungsmöglichkeiten werden erörtert u. ein entsprechendes Druckrezept für Chromschwarz wird angegeben. L. Jentgen. 7022◇

2305 **Die Brauchbarkeit von Reaktivfarbstoffen beim Drucken vom Standpunkt ihrer chemischen Struktur.** Jerzy Brzeziński und Adam Łukoś. (Przegląd Włokienniczy **16,** 231—39, 1962; pol.) — Überblick über den gegenwärtigen Stand der Wissenschaft auf dem Gebiet der Eigg. von Reaktiv-Farbstoffen in Beziehung zu ihrer Struktur u. krit. Betrachtung der gegenwärtig verwendeten Farbstoffe. R. Grundmann. 7022◇

2306 **Die Möglichkeit der Anwendung von Helanthrenblau beim Drucken vom Standpunkt des Redoxpotentials.** Mieczysław Nowacki und Antoni Sołtys. (Przegląd Włokienniczy **16,** 220—24, 1962; Łódź, Inst. Przemysłu Org.; pol.) — Schwierigkeiten bei der Anwendung von poln. Helanthrenblau (**I**) beim Drucken werden besprochen. Die chem. Vorgänge bei der Oxydation von Indanthren, das den Grundbestandteil des Farbstoffes bildet, werden dargelegt. Unterss., um **I** beim Drucken unter voller Ausnutzung der colorist. Ausgiebigkeit anzuwenden, werden beschrieben. R. Grundmann. 7022◇

2307 **Trockenreinigungsechte Pigmentdrucke mit Oremasin T-Farbstoffen und Oremasin-Binder PLT.** L. Schibler. (Adhäsion **6,** 181—82, 1962; dt.) — Durch Verw. von Mischpolymerisaten des Vinylchlorids als Binder ist — bei Verw. lichtechter Pigmentfarbstoffe — das Problem der Licht-Waschechtheit der Pigmentdrucke gelöst. Ihre Trockenreinigungs- u. Detachierechtheit benötigt jedoch in organ. Lsgm. absolut unlösl. Farbstoffe, die in Form der *Oremasin T* oder *LT*-Farbstoffe zur Verfügung stehen. Entsprechende Bindemittel werden durch Kombination bes. hergestellter Melaminharzdispersionen mit Polymerisatlatices die stark polare Gruppen enthalten, synthetisiert; wie z. B. der *Oremasin-Binder PLT.* Die mit diesem Binder hergestellten Druckfarben können für den Film- u. Rouleaux-Druck eingesetzt werden. L. Jentgen. 7022◇

2308 **Das Verhalten von Direktfarbstoffen bei erhöhter Temperatur.** Wojciech Szafnicki und Henryk Golec. (Przegląd Włokienniczy **16,** 213—20, 1962; Oddział w Łodzi, Inst. Przemysłu Org.; pol.) — Der therm. Widerstand von Direktfarbstoffen in wss. Lsgg. bei 130° in neutralem, alkal. u. saurem Medium wird untersucht. Die Ergebnisse werden mit den Resultaten des Färbens von gebleichten Baumwollfasern (bei 130°) u. verschiedenen Viscosefasern verglichen. Es wird festgestellt, daß das Endergebnis des Färbens bei angegebener Temp. weniger von den reduzierenden Eigg. der Faser abhängt als allg. angenommen wird. Die Fasern üben auf Farbstoffe, die therm. instabil sind, eine gewisse Schutzwrkg. aus. R. Grundmann. 7028◇

2309 **Die Bearbeitung von Farbechtheits-Richtlinien und deren Stand 1963.** H. Heuberger. (Textil-Rdsch. [St. Gallen] **18,** 136—39, 1963; Basel, Schweizer. Farbechtheits-Kommission; dt.) — Neue SNV (Schweizer Normen-Vereinigung)-Farbechtheits-Richtlinien werden besprochen. Es wird eine tabellar. Übersicht über den Stand der SNV-Farbechtheitsrichtlinien gegeben. I. Beßer. 7028◇

2310 **Das Problem der Farbechtheit hinsichtlich der Bedürfnisse auf dem Gebiet der Coloristik.** Jerzy Lewandowski. (Przegląd Włokienniczy **16,** 199—201, 1962; Warszawam CIECH; pol.) — Die Farbechtheit im Hinblick auf ihre Best. in Geweben wird besprochen, ferner werden Meth. zur Beurteilung der Widerstandsfähigkeit der Färbung angegeben. R. Grundmann. 7028◇

2311 **Die Bildung von unlöslichen Oxyazofarbstoffen auf Kapron.** P. W. Moryganow und B. N. Melnikow. (Textil-Ind. [UdSSR] **20,** Nr. 6, 40—42, 1960; Iwanowo, Chem.-Technol. Inst.; russ.) — Die Ergebnisse der Verss. zur Bldg. von unlösl. *Oxyazofarbstoffen* auf Kapron werden eingehend beschrieben und in 2 Tabellen zusammengestellt. P. Scheer. 7052□

2312 **Ein schwarzer Farbstoff der polnischen Marke A.** František Kacišak. (Textil-Ind. [UdSSR] **20,** Nr. 6, 72—74, 1960; russ.) — Der schwarze Farbstoff A ist *Na-p-Anilinophenylamidosulfonat* u. eignet sich u. a. zum Bedrucken von Viscosefasern, wofür Rezepturen angegeben werden. In der Farbechtheit entspricht er den Küpenfarbstoffen. P. Scheer. 7070□

2313 **Der Farbstoff der roten Rande.** Hugo Wyler. (Textil-Rdsch. [St. Gallen] **18,** 111—17, 1963; Zürich; dt.) — Es wird eine Zusammenfassung über den Gang der Konstitutionsaufklärung des intensiv rotvioletten Randenfarbstoffes, *Betanin* $C_{24}H_{26-x}N_2O_{13}A_x$ (A = Kation, x = variabler Molaranteil des Kations), einem charakterist. Vertreter der Betacyane, gegeben. Die Betacyan-Pflanzenfamilien u. ihre bekannten Vertreter sowie die wichtigsten Teste zur Unterscheidung von Anthocyanen u. Betacyanen werden tabellar. dargestellt. Betanin ist ein Glucosid, die Hydrolyse mit starker HCl spaltet Glucose ab, u. je nach den gewählten Bedingungen wird das reine, in Lsg. violette Aglucon *Betanidin,* oder ein Gemisch desselben mit seinen Isomeren, dem *Isobetanidin,* erhalten. Die Strukturaufklärung des allen Betacyanen gemeinsamen Grundkörpers Betanidin $C_{18}\cdot H_{16}O_8N_2$ wird ausführlich behandelt. I. Beßer. 7082◇

2314 **Allgemeine Übersicht über die Grundsätze der Colorimetrie und ihre Anwendung in der Textilindustrie.** F. Braun. (Teintex **27,** 783, 785—86, 789, 791—92, 795, 797, 1962; Louvain, Univ. Cathol., Labor. de Colorimétrie; franz.) — Bei der Farbempfindung spielen 3 Faktoren eine Rolle: die Natur des den Körper beleuchtenden Lichtes, die Art des gefärbten Körpers u. die Empfindlichkeit des Auges. Die beiden ersten Faktoren gehören in das Gebiet der Physik u. liegen deshalb der Colorimetrie zugrunde. Um die Unsicherheit des 3. Faktors, der in das psychophysiolog. Gebiet gehört, auszuschließen, wird ein fiktiver Beobachter, der „colorimetr. Beobachter CIE" geschaffen. Die Aufgabe der Colorimetrie ist Identifizierung u. Analyse der Farbe u. ihre Einordnung in ein Koordinatensystem. Über die verschiedenen für die Farbmessung benutzten App. wird eine Übersicht gegeben. Die Spektrophotometer sind auf Grund ihres Preises auf Forschungsinstitute beschränkt. Für industrielle Zwecke dienen die Photocolorimeter, die durch die Farbanalyse durch einfache Berechnung eine direkte Best. der Tristimuluswerte X, Y, Z gestatten. Auf die Grenzen ihrer Anwendung wird hingewiesen. Abhilfe schafft das Spektrophotocolorimeter, dessen Anwendung u. Vorteile erörtert werden. L. Jentgen. 7086◇

2315 **Die Analyse reaktiver Vinylsulfonfarbstoffe mit Hilfe der Papierchromatographie.** L. A. Kowshin und

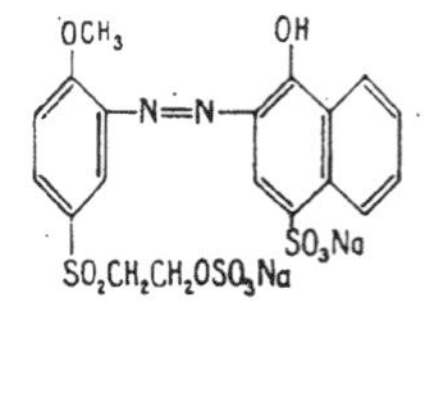

I

A. A. Chacharow. (Hochschulnachr. [Iwanowo], Technol. Textil-Ind. **1962,** Nr. 4, 84—88; Leningrad, Kirow-Textilinstitut; russ.) — Techn. Proben von 2 reakt. *Vinylsulfon*farbstoffen (I u. II) konnten mit Hilfe der aufsteigenden Papierchromatographie im Syst.: n-Butanol: W.: Eisessig = 8:1:1 in jeweils 3 gefärbte Substanzen getrennt werden. Diese Substanzen wurden durch Färbeverss. an Polyamidfasern, Oxydation mit $KMnO_4$ u. Aufnahme der Absorptionsspektren als entsprechende Sulfoester (I u. II), Hydroxyäthylsulfone u. Vinylsulfone

II

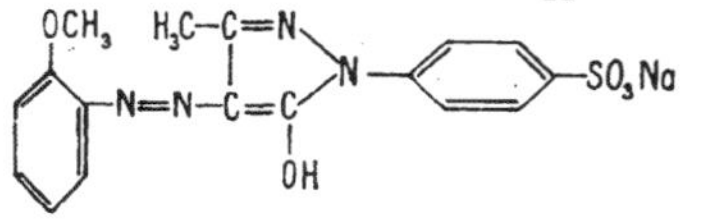

identifiziert. Eine quant. colorimetr. Best. der einzelnen Substanzen ergab für I: Gesamtfarbsubstanz 73,50(%), davon Sulfoester 18,75, Hydroxyäthylsulfon 40,5, Vinylsulfon 14,25; für II entsprechend 40,55, 27,31; 3,77; 9,47. T. Lukanoff. 7086◇

2316 **Untersuchung über die Analyse von Farbstoffbestandteilen mittels Papierchromatographie.** 5. Mitt. **Papierchromatographie der Naphthol AS- und Basenreihe.** Shinya Kitahara und Hachiro Hiyama. (J. chem. Soc. Japan, ind. Chem. Sect. [Kōgyō Kagaku Zassi] **59,** 1183—86, 1956; Osaka Shiritsu Kōgyō-Kenkyūjō; jap.) — 2. vgl. C. **1959,** 16794. — Bei Entw. mit 3 Teilen 5%ig. NH_4OH + 1 Teil A. u. Farbentw. mit p-Chlordiazoniumchlorid ergeben sich papierchromatograph. folgende R_f-Werte (Farbflecke in roten Tönen): *B.O.N*[*2-Hydroxynaphthoesäure-(3)*] 0,866; *AS* (Anilid des vorigen) 0,600; *AS–D* 0,583; *AS–OL* 0,530; *AS–RL* 0,514; *AS–LT* 0,562; *AS–PH* 0,561; *AS–BS* 0,482; *AS–TR* 0,414; *AS–E* 0,371; *AS–BO* 0,447; *AS–SW* 0,247; *AS–BR* 0,00; *AS–LB* 0,260; *AS–GR* 0,196; *AS–DB* 0,330; *AS–SR* 0,091; *AS–SG* 0,085; *AS–G* 0,686 (gelborange); *AS–LG* 0,424 u. *AS–L 4 G* 0,752. Die R_f-Werte sind der Affinität zur Faser umgekehrt proportional. — 31 Farbstoffbasen ergeben bei Entw. mit 2% wss. HCl (Monoamine) bzw. 4:1-Mischung von n-Butanol-HCl (Basen mit NO_2- bzw. N:N-Gruppen) u. Färbung durch Diazotierung auf dem Papier u. Kuppeln mit Naphthol-(1)-sulfonsäure-(4) folgende R_f-Werte (2. Zahl für 2. Entwickler): *Yellow GG* (*o-Chloranilin*) 0,78; *Red BB* (*o-Anisidin*) 0,75, *Orange GR* 0,55 (0,286); *Orange R* 0,77 (0,120); *Red GG* 0,713 (0,098); *Red AL* 0,126; *Scarlet B* 0,623; *Garnet P* (= *α-Naphthylamin*) 0,582; *Red B* 0,736 (0,124), *Scarlet R* 0,986 (0,123); *Bordeaux GP* 0,718 (0,356); *Red RL* 0,710 (0,145); *Scarlet G* 0,800 (0,202); *Scarlet GG* 0,615; *Red RC* 0,761, *Red KB* 0,780, *Red TR* (Salz) 0,691; *Red 3 GL* 0,324 (0,620); *Red GL* (Salz) 0,810 (0,380); *Red F 3 G* (Salz) 0,752, *Blue BB* (Salz) 0,620, *Red ITR* (Salz 0,875, *Scarlet LG* (Salz) 0,672, *Scarlet VD* (Salz) 0,693, *Orange GGD* (Salz) 0,820, *Orange RD* (Salz) 0,745, *Violett B* 0,790, *Variamin Blue FG* (Salz) 0,590, *Garnet GBC* 0,330 (0,145), *Garnet GC* 0,118 (0,145) u. *Black LB* (0,185).
L. Schuler. 7086□

2317 **Untersuchung über die Analyse von Farbstoffbestandteilen mittels Papierchromatographie.** 6. Mitt. **Papierchromatographie von Reduktionsprodukten von Naphthollacken.** Shinya Kitahara und Hachiro Hiyama. (J. chem. Soc. Japan, ind. Chem. Sect. [Kōgyō Kagaku Zassi] **59,** 1187—89, 1956; jap.) — 5. vgl. vorst. Referat. — 21 verschiedene *Naphthol-AS-Farblacke* (alle durch Kupplung mit diazotiertem o-Anisidin hergestellt, werden mit $SnCl_2$ · HCl in Ggw. von n-Butanol oder mit $Na_2S_2O_4$–Na_2CO_3 + Pyridin red. u. papierchromatograph. untersucht mit n-Butanol–A.–W. (3:1:1) als Entwickler. Eindeutige R_f-Werte (20°) für folgende Red.-Prodd.: *Amino-B.O.N*-[(= *1-Amino-2-hydroxynaphthoesäure-(3)*] 0,134; *Amino-AS* 0,432; *Amino-AS–D* 0,489; *Amino-AS–OL*, 0,412; *Amino-AS–RL* 0,410; *Amino-AS–PH* 0,460; *Amino-AS–BS* 0,210; *Amino-AS–E* 0,640; *Amino-AS–BO* 0,555; *Amino-AS–SW* 0,508; *Amino-AS–LT* 0,390 u. *Amino-AS–TR* 0,670. Bei 20 Ausfärbungen von gebräuchlichen AS-Kombinationen auf Baumwolle erlaubt das gleiche Verf. größtenteils ebenfalls gute papierchromatograph. Identifizierung.
L. Schuler. 7086□

2318 Dainippon Ink Seizô Kabushiki Kaisha, Tôkyô (Erfinder: Atsuji Saitô, Moto Nishikawa und Shûjirô Abo, Tôkyô, und Shôichi Takahashi, Matsudo), Japan, **Herstellung von wasserlöslichen Polymeren** durch alkal. Rk. von Acrolein, Acrylamid u. HCHO (1:1:6 bis 1:1:1 Mol; die Polymeren können unlösl. gemacht werden. — 1 (Mol) Acrylamid, 1 Acrolein u. 3 HCHO (als Formalin) werden gemischt u. 3 HCHO (als Formalin) von pH 9—10 zugetropft; man kühlt wegen der plötzlichen Wärmeentw., läßt noch 1 Std. bei Raumtemp. u. 2—3 Std. bei 60—70° reagieren, entfernt aus dem alkal. Medium bei Unterdruck W. u. erhält eine viscose farblose Lsg., die, mit 0,1% $K_2S_2O_8$ 5 Min. auf 60—70° erhitzt, ein transparentes zähes gummiartiges Prod. ergibt. Die Lsg. eignet sich als *Behandlungsmittel für Fasern*, z. B. zur *Bindung von Pigmenten* an Fasern. (**Jap. A. S. 6793/1961** vom 7/5. 1959, ausg. 5/6. 1961.)
M. Pankow. 7007

2319 J. R. Geigy Akt.-Ges., Basel, Schweiz, **Herstellung von Isoindolinonen.** Ein Gemisch aus 1,8 (Teilen) W. u. 10 Dioxan (I) wird zu einer Lsg. von 35,8 1.3.3.4.5.6.7-Heptachlorisoindolenin (**III**) in 200 **I** bei 20—25° getropft u. 10 Std. gerührt, worauf der aus *3.3.4.5.6.7-Hexachlorisoindolinon-(1)* (**II**), F. 210° (Zers.), bestehende Nd. abgetrennt u. aus Bzl. umkrist. wird. Tropft man 4,6 abs. A. in 20 o-Dichlorbenzol (**IV**) zu 35,8 **III** in 200 **IV**, so entsteht ebenfalls **II**. Anstelle von A. u. W. kann man auch Benzoesäure in Ligroin verwenden. — Analog *3.3.4.7-Tetrachlorisoindolinon-(1)*, F. 172—173° (Zers.), aus 1.3.3.4.7-Pentachlorisoindolenin u. ein Gemisch aus *5-* u. *6-Nitro-3.3-dichlorisoindolinon-(1)* F. 115—116° (Zers.), aus 5- u. 6-Nitro-1.3.3-Trichlorisoindolenin. — *Zwischenprodd.* zur Herst. von Azomethinfarbstoffen. (**Ind. P. 65846** vom 17/11. 1958, ausg. 9/11. 1961.)
C. Lüttgen. 7049

2320 Betsy Hellinghuizer-Gerriesen, Amsterdam, Niederlande, **Azomethin von Amino-2-oxazolidon** erhält man durch Rk. von 3-Amino-2-oxazolidon mit CH_2O bes. bei 40—60°, F. 95°. — *Zwischenprodukt.* (**E. P. 862206** vom 10/4. 1958, ausg. 1/3. 1961. Niederl. Prior. 12/4. 1957.) A. Jahn. 7049

2321 Ciba Ltd. (Erfinder: Arthur Buehler, Alfred Fasciati und Christian Zickendraht), **Herstellung von metallhaltigen Azofarbstoffen** durch Rk. eines Monoazofarbstoffs, der frei ist von Sulfonsäureresten u. von nicht in o-Stellung zur Azobindung stehenden Carboxylresten, u. einer komplexen Cr-Verb., die 1 komplex gebundenes Cr-Atom auf 1 Mol. eines wenigstens 2 Reste einer Wasserlöslichkeit verleihenden starken Säure enthaltenden Monoazofarbstoffs enthält, im mol. Verhältnis von ca. 1:1. — Beispiel: Die komplexe Cr-Verb. eines durch Diazotierung von 1-Amino-2-hydroxynaphthalin-4-sulfonsäure u. 1-Hydroxynaphthalin-8-sulfonsäure erhaltenen Farbstoffs wird mit einem durch Diazotierung von 4-Chlor-2-amino-1-hydroxybenzol u. 5:8-Dichlor-1-hydroxynaphthalin hergestellten Farbstoff durch Erhitzen unter Rückfluß in wss. Na_2CO_3-Lsg. zur Rk. gebracht u. ein marineblauer Farbstoff erhalten. (**Aust. P. 235443** vom 30/4. 1959, ausg. 12/10. 1961.)
K. Demmler. 7053

H_{IIa}. Farben, Anstriche, Lacke, Naturharze

2322 **Symposium über den Fortschritt der Chemie der trocknenden Öle.** G. Génin. (Peintures, Pigments, Vernis **39,** 222—25, 1963; franz.) — Vf. berichtet über das Symposium, das anläßlich des XIV. Kongresses der American Chemical Society stattfand.
H.-G. Moslé. 7096◇

2323 **Herstellung von Linolensäure aus Leinöl.** R. E. Beal, V. E. Sohns, R. A. Eisenhauer und E. L. Griffin jun. (J. Amer. Oil Chemists' Soc. **38,** 524—27, 1961; Preoria, Ill., Northern Regional Labor.; engl.) — Linolensäure (I) mit einem Reinheitsgrad von über 95%

wurde durch Fl.-Fl.-Extraktion von Leinölfettsäuren (**II**) mit einem ineinander nicht lösl. Fl.-Gemisch aus feuchten Furfurol (**III**) u. Hexan im Podbielniak-Zentrifugal-Extraktor hergestellt. Das niedrigste Gew.-Verhältnis von **III** zu **II** betrug 10:1. Es wurde kein wesentlicher Unterschied in der Reinheit der Prodd. beobachtet bei Erhöhung des Verhältnisses von 10 auf 15, Steigerung der Extraktions-Temp. von 90 auf 110°F oder bei Schwankungen im Feuchtigkeits-Geh. von **III** zwischen 1,0 u. 2,8%. Red. des **III**/**II**-Verhältnisses auf 8, Erniedrigung der **III**-Feuchtigkeit auf 0,2% oder teilweise Oxydation von **II** (durch Luftsauerstoff) vor der Extraktion führt zu niedriger prozentiger **I** (ca. 91—93%ig.) Die experimentelle Durchführung, eine Produktionsanlage zur Herst. von 10^7 pounds 97%ig. **I** jährlich, die Anlagekosten sowie die hauptsächlichsten Anwendungsgebiete für **I** werden beschrieben. F. Jahn. 7096◇

2324 **Aminoharze.** Hans B. Tettamanti. (Chim. Peintures **26**, 127—33, 1963; Zürich, Cyanamid Internat. Co.; franz.) — Vf. gibt einen Überblick über die Herst. u. Anwendung von Harnstoffharzen u. Harzen auf Melaminbasis für Lackrohstoffe. Die Umsetzung mit Formaldehyd u. Butanol u. die Polymerisationsvorgänge der Methylolmelamine werden diskutiert. H.-G. Moslé. 7096◇

2325 **Hexahydrophthalsäureanhydrid in Alkydharzen.** S. Edmund Berger und A. J. Kane. (Off. Digest Federat. Soc. Paint Technol. **33**, 597—606, 1961; Buffalo, All. Chem. Corp.; engl. — C. **1963**, 19434.) L. Kempf. 7096◇

2326 **Latices von kleiner Teilchengröße führen zu besserem Glanz.** C. E. McCoy jun., A. S. Teot und W. H. Cass. (Paint Ind. Mag. **77**, Nr. 3, 20—28, u. 42, 1962; The Dow Chem. Co.; engl.) — Vgl. C. **1963**, 19792. — Latices mit Teilchengrößen < 1000 Å für Latexfarben mit hohem Glanz benötigen wirksamere als die üblichen oberflächenakt. Dispergiermittel. Es werden Polymerisations-Verss. mit Styrol, Vinylchlorid + Vinylidenchlorid, Styrol + 2-Äthylhexylacrylat u. mit Styrol + Äthylacrylat unter Zusatz von Na-Alkyldiphenyläthersulfonat (**I**), Na-Alkylbenzolsulfonat, Na-Laurylsulfat oder von Na-Alkylarylpolyäthersulfonat beschrieben. Daraus geht die bes. Eignung von **I** für Latices von kleiner Teilchengröße hervor. M. Hagedorn. 7096◇

2327 **Petrochemikalien für Anstrichfarben.** Anonym. (Paint Varnish Product. Manager **48**, Nr. 2, 45—47, 96, 97, Nr. 4, 39—42, 82, Nr. 5, 41—45, Nr. 6, 45—48, 86, Nr. 7, 41—44, 87, 88, Nr. 8, 31—36, 66, 1958; engl.) — Überblick über die Chemurgie der Anstrichindustrie u. die Grundlagen der Chemie der Petrochemikalien sowie die engen Zusammenhänge zwischen der Petrochemie u. der Anstrichtechnik. L. Kempf. 7096◇

2328 **Fortschrittsbericht.** Kittel. (Dtsch. Farben-Z. **17**, 329—32, 1963; dt.) — Vf. bespricht die Möglichkeiten der Konservierung der Lackschicht (Vorteile bei der Verw. von $SrCrO_4$, Zusatzmittel zur Verbesserung lacktechn. Eigg.) u. geht auf ein Saccharose-Benzoat als Lackrohstoff ein. R. Zeisberger. 7106◇

2329 **Multi-Color-Lacke.** Anonym. (Dtsch. Farben-Z. **17**, 365—66, 1963; Fürth, Forsch.-Labor., Eckart-Werke; dt.) — Durch Einsatz von Standard-Gold-Bronzen u. Standard-Aluminiumpulver lassen sich in Ggw. oder Abwesenheit von Buntpigmenten bei einmaligem Auftrag mehrfarbige Effekte mit metall. Charakter erzielen. Um Gelieren oder Vergrünen zu vermeiden, ist Zusatz von Aconitsäure erforderlich. Es werden Rezepturen angegeben. R. Zeisberger. 7106◇

2330 **Die Phosphatierung als Vorbehandlung vor dem Aufbringen von Anstrichmitteln.** V. Čupr und J. B. Pelikán. (Dtsch. Farben-Z. **17**, 353—59, 1963; Prag/CSSR Chem.-physikal. Labor. des Archäolog. Inst. der Tschechoslowak. Akad. der Wiss.; dt.) — Vff. betrachten Rk.-Mechanismus u. Verlauf der Phosphatierung. Die Bedingungen, die zur Bldg. von kristallinen bzw. amorphen Überzügen führen, werden besprochen. Für einige Passivierungsmittel auf Phosphatgrundlage werden Zus. u. Handelsname angegeben (Grisament T.S.B; Bonder 1020; Granodine 400; Crysocoat 87 u. 89). R. Zeisberger. 7106◇

2331 **Anstrich und Lackierung von sendzimir-verzinktem Breitband.** Heinz Calliess. (Dtsch. Farben-Z. **17**, 359—62, 1963; Nürnberg; dt.) — Der neuartige Untergrund mit seiner Korrosionsschutzreserve stellt der Lackindustrie neue Probleme. Vf. bespricht die spezif. Anforderungen bezüglich Haftung u. Auftrag. R. Zeisberger. 7106◇

2332 **Teer-Epoxidharz-Kombinationen als neuer korrosionsschützender Anstrich.** K. Buser. (Plaste u. Kautschuk **10**, 189—91, 1963; VEB Leuna-Werke „Walter Ulbricht", dt.) — Für die Herst. von Teer-Epoxidharz-Kombinationen eignen sich Steinkohlenteer (Destillatteer u. Präperateteer) sowie Braunkohlenteer, deren Analysen angegeben werden. Das Anstrichmittel ist ein Zweikomponentensyst., dessen eine Komponente gewöhnlich aus Teer u. Härter (aliphat. Polyamine) besteht, während die andere Komponente das Epoxidharz u. evtl. Füllstoffe u. Lsgm. enthält. Der Reaktionslack härtet bereits bei Raumtemperatur. Teer u. Epoxidharz können nicht zu einer Komponente zusammengefaßt werden, da die verwendeten Teere reaktionsfähige phenol. Verbb. enthalten, die zu einer unerwünschten Verdickung der Komponente führen. Auf Verarbeitung u. Anwendungsmöglichkeiten wird eingegangen. Einige Ergebnisse der physikal. Prüfung der Anstrichfilme werden mitgeteilt. G. Kunath. 7106◇

2333 **Spezielle Korrosionsschutz-Anstrichprobleme im Rahmen von Gaswerken.** Herbert Schweiger. (Dtsch. Farben-Z. **17**, 362—65, 1963; Hamburg; dt.) — Während sich vielfach Epoxid-Teerpech-Kombinationsanstriche bewährten, werden bei Rohrleitungen u. a. Kunststoffbinden verwendet. Für die einzelnen, in bes. Weise gefährdeten Stellen im Betrieb werden prakt. Erfahrungen mitgeteilt. R. Zeisberger. 7106◇

2334 **Untersuchungen über natürliche Harze.** 2. Mitt. **Über die Konstitution von Isolivil.** Giorgio Traverso. (Gazz. chim. ital. **88**, 851—78, 1958; Pavia, Univ., Ist. di Chim. fis.; ital.) — 1. vgl. C. **1962**, 5683. — Isolivil (**I**) liefert ein O-Methyl- (**II**) u. weiter O.O'-Dimethylderiv. (**III**); ebenso lassen sich ein O-Äthyl-(**IV**) u. ein O.O'-Diäthylisolivil (**V**) darstellen. Die Äthylierung von **II** führt jedoch zu einem anderen *O-Methyl-O'-äthylisolivil* als die Methylierung von **IV**. Auch unter schärfsten Bedingungen geben **III** u. **V** nur *Diacetate*, während die früher (bes. von Vanzetti [1900/37]) diskutierten Formeln Triacetate erwarten lassen. Die Oxydation von **V**-Diacetat mit $K_2Cr_2O_7$ in CH_3COOH führt zum *Diacetat* von *1-[3-Methoxy-4-äthoxyphenyl]-2.3-bis-[hydroxymethyl]-6-methoxy-7-äthoxynaphthalin*, das zum Vgl. durch $LiAlH_4$-Red. des Dimethylesters von 1-[3-Methoxy-4-äthoxyphenyl]-6-methoxy-7-äthoxynaphthalin-2.3-dicarbonsäure (**VI**) synthetisiert wird. Durch NaOBr wird **III** zu *3.4.3'.4'-Tetramethoxybenzophenon-6-carbonsäure* oxydiert. Nach den Ergebnissen der Unters. wird für Olivil (**VII**) die Struktur von *2-[3-Methoxy-4-hydroxyphenyl]-3-hydroxymethyl-4-[α.4-dihydroxy-3-methoxybenzyl]-tetrahydrofuran* angenommen, während das Isomerisierungs-Prod. **I** eine der theoret. möglichen stereoisomeren Formen von *2.5-Bis-[3-methoxy-4-hydroxyphenyl]-3.4-bis-[hydroxymethyl]-tetrahydrofuran* darstellt. Die Umlagerung von **I** in **VII** ist irreversibel u. erfolgt nur in Ggw. von Wasserspuren, also z. B. nicht in Eisessig. Während sich O.O'-Diäthylolivil (**VIII**) deim Erhitzen in Ggw. von Säure leicht in **V** umlagert, gelingt eine analoge Isomerisierung von **VIII**-Diacetat nicht. O-Methylolivil (**IX**) wird bereits unter alkal. Alkylierungsbedingungen isomerisiert.

Versuche: *O.O'-Dimethylisolivil* (**III**), F. 184 bis 185° (CH_3OH), aus **II** (F. 209°) u. $(CH_3O)_2SO_2$ in verd. NaOH. *Diacetat*, $C_{26}H_{32}O_9$, F. 150° (CH_3OH), a) durch 12std. Rk. von **III** mit $(CH_3CO)_2O$ in Pyridin; b) durch 5std. Kochen von **III** mit $(CH_3CO)_2O$. *Bis-p-toluolsulfonat*, $C_{36}H_{40}O_{11}S_2$, F. 150—151° (CH_3OH); wird durch 3std. Kochen mit $LiAlH_4$ in abs. Bzl.-Ae. red. zur Verb. $C_{22}H_{28}O_5$, F. 178—179° (CH_3OH). — *O.O'-Diäthylisolivil* (**V**), $C_{24}H_{32}O_7$, F. 182° (wss. CH_3OH), a) durch 8 bis

9std. Erhitzen von 1 g **VIII** in 30%ig. CH_3COOH auf 100°, Zugeben von verd. NaOH u. Stehen bei 0°; 0,6 g (Ausbeute); b) aus **IV** (F. 149°) u. $(C_2H_5O)_2SO_2$ in verd. NaOH. — *O-Methyl-O'-äthylisolivil, Isomeres* vom F. 192° (A.), aus **II** u. $(C_2H_5O)_2SO_2$ in verd. NaOH. *Isomeres* vom F. 169°, a) aus **IX** (F. 218—220°) u. $(C_2H_5O)_2SO_2$, b) aus **IV** u. $(CH_3O)_2SO_2$ in verd. NaOH. — *O.O'-Dimethylolivil*, F. 156°, aus **IX** u. $(CH_3O)_2SO_2$ in verd. NaOH. *Diacetat*, $C_{26}H_{32}O_9$, Kp.$_{0,005}$ 200—220°. — *O.O'-Diäthylolivil* (**VIII**), $C_{24}H_{32}O_7$, F. 148° (CH_3OH), durch Erwärmen von 5 g **VII** mit $(C_2H_5O)_2SO_2$ in wss. Sodalsg. bis zum Eintritt der heftigen Rk., 1std. Rühren, Versetzen mit 5%ig. NaOH u. mehrstd. Stehen bei 0°; $[\alpha]_D^{21}$ —52,1° (c = 0,27; A.); 2,5 g. *Diacetat*, $C_{28}H_{36}O_9$, Kp. $_{0,005}$ 200 bis 210°. — *1-[3.4-Dimethoxyphenyl]-2.3-bis-[hydroxymethyl]-6.7-dimethoxynaphthalin*, $C_{22}H_{24}O_6$, F. 189° (CH_3OH), durch $^1/_2$std. Kochen von 0,5 g des Diacetats in 10%ig. methanol. KOH; 0,3 g. *Diacetat*, $C_{26}H_{28}O_8$, F. 194° (CH_3 · OH), durch 8std. Erhitzen von 2 g **III**-Diacetat mit $K_2Cr_2O_7$ in verd. CH_3COOH auf 90°, Verdünnen mit W. u. Stehen bei 0°; 0,5 g. — *1-[3-Methoxy-4-äthoxyphenyl]-2.3-bis-[hydroxymethyl]-6-methoxy-7-äthoxynaphthalin*, $C_{24}H_{28}O_6$, F. 178° (wss. CH_3OH,) a) durch $^1/_2$std. Kochen des Diacetats mit 10%ig. methanol. KOH; b) durch Rühren von **VI**-Dimethylester mit $LiAlH_4$ in Bzl.-Ae., 12std. Stehen, Zers. mit W. u. Ansäuern mit verd. HCl. *Diacetat*, $C_{28}H_{32}O_8$, F. 134—135° (wss. CH_3OH), durch 8std. Erhitzen von 2 g **V**-Diacetat mit $K_2Cr_2O_7$ in verd. CH_3COOH auf 90°, Verdünnen mit W. u. 24std. Stehen bei 0°; 0,7 g. — *3-Methoxy-4-äthoxyzimtsäureäthylester*, $C_{14}H_{18}O_4$, F. 109—110° (Ligroin), durch 5std. Kochen von 28 g der Säure mit abs. A. in Ggw. von konz. H_2SO_4; 32 g. — *3-Methoxy-4-äthoxy-α.β-dibromhydrozimtsäureäthylester*, $C_{14}H_{18}Br_2O_4$, F. 98—100° (Ae.), durch Zutropfen von Br_2 zu 30 g vorst. Verb. in CS_2 bei 0°; 35 g. — *3-Methoxy-4-äthoxypropiolsäure*, $C_{12}H_{12}O_4$, F. 148° (Zers.; W.), durch 7—8std. Kochen von 35 g vorst. Verb. mit wss.-alkohol. KOH, Verdünnen mit W., Ansäuern mit 50%ig. H_2SO_4 u. 12std. Stehen bei 0°; 16 g. — *1-[3-Methoxy-4-äthoxyphenyl]-6-methoxy-7-äthoxynaphthalin-2.3-dicarbonsäure* (**VI**), $C_{24}H_{24}O_8$, F. 220° (Zers.; A.), durch Kochen des Anhydrids in 15%ig. KOH bis zur Lsg. u. Ansäuern mit verd. HCl. *Anhydrid*, $C_{24}H_{22}O_7$, F. 199° (CH_3COOH) durch 5—6 std. Erhitzen vorst. Verb. in $(CH_3CO)_2O$ auf 100°; gelb. *Dimethylester*, $C_{26}H_{28}O_8$, F. 156—158° (CH_3 · OH), mit CH_2N_2. — *3.4.3'.4'-Tetramethoxybenzophenon-6-carbonsäure* (*6-Veratroylveratrumsäure*), $C_{18}H_{18}O_7$, F. 223° (A.), durch $2^1/_2$std. Kochen von **III** mit alkal. NaOBr-Lsg. in Dioxan; 50%.

H. E. Toussaint. 7140◇

2335 **Nomographische Hilfsmittel zur Berechnung der Pigment-Volumenkonzentration und der mittleren Dichte von Mehrstoffgemischen.** Ludwig Gall. (Pitture e Vernici **39**, 243—46, **1963**; Homberg/Niederrhein, Sachtleben A.G.; ital. — C. **1963**, 19799.)

B. Scheifele. 7152◇

2336 **Anwendung von Ultraschall zur Untersuchung wäßriger Suspensionen natürlicher Eisenoxid-Pigmente.** W. P. Rjumin. (J. angew. Chem. [UdSSR] **35**, 56 bis 60, 1962; russ.) — Durch Einw. von Ultraschall von 3 Min. auf Suspensionen der Farben Mars hellbraun u. Siena kann die Zeit der Ndg.-Bldg. um ca. das dreifache verkürzt werden. Bei der Schall-Einw. von 3 Min. herrscht der Koagulationsprozeß gegenüber dem Dispersionsprozeß vor. Ultraschall kann zur Verbesserung der Benetzung von natürlichen Eisenoxidpigmenten bei der Best. des Spezif. Gew. benutzt werden, wodurch sich die Best.-Zeit um das 10—20fache verkürzt. Es wurde festgestellt, daß sich der pH-Wert des Dispersionsmittels mit Erhöhung der Menge der dispersen Phase als auch der Dauer der Schalleinw. erniedrigt.

J. v. Schroeder. 7152◇

2337 **Elektrochemische Untersuchung der Schutzeigenschaften von Lackfarbenmaterialien und Überzügen auf Stahl in Elektrolyten.** L. W. Nitzberg, Ss. W. Jakubowitsch und Ja. M. Kolotyrkin. (Lacke Farben Anwend. [UdSSR] **1960**, 17—22; russ.) — Es wurden Unterss. über die Möglichkeit der Best. der passivierenden Wrkg. von Pigmenten auf Stahl durchgeführt. Die genannte Wrkg. konnte auf Grund der Verschiebung des stationären Potentials nach der positiven Seite von Stahl in der Pigment-Suspension in dem zu bestimmenden Medium, sowie auf Grund der Verminderung des Potentials der Selbstauflösung des Stahls beurteilt werden. Es wurden ferner die grundlegenden, auf die Passivierung des Stahls einwirkenden Faktoren u. der Mechanismus der Passivierung (in Abhängigkeit von pH des Mediums) geklärt.

C. Kozák. 7152□

2338 **Ein System zur Prüfung und Qualitätsbeurteilung von Lackfarben.** A. M. Grosowskaja und M. L. Liwschitz. (Lacke Farben Anwend. [UdSSR] **1992**, Nr. 3, 66—67; russ.) — Für die Beurteilung der Qualität neuer Ölfarben wird empfohlen, folgende Eigenschaften zu prüfen: Farbe u. Nuance, Grad der Verreibung, Deckfähigkeit, Trockenzeit, Festigkeit des Films, Biegefestigkeit, Schlagfestigkeit, W.- u. Luftbeständigkeit. Für Emaillen u. Grundierungen werden außer den oben angeführten Größen noch die Viscosität bei 20°, Verdünnung, Geh. an trockenem Rückstand u. die Beständigkeit der Überzüge im Hydrostaten bestimmt. Für Emaillen für die Tropen werden darüberhinaus noch Vorschriften gebracht. Es sind die GOST- u. die Nummern der Techn. Bedingungen für die entsprechenden Prüfungen angegeben.

G. Zeitlin. 7158

2339 **Beschleunigte Prüfungen der Widerstandsfähigkeit von Schiffsanstrichen.** Jaroslav Jarušek und Jiří Tomš. (Sborník vědeckých Prací, Vysoká Škola chem.-technol. Pardubice **1960**, 159—66; Katedra chem. techn. makromolek. Látek a textilu; tschech.) — Es werden 2 Meth. zur Prüfung der Korrosion von Schiffsanstrichen geschildert.

W. Bernard. 7158◇

2340 Harshaw Chemical Co., Cleveland, übert. von: Clarence A. Seabright, Lakewood, Ohio, V. St. A., **Gelbes keramisches Pigment.** Die Herst. des Pigments erfolgt aus einer Mischung von 35—80 (Gew.-%) ZrO_2, 10—55 SiO_2, 0,5—10 Praseodymoxalat u. geringen Mengen von Na-Fluorid u. Na-Chlorid als Mineralisatoren. Die Mischung wird bei 800—1100° calcimiert. Das fertige Pigment ist stabil u. ohne Braunstich. Es zeichnet sich durch hohes Färbungsvermögen aus. (**A. P. 3012898** vom 10/12. 1959, ausg. 12/12. 1961.)

H. Widmann. 7093

2341 Seiichi Kayano, Tôkyô, Kôsaku Sumida, Yokohama, und Yoshio Ôno, Chiba, Japan, **Herstellung von Schiffsbödenanstrichen.** Man imprägniert Vermiculit mit einer Lsg. eines giftigen Metallbestandteils, brennt das Material u. fixiert diesen Metallbestandteil als oxydiertes Produkt. — Man verrührt 200 (g) Vermiculit mit einer wss. Lsgg. von 100 $Cu(NO_3)_2$ u. 50 Ag-Nitrat, trocknet, brennt dann die Mischung bei 500°, pulvert sie, mischt ggf. mit einer alkohol. Lsg. von Phenylarsinoxid u. trocknet. (**Jap. A. S. 859/1961** vom 11/9. 1958, ausg. 22/2. 1961.)

M. Pankow. 7107

2342 A. Sanderson & Co. Ltd., England, **Rostschutzfarbe,** welche auf rosttragende u. ggf. feuchte Oberflächen ohne weitere Behandlung aufgetragen werden kann, enthält ≧ 20(%), bes. 30 metall. Pb in sehr feiner Form u. 5—15 H_3PO_4 in einer Lsg. eines plast. Harzes, z. B. polyäthoxyliertem Methacrylat, u. einem Gemisch von Äthyl- u. Propylalkohol als Lsgm., das eine geringe Menge W. enthält. Als Weichmachungsmittel werden bis zu 20 Trixylenylphosphat zugesetzt. Das Prod. enthält z. B. 387 (Gew.-Teile) metall. Pb u. ein Suspensionsmittel, 200 H_3PO_4, 70 plast. Harz, 327 Lsgm. u. 12 Weichmacher. (**F. P. 1267553** vom 15/9. 1960, ausg. 24/11. 1961. E. Prior. 16/9. 1959.)

M. F. Müller. 7107

2343 Monsanto Chemical Co., St. Louis, Mo., übert. von: Donald D. Staker, Nitro, W. Va., V. St. A., **Herstellung von öllöslichen Alkyl- oder Alkenylbernsteinsäure(I)-Teilestern** erfolgt durch Rk. von 1 (Mol) einer 2—4 OH-Gruppen enthaltenden organ. Verb., z. B. Butandiol-(1.4), 2-Methylpentandiol-(2.4), Trimethylenglykol oder Triäthanolamin mit 2—3 I-Anhydrid (C_8—C_{18} in der Seitenkette) bis 95—125° ohne Entfernen des Rk.-W. bis zu konstanter SZ. Bes. wird Dodecenyl-I-anhydrid verwendet. — *Rostschutzmittel.* (**A. P. 3045042** vom 16/8. 1957, ausg. 17/7. 1962.)

O. Müller-Meiningen. 7107

2344 Günter Schücking, Montabaur, **Herstellung eines Korrosionsschutzanstriches** aus einer filmbildenden Emulsion auf der Basis eines Vinylmischpolymerisates. Der gereinigte Untergrund wird zunächst mit einer 10%ig. Lsg. eines Mischpolymerisats aus Polyvinylchlorid u. Polyvinylidenchlorid mit einer Viscosität von 30—40 cP bestrichen, danach wird eine ca. 10%ig. Lsg. eines chlorierten Mischpolymerisats auf der Basis von Polyvinylchlorid oder eines Chlorkautschuks mit 5—10% hochdisperser Bleimennige u. 5—10% fein gemahlener Asbestine oder Schwerspat als zweiter Anstrich aufgebracht. Ggf. folgt noch ein dritter Anstrich mit einer 20—30%ig. Lsg. aus einem chlorsulfonierten Polyäthylen, dem vorher ein geeigneter Beschleuniger für die Kaltvulkanisation zugerührt wurde. Auf die Grundanstriche wird der Deckanstrich in Form einer wss. Emulsion eines chlorierten Mischpolymerisats, die zur Stabilisierung Bleimennige, Ruß oder TiO_2 in Mengen von 1—2% enthält, aufgebracht. (**Oe. P. 224243** vom 5/8. 1958, ausg. 12/11. 1962. D. Prior. 8/8. 1957.) M. F. Müller. 7107

2345 E. I. du Pont de Nemours & Co. (Erfinder: James Joseph Sanderson), V. St. A., **Lacküberzugsmittel** auf der Basis von Polymeren des Methacrylsäuremethylesters. Es besteht aus 2 filmbildenden Bestandteilen. Lsg. A enthält 100 (Gew.-Teile) eines Gemisches aus bes. 90—60 Methylmethacrylat u. 10—40 eines Methacrylsäureesters eines Monoäthers von Äthylenglykol. Lsg. B enthält 10—50 Nitrocellulose. — Beispiel: Lsg. A enthält 75 Methacrylsäuremethylester, 25 Methacrylsäurebutoxyäthylester, 75 Toluol, 75 Aceton u. 0,6 Benzoylperoxid. Lsg. B: 32,85 Nitrocellulose, 0,38 Farbstoff Indulin B, 2,33 Cu-Naphthenat, 43,6 Butyl- u. Benzylphthalat (Weichmacher), 20,9 Ruß. Der damit hergestellte Überzug wird durch Erhitzen (45 Min. auf 93°) gehärtet, z. B. auf Stahlblech. (**F. P. 1284914** vom 24/3. 1961, ausg. 6/7. 1962. A. Prior. 1/4. 1960.) M. F. Müller. 7107

2346 E. I. du Pont de Nemours & Co. (Erfinder: George Dull La Barre jun.), V. St. A., **Überzugslack** zur Herst. von härtbaren *Überzügen auf Metallflächen*, z. B. polierten Flächen aus Cr, Ni, Messing, Cu, Al. Das Überzugsmittel besteht aus a) 25—45(%) Interpolymeren, b) 25—45 Estersikkativfirnis u. c) 10—35 eines Amin-HCHO-Alkanol-(C_1–C_4)-Kondensats. a) ist das Polymerisationsprod. eines copolymerisierbaren Gemisches aus 60—80 (Teilen) Styrol, 5—15 einer polymerisierbaren Monocarbonsäure u. 10—30 eines C_1–C_4-Alkylesters einer polymerisierbaren Monocarbonsäure, z. B. aus Styrol, Methacrylsäure u. einem Acrylsäurealkylester. b) ist das Veresterungsprod. eines harzartigen Epoxyhydroxypolyäthers, der z. B. durch Rk. eines Glycerinhalogenhydrins mit Diphenylolpropan erhalten wird, mit einer höhermol. Fettsäure (C_{12}–C_{22}); Herst. von b) aus 50—75 des harzartigen Epoxyhydroxypolyäthers u. 50—25 der Fettsäure, welche wenigstens 25 polyungesätt. Fettsäuren (C_{16}–C_{22}) enthält. c) enthält als Filmbildner 20—35% Harnstoff-HCHO-Alkanol (C_1–C_4) oder Harnstoff-Melamin-HCHO-Alkanol, Benzoguanamin-HCHO-Alkanol oder Gemische davon. Es wird in Form einer Lsg. in einem flüchtigen organ. Lsgm., ggf. mit Zusatz von Pigmenten angewandt. — Man verwendet z. B. 50 a), 20 b) u. 30 c), bestehend aus einem Gemisch von 80 Kondens.-Prod. Harnstoff-HCHO-Butanol u. 20 Kondens.-Prod. Melamin-HCHO-Methanol. (**F. P. 1270831** vom 12/9. 1960, ausg. 9/1. 1962. A. Prior. 15/9. 1959.) M. F. Müller. 7107

2347 Établissements Renaux & Cie., Frankreich, **Herstellung eines Metallüberzugs** durch Auftragen eines ggf. gefärbten Lackes auf der Basis von Melamin, Polyestern, Siliconen, Bedrucken dieser Schicht mit Schrift oder Bildern u. Überziehen mit einer transparenten Schicht. Die Druckfarben enthalten als Basis Cellulose-, Vinyl- oder Glycerophthalatverbindungen. (**F. P. 1268419** vom 2/1. 1958, ausg. 6/12. 1961.) M. F. Müller. 7107

2348 Distillers Co. Ltd. (Erfinder: Donald Roderick Maciver, Howard Williams und Ivor Graham Morris), England, **Metallüberzugs- und Anstrichmittel,** erhalten aus dem Umsetzungsprod. eines ungesätt. Öles (I) mit einer acycl. olefin. Carbonsäure (II) u. einem wasserlösl. u. in der Wärme härtbaren Phenolaldehyd-Kondens.-Prod. (III). Auf 100 (Teile) **III** werden 5—25 des Umsetzungsprod. aus **I** u. **II** angewandt. Verbb. I sind z. B. Lein-, Soja-, Ricinus-, Perilla-, Fischöl u. fl. Harzöle. Ggf. werden als weitere ungesätt. Verbb. synthet. oder natürliche Dienverbb., z. B. Butadien, Nußöl, Acajougummi u. Kolophonium, zugesetzt. Verbb. **II** sind Malein-, Fumar-, Aconit-, Itacon-, Acrylsäure oder deren Anhydride. Die Verbb. **III** werden z. B. durch Kondens. von Phenol oder Kresol mit CH_2O erhalten. Die Umsetzung von **I** u. **II** erfolgt bei 110—300°, bes. 200—240°, z. B. bei Verw. von 65—85(%) Leinöl u. 35—15 Maleinsäureanhydrid. Auf 100 des Kondens.-Prod. werden 5—25 Phenol-CH_2O-Prod. benutzt. Weiterhin werden dem Gemisch Sikkative, Weichmacher u. Pigmente zugesetzt. — Ein rotes Farbüberzugsmittel enthält z. B. 45,9 einer den Überzug bildenden Fl., 1,9 Sr-Chromat, 19,8 natürliches Oxydrot, 11,7 Schwerspat, 3,9 Talk, 0,2 Dispergiermittel u. 16,6 Wasser. Zum Beispiel wird eine Eisenplatte mit der Farbe überzogen u. 15—30 Min. auf 110—150° erhitzt. Es bildet sich dabei eine harte, stoßfeste u. rostschützende Überzugsschicht. (**F. P. 1284228** vom 14/3. 1961, ausg. 2/7. 1962. E. Prior. 15/3. 1960.) M. F. Müller. 7107

2349 Pittsburgh Plate Glass Co. (Erfinder: Morris Levine und Michael Yurcheshen), V. St. A., **Schutzüberzugsmittel und Grundiermittel** zum Auftragen von Überzügen auf Metallflächen, bes. auf blanke Karosserieflächen. Es enthält 1) polymeres Acrylnitril, eine äthylen. ungesätt. Carbonsäure u. wenigstens eine andere Monomerverb. vom Typ $CH_2 = C <$, 2) ein Vinylharz, bestehend aus einem Mischpolymerisat eines Vinylhalogenids mit einem Vinylester einer gesätt. aliphat. Monocarbonsäure, 3) ein Epoxid in Form eines Polyglycidyläthers eines Diphenols. 1) ist aufgebaut aus 5—35(%) Acrylnitril, ferner Methacrylsäure, Äthylacrylat u. Styrol. Das Mittel enthält 10—60(%) 1) 20—60 2) u. 5—40 3) u. ggf. 5—20 Harnstoff-Formaldehyd-Kondens.-Produkt. Für die Herst. der Epoxyharze kommen z. B. folgende Ausgangsstoffe in Betracht: 2.2-Bis-[4-hydroxyphenyl]-propan, 4.4'-Dihydroxybenzophenon, 2.2-Bis-[4-hydroxy-tert.-butylphenyl]-propan, 1.5-Dihydroxynaphthalin, 1-Chlor-2.3-epoxybutan, 2-Chlormethyl-1.2-epoxybutan, 1-Chlor-2.3-epoxyoctan. Das Grundiermittel dient zum Korrosionsschutz der Metallunterlage u. gibt dem Lacküberzug eine bessere Haftfestigkeit. — Zeichnung. (**F. P. 1272560** vom 16/8. 1960, ausg. 31/1. 1962. A. Prior. 3/12. 1959.) M. F. Müller. 7107

2350 Mollerit-Gesellschaft Wegner & Co. K. G., übert. von: Gustav Möller und Hermann Corzilius, Dortmund, **Herstellung von Schutzüberzügen** auf Metall, Holz, Stein usw. durch Aufsprühen eines an der Luft trocknenden, selbstpolymerisierenden synthet. Harzes in fl. Form u. danach, solange diese Schicht noch weich ist, eines gepulverten Füllstoffes. (**Can. P. 634132** vom 30/4. 1953, ausg. 9/1. 1962.) H.-J. Nitzschke. 7107

2351 E. I. du Pont de Nemours & Co. (Erfinder: Richard Eli Ludwig), V. St. A., **Herstellung eines gehärteten Schutzüberzugsmittels für Metalloberflächen,** bestehend aus einem Gemisch eines festen Epoxyharzes u. Pyromellitsäuredianhydrid. Das Gemisch wird in Pulverform auf eine auf 220° erhitzte Stahlplatte in $^1/_2$ bis 1 Sek. aufgestreut, geschmolzen u. durch Erhitzen (6 Std. bei 250°) gehärtet. Der festhaftende Überzug ist wasserwiderstandsfähig, temperaturunempfindlich u. hart. (**F. P. 1283850** vom 21/10. 1960, ausg. 27/6. 1962. A. Prior. 25/11. 1959.) M. F. Müller. 7107

2352 Wacker-Chemie G.m.b.H., Deutschland, **Herstellung von korrosionsschützenden Überzügen aus Polyvinylchlorid auf Metallen,** bes. Cu, aber auch Zn u. Zn-Legierungen. Zur Vermeidung der Zers. beim Härten des Harzes > 180°, bes. beim Auftragen auf Zn, wird vorher eine Unterschicht auf das Metall aufgetragen. Diese besteht aus einem Mischpolymerisat aus Vinylchlorid, Vinylacetat u. einer Äthylendicarbonsäure mit einem Zusatz von Polyolen, welche wenigstens 4 Hydroxylgruppen enthalten, z. B. Hydroxyäthylcellulose,

Polyvinylalkohol, Polyäthylenglykol u. Pentaerythrit. — Eine Zinkmetallfläche wird mit einem Anstrichmittel folgender Zus. überzogen: 2,4 Teile eines Mischpolymerisats, welches 84(%) Vinylchlorid, 15 Vinylacetat u. 1 Maleinsäure enthält, 16,3 (Teile) Methyläthylketon, 1,3 Toluol u. 2 Polyvinylalkohol (in Pulverform). Nach dem Verdampfen des Lsgm. wird eine Paste auf den ersten Überzug aufgetragen. Sie besteht aus 60 Polyvinylchlorid u. 40 Dioctylphthalat u. wird 15 Min. auf 170° u. danach weitere 15 Min. auf 190° erhitzt. (**F. P. 1277051** vom 30/12. 1960, ausg. 23/3. 1962. D. Prior. 30/12. 1959.) M. F. Müller. 7107

2353 American-Marietta Co., Stoner-Mudge Co. Division, V. St. A. (Erfinder: Gerald Philip Roeser), **Überzüge aus Polyacrylverbindungen** zum *Schutz von Metallflächen*, z. B. Reflektoren, oder Drucken. Man verwendet Acrylsäure- u./oder Methacrylsäure-Butylmethacrylat (3—15:97—75 Mol.-%)-Mischpolymere einer bestimmten relativen Viscosität in Mischung mit wenigstens einem solchen Anteil eines Polyepoxids, daß 0,1 Mol Oxirangruppen pro Mol COOH-Gruppe im Mischpolymeren vorliegen (1.2-Epoxyäquivalenz > 1; Molgew. 300—1200; $Kp._{760}$ > 300°), u. geringen Mengen eines bas. Katalysators für die Rk. der Oxirangruppe mit der COOH-Gruppe. Die relative Viscosität des Mischpolymeren in 25%ig. Lsg. in Dimethylformamid ist 1,15—5. — 100 (Teile) des aus 92 Butylmethacrylat u. 5 Acrylsäure erhaltenen Mischpolymeren der relativen Viscosität 1,2 u. 5 Epon 828 werden in 195 einer Mischung aus 85 Xylol u. 15 Butanol zu einer 35 Gew.-%ig Lsg. gelöst, die nach Bedarf verd. wird. (**F. P. 1231985** vom 28/7. 1959, ausg. 4/10. 1960. A. Prior. 28/7. 1958.) M. Pankow. 7107

2354 Néobitum, Frankreich (Erfinder: Marcel Herzberg), **Wasserabweisende Metallbehandlungs- und -überzugsmittel,** aus einer Lsg. eines Polydienharzes in Bzn. mit Zusätzen von Farbstoffen, Pigmenten, Füllmitteln, hydrophoben Mitteln u. Weichmachern. Als hydrophobe Mittel kommen bes. Amine u. quatern. Ammoniumverbb. in Betracht. (**F. P. 1260026** vom 6/1. 1960, ausg. 22/8. 1961.) M. F. Müller. 7107

2355 Owens-Illinois Glass Co., übert. von: Thomas R. Santelli, Toledo, Ohio, V. St. A., **Herstellung schmierfähiger, wasserfester Überzüge auf Glasgegenständen.** Sie werden mit einer 0,01—1%ig. wss. Lsg. z. B. eines Octyl- oder Nonylphenylpolyoxyäthylenäthanols überzogen u. anschließend bis zum Wasserunlöslichwerden des Überzuges erhitzt. (**A. P. 2982672** vom 6/5. 1957, ausg. 2/5. 1961.) Hans Hoffmann. 7107

2356 Owens-Illinois Glass Co., übert. von: Jess H. Parmer und Earl F. Schaefer, Toledo, Ohio, V. St. A., **Herstellung gleitfähiger Schutzschichten auf Glasgegenständen.** Diese werden mit einem dünnen, unsichtbaren Film überzogen, welcher durch Aufsprühen einer wss. *Polyäthylendispersion* auf die noch heißen Gegenstände erzeugt wird. Zur Herst. dieser Dispersion werden 40 (Gew.-Teile) eines partiell oxydierten Polyäthylens mit einem Mol.-Gew. zwischen 1200 u. 2000 u. einer Säurezahl zwischen 14 u. 17 schmelz-fl. mit 11 einer Fettsäure, wie Olein-, Palmitin-, Stearin- oder Laurinsäure, vermischt u. nach Zusatz von 2 einer wss. Alkalihydroxid-Lsg. in insgesamt 207 W. emulgiert. (**A. P. 2995533** vom 19/6. 1957, ausg. 8/8. 1961.) Hans Hoffmann. 7107

2357 Comp. de Saint-Gobain, Neuilly-sur-Seine, Frankreich, **Siliconisieren glasiger Oberflächen.** Zur Verbesserung der physikal. Eigg. von Glas- oder glasigen Oberflächen werden diese nach dem Erhitzen auf ca. 300° mit einem linearen oder *cycl. Organoslioxan* begast oder benebelt, wobei sich unter Polymerisieren ein festhaftender Siliconüberzug bildet. — Eine Vorr. zur Durchführung dieses Verf. wird beschrieben. — Abbildungen. (**E. P. 887755** vom 23/2. 1960, ausg. 24/1. 1962. It. Prior. 23/2. 1959.) Hans Hoffmann. 7107

2358 Esso Research and Engineering Co., übert. von: Merilyn T. Winters, Westfield, und Ober C. Slotterbeck, Rahway, N. J., V. St. A., **Filmüberzüge.** Ein fl. Polymerisat eines konjugierten C_4–C_6-Diolefins, das in Ggw. eines KW-Stoff-Lsgm. mit einem Kauri-Butanol-Wert ≧ 40 zur Aufnahme von O_2 mit Luft geblasen war, wird mit 1—40 (Teilen) einer organ. Verb. mit mehrfunktionellem Cl, z. B. Cyanurchlorid, Glutarylchlorid, Chlormethyl-phosphonsäure-dichlorid oder Tetrachlor-2.2-bis-(4-hydroxyphenyl)-propen, auf 100 des geblasenen Prod. vermischt u. zur Herst. eines bei 140—350°F (= ca. 60—175°C) zu härtenden Filmüberzuges verwendet. (**A. P. 3035017** vom 1/8. 1958, ausg. 15/5. 1962.) W. Overbeck. 7107

2359 Pittsburgh Plate Glass Co., Pittsburgh, Pa., übert. von: Melvin M. Olson, Minneapolis, Minn., und Roger M. Christenson, Gibsonia, Pa., V. St. A., **Alkoxypolysiloxanüberzug,** der beim Erhitzen zu einem harten, fest haftenden, beständigen Film trocknet, wird durch Hydrolyse eines gemischten Alkoxysiloxans aus einem Alkohol mit 1—6 C-Atomen u. einem durch Na-Red. eines Esters einer Säure von trocknenden Glyceridölen erhältlichen Alkohol, welcher mehrere olefin. Bindungen enthält, gewonnen. Dieses gemischte Alkoxysiloxan kann durch Umesterung von Alkoxysilanen mit 1—6 C-Atomen im Alkylrest mit einem Teilester aus einem mehrwertigen Alkohol u. einer Fettsäure aus trocknenden Glyceridölen erhalten werden, das Polysiloxan durch Erhitzen eines höheren einwertigen Alkohols, der die Kette einer Säure aus trocknenden Ölen enthält, mit einem Alkoxysiloxan aus niedrigmol. Alkoholen, W. u. einem löslichmachenden Mittel. (**Can. P. 569328** vom 16/8. 1955, ausg. 20/1. 1959. A. Prior. 23/11. 1954.) H.-J. Nitzschke. 7107

2360 Shell Internationale Research Mij. N. V., Niederlande, übert. von: Shell Research Ltd., **Herstellung von wäßrigen Emulsionen von Harzprodukten für Oberflächenüberzüge** mit Zusätzen eines Emulgierungsmittels, welches durch Vermischen eines Äthanolamins mit einer ungesätt. Säure erhältlich ist. Diese enthält wenigstens 2 ungesätt. Äthylengruppen, z. B. Lein-, Soja- oder Tallöl. Als Harze sind z. B. genannt: Epoxy-, Harnstoff-, Phenol- u. Alkydharze. Ggf. werden der Emulsion Pigmente zugesetzt, z. B. Fe_2O_3, $BaSO_4$, TiO_2, Cr_2O_3, CdS, Ruß, Terra Siena u. Ockererde. — 300 (Teile) einer 60%ig. Lsg. von Epikote D-4-Ester in Xylol werden nach Zusatz von 0,009 Co-Naphthenat mit 2,7 Triäthanolamin u. 18 Leinölfettsäure versetzt; durch Einrühren von 30 W. entsteht zunächst eine W.-in-Öl-Emulsion, die im Verf.-Verlauf in eine Öl-in-W.-Emulsion übergeht. Durch weiteren Zusatz von W. wird die zum Auftragen erforderliche Dicke der Emulsion hergestellt. Nach dem Auftragen, z. B. auf Eisenblech wird der Überzug 30 Min. auf ca. 150° erhitzt, wodurch er festhaftend, hart u. chem. widerstandsfähig wird. (**F. P. 1284905** vom 24/3. 1961, ausg. 6/7. 1962. E. Prior. 25/3. 1960.) M. F. Müller. 7107

2361 Badische Anilin- & Soda-Fabrik Akt.-Ges. (Erfinder: Guenter Schmoetzer und Gerhard Florus), Deutschland, **Herstellung von wäßrigen Dispersionen** für *Überzüge* aus Polymerverbb. mit olefin. Doppelbindungen mit Zusätzen von 0,05—6% von Thioäthercarbonsäuren u./oder ihren in W. lösl. Salzen. Genannt sind z. B. S-Äthyl-, S-Propyl-, S-Butyl-, S-(β-Phenyläthyl]-thioglykolsäure, Thiodibutter-, Thiodicapronsäure, β-Carboxy-β.β'-thiodipropionsäure, β.β'-Dicarboxy-β.β'-thiodipropionsäure, Äthylmercaptobernsteinsäure, S-Phenylthioglykolsäure, α-Phenylmercaptopropionsäure, 2-[Äthylmercapto]-benzoesäure, 4-[Cyclohexylmercapto]-benzoesäure, S-[Benzimidazolyl-(2)]-thioglykolsäure, Äthylen-bis-thioglykolsäure. Die Thioäthercarbonsäuren werden den Dispersionen von plast. Massen in Form ihrer wasserlösl. Salze, bes. NH_4-Salze, z. B. Triäthylammonium- oder Pyridiniumsalze, zugesetzt. Als Ausgangsstoffe für die Copolymerisate sind z. B. geeignet: Butadien-(1.3), Isopren, Dimethylbutadien, Chloropren, Diallylphthalat, Allylacrylat, β-Methylallylmethacrylat, Diallylmaleat u. -fumarat, Butandioldiacrylat, Äthylenglykoldimethacrylat, β-Vinyloxyäthylmethacrylat. Diese monomeren Verbb. werden vorteilhaft mit Vinylverbb. copolymerisiert, z. B. mit Styrol, Vinyltoluol, Acryl- u. Methacrylsäureestern u. entsprechenden Amiden, Nitrile, Vinylestern, z. B. Vinylacetat u. -stearat, Vinylpyrrolidon, Vinylcarbazol, Vinylimidazolen, Vinylhalogeniden, Vinyläthern, z. B. Vinyläthyläther, Vinylisobutyläther, Vinylmethylketon. — Eine wss. Dispersion eines Mischpolymerisats aus 60 (Teilen) Styrol u. 40 Butadien in 110 W., welche einen Zusatz von 0,3 NH_4-Persulfat u. 0,2 Azodiisobuttersäurenitril als Polymerisationsbeschleuniger enthält, erhält einen Zusatz eines NH_4-Salzes der Thioäthercarbonsäuren, z. B. von 0,5 (Gew.-%) S-Butylthioglykolsäure, 1,3 S-[β-Phenyläthyl]-thioglykolsäure oder 1 Thiodiglykolsäure. Die damit hergestellten Dispersionen geben auf Metalloberflächen, z. B. auf Eisen, korrosions- u. rostschützende Überzüge (**F. P. 1275665** vom 3/12. 1960, ausg. 5/3. 1962. D. Prior. 4/12. 1959.) M. F. Müller. 7107

2362 Monsanto Chemical Co., St. Louis, Mo., übert. von: Robert J. Slocombe, Dayton, Ohio, V. St. A., **Herstellung von Überzügen** durch Aufstreichen einer wss. Dispersion, die als disperse Phase ein Copolymeres aus einem α-Methylenalkannitril (Acryl-, Methacryl-, Äthacrylnitril) u. einem Acrylsäurealkylester mit 5—20 C-Atomen in der Estergruppe, von denen mindestens 4 in gerader Kette vorliegen, auf die Oberfläche, wobei der Ester zu 65 bis 85 — 1,2 n% in dem Copolymeren vorliegen soll (n = Zahl der C-Atome in der längsten geraden Kette der Estergruppe); anschließend wird bei entsprechender Temp. getrocknet. Das Copolymere besteht z. B. aus 58—75% 2-Äthylhexylacrylat u. 42—22 Acrylnitril. — Vgl. E. PP. 773426 u. 773427; C. **1958**, 11673. (**Can. P. 633756** vom 26/2. 1955, ausg. 2/1. 1962. A. Prior. 7/4. 1954.) H.-J. Nitzschke. 7107

2363 Monsanto Chemical Co., St. Louis, Mo., übert. von: Earl C. Chapin, Springfield, Mass., V. St. A., **Herstellung von Terpolymerisaten, die alkoholische Gruppen enthalten.** Man erhitzt eine Monomerenmischung aus 5—60 (Teilen) Vinylchlorid, 10—70 Allylalkohol u. 10—50 Dialkylester einer α.β-ungesätt. Dicarbonsäure auf 80—160° unter autogenem Druck. — Verw. der Terpolymerisate bes. in Mischung mit hitzehärtbaren Phenol-, Harnstoff- oder Melamin-Formaldehyd-Kondensationsharzen als *Überzugsmittel.* (**A. P. 3036029** vom 12/12. 1958, ausg. 22/5. 1962.) L. Stadelmann. 7107

2364 N. A. Guritsch und A. L. Pirjatinski, **Extraktion von Harzen aus Holz,** bes. *Kolophonium* (**I**), während mehrerer Std. mit Bzn., dem man Spuren eines nichtionogenen Oberflächenakt. Mittels zusetzt, z. B. Polyäthylenglykoläther vom Typ OP-7 oder OP-10. — Für Holzspäne mit 35% Feuchtigkeit verwendet man die 6fache Gewichtsmenge Bzn. mit 0,005 Gew.-% OP-7 u. arbeitet bei 60°. Nach 6 Std. sind ca. 85% **I** extrahiert. (**UdSSR. P. 130904** vom 2/12. 1959.) B. Pankow. 7141

H_{11b}. Plaste (Kunstharze, Plastische Massen)

2365 **Stoffliche Gesichtspunkte für das Konstruieren mit Kunststoffen.** C. M. Frhr. v. Meysenbug. (Gummi Asbest Kunststoffe **14**, 26, 28, 30, 34, 36, 38, 40, 42, 114, 116, 118, 120, 122, 124, 166, 1961; dt.) — Überblick über die zur Herst. von Bauteilen des Maschinenbaus u. der Elektroindustrie sowie von Gebrauchsartikeln verwendeten Kunststoffe Phenolharz-Preßstoff, Phenolharz-Schichtstoff, Polyester u. Glasfaserstränge, Polyamid A, Hart-PVC, Acryl-Acrylonitril-MP, Polycarbonat, Polypropylen u. Polystyrol, schlagfest, sowie deren mechan. Eigg. im Vgl. zu Stahl, Grauguß, Duraluminium u. Eichenholz. Die Kenntnis der Grenzen dieser Werkstoffe ermöglicht ihre optimale Einsatzmöglichkeit, wie an Verw.-Beispielen gezeigt wird. I. Köditz. 7170

2366 **Die mechanochemische Modifikation von Hochpolymeren.** R. J. Ceresa. (Rubber Chem. Technol. **33**, 923—28, 1960; London, England, Nat. Coll. of Rubber Technol.; engl.) — Der mechan. Abbau von Polymeren durch Scherkräfte erfolgt durch homolyt. u. heterolyt. Spaltung. Heterolyt. Abbau in polymere Radikale während der Mastifikation von Kautschuken oder plast. Massen (Polymethacrylsäuremethylester, Polyvinylacetat, Polyäthylen, Polystyrol) wird zur Herst. von Blockcopolymeren verwendet. Die Mastifikation von Polymeren in Ggw. multifunktioneller Reagentien, wie Al-Isopropylat, führt zur Bldg. vernetzter Gelstrukturen. Durch mechan. Abbau geeigneter Gemische aus 2 oder mehreren Polymeren (Polyäthylen u. Polyvinylacetat) bes. in Ggw. eines Alkylats, können lösl. u. vernetzte Blockcopolymerisate erhalten werden. Diese Rkk. werden auf Basis radikal. u. ion. Mechanismen erörtert. R. Schäff. 7170◇

2367 **Die Veränderung physikalischer Eigenschaften von Methacrylharzen durch Copolymerisation mit verschiedenen Monomeren.** K. Weigel. (Gummi-Asbest-Kunststoffe **14**, 644, 646, 648—50, 1961; St. Margrethen; dt.) — An 60 mμ starken Filmen von Methacrylharzmischpolymeren wird die Abhängigkeit der Trockenzeit, der Topfzeit, der Pendelhärte, der Erichsentiefung sowie der Polymerisations-Geschw. u. dem Katalysator von der Monomerkonzentration. Die untersuchten Mischpolymeren werden durch Mischpolymerisation von niedermol. Methacrylharz mit 17% monomeren 1) Methacrylsäuremethylester (**I**), 2) **I** + N-Vinylpyrrolidon-(2), **I** + N-Methylpyrrolidon-(2), **I** + Acrylsäureäthylester, **I** + Acrylsäuremethylester u. **I** + Acrylsäurebutylester bei 20° in Ggw. von Methyläthylketonperoxid u. eines Disulfids bzw. Dibenzoylperoxid u. Dimethylanilin als Katalysator gewonnen. I. Köditz. 7172

2368 **Die Gewinnung von Inden-Cumaronharzen von höheren Eigenschaften.** O. W. Jasstrshembskaja und L. I. Schapowal. (Koks u. Chem. **1962**, Nr. 4, 43—44; Charkow, Forsch.-Inst. für Kohlechem.; russ.) — Zur Gewinnung von bes. hellen aschearmen *Inden-Cumaronharzen* (0,3—0,6 nach der Bichromat-Scala) wird schweres Bzl. durch Waschen mit 0,2% 70%ig. H_2SO_4 u. darauf mit 2,0% 50%ig. NaOH-Lsg. von den leicht oxydierenden Prodd. befreit u. darauf mit $AlCl_3$ bei 60° 30 Min. polymerisiert. Das Polymerisat wird sofort zweckmäßig mit NH_3-Gas neutralisiert, der Nd. abfiltriert u. destilliert. Das durchsichtige neutrale Harz enthält dann nicht über 0,05 bis 0,07% Asche. W. v. Füner. 7172◇

2369 **Über den Einfluß niedriger Temperaturen auf die elektrophysikalischen und mechanischen Eigenschaften der Epoxidisolierung.** Ss. G. Ssokolow und Z. M. Lewitzkaja. (Nachr. sibir. Abt. Akad. Wiss. UdSSR, **1962**, Nr. 7, 37—41, Nowosibirsk, Akad. der Wiss. der UdSSR, sibir. Abt., Transport-energet. Inst.; russ.) — Es wurde die Temp.-Abhängigkeit des tg δ, der dielektr. Durchlässigkeit, des spezif. Vol.-Widerstandes, der Durchschlagsspannung u. der mechan. Eigg. von *Epoxid-Kompositionen* bei — 70 bis + 20° untersucht. Dielektr. u. mechan. Eigg. erlauben die Verw. der Harze als Hochspannungsisolierung. Die hohe mechan. Festigkeit, das geringe Spezif. Gew. u. die gute Adhäsion an verschiedenen Materialien ermöglichen die Ausarbeitung neuer Konstruktionprinzipien. Helmut Schäfer. 7176△

2370 **Eine automatische Methode zur Kontrolle des Prozesses der Alkoholyse in der Industrie der Alkydharze.** K. M. Goldberg, N. M. Gelfandbein, M. M. Falkowitsch und N. W. Prilutzkaja (unter Mitarbeit von Je. M. Galagan). (Lacke Farben Anwend. [UdSSR] **1960**, 75—78; russ.) — Vff. bestimmen die Gesetzmäßigkeit der Veränderung der elekt. Leitfähigkeit von Rk.-Massen im Prozeß der Alkoholyse von Pflanzenölen mit Hilfe von mehrwertigen Alkoholen. Es wurde auf Grund der Veränderung des Widerstandes eine Meth. zur Kontrolle der Alkoholyse u. zur Best. des Gleichgewichts gefunden, wofür Vff. einen bes. App. konstruierten. Die Anwendung der beschriebenen Meth. ermöglicht die Best. des optimalen Zeitpunktes für den Abschluß des Prozesses, Verkürzung der Dauer desselben, Verringerung der Neben-Rkk. auf ein Minimum u. Gewinnung von Prodd. von konst. Zusammensetzung. C. Kozák. 7176□

2371 **Nylon 6 als Lagermaterial.** R. T. Steinbuch. (Wear [Amsterdam] **5**, 458—66, 1962; Zeist, The Netherlands, Verenigd Plastic-Verkoopkantoor N. V. C. Plasttrading Ltd.); engl.) — Nach einem Überblick über die Anwendung von Lagern aus Nylon werden einige Faktoren, die die Reibung u. Verschleiß-Eigg. von Nylon beeinflussen, sowie die Verw. von äußeren Schmiermitteln

(Öle u. Fette), der Einfl. von Antifriktionsfüllstoffen (Graphit u. MoS_2) auf die Reibung u. den Verschleiß sowie die Verw. von W. als Schmiermittel diskutiert. Äußere feste Schmiermittel, die härter sind als Nylon, verbessern die Lauf-Eigg. von Nylonlagern nicht. — Zusätze von MoS_2 (3—10 Gew.-%) bzw. von Graphit (10—15 Gew.-%) zu Nylon 6 verbessern die Reibungs- u. Verschleiß-Eigg. nicht bzw. führen sogar zu einem höheren Reibungskoeffizienten. Mit Graphit (15 Gew.-%) gefüllter Nylon 6 zeigt bei einem Probelauf von 24 Std. bei Verw. von W. als Schmiermittel keinen Verschleiß. I. Köditz. 7180

2372 **Über Alkalilignine, ihre Kondensationsprodukte mit Phenolen und die Herstellung härtbarer Harze.** L. Redinger. (Mber. dtsch. Akad. Wiss. Berlin **3**, 571—78, 1961; Dt. Akad. Wiss., Forsch -Gemeinschaft, Inst. für org. Chem.; dt.) — Das beim Alkaliaufschluß bzw. Sulfataufschluß von Holz entstehende Alkalilignin (**A**) kann nach dem Verf. von Voss u. Scholz (VEB „Agfa" Filmfabrik) isoliert werden. Verss., aus diesem Alkalilignin härtbare Harze herzustellen, führen zum Ziel. Es werden **A**-Phenolharze, **A**-Phenolformaldehydharze u. **A**-Xylenolharze gewonnen. A. Seuffert. 7198◇

2373 **Einige Bemerkungen zur Schubmodul- und Dämpfungsmessung an Hochpolymeren nach dem Torsionsschwingungsversuch im Erweichungsgebiet.** P. Jung. (Plaste u. Kautschuk **9**, 590—91, 1962; Leipzig, DAdW. zu Berlin, Inst. für Phys. u. phys. Chemie der Hochpolymeren; dt.) — Eine einfache Verbesserung des Torsionsschwingungs-Vers., wird beschrieben, die es ermöglicht, genauere Angaben über die Breite u. Höhe des Verlustwinkel-Hauptmaximums zu machen, als es durch Messung mit einem einfachen Torsionspendel möglich ist. Das beschriebene Torsionspendel mit einstellbarer magnet. Eigenrichtkraft ermöglicht genaue Messungen des Schubmoduls zwischen 10^2 bis über 10^5 N/cm² u. des Verlustfaktors zwischen 10^{-2} u. 1 bei konst. Frequenz u. Temp. von — 160 bis + 300°. I. Köditz. 7210

2374 **Bestimmung der Copolymerisatzusammensetzung durch Verbrennungsanalyse auf Kohlenstoff und Wasserstoff.** Lawrenc A. Wood, Irving Madorsky und Rolf A. Paulson. (Rubber Chem. Technol. **33**, 1132—41, 1960; Washington, D. C., Nat. Bureau of Standards; engl.) — Eine Verbrennungsanalysenmeth. auf C u. H zur Best. der Zus. eines Copolymerisats aus dem C/H-Verhältnis wird entwickelt. Die Meth. wird bes. zur Best. von Styrol (I)-Butadien-Copolymerisatfraktionen angewendet. Die Menge an gebundenen Mercaptanresten wird durch Messung des S-Geh. des Copolymerisats mittels der Carius-Meth. bestimmt. Die Genauigkeit der Meth. beträgt 0,036—0,018% gebundenes **I** bei Polymerisaten mit niedrigem bzw. hohem I-Gehalt. R. Schäff. 7210◇

2375 **Bestimmung von restlichen Monomeren in Polymer-Emulsionen durch schnelle Destillation und Gaschromatographie.** Orlando Tweet und William K. Miller. (Analytic. Chem. **35**, 852—53, 1963; Racine, Wis., S. C. Johnson & Son, Inc.; engl.) — Vff. beschreiben eine Meth. zur Best. von *Acrylsäureäthylester* (I) in Emulsionen der Copolymeren aus **I** u. Styrol. **I** wird durch Dest. in Ggw. einer bestimmten Menge Toluol (**II**) von dem Polymeren getrennt u. die organ. Schicht gaschromatographiert. Zur Berechnung wird das Verhältnis der Flächen unter den Banden von **I** zu **II** bestimmt u. die Konz. einer Eichkurve entnommen. J. Weiner. 7210◇

2376 **Differentialthermoanalyse von Gemischen aus linearem und Hochdruck-Polyäthylen.** Bert H. Clampitt. (Analytic. Chem. **35**, 577—79, 1963; Merriam, Kans., Spencer Chem. Co., Res. and Developm. Dep.; engl.) — Da lineares (**I**) u. Hochdruck-Polyäthylen (**II**) nicht völlig isomorphe Kristalle bilden, gelingt es aus der DTA-Kurve die verschiedenen Kristalltypen zu identifizieren u. zu bestimmen. Schaltskizzen des elektr. u. hydraul. Syst. der App., sowie ein Aufriß des Meßblocks werden gegeben. Die Einzelbest. wird mit 0,7 g Probegut vorgenommen, nachdem dieses mindestens 30 Min. lang bei 128° aufgeschmolzen wurde. Die DTA-Kurven der Gemische zeigen 3 endotherme Peaks bei 115, 124 u. 134°, während **I** solche bei 136° u. **II** eine bei 118° zeigt. Die Flächen unter den Peakes bei 115° wird **II**, die unter 134° **I** zugeordnet. Die Natur der 3. Kristalltype wird als „Cokristall" bezeichnet. W. Kupfer. 7210◇

2377 Sumitomo Kagaku Kôgyô Kabushiki Kaisha, Ôsaka (Erfinder: Kôhei Nakaguchi, Jôji Nakamura, Gonichi Maemoto und Nobuyoshi Seike, Niihama), Japan, **Polymerisieren ungesättigter organischer Verbindungen,** von Olefinen, mit Katalysatoren aus Verbb. oder Präpp. von Al-Halogeniden, Metallen der Gruppen I—III des Period. Syst. oder deren Legg. u. Ti-Oxid oder -Hydroxid. — 2,1 (g) $AlCl_3$, 0,6 bei Raumtemp. im Vakuum genügend getrocknetes Ti-Hydroxid, 0,4 Al-Pulver u. 10 cm³ Heptan werden, unter N_2 in ein dünnes Glasrohr eingeschlossen, mit 74 cm³ Heptan in einen 500 cm³-Autoklaven gegeben, in den in Luftabwesenheit bei 80° Äthylen bis 60 at. eingedrückt wird. Man zerbricht das Glas u. schüttelt 9 Std. bei 120°, wobei der Druck auf 75 at fällt. Das feste Polymere wird mit heißer methanol. HCl behandelt u. getrocknet; Erweichungspunkt 132—135°. — Weitere Beispiele mit Äthylen u. Äthylen + Propylen. (**Jap. A. S. 8337/1961** vom 6/9. 1958, ausg. 22/9. 1961.) M. Pankow. 7173

2378 American Cyanamid Co., New York, N. Y., übert. von: Lewis S. Meriwether, Norwalk, und Marilyn L. Fiene, Stamford, Conn., V. St. A., **Nickelcarbonylorganophosphine** der allg. Formel $Ni(CO)_2(PR_3)_2$ u. $Ni(CO)_2(R_2P\text{-}Y\text{-}PR_2)$ (R = Alkyl, Aryl, Aralkyl, Alkoxy, Aryloxy, Cyanalkyl, Carbalkoxyalkyl, Carbamoylalkyl, Y = Äthylen, Trimethylen, o-Phenylen) erhält man durch Rk. von $Ni(CO)_4$ (**I**) mit den Phosphinen in Ae. oder Methanol. — *11,6 g Tris-(2-cyanäthyl)-phosphin* (**II**) werden mit 3,9 ml **I** in 50 ml Methanol langsam zum Sieden erhitzt u. der weiße Nd. gewonnen, F. 140° (Zers.). Die Herst. der Phosphine ist angegeben. $PH_3 + CH_2 = CH\text{–}CN \rightarrow$ **II**. **II** + $Br\text{–}CH_2CH_2\text{–}Br \rightarrow$ $[(NCCH_2\text{–}CH_2)_3P\text{–}CH_2CH_2\text{–}P(CH_2CH_2CN)_3]Br_2$ (**III**). **III** + Na-Äthylat → *Tetrakis-(2-cyanäthyl)-äthylendiphosphin*, F. 101—102° (wss. Aceton). Polymerisationskatalysatoren für Acetylene. (**A. P. 3032573** vom 17/11. 1958, ausg. 1/5. 1962.) A. Jahn. 7173

2379 General Electric Co., New York, übert. von: Bruno H. Zimm, Schenectady, N. Y., V. St. A., **Photopolymerisation von Olefinen** mit den Gruppen $CH_2 = C<$ oder $>C = C<$ erfolgt in Ggw. eines leicht lösl. Sensibilisators, bes. α.α'-Diazodiisobutyramid, in wss. Emulsion u. mit UV-Licht der Wellenlänge 2500 bis 5000 Å. Die Belichtung erfolgt in Abständen, z. B. bei Styrol als Monomerem, während 30 Sek., worauf 90 Sek. abgeschaltet wird. Diese intermittierende Belichtung kann nochmals vorgenommen werden, z. B. während 1 Std., wobei ca. 0° Rk.-Temp. nicht überschritten wird. Die Verw. von Persulfatkatalysatoren in Verbindung mit Redox-Syst. ist vorgesehen. Die diskontinuierliche Belichtung bewirkt, daß das Endprod. ein in engen Grenzen liegendes Mol.-Gew., z. B. 9700000—1350000, besitzt. (**A. P. 3001922** vom 19/12. 1955, ausg. 26/9. 1961.) H. Schindler. 7173

2380 Union Carbide Corp., New York, N. Y., V. St. A., **Polymerisation von α-Olefinen mit mindestens 3 C-Atomen** unter Verw. eines Katalysatorgemisches aus einer organ. Al-Verb., bes. Triisobutyl-, Triäthyl-, Triphenyl-Al oder Disobutyl-Al-Hydrid, u. einem Trihalogenid (**I**) eines Übergangsmetalls, bes. $TiCl_3$, $TiBr_3$, VCl_3 u. VBr_3, dad. gek., daß das **I** eine Teilchengröße von durchschnittlich $< 2\,\mu$ aufweist. (**Ind. P. 67841** vom 1/4. 1959, ausg. 25/10. 1961. Can. Prior. 18/2. 1959.) C. Lüttgen. 7173

2381 Adhesive Tapes Ltd., Bristol, England (Erfinder: Derek Wilfred Aubrey), **Verbessern der Zerreißfestigkeit von vorgeformten Polyäthylen- und Polypropylen-Folien,** die vororientiert sein können. Die Moll. des Polymerisats werden durch Bestrahlen mit UV-Licht in einem solchen Ausmaß vernetzt, daß die Längs- u. Queerausdehnung der Folie verringert wird. (**E. P. 887950** vom 31/7. 1959, ausg. 24/1. 1962.) F. Markhoff. 7173

2382 Montecatini Soc. Gen. per l'Industria Mineraria e Chimica (Erfinder: Romano Matteucci und Gian Vittorio Giandinoto), Mailand, Italien, **Vulkanisieren von gesättigten Olefinpolymeren und -copolymeren.** Man mischt sie mit einem sauren Füllstoff, gibt 0,2—30% (des Füllstoffs) bas. Korrektursubstanz zu u. nach Mischung S u. Perverb. u. vulkanisiert. — 100 (Teile) Äthylen-Propylen-Mischpolymeres (Molgew. 60000) wird bei 130° plastiziert, dann werden 0,5 2.6-Di-[tert.-Butyl]-4-methylphenol, 100 Kaolin, 2 PbO u. 1 Vulcafor EFA (NH_3–HCHO–C_2H_5Cl-Rk.-Prod.) zugesetzt, u. 10 Min. wird warm gemischt, wonach bei 25 bis 30° 0,36 S u. 3 Cumylperoxid eingemischt werden. Man heizt diese Mischung in der Presse 95 Min. bei 160°. (**Oe. P. 222356** vom 22/7. 1960, ausg. 25/7. 1962. **F. P. 1263578** vom 20/7. 1960, ausg. 6/10. 1961. Beide It. Prior. 23/7. 1959.) M. Pankow. 7173

2383 Phillips Petroleum Co., Del., übert. von: James I. Stevens, Idaho Falls, Idaho, und John E. Cottle, Bartlesville, Okla., V. St. A., **Wiedergewinnung von Feststoffen aus Olefinpolymerlösungen,** bes. von mit unlösl. Polymeren gemischten Chromoxidkatalysatorrückständen (**I**). Nach dem Filtrieren oder Zentrifugieren der Polymerisatlsg. wird die Temp. der I-Aufschlämmung auf 300—200°F gesenkt, wodurch Agglomerisieren oder **I** erfolgt. Nach dem Dekantieren wird der Rückstand redispergiert u. dann im Sprühtrockner getrocknet. Beispiel mit *Polyäthylen* u. einem auf SiO–Al_2O_3 niedergeschlagenen Chromoxidkatalysator mit 2,2% sechswertigem Cr. Beschreibung u. Zeichnung der Apparatur. (**A. P. 3004019** vom 29/4. 1957, ausg. 10/10. 1961.) H. Schindler. 7173

2384 E. I. du Pont de Nemours & Co., Wilmington, Del., V. St. A. (Erfinder: James Francis D'Wolf und Samuel Phillip Foster), **Normalerweise festes Propylenpolymerisat** besteht aus Polypropylen (I) oder einem Mischpolymerisat aus I u. einem andern Olefin, in dem aber I vorherrscht, u. mindestens 2 Stabilisatoren. Der eine ist ein β-Thioäther der Propionsäure oder eines Esters der Propionsäure, der andere ist ein Thermostabilisator, wie ein 2.6-Di-[tert.-butyl]-4-methylphenol oder 4.4'-Butyliden-bis-[6-(tert.-butyl)-3-methylphenol]. Das Polymerisat ist widerstandsfähig gegen Licht- u. Hitze-Einw. u. gegen hochfrequente elektr. Entladung. (**E. P. 890468** vom 7/9. 1959, ausg. 28/2. 1962. A. Prior. 18/9. 1958.) F. Markhoff. 7173

2385 Eastman Kodak Co. (Erfinder: Harry Wesley Coover und Frederick Blount Joyner), **Herstellung von stereosymmetrischen Polypropylen.** Fl. Propylen wird in Ggw. eines aus Äthyl-Aluminiumdichlorid, Hexamethylphosphortriamid u. $TiCl_3$ hergestellten Katalysators im Autoklav 4 Std. auf 85° erhitzt. Das erhaltene stereosymm. Polypropylen schmilzt bei 183° u. hat eine höhere Reißfestigkeit als das üblich hergestellte Polypropylen. (**Aust. P. 235447** vom 14/5. 1959, ausg. 12/10. 1961. A. Prior. 13/8. 1958.) K. Demmler. 7173

2386 Aziende Colori Nazionali Affini A.C.N.A. S. p. A. (Erfinder: Carlo Vigano), Mailand, Italien, **Herstellung von stabilisierten Gegenständen aus Olefin-Polymeren (isotaktisches Polypropylen).** 0,01—10 Gew.-% Phthalsäureanhydrid werden bei 10—30° unterhalb des Polymerfließpunktes liegenden Tempp. zugefügt. Die Polymeren werden mit stereospezif. Katalysatoren hergestellt. (**Ung. P. 150365** vom 15/5. 1961, ausg. 4/12. 1962. It. Prior. 18/5. 1960.) F. Landsberger. 7173

2387 Montecatini Soc. Gen. per l'Industria Mineraria e Chimica (Erfinder: Aldo Camarini und Luciano Lucchetti), **Sulfonieren und Chlorsulfonieren von aus hochkristallinem Polypropylen hergestellten Filmen** durch Behandeln der Filme mit H_2SO_4, Oleum oder Phosphonsulfonsäure bzw. SO_2Cl_2 oder $ClSO_3H$ bei normaler Temp., wobei als Lsgm. Di- oder Trichloräthylen angewendet wird u. anschließend noch eine Behandlung mit einem Amin, z. B. Isobutyl-, Tetramethylenpenta-, Monoäthanol- oder Äthylendiamin erfolgen kann. (**Aust. P. 235221** vom 27/1. 1959, ausg. 28/9. 1961. It. Prior. 28/1. 1958.) K. Demmler. 7173

2388 Zaidan Hôjin Nippon Kagaku Seni Kenkyûjo, Kyôto (Erfinder: Junji Furukawa, Kyôto, Teiji Tsusuta, Kawachi, Akira Ônishi, Toyonaka, Takeo Saigusa, Kyôto, und Takayuki Fueno, Ôsaka), Japan, **Polymerisieren konjugierter Diolefine** mit einer Mischung aus $TiCl_4$ u. einer organ. Cd-Verb. als Katalysator. — Man tropft unter N_2 zu 10 cm³ einer Hexan-Lsg. mit 3,4 (g) $(C_2H_5)_2Cd$ 21 cm³ einer Hexan-Lsg. mit 2,28 $TiCl_4$ bei Raumtemp.: Exotherme Rk., schwarzbrauner Niederschlag. Man gibt nach Abkühlen 21 cm³ Butadien zu, läßt bei Raumtemp. im geschlossenen Gefäß stehen, schüttelt mehrmals u. fällt das Polymere nach 19 Std. mit CH_3OH. Es besteht zu $> 70\%$ aus 1.4-trans-Polymeren, $< 6\%$ 1.2-Strukturpolymeren u. Rest. 1.4-cis-Polymeren. (**Jap. A. S. 7396/1961** vom 5/11. 1957, ausg. 12/6. 1961.) M. Pankow. 7173

2389 Bridgestone Tire Kabushiki Kaisha, Tôkyô (Erfinder: Tsuyoshi Matsumoto, Fumio Shimamoto, Junichi Hosono, Toshio Yoshimoto und Katsuhiko Maeda, Yokohama, Kimiyoshi Komatsu, Tôkyô, Hiroshi Takatsugu, Ôsaka, Shigetoshi Shôji und Akira Ônishi, Yokohama), Japan, **Polymerisieren von Butadien** zu einem Polymeren mit hohem cis-1.4-Struktur-Anteil mittels red. Ni auf einem geeigneten Träger. — Man gibt zu Diatomeenerde 20%ig. Ni–Sulfat-Lsg. zu einem 50%ig. Ni-Geh., behandelt mit Na_2CO_3-Lsg., formt aus dem Ni-Carbonat 6 mm × 6 mm-Zylinder, brennt u. red. sie mit H_2, setzt in N_2 zu 10 g dieses Ni 60 cm³ Bzl. u. 0,3 Mol Butadien in einem Druckgefäß, rührt 20 Std. bei 30° u. fällt nach Katalysatorabtrennung mit CH_3OH ein Polymeres mit 97,5% cis-1.4-Struktur, 1,5% trans-1.4-Struktur u. 1% Vinylstruktur (**Jap. A. S. 8342/1961** vom 9/3. 1959, ausg. 22/6. 1961.) M. Pankow. 7173

2390 Phillips Petroleum Co., Del., übert. von: Donald R. Witt, Bartlesville, Okla., V. St. A., **Katalysator für Olefinniederdruckpolymerisation.** Auf ein Gemisch aus z. B. 87 (%) SiO_2 u. 13 Al_2O_3 wird eine Lsg. von 3 g CrO_3 in 12%ig. Oxalsäurelsg. einwirken gelassen. Nach 15 Min. wird der Fl.-Überschuß abfiltriert, das Prod. getrocknet u. dann im Heißluftstrom bei 950°F 5 Std. erhitzt. Ein mit diesem Katalysator (I) *polymerisiertes Äthylen* zeigt einen höheren Schmelzindex u. höheres Mol.-Gew. mit guter Kristallinität als ein solches, bei dem ein **I** ohne Mitverw. von C_{1-5}-Dicarbonsäuren benutzt wurde. (**A. P. 2984653** vom 30/6. 1958, ausg. 16/5. 1961.) H. Schindler. 7173

2391 Technoplast-Spindler Akt.-Ges., Buochs, Schweiz, übert. von: Wolfgang Spindler, Stuttgart-Weil-im-Dorf, **Herstellung von Polyäthylenpulver** durch Lösen von Polyäthylen bei erhöhter Temp. in einem homogenen Gemisch von Lsgmm. u. Nicht-Lsgmm. für Polyäthylen, wobei letztere höher sd., Abdest. der Lsgmm. u. Eindampfen des zurückbleibenden Nicht-Lsgm./Polyäthylen-Gemisches unter kräftigem Durchwirken. (**Can. P. 635686** vom 8/9. 1959, ausg. 30/1. 1962. D. Prior. 8/9. 1958, 20/1. u. 28/7. 1959.) Eberhard Riedel. 7173

2392 Technoplast-Spindler Akt.-Ges., Buochs, Schweiz, **Herstellung von trocknem, feinverteiltem und fließfähigem Polyäthylenpulver.** Man löst Polyäthylen (I) in einer Mischung von Lsgm. (Kp. ca. 70—150°) u. einem Nichtlöser mit einem Kp. um 40—60° unter dem Kp. des Lsgm. (bei mit Kp. 120—150°), entfernt das Lsgm. u. arbeitet das ausfallende feste **I** unter ständigem Aufbrechen u. Umwälzen, mechan. durch. Je feiner das Pulver gewünscht wird, desto mehr Nichtlöser sollte im Verhältnis zum **I** (1:8—1:1) verwendet werden. Wenn man **I** zusammen mit anderen Hochpolymeren (Kautschuk, synthet. Kautschuk, Chlorkautschuk, Polyisobutylen) oder mit niedriger polymeren **I** verarbeitet, erhält man Pulver mit verschiedenen physikal. Eigenschaften. Auch Verarbeitung von techn. I-Abfällen. — 40 (kg) **I** (Molgew. 21000) werden in 160 Butanol-Trichloräthylen-Mischung (40 n-Butanol, 120 Trichloräthylen) bei 80—85° gelöst u. im Kneter bei 85—95° bei steigendem Vakuum vom Lsgm. befreit (Temp.-Abfall nicht unter 60—65°). Nach 1 Std. sehr feines Pulver mit 0,2—0,4% Fl.-Gehalt. (**F. P. 1235795** vom 4/9. 1959, ausg. 9/11. 1960. **Oe. P. 222352** vom 7/9. 1959, ausg.

25/7. 1962. Beide D. Prior. 8/9. 1958, 20/1. u. 28/7. 1959.) M. Pankow. 7173

2393 Traver Investments, Inc., Chicago, Ill., V. St. A., **Behandlung von Polyäthylenoberflächen** zur besseren Aufnahme von Pigmenten, Druckfarben u. Klebstoffen. Man behandelt die Oberfläche mittels elektr. Entladung in einem Gas, das durch eine äußere Ionisationsquelle (UV-Licht, Verbrennung, Bestrahlung mit radioakt. Stoffen) ionisiert ist. Die Anwesenheit ionisierten Gases gestattet die Anwendung niedriger Spannungen u. die Vermeidung von Coronaentladungen. — Zeichnung. (**F. P. 1238463** vom 15/7. 1959, ausg. 2/12. 1960. **Oe. P. 222888** vom 24/8. 1959, ausg. 10/8. 1962.) M. Pankow. 7173

2394 Mitsui Kagaku Kôgyô Kabushiki Kaisha, Tôkyô (Erfinder: Toshio Saitô und Masao Nishio, Ômuta), Japan, **Nachbehandlung von Polyäthylen.** Man behandelt Polyäthylen, das in aliphat., aromat. oder halogenierten aromat. Lsgm. mit Ziegler-Katalysatoren hergestellt wurde, mit 5—20 Vol.-% (des Lsgm.) eines Alkohols u. wäscht mit einer wss. Lsg. eines oberflächenakt. Stoffes nach oder behandelt mit Alkohol gleicher Anteilmenge, der oberflächenakt. Stoff gelöst enthält, u. wäscht mit W. nach. — 80 g Polyäthylen [durch Polymerisation von Äthylen bei 50° mit 0,3 g $(C_2H_5)_3Al$ u. 0,25 g $TiCl_4$ in 250 cm^3 Xylol erhalten] werden mit 25 cm^3 CH_3OH 30 Min. bei 60° verrührt, dann 20 Min. bei 60° mit 150 cm^3 0,03%ig. wss. Lsg. von „Emasol" (Polyoxyäthylensorbitanmonolaurat) behandelt; die beim Stehenlassen sich bildende Masse wird mit W. gewaschen u. getrocknet. (**Jap. A. S. 8938/1961** vom 5/8. 1957, ausg. 28/6. 1961.) M. Pankow. 7173

2395 Union Carbide Corp., übert. von: Clayton J. Ammondson, Tinley Park, Ill., V. St. A., **Gleitmittel für selbsttragende Polyäthylenfolien** besteht aus mindestens 0,01 Gew.-% N.N'-Äthylen-bis-oleamid, bezogen auf das Polyäthylen. (**A. P. 3021296** vom 1/7. 1959, ausg. 13/2. 1962.) F. Markhoff. 7173

2396 Cabot Corp., Boston (Erfinder: Bram B. S. T. Boonstra, Sharon), Mass., V. St. A., **Durch Peroxide vernetzbare Formmassen auf Basis von Polyäthylen** enthält auf 1 (Teil) Polyäthylen 0,25 bis 1,5 Ruß, ein nicht flüchtiges, perbenzoxygruppenhaltiges Vernetzungsmittel u. eine von diesem abhängige Menge eines mit Benzoesäure reagierenden Metalloxids wie MgO, ZnO, CaO, Al_2O_3, BaO oder SrO. Als Vernetzungsmittel kommen in Frage Verbb. der allg. Formeln **I** oder **II**. In

I II

$$R{-}O{-}O{-}CO{-}C_6H_5 \quad \text{oder} \quad (R)_3C{-}O{-}O{-}CO{-}C_6H_5$$

diesen stellt R einen Alkyl-, Cycloalkyl- oder Arylrest dar. Solche Verbb. sind z. B. tert. Butylperbenzoat oder Cumylperbenzoat. Der Zusatz bewirkt eine Verbesserung der physikal. u. elektr. Eigenschaften. — Diagramme. (**D. A. S. 1143326** Kl. 39b vom 5/2. 1959, ausg. 7/2. 1963. A. Prior. 6/2. 1958.) F. Markhoff. 7173

2397 Monsanto Chemical Co., St. Louis, Mo., V. St. A., übert. von: Tetsuo Morikawa und Keiji Takiguchi, Mie-ken, Japan, **Vinylchloridmischpolymere.** Man polymerisiert Vinylchlorid mit kleinen Mengen, z. B. 0,005—0,3 Gew.-% von Diallyl- oder Dimethallylestern einer zweibas. aromat. Säure, wie Diallylphthalat, in wss. Suspension bei 30—70° in Ggw. eines freie Radikale bildenden Katalysators. Man erhält Polyvinylchloride mit verbesserten mechan. Eigg., bes. geeignet zur Ummantelung von elektr. Kabeln. (**A. P. 3012013** vom 31/7. 1959, ausg. 5/12. 1961.) K. Sarre. 7173

2398 Hercules Powder Co., Wilmington, übert. von: George B. Feild, New Castle, Del., V. St. A., **Härten von Polyvinylchlorid.** Das Harz wird auf ca. 300° bis 450 °F erhitzt in Kontakt mit 0,5 bis 6% eines Peroxides der Formel **I**, R_1 u. R_6 sind Phenylgruppen, die mit einer niedrigen Methylgruppe substituiert sein können, R_2 bis R_5 bedeuten H oder niedrige Alkylgruppen mit 1 bis 4 C-Atomen z. B. Dicumylperoxid; ferner werden dem

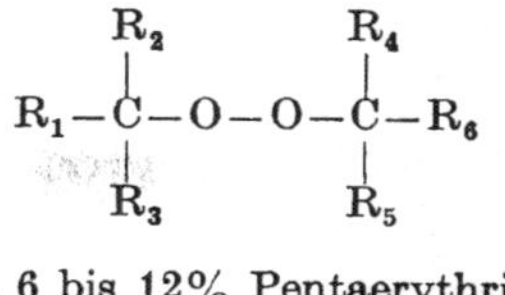
I

Harz zugesetzt 6 bis 12% Pentaerythrit (**II**) sowie ZnO (**III**). Das Gewichtsverhältnis zwischen **II** u. **III** beträgt 10:1 u. 4:1. (**A. P. 3017379** vom 30/6. 1960, ausg. 16/1. 1962.) F. Markhoff. 7173

2399 Farbwerke Hoechst Akt.-Ges., vormals Meister Lucius & Brüning, übert. von: Hans-Helmut Frey, Frankfurt/Main, Helmut Klug und Karl-Heinz Mittelberger, Gersthofen bei Augsburg, und Friedrich Nolte, Stadtbergen bei Augsburg, **Mischpolymerisate** bestehen aus einem chlorierten Polyolefin, das durch Chlorierung eines Polyolefins in Ggw. von W. bei 0—90° u. anschließend bei 90—150° gewonnen wurde, u. Polyvinylchlorid. (**Can. P. 635733** vom 14/4. 1960, ausg. 30/1. 1962. D. Prior. 18/4. 1959.) Eberhard Riedel. 7173

2400 Western Electric Co., Inc., New York, N. Y., übert. von: George E. Henning, Baltimore, Md., V. St. A., **Herstellen von verschäumbaren plastischen Massen.** Eine preßbare, feste organ. thermoplast. Verb., wie Polyäthylen, Polyvinylchlorid u. Mischpolymerisate aus Vinylchlorid u. -acetat, wird in körniger Form in eine Behandlungszone eingeführt, welche ein verflüssigtes, normalerweise fl. Medium enthält, das von der thermoplast. Verb. absorbiert wird u. als Treibmittel dient, wie CCl_2F_2, $C_2Cl_2F_4$ u. eine größere D. als die thermoplast. Verb. besitzt. Die Höhe des Flüssigkeitsspiegels soll kleiner sein als die Höhe der körnigen Masse. Durch Erhitzen wird eine bestimmbare Menge des Treibmittels von der thermoplast. Masse absorbiert. — Abbildungen. (**A. P. 3020248** vom 29/12. 1955, ausg. 6/2. 1962.) F. Markhoff. 7173

2401 United States Steel Corp., übert. von: John O. Hawthorne, Pittsburgh, und Myron H. Wilt, Monroeville, Pa., V. St. A., **Herstellen eines Polyvinylalkoholharzes.** Einer wss., z. B. 10%ig., Polyvinylalkohollsg. werden 0,1 bis 1 (Gew.-%) HCl, H_2SO_4 oder H_3PO_4 u. 0,5 bis 15 5-Hydroxy-5H-dibenz-[c, e]-azepin zugemischt, das Gemisch zur Rk. gebracht u. gehärtet. Das Rk.-Prod. ist gegen W. sehr beständig. (**A. P. 3023199** vom 8/6. 1959, ausg. 27/2. 1962.) MarkF. hoff. 7173

2402 Nippon Reyon Kabushiki Kaisha, Uji (Erfinder: Motohiro Tsuruta, Seizô Okamura, Tomonobu Manaba und Takuhiko Motoyama, Kyôto), Japan, **Polymerisieren von Vinylacetat** mit dem Uranyl-Salz einer niederen aliphat. Säure u./oder einer niederen aliphat. Säure u./oder W. u. bestrahlen mit γ-Strahlen. — So bestrahlt man eine Mischung aus 5/15 (Vol.) Vinylacetat, 6/15 CH_3COOH, 4/15 W. mit 1,2 · 10^2 (Mol/Liter) Uranylacetat bei 20° mit 2,65 · 10^4 rep/Std. (**Jap. A. S. 7039/1961** vom 14/4. 1958, ausg. 8/6. 1961.) M. Pankow. 7173

2403 Miles Laboratories, Inc., Elkhart, Ind., V. St. A., **Herstellung filmbildender Polyvinylacetatemulsionen.** Man vermischt eine Polyvinylacetatemulsion mit 0,05—2% einer wss. Dispersion eines Dialdehyd-Polysaccharids, bes. Dialdehyd-Stärke, bei pH 4—6. Die aus der erhaltenen Emulsion hergestellten Filme sind gegen W. unempfindlich. (**E. P. 900379** vom 7/4. 1961, ausg. 4/7. 1962. A. Prior. 13/4. 1960.) L. Stadelmann. 7173

2404 Nittô Bôseki Kabushiki Kaisha, Fukushima (Erfinder: Masuo Naitô und Toshio Ôgoe, Kôriyama, und Masamichi Katayama, Fukushima), Japan, **Lösungspolymerisation von Acrylnitril (I)** oder dessen Mischungen mit bis zu 15% anderen Monomeren in Dimethylsulfoxid (**II**) mit Azoverbb. als Auslöser bei pH 1—7 (mit Ausschluß von 1 u. 7). — Man hält eine I-Methylacrylat (93:7 Gew.-Teile)-Mischung in **II** (20% Monomeres u. 80% **II**) mit 1,2% (des Monomeren) Azobisisobutyronitril u. mit H_2SO_4 auf pH 3,5 eingestellt 7 Std. oder bei pH 1,5 5 Std. bei 55°. (**Jap. A. S. 8742/1961** vom 28/1. 1959, ausg. 26/6. 1961.) M. Pankow. 7173

2405 Dow Chemical Co., Midland, Mich., V. St. A. (Erfinder: John Lester Lang, Clifford Jones, Arthur Foster Roche und Frank Lawrence Ingley), **Herstellung von Mischpolymerisaten** aus 5—75 (Gew.-%) Methylmethacrylat (I), bis zu 50 Styrol (II) u. 15—50 Acrylnitril (III), wobei die Menge III mindestens 10% größer ist als die von II u. mindestens 55% größer als die von I, z. B. 25 I, 10 II u. 65 III. Die Polymerisation erfolgt kontinuierlich im Röhrensyst. bei 130—155°, bes. 140°. Die thermoplast. Endprodd. zeichnen sich durch bes. gute Dehnbarkeit aus. — Tabellen von Vergleichs-Verss. u. Diagramm. (**E. P. 893517** vom 19/10. 1960, ausg. 11/4. 1962.) H. Schindler. 7173

2406 Dow Chemical Co., Midland, Mich., V. St. A., **Hochmolekulare, wasserlösliche, partial hydrolysierte Polyacrylamide** erhält man durch Polymerisieren von Acrylamid (I) in wss. Medium in Ggw. eines ein wasserlösl. Carbonat (II) darstellenden milden Hydrolysierungsmittels, bes. bei 20—55°. II ist bes. Na_2CO_3, das in einer Menge von 0,1—0,7 (Mol) auf 1 I verwendet wird. (**E. P. 903368** vom 4/4. 1960, ausg. 15/8. 1962. A. Prior. 6/5. 1959.) J. Mühleisen. 7173

2407 Yoshio Nagai (Erfinder: Harumichi Shimizu und Yoshio Nagai), Tôkyô, Japan, **Carboxylieren von Polymethacrylsäureestern.** Man halogeniert die Polymeren, behandelt sie dann mit wss. Lsgg. von anorg. Cyan-Verbb. u. verseift. — Man leitet 200 (Gew.-Teile) Cl_2 unter Rühren bei 60° in eine Lsg. von 100 Polyäthylmethacrylat in 90 CCl_4, löst das unlösl. Rk.-Prod. in 10 Aceton u. fällt mit CH_3OH. 100 dieses Chlorierungsprod. werden in 5000 W. suspendiert, das 300 KCN enthält u. 10 Std. bei 150° bewegt. Man fällt mit verd. HCl u. reinigt durch Fällung aus CH_3OH-Lsg. mit verd. HCl: Das Prod. ist lösl. in (alkal.) W., CH_3OH, Dimethylformamid, Pyridin, Picolin, unlösl. in Aceton, Chlf., Benzol. Es erweicht bei 80° u. schmilzt bei 200° (Zers.). Man erhält der Polyitaconsäure ähnliche Produkte. (**Jap. A. S. 8743/1961** vom 25/3. 1959, ausg. 26/6. 1961.) M. Pankow. 7173

2408 Montecatini Soc. Gen. per l'Industria Mineraria e Chimica (Erfinder: Giulio Natta, Mario Farina und Mario Donati), Mailand, Italien, **Herstellung von Polymeren vorwiegend einheitlicher Konstitution** durch Polymerisation von Säuren bzw. Estern mit mindestens 2 konjugierten Doppelbindungen der allg. Formel R_1–CH=CH–CH=CH–$COOR_2$ (R_1 u. R_2, gleich oder verschieden, = H, ggf. substituierte Alkyl-, Cycloalkyl-, Aryl-, Aralkylreste mit 1—16 C-Atomen), z. B. Sorbinsäuremethyl-, -äthyl-, -dodecylester, mit organ. Verbb. der Metalle der I. Gruppe des Period. Syst. als Katalysatoren (Li u. Na-Verbb., z. B. Butyl-Li, Fluorenyl-Li, Li-Dimethylamid, Na-Alkylverbb.) zwischen — 100° u. + 120° in Ggw. eines Lsgm., wie Heptan, Ae., Anisol, tert.-Phosphinen. (**Ung. P. 150417** vom 26/7. 1961, ausg. 20/11. 1962. It. Prior. 1/8. 1960.) F. Landsberger. 7173

2409 Imperial Chemical Industries Ltd., London, England, **Entfernen metallhaltiger Katalysatorrückstände aus Vinylpolymerisaten** durch Behandeln mit einem höheren Alkohol, bes. 3.5.5-Trimethylhexanol-(1) in Ggw. eines fl. KW-Stoffs, Kp. < 120°, u. von HCl oder eines HCl abspaltenden Säurechlorids, z. B. SO_2Cl_2, $SOCl_2$ oder Acetylchlorid. (**Ind. P. 67948** vom 8/6. 1959, ausg. 30/9. 1961. E. Prior. 13/6. 1958.) C. Lüttgen. 7173

2410 Minnesota Mining and Mfg. Co., St. Paul, Minn., übert. von: Lester E. Robb, Westfield, N. J., V. St. A., **Vernetzen von in linearer Kette gesättigten Polymerisaten** von äthylen. ungesätt. Monomeren mit Chlor, Fluor oder Brom-Substituenten. 100 (Gew.-Teile) der Polymerisate werden mit 0,1 bis 10 eines Polymerisates eines carbaminsauren Salzes eines acycl. Amins gemischt, wobei die Aminogruppen die einzigen reaktiven Gruppen des Amins sind. Durch Erhitzen der Mischung auf Tempp. unter 450°F. erfolgt die Vernetzung durch freiwerdendes Amin u. CO_2. Das carbaminsaure Salz ist z. B. ein hexamethylenaminocarbaminsaures Salz, das zu vernetzende Polymerisat z. B. Äthylacrylat-B-chloräthyl-vinyläther-Mischpolymerisat. (**A. P. 3029227** vom 20/8. 1956, ausg. 10/4. 1962.) F. Markhoff. 7173

2411 Standard Oil Co., Chicago, Ill., übert. von: Ralph W. Myerholtz jun., Highland, Ind., und Edwin B. De Young, Chicago, Ill., V. St. A., **Lösungspolymerisation von Styrol** erfolgt bei 40—80° in Ggw. von 0,01—0,5 (Gew.-%)Na u. 0,01—0,5 Äthylenglykoldimethyläther als Beschleuniger. Als Lsgm. dienen aromat. C_{6-8}-KW-Stoffe, z. B. Bzl., Xylol u. bes. solche, die bei der Dehydrierung von Äthylbenzol zu Styrol anfallen. Die Monomeren Konz. soll > 10% betragen. Bei 99%iger Ausbeute wird ein Polystyrol mit einer Grenzviscosität von 2,7 (in Bzl. bei 30°) erhalten, das z. B. für *Spritzguß* oder *Vakuumverformung* sowie *Extrusion* geeignet ist. Beispiel, Tabellen. (**A. P. 3004014** vom 26/9. 1958, ausg. 10/10. 1961.) H. Schindler. 7173

2412 Sandoz Akt.-Ges., Basel (Erfinder: Georg Geiger und Karl Ulrich Steiner, Binningen), Schweiz, **Verwendung von Perylenpigmentfarbstoffen zum Färben von Kunststoffen in der Masse,** bes. Verw. von feinverteilten Kondens.-Prodd. aus Perylen-3.4.9.10-tetracarbonsäure (I) oder deren Halogensubstitutionsprodukten u. o- oder peri-Arylendiaminen, wie 1.2-Diaminobenzol oder 1.8-Diaminonaphthalin. — Zum Beispiel vermischt man 0,05 (Gew.-Teile) Farbstoff aus I u. 1.2-Diaminonaphthalin mit 100 *Polystyrolgranulat,* walzt bei 120—150° bis zur Homogenität, mahlt die erkaltete Masse bis zur Korngröße von 2—4 mm u. verspritzt sie bei 160—240° zu rotstichig blauen Formkörpern von guter Lichtechtheit. (**Schwz. P. 363151** vom 29/10. 1957, ausg. 31/8. 1962.) K. Sarre. 7173

2413 Dow Chemical Co., Midland, Mich., V. St. A. (Erfinder: Wilson Westle Hunt und James Lawrence Amos), **Entgasen von Polymerisaten,** bes. alkenylaromat., wie Polystyrol oder Polyvinyltoluol, durch genügend hohes Erhitzen, um einen kontinuierlichen Fluß zu erhalten, u. anschließendes Erhitzen auf höhere Temp. als den F. des Materials, wobei die Masse an der Wand eines konischen Behälters entlangfließt u. die Gase nach oben austreten. — Zeichnung. (**E. P. 888716** vom 18/9. 1959, ausg. 7/2. 1962.) H. Schindler. 7173

2414 E. I. du Pont de Nemours & Co., übert. von: Robert Edward Tarney, Wilmington, Del., V. St. A., **Mischpolymerisate** aus 20—74,5(%) *Äthylen,* 25—79,5 eines C_{1-8}-α-Olefins, bes. *Propylen* oder *1-Buten,* u. 0,5—10 *Dicyclopentadien* erhält man in Ggw. einer Katalysator-Kombination aus VCl_4 oder $VOCl_3$ u. einer organ. Al-Verb. der Formel R_3Al oder R_2AlX, worin R = C_{1-12}-Alkyl u. X = Cl oder Br, z. B. Al-Triisobutyl, bei 20—100°. Die kautschukartigen Prodd. lassen sich vernetzen bzw. vulkanisieren sowohl mit S als auch mit Radikale bildenden Verbb., z. B. Dibenzoyl- oder Cumolhydroperoxid, in bekannter Weise. Die gegen Wärme u. O_3 beständigen Prodd. eignen sich bes. zur Herst. von Schläuchen, Autoreifen, Schicht- u. Formkörpern u. Kabelummantelungen. (**A. P. 3000866** vom 26/10. 1959, ausg. 19/9. 1961.) H. Schindler. 7173

2415 Diamond Alkali Co., Cleveland, übert. von: Roger G. Richards und Edmond R. Osgood, Painesville, Ohio, V. St. A., **Terpolymeres aus Maleinsäureanhydrid, Styrol und Acrylsäurenitril.** Man copolymerisiert 30—60 (Gew.-%) Maleinsäureanhydrid, 2—20 Acrylnitril u. 20—68 Styrol in einem organ. Lsgm. in Ggw. eines Peroxidkatalysators, z. B. bei 50° während 18 Std., u. fällt das Terpolymere (I) aus. Dieses kann als Suspensionsmittel in W. bei der Polymerisation von Vinylmonomeren, bes. bei der Copolymerisation von Vinylchlorid mit einem anderen Monomeren, z. B. Vinylacetat, verwendet werden, z. B. in einer Menge von 0,1 des Monomerengemisches, nachdem man das I durch Behandeln mit NH_4OH in W. lösl. gemacht hat. Das so erhaltene Copolymere zeichnet sich durch helle Farbe u. Farbbeständigkeit aus. (**A. P. 3015653** vom 6/1. 1958, ausg. 2/1. 1962.) K. Sarre. 7173

2416 Neville Chemical Co., übert. von: James R. Patterson, Walter H. Williams und John J. Freeman, Pittsburgh, Pa., V. St. A., **Chlorieren von Cumaron-Indenharzen** erfolgt in einem neutralen Lsgm.,

z. B. CCl_4, in Ggw. von FeJ_2 oder Fe + J bei − 40 bis + 100° unter durchleiten von Cl_2 in einem Gew.-Verhältnis von Cl_2:Harz = ca. $\lesseqgtr$ 1,7:1. Vorteilhaft verwendet man $\lesseqgtr$ 0,2% J u. $\lesseqgtr$ 0,2% Fe, bezogen auf das Gew. des Harzes, das zu nicht > 50 Gew.-% im Lsgm. enthalten sein soll. Die Chlorierung wird in $\lesseqgtr$ 3 Std. so lange durchgeführt, bis $\lesseqgtr$ 60 Gew.-% Cl_2 aufgenommen sind. Mengen- u. Vgl.-Beispiele. — Tabellen. Erhöhung der Stabilität des Harzes. (**A. P. 2996485** vom 11/4. 1956, ausg. 15/8. 1961.) H. Schindler. 7173

2417 W. R. Grace & Co., V. St. A., übert. von: Johann Wolfgang Breitenbach und Helmut Edelhauser, Wien, Österreich, **Blockpolymere aus Vinylpyrrolidon und Styrol.** Blockmischpolymere mit regelmäßiger Struktur erhält man, wenn man eine homogene Mischung von zwei oder mehreren polymerisierbaren Substanzen in Ggw. mindestens einer Substanz mischpolymerisiert, in der eine oder ein Teil von diesen polymerisierbaren Substanzen sehr leicht lösl. ist. Geeignet sind hierfür bes. Mischungen von N-Vinylpyrrolidon (**I**), Vinylchlorid u. W., von **I**, Styrol (**II**) u. W., ggf. mit Zusatz von Harnstoff, u. von **II**, Acrylsäure u. Wasser. — Zum Beispiel vermischt man 52 (g) **II**, 111 **I** u. 9 W., setzt der homogenen Mischung 0,6 Azoisobutyrnitril als Polymerisationskatalysator zu u. polymerisiert bei 50° unter Luftabschluß. (**A. P. 3016370** vom 5/4. 1955, ausg. 9/1. 1962.) K. Sarre. 7173

2418 Robert S. Aries, New York, N. Y., V. St. A., **Herstellung eines Pfropfpolymeren aus Butadien und einem Mischpolymeren aus Styrol und Allylmethacrylat,** indem man eine Mischung von Styrol u. Allylmethacrylat im Molverhältnis 10:1 bei ca. 70°, z. B. in Bzl. in Ggw. von Bisazoisobutyronitril mischpolymerisiert. Man fällt das Mischpolymere (**I**) aus, löst es in Tetrahydronaphthalin, gibt Butadien hinzu, z. B. 1 Gew.-Teil auf 3 **I**, erhitzt auf ca. 80° in Ggw. von $NaAlH_4$ als Katalysator u. fällt das Prod. aus. Es kann durch Einw. von Peroxiden bei 70—80° zu einer harten, unschmelzbaren u. unlösl. Masse vernetzt werden. (**A. P. 3012000** vom 5/6. 1956, ausg. 5/12. 1961.) K. Sarre. 7173

2419 E. I. du Pont de Nemours & Co., übert. von: John Ferguson Harris jun., Wilmington, Del., V. St. A., **Fluorhaltige Polymere** mit den Struktureinheiten $-C(CF_3)=C(CF_3)-$ erhält man durch Einw. einer ionisierenden Strahlung (Elektronen, Protonen, Neutronen u. dgl.) von mindestens 50 eV auf Bis-perfluorbutin-(2). Die Prodd. sind im wesentlichen unlösl., gegen chem. Stoffe stabil u. unter Druck schmelzbar. — *Überzugs-, Film-* u. *Isoliermassen.* (**A. P. 3037010** vom 27/11. 1957, ausg. 29/5. 1962.) J. Mühleisen. 7173

2420 E. I. du Pont de Nemours & Co., Wilmington, Del., V. St. A., **Herstellung von Pfropfpolymeren,** bei denen auf Ketten, die als Heteroatome nur S oder O enthalten, ungesätt. Verbb. (Amidovinyl-, z. B. Acrylamidverbb.) aufgepfropft werden, erfolgt mittels energiereicher Strahlen. (**E. P. 894395** vom 30/10. 1958, ausg. 18/4. 1962. A. Prior. 31/10. 1957.) F. Koch. 7173

2421 Soc. Italiana Resine, Mailand, Italien, **Hochmolekulare stabilisierte Formaldehyd-Polymerisate** erhält man, indem man die End-OH-Gruppen des Polymerisates dadurch in Carbamate überführt, daß man das Polymerisat als Suspension in einen wasserfreien inerten Lsgm. mit Alkyl- oder Arylmonoisocyanaten umsetzt. (**E. P. 892178** von 11/1. 1960, ausg. 21/3. 1962.) W. Overbeck. 7177

2422 Pittsburgh Plate Glass Co., Pittsburgh, übert. von: Roger M. Christenson, Gibsonia, Pa., V. St. A., **Herstellung von Phenolharzen** durch Kondens. von phenol. Verbb., bes. Alkenylphenolen mit 4—5 C-Atomen in der Alkenylkette, mit einem Aldehyd in Ggw. eines alkal. Kondens.-Katalysators u. eines wasserlösl. Hydrosulfits, wobei öllösl., leicht gefärbte Harze entstehen, die schnellhärtende Filme bilden. — Zum Beispiel wird ein Gemisch aus 55—85% Butenylphenol u. 15—45% Di- u. Tributenylphenolen mit HCHO in Ggw. von Na-Hydrosulfit alkal. bei 15° kondensiert u. anschließend angesäuert. (**Can. P. 569278** vom 10/2. 1955, ausg. 20/1. 1959. A. Prior. 3/5. 1954.) H.-J. Nitzschke. 7177

2423 Hooker Chemical Corp., Niagara Falls, übert. von: Frank W. Less, Kenmore, Jay C. Searer, Snyder, und Eugene C. Roeck, Williamsville, N. Y., V. St. A., **Phenolharz- und Preßmasse,** dad. gek., daß sie eine Äthyl-, Propyl-, Dialkyl- oder Dihydroxybenzoesäure oder eine aromat. Säure der Formel R–Ar–COOH enthält, in der R für H, CH_3 oder OH u. Ar für den Phenyl-, Phenylalkyl-, Phenylalkenyl- oder Naphthylrest stehen, bes. Salicylsäure (**I**). — Zum Beispiel erhitzt man ein Gemisch von 1000 g Phenol, 10 H_2SO_4, 60 **I** u. 650 wss. 37%ig. CH_2O-Lsg. 45 Min. am Rückfluß, neutralisiert mit 7,5 $Ca(OH)_2$, entwässert, bis das Harz einen F. von 65° besitzt, kühlt ab u. mahlt. Ein solches Harz, das bes. schnell härtet, ergibt nach Zusatz von Füllstoffen u. Härtungsmitteln Preßkörper von bes. mechan. Festigkeit. (**A. P. 3020254** vom 9/8. 1955, ausg. 6/2. 1962.) K. Sarre. 7177

2424 Kenneth R. Lind, Sacramento, Calif., V. St. A., **Kunstharzherstellung.** In eine stark alkal. wss. Lsg. von Kresol, m-, p- oder o-Kresol leitet man Cl ein, worauf sich ein Harz abscheidet, das aus durch Methylenbrücken vernetzten Phenolen besteht. — Zum Beispiel löst man 80 g NaOH in 320 ccm W., setzt 25 g Kresol hinzu, erhitzt auf 200°F u. leitet 100 g Cl während 1 Std. ein. Es scheidet sich ein Harz ab, das nach Waschen mit HCl u. W. u. Trocknen mit Füllstoffen heiß verpreßt werden kann. (**A. P. 3025264** vom 20/5. 1959, ausg. 13/3. 1962.) K. Sarre. 7177

2425 Minnesota Mining and Mfg. Co., St. Paul, Minn., übert. von: Peter L. Rosamilia, Newark, N. J., V. St. A., **Herstellen eines warmhärtbaren harzartigen Materials.** Es werden miteinander gemischt ein Phenol (**I**), das in warmem Heptan lösl. ist u. mit Formaldehyd in Ggw. eines sauren Katalysators reagiert, wie Octylphenol oder 3 n Pentadecylphenol, ferner Trioxan (**II**), $SnCl_2$ u. ein kautschukartiges Mischpolymerisat (**III**) aus einem Isoolefin von 4—7 C-Atomen mit 0,5—10% eines konjugierten Diolefins von 4—8 C-Atomen. Auf 100 (Gew.-Teile) **I** kommen mindestens 10 **II** u. auf 100 **III** kommen mindestens 4 **I** + **II**. (**A. P. 3028358** vom 26/2. 1959, ausg. 3/4. 1962.) F. Markhoff. 7177

2426 Stamicarbon N. V., Heerlen, Niederlande, **Herstellung makromolekularer Polyoxymethylene.** Man leitet CH_2O in eine Suspension von $TiCl_3$ in einer inerten Fl., z. B. Heptan, ein. Durch die Ggw. von $TiCl_3$ wird eine rasche Polymerisation mit prakt. quant. Ausbeute bewirkt. (**Niederl. P. 101999** vom 20/1. 1959, ausg. 16/7. 1962.) F. Böhm. 7177

2427 Union Carbide Corp., New York, N. Y., V. St. A. (Erfinder: Donald George Leis und Robert John Knopf), **Stabilisierung von Polypropylenglykolen** mit Molgew. von 1000—4000. Man erhitzt diese mit einer wss. $KMnO_4$-Lsg. einer Konz., daß 0,15—2,8% $KMnO_4$ auf das Glykol kommen, auf bis zu 90° bei Unterdruck unter Entfernung von W. u. filtriert von dem gebildeten Nd. ab. — *Zwischen-Prodd.* zur Herst. von *Polyurethanen* mit verbesserter Zugfestigkeit. (**E. P. 898379** vom 12/8. 1960, ausg. 6/6. 1962. A. Prior. 9/9. 1959.) J. Mühleisen. 7177

2428 Ciba Akt.-Ges., Basel (Erfinder: Hans Batzer, Arlesheim, und Arthur Maeder, Therwil), Schweiz, **Herstellung von epoxidgruppenhaltigen Polymerisaten,** dad. gek., daß man a) Monoepoxide der Formel **I**, worin

I

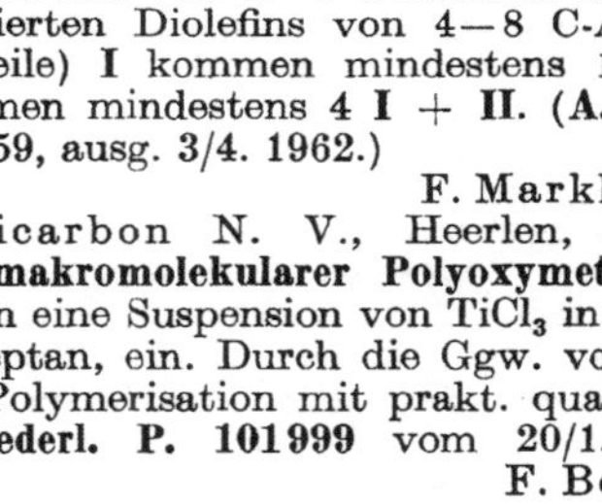

R_1, R_2, R_3, R_4, R_5, R_6, R_7 u. R_8 für einwertige Substituenten, wie Halogene, Alkoxygruppen oder aliphat., cycloaliphat., araliphat. oder aromat. KW-Stoffreste, bes. für C_{1-4}-Alkyl oder H, stehen, wobei R_1 u. R_5 zusammen

auch einen Alkylrest, wie eine Methylengruppe, bedeuten können, u. worin X_1 u. X_2 = H oder CH_3 u. X_3 = H oder C_{1-4}-Alkyl bedeuten, ggf. zusammen mit b) anderen mischpolymerisierbaren, äthylen. ungesätt. monomeren Verbb. polymerisiert. Die Verbb. **I** erhält man durch Epoxydieren von ungesätt. Acetalen bzw. Ketalen der Formel **II**, worin R_{1-8} u. X_{1-3} obige Bedeutung haben.

II

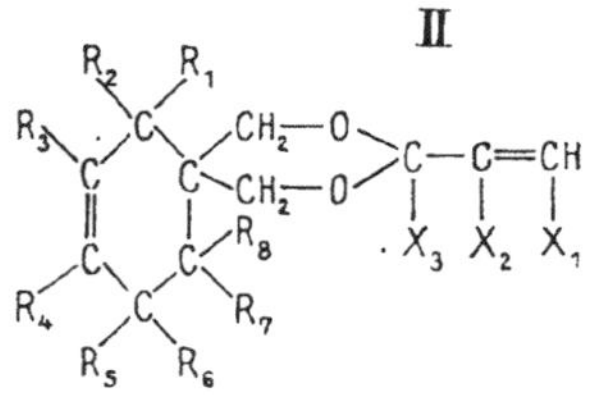

Die Rk. muß unter solchen Bedingungen verlaufen, daß dabei O nur an die cycloolefin. Doppelbindung angelagert wird. Verbb. der Formel **II** kann man durch Acetalisieren eines Aldehyds oder Ketons der Formel. $X_1CH = C(X_2)H-C(X_3)O$ mit einem Dialkohol der Formel **III** erhalten. Als

III

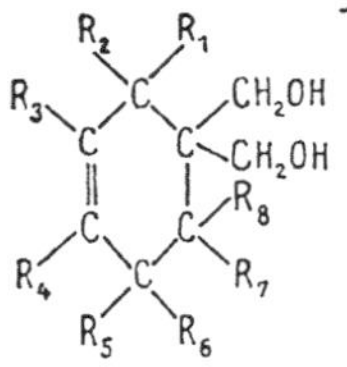

III sind bes. genannt: 1.1-Bis-(oxymethyl)-cyclohexen-(3), das entsprechende -6-methyl-, -2.4.6-trimethyl-, -2.5-endomethylen- u. -4-chlor-, -cyclohexen-(3). Im einzelnen erhält man nach den Beispielen aus Acrolein u. 1.1-Bis-(oxymethyl)-cyclohexen-(3) das Acetal *3-Vinyl-2.4-dioxaspiro-(5.5)-undecen-(9)*, $Kp._6$ 94—99°, n_D^{20} = 1,4908, das durch Epoxydieren in *3-Vinyl-2.4-dioxospiro-(5.5)-9.10-epoxyundecan*, $Kp._{0,5-0,6}$ 90—98°, übergeführt wird (Prod. **A**). Entsprechend: *3-Vinyl-7-methyl-2.4-dioxospiro-(5.5)-9.10-epoxyundecan*, $Kp._{0,2}$ 83—90°, n_D^{20} = 1,4958 (Prod. **B**), u. *3-Propenyl-2.4-dioxospiro-(5.5)-undecan-9*, $Kp._5$ 82—89° → *3-Propenyl-2.4-dioxospiro-(5.5)-9.10-epoxyundecan*, $Kp._{0,8}$ 114—118° (Prod. **C**) 30 Mengenbeispiele für Mischpolymerisate aus **A**, Äthylacrylat oder Butylacrylat u. Acrylnitril. Weitere Comonomere sind Styrol, Vinylacetat, 2-Äthylhexylacrylat, Vinylidenchlorid u. Methylolacrylamid. Gleiche Komponenten werden mit **B** u. **C** mischpolymerisiert. Das Verf. wird im Block, in Lsg. oder in Emulsion bei 40—95° in Ggw. bekannter Katalysatoren u. Aktivatoren durchgeführt. — Textilhilfsmittel bes. für synthet. Fasern, Anstrich- u. Klebemittel, Formprodd. im Tauch- oder Gießverf., ggf. in Verbindung mit z. B. Kondensationsharzen, Amino- u. Phenoplasten. (**D. A. S. 1138545** Kl. 39c vom 31/5. 1961, ausg. 25/10. 1962. Schwz. Prior. 2/6. 1960.)
H. Schindler. 7177

2429 E. I. du Pont de Nemours & Co., Wilmington, Del. (Erfinder: Thomas Joseph Hyde, Woodbury, N. J.), V. St. A., **Härter in Epoxyharzformmassen** sind Pyromellithsäurederivv. der Formel **I**, worin

I

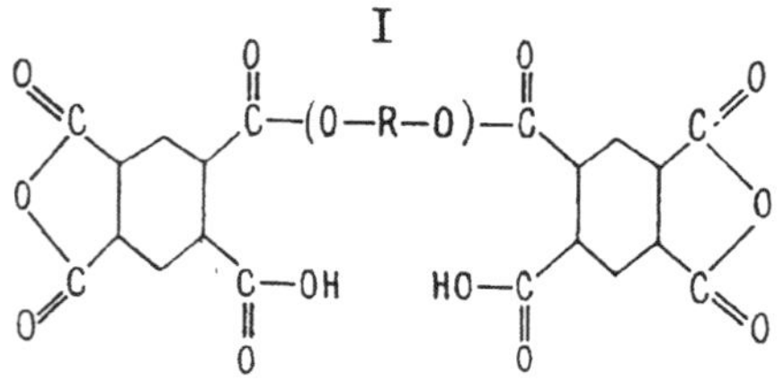

–(O–R–O)– ein zweiwertiger organ. Rest ist, der durch Entfernung der alkoh. Hydroxyl-H-Atome aus den zwei prim. alkoh. Hydroxylgruppen einer organ. Verb. mit nicht mehr als zwei prim. Alkoholgruppen erhältlich ist. (**D. A. S. 1142699** Kl. 39b vom 2/12. 1959, ausg. 24/1. 1963. A. Prior. 2/12. 1958.) F. Koch. 7177

2430 Robert L. Johnson, Park Falls, Wis., V. St. A., **Polyepoxyd-Formmassen**, die Schaumstoffe ergeben, enthalten übliche Härter, Schäumer (inerte organ. Flüssigkeiten mit Kp. 100—200°) sowie Metallsalze von Organometallsäuren der Formel **I**, in der R u. R' = H-Atom

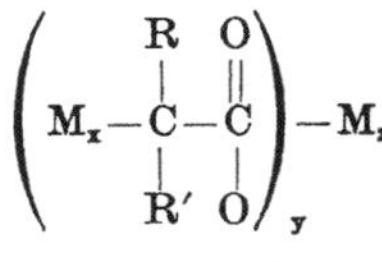
I

oder organ. Gruppen, M u. M' = ein- oder zweiwertige Metalle (Alkali-, Erdalkalimetalle), x, y, z = kleine ganze Zahlen) bedeuten. (**A. P. 3028344** vom 21/4. 1959, ausg. 3/4. 1962.) F. Koch. 7177

2431 Shell Oil Co., New York, N. Y., übert. von: Harold H. Chen, Oakland, Calif., V. St. A., **Schaumförmige Formteile** aus Epoxyharz-Formmassen, die als Härterkombination ein Trialkoxyboroxan u. ein Amin enthalten. (**A. P. 3025249** vom 29/2. 1960, ausg. 13/3. 1962.) F. Koch. 7177

2432 Imperial Chemical Industries Ltd. (Erfinder: Henry Baunner), **Polyepoxidmassen** in Form von klaren, harten, aber flexiblen Filmen bzw. Überzügen werden z. B. hergestellt durch Erhitzen eines Gemischs aus einem durch Rk. von Diphenylolpropan mit Epichlorhydrin erhaltenen Polyepoxidharz u. der gleichen Gew.-Menge von epoxydiertem Sojabohnenöl unter Zusatz von 40 Gew.-% HBO_2 oder der entsprechenden Menge B_2O_3 auf 120°. (**Aust. P. 236117** vom 4/8. 1959, ausg. 23/11. 1961. E. Prior. 5/8. 1958.)
K. Demmler. 7177

2433 Pittsburgh Plate Glass Co., Pittsburgh, Pa., V. St. A., **Epoxyharz-Formmasse**, die flammfeste Formteile ergibt, enthält den Polyglycidyläther einer halogenierten, aromat. Verb. mit mehreren OH-Gruppen, in der mehrere Benzolringe mit mindestens 1 OH-Gruppe u. 1 Cl-Atom vorhanden sind, sowie einen aliphat. mehrwertigen Alkohol. (**E. P. 897290** vom 25/7. 1958, ausg. 23/5. 1962. A. Prior. 5/9. 1957.) F. Koch. 7177

2434 Dow Chemical Co., Midland, Mich., V. St. A., **Schichtstoffe mit Epoxid-Formmassen** (**I**) enthalten, bes. zwischen Glasscheiben, **I**, die polymere Epoxide u. ein polymeres Glykol mit Mol.-Gew. mindestens 200 als Weichmacher sowie Amine als Härter aufweisen. Verw. in Röhren für Kathodenstrahlen, Fernsehen. (**E. P. 893728** vom 14/7. 1959, ausg. 11/4. 1962. A. Prior. 29/12. 1958 .) F. Koch. 7177

2435 Československá Socialistická Republika (Erfinder: Miloslav Matouch, Prag, und Vladislav Skřivan, Kladno), Tschechoslowakei, **Erhärten von Abgüssen aus Epoxidharzen** (**I**) aus Gemischen von aromat. u. aliphat. Aminen, dad. gek., daß die bei normaler Temp. erhärtenden **I** oder ihre Gemische mit Monomeren mit in Diäthyltriamin gelöstem oder dispergiertem Phenylendiamin in der Kälte oder bei Temp. von 15—40° erhärtet werden. — Beispiel: 6 (kg) **I** (enthaltend 0,54 Centimol Epoxidgruppen je g) vermischt man mit 720 Erhärtungsmittel, das aus 30 Gew.-% in Diäthylentriamin gelöstem m-Phenylendiamin besteht. Nach gründlichem Durchmischen wird das Harz in Formen gegossen. (**Tschech. P. 98363** vom 23/9. 1950, ausg. 15/1. 1961.)
L. Macher. 7177

2436 Shell Internationale Research Mij. N. V., Den Haag (Erfinder: Robert Willem Frederik Kreps, Amsterdam, und Jacques Joseph Johan Drost, Rotterdam), Niederlande, **Härtbare flüssige Mischungen von Diepoxyalkyläthern von Diphenylolpropan** (**I**) enthalten zur Vermeidung von Kristallisationserscheinungen während der Lagerung 3—20 Gew.-% Diepoxyalkyläther von Diphenyloläthan oder -methan. Diese sollen ebenso wie die **I**-Äther durchschnittlich < 1,5 Diphenylolalkanreste pro Mol. aufweisen. Die Mischungen besitzen geringe Viscosität u. sind als *Gießharze* u. zur Herst. von *Lacken* u. dgl. geeignet. (**Niederl. P. 101717** vom 20/11. 1959, ausg. 15/6. 1962.) F. Böhm. 7177

2437 FMC Corp., übert. von: Frank P. Greenspan, Larchmont, und Antony E. Pepe, Buffalo, N. Y., V. St. A., **Epoxybutadienpolymerisate** mit linearer Kette, einem Epoxy-Geh. von 7—11%, einem Mol.-Gew. von 500—1800, einer Schmelzviskosität von 250—5000 P bei 25° u. einer JZ von 100—250 wird dadurch hergestellt, daß man ein fl. Polybutadien mit linearer Kette, einem Mol.-Gew. von 400—1500, einer Schmelzviskosität von 5—25 P bei 25°, einer JZ von 350—450 u. > 65% der ungesätt. Bindungen als Vinylgruppen durch Rk. mit einer niederen aliphat. Persäure 3—15 Std. bei 0—95° epoxydiert. (**A. P. 3030336** vom 29/1. 1959, ausg. 17/4. 1962.) W. Overbeck. 7177

2438 Union Carbide Corp., übert. von: Ralph Stickle jun., St. Albans, W. Va., V. St. A., **Vernetzen von thermoplastischen harzartigen Polymerisaten** mit freien Carbonsäuregruppen. Ein solches Polymerisat wird zwischen 25 u. 150° mit einer genügenden Menge einer Verb., die mindestens zwei Cyclohexenoxid-Gruppen enthält, umgesetzt, damit zwischen 0,1 u. 4 Cyclohexenoxid-oxiransauerstoff-Gruppen für jede freie Carbonsäuregruppe des Polymerisats entstehen. — Zum Beispiel erhitzt man 100 (Gew.-Teile) Polymerisat aus 25—99 Styrol u. 75—1 Acrylsäure auf 50—150° unter Zusatz von 3.4-Epoxy-6-methylcyclohexylmethyl-3.4-epoxy-6-methylcyclohexancarboxylat. Die Prodd. eignen sich für Schutzüberzüge u. andere Anwendungen, bei denen die Haftfähigkeit eine Rolle spielt. (**A. P. 3027357** vom 15/7. 1958, ausg. 27/3. 1962.) F. Markhoff. 7177

2439 General Mills, Inc., Minneapolis, Minn., V. St. A., **Härter für Epoxyharze** ist die Kombination aus einem Alkylester einer α.β-ungesätt. Säure u. dem aminogruppenhaltigen Amid einer oligomeren Fettsäure. (**E. P. 886443** vom 8/12. 1959, ausg. 10/1. 1962. A. Prior. 12/12. 1958.) F. Koch. 7177

2440 Shell Oil Co., übert. von: Dale J. Meier und Allan Kahn, El Cerrito, Calif., V. St. A., **Härter für Epoxidverbindungen** der üblichen Art (Amine, mehrbas. Säuren oder deren Anhydride, Metallsalze, BF_3-Verb. u. a.) werden eingebettet in ein Schutzkoll. (gehärtete Gelatine, Vinylpolymer oder Polyvinylacetalharz mit einem F. P. zwischen 60° u. 200°) verwendet. (**A. P. 3018258** vom 19/1. 1959, ausg. 23/1. 1962.) F. Koch. 7177

2441 Esso Research and Engineering Co., Elizabeth, N. J., übert. von: Raymond L. Heinrich, Baytown, Tex., David A. Berry, Columbus, und Robert L. Christian, Gahanna, Ohio, V. St. A., **Alkydharz** enthält als modifizierende Verbb. 35—45 Mol.-% einer ungesätt. Ölfettsäure u. 65—55 Mol.-% 2.5-Dihydroxybenzen bzw. p-Hydroxyphenylessigsäure. (**A. PP. 2981705** u. **2981706** vom 2/10. 1959, ausg. 25/4. 1961.) F. Koch. 7177

2442 Klement Gottwald Villamossági Gépgyár (Erfinder: Lajos Csonka, Mihály Cseh, László Salánki, Frau Vilmos Béres und Frau Tamás Mándi), Budapest, Ungarn, **Herstellung von harten, hitze- und chemikalifesten, widerstandsfähigen Alkydharzen** aus aromat. oder hydroaromat., monocycl., isolierten polycycl. (4.4'-Dihydroxydicyclohexylmethan) u./oder am polycycl. Ring substituierten Dihydroxyderivv. oder deren Gemischen mit Polyalkoholen durch Rk. mit Dicarbonsäuren oder Dicarbonsäureanhydriden in Ggw. von 0,01—0,001% Alkalisalz der verwendeten Dicarbonsäure oder Na-Acetat als Katalysator. (**Ung. P. 150581** vom 31/8. 1961, ausg. 20/2. 1963.) F. Landsberger. 7177

2443 Monsanto Chemical Co., St. Louis, Mo., V. St. A., **Polyester,** die leicht anfärbbar sind, entstehen wie üblich aus Terephthal- bzw. Isophthalsäure u. Glykolen (mit 2—10 C-Atomen) u. einer polymeren Monohydroxylverb. der allg. Formel: $R–O–[(CH_2)_mO]_x–(CH_2)_n–OH–$ als Kettenabbrecher. Es bedeuten: R Alkylgruppe mit 1—18 C-Atomen oder Arylgruppe mit 6—10 C-Atomen; m, n ganze Zahlen von 2 bis 22; x ganze Zahl > 0. (**Schwz. P. 364115** vom 17/12. 1956, ausg. 15/10. 1962. A. Prior. 16/12. 1955.) F. Koch. 7177

2444 Standard Oil Co., Chicago, Ill., übert. von: James R. Stephens, Gary, Ind., V. St. A., **Polyester-Formmasse,** die fl. ist, aber bei 100—360°F eingebrannt werden kann, enthält: (A) einen Polyester aus einer mehrbas. Säure (Trimellith-, Hemimellith-, Trimesitinsäure bzw. deren Anhydride), u. aus einem Alkylenoxid oder Alkylenglykol, einer SZ 25—100 u. einer OH-Zahl 100—200; (B) Hexamethoxymethylmelamin u. (C) einem Alkohol, ggf. mit Äthergruppen. (**A. P. 3046252** vom 15/8. 1960, ausg. 24/7. 1962.) F. Koch. 7177

2445 Standard Oil Co., Chicago, übert. von: Ronald L. Broadhead, Park Forest, Ill., V. St. A., **Polyesterformmasse,** z. B. aus Trimellithsäureanhydrid, Adipinsäure u. Neopentylglykol im Mol.-Verh. 3:1:7, enthält 0,5—10 Gew.-% eines Dialdehyds, z. B. Adipin- oder Hydroxyadipinaldehyd. (**A. P. 3047525** vom 14/12. 1959, ausg. 31/7. 1962.) F. Koch. 7177

2446 E. I. du Pont de Nemours & Co., Wilmington, Del., übert. von: Joseph Clois Shivers jun., West Chester, Pa., V. St. A., **Elastische Polyester** enthalten eine große Anzahl von Ätherestereinheiten der allg. Formel: –OGO–CO–R–CO– (G ist der Rest aus einem polymeren Ätherglykol mit einem Mol.-Gew. von 350—60000). (**A. P. 3023192** vom 29/5. 1958, ausg. 27/2. 1962.) F. Koch. 7177

2447 E. I. du Pont de Nemours & Co., Wilmington, Del., übert. von: Stanley W. Caywood jun., Swarthmore, Pa., und Frederick J. Keene, Haddon Heights, N. J., V. St. A., **Herstellung von Polyestern.** Es werden als mehrwertige Säuren 1.2.3.4-Cyclopentantetracarbonsäure oder 1.2.3-Tricarboxy-3-carboxymethylcyclopentan bzw. deren Anhydride verwendet. (**A. P. 3021308** vom 15/6. 1959, ausg. 13/2. 1962.) F. Koch. 7177

2448 Union Carbide Corp., übert. von: Christian F. Horn, New York, N. Y., V. St. A., **Verspinnbares, lineares Polyäthylenterephthalat** enthält 3—17 Mol.-% an Einheiten der Formel **I** oder **II**, wobei R = zweiwertige Alkanreste mit 3—5 C-Atomen; R' zweiwertige Alkylengruppen mit 1—5 C-Atomen bedeuten.

I $–CH_2CH_2OOCRSO_2RCOO–$

II 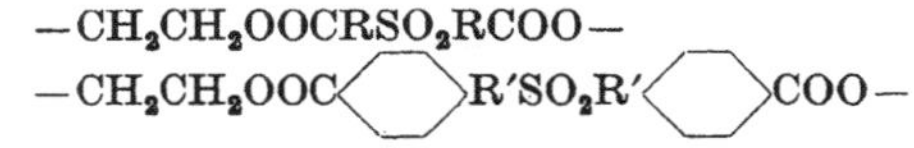

(**A. PP. 3032534** u. **3032625** vom 7/10. 1957, ausg. 1/5. 1962.) F. Koch. 7177

2449 Hooker Chemical Corp., Niagara Falls, übert. von: George C. Schweiker, Niagara Falls, und Paul Robitschek, Wilson, N. Y., V. St. A., **Lineare Polyester** aus Dicarbonsäuren, die ggf. auch Äther- u. Thioäthergruppen enthalten können, u. zweiwertigen Alkoholen der allg. Formel $HOCH_2–C_n–F_{2n}–CH_2OH$, worin n = 1—4. (**A. P. 3016360** vom 19/3. 1957, ausg. 9/1. 1962.) F. Koch. 7177

2450 Hooker Chemical Corp., Niagara Falls, übert. von: George C. Schweiker, Niagara Falls, und Paul Robitschek, Wilson, N. Y., V. St. A., **Lineare Polyester** entstehen aus mehrwertigen Alkoholen u. Dicarbonsäuren oder deren Chloriden, die Äther oder Thioäthergruppen enthalten können, u. die niedere F-substituierte Alkylseitengruppen aufweisen. (**A. P. 3016361** vom 16/9. 1957, ausg. 9/1. 1962.) F. Koch. 7177

2451 E. I. du Pont de Nemours & Co., übert. von: Walter G. Gall und Ivan Maxwell Robinson, Wilmington, Del., V. St. A., **Linearer Polyester** enthält Einheiten der Formel $(–OGOOCACO–)_m$, in der G KW-Stoffrest, die aus einem Glykol, u. A Reste sind, die aus einer Dicarbonsäure stammen, wobei wenigstens 75% dieser Einheiten Ringe enthalten. m ist eine große Zahl. Die Intrinsic-Viscosität = 0,3. (**A. P. 3048565** vom 21/12. 1959, ausg. 7/8. 1962.) F. Koch. 7177

2452 Inventa Akt.-Ges. für Forschung und Patentverwertung, Luzern, Schweiz, **Herstellung hochmolekularer linearer Polyester.** Es wird als Mittel, das die Schmelzviskosität stabilisieren soll, das Anhydrid einer geradkettigen, gesätt. Carbonsäure mit wenigstens 10 C-Atomen, eingebaut. Beispiele sind: Stearin-, p-Toluyl-, o-Benzoylbenzoesäure. (**E. P. 889036** vom 4/2. 1959, ausg. 7/2. 1962. Schwz. Prior. 18/2. 1958.) F. Koch. 7177

2453 E. I. du Pont de Nemours & Co., Wilmington, Del., übert. von: Carl J. Heffelfinger, Circleville, Ohio, V. St. A., **Hochpolymere Polyäthylenterephthalate** mit einer Intrinsic-Viscosität von wenigstens 0,55 werden aus üblichen Verbb. in Ggw. eines Katalysatorgemisches aus 1) einem Alkali- oder Erdalkalimetall, -chlorid, -hydrid, -alkoholat oder -salz mit einer organ. einbas. Säure; 2) dem Salz von Zn, Mn oder Cd mit einer organ., einbas. Säure; 3) einer Verb. des Sb u. 4) einer P-Verb. hergestellt. (**A. P. 3048564** vom 26/8. 1957, ausg. 7/8. 1962.) F. Koch. 7177

2454 John W. Pearce, Racine, Wis., V. St. A., **Polyester** aus Phthalsäureanhydrid und Pentaerythrit u. Sojabohnenöl werden bei 80° 16 Std. in Ggw. von quatern. Ammoniumverbb., die am N durch organ. Reste substituiert sind mit H_2O_2 epoxydiert. (**A. P. 3022259** vom 6/5. 1955, ausg. 20/2. 1962.) F. Koch. 7177

2455 Standard Oil Co., übert. von: Horst E. Frey, Chicago, Ill., V. St. A., **Ungesättigter Polyester** entsteht aus a) einer Benzoltricarbonsäure (Trimellith-, Trimeritin-, Hemimellithsäure) oder deren Anhydrid, b) dem Monoalkyläther eines Alkylenglykols (mit 1—8 C-O-C-Gruppen) c), einer zweibas. ungesätt. Säure u. d) eine *K* Alkylenglykol mit 2—8 C-Atomen. (**A. P. 3042656** vom 18/7. 1960, ausg. 3/7. 1962.) F. Koch. 7177

2456 Československá Socialistická Republika (Erfinder: Jan Lysý und Zdeněk Ditrych, Pardubice), Tschechoslowakei, **Herstellung ungesättigter Polyester der Chlortetrahydrophthalsäuren** (I) durch Addition von Chloropren (II) an überschüssige Mengen von α,β-ungesätt. Säuren oder ihrer Anhydride bzw. Derivv. bei Ggw. eines mehrwertigen Alkohols u. ggf. gesätt. Dicarbonsäuren bei 75° nicht übersteigenden Temp. (optimal 60—75°), worauf das Rk.-Gemisch bei 140—240° bei Ggw. eines Stabilisators in inerter Atmosphäre, ggf. unter Zusatz eines organ. Lsgm., polyesterifiziert wird. — Beispiel: 4,3 (Mol) Diäthylenglykol + 3,5 Maleinsäureanhydrid + 0,5 Phthalsäureanhydrid (stabilisiert mit 0,02% Hydrochinon) werden in 80%ig. Toluol-Lsg. bei 60—75° 1 **II** zugesetzt. Nach Addition des **II** erhitzt man auf 180°, wobei unter azeotrop. Abdest. des Kondens.-W. die Polyesterifikation zu **I** erfolgt; nach Zusatz von 3 Gew.-Teilen einer 50%ig. Cyclohexylhydroperoxid-Paste in Dimethylphthalat u. 1 Gew.-Teil 10%ig. Co-Naphthenat in Styrol fällt **I** aus. (**Tschech. P. 99188** vom 19/11. 1959, ausg. 15/4. 1961.) L. Macher. 7177

2457 Československá Socialistická Republika (Erfinder: Jan Lysý und Zdeněk Ditrych, Pardubice), Tschechoslowakei, **Herstellung von ungesättigten Chlortetrahydrophthalpolyesterharzen** (I) durch partielle Addition von Chloropren (II) an ungesätt. Polyesterharze bei Ggw. inerter organ. Lsgm. u. Polymerisations-Stabilisatoren in inerter Atmosphäre (N_2) oder von Gasen, die die Polymerisation inhibieren. Die **I** werden durch teilweises Epoxidieren modifiziert. — Beispiel: 4,2 (Mol) Äthylenglykol + 4 Maleinsäureanhydrid verestert man bei 170—240° unter Abdest. des Kondens.-Wassers. In inerter N_2-Atmosphäre wird eine Säurezahl des Harzes von 40 mg/KOH/g erreicht. Das entstandene **I** löst man in $CHCl_3$ zu 70%ig. Lsg., die man mit 0,02% Hydrochinon stabilisiert. Bei 65—75° addiert man 3 **II** innerhalb 1 Stunde. Zum Abscheiden des Polyesters setzt man der Lsg. 3 Gew.-Teile einer 50%ig. Cyclohexylperoxid-paste in Dimethylphthalat + 1 Gew.-Teil einer 10%ig. Co-Naphthenat-Lsg. in Styrol zu. (**Tschech. P. 99189** vom 20/11. 1959, ausg. 15/4. 1961.) L. Macher. 7177

2458 Hooker Chemical Corp., Niagara Falls, N. Y., übert. von: Blaine O. Schoepfle, Niagara Falls, N. Y., und Paul Robitschek, Granville, Ohio, V. St. A., **Flammbeständige Polyesterformteile** entstehen aus ggf. chlorhaltigen Polyester-Formmassen, die eine mehrbas., ggf. chlorhaltige Säure, einen mehrwertigen Alkohol, anpolymerisierbare ungesätt. Verbb. sowie eine Verb. der Formel SbR_3 (I) enthalten, wobei R das Anion einer organ. Säure oder eines Alkoholates bedeutet, z. B. Tris-(2-äthylhexyl)-antimonit. Für **I** kann auch SbR_3X_2 stehen; X = Halogen. (**A. P. 3031425** vom 4/10. 1957, ausg. 24/4. 1962.) F. Koch. 7177

2459 Union Carbide Corp., New York, N. Y. V. St. A., **Kontinuierliche Herstellung von 2.2-Bis-(4-hydroxyphenyl)-propan** (I) erfolgt durch Rk. von 1 (Mol) $(CH_3)_2CO$ (II) mit 3—20 Phenol (III) in Ggw. eines unlösl. Kationenaustauscher-Harzes, das mindestens 2 Milliäquivalente Säure je 1 g Harz enthält u. zu 3—20% mit einem Mercaptan verestert sein kann, u. von nicht >2%, bes. <0,2% W. bei 30—125°, bes. 40—100° oder 70—90°, wobei die Hauptmenge des Rk.-Gemisches fl. bleibt u. der Rk.-Grad 20—80% beträgt. Das Rk.-Gemisch wird bei 100—150° in **I** u. dessen Addukt mit **II** (je 1 **I** 4—10 **II**), Nebenprodd. u. **III** einerseits u. **II**, **III** u. W. andererseits getrennt, das **I**-**II**-Addukt unterhalb seines F., bes. auf 37—95° abgekühlt, während **II**, **III** u. W. durch azeotrope bzw. extraktive Dest. voneinander getrennt werden. **I** dient bes. *zur Herst. von Epoxidharzen u. Polycarbonaten.* — Zeichnungen. (**E. P. 883391** vom 19/10. 1959, ausg. 29/11. 1961. A. Prior. 20/10. 1958.) O. Müller-Meiningen. 7177

2460 Farbenfabriken Bayer Akt.-Ges., Leverkusen (Erfinder: Hermann Schnell und Heinrich Krimm, Krefeld), **Herstellung von hochmolekularen Thermoplasten** durch Rk. von $COCl_2$ mit Dihydroxydiarylsulfoxiden oder deren Mischungen mit anderen Dioxyverbb., die dann im Preß-, Spritzguß-, Extrusions- oder Wirbelsinterverf. u. für *Überzüge* verarbeitet werden. — 234 (g) 4.4'-Dihydroxydiphenylsulfoxid werden in 1640 10%ig. NaOH mit 1 Liter CH_2Cl_2 versetzt, bei 20—25° werden 149 $COCl_2$ eingeleitet, dann 0,5 $(C_2H_5)_3N$ u. 4 Na-Isopropylnaphthalinsulfonat zugegeben. Man erhält eine Suspension u. daraus ein bei 230—250° erreichendes, in CH_2Cl_2, Chlf., Cyclohexanon, Dimethylformamid u. Phenol lösl., elast. Harz. (**Jap. A. S. 5548/1961** vom 6/10. 1958, ausg. 24/5. 1961.) M. Pankow. 7177

2461 Kunoshima Kagaku Kôgyô Kabushiki Kaisha (Erfinder: Yûichi Neno und Toshihisa Tachikawa), Mihara, Japan, **Plastische Polycarbonatharze** durch Zusatz von Kohlensäurediestern der Formel $[R^1C(R^2)(COOR)O]_2CO$ (R = Alkyl, R^1 u. R^2 = H, Alkyl, Phenyl) als Weichmacher, z. B. Carbonylbismilchsäureäthylester, -butylester, Carbonylbis-[mandelsäureäthylester]. (**Jap. A. S. 6789/1961** vom 30/12. 1958, ausg. 5/6. 1961.) M. Pankow. 7177

2462 Kunoshima Kagaku Kôgyô Kabushiki Kaisha (Erfinder: Mutsuhiko Okamura und Kazuhiko Tanaka), Mihara, Japan, **Herstellung von hochpolymeren Polycarbonaten** nach dem $COCl_2$-Verf. mit 2.2-Di-[4-hydroxyphenyl]-propan (I) als Ausgangsmaterial, das aus aromat. Halogen KW-Stoffen oder wss. Lsgg. 1 wertiger aliphat. Alkohole umkrist. wurde.— So krist. man **I** aus Chlorbenzol um; F. 155—156°. In 45,6 (Teile) **I**, 23,8 NaOH, 204 W., 109 CH_2Cl_2 u. 0,12 Hydrosulfid leitet man 22,5 $COCl_2$ u. erhält nach 6 Std. ein *Polycarbonat* mit Molgew. 45000. (**Jap. A. S. 7042/1961** vom 6/10. 1958, ausg. 8/6. 1961.) M. Pankow. 7177

2463 Pittsburgh Plate Glass Co., übert. von: Donald E. Darr, Pittsburgh, Pa., und Richard P. Naworski, Barberton, Ohio, V. St. A., **Feste Polycarbonat-Granulate** erhält man durch Erhitzen — bei red. Druck — von Polycarbonatlsgg. in inertem Lsgm. (H_2Cl_2) auf eine Temp., bei der das Polycarbonat fließfähig ist u. das Lsgm. siedet. Das Prod. wird mit einer Schnecke durch einen Ofen gefördert u. dabei das Lsgm. abgedampft. (**A. P. 3022271** vom 10/8. 1960, ausg. 20/2. 1962.) F. Koch. 7177

2464 Československá Socialistická Republika (Erfinder: Josef Mleziva, Pardubice), Tschechoslowakei, **Herstellung synthetischer Stoffe auf der Basis von Epoxid- und Aminoamidharzen,** die geeignet sind, als *Anstrich-* oder *Anschwemm*-Materialien, als *Kitt, Klebstoff, Imprägnierungs-* u. *Kontaktharze* Verw. zu finden. Man läßt Epoxidharze mit Aminoamidharzen reagieren. — Beispiel: 300 (Gew.-Teile) Epoxidharz (F. 70°), hergestellt aus Dian u. Epichlorhydrin in alkal. Milieu in molarem Verhältnis 1 : 1,33, werden in einer Lsg. von 80 Xylol, 40 Äthylenglykol u. 20 Butanol mit 200 Titanweiß (Rutiltyp) geschüttelt u. mit 200 Aminoamidharz (hergestellt aus 1 Mol dimerisierter Fettsäuren + 0,5 Mol Propan-bis-phenoxyessigsäure + 3,5 Mol Diäthylentriamin), gelöst in 40 Xylol + 40 Äthylenglykol umgesetzt. Der *Emailleanstrich* trocknet in 4 Std. u. ist nach 6 Tagen fest. (**Tschech. P. 98359** vom 11/4. 1958, ausg. 15/1. 1961.) L. Macher. 7177

2465 Westinghouse Electric Corp., East Pittsburgh, übert. von: James H. Freeman, Franklin Township, Westmoreland County, Sydney Robbins, Monroeville, und Robert F. Sterling, Churchill Borough, Allegheny County, Pa., V. St. A., **Gehärtete Aminoplaste** erhält man durch Rk. von Harnstoff-, (Nitro)-dicyandiamid-, Biuret-, Guanidin- u. Melaminverbb. mit 0,5—0,95 Mol Aldehyd (Paraform-, Acet- oder Benzaldehyd sowie Furfurol oder HCOH) unter Zumischen eines Härtungsmittels, wie Polymethylolphenol oder deren Alkali-, Erdalkli- oder quatern. Ammoniumsalzen in Mengen von 5—98% der Gesamtmasse u. Erhitzen auf 125—185° (Prodd. hoher Flammenbeständigkeit wie im elektr. Lichtbogen.) (**A. P. 3026284** vom 13/5. 1959, ausg. 20/3. 1962.) E. Dörfel. 7181

2466 American Cyanamid Co., New York, N. Y., übert. von: Wilbur N. Oldham, Cheshire, und Nicholas A. Granito, Wallingford, Conn., V. St. A., **Aminoplastformmassen** erhält man durch 1. Imprägnieren von faserigen Füllstoffen (α-Cellulose, regenerierte Cellulose, Baumwolle, Leinen, Gewebe, Glasfasern, Nylon, Wolle, Seide oder Acrylnitrilpolymeren) mit hitzehärtbaren Aminoplasten (I), 2. Trocknen bis zu einem Geh. an flüchtigen Stoffen von $< 10\%$, 3. homogenes Mischen, 4. Verdichten bei Raumtemp. bis zu mindestens 0,6 g/cm^3, 5. Führen durch Preßwalzen bei gleichzeitigem weiteren Verdichten auf ca. 1 g/cm^3 u. 6. Granulieren. I: aus Melamin, Benzoguanamin, Harnstoff, Thioharnstoff, Äthylharnstoff, Biguanid, Guanylguanidin oder Dicarbonsäurediamiden sowie anderen u. Paraformaldehyd, Hexamethylentetramin, Acrolein, Benzaldehyd, Furfurol oder Acet-, Propion- oder Butyraldehyd oder deren Gemischen. Das molare Verhältnis von Aldehyd z. B. zum Melamin ist hierbei vorzugsweise zwischen 1 u. 3. (**A. P. 3007885** vom 25/5. 1959, ausg. 7/11. 1961.) E. Dörfel. 7181

2467 American Cyanamid Co., New York, N. Y., übert. von: Nicholas R. Segro, Glenbrook, Conn., V. St. A., **Aminoplastpreßmassen** erhält man aus 40 bis 80 (Teilen) eines hitzehärtbaren, im wesentlichen aus Melamin u. Formaldehyd bestehenden (1 : 1,5 bis 1 : 6 Mol) Harzes u. 60—20 eines extra hergestellten Monomethylolmelamins. Bei 8 t Preßdruck für 30 Sek. 25 t für 9 Sek. sind mit ebenfalls 40 (Teilen) Holzmehl u. 60 Harz hergestellte Formkörper so steif, daß keine Plastizität gemessen werden kann. (**A. P. 3044973** vom 25/11. 1959, ausg. 17/7. 1962.) E. Dörfel. 7181

2468 American Cyanamid Co., New York, N. Y., übert. von: Robert Saxon, Stamford, und Tzeng J. Suen, New Canaan, Conn., V. St. A., **Beseitigung von Trübungen in Aminoplasten** aus 1. 50—10(%) eines wasselrösl., härtbaren Polymethyläthers des Polymethylolmelamins u. 2. 50—90 eines wasserlösl. NH_4-Salzes eines Mischpolymeren aus a) 5—50 einer ungesätt. Carbonsäure u. b) 50—95 eines Alkylesters einer α,β-ungesätt. Monocarbonsäure durch Hindurchleiten eines nierten Gases bei 0° (Luft, N_2, O_2, H_2, $CH_4C_2H_6$, oder C_3H_8). (**A. P. 3021295** vom 16/3. 1960, ausg. 13/2. 1962.) E. Dörfel. 7181

2469 Tôyo Kôatsu Kôgyô Kabushiki Kaisha, Tôkyô (Erfinder: Takuo Okada, Kô Watanabe, Akira Takahashi und Junshi Hara, Kamakura), Japan, **Behandlung von Harnstoffharzformkörpern** mit wss. Sulfit-Lsgg.; danach wird beim Behandeln mit sd. W. kein HCHO mehr aus dem Harz abgespalten. — Man taucht z. B. Schalen aus dem Harz 60 Min. in eine 5%ig. Na_2SO_3-Lsg. von 40° u. wäscht sie mit W. nach. (**Jap. A. S. 5532/1961** vom 28/7. 1958, ausg. 24/5. 1961.) M. Pankow. 7181

2470 American Cyanamid Co., New York, N. Y., V. St. A. (Erfinder: Ivor Heberling Updegroff und Alexander Coutras), **Melaminkunstharz.** Melamin (I) wird mit einem Aldehyd (II), z. B. CH_2O, in einer Fl., z. B. W., im mol. Verhältnis II : I = 1 : 1 bis 6 : 1 kondensiert, worauf 30—2 Teile eines Monocarbamats der Formel NH_2COOR zugegeben werden (R = Alkylgruppe mit 1—4 C-Atomen). (**E. P. 890261** vom 22/10. 1959, ausg. 28/2. 1962.) W. Overbeck. 7181

2471 Nippon Carbide Kôgyô Kabushiki Kaisha, Tôkyô (Erfinder: Iwao Arai und Akira Itô, Nozu, und Shigeo Maezawa, Kurobe), Japan, **Reinigen von Melaminharzanfangskondensationsprodukten aus Rohmelamin** (I), das OH-Gruppen enthaltende Amino-1.3.5-triazinverbb., N-haltige organ. Verbb. aus Melamin-Entaminierungskondensationsprodd., Fe u. Erdalkalimetallsalze als Verunreinigungen erhält. Man kondensiert I, ggf. in Ggw. von Alkoholen, mit wss. HCHO in Ggw. von Aktivkohle u. Urotropin (II) oder Stoffen, die II bei der Herst. von Melaminharzen bilden, u./oder aliphat. Aminen u. filtriert dabei oder danach die weißtrüben oder färbenden Verunreinigungen ab. — 63 (Teile) Rohmelamin, 150 37%ig. Formalin, 1,8 Aktivkohle u. 42 W. werden bei pH 9 in der Wärme gelöst, nach 10 Min. 1,2 II zugesetzt u. bei pH 7,2—7,4 20 Min. erwärmt; man gießt in die 20fache Wassermenge (0°), stellt auf pH 8,5 u. filtriert. (**Jap. A. S. 7897/1961** vom 30/12. 1958, ausg. 17/6. 1961.) M. Pankow. 7181

2472 Inventa Akt.-Ges. für Forschung und Patentverwertung, Luzern (Erfinder: Wolfgang Griehl, Chur), Schweiz, **Herstellung von hochmolekularen Polyamiden** durch Erhitzen von wasserfreiem ε-Caprolactam (I) oder ω-Önantholactam mit Monoacylaminocarbonsäureestern $R^1CO \cdot NH \cdot R \cdot COOR^2$ (R = 2wertige aliphat., aromat. oder hydroaromat. Rest; R^1 u. R^2 = aliphat., aromat. oder heterocycl. Reste oder allg. Bestandteile von Carbonsäuren oder Alkoholen) u. Polymerisationsbeschleunigern, wie alkal. reagierenden Stoffen (KOH, LiOH, K_2CO_3) oder Griguard-Verbindungen. — 113 (g) trocknes I u. 0,88 Benzoyl-ε-aminocapronsäureäthylester werden mit 0,45 Na-ε-Caprolactam 3 Min. auf 250° erhitzt. (**F. P. 1244521** vom 13/10. 1959, ausg. 23/1. 1961. **Jap. A. S. 7040/1961** vom 20/11. 1959, ausg. 8/6. 1961. Beide Schwz. Prior. 20/11. 1958.) M. Pankow. 7181

2473 Chiyoda Kakô Kensetsu Kabushiki Kaisha (Erfinder: Kyûichi Mizutani und Etsuo Asanagi), Tôkyô, Japan, **Herstellung von Esteramidpolymeren** durch Rk. von ω-Aminoalkoholen (Monoäthanolamin, ω-Aminodecanol) mit 2bas. Säuren p-$HOOCC_6H_4COOA$ (A = H oder Alkyl; z. B. Terephthalsäure oder Monoamylterephthalat) zu den Amiden oder Ammonsalzen, die polykondensiert werden. — 18 (Teile) Monomethylterephthalat werden in 100 CH_3OH mit 10,7 ω-Aminohexanol in 50 CH_3OH gemischt, worauf nach Ae.-Zusatz ω-Hydroxyhexylammoniummethylterephthalat entsteht, das 15 Std. in N_2 auf 150° u. dann bei 1 mm 15 Std. bei 260° kondensiert wird: F. des Rk.-Prod. 270—273°. (**Jap. A. S. 5748/1961** vom 19/2. 1957, ausg. 25/5. 1961.) M. Pankow. 7181

2474 Československá Socialistická Republika (Erfinder: Josef Mleziva, Pardubice, und Vladimír Hanzlík, Aussig), Tschechoslowakei, **Herstellung von Aminoharzen**, dad. gek., daß man Polycarbonsäuren (I) des Typs $R(OCH_2COOH)_x$ (R = Phenylen- oder Bisalkylphenylenrest, x = 2 oder 3) oder deren Derivv., bes. ihre Ester entweder allein oder im Gemisch mit polymerisierten Fettsäuren (II) oder ihre Amide mit Polyaminen (III), wie Diäthylentriamin, Äthylendiamin oder Polyäthylenpolyaminen, reagieren läßt, wobei das Verhältnis I : II 99 : 1 bis 1 : 99, das Verhältnis der Ester- oder Carboxylgruppen von I bzw. II zu den Aminogruppen von III 1 : 0,9 bis 1 : 10 beträgt. — Beispiel: 90 (Gew.-Teile) Propan-bis-phenoxyessigsäure (F. 172°) + 60 Diäthylentriamin werden in N_2-Atmosphäre 4 Std. auf 200° erhitzt, zuletzt $^1/_2$ Std. bei 40 mm Druck. Man erhält einen Aminoamidharz mit einre Aminzahl 282 mit 13,5% N. (**Tschech. P. 98358** vom 10/4. 1958, ausg. 15/1. 1961.) L. Macher. 7181

2475 Atlantic Refining Co., Philadelphia, Pa., übert. von: Donald H. Russell, Pennsanken, N. J., V. St. A., **Harzartige Massen aus Polyamiden und aromatischen Diisocyanaten** erhält man durch Rk. von Alkylphenylendiisocyanaten (ggf. verzweigter Alkylrest mit 9—18 C-Atomen) u. Polyamiden (I) im Verhältnis von 1:1—1:3, bevorzugt in Ggw. von inerten Verdünnern (KW-Stoffe). I: aus polymeren Fettsäuren mit mindestens 2 COOH-Gruppen u. Polyaminen, Rk.-Prodd. sind fl., gummiartig, halbfest bis glänzend hart. Die Ansätze liegen bei Raumtemp. als bis zu 3 Monaten haltbare, physikal. Gemische vor. (**A. P. 3020251** vom 15/10. 1959, ausg. 6/2. 1962.) E. Dörfel. 7181

2476 E. I. du Pont de Nemours & Co., übert. von: Ernest Carl Bernhardt, Oliver Martin Hahn und John Edward Hansen, Wilmington, Del., V. St. A., **Molekulargewichtsvergrößerung von Polyamiden** erfolgt durch mechan. Bearbeitung in inerter Atmosphäre, ggf. unter verringertem Druck bei 480—540°F, bis die Viskosität wenigstens 0,10 beträgt. Das Ausgangspolyamid, mit wiederkehrenden Gruppen, kann in Form von Schnitzeln, Fäden, Folien, Abfall, Kügelchen usw. vorliegen. Die Verarbeitung kann auch kontinuierlich, auch bei Über- oder Normaldruck erfolgen. — Vorr., Diagramme. (**A. P. 3040005** vom 21/1. 1959, ausg. 19/6. 1962.) E. Dörfel. 7181

2477 General Aniline & Film Corp., New York, N. Y., V. St. A., **Polymerisieren von Lactamen.** Man löst

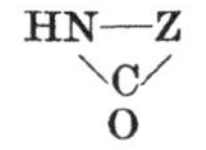

I

Alkalimetall-Lactame in Lactamen der Formel I ($Z = -(CH_2)_n-CH_2 \cdot CR_2-$; n = 1 oder 2; R = H oder C_{1-4}-Alkyl) u. polymerisiert in Ggw. von Halogenverbb. von Elementen der Gruppe IV der Formel $R^1(R^2)M(R^3)R^4$ (M = dieses Element; R^2 = Halogen; $R^2 - R^4$ = H, Halogen, Alkyl-, Aryl-, Alkylen-, Arylen-, Cycloalkyl- oder Cycloalkylenrest). — 60 (g) Pyrrolidon u. 1,5 83%ig. KOH erhitzt man 15 Min. auf 115°/6 mm, wobei Rk.-Wasser abdest., gibt bei 34° 0,14 cm^3 abs. CCl_4 zu u. hält unter trocknem N_2 72,5 Std., löst das Rk.-Prod. in 75 cm^3 90%ig. HCOOH u. fällt die Lsg. in 2 Liter Wasser. (**Jap. A. S. 6695/1961** vom 4/4. 1959, ausg. 3/6. 1961. A. Prior. 4/4. 1958.) M. Pankow. 7181

2478 Mobay Chemical Co., übert. von: Samuel Polis, Pittsburgh, Pa., V. St. A., **Katalysator** für die Polyurethanschaumherst. ist ein Gemisch, bestehend aus 1. Trialkyl-Sn-Oxid (Alkylrest enthält 1—5 C-Atome), Dialkyl-Sn-Chlorid (Alkylrest mit 1—8 C-Atomen), Dialkyl-Sn-Oxid (Alkylrest enthält 1—8 C-Atome) oder Dialkyl-Sn-Salz einer Carbonsäure von 1—18 C-Atomen u. einem Alkylrest von 1—8 C-Atomen; 2. N-Alkylmorpholin (Äthyl-, Methyl-) u. 3. Triäthylendiamin im Verhältnis von 0,01—0,1 (Teilen): 0,2—1,5 u. 0,1—0,3 für 1:2:3. (**A. P. 3044971** vom 18/3. 1959, ausg. 17/7. 1962.) E. Dörfel. 7181

2479 Esso Research and Engineering Co., übert. von: Clyde Lee Aldridge, Baton Rouge, La., V. St. A., **Urethanbeschichtungen** (für Cellulosefasern oder -gewebe, allg. Materialien mit akt. H-Atomen, wie Viscose, Celluloseacetat, Wolle, Seide oder Polyamide) erhält man aus 1 Mol. Diisocyanaten u. 1 Mol eines langkettigen einwertigen Alkohols (10 u. mehr C-Atome) oder Hydroxy-KW-Stoffes (eine OH-Gruppe enthaltende Butylkautschuke, Petroleumharze, Polypropylen oder Styrol-Diolefinkopolymere) u. Umsetzen der NCO-modifizierten Urethane mit dem akt. H-Atome aufweisenden Substrat. (**A. P. 3040002** vom 27/6. 1957, ausg. 19/6. 1962.) E. Dörfel. 7181

2480 Toshio Hoshino, Kaneyoshi Ashida und Mitsuaki Mukôyama, Tôkyô, Japan, **Herstellung feinschaumiger Harze** durch Rk. von Polyolen, Polyisocyanaten u. Borsäure, gleichzeitig oder in mehreren Stufen. Als Polyole werden Polyester, Polyesteramide, Hydroxyäther, die OH-Gruppen enthalten, auch zusammen mit niedrigmol. Verbb., wie Hexylenglykol, Trimethylolpropan, verwendet. — 200 (Gew.-Teile) des aus 2,5 Mol Adipinsäure, 0,5 Mol Phthalsäureanhydrid u. 4 Mol Glycerin erhaltenen Polyesters (OH-Zahl 400; SZ. 2), 158 Polylenisocyanat, 2,9 $B(OH)_3$ u. 10 nichtion. oberflächenakt. Stoff werden 3 Min. gerührt, in eine Form gegossen u. nach 10 Min. wird ein weißes Harz der D. 0,2 g/cm^3 erhalten. (**Jap. A. S. 8195/1961** vom 5/12. 1958, ausg. 21/6. 1961.) M. Pankow. 7181

2481 Heyden Newport Chemical Corp., New York, N. Y., übert. von: William J. Stewart, Mountain Lakes, und Theodore A. Girard, Wayne Township, Passaic County, N. J., V. St. A., **Polyurethanschaumstoffe** erhält man durch Rk. von Diisocyanaten u. Polyäthern mit 2—8 sek. Alkoholgruppen vom Mol.-Gew. 500—6000, katalyt. Mengen Sn-Chinolinolat (I) u. Wasser. — Beispiel: Ein Gemisch von 3 g W., 0,5 g N-Äthylmorpholin, 0,1 g Triäthylendiamin, 1 g Siliconöl (X-520) u. 0,4 g I

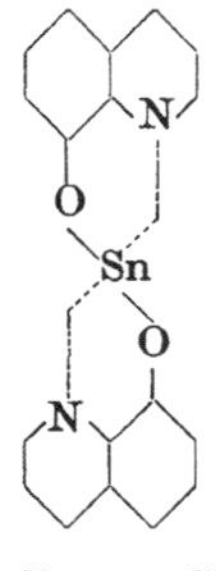

I

wird mit 100 g propoxyliertem Glycerin (OH-Zahl = 56, Mol.-Gew. 3000) versetzt. 38 g Toluylendiisocyanat (80% 2,4-, 20% 2,6-Isomeres) werden eingerührt, 30 Sek. weitergerührt u. in Formen gegossen. In wenigen Min. ist ein Schaumstoff entstanden. (**A. P. 3036022** vom 31/3. 1961, ausg. 22/5.1962.) E. Dörfel. 7181

2482 Mobay Chemical Co., Pittsburgh, Pa., übert. von: J. W. Britain, Hillside, W. Va., V. St. A., **Polyurethanschaumstoffe** erhält man durch Rk. von Polyester(amiden), Poly(thio)äthern oder Polyacetalen u. Polyisocyanaten (nach dem Vorpolymerisatverf.) u. W. mit Katalysatoren der allg. Formel $(R)(R_1)N(CH_2)_3 \cdot N(R_2)(R_3)$, worin R, R_1, R_2, R_3 gleich Alkylreste mit 1—4 C-Atomen oder Ringe (durch Zusammenschluß von R u. R_1 bzw. R_2 u. R_3) sind. — Herst. von Polsterungen, Bekleidung, Unterlagen, Schwämmen oder Teppichen. (**A. P. 3036020** vom 30/6. 1958, ausg. 22/5. 1962.) E. Dörfel. 7181

2483 Thiokol Chemical Corp., Bristol, Pa., übert. von: Harold Elkin, Trenton, N. J., V. St. A., **Polyurethanschaumstoffe nach dem Vorpolymerisatverfahren** erhält man durch Rk. von 700—1000 (Teilen) Ricinusöl, 150—250 Monoricinoleat des Propylenglykols oder Glycerins. 60—100 Trimethylolpropan u. 575—700 Polyäthylenglykol, Mol.-Gew. 200, mit Diisocyanaten u. Verschäumen mit W. u. Aminkatalysatoren in der 2. Stufe, ggf. in Ggw. von oberflächenakt. Verbb. (Sorbitanfettsäureestern, öllösl. Sulfonaten, Si-Ölen oder alkoxylierten Pflanzenölen). (**A. P. 3037947** vom 8/10. 1959, ausg. 5/6. 1962.) E. Dörfel. 7181

2484 E. I. du Pont de Nemours & Co., Wilmington, übert. von: Ernest Csendes, Christiana Hundred, Del., V. St. A., **Mit Paraformaldehyd gehärtete elastomere Polyurethane** erhält man durch Erhitzen von Polyätherurethanen (I) mit 3—10% Paraformaldehyd in Ggw. von 0,2—1% einer Zn–Halogenid–Chinolin-Komplexverb.; I aus Diisocyanaten u. Polyalkylen- oder Polyalkylenarylen-(thio)-äther zusammen mit Füllstoffen (Ruß, Talkum, Ton, Silicaten), Weichmachern u. Farbstoffen. — Umfangreiche Verw.-Angaben. (**A. P. 3021307** vom 30/6. 1958, ausg. 13/2. 1962.) E. Dörfel. 7181

2485 Celanese Corp. of America, New York, N. Y., übert. von: Robert J. Polacek, Madison, N. J., V. St. A., **Flammfeste Polyurethanschaumstoffe** erhält man durch Rk. von Polyhydroxylverbb. (Polyestern oder Polyäthern), Diisocyanaten, Amin-Katalysatoren, Emulgatoren u. W., sowie 5—10% Tris-2-(1.3-dichlorpropyl)-phosphat als Flammschutzmittel. (**A. P. 3041293** vom 6/12. 1957, ausg. 26/6. 1962.) E. Dörfel. 7181

2486 Celanese Corp. of America, New York, N. Y., übert. von: William Lindlaw, Westfield, und Edward

J. Hensch, Fords, N. J., V. St. A., **Flammfeste Polyurethanschaumstoffe** erhält man durch Rk. von Polyhydroxyverbb. (Polyäthern oder Polyestern), Diisocyanaten u. W., Amin-Katalysatoren, Emulgatoren, sowie wenigstens 0,02% Li-Phosphat als Flammschutzmittel u. als Stabilisator gegen Feuchtigkeit in flammfesten 5—10% chlorhaltigen Phosphorsäureester umfassenden Schaumstoffen. (**A. P. 3041296** vom 8/4. 1959, ausg. 26/6. 1962.) E. Dörfel. 7181

2487 Farbenfabriken Bayer Akt.-Ges., Leverkusen (Erfinder: Hans Holtschmidt und Günther Braun, Köln), **Flammfeste, gegebenenfalls verschäumte Polyurethane** erhält man durch Rk. von linearen oder verzweigten, Phosphorsäureestergruppen aufweisenden Polyhydroxyverbb. der allg. Formel I, worin R = aromat. Rest mit mindestens 1 Alkylsubstituenten R' = Alkyl- oder Arylrest, n = 1—3, Polyisocyanaten, ggf. Vernetzern gemäß Patent 1120128 mit dem Kennzei-

I

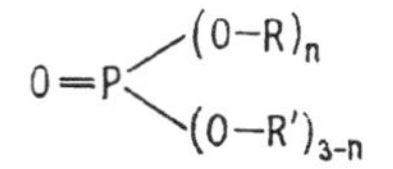

chen, daß Phosphorsäureestergruppierungen aufweisende Polyhydroxylverbb. mit Mol.-Gew. 600—1000 verwendet werden, die aus Phosphorsäureestern obiger Formel durch Seitenkettenhalogenierung u. anschließende teilweise Umsetzung mit ggf. halogenhaltigem Trialkylphosphit u. schließlich Rk. der Zwischenprodd. mit einer Polyhydroxylverb. erhalten worden sind. (**D. A. S. 1143638** Kl. 39b vom 25/4. 1961, ausg. 14/2. 1963.) E. Dörfel. 7181

2488 Celanese Corp. of America, New York, N. Y., übert. von: George H. Wiech, Mountainside, und Raymond A. Dragon, Union, N. J., V. St. A., **Flammfeste Polyurethanschaumstoffe** erhält man durch Rk. von Polyhydroxyloverbb. (Polyestern oder Polyäthern), Diisocyanaten, W., Emulgatoren, Amin-Katalysatoren, Chloralkylphosphaten als Flammschutzmittel sowie wenigstens 0,25% (Metallgehalt) einer bas. Li-Verb. (Li_2CO_3, Li(OH), Li-Ricinoleat u. a.) als Stabilisator gegen Verfärbung u. Abbau. (**A. P. 3041295** vom 25/1. 1957, ausg. 26/6. 1962.) E. Dörfel. 7181

2489 Simoniz Co., übert. von: Carl V. Strandskov, Chicago, Ill., V. St. A., **Polyurethanschaumstoffe über Vorpolymere** erhält man durch Rk. von Polyglykolen im wesentlichen der Formel $HO(C_2H_4O)_a(C_3H_6O)_b(C_2H_4O)_cH$, Mol.-Gew. 1000—12000, a, c = 5—20, b = 15—35. Diisocyanatüberschuß bis zu 12,5 Mol/Mol Glykol u. 1—35% „Tetronics", „Pluronics" der Formel I. Mol.-

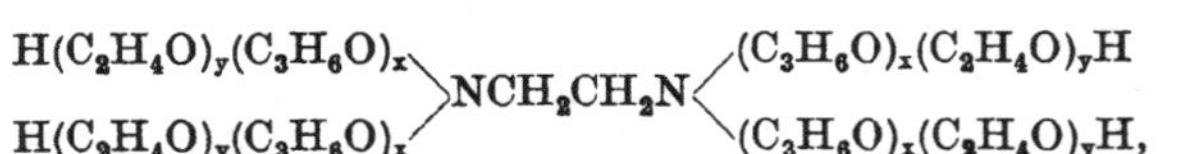

I

Gew. 2000—12000, x = 2—20, y = 1—50, sowie W. (0,5—10% vom Glykol u. Diisocyanol). (**A. P. 3042631** vom 3/8. 1956, ausg. 3/7. 1962.) E. Dörfel. 7181

2490 Mobay Chemical Co., St. Louis, Mo., übert. von: Edgar E. Hardy, New Martinsville, W. Va., V. St. A., **Überziehen von Polyurethanschaumstoffen** durch gleichzeitiges Verpressen u. Erhitzen einer Lage von Polyurethanschaumstoffgranulat auf einer Polyurethanschaumstoffbahn u. durch gleichzeitiges Erhitzen der letzteren, bis unterhalb der Zersetzungstemp., so daß die Granulatschicht zu einer Haut auf der Schaumstoffbahn aufgeschmolzen ist, bzw. durch Erhitzen des Granulates. — Abbildungen (kontinuierliche, mehrmalige, komprimierende, stationäre, gleichmäßige oder unregelmäßige Beschichtungen). (**A. P. 2994110** vom 10/5. 1957, ausg. 1/8. 1961.) E. Dörfel. 7181

2491 Ciba Ltd., Basel, Schweiz, **Färben von Polyurethanen,** dad. gek., daß man vor oder während deren Herst. die Lsg. eines organ. Farbstoffes zusetzt; der $\geq$ 1 OH- oder Aminogruppe aufweist, die mit den Isocyanatgruppen unter Polyaddition reagieren kann, z. B. 4-Aminoazobenzol, 2.4-Diamino-4'-dimethylaminoazobenzol. (**Ind. P. 67068** vom 17/3. 1959, ausg. 31/7. 1961.) C. Lüttgen. 7181

2492 Allied Chemical Corp., New York, übert. von: Melvin Kaplan, Tonawanda, N. Y., V. St. A., **Leichte Polyurethanschaumstoffe** erhält man durch Rk. von Polyisocyanaten u. Verbb. mit akt. H-Atomen (Polyester) sowie 40—90% vom Polyestergewicht an fluorierten aliphat. gesätt., KW-Stoffen als Treibmittel (I) u. 2—60% vom Polyester an Trialkyl- oder Triarylphosphorsäureestern (II, 6—21 C-Atome), OH-Zahl < 70; I: CCl_3F, CCl_2F_2, $CClF_3$, $C_2Cl_3F_3$, $C_2Cl_2F_4$, $C_2Cl_4F_2$, 1.1-Difluoräthen oder 1.1.1-Chlordifluoräthan. II: Tricresylphosphat, Tris-chloräthylphosphat, -phosphit, Trisbromäthylphosphit, Triphenylphosphat oder Trichlorphenylphosphat, sowie Polysiloxanpolyalkoxyäther, Katalysatoren (alkoxyliertes Äthylendiamin) u. Vernetzer (polyalkoxyliertes Äthylendiamin). — Herst. *großteils geschlossenzelliger Schaumstoffe guter Dimensionsstabilität u. Kompressibilität.* (**A. P. 3034996** vom 12/6. 1959, ausg. 15/5. 1962.) E. Dörfel. 7181

2493 Allied Chemical Corp., New York, N. Y., übert. von: Omer E. Curtis jun., Toledo, Ohio, V. St. A., **Verschäumte Polyesterurethane** erhält man durch Rk. von NCO-modifiziertem Hexantriol (bei 75—125°) mit Polyestern [aus aliphat., aromat., ungesätt. Dicarbonsäuren, bzw. deren Anhydriden u. mehrwertigen Alkoholen (2—6 OH-Gruppen) u. zwar 1 (Mol) Säure < 0,85 Diol u. 2—0,35 Triol] u. W. sowie einem tert. Amin, als Katalysator, u. einem organ. Dispergiermittel (alkoxylierte Phenole, Sulfonate, Sorbitmonolaurat, Alkoxylierungsprodd. davon oder Dioctylsulfosuccinat). (**A. P. 3020249** vom 22/7. 1957, ausg. 6/2. 1962.) E. Dörfel. 7181

2494 Imperial Chemical Industries Ltd., London, England (Erfinder: Harry James Twitchett und Edward Jervis Vickers), **Gegebenenfalls verschäumte Polyesterurethane** erhält man durch Rk. von Polyisocyanaten, Polyhydroxylverbb. u. als Katalysator ein polyheterocycl. Amin mit nur einem N-Atom, das an der Ringbldg. beteiligt ist [2 oder 3 Ringe, worin 1 Ring nicht mehr als 6 u. der andere Ring nicht mehr als 5 C-Atome enthält (3-Methylconidin, 8-Methylpyrrolizidin, 3-Äthyloctahydropyridocolin, 3-Äthylchinuclidin oder 1:2-Trimethylendecahydroisochinolin)]. Andere Katalysatoren (bas. anorgan. oder organ., nichtbas. Metallkatalysatoren) oberflächenakt. Verbb. (Alkylsulfate, Siliconöle), Schaumstabilisatoren (Äthylcellulose), Flammschutzmittel, Pigmente, Farbstoffe u. Weichmacher können mitverwendet werden. (**E. P. 889048** vom 13/5. 1959, ausg. 7/2. 1962.) E. Dörfel. 7181

2495 Imperial Chemical Industries Ltd., London, England, (Erfinder: Roxburgh Richmond Aitken und Maurice Sugden Magson), **Polyesterurethanschaumstoffe** erhält man durch Rk. von Polyisocyanaten, W. u. Estern aus aliphat. Hydroxysäuren (I) mit mehrwertigen Alkoholen, in denen wenigstens eine Alkoholgruppe unverestert geblieben ist. I: Monohydroxystearinsäure, Ricinolsäure, Dihydroxystearinsäure, allg. 12 bis 22 C-Atome. — Beispiel: 70 (Teile) Glycerylmonoricinoleat wird mit 3 W. u. 112,5 Diphenylmethandiisocyanat (I) während 3 Min. vermischt u. in eine Polyäthylenform gegossen, wo nach 8—10 Min. ein feintexturierter, starrer Schaumstoff, einer D. von 2,5 lbs./Fuß³ entsteht. Die Kompressionsfestigkeit nach 24 Std. beträgt 70 lbs./2 Zoll². I: wird erhalten durch Phosgenierung von rohem Diaminodiphenylmethan mit etwa 15% Poly-, hauptsächlich Tri-Amingehalt, erhalten aus Anilin u. CH_2O durch Kondens. in Ggw. von HCl. (**E. P. 893746** vom 21/1. 1959, ausg. 11/4. 1962.) E. Dörfel. 7181

2496 Chemstrand Corp., übert. von: William B. Black, Decatur, Ala., V. St. A., **Lösungen von Polypyrrolidon** erhält man durch Verw. von Lsgg. von 25—40% $FeCl_3$ in W., aliphat., gesätt. Alkoholen mit 1—2 C-Atomen oder halogenierten Alkoholen mit 2 C-Atomen als Lsgm. (CH_3OH, C_2H_5OH, $HOCH_2CH_2OH$, Fluor–Chlor–Bromäthanol, Di- oder Trichloräthanol) bei Raum- oder leicht erhöhten Temperaturen. (**A. P. 3033810** vom 21/3. 1960, ausg. 8/5. 1962.) E. Dörfel. 7181

2497 Monsanto Chemical Co., übert. von: William B. Black, Decatur, Ala., V. St. A., **Fadenbildende Massen** erhält man aus 5—35% Gew.-% Polypyrrolidon u. Rest-Lsgm. (Mono-, Di- oder Trichlorphenole) durch Erhitzen bis zu 5° unterhalb des Kp. des Gemisches, bis eine homogene Lsg. erhalten ist. Herstellungsangaben für Polypyrrolidone. — In Ggw. von Katalysatoren (Alkali-Metalle, -Hydride, -Hydroxyde, -Oxyd oder -Salze) u. Aktivatoren (Acetylverbb., wie Acetylpyrrolidon, -morpholin, Lactone, Alkylnitrite oder Alkylester) hergestellte Polypyrrolidone zeigen bessere Eigg. als ohne letztere hergestellte. (**A. P. 3042647** vom 9/4. 1959, ausg. 3/7. 1962.) E. Dörfel. 7181

2498 Farbwerke Hoechst Akt.-Ges., vormals Meister Lucius & Brüning, Frankfurt/M. (Erfinder: Ludwig Orthner, Frankfurt/Main, Karl Horst, Hofheim/Taunus, Heino Wellens, Frankfurt/M., und Hans Leßenich, Kriftel/Taunus), **Herstellung von härtbaren höhermolekularen Kondensationsprodukten** aus N-haltigen Verbb. u. Aldehyden, dad. gek., daß man bas. Bistriazinone der Formel I, in der n = 1 oder 2, R = H

I

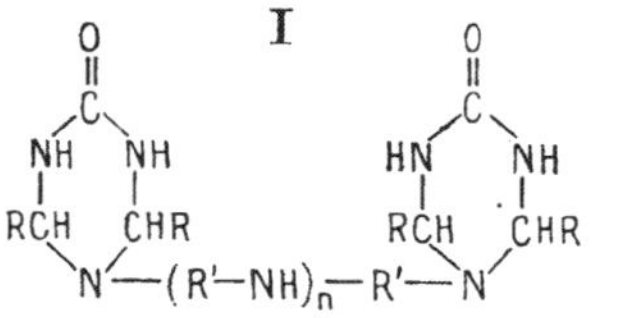

u./oder niedermol. Alkyl u. R' = niedermol. Alkyl ist, die aus mehrwertigen aliphat. Aminen u. Dimethylolharnstoff oder Aldehyden u. Harnstoff in bekannter Weise hergestellt worden sind, ohne Isolierung mit langkettigen aliphat. Verbb., die 8—20 C-Atome u. eine zur Rk. mit Aminogruppen befähigte funktionelle Gruppe besitzen, ggf. in Ggw. von bas. Katalysatoren umsetzt, die Umsetzungsprodd. ggf. ganz oder teilweise quaterniert, anschließend die erhaltenen Kondensate in bekannter Weise bei 20—100° u. bei einem pH von 6—10 mit 2—6 Mol eines aliphat. Aldehyds umsetzt u. ggf. vorhandene Methylolgruppen anschließend veräthert. (**D. A. S. 1144482** Kl. 39c vom 1/4. 1961, ausg. 28/2. 1963.) W. Overbeck. 7181

2499 Union Carbide Corp., New York (Erfinder: Donald Leroy Bailey, William Thomas Black und Victor Bird Jex), N. Y., V. St. A., **Herstellung von Organosiliciumverbindungen.** Cyanalkylsiloxane der Formel $NC(CH_2)_a(R'_b)SiO_{(3-b)/2}$ (R' = einwertiger KW-Stoff-Rest, a = ganze Zahl von 2—10 u. b von 0—2) werden in einer Mischung von W., Alkalikatalysator u. organ. Lsgm. verseift, ggf. mit Mineralsäuren oder deren Halogeniden ($SOCl_2$) behandelt u. mit Alkoholen oder Phenolen versetzt. Es entstehen Verbb. der Formel $ZOC(CH_2)_a(R'_b)SiO_{(3-b)/2}$ [Z = MO (M = Alkalimetall), Cl, OH, Alkoxy- oder Aroxyrest]. — β-Cyanäthyltrichlorsilan wird in Isopropyläther langsam mit Eis versetzt: HCl-Entw., Nd.-Bildung. Man rührt 30 Min., gibt 32,5%ig. NaOH zu u. rührt, bis sich der Nd. gelöst hat, trennt die wss. Schicht ab, macht bei 10—20° mit konz. HCl sauer, wäscht, trocknet u. pulvert den Nd.: *β-Carboxyäthylpolysiloxan.* (**Jap. A. S. 2698/1961** vom 2/10. 1957, ausg. 6/4. 1961. A. Prior. 12/10. 1956.) M. Pankow. 7189

2500 Shinetsu Kagaku Kôgyô Kabushiki Kaisha, Tôkyô (Erfinder: Tadashi Wada, Usui, und Kenji Ôdan, Ôsaka), Japan, **Viscositätserhöhung von Organohydrogenpolysiloxanen** durch Bestrahlen von niederen Alkylhydrogenpolysiloxanen mit Strahlen hoher Energie, wie β-, γ-, X-, Elektronen-, Neutronenstrahlen. Die Polysiloxane enthalten die Gruppe $-[SiH(R)O]_n-$ (R = C_{1-4}-Alkyl; n = ganze Zahl). — 20 g Methylhydrogenpolysiloxan von 17,1 cSt bei 25° werden im Rohr unter N_2 von einigen mm Druck mit $3{,}2 \cdot 10^4$ r/Std. ^{60}Co-γ-Strahlen bestrahlt; Viscosität nach $3{,}4 \cdot 10^7$ r-Einheiten 156 cSt. (**Jap. A. S. 8343/1961** vom 22/7. 1958, ausg. 22/6. 1961.) M. Pankow. 7189

2501 Midland Silicones Ltd., London, England, **Organopolysiloxan-Massen** enthalten 100 Gew.-Teile eines Organopolysiloxans mit Einheiten der allg. Formel: $-RCH_2CH_2-SiR_1O-$ (R = durch F substituierte Alkylgruppen; R_1 = aliphat. Gruppen) u. einer Viscosität von 50—100000 cS bei 250° sowie darin dispergiert 5—100 mit diesem unmischbares **I**, mit einer Viscosität von 10—100000 cS., in dem nur Phenyl- oder niedere Alkylgruppen als Substituenten vertreten sind. (**E. P. 899660** vom 8/6. 1959, ausg. 27/6. 1962. A. Prior. 9/6. 1958.) F. Koch. 7189

2502 General Electric Co., New York, übert. von: Ben A. Bluestein, Schenectady, N. Y., V. St. A., **Härtbare Polysiloxanmassen erhält man** aus a) einem Organopolysiloxan (Viskosität 100000 cSt./25°) mit 2 organ. Resten pro Si-Atom, worin 0,01—10% der Si-Atome an Acylreste gebunden sind u. der Rest der organ. Reste aus einwertigen KW-Stoffresten, die Halogen- oder cyansubstituiert sein können, besteht, b) Füllstoffen (feindispersem SiO_2, Ruß) u. c) Härtungsmitteln (mehrwertigen Verbb. von Metallen der Gruppen Ib, IIa, IIb, IIIa, IVa, IVb, Va, VIIb oder VIII des Period. Syst., wie Oxiden, Hydroxiden, Carbonaten oder carbonsauren Salzen von Säuren mit bis zu 11 C-Atomen, sowie Alkoholaten oder Enolaten (beide ebenfalls mit bis zu 11 C-Atomen). — Herstellungsangaben für die Polysiloxane. (**A. P. 3047528** vom 15/8. 1960, ausg. 31/7. 1962.) E. Dörfel. 7189

2503 Akira Shinjô, Hiroshima, Japan, **Herstellung von flüssigem Lignin-Phenolharz,** das man zum Maskenformverf. verwendet. Man läßt Lignin (I) mit Phenol (II) ≦ 70° unter Verw. eines Säurekatalysators bei pH ≦ 1 u. dann nach Zusatz von HCHO in Ggw. des gleichen Katalysators bei pH ≦ 1 u. ≦ 80°, bes. ≦ 70°, reagieren u. erhält ein relativ niedrigmol. Mischpolykondensationsprodukt. — 700 (Teile) I u. 300 **II**, bei 30° mit ca. 8 · 10 n HCl zu pH 0,6—1 gemischt, werden bei langsamer Temp.-Steigerung 1 Std. bei 50° u. 2 Std. bei 70° gehalten, bei 40° 700 38%ig. Formalin zugesetzt, 30 Min. wird bei 40° gehalten u. mit 0,25°/Min. auf 50° gesteigert, 1 Std. hier kondensiert u. 2 Std. bei 65—70° die Novolak-Rk. durchgeführt, mit 10 n NaOH neutralisiert u. nach Abkühlung die untere Harzschicht mit W. gewaschen, vakuumgetrocknet u. ein 9—11% freies Phenol (pro Festteil) enthaltendes fl. Harz vom Molgew. 300—350 erhalten. (**Jap. A. S. 8344/1961** vom 5/4. 1958, ausg. 22/6. 1961.) M. Pankow. 7199

2504 Riken Gôsei Yushi Kabushiki Kaisha, Tôkyô (Erfinder: Kôtarô Tanimoto, Ibaragi, und Yoshirô Miyatsu, Toyonaka), Japan, **Herstellung von Formmaterial aus epoxymodifizierten Harnstoff- oder Melaminharzen** oder deren Mischungen. Man läßt Harnstoff (**I**) u./oder Melamin (**II**) mit wasserlösl. Glycidyläthern mehrwertiger Alkohole, wobei mindestens 1 OH-Gruppe des mehrwertigen aliphat. Alkohols durch eine Glycidylgruppe substituiert ist, oder mit deren wasserlösl. Teilpolymeren im Verhältnis von bis zu 2 (Teilen) pro 1 **I** oder bis zu 4 pro 1 **II** reagieren u. setzt die Rk.-Prodd. allein oder in beliebiger Mischung mit HCHO um, setzt ggf. fl. **I**- oder **II**-HCHO-Harz sowie Füll-, Farbstoffe, Gleit- u. Härtungsmittel zu, trocknet u. pulvert. — Man rührt 100 (Teile) Harnstoff, 50 Prod. der Formel **III**

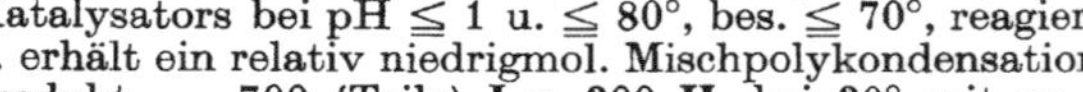

III

u. 100 W. 2 Std. bei 90°, neutralisiert bei 60° u. hält 45 Min. mit 175 37%ig. Formalin bei 60°, setzt bei 30—40° 0,3—0,6 NH_4Cl, 0,5 Zn-Stearat u. 85 Zellstoff zu, trocknet bei 70—75° an der Luft u. pulvert, gibt ggf. Farb- u. Weichmachungsmittel zu, formt u. härtet 5—7 Min. bei 150—155° u. 100 kg/cm². (**Jap. A. S. 7397/1961** vom 13/11. 1958, ausg. 12/6. 1961.) M. Pankow. 7205

2505 Nippon Shokubai Kagaku Kôgyô Kabushiki Kaisha, Suita (Erfinder: Masao Nikki, Suita, und Ryôzô Namari, Amagasaki), Japan, **Herstellung verstärkter Polyesterharzplatten.** Man verwendet in der

Polyesterharzmischung mindestens bifunktionelles Metall (Ti, Al, Si)-Alkoxide oder Alkylenpolyepoxide, die mit den endständigen Gruppen der ungesätt. Alkydanteile der Polyesterharze stark reagieren, als Vorvergelungsmittel, imprägniert das Verstärkungsmittel (Glasfaser) mit dem Polyesterharz, formt das Gel u. härtet. — Zu 100 (Teilen) Polyesterharz Epolac G-155 AL gibt man 5 der Lsg. aus 50 Styrol u. 50 Al-Isopropoxidacetessigesteracetat u. 15 einer 50% Benzoylperoxid enthaltenden Paste, verteilt die Mischung auf Glasgewebe, überzieht beide Oberflächen mit Cellophan, läßt 10 Min. bei 30° stehen, walzt, hält 10 Min. bei 70° u. in der Form 15 Min. bei 90°. (**Jap. A. S. 7541/1961** vom 21/2. 1959, ausg. 14/6. 1961.) M. Pankow. 7205

2506 Shell Internationale Research Mij. N. V., Den Haag (Erfinder: Pieter Johannes Adrianus Beersma, Helmond), Niederlande, **Herstellung expandierbarer Gemische thermoplastischer Polymerer,** die poröse Massen mit flammwidrigen Eigg. ergeben. Bei dem im E. P. 777384; C. **1958,** 5477 beschriebenen Verf. verwendet man als Klebemittel zur Bindung von Sb_2O_3 u. Halogen-KW-Stoff an das thermoplast., ein Blähmittel enthaltende Material, bes. Polystyrol, ein solches, das in kaltem W. lösl., in warmem W. jedoch unlösl. ist, z. B. Methylcellulose oder Äthylhydroxyäthylcellulose. Auf diese Weise können die bisher üblichen organ. Lsgm. durch kaltes W. ersetzt werden, ohne daß beim Schäumen des Prod. mittels heißem W. oder Dampf eine Migration des Klebemittels u. dadurch eine Entmischung stattfinden kann. (**Niederl. P. 102233** vom 17/12. 1958, ausg. 15/8. 1962.) F. Böhm. 7205

2507 General Motors Corp., Detroit, Mich., übert. von: Ellwood Franklin Riesing, Dayton, Ohio, V. St. A., **Lager, enthaltend thermoplastisches Harz und gesinterte Teflonteilchen.** Die in der D. A. S. 1078319; C. **1962,** 8814 beschriebene Mischung aus thermoplast. Kunststoff u. körnigen, makroskop. gesinterten Teilchen von Polytetrafluoräthylen eignet sich bes. zur Herst. von Lagern mit niedrigem Reibungskoeffizienten. (**A. P. 2998397** vom 18/5. 1955, ausg. 29/8. 1961.) K. Sarre. 7205

2508 Československá Socialistická Republika (Erfinder: Wolfgang Berndt, Elena Berndt, Zdenko Blače und Milos Falber, Neratovice), Tschechoslowakei, **Viscose als Bindemittel für Holzfaserplatten und Briketts** erhält man durch Kochen von Sägespänen oder ähnlichen Holzabfällen unter erhöhtem Druck mit NaOH, ggf. unter Zusatz von Na_2S, dad. gek., daß der so erhaltene Rohstoff direkt oder nach teilweiser Entfernung des lösl. Anteiles in einen 10—25%ig. NaOH enthaltenden Brei verwandelt wird, auf den man CS_2 einwirken läßt, worauf das entstandene Prod. noch durch Lauge oder W. zubereitet wird. (**Tschech. P. 99229** vom 19/1. 1960, ausg. 15/4. 1961.) L. Macher. 7205

2509 Československá Socialistická Republika (Erfinder: Jan Král, Prag, und Milan Průžek, Satalice), Tschechoslowakei, **Grundfarbstoff für Preßplatten** aus Lsgg. modifiz. Alkydharze u. Chlorkautschuk in Mischung mit aliphat. u. aromat. KW-Stoffen, Pigmenten, Füllstoffen u. Sikkativen, wobei das Verhältnis zwischen der Trockensubstanz der Alkydharze u. dem Chlorkautschuk **1,4—1,5** (Gew.-Teile) zu 1 beträgt. — Beispiel: 16 Titanweiß + 15,75 Lithopon + 16 Federweiß + 25 modifiz. Alkydharz in 50%ig. Lsg. + 27 Chlorkautschuk in 35%ig. Lsg. + 0,25 Gemisch von Co- u. Pb-Naphthenat (Co 2%, Pb 10%). (**Tschech. P. 99318** vom 15/3. 1960, ausg. 15/4. 1961.) L. Macher. 7205

2510 Spectra-Cast Corp., übert. von: Alexander H. Russell, Baltimore, Md., V. St. A., **Plaste mit Füllstoff.** Harte Massen erhält man durch Formen von wärmehärtenden Harzen, die beim Härten keine gasförmigen Prodd. liefern u. $\geq$ 50% Sand als Füllstoff enthalten, in einer Gießform. (**Can. P. 635404** vom 5/3. 1956, ausg. 30/1. 1962. A. Prior. 1/4. 1955.) H.-J. Nitzschke. 7205

2511 United States Rubber Co., New York, N. Y., übert. von: Lawrence E. Daly, South Bend, Ind., V. St. A., **Plastische Massen mit guten Walzeigenschaften und guter Warmfestigkeit** besteht aus 50—95 (Gew.-Teilen) eines kristallinen, isotakt., vorwiegend gradkettigen plast. Monoolefinpolymerisats vom F. 130—160° u. 50—5 (cyclized) Naturkautschuk. Als Polyolefin wird z. B. Äthylen oder Propylen verwendet. (**A. P. 3024211** vom 6/9. 1956, ausg. 6/3. 1962.) F. Markhoff. 7205

2512 Electric & Musical Industries Ltd., Hayes, Middlesex, England (Erfinder: William Edward Lord), **Schallplattenmaterial** besteht aus in Petroleum-KW-Stoffen unlösl. Kiefernharz, Polyvinylacetat u. Polyvinylchlorid. Der Mischung können noch Füllmittel, wie Ruß u. Carnauba-Wachs in geringen Mengen zugesetzt sein. — Zum Beispiel 80,5 (Gew.-Teile) Polyvinylchlorid, 8,5 Polyvinylacetat, 7,5 Kiefernharz u. 2 Ruß. (**E. P. 884144** vom 17/1. 1958, ausg. 6/12. 1961. **Zusatz zu E. P. 865702; C. 1963, 7561.**) F. Markhoff. 7205

2513 **American Cyanamid Co.**, New York, N. Y., V. St. A. (Erfinder: **Sheldon A. Buckler**), *Herstellung von Spirotetrakis-[hydroxyalkyl]phosphoniumsalzen.* (**F. P. 1240739** vom 24/9. 1959, ausg. 20/12. 1960. **E. P. 865750** vom 18/9. 1959, ausg. 19/4. 1961. Beide A. Prior. 26/9. 1958. — C. **1962,** 14338 [A. P. 2969398].)

2514 **Deutsche Advance Produktion G.m.b.H.** (Erfinder: **Axel Hartmann**), Deutschland, *Herstellung von Schwefel enthaltenden Organozinnverbindungen.* (**F. P. 1249124** vom 24/2. 1960, ausg. 15/3. 1961. D. Prior. 12/3. 1959. — C. **1960,** 9739 [D. A. S. 1073496].)

2515 **Continental Oil Co.**, V. St. A. (Erfinder: **Gordon Dwight Brindell** und **Allan Jay Lundeen**), *Katalysator zur Polymerisation ungesättigter Kohlenwasserstoffe.* (**F. P. 1224700** vom 20/5. 1959, ausg. 27/6. 1960. A. Prior. 30/6. 1958. — C. **1963,** 12988 [Jap. A. S. 416/1961].)

2516 **Montecatini Soc. Gen. per l'Industria Mineraria e Chimica** (Erfinder: **Giulio Natta, Giorgio Mazzanti, Paolo Longi** und **Francesco Bernardini**), Mailand, Italien, *Herstellung von Polymeren aus Vinylgruppen enthaltenden Silicium- oder Zinnverbindungen.* (**D. P. [DDR] 24665** Kl. 39c vom 22/12. 1958, ausg. 12/2. 1963 [Ausschließungspatent]. It. Prior. 23/12. 1957 u. 3/4. 1958. — C. **1961,** 8134 [D. A. S. 1091760].)

2517 **Phillips Petroleum Co.**, Bartlesville, Okla. (Erfinder: **Edwin Arnold Hauser,** San Marino, Calif.), V. St. A., *Polymerisieren von Olefinen.* (**Jap. A. S. 11145/1961** vom 3/8. 1957, ausg. 20/7. 1961. A. Prior. 3/8. 1956. — C. **1961,** 3499 [Belg. P. 559774].)

2518 **Montecatini Soc. Gen. per l'Industria Mineraria e Chimica,** Mailand, Italien, und **Karl Ziegler**, Mülheim/Ruhr (Erfinder: **Giulio Natta, Italo Pasquon** und **Ettore Giachetti**, Mailand, Italien), *Herstellung von Katalysatoren zur Polymerisation von α-Olefinen.* (**D. P. [DDR] 24821** Kl. 39c vom 25/2. 1958, ausg. 1/3. 1963 [Ausschließungspatent]. It. Prior. 26/2. 1957. — C. **1961,** 2458 [Oe. P. 206178].)

2519 **Esso Research and Engineering Co.,** V. St. A. (Erfinder: **Erik G. M. Tornqvist**), *Polymerisieren von α-Olefinen.* (**F. P. 1220394** vom 24/2. 1959, ausg. 24/5. 1960. A. Prior. 20/3. 1958. — C. **1962,** 9476 [E.P. 858185].)

2520 **Eastman Kodak Co.**, V. St. A. (Erfinder: **Newton Henry Shearer** und **Harry Wesley Coover jun.**), *Herstellung von Poly-α-Olefinen mit Aryl- u. alicyclischen Gruppen.* (**F. P. 1221437** vom 27/3. 1959, ausg. 1/6. 1960. A. Prior. 31/3. 1958. — C. **1962,** 10663 [D. A. S 1117308].)

2521 **Montecatini Soc. Gen. per l'Industria Mineraria e Chimica,**, Mailand, Italien, und **Karl Ziegler,** Mülheim/Ruhr (Erfinder: **Giulio Natta** und **Dario Sianesi,** Mailand, Italien), *Herstellung von linaren Polymeren von hohem Molekulargewicht und regulärer Struktur.* (**D. P. [DDR] 25718** Kl. 39c vom 24/3. 1959, ausg. 15/5. 1963. [Ausschließungspatent] It. Prior. 25/3. 1958. Zusatz zu D. P. [DDR] 16850: C. **1960, 2712.** — C. **1963,** 6802 [Niederl. P. 100800].)

2522 **Montecatini Soc. Gen. per l'Industria Mineraria e Chimica** (Erfinder: **Giulio Natta, Paolo Longi, Giorgio Mazzanti** und **Francesco Bernardini**), Mailand, Italien, *Polymerisieren von Äthylen, α-Olefinen und Diolefinen.* (**D. P. [DDR] 25206** Kl. 39c vom 26/11. 1959, ausg. 20/4. 1963. [Ausschließungspatent] It. Prior. 28/11. 1958. — C. **1963,** 3032 [Oe. P. 219271].)

2523 **Esso Research and Engineering Co.,** V. St. A. (Erfinder: **Erik G. M. Tornqvist** und **Arthur W. Lenger jun.**), *Katalysator für die α-Olefin-Niederdruckpolymerisation.* (**F. P. 1237413** vom 2/10. 1959, ausg. 25/11. 1960. A. Prior. 10/10. 1958. — C. **1963,** 3034 [E. P. 878373].)

2524 **Montecatini Soc. Gen. per l'Industria Mineraria e Chimica,** Mailand, Italien, und **Karl Ziegler,** Mülheim/Ruhr (Erfinder: **Giulio Natta, Italo Pasquon, Ettore Giachetti** und **Francesco Scalari**, Mailand, Italien), *Polymerisation von Propylen.* (**D. P. [DDR] 24832** Kl 39c vom 28/7. 1958, ausg. 1/3. 1963 [Ausschließungspatent]. — It. Prior. 5/8. 1957. — C. **1961,** 18521 [F. P. 1208585].)

2525 **Esso Research and Engineering Co.,** V. St. A. (Erfinder: **Charles William Seelbach** und **Robert Frederick Leary**), *Polypropylen mit erhöhtem Schmelzpunkt.* (**F. P. 1207897** vom 23/7. 1958, ausg. 19/2. 1960. A. Prior. 16/8. 1957. — C. **1963,** 1093 [E. P. 836333].)

2526 **Esso Research and Engineering Co.,** V. St. A. (Erfinder: **Joseph M. Kelly jun.** und **John R. Lovett**), *Regelung des Molekulargewichts und der Brüchigkeit von Polypropylen.* (**F. P. 1241692** vom 3/12. 1959, ausg. 28/12. 1960. A. Prior. 17/12. 1958. — C. **1963,** 7537 [E. P. 878374].)

2527 **Goodyear Tire & Rubber Co.,** Akron, Ohio, V.St.A. (Erfinder: **Bernard Wargotz**), *Erhöhung des Molekulargewichts von Diolefinpolymeren.* (**F. P. 1239727** vom 3/11. 1959, ausg. 9/12. 1960. **Jap. A. S. 11249/1961** vom 27/8. 1959, ausg. 21/7. 1961. Beide A. Prior. 19/11. 1958. — C. **1962,** 6226 [D. A. S. 1114639].)

2528 **Esso Research and Engineering Co.,** V. St. A. (Erfinder: **Hadden Clark** und **James M. Throne**), *Härten eines Diolefinharzes.* (**F. P. 1229223** vom 1/7. 1959, ausg. 5/9. 1960. A. Prior. 1/7. 1958. —. C. **1963,** 11838 [E. P. 872280].)

2529 **Montecatini Soc. Gen. per l'Industria Mineraria e Chimica** (Erfinder: **Carlo Longiave, Renato Castelli** und **Gian Francesco Crove**, Mailand, Italien, *Herstellung von Butadienpolymeren.* (**D. P. [DDR] 24584** Kl. 39c vom 5/12. 1958, ausg. 15/1. 1963. [Ausschließungspatent]. It. Prior. 6/12. u. 14/12. 1957. — C. **1963,** 2647 [Oe. P. 215147].)

2530 **Firestone Tire & Rubber Co.,** V. St. A. (Erfinder: **Lawrence Edward Forman, Richard Stern Searns, Richard Winfield Kibler** und **Francis Anatole Bozzaco**), *Polymerisieren von Isopren.* (**F. P. 1206628** vom 18/9.

1956, ausg. 10/2. 1960. A. Prior. 19/9. 1955. — C. **1959,** 12713 [D. A. S. 1040796].)

2531 **Esso Research and Engineering Co.,** V. St. A. (Erfinder: **Arthur W. Langer jun.** und **Erik G. M. Tornqvist**), *Polymerisieren von α-Olefinen.* (**F. P. 1216006** vom 7/1. 1959, ausg. 21/4. 1960. A. Prior. 3/2. 1958. — C. **1963,** 1094 [E. P. 843385].)

2532 **Esso Research and Engineering Co.,** V. St. A. (Erfinder: **James E. Shewmaker** und **Joseph F. Nelson**), *Bestrahlen von Polyäthylen.* (**F. P. 1205200** vom 6/3. 1958, ausg. 1/2. 1960. A. Prior. 29/3. 1957. — C. **1963,** 1089 [E. P. 840070].)

2533 **Dow Chemical Co.** (Erfinder: **Andrew J. Dietzler** und **Charles L. Stacy jun.**), Midland, Mich., V. St. A., *Ungiftige gegen thermische Oxydation beständige Polyäthylenformmassen.* (**D. A. S. 1142439** Kl. 39b vom 21/8. 1956, ausg. 17/1. 1963. A. Prior. 22/9. 1955. — C. **1960,** 1690 [Jap. A. S. 2040/1958].)

2534 **E. I. du Pont de Nemours & Co.** (Erfinder: **Stanley Dixon**), Wilmington, Del., V. St. A., *Herstellung von Alkenyl- und Alkinyl-trifluorvinyläthern.* (**D. A. S. 1145166** Kl. 12o vom 26/2. 1958, ausg. 14/3. 1963. A. Prior. 28/2. 1957. — C. **1961,** 18893 [A. P. 2917548].)

2535 **Ferro Corp.** (Erfinder: **Albright Mays Nicholson** und **Baruch Zaremsky**), V. St. A., *Herstellung von kristallinem Bis-[2-hydroxy-5-(2.4.4-trimethylpentyl-(2)-phenyl]-sulfid.* (**F. P. 1247084** vom 28/1. 1960, ausg. 17/2. 1961. A. Prior. 29/1. 1959. — C. **1962,** 8442 [A. P. 2971968].)

2536 **E. I. du Pont de Nemours & Co.,** V. St. A. (Erfinder: **Lester Ray Bartron**), *Herstellung von Polyvinylfluoridfolien.* (**F. P. 1237139** vom 13/2. 1959, ausg. 23/11. 1960. A. Prior. 14/2. 1958. — C. **1963,** 1880 [E. P. 845634].)

2537 **Esso Research and Engineering Co.,** V. St. A. (Erfinder: **Paul V. Smith jun., Clifford W. Muessig, Isidor Kirshenbaum** und **Theodore Lemiszka**), *Herstellung von Polyvinyloxoalkanalen.* (**F. P. 72075** vom 24/6. 1957, ausg. 21/3. 1960. A. Prior. 29/6. 1956. Zusatz zu F. P. 1149009; 1959, 16866. — C. **1960,** 15236 [E. P. 810259].)

2538 **Soc. An. Union Chimique Belge,** Brüssel, Belgien, *Beständige Emulsionen bei der Polymerisation von äthylenisch ungesättigten Carbonsäureestern.* (**Belg. P. 541250** vom 13/9. 1955, ausg. 14/8. 1959. — C. **1960,** 15236 [F. P. 1157265].)

2539 **United States Rubber Co.,** New York, N. Y. (Erfinder: **Linwood Asa Murray jun.,** Indian Head, Md., und **Hendrik Romeyn jun.,** Montclair, N. J.), V. St. A., *Herstellung von Kunstharzen.* (**D. A. S. 1151382** Kl. 39c vom 17/1. 1956, ausg. 11/7. 1963. A. Prior. 17/2. 1955. — C. **1960,** 11487 [F. P. 1144274].)

2540 **Chemische Werke Albert,** Wiesbaden-Biebrich (Erfinder: **Alfred Englisch,** Opladen-Lützenkirchen, und **Rolf Zimmermann,** Wiesbaden), *Herstellung von Kunstharzen.* (**D. P. [DDR] 25259** Kl. 39c vom 18/1. 1960, ausg. 27/4. 1963 [Ausschließungspatent]. D. Prior. [Bundesrepublik Deutschland] 11/4. 1959. — C. **1961,** 18149 [D. A. S. 1099163].)

2541 **Chemische Werke Albert** (Erfinder: **Rolf Zimmermann** und **Hermann Hotze**), Wiesbaden-Biebrich, *Herstellung von Formkörpern und Überzügen.* (**D. P. [DDR] 24750** Kl. 39c vom 19/11. 1959, ausg. 21/2. 1963. [Ausschließungspatent]. D. Prior. [Bundesrepublik Deutschland] 28/3. 1959. — C. **1962,** 14698 [D. A. S. 1112628].)

2542 **Dow Chemical Co.,** V. St. A. (Erfinder: **Wilbur Lee Bressler** und **Arthur Emilio Gurgiolo**), *Herstellung von Polyolefinoxiden.* (**F. P. 1234339** vom 25/6. 1959, ausg. 17/10. 1960. A. Prior. 26/6. 1958. — C. **1961,** 9223 [A. P. 2917470].)

2543 **Pittsburgh Plate Glass Co.** (Erfinder: **John J. Jaruzelski**), Pittsburgh, Pa., V. St. A., *Härten von Epoxyharzen.* (**D. A. S. 1142441** Kl. 39b vom 12/4. 1957, ausg. 17/1. 1963. A. Prior. 24/4. 1956. — C. **1962,** 18275 [E. P. 836733].)

2544 **Devoe & Raynolds Co., Inc.,** New York, N. Y. (Erfinder: **Harold Cooke jun.,** Louisville, Ky.), V. St. A., *Herstellung von Kunstharzen aus Triglycidylcyanurat und Phenolen.* (**D. A. S. 1142700** Kl. 39c vom 19/4. 1958, ausg. 24/1. 1963. A. Prior. 2/5. 1957. — C. **1961,** 18151 [A. P. 2893978].)

2545 **Inventa Akt.-Ges. für Forschung und Patentverwertung,** Luzern, Schweiz, *Härtbare Epoxyäthermischungen.* (**Ind. P. 69722** vom 17/11. 1959. — C. **1963,** 3045 [Oe. P. 214150].)

2546 **Pittsburgh Plate Glass Co.,** Pittsburgh (Erfinder: **John Jan Jaruzelski,** Pittsburgh, und **Roger Morris Christenson,** Gibsonia), Pa., V. St. A., *Herstellung gegebenenfalls verschäumter Polyurethane.* (**D. A. S. 1151113** Kl. 39b vom 16/8. 1957, ausg. 4/7. 1963. A. Prior. 18/9. 1956. — C. **1961,** 2809 [Belg. P. 560394].)

2547 **Ciba Akt.-Ges.,** Basel (Erfinder: **Robert Hiltpold,** Basel, und **Willy Fisch,** Binningen), Schweiz, *Herstellung von härtbaren Polyadditionsprodukten.* (**D. A. S. 1137863** Kl. 39c vom 27/8. 1958, ausg. 11/10. 1962. Schwz. Prior. 28/8. 1957. — C. **1960,** 10428 [Oe. P. 205747].)

2548 **Gevaert Photo-Producten N. V.,** Mortsel (Erfinder: **Ferdinand Leonard Schouteden,** Wilrijk), Antwerpen, Belgien, *Modifizieren von nitrilgruppenhaltigen hochmolekularen organischen Stoffen durch eine anorganische Stickstoffbase.* (**D. A. S. 1148072** Kl. 39c vom 30/6. 1959, ausg. 2/5. 1963. Belg. Prior. 1/7. 1958. Zusatz zu D. A. S. 1050055; C. 1959, 16841. — C. **1963,** 7554 [E. P. 863533].)

2549 **Chemstrand Corp.,** Decatur, Ala. (Erfinder: **George Edloe Ham,** Easton, und **Robert Leroy Sublett,** Conway, Ark.), V. St. A., *Herstellung von Mischpolyamiden, die wenigstens 50% ε-Caprolactam enthalten.* (**D. A. S. 1138935** Kl. 39c vom 19/3. 1956, ausg. 31/10. 1962. A. Prior. 23/3. 1955. — C. **1959,** 14270 [E. P. 789491].)

2550 **E. I. du Pont de Nemours & Co.** (Erfinder: **Cameron David Lewis, Robert Neal MacDonald** und **Carl Earle Schweitzer**), Wilmington, Del., V. St. A., *Herstellung von Formaldehyd-Isocyansäure-Polymeren.* (**F. P. 1257423** vom 19/5. 1960, ausg. 17/7. 1961. **Jap. A. S. 11144/1961** vom 23/3. 1960, ausg. 20/7. 1961. Beide A. Prior. 21/5. 1959. — C. **1963,** 6805 [E. P. 885572].)

2551 **Dunlop Rubber Co. Ltd.,** London (Erfinder: **Peter Merriman,** Birmingham), England, *Einstufige Polyätherurethanschaumstoffherstellung.* (**D. A. S. 1143325** Kl. 39b vom 16/1. 1960, ausg. 7/2. 1963. E. Prior. 16/1. 1959. — C. **1962,** 7722 [F. P. 1247055].)

2552 **Udic Soc. An.,** Schweiz, *Herstellung von löslichen Nitrierungsprodukten des Lignins.* (**F. P. 1241502** vom 24/11. 1959, ausg. 23/12. 1960. Schwz. Prior. 3/12. 1958. — C. **1960,** 13212 [D. A. S. 1079633].)

2553 **E. I. du Pont de Nemours & Co.,** V. St. A. (Erfinder: **Stanley Hiram Munger**), *Photopolymerisierbare Mischungen.* (**F. P. 1232563** vom 20/5. 1959, ausg. 10/10. 1960. A. Prior. 21/5. 1958. — C. **1961,** 3543 [A. P. 2923673].)

2554 **Petrochemicals Ltd.,** England, *Stabilisieren von Niederdruckpolyolefin.* (**F. P. 1241887** vom 14/9. 1959, ausg. 28/12. 1960. E. Prior. 16/9. 1958. — C. **1963,** 12634 [E. P. 851138].)

2555 **Deutsche Gold- und Silber-Scheideanstalt vormals Roessler,** Deutschland, *Formkörper aus Polyäthylen.* (**F. P. 1242223** vom 10/12. 1959, ausg. 30/12. 1960. D. Prior. 17/12. 1958. — C. **1963,** 11850 [Oe. P. 220357].)

2556 **Bataafse Petroleum Mij. N. V.,** Den Haag, Niederlande (Erfinder: **James Edward Carey,** Maple Wood, N. J., V. St. A.), *Epoxyharze als Bindemittel in Schichtstoffen.* (**D. A. S. 1144480** Kl. 39b vom 27/1. 1959, ausg. 28/2. 1963. A. Prior. 29/1. 1958. — C. **1962,** 8446 [E. P. 858080].)

2557 **Soc. des Usines Chimiques Rhône-Poulenc,** Paris (Erfinder: **André Fournet, René Chambard** und **Gilbert Christen,** Lyon), Frankreich, *Pfropfung von Celluloseacetat.* (**D. A. S. 1138214** Kl. 39b vom 20/1. 1960, ausg. 18/10. 1962. F. Prior. 26/2. 1959. — C. **1963,** 11853 [E. P. 865263].)

2558 **Rohm & Haas Co.,** Philadelphia (Erfinder: **Arthur Laslett Smith,** Abington, und **William Robson Conn,** Perkasie), Pa., V. St. A., *Faservlies,* (**D. A. S. 1132088** Kl. 8k vom 8/12. 1955, ausg. 28/6. 1962. A. Prior. 9/12. 1954. — C. **1961,** 13026 [E. P. 804497].)

2559 **Montecatini Soc. Gen. per l'Industria Mineraria e Chimica,** Italien. (Erfinder: **Pompilio Musso** und **Pierluigi Sorolli**), *Herstellung von Schallplatten.* (**F. P. 1200619** vom 24/7. 1958, ausg. 23/12. 1959. It. Prior. 26/7. 1957. — C. **1963,** 11052 [Aust. P. 231881].)

H_{12}. Kautschuk

2560 **Chemismus, Eigenschaften und Technologie der Natur- und Synthese-Hartkautschuke.** Kurt Rüttger. (Gummi Asbest – plast. Massen **13,** 152, 154, 156, 158, 160, 1960; dt.) — Nach einem allg. Überblick über die Vulkanisations-Rkk. u. der Definition des neu eingeführten Begriffes des Vulkanisations-Koeff. (g S, die von 100 g Kautschuk theoret. gebunden werden können), der sich zur Charakterisierung der Unterschiede der Natur- u. Synthese-Hartkautschuke eignet, werden die physikal., chem. u. therm. Eigg. der zur Herst. von Hartgummi geeigneten Kautschukarten (Naturkautschuk Isopren, Dimethylbutadien, Butadien sowie deren Mischpolymere) mit Styrol u. Acrylonitril verglichen. Abschließend wird die Technologie dieser Kautschuke behandelt. I. Köditz. 7220

2561 **Kautschuk-Metallverbindungen im Spiegel der Patentliteratur.** Otto Kayser. (Gummi u. Asbest **13,** 934, 936, 938, 940, 942, 944, 1000, 1002, 1004, 1960; **14,** 20, 22, 24, 98, 100, 188, 190, 192, 398, 400, 612, 614, 706, 710, 885—886, 888, 890, 1961; Berlin SW 61, Treuhandstelle Reichspatentamt; dt) — Auswahl deutscher Patente, die sich mit dem Problem der Bindung von Kautschuk an Metall beschäftigen. I. Köditz. 7220

2562 **Das Messen der Verarbeitbarkeit von Elastomeren.** Walter T. Blake. (Rubber Age [New York] **90,** 611—17, 1962; South Hackensack, N. J., C. W. Brabender Instruments Inc.; engl.) — Die mit dem Brabender-Plastographen möglichen Voraussagen auf die Verarbeitbarkeit von Elastomeren u. Elastomerenmischungen mit dem nach anderen Verff. erzielbaren Voraussagen werden verglichen. Es wird festgestellt, daß dieses Gerät zur Zeit die eindeutigsten Voraussagen auf die Verarbeitbarkeit von Elastomerenmischungen gestattet. A. Gude. 7220◇

2563 **Der Effekt des angewendeten Volumens auf die herbicide Wirkung von Dalapon und Gemischen von Dalapon und Amitrol.** P. Riepma Kzn. (J. Rubber Res. Inst. Malaya **17,** 123—29, 1962; Kuala Lumpur, Rubber Res. Inst. of Malaya, Soils Div.; engl.) — *Dalapon* (**I**) u. Gemische von **I** u. Amitrol werden in Mengen von 40, 70 u. 100 gallons W./acre gegen *Axonopus compressus* u. *Paspalum conjugatum* angewendet. Da das Vol. der verwendeten Lsgg. keinen Effekt auf die herbicide Wrkg. hat, wird eine Menge von 40 gallons/acre als ausreichend angesehen um Grasmischungen zu bekämpfen. A. Gude. 7222◇

2564 **Der Effekt von Dalapon und Amitrol allein oder in Gemischen auf Axonopus compressus und Paspalum conjugatum.** P. Riepma Kzn. (J. Rubber Res. Inst. Malaya **17,** 130—40, 1962; Kuala Lumpur, Rubber Res. Inst. of Malaya, Soils Div.; engl.) — Gegen *Axonopus compressus* besitzen Gemische von *Amitrol* u. *Dalapon* einen bemerkenswerten synergist. Effekt, während beide Chemikalien im Einsatz gegen *Paspalum conjugatum* eine antagonist. Wrkg. zeigen. A. Gude. 7222◇

2565 **Der Effekt von Paraquat auf einige Gräser und andere Unkräuter, die häufig in Kautschukpflanzungen vorkommen.** P. Riepma Kzn. (J. Rubber Res. Inst. Malaya **17,** 141—49, 1962; Kuala Lumpur, Rubber Res. Inst. of Malaya, Soils Div.; engl.) — Das Kontaktherbizid

Paraquat (I, 1.1-Dimethyldipyridylium-(4.4')-dimethylsulfat) hat eine gute herbicide Wrkg. gegen *Digitaria longiflora, Panicum nodosum, Axonopus compressus* u. einige Arten von *Scleria*. Auch *Pueraria phaseoloides* wird angegriffen, während sich *Paspalum conjugatum* u. *Mikania scandens* nach anfänglicher Schädigung durch I schnell wieder erholen. Gegen gemischte Grasbestände werden ca. 50 gallons I/acre gebraucht, denen zur Entfaltung des Wrkg.-Optimums noch 0,5 pint des Netzmittels *Lissapol N* zugesetzt werden. A. Gude. 7222◇

2566 **Naturkautschuk als korrosionsfester Werkstoff.** E. G. Rawlings. (Corrosion Prevent. Control **9**, Nr. 7, 37—40, 1962; Semtex, Ltd.; engl.) — Übersicht über die Verw. von Naturkautschuk als korrosionsfester Werkstoff. W. Wesly. 7222◇

2567 **Eine Beziehung zwischen Dichte und Kompressionsmodul für Latex-Schaum.** F. W. Shipley. (J. Rubber Res. Inst. Malaya **17**, 159—66, 1962; Kuala Lumpur, Rubber Res. Inst. of Malaya, Chem. Div.; engl.) — Der Zusammenhang von Kompressionsmodul bei konst. Kompression u. der Dichte von Latexschaum mit verschiedenen Vulkanisationsgraden (0,75—4% S), von Latexschaum mit verschiedenem Kaolin-Geh. (10 u. 33% Devolite clay) u. von Latexschaum /Styrol-Butadienkautschuk-Verschnitten (33% Pliolite 5352) wird untersucht. In allen Fällen gehorcht der Kompressionsmodul (C [kg/cm^2]) bei einer Kompression von 15—50% der Gleichung $\log C = \log A + n \log d$ (d = Dichte des Schaumstoffs, A u. n = Konst.), so daß im log C/log d-Diagramm Geraden entstehen. Bei der Verw. verstärkender Füllstoffe gilt die Gleichung nicht mehr. A. Gude. 7222◇

2568 **Ein neuer Latex für Gewebe-Imprägnierung. Weiteres Anwendungsgebiet für Butylkautschuk.** Ernst Dahl. (Gummi, Asbest-plast. Massen **13**, 224, 226, 1960; dt.) — Überblick über Herst., physikal. Eigg. u. Beständigkeit von Butyl-Latex MD 600-55, der als Kautschuk-Komponente Butyl 268 enthält u. sich wegen seiner mechan. Stabilität u. großen Unempfindlichkeit gegenüber Fremdionen für die Gewebe-Imprägnierung (Herst. von Reifencord, Gewebeinlagen für Transportbänder) eignet. I. Köditz. 7222

2569 **Die Eigenschaften von schwarzem Vorgemisch („masterbatch").** E. Tanaka, Y. Torigoe, T. Takemoto, H. Kinumaki und M. Oda. (J. Soc. Rubber Ind., Japan **36**, 4—11, 1963; Japan Synthetic Rubber Co., Ltd.; jap., Auszug: engl.) — Die physikal. Eigg. u. die Rußdispersion nichtdisperser schwarzer Vorgemische („masterbatches") u. ihrer Trockengemische werden untersucht. Latex-masterbatches zeigen gegenüber ihren Trockengemischen erhöhte Dehnung, Zerreißfestigkeit, Abriebfestigkeit, Kerbfestigkeit u. Widerstand gegenüber Rißausdehnung. — In Trockengemischen ist die Rußdispersion nach 3 Min. Banbury-Mischen gering; erst nach einer Mischdauer von 30 Min. ist sie vollkommen. In Latex-masterbatches ist die Rußdispersion bereits nach einer Mischdauer von 3 Min. vollkommen. I. Köditz. 7222

2570 **Die neuen synthetischen Elastomere.** W. Brenner und M. W. Riley. (Materials Design Engng. **56**, Nr. 1, 83—89, 1962; New York Univ.; engl.) — Überblick über die Eigg. u. Anwendungsmöglichkeiten neuer synthet. Elastomerer: Polyisopren, Polybutadien, Äthylen-Propylen, Äthylen-Butadien, Viton B, Nitroso-Fluorcarbon, Triazin, chloriertes Butyl, „Vinyl-Copolymer", thermoplast. Urethan, RTV-Silicon-Spray, selbstbindendes Silicon, selbstschmelzendes Silicon, rutschfester Gummi, transparentes Silicon. I. Köditz. 7224

2571 **Transparente und zellige Butylkautschukarten.** Stefan Chomiszczak, Elżbieta Kasprzyk und Jerzy Czyżewicz. (Polimery-Tworzywa wielkocząsteczkowe **7**, 376—78, 1962; Instytut Przemyslu Gumowego; pol.) — Die Anwendungsmöglichkeit von Butylkautschuk (A) zur Herst. von transparenten u. zelligen Plasten wird diskutiert. Die Eigg. verschiedener A-Arten u. verschiedene Rezepturen unter Berücksichtigung der Kautschuksorte, des Modifizierungsmittels u. der Füllstoffe werden angegeben. I. Köditz. 7224

2572 **Zur Frage der Strukturierung von carboxylhaltigen Kautschuken.** N. D. Sacharow. (Hochschulnachr. [Iwanowo], Chem. u. chem. Technol. **2**, 430—35, 1959; Jaroslaw, Technol. Inst.; russ.) — Untersucht werden Mischpolymere aus *Butadien* u. *Methacrylsäure* mit verschiedenen Geh. an *Styrol*. Der 4,15%ig. Kautschuklsg. in Isopropylbenzol werden MgO, ZnO, CaO, NaOH, KOH, $Ca(OH)_2$, $Ba(OH)_2$, $CaCO_3$, $MgCO_3$, $AlCl_3$, $SnCl_2$, S, Thioharnstoff, Melanin, Urotropin, Diphenylguanidin, Äthylenglycol, Glycerin, n-Phenylendiamin u. Resorcin zugesetzt u. der Viscositätsgrad bei 25, 70, 104 u. 130° ermittelt. Am wirksamsten sind $AlCl_3$, NaOH, KOH, CaO, MgO, $Ca(OH)_2$. Vulkanisationsverss. mit CaO, MgO, ZnO bei 143° ergeben, daß die Anzahl der Querverbb. in Metalloxidvulkanisaten im Vgl. zu S-Vulkanisaten bedeutend kleiner ist. Die größte Raumgitterdichte ergibt MgO. Nichtchem. zwischenmol. Bindungen sind bei der Strukturierung maßgeblich beteiligt. J. Lehmberg. 7224△

2573 **Modifizierung von Butadien-Styrolkautschuk durch thermoreaktive Harze.** 1. Mitt. B. N. Dinsburg, B. A. Ssafrai und N. K. Baramboim. (Hochmolekulare Verbind. [UdSSR] **4**, 1019—26, 1962; Moskau, Allunionsforschungsinst. für Filmmaterialien u. Kunstleder; russ., Auszug: engl.) — Die Verstärkung von *Butadien-Styrolkautschuk* (**BSK**) durch ein *Phenol-Anilin-Formaldehydharz* (**PAF**) (Verhältnis Phenol : Anilin = 2 : 1) ist am höchsten, wenn die mechan. Vermischung beider Komponenten gleichzeitig mit der Erhärtung von **PAF** (Temp. 155°) erfolgt. Durch Extraktionsverss. mit Bzl. u. mit Hilfe von IR-Spektren wurde nachgewiesen, daß dabei chem. Rkk. zwischen **BSK** u. **PAF** stattfinden. T. Lukanoff. 7224◇

2574 **Ein Lagebericht über Viton-Fluorelastomere.** R. R. Radcliff. (Gummi Asbest-plast. Massen **13**, 284, 286, 288, 290, 292, 1960; E. I. du Pont de Nemours & Co., Inc., Elastoma Chem. Dep.; dt. — C. **1960**, 9049.) I. Köditz. 7224

2575 **Verbesserte Tieftemperatur-Flexibilität von Urethan-Elastomeren.** K. A. Pigott, B. F. Frye, K. R. Allen, T. H. Cleveland, C. D. Nolen und J. H. Saunders. (Rubber Age [New York] **90**, 618—20, 1962; New Martinsville, W. Va., Mobay Chemic. Comp., engl.) — Der Polyester der Fa. Mobay „*Multrathane F 144*" zeigt nach der Vernetzung mit *Multrathane M* (Diphenylmethan-4.4'-diisocyanat) gegenüber Polyäthylenadipat, das mit Naphthalin-1.5-diisocyanat oder Multrathane M vernetzt wurde, eine um 20—30° günstigere Tieftemperaturbeständigkeit, die auch wesentlich tiefer liegt, als die von Naturkautschuk, Neoprene GN, u. SBR-1500. A. Gude. 7224◇

2576 **Dichtungsmaterial für Flugzeuge.** H. N. Galpern. (Rubber Age [New York] **90**, 621—26, 1962; Lynn, Mass. Gen. Electric Comp., Medium Steam Turbine, Generator and Gear Dep.; engl.) — Das Copolymerisat aus Vinylidenfluorid u. Perfluorpropylen „Viton A" (Du-Pont) zeigt bei der Alterung in Methylchlorphenylsilicon- u. in Methylphenylsilicon-Fl. bei 149° u. bei 204° über 1000 Std. keine Einbuße der Festigkeit, Dehnung u. Shore A-Härte. Bei der Alterung in Methylchlorsilicon-Fett mit einer Li-Seife als Verdickungsmittel wird die Lebensdauer des Materials bes. bei 204° schon stark eingeschränkt. Da die Schrumpfung von Viton A in den Fll. aber 3—10% beträgt, wird angenommen, daß seine Einsatzmöglichkeit als Dichtungsmaterial begrenzt ist. A. Gude. 7224◇

2577 **Versuche zur Verbesserung der mechanischen Eigenschaften von Kautschuk durch Eiweißstoffe von Ölfrüchten.** R. Chéritat und P. Boulanger. (Oléagineux **18**, 1—3, 1963; Paris, Inst. de Rech. sur le Caoutchouc en Afrique; franz.) — Eiweißstoffe werden anstelle der üblichen Verstärkerfüllstoffe [Ruß (B), SiO_2)] dem Latex direkt beigemischt u. mit HCHO verharzt. Dazu wird mit Casein (**A**) als Modellsubstanz dem Latex bei Raumtemp. eine Pseudo-Lsg. von 20 g **A** in 100 ml zu NH_4OH zugesetzt, mit CH_3COOH oder 10%ig. Milchsäure pH 6 eingestellt, nach 20 Std. 10%ig. HCHO (300 ml auf 100 g **A** zugesetzt, koaguliert, filtriert, getrocknet u. wie üblich weiter verarbeitet. Die Abriebfestigkeit der Vulka-

nisate ist etwas geringer als mit Ruß, jedoch besser als mit den meisten andern Füllstoffen. Im Goodrich-Flexometer erreicht ein Gemisch mit 28 (Teilen) **A** 25°, ein Gemisch mit 28 **B** dagegen 55—60°. Aus den Ölkuchen von Soja, Erdnuß, Ricinus oder Kopra werden die Eiweißstoffe mit 0,05—0,2 n NaOH oder Na_2CO_3 extrahiert. Die erhaltene Lsg. wird bei ausreichender Konz. wie die **A**-Lsg. eingesetzt. Zu verd. Lsgg. werden vorher mit CH_3COOH gefällt und der Nd. wird mit 5%ig. NH_4OH aufgelöst. Die beste Verstärkung ergeben Eiweißstoffe mit einem Molgew. von ca. 70000, geringe bzw. keine Verstärkung ergibt sich durch zu hohe Temp. beim Entölen des Kuchens bzw. bei zu niedrigem Molgew. von ca. 5000. Die Ölkuchen sind in den Anbaugebieten von Hevea in großen Mengen verfügbar.
R. Drautzburg. 7226◇

2578 **Mechanochemische Reaktionen, die zur Verstärkung von Kautschuken führen.** R. J. Ceresa. (Rubber Chem. Technol. **33,** 929—39, 1960; London, England, Nat. Coll. of Rubber Technol.; engl.) — Die Kaltmastifikation von Naturkautschuk mit Verbb. der allg. Formel MX_n, wie $SnCl_4$, $FeBr_3$, $Al(OH)_3$, führt zur Bldg. einer unlösl. Gelfraktion. Die meisten dieser polaren Verbb. sind jedoch hygroskop. u. reduzieren daher in Ggw. hydratisierten Materials den Gelierungseffekt. Bes. Interesse haben dagegen Al-Alkylate, wie Al-Isopropylat u. Al-sek.-Butylat, die als Geliermittel akt., aber kaum in Luft hydrolysierbar sind. Sie zeigen vollkommene Verträglichkeit mit den meisten Kautschuken u. kautschukähnlichen Polymeren in einem großen Konz.-Bereich. Die hohen Gel-Gehh., die mit so niedrigen Konzz. an Alkylaten (z. B. 75% Gel mit 0,005% Al-Isopropylat nach 5 Min. langer Mastifikation unter N_2) erhalten werden, schließen die Annahme einer Füllstoff-Polymerteilchen-Wechselwrkg. aus. Die scherabhängige Natur der Gel-Bldg.-Rkk. ist eindeutig. Die Gelierungs-Rkk. werden auf einen polaren Mechanismus infolge Wechselwrkg. polymerer Carbanionen u. Carboniumionen mit dem polarisierten oder ionisierten Alkylat oder Halogenid zurückgeführt. Vorläufige Befunde zeigen, daß so gelierte Natur- oder Synthese-Kautschuke zu Gummimischungen zur Verbesserung des Verarbeitungs-Verh. beim Extrudieren, Kalandrieren usw. zugefügt werden können. R. Schäff. 7226◇

2579 **Über den Einsatz von Faktis in Hypalon.** W. Goyert, G. Ultsch und H. Ehrend. (Kautschuk u. Gummi **15,** Nr. 1, WT 13—19, 1962; Mannheim-Rheinau, Rhein-Chemie GmbH, Kautschuklabor.; dt.) — 6 Faktisse (mit Angabe analyt. Daten) werden in Mengen von 10—20% einer Hypalon(**A**)-Grundmischung zugesetzt. Defo-Härte, Elastizität u. Standfestigkeit dieser unterschiedlichen Mischungen werden bestimmt. Einige aus auserwählten Mischungen hergestellte Vulkanisate werden hinsichtlich ihrer physikal. Eigg. verglichen. Resultate zeigen, daß der Einbau von Faktis eine Erhöhung der Standfestigkeit der Mischungen bringt u. die Elastizität u. den dynam. Biegewiderstand bei **A**-Vulkanisaten verbessert ohne daß die Charakteristiken von **A** wie gute Beständigkeit gegen Chemikalien, Wetter, O_3 u. Wärme verloren gehen. H. Strauch. 7226◇

2580 **Rolle des Drucks und der Menge des Treibmittels bei der Herstellung mikroporöser Schuhteile.** M. A. Al'bam und A. P. Pisarenko. (Rubber Chem. Technol. **33,** 1193—99, 1960; engl.) — Die Kinetik des Vorgangs der Porenbldg. u. der Gasentw. aus einer Mischung bei der Vulkanisation wurde untersucht. Wenn der Kautschuk unter niedrigem äußeren Druck vulkanisiert wird, entsteht eine Struktur mit untereinander in Verbindung stehenden Poren, was zu einer deutlichen Zunahme der Gaspermeabilität führt. Das Entweichen des Gases aus einer Mischung hängt von der Bldg. solcher kommunizierender Poren u. von deren Zahl ab.
R. Schäff. 7228◇

2581 **Die Vulkanisation als statisches Problem.** W. Späth. (Gummi Asbest-plast. Massen **13,** 228, 230, 232, 234, 236, 238, 240, 242, 1960; engl.; 380, 382—90, 1960; franz.; Gummi u. Asbest **12,** 706, 708, 710, 712, 792, 794, 796, 798, 800, 1959; dt.) — Nach einem allg. Überblick über die Literatur zum Problem der S-Geh. u. der Festigkeit während der Vulkanisation werden die Möglichkeit, die im Verlauf der Vulkanisation ablaufenden verschiedenen Prozesse mit Hilfe allg. statist. Meth. zu verknüpfen, diskutiert. I. Köditz. 7228

2582 **Die Vulkanisation eines Äthylen/Propylen-Copolymeren durch organische Peroxide.** Enzo Di Giulio und Giuliano Ballini. (Kautschuk u. Gummi **15,** Nr. 1, WT 6—13, 1962; Ferrara, Soc. Montecatini, Ist. Ric. Idrocarburi; dt.) — Ein chem. Syst. mit organ. Peroxiden wird beschrieben, das die Vulkanisaton eines Äthylen/Propylen Copolymeren — als *Dutral* bezeichnet — ohne eine Konstit.-Änderung des Elastomeren bei der Überführung in den vernetzten Zustand ermöglicht. Als Vulkanisationsmittel werden hauptsächlich tert.-Dialkylperoxide verwendet. Das Vulkanisat hat ein spezif. Gew. von 0,86, eine Versprödungs-Temp. von — 94°, eine gute Ozonbeständigkeit, eine geringe Wasseraufnahme u. kann nach den üblichen Verff. verarbeitet werden. Mit entsprechenden Füllstoffen lassen sich gute mechan. u. elektr. Eigg. erreichen.
H. Strauch. 7228◇

2583 **Eine neue Methode zur Bestimmung der Wärmewirkung bei der Gummivulkanisation.** N. A. Sanemonetz und W. O. Fogel. (Hochschulnachr. [Iwanowo], Chem. u. chem. Technol. **2,** 437—42, 1959; Moskau, Lomonossow-Inst. für feinchem. Technol.; russ.) — Die Meth. beruht auf der Best. des Wärmegleichgewichts durch thermograph. Analysen u. wird bei der Vulkanisation von Eboniten aus *Butadien-Styrol*-Kautschuk angewandt. Beschleuniger (Diphenylguanidin) wirken bei dieser Rk. als Katalysatoren u. beeinflussen die gesamte Wärmeentw. wenig. Die Resultate werden für die Berechnung des Wärmeverlaufs beim Vulkanisationsprozeß von Gummi angewendet. J. Lehmberg. 7228△

2584 **Strahlungsvulkanisation von Kautschuk in Latex.** D. M. Ssandomirski, W. L. Karpow und W. G. Jurkewitsch. (Hochmolekulare Verbind. [UdSSR] **4,** 1064—70, 1962; Moskau, Lomonossow-Inst. für chem. Feintechnol.; Physik.-chem. Karpow-Inst.; russ., Auszug: engl.) — Bei der Strahlungsvulkanisation von *Latices* des Natur- (NK), des Butadienstyrol- mit u. ohne Methacrylsäure (BS bzw. BSM), des Butadienacrylonitril- (BN) u. des Chloroprenkautschuks (Ch) mit γ-Strahlen (Quelle ^{60}Co, Intensität 0,26 Mr/h) verläuft die Strukturierung schneller als bei der Behandlung von Kautschuk in festem Zustand. Dabei spielt die Radiolyse von W. u. Prodd. dieser Rk. eine wesentliche Rolle. Der Vernetzungsgrad, gemessen nach Flory (1943), nimmt bei NK mit ansteigender Strahlungsdosis ab, bei BS, BSM, BN u. Ch dagegen zu. Die Strahlung wirkt auch auf die Micellenhülle der Latexkügelchen, wodurch eine Aggregation von NK-Micellen verursacht wird. Die Gelierung von Ch. läßt sich durch die Abspaltung von HCl u. die damit verbundene Veränderung von pH unter Einw. von γ-Strahlung erklären. T. Lukanoff. 7228◇

2585 **Zur rheologischen Prüfung von Elastomeren bei tiefen Temperaturen.** 2. Mitt. L. Boor, M. Hanok, F. S. Conant und W. E. Scoville jun. (Rubber Chem. Technol. **33,** 1114—31, 1960; Philadelphia, Pa., U. S. Army Quartermaster Res. & Dev. Div.; New York Naval Shipyard, Material Labor., Elastomers Dev. Sect.; Akron, Ohio, Firestone Tire and Rubber Co.; Passiac, N. J., U. S. Rubber Comp.; engl.) — 1. vgl. C. **1961,** 1395. — Über Befunde einer Gemeinschaftsunters. über die Anwendbarkeit bestimmter Überlagerungsprinzipien zur Analyse verschiedener Deformationsarten bei elastomeren Materialien wird berichtet. Diese Prinzipien sind: die Geschw. der Erholung aus einer Gleichgew.-Deformation nach Entfernung einer bestimmten Belastung ist der Geschw. des Kriechens von der Deformation Null ausgehend bei Anwendung dieser Last äquivalent; Kriech-, Erholungs- oder Spannungsrelaxationskurven bei verschiedenen Temp. können zu einer kontinuierlichen Zeit-Deformations- oder Zeit-Spannungs-Kurve zusammengesetzt werden. Das 1. Prinzip wird für Torsions- sowie Scherdeformationen (nicht aber für Zugdeformationen, vermutlich wegen Ungenauigkeit in der Prüfmeth.), das 2. Prinzip für Kriechen u. Erholung bei Scher- bzw. Torsionseinw. u. Zugspannungsrelaxation demonstriert. Anwendungsbeispiele für diese Analysenmeth. zeigen, wie das rheolog. Verh. eines Elastomeren bei bestimmter Temp. für sehr kurze oder sehr lange Perioden des Kriechens, der Erholung oder der Spannungsrelaxation aus Messungen bei einer Temp.-Reihe vorausgesagt werden kann. R. Schäff. 7248◇

2586 **Kautschukbestimmung in den wachstumsfähigen Teilen von Hevea brasiliensis.** K. R. Middleton und D. R. Westgarth. (Analyst **88,** 544—50, 1963; Kuala Lumpur, Malaya, Rubber Res. Inst. of Malaya; engl.) — Aus zerkleinerten Blättern, Stielen, Stengeln werden störende Substanzen mit sd. A. u. dann mit sd. W., aus Wurzeln mit wss. sd. Oxalsäurelsg. u. dann mit sd. A. extrahiert. Der Kautschuk wird anschließend mit einer Lsg. von CCl_3COOH in gereinigtem Bzl. extrahiert. In einer Glasstöpselflasche werden 25 ml Extrakt mit saurer Na_2MoO_4-Lsg. u. mit einer Lsg. von $KBrO_3$ u. KBr versetzt, 100 Min. im Dunkeln belassen, schnell mit KJ u. nach 5 Min. mit Na–Borat-Lsg. versetzt. Nach kräftigem Schütteln fügt man unter Umrühren $Na_2S_2O_3$-Lsg. zu. Von der wss. Phase werden 50 ml mit J_2-Lsg. gegen Stärke als Indicator titriert. Eine Blindbest. wird mit 26 ml der benzol. CCl_3COOH-Lsg. durchgeführt. Mit der CCl_3COOH-Lsg. wird der Kautschuk in wesentlich kürzerer Zeit vollständig extrahiert als mit Bzl. allein. Die Zuverlässigkeit der Meth. wird statist. nachgewiesen. Der Variations-Koeff. beträgt bei Blättern u. Stielen ca. 1%, bei braunen Stengeln ca. 6%. Durch Lagerung der Pflanzenteile (mit Ausnahme der Wurzeln) wird die Extraktion des Kautschuks erschwert. Dagegen spielen gröbere oder feinere Vermahlung sowie Trocknung bei 55 oder 85° prakt. keine Rolle. R. Drautzburg. 7248◇

2587 **Bestimmung der Leistung beim Walzen von Gummigemischen.** G. W. Dobroljubow. (Hochschulnachr. [Iwanowo], Chem. u. chem. Technol. **2,** 294—98, 1959; Moskau, Chem. Maschinenbauinst.; russ.) — Die hydrodynam. Analyse des Walzprozesses von Gummimischungen, deren Zus. angegeben wird, oder von Kautschuk führen zur Aufstellung einer Formel, durch die die Größe der erforderlichen Leistung bestimmt werden kann. Die Resultate stimmen mit experimentell ermittelten Daten überein. J. Lehmberg. 7248△

2588 **Bestimmung des Schwefelgehaltes in Schwefel/Kautschuk-Batches.** F. Mocker und F. Luft. (Gummi Asbest-plast. Massen **13,** 244, 1960; Veith-Gummiwerke AG.; dt.) — Die von Schmidt u. Talsky (C. **1960,** 1270) angegebene Meth. zur jodometr. Best. von elementarem S eignet sich zur Fabrikationskontrolle von S-Kautschuk-Batches. Die Fehlergrenze liegt bei $< \pm 1\%$. I. Köditz. 7248

2589 **Unlöslicher Schwefel in Schwefel/Kautschuk-Batches.** F. Luft und F. Mocker. (Gummi — Asbest — Kunststoffe **14,** 692, 1961; Höchst/Odenwald, Veith-Gummiwerke AG.; dt.) — Die Meth. zur Best. des S-Geh. in S-Kautschuk-Gemischen (vgl. vorst. Referat) wird modifiziert, um auch den häufig verarbeiteten unlösl. S in solchen Gemischen quant. zu erfassen. Das Analysen-Verf. wird beschrieben. — 1 g Gemisch wird in 40 ml Xylol gelöst u. 5 Min. lang zum Sieden erhitzt, um die unlösl. in die lösl. S-Modifikation zu überführen. Nach Abkühlen wird mit Chlf. auf 100 ml aufgefüllt u. nach der früher beschriebenen Meth. weitergearbeitet. R. Schäff. 7248□

2590 **Nachweis von Bläh- und Plastifiziermitteln in Gummi-Mischungen.** R. Miksch und L. Prölss. (Gummi Asbest-plast. Massen **13,** 250—51, 254, 256, 258, 260; 1960; München, Metzeler Gummiwerke AG., Labor.; dt.) — Der Nachw. von in fester Form vorliegenden Blähmitteln: $NaHCO_3$, $(NH_4)_2CO_3$, Diazoaminobenzol, Dinitrosopentamethylentetramin, Benzolsulfohydrazid, Benzoldisulfohydrazid u. Harnstoff, sowie folgender Mercaptan-Plastiziermittel: Zn-Salz von Pentachlorthiophenol. Pentachlorthiophenol, Bis-[o-benzamidophenyl]-disulfid u. Mercaptobenzothiazol wird beschrieben. Abschließend werden der Mechanismus des Zerfalls von Diazoaminobenzol sowie die Auswahl eines Red.-Mittels zum Nachw. von Diphenyldisulfid als Thiophenol diskutiert. I. Köditz. 7248

2591 **Die Bestimmung der Ozonbeständigkeit von Kautschukvulkanisaten mit Hilfe von Spannungsrelaxationsmessungen.** Y. Takano und H. Kurumiya. (J. Soc. Rubber Ind., Japan **36,** 11—21, 1963; Tokyo Inspection Branch, Rubber Goods Inspection Assoc.; jap., Auszug: engl.) — Den Einfl. der Dicke u. Breite der Proben, der Spannung der O_3-Konz. u. der durch O_3 verursachten Spannungsrelaxation von SBR-Vulkanisaten wird untersucht. Die Spannungsrelaxation eines Kautschukbandes von 1 mm × 10 mm × 60 mm in O_3 ist bei einer 10 bis 100%ig. Dehnung linear von der Zeit abhängig. Es wird eine visuelle Meth. für die Abschätzung der auf O_3 zurückzuführenden Zers. beschrieben, deren Werte gut mit denen der Spannungsrelaxations-Meth. übereinstimmen. I. Köditz. 7248

2592 **Untersuchungen der technischen Einschätzung von Kautschuklatices. 1. Mitt. Untersuchung der Prüfmethoden für die mechanische Stabilität von natürlichen Kautschuklatices.** S. Kunisawa, M. Okikura und A. Taniguchi. (J. Soc. Rubber Ind., Japan **36,** 22—25, 1963; Foundation for Natural Rubber Res. and Dev.; jap., Auszug: engl.) — Die von JIS u. ASTM angegebenen Vorschriften für die Best. der Zeit bis zum Auftreten koagulierter Teilchen werden mit Hilfe einer in Latex schnell rotierenden Scheibe verglichen. Wegen der abweichenden Ergebnisse, die mit bei den Vorschriften erhalten werden, wird eine Revision dieser Vorschrift gefordert. I. Köditz. 7248

2593 **Untersuchungen der technischen Einschätzung von Kautschuklatices. 2. Mitt. Der Einfluß der flüchtigen Fettsäurezahl auf die mechanische Stabilität von natürlichen Kautschuklatices.** S. Kunisawa, M. Okikura und M. Hiramatsu. (J. Soc. Rubber Ind., Japan **36,** 25—28, 1963; jap., Auszug: engl.) — 1. vgl. vorst. Referat. — Die Beziehungen zwischen der flüchtigen Fettsäurezahl u. der mechanischen Stabilität von mit NH_3 konservierten Latices werden untersucht. Bei gleichen Latexarten ist die flüchtige Fettsäurezahl ein gutes Hilfsmittel für die Abschätzung von Rohlatex; sie eignet sich aber nicht zum Vgl. von Latices unterschiedlicher Herkunft. I. Köditz. 7248

2594 **Polarographische Bestimmung von Kupfer in indischen Porzellanerden als Füllstoffe für Gummi.** A. S. Ghag, A. G. Desai, K. V. Modak und M. B. Kabadi. (Sci. and Cult. **25,** 686—87, Juni 1960; Bombay, Inst. of Sci., Dep of Phys. Chem.; engl.) — Zur Best. von Cu in Porzellanerden wird 1 g der Probe mit ca. 14 g NH_4OH (D. 0,88) extrahiert. Die Waschlsg. wird zum Filtrat gegeben, mit 15 g NH_4Cl u. 10 ml 0,125%ig. Gelatine-Lsg. versetzt, auf 250 ml aufgefüllt u. polarographiert. Es wurden in acht ind. Tonerden nur Spuren von Cu (0,03 bis 0,16 g Cu/100 g Ton) gefunden. D. Heinrich. 7248◇

2595 **Bestimmung Hydroperoxidspuren durch die Reaktion mit Arsen(III). Anwendung auf die Bestimmung in Polymer-Latex.** I. M. Kolthoff, E. J. Meehan, S. Bruckenstein und H. Minato. (Microchem. J. **4,** 33 bis 41, 1960; Minneapolis, Minn., Univ. of Minnesota, School of Chem.; engl.) — Es werden zwei Verf. zur Best. von Hydroperoxiden in Konzz. der Größenordnung 10^{-5} m beschrieben: a) Red. mit As(III) in geringem Überschuß u. amperometr. Titration des überschüssigen As^{3+} gegen Jod. b) Red. mit As(III) in großem Überschuß u. spektrophotometr. Best. des gebildeten As^{5+}. — Best. wurden durchgeführt mit Cumol-, p-Menthan- u. tert.-Butylhydroperoxid in einem Polystyrol-Latex-Polymerisat, dem das Hydroperoxid durch Lsgm.-Extraktion entzogen wird. Die Kinetik der Rkk. wird untersucht. W. Betcke. 7248◇

2596 Union Carbide Corp., New York, N. Y., übert. von: Howard R. Guest, Charleston, Joe T. Adams, St. Albans, und Harry A. Stansbury jun., South Charleston, W. Va., V. St. A., **Herstellung von S- und Spirobi-(m-dioxan) enthaltenden Produkten** erfolgt bei der Rk. eines Mercaptoalkohols mit einer 3.9-Divinylspirobi-(m-dioxan)-Verb. der allg. Formel (I) bei normaler Temp. bis 200° u. normalem Druck, ggf. unter autogenem Druck bei Ausführung der Rk. im Autoklaven. Die Mengenverhältnisse zwischen dem Mercaptoalkohol u. dem Dioxan können zwischen 0,5—5 : 1 Mol schwanken. Ein Überschuß an dem Mercaptoalkohol bedingt Polymerisationsrkk., bes. bei höheren Tempp. oder in Ggw. eines

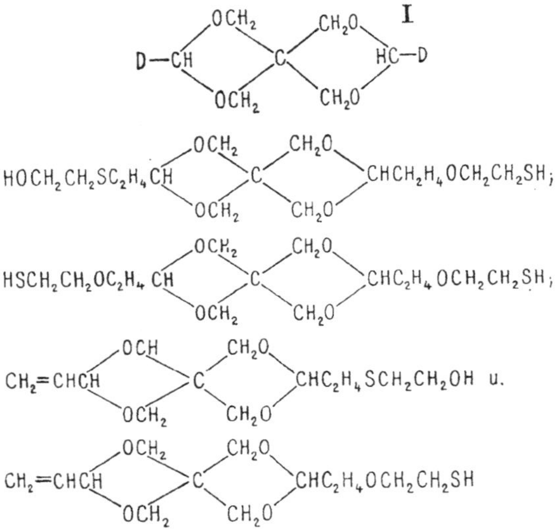

I

sauren Katalysators, wie p-Toluolsulfonsäure, $ZnCl_2$. Ein Lsgm. ist bes. erwünscht, wenn in Ggw. eines anorgan. Katalysators gearbeitet wird. In der Formel **I** bedeutet D die Gruppe R–CH=CH–, oder CH_2=C(R)– (R = H, Halogen oder ein niedrigmol. Alkyl). — 0,2 (Mol) 3.9-Divinylspirobi-(m-dioxan) u. 0,4 Monothioäthylenglycol werden 1 Std. unter Rückfluß bei 120° erhitzt. Die bei 0,5 mm Hg u. 200° übergehenden Stoffe werden abgetrieben, u. es verbleiben als Rückstand *3.9-Bis-(2-hydroxyäthylmercaptoäthyl)-spirobi-(m-diolan)*, n_D^{30} 1,5364. Es werden analog folgende Verbb. hergestellt: Zwischenprodd., Sucanisationsbeschleuniger für Natur-Kautschuk. (**A. P. 2996516** vom 26/9. 1957, ausg. 15/8. 1961.) G. König. **7229**

2597 **Dunlop Rubber Co. Ltd.,** London, übert. von: **Ronald H. Shrimpton** und **Harry G. Mitchell,** Birmingham, County of Warwick, England, *Synthetische Elastomere.* (**Can. P. 569656** vom 23/2. 1955, ausg. 27/1. 1959. E. Prior. 27/2. 1954. — C. **1958,** 6981 [E. P. 767306].)

2598 **Imperial Chemical Industries Ltd.,** London (Erfinder: **David James Bryans Coulter** und **Philip Cowey Johnson,** Manchester), England, *Herstellung von kautschukartigen Stoffen.* (**Jap. A. S. 10638/1961** vom 6/9. 1958, ausg. 15/7. 1961. E. Prior. 6/9. 1957 u. 22/8. 1958. — C. **1962,** 17591 [Aust. P. 227705].)

2599 **Montecatini Soc. Gen. per l'Industria Mineraria e Chimica,** Mailand, Italien, und **Karl Ziegler,** Mülheim/Ruhr (Erfinder: **Rino Mostardini, Roberto Magri, Rosario Lanzo** und **Mario Piazza,** Mailand, Italien), *Herstellung amorpher linearer α-Olefinmischpolymerer.* (**Jap. A. S. 10491/1961** vom 10/12. 1958, ausg. 13/7. 1961. It. Prior. 11/12. 1957. — C. **1962,** 4011 [F. P. 1223363].)

2600 **Godfrey L. Cabot, Inc.,** V. St. A. (Erfinder: **Eli M. Dannenberg, Raymond P. Rossman** und **Herman F. Mark**), *Härten von polymeren Monoolefinen.* (**F. P. 1204572** vom 21/4. 1958, ausg. 27/1. 1960. A. Prior. 29/4. 1957. — C. **1963,** 6041 [Belg. P. 567253].)

2601 **Esso Research and Engineering Co.,** V. St. A. (Erfinder: **Henry S. Makowski, Benjamin K. C. Shim, Charles William Seelbach** und **Lewis W. Bowman**), *Amorphe kautschukartige Äthylen, -Propylen- oder -Buten-Mischpolymere.* (**F. P. 1207741** vom 9/7. 1958, ausg. 18/2. 1960. A. Prior. 17/7. 1957. — C. **1963,** 5667 [E. P. 868022].)

2602 **Esso Research and Engineering Co.,** V. St. A. (Erfinder: **Gilbert Rowe, John L. Bryan jun., Stanley E. Jaros** und **Bruce R. Tegge**), *Herstellung von Butylkautschuk.* (**F. P. 1239673** vom 2/11. 1959, ausg. 9/12. 1960. A. Prior. 3/11. 1958. — C. **1962,** 327 [D. A. S. 1108438].)

2603 **Esso Research and Engineering Co.,** V. St. A. (Erfinder: **George E. Serniuk** und **Irving Kuntl**), *Halogenieren von Butylkautschuk.* (**F. P. 1227306** vom 17/2. 1959, ausg. 19/8. 1960. A. Prior. 7/3. 1958. — C. **1962,** 2929 [E. P. 862696].)

2604 **Esso Research and Engineering Co.,** V. St. A. (Erfinder: **Charles K. Schramm, Raymond G. Newberg** und **Lewis W. Bowman**), *Butylkautschukmischung mit Niederdruckpolyolefinen.* (**F. P. 1241670** vom 2/12. 1959, ausg. 28/12. 1960. A. Prior. 2/12. 1958. — C. **1963,** 1481 [E. P. 865297].)

2605 **Phillips Petroleum Co.,** Bartlesville, Okla. (Erfinder: **Alvin Carl Rothlisberger, James Newton Short** und **Ralph Colemann Farrar,** Bartlesville, Okla.), V. St. A., *Polymerisation von Butadien-(1.3).* (**D. A. S. 1148076** Kl. 39c vom 20/3. 1959, ausg. 2/5. 1963. A. Prior. 21/3. u. 25/4. 1958. — C. **1962,** 11759 [E. P. 852313].)

2606 **Goodrich-Gulf Chemicals, Inc.,** Cleveland (Erfinder: **Henry Kahn,** Crafton), Ohio, V. St. A., *Polymerisieren von Isopren.* (**D. P. [DDR] 25185** Kl. 39c vom 17/12. 1959, ausg. 20/4. 1963 [Ausschließungspatent]. A. Prior. 19/12. 1958. — C. **1963,** 11855 [E. P. 870010].)

2607 **Goodrich-Gulf Chemicals, Inc.,** Cleveland (Erfinder: **John Samuel Brooks Wolfe,** Rocky River, **Floyd Francis Miller** und **Henry Kahn,** Crafton, und **Richard Glenn Small,** Elyria), Ohio, V. St. A., *Polymerisieren von Isopren.* (**F. P. 1236178** vom 1/8. 1959, ausg. 14/11. 1960. **D. P. [DDR] 25205** Kl. 39c vom 31/7. 1959, ausg. 24/4. 1963 [Ausschließungspatent]. Beide A. Prior. 1/8. 1958. — C. **1963, 3419** [E. P. 872283].)

2608 **Esso Research and Engineering Co.,** V. St. A. (Erfinder: **Leon Sherwood Minckler jun., Delmer Leroy Cottle** und **Theodore Lemiszka**), *Herstellung von Cyclodien-Isobutylen-Isopren-Mischpolymeren.* (**F. P. 1239028** vom 14/10. 1959, ausg. 7/12. 1960. A. Prior. 12/11. 1958. — C. **1962,** 6992 [E. P. 854274].)

2609 **General Electric Co.,** übert. von: **Moyer M. Safford** und **Dallas T. Hurd,** Schenectady, N. Y., V. St. A., *Elastische Organopolysiloxane.* (**Can. P. 569530** vom 28/8. 1951, ausg. 27/1. 1959. A. Prior. 12/9. 1950. — C. **1959,** 11424 [It. P. 489113].)

2610 **Connecticut Hard Rubber Co.,** V. St. A. (Erfinder: **Zbigniew J. Grabicki** und **John H. Baldrige**), *Siliconkautschuk erhöhter Zugfestigkeit.* (**F. P. 1237927** vom 26/6. 1959, ausg. 28/11. 1960. A. Prior. 24/9. 1958. — C. **1963,** 13389 [D. A. S. 1141449].)

2611 **General Electric Co.,** Schenectady, N. Y., V. St. A., *Herstellung von Organopolysiloxangummi.* (**Jap. A. S. 10486/1961** vom 3/12. 1954, ausg. 13/7. 1961. A. Prior. 3/12. 1953. — C. **1959,** 13957 [E. P. 768286].)

2612 **Esso Research and Engineering Co.,** V. St. A. (Erfinder: **Merlin Meredith Lambert** und **Francis P. Baldwin**), *Stabilisieren von halogeniertem Butylkautschuk.* (**F. P. 1214438** vom 3/12. 1958, ausg. 8/4. 1960. A. Prior. 24/1. 1958. — **C. 1962,** 1053 [E. P. 850429].)

2613 **American Cyanamid Co.,** V. St. A. (Erfinder: **Franck Aloysius Vincent Sullivan** und **Arnold Rogers Davis**), *Alterungsschutzmittel für Kautschuk.* (**F. P. 1228751** vom 27/6. 1959, ausg. 2/9. 1960. A. Prior. 7/7. 1958. — C. **1963,** 7564 [E. P. 873123].)

2614 **Farbenfabriken Bayer Akt.-Ges.** (Erfinder: **Hans Pohle** und **Friedrich Lober**), Leverkusen, *Alterungsschutzmittel für Kautschuk.* (**D. A. S. 1151372** Kl. 39b vom 8/2. 1956, ausg. 11/7. 1963. — C. **1962,** 6993 [A. P. 2941979].)

2615 **Ethyl Corp.,** V. St. A. (Erfinder: **Thomas Hunter Coffield** und **Allen Howard Filbey**), *Stabilisier- und Alterungsschutzmittel für Polyolefine und Kautschuk.* (**F. P. 1230080** vom 25/5. 1959, ausg. 13/9. 1960. A. Prior. 27/5. 1958. — C. **1963,** 1893 [Jap. A. S. 8336/1960].)

2616 **Monsanto Chemicals Ltd.,** London, England, *Ozonschutzmittel für Kautschuk.* (**Ind. P. 66705** vom 11/2. 1959, ausg. 23/12. 1961. E. Prior. 17/2. 1958. — C. **1962, 4371** [E. P. 852932].)

2617 **American Cyanamid Co.,** V. St. A. (Erfinder: **Ralph Arthur Naylor**), *Herstellung von Kautschukvulkanisaten.* (**F. P. 1205529** vom 21/4. 1958, ausg. 3/2. 1960. A. Prior. 26/4. 1957. — C. **1960,** 12184 [E. P. 824627].)

2618 **Union Carbide Corp.,** New York, N. Y., V. St. A. (Erfinder: **Milton L. Dunham jun.** und **Francis Martin O'Connor**), *Härtendes Präparat.* (**Jap. A. S. 5889/1961** vom 28/12. 1957, ausg. 26/5. 1961. A. Prior. 31/12. 1956. — C. **1962,** 7726 [Belg. P. 563517].)

2619 **American Cyanamid Co.,** V. St. A. (Erfinder: **Harman Cherlow**), *Herstellung von Sulfenamidverbindungen.* (**F. P. 1211851** vom 25/10. 1958, ausg. 18/3. 1960. A. Prior. 6/11. 1957. — C. **1961,** 12667 [D. A. S. 1097666].)

2620 **Firestone Tire & Rubber Co.,** Akron, Ohio, V. St. A., *Beschleuniger für Kautschuk — Ofenruß-Mischungen.* (**D. A. S. 1150196** Kl. 39b vom 20/11. 1957, ausg. 12/6. 1963. A. Prior. 31/12. 1956. — C. **1963,** 6044 [A. P. 2996483].)

2621 **Firestone Tire & Rubber Co.,** V. St. A. (Erfinder: **George Edson Philip Smith jun.**), *Vulkanisationsbeschleuniger.* (**F. P. 1226847** vom 5/6. 1959, ausg. 16/8. 1960. A. Prior. 5/6. 1958. — C. **1963,** 4176 [E. P. 865334].)

2622 **American Cyanamid Co.,** V. St. A. (Erfinder: **Ralph Arthur Naylor**), *Herstellung eines Kautschukvulkanisats mit hohem Rußgehalt.* (**F. P. 1231324** vom 22/7. 1959, ausg. 28/9. 1960. A. Prior. 23/7. 1958. — C. **1961,** 18531 [D. A. S. 1108899].)

2623 **B. F. Goodrich Co.,** New York, N. Y. (Erfinder: **Charles Malcolm Hendry** und **David Craig,** Cuyahoga Falls, Ohio), V. St. A., *Vulkanisieren von Kautschuk.* (**F. P. 1252658** vom 3/12. 1959, ausg. 8/5. 1961. **Jap. A. S. 13075/1961** vom 26/11. 1959, ausg. 10/8. 1961. Beide A. Prior. 15/12. 1958. — C. **1963,** 7197 [A. P. 2989513].)

2624 **Esso Research and Engineering Co.,** V. St. A. (Erfinder: **James V. Fusco, Albert M. Gessler, Samuel B. Robison** und **Francis P. Baldwin**), *Vulkanisieren von Butylkautschuk.* (**F. P. 73399** vom 17/3. 1958, ausg. 30/11. 1960. A. Prior. 26/3. 1957. Zusatz zu F. P. 1134478; C. 1959, 16864. — C. **1962,** 8093 [Belg. P. 565930].)

2625 **Esso Research and Engineering Co.,** V. St. A. (Erfinder: **James Vincent Fusco, Alfred Lewis Miller** und **Samuel Burnside Robison**), *Vulkanisation von chloriertem Butylkautschuk.* (**F. P. 1208248** vom 30/5. 1958, ausg. 22/2. 1960. A. Prior. 11/6. 1957. — C. **1962,** 6612 [E. P. 862672].)

2626 **Esso Research and Engineering Co.,** Elizabeth (Erfinder: **Robert E. Clayton,** Roselle Park, **John R. Briggs,** Westfield, und **Francis P. Baldwin,** Colonia), N. J., V. St. A., *Vulkanisieren chlorhaltiger Polymerer.* (**Jap. A. S. 5890/1961** vom 10/3. 1958, ausg. 26/5. 1961. A. Prior. 5/4. 1957. — C. **1963,** 2256 [A. P. 2955102].)

2627 **Esso Research and Engineering Co.,** V. St. A. (Erfinder: **Theodore Lemiszka, Delmer L. Cottler** und **Leon Sherwood Minckler jun.**), *Vulkanisieren von halogeniertem Butylkautschuk.* (**F. P. 1233341** vom 18/8. 1959, ausg. 12/10. 1960. A. Prior. 18/9. 1958. — C. **1962,** 8093 [E. P. 862698].)

2628 **Montecatini Soc. Gen. per l'Industria Mineraria e Chimica,** Italien (Erfinder: **Giovanni Pedretti** und **Luigi Corbelli**), *Vulkanisationsverfahren.* (**F. P. 1262375** vom 12/7. 1960, ausg. 22/9. 1961. It. Prior. 17/7. 1959. — C. **1962,** 16871 [Ung. P. 149621].)

2629 **Esso Research and Engineering Co.,** V. St. A. (Erfinder: **Henry S. Makowski** und **Charles W. Seelbach**), *Vulkanisieren eines bromierten Äthylenmischpolymeren.* (**F. P. 1220970** vom 13/1. 1959, ausg. 30/5. 1960. A. Prior. 13/1. 1958. — C. **1963,** 8361 [E. P. 883731].)

2630 **American Cyanamid Co.,** V. St. A. (Erfinder: **Joseph Dennis Colgan** und **Harold E. Fife**), *Herstellung von Harzmischungen.* (**F. P. 1214366** vom 14/11. 1958, ausg. 8/4. 1960. A. Prior. 15/11. 1957. — C. **1963,** 4174 [E. P. 874805].)

2631 **Farbenfabriken Bayer Akt.-Ges.,** Leverkusen (Erfinder: **Paul Schneider,** Opladen, **Gottfried Scriba** und **Wilhelm Graulich,** Leverkusen), *Mischung aus thermoplastischen und elastischen Polymeren.* (**Jap. A. S. 9592/1961** vom 11/6. 1959, ausg. 4/7. 1961. D. Prior. 11/6. 1958. — C. **1962,** 13967 [D. A. S. 1078324].)

2632 **Phillips Petroleum Co.** (Erfinder: **Henry Elsworth Railsback** und **Nelson Auguste Stumpe jun.**), Bartlesville, Okla., V. St. A., *Kautschukmischung.* (**F. P. 1223348** vom 27/11. 1958, ausg. 16/6. 1960. **Jap. A. S.**

11777/1960 vom 27/11. 1958, ausg. 23/8. 1960. Beide A. Prior. 27/11. 1957 u. 28/7. 1958. — C. **1963,** 7564 [E. P. 867390].)

2633 **Lord Mfg. Co.,** Erie, Pa. (Erfinder: **Elmer W. Coleman jun.,** New York, N. Y., und **Donald M. Alstadt,** Erie, Pa.), V. St. A., *Kautschuk-Metall-Klebmischung.* (**D. A. S. 1143017** Kl. 39b vom 24/4. 1958, ausg. 31/1. 1963. — C. **1961,** 11170 [E. P. 822725].)

2634 **United States Rubber Co.,** New York, N. Y. (Erfinder: **George Stewart Mills,** Pompton Plains, N. J.), V. St. A., *Herstellung ligninverstärkter Kautschukmischungen.* (**D. A. S. 1145352** Kl. 39b vom 5/2. 1957, ausg. 14/3. 1963. A. Prior. 17/4. 1956. — C. **1960,** 1697 [A. P. 2845397].)

2635 **Dunlop Rubber Co. Ltd.,** England, *Überzüge aus plastischen Massen auf Kautschukgegenständen.* (**F. P. 1205948** vom 17/4. 1958, ausg. 5/2. 1960. E. Prior. 17/4., 24/7. 1957 u. 8/4. 1958. — C. **1963,** 4551 [E. P. 867509].)

2636 **Esso Research and Engineering Co.,** V. St. A. (Erfinder: **Charles K. Schramm** und **Walter E. Heumann**), *Herstellung von Niederdruckpolypropylen-Silicongummi-Mischungen.* (**F. P. 1207260** vom 5/11. 1958, ausg. 16/2. 1960. A. Prior. 2/12. 1957. — C. **1962,** 13593 [D. A. S. 1108425].)

2637 **Esso Research and Engineering Co.,** Elizabeth, N. J., V. St. A., *Modifizierung von Isoolefin-Multiolefin-Mischpolymerisaten.* (**E. P. 885743** vom 27/11. 1958, ausg. 28/12. 1961. A. Prior. 30/12. 1957. Zusatz zu E. P. 842557; C. 1961, 13745. — C. **1962,** 13230 [A. P. 2952291].)

2638 **Canadian Industries Ltd.,** Montreal, Canada, *Herstellung von verstärkten Kautschukwaren.* (**Jap. A. S. 5740/1961** vom 28/7. 1959, ausg. 25/5. 1961. E. Prior. 28/7. 1958 u. 29/4. 1959. — C. **1963,** 4551 [F. P. 1237948].)

2639 **Dominion Rubber Co. Ltd.,** Montreal, Quebec, Canada, übert. von: **Robert W. Pooley,** South Bend, Ind., V. St. A., *Schuhsohlen.* (**Can. P. 569662** vom 2/4. 1955, ausg. 27/1. 1959. A. Prior. 21/5. 1954. — C. **1959,** 17527 [A. P. 2772196].)

H_{13}. Ätherische Öle, Parfümerie, Kosmetik

2640 **Untersuchung des ätherischen Öls des in der Moldau wachsenden kanadischen Erigeron.** L. M. Dranowskaja. (J. angew. Chem. [UdSSR] **33,** 444—47, 1960; Moldau, Vers.- u. Selektionsstation; russ.) — Die in der Moldau wachsende *Erigeron*-Art enthält (frisches Gras) ca. 0,4% mit Wasserdampf abdestillierbaren äther. Öles (I) von $D._4^{20}$ 0,891, n_D^{20} 1,4800 u. $[\alpha]_D^{20}$ —53°. Die SZ. u. EZ. des Prod. betragen 3,52 u. 58,6, der Geh. des **I** an Estern 20,34%, die Löslichkeit des Öles in 70%ig. A. bei 16,5 bzw. 20° 1:12 bzw. 1:8,1. Qual. wurde im Prod. die Ggw. von *Limonen, Linalool* u. *Linalylacetat* (Hauptkomponenten des **I**) u. ca. 6% nicht identifizierter Aldehyde festgestellt. S. Baryschnikow. 7262△

2641 **Rosmarinöl.** Pierre A. Muller. (Seifen—Öle—Fette—Wachse **89,** 375—76, 1963; dt.) — Überblick über Vork. der Rosmarinpflanze (*Rosmarinus officinalis L.*), Gewinnung des äther. Öls, Ausbeute, Eigg. u. Zus., sowie Hinweis, daß das alkalibeständige u. geruchabrundende äther. Öl sich besser für die Seifenparfümierung eignet. H. Franzen. 7276◇

2642 **Propylenglykol-Fettsäureester.** R. Schneider. (Fette, Seifen, Anstrichmittel **60,** 131—33, 1958; Aarburg, Schweiz; dt.) — Übersicht über physikal. u. chem. Eigg. der *1.2-Propylenglykolfettsäureester*, über die Synth., ihre Verw. in pharmazeut. u. kosmet. Präpp., vorzugsweise zur Stabilisierung von Wasser-in-Öl-Emulsionen u. ihre analyt. Charakterisierung. — 62 Literaturangaben. G. Heder. 7284◇

2643 **Neuere flüssige Haarwaschmittel.** P. C. Chatterjee und Bhola Nath. (Indian Oil Soap J. [Calcutta] **28,** 3—9, 1962; engl.) — Beschreibung neuer Haarwaschmittel u. Übersicht über die Bestandteile aller modernen Haarwaschmittel; Einteilung der modernen fl. Haarwaschmittel in seifenhaltige u. seifenfreie (auf der Basis synthet. Detergentien); Bestandteile der fl. Haarwaschmittel: Grunddetergentien (Öle, Alkoholsulfate, Proteindetergentien u. oberflächenakt. Betaine), Hilfsdetergentien (Na-Hexametaphosphat, Komplexone, Sulfoxide, Alginate, koll. Kieselsäure), kosmet. Agentien, pharmazeut. Agentien (SeS_2 als Fungicid), Parfüme, Stabilisatoren. H. Brämer. 7284◇

2644 **Schellack — ein wertvoller Grundstoff für moderne Haarsprays.** Ernst Ludwig Marx. (Seifen—Öle—Fette—Wachse **89,** 59—60, 1963; Budenheim/Rhein; dt.) — Vf. beschreibt die zunehmende Bedeutung von Schellack als Grundstoff für Haarlacke in Aerosolform unter Angabe einiger Richtrezepturen: Gemische von Blätterschellack u. Mischpolymerisaten, wie Polyvinylpyrrolidon oder Polyvinylacetat, unter Mitverw. von Methylenchlorid als Lsg.-Vermittler u. Isopropanol bilden die Grundstofflsg., die mit Frigen den sprühfertigen Haarlack ergibt. H. Franzen. 7284◇

2645 **Trockene Thioglykolate in Kaltwellpräparaten.** Gavern T. Walker. (Seifen—Öle—Fette—Wachse **89,** 377, 1963; dt.) — Vf. beschreibt Herst.-Verf. von festen Alkalisalzen der Thioglykolsäure, Vor- u. Nachteile bei der Anwendung u. weist auf die nunmehr mögliche Verbesserung der Kaltwellpräparate hin. H. Franzen. 7284◇

2646 Josef Klosa, Berlin, **Haut- und Haarpflegemittel,** gek. durch einen Geh. von bes. 0,2—0,01% an *[4-Hydroxycumarin-(3)]-[pyridyl]-keton* u./oder *[4-Hydroxycumarin-(3)]-[chinolyl]-ketonen* der allg. Formel **I,**

I

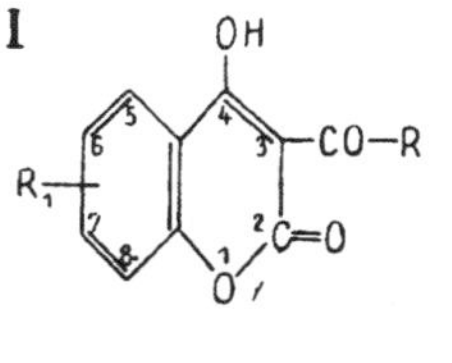

in welcher R einen ggf. substituierten Pyridyl- oder Chinolylrest u. R_1 ein Halogenatom oder eine Hydroxy-, Alkyl- oder Alkoxygruppe in 5.6.7- oder 8-Stellung des 4-Hydroxycumarinringes bedeuten. (**D. A. S. 1133080** Kl. 30h vom 15/3. 1957, ausg. 12/7. 1962.) W. Heyer. 7285

H_{14}. Zucker, Kohlenhydrate, Stärke

2647 **Ein aussichtsreiches Herbicid zur Bekämpfung der monokotylen Unkräuter in den Zuckerrübensaaten.** I. F. Busanow und K. O. Makowetzki. (Ber. ukrain. Akad. Landwirtsch. Wiss. **2,** Nr. 3, 7—11, 1959; Allunions-Forschungsinst. für Zuckerrübenbau; ukrain., Auszug: russ.) — Nach 2jährigen Verss. wurde gezeigt, daß bei der Bekämpfung der monokotylen Unkräuter in Zuckerrübensaaten mit dem Präp. *TCA* (Na-Trichloracetat) bessere Resultate erzielt werden können als mit *CIPC* (Isopropylchlorphenylcarbamat). Es wird empfohlen, bei ausreichendem Wasser-Geh. des Bodens 20 kg/ha, bei trockenen Böden 10 kg/ha TCA anzuwenden. M. Gordienko. 7406◇

2648 **Chemische Zusammensetzung und technologische Eigenschaften der Dshangi-Dsher-Rüben.** Ss. G. Jenikejew, F. N. Dobronrawow und A. M. Gerassimow. (Zucker-Ind. [UdSSR] **34,** Nr. 10, 43—44, 1960; russ.) — Unter gleichen Klimabedingungen wurden in Jahren 1955—1959 große Flächen Dshangi-Dsher-Rüben angebaut u. die Durchschnittsernte, die bei **431** Doppelzentner lag, in Hinsicht auf den Zuckergeh. u. Digestion ausgewertet. Die höchsten Saftmengen (14,8%) wiesen Rüben mit mittlerem Gew. (620 g) auf. Die Rübenschnitzelausbeute betrug 5,54% u. die Zuckerausbeute 2,75%. Dshangi-Dsher-Rüben weisen bessere technolog. Eigg. als die gewöhnlichen Rüben auf. Durch gleichmäßige Saat u. bessere Behandlung mit Kunstdünger kann der Ertrag noch gesteigert werden. S. Paprotny. 7406◇

2649 **Der Einfluß von $MgSO_4$ und $MgCO_3$ auf die Filtrierbarkeit und die Eigenschaften der Säfte.** S. D. Shurawlewa, F. N. Dobronrawow und A. M. Gerassimowa. (Zucker-Ind. [UdSSR] **36,** Nr. 3, 22—23, 1962; Moskau, Technol. Inst. der Lebensmittelind.; russ.) — Bei Zusatz von $MgSO_4$ in Mengen von 0,5—12% verzögert sich die Filtration u. Klärung des Saftes der I. Saturation. Die Reinheit des Saftes der II. Saturation verschlechtert sich. Setzt man $MgCO_3$ in Mengen von 0,5—3% dem Ausgangssaft der I. Saturation zu, so wird dessen Filtrations-Geschw. 2mal größer; die Klärung verzögert sich u. der Saft der II. Saturation wird aufgehellt. Bei Arbeit mit Klärwannen wirkt $MgCO_3$ nachteilig. E. Hollstein. 7412◇

2650 **Der zweiten Saturation ist mehr Aufmerksamkeit zu schenken.** M. I. Barabanow, K. A. Barabanowa, W. A. Danilzew und Ja. I. Mateusch. (Zucker-Ind. [UdSSR] **36,** Nr. 4, 17—19, 1962; Kiew, Technol. Inst. für Lebensmittelind., Zentr. Forsch.-Inst. der Zuckerind.; russ.) — Erhöhte Schaum-Bldg. in den Verdampfern liegt an schlechter Rk.-Führung in der 2. Saturation. Die Kontrolle des pH-Wertes ist entscheidend. Dazu entnimmt man 1 Liter Saft der 1. Saturation, filtriert u. teilt in 2 Teile. Ein Teil wird 15 Min. bei pH 7,0—7,2 saturiert. In der abgekühlten Probe wird der Geh. an Kalksalzen bestimmt. Dann mischt man beide Proben in solchem Verhältnis, daß aus saturiertem u. nicht saturiertem Saft die gleiche Menge lösl. Kalksalze in das Gemisch eingeführt wird, und mißt den pH-Wert, der optimal für die 2. Saturation ist. In den Verss. wurde ein optimaler pH-Wert = 9 gefunden.

E. Hollstein. 7412◇

2651 **Über die Dichte der Füllmasse des letzten Produktes beim Ablassen aus dem Vakuumapparat.** K. P. Sacharow. (Zucker-Ind. [UdSSR] **36**, Nr. 4, 29—30, 1962; Akad. der Wiss. der KirgisSSR; russ.) — Soll die Kristallisation der Füllmasse des letzten Prod. direkt durchgeführt werden, dann ist die Konz. des Nichtzuckers n′, bezogen auf eine Wassereinheit, derjenigen der normalen Melasse gleich. Hat die Melasse Tr_n Trockensubstanz u. die Reinheit R_n, dann sind in 100 g Melasse $Tr_n(100-R_n)/$ 100 g Nichtzucker. 100 g Melasse enthalten $(100 - Tr_n)$ g W., also ist $n' = Tr_n\,(100 - R_n)/100\,(100 - Tr_n)$. Sind α der Sättigungs- u. α' der Übersättigungskoeff. der interkristallinen Melasse (**iM**) beim Ablassen der Füllmasse, N_0 die Löslichkeit des Zuckers bei der Ablaß-Temp. u. ist 1 kg W. enthalten, dann ergibt sich der Geh. an Trockensubstanz der **iM** $Tr_{m-n} = N_0\alpha'\alpha + n') \cdot 100/$ $N_0\alpha'\alpha + n' + 1$. Für die Trockensubstanz der Füllmasse ergibt sich $Tr_y = K + (100 - K)\,Tr_{n-m}/100$, wobei K = % Zuckerkristalle der Füllmasse. Auf diesem Wege läßt sich der Minimalwert für die Trockensubstanz der Füllmasse des letzten berechnen, der vom Geh. an **iM** u. der Konz. ihres Nichtzuckers abhängt, u. über die Notwendigkeit der Einengung kann entschieden werden. Durch refraktometr. Best. der Trockensubstanz der filtrierten Melasse wird die Einengung der Füllmasse überwacht. E. Hollstein. 7416◇

2652 **Die Geschwindigkeit der Kristallisation der Saccharose aus Gemischen von Rübensirup und Lösungen von Rohrzucker-Rohstoff.** I. F. Selikman und N. L. Trojanowa. (Zucker-Ind. [UdSSR] **36**, Nr. 9, 21—23, 1962; Krasnodar, Inst. für Lebensmittelind.; russ.) — In Mischungen von *Rübensirup* mit 10, 20 u. 30% nichtraffiniertem *Rohrzuckerrohstoff* verhalten sich die Kristallisations-Eigg. wie der Reinheitsgrad ihrer Komponenten. Maximale Kristallisations-Geschw. ergibt ein Zusatz von ca. 10% Rohrzuckerrohstoff bei einem Reinheitsgrad von 88 u. 85,7. 20% Zusatz bewirken maximale Kristallisations-Geschw. beim Reinheitsgrad 90 des Rübensirups. Bei Zugabe von affiniertem Zuckerrohstoff wird der negative Einfl. der Farbstoffe vermieden u. bei größeren Mengen in der Mischung eine Kristallisationsverbesserung von 30—40% erreicht. E. Hollstein. 7416◇

2653 **Die Wirkung von Maltose bei der Säurereversion von D-Glucose in Beziehung zur Feinstruktur von Amylopektin und Glykogen.** M. L. Wolfrom, A. Thompson und R. H. Moore. (Cereal Chem. **40**, 182—86, 1963; engl.) — Ein Gemisch von 7,5 g D-Glucose (**I**) u. 28,5 g Maltose wurden in 9,350 ml von 0,08 n HCl gelöst u. 10 Std. bei 99° belassen, entsprechend früher durchgeführten Verss. mit **I** allein. Die Ausbeute an Reversionsprodd. war gering. Papierchromatograph. ließen sich Spuren von *Nigerose* (**II**) nachweisen, die nach Acetylierung des Rk.-Gemisches jedoch nicht als Acetat gefunden werden konnte. Neben β-Maltoseoktaacetat ließen sich geringe Mengen von β-Gentiobioseoktaacetat, Tri-O-acetyl-1.6-anhydro-β-D-glucopyranose u. β-Maltoseheptaacetat identifizieren. Nach Vff. ist das Auftreten von **II** bei der Hydrolyse von Amylopektin u. Glykogen nicht als Bldg. eines Kunstprod. aufzufassen.

M. Ulmann. 7442◇

2654 **Neuere Beiträge zur Chemie der Stärkefraktionen.** 13. Mitt. **Die Mikro-Ameisensäurebestimmung bei der Perjodatoxydations-Bestimmungsmethode von Stärke.** J. Hallo, E. László, G. S. Gantner, Á. Hoschke und J. Szejtli. (Nahrung **7**, 33—40, 1863; Budapest, Techn. Univ., Inst. Landwirtsch.-Chem. Technol.; dt.) — 12. vgl. C. **1963**, 16381. — Zur Verfolgung des Verlaufes der Synth. von mit ^{14}C markierter *Amylose* (**I**) u. *Amylopektin* (**II**) war zur Ermittlung der vorliegenden Polymerisationsgrade eine solche Meth. erforderlich, bei welcher die Synth. bereits bei einigen 10 mg Stoffmenge verfolgt werden kann. Geeignet erscheint die HJO_4-Oxydationsmethode. Grundlage der Best. ist die Esterifizierung der gebildeten Ameisensäure mit A., Überdestillieren des Esters in bas. Hydroxylamin u. die photometr. Best. der gebildeten Formohydroxamsäure auf Grund der mit Ferriperchlorat auftretenden Farbreaktion. Vor der Best. der estergebundenen Ameisensäure wird der Ester mit NaOH verseift. Mit Hilfe der neuen Meth. kann Polymerisationsgrad u. Struktur von entstandener **I** u. **II** bestimmt werden. — 32 Literaturangaben. M. Ulmann. 7448◇

H_{15}. Gärungsindustrie

2655 **Gerstenenzyme und Mälzungsleistung.** I. A. Preece. (J. Inst. Brewing **69**, 154—63, 1963; Edinburgh, Heriot-Watt Coll.; engl.) — Übersicht über den heutigen Stand der Kenntnis der Enzyme in der Gerste u. ihre Wrkg. beim Mälzen. Für weitere Unterss. dieses Komplexes wird eine auf Autolyse beruhende Meth. vorgeschlagen. — 48 Literaturangaben.

S. Zaake. 7540◇

2656 **Fortschritt mit neuen Hopfensorten.** R. A. Neve. (J. Inst. Brewing **69**, 129—32, 1963; Ashford, Kent, Wye Coll., Dep. of Hop Res.; engl.) — Die Züchtung von Welke-toleranten Hopfensorten beruht auf der Auswahl geeigneter männlicher Pflanzen, wobei eine der größten Schwierigkeiten darin liegt, daß bei diesen die Qualitäts-Eigg. nur an der Nachkommenschaft geprüft werden können, da sie selbst keine Zapfen bilden. Durch Verw. tetraploider Pflanzen, die 3 weibliche u. ein männliches Geschlechtschromosomen besitzen, wird der Einfl. des weiblichen Elters auf die Nachkommenschaft erhöht. Da tetraploide Pflanzen monoec. sind, d. h. männliche Blüten u. weibliche Zapfen sich an derselben Pflanze befinden, läßt sich auch die Qualität des einzukreuzenden männlichen Elters feststellen. Worauf die Welke-Toleranz beruht, ist noch unbekannt.

S. Zaake. 7540◇

2657 **Einfluß der Temperatur auf das spezifische Gewicht von Würzen.** L. H. Hawkins und P. E. Gough. (J. Inst. Brewing **69**, 139—41, 1963; Nutfield, Surrey, Brew. Ind. Res. Found.; engl.) — Für die kontinuierliche Bier-Herst. ist es notwendig, bei hohen Temp. laufend das Spezif. Gew. der Würze festzustellen. Vff. stellten zwischen 60° u. 160° F eine lineare Beziehung zwischen Temp.-Zunahme u. Abnahme des Spezif. Gew. fest.

S. Zaake. 7544◇

2658 **Bildung von Äthylacetat bei der Vergärung mit Bierhefe.** 4. Mitt. **Stoffwechsel von Acetyl-Coenzym A.** Kurt Nordström. (J. Inst. Brewing **69**, 142—153, 1963; Stockholm, Royal Inst. of Technol., Dep. Appl. Microbiol.; engl.) — 3. vgl. C. **1963**, 8780. — Nach Unterss. des Vf. kann *Saccharomyces cerevisiae* (Sacch. c.) die Bldg. von *Acetyl-Coenzym A* (**I**) nicht nur durch Aktivierung Essigsäure, in Ggw. von Adenosintriphosphat (**II**), vornehmen, sondern auch anaerob durch die oxydative Decarboxylierung von Brenztraubensäure (**III**), wobei Thiaminpyrophosphat u. Liposäure notwendig sind. In Gär-Verss. zeigte sich, daß Zusatz von 2,4 Dinitrophenol (**IV**) die Ester-Bldg. stark erhöhte, in allen angewandten Konzz. das Hefewachstum jedoch hemmte. Vf. nimmt daher an, daß Zusatz von **IV** die Synth. von **II** stark einschränkt. **II** ist aber für das Wachstum unbedingt erforderlich. Die Verss. zeigen, daß die oxydative Decarboxylierung von **III** einen wichtigen Faktor bei der anaerob. Bldg. von **I** durch Sacch. c. darstellt. Ein Schema, aus dem die Schlüsselstellung des **I** für die Eiweiß-, Nucleinsäure-, Fett-Synth. u. Ester-Bldg. hervorgeht, wird angegeben. — 49 Literaturangaben.

S. Zaake. 7578◇

2659 **Verbesserung eines für industrielle Zwecke anwendbaren Elektrodensystems zur Bestimmung des Sauerstoffgehaltes.** D. W. Kinsey und R. A. Bottomley. (J. Inst. Brewing **69**, 164—176, 1963; engl.)

S. Zaake. 7590◇

2660 **Polarographische Eisenbestimmung im Wein.** E. G. Agabaljanz. (Weinbereit. Weinbau UdSSR **23**, Nr. 4, 10—13, 1963; Krasnodar, Allunions Fernstudien-Polytechn. Inst.; russ.) — Modifizierte *Fe*-Best. im Wein nach Grshiwo, nach welcher die Fe^{3+}-Best. als Tartratkomplex polarograph. (Polarograph „PW-1") unter Verw. einer wss., 10% NH_3 u. 0,5% NH_4Cl enthaltenden Lsg. erfolgt. Die Fehlergrenze der Best. beträgt $\leq$ 4,5%. S. Baryschnikow. 7606△

2661 **Trennung des Säuregemisches der Fettreihe nach der Methode der verteilenden Chromatographie.** T. A. Kananadse. (Weinbereit. Weinbau UdSSR **23**, Nr. 4, 8—10, 1963; Forsch.-Inst. für Gartenbau, Weinbau u. Weinbereitung des Ministeriums für Industrie der GrusinSSR; russ.) — Zur Trennung von unverzweigten Säuren C_4—C_8 der Fettreihe kann die Meth. der aufsteigenden verteilenden Papierchromatographie angewandt werden. Als Lsgm. wird ein Gemisch von Butanol u. 2%ig. wss. NH_3-Lsg. (5:3), als Farbindicator ein Gemisch von alkohol. 0,1%ig. Methylrot-Lsg. u. Clarkes Pufferlsg., pH 7 (1:2), angewandt. Die Meth. wurde vom Vf. zur Trennung der in Weintraubenblättern u. Blütenständen sowie im *Wein* vorhandenen C_4–C_8-Fettsäuren angewandt. S. Baryschnikow. 7606△

H_{16}. Nahrungs-, Genuß- und Futtermittel

2662 **Über die Struktur und die Identifizierung tierischer Haare in Nahrungsmitteln.** Alberto W. Vazquez. (J. Assoc. off. agric. Chemists **44**, 754—79, 1961; Washington, Dep. of Health, Education, and Welfare, Div. of Microbiol., Food and Drug Admin.; engl.) — Übersicht. — 36 Literaturhinweise. S. Hess. 7658◇

2663 **Elektronenmikroskopische Befunde über die Entstehung und Struktur von Getreide- und Kartoffelstärke.** K. Mühlethaler. (Arbeitsgemeinsch. Getreideforsch. E. V., Ber. Getreidechem.-Tag. **1961**, 1—5; Zürich; dt.) — Aus elektronenmkr. Unterss. an Gerste wird ersichtlich, daß Stärkekörner ausschließlich in den Plastiden gebildet werden, wobei von einem im Stroma gelegenen Ausgangszentrum pro Tag eine Lamelle entsteht. *Amylose* u. *Amylopektin* werden gleichzeitig gebildet u. sind durchgehend miteinander vermischt. G. Heder. 7664◇

2664 **Über den Einfluß der späten zusätzlichen Stickstoffdüngung auf die Eiweißzusammensetzung bei Getreide.** L. Völker. (Arbeitsgemeinsch. Getreideforsch. E. V., Ber. Getreidechem.-Tag. **1961**, 86—94; Gießen; dt.) — Die Nachdüngung mit N-Substanz, die eine Erhöhung des Gesamteiweiß im Korn zur Folge hat, äußert sich in erster Linie in einer Zunahme der lysinarmen Prolaminfraktion, so daß mit einem geringen Abfall der biolog. Wertigkeit des Eiweißes gerechnet werden muß, dem eine starke Zunahme anderer Aminosäuren gegenübersteht. G. Heder. 7664◇

2665 **Untersuchungen über die Eiweißbildung im reifenden Getreide und dabei auftretende Peptide.** M. Rohrlich. (Arbeitsgemeinsch. Getreideforsch. E. V., Ber. Getreidechem.-Tag. **1961**, 25—39; Berlin; dt.) — In Unterss. über die Eiweißbildung in reifendem Weizen u. Roggen wird mittels Säulenchromatographie eine Abnahme der in W. lösl. Peptide während der Reifungsperiode über fünf Wochen festgestellt, die bei beiden Getreidearten sehr ähnlich verläuft. Der Abnahme der in W. lösl. N-Substanz steht eine Zunahme des Gesamt-N im lufttrockenen Korn gegenüber, die sich jedoch, auf Trockensubstanz bezogen, ebenfalls in einer Abnahme des Gesamt-N äußert. Vf. gibt Hinweise über die Aminosäure-Zus. einiger Peptide. G. Heder. 7664◇

2666 **Untersuchungen über die Möglichkeit einer Beziehung zwischen den löslichen Kohlenhydraten in Durumweizen und nicht enzymatischen Bräunungserscheinungen.** Anita Menger. (Arbeitsgemeinsch. Getreideforsch. E. V., Ber. Getreidechem.-Tag. **1961**, 101—14; Detmold; dt.) — Schon im unreif geernteten Durum-Weizen ist das für die Sorte typ. Verteilungsbild an Mono- u. Disacchariden ausgeprägt, wobei für die unreifen Körner ein erhöhter Anteil an *Glucose* u. *Fructose* sowie erhöhte diastat. Kraft charakterist. ist. Beim Keimungsvorgang wird der typ. Rückgang an *Raffinose* u. in geringem Maße an *Saccharose* beobachtet, der mit einer Zunahme von *Maltose* sowie von Glucose u. Fructose parallel läuft. Ein Anstieg im Raffinose-Geh. bei ausgedehnter Keimung wird im Chromatogramm durch sekundär gebildete *Maltotriose* vorgetäuscht. Unterss. von Grieß haben ergeben, daß Raffinose u. Saccharose die überwiegend im Keim lokalisiert sind, in ihrem Geh. dem Korn gegenüber stark zurückgehen, während die Unterschiede zwischen Korn u. Grieß, bezüglich der im Endosperm konzentrierten Monosaccharide, gering sind. Der Geh. der zur Maillard-Rk. befähigten reduzierenden Monosaccharide wird bei der Teigwaren-Herst. durch hydrolyt. Vorgänge noch erhöht, die sich in verstärkter Bldg. von Maltose u. geringer Erhöhung des Geh. an Glucose äußern. Das Auftreten von *Galaktose* in den Extrakten von Teigwaren deutet an, daß auch Raffinose hydrolyt. angegriffen wird. G. Heder. 7664◇

2667 **Zusammensetzung und Bedeutung der Getreidefette.** M. Rothe. (Arbeitsgemeinsch. Getreideforsch. E. V., Ber. Getreidechem.-Tag. **1961**, 47—58; Potsdam-Rehbrücke; dt.) — Fett liegt im Getreide in einem freien — mit Fett-Lsgm. extrahierbaren — u. in einem gebundenen Anteil vor, der erst nach Aufschluß mit HCl erfaßbar wird. Die Beeinträchtigung der Fette durch Säurebehandlung steigt mit deren ungesättigtem Charakter, jedoch wird der Säureaufschluß zur Gesamtfett-Best. als vertretbar angesehen. Unterschiedliche biochem. Funktionen beider Fettanteile werden diskutiert. Das freie Fett ist durch relativ hohen Geh. an *Linolsäure* gekennzeichnet. Die variierende Verteilung der Fettsäuren in den verschiedenen Mahlprodukten deutet die unterschiedliche Lokalisierung derselben im Getreidekorn an. Der gegenüber Roggen erhöhte Phosphatidanteil von Weizen dürfte — neben der unterschiedlichen Eiweiß-Zus. — einen Beitrag zu den unterschiedlichen Backeigenschaften dieser Mehle liefern. G. Heder. 7664◇

2668 **Weizenprotein und Backfähigkeit.** G. A. H. Elton. (Arbeitsgemeinsch. Getreideforsch. E. V., Ber. Getreidechem.-Tag. **1961**, 121—35; Chorleywood/England; dt.) — Das Gashaltevermögen als Ausdruck der Backfähigkeit wird durch die Elastizität eines Teiges bestimmt, die in der physikal.-chem. Struktur der Proteine, weniger in ihrer chem. Zus. ihre Ursache hat. Die Elastizität ist in erster Linie eine Funktion von Disulfidgruppen bzw. von Sulfhydrylgruppen, die durch oxydierende Zusätze zur Vernetzung beitragen können. Eine weitere Vernetzung ist über Lipoide bzw. über Lipoid-Komplexe zu erreichen. G. Heder. 7674◇

2669 **Stärkeforschung und Backen.** Majel M. MacMasters. (Bakers Digest **35**, Nr. 5, 42—46, 1961; Manhattan, Kans., Dep. of Flour and Feed Milling Ind., Kansas State Agric. Exp. Stat.; engl.) — In einer Literaturübersicht gibt Vf. Hinweise über die Bedeutung der Stärke im Zusammenhang mit dem Eiweiß für die Bildung der Krume. Der Vorgang der Alterung wird diskutiert. — 57 Literaturhinweise. G. Heder. 7674◇

2670 **Brotgeschmacksforschung.** Lazare Wiseblatt. (Bakers Digest **35**, Nr. 5, 60—63, 174—76, 1961; Chicago, American Inst. of Baking; engl.) — Übersichtsbericht über die Isolierung u. Erforschung der Geschmacksträger von Brot. — 33 Literaturhinweise. G. Heder. 7674◇

2671 **Bräunung von Backwaren.** John A. Johnson und Byron S. Miller. (Bakers Digest **35**, Nr. 5, 52—59, 1961; Manhattan, Kans., Kansas State Univ., Dep. of Flour and Feed Milling Ind.; engl.) — Neben enzymat. Erscheinungen u. der Caramel-Bldg. spielt die Maillard-Rk. zwischen Amino- u. Carbonylgruppen eine wichtige Rolle für Bräunungserscheinungen in Backwaren. In einer Übersicht wird der Einfl. der Konz. verschiedener Aminosäuren, der carbonylhaltigen Verbb., der Acidität, der Temp. u. der Feuchtigkeit auf diese Umsetzung diskutiert. G. Heder. 7674◇

2672 **Veränderungen der Aminosäuren und Bildung von Carbonylverbindungen beim Backen.** Yu-Yen Linko und John A. Johnson. (J. agric. Food Chem. **11**, 150 bis 152, 1963; Manhattan, Kans., Kansas State Univ.,

Dep. of Flour and Feed Milling Ind.; engl.) — Unterss. über den Einfl. verschiedener Zucker auf die Bldg. von Carbonyl-Verbb. beim Brotbacken zeigen, daß *Arabinose* u. *Xylose* im Gegensatz zu Hexosen die Bldg. beträchtlicher Mengen *Furfural* in Kruste u. Krume mit entsprechender Färbung verursachen. Die Bldg. der Carbonyl-Verbb. in der Kruste geht einher mit einer signifikanten Abnahme aller freien Aminosäuren, bes. Asparagin- u. Glutaminsäure. W. Wesly. 7674◇

2673 **Fortschritt in der Untersuchung der Alterungserscheinung.** W. G. Bechtel. (Bakers Digest **35,** Nr. 5, 48—50, 172—74, 1961; Chicago, American Inst. of Baking; engl.) — Vf. diskutiert in einem Übersichtsbericht den Einfl. der Mehlbestrahlung sowie den Einsatz von oberflächenaktiven Stoffen auf die Alterungserscheinungen von Brot. — 19 Literaturhinweise. G. Heder. 7674◇

2674 **Ein Jahrzehnt der Fett- und Ölforschung.** George T. Carlin. (Bakers Digest **35,** Nr. 5, 84—85, 1961; Chicago, Swift and Co.; engl.) — Vf. diskutiert die Entwicklung u. den Einsatz von *Emulgatoren, Antioxydantien* u. speziellen Fetten für Backwaren. Es werden ferner moderne analyt. Meth. u. physiolog. Gesichtspunkte erörtert. G. Heder. 7674◇

2675 **Bäckerhefe.** Morris W. Mead. (Bakers Digest **35,** Nr. 5, 80—83, 1961; Belleville, N. J., Nat. Yeast Corp.; engl.) — Vf. gibt Übersicht über Einsatz von Hefe in der Bäckerei u. diskutiert die enzymat. Vorgänge. — 21 Literaturhinweise. G. Heder. 7674◇

2676 **Untersuchung von Fruchtsäften.** W. Spoon. (Chem. Weekbl. **59,** 212—13, 1963; Bussum; niederl.) — Übersicht über die in den Niederlanden gültigen Vorschriften zur Unters. von Fruchtsäften (Best. von freien Säuren, Zucker, spezif. Gew., A., SO_2). W. Wesly. 7706◇

2677 **Varietätsunterschiede und Lagerungsveränderungen des Ascorbinsäuregehaltes von 6 Varietäten von Winter-Zitronensaft.** Richard J. Hopp und Susan B. Merrow. (J. agric. Food Chem. **11,** 143—46, 1963; Burlington, Vt., Univ. of Vermont, Vermont Agric. Exper. Station.; engl.) — Der *Ascorbinsäure*(**I**)-Geh. von 6 Zitronen-Varietäten schwankt; der mittlere **I**-Geh. beträgt 82,0 ± 6,9% der gesamten Vitamin C-ähnlichen Verbindungen. Diese u. **I** vermindern sich beim Lagern, wobei $^2/_3$ des Verlustes in den ersten 5 Wochen entstehen. Im Saft hochrankender Varietäten verbleibt mehr an Vitaminen als in dem niedrigrankender Früchte. W. Wesly. 7706 ◇

2678 **Beitrag zur mikroskopischen Untersuchung der Rinde von Cassia lignea.** J. Seidemann. (Z. Lebensmittel-Unters. u. -Forsch. **116,** 24—26, 1961; Potsdam-Rehbrücke, Inst. für Ernährung der Dtsch. Akademie der Wissenschaften; dt.) — Bei den einfachen großen Stärkekörnern von *Cassia lignea* handelt es sich um durch Quellung veränderte Stärkekörner, die beim Trocknen der Rinde entstehen. Ihre Unterscheidung von Weizenstärke auf mkr. Wege ist durch Quellungsversuche nicht klar, jedoch durch unterschiedliche Jodfärbung und Polarisationserscheinung eindeutig möglich. G. Heder. 7714◇

2679 **Faktoren, die das Wachstum von Morchelpilz-Mycelium in Submerskulturen beeinflussen.** J. H. Litchfield, R. C. Overbeck und R. S. Davidson. (J. agric. Food Chem. **11,** 158—62, 1963; Columbus, Ohio, Battelle Mem. Inst., Biosci. Div.; engl.) — Unterss. über das Wachstum von Submerskulturen von Mycellen von *Morchella hortensis* (MH), *Morchella eratties* (MC) u. *Morchella esculenta* (ME) mit *Glucose* (**I**), *Maltose* (**II**) oder *Lactose* (**III**) als Substrate in einem $(NH_4)_2HPO_4$, NH_4Cl, KH_2PO_4, Hefeextrakt u. Agar-Agar enthaltenden Medium zeigen, daß gleiche Mycelium-Ausbeuten mit **I** oder **II** erhalten werden. Die Ausbeuten an MH u. MC mit **III** entsprechen den mit **I** u. **II** erzielten Ausbeuten. Die Ausbeuten am ME mit **III** sind weniger als halb so groß wie mit **I** u. **II**. Die höchsten Ausbeuten an MH mit **I** ergeben sich bei einem C : N-Verhältnis im Medium von 5 : 1 bis 10 : 1, pH = 5,5—6,5 u. einer Belüftungs-Geschw. von 0,08 Millimol. O_2/Liter/Minute. W. Wesly. 7742◇

2680 **Weichmachen von Rindfleisch durch proteolytische Enzyme. Die Einflüsse von 2 Verfahrensweisen.** Geraldine Mier, V. James Rhodes, Leta G. Maharg, Nancy S. Webb, Cleta Rodgers, Margaret Mangel und Ruth Baldwin. (Food Technol. **16,** Nr. 4, 111—13, 1962; Columbia, Mo., Univ. of Missouri, School of Home Econom.; engl.) — Durch kombinierte Anwendung sowohl eines proteolyt. Enzyms als auch des Durchstechens von Rindfleisch vor dem Braten ergibt sich eine stärkere Zunahme der Zartheit als bei Anwendung von Enzym oder Durchstechen, wie aus Kostproben u. Scherwerten hervorgeht. W. Wesly. 7750◇

2681 **Der Einfluß von Wasser und Temperatur auf die Verschlechterung von gefriergetrocknetem Rindfleisch beim Lagern.** J. S. Thomson, J. B. Fox jun. und W. A. Landmann. (Food Technol. **16,** Nr. 9, 131—36, 1962; Chicago, Ill., Univ. of Illinois, Div. of Biochem. and Nutrit.; engl.) — Unterss. über den Einfl. von 1,7 bis 5% Feuchtigkeit auf die Eigg. von gefriergetrocknetem, bei 0, 68 u. 90°F gelagertem Rindfleisch zeigen, daß eine beträchtliche Verschlechterung durch steigende Temp. u. Feuchtigkeit verursacht wird. Nach 5monatiger Lagerung zeigen sich Verschlechterungen bzgl. Rehydratation, Rehydratationswärme, Farbe, Geschmack u. Textur u. Anstiege von Fluorescenz u. Red.-Potential. Die bei der Rehydratation frei werdende Wärme hängt logarithm. vom ursprünglichen Feuchtigkeits-Geh. ab. Die Veränderungen werden auf Bräunungs-Rkk. u. Eiweiß-Zers. zurückgeführt. W. Wesly. 7750◇

2682 **Emissionsvermögen von Rindfleisch.** Vaclav J. Sevcik und J. Edward Sunderland. (Food Technol. **16,** Nr. 9, 124—26, 1962; engl.) — Das Gesamt-Emissionsvermögen von magerem Rindfleisch, Rinderfett u. gefriergetrocknetem Rindfleisch bei 66—94°F beträgt 0,73—0,78. Das Meßgerät wird beschrieben. Seine Genauigkeit schwankt mit der Temp.; sie beträgt im Unters.-Bereich ±4%. W. Wesly. 7750◇

2683 **Der Einfluß von Temperatur und Verpackungsmittel auf Lagerfähigkeit und Bakterienflora von zerkleinertem Rindfleisch.** Murray Jaye, Robert S. Kittaka und Z. John Ordal. (Food Technol. **16,** Nr. 4, 95—98, 1962; Urbana, Ill., Univ. of Illinois, Dep. of Food Technol.; engl.) — Unterss. über die Lagerfähigkeit von zerkleinertem Rindfleisch in ≧ 10 Tagen bei 38 u. 30°F zeigen auf Grund bakteriolog. Prüfungen, des pH-Wertes u. der Ermittlungen von Geschmack, Geruch u. Farbe, daß sich das Fleisch länger in gasundurchlässiger Saran- als in gasdurchlässiger Cellophanverpackung (MSAD 80) u. bei 30° länger als bei 38° hält. W. Wesly. 7750◇

2684 **Qualität und physikalische Zusammensetzung verschiedener Schnitte von rohem und zubereitetem Schweinefleisch.** Olive M. Batcher, Elsie H. Dawson, Gladys L. Gilpin und Jacob N. Eisen. (Food Technol. **16,** Nr. 4, 104—09, 1962; Washington, D. C., USDA, Agric. Res. Serv., Human Nutrit. Res. Div.; engl.) — Die physikal. Zus. von Schweinefleisch-Schnitten wird signifikant von der ursprünglichen Rückenfett-Dicke des frischen Fleisches beeinflußt. Das Rückenfett hat jedoch wenig Einfl. auf die Qualitäts-Eigg. frischer Schnitten von Schinken, Lende u. Bug. Im allg. haben Muskeln von stark fettdurchwachsenem Fleisch mehr intramuskuläres Fett u. weniger Feuchtigkeit als solche von wenig durchwachsenem Fleisch. In einigen Fällen standen Zartheit u. Saftigkeit in Beziehung zum intramuskulären Fett-Geh., wobei diese Beziehung je nach Muskel schwankte. W. Wesly. 7750◇

2685 **Beeinflussung des Wasserbindungsvermögens von Fleisch durch Phosphate. 1. Mitt. Einfluß von Natriumchlorid und Phosphaten auf die Wasserabsorption von zerkleinertem Fleisch bei verschiedenen pH-Werten.** E. W. Hellendoorn. (Food Technol. **16,** Nr. 9, 119—24, Sept. 1962; Utrecht, Centr. Inst. for Nutrit. and Food Res., T. N. O.; engl.) — Unterss. über die Einw. verschiedener Phosphate auf das Wasserbindungsvermögen (WV) von zerkleinertem Fleisch im Vgl. mit der Wrkg. von NaCl allein bei gleicher Ionenstärke (Konz. 0,5(%), zusammen mit 2 NaCl u. 50 W.) zeigen, daß $Na_2H_2P_2O_7$ (**I**) u. $Na_5P_3O_{10}$ (**II**) bei pH < 5,5 das WV von ungekochtem

Fleisch herabsetzen. Bei erhitzten Proben u. pH 6—6,5 zeigt sich eine spezif. Wirksamkeit von **II** u. bes. von **I**. Die spezif. Wirksamkeit steigt mit der Ionenstärke. Na_2HPO_4 u. $(NaPO_3)_n$ haben eine geringe, $(KPO_3)_n$, $(NaPO_3)_3$ u. $(NaPO_3)_4$ keine spezif. Wirkung.
W. Wesly. 7750◇

2686 **Das Wasserbindungsvermögen von frischem Schweinefleisch. 4. Mitt. Der Einfluß der Ionenabsorption von Neutralsalzen und Polyphosphat auf die Wasserretention von magerem Schweinefleisch.** P. Sherman. (Food Technol. **16,** Nr. 4, 91—95, 1962; London, T. Wall and Sons Ltd.; engl.) — 3. vgl. C. **1962,** 4379. — Unterss. über die W.- u. Ionen-Absorption von magerem Schweinefleisch aus Lsgg. von NaCl, $MgCl_2$ u. alkal. *Polyphosphat* (**I**) zeigen, daß bei 0 u. 100° die Kationen u. Anionen aus Neutralsalz-Lsgg. in fast gleichem Umfang in Abhängigkeit von der ursprünglichen Konz. der Zusatz-Lsg. absorbiert werden. Die Wasserretention (WZ) steht in linearer Beziehung zu der Konz. der adsorbierten Ionen. **I** beeinflußt die WZ verschieden; Kationen werden bevorzugt adsorbiert, wobei die Differenz zwischen Anionen- u. Kationenabsorption mit steigendem pH kleiner wird. Bei 0° steht der Einfl. von **I** auf die WZ in Beziehung zur Ionenabsorption, was bei 100° nur teilweise zutrifft (Eiweißveränderung durch Hitzeeinwirkung).
W. Wesly. 7750◇

2687 **Der Einfluß eines Antioxydans im Schweinefutter auf die Lagerfähigkeit von Schweinefleisch und Schmalz.** Dorothy L. Harrison, J. L. Hall, D. L. Mackintosh, Marjorie Barger und Armetta Watson. (Food Technol. **16,** Nr. 9, 127—31, Sept. 1962; Manhattan, Kans., Kansas State Univ., Dep. of Foods and Nutrit., Chem. and Anim. Husbandry; engl.) — Unterss. über den Einfl. von *Äthanolaminhydrochlorid*(**I**)-Zusätzen in Mengen von 50 g/100 lb. Futter (Mais, Sojabohnen, Hirse, Weizen) zum Futter entwöhnter Ferkel auf die Lagerfähigkeit von Fleisch u. Schmalz bei 0—98 °F zeigen, daß diese für Lendenbraten, Wurst u. Schmalz bei Kühlschrank-Temp. durch **I** nicht verbessert wird. Bei Zimmer-Temp. aufbewahrtes Schmalz mit Mais gefütterter Schweine erhält durch **I** eine längere Lagerfähigkeit. Die Fütterung mit Sojabohnen führt zu schlechteren Fleischprodd. als die Verabreichung der anderen Futtermittel. W. Wesly. 7750◇

2688 **Geschmacks- und Scherdruckbestimmung der Zartheit gefriergetrockneter Hühner unter dem Einfluß von Alter und Ionenfütterung vor dem Schlachten.** G. H. Wells, K. N. May und J. J. Powers. (Food Technol. **16,** Nr. 9, 137—39, 1962; Athens, Ga., Univ. of Georgia; engl.) — Geschmacks-Best. des Brustfleisches von Hühnern ergeben eine größere Zähigkeit bei 28 Monate alten als bei 19 oder 9 Wochen alten Tieren. Im Gegensatz dazu zeigen Scherdruck-Best. für die ältesten Hühner die niedrigsten Werte. Nicht gefriergetrocknetes Fleisch zeigt übereinstimmende Werte. Bei Unters. von 3 Streifen einer Probe ergibt die 3. Scherdruck-Best. einen niedrigeren Wert als die 1. u. 2. Schnitte. Die Farbe des Fleisches entspricht der Rangordnung 19 Wochen > 9 Wochen > 28 Monate. NaCl- $(NaPO_3)_6$- u. HCl-Gaben beeinflussen Zartheit, Farbe, Geschmack u. Rehydratation des gefriergetrockneten Fleisches nicht signifikant. W. Wesly. 7750◇

2689 **Zum Fleischgeruch: Lammfleisch.** Irwin Hornstein und Patrick F. Crowe. (J. agric. Food Chem. **11,** 147—49, 1963; Beltsville, Md., USDA, Eastern Utiliz. Res. and Developm. Div.; engl.) — Der kennzeichnende Geruch von erwärmtem Lammfleisch stammt von seinem Fett u. wird Carbonyl-Verbb. zugeschrieben, die in Spuren vorhanden sind. Nach ihrer Entfernung entsteht beim Erhitzen der Triglyceride das charakterist. Aroma nicht. Mageres Fleisch hat einen ähnlichen Geruch wie mageres Rind- u. Schweinefleisch; die entsprechenden flüchtigen Verbb. u. die physikal. Werte sind gleich.
W. Wesly. 7750◇

2690 **Betrachtungen über Fischgeruch und -geschmack.** M. E. Stansby. (Food Technol. **16,** Nr. 4, 28—32, 1962; Seattle, Wash., Bur. of Comm. Fisheries, Technol. Labor.; engl.) — Die vielen Arten von Fischgeruch sind für jede Fischart kennzeichnend u. rühren von den durch Oxydation bewirkten Veränderungen von Fischölen u. dem Freiwerden spezif. Verbb. durch bakterielle oder enzymat. Zers. her. Über den Verlauf der sich dabei abspielenden Rkk. u. der Art der für den Geruch verantwortlichen Verbb. herrscht kaum Klarheit.
W. Wesly. 7752◇

2691 **Überblick über den Fortschritt in der Milchwirtschaft. Chemie der Milch. Einige Gesichtspunkte der physikalischen Chemie der Milchsalze.** G. T. Pyne. (J. Dairy Res. **29,** 101—27, 1962; Cork, Eire, Univ. Coll., Dairy Chem. Dep.; engl.) Winfried Krüger. 7756◇

2692 **Einige Einflüsse ionisierender Strahlen auf die alkalische Phosphatase in Kuhmilch.** G. Glew. (J. Dairy Res. **29,** 1—10, 1962; Wantage, Berks, Wantage Res. Labor. (A. E. R. E.); engl.) — Vf. untersuchte die Veränderungen der Aktivität von *alkal. Phosphatase* (**I**) in Sammelrohmilch nach Bestrahlung mit γ-, Röntgen- oder Elektronenstrahlen in Abhängigkeit von der Enzymkonz., der Dosisrate, der Bestrahlungstemp., der Lagerdauer nach Bestrahlung sowie bei vorheriger u. nachfolgender Erwärmung der Milch. Während 25 Megarad **I** völlig inaktivieren, führen Dosen zwischen 12—250 krad/Min. nur zu einer teilweisen Inaktivierung, wobei die Aktivitätsabnahme bei Lagerung bei 30° fortschreitet, dagegen nicht bei 5°. Die Inaktivierung von **I** wird durch tiefe Bestrahlungs-Temp. (—63°) verzögert. Die **I**-Konz. hat in allen Fällen keinen entscheidenden Einfluß. Wird Milch nach der Bestrahlung erhitzt (50°), so verliert **I** stärker an Aktivität als bei vorangegangener Erwärmung. Die kinet. Größen K_m u. V_{max} sind in teilweise inakt. **I** unverändert, was darauf schließen läßt, daß das noch intakte **I** keinerlei Schädigung erlitten hat.
Winfried Krüger. 7756◇

2693 **Die Reaktivierung der alkalischen Milchphosphatase nach Hitzebehandlung.** R. L. J. Lyster und R. Aschaffenburg. (J. Dairy Res. **29,** 21—35, 1962; Shinfield, Reading, National Inst. for Res. in Dairying; engl.) — Die bekannte Eig. der *alkal. Milchphosphatase* (**I**) nach kurzzeitigem Erhitzen der Milch ihre Aktivität bei darauffolgender Aufbewahrung bei 37° teilweise (10—30%) zu regenerieren, verliert dieses Enzym, wenn es in Abwesenheit von Milchproteinen, z. B. im Ultrafiltrat von Milch, in W. oder verd. Mg-Acetat-Lsg. erhitzt wird. Vff. konnten mit einer Modell-Lsg. zeigen, daß die Regenerierung der **I**-Aktivität an die Ggw. von *β-Lactoglobulin* (**II**), *organ. Phosphat* (bevorzugt *β-Glycerinphosphat*) u. Mg-Ionen gebunden ist. In Milch erfolgt die Enzymregenerierung schwächer als in der Modell-Lsg., was das Vorhandensein eines dialysierbaren, hitzelabilen Inhibitors in Milch nahelegt. Die stimulierende Wrkg. des **II** ist sehr komplex, hängt aber wahrscheinlich mit seinen SH-Gruppen zusammen, da $Hg^{\cdot\cdot}$, $Cd^{\cdot\cdot}$ u. $Zn^{\cdot\cdot}$ schon in kleinen Mengen die Reaktivierung von **I** hemmen. Winfried Krüger. 7756◇

2694 **Abhängigkeit der Absetzflüssigkeit geschlagener Sahne von der Temperatur und der relativen Luftfeuchtigkeit.** Walter Mohr und Kurt Beckmann. (Molkerei- u. Käserei-Ztg. **13,** 1551—52, 1962; Hannover, Lab. für Milchf.; dt.) — Die Menge an Absetzfl. von geschlagener Sahne hängt von Faktoren wie Erhitzungsart, Homogenisierung, Kühlung bzw. Alterung u. Fettgeh. der Schlagsahne sowie der Refraktion des Fettes, dem Säuregrad der Sahne u. etwaiger vorheriger Kälteeinwirkung ab. Vff. zeigen an Sommersahne (Refraktometerzahl des Butterfettes 45,2—45,5; 31,5—34% Fett), daß das Absetzen durch steigende relative Luftfeuchtigkeit eindeutig begünstigt wird. Für Sahne mit 31,5% Fett wurden z. B. bei 22° folgende Mengen an Absetzfl. gemessen: 50—55% relative Luftfeuchtigkeit = 14, 70—75% = 18, 95—100% = 24 ml. Bei 11° ist der Einfl. der Luftfeuchtigkeit auf das Vol. der Absetzfl. wesentlich geringer. Wintersahne wurde bisher nicht untersucht. Hans Thiele. 7756◇

2695 **Nährwert von Eiweiß aus sterilisierter, bei verschiedenen Bedingungen von Temperatur und Lichteinwirkung konservierter Milch.** Denise Hugot und J. Causeret. (Ann. Technol. agric. **11,** 55—62, 1962; Jouy-en-Josas (Seine-et-Oise); Centre Nat. de Rech. Zootechn., Labor. d'Études sur la Nutrit.; franz.) — An

Ratten ausgeführte Fütterungs-Verss. mit 6—26 Wochen bei 4—38° im Dunkeln oder bei Einw. des Sonnenlichtes gelagerter, sterilisierter Milch zeigen, daß keine nennenswerte Verminderung des Eiweiß-Verdaulichkeits-Koeff. oder der biolog. Wertigkeit auftritt. Die dem Licht ausgesetzten Proben zeigen nach 14 Tagen eine starke Bräunung. W. Wesly. 7756◇

2696 **Einflüsse von fluorescierendem Licht auf Geschmack und Ascorbinsäure- und Riboflavingehalt von Milch.** W. L. Dunkley, J. D. Franklin und R. M. Pangborn. (Food Technol. **16**, Nr. 9, 112—18, 1962; Davis, Univ. of California, Dep. of Food Sci. and Technol.; engl.) — In Papptüten in der Nähe von Fluorescenzlampen aufbewahrte Milch hatte einen stärkeren „Licht"-Geschmack u. enthielt 24% weniger *Ascorbinsäure* (**I**) als vor Licht geschützte Vgl.-Proben. Die Stärke des Geschmacks nahm mit der Temp. bei der Einw. zu. Frische Milch zeigt den Geschmack mehr als ältere Milch; Milch von Kühen, die mit Heu gefüttert waren, zeigt den Geschmack eher als Milch von weidenden Kühen. Der Geschmack zeigt sich in hellen Flaschen nach 20 Min., in bernsteinfarbenen nach 5 Std., in Pappbehältern nach 1—14 Stunden. Die Verluste an **I** betrugen in hellen Flaschen bzw. Pappbehältern 2,2 bzw. 2,3 (mg/Liter/Std.) u. an *Riboflavin* in hellen Flaschen 0,013. W. Wesly. 7756◇

2697 **Sulfhydrylgehalt von Milch und Milchprodukten unter dem Einfluß technischer Prozesse.** 1. Mitt. **Einfluß von Temperatur und Erhitzungsdauer.** F. Kiermeier und M. G. E. Hamed. (Z. Lebensmittel-Unters. u. -Forsch. **115**, 322—30, 1961; Weihenstephan/Obb., Milchwirtschaftl. Inst. der TH München; dt.) — Erhitzungsdauer u. -temp. sind von wesentlichem Einfl. auf den Geh. der *Milch* an *SH-Verbindungen*. Eine Verlängerung der Heißhaltezeit bewirkt eine fortlaufende Freisetzung von SH-Verbb., während bei einem Erhitzen auf höhere Temp. (110—120°) eine Abnahme der freien SH-Verbb. einsetzt. Die Abnahme ist nicht mit der Oxydation der SH-Verbb. zu SS-Verbb. zu erklären, da eine Vakuumbehandl. ohne Einfl. ist. Bei einer Kurzzeiterhitzung tritt *Kochgeschmack* erst bei 77° auf, während er bei Hocherhitzung stets beobachtet wurde, u. zwar in seinem Ausmaß proportional mit der Erhitzungstemperatur. E. Lück. 7756◇

2698 **Sulfhydrylgehalt von Milch und Milchprodukten unter dem Einfluß technischer Prozesse.** 2. Mitt. **Einfluß der einzelnen Milchbestandteile.** F. Kiermeier und M. G. E. Hamed. (Z. Lebensmittel-Unters. u. -Forsch. **115**, 506—13, 1961; Weihenstephan, TH München, Milchwirtschaftl. Inst.; dt.) — 1. vgl. vorst. Referat. — Der Eiweiß- bzw. Fett-Geh. der Milch wirkt sich positiv auf das Freisetzen von SH-Gruppen (**a**) aus. Die Hüllen der Fettkügelchen hemmen diesen Vorgang. Die chem. Ergebnisse entsprechen dabei den organoleptischen. Mit steigendem Säuregrad der Milch werden weniger **a** freigesetzt. Bei Zugabe von Oxydationsmitteln oder Katalysatoren wird die Bldg. der freigesetzten **a** wesentlich gehemmt, ebenfalls bei Zusatz von *Riboflavin*. Das *β-Carotin* sowie verschiedene Zucker üben auf die Bldg. der durch Erhitzung der Milch in Freiheit gesetzten **a** keine Wirkung aus. Beim Erhitzen von Molke, Magermilch u. Vollmilch werden mehr **a** in Magermilch bzw. Vollmilch als in Molke freigesetzt. Die Vers.-Durchführung wird beschrieben. I. Beßer. 7756◇

2699 **Sulfhydrylgehalt von Milch und Milchprodukten unter dem Einfluß technischer Prozesse.** 3. Mitt. **Einfluß von Milieu und Erhitzermaterial.** Friedrich Kiermeier und M. G. E. Hamed. (Z. Lebensmittel-Unters. u. -Forsch. **116**, 20—23, 1961; Weihenstephan, Milchwirtsch. Inst. der TH München; dt.) — 2. vgl. vorst. Referat. — Bei Erhitzung von Milch im Vakuum für 60 Sek. auf Temp. von 75—150° werden freigesetzte SH-Gruppen (**I**) gegen Oxydation geschützt, während eine Schutzwirkung beim Erhitzen in einer Inertgasatmosphäre erst oberhalb 95° manifest wird. Nicht unerheblich ist die Stahlsorte des Milcherhitzers auf die Freisetzung von **I** bei der Milcherhitzung. G. Heder. 7756◇

2700 **Der Einfluß von Antioxydantien auf die Qualitätserhaltung von Vollmilchpulver.** 1. Mitt. **Flavone, Gallate, Butylhydroxyanisol und Nordihydroguajaretsäure.** J. Abbot und R. Waite. (J. Dairy Res. **29**, 55—61, 1962; Ayr, The Hannah Dairy Res. Inst.; engl.) — Sprühgetrocknetes Vollmilchpulver wurde mit 0,01% Antioxydantien versetzt, bei 20° u. 37° gelagert u. die Qualitätserhaltung durch Verkosten der rekonstituierten Milch, sowie durch Best. der Peroxidzahl u. des O_2-Aufnahmevermögens nach jeweils 25 Tagen geprüft. Den besten antioxydativen Effekt zeigten *Dodecylgallat* u. *6-Dodecyl-3.7.2'.5'-tetrahydroxyflavon*, eine etwas schwächere Wrkg. zeigten *Propylgallat*, *Nordihydroguajaretsäure* u. *7.8-Dimethoxy-3.2'.5'-trihydroxy-* u. *6-Äthyl-3.7.2'.5'-tetrahydroxyflavon*. *Butylhydroxyanisol* war wenig, *3.7.8.2'.5'-Pentahydroxyflavon* gar nicht wirksam. Winfried Krüger. 7756◇

2701 **Ein Gerät zur Messung des Schüttgewichtes von Trockenmilch.** Judson M. Harper. (Food Technol. **16**, Nr. 9, 144, 1962; Ames, Iowa, State Univ. of Sci. and Technol., Dep. of Dairy and Food Ind.; engl.) — Zur Best. des Schütt-Gew. von *Trockenmilch* wird eine bestimmte Gew.-Menge Trockenpulver (4 oz) in einen Meßzylinder gegeben, 3 Min. mechan. gerüttelt, worauf das Vol. abgelesen wird. W. Wesly. 7756◇

2702 **Bestimmung und Vorkommen des Kobalts in Kuhmilch.** F. Kiermeier und H. Winkelmann. (Z. Lebensmittel-Unters. u. -Forsch. **115**, 309—22, 1961; Weihenstephan/Obb., Milchwirtschaftl. Inst. der TH München; dt.) — Es wurde eine colorimetr. Mikrometh. zur Best. von 0,5—0,5γ *Co* ausgearbeitet, die sich zu Serienanalysen eignet u. mit einer Fehlergrenze von ± 17% arbeitet. Das Verf. beruht auf der photometr. Auswertung der Färbung bei 415 mμ, die das Co der Milchasche mit Nitroso-R-Salz gibt. An Hand eines umfangreichen Probematerials wurde ein durchschnittlicher Co-Geh. der *Milch* von 0,84 (γ/kg) Milch ermittelt mit Grenzwerten zwischen 0 u. 2,3 mg. Der Geh. der Colostralmilch betrug bis 5,2. Äußere Einflüsse (Jahreszeit, Boden-Zus., Futter, Tierart u. -qualität) scheinen keinen wesentlichen Einfl. auf den Co-Geh. der Milch zu haben. E. Lück. 7756◇

2703 **Viscosimetrische Messungen der Aktivitäten kommerzieller Rennin-Präparate unter Verwendung von Natriumcaseinat als Substrat.** G. W. Scott Blair und J. C. Oosthuizen. (J. Dairy Res. **29**, 37—46, 1962; Shinfield, Reading, National Inst. for Res. in Dairying; engl.) — Die Viscosität von Na-Caseinat-Lsgg. nimmt bei Behandlung mit *Rennin* ab. Diese Tatsache hängt mit der Form- u. Größenveränderung der Casein-Moll. während des enzymat. Abbaues zusammen. Die Viscositätsabnahme verläuft dabei nach einer Geschw.-Gleichung 1. Ordnung $k_1 t = \frac{\eta_{max} - \eta_{min}}{\eta - \eta_{min}}$. Die Geschw.-Konst. k_1 ist daher ein brauchbares Maß für die Enzymaktivität. Winfried Krüger. 7756◇

2704 **Nährstoffuntersuchungen an Käsebakterien.** 1. Mitt. **Vitamin- und Aminosäurebedarf von Reinkulturen.** B. Reiter und J. D. Oram. (J. Dairy Res. **29**, 63—77, 1962; Shinfield, Reading, National Inst. for Res. in Dairying; engl.) — Für die in der Käserei gebräuchlichen Bakterien *Streptococcus cremoris* (S. c.), *Streptococcus lactis* (S. l.) u. *Streptococcus diacetilactis* (S. d.) wurde in ausgedehnten Reihen-Verss. an jeweils verschiedenen Stämmen der essentielle Bedarf an Vitaminen u. Aminosäuren bestimmt. Alle drei Arten benötigen *Nicotinsäureamid*, *Pantothensäure* u. *Biotin* zum Wachstum. *Pyridoxal* verstärkt das Wachstum, ist aber nicht essentiell. S. c. benötigt darüberhinaus noch *Riboflavin*. Wachsen die Kulturen unter erhöhtem O_2-Druck, wird Acetat essentiell, kann jedoch durch *α-Lipon-* oder *Mevalonsäure* ersetzt werden. An Aminosäuren benötigt S. c. *Prolin* u. *Phenylalanin*. Bei einigen Stämmen haben noch *Tyrosin*, *Lysin*, *Alanin*, *Threonin* u. *Tryptophan* eine stimulierende Wirkung. Ein Stamm benötigte sogar *Glycin*. Bei S. l. u. S. d. sind lediglich einige Stämme auf die Zufuhr von *Arginin* u. *Phenylalanin* angewiesen. Winfried Krüger. 7760◇

2705 **Untersuchungen über die Verwendung von desodoriertem Fischmehl in der Kückenmast.** E. Nowak. (Bodenkultur [Wien], Ausg. A **14**, 179—84, 1963; Wien,

Landw.-chem. Bundesversuchsanstalt; dt.) — Bei Fütterungs-Verss., die an Hühnchen mit einem Mischfutter, das 14% an desodoriertem „Biovin Fish Meal" enthält, durchgeführt wurden, ist keine geschmackliche Beeinträchtigung des Fleisches der Tiere festzustellen. Bei Verw. eines Mischfutters, das in gleichen Konzz. handelsübliches Fischmehl enthält, wird dagegen ein ausgesprochener Trangeschmack des Fleisches beobachtet, der etwas gemildert ist, wenn das Fischmehl in der letzten Mastwoche durch andere eiweißhaltige Komponenten ersetzt wird. G. Heder. 7786◇

2706 **Nachweis und Bestimmung fettlöslicher Lebensmittelfarbstoffe mit Hilfe der Dünnschichtchromatographie auf Aluminiumoxid.** J. Davídek, J. Pokorný und G. Janíček. (Z. Lebensmittel-Unters. u. -Forsch. **116,** 13—19, 1961; Prag, Lehrstuhl für Lebensmittelchem. der Chem.-Technolog. Hochschule; dt.) — Zur raschen Auftrennung u. anschließenden quant. photometr. Erfassung fettlösl. *Lebensmittelfarbstoffe* bewährt sich die Dünnschichtchromatographie mit Al_2O_3 einer Korngröße von 0,1—0,3 mm. Als Fließmittel dient zweckmäßig PAe. (Kp. 60—70°), CCl_4 oder ein Gemisch beider im Verhältnis 1:1. Die Isolierung der Farbstoffe aus fetthaltigen Lebensmitteln erfolgt vorteilhaft aus dem Unverseifbaren. Andere unverseifbare Begleitstoffe stören die Trennung nicht. G. Heder. 7788◇

2707 **Grenzhemmkonzentrationen der zugelassenen Konservierungsmittel gegen Mikroorganismen.** Hans-Jürgen Rehm. (Z. Lebensmittel-Unters. u. -Forsch. **115,** 293 bis 309, 1961; München, Deutsche Forschungsanstalt für Lebensmittelchem.; dt.) — Es werden die Grenzhemmkonzz. der in der Bundesrepublik Deutschland zugelassenen Konservierungsstoffe (**a**) für Lebensmittel gegenüber Bakterien, Hefen u. Pilzen an Hand der Literatur zusammengestellt: *Sorbinsäure, Benzoesäure, p-Hydroxybenzoesäureäthylester, p-Hydroxybenzoesäurepropylester* u. *Ameisensäure.* Im wesentlichen zeigten sich nur *Lactobacillen* gegenüber den **a** sehr resistent. Die zulässigen Höchstdosierungen reichen fast nie zu deren sicheren Hemmung aus. E. Lück. 7788◇

2708 **Die Anwendung der progressiven Extraktion und der Säulenchromatographie zur Trennung der Proteine von Weizenkleber.** A. R. Deschreider und R. Meaux. (Ind. Aliment. agric. **79,** 1035—41, 1962; Bruxelles, Min. des Affaires Économ. et de l'Énergie, Labor. Central; franz.) — Durch eine Kombination der progressiven Extraktion mit der Verteilungschromatographie gelingt es, 3 Fraktionen mit den UV-Spektren bei 279, 280 u. 290 mμ der an einer Carboxymethylcellulose-Säule absorbierten *Weizenkleberproteine* zu unterscheiden. Durch Eluieren mit Puffer-Lsgg. lassen sich 12 Proteingruppen in Kleber nachweisen. W. Wesly. 7796◇

2709 **Die Aminosäuren-Zusammensetzung einiger Samen.** Selma L. Bandemar und Robert John Evans. (J. agric. Food Chem. **11,** 134—36, 1963; East Lansing, Mich., Michigan State Univ., Dep. of Biochem.; engl.) — Unterss. durch Ionenaustausch-Chromatographie über die Aminosäuren (**I**)-Zus. von Sojabohnenmehl u. mehrerer Samen zeigen, daß durch Erhitzen ein Verlust an den meisten **I,** bes. an Tyrosin u. bas. Säuren, auftritt. Die bei einem Eiweißspiegel von 20% vorhandenen, essentiellen **I** werden mit den zum optimalen Kükenwachstum erforderlichen **I**-Mengen verglichen. W. Wesly. 7804◇

2710 **Aminosäurenzusammensetzung von Saflorkernen, Kerneiweiß und Hülsen und Löslichkeit des Kernstickstoffs.** C. H. VanEtten, J. J. Rackis, Roger W. Miller und A. K. Smith. (J. agric. Food Chem. **11,** 137—39, 1963; Peoria, Ill., Northern Reg. Res. Labor.; engl.) — Saflorsamenkerne u. -hülsen enthalten 60 bzw. 3% Roheiweiß. Säulenchromatograph. Unterss. des Kerneiweißes ergaben 1,5 (g) *Methionin.* 1.7 *Cystin,* 3,2 *Lysin* (**I**) u. 0,9 *Tryptophan* je 16 g N. Im Vgl. mit Samen anderer Pflanzen ist der Geh. an *Arginin* u. *Valin* hoch u. an **I** gering. Ein isoliertes Roheiweiß wurde durch Fällung von alkalilösl. Eiweiß bei pH = 4 gewonnen. Aus 100 g trockenem, entfettetem Kernmehl ergaben sich 45 g Roheiweiß, dessen Aminosäuren-Zus. der der Kerne entspricht. Die Löslichkeit des Kern-N wird in Abhängigkeit vom pH-Wert des Extraktes bestimmt. W. Wesly. 7804◇

2711 **Spektrophotometrische Mikrobestimmung von 1-Naphthalinessigsäure in Ananas.** H. Y. Young, S. Shimabukuro und L. Aono. (J. agric. Food Chem. **11,** 132—33, 1963; Honolulu, Pineapple Res. Inst. of Hawaii; engl.) — *1-Naphthalinessigsäure* (**I**) in Ananas wird durch Lsgm.-Extraktion (Gemisch von 1 (Vol.) PAe. mit 2 Ae.) u. UV-Spektrophotometrie nach Beseitigung störender Einfl. durch H_3PO_4 enthaltende $KMnO_4$-Lsg. bestimmt (Absorptionsmaximum bei 223 mμ). Best.-Grenze: 0,03 ppm **I.** W. Wesly. 7808◇

2712 **Dünnschicht-Chromatographie und Papierchromatographie von Verbindungen mit Vanille-Geschmack.** E. Sundt und A. Saccardi. (Food Technol. **16,** Nr. 4, 89—91, 1962; Genf, Firmenich u. Co., Res. Labor.; engl.) — Als Lsgm.-Syst. zur Dünnschicht-Chromatographie von Verbb. mit Vanille- u. Cumaringeschmack werden nachst. Gemische empfohlen: PAe.—Äthylacetat (**I**) (5:2,5), Hexan-**I** (5:2), Chlf.-**I** (98:2) u. Decalin–CH_2Cl_2–CH_3OH (5:4:1). Die R_F-Werte, Färbungen u. Fluorescenzen (unter Verw. von Hydrazinsulfat, KOH u. diazotierter Sulfanilsäure) der untersuchten, zahlreichen Vanille- u. Cumarin-Derivv. werden angegeben. W. Wesly. 7826◇

2713 **Massenspektrometrische Bestimmung der flüchtigen Bestandteile von gemahlenem Kaffee.** Charles Merritt jun., M. L. Bazinet, J. H. Sullivan und D. H. Robertson. (J. agric. Food Chem. **11,** 152—55, 1963; Notick, Mass., USArmy, Quarterm. Res. and Engng. Center; engl.) — Die in gemahlenem, geröstetem *Kaffee* enthaltenen, flüchtigen Verbb. werden durch Hochvakuum-Dest. bei Zimmertemp. abgetrieben u. in einer Vorlage bei der Temp. von fl. N_2 gesammelt. Durch Massenspektrometrie werden Verbb. wie Furane, Aldehyde, Ester, Alkohole, Nitrile u. S-Verbb. identifiziert. W. Wesly. 7828◇

2714 **Betrachtungen über verschiedene Methoden zur Bestimmung des Bindegewebsanteils in rohem Fleisch und Fleischwaren.** St. Wersching. (Arch. Lebensmittelhyg. **14,** 76—79, 1963; Beil. zu: Dtsch. tierärztl. Wschr.; Hamburg, Vet.-Untersuchungsamt; dt.) — Es werden die zur Best. des Bindegewebes in Fleisch angewandten Meth., wie Trypsinverdauungsverfahren, histometr. u. Hydroxyprolin-Meth. an Hand verschiedener Proben unter bes. Berücksichtigung der Fehlerquellen untersucht u. krit. ausgewertet. A. Täufel. 7850◇

2715 **Anwendung der hydrometrischen Analysenmethode zur Bestimmung der fettfreien Trockenmasse.** G. M. Wallace. (J. Dairy Res. **29,** 11—19, 1962; Palmerston North, New Zealand, Massey Agric. Coll.; engl.) — Die Best. der fettfreien Trockenmasse (FT) gelingt schnell u. zuverlässig bei bekanntem Fettgeh. durch Spindeln, wobei gilt FT = 0,25 · D + 0,22 · Fett% + 0,55. Dabei ist D = 1000 ($D.^{20}$ — 1). Nach Zusatz präservierender Stoffe (0,265 g $HgCl_2$/284 ml Milch) erhöht sich die Dichte um 0,00094 g/ml = 0,235% FT, was bei Analysen evtl. zu berücksichtigen ist. Die aräometr. bestimmten FT-Geh. stimmen mit gravimetr. erhaltenen gut überein. Winfried Krüger. 7856◇

2716 **Nachweis der Dauer- und Kurzzeiterhitzung von Milch mit Hilfe der Bestimmung der Aktivität der alkalischen Phosphatase.** E. Meinl. (Z. Lebensmittel-Unters. u. -Forsch. **116,** 135—39, 1962; Weihenstephan; Südd. Vers.- u. Forschungsanst. f. Milchw., Chem. u. Physikal. Inst.; dt.) — Im Auftrag der „Meth.-Kommission für das Milchgebiet" entwickelte Vf. in Anlehnung an den Arbeitsgang von Schwarz u. Fischer [1948] eine vereinfachte Schnellmeth. zum Nachw. einer ausreichenden „schonenden Erhitzung" durch Best. der *Phosphoresterase*-Aktivität der Milch. Dieses Verf. u. der Test mit „Lactognost Heyl" werden zur Wahl gestellt. Ausführung des Tests: In ein Reagenzglas werden 10 ml einer frisch bereiteten Dinatriumphenylphosphatlsg. (0,1%) pipettiert u. auf 37—39° erwärmt. Darauf wird 1 ml der zu prüfenden Milch zugegeben u. gut durchmischt (Kontrolle: auf 85° erhitzte Milch). Nach 1std. Rk. bei 37—39° werden 0,5 ml 0,6%ig. alkohol. Dibromchinonchlorimid-Lsg. zugesetzt, gut durchmischt u. 10 Min. bei 37° belassen. Nach Durchschütteln wird nach 3 bis 5 Min. die Färbung mit der der Kontrollprobe verglichen. Es wird ein Rohmilchzusatz von 0,3% mit Sicherheit erfaßt. Bei schwach positiver Rk. sollte die Rk.-Zeit auf 2 Std. erhöht werden. Bei Kurzzeiterhitzung (71°) wird eine Temp.-Unterschreitung um 2° schwach eine solche um 3° mit Sicherheit nachgewiesen (bei Dauererhitzung bereits eine solche um 2°). Hans Thiele. 7856◇

2717 **Eine einfache spektroturbidimetrische Methode zur Bestimmung des Fettgehaltes in homogenisiertem Eiscreme-Mix.** J. D. S. Goulden und P. Sherman. (J. Dairy Res. **29,** 47—53, 1962; Shinfield, Reading, National Inst. for Res. in Dairying, and Acton, London, T. Wall and Son Ltd.; engl.) — 1 ml Eiscreme-Mix wird zusammen mit 1 ml 1 n NaOH mit W. zu 1 Liter verdünnt. Anschließend mißt man die Trübung bei 0,5 u. 0,9 μ in einem einfachen Hilger-Absorptiometer mit Filtern oder einem Spektrophotometer (Unicam SP 500 oder ähnliches). Mit Hilfe einer theoret. ableitbaren Gleichung läßt sich der Fett-Geh. u. auch der Durchmesser der Fettkügelchen bestimmen. Die Standard-Abweichung zwischen dieser u. der gravimetr. Meth. nach Werner-Schmid betrug 2,5%. Winfried Krüger. 7856◇

2718 **Nachweis von Methylcellulose in Speiseeispulvern.** Elena R. Alvarez de Lunghi. (An. Direc. nac. Quim. **12,** 37—40, 1959; span.) — Beschreibung ihres Nachw. in Eiscreme- u. Sherbet-Pulvern mittels einer Farbfällung mit *Brillantgelb* [C. I. 364]. K. Kappeller. 7856◇

2719 Intervetra Soc. An. (Erfinder: Araldo Mastrangelo), Genf, Schweiz, **Futterzusatz für die Mast von Nutztieren, dessen Herstellung und Verwendung.** Das Beifuttermittel enthält *Isoniazid* oder ein im Pyridinring oder am 2. N-Atom des Hydrazinrestes substituiertes Deriv. desselben oder ein von einem ggf. im Pyridinring substituierten Isonicotinsäurehydrazid abgeleitetes Hydrazon u. eine oder mehrere Verbb. von Spurenelementen. Die genannten Verbb. werden in Mengen von z. B. 1—5 (Teilen) *Iproniazid* u. 5—20 $CuSO_4$ mit 75—94 eines Trägerstoffes, bes. Kleie, vermischt. Den für die Mast von Schweinen oder Geflügel bestimmten Futter- oder Mischfuttermitteln wird ca. 0,01—0,3, bes. 0,125%, des Gemisches beigefügt. Geeignete Isoniazid-Derivv. sind z. B.: *1-Isonicotinoyl-2-alkylhydrazine, 1-Isonicotinoyl-2-isopropyl-hydrazin, 1-Isonicotinoyl-2-acylhydrazine, 1-Isonicotinoyl-2-benzoylhydrazin* u. *1-Isonicotinoylhydrazone.* Als Spurenelemente kommen noch CuO u. Zn-Carbonat in Betracht. Man erreicht eine Erhöhung der Wachstumsgeschwindigkeit der gefütterten Tiere. (**Schwz. P. 364687** vom 4/4. 1957, ausg. 15/11. 1962.) H. Karst. 7781

2720 Dawe's Laboratories, Inc., Chicago, übert. von: Vernon Dawe, Highland Park, Ill., V. St. A., **Futtermittel mit einem Gehalt an Arsenverbindungen und Polyvinylpyrrolidon.** In ihrem Geh. an Kohlenhydraten, Proteinen, Fetten, Mineralsalzen, Vitaminen, Hormonen u. Antibiotica ausgeglichene Futtermittel für Geflügel, Rindvieh, Schweine, Lämmer u. dgl. werden mit ca. 0,02 (%) der tox. *3-Nitro-4-hydroxyphenylarsonsäure* u. 0,01—0,2, bes. 0,05, *Polyvinylpyrrolidon* innig vermischt, um die As-Verb. zu entgiften. Das Wachstum der gefütterten Tiere wird beschleunigt, die Fleischproduktion erhöht u. die Futterausnutzung verbessert. (**A. P. 3015564** vom 4/3. 1959, ausg. 2/1. 1962.) H. Karst. 7781

2721 Recherche et Industrie Thérapeutiques, Genval, übert. von: Paul Van Dijck und Hendrik Eyssen, Kessel-Lo, Belgien, **Futtermittel.** Die Grundfuttermittel für wachsende, Fleisch produzierende Tiere, bes. Schweine u. Küken, werden je t mit 1—200 g, bes. 2—100 g, *Staphylomycin* (Antibioticum 899) innig vermischt. Als Beifuttermittel können in gleichen Zusatzmengen auch die Mycelkuchen von *Streptomyces virginiae*-Brühen verwendet werden. Die mikrobiolog. akt. Komponenten des Staphylomycins können ferner in Mengen von 1—20 g mit 0,45 kg Getreidemehl vermischt u. dann den Grundfuttermitteln zugesetzt werden. Das Wachstum der gefütterten Tiere wird beschleunigt. Die Wrkg. des Antibioticums ist derjenigen von Chlortetracyclin erheblich überlegen. Tabellen mit Ergebnissen aus Vgl.-Fütterungsversuchen. (**A. P. 3017272** vom 25/11. 1959, ausg. 16/1. 1962.) H. Karst. 7781

2722 American Cyanamid Co., New York, N. Y., übert. von: Irving Klothen, Princeton, N. J., V. St. A., **Stabilisierung von Antibiotica in Futtermitteln und Beifuttermitteln.** Beifuttermittel, welche ca. 20 (%) Rohprotein, 4 Rohfett u. 5 Rohfaser enthalten, werden je 0,45 kg mit 1—50 g *Chlortetracyclin* oder entsprechenden Mengen von *Streptomyces aureofaciens*-Fermentationsbrühen innig vermischt, worauf der Masse 2—12% pulvriges $Ca(OH)_2$ bis zum pH von 7—12, bes. 8,5 bis 11,5, zugefügt u. das Gemisch zu Agglomeraten oder Pellets von einer Teilchengröße von 10—60 Maschen (U. S. S. S.) verarbeitet wird. Die Pellets können noch mit Gelatine, Wachsen, Polyäthylenglykol, Fetten oder Ölen überzogen werden. Die so erhaltenen Pellets werden ernährungsmäßig ausgeglichenen Tierfuttermitteln beigemischt. Die Verluste des Chlortetracyclins an antibiot. Potenz bei langer Lagerung der Futtermittel werden vermieden. (**A. P. 3019109** vom 10/5. 1960, ausg. 30/1. 1962.) H. Karst. 7781

2723 Benjamin Clayton, Houston, Tex., V. St. A., **Herstellung von Tierfuttermitteln.** Ölhaltige, pflanzliche Saaten oder Bohnen, bes. Baumwollsaat u. Sojabohnen, werden durch Extraktion zu einem rohen Glyceridöl u. einem Extraktionsrückstandsmehl verarbeitet. Das Gummiarten u. freie Fettsäuren enthaltende Öl wird mit solchen Mengen NaOH-Lsg. von ca. 12—50° Bé, bes. 20—36 Bé, innig vermischt, daß 50—85% der im Öl enthaltenen Fettsäuren neutralisiert werden. Das Seifen, Fettsäurereste u. Gummiarten enthaltende Öl wird dann mit überschüssiger Na_2CO_3-Lsg. von ca. 10 bis 22°Bé versetzt u. der Seifenstock von dem Gemisch abgetrennt. Der erhaltene Seifenstock ist frei von alkal. Zers., enthält caust. u. Na_2CO_3-Seifen sowie Gummiarten u. löst sich völlig in Petroläther. Ein Teil desselben wird zur Erhöhung des Fett-Geh. dem Extraktionsrückstandsmehl zugefügt. Der Wassergeh. des abgetrennten Seifenstocks soll ca. 25—45% betragen. — Fabrikationsschema. (**A. P. 2991178** vom 8/8. 1957, ausg. 4/7. 1961.) H. Karst. 7787

2724 Oil Seed Products, Inc., Great Falls, übert. von: Kenneth J. Goering, Bozeman, Mont., V. St. A., **Gewinnung von proteinhaltigen Tierfuttermitteln aus Senf-, Raps- und ähnlichen Saaten.** Senf- oder Rapssaatmehle werden bei solchen Temp. einer Ölextraktion mit Lsgm. unterworfen, daß das natürlich enthaltene Enzym Myrosin nicht zerstört wird. Der Extraktionsrückstand wird dann im Verhältnis von 1:6 bis 8 mit W. vermischt, ca. 1 Std. gerührt, zur Hydrolyse des Sinigrins auf ca. 40 bis 55° erhitzt, darauf bis zum Kp. erhitzt u. unter Einleiten von gespanntem Dampf während ca. 30 Min. das Allylisothiocyanat abdest., vom W. abgetrennt u. gereinigt. Der Rückstand wird gesiebt, gepreßt, getrocknet u. als proteinreiches Futtermittel-Konzentrat gewonnen. Dem Gemisch aus Ölextraktionsrückstand u. W. können noch geringe Mengen, z. B. 0,1%, auf ölfreies Saatmehl bezogen, rohes Senf- oder Rapssaatmehl zugesetzt werden. Die durch Sieben abgetrennte Fl. kann eingedampft, der erhaltene Sirup mit dem getrockneten Rückstand vermischt u. das Gemisch bis auf einen Wassergeh. von 10% getrocknet werden. Die nach dem Sieben gewonnene Fl. kann auch mit W. verd., auf 40 bis 55° erhitzt u. zur Behandlung einer anderen Charge des ölfreien Mehls zurückgeführt werden. Die mehrmals zurückgeführte Fl. wird unter Zusatz von Hefe u. Belüftung einer Fermentation unterworfen u. der von der Fl. abgetrennte Rückstand mit dem Proteinmehl vermischt. Die sinigrinfreien Futtermittel weisen angenehmen Geruch u. Geschmack auf, haben hohe Geh. an leichtverdaulichem Protein u. eignen sich bes. zur Vermischung mit Cerealien-Futtermitteln. — Fabrikationsschema. (**A. P. 2987399** vom 23/1. 1959, ausg. 6/6. 1961.) H. Karst. 7787

2725 Laboratories for Applied Biology Ltd., London, England (Erfinder: Havva Rabinovitch), **Behandlung von Saatkörnern, die als Vogelfutter dienen.** Die Hülsen von Saatkörnern werden durch 10—15 Min. dauernde Behandlung mit heißem W. oder Dampf gespalten, worauf die Masse mit Lsgg. oder feinen Suspensionen von Vitaminen A, B_1, B_{12}, D, E, Vitamin B-Komplex, Chloramphenicol, Furazon, Penicillin oder Mandelamin vermischt u. bei < 50° getrocknet wird. Die Vitamine u. sonstigen Zusatzstoffe können in Form alkohol. oder wss. Lsgg. oder Suspensionen den Saatkörnern zugefügt werden, wobei die Lsgm. oder Dispergiermittel bei der Trocknung entfernt werden. Antibiotica u. Spurenelemente können ebenfalls in die Saatkörner eingeführt werden. Der Gesundheitszustand der gefütterten Vögel wird erheblich verbessert. (**E. P. 902844** vom 9/2. 1960, ausg. 9/8. 1962.) H. Karst. 7787

H_{17}. Fette, Seifen, Wasch- und Reinigungsmittel usw.

2726 **Die Stabilität der Öle und fetthaltigen Nahrungsmittel.** 1. Mitt. **Vergleichende Bewertung verschiedener Antioxydantien in Methylestern von Haifischleberölen.** M. H. Chahine und F. A. El-Shobaki. (Grasas y Aceites **14,** 61—65, 1963; Cairo, Egypt., Ministry of Sci. Res. Dokki, Nat. Res. Centre; engl.) — Die Methylester werden aus Haifischleberöl durch Verseifen, Ansäuern u. Verestern mit Methanol hergestellt u. dest.; sie sind frei von unverseifbaren Anteilen, Peroxiden u. freien Säuren. Sie werden bei 80° u. 100° in einer Barcroft-Warburg-App. auf O_2-Absorption unter Zusatz von Stabilisatoren (0,01—0,1%) bei 2 Oxydationsstufen untersucht. Bei 100° stabilisiert *Nordihydroguajaretsäure* (NDGA) am stärksten; es folgen in abnehmender Wrkg.-Reihenfolge: *2-* oder *3-tert.-Butyl-4-methoxyphenol* (BHA); *Propylgallat* (PG); *1.2-Dihydro-6-äthoxy-2.2.4-trimethylchinolin* (EMQ); *2.6-Di-tert.-Butyl-4-methylphenol* (BHT); *α-Tocopherol.* Für 80° gilt dieselbe Reihenfolge; nur EMQ wird wirkungsvoller. PG ist nur bei 0,1% gut wirksam. Die das Verh. von Antioxydantien in Syst. von trocknenden Ölen regulierenden Faktoren werden besprochen. M. Hagedorn. 7878◇

2727 **Versuche zur Verwendung von Antioxydantien beim Konservieren feinen Olivenöls in Dosen.** R. Gutiérrez González-Quijano. (Grasas y Aceites **14,** 49—56, 1963; Sevilla; Inst. de la Grasa y sus Derivados; span.) — Oliven-Exportöl (85% raffiniertes + 15% unraffiniertes Öl) wird im Vgl. mit bei — 28° ohne Antioxydantien (AO.) gelagertem Öl ein Jahr in maschinell verschlossenen Blechdosen bei + 30° mit u. ohne Zusatz von AO. gelagert. Verfolgt werden Peroxid-Geh. u. Geschmacksentw. AO. bewirken erhöhte Stabilität, bei der AOM-Meth. um den Zeitfaktor 2,6—3,1. In bezug auf Erhaltung des Fruchtgeschmacks des Öls sind die stabilisierten Öle schon nach 2 Monaten besser als Öle ohne AO., im Vgl. zu den — 28°-Kontrollen fallen die stabilisierten 30°-Öle nach 10 Monaten ab. M. Hagedorn. 7878◇

2728 **Beobachtungen über den Einfluß der Lagerungstemperatur auf die lipolytische Veränderung von Palmöl.** D. G. Coursey und E. A. Simmons. (Oléagineux **18,** 161—66, 1963; Port Harcourt, Nigeria, West African Stored Products Res. Unit; franz.) — Es werden systemat. Verss. über das Verh. von Palmöl bei der Lagerung bei verschiedenen Temp. u. verschiedener Dauer durchgeführt; ein Teil der Proben wird, um mikrobiolog. Einfl. auszuschalten, im Autoklaven sterilisiert; die Acidität der Proben wird titrimetr. ermittelt. Nach den tabellar. mitgeteilten Ergebnissen vollzieht sich die Freisetzung von Fettsäuren nebeneinander einmal chem.-autokatalyt. gemäß der Darlegung von M. Loncin u. a. [1952] zum andern biochem. gemäß den Ausführungen von A. Desassis [1957] sowie von P. G. Coursey [1960]; die im Schrifttum vertretenen unterschiedlichen Meinungen werden mit den von den Autoren herangezogenen verschiedenen Vers.-Bedingungen erklärt. K. Täufel. 7894◇

2729 **Vorläufige Untersuchungen über die Möglichkeiten einer Verwertung des Ölkuchens von Oiticica.** Lucien Kehren. (Oléagineux **18,** 405—408, 1963; franz.) — Es werden vorläufige Angaben zur wirtschaftlichen Verw. des bei der Ölextraktion aus Oiticica (*Licania rigida Benth.*) anfallenden Kuchens — in Brasilien mindestens 10000 jato — gemacht. Behandelt werden die Gewinnung des in einer Menge von ca. 15% anwesenden wasserlösl. Tannins evtl. zur Verwertung in der Gerberei, die Darst. von Furfurol. Einsatz als Tierfuttermittel ist nicht möglich (purgative Wrkg.), auch nicht als Düngemittel wegen des hohen Geh. an Tannin; Hinweis auf eine evtl. nutzbringende Kompostierung. K. Täufel. 7894◇

2730 **Messung des Brechungsindex bei der Herstellung von dehydratisiertem Ricinusöl.** M. Fauve. (Oléagineux **17,** 703—05, 1962; franz.) — Die Dehydratisierung von Ricinusöl kann durch Messen des Brechungsindex direkt verfolgt werden, jedoch muß die Meßgenauigkeit ± 0,00002 betragen, während die Messung der linear vom Brechungsindex abhängigen OH-Werte u. JZ, sowie der logarithm. fallenden Viscosität zur Verfolgung der Rk. ungeeignet ist. H. Brämer. 7894◇

2731 **Übersicht über Petroselinsäure und ihre Derivate.** Lida L. Placek. (J. Amer. Oil Chemists' Soc. **40,** 319—29, 1963; New Orleans, La., Southern Reg. Res. Labor.; engl.) — Übersicht über die Rohstoffquellen von *Petroselinsäure* (zahlreiche Samenöle), ihre Isolierung u. Identifizierung, ihre synthet. Darst., Eigg. (F., JZ., n_D, VZ., SZ., IR-Spektrum, Löslichkeit), Anwendungen u. Derivate. — 140 Literaturangaben. H. Brämer. 7894◇

2732 **Neuzeitliche Margarine-Herstellung.** 2. Mitt. A. Heesch. (Fette, Seifen, Anstrichmittel **65,** 205—14, 1963; Kleve; dt.) — 1. vgl. Fette, Seifen, Anstrichmittel **65,** [1963], 125. — Überblick über die neuzeitliche Margarine-Herst. unter bes. Berücksichtigung von Dosier.-Verff., der Herst. von luftfreier Margarine, der Desinfektion u. Reinigung der Anlagen sowie der Verpackung. — 30 Literaturangaben. G. Heder. 7900◇

2733 **Einige neue Aspekte der Fettsäurechemie.** D. Swern, E. S. Rothman, L. S. Silbert und J. S. Showell. (Chem. and Ind. **1962,** 1304—09; Philadelphia, Pa., Eastern Reg. Res. Labor.; engl.) — Nach einer Betrachtung über die Entw. der Fettsäurechemie u. die Bedeutung der Fettsäuren u. ihrer Derivv. als Ausgangsprodd. gehen Vff. auf die Forschungsthemen der Exploratory Reactions Group ein. Behandelt werden die säurekatalysierten Austausch-Rkk. zwischen Carbonsäuren u. Enolestern, die direkte Darst. aliphat. u. aromat. Peroxysäuren u. die selektive Epoxydierung ungesätt. Verbindungen. W. Liebscher. 7908△

2734 **Die Alkalischmelze der ungesättigten Fettsäuren.** A. Vázquez Roncero. (Grasas y Aceites **14,** 66—72, 1963; Sevilla, Inst. de la Grasa y sur Derivados; span.) — Übersicht über die chem. Vorgänge bei der Alkalischmelze der einfach u. mehrfach ungesätt. Fettsäuren u. die Ansätze bei der techn. Verw. der Reaktion. — 33 Literaturhinweise. M. Hagedorn. 7908◇

2735 **Automatisierung einer kontinuierlichen Seifensiedeanlage.** Ernő Vépy und Kaffka Károly. (Élelmezési Ipar [Verpflegungs-Ind.] **17,** 165—67, 1963; Albertfalva, Chem. Fabr.; ung.) — Vff. beschreiben einen in Betrieb gesetzten, kontinuierlich arbeitenden, automatisierten Verseifungsreaktor, die Regelungstechnik u. die wirtschaftlichen Vorteile. K. Gärtner. 7910△

2736 **Synthetische Stücke.** W. Frank. (Fette, Seifen, Anstrichmittel **62,** 1058—59, 1960; Frankfurt/Main, Farbwerke Hoechst AG; dt.) — Es wird über Bestrebungen berichtet, halb- bzw. vollsynthet. Waschmittel in Stückform in vermehrtem Maße herzustellen u. anzuwenden, da diese folgende Vorteile bringen: keine Kalkrandbldg. in hartem W., bessere Reinigungswrkg. als Feinseife, gute dermatolog. Verträglichkeit, universellerer Einsatz. Weiterhin wird über die verschiedenen waschakt. Substanzen für halb- u. vollsynthet. Stücke, ihre chem. Zus., Eigg. u. Verwendungsmöglichkeiten ein Überblick gegeben. Verschiedene gut verarbeitbare Gemische für synthet. Stücke sind angegeben. U. Krieg. 7910◇

2737 **Das Alkali im modernen Waschprozeß.** Helmut Stache. (Seifen–Öle–Fette–Wachse **89,** 367—70, 1963; dt.)

— Überblick über die Wrkg. der Alkalien (Pottasche, Soda) bes. der Alkaliенträger (Silicate u. Phosphate) im modernen Waschprozeß mit der Feststellung, daß das Alkali mit seiner schmutzlösenden Wrkg. durch Verseifung der fettigen Verunreinigungen auch im Kombinations-Prod., z. B. Soda–Metasilicat–Phosphat, für einen schonenden Waschprozeß von Bedeutung bleiben wird. H. Franzen. 7912◇

2738 **Hydrogenperoxidoxydation von tertiären Aminen.** G. L. K. Hoh, D. O. Barlow, A. F. Chadwick, D. B. Lake und S. R. Sheeran. (J. Amer. Oil Chemists' Soc. **40,** 268—71, 1963; Wilmington, Del., E. I. du Pont de Nemours & Co. (Inc.), Electrochem. Dep.; engl.) — Unterss. der Oxydation von Dimethyldodecylamin mit 35%ig., 70%ig. u. 90%ig. wss. H_2O_2-Lsg., mit 70%ig. H_2O_2-Lsg. im nichtwss. Medium (Methanol, Dimethylformamid, n-Propanol, Äthylacetat, Tetrahydrofuran, tert.-Butanol) mit 40%ig. Peroxyessigsäure u. Peroxyessigsäure in situ ergaben als günstigstes Verf.: Zugabe von 35%ig. H_2O_2 zum Amin bei 60—65° im Zeitraum von 1 Std. u. Zugabe von soviel W., daß das gelartige Rk.-Gemisch gerade noch fl. bleibt, danach weitere Zugabe von W. bei 75° bis zu einer Aminkonz. von 30—40%. Die analyt. Unters. des Rk.-Gemisches erfolgt reduktometr. (Best. mit überschüssigem $TiCl_3$, Rücktitration mit $Fe_2(SO_4)_3$-Standard-lsg.), acidimetr. (potentiometr. Titration mit 0,1 n HCl in Isopropylalkohol) u. gaschromatograph. (Apiezon S. auf bas. gewaschenem Chromosorb. W. bei 225°). Die Oxide tert. Amine finden Verw. als Waschmittel u. Schaumstabilisatoren. H. Brämer. 7912◇

2739 **Alkalilösliche Acrylsäure enthaltende Emulsionen als Stabilisatoren für flüssige nichtionogene Detergentien.** David B. Fordyce, Robert E. Wolfrom und Jean Dupre. (Soap chem. Specialties **38,** Nr. 3, 57—60, Nr. 4, 59—62, 1962; engl.) — Um das Ausfallen nichtionogener grenzflächenakt. Stoffe (NI) in fl., alkal. Zusatzstoffe enthaltenden Detergentien zu verhindern, werden Copolymere von Acrylsäure hohen Molgew. zugesetzt, die die NI in der Lsg. dispergieren. Synth. u. folgende Eigg. der alkalilösl. Polyacrylsäure-Emulsionen werden beschrieben: Solubilisations-, Verdickungs- u. Stabilisierungseigenschaften. Außerdem wird auf die Anwendung in anderen Reinigungsmitteln, die Zus. eines Waschmittels u. die Einfl. anderer Zusätze eingegangen. H. Brämer. 7912◇

2740 **Verhalten eines Waschmittels mit verschiedenen Phosphaten und Phosphat-Mengen bei Wasserhärten von 10 bis 35° dH.** O. Oldenroth. (Fette, Seifen, Anstrichmittel **64,** 468—71, 1962; dt.) — Bei Unters. des Kalkbindevermögens von Phosphaten in Abhängigkeit von der Rk.-Temp. wurde festgestellt, daß es bei erhöhten Temp. durch Pyrophosphat stark, durch Tripolyphosphat etwas gesteigert wird, während zwei unterschiedliche Polyphosphate unabhängig von der Temp. sehr gutes Kalkbindevermögen zeigen. Die Waschkraft einer Waschmittelkombination bei Verw. von Pyro (**I**)- bzw. Tripolyphosphat (**II**) in Anteilen von 35 bzw. 50% bei einer Anwendungsmenge von 5 g/Liter wird durch steigende Wasserhärten gemindert (bei 35% Phosphatanteil stark, bei 50% nur noch gering). Die Verw. von **II** erweist sich als günstiger als die von **I**. Die Inkrustation wird während des eigentlichen Waschvorgangs durch **II** besser verhindert als durch **I**, während beim Spülen in hartem W. auf alle Fälle Kalkablagerungen im Gewebe erfolgen. Die Bleichintensität von Perborat wird durch steigende Wasserhärte auffällig verbessert. Auch hier wird durch Mitverw. von **I** im Vgl. zu **II** die Bleichwrkg. vermindert. H. Brämer. 7912◇

2741 **Untersuchungen über die Grundlagen des Waschvorganges.** 2. Mitt. **Redeposition von hydrophobem Pigmentschmutz, Einfluß der Elektrolyt-Konzentration.** S. V. Vaeck. (Fette, Seifen, Anstrichmittel **62,** 846—53, 1960; Brüssel, Wirtschaftsministerium; dt.) — 1. vgl. C. **1959, 3331.** — Der Einfl. der Konz. verschiedener Elektrolyte auf die Redeposition von hydrophobem Pigmentschmutz wurde in dest. W. u. in Lsgg. von Fettsäureseife, Alkylbenzolsulfonat u. Nonylphenolpolyglykoläther untersucht. Als Elektrolyte dienten Na-Metasilicat, Na_2CO_3, Na_2SO_4 u. ein hochpolymeres Phosphat. Die Verss. wurden in einem Launderometer durchgeführt. Die erzielten Ergebnisse können nach Ansicht des Vff. durch die Theorie des Wechselwirkungspotentials nicht befriedigend erklärt werden. Außer der Aggregation bei höheren Elektrolyt-Konzz. sind wahrscheinlich noch andere Faktoren mitbestimmend. U. Krieg. 7912◇

2742 **Verhalten von verzinnten bzw. nicht verzinnten Kupferkesseln bei Verwendung moderner Waschmittel.** W. Fries. (Fette, Seifen, Anstrichmittel **64,** 1054—58, 1962; Düsseldorf, Henkel & Cie. GmbH; dt.) — Bei Verw. von Weißwaschmitteln treten gelegentlich eine Entzinnung verzinnter Cu-Waschkessel u. gelbbraune Flecken in der Wäsche auf. Die Verzinnung wird durch in Waschmitteln enthaltene *Polymerphosphate* aufgelöst. Der H_2O_2-Geh. der Waschlaugen verhindert jedoch die Auflösung infolge Passivierung der Oberflächen. Die Flecken entstehen durch Cu-Auflösung, was durch ausreichende Mengen *Pyrophosphat* verhindert werden kann. Beide Schwierigkeiten werden vermieden, wenn die Wäsche in der Waschlauge nicht stundenlang ohne Umrühren stehengelassen wird. Wilhelm Lange. 7912◇

2743 **Extraktionswasch- und Detachierverfahren in der Textilindustrie.** K. G. Rordorf. (Z. ges. Textilind. **65,** 216—20, 1963; dt.) — Vf. vergleicht verschiedene Waschverff. (Naßwäsche u. Lsgm.-Extraktion) u. empfiehlt für letztere verstärkte industrielle Anwendung bei Faseraufbereitung, Spinnerei, Textilveredelung, Strick- u. Wirkwaren-Herstellung. Eine Verw. von Tensiden mit hydrophilen u. hydrophoben Gruppen bewirkt günstige Feuchtigkeitsverteilung im Waschgut. In modernen Anlagen wird für den vollautomat., etwa 30 Min. dauernden Waschgang u. den Zusatz von W., Lsgm., Detergentien usw. Programmsteuerung bevorzugt. Fabrikations- u. andere Flecken werden am Vakuum-Detachiertisch entfernt. Eine gute Zusammenarbeit der beteiligten Industrien ist erforderlich. H. Meiner. 7914◇

2744 **Liquids — Bedeutung, Beschaffenheit und Einsatzmöglichkeit.** Kawka. (Seifen-Öle-Fette-Wachse **80,** 51 bis 55, 1963; dt.) — Übersicht über Liquids (fl. Waschmittel) wie Autoshampoos, Fußboden-, Gebäude-, Maschinenreinigungsmittel, Haarwasch-, Körperpflege-, Schaumbademittel u. über die Rohstoffe (Tetrapropylenbenzol u. Kerylbenzolsulfonat, Alkylolamid, Nonylphenol). Außerdem weist Vf. auf die durch Detergentien im Trink- u. Abwasser auftauchenden Probleme bes. bzgl. Toxizität hin. H. Franzen. 7916◇

2745 **Polyäthylen in Poliermittel-Emulsionen.** 1. Mitt. M. O. Brunson. (Soap chem. Specialties **38,** Nr. 10, 91—124, 1962; Kingsport, Tenn., Eastman Chemical Products; engl.) — Die Teilchengröße u. Stabilität der Polyäthylenwachs-Emulsionen ist von der Konz. des Emulgators abhängig, wie an mehreren *Epolenen* nachgewiesen wird. Die Viscosität steigt mit der Konz. des Festkörpers (für 16—30%), nicht aber mit derjenigen des Emulgators (für 16.6—25.9%, bezogen auf Festkörper) an. Der bei Auftrocknen entstehende Glanz wächst mit der Konz. des Emulgators. In ionogenen Emulsionen mit beispielsweise Morpholinoleat als Emulgator soll zur Vermeidung späterer Geliervorgänge Amin im Überschuß vorliegen. W. Presting. 7926◇

2746 **Polyäthylen in Poliermittel-Emulsionen.** 2. Mitt. M. O. Brunson. (Soap chem. Specialties **38,** Nr. 11, 93—105, 1962; engl.) — 1. vgl. vorst. Referat. — Die Wasserfleckigkeit von aufgetrockneten Überzügen aus nichtionogenen Polyäthylen-Emulsionen ist, wenn KOH zugesetzt wurde, unbefriedigend, im Fall organ. Basen dagegen, z. B. Morpholin, gut. Nichtionogene Emulsionen, bes. solche mit hohem Geh. an Feststoff, werden zweckmäßig unter Druck bei 121° hergestellt, anschließend bei 77° mit kaltem W. versetzt (Beispiel). Oxydierte Polyäthylene, wie *Epolene* N, zeigen ein bes. günstiges Verh. in Emulsionen. W. Presting. 7926◇

2747 **Über die Färbung von Olivenölen durch Salpetersäure.** Hans Heller. (Oléagineux **18,** 421—25, 1963; Hamburg, Chem. Labor.; franz.) — Anhand der neueren Literatur wird die Farb-Rk. mit HNO_3 auf verestertes Olivenöl (synthet. Prod.), die nach Hauchecorne eine Rk. auf Baumwollsaatöl darstellt, wobei Olivenöl nicht reagieren soll, in verschiedener Arbeitsweise auf 25 Olivenöle unterschiedlicher Herkunft, Gewinnung, Beschaffenheit (rohe, saure, entsäuerte, gebleichte Prodd.) usw. systemat. angewendet. Nach den tabellar. zusammengestellten Ergebnissen treten immer eindeutig etwas verschiedene Farbtönungen auf. Daraus wird im Einklang mit Angaben des Schrifttums auf die Unzuverlässigkeit dieser Rk. zum Nachw. der Ggw. von verestertem Olivenöl geschlossen. K. Täufel. 7932◇

2748 **Verfahren zur Untersuchung von in kleinen Mengen dem Olivenöl zugesetztem Cocosnußöl mach der Methode der Destillation flüchtiger Säuren.** Francesco Mangio. (Boll. Lab. chim. provinc. **12**, 326—31, 1961; Livorno, Labor. chim. provinciale; ital.) J. Lehmberg. 7932◇

2749 **Chromatographische Trennung der Glyceride des Olivenöls.** Zbigniew Kwapniewski und Josef Sliwick. (Riv. ital. Sostanze grasse **40**, 11, 1963; ital.) — Die Glyceride des Olivenöls werden mittels Rundfilter-Chromatographie (Whatman No. 1, imprägniert mit 10%ig. Paraffinlsg. in PAe., mobile Phase: Eisessig) getrennt. H. Brämer. 7932◇

2750 **Analyse des Samenfettes von fünf Arten, welche verschiedenen botanischen Familien angehören.** A. Sen Gupta und K. K. Kapur. (Indian Oil Soap J. [Calcutta] **28**, 83—95, 1962; Varanasi, Ind., Baranas Hindu Univ., Dep. of Pharm.; engl.) — Das Samenfett von *Acacia arabica*, *Citrullus vulgaris* var. Fistulosus, *Sida cordifolia*, *Sesamum Indicum* u. *Ricinus communis* wurde spektroskop. untersucht. Die Ergebnisse zeigen, daß die Fettsäuren-Zus. des Samenfettes spezif. für die Herkunft ist. — 47 Literaturangaben. K. Hinterauer. 7932◇

2751 **Bestimmung der Glyceridstruktur von pflanzlichen Ölen durch Gegenstromverteilung.** 6. Mitt. **Maiskeimöl.** C. R. Scholfield, Janina Nowakowska und H. J. Dutton. (J. Amer. Oil Chemists' Soc. **38**, 175—77, 1961; Peoria, Ill., Northern Reg. Res. Labor.; engl.) — 5. vgl. C. **1963**, 5302. — In Fortsetzung eigener Unterss. an Lein-, Soja- u. Safloröl sowie an Kakaobutter wird das Prinzip der Gegenstromverteilung zur Identifizierung der konstituierenden Glyceride auf ein selbst dargestelltes, analyt. charakterisiertes Maiskeimöl (JZ. 126,3; Palmitin- (10,0%), Stearin- (2,7%), Öl- (26,7%), Linol- (60,3%), Linolensäure (0,3%) angewendet. Als Lsgm. werden Pentan/Hexan als obere, Furfurol/Nitroäthan (1:1) als untere Phase verwendet. Nach den tabellar. u. graph. mitgeteilten Ergebnissen u. ihrer rechner. Auswertung hinsichtlich der Zus. der stärker ungesätt. Triglyceride von Maiskeimöl ergibt sich eine gute Übereinstimmung mit den Befunden, wie sie gemäß einer im wesentlichen statist. (random-) Verteilung der Fettsäuren im Glyceridverband zu erwarten sind. Es wird darauf hingewiesen, daß die Meth. der Gegenstromverteilung über stellungsisomere Glyceride eine Auskunft nicht zu geben vermag. K. Täufel. 7932◇

2752 **Die Analyse der Fettsäure aus dem Samenöl von Butea Frondosa mit Hilfe der Harnstoff-Addukt-Methode.** S. B. Das, K. K. Patnaik und M. K. Rout. (J. Proc. Instn. Chemists [India] **34**, 270—76, 1962; Cuttack, Ravenshaws Coll. Mayurbhanj Chem. Labor.; engl.) — Vff. beschreiben eine Trennung der Fettsäuren durch schrittweise Anlagerung von Harnstoff (**I**), wobei auf dem Wasserbad 10 g Fettsäuregemisch nacheinander mit jeweils 5 g **I** (gelöst in 25 ml Methanol) wiederholt umgesetzt wird. Die 4 verschiedenen Addukte (von je etwa 5—6 g) werden nach 12 Std. abfiltriert u. mit heißem W. zersetzt. Von diesen Einzelfraktionen wurden JZ. u. Neutralisationsäquivalent sowie die mittlere Länge der C-Kette u. der Grad der Ungesättigtheit bestimmt, um damit Rückschlüsse auf Art u. Länge der vorhandenen Fettsäuren ziehen zu können. Zu gleichen Ergebnissen führt eine Zerlegung des **I**-Adduktes durch Elution mit warmem Äthanol. Reproduzierbarkeit, Eignung u. Übereinstimmung beider Verff. wurden durch Analysen entsprechender Gemische bekannter Zus. bestätigt. Das Fettsäuregemisch von *Butea frondosa* besteht danach aus 23 (%) Palmitin-, 7 Stearin-, 7 Arachin-, 6 Behen-, 4 Lignocerin-, 31 Öl- u. 22 Linolsäure. H. Meiner. 7936◇

2753 **Trennung von Isomeren höherer Fettsäuren und Vinylogen durch Dünnschichtchromatographie.** L. J. Morris. (Chem. and Ind. **1962**, 1238—40; London, Brunel Coll.; engl.) — Durch Dünnschichtchromatographie an mit $AgNO_3$, H_3BO_3 oder $AgNO_3/H_3BO_3$ imprägnierten Kieselsäureplatten (Fließmittel Ae./Hexan) u. Sichtbarmachen der Flecken im UV nach Besprühen mit 2'.7'-Dichlorfluorescein-Lsg. werden Gemische von *Stearin-*, *Olein-*, *Elaidin-*, *Petroselin-*, *Petroselaidin-* u. *Linolsäuremethylester*; *cis-9.10-Epoxyoctadecan-*, *cis-9.10-Epoxyoctadecen-(12)-*, *cis-12.13-Epoxyoctadecen-(9)-*, *12-Hydroxyoctadecan-*, *12-Hydroxyoctadecen-(9)-*, *12-Hydroxyoctadecin-(9)-*, *9-Hydroxyoctadecan-*, *9-Hydroxyoctadecen-(12)-säuremethylester*; *erythro-* u. *threo-9.10-Dihydroxy-*, *erythro-* u. *threo-12.13-Dihydroxystearinsäuremethylester*; *erythro-* u. *threo-12.13-Dihydroxyoleinsäuremethylester* identifiziert. An $AgNO_3$-imprägnierten Platten gelingt die Trennung von langkettigen Methylestern nach dem Sättigungsgrad sowie von Gemischen aus cis-trans-Isomeren, an mit H_3BO_3-imprägnierten Platten die Trennung von threo- u. erythro-Isomeren u. an mit $AgNO_3/H_3BO_3$-imprägnierten Platten die gleichzeitige Trennung von Isomeren u. Vinylogen.
W. Liebscher. 7936△

2754 **Die Acetylensäure in Comandra pallida- und Osyris alba-Samenölen.** K. L. Mikolajczak, F. R. Earle und I. A. Wolff. (J. Amer. Oil Chemists' Soc. **40**, 342—43, 1963; Peoria, Ill., Northern Reg. Res. Labor.; engl.) — Durch Gas-Fl.-Chromatographie der Fettsäuremethylester von *Comandra pallida* A. DC. (**I**) u. *Osyris alba L.* (**II**)-Samenöl wurde als Hauptanteil in **I** 43,0% u. in **II** 57,1% einer Acetylensäure (**III**) festgestellt. Vergleichende Gas-Fl.-Chormatographie, IR- u. UV-Spektroskopie mit der in *Ximenia americana L.* vorkommenden *Ximeninsäure* (trans-Octadecen-(11)-in-(9)-säure) weisen darauf hin, daß auch die in **I** u. **II** nachgewiesene **III** Ximeninsäure ist, jedoch wurde die Lage der Mehrfachbindungen nicht eindeutig bestimmt. H. Brämer. 7936◇

2755 **Derivatographische Untersuchungen und Bestimmung von Alkylsulfaten und Alkylarylsulfonaten.** Margarete Boros und Béla Lóránt. (Seifen–Öle–Fette–Wachse **89**, 531—34, 555—58, 1963; Budapest, Ind. für Baumat., Central. Forschungsinst.; Inst. für Chemie u. Lebensmittelunters.; dt.) — Die Best. von Laurylsulfat (**I**) u. Tetrapropylenbenzolsulfonat (TPBS) gelingt durch derivatograph. Analyse. **I** zerfällt bei 150—285° in Dilauryläther u. Na-Pyrosulfat, das zwischen 285 u. 382° in Na-Thiosulfat u. zwischen 385 u. 500° in Na_2SO_4 übergeht. Dodecen oder Laurylalkohol waren nicht nachweisbar. Bei TPBS erfolgt bis 575° Ausbrennen der organ. Substanz u. Bldg. von Na-Pyrosulfat, das oberhalb 575° in Na_2S übergeht. Na-Dithionat u. Na_2SO_4 wurden nicht nachgewiesen. Die ergänzende Unters. des Zerfalls von Na-Bisulfat unter Hitzeeinw. ergab folgende Stufen: 240—425° Na-Pyrosulfat, 425—550° Na-Dithionat, 550—630° Na-Pyrosulfit, 630—710° Na-Dithionit u. 710—910° Na_2SO_4. Wegen Überschneidung der Zerfallsprozesse ist die derivatograph. Analyse von **I** u. TPBS nebeneinander nicht möglich. Der Derivatograph nach Paulik-Paulik-Erdey wird als thermoanalyt. Waage beschrieben, die die Gew.- u. Enthalpieänderungen u. die Geschw. der Gewichtsveränderungen der Proben während der Aufheizung vollautomat. mißt u. registriert.
H. Brämer. 7942.◇

2756 **Quantitative Analyse von 1-Olefinen durch Gaschromatographie mit gesteuerter Temperatur.** R. W. Poe und E. F. Kaelble. (J. Amer. Oil Chemists' Soc., **40**, 347 bis 348, 1963; St. Louis, Miss., Monsanto Chem. Co., Inorg. Chem. Div.; engl.) — Die quant. gaschromatograph. Analyse (20% Siliconharz (SE-30) auf Chromosorb P, Flammenionisationsdetektor) von 8 quant. unterschiedlichen Gemischen aus Octen-(1), Decen-(1), Dodecen-(1), Tetradecen-(1), Hexadecen-(1) u. Octadecen-(1) u. von Decen-(1) u. Hexadecen-(1) gelingt durch Steuerung der Säulentemp. (Anfangstemp. 75°, linearer Anstieg um 9°/Min.) innerhalb von 20 Min.; die Abweichung zwischen der prozentualen peak-Fläche u. den Gew.-Prozenten der untersuchten Verbb. (5—95%), die zur Herst. von Waschmitteln Verw. finden, beträgt

0,5% abs. Abhängigkeit von der Kettenlänge der Olefine wurde dabei nicht festgestellt. Die ermittelten Durchschnitts-C-Zahlen der Gemische stimmten um ± 0,2 Einheiten überein. Mit diesen Ergebnissen ist die Gaschromatographie der Massenspektrographie überlegen. H. Brämer. 7942◇

2757 **Bestimmung der micellaren Molekulargewichte von Polyäthoxyäthyldodecyläther mit der Ultrazentrifuge.** Fumikatsu Tokiwa und Toshizo Isemura. (Bull. chem. Soc. Japan **35,** 1737–1739, 1962; engl.) — Das durchschnittliche micellare Molgew. von *Polyäthoxyäthyldodecyläther* (PODE) wurde in einer analyt. Ultrazentrifuge nach der „transient-state-Meth." bestimmt u. nach einer mathemat. Formel berechnet. Das micellare Mol-Gew. des PODE bzw. die Aggregationszahl nehmen mit der Zunahme der Kettenlänge ab. Die Micellenbildung der nichtionogenen Detergentien wird von ster. Effekten u. der Hydrophilität der Polyoxyäthylenkette beeinflußt. Es wird angezweifelt, daß gewöhnliche Micellen, wie sie in ionogenen Detergentien-Lsgg. vorkommen, in einer nichtionogenen Waschmittellsg. genügender Kettenlänge gebildet werden.
H. Brämer. 7942◇

2758 National Research Council, Ottawa, Canada, **Aktivieren von Ton,** dad. gek., daß man den Ton mit < 60 (%) W. u. < 50 H_2SO_4 mischt, die Mischung einige Zeit, z. B. 10–40 Min., auf 100–400° erhitzt u. bis zu einem Wassergeh. von < 10 trocknet. Der aktivierte Ton wird *zum Entfärben von Mineral- u. Pflanzenölen* verwendet. — Diagramme. (**Ind. P. 67724** vom 19/5. 1959, ausg. 25/11. 1961.) C. Lüttgen. 7887

2759 Unilever N. V. (Erfinder: Egbert Bloem), Rotterdam, Niederlande, **Entsäuerung von Ölen und Fetten** durch Behandlung mit Lsgg. von Alkali in Wasser. Um der Emulsions-Bldg. entgegenzuwirken, bzw. eine schnellere Trennung der Phasen zu bewerkstelligen, versetzt man das zu entsäuernde Öl oder Fett oder auch die bereits gebildete Emulsion mit einem in W. lösl. oder quellbaren Eiweißstoff, bes. Milchcasein, zweckmäßig in Form des Na-Caseinats, gelöst in 0,05 n Lauge. (**Niederl. P. 102036** vom 13/7. 1960, ausg. 15/8. 1962. E. Prior. 14/7. 1959.) F. Böhm. 7887

2760 Unilever Ltd. (Erfinder: Ronald Lobley Best, Alan Charles Davies, Stanley Paul und Cornelis Johannes Soeters), **Herstellung von Kakaobutterersatz.** Man extrahiert Bambukbutter mittels eines flüchtigen Lsgm. (höchstens 2% W. enthaltendes Aceton oder Isopropanol), trennt die unlösl. Bestandteile bei einer Temp. ab, bei der die Glyceride in Lsg. bleiben, u. gewinnt durch Kristallisation eine feste Fraktion, die man mit Palmöl oder einer Fraktion dieses Palmöls mit einer Jodzahl von wenigstens 25 mischt. (**Aust. P. 236175** vom 9/6. 1959, ausg. 23/11. 1961.)
K. Demmler. 7893

2761 Lorento Giorgi, Recanati, Macerata, Italien, **Gewinnung von pflanzlichen Ölen,** dad. gek., daß das ölhaltige pflanzliche Material in Ggw. von Lsgm. für das Öl in mehrfacher Aufeinanderfolge komprimiert u. entspannt wird. — Vorr., Zeichnung. (**It. P. 554405** vom 3/8. 1955.) K. Koebke. 7895

2762 Giovanni Battista Martinenghi, Mailand, Italien, **Raffination von Reisöl.** Um das Wachs zu entfernen, versetzt man das ggf. entsäuerte Öl mit bis zur Hälfte seines Vol. an Hexan, kühlt es auf ca. 0° u. filtriert. — 250 kg rohes Öl werden 0,5–2 Std. bei 60 bis 100° mit 60–125 Liter 10–50%ig. H_2SO_4 behandelt, von der wss. Phase abgetrennt, 15–25 Min. bei 80–100° mit 1–5 (%) Bleicherde u. nochmals 15–20 Min. mit 1–5 Bleicherde behandelt, bei 150–200° mit 10%ig. Überschuß an Glycerin verestert, nach Zugabe von 50–125 Liter Hexan auf – 2° gebracht u. filtriert. (**It. P. 554502** vom 1/2. 1955.) K. Koebke. 7895

2763 Koninklijke Dobbelman N. V., Nijmegen, Niederlande, **Herstellung von Toiletten- oder Haushaltsseife.** Einer neutralen, mindestens z. T. aus Leimfett erzeugten Seife setzt man als Überfettungsmittel bis zu 12%, bezogen auf in der Seife vorhandene neutralisierte Fett- u. Harzsäure, eines Gemisches aus einer Fettsäure (I), z. B. Stearinsäure, u. einem Fettalkohol (II), z. B. Cetylalkohol, zu, u. zwar mindestens 1 (%, bezogen auf in der Seife vorhandene neutralisierte Fett- u. Harzsäure) I u. mindestens 5 II. Die Schaumkraft der Seife wird durch die genannten Zusätze nicht beeinträchtigt. (**Niederl. P. 102067** vom 1/6. 1955, ausg. 15/8. 1962.)
F. Böhm. 7911

2764 Koninklijke Dobbelman N. V., Nijmegen, Niederlande, **Herstellung von Toiletten- oder Haushaltsseife.** Einer neutralen, mindestens z. T. aus Leimfett erzeugten Seife kann man > 12%, bezogen auf in der Seife vorhandene neutralisierte Fett- u. Harzsäure, eines Überfettungsmittels zugeben, ohne daß die Schaumkraft u. das Aussehen der Seife darunter leiden, wenn man als Überfettungsmittel ein Gemisch aus einer Fettsäure (I), z. B. Erdnußölfettsäure, u. einem Fettalkohol, z. B. Cetylalkohol, verwendet, das höchstens 15%, bezogen auf in der Seife vorhandene neutralisierte Fett- u. Harzsäure, I enthält. (**Niederl. P. 102070** vom 4/6. 1955, ausg. 15/8. 1962.) F. Böhm. 7911

2765 Paul Fournier, Bouches-du Rhône, Frankreich, **Reinigungsmittel in fester Form,** bes. für Haushalt- u. Körperpflege, aus einem Gemisch der Na-Salze von Fettsäuren mit ≧ 12 C-Atomen u. einem nichtionogenen oberflächenakt. Stoff aus niederen Alkylenoxiden u. Verbb., die wenigstens ein bewegliches H-Atom besitzen. — A) Durch alkal. Umesterung pflanzlicher Öle, z. B. Kopra- oder Palmöl, stellt man zunächst deren Methylester her. Durch Teilhydrierung bringt man die JZ. auf ≦ 10 u. entfernt durch Dest. die Ester mit < 12 C-Atomen. Man spaltet einen Teil der Ester durch Hydrolyse u. läßt auf die gebildeten Fettalkohole Äthylen- oder Propylenoxid einwirken. — B) Man stellt ein Gemisch von freien Fettsäuren, z. B. Laurin-, Palmitin-, Myristin-, Stearin-, Ölsäure u. einem nichtionogenen oberflächenakt. Stoff aus Äthylenoxid u. Laurin- u./oder Cetylalkohol her. — Die nach A) bzw. B) hergestellten Vorprodd. werden durch Verseifen mit NaOH in formbeständige Seifenmassen übergeführt. (**F. P. 1160835** vom 13/11. 1956, ausg. 11/8. 1958.) W. Heyne. 7913

2766 Československá Socialistická Republika (Erfinder: Jan Pospíšil), Prag, Tschechoslowakei, **Herstellung des Sulfochlorids und Sulfonates von technischem Dipenten (I).** Eine I-Fraktion wird zunächst durch Hydrogenierung an schwefelhaltigen Katalysatoren wie WS_2, NiS oder besser an MoS_2 in techn. 1-Methyl-4-isopropylcyclohexan übergeführt, dieses sulfochloriert u. das entstandene Alkylsulfochlorid mittels Lauge in Alkylsulfonat übergeführt, das günstige oberflächenakt. Eigg. besitzt. — Beispiel: 1000 ml rohe Dipentenfraktion (170 bis 180°) wird im Autoklav mit 120 (g) MoS_2 bei 330° u. 145–150 at 30 Min. reduziert. Nach Abfiltern vom Katalysator u. nach Fraktionierung bei 160–180° erhält man *1-Methyl-4-isopropylcyclohexan* (II). 1200 ml II werden im Reaktor mittels Cl_2 u. SO_2 bei 301° 14 Std. sulfochloriert u. danach bei 70° mit 700 10%ig. NaOH hydrolysiert. Man erhält 176 *1-methyl-4-isopropylcyclohexansulfonsaures*-Na von terpenartigem Geruch. (**Tschech. P. 97599** vom 6/8. 1959, ausg. 15/12. 1960.)
L. Macher. 7913

2767 General Mills, Inc., Minneapolis, Minn., V. St. A. (Erfinder: Royce Gerald Freese und Harold Wittcoff), **Reinigungsmittel,** bestehend aus 99–75% Alkylarylsulfonaten u. 1–25% N-Alkyl-β-aminopropionat, bes. Hexadecyl- u. Octadecyl-β-aminopropionat. Die Prodd. entwickeln mit Polyphosphaten einen stabilen Schaum. (**E. P. 884777** vom 28/9. 1959, ausg. 20/12. 1961.) C. Lüttgen. 7913

2768 Soc. d'Études et de Recherches, Seine, Frankreich, **Waschmittel für Wolle** auf der Basis von Laurylsulfat u. Monoisopropanolamin oder einem ähnlichen kapillarakt. Stoff unter Zusatz von Papain. Die Wolle bzw. Wollsachen können bei 40° gewaschen werden, ohne zu filzen oder zu schrumpfen. (**F. P. 1187371** vom 29/11. 1957, ausg. 10/9. 1959.) W. Heyne. 7913

2769 A. M. Smet, Antwerpen, Belgien, **Fleckentfernungsmittel.** Es besteht aus einem Gemisch verschiedener

Alkohole, Campher u. äther. Ölen, z. B. Butylalkohol, Methylalkohol, Fettalkohol, Glycerin, Rosmarin- u. Bergamottöl. (**Belg. P. 554490** vom 25/1. 1957, ausg. 29/1. 1960.) C. Lüttgen. 7917

2770 Dexico, Seine, Frankreich, **Fleckentferner** aus einem innigen Gemisch von Holzmehl, organ. Lsgm. u. ggf. einem oberflächenakt. Stoff. — Zum Beispiel 100 (kg) Holzmehl, 75 Lackbenzin, 25 Perchloräthylen. Das Mittel soll nach der Entfernung der Flecken keine Ränder hinterlassen. (**F. P. 1174524** vom 4/5. 1957, ausg. 12/3. 1959.) W. Heyne. 7917

2771 Československá Socialistická Republika (Erfinder: Oldřich Pajgrt, Humpolec), Tschechoslowakei, **Entfernung von Fett- und Ölflecken, Teerteilchen und Pechresten aus Textilien** durch ein Imprägnierungsbad, das aus einer 5—20%ig. wss. Lsg. (pH 9—11) von 60 (Teilen) alkylbenzosulfonsaurem Na, 15—30 Xylol, 5 Methylcyclohexanol u. 15—20 eines 8%ig. Kondens.-Prod. aus Fettsäuren u. abgebautem Eiweiß besteht. Bei genügend gefärbten Waren verwendet man 0,5 bis 1,0% eines Kondens.-Prod. von Äthylenoxid. (**Tschech. P. 98200** vom 23/10. 1959, ausg. 15/1. 1961.) L. Macher. 7917

2772 Hubert François, Seine, Frankreich, **Zusatzprodukt für chemische Reinigungsbäder für Textilien** auf Basis von Per- oder Trichloräthylen. Man stellt eine homogene Mischung her aus 50 (kg) oberflächenakt. Aminopolyhydroxyäthylester von Fettsäuren, 1 KSCN, 3,4 (Liter) einer Lsg., die 1 kg $NaNO_2$ enthält, 10 denaturiertem A., 0,2 Eisessig u. fügt 37 Perchloräthylen hinzu. Durch das Prod. (**I**) soll dem Reinigungsbad eine gewisse Menge W. einverleibt werden, um die Wrkg., bes. für wasserlösl. Schmutzflecken, zu erhöhen. Es können z. B. 13,5 (cm^3) **I** auf ein Liter Perchloräthylen 3 W. binden. (**F. P. 1193821** vom 25/3. 1958, ausg. 5/11. 1959.) W. Heyne. 7917

2773 International Minerals & Chemical Corp., New York, N. Y., übert. von: Artur N. Baumann, Lakeland, Fla., V. St. A., **Herstellung von kristallinem Kaliumphosphat** mit einem Molverhältnis K:P zwischen 1,5:1 u. 2,1:1 aus einem Gemisch von Fe- u. Al-Phosphaten, die bei der H_3PO_4-Herst. anfallen, indem man zu einem solchen Gemisch SiO_2, KOH oder K_2CO_3 u. W. zusetzt, so daß eine Anschlämmung mit einem pH-Wert über 10 entsteht. Dieser Schlamm wird ggf. unter Druck auf eine Temp. über 300 °F erhitzt. Das erhitzte Material wird mit W. angeschlämmt. Nach Abtrennung der unlösl. Bestandteile erhält man eine wss. Lsg. von im wesentlichen K_3PO_4 (**I**). Durch Zugabe von KOH oder K_2CO_3 wird in der wss. Lsg. ein Molverhältnis K:P zwischen 1,5:1 u. 2,1:1 eingestellt. Diese Lsg. wird dann auf Temp. unter dem F. des **I** erhitzt, so daß ein krist. **I** anfällt. — *Bestandteil von Reinigungsmitteln.* (**A. P. 3035898** vom 30/12. 1957, ausg. 22/5. 1962.) R. Zimmermann. 7917

2774 Clarisse Mermillod, Schweiz, **Reinigen von Rasierklingen und Rasiermessern** mit einer Wachspaste, die Diamantstaub von 0—5 μ Partikelgröße enthält. (**F. P. 1285067** vom 27/3. 1961, ausg. 6/7. 1962. Schwz. Prior. 8/4. 1960.) M. F. Müller. 7917

2775 Dow Chemical Co., V. St. A., **Herstellung von stabilen Bohnerwachsemulsionen,** die im wesentlichen aus einem Polyäthylenwachs oder aus einem anderen polymeren Alkan- oder Paraffinwachs im Gemisch mit hautbildenden Polymeren von Vinylverbb., bes. von Styrol u. a. aromat. Alkenylverbb. bestehen, wobei ein Teil dieser Polymeren Pfropfpolymerisate mit dem Alkanpolymeren sind. Man stellt daraus eine wss. Dispersion her unter Verw. eines Dispergier- u. Emulgierungsmittels in Form eines Gemisches einer höheren Fettsäure mit 10—20 C-Atomen mit Morpholin. — 15 (Gew.-Teile) „A—C Polyäthylen 629" werden mit 6 Ölsäure u. 6 Morpholin bei 120—130° verrührt, u. in die geschmolzene Masse werden 15 Styrol u. 138 W. bei 95° schnell eingerührt. Man erhält eine stabile Emulsion. (**F. P. 1270244** vom 11/10. 1960, ausg. 29/12. 1961.) M. F. Müller. 7927

H_{18a}. Holz, Cellulose, Zellstoff, Papier, Papierdruck, Celluloid, Linoleum

2776 **Cellulose und Kunststoffe.** R. Reichherzer. (Österr. Chemiker-Ztg. **64,** 35—38, **1963**; Wien, Chem. Forsch.-Inst., Kunststoff-Inst.; dt.) — Übersicht über die Verw. der Cellulose zur Herst. von Kunststoffen für verschiedene Industriezweige (Papierherst., Textilindustrie, Lebensmittelindustrie, Klebstoffe, App.-Bau). I. Köditz. 7954

2777 **Lösliches natives Lignin, gemahlenes Holz-Lignin, synthetisches Lignin und die Struktur von Lignin.** F. E. Brauns. (Holzforschung **16,** 97—102, 1962; Bellingham, Wash., USA; engl.) — Lösl. natives Fichtenlignin (**A**), wie es bei der Extraktion von Holzmehl mit indifferenten Lsgm. erhalten wird, hat dieselbe Zus. wie gemahlenes Holzlignin (**B**), das auf kohlenhydratfreie Basis umgerechnet wird. **A** hat 1 CO- u. 1 phenol. OH-Gruppe auf 4—5 CH_3O-Gruppen, wobei jedoch das Molgew. niedriger ist als bei **B** u. bei einem Dehydrierungsprod. aus Coniferylalkohol. Die Sulfonierung der verschiedenen Bausteintypen wird diskutiert. A. Seuffert. 7966◇

2778 **Bestandteile der Druckfarben beim Tiefdruckverfahren.** Gérard Martin. (Adhäsion **6,** 182—84, **1962**; Paris, dt.) — Nach Eingehen auf die geschichtliche Entw. des Tiefdrucks werden die benötigten Harze u. Lsgm. unter Berücksichtigung der in verschiedenen Ländern bestehenden Vorschriften für letztere krit. betrachtet. Als letzte Vervollkommnung wird die Verw. eines Kolophonium-Deriv. mit niedrigem Molgew. u. eines anderen Stoffes mit hohem Polymerisationsgrad, wie z. B. Äthylhydroxyäthylcellulose, oder gewisse cycl. Kautschukarten für die Bldg. des Druckfilms erörtert. L. Jentgen. 7990◇

2779 **Eine colorimetrische Methode zur Bestimmung von Essigsäure in Holzhydrolysaten, die viel Schwefelsäure enthalten.** Yoshio Sakai und Wasako Kumagai. (Agric. biol. Chem. [Tokyo] **25,** 71—73, 1961; Tokyo. Univ. of Educ., Fac. of Agric.; engl.) — Eine genaue u. schnellere Meth. zur Best. von CH_3COOH (**I**) in stark H_2SO_4 (**V**)-haltigen Hydrolysaten (**A**) der Holzverzuckerung wird beschrieben. Sie beruht auf der Beobachtung, daß die auf **I**-Zusatz zu Anilin (**II**) + Furfurol (**III**) erfolgende Rotfärbung nicht bei nachträglichem $BaCO_3$ (**IV**)-Zusatz wieder zurückgeht, wie es beim Ansäuern mit H_2SO_4, Oxal-, Glucuronsäure oder H_3PO_4 der Fall ist. Nach Neutralisieren mit **IV** u. schwachem Wiederansäuern mit **V** wird das **A** mit Butanol (**VI**) ausgeschüttelt; im **VI**-Extrakt wird die Rotfärbung mit **II** + **III** erzeugt, deren Intensität, nach Neutralisieren der Lsg. mit **V** u. Zentrifugieren, photometr. (510 mμ) gemessen wird, woraus der **I**-Geh. berechnet werden kann. Gleichzeitig werden HCOOH u. Lävulinsäure u. a. Säuren miterfaßt, die ebenfalls lösl. Ba-Salze bilden. M. Hagedorn. 8004◇

2780 **Untersuchungen über die Bestimmung von Essigsäure in Celluloseacetat.** C. A. Redfarn. (Plastics **23,** 33—36, 1958; engl.) — Vf. beschreibt eine brit. Standard-Meth. zur Analyse von Celluloseacetat durch Verseifung in wss. Aceton. H.-J. Weigmann. 8008△

2781 Pandia, Inc. (Erfinder: Enrique Gremler), **Kontinuierliches Behandeln von Cellulosematerialien.** Man preßt die rohe Cellulose bis zur Entfernung von in ihr enthaltender Fl. u. von Hohlräumen zusammen, taucht die gepreßte Masse unter Ausschluß von Luft in die Behandlungsfl., bes. in alkal. Laugen, u. preßt die imprägnierte Masse zwecks Entfernung der absorbierten Flüssigkeit. — Vorrichtung. (**Aust. P. 235103** vom 6/4. 1959, ausg. 14/9. 1961. A. Prior. 7/5. 1958.) K. Demmler. 7955

2782 Československá Socialistická Republika (Erfinder: Vladimír Hradec, Ohrazenice, und Josef Drábek, Pardubice), Tschechoslowakei, **Kontinuierliches, gegenstromartiges Auswaschen haftengebliebener Nitriersäure aus Nitrocellulose** (**I**) durch Leiten der **I** durch ein gelochtes, gewindeförmiges, vibrierendes Band, wobei die Nitriersäure (80% H_2SO_4 + HNO_3) (**II**) durch Waschwasser entfernt wird. — Beispiel: 15 (kg) **I** werden auf einen Feuchtigkeitsgrad von 600% abgeseiht; im I sind je kg Trockensubstanz 6 II enthalten. Nach der Vibrationsbehandlung beträgt der Befeuchtungsgrad der I 500% u. der Säuregeh. 3,5%. Die verdrängte II hat eine Konz. von 77%. **(Tschech. P. 98630** vom 21/12. 1959, ausg. 15/2. 1961.) L. Macher. 7971

2783 Dainippon Celluloid Kabushiki Kaisha, Sakai (Erfinder: Yoshirô Matsuda, Ôsaka, Hideo Saitô, Tôkyô, und Kazuo Watanabe, Himeji), Japan, **Herstellung von gut löslicher Acetylcellulose.** Man acetyliert Cellulose mit einer Mischsäure aus Essigsäureanhydrid (I), CH_2Cl_2 u. H_2SO_4 nach Vorbehandlung mit Eisessig u. gibt in einer 1. Stufe genügend W. zu, um nicht umgesetztes I in CH_3COOH umzuwandeln, u. in einer 2. Stufe W., das einen oberflächenakt. Stoff u. ggf. H_2SO_4 enthält, u. altert. — 100 (Teile) 5% Feuchtigkeit enthaltender Holzzellstoff u. 50 Eisessig werden 2 Std. bei 30° vorbehandelt u. in 270 I, 400 CH_2Cl_2 u. 1 H_2SO_4 gegeben. Die Temp. wird in 1 Std. auf 55° erhöht u. 6 Std. bei 40° gehalten, dann werden in 30 Min. 14,8 W. zugesetzt u. nach Verrühren bei 36° 60 W., das 1,2% Polyoxyäthylenlauryläther als nichtion. akt. Mittel u. 6,5 H_2SO_4 enthält, in 1 Std. zugesetzt, 6 Std. wird auf 60° erwärmt, mit Na-Acetat neutralisiert u. CH_2Cl_2 abdestilliert. **(Jap. A. S. 8345/1961** vom 2/12. 1958, ausg. 22/6. 1961.) M. Pankow. 7971

2784 Kôgyô Gijutsu Inchô (Erfinder: Hirotada Iida, Jintahô Kuwahara und Kôzô Kayahara, Tôkyô), Japan, **Acetoacetylieren von Cellulosefasern oder -produkten.** Man führt zunächst saure oder alkal. Gruppen in die Cellulosefasern ein u. imprägniert dann mit Diketenlösung. — Man taucht 1 (Teil) Baumwollgewebe 1 Std. in eine Lsg. von 0,024 H_2SO_4 in 25 CH_3COOH, preßt bis zu 0,7 Rückstand ab u. taucht in eine Lsg. von 25 Diketen in 20 n-Hexan u. 5 Bzl. von 50°. Nach 40 Min. sind 13 Gew.-% (des ursprünglichen Gewebes) Diketen gebunden. Die erhaltenen Fasern können mit Diazoniumverbb. zwecks Färbung umgesetzt werden u. geben nach Rk. mit Acrylnitril cyanäthylierte Prodd. mit besserer Wetterfestigkeit u. besserem Abrieb. **(Jap. A. S. 7398/1961** vom 2/4. 1958, ausg. 12/6. 1961.) M. Pankow. 7971

2785 E. I. du Pont de Nemours & Co., Wilmington, Del., übert. von: Forrest S. Wilcox, Newburgh, N. Y., V. St. A., **Herstellung nicht-gewebter Flächengebilde** aus Fasern, bes. aus Kunstharzfasern, dad. gek., daß die hydrophoben Fasern von mindestens $^1/_4$ inch Länge in einem von Fll. freien Schaum dispergiert werden u. dann der Schaum durch ein poröses Medium abgesaugt wird. **(A. P. 3007840** vom 3/4. 1958, ausg. 7/11. 1961.) A. Gradl. 7987

H_{18b}. Textilfasern

2786 **Neue Entwicklungen bei Stärken und Harzen verbessern das textile Schlichten und Ausrüsten.** Leonard Costello. (Canad. Textile J. **79,** Nr. 22, 42, 1962; engl.) — Unter neuen Chemikalien für die Textilindustrie sind hochmol. Amylose-Stärkederivv. zum Schlichten von synthet. Fasern, feinen Baumwoll- u. Reyongarnen sowie heiß verschweißbare Bindeharze, die anstelle des Nähens Textilmaterialien untereinander u. mit Papier, Leder u. ä. verbinden, bes. vielversprechend. Nähere Angaben werden gemacht. L. Jentgen. 8030◇

2787 **Über Rationalisierung und Automation in der Textilveredlung.** Albert Franken. (Textil-Rdsch. [St. Gallen] **18,** 130—36, 1963; Düsseldorf; dt.) — Eine Analyse der Automation zu geben, wird versucht. In der Textilveredlung ist eine Generallsg. oder ein Generalpatent nicht vorhanden, wohl haben sich dagegen bestimmte Produktionsvorgänge automatisieren lassen. I. Beßer. 8032◇

2788 **Fortschritte bei den Ausrüstungsverfahren für Textilien.** B. M. C. Dorset. (Textile Manufacturer **88,** 482—87, 1962; engl.) — Gewebe aus den verschiedensten Fasern erhalten einen bleibenden weichen Griff durch Behandlung mit der wss. Dispersion einer bestimmten Alkyl-Verb., deren Chemismus usw. erklärt werden. Nylongewebe (A) werden durch neue reaktive Mittel modifiziert, die in farblosen Mono- oder Dichlor-1.3.5-triazin-Verbb. bestehen. Monomeres Styrol wird mittels γ-Strahlen auf A gepfropft, um diese wasserabweisend zu machen. Baumwollgewebe (B) werden zur Knitterfreiheit mit der wss. Lsg. eines Cellulose vernetzenden Mittels in Ggw. eines alkal. Katalysators behandelt, ein Fixieren der trockenen Gewebe bei hoher Temp. erübrigt sich. Identifizierungsteste für Flammfestausrüstungen, das Schlichten mit Amyloseätherschlichten u. die Wasserabweisendausrüstung von B unter Verw. von Dispersionen, bei denen das Dispergiermittel beim Erhitzen wasserunlösl. wird, werden diskutiert. L. Jentgen. 8032◇

2789 **Eine Behandlung zur Verleihung größerer Scheuerfestigkeit, die gleichzeitig die Weichheit des Gewebes erhält.** Anonym. (Ind. Textile **1962,** 633—35; franz.) — Eine fl. gemachte Mischung, die ein plastifiziertes Harz enthält, wird in Tropfenform auf das Gewebe gebracht, dann wird erhitzt, um diese Tropfen zu schmelzen; schließlich wird das Gewebe abgekühlt, damit das Harz fest wird. Die Mischung enthält 0,45—0,55 Gew.-Teile eines Weichmachers pro Gew.-Teil Harz u. geringe Mengen eines Harzstabilisiermittels sowie einen Farbstoff für die gewünschte Farbe. Geeignete Harze, Weichmacher, Stabilisatoren u. nähere Einzelheiten sind angegeben. Die Scheuerfestigkeit ist, gemessen auf dem Stoll-App., 2—3mal besser als die des unbehandelten Gewebes, wobei das Gewebe weich u. luftdurchlässig bleibt. L. Jentgen. 8032◇

2790 **Der Einfluß einer chemischen Behandlung auf die Lichtbeständigkeit von Stapelgeweben für die Bekleidung.** M. M. Dianitsch. (Hochschulnachr. Iwanowo] Technol. Textil-Ind. **1960,** Nr. 5, 96—100; Lwow, Handelsökonom. Inst.; russ.) — Untersucht wird der Einfl. der chem. Behandlung von Stapelfasern mit den Präpp. *AMD* (I, Dimethylolharnstoff u. Hydroxymethylstearylamid), *Carbamol* (II, Dimethylharnstoff) u. *GKSh-94* (III, hydrophobe Si-organ. Emulsion) auf die Rauhfestigkeit. Die Proben werden 1—3 Monate der Insolation ausgesetzt. Unbehandelte Proben sind weniger fest als mit III imprägnierte Fasern. Die Präpp. I u. II erhöhen die Reißfestigkeit nicht. Die Lichtbeständigkeit kann auch durch die Kennziffern der Reißfestigkeit charakterisiert werden, die die Vorgänge bei dem Prozeß der Insolation besser wiedergeben. P. Scheer. 8038◇

2791 **Die großen physiologischen Zusammenhänge zwischen Fasern, textilen Gebilden und Kleidung.** Nüßlein. (Textil-Rdsch. (St. Gallen] **18,** 124—30, 1963; Frankfurt/Main, Farbwerke Hoechst AG, vormals Meister Lucius & Brüning; dt.) — Ausführungen über Synthesefasern u. ihre Verw. für die Bekleidung unter Berücksichtigung physiolog. u. psycholog. Aspekte werden gemacht. I. Beßer. 8040◇

2792 **Elektrische Leitfähigkeit von Baumwoll- und Stapel-Viscose-Fasern und ihre Abhängigkeit von der relativen Luftfeuchtigkeit.** Ja. P. Ssidorow. (Hochschulnachr. [Iwanowo], Technol. Textil-Ind. **1960,** Nr. 2, 17—22; Iwanowo, Textil-Inst.; russ.) — Die Elektroleitfähigkeit (EL) von trockenen u. gefärbten Viscosestapelfasern verschiedener Herkunft ist fast gleich u. um eine Einheit niedriger als die EL der Baumwolle (relative Luftfeuchtigkeit 35—100%, konst. Temp. 20°). Die Abhängigkeit der EL der Baumwolle von der relativen Luftfeuchtigkeit wird durch eine Formel ausgedrückt. Die EL der Stapelfaser u. der Baumwolle wächst mit Erhöhung der relativen Luftfeuchtigkeit, wobei die der Baumwolle schneller ansteigt. P. Scheer. 8040◇

2793 **Die auf die Untersuchung der Wirksamkeit verschiedener fungicider Produkte zur Bekämpfung der Fäulnis von Baumwollsamen angewendete „Kältemethode“.** Cr. Raicu. (Comun. Acad. Republ. Populare romîne **10,** 165—70, 1960; rum.) — Die zur Unters. der Verhinderung von Fäulnis bei Mais angewendete „Kältemeth.“ wird mit Erfolg zur Unters. der Fäulnisbekämpfung von Baumwollsamen angewendet, wobei bes. gute Ergebnisse in abnehmender Reihenfolge durch Verw. der Organo-Hg-Verbb. *Verdasan, Agrosan, Ceresan* u. *Granosan* erhalten werden. R. Grundmann. 8044◇

2794 **Fortschritte bei der Luftkonditionierung in der Spinnerei.** A. Valota. (Ind. Textile **1962,** 593—95;

franz.) — Seit 50 Jahren gibt es App., die eine konditionierte Luftfeuchtigkeit u. Temp. gewährleisten. Die für viele Jahre in der Baumwollspinnerei üblichen Werte für die Luftfeuchtigkeit gelten heute nicht mehr. In der Vorbereitung sind 40%, in der Spinnerei 50% erwünscht. Die Arbeitsweise einer Konditionieranlage wird erklärt u. an einem Diagramm u. Beispielen dargelegt, wie bei gegebenen Außen- u. Innentemp. die einzublasende Luftmenge u. deren Feuchtigkeitsgeh. u. Temp. berechnet werden. L. Jentgen. 8044◇

2795 **Hydroxyäthylsulfone bei der Herstellung glatt trocknender Baumwollgewebe.** J. T. Marsh. (Textile Recorder **80,** Nr. 956, 81—82, 84, 1962; engl.) — Divinylsulfon (DVS) u. Bis-[β-hydroxyäthyl]-sulfon (DHES) werden in bezug auf ihren Chemismus, ihre Eigg. u. Wrkg. als Knitterfreiausrüstungsmittel auf Baumwollgeweben untersucht. DHES hat gegenüber DVS prakt. Vorteile; es ist weniger giftig, weniger flüchtig u. leichter in W. löslich. Es führt zu guter Naß- u. Trockenknittererholung, ist waschbeständig u. geruchfrei. Es befindet sich in den USA u., beschränkt, in Europa in prakt. Gebrauch. L. Jentgen. 8044◇

2796 **Antiknitter-Imprägnierung von Baumwollgeweben durch Anwendung von Epoxidharz „Eponite 200" und Zinksulfat oder Zinkperchlorat als Katalysatoren.** Józef Majzner, Andrzej Kuchniewski und Zenon Jędrusiak. (Przeglad Włokienniczy **16,** 292—97, 1962; pol.) — Prüfergebnisse der Verw.-Möglichkeiten von $ZnSO_4$ u. $Zn(ClO_4)_2$ als Katalysatoren für die Hochveredlung von Baumwollgewebe mit dem Epoxidharz „Eponite-100" werden besprochen. R. Grundmann. 8044◇

2797 **Untersuchungen über das Chlorzurückhaltevermögen von mit Dimethyloläthylenharnstoff ausgerüsteter Ware.** P. C. Mehta und J. R. Mody. (Textile J. Australia **37,** 170, 172, 174, 176—77, 196—97, 200, 1962; Ahmedabad 9, India, Ahmedabad Text. Ind. Res. Assoc.; engl.) — C. **1963,** 19452. L. Jentgen. 8044◇

2798 **Ein-Bad-Bleichverfahren von Baumwollgeweben mit hoch-stabilen Wasserstoffsuperoxydlösungen in Kochkesseln.** N. Je. Fedorowa und P. W. Moryganow. (Hochschulnachr. [Iwanowo], Technol. Textil-Ind. **1960,** Nr. 4, 129—37; Leningrad, Kirow-Inst. für Textilien; russ.) — Vgl. C. **1963,** 358. — Mit hochstabilen H_2O_2-Lsgg. kann man den Bleichprozeß von Baumwollgeweben gleichzeitig mit dem Brühen in Kochkesseln ohne Schutzanstrich mit geringstem Aufwand an H_2O_2 durchführen. Die Unterss. zeigen, daß der Bleichprozeß dem Brühprozeß vorangeht. Das Bleichen kann bei 110—115° erfolgen, ohne daß die Festigkeit des Gewebes darunter leidet. P. Scheer. 8044◇

2799 **Chemische Untersuchung indischer Leinsamenfasern.** R. Prakash und B. Biswas. (Textile Manufacturer **88,** 488—89, 1962; Kanpor, Technol. Inst.; engl.) — Leinsamenpflanzen (Ölflachs) werden in vollreifem Zustand geerntet. Die Fasern werden geröstet u. ungeröstet untersucht. Pektin sowie wasser- u. alkalilösl. Bestandteile sind in ungerösteten Fasern in mehr als doppelt so großer Menge vorhanden als in gerösteten. Ganz allg. sollten die Fasern wegen des niedrigen Lignin-, Xylan- u. Hemicellulosen-Geh. für textile Zwecke verwendbar sein, jedoch wirken die geringe Länge der Fasern u. ihre Holzigkeit einschränkend. L. Jentgen. 8050◇

2800 **Die Cremierung und das Bleichen von Leinengarnen.** J. M. Cholley. (Teintex **27,** 819—23, 1962; franz.) — Nach allg. Bemerkungen über die Faser, die geeignete App. u. das W., das möglichst permutiert sein soll, werden das sog. klass. Verf., das Na_2O_2-Verf. u. das H_2O_2-Verf. zur Cremierung ausführlich beschrieben u. krit. betrachtet. Letzteres schont die Fasern am meisten, deren D. P. über 2500 bleibt. Um ein reines Weiß zu erhalten, werden 3 Bäder benötigt, eine alkal. H_2O_2-Wäsche, ein NaOCl-Bad u. ein alkal. H_2O_2-Bad. Es wird ein $^3/_4$ Weiß erhalten u. die D. P. Werte liegen bei 2000. L. Jentgen. 8050◇

2801 **Textilchemische Probleme der Wolle in den USA.** W. Schefer. (Textil-Rdsch. [St. Gallen] **18,** 142—43, **1963;** dt.) — Die Fortschritte in der Verarbeitung der Wolle, die Rohwollwäsche, die Carbonisation, das Schmälzen, das Schlichten, die Stückcarbonisation u. Walke, das Bleichen, der Mottenschutz u. die Filz- u. Schrumpffrei-Behandlung in den USA werden besprochen. I. Beßer. 8060◇

2802 **Physikalische Eigenschaften der Wollfasern bei verschiedenem Wassergehalt.** 5. Mitt. **Die Natur der Doppelbrechung.** A. R. Haly und O. A. Swanepoel. (Textile Res. J. **31,** 966—72, 1961; Ryde, Sydney, Australia, C. S. I. R. O. Wool Res. Labor., Div. of Text. Phys.; Grahamstown, South Africa; South African Wool Text. Res. Inst.; engl.) — 4. vgl. C. **1963,** 19452. — Die Doppelbrechung von Corriedale-Wollfasern (**A**) wird bei verschiedenen Luftfeuchtigkeiten (0—100%) ermittelt. Hierbei zeigt sich bei einer Feuchtigkeit von 19% für **A** ein Minimum in der Doppelbrechung. Dieses Minimum entspricht der wirklichen Doppelbrechung, während bei niedrigeren oder höheren Feuchtigkeitsgeh. eine Doppelbrechung, die aus der Umgebung bedingt ist, hinzukommt. Die Höhe dieser zusätzlichen Doppelbrechung überschreitet in keinem Falle 9% der wirklichen Doppelbrechung. H. G. Fröhlich. 8060◇

2803 **Physikalische Eigenschaften der Wollfasern bei verschiedenem Wassergehalt.** 6. Mitt. **Der Mechanismus der Spannungs-Relaxation und der Längenerholung.** M. Feughelman und A. R. Haly. (Textile Res. J. **32,** 227—36, 1962; Ryde, Sydney, Australia, C. S. I. R. O., Wool Res. Labor., Div. of Textile Phys.; engl.) — 5. vgl. vorst. Referat. — Spannungs-Relaxations-Unterss. an Corriedale-Wolle im Fließbereich bei 20° zeigen, daß die Kraft (f_t), die auf die Einzelfaser bei einer bestimmten Dehnung im Fließbereich bei Feuchtigkeiten (p/p_0) zwischen 5—90% einwirkt, durch die Beziehung $f_t = [a - b(p/p_0)]\Phi(t)$ wiedergegeben werden kann. Hierbei sind a u. b von der Zeit u. Temp. unabhängige Konst., während f_t (t) eine Funktion der Zeit darstellt, die etwa linear $\log_e t$ verläuft. Das Erholungsvermögen der Wollfaser bei bestimmter Feuchtigkeit nach einer Dehnung bis in den Fließbereich der Zug-Dehnungskurve erfolgt in 2 Stufen, einer schnell u. einer langsam verlaufenden. Die Rolle, die W. sowie die Beweglichkeit von W. bei der Relaxation u. dem Erholungsvermögen spielt, wird ausführlich diskutiert. H. G. Fröhlich. 8060□

2804 **Physikalische Eigenschaften von Wollfasern bei verschiedenem Wassergehalt.** 7. Mitt. **Die Bindung des Wassers an Keratin.** M. Feughelman und A. R. Haly. (Textile Res. J. **32,** 966—71, 1962; engl.) — 6. vgl. vorst. Referat. — Unterss. über den Bindungsstatus von W. an Wolle (**A**) haben ergeben, daß mit zunehmendem Feuchtigkeitsgeh. von **A** die Festigkeit der Bindung **A**/W. abnimmt u. sich zugunsten einer Assoziierung der in der Wolle befindlichen Wasser-Moll. verschiebt (Bldg. von freiem W.). Diese Ergebnisse führen zur Aufstellung eines Modells über die im Gleichgew.-Zustand möglichen Bindungsformen zwischen W. u. **A.**
H. G. Fröhlich. 8060◇

2805 **Physikalische Eigenschaften der Wollfasern bei verschiedenem Wassergehalt.** 8. Mitt. **N. M. R.-Absorption durch das in der Wolle anwesende Wasser während Änderungen des Wassergehaltes.** A. R. Haly, G. W. West und M. Feughelman. (Textile Res. J. **32,** 971—77, 1962; engl.) — 7. vgl. vorst. Referat. — Die zeitliche Änderung der nuclearen magnet. Resonanz-Absorption durch in der Wollfaser vorhandenes W. wird während der Absorption u. Desorption von Feuchtigkeit im Bereich von 0—93% relativer Feuchtigkeit ermittelt. Die Ergebnisse zeigen, daß die nucleare magnet. Resonanz-Absorption zu indirekt u. begrenzt ist, um zuverlässige Aussagen über den Bindungsstatus von W. an Wolle abzuleiten. Der Diffusionskoeff. von W. in die Wolle bei konst. Feuchtigkeitsgeh. von 93% u. 21°, berechnet aus dem Austausch von D_2O durch W., beträgt $1,5 \cdot 10^{-8}$ cm²/s. Die hierbei erhaltene Austauschkurve weicht nach der 1. Min. stark vom Fickschen Gesetz ab.
H. G. Fröhlich. 8060◇

2806 **Die Theorie der Krumpfechtausrüstung von Wolle.** 2. Mitt. **Chemische Modifizierung der Faser-Oberfläche und ihre Wirkung auf Filzschrumpfung, Reibung und mikroskopisches Aussehen.** J. H. Bradbury. (Textile Res. J. **31,** 735—43, 1961; Geelong, Australia, C.S.I.R.O.,

Div. of Text. Ind., Wool Res. Labor.; engl.) — 1. vgl. C. **1961**, 18557. — Wollgewebe werden 8 verschiedenen chem. Behandlungen unterworfen. Die Schrumpfung wird mit der mkr. beobachteten Oberflächenveränderung u. dem Reibungskoeff. verglichen. Die chem. Zus. der Oberfläche der behandelten Faser u. ihr Aussehen verändern sich mit der Art der Oberflächenbehandlung. Es besteht ein Zusammenhang zwischen dem Ausmaß der Oberflächenveränderung u. der Änderung des Reibungskoeffizienten. A. Seuffert. 8060◇

2807 **Die Theorie der Krumpfechtausrüstung von Wolle. 3. Mitt. Eine Methode zur Bestimmung der Kraft, die beim Filzen auf die Faser einwirkt.** J. H. Bradbury und H. Groll. (Textile Res. J. **31**, 743—45, 1961; engl.) — 2. vgl. vorst. Referat. — Eine Meth. zur Best. der Kräfte, die beim Filzen auf die Einzelfaser einwirken, wird beschrieben u. die hierbei erhaltenen Ergebnisse werden diskutiert. H. G. Fröhlich. 8060□

2808 **Untersuchung über Zellstoffe für Reyonreifencordherstellung. 2. Mitt. Ermüdung handelsüblicher Reifencordreyons und deren Kennwerte.** Hiroshi Sobue und Setsuo Fukuhara. (J. chem. Soc. Japan, ind. Chem. Sect. [Kōgyō Kagaku Zassi] **59**, 987—89, 1956; Tokyo Univ. Kogakubu Oyo-Kagakka; jap.) — 1. vgl. C. **1961**, 4204. — Mit dem Goodrich-Cord-Tension-Vibrator u. dem Goodrich-Flexing Tester werden 6 verschiedene handelsübliche *Reifencords* sowie „Super Cordura" auf ihre kennzeichenden Eigg., bes. die *Ermüdungscharakteristik*, geprüft u. die Ergebnisse erörtert (4 Diagramme u. Tabelle): Die Ermüdungslebensdauer (nach der Vibrationsspannungsmeth.) ist proportional dem Polymerisationsgrad des Reyon, dem Säurehydrolysegeschw.-Koeff., dem %-Anteil an krist. Prod. (Kristallinitätsgrad, KG), dem Grad der Parallelausrichtung (GP.), u. der Dehnung beim Bruch. Nach dem Biegungsverf. ist der Ermüdungsfaktor proportional dem KG. dem GP. u. der Trockenfestigkeit. Keine eindeutigen Zusammenhänge mit den Ermüdungswerten bestehen mit dem Alkaliextrahierbaren, der Wasserabsorption, dem Pentosangeh. u. der Dehnung bei 5 lbs. Belastung. L. Schuler. 8074□

2809 **Untersuchung über Zellstoff für Reyonreifencordherstellung. 3. Mitt. Beziehung zwischen den Ermüdungswerten und der sogenannten „Lateral-Ordnungsverteilung" bei handelsüblichen Reifencordreyons.** Hiroshi Sobue und Setsuo Fukuhara. (J. chem. Soc. Japan, ind. Chem. Sect. [Kōgyō Kagaku Zassi] **59**, 990—92, 1956; jap.) — 2. vgl. vorst. Referat. — Die nach dem Verf. von Maeda (J. Soc. Textile Cellulose Ind., Japan [Sen-i Gakkaishi] **12**, [1956]. 6) nach dem Alkalilöslichkeitsverf. gewonnenen „Lateralordnungs"-Verteilungskurven werden verglichen mit den Ermüdungswerten (EW.) der 6 in der vorst. referierten Mitt. beschriebenen Reifencordsorten. Die bei Dauerbiegungsverss. (Biegung u. Streckung) erhaltenen EW. sind proportional den Maxima von dQ/dO (Q = Alkalilöslichkeit u. O = „Lateralordnung") im Bereich von O = 0,2—0,3. Erörterung der Form der mkr. Querschnitte im Zusammenhang mit obigen Ergebnissen. L. Schuler. 8074□

2810 **Elektrische Leitfähigkeit von Celluloseacetat. 1. Mitt. Messung des elektrischen Widerstandes.** Hajime Ishii. (Chem. High Polymers [Tokyo] **15**, 412—16, 1958; jap., Auszug: engl.) — Aus Messungen des elektr. Widerstandes von Celluloseacetat (**A**) bei 75% relativer Feuchtigkeit u. den Beziehungen zwischen dem Widerstand u. den Mol.-Fraktionen der Acetylgruppen in **A** wird gefolgert, daß die Acetylierung der Oberfläche durch heterogene Rk. weiter fortgeschritten als die des Faserinnern zwischen 0 u. ca. 35% der Mol.-Fraktionen ist. Der elektr. Widerstand eines Faserbündels nimmt fast linear mit der Zunahme der Mol.-Fraktionen der Acetylgruppen zu. Diese Beobachtung wird erörtert. W. Wesly. 8076◇

2811 **Elektrische Leitfähigkeit von Celluloseacetat. 2. Mitt. Theorie des elektrischen Widerstandes von Einzelfasern.** Hajime Ishii. (Chem. High Polymers [Tokyo] **15**, 416—20, 1958; jap., Auszug: engl.) — 1. vgl. vorst. Referat. — Messungen des elektr. Widerstandes von Faserbündeln bei 20—50° u. relativen Feuchtigkeiten von 75—76% zeigen, daß der Widerstand mit den Mol.-Fraktionen der Acetylgruppen steigt. Die Ergebnisse werden durch eine Gleichung ausgedrückt. W. Wesly. 8076◇

2812 **Ein Beitrag zur Herstellung von Fasern aus Carboxymethylcellulose.** Evžen Červenka und František Kebl. (Sborník vědeckých Prací, Vysoká Pkola chem.-technol. Pardubice **1961**, Nr. 2, 163—182; Katedra chem. technol. plastických hmot.; tschech.) — Der Einfl. von verschiedenen anorgan. Prodd. im Fällbad bei der Herst. von Carboxymethylcellulose wird geprüft. Mit einer Kombination von Cu- u. Al-Salzen wird die beste Zugfestigkeit der Fasern erreicht. W. Bernard. 8076◇

2813 **Kristallinität von Saran. 2. Mitt. Einfluß von Weichmachern.** Yoshio Tsunoda, Itsuho Aishima, Hisaya Sakurai und Hideo Fusauchi. (Chem. High Polymers [Tokyo] **16**, 523—26, 1959; Miyazaki, Ashi Dow, Ltd., Nobeoka Plant.; jap., Auszug: engl.) — 1. vgl. C. **1963**, 9924. — Die Kristallisations-Geschw. (KG.) von Saran (**A**) nähert sich mit steigendem Weichmacher-Geh. einem konst. Wert; log k u. c_l haben die gleiche Tendenz. Die spezif. Vol. von **A** u. Weichmacher zeigen additive Eigenschaften. Die KG. zeigt auch bei Verw. von 3 Weichmachern mit verschiedenem Verh. gegenüber Polymeren keine Schwankungen. W. Wesly. 8080◇

2814 **Orientierung von Saran. 1. Mitt. Durch Dichroismus bestimmte Orientierung.** Yoshio Tsunoda, Itsuho Aishima und Hisaya Sakurai. (Chem. High Polymers [Tokyo] **16**, 527—32, 1959; Myazaki, Asahi Dow, Ltd., Nobecka Plant; jap., Auszug: engl.) — Das dichroit. Verhältnis von Saran, gemischt mit Oil Red O u. danach zu Fasern stranggepreßt, wird im Polarisationsmikroskop gemessen; es zeigt die Orientierung des amorphen Teiles. Das Verhältnis weichgemachter Fasern steigt linear mit dem Dehnungsverhältnis, bis dieses 2,5 beträgt, bleibt bei 2,5—4,5 konst. u. fällt bei 4,7. Das dichroit. Verhältnis nicht weichgemachter Fasern steigt linear bis zu einem Dehnungsverhältnis von 3,0 u. fällt > 3,0 rasch. Der Anstieg beruht auf der Unordnung der amorphen Faserteile. W. Wesly. 8080◇

2815 **Untersuchungen über das Naßspinnen von Vinylon. 4. Mitt. Nachbehandlung von Vinylon aus dem Borsäureverfahren.** Makoto Arakawa. (J. Soc. Textile Cellulose Ind., Japan [Sen-i Gakkaishi] **17**, 321—24, 1960; Osaka, Japan, Kanegafuchi spinning Co. Ltd., Text. Res. Bureau; jap., Auszug: engl.) — 3. vgl. C. **1963**, 17161. — Die Wrkg. der Naßhitzebehandlung u. Acetylierung in Ggw. von Borsäure (**I**) wird untersucht. Bei 10 g/Liter **I** zeigt die Faser keine der für die Naßhitzebehandlung charakterist. Eigenschaften. Bei abnehmenden **I**-Geh. bessern sich die Eigg., bei < 2 g/Liter treten keine Beeinträchtigungen mehr auf. Auch bei der Acetylierung ist **I** im Bad ungünstig. Bei 8 g/Liter wird die Faser gummiähnlich. Bei < 2 g/Liter zeigt sich kaum ein Unterschied gegenüber der Vergleichsfaser; typ. Acetylierungsbedingungen werden angegeben. L. Jentgen. 8080◇

2816 **Untersuchungen über Acrylfasern. 42. Mitt. Verspinnen von Acrylonitrilpolymerlösungen in γ-Butyrolacton.** Masao Takahashi. (J. Soc. Textile Cellulose Ind., Japan [Sen-i Gakkaishi] **17**, 1100—03, 1961; Otsu City, Shiga Prefect., Japan, Toyo Rayon Co. Ltd., Central Res. Inst.; jap., Auszug: engl.) — 41. vgl. C. **1963**, 19864. — Lsg. von Copolymeren mit CH_2=$CHCN$- (94,7 bzw. 97,9 Mol.-%) u. *Methylacrylat*-Anteil in γ-Butyrolacton (**I**) geben in Fällbädern aus W. u. höchstens 50% **I** bei 30 bzw. 50° von Hohlräumen freie Fäden mit gelapptem Querschnitt. Bei Verw. von Butanol als Fällbad werden hantelförmige Querschnitte erzielt. Von den in Glycerin bei 120° bis 10fach verstreckten Fäden werden die Reiß- u. Knotenfestigkeit u. -dehnung sowie Schrumpfung in heißem W. angegeben. H. Reichert. 8080◇

2817 **Beiträge zum Reaktionsmechanismus der Schnellpolymerisation des Caprolactams. 1. Mitt. Untersuchung der Wachstumsreaktion.** Klaus Gehrke. (Faserforsch. u. Textiltechn. **13**, 556—63, 1962; Teltow-Seehof, DAW zu Berlin, Inst. für Faserstoff-Forsch., Abt. Synthet.

Fasern aus Polykondensaten; dt.) — In Extrakten von acetylcokatalysierten Schnellpolymerisaten des Caprolactams (I) werden Acetyl-(ε-aminocaproyl)$_n$-caprolactame (n = 1, 2, 3) papierchromatograph. nachgewiesen. Die Identifizierung erfolgt durch Überführen der Acyllactame in Hydroxamsäuren u. Chromatographie dieser u. der unveränderten Acyllactame. Die R_f-Werte von ε-Aminocaproylhydroxamsäure, Acetylhydroxamsäure, Acetyl-ε-aminocaproylhydroxamsäure, Acetyl-di-ε-aminocaproylhydroxamsäure u. Acetyl-tri-ε-aminocaproylhydroxamsäure werden angegeben. Als Vgl.-Substanzen werden die entsprechenden Acyllactame synthetisiert. Die Verss. beweisen die Annahme, daß die Wachstumsrk. als Rk. der Acyllactamgruppierung mit den Lactamanionen anzusehen ist.

Versuche: *N-Acetylcaprolactam*, nach Benson u. Cairns (J. Amer. chem. Soc. **76**, [1948], 2115); 98% (Ausbeute). — *N-Acetyl-ε-aminocapronsäure* (**II**), F. 105 bis 106° (W.), durch Zugabe von 0,88 Mol $(CH_3CO)_2O$ zu 0,8 Mol ε-Aminocapronsäure (**III**) in abs. Bzl., 4 std. Kochen u. mehrstd. Stehen bei 8°; 87%. *Chloridhydrochlorid* (**IV**), $C_8H_{14}ClNO_2 \cdot HCl$, F. 85—87° (geschlossenes Rohr), durch a) Versetzen von 0,01 Mol **II** mit 0,023 Mol $SOCl_2$; ca. 1std. Rühren bei 20° u. Durchschütteln mit abs. PAe.; b) Zugabe von 0,1 Mol PCl_5 zu 0,1 Mol **II** in CH_3COCl bei 0° u mehrstd. Stehen bei —10°; 83%. *Lactam* (**V**), $C_{14}H_{24}N_2O_3$, durch Versetzen von 0,05 Mol **IV** u. 0,05 Mol **I** in abs. CH_2Cl_2 bei —15° unter Rühren mit $(C_2H_5)_3N$ (**VI**) bis pH 8, 1std. Rühren bei —15°, mehrstd. Stehen bei 20°, Zugabe von abs. Tetrahydrofuran (THF), Eindampfen der Filtrate bei —40°, Entfernen von nicht umgesetztem **IV** durch Ausschütteln des mit CH_2Cl_2 aufgenommenen Ansatzes mit 5%ig. $CH_3 \cdot COOH$, Entfernen von überschüssigem **I** durch wiederholte Extraktion mit sd. PAe.; gelbes Öl; 79%. — *Carbobenzoxy-di-ε-aminocapronsäure* nach Rothe u. Kunitz (C. **1958**, 5642), nach der Gemischten-Anhydrid-Meth. aus Carbobenzoxy-ε-aminocapronsäure u. **III**; wird anschließend an Raney-Ni zu *Di-ε-aminocapronsäure* (**VII**) hydriert. — *Acetyl-di-ε-aminocapronsäure* (**VIII**), $C_{14}H_{26}N_2O_4$, F. 98—100° (Ae.), aus 0,015 Mol **VII** u. 0,016 Mol $(CH_3CO)_2O$ in abs. Bzl. durch 4std. Rühren, Erhitzen bis zum Sieden, Eindampfen im Vakuum zur Trockne, Lösen in CH_3COOCH_3 u. Fällen mit Ae.; 80%. — *ε-Aminocapronsäurebenzylesterhydrochlorid* (**IX**), $C_{13}H_{19} \cdot NO_2 \cdot HCl$, F. 96—97° (A./Ae.), durch Einleiten von HCl bei 0° zu 60 g **III** in dest. Benzylalkohol bis zur Sättigung mehrstd. Stehen bei 0°, Abdest. des Veresterungs-Wassers bei 80°/14 Torr u. Wiederholung des Arbeitsganges; 93%. — *Acetyl-di-ε-aminocapronsäurebenzylester* (**X**), $C_{21}H_{32}N_2O_4$, F. 92—94° (Essigester), durch Zusatz von 0,34 Mol **VI** zu 0,32 Mol **II** in abs. THF, Zutropfen von 46,5 g Chlorameisensäureisobutylester (**XI**) bei —12° unter Rühren, 20 Min. langes Rühren bei —5°, Zugabe von 0,32 Mol **IX** in abs. THF u. 0,34 Mol **VI**, 1std. Rühren bei —5°, 2½std. Rühren bei 20° u. ½std. Rühren bei 50°; 80%. — *Acetyl-di-ε-aminocapronsäureäthylester*, $C_{16}H_{30}N_2O_4$, F. 86—88° (Bzl./Ae.), aus 0,0266 Mol. **II** in abs. THF, 0,0286 Mol **VI** u. 0,028 Mol **XI** durch Zugabe von 0,0266 Mol ε-Aminocapronsäureäthylesterhydrochlorid u. **VI**; 61%. — *Acetyl-di-ε-aminocapronsäure* (**VIII**), $C_{14}H_{26}N_2O_4$, F. 100—101,5°, durch Versetzen von 0,122 Mol **X** in abs. CH_3OH mit 1 g Pd-Mohr, 4std. Hydrieren u. 2std. Durchschütteln mit abs. CH_2Cl_2; 98%. *Chloridhydrochlorid* (**XII**), $C_{14}H_{25}ClN_2O_3 \cdot HCl$, durch Zugabe von 0,005 Mol $SOCl_2$ u. abs. CH_2Cl_2 bei 0° zu 0,005 Mol **VIII**, 1std. Rühren bei 0° u. 20°, Eindampfen zur Trockne im Vakuum unter Feuchtigkeitsausschluß u. Durchschütteln mit PAe.; gelbes viscoses Öl; 92%. *Lactam*, $C_{20}H_{35}N_3O_4$, durch Versetzen von 0,01 Mol **XII** mit 0,01 Mol **I** in abs. CH_2Cl_2 bei 20°, Zugabe von dest. **VI** bei —15° unter Rühren bis pH 8, 1std. Stehen bei —15°, mehrstd. Stehen bei 20°, Ansäuern mit Eisessig, Absaugen von **VI**·HCl, Auffüllen mit CH_2Cl_2, Durchschütteln mit $NaHCO_3$-Lsg., Entfernen von **I** durch Ausschütteln mit abs. PAe.; gelbes Öl; 59%. — *Acetyl-tri-ε-aminocapronsäurebenzylester* (**XIII**), $C_{27}H_{43}N_3O_5$, F. 130,5—132° (Essigester), aus 0,04 Mol **VIII** u. 0,0415 Mol **VI**, Zutropfen von 0,042 Mol **XI** in abs. THF bei —12° unter Rühren, 1std. Rühren bei —5°, Zugabe von 0,04 Mol **IX** u. 0,0415 Mol abs. **VI** in abs. CH_2Cl_2, 1std. Rühren bei —5°, 2std. Rühren bei 20° u. ½std. Rühren bei 50°; 79%. — *Acetyl-tri-ε-aminocapronsäure* (**XIV**), $C_{20}H_{37}N_3O_5$, F. 126—127° (CH_3SOCH_3) aus 0,0315 Mol **XIII** in abs. CH_3OH durch 2½std. Hydrieren an Pd-Mohr unter Schütteln bei 20° u. Eindampfen zur Trockne im Vakuum bei 60°; 99%. — *N-[Acetyl-tri-ε-aminocaproyl]-caprolactam*, $C_{26}H_{46}N_4O_5$, aus 0,0025 Mol **XIV** u. 0,0125 Mol $SOCl_2$ bei 0° durch 3std. Rühren unter Feuchtigkeitsausschluß, ½std. Rühren bei 20°, Ausschütteln mit PAe., Lösen in abs. $HCON(CH_3)_2$, Zusatz von 0,0025 Mol **I** bei —15° unter Rühren, Versetzen mit **VI** bis pH 8, 1std. Stehen bei —15°, mehrstd. Stehen bei 20°, Ansäuern mit Eisessig, Abdest. von $HCON(CH_3)_2$ bei 40° im Vakuum, Lösen in CH_2Cl_2 u. Durchschütteln mit $NaHCO_3$; gelbes Öl; 16,3%.

I. Beßer. 8080◇

2818 **Die Veränderlichkeit der submikroskopischen Struktur und der mechanischen Eigenschaften der Polycaprolactamfaser.** T. Shilinski. (Hochschulnachr. [Iwanowo], Technol. Textil-Ind. **1960,** Nr. 1, 17—31; Lodsinsk, Polytechn. Inst.; russ.) — Die Struktur der *Polycaprolactamfasern* kann in ziemlich breitem Bereich verändert werden. Mit Vergrößerung des Streckens erhöht sich die Orientierung der Kristallite u. die allgemeine Ordnung des Faserbaues. Therm. Stabilisierung führt zur weiteren Erhöhung der Orientierung. Der Einfl. der einzelnen Parameter der Struktur auf die mechan. Eigg. der Fasern ist schwer feststellbar. In jedem Falle erhöht die Vergrößerung der Orientierung der Kristallite die Streckfestigkeit, den Jung-Modul, die Anisotropie des Materialverschleißes, die Widerstandsfähigkeit bei mehrfachem Strecken sowie die Härte der Fasern u. verringert den Reibungskoeffizienten. P. Scheer. 8080◇

2819 **Fasern von Polyäthylen-Isophthalat-Terephthalat-Copolymeren.** Masao Takahashi. (Chem. high polymer [Tokyo] **15,** 381—88, 1958; Ishiyama, Otsu-shi, Tôyô Rayon Co., Ltd. Centr.. Labor.; jap., Auszug: engl.) — Polyäthylen(**A**)-, Isophthalat(**B**)-, Terephthalat(**C**)-Fasern werden durch Schmelzspinnen von Copolymeren verschiedener Zus. gewonnen. Zwischen den Zugfestigkeiten dieser Fasern besteht kein merklicher Unterschied; bei einer Zus. A:B(C) von 50:50 zeigt die Zugdehnung ein Maximum; Zähigkeit bis 10% Dehnung u. Spannung an der Fließgrenze zeigen Minima. Die Anfangselastizität steigt durch Warmziehen, die Geschw. dieser Steigerung ist bei **A**—**C**-reichen Proben hoch. Proben mit ≦ 20 Mol.-% **A-B** sind bei geeigneter Behandlung kristallisierbar. Orientierung u. Kristallisation werden beschrieben. Durch Wärmebehandlung steigt das spezif. Gewicht. Die Einfl. von Wärmebehandlung u. Warmziehen auf die mechan. Eigg. werden erörtert. W. Wesly. 8080◇

2820 **Elektronische Fadenspannungs- und Reibungskoeffizienten-Meßgeräte.** D. Rothschild. (Textil-Rdsch. [St. Gallen] **18,** 117—24, 1963; Zürich; dt.) — Die Schwierigkeiten, die bei Verw. der mechan. Fadenspannungsmesser auftreten, werden erörtert. Meßgeber nach dem elektro-dynam., piezo-elektr. u. Widerstandsmeßstreifen-Prinzip werden beschrieben. Die Anwendungsmöglichkeiten des elektron. Fadenspannungsmessers oder Elektronic-Tensiometers werden besprochen.

I. Beßer. 8096◇

2821 **Über den Nachweis von Kunstharz-Appreturen.** Helga Milster und L. Meckel. (Teintex **27,** 803—04, 807, 809—10, 813, 815—16, 1962; Berlin-Dahlem, Inst. Fédéral pour l'éxamen des matér. Labor. „Text.-chem. Prüfungen"; franz.) — C. **1963,** 19866.

R. Grundmann. 8098◇

2822 **Die Normung von Fasergemischen.** Anonym. (Ind. Textile **1962,** 589—93; franz.) — Auf Grund des immer häufigeren Mischens von Fasern hat sich die Ausarbeitung genormter Analysenmeth. als notwendig erwiesen. Die Arbeit behandelt die gegenwärtigen Bemühungen der AFNOR, die Faseranteile in den üblichen bin. Mischungen zu bestimmen. L. Jentgen. 8100◇

2823 **Eine Gasmethode zur Messung der Faserdichte.** Andrzej Włochowicz und Jerzy Godek. (Chem. stosowana **6,** 587—613, 1962; Łódź, Politechn., Katedra Svrowców Włokienniczych; i Metrol.; pol.) — Eine neue

Meth. zur Messung der Faserdichte, die für alle Fasern brauchbar ist, deren Struktur sich beim Evakuieren nicht ändert, wird theoret. begründet, beschrieben u. a. Meth. gegenübergestellt. Die Berechnung der Faserdichte erfolgt aus der Druckdifferenz, die sich beim Einbringen einer ausgewogenen Faserprobe in das Meßgefäß einstellt. Kontrollmessungen an Glasfasern zeigen Abweichungen von $\pm$ 0,0005 g/cm³; die Zuverlässigkeit beträgt 99%. G.-D. Gollnisch. 8100◇

2824 **Betrachtungen zum Problem der Weißgradmessung an Textilien.** Alfred Kling und Josef Kurz. (Wäscherei-Techn. u. -Chem. **13**, 476, 478, 480, 482—83, 1960; Hohenstein, Forsch.-Inst.; dt.) — Kurze Besprechung der Grundlagen der Farbmessung, der Berechnung des Weißgrades u. verschiedener Meth. u. Formeln zur Best. des Weißgrades von Textilgeweben. H. Spohn. 8100◇

2825 **Stickstoffanalyse in Cellulosenitrat.** P. Howard. (Chem. and Ind. **1963**, 1031; London, Batters Coll. of Techn., Chem. Dep.; engl.) — Die Best. erfolgt nach der Meth. von Devarda, wobei anstatt Alkalihydroxid das Peroxid verwendet wird, da sonst die Hydrolyse nicht quant. ist. Für die Hydrolyse kann auch H_2SO_4 verwendet werden. Beide Meth. zeigen in ihren Ergebnissen Abweichungen von 0,5—1%. H. Schroth. 8112◇

2826 Montecatini Soc. Gen. per l'Industria Mineraria e Chimica, Mailand, Italien, **Mischpolymerisation von Styrol und Allylfumaraten** im Mol.-Verhältnis 1 : 0,5—10 erfolgt in Ggw. eines Peroxydkatalysators in mindestens 10 Gew.-%, bezogen auf die Monomeren, CCl_4, das weniger als Lsgm., sondern mehr als Regler wirkt. Arbeitstemp. 50—120° während 3—100 Stunden. — 295 (Teile) Diallylfumarat, 70 Styrol, 1600 CCl_4 u. 25 Benzoylperoxid werden 15 Std. auf 80° erhitzt. Das mit Methanol gefüllte Mischpolymerisat enthält 2,25% gebundenes Cl. Es dient, ggf. in Mischung mit Polyesterharzen, *zum Imprägnieren* von Fäden, Fasern oder Geweben aus Natur- oder Kunststoffen, z. B. Glasfasergewebe. Physikal. Eigg. in Tabelle. (**E. P. 858916** vom 25/3. 1958, ausg. 18/1. 1961. It. Prior. 4/4. 1957.) H. Schindler. 8037

2827 Sumitomo Kagaku Kôgyô Kabushiki Kaisha (Erfinder: Teruo Ôshima), Ôsaka, Japan, **Herstellung von Harzen zur Gewebebehandlung** (Schrumpf- u. Knitterfestmachen, verbesserte Chlorfestigkeit) durch Rk. einer Mischung von 0,5—0,8 (Mol) prim. Alkyl-, Cycloalkyl- oder Hydroxyalkylamin (Aminoäthanol) u. 1 Dimethylolharnstoff oder der Mischung aus 1 Harnstoff u. 1,5—3 HCHO (**I**) oder solches entwickelnden Stoffen u. Zusatz von 1—2 **I** oder **I** entwickelnden Stoffen zu der Rk.-Lösung. — 360 (g) Harnstoff u. 1080 Formalin werden bei pH 8,5 3 Std. bei 50° gerührt, mit 310 wss. 30%ig. Methylamin-Lsg. 2 Std. bei 90° gehalten, bei 50° im Vakuum konz., zu 700 des fl. Konzentrats 866 Formalin gegeben u. bei pH 8,5 2 Std. bei 60° gerührt. Man neutralisiert, verd. auf 7,5% Harzgeh., gibt 1% $MgCl_2$ zu u. imprägniert damit Gewebe. (**Jap. A. S. 8196/1961** vom 20/1. 1958, ausg. 21/6. 1961.) M. Pankow. 8037

2828 Československá Socialistická Republika (Erfinder: Stefan Kalafut und Ladislaus Slivkovský, Svit), Tschechoslowakei, **Viscoseherstellung.** Aus Alkalicellulose wird die gelbe Lauge durch Absaugen entfernt u. diese im Verhältnis 1:26—3,2 abgepreßt; die Preßlauge wird nach Verdünnen mit W. auf einen Gehalt von 30—100 g/l NaOH in den Prozeß, d. h. in die zweite Stufe der kombinierten Sulfidierung, bei der die Beendigung der Sulfidierung naß mit 5—20% CS_2 durchgeführt wird, zurückgeführt, wobei die Ggw. von Hemicellulose der Viscosequalität nicht schadet. Die Preßlauge wird als Lösungslauge verwendet. (**Tschech. P. 98164** vom 23/7. 1959, ausg. 15/1. 1961.) L. Macher. 8075

2829 Dainippon Celluloid Kabushiki Kaisha, Sakai (Erfinder: Yukio Takahata, Hideo Makino und Yoshifumi Matsuda, Himeji), Japan, **Behandlung von Cellulosederivaten** mit kation. Salzlsgg., die die Wärmestabilität von Cellulosederivv. nicht schädigen, z. B. NH_4-Salze von Malon-, Malein-, Bernstein-, Weinsäure usw., dann Nachwaschen mit Wasser. — So taucht man nitrierte Cellulose nach dem Waschen mit sd. W. 2 Std. in ein 60° warmes wss. Bad von Mono-Na-Citrat (Konz. 2 g/Liter), rührt u. wäscht dann mit W. nach: Verbesserte Wärmefestigkeit, besseres Durchdringungsvermögen für Lsgm. u. Weichmacher. (**Jap. A. S. 6792/1961** vom 11/6. 1959, ausg. 5/6. 1961.) M. Pankow. 8077

2830 Československá Socialistická Republika (Erfinder: Leo Lukovský, Mikulčice), Tschechoslowakei, **Herstellung luftdurchlässiger nicht durchnässender Polyamidgewebe,** dad. gek., daß man das Gewebe an der Innenseite mit einer dünnen, 10—25%ig. Lsg. von Butadien-acrylnitril- oder Isoprenkautschuk, evtl. unter Zusatz von chloriertem Polyvinylchlorid oder einem Copolymeren desselben mit Polyvinylacetat oder Polyisocyanat, anstreicht, mit einer Emulsion oder Lsg. von Siliconharz imprägniert u. schließlich den Kautschuk-Anstrich bei ca. 150° vulkanisiert. (**Tschech. P. 98192** vom 19/10. 1959, ausg. 15/1. 1961.) L. Macher. 8081

2831 Rohm & Haas Co., übert. von: Ruth H. Zeitschel, Philadelphia, Pa., V. St. A., **Quaternäre Ureidoalkylammoniumderivate** der allg. Formel **I** (R = CH_3

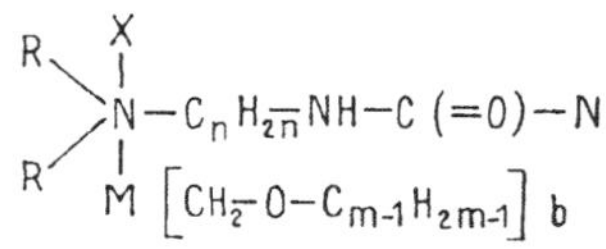

I

oder C_2H_5 bzw. beide R zusammen = aliphat. Kette mit 4—5 C-Atomen, ggf. mit einem N-Atom einen heterocycl. 5- oder 6-Ring bildend; X = Cl, Br oder J; M = drei-, vier-, bes. zweiwertiger N-haltiger salzbildender oder H_bMX-Rest; n = 2 oder 3; m = ganze Zahl von 1—5; b = 1, 2 oder 3) erhält man durch Rk. von Harnstoff mit einer Verb. der allg. Formel: $R_2N–C_nH_{2n}–NH_2$ bei 75 bis 200° u. normalem oder erhöhten Druck, Quaternisieren des Dialkylaminoalkylharnstoffs mit einer Verb. der allg. Formel: H_bMX, Methylolieren u. ggf. Veräthern der quaternisierten Verb. an mindestens 2 Stellen. Das Quaternisieren kann auch nach dem Methylieren u. ggf. Veräthern erfolgen. — Man kondensiert z. B. 145 (Teile) Dimethylaminopropylamin (**II**) mit 82 Harnstoff unter ca. 1std. Rühren bei 120—122°, erhöht die Temp. während 3 Std. auf 145°, kühlt das Rk.-Gemisch auf 30°, setzt 250 CH_3OH u. 132 Chloracetamid zu, erhitzt 3 Std. unter Rückfluß u. Kühlung während der exothermen Haupt-Rk., kühlt die Masse, setzt 89,4 CH_2O u. 75 CH_3OH zu, stellt mit NaOH-Lsg. pH 8,5 ein, erhitzt 30 Min. auf 55—60°, kühlt auf 35°, stellt mit H_3PO_4-Lsg. pH 4,0 ein, erhitzt ½ Std. auf 50—55°, kühlt auf 32°, stellt mit NaOH-Lsg. pH 7,2 ein, filtriert anorgan. Salze ab u. dest. flüchtige Verbb. im Vakuum → *quatern. Verb.* aus *Dimethylaminopropylureidomethoxymethan* u. *Chloracetamidomethoxymethan* der Formel **III**. Analog erhält

III

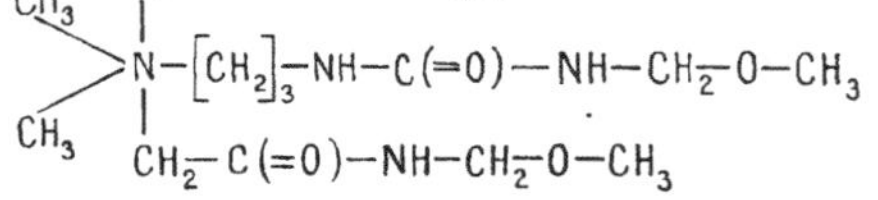

man bei Verw. von CH_2O in A., Diäthylaminopropylamin (**IV**) u. Brombutyramid die *quatern. Verb.* aus *Diäthylaminopropylureidomethoxyäthan* u. *Äthoxymethylbrombutyramid.* — Aus **II** u. Harnstoff, umgesetzt mit Acetonitril u. Chloracetylharnstoff u. dann mit W. u. CH_2O → *quatern. Verb.* aus *Dimethylaminopropylureidomethanol* u. *Chloracetylureidomethanol.* — Aus Methyläthylaminoäthylamin, Harnstoff, CH_2O in Propanol u. Joddodecylharnstoff → *quatern. Verb.* aus *Methyläthylaminoäthylureidomethoxypropan* u. *Joddodecylureidomethoxypropan.* — Aus **IV** u. Harnstoff, umgesetzt mit Chloracetylmelamin u. W. u. dann mit CH_2O → *quatern. Verb.* aus *Diäthylaminopropylureidomethanol* u. *Trimethylolchloracetylmelamin.* — Aus Diäthylaminoäthylamin u. Harnstoff, umgesetzt mit Bromoctadecylmelamin u. dann mit CH_2O in Butanol → *quatern.*

Verb. aus *Diäthylaminoäthylureidomethoxybutan* u. *Tris-[butoxymethyl]-bromoctadecylmelamin.* — Aus Morpholinopropylamin u. Harnstoff, umgesetzt mit Chlorbutanoylguanamid u. Isopropanol u. dann mit CH_2O u. Isopropanol → *quatern. Verb.* aus *Bis-[isopropoxymethyl]-chlorbutanoylguanamin* u. *Morpholinopropylureido-2-methoxypropan.* — Aus Piperidinoäthylamin u. Harnstoff, umgesetzt mit Bromdecylguanamin u. dann mit wss. CH_2O → *quatern. Verb.* aus *Piperidinoäthylureidomethanol* u. *Dimethylolbromdecylguanamin.* — Aus **II** u. Harnstoff, umgesetzt mit wss. CH_2O u. dann quaternisiert mit Methylolbromdecanamid → *quatern. Verb.* aus *Methylolbromdecanamid* u. *Dimethylaminopropylureidomethanol* der Formel **V**. Analog erhält man bei Verw. von Morpholino-

V

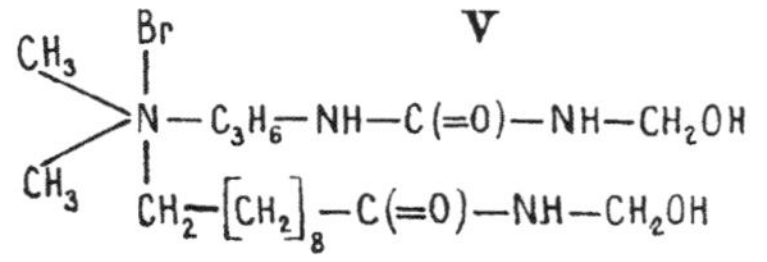

äthylamin, Octadecanoylharnstoff u. CH_2O in A. → Verb. der Formel **VI** bzw. aus Methyläthylaminopropylamin,

VI

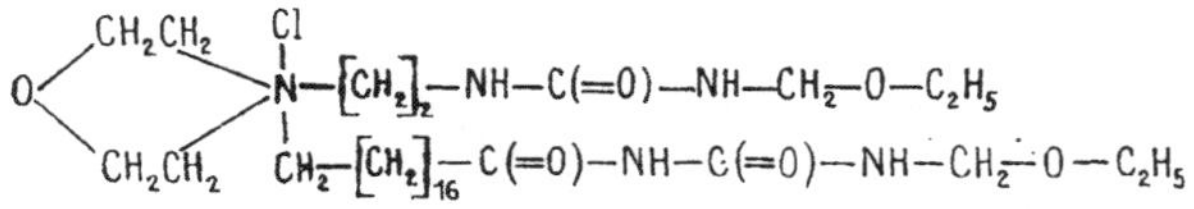

Chloroctylharnstoff u. CH_2O in Butanol → Verb. der Formel **VII**. Aus **IV**, CH_2O in A. u. Dimethylolchlorbutylmelamin

VII

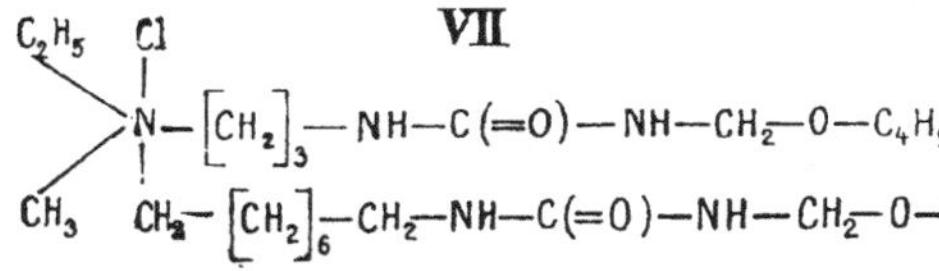

u. Acetonitril → *quatern. Verb.* aus *Diäthylaminopropylureidomethoxyäthan* u. *Dimethylolchlorbutylmelamin.* Ferner erhält man (durch Quaternisieren nach dem Methylolieren) *quatern. Verb.* aus *Dimethylaminopropylureidomethanol* u. *Tris-[methoxymethyl]-bromdecanoylmelamin* bzw. aus *Methyläthylaminoäthylureidomethanol* u. *Dimethoxymethylchlordecanoylguanamin* sowie (durch Quaternisieren vor dem Methylolieren) *quatern. Verbb.* aus *Dimethylaminopropylureidomethoxyäthan* u. *Dimethylolbrompropylguanamin.* — Ferner aus **II** u. Harnstoff, umgesetzt mit Chloracetamid in Acetonitril u. dann mit „Methyl Formcel" (10% W., 35% CH_3OH u. 55% CH_2O) → Gemisch von quatern. Verbb. aus *Dimethylaminopropylureidomethanol* u. *Dimethylaminopropylureidomethoxymethan* mit *Methylolchloracetamid* u. *Methoxymethylchloracetamid.* Geeignete Amine sind ferner: Thiamorpholinoäthyl-, Pyrrolidino-propyl- u. Methylpiperazino-äthylamin. — Verw. zum *Antistatischmachen von (naßfesten) Fasern aus Polyamiden* u. anderen synthet. Stoffen; zum Modifizieren von naßfesten Fasern u. Cellulose; zur Herst. von *Ionenaustauschharzen* (nach Polymerisation). (**A. P. 2947748** vom 30/6. 1955, ausg. 2/8. 1960.) G. Vogel. 8081

2832 Tôyô Kôatsu Kôgyô Kabushiki Kaisha, Tôkyô (Erfinder: Yanosuke Inaba, Fujisawa, Kunihiko Miyake, Kamakura, und Gorô Kimura, Fujisawa), Japan, **Herstellung linearer Polyharnstoffe** durch Erhitzen von Harnstoff, Thioharnstoff oder deren Derivv. mit Diaminen der Formeln $H_2N \cdot R^1 \cdot X \cdot R^2 \cdot NH_2$, $NH_2 \cdot R_1 \cdot X \cdot R^3 \cdot X \cdot R^2 \cdot NH_2$ (X = O oder S) oder $H_2N \cdot R^1 \cdot S \cdot S \cdot R^2 \cdot NH_2$ ($R^1 = C_{4-8}$-, $R^2 = C_3$-$_8$- u. $R^3 = C_{2-6}$-Alkylengruppe). — 192 (Teile) 5.5'-Diaminodiamyläther, 60 Harnstoff u. 2,6 Palmitinsäureamid werden unter N_2 1 Std. bei 120°, dann unter starker NH_3-Entw. bei 160—170° u. bei Nachlassen der NH_3-Entw. 5 Std. bei 240° u. 1,5 mm gehalten. — Die Schmelze kann zu *Fäden* versponnen werden u. ist gut färbbar; F. des Harzes 200—205°. (**Jap. A. S. 8599/1961** vom 12/5. 1958, ausg. 24/6. 1961.) M. Pankow. 8081

2833 Comp. de Saint-Gobain, übert. von: Stéphane de Lajarte, Paris, Frankreich, **Glas für die Faserherstellung.** Ein B_2O_3-, ZrO_2- u. TiO_2-armes Glas für die Faserherst. besteht aus 55—68 (Gew.-%) SiO_2, 0—5 BaO, 0—5 B_2O_3, 0—5 ZrO_2 + TiO_2, 3—9 Al_2O_3, 0—6 Fe_2O_3, 7—10 CaO, 2—5 MgO, 11—14 Na_2O + K_2O u. 0—4 F_2; hierbei soll MgO : CaO zwischen 0,3 u. 0,5 liegen u. CaO : SiO_2 < 0,16 sein; die Summe von SiO_2, TiO_2 u. ZrO_2 liegt zwischen 55 u. 68 u. diejenige von SiO_2, TiO_2, ZrO_2, B_2O_3 u. Al_2O_3 zwischen 67 u. 72. — Beispiel für eine Glas-Zus.: 65 SiO_2, 0,3 SO_3, 1,0 TiO_2, 8,0 Al_2O_3, 1,0 Fe_2O_3, 0,2 MnO, 8,0 CaO, 2,8 MgO, 11,0 Na_2O, 2,0 K_2O u. 3,0 F_2. (**A. P. 3013888** vom 6/11. 1959, ausg. 19/12. 1961.) Hans Hoffmann. 8083

2834 Owens-Corning Fiberglas Corp., V. St. A. (Erfinder: Robert Wong und Belford D. Wise), **Überzugsmittel für Glasfasern.** Zur Erhöhung der Gleitfähigkeit u. Verhinderung einer Feuchtigkeitsaufnahme werden Glasfasern mit der wss. Dispersion eines oberflächenakt. Stoffes der allg. Formeln **I** oder **II** überzogen,

I oder **II**

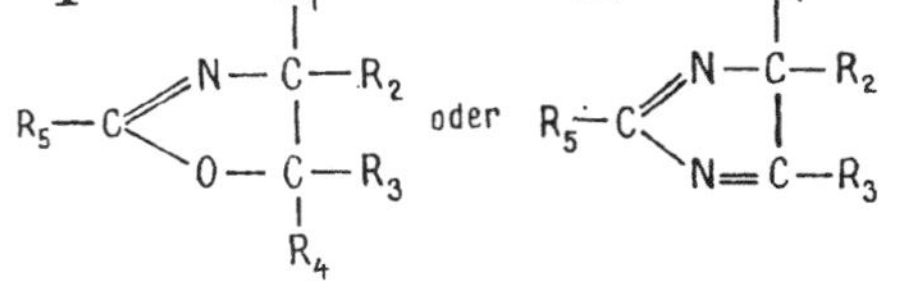

in der R_1, R_2, R_3 u. R_4 = H, Alkylrest mit 1—4 C-Atomen oder substituierter Alkylrest mit 1—4 C-Atomen (Aldehyd-, Sulfydryl-, Nitril-, Amid-, Amin-Gruppen, Cl oder OH als Substituenten) u. R_5 = KW-Stoff-Rest mit 9—22 C-Atomen, z. B. 2-[C_{9-22}-Alkyl]-4-bis-[hydroxymethyl]-Δ^2-oxazolin. (**F. P. 1226993** vom 10/6. 1959, ausg. 18/8. 1960. A. Prior. 19/6. 1958.) Hans Hoffmann. 8083

2835 Owens-Corning Fiberglas Corp., übert. von: Roland K. Gagnon, Manville, R. I., und Gerald E. Rammel, North Attleboro, Mass., V. St. A., **Überzugsmittel für Glasfäden, -garne, bes. Stapelgarne.** Als Überzugsmittel wird eine Mischung aus 8,0 (Gew.-%) partiell dextrinisierter Stärke, 1,8 eines hydrierten vegetabil. Öles (Sojabohnenöl), 0,2 eines Emulgierungsmittels (Polyglykolester der Stearinsäure), 0,6 eines kation. Weichmacher (Octadecylaminoacetat), 0,1 Polyvinylalkohol, 0,05 Gelatine, 5,0 $CrCl_3$ u. 84,25 W. benutzt. (**A. P. 2993872** vom 23/12. 1957, ausg. 25/7. 1961.) Hans Hoffmann. 8083

2836 Owens-Corning Fiberglas Corp., Toledo, Ohio, V. St. A., **Überzugsmittel für Glasfäden u. -garne.** Zur Erzielung der für Glasfasern, bes. für Stapelglasfasern oder Glasgarne erforderlichen Gleitfähigkeit werden die Fasern mit der wss. Emulsion eines ungesätt. ölmodifizierten Polyesters unter Zusatz eines oberflächenakt. Emulgierungsmittels, wie einem Alkylarylpolyester, oder dem Fettsäureester eines mehrwertigen Alkohols, sowie einem antistat. Mittel, wie dem Amid oder Amin einer Fettsäure oder deren wasserlösl. Salze, bes. einer quatern. NH_4-Verb. mit wenigstens einer Alkylgruppe mit mehr als 8 C-Atomen, überzogen. Eine derartige Emulsion besteht z. B. aus 10,0 (Gew.-Teilen) eines mit Sojabohnenöl modifizierten Phthalsäureglykolharzes, 1,0 Dialkyldimethylammoniumchlorid (Alkyl-Rest der Cocosnußölfettsäuren), 0,5 eines durch Rk. von Phenol mit Äthylenoxid gewonnenen Polymers, 0,5 Sorbitanmonooleat u. 88 Wasser. (**E. P. 880909** vom 13/2. 1958, ausg. 25/10. 1961. A. Prior. 14/2. 1957.) Hans Hoffmann. 8083

2837 Owens-Corning Fiberglas Corp., Del., übert. von: Harry B. Whitehurst, Albert R. Morrison und Theodore J. Collier, Newark, Ohio, V. St. A., **Metallisieren von Glasfasern.** Die Glasfasern werden in reduzierender Atmosphäre erhitzt u. hierbei mit einer reduzierfähigen Metall-Verb., z. B. mit einer Lsg. von $CuCl_2$ oder einem entsprechenden organ. Salz, wie einem Acetat, besprüht. (**A. P. 2979424** vom 17/9. 1953, ausg. 11/4. 1961.) Hans Hoffmann. 8083

H_{19}. Brennstoffe, Erdöl, Mineralöle

2838 **Veränderungen fester Brennstoffe bei langdauernden Lagerungen.** Vl. Včelák. (Paliva **43**, 109—13, 1963; Bechovice, ÚVP; tschech.) — Verschiedene Möglichkeiten zur Lagerung von Kohle nach der Normvorschrift ČSN **441315** u. nach ungenormten Meth., bes. die Lagerung in kleinerem Raum mit Seitenwänden, werden angeführt. Der Einfl. des Wassergeh. u. der Korngröße auf die Belüftung, Oxydation u. Selbstentzündung wird beschrieben u. Richtlinien zur Kontrolle langdauernder Brennstofflagerungen u. Anweisungen zur Bekämpfung von Selbstentzündungen werden gegeben.
R. Grundmann. 8126◇

2839 **Bestimmung der Neigung von Kohle zur Selbstentzündung.** H. Voráčková. (Paliva **43**, 133—39, 1963; ČSAV; Hornický ústav; tschech.) — Bei 2 tschech. Kohlenarten werden im Labor. die Nitritmeth. nach Veselovskij u. Orleanskaja (**A**) [1949] u. die Perhydrolmeth. (**B**) überprüft. **A** scheint als Zusatzcharakteristikum für Steinkohlen, vom Standpunkt der Neigung zur Selbstentzündung, **B** für Kohlen mit höherem Pyritgeh. geeignet zu sein. R. Grundmann. 8126◇

2840 **Untersuchungen über die Chemie der Kohle. Entstehung und chemische Struktur der Kohle.** Wataru Funasaka, Yoshinobu Takegami, Chikao Yokokawa und Shigeru Kajiyama. (J. Fuel. Soc. Japan (Nenryo Kyokwai Shi) **42**, 446—56, 1963; Kyoto Univ., Fac. of Engng.; jap.) — Die Frage der Entstehung der Kohle wurde durch die Unters. der künstlichen Inkohlung geklärt, wonach die Kohle aus pflanzlichen Resten (zusammengesetzt aus Cellulose u. Lignin) entstanden ist u. nach denen es unmöglich ist, daß Cellulose oder ihre Derivv. allein für die Entstehung der Kohle herangezogen werden können. Zur Strukturaufklärung der Kohle wurden sechs Kohlen mit sied. n HNO_3 oxidiert. Daraus ergab sich, daß die Kohle aus zwei strukturell getrennten Bestandteilen besteht, einem aliphat. u. einem aromat.-kondensierten. Diese Heterogenität in der Kohlestruktur wird auch bei der künstlichen Inkohlung von cellulosehalt. Material beobachtet u. nimmt zu bei der natürlichen Inkohlung bis zu den ältesten bituminösen Kohlen. Eine neue Struktur des Kohlenmol. wird diskutiert.
F. Rosendahl. 8126△

2841 **Hemmstoffe gegen das Wachsen von Mikroorganismen in der Kohle.** Martin H. Rogoff und Irving Wender. (US. Dep. Interior, Bur. Mines, Rep. of Investigat. Nr. **6279**, 1—13, 1963; Pittsburgh, Pa., Bur. Mines, Pittsburgh Coal Res. Center; engl.) — Aus Kohlen verschiedenen Alters wurden mit Aceton antibiot. Stoffe extrahiert. Der biolog. wirksame Anteil des Extraktes wurde durch Extraktion mit wss. Alkali konzentriert. Die im wss. NaOH lösl. Anteile verhinderten das Wachstum von Bakterienkulturen, wenn es in einer Konz. von 5 μg/ml zugesetzt wurde. Durch Dampf-Dest. konnte eine Anreicherung des Materials nicht erreicht werden. Durch Massenspektrometrie wurde die Ggw. von 6-Ringen nachgewiesen. Das Überwiegen von 3-Ring-Aromaten, nachgewiesen durch UV-Analyse, läßt das Vorliegen von Verbb. der Art des Biphenanthranyl vermuten. Die Aktivität des in NaOH lösl. Anteils läßt deutlich nach, wenn die phenol. OH-Gruppe in Trimethylsilylester übergeführt werden. Die Hydrolyse dieser Ester ergab einen Stoff, der die gleiche Aktivität des Ausgangsstoffes hatte. Danach sind die Phenolgruppen für die antibiot. Wrkg. ausschlaggebend.
F. Rosendahl. 8126△

2842 **Diskussion über „Verbrennungsgeräusch" und „Verbrennung einzelner Tropfen von flüssigen Brennstoffen".** Anonym. (J. Inst. Fuel **36**, 344—54, 1963; engl.) — Diskussion zu Bragg J. Inst. Fuel **36**, [1963] 12—16 u. Masdin u. Thring [C. **1963**, 3064].
F. Rosendahl. 8128△

2843 **Die Wirkung von Luftwirbeln auf die Vervollständigung der Verbrennung.** P. F. Drake und E. H. Hubbard. (J. Inst. Fuel **36**, 389—90, 1963; Brit. Petrol. Co., Ltd.; engl.) — Bei den an einem Kessel mit einer Kapazität von 20000 lbs./h Dampf von 650° u. 350 lbs./sq. in. durchgeführten Verss. konnte nachgewiesen werden, daß durch eine intensive Mischung zwischen Brennstoff u. Luft der Verlust an unverbranntem C erheblich gesenkt werden kann. Dies wird erreicht durch Anwendung der höchstmöglichen Wirbelung der Verbrennungsluft. Durch den so entstehenden Luftüberschuß erzielt man zugleich eine Herabsetzung der SO_3-Bldg. auf ein Minimum. F. Rosendahl. 8128△

2844 **Theorie der Wärmeentwicklung bei Kohlenstaubfeuerungen.** G. Bassa. (Brennstoff. Wärme. Kraft **15**, 442—47, 1963; Budapest; dt.) — Bei der Berechnung der aus dem Brennstoff als Funktion der Zeit theoret. gewinnbaren Wärmemenge wird die Verbrennung (**A**) als Oberflächen-Rk. betrachtet, die an der Oberfläche des Brennstoffs mit bestimmter Geschw. abläuft. Die **A**-Geschw. wird als die an der Kohlenoberflächeneinheit in der Zeiteinheit verbrennende Stoffmenge definiert. Setzt man Durchschnittswerte der **A**-Geschw. unabhängig vom Korndurchmesser ein, so ist die Brennzeit eine lineare Funktion der Korngröße u. ist umgekehrt proportional der **A**-Geschwindigkeit. Der **A**-Vorgang zerfällt bei Kohlenstaubfeuerungen in die Gas-**A** der Flüchtigen u. die Koks-**A** aus der **A** des festen Kokses. Die Eigenart u. der zeitliche Ablauf des **A**-Vorganges hängt dabei von den **A**-Umständen der Koksteilchen ab. Zur Kennzeichnung der **A**-Eigg. des Kokses wird der Begriff der „durchschnittlichen Verbrennungsgeschwindigkeit" eingeführt. Auf diese Weise werden spez. Oberfläche u. Kornverteilung des Mahlgutes in Zusammenhang gebracht. Dieser Zusammenhang ermöglicht dann die feuerungstechn. Bewertung des Kohlenmahlgutes.
F. Rosendahl. 8128△

2845 **Untersuchungen über die Verfahrensbedingungen an Kesseln, die für die Verwendung von Kohle und Öl eingerichtet sind.** J. J. Meyler und J. F. Lang. (J. Inst. Fuel **36**, 361—71, 1963; Dublin, Electricity Supply Board; engl.) — Nach kurzem Hinweis auf die Schwierigkeiten, die durch die Zus. der Kohle u. des Öles entstehen, wird die Anlage beschrieben, in der sowohl Kohle als auch Öl als Brennstoffe verarbeitet werden können. Es ist möglich, beide Brennstoffe zu verwenden, ohne daß zugleich der Wirkungsgrad absinkt. Da in der Anlage eine Kohle mit niederem Asche-F. u. ein Öl mit hohem S-Geh. eingesetzt wurden, für die die Anlage nicht vorbereitet war, so bestand die einzige Forderung darin, einen größeren Ofenraum für die Kohle u. einen in der Größe veränderlichen Rußbläser in der Hochtemp.-Zone des Überhitzers vorzusehen. Ebenso sind austauschbare Register einzubauen. F. Rosendahl. 8128△

2846 **Verbesserungen an rotierenden Schalenzerstäubern.** R. P. Fraser, N. Dombrowski und J. H. Routley. (J. Inst. Fuel **36**, 316—29, 1963; London, Imp. College of Sci. and Technol., Dep. of Chem. Engng. High Speed Fluid Kinetics Labor.; engl.) — Mit Hilfe theoret. Erwägungen über die Fließeigg. des Fl.-Films bei Zerstäubern u. mit Hilfe gefundener halbempir. Beziehungen zwischen der Tropfengröße u. dem Luftstrom konnten erhebliche Verbesserungen an Zerstäubervorr. durchgeführt werden. Die größten Tropfen werden durch Steigerung der Luftgeschw. u. der Randgeschw. der Schale zerkleinert, ebenso durch Verminderung der Ölzufuhr u. Viscosität. Die Tropfengröße steht in enger Beziehung zur Dicke der gebildeten Ölscheibe im Moment der Zerstörung. Die Wrkg. des Schalendurchmessers, der Menge der Fl. u. der Viscosität wird dadurch herabgesetzt, daß die Zuführung der Luft in einem bestimmten radialen Abstand vom Schalenrand geschieht. Die Schale kann das Öl nicht gleichmäßig verteilen, wenn es ihr unregelmäßig zugeführt wird. Ein Herabsetzen der Drehgeschw. verursacht sofort die Bldg. von schlechten Ölfilmen, bes. bei nieder viscosen Ölen. Es werden neue Konstruktionen von Brennern diskutiert, die die genannten Fehler ausschalten sollen.
F. Rosendahl. 8128△

2847 **Anwendung der radioaktiven Kennzeichnung von Verbindungen bei der Untersuchung des Verschleißes von Einspritzpumpen.** L. Pons. (Bull. Assoc. franç. Techniciens Pétrole **1963**, Nr. 160, 507—32; Inst. Français de Pétrole; franz.) — Die angewendete Meth. wird beschrieben. Mit ihrer Hilfe ist es möglich, den Einfl. der verschiedenen Parameter der Einspritzpumpen auf den Verschleiß zu bestimmen. Darüber hinaus kann mit ihr festgestellt werden, daß ohne wesentlichen Verschleiß ein Gemisch aus leichteren u. schweren Prodd. im Diesel verwendet werden kann, u. weiterhin kann ein geeignetes Additiv gefunden werden, um den bei Verwendung von Bzn. auftretenden Verschleiß auf den eines gewöhnlichen Gasöls herabzudrücken. Daneben werden noch bemerkenswerte Feststellungen in bezug auf die Oberflächenverhältnisse an den Schichten zwischen Fest u. Flüssig gemacht. F. Rosendahl. 8128△

2848 **Anwendung einer Emulsion in Dieselmotoren.** F. M. Agajewa. (Nachr. Akad. Wiss. AserbaidshanSSR, Ser. physik.-math. techn. Wiss. **1961**, Nr. 6, 57—66; russ., Auszug: aserbaidshan.) — Die Verss. werden mit Brennstoff u. W. durchgeführt u. Berechnungen des Wirkungsgrades angestellt. Der Wassergeh. in der Emulsion variiert zwischen 5—30%. Mit höherem Wassergeh. fällt die Temp. der Abgase, die Verbrennungstemp. verringert sich um 200°. Durch Verw. der Emulsion wird die Ablagerung von Ölkohle im Zylinder vermindert, u. es können Brennstoffe mit niedrigen Octanzahlen verbraucht werden. J. Lehmberg. 8128△

2849 **Neue Verfahren zur Gewinnung von Elektrizität mit Hilfe fossiler Brennstoffe.** R. H. Burdett und P. S. K. Eaves. (J. Inst. Fuel **36**, 376—89, 1963; Central Electricity Generating Board; engl.) — Kombination der Elektrizitätserzeugung mit der Verkokung u. Vergasung von Kohle, Brennstoffzellen. — 6 Literaturhinweise. F. Rosendahl. 8132△

2850 **Über den Einfluß der chemischen Zusammensetzung der bei der Flotation von Kohlen angewandten Reagentien auf die Aktivität ihrer Wirkung.** K. A. Below, O. B. Wolkowa, M. I. Maximowa, N. D. Ogloblin, W. N. Lukjantschenko und A. Ja. Tultschinskaja. (Koks u. Chem. [UdSSR] **1962**, Nr. 8, 8—12; Charkow, Polytechn. Inst. u. Berg-Inst.; russ.) — Untersucht wurden zwei techn. Reagentien: eine über 200° sd. Fraktion des Schebelin-Kondensats u. Kerosin von Grosno. Aus den einzelnen Reagentien wurden nacheinander die teerigen Bestandteile mit Bleicherde oder Kieselgel, ungesätt. Verbb. mit 98%ig. H_2SO_4, aromat. KW-Stoffe mit Oleum u. n-Paraffin-KW-Stoffe nach der Harnstoff-Meth. entfernt; als Rückstand verbleiben die iso-Paraffine u. Naphthene. Die einzelnen Zwischen-Proben wurden auf ihre Flotations-Eigg. an drei verschiedenen Schlammkohlen des Donez-Beckens geprüft. Die Aktivität der Reagentien ist um so größer, je höher ihr Geh. an KW-Stoffen mit hohen Adsorptions-Eigg. ist, (ungesätt. u. aromat. Verbb.) u. um so niedriger, je mehr iso-Paraffine u. Naphthene u. bes. n-Paraffine das Reagens enthält. Das Reagens soll möglichst reich an der Fraktion 170—250° sein, die die höchste Aktivität aufweist. W. v. Füner. 8134◇

2851 **Zur Feststellung von die Flotationsaktivität von Ölreagentien charakterisierenden Parametern.** W. I. Melik-Gaikasjan, A. A. Baitschenko und W. W. Worontschichina. (Koks u. Chem. [UdSSR] **1962**, Nr. 8, 13—16; Tomsk, Polytechn. Inst.; russ.) — Untersucht wird die Flotationsaktivität (**FA**) eines Traktorenkerosins (**Tk.**), seiner Fraktionen bis Kp. 165°, 200—240° u. 240—280° sowie der aus diesen Fraktionen isolierten n-, iso-Paraffine, Naphthene, Aromaten u. eines Gemisches der Aromaten mit iso-Paraffinen u. Naphthenen. Die **FA** wurde nach den Ergebnissen der schaumlosen Flotation in einem Glasapp. beurteilt. Das **Tk.** u. seine Komponenten weisen prakt. die gleiche **FA** auf. Ohne den Einfl. der Mol.-Struktur auf die Haftfestigkeit der Reagenströpfchen auf der Oberfläche der Kohleteilchen zu verneinen, wird als die **FA** bestimmender Faktor die Mol.-Größe oder das Molgew. der Verb. angesehen. Als optimal für die **FA** wird der Geh. an der aktivsten Fraktion 200—240° bezeichnet. W. v. Füner. 8134◇

2852 **Möglichkeiten der Leistungssteigerung von Röhrentrocknern.** 1. Mitt. Hans Grunewald und Wolfgang Müller. (Freiberger Forsch.-H., Reihe A, **257**, 5—46, 1963; Markkleeberg u. Böhlen, VEB Kombinat „Otto Grotewohl", F/E-Stelle, „Chem. Forsch."; dt.) — Eine Leistungssteigerung ist dadurch zu erreichen, daß das Verhältnis von kohleberührtem Rohrbogen zum kohlegefüllten Rohrquerschnitt erhöht wird, oder man trifft Maßnahmen, die eine höhere Drehzahl des Trockners erfordern. F. Rosendahl. 8134△

2853 **Die Nachtrocknung von Braunkohlen in der Wirbelschicht.** Horst Brandt. (Freiberger Forsch.-H., Reihe A, **257**, 93—119, 1963; Leipzig; dt.) — Braunkohle kann in Wirbelschichttrocknern betriebssicher auf einen Wassergeh. von 6% u. darunter nachgetrocknet werden. Geeignete Konstruktionen solcher Trockner werden an Hand von Abb. besprochen. F. Rosendahl. 8134△

2854 **Aufbereitung und Vorbereitung der Kohle für die Verkokung.** Vl. Charvát. (Paliva **43**, 141—43, 1963; Praha, ÚVP; tschech.) — Auf die rasche Entw. der Schwertrübeaufbereitung u. auf die techn. u. ökonom. Kriterien für die Wahl des geeigneten Aufbereitungsverf. für Kohle wird hingewiesen. Eine wichtige Erkenntnis sind die allg. Bemühungen um die Herabsetzung des Wassergeh. der gewaschenen Kohle u. die immer häufiger angewendete therm. Trocknung. R. Grundmann. 8134◇

2855 **Zu einigen Fragen des Verschleißes von Schwalbungen für Braunkohlenbrikettstrangpressen.** Werner Schirmer. (Freiberger Forsch.-H., Reihe A, **257**, 121 bis 137, 1963; Freiberg; dt.) F. Rosendahl. 8136△

2856 **Untersuchungen über die Herstellung eines Brikettiergutes der Körnung 0 bis 1 mm mit einer Windsichterhammermühle.** Erich Rammler, Berthold Knauth, Karl Schenke und Günther Kuntzsch. (Freiberger Forsch.-H., Reihe A 257, 47—69, 1963; Freiberg/Sa. u. Lauchhammer; dt.) — Gute Erfolge wurden durch das Einsetzen von Sichtermühlen erreicht. F. Rosendahl. 8136△

2857 **Emulgierung von Teeprodukten und ihre Verwendung als Bindemittel.** Shinjiro Watari, Nakaji Yuki und Atuso Nagasawa. (J. Fuel Soc. Japan [Nenryo Kyokwai Shi] **42**, 470—79, 1963; Resources Res. Inst. u. Coal Mining Res. Centre; jap.) — Werden aus Teerprodd., wie z. B. Steinkohlenteerpech, Emulsionen hergestellt, so können dadurch sehr gute Bindemittel gewonnen werden. Als Dispergierungsmittel für die Teerprodd. wurden Sulfitablaugen verwendet, wobei dünne Öl-Wasser-Emulsionen entstehen, in denen ein Teerprod./Wasser-Verhältnis von 1 : 1 vorliegt. Die Emulsion ist in W. löslich. Zwecks Brikettierung werden die Feinkohlen mit 10—15% der Emulsion vermischt u. bei Raumtemp. brikettiert. Nach dem Trocknen zeigen die Briketts einen guten Widerstand gegen Druckbelastung, eine sehr gute Trommelfestigkeit u. eine gute Wasserbeständigkeit. Eine Rauchentw. bei der Verbrennung wird weitgehend ausgeschaltet u. ein guter Abbrand erzielt. Die Briketts können sowohl in der Industrie als auch im Haushalt Verwendung finden. F. Rosendahl. 8136△

2858 **Erhöhung der Wasserbeständigkeit Hidaser Briketts durch Anwendung von Erdöldestillationsrückständen (Pakura).** Jôzsef Tóth. (Freiberger Forsch.-H., Reihe A, **257**, 71—78, 1963; Budapest; dt.) — Bei der Behandlung kalter Briketts (B) mit einer Pacura (A) von 2,4—3,4°E bei 100° konnte beim Besprühen oder Tauchen auch bei einer Temp.-Erhöhung auf 100 bis 130° kein wesentlicher Erfolg erzielt werden. Bei der Behandlung von warmen B (75°) mit A (80—85°) während 5—7 Sek. konnte eine gute Wasserbeständigkeit erzielt werden. Die auf der B-Oberfläche klebende gelatinöse A hat noch eine derartige Wärmemenge in sich, daß ein vollkommenes Aufsaugen durch das B in 24 Std. eintritt. Bei Lagerung zeigten die getränkten B nach vier Wochen noch eine Abriebfestigkeit von 68,2% bei einer Punktfestigkeit von 97 kp u. einem Grusgeh. von 20%. F. Rosendahl. 8136△

2859 **Zusammenfassung der Erkenntnisse über oberflächenfeuchte Braunkohle und Kennzeichnung der offenstehenden Probleme.** Erich Rammler. (Freiberger Forsch.-H., Reihe A, **290**, 7—12, 1963; Freiberg; dt.) — Oberflächenfeuchte mulmige Braunkohle ist stets eine sek. veränderte Kohle, bedingt durch starke Durchfeuchtung des Flözes u. durch Eindringen eiszeitlicher Gletscher u. dadurch Durchfeuchtung durch Schmelzwässer, Wechsel zwischen Gefrieren u. Auftauen der Kohle. Zu diesen mechan. Änderungen der Kohle kann zusätzlich noch durch Eindringen von O_2 (in der Luft oder gelöst in W.) auch noch eine chem. Änderung vor sich gehen. Die oberflächenfeuchten Kohlen bereiten nicht nur beim Abbau, sondern auch bei der Brikettierung Schwierigkeiten, da die Kohle zum Anbacken, zur Ballkorn- u. Kuchenbldg. neigt. Zur Vermeidung der Schwierigkeiten muß die Kohle unter Zumischung von 6—10% Normalkohle oder Schlotstaub verarbeitet werden, wodurch die Kohle in eine oberflächentrockne verwandelt wird. F. Rosendahl. 8136△

2860 **Geologische Merkmale und Verbreitung oberflächenfeuchter mulmiger Braunkohlen in Lagerstätten der DDR.** Walter Arnold und Reinhold Rose. (Freiberger Forsch.-H., Reihe A, **290,** 13—30, 1963; Berlin; dt.) — Angaben über geolog. Verhältnisse in den Lagerstätten u. Maßnahmen, um während des Abbaus bereits eine Verbesserung der Kohle zu erzielen. F. Rosendahl. 8136△

2861 **Eigenschaften oberflächenfeuchter Braunkohlen und Probleme der Feststellung ihres Oberflächen-Wassergehaltes.** Erich Rammler, Sigrid Wagner-Baeger und Arnd Kubasch. (Freiberger Forsch.-H., Reihe A, **290,** 31—52, 1963; Freiberg; dt.) — Zur Best. des Oberflächenhaftwasseranteils wurde die Kohle in Kunststoffbechern mit gelochtem Boden geschleudert. Das abgeschleuderte W. wird im Rundboden eines Meßbechers gesammelt u. von eingelegtem Filtrierpapier aufgesaugt. Man kann auch so vorgehen, daß in einen Metallsiebbecher ein Kunststoffbecher mit eingewogener Kohle eingesetzt wird. Das abgeschleuderte W. wird dann durch den Gewichtsverlust bestimmt. Mit Hilfe dieser Zentrifugenmeth. konnten zeitabhängige Wasserabgabekurven aufgestellt werden, wodurch nicht nur die Menge des Oberflächenwassers, sondern auch die Festigkeit seiner Bindung an die Kohlenoberfläche ermittelt wird. Auf diese Weise ist es möglich, für die untersuchten Kohlen geeignete Vorschläge für ihre Weiterverarbeitung zu machen. F. Rosendahl. 8136△

2862 **Produktionseinbuße in Brikettfabriken infolge oberflächenfeuchter Kohle.** Reinhold Scherer und Eugen Kraft. (Freiberger Forsch.-H., Reihe A, **290,** 53—81, 1963; Leipzig; dt.) — Die durch oberflächenfeuchte Kohle in Brikettfabriken erlittenen Einbußen liegen zwischen 7 u. 14%. Es werden die verschiedenen Faktoren erörtert, auf die die Verluste zurückzuführen sind. F. Rosendahl. 8136△

2863 **Erfahrungen aus Betriebsuntersuchungen mit oberflächenfeuchter Rohbraunkohle.** Horst Schumann. (Freiberger Forsch.-H., Reihe A, **290,** 83—116, 1963; Lehma, Kreis Altenburg; dt.) — Neben der Ermittlung des W.-, Asche- u. Teer-Geh., des Heizwertes u. der Oberflächenfeuchte der Kohle wird bes. die mittlere Korngröße der untersuchten Kohle bestimmt. Hierzu wird ein Falltest-Verf. entwickelt, mit dem bessere Werte erhalten werden als durch einfaches Absieben, weil hier leicht Verklebungen eintreten können. Die Tupfmeth. zur Best. der Oberflächenfeuchte wird für die Praxis abgelehnt. Vorschläge für die Flözentwässerung werden unterbreitet. F. Rosendahl. 8136△

2864 **Technologische Maßnahmen zur besseren Verarbeitung von oberflächenfeuchter Kohle in Brikettfabriken.** Arnd Kubasch und Walter Graumüller. (Freiberger Forsch.-H., Reihe A, **290,** 171—45, 1963; Freiberg/Sa. u. Zeitz; dt.) — Die gemachten Vorschläge erstrecken sich vom Abbau bis zur Brikettierung. F. Rosendahl. 8136△

2865 **Erfahrungen über den Anfahrbetrieb einer Großschwelanlage.** Herbert Walter. (Freiberger Forsch.-H., Reihe A, **270,** 5—17, 1963; Berlin; dt.) — Es werden Mitt. gemacht über die Schwierigkeiten beim Anfahren der Schwelanlage in Brüx u. ihre Beseitigung. F. Rosendahl. 8140△

2866 **Erfahrungen bei der Spülgasschwelung von Steinkohle in der Lurgi-Anlage Tsing-Shi (VR China).** Gerhard Möbius. (Freiberger Forsch.-H., Reihe A, **270,** 19—31, 1963; Espenhain; dt.) — Betriebserfahrungen bei der Verschwelung von backenden Steinkohlen im Lurgi-Spülgasschwelofen werden diskutiert. Durch bes. Maßnahmen ist es möglich, ohne vorhandene Oxydations- u. Alterungsstufen eine backende Steinkohle zu verschwelen u. einen ordnungsgemäßen Betriebsablauf zu gewährleisten. Es ist möglich, eine harzreiche, junge Steinkohle mit schwach bis stark backenden Eigg. (Fushun-Kohle) zu verschwelen. F. Rosendahl. 8140△

2867 **Die Verkokung unter Zugabe von Naturgas in die Koksöfen.** K. I. Makarow und A. K. Pintschuk. (Koks u. Chem. [UdSSR] **1962,** Nr. 8, 18—21; Allunions-Forsch.-Inst. für Erdgase u. Charkow, Kokerei; russ.) — Techn. Verss. der Zugabe von Erdgas (EG) in die Koksöfen zeigen, daß 35—38% von EG therm. zersetzt werden. Zugabe von EG in Mengen von 200 Nm^3/h zwei Std. vor dem Ende der Verkokung erhöht die Ausbeute an H_2 u. leichten aromat. Prodd. um 10—12%. Die Konz. von H_2 u. Roh-Bzl. nimmt unter diesen Bedingungen nicht ab. Bei höherer Zugabe von EG bis zu 375 Nm^3/h steigt die Ausbeute an H_2 um 15—16% an, die Konz. an H_2 im Koksofengas nimmt aber um 3—4% ab. W. v. Füner. 8142◇

2868 **Fortschritte auf der Kokerei der Nippon Kokan Co., Ltd.** Toshio Inahara. (J. Fuel Soc. Japan [Nenryo Kyokwai Shi] **42,** 465—69, 1963; Nippon Kokan Co., Ltd.; jap.) — Die Fortschritte u. die noch offenen Probleme der Kokerei werden mitgeteilt. Nach Ermäßigung des Aschegeh. des Kokses auf unter 10% u. Steigerung seiner Tragfähigkeit konnten auch beim Hochofen Fortschritte erzielt werden. Die Koksmenge von 455 kg/t Erz konnte durch gleichzeitiges Einspritzen eines schweren Öles auf 55 kg/t gesenkt werden. F. Rosendahl. 8142△

Redaktionsschluß: 11. November 1963

Herausgeber: Prof. Dr. Heinrich Bertsch, Berlin, u. Prof. Dr. Dr. h. c. Wilhelm Klemm, Münster.
Chefredakteure und verantwortlich für den Inhalt: Dr. Eugen Klever, 1 Berlin 30, Geisbergstraße 39, Fernsprecher: 249541 und Prof. Dr.-Ing. Eberhard Leibnitz, Berlin N 4, Schiffbauerdamm 19, Fernsprecher: 425571.

Verlag: Akademie-Verlag GmbH, Berlin W 8, Leipziger Str. 3—4 (Fernsprecher: 220441, Telex-Nr. 011773, Postscheckkonto Berlin 35021), und Verlag Chemie, GmbH, Weinheim/Bergstr. (Fernsprecher: Weinheim 3635 [Sammelnummer]; Fernschreiber: 0465516 chemieverlwhn; Postscheckkonten: Frankfurt/M. 145314 u. Berlin[West] 7430). Bestellnummer: 1007/135. Das Chemische Zentralblatt erscheint wöchentlich. Preis des Jahrganges einschl. Autoren-, Patent-, Sach- u. Formelregister: DM 1800,—; einseitig bedruckte Ausgabe: DM 2200,—. Abgabe der Zeitschrift nur mit sämtlichen Registern. Abbestellungen nur bis spätestens 6 Wochen vor Ablauf des Kalenderjahres.

Satz u. Druck: VEB Druckhaus „Maxim Gorki", Altenburg u. VEB Leipziger Druckhaus, Leipzig, III/18/203. VIII. 63.
Veröffentlicht unter der Lizenznummer 1273 des Presseamtes beim Vorsitzenden des Ministerrates
Printed in Germany.

FSC
www.fsc.org
MIX
Papier | Fördert gute Waldnutzung
FSC® C083411

Kolibri 360 GmbH
Ferdinand-Jühlke-Straße 7
99095 Erfurt, Deutschland
produktsicherheit@kolibri360.de